EAU

EAU, ... f. f. Fluide infipide, vifible, tranfparent, fans couleur, fans odeur, prefqu'incompréhenfible, très-peu élaftique.

Ce liquide eft un des plus répandus fur la fur-face de la terre. Comme il a la propriété de dif-foudre un grand nombre de fubftances, on le trouve rarement pur, fi ce n'eft lorfque l'on recueille directement des eaux pluviales; mais on l'obtient facilement à l'état de pureté en le diftillant.

Sa grande abondance, fa préférence pour tous les points de la furface de la terre, & la facilité avec laquelle l'eau peut être amenée à l'état de pureté, l'a fait choifir de préférence comme unité, pour déterminer la pefanteur fpécifique de tous les corps & pour fixer l'unité de poids; mais comme elle éprouve des variations dans fa pefanteur, lorf-qu'elle eft plus ou moins échauffée, il étoit effen-tiel de bien connoître la loi de fa dilatation. Des expériences faites avec beaucoup de foin, par Thomas Yong & par plufieurs autres phy-ficiens, ont déterminé cette loi avec beaucoup d'exactitude. Voyez DILATATION DE L'EAU.

Un décimètre cube d'eau diftillée, pris à 4° R. température de fa plus grande condenfation, forme le gramme; qui équivaut à 18 grains 8,57 millièmes de l'ancien poids de marc de Paris. Il fuit de-là que le litre, contenant un décimètre cube, doit pefer 1000 grammes; & que le poids du pied cube d'eau feroit de 70 liv. o onc. 56,7 grains, ou 70 liv. 213 grains.

Quoique l'eau foit habituellement fous l'état liquide, cependant elle eft fufceptible de paffer à l'état folide, lorfque fa température eft au-deffous de zéro. (Voyez GLACE, CONGELATION DE L'EAU.) Elle fe rencontre auffi fréquemment à l'état de vapeur, difféminée dans l'air. Voyez VAPEUR, HUMIDITÉ, VAPORISATION.

En obfervant la furface du globe, on voit qu'elle eft recouverte d'une couche d'eau plus ou moins profonde, connue fous le nom de mer, qu'à travers ces eaux, s'élèvent deux grands con-tinens & une immenfité d'îles de diverfes gran-deurs; que fur ces continens & ces îles, font dif-perfés çà & là des réfervoirs d'eau plus ou moins grands, auxquels on donne le nom de mers, de lacs, d'étangs; enfin, que des fommets les plus élevés des continens & des îles, des eaux s'écou-lent dans la mer & donnent naiffance aux fleuves, aux rivières, aux torrens & aux ruiffeaux qui fillonnent leur furface.

L'action réciproque de l'eau & de l'air, modi-fiée par la température, détermine des vapori-fations & des précipitations fucceffives de l'eau dans l'air: vaporifations & précipitations qui donnent naiffance aux nuages, aux brouillards,

à la rofée, à la pluie, à la neige, à la grêle, &c, & à tous les météores aqueux que l'on obferve dans l'atmofphère. (Voyez BROUILLARD, GRÊLE, Neige, Nu-ge, Pluie, Rofée, Serein.) C'eft ainfi que les vaftes réfervoirs qui contiennent les eaux en cèdent une portion à l'air, que celles-là les tranfporte & les abandonne, & que celles qui tombent fur la furface des continens & des îles produifent, en s'écoulant, les fontaines, les ruif-feaux, les torrens, les rivières, les fleuves, les lacs, &c. Voyez FONTAINES, SOURCES, RUIS-SEAUX, TORRENS, RIVIÈRES, FLEUVES, LACS, ÉTANGS.

Par fa grande abondance, par fes divers états, par fes propriétés phyfiques fur un grand nombre de corps, l'eau remplit une foule de fonctions dans la nature & dans les arts. Raffemblée en maffes immenfes dans les baffins de la mer, dit Haüy, entraînée par un mouvement progreffif fur le lit des fleuves & des rivières, l'eau fert de véhi-cule aux navires & à différentes efpèces de bâti-mens, pour établir, par les voyages & par le commerce, une communication entre les peuples de diverfes contrées: elle devient, par fon impul-fion, le moteur d'une multitude de machines auffi utiles qu'ingénieufes; & fi à l'homme a, en fa difpofition, une puiffance fupérieure à celle qui agit dans ce cas, il la doit au même liquide con-verti en vapeur. L'eau eft l'élément dans lequel vivent une infinité d'êtres organifés; elle fert de boiffon à l'homme & aux animaux qui peuplent la terre & les airs; elle eft un des principaux agens de la végétation; c'eft dans fon fein que fe font formées la multitude de minéraux & ces pré-cieufes fubftances métalliques, auxquelles l'in-duftrie humaine femble donner une nouvelle exif-tence, en les élaborant pour nos ufages.

On donne le furnom de potables aux eaux qui font bonnes à boire. Pour qu'une eau ait cette qualité, il eft effentiel qu'elle n'ait pas de faveur ni piquante, ni falée, ni arrière-goût. La meil-leure eft celle qui ne contient aucune matière étrangère & qui tient une certaine quantité d'air en diffolution, 1/25 environ.

Toutes les eaux ne réuniffent point les condi-tions néceffaires pour être potables; elles peuvent être altérées par les fubftances qu'elles tiennent en diffolution. Les eaux de fources, de puits, & même les eaux courantes diffolvent, pendant leur féjour dans la terre, les fubftances fur lef-quelles elles ont de l'action; les principales font le fulfate de chaux, le carbonate de chaux. Lorf-qu'elles font en trop grande proportion, les eaux ceffent d'être falubres. Les eaux fragantes font in-

A

falubres par les matières organiques corrompues qu'elles contiennent ; les *eaux* que l'on transporte sur les vaisseaux, en les contenant dans des tonneaux, se corrompent également, ainsi que toutes celles qui ont séjourné sur des matières végétales & animales. On peut affainir ces *eaux* par l'ébullition ou par la distillation ; mais, dans ce dernier cas, il faut faire passer à travers un courant d'air atmosphérique, afin de les en imprégner, détruire leur fadeur & les rendre plus agréables.

Cuchet & Schmitt ont formé, à Paris, un établissement dans lequel ils épurent les *eaux*, les rendent limpides & potables en les faisant passer à travers des éponges, les filtrant ensuite à travers du charbon en poudre, puis les faisant tomber en forme de pluie dans de vastes réservoirs, afin qu'elles puissent se saturer d'air pendant leur chute.

Vers la fin du siècle dernier (1), Lowitz avoit déjà fait connoître le moyen de dépurer l'eau corrompue, en la faisant filtrer à travers de la poussière de charbon ; il avoit même proposé de mettre de la poussière de charbon dans les tonneaux qui devoient contenir l'*eau* sur les vaisseaux. Berthollet a proposé depuis de charbonner les tonneaux intérieurement. La dépuration de Lowitz a obtenu partout le plus grand succès. *Voyez* EAU (Clarification de l').

Il existe une diversité d'opinions sur les *eaux* de neige & de glace. Carradori prétend qu'elles ne contiennent pas d'oxigène ; Hassenfratz, Humboldt & Gay-Lussac assurent, au contraire, qu'elles contiennent plus d'oxigène que les *eaux* ordinaires. Hassenfratz a trouvé jusqu'à 0,40 de gaz oxigène dans l'air provenant de l'eau de pluie. Les personnes qui font usage, dans leur boisson, d'*eaux* de pluie ou de neige, remarquent qu'elles procurent plus de chaleur interne que l'eau ordinaire. Ces *eaux*, mélangées dans le vin, donnent plus de ton à l'estomac.

Gay-Lussac & Humboldt se sont assurés, en faisant bouillir des *eaux* de rivière, de neige & de glace, que l'eau de glace fondue donnoit à peu près moitié plus d'air que l'eau ordinaire, & que celle de la neige en donnoit le double. L'air provenant de l'eau de la Seine contenoit presque 0,328 d'oxigène, celle de la glace 0,335, & celle de la neige 0,348.

Exposée à l'action de l'air, l'eau en absorbe promptement ; si l'on expose à l'action d'autres gaz de l'eau qui contient déjà de l'air, une portion plus ou moins grande de ces gaz est absorbée ; mais celui sur lequel l'*eau* paroît avoir le plus grande action est le gaz oxigène. Humboldt & Gay-Lussac se sont assurés qu'en exposant 100 parties de gaz oxigène à l'action de l'eau, ce liquide en avoit absorbé 77 parties, & avoit laissé dégager 37 parties de gaz azote.

Enfin Thenard est parvenu à combiner avec l'eau plus de six fois son volume d'oxigène.

Assez ordinairement les habitans des départemens éprouvent, en arrivant à Paris, quelques dérangemens que l'on attribue à un effet laxatif des *eaux* de la Seine qu'ils boivent. C'est une erreur qu'il seroit bon de détruire. Le dérangement a également lieu, soit que l'on ne boive pas d'*eau*, ou que l'on fasse usage d'*eau* bouillie ou clarifiée. On peut attribuer, avec plus de raison, le dérangement que les étrangers éprouvent, aux suites du voyage qu'ils viennent de faire, & à la situation morale & physique dans laquelle ils se trouvent, qui est très différente de celle dans laquelle ils étoient chez eux. Les partisans des effets laxatifs des *eaux* de la Seine les attribuent à une grande quantité de matière étrangère, spécialement due aux immondices qui y sont portées par les égouts. Il suffit de comparer la quantité de matière & d'*eau* impure qui se mêlent aux *eaux* de la Seine en traversant Paris, avec la masse d'*eau* qui les reçoit, pour se convaincre de leur peu d'influence : la proportion est moindre que d'un cent millième. Les *eaux* recueillies aux barrières des deux extrémités de la Seine, dégustées & analysées avec le plus grand soin, n'ont donné aucune différence appréciable.

L'eau est répandue avec tant d'abondance sur la surface de la terre ; elle passe si facilement à l'état solide & à l'état gazeux, sans changer de nature ; elle exerce une si forte action sur un grand nombre de corps ; elle se présente dans un si grand nombre d'opérations, qu'il n'est pas étonnant qu'elle ait été regardée, pendant long-temps, comme un élément ou un principe commun à un grand nombre de composés. Cependant Boyle, Margraff, Eller, Van-Helmont, avoient cru qu'elle pouvoit être convertie en terre ; mais cette conversion avoit été fortement combattue, & l'*eau* est restée au nombre des élémens jusque vers la fin du siècle dernier, que Monge, en France, & Cavendish, en Angleterre, prouvèrent simultanément l'un & l'autre que l'*eau* étoit un composé de 85 parties pondérables d'oxigène & 15 parties pondérables d'hydrogène. Les expériences de ces deux savans, attaquées de toutes parts, furent répétées publiquement avec beaucoup de soin par Lavoisier, Meusnier, Lefebvre-Guéneau, Fourcroy, Vauquelin, Séguin, &c. &c., & le concours des résultats obtenus ne laissa plus aucun doute sur la composition de l'*eau*. *Voyez* COMPOSITION DE L'EAU, DÉCOMPOSITION DE L'EAU, EAU (Composition de l'), EAU (Décomposition de l').

EAU ACIDULÉE ; aqua acidulata ; *sauer wasser*. *Eau* contenant de l'acide carbonique. *Voyez* EAUX AÉRÉES, EAUX MINERALES FACTICES.

EAU (Adhésion des molécules d'). Force avec

laquelle les molécules d'*eau* tiennent les unes aux autres ; c'est à l'adhésion des molécules des liquides que l'on rapporte leur viscosité. *Voyez* VISCOSITÉ.

- Rumfort attribue à l'*adhésion des molécules d'eau* la propriété de quelques corps que l'*eau* ne mouille pas, d'être supportés par la première surface du liquide sur lequel on les pose, quoique leur densité soit six à sept fois plus grande ; propriété que l'on regarde ordinairement comme étant produite par l'*adhésion* d'une couche d'air à la surface des corps. Ainsi, par exemple, lorsque l'on place légèrement, sur la surface de l'*eau*, une aiguille, des fragmens minces de feuilles métalliques, ces corps, s'ils sont parfaitement secs, surnagent, & ils se précipitent aussitôt qu'ils sont mouillés.

Pour prouver que c'est à l'*adhésion des molécules de l'eau*, & non à la couche d'air qui recouvre leur surface, que ces corps doivent la faculté de flotter sur le liquide, Rumfort a recouvert l'*eau* d'une couche d'éther, & il a remarqué que tous ces corps pénétroient l'éther, & s'arrêtoient à la surface de l'*eau* lorsque leur masse n'étoit pas assez grande pour rompre l'*adhésion des molécules*.

C'est encore à cette *adhésion des molécules de l'eau* qui forme une espèce de membrane, que Rumfort attribue la cause qui retient l'*eau* à l'orifice des tubes capillaires lorsque leur hauteur, au-dessus du niveau de l'*eau*, est moins grande que celle que devroit avoir la hauteur de la colonne du liquide, si ce tube étoit assez long. *Voy.* le Mémoire du comte de Rumfort, inséré dans le 33ᵉ. vol. de la *Bibliothèque britannique*, page 5.

EAU AÉRÉE. Eau contenant de l'air. *Voyez* EAUX AÉRÉES.

EAU ALCALINE ; aqua alcalina ; *alkalien wasser*. *Eau* dans laquelle on fait dissoudre une très-petite quantité de carbonate de potasse ou de soude.

Cette *eau* est très-recommandée, en Angleterre, dans la gravelle & le calcul ; elle apporte, en effet, dans les douleurs qui accompagnent l'un ou l'autre de ces maux, un soulagement très-marqué, qui pourroit être attribué à la qualité dissolvante que ces *eaux* communiquent aux urines.

EAU ANTI-INCENDIAIRE. *Eau* que l'on suppose propre à éteindre les incendies.

Un sieur Didelot avoit proposé au Gouvernement, en 1786, de lui vendre la découverte d'une *eau anti-incenaiaire*. Le Gouvernement chargea l'Académie des Sciences de constater la réalité de cette découverte. Le duc de Larochefoucault, Cadet, Lavoisier & de Fourcroy furent nommés, par cette compagnie, pour faire des expériences relatives à cet effet & pour lui en rendre compte.

Ces expériences sont consignées dans un rapport imprimé dans le tome V des *Annales de Chimie*, page 141 ; elles prouvent que toutes les *eaux*, même l'*eau distillée*, sont *anti-incendiaires* ;

qu'il suffit, pour qu'elles jouissent de cette propriété, 1°. que l'*eau* soit jetée sur les corps embrasés, en nappes minces qui les couvrent entièrement, afin de les préserver de l'action du gaz oxigène contenu dans l'air atmosphérique ; 2°. que les corps ne soient pas assez échauffés pour vaporiser de suite la couche d'*eau* qui les couvre, afin qu'elle puisse empêcher le contact de l'air jusqu'à ce que le corps embrasé soit assez refroidi pour que la combustion ne puisse pas se continuer.

En général, l'*eau anti-incendiaire* ne peut être employée, avec quelques succès, qu'en la dirigeant sur un feu tout récemment allumé, & formé avec du combustible mince qui prenne feu, qui s'enflamme promptement & sans beaucoup s'échauffer.

On avoit remarqué depuis long-temps, que les bois qui ont séjourné dans une dissolution saline & qui en sont pénétrés, ne sont plus susceptibles de brûler avec flamme ; si on les met dans un brasier ardent, ils se réduisent en charbon sans aucun signe d'inflammation ; mais il faut, pour obtenir un effet sensible, que ces sels soient dissous dans l'*eau*, dans une proportion assez forte, & c'est par cette raison qu'on ne peut employer à cet usage que des sels à vil prix, tels que le sel marin, l'alun, le sulfate de fer, &c. ; & quelque bon marché que soient ces sels, on ne peut guère espérer qu'ils deviennent un moyen de secours public pour les incendies ; il en faudroit des quantités énormes pour produire quelqu'effet, & l'embarras du transport, celui de l'emploi, la propriété qu'ils ont d'attaquer les cuirs des pompes & les tuyaux destinés à conduire l'*eau*, en rendent l'usage presqu'impraticable dans le service public.

Il est difficile, lorsqu'un incendie a fait des progrès & que les matières combustibles sont en masse & fortement embrasées, d'espérer d'éteindre le feu avec le jet d'*eau* que l'on dirige dessus ; ce jet est si foible, comparé au brasier, que la température diminuée par la vaporisation d'une partie de l'*eau* & la décomposition d'une autre partie, est bientôt rétablie par la chaleur que dégage la continuation de la combustion ; & puis, de toute l'*eau* lancée, une partie seulement mouille les corps embrasés, l'autre tombe dans les vides qu'ils laissent entr'eux, & ne produit aucun effet. Aussi, dans les grands incendies, on est plus spécialement occupé à circonscrire l'étendue de l'incendie & à l'empêcher de se propager, qu'à l'éteindre réellement.

Plusieurs combustibles liquides, plus légers que l'*eau*, ne peuvent pas être éteints par celle-ci, parce que, dès que le jet lancé arrive sur la surface, l'*eau* se précipite & ne produit qu'un effet instantané qui est bientôt détruit.

S'il y avoit lieu de faire usage de substances *anti-incendiaires*, ce seroit plutôt comme préservatif que comme moyen d'éteindre le feu. Cadet de Vaux a fait voir, à l'Académie des Sciences, que des toiles & des feuilles de papier, enduites d'un encolage de terre d'alun, n'étoient plus inflammables. Montgolfier a employé avec succès le même moyen pour préserver de l'incendie les ballons qu'il avoit fait construire en toile.

EAU BOUILLANTE; aqua fervens; kochen wasser. État de l'eau élevée à une température telle que le liquide, vaporisé par la chaleur, s'élève sous forme de gaz, en traversant l'eau, & produit un mouvement particulier auquel on a donné le nom d'ébullition. Voyez EBULLITION.

EAU BOUILLANTE (Jets d'). Jets d'eaux thermales dont la température est à peu près celle de l'eau bouillante.

Toutes les fois que de l'eau parvient sur les foyers des chaleurs internes, analogues à ceux qui produisent les volcans, l'eau se vaporise; cette vapeur exerce une très-forte action sur les masses qui l'environnent, jusqu'à ce quelle puisse s'échapper ou se condenser. Lorsque la vapeur trouve des issues par lesquelles elle puisse sortir, alors elle se dégage sous forme de nuage, si toute l'eau a été vaporisée, ou sous forme de jet d'eau & de vapeur, si une partie est restée à l'état liquide : nous allons rapporter, pour exemple des jets d'eau bouillante, celui du Geyser qui existe en Islande.

L'Islande est une île volcanique qui contient un assez grand nombre de sources d'eaux thermales : dans les unes, les eaux sortent aussi paisiblement que des sources ordinaires; dans les autres, l'eau est lancée périodiquement à des hauteurs plus ou moins élevées. L'eau des premières sources a une température modérée; on les nomme eaux tièdes : les autres ont une température très-élevée; elles sont situées au milieu d'une plaine près de Shalhot. Le lieutenant Ohlsen, qui les visita en 1804, a donné la description suivante de leurs jets (1):

« Nous arrivâmes au Geyser le 16 août, à trois heures & demie de l'après-midi. Chemin faisant, nous vîmes, de très-loin, une éruption du Geyser; il s'éleva dans l'atmosphère une colonne de fumée qui paroissoit s'unir avec les nuages; mais elle disparut en peu de temps. Lorsque nous approchâmes de la fontaine, le bassin étoit tranquille, & l'on ne voyoit monter que de très-légères vapeurs. Le guide nous dit que l'éruption auroit bientôt lieu, & nous restâmes debout sur le bord du bassin. On entendit subitement un bruit souterrain, comme si on eût tiré un coup de canon sous terre; la roche trembla & parut comme se soulever, & l'eau commença à s'agiter dans le bassin. Tout étranger ou tout homme qui n'auroit pas déjà vu l'éruption du Geyser, auroit pris la fuite; mais les personnes qui connoissoient déjà le phénomème me dirent que je pouvois rester sur les bords sans danger. Deux coups souterrains, encore plus forts que le pre-

(1) Journal des Mines, tome XXXI, page 5.

mier, suivirent : l'eau se souleva avec un bouillonnement considérable, & fut poussée par vagues vers les bords du bassin; après quoi arriva une petite éruption dont la hauteur fut d'environ quarante pieds; elle ne dura que quelques secondes, & l'eau redevint, pour un moment, tranquille dans le bassin. Bientôt après on entendit plusieurs violentes détonations, environ trois par seconde. Le rocher trembla de nouveau & si fortement, qu'on eût cru qu'il alloit se fendre de tous côtés, & tomber en une multitude de morceaux. L'eau fut de nouveau élevée dans l'air avec un bouillonnement encore plus considérable que dans l'autre éruption, & poussée plus impétueusement vers le bord du bassin; en sorte que quelques vagues l'inondèrent pour la première fois. Dans le même moment arriva la plus grande éruption. L'eau s'élança rapidement dans l'air en colonne continue, & accompagnée d'une grande quantité de vapeur & de fumée. Cette colonne se partagea en plusieurs jets plus ou moins considérables; quelques-uns n'étoient pas continus, mais d'autres leur succédoient aussitôt, & ils se suivoient coup sur coup, comme des fusées volantes. Quelquefois, après être montés verticalement, ils se séparoient ensuite en se dirigeant obliquement; leur hauteur étoit plus ou moins considérable. Une mesure, prise dans une éruption suivante, donna une hauteur de 202 pieds danois. L'eau retomba perpendiculairement dans le bassin; seulement quelques jets obliques lancèrent de l'eau sur les bords, & les jets les plus minces, qui s'élevèrent le plus haut dans l'air, retombèrent en une pluie fine. »

Il est vraisemblable, dit le lieutenant Ohlsen, que ces sources tirent leurs eaux des petites rivières qui courent dans le marais, car la profondeur trouvée du Geyser s'étend beaucoup plus audessous du marais où ces petites rivières coulent.

EAU BOUILLANTE (Température de l'). Degré de chaleur auquel l'eau entre en ébullition.

Le degré de chaleur auquel l'eau entre en ébullition est très-variable. Sa température dépend : 1°. de son degré de pureté; 2°. de la pression à laquelle elle est soumise. L'eau peut tenir en dissolution des substances dont la densité soit plus grande ou plus petite que la sienne, & dont le degré de l'ébullition soit plus ou moins élevé. Lorsque l'eau est mélangée avec des substances plus légères, dont la température de l'ébullition est moins élevée, ce liquide, ainsi altéré, bout à une température moindre que celle de l'eau pure; c'est ce qui a lieu, par exemple, pour les mélanges d'eau & d'alcool. Mais lorsque l'eau tient en dissolution des sels, des terres, & en général des matières plus denses qu'elle, la température de son ébullition est toujours plus élevée que celle de l'eau pure.

Quant à la variation occasionnée par la pression

à laquelle l'*eau* eft foumife, on favoit, depuis long-temps, que de l'*eau* placée fous le récipient d'une machine pneumatique, entroit en ébullition à une température d'autant moins élevée, que l'air qui l'environnoit étoit plus raréfié. On favoit encore, d'après les belles expériences de Papin, que de l'*eau*, renfermée hermétiquement dans un vafe, pouvoit être expofée à une très-haute température, fans entrer en ébullition.

Un réfultat important, qu'il étoit effentiel de connoître, étoit le rapport qui exifte entre la température de l'ébullition & la preffion de l'air. Duluc a entrepris un grand nombre d'expériences pour déterminer cette loi. Il a fait bouillir de l'*eau* dans les plaines & fur le fommet de diverfes montagnes, conféquemment à des preffions très-variables, dont les limites étoient 28 p. 5 lig. $\frac{1}{8}$ de hauteur de la colonne de mercure dans le baromètre, & 19 p. 7 lig. $\frac{5}{16}$. Il a obfervé quelle

température de l'eau bouillante fon thermomètre indiquoit. Comparant entr'elles un grand nombre d'obfervations, Duluc trouva cette loi remarquable (1), que la différence de la chaleur de l'*eau bouillante* fuivoit une progreffion harmonique, quand la hauteur du baromètre étoit prife en progreffion arithmétique. Il ne s'agiffoit plus que d'avoir le rapport des hauteurs du baromètre avec les degrés du thermomètre ordinaire. Il trouva que les $\frac{98}{290000}$ — 16397 des logarithmes des hauteurs du baromètre, donnoient la *température des eaux bouilantes* en centièmes de degrés du thermomètre de Réaumur.

Voici la manière la plus commode d'employer cette formule. Otez de la moitié du logarithme la 100ᵉ partie de cette moitié, plus 103,870,000; féparez les cinq derniers chiffres, vous aurez la hauteur du thermomètre, accompagnée de cinq décimales.

TABLE d'obfervations de la chaleur de l'eau bouillante, faites en 1770.

LIEUX D'OBSERVATION.	HAUTEUR du baromètre.	CHALEUR de l'eau bouillante par		DIFFÉRENCE.
		l'obfervation.	le calcul.	
Beaucaire	28°,5 $\frac{2}{16}$	81,09	81,11	+ 2
Idem	28,2 $\frac{7}{16}$	80,93	80,94	+ 1
Idem	28,2 $\frac{2}{16}$	80,93	80,93	
Fierre-Latte	28,1 $\frac{2}{16}$	80,83	80,85	+ 3
Auriol	27,11	80,72	80,72	
Saint-Valier	27,10	80,68	80,66	— 2
Lyon	27,9 $\frac{7}{16}$	80,64	80,62	— 2
Mont-Luel	27,6 $\frac{13}{16}$	80,47	80,45	— 2
Lyon	27,6 $\frac{8}{16}$	80,47	80,43	— 4
Embournay	27,5 $\frac{11}{16}$	80,35	80,38	+ 3
Sardon	27,5 $\frac{3}{16}$	80,31	80,35	+ 4
Genève	27,1 $\frac{14}{16}$	80,16	80,13	— 3
Idem	27,0 $\frac{13}{16}$	80,10	80,7	— 3
Idem	27,0 $\frac{9}{16}$	80,04	80,04	
Idem	26,4 $\frac{4}{16}$	79,60	79,53	— 7
Moneftier fur-Salève	26,3 $\frac{13}{16}$	79,50	79,46	— 4
Genève	25,11 $\frac{7}{16}$	79,19	79,16	— 3
Abbaye de Sixt	25,11 $\frac{4}{16}$	79,13	79,14	+ 1
Genève	25,11 $\frac{2}{16}$	79,13	79,13	— 2
Grange des Arbres-Salève . . .	24,10 $\frac{8}{16}$	78,20	78,25	+ 5
Grange Tournier	24,5 $\frac{15}{16}$	77,80	77,91	+ 11
Grange des Fonds Sixt	24,1 $\frac{7}{16}$	77,45	77,55	+ 10
Chemin de Groffes-Chèvres . .	23,8 $\frac{7}{16}$	77,18	77,18	
Grange des Communes	23,4 $\frac{2}{16}$	76,89	76,90	+ 1
Groffes-Chèvres	22,11 $\frac{1}{16}$	76,54	76,55	+ 1
Plan de Léchaud	21,10 $\frac{7}{16}$	75,47	75,48	+ 1
Idem	21,10 $\frac{2}{16}$	75,47	75,45	— 2
Grenairon	20,4 $\frac{15}{16}$	73,92	73,99	+ 7
Glacier du Buet	19,7 $\frac{15}{16}$	73,21	73,19	— 2

(1) *Recherches fur les Modifications de l'atmofphère*, tome III, page 139.

Il est une autre manière de déterminer la *température de l'eau bouillante* sous des pressions différentes. La vapeur qui se dégage de l'*eau*, à diverses températures, a une force élastique qui est e maximum de la pression qu'elle peut exercer à cette température, pour exister sous l'état de vapeur; cette force est également la limite de la pression que l'*eau* peut éprouver à cette même température pour entrer en ébullition. Si donc on pouvoit déterminer, par l'expérience, la force élastique de la vapeur, pour chaque température, on auroit celle de l'ébullition de l'*eau* pour chaque pression. Dalton a entrepris des expériences sur cet objet. Nous allons rapporter ici les résultats qu'il a obtenus.

TEMPÉRATURE en degrés de Réaumur.	FORCE ÉLASTIQUE de la vapeur observée en pouces français.	RAPPORT de chaque terme au terme précédent.
0 d.	0,p.18762	1,485
5	0,27875	1,465
10	0,37838	1,450
15	0,59131	1,440
20	0,85412	1,43
25	1,2107	1,41
30	1,7081	1,40
35	2,3840	1,38
40	3,2845	1,36
45	4,4673	1,35
50	6,0539	1,33
55	8,0250	1,32
60	10,757	1,30
65	13,703	1,29
70	17,645	1,27
75	22,526	1,25
80	28,158	

On peut, par deux méthodes différentes, l'une graphique, en traçant une courbe, *fig.* 740, dont les forces élastiques représenteroient les ordonnées, & les températures, les abscises, trouver la température correspondant à toutes les pressions; l'autre mathématique, en employant la méthode des interpolations.

Il est facile, d'après ces résultats, de connoître la *température de l'eau bouillante* sous diverses pressions.

Comme l'ébullition de l'*eau* n'a lieu qu'au moment où l'*eau* de l'intérieur du vase qui la contient, a une température assez élevée pour se vaporiser, on voit que l'épaisseur de la masse d'*eau* n'est pas indifférente pour déterminer exactement la *température de l'eau bouillante*; car plus la tranche d'*eau* est comprimée, plus il faut élever la température pour la faire bouillir; & comme les tranches inférieures de l'*eau* contenue dans le vase sont toujours plus comprimées que celles qui sont à la surface, ces premières doivent avoir

nécessairement une plus haute température que les dernières pour entrer en ébullition.

EAU CÉLESTE. *Eau* contenant une dissolution d'oxide de cuivre par l'ammoniaque, ce qui lui donne une couleur bleu-céleste.

EAU (Clarification de l'); *dilutatio aquæ*; *obklärung der wasser*. Épuration que l'on fait éprouver à l'*eau*, pour lui enlever ses impuretés & la rendre potable.

Parmi les causes qui exigent que les *eaux* soient clarifiées, on distingue, 1°. les substances étrangères qu'elles tiennent en suspension; 2°. celles qui les colorent en leur donnant une odeur & une saveur désagréables.

Depuis long-temps on *clarifie les eaux* troubles en les faisant passer à travers des filtres de différentes natures; il suffit, lorsque la *clarification* se fait en grand, de les faire passer à travers des sables ou à travers des pierres poreuses qui retiennent les impuretés. (*Voyez* FILTRE, FILTRATION.) Mais lorsqu'elles sont corrompues, l'épuration devient plus difficile.

Nous devons à Lowitz une méthode très-ingénieuse de *clarifier les eaux* corrompues & de les rendre potables (1). Cette méthode consiste à mélanger à l'*eau* de la poussière de charbon; mais comme il faut neuf parties pondérables de poudre de charbon, ou dix-huit portions fortement comprimées, pour clarifier 104 parties d'*eau*, environ $\frac{1}{12}$ poids & $\frac{1}{8}$ volume, on voit que la quantité employée est très-considérable.

Ayant remarqué que l'acide sulfurique étoit, comme le charbon, une substance antiputride, Lowitz essaya de mélanger ces deux substances, &, après diverses tentatives, il trouva que 24 gouttes d'acide sulfurique, versées sur une once & demie de charbon, produisoient autant d'effet, sur l'*eau* corrompue, que 4 onces $\frac{1}{2}$ de charbon seul. Depuis, il s'est assuré que 6 gros de poudre de charbon, arrosée de 24 gouttes d'acide sulfurique, suffisoient pour enlever, à 52 onces d'*eau* putride, sa mauvaise odeur, & pour la décolorer en entier. Ce qui réduit le poids du charbon à $\frac{1}{69}$, & le volume, en comprimant la poudre, à $\frac{1}{35}$.

Comme les *eaux* peuvent être plus ou moins corrompues, il est nécessaire d'employer, pour chaque *eau*, des proportions différentes: voici la méthode que Lowitz indique. Lorsqu'on se propose d'épurer une certaine quantité d'*eau* corrompue, on commencera, d'abord, par y ajouter la quantité nécessaire de poudre de charbon, imbibée d'acide sulfurique, pour lui enlever en entier sa mauvaise odeur. Pour s'assurer ensuite que la même quantité de poudre de charbon aura opéré la *clarification* d'une pareille *eau*, on en passera une petite quantité à travers une bourse de toile de

(1) *Annales de Chimie*, tome XVIII, page 88.

deux ou trois pouces de longueur ; si l'*eau*, ainsi filtrée, conserve encore un aspect trouble, on y ajoutera une nouvelle quantité de cette poudre, jusqu'à ce qu'elle soit devenue parfaitement claire ; alors on passera la quantité entière de cette *eau* à travers une chausse, dont la grandeur doit être proportionnée à la quantité d'*eau*.

Depuis 1790, le procédé de Lowitz a éprouvé divers perfectionnemens. On ne mêle plus le charbon avec l'*eau* que l'on veut clarifier, on en forme des filtres à travers lesquels on fait passer de l'*eau*. Enfin, lorsque cette *eau* contient des matières étrangères en suspension, on la fait passer à travers deux filtres différens : les premiers peuvent être de sable, de pierres & même d'éponges ; ils servent à retenir les substances tenues en suspension : le second est un filtre de charbon, dont l'objet est de détruire toute odeur & saveur étrangères à l'*eau*. Enfin, on donne aux *eaux* un mouvement qui leur fait reprendre l'air qui leur est nécessaire, pour détruire leur fadeur & leur donner la saveur qui distingue les *eaux* potables. *Voyez* EAU.

EAU (Compressibilité de l') ; compressibilitas aquæ ; *compressibilitaet der wasser*. Propriété de l'*eau*, d'être très-peu compressible. *Voyez* COMPRESSION, COMPRESSIBILITE.

EAU (Composition de l') ; compositio aquæ ; *zusammen setzung der wasser*. Opération par laquelle on forme de l'*eau* en combinant du gaz oxigène avec du gaz hydrogène.

Pendant long-temps on a regardé l'*eau* comme un corps simple ; les anciens philosophes la considéroient comme un des quatre élémens dont ils supposoient que toutes les matières du globe étoient composées. Cependant, plusieurs physiciens du 17e & du 18e siècle la soupçonnèrent composée. Boyle & Margraff, ayant distillé une même *eau* un grand nombre de fois, obtinrent un peu de terre ; Eller, en broyant de l'*eau* dans un mortier, obtint aussi de la terre qu'il crut provenir de l'*eau* ; Van-Helmont ayant fait croître des arbres par le simple contact de l'*eau*, en conclut que l'*eau* pouvoit être convertie dans toutes les substances qui se trouvent dans le végétal. Comme, parmi toutes ces expériences, la seule qui pouvoit réellement favoriser l'opinion de la conversion de l'*eau* en terre, étoit la distillation répétée d'une même *eau*, Lavoisier crut devoir recommencer l'expérience (1), en y apportant cette exactitude qu'il avoit introduite en chimie ; mais il aperçut bientôt que la terre que l'on obtenoit, provenoit des vaisseaux distillatoires.

Dès que l'on se fut assuré que l'air n'étoit pas une substance simple & élémentaire, qu'il existoit plusieurs espèces d'air qui avoient des propriétés différentes, & auxquelles on donna le nom de *gaz* ; que les uns brûloient & que les autres favorisoient la combustion & la respiration ; que d'autres éteignoient la lumière & tuoient les animaux qui les respiroient, on chercha à réunir ces gaz les uns avec les autres, à les brûler, pour en obtenir des composés nouveaux.

Schéele est le premier qui ait fixé son attention sur les phénomènes qui ont lieu pendant la combustion de l'hydrogène. Enflammant du gaz hydrogène au bout d'un tuyau communiquant à un matras posé sur l'*eau* (1), & rempli de gaz oxigène, l'*eau* monta dans le matras, remplit les ⅞ de sa capacité ; alors la flamme s'éteignit. D'où le chimiste suédois conclut que l'hydrogène s'étoit combiné avec l'oxigène, & qu'il y avoit eu production de chaleur.

Macquer (2), en 1776, enflamma, en présence de Sygaud de Lafond, du gaz hydrogène contenu dans un flacon ; il appliqua une soucoupe de porcelaine blanche sur la flamme, pour voir s'il se déposoit de la suie ; la voûte du vase, au lieu d'être noircie, étoit tapissée de quelques gouttes d'*eau* ; mais il crut cette *eau* accidentelle.

Buquet & Lavoisier firent détoner, en 1777 (3), un mélange de gaz oxigène & de gaz hydrogène. Buquet soupçonnoit que le produit devoit être de l'acide carbonique ; Lavoisier, au contraire, s'attendoit à la formation de l'acide sulfurique ou sulfureux : n'ayant obtenu ni l'un ni l'autre des résultats qu'ils attendoient, ils abandonnèrent ce genre de recherche.

Pendant l'hiver de 1781 à 1782, Lavoisier refit de nouveau ces expériences ; il les fit en présence de Gingembre (4). Ils remplirent un flacon, d'une capacité de six pintes, avec du gaz hydrogène ; ils l'enflammèrent, &, avant de boucher le flacon, ils y mirent deux onces d'*eau* de chaux. Cette expérience a été répétée trois fois, sans pouvoir reconnoître le produit de la combustion.

En 1781, Walter & Priestley enflammèrent un mélange de gaz oxigène & de gaz hydrogène ; ils trouvèrent, dans une expérience après la combustion, que le poids total étoit diminué ; dans une autre, ils obtinrent 30 grains d'*eau*, mêlée d'un peu d'acide nitrique, en brûlant 37,000 grains de gaz hydrogène avec 19,800 gr. de gaz oxigène ; enfin, dans une troisième expérience, les parois du vase se couvrirent intérieurement d'une substance fuligineuse, que Priestley soupçonna provenir du mercure employé pour remplir le vaisseau.

_____

(1) *Mémoires de l'Académie royale des Sciences*, année 1770, page 73.

(1) *Chimie de Schéele*, tome I.
(2) *Dictionnaire de Macquer*.
(3) *Mémoires de l'Académie royale des Sciences*, année 1781, page 470.
(4) *Idem*.

Jufqu'ici, perfonne n'avoit foupçonné que l'*eau* fût une fubftance compofée, lorfque Cawendish en Angleterre, Monge, Lavoifier & Laplace en France, annoncèrent, en 1783, que l'*eau* étoit formée d'oxigène & d'hydrogène; Cawendish eft, de ces trois favans, celui qui reconnut le premier cette compofition, mais il n'avoit opéré que fur de très-petites quantités. Le 24 juin de la même année, Lavoifier & Laplace firent, à Paris, la combuftion de ces deux gaz dans un appareil qui ne comportoit pas toute la précifion qu'il étoit à defirer qu'il eût. Ils obtinrent 295 grains d'*eau*; cette combuftion fut faite en préfence de Leroi, de Vandermonde & de Blagden. Ce dernier avoit annoncé à la fociété les réfultats obtenus par Cawendish; Monge fit fon expérience à Mézières, dans les mois de juin & de juillet, fans avoir eu aucune connoiffance des réfultats de Cawendish, & cette expérience fut commencée dans les premiers jours de juin, conféquemment plufieurs jours avant celle de Lavoifier & de Laplace, & cela, dans un appareil qui avoit été difpofé dans l'automne de 1782, & qui n'avoit pu être terminé avant les premiers jours de juin, à caufe de la difficulté que l'on éprouvoit, à Mézières, à fe procurer les objets qui étoient néceffaires.

Lavoifier, Laplace & Monge ont opéré par des méthodes différentes : les premiers brûlèrent un jet continu de gaz hydrogène, dans un vafe rempli de gaz oxigène; Monge réuniffoit les deux gaz dans un ballon, les enflammoit par une étincelle électrique, rempliffoit de nouveau le ballon des deux gaz, dans une proportion déterminée, excitoit une nouvelle étincelle pour les embrafer, & continuoit ainfi, jufqu'à ce qu'il eût employé tous les gaz qu'il avoit deftinés à cette expérience. Après un certain nombre d'explofions, il retiroit, à l'aide d'une pompe pneumatique, le réfidu des gaz brûlés, & rempliffoit ce ballon avec de nouveaux gaz; ce réfidu étoit analyfé pour déterminer la proportion des gaz brûlés.

« Nous cherchâmes, dit Lavoifier (1), par voie de tâtonnement, quelle devoit être l'ouverture de nos robinets pour fournir la jufte proportion des deux airs; nous y parvînmes aifément, en obfervant la couleur & l'éclat du dard de la flamme qui fe formoit au bout de l'ajutoir. La jufte proportion des deux airs donnoit la flamme la plus lumineufe & la plus belle. Ce premier point trouvé, nous introduisîmes l'ajutoir dans la tubulure de la cloche, laquelle étoit plongée fur du mercure, & nous y fîmes brûler les airs, jufqu'à ce que nous euffions épuifé les provifions que nous avions faites. Dès les premiers inftans, nous vîmes les parois

de la cloche s'obfcurcir & fe couvrir de vapeur; bientôt elles fe raffemblèrent en gouttes & ruiffelèrent de toutes parts fur le mercure, & en quinze ou vingt minutes, fa furface fe trouva couverte. L'embarras étoit de raffembler cette *eau*; mais nous y parvînmes aifément, en paffant une affiette fous la cloche, fans la fortir du mercure, & en verfant enfuite l'*eau* dans un entonnoir de verre; en laiffant enfuite couler le mercure, l'*eau* fe trouva réunie dans le tube de l'entonnoir : elle pefoit un peu moins de cinq gros.

» Comme les deux airs étoient conduits des caiffes pneumatiques à la cloche, par des tuyaux flexibles de cuir, & qu'ils n'étoient pas abfolument imperméables à l'air, il ne nous a pas été poffible de nous affurer de la quantité exacte des deux airs, dont nous avions ainfi opéré la combuftion. »

Monge a fait fon expérience (1) dans l'appareil repréfenté *fig.* 741. Il fe compofe d'un ballon M communiquant par deux tubes I, K, avec deux cloches graduées P Q, *p q*, l'une remplie de gaz oxigène, & l'autre de gaz hydrogène. Ces gaz font introduits dans le ballon à l'aide d'une preffion d'*eau*, en ouvrant les robinets I, K. Un autre tube L G communique à une machine pneumatique, afin de pouvoir faire le vide dans le ballon & recueillir les gaz qu'il contient.

Trois cent foixante-douze explofions obtenues dans ce ballon, en y introduifant fucceffivement 145 pintes $\frac{91}{144}$ de gaz hydrogène, pefant 6 gr. 10,03 grains, & 74 pintes $\frac{9}{10}$ de gaz oxigène, pefant 3 onc. 0 gr. 58,53 grains, en tout 3 onc. 6 gr. 68,56 grains, lefquels ramenés à une preffion uniforme, formant un poids de 3 onces 6 gros 27,56 grains, ont produit 3 onces 5 gros 1,01 gr. d'*eau*. Ainfi, il s'en faut de 1 gr. 26,55 grains que ce poids fût égal à celui des gaz employés.

« Cette différence, dit Monge, peut venir : 1°. de ce que j'ai corrigé les volumes d'air d'après l'état moyen du baromètre pendant l'opération, tandis qu'il faudroit corriger chaque volume d'après la hauteur du baromètre pendant fa confommation particulière; 2°. & principalement de ce que je n'ai pas tenu compte des changemens de température dans les réfervoirs, qui ont dû s'échauffer par le voifinage du ballon, quoique le thermomètre n'ait pas varié fenfiblement dans l'appartement; 3°. de la perte occafionnée par la vaporifation dans chaque opération.

Si l'on compare les trois réfultats fur la *compofition de l'eau*, obtenus en même temps par Cawendish, Lavoifier, de Laplace & Monge, on voit que ceux des deux premiers ne font que des effais que l'on s'eft empreffé de publier, &

---

que

que celui de Monge est un résultat définitif, qui suppose plusieurs essais préliminaires que ce savant n'a pas cru devoir publier. Cette seule considération doit nécessairement donner à Monge l'antériorité de la découverte.

Depuis, l'expérience de la décomposition de l'eau a été répétée avec beaucoup de soin, en employant la méthode de Lavoisier & de Laplace, c'est-à-dire, en brûlant, d'une flamme continue, l'un des deux gaz dans un ballon rempli de l'autre. La première expérience exacte, qui ait été faite avec beaucoup d'appareil, en se servant de deux gazomètres imaginés par Meusnier (voyez GAZOMÈTRE) est celle que Lavoisier fit publiquement en 1784 dans son laboratoire, en présence d'un grand nombre de savans français & étrangers, & à laquelle nous fûmes présens.

5g.67 $\frac{1}{2}$ gr. = 427 $\frac{1}{2}$ grains de gaz hydrogène, ayant été brûlés avec 4^u.6g.25 $\frac{5}{2}$ gr. = 2761 $\frac{6}{9}$ grains de gaz oxigène, en tout 3178 $\frac{1}{2}$, ils ont obtenu 5°.48.51 gr. = 3219. La différence de poids est en plus, pour l'eau obtenue, de 30 grains. Le rapport en poids des deux gaz employés est à peu près comme 14 à 86. Dans une autre expérience, Lavoisier trouva que les proportions en poids de l'hydrogène à l'oxigène étoient comme 15 est à 85.

Plusieurs expériences sur la composition de l'eau ont été faites ensuite: d'abord, en 1788, par Lefebvre de Gineau (1), au Collège de France, en présence de Lavoisier, Monge, Berthollet, Leroy, Bayen, Pelletier, &c.; on y brûla plus de 280 gros des deux gaz, dans la proportion de 15,2 de gaz hydrogène & de 84,8 de gaz oxigène; ensuite, en 1790, par Fourcroy, Vauquelin & Seguin (2). On a brûlé, en 185 heures, 7249 grains des deux gaz, dans la proportion de 85,66 de gaz oxigène & 14,34 de gaz hydrogène, & l'on a obtenu 7245 grains d'eau. Cette dernière expérience paroît être une des plus exactes qui ait été faite. Voyez COMPOSITION DE L'EAU.

Comme Fourcroy, Vauquelin & Seguin n'ont pas eu égard au gaz saturé d'eau, qui, d'après Saussure, est de 10 grains par pied cube à 14°, il est juste d'en tenir compte pour déterminer le poids réel des gaz. D'après cette correction, on auroit les rapports suivans en poids:

Oxigène 87,41
Hydrogène 12,59
　　　　　　　　　　　　　　　　100

& la proportion des mêmes gaz en volume seroit, d'après Humboldt & Gay-Lussac:

Gaz oxigène 100
Gaz hydrogène 200

(1) Journal de Physique, année 1788, tome II, p. 447.
(2) Annales de Chimie, tome VIII, page 230.
Dict. de Phys. Tome III.

Nous ne croyons pas devoir rapporter ici l'expérience à l'aide de laquelle nous avons obtenu de l'eau, en comprimant fortement un mélange des gaz oxigène & hydrogène dans les proportions convenables. Voyez COMPOSITION DE L'EAU, COMPRESSION DES GAZ.

EAU (Conductricité de l'); conductores facultas aquæ; leiterische das wasser. Propriété de l'eau pour propager des effets.

On n'applique ordinairement la qualité conductrice des corps qu'au calorique, à l'électricité & au galvanisme.

D'après les expériences de Rumfort, l'eau paroît être un mauvais conducteur du calorique (voyez CONDUCTEUR DU CALORIQUE); elle est, au contraire, un très-bon conducteur de l'électricité; car il suffit de mouiller un tube de verre ou de résine avec ce liquide, ou avec sa vapeur, pour qu'ils perdent à l'instant leur vertu électrique (voyez CONDUCTEUR DE L'ÉLECTRICITÉ): elle devient presque isolante pour transmettre le galvanisme. Voyez CONDUCTEUR DU GALVANISME, ÉLECTRICITÉ, ÉLECTROMOTEUR, GALVANISME.

EAU (Conduits d'). Tuyaux ou canaux qui servent à conduire les eaux. Voyez CONDUITS D'EAU.

EAU (Congélation de l'); congelatio aquæ; gefrierung das wasser. Transformation de l'eau en glace. Voyez CONGÉLATION, CONGÉLATION DE L'EAU.

EAU CONVERTIE EN TERRE. Opinion de quelques philosophes, & en particulier de Bertrand, qui considèrent l'eau comme un des élémens primitifs de la formation du globe. Voyez EAU (Composition de l').

EAU D'ARCHIMÈDE (Épreuve de l'). Moyen pratiqué par Archimède pour connoître, par la pesanteur spécifique d'un composé, la proportion des composans. Voyez EPREUVE D'EAU D'ARCHIMÈDE, DENSITÉ, PESANTEUR SPÉCIFIQUE.

EAU DE CHAUX; aqua calcis; kalk wasser. Eau qui contient environ une partie de chaux en dissolution dans 600 parties d'eau.

EAU (Décomposition de l'); disjunctio aquæ; zersetzung das wasser. Procédé par lequel on décompose l'eau & l'on obtient ses deux élémens.

On peut décomposer l'eau, soit en l'exposant à l'action de diverses substances qui ont plus d'action sur l'un de ses élémens que l'autre élément qui y est combiné; tels sont les métaux, le soufre, le phosphore échauffés, les dissolutions métalliques, l'acte de la végétation, &c. L'un des gaz se dégage, l'autre reste combiné. Voyez DÉCOMPOSITION DE L'EAU, GAZ HYDROGÈNE.

B

On peut encore décompofer l'*eau* en fes deux élémens, par l'action galvanique ou électrique.

Par le galvanifme, on fait communiquer deux fils métalliques aux deux pôles différens d'une pile; on plonge ces deux fils dans l'*eau* & on les approche l'un de l'autre: lorfqu'ils font à une diftance convenable, l'*eau* fe décompofe; fi les fils métalliques font difficilement oxidables, comme l'or, le platine, on obtient les deux gaz féparément; fi les fils font d'un métal oxidable, comme le cuivre, le fer, l'un des fils s'oxide, & il ne fe dégage que du gaz hydrogène. *Voyez* ELECTROMOTEUR, GALVANOMÈTRE, ELECTRICITÉ (DÉCOMPOSITION DE L'EAU.)

Voulant s'affurer fi la *décompofition* de l'eau par la pile galvanique provenoit de l'électricité qui s'y développe, ou d'une action particulière & diftincte de l'electricité, Paeft Van-Trooftwyk & Deiman firent diverfes tentatives pour cet objet, & ils parvinrent, après de nombreufes recherches, à décompofer l'*eau* par l'étincelle électrique. Ils ont pris un tube de verre d'une ligne d'épaiffeur & de dix lignes de longueur. L'une des extrémités du tube a été fermée à la lampe, après y avoir introduit un fil d'or de $\frac{1}{12}$ de ligne de diamètre. Dans l'autre extrémité du tube, qui étoit ouverte, on avoit mis un fil femblable qu'on pouvoit mouvoir librement. On remplit alors le tube d'*eau*, privé d'air par l'ébullition & par la machine pneumatique: le tube fut placé dans l'*eau* par fon extrémité ouverte.

Le fuccès de cette expérience dépend uniquement de la force de l'étincelle électrique. L'étincelle du conducteur fimple de la grande machine de Teylor ne fut pas affez forte; il fallut employer une bouteille de Leyde. Celle qui a fervi à l'expérience avoit une furface couverte de 120 pouces carrés; fi l'étincelle étoit trop forte, le tube cafferoit infailliblement.

On écarte les extrémités des deux fils jufqu'à ce qu'on aperçoive que chaque étincelle forme une petite bulle de fluide élaftique, qui paffe dans la partie fupérieure du tube.

Il faut à peu près fix cents étincelles pour former une colonne d'un pouce & demi de gaz. Le fluide électrique qui paffe à travers, l'enflamme, & il ne refte qu'une petite bulle d'air, qui peut provenir d'un peu d'air contenu dans l'*eau*. Si l'on continue l'expérience fur la même quantité d'*eau*, ayant foin de laiffer fortir chaque fois la bulle d'air qui s'étoit formée, les inflammations fubféquentes ont lieu fans qu'il y ait un réfidu d'air.

Cette expérience fe répète maintenant dans tous les cours de phyfique. L'appareil dont on fe fert confifte en une bouteille de Leyde A, *fig.* 742, communiquant par fa partie intérieure avec une machine électrique E; fon armure extérieure communique en B avec le pied d'un tube de verre rempli d'eau. Dans ce tube font deux tiges

métalliques *a*, *b*, terminées par des boules; la tige fupérieure *b* paffe dans une boîte à cuir C, dans laquelle elle peut fe mouvoir, afin de rapprocher ou d'éloigner la boule *b* de celle *a*. La tige D communique à une tige de cuivre E, fupportée par un pied de verre F, qui l'ifole. L'extrémité G de cette tige fe rapproche plus ou moins de la boule K, qui communique à l'intérieur de la bouteille de Leyde.

En faifant mouvoir la machine électrique, la bouteille de Leyde fe charge, jufqu'à ce qu'elle foit arrivée à un degré d'intenfité qui dépend de la proximité des boules G & K; alors une étincelle part entre ces deux boules, la bouteille de Leyde fe décharge, & il fe décompofe une petite portion d'*eau* entre les boules *a* & *b*, lorfqu'elles font à une diftance convenable. Continuant de faire mouvoir la machine électrique, les étincelles fe fuivent, & de l'*eau* fe décompofe entre les boules *a* & *b*.

Wolafton a également *décompofé* l'*eau*, en fixant une feuille d'or, très mince, dans un tube de verre capillaire. Soudant ce tube à une de fes extrémités, l'ufant enfuite, jufqu'à ce qu'avec une loupe on pût découvrir la pointe de l'or qui commençoit à fe faire jour; plongeant le bout ufé du tube dans un vafe rempli d'*eau* qui communiquoit au fol, & approchant l'autre bout du fil du conducteur d'une machine électrique, à chaque étincelle partie de la machine fur le fil, une portion d'*eau* fe décompofoit à l'extrémité du tube. L'intervalle d'air que le conducteur étoit obligé de traverfer, pour arriver du conducteur au fil, afin qu'il y eût décompofition d'*eau*, doit être d'autant plus grande que le fil eft plus gros. Pour un fil de $\frac{1}{10}$ de pouce de diamètre, l'intervalle d'air traverfé par l'étincelle devoit être de $\frac{3}{4}$ de pouce.

Jufqu'ici la *décompofition de l'eau* par l'électricité n'étoit obtenue que par des étincelles fucceffives: pour établir une analogie plus complète entre cette décompofition & celle qui a lieu avec la pile galvanique, il falloit pouvoir décompofer l'*eau* par un fimple courant électrique. Voici comment Wolafton y parvint.

« J'introduifis (dit le favant anglais) dans un tube capillaire, une folution d'or dans l'*eau* régale, &, en chauffant le tube, je fis évaporer l'acide: il reftoit une couche très mince d'or, qui garniffoit l'intérieur du tube, &, qui, lorfque je chauffai celui-ci jufqu'à l'amollir, devint un fil d'or très-fin, au milieu de la fubftance du tube.

» En faifant, du tube ainfi préparé, le moyen de communication de l'électricité à travers l'*eau*, je trouvai que le fimple courant de l'électricité faifoit paroître une férie de bulles très-petites à l'extrémité du fil d'or, quoique l'autre extrémité, par laquelle le fil communiquoit avec le conducteur, vitré ou réfineux de la machine, fût en contact parfait avec ce conducteur, & qu'il ne fe produisît alors aucune étincelle visible dans le trajet de l'électricité. »

EAU DE CRISTALLISATION ; aqua criſtalliſationis ; *kryſtalliſation waſſer*. Eau entraînée par les ſubſtances qui ſe ſolidifient & qui ſe combine avec les criſtaux qui ſe forment dans ce liquide.

Tous les criſtaux qui ſe forment dans l'*eau*, entraînent de l'*eau de criſtalliſation*. Sa quantité influe ſur leurs formes, leurs tranſparences & leurs ſolidités. Il en eſt, comme les criſtaux de gypſe, qui deviennent opaques, lorſqu'on leur enlève leur *eau de criſtalliſation*. Cette *eau* eſt, dans les criſtaux, à l'état ſolide.

EAU DE LUCE ; aqua Luce ; *Lucien waſſer*. *Eau* ſpiritueuſe, d'une odeur forte & vive, employée à l'extérieur pour faire revenir les perſonnes qui ſe trouvent mal, & pour calmer les douleurs qui proviennent de la piqûre des inſectes.

Pour obtenir cette *eau*, on diſſout 10 à 12 grains de ſavon blanc dans 4 onces d'alcool ; on y mêle 1 gros d'huile de ſuccin rectifié, & l'on filtre. On ajoute enſuite de l'ammoniaque liquide très-concentré, juſqu'à ce que le liquide, qu'on agite dans un flacon, ait acquis une belle couleur de blanc de lait mat. S'il ſe forme une pellicule à la ſurface, on ajoute un peu d'alcool.

EAU DE MER ; aqua marina ; *ſeewaſſer*. *Eau* qui couvre une grande partie de la ſurface de la terre.

La maſſe d'eau qui couvre la ſurface de la terre, à laquelle on a donné le nom de *mer*, d'Océan, eſt immenſe : on eſtime au quart de la ſurface totale du globe de la terre, la partie occupée par les continens & les îles. Ainſi, la ſurface de la mer doit être environ le 0,75 de celle du globe terreſtre ; quant à ſa profondeur, il a été impoſſible de la déterminer par l'expérience. Au défaut d'expérience, Laplace a cherché à y ſuppléer par l'analyſe, & il a trouvé qu'en ſuppoſant que les marées fuſſent produites par l'attraction réunie du ſoleil & de la lune, il falloit, pour faire coïncider les cauſes aux effets, que les profondeurs des mers fuſſent uniformes & qu'elles euſſent environ 2 myriamètres de hauteur ; ce qui porteroit le volume des *eaux de la mer* à 133,000 myriamètres cubes.

Puiſée à la ſurface ou près du rivage, l'*eau de la mer* a une ſaveur amère & très-déſagréable ; mais retirée à une grande profondeur, elle n'eſt que ſalée : ſa peſanteur ſpécifique varie entre 1,0269 & entre 1,0285. Sa température à la ſurface varie comme celle de l'air. Toutes les obſervations faites juſqu'à préſent font préſumer que la température diminue avec la profondeur. A profondeur égale, les *eaux de la mer* ſont plus froides vers les pôles que vers l'équateur. Per-

ſon (1) ne craint pas d'avancer que les abîmes les plus profonds des mers, de même que les ſommets de nos montagnes les plus élevées, ſont éternellement glacés, même ſous l'équateur.

Toutes les analyſes qui ont été faites des *eaux de la mer* font voir qu'elle eſt compoſée de muriate de ſoude & de magnéſie, & de ſulfate de chaux. La proportion de ces ſels varie entre 0,033 & 0,045. D'après Pages, cette proportion croîtroit depuis l'équateur, où l'eau contient 0,033, juſqu'à 45°, où elle contient 0,45. En effet, ſa peſanteur ſpécifique paroît être la plus petite à l'équateur, & aller en augmentant à meſure que l'on s'approche du 45ᵉ. deg. Cependant pluſieurs obſervations ſemblent contrarier ce réſultat. Nous allons préſenter ici le tableau des peſanteurs ſpécifiques des *eaux de la mer*, priſes à la ſurface, à différens degrés de latitude, déterminées par les expériences de Bladh, & réduites par Kirwan à la température de 13°,33 R. (2).

Latitude.		Longitude.		Denſité.
N. 59°,39	Or.	8°,48		1,0272
— 57,18	—	18,48		1,0269
— 57,01	Oc.	1,22		0,0272
— 54,00	—	4,45		1,0271
— 44,32	—	2,04		1,2776
— 44,07	Or.	0,09		1,0276
— 40,41	—	0,30		1,0276
— 34,43	—	1,18		1,028
— 29,50	=	0,00		1,0281
— 24,00	Oc.	2,33		1,0284
— 18,28	—	3,24		1,0281
— 16,36	—	3,37		1,0277
— 14,56	—	3,46		1,0275
— 10,30	—	3,49		1,0272
— 5,50	—	3,28		1,0274
— 2,20	—	3,26		1,0271
— 1,25	=	3,30		1,0270
S. 0,16	—	2,40		1,0277
— 5,10	—	6,00		1,0277
— 10,00	—	6,05		1,0285
— 14,40	—	7,00		1,0284
— 20,06	—	5,30		1,0285
— 25,45	=	2,22		1,0281
— 30,25	Or.	7,12		1,0279
— 37,37	—	68,13		1,0276

De nouvelles obſervations faites par M. Lamarque, officier très-diſtingué, qui a recueilli de l'*eau de la mer* à diverſes latitudes pendant ſa traverſée de Rio-Janeiro en France, en 1806 (3), préſentent

(1) *Annales du Muſéum d'hiſtoire naturelle.*
(2) *Kirwans'*. *Geol. Eſſays*, pag. 350.
(3) *Annales de Chimie & de Phyſique*, tome IV, p. 426 & ſuivantes.

de grandes irrégularités, même sur les *eaux* d'un même lieu prises plusieurs fois de suite. La moyenne des densités, entre 35° nord, 0, & 25° sud de latitude, est de 1,0286, & celle des résidus salins 3,65.

On voit dans ce tableau que la densité des *eaux de la mer* n'augmente depuis l'équateur jusqu'au 35°. deg. nord d'une part, & jusqu'au 25°,55 sud de l'autre, que d'une manière très-irrégulière ; mais ce qu'il y a de remarquable, c'est que la salure de ces *eaux* ne suit pas la même loi, ce qui peut dépendre de ce que les résidus salins n'auront pas été calcinés au même degré.

Non-seulement la proportion de sel & la densité de l'eau augmentent à la surface, à mesure que l'on s'écarte de l'équateur, mais elles augmentent encore dans la profondeur. L'eau prise à quelques cents pieds de profondeur contient toujours plus de sel que celle de la surface. Cette augmentation dans la proportion du sel, avec la profondeur où l'*eau* est prise, a fait présumer à quelques géologues que le fond de la mer, à de grandes profondeurs, devoit être recouvert de sel à l'état solide.

Au reste, l'équilibre des couches superposées peut avoir lieu, dans une *eau* tranquille, avec une densité uniforme (1) dans toutes les couches, ou avec une densité croissante d'une manière quelconque, de la surface au fond. Dans ce dernier cas, il sembleroit possible que le fond de la mer fût plus salé que sa surface ; mais si l'on suppose un état primitif d'une densité uniforme dans toute l'étendue des mers, il seroit impossible, d'après l'opinion de Gay-Lussac, que la salure fût plus grande aujourd'hui au fond qu'à sa surface, au moins d'une manière sensible : la densité de toute la masse ne pourroit augmenter qu'aux dépens de l'*eau* évaporée à sa surface ; mais comme cette quantité, assez petite par elle-même, est d'ailleurs compensée annuellement par les *eaux* de pluie, elle ne peut évidemment influer sur la salure de la mer d'une manière appréciable.

M. Gay-Lussac a négligé ici un élément, c'est la précipitation qui se forme naturellement dans une *eau* tranquille, qui tient un sel en dissolution, précipitation qui produit, au bout d'un temps plus ou moins long, des couches d'une densité croissante de la surface au fond. Il existe dans les opérations de la nature & dans celles des arts, un grand nombre d'exemples de ces précipitations naturelles.

Wilcke a remarqué dans la mer Baltique, que la direction du vent occasionnoit des différences dans le degré de salaison & dans la pesanteur spécifique des *eaux*. Cette densité, ramenée à la température de 13,33 R., étoit :

Vent d'est	1,0039
— d'ouest	1,0067
— de nord-ouest	1,0098
Tempête d'ouest	1,0118

Puisées à sa surface ou près du rivage, les *eaux de la mer* ayant une saveur amère & très-désagréable, tandis que celle qu'on retire à de grandes profondeurs n'est que salée : on présume que cette amertume est due aux substances animales & végétales qui y sont accidentellement mêlées près de sa surface.

Les *eaux des mers*, renfermées dans des bassins qui ne communiquent à l'Océan que par une ouverture, comme la Méditerranée, la Mer-Noire, la Mer-Rouge, la baie d'Hudson, la mer Baltique, &c., sont moins salées que celles de l'Océan. Cette dernière ne contient, dans les temps ordinaires, que 0,018 de sel, & dans les tempêtes de l'ouest 0,023, tandis que celle de l'Océan contient, quantité moyenne, 0,039. Si l'on pouvoit considérer la Mer-Morte ou Lac-Asphaltique, contenu dans l'intérieur des terres en Syrie, comme analogue aux autres mers, elle feroit une exception, en ce que ces *eaux* sont beaucoup plus salées que celles de l'Océan, leur pesanteur spécifique étant de 1,2403, & la quantité de sel qu'elles contiennent, étant de 0,444.

Diverses hypothèses ont été données sur la salure des *eaux de la mer* : les uns l'attribuent à des masses de sel existantes dans le fond de la mer ; d'autres, à la formation continuelle de sel marin, par la réunion de ses élémens, qui se rencontrent épars dans l'Océan ; d'autres, aux fleuves & aux rivières qui charient les sels que leurs *eaux* ont dissous à la surface des terres des continens & des îles.

Une question assez intéressante a été long-temps agitée par les géologues ; c'est celle de la diminution des *eaux de la mer*. Les uns assurent, d'après les coquillages marins que l'on trouve dans des masses de pierre qui forment de très-hautes montagnes, que ces *eaux* ont primitivement couvert tout le globe, & qu'elles ont ensuite diminué ; ils donnent pour cause de cette diminution, de vastes excavations existantes dans l'intérieur de la terre, & dans lesquelles les *eaux* se sont retirées ; d'autres prétendent que la masse des *eaux* est encore la même, mais qu'elle a été déplacée par des grands mouvemens survenus au globe de la terre. *Voyez* GÉOLOGIE, DENSITÉ DE LA TERRE, MER.

EAUX DE LA MER RENDUES POTABLES. *Eau de la mer*, purifiée au point de la rendre potable.

C'est une question bien importante que celle de rendre les *eaux de la mer potables*. La solution de ce problème rendroit un service essentiel aux navigateurs, qui éprouvent des souffrances horribles lorsqu'ils sont privés de cette substance si utile à la vie.

---

(1) *Annales de Chimie & de Physique*, tome IV, page 435.

Trois moyens ont été proposés : 1°. la filtration ; 2°. la congélation ; 3° la distillation.

Pline, dans son *Histoire naturelle*, livre XXXI, dit que, si l'on plonge dans la mer des boules de cire creuses, elles se remplissent d'eau. Ce même procédé a été indiqué dans les *Transactions philosophiques*, année 1665, n°. 7. Leibnitz (1) pense que de l'*eau de la mer* qu'on feroit passer, à l'aide de compression ou d'aspiration, à travers de la litharge ou d'autres oxides, deviendroit potable. Quelques personnes ont avancé que l'*eau de mer* pouvoit se filtrer à travers le verre enfoncé à une très-grande profondeur. Nollet & Réaumur assuroient que l'*eau de la mer*, filtrée dans un tube de verre disposé en zig-zag, formant une longueur de mille toises, & rempli de sable fin, sortoit potable. Toutes ces expériences ayant été répétées avec soin, on s'est assuré, par leur peu de succès, que l'on n'avoit encore aucun moyen de rendre l'eau potable par la filtration.

Samuel Reyer (2) a remarqué que l'*eau de la mer*, en se gelant, se divise en deux parties : l'une, congelée, est douce ; l'autre, liquide, est augmentée de salaison. Le capitaine Phipps, dans son voyage au pôle boréal, dit avoir rempli ses futailles d'une *eau douce* de glace, qu'il a trouvée très-pure & très-bonne. Cook, dans son deuxième voyage, fit ramasser des morceaux de glace qui lui donnèrent 15 tonneaux de bonne *eau douce*. Nairac (3) a constaté par l'expérience, que l'*eau de mer* a produit un beau glaçon qui, après avoir été lavé, n'offroit plus que la saveur de l'*eau* douce. Forster observe que, dans cette circonstance, on doit prendre les morceaux les plus solides, & non pas ceux qui sont poreux, parce que ces derniers contiennent toujours de l'eau salée dans leurs pores. Voilà donc un moyen de rendre les *eaux de la mer potables*. Mais Forster observe que l'*eau*, obtenue par la fonte de la glace, donna des coliques & des enflures dans les glandes de la gorge à tous ceux qui en burent : ce qu'on a attribué à l'absence de l'air dont cette *eau* devoit être privée.

On peut diviser en trois modes différens ceux qui ont été proposés pour rendre l'*eau de la mer potable* par la distillation : 1°. distiller l'*eau de la mer* en lui ajoutant diverses substances ; 2°. distiller l'*eau de la mer* sans addition, dans des alambics particuliers ; 3°. distiller l'*eau de la mer* dans le vide.

Hanton (4) paroît être le premier qui proposa la distillation de l'*eau de la mer*, mais il vouloit qu'on y ajoutât de l'alcali fixe. Hales croyoit qu'il étoit nécessaire de soumettre d'abord l'*eau de la mer* à

une fermentation putride, puis d'y ajouter de la craie, afin de retenir l'acide muriatique, & distiller ensuite. Appleby vouloit qu'on mêlât à l'*eau de la mer* 4 ou 6 onces d'os calcinés, réduits en poudre, & de potasse caustique, dans environ 20 pintes d'eau. Le docteur Butler proposa l'usage de la lessive des savonniers, à la place de la potasse caustique & des os calcinés. Mais les *eaux*, distillées ainsi, entraînoient quelques portions des substances qu'elles contenoient, & elles étoient désagréables & dangereuses.

Gauthier, médecin de Nantes, paroît être le premier qui distilla, en 1717, de l'*eau de mer* sans addition. Ensuite Lind, Hoffmann, Poissonnier, Erwing, proposèrent des alambics commodes & économiques ; mais ce procédé avoit le désavantage de consommer beaucoup de combustible, & d'exiger autant & plus d'embarras dans un vaisseau qu'un plus grand nombre de tonnes d'*eau*.

Des expériences furent faites en grand, en 1783 & 1784, par le général Meusnier, membre de l'Académie des Sciences, pour distiller l'*eau de la mer* dans le vide ; elles eurent le plus grand succès ; & comme cette *eau* étoit privée d'air, Meusnier lui rendoit celui qui lui étoit nécessaire, avec une espèce de vis d'Archimède, mue en sens inverse. Les débris de la machine à distiller de Meusnier, vendus séparément, après sa mort, à des chaudronniers, ont été acquis en partie par l'École polytechnique. Rochon a revendiqué, en 1813 (1), sur cette invention, qu'il attribue à Turgot ; mais, nous devons le dire, l'expérience de Meusnier a été faite en grand, & nous nous rappelons d'avoir été présent, en 1784, à une de ses expériences, qui a été faite dans le laboratoire du célèbre Lavoisier : elle avoit pour objet de saturer d'air l'*eau* provenant de la distillation dans le vide.

EAU DE NEIGE ; aqua nivis ; *schnewasser*. Eau provenant de la fonte de la neige. *Voyez* NEIGE.

EAU DE PLUIE ; aqua pluvia ; *regen wasser*. Eau qui se précipite de l'atmosphère sous forme de pluie.

On a, dans tous les temps, regardé l'*eau de pluie* comme pouvant remplacer l'*eau distillée* ; elle en diffère cependant, en ce qu'elle contient quelques impuretés qui s'y sont mélangées, soit qu'elles fussent contenues dans l'air qu'elle a traversé, soit qu'elles fussent sur les corps qui l'ont reçue ; mais il paroît qu'elle diffère essentiellement de l'*eau distillée* dans sa composition, en ce que celle-ci est surhydrogénée, & que l'*eau de pluie*, au contraire, est suroxigénée : c'est à cette suroxidation que l'on doit rapporter plusieurs des vertus qu'on lui attribue, & ces acides que les anciens chimistes disoient y avoir trouvés. *Voyez* PLUIE.

---

(1) *Actes de Leipsick*, décembre 1682. — *Collection académique, partie Étrangers*, tome VIII, page 442.

(2) *Actes de Leipsick*, septembre 1707. — *Collection académique, partie Étrangers*, tome VII, page 471.

(3) *Transactions philosophiques*, vol. LXVI, page 1.

(4) *Transactions philosophiques*, 1670. — *Collection académique*, tome VI, page 60.

(1) *Journal de Physique*, année 1813, page 382.

EAU DE PUITS ; aqua putealis ; *brunen waſſer.* *Eau* accumulée dans les puits plus ou moins profonds. Cette *eau* eſt rarement pure : elle contient diverſes ſubſtances qu'elle a diſſoutes dans ſon trajet, & particulièrement du ſulfate & du carbonate de chaux ; ce qui, dans pluſieurs circonſtances, empêche qu'elle ne puiſſe être employée pour le ſavonnage. *Voyez* PUITS.

EAU DE RIVIÈRE ; aqua fluvialis ; *fluſſen waſſer.* *Eau* réunie en grande maſſe, & qui s'écoule ſur la ſurface de la terre. Cette *eau* peut être ſouillée, 1°. par les matières qu'elle a diſſoutes dans ſon cours ; 2°. par les terres ou autres ſubſtances qui s'y mêlent ; & qu'elle tient en ſuſpenſion.

Dans pluſieurs villes on préfère, pour la boiſſon, l'*eau de puits* à celle des rivières, ſoit à cauſe des ſaletés que celles-ci charient, ſoit à cauſe de ſa crudité : on peut enlever ces ſaletés en la filtrant. Quant à ſa crudité, elle partage cette propriété avec celles des *eaux* de puits & de ſource, & elle a cet avantage ſur ces dernières, qu'elle eſt beaucoup plus ſaturée d'air. *Voyez* RIVIÈRES, FLEUVES, EAU CLARIFIÉE.

EAU DE SOURCE. *Eau* qui ſort de la terre en filets, en pleurs, ou en bouillons aſſez volumineux.

Elle provient de l'infiltration des *eaux* à travers la terre ; elle a beaucoup d'analogie avec l'*eau* de puits. *Voyez* SOURCE, EAU DE PUITS.

EAU-DE-VIE ; vitum aductum ; *branntwein.* Liqueur ſpiritueuſe, provenant de la diſtillation d'une matière vineuſe.

Toutes ſubſtances contenant le principe ſucré & qui ſont propres à ſubir la fermentation vineuſe, telles que le vin, le cidre, le jus de ceriſes, de prunes & de pluſieurs autres fruits, la bière & l'infuſion des grains qui ont éprouvé un commencement de fermentation ; enfin les infuſions ſucrées de diverſes plantes, bulbes ou racines, telles que les pommes de terre, les carottes, les betteraves, &c., ſont propres à donner de l'eau-de-vie. Il ſuffit de leur faire éprouver la fermentation ſpiritueuſe & en diſtiller la liqueur. Dès que cette fermentation eſt finie, l'*eau-de-vie*, que l'on obtient ainſi, peut avoir des degrés différens. Si la diſtillation eſt pouſſée juſqu'à donner de l'alcool, les liqueurs paroiſſent parfaitement ſemblables ; mais ſi l'on n'obtient que des *eaux-de-vie* foibles, elles conſervent une ſaveur particulière qui les fait diſtinguer. *Voyez* DISTILLATION, FERMENTATION, ALCOOL.

EAU DISTILLÉE ; aqua ſtellata ; *diſtilliriſche waſſer. Eau* vaporiſée, & dont on recueille les vapeurs lorſqu'elles ſe liquéfient. *Voyez* EAU, DISTILLATION.

On a toujours regardé l'*eau diſtillée* comme la plus pure de toutes celles que l'on peut ſe procurer. Lorſqu'elle eſt fraîchement obtenue, elle a ordinairement une odeur d'empyreume qui fait croire qu'elle contient plus d'hydrogène que l'*eau* ordinaire, & elle ne devient potable qu'après l'avoir ſaturée d'air atmoſphérique.

EAU (Élaſticité de l'). Propriété dont l'*eau* jouit comme tous les corps. *Voyez* ÉLASTICITÉ, COMPRESSIBILITÉ.

EAU FERRUGINEUSE ; aqua ferruginoſa ; *eiſeniſche waſſer. Eau* qui contient du fer en diſſolution. *Voyez* EAUX MINÉRALES.

EAU-FORTE ; aqua fortis ; *ſcheide waſſer.* Acide nitrique foible. *Voyez* ACIDE NITRIQUE.

EAU GAZEUSE. *Eau* qui contient des gaz. *Voy.* EAUX GAZEUSES.

EAU HÉPATIQUE ; aqua hepatica ; *hepatiſche waſſer. Eau* qui contient du gaz hydrogène ſulfuré. *Voyez* EAUX HÉPATIQUES.

EAU (Jet d'). Filet d'*eau* qui jaillit avec violence par l'ouverture d'un tuyau. *Voyez* JET D'EAU.

EAU LAITEUSE. Apparence que prennent les *eaux* de la mer dans l'obſcurité, & que l'on attribue à des inſectes lumineux qui y vivent. *Voyez* le *Journal de Phyſique*, année 1773, tome II, p. 412.

EAU LUMINEUSE ; aqua luminoſa ; *lichte waſſer. Eaux* de la mer qui deviennent *lumineuſes* dans quelques circonſtances.

Ayant recueilli, la nuit, de cette *eau lumineuſe*, & l'ayant examinée avec attention, on s'eſt aſſuré que la clarté que l'on apperçoit étoit due à une immenſité de petits animaux qui exiſtoient dans ces *eaux*. *Voyez* MER LUMINEUSE.

EAU MOTEUR. *Eau* employée comme force motrice pour faire mouvoir des machines ou faire uſage, ſoit de l'effet que le mouvement de l'*eau* peut imprimer, ſoit de l'action que ſon poids peut exercer, ſoit du mouvement & du poids réunis. *Voyez* MOTEUR.

EAU PHOSPHORESCENTE ; aqua phoſphoreſcens ; *phoſphoreſcens waſſer.* Propriété de quelques *eaux* de produire de la lumière. *Voyez* PHOSPHORESCENCE, EAU LUMINEUSE.

EAU PUTRÉFIÉE ; aqua putrefacta ; *faulniſte waſſer. Eau* dans laquelle des ſubſtances végétales ou animales ont éprouvé une fermentation putride.

Aſſez généralement, les *eaux* renfermées dans

des tonneaux, dans des citernes, éprouvent au bout d'un temps, ou à certaines époques, une odeur & une faveur défagréables, analogues à celle de la fermentation putride. En examinant ces *eaux* avec attention, on voit que cette odeur & cette faveur font occafionnées par des animalcules qui y ont pris naiffance, ou par des plantes qui y ont végété. On détruit cette faveur & cette odeur en filtrant l'*eau* à travers de la pouffière de charbon feule, ou de la pouffière de charbon imbibée d'acide fulfurique. *Voyez* CLARIFICATION DES EAUX.

EAU RÉGALE; aqua regalis; *kœnigs waffer*. Mélange d'acide nitrique & muriatique. *Voyez* ACIDE NITRO-MURIATIQUE.

EAU (Vaporifation de l'); vaporifatio aquæ; *verdampfung das waffer*. Opération par laquelle on fait paffer l'*eau* à l'état de vapeur, par l'action du feu. *Voyez* VAPORISATION.

Expofée à l'action de la chaleur, l'*eau* fe vaporife: cette vaporifation varie avec fa température, la preffion à laquelle elle eft foumife, & la féchereffe du milieu dans lequel elle eft placée. Cette vaporifation eft foumife à une loi que Dalton, Bettancourt & divers phyficiens ont affignée. Cependant il eft des circonftances où cette vaporifation éprouve des anomalies.

Si l'on a deux corps folides, que l'un foit échauffé au rouge, que l'autre foit beaucoup moins échauffé, on obferve qu'une goutte d'*eau*, tombant fur le corps le moins chaud, s'étend en une lame très-mince & fe vaporife promptement, tandis qu'une femblable goutte d'*eau*, tombée fur le corps très-chaud & prefque rouge, forme un globule qui fe meut très rapidement fur fon axe, & qui fe vaporife que très-lentement.

Deflandes, directeur de la verrerie de Saint-Gobin (1), avoit remarqué, depuis long-temps, que de l'*eau* jetée fur du verre en fufion, prenoit, fur la furface du verre, la forme d'une fphère, & qu'elle s'y maintenoit fort long-temps & ne s'évaporoit que fucceffivement. Le volume d'un bon verre d'*eau* fut jeté dans un creufet plein de verre en fufion. Cette *eau* prit auffitôt la forme fphérique, fans le moindre bruit; elle prit ou parut prendre une couleur rouge, femblable à celle du creufet & du verre qu'il contenoit; elle roula fur fa furface à peu près comme le plomb qui fe confomme dans une coupelle; l'*eau* diminua peu à peu de volume, & il fallut environ trois minutes pour qu'elle fût entièrement évaporée.

Klaproth a fait plufieurs expériences pour conftater ce fait: que la durée de la vaporifation étoit d'autant plus grande, toutes chofes égales d'ailleurs, que le corps étoit élevé à une température plus forte: il verfa, pour cet effet, de

(1) *Journal de Phyfique*, année 1778, tome I, page 30.

l'*eau* dans une cuiller chauffée foiblement, & dans une capfule chauffée au rouge-blanc.

Vaporifation dans une cuiller.

RANG des gouttes.	DURÉE DE LA VAPORISATION.	
	1re. Expér.	2e. Expér.
1re......	40 fecond.	40 fecond.
2e......	10	14
3e......	6	2
4e......	4	1
5e......	2	0
6e......	0	

Dans une capfule.

RANG des gouttes.	DURÉE DE LA VAPORISATION.	
	1re. Expér.	2e. Expér.
1re......	72 fecond.	60 fecond.
2e......	70	30
3e......	20	20
4e......	10	6
5e......	10	0

Dans une cuiller d'argent, dix gouttes d'*eau* fe réunirent en un globule dont la durée fut de 200 fecondes; il fut confommé, fans évaporation. Trois gouttes d'*eau*, dans une capfule d'argent, formèrent un globule, dont la durée a été de 240 fecondes, & l'évaporation momentanée. La durée d'une goutte d'*eau* dans une capfule de platine fut de 50 fecondes; un globule de trois gouttes a duré 90 fecondes. Klaproth croit que l'*eau* ne peut pas s'évaporer dans ces expériences, & qu'elle fubit une véritable décompofition.

Une goutte d'*eau* fufpendue à l'extrémité d'un fil métallique, & placée au milieu de la flamme d'une bougie, y refte long-temps avant de fe vaporifer.

Non-feulement la température influe fur la viteffe de l'évaporation de l'eau, mais la nature de la fubftance, la faculté qu'elle a d'être ou de ne pas être mouillée par l'*eau*, y a également une grande influence; ainfi, deux cuillers d'argent, chauffées à une même température, élevée de quelques degrés au-deffus de la chaleur de l'*eau* bouillante: fi l'une a fa furface nette, & que celle de l'autre foit enduite de noir de fumée; une goutte d'*eau*, jetée fur la première, s'étend & fe vaporife auffitôt; une goutte d'*eau*, jetée fur la feconde, prend une forme fphérique & y demeure fort long-temps dans un mouvement continuel avant de fe vaporifer.

EAU VÉGÉTALE; aqua vegetalis; *wachsthum wasser*. *Eau* provenant de l'infusion, de la fermentation & de la distillation des végétaux. Cette dénomination est principalement donnée à l'eau-de-vie. *Voyez* EAU-DE-VIE.

EAU VERSANT; aqua vergia. Pente qui porte les *eaux* & les fait couler.

EAUX AÉRÉES. *Eaux* dans lesquelles l'acide carbonique domine.

On distingue facilement ces *eaux* à leur saveur piquante & à leur pétillement, analogue à celui du vin de Champagne que l'on verse dans un verre. *Voyez* EAUX MINÉRALES-ARTIFICIELLES.

EAUX ACIDULÉES; aquæ acidulæ; *sauer wasser*. *Eaux* contenant du gaz acide carbonique. *Voyez* EAUX AÉRÉES.

EAUX BOUILLANTES (Jets d'). Dans les pays où les *eaux* qui arrivent des hauteurs voisines sont retenues entre deux couches d'argile, on observe ordinairement, en creusant des puits, comme en Flandres, à Dantzick, à Modène, &c., qu'au moment où l'on perce la tranchée de terre qui recouvre la couche d'*eau*, celle-ci s'élève en *jaillissant* avec une telle force, que les ouvriers courent le plus grand danger. Le jaillissement a lieu jusqu'à ce que la masse d'*eau* qui s'élève & recouvre l'ouverture, soit assez forte pour s'opposer au jet; alors l'*eau* bouillonne jusqu'à ce qu'elle soit arrivée dans le puits à la hauteur du niveau du réservoir.

On peut conserver les jets, dans ces sortes de puits, en plaçant, dans l'ouverture, des tuyaux qui s'élèvent au-dessus du niveau des bassins. *Voyez* FONTAINES, SOURCES, JETS D'EAU, EAUX JAILLISSANTES, JETS D'EAU BOUILLANTE.

EAUX CÉMENTATOIRES; aquæ cementatoriæ; *cement wasser. Eaux* tenant en dissolution du sulfate de cuivre.

Cette dénomination leur a été donnée à cause de la propriété qu'elles ont de recouvrir d'une couche de cuivre le fer ou l'acier que l'on plonge dedans, & de laisser précipiter du cuivre qui prend la forme des morceaux de fer qui disparoissent dans ces *eaux*. Cette transmutation apparente, admirée par les alchimistes, est due à la plus grande affinité de l'acide sulfurique pour le fer que pour le cuivre.

On exploite, dans un grand nombre de mines, des *eaux* cémentatoires, dont on retire, par le fer, le cuivre de cémentation. *Voyez* CEMENTATION, CEMENTATOIRE.

EAUX (Chaleur des). Température constante des *eaux* à différentes hauteurs & à différentes latitudes. *Voyez* CHALEUR DES EAUX, EAUX THERMALES.

EAUX FERRUGINEUSES; aquæ ferruginæ; *eisenische wasser. Eaux* dans lesquelles le fer est le principe minéralisateur dominant.

Elles se distinguent par la propriété qu'elles ont de précipiter en noir avec la teinture de noix de galle.

Ordinairement le fer est tenu en dissolution dans ces *eaux* par l'acide carbonique; très-souvent cet acide y est en excès; alors les *eaux* sont nommées *ferrugineuses & aérées*. Dans quelques cas, le fer y est à l'état de sulfure, mais ces cas sont rares.

EAUX (Force des). Effort que fait l'*eau* par son poids & sa vitesse.

On évalue la force & la vitesse d'un courant, d'une rivière, d'un aqueduc, en déterminant sur son bord une base à discrétion, & par le moyen d'une boule de cire mise sur l'*eau*, & d'un pendule à secondes, on fait combien de temps la boule, entraînée par le courant, a été à parcourir la longueur de la base.

Si l'on suppose que la base soit de 40 mètres, que la boule a mis 20 secondes dans sa course, ce qui fait 2 mètres par seconde; que la profondeur du canal soit de 2 mètres, & la largeur de 4 mètres, on aura 8 mètres carrés pour la superficie de la tranche du canal, lesquels, multipliés par 2 mètres, parcourus dans une seconde, produisent 16 mètres ou 16,000 litres pour la quantité d'*eau* qui s'écoulera dans une seconde.

La vitesse des *eaux* qui s'écoulent par un même orifice, sont entr'elles comme les racines carrées des hauteurs des colonnes d'*eau* qui la compriment.

EAUX GAZEUSES. *Eaux* contenant des gaz, & particulièrement du gaz acide carbonique. *Voyez* EAUX AÉRÉES.

EAUX HÉPATIQUES; aquæ hepaticæ; *hepatische wasser. Eaux* qui contiennent du gaz hydrogène sulfuré.

Ces *eaux* se reconnoissent aisément à l'odeur de gaz hydrogène sulfuré qu'elles exhalent, & à la propriété qu'elles ont de noircir l'argent & le plomb; elles sont de deux espèces; 1°. celles qui ne sont chargées que d'hydrogène sulfuré non combiné; 2°. celles dans lesquelles cette substance se trouve à l'état d'union avec la chaux ou avec un alcali : souvent ces *eaux* sont imprégnées d'acide carbonique.

EAUX HYDROGÉNÉES; aquæ hydrogeniæ; *hydrogenische wasser. Eau* saturée d'hydrogène artificiellement : cette *eau* peut en contenir environ le tiers de son volume.

EAUX JAILLISSANTES; aquæ salientes; *spring brunner*. Sources d'*eaux* qui sortent de la terre & s'élèvent à différentes hauteurs.

Toutes

Toutes les fois que les *eaux*, réunies dans un réservoir, sortent par une ouverture qui est située au-dessous du niveau de l'*eau* du réservoir, celles-ci peuvent sortir en forme de jets. Quoique cette disposition soit très-commune, on rencontre cependant peu d'*eaux jaillissantes*, parce que, le plus souvent, les ouvertures par lesquelles les *eaux* jaillissent sont très-grandes, & qu'elles sont placées au fond du bassin qui les reçoit. Celui-ci se remplit par les *eaux jaillissantes* : l'*eau*, ainsi rassemblée au-dessus de l'embouchure, la comprime, diminue sa vitesse, & les *eaux* bouillonnent en sortant & ne *jaillissent* plus.

Mais lorsque l'ouverture placée au-dessus du bassin termine une espèce de canal, comme au Geyser, elles s'élèvent à une hauteur plus ou moins grande.

EAUX MINÉRALES; aquæ minerales; *mineralische wasser*. Eaux qui contiennent des gaz ou des substances minérales en dissolution.

On divise les *eaux minérales* en deux classes, naturelles & artificielles; les premières sortent de la terre & forment des puits, des sources & des fontaines; les secondes se composent dans les laboratoires. *Voyez* EAUX MINÉRALES FACTICES.

Pour prévoir, à l'avance, les effets que les *eaux minérales* doivent produire dans l'économie animale, il est nécessaire de connoître leur composition. Boyle paroît être le premier qui ait donné une méthode d'analyse, puis Dominique Duclos en 1665, Hierne en 1680, Bouldus en 1726, Bergman en 1778.

Un grand nombre d'analyses & de méthodes d'analyses ont été publiées par Regis, Didier, Burlet, Homberg, Black, Fourcroy, Kirwan, Westrumb, Klaproth, Pearson, Garnet, Lambe, Gimbernet, Hassenfratz, Breze, &c.

On divise les *eaux minérales* en quatre classes : 1°. acidules; 2°. ferrugineuses; 3°. hépatiques; 4°. salines : elles contiennent :

1°. De l'oxigène.
De l'azote.
Du gaz hydrogène sulfuré.
2°. De l'acide carbonique.
—— sulfurique.
—— boracique.
3°. De la soude.
De la silice.
De la chaux.
4°. Du sulfate de soude.
—— d'ammoniaque.
—— de chaux.
—— de magnésie.
—— d'alumine.
—— de fer.
—— de cuivre.
Du nitrate de potasse.
—— de chaux.
—— de magnésie.

Du muriate de potasse.
—— de soude.
—— d'ammoniaque.
Du muriate de baryte.
—— de chaux.
—— de magnésie.
—— d'alumine.
—— de manganèse.
Du carbonate de potasse.
—— de soude.
—— d'ammoniaque.
—— de chaux.
—— de magnésie.
—— d'alumine.
—— de fer.
De l'hydrosulfure de chaux.
—— de potasse.
—— de borax.

5°. Des matières végétales & animales, qui paroissent y être mélangées accidentellement.

Ces substances sont contenues dans chaque *eau minérale*, en quantités & en proportions très-différentes. Il faut, pour connoître chacune des *eaux* existantes, consulter les innombrables analyses qui en ont été faites.

Les médecins attribuent des propriétés différentes à chaque espèce d'*eaux minérales*. Les *eaux acidules* ou *aériées* sont propres aux catarres chroniques, aux engorgemens, aux inflammations, aux incontinences d'urine, & même aux fièvres intermittentes, &c. Les *eaux ferrugineuses* sont propres à la guérison d'un grand nombre de maladies chroniques, les flux de ventre, les leucorrhées, les hydropisies, les engorgemens, les fièvres intermittentes, les dyssenteries, &c. Enfin, quelques médecins les recommandent contre la stérilité. Les *eaux hépatiques* sont plus souvent employées en bains qu'en boissons. Dans le premier cas, elles sont principalement recommandées contre les affections cutanées, les douleurs rhumatismales, les commencemens de paralysie, les douleurs des anciennes blessures, &c.; dans le second cas, contre les engorgemens chroniques, les dartres, les obstructions, les catarres pulmonaires, les dyssenteries, &c. Les *eaux salines* sont employées contre les obstructions, les flux chroniques, l'hémoptysie, les affections psoriques, les irritations, les rhumatismes chroniques, les paralysies, les phthisies pulmonaires, les dartres, les fleurs blanches, les aménorrhées, les apoplexies, les engorgemens. Des quatre espèces d'*eaux*, ce sont celles auxquelles on attribue le plus de vertu. Chaque variété a des propriétés particulières : quelques-unes sont essentiellement purgatives.

Quoiqu'il soit incontestable que plusieurs maladies ont été guéries par l'usage des différentes *eaux minérales*, quelques sceptiques mettent en question si ces guérisons sont dues à l'effet physique & médicinal des *eaux minérales*, ou à l'action morale qui réfulte du changement de lieu & de la réunion de tous les agrémens que l'on rencontre dans les endroits où l'on prend les *eaux*. Nous laifferons aux médecins obfervateurs, dont l'efprit eft dégagé de préventions, à prononcer fur une queftion de cette importance.

EAUX MINÉRALES FACTICES. *Eaux minérales* compofées dans les laboratoires.

Dès que l'on a pu déterminer la nature & la proportion des fubftances qui entrent dans la compofition des différentes *eaux minérales*, il a paru facile de les compofer artificiellement, & ce problème a été réfolu, d'une manière affez exacte, par différens pharmaciens. Il a fuffi de d'fer les fubftances qui les compofent, & de les diffoudre dans de l'*eau* diftillée.

Parmi ces fubftances, il en eft qui ont préfenté quelques difficultés; ce font les différens gaz, & en particulier l'acide carbonique, que les *eaux* aérées contiennent. Pour introduire ces gaz & les combiner avec l'*eau*, on a imaginé divers appareils, tels, par exemple, que l'appareil de Noot ou de Parker, compofé de trois vaiffeaux de verre A, B, C, *fig.* 743. Le premier, A, contient les fubftances d'où l'acide carbonique doit fe dégager. C'eft ordinairement un mélange de carbonate de chaux ou de carbonate alcalin, avec de l'acide fulfurique, étendu dans une grande quantité d'eau. Le fecond, B, contient l'*eau* qui doit être faturée; & le troifième, C, fert à fournir, dans le fecond B, l'*eau* qui lui eft néceffaire, & recevoir celle qui réflue lorfque l'acide carbonique, dégagé avec trop d'abondance, pèfe trop fortement fur la furface de l'*eau* en B.

Le vafe intermédiaire B a trois tubulures : l'une fupérieure, *a*, pour y placer le vafe C; la deuxième intermédiaire, *b*, pour faire fortir l'*eau* faturée; enfin une troifième inférieure, *c*. Celle-ci eft fermée par un bouchon cylindrique de criftal, percé d'un canal : à la furface fupérieure fe trouve une foupape demi-fphérique de verre, au-deffus de laquelle eft pratiqué un fecond bouchon, percé de beaucoup de petits canaux. Il exifte entre les deux bouchons un efpace affez grand pour que la foupape puiffe céder un peu par en haut. Ce vafe intermédiaire fert à contenir l'*eau* qu'on veut charger d'acide carbonique.

En faifant ufage de cet appareil, l'acide carbonique, dégagé dans le vafe inférieur, paffe par le canal du bouchon de criftal, foulève la foupape, & pénètre à travers les canaux fins du fecond bouchon, dans l'*eau* du vafe intermédiaire. Le gaz y eft abforbé d'autant plus rapidement qu'il y arrive en filets très-fins.

Cet appareil a le défavantage qu'on ne peut charger l'*eau* que d'une très petite quantité d'acide carbonique, & qu'il eft difficile de l'employer pour combiner d'autres gaz avec l'eau.

Le duc de Chaulnes, Devignes, Fierlinger & beaucoup d'autres, ont fait quelques améliorations à l'appareil de Noot; enfin, on lui en a fubftitué un autre, dans lequel on fait arriver le gaz acide par le moyen d'une pompe.

On a, pour cet effet, un cylindre de laiton A, *fig.* 744, fixé fur un plateau de bois BB; il eft fermé, dans fa partie fupérieure, par un chapeau D, dans lequel eft fixée une pompe foulante EE. Une veffie pleine du gaz que l'on veut combiner à l'*eau*, communique en G avec le bas de la pompe. En foulevant le pifton & ouvrant le robinet de la veffie, l'air entre dans le corps de pompe; fermant le robinet & abaiffant le pifton, l'air, comprimé, pénètre dans le cylindre par un tube H, & fort à travers une immenfité de petits trous, pour fe répandre dans l'*eau* & s'y combiner.

A l'aide de cet appareil, on peut combiner à l'*eau* toute efpèce de gaz, & l'on peut lui faire diffoudre cinq à fix fois fon volume de gaz acide carbonique. L'opération eft d'autant plus prompte que le corps de pompe contient un plus grand volume de gaz, & que le jeu du pifton eft plus rapide.

Dès que l'*eau* eft faturée convenablement de gaz, on la met en bouteille au moyen du robinet *k*, auquel on adapte un bec conique, qui defcend jufqu'au fond de la bouteille, & on ferme exactement le col. Une rainure, pratiquée le long du bec, laiffe dégager l'air du vafe; cette rainure eft fermée à preffion par un petit reffort en cuivre, muni d'un morceau de peau. Lorfque la bouteille eft remplie, on la bouche, on ficelle le bouchon & on le goudronne.

On prépare en grand, à Paris, les *eaux minérales factices* chez Tryare & Jurine, rue Saint-Lazare; & chez Rive, rue des Batailles, quai Chaillot, n°. 34. L'*eau* y eft acidulée par le moyen d'une machine de compreffion particulière. Le gaz acide carbonique fe dégage par le feu, à l'aide d'un cylindre métallique qui traverfe un fourneau, & qui, à une de fes extrémités, eft pourvu d'un appareil avec lequel on recueille, on lave, on purifie & l'on mefure le gaz. Celui-ci arrive par des conduits mobiles dans une pompe de compreffion, avec laquelle on fait combiner ce gaz dans de l'*eau* contenue dans des tonneaux, & dans laquelle on a fait diffoudre à l'avance les fels qui caractérifent l'efpèce d'*eau* minérale que l'on veut obtenir.

L'établiffement de Tryare & Jurine eft placé près des vaftes jardins de Tivoli, afin de procurer, aux perfonnes qui prennent les *eaux*, une partie des agrémens que l'on trouve dans les endroits où l'on prend les *eaux minérales naturelles*. On peut y prendre tous les bains chauds ou froids que la nature de la maladie exige; on peut y recevoir des douches; enfin, on a réuni dans cet établiffement tout ce que l'on peut fe procurer dans les diverfes *eaux minérales* que l'on connoît.

Bien certainement fi les cures que procurent les

eaux minérales naturelles peuvent être attribuées à leur nature & à leur composition, on peut espérer d'obtenir, dans l'établissement de Tryare & Jurine, des effets absolument semblables; on peut même obtenir des effets plus variés, en changeant & la nature & les composans des *eaux minérales* que l'on y fabrique; mais si le plus grand bienfait des *eaux minérales* provient de la situation morale dans laquelle on se trouve, dans les différens endroits où l'on prend ces *eaux*, il est préférable d'y envoyer les malades.

EAUX SULFUREUSES; aquæ sulphurosæ; *geschwefelicht wasser. Eaux* qui contiennent de l'hydrosulfure. On les divise en deux classes: *eaux* hydrosulfurées thermales, & *eaux* hydrosulfurées froides: elles se prennent en bains & en boissons. *Voyez* EAUX HÉPATIQUES.

EAUX THERMALES; thermæ aquæ calidæ; *bade wasser. Eaux* dont la température des sources est toujours plus élevée que celle de l'air environnant.

Il est rare de rencontrer des *eaux thermales* pures; elles contiennent, assez généralement, diverses substances qui les font placer dans la classe des *eaux minérales*. C'est ainsi que l'on trouve des *eaux thermales acidulées* à Néris, dans le département de l'Allier; à Chaudes-Aigues, département du Cantal; au Mont-d'Or, à Château-Guyon, Clermont-Ferrand, Saint-Mart, département du Puy-de-Dôme; à Encause, département de la Haute-Garonne; à Ussat, département de l'Arriège, &c.: des *eaux thermales ferrugineuses*: à Vichi, Bourbon-l'Archambaud, département de l'Allier; à Rennes, département de l'Aude, &c.: des *eaux thermales hépatiques*: à Barèges, Saint-Sauveur, département des Hautes-Pyrénées; à Bonnes, Cauterets, Cambo, département des Basses-Pyrénées; à Bagnères-de-Luchon, département de la Haute-Garonne; à Aix-la-Chapelle; à Saint-Amand, département du Nord; à Ax, département de l'Arriège; à Digne, Guéroud, département des Basses-Alpes; à Bagnols, département de la Lozère; à Bad en Suisse, à Bade en Souabe; à Evreux, département de la Meuse; à Lœche dans le Vallais, à Wisbaden près Mayence, à Aix en Savoie, à Acqui en Italie, à Arles dans les Pyrénées-Orientales, &c.

Plusieurs de ces *eaux thermales* sont dans des terrains volcaniques: telles sont celles de Chaudes-Aigues, du Mont-d'Or, de Château-Guyon, de Clermont-Ferrand, de Saint-Mart, d'Aix-la-Chapelle, de Wisbaden, &c. &c. D'autres sont dans des terrains primitifs, dans des chaînes alpines.

On ne connoît pas encore la cause de la température des *eaux thermales*, qui s'élève quelquefois jusqu'à près de 80° de R. Les uns l'attribuent aux feux souterrains que produisent les volcans, & ils fondent leur opinion sur la grande quantité de ces sortes d'*eaux* que l'on trouve dans les terrains volcaniques; d'autres l'attribuent à la décomposition des pyrites & à l'oxidation du soufre; ils fondent leur opinion sur la grande quantité d'*eaux thermales hépatiques* que l'on rencontre: mais, nous devons l'avouer, nous sommes encore bien peu instruits sur la cause de l'échauffement de ces *eaux*.

EBE; *ebbe*; s. f. Descendant de la marée, ou le commencement du reflux, le moment après la pleine mer.

EBERHARD (Jean-Pierre), professeur de physique & de mathématiques, naquit à Altona en 1727, mourut à Halle le 17 décembre 1779.

Les vastes connoissances qu'il avoit acquises dans ses études le firent appeler, à 26 ans, à professer les mathématiques, la physique, & ensuite la médecine à l'Université de Halle. Nous avons de lui plusieurs ouvrages dont les principaux sont: 1°. *Traité sur l'origine des Perles*; 2°. *Principes élémentaires de Physique*; 3°. *Mélanges d'Histoire naturelle, de Médecine & de Morale*; 4°. *divers Traités de Mathématiques appliqués*. Ces traités sont relatifs à l'optique, à la gnomonique, à la construction des moulins & des machines nécessaires à l'exploitation des mines.

EBERT (Jean-Jacques), professeur de mathématiques & de physique, né à Breslau en 1737, mort à Wittemberg le 18 mars 1805.

Il voyagea en Allemagne & en Italie, devint gouverneur du fils du ministre d'Etat Taplof, à Saint-Pétersbourg, & vint occuper, en 1769, la chaire de mathématiques de Wittemberg.

Nous avons de lui plusieurs ouvrages en allemand, dont les principaux sont: 1°. *Leçons de Philosophie & de Mathématiques pour les hautes classes*; 2°. *Abrégé des Principes de Physique*; 3°. *Leçons de Physique pour la jeunesse*; 4°. *Entretiens sur les principales merveilles de la nature*.

EBISEMETH. Laiton que l'on fait blanchir par un feu égal.

ÉBLOUISSEMENT, de l'italien *abbogliamento*; caligatio; *blendung*; s. m. Trouble de la vue occasionné par l'action d'une lumière vive & pure.

Après être resté dans un endroit, si l'on passe dans un autre plus fortement éclairé, on éprouve un *éblouissement*; si, au contraire, on passe d'un endroit fort éclairé dans un endroit plus obscur, on reste quelque temps sans y distinguer les objets.

Qu'une personne fixe un astre, un météore, ou tout autre objet resplendissant, & qu'ensuite elle porte sa vue sur un corps peu éclairé, l'œil conserve l'impression de l'objet, & ne distingue pas d'autres objets plus foiblement éclairés ; & cette impreffion, qui *éblouit* réellement, fe prolonge plufieurs inftans.

Du moment où l'on paffe d'un lieu plus éclairé dans un autre plus obfcur, la pupille s'ouvre ; elle fe ferme, au contraire, fi l'on paffe dans un endroit plus éclairé. Ce mouvement de la pupille a pour objet de faciliter la vifion, & d'empêcher l'effet d'une trop forte lumière. Comme l'*éblouiffement* dure quelque temps, on ne peut attribuer fon effet à l'ouverture de la pupille ; on a donc été obligé de le faire dépendre de la durée des fenfations foibles ou fortes. *Voyez* VUE, VISION.

ÉBULLITION ; ebullitio; *blafenwerfen*; f. f. Mouvement tumultueux d'un liquide que le calorique fait élever en bulles.

Il faut diftinguer l'*ébullition* de l'effervefcence. Ce dernier provient du dégagement d'un gaz exiftant, ou formé dans un liquide par la décompofition d'une fubftance ou la formation d'un compofé nouveau. L'*ébullition*, au contraire, eft produite par la vaporifation du liquide contre les parois du vafe les plus échauffées, & par le mouvement tumultueux que ces bulles occafionnent, en traverfant le liquide, pour fe porter à la furface & s'évaporer. L'effervefcence peut avoir lieu à toute température, fous une même preffion ; l'*ébullition* ne peut exifter qu'à une température donnée, fous une preffion donnée.

C'eft à la propriété qu'ont les liquides d'être de très-mauvais conducteurs de chaleur, que l'on attribue la propriété qu'ils ont de bouillir. En chauffant le vafe qui contient un liquide, celui qui touche immédiatement les parois s'échauffe davantage que la maffe ; il la traverfe pour fe porter à la furface. Le vafe continuant à s'échauffer, les parois parviennent à une température capable de vaporifer le liquide ; alors il traverfe la maffe fous forme de vapeur, & la fucceffion des bulles de vapeur produit l'*ébullition*.

Sous une preffion donnée, chaque liquide entre en *ébullition* à des températures différentes. Ainfi, fous une preffion de l'atmofphère faifant équilibre à une colonne de 28 pouces de mercure, les différens liquides entrent en *ébullition*.

CORPS.	TEMPÉRATURE.
Ether.	29°,33 R.
Ammoniaque.	48,00
Alcool.	64,00
Eau.	80
Muriate de chaux. . . .	88,08
Acide nitreux.	96
Carbonate de potaffe. .	101,33
Acide fulfurique. . . .	168
Phofphore.	232
Huile de térébenthine. .	232,66
Soufre.	239,11
Huile de lin . . , ...	252,44
Mercure.	279,11

Mais les températures de l'*ébullition* varient, pour chaque liquide, avec la preffion. Si la preffion diminue, la température eft plus foible ; fi elle augmente, elle eft plus forte. Ces variations ont été obfervées avec beaucoup de foin pour l'*eau*. (*Voyez* EAU BOUILLANTE.) Il paroît, d'après les expériences du profeffeur Robifon, que, dans le vide, tous les liquides bouillent à une température inférieure de 64,5 R., à celle qui leur eft néceffaire pour bouillir fous une preffion de 28 pouces de mercure. Ainfi le terme de l'*ébullition* de l'alcool feroit de — 1°,5, celui de l'eau 15,5, celui du phofphore 168,5, & celui du mercure 214,6.

Tout fait croire, d'après les expériences de Gay-Luffac (1), que la fubftance du vafe dans lequel on fait bouillir, exerce auffi une influence fur la température de l'*ébullition*. Ce favant a obfervé que l'eau diftillée dans du verre, bout par bonds & avec difficulté ; mais dès que le vafe eft ôté du feu, & même quelques fecondes après que l'eau a ceffé de bouillir, fi l'on jette dans le vafe une pincée de limaille de fer, l'eau entre auffitôt en pleine *ébullition*.

Gay-Luffac a mefuré la température de l'eau au moment où elle entroit en *ébullition* dans les vafes de verre ; il la trouva de 101°,232 centig. En mettant dans le vafe du verre pilé très-fin, la température de l'*ébullition* eft defcendue à 100°,329 ; & en y mettant de la limaille de fer, elle s'eft fixée à 100 deg. La grandeur du vafe, ni la quantité plus ou moins grande de limaille, n'a rien changé à la température de l'*ébullition*.

Quoiqu'il foit très-probable que cette différence dans la température de l'*ébullition*, dépende principalement de la propriété conductrice de chaleur, du fer & du verre, il feroit bon de répéter ces expériences avec différens liquides & avec diverfes fubftances.

De même que la température de l'*ébullition* éprouve de très-grandes différences en raifon du liquide que l'on veut faire bouillir, de même les liquides plus ou moins purs préfentent des différences dans la température de leur *ébullition*. Ainfi, de l'alcool mélangé d'eau, de l'eau tenant en diffolution des fels, entrent en *ébullition* à une température plus élevée que l'alcool & l'eau pure, & les acides nitrique & fulfurique, mélangés d'eau, entrent en *ébullition* à une température plus baffe que ces mêmes acides beaucoup plus concentrés.

ÉCHAPPEMENT ; *hemmung* ; f. m. Mécanique adaptée aux montres & aux pendules, par laquelle le régulateur reçoit le mouvement de la dernière roue, & enfuite modère le mouvement de cette roue pour régler le mécanifme.

---

(1) *Annales de Chimie*, vol. LXXXII, p. 174. — *Ann. de Chimie & de Phyfique*, tome VII, pag. 307.

Soit A B, *fig.* 745, la roue dont il faut modérer le mouvement, & E F la pièce d'*échappement*, on voit que cette pièce, en oscillant sur son centre C, accroche successivement les dents de la roue, modère son mouvement, & le régularise lorsque le mouvement d'oscillation E F est lui-même régulier.

Il est peu de parties de l'horlogerie sur laquelle l'industrie se soit le plus exercée, parce que les *échappemens* sont une des causes de la régularité ou de l'irrégularité des mouvemens.

Graham, célèbre horloger, a imaginé un *échappement* à cylindre que l'on regarde comme un des plus parfaits; cependant, de nos jours, Mudge, Halley, Breguet, &c., ont publié des *échappemens* qui ont eu un grand succès.

ÉCHAPPÉE DE VUE, s. f. Certaine vue resserrée entre des montagnes, des bois, des maisons, &c.

ÉCHARPE, s. f., a plusieurs significations. En mécanique, ce sont de petits cordages qui servent à attacher les fardeaux aux cables des machines pour les élever sur le tas; c'est encore une machine qui fait l'effet d'une demi-chaîne, & qui sert à enlever de médiocres fardeaux.

En hydraulique, les *écharpes* sont des tranchées faites dans les terres, en forme de croissant, pour ramasser les eaux dispersées d'une montagne & les remettre dans une pierrée.

ÉCHAUFFEMENT; *calefactio; heizung;* s. m. Action par laquelle on échauffe.

Avant que des expériences exactes aient été faites sur la chaleur animale, on croyoit que la chaleur du corps augmente réellement d'une quantité considérable; on croyoit même que les hommes avoient plus de chaleur que les femmes; mais on sait aujourd'hui que la chaleur animale est à peu près constante, & qu'elle n'augmente que de quelques degrés dans des circonstances particulières. *Voyez* CHALEUR ANIMALE.

ÉCHELLE; *scalæ; maßstab;* s. f. Ligne tirée sur le papier, du carton, du bois, du métal ou toute autre matière, & divisée en parties égales ou inégales, selon sa destination.

ÉCHELLE ARITHMÉTIQUE. Progression géométrique par laquelle se règle la valeur relative des chiffres simples, ou l'accroissement graduel qu'ils tirent du rang qu'ils occupent entr'eux.

ÉCHELLE BERTHOLIMÉTRIQUE. *Échelle* d'un instrument imaginé par Descroizilles, pour connoître le degré de concentration du chlore, ou acide muriatique oxigéné. *Voyez* BERTHOLIMÈTRE.

ÉCHELLE CHROMATIQUE. Succession des tons de l'*échelle* de la musique européenne, en procédant par demi-tons successifs.

ÉCHELLE DES LOGARITHMES. Division telle, que l'on peut trouver sur une *échelle* les *logarithmes* des sinus & des tangentes, & de plusieurs autres lignes.

On se sert de cette *échelle* pour faire des multiplications & pour résoudre des triangles, en plaçant sur trois lignes les *logarithmes* des nombres, ceux des sinus & ceux des tangentes. *Voyez* LOGARITHMES.

ÉCHELLE DIATONIQUE. Succession naturelle des tons de la musique européenne, dont l'octave est divisée en huit intervalles.

Les tons de l'*échelle diatonique* ont été nommés par Gui-Arétin, *ut*, *ré*, *mi*, *fa*, *sol*, *la*, ... *ut*: ayant négligé de donner un nom au septième ton, placé entre le *la* & l'*ut*, on l'a nommé en France *si*.

En supposant que le nombre de vibrations, produit dans une seconde, pour former le ton *ut*, soit $= n$, celui des autres tons successifs est:

ut	*ré*	*mi*	*fa*	*sol*	*la*	*si*	*ut.*
n	$\frac{9}{8}n$	$\frac{5}{4}n$	$\frac{4}{3}n$	$\frac{3}{2}n$	$\frac{5}{3}n$	$\frac{15}{8}n$	$2n.$

La différence entre ces tons est:

ut	*ré*	*mi*	*fa*	*sol*	*la*	*si*	*ut.*
$\frac{8}{9}$	$\frac{9}{10}$	$\frac{15}{16}$	$\frac{8}{9}$	$\frac{9}{10}$	$\frac{8}{9}$	$\frac{15}{16}$	

Or, comme l'intervalle $\frac{8}{9}$ forme un ton majeur, celui $\frac{9}{10}$ un ton mineur, & celui $\frac{15}{16}$ un semi ton majeur, il s'ensuit que tous les degrés de notre *échelle diatonique* se réduisent au ton majeur, au ton mineur & au semi-ton majeur.

Notre système *diatonique*, dit J. J. Rousseau, est le meilleur, à certains égards, parce qu'il est engendré par les consonnances & par les différences qui sont entr'elles.

Que l'on ait entendu plusieurs fois, dit Sauveur, l'accord de la quinte & celui de la quarte, on est porté à imaginer la différence qui est entre eux. Elle s'unit & se lie avec eux dans notre esprit, & participe à leur agrément: voilà le ton majeur. Il en est de même du ton mineur, qui est la différence de la tierce mineure à la quarte, & du semi-ton majeur, qui est celle de la même quarte à la tierce majeure. Voilà les degrés diatoniques dont notre *échelle* est composée.

Toutes les fois que l'on produit un son fort & soutenu, on distingue avec le ton principal l'octave de la quarte & la double octave de la tierce majeure. Toute *échelle* engendrée par ces trois tons, doit être, pour notre oreille, la plus conforme à la succession naturelle des tons, & c'est l'*échelle diatonique* que nous avons adoptée. Il suffit de connoître le rapport entre les trois premiers tons $ut = 1$, $mi = \frac{4}{5}$, $sol = \frac{3}{2}$, pour trouver tous les autres tons de notre *échelle*.

En effet, en établissant les trois proportions

$$fa : la : ut = ut : mi : fol : = fol : fi : ré,$$
$$t \quad x \quad 1 \quad 1 \quad \frac{5}{4} \quad \frac{3}{2} \quad \frac{3}{2} \quad y \quad \zeta$$

on trouvera de fuite la valeur de $t = \frac{2}{3}$, dont l'octave au-deffous $= \frac{4}{3}$; $x = \frac{5}{6}$, dont l'octave au-deffous $= \frac{5}{3}$; $y = \frac{15}{8}$ & $\zeta = \frac{9}{4}$, dont l'octave $= \frac{9}{8}$. Ainfi l'on a :

$$fa : la : ut = ut : mi : fol = fol : fi : ré,$$
$$\frac{2}{3} \quad \frac{5}{6} \quad 1 \quad 1 \quad \frac{5}{4} \quad \frac{3}{2} \quad \frac{3}{2} \quad \frac{15}{8} \quad \frac{9}{4}$$

d'où l'on tire : $fa = \frac{4}{3}$, $la = \frac{5}{3}$, $fi = \frac{15}{8}$, & $ré = \frac{9}{8}$, & la fucceffion de l'*échelle diatonique* :

Ut	ré	mi	fa	fol	la	fi	ut
1	$\frac{9}{8}$	$\frac{5}{4}$	$\frac{4}{3}$	$\frac{3}{2}$	$\frac{5}{3}$	$\frac{15}{8}$	2

ÉCHELLE DU BAROMÈTRE. Division d'une ligne droite tracée près du tube du *baromètre*, & que l'on divife en parties égales d'une mefure prife pour unité.

L'*échelle* françaife du *baromètre* eft divifée aujourd'hui en centimètres, & fous-divifée en millimètres. Elle étoit autrefois divifée en pouces & lignes. Chez les autres nations on fait ufage de la mefure qui y eft adoptée.

Une confidération effentielle dans l'*échelle du baromètre*, c'eft que le zéro, le point de départ, foit bien exactement au niveau du mercure dans le réfervoir : comme il entre ou fort du mercure du tube barométrique, lorfque la preffion augmente ou diminue, il s'enfuit que le niveau ou le zéro varie. On fait coïncider le zéro avec la furface du mercure, dans le réfervoir, de quatre manières différentes: 1°. en faifant ufage d'un réfervoir dont la furface foit affez grande pour que les quantités de mercure ajoutées ou enlevées dans les variations de la preffion de l'air, n'augmentent ni ne diminuent la hauteur du niveau; 2°. en employant une *échelle* mobile dont on puiffe toujours placer le zéro fur la furface du mercure; 3°. en foulevant ou abaiffant la furface du mercure de manière à le placer toujours à l'origine de l'*échelle*; 4°. en établiffant une telle proportion entre la divifion de l'*échelle*, la mefure adoptée & la furface du réfervoir & du tube, que la hauteur indiquée fur l'*échelle* foit toujours la hauteur vraie. *Voyez* BAROMÈTRE, & pour cette dernière méthode, BAROMÈTRE COMPENSE.

ÉCHELLE DU THERMOMÈTRE. Ligne tracée près du tube du *thermomètre*, & dont la divifion foit telle, qu'elle indique le degré de chaleur.

Plufieurs phyficiens, depuis Drebbel jufqu'à nos jours, ont placé fur leur *thermomètre* des divifions fondées fur des principes très-différens.

Afin de rendre leur *thermomètre* comparable, ils ont plongé leur inftrument dans deux milieux dont ils croyoient la température conftante, & ils ont divifé l'efpace parcouru par le liquide du *thermomètre*, en paffant d'un milieu dans un autre, en un nombre déterminé de parties. Les uns ont pris la température des caves; d'autres, la température du corps humain; d'autres, celle de l'eau bouillante; d'autres, celle de la glace fondante; d'autres, le rapport d'augmentation de volume d'un liquide donné, en partant d'une température regardée comme conftante.

Aujourd'hui les phyficiens s'accordent à prendre, pour terme de comparaifon, deux températures qu'ils regardent comme conftantes; favoir : celle de la glace fondante & celle de l'ébullition de l'eau, foumife à la preffion d'une colonne de mercure de 28 pouces. Ils divifent l'intervalle parcouru par le liquide, en paffant d'une température à une autre, en 100 parties égales pour le *thermomètre* centig., en 80 parties égales pour le *thermomètre* de Réaumur, & en 180 parties égales pour le *thermomètre* de Fahrenheit. Ils marquent zéro à la glace fondante, fur les *thermomètres* centig. & de Réaumur, & 32 degrés fur le *thermomètre* de Fahrenheit.

Si les tubes des *thermomètres* étoient tous parfaitement calibrés (*voyez* CALIBRER), que l'on employât pour tous le même liquide, & que le réfervoir & le tube du *thermomètre* fuffent du même verre, tous les *thermomètres*, ainfi gradués, feroient comparables; mais les différences qui réfultent, 1°. de la forme intérieure du tube; 2°. de la dilatation des verres; 3°. de la dilatation des liquides, occafionnent des différences dans la marche du liquide, différences qui ne peuvent être corrigées que par la divifion des *échelles*.

De tous les liquides que l'on emploie dans la conftruction des *thermomètres*, le mercure eft celui dont la dilatation, entre la glace fondante & l'ébullition de l'eau, foit la plus conforme à la quantité du calorique qui le pénètre. Si donc on avoit un *thermomètre* de mercure, dont le tube fût parfaitement calibré, & dont l'efpace compris entre les deux termes extrêmes, de la glace fondante & de l'eau bouillante, fût divifé en parties égales, & que l'on voulût que d'autres *thermomètres* conftruits avec d'autres liquides, avec d'autres verres, & dont les tubes ne fuffent pas parfaitement calibrés, indiquaffent les mêmes degrés lorfqu'ils font expofés l'un & l'autre à la même température, il faudroit tracer fur les nouveaux *thermomètres* une *échelle* dont les divifions feroient en rapport avec les variations, dans la dilatation & dans la forme interne des tubes. *Voyez* COMPARABLE (Thermomètre).

Afin de mettre à même de comparer les *échelles des thermomètres* qui ont eu le plus de célébrité, nous allons tracer ici, fur un tableau, les degrés correfpondant à la marche comparée.

THERMOMÈTRE DE MERCURE.

	Deluc.		Centigrade.	Fahrenheit.	Delisle.	Brisson.
Eau bouillante. 80	84	147	100	212	.0	87
75	78	135,375	93,75	200,75	9,375	81,5
70	72	123,75	87,5	189,5	18,75	76,1
65	66	112,25	81,25	178,25	28,125	70,7
60	60	100,05	75	167	37,5	65,2
55	54	88,875	68,75	155,75	46,875	59,8
50	48	77,25	62,5	144,5	56,25	54,3
45	42	66,25	56,25	133,25	65,625	48,9
40	36	54,00	50	122	75	43,5
35	30	42,375	43,75	110,75	84,375	38,0
30	24	30,75	37,5	99,5	93,75	32,6
25	18	19,125	31,25	88,25	103,125	27,2
20	12	7,5	25	77	112,5	21,7
15	6	—4,125	18,75	65,75	121,875	16,3
10	0	—15,75	12,5	54,5	131,25	10,9
5	6	27,375	6,25	43,25	146,625	5,4
Glace........ 0	12	39	0	32	150	0
5	18	50,625	6,25	20,75	159,375	5,4
10	24	62,25	12,5	9,5	168,75	10,9
15	30	73,875	18,75	—1,75	178,125	16,3
20	36	85,5	25	—13	187,5	21,7
25	46	97,125	31,25	24,25	196,875	27,2
30	48	108,75	37,5	35,5	206,25	32,6

THERMOMÈTRE D'ALCOOL.

	Réaumur.	Deluc.	Brisson.	La Hire.	Halles.	HUILE de lin. Newton.	AIR. Amontons.
Eau bouillante.... 100,4	80	102,8				33,86	73 p. 0 l.
92,6	73,8	94,8				31,74	
85	67,8	87,1				29,63	
77,6	61,9	79,6				27,51	
70,5	56,2	72,3				25,39	
63,7	50,7	65,2				23,28	
57,1	45,3	58,3				21,16	
50,7	40,1	51,6				19,04	
44,5	35,1	45,1				16,93	
38,5	30,2	38,8				14,82	
32,5	25,3	32,7	86,12	55,95	12,69	60 3
26,7	20,9	26,8	76,13	47,05	10,57	
21,1	16,4	21,1	66,49	37,17	8,46	
15,7	12,1	15,6	57,13	—27,48	6,35	
10,4	7,9	10,3	48,6	17,93	4,24	54 3
5,1	3,9	5,1	40,22	8,32	2,12	
Glace......... 0	0	0	31,86	0	0	51 6
4,7	3,8	4,9	28,87	8,60	2,12	
9,3	7,5	9,6	16,26	17,27	4,24	
13,9	11,1	14,1	8,04	25,81	6,35	
18,4	14,5	18,4			8,46	
22,8	17,8	22,5			10,57	
27,1	21	26,4			12,69	

Huit de ces quatorze *thermomètres* ont pour point de départ la glace fondante, savoir : un *thermomètre* à mercure de Deluc, n°. 1, auquel on donne le nom de Réaumur; le *thermomètre* centig., celui à mercure de Brisson, les *thermomètres* à alcool de Réaumur, Deluc, Brisson, Halles; le *thermomètre* à huile de lin de Newton; quant aux six autres, ils ont différens points de départ. Le *thermomètre* à mercure de Fahrenheit a son zéro à la congélation de l'eau saturée de sel ammoniac, ce qui correspond à 14 $\frac{3}{5}$ de R. au-dessous de la congélation de l'eau; celui de Delisle à la température de l'eau bouillante. Les deux *thermomètres* à mercure de Deluc ont leur point de départ fixé; le premier, relativement à la correction que la hauteur du mercure du baromètre doit éprouver, ce qui correspond au 10e. deg. de R.; le second à 16 $\frac{1}{4}$ R.; point de départ de la température de l'air, correspondant aux logarithmes des hauteurs mesurées par le baromètre; celui d'Amontons a sa plus grande hauteur du mercure, lorsque l'air, renfermé dans son tube, est exposé à l'eau bouillante, en supportant une pression de 73 pouces de mercure, en y comprenant la pression de l'air. La Hire avoit pour origine la température des caves de l'Observatoire, auxquelles il attribuoit arbitrairement 48 deg.

Fahrenheit, Deluc & Brisson ont pris pour second terme la température de l'eau bouillante; Fahrenheit & Brisson, sous une pression de 28 pouces de mercure; Deluc, sous une pression de 27 pouces. Newton a pris pour second terme la température du corps humain; Halles, celle de la cire fondue; Réaumur & Delisle ont divisé leur *thermomètre* en fractions du volume du liquide; le premier en millièmes, le second en cent millièmes; Amontons, par l'élasticité de l'air comprimé, & la Hire, par une division arbitraire. On a observé, dans le temps, que son 28e. deg. correspondoit à 51 pouces 6 lig. dans le *thermomètre* d'Amontons.

Quant aux divisions de l'*échelle*, elles sont toutes en parties égales dans ces *thermomètres*. Dans le n°. 1 du *thermomètre* à mercure de Deluc, l'espace entre la glace & l'eau bouillante est divisé en 80 parties égales; dans le n°. 2, en 96, parce que chaque partie correspond à $\frac{1}{10}$ de ligne de l'abaissement du mercure dans le baromètre. Le n°. 3 est divisé en 186 parties égales de la température de la glace à celle de l'eau bouillante, parce que ce nombre est celui le plus propre à la correction des hauteurs prises par le baromètre à différentes températures. Dans le *thermomètre* centig., la distance entre les deux points extrêmes est divisée en 100 parties; dans celui de Fahrenheit, en 212 parties, & en 180, de la glace à l'eau bouillante; dans le *thermomètre* de Brisson, en 87 parties; & enfin, dans le *thermomètre* de Newton, en 12 parties, ce qui en fait 38,86 de la glace à l'eau bouillante.

En comparant ces *échelles* dans les *thermo-*

mètres à mercure, on remarque que les divisions en parties égales correspondent parfaitement à des divisions en parties inégales, tandis que, dans le *thermomètre* à alcool, ce sont des divisions en parties inégales qui correspondent à des divisions en parties égales sur les *thermomètres* à mercure. On voit en effet, si l'on compare les différences entre les divisions extrêmes & les divisions moyennes, que l'on a :

Thermomètre de	A la glace fondante.	A la température moyenne.	A l'eau bouillante.
Réaumur...	5,1	6,4	7,8
Deluc....	3,9	5,2	6,2
Brisson....	5,1	6,7	8,0

Cette différence provient de ce que la dilatation de l'alcool suit une marche croissante pour des températures uniformes, indiquées par le *thermomètre* de mercure : d'où il suit que, pour faire correspondre les *échelles* de ces *thermomètres*, il faudroit que les espaces indiqués sur les *thermomètres* à alcool allassent toujours en augmentant, en suivant la loi qui est indiquée sur ce tableau, & que l'on a déduite des expériences de Deluc.

ÉCHELLE ENHARMONIQUE. Succession des tons compris dans la musique européenne, en procédant par quarts de ton, *Voyez* ÉCHELLE DIATONIQUE.

ÉCHELLE PYRIFORME; *index pyriformis*; *birn probe* Tube avec lequel on détermine le degré de raréfaction de l'air contenu dans un vase.

Cet instrument se compose du tube A B, *fig.* 746, passant à travers une boîte à cuir C, fixée au haut d'un récipient D C E. Il est fermé hermétiquement dans la partie supérieure en B, renflé dans la partie inférieure A, & tiré en pointe, afin que le mercure sorte difficilement. Le volume de ce tube est divisé en un nombre déterminé de parties, ce que l'on obtient avec du mercure que l'on pèse & que l'on fait entrer dans son intérieur. On trace sur le tube, avec un diamant, les divisions de l'instrument, en mettant le zéro dans la partie supérieure B. Smeaton, qui en est l'auteur (1), le divisoit en 2000 parties.

Pour se servir de cet instrument, on place le bocal qui le contient sur le plateau F G d'une machine pneumatique; on met au-dessous du tube un vase H plein de mercure, & l'on fait le vide. L'air contenu dans le tube se raréfie comme celui de la cloche. Enfonçant le tube dans le mercure, au moment où l'on fait rentrer l'air sous la cloche, le mercure remonte dans le tube, &

---

(1) *Transactions philosophiques*, vol. XLVII, art. 69.

l'on juge par l'espace que le mercure ne remplit pas dans le tube, du degré de raréfaction que l'air a éprouvé.

On voit que l'*échelle pyriforme* diffère des éprouvettes barométriques (*voyez* ÉPROUVETTE, BAROMÈTRE TRONQUÉ), en ce que, dans ces derniers, c'est l'élasticité de l'air restant que l'on mesure, & que, dans celui-ci, c'est réellement la proportion de l'air resté.

Nairn ayant comparé les résultats indiqués par l'*échelle pyriforme* & l'éprouvette ordinaire, a souvent trouvé de grandes différences entre les deux indications; il attribue ces différences aux vapeurs élastiques qui se dégagent pendant la raréfaction, & qui affectent plus les éprouvettes que cet instrument.

ÉCHO; ηχος; *son*; echo; *echo*; *wieder schall*. Son, voix plusieurs fois répétées.

En musique, le nom d'*écho* se transporte à ces sortes d'airs ou de pièces dans lesquelles, à l'imitation de l'*écho*, l'on répète de temps en temps, & fort doux, un certain nombre de notes. En poésie, l'*écho* se dit d'une sorte de vers dont les derniers mots ou les dernières syllabes ont un sens qui répond à la demande qui est contenue dans le vers. En peinture, l'*écho* est la répétition de la lumière, comme au sens propre c'est la répétition du son.

La répétition du son & de la voix a dû être observée dans tous les siècles: il est peu de pays où l'on n'aperçoive des *échos*. Les hommes isolés, les pasteurs, les peuples nomades ont pu entendre des *échos*, parce que c'est dans les bois, les lieux solitaires, les rochers, qu'ils se remarquent principalement. Cependant presque tous ceux qui ont été décrits, & que l'on se plaît à citer, se font remarquer dans des lieux habités, & où il existe des édifices.

Il y avoit, dit-on, au sépulcre de Metella, femme de Crassus, un *écho* qui répétoit cinq fois ce qu'on lui disoit. Gassendi assure que cet *écho* a répété huit fois le premier vers de l'Énéide. On parle d'une tour de Cysique où l'*écho* se répétoit sept fois. Près de Milan est un *écho* qui répète plus de quinze fois (1). On prétend qu'un *écho* existant près de Roseneath en Ecosse, répète une mélodie trois fois, chaque fois dans un ton plus grave. A Muyden, non loin d'Amsterdam, Chladni dit avoir entendu un *écho*, formé par un mur elliptique, dont le son très-renforcé paroissoit sortir de terre.

A trois lieues de Verdun est un *écho* qui a été décrit par l'abbé Teinturier (2); il est produit entre deux grosses tours, détachées d'un corps-de-logis: ces tours sont éloignées l'une de l'autre

de 26 toises. L'une a un appartement bas, de pierre de taille, voûté; l'autre n'a que son vestibule qui soit voûté. En se plaçant au milieu de la ligne qui joint les deux tours, un mot, prononcé d'une voix assez élevée, est répété douze à treize fois, par intervalles égaux, & toujours plus foiblement. Si l'on sort de cette ligne, jusqu'à une certaine distance, on n'entend plus d'*écho*; enfin, en se plaçant sur la ligne qui joint une des tours au corps-de-logis, on n'entend plus qu'une répétition.

Kircher, Scotte, Misson, parlent d'un *écho* existant au château Simonette, dans les deux ailes parallèles, en avant du château. Placé à une fenêtre de l'une des ailes, les sons que l'on y formoit, y étoient répétés jusqu'à quarante fois. Monge a été visiter ce château, & il a observé l'*écho* tel qu'il a été décrit par Kircher. Addison dit avoir observé, en Italie, un *écho* qui répétoit cinquante fois le bruit d'un pistolet: il seroit possible que ce fût le même dont parle Kircher, & que Monge a été voir.

Robert Plot (1) annonce qu'il existe à Woostock, dans la province d'Oxford, en Angleterre, où fut assassinée la belle Rosamonde, maîtresse de Henri III, un *écho* qui répète distinctement dix-sept syllabes pendant le jour, & vingt pendant la nuit.

Barthius assure (2) avoir fait l'épreuve d'un *écho* placé sur les bords du Rhin, près Coblentz, & qu'il y a remarqué dix-sept répétitions. Ce qui lui a paru le plus extraordinaire, c'est que l'on n'entendoit presque point la voix de celui qui chantoit, mais bien la répétition qui se faisoit de sa voix, & toujours avec des variations surprenantes: 1 écho sembloit tantôt s'approcher, & tantôt s'éloigner: quelquefois on entendoit la voix très-distinctement, & d'autres fois on ne l'entendoit presque plus; l'un n'entendoit qu'une seule voix, & l'autre plusieurs; l'un entendoit l'*écho* à droite, & l'autre à gauche.

Un *écho* aussi singulier a été observé à Genetay (3) par le P. Don Quesnel, bénédictin. Cet *écho* a cela de particulier, que celui qui chante n'entend point la répétition de l'*écho*, mais seulement sa voix; au contraire, ceux qui écoutent n'entendent que la répétition de l'*écho*, mais avec des variations surprenantes; car l'*écho* semble tantôt s'approcher & tantôt s'éloigner; quelquefois on entend la voix très-distinctement, & d'autres fois on ne l'entend presque plus: l'un n'entend qu'une seule voix & l'autre plusieurs; l'un entend l'*écho* à droite, & l'autre à gauche. Enfin, selon les différens endroits où sont placés ceux

---

(1) *Transactions philosophiques*, 480, n°. 8.
(2) *Histoire de l'Académie des Sciences*, année 1710, page 18.

(1) *Histoire naturelle de la province d'Oxford*, par Robert Plot.
(2) *The Stace*, liv. VI, v. 30. *Notes sur la Thébaïde*.
(3) *Mémoires de l'Académie des Sciences*, année 1692.

qui écoutent & ceux qui chantent, on entend l'écho d'une manière différente.

Pour faciliter l'explication de ces échos, Don Quesnel a envoyé le plan du lieu où l'écho se fait entendre. C'est une grande cour CHC, fig. 747, située au-devant d'une maison de plaisance, appelée Genetay, à fix ou sept cents pas de l'abbaye de Saint Georges, auprès de Rouen. Cette cour est un peu plus longue que large ; elle est terminée dans le fond par la face du corps-de-logis, & de tous les autres côtés, environnée de murs en demi-cercle. On n'a représenté ici que la cour, le reste ne servant pas à l'écho.

On peut diviser les échos en deux classes, échos simples & échos multiples. Chacun de ces échos se sous-divise en échos monosyllabiques & en échos polysyllabiques.

Pour qu'un écho puisse avoir lieu, il faut absolument qu'il y ait un son produit & une cause de répétition : on appelle centre phonique. le lieu où le son est produit, & centre phonocamptique celui d'où il est répété. Voyez CENTRE PHONIQUE, CENTRE PHONOCAMPTIQUE.

D'après un grand nombre d'expériences, on s'est assuré que le son parcouroit environ 338 mètres par seconde ; on s'est encore assuré qu'il étoit difficile de prononcer distinctement, dans une seconde, plus de dix syllabes. Ainsi, pour qu'une syllabe, répétée par un écho, puisse être entendue par celui qui la prononce, immédiatement après avoir été prononcée, il faut que le son puisse parcourir 33,8 mètres pour l'aller & le retour du centre phonique au centre phonocamptique ; il faut donc, pour produire un écho monosyllabique, que la distance entre ces deux centres soit au moins de 16,9 mètres, & lorsque cette distance $= n.(16,9)$ mètres, on peut entendre n syllabe.

Un écho simple ne doit avoir qu'un centre phonocamptique. Un écho multiple doit en avoir plusieurs, au moins deux.

Brisson, Nollet & tous les physiciens qui les ont précédés, ont expliqué les échos, en supposant que le son étoit réfléchi en ligne droite de toutes les parties du centre phonocamptique, & qu'il suivoit en tout les lois de la catoptrique, comme la réflexion de la lumière par les miroirs (voyez RÉFLEXION DE LA LUMIÈRE, CATOPTRIQUE); mais Lagrange a démontré (1) qu'une vraie catacoustique, semblable à la catoptrique, n'existoit pas, comme d'Alembert l'avoit déjà remarqué dans l'Encyclopédie, &, après lui, L. Euler, dans son Exposé de la Théorie de l'écho (2), & dans sa dissertation de Motu aeris in tubis (3).

En discutant, à l'aide de l'analyse, le mouvement de l'air mis en vibration par les corps sonores, les géomètres ont été conduits à attribuer à des ondulations sonores la transmission & la propagation du son dans l'air. Poisson, dans son Mémoire sur la Théorie du son (1), a démontré que, quand un écho se forme par la réaction de l'air qui s'appuie contre un obstacle, la condensation rétrograde suivra les lois de la réflexion : d'où il suit que l'explication de l'écho par les lois de la catoptrique, qui sont très-simples, peut donner des résultats aussi exacts que ceux que l'on déduit des ondulations sonores.

Mais ici on suppose qu'il existe un obstacle qui s'oppose à la continuation de l'ondulation ; que cet obstacle a une forme telle, qu'en y appliquant la loi de la réflexion, on peut déterminer la position de l'écho ; cependant les meilleurs échos se trouvent dans les endroits montagneux, dans des forêts où il n'existe aucune surface régulière.

A Andersbach, en Bohême, est une forêt de rochers isolés, formant une espèce de labyrinthe, dans une plaine de trois milles & demi d'Allemagne en circonférence (2). Ces rochers, de forme conique, ont des élévations très-variées ; il en est qui ont presque deux cents pieds de hauteur : l'ensemble de ces rochers présente, pour ainsi dire, le squelette d'une montagne. Vers les confins de ce groupe gigantesque est un écho remarquable ; il répète sept syllabes jusqu'à trois fois, sans confondre les sons. Le centre phonique est à une petite distance du plus grand rocher. Lorsque l'on y est placé, les mots prononcés à voix basse sont répétés distinctement ; mais lorsqu'on s'avance ou qu'on recule quelques pas, la voix la plus forte, même un coup de pistolet, ne produit aucun écho. Celui-ci est prompt & sec dans la répétition.

Cladny voulant expliquer les échos produits dans les forêts, dans les lieux hérissés de rochers, où la colonne d'air, isolée vers les côtes, ne s'appuie pas contre un obstacle régulier, & où l'on ne peut, en conséquence, appliquer les lois de la réflexion, observe avec Euler (3), que, dans un tuyau terminé vers l'un des côtés, ou vers les deux, les condensations & les vitesses des particules d'air ne suivent pas une marche égale, & conséquemment la condensation & la vitesse ne deviennent pas $= 0$ dans le même instant ; il faut donc que le mouvement continue alternativement en avant & en arrière, jusqu'à ce que la condensation & la vitesse deviennent $= 0$ dans le même instant, ou jusqu'à ce que d'autres obstacles fassent cesser le mouvement. En partant de cette hypothèse, il examine les différens cas dans lesquels on entend les répétitions d'un son simple, qui

---

(1) Miscell Taurinens., tom. I. Recherches sur la propagation du son, sect. I, cap. 2.

(2) Mémoires de l'Académie de Berlin, 1765.

(3) Nov. Comment. Acad. Petrop., tom. XVI.

(1) Journal de l'École polytechnique, tome VII, page 319.

(2) Bibliothèque britannique, tome IX, page 292.

(3) Cladny, Traité d'Acoustique, §. 205.

font au nombre de cinq : 1°. dans un tuyau non terminé & ouvert des deux bouts ; 2°. dans un tuyau non terminé, fermé par un bout ; 3°. dans un tuyau terminé, ouvert des deux bouts ; 4°. dans un tuyau terminé, fermé des deux bouts ; 5°. dans un tuyau terminé, ouvert par un bout & fermé par l'autre. Rapportons une application pour faire juger sa méthode.

Soit, *fig.* 748, un tuyau terminé d'un côté B *b* ouvert, & de l'autre côté *a* infini ; un son excité en L ne sera entendu comme simple que près de l'extrémité, terminée & ouverte B *b*, après le temps $= \frac{L\,b}{K}$ secondes (en faisant K = l'espace que le son parcourt dans une seconde), vers L & en L même, on entend le son deux fois, de manière que la résonnance qui se forme, se change en un *écho* plus prononcé. A mesure qu'on s'éloigne de B *b*, on entend dans chaque endroit *a*, derrière L, le son primitif après le temps $\frac{a\,L}{K}$ secondes, & (comme aussi en L) un deuxième son un peu différent du premier, plus tard de $\frac{2\,L\,b}{K}$ secondes. Voilà donc, dit Cladny, un exemple d'un *écho* qui ne peut pas être expliqué par réflexion.

Nous ne suivrons pas ce savant dans l'examen des autres cas ; mais nous aurions désiré que, pour appuyer son raisonnement, il eût rapporté, pour exemples, quelques faits positifs ; il n'en cite aucun : il se contente d'observer que le cas où un tuyau est terminé & ouvert par les deux bouts, est applicable à des galeries longues & voûtées, ouvertes à leurs extrémités, & aux résonnances que l'on observe dans des chemins étroits. Le seul fait positif auquel on puisse rapporter l'explication de Cladny, est le suivant.

Biot a remarqué (1) qu'en parlant dans un tuyau de 951 mètres de longueur, on entend sa propre voix répétée par plusieurs *échos* qui se succèdent à des intervalles de temps parfaitement égaux. Dans une expérience, il en a compté jusqu'à six, éloignés les uns des autres de 0″,5 ; le dernier revenoir à un peu moins de 3″, c'est-à-dire, dans le temps nécessaire pour que le son se fût propagé à l'autre extrémité du tuyau. Ce phénomène avoit lieu également aux deux extrémités du tuyau lorsqu'on y parle ; mais celui à qui l'on parle n'entend jamais qu'un son.

Cladny, qui a eu connoissance de ce fait, avoue que la durée des intervalles observés par Biot, qui ne font que de ½ seconde, sont beaucoup moindres que ceux qui résultent de sa théorie, puisqu'ils donnent $2 \times \frac{951}{338} = 5″,6$. Il paroît, dit le savant allemand, qu'il faut attribuer la

(1) *Mémoires de la Société d'Arcueil*, tome II, p. 422.

cause de cet écart à des nœuds de vibration qui se sont formés dans la masse d'air contenue dans le tuyau ; ce qui arrive surtout lorsque le diamètre est petit en comparaison de la longueur.

On voit, d'après ces faits, le peu d'accord qui existe entre les *échos* observés & l'explication que les physiciens & les géomètres ont voulu donner de ce phénomène. Cependant les explications de ces derniers sont appuyées d'une analyse extrêmement élevée, & les faits qui ont été rapportés jusqu'à présent sont ceux qui étoient connus des physiciens & des géomètres, lorsque ces derniers ont voulu appliquer une analyse transcendante à l'explication des *échos* ! ! Il en est d'autres, également connus, qui s'écartent beaucoup plus des lois établies par les géomètres : tels sont, par exemple, les *échos toniques*, qui sont très-multipliés. (*Voyez* ECHO TONIQUE.) Qu'on ne soit donc pas surpris si toutes les tentatives faites jusqu'à présent, pour construire des *échos*, d'après l'explication que l'on a donnée de leur formation, ont été sans succès.

Il est assez singulier que, parmi toutes les causes auxquelles on a attribué la formation de l'écho, on ait négligé celle qui auroit dû se présenter la première, la vibration des corps. On sait depuis long-temps, que lorsqu'un corps produit un son fort & soutenu, tous les corps qui sont susceptibles de produire l'un des sons concomitans qui l'accompagnent, vibrent aussitôt. Dès qu'une cloche sonne, on entend vibrer & résonner les vitrages, & toutes les autres surfaces vibrantes ; en parlant ou en chantant un peu fort, on sent vibrer le chapeau que l'on a à la main ; si l'on fait fortement vibrer une corde tendue, toutes celles qui sont près d'elle, qui ont la même tension, & dont les longueurs sont des parties aliquotes de la première, vibrent aussitôt. Pourquoi de grandes surfaces ou des corps isolés, qu'un son peut faire vibrer, ne produisent-ils pas des centres phonocamptiques ?

L'auteur de la *Description de l'écho d'Andersbach* annonce qu'aucun *écho* ne répète le son tel qu'il a été articulé ; que celui d'Andersbach avoit un caractère ou timbre particulier ; que l'*écho de Zobtenberg* étoit adouci par un bois situé à une très-grande distance.

Un grand nombre d'*échos* observés dans les galeries souterraines ne répètent que des tons particuliers, & ne se font entendre que lorsque le son est parvenu dans un certain degré du ton musical. Hassenfratz a observé, à l'ancien collège d'Harcourt, que, lorsque l'on étoit placé dans la cour, entre les deux ailes du bâtiment, l'*écho* répétoit tous les sons graves dans une direction parallèle à la rue de la Harpe ; tandis que les sons aigus étoient répétés dans une direction qui faisoit un angle de 50 deg. vers le nord, avec la première direction.

Qui n'attribueroit ces sortes d'*échos* à la vibration des furfaces fufceptibles de produire, les unes, des fons graves, les autres, des fons aigus? Mais nous allons rapporter une dernière obfervation qui paroît prouver que plufieurs *échos* peuvent être produits par la vibration des furfaces.

Gay-Vernon, directeur des études & infituteur à l'Ecole polytechnique, avoit obfervé, dans fa jeuneffe, un *écho* bien prononcé, dont le centre phonocamptique étoit fur un moulin à eau fitué à peu de diftance de Vernon, fon pays natal. Revenant de Mézières, où il avoit été paffer quelques années comme élève au corps royal du génie militaire, il voulut revoir l'*écho* qui lui avoit procuré quelque jouiffance. Quelle fut fa furprife, en l'interrogeant, de ne plus entendre de réponfe ! cependant le bâtiment n'avoit éprouvé aucun changement. A quoi attribuer ce filence ? Examinant de nouveau le moulin, il apprit que quelques arbres plantés près du bâtiment avoient été abattus, & que l'*écho* avoit ceffé auffitôt. Ainfi cet *écho* n'étoit formé que par quelques arbres.

Haffenfratz, à qui ce fait avoit été raconté, cherchoit à expliquer l'influence des arbres fur la production des *échos*, lorfqu'une circonftance particulière le mit à même de le découvrir. Etant à faire des expériences fur la propagation du fon, avec Obellianne, préparateur de phyfique à l'Ecole polytechnique, il remarqua dans la plaine de Mont-Rouge, près de Paris, un *écho*. Le centre phonocamptique paroiffoit être près d'une muraille, bordée de plufieurs allées d'arbres. Ayant fait refter Obellianne avec un timbre, pour produire des fons, Haffenfratz s'avança vers la muraille ; il remarqua d'abord que l'intervalle entre le fon & l'*écho* diminuoit à mefure qu'il avançoit, jufqu'à ce qu'enfin il n'entendit plus qu'une réfonnance ; alors la réfonnance augmenta d'intenfité jufqu'au centre des allées d'arbres, puis elle diminua jufqu'au mur. L'oreille placée contre le mur ne lui diftinguer aucun fon ; ayant placé fon oreille contre les arbres, il diftingua leur vibration, chaque fois que le fon du timbre parvenoit jufqu'à eux. L'intenfité de la vibration varioit dans chaque arbre ; mais l'enfemble formoit une réfonnance lorfque l'on étoit à la proximité des arbres, & un *écho* lorfque l'on étoit placé entre les arbres & le timbre, à une diftance convenable.

Revenant à l'Ecole, ce phyficien fit produire des fons à la proximité des murs & des maifons ifolées qu'il rencontra, & il remarqua conftamment que les murs liffes & ifolés ne vibroient pas & ne produifoient pas d'*écho* ; mais que, lorfqu'il approchoit de quelques croifées fermées, couvertes de carreaux, il obtenoit quelquefois des *échos* : il en a même obtenu lorfque des croifées étoient ouvertes & que les appartemens étoient vides.

ÉCHO DE LA MER. Répétition des fons & des bruits fur les mers.

On trouve dans le *Journal de Phyfique*, année 1773, tom. II, pag. 192, les obfervations fuivantes fur les *échos de la mer*.

On croit communément qu'il n'y a pas d'*échos* en pleine mer, puifqu'il ne s'y trouve point de rocher, d'arbre, d'édifice pour répercuter le fon ; cependant l'expérience prouve que l'on peut y en entendre comme fur terre. Voici quelques obfervations fur ce fujet :

Des coups de fufil tirés fur des oifeaux de mer, ont été répétés par de groffes vagues fous le vent de notre vaiffeau. Chaque coup n'a été répété qu'une feule fois.

Des paroles prononcées fortement dans un porte-voix, ont été répétées très-diftinctement par le côté convexe des voiles de plufieurs vaiffeaux qui paffoient au vent, & affez proche de nous.

Les vaiffeaux qui paffoient fous le vent, & qui par conféquent avoient le côté concave de leurs voiles tourné vers notre vaiffeau, n'ont point occafionné d'*échos*.

J'ai cru obferver que les *échos* font plus parfaits, lorfque les voiles font plus enflées ou plus tendues par le vent.

Il réfulte principalement de ces obfervations, qu'il faut du vent pour occafionner des *échos* en pleine mer, parce que, s'il n'y a point de vent, les voiles des vaiffeaux ne font point enflées, & la mer eft calme, ou du moins très-peu agitée.

ÉCHO MONOSYLLABIQUE. *Echo* qui ne répète qu'une feule fyllabe. *Voyez* ÉCHO.

ÉCHO MULTIPLE. *Echo* qui répète plufieurs fois une ou plufieurs fyllabes ; il exifte deux fortes d'*écho multiple, écho multiple monofyllabique, écho multiple polyfyllabique. Voyez* ÉCHO.

ÉCHO POLYSYLLABIQUE. *Echo* qui répète plufieurs fyllabes ; il en eft de fimples & de multiples. *Voyez* ÉCHO.

ÉCHO SIMPLE. *Echo* qui ne répète qu'une feule fois ; il en eft de monofyllabiques & de polyfyllabiques. *Voyez* ÉCHO.

ÉCHO TANTOLOGIQUE. *Echo* qui répète plufieurs fois le même ton, la même fyllabe ou les mêmes mots. *Voyez* ÉCHO, ÉCHO MULTIPLE TANTOLOGIQUE.

ÉCHO TONIQUE. *Echo* qui ne fe fait entendre que lorfque le fon eft parvenu au centre phonocamptique, dans un certain degré du ton mufical, ou qui change le ton qui lui arrive. *Voyez* ÉCHO.

ÉCHOMÈTRE, de ηχος, *fon*, μετρον, *mefure* ; echometrum ; *fchallmeffer* ; f. m. Efpèce d'échelle graduée ou de règle divisée en plusieurs parties, & dont on se sert pour mesurer la durée ou la longueur des sons, pour déterminer leurs valeurs diverses, & même le rapport de leurs intervalles. *Voyez* CHRONOMÈTRE.

ÉCHOMÉTRIE; echometria; s. f. Science, art de faire des *échos*, de faire des bâtimens dont la disposition, & surtout celle des voûtes, forment des *échos*.

Nous ne ferons aucune observation sur cette science prétendue. *Voyez* ÉCHO.

ÉCLAIR, du latin *clarus*, clair; fulgur; blitz; s. f. Eclat de lumière vive & subite qui disparoît aussitôt.

Les *éclairs* peuvent avoir diverses formations; mais ceux que nous considérons dans cet article, sont les *éclairs* qui se forment dans l'atmosphère, & qui paroissent s'élancer des nuages; on peut les diviser en deux classes : les uns sont immédiatement suivis du bruit du tonnerre; les autres ne sont accompagnés d'aucun bruit.

Plusieurs physiciens attribuent la formation des *éclairs* qui accompagnent le tonnerre, à la rencontre de deux nuages électrisés d'électricité contraire; d'autres à la formation des nuages.

On voit souvent dans l'air (dit Brisson (1)), avant qu'il ne fasse des *éclairs* & du tonnerre, des nuées épaisses & sombres, qui paroissent s'entre-choquer & se croiser en suivant toutes sortes de directions; par où l'on peut juger sans peine du temps qu'on doit avoir bientôt après. Les matières de la foudre viennent-elles à prendre feu, ces nuées se condensent encore beaucoup plus qu'auparavant, & dans l'instant elles se convertissent en gouttes d'eau, qui tombent quelquefois en grosse pluie. Lorsque ces sortes d'ondées viennent à tomber, elles emportent ordinairement avec elles beaucoup de cette matière qui produit la foudre; ce qui fait que l'orage cesse beaucoup plus tôt lorsqu'il pleut, que lorsqu'il fait un temps sec.

Mais comme on aperçoit des *éclairs* & que l'on entend le bruit du tonnerre lorsque le moment d'auparavant le ciel étoit clair & sans nuage, & que l'apparition de l'*éclair* est toujours accompagnée de la formation d'un nuage ou de l'épaississement de ceux qui existent (*voyez* BRUIT DU TONNERRE), on a cru donner une autre explication à la formation de l'*éclair*.

Dès que, par un refroidissement ou par toute autre cause, l'air abandonne une portion de l'eau qu'il contenoit, la vapeur aqueuse, en passant à l'état liquide, augmente d'intensité électrique, parce que l'électricité répandue sur la vapeur, dans tout l'espace qu'elle occupoit, se portant toute entière sur la surface des globules d'eau qui viennent

de se former, elle s'y concentre. Si les globules d'eau ainsi formés étoient tous de la même grosseur, ils auroient la même intensité électrique & conserveroient toute leur électricité; mais les globules d'eau formés étant de grosseur différente, & les plus gros contenant une électricité plus intense, celle-ci tend à se porter vers ceux dont l'intensité est plus petite, afin d'établir l'équilibre. Lorsque la différence d'intensité électrique est très-grande, & que la masse d'électricité qui se distribue entre les globules est considérable, il se produit de la lumière & il se forme des *éclairs* absolument de la même manière que dans le passage de l'électricité à travers les grains de métal séparés, qui forment les tableaux d'aventurine. Alors le bruit du tonnerre est précédé d'*éclair*; mais si la différence de l'intensité électrique des globules d'eau formés, n'est pas considérable, le bruit du tonnerre se fait entendre sans avoir été précédé d'*éclair*.

Comme le bruit parcourt dans l'air environ 173 toises par seconde, tandis que la lumière se meut avec une vitesse si grande, que l'on peut considérer sa transmission comme instantanée, il s'ensuit que, par le temps qui s'écoule entre l'apparition d'un *éclair* & la distinction du bruit qui la suit, on peut juger de la distance où se produit le phénomène qui donne naissance aux *éclairs* & au tonnerre. Il suffit de compter le nombre de secondes qui s'écoulent depuis le moment où l'on a aperçu l'*éclair*, jusqu'à l'instant où l'on entend le bruit: multipliant par 173 le nombre de secondes, on a en toises la distance du lieu où le phénomène a été formé.

ÉCLAIRS DE CHALEUR. Eclat de lumière, vive & subite, que l'on aperçoit ordinairement dans la soirée d'un beau jour de chaleur.

Quelques physiciens attribuent les *éclairs de chaleur* à l'électricité de l'air qui se propage sans bruit dans un nuage, ou d'un nuage à un autre; d'autres à l'inflammation subite du gaz hydrogène; d'autres à la réflexion de la lumière transmise par des nuages; d'autres enfin à un phénomène analogue à celui qui produit les aurores boréales.

Reinmarus partage la première opinion : il pense qu'un nuage, fortement chargé d'électricité, peut donner de pareils *éclairs* sans force, sans violence, sans bruit, & souvent en très-grand nombre, surtout le soir & pendant la nuit, parce que la lumière est trop foible pour paroître au jour. Il présume qu'ils sont produits le plus souvent par la contraction d'un nuage qui, en changeant sa forme, diminue sa surface & laisse dissiper l'électricité, qui augmente d'intensité par cette contraction.

Quelle que soit la diversité d'opinion que l'on puisse avoir sur les *éclairs de chaleur*, ce qu'il y a de certain, c'est que nous sommes peu instruits sur leur formation, & que l'on ne peut, jusqu'à

_____
(1) *Dictionnaire de Physique*.

préfent, fe livrer qu'à des hypothèfes. *Voyez* ECLAIRS SANS TONNERRE.

ÉCLAIR DE COUPELLATION. Lumière vive qui fe forme fur le gâteau ou le bouton d'argent, lorfque l'on coupelle ce métal.

En foumettant une combinaifon de plomb & d'argent à l'action du feu & de l'air atmofphérique, le plomb s'oxide & couvre le métal d'une couche de couleur fombre. Il s'écoule & fe vaporife peu à peu; lorfque la dernière portion de plomb fe dégage, le fombre de la furface diminue; enfin, auffitôt que tout le plomb eft féparé de l'argent, la furface de celui-ci devient vive & brillante. C'eft au paffage de la couleur fombre de l'oxide qui recouvre le bain, à la couleur brillante de la furface d'argent pur, que les chimiftes & les métallurgiftes ont donné le nom d'*éclair*; mais comme ce changement d'éclat fe fait lentement & fucceffivement, il s'enfuit que le nom d'*éclair*, donné à ce paffage de couleur, n'eft pas exact.

ÉCLAIRS DES FLEURS. Éclat de lumière plus ou moins vive que quelques fleurs laiffent apercevoir.

Il paroît que ce phénomène (1) a été aperçu la première fois par Elifabeth-Catherine Linné, fur la capucine (*voyez* CAPUCINE); depuis, le Suédois Haggren l'a obfervé fur différentes fleurs. Nous allons rapporter ici ce qu'il dit à ce fujet (2).

« J'aperçus par hafard, en 1783, un foible *éclair* fur le fouci (*calendula officinalis*); je réfolus de faire des obfervations exactes fur ce phénomène. Pour être fûr que ce n'étoit pas une illufion, je plaçai un homme près de moi, lui recommandant de faire un fignal au moment qu'il obferveroit la lumière. J'ai toujours obfervé qu'il voyoit l'*éclair* au même inftant que moi.

» On peut fouvent voir l'*éclair* fur la même fleur deux ou trois fois de fuite; mais fouvent on ne l'aperçoit qu'après quelques minutes; & s'il arrive que quelques fleurs, placées dans le même endroit, faffent voir l'*éclair* en même temps, on peut le remarquer de loin.

» Ce phénomène s'obferve dans les mois de juillet & d'août, au coucher du foleil, & une demi-heure après, fi l'atmofphère eft clair; mais quand il eft plein de vapeur humide & qu'il a fait de la pluie pendant le jour, on ne peut rien obferver.

» Les fleurs fuivantes font voir l'*éclair* plus ou moins fort dans cet ordre : 1°. le fouci; 2°. la capucine (*tropæolum majus*); 3°. le lis rouge (*lilium bulbiferum*); 4°. l'œillet-d'Inde. Je l'ai auffi remarqué quelquefois fur le tournefol (*helianthus annuus*); mais le jaune couleur de feu eft en

général néceffaire pour faire voir cette lumière, parce que je ne l'ai jamais obfervée fur des fleurs d'une autre couleur.

» Pour découvrir fi quelques petits infectes ou vers phofphoriques en étoient la caufe, j'en ai fait la plus exacte recherche avec de bons microfcopes, fans jamais pouvoir la trouver.

» On peut, d'après la célérité de l'apparition de cette lumière, conclure qu'il y a quelque chofe d'électrique dans ce phénomène : on fait que, dans le moment où le piftil d'une fleur eft fécondé, le pollen crève par fon élafticité; cela m'a fait croire que l'électricité même étoit liée avec cette élafticité : mais après avoir obfervé l'*éclair* fur le lis rouge, où les anthènes font affez éloignées des pétales, j'ai trouvé que la lumière étoit fur les pétales mêmes & non fur les anthènes; cela m'a donc fait croire que cette lumière électrique étoit caufée par le pollen, qui, en crevant, fe jette partout fur les pétales.

ÉCLAIR DES HARENGS. Éclat de lumière femblable à celui des *éclairs* qui précèdent le tonnerre, & qui paroît fur la mer lorfque les harengs font en troupe.

ÉCLAIRS SANS TONNERRE. Éclat de lumière vive qui a lieu dans l'atmofphère, & qui n'eft accompagné d'aucun bruit. *Voyez* ÉCLAIR DE CHALEUR.

Deluc, *Idées fur la Météorologie*, tom. II, §. 649, attribue ce phénomène à une émiffion de fluide électrique qui peut être accompagné de tonnerre, mais dont l'action eft trop foible pour que le coup foit entendu. Nous allons rapporter ici l'extrait d'une lettre de Deluc de Genève, à fon frère, qui étoit en Angleterre (1).

« Le thermomètre fut hier à 27. Après le coucher du foleil, je fus me promener hors des remparts; le ciel étoit couvert à l'oueft, au-deffus du Jura (à deux ou trois lieues de diftance) : des *éclairs* y commencèrent; ils devinrent plus fréquens, & enfin il partit de ces nues des fillons de lumière divifés en tout fens vers le bas, quelquefois même en gerbes divergentes fort étendues. Tout homme devenu fourd, & ne jugeant ainfi que par la vue, n'auroit pu douter qu'il ne tonnoit très-violemment; cependant, il ne tonnoit point. Les nues fe tendirent par degrés jufqu'au-deffus de moi : il en partoit toujours de tels *éclairs*, qu'ils fembloient devoir être accompagnés d'un bruit à ébranler le cerveau; cependant on n'en entendoit prefque point. Tandis que je contemplois ce phénomène avec le plus grand étonnement, il partit un de ces *éclairs*, & celui-là fut accompagné d'un bruit fi terrible, qu'il me fit courber les épaules; une courte ondée le

(1) *Journal de Phyfique*, année 1773, tome I, p. 137.
(2) *Ibid.*, année 1788, tome II, page 111.

(1) *Journal de Phyfique*, année 1791, tome II, p. 252.

suivit. Il continua à faire des *éclairs*, mais je n'entendis plus aucun bruit. »

Voilà (ajoute Deluc de Londres) une preuve immédiate de ce dont il n'étoit guère possible de douter auparavant ; que les explosions de nouveau fluide électrique qui forment les *éclairs* ou la foudre, font très-distinctes des détonations qui les suivent d'ordinaire, & qui constituent le tonnerre. Mais, furtout, c'est là une forte preuve de notre ignorance fur les caufes des plus grands météores, &, par conféquent, fur les ingrédiens de l'air atmofphérique, puifqu'il n'eft possible de fuppofer, que ces grands phénomènes foient indépendans de lui, en même temps que rien de ce que nous connoiffons ne les explique.

ÉCLAIRAGE ; illuminatio ; *erlenchlung* ; f. f. Action d'éclairer, mode employé pour éclairer. Depuis le milieu du fiècle paffé, l'art de l'*éclairage* a fait de rapides progrès. Pendant long-temps les lieux d'affemblées n'étoient éclairés que par des lampes qui répandoient une lumière fombre. Aux lampes, on a fubftitué des chandelles & des bougies. Vers le milieu du fiècle dernier, les grands fpectacles n'étoient éclairés qu'avec des bougies, & les rues des grandes villes avec des chandelles.

Un premier perfectionnement apporté à l'*éclairage*, a été l'adaption aux lampes d'un réverbère pour réfléchir la lumière dans des directions données. (*Voyez* RÉVERBÈRES, PHARES.) L'éclairement des villes a été confidérablement amélioré ; un fecond perfectionnement a été l'invention des lampes à courans d'air (*voyez* LAMPES A COURANS D'AIR) ; mais les endroits fermés, les appartemens, les falles de fpectacle ont feuls profité de cette amélioration ; enfin, un troifième perfectionnement, le feul dont nous allons nous occuper dans cet article, a été l'*éclairage avec le gaz hydrogène*.

Auffitôt que l'on eut découvert le gaz hydrogène, on chercha à le contenir & à l'enflammer, de manière à lui faire produire une flamme continue. (*Voyez* CHANDELLE PHILOSOPHIQUE.) Alors on reconnut, il eft vrai, la poffibilité d'éclairer avec ce gaz ; mais il y avoit encore de grandes recherches à faire avant d'appliquer ce premier réfultat à l'*éclairage* en grand, & d'une manière économique.

Tous les favans s'accordent à attribuer à Lebon, ingénieur des ponts & chauffées, les premiers fuccès fur l'*éclairage* avec le gaz hydrogène ; mais cet habile phyficien ne retiroit fon gaz que de la diftillation du bois, & la mort a frappé cet homme précieux dans le moment où fes pénibles travaux alloient être couronnés.

Les Anglais, toujours empreffés à s'emparer des découvertes françaifes & à les appliquer aux progrès de leur induftrie, profitèrent de la découverte de Lebon ; mais ils firent ufage de la houille, au lieu de bois, pour retirer leur gaz hydrogène.

Vers 1683, Becher diftilla de la houille pour en retirer le bitume, le goudron. Cette diftillation fut pratiquée avec fuccès en 1758, dans le comté de Naffau, & en 1768, par Limbourg, maître de forge dans la principauté de Liége. Alors lord Dendonald obtint, en 1780, une patente pour extraire le goudron du charbon de terre. Quoique la houille fût diftillée dans des vaiffeaux fermés, depuis fi long-temps, ce n'eft qu'en 1785 que Lavoifier & Faujas de Saint-Fond, en répétant les expériences de la diftillation de la houille, firent remarquer que, dans cette opération, elle produifoit une quantité confidérable de gaz hydrogène ; mais perfonne, avant Lebon, n'avoit conçu l'idée d'employer ce gaz à l'*éclairage*.

On trouve dans les *Tranfactions philofophiques* un Mémoire de W. Murdoch (1), dans lequel cet habile artifte annonce que, dès 1798, il fit dans la manufacture de Boulton & Watt, à Soho, des effais qui ne laiffèrent plus de doute fur la poffibilité d'éclairer les ateliers, avec une dépenfe bien moindre que par tout autre moyen, en brûlant du gaz hydrogène carboné, qu'on retire des corps combuftibles foumis, en vaiffeaux clos, à l'action du feu, & en particulier de la houille, lorfqu'on la convertit en coak ; mais ce ne fut qu'en 1802 qu'il eut l'occafion d'offrir au public l'illumination générale de la manufacture de Soho. Depuis W. Murdoch a été chargé de l'*éclairage*, par le gaz hydrogène, de la filature de coton de Philips & Lee, à Manchefter, & de tous les ateliers de Watt & Boulton à Soho.

Afin de mettre à même d'apprécier l'avantage de ce nouveau procédé fur l'ancien, Murdoch compare les dépenfes d'*éclairage* à la chandelle, avec celles d'*éclairage* par le gaz hydrogène, & il établit que la valeur de 2000 francs, en chandelles, peut être remplacée par celle de 145 francs en houille, qui doit produire le gaz hydrogène néceffaire pour obtenir un meilleur *éclairage* ; & comme on retire de cette opération pour 93 fr. de charbon de houille, la dépenfe réelle n'eft que de 52 francs.

Mais les uftenfiles & la difpofition des tuyaux exigent, une fois payé, une dépenfe de 11,000 fr. dont l'intérêt eft de 550 fr. ; ainfi la dépenfe totale 602 fr., &, à caufe des réparations, 650 fr. ; donc les $\frac{13}{40}$ de la dépenfe en chandelles.

Ce premier réfultat a déterminé un grand nombre de manufacturiers à faire éclairer leur atelier par ce nouveau moyen, & bientôt la fpéculation a étendu cet *éclairage* jufqu'à la ville de Londres, puis les autres villes de l'Angleterre.

Le fuccès obtenu par les Anglais réveilla l'at-

tention fur cette découverte françaife; l'on chercha à l'importer en France. En 1811, Ryff-Pon-
celet, établirent à Liége, dans leur ufine, un *éclairage* avec du gaz hydrogène; depuis, cet *éclairage* a été exécuté dans la manufacture de draps
d'André Poupart de Neuflize, à Mouzon, département des Ardennes, avec un égal fuccès (1).

Nous devons obferver que, quoique l'on emploie généralement la houille pour obtenir le gaz
hydrogène néceffaire à l'*éclairage*, il ne faut pas
confidérer cette fubftance comme indifpenfable-
ment néceffaire. Lebon a prouvé que la diftillation
du bois pouvoit également y être employée.
Ainfi le choix entre ces deux fubftances doit dépendre abfolument de leur valeur refpective & de
celle des charbons obtenus. Bien certainement
ceux qui font placés fur une houillère, ou qui en
font très-rapprochés, doivent avoir plus d'économie de diftiller ce combuftible pour obtenir le
gaz hydrogène néceffaire à l'*éclairage*; mais auffi il
eft poffible que ceux qui font éloignés des houillères, & qui font à la proximité des forêts, retirent
avec beaucoup plus d'économie leur gaz hydrogène
de la diftillation du bois. Les Anglais, qui ne
brûlent que de la houille, parce que le bois eft
trop cher chez eux, ont dû néceffairement retirer
leur gaz hydrogène du charbon de terre; mais
les Français, qui peuvent dans chaque pays
choifir entre les deux combuftibles, doivent préférer celui qui leur donne le gaz hydrogène avec
plus d'économie (2).

Faifons connoître l'un des appareils que l'on
emploie pour diftiller la houille, & les procédés
à l'aide defquels on produit l'*éclairage*.

Une chaudière de fonte de fer A, *fig.* 112 (b),
eft remplie de houille; elle eft fermée par un couvert d, fur lequel eft fixé un tuyau recourbé V, qui
fe fixe en a à un autre tuyau courbé V, qui
pénètre à travers un tuyau B, dans la cuve épu-
ratoire, laquelle eft divifée par plufieurs diaphragmes. Trois tuyaux E, D, R, fervent, le premier à faire fortir & brûler le gaz en excès; le
fecond à vider le liquide que contient la cuve; le
troifième, à conduire le gaz dans un gazomètre F, plongé dans une cuve H, H: dans ce
gazomètre font deux tuyaux; l'un, I, introduit
le gaz hydrogène; l'autre J fert à le conduire partout où il doit être brûlé. A l'extrémité inférieure des tuyaux font des apendices qui plongent dans deux petites cuves G, N, deftinées

à recevoir les liquides qui ont pu s'écouler dans
ces tuyaux, & qui les auroient obftrués.

Il eft facile de déduire de l'infpection de cette
figure, que le gaz & les vapeurs dégagés de la
diftillation du combuftible arrivent dans l'épura-
toire; que là, ils ont quatre maffes d'eau fucceffives à traverfer, afin d'obliger les vapeurs
à fe condenfer & à fe mêler avec l'eau; alors il
ne fort plus par le tuyau R, que le gaz hydrogène purifié, & qui peut être employé de
fuite à l'*éclairage*.

Ce gaz, fortant par le tuyau T, eft diftribué
dans d'autres tuyaux difpofés dans les différentes
pièces que l'on veut éclairer: chaque tuyau eft
terminé par un ou plufieurs becs; les uns font
conftruits d'après le principe de la lampe
d'Argand, & s'en rapprochent tout à-fait au
premier afpect; les autres font en forme de
petits tubes recourbés, avec une extrémité conique
percée de trois orifices, du diamètre d'environ
un trentième de pouce chacun, l'un à l'extrémité du cône, & deux latéraux, par lefquels les
gaz fortent en forme de trois jets en flamme divergens, en façon de fleurs de lis. Chacun des
premiers becs fait l'effet de trois chandelles, &
chacun des derniers fait l'effet de deux chandelles
un quart: un demi-pied cube de gaz, brûlé par
heure, fait, à peu de chofe près, l'effet d'une
chandelle des fix.

Pour détruire l'odeur que pourroit produire
quelque peu de vapeur huileufe, retenue par le
gaz, on place, au-deffus de chaque bec en porcelaine, une cheminée de verre femblable à celle
de nos lampes à courant d'air, avec cette différence feulement qu'elles font cylindriques:
cette cheminée a l'avantage de faciliter la combinaifon du courant d'air qui amène & fait brûler
la fumée. (1).

ÉCLAIRCIE, f. f. Endroit du ciel qui devient
clair & dégagé de nuage, dans un temps nébuleux & chargé, ou bien le côté où, d'un temps
de brume, le brouillard commence à fe diffiper.

ÉCLAT; fragmentum; *fpleiffe*, f. maf. Pièce
ou partie d'un morceau de bois qui s'eft rompue
en long.

ÉCLAT; fragor; *fchlay*. Bruit que fait le tonnerre ou une partie d'un corps dur en fe rompant.

ÉCLAT; fulgor; *glanz*. Lueur, fplendeur,
rayons que jettent les corps lumineux, ou que réfléchiffent les corps polis.

---

(1) Cet *éclairage* prend aujourd'hui beaucoup d'extenfion. On a effayé, il y a quelques années, d'éclairer, à
Paris, le paffage Montefquiou avec ce gaz; un appareil eft
établi à l'hôpital Saint-Louis pour le même objet. On fe
propofe d'éclairer les fpectacles de la capitale par ce moyen.
Un café, place de Grève, eft depuis quelque temps éclairé
avec du gaz hydrogène.

(2) On emploie avec beaucoup de fuccès, à Choify-le-
Roi, le gaz hydrogène obtenu en charbonifant le bois, pour
produire la chaleur néceffaire à cette charbonifation.

---

(1) *Traité pratique de l'Éclairage par le gaz inflammable*
traduit de l'angl. par M. Windfor. Ouvrage de M. Actum.

ÉCLECTIQUE.

ÉCLECTIQUE, de εκλεγω, *choisir* ; eclecticus ; *ecleactik* ; adj. Espèce de philosophes qui, sans s'attacher à aucune secte particulière, prenoient de chacune ce qu'ils trouvoient de bon & de solide.

ÉCLIPSE, de εκλειψις, *défaut, privation* ; eclipsis ; *finsterniche* ; s. f. Disparition en tout ou en partie d'un astre.

Cette disparition se fait de deux manières, ou parce qu'un corps opaque s'interpose entre le spectateur & l'astre, ou parce que l'astre traverse l'ombre portée par un corps. Par la première manière tous les corps peuvent être *éclipsés*, quelle que soit la nature de la lumière qu'ils envoient ; & dans le second cas, il n'y a d'*éclipsé* que les corps qui ne sont point lumineux par eux-mêmes, & qui ne doivent leur clarté qu'à la lumière qu'ils reçoivent & qu'il réfléchissent. Ainsi le soleil & les étoiles ne peuvent être *éclipsés* que par l'interposition d'un corps opaque, placé entre le spectateur & ces astres, tandis que les planètes, les comètes, les satellites peuvent être *éclipsés* de la première & de la seconde manière.

Les *éclipses* sont des phénomènes d'autant plus remarquables, qu'ils ont intéressé les hommes dans tous les temps ; on peut même dire que ce sont eux qui ont le plus contribué à concilier du respect pour l'astronomie, par l'exactitude avec laquelle est en possession, depuis bien des siècles, de prévoir & de prédire ces phénomènes, si long-temps la terreur & l'admiration des peuples, & qui, par les progrès des lumières, n'excitent plus aujourd'hui que leur intérêt & leur admiration.

Thalès paroît être le premier qui ait assigné l'époque de l'apparition des *éclipses* ; il prédit une *éclipse* de soleil, & l'événement vérifia la prédiction. Cette *éclipse* est celle qui arriva au moment que Cyaxare, roi des Mèdes, & Alyathe, roi des Lydiens, étoient sur le point de se livrer bataille, l'an 585 avant J. C. Il paroît qu'il étoit parvenu à cette prédiction par une méthode artificielle qu'il avoit apprise des Egyptiens.

Quelque difficile que soit le calcul des *éclipses*, il existe une méthode approximative, avec laquelle on peut indiquer, à peu-près, l'époque où il doit y avoir des *éclipses* de soleil & de lune. Comme toutes les dix-huit années solaires, qui correspondent à dix-neuf années lunaires, le mouvement de la lune, par rapport à celui de la terre, se fait dans le même ordre & de la même manière dans les dix-huit années suivantes, les *éclipses* doivent également paroître dans le même ordre & de la même manière. Il suffit donc de faire un relevé exact des *éclipses* qui ont eu lieu pendant les dix-huit années qui se sont écoulées, pour indiquer celles qui doivent avoir lieu pendant les dix-huit années qui vont suivre.

Pour que cette méthode de déterminer les *éclipses* de soleil & de lune fût rigoureuse, il faudroit, 1°. que les dix-neuf années lunaires cor-

Dict. de Phys. Tome III.

respondissent exactement aux deux cent vingt-trois mois lunaires, ou que les nombres qui expriment la durée d'une année & d'un mois lunaire fussent commensurables ; 2°. que le mouvement de la lune fût régulier & n'éprouvât aucune inégalité susceptible de changer le rapport entre ces deux durées : or, comme d'une part le rapport n'est pas formé de nombres commensurables, & que de l'autre il existe dans le mouvement de cet astre des inégalités qui troublent ce rapport, il s'ensuit que la méthode de prévoir les *éclipses*, par la révolution de dix-huit années solaires, ne peut donner que des approximations.

On distingue trois sortes d'*éclipses* : 1°. de soleil ; 2°. de lune ; 3°. des satellites. Chacune de ces *éclipses* peut être totale ou partielle, c'est-à-dire, que l'astre peut être éclipsé en totalité ou en partie seulement.

Soit que l'on prédise, soit que l'on observe une *éclipse*, il faut indiquer l'heure exacte & précise du commencement, du milieu & de la fin : si l'*éclipse* est totale, il faut également indiquer l'instant de l'immersion & de l'émersion totale. *Voyez* EMERSION, IMMERSION.

Il faut encore observer la grandeur ou la portion de l'astre éclipsé que l'on mesure, en divisant le diamètre de l'astre en douze parties égales, que l'on nomme *doigt*. (*Voyez* DOIGT.) Ainsi, une *éclipse* partielle est toujours moindre que douze doigts, & une *éclipse* totale doit être de douze doigts au moins ; elle peut être de plus de douze doigts, si l'astre interposé a un diamètre plus grand que l'astre éclipsé, ou si le diamètre de la tranche d'ombre, dans laquelle l'astre est éclipsé, a un diamètre plus grand que l'astre : ce qui arrive assez communément dans les *éclipses* de lune. Celle du 30 décembre 1768, par exemple, avoit vingt-un doigts.

ÉCLIPSE ANNULAIRE ; eclipsis annularis ; *ring fœrmige finsterniße*. Eclipse de soleil dans laquelle il reste un anneau de lumière autour de cet astre.

Les diamètres apparens du soleil & de la lune varient avec leur distance, de manière que le diamètre de la lune se trouve, selon la position respective des deux astres, égal, plus grand ou plus petit que celui du soleil. Dans cette dernière circonstance, lorsque l'*éclipse* doit être totale, comme le disque de la lune ne peut pas couvrir entièrement celui du soleil, il déborde autour de la lune, & forme un anneau lumineux, qui a fait donner à cette sorte d'*éclipse* le nom d'*éclipse annulaire*.

ÉCLIPSE AVEC DURÉE ; eclipsis totalis cum morâ ; *finsterniße total mit dauer*. Eclipse totale du soleil qui dure quelque temps, parce que le diamètre apparent de la lune est plus grand que celui du soleil.

E

ÉCLIPSE CENTRALE; eclipfis centralis; central finfterniffe. Eclipfe dans laquelle le centre des deux aftres coincide un inftant, c'eft-à-dire, que la droite, menée de l'œil d'un fpectateur, au centre de l'un des aftres, paffe par l'autre centre. Voyez ECLIPSES TOTALES.

ÉCLIPSE DE LUNE; eclipfis lunaris; mund finfterniffe. Obfcurité produite fur le difque de la lune, en paffant dans le cône d'ombre que forme la terre placée entre le foleil & la lune.

Les rayons du foleil, en arrivant fur la furface de la terre, font interceptés par cette planète; & comme le diamètre du foleil S, fig. 749, eft plus grand que celui de la terre T, il fe forme, de l'autre côté de la terre, un cône d'ombre A B C. Lorfque la lune L, également éclairée par le foleil, tourne autour de la terre dans fon orbe L M N, elle perd fa clarté en paffant dans le cône d'ombre A B C; elle devient obfcure & s'éclipfe.

On fait que la terre T fe meut autour du foleil S, dans un orbe elliptique ABDF (voyez TERRE, MOUVEMENT DE LA TERRE); que la lune L fe meut également autour de la terre dans un orbe elliptique LMN. (Voyez LUNE, MOUVEMENT DE LA LUNE) Ces deux orbes font inclinés l'un fur l'autre. L'angle de leur inclinaifon eft de 5° 11' 42".

Pour qu'une éclipfe de lune ait lieu, il faut que deux conditions foient remplies: 1°. que la lune fe trouve dans un plan perpendiculaire à l'orbe de la terre, paffant par la prolongation T C, de la droite S T, qui eft menée du centre du foleil à celui de la terre, ce qui a lieu dans toutes les pleines lunes; 2°. que, dans fon paffage par ce plan, la lune foit à peu de diftance de fes nœuds (voyez NŒUD), afin qu'elle ne foit pas affez écartée de l'orbe de la terre, pour être au-deffus ou au-deffous du cône d'ombre.

Selon la diftance de la lune aux nœuds de fon orbite, l'éclipfe peut être partielle ou totale; elle eft partielle lorfqu'elle en eft très-éloignée; elle eft totale lorfqu'elle eft très-rapprochée des nœuds; enfin, elle eft centrale lorfqu'elle eft exactement fur les nœuds de fon orbite.

Toute la partie de l'ombre formée par-delà la furface de la terre éclairée par le foleil, n'eft pas d'une égale obfcurité. Il exifte autour du cône d'ombre A C B, une pénombre (voyez PÉNOMBRE) dans laquelle la lune perd une partie de fa clarté.

Quoiqu'entièrement plongée dans le cône d'ombre A C B, la lune, dans une éclipfe totale, ne ceffe pas toujours, pour cela, d'être vifible; elle paroît fous une couleur de cuivre rougi ou d'un feu ardent qui commence à s'éteindre; ce qui provient de quelques rayons folaires, réfractés A Q : B R par l'atmofphère terreftre, qui parviennent jufqu'à la lune & l'illuminent foiblement. La lumière réfractée eft foible, parce qu'elle eft en petite quantité, & elle approche du rouge, parce qu'il n'y a

que les rayons rouges qui puiffent, dans une pareille circonftance, pénétrer la couche de l'atmofphère. Cette couleur varie confidérablement dans les différentes éclipfes; elle eft d'autant plus obfcure que la lune eft plus proche de la terre, parce qu'alors, les rayons rompus par l'atmofphère ne parviennent pas jufqu'au centre du cône d'ombre. On a même vu des éclipfes où la lune difparoiffoit entièrement, mais elles font fort rares.

C'eft toujours par fon bord oriental que la lune commence à s'éclipfer, ce qui provient de ce qu'elle marche plus vîte dans fon orbite que la terre dans l'écliptique: d'où il fuit qu'elle doit rencontrer l'ombre de la terre fuivant la direction de fon mouvement, qui eft d'occident en orient.

L'éclipfe de lune étant produite par un obftacle qui arrête la lumière qui lui parvenoit, cette privation de lumière doit être aperçue dans le même temps & de la même manière, par tous les peuples placés fur la furface de la terre, qui peuvent obferver l'éclipfe. Alors, comparant l'heure à laquelle ils ont remarqué le commencement, le milieu & la fin de ce phénomène, ils peuvent déterminer, avec une grande exactitude, la longitude comparée de chaque lieu où l'éclipfe a été obfervée. (Voyez LONGITUDE.)

ÉCLIPSE DE SOLEIL; eclipfis folaris; fonen finfterniffe. Occultation du foleil par la lune, qui fe trouve placée entre le foleil & la terre.

Il fuit de cette définition, qu'une éclipfe de foleil n'eft autre chofe qu'une privation des rayons du foleil, pour les points de la terre fur lefquels la lune intercepte la lumière, ou mieux, c'eft le paffage du globe de la terre T, fig. 750, dans le cône d'ombre a c b, formé derrière la lune, & l'interception des rayons du foleil fur la furface d f e, d'interfection du cône avec la fphère terreftre d e g h; cette ombre & la pénombre qui l'accompagnent ne couvrant qu'une portion de la terre, il s'enfuit que les éclipfes de foleil ne font jamais générales, & qu'elles n'ont lieu que pour des points déterminés.

Comme la terre a deux mouvemens, l'un de rotation fur fon axe, l'autre de tranflation autour du foleil, il s'enfuit qu'en fuppofant que la lune fût fans mouvement, la fection de l'ombre couvriroit fucceffivement différens points de la terre, dont l'efpace dépendroit des deux mouvemens & de leur viteffe; mais la lune a elle-même un mouvement autour de la terre qui contribue, par fa viteffe proportionnelle, à donner de nouvelles limites à l'efpace que l'ombre couvre & qu'elle paroît parcourir.

On voit encore que, pour décrire exactement une éclipfe de foleil, il faut faire connoître, 1°. le point de la terre où elle commence; 2°. l'efpace qu'elle parcourt; 3°. le point de la terre où elle fe termine; 4°. la zône de la terre dans laquelle l'*éclipfe* eft totale ; 5°. les zônes où le foleil n'eft éclipfé que d'un certain nombre de doigts ; 6°. enfin, la durée de l'*éclipfe*, & que toutes ces déterminations dépendent de la pofition refpective des trois aftres & des viteffes proportionnelles des trois mouvemens.

Pour qu'une *éclipfe de foleil* ait lieu, il faut que la lune foit en conjonction, c'eft-à-dire, qu'elle foit entre le foleil & la terre ; mais à caufe de l'inclinaifon de l'orbe lunaire fur celui de la terre, des *éclipfes de foleil* n'ont pas toujours lieu dans les nouvelles lunes : il eft néceffaire, pour qu'il y ait occultation du foleil, que la conjonction ait lieu lorfque la lune eft dans fes nœuds, ou à une trèspetite diftance des nœuds. (*Voyez* ÉCLIPSE.) Alors il y a *éclipfe* totale ou *éclipfe* partielle, felon que la lune fe trouve dans les nœuds de fon orbite, au moment de la conjonction, ou à une diftance plus grande. *Voyez* ÉCLIPSE DE SOLEIL dans le *Dictionnaire des mathématiques de l'Encyclopédie*.

ÉCLIPSES DES ÉTOILES ; eclipfis ftellaris ; *ftern finfterniffe*. Difparition momentanée des étoiles, lorfque la lune, les planètes, les comètes, ou tout autre grand corps opaque, s'interpofent entre l'obfervateur & les étoiles. *Voyez* OCCULTATION DES ÉTOILES.

ÉCLIPSE DES PLANÈTES ; eclipfis planetarum ; *planet finfterniffe*. Occultation des planètes par des corps opaques.

On diftingue quatre fortes d'*éclipfes de planètes* : 1°. par la lune ; 2°. par les planètes elles-mêmes ; 3°. par les comètes ; 4°. par le foleil. Les *éclipfes des planètes* par la lune font affez fréquentes ; Mercure eft la feule dont on puiffe rarement obferver les *éclipfes* par la lune. Les planètes font quelquefois affez proches pour s'*éclipfer* mutuellement. Mars *éclipfa* Jupiter le 9 janvier 1591, & fut *éclipfé* par Vénus le 3 octobre 1590. Les *éclipfes des planètes* par les comètes font exceffivement rares. Quant aux *éclipfes des planètes* par le foleil, elles font affez communes, mais il eft extrêmement difficile de les obferver.

ÉCLIPSE DES SATELLITES ; eclipfis fatellitum ; *verfins terrungen der trabanten oder neben planeten*. Paffage des fatellites dans l'ombre des planètes autour defquelles elles tournent.

Jupiter eft accompagné par quatre fatellites, Saturne par fept, & Uranie par fix. Ces corps opaques tournent continuellement autour de chaque planète ; & comme elles ne font vifibles que par la lumière qu'elles reçoivent du foleil & qu'elles réfléchiffent, elles perdent leur clarté & deviennent invifibles lorfqu'elles paffent dans le cône d'ombre formé derrière leur planète, par l'interception des rayons du foleil. Or, ces fortes d'*éclipfes* font abfolument femblables à celles de la lune, & elles dépendent, 1°. du rapport de leur diftance à la planète qu'elles accompagnent ; 2°. de l'inclinaifon de leur orbe fur celui de leur planète ; 3°. de la diftance où elles font des nœuds de leur orbe au moment où elles font en oppofition.

Il doit y avoir fur chaque planète, accompagnée des fatellites, des *éclipfes* de foleil, dans les conjonctions de leurs fatellites, comme il en exifte fur la terre dans les conjonctions de la lune, qui eft le fatellite de la terre.

ÉCLIPSE-PARTIELLE. *Éclipfe* d'un aftre qui n'a lieu qu'en partie, c'eft-à-dire, dont un fegment feulement eft éclipfé.

Comme le corps, ou l'ombre qui occafionne l'*éclipfe*, préfente à l'obfervateur, fur la furface de la terre, un plan circulaire, & que le corps *éclipfé* a de même l'apparence d'une furface circulaire, la portion éclairée doit toujours avoir la forme d'un ménifque ABED, *fig. 751*.

ÉCLIPSE SANS DURÉE ; eclipfis totalis fine morâ ; *verfinfterung total ohne dauer*. *Éclipfe* totale qui n'a aucune durée appréciable.

Cette efpèce d'*éclipfe* a lieu lorfque le diamètre apparent de la lune eft parfaitement égal au diamètre apparent du foleil, & que l'*éclipfe* eft centrale ; alors l'*éclipfe* ne devient totale qu'au moment où le centre du foleil & celui de la lune font exactement dans la droite, menée de l'œil de l'obfervateur au centre du foleil ; mais comme le mouvement de la lune & celui de la terre écartent de fuite les deux centres, & qu'ils ne coincident plus exactement l'inftant d'après, l'*éclipfe* totale ceffe, ce qui fait que cette efpèce d'*éclipfe* eft *fans durée*.

ÉCLIPSE TOTALE ; eclipfis totalis ; *verfinfterung total*. Ofcillation dans laquelle l'aftre eft totalement éclipfé.

On obferve affez fouvent des *éclipfes totales* de lune, parce que le cône d'ombre, traverfé par cet aftre, eft d'un beaucoup plus grand diamètre que celui de la lune, puifqu'il eft environ les $\frac{55}{11}$ de fon diamètre ; mais il n'en eft pas de même des *éclipfes* de foleil, car le rapport de leur diamètre eft tel, que celui de la lune eft fouvent plus petit, quelquefois égal, & quelquefois auffi grand. Le diamètre apparent de la lune varie entre 5438" & 6207 fecondes décimales, & celui du foleil entre 5836 & 6035 fecondes décimales. Or, pour obtenir une *éclipfe* avec durée, il faut que le diamètre apparent de la lune foit plus grand que le diamètre apparent du foleil, &, autant qu'il eft poffible, que la lune foit dans les nœuds de fon orbite ou à une diftance infiniment petite, dépendante du rapport des deux diamètres ; & encore cette *éclipfe* n'eft-elle *totale* que pour une zône extrêmement étroite de la furface de la terre.

Les *éclipfes totales* font actuellement des phéno-

E 2

mènes importans pour les aftronomes ; mais jufqu'ici on ne les avoit regardées que comme des
phénomènes curieux, étonnans, capables d'inf-
pirer de la terreur. L'*éclipfe* qui a eu lieu en 1764,
quoiqu'elle ne fût qu'annulaire, avoit jeté l'épou-
vante dans la France, au point que les prêtres
firent commencer le fervice divin plutôt qu'à l'ordinaire.

En confultant les plus anciens auteurs, on voit
qu'ils ont parlé des grandes *éclipfes* de foleil
comme des événemens remarquables. Il en eft
queftion dans *Ifaïe*, chap. XXIII ; dans *Homère &
Pindare* ; dans *Pline*, liv. II, chap. XII ; dans *Denys
d'Halicarnaffe*, liv. II, &c.

C'eft une chofe très-fingulière que le fpectacle
d'une *éclipfe totale du foleil*. Clavius, qui fut témoin
de celle du 21 août 1560, à Coimbre, nous dit,
que l'obfcurité étoit pour ainfi dire plus grande,
ou du moins plus fenfible & plus frappante que
celle de la nuit : on ne voyoit pas où mettre le
pied, & les oifeaux retomboient vers la terre,
par l'effroi que leur caufoit une fi trifte obfcurité.

Il n'y a eu depuis très-long-temps, à Paris,
d'autres *éclipfes totales* que celle du 22 mai 1724.
L'obfcurité dura 2' ¼, à Paris. On vit le Soleil,
Mercure, Vénus, qui étoient fur le même aligne-
ment ; il parut peu d'étoiles à caufe des nuages. La
première partie du foleil qui fe découvrit, lança
un éclair fubit & très-vif, qui parut diffiper l'obfcurité entière. Le baromètre ne varia point ; le
thermomètre baiffa un peu ; mais il feroit difficile
de dire fi l'*éclipfe* en étoit la caufe. L'on vit autour
du foleil une couronne blanche, mais pâle.

ÉCLIPTIQUE, de ἐκλειψις, *éclipfe* ; ecliptic us ;
ekliptifche ; adj. & f. Qui appartient aux éclipfes.

Il y a *éclipfe* toutes les fois que les nouvelles
ou pleines lunes font *écliptiques*, & il n'en arrive
pas lorfqu'elles ne font pas *écliptiques*.

ÉCLIPTIQUE (Cercle de l') ; ou fimplement
ÉCLIPTIQUE ; orbitus folis annuus ; *fonnen bahn*.
L'un des grands cercles de la fphère tangente aux
deux tropiques, qui coupe l'équateur en deux
points, & dont le plan fait, avec celui de l'équateur, un angle de 23° ¼.

Si l'on mène une droite du centre du foleil à
celui de la terre, fi l'on fuppofe cette droite prolongée indéfiniment, le cercle que cette droite
trace dans le ciel eft le cercle de l'*écliptique*. Tel
eft, par exemple, le grand cercle D C G, *fig.* 571.

On divife le cercle de l'*écliptique* en douze parties que l'on appelle *fignes* : le zéro ou le commencement de cette divifion eft à l'interfection de
l'*écliptique* avec l'équateur, où à l'un des nœuds
de l'*écliptique*. On préfère celui ou le foleil fe
trouve au printemps ; alors on donne à ces fignes
les noms de *fignes du zodiaque*. *Voyez* ZODIAQUE.

D'après cette divifion, le foleil entre dans le
figne

Du Bélier... ♈ le 20 mars.
Du Taureau. ♉ le 20 avril.
Des Gémeaux ♊ le 21 mai.
De l'Écreviffe ♋ le 21 juin.
Du Lion.... ♌ le 22 juillet.
De la Vierge. ♍ le 22 août.
De la Balance ♎ le 23 feptembre.
Du Scorpion. ♏ le 23 octobre.
Du Sagittaire ♐ le 23 novembre.
Du Capricorne ♑ le 21 décembre.
Du Verfeau.. ♒ le 19 janvier.
Des Poiffons. ♓ le 18 février.

Ces fignes font différens des conftellations du
même nom ; ils coincidoient, il y a environ deux
mille ans, avec les conftellations ; mais comme
les nœuds de l'*écliptique* ont, dans le ciel, un mouvement rétrograde de 155"63 centigrades, ou 20"
divifion ancienne, il en eft réfulté un déplacement qui fait rencontrer aujourd'hui le figne
du Bélier dans la conftellation du Taureau. *Voy.*
PRÉCESSION DES EQUINOXES.

C'eft fur le cercle de l'*écliptique* que fe comptent les longitudes céleftes, & c'eft de ce cercle
que l'on commence à compter les latitudes. Sur
terre, la longitude fe compte fur l'équateur, &
la latitude à partir de ce cercle. *Voyez* LONGI-
TUDE & LATITUDE.

ÉCLIPTIQUE (Doigt). Douzième partie du
diamètre du foleil ou de la lune, qui fert à exprimer la grandeur d'une éclipfe. *Voyez* DOIGT,
ECLIPSE.

ÉCLIPTIQUE (Obliquité de l'). Angle que fait
le plan de l'*écliptique* avec celui de l'équateur.
(*Voyez* OBLIQUITE DE L'ECLIPTIQUE.) Cet angle eft de 23°,28'.

ÉCLIPTIQUE (Plan de l'). *Plan* engendré par le
mouvement du rayon vecteur qui réunit la terre
au foleil. (*Voyez* RAYON VECTEUR.) Ce plan
eft incliné de 23°,28' fur le plan de l'équateur.

ÉCLIPTIQUE (Pôle de l'). Si du centre de la
terre on fuppofe une droite indéfinie perpendiculaire au plan de l'*écliptique*, les points du ciel que
cette droite rencontre font les *pôles de l'écliptique*.
Voyez PÔLES DE L'ECLIPTIQUE.

Les *pôles de l'écliptique* font éloignés de 90 deg.
de tous les points du cercle de l'*écliptique*.

ÉCLIPTIQUES (Termes). Limites des éclipfes, ou le nombre de degrés d'écartement, à
partir des nœuds de l'orbite de la lune, dans
lefquelles la lune fe trouve en conjonction ou en
oppofition avec le foleil, pour qu'il puiffe y avoir
une éclipfe de foleil ou de lune, quoiqu'elle ne
foit pas précifément dans les nœuds.

On obferve, par l'analyfe, que lorfque la terre
eft à l'aphélie de fon orbe (*voyez* APHELIE), &

la lune au périgée (*voyez* PERIGÉE), il peut encore y avoir des éclipses de soleil lorsque la lune eſt écartée de ſon nœud de 22 degrés centigrades ou 18,9 degrés anciens, & des éclipses de lune lorſqu'elle en eſt écartée de 14 deg. centigr. On trouve pareillement que, quand la terre eſt au périhélie de ſon orbe (*voyez* PERIHELIE), & la lune à ſon apogée (*voyez* APOGÉE), il peut y avoir des éclipses de soleil, la lune étant à 14 deg. cent. de ſes nœuds, & des éclipses de lune, cet aſtre étant à 8 deg. cent. de ſes nœuds.

ÉCLUSE; du teuton *ſchluſſe*; ager; *ſchleuſe*; ſ. f. Conſtruction de terre ou de charpente qui ſert à retenir les eaux.

On appelle *écluſe* une petite digue qui ſert à amaſſer l'eau d'un ruiſſeau, d'une fontaine, pour la faire tomber enſuite ſur la roue d'un moulin. Ce terme ſe dit plus particulièrement d'une eſpèce de canal renfermé entre deux portes, l'une ſupérieure, que l'on appelle *porte de tête*, & l'autre inférieure, nommée *porte de mouette*, ſervant, dans les navigations artificielles, à conſerver l'eau & à rendre le paſſage des bateaux également aiſé en montant & en deſcendant.

Il y a diverſes ſortes d'*écluſes*, à éperon, à tambour, à vannes, à vis, de chaſſe, &c.

Les *écluſes* ont été inconnues aux Anciens. Tout fait croire qu'elles ont pris naiſſance en Hollande, & l'on préſume que ce ſont deux maîtres charpentiers, Sterin-Adrien Janſſen de Rotterdam, & Corneli Diriouſen Muys de Delft, qui en ſont les inventeurs.

ECNEPHIS; ἐκνέφιυς; ecnephia; *ecnephis*; ſ. f. Tempête, ouragan. *Voyez* TEMPÈTE, OURAGAN.

ÉCOULEMENT; fluxio; *obſluſs*; ſ. m. Mouvement de ce qui s'écoule.

ÉCOULEMENT DE L'ÉTHER; fluxio ætheris; *obſluſs aer œther*. Volume d'éther qui s'échappe par différentes ouvertures.

M. Gérard, ingénieur en chef des ponts & chauſſées, a rempli d'éther un vaſe de 0,031 de diamètre; ce liquide ſortoit par un tube capillaire de 0,001767 de diamètre, placé à 0,095 de l'ouverture du vaſe.

L'éther à 60° de l'aréomètre de Baumé, & à 12° cent. de température, a pris pour s'écouler de 0,060 de hauteur du vaſe . . . . 100″
A 30° 90
A 43° 80
On peut voir, ſur ces expériences, l'Extrait publié dans les *Annales de Chimie & de Phyſique*, tome VI, page 225.

ÉCOULEMENT DES FLUIDES; fluxio fluidorum; *abſluſs der fluſſig*. Volumes de fluide ou de liquide qui s'échappent par différentes ouvertures. Ces *écoulemens* ſont d'autant plus prompts,

ont d'autant plus de viteſſe, & dépenſent d'autant plus de fluide ou de liquide, que les ouvertures ſont plus grandes, & que la hauteur verticale du fluide au-deſſus de l'orifice eſt plus conſidérable.

La viteſſe du fluide, au ſortir de l'ouverture, eſt égale à celle qu'acquerroit un corps grave, en tombant de la hauteur verticale de la ſurface du fluide, au-deſſus de l'orifice.

Au ſortir de l'ouverture, le liquide a une viteſſe capable de le faire remonter à une hauteur verticale, égale à celle de la ſurface du fluide, au-deſſus de l'orifice.

En temps égaux, les dépenſes de liquide faites par différentes ouvertures, ſous une même hauteur de réservoir, c'eſt-à-dire, ſous une même preſſion, ſont entr'elles, à peu de choſe près, comme les aires des orifices; & ſi les liquides ſortent par différentes ouvertures, ſous différentes hauteurs de réservoir, ou ſous différentes preſſions, les dépenſes de liquide, en temps égaux, ſont à peu près comme les racines carrées des hauteurs, correſpondantes dans le réservoir, au-deſſus des orifices, ou des preſſions que le liquide éprouve.

D'où il ſuit que la quantité d'eau dépenſée pendant le même temps, par différentes ouvertures, ſous différentes hauteurs du réservoir, ou de preſſion, ſont entr'elles en raiſon compoſée des aires des ouvertures & des racines carrées des hauteurs des réservoirs ou des preſſions.

Mais le frottement contre les bords de l'orifice diminue cette dépenſe, & il la diminue davantage dans les petites ouvertures que dans les grandes, parce que les circonſtances ſont diminuer dans un plus grand rapport que les aires.

La quantité de liquide qui ſort, dans un temps donné, par des orifices percés de minces parois, n'eſt pas auſſi grande que ſemble le promettre la grandeur des ouvertures, parce que la veine fluide ſe contracte au ſortir de l'orifice (*voyez* CONTRACTION DE LA VEINE FLUIDE); mais ſi ce fluide ſort par un tuyau de même ouverture, l'adhérence du liquide à la matière du tuyau détruit la cauſe de la contraction, & l'*écoulement* eſt plus conſidérable.

ÉCOULEMENT DES GAZ; fluxio gazorum; *abſluſs der gaz*. Volume de gaz qui s'écoule par différentes ouvertures.

M. Frodny (1) a fait quelques expériences ſur l'*écoulement des gaz*.

Dans un vaſe de terre, de la capacité d'environ 100 pouces cubes, ce ſavant a fait entrer différens gaz, juſqu'à ce qu'ils éprouvaſſent une compreſſion de quatre atmoſphères : ces gaz s'écouloient par un tube de thermomètre très-fin, juſ-

(1) *Journal of Sciences and the Arts*, vol. III, page 354, année 1817.

qu'à ce que la preffion fût réduite à une atmof-phère un quart. La durée de l'*écoulement*, évaluée à l'aide d'un pendule à fecondes, a été :

Pour le gaz acide carbonique	156",5
— le gaz oléfiant	135
— l'oxide de carbone	133
— l'air commun	128
— le gaz de la houille	100
— l'hydrogène	57

Ces réfultats tendent à faire voir que la mobi-lité des gaz diminue, comme leur denfité aug-mente.

ÉCOULEMENT ÉLECTRIQUE; fluxio electrica ; *ausfluſs der eleĉtriſche*. Mouvement du fluide élec-trique pour s'échapper de la furface des corps.

Toutes les fois que l'intenſité de l'électricité, ré-pandue fur la furface d'un corps, eſt inégale, que ce fluide fe porte & s'accumule fur différentes parties, c'eſt ordinairement de ces parties que l'électricité s'échappe de la furface du corps & s'é-coule dans le milieu dans lequel le corps eſt placé. C'eſt ainſi que l'on voit l'électricité s'écouler des pointes & des arêtes des corps. *Voyez* DISTRI-BUTION DU FLUIDE ÉLECTRIQUE.

Nollet, ſuppofant qu'il exiſte fur la furface des corps électriſés deux courans électriques, l'un d'une matière affluente, l'autre d'une matière effluente, avoit donné le nom d'*écoulement éleĉtrique* à la ma-tière qui fort, tant des corps électriſés, que des corps qui l'avoiſinent, & même de l'air qui l'en-vironne ; il attribuoit à ces deux courans la forma-tion d'une eſpèce d'atmoſphère, qu'il ſuppoſoit exiſter autour des corps actuellement électriſés. *Voy.* COURANS ELECTRIQUES, MATIÈRE AF-FLUENTE, MATIÈRE EFFLUENTE, ATMOSPHÈRE ÉLECTRIQUE.

ÉCRAN, de σκιρον, *parasol*; umbella; *feüer-ſchirm*; f. m. Sorte de meuble dont on fe fert pour fe préferver de l'ardeur du feu, pour intercepter la chaleur rayonnante.

ÉCREVISSE; σκάραβος; aſtacus; *krebs*; f. f. Conſtellation, quatrième ſigne du zodiaque. *Voy.* CANCER.

ÉCRITURE; γραφη; ſcriptio; *ſchrift*; f. f. Caractères écrits. C'eſt l'art de former les carac-tères de l'alphabet d'une langue, de les aſſembler & d'en compoſer des mots tracés d'une certaine manière, claire, nette, exactement diſtincte, élé-gante & facile; ce qui s'exécute communément fur le papier, avec une plume & de l'encre.

Comme l'*écriture* eſt un moyen de conſerver les détails des faits, de conſtater des engagemens, il arrive quelquefois que l'on cherche, dans un écrit, à ſubſtituer des mots à d'autres qui exiſtent : ces fortes de faux font punis par les lois; la difficulté eſt de les conſtater.

On peut ſubſtituer une *écriture* à une autre en enlevant celle-ci pour la remplacer par la nouvelle. On peut enlever l'*écriture* en tout ou en partie. On enlève le tout en grattant la furface du pa-pier; on l'enlève en partie en décompoſant l'*écri-ture* par des agens chimiques.

Après avoir gratté, il faut, pour empêcher la nouvelle encre de s'étendre, recouvrir le papier avec du dolage de gant, c'eſt-à-dire, coller le papier avec de la réſine. On reconnoît cette eſ-pèce d'altération : 1°. en regardant la lumière à travers le papier : on voit, par la plus grande tranſparence, que le papier a été aminci; 2°. en examinant la furface avec une bonne loupe, pour y reconnoître les déchirures; 3°. en plongeant le papier dans l'eau chaude & dans de l'alcool : l'eau chaude diſſout la colle, l'alcool diſſout la réſine; alors l'encre miſe fur ces deux ſubſtances s'étend.

L'encre ordinaire eſt compoſée d'acide gallique & d'oxide de fer. On la décompoſe, ſur le pa-pier, à l'aide des acides ſulfurique, oxalique, ni-trique, nitro-muriatique & muriatique oxigéné. Quelques-uns de ces acides altèrent le papier en décompoſant l'*écriture*; d'autres brûlent le gallin & laiſſent l'oxide de fer; d'autres, enfin, enlè-vent l'oxide de fer & laiſſent l'acide gallique. L'altération du papier fe reconnoît en le plon-geant dans l'eau; ce liquide pénètre plus faci-lement où l'acide a été poſé. Lorſque c'eſt le gallin qui a été détruit, on fait reparoître l'*écri-ture* avec un gallate alcalin, le pruſſiate de chaux, les ſulfures alcalins; mais lorſque le fer a été enlevé; il eſt extrêmement difficile de retrou-ver des traces de l'*écriture*. Cependant on y par-vient quelquefois en préſentant le papier à l'action du feu; alors l'*écriture* paroît d'une couleur brune charbonée.

Si l'on veut avoir de plus grands détails fur les procédés employés pour enlever & faire diſpa-roître l'*écriture* de deſſus le papier, pour recon-noître les *écritures* qui ont été ſubſtituées à celles qu'on a enlevées, pour faire revivre celles qu'on a fait diſparoître, enfin, pour obtenir des encres qui réſiſtent aux agens chimiques, on peut con-ſulter le Mémoire de B. H. Tarre, docteur en médecine, publié dans le n°. 74 des *Annales de Chimie*, page 153.

ÉCROU, de l'allemand *ſcraube*; f. m. Trou dont l'intérieur eſt creuſé en elliſe, & dans le-quel entre une vis en tournant.

ÉCROUIR; *herlen*; v. a. Battre les métaux à froid pour les rendre plus denſes, plus durs, plus roides, plus élaſtiques, plus durables, moins ſujets à ſe boſſuer, & les rendre ſuſceptibles d'un plus beau poli.

Il n'y a point d'ouvriers intelligens en orfé-vrerie, en horlogerie, en inſtrumens de ma-thématiques, qui n'écrouiſſent leurs ouvrages.

Les platines d'horlogerie & les inftrumens de mathématiques acquièrent par-là plus de dureté & de folidité. La vaiffelle d'argent devient par-là plus durable & reçoit un poli plus brillant; car, par l'écroui, on rapproche les parties du métal, & l'on en rend les pores plus ferrés.

ECTROPIUM, de ɛxτρoπω, je renverfe; ectropium; *ektropion*; f. m. Renverfement au dehors de la paupière inférieure.

Cet accident non-feulement eft difforme, mais encore détermine un écoulement de larmes fur la joue. L'œil n'étant plus humecté par ce fluide néceffaire, devient le fiége d'une ophthalmie habituelle. *Voyez* ŒIL, VISION, OPHTHALMIE.

ÉCU, de ɣxuτos, *cuir*; nummus; *thaler*; f. m. Pièce de monnoie ainfi appelée, dans fon origine, parce qu'elle fut chargée de l'écu de France.

Il exifte en Europe trois fortes d'écus: d'or, d'argent & de cuivre. L'écu d'or a différentes valeurs.

En Efpagne, l'écu d'or = 10^l,88 = 10^f,756.
En Portugal....... = 10,73 = 10,597.

En France, l'écu d'or, frappé depuis 1385 jufqu'en 1636, a eu différentes dénominations, relativement à l'empreinte dont il étoit chargé: il y a eu des écus à la couronne, au porc-épic, au foleil, à la falamandre, à la croifette. Le titre de l'or a varié entre 23 & 24 karats, & la taille entre 60 & 72; enfin, la valeur étoit de 13^l,33 = 13^f,165. L'écu d'or à la couronne, frappé en 1384, à 24 karats & 60 à la taille; & 10^l,5 = 10^f,370; l'écu d'or au foleil, frappé en 1636, a 23 karats & 72 ½ à la taille.

L'écu d'argent de 60 fous & 720 deniers, vaut:

Dans les Pays-Bas	3^l	= 2^f,963.
A Genève......	5,12	= 5,056.
En Savoie......	5,985	= 5,9109.
A Gênes......	8,230	= 8,285.
L'écu marc......	9,854	= 9,7328.
En Suède.......	2,028	= 2,0027.

En France, l'écu d'argent a conftamment été frappé à 11 deniers de fin; fa taille a varié entre 8 & 10, & fa valeur entre 5^l,533 = 5^f,465 & 6^l,225 = 6^f,148, fa valeur d'alors étant 11,718 tournois La valeur de la livre tournois, en 1692, où les premiers écus d'argent ont été frappés, étoit de 1^l,718, & en 1726, 11,00.

On ne connoît d'écu de cuivre qu'en Suède: là il vaut 0,676 = 0,667.

ÉCU DE SOBIESKI. L'une des onze nouvelles conftellations formées par Hevelius, dans fon ouvrage intitulé: *Firmamentum Sobieskianum.*

Cette conftellation eft placée, dans l'hémifphère auftral, affez proche de l'équateur, entre Antinoüs, le Sagittaire & le Serpentaire.

ÉDREDON, corruption de l'allemand *eiderduch*, oie à duvet; *eider-dunen*; f. m. Duvet qui fe trouve fous la poitrine de l'*eider*, efpèce d'oie qui fe rencontre en Europe, en Afie & dans l'Amérique feptentrionale.

Ce duvet eft très-léger & peu conducteur du calorique: on l'emploie avec avantage pour conferver la chaleur dans un efpace fixe & déterminé. On en fait des couvre-pieds & des doublures.

EDULCORATION; edulcoratio; *abfchliffung*; f. f. Adouciffant qu'on procure, par des lotions réitérées, pour dépouiller les fubftances des fels âcres qu'elles contiennent.

EFFECTION; effectio; *effection*; f. m. Conftruction ou équation des problèmes.

EFFERVESCENCE; effervefcentia; *aufbraus*; f. f. Mouvement qui s'opère dans un liquide, lorfqu'il fe dégage tumultueufement de fon fein des fluides élaftiques dont les bulles, en traverfant le liquide, l'agitent, le foulèvent, le recouvrent de mouffe ou d'écume.

EFFLORESCENCE; efflorefcentia; *befchag*; f. f. Phénomène qui a lieu lorfque la furface des fels, naturels ou artificiels, fe couvre de fels en pouffière.

Dans la plupart des fels, l'efflorefcenfe provient de ce que l'eau de criftallifation s'élève à la furface, d'où elle fe vaporife, en abandonnant les fubftances qu'elle tenoit en diffolution.

EFFLUENCES; effluvium. Emanation fortie des matières impondérables des corps. *Voyez* EFFLUVES.

EFFLUENCE ÉLECTRIQUE; effluvium electricum. Rayons de matière électrique que Nollet fuppofoit fortir conftamment d'un corps actuellement électrifé, & qui étoit conftamment remplacé par une électricité affluente (*voyez* AFFLUENCE ÉLECTRIQUE); & comme il fuppofoit que ces deux courans avoient lieu dans le même temps & toutes les fois qu'un corps eft électrifé, foit par frottement, foit par communication, il les a nommés *effluences* & *affluences* fimultanées. *Voyez* MATIÈRE EFFLUENTE.

EFFLUENTE (Matière). Matière électrique qui fort d'un corps. *Voyez* MATIÈRE EFFLUENTE.

EFFLUVES; απoρρoʋ; effluvium; f. m. Matière qui s'exhale des corps vivans ou morts.

Ces *effluves*, infenfibles à la vue, le font fouvent à l'odorat. Quelques phyficiens prétendent qu'ils forment une atmofphère autour de tous les corps, & que fi nous ne les diftinguons pas, même par l'odorat, c'eft que les fenfations de cet organe font trop irrégulières & trop inconftantes ; que beaucoup de ces *effluves* font perceptibles à l'odorat de plufieurs animaux, lorfqu'ils font infenfibles fur cet organe dans l'homme.

Il eft des *effluves* qui deviennent plus ou moins fenfibles à l'odorat, felon que la température eft plus ou moins élevée. Dans les fubftances végétales vivantes, c'eft pendant l'abfence du foleil, à l'époque où le ferein tombe, que les végétaux rendent une plus grande quantité d'*effluves* odorans. Chez les animaux vivans, l'*effluve* eft au contraire d'autant plus odorant, que la chaleur agit fur eux & augmente la tranfpiration.

On ne peut nier l'exiftence, la diftinction & l'action des *effluves* dans un grand nombre de circonftances ; mais il en eft d'autres où il eft difficile de les conftater, & cette différence a fait naître une foule de romans philofophiques dont les charlatans fe font emparés avec beaucoup d'avantage. Mefmer & plufieurs autres établiffoient une partie de leur doctrine fur des *effluves* infenfibles & inaperçus.

L'air que nous refpirons contient quelquefois de ces *effluves* que l'analyfe la plus exacte ne peut faire reconnoître, quoiqu'ils exercent une action fortement délétère ; on parvient même à détruire cette action par l'effet de vapeurs acides (*voyez* DÉSINFCTEUR DE GUYTON), & cela fans que l'on puiffe reconnoître leur nature.

Bénédict Prevôt, de Genève, a cherché à rendre fenfibles, à l'aide d'un inftrument qu'il a nommé *odorofcope* (*voyez* ODOROMÈTRE, ODOROSCOPE), les *effluves* de plufieurs corps non odorans.

EFFORT, du latin barbare *effocium* ; conatus ; *anftrangung* ; f. m. Force avec laquelle un corps en mouvement tend à produire un effet, foit qu'il le produife réellement, foit que quelqu'obftacle empêche de le produire.

Ainfi, c'eft dans ce fens qu'on dit qu'un corps qui fe meut fuivant une courbe, fait effort à chaque inftant pour s'échapper par la tangente ; qu'un coin qu'on pouffe dans une pièce de bois, fait *effort* pour le fendre, &c. &c.

EFFUSION ; effufio ; *aus gießung* ; f. f. L'action de fe répandre.

EFFUSION DE LA LUMIÈRE. Action par laquelle la lumière fort des corps lumineux pour fe répandre dans l'efpace, dans toute forte de directions.

ÉGAGROPHILE, de αγριος, *fauvage*, πιλος, *pelote* ; ægagrophilus ; *harball* ; f. m. Pelotes de poils que certains animaux introduifent dans leur eftomac, en fe léchant ; & qui s'y feutrent par le mouvement de ce vifcère.

ÉGAL ; æqualis ; *gleich* ; adj. Pareil, femblable, foit en nature, foit en qualité, foit en quantité.

ÉGAL (Mouvement). Mouvement par lequel un corps fe meut en confervant la même viteffe. *Voyez* MOUVEMENT ÉGAL.

ÉGALE (Anomalie). C'eft quelquefois l'*anomalie* vraie, quelquefois l'*anomalie* moyenne, corrigée par une partie des équations.

ÉGALES (Figures). Figures dont les aires font *égales*, foit que des figures foient femblables ou non. *Voyez* FIGURES ÉGALES.

ÉGALITÉ (Cercle d'). Cercle dont on fait beaucoup d'ufage pour expliquer l'excentricité des planètes, & les réduire plus aifément au calcul.

ÉGALITÉ (Raifon d'). Raifon ou rapport qu'il y a entre deux quantités égales.

ÉGAUX (Angles). Angles formés par des lignes également inclinées les unes fur les autres, ou qui font mefurés par des arcs *égaux* d'un même cercle. *Voyez* ANGLES.

ÉGAUX (Cercles). Cercles dont les diamètres font *égaux*.

ÉGAUX. (Rapport arithmétique ou géométrique.) Ceux qui ont mêmes raifons. *Voyez* RAPPORT, RAISON.

ÉGAUX (Solides). Solides dont les volumes ou les capacités font *égaux*. *Voyez* SOLIDE.

EHRMANN (Frédéric-Louis), profeffeur de phyfique à Strasbourg, où il eft mort au mois de mai 1800.

On a de ce favant plufieurs ouvrages : 1°. des *Elémens de phyfique* ; 2°. la *Defcription & l'ufage des lampes* de fon invention ; 3°. des *Ballons aéroftatiques*, & de l'art de les faire ; 4°. *Traduction des Mémoires de Lavoifier*, en allemand ; 5°. *Effai fur l'art de la fufion à l'aide du feu*. Cet ouvrage, écrit en allemand, a été traduit par Fontalard : on y décrit l'appareil par lequel, au moyen d'une lampe d'émailleur, dont la flamme eft produite par un jet de gaz oxigène, on peut fondre les métaux les plus réfractaires & brûler le diamant.

EIMER. Petit tonneau en ufage en Allemagne, contenant diverfes mefures. Ses divifions & fa contenance font :

PAYS.	DIVISIONS.		PINTES.	LITRES.
Breflau . .	80 quarts.		59,32	55,24
Hambourg	8 viertels.	8 ftubgens.	30,42	28,33
Prague . . .	32 pintes.	128 feidels.	64,19	57,79
Siléfie . . .	80 quarts.		59,32	55,24
Thonn . .	26 kannen.	52 fchloop	71,50	66,68
Vienne . .	40 maåfs.	160 feetels.	59,45	55,36

ÉLASTICITÉ,

ÉLASTICITÉ, de ελασης, *qui pousse dehors ;* repercussus; *schnelkraft;* f. f. Effort par lequel les corps comprimés ou dilatés tendent à se rétablir dans leur premier état.

Tous les corps font *élastiques*, mais tous le font à des degrés différens. Il en est dont l'*élasticité* est très apparente, d'autres dont l'*élasticité* se distingue difficilement : quelques corps font parfaitement *élastiques ;* il en est aussi qui ne le font qu'imparfaitement.

On peut reconnoître l'*élasticité* des corps par un grand nombre de moyens, les uns simples, les autres composés ; mais ces divers moyens peuvent se réduire à quatre : 1°. la compression ; 2°. la réflexion ; 3°. la flexion ; 4°. le son.

De la compression.

La compression & la dilatation font de tous les moyens de prouver l'*élasticité* des corps, ceux dont on fait le plus généralement usage ; mais ils doivent être employés avec modération. Il est des corps qui conservent leur *élasticité* à quelque compression qu'on les soumette : tels font les corps gazeux ; d'autres qui ne peuvent supporter une forte compression sans perdre une partie de leur *élasticité :* tels font plusieurs métaux.

Soumis à la compression ou à la dilatation qui leur convient, plusieurs corps reprennent la forme & le volume qu'ils avoient primitivement, lorsque la pression & la dilatation cessent : tels font le liége, les cuirs, le caoutchouc, les cartilages, la laine, la plume, le crin roulé, l'air, &c.

Quelques corps conservent la forme qu'on leur donne par la compression, quoique les substances qui les composent soient parfaitement *élastiques :* tels font les argiles mouillées dans la fabrication des poteries ; les métaux comprimés dans des matrices à l'aide d'un balancier ; le crin, le verre ramolli par la chaleur ; & il ne résulte de la compression, dans ces circonstances, qu'un nouvel arrangement des molécules, dont les conditions d'équilibre, qui font les mêmes qu'auparavant, leur permettent de rester dans ce nouvel état, & alors le corps est dit *ductile.* Voyez DUCTILE.

D'autres corps n'ont pas de compressibilité appréciable, quoiqu'ils soient très-*élastiques :* tels font plusieurs minéraux, le silex, le verre, tous les liquides, &c. Voyez COMPRESSIBILITÉ.

Parmi les substances dont on prouve l'*élasticité* par la compression, l'air & le gaz font ceux qui paroissent jouir de l'*élasticité* la plus complète. Boyle a comprimé l'air de manière à le rendre treize fois plus dense qu'à la surface de la terre. Halles est parvenu, à l'aide d'une presse, à porter cette densité à trente-huit fois, sans que ce fluide ait éprouvé quelque modification dans son *élasticité.* Roberval a conservé, pendant quinze ans, de l'air fortement comprimé dans la culasse d'un fusil à vent, sans que son *élasticité* ait été affoiblie. Enfin, l'air a été dilaté par Boyle, à l'aide d'une

machine pneumatique, de manière à lui faire occuper un espace 13,969 fois plus grand, sans altérer son *élasticité.*

Cette propriété qu'a l'air de supporter de grandes compressions & d'augmenter son *élasticité* dans le rapport des poids qui le compriment (*voyez* COMPRESSION) ; a déterminé les artistes à employer la force *élastique* dans la construction de plusieurs machines. C'est ainsi que l'air est introduit dans la fontaine de Héron, dans la fontaine de compression (*voyez* FONTAINE DE HÉRON, FONTAINE DE COMPRESSION), pour produire des jets d'eau plus ou moins élevés ; que l'on en fait usage dans les pompes à incendie pour obtenir un jet continu (*voyez* POMPES A INCENDIE) ; que son *élasticité* est employée pour chasser les projectiles dans les fusils à vent. *Voyez* FUSILS A VENT, &c. &c.

De la réflexion des corps.

Si un corps en mouvement rencontre un obstacle, il peut arriver, 1°. que tout son mouvement soit détruit par l'obstacle, ou qu'il retourne sur lui-même après le choc. On conçoit que cette réflexion n'est que la suite de la compression que les corps éprouvent par le choc. En effet, cette compression tendant à rapprocher les molécules, le jaillissement n'a lieu que par l'effort qu'elles font, sur le corps choqué ou choquant, pour s'en écarter, afin de reprendre leur première situation. En conséquence, cet écartement varie selon la force du choc & l'*élasticité* des corps. On sent donc qu'il n'y a que les corps parfaitement *élastiques*, qui s'écartent du corps choqué avec une force égale à celle qu'ils avoient en arrivant. Voy. CHOC DES CORPS, RÉFLEXION.

Un corps ABT, DEG, *fig.* 752, en tombant sur un plan IK, le touche d'abord en D : les molécules en contact font arrêtées par le plan, tandis que celles qui font dans toute l'étendue DCG continuent à se mouvoir ; elles se rapprochent ainsi de D avec une vitesse qui diminue, jusqu'à ce que la compression leur fasse équilibre & que le corps prend la forme DLMN. Il résulte de cette déformation une compression des molécules dans le sens DM, & une dilatation dans le sens LN. Lorsque toutes les molécules ont perdu leur vitesse dans le sens MD, & qu'elles font rapprochées les unes des autres, elles s'écartent & font repoussées dans la direction DM : en vertu de leur *élasticité* elles réagissent sur le plan, en font chassées, & le corps prend une autre forme DOPQ. Alors les molécules oscillent continuellement autour de leur centre ; le corps se déforme alternativement dans les deux sens, jusqu'à ce qu'il ait repris sa forme primitive, & que l'équilibre soit rétabli.

L'ivoire, le marbre, le bois, le liége & la plupart des solides jaillissent sensiblement après le choc ; l'eau & les autres liquides se réfléchissent également. Chacun peut obferver qu'en laiffant tomber une goutte d'eau, dans un vafe rempli de ce liquide, les gouttes jailliffent à une certaine hauteur.

Celle de toutes les fubftances dont la réflexion eft la plus parfaite, c'eft la lumière ; auffi eft-elle confidérée comme la fubftance la plus *élaftique* que l'on connoiffe. *Voyez* RÉFLEXION DE LA LUMIÈRE.

De la flexion.

Des fils fortement tendus, ou des lames fixées par une de leurs extrémités, courbés dans le fens de leur longueur, par une force appliquée au milieu des premières ou à l'extrémité des fecondes, reviennent fur eux-mêmes, reprennent fouvent leur direction & leur pofition primitive, lorfque la force ceffe d'agir fur eux, & que cette force elle-même n'a pas été trop confidérable.

Cette *élaftité* eft très remarquable dans les fils de toute nature, & dans les lames d'acier, de baleine, de bois, de corne, de verre, &c. &c.

On a appliqué, avec beaucoup de fuccès, cette propriété à la fufpenfion des voitures, à la fabrication des arcs, à toutes les efpèces de refforts de fer & d'acier, employés par les horlogers, les forgerons, les ferruriers, les armuriers, &c. ; à la conftruction de plufieurs pefons. *Voyez* RESSORTS, ELASTICITÉ DES CORPS SOLIDES.

Les matelas, les tiffus à mailles, doivent leur *élaftité* à la laine, au crin, aux fils qui entrent dans leur fabrication. Dans les matelas, les fommiers de crin, la laine & le crin font contournés en hélices, comme les refforts à boudin ; & ces hélices comprimées, tendent continuellement à reprendre leurs formes primitives.

De la vibration.

Puifque le fon eft produit par la vibration des corps fonores (*voyez* SON), & que cette vibration des molécules ne peut avoir lieu qu'autant qu'elles peuvent fe mouvoir, & que les corps peuvent acquérir différentes formes pendant leur vibration, & reprendre leurs formes primitives, lorfque la vibration ceffe, il s'enfuit que les corps fonores font néceffairement *élaftiques*.

Un grand nombre de métaux, certaines pierres, beaucoup d'alliages métalliques, le verre, les fils, &c &c, produifent des fons. Mais la faculté de les tranfmettre étant auffi une preuve de l'*élaftité* des corps, on doit en conclure que les folides, les liquides & les fluides qui jouiffent de cette propriété, font *élaftiques*.

L'expérience par laquelle on s'affure que le fon d'un timbre, plongé dans l'eau, eft entendu dans l'air, celle que tout le monde eft à portée de faire en fe baignant, & qui prouve que le fon produit dans l'air eft entendu par les perfonnes plongées dans l'eau, foit que l'air extérieur le tranfmette à la furface de l'eau, ou qu'on le

produife dans l'eau même, font de nouvelles preuves de l'*élaftité* de ce fluide ; enfin, la différence dans la tranfmiffion du fon par des corps mouillés de divers liquides, prouve que tous les liquides font *élaftiques*. *Voyez* TRANSMISSION DES SONS.

Augmentation de l'élafticité.

On augmente l'*élaftité* des corps de diverfes manières, felon la nature des corps. Dans l'or & dans plufieurs métaux, on augmente l'*élaftité* en rapprochant leurs molécules, en les condenfant, en les durciffant : c'eft ainfi que les métaux deviennent plus *élaftiques* par l'écrouiffement ; on augmente encore leur *élaftité* en les alliant les uns aux autres ; enfin, par le refroidiffement. Dans d'autres, l'*élaftité* s'augmente en écartant leurs molécules : tel eft l'effet que l'on remarque dans les liquides qui paffent à l'état de gaz.

Certains corps augmentent d'*élaftité* en les aminciffant : le verre filé acquiert prefque la foupleffe des cheveux ; les refforts de montres font plus *élaftiques* que ceux des voitures, mais ils font auffi plus aciéreux.

Quelques corps augmentent d'*élaftité* par l'intromiffion d'un fluide. C'eft ainfi que les parties folides des plantes jouiffent d'une plus grande *élaftité* lorfqu'elles font vertes, que lorfqu'elles font dépourvues d'humidité.

Caufes de l'élafticité.

Un grand nombre d'hypothèfes ont été imaginées pour expliquer l'*élaftité*. Nous croyons inutile de citer ici les caufes occultes qui en ont été données ; nous nous contenterons de rapporter quelques-unes des principales caufes phyfiques.

Rohaut, dans fon *Traité de Phyfique*, attribue l'*élaftité* des corps à une matière floconneufe, à des efpèces de refforts placés entre les molécules des corps ; mais l'exiftence de cette matière n'a pas été prouvée.

Un grand nombre de phyficiens, après s'être affurés que l'air eft parfaitement *élaftique*, que les corps font poreux, que l'air peut s'introduire dans les pores des corps, ont attribué à l'air, interpofé entre les particules, l'*élaftité* des corps ; mais une expérience fort fimple, faite par Boyle, Hawksbée, Mufchenbroeck, détruit complétement cette affertion : ces phyficiens fe font affurés que l'*élaftité* n'éprouvoit aucune altération dans le vide le plus parfait.

Alors on a fubftitué à l'air une matière fubtile, une efpèce d'éther, enfin une fubftance éminemment *élaftique*, que l'on regardoit comme la caufe de l'*élaftité*, même de celle de l'air ; cette matière pénétrant dans les corps, rempliffoit les pores & le vide qui exiftent entre les molécules, les rendoit *élaftiques* ; cette *élaftité* étoit d'autant plus grande que les corps renfermoient une plus grande quantité de cette matière fubtile. Mais quelle étoit cette ma-ière ? à quoi devoit-on attribuer fon *élaſticité* ? Ces queſtions font conſtamment reſtées fans réponſe.

Defcartes, Malebranche & pluſieurs autres, attribuoient l'*élaſticité* à un mouvement circulaire des particules des corps, mouvement qui tend, par fa force centrifuge, à les éloigner d'une certaine quantité, & qui les oblige à reſter à une diſtance déterminée. Ici nous rentrons dans les tourbillons de Defcartes.

Newton (1) explique l'*élaſticité* d'un fluide, en fuppoſant, à toutes fes parties, une force centrifuge. Il prouve, d'après cette fuppoſition, que les particules qui fe repouſſent ou fe fuient mutuellement les unes les autres, par des forces réciproquement proportionnelles aux diſtances de leurs centres, doivent compoſer un fluide *élaſtique*, dont la denſité foit proportionnelle à la compreſſion, & réciproquement, que ſi un fluide eſt compoſé de parties qui fe fuient & s'évitent les unes les autres, & que la denſité foit proportionnelle à la compreſſion, la force centrifuge de ces parties fera en raiſon inverſe de leurs diſtances. *Voyez* FLUIDE ELASTIQUE.

Cette démonſtration purement mathématique, & non déduite des véritables cauſes phyſiques de l'*élaſticité*, s'applique aſſez bien à un fluide *élaſtique*, dans lequel la compreſſion qu'il éprouve fait équilibre à la répulſion occaſionnée par la force centrifuge ; mais il n'en eſt pas de même pour un ſolide, dans lequel la compreſſion extérieure peut être détruite, fans que la répulſion occaſionnée par la force centrifuge augmente fon action. Il faut, dans ces ſortes de corps, une nouvelle force qui faſſe équilibre à la force répulſive, & celle-ci eſt l'attraction des molécules.

L'exiſtence de deux forces, l'une qui rapproche les molécules, l'autre qui les écarte, ſuffit pour expliquer l'*élaſticité* des corps. Le rapprochement des molécules dans l'air & dans les corps gazeux, eſt dû à la compreſſion qu'elles éprouvent ; dans les corps ſolides, à l'attraction de leurs molécules : ces deux cauſes féparées ſuffiſent aux corps fous ces deux états ; mais dans les corps liquides, l'une des deux cauſes étant inſuffiſante, toutes les deux ſe réuniſſent. Si l'attraction augmente, les liquides deviennent ſolides ; ſi la preſſion diminue, ils deviennent fluides *élaſtiques*. Quant à la force répulſive, tous les phyſiciens l'attribuent aujourd'hui au calorique diſſéminé dans les corps. On parvient avec ces trois forces, la preſſion extérieure, l'attraction moléculaire & la répulſion par le calorique, à expliquer tous les phénomènes de l'*élaſticité* (2). Donnons-en quelques exemples.

Si un gaz eſt renfermé dans un vaſe, & que l'on augmente la compreſſion qu'il éprouve, il s'échauffe ; une portion du calorique qu'il contenoit fe dégage, il diminue de volume, & fon reſſort augmente ; le calorique reſtant éprouve ſeul une plus grande compreſſion ; en diminuant cette compreſſion, le volume de l'air augmente, il fe refroidit, il abſorbe du calorique extérieur, fon reſſort diminue, & le calorique qu'il contient, éprouve une moins grande compreſſion.

Nous allons examiner deux cas dans les corps ſolides : la compreſſion & la flexion.

En comprimant un corps ſolide, celui-ci fe déforme, une portion fe dilate & l'autre fe comprime ; la chaleur exprimée de la partie comprimée fe tranſporte dans la partie dilatée : ſi la compreſſion n'eſt pas trop forte, il ne ſort pas de calorique, & dès que la force comprimante ceſſe d'exercer fon action, le reſſort du calorique comprimé réagit, la partie comprimée fe dilate, la partie dilatée fe comprime, & le calorique paſſe ſucceſſivement de l'une à l'autre partie, juſqu'à ce que l'équilibre ſoit rétabli.

Mais ſi la compreſſion eſt trop forte, il fort du calorique du corps comprimé, & le volume du corps diminue proportionnellement à la quantité de calorique forti. Détruiſant cette compreſſion, le corps tend bien à reprendre fa première forme ; mais celle à laquelle il parvient, lorſque l'équilibre eſt rétabli, eſt affectée de la quantité de calorique dégagé par la trop forte compreſſion.

Par la flexion d'un fil, d'une lame, d'une barre AC, AB, *fig. 753*, ou de toute autre forme de corps, la portion convexe des corps augmente de longueur, & les molécules s'écartent les unes des autres ; la portion DE, concave, diminue, & les molécules fe rapprochent ; enfin il eſt une furface intérieure, FG, qui n'augmente ni ne diminue, & dans laquelle les molécules conſervent leurs diſtances. A partir de cette furface, toute la partie concave DEGF exprime du calorique qui paſſe dans la partie convexe ACGF. Si la force qui fléchit le corps n'eſt pas trop conſidérable, tout le calorique contenu dans le corps y reſte, & celui-ci jouit d'une *élaſticité* parfaite ; mais ſi la force employée eſt trop grande, une portion du calorique fort du corps, & l'*élaſticité* en eſt affectée. Le corps ne revient pas dans fa poſition primitive AB ; il conſerve une courbure plus ou moins grande, mais qui dépend toujours de la quantité de calorique forti.

Dans les mouvemens de vibration, il peut arriver encore que le calorique forti de la partie concave fe fixe dans la partie convexe ; alors le corps courbé conſerve fa forme. Chaque partie du milieu étant ſucceſſivement comprimée & dilatée, il eſt rare qu'il s'en dégage du calorique ; celui-ci paſſe ſucceſſivement de la partie la plus comprimée dans celle qui eſt plus dilatée.

On voit donc que l'*élaſticité* eſt complète, lorſ-

(1) *Princip. mathémat.*, liv. XI, propoſ. 23.
(2) *Journal de Phyſique*, année 1799, tome II, pages 231 & 413.

que le calorique n'a été que comprimé ; qu'elle est incomplète , lorsque celui qui est sorti ou entré pendant le rapprochement ou l'écartement des molécules du corps , ne rentre plus , ou s'est fixé.

Lorsque l'on chauffe un corps & qu'on le fait changer d'état, l'augmentation du calorique peut nuire à l'*élasticité* ou la favoriser. Elle nuit à l'*élasticité*, lorsque le corps passe de l'état solide à l'état liquide ; elle la favorise lorsque le corps passe de l'état liquide à l'état gazeux.

Dans les corps solides , la diminution du calorique augmente leur *élasticité* ; souvent aussi elle les rend durs, fragiles ou inflexibles.

ÉLASTICITÉ ABSOLUE ; elasticitas absoluta ; *elasticitat absolute.* Détermination de la force de compression ; qui fait équilibre à l'*élasticité* ou au ressort d'un fluide *élastique.* C'est ainsi que la hauteur du mercure dans le baromètre , indique la force absolue du ressort de l'*élasticité* de l'air, sur la surface de la terre. *Voy.* ÉLATÉROMÈTRE.

ÉLASTICITÉ DE L'AIR. Effort que l'air fait pour s'étendre indéfiniment.

Boyle fut le premier physicien qui démontra que la force *élastique* de l'air étoit en raison inverse de l'espace qu'il occupoit. Mariotte , sans avoir connoissance de cette découverte importante , arriva au même résultat par une expérience simple , décisive & ingénieuse. *Voy.* COMPRESSION DE L'AIR.

De la loi déduite des expériences de Mariotte, que les condensations de l'air suivent la raison des poids qui le compriment . il s'ensuit que les couches supérieures de l'atmosphère , étant moins pressées que les intérieures, l'*élasticité* y sera moindre ; en sorte qu'une colonne de mercure s'y soutiendra plus bas que dans la plaine : c'est le premier fondement qui constitue la règle pour la mesure des hauteurs par le baromètre. *Voyez* HAUTEUR DES MONTAGNES PAR LE BAROMÈTRE.

Mais cette *élasticité*, mesurée sur les montagnes par la compression de l'air sur le mercure du baromètre , est-elle proportionnelle au volume de l'air que l'on y recueilleroit ? seroit-elle en raison inverse de la pression qu'elle éprouve ? C'est ce que Berger, de Genève , a voulu déterminer en recueillant de l'air sur toutes les hautes montagnes des Alpes qu'il a pu gravir. Il avoit pour cela des flacons bouchés à l'émeri : ces flacons, remplis d'eau , étoient débouchés sur le sommet des montagnes, en même temps que l'on prenoit la température de l'air et la pression du baromètre. Descendu à Genève , ces flacons étoient débouchés dans l'eau, & l'on déterminoit la diminution du volume par la masse de l'eau qui y étoit entrée.

Berger a donné (1) les condensations de l'air

prises dans 26 stations, entre les deux pressions de 19 pou 6 lig. $\frac{7}{16}$, & 26 pou. 9 lig. $\frac{7}{16}$. Comparant ensuite la hauteur des montagnes , déparant ensuite la hauteur des montagnes , déduite de la condensation de l'air & des diverses formules barométriques, il a constamment trouvé une hauteur plus grande de 12 à 14 centièmes ; & dans deux stations qui avoient été mesurées, le glacier du Buet & le sommet du Môle, la hauteur obtenue par sa méthode étoit de 6 à 8 centièmes plus grande que celle qui avoit été mesurée.

ÉLASTICITÉ DES CORPS GAZEUX. Quoiqu'à une même pression & une même température , la densité des gaz soit différente. (*voyez* DENSITÉ DES GAZ) , la loi de leur *élasticité* est la même que celle de l'air. *Voyez* ÉLASTICITÉ, COMPRESSION DE L'AIR.

ÉLASTICITÉ DES LIQUIDES. Propriété qu'ont les liquides d'être comprimés , & de reprendre leur volume primitif après la compression.

On a douté , pendant long-temps , que les liquides fussent *élastiques* , à cause de la difficulté que l'on éprouvoit à les comprimer ; mais depuis que l'on s'est assuré, que des globules de liquide réfléchissoient en les laissant tomber sur un liquide , & ce qui est encore plus positif, qu'ils transmettoient le son, on a reconnu leur *élasticité.* *Voyez* COMPRESSION , RÉFLEXION, TRANSMISSION DES SONS.

ÉLASTICITÉ DES SOLIDES. Propriété qu'ont les solides d'être comprimés ou dilatés , & de reprendre leur volume primitif, lorsque les forces qui les comprimoient ou les dilatoient cessent d'agir.

L'*élasticité des solides* se prouve par la compression ; la réflexion , la flexion & la vibration. *Voyez* ÉLASTICITÉ.

S'Grawsend & Coulomb ont cherché à déterminer , par l'expérience , les lois de l'*élasticité des solides :* le premier , en tendant des fils ou des lames, plaçant dans leur milieu différens poids, & mesurant la flèche de courbure que leurs tractions produisoient ; afin d'en conclure leurs degrés d'alongement ; le second en tordant des fils , & mesurant , à l'aide d'une aiguille , la durée des oscillations des fils tordus , comparés à leur longueur , à leur grosseur & à leur torsion.

Pour mesurer la flèche de courbure des fils & des lames, S'Ggrawsend (1) arrêtoit ses fils avec des pinces A , B , *fig.* 753 (*a*) ; après les avoir fortement tendus, il suspendoit sur le milieu de leur longueur un plateau de balance N ; & afin que le poids du plateau n'exerçât aucune action sur le corps, il le faisoit supporter par un corps

(1) *Journal de Physique*, année 1803, tome I, page 366.

(1) *Physique de S' Grawsend* , tome I , p. 373 , §. 1297 & suiv.

mobile, qui étoit fixé sur un axe C, & à l'autre extrémité duquel étoit un poids P, qui faisoit équilibre au plateau : sur cet axe étoit une aiguille qui indiquoit, sur un arc de cercle divisé en parties égales, les différentes longueurs de la flèche de courbure.

Coulomb fixoit ses fils AB, *fig.* 754, à un point A ; à l'autre extrémité B, il suspendoit un cylindre métallique : à l'extrémité C de ce cylindre étoit une aiguille CL, placée au-dessus d'un cercle gradué. On pouvoit, par ce mouvement de l'aiguille, déterminer, 1°. l'axe qu'elle parcouroit ; 2°. les durées de ses oscillations.

Afin de donner une idée des expériences faites par S'Grawfend, nous allons rapporter deux de ses résultats, l'un obtenu sur des fils métalliques de 345 pouces de long, pesant 24 grains, & l'autre sur une lame d'acier de la même longueur, mais dont le poids étoit de 60 grains.

TABLEAU des résultats obtenus sur des fils métalliques.

DEGRÉS de la tension donnée de la corde.	POIDS suspendus, exprimés en dragmes, y compris la gravité du poids du fil.	LONGUEUR des flèches de courbure, exprimée en pouces.
Première tension	3 g.	0,04
	36	0,40
Tension plus forte	8	0,05
	70	0,40
Tension encore plus forte	8	0,04
	86	0,40

TABLEAU des résultats obtenus sur une lame d'acier.

DEGRÉS de tension.	POIDS suspendus, exprimés en dragmes, y compris la moitié du poids de la lame.	LONGUEUR des flèches de courbure, exprimée en pouces.
Première tension.	20	0,10
	144	0,40
Tension plus forte	32	0,10
	192	0,40
Tension beaucoup plus forte	64	0,07
	430	0,40
Tension plus forte	64	0,06
	492	0,40

D'après un grand nombre d'expériences faites par S'Grawfend, ce savant a conclu que :

1°. Les poids qu'il faut pour augmenter la longueur d'une fibre par la tension, jusqu'à un certain degré, sont, dans différens degrés de tension, comme la tension même. Si, par exemple, nous supposons trois fibres de même longueur & de même épaisseur, dont les tensions soient comme un, deux, trois, les poids qui seront dans la même proportion les tendront également.

2°. Les plus petits alongemens des mêmes fibres seront entr'eux, à peu près, comme les forces qui les alongent ; proportion que l'on peut appliquer aussi à leur inflexion.

3°. Dans les cordes de même genre, de même épaisseur, & également tendues, mais de différentes longueurs, les alongemens produits, en ajoutant des poids égaux, sont les uns aux autres comme les longueurs des cordes ; ce qui vient de ce que la corde s'alonge dans toutes ses parties, & que, par conséquent, l'alongement d'une corde totale est double de l'alongement de sa moitié, ou de l'alongement d'une corde sous-double.

4°. On peut comparer de la même manière les fibres de même espèce, mais de différentes épaisseurs. En comparant d'abord un plus ou moins grand nombre de fibres déliées de la même épaisseur, & prenant ensuite le nombre total des fibres, en raison de la solidité des cordes, c'est-à-dire, comme les carrés des diamètres des cordes, ou comme leur poids, lorsque les longueurs sont égales, de telles cordes doivent donc être tendues également par des forces que l'on supposera en raison des carrés de leur diamètre. Le même rapport doit aussi se trouver entre les forces qu'il faut pour courber des cordes, de façon que les flèches de la courbure soient égales dans des fibres données.

5°. Le mouvement d'une fibre tendue suit les mêmes lois que celui d'un corps qui fait ses oscillations dans une cycloïde; & quelqu'inégales que soient les vibrations, elles se font dans un même temps. *Voyez* CYCLOÏDES, CORDES.

6°. Deux cordes étant supposées égales, mais inégalement tendues, il faut des forces égales pour les fléchir également; on peut comparer leurs mouvemens à ceux de deux pendules, auxquels deux forces différentes feroient décrire des arcs semblables aux cycloïdes, &, par conséquent, les carrés des temps de vibration des fibres sont, les uns aux autres, en raison inverse des forces qui les fléchiffent également, c'est-à-dire, des poids qui tendent les cordes. *Voyez* PENDULE.

7°. On peut encore comparer d'une autre manière les mouvemens des cordes semblables, également tendues, avec ceux des pendules; comme on fait attention aux temps des vibrations, il faut aussi faire attention aux vitesses avec lesquelles les cordes se meuvent : or, ces vitesses sont entre elles en raison composée de la directe des poids qui fléchiffent les cordes, & de l'inverse des quantités de matières contenues dans les cordes, c'est-à-dire, de la longueur de ces cordes. Les vitesses sont donc en raison inverse des carrés des longueurs & des carrés des temps des vibrations.

Les lames ou plaques *élastiques* peuvent être considérées comme un amas ou faisceau de cordes *élastiques* parallèles. Lorsque la plaque se fléchit, quelques-unes des fibres s'alongent, & les différens points d'une même plaque sont différemment alongés.

Coulomb a fait des expériences sur les durées des oscillations, comparées à leurs amplitudes, avec des fils de fer & de laiton. Il s'est d'abord assuré, par l'expérience, de la limite de l'angle de torsion que l'on pouvoit donner au fil, afin qu'il revînt à la même position de repos où il se trouvoit avant d'avoir été tordu. Nous allons présenter ici le tableau de quelques-uns de ces résultats.

Matière du fil.	N°. du fil.	Longueur en pouces.	Poids du cylindre suspendu.	Limite d'amplitude des oscillations parfaitement isochrones.	Temps employé à faire 20 oscillations.
Fer:....	12	9	0,5	180	12
	12	9	2,0	180	242
	7	9	0,5	180	42
	7	9	2,0	180	85
	1	9	2,0	45	23
Laiton.	12	9	0,5	360	220
	12	9	2,0	360	442
	7	9	0,5	360	57
	7	9	2,0	360	110
	7	36	2,0	1080	222
	1	9	2,0	50	32

On voit, par ces résultats, que pour les mêmes fils, lorsque les limites d'amplitude des oscillations sont égales, que les temps sont comme les carrés des poids, c'est-à-dire, que les temps sont doubles lorsque les poids sont quadruples.

Ayant cherché à déterminer combien il falloit d'oscillations pour diminuer l'angle de dix degrés, sous diverses torsions, Coulomb trouva le résultat suivant.

ANGLE de torsion.	DIMINUTION de l'amplitude totale.	NOMBRE d'oscillations.
90°,00	10°	3,5
45,00	10	10,5
22,30	10	23,0
11,15	10	46

D'où l'on voit que, pour de petits angles, la diminution des amplitudes est à peu près proportionnelle à l'angle de torsion, pris pour point de départ. Mais lorsque l'angle arrive à quarante-cinq degrés, il faut altérer la loi. Si l'on fait A = l'angle de torsion, & N le nombre d'oscillations, Biot propose la formule suivante pour représenter la loi de décroissement.

$$N = \frac{46}{8A} - 2,25 \ \text{sin.}^3 A.$$

Enfin, Coulomb, voulant connoître quels étoient les abaissemens des lames, comparées aux poids qui les fléchissent, soumit à l'expérience trois lames d'acier, prises dans une même feuille d'acier: la première fut trempée à blanc; il donna à la seconde la consistance d'un ressort, & il ôta à la troisième toute sa trempe par le recuit. Chacune de ces lames, passant dans un étau, eut une direction horizontale ; fuspendant le poids à l'autre bout , il eut, fur chaque lame , le réfultat fuivant.

Poids fuspendus aux lames.	Abaissement de l'extrémité de la lame exprimée en lignes.
0,5	8
1,0	15,5
1,5	23

D'où l'on voit que les abaiffemens font fenfiblement proportionnels aux poids : c'eſt le réfultat de S'Grawſend.

Mais les poids fupportés par ces trois lames, avant de fe rompre, varioient confidérablement. La lame, trempée roide, fe rompoit fous une traction de fix livres ; la lame, trempée à confiſtance de reffort, fe rompoit fous un poids de dix-huit livres. Sous quelqu'angle que la première lame fût fléchie , avant de fe rompre, elle reprenoit exactement fa première poſition. La feconde fe ployoit juſqu'au point de rupture, dans un angle à peu près proportionnel à fa force de flexion ; & lorſqu'on la lâchoit, elle reprenoit fa première poſition. La lame, revenue à la propriété des deux autres juſqu'à une traction de cinq à fix livres ; mais une force de fept livres fuffiſoit pour la plier fous tous les angles, & lorſqu'on la lâchoit, elle fe relevoit feulement de la quantité dont elle avoit été primitivement fléchie par une traction de fix livres ; en forte que l'angle de réaction de flexion, fe trouvoit changé de tout l'angle dont on l'avoit fléchi avec une force plus grande que fept livres.

Si l'on veut avoir quelques détails fur la manière dont on peut appliquer l'analyſe aux expériences de S'Grawſend & de Coulomb, on peut confulter l'article *Elaſticité du Traité de Phyſique expérimentale & mathématique* de Biot, tom. I, pag. 466.

ÉLASTICITÉ SPÉCIFIQUE ; elaſticitas fpecifica ; *elaſticität fpecifiſke.* Rapport entre la force élaſtique d'un corps & la denſité. Ainſi deux corps qui ont la même denſité, ont leur *élaſticité fpécifique* proportionnelle aux poids qu'ils fupportent.

L'*élaſticité fpécifique* eſt relative comme la denſité. (*Voyez* DENSITÉ.) Si l'on prend pour unité d'*élaſticité* une matière connue, qui ne préſente aucune variation entre fa denſité & fon *élaſticité*, on pourra exprimer en nombre toutes les autres *élaſticités fpécifiques*.

Une *élaſticité* eſt *uniforme* lorſque l'*élaſticité abfolue* eſt proportionnée à la denſité, comme une colonne d'air dans une température égale partout : au contraire, elle n'eſt plus uniforme, lorſque la température varie, comme, par exemple, dans l'atmosphère, où les tranches inférieures de l'air

ont une température plus élevée que les fupérieures.

Si l'on nomme A & *a* les *élaſticités abſolues* de deux fubſtances, E & *e*, les *élaſticités fpécifiques*, & D & *d*, les denſités , on aura :

$$E : e = \frac{A}{D} : \frac{a}{d}.$$

D'où l'on voit que les *élaſticités fpécifiques* de deux fubſtances font comme les quotiens des *élaſticités abſolues* par les denſités.

Faiſant M & *m*, les maſſes, & V & *v*, les volumes, on aura :

$$D : d = \frac{M}{V} : \frac{m}{v} ; \text{ & par fuite}$$

$$E : e = \frac{AV}{M} : \frac{av}{m}, \text{ ou } ME : me = AV : av.$$

Ainſi, les *élaſticités fpécifiques* font comme les quotiens du produit des *élaſticités abſolues* par les volumes diviſés par les maſſes, & les produits des maſſes par les *élaſticités fpécifiques* font comme les produits des volumes par les *élaſticités abſolues*.

La chaleur augmentant, les *élaſticités fpécifique* & *abſolue* éprouvent des variations. Lorſque le fluide eſt enfermé & que V ni M ne peuvent augmenter, l'*élaſticité abſolue* devient plus grande ; mais ſi le fluide a la liberté de s'étendre, V devient plus grand lorſque A reſte le même ; alors c'eſt l'*élaſticité fpécifique* qui augmente.

Il eſt facile de conclure de tout ceci, que les diverſes fortes de gaz, dont les denſités varient fous la même preſſion, ont néceſſairement des *élaſticités fpécifiques* différentes. Le gaz hydrogène, qui, fous la même preſſion, a une denſité 13 fois moindre que l'air atmoſphérique, a une *élaſticité fpécifique* 13 fois plus grande.

ÉLASTIQUE ; elaſticum ; *elaſtiſch* ; adj. Qui a de l'*élaſticité*, qui peut fe rétablir dans fon premier état en ceſſant d'être comprimé ou dilaté. *Voyez* ÉLASTICITÉ.

ÉLASTIQUE (Corps). Tous les corps font *élaſtiques*, mais ils le font à des degrés différents. On diſtingue deux fortes de *corps élaſtiques*, naturels & artificiels.

Entre les *corps élaſtiques* naturels, on diſtingue les éponges, les branches d'arbres vertes, la laine, le coton, la plume, &c. : les principaux, parmi les *corps élaſtiques* artificiels, font les arcs d'acier, les boules d'airain, d'ivoire, de marbre, &c. ; les cuirs & les peaux, les membranes ; les cordes ou fils de laiton, de fer, d'argent, d'acier ; les nerfs, les boyaux, les cordes de lin & de chanvre, &c. &c.

Parmi les phénomènes que préſentent les *corps élaſtiques*, on obſerve principalement :

1°. Qu'un *corps parfaitement élaſtique* fait effort pour fe remettre dans l'état où il étoit avant la compreſſion, avec la même quantité de force qui a été employée à le preſſer ou à le bander ; car la force avec laquelle on tire une corde , est la même que celle avec laquelle cette corde résiste à la traction ; de même un arc bandé , tant qu'il y a équilibre entre la force qui est employée à le bander, & celle avec laquelle il résiste.

2°. Les *corps élastiques* exercent également leur force en tout sens , quoique l'effet se fasse principalement apercevoir du côté où la résistance est la moins forte ; ce qui se voit évidemment dans l'exemple d'un arc qui lance une flèche ; du canon, lorsque le boulet en sort, &c. *Voyez* RECUL.

3°. De quelque manière que l'on frappe ou que l'on pousse les *corps élastiques* sonores, ils font toujours à peu près les mêmes vibrations ; ainsi une cloche rend toujours le même son, de quelque côté ou de quelque manière qu'on la frappe ; de même une corde de violon rend toujours le même son, à quelqu'endroit qu'on la pousse avec l'archet. Or, les différens sons consistent, comme on sait, dans la fréquence plus ou moins grande du corps sonore. *Voyez* SON.

4°. Les corps durs , longs & flexibles , propres à acquérir de l'*élasticité* , l'acquièrent principalement de trois manières : par leur extension, par leur contraction ou leur tension.

5°. En se dilatant par leurs forces *élastiques* , les corps emploient pour cela une moindre force dans le commencement de leur dilatation que vers la fin , parce que c'est à la fin qu'ils sont plus comprimés , & que leur résistance est toujours égale à la compression.

6°. Ordinairement, le mouvement par lequel les corps comprimés se remettent dans leur premier état, est accéléré. *Voyez* DILATATION.

Quant aux lois du mouvement & de la percussion dans les *corps élastiques* , voyez CHOC DES CORPS, MOUVEMEMT, PERCUSSION, RESSORT.

ÉLASTIQUES (Corps imparfaitement) ; *volkommen elastich kœrper*. Corps qui ne reprennent pas exactement leurs formes primitives, lorsque les forces qui les comprimoient ou les dilatoient, n'exercent plus leur action.

Tous les corps font *imparfaitement élastiques* , mais ils le font à des degrés différens.

Pour apprécier le degré d'*élasticité* d'un corps, il faut le laisser tomber dans le vide sur un corps parfaitement dur, apprécier sa vitesse avant le choc & sa vitesse après. (*Voy.* ELASTIQUES (Corps parfaitement). Cette dernière sera toujours moindre qu'elle n'étoit avant le choc, dans un rapport qu'on peut supposer $= 1 : n$, l'unité représentant la vitesse antérieure au choc, & n un nombre positif < 1 ; ce nombre n donnera l'*élasticité* du second corps, lorsqu'on fera l'*élasticité* parfaite $= 1$.

ÉLASTIQUES (Corps parfaitement). Corps qui reprennent exactement leurs formes primitives, lors-

que les forces qui les compriment ou les dilatent n'exercent plus leur action.

Quoique la nature nous offre des corps qui jouissent, à un degré éminent, de la propriété *élastique* , on peut cependant considérer la parfaite *élasticité* comme une propriété abstraite.

Si un corps sphérique , *parfaitement élastique* (dit Prony) (1) , animé d'une certaine vitesse, & se mouvant en suivant une ligne droite, rencontre un plan immobile & parfaitement dur, perpendiculaire à sa ligne de direction , il le choquera, & par une propriété de l'*élasticité* , unie à celle du rétablissement complet de la forme, ce corps, après le choc, retournera en arrière & se mouvra en sens contraire de son premier mouvement , avec une vitesse égale à celle dont il jouissoit dans le sens inverse , quelle qu'ait été sa vitesse.

Tout consiste donc , pour connoître si un corps est *parfaitement élastique* , ou pour avoir la mesure de son *élasticité* , s'il est *imparfaitement élastique* (voy. ELASTIQUES (Corps imparfaitement), à mesurer sa vitesse avant & après le choc , & à avoir un corps parfaitement dur, sur lequel le choc puisse avoir lieu ; mais existe-t-il des corps parfaitement durs? les corps parfaitement durs ne sont-ils pas des êtres abstraits ? & puis, comment mesurer les deux vitesses ? Le moyen le plus simple seroit de laisser tomber le corps d'une certaine hauteur, & d'examiner celle à laquelle il s'élève. Si le *corps est parfaitement élastique* , qu'il tombe sur un plan parfaitement dur & immobile, & que rien ne ralentisse sa vitesse, il remontera exactement à la hauteur dont il est tombé. On voit, d'après ces seules considérations, quelle difficulté présentent les expériences propres à mesurer exactement l'*élasticité* des corps, mesure que les géomètres établissent dans leurs calculs avec tant de facilité.

ÉLASTIQUES (Corps non). Corps qui n'ont aucune *élasticité*. Il n'existe dans la nature aucun corps que l'on puisse regarder comme *non élastique*. Quelques-uns, comme les corps fluides, les corps mous, les corps durs , n'ont qu'une très-foible *élasticité* , parfois même inappréciable ; mais quelque foible que soit cette *élasticité* , on ne peut pas la regarder comme nulle.

ÉLASTIQUE (Courbe). Courbe formée par une lame de ressort fixée horizontalement à l'une de ses extrémités , & chargée d'un poids à l'autre extrémité.

Jacques Bernouilli a donné ce nom à cette espèce de courbe , & Jean Bernouilli a démontré qu'elle étoit la même que celle que formeroit un linge parfaitement flexible , fixé horizontalement par ses deux extrémités , & chargé d'un fluide qui rempliroit sa cavité.

(1) *Leçons de Mécanique analytique* , tome II , page 56.
ELASTIQUE

ÉLASTIQUE (Fluide). Fluide qui jouit, à un très-haut degré, de la propriété *élastique*. *Voyez* FLUIDE ÉLASTIQUE.

ÉLATÉROMÈTRE, de ελατηρ, *agitateur*; μετρον, *mesure*; elaterometrum; *elaterometer*; sub. mas. Instrument qui sert à mesurer, à peu près, à quel point l'air est condensé dans le récipient de la machine pneumatique. Il sert encore à mesurer l'*élasticité* des vapeurs.

C'est principalement à ce dernier usage qu'est destiné l'*élatéromètre* : c'est l'indicateur mercuriel de Smeaton, *mercurialzeiger*; on l'a appliqué à la machine à feu de Manfseld. Voici la description que Gren en donne dans son *nouveau Journal de Physique* (1).

Soit C, *fig.* 755, un réservoir de vapeur, de 6 pouces de côté & 8 de hauteur ; qu'une paroi *aa* établisse une séparation d'un pouce d'épaisseur dans ce réservoir, & que, par le bas, soit placé un tuyau *b*, d'un demi pouce de diamètre, à l'extrémité duquel s'élève un tube *bd* de trente pouces de haut & d'une ligne de diamètre. Sur ce tube, ouvert par le haut, est fixée une échelle divisée en pouces ou centimètres. On verse du mercure dans le réservoir *afah*, jusqu'à ce que ce liquide s'élève en *ff* dans le réservoir & dans le tube, c'est-à-dire, à six pouces environ de hauteur.

Lorsque les vapeurs ont la même élasticité que l'air extérieur, c'est-à-dire, lorsqu'elles exercent la même pression, le mercure est au même niveau *ff* dans le réservoir & dans le tube ; mais dès que leur élasticité augmente dans le réservoir, le mercure monte dans le tube. Pour déterminer la force élastique de la vapeur, on observe la hauteur du mercure dans le tube au-dessus du point *f* ; on ajoute à cette hauteur celle de la hauteur du mercure dans le baromètre, & la somme de ces deux hauteurs donne l'élasticité absolue de la vapeur. A la rigueur il faudroit prendre la différence entre la hauteur du mercure dans le réservoir & dans le tube ; mais comme la surface du réservoir est très-grande, comparée à celle du tube, le mercure qui s'élève dans le tube ne diminuant pas sensiblement la hauteur du niveau, celui-ci peut être considéré comme constant.

ÉLECTRICITÉ, du grec ελεκτρον, *ambre*; electricitas; *electricitat*; s. f. Propriété que les corps acquièrent par le contact, le frottement, la chaleur, de s'attirer & de se repousser, de répandre une odeur, de lancer des aigrettes, de produire des commotions, de fondre des corps, &c.

On reconnoît si un corps est *électrisé* en le présentant à des corps légers, tels que de la poussière de bois, des brins de papier, des fragmens de fils métalliques très-minces, ces corps sont attirés avec plus ou moins de force, ce qui dépend de l'intensité *électrique*. Souvent les corps légers & attirés adhèrent au corps *électrisé*; d'autres fois ils en sont repoussés après le contact, puis sont attirés de nouveau.

Un fil A, *fig.* 756, une boule de sureau très-légère B, suspendue à un fil, sont également attirés par les corps *électrisés* E; cette attraction a lieu jusqu'au contact, après quoi le fil, la petite boule, sont repoussés. Deux petites pailles ou deux boules A B, *fig.* 756 (*a*), s'écartent l'une de l'autre lorsque l'on approche un corps *électrisé* E, au-dessus du point de suspension C. Enfin, une aiguille métallique A B, *fig.* 756 (*b*), suspendue sur un pivot P, est dérangée de sa direction à l'approche d'un corps *électrisé*; elle se meut en se dirigeant vers le corps.

Distinction des électricités.

Sitôt que la petite boule B, *fig.* 756, attirée par le corps *électrisé* E, a touché ce corps, elle en est repoussée ; si l'on présente ensuite à cette petite boule divers corps *électrisés*, tels que de la cire à cacheter, du verre, &c., on voit que les uns l'attirent & que les autres la repoussent. Cette première observation a conduit Dufay à établir qu'il existoit deux sortes d'*électricités*, auxquelles on a donné différens noms, qui tous sont plus ou moins défectueux, mais que nous désignerons ici par E & Ɛ, afin de présenter les phénomènes indépendans de toutes hypothèses. Nous distinguerons par E l'*électricité* que l'on obtient en frottant un morceau de verre avec de la laine, & par Ɛ, celle qui résulte du frottement de la cire avec de la laine. *Voyez* GÉNÉRATION DE L'ÉLECTRICITE.

Lorsque des corps ont été assez fortement *électrisés* pour lancer des aigrettes dans l'obscurité, si l'on fixe des pointes sur ces corps, on voit se former une aigrette lumineuse à l'extrémité de différentes pointes, & seulement un point brillant à d'autres. La première se forme à l'extrémité des pointes placées sur les corps *électrisés* E, & les autres sur celles qui sont placées sur les corps *électrisés* Ɛ.

Enfin, si l'on trace des figures sur un gâteau de résine avec de l'*électricité* E, & que l'on en trace également avec de l'*électricité* Ɛ; qu'à l'aide d'un soufflet cylindrique, à poudre, on lance sur le plateau un nuage de poudre très-fine & mélangée de soufre & de minium, les deux *électricités* séparent ces poudres, & l'on voit paroître, d'une couleur rougeâtre, les figures tracées avec l'*électricité* Ɛ, & d'une couleur jaune celles qui ont été tracées avec l'*électricité* E. Ces couleurs sont produites par l'action des deux *électricités* sur les deux poussières. L'*électricité* Ɛ s'empare du minium, & l'*électricité* E du soufre. Ce qu'il y a de remarquable dans cette expérience, c'est que les

---

(2) Gren; *neues Journal der Physik*. 1 B., 2 Half. S. 148.

parcelles de foufre, appliquées fur les traces de l'*éléricité* E, font difpofées en forme de petites houpes, tandis que les parcelles de minium, fixées fur les traces de l'*électricité* C, ne donnent aucun figne de divergence.

Par cela que les petites boules de liége, attirées par l'*é.électricité* E, font repouffées par l'*électricité* C, & *vice verfa*, il devient facile de diftinguer la nature de l'*électricité* d'un corps. Frottez un bâton de cire d'Efpagne avec du drap, touchez avec ce bâton une petite boule de liége fufpendue à un fil de foie, & approchez le corps *électrifé* de cette petite boule; fi la nature de l'*électricité* eft E, la petite boule fera attirée, & elle fera repouffée fi l'efpèce d'*électricité* du corps eft C.

Touchant avec un corps *électrifé* la partie fupérieure C d'un électromètre A B, *fig.* 756 (c), on voit auffitôt les deux petits fils *ab, ad* s'écarter; fi l'on approche au-deffus de l'électromètre un bâton de cire d'Efpagne E, frotté avec du drap, on voit les deux fils fe rapprocher, fi le corps touchant avoit une *électricité* E, & s'éloigner, au contraire, s'il avoit une *électricité* C; mais cette manière de déterminer la nature de l'*électricité* exige plufieurs précautions. *Voyez* ÉLECTROMÈTRE, INFLUENCE ELECTRIQUE.

Si l'on place la petite aiguille métallique A B, *fig.* 756 (b), fur un plateau de verre, que l'on touche cette aiguille avec le corps *électrifé*, approchant enfuite de l'une des extrémités de cette aiguille, un bâton de cire d'Efpagne frotté avec de la laine, cette extrémité fera attirée ou repouffée à l'approche de la cire : elle fera attirée fi la nature de l'*électricité* eft E, & elle fera repouffée fi l'efpèce d'*électricité* eft C. *Voyez* ATTRACTION & RÉPULSION ÉLECTRIQUE.

Afin de concevoir ce qui fe paffe dans ces différentes manières de reconnoître la nature de l'*électricité* des corps *électrifés*, il faut lire, dans la fuite de cet article, *Influence électrique*, *Attraction & Répulfion électrique*, & les articles ELECTROMÈTRES.

De la propriété qu'ont les corps de conduire l'électricité.

Tout corps dans l'état naturel, touché par un corps *électrifé*, partage fon *électricité*, de quelque nature qu'elle foit; mais tous la partagent différemment. Dans les uns, les métaux, l'*électricité* fe propage dans toute l'étendue du corps, & le corps touchant enlève d'autant plus d'*électricité* que fa furface eft plus grande; dans d'autres, le verre fec, le point où la furface de contact feule partage l'*électricité*, & la quantité enlevée au corps *électrifé* eft toujours la même, quelle que foit l'étendue du corps touchant. Enfin, il en eft fur lefquels l'*électricité* fe propage à des diftances plus ou moins grandes du point de contact. On a donné aux premiers le nom de *conducteurs parfaits*, aux

feconds le nom de *corps ifolans*, & aux troifièmes celui de *mauvais conducteurs*.

Cette propriété des corps de propager ou de ne pas propager l'*électricité* fur leur furface, ou, en d'autres termes, d'être ou de ne pas être conducteurs de l'*électricité*, a été découverte par Grey & Wheiler (1). Ces deux phyficiens avoient d'abord penfé que tous les corps conduifoient indiftinctement l'*électricité*; & pour effayer de propager la vertu *électrique* à une grande diftance, ils avoient imaginé de foutenir horizontalement une corde de chanvre qui devoit fervir de conducteur, avec un cordonnet mince de foie, dans la penfée que ce cordonnet ne laifferoit échapper que des filets d'*électricité* proportionnés à la petiteffe de fon diamètre, en forte qu'une grande quantité de fluide feroit tranfmife par la corde de chanvre. Celle-ci avoit quatre-vingts pieds de longueur; elle paffoit fur le cordonnet de manière que l'une de fes parties, longue de quelques pieds feulement, defcendoit verticalement, en portant une boule d'ivoire attachée à fon extrémité. L'autre partie s'étendoit le long d'une grande galerie, dans une direction horizontale, jufqu'à un tube de verre auquel on l'avoit attachée. Pendant que l'un des phyficiens frottoit ce tube, l'autre voyoit un duvet de plume, placé fous la boule, fe porter vers elle par attraction, & en être auffitôt repouffé. Un cordonnet de foie s'étant rompu, Grey, qui n'en avoit pas d'autre fous la main, y fubftitua un fil métallique, & depuis ce moment tous les effets difparurent. Les deux phyficiens comprirent alors que l'obftacle qu'avoit oppofé le cordonnet à la perte de l'*électricité*, dépendoit, non pas de la fineffe du cordon, mais de fa nature même; de-là, qu'il y avoit des corps qui pouvoient conduire l'*électricité* & d'autres la retenir.

Il exifte plufieurs moyens de déterminer le rapport des propriétés conductrices de l'*électricité* de différens corps, parmi lefquels nous en diftinguerons deux. Le premier confifte à avoir des cylindres de même dimenfion des différentes fubftances que l'on veut effayer; de fufpendre ou de faire fupporter ces cylindres par des corps qui les ifolent parfaitement & qui ne foient en aucune manière conducteurs de l'*électricité*; de faire toucher féparément, par l'extrémité de chaque cylindre, un corps qui foit, avant chaque contact, *électrifé* de la même manière, & d'examiner après le contact combien le corps *électrifé* a perdu de fon *électricité*; la quantité perdue doit être fenfiblement proportionnelle à la propriété conductrice de chaque corps : le fecond, à avoir des cylindres égaux de diverfes fubftances, à les tenir par une extrémité, & toucher un corps *électrifé* avec l'autre extrémité; enfin, de tenir compte du temps que ce dernier corps mettra à perdre fon *électricité*.

(1) *Hiftoire de l'Electricité*, par Prieftley, tome I, p. 55.

La propriété conductrice sera en raison inverse des temps.

Pour concevoir cette dernière manière, il est bon de se rappeler que, si un corps *électrisé* est touché par un corps bon conducteur isolé, l'*électricité* que contenoit le premier se partage sur les deux corps, dans un rapport sensiblement proportionnel aux surfaces. (*Voyez* DISTRIBUTION DE L'ELECTRICITÉ.) D'après cela, si Q est la quantité d'*électricité* que le corps contient, S sa surface ; *s* la surface du corps isolé qui la touche ; on aura cette proportion $S + s : S = Q : \frac{Q S}{S + s}$; d'où l'on voit que la quantité Q' restant après le contact $S + s = \frac{Q S}{S + s}$, quantité qui dépend de la valeur de *s*, & si $s = \infty$, on aura $Q' = \frac{Q S}{\infty} = 0$; comme la personne qui tient, par une de ses extrémités, le petit cylindre que l'on essaie, est parfaitement conductrice, & que la surface du sol sur laquelle elle pose l'est également ; que le globe de la terre est infini par rapport au corps *électrisé*, il s'ensuit que, si le petit cylindre essayé est un bon conducteur de l'*électricité*, l'*électricité* passera aussitôt du corps *électrisé* sur la surface du sol à laquelle on donne le nom de *réservoir commun* (*voyez* RESERVOIR COMMUN) ; que si le cylindre essayé est un corps isolant, l'*électricité* restera sur le corps *électrisé*, enfin, que l'*électricité* s'écoulera plus ou moins lentement par le petit cylindre que l'on essaie, selon qu'il sera plus ou moins mauvais conducteur de l'*électricité*.

Quelles que soient les expériences qui aient été faites pour déterminer la propriété conductrice d'*électricité* des différens corps, comme on n'a pas encore mis assez d'exactitude dans ces expériences pour assigner, par des nombres, leur rapport de conductricité, & que d'ailleurs la même substance peut présenter des variations assez considérables, à différentes époques & dans divers temps, on s'est contenté de diviser les corps en trois classes : bon conducteur, moyen conducteur ou conducteur imparfait, & peu ou point conducteur.

On place dans la première classe les métaux, l'eau & un grand nombre de liquides, les huiles & les corps gras exceptés ; les corps humides, les animaux vivans, &c.

Dans la seconde classe, qui est la plus considérable, sont placées les pierres, les marbres, les bois secs, les étoffes de laine, les substances végétales & animales mortes, le charbon, la neige, le verre & la résine chauffés, la flamme, l'air humide, &c.

Enfin, on range dans la troisième classe la gomme-laque, la résine, l'air sec, le verre froid, la cire à cacheter, le diamant, le bitume, le soufre, les cires, les gommes, la soie, les plumes, les cheveux, les crins, les poils, les huiles, &c.

Jusqu'à présent les métaux ont été regardés comme des conducteurs parfaits d'*électricité*. Lemonnier (1) *électrisant* par l'une de ses extrémités, un fil de fer de 1319 pieds de longueur, ne remarqua, dans cette expérience, aucun intervalle dans la transmission de l'*électricité*, d'une extrémité à l'autre ; cependant il crut observer, dans une autre expérience, que l'*électricité* mettoit un quart de seconde pour se transmettre à l'extrémité d'un fil de fer de 950 toises de longueur. Des physiciens français transmirent instantanément l'*électricité* le long d'un fil de fer de 2000 toises de longueur. Watson s'assura, le 5 août 1748, que l'*électricité* se transmettoit instantanément sur un fil de fer de 12,276 pieds anglais de longueur.

Watson s'est assuré que l'eau étoit également un conducteur parfait, en transmettant, à Londres, l'*électricité* à travers la Tamise, près le pont de Westminster. Monge a également transmis l'*électricité*, en lui faisant parcourir le circuit que la Meuse fait autour de Mézières ; & dans ces deux expériences, l'*électricité* paroit avoir été transmise instantanément. De nouvelles expériences faites par Wilson, près d'Islington, lui prouvèrent que l'*électricité* étoit également transmise, sans intervalle de temps appréciable, à trois milles anglais de distance, dont un mille par terre & deux milles par eau. Enfin, dans une expérience faite le 14 août 1747, l'*électricité* fut transmise presqu'instantanément à quatre milles anglais de distance, savoir, deux milles de fil de fer & deux milles de terrain sec.

Nous ne pousserons pas plus loin la citation des expériences faites pour déterminer la distance à laquelle des corps conducteurs transmettent l'*électricité*. Nous nous contenterons de rapporter quelques expériences faites pour déterminer le rapport de conductricité des métaux entr'eux, & des métaux avec l'eau & le chanvre.

Francklin, ayant dit à Priestley que l'on pouvoit déterminer la puissance conductrice des différens métaux, en faisant passer une forte commotion *électrique* à travers des fils de métal de la même grosseur ; & en observant les différentes longueurs de ces fils qui pourroient être fondues, Priestley réunit des fils métalliques deux à deux ; savoir :

1°. Fer & cuivre ;	5°. Cuivre & argent ;
2°. Fer & laiton ;	6°. Or & argent ;
3°. Laiton & cuivre ;	7°. Plomb & étain.
4°. Cuivre & or ;	

Ayant fait passer une forte décharge *électrique* à travers ces doubles fils, il trouva que, dans la première & la seconde expérience, le fer seul avoit été fondu ; dans la troisième, ce fut le laiton ; dans la quatrième & la cinquième, le cuivre ; dans la sixième, l'argent ; & dans la septième, le plomb. D'où Priestley conclut que l'ordre de fusibilité des fils métalliques, par l'*électricité*, est *fer,*

---

(1) *Histoire de l'Electricité* de Priestley, tome I, p. 187.

laiton, cuivre, argent & or ; tandis que leur ordre de fufibilité par le feu, eft argent, or, cuivre & fer. Cette différence pourroit faire croire que l'ordre de fufibilité des fils métalliques, par l'*électricité*, pourroit bien être inverse de leur ordre de conductricité. Il eft affez remarquable que, dans ces expériences, l'ordre foit à peu près inverfe de leur fufibilité par le feu, & foit exactement l'ordre de leur caloricité fpécifique, qui eft fer, laiton, cuivre, argent, or. Voyez CALORIQUE SPECIFIQUE.

Beccaria a fait également plufieurs expériences fur la conductricité *électrique* des corps. Il fufpendit un fil de fer de cinquante pieds de long dans un grand bâtiment, &, au moyen d'un pendule qui battoit les demi-fecondes, il remarqua que des corps légers, placés à un bout, fous une feuille de papier doré, ne s'ébranloient que plus d'une demi-feconde après qu'il eut appliqué, à l'autre bout, le fil de fer d'une bouteille chargée.

En répétant la même experience avec une corde de chanvre, il compta fix vibrations & plus, avant qu'ils remuaffent ; mais quand il eut humecté la corde, ils fe mirent en mouvement après deux ou trois vibrations (1).

Cette différence, que l'on peut remarquer dans la durée de la tranfmiffion de l'*électricité*, dans les diverfes expériences que nous avons rapportées jufqu'à préfent, peut dépendre de deux caufes : 1°. de la nature de la fubftance ; 2°. de l'intenfité de l'*électricité* tranfmife. Coulomb a obfervé que des corps qui ifolent affez parfaitement de foibles *électricités*, n'ifolent plus des *électricités* plus fortes ; ce qui fait voir combien font grandes les difficultés que l'on doit éprouver lorfque l'on veut établir le rapport de conductricité de différens corps.

Il eft affez difficile de déterminer fi un corps ifole parfaitement ou imparfaitement, parce que l'air, dans lequel on place les corps électrifés, eft lui même conducteur de l'*électricité*. Ainfi, pour juger de la qualité d'un corps ifolant, il faut pouvoir apprécier la déperdition par l'air, des corps électrifés ; cette déperdition étant retranchée de celle qu'un corps perd dans un temps donné, on peut en conclure celle qui a lieu par le corps qui le fupporte.

On pourroit parvenir à apprécier la proportion d'*électricité* enlevée par l'air & par les fupports, en fufpendant dans l'air un corps électrifé avec un feul fupport, & tenant compte de l'*électricité* que le corps perd dans un temps donné, fufpendant enfuite le corps par deux, trois ou un plus grand nombre de fupports, & tenant compte également de l'*électricité* perdue dans le même temps, comme l'augmentation de la déperdition de l'*électricité* eft occafionnée par les nouveaux fupports, on évalue par ce moyen celle qui eft enlevée par l'air.

Coulomb, à la fuite d'expériences très-délicates, a reconnu que, lorfque l'intenfité de l'*électricité* n'étoit pas très-forte, un petit cylindre de cire d'Efpagne ou de gomme-laque, d'une demi-ligne de diamètre & de dix-huit ou vingt lignes de longueur, fuffifoit prefque toujours pour ifoler parfaitement une balle de fureau de cinq à fix lignes de diamètre ; car, en foutenant les bouts par plufieurs de ces cylindres au lieu d'un feul, l'*électricité* ne s'affoibliffoit pas plus rapidement, quoique la facilité de la déperdition fût multipliée avec le nombre des points de contact. Il s'affura de même que, lorfque l'air étoit fec, un fil de foie très-fin, paffé dans de la cire d'Efpagne bouillante, & ne formant enfuite qu'un petit cylindre, tout au plus d'un quart de ligne de diamètre, rempliffoit le même objet, pourvu que l'on donnât à ce fil une longueur de cinq à fix pouces. Un fil de verre, tiré à la lampe de l'émailleur, de cinq à fix pouces de longueur, n'ifole la balle que dans des jours très-fecs, & lorfqu'elle eft chargée d'une très-foible *électricité* ; il en eft de même d'un cheveu ou d'un fil de foie, à moins qu'il ne foit enduit de cire d'Efpagne, ou, ce qui vaut encore mieux, de gomme-laque pure.

En fufpendant les corps *électrifés* fur des fupports moins ifolans que la cire & la gomme-laque, tels que du verre ou des fils de foie, Coulomb a remarqué que, lorfque les corps étoient fortement *électrifés*, la déperdition de l'*électricité* étoit d'abord très-confidérab e, puifque cette déperdition diminuoit graduellement, & qu'elle devenoit conftante lorfque l'intenfité *électrique* étoit très-affoiblie. Ainfi, dans une expérience faite le 28 mai, la déperdition par minute étoit :

Dans les 2 premières fecondes........	$\frac{1}{4}$
—— 5 fecondes fuivantes...........	$\frac{1}{8}$
—— 5....................	$\frac{1}{26}$
—— 16 ½...................	$\frac{1}{29}$
—— 21....................	$\frac{1}{37}$
—— 16 ½...................	$\frac{1}{41}$

& ce quarante-unième étoit enfuite conftamment enlevé par l'air.

Si l'on fait varier la longueur des fupports, dont la faculté ifolante eft imparfaite ; le degré de réaction *électrique*, où ils commencent à ifoler parfaitement, eft, dans un même état d'air, proportionnel à la racine carrée de leur longueur, bien entendu que cette proportionnalité n'exifte qu'entre des fupports dont la longueur feule eft inégale, mais dont la nature & la groffeur font les mêmes. Coulomb a trouvé que l'intenfité de la réaction *électrique* à laquel l'ifolement parfait commence, pour des fils de gomme-laque & pour des fils de foie de même longueur & d'égal diamètre, eft dix fois plus grande pour la première fubftance que pour la feconde.

Afin de déterminer la loi de déperdition de l'*électricité* par l'air feul, Coulomb a fufpendu à

---

(1) *Eletricifmo artificiel e naturale*, page 51.

fa balance de torfion une petite boule de liége, placée à l'extrémité d'un fil de gomme-laque pure, & il a obfervé quelle torfion le fil devoit avoir pour conferver l'écartement. Nous allons rapporter ici le tableau de deux féries de fes expériences.

ÉPOQUE des expériences.	HEURES des effais.	DISTANCE des balles.	TORSION du fil.	TEMPS écoulé entre deux obfervations.	FORCE électrique.	FORCE moyenne entre deux obfervations.	PROPORTION d'électricité perdue dans une feconde.
	h. mat.						
Le 28 mai....	6 32'	30°	120	5'3/4	20°	140°	1/40
	6 3,815	Id.	100	6 1/4	20	120	1/38
Hygromètre 75°	6 44,30	Id.	80	8 1/2	20	100	1/42
Thermom. 15 1/2	6 53,0	Id.	60	10	20	80	1/40
Baromètre 28°3'.	7 3 0	Id.	40	14	20	69	1/41
	7 17 0	Id.	20				
	h. mat.						
Le 29 mai...	5 45,30	30°	130	7 1/2	20°	150	1/56
Hygromètre 69°	5 53 0	Id.	110	9 1/2	20	130	1/61
Thermom. 15 1/2	6 2 30	Id.	90	9 3/4	20	110	1/54
Baromètre 28°4'.	6 12,15	Id.	70	20 3/4	30	75	1/58
	6 33	Id.	40	18	20	60	1/54
	6 51	Id.	20				

D'où l'on voit que, pour un même jour & pour un même état de l'air, l'affoibliffement de l'*électricité*, dans un temps très-court, eft proportionnel à fon intenfité; en forte que le rapport de ces deux élémens eft conftant; mais il varie avec l'indication de l'hygromètre, & par conféquent avec la quantité de vapeur fufpendue dans l'air. En général, l'air ifole affez bien quand il eft fec, & il devient un affez bon conducteur lorfqu'il eft humide. Ainfi, d'après les expériences de Coulomb, la déperdition

A 69° de l'hygromètre $= \frac{2}{56}$.

A 75° .... $= \frac{1}{40}$.

A 80° .... $= \frac{1}{18}$.

A 87° .... $= \frac{1}{13}$.

Répétant les mêmes expériences, à la même heure, fur des corps électrifés par les deux électricités E & $\mathcal{E}$, il a trouvé un réfultat affez femblable; car la petite différence que ces réfultats préfentent, tombe dans les limites des erreurs que les expériences comportent.

Tant que l'*électricité* des corps eft forte, intenfe & appréciable, tous les corps conducteurs conduifent les électricités E & $\mathcal{E}$ de la même manière; mais dès qu'elle devient très-foible, on trouve des corps qui conduifent également les deux électricités, & d'autres qui ne conduifent que l'une d'elles. Nous devons à Erman la découverte de cette anomalie que préfentent quelques conducteurs. C'eft fur l'*électricité* de la pile galvanique que fes expériences ont été faites. *Voy.* PILE GALVANIQUE, GALVANOMOTEUR, ÉLECTROMOTEUR.

Si l'on prend un prifme de favon alcalin bien fec, qu'on le faffe communiquer au fol d'une part, & à l'un des pôles de l'autre, l'*électricité* de la pile s'écoule vers le fol à travers le favon, & les indices électrofcopiques y deviennent nuls. Le favon eft ici conducteur des deux *électricités* : fi l'on établit avec le favon une communication avec les deux pôles de la pile, l'intenfité *électrique* refte la même à chaque pôle; mais dès que, dans cet état, on fait communiquer le prifme de favon avec le fol, par le moyen d'un fil métallique, l'*électricité* $\mathcal{E}$ feule fera neutralifée, & l'intenfité de l'*électricité* E atteindra fon maximum. Ainfi voilà le prifme fec de favon conducteur des deux *électricités*, ifolateur des deux *électricités*, ou feulement conducteur de l'*électricité* $\mathcal{E}$, & cela felon la pofition du prifme de favon fur la pile.

En répétant les expériences avec la flamme de l'alcool, Erman a obfervé les mêmes phénomènes, avec cette différence, que c'étoit de l'*électricité* E que la flamme étoit conductrice. Enfin, Biot s'eft affuré que l'éther fulfurique ifole les deux pôles, comme le favon & l'alcool : mais fi on touche un feul inftant l'éther avec un fil métallique, pour le faire communiquer avec le fol, en appliquant en même temps un condenfateur à l'un quelconque des pôles de la pile, ce condenfateur fe charge complètement, comme fi l'éther étoit devenu tout-à-coup conducteur de l'efpèce d'*électricité* qui appartient au corps où le condenfateur eft appliqué.

De la génération ou de la production de l'électricité.

Tous les corps de la nature contiennent de l'*électricité*. Dans un corps à l'état naturel, l'*électricité* ou les électricités font en équilibre, d'action avec celles que contiennent les autres corps; mais dès que cet équilibre eft rompu, l'action *électrique* se manifeste, & les corps sont *électrifés*. Ce sont donc les divers moyens de rompre l'équilibre de l'action *électrique* dans les corps, que l'on doit considérer comme les générateurs de l'*électricité*.

On peut *électrifer* les corps de cinq manières différentes.

1°. Par le contact d'un corps isolé à l'état naturel, avec un corps déjà *électrifé*.

2°. Par le contact de deux corps isolés & à l'état naturel.

3°. Par le frottement de deux corps isolés & à l'état naturel.

4°. Par l'échauffement des corps.

5°. Par le changement d'état des corps.

1°. Si deux corps sont isolés, que l'un soit *électrisé* & l'autre à l'état naturel, aussitôt que l'un des corps touche l'autre, le corps *électrifé* communique une portion de son *électricité* au corps à l'état naturel, & ce dernier se trouve *électrifé*; mais l'étendue de la surface *électrifée* de ce dernier corps dépend de sa propriété conductrice. S'il est bon conducteur, comme les métaux, l'*électricité* se répand sur toute sa surface; s'il est isolant, comme la gomme-laque, l'*électricité* ne s'étend qu'à une très-petite distance du point de contact. Quelle que soit la propriété conductrice du corps, l'intensité de l'*électricité* aux points de contact des deux corps est sensiblement la même.

2°. En mettant en contact deux corps isolés & à l'état naturel, l'un des corps prend une *électricité* E, & l'autre une *électricité* Ɛ. Mais l'intensité des deux *électricités* est si foible, que l'on ne peut les distinguer qu'à l'aide d'un condensateur très-sensible. *Voyez* CONDENSATEUR.

Pour reconnoître ces deux *électricités*, que l'on fixe sur deux disques métalliques, l'un de zinc ȥ ȥ, *fig.* 757, l'autre de cuivre *cc*, deux tubes de verre A B, recouverts d'une couche de gomme-laque; si l'on met ces deux disques en contact avec le sol, pour qu'ils soient à l'état naturel, & qu'ensuite on les approche l'un de l'autre en contact parfait, l'*électricité* des deux corps exerce son action sur les substances qui les composent, & en les séparant, le disque de zinc a une *électricité* E, & celui de cuivre Ɛ. Pour avoir des indices certains de l'existence & de la nature de l'*électricité* sur chaque disque, il faut faire toucher l'un des disques avec le plateau inférieur du petit condensateur d'un *électroscope*, *fig.* 757 (a), & en réitérant l'opération sept ou huit fois, & enlevant le plateau supérieur, on voit les pailles diverger en vertu de l'*électricité* déposée: si c'est le disque de zinc qui a touché le plateau, l'*électricité* est E; si c'est le disque de cuivre, elle est Ɛ.

Comme il seroit possible que l'on voulût attribuer l'*électricité* produite à un frottement qui pourroit avoir lieu au moment du contact, Volta fait l'expérience d'un manière qui lève tous les doutes: il soude un cylindre de zinc ȥ, *fig.* 757 (b),

à l'extrémité d'un cylindre de cuivre *c*; tenant le cylindre en ȥ dans une main, il touche avec le cylindre de cuivre, le plateau supérieur A d'un condensateur; le plateau inférieur B, communiquant au sol, le premier plateau s'*électrise* de l'*électricité* Ɛ, qui se manifeste en séparant le plateau supérieur de l'inférieur; lorsqu'il touchoit avec l'extrémité ȥ, tenant à la main l'extrémité cuivre, il n'apercevoit aucun signe d'*électricité*.

Un grand nombre de corps jouissent de la propriété de s'*électriser* au contact, mais principalement les métaux; ceux-ci jouissent de cette propriété dans l'ordre suivant:

Argent.	Etain.
Cuivre.	Plomb.
Fer.	Zinc.

Les premiers, ceux qui sont placés à la tête de la colonne, s'*électrisent* de l'*électricité* Ɛ, & ceux qui sont dans la partie inférieure, de l'*électricité* E. Ainsi le fer, en contact avec l'étain, le plomb ou le zinc, s'*électrise* de l'*électricité* Ɛ, tandis qu'il s'*électrise* de l'*électricité* E, lorsqu'il est en contact avec le cuivre ou l'argent, & ce qu'il y a de remarquable, c'est que cet ordre d'*électrisation* des métaux est celui de leur oxidabilité. Lorsque deux métaux sont en contact, celui qui est le plus oxidable manifeste l'*électricité* E, & le moins oxidable l'*électricité* Ɛ.

Il existe un autre mode d'*électrisation*, découvert par Libes, & qui a beaucoup de rapport avec l'*électrisation* par contact: c'est celle qui a lieu par pression. Si l'on applique, sur un morceau de taffetas gommé, un disque de métal isolé, & qu'on le comprime fortement, le disque, après la séparation, est *électrisé* de l'*électricité* Ɛ, tandis que le taffetas l'est E; cependant si, au lieu de comprimer le métal, on lui eût fait frotter le taffetas, celui-ci auroit manifesté l'*électricité* Ɛ, & le métal l'*électricité* E.

3°. Deux corps isolés & à l'état naturel, frottés l'un contre l'autre, donnent toujours, après leur séparation, des indices; l'un de l'*électricité* E, l'autre de l'*électricité* Ɛ.

Tout fait voir que ce mode d'*électrisation* est celui qui a été distingué le premier. Les Anciens ne connoissoient d'*électricité* que celle qu'ils obtenoient par le frottement de l'ambre jaune, ηλεκτρον, sur différentes substances. Mais bientôt cette manière de produire de l'*électricité* a été appliquée à d'autres substances, & les expériences successives de Gilbert, Wilke, Otto de Guerick, Haucksbé, Gray, Dufay, Nollet, Francklin, Wilson, Æpinus, Beccaria, Cavallo, Coulomb, &c., nous ont fait voir que toutes les substances, sans exception, jouissoient de cette propriété, c'est-à-dire, avoient la faculté de produire, par le frottement, l'une ou l'autre des *électricités*, & cela selon la nature des deux corps frottés.

Wilke paroît être le premier qui se soit proposé

d'ordonner les substances, de manière à pouvoir indiquer d'avance l'espèce d'*électricité* que l'on obtiendra en frottant l'une contre l'autre des substances isolées; celui qu'il indique (1) est :

Verre poli.	Cire blanche.
Etoffe de laine.	Verre dépoli.
Plumes.	Plomb.
Bois.	Soufre.
Papier.	Métaux.
Cire à cacheter.	

Si l'on prend un des corps compris dans ce tableau, & qu'on le frotte avec un autre corps placé au-dessus de lui, il acquerra l'*électricité* C, tandis qu'il manifestera celle E, en le frottant avec un corps placé au-dessous de lui.

Monge, après avoir recueilli un grand nombre d'expériences faites par divers physiciens, a placé dans l'ordre suivant les corps d'après la nature de l'*électricité* qu'ils acquièrent, en les frottant les uns avec les autres.

Mercure.	* Cire à cacheter.
* Verre poli.	Liége sec.
* Laine.	* Cire blanche.
Peaux.	Gomme élastique.
Eponge.	* Soufre.
Toile de coton.	Colophane.
* Papier gris.	* Métaux.
Soie.	

Nous avons indiqué par un astérisque les substances qui ont été essayées par Wilke, & qu'il a placées dans son tableau.

Bontemps, ancien élève de l'Ecole polytechnique, après avoir répété & varié les mêmes expériences, a placé les substances dans l'ordre suivant:

Peau de panthère.	* Papier.
Dos de chat vivant.	* Cire à cacheter.
— de chien *idem*.	* Cire blanche.
— de lapin *idem*.	* Verre dépoli.
* Verre poli.	Peau tannée.
Peau de chat mort.	Cuir.
* Laine.	* Plomb.
* Plume.	Etain.
* Bois.	Soufre.

Haüy a fait de son côté un grand nombre d'expériences sur l'espèce d'*électricité* que les minéraux acquièrent en les frottant sur de la laine ou de la résine, afin de faire servir cette propriété à leur distinction : il a trouvé que l'*électricité* partageoit tout le règne minéral en trois grandes divisions ; que presque toutes les substances connues, les unes sous le nom de *sel*, les autres sous le nom de *pierre*, acquièrent, à l'aide du frottement sur la laine, l'*électricité* E, pourvu qu'elles jouissent d'un certain degré de pureté. La cyanite & le

disthène présentent une anomalie, en ce qu'ils acquièrent indifféremment l'une ou l'autre des *électricités*, sans que l'on puisse en déterminer la cause. Les substances inflammables proprement dites, à l'exception du diamant, étant frottées, reçoivent l'*électricité* C ; les métaux isolés reçoivent la même *électricité*. Quelques minéraux métalliques qui se rapprochent de l'état salin, comme le plomb carbonaté, acquièrent, comme les sels, l'*électricité* E. Il est nécessaire, pour obtenir les résultats annoncés, que les minéraux soient polis, car il est des quartz, des gemmes & autres substances analogues au verre, qui acquièrent l'*électricité* C, à l'aide du frottement, lorsque leur surface est terne. Le plus ou le moins de facilité que ces substances éprouvent à être *électrisées* par le frottement, sert souvent à les distinguer. Ainsi, la cymophane, taillée en cabochon, qui présente à peu près le même aspect que le feld-spath nacré, n'en diffère que par la grande facilité qu'elle a à s'*électriser* à l'aide du frottement, tandis que le même moyen ne réussit que difficilement & foiblement sur le feld-spath.

On a été à même de remarquer, un grand nombre de fois, que l'on obtenoit des étincelles *électriques* en se peignant, lorsque l'on a de grands cheveux, en caressant un chat, en étrillant un cheval, &c. Le docteur Sympson paroît être le premier qui se soit assuré que les animaux étoient électrisables par le frottement.

Non-seulement deux substances différentes s'*électrisent* par le frottement & donnent des indices des deux *électricités* E & C, mais deux portions d'une même substance sont également susceptibles de s'*électriser* différemment par le frottement. Symmer, Cigna, Bergmann, Æpinus, Ingenhousz, ont fait diverses expériences pour le prouver.

Que l'on prenne un ruban de soie, qu'on le coupe en deux, que l'on frotte l'une des parties sur l'autre, les deux portions de ruban s'*électrisent*, l'une de l'*électricité* E, l'autre de l'*électricité* C. On a cru, pendant long-temps, que cette *électricité* étoit occasionnée par quelque différence entre les deux substances. Ainsi, lorsque l'on frotte un bas de soie noir contre un bas blanc, le blanc donne des indices de l'*électricité* E, & le noir de l'*électricité* C. Il n'est pas même nécessaire que l'un des bas de soie frotte l'autre ; il suffit de les placer l'un sur l'autre & de frotter celui de dessus. Lorsque l'on ne connoissoit que cette expérience de Symmer (1), on pouvoit croire que la différence d'*électricité* dépendoit de la matière qui entroit dans la teinte noire des bas de soie ; mais Cigna s'assura que deux morceaux de ruban de soie blanc, placés sur un plan uni, frottés avec le tranchant d'une règle d'ivoire, puis séparés, étoient *électrisés*, celui de dessus de l'*électricité* C,

---

(1) *Histoire de l'Électricité*, tome II, page 425.

(1) *Histoire de l'Électricité* de Priestley, tome II, p. 49.

& celui de deſſous de l'*électricité* E. Depuis l'on s'eſt aſſuré que le verre, le ſoufre & beaucoup d'autres ſubſtances ſemblables produiſoient, en les frottant, deux *électricités* différentes. Bergmann a remarqué que la production de l'*électricité* réſultoit toujours d'une inégalité dans le frottement des deux ſubſtances identiques; que celle qui éprouvoit un plus grand frottement dans un eſpace donné, acquéroit l'*électricité* E, & que celle qui étoit moins frottée, dans le même eſpace, acquéroit l'*électricité* E. Ainſi, lorſqu'en frottant deux rubans de ſoie provenant d'un même morceau, l'un ſe meut dans toute ſa longueur ſur une petite ſurface de l'autre. Celui-ci qui a une portion donnée de ſurface plus frottée, qu'une égale portion de l'autre, s'*électriſe* de l'*électricité* E.

Nous n'avons conſidéré juſqu'à préſent que le frottement de deux ſubſtances ſolides; mais le frottement d'un ſolide ſur un liquide ou ſur un fluide élaſtique, produit également de l'*électricité*. C'eſt ainſi que le mercure tombant le long des parois d'un tube de verre dans lequel on a fait le vide, s'*électriſe*; que le vide du baromètre s'*électriſe* par le mouvement du mercure; qu'un tube vide d'air & dans lequel on a mis quelques globules de mercure, devient lumineux dans l'obſcurité, en agitant le mercure dans l'intérieur du tube. Pour que l'*électriſation* réuſſiſſe avec d'autres liquides, il faut que ceux-ci jouiſſent, comme le mercure, de la propriété de ne pas mouiller le corps qu'ils frottent.

Wilſon a reconnu qu'un courant d'air (1) dirigé ſur une tourmaline, du verre, de la réſine, *électriſoit* ces ſubſtances de l'*électricité* E, & que la tourmaline étoit, toutes choſes égales d'ailleurs, celle qui acquéroit la plus grande intenſité d'*électricité*, & la réſine la moins grande intenſité. En ſe ſervant d'un ſoufflet plus fort, l'intenſité *électrique* des trois ſubſtances étoit plus forte, & en dirigeant de l'air chaud, l'intenſité *électrique* augmentoit également.

Des expériences faites par G. P. Deſſaignes (2) en plongeant un tube de verre dans du mercure, paroiſſoient prouver, qu'en élevant la température de l'un des corps juſqu'à un certain degré, il s'*électriſe* plus facilement de l'*électricité* E, comme cela a lieu dans deux ſubſtances identiques frottées l'une ſur l'autre.

Ainſi, à une température égale, un tube de verre, plongé dans du mercure, s'y *électriſe* naturellement E; ſi le tube eſt plus chaud que le mercure, l'intenſité E augmente graduellement juſqu'à un certain degré, maximum, puis elle diminue & devient zéro; ſi, au contraire, c'eſt la température du mercure qui augmente, l'in-

tenſité de l'*électricité* E diminue, elle devient zéro; l'*électricité* redevient E, puis zéro.

Ces réſultats ſe modifient avec la température du lieu & l'humidité de l'air, & l'excitabilité du verre & du mercure.

La production de l'*électricité* par le frottement a été appliquée avec beaucoup de ſuccès à la conſtruction des machines *électriques*. *Voy.* ces mots.

4°. Pluſieurs corps acquièrent de l'*électricité* en les chauffant; les uns ſous forme criſtalline, comme la tourmaline, la topaze du Bréſil, la chaux boratée, l'oxide de zinc criſtalliſé; les autres amorphes, le verre, la réſine, le ſuccin: & ce que ce mode d'*électriſation* a de remarquable, c'eſt que l'*électricité* ſe diſtribue dans les corps, de manière que l'un des bouts a ordinairement l'*électricité* E, tandis que l'autre a l'*électricité* E. Les ſubſtances criſtalliſées qui jouiſſent de la propriété de s'*électriſer* par la chaleur ſont faciles à reconnoître, en ce qu'elles ſont terminées par des pyramides compoſées d'un nombre de plans différens; ſoit que le criſtal ait pour terme un priſme, comme dans la tourmaline; ſoit qu'il ait pour forme un cube, comme dans la chaux boratée. Dans le premier cas, le priſme eſt terminé par deux pyramides; dans le ſecond, les angles ſolides du cube ſont terminés par la réunion de pluſieurs plans.

En chauffant légèrement la tourmaline, on voit l'*électricité* qui ſe manifeſte à chaque extrémité, augmenter d'intenſité avec la température du criſtal, & arriver ainſi à un maximum; continuant à chauffer, l'intenſité décroît graduellement juſqu'à zéro, puis l'*électricité* de chaque extrémité change de nature. Ainſi le bout qui avoit d'abord manifeſté l'*électricité* E fait apercevoir l'*électricité* E; augmentant encore la température, l'intenſité *électrique* augmente, elle parvient à ſon maximum, décroît, devient zéro, & l'*électricité* change de nature. Il n'eſt pas néceſſaire, pour *électriſer* une tourmaline, de l'échauffer fortement. Il exiſte quelques tourmalines d'Eſpagne qui deviennent *électriques* par la ſimple preſſion entre les mains. *Voy.* TOURMALINE, ELECTRICITE DE LA TOURMALINE.

Haüy a obſervé (1) que des criſtaux & des fragmens lamellaires de zinc oxidés, s'*électriſoient* naturellement à une température de 6° R. au-deſſus de zéro. Dans quelques-uns, la vertu *électrique* ſubit des intermittences à certains inſtans; mais ſouvent il ſuffit, pour la faire reparoître, de tranſporter le corps à un autre endroit de l'appartement; ſouvent auſſi le retour à l'état *électrique* s'opère ſpontanément dans le même lieu un moment après la ceſſation des effets.

Ce ſavant a encore remarqué que certaines eſpèces de topaze, ſurtout celle de Sibérie, d'une couleur blanchâtre, ont la faculté de conſerver

_____

(1) *Hiſtoire de l'Electricité* de Prieſtley, tome I, p. 407.
(2) *Annales de Chimie & de Phyſique*, tome II, p. 59.

(1) *Journal des Mines*, tome XXXVIII, page 319.

pendant

pendant long-temps l'*électricité* qu'elles ont acquife par la chaleur. Il y en a une qui, par un temps favorable, n'a perdu cette vertu qu'au bout de plus de vingt-quatre heures, tandis qu'une tourmaline d'Espagne, foumife à une expérience comparative, a ceffé de donner des indices d'*électricité* après une demi-heure environ.

5°. Dufay, Wilcke, Lavoifier, Laplace, Sauffure, Haffenfratz, ont entrepris diverfes expériences pour s'affurer que le changement d'état des corps produifoit de l'*électricité*, foit que les corps paffent de l'état liquide à l'état folide, ou de l'état liquide à l'état gazeux, & *vice verfâ*.

Wilcke (1) a verfé dans des vafes de verre, de plomb, de bois & de foufre, de la réfine & du foufre fondu; après le refroidiffement, il a féparé les fubftances folides, des vafes qui les contenoient, & il a obfervé que les fubftances & les vafes, après la féparation, étoient *électrifés* d'*électricité* contraire. Æpinus (2) verfa du foufre fondu dans des vafes d'étain & de cuivre ifolés; il obferva le même phénomène. Ces *électricités* étoient :

SUBSTANCES FONDUES.	VASES.
Soufre........ ℰ	Verre......... E
Soufre........ ℰ	Bois......... E
Soufre .... o	Verre de plomb. o
Réfine .... ℰ	Verre......... E
Réfine........ ℰ	Soufre .... E
Réfine........ ℰ	Bois......... E

Van-Marum (3) a répété les mêmes expériences avec un égal fuccès; il a verfé fur du mercure de la gomme-laque, de la réfine, de la poix, de la cire : ces fubftances féparées ont toutes donné des fignes de l'*électricité* ℰ.

Comme la nature de l'*électricité* obtenue dans ces différens cas eft la même que celle que l'on obtient par le frottement des corps, excepté le cas où l'on verfe de la réfine fondue fur du foufre, Van-Marum a cherché à reconnoître fi l'*électricité* manifeftée étoit due au frottement des molécules, au moment de la folidification, ou réellement au changement d'état des corps : toutes les expériences qu'il a faites dans cet efprit concourent à prouver que l'*électrifation* eft due au frottement,

Lavoifier & Laplace, Haffenfratz & plufieurs phyficiens ont remarqué que la vaporifation de l'eau, le dégagement de l'hydrogène & du gaz nitreux dans la diffolution du fer & du cuivre, le dégagement du gaz acide carbonique dans la diffolution du carbonate de chaux, produifoient de

l'*électricité*; mais cette *électricité* eft fi foible, qu'il faut avoir des électrofcopes armés de condenfateurs bien fenfibles, pour la diftinguer. Les expériences que Réad a faites avec fon doubleur d'*électricité* prouvent, d'une manière inconteftable, la production de l'*électricité* par la vaporifation & le deffechement. Nous allons préfenter ici un extrait concis de fes expériences.

Une chambre feche, donnant au *doubleur de l'électricité* des fignes de l'*électricité* E, donna des fignes de l'*électricité* ℰ, lorfque plufieurs perfonnes y furent réunies & que les croifées reftèrent fermées; ouvrant les croifées pour deffécher, la chambre, les fignes d'*électricité* devinrent E.

Dans des latrines, fur des feuilles pourries, à peu de diftance d'un tas de fumier, trois endroits où il fe formoit de l'humidité, on obferva de l'*électricité* ℰ. A une grande hauteur au-deffus du fumier, où l'humidité difparoiffoit & où l'air fe deffechoit, on obfervoit de l'*électricité* E.

En général, dans toutes les circonftances où il fe formoit de l'humidité, on obfervoit de l'*électricité* ℰ; & l'on remarquoit au contraire de l'*électricité* E, lorfque l'humidité fe diffipoit & que l'air fe féchoit. Nous croyons devoir infifter fur ce fait, qui prouve que, dans l'hypothèfe d'une feule *électricité*, l'efpèce d'*électricité* que Francklin a nommée *pofitive*, feroit au contraire la *négative*; & de même, l'*électricité* nommée *négative* par Francklin, deviendroit la pofitive.

Des attractions & des répulfions électriques.

Si, à l'extrémité B d'un fupport de verre A B, *fig. 758*, on fufpend, à un fil de foie *b c*, une petite boule de liége ou de fureau *a*, & que l'on en approche un corps *c*, dans l'état naturel ou *électrifé* E ou ℰ, la petite boule reftera en équilibre, ou elle fera attirée ou repouffée felon fon état d'*électricité* & celui du corps que l'on en approche.

Dans le cas où la boule *a* feroit à l'état naturel, l'approche du corps à l'état naturel la laifferoit en repos; mais l'approche du corps *électrifé* E ou ℰ l'attirera jufqu'au contact, puis la repouffera. Si la boule *a* eft *électrifée* E, elle fera attirée par les corps à l'état naturel ou *électrifés* ℰ, & elle fera repouffée par les corps *électrifés* E. Enfin, fi la boule *a* eft *électrifée* ℰ, elle fera attirée par les corps à l'état naturel ou *électrifés* E, & elle fera repouffée par les corps *électrifés* ℰ. D'où il fuit que les corps à l'état naturel n'ont aucune action l'un fur l'autre; que les corps à l'état naturel attirent les corps *électrifés*, ou font attirés par eux; que les corps *électrifés* d'*électricité* différente s'attirent, & que les corps *électrifés* d'une même *électricité* fe repouffent.

Nous avons dit que, lorfqu'un corps attiré par un corps *électrifé* le touchoit, il en étoit auffitôt repouffé. Il arrive cependant quelques circonftances dans lefquelles le corps attiré refte adhérent au corps *électrifé* : ce que l'on obferve

---

(1) *Difputatio phyfico-experimentalis de electricitatibus contractis.*

(2) *Æpini tentamen theoriæ electricitatis & magnetifmi.* Petropoli, 1738, pages 66 & 67.

(3) *Journal de Phyfique*, année 1788, tome II, p. 248.

lorfque l'on attire des corps légers, des fragmens de papier, de la fciure de bois, avec un bâton de cire d'Efpagne foiblement *électrifé*, ou lorfqu'on attire une petite boule de réfine à l'état naturel, avec un corps *électrifé*.

On a vu que deux corps *électrifés* femblablement fe repouffoient. Lorfqu'un corps à l'état naturel, ou *électrifé* différemment, eft attiré par un corps *électrique*, au moment du contact il y a néceffairement partage d'*électricité*; après le contact, les deux corps feront *électrifés* de la même manière & fe repoufferont; mais fi le corps *électrifé* ne veut pas céder de fon *électricité* aux corps qui le touchent, comme dans le cas du bâton de cire d'Efpagne foiblement *électrifé*, ou fi, après le contact, le fluide des corps *électrifés* ne peut pas pénétrer dans le corps attiré, ainfi que cela a lieu dans le cas de la petite boule de cire d'Efpagne, les corps reftent adhérens.

Enfin, un corps léger peut être attiré par un corps *électrifé* jufqu'à une certaine diftance, & refter à cette diftance, fans s'approcher ni s'éloigner. On obtient ce réfultat en plaçant un corps léger, terminé en pointe, au-deffus d'un conducteur fortement *électrifé*. Dès que ce corps à l'état naturel fe trouve à la portée du corps *électrifé*, il en eft attiré; mais en s'approchant, fa pointe foutire du fluide *électrique* (*voyez* POUVOIR DES POINTES), & bientôt il fe trouve affez fortement *électrifé* pour être repouffé, ce qui arrive avant qu'il ne foit parvenu fur le corps conducteur *électrifé*. *Voyez* POISSON ÉLECTRIQUE, PANTINS ÉLECTRIQUES, &c.

Pour avoir un exemple d'attractions & de répulfions *électriques* long-temps continues, prenez une fphère métallique S, *fig.* 758 (*a*), foutenue par un cylindre de gomme-laque I, qui l'ifole parfaitement; ayez, à une petite diftance, un fecond globe métallique R, foutenu par un cylindre métallique C, & conféquemment bon conducteur, afin d'établir une communication entre ce globe & le réfervoir commun; qu'entre ces deux fphères foit une petite boule B, fufpendue par un fil de foie, qui l'ifole. Si l'on *électrife* la fphère S, elle attirera, dès qu'elle fera *électrifée*, la petite boule B; celle-ci fe portera fur la fphère, la touchera, partagera fon *électricité*, s'*électrifera* de la même manière, & fera repouffée jufqu'fur le globe R, qui s'emparera de l'*électricité* de la boule, pour la conduire au réfervoir commun; celle-ci retombera par fa gravitation dans la verticale A B, d'où elle fera attirée par la fphère S, puis repouffée fur le globe R, pour retomber dans la verticale A. B. Ce mouvement fe continuera tant qu'il reftera de l'*électricité* dans la fphère S. La plupart des expériences d'attraction & de répulfion *électrique*, que l'on exécute dans les cours de phyfique, font produites par la même caufe. *Voyez* ÉLECTRICITÉ, INFLUENCE ÉLECTRIQUE, CARILLON ÉLECTRIQUE, TOC-

SIN ÉLECTRIQUE, ARAIGNÉE ÉLECTRIQUE, BALANCE ÉLECTRIQUE, PLANISPHÈRE ÉLECTRIQUE, &c.

Dans l'expérience que nous venons de rapporter, la petite boule B enlève à la fphère S, à chaque contact, une fraction de fon *électricité*. Soit Q la quantité d'*électricité* que la fphère contient, $\frac{Q}{m}$ la fraction enlevée par la petite boule au premier contact, il reftera après ce contact :

$$Q - \frac{Q}{m} = Q\,(m-1)\text{ d'}électricité.$$

La quantité enlevée au fecond contact fera $\frac{Q}{m}$ ($m-1$), & la quantité reftante fera :

$$Q\,(m-1) - \frac{Q}{m}\,(m-1) = Q\,(m-1)^2.$$

Ainfi la quantité reftante au troifième contact

$$= Q\,(m-1)^3,$$

& après n^e contact $= Q\,(m-1)_n.$

D'où l'on voit que pour des contacts en progreffion arithmétique, la quantité d'*électricité* reftante fera en progreffion géométrique.

On explique les attractions & les répulfions *électriques*, en fuppofant que les deux fluides *électriques* E & Ɛ jouiffent de cette propriété, que les molécules de deux fluides différens s'attirent mutuellement, & que celles des fluides femblables fe repouffent. D'après cette fuppofition, lorfque deux corps A & B font en préfence, pour les quatre forces *électriques* exercent leur action; 1°. l'attraction des fluides E de A, fur le fluide Ɛ' de B; 2°. l'attraction du fluide Ɛ de A, fur celui E' de B; 3°. la répulfion exercée par le fluide Ɛ de A, fur le fluide Ɛ' de B; 4°. la répulfion exercée par le fluide E de A, fur le fluide E' de B; & comme, lorfque les deux corps font à l'état naturel, il n'y a aucune action *électrique*, il s'enfuit que l'on a, dans ce cas :

$$E\,Ɛ' + Ɛ\,E' - \overline{E}\,E' - Ɛ\,Ɛ' = o \;(1).$$

Si l'on *électrife* les deux corps différemment, c'eft-à-dire, fi on leur ajoute à A de l'*électricité* E, & à B de l'*électricité* Ɛ, on aura :

$$(E + e)\,(Ɛ' + e') + Ɛ\,E' - (E + e)\,E' - Ɛ\,(Ɛ' + e') = x.$$

Effectuant les opérations, on aura :

$$E\,Ɛ' + Ɛ'\,e + E\,e' + e\,e' + Ɛ\,E' - E\,E' - E'\,e - Ɛ\,Ɛ' - Ɛ\,e = x.$$

Retranchant l'équation (1) de cette dernière, on aura :

$$Ɛ'\,e + E\,e' + e\,e' - E'\,e - Ɛ\,e' = x.$$

Et comme E = Ɛ & E' = Ɛ', on a :

$$e\,e' = x : \text{d'où l'on voit que les deux corps doivent s'attirer.}$$

Si l'on *électrise* les deux corps de la même manière, c'est-à-dire, qu'on leur ajoute de l'*électricité* E ou. Ɛ, nous supposerons que ce soit de l'*électricité* E, on aura :

$$(E + \epsilon)\, \mathcal{C}' + \mathcal{C}\,(E' + \epsilon') - (E + e)\,(E' + \epsilon') - \mathcal{C}\,\mathcal{C}' = x.$$

Effectuant les opérations, on aura :

$$E\,\mathcal{C}' + \mathcal{C}'\,e + \mathcal{C}\,E' + \mathcal{C}\,e' - E\,E' - E\,e' - E'\,e - e\,e' - \mathcal{C}\,\mathcal{C}' = x.$$

Retranchant de cette équation l'équation (1), on aura :

$$\mathcal{C}'\,e + \mathcal{C}\,e' - E\,e - E'\,e - e\,e' = x.$$

Et comme E = Ɛ & E' = Ɛ', on aura :

— $e\,e' = x$. Donc la force restante est répulsive.

On parvient à concevoir, par cette application de l'analyse aux forces *électriques* qui exercent leur action, comment deux corps *électrisés* différemment s'attirent, & comment deux corps *électrisés* de la même manière se repoussent. Voyons ce qui arrivera en appliquant cette analyse à l'action *électrique* de deux corps, dont l'un soit à l'état naturel & l'autre *électrisé*, nous supposerons que ce soit de l'*électricité* Ɛ; on aura :

$$(E + e)\,\mathcal{C}' + \mathcal{C}\,E' - (E + e)\,E' - \mathcal{C}\,\mathcal{C}' = x.$$

Effectuant les opérations, on aura :

$$E\,\mathcal{C}' + \mathcal{C}'\,e + \mathcal{C}\,E' - E\,E' - E'\,e - \mathcal{C}\,\mathcal{C}' = x.$$

Retranchant de cette équation l'équation (1), on aura :

$\mathcal{C}'\,e - E'\,e = x$; & comme E' = Ɛ', on aura $x = o$.

Donc il ne doit y avoir ni attraction ni répulsion. Cependant les corps *électrisés* attirent les corps à l'état naturel. Cette réflexion fit soupçonner à Æpinus que les corps *électrisés* devoient exercer une influence sur les autres corps; il soumit ce soupçon à l'expérience, qui le confirma.

De l'influence électrique.

Si sur un cylindre métallique A B, *fig.* 759, supporté par un cylindre de verre C, enduit de gomme-laque, on place des petites boules de sureau *a a*, *bb*, *cc*, *dd*, *e e*, suspendues par des fils métalliques, & que l'on approche de ce cylindre une sphère S *électrisée*, on voit éclater toutes les boules s'écarter, excepté celles du milieu *e e*; ce qui prouve que les deux extrémités du cylindre sont *électrisées*. Retirant la sphère, les boules se rapprochent & l'*électricité* cesse. Il résulte de cette expérience que l'influence du corps *électrisé* S, *électrisé* réellement le corps A B à l'état naturel, & que cette *électrisation* n'existe qu'autant que la sphère *électrisée* S peut exercer son influence sur le cylindre.

En examinant avec un bâton de cire d'Es-

pagne contenant de l'*électricité* Ɛ, la nature de l'*électricité* du cylindre A B, *électrisé* par influence, on voit que l'extrémité B, la plus voisine du corps S, est *électrisée* d'une *électricité* contraire; que l'intensité de cette *électricité* diminue graduellement en s'approchant du centre; que là l'*électricité* est nulle, & qu'ensuite des indices d'une *électricité* semblable à celle du corps S se font apercevoir; enfin, que l'intensité de cette *électricité* augmente continuellement jusqu'à l'extrémité A, où elle est à son maximum.

Æpinus approcha de l'extrémité A un corps conducteur; alors il tira une étincelle, les deux petites boules *a a* se rapprochèrent, & cette extrémité ne donna plus d'indice d'*électricité* : retirant la sphère S, pour faire cesser l'influence, le cylindre A B se trouva *électrisé* d'une *électricité* différente de celle de la sphère. En effet, puisque l'extrémité A avoit acquis, par l'influence de la sphère *électrisée* S, une *électricité* de même nature, en touchant cette extrémité on lui retiroit cette *électricité* surabondante. Le cylindre contenoit donc alors de l'*électricité* contraire en surabondance, & en éloignant le corps *électrisé* qui exerçoit son influence, cette *électricité* surabondante devoit nécessairement devenir sensible.

Soumettant à l'influence d'un corps *électrisé*, des corps à l'état naturel, *électrisés* semblablement, ou *électrisés* différemment, on observe :

1°. Que le corps à l'état naturel paroît *électrisé* sur sa face en présence, d'une *électricité* différente, & sur sa face opposée, d'une *électricité* semblable.

2°. Que le corps *électrisé* d'une même *électricité* diminue d'intensité *électrique* sur sa face en présence, & augmente d'intensité sur sa face opposée; & selon la différence d'intensité *électrique* des deux corps & leur proximité, la face en présence peut présenter trois cas différens : elle peut être seulement diminuée d'intensité, elle peut avoir zéro d'*électricité*, elle peut être *électrisée* d'une *électricité* opposée.

3°. Si le corps est *électrisé* d'une *électricité* différente, la face en présence augmente l'intensité de son *électricité*, tandis que la face opposée diminue d'intensité; & selon l'intensité du corps influant & la proximité des deux corps, la face opposée peut être simplement diminuée d'intensité *électrique*, être à l'état naturel, ou être *électrisée* d'une *électricité* contraire.

Nous devons observer que l'influence *électrique* est exercée sur les deux corps à la fois, non-seulement lorsqu'ils sont *électrisés* tous les deux, mais lorsque l'un d'eux est à l'état naturel; ce qui fait varier les intensités des faces rapprochées & éloignées. Ainsi, dans le cas particulier d'un corps à l'état naturel en présence d'un corps *électrisé*, comme la face du corps à l'état naturel, la plus rapprochée du corps *électrisé*, devient, par l'influence, *électrisée* d'une *électricité* opposée, cette *électricité* exerce elle-même une influence sur le corps *électrisé*; elle augmente l'intensité *électrique* de la face la plus rapprochée, & elle diminue celle de la face la plus éloignée.

Lorsqu'un corps A, *fig.* 759 (*a*), à l'état naturel, est soumis à l'influence d'un corps *électrisé* B, & que l'on veut l'*électriser* d'une *électricité* différente, en le faisant toucher au réservoir commun, il est indifférent que l'on touche la face *a*, la plus rapprochée du corps *électrisé*, ou la face *b*, la plus éloignée, parce que l'influence *électrique* chassant l'*électricité* vers le réservoir commun, & attirant l'*électricité* opposée vers la face en présence, dès que l'on ôte la communication, le corps A doit nécessairement se trouver *électrisé* d'une *électricité* différente. *Voyez* DISTRIBUTION DU FLUIDE ÉLECTRIQUE.

Une foule d'instrumens *électriques* doivent les effets qu'ils produisent, à l'influence que l'*électricité* exerce. (*Voyez* ÉLECTROMÈTRE, ÉLECTROSCOPES, CONDENSATEUR, DOUBLEUR D'ÉLECTRICITÉ, ÉLECTROPHORE, BOUTEILLES DE LEYDE, BALANCES ÉLECTRIQUES, CARREAUX ÉLECTRIQUES, &c. &c.) Enfin, dans un grand nombre de circonstances, les attractions & répulsions *électriques* sont produites par l'influence *électrique*.

Ainsi, qu'une boule B, *fig.* 758 (*a*), à l'état naturel, soit suspendue par un fil de soie A B, & que cette boule se trouve entre une sphère S *électrisée* & un globe métallique R, communiquant au réservoir commun par un support C, nous avons vu par l'analyse appliquée à l'action *électrique*, que si la boule B restoit à l'état naturel, elle ne seroit attirée d'aucun côté, & conserveroit son état de repos. Mais l'*électricité* de la sphère exerçant son influence sur la boule B, l'*électricité* de celle-ci se décompose, la face la plus proche a une *électricité* différente, & la face la plus éloignée une *électricité* semblable. Ainsi, la boule B étant, à l'égard de la sphère S, comme un corps *électrisé* d'une *électricité* différente, est attirée jusqu'au contact, où elle s'*électrise* d'une *électricité* semblable, puis elle est repoussée. En s'éloignant de la sphère S, la boule B, *électrisée*, exerce son influence sur le globe R, à l'état naturel, l'*électrise* d'une *électricité* opposée, qui attire à son tour la boule B jusqu'au contact, où elle abandonne toute son *électricité*; alors elle retombe jusqu'à ce que le fil AB soit dans une position verticale, où la boule B est de nouveau influencée & attirée.

Cette action de l'influence, qui occasionne particulièrement l'attraction de la boule B à l'état naturel, doit être ajoutée à l'explication de l'attraction, que nous avons donnée précédemment, de la petite boule. *Voyez* ÉLECTRICITÉ (Attraction & répulsion de l'), CARILLON ÉLECTRIQUE, TOCSIN ÉLECTRIQUE, ARAIGNÉE ÉLECTRIQUE, BALANCE ÉLECTRIQUE, PLANISPHÈRE ÉLECTRIQUE, ÉCHEVEAUX DE FIL ÉLECTRIQUES, DANSEURS ÉLECTRIQUES, PANTINS ÉLECTRIQUES.

Action des pointes.

Un corps pointu, approché d'un corps *électrisé*, soutire son *électricité*, & son action est d'autant plus grande que la pointe est plus fine. L'*électricité*, quelle que soit sa nature, peut être dissipée, soit que l'on ait placé le corps pointu sur le corps *électrisé*, soit qu'on l'ait approché de ce corps. Dans le premier cas, l'*électricité* paroît s'écouler du conducteur dans l'air par la pointe; dans le second cas, la pointe paroît attirer, à travers la masse d'air, l'*électricité* accumulée sur le corps.

On a donné deux explications de l'action des pointes. Haüy, considérant tous les corps comme formés d'une infinité de pointes réunies, attribue la différence entre les effets des pointes & des corps plans, à l'action de l'influence que les pointes réunies ou séparées doivent exercer les unes sur les autres. Coulomb l'attribue à l'intensité du fluide *électrique* accumulé à l'extrémité des pointes. *Voyez* POUVOIR DES POINTES, PARATONNERRES.

Lois que suivent les attractions & les répulsions électriques, en raison des distances.

Nous devons à Coulomb la détermination de cette loi, qui avoit été tentée sans succès par les physiciens qui l'avoient précédé. Il a trouvé par des expériences exactes & extrêmement délicates, que nous allons rapporter, que les attractions & répulsions *électriques* suivent la loi de l'attraction universelle, & qu'elles sont en raison inverse des carrés des distances.

Après avoir suspendu à un fil extrêmement fin de sa balance, une aiguille de gomme-laque *a g*, *fig.* 690, à l'extrémité de laquelle étoit une petite boule de sureau *a* (*voyez* COULOMB (Balance de); ayant mis l'index du micromètre de torsion à zéro, & approché de la première une seconde boule *p*, Coulomb *électrisa* celle-ci; alors la petite boule *a* s'en éloigna d'une certaine quantité. Après avoir mesuré l'angle d'écartement, ce physicien tordit le fil de suspension, afin de rapprocher la boule à une distance qui fût la moitié, le quart de la première, puis il compara les angles de torsion des fils avec l'écartement des boules.

En opérant de cette manière, Coulomb trouva dans une de ses expériences, qu'après le contact, l'aiguille avoit décrit un angle de 36°; alors il tordit le fil de suspension en sens contraire de cette répulsion, de manière à rapprocher l'aiguille jusqu'à 18° de la boule fixe: il fallut pour cela tourner l'index du micromètre de 126°, lesquels, avec les 18° de répulsion de la boule, font 144 degrés de torsion. Enfin, il rapprocha l'aiguille jusqu'à ce que son écart ne fût plus que

8° ½ ; lorfqu'il y fut parvenu , la marche totale de l'index du micromètre, compté depuis le zéro de la divifion, fe trouva être de 567, plus les 8° ½ d'écartement de la boule = 575° ½.

Comparant les degrés d'écartement, on trouve qu'ils font entr'eux comme 36 : 18,8 ½ fenfiblement comme 1 : ½ : ⅓ ; les forces de torfion font comme les nombres 36 : 144 : 575 ½, fenfiblement comme les nombres 1 : 4 : 16 : d'où il fuit que les forces de torfion qui correfpondent aux forces de répulfion, font en raifon inverfe des carrés des diftances.

Pour s'affurer que les diftances rectilignes des boules, mefurées par la corde, n'influent pas fenfiblement fur la loi qui a été trouvée pour la mefure des angles, parce que l'obliquité eft fort petite dans les expériences que nous avons citées, Biot (1) a foumis au calcul les réfultats obtenus, en fubftituant les cordes aux angles, & il n'a trouvé aucune différence fenfible dans la loi trouvée par Coulomb.

Ne pouvant mefurer, avec la balance de Coulomb, que les forces répulfives, il fembleroit qu'il feroit naturel de conclure la loi des attractions de celle des répulfions, en confidérant l'équilibre de deux corps, dont chacun n'a que fon fluide naturel. Comme les quantités d'électricité E, qui font partie du fluide naturel, font toujours proportionnelles aux quantités d'électricité C, dès que les répulfions mutuelles des deux fluides de la même efpèce fe font en raifon inverfe du carré de la diftance, il paroît certain que les attractions fuivent la même loi, fans quoi il n'y auroit pas d'équilibre.

Quelle que foit la folidité de ce raifonnement, Coulomb a voulu en appeler à l'expérience; pour cela il a fufpendu horizontalement à un fil de foie de fept à huit pouces de long & d'un feul brin, une aiguille de gomme-laque, *a b; fig. 760*, de quinze à feize lignes de longueur. A l'une de fes extrémités *a* étoit un petit cercle de papier doré *électrifé*. Plaçant à une diftance déterminée du centre du cercle de papier, le centre d'un globe G *électrifé* d'une *électricité* contraire, dérangeant un peu l'aiguille de la direction CG, elle ofcille avec une vitefle qui varie avec la diftance. Il compta la durée de quinze ofcillations en plaçant le centre du globe à des diftances différentes du cercle de papier; & il trouva :

DISTANCE du centre du cercle de papier au centre du globe, en pouces.	DURÉE de quinze ofcillations.
9	21″
18	41
24	60

(1) *Traité de Phyfique expérimentale & de Mathématique*, tome II, page 228.

Les expériences & l'analyfe appliquées aux forces accélératrices s'accordent à donner ce réfultat, que les forces font, en raifon des efpaces, divifées par le carré des temps. Comme les étendues des ofcillations font fort petites & qu'elles ont peu de différence entr'elles, elles peuvent être confidérées comme étant égales; &, dans ce cas, les forces attractives feroient en raifon inverfe du carré des temps; mais dans les deux premiers réfultats, les diftances 9 & 18 font fenfiblement comme les temps 20,41. Pour que, dans le troifième, le même rapport exiftât, il faudroit que la durée ne fût que de 54″ au lieu de 60; mais cette expérience avoit été faite quatre minutes après la première, & conféquemment avec une *électricité* beaucoup plus foible : faifant la correction exigée pour la diminution de l'intenfité *électrique* qui, ce jour-là, étoit de 1/40 par minute, on trouve un rapport affez exact entre les diftances & les temps. Mettant donc dans la formule des forces accélératrices les diftances à la place des temps, on trouve que les forces accélératrices font en raifon inverfe du carré des diftances.

De cette loi des attractions & des répulfions *électriques*, on déduit ce réfultat affez remarquable : c'eft que l'*électricité* ajoutée à un corps à l'état naturel, de quelque nature qu'elle foit, eft rejetée à la furface des corps, où elle n'eft retenue que par la preffion de l'air : dans le vide, elle fort & fe répand de toutes parts.

Pour s'affurer de cette vérité, que l'on fufpende un corps S, *fig. 761*, à un fil de foie enduit de gomme-laque; que l'on *électrife* ce corps, que l'on pofe deffus deux calottes *a b, a' b'*, formées de matières conductrices & fupportées par deux tiges de verre A, B; dès que ces calottes enveloppent & touchent toutes les parties du corps S, elles lui enlèvent toute fon *électricité*; les retirant enfuite, elles manifeftent l'*électricité* qu'elles ont prife, & le corps S n'en donne plus d'indices, même à l'électrofcope le plus fenfible.

C'eft encore à cette loi des attractions & des répulfions *électriques* qu'eft due la diftribution de l'*électricité* fur la furface des corps. *Voyez* DISTRIBUTION DE L'ÉLECTRICITÉ.

Des effets de l'électricité accumulée.

Nous avons vu que l'*électricité* ajoutée à l'*électricité* naturelle d'un corps fe portoit à la furface, & qu'elle étoit retenue par la preffion de l'air extérieur; elle refte fur cette furface & elle peut y être accumulée jufqu'à ce que l'effort qu'elle fait pour s'échapper foit affez grand pour vaincre la preffion de l'air; alors l'*électricité*, en fe dégageant, peut produire différens effets, parmi lefquels nous diftinguerons ici : 1°. la lumière; 2°. la défunion, la rupture des parties qu'elles traverfent; 3°. l'inflammation qu'elle occafionne; 4°. la fufion de plufieurs corps, & 5°. leur vaporifation.

1°. Il y a *production de lumière* toutes les fois que

l'on approche d'un corps *électrisé* un autre corps à l'état naturel ou *électrisé* d'une *électricité* contraire. L'approche de ce corps fait agir les influences *électriques*; l'*électricité* s'accumule sur la face du corps *électrisé* le plus voisin de celui que l'on approche; son effort augmente jusqu'à ce qu'elle soit assez grande pour vaincre la résistance de l'air; alors l'*électricité* traverse l'air & se porte en masse sur le corps approché: c'est ce mouvement vif & prompt de l'*électricité* qui produit la lumière que l'on aperçoit.

La couleur de la lumière *électrique* varie, soit par la nature & la densité du milieu que l'*électricité* traverse, soit par la nature du corps avec lequel on soutire l'*électricité*.

Que dans un récipient A B, *fig.* 762, posé sur le plateau d'une machine pneumatique G H, on place une tige C D terminée à ses extrémités par deux boules C, D; que sur le plateau de la machine & dans l'intérieur du récipient soit placée une boule F, à une petite distance de la boule D. En faisant communiquer la tige C avec une machine *électrique*, afin de faire passer de l'*électricité* à travers l'air qui sépare les boules D, F, la lumière des étincelles est d'abord très-blanche; mais si l'on fait mouvoir la pompe pour raréfier l'air du récipient, on voit la blancheur s'affoiblir, s'altérer & enfin se changer en une teinte violacée lorsque l'air est très-raréfié.

Dans le vide d'un baromètre ABCDE, *fig.* 762 (a), la lumière est verdâtre lorsque l'*électricité* est transmise de la colonne A B à la colonne D E, en traversant le vide B C D.

Sous une pression ordinaire de l'air atmosphérique, l'*électricité* accumulée sur un conducteur métallique produit une lumière blanche lorsqu'elle est soutirée par une sphère de métal: elle devient violacée si l'étincelle est retirée avec la main; elle est rouge si l'explosion est produite par de l'eau, de la glace ou une plante humide; enfin, entre les mêmes conducteurs métalliques, sa teinte peut varier depuis le blanc le plus éclatant jusqu'au violet le plus tendre, selon la distance à laquelle l'*électricité* est transmise.

Une tige métallique, terminée par une pointe fine, fixée sur le conducteur d'une machine disposée à donner de l'*électricité* E, produit de la lumière dont la couleur varie avec la proximité d'une sphère métallique qui soutire l'*électricité*. Lorsque la surface de la sphère est très-voisine de la pointe, les étincelles sont d'un blanc éblouissant; cette blancheur s'affoiblit & passe au rouge à mesure que l'on éloigne la sphère; enfin, à une grande distance, la couleur des aigrettes est foible & violacée.

On peut représenter, à l'aide d'explosion *électrique* continuée, de l'écriture & des desseins lumineux plus ou moins agréables. Il suffit de fixer sur du verre, sur des carreaux, sur des tubes, sur des matras, &c., des fragmens de feuilles métalliques qui aient des solutions de continuité, de les placer de manière que l'*électricité* parcoure tous les contours, en passant d'une extrémité à une autre, du verre sur lequel les fragmens sont fixés; enfin, de les disposer de façon que les solutions de continuité forment l'écriture ou les desseins que l'on veut obtenir. L'*électricité*, en passant sur les contours de fragmens métalliques, devient lumineuse à chaque solution de continuité, & produit ainsi des effets lumineux très-variés. (*Voyez* TABLEAUX LUMINEUX ÉLECTRIQUES, TUBE PHOSPHORIQUE, TABLEAU D'AVANTURINE, TUBE LUMINEUX, ÉPÉE FLAMBOYANTE, &c.) On peut également produire un spectacle lumineux très-varié en disposant convenablement des arêtes, des pointes dans un corps métallique communiquant à un corps *électrisé*. C'est ainsi qu'à l'aide d'une chaîne dont les anneaux sont anguleux, on imite assez bien une chenille lumineuse, & qu'avec des tringles métalliques qui ont des arêtes à une extrémité, on représente des insectes lumineux. *Voyez* MOUCHE ÉLECTRIQUE, PAPILLON ÉLECTRIQUE, COULEURS ÉLECTRIQUES.

2°. La *désunion*, la *rupture* des corps s'obtient en faisant passer une grande masse de fluide *électrique* à travers les corps que l'on veut briser. Pour cela on pose le corps C, *fig.* 763, que l'on veut briser, sur le support A d'un excitateur universel; on place aux deux extrémités les pointes B, B' de deux tringles isolées B D', B'D; un des anneaux D ou D' communique, par une verge métallique, à l'armure inférieure d'une forte batterie *électrique*. A l'aide d'une chaîne fixée à l'anneau de l'autre tige & d'une boule métallique attachée à cette chaîne, on touche l'armure intérieure de la batterie fortement chargée, & tout le fluide accumulé dans la batterie passe à travers le corps C & le brise. Si c'est un morceau de bois, on fait entrer les pointes dans l'intérieur; si c'est du verre, on pose simplement les pointes sur le milieu de l'épaisseur du morceau que l'on veut briser.

En plaçant les extrémités des deux conducteurs B, B' *fig.* 763 (a), sur les deux faces C C', F F' d'un carton où d'un grand nombre de feuilles de papier réunies, & déchargeant également une batterie *électrique* à travers, l'*électricité* perce le carton ou le papier; mais ce que cette expérience présente de remarquable, c'est que l'on voit des bavures, des bourrelets des deux côtés du carton ou du papier, comme s'il se fût établi deux courans *électriques* dans deux directions différentes. Si la masse de papier est divisée en plusieurs cahiers, il se forme des bourrelets à chaque division.

Quelques physiciens présument que ces bourrelets formés des deux côtés sont occasionnés par l'action répulsive de l'*électricité*, qui force les filamens du carton à se porter, des deux côtés, en dehors du trou qui s'est formé par le passage de l'*électricité*; d'autres, au contraire, les attribuent à deux courans opposés de deux *électricités* différentes.

Une expérience assez curieuse sur la direction du fluide *électrique* qui passe à travers une carte, est celle-ci : ayant posé une pointe émoussée B, B', *fig.* 764, de chaque côté d'un morceau de carton, de manière que l'une soit au-dessus de l'autre ; si l'on fait communiquer l'une B D avec l'intérieur d'une bouteille de Leyde chargée de l'*électricité* E, & l'autre B' D' avec l'extérieur de la bouteille chargée de l'*électricité* C, on voit à chaque décharge de la bouteille une lumière *électrique* se porter, de la pointe B qui communique à l'*électricité* E, vers la pointe B' qui communique à l'*électricité* C, & là, percer le carton pour se porter sur la pointe.

Tremery ayant mis cet appareil sous le récipient d'une machine pneumatique, remarqua que, dans l'air raréfié, la carte n'étoit plus percée vis-à-vis la pointe communiquant à l'*électricité* C, & que le trou se rapprochoit de la pointe correspondante à l'*électricité* E, à mesure que la densité de l'air devenoit moindre.

3°. Non-seulement une forte détonation *électrique* produit de la lumière, mais cette lumière a, comme celle qui provient des corps embrasés, la propriété d'enflammer les corps combustibles ; cependant elle ne paroît pas, comme cette dernière, être accompagnée de chaleur, puisqu'un thermomètre très-sensible, placé dans un fort courant *électrique*, ne donne aucun signe d'augmentation de température.

Si, par une solution de continuité de deux corps métalliques, on fait produire une étincelle *électrique* dans un mélange de gaz hydrogène & oxigène, ces deux gaz s'enflamment & produisent une détonation, dont la force dépend de la quantité des gaz réunis, de leur proportion & de leur pureté. *Voyez* EAU, COMPOSITION DE L'EAU, CANON ÉLECTRIQUE, PISTOLET DE VOLTA.

Faisant passer une étincelle *électrique* à travers la fumée & près de la mèche d'une bougie fraîchement éteinte, celle-ci s'allume aussitôt.

De l'alcool placé dans une capsule métallique, & fortement *électrisé*, s'enflamme en approchant de sa surface un corps à l'état naturel, qui en tire des étincelles *électriques*.

On allume du coton en le plaçant à l'extrémité d'un conducteur métallique. Saupoudrant le coton de résine réduite en poudre très-fine, plaçant une extrémité du conducteur sur l'armure extérieure d'une bouteille de Leyde, & approchant le coton du bouton qui communique à l'armure intérieure, on décharge la bouteille & l'on enflamme la résine & le coton.

Il est facile d'apercevoir que, dans la première expérience, c'est un gaz, & dans les trois dernières, c'est une vapeur inflammable qui a été allumée. La fumée, dans la seconde, provient principalement de la vaporisation de la cire ; l'al-

cool, dans la troisième, est d'abord vaporisé par l'action *électrique*, & sa vapeur est enflammée par l'étincelle ; enfin, dans la quatrième, c'est la résine repoussée du coton en forme de vapeur, qui s'enflamme & qui communique son inflammation au coton.

Rapportons quelques exemples d'inflammation sans gazéification ni vaporisation préalable. De l'amadou placé à l'extrémité d'un corps conducteur communiquant au réservoir commun, approché de l'armure intérieure d'une jarre fortement chargée d'*électricité*, détermine un écoulement *électrique* qui enflamme l'amadou sans commotion. Avec deux conducteurs fixés dans une cartouche, de manière qu'il puisse se produire une étincelle *électrique* à travers la poudre qui les sépare, on peut enflammer cette poudre en déchargeant entre les conducteurs une forte batterie *électrique*.

4°. La *fusion métallique* s'obtient, en faisant passer la décharge d'une forte batterie à travers des fils métalliques très-fins. On trouve, dans le premier volume du *Journal de Physique*, année 1787, page 433, des expériences faites en présence de Guyton de Morveau, Sage, le duc de Chaulnes, Lametherie, que nous croyons devoir rapporter ici. La batterie avec laquelle ces expériences ont été faites, avoit 100 pieds de surface.

(*a*) Un fil de fer, n°. 6, de sept pieds de longueur, a été fondu, & l'on eût pu en fondre une longueur plus considérable. Lorsque l'intensité *électrique* est peu forte, le métal s'oxide foiblement ; si elle est plus forte, le métal rougit & s'oxide ; si elle est plus forte encore, il se fond, tombe en globules d'oxide noir de fer ; enfin, si l'étincelle est plus forte, il se volatilise.

Ce qui arrive ici pour le fer, en variant les degrés d'intensité de l'*électricité*, a lieu également pour les autres métaux.

(*b*) Un fil d'argent, n°. 10, d'un pied de longueur, s'oxide, rougit, fond & tombe en petits globules, lorsque les batteries ne sont que médiocrement chargées.

(*c*) Un fil d'or, de la même grosseur & de quatre pouces de longueur, s'oxide, rougit, fond & tombe en globules lorsque la charge n'est pas forte.

(*d*) Une petite lame de platine très-mince, de dix lignes de longueur & de deux tiers de ligne d'épaisseur, fut fondue à une foible charge.

(*e*) Le cuivre, l'étain, le zinc, le plomb, produisent le même effet, c'est-à-dire, sont également fondus avec une foible charge d'*électricité*.

Ayant répété les expériences de la fusion du fer, sous le récipient d'une machine pneumatique, que l'on a vidée d'air & que l'on a remplie de gaz hydrogène, acide carbonique, nitreux, &c., le fil de fer a été également oxidulé, rougi & fondu ; enfin, on a obtenu les mêmes résultats dans le vide fait à deux lignes de la colonne de mercure, c'est-à-dire, ne contenant que $\frac{1}{162}$ d'air.

On peut fondre, dans l'air, cinq pouces de fil de fer, n°. 12, avec une batterie de douze pieds carrés de surface, fortement chargée.

Knigt, ayant suspendu un poids d'une livre à un morceau de fil de laiton de vingt-quatre pieds de longueur, & ayant fait passer à travers une forte décharge d'une batterie *électrique* de trente-six pieds de surface, le fil rougit; s'alongea de plus d'un pouce, & parut parfaitement recuit; une plus forte décharge le fondit au milieu & l'alongea de plus de quatre pouces.

En fondant un fil métallique très-fin, par la décharge d'une forte batterie *électrique*, il arrive souvent, lorsque la fusion est très-prompte & le fil très-long, que la batterie n'est pas entièrement déchargée : on observe également, en essayant de décharger une forte batterie par le simple contact d'un fil métallique, dont on frappe instantanément sa surface, que si le fil est gros, la décharge s'opère complétement par un seul contact; mais que s'il est très-fin, il faut quelquefois jusqu'à cinq ou six contacts pour épuiser toute l'*électricité*. Ces expériences prouvent que l'*électricité* éprouve de la difficulté & de la résistance à passer à travers un fil très-fin, & que la fusion que l'on observe peut provenir de l'action exercée par l'*électricité* sur les molécules des corps; en vertu de laquelle elle tend à les écarter d'une part & à les comprimer de l'autre; dans cette compression, les corps s'échauffent, l'oxigène de l'air s'y combine plus facilement & augmente la température par cette combinaison; enfin, la température est tellement élevée par cette double action, que le fil rougit & se fond.

Un fil de métal, enveloppant un fil de chanvre ou de lin, peut être fondu & même vaporisé sans que le chanvre ou le lin en soient endommagés. On cite des lames d'épée fondues dans leurs fourreaux, des pièces d'argent dans un sac, sans que les fourreaux ni le sac aient été brûlés. On rapporte que des cordons de sonnettes, accompagnés d'une corde, ont été fondus, & que la corde est restée intacte; ce qui a fait croire à plusieurs physiciens qu'il y avoit des fusions *électriques* froides. Cependant le docteur Knigt, ayant fondu un morceau de fil de laiton, environné de plumes d'oie, chargées de quelques grains de poudre à canon, ils s'enflammèrent aussi aisément que si on les eût touchées avec un fer rouge (1).

5°. Nous avons vu que le passage de l'*électricité* à travers l'alcool, la résine la vaporisoit. Cette vaporisation d'un liquide se prouve directement, en faisant passer une forte décharge *électrique* à travers une masse d'eau; ce liquide est soulevé à une très-grande hauteur, & une portion est disséminée dans l'air. La vaporisation des liquides se prouve plus directement encore dans l'expérience suivante :

(1) *Histoire de l'Électricité* de Priestley, tome II, p. 178.

Ayez un petit mortier d'ivoire, *fig.* 27, dans la chambre duquel pénètrent deux conducteurs *électriques* qui aient une solution de continuité entr'eux; remplissez cette chambre d'un fluide, placez par-dessus un bille, & déchargez une jarre *électrique* entre les deux conducteurs; la vaporisation subite du liquide lance la bille à une grande distance. *Voyez* BOMBE ÉLECTRIQUE.

On peut également vaporiser des fils & des feuilles métalliques, en employant une intensité *électrique* plus forte que celle avec laquelle on les a fondus, ou en faisant agir la même quantité d'*électricité* sur des fils moins longs. C'est ce qui est arrivé dans les expériences que nous avons rapportées sur la fusion des métaux par l'*électricité*.

(a) Lorsque les batteries sont bien chargées, & que le fil de fer n'est pas fort long, il se volatilise en flocons jaunâtres, très-légers, nullement attirables à l'aimant; enfin, c'est un oxide au maximum.

(b) Un fil d'argent est oxidé & vaporisé en fumée blanche; la couleur de l'étincelle est d'un blanc-bleuâtre; la détonation est très-bruyante.

(c) Si les batteries sont très-chargées, l'or est oxidé & se dissipe en fumée d'un jaune purpurin; & si l'on enveloppe le fil d'un papier, il est coloré en pourpre. La détonation est extrêmement forte; la couleur de la flamme est d'un rouge-orangé.

(d) Une petite lame de platine, soumise à une forte décharge *électrique*, a été dissipée en fumée; la détonation a été très-vive & la couleur de l'étincelle d'un blanc-bleuâtre.

(e) La détonation du cuivre est assez vive; la couleur de l'étincelle est d'un blanc-verdâtre.

(f) Une petite lame d'étain a été également réduite en fumée blanche; la détonation moins vive que pour le cuivre; la couleur de l'étincelle est blanche.

(g) Le zinc se comporte à peu près comme l'étain.

Plaçant un papier découpé entre une feuille d'or & un morceau de taffetas, mettant le tout entre deux feuilles d'étain recouvertes d'un carton, & les comprimant fortement, si l'on fait passer à travers les feuilles d'étain, la décharge d'une batterie *électrique*, assez forte pour oxider, fondre & volatiser l'or, l'oxide de ce métal, qui passe à travers la découpure du papier, s'imprime sur le taffetas, & représente un dessin tout-à-fait semblable à celui de la découpure : c'est ainsi que l'on imprime des portraits & tout autre dessin, par le moyen de l'*électricité*. *Voyez* PORTRAITS ÉLECTRIQUES.

Analogie de l'électricité & de la foudre.

Sur un des bastions du château de Duino, situé dans le Frioul, au bord de la mer Adriatique, il y a, de temps immémorial, une pique de fer placée verticalement la pointe en haut : dans l'été, lorsque le temps paroît tourner à l'orage, le soldat

qui

qui monte la garde en cet endroit, examine le fer de cette pique, en lui préfentant de près le fer d'une hallebarde qui eft toujours là pour cette épreuve ; & quand il s'aperçoit que celui de la pique étincelle beaucoup, ou qu'il y a à fa pointe une petite gerbe en feu, il fonne une cloche qui eft auprès de lui pour avertir les gens de la campagne, ou les pêcheurs qui font en mer, qu'ils font menacés de mauvais temps.

Cette pratique extrêmement ancienne, ainfi que l'obfervation des feux Saint-Elme, à l'extrémité des flèches & des mâts des vaiffeaux, pourroient être regardées comme les premières obfervations faites fur l'analogie entre la matière de la foudre & l'électricité ; mais il y avoit encore loin de ces premières obfervations aux autres faits qui devoient prouver cette analogie.

Francklin fut un des premiers qui chercha à faire ufage de l'action des pointes fur l'électricité, pour foutirer la matière du tonnerre & la comparer à la matière électrique. Dalibard & Delor furent les deux premiers phyficiens qui foutirèrent l'électricité des nuages, à l'aide de barres métalliques pointues. Buffon, Lemonnier, Canton, Mazéas, Wilfon Bevis, Richmann, les imitèrent bientôt ; mais ce dernier devint la victime de fon zèle pour la fcience. Canton avoit adapté à fon conducteur électrique un carillon qui l'avertiffoit de fon électrifation (1). Francklin, & enfuite Roemer, lancèrent des cerfs-volans avec lefquels ils foutirèrent la foudre. *Voyez* CERF-VOLANT ÉLECTRIQUE, POUVOIR DES POINTES, PARATONNERRES.

Dès que l'on put foutirer la matière de la foudre, on put la comparer avec la matière électrique, & l'on trouva, entre les deux effets, cette analogie.

1°. Les explofions de la foudre & d'une forte décharge électrique répandent une odeur particulière qui approche beaucoup de celle du foufre, mais qui eft la même pour la foudre & pour l'électricité.

2°. Elles produifent également des éclairs vifs & brillans, lorfque de grandes maffes paffent à travers l'air ; lorfqu'on les foutire des corps conducteurs, fur lefquels elles font accumulées, elles produifent des aigrettes lumineufes à l'extrémité des pointes.

3°. La matière du tonnerre, & le fluide électrique font également foutirés par les pointes.

4°. Les corps métalliques, l'eau, le verre, la réfine & tous les autres corps qui conduifent ou ifolent le fluide électrique, conduifent & ifolent de même la matière du tonnerre.

5°. Ces deux fubftances produifent également des commotions plus ou moins fortes, & cela en raifon de la quantité accumulée, & qui paffent fubitement à travers une partie des individus ou des animaux. *Voyez* COMMOTION.

6°. Elles tuent l'une & l'autre les animaux.

7°. Elles fondent les métaux.

8°. Le tonnerre & l'électricité brifent, déchirent les corps, lancent leurs fragmens à une grande diftance, embrafent les corps combuftible.

9°. Une forte décharge électrique & un coup de tonnerre aimantent l'acier.

10°. La matière retirée du tonnerre & celle de l'électricité exercent l'une fur l'autre les mêmes influences que le fluide électrique fur lui-même. Les corps contenant la matière du tonnerre s'attirent ou fe repouffent felon la nature T ou τ de la matière du tonnerre qu'ils contiennent, & ils font attirés ou repouffés également par la matière électrique. L'électricité E repouffe la matière T & attire la matière τ. L'électricité ℰ attire la matière T & repouffe la matière τ.

En général, tous les phénomènes obtenus par le fluide électrique s'obtiennent également par la matière du tonnerre, & les phénomènes obtenus par les deux fubftances féparées ont également lieu avec les deux fubftances réunies ; & cela felon leur nature. Ces réfultats font abfolument les mêmes que ceux qui auroient été produits par le mélange de deux fluides électriques ou de deux matières du tonnerre.

Hiftoire de l'électricité.

Thalès paroît être le premier philofophe qui nous ait fait connoître la propriété qu'a l'ambre jaune, frotté, d'attirer les corps légers, & c'eft du nom ηλεκτρον que portoit le fuccin, qu'a été donné celui d'électricité à la vertu que ce corps poffédoit.

Avant le 16ᵉ fiècle on ne connoiffoit d'autre propriété électrique que cette puiffance attractive exercée par l'ambre & le jayet frottés, lorfqu'on leur préfente des pailles ; mais Gilbert s'affura bientôt que le diamant, le faphir, le rubis, le verre, le foufre, la gomme-laque, enfin toutes les matières réfineufes, partageoient les mêmes propriétés.

Un fimple tube de verre étoit l'inftrument dont Gilbert fe fervoit pour faire fes expériences ; Otto de Guerike y fubftitua un globe de verre que l'on faifoit tourner pendant que l'on appuyoit les mains deffus. Cette machine lui fit apercevoir de nouveaux phénomènes ; il découvrit les répulfions électriques ; le bruit & la lumière que produit le fluide électrique en s'échappant du corps électrifé.

Boyle reconnut que l'ambre électrifé exerçoit fon action fur les corps légers, dans le vide comme dans l'air ; que l'attraction des corps électrifés ou non électrifés étoit mutuelle & réciproque ; enfin, que le diamant frotté répandoit de la lumière dans l'obfcurité.

(1) *Hiftoire de l'Électricité*, par Prieftley, tom. II, page 179.

Dict. de Phyf. Tome III.   I

Watt a obtenu des lumières *électriques* assez considérables en frottant doucement de gros morceaux d'ambre, de jayet, de cire à cacheter, sur un morceau de laine. Le bruit qui accompagnoit cette lumière lui fit établir une sorte d'analogie entre ces phénomènes & ceux de la foudre.

Hawksbée observa avec plus de soin la force *électrique* du verre, multiplia les machines *électriques* à globe, remarqua la lumière *électrique* dans le vide pneumatique, & celle qui a lieu dans le vide du baromètre; enfin, l'action de l'*électricité* sur la peau, qu'il compare à l'effet des toiles d'araignées.

Gray & Wheller découvrirent la propriété qu'ont les corps de conduire le fluide *électrique* à une grande distance, ou de le retenir. Gray remarqua le premier qu'un enfant placé sur un gâteau de résine, recevoit de l'*électricité* par communication & répandoit de la lumière dans l'obscurité.

Desaglier a distingué les corps en *conducteurs* qui s'*électrisent* par communication & en *électriques par eux-mêmes*, dans lesquelles l'*électricité* se développe par le frottement. Ce physicien français, retiré en Angleterre, découvrit le premier que l'air sec n'est point propre à conduire l'*électricité*.

Dufay annonça l'existence de deux *électricités*, l'une qu'il appelle *vitrée* & l'autre *résineuse*. Il augmenta considérablement le nombre des corps qui manifestent de l'*électricité* par le frottement.

Pendant que Hausen & Winkler à Leipsick, Bose à Wittemberg, Gordon à Arford, introduisoient les machines *électriques* à globe & augmentoient leurs effets; Winkler échauffoit de l'eau-de-vie par des étincelles *électriques*; Ludof, à Berlin, enflammoit de l'alcool; Grolatz, à Dantzick, allumoit une chandelle fraîchement éteinte; Bose enflammoit la poudre à canon; Ludof prouvoit que la lumière barométrique étoit due à l'*électricité*; Grummer faisoit des expériences sur la lumière produite par l'*électricité*, en traversant de longs tubes de verre vides d'air; Waitz cherchoit à ordonner les phénomènes *électriques* pour en déduire les lois.

Cuneus produisit une grande révolution en découvrant par hasard les effets de la bouteille de Leyde; Wilson dirigea la commotion sur des parties séparées & distinctes du corps; Bewis & Watson simplifièrent la bouteille de Leyde en couvrant les surfaces intérieures & extérieures avec des feuilles d'étain ou d'argent; ils augmentèrent ses effets en armant de grandes jarres.

Bewis & Watson s'assurèrent que deux corps frottés s'*électrisoient* différemment, le premier en isolant deux hommes, dont l'un frottoit le globe, tandis que l'autre, servant de conducteur, touchoit le globe *électrisé*. Tous deux donnèrent des étincelles; mais le craquement étoit plus fort lorsqu'ils se touchoient tous deux, que lorsqu'ils touchoient des personnes communiquant au réservoir commun; Watson découvrit en outre l'in-

fluence de l'*électricité* sur la transpiration & l'écoulement des liquides dans des tubes capillaires.

Francklin, animé par le désir d'expliquer le phénomène de la bouteille de Leyde, imagina le système de l'*électricité* positive & négative. Voulant vérifier les soupçons vagues d'une espèce d'analogie que quelques physiciens avoient dit exister entre l'*électricité* & la foudre, il alla chercher, à l'aide des pointes & cerfs-volans, la matière du tonnerre dans les nuages, avec Dalibard, Delor, Buffon, Lemonnier, Canton, Mazéas, Wilson, Bewis, Richmann, Roemer, &c., & la compara à l'*électricité*, avec laquelle il trouva une parfaite analogie. Richmann fut la première victime de ces expériences dangereuses.

Canton en Angleterre, Beccaria en Italie, cherchèrent à déterminer, à l'aide de ces nouveaux instrumens, les différentes *électricités* qui existoient dans l'air, & les circonstances dans lesquelles elles se manifestoient.

Æpinus, voulant appliquer l'analyse à l'hypothèse des fluides *électriques* positif & négatif de Francklin, découvrit l'influence *électrique* à l'aide de laquelle on parvient à expliquer une foule de phénomènes qui seroient encore sans explication. Cet habile physicien trouva le moyen de développer l'*électricité* de la tourmaline par la chaleur, & donna une explication satisfaisante des phénomènes que présente cette pierre singulière. Canton, Wilson, Haüy, reconnurent par la suite que plusieurs minéraux cristallisés, tels que le topaze du Brésil, le rubis, le carbonate de zinc, le borate de magnésie, jouissoient des mêmes propriétés. Enfin, Canton imagina les électromètres à boules.

Symmer substitua à la théorie de l'*électricité* positive & négative de Francklin, celle des deux *électricités* vitrée & résineuse de Dufay. Plusieurs expériences de Cigna fortifièrent la théorie de Symmer.

Henley, Lanes, Cavallo, Bonnet, avoient imaginé des électromètres très-sensibles. Coulomb les remplaça par sa balance, & parvint, avec ce nouvel instrument, à mesurer numériquement les forces *électriques* & à déterminer la loi des attractions & des répulsions *électriques*; il démontra & prouva ensuite, par l'expérience, que tout le fluide *électrique* que les corps contiennent de plus que l'état naturel, sort de l'intérieur des corps & se porte à la surface, où il n'est retenu que par l'action de l'air atmosphérique; enfin, il détermina, par l'expérience, la loi de la distribution du fluide *électrique* sur la surface d'un grand nombre de corps.

Wallis a reconnu, dans l'île de Ré, l'*électricité* de la torpille, qu'il a trouvée ensuite exister dans l'anguille de Surinam & dans plusieurs autres poissons.

Dufay, Wilke, Lavoisier, Laplace, Saussure, Read, Hassenfratz, ont prouvé, par des expériences, que les corps, en changeant d'état, produisoient de l'*électricité*.

Sulzer, Cotugno, Galvani, Volta, ont découvert le développement de l'*électricité* par le simple contact de deux substances différentes.

Volta a imaginé la pile galvanique, ou l'électromoteur, avec lequel Berzélius, Hysinger, Cruikshank, Ritter, Nicholson, Wollaston, ont décomposé l'eau.

Van-Marum a obtenu le même résultat avec une machine *électrique*.

Gautherot, Davy, Gay-Lussac, Thenard, ont décomposé les alcalis avec l'*électricité*, & cette matière a été appliquée à un grand nombre de substances, & a été placée parmi les agens chimiques.

Pepys, Van-Marum, ont brûlé, avec l'*électricité* de l'électromoteur, des fils métalliques avec autant de facilité que s'ils eussent employé des batteries considérables.

Enfin, Ermann a trouvé qu'il existoit des corps qui ne conduisoient qu'une espèce d'*électricité*.

Tel est l'historique de cette branche de la physique, qui nous fait connoître la cause d'un grand nombre de phénomènes qui étoient inconnus aux philosophes qui nous ont précédés.

Théorie de l'électricité.

Pendant tout le temps que les phénomènes *électriques* étoient réduits à l'attraction & à la répulsion des corps, il suffisoit que les théories pussent expliquer ces deux phénomènes. Platon attribuoit la propriété de l'ambre frotté, à l'impulsion d'un fluide invisible qui chassoit l'air dans son mouvement rétrograde, & entraînoit les corps légers qu'il rencontroit sur sa route. Epicure pensoit que l'attraction de l'ambre étoit due à l'accrochement des atomes qui en émanoient par le frottement, & à l'impulsion de l'air. Les philosophes qui leur ont succédé, ont supposé qu'une substance onctueuse, sortant des corps frottés, s'attachoit à tous les corps légers, & les entraînoit, avec eux, en rentrant & en sortant des corps. Gilbert, Digby, Boyle, ont partagé cette opinion.

Newton, dans la trente-unième question du troisième livre de son *Traité d'optique*, considère l'attraction & la répulsion *électriques* comme des phénomènes analogues à ceux de la gravitation universelle.

Dufay, après avoir reconnu qu'il existoit deux *électricités* différentes (1), l'une que l'on obtient en frottant du verre sur de la laine, & qu'il appelle *électricité vitrée*, l'autre que l'on obtient en frottant de la cire à cacheter sur de la laine, & qu'il appelle *électricité résineuse*, & que ces deux *électricités* jouissoient de cette propriété, que les

électricités semblables se repoussoient, tandis que les *électricités* différentes s'attiroient, explique les phénomènes qu'elles présentent, en supposant que, par le frottement ou par la communication, il se formoit un tourbillon autour du corps *électrisé*; qu'un corps à l'état naturel, placé dans le tourbillon, étoit attiré par le corps *électrisé* jusqu'au contact, qu'alors il s'*électrisoit* de la même manière; que deux corps *électrisés* de la même *électricité* sont environnés de tourbillons qui se repoussent, tandis que les tourbillons de deux *électricités* différentes s'attirent. Enfin, Dufay explique par ces deux *électricités* & les tourbillons qu'elles forment autour des corps, les attractions, les répulsions & les étincelles *électriques*, les seuls phénomènes connus de son temps.

Hauksbée regarde l'air comme la principale cause des phénomènes *électriques*; Jallabert les attribue à un fluide particulier, une espèce d'éther qui a beaucoup de rapport avec le feu. Il suppose que la densité de ce fluide n'est pas la même dans tous les corps; qu'il est plus rare dans les corps denses, & plus dense dans les corps rares; que les corps frottés ont un mouvement moléculaire qui attire & chasse le fluide *électrique*. Ce fluide apportant de la résistance à sa condensation, la matière *électrique*, en s'éloignant par ondulations du globe, devient plus dense & plus élastique, jusqu'à un certain point; & il se forme autour du corps frotté une atmosphère plus ou moins étendue, dont les couches les plus denses sont vers la circonférence, & diminuent en densité jusqu'au corps *électrisé*. Par suite des mouvemens moléculaires, l'*électricité* répandue dans ces atmosphères éprouve des condensations & des raréfactions, à l'aide desquelles les corps, placés dans leurs sphères d'activité, sont attirés & repoussés.

Cette théorie a été adoptée par Boulanger & par plusieurs autres physiciens, à quelques modifications près. Les uns attribuoient les phénomènes *électriques* à l'éther, d'autres au feu élémentaire, d'autres à la lumière, &c.

Nollet a cherché à expliquer tous les phénomènes *électriques* connus avant la découverte de la bouteille de Leyde, en supposant qu'il existe dans le même temps deux courans de matière *électrique* qui se meuvent en sens contraire l'un & l'autre, & qu'il a nommés *affluences* & *effluences* *simultanées*. *Voyez* AFFLUENCE ÉLECTRIQUE, EFFLUENCE ÉLECTRIQUE.

Il suppose donc que la matière *électrique* s'élance du corps *électrisé*, & se porte progressivement aux environs, jusqu'à une certaine distance. Tandis que la matière *électrique* s'élance ainsi du corps qui l'a *électrisé*, une pareille matière, partant des corps qui sont dans le voisinage, & même de l'air environnant, vient à ce corps, actuellement *électrisé*, remplacer celle qui en sort. Ces deux courans de matière, qui vont en sens contraire,

---

(1) *Mémoires de l'Académie royale des Sciences*, année 1734, page 523.

exercent leurs mouvémens en même temps & font de différentes intensités. Les corps qui font dans les courans s'approchent où s'écartent, en raison des forces réciproques qui agissent sur eux Un corps dans l'état naturel, ou *électrisé* différemment, est pouffé par les courans affluens; sa vitesse, réunie à son impulsion, lui font vaincre le courant affluent, jusqu'à ce qu'il soit arrivé au contact; alors il s'*électrise* d'une *électricité* semblable, il se hérisse de rayons effluens, & il est chassé.

Lorsque l'*électricité* est foible, les deux courans *effluent* & *affluent* deviennent invisibles; mais lorsque l'*électricité* est plus forte, ils deviennent visibles, parce qu'ayant alors beaucoup de densité & une grande vitesse, ils s'enflamment par le choc de leurs propres rayons.

Tant que l'on n'a dû expliquer que les attractions & les répulsions *électriques*, les affluences & les effluences simultanées de Nollet pouvoient suffire; mais aussitôt que le phénomène de la bouteille de Leyde a été connu, ainsi que les deux *électricités* différentes, que donnent toujours deux corps frottés, on a dû avoir recours à de nouvelles théories.

Francklin, après avoir réuni tous les faits connus & les avoir ordonnés, parvint à les expliquer, en supposant, 1°. qu'il existoit une matière impondérable à laquelle il donne le nom d'*électricité*; 2°. que cette matière avoit de l'affinité pour les molécules de tous les corps, & que tous en contenoient des quantités différentes, qui dépendoient de leur affinité; 3°. que les molécules de cette matière se repoussoient mutuellement; 4°. que, lorsque l'*électricité*, contenue dans tous les corps, étoit en équilibre d'action, ils étoient à l'état naturel; 5°. qu'un corps étoit *électrisé* positivement lorsqu'il contenoit une plus grande quantité d'*électricité* que celle qu'il doit avoir à l'état naturel, & qu'il étoit é.ectrisé négativement, lorsqu'il en contenoit moins; 6°. que les corps idéo-*électriques* comme le verre, la résine, le soufre, &c., ne se laissoient pas pénétrer par l'*électricité*; que, lorsque l'on chargeoit d'é ectricité une de leurs faces, celle-ci repoussoit & chassoit une égale quantité d'é.ectricité sur l'autre face; de manière que les deux faces retenoient toujours, en somme, à peu près leur quantité d'*électricité* naturelle.

Alors il concevoit que l'électr cité, accumulée sur un corps, formoit autour de lui une atmosphère *électrique*; qu'un corps léger & à l'état naturel, ou *électrisé* négativement, placé dans cette atmosphère, étoit attiré, parce qu'il obéissoit à cette attraction; que deux corps *électrisés* positivement se repoussoient, parce que les molécules du fluide adhérent exerçoient leur action l'une sur l'autre; que deux corps *électrisés* négativement se repoussoient également, parce que ces corps, avides de l'*électricité*, attiroient autour d'eux tous les corps qui en contenoient, & en particulier l'air, & qu'il se formoit autour d'eux une atmosphère d'air

attiré & condensé entre les deux corps, qui ne leur permettoit pas de s'approcher au-delà des limites de cette atmosphère.

Quant au phénomène de la bouteille de Leyde, il étoit naturellement expliqué par la propriété qu'avoit le verre de ne pas se laisser pénétrer par l'*électricité*, & parce que l'*électricité*, accumulée sur une face, chassoit une partie de l'*électricité* naturelle contenue sur l'autre face.

L'*électricité* positive de Francklin & l'*électricité* vitrée de Dufay font celle que nous avons désignée E; par conséquent l'*électricité* négative de Francklin & l'*électricité* résineuse de Dufay font celle que nous avons appelée C.

Ne voulant point admettre un fluide nouveau qu'après s'être assurés que ceux que l'on connoissoit déjà ne pouvoient expliquer les phénomènes, divers physiciens ont cherché à remplacer le fluide *électrique* par un fluide déjà connu. Achard (1) a cherché à établir une similitude entre l'*électricité* & la chaleur. Priestley (2) pense que la matière *électrique* étoit le phlogistique lui-même, ou qu'il contenoit du phlogistique. (*Voyez* PHLOGISTIQUE.) Henley (3) regarde le phlogistique, l'*électricité* & la chaleur, comme diverses modifications de la même substance: dans l'état de repos, c'est le phlogistique, & dans un mouvement violent, le feu. Les corps qui ont beaucoup de phlogistique en laissent dégager par la friction, & sont *électrisés* négativement; ceux qui en contiennent peu en reçoivent dans cette opération, & sont *électrisés* positivement. Deluc (4) considère le fluide *électrique* comme une seule & même substance qui se présente sous deux états différens; comme l'eau liquide & la vapeur d'eau; le premier état est sa matière pondérable, & le second son fluide déférent. Lampadius (5) a adopté l'opinion de Deluc avec quelques modifications. Delamétherie (6) regarde la matière *électrique* comme une espèce d'air inflammable. Saussure (7) est porté à regarder le fluide *électrique* comme le résultat de l'union de l'élément du feu avec quelqu'autre principe qui ne nous est pas encore connu. Ce seroit, dit ce savant, un fluide analogue à l'air inflammable, mais incomparablement plus subtil. Kirwan (8) croit que c'est le phlogistique dans un état beaucoup plus raréfié que l'air inflammable & allié avec une plus grande quantité de feu. Enfin Lavoisier (9)

(1) *Mémoires de l'Académie de Berlin*, année 1779.
(2) *Observations sur différens airs*, vol. II, sect. 13.
(3) *Ça allo, de l'Électricité*, tome II, chap. 2.
(4) *Idées sur les Molécules*. Londres, vol. I, sect. 2, chap. 3.
(5) *Essais & Observations sur l'Électricité & la Chaleur*, chap. 2, §. 20.
(6) *Essais analytiques sur l'air pur & les différentes espèces d'air*.
(7) *Voyage dans les Alpes*, §. 882.
(8) *Journal de Physique*, année 1785, vol. I.
(9) *Ibid.*, pag. 148.

a dit : « L'*électricité* n'est qu'une espèce de com-
» bustion dans laquelle l'air fournit la matière
» *électrique*, de même que le feu fournit la ma-
» tière de la lumière dans les combustions ordi-
» naires. » Nous ne suivrons pas plus loin les diverses opinions que des savans distingués ont eues
sur la nature de l'*électricité*.

Symmer oppo∫a à la théorie de Francklin, celle
des deux *électricités résineuse* & *vitrée* de Dufay,
mais qu'il appuya d'un grand nombre d'expériences. Cigna a publié plusieurs expériences qui
concourent, avec celles de Symmer, à rendre
plus probable cette théorie.

Dans cette hypothèse, les deux *électricités* jouis-
∫ent de ces propriétés : 1°. que les molécules de
chaque *électricité* se repou∫∫ent ; 2°. que les molécules de l'*électricité* vitrée ∫ont attirées par celles de
l'*électricité résineuse* ; 3°. que les molécules des
deux *électricités* ∫ont attirées par les molécules des
corps ; 4°. que lorsque ces deux *électricités* ∫ont
réunies dans une proportion encore inconnue,
elles ne donnent aucun indice d'*électricité* ; alors
les corps ∫ont dits à l'état naturel, ils ∫ont *électri-
∫és* vitreu∫ement ou résineu∫ement, ∫elon qu'ils
contiennent des proportions plus grandes de l'une
ou de l'autre *électricité*.

Cela posé, on conçoit comment les attractions
ont lieu entre deux corps *électri∫és* d'*électricité* contraire, comment deux corps *électri∫és* d'une *électricité* ∫emblable doivent ∫e repou∫∫er. On conçoit
également la charge de la bouteille de Leyde,
parce que l'une des *électricités*, accumulée sur
une des faces, attire ∫ur l'autre face l'*électricité* op-
po∫ée & repou∫∫e l'*électricité* ∫emblable ; de même,
dans la décharge de la bouteille, il s'établit un
double courant des deux *électricités* de l'une à
l'autre des armures qui rétablit l'équilibre.

Mais cette dénomination d'*électricité résineuse*
& d'*électricité vitrée* est inexacte, parce que la ré-
∫ine & le verre n'ont point d'*électricité* qui leur
∫oit propre ; ils ∫ont ∫u∫ceptibles l'un & l'autre de
s'*électri∫er* d'*électricité* contraire, ∫elon la nature
des corps avec lesquels on les frotte. Le verre
poli, frotté ∫ur le dos d'un chat vivant, prend l'*électricité* Ɛ ; il prend l'*électricité* E, lorsqu'on le frotte
∫ur une étoffe de laine. Deux morceaux de verre,
frottés l'un ∫ur l'autre, s'*électri∫ent* différemment ;
l'un prend l'*électricité* E, & l'autre l'*électricité* Ɛ.
Si l'on arme un carreau de verre de deux plaques
métalliques, que l'on *électri∫e* l'une des faces d'une
électricité, en même temps que l'on fait communiquer l'autre au réservoir commun, en retirant
les deux plaques métalliques, on trouve les deux
faces du verre *électri∫ées* d'*électricité* contraire ; l'une
est *électri∫ée* de l'*électricité* E, & l'autre de l'*électricité* Ɛ. On voit, d'après ces faits, qu'il n'existe
point d'*électricité vitrée*, & que cette dénomination est inexacte. On peut en dire autant de l'*électricité* ré∫ineu∫e : aussi un grand nombre de phy∫i-

ciens ont voulu leur donner d'autres dénominations, auxquelles plusieurs ont été conduits par des
hypothèses.

Kratzenstein (1) croit que l'*électricité* E est un
acide, & l'*électricité* Ɛ le phlogistique. Il déduit
de l'action de l'acide & du phlogistique tous les
phénomènes *électriques*.

Karnstein (2) porte au nombre de quatre les
substances élémentaires qui entrent dans la composition des deux *électricités*. Selon lui, l'*électricité*
E est formée d'air pur, ∫aturé de feu élémentaire,
& l'*électricité* Ɛ de phlogistique combiné à un
acide délicat. A l'aide de ces quatre substances,
il explique a∫∫ez bien tous les phénomènes *électriques*.

For∫ter (3) pense que le feu ou la chaleur forme
l'*électricité* E, & le principe inflammable l'*électricité* Ɛ. Il trouve dans l'air atmosphérique la chaleur & le gaz acide.

Voigt (4) partage l'opinion de Symmer, que
tous les phénomènes *électriques* ∫ont produits par
deux *électricités* différentes ; mais ne voulant pas
adopter les noms impropres de *vitrée* & *résineuse*,
il nomme *maennlichen*, virile, l'*électricité* E, &
weiblichen, féminine, l'*électricité* Ɛ. Ces *électricités*,
dont on distingue les actions lorsqu'elles ∫ont
∫éparées, ∫ont ∫ans effets lorsqu'elles ∫ont mariées.
L'*électricité* virile est la plus forte.

Lampadius (5) pense qu'on peut regarder l'*électricité* comme un fluide délicat & extensible, qui
peut ∫e compo∫er & ∫e décompo∫er. Il croit que
le fluide *électrique* est composé des substances ∫ui-
vantes : 1°. du feu, parce que l'*électricité* enflamme les corps ; 2°. du phlogistique, parce qu'il
revivifie les chaux métalliques ; 3°. de la lumière,
à cause des étincelles & aigrettes lumineu∫es
qu'elle fait apercevoir ; 4°. d'une matière inconnue qui a l'odeur du phosphore : on en forme
deux *électricités*, par les différences, dans les proportions des quatre substances, principalement
du feu.

Nous voyons ici deux hypothèses distinctes, à
l'aide desquelles il paroît que l'on explique également bien tous les phénomènes *électriques* : celle
d'un ∫eul fluide, qui peut ∫e trouver en plus ou en
moins de la quantité qui a lieu dans l'état naturel
des corps ; celle de deux fluides dont la combinaison, dans une certaine proportion, forme l'état
naturel des corps, & dont l'excès de l'un ou de
l'autre produit l'*électri∫ation* E ou Ɛ. Ces deux hypothèses ont été attaquées & défendues avec un

(1) *Vorle∫. uber die Exp. Phy∫.* 4e. edit. Copenh., 1781.
(2) *Ant. zur Gemeinnuhl Kenntni∫∫ der natur.*, §. 497.
(3) *Crells neuste Entd.*, 12 B., page 154.
(4) *Ver∫uch einer neuen Theorie des feuers, der verbrennung
Kun∫tlicher luftarten der alhmens*, &c. Jéna, 1793.
(5) *Ver∫uche und Beob. uber die Elektricitat und wærme der
atmo∫phere*, ch. 2.

égal fuccès. Parmi les raifons que l'on a données, nous allons rapporter les principales.

Pourquoi introduire deux matières inconnues, fi une feule fuffit pour expliquer tous les phénomènes ? C'eft multiplier les êtres fans néceffité. S'il y avoit deux matières *électriques* différentes, ces *électricités*, en fortant le long d'une pointe, produiroient toujours des aigrettes divergentes. Cependant ces aigrettes ne s'aperçoivent qu'à la pointe d'un corps *électrifé* E, & l'on ne voit qu'un point lumineux à l'extrémité des pointes *électrifées* C. Dans la décharge d'une bouteille de Leyde, à travers deux pointes placées l'une au-deffus de l'autre des deux côtés d'une carte, on voit toujours l'*électricité* E fe mouvoir le long de la carte pour la percer vis-à-vis la pointe *électrifée* C. S'il y avoit deux *électricités*, elles dévroient fe mouvoir chacune de fon côté pour fe joindre. Si l'on fait paffer la décharge d'une bouteille de Leyde le long de grands draps noirs, couverts de petites parcelles de métal qui entretiennent la continuité des étincelles, de forte qu'elles puiffent avoir deux ou trois pieds de longueur, comme le temps de leur trajet eft faififfable, on s'aperçoit qu'elles vont toujours du conducteur E au conducteur C. Enfin, fi l'on *électrife* un corps avec une *électricité*, que l'on fature fon action avec l'autre *électricité*; qu'on lui ajoute de nouvelle *électricité* de la première efpèce, puis de l'*électricité* oppofée, & cela indéfiniment, lorfque les quantités des deux *électricités* font dans des proportions telles qu'elles fe faturent mutuellement, on n'aperçoit aucun changement dans les propriétés des corps, quelle que foit la quantité des deux *électricités* qu'on lui a ajoutée. Cependant tous les faits connus jufqu'à préfent prouvent que le changement dans les proportions de l'un des compofans d'un corps, altère quelques-unes de fes propriétés.

A ces objections, les partifans des deux *électricités* répondent : 1°. que les phènomènes s'expliquent plus facilement avec deux *électricités* qu'avec une feule ; 2°. que, quelque différence qu'il y ait entre la lumière *électrique* des points, on peut cependant les confidérer toutes deux comme formant des aigrettes ; 3°. qu'en diminuant la denfité de l'air, en déchargeant une bouteille de Leyde entre deux points, le long d'une carte, on voit le point percer, s'éloigner de la pointe C, & fe rapprocher de la pointe E, à mefure que la denfité de l'air diminue ; 3°. qu'en perçant un carton par la décharge d'une bouteille de Leyde, on voit des bavures, des efpèces de bourrelets formés fur les deux faces, comme s'il eût exifté deux courans différens (1).

_____

(1) Dans une lettre écrite à Ingenhoufs, imprimée page 319 des *Nouvelles Expériences & Obfervations fur divers objets de phyfique*, publiée par Ingenhoufs, Paris, 1787, Francklin remarque, page 323, que ces perforations ne font pas l'effet d'un corps en mouvement dont la force im-

Mais comme aucune expérience directe n'a encore prouvé l'exiftence d'un feul ou de deux fluides, & que ceux qui défendent ces deux hypothèfes ont chacun de fortes raifons pour les foutenir, il eft difficile de prononcer.

Æpinus, voulant s'affurer fi la théorie de Francklin pouvoit réfifter à toutes les épreuves, la foumit à l'analyfe. Il pofa d'abord : 1°. que les molécules du fluide *électrique* fe repouffoient mutuellement, & qu'elles étoient attirées par les molécules des corps ; 2°. que dans tous les corps à l'état naturel, les quantités d'*électricité* qu'ils contenoient, devoient être proportionnelles à leur maffe. Si M & m font les maffes de deux corps, E & e leur quantité d'*électricité*, on doit avoir :

$$E : e = M : m \ \& \ Em = eM. \ (1)$$

Il pofa enfuite que, pour qu'une molécule e de fluide *électrique*, pofée à la furface d'un corps, foit en équilibre d'action, il falloit que la répulfion que le fluide *électrique* du corps exerçoit fur elle, fût égale à l'attraction des molécules du corps : de-là, que l'on eût $Me = Ee$. (2)

Si, d'après ces confidérations, deux corps M, m à l'état naturel font en préfence, trois actions auront lieu néceffairement : 1°. l'*électricité* e du corps m fera attirée par les molécules du corps M, ce qui produit $+ Me$; 2°. l'*électricité* E du corps M fera attirée par les molécules du corps m, ce qui $+ Em$; 3°. l'*électricité* E du corps M repouffera l'*électricité* e du corps m, ce qui produira $- Ee$. Ainfi l'action des trois forces peut être exprimée par $Me + Em - Ee$.

Dans l'équation (2) $Me = Ee$, il fuit que,

$$Me + Em - Ee = Em.$$

Ainfi, deux corps à l'état naturel devroient s'attirer, s'il n'exiftoit dans le corps une quatrième force répulfive qui lui fît équilibre. Après avoir long-temps cherché quelle pouvoit & quelle devoit être cette force répulfive, Æpinus a fuppofé que ce devoit être celle des molécules du

_____

pulfive agit dans la direction qu'il fuit dans fon cours ; elle réfulte des perforations des cartes voifines, dont la fubftance déchirée par la force de l'explofion fe lève accidentellement, tantôt d'un côté, tantôt de l'autre, en conféquence de certaines circonftances, dans la forme de leurs furfaces, dans leur fubftance ou dans leurs fituations. Lorfqu'on dirige une explofion à travers une feule carte qui n'eft en contact avec aucune autre, dans le moment du paffage du fluide *électrique*, les bords du trou fe trouvent communément élevés des deux côtés. Je penfe que le trou eft fait par un filet très-fin de fluide *électrique* qui y prend déjà fon paffage en filence un peu avant l'explofion. Ce filet, en augmentant, devient un efpèce de torrent, lequel oblige la fubftance de la carte à céder des deux côtés, & qui, en fe condenfant en partie dans l'intérieur de la carte, force ainfi une partie de la fubftance à s'élever des deux côtés en deffus du niveau de la carte, parce que c'eft là que la réfiftance eft moindre.

corps M *m* = E. *m* : de-là il poſa l'équation d'é-
quilibre.

$$M\,e + E\,m - E\,e - M\,m = 0.$$

Quoiqu' Æpinus ſe ſoit bien prononcé ſur
cette force, & qu'il ait annoncé qu'il ne la pro-
poſoit que pour établir l'équilibre qui lui étoit
néceſſaire ; qu'il ne prétendoit pas avancer que
les molécules des corps ſe repouſſoient ; les partiſans de l'hypotheſe des deux fluides ſe ſont
appliqués à faire ſentir le ridicule de cette ſup
poſition, & ils ont profité de cette circonſtance
pour faire valoir la théorie des deux fluides.

Comme il faut, dans la théorie d'Æpinus, que
deux ſubſtances exercent des actions mutuelles
& réciproques, ils ont ſubſtitué aux molécules
des corps leurs ſeconds fluides ; alors ſoit V, R,
les deux fluides vitrés & réſineux exiſtans dans
un corps M, & les deux fluides *v*, *r* exiſtans
dans un autre corps *m*. Si l'on ſuppoſe : 1°. que
les molécules du fluide V attirent celles du fluide
R ; 2°. que les molécules du fluide V ſe repouſſent, ainſi que les molécules du fluide R ; 3°. que
ces deux fluides ſont attirés par les molécules
de tous les corps ; 4°. que dans deux corps à
l'état naturel M & *m*, on ait V : R = *v* : *r* ; donc
V*r* = R*r* ; 5°. que pour établir l'équilibre entre
les actions des deux fluides V & R ſur une molécule quelconque *v* ou *r*, placée ſur la ſurface
d'un corps, il faut que l'on ait :

$$V\,r - R\,r = 0 \;\&\; R\,v - V\,v = 0.$$

Il s'enſuit qu'en mettant en préſence deux
corps M, *m* à l'état naturel, on aura les quatre
actions *électriques*.

$$V\,r + R\,v - V\,v - R\,r = 0.$$

Mais faut-il abſolument deux fluides *électriques*
différens pour produire cet équilibre ? Haſſenfratz a obſervé que, puiſqu'il exiſte dans tous
les corps un fluide impondérable, le calorique,
dont les molécules jouiſſent de toutes les propriétés des deux fluides, qui ſont : 1°. d'exercer
une action répulſive ſur leurs molécules; 2°. d'être
attirées par les molécules des corps ; qu'il ſuf-
fiſoit de ſuppoſer que le calorique a de l'affinité
pour les molécules du fluide *électrique*, & que
les quantités de ces deux fluides ſont dans un
rapport conſtant dans les corps à l'état naturel
pour établir cet équilibre d'action ; car ſi l'on
appelle E & C, l'*électricité* & le calorique contenus dans un corps M, & *e* & *c*, l'*électricité* &
le calorique contenus dans un corps *m*, on a néceſſairement : E*c* + C*e* — E*e* — C*c* = 0.

Ce remplacement de l'une des *électricités* par
le calorique, en expliquant tous les phénomènes
électriques, comme l'hypotheſe des deux fluides,
a l'avantage d'expliquer également les phénomènes *électriques* produits par la chaleur.

Il réſulte de tout ceci, que nous ſommes en-

côte éloignés de connoître la cauſe des phénomènes *électriques* ; que ce n'eſt qu'à l'aide de
quelques hypotheſes, ſur leſquelles les opinions
ſont diviſées, que l'on parvient à expliquer les
faits que l'on a pu recueillir. Cependant, quoique l'état de nos connoiſſances ſoit auſſi peu
avancé, les géométres n'en ont pas moins appliqué l'analyſe à cette branche de la phyſique ;
les uns, comme Æpinus, en ſuppoſant l'exiſtence
d'un ſeul fluide ; les autres, comme Poiſſon, en
ſuppoſant l'exiſtence de deux fluides.

ÉLECTRICITÉ AÉRIENNE ; electricitas atmoſ-
pherica ; luft electricitate. Electricité qui ſe produit
dans l'air & qui donne naiſſance aux éclairs, au
tonnerre & aux autres phénomènes qui en dépendent.

Dès que Francklin, aidé par Dalibard & Delor,
ſe fut aſſuré que l'on pouvoit, avec des barres
verticales & des cerfs-volans, ſoutirer l'*électricité
de l'air*, pluſieurs phyſiciens entreprirent de reconnoître l'exiſtence & la nature de l'*électricité
aérienne* dans les divers états de l'atmoſphère.
Lemonnier (1) obſerva ces variations, ſoit avec
des conducteurs pointus & élevés, ſoit avec des
corps conducteurs iſolés ; Mazéas (2) fit de ſemblables obſervations au château de Maintenon,
avec une verge de fer de 370 pieds de longueur,
ſuſpendue par des fils de ſoie, & qui étoit élevée
de 90 pieds au-deſſus du ſol. Kinnerſley (3) en
Angleterre, le P. Beccaria en Italie (4), Ronayne
en Irlande (5), W. Henley (6), Cavallo & Iſlington (7) répétèrent les mêmes expériences, ce
dernier avec un cerf-volant. De toutes ces expérience, Cavallo a déduit les réſultats ſuivans :

1°. L'air contient toujours de l'*électricité* ; on
l'obſerve auſſi bien là nuit que le jour ; elle eſt
plus forte dans les temps froids que dans les
temps chauds.

2°. L'*électricité* obſervée eſt tantôt E & tantôt C ;
l'action des nuages & de la pluie donne ſouvent
une *électricité* C aux inſtrumens.

3°. On remarque habituellement que l'*électricité* eſt la plus forte dans les brouillards épais &
dans les temps froids, & l'*électricité* la plus foible
dans les temps troubles, chauds & diſpoſés à la
pluie.

4°. L'*électricité* eſt plus forte dans les endroits
élevés que dans les endroits bas : elle doit être
extrêmement forte dans les régions ſupérieures.

5°. Il eſt rare que, pendant la pluie, l'*électricité*
du cerf volant ſoit E.

(1) *Mémoires de l'Académie royale des Sciences*, année
1753, page 233.
(2) *Tranſactions philoſophiques*, tome XLVIII, part. 1,
page 203.
(3) *Ibid.*, page 377.
(4) *Lettere dell' Elettriciſſimo.*
(5) *Tranſactions philoſophiques*, tome LXII, page 138.
(6) *Ibid.*, tome LXIV, page 422.
(7) *Traité de l'Electricité*, tome IV, part. 4, ch. 2 & 3.

6°. Dans les temps humides, lorsque l'*électricité* eſt forte & que l'on retire une étincelle de la corde du cerf-volant, l'*électricité* ſe rétablit promptement, & l'on peut en retirer de ſuite de nouvelle ; mais quand il fait un temps ſec & chaud, il faut un intervalle plus long pour retirer des étincelles.

7°. Dans les temps ſecs, on obſerve, au lever du ſoleil, une foible *électricité* ; elle augmente à meſure que le ſoleil s'élève ; elle parvient à ſon maximum & elle y reſte juſqu'à ce que le ſoleil ſe couche : alors elle diminue d'autant plus promptement que l'humidité du ſoir eſt plus forte. Dans l'hiver, ſi le ciel eſt clair & que le vent ſoit ſec, l'*électricité* devient très-forte après le coucher du ſoleil, au moment où le ſerein ſe forme, & elle diminue lentement.

8°. Les éclairs, dans les orages, produiſent des changemens ſubits dans l'*électricité* : quelquefois elle diminue, d'autres fois elle devient plus forte. Lorſque l'*électricité* eſt inſenſible, un éclair ſuffit pour produire une forte *électricité*.

Sauſſure (1) a fait un grand nombre d'expériences ſur l'*électricité aérienne*. L'inſtrument dont il ſit uſage eſt un petit électromètre à boule de ſureau, AB, *fig.* 765 ; deux petites boules de ſureau, *gg*, ſont ſuſpendues à des fils métalliques ; le verre qui les couvre eſt fixé dans un fond métallique gradué ; quatre lames d'étain, EF, *h h*, ſont collées contre le verre. Au ſommet de l'électromètre on place une tige AT ; ou ſeulement un crochet AC, après lequel on paſſe un anneau R qui tient un fil avec une treſſe métallique, au bout duquel eſt un ballon M.

Pour obſerver l'*électricité aérienne* à une petite hauteur, c'eſt-à-dire, de deux à cinq pieds, Sauſſure armoit ſon électromètre d'une tringle aiguë de deux pieds de longueur ; lorſqu'il vouloit éprouver l'air à une plus grande hauteur, il plaçoit le crochet A C à l'anneau R ſur l'élec-tromètre ; il tenoit cet électromètre d'une main, il lançoit de l'autre la boule de cuivre M, & jugeoit, par l'écartement des petites boules de ſureau, de l'*électricité aérienne* à la hauteur où la boule de cuivre parvenoit. Dans les temps de pluie, de neige, &c., il couvroit le ſommet de ſon électromètre d'un petit chapeau VXY, *fig.* 765 (*a*). De ſes obſervations, Sauſſure conclut :

1°. Que l'*électricité aérienne* eſt en général plus forte dans les lieux les plus élevés & les plus iſolés, nulle dans les maiſons, nulle ſous les arbres, dans les rues, dans les cours, & en général dans les lieux renfermés de toutes parts : elle eſt cependant ſenſible même dans les villes, au milieu des grandes places, au bord des quais, & principalement ſur les ponts.

2°. Dans un temps d'orage, on voit l'*électricité aérienne* s'animer, ceſſer, renaître, devenir E, &, l'inſtant d'après, C. Lorſque la pluie tombe ſans orage, les variations ne ſont pas ſi bruſques, quoiqu'elles ſoient très-irrégulières ; les vents forts diminuent ſon intenſité. Dans l'air non orageux, la plus forte *électricité* a lieu dans celui où règnent les brouillards.

3°. En hiver, dans un temps ſerein, l'*électricité aérienne* paroît avoir une marche régulière. Les heures où elle eſt la plus foible ſont compriſes entre le temps où la roſée du ſoir a terminé ſa chute, & le moment où le ſoleil ſe lève : enſuite ſon intenſité augmente par gradation, & arrive plus tôt ou plus tard, mais preſque toujours avant midi, à ſon maximum ; puis elle décline juſqu'à la chute de l'humidité du ſoir, moment où elle eſt quelquefois plus forte que pendant le jour ; après quoi elle diminue par gradation.

Pour donner une idée de la marche de l'*électricité aérienne* pendant l'hiver, nous allons rapporter un tableau des obſervations faites par Sauſſure du 21 au 23 février 1785.

JOUR.	HEURES.	BAROMÈTRE.	THERMOMÈTRE.	HYGROMÈTRE.	ÉLECTROMÈTRE.	ÉTAT DU CIEL.
	9,15 } Matin	26″6′7′	— 8,3	89,3	2p.,0lig.	Soleil pâle, nuages pommelés.
	11,10 }	26,6,5	— 4,3	83,9	1,6	Beau ſoleil.
	2,10	26 6,1	— 0,2	69,6	1,1	*Idem.*
	5	26,6	— 2,3	77,2	1,1	Soleil couchant.
21	6	26 6,1	— 3,2	85,0	1,9	Quelques nuages ſud-oueſt.
	7	26,6	— 6,8	89	1,8	Parfaitement clair.
	8 Soir	26,6,2	— 10,0	95	2	*Idem.*
	7	26,6,3	— 10,6	97,5	1,8	*Idem.*
	10	26,6,3	— 9,9	95	1,2	Petits nuages vers l'horizon, au S.
	11	26,6,1	— 12,3	99	1,5	—— plus étendus vers le S. O.
	12	26,6	— 12,5	Givre.	1,2	*Idem.*

(1) *Voyages dans les Alpes.* §. 294, 648, 783, 786, 787, 792, 800, 801, 802, 803, 804.

JOURS	HEURES.	BAROMÈTRE.	THERMOMÈTRE.	HYGROMÈTRE.	ÉLECTROMÈTRE.	ÉTAT DU CIEL.
	1	26°,5,15′	— 14,3	Givre.	0p,9lig.	Petits nuages plus étendus vers le S. O.
	2	26,6	— 14,5	Idem.	1,2	Nuages s'augmentant & s'approchant.
	6,15	26,6,8	— 15,0	Idem.	0,8	Clair.
	7,30	26,5,7	— 14,7	Idem.	1,2	Brouillard léger.
	8,10	26,5,4	— 14,2	Idem.	1,1	Idem.
	9,10	26,5,2	— 10,7	Idem.	1,6	Idem.
	10,10	26,4,15	— 8,2	Idem.	2,2	Brouillard plus épais.
22	11,10	26,4,13	— 4,8	Idem.	1,8	Idem.
	1,10	26,4,3	— 4,9	Idem.	1,7	Idem.
	2,20	26,4	+ 0,6	82	1,4	Brouillard foible, soleil pâle.
	3,30	26,3,14	— 0,9	81,9	1,1	Temps à demi-couvert, soleil pâle.
	5	26,3,13	— 4,3	89	1,2	Demi-couvert.
	6	26,3,13	— 4,6	91,2	2,2	Plus couvert.
	7	26,3,14	— 6,1	94	1,7	Demi-couvert.
	8	26,3,14	— 5,9	94	3,7	Couvert, brouillard au S. O.
	0,15	26,3,13	— 4,1	95	1	Couvert, plus de brouillard.
	8,5	26,5	— 1,0	81,3	1,2	Idem.
	10,7	26,5,5	— 0,0	76	0,8	Idem.
	3,45	26,6,8	+ 0,5	76	0,8	Couvert, soleil pâle.
23	5,7	26,6,14	— 0,3	75,3	1,0	Couvert.
	6	26,7,3	— 0,7	74	0,8	Idem.
	7	26,7,9	— 1,7	79,7	2,2	Presque parfaitement clair.
	8	26,7,14	— 3,7	87,3	1,7	Demi-couvert.
	12	26,9,1	— 3	92	0,5	Plus couvert.

Si l'on examine ce tableau, on voit que l'*électricité aérienne* fut assez forte vers les neuf heures du matin; que dès-lors elle diminua graduellement jusqu'à six heures du soir, où fut son premier minimum; qu'ensuite elle augmenta jusqu'à huit heures, où fut le second maximum; que dès-lors elle diminua de nouveau, en faisant quelques oscillations, jusque-vers les six heures du lendemain matin, moment de son second minimum, d'où elle augmenta de nouveau jusque jusque vers les dix heures, où fut le premier maximum de la journée suivante; mais comme, dans celle-ci, le temps fut couvert, il n'y a pas eu autant de régularité.

4°. L'*électricité aérienne* de l'air serein, en été, est moins forte qu'en hiver. Sa foiblesse rend sa période diurne moins régulière & moins marquée. En général, lorsque la terre est sèche, l'*électricité* va en croissant, depuis le lever du soleil, où elle est presqu'insensible, jusque vers les trois ou quatre heures après midi, où elle acquiert sa plus grande force; elle diminue ensuite graduellement jusqu'à la chute de la rosée, où elle se ranime pour diminuer ensuite, & s'éteindre enfin presqu'entièrement dans la nuit.

5°. Quant à la qualité de l'*électricité aérienne*, elle est invariablement E, tant en hiver qu'en été, de jour, de nuit, au soleil, à la rosée, toutes les fois qu'il n'y a pas de nuages dans le ciel.

Ermann a aussi observé l'*électricité aérienne* à

l'aide de l'électromètre de Weiss, surmonté d'une tige de trois pieds de longueur : il tenoit cet instrument à la main, en se promenant à la campagne; mais ses observations ne sont ni aussi nombreuses ni aussi variées que celles du célèbre professeur de Genève : elles présentent aussi beaucoup plus d'anomalie.

Il est peu d'expériences qui exigent plus de soin & plus d'attention que celles qui ont pour objet la détermination de la nature de l'*électricité aérienne*, parce qu'il est des circonstances où l'*électricité* qui affecte l'instrument est bien réellement l'*électricité* de l'air, & d'autres où l'instrument n'est *électrisé* que par influence; conséquemment, que l'*électricité* qu'il a, est opposée à celle de l'air. On peut consulter, à cet égard, le Mémoire d'Ermann, consigné dans le deuxième volume du *Journal de Physique* pour l'année 1804, page 98.

Saussure a fait un grand nombre d'expériences pour expliquer la formation de l'*électricité aérienne* (1); mais ses expériences l'ont conduit à un résultat assez singulier : c'est qu'il est porté à regarder le fluide *électrique* comme le résultat de l'union du feu avec quelqu'autre principe qui ne nous est pas encore connu. Ce seroit un fluide analogue à l'air inflammable, mais incomparablement plus subtil.

Une autre manière d'expliquer, par des faits, la

(1) *Voyage dans les Alpes*, §. 805 & 822.

formation de l'*électricité aérienne*, est celle-ci. Il est prouvé par les expériences de Coulomb, que l'*électricité* que les corps contiennent, au-dessus de l'état naturel, se porte toute entière à la surface. Si donc un corps, contenant une quantité d'*électricité* libre, se divise en un nombre quelconque de parties, comme la surface de toutes ces parties est beaucoup plus grande que celle du corps d'où elles ont été séparées, il s'ensuit que l'intensité *électrique* sera diminuée dans le rapport de l'augmentation des surfaces. De même, lorsque des parties infiniment petites, comme l'eau réduite en vapeur, se réunissent pour former des gouttes d'eau, qui contiennent une quantité innombrable de particules de vapeur, la surface, considérablement diminuée par cette réunion, doit rendre très-intense des foibles indices d'*électricité*. Si, à cette diminution & à cette augmentation d'intensité *électrique*, occasionnée par la division des corps & par l'addition, la jonction de leurs parties, on réunit la formation de l'*électricité* par la vaporisation des liquides & la liquéfaction des vapeurs, on pourra avoir une idée de la formation de l'*électricité aérienne*.

ÉLECTRICITÉ ANIMALE; electricitas animalis; *electkricitæt thierische*. Electricité excitée ou développée dans les animaux.

On distingue deux sortes d'*électricité animale*: 1°. celle qui est excitée par le contact de différens corps qui développent l'*électricité*; 2°. par des organes particuliers existant dans différens animaux, & que ceux-ci peuvent faire agir selon leur volonté.

Sulzer, Cotugno & Galvani sont les premiers auteurs de la découverte de l'excitation de l'*électricité* dans les animaux par le contact de différens corps. Galvani lui a donné le nom d'*électricité animale*, dénomination qui ne paroît pas exacte, puisque ce n'est souvent que l'action, sur des animaux morts ou vivans, de l'*électricité* qui a été préalablement produite par d'autres corps. Les physiciens qui ont augmenté le cercle de nos connoissances sur les phénomènes que produit cette excitation, voulant consacrer le nom du savant qui a le plus contribué à les faire connoître, lui ont donné le nom de *galvanisme*. *Voyez* GALVANISME.

Depuis long-temps, les pêcheurs de la Méditerranée avoient reconnu qu'il existoit une espèce de raie, nommée *torpille*, qui avoit la propriété de produire, par le simple attouchement, de fortes commotions, qui engourdissoient les parties touchées. Ce phénomène excita l'attention des physiciens. Walsch aperçut le premier que ces animaux étoient pourvus d'un organe particulier qui produisoit de l'*électricité* à la manière des électromoteurs, des piles galvaniques. Bientôt on reconnut qu'il existoit plusieurs autres poissons qui jouissoient de la même propriété: tels sont l'an-

guille de Surinam, *gymotus electricus*, le trembleur, *silurus electricus*, le *tetrodon patersone*, le *trichiurus indicus*, &c. *Voyez* POISSONS ÉLECTRIQUES, TORPILLE, GYMOTE ÉLECTRIQUE, TREMBLEUR, SILURE, TÉTRODON, TRICHIURUS.

ÉLECTRICITÉ ATMOSPHÉRIQUE; electricitas atmospherica; *electricitæt atmospherische*. *Electricité* qui se produit dans l'atmosphère. *Voyez* ÉLECTRICITÉ AÉRIENNE.

ÉLECTRICITÉ CHIMIQUE; electricitas chymica; *electricitæt chymische*. *Electricité* provenant de l'action chimique de diverses substances. *Voyez* ÉLECTRICITÉ, GALVANISME, ÉLECTRICITÉ (Effets chimiques de l').

ÉLECTRICITÉ DE LA PLUIE. *Électricité* qui se développe au moment où la *pluie* commence à tomber. *Voyez* ÉLECTRICITÉ AÉRIENNE.

ÉLECTRICITÉ DE LA NEIGE. *Électricité* qui se développe au moment où la neige commence à tomber. *Voyez* ÉLECTRICITÉ AÉRIENNE.

ÉLECTRICITÉ DE POCHE. Petit électromoteur, imaginé par Ingenhouss, qui tient peu de place, & que l'on peut porter avec soi.

Cette machine *électrique* se compose: 1°. d'un petit flacon A B, *fig. 766*, recouvert à l'extérieur d'une feuille d'étain, remplie dans l'intérieur de feuilles d'or, d'argent ou de cuivre, & fermé par une tige de cuivre, terminée par une petite boule A; enfin, disposé comme une bouteille de Leyde (*voyez* BOUTEILLE DE LEYDE); 2°. d'un morceau de taffetas gommé C D; & 3°. d'un morceau de poil de chat E F; dans lequel sont deux petits sacs pour placer le pouce & l'index de la main droite.

Pour obtenir de l'*électricité* avec cette machine, on tient le ruban gommé de la main gauche; on passe sur ce ruban le morceau de peau de chat, que l'on tient avec le pouce & l'index de la main droite; par ce frottement on *électrise* le ruban d'une *électricité* ⊖. En tenant le flacon entre le petit doigt, l'annulaire & le medius, on fait toucher le ruban avec le bouchon du flacon, & on le fait suivre le frottement du morceau de peau de chat; par ce moyen le flacon recueille l'*électricité* ⊖ à mesure qu'elle est produite, & le flacon se charge comme une bouteille de Leyde.

ÉLECTRICITÉ DES MINÉRAUX. Caractère physique placé par Haüy dans le nombre de ceux qui doivent servir à distinguer les minéraux.

On peut essayer l'*électricité* sur les minéraux de deux manières différentes: 1°. relativement à la faculté qu'ils ont de conduire ou de ne pas conduire le fluide *électrique*; 2°. relativement à la nature de l'*électricité* que l'on développe en eux dans les différentes opérations qu'on leur fait subir.

Dans le premier cas ; les minéraux peuvent être bons conducteurs de l'*électricité* : tels sont toutes les substances métalliques, quelques sulfures, quelques oxides & quelques carbonates métalliques ; d'autres sont moyens conducteurs, d'autres enfin mauvais conducteurs, le diamant, le quartz, &c.

Il y a trois manières d'exciter la vertu *électrique des minéraux* : 1°. par le frottement ; 2°. par la chaleur ; 3°. par le contact (1).

Par le frottement, les minéraux acquièrent l'*électricité* E, ou l'*électricité* C, selon les corps sur lesquels on les frotte. Quelques expériences ont été faites en frottant des minéraux sur de la laine, & on les a classés, en conséquence, en minéraux produisant de l'*électricité* E ou de l'*électricité* C ; mais ce qui pourroit devenir extrêmement précieux, ce seroit de déterminer l'ordre de classement qu'ils pourroient avoir, en les frottant tous les uns avec les autres. Les résultats que l'on obtiendroit, pourroient porter de nouvelles lumières dans le classement des minéraux.

En les chauffant, plusieurs minéraux, comme la tourmaline, la topaze, la chaux boratée, l'oxide & l'hydrate de zinc cristallisé, développent de l'*électricité* ; mais ce qu'il y a de remarquable, c'est que, dans ces substances, les deux *électricités* se manifestent à la fois, l'une à l'une des extrémités, & l'autre à l'extrémité opposée.

Par le contact il suffit de presser, pendant un temps très-court, entre les deux doigts, le corps que l'on veut éprouver ; on les retire aussitôt, en évitant de les faire glisser sur la surface du corps. Le succès de l'expérience dépend du degré de pureté & de transparence des corps que l'on éprouve, qui ne peuvent être pris que parmi ceux qui sont susceptibles d'être réduits, par la division mécanique, en lames qui aient deux faces au moins parallèles. Le spath d'Islande jouit de cette propriété au plus haut degré.

ÉLECTRICITÉ DES PLUMES. Propriété que quelques plumes acquièrent lorsqu'on les frotte.

Hartmann (2) a remarqué qu'après avoir caressé un perroquet, ses plumes s'*électrisent*. Ayant arraché quelques petites plumes, & les ayant suspendues à un cheveu, leur *électricité* se manifesta pendant quelques heures, puis elle cessa entièrement.

ÉLECTRICITÉ D'INGENHOUSS. Petit instrument portatif, avec lequel on peut obtenir de l'*électricité*. *Voyez* ÉLECTRICITÉ DE POCHE.

ÉLECTRICITÉ (Distribution de l'). Manière

dont l'*électricité* se distribue sur la surface des corps. *Voyez* DISTRIBUTION DE L'ÉLECTRICITÉ.

ÉLECTRICITÉ (Doubleur de l'). Instrument imaginé par Read, pour accumuler & distinguer l'*électricité* de l'air. *Voyez* DOUBLEUR DE L'ÉLECTRICITÉ.

ÉLECTRICITÉ DU CHOCOLAT. Propriété *électrique* qui se développe dans le chocolat. *Voyez* CHOCOLAT.

ÉLECTRICITÉ (Effet chimique de l'). Composition & décomposition des corps, soit par l'action de la pile galvanique, soit par l'infiltration d'une forte *électricité* à travers des fils métalliques placés dans les substances sur lesquelles on veut faire agir l'*électricité*.

Ritter, Hilsinger, Berzelius, Nickolson, Carlisle, Gautherot, Wollaston, Davy, &c., ont fait de nombreuses expériences sur l'*action chimique de l'électricité*.

Si l'on dispose une pile galvanique de cent à cent cinquante paires de disques de cuivre & de zinc de quatre pouces carrés, rendue active par le moyen d'une solution d'alun, & qu'à l'aide de deux fils d'or on soumette diverses substances à l'action de la pile galvanique (*voyez* PILE GALVANIQUE, ÉLECTROMOTEUR), on obtient les résultats suivans (1) :

1°. Les deux fils étant plongés dans de l'eau pure, placée dans un vase d'or ou d'agate, ce liquide se décompose en ses deux élémens. Le fil qui transmet l'*électricité* E, laisse dégager de l'oxigène ; celui qui transmet l'*électricité* C, laisse dégager le gaz hydrogène.

2°. Si l'eau n'est pas parfaitement pure, qu'elle contienne des sels en dissolution, que le liquide soit mis dans deux vases séparés, entre lesquels on établisse une communication avec un morceau d'asbeste bien lavé, l'eau du vase dans lequel parvient l'*électricité* E, devient acide, & celle qui reçoit l'*électricité* C, donne des indices d'alcalinité.

3°. Si l'eau est parfaitement pure, & que les vases qui la contiennent soient de verre, de chaux ou d'autres substances composées, l'*électricité* décompose ces substances, les alcalis passent du côté où parvient l'*électricité* C, & les acides dans le vase qui reçoit l'*électricité* E.

Ce procédé peut être employé avec beaucoup de succès pour s'assurer si les substances qui forment les vases contiennent des acides & des alcalis.

4°. Tous les sels composés d'acide & d'une base sont ainsi décomposés par l'*électricité* : l'acide est toujours transporté dans le vase qui reçoit l'*électricité* E, & la base dans celui qui reçoit l'*électricité* C. Les sels dissous dans l'eau se dé-

---

(1) *Annales de Chimie & de Physique*, tome V, page 95.

(2) *Journal de Physique*, tome I, page 178.

(1) *Annales de Chimie*, tome LXIII, page 172 & suiv.

composent beaucoup plus facilement que les sels insolubles, tels que le fluate & le carbonate de chaux, le sulfate de baryte, &c., réduits en poussière & mis dans l'eau autour des deux fils.

5°. On est parvenu, à l'aide des deux *électricités*, à décomposer des substances sur lesquelles les agens chimiques n'avoient pas encore eu de prise : telles sont la potasse, la soude, la chaux, la baryte, la strontiane, &c. Dans toutes ces décompositions, l'oxigène se transporte vers le fil qui communique au pôle E de la pile, & le potassium, le sodium, le calcium, &c., vers le fil qui communique au pôle E.

6°. En ne plaçant les substances composées que dans l'un des vases, & mettant de l'eau parfaitement pure dans l'autre, l'une des substances est transportée dans le vase qui contient l'eau pure. Si le fil qui transmet l'*électricité* E est dans l'eau pure, ce sont les acides qui y sont transportés ; si c'est, au contraire, le fil qui transmet l'*électricité* E dans l'eau, ce sont les bases qui y sont transportées.

7°. Ce transport se fait à travers toute espèce de substances, sans que les matières transportées éprouvent d'altération, quelle que soit l'action chimique que ces substances exercent : c'est ainsi que les acides sont transportés à travers les alcalis, & les alcalis à travers les acides, &c.

8°. Le changement de capacité des corps, en conséquence de l'altération que subit leur volume ou l'état dans lequel ils se trouvent, à raison de la chaleur, est une source continuelle & active des effets *électriques*.

Davy conclut de tous ces faits, que les effets chimiques, produits par l'*électricité*, sont occasionnés par la nature de l'*électricité* des diverses substances ; que l'hydrogène, les substances alcalines, certains oxides métalliques, sont attirés par les surfaces métalliques conduisant l'*électricité* E, & qu'elles sont repoussées par les fils métalliques qui transmettent l'*électricité* E, parce que ces substances sont naturellement *électrisées* E, & qu'au contraire l'oxigène & les substances acides ne sont attirés que par les fils qui transmettent l'*électricité* E, & repoussés par ceux qui transmettent l'*électricité* E, que parce qu'ils sont naturellement *électrisés* E.

Les mêmes effets ont été produits par l'*électricité* ordinaire, transmise par des pointes fines de platine de $\frac{1}{70}$ de pouce de diamètre, & cimentés dans des tubes de verre.

Pour s'assurer si les substances acides & alcalines avoient réellement les propriétés *électriques* capables de produire les effets chimiques qu'il avoit obtenus, Davy toucha avec un plateau de cuivre isolé, les acides oxalique, succinique, benzoïque, boracique, parfaitement secs, soit en poudre, soit en cristaux, étendus sur une surface, & il trouva constamment, après le contact, le disque de cuivre chargé de l'*électricité* E, & les

acides de l'*électricité* E. Le même disque, mis en contact avec de la chaux, de la strontiane, de la magnésie parfaitement sèche, fut chargé de l'*électricité* E, & les terres de l'*électricité* E.

En suivant le même principe, le savant anglais parvient à ce résultat très-remarquable : que l'*électricité* peut être considérée comme un agent puissant, qui exerce son action dans les compositions chimiques, & que, dans beaucoup de circonstances, des combinaisons peuvent être produites par l'attraction des deux *électricités* différentes, portées à un très-haut degré d'énergie, & la décomposition de l'action de deux *électricités* semblables, portées également à un très-haut degré d'énergie.

ÉLECTRICITÉ GALVANIQUE. Action *électrique* produite par le contact de diverses substances animales, végétales & minérales. *Voyez* GALVANISME.

ÉLECTRICITÉ (Génération de l'). Production des actions *électriques* dans les corps. *Voyez* ÉLECTRICITÉ, GÉNÉRATION DE L'ÉLECTRICITÉ.

ÉLECTRICITÉ MÉDICINALE ; *electricitat medicinische*. Usage de l'*électricité* pour traiter des maladies.

Nollet paroît avoir eu le premier l'idée d'employer l'*électricité* au traitement des maladies. Jallabert, de Genève, traita, en 1747, un paralytique. Sauvage, de Montpellier, Lindhult, de Suède, publièrent des observations sur le traitement *électrique*. De Haen, en 1755, traita non-seulement des paralysies, mais encore des maladies spasmodiques. Mauduit, nommé par la Société royale de médecine, se chargea de suivre des traitemens *électriques*. Plusieurs membres de la Société royale & de l'Académie des sciences y assistèrent : les résultats furent balancés, Cavallo, James Curry, publièrent des ouvrages sur cet objet. Bertholon fit imprimer un ouvrage ayant pour titre : *de l'Electricité du corps humain dans l'état de santé & de maladie*, qui fut couronné par l'Académie de Lyon en 1779. Un des ouvrages le plus instructif sur cet objet, est celui de Paest Van-Trootswyck, intitulé : *de l'Application de l'Electricité à la physique & à la médecine*, qui a été couronné par la Société de Valence. Sigaud de Lafond a également publié un ouvrage rempli de faits, intitulé : *de l'Electricité médicale*. Enfin, Girardin, qui s'occupe depuis long-temps des traitemens par l'*électricité*, se propose de publier les observations qu'il a pu recueillir.

Quelque nombreuses que soient les tentatives qui ont été faites pour traiter les maladies par l'*électricité*, il est difficile d'avoir une opinion formée sur ses effets. Les uns ont publié des succès inattendus, d'autres des résultats funestes aux malades. Les observateurs impartiaux ont trouvé les résultats tellement balancés, qu'il leur est difficile de les attribuer plutôt à l'*électricité* qu'à la marche naturelle de la maladie.

On *électrise*, 1°. par étincelles; 2°. par des commotions; 3°. par des bains *électriques* : les étincelles & les commotions ne produisoient que des chocs partiels, qui affectoient plus ou moins les parties sur lesquelles elles étoient dirigées. Dans les bains, toute l'*électricité* se portoit à la surface des personnes *électrisées*, & pouvoient exciter une transpiration : mais il est peu probable que l'intérieur du corps humain en fût affecté, & que la circulation du sang en fût altérée.

Au reste, il est une circonstance dans laquelle l'*électricité* peut avoir une action efficace; c'est lorsqu'elle agit fortement sur le moral du malade que l'on *électrise* : dans ce cas, l'*électricité* produit des effets analogues au magnétisme animal. *Voyez* MAGNÉTISME ANIMAL.

ÉLECTRICITÉ NÉGATIVE; electricitas negativa; *negative elektricitat*. *Électricité* indiquée par un corps dans lequel on suppose que la quantité d'*électricité* qu'il contient est moindre que celle qu'il doit avoir dans l'état naturel; c'est l'*électricité résineuse* de Dufay, & l'*électricité* que nous avons désignée par *E*. *Voy.* ÉLECTRICITE, ÉLECTRICITÉ RÉSINEUSE.

ÉLECTRICITÉ POSITIVE; electricitas positiva; *positive elektricitat*. Espèce d'*électricité* que l'on distingue dans les corps que l'on soupçonne en contenir plus qu'il ne doit y en avoir dans l'état naturel; c'est l'*électricité vitrée* de Dufay; c'est aussi celle que nous avons désignée par *E*. *Voyez* ÉLECTRICITE, ÉLECTRICITÉ VITRÉE.

ÉLECTRICITÉ (Propagation de l'). Mouvement de l'*électricité* dans les corps, pour se porter sur les parties où elle doit devenir sensible.

En touchant un corps conducteur par un corps *électrisé*, l'*électricité* de celui-ci se propage rapidement sur toute la surface du corps conducteur. Si le corps n'est pas conducteur, l'*électricité* s'accumule seulement au point de contact; mais cette *électricité*, exerçant son action sur l'*électricité* naturelle du corps, il arrive souvent que l'on observe des effets *électriques* à des distances plus ou moins grandes. Le docteur Œrsted (1) croit que, dans cette circonstance, la propagation se fait par ondulation, & il rapporte plusieurs expériences pour le prouver. *Voyez* DISTRIBUTION DE L'ÉLECTRICITÉ.

ÉLECTRICITÉ RÉSINEUSE; electricitas resinosa; *harzel elektricitat*. Espèce d'*électricité* obtenue en frottant de la résine contre du drap.

La dénomination d'*électricité résineuse* est inexacte, en ce que la résine n'est pas la seule substance qui soit susceptible d'acquérir la même espèce d'*électricité* par le frottement, & que la résine elle-même, frottée sur différentes substances, peut acquérir une *électricité* différente.

Cette *électricité* est l'*électricité négative* de Francklin; c'est celle que nous avons désignée par *E*. *Voyez* ÉLECTRICITÉ, ÉLECTRICITÉ NÉGATIVE.

ÉLECTRICITÉ VITRÉE; electricitas vitrea; *glas elektricitat*. Espèce d'*électricité* obtenue en frottant du verre contre de la laine.

Cette dénomination est inexacte, en ce que cette *électricité* n'est pas seulement propre au verre, mais que tous les corps peuvent l'acquérir, & que le verre, frotté sur une peau de chat vivant, acquiert une autre *électricité*.

L'*électricité vitrée* est l'*électricité positive* de Francklin; c'est celle que nous avons désignée par *E*. *Voyez* ÉLECTRICITÉ, ÉLECTRICITÉ POSITIVE.

ÉLECTRIQUE; electricus; *electrisch*; adj. Qui a rapport à l'*électricité*.

ÉLECTRIQUE (Amalgame). Combinaison de mercure & d'étain que l'on met sur les coussins des machines *électriques*. *Voyez* AMALGAME ÉLECTRIQUE.

ÉLECTRIQUE (Atmosphère). Enveloppe d'*électricité* d'une épaisseur plus ou moins grande, que l'on supposoit exister autour des corps *électrisés*, & auxquels on rapportoit tous les phénomènes *électriques*, particulièrement ceux d'attraction & de répulsion. Francklin supposoit, comme les physiciens qui l'ont précédé, l'existence d'une atmosphère *électrique* : aujourd'hui on remplace cette atmosphère par les attractions & les répulsions *électriques* à des distances sensibles. *Voyez* ATMOSPHÈRE ÉLECTRIQUE.

ÉLECTRIQUE (Attraction). Tendance qu'ont les corps *électrisés* différemment, de s'attirer mutuellement. Cette attraction a encore lieu entre les corps *électrisés* & les corps à l'état naturel; mais ici elle est occasionnée par l'influence que les corps *électrisés* exercent sur ceux qui ne le sont pas. Les corps s'attirent comme s'ils étoient *électrisés* différemment. *Voyez* ÉLECTRICITÉ, ATTRACTION ÉLECTRIQUE, INFLUENCES ÉLECTRIQUES.

ÉLECTRIQUE (Balance). Instrument, *fig. 690*, imaginé par Coulomb, pour mesurer les plus petites quantités d'*électricité*. *Voyez* COULOMB (Balance de), ÉLECTROSCOPE.

ÉLECTRIQUE (Bâton). Bâton de cire d'Espagne, de soufre, de verre ou de toute autre matière, qui s'*électrise* par le frottement. *Voyez* BATON ÉLECTRIQUE.

_____

(1) *Journal de Physique*, année 1806, tome I, page 369.

ÉLECTRIQUE (Batterie). Réunion de plusieurs bouteilles de Leyde ou de jarres *électriques*, pour pouvoir accumuler une grande masse d'*électricité*. *Voyez* BATTERIES ÉLECTRIQUES.

ÉLECTRIQUE (Carillon); modulatio campanæ electrica; *glochen spiel elektrische*. Réunion de plusieurs timbres, *fig.* 493, sur lesquels frappent des petites boules mises en mouvement par l'*électricité*. *Voyez* CARILLON ÉLECTRIQUE.

ÉLECTRIQUE (Carreau); quadratum electricum; *quadrat elektrisches*. Plateau de verre, *fig.* 494, couvert de chaque côté, d'une feuille métallique, avec lequel on produit des effets semblables à ceux de la bouteille de Leyde. *Voyez* CARREAU ÉLECTRIQUE.

ÉLECTRIQUES COLORÉS (Cercles); circuli electrici colorati; *elektrische bunt zirkel*. Cercles colorés que l'on obtient par des expériences *électriques*. *Voyez* CERCLES COLORES ELECTRIQUES.

ÉLECTRIQUE (Cerf-volant); draco volans electricus; *drack elektrische*. Cerf-volant à l'aide duquel on soutire l'*électricité* des nuages & des parties élevées de l'atmosphère. *Voyez* CERF-VOLANT ELECTRIQUE.

ÉLECTRIQUE (Chariot); carrus electricus; *wagen. elektrische*. Machine destinée à lancer le cerf-volant *électrique*. *Voyez* CHARIOT ELECTRIQUE.

ÉLECTRIQUE (Cohésion); cohesio electrica; *elektrische cohesion*. Puissance *électrique* par laquelle des corps *électrisés* adhèrent les uns aux autres. *Voyez* COHÉSION ÉLECTRIQUE.

ÉLECTRIQUE (Commotion); commotio electrica; *elektrische erschaetterung*. Secousse violente, produite par l'*électricité*. *Voyez* COMMOTION ELECTRIQUE.

ÉLECTRIQUE (Conductricité). Propriété des corps de conduire l'*électricité*. *Voyez* CONDUCTEUR DE L'ÉLECTRICITÉ.

ÉLECTRIQUE (Convergence); convergentia electrica; *elektrische zusammen laufen*. Direction des rayons *électriques* vers un point. *Voyez* CONVERGENCE ELECTRIQUE.

ÉLECTRIQUE (Courant); electricus profluens; *elektrische flechen*. Fluide *électrique* actuellement en mouvement, & ayant une direction déterminée. *Voyez* COURANT ÉLECTRIQUE.

ÉLECTRIQUE (Divergence); divergentia electrica; *elektrische aus ein ander laufen*. Écartement que prennent les rayons *électriques* en sortant d'un corps.

Si, dans l'obscurité, on présente une pointe à un corps *électrisé*, on voit le fluide *électrique* sortir de la surface du corps, & se diriger vers la pointe en convergeant; si, au contraire, on termine en pointe un corps *électrisé*, on voit le fluide *électrique* sortir de cette pointe en divergeant. Dans le premier cas, le fluide *électrique* est attiré de toute part vers la pointe, & il doit nécessairement converger; dans le second cas, le fluide *électrique*, accumulé vers la pointe, est attiré par tous les corps environnans; il doit donc diverger, en sortant de cette pointe, pour se porter sur tous les corps.

Les anciens physiciens attribuoient cette divergence à la résistance que l'air oppose à la sortie de l'*électricité*. Nollet appelle ainsi la direction que prennent entr'eux les rayons de la matière effluente qui partent d'un corps actuellement *électrisé*.

On aperçoit souvent, dans l'obscurité, le fluide divergent sous forme lumineuse: alors il produit des aigrettes lumineuses. *Voyez* AIGRETTE ÉLECTRIQUE.

ÉLECTRIQUE (Écoulement); fluxio electrica; *aus fluss der elektrische*. Mouvement du fluide *électrique* pour s'échapper de la surface des corps. *Voyez* ÉCOULEMENT ÉLECTRIQUE.

ÉLECTRIQUE (Excitateur). Instrument imaginé par Romas, pour soutirer sans danger l'*électricité* des corps. *Voyez* EXCITATEUR ÉLECTRIQUE.

ÉLECTRIQUE (Feu). Lumière, chaleur & combustion qui sont produites par l'action *électrique*. *Voyez* FEU ÉLECTRIQUE.

ÉLECTRIQUE (Fluide). Substance impondérable, à laquelle on attribue les phénomènes *électriques*. L'existence de cette substance est hypothétique. *Voyez* FLUIDE ÉLECTRIQUE, ÉLECTRICITÉ.

ÉLECTRIQUE (Globe). Globe de verre, de soufre, de résine, &c., avec lequel on développe de l'*électricité*. *Voyez* GLOBE ELECTRIQUE, MACHINE ÉLECTRIQUE.

ÉLECTRIQUE (Influence). Effet produit par un corps *électrisé*, placé à distance des autres corps. *Voyez* INFLUENCE ÉLECTRIQUE, ÉLECTRICITÉ.

ÉLECTRIQUE (Machine). Machine à l'aide de laquelle on développe de l'*électricité*. *Voyez* MACHINE ÉLECTRIQUE, ÉLECTROMOTEUR, PILE GALVANIQUE.

ÉLECTRIQUE (Manchon). Gros cylindre de

verre, à l'aide duquel on développe de l'*électricité*. *Voyez* MANCHON ÉLECTRIQUE, MACHINE ÉLECTRIQUE.

ÉLECTRIQUE (Matière). Matière hypothétique, à laquelle on attribue les phénomènes *électriques*. *Voyez* MATIÈRE ÉLECTRIQUE, FLUIDE ÉLECTRIQUE, ÉLECTRICITÉ.

ÉLECTRIQUE (Odeur). Odeur particulière que répand un corps *électrisé*, & qui provient de l'action de l'*électricité* sur l'organe de l'odorat. *Voyez* ODEUR ÉLECTRIQUE.

ÉLECTRIQUE (Plateau). Plateau de verre circulaire, formant la principale pièce d'une machine *électrique*. *Voyez* PLATEAU ÉLECTRIQUE, MACHINE ÉLECTRIQUE.

ÉLECTRIQUE (Répulsion). Répulsion réciproque, que l'on observe entre deux corps *électrisés* de la même manière. *Voyez* RÉPULSION ÉLECTRIQUE.

ÉLECTRIQUE (Tableau). Plateau de verre recouvert des deux côtés avec des lames métalliques, & dont une des lames est elle-même recouverte d'une gravure. *Voyez* CARREAU ÉLECTRIQUE, TABLEAU ÉLECTRIQUE.

ÉLECTRIQUE (Tabouret). Plateau de bois, supporté par des corps isolans, sur lequel on monte pour être isolé. *Voyez* TABOURET ÉLECTRIQUE.

ÉLECTRIQUE (Télégraphe). Machine à l'aide de laquelle on peut établir des communications à une grande distance, par le moyen de l'*électricité*. *Voyez* TÉLÉGRAPHE ÉLECTRIQUE, TÉLÉGRAPHE VOLTAIQUE.

ÉLECTRIQUE (Tube). Tube de verre qui produit de l'*électricité* par le frottement. *Voyez* TUBE ÉLECTRIQUE, MACHINE ÉLECTRIQUE.

ÉLECTRIQUES (Affluences). Courant d'*électricité* qui se porte de tous les corps sur un corps *électrisé*. Ce courant hypothétique a été imaginé par Nollet pour expliquer les phénomènes *électriques*. *Voyez* AFFLUENCES.

ÉLECTRIQUES (Effluences). Courant de matière *électrique* que Nollet suppose sortir des corps *électrisés*, pour se porter sur ceux qui ne le font pas. *Voyez* EFFLUENCES.

ÉLECTRIQUES (Organes). Organes qui existent dans quelques poissons, tels que la torpille, le gymnote engourdissant, le silure trembleur, &c. à l'aide desquels ces poissons ont la faculté de donner des commotions *électriques*. *Voyez* OR-GANES ÉLECTRIQUES, TORPILLE, GYMNOTE, SILURE.

ÉLECTRIQUES (Phénomènes). Phénomènes produits par l'*électricité*. *Voyez* PHÉNOMÈNES ÉLECTRIQUES.

ÉLECTRIQUES (Pointes). Corps pointus aigus, soumis à l'action *électrique*, qui soulèvent ou dissipent l'*électricité*. *Voyez* POINTES ÉLECTRIQUES.

ÉLECTRISATION; *electrisatio*; *elektrisirung*; s. f. L'action d'électriser les corps, c'est-à-dire, de communiquer ou développer leur électricité.

Il existe six manières d'électriser les corps : 1°. par communication ; 2°. par influence ; 3°. par contact ; 4°. par frottement ; 5°. en changeant la température des corps ; 6°. en les changeant d'état. *Voyez* ÉLECTRICITÉ.

ÉLECTRISATION PAR CHANGEMENT D'ÉTAT. Plusieurs corps s'électrisent E ou Ↄ en passant de l'état liquide à l'état solide. La nature de l'électricité dépend souvent du corps dans lequel le corps liquide se solidifie. C'est ainsi que, d'après les expériences de Wilke, la cire à cacheter, solidifiée sur du verre, acquéroit une électricité Ↄ, tandis qu'elle prend une électricité E lorsqu'elle est solidifiée sur du soufre. Il en est de même de la vaporisation des liquides. L'électricité qui se produit paroît dépendre également de la nature du vase dans lequel l'évaporation a eu lieu. C'est ainsi que, d'après les expériences de Saussure, §. 813, 815, 818, l'eau ayant été vaporisée dans des creusets de fer & de cuivre, les creusets ont été électrisés E, tandis que dans des creusets d'argent, des tasses de porcelaine, les vases ont été électrisés Ↄ. *Voyez* ÉLECTRICITÉ.

ÉLECTRISATION PAR CHANGEMENT DE TEMPÉRATURE. Plusieurs corps, tels que la tourmaline, la topaze, le borate de magnésie, le zinc carbonaté, &c. s'électrisent en les échauffant : mais ce que cette *électrisation* a de remarquable, c'est que les extrémités opposées de ces corps prennent ordinairement deux électricités différentes, & que la nature de l'électricité de chaque extrémité varie avec la température de ces corps. *Voyez* ÉLECTRICITÉ, TOURMALINE.

ÉLECTRISATION PAR COMMUNICATION. Il suffit, pour électriser de cette manière, de faire toucher un corps à l'état naturel & isolé, à un corps électrisé. Si le corps à l'état naturel est conducteur, l'électricité acquise par cette communication se distribue sur toute la surface du corps ; si le corps à l'état naturel est peu ou point conducteur, l'électricité se propage à une distance plus ou moins grande du point de contact, ce qui dépend de la propriété conductrice du corps. *Voyez* ELECTRICITÉ.

ÉLECTRISATION PAR CONTACT.

Deux corps isolés, à l'état naturel, mis en contact, s'électrisent, l'un E, l'autre C. Ce partage de l'électricité dépend de l'affinité de chacun de ces corps pour l'électricité. Les métaux présentent cette observation remarquable, que, par le contact, c'est toujours le corps le plus oxidable qui s'électrise E, & le corps le moins oxidable qui acquiert l'électricité C. En mettant les métaux en contact avec de l'oxigène, des acides, de l'hydrogène, des alcalis, des terres, les métaux acquièrent l'électricité E avec les acides & l'oxigène; ils acquièrent au contraire de l'électricité C avec l'hydrogène, les terres. *Voyez* ELECTRICITÉ.

ÉLECTRISATION PAR FROTTEMEMT.

Deux corps isolés à l'état naturel, frottés l'un contre l'autre, développent de l'électricité : l'un s'électrise E & l'autre C. La nature de l'électricité développée dépend des rapports de l'affinité des corps pour l'électricité. Deux corps de même nature s'électrisent aussi différemment, si l'un est plus frotté que l'autre; ici c'est la chaleur développée par le frottement qui détermine la nature de l'électricité que chaque corps acquiert; celui qui est le plus frotté s'électrise C, & celui qui est le moins frotté acquiert l'électricité E. *Voyez* ELECTRICITÉ.

ÉLECTRISATION PAR INFLUENCE.

Si l'on place, à la proximité d'un corps électrisé, un corps à l'état naturel, ou déjà électrisé, le premier exerce sur le second une influence qui électrise le corps à l'état naturel, & qui détermine des variations dans les corps déjà électrisés. Cette action de l'électricité a été découverte par Æpinus. *Voyez* ELECTRICITÉ, INFLUENCE ÉLECTRIQUE.

ÉLECTRISER....

electrifiren; verb. act. Communiquer ou faire naître la vertu électrique dans un corps. *Voy.* ELECTRICITÉ, ÉLECTRISATION.

ÉLECTROCHIMIQUE............ adj.

Noms donnés aux opérations chimiques dans lesquelles l'électrisation est l'agent principal.

ÉLECTROMÈTRE,

de ελεκτρον, *électricité*; μετρον, *mesure*; electrometrum; *elektricitat messer*. s. m. Instrument propre à déterminer la nature & à mesurer l'intensité des électricités des corps.

Il existe deux sortes d'*électromètres* : les uns indiquent l'intensité de l'électricité par la distance à laquelle on peut tirer une étincelle ; les autres mesurent la nature & l'intensité de l'électricité par l'obliquité que prennent des fils auxquels des poids sont suspendus.

Canton mesuroit l'intensité de l'électricité d'une bouteille de Leyde, en isolant un conducteur métallique A B, *fig.* 767 ; il en approchoit le bouton C d'une bouteille de Leyde D, qu'il tenoit d'une main E, tandis que de l'autre F, il touchoit le conducteur. On simplifia cet *électromètre* & on le rendit plus exact, en fixant un conducteur E F G, *fig* 767 (*a*), à l'extrémité d'une bouteille de Leyde B, plaçant à vis, dans ce conducteur, un fil métallique C D. On avance le bouton C du fil jusqu'à ce qu'il tire une étincelle du bouton A, & l'on juge de l'intensité électrique par la distance à laquelle la boule C doit être de la boule A. Lane fixoit sur la table T, *fig.* 767 (*b*), qui supporte les machines électriques, une coulisse A B, sur laquelle étoit placée une pièce de bois B C. A l'extrémité est une boule C: dans cette boule est un écrou taraudé pour recevoir la vis D E, terminée par deux boules D E. La boule E communiquoit au réservoir commun par un fil métallique E H. On approchoit la petite boule D du conducteur F, jusqu'à ce que l'étincelle se portât naturellement sur la première, & l'on jugeoit de l'intensité de l'électricité par la distance à laquelle les étincelles étoient soutirées.

Davy & le Roy (1) ont employé, comme *électromètre*, une espèce d'eudiomètre ou flotteur, plongée dans un vase plein d'eau : à l'extrémité de sa tige étoit une boule métallique qui étoit repoussée par le vase, & l'on jugeoit de l'intensité de l'électricité par l'élévation de la tige du flotteur. *Voyez* ELECTROMÈTRE DE DAVY & LE ROY.

Gray paroît être le premier physicien qui ait mesuré l'intensité de l'électricité par l'écartement d'un fil suspendu à un corps conducteur. Dufay en 1733, & ensuite Nollet, employèrent le même moyen : ce dernier (2) faisoit usage de deux fils, & il mesuroit l'angle de leur écartement sur la projection de leur ombre. Waitz (3) a ajouté des poids aux extrémités des fils. Canton (4) fit usage de deux fils à l'extrémité desquels il avoit fixé des petites boules de liège. Henley (5) imagina l'*électromètre* à cadran. Ellicot (6) mesuroit l'intensité électrique avec un fléau de balance très-léger ; il estimoit, par des poids, les forces attractives & répulsives. Cavallo (7) a fixé deux tubes de verre dans une boule de cuivre, placés sur une colonne de verre. Des fils sont suspendus à l'extrémité des tubes : les uns sont doubles & sont terminés par des boules de liège ; les autres sont

(1) *Mémoires de l'Académie royale des Sciences*, année 1749.
(2) *Idid.*, 1749.
(3) *Abhdl. V. de Elektr. und. deven ursach*, Berlin, 1745.
(4) *Transactions philosophiques*, tom. XLVIII, n°. 53.
(5) *Ibid.*, tome XII, n°. 26.
(6) *Ibid.*, tome XLV, n°. 486.
(7) *Dissertation complette sur l'Electricité*, tome III, ch. 3.

simples

fimples & ne fuſpendent que des plumes. Adam (1) a placé l'*électromètre* de Canton dans une petite bouteille, pour le préſerver de l'action de l'air. Bennet (2) a ſubſtitué des feuilles d'or aux fils & aux boules de liége. Volta a employé des pailles légères. L'un & l'autre de ces phyſiciens ont couvert leur *électromètre* d'un condenſateur.

Achard (3) & Lichtenberg (4) ont indiqué la manière de déterminer la force de l'électricité à l'aide des *électromètres*. Soit une colonne de cuivre AB, *fig.* 768, au ſommet de laquelle on ait fixé des fils métalliques CF, *cf*, terminée par des petites boules F, *f*, de divers poids. Dans la colonne ſont des enfoncemens L, *l*, pour recevoir les boules & maintenir le fil dans une poſition verticale. Soit le poids du fil CF, & de la boule F = P, l'angle BCF d'écartement après l'électriſation = φ ; enfin, que le centre de gravité du pendule ſoit en G. Par l'action de la gravitation, le poids P tend à deſcendre dans la direction Gn. Si l'on décompoſe cette force en deux autres, l'une Go, dans la direction du fil, l'autre Gm, dans la direction de la répulſion exercée par le fluide : là force Go ſera détruite par le point d'attache C ; il ne reſtera que la force Gm de répulſion ; mais Gm = Gn tang. Gnm, & Gnm = BCF = φ : d'où il ſuit que la force de répulſion = Gn tang. φ = P tang. φ ; & comme P & φ ſont donnés, le premier par la construction de l'inſtrument, le ſecond par l'expérience, on peut toujours connoître la force répulſive indiquée par l'*électromètre*.

Quelque facilité que l'on puiſſe avoir à trouver, par le calcul, la force de l'intenſité de l'électricité qui écarte les corps peſans de la verticale, il ſeroit plus commode encore, ce calcul étant fait avec beaucoup d'exactitude, pour un angle d'écartement donné, d'avoir une loi d'après laquelle on puiſſe déduire les forces proportionnelles de tous les autres angles d'écartement.

Sauſſure a tenté la ſolution de ce problème (5). Pour cela il a fait conſtruire deux *électromètres* A & B, abſolument ſemblables ; il a électriſé l'*électromètre* A, & a obſervé l'angle d'écartement de ſes boules ; il a mis en contact l'*électromètre* B avec l'*électromètre* A ; l'électricité a dû ſe partager également entre les deux inſtrumens ; il a obſervé l'angle d'écartement des boules, a retiré l'électricité de l'*électromètre* B, & l'a mis de nouveau en contact avec l'*électromètre* A ; il a obſervé l'écartement des boules & a continué ainſi ſes obſervations juſqu'à ce que l'écartement des boules fût tellement petit, que l'on ne pût apprécier la diminution de l'angle. Nous allons préſenter ici un tableau des réſultats de ſes expériences.

DISTANCE des boules en quarts de ligne.	Forces correſpondantes à l'électricité.
1	1
2	2
3	3
4	4
5	5
6	6
7	8
8	10
9	12
10	14
11	17
12	20
13	23
14	26
15	29
16	32
17	36
18	40
19	44
20	48
21	52
22	56
23	60
24	64

Cette loi, déduite de l'expérience, ne s'accorde pas avec celle que les géomètres ont déduite de l'analyſe, que les forces doivent être entr'elles comme les cubes des ſinus des angles d'écartement. En effet, ſoit F la force répulſive à une diſtance dont *a* ſoit le ſinus de l'angle d'écartement. Puiſque, d'après les expériences de Coulomb, les forces de répulſion ſont en raiſon inverſe du carré des diſtances, la force répulſive à la diſtance

$a = \dfrac{F}{a^2}$; mais la force avec laquelle le fil de l'*électromètre* tend à tomber, eſt égal au poids du corps multiplié par la diſtance du centre de gravité à la verticale = *a* P : d'où l'on déduit :

$$\frac{F}{a^2} = a\, P \ \& \ F = a^3\, P.$$

Comme P eſt une quantité conſtante, il s'enſuit que les forces ſont comme les cubes des écartemens.

Le ſavant géologue de Genève obſerve que « ces expériences ne ſont ni aſſez nombreuſes ni aſſez exactes, ni même aſſez concordantes entre elles pour ſervir de baſe à la recherche de la loi que ſuit la force répulſive de l'électricité, & qu'il ne donne cette table que comme un aperçu de ces

(1) *Eſſai ſur l'Electricité*, page 161.
(2) *Annales de Chimie*, tome XLII, page 305.
(3) *Beſchaſtigungen der Berlin Geſellſchaft natur forſchende. frund* Th. 1.
(4) *Magaz für der Neuſte*, tome II, part. 1, page 146.
(5) *Voyage dans les Alpes*, §. 793.

Dict. de Phyſ. Tome III.   L

rapports. » On voit qu'il est convenable d'en appeler à de nouvelles expériences pour vérifier la concordance ou la discordance de la loi d'écartement des boules des *électromètres*, avec la formule déduite de l'analyse.

ÉLECTROMÈTRE A CADRAN. Instrument imaginé par Henley, en 1792, pour faire connoître l'intensité de l'électricité des corps.

Cet *électromètre* se compose d'une colonne A B, fig. 769, formée d'une substance conductrice : sur cette colonne est fixé un demi-cercle d'ivoire, gradué D E ; au cercle C est suspendu un fil d'ivoire C F, à l'extrémité duquel est fixée une petite boule d'ivoire F. L'extrémité supérieure A de la colonne se termine en boule, & l'extrémité inférieure en vis, pour fixer l'instrument sur un pied G H, ou sur le conducteur d'une machine électrique, ou sur tout autre corps électrisé.

On place cet instrument sur le corps dont on veut mesurer l'intensité électrique. Dès qu'il est électrisé, la petite boule F est chassée, & le fil prend une direction C f plus ou moins inclinée : on mesure l'intensité électrique par l'angle d'inclinaison du fil, dont le nombre de degrés est indiqué sur le cadran.

ÉLECTROMÈTRE A ENGRENAGE ET A CADRAN. Instrument composé d'un cadran d'émail M, fig. 770, au milieu duquel est une aiguille N, placée sur l'axe d'une petite roue d'engrenage D, fig. 770 (a). Cette petite roue, qui a huit dents, engrène dans une plus grande c, qui en a trente-deux. Sur l'axe de cette roue est un pendule E B, au bas duquel est une petite boule de liége B. Un contre-poids E est placé à l'un des bouts. Une tige de cuivre est fixée verticalement sur la boîte de l'*électromètre* ; à l'extrémité de cette tige est une boule de cuivre A. Cet instrument est porté sur un pied P Q, fig. 770.

Dès que l'*électromètre* est électrisé, la boule B est repoussée ; le pendule prend la direction E'B' ; la roue d'engrenage c tourne & communique son mouvement à la roue D : alors l'aiguille N se meut en sens contraire, & décrit un angle quatre fois plus grand que celui du pendule. On a, par la graduation du cadran, la valeur de l'angle que l'aiguille a parcouru, & par suite l'angle du pendule en quarts de degré.

Adam a fait connoître cet *électromètre*, ainsi que ceux de Travensend, de Brooke, dans un ouvrage intitulé : *Essais sur l'électricité*. On le trouve chez Dumotier, rue du Jardinet, à Paris.

ÉLECTROMÈTRE AÉRIEN. Instrument employé pour distinguer la nature & l'intensité de l'électricité de l'air.

Le premier *électromètre aérien* étoit composé d'une perche pointue & isolée : on plaçoit près de cette perche un *électromètre* ordinaire, & l'électricité soutirée par la pointe se portoit sur l'*électro-*

mètre. On pouvoit alors reconnoître sur cet instrument la nature & l'intensité de l'électricité.

Mais ces *électromètres* étoient fixes ; ils ne pouvoient servir que dans un seul lieu : il étoit utile d'en avoir de portatifs, avec lesquels on pût observer dans tous les lieux & dans tous les temps l'électricité de l'air.

Cavallo (1) a fait usage d'un *électromètre aérien* très-simple : il se compose d'une longue perche de roseau, A B, fig. 771, formée de plusieurs morceaux réunis, comme dans celle dont les pêcheurs se servent. A l'extrémité B est un tube de verre, recouvert d'une couche de cire à cacheter : une boule de liége D termine ce tube, & dans celle-ci est fixé un *électromètre de Canton* E. Au bout A de la perche est attaché un fil H G I, qui tient à la boule de liége D par une épingle. On place la perche sur une fenêtre, en l'inclinant à l'horizon de 50 à 60 degrés : l'*électromètre* s'y électrise par influence. Tirant le fil, l'épingle se détache de la boule, & le fil prend la position L K M. On retire l'*électromètre*, qui est électrisé d'une électricité opposée à celle de l'air.

Depuis, on a beaucoup simplifié ces *électromètres*. Celui de Saussure, fig. 765, est un des plus simples dont on puisse faire usage. C'est un *électromètre de Canton*, renfermé dans un vase de verre. Cet *électromètre* est surmonté d'une tige pointue. *Voyez*, pour sa description & son usage, ÉLECTRICITÉ AÉRIENNE.

Pour remédier à l'inconvénient qu'offrent trop souvent les *électromètres* ordinaires, d'être isolés d'une manière imparfaite, quand le temps est humide, M. Ronoldes (2) propose de soutenir les feuilles d'or, ou les fils qui doivent servir d'*électromètre*, par une tige creuse de verre, que l'on tient échauffée au moyen d'une lampe à esprit-de-vin, placée à son extrémité inférieure.

Au lieu d'échauffer la colonne de verre qui isole l'*électromètre* (3), il est plus simple de placer l'instrument dans une petite cage ou cloche de verre dont on tient l'air desséché en y laissant de la chaux vive, du chlorure de calcium, de la potasse caustique ou de l'acide sulfurique concentré. L'instrument doit porter une tige métallique qui traverse la cage sans la toucher, & qui laisse autour d'elle un jeu d'un à trois millimètres. Malgré cette communication avec l'air extérieur, l'atmosphère de l'*électromètre* sera constamment assez sèche pour que l'instrument soit bien isolé.

ÉLECTROMÈTRE A FEUILLES D'OR. Instrument imaginé par Bennet en 1786, pour déterminer la nature & l'intensité de l'électricité.

(1) *Dissertation complète sur la doctrine de l'électricité*, tome IV, ch. 3.
(2) *Journal of Science and the arts*, vol. II, pag. 249.
(3) *Annales de Chimie & de Physique*, tome IV, p. 104.

Cet inftrument (1) conſiſte en deux lames d'or battu *a a, fig.* 772, ſuſpendues dans un bocal *b*; le pied *c* peut être en bois ou en métal; la tige *d* eſt de métal : la partie ſupérieure de cette tige eſt plate, afin qu'on puiſſe y poſer commodément des vaſes, des livres, de l'eau en évaporation, & tout ce qui eſt à électriſer. Le diamètre de la tige eſt d'environ un pouce plus grand que celui du bocal; ſes bords, qui ont environ trois quarts de pouce de hauteur, empêchent que l'inftrument ne ſoit mouillé, & le tiennent ſuffiſamment iſolé; un autre bord intérieur, cylindrique comme le premier, de moitié moins haut, garni de ſoie ou de velours, entre à frottement dans la partie ſupérieure du bocal; il eſt fixé au plateau P*p* de la tige : par ce moyen, on enlève facilement la tige de ſa place, lorſqu'il arrive quelqu'accident à l'or battu; un tube d'étain *e*, ſuſpendu au centre du plateau P*p*, dépaſſe un peu le bord inférieur : on fait entrer dans ce tube une cheville qu'on peut ôter à volonté. A cette cheville, ronde d'un bout & plate de l'autre, on attache deux lames d'or battu, avec un peu de colle d'amidon, d'eau gommée ou de vernis; ces lames, ainſi fixées, pendent dans le milieu du bocal; elles ont environ trois pouces de long & un demi-pouce de large. Sur un des côtés de la tige, il y a un petit tube *g* pour y placer des fils métalliques.

Il eſt évident que, ſans le bocal, le plus petit mouvement de l'air agiteroit tellement l'or battu, que l'inftrument ne ſeroit d'aucun uſage. Afin que la répulſion des lames d'or ne ſoit due qu'à l'électricité communiquée par le plateau P*p*, & indépendante de celle qui pourroit être communiquée par les parois, on attache, ſur ces parois, des feuilles d'étain qui ſe prolongent juſqu'au pied *c*, & qu'on fixe ſur la partie de la ſurface intérieure du bocal, qui doit être frappée par les lames d'or.

Le bocal eſt enduit, dans ſa partie ſupérieure, d'une couche de cire à cacheter qui s'étend au-deſſus du bord le plus ſaillant, afin de rendre l'iſolement parfait.

ÉLECTROMÈTRE A PAILLE. Inſtrument imaginé par Volta, pour diſtinguer & meſurer les plus petites quantités d'électricité.

Cet *électromètre, fig.* 757 (*a*), dont Volta a donné la deſcription dans une de ſes lettres au profeſſeur Lichtenberg, ſur la météorologie électrique, reſſemble beaucoup à celui de Cavallo ou de Sauſſure (*voyez* ÉLECTROMÈTRE DE CAVALLO; ÉLECTRICITÉ AÉRIENNE), formés l'un & l'autre de deux petits pendules renfermés dans une bouteille. Ils diffèrent en ce q e Volta a ſubſtitué aux deux fils métalliques, portant à chaque extrémité une boule de moelle de ſureau, deux petites pailles cylindriques ſuſpen-

dues par un fil de métal. Cet inſtrument réunit, à l'avantage d'une marche plus uniforme, celui de pouvoir mieux comparer les degrés d'électricité dans toute l'étendue de l'échelle. Ces degrés ſont marqués par l'écartement ou la divergence des pailles, qui ont environ trois pouces de longueur. Chaque demi-ligne d'écartement dans les extrémités équivaut à un degré.

ÉLECTROMÈTRE DE BARBEROUX. Cet inſtrument, décrit par Lichtenberg, eſt compoſé d'un tube de verre de douze pouces de long ſur ſeize lignes de large; il eſt bouché à ſes deux extrémités par deux plaques de cuivre : deux fils métalliques pénètrent dans le tube par les plaques des extrémités : c'eſt entre ces deux fils que l'on fait paſſer l'étincelle d'un corps électriſé. On meſure l'intenſité électrique par la diſtance à laquelle les deux fils doivent être, pour que l'étincelle puiſſe paſſer. Cet inſtrument donne des meſures très-incertaines.

ÉLECTROMÈTRE DE BENNET. Inſtrument imaginé par Bennet. Il eſt compoſé d'un tube de verre dans lequel ſont deux feuilles d'or battu. *Voyez* ÉLECTROMÈTRE A FEUILLES D'OR.

ÉLECTROMÈTRE DE CANTON. Inſtrument imaginé par Canton, pour diſtinguer & meſurer l'électricité.

Il eſt compoſé de deux petites boules de liége ou de ſureau, A, B, *fig.* 756 (*a*), ſuſpendues par deux petits fils métalliques *a*A, *b*B, placés ſur un tube de verre *c*. Dès qu'il reçoit de l'électricité, les petites boules s'écartent en *a*, *b*. On juge de la nature de l'électricité, en approchant un bâton de cire d'Eſpagne E, électriſé ℭ. De la partie ſupérieure de l'*électromètre*, les boules ſe rapprochent, ſi elles ſont électriſées, E, & elles s'écartent, ſi elles ſont électriſées ℭ. Enfin, on détermine l'intenſité électrique par l'écartement naturel des boules.

ÉLECTROMÈTRE DE CAVALLO. C'eſt l'*électromètre de Canton*, que Cavallo a renfermé dans un petit cylindre de verre A B, *fig.* 756 (*e*). Le fond eſt formé d'une plaque métallique; les deux petites boules de liége ou de ſureau, *b d*, ſo t ſuſpendues à des fils métalliques qui ſe meuvent à charnière dans deux petites ouvertures *a a*. Une boule de métal C ſert de bouchon; elle ſupporte les tiges C*a*, où ſont ſuſpendus les fils métalliques. Deux feuilles d'étain, *e f*, empêchent que l'électricité des boules ne ſoit influencée par celle du verre. L'idée d'enfermer l'*électromètre de Canton* dans un tube de verre, préſerve cet inſtrument de l'influence des mouvemens de l'air, & le rend beaucoup plus exact.

ÉLECTROMÈTRE DE COULOMB. Inſtrument

imaginé par Coulomb, pour indiquer & mefurer, par la torfion des fils, les plus petites quantités d'électricité. *Voyez* COULOMB (Balance de).

ÉLECTROMÈTRE DE CUTHBERFOXE. Balancier imaginé par Cuthberfoxe, pour mefurer l'intenfité de l'électricité.

L'*électromètre* de Cuthberfoxe (1) fe compofe d'un balancier A B, *fig.* 773, mu fur l'axe C. Sur ce balancier eft un curfeur D, que l'on avance ou recule jufqu'à ce qu'il faffe équilibre à la force de répulfion. L'axe de mouvement C eft placé fur un fupport de verre G. Près de l'extrémité B eft une petite boule métallique qui communique au réfervoir commun par le conducteur K. En F eft une boule ifolée, que l'on fait communiquer au corps électrifé par le conducteur L.

Dès que la boule F eft électrifée, elle communique fon électricité à la boule A & la chaffe; mais le poids D, par fa gravitation, s'oppofe au mouvement. Comme fon action eft d'autant plus grande qu'il eft plus près du point B, on peut l'avancer ou le reculer jufqu'à ce que la différence des efforts C A & C B faffe équilibre à la force répulfive de l'électricité.

ÉLECTROMÈTRE DE DARCY ET LEROY. Efpèce d'eudiomètre ou flotteur A B, *fig.* 774, plongé dans l'eau contenue dans un vafe D D. Sur la tige du flotteur eft un anneau métallique B. Lorfque le flotteur eft au fond du vafe, que l'anneau touche le couvercle & que l'on électrife le vafe, le couvercle & l'anneau étant électrifés de la même manière, ce dernier eft repouffé : le flotteur s'élève jufqu'à ce que l'augmentation de poids du flotteur faffe équilibre à la force répulfive; alors on détermine cette force par la hauteur de l'anneau au-deffus du couvercle.

ÉLECTROMÈTRE DE GRAY. C'eft tout fimplement un fil placé à l'extrémité d'un tube de verre. Cet inftrument, avec lequel on ne peut que voir, & non mefurer l'intenfité de l'électricité, eft plutôt un électrofcope qu'un *électromètre*. *Voyez* ÉLECTROSCOPE.

ÉLECTROMÈTRE DE HENLEY. C'eft un *électromètre* à cadran. *Voyez* ÉLECTROMÈTRE A CADRAN.

ÉLECTROMÈTRE DE LANE. Boule métallique D, *fig.* 767 (*b*), qui peut s'approcher à différentes diftances de l'extrémité d'un conducteur. *Voyez* ÉLECTROMÈTRE.

ÉLECTROMÈTRE D'ELLICOT. Efpèce de balance avec laquelle on mefure la force de répulfion de l'électricité par le moyen de poids que l'on pla-

çoit dans un plateau fufpendu au fléau qui contenoit le corps repouffé. *Voyez* les *Tranfactions philofophiques*, vol. XLV, pag. 486.

ÉLECTROMÈTRE DE LEROY ET DARCY. Efpèce de flotteur avec lequel on eftimoit la force de répulfion. *Voyez* ÉLECTROMÈTRE DE DARCY.

ÉLECTROMÈTRE DE LUDOFF. Cercle mobile & gradué, à l'aide duquel on mefure l'angle de répulfion (1).

A B E D, *fig.* 775, eft un cercle de laiton fort mince, dont un quart B C eft divifé en degrés; fon centre eft percé d'un petit trou. E D H & K F I, font deux fils d'archal qui font courbés de la manière que la figure le repréfente; ils font attachés au cercle de laiton par des vis. R U S M L W eft une efpèce de châffis; P Q, T V, font deux fils d'archal de 1 ½ ligne de diamètre environ. O & N font deux vis qu'on peut faire avancer ou reculer à volonté des deux côtés oppofés L W, M S du châffis. Ces deux vis fe terminent par deux petits cônes *o*, *n*. Rapprochées autant qu'il eft néceffaire, les deux vis foutiennent le cercle de laiton par le petit trou percé au centre, de manière à ce qu'il puiffe fe mouvoir avec le moindre frottement.

Si l'on électrife cet inftrument, les deux branches P Q F, & T V H D, qui font en contact, fe repouffent, & l'angle dont elles s'éloignent eft indiqué par le quart de cercle.

Cet inftrument eft très-défectueux. Nous ne l'avons indiqué que pour donner une idée des moyens plus ou moins compliqués qui ont été employés pour mefurer l'intenfité électrique.

ÉLECTROMÈTRE DE SAUSSURE. *Électromètre* à boule, *fig.* 765. *Voyez* ÉLECTRICITÉ AERIENNE.

ÉLECTROMÈTRE DE VOLTA. *Électromètre* extrêmement fenfible, dont Volta a fait ufage pour obferver & mefurer de très-petites intenfités électriques.

Électromètre à paille, *fig.* 757 (*a*), qui diffère de celui qui a été décrit (*voyez* ÉLECTROMÈTRE A PAILLE), en ce qu'il eft couvert d'un difque de métal C C, enduit d'une couche très-mince de vernis. Sur ce difque on en place un fecond E, également enduit de vernis : ce dernier peut fe placer ou fe déplacer à l'aide d'un tube de verre F. Ces deux difques forment un condenfateur avec lequel on peut accumuler de l'électricité fur les deux plateaux, & rendre fenfible des électricités inappréciables. *Voyez* CONDENSATEUR DE VOLTA.

Pour reconnoître de très-petites quantités d'é-

(1) *Élémens d'électricité galvanique*, par Georges Singer.

(1) *Journal de Phyfique*, année 1782, tome III, p. 193.

lectricité, on fait communiquer le disque C C avec le réservoir commun : on touche alors le plateau supérieur avec le corps électrisé ; on retire la communication avec le réservoir commun, puis on cesse le contact. Cela fait, on soulève le disque supérieur E, & l'on voit les brins de paille s'écarter. Comme ces brins de paille ont été électrisés par influence, leur électricité est différente de celle du corps électrisé que l'on a voulu éprouver.

Cet instrument indiquant toujours une électricité plus forte que celle du corps que l'on a essayé, il ne sert qu'à faire voir qu'il existe de l'électricité. On pourroit le ranger parmi les électroscopes. *Voyez* ELECTROSCOPE.

ÉLECTROMÈTRE DE WARTZ. Fils métalliques supportant des petits poids, *fig.* 768, avec lesquels on peut calculer la force de répulsion de l'électricité. *Voyez* ÉLECTROMÈTRE.

ÉLECTROMÈTRE POUR LA PLUIE ; hyelo-electrometrum ; *regen electrometer.* Vase isolé qui reçoit la pluie, & qui transmet à un *électromètre* l'électricité de la pluie.

Cavallo faisoit usage d'un fort tuyau de verre de deux pieds & demi de long, A B C L, *fig.* 776, qui se place dans une espèce d'entonnoir D E, à l'extrémité duquel est un tube F D, entouré de fil de laiton destiné à recevoir la pluie sans empêcher l'action du vent. Un fil métallique partant du tube F D passe à travers le tube de verre, & se prolonge en A G. A son extrémité est suspendu un *électromètre* de Canton. Le tube est enduit de cire à cacheter de A en B, ainsi que dans la partie du tube qui pénètre dans l'entonnoir. L'espace C B est enveloppé par des rubans de soie, pour le fixer plus sûrement avec des crampons.

On pose le tube à travers une ouverture faite dans une croisée, la partie C F en dehors, & la partie B G en dedans. On essuie parfaitement le tube à l'approche de la pluie, & l'on observe les effets électriques lorsque l'eau tombe. Cavallo a remarqué qu'à la chute des pluies, l'électricité indiquée par cet *électromètre* étoit assez ordinairement ⊕ ; rarement elle étoit E. Souvent l'électricité étoit assez forte pour charger une bouteille de Leyde.

ÉLECTROMÉTRIE ; electrometria ; *elektrometrie* ; f. f. Science qui a pour objet la mesure de la force ou de la tension électrique.

Si nous possédions de bons électromètres, toute la science électrométrique se réduiroit à mesurer exactement la tension électrique.

Coulomb a déterminé, avec sa balance, la loi de l'attraction & de la répulsion électriques. Il a fait un grand nombre d'observations sur la répartition du fluide électrique sur la surface des corps. Poisson a appliqué l'analyse à cette répartition, en

partant d'une hypothèse, & en supposant la loi d'attraction & de répulsion exacte.

Toute l'*électrométrie* est encore renfermée dans des limites très-étroites. Nous avons si peu de connoissance sur l'électricité !

ÉLECTROMICROMÈTRE ; electromicrometrum ; *elektro-mikrometer* ; f. m. Électromètre avec lequel on peut apprécier les plus petites variations dans les intensités électriques.

Mareschau, de Wesel (1), est l'auteur de cet instrument que l'on a perfectionné, & qui a été construit par Dumotier tel que nous allons le décrire. A, *fig* 777, cage de cristal ou de verre, vernissée à sa partie supérieure. B, socle de bois verni. C, vis dont les pas ont un demi-millimètre. D, disque de glace gradué, divisé en 360°. E, lames de cuivre graduées, indiquant les degrés du disque & des pas de vis F, tige de cuivre à coulisse. G, disque de métal, se vissant sur un bouton, dont la partie inférieure est une pince servant à retenir les feuilles métalliques. H, feuille de cuivre très-mince, connue sous le nom d'*oripeau*. I, tige de cuivre très-pointue, se vissant sur le bouton supérieur, à sa place du disque. K, deux pinces, l'une tenant une feuille de cuivre, l'autre deux pailles, remplaçant à volonté les feuilles de cuivre H.

Quand on veut apprécier de très-petites quantités d'électricité, on retire la tige à coulisse, on enlève la pince à deux feuilles, que l'on remplace par la pince à une feuille ; & rapprochant la vis C, près de la feuille de cuivre, dont la position doit être perpendiculaire, de manière que le contact marque zéro sur le disque de cristal à la première ligne de la lame E ; on éloigne la vis en comptant les pas par le moyen de la division tracée sur la lame E ; & rapprochant du disque G, le corps dont on veut connoître la quantité d'électricité, on éloigne ou on rapproche la vis jusqu'à ce que la feuille touche son extrémité.

ÉLECTROMOTEUR, de ελεκτρον, *électricité* ; motor, *moteur* ; electromotor ; *elektromoteur* ; f. m. Machine à l'aide de laquelle on produit de l'électricité.

Quoique toutes les machines électriques soient de véritables *électromoteurs*, on n'a cependant donné ce nom qu'aux seules machines qui produisent de l'électricité par le simple contact, & l'on a conservé le nom de *machines électriques* à celles qui produisent de l'électricité par le frottement. *Voyez* MACHINES ELECTRIQUES.

Volta (2) paroît être l'inventeur du premier *électromoteur* dont on ait fait usage. Celui qu'il a employé dans ses expériences étoit composé de plusieurs couples de disques de zinc & de cuivre

---

(1) *Journal de Physique*, année 1805, tome II, page 48.
(2) *Annales de Chimie*, tome XL, page 225.

$z\,c$, $z\,c$, $z\,c$, *fig.* 778, féparés par un corps humide h de carton ou de drap. Ces difques & ces corps humides, placés les uns fur les autres, formoient une colonne A B, *fig.* 778 (*a*). Plaçant cette pile fur une plaque de verre ou tout autre corps ifolant, C D, on obferve, à l'aide d'un électromètre très-fenfible, que les deux extrémités E, F font électrifées d'électricité contraire, & que le milieu, G, ne donne aucun indice d'électricité. Se lon l'ordre d'arrangement des difques, l'électricité inférieure & fupérieure eft différente. En commençant la pile par un difque de cuivre, fur lequel foit pofé un difque de zinc, puis un corps humide, & continuant dans le même ordre, l'électricité de la partie inférieure eft ċ, & celle de la partie fupérieure E. Enfin, fi, au lieu d'ifoler la bafe de la pile, on la fait communiquer au réfervoir commun, la bafe ne donne aucun indice d'électricité; elle eft à l'état naturel, & la partie fupérieure a une intenfité d'électricité double de celle qu'elle avoit lorfque la bafe étoit ifolée. Dans ce cas, le milieu de la pile G eft électrifé d'une électricité femblable à celle de la partie fupérieure.

Ce que ces *électromoteurs* ont de remarquable & de commode, c'eft qu'ils font, pendant un temps plus ou moins long, une fource continuelle d'électricité que l'on peut appliquer à toutes les expériences qui exigent une action continuelle de ce fluide: ils agiffent à la manière des bouteilles de Leyde; ils produifent également des commotions; mais ce qu'ils ont d'avantageux, c'eft que ce font des bouteilles de Leyde qui fe chargent d'elles-mêmes & dans un temps très-court, & qu'ils peuvent produire des commotions continuelles.

Nous allons examiner très-fuccinctement comment l'électricité fe produit dans les *électromoteurs*.

On s'eft affuré, par un grand nombre d'expériences, que plufieurs fubftances produifoient de l'électricité par le feul contact (*voyez* ELECTRICITÉ, ELECTRICITÉ (Génération de l'); mais la nature & l'intenfité de l'électricité produite, différent dans chaque fubftance. Ainfi, le cuivre & le zinc développent une électricité très-fenfible à l'électromètre de Volta, armé de fon condenfateur; tandis que l'eau & beaucoup d'autres liquides, des acides, &c., ne produifent pas d'électricité appréciable, lorfqu'on les met en contact avec des métaux, ou une très-foible électricité avec les acides & les alcalis.

Cela pofé, fi l'on réunit trois fubftances, dont deux produifent de l'électricité par le contact, & que la troifième, jouiffant de la propriété d'être conductrice de l'électricité, ne développe aucune électricité appréciable lorfqu'elle eft en contact avec les deux premières fubftances, on pourra facilement, avec ces trois fubftances, former un *électromoteur*.

En effet, foit *m o*, *fig.* 779, deux fubftances électrifables par le contact, & *a* la quantité d'électricité développée que le corps *o* contient de plus

que le corps *m*; fuppofons encore que *c* ne foit qu'un fimple conducteur d'électricité, & qu'il ne s'en développe d'aucune efpèce dans fon contact avec les fubftances *m* & *o*; le difque *o*, à caufe de fon contact immédiat avec le difque *m*, acquerra *a* d'électricité; le difque *m*, devant fe mettre en équilibre d'électricité avec le corps *o*, à caufe du conducteur *c* qui les fépare, acquerra également *a* d'électricité de plus que celui *m*; & le difque *o'* développera $2\,a$ d'électricité, *o''* en contiendra $3\,a$, &c.

Si donc on vouloit connoître la quantité d'électricité développée dans une pile formée de *n* double difque, en fuppofant que le premier difque *m* = *x* d'électricité, on voit que l'on auroit pour l'électricité contenue dans tous les difques *m*; *m*, *m* 2, *m* 3, &c..... *m n*.

$$x, a + x, 2\,a + x, 3\,a + x, \ldots (n-1)\,a + x = nx + \frac{(na - a)}{2}$$

& pour les difques *o*; *o*, *o*.2, *o* 3, ... on aura:

$$x + a, 2\,a + x, 3\,a + x, 4\,a + x, \ldots n\,a + x = nx + n\frac{(na + a)}{2}.$$

Ajoutant ces deux quantités, on aura

$$2\,n\,x + n\,(n\,a) = (2\,x + n\,a)\,n.$$

Si la pile eft pofée fur un plateau de verre A B, qui l'ifole, on aura $n\,(2\,x + n\,a) = 0$ & $x = \frac{n\,a}{2}$.

Mettant dans la valeur du difque fupérieur $O_n = n\,a + x$ la valeur de *x* trouvée par l'équation précédente; on a:

$$O_n = n\,a + x = n\,a - \frac{n\,a}{2} = \frac{n\,a}{2}.$$

D'où l'on voit que fur les deux difques fupérieur & inférieur, O_n, les quantités d'électricité font les mêmes $= \frac{n\,a}{2}$, mais que ces électricités font oppofées.

En faifant communiquer le premier difque *m* avec le réfervoir commun, la quantité *x* = *o*, alors on a à $O_n = n\,a$, quantité double de la première.

Cette théorie fuppofe que la tranfmiffion de l'électricité s'opère à travers les rondelles humides, fans aucun affoibliffement: c'eft le cas d'une conductricité parfaite. On y admet en outre que les liquides interpofés entre les élémens métalliques n'exercent fur eux qu'une action électrométrique nulle, ou affez petite pour pouvoir être négligée (1). Enfin, pour paffer d'un élément à un autre, on introduit une troifième donnée: c'eft que l'excès *a* de l'électricité que l'un des corps prend à l'autre, eft conftant pour tous les corps femblables qui s'électrifent par le contact.

---

(1) Des expériences exactes ont prouvé que les acides & les alcalis fecs, en contact avec des difques métalliques, développoient de l'électricité.

Cette dernière suppofition eft la plus fimple que l'on puiffe faire, mais ce n'eft qu'une fuppofition. Coulomb a dit avoir vérifié cette loi, & elle lui a paru exacte.

Un grand nombre de piles formées avec vingt couples de zinc & cuivre, féparées par divers conducteurs humides, donnèrent à Biot (1), après un temps déterminé, des intenfités d'électricité fenfiblement égales; cependant les phénomènes chimiques & phyfiologiques lui parurent différens. Pour s'affurer que cette différence tenoit à la conductibilité imparfaite de la fubftance qui féparoit les couples, & conféquemment au temps que l'électricité mettoit à fe transporter à travers les conducteurs, ce phyficien forma une pile de vingt couples, dans laquelle les rondelles humides étoient remplacées par des difques folides de nitrate de potaffe fondu au feu & coulé dans des moules de même largeur que les élémens métalliques. Cette pile ne donnoit ni commotion ni éclairs; elle ne produifoit point la décompofition de l'eau. Cependant elle communiquoit de l'électricité au condenfateur, & même elle le chargeoit fenfiblement; autant qu'une pile d'un égal nombre de couples métalliques, montée avec une diffolution de fulfate d'alumine ou de muriate de foude; mais il lui falloit, pour cela, beaucoup plus de temps. C'eft ce que montre le tableau fuivant, où l'on a rapporté les répulfions obfervées après différens contacts plus ou moins prolongés. Les temps font exprimés en fecondes décimales, & les arcs en grades.

TEMPÉRATURE des contacts.	RÉPULSION obfervée.	INTENSITÉ de l'électricité au fommet de la pile, déduite par le calcul.
1″	31gr,	1,3625
2	51	2,9019
3	60	3,7255
4	70	4,7343
5	75	5,2765
10	84	6,3207
25	86,5	6,6251
50	87,7	6,7495
75	88	6,8122
100	88	6,8122

Si l'on vouloit repréfenter la loi qui réfulte de ces expériences, à l'aide d'une courbe, *fig.* 780, qui ait pour abfciffes les temps de contact, & pour ordonnées les répulfions obfervées, cette courbe feroit de la nature de celle que les géomètres appellent *logarithmique.*

(1) *Traité de Phyfique expérimentale & mathématique,* tome II, page 518.

On peut, à l'aide de ces variations dans la faculté qu'ont les conducteurs introduits entre les doubles plaques, expliquer une foule d'anomalies que préfentent les appareils *électromoteurs :* telles font, par exemple, ces piles dont l'intenfité électrique augmente avec le nombre des doubles plaques, & avec lefquelles cependant on ne peut jamais obtenir d'action chimique & d'effet phyfiologique, quelque nombreux que foit le nombre des difques. On explique encore pourquoi, dans certaines piles, l'état électrique femble fe foutenir beaucoup plus long-temps que l'action chimique.

Pour que les phénomènes phyfiologiques & l'action chimique aient lieu, il faut une certaine intenfité d'électricité. Lorfque la pile fe récharge inftantanément, la tenfion électrique eft toujours très-grande, & elle agit avec toute fa force; mais lorfque les corps interméduaires font imparfaitement conducteurs, le fluide électrique fe répand à mefure qu'il parvient au fommet de la pile, & celle-ci n'acquiert jamais le degré de tenfion électrique qui lui eft néceffaire pour produire les effets que l'on veut en obtenir. On conçoit, d'après cet expofé, pourquoi certaines piles ne produifent jamais d'action chimique ni d'effet phyfiologique, & l'on conçoit également comment, lorfque la propriété conductrice du corps intermédiaire change, pendant la durée de l'opération, l'action chimique & l'état électrique ne fe foutiennent pas également. Ainfi, en employant un acide affoibli, celui-ci agit fur les furfaces des plaques métalliques, les oxides, & change par-là la conductibilité.

En compofant des appareils *électromoteurs* avec des plaques de différentes dimenfions, on obferve que l'intenfité de l'électricité refte la même, que les quantités accumulées font proportionnelles aux furfaces des plaques : auffi les actions chimiques & les effets phyfiologiques font-ils confidérablement augmentés. Thenard & Gay-Luffac ont trouvé, dans des expériences comparatives, que les quantités de gaz dégagées dans un temps donné, font proportionnelles aux furfaces des plaques, lorfque le nombre des plaques, leur nature & les corps conducteurs font les mêmes. Ils penfent que le même accroiffement doit s'obferver dans tous les autres effets chimiques.

Davy croit que le pouvoir de l'ignition, pour des nombres égaux de plaques, femble s'accroître dans un rapport très-élevé avec l'agrandiffement de la furface, & probablement dans un rapport plus haut que le carré; car vingt doubles plaques, contenant chacune deux pieds carrés, ne firent pas rougir la feizième partie du fil que vingt doubles plaques, contenant chacune huit pieds carrés, avoient fondue. L'acide employé étoit, dans les deux cas, de la même force.

L'analyfe appliquée aux appareils *électromoteurs,* en fuppofant une conductibilité parfaite, paroît établir que l'électricité doit augmenter proportionnellement au nombre des doubles plaques; mais cette conductibilité parfaite étant idéale, il étoit convenable de s'assurer si l'expérience s'accordoit avec ce résultat. Gay-Lussac & Thenard ont cherché à évaluer cet accroissement pour l'électricité naissante, en comparant les volumes de gaz développés dans un même liquide, par l'action de diverses piles égales en tout, excepté dans le nombre des couples, & ils ont trouvé que ces volumes étoient proportionnels à la racine cubique du nombre des plaques superposées.

Davy ne partage pas, à cet égard, l'opinion des deux chimistes français, & ses expériences ne s'accordent pas avec les leurs : car 10 paires de plaques produisant 15 mesures de gaz, 20 paires n'ont produit, dans le même temps, que 49 mesures. Une autre fois, 10 paires de plaques produisirent 5 mesures; 40 paires semblables en produisirent 78 mesures dans le même temps. Dans les expériences faites avec des arcs, & qui parurent irréprochables, 4 paires produisirent une mesure de gaz; 12 paires, dans le même temps, en produisirent 9,7 mesures; 6 paires produisant une mesure; 30 paires semblables, dans les mêmes circonstances, en produisirent 24,5, & ces quantités sont approchées comme les carrés des nombres. Le physicien anglais attribue cette différence en ce que les expériences des savans français furent faites avec de petites plaques, & d'une construction très-défavorable.

Van-Marum, Pfaff, Wilkinson, Cuthbertson, Singer, ont trouvé un autre rapport dans la combustion des fils métalliques. Il résulte de leurs expériences, que l'accroissement du pouvoir des batteries dont les plaques ont les mêmes surfaces, est comme leur nombre. Les expériences de Davy s'accordent avec les leurs : car avec 10 doubles plaques, ayant chacune 100 pouces carrés de surface, il fit rougir 2 pouces de fil de platine de $\frac{1}{80}$ pouce d'épaisseur; 20 doubles plaques en firent rougir 5 pouces, & 40 doubles plaques 11 pouces. Cependant des expériences faites sur de plus hauts nombres ne s'accordèrent pas avec celles-ci; car 100 doubles plaques, de 32 pouces carrés chacune, firent rougir 3 pouces de fil de platine de $\frac{1}{70}$ de pouce d'épaisseur, & 1000 doubles plaques n'en firent rougir que 15 pouces seulement. L'eau acidulée étoit la même dans les deux cas.

Il auroit été à désirer que la même comparaison eût été faite sur l'intensité de l'électricité au sommet des piles; mais les difficultés que présentent ces fortes d'expériences, ont empêché jusqu'à présent qu'elles ne fussent exécutées.

Une pile montée ne conserve d'énergie que pendant un temps qui varie avec la nature des doubles plaques, & particulièrement avec celle des conducteurs intermédiaires; elle diminue graduellement & cesse ses fonctions. L'action chimique & les effets physiologiques sont ceux qui

cessent les premiers : la diminution de l'action physique se fait plus lentement.

Biot a monté deux piles de vingt couples (1) de zinc & de cuivre; l'une avec une dissolution de potasse, l'autre avec une dissolution de sulfate de fer; & en leur appliquant le condensateur dans le premier moment de leur action, il trouva :

Avec la potasse. . . . . 60½ gr.
Avec le sulfate de fer. 82½

Mais bientôt, poursuivant les expériences sur ces deux appareils, le rapport de leurs actions changea, & il trouva la répulsion moyenne :

Avec la potasse. . . . . 67°
Avec le sulfate de fer. 75

En sorte que l'une avoit augmenté & l'autre diminué. Le sulfate de fer avoit produit une oxidation très-vive, qui avoit recouvert la surface du zinc & affoibli la conductibilité.

Comparant de même l'eau pure avec la colle d'amidon, dans deux piles de vingt couples qui venoient d'être montées, Biot trouva, pour répulsion moyenne :

Avec la colle. . . . . 56°,4 gr.
Avec l'eau pure. 75,4

Huit jours après, la pile qui avoit été mouillée avec de l'eau pure étoit tout-à-fait insensible, & celle qui avoit été montée avec de la colle donnoit pour répulsion. . . . . 40 gr.

Cette pile présentoit dans ses effets des variations correspondantes à l'état hygrométrique de l'air. Il en est de même de toutes celles où l'on emploie pour conducteur des substances qui attirent fortement l'humidité. Toutes ces piles perdent leur énergie dans des lieux secs & la reprennent dans des lieux humides, selon que leurs facultés conductrices est affoiblie ou augmentée par la quantité d'eau qu'elles peuvent absorber.

En général, l'oxidation opérée dans l'intérieur des piles, augmente d'abord leur énergie par le transport direct de l'électricité qui en résulte; mais en même temps elle devient nuisible par sa couche d'oxide, non conducteur, qu'elle dépose sur les surfaces des disques, ce qui amène enfin la cessation de toute action, & d'autant plus promptement que l'énergie de la pile a d'abord été plus puissante.

Aldini (2) ayant remarqué que l'électricité des bouteilles de Leyde & celle des piles galvaniques absorboient de l'oxigène, Frédéric Cuvier & Biot répétèrent les mêmes expériences (3) en plaçant un *appareil électromoteur* sous une cloche, & en

(1) *Annales de Chimie*, tome XLVII, page 20.
(2) *Essai sur le Galvanisme*, partie I, propos. VIII, exp. 19, 20, 21, 22, 23, 24, 25.
(3) *Traité de Physique expérimentale & mathématique*, tome II, page 126 & suiv.

faisant

faifant communiquer les deux extrémités de la pile avec deux tiges, a, b, *fig.* 781, placées dans un tube T, difposé pour décompofer l'eau. Après dix-fept heures d'action, on jugea, par l'obfervation, que la petite quantité d'air laiffé fous la cloche devoit avoir perdu fon oxigène. La pile ne donnoit que des effets très-peu fenfibles : elle ne faifoit plus éprouver de commotions ; elle ne communiquoit à la langue placée fur les conducteurs, qu'une faveur très-légère ; elle n'excitoit plus le dégagement des bulles dans le tube, quoiqu'on eût pris foin de le renouveler, de peur qu'il n'eût perdu fa fenfibilité par fuite de l'emploi qu'on en avoit fait dans des expériences précédentes. Enfin, on croyoit l'action de la pile abfolument éteinte.

Sans rien changer à ces difpofitions, fans toucher à l'appareil, on introduifit une petite quantité de gaz oxigène fous la cloche où la pile étoit renfermée.

A l'inftant, le dégagement des bulles commença à fe manifefter : il s'augmenta par l'addition de nouveau gaz, & quand on en eut introduit une quantité affez confidérable, il devint prefqu'auffi fort que dans le commencement de l'action de la pile. La faveur brûlante fe fit fentir de nouveau fur la langue d'une manière infupportable, & l'on éprouva fenfiblement la commotion.

On laiffa l'action fe continuer pendant vingt-quatre heures : le niveau intérieur de l'eau, qui, après l'introduction de l'oxigène, étoit de deux centimètres plus bas que le niveau extérieur, remonta au-deffus de la même quantité ; & en calculant approximativement le volume du gaz oxigène abforbé, on trouva qu'il étoit au moins égal à un décimètre cube & demi.

Il réfulte de cette expérience, que l'oxigène enlevé par la pile, à l'air atmofphérique qui l'environne, contribue à augmenter fon action ; & cette augmentation réfide fans doute dans l'affinité de l'oxigène pour les furfaces électrifées E, comme le font les élémens du zinc de la pile : & en effet ce font ces élémens qui fe trouvent oxidés. Il reftoit à examiner fi cette abforption d'oxigène étoit abfolument néceffaire à la pile pour que fon action fe développât ; mais l'action de l'*appareil électromoteur* ayant été la même dans le vide comme dans l'air atmofphérique, tout porte à croire que cet appareil a une action propre, indépendante de la préfence de l'oxigène : réfultat conforme à ce qu'établiffoient les expériences fondamentales de Volta fur le contact des métaux ifolés.

Un réfultat affez remarquable, c'eft celui du transport des métaux de l'un à l'autre dans l'*appareil électromoteur*.

Si l'on place, dans le vide, une pile galvanique compofée de doubles plaques zinc & cuivre, féparées par des morceaux de drap mouillés, & que l'on établiffe une communication entre les deux piles, on obferve généralement que, dans

les deux plaques en contact, des molécules fe détachent du cuivre pour fe porter fur le zinc ; & dans les plaques féparées par le drap humide, ce font, au contraire, les molécules du zinc qui fe détachent pour fe porter fur le cuivre, à travers le conducteur humide. Ce réfultat eft d'autant plus remarquable, que c'eft le métal qui enlève l'électricité E à celui avec lequel il eft en contact, qui lui enlève en même temps des particules métalliques ; & que c'eft également le corps qui tranfmet l'électricité E à travers les conducteurs humides, qui tranfmet également des particules de fa fubftance. Nous laifferons les partifans de l'hypothèfe d'un feul & de deux fluides électriques, tirer de cette obfervation les conféquences les plus propres à confirmer ou à infirmer l'hypothèfe qu'ils ont adoptée.

Davy explique ainfi ce tranfport. L'oxigène fe trouve attiré par toutes les pièces de zinc qui font électrifées E ; il fe combine avec leur fubftance en vertu de l'affinité qu'il a pour elle, & de l'influence électrique qui l'y détermine ; mais l'oxide de zinc qui en réfulte, eft à fon tour attiré vers la furface de la pièce de cuivre, que l'imperfection des conducteurs laiffe à l'état *e*. Il portera donc à cette pièce l'électricité E du zinc métallique qu'il abandonne, & ce mouvement de tranfport, continué dans la pile, rétablit la tranfmiffion de l'électricité. Cette explication s'applique également à toutes les autres décompofitions chimiques qui s'opèrent dans la pile. Les produits qui en réfultent, attirés par les furfaces diverfement électrifées, tranfportent avec eux l'électricité de ces furfaces, & produifent directement le même réfultat qui naîtroit d'une parfaite conductibilité.

La forme des appareils *électromoteurs* a éprouvé de grandes modifications. Volta a réuni les plaques les unes au-deffus des autres pour en former de colonnes ; mais dès que l'on a voulu augmenter l'intenfité de l'électricité de ces appareils, on a reconnu qu'il exiftoit une hauteur de colonnes telle, qu'en la dépaffant, l'action n'augmentoit pas fenfiblement. Alors on a formé des appareils avec des doubles, des triples colonnes.

A B C D, *fig.* 781, eft un appareil *électromoteur* à doubles colonnes. C'eft une bafe de bois, dans laquelle font fixés huit tubes de verre A B, C D, I F, &c. On ifole l'appareil en plaçant fur la bafe une plaque de verre. Entre les tubes A B, F I, on élève une pile. Entre les tubes F I, C D, on élève une autre pile, dans laquelle l'ordre des plaques cuivre & zinc eft inverfe de la première ; on pofe un conducteur métallique entre les bafes des deux piles : alors elles ne forment plus que la continuation d'une même pile. Si donc la pile A B commence à fa bafe par zinc, conducteur humide, cuivre, zinc, conducteur humide, &c., la partie fupérieure fera électrifée E ; commençant la feconde pile par cuivre, corps humide, zinc, cuivre, &c., la partie fupérieure fera électrisée C., & les deux pôles oppofés de cette double pile feront dans la partie fupérieure de chaque colonne. On comprime les plaques de chaque pile avec deux conducteurs isolés H, G, qui communiquent à d'autres conducteurs E, C, par lesquels on foutire l'électricité de l'appareil.

Pour former un *appareil électromoteur* à trois colonnes *fig* 782 (*d*), il faut que celles des deux extrémités A B, C D, aient leur double plaque dans le même ordre, & celle du milieu dans un ordre renversé; il faut encore que la colonne du milieu communique avec l'une des piles A.B par fa bafe, & avec l'autre C D par fa partie fupérieure ; ce qui produit l'effet d'une colonne continue, dans laquelle les pôles font aux parties fupérieure & inférieure des colonnes extrêmes, oppofées à celles qui communiquent avec la colonne du milieu. Ici, l'un des pôles E ou C eft à la partie fupérieure de la colonne A B, & l'autre pôle C ou E eft à la partie inférieure de la colonne C D.

Afin d'éviter la compreffion, & pouvoir employer des doubles plaques de toute grandeur, Cruikshank a placé fes plaques dans des cuves tellement conftruites, que les plaques font entièrement ifolées, *fig*. 783; on verfe le liquide entre les doubles plaques, & l'appareil fonctionne auffitôt. Lorfque l'on veut employer ainfi un grand nombre de doubles plaques, on conftruit plufieurs caiffes féparées, que l'on place les unes à côté des autres. On établit entr'elles une communication telle, qu'elles fonctionnent comme fi elles étoient réunies en une feule.

Dans le nombre des *appareils électromoteurs* conftruits d'après les principes de Cruikshank, celui dont les plaques ont la plus grande furface eft l'appareil de Childeren; celui dont le nombre de plaques eft le plus confidérable, eft l'*électromoteur* de l'Inftitut royal ; enfin, celui qui tient le milieu entre ces deux appareils, tant pour le nombre que pour la grandeur des plaques, eft celui de l'Ecole polytechnique. *Voyez* ÉLECTROMOTEUR DE CHILDEREN, ÉLECTROMOTEUR DE L'INSTITUT ROYAL, ÉLECTROMOTEUR DE L'ÉCOLE POLYTECHNIQUE.

Aldini & Alizeau ont conftruit leur *appareil électromoteur* en donnant à leurs doubles plaques la forme d'un godet; Hauff, celle d'un baril. *Voy.* ÉLECTROMOTEUR A GODET, ÉLECTROMOTEUR A BARIL, ÉLECTROMOTEUR D'ALDINI, ÉLECTROMOTEUR D'ALIZEAU, ÉLECTROMOTEUR DE HAUFF.

Quoique les meilleurs *appareils électromoteurs* foient compofés de deux métaux féparés par un corps humide, quelques phyficiens, Gautherot, Davy, ont effayé d'en conftruire avec un feul métal : le premier, en réuniffant le métal à d'autres corps folides; le fecond, en réuniffant le métal à des fubftances liquides. *Voyez* les articles ÉLECTROMOTEUR DE GAUTHEROT, DE DAVY.

Enfin, Zamboni a imaginé une pile fèche, com-

pofée d'un nombre confidérable de difques, qui a la propriété de fonctionner pendant un très-long temps, & à laquelle on a donné le nom d'*électromoteur perpétuel*. *Voyez* ce mot.

ÉLECTROMOTEUR A BARIL. Appareil imaginé par Hauff ou Hoff, pour produire du galvanifme.

Ce font des petits manchons de verre *o, o, o, fig*. 784, percés par le milieu & fermés aux deux extrémités par des difques de zinc & de cuivre, *c.* On verfe par les ouvertures le fluide conducteur, & l'on place les barils les uns à côté des autres, fur des tubes de verre placés dans les cannelures d'une boîte. Comme on forme fur cette boîte plufieurs lignes de barils, on fait communiquer, à l'aide de conducteurs, les barils des extrémités, de manière à former une ligne continue. Cet appareil a deux fortes d'incommodités : 1°. il occupe un très-grand efpace; 2°. il eft difficile à nettoyer, fans démonter les difques après chaque opération.

ÉLECTROMOTEUR A COURONNE. Appareil compofé de plufieurs taffes *t, t, t, fig*. 785, contenant de l'eau, & placées les unes à côté des autres. Des lames de métal A B C, formées d'une lame de cuivre A, foudées en B à une lame de zinc C, font courbées en arc & plongent dans l'eau des taffes, de manière que la partie cuivre de l'une plonge dans la même taffe que la partie zinc de l'autre. Aux deux extrémités font des conducteurs qui plongent dans les taffes des extrémités, & qui tranfmettent l'électricité. Le conducteur qui plonge dans la taffe qui reçoit l'extrémité zinc de l'arc, tranfmet l'électricité E ; celui qui plonge dans la taffe qui reçoit l'extrémité cuivre de l'arc, tranfmet l'électricité C.

ÉLECTROMOTEUR A GODET. Appareil à colonnes, imaginé par Aldini & Alizeau, foit pour empêcher que l'appareil ne perde de fa force en fonctionnant, foit pour faire durer plus long-temps l'action électrique de l'*électromoteur*. *Voyez* ÉLECTROMOTEUR D'ALDINI, ÉLECTROMOTEUR D'ALIZEAU.

ÉLECTROMOTEUR A TASSE. Appareil électrique, compofé de taffes & de lames de cuivre & de zinc. *Voyez* ÉLECTROMOTEUR A COURONNE.

ÉLECTROMOTEUR D'ALDINI. Appareil à godet, dont Aldini paroît être l'inventeur. *Voyez* la defcription que ce favant en donne (1).

Cet appareil, conftruit par Dumotier, confifte dans une férie de difques, *fig* 786, garnis d'un bord en cuivre, combiné avec des plaques de zinc d'un plus étroit diamètre ; de petites rondelles de bois fec y font interpofées. L'épaiffeur de ces rondelles

---

(1) *Effai fur le Galvanifme*, tome I, page 312.

est telle, que le niveau des plaques de zinc correspond à la hauteur du bord métallique, dont les plaques de cuivre sont fournies, sans les toucher. Ayant ainsi disposé ces plaques, on plonge l'appareil entier dans un vase d'eau salée : l'on trouve qu'il est en état de fonctionner sur le champ.

Des essais faits avec cet appareil l'ont conduit à le perfectionner. Soit une série de plaques de zinc & de cuivre, *fig.* 786 (*a*), percées au centre & disposées alternativement avec de petits anneaux de bois qui les séparent; soit un support avec une tige de verre dans le centre, laquelle passe à travers les plaques & les soutient. L'appareil, disposé de cette manière, est plongé dans l'eau & retiré un peu après : l'eau surabondante s'écoule; mais l'humidité qui reste à la surface des plaques suffit pour faire fonctionner l'appareil.

ÉLECTROMOTEUR D'ALIZEAU. Appareil à godet, imaginé par Alizeau, pour fonctionner pendant un temps fort long.

Autour d'un disque de cuivre *a a*, *fig.* 787, est soudé un fond de cuivre. Dans l'une des capacités on loge un disque de zinc *z*, & dans l'autre on place un cercle de faïence *b b*, que l'on remplit de sel marin. Ces pièces, placées les unes au-dessus des autres, forment un appareil à colonnes qui fonctionne pendant long-temps. Aldini assure avoir vu cet *électromoteur* fonctionner encore, quoiqu'il fût monté depuis plus de trois mois.

ÉLECTROMOTEUR DE CHILDEREN. Appareil à larges plaques, exécuté par Childeren.

Son appareil est composé de vingt doubles plaques, ayant chacune quatre pieds de longueur sur deux pieds de largeur, lesquelles sont insérées dans une caisse de bois, distribuées en cellules couvertes de ciment, & dont la surface entière est soumise à l'action d'acides dilués; cette batterie, pendant sa pleine activité, ne produisit pas plus d'effet pour décomposer l'eau, ou pour donner la commotion, qu'une autre batterie composée d'un égal nombre de piles étroites; mais lorsqu'on établit le cercle à l'aide de fils métalliques, les phénomènes furent d'une nature extrêmement brillante. Un fil de platine, ayant un trentième de pouce d'épaisseur & dix-huit pouces de longueur, étant placé dans le cercle entre des tiges de cuivre, devint à l'instant rouge, puis rouge-blanc; & la vivacité de la lumière fut bientôt insupportable à l'œil, & en peu de secondes le métal fut fondu & coulé en globules. Les autres métaux furent aisément fondus par cet appareil, ou se dispersèrent, réduits en poussière. Des pointes de charbon, mises en ignition par le même pouvoir, répandirent une lumière tellement vive, que la clarté du disque même du soleil fut trouvée foible à côté d'elle (1).

ÉLECTROMOTEUR DE CRUIKSHANK. C'est l'*électromoteur* à cuve, dont on doit l'invention à Cruikshank. *Voyez* ÉLECTROMOTEUR, ÉLECTROMOTEUR DE L'ÉCOLE POLYTECHNIQUE.

ÉLECTROMOTEUR DE DAVY. Appareil dans lequel Davy n'emploie qu'un seul métal & deux liquides différens.

Cet appareil est composé, comme l'*électromoteur* de Cruikshank, d'une cuve dans laquelle on a pratiqué des entailles pour y placer des plaques métalliques; mais les plaques employées par Davy sont d'un seul métal, & les liquides qui les séparent sont de deux espèces.

Ainsi une combinaison de cinquante plaques de cuivre, séparées d'un côté par des solutions étendues d'acide nitreux & de nitrate d'ammoniaque, & de sulfure de potasse de l'autre côté, donne de fortes commotions, décompose l'eau rapidement, & agit sur le condensateur d'électricité : elle conserve pendant plusieurs heures sa faculté de produire les phénomènes électro-chimiques; & quand elle la perd, on la renouvelle facilement, en ajoutant, dans les entailles, de petites quantités de solutions concentrées, des agens chimiques qu'on y emploie.

On peut également former des *électromoteurs* à colonnes en se servant de disques métalliques & de disques d'étoffes imprégnées des liquides dont on veut faire usage. C'est ainsi que Davy a employé des *électromoteurs* formés de trois substances dans l'ordre suivant :

Étain, acide, eau.

Métal, sulfure, eau.

Métal, acide, sulfate de potasse, sulfure de potasse.

ÉLECTROMOTEUR DE GAUTHEROT. Appareil composé de zinc & de charbon, imaginé par Gautherot (1).

« Mes recherches, dit ce physicien, me firent étendre la classe des corps conducteurs, & je vis qu'il falloit joindre au charbon quelques pyrites ou sulfures de fer, le carbure de fer ou la plombagine, & même un schiste noir, ou cette espèce de crayon noir dont se servent les charpentiers. Ayant fait l'essai de quelques-unes de ces substances pour en former une batterie, ayant même essayé entr'eux différens métaux autres que le zinc, les ayant combinés avec les fossiles dont je viens de parler, & ayant obtenu le succès que j'avois lieu d'en attendre, je suspendis ces sortes de recherches pour m'occuper d'une autre plus importante, celle de former un appareil sans le secours d'aucun métal.

» Après beaucoup de tentatives infructueuses & de soins minutieux, je suis enfin parvenu à construire, avec le charbon & le schiste dont je

---

(1) Davy, *Élémens de Philosophie chimique*, divis. I, part. VIII.

(1) *Histoire du Galvanisme*, tome II, page 208.

viens de parler, une pile de quarante étages qui donne une faveur vive & piquante ; accompagnée de l'éclair, & produit enfin la décomposition de l'eau, le côté du charbon dégageant le gaz hydrogène : cette dernière circonstance écarte tout foupçon de l'influence des métaux, & même celle du fer qui pourroit fe rencontrer dans le fchifte ; car, s'il y en avoit, ce feroit le côté du fchifte qui devroit dégager le gaz hydrogène, ainfi que le dégage le côté du fer dans les batteries que j'ai formées avec le charbon & le fer. »

Nous devons dire ici que Volta avoit reconnu, depuis long-temps (1), que la pyrite & le charbon de bois pouvoient être employés à la place des métaux pour former des *électromoteurs ;* mais on ne fait pas s'il a conftruit, comme Gautherot, un appareil avec ces fubftances.

ÉLECTROMOTEUR D'HACHETTE & DESORMES.

Appareil formé de difques métalliques de zinc & de cuivre, féparés par des rondelles d'amidon délayées dans une diffolution faline bien concentrée, & en affez grande quantité pour former des rondelles folides qu'ils ont féchées fortement. Cet *électromoteur* a l'avantage de fonctionner pendant très-long-temps ; mais fon action éprouve de grandes variations par l'humidité & la fécherelle.

ÉLECTROMOTEUR DE HAUFF ou de HOFF.

Appareil formé de barils de verre, avec des fonds de zinc & de cuivre. *Voyez* ÉLECTROMOTEUR A BARIL.

ÉLECTROMOTEUR DE L'ÉCOLE POLYTECHNIQUE.

Appareil compofé de fix cents paires de plaques (2), chacune de 81 centimètres carrés de furface, ce qui forme, pour toute la batterie, 97,200 pouces carrés de furface. Ces plaques font difpofées verticalement & parallèlement les unes aux autres, dans fix caiffes horizontales de bois, *fig.* 788, recouvertes d'un enduit ifolant ; celles qui compofent un même élément font foudées enfemble. L'appareil complet, *fig.* 788 (*a*), fe trouve ainfi formé de fix auges, contenant chacune cent doubles plaques, formant 2 × 8100 = 16,200 pouces carrés de furface ; ces auges font remplies d'un liquide qui doit fervir de conducteur humide : on établit la communication entre chaque auge & entre les deux pôles, comme dans des piles ordinaires, par de gros fils métalliques.

La batterie de l'École polytechnique donne des commotions infupportables & même dangereufes à recevoir, lorfque l'on a les mains mouillées avec un acide ou une diffolution faline, &

qu'on touche les pôles de la pile avec des cylindres métalliques. Gay-Luffac, qui a ofé l'effayer, s'en eft reffenti pendant plus de vingt-quatre heures, & a éprouvé pendant ce temps une grande foibleffe dans les bras. Cependant cette commotion fi forte ne fe fait point fentir au milieu d'une chaîne compofée de quatre à cinq perfonnes : on ne la reffent qu'aux extrémités de cette chaîne, & même beaucoup plus dans le bras & la partie du corps qui avoifine la pile, que dans le bras & l'autre partie du corps qui en font plus éloignés.

De grandes longueurs de fils de fer font enflammées par cette batterie. Le charbon y eft également échauffé jufqu'à rougir, même dans le vide. La potaffe & la foude s'échauffent, fe fondent & fe décompofent avec la plus grande rapidité. La baryte fondue produit des étincelles qui s'élancent de la furface vers le fil négatif, & difparoiffent en formant une fumée très-âcre & très-dangereufe à refpirer.

ÉLECTROMOTEUR DE L'INSTITUT ROYAL.

Appareil conftruit aux frais de plufieurs favans & protecteurs zélés des fciences, & avec lequel Davy a fait un grand nombre d'expériences.

Cet appareil (1) confifte en deux cents fections de batteries mifes en communication dans un ordre régulier, & compofées chacune de dix doubles plaques, qui font inférées dans des aug.s de porcelaine, & préfentent, dans chaque plaque, une furface de trente-deux pouces carrés ; de forte que le nombre total des plaques doubles eft de 2000, & la totalité de la furface 64,000. pouces carrés. Cette batterie, lorfque les auges font remplies d'un mélange de foixante parties d'eau, avec une partie d'acide nitrique & une d'acide fulfurique, produit une fuite d'effets auffi frappans qu'admirables.

Si l'on place entre les pôles de cet appareil, des morceaux de charbon longs d'environ un pouce & épais d'un fixième de pouce, & qu'on les rapproche à la diftance d'un trentième ou d'un quarantième de pouce, une étincelle refplendiffante éclate, & le charbon rougit au blanc dans plus de la moitié de fon volume ; & en écartant les morceaux de charbon les uns des autres, une décharge non interrompue a lieu à travers l'air échauffé, & dans un efpace de quatre pouces au moins, formant un arc afcendant de lumière extrêmement vive, large dans fon milieu & s'élevant en cône.

Un corps que l'on introduit dans cet arc y devient à l'inftant rouge de feu ; le platine s'y fond auffi rapidement que fait la cire dans la flamme d'une bougie. Du quartz, de la magnéfie, de la chaux, y entrent en fufion ; des éclats de diamant, des pointes de charbon & de la plombagine y

---

(1) *Annales de Chimie,* tome XL, page 252.
(2) *Recherches phyfico-chimiques,* par Gay-Luffac & Thenard, tome I.

(1) *Elémens de Philofophie chimique,* par le chevalier Honfreds Davy, divif. I, chap. VIII.

disparoissent rapidement, & semblent s'y vaporiser, lors même que la communication est établie
sous un récipient vide d'air.

ÉLECTROMOTEUR DE ZAMBONI. Appareil
formé de papier couvert de feuilles métalliques,
imaginé par Zamboni.

Deux cents cinquante feuilles de papier couvertes d'étain & de cuivre, connu vulgairement
sous le nom de *papier argenté* & de *papier doré*,
ont été coupées chacune en huit parties, ce qui a
formé deux mille carrés. Ces parties ont été
placées métal contre métal & papier contre papier, de manière à former deux piles de chacune
cinq cents couples. On les a forcées au contact en
les comprimant avec une presse, puis liées avec
de la soie.

Ces sections de piles étant combinées entre
elles, écartèrent d'un pouce les feuilles d'or de
l'électromètre de Bennet; elles produisirent des
étincelles en faisant communiquer entr'elles les
extrémités à l'aide d'un arc d'excitement. Pour
faire succéder les étincelles, il falloit laisser entre
elles un intervalle de deux cent trois secondes
pour que l'appareil pût se remonter. Une bouteille
de Leyde, introduite dans le cercle, se chargea; mais cet appareil ne produisit ni commotion, ni saveur, ni décomposition de l'eau, à cause
du retardement que la charge éprouve par le passage de l'électricité d'un couple à l'autre, à travers un conducteur aussi imparfait que le papier.
Une aiguille très-légère oscille entre les deux
sections. Enfin, Zamboni est parvenu à rendre
l'effet de la pile à la fois plus intense & plus
prompt.

Zamboni a perfectionné les *électromoteurs* au point
d'en former un appareil dont l'action, à la vérité
très-foible, paroît se conserver sans diminution
sensible pendant des années entières.

Les élémens de cette pile sont composés de
disques de papier étamés d'un côté, & couverts
d'oxide de manganèse de l'autre. On met plusieurs
de ces papiers les uns sur les autres; on les coupe
tous à la fois avec un emporte-pièce. Nous allons
copier ici le détail que M. Dumotier, qui construit & vend de ces appareils, a publié sur leur
construction & sur leur usage.

« Cet appareil se compose de deux colonnes de
verre A B, C D, *fig. 789*, creuses & vernissées,
montées sur des bases carrées, en laiton, & dont
la partie supérieure est terminée par des viroles de
même métal, portant des boules A C ou des
timbres T.

» Au milieu des deux colonnes est un support
aussi en verre, sur un pied de cuivre, portant un
balancier vertical en laiton E F, monté sur un
pivot très-mobile; ce balancier se meut continuellement entre les deux colonnes, en frappant
alternativement les timbres : le tout placé sur un
socle recouvert d'une cage de verre.

» Dans chacune de ces colonnes est une pile
sèche, formée d'environ 5000 disques, ou rondelles de papier, dont une des surfaces est recouverte d'un alliage métallique d'étain & de zinc, &
l'autre d'une couche d'oxide de manganèse; ces
disques, superposés les uns sur les autres avec
soin, & dans le même ordre d'un bout à l'autre,
sont ensuite fortement comprimés, entourés d'une
couche de soufre, & scellés hermétiquement dans
les colonnes de verre.

» Ces piles ayant, comme les autres, un côté
positif & un négatif, sont placées dans les tubes,
inversement l'une de l'autre, c'est-à-dire, que
l'une a le pôle positif placé par en haut, & l'autre
le pôle négatif; & c'est l'attraction & la répulsion continuelle de ces deux états différens du
fluide, qui produisent le mouvement du balancier.

» Fonctionnant sans interruption, depuis plus
de quatre ans que cet appareil est inventé, il a été
appelé vulgairement *mouvement perpétuel*. Son effet
est très-curieux, sa forme élégante; son plus
grand volume, celui d'une pendule ordinaire de
cheminée.

» Pour monter cet appareil, on pose d'abord
le socle d'à plomb, au moyen des pieds qui sont
à vis, puis on place les deux colonnes sur la partie métallique, laissant entre leurs deux bases une
distance de cinq à six pouces; au milieu & un peu
en arrière des colonnes, on pose le balancier de
manière qu'il touche les timbres au milieu; le support monte & descend dans les pieds pour le régler, à une hauteur telle, que le milieu du disque
qui termine le balancier, frappe toujours les
timbres près des bords. Étant ainsi disposé, on
donne au balancier la première impulsion, &
après quelques oscillations d'un timbre à l'autre,
on recouvre l'appareil de sa cage; & le mouvement a lieu continuellement. Lorsque le mouvement se ralentit, on rapproche les deux colonnes
du balancier.

» Une seule de ces piles a la propriété de donner des étincelles au moyen du condensateur de
Volta. On peut charger continuellement le condensateur avec la pile, qui peut s'appeler *bouteille de Leyde perpétuelle*. On a remarqué qu'une
pile formée de disques d'un plus grand diamètre,
chargeoit plus promptement & même plus fortement la grande batterie. »

Des observations faites avec soin par Dumotier lui ont appris qu'il est difficile de prévoir
d'avance quelle sera l'intensité de l'électricité obtenue avec ces appareils. En en construisant plusieurs ensemble avec un même nombre de disques
semblables, les uns avoient une grande intensité
électrique, les autres une foible intensité. Quelques piles gardent très-long-temps leur action
électrique, d'autres la perdent au bout de quelques mois; enfin, l'intensité électrique n'est pas
sensiblement augmentée avec un nombre de disques plus grand que trois mille.

ÉLECTROMOTEUR PERPÉTUEL. Appareil imaginé par l'abbé Zamboni, qui conserve fort long-temps son action électrique, & que l'on avoit cru d'abord la conserver perpétuellement. *Voyez* ELECTROMOTEUR DE ZAMBONI.

ÉLECTROMOTEUR TORPILLAIRE. Appareil à colonnes, tel qu'il a été construit par Volta. *Voy.* ELECTROMOTEUR.

ÉLECTROPHORE, de ελεκτρον, *électricité*; φορω, *porter*; electrophorus; *electricitat trager*; s. m Instrument qui conserve & donne constamment de l'électricité.

Cet instrument se compose d'un gâteau de résine R, *fig.* 790, enchâssé dans un plateau métallique A B. Après avoir frotté ce gâteau avec une peau de chat ou de la flanelle, on pose dessus un disque métallique C D, que l'on peut soulever à l'aide d'un tube de verre isolant E; touchant à la fois le plateau A B & le disque C D avec la main ou avec un corps conducteur, & enlevant ensuite le plateau, celui-ci se trouve électrisé de l'électricité E.

Pour bien concevoir ce qui se passe dans cette opération, il faut se rappeler que la résine, frottée avec de la peau de chat ou de la flanelle, développe de l'électricité Ɔ. (*Voy.* ELECTRICITÉ.) Lorsque l'électricité développée n'a pas une trop grande intensité, la résine conserve son électricité & ne la partage avec aucun des corps qui la touchent. Ainsi, en plaçant sur la surface un disque métallique, l'électricité Ɔ du plateau exerce son influence sur l'électricité naturelle du disque, attire l'électricité E & repousse l'électricité Ɔ. Le disque exerce à son tour son influence sur le plateau, attire l'électricité Ɔ, & repousse celle E jusqu'à ce que cette action détermine le maximum d'intensité des deux électricités sur chaque face. Alors, établissant une communication entre la surface inférieure du plateau & la supérieure du disque métallique, les électricités se mettent en équilibre sur les deux faces, & le disque reçoit de l'électricité E, qui ne peut pas être aperçue, à cause de l'influence exercée par l'électricité Ɔ du plateau sur le disque; mais dès que l'on sépare celui-ci, l'électricité devient libre & se laisse apercevoir.

Il est nécessaire, pour que l'électrophore produise de grands effets, que sa surface soit bien droite & bien lisse, afin que le plateau la touche dans toutes ses parties.

Toutes les substances résineuses sont propres à former des *électrophores*; cependant l'expérience a appris qu'il étoit convenable de faire un choix entr'elles, moins par rapport à l'électricité qu'elles développent par le frottement, que pour obtenir un gâteau sans fente ni boursoufflure: c'est pourquoi les physiciens font usage de différentes compositions. Pinkel formoit son gâteau avec cinq parties de gomme-laque, deux de mastic pur &

deux de térébenthine de Venise, que l'on fait fondre dans une terrine neuve vernissée. Jacquet employoit parties égales de colophane & de poix blanche, auxquelles il ajoutoit un peu de térébenthine & un peu de cinabre. Quelques personnes y ajoutent de la brique pilée, pour augmenter la consistance. Robert, de Liége (1), composoit le sien de :

Poix . . . . 1 partie.
Térébenthine de Venise 2
Cire 2
Résine 3
Laque en tablettes. . . . 6 ⎱ qu'il faut concasser.
Soufre . . . . 4 ⎰

Volta est le premier physicien qui ait fait connoître l'*électrophore* que nous venons de décrire (2). De nombreuses expériences, faites long-temps avant par Wilke, Æpinus & Beccaria, pouvoient y conduire, & principalement celle de Beccaria, qu'il a nommée *electricitas Winden*. Voici en quoi elle consiste :

« Prenez deux carreaux de verre d'un pied carré; armez un côté de chaque carré, en laissant un espace non armé tout autour de leur bord : posez le côté non armé d'un carreau, sur le côté non armé de l'autre; puis électrisez, avec le crochet d'une bouteille de Leyde chargée, la garniture du carreau supérieur, vous en tirerez une étincelle, en présentant le doigt à sa garniture. Quand ensuite on replace ce même carreau sur l'inférieur, & qu'on continue d'opérer, comme on vient de le dire, il donnera chaque fois des étincelles, sans qu'il faille l'électriser davantage avec le crochet d'une bouteille de Leyde chargée; car il suffira de l'avoir fait la première fois. »

Quant à l'épaisseur de la couche de résine, Volta a pensé qu'il suffisoit qu'elle eût deux lignes; mais bientôt on a reconnu qu'une couche excessivement mince suffisoit.

On s'est assuré depuis, que toutes les substances isolantes qui retiennent long-temps l'électricité, étoient susceptibles de former de bons *électrophores*; on en a fait de soufre; on en a également fait de verre, même avec de la soie nue ou enduite d'une couche de vernis; mais ces derniers, frottés avec une peau de chat ou de la flanelle, s'électrisant d'une électricité E, donnent au disque de métal de l'électricité Ɔ, parce que cette électricité est communiquée par influence.

Villette, physicien liégeois, a fait exécuter trois *électrophores* de carton (3), qu'il frottoit avec un manchon de soie ou une peau velue. On électrise fortement par influence un disque métallique en le posant sur une feuille de papier gris que l'on

---

(1) *Journal de Physique*, année 1790, tome II, p. 183.
(2) *Ibid.*, année 1776, tome I, page 438, 801, & tome II, page 21.
(3) *Ibid.*, année 1790, tome II, page 184.

fait chauffer & que l'on a frottée avec une broffe, & en touchant le difque pendant le contact.

Kleindworth a exécuté à Gottingue un des plus grands *électrophores* qui aient ex··. Le gâteau de réfine avoit fept pieds de diamètre, & le difque conducteur avoit fix pieds ; on le faifoit mouvoir à l'aide d'un tourniquet : il produifoit de très-grandes & de très-fortes étincelles, foit en chargeant le plateau, foit en le déchargeant.

La connoiffance de l'*électrophore* & la découverte de l'influence électrique par Æpinus ont naturellement conduit à l'invention du condenfateur d'électricité, qui n'eft autre chofe qu'un *électrophore* dont la furface inférieure eft à l'état naturel, & dont la furface fupérieure du difque eft touchée avec un corps foiblement électrifé, au lieu de le toucher avec un corps à l'état naturel.

En frottant la furface du plateau d'un *électrophore* avec une peau de chat ou de la flanelle, on n'obtient qu'une efpèce d'électricité, dont la nature dépend de la différence d'affinité que le corps frottant & le corps frotté ont pour l'électricité. Si l'on veut changer la nature de l'électricité du plateau, il faut changer la nature des corps frottés ou frottans, & prendre dans la férie des corps qui produifent, par le frottement, diverfes électricités, celle qui eft propre à générer l'électricité que l'on veut obtenir. (*Voyez* ÉLECTRICITE.) C'eft ainfi, par exemple, que le plateau de verre, frotté fur le dos d'un chat vivant, prend de l'électricité C, & qu'il prend de l'électricité E en le frottant avec une peau de chat mort.

Mais une manière beaucoup plus fimple de donner à un plateau une électricité différente de celle qu'il acquiert par le frottement, c'eft d'électrifer un corps femblable, de placer deffus le difque conducteur, d'électrifer celui-ci par influence, afin de lui procurer une électricité contraire, puis difpofer ce difque fur le plateau à l'état naturel que l'on veut électrifer : ce plateau partage l'électricité du difque, & donne enfuite par influence une électricité différente.

ÉLECTROPHORE DOUBLE ; *electrophor doppelter*. Inftrument inventé par Lichtenberg pour obtenir les deux électricités.

C'eft une planche de tilleul C D, *fig.* 791, de deux pieds de long environ, que l'on couvre avec une feuille d'étain. On l'entoure avec une règle métallique, que l'on cloue deffus, de manière que les bords foient élevés de deux lignes au-deffus de la planche. On remplit l'efpace avec de la poix fondue. On électrife une des moitiés A, en la frottant avec une peau de chat ou de la flanelle ; ce qui développe de l'électricité C, & l'on place deffus un difque métallique A, que l'on électrife par influence d'une électricité E. Cette électricité eft tranfportée fur la partie B, qui étoit à l'état naturel, & que l'on électrife, par ce moyen, de la même manière que le difque. On obtient ainfi,

fur le même plateau, deux électricités développées, l'une en A, qui eft C, & l'autre en B, qui eft E. On peut donc, avec cet *électrophore*, obtenir l'une ou l'autre de ces électricités.

Un moyen affez fimple d'obtenir un *électrophore double*, c'eft de placer une plaque A B, *fig.* 496, de fubftance ifolante, de verre, par exemple, fur un difque métallique D, fupporté par un pied de verre E, ou par tout autre corps ifolant ; de pofer fur cette plaque un autre difque conducteur C, que l'on peut prendre à l'aide d'un tube de verre. Si l'on électrife le difque D pendant que le difque C communique au réfervoir commun, cet appareil fe charge comme une bouteille de Leyde ; déchargeant les deux difques à l'aide d'un excitateur, puis enlevant le difque C, on le trouve électrifé d'une électricité contraire à celle qu'on lui avoit donnée, & le difque D, féparé également du plateau A B, eft électrifé d'une électricité oppofée. Ainfi, dans la fuppofition que l'on auroit donné au difque C de l'électricité E, il fe trouveroit électrifé C, & le difque D feroit électrifé E ; le plateau auroit fa face fupérieure électrifée E, & fa face inférieure C. On pourroit donc, avec ce plateau, obtenir de l'électricité C, en électrifant par influence le difque qui communique à la partie inférieure, & obtenir également de l'électricité C, en électrifant par influence le difque qui communique à la face fupérieure.

ÉLECTROPHORE PERPÉTUEL ; *electrophorus perpetuus* ; *bertandiger elektricität träger*. Nom que Volta a donné à l'*électrophore* qu'il a imaginé, mais qui paroît impropre, parce que le plateau perd, avec le temps, fa propriété électrique ; & la durée de cette déperdition varie felon la nature de la fubftance. Celles qui attirent fortement l'humidité de l'air, comme le verre, perdent plus promptement leur propriété électrique que celle qui, comme la gomme-laque, l'attirent moins.

ÉLECTROSCOPE, de ελεκτρον, *électricité* ; σκοπεω, *confidère* ; *electrofcopus* ; *elektroskop* ; f. m. Inftrument propre à faire apercevoir l'électricité lorfqu'il en exifte dans un corps ou dans un milieu.

Boyer Brun a écrit à Servières une lettre, dans laquelle il lui fait la defcription d'un *électrofcope* de fon invention qui peut être appliqué aux para-tonnerres (1). C'eft une jarre électrique A, *fig.* 792, recouverte intérieurement de feuilles métalliques B B, & extérieurement C C ; cette jarre eft renfermée dans une caiffe de bois folide. Une barre D, terminée en pointe, paffe à travers un tube de verre T, fixé dans le couvercle ; elle fe prolonge jufqu'au fond. Une petite boîte L, contenant une cartouche de poudre P, eft fixée folidement fur le couvercle de la caiffe :

(1) *Journal de Phyfique*, année 1786, tome I, p. 133.

dans cette cartouche paſſent deux conducteurs : l'un, N, communique avec l'extérieur de la jarre ; & l'autre, K, avec la barre métallique. Toutes les fois que des nuages ou de l'air électriſé paſſent ſur la barre, la pointe attire l'électricité qui s'accumule dans l'intérieur de la jarre, & la charge juſqu'à ce que ce fluide, s'échappant de l'intérieur pour ſe porter à l'extérieur, traverſe la cartouche, & enflamme la poudre en déchargeant la jarre. Le bruit de l'exploſion ſe faiſant entendre au loin, indique, partout où il parvient, la préſence de l'électricité.

Tout inſtrument appliqué à un paratonnerre, tels que le carillon électrique & même un électromètre, peuvent, comme l'inſtrument de Boyer Brun, porter le nom d'*électroſcope*.

Des phyſiciens ont donné le nom d'*électroſcope* à la balance de Coulomb & à tous les autres inſtrumens connus ſous le nom d'*électromètre*. (*Voyez* COULOMB (Balance de), ÉLECTROMÈTRE.) Cependant la balance de Coulomb & pluſieurs des électromètres qu'ils déſignent ſous le nom général d'*électroſcope*, ſont employés non-ſeulement pour faire diſtinguer l'électricité, mais encore pour la meſurer : nous laiſſerons aux ſavans à décider s'il ne ſeroit pas convenable de donner le nom d'*électromètre* à tous ceux avec leſquels on peut meſurer l'intenſité de l'électricité, & de n'appliquer celui d'*électroſcope* qu'à ceux qui font apercevoir l'électricité, ſans pouvoir indiquer ſon intenſité.

ÉLÉMENT ; elementum ; *element* ; ſ. m. Êtres ſimples, indécompoſables ou ſuppoſés tels, & dont on croit que tous les autres ſont compoſés.

La philoſophie, preſqu'entièrement ſpéculative des Anciens, s'eſt beaucoup occupée des *élémens*, de leur nombre, de leur nature, de la manière dont ils contribuoient à la formation des autres corps, & de l'ordre ſuivant lequel ils entroient dans leur compoſition.

Rien peut-être n'a plus varié que la détermination du nombre & de la nature des *élémens*. Pluſieurs philoſophes, parmi leſquels ſont Thalès, Anaximandre, Archelaüs, Héraclite & Xénophanes, ne reconnoiſſoient qu'un ſeul *élément* : Thalès affirmoit que l'eau étoit l'*élément* unique ou le principe de l'Univers. Anaximène & Archelaüs prétendoient que l'air étoit le ſeul *élément* : le premier ſoutenoit que toutes choſes ſont engendrées par l'air & ſe réſolvent en air ; le ſecond, que l'air infini produiſoit le feu par la raréfaction & l'eau par la condenſation. Héraclite enſeignoit que le feu eſt l'*élément* dont tout eſt engendré quand il s'éteint ; car de ſes parties les plus groſſières ſe forme la terre, laquelle, lorſqu'elle eſt diſſoute par le feu, ſe convertit en eau, ou, en s'évaporant, ſe change en air. Enfin, Xénophanes de Colophon prétendoit que la terre étoit le principe ou l'*élément* univerſel. Ce qu'il y a de remarquable, c'eſt que, dans la réunion de ces

opinions ſur l'exiſtence d'un *élément* unique, on y trouve réunies les quatre ſubſtances que les philoſophes modernes ont regardées comme formant les quatre *élémens* dont tout ſe compoſe : le feu, l'air, l'eau, la terre.

Une opinion oppoſée à celle d'un *élément* unique, eſt celle d'un nombre infini d'*élémens*. Anaxagore, de Clazomène, affirmoit que les *élémens* ou les principes de tout ce qui exiſte, ſont des petites particules ſemblables entr'elles, qu'ils nommoient *ομοιομερής, parties ſemblables*. Leucippe, & depuis Gaſſendi, attribuoient la formation de tous les corps à des atomes inaltérables & indiviſibles, agités d'une infinité de mouvemens, & qui jouiſſoient de la propriété de s'attacher réciproquement ou de ſe ſéparer d'après des lois déterminées. (*Voyez* ATOMES.) Leibnitz a donné le nom de *monades* aux *élémens* des corps. Chaque monade en particulier n'a, ni partie, ni étendue, ni lieu, ni mouvement, parce qu'elle eſt ſimple : ce qui la caractériſe, ce ſont des perceptions qui repréſentent l'Univers, & une force qu'elle a pour les produire. Il réſulte de ces diſpoſitions, des rapports généraux qui changent continuellement, en ſuivant les lois d'une harmonie établie.

Entre ces opinions extrêmes, ſont celles d'un nombre déterminé d'*élémens*. Deſcartes conſtruiſoit l'Univers avec trois *élémens* formés des débris d'une multitude de parcelles anguleuſes, dont tout l'eſpace eſt exactement rempli, & qui néanmoins s'y meuvent avec une viteſſe prodigieuſe, ſoit circulairement, ſoit en ligne droite. (*Voyez* CARTÉSIANISME.) Empédocle & Hippocrate admettent quatre *élémens*, le feu, l'air, l'eau & la terre. Cette opinion a depuis été adoptée juſqu'au milieu du ſiècle dernier. Pythagore, Ariſtote, ajoutoient un cinquième *élément* aux quatre précédens. Pythagore comparoit les cinq *élémens* aux cinq figures des corps ſolides ; ſavoir : la terre, au cube ; le feu, à la pyramide ; l'air, à l'octaèdre ; l'eau, à l'icoſaèdre ; enfin, du dodécaèdre avoit été faite la ſuprême ſphère de l'Univers. Ariſtote ajoutoit aux quatre *élémens* d'Empédocle, l'éther, dont il formoit le ciel : ce cinquième *élément* n'avoit ni légèreté ni peſanteur ; il étoit incorruptible, éternel, & ſe mouvoit perpétuellement dans une direction circulaire. Des quatre autres *élémens*, deux ſont légers, tendent en haut, le feu & l'air : deux, au contraire, ſont peſans, tombant en bas, & ſont pouſſés vers le centre de la terre ; l'eau & la terre.

De nombreuſes expériences, exécutées vers la fin du ſiècle dernier, ſur la compoſition & la décompoſition des corps, ont fait connoître un grand nombre de ſubſtances qui, n'ayant pu être encore décompoſées, ſont placées dans la claſſe des corps ſimples, conſéquemment des *élémens*, & cela juſqu'à ce que l'on ſoit parvenu à connoître

noître les fubstances qui les compofent. On diftingue cinquante-deux de ces fubstances.

Quatre font impondérables :
1. Le calorique.
2. La lumière.
3. Le fluide électrique.
4. Le fluide magnétique.

Comme il n'a pas encore été poffible de féparer ces fubstances des corps avec lefquels elles font combinées, quelques phyficiens élèvent des doutes fur leur existence.

Trois fubstances s'obtiennent habituellement à l'état aériforme.
5. — 1°. L'oxigène.
6. — 2°. L'hydrogène.
7. — 3°. L'azote.

Trois autres font folides & combuftibles.
8. — 1°. Le carbone.
9. — 2°. Le foufre.
10. — 3°. Le phofphore.

Quatre font des bafes acidifiables.
11. — 1°. Le chlore, bafe de l'acide muriatique.
12. — 2°. Le fluore.
13. — 3°. Le bore.
14. — 4°. L'iode.

Quelques-unes de ces bafes, comme le chlore & l'iode, forment des acides en fe combinant avec l'hydrogène ou avec l'oxigène ; d'autres en fe combinant avec l'oxigène feulement.

Neuf *élémens*, bafes des terres, font placés parmi les métaux.
15. — 1°. Le filicium.
16. — 2°. Le zirconium.
17. — 3°. L'aluminium.
18. — 4°. L'ittrium.
19. — 5°. Le glucium.
20. — 6°. Le magnéfium.
21. — 7°. Le calcium.
22. — 8°. Le ftrontium.
23. — 9°. Le barum.

De ces neuf bafes, les trois dernières feulement ont été féparées : les fix premières ne l'ont pas encore été, & ne font confidérées comme *élémens* que par analogie.

Deux *élémens*, bafes des alcalis, font également placés parmi les métaux.
24. — 1°. Le fodium.
25. — 2°. Le potaffium.

Enfin, vingt-fept métaux.
26. — 1°. Le platine, découvert par Wood.
27. — 2°. L'or, ⎫
28. — 3°. l'argent, ⎪
29. — 4°. le cuivre, ⎬ connus de toute antiquité.
30. — 5°. Le fer, ⎪
31. — 6°. Le plomb, ⎪
32. — 7°. L'étain, ⎪
33. — 8°. Le mercure, ⎭

Dict. de Phyf. Tome III.

34. — 9°. Le zinc, connu depuis long-temps.

découverts par
35. — 10°. Le manganèfe, Scheèle & Gahn.
36. — 11°. L'arfenic, Brandt.
37. — 12°. Le molybdène, Hyelm.
38. — 13°. Le chrôme, Vauquelin.
39. — 14°. Le tungftène, Scheèle, Bergmann, Elhuyart.
40. — 15°. Le colombium, Hatchett.
41. — 16°. L'antimoine.
42. — 17°. L'urane, Klaproth.
43. — 18°. Le cerium, Hifinger, Berzelius.
44. — 19°. Le cobalt, Brandt.
45. — 20°. Le titane, Klaproth.
46. — 21°. Le bifmuth.
47. — 22°. Le tellure, Muller de Reichenftein.
48. — 23°. Le nickel, Cronftedt.
49. — 24°. L'ofmium, Tennant.
50. — 25°. Le palladium, Wollafton.
51. — 26°. Le rhodium, *Idem.*
52. — 27°. L'iridium, Defcotils.

ÉLÉMENTAIRE; ignis elementum; *elementarifch*; adj. Qui appartient aux élémens.

ÉLÉMENTAIRE (Molécules). Les parties les plus petites, les élémens qui entrent dans la compofition des corps.

Haüy diftingue deux formes de molécules, les *molécules élémentaires* & les *molécules intégrantes* : il donne le nom de *molécules élémentaires* à celles qui entrent dans la compofition des fubstances fimples dont les corps font compofés. Ainfi, dans un fel, les *molécules élémentaires* font (1), d'une part, celles de l'acide, & de l'autre celles de l'alcali. *Voyez* MOLÉCULES ÉLÉMENTAIRES.

ÉLÉMENS; elementum; *élément*; f. m. Ce font, en géométrie, les parties infiniment petites ou différencielles d'une ligne droite, d'une courbe, d'une furface, d'un folide.

En aftronomie, ce font les principaux réfultats d'une obfervation, & généralement tous les nombres effentiels que l'on emploie à la conftruction des tables du mouvement des corps céleftes.

Ainfi, les *élémens* de la théorie du foleil, ou plutôt de la terre, font les époques de fon moyen mouvement & celui de fon aphélie; les *élémens* de la théorie de la lune font fon mouvement moyen, celui de fon nœud & de fon apogée, fon excentricité, l'inclinaifon moyenne de fon orbite à l'écliptique, & la valeur de fes différentes équations.

ÉLÉMENS D'UNE PLANÈTE ; elementum orbites; *element der bahne.* Principaux réfultats né-

(1) *Traité de Minéralogie*, tome II, page 6.

ceffaires à la connoiffance & à la théorie de fon mouvement.

Ces *élémens* fe compofent de fa longitude, de celle de fon aphélie, de celle de fon nœud; des mouvemens annuels de tous les trois; l'inclinaifon & l'excentricité de fon orbite; fes diftances à fon aftre central; fa révolution périodique; fa révolution fynodique, ou le retour de fes conjonctions. *Voyez* PLANÈTE, EXCENTRICITÉ, LONGITUDE, APHÉLIE.

ÉLÉVATION; elevatio; *erhœhung*; f. f. Mouvement d'un corps de bas en haut, action par laquelle un corps s'éloigne du centre de la terre.

Les péripatéticiens attribuent l'*élévation* fpontanée des corps à un principe de légéreté qui leur eft inhérent. Les Modernes foutiennent que tout ce qui monte, fe fait en vertu de quelqu'impreffion extérieure. C'eft ainfi que la fumée & d'autres corps raréfiés, plus légers que l'air, montent dans l'atmofphère; que l'huile & les bois, plus légers que l'eau, s'élèvent au-deffus de ce liquide: non pas par quelque principe intérieur de légéreté, mais par l'exès de pefanteur des parties du milieu où ces corps fe trouvent. *Voyez* PESANTEUR, MILIEU, FLUIDE.

En hydraulique, *élévation* fe dit de la hauteur à laquelle montent les eaux jailliffantes; elle dépend de celle des réfervoirs & de la jufte proportion de la fortie des ajutages avec le diametre des tuyaux de conduite. *Voyez* JETS D'EAU.

ÉLÉVATION DE LA VOIX. Mouvement par lequel on porte la voix du grave à l'aigu en chantant.

ÉLÉVATION DES CORPS SUR DES PLANS INCLINÉS. On confidère ici la force que l'on emploie pour élever des corps fur des plans inclinés. *Voyez* PLANS INCLINÉS.

ÉLÉVATION DES FLUIDES. Action par laquelle ils montent au-deffus de leur propre niveau, foit dans des tubes capillaires, foit entre les furfaces des corps qui approchent fort d'être contigus, ou dans les fibres des végétaux; foit dans des vaiffeaux remplis de fable, de cendres ou de fubftances qui laiffent de petits intervalles entr'elles.

Cet effet a également lieu dans le vide comme en plein air, dans les tubes recourbés comme dans les droits. Plufieurs liqueurs, comme l'alcool & l'huile de térébenthine, montent plus vîte que d'autres: il en eft qui fe comportent différemment; le mercure, par exemple, defcend dans quelques circonftances & s'élève dans d'autres. *Voyez* TUBES CAPILLAIRES.

ÉLÉVATION DES MONTAGNES. Hauteur des montagnes au-deffus du niveau de la mer.

Ces *élévations* préfentent des variations confidé-

rables: un grand nombre ont été mefurées. Parmi les chaînes de montagnes qui ont été obfervées, on a remarqué que celles d'Europe étoient les plus baffes & celles d'Afrique les plus hautes. Ainfi les fommets les plus élevés que l'on ait mefurés, font:

En Europe, le Mont-Blanc........ 2440. t.
En Amérique, le Cimborazzo...... 3550
En Afie, dans le Himologa....... 4021

Voyez MONTAGNES, HAUTEUR DES MONTAGNES.

ÉLÉVATION DES PUISSANCES. Ce font des nombres élevés au carré, au cube, au carré du carré, &c. Ainfi 2 élevés au carré ou à la feconde puiffance, donnent 4; élevés au cube ou à la troifième puiffance, donnent 8; élevés au carré du carré, ou à la quatrième puiffance, donnent 16, &c.

ÉLÉVATION DES VAPEURS. Propriété qu'ont les vapeurs de s'élever dans l'air.

Tous les liquides, en fe vaporifant, augmentent de volume, & cette augmentation de volume les rend fpécifiquement plus légers. Lorfque la vapeur a plus de légéreté que l'air, elle s'élève. C'eft ainfi, par exemple, que la vapeur de l'eau, dont la denfité eft à celle de l'air comme 6896 eft à 10000, s'élève néceffairement dans ce fluide élaftique. *Voyez* DENSITÉ, VAPEURS.

ÉLÉVATION D'UN ASTRE. Hauteur de l'aftre, ou arc de cercle vertical compris entre l'horizon & l'aftre qu'on obferve. *Voyez* HAUTEUR D'UN ASTRE.

ÉLÉVATION DU PÔLE. Arc du méridien compris entre l'horizon & le pôle. *Voyez* ARC D'ÉLÉVATION DU PÔLE.

ÉLIMINATION; eliminatio; *elimination*; f. f. Opération par laquelle on fait évanouir ou difparoître des quantités.

En algèbre, on donne le nom d'*élimination* à une opération par laquelle, étant donné un nombre *n* d'équations, qui contienne un nombre *n* d'inconnues, on diminue fucceffivement le nombre des équations & des inconnues, jufqu'à ce que l'on n'ait plus qu'une feule équation & une feule inconnue.

ÉLIXIVATION, de lexivium, *leffive*; elixivatio; *elixivation*; f. f. Opération par laquelle on expofe à l'action de l'eau bouillante les cendres, les terres, afin d'en diffoudre & d'en retirer les fels qu'elles contiennent.

ELLIPSE, de ελλιψις, *défaut*; ellipfis; *ellipfe*; f. f. Une des fections coniques qu'on nomme vulgairement *ovale*.

Ce nom d'*ellipfe* lui a été donné par les anciens géomètres, parce que, entr'autres propriétés, elle a celle-ci, que les carrés des ordonnées font moindres que les rectangles formés fous les paramètres & les abfciffes, & leur font inégaux par *défaut*.

L'ellipse s'engendre dans le cône, en coupant un cône droit par un plan qui traverse ce cône obliquement, c'eſt-à-dire, non parallele à la baſe, qui ne paſſe point par le ſommet, & qui ne rencontre la baſe qu'étant prolongé hors du cône, ou qui ne faſſe tout au plus, que raſer cette baſe. La condition que le cône ſoit droit, eſt néceſſaire pour que la courbe formée, comme on vient de le dire, ſoit toujours une *ellipse*; car ſi le cône eſt oblique, en coupant ce cône obliquement, on peut quelquefois former un cercle.

Une des principales propriétés de l'*ellipse*, c'eſt d'avoir deux points F, *f*, *fig.* 511, que l'on nomme *foyer*, jouiſſant de cette propriété : que la ſomme des deux lignes F A + *f* A; F B + *f* B; F C + *f* C, &c., menées des deux foyers ſur un point quelconque de ſa circonférence, ſont toutes égales entr'elles : ce qui donne un moyen facile de tracer l'*ellipse*; car ſi l'on attache ſur ces deux foyers les deux bouts d'un fil F D *f*, & qu'on ſe ſerve d'un ſtyle D pour tenir le fil toujours tendu, en conduiſant ce ſtyle autour de ces deux points, en ſorte qu'il revienne au même point d'où il étoit parti, ce ſtyle décrira, dans ce mouvement, une ligne courbe qui ſera une *ellipse*.

Il ne s'agit donc que de déterminer, 1°, les deux foyers F *f*; 2°. un point de la courbe : pour cela, ſoit mené le grand diametre de l'*ellipse* A B, *fig.* 793; diviſez-le en deux parties égales A C, C B, par une perpendiculaire D E; ſur cette droite, portez la moitié C D, C E, du petit diametre de l'*ellipse*. Du point D comme centre, avec une longueur A C égale à la moitié du grand diametre, menez l'arc du cercle F *f*, les points d'interſection F *f* de cet arc, avec le grand diametre, ſeront les foyers de l'*ellipse* : les points A, D, B, E, appartenant à cette courbe, on voit que la longueur du fil qui doit les tracer eſt égal à F D + D *f*.

Toutes les lignes droites G H, *g h*, tirées d'un point de la circonférence, & paſſant par le centre C, ſont des diametres de l'*ellipse*.

L'aire de l'*ellipse* eſt égale à celle d'un cercle dont le diametre eſt moyenne proportionnelle entre le grand axe A B & le petit axe D E de l'*ellipse*.

ELLIPSE (Compas à). Compas avec lequel on trace des *ellipses*. *Voyez* COMPAS ELLIPTIQUE.

ELLIPSOÏDE, de ελλιψις, *ellipse*; ειδος, *forme*; ellipſoides; *ellipſoïde*; ſ. m. Solide engendré par le mouvement d'une ellipse autour de l'un ou de l'autre de ſes axes. Si le mouvement eſt autour du grand axe, l'*ellipſoïde* eſt alongé; il eſt au contraire aplati, ſi le mouvement ſe fait autour du petit axe. *Voyez* SPHÉROÏDE, CONOÏDE.

ELLIPTICITÉ. Fraction qui exprime le rapport de la différence du grand au petit axe d'une ellipſe, ou l'aplatiſſement d'un ſphéroïde. C'eſt ainſi qu'en comparant les degrés de la terre, méſurés dans le Nord, avec ceux meſurés en France, on a pour l'*ellipticité* de la terre $\frac{1}{146}$ de l'axe des pôles pris pour unité. En comparant les degrés de l'équateur à ceux de la France, on a pour l'*ellipticité* $\frac{1}{314}$. D'où il ſuit que la terre n'eſt pas un ellipſoïde régulier.

ELLIPTIQUE; *ellipticus*; *elliptiſch*; adj. Tout ce qui appartient à l'ellipse.

Kepler a avancé le premier l'hypothèſe, hardie pour le temps, que les orbites des planetes n'étoient pas circulaires, comme on le croyoit alors, mais qu'elles étoient *elliptiques*. Cette hypothèſe fut défendue par Bouillard, Flamſteed, Newton, & elle a été démontrée enſuite par les aſtronomes qui lui ont ſuccédé. *Voyez* ORBITE, PLANETE.

ELLIPTIQUE (Voûte). Voûte dont la courbure eſt celle d'une ellipſe à laquelle on attribuoit la cauſe de la tranſmiſſion du ſon. *Voyez* CABINET ACOUSTIQUE.

ELLIPTIQUE (Compas). Compas avec lequel on trace des ellipſes. *Voyez* COMPAS ELLIPTIQUE.

ELLIPTOÏDE. Solide qui a la forme d'une ellipſe. *Voyez* ELLIPSOÏDE.

ELME (Feu Saint-). Lumiere que l'on aperçoit dans les temps d'orage, à l'extrémité des mâts & des verges pointues. *Voyez* FEU-SAINT-ELME.

ÉLONGATION, de *elongo*, *étendre*, *prolonger*; elongatio; *elongation*; ſ. f. Diſtance d'un corps céleſte au centre de celui autour duquel il exécute ſon mouvement.

ÉLONGATION DES PLANETES. Différence entre le lieu du ſoleil & celui d'une planete, ou la quantité de degrés dont une planete s'éloigne du ſoleil, par rapport à un œil placé ſur la terre; c'eſt l'axe ou l'angle apparent compris entre la planete & le ſoleil, vus l'un & l'autre de la terre.

ÉLUDORIQUE, de ελαιον, *huile*; υδωρ, *eau*. Cette dénomination a été donnée à une maniere de peindre en miniature, inventée par Vincent de Montpetit, dans laquelle il n'employoit que de l'huile & de l'eau.

ÉLUTRIATION, de *elutrio*, *verſer d'un vaſe dans un autre*; elutriatio; *elutriation*; ſ. f. Décantation ou action de tranſvaſer une liqueur pour ſéparer son sédiment de la partie claire & fluide.

ÉMAIL, de l'italien *malto*; encauftum; *émail*; f. m. Matière vitrifiée qui n'a point la transparence du verre.

ÉMANATION; emanatio; *ausfluffe*; f. f. Action par laquelle les substances volatiles abandonnent, en s'évaporant, les corps auxquels elles appartiennent, ou du moins auxquels elles font adhérentes.

Quoique l'*émanation* & la *vaporisation* paroissent avoir plusieurs rapports, elles diffèrent cependant en ce que les vapeurs peuvent se recueillir, se mesurer, se condenser, se peser, & que les *émanations* ne jouissent d'aucune de ces propriétés. C'est pourquoi il faut distinguer les vaporisations des *émanations* dans les animaux & dans les plantes. Ainsi les plantes & les animaux transpirent, parce qu'une partie des fluides qu'ils contiennent se vaporise; mais on peut recueillir cette transpiration, la mesurer, la condenser, tandis que les *émanations* végétales & animales, qui produisent les odeurs que l'on distingue, ne peuvent être ni recueillies, ni mesurées, ni condensées.

Les *émanations* peuvent être perçues par la vue & par l'odorat. La lumière qui émane des corps lumineux & des corps en combustion se distingue à la vue, mais ne peut ni se recueillir, ni se mesurer. Les odeurs qui émanent des animaux, des végétaux & des minéraux, se distinguent à l'odorat, mais ne peuvent pas se recueillir. (*Voyez* LUMIÈRE, ODEURS.) Cette faculté de distinguer les *émanations* par l'odorat, présente de grandes variations. Dans le nombre des animaux, il en est, comme le chien, qui en jouissent à un très-haut degré.

Parmi les *émanations*, plusieurs s'étendent à une grande distance : telle est la lumière; d'autres font transportées à une distance plus ou moins grande par l'air & par les corps sur lesquels elles se déposent : telles font ces *émanations* délétères, ces foyers d'infection inappréciables par les moyens physiques, & qui occasionnent des maladies épidémiques si funestes à l'humanité.

Un grand nombre d'expériences ont été faites pour détruire les pernicieux effets des *émanations* délétères : les uns y ont appliqué l'action du feu; d'autres (Guyton), les fumigations acides : chacune de ces méthodes a produit des succès; mais il faudroit, pour empêcher les effets de ces *émanations* destructives, pouvoir en connoître la nature, & malheureusement l'état actuel de nos connoissances ne nous permet pas encore de l'espérer.

ÉMANATION DE LA LUMIÈRE. Action par laquelle la lumière sort des corps lumineux.

Plusieurs physiciens, à la tête desquels Newton est placé, soutiennent que la lumière est produite par l'*émanation* de corpuscules impondérables qui s'élancent des corps lumineux; d'autres, parmi lesquels on place Euler, prétendent au contraire que, pour produire la lumière, il n'est pas nécessaire qu'il y ait *émanation* d'une substance; qu'il suffit qu'une matière extrêmement rare, remplissant l'espace, soit mise en vibration par les corps lumineux. *Voyez* LUMIÈRE.

ÉMANATION DES CORPS ODORANS. Action par laquelle les corps répandent de l'odeur.

Parmi les corps odorans, il en est dont les *émanations*, même pendant un très-long temps, ne produisent pas de diminution sensible dans la masse des corps odorans : tel est le musc (*voyez* MUSC) : il en est d'autres, comme le camphre, les huiles essentielles, qui diminuent de volume & de poids, & dans lesquels il existe une véritable vaporisation. On pourroit demander si, dans ce derniers cas, l'*émanation* & la vaporisation font une seule & même chose? ou si l'*émanation* qui produit l'odeur, accompagne seulement la vaporisation de la substance?

ÉMANATION ÉLECTRIQUE. Action par laquelle l'électricité se fait ressentir hors des corps électrisés.

Nollet attribuoit aux *émanations* de la matière électrique affluente, les impressions que l'on ressent sur la main & sur le visage, lorsqu'on s'approche d'un corps actuellement électrisé. Ces impulsions font absolument semblables à celles que pourroit faire sentir du coton légèrement cardé, ou à une toile d'araignée qu'on rencontreroit flottante dans l'air. Il attribuoit encore aux mêmes *émanations* les attractions & les répulsions électriques. D'autres pensent qu'elles font, dans le premier cas, le résultat de l'électrisation, par influence, des poils qui recouvrent la peau, ou d'un mouvement de l'air sur la surface des corps électrisés; & dans le second, celui de l'action attractive & répulsive de l'électricité. *Voyez* ELECTRICITÉ.

ÉMANATION MAGNÉTIQUE. Action par laquelle le magnétisme se fait ressentir sur des corps magnétisés.

Plusieurs physiciens ont expliqué l'action magnétique que les corps exercent les uns sur les autres, en supposant qu'il sortoit des corps magnétisés une substance particulière qui formoit une atmosphère autour d'eux; d'autres expliquent les mêmes phénomènes en supposant que les molécules du fluide magnétique jouissoient de deux propriétés distinctes : 1°. d'attirer à distance les molécules des corps; 2°. de se repousser mutuellement. *Voyez* MAGNÉTIQUE.

EMBOLISME, d'εμβολισμος, *intercallation*; embolismus; *embolisme*; f. m. Nom que les Grecs donnoient au treizième mois qu'ils ajoutèrent tous les deux ou trois ans.

EMBOLISMIQUE (Mois). Mois intercalaire que les computistes insèrent pour former le cycle de 19 ans : car les 19 années solaires étant composées de 6939 jours 18 heures, & les 19 années lunaires ne faisant ensemble que 6736 jours, il a fallu, pour égaler le nombre des années lunaires aux 19 années solaires, qui font le cycle lunaire de 19 années, intercaler & insérer 7 mois lunaires de 203 jours. Par le moyen de ces 7 mois *embolismiques*, les 6939 jours & 18 heures des 19 années solaires sont entièrement employés dans le calendrier.

EMBOUCHURE ; os ; *mund stuck*, *antsatz* ; s. f. Partie d'un instrument qu'on met dans la bouche, qu'on embouche pour en jouer. Il se dit aussi de la manière d'emboucher ces sortes d'instrumens.

ÉMÉRAUDE ; σμαραγδος ; smaragdus ; *schmaragd* ; s. f. Pierre précieuse transparente, de couleur verte, de la classe des bérils. *Voyez* BÉRILS.

L'*émeraude* est presque toujours cristallisée ; sa forme primitive est le prisme hexaèdre régulier.

Sa couleur est le vert le plus vif, appelé *vert d'émeraude* ; sa cassure transversale est lamelleuse ; la cassure principale est conchoïde ; la surface des cristaux est lisse & brillante ; l'intérieur est d'un éclat de verre : les cristaux sont ordinairement transparens ; lorsque leur couleur est bien foncée, ils ne sont que translucides.

Cette pierre a presque la même dureté que le quartz ; sa pesanteur spécifique est de 2,65 à 2,77 ; sa réfraction est double ; elle devient électrique par le frottement, mais point par la chaleur. A un feu violent, elle perd sa couleur & devient opaque ; elle se fond à une température de 150° du pyromètre de Wedgwood, en une masse opaque colorée.

On rencontre l'*émeraude* plus particulièrement au Pérou ; on la trouve aussi en Afrique, dans les montagnes entre l'Éthiopie & l'Egypte, au-delà de l'Assenon ; on la rencontre implantée dans le schiste micacé au pays de Salzbourg.

Cent parties d'*émeraude* sont composées, d'après

	Vauquelin.	Klaproth.
Silice	64,60	68,50
Alumine	14,00	15,75
Glucine	13,00	12,50
Oxide de chrôme	3,50	0,30
Chaux	2,56	0,25
Oxide de fer	0,0	1,0
Matière humide & volatile	2,0	0,0

Les joailliers donnent le nom d'*émeraude orientale* aux corindons hyalins verts ; de *fausse émeraude* au spath-fluor vert ; d'*émeraude morillon* au quartz agate prase ; d'*émeraudine* au dioptase. Les *émeraudes* du Pérou tiennent le premier rang parmi les pierres fines.

Dans le nombre des *émeraudes* d'une grande dimension, on cite celle qui décoroit la couronne de Joseph II ; elle avoit deux pouces de long sur quinze lignes de diamètre. Celle à laquelle les Péruviens rendoient une espèce de culte étoit grosse comme un œuf d'autruche : ils la nommoient la *mère des émeraudes*.

On exploite les belles *émeraudes* du *Pérou* dans la vallée de Tunca, entre les montagnes de Popayan & celles de la Nouvelle-Grenade. Les *émeraudes* se trouvent dans des cavités formées dans la masse de granit, ou dès filons stériles dans d'autres roches. On citoit autrefois, comme une mine très-célèbre, celle de Manta, maintenant épuisée.

Il existe une très-grande différence dans le prix des *émeraudes* ; à poids égaux, elles se vendent jusqu'à dix fois plus cher les unes que les autres ; c'est la couleur & la pureté qui établissent cette différence. Il est rare que le prix des *émeraudes* augmente à proportion de leur grandeur, parce qu'il est fort difficile de trouver de grandes *émeraudes* sans défaut. Lorsqu'il s'en trouve, alors leur prix augmente proportionellement à leur grosseur & à leur poids.

ÉMERGENT, de E, *dehors*, mergo, *plonger* ; emergo ; *ausfavend* ; adj. Sortir d'où l'on est plongé.

ÉMERGENS (Rayons). Rayons qui sortent d'un milieu qu'ils ont traversé.

EMERI ; σμυρις ; smiris ; *smirgel* ; s. m. Substance très-dure, que l'on réduit en poudre & que l'on emploie à polir les pierres & à les graver.

La couleur de ce fossile varie entre le noir-grisâtre & le gris-bleuâtre ; il est rarement en masse ; on le trouve souvent implanté avec d'autres fossiles ; il est foiblement brillant ; sa cassure est fort inégale, d'un grain fin. Les caractères les plus apparens sont la dureté & la pesanteur, qui varient entre 3,000 & 4,000.

Cette pierre se trouve particulièrement à Jersey, à Naxos, aux Indes-orientales, en Saxe. On lui donne ordinairement le nom des pays d'où on la tire.

Anciennement on plaçoit l'*émeri* parmi les mines de fer. Haüy l'a placé parmi les corindons. Smithson & Tennant ont trouvé, dans deux analyses différentes, que l'*émeri* étoit composé de :

Alumine	80	60
Silice	3	8
Oxide de fer	4	32
	87	100

Pour l'obtenir à différens degrés de finesse, on bocarde la pierre, on la broie, on la lave dans de l'eau, qu'on laisse reposer, pour séparer les dépôts; on les vend en poudre de différentes groffeurs, & l'on en fait ufage, foit avec de l'eau, pour polir les pierres & les criftaux, foit avec de l'huile pour les métaux.

ÉMERSION; emerfio; *emerfi n*; f. f. Sortie d'un corps d'un milieu dans lequel il étoi:.

ÉMERSION D'UN ASTRE. Réapparition d'un aftre qui étoit éclipfé.

C'eft ainfi que l'on donne le nom d'*émerfion* à la réapparition d'une étoile qui étoit éclipfée, & même au foleil & à la lune après leurs éclipfes, pour indiquer que le foleil, la lune, ou quelque planète, recommencent à paroître, après avoir été éclipfés ou cachés par l'interpofition de la lune, de la terre ou de quelqu'autre corps célefte.

ÉMERSION D'UN CORPS. Élévation de quelque corps folide au-deffus de la furface d'un li-

quide qui eft devenu, ou qui étoit déjà plus pefant que lui, & dans lequel il avoit été jeté ou plongé avec force.

C'eft une des lois connues de l'hydroftatique, qu'un corps folide, étant enfoncé avec force dans un fluide plus pefant, fait effort immédiatement après pour remonter; & cela avec un degré de force égal à l'excès du poids d'un pareil volume du fluide fur le poids du folide même.

ÉMERSION (Minutes d'). Arc que le centre de la lune décrit, depuis le temps qu'elle commence à fortir de l'ombre de la terre, jufqu'à la fin de l'éclipfe.

ÉMINE. Mefure de capacité employée dans la partie méridionale de la France. On lui donne communément le nom d'*hémine* (*voyez* HEMINE): elle a différentes mefures. L'*hémine* de

Caftres contient..................	8 mégara	= 32 boiffeaux	= 26 de Paris	=		33 lit. 8.
Tarafcon......................	160 liv. de gros..........		= 8,057	...	=	104.
Toulon.......................	160		= 8,057	...	=	104,75.
Turin			1,507	...	=	19,60.

ÉMISSION, de E, *hors*, mitto, *envoyer*; emiffio; *ausflocffen*; f. f. Action d'émettre. Action par laquelle un corps lance ou fait fortir hors de lui des particules de fa propre fubftance, ou de quelqu'autre fubftance qui lui eft unie. *Voyez* EMANATION.

C'eft une grande queftion en phyfique que de favoir fi la propagation de la lumière fe fait par preffion ou par *émiffion*, c'eft-à-dire, fi elle fe communique à nos yeux par l'action d'un corps lumineux fur un fluide permanent entre lui & nous, ou par l'*émiffion* des particules de la propre fubftance du corps lumineux lui-même, jufqu'à notre organe. Cette dernière hypothèfe eft aujourd'hui la plus généralement adoptée. *Voyez* LUMIÈRE, PROPAGATION.

EMPAN; fpithama. Mefure de longueur qui fe fait par l'extenfion de la main, depuis le pouce étendu d'un côté, jufqu'à l'extrémité du petit doigt oppofé. *Voyez* PALME, DODRANS.

EMPIRIQUE, de πῦρα, *expérience*; εμπειριχος; empiricus; *empirifch*; f. m. Savant par expérience.

EMPIRIQUES (Equations). Équation trouvée indépendamment de toute théorie, & d'après les feules obfervations d'une planète; comme elle repréfente avec exactitude le mouvement de cette planète pendant les révolutions obfervées, on en conclut qu'elle pourra les repréfenter indéfiniment.

Ainfi les *équations* de Mars, telles que Kepler les détermina, lorfqu'il trouva le moyen d'expli-

quer les irrégularités qu'il avoit obfervées dans fon cours, en fuppofant que fon orbite étoit elliptique, étoient des *équations empiriques*. *Voyez* ÉQUATION.

EMPYREUME, de εμπυροω, *enflammer*, *brûler*; empyreuma; *brand empyreum*; f. m. Goût & odeur défagréable que contractent les fubftances huileufes qui ont été expofées à un feu violent, & dont une partie a été brûlée par la chaleur. On donne le nom d'*empyreumatique* aux fubftances qui fentent l'*empyreume*.

ENCHANTEMENT, de cantare, *chanter*; cantus magicus; *bezauberung*; f. m. Effets prétendus des charmes, des paroles magiques.

On croit que les feuillages dont on couronna, dans les premiers temps, la tête d'Ifis & d'Ofiris, & les formules de remerciement que prononçoient les prêtres pour les récoltes abondantes, fournirent aux premiers impofteurs l'idée de l'union de certaines plantes, & de quelques paroles devenues furannées & inintelligibles, dont ils firent une collection & un art, par lequel ils prétendoient pourvoir à tous les befoins: de-là les recettes myftérieufes pour faire defcendre du ciel en terre la lune & les étoiles, pour nuire à fes ennemis, pour fe préferver de tout danger.

Il eft fi facile de tromper & de féduire la multitude en partageant fes paffions & en cherchant à les fatisfaire, que les *enchantemens*, quelque ridicules qu'ils fuffent, firent de rapides progrès. Dès les premiers fiècles de l'Eglife, les papes & les conciles fe font élevés avec force contre ces pratiques superstitieuses que les Chrétiens adoptèrent ou conservèrent comme un ancien usage. Jusqu'au commencement du 14ᵉ. siècle, on croyoit en France qu'on pouvoit faire périr ses ennemis avec des figures de cire, appelées *volt* ou *voust*, & des paroles que toutes sortes de personnes ne pouvoient pas prononcer efficacement.

Pendant que les conciles s'élevoient contre ces pratiques & qu'on livroit au glaive de la justice les prétendus enchanteurs, les prêtres, à l'aide d'oraisons, de paroles saintes & mystérieuses, détruisoient les charmes & les *enchantemens* que quelques têtes exaltées croyoient avoir reçus.

ENCLUME; incus; *amboss*; f. f. Nom d'un des quatre osselets qui se trouvent renfermés dans la caisse du tambour de l'organe de l'ouïe.

Cette *enclume* Bg, *fig.* 444, a deux branches *f, g*, & une partie massive; elle communique avec le marteau par cette partie massive B *fbt*, qui a en devant deux cavités & une éminence pour répondre à la cavité & aux deux éminences du marteau, & pour se joindre, par cette espèce d'articulation que l'on nomme *ginglime*, ou *charnière*. La plus grande branche, *b g*, descend perpendiculairement dans la caisse, & se recourbant en dedans du côté opposé à la peau du tambour, forme un petit bec qui s'articule avec l'étrier par le moyen de l'os orbiculaire B, *fig.* 443. *Voyez* MARTEAU, ETRIER, OS ORBICULAIRE.

ENCRE, de l'ital. *inchiostro*; atramentum; *tinte*; f. f. Liquide noir dont on se sert pour écrire.

L'*encre* des Anciens avoit pour base du noir de fumée ou du noir d'ivoire, que l'on délayoit dans de l'eau gommée. Les écritures que l'on a trouvées à Herculanum, & qui existent encore aujourd'hui, étoient faites avec de pareille *encre*; mais les traits peuvent en être enlevés par le frottement. L'*encre* des Modernes se compose de sulfate de fer & d'un astringent.

Plusieurs substances peuvent être employées comme astringens. La noix de galle, le bois de campêche, la racine de tormentille, le tan, le sumac, le brou de noix, l'écorce d'aulne, la racine de noisetier, &c. On préfère la noix de galle & le bois de campêche.

Il est nécessaire, pour obtenir une *encre* fort noire, que l'oxide de fer soit au maximum d'oxidation. Lorsque le fer n'est pas assez oxidé, ce métal prend, à la longue, une plus grande quantité d'oxigène : de-là provient que l'*encre* pâle noircit avec le temps.

En mêlant les substances astringentes & le sulfate de fer, il se forme une combinaison de gallate & de tannate de fer. Il faut éviter d'employer des excès des deux substances : le fer en excès produit une *encre* brune; un acide libre est nuisible à l'*encre*, en ce qu'il dissout le gallate & le tannate. Les alcalis, ajoutés avec précaution, peu-

vent neutraliser l'acide, mais un peu plus précipiteroit les parties noires de l'*encre*.

Parmi les différentes manières de composer l'*encre*, nous en citerons deux.

1°. Faites infuser (1) dans un litre d'eau de pluie ou de rivière 125 grammes de noix de galle concassées, & exposez-les au soleil pendant quatre heures, si c'est en été, & pendant six, si c'est en hiver. On peut se servir de l'infusion immédiatement après qu'elle a été passée; mais il est mieux de la laisser reposer cinq ou six mois, en ayant soin d'enlever, de temps en temps, la pellicule qui se forme sur la surface; après quoi on filtre pour séparer cette pellicule, & le tannin tombe au fond. Faites dissoudre dans cette infusion 32 grammes de gomme arabique & autant de sulfate de fer pilé très-fin, & superoxigéné par la calcination poussée jusqu'au rouge; secouez ensuite le mélange jusqu'à ce que le sulfate soit parfaitement dissous. L'*encre* préparée de cette manière est belle, coulante & d'une teinte de pourpre qui passe au noir en séchant sur le papier. C'est là à peu près, si ce n'est même précisément, la composition de l'*encre* de Guyot.

2°. On prend :

8 onces de galle d'Alep (2) en poudre grossière ;
4 onces de bois de campêche en copeaux menus ;
4 onces de sulfate de fer;
3 de gomme arabique en poudre;
1 once de sulfate de cuivre;
1 once de sucre candi.

On fait bouillir les galles & le bois de campêche ensemble dans douze livres d'eau, pendant une heure, ou jusqu'à ce que la moitié du liquide soit évaporée. On passe la décoction dans un tamis de crin ou dans un linge, & on ajoute les autres ingrédiens. On remue jusqu'à ce que tout soit dissous, & surtout la gomme; après quoi on laisse reposer pendant vingt-quatre heures. On décante ensuite l'*encre*, & on la conserve dans des bouteilles de verre, ou de grès, bien bouchées. Cette recette est celle de Ribaucourt.

En employant de l'*encre* ordinaire, l'écriture peut être enlevée, soit au moyen des acides, soit en ratissant le papier avec un canif (3). Lorsque l'écriture a été enlevée en râclant, on frotte le papier avec de la poudre de pierre-ponce, de résine, ou avec de la colle, pour que la nouvelle écriture ne s'étende pas. Dans le premier cas, on peut distinguer avec une loupe les déchirures du papier; dans le second, il faut plonger le papier dans l'eau & dans de l'alcool : la colle & la résine sont dissoutes, & la nouvelle *encre* s'étend pendant que le papier sèche.

Si l'on a détruit l'écriture avec un acide, il est

(1) *Bibliothèque britannique*, tome XLIX, page 175.
(2) *Ibid.*, tome XLVI, page 84.
(3) *Ibib.*, tome XLIX, page 157.

rare qu'il ne reste pas quelques portions de composé ferrugineux ; alors on fait reparoître, en partie, l'écriture ancienne avec l'acide gallique, le prussiate de chaux, les sulfures hydrogénés. Parmi les acides que l'on emploie pour faire disparoître l'écriture, l'acide nitrique est le seul dont il soit difficile de faire reparoître ce qui a été détruit ; cependant il arrive souvent qu'en présentant ce papier au feu, l'écriture reparoît en prenant une couleur de rouille.

Une *encre* indestructible est une substance tellement précieuse dans les relations, que plusieurs savans ont cru devoir s'occuper d'en faire la recherche. *Voyez* ENCRE INDÉLÉBILE.

ENCRES ANCIENNES. *Encres* dont les Anciens faisoient usage.

On distingue deux sortes d'*encres anciennes* : celle qui étoit employée par les Grecs & par les Romains avant Jésus-Christ, & celle dont on faisoit usage dans les 8e. 9e. & 10e. siècles. Les manuscrits de ces premiers temps ont éprouvé peu d'altération. Celles des seconds présentent de grandes différences : quelques-unes sont encore très-noires (1), d'autres sont de différentes couleurs, depuis un brun-jaunâtre jusqu'à un jaune très pâle, &, dans quelques parties, si foibles que l'on peut à peine les apercevoir. L'*encre* de ces derniers manuscrits est évidemment un gallate & un tannate de fer ; elle devient d'un beau bleu en passant dessus du prussiate de potasse & de l'acide muriatique. La différence dans la conservation des écritures paroît dépendre de la plus ou moins parfaite composition des *encres*. Quant aux manuscrits plus anciens, il paroît que l'*encre* avec laquelle ils sont écrits, est un noir végétal délayé dans de l'eau gommée.

ENCRE BLEUE. On la prépare, selon Struve, en saturant, avec de l'alumine, une dissolution d'indigo par l'acide sulfurique, & selon Girtanner, en délayant du bleu de Prusse dans de l'eau gommée.

ENCRE DE LA CHINE. Combinaison de noir de fumée, de gélatine & d'un parfum. Cette *encre* se fabriquoit à la Chine.

On croit que le noir de fumée employé par les Chinois provient de la combustion des vieux sapins. Quelques personnes prétendent qu'on le retire de la combustion de l'huile que l'on brûle dans des lampes, & que la différence des *encres* vient, principalement, de l'espèce de fumée que l'on emploie.

Pour fabriquer l'*encre*, on fait d'abord rougir, dans un vase fermé, le noir de fumée dont on veut faire usage, & cela afin d'en dégager l'huile ou la résine qu'il pourroit contenir ; on le mêle

avec un peu de musc & quelques autres parfums pour corriger l'odeur de l'huile ; on y ajoute de la colle de poisson ou toute autre gélatine animale ; on porphyrise parfaitement le tout, on le fait évaporer convenablement, & on le coule dans des formes, où il se refroidit & se solidifie.

L'*encre* la plus estimée est celle qui se prépare à Hoci-Tchou, dans la province de Kiang-Nan. La manière de faire cette *encre* est même un secret pour les habitans.

Proust, qui a analysé les merveilleuses *encres de la Chine*, y a trouvé du noir de fumée, une gélatine animale & un peu de camphre. Le noir préparé à la potasse, mêlé avec de la colle-forte, lui donna une *encre* que les hommes qui en font un fréquent usage, préfèrent à l'*encre de la Chine*.

ENCRE DE SYMPATHIE. *Encre* avec laquelle on trace des caractères qui, lorsque la liqueur est séchée, ne sont point visibles d'eux-mêmes, mais qui le deviennent par quelques moyens secrets.

On distingue six sortes d'*encre sympathique* : 1°. dont les caractères tracés paroissent par l'addition d'une seconde liqueur ; 2°. qui deviennent visibles par l'action d'une vapeur ; 3°. qui deviennent transparens en trempant le papier dans l'eau ; 4°. qui paroissent en les exposant à l'action du soleil ; 5°. qui deviennent visibles en les saupoudrant d'une poudre colorée ; 6°. enfin, qui paroissent en les exposant à l'action du feu.

1°. Un grand nombre de dissolutions métalliques, les nitrates d'argent, de plomb, de mercure, deviennent noirs par les sulfures alcalins ; l'écriture avec le muriate d'or devient rouge avec une dissolution d'étain : l'*encre* ordinaire, décolorée par l'acide nitrique, devient bleue avec du prussiate de potasse ou de chaux.

2°. En exposant à l'action des vapeurs de l'hydrogène sulfuré, des écritures faites avec des dissolutions métalliques deviennent apparentes ; celles de l'acétate de plomb, des nitrates de mercure & de bismuth, deviennent noires ; d'argent, d'un jaune-pâle : les vapeurs d'alcool communiquent aux traits du muriate d'or une couleur pourpre : la vapeur du gaz nitreux donne aux caractères tracés avec de l'acide benzoïque une couleur jaune. L'écriture faite avec de la céruse devient rouge en plongeant le papier dans le gaz muriatique oxigéné, & celle faite avec l'oxide de manganèse devient brune.

3°. Selon Brugnatelli, les traits formés par les nitrates de bismuth ou de mercure deviennent transparens lorsqu'on plonge le papier dans l'eau : l'écriture faite avec du suc d'oignon devient également transparente.

4°. Les caractères formés avec du muriate d'or & du nitrate d'argent se colorent par l'action de l'air.

5°. Tous les sucs glutineux & non colorés, exprimés

exprimés des fruits & des plantes, le lait des animaux, toutes les liqueurs grasses & visqueuses, le suif, la cire, &c. retiennent les poussières colorées avec lesquelles on les couvre.

6°. Le muriate & l'acétate de cobalt produisent une *encre* qui devient bleue en la chauffant, & dont la couleur disparoît en se refroidissant & en attirant l'humidité de l'air. On peut dessiner à l'*encre* de la Chine un paysage représentant une scène d'hiver. On trace les feuillages des arbres & le terrain avec l'*encre* de cobalt : rien ne paroît jusqu'à ce qu'en présentant le dessin au feu, on voit le gazon verdir & les arbres se garnir de feuilles. L'hiver succède au printemps dès qu'on laisse refroidir.

Gillet-Laumont (1) a trouvé que, si l'on fait dissoudre dans l'eau, des cristaux rhomboïdaux provenant d'un mélange de sulfate de cuivre & de muriate d'ammoniaque, l'écriture qui en est formée devient jaune à la chaleur & disparoît au froid, ou mieux à l'humidité. Tous les sucs acides & sucrés des plantes (2), la dissolution de muriate d'ammonique, les acides gallique, malique, oxalique, acétique & même sulfurique, produisent une *encre* qui paroît enfin en se charbonnant, ou en charbonnant le papier écrit ; mais cette *encre* ne disparoît plus.

ENCRE JAUNE. Cette *encre* se fait en faisant bouillir pendant une heure :

Quatre onces de graine d'Avignon ;
Quatre gros d'alun ;
Un litre d'eau ;
Filtrant & ajoutant un gros de gomme arabique.
Au lieu de graine d'Avignon, on peut employer le safran, mais à plus petite dose : la gomme-gutte peut également servir.

ENCRE INDÉLÉBILE. *Encre* qui ne peut être détruite par les moyens chimiques que l'on emploie.

Une véritable *encre indélébile* seroit celle qui pénétreroit entièrement le papier sur lequel on l'a posé, de manière qu'elle ne pourroit être enlevée ni par le grattage, ni par des agens chimiques.

Westrumb propose la composition suivante comme absolument indestructible.

On fait bouillir une once de fernambouc & trois onces de noix de galle avec quarante-six onces d'eau, jusqu'à la réduction à trente-deux onces : on verse cette décoction, encore chaude, sur demi-once de sulfate de fer, demi-once de gomme arabique, & un quart d'once de sucre blanc. On ajoute à l'*encre* une once deux gros d'indigo réduit en poudre, & six gros de noir de fumée ou de noir de lampe bien pur, qu'on aura délayé dans une once d'eau-de-vie.

Bosse propose une composition plus simple. On

fait bouillir une once de fernambouc avec douze onces d'eau : lorsque le liquide est réduit à demi-livre, on le passe & on y ajoute une once d'oxide de manganèse obtenu par décantation, & mêlé avec demi-once de gomme arabique.

Tarry (1) a soumis à un comité une nouvelle *encre indélébile* qui est entièrement végétale, qui résiste à l'action des acides les plus puissans, des solutions alcalines les plus concentrées, & à celle de tous les dissolvans ; mais il fait un secret de sa composition, & il la vend sous forme solide. Le comité annonce que l'*encre* du docteur Tarry possède les qualités qu'il lui assigne ; mais il résulte aussi du rapport qui en a été fait, que cette *encre* partage un des défauts communs à toutes les *encres indélébiles* inventées jusqu'alors, celui de former assez promptement un résidu considérable, ce qui prive le fluide surnageant de ses propriétés ; en sorte qu'il est nécessaire de secouer cette *encre* chaque fois qu'on s'en sert.

ENCRE ROUGE. On fait bouillir huit onces de bois de fernambouc, demi-once d'alun avec une livre d'eau, jusqu'à réduction de la moitié du liquide, & on ajoute un gros de gomme arabique.

Quelquefois on met aussi du tartre & du sucre, environ une once de chaque. Une dissolution d'étain rend la couleur plus vive.

Une décoction saturée de cochenille, avec un peu d'acide tartarique, donne une bonne *encre rouge.*

On en obtient une plus belle encore en délayant quelques grains de carmin dans de l'ammoniaque caustique, ajoutant à la liqueur une suffisante quantité d'eau.

ENCRE VERTE. Dans un pot de terre vernissé on fait bouillir, pendant une heure, deux onces de vert-de-gris avec un litre d'eau ; on remue constamment pendant l'ébullition. On y ajoute ensuite une once de tartre, & après un quart d'heure d'ébullition on passe à travers un linge ; on remet le liquide sur le feu, & on le fait évaporer jusqu'à un tiers du volume.

ENCRE VIOLETTE. Cette *encre* s'obtient en faisant bouillir

Trois onces de bois de fernambouc ;
Une once de bois de Brésil ;
Demi-once d'alun ;
Un gros de gomme arabique.

ENCYCLIE, de εν, dans ; κυκλος, cercle ; encyclia ; encykli ; s. f. Cercle renfermé dans un autre. Cercles qui se forment dans l'eau lorsqu'on y laisse tomber un corps pesant.

Un corps pesant, en tombant dans l'eau, comprime les parties qui sont au-dessous de sa surface :

(1) *Journal des Mines*, tome X, page 789.
(2) *Annales de Chimie*, tome XXXIX, page 276.

(1) *Bibliothèque britannique*, tome XLIX, page 175.

ENG

celles-ci s'élèvent enfuite au-deffus de leur niveau, & s'écoulent en agrandiffant le cercle; l'eau s'enfonce, puis fe relève; à chaque oscillation il fe forme un cercle nouveau, qui fuit, en s'agrandiffant, celui qui le précède, l'efpace compris entre chaque ondulation dépendant de la viteffe des ofcillations. *Voyez* OSCILLATION.

ENDÉCAGONE, de ενδεκα, onze; γωνια, angle; f. m. Figure compofée de onze côtés & d'un égal nombre d'angles.

L'angle au centre de l'*endécagone* régulier, c'eft-à-dire, dont tous les angles & les côtés font égaux, eft la onzième partie de 360°, & ne peut fe déterminer par la règle & le compas; on ne peut décrire géométriquement l'*endécagone*, qu'en réfolvant une équation du deuxième degré. *Voyez* POLYGONE.

ENGASTRILOGIE, de εν, dans; γαστηρ, ventre; f. m. Parler du ventre, produire une voix qui femble venir d'un autre endroit. *Voyez* VENTRILOQUE, ENGASTRIMYSME, GASTRILOQUE.

ENGASTRIMYSME, de εν, dans; γαστηρ, ventre; μυθος, parole; f. m. Modification de la voix, à l'aide de laquelle on imite différens fons qui femblent faire venir la voix d'un endroit différent de celui où l'on parle.

Comme, dans ces différentes manières de parler, la voix paroît quelquefois fortir de l'eftomac ou du ventre, & femble même s'articuler dans cette cavité, on a cru, pendant long-temps, que les paroles étoient prononcées dans le ventre de celui qui parloit.

Mais après avoir obfervé avec attention des perfonnes qui jouiffent de cette faculté, on s'eft affuré que l'*engaftrimyfme* eft une opération toute naturelle; dans laquelle, 1°. la voix fubit des altérations qui font caufe que l'on ne peut apprécier la diftance d'où part cette voix.

2°. Que la voix de l'*engaftrimyte* fe forme tantôt pendant l'infpiration, tantôt pendant l'afpiration.

3°. Que les différences qui exiftent entre ces deux voix dépendent de ce que, dans la dernière, l'afpiration fuccède à une profonde infpiration; que cette afpiration eft lente, graduée & ménagée avec art; que le fon vocal eft en même temps modifié dans la gorge, au moyen des mouvemens infolites exercés par les mufcles du larynx & de l'arrière-bouche.

4°. Que le mécanifme de l'articulation des fons dans l'*engaftrimyfme* ne diffère en rien de celui de l'articulation des fons ou la parole naturelle.

5°. Enfin, que la faculté de produire les phénomènes de l'*engaftrimyfme* n'eft point exclufivement départie à quelques individus, & qu'avec un

peu d'exercice, tout homme eft en état de l'acquérir. *Voyez* VENTRILOQUE, GASTRILOQUE.

ENGENDRER; generare; ζευγεν; v. a. C'eft, en géométrie, une ligne, une furface, un folide produit par le mouvement d'un point, d'une ligne ou d'une furface. *Voyez* SECTION CONIQUE, GÉNÉRATION.

ENGIN, de ingenium, *génie*; organum; hebzeag; f. m. Nom donné anciennement à toutes les machines propres à la guerre, telles que les baliftes, les catapultes, les fcorpions, les béliers, &c.

Aujourd'hui on lui donne différentes fignifications : en mécanique, ce font toutes les machines fimples, comme le levier; en architecture, c'eft une machine triangulaire qui fert à enlever les fardeaux par le moyen d'un treuil à bras; chez les mineurs, ce font toutes les machines à enlever les eaux & à élever les fardeaux; parmi les chaffeurs, les équipages, filets & inftrumens pour la prife des oifeaux; en terme de pêche, toutes fortes de filets, &c.

ENGHISTARA. Mefure de capacité en ufage à Venife. L'*enghiftara* = 0,6575 pintes de Paris = 0,612 litres.

ENGOURDISSEMENT; torpedo; erftarren; f. m. Abfence de fentiment & de mouvement dans les êtres animés. Stupeur qui paralyfe momentanément une partie ou toutes les parties des êtres animés.

ENGOURDISSEMENT DES ANIMAUX. État de ftupeur, d'abfence de mouvement, dans lequel fe trouvent plufieurs animaux. Parmi les mammaux, on diftingue les marmottes, les loirs, les blaireaux, les hériffons, &c., qui ont la propriété de dormir l'hiver, & que l'on nomme en conféquence *dormeurs*; parmi les oifeaux font les hirondelles, &c.; parmi les mollufques, les limaces, les colimaçons; enfin, un grand nombre d'infectes, comme les fourmis, font également engourdis par le froid.

Buffon & plufieurs naturaliftes attribuent l'*engourdiffement* total de ces animaux, leur fommeil, à une diminution dans la température qui les oblige à ceffer tout mouvement. Augmente-t-on la température? le mouvement renaît. En effet, tous ces animaux dormeurs diffèrent des autres, en ce que leur température fuit celle du milieu dans lequel ils font, tandis que les autres ont, dans les temps froids, une température plus élevée que celle du milieu, & une température plus baffe dans les temps chauds. (*Voyez* CHALEUR ANIMALE.) Auffi, lorfque les animaux à fang chaud fe trouvent dans un milieu tellement refroidi que la refpiration ne peut pas maintenir leur chaleur à leur température habituelle, ils s'engourdiffent &

meurent. L'homme même, lorfqu'il éprouve un froid trop violent, éprouve des laffitudes, cherche le repos : malheur à lui s'il s'y laiffe entraîner ! il doit, dans cette circonftance, augmenter fon mouvement jufqu'à ce qu'il puiffe parvenir dans un milieu plus échauffé.

ENGOURDISSEMENT DES VÉGÉTAUX. Perte de fenfibilité, d'irritabilité de plufieurs végétaux.

Plufieurs plantes font, comme la fenfitive, plus ou moins irritables ; mais cette fenfibilité, cette irritabilité diminue avec la température, & ceffe avec le froid. La température des plantes diffère peu de celle du milieu dans lequel elles font. (*Voyez* CHALEUR DES VÉGÉTAUX.). Il eft naturel d'attribuer leur *engourdiffement*, comme dans les animaux, à la diminution de leur température, qui fait ceffer, l'hiver, leurs fonctions habituelles, & qui les maintient dans une forte d'*engourdiffement*.

ENGRENAGE, f. m. Difpofition de plufieurs roues qui ont des dents, de manière que les dents des unes s'infèrent dans les efpaces qui exiftent entre les dents des autres.

ENGYSCOPE, de εγγυς, *près*; σκοπεω, *regarder*. Inftrument qui fert à faire diftinguer des objets fort petits, qu'on ne verroit plus à la vue fimple. *Voyez* LOUPE, MICROSCOPE.

ENHARMONIQUE; εναρμονικος; *enharmoni- che*; adj. L'un des trois genres de la mufique des Grecs, qu'Ariftote & fes fectateurs appeloient auffi très-fréquemment *harmonie*.

Ce genre réfultoit d'une divifion particulière du tétracorde, felon laquelle l'intervalle qui fe trouve entre le lychanos ou la troifième corde, & la mèfe ou la quatrième, étoit d'un diton, ou d'une tierce majeure ; il ne reftoit, pour achever le tétracorde en grave, qu'un femi-ton à partager entre deux intervalles ; favoir, de l'hypate à la parhypate, & de la parhypate au lychanos.

Nous avons aujourd'hui une forte de genre *enharmonique* entièrement différent de celui des Grecs ; il confifte, comme les deux autres, dans une progreffion particulière de l'harmonie, qui engendre dans la marche des parties, des intervalles *enharmoniques*, en employant à la fois, ou fucceffivement, entre deux notes qui font à un ton l'une de l'autre, le bémol de l'inférieure & le dièfe de la fupérieure. Mais quoique, felon les rigueurs des rapports, ce dièfe & ce bémol duffent former un intervalle entr'eux, cet intervalle fe trouve nul au moyen du tempérament, qui, dans le fyftème établi, fait fervir le même fon à deux ufages : ce qui n'empêche pas qu'un tel paffage ne produife, par la force de la modulation & de l'harmonie, une

partie de l'effet que l'on cherche dans les tranfitions-harmoniques.

ENHARMONIQUE (Genre). Suite de demitons fucceffifs dans la formation de la gamme. *Voyez* ENHARMONIQUE, GENRE ENHARMONIQUE.

ENHARMONIQUES (Intervalles). Différence d'un demi-ton d'un fon à un autre, en allant du grave à l'aigu. *Voyez* ENHARMONIQUE, INTERVALLE ENHARMONIQUE.

ENNÉADÉCATÉRIDE, de εννεα, *neuf*; δεκα, *dix*; ετος, *année*; f. f. Période ou révolution de dix-neuf années.

Methon eft l'inventeur de cette révolution, à laquelle on a donné auffi le nom de *cycle lunaire*, parce qu'au bout de 19 ans folaires, la lune revient à peu près au même point. Les Athéniens, les Juifs & autres peuples, qui ont voulu accommoder les mois lunaires avec l'année folaire, fe font fervis de l'*ennéadécatéride*, en faifant, pendant 19 ans, 7 ans de treize mois & 12 ans de 12 mois.

ENNEAGONE, de εννεα, *neuf*; γωνια, *angle*; neun-eck; f. m. Figure de neuf angles & de neuf côtés.

Pour décrire un *ennéagone* régulier, il faut divifer la circonférence d'un cercle en neuf parties égales. Chaque arc fera de 40 degrés ; & les cordes de ces arcs feront les côtés de ce polygone.

Tous les angles intérieurs d'un *ennéagone* quelconque, pris enfemble, valent 18 angles droits moins quatre, ou 1260 degrés. Par conféquent, chaque angle interne d'un *ennéagone* régulier eft égal à $\frac{1260°}{9}$ = 140°. *Voyez* POLYGONE.

ENS. Être.

Les anciens chimiftes ont donné différentes fignifications au mot latin *ens*. Dans Paraclèfe, il fignifie la vertu, le pouvoir, l'efficacité que certains êtres déploient fur nos corps : de-là l'*ens Aftrum*, l'*ens Veneris*, l'*ens Martis*, &c.

Paraclèfe parle de l'*ens primum* des minéraux, des pierres précieufes, des plantes ou des liqueurs : il entend, par ce mot, les parties dans lefquelles leur vertu ou leur efficacité réfide, ou même l'une & l'autre.

ENTIER; integer; ganz; f. m. Complet, qui a toutes fes parties.

ENTIERS (Nombres). Nombres qui contiennent un certain nombre de fois, & fans fraction, la quantité prife pour unité principale.

ENTONNER, de in, *dans*; tonus, *ton*; intonare; anftimmen; v. a. Former avec jufteffe les fons & les intervalles qui font marqués dans l'exécution d'un chant.

On ne peut entonner avec justesse qu'à l'aide d'une idée commune, à laquelle doivent se rapporter des sons & des intervalles ; savoir, celle du ton & du mode où ils sont employés : d'où vient peut-être le mot *entonner*.

Il y a plus de difficulté à *entonner* des intervalles plus grands ou plus petits, parce qu'alors la glotte (*voyez* GLOTTE) se modifie par des rapports trop grands dans le premier cas, ou trop composés dans le second.

Entonner est encore commencer le chant d'une hymne, d'un psaume, d'une antienne, pour donner le ton à tout le chœur. *Voyez* INTONATION.

ENTONNOIR, *de in*, *dans* ; *tonna*, *tonne* ; *intonare* ; *infundibulum* ; *trichter* ; s. m. Vaisseau fait en forme de cône, qui sert à transvaser les liqueurs.

ENTONNOIR A FILTRER. *Entonnoir* de verre dans lequel on met une feuille de papier mince & non collé, afin que les liquides puissent filtrer à travers.

ENTONNOIR A SÉPARATION. Instrument employé pour séparer les liquides d'une pesanteur spécifique différente.

L'intérieur du col de cet *entonnoir* est très-étroit, & n'a qu'une demi-ligne de diamètre. Lorsqu'on remplit l'*entonnoir* avec des liqueurs que l'on veut séparer, on bouche l'extrémité du tube avec le doigt. Après quelque repos, on laisse couler le liquide intérieur ; on y applique ensuite le doigt, & on verse le liquide supérieur dans un autre vase.

ENTONNOIR MAGIQUE. Instrument dans lequel on retient une partie du liquide que l'on verse dedans, & qu'on laisse couler à volonté.

Cet *entonnoir* est double : A B C, *fig.* 794, est l'extérieur ; & D E l'intérieur. Entre les deux surfaces est un espace vide qui a deux ouvertures, l'une en F, de la surface intérieure avec l'espace qui existe entre les deux surfaces ; l'autre A, qui fait communiquer cet espace avec l'aire extérieure.

Si l'on bouche avec le doigt l'extrémité B, & que l'on incline l'*entonnoir* vers G, une partie du liquide entre par l'ouverture capillaire, pour remplir l'espace qui existe entre les deux surfaces ; bouchant ensuite l'ouverture A avec le doigt, & redressant l'*entonnoir*, le liquide reste entre les deux surfaces. On peut le laisser couler en débouchant l'ouverture A.

On se sert de cet *entonnoir* pour faire des tours ou amusemens d'escamotage ou de gibecière.

ENTRÉE, *de intrà*, *dedans* ; *ire*, *aller* ; *introitus* ; *einstritt* ; s. f. Aller dedans.

En astronomie, c'est le moment où le soleil ou la lune commence à parcourir un des signes du zodiaque ; c'est aussi le moment où la lune commence à s'éclipser, lorsqu'elle entre dans l'ombre ou la pénombre formée par la terre.

En musique, c'est le moment où chaque partie qui en suit une autre commence à se faire entendre.

ÉOLIEN ; αἰολεια ; eolius ; adj. Qui est d'Eolie, qui vient d'Eolie.

ÉOLIEN (Ton ou mode). Ton ou mode de musique qui fut premièrement en usage en Eolie. C'étoit un des cinq modes moyens ou principaux de la musique grecque, & sa corde fondamentale étoit immédiatement au-dessus du mode phrygien.

ÉOLIPYLE ; de αἰλος, *éole* ; πυλη, *passage* ; æolipyla ; *vind kugel* ; s. f. Vase de métal creux, terminé par un tuyau recourbé, dont l'ouverture est très-étroite.

Ce vase, auquel on donne la forme d'une boule A, *fig.* 795, ou d'une poire B, étant rempli d'eau & exposé à un feu de charbon bien allumé, produit, par son bec, un souffle très-violent : ce souffle est formé de la vapeur abondante qui se forme par la chaleur, & qui se dégage par la petite ouverture.

Quelques auteurs anciens ont voulu attribuer ce souffle à l'air dilaté par l'action du feu ; mais si l'on emplit le vase, la quantité d'air qu'il contient est infiniment petite, & est bientôt chassée au dehors ; le souffle dure cependant jusqu'à ce que tout le liquide soit vaporisé : d'ailleurs, si, au lieu d'eau, on met, dans l'*éolipyle*, de l'alcool, des huiles essentielles, la vapeur qui se dégage, s'enflamme & forme un très-beau jet de lumière qui s'élève à une hauteur plus ou moins grande, & qui dépend de la force avec laquelle la vapeur sort.

Descartes a expliqué la cause naturelle des vents, en les comparant aux effets des *éolipyles*. Nous croyons inutile d'observer combien cette comparaison est défectueuse. *Voyez* VENTS.

ÉOLIPYLE A CHARIOT. Instrument A, *fig.* 596, que l'on place sur un chariot qui se meut par la résistance que l'air oppose à la sortie de la vapeur. *Voyez* CHARIOT A RECUL.

ÉOLIPYLE A LAMPE. Lampe, *fig.* 574, dont le jet de lumière est dirigé par une *éolipyle* à alcool. *Voyez* CHALUMEAU A ALCOOL.

ÉOLIPYLE DE CHEMINÉE. Machine que les fumistes emploient pour former un courant d'air dans les cheminées & les empêcher de fumer, mais qui sert, le plus souvent, à refroidir les jambes des perſonnes qui ſe chauffent. *Voyez* CAMINOLOGIE.

ÉOLE, roi des îles Vulcanies, & depuis Eolides.

Sa réſidence étoit à Lipára. Son palais retentiſſoit tous les jours de cris de joie; on y entendoit un bruit harmonieux.

Eole étoit aſtronome & phyſicien; il prédiſoit les vents, en obſervant leur cours & celui de la fumée qui ſortoit de l'île de Vulcain. Ses avis ne furent pas inutiles à Ulyſſe, qui ſe conſulta en paſſant, & qui apprit de lui les vents qui devoient régner pendant ſon voyage. C'eſt là, probablement, ce qui a donné lieu à la fable ingénieuſe dans laquelle Homère feint que cet *Eole*, roi des îles éoliennes, tenoit les vents dans des cachots, & qu'un jour il les enferma tous dans une outre dont il fit préſent à Ulyſſe.

ÉPACTES; επαϰτος; epactæ; *epacten*; ſ. f. Nombre qui exprime celui des jours dont la lune précède le commencement de l'année.

L'*épacte* vient de l'excès de l'année ſolaire ſur l'année lunaire: or, l'année lunaire étant compoſée de 52 lunaiſons, chacune de 29j.53 = 354j.36, l'année ſolaire eſt de 365j.256: la différence eſt de 10j.896, à peu près 11 jours. Ainſi la lune avance de 11 jours environ chaque année.

En 1814, la lune commençant avec l'année, l'*épacte* a été de XI en 1815; de XXII en 1816; de XXXIII en 1817, d'où retranchant les 30 jours d'un mois, l'*épacte* eſt III, & ainſi de ſuite. *Voyez* CALENDRIER.

Il y a auſſi des *épactes* dont les aſtronomes ont des tables, & qui leur ſervent à préparer le calcul des éclipſes.

Pour calculer les *épactes*, on peut conſulter les articles CALENDRIER, ÉPACTES, du *Dictionnaire de Mathématiques* de l'*Encyclopédie*.

ÉPAGOMÈNES; επαγομενος; adj. Noms que les aſtronomes donnoient aux cinq jours que les Egyptiens & les Caldéens étoient obligés d'ajouter à l'année de Nabonaſſar, dont chaque mois n'avoit que trente jours.

ÉPÉE FONDUE DANS SON FOURREAU. Sénèque a parlé d'*épée fondue* par la foudre, ſans endommager le fourreau dans lequel elle étoit. Muret, dans ſes notes ſur le ſecond livre des *Queſtions naturelles de Sénèque*, dit qu'il fut témoin de cet effet merveilleux chez le cardinal Hippolyte d'Eſt. Comme cette fuſion ſingulière a été miſe en doute par pluſieurs phyſiciens, l'abbé Berthollon (1) a cité quelques faits pour prouver ſa poſſibilité. Il rapporte que des clefs ont été endommagées par la foudre ſur ſon ami Jacques de Lyon, ſans que

les poches de ſon habit en fuſſent brûlées. Une boucle de ſoulier fut un peu fondue, ſans avoir endommagé le ſoulier. Il cite des fils de fer fondus par la foudre, ſans avoir calciné la pierre en contact; puis il cherche à expliquer ces divers effets. *Voyez* ELECTRICITÉ, FUSION PAR L'ÉLECTRICITÉ.

EPHA. Meſure ordinaire des Hébreux, en uſage pour des choſes ſèches. On croit communément que cette meſure contenoit quatre-vingts livres de blé ou de farine.

ÉPHÉMÉRIDES; εφεμερις; ephemerides aſtronomicæ; *aſtronomiſch jahr buch*; ſ. f. Livres qui contiennent, pour chaque jour, les lieux des planètes & les circonſtances des mouvemens céleſtes.

Les plus anciennes *éphémérides* ſont celles de Monleriger, qui portent la date de 1400; celles dont l'hiſtoire parle enſuite, ſont les *éphémérides* calculées par Regiomontanus. Les plus célèbres calculateurs qui aient ſuivi ſes traces, ſont: Stoffler, Stadius, Leoritius, Origan, Argoli, Noël Duret, de Montbriſon, Lahire fils, Desforges, Lieutaud, Deſplace, Bomis, l'abbé de la Caille, Lalande, &c., le *Nautical Almanac*, enfin la *Connoiſſance des temps*.

EPI; επι; ſpica; *ähre*; ſ. m. Digue dont l'objet eſt de conſerver les langes d'une rivière.

EPI DE LA VIERGE. Etoile de la première grandeur, qui eſt dans la conſtellation de la Vierge.

EPICYCLE, de επι, ſur; ϰυϰλος, cercle; epicyclus; *epicykel*; ſ. m. Petit cercle G H K L, *fig.* 796, dont le centre B ſe meut ſur la circonférence d'un cercle A B D I.

Les anciens aſtronomes employoient un cercle excentrique pour expliquer les irrégularités apparentes des planètes & leur différente diſtance de la terre, & ils faiſoient uſage d'un petit cercle G H K L pour expliquer la ſeconde inégalité, ou les ſtations & rétrogradations des planètes. Ce cercle, qu'ils appeloient *épicycle*, avoit ſon centre dans la circonférence du plus grand, qu'on appelle *déférent*.

Quoique ce phénomène des ſtations & des rétrogradations s'explique beaucoup mieux dans le ſyſtème de Copernic, on ne peut diſconvenir que la manière de Ptolémée ne ſoit ingénieuſe; mais à meſure qu'on découvrit des inégalités, il falloit mettre *épicycles* ſur *épicycles*, des *épicycles* variables, ſujets à des augmentations & à des décroiſſemens perpétuels, & différemment inclinés à l'écliptique. Cette complication étoit néceſſaire lorſque l'on ne connoiſſoit pas encore les cauſes de ces inégalités, & qu'il ne s'agiſſoit que de les repréſenter; mais aujourd'hui il n'en eſt plus queſtion.

Cependant quelques aftronomes modernes fe font fervis des *épicycles* pour expliquer les irrégularités des mouvemens de la lune; mais ils n'ont point prétendu que la lune parcourût en effet la circonférence d'un *épicycle* : ils ont feulement avancé que les inégalités apparentes du mouvement de la lune étoient les mêmes que fi cette planète fe mouvoit dans un *épicycle*. *Voyez* LIBRATION.

ÉPICYCLOÏDE, de επι, *fur*; κυκλος, *cercle*; ειδος, *forme*; epicycloïdes; *epicykloid*; f. f. Ligne courbe A B D, *fig.* 797, engendrée par la révolution d'un cercle B E fur la circonférence d'un autre cercle A E D F. Ici; le cercle B E fe meut fur la partie convexe du premier; il peut également fe mouvoir fur la partie concave & engendrer l'*épicycloïde* H G I. *Voyez* CAUSTIQUE.

ÉPIGLOTTE, de επι, *fur*; γλωττις, *glotte*; epiglottis; *kehl deckel*; f. f. L'un des cinq cartilages qui entrent dans la compofition du larynx, à la partie fupérieure duquel on la rencontre, un peu au-deffous de la bafe de la langue, & immédiatement au-deffus de l'ouverture de la glotte. *Voyez* LARYNX.

ÉPILEPSIE; επιλεχια; epilepfia; *fallende fucht*; f. f. Maladie convulfive, caractérifée par l'interruption fubite de tous les fens, par l'agitation des mufcles, par la difficulté de refpirer; écume à la bouche, ronflement, &c,

Les Anciens ont confidéré l'*épilepfie* comme tellement extraordinaire, tellement au-deffus de l'intelligence, qu'ils l'ont regardée comme dépendant du courroux des dieux.

Si l'on examine les caufes ordinaires de l'*épilepfie*, les commotions morales, les paffions fortes, la frayeur, la colère, le chagrin, les fortes contentions d'efprit, la vue d'un accès *épileptique*, on eft conduit à le placer dans le nombre des maladies morales que la malheureufe humanité fe crée. En effet, les femmes font plus fujettes à l'*épilepfie* que les hommes : elle fe déclare plus promptement dans les tempéramens mélancoliques, les conftitutions affoiblies, les cachectiques.

Van-Swieten affure que tous les fous qui l'étoient dans l'enfance, & dont il a pu recueillir l'hiftoire, avoient d'abord eu des accès d'*épilepfie*. Sur 289 *épileptiques* qui étoient à la Salpétrière, 80 étoient maniaques, & 56 imbécilles ou en démence.

Prife dans l'origine, l'*épilepfie* peut être guérie par des moyens moraux, par l'électricité, le magnétifme, le raifonnement, enfin par la crainte d'un châtiment. C'eft ainfi que le célèbre Boerhaave parvint à faire ceffer une *épilepfie* qui fe propageoit dans une falle d'enfans de l'hôpital qu'il foignoit.

ÉPINETTE, de l'italien *fpinetta*; *fpinette*; f. f. Efpèce de demi-clavecin, à une corde pour chaque touche.

Cet inftrument a été ainfi nommé, à caufe des petites pointes de plume qui tirent le fon des cordes, & qui reffemblent à des épines.

EPISTOMIUM; επιστομιον; *bouchon*; f. m. Inftrument par l'application duquel l'orifice d'un vafe, d'un vaiffeau, peut être fermé & rouvert enfuite à volonté. On nomme ainfi les piftons des pompes, &c., qui rempliffent leur cavité, & qui peuvent être tirés & repouffés à volonté.

ÉPITRITE; επιτριτος; *troifième partie en fus*. En géométrie, c'eft une proportion contenant un nombre & le tiers de ce nombre, comme 3 & 4.

C'étoit auffi le nom d'un rhythme de la mufique grecque, duquel les temps étoient en raifon fefquitierce, ou de 3 à 4.

ÉPOQUE; εποχη; epocha; *epoche*; f. f. Point fixe dans l'hiftoire ou dans les révolutions céleftes, dont on fe fert pour commencer à compter les années, & qui ordinairement eft marqué par quelqu'événement confidérable.

ÉPOQUE CHRÉTIENNE. Année comptée depuis la naiffance de Jéfus-Chrift.

Les fentimens des chronologiftes font partagés fur le commencement de cette *époque*. Plufieurs ont compofé des traités particuliers fur la véritable année de la naiffance de J.-C.; mais tous fe contredifent fur cette *époque*. L'*époque chrétienne* que l'on a adoptée, commence dans la 4714e. année de la période julienne.

On a commencé à fe fervir de cette *époque* dans les actes publics, en Italie, vers l'an 590; en Hollande, l'an 620; en France, l'an 780.

ÉPOQUE DE LA CORRECTION GRÉGORIENNE. C'eft le temps auquel le calendrier fut corrigé par ordre du pape Grégoire XIII.

Sous Jules-Céfar (*voyez* ÉPOQUE JULIENNE), une correction avoit été faite au calendrier; elle auroit fuffi fi l'année eût été compofée de 365 jours un quart; mais il s'en falloit d'environ 11 minutes. Cette quantité, quoique fort petite, étant répétée dans un grand nombre d'années, devint enfin fi confidérable, que, vers la fin du feizième fiècle, les équinoxes fe trouvoient avancés de 10 jours. Cet avancement, qui auroit toujours été en augmentant, auroit pu caufer beaucoup de dérangement dans l'office eccléfiaftique; c'eft ce qui engagea le pape Grégoire XIII à ordonner, par une bulle du 24 février 1582, que ces dix jours de trop feroient retranchés, & que le 5 octobre fuivant feroit compté pour le 15 du même mois. Il remédia également aux erreurs que pourroient caufer les 11 minutes employées de plus chaque année. C'est là ce qu'on appelle *correction grégorienne*. Plusieurs nations adoptèrent cette correction, d'autres refusèrent de l'admettre : ce qui a donné lieu à la distinction du *vieux* & du *nouveau style*. *Voyez* CALENDRIER GRÉGORIEN.

ÉPOQUE DE LA FONDATION DE ROME. Suivant Varron, on en fixa les fondemens au printemps de la 23ᵉ année après l'établissement des Olympiades, c'est-à-dire, au mois d'avril de la 3961ᵉ année de la période julienne, 753 avant Jésus-Christ.

ÉPOQUE DE MAHOMET OU DES ARABES. C'est le temps de la fuite de Mahomet de la Mecque à Médine. Cette *époque* correspond à l'année 5335 de la période julienne, c'est-à-dire, 621 ans après J.-C. On l'appelle encore *l'ère de l'hegire* : elle est en usage parmi les Turcs & les autres peuples de la religion mahométane.

ÉPOQUE DES MOYENS MOUVEMENS D'UNE PLANÈTE. Lieu moyen de cette planète, déterminé par quelques instans marqués, afin de pouvoir ensuite, en comparant depuis cet instant, trouver le lieu moyen de la planète pour un autre instant quelconque.

ÉPOQUE DE NABONASSAR. Elle tire son nom de *Nabonassar*, roi de Babylone. On ignore à quelle occasion elle a été établie; on ne sait pas même le nom de celui qui l'a introduite. Ce qui l'a rendue célèbre, c'est que Ptolémée y a fixé ses observations astronomiques. Elle date du mois de février de l'année 3967 de la période julienne, 747 ans avant Jésus-Christ.

L'époque de *Nabonassar* porte aussi le nom *d'ère des Babyloniens*, parce que c'est de cette *époque* qu'ils commençoient à compter leurs années.

ÉPOQUE DES OLYMPIADES. Temps de l'institution des jeux olympiques que les Grecs célébroient tous les quatre ans en l'honneur de Jupiter. Cette *époque* a commencé au mois de juillet de la 3938ᵉ de la période julienne, 776 ans avant Jésus-Christ.

ÉPOQUE DES SÉLEUCIDES. C'est celle dont se servoient les Macédoniens, & qu'on appeloit en Orient *les années des Grecs*, dont il est parlé dans le livre des Machabées : elle date de l'année 3402 de la période julienne, 1312 ans avant Jésus-Christ.

ÉPOQUE DIOCLÉTIENNE. *Époque* du règne de Dioclétien, qui a commencé le 17 septembre de l'année 4997 de la période julienne, c'est-à-dire, 283 ans après Jésus-Christ.

L'*époque diocletienne* est connue des Chrétiens sous le nom *d'ère des martyrs*, à cause des grandes persécutions qu'ils ont souffertes sous cet Empe-

reur; elle est d'un usage fréquent dans l'ancienne histoire de l'Eglise.

C'est de cette *époque* que les anciens Chrétiens commençoient à compter leurs années; les Maures s'en servent encore aujourd'hui.

ÉPOQUE JULIENNE. Temps de la correction du calendrier romain, sous l'empire de Jules-César.

Les Egyptiens n'évaluoient l'année que de 365 jours; mais comme elle est de 365 jours & environ six heures, on reconnut dans la suite que les équinoxes reculoient d'un jour tous les quatre ans, ou à peu de chose près. Pour remédier à cet inconvénient, on convint d'employer ces six heures excédantes, en faisant tous les quatre ans une année composée d'un jour de plus que les autres; de sorte que cette quatrième année est de 366 jours : c'est ce que l'on appelle l'*année bissextile*. Cette correction se fit dans l'année 4668 de la *période julienne*, 46 ans avant Jésus-Christ. *Voyez* PÉRIODE JULIENNE.

On met encore entre les *époques* les plus remarquables : le déluge de Noé, l'an du monde 1665; la naissance d'Abraham, l'an 2039; la sortie des Israélites, l'an 2544; la ruine de Jérusalem, l'an 70 de Jésus-Christ.

ÉPREUVE, *de proba*, *essai*; *periculum*; *probe*; s. f. Expérience, essai que l'on fait de quelque chose.

ÉPREUVE D'EAU D'ARCHIMÈDE. Expérience hydrostatique faite par Archimède, pour connoître la proportion d'or & d'argent contenue dans une couronne.

Archimède, après s'être assuré, par l'expérience, que 18 livres d'or, plongées dans l'eau, perdoient 1 livre; que 18 liv. d'argent perdoient 1 l. $\frac{1}{2}$, & qu'une couronne d'argent, recouverte d'une feuille d'or & pesant également 18 l, perdoit dans l'eau 1 liv. $\frac{1}{3}$, en conclut que la couronne étoit composée de $\frac{1}{3}$ d'or & $\frac{2}{3}$ d'argent.

Cette proportion est déduite des considérations suivantes :

Soit O = le poids de l'or; A = le poids de l'argent; p = le poids du mélange; b = la perte des poids p du mélange dans l'eau; o = la perte d'un poids p, du corps O dans l'eau; & a = la perte d'un poids p, du corps A dans l'eau. Soit enfin x = le poids de l'or & $p - x$ celui de l'argent, on aura la perte du poids de l'or dans l'eau par cette proportion :

$$p : x = o : \frac{o x}{p};$$

celui de la perte de l'argent dans l'eau par cette proportion :

$$p : p - x = a : \frac{a (p-x)}{p}$$

La fomme de ces deux pertes devant égaler la perte totale, on a :

$$o\,x + a\,\frac{(p-x)}{p} = b\,;\ o\,x, + a\,p - a\,x = b\,p\,;$$

$$\&\ x = \frac{b-a}{o-a}\,p.$$

Mais ce réfultat n'eft vrai qu'autant que les fubftances font feulement mécaniquement mélangées. Quand elles le font chimiquement, cette méthode donne de faux réfultats.

ÉPROUVETTE, f. f. Inftrument avec lequel on éprouve la qualité de certaines chofes.

En phyfique, c'eft un inftrument, *fig.* 798, compofé de deux petits récipiens A, B, réunis par un robinet R, au moyen duquel on peut établir une communication entre les deux récipiens.

Ayant placé le récipient B fur le plateau d'une machine pneumatique, on met de l'eau dans le récipient A; on fait le vide fous le premier récipient; on ouvre le robinet; de l'eau tombe fur la platine de la machine, & l'on voit, par les petites bulles qui s'y forment, s'il rentre de l'air fous le récipient.

On donne encore le nom d'*éprouvette* à un baromètre tronqué, *fig.* 308 & 798 (a). Cet inftrument s'adapte à la machine pneumatique, & l'on juge du degré du vide formé, par la différence de la hauteur du mercure dans les deux branches. *Voyez* BAROMÈTRE TRONQUÉ, MACHINE PNEUMATIQUE.

ÉPROUVETTE A POUDRE; *pulver probe.* Inftrument avec lequel on éprouve la force de la poudre.

Ces inftrumens (1) font de diverfes fortes : les uns font formés d'une petite boîte recouverte par un reffort; l'effort de la poudre foulève le couvercle, & l'on juge de la force par l'efpace que le reffort a parcouru; ceux dont les régimens d'artillerie font ufage, confiftent eu un mortier, dans la chambre duquel on met de la poudre pour chaffer un boulet d'un poids donné. On juge de la force par la diftance que parcourt le boulet.

Reignier en a imaginé une troifième efpèce, qu'il nomme *éprouvette hydroftatique* : elle confifte en un plongeur de la forme des aréomètres; ce plongeur eft terminé par un petit mortier. La poudre, en s'enflammant, oblige le plongeur à s'enfoncer dans l'eau, & on juge, par l'enfoncement, de la force de la poudre.

EPSOM (Sel d'). Subftance faline que l'on retire des eaux d'*Epfom. Voyez* SULFATE DE MAGNÉSIE.

EPTAGONE, de ιπτα, *fept*; γονια, *angle*; *fieben eke* ; f. m. Figure compofée de fept angles. Lorfque tous les côtés font égaux, on le nomme *eptagone* régulier. *Voyez* POLYGONE.

EPTAGONES (Nombres). Nombres polygones, où la différence arithmétique eft 5.

Entre plufieurs propriétés, le *nombre eptagone* en a une affez remarquable; c'eft que, fi on le multiplie par 40 & qu'on ajoute 9 au produit, la fomme fera un nombre carré.

EPTAMÉRIDES, de ιπτα, *fept*; μερις, *divifer*; f. f. Divifion en fept.

Nom donné par Sauveur à l'un des intervalles de fon fyftème muſical, expofé dans les *Mémoires de l'Académie des Sciences*, année 1702.

Sauveur divife d'abord l'octave en 43 parties ou *mérides*, puis chacune de celles-ci en fept *eptamérides*; de forte que l'octave entière contient 301 *eptamérides*, qu'il fubdivife encore.

ÉQUANT; æquans; f. m. Cercle que les anciens aftronomes fuppofoient placé de manière que le mouvement d'une planète fût uniforme autour du centre de ce cercle.

ÉQUATEUR; æquator; *æquator*; f. m. Grand cercle de la fphère, autour duquel le mouvement diurne paroît fe faire : fes pôles font les mêmes que ceux du Monde.

On le nomme *équateur*, parce que, quand le foleil eft dans ce cercle, il y a égalité entre les jours & les nuits fur toute la furface de la terre.

Ce cercle partage le ciel en deux hémifphères égaux : l'un eft vers le nord & l'autre vers le fud. Le premier s'appelle *hémifphère feptentrional*, & le fecond *hémifphère méridional. Voyez* LIGNES, HAUTEUR, TEMPS, MOBILE, HORAIRE, SOLEIL, ROTATION.

ÉQUATEUR (Arc de l'). Portion de l'*équateur* qu'interceptent les méridiens de deux lieux. C'eft fur cet *arc* que l'on détermine la différence de longitude d'un endroit à un autre. *Voyez* LONGITUDE.

ÉQUATEUR CÉLESTE. Grand cercle célefte dont le plan, paffant par le centre de la terre, eft perpendiculaire à l'axe de la terre. *Voyez* ÉQUATEUR.

ÉQUATEUR MAGNÉTIQUE. Grand cercle exiftant fur la terre, où l'aiguille aimantée n'a aucune inclinaifon.

Des obfervations faites par plufieurs favans ont fait connoître que l'aiguille étoit fans déclinaifon dans les pofitions fuivantes :

Défignation

DÉSIGNATION DES LIEUX.	NOMS DES OBSERVATEURS & dates des observations.	LATITUDES.	LONGITUDES.
Océan atlantique	Lapeyrouse......... 1786	11° 9′ 7″	24° 17′ 10″ occid.
Mer du Sud	Idem 1786	0 50 30	118 39 20 idem.
Mer des Indes.............	W. Bayly......... 1780	7 51 57	103 53 32 orient.
Océan atlantique	Idem 1780	11 48 36	18 4 47 occid.
Idem	Lacaille......... 1750?	12 30 0	10 30 0 idem.
Idem	Idem 1750	12 0 0	34 0 0 idem.
Pérou.............	Humboldt.........	7 1 49	80 39 59 idem.
Mer du Sud	Lapeyrouse......... 1786	1 1 53	128 55 30 idem.

Appliquant l'analyse à ces observations, en les comparant deux à deux, Biot a trouvé que le grand cercle auquel ces observations appartenoient, étoit incliné sur celui de l'*équateur* terrestre, de 12° angle moyen, & que la longitude du nœud occidental étoit 155 degrés 34′, moyenne déduite de six comparaisons ; ce qui place le nœud opposé à 295° 34′ de longitude occidentale. Nous allons indiquer ici le mode d'analyse que Biot a employé (1).

« Supposons que M′, M″, *fig.* 799, soient deux points du globe où l'observation a montré que l'inclinaison étoit nulle ; menons le grand cercle A E′ E″ pour représenter l'*équateur* de la terre, & soit A M un autre grand cercle perpendiculaire à A E′ E″, pour représenter le méridien terrestre, dont les longitudes sont comptées sur l'*équateur*. Alors, si des points observés M′ M″ on mène d'autres portions de méridien M′ E′, M″ E″, pareillement terminées à l'*équateur*, les arcs A E′, A E″, que je nommerai *l′*, *l″*, seront les longitudes des points observés M′, M″, & les arcs E′ M′, E″ M″, que je nommerai λ′ λ″, en seront les latitudes géographiques. Cela posé, si par ces points on mène un arc de grand cercle qui aille couper l'*équateur* quelque part en N′, à une distance du point A, égale à A N′ = *x*, & sous une inclinaison M′N′E′, que je désigne par *i*, les deux triangles sphériques M′ N′ E′, M″ N″ E″, rectangles en E′, E″, donneront les deux équations.

$$\text{Tang. } i = \frac{\text{tang. } \lambda'}{\text{sin. } (l' - n)} \; ; \; \text{tang. } i = \frac{\text{tang. } \lambda''}{\text{sin. } (l'' - n)}.$$

D'où l'on tire en éliminant *i* :

$$\text{Tang. } x = \frac{\text{tang. } \lambda'' \text{ sin. } l' - \text{tang. } \lambda' \text{ sin } l''}{\text{tang. } \lambda'' \text{ cos. } l' - \text{tang. } \lambda' \text{ cos. } l''}$$

Cette équation déterminera *x*, c'est-à-dire, la longitude du nœud du grand cercle, & l'autre déterminera son inclinaison. Or, comme toutes les observations qui ont été faites en diverses parties du monde, & que nous avons rapportées, étant combinées deux à deux, donnent toujours

pour *x* & *i* à peu près la même valeur, on est en droit d'en conclure que l'*équateur magnétique* est un grand cercle du globe terrestre, du moins dans l'étendue embrassée par les observations dont on a fait usage.

Quelque concordans que soient ces résultats, ils présentent cependant quelques différences lorsqu'on les compare avec les observations qui ont été faites par Cook & par Dalrympe. Il résulte de ces dernières comparaisons, & en particulier des observations de Cook, que l'*équateur magnétique* a encore, avec l'*équateur* terrestre, au moins une nouvelle intersection, d'où il paroît qu'il doit y avoir trois nœuds, & peut-être quatre, si l'*équateur magnétique*, près de son nœud occidental, s'élève un peu vers le nord avant de descendre dans le sud vers l'archipel des îles de la Société. On a représenté en B, *fig.* 800, les inflexions qui produisent trois nœuds, & en A, *fig.* 800 (a), celles qui en produisent quatre. Dans ces figures, E E représentent l'*équateur terrestre*, & E′ E′ E′ l'*équateur magnétique*.

ÉQUATEUR (Pôles de l'). Points éloignés de toute part de 90 degrés de l'*équateur*. *Voyez* PÔLES DE L'ÉQUATEUR.

ÉQUATEUR TERRESTRE ; *æquator telluris ; æquator der erde*. Grand cercle de la terre, situé à 90 degrés de chacun des pôles, & qui divise le globe en deux hémisphères, l'un boréal & l'autre austral. *Voyez* HÉMISPHÈRE, PÔLES.

Ce cercle, que l'on nomme aussi *signe équinoxial*, traverse l'Afrique, passe par les îles de Sumatra, Bornéo, Célèbes, Gilolo, traverse la mer du Sud, l'Amérique méridionale, & vient rejoindre l'Afrique en traversant par l'Océan. Le soleil est dans le plan de l'*équateur terrestre* deux jours dans l'année, aux équinoxes, & tous les points de la terre, situés sous ce cercle, jouissent, pendant toute l'année, de la présence du soleil pendant 12 heures du jour.

Tous les méridiens sont perpendiculaires à l'*équateur*. La latitude, dans ces deux hémisphères, se compte à partir de ce cercle ; les longitudes se comptent sur ce cercle, que l'on divise en 360

(1) *Traité de Physique expérimentale & mathématique*, tome III, page 128.

parties égales; le zéro se prend d'un point déterminé par chaque nation. Les Français, au point où le méridien qui passe par Paris, rencontre l'*équateur*; les Anglais, au point où le méridien de Londres rencontre le même cercle. Les longitudes sont orientales ou occidentales, selon que les degrés sont à l'orient ou à l'occident de l'origine.

ÉQUATION; æquatio; *gleichung, gleichmachung*; s. f. Egalité entre deux ou plusieurs substances, quantités, qualités, &c.

En algèbre, une *équation* se compose de deux termes égaux. On indique l'égalité entre les deux termes par le signe =. Ainsi, $(2 \times 6) + \frac{12}{3} = (4 \times 5) - 4$, est une *équation* dans laquelle chaque terme = 16.

On appelle quelquefois *équation*, en géométrie & en mécanique, ce qui n'est qu'une simple proportionnalité indiquée d'une manière abrégée.

ÉQUATION ANNUELLE. Inégalité dans le mouvement de la lune, qui provient de ce que le mouvement de la lune s'accélère annuellement quand le soleil se rapproche de la terre, & se ralentit quand cet astre s'en éloigne.

ÉQUATION DE L'HORLOGE. Différence entre le temps vrai, indiqué sur les cadrans solaires, & le temps indiqué par les horloges.

Une horloge dont le mouvement seroit parfaitement régulier, indiqueroit des durées de jours égaux; mais le soleil passe sur le méridien de chaque lieu à des intervalles inégaux. *Voyez* ÉQUATION DU TEMPS.

Ces intervalles sont plus longs dans certains temps, & plus courts dans d'autres. Il résulte de-là que la durée des jours, indiquée par des horloges qui auroient un mouvement parfaitement uniforme, ne s'accorderoit pas avec celle indiquée par les méridiens solaires, qui dépendent du passage du soleil sur le méridien. Les horloges doivent donc tantôt avancer, & tantôt retarder sur le temps vrai. C'est cette différence journalière entre l'heure que doivent indiquer de bonnes horloges & les méridiens solaires, que l'on nomme *équation de l'horloge*.

Cette différence entre le temps vrai & celui de l'horloge a été calculée par les astronomes; ils en ont formé des tables qu'ils publient chaque année dans la *Connoissance des Temps*, & qui peuvent servir à régler les horloges, c'est-à-dire, à les avancer ou à les retarder chaque jour de la quantité que le calcul indique. Cependant, comme il est extrêmement difficile d'avoir une horloge assez exacte pour que les corrections données par les tables lui fassent indiquer le temps vrai, il est plus commode d'avoir à sa proximité un bon méridien solaire, sur lequel on puisse régler chaque jour son horloge pour avoir le temps vrai.

Nous allons donner ici une de ces tables, qui représentent les variations de dix en dix jours. Cette table indique l'heure du temps moyen lorsqu'il est midi au temps vrai.

MOIS.	JOURS.	HEURES.	retranchez	ajoutez
Janv.	1	12h. 4'	4'	
	11	12 8	8	
	21	12 12	12	
	31	12 14	14	
Février	10	12 15	15	
	20	12 14	14	
Mars.	2	12 11	12	
	12	12 10	10	
	22	12 7	7	
Avril.	1	12 4	4	
	11	12 1	1	
	21	11 58		2'
Mai.	1	11 57		3
	11	11 56		4
	21	11 56		4
	31	11 57		3
Juin.	10	11 59		1
	20	12 1	1	
	30	12 3	3	
Juillet.	10	12 5	5	
	20	12 6	6	
	30	12 6	6	
Août.	9	12 5	5	
	19	12 3	3	
	29	12 1	1	
Sept.	8	11 58		2
	18	11 54		6
	28	11 51		9
Octob.	8	11 48		12
	18	11 45		15
	28	11 44		16
Nov.	7	11 44		16
	17	11 45		15
	27	11 48		12
Déc.	7	11 52		8
	17	11 57		3
	27	12 2	2	
	31	12 4	4	

Plusieurs horloges marquent à la fois le temps vrai & le temps moyen par deux aiguilles différentes: la dernière appartient au mécanisme simple des horloges; la première est mue par une courbe particulière, que les horlogers nomment *courbe de l'équation*; & les horloges qui marquent le temps vrai sont nommées *horloges à équation*. *Voy.* ART DE L'HORLOGERIE *dans l'*Encyclopédie.

ÉQUATION DU CENTRE. Angle exprimé par la position de deux rayons vecteurs: l'un mené du centre de la terre au centre du soleil; l'autre mené du centre de la terre au centre d'un astre fictif que l'on fuppofe fe mouvoir uniformément : ces deux aftres étant fuppofés partir en même temps de l'apogée & du périgée, & arriver en même temps au périgée ou à l'apogée.

ÉQUATION DU TEMPS. Différence entre le temps vrai & le temps moyen. *Voyez* TEMPS VRAI, TEMPS MOYEN.

Le foleil nous paroît parcourir tout l'écliptique dans le temps que la terre emploie à faire une révolution entière dans fon orbite, & c'eft là ce que l'on appelle l'*année*. Pendant ce trajet, la terre fait 365 révolutions ¼ fur fon axe; ce qui forme autant de jours; mais comme le foleil paroît avancer dans l'écliptique pendant que la terre tourne fur fon axe, il eft néceffaire que la terre faffe un peu plus d'un tour depuis l'inftant où le centre du foleil fe trouve au méridien du lieu, jufqu'à celui auquel il reparoît au même méridien. Si cette petite quantité, ajoutée au tour que la terre fait fur fon axe, étoit égale pour tous les jours, tous les jours aftronomiques feroient égaux entr'eux. Mais il n'en eft pas ainfi; la quantité dont le foleil nous paroît avancer dans l'écliptique varie tous les jours. C'eft pour corriger cette inégalité que l'on prend un terme moyen, c'eft-à-dire, qu'on fuppofe que le foleil parcourt tous les jours un efpace égal fur l'écliptique; par-là tous les jours du temps moyen font exactement de 24 heures, au lieu que les jours du temps vrai font tantôt plus, tantôt moins.

Ptolomée & les aftronomes qui l'ont fuivi, faifoient ufage de l'*équation du temps*; mais ils ont beaucoup varié fur les moyens de l'employer. Ce n'eft qu'en 1672 qu'elle fut connue d'une manière précife, & que l'on adopta généralement l'*équation du temps*, telle qu'on l'emploie aujourd'hui.

ÉQUATION SÉCULAIRE. Quantité dont une planète, au bout de quelques fiècles, eft plus ou moins avancée qu'elle le feroit fi fes révolutions avoient été toujours de la même durée.

ÉQUATORIAL, f. m. Inftrument deftiné à fuivre les mouvemens diurnes des aftres, par le moyen d'un axe parallèle à l'axe du monde, & à mefurer l'afcenfion droite & la déclinaifon, par le moyen de deux cercles qui repréfentent l'équateur & le cercle de déclinaifon; on y a ajouté un quart de cercle, dirigé dans le méridien du lieu.

ÉQUERRE, du latin barbare *exquadra*; norma; *winkelmaſs*; f. f. Inftrument de bois ou de métal, qui fert à tracer ou à mefurer des angles droits. Cet inftrument eft compofé de deux règles ou jambes qui font jointes, ou attachées perpendiculairement à l'extrémité l'une de l'autre. Quand les deux branches font mobiles, elles font attachées à un point : alors on l'appelle *biveau* ou *fauſſe-équerre*.

ÉQUERRE DOUBLE. Inftrument compofé d'une planche étroite, au bout de laquelle s'emboîte, à angle droit, une autre planche qui forme avec la première deux angles droits.

Cet inftrument fert à placer le ftil des cadrans verticaux.

On emploie, pour le même ufage, une *triple équerre*, formée d'une planche un peu large, au milieu de laquelle eft fixée, à angle droit, une autre planche de la même hauteur.

ÉQUERRE ET LA RÈGLE. Conftellation de la partie auftrale du ciel, placée en grande partie dans la voie lactée, entre le Loup & l'Autel, au-deffous de la queue du Scorpion.

C'eft une des quatorze nouvelles conftellations formées par l'abbé de Lacaille, d'après les obfervations qu'il a faites pendant fon féjour au Cap de Bonne-Efpérance.

De cette conftellation il n'y a qu'une des extrémités de la règle qui paroiffe fur notre horizon.

ÉQUIANGLE, de æquus, *égal*; angulus, *angle*; *gleich winkelig*; adj. Figures dont les angles font égaux. Tous les polygones réguliers font *équiangles*.

Le mot *équiangle* s'emploie ordinairement lorfque l'on compare les angles d'une figure à ceux d'une autre.

ÉQUIDISTANT, de æquè, *également*; diftans, *diftant*; adj. Relation de deux chofes autant qu'elles font à la même, ou à une égale diftance l'une de l'autre.

Ainfi on peut dire que deux lignes parallèles font *équidiftantes*, parce que ni l'une ni l'autre ne s'éloigne ni ne s'approche.

On peut néanmoins remarquer qu'il y a cette différence entre *équidiftante* & *parallèle*, que le dernier s'applique à une étendue continue ou confidérée comme telle, & le premier à des parties de cette étendue, ifolée & comparée.

ÉQUILATERAL, de æquus, *égal*; latus, *côté*; *gleich feiteig*; adj. Tout ce qui a les côtés égaux. Ainfi tous les polygones réguliers font *équilatéraux*.

ÉQUILATÉRAL (Triangle): Triangle dont les trois côtés font égaux. *Voyez* TRIANGLE ÉQUILATÉRAL.

ÉQUILATÈRE, dont les côtés font égaux. *Voyez* ÉQUILATÉRAL.

ÉQUILIBRE, de æquus, *égal*; libra, *balance*; æquilibritas; *gleich gewicht*; f. m. Égalité entre les actions que l'on compare, entre deux puiffances qui agiffent en même temps, mais en fens contraire l'une de l'autre.

ÉQUILIBRE (Centre d'); *centrum equilibrii; mitter punct des gleich gewicht;* f. m. Point dans un fyftème de corps autour duquel ces corps feroient en *équilibre*. *Voyez* CENTRE D'EQUILIBRE.

ÉQUILIBRE DANS LES MACHINES. Force qu'il faut employer pour mettre la machine en mouvement, comparée aux effets que la machine produit.

On peut établir de deux manières l'*équilibre* dynamique des forces qui font mouvoir une machine.

1°. En confidérant la force d'impulfion comme diminuée de toute la portion qui eft appliquée à vaincre le frottement, & qui ne fait que préparer la machine à pouvoir travailler.

2°. En en confidérant la force d'impulfion comme entière & la réfiftance de l'ouvrage comme augmentée du frottement de la machine, c'eft-à-dire, en fuppofant la machine exempte de frottement, mais furchargée d'une réfiftance additionnelle qui agiffoit au point du travail.

Chacune de ces méthodes a fes avantages; mais lorfque l'on peut déterminer directement la réfiftance de l'ouvrage, indépendamment de celle de la machine, en retranchant la dernière de la première, on détermine la réfiftance que la machine oppofe au mouvement.

Pour mefurer la force d'impulfion néceffaire à mouvoir une machine, il faut toujours mefurer cette force lorfque le mouvement eft devenu uniforme, parce que l'on emploie toujours, en commençant, une force plus grande, qui eft appliquée à vaincre l'inaction de la machine.

ÉQUILIBRE DES BALLONS. Pefanteur des ballons égale à celle de l'air qu'ils déplacent.

Nous devons à Meufnier, de l'Académie royale des Sciences, l'invention d'un moyen propre à maintenir les ballons en *équilibre* à toutes les hauteurs auxquelles on veut s'élever (1).

Ce moyen confifte à placer un ballon de gaz hydrogène dans un fecond ballon d'une capacité peu différente, & de remplir avec de l'air atmofphérique l'efpace compris entre les deux ballons.

En effet, pour que le ballon puiffe refter ftationnaire, c'eft-à-dire, pour qu'il foit en *équilibre* avec la couche d'air dans lequel il fe trouve, il faut que le poids du volume de l'air qu'il déplace, foit égal à celui du ballon. Si le double ballon ne contenoit que du gaz hydrogène, il s'éleveroit jufqu'à ce qu'il foit parvenu à une région telle qu'il y ait *équilibre* entre le poids du ballon & celui de l'air déplacé. Pour le faire defcendre & le rendre plus lourd, fans augmenter fon volume, il fuffit de faire entrer, avec un foufflet, de l'air atmofphérique entre les deux enveloppes: cet air augmente le poids du ballon, fans aug-

menter fon volume, puifque le gaz hydrogène qu'il contenoit, le rempliffoit entièrement; le ballon, plus pefant, doit néceffairement s'abaiffer jufqu'à ce qu'il foit parvenu à une tranche d'air dans lequel il foit en *équilibre*. Pour le faire remonter, il fuffit d'ouvrir un robinet qui communique à l'efpace rempli d'air atmofphérique; celui-ci fort & le ballon s'élève; pour le faire defcendre de nouveau, il faut faire entrer de nouvel air atmofphérique dans la double enveloppe.

Voilà donc un moyen fort fimple, à l'aide duquel on peut monter & defcendre à volonté dans l'air atmofphérique, fans perdre aucune portion du gaz hydrogène ni du left dont on a fait provifion. Le jet du left ne doit avoir lieu que dans le cas où l'on ne pourroit plus s'élever affez haut, après avoir fait évacuer tout l'air atmofphérique contenu dans la double enveloppe.

Nous invitons les perfonnes qui voudront avoir de plus grands détails fur l'*équilibre des ballons*, à lire le Mémoire que Meufnier a communiqué à l'Académie royale des Sciences, le 3 décembre 1783, qui fe trouve également imprimé dans le *Journal de Phyfique* de 1784, deuxième volume.

ÉQUILIBRE DES CORPS. Pofition déterminée que les corps confervent fur la furface de la terre.

Toutes les parties dont les corps font compofés ont une tendance à fe porter vers le centre de la terre. Pour qu'elles reftent dans une pofition déterminée, il faut qu'elles y foient maintenues par une bafe qui les fixe ou par un corps qui les fufpende. Dans le fecond cas, les corps fe placent toujours naturellement dans une pofition telle que leur centre de gravité fe trouve dans la verticale même de leur point de fufpenfion; & quels que foient les moyens que l'on emploie pour changer leur direction, ils y reviennent toujours lorfqu'ils font libres de fe mouvoir; dans le premier cas, ils ne fe maintiennent dans leur pofition qu'autant que la verticale, menée de leur centre de gravité, tombe fur la bafe qui les fupporte. Dès que cette verticale fort de cette bafe, le corps tombe dans la direction qui s'en écarte le plus.

C'eft pourquoi un homme debout eft plus ferme dans fa pofition, lorfque fes deux pieds font écartés, parce que la bafe fur laquelle il pofe eft plus grande. Lorfqu'il n'eft que fur un pied, ou mieux, fur la pointe d'un pied, le plus petit dérangement le renverferoit. Alors il doit fe courber, alonger fes bras, &c. afin de maintenir fon centre de gravité dans la verticale qui paffe par le point d'appui.

La pofition de l'homme eft différente lorfqu'il eft libre & lorfqu'il eft chargé; elle varie encore felon le lieu où la charge eft pofée. *Voyez* Borelli, *de Motu animalium*; le *Traité de peinture*

-de Léonard de Vinci; le *Traité de sculpture*, de Pomponius Goric, &c.

Un danseur de corde ne se maintient ordinairement sur la base étroite sur laquelle il pose, qu'à l'aide d'un balancier avec lequel il fixe en quelque sorte la position de son centre de gravité; lorsqu'il danse sans balancier, il est obligé de mouvoir ses bras & son corps, de se courber même pour maintenir l'*équilibre*.

En général, la marche, la course, la danse, la natation, peuvent être considérées comme des problèmes d'*équilibre* que l'on résoud continuellement, souvent sans y songer. *Voyez* MARCHE, DANSE, NATATION.

Quelque soin que l'on prenne, il est extrêmement difficile de placer, sur une base fixe, un bâton pointu & de l'y maintenir en *équilibre*, parce que le plus petit mouvement sort le centre de gravité de la verticale qui passe par sa base, & le bâton tombe. Cependant nous voyons tous les jours des personnes tenir un bâton ou tout autre corps inflexible, soit sur un doigt, soit sur toute autre partie du corps, & cela parce que la base étant mobile, on la fait mouvoir dans la direction du centre de gravité, afin de maintenir l'un & l'autre dans la même verticale. Lorsque le bâton est flexible, on profite souvent de cette flexibilité pour varier la position du centre de gravité. Il y a cette différence entre l'*équilibre* de l'homme & du bâton, que, dans le premier cas, c'est le centre de gravité de l'homme qui change de position pour se maintenir dans la verticale menée de la base; & dans le second, c'est la base qui change de position pour se maintenir dans la verticale menée du centre de gravité.

On voit souvent des bateleurs, placés sur des cordes lâches, porter sur leur front des épées, &c. Ici l'*équilibre* est double: il y a mouvement du centre de gravité de l'homme pour se maintenir sur la corde, & mouvement de la base du corps supporté, pour qu'il reste dans sa position.

Parmi les *équilibres* que l'on exécute, il en est un qui est extrêmement facile; c'est celui d'un système de corps placé de telle manière, que le centre de gravité soit au-dessous du centre de suspension. Dans cette disposition, si l'on dérange le centre de gravité, il oscille autour du point de suspension, jusqu'à ce qu'il parvienne au repos dans la verticale menée de ce point.

C'est ainsi, par exemple, que l'on peut placer sur la tête d'une aiguille fixe *b*, *fig.* 801, la tête d'une autre aiguille *a*, qui supporte un système de corps B A C. Ici, c'est un bouchon A dans lequel sont fichés deux couteaux B, C. Comme le centre de gravité des quatre corps réunis *a* B A C, est placé au-dessous de la tête de l'aiguille *a*, tout le système oscille sur le point de suspension.

Si, à l'extrémité D d'un fil métallique courbe A B C D, *fig.* 801 (*a*), on place un poids P, & que

l'on pose l'extrémité B de ce fil sur le bout d'une table, le centre de gravité du système oscillera autour du point de suspension, jusqu'à ce qu'il s'arrête dans sa verticale.

Pour rendre cet *équilibre* plus difficile, en apparence, on forme le système de trois pièces: d'une clef forée B A, dans le trou de laquelle on place un fil métallique C D, & l'on accroche le poids P à l'extrémité D de ce fil.

On varie ces sortes d'*équilibre* d'une foule de manières différentes. *Voyez* CENTRE DE GRAVITÉ; *voyez* ÉQUILIBRE, dans les *Amusemens des Sciences* de l'*Encyclopédie*; *voyez* également tous les livres de *Récréations physiques & mathématiques*.

ÉQUILIBRE DES FORCES. Repos résultant de l'action de deux ou plusieurs forces qui agissent en sens contraire.

On a donné le nom de *mécanique* aux résultats provenant de l'action d'une ou de plusieurs forces *voyez* MÉCANIQUE); mais de l'application de ces forces à un même corps, il peut arriver deux cas: 1°. en vertu de l'action de toutes ces forces, le corps entre en mouvement; on appelle *dynamique* cette partie de la mécanique; 2°. ces forces se contre-balancent & se détruisent réciproquement: alors on dit qu'elles se font *équilibre*, & le corps reste en repos. Cette partie de la mécanique qui considère les rapports que les forces doivent avoir en grandeur & en direction, pour être en *équilibre*, se nomme *statique*. *Voyez* ce mot.

La statique se divise en deux parties: 1°. celle qui traite de l'*équilibre* des forces appliquées à des corps solides; c'est la statique proprement dite; 2°. celle qui a pour objet l'*équilibre* des forces appliquées aux différentes molécules d'un corps fluide; on l'appelle *hydrostatique*. *Voyez* ce mot.

Il y a *équilibre* entre deux corps, lorsque leurs directions sont également opposées, & que leurs masses sont entr'elles en raison inverse des vitesses avec lesquelles on les fait mouvoir. Cette proposition est reconnue pour vraie par tous les mécaniciens; mais il n'est peut-être pas aussi facile de la démontrer en toute rigueur, & d'une manière qui ne renferme aucune obscurité: aussi la plupart ont-ils mieux aimé la traiter d'*axiôme*, que de s'appliquer à la prouver. Cependant, si l'on veut y faire attention, on verra qu'il n'y a qu'un seul cas où l'*équilibre* se manifeste d'une manière claire & distincte; c'est celui où les deux corps ont des masses égales & des vitesses de tendance égales en sens contraire: car alors il n'y a point de raison pour que l'un des corps se meuve plutôt que l'autre. Il faut donc tâcher de réduire tous les autres cas à ce premier cas simple & évident par lui-même; or, c'est ce qui ne laisse pas d'être difficile, principalement lorsque les masses sont incommensurables: aussi n'avons-nous aucun ouvrage de mécanique où la proposition dont il s'agit soit prouvée avec l'exactitude qu'elle exige. La plupart se contentent de dire que la force d'un corps est le produit de sa masse par sa vitesse, & que quand ces produits sont égaux, il doit y avoir *équilibre*, parce que ces forces sont égales. Ces auteurs ne prennent pas garde que le mot de *forces* ne présente à l'esprit aucune idée nette, & que les mécaniciens mêmes sont si peu d'accord là-dessus, que plusieurs prétendent que la force est le produit de la masse par le carré de la vitesse. *Voyez* FORCES VIVES.

De tout cela il s'ensuit qu'il n'y a qu'une seule loi possible d'*équilibre*, un seul cas où il ait lieu, celui des masses en raison inverse des vitesses; que, par conséquent, un corps en mouvement en mouvera toujours un autre en repos : or, ce corps en mouvement, en communiquant une partie du sien, en doit garder le plus qu'il est possible, c'est-à-dire, n'en doit communiquer que ce qu'il faut pour que les deux corps aillent de compagnie, après le choc, avec une vitesse égale. De ces deux principes résultent les lois du mouvement & de la dynamique. *Voyez* PERCUSSION.

On a des exemples d'*équilibre des forces* dans une balance libre, dont le fléau est sans mouvement, & dans une balançoire qui reste dans une position horizontale, &c.

ÉQUILIBRE DES FLUIDES. Repos des fluides provenant de l'action des forces de leurs molécules. *Voyez* HYDROSTATIQUE.

ÉQUIMULTIPLE, *de æquus, égal*; multiplex, *multiple*; adj. Grandeurs multipliées par des quantités égales ou des multiplicateurs égaux.

ÉQUINOXE, *de æquus, égal*; nox, *nuit*; æquinoxium; *tag und nacht gleiche*; s. m. Temps auquel le soleil passe sur l'équateur & par un des points équinoxiaux. Alors le jour est égal à la nuit sur toute la surface de la terre.

Les *équinoxes* arrivent deux fois par an, le 20 ou le 21 mars, & le 22 ou le 23 septembre. Le premier est l'*équinoxe de printemps*, jour où le printemps commence; le second est l'*équinoxe d'automne*. Autrefois le soleil entroit au premier point du Bélier à l'*équinoxe de printemps*, & dans le premier point de la Balance à l'*équinoxe d'automne*; mais à cause de la précession des *équinoxes*, il est fort éloigné de ces constellations, puisqu'il est dans le Taureau le premier jour de printemps, & qu'il se trouve dans le Scorpion le premier jour d'automne. Cependant on dit toujours qu'il entre dans ces signes. *Voyez* PRECESSION DES EQUINOXES.

ÉQUINOXE D'AUTOMNE. Moment où le soleil passe sur l'équateur, en sortant de notre hémisphère pour aller sur l'hémisphère méridional; ce qui arrive le 22 ou le 23 septembre.

ÉQUINOXE DE PRINTEMPS. Moment où le soleil passe sur l'équateur, en sortant de l'hémisphère méridional pour venir sur notre hémisphère; ce qui arrive le 20 ou le 21 mars.

ÉQUINOXE (Précession des). Mouvement général de toutes les étoiles, & commun à chacune, qui se fait d'orient en occident, par lequel le passage du soleil sur les *équinoxes* se fait avant que la terre n'ait terminé sa révolution sidérale. *Voyez* PRECESSION DES EQUINOXES.

ÉQUINOXIAL; æquinoxialis; s. f. & adj. Tout ce qui a rapport à l'équinoxe. C'est aussi l'équateur. *Voyez* LIGNE EQUINOXIALE.

ÉQUINOXIAL (Cadran). Cadran dont le plan est parallèle à l'équateur. *Voyez* CADRAN ÉQUINOXIAL.

ÉQUINOXIAL (Cercle); circulus æquinoxialis; *gleiche tæggkreis*. Cercle dans le plan duquel le soleil se trouve les jours de l'équinoxe. *Voyez* ÉQUATEUR.

ÉQUINOXIALE (Ligne). Grand cercle immobile de la sphère, sur lequel l'équateur se meut dans son mouvement journalier.

On conçoit la *ligne équinoxiale* en supposant un rayon de la sphère prolongé par-delà l'équateur, & qui, par la rotation de la sphère sur son axe, décrit un cercle sur la surface immobile & concave du grand orbe.

ÉQUINOXIAL (Orient). Point où l'horizon d'un lieu est coupé par l'équateur vers l'orient; il en est de même de l'*occident équinoxial* : ce sont les vrais points d'orient & d'occident. Ces points sont le levant & le couchant, au temps des équinoxes.

ÉQUINOXIAUX (Points). Points d'intersection de l'équateur & de l'écliptique. *Voyez* POINTS ÉQUINOXIAUX.

ÉQUIPONDÉRANCE, *de æquus, égal*; pondus, *poids*; s. f. Égalité ou tendance de deux ou plusieurs points vers un centre commun.

L'*équipondérance* diffère de l'*équilibre*, en ce que l'équilibre résulte d'une égalité de forces qui agissent en sens contraire, & que l'*équipondérance* vient de l'égalité de la gravitation des corps comparés. Un corps est *équipondérant* avec l'eau, lorsqu'il se soutient dans ce fluide, indifféremment, à tel endroit qu'on le place.

ÉQUISONNANCE, *de æquus, égal*; sonus, *son*; s. m. Égalité de son.

Les Anciens distinguoient par ce nom les consonnances de l'octave & de la double octave, les seules qui fassent paraphonie. *Voyez* ce mot.

ÉRATOSTHÈNE, géomètre, aftronome, géographe, grammairien, philofophe & poëte, né à Cyrène, l'an 1er. de la 126e. olympiade, 276 ans avant notre ère; mort l'an 196 avant J.-C.

Il reçut des leçons du philofophe Arifton, de Chio; du grammairien Lyfanias, de Cyrène, & du poëte Callimaque. Il fut appelé à Alexandrie par Ptolémée III, qui lui donna la direction de fa bibliothèque. Il obtint de Ptolémée que l'on plaçât, dans le portique d'Alexandrie, ces armilles célèbres avec lefquelles on pouvoit obferver les équinoxes. Il perdit la vue dans fa vieilleffe; il en conçut un tel ennui qu'il fe laiffa mourir de faim, à l'âge de 81 ans.

Ses ouvrages font perdus. De toutes fes obfervations, il ne nous refte que la mefure de l'axe du méridien compris entre les tropiques, qu'il trouva être de $\frac{11}{83}$ de la circonférence entière. Conféquemment l'obliquité de l'écliptique de $\frac{11}{166} = 23°$ 51' 20''. D'après la diftance de Sienne à Alexandrie, que les Béramites avoient trouvée être de 5000 ftades, & la différence de latitude déterminée par Eratofthène entre ces deux endroits, ce favant conclut que la circonférence de la terre devoit être de 252 mille ftades. Mais on ignore aujourd'hui de quel ftade Eratofthène a fait ufage.

Les fragmens qui nous reftent des ouvrages d'Eratofthène ont été recueillis dans un volume in-8°., imprimé à Oxford en 1672.

ÈRE; æra; anfang der zeichvegnung; f. m. Point fixe d'où l'on commence à compter les années.

Les uns rapportent les èrés à la période julienne, les autres au commencement du monde, c'eft-à-dire, la 691e. année de la période julienne; d'autres enfin à la naiffance de Jéfus-Chrift, la 4711e. année de la période julienne, & la 4025e. du commencement du monde. Voyez ÉPOQUE.

EREOLE. Numéraire des poids de l'Afie & de l'Egypte.

L'ereole = 6 oboles femites = 12 drachmes = 1 $\frac{119}{144}$ du grain poids de marc = 10,5987 centigrammes.

ERICHTON. Nom que l'on donnoit anciennement à la conftellation du Cocher. Cet Erichton étoit, non le fils de Dardanus, mais un roi d'Athènes, qui fut deifié comme l'inventeur de plufieurs arts utiles, particulièrement de celui des chars.

ÉRIDAN; eridanus; nilftrom; f. m. Une des conftellations de la partie du ciel, placée au-deffous de la Baleine, commençant au pied occidental d'Orion, tout auprès de Rigel, & finiffant, après plufieurs courbures, deffous le Phénix.

C'eft une des quarante-huit conftellations formées par Ptolémée : elle eft compofée de foixante-neuf étoiles, parmi lefquelles une étoile de première grandeur, nommée Achenar.

Éridan étoit fils du Soleil; il donna fon nom à un grand fleuve d'Italie, où il avoit été, dit-on, noyé par fa chute. Le coucher de cette conftellation & de celle du Cocher, qui fe fait le matin, quand le foleil parcourt le Scorpion, fert à Dupuis à expliquer la chute de Phaéton, allégorie de l'embrafement du monde ou de l'été, qui finit par un déluge, c'eft-à-dire, par les pluies d'automne.

ÉRIOMÈTRE, de εριον, laine; μετρον, mefure; f. m. Inftrument imaginé par le docteur Young, pour mefurer la groffeur des laines, & qu'il a employé pour mefurer également la groffeur de très-petits objets.

Cet inftrument (1) fe compofe d'une lame de laiton AB, fig. 82, dans laquelle on perce un trou o, environné de deux cercles de petits trous a a, b b, le premier de $\frac{1}{7}$ de pouce de diamètre, le fecond de $\frac{1}{3}$ de pouce : derrière cette plaque on place une lampe à courant d'air L. Sur un fil fin de métal F f, on fixe les laines M que l'on veut examiner, & l'on place l'œil derrière & contre ces fils, de manière à pouvoir apercevoir entre ces fils, & à travers l'ouverture o, la lumière de la lampe. La face b b de la plaque doit être noircie.

En l'écartant de la plaque, on voit fe former autour du trou une fuite d'anneaux colorés, femblables à ceux qui ont lieu entre deux plaques de verre (voyez ANNEAUX COLORÉS); il faut éloigner de la plaque l'œil & les fils, jufqu'à ce que les limites de la couleur verte & rouge dés premiers cercles colorés correfpondent au cercle des trous a a ou b b. Mefurant enfuite la diftance entre les laines & la plaque, on a la groffeur des fils.

Si l'on mefure des globules du fang ou de pouffière extrêmement fine, on aperçoit des anneaux colorés; mais lorfque l'on veut mefurer des fils, on aperçoit deux rayonnemens de lumière dans une direction perpendiculaire à celle des fils, & dans cette direction des arcs colorés.

Pour mefurer l'écartement, le docteur Young fe fert d'une échelle dont les divifions correfpondent à des groffeurs de $\frac{1}{30000}$: celle qui s'applique au cercle de trou de $\frac{1}{7}$ de pouce de diamètre, contient 65 divifions dans un pied, & celle qui correfpond au cercle de trou de $\frac{1}{3}$ de pouce de diamètre, contient 39 divifions dans un pied de longueur. Cette dernière échelle s'emploie pour les laines les plus fines, & la première pour les plus groffes.

---

(1) Bibliothèque britannique, tome LV, page 174.

Young a mesuré avec son *ériomètre* un grand nombre de substances dont nous allons donner ici un tableau. Les quantités indiquent des trente millièmes de pouce.

Substance	Valeur	Équivalent
Lait délayé, globules très-distincts, environ	3	$\frac{1}{10000}$
Poussière de lycoperdon bovista, très-distincte	$3\frac{1}{2}$	
Sang de bœuf, globules	4	
Poussière d'orge (*smuth*), appelée *épi mâle*	$6\frac{1}{2}$	
Sang de souris, globules	$6\frac{1}{2}$	
Sang humain, étendu d'eau, globules = 5 ; gardé quelques jours	6	$\frac{1}{5000}$
Et jusqu'à	7	
Sang humain frais, délayé, dans la sérosité seulement, globules	8	
Pus, globules	$7\frac{1}{2}$	
Soie (très-irrégulièrement), environ	12	$\frac{1}{2500}$
Poil de castor, très-uniforme, articulé	13	
Poil d'Angora, environ	14	
Laine de vigogne	15	$\frac{1}{2000}$
Poil de taupe, environ	16	
Sang de raie, globules peu distans, environ	16	
Poil de lapin d'Amérique & lapin d'Angleterre	$16\frac{1}{2}$	
Laine de buffle	18	
Laine de brebis de montagne (*ovis montana*)	18	
Poil de veau marin le plus fin, mélangé, environ	$18\frac{1}{2}$	
Laine de chacal	18 ou 19	
Coton fort inégal, environ	19	
Laine du Pérou, mélangée, les plus petites mèches	20	$\frac{1}{1500}$
Laine de Galles, une petite mêche	20	
Laine de Saxe, quelques fibres	17	
—— d'autres	23	
—— la plupart	32	
Un bélier de l'Escurial, à l'exposition de lord Somerville	23 à 24	$\frac{1}{1250}$
Quelques échantillons de la race de South-Down	$24\frac{1}{2}$	
Lionèse de 24 à 29, la plupart	25	
Poular de 24 à 29, la plupart	$25\frac{1}{2}$	
Alpacca, environ	26	
Poussière des étamines du Laurestinus	26	
Mérinos de Ryeland (M. Henry)	27	
Mérinos de South-Down (M. Henry)	28	
Semence dit lycopodium, admirablement distincte	32	$\frac{1}{937}$
Brebis de South-Down (M. W. B.)	39	
Laine grossière de Sussex	46	
Laine grossière, tirée d'un tricot	60	$\frac{1}{500}$

Sur les millions de brins de laine qui composent une toison, il n'y a pas une de ces fibres qui conserve le même diamètre dans toute sa longueur ; l'extrémité vers la peau est presque toujours beaucoup plus fine que l'autre ; & cette différence est plus grande dans certaines variétés de brebis que dans d'autres ; elle est moindre dans les mérinos & leur métis que dans toute autre race ; de même qu'il y a dans la race des mérinos beaucoup moins de différence de finesse entre les diverses parties d'une même toison que dans les autres.

ERXLEBEN (Jean-Chrétien-Polycarpe), physicien & naturaliste, naquit à Quedlinbourg le 22 juin 1744, mourut à Gœttingue le 19 août 1777. Il fut élevé par sa mère Dorothée-Chrétienne Leporin, qui, par une exception honorable & inouïe jusqu'alors, obtint le doctorat en médecine à l'université de Halle.

Nous avons d'*Erxleben* : 1°. des *Elémens de Physique*, en allemand ; 2°. des *Mémoires physico-chimiques* ; 3°. une *Bibliothèque physique* ; 4°. des *Elémens de chimie* ; 5°. des *Elémens d'histoire naturelle* ; 6°. des *Considérations sur les causes de l'imperfection des systèmes minéralogiques.*

ESCALIN. Monnoie de billon de Bavière, d'Aix-la-Chapelle, de Liége, de Hambourg. Cette monnoie vaut :

En Bavière	0,315	= 0,311
A Aix-la-Chapelle	0,658	= 0,650
A Liége	0,6613	= 0,653
A Hambourg	0,582	= 0,575

ESCANDAN. Mesure de liquide employée à Toulon.

Toulon. L'*escandan* = 15,9 pintes de Paris = 14,8079 litres.

ESCHEN. Très-petit poids de Cologne, dont il en faut 8704 pour faire la livre.

L'*eschen* = 1gr,012 = 53,75 milligrammes.

ESPACE ; *spatium* ; *raum* ; f. m. Etendue de lieu, depuis un certain point jusqu'à un autre.

En phyfique, c'eft le chemin que parcourent les corps qui fe meuvent.

Quand deux corps parcourent des lignes également longues, on dit qu'ils parcourent des *efpaces égaux*.

En géométrie, c'eft l'arc d'une figure renfermée ou bornée par les lignes droites ou courbes qui terminent cette figure.

C'eft, en mécanique, une ligne droite que l'on conçoit qu'un mobile décrit dans fon mouvement.

Les muficiens nomment *efpace* un intervalle blanc, ou diftance, qui fe trouve dans la portée, entre une ligne & celle qui la fuit immédiatement au-deffus & au-deffous.

ESPACE ELLIPTIQUE; *ciffoïdal*, *conchoïdal*, &c. *Efpaces* renfermés par l'ellipfe, la ciffoïde, la conchoïde, &c.

ESPACE PARABOLIQUE. Celui qui eft renfermé par la parabole.

ESPRIT ; *spiritus*; *geist* ; f. m. Souffle, vent fubtil, fubftance volatile.

On appeloit *efprit*, dans l'ancienne chimie, toutes les fubftances fubtiles & volatiles qui s'exhalent d'un corps, au moyen d'un degré de chaleur donné. En ce fens on difoit que l'on retiroit de l'*efprit* de foufre, de fel, & de tous les autres corps, quand on en tiroit de l'effence par la diftillation.

ESPRIT ACIDE. Acide retiré du bois par la diftillation. *Voyez* PYROLIGNEUX.

ESPRIT ARDENT. Liquide retiré de la diftillation des liqueurs vineufes. *Voyez* ALCOOL, ESPRIT-DE-VIN.

ESPRIT DE MENDERUS. Combinaifon d'acide acéteux avec l'ammoniaque. *Voyez* ACÉTITE AMMONIACAL.

ESPRIT DE NITRE. Acide obtenu par la diftillation du nitre. *Voyez* ACIDE NITRIQUE.

ESPRIT RECTEUR. Principe odorant obtenu par la diftillation. *Voyez* ARÔME.

ESPRIT DE SEL. Acide obtenu de la diftillation du fel marin. *Voyez* ACIDE MURIATIQUE.

Dict. de Phyf. Tome III.

ESPRIT DE SEL AMMONIAQUE. Alcali obtenu de la diftillation du fel ammoniaque. *Voyez* AMMONIAQUE, ALCALI VOLATIL.

ESPRIT DE VÉNUS. Acide acétique obtenu de la diftillation de l'acétate de cuivre. *Voyez* ACIDE ACÉTIQUE.

ESPRIT-DE-VIN ; *spiritus vini* ; *alcool* ; *alcool* ; f. m. Liquide formé par la fermentation vineufe, & que l'on fépare des vins par la diftillation : on le nomme *alcool*. Nous n'en parlons ici, que parce que ce mot n'a pas été traité.

C'eft un liquide tranfparent, fans couleur ; fon odeur eft agréable ; fa faveur eft forte, pénétrante & brûlante ; fa pefanteur fpécifique eft de 0,791, celle du commerce 0,837.

L'*alcool* eft très-volatil ; il fe vaporife à la température de 44° ½ lorfqu'il eft très-pur. Il bout dans le vide à 10°,44.

Il brûle avec une flamme blanche au milieu & bleue vers les bords. Pendant fa combuftion, il fe forme une quantité d'eau confidérable. Lorfque le volume de l'air eft fuffifant, il brûle fans laiffer de réfidu charbonneux & ne forme point de fumée.

D'après une combuftion d'*alcool* à 0,8293, faite par Lavoifier, ce favant a conclu que cet *efprit* contient 0,2173 de carbone, 0,1758 d'hydrogène & 0,6069 d'oxigène. Théodore Sauffure a trouvé, en brûlant également l'*alcool*, que cet *efprit* étoit compofé de :

Carbone	43,65
Hydrogène	14,94
Oxigène	37,85
Azote	4,52
Cendre	0,04
	101,00

Gay-Luffac a prouvé (1) que l'*alcool* exifte tout formé dans les liqueurs vineufes ; il fuffit pour cela, d'agiter avec du vin de la litharge bien porphyrifée, jufqu'à ce qu'il devienne limpide comme de l'eau, & à le faturer enfuite avec du carbonate de potaffe : auffitôt l'*alcool* s'en fépare & vient fe raffembler à la partie fupérieure.

Pour obtenir l'*alcool*, on le dégage de la diftillation de la bière, du cidre, du vin & de toute autre liqueur vineufe avec laquelle il eft combiné. On l'obtient plus ou moins pur, dans cette opération, felon le mode que l'on emploie. *Voyez* DISTILLATION.

Toutes les liqueurs vineufes ne contiennent point la même quantité d'*alcool* : la bière ordinaire n'en contient guère que $\frac{3}{20}$ de fon poids, le cidre $\frac{1}{20}$, les vins les plus généreux $\frac{1}{5}$, & l'on en extrait au moins $\frac{1}{15}$ de ceux qui le font le moins.

Quelque moyen que l'on ait employé dans la

(1) *Annales de Chimie*, tome LXXXVI, page 175.

diſtillation de l'*alcool*, le plus haut degré auquel on l'ait obtenu a été de 0,820. Pour enlever l'eau qu'il contient encore, on le verſe ſur du carbonate de potaſſe ou de muriate de chaux calcinée, & on le diſtille ; alors on peut l'obtenir à 0,791. Ces rectifications ont été employées par Lowitz & Richter.

L'*alcool* s'unit à l'eau en toute proportion ; mais comme il y a combinaiſon & chaleur dégagée, la peſanteur ſpécifique qui en réſulte eſt plus grande que celle des mélanges.

Comme les eaux-de-vie du commerce ſont ſouvent formées d'*alcool* mélangé avec l'eau dans diverſes proportions, les chefs des gouvernemens qui perçoivent des impôts ſur les boiſſons, ont fait faire des expériences ſur les denſités réſultant de ces combinaiſons. Nous allons rapporter ici les réſultats obtenus par Blagden ſur cet objet.

PROPORTION DANS mille parties		DENSITÉ DES COMBINAISONS AUX TEMPÉRATURES DU THERM. CENTIG.						
d'alcool.	d'eau.	0°	5°	10°	15°	20°	25°	30°
0	1000	100082	100091	100068	100001	199920	99805	99674
100	900	98893	98893	98827	98887	98607	98580	98427
200	800	98087	98066	97927	97767	97627	97407	97266
300	700	97400	97213	97007	96767	96573	96307	96147
400	600	96529	96227	96037	95627	95340	95053	94763
500	500	95207	94873	74527	94127	93800	73460	93120
520	480	94862	94532	94184	93862	93461	93105	92752
540	460	94512	94181	93851	93448	93110	92737	92376
560	440	94157	93820	93468	93085	92747	92361	91992
580	420	93797	93451	93095	92713	92372	91974	91600
600	400	93435	93075	92715	92335	91987	91587	91200
620	380	93048	92685	92313	91913	91580	91186	90791
640	360	92657	92289	91901	91544	91166	90639	90373
660	340	92248	91878	91478	91136	90743	90306	89946
680	320	91833	91463	91050	90729	90312	89867	89510
700	300	91407	91053	90613	90293	89873	89420	89066
720	280	90977	90625	90174	89906	89432	88975	88620
740	260	90542	90189	89729	89509	88980	88530	88171
760	240	90103	89746	89278	89051	88517	88080	87719
780	220	89660	89396	88821	88582	88043	87643	87264
800	200	89213	88837	88360	88053	87637	87187	86807
820	180	88751	88361	87805	87362	87141	86704	86324
840	160	88269	87867	87378	87053	86634	86210	85825
860	140	87767	87354	86897	86541	86116	85705	85309
880	120	87245	86822	86380	86016	85587	85189	84778
900	100	86700	86273	85413	85367	85047	84660	84233
920	80	86145	85714	85358	84817	84497	84104	83676
940	60	85578	85146	84777	84358	83829	83328	83089
960	40	84997	84569	84169	83692	83243	82932	82482
980	20	84408	83983	83534	83120	82639	83316	81855
1000	0	84807	83339	82877	82547	82119	81680	81100

ESPRIT DE VITRIOL. Acide ſulfurique obtenu de la diſtillation du vitriol vert ou ſulfate de fer. *Voyez* ACIDE SULFURIQUE.

ESSAI, de l'italien *aſſagiare*, goûter légèrement; docimoſis; *probiren* ; ſ. m. Opération chimique qu'on fait en petit, pour déterminer la quantité de métal ou d'autres ſubſtances contenues dans un foſſile, ou pour s'aſſurer de la quantité d'or ou d'argent.

On fait des *eſſais* par la voie humide & par la voie ſèche : dans le premier cas, on ſoumet la ſubſtance aux agens chimiques, afin d'en ſéparer tous ſes compoſans; dans le ſecond, la ſubſtance eſt ſoumiſe à l'action du feu, ſoit ſeule, ſoit mélangée avec diverſes ſubſtances. On ne ſe propoſe ordinairement, dans cette opération, que de ſéparer un des compoſans de la ſubſtance. *Voyez* DÉPART ; *voyez* encore ESSAI dans le *Dictionnaire de chimie* de l'*Encyclopédie*.

ESSAI AU CHALUMEAU. Epreuve faite en petit

de diverfes fubftances, en les foumettant au dard de la flamme d'une bougie ou d'une lampe dirigée par un chalumeau. *Voyez* CHALUMEAU.

C'eft ordinairement fur les minéraux que fe font les *effais au chalumeau*. *Voyez*, dans le *Dictionnaire de Minéralogie*, ESSAI AU CHALUMEAU.

ESSAI PYROMÉTRIQUE. Moyen employé pour déterminer la température d'un foyer, d'une fufion, ou d'une température très-élevée. *Voyez* TEMPÉRATURE, PYROMÈTRE.

ESSENCE; effentia; *effens*; f. m. Partie la plus pure, la plus exaltée d'un mixte, féparée des principes groffiers par le moyen de la diftillation. *Voyez* HUILE ESSENTIELLE.

ESSENCE D'ORIENT. Liqueur colorante dont on fe fert pour enduire l'intérieur des perles artificielles.

C'eft l'écaille de l'ablette, petit poiffon qu'on trouve abondamment dans les lacs & les rivières d'Europe, & qui a rarement plus de fix pouces de long. Il ne faut pas moins de quatre mille ablettes, prifes au hafard, pour donner une livre d'écailles, laquelle ne rend pas quatre onces de teinture nacrée. *Voyez* PERLE.

ESSIEU, du latin barbare *oxialum*, d'où l'on a fait *aifieul*, puis *effeau*, & enfin *effieu*; axis; *axe*; f. m. Pièce de bois ou de fer, paffant par le moyeu des roues d'une charrette, d'un carroffe, &c.

En mécanique, les Anciens l'appeloient *cachette*, ce qui eft la même chofe qu'axe.

Defcartes & quelques anciens géomètres donnoient le nom d'*effieu* à l'axe des courbes.

ESSIEU DANS LE TOUR; axis in peritrocio. Axe d'un cylindre en mouvement. *Voyez* AXE DANS LE TAMBOUR.

EST, de l'allemand *oft*; oriens; *oft*; f. m. L'une des quatre divifions de l'horizon. C'eft la partie du monde qui eft du côté du foleil levant, les jours des équinoxes.

C'eft l'un des quatre points cardinaux; c'eft encore le nom d'une des quatre plages principales. *Voyez* ORIENT, POINTS CARDINAUX, PLAGE.

EST-NORD-EST. Nom de la plage fituée au milieu de l'efpace qui fépare l'*eft* du nord-eft. *Voyez* EST, NORD-EST.

EST-QUART-NORD-EST. Nom de la plage fituée au milieu de l'efpace qui fépare l'*eft* de l'eft-nord-eft. *Voyez* EST, EST-NORD-EST.

EST-QUART-SUD-EST. Nom de la plage fituée au milieu de l'efpace qui fépare l'*eft* de l'eft-fud-eft. *Voyez* EST, EST-SUD-EST.

EST-SUD-EST. Nom de la plage fituée au milieu de l'efpace qui fépare l'*eft* du fud-eft. *Voyez* EST, SUD-EST.

EST (Vent d'). Vent qui vient de l'*eft*. *Voyez* VENT D'EST.

ESTERLING. Monnoie de France du treizième & du quatorzième fiècle. Leur valeur étoit :

En 1289, 4 d. = 0,3039 = 0,3003.
1322, 4¾ d. = 0,3077 = 0,3041.

ÉTAIN; ftannum; *zinn*; f. m. Métal folide, mou, de couleur blanche très-éclatante, d'une odeur défagréable.

Ce métal fe plie facilement & fait entendre un bruit connu fous le nom de *cri d'étain*; il eft très-ductile, & peut être battu en lame mince de $\frac{1}{1000}$ de pouce d'épaiffeur : fa denfité eft de 7,29. Un fil de $\frac{1}{10}$ de pouce de diamètre peut être rompu par un poids de 49½ livres. Il entre en fufion à 168° R. Il n'eft point volatil.

L'*étain* eft un des métaux le plus anciennement connu; il étoit en ufage du temps de Moïfe; les Phéniciens alloient le chercher en Efpagne & en Bretagne. Aujourd'hui on le tire d'Allemagne, d'Angleterre & des Indes : il en exifte en France. Le plus eftimé eft celui des Indes; ceux d'Allemagne & d'Angleterre contiennent du plomb & du cuivre.

On fe fert de l'*étain*, 1°. pour mettre les glaces au tain; 2°. pour étamer le cuivre, le fer, &c.; 3°. pour former l'alliage des cloches & des canons; 4°. pour préparer l'or muffif & les amalgames dont on couvre les couffins des machines électriques; 5°. pour faire de la potée d'*étain* & divers oxides de ce métal; 6°. pour former les combinaifons connues fous le nom de *foudure des plombiers*; 7°. pour faire divers vafes & inftrumens.

Comme l'*étain* du commerce contient ordinairement beaucoup de plomb, Bergenftierna a fait un grand nombre d'expériences pour déterminer la denfité de diverfes combinaifons. Nous allons en préfenter quelques réfultats.

ALLIAGES.		POIDS A VOLUME ÉGAL.
Étain.	Plomb.	
100	0	100 l.
90	10	104 14
80	20	108 26
70	30	113 6
60	40	117 25
50	50	122 16
40	60	128 6
30	70	134 8
20	80	140 28
10	90	146 2
0	100	153 2

On retire l'*étain* des oxides de ce métal. On le grille pour vaporifer le foufre & rendre la gangue plus friable ; on le bocarde & on le lave pour en féparer les impuretés ; on le grille de nouveau & on le fond dans des moyens fourneaux de fix pieds de hauteur, en le mélangeant avec des fcories d'une précédente opération, ou de la chaux vive ; on purifie, par une feconde fufion, l'*étain* que l'on obtient.

Klaproth a trouvé, qu'un échantillon de mine d'*étain*, qu'il a analyfé, contenoit :

Étain	77,50
Oxigène	21,50
Fer	0,25
Silice	0,75
	100,00

Un échantillon de mine d'*étain* du Mexique, donné à Vauquelin, contenoit :

Étain	70,60
Oxigène	20,40
Fer manganéfifère	9,00
	100,00

ÉTAIN DE GLACE. Amalgame avec laquelle on étame intérieurement des globes de verre.

Pour cela on fait fondre une partie d'*étain* & autant de plomb dans une cuiller de fer ; on y ajoute une partie de bifmuth. Lorfque la combinaifon eft prête à fe figer, on y ajoute deux parties de mercure : on nettoie la furface.

Alors on chauffe modérément un globe très propre & très-fec par-dedans ; on y coule l'*étain de glace* ; on tourne le globe afin de faire étendre l'amalgame liquide, & on laiffe refroidir.

ÉTALON, du faxon *ftalone* ; archetypa menfura ; *eich maffe* ; f. m. Modèle de poids & de mefure qui eft réglé, autorifé par le magiftrat, & fur lequel les mefures, les poids des marchands doivent être ajuftés, rectifiés, égalifés.

ÉTÉ ; æftas ; *fommer* ; f. m. Une des quatre faifons de l'année, qui commence les jours folfticiaux, c'eft-à-dire, lorfque le foleil eft à fa plus grande diftance de l'équateur, & le plus avancé fur l'hémifphère que l'on confidère : elle finit les jours équinoxiaux, lorfque le foleil, en s'écartant, arrive fur l'équateur pour paffer dans l'hémifphère oppofé.

Chaque hémifphère a fon *été*, avec cette différence que l'*été* de l'un eft l'hiver de l'autre. Ainfi, l'*été* de l'hémifphère boréal & l'hiver de l'hémifphère auftral commencent lorfque le foleil arrive fur le tropique du Cancer, & finiffent lorfqu'il eft revenu fur l'équateur ; l'*été* de l'hémifphère auftral & l'hiver de l'hémifphère boréal commencent lorfque le foleil eft arrivé fur le tropique du Capricorne, & finiffent lorfque le foleil eft revenu fur l'équateur. On dit encore que l'*été* de l'hémifphère boréal commence lorfque le foleil entre dans le figne du Cancer, & finit lorfqu'il fort du figne de la Vierge. Il ne faut pas confondre les fignes avec les conftellations. On a confervé les noms des fignes pour les équinoxes & les folftices, quoique, par le phénomène de la précifion des équinoxes, les conftellations foient fort éloignées des fignes.

Le jour où l'*été* commence fur un hémifphère, eft celui qui eft le plus long de l'année & la nuit la plus courte, tandis que fur l'hémifphère oppofé, où l'hiver commence, le jour eft plus court & la nuit plus longue.

Deux caufes contribuent à rendre l'*été* la faifon la plus chaude de l'année : 1°. la moindre inclinaifon des rayons folaires fur chaque point de l'hémifphère ; 2°. la plus longue durée de fa préfence ; & comme, fous la zône torride, où fon inclinaifon eft la moindre, fa préfence eft la plus courte, & qu'au contraire, près des pôles, où fon inclinaifon eft la plus grande, fa durée eft la plus longue, il en réfulte une forte de compenfation qui fait que la température des *étés* ne préfente pas, dans chaque climat, de bien grandes différences.

Il fembleroit que le premier jour de l'*été* devroit être le jour le plus chaud, puifque c'eft alors que l'inclinaifon des rayons folaires eft la moins grande, & la préfence de cet aftre la plus longue ; cependant les plus grandes chaleurs n'arrivent que dans le milieu de l'*été*, parce que chaque jour, depuis le commencement de l'*été*, le foleil reçoit plus de chaleur le jour qu'il n'en perd la nuit. Cette chaleur, en plus, doit donc s'ajouter chaque jour, & la température augmente, jufqu'à ce qu'il y ait équilibre entre la chaleur reçue le jour & la chaleur perdue la nuit. A cette époque eft le maximum de température ; & comme la quantité de chaleur acquife le jour va enfuite en diminuant, tandis que la perte pendant la nuit va continuellement en augmentant, il s'enfuit que la température doit aller continuellement en diminuant, jufqu'à ce que le refroidiffement étant arrivé à fon plus grand terme, la quantité de chaleur reçue & perdue fe faffe de nouveau équilibre ; alors la chaleur reçue devient plus abondante que celle qui fe perd.

ÉTÉ (Solftice d') ; folftitium æftivum ; *fommerpunckt* ; f. m. Paffage du foleil fur l'écliptique, inftant où il s'arrête dans fa marche pour rétrograder vers l'équateur. *Voyez* SOLSTICE D'ÉTE.

ÉTENDUE, de extendere, *tendre* ; extenfus ; *aufdehnung* ; f. f. Les trois dimenfions d'un corps, *longueur*, *largeur* & *profondeur*, prifes enfemble ou féparément.

On peut distinguer trois sortes d'*étendue* : *étendue en longueur* seulement, que l'on appelle *ligne*; *étendue en longueur & en largeur*, qu'on appelle *surface*; enfin, *étendue en longueur, largeur & profondeur*, qu'on nomme indifféremment *solide, corps ou volume*.

Étendue, en musique, est la différence de deux sons donnés, qui en ont d'intermédiaires, ou la somme de tous les intervalles compris entre les deux extrémités. Ainsi, la plus grande *étendue* possible, ou celle qui comprend toutes les autres, est celle du plus grave au plus aigu de tous les sons sensibles ou appréciables. Selon les expériences d'Euler, toute cette *étendue* forme un intervalle d'environ huit octaves, entre un son qui fait trente vibrations par seconde, & un autre qui en fait 7,552 dans le même temps.

ÉTÉSIENS, de ετησιος, *annuel*; *etesiæ*; *etesien*; f. m. Vents qui soufflent régulièrement chaque année, dans la même saison, pendant un certain nombre de jours. *Voyez* VENTS ÉTÉSIENS.

ÉTHER, de αιθηρ, *air*; æther; *ether*; f. m. Fluide extrêmement subtil & élastique, qui est répandu dans tout l'Univers, qui remplit l'espace dans lequel les planètes se meuvent, qui pénètre & s'insinue avec facilité dans les corps les plus durs & les plus compactes, qui remplit la plûpart de leurs pores, & qui se laisse traverser lui-même sans faire presqu'aucune résistance.

Cette substance n'ayant pu encore être séparée, soit sous son état simple ou même à l'état de combinaison, chacun des philosophes qui ont annoncé son existence, lui a donné des propriétés dépendantes du besoin qu'ils en avoient pour favoriser leurs hypothèses, & expliquer des phénomènes réels ou imaginaires.

Descartes, qui admettoit le plein absolu, supposoit que la matière qui remplissoit l'Univers étoit dans trois états différens : la première extrêmement fine; la seconde plus grosse, mais arrondie; la troisième plus grosse encore, mais irrégulière & anguleuse. Ce savant avoit donné au premier état de la matière le nom d'*éther* ou de matière subtile. Il supposoit que le soleil, les étoiles en étoient formés. *Voyez* CARTESIANISME.

Mallebranche (1) & Jacques Bernouilli (2) attribuent la solidité des corps & leur adhérence à une pression de la *matière éthérée*. Ce dernier fait usage de l'*éther*, parce que la pression de l'air ne lui suffit pas.

Huyghens (3) donne le nom d'*éther* à la lumière; il la regarde comme le principe de l'élasticité & comme la cause de la réfraction.

Après avoir expliqué les phénomènes de la réfraction ordinaire, en supposant que la lumière forme, dans l'intérieur des corps diaphanes, des ondulations sphériques, il explique le phénomène de la réfraction extraordinaire, en supposant les ondulations elliptiques. *Voyez* LUMIÈRE, RÉFRACTION.

Newton ayant combattu le plein de Descartes, parce qu'il devroit ralentir la marche des corps planétaires, combattit l'hypothèse d'Huyghens sur la réfraction, & établit son système d'émanation de la lumière. Cet illustre physicien propose l'existence d'une substance très-rare, répandue dans l'Univers, à laquelle il donne le nom d'*éther*, & qu'il regarde comme une des causes de la réfraction (1).

Pour répondre à l'objection qu'il a faite à l'hypothèse du plein de Descartes, Newton observe que (2) « si l'on suppose que l'*éther*, comme notre air, soit composé de particules qui tâchent de s'écarter les unes des autres (car je ne sais ce que c'est que cet *éther*), & que ses particules soient excessivement plus petites que celles de l'air, ou même de la lumière, l'excessive petitesse de ces particules peut contribuer à la grandeur de la force par laquelle ces particules peuvent s'écarter les unes des autres, & par-là rendre le milieu excessivement plus rare & plus élastique que l'air, & par conséquent excessivement moins capable de résister au mouvement des corps jetés, & excessivement plus capable de presser les corps grossiers, par l'effort qu'il fait pour les dilater.

Et dans la même question, voulant expliquer, à l'aide de l'*éther*, les accès alternatifs de facile transmission & de facile réflexion, il dit : « Les vibrations de ce milieu doivent être plus promptes que la lumière, & par conséquent plus que 700 mille fois plus grandes que le son. Donc la force élastique de ce milieu doit être à proportion de sa densité, plus de $700,000 \times 700,000$ (c'est-à-dire, plus de $490,000,000,000$) fois plus grande que n'est la force élastique de l'air, à proportion de sa densité : car les vitesses des vibrations des milieux élastiques sont en raison sous-double des élasticités & des raretés des milieux, prises ensemble.

Euler, dans sa *Théorie de la Lumière & des Couleurs*, a fait usage de l'hypothèse d'Huyghens. Après avoir combattu (3) l'opinion du vide absolu, qu'il suppose avoir été proposé par Newton, & cela en observant que dans le système même de l'émanation, l'espace devoit être rempli de lumière, & que conséquemment le vide absolu devoit être une chimère, Euler suppose dans la XIXᵉ. lettre, de remplir l'espace d'*éther*.

L'*éther*, dit ce célèbre géomètre, est donc aussi un fluide comme l'air, mais incomparablement plus subtil & plus délié, puisque nous savons que

---

(1) *Recherches de la vérité*, liv. VI, chap. 9.
(2) *De Gravitate ætheris*. Amst., 1683.
(3) *Traité de la Lumière*. Leyde, 1690.

(1) *Traité d'Optique sur la lumière*, liv. III, quest. 19.
(2) *Ibid.*, liv. III, quest. 21.
(3) *Lettres d'une princesse d'Allemagne*, lett. 18.

les corps céleftes le traverfent librement, fans y rencontrer de réfiftance fenfible. Il a fans doute de l'élafticité, par laquelle il tend à fe répandre en tout fens, & à pénétrer dans les lieux qui pourroient être vides; de forte que fi, par quelque accident, l'*éther* étoit chaffé de quelqu'endroit, le fluide environnant s'y précipiteroit dans un inftant, & cet endroit en feroit rempli de nouveau. En vertu de cette élafticité, l'*éther* ne fe trouve pas feulement au-deffus de notre atmofphère, mais il la pénètre partout, il s'infinue dans les pores de tous les corps, & les traverfe affez librement. Si, par le moyen de la machine pneumatique, on pompe l'air d'un vafe, il ne faut pas croire qu'il y ait alors un vide abfolu; car l'*éther*, paffant par les pores du vafe, en occupe dans un inftant toute la capacité.... Nous aurons donc une idée jufte de l'*éther*, en le regardant comme un fluide affez femblable à l'air, avec cette différence que l'*éther* eft incomparablement plus fubtil & plus élaftique.

C'eft par cette fubtilité, cette élafticité de l'*éther*, qu'Euler explique les phénomènes les plus remarquables de l'électricité & ceux de la lumière.

On voit, d'après les opinions de chaque philofophe fur l'*éther*, qu'on lui attribue les effets que les phyficiens modernes rapportent à diverfes fubftances impondérables, telles que la lumière, le calorique, l'électricité, &c.

ÉTHER; fpiritus ætherus; naphta; *æther*. Liquide très-volatil, très-inflammable & très-fuave, provenant de l'action d'un acide fur l'alcool.

On diftingue deux fortes d'*éther*: 1°. ceux qui font compofés d'hydrogène, de carbone & d'oxigène; tels font les *éthers fulfurique, phofphorique & arfenique*; 2°. ceux qui font compofés d'acide & d'alcool; tels font les *éthers muriatique, nitrique, hydriodique, acétique, benzoïque, citrique*, &c.

Pour obtenir de l'*éther*, on mêle de l'alcool avec un acide, on diftille ce mélange, & l'on rectifie le premier *éther* impur que l'on a obtenu.

ÉTHER ACÉTIQUE. Liquide incolore, d'une odeur agréable d'*éther* fulfurique & d'acide acétique.

Sa pefanteur fpécifique eft à 5°,6 R. de 0,866. Il entre en ébullition à 57° R. fous une pefanteur de 28 pou. On l'enflamme facilement à l'air; il brûle avec une lumière d'un blanc-jaunâtre. L'eau à 14° R. en diffout fept parties & demie de fon poids; il contient de l'acide acétique; on le décompofe par la potaffe cauftique. On ne l'emploie qu'en médecine.

ÉTHER ARSENIQUE. Cet *éther* eft abfolument le même que l'*éther fulfurique*; il n'en diffère qu'en ce que l'on emploie de l'acide arfenique, au lieu d'acide fulfurique, pour l'obtenir. *Voyez* ÉTHER SULFURIQUE.

ÉTHER ATMOSPHÉRIQUE. Matière fubtile que l'on fuppofe exifter dans l'atmofphère. *Voyez* ÉTHER.

ÉTHER BENZOÏQUE. Liquide incolore, d'une faveur piquante; fa denfité eft un peu plus grande que celle de l'eau; il a la même volatilité; fon odeur eft foible, & toute autre que celle de l'*éther fulfurique*; fon afpect eft oléagineux; il eft prefqu'infoluble dans l'eau, & fe décompofe par l'agitation avec l'hydrate de potaffe.

ÉTHER CITRIQUE. Liquide jaunâtre plus pefant que l'eau, fenfiblement foluble dans ce liquide, fans odeur, très-foluble dans l'alcool, & décompofable par la potaffe.

ÉTHER HYDRIODIQUE. Liquide d'une couleur rofée, d'une forte odeur *éthérée*; fa denfité à 17°,6 R. eft de 1,926; il entre en ébullition à la température de 55° R. fous la preffion de 28 pouces; il ne s'enflamme point à l'approche d'un corps embrafé. La potaffe ne l'altère pas dans le moment, mais fait difparoître fa couleur rofée. On le décompofe en le faifant paffer à travers un tube incandefcent.

ÉTHER MURIATIQUE. Liquide incolore, dont l'odeur eft très-forte & analogue à celle de l'*éther fulfurique*; fa denfité eft de 0,874 à la température de 4° R. Verfé fur la main, il entre fubitement en ébullition & y produit un froid confidérable; il fe vaporife à 8°,8 R. fous une preffion de 28 pouces de mercure. Le gaz eft incolore; fa faveur eft fenfiblement fucrée, & fa pefanteur fpécifique, comparée à celle de l'air, eft de 2,219.

Dans fon contact avec l'air, cet *éther* s'enflamme à l'approche d'une bougie; la vapeur, mêlée à l'oxigène dans le rapport de 1 : 3, produit une très-forte détonation. Il fe décompofe en gaz muriatique, hydrogène & carbone, lorfqu'on l'expofe dans un tube à une chaleur rouge-brun. 100 parties d'*éther muriatique* contiennent:

Acide muriatique 46,5
Alcool 53,5
                           ———
                           100,0

ÉTHER NITRIQUE. Liquide d'un blanc-jaunâtre, dont l'odeur eft analogue à celle des acides fulfurique & muriatique, mais beaucoup plus forte. Il produit une forte d'étourdiffement lorfqu'on le refpire; fa faveur eft âcre & brûlante; fa pefanteur fpécifique eft entre celle de l'alcool & celle de l'eau. Verfé fur la main, il entre en ébullition, & produit un froid confidérable. Il bout à 17° R. de température, fous une preffion de 28 pouces. Il s'enflamme facilement & brûle avec une flamme blanche.

Il est composé d'acide nitrique, d'alcool & d'un peu d'acide acétique. En le faisant passer à travers un tube incandescent, il se décompose & produit :

Eau & acide prussique	13,73
Ammoniaque	0,97
Huile	1,95
Charbon	0,73
Acide carbonique	1,83
Gaz deutoxide d'azote	
—— azote	
—— hydrogène carboné	73
—— oxide de carbone	
Perte	7,79
	100,00

ÉTHER PHOSPHORIQUE. C'est absolument le même que l'*éther sulfurique*; il n'en diffère qu'en ce qu'il est formé avec un mélange d'alcool & d'acide phosphorique. *Voyez* ÉTHER SULFURIQUE.

ÉTHER SULFURIQUE. Liquide incolore, d'une odeur forte, suave, d'une saveur chaude, piquante, dont la limpidité est parfaite, la fluidité très-grande. Sa pesanteur spécifique est de 0,7155 à la température de 16° R. Il entre en ébullition à 26° R. sous une pression de 28 pouces de mercure.

Ce liquide s'enflamme facilement : sa vapeur, mêlée à l'oxigène, détone fortement. Il ne transmet point le fluide électrique, & il réfracte fortement la lumière; il reste liquide, même à un froid de 40° R.

Passé à travers un tube incandescent, l'*éther sulfurique* se décompose, & Saussure a obtenu pour 100 parties d'*éther sulfurique* :

Carbone	51,98
Oxigène	34,32
Hydrogène	13,70
	100,00

Uni à l'alcool, l'*éther sulfurique* forme la liqueur d'Hoffmann.

ÉTHÉRÉ; æthereus; æterisch; adj. Qui appartient à l'*éther*, ou qui tient de la nature de l'*éther*.

ÉTHÉRÉE (Matière). Substance dont l'*éther* est composé. *Voyez* ÉTHER.

ÉTHÉRÉ (Milieu). Espace rempli d'*éther*. *Voy.* MILIEU ÉTHÉRÉ.

ÉTHIOPS, de αιθιοψ, noir; æthiops; mohr; s. m. Préparations métalliques qui ont une couleur noire.

On distingue, parmi les *éthiops*, l'*éthiops antimonial*, composé de sulfure & d'antimoine; l'*éthiops martial* ou fer oxidulé noir; *éthiops persé*, ou oxide noir de mercure au minimum d'oxidation.

ÉTINCELLE; scintilla; funken; s. f. Petite parcelle de feu, petit corps embrasé, séparé d'un plus grand & lancé au loin.

Souvent, dans un brasier, le combustible pétille & lance au loin des *étincelles*. Dans plusieurs circonstances, ces particules embrasées sont chassés par de l'air ou un liquide renfermé dans des cavités; le fluide, augmentant de volume & de ressort, brise le combustible & l'éparpille.

En chauffant du fer, on voit souvent des *étincelles* chassées par l'air : ce sont des particules de fer auxquelles l'oxigène de l'air se combine; le fer brûle & brille, en brûlant, d'une lumière très-vive. Le choc du silex contre l'acier détache également des particules de fer qui, brûlant dans l'air, produisent de vives *étincelles*. Enfin, le fer rouge lance également des *étincelles* lorsqu'on le forge. Les artificiers produisent des *étincelles* vives & brillantes en mêlant de la limaille de *fer* avec la poudre à canon.

ÉTINCELLE ÉLECTRIQUE; scintilla electrica; funken electrischer. Traits de feu, lumière brillante qui paroît subitement entre un corps électrisé & un corps dans l'état naturel, ou différemment électrisé.

Ces *étincelles* sont d'autant plus fortes, d'autant plus grandes, que la différence entre l'électricité des deux corps est plus considérable, & qu'ils ont plus de surface.

Assez généralement on voit des aigrettes sur les points placés sur un corps électrisé & sur ceux que l'on approche d'un corps électrisé, & l'on aperçoit des *étincelles* lorsque l'on approche un corps rond d'un corps électrisé. Cette différence a fait croire que les *étincelles* étoient d'autant plus grandes & plus fortes, que les corps étoient des sphères d'un plus grand diamètre; cependant on peut retirer également des *étincelles* d'un corps électrisé, soit en en approchant un point, soit en en approchant une sphère.

En effet, si l'on met à la même distance d'un corps conducteur, d'une machine électrique A, fig. 803, une pointe P & une sphère S, fixées l'une & l'autre sur une boule conductrice B, communiquant au réservoir commun, on verra l'*étincelle* se porter indistinctement sur la pointe & sur la sphère, & on la déterminera à se porter sur l'une ou sur l'autre, en lançant un jet de vapeur humide entre le conducteur & l'un ou l'autre des corps. Ce qui prouve que c'est principalement le degré d'humidité que contient l'air interposé entr'eux qui détermine la marche de l'*étincelle*.

Avec des machines électriques, les plus grandes

& les plus fortes *étincelles* que l'on ait obtenues avoient vingt-quatre pouces de long; elles étoient de la groſſeur d'une plume à écrire : ces *étincelles* ont été produites avec la machine de Van-Marum, à Harlem. Romas a obtenu, à l'aide d'un cerf-volant électrique, des *étincelles* qui avoient 9 à 10 pieds de longueur & un pouce de groſſeur.

Il eſt rare que les *étincelles électriques* tirées d'un conducteur ſe meuvent en ligne droite; elles forment habituellement des zig-zags, particulièrement ſi elles ſont un peu longues : on voit même quelquefois des jets de lumière divergens qui s'éparpillent de côté & d'autre. Cette variation dans la route des *étincelles* provient des différens degrés d'humidité de l'air; l'*étincelle* traverſe de préférence les tranches d'air les plus humides.

Frédéric Gros a remarqué que lorſque l'on éloigne les deux corps entre leſquels l'*étincelle* doit ſe montrer, leur apparence préſente des intermittences, des eſpèces de repos; ce qui tient encore à la nature de l'air, l'*étincelle* pouvant traverſer de plus grands eſpaces lorſque l'air eſt humide.

Si l'on approche l'un de l'autre deux corps, l'un électriſé E, l'autre à l'état naturel ou électriſé e, les électricités exercent leur influence naturelle, & les faces en préſence augmentent l'intenſité de leurs électricités différentes; mais ces électricités ſont retenues ſur la ſurface des corps, juſqu'à ce qu'ils puiſſent vaincre la réſiſtance de l'air interpoſé. Rapprochant les deux corps, l'intenſité électrique augmente par les influences réciproques, en même temps que l'épaiſſeur de la tranche d'air diminue; enfin, lorſque les deux corps ſont à une telle diſtance que l'électricité peut vaincre la réſiſtance de l'air, elle s'élance de l'un à l'autre corps, & l'*étincelle* paroît. *Voyez* INFLUENCE ÉLECTRIQUE.

En obſervant avec un priſme la lumière de l'*étincelle*, on la voit ſe décompoſer en une infinité de couleurs qui paſſent par toutes les nuances du rouge au jaune, au bleu & au violet, comme la lumière du ſoleil; ce qui fait croire que ces lumières ſont d'une même nature.

Mais comment ſe forme & ſe produit la lumière électrique ? C'eſt une queſtion qui n'a pas encore été réſolue, & ſur laquelle on a eu un grand nombre d'opinions différentes, parmi leſquelles on diſtingue ces trois-ci : 1°. que c'eſt le fluide électrique lui-même, qui, parvenant juſqu'à l'œil, y procure la ſenſation de la lumière; 2°. que c'eſt de la lumière interpoſée entre les molécules du milieu, qui s'échappe par la compreſſion que l'électricité exerce en traverſant la maſſe de l'air; 3°. que l'électricité eſt miſe en vibration & occaſionne la production de la lumière.

Boyle, Hotto de Guerich & Hawksbée ſont les premiers qui aient obſervé la lumière électrique; Dufay l'a ſoutirée le premier à travers les habits des individus; Gordon a enflammé des matières

combuſtibles avec l'*étincelle électrique*; Gralath, de Dantzick, a allumé, avec l'*étincelle*, une chandelle fraîchement éteinte, & Boſe, de Wurtemberg, de la poudre à canon.

ÉTINCELLE ÉLECTRIQUE DANS LES GAZ (Couleur de l'). Couleur ſous laquelle l'*étincelle* électrique paroît en traverſant différens milieux.

Pluſieurs phyſiciens, parmi leſquels on diſtingue Prieſtley & pluſieurs autres, ont obſervé la couleur de l'*étincelle électrique* en traverſant différens milieux; ils ont remarqué que l'on obtenoit une couleur rouge-pourpre en faiſant paſſer l'*étincelle* à travers le gaz ammoniac, le gaz hydrogène, le gaz hydrogène phoſphoré, & à travers l'air raréfié : le paſſage de l'*étincelle* à travers la vapeur d'eau prend une couleur jaune-orange. A travers les vapeurs d'alcool & d'éther, l'*étincelle électrique* prend une couleur bleu-céladon; elle prend la même couleur en traverſant le vide du baromètre; enfin, la couleur de l'*étincelle* devient bleu-violacé en paſſant à travers le gaz acide carbonique.

ÉTINCELLE DE L'ANGUILLE DE SURINAM. *Étincelle* électrique aperçue en faiſant donner la commotion à l'anguille de Surinam.

C'eſt à Walsh (1) que nous devons cette découverte. Il fit venir à grands frais des anguilles de Surinam en Angleterre, &, après les avoir poſées ſur une ſerviette mouillée, il établiſſoit une communication entre deux de ſes parties, avec deux fils de fer qui communiquoient à une plaque de verre recouverte d'une feuille d'étain à laquelle on avoit fait une inciſion, afin d'établir une légère ſolution de continuité. A chaque commotion donnée par l'animal, on apercevoit une *étincelle* dans cette inciſion.

Il eſt néceſſaire, pour que cette *étincelle* apparoiſſe, que l'animal ſoit très-vigoureux & qu'il donne de fortes commotions. Les torpilles que l'on pêche près de la Rochelle, ne donnant pas des commotions aſſez fortes, n'ont jamais laiſſé apercevoir d'*étincelle* à Walsh.

ÉTINCELLE GALVANIQUE. Lumière que l'on aperçoit (2) en faiſant communiquer un fil de fer pointu d'un pôle à l'autre d'une pile galvanique de 50 doubles diſques de 5 pouces carrés.

Ces *étincelles* ſont produites par la combuſtion de la pointe du fil de fer. *Voyez* ÉLECTROMOTEUR, COMBUSTION GALVANIQUE.

Si l'on établit la communication des deux pôles (3) d'une pile par deux fils métalliques très-fins, & qu'on les approche doucement l'un de

(1) *Journal de Phyſique*, année 1776, tome II, page 331.
(2) *Annales de Chimie*, tome XL, page 312.
(3) *Traité de Phyſique expérimentale & mathématique*, tome II, page 126.

l'autre

l'autre jufqu'au contact, il s'établit entr'eux une attraction qui les retient unis malgré la force de leur reffort ; fi ces fils font de fer, il s'excite entr'eux une *étincelle* vifible qui produit une véritable combuftion du fer. Ce phénomène réuffit plus fûrement lorfqu'on arme l'extrémité d'un des fils de fer par une feuille d'or ou battu : cette feuille eft confumée à l'endroit où l'*étincelle* s'élance. On peut enflammer du gaz tonnant avec cette *étincelle*, & même du phofphore & du foufre, comme avec celle qui donne une machine électrique ordinaire.

ÉTIOLEMENT ; gracileftio ; *funkeln* ; f. m. Blancheur des végétaux & des animaux qui ont été expofés pendant long-temps à l'obfcurité.

L'*étiolement* eft ordinairement accompagné de foibleffe : auffi remarque-t-on que les plantes & les animaux étiolés font toujours plus foibles que ceux qui font colorés.

ÉTIOLEMENT DES ANIMAUX. Couleur blanche des animaux qui font privés de la lumière.

On remarque généralement que les perfonnes conftamment détenues dans un appartement s'affoibliffent & deviennent pâles ; que les habitans des villes font prefque tous plus foibles & plus décolorés que ceux des campagnes ; enfin, que les animaux domeftiques ont, en général, la chair plus blanche que les animaux fauvages.

Il paroît que ce phénomène (1), l'*étiolement*, eft dû à des combinaifons différentes de celles que favorifent la lumière & le mouvement mufculaire. Lorfqu'un animal eft expofé à la lumière, & furtout à la chaleur, il fe forme un dégagement d'hydrogène qui, fe combinant avec l'oxigène, forme l'eau ; c'eft la fueur ; il refte une portion furabondante de carbone, & c'eft à ce carbone que l'on attribue la couleur noire ou brune accidentelle de la peau.

ÉTIOLEMENT DES VÉGÉTAUX. Couleur blanche que prennent les parties des végétaux, lorfqu'elles croiffent à l'obfcurité.

Humboldt attribue cet *étiolement* (2) à une furabondance de dégagement de carbone. En effet, les plantes expofées au foleil laiffent dégager une grande quantité de gaz oxigène, tandis que lorfqu'elles font expofées à l'obfcurité, elles laiffent dégager de l'eau & de l'acide carbonique. Il fe dégage donc plus de carbone & d'hydrogène pendant la végétation des plantes, à l'ombre, que pendant leur végétation au foleil, & c'eft au carbone & à l'hydrogène reftés que l'on attribue la couleur verte des plantes.

On prouve cette affertion de deux manières : 1°. parce que les plantes étiolées contiennent beaucoup moins de carbone que celles qui font vertes ;

2°. parce qu'en faifant végéter des plantes à l'ombre, dans des gaz impurs, tels que l'hydrogène, l'azote, &c. elles s'étiolent difficilement.

En général, dit Humboldt dans fes *Aphorifmes de la végétation*, toutes les parties des plantes qui laiffent dégager de l'oxigène font vertes : telles font les feuilles, l'écorce, le calice.... tandis que les autres parties qui n'exhalent que l'azote mêlé à de l'acide carbonique, font blanches ou ont une autre couleur que la verte : telles font les racines, les pétales, les bractées....

En automne, les feuilles deviennent rouges ou jaunes, parce que le froid ou toute autre caufe gêne leur refpiration & les empêche d'exhaler une auffi grande quantité d'oxigène.

La plumule de la plupart des jeunes plantes eft blanche ou rouge, parce qu'elles ne peuvent pas encore exhaler une affez grande quantité d'oxigène ; elles ne deviennent vertes que lorfqu'elles ont acquis plus de force, & qu'elles laiffent dégager beaucoup d'oxigène.

ÉTOILES ; ftella ; *fterne* ; f. f. Corps céleftes, lumineux par eux-mêmes, & qui ne paroiffent pas changer de pofition les uns par rapport aux autres.

Quels que foient les inftrumens que l'on ait employés pour obferver les *étoiles*, il a été impoffible de leur trouver une grandeur appréciable, & les *étoiles* les plus brillantes, lorfqu'elles font éclipfées par la lune, mettent à peine une demi-feconde à difparoître ; cependant, fi elles avoient feulement une feconde de diamètre, elles mettroient deux fecondes de temps à fe plonger fous le difque de la lune. Quoi qu'il en foit, elles paroiffent à l'œil, dans une belle nuit, très-différentes les unes des autres : il en eft dont la clarté eft très-forte, & d'autres que l'on diftingue à peine avec d'excellens téléfcopes. Cette différence provient de ce qu'elles peuvent avoir réellement des grandeurs différentes, ou de ce qu'elles font à des diftances très-éloignées les unes des autres ; il eft même très-probable que ces deux caufes y contribuent.

Deux obfervations nous conduifent à conclure que les *étoiles*, même les plus brillantes, font à une diftance prodigieufe de la terre : la première, c'eft que leur grandeur apparente eft toujours la même ; la feconde, c'eft qu'elles n'ont pas de parallaxe fenfible. Par le mouvement de la terre autour du foleil, nous nous approchons & nous éloignons chaque année des *étoiles* qui font dans l'écliptique de tout le diamètre de l'orbe de la terre : ce diamètre eft de 69 millions de lieues environ. A quelle énorme diftance devons-nous être des *étoiles*, pour que 69 millions de lieues plus rapprochées ou plus éloignées ne produifent aucune différence dans leur grandeur apparente ! Quant à la parallaxe (*voyez* PARALLAXE) , fi les *étoiles* en avoient une d'une feconde feulement,

(1) *Journal de Phyfique*, année 1792 ; tome II, p. 303.
(2) *Ibid.* pag. 301.

elles feroient 266,204 fois plus éloignées de la terre que n'en eſt le ſoleil. Comme celui-ci eſt éloigné de la terre de 3,471,680 lieues environ, les *étoiles* feroient donc à 7,170,083,163,520 lieues, c'eſt à-dire, à plus de 7 trillons de lieues; & comme toutes les *étoiles*, même celles qui nous paroiſſent les plus grandes, n'ont aucune parallaxe, leur diſtance eſt infiniment plus conſidérable. Nous ignorons abſolument où elle peut aller.

Relativement à leur éclat & à la plus ou moins grande difficulté de les diſtinguer, les aſtronomes les ont diviſées en deux ſéries de ſix claſſes chacune : la première ſérie compoſe les *étoiles* que l'on aperçoit à la vue ſimple; la ſeconde, celles que l'on ne peut voir qu'à l'aide d'un téleſcope. Les ſix claſſes d'*étoiles* de la première ſérie ſont nommées de première, de ſeconde, de troiſième, de quatrième, de cinquième & de ſixième grandeur; ce ſont les ſeules que les Anciens aient connues; elles ſont claſſées par leur plus ou moins d'éclat.

On compte vingt-quatre *étoiles* de la première grandeur, dont cinq au nord : la Chèvre, *Arcturus* du Bouvier, *Altair* de l'Aigle, *Vega* de la Lyre, « de la queue du Cygne ſept au milieu; *Aldebaran* du Taureau, « des Gémeaux, *Regulus* du Lion, ϐ de la queue du Lion, l'*Epi* de la Vierge, *Antares* du Scorpion, *Fomahaud* du Verſeau; douze au ſud : *Rigel* d'Orion, « de l'épaule d'Orion, le *Cœur* de l'Hydre, *Syrius* du grand Chien, *Procion* du petit Chien, *Acarnor* de l'Eridan, *Canopus* du navire Argos, ϐ du navire Argos, le *Pied* du Centaure, la *Jambe* du Centaure, le *Pied* de la Croix, l'*Œil* du Paon. Les ſept dernières *étoiles* ne ſont pas viſibles ſur notre horizon.

On remarque dans les *étoiles* ſix ſortes de mouvemens, dont aucun n'eſt réel : 1°. leur *mouvement journalier*, par lequel toutes les *étoiles* paroiſſent faire un tour entier, d'orient en occident, autour des pôles de l'équateur céleſte, dans l'eſpace de 23 heures 56 minutes 4 ſecondes; l'apparence de ce mouvement eſt cauſée par la rotation de la terre; 2°. leur *mouvement annuel*, par lequel toutes les *étoiles* paroiſſent faire un tour entier, d'orient en occident, autour des pôles de l'équateur céleſte, dans l'eſpace de 365 jours 6 heures 9 minutes 10 ſecondes 10 tierces; l'apparence de ce mouvement eſt occaſionné par la tranſlation annuelle de la terre autour du ſoleil (*voyez* ANN. ESIDERALE); 3°. leur *mouvement rétrograde*, dont la révolution eſt de 25,868 ans, cauſé par la rétrogradation des points équinoxiaux (*voyez* PRECESSION DES EQUINOXES); 4°. leur *changement général de latitude*, occaſionné par la variation de l'obliquité de l'écliptique (*voyez* OBLIQUITÉ DE L'ECLITIQUE); 5°. courbe qu'elles décrivent annuellement dans le ciel, & dont le grand diamètre eſt de 40 ſecondes environ (*voyez* ABERRATION); 6°. enfin, déviation ou léger balancement des *étoiles*, qui a lieu dans les mouvemens

de l'équateur ſur l'écliptique, & dont la péripétie paroît être abſolument ſemblable à celle des nœuds de l'orbe lunaire. *Voyez* NUTATION.

Tout fait croire que les *étoiles* ſont des aſtres lumineux par eux-mêmes; leur ſcintillation en eſt une preuve. (*Voyez* SCINTILLATION.) Aucune planète ne jouit de la même propriété. Quoique les *étoiles* ſoient à une diſtance de la terre infiniment plus grande qu'aucune planète, cependant leur lumière eſt beaucoup plus vive & plus brillante; ce qui fait préſumer que les *étoiles* ſont elles-mêmes des ſoleils, & qu'il eſt très-probable qu'elles éclairent des planètes qui font leur révolution autour d'elles. *Voyez* PLURALITE DES MONDES.

ÉTOILES. (Aberration des). Mouvement circulaire, parallèle à l'écliptique, que les *étoiles* paroiſſent décrire chaque année, & dont le demi-diamètre du cercle, vu du centre de la terre, ſoutient un angle de 125″ décimales. *Voyez* ABERRATION DES ETOILES.

ÉTOILES CHANGEANTES. *Étoiles* dont la lumière éprouve des variations, ſoit en plus, ſoit en moins.

Quelques *étoiles*, comme ϐ de la Baleine, deviennent de plus en plus brillantes; d'autres, comme δ de la grande Ourſe, perdent peu à peu de leur lumière. On en a vu (dit Laplace) (1) ſe montrer preſque tout-à-coup, & diſparoître après avoir brillé du plus vif éclat : telle fut la fameuſe *étoile* obſervée en 1592, dans la conſtellation de Caſſiopée. En peu de temps elle ſurpaſſa la clarté des plus belles *étoiles*, & de Jupiter même : ſa lumière s'affoiblit enſuite, & diſparut ſeize mois après ſa découverte, ſans avoir changé de place dans le ciel. Sa couleur éprouva des variations conſidérables : elle fut d'abord d'un blanc éclatant, enſuite d'un jaune rougeâtre, & enfin d'un blanc-plombé. Une autre *étoile* qui parut tout-à-coup en 1604, dans la conſtellation du Serpentaire, éprouva des variations analogues, & diſparut de même après quelques mois. On peut ſoupçonner avec vraiſemblance, que de grands incendies, occaſionnés par des cauſes extraordinaires, ont eu lieu à la ſurface de ces *étoiles*; & ce ſoupçon ſe confirme par le changement de leur couleur, analogue à celui que nous offrent, ſur la terre, les corps que nous voyons s'enflammer & s'éteindre.

D'autres *étoiles*, ſans diſparoître entièrement, offrent des variations non moins ſingulières. Leur lumière augmente & décroît tour à tour par des périodes réglées : telles ſont l'*étoile* Algal, qui a une période d'environ trois jours; δ de Céphée, qui en a une de cinq; ϐ de la Lyre, de ſix; « d'Antinoüs, de ſept; ο de la Baleine, de 334; & d'autres encore.

_____

(1) *Expoſition du Syſtème des mondes*, chap. 13.

On a donné plusieurs explications de ce changement périodique : 1°. on a supposé que les étoiles sont de véritables soleils qui tournent autour d'un axe, mais dont la surface est parsemée de taches obscures qui se présentent à nous dans certains temps, par l'effet de la rotation ; 2°. on suppose que ces étoiles ont une forme extrêmement aplatie, qui les rend plus lumineuses sous certains aspects ; 3°. on suppose que de grands corps opaques circulant autour de ces étoiles, nous interceptent parfois leur lumière & les éclipsent périodiquement, &c.

ÉTOILES (Distance des). L'expérience ne pouvant assigner une parallaxe sensible aux étoiles, les a fait juger être à une distance prodigieuse, & dont il est difficile de se former une idée.

Piazzi à Palerme & Cælandrelli à Rome ont annoncé avoir trouvé, à Syrius de la Lyre, une parallaxe simple de 5″, ce qui porteroit leur distance à 14 cent millions de lieues ; mais ce résultat n'a pas été vérifié.

Si les étoiles les plus brillantes avoient seulement une parallaxe d'une seconde, leur distance de la terre seroit 206,264 fois plus grande que celle du soleil, & la lumière nous parviendroit en 3 ans au moins. Herschell suppose qu'elle nous vient de Syrius en 6 ans 4 mois & demi ; & comme il a observé des étoiles qu'il place dans la 1342°. grandeur, la lumière mettroit plus de deux millions d'années à parvenir de ces étoiles à la terre. Si l'on vouloit juger de l'ancienneté du monde d'après le temps que la lumière des étoiles les plus éloignées doit avoir mis pour nous parvenir, quelle prodigieuse antiquité seroit-on obligé de donner à la terre ! Voyez ÉTOILES.

ÉTOILES DOUBLES. Réunion de deux étoiles que l'on distingue avec un bon télescope ; & qui sont tellement rapprochées, qu'on les confond à la vue simple.

Ces sortes d'étoiles n'ont pu être distinguées que depuis l'invention des télescopes ; les premières que l'on aperçut surprirent beaucoup ; mais bientôt on remarqua qu'il y en avoit en grand nombre. En 1782, Herschell donna, dans les Transactions philosophiques, un catalogue de 269 étoiles doubles, triples, quadruples, quintuples, sextuples : il annonça, en 1783, que le nombre de celles qu'il avoit distinguées montoit déjà à plus de quatre cents.

Grischow soupçonna, en 1748, que les étoiles pouvoient avoir un mouvement d'après lequel les plus petites tournoient autour des plus grosses. Mayer fit la même remarque en 1783. Enfin, Herschell a fait imprimer un Mémoire (1) dans lequel il rapporte un grand nombre d'observations qui prouvent que, dans plusieurs étoiles doubles, les petites étoiles ont un mouvement autour des grandes. Ainsi, d'après ses observations, il conclut que les deux étoiles qui constituent α des Gémeaux, tournent autour de leur centre de gravité commun, dans une période de 342 ans deux mois ; que les deux étoiles qui composent γ de la Vierge, tournent l'une autour de l'autre dans une période de 708 ans ; enfin, que l'étoile double δ du Serpent, présente le phénomène de l'occultation d'une étoile par l'autre.

ÉTOILES FIXES. Étoiles que l'on suppose sans mouvement. Voyez ÉTOILES.

On leur a donné le nom d'étoiles fixes, pour les distinguer des planètes & des comètes, que l'on nommoit étoiles errantes. On distingue facilement les premières à la vue simple, parce qu'elles conservent constamment leur même position les unes à l'égard des autres, & les secondes changent continuellement de place parmi les étoiles.

ÉTOILES (Formes apparentes des). Forme lumineuse sous laquelle les étoiles apparoissent.

Regardée à la vue simple, la forme apparente des étoiles est celle d'un point lumineux d'où part un nombre plus ou moins grand de rayons divergens ; le nombre & la disposition de ces rayons varient pour chaque individu : quelques-uns ne voient que quatre rayons, d'autres cinq, six, &c. ; mais on observe constamment que deux des rayons sont dans une direction parallèle au grand axe des paupières, ou à la ligne menée de l'un à l'autre des angles de l'œil.

Hassenfratz a fait un grand nombre d'observations sur cette forme rayonnante de la lumière des étoiles, & il a prouvé (1) que ce rayonnement est occasionné par une irrégularité dans le cristallin & dans la cornée, & que les différentes formes que chacun distingue dans ces étoiles, proviennent principalement des différences qui se trouvent dans le cristallin & la cornée de chaque œil.

ÉTOILES NÉBULEUSES ; stellæ nebulosæ ; nebel sterne. Étoiles qui paroissent à l'œil nu comme si elles étoient environnées d'un petit nuage, & qui laissent souvent distinguer, avec une lunette, un amas de plusieurs étoiles.

On a observé trois sortes d'étoiles nébuleuses ; quelques-unes paroissent simples & comme cachées dans des brouillards ; d'autres présentent un amas, une réunion d'une grande quantité de très-petites étoiles ; d'autres enfin se présentent comme une masse lumineuse & sans forme déterminée.

Plusieurs de ces étoiles nébuleuses sont connues depuis long-temps ; mais depuis l'usage des téles-

---

(1) Transactions philosophiques, 1804, part. II.

(1) Annales de Chimie, tome LXXII, page 5.

copes, leur nombre a été confidérablement augmenté. Galilée, Maraldi, Lahire, en ont découvert plufieurs. On en indique 75 dans l'*Annuaire de Berlin* pour 1779; elles ont été en partie découvertes par Bode; mais Herfchell ayant examiné le ciel avec des inftrumens plus parfaits, en comptoit, en 1785, plus de douze cents.

Les *étoiles* que l'on diftingue dans plufieurs de ces nébuleufes, ont fait confidérer celles-ci comme des amas d'*étoiles* que l'on ne peut apercevoir, à caufe de leur grande diftance & de leur petiteffe apparente; cependant Herfchell croit qu'il exifte une matière nébuleufe qui produit la lumière (1); que cette matière fe trouve dans différens états. Lorfqu'elle eft diffufe, elle conftitue ces nébulofités plus ou moins étendues qui préfentent différentes figures. La matière nébuleufe fe condenfant, forme les noyaux plus ou moins brillans que l'on aperçoit dans les nébulofités, les chevelures, les *étoiles*, les comètes & même les planètes. *Voyez* NÉBULEUSES, NÉBULOSITE.

ÉTOILES POLAIRES; ftellæ navigatoriæ polaris; polar-leit-ftern. *Étoiles* que l'on fuppofe placées au pôle du monde, & dans la direction de l'axe de la terre.

Il devroit donc y avoir deux *étoiles polaires*, l'une l'*étoile polaire boréale*, l'autre l'*étoile polaire auftrale*.

L'*étoile polaire boréale*, que l'on nomme plus ordinairement *la polaire*, eft placée à l'extrémité de la queue de la petite Ourfe; c'eft une *étoile* de la deuxième grandeur, dont on peut facilement déterminer la pofition à l'aide de la conftellation de la grande Ourfe, connue vulgairement fous le nom du *Chariot de David*. Le groupe que l'on diftingue le plus facilement dans cette conftellation eft compofé de fept *étoiles* ABCD, *fig.* 804. Si l'on fuppofe une droite BA, paffant par les deux *étoiles* B, A de la conftellation, cette droite, en fe prolongeant, rencontre l'*étoile* P de la queue de la petite Ourfe *a b c d*, & cette *étoile* eft la polaire:

Quelques aftronomes anciens ont cru que la polaire étoit placée exactement au pôle boréal du monde; c'eft une erreur; cette *étoile* a toujours été plus ou moins éloignée de ce pôle. D'abord, elle eft diftante du pôle de l'écliptique de 23° 5' ½; l'écliptique ayant une inclinaifon de 23° 28' fur l'équateur, il s'enfuit que, dans fon plus grand rapprochement, la polaire doit être éloignée de 27' ½ du pôle; enfuite le mouvement des pôles du monde autour du pôle de l'écliptique, écarte & rapproche continuellement l'*étoile polaire* du pôle. Tycho-Brahé l'obferva en 1757, à 2° 58' 8'' du pôle; Riccioli, en 1680, à 2° 30' 3''; Maraldi, en 1732, à 2° 7' 9''; Bofe, en 1780, à 1° 52' 11'';

enfin, l'an 2100, elle fera à fa plus petite diftance du pôle.

On fe fert de l'*étoile polaire* pour déterminer la direction du méridien. Pour cela, on prend fa direction à douze heures d'intervalle, & l'on divife en deux parties l'angle que forment les deux directions: la droite qui divife cet angle eft exactement dans le plan du méridien. *Voy.* POLAIRE, MERIDIENNE.

ÉTOILES (Rotation des) Mouvement que les *étoiles* ont fur un axe déterminé.

Herfchell, en examinant les *étoiles* avec fes excellens télefcopes (1), remarqua que plufieurs d'entr'elles avoient un éclat variable, dont le maximum & le minimum arrivoient régulièrement après une période déterminée. S'étant affuré que cette période étoit conftante pour chaque *étoile*, il crut devoir l'attribuer à un mouvement de rotation qui leur eft particulier. C'eft ainfi qu'il trouva pour la durée de la rotation de

Algal.	3 jours.
β de la Lyre.	5
δ de Céphée.	6
η d'Antinoüs.	7
α d'Hercule.	60 ¼
ο de la Baleine.	341
La changeante de l'Hydre. . .	394
Celle du col du Cygne.	497

ÉTOILES SIMPLES. *Étoiles* qui ne laiffent apercevoir qu'un feul point lumineux. On les nomme *fimples*, pour les diftinguer des *étoiles multiples*, qui font en grand nombre, ainfi que des *étoiles nébuleufes*. *Voyez* ÉTOILES DOUBLES, ÉTOILES NÉBULEUSES.

ÉTOILES (Scintillation des). Mouvement de vibration dans la lumière des *étoiles*, qui feroit croire qu'elles lancent fucceffivement des molécules qui s'échappent à de très-courts intervalles. *Voyez* SCINTILLATION DES ETOILES.

ÉTOILES TOMBANTES; ftella tranfvolans; ftern. fchnuppeis. Météore enflammé, qui paroît ordinairement fous la forme d'un petit globe de feu qui répand une lumière affez vive, à peu près femblable à celle d'une *étoile*, qu'on voit fouvent rouler dans l'atmofphère, & qui tombe quelquefois jufqu'à terre: ces *étoiles* font accompagnées d'une traînée de lumière.

Ce phénomène fe fait ordinairement remarquer dans le printemps & dans l'automne, mais furtout pendant la nuit; cependant Bernier & Gaffendi difent en avoir obfervé pendant le jour. Mufchenbroeck affure que ce phénomène s'obferve en Hollande, dans le mois d'août, & Krafft en a vu à

---

(1) *Tranfactions philofophiques*, année 1811. — *Journal de Phyfique*, année 1812, tome II, page 121.

(1) *Tranfactions philofophiques*, année 1776, part. H.

Pétersbourg le 25 novembre, par un froid de
0 degré; & dans ces derniers temps, on en a obfervé un nombre infini dans toutes les faisons de
l'année & dans tous les états du ciel.

On ignore encore la caufe de ce phénomène,
quoique plufieurs phyficiens aient cherché à l'expliquer.

Fludd & Bruffée difent que l'on trouve fur les
endroits de la terre où ces *étoiles* font tombées, une
matière tenace, glutineufe, d'un blanc tirant fur
le jaune, parfemée de petites taches noires.

Manzelius ayant confervé de cette matière dans
une carte, trouva que, lorfqu'elle eut perdu fon
humidité, elle s'endurcit comme un cheveu.

Sigibert rapporte dans fa Chronique, que plufieurs *étoiles* tombèrent en même temps du ciel;
qu'il s'en trouva une parmi elles qui étoit extrêmement grande; & qu'ayant remarqué l'endroit
où elles étoient tombées, il s'élevoit de cet endroit une fumée qui étoit accompagnée d'un bruit
femblable à celui d'une ébullition, lorfqu'on l'ar-
rofoit avec de l'eau.

Patrice rapporte qu'il en tomba une devant lui
dans l'île de Chypre, mais qui ne donna aucun
figne d'être brûlante.

Morton & Merette s'efforcent de prouver que
cette matière vifqueufe n'eft autre chofe que les
excrémens de quelques oifeaux, & que ces excrémens étoient des inteftins de grenouilles qu'ils
n'avoient pas digérés.

Beccaria raconte, dans fes *Lettres fur l'Electricité*, qu'étant un jour affis en plein air avec un
ami, une heure après le coucher du foleil, ils
virent une de ces *étoiles tombantes* qui dirigeoit fa
courfe vers eux, & qui groffiffoit à vue d'œil à
mefure qu'elle approchoit d'eux, jufqu'au moment
où elle difparut à peu de diftance de l'endroit où
ils étoient. Leurs vifages, leurs mains & leurs habits, ainfi que la terre & tous les objets voifins
furent alors illuminés d'une manière diffufe & légère; tout fe fit fans aucun bruit. Ayant eu peur,
ils fe levèrent, fe regardèrent l'un l'autre, furpris
de ce phénomène; un domeftique accourut à eux
d'un jardin voifin, & leur demanda s'ils n'avoient
rien vu; que pour lui il avoit aperçu briller une
lumière fubite, principalement fur l'eau dont il
fe fervoit pour arrofer.

Gillet-Laumond a raconté plufieurs fois, qu'allant un foir de Paris à Laumond, près de la forêt de Montmorency, il vit tomber une *étoile*; que
fe transportant fur l'endroit où elle étoit tombée,
il ramaffa, malgré l'obfcurité, un corps folide &
encore chaud, qui avoit l'apparence d'une matière
combuftible, & qu'il dépofa ce morceau précieux
dans fon cabinet.

Quelques phyficiens, d'après l'obfervation de
Beccaria, crurent devoir regaᵗᵉᵣ les *étoiles tombantes* comme des phénomènes électriques; d'autres, d'après les obfervations de Sigibert & Gil-

let-Laumond, les regardèrent comme des uranolites. *Voyez* ce mot.

Farcy attribue également ces phénomènes à
l'électricité; mais il fuppofe qu'ils font occafionnés par un nombre prefqu'infini de *fatellitules*, ou
de très-petites lunes qui tournent continuellement autour de la terre dans toutes les directions
poffibles, & qui ne font vifibles que dans de très-
courts intervalles, dans lefquels ils atteignent
la partie fupérieure de l'atmofphère dans chacun
de leurs périgées, & qu'il y a une gradation non
interrompue dans la férie des phénomènes qui, à
mefure que ces corps plongent de plus en plus
dans l'atmofphère, les rendent plus brillans, ra-
lentiffent leur marche, & fe préfentent enfin fous
l'apparence des plus grands météores.

Monge explique ainfi le phénomène des *étoiles
tombantes*. Parmi les corps nombreux que la lune
lance de fa furface, quelques-uns parviennent jufque dans l'atmofphère terreftre. En traverfant
avec une grande viteffe la maffe d'air qui la compofe, ces corps s'échauffent, rougiffent; les matières combuftibles qui font à leur furface s'enflamment & produifent une lumière plus ou moins
vive : le verre fondu, recouvrant la matière combuftible, la combuftion ceffe, ainfi que la lumière
qu'elle a produite, & le corps tombe. Si les corps
font gros & nombreux, ce font des uranolites;
s'ils font petits & ifolés, ce font des *étoiles tombantes*.

Il eft extrêmement probable que plufieurs uranolites ont préfenté le fpectacle d'*étoiles tombantes*, & ont pu être confondues avec elles; mais
toutes les *étoiles tombantes* font-elles des uranolites? C'eft une queftion qui n'eft pas encore décidée.

ÉTRIER; *ftapea*; *fteigbuger*; f. m. Petit os c
fig. 442, qui eft dans l'oreille intérieure. Il eft
ainfi nommé à caufe de fa figure triangulaire, femblable à peu près à celle des anciens *étriers*. *Voy.*
Caiſse du tambour, Oreille.

L'étrier a une bafe ovale & deux branches
qui fe réuniffent pour former fa tête. Cette tête a,
dans fa partie fupérieure, une cavité fuperficielle,
propre à recevoir une des convexités de l'os orbiculaire. (*Voyez* ce mot.) Les hanches font un
peu creufées dans leur face interne; & c'eft dans
ces rainures que s'attache une membrane très-
mince, qui ferme l'efpace que ces branches laiffent entr'elles. La bafe de l'*étrier* fert à fermer la
fenêtre ovale. *Voyez* ce mot.

EUCLASE, de εὖ, *facile*; κλάσω, *brifer*. Pierre
d'un vert très-leger, parfaitement diaphane, &
fufceptible d'un beau poli.

Cette pierre a été apportée du Pérou par Bom-
bay, & elle a été ainfi nommée par Haüy, à
caufe de la fingulière facilité avec laquelle elle fe
divife en lames.

EUCHLORINE. Combinaison du chlore avec l'oxigène. *Voyez* CHLORINE OXIGÉNÉE, ACIDE MURIATIQUE SUR-OXIGÈNE, OXIDE DE CHLORE.

EUDIOMÈTRE, de ευδιος, *serein;* μετρον, *mesure;* eudiometrum; *l ff güte messer;* eudiometer; f. m. Instrument destiné à mesurer la pureté de l'air.

Ces sortes d'instrumens diffèrent beaucoup les uns des autres, soit relativement aux substances employées pour déterminer la pureté de l'air, soit relativement aux méthodes que l'on croit les plus propres à faciliter les mélanges & à mesurer les absorptions.

Assez généralement, on mesure la pureté de l'air en absorbant l'oxigène qu'il contient, & l'on estime l'air le plus pur, celui qui contient le plus d'oxigène; cependant les airs délétères, ceux qui contiennent le germe des maladies pestilentielles, contiennent ordinairement la même proportion d'oxigène que l'air le plus pur.

On peut diviser les *eudiomètres* en deux classes : 1°. ceux que l'on emploie pour mesurer la pureté de l'air à l'aide des gaz : tels sont les *eudiomètres* à gaz nitreux de Priestley, Fontana, Landriani, Cavendish; Ingenhousz, &c.; l'*eudiomètre* à gaz hydrogène de Volta; 2°. ceux dans lesquels on se sert de solides & de liquides pour absorber le gaz oxigène : tels sont celui de Scheèle, dans lequel on fait usage de sulfure alcalin; celui de Marti, dans lequel on emploie les sulfures hydrogénés; ceux d'Achard, Reboul, Seguin & Lavoisier, dans lesquels on brûle du phosphore; ceux de Davy & de Pépis, dans lesquels on absorbe l'air avec des sulfates ou des muriates imprégnés de gaz nitreux.

EUDIOMÈTRE A GAZ HYDROGÈNE. Instrument avec lequel on mesure la pureté de l'air, en brûlant avec de l'hydrogène l'oxigène qu'il contient. *Voyez* EUDIOMÈTRE DE VOLTA.

EUDIOMÈTRE A GAZ NITREUX. Instrument avec lequel on mesure la pureté de l'air en le mélangeant avec du gaz nitreux.

Hales avoit observé dans sa *Statique des végétaux,* qu'en dissolvant des pyrites de Walton avec l'acide nitrique, on obtenoit un air, lequel, mêlé avec l'air ordinaire, le rougissoit d'abord, puis diminuoit le volume de celui-ci. Cette expérience, qui n'étoit qu'une confirmation de celle de Mayow, servit à Priestley & à Cawendish pour mesurer la pureté des différens airs.

L'*eudiomètre* dont on fait usage est un vase rempli d'eau, dans lequel on met, avec des mesures fixes, une quantité donnée de gaz nitreux & de l'air que l'on veut éprouver : le gaz nitreux se porte sur l'oxigène de l'air, se combine avec lui, forme de l'acide nitrique qui se dissout dans l'eau, & l'azote ou les autres gaz non miscibles à l'eau restent. On fait passer l'air restant dans un tube

gardué, & par la mesure qu'il indique, on conclut celle des deux airs absorbés.

Pour déterminer la quantité d'air pur, ou de gaz oxigène contenu dans l'air essayé, il faut connoître, par des expériences préliminaires, quelles sont les proportions de gaz nitreux & oxigène qui se combinent pour former l'acide nitrique. On trouve par l'expérience, que, lorsque le gaz nitreux est en excès, une partie d'oxigène se combine à trois parties de gaz nitreux pour former de l'acide nitreux. Ainsi, lorsque l'on connoît la somme des deux gaz qui se combinent pour former l'acide nitrique absorbé par l'eau, il est facile de déterminer la quantité de gaz oxigène que l'air contient. Soit $n = $ la diminution de volume des deux gaz, & x la quantité de gaz oxigène absorbé, on a :

$$4 : 1 = n : x \; : \text{ donc } x = \frac{n}{4}$$

Mais cette détermination suppose que l'eau n'a pas absorbé de gaz nitreux, qu'il ne s'est pas dégagé d'eau de l'air, & que le gaz acide nitreux que l'on obtient est constamment le même; ce que l'expérience est loin de confirmer. Tous les gaz obtenus contiennent des proportions différentes de gaz azote : la proportion de ce dernier gaz est d'autant plus grande, que la dissolution a été plus rapide & que l'acide employé étoit plus concentré. Humboldt invite à employer de l'acide nitrique à 1,170 de pesanteur spécifique, lorsque l'on veut obtenir du gaz nitreux pur.

D'après les expériences de Priestley, qui lui ont appris que le sulfate de fer absorbe le gaz nitreux, Humboldt proposa d'essayer, par le sulfate de fer, le gaz nitreux que l'on veut employer, & de faire abstraction, dans le résultat que l'on obtient, de la quantité de gaz azote qui pourroit être contenue dans le gaz nitreux.

Berthollet & Davy, ayant trouvé que le sulfate de fer décompose une quantité de gaz nitreux; ce qui met du gaz azote en liberté, il s'ensuit que l'épreuve de Humboldt ne donne pas un résultat assez exact, & que les expériences eudiométriques, à l'aide du gaz nitreux, sont sujettes à beaucoup d'erreurs.

EUDIOMÈTRE A PHOSPHORE. Instrument dans lequel on absorbe le gaz oxigène par la combustion du phosphore.

Achard paroît avoir employé le premier la combustion du phosphore comme moyen *eudiométrique.* Reboul, Seguin, Lavoisier, Berthollet, Guyton, ont employé le même moyen & ont perfectionné cet *eudiomètre.*

En exposant du phosphore à l'action de l'air atmosphérique & l'échauffant un peu, ce combustible se combine à l'oxigène de l'air, entre en combustion & absorbe ce gaz. Il semble donc qu'il suffit de connoître la diminution du volume de l'air pour déterminer la quantité d'oxigène qu'il contenoit; mais le gaz azote contenu dans l'air atmosphérique que l'on essaie, ayant la propriété de se combiner avec le phosphore, le volume du gaz restant s'en trouve augmenté. Berthollet s'est assuré que le volume du gaz azote augmente de ⅛ en se saturant de phosphore: d'où il suit que si l'on veut déterminer, par le résidu, la quantité d'oxigène absorbée, il faut déduire du résidu ⅛ de son volume.

Cet *eudiomètre* consiste en un tube de verre étroit, AB, *fig.* 805, fermé à une de ses extrémités B; on y introduit un petit cylindre de verre, au bout duquel est attaché un morceau de phosphore P; on place ensuite le tube sur l'eau. Il se forme des vapeurs blanches d'acide phosphoreux, jusqu'à ce que tout l'oxigène soit combiné avec le phosphore. L'eau dissout l'acide phosphoreux, monte dans le tube, & le résidu au-dessus de l'eau est du gaz azote phosphoré.

EUDIOMÈTRE A SEL SATURÉ DE GAZ NITREUX. Instrument dans lequel on expose, à l'action du sulfate ou du muriate de fer saturé de gaz nitreux, l'air dont on veut mesurer la pureté. *Voyez* EUDIOMÈTRE DE DAVY, EUDIOMÈTRE DE PÉPIS.

EUDIOMÈTRE A SULFURE. Instrument propre à mesurer la pureté de l'air, à l'aide du sulfure qui absorbe l'oxigène qu'il contient.

Scheèle a eu le premier l'idée d'exposer, dans un vase, l'air atmosphérique à l'action d'un mélange de soufre & de fer suffisamment arrosé; ce mélange absorbe lentement l'oxigène; l'eau sur laquelle est le vase, monte dans son intérieur pour remplir le vide. Dès que l'eau ne monte plus, on mesure la quantité d'air restée, & on conclut la quantité d'oxigène par celle de l'air absorbé.

Le gaz hydrogène qui se dégage de ce mélange par la décomposition de l'eau sur le fer, a déterminé Demarti à employer les sulfures hydrogénés au lieu du mélange de fer & de soufre; mais d'après les expériences de Humboldt & Gay-Lussac, ces sulfures absorbent du gaz azote, & d'après Kirwan & Austin, il se forme un peu d'ammoniaque pendant l'action des sulfures sur l'air: d'où il peut résulter une diminution plus considérable du volume d'air. C'est à cette absorption que Berthollet attribue la grande quantité d'oxigène que Scheèle a trouvée dans l'air.

EUDIOMÈTRE DE DAVY. Instrument destiné à mesurer la pureté de l'air par le moyen du sulfate de fer imprégné de gaz nitreux (1).

Cet appareil se compose d'un flacon pour con-

tenir la liqueur, & d'un petit tube, plus large à l'extrémité ouverte, & dont la capacité soit divisée en cent parties.

On remplit ce tube de l'air qu'on veut éprouver; on le plonge dans la dissolution, & l'on agite doucement, en le tenant perpendiculairement, pour hâter l'absorption: la totalité de l'oxigène est condensée en quelques minutes.

La dissolution de muriate vert, ainsi imprégnée, opère encore plus rapidement que celle du sulfate. Si l'on ne pouvoit se procurer ces sels parfaitement purs, on pourroit employer le sulfate de fer ordinaire. Une dissolution modérément imprégnée est capable de prendre cinq à six fois son volume d'oxigène; mais on ne doit jamais la faire servir plus d'une fois.

EUDIOMÈTRE DE GATTEY. Appareil avec lequel on mesure la pureté de l'air par le gaz nitreux.

Cet appareil (1) se compose d'un tube recourbé ABC, *fig.* 806, placé sur une planche; la branche AB, par laquelle on introduit l'eau, est plus longue que la branche BC, qui se ferme par le moyen d'un disque D, que l'on comprime fortement à l'aide d'une vis V; celle-ci est divisée exactement. Le tube BC se prolonge en E, où il se termine par un pas de vis; un autre FG, fermé par deux robinets, se place à frottement dans un flacon H, rempli de gaz nitreux, & se visse par la partie supérieure avec le tube BC. Pour se servir de cet instrument, on adapte le flacon au tube BC; on ôte le disque D, on ferme le robinet G, on verse de l'eau dans le tube A: celle-ci remplit le tube EFG, & monte dans le tube BC, jusqu'à ce qu'elle soit arrivée à une division déterminée: alors on ferme ce tube avec le disque D, que l'on comprime fortement. On ferme le robinet F, on ouvre le robinet G; l'eau comprise entre FG tombe dans le flacon, du gaz nitreux le remplace; on ferme le robinet G, on ouvre le robinet F; la mesure de gaz nitreux contenue entre GF monte dans le tube BC, se mêle à l'air qui est contenu dans la partie supérieure, & se combine avec l'oxigène pour former de l'acide nitrique. La combinaison faite, on juge, par le degré de réduction du volume primitif de l'air, quelle proportion d'oxigène il contenoit. *Voyez* EUDIOMÈTRE A GAZ NITREUX.

EUDIOMÈTRE DE LANDRIANI. Instrument employé par Landriani pour mesurer la pureté de l'air à l'aide du gaz nitreux.

Cet instrument consiste (2) en une bouteille AB, *fig.* 807, tubulée en A & en B: la tubulure A est garnie d'un goulot d'ivoire A, travaillé au dedans à vis: à l'autre tubulure est attaché un robinet BC, de la construction de M. Deluc: le cy-

(1) *Répertoire des Arts & Manufactures*, tome XV, page 170.

(1) *Journal de Physique*, année 1779, tome II, p. 136.
(2) *Ibid.*, année 1775, tome II, page 316.

lindre inférieur de ce robinet porte un tube de cristal C D, partagé en douze parties indiquées par l'échelle, au-dessous de laquelle on fixe le cylindre de laiton H L, qui contient un ressort spiral qui porte, en dehors, un coussin de maroquin rempli de cire molle : tout cet appareil est solidement fixé sur une table, au bas de laquelle est un petit réservoir de cristal E, qui peut hausser ou baisser au moyen de la vis G.

« Avec l'application forte de ce coussin, on ferme la bouche de la canne, & par le goulot A, on remplit d'eau la canne & la bouteille ; cela fait, on arrête le robinet N O au goulot, auquel est attachée une vessie chargée d'air nitreux, & en versant un peu d'eau dans le réservoir, de manière que la canne puisse tremper ; alors on débouche la canne en retirant le coussin, & tournant la clef du robinet N O, & en comprimant la vessie, on force l'air nitreux à entrer dans la bouteille, qui est aussitôt remplie d'air nitreux ; tournant la clef du robinet B C, on intercepte la communication de la canne C D, & on aura une bouteille d'air nitreux.

» Pour avoir une quantité constante de l'air dont on veut déterminer la salubrité, on abaisse le réservoir, en pratiquant au robinet B C un petit trou qu'on bouche avec de la cire, ou avec un bouchon d'ivoire ; cela sert à merveille quand on emploie un tube étroit.

» Cela fait, on mêle les deux airs en tournant la clef du robinet B C, & la diminution des deux airs, ou, pour mieux dire, de l'atmosphérique, est indiquée par la colonne d'eau qui monte dans le tube D C. »

EUDIOMÈTRE DE MAGELLAN.

Instrument imaginé par Magellan pour mesurer la pureté de l'air à l'aide du gaz nitreux.

Cet instrument se compose d'un flacon à trois tubulures A, fig. 808. Les deux tubulures supérieures B, C, reçoivent deux flacons égaux en volume ; l'un contient l'air à éprouver, l'autre du gaz nitreux : la troisième tubulure D reçoit un tube D E, dont le volume est égal à celui des deux flacons ; un disque E le bouche exactement dans sa partie supérieure. Une coulisse G se meut & s'abaisse le long du tube, divisé en parties égales.

Après avoir plongé l'eudiomètre dans l'eau & empli le flacon A & une partie du tube, on y adapte les deux flacons remplis des airs qu'ils doivent contenir, puis on remplit le tube d'eau & l'on bouche sa partie supérieure. On renverse l'appareil dans l'eau, comme on le voit dans la fig. 808 (a) ; les deux airs montent dans le flacon A, se mêlent ensemble & se combinent. Otant le disque qui couvre le tube, l'eau descend pour remplir l'espace vide : on marque l'abaissement avec l'index G ; on remplit de nouveau le tube, on le bouche ; on fait passer dans ce tube l'air restant,

contenu dans le flacon A ; on mesure son volume, & l'on conclut la quantité qui s'est combinée, donc la pureté de l'air.

EUDIOMÈTRE DE PEPIS.

Appareil imaginé par Pepis pour mesurer la pureté de l'air, à l'aide d'une dissolution de sulfate de fer saturée de gaz nitreux.

Cet appareil se compose (1) d'une mesure de verre M, fig. 809, divisée en cent parties, d'une bouteille de caoutchouc B, capable de contenir environ deux fois la mesure, & munie d'un tube de verre, recourbé S, bien attaché au col de la bouteille par plusieurs tours de fil ciré ; enfin, d'un tube de verre T, divisé en dixième des premières divisions, ou en millième de la mesure principale.

Le goulot de verre attaché au col de la bouteille B, a son bord extérieur usé à l'émeri, de manière à s'ajuster à l'orifice de la mesure ; & à l'extrémité inférieure du tube gradué T, s'adapte un petit robinet d'acier R, fixé au col d'une petite bouteille de caoutchouc, au moyen de quelques tours de fil ciré. L'autre extrémité du tube est conique, de manière à présenter un très-petit orifice.

« De plus, l'appareil est muni d'une espèce de réservoir mobile C, dans lequel le tube peut glisser aisément de haut en bas, de manière pourtant que l'eau, ou tel autre liquide que renfermeroit le réservoir, ne puisse s'échapper. On y parvient facilement à l'aide d'un bouchon de liége percé, au travers duquel passe le tube : lorsqu'on se sert de l'appareil, on remplit le réservoir d'eau ou de mercure, selon que l'expérience l'exige, & il devient alors un réservoir secondaire pour la mesure.

» On remplit la mesure avec le gaz ou l'air, à la manière ordinaire, en opérant sur le mercure, & on charge la bouteille de caoutchouc de la solution que l'on a intention d'employer comme réactif. On insère alors l'orifice S de la bouteille, sous le mercure, dans la bouteille de la mesure M, en l'enfonçant assez pour qu'elle joigne bien.

» La bouteille & la mesure étant ainsi réunies, on les tient un peu fortement ensemble à l'endroit de la jonction. Lorsqu'on comprime la bouteille, une portion du liquide monte dans la mesure, & le gaz éprouve un certain degré de compression qui contribue à accélérer l'action de l'affinité entre lui & le liquide. Lorsqu'on cesse de comprimer, la bouteille, en vertu de son électricité, reprend sa première forme & le liquide retourne dedans ; on doit continuer ce procédé pendant tout aussi long-temps qu'on remarque de l'absorption, ou une diminution de volume du gaz ainsi lavé. Quand l'absorption cesse, on sépare la bouteille de la mesure, toujours en opérant sur le mer-

---

(1) *Bibliothèque britannique*, tome XXXVIII, page 317.

curé ;

cure ; & pour déterminer avec précision la quantité absolue de l'absorption, on s'y prend de la manière suivante.

» Supposons que le fluide élastique à éprouver ait été l'air atmosphérique, & que, par conséquent, il ait laissé un résidu considérable ; notez d'abord les centièmes en nombres ronds ; alors, pour obtenir la connoissance des fractions, transportez la mesure dans le petit réservoir, dans lequel est placé le tube divisé, rempli de mercure ; faites glisser le tube au-dessus de la surface du fluide dans la mesure ; ouvrant ensuite le robinet, laissez descendre le mercure jusqu'à ce qu'il ait attiré le fluide dans la mesure, & cela jusqu'à une division juste ; alors fermez le robinet, & prenez note des centièmes sur la mesure & des millièmes sur le tube gradué : ces quantités réunies donneront la somme du gaz résidu. »

EUDIOMÈTRE DE REBOUL. Appareil imaginé par Reboul pour déterminer la pureté de l'air par la combustion du phosphore.

Cet appareil se compose (1) d'un petit matras de verre A, *fig.* 810, après lequel est soudé un tube de verre A B, terminé par un tube de fer C ; une vis en fer D le bouche hermétiquement : le tube du vase est gradué en centième partie de la capacité de la boule & du tube. On fait entrer de l'air dans l'*eudiomètre*, on le remplit entièrement, on introduit dans la boule un fragment de phosphore, & l'on ferme le tube avec la vis D : alors, à l'aide d'une bougie, on échauffe le phosphore ; celui-ci brûle en absorbant l'oxigène de l'air. Lorsque tout l'air pur a été absorbé par le phosphore, on introduit le tube de l'*eudiomètre* dans un cylindre de bois E, plein de mercure. La tête de la vis, qui doit être carrée, se place dans une ouverture carrée F, afin de pouvoir dévisser facilement en tournant le tube : le mercure pénètre dans le vide ; on descend le tube dans le cylindre, jusqu'à ce que le niveau du mercure intérieur soit à la hauteur du niveau extérieur, & l'on juge de la pureté par la quantité d'air absorbé indiquée par la graduation. Cette manière de mesurer la pureté de l'air a plusieurs inconvéniens. *Voy.* EUDIOMÈTRE A PHOSPHORE.

EUDIOMÈTRE DE SCHEÈLE. Instrument imaginé par Scheèle pour déterminer la pureté de l'air par un mélange de soufre & de fer imbibé d'eau.

L'*eudiomètre de Scheèle* se compose (2) d'un vase D, *fig.* 811 (b), rempli d'air, que l'on place sur une cuvette A A, pleine d'eau ; on introduit dans le vase un support B, sur lequel est placé un godet C, dans lequel on met un mélange d'une partie de soufre réduite en poudre très-fine, & deux parties de limaille de fer non rouillé, le tout bien imbibé

d'eau. Le vase B est divisé, dans sa partie inférieure E, en centième de son volume principal ; celui du support B & du vase c, rempli de soufre & de fer, étant retranché du tout : alors le mélange de soufre & de fer s'empare de l'oxigène de l'air, & l'on voit le volume de celui-ci diminuer graduellement. Lorsque la diminution cesse, on juge de la pureté de l'air par la proportion de celui qui a été absorbé. Cette méthode a plusieurs inconvéniens. *Voyez* EUDIOMÈTRE A SULFURE.

EUDIOMÈTRE DE SEGUIN. Tube de verre fermé hermétiquement dans sa partie supérieure ; on l'emplit de mercure ; on y introduit un peu de phosphore que l'on fait fondre contre les parois supérieures, puis on y introduit l'air que l'on veut essayer : le phosphore brûle en s'emparant de l'oxigène de l'air. On mesure le degré de pureté par la diminution que le volume de l'air a éprouvée. *Voyez* EUDIOMÈTRE A PHOSPHORE.

EUDIOMÈTRE DE SERVIÈRE. Appareil pour mesurer la pureté de l'air par le gaz nitreux. *Voy.* QUEYNOMÈTRE.

EUDIOMÈTRE DE VOLTA. Instrument imaginé par Volta pour déterminer la pureté de l'air à l'aide du gaz hydrogène.

C'est un tube de verre fort épais A, *fig.* 811, fermé à chaque extrémité par des disques métalliques. Dans la partie inférieure est un robinet P, qui établit une communication entre la pièce P & le tube A. Dans la partie supérieure est un robinet D, qui établit une communication entre le tube A & un tube plus petit F, terminé par une boule. Ce dernier tube se visse sur le tuyau du robinet D ; une capsule E, que l'on remplit d'eau, sert à faciliter le placement du tube F, plein d'eau, sur la vis du robinet D. G est un fil métallique isolé, avec lequel on peut exciter une étincelle dans l'intérieur du tube. Une mesure M sert à introduire le gaz dans le tube A. Les deux tubes A & F sont divisés, le premier en mesure M, le second en centièmes de cette mesure.

On emplit d'eau les deux tubes & le pied P ; on pose l'instrument sur une cuve pleine d'eau ; on introduit dans l'instrument deux mesures d'air atmosphérique & une mesure de gaz hydrogène ; on ferme les robinets & l'on excite une étincelle électrique dans le mélange des gaz. Alors on ouvre le robinet P, & l'eau monte pour remplir l'espace vide. On ferme ce robinet & l'on ouvre celui D ; l'eau du tube F tombe dans le tube A, & l'air monte : on mesure ainsi le volume d'air resté, d'où l'on conclut celui qui a été employé à former de l'eau. Comme deux parties de gaz hydrogène se combinent à une partie de gaz oxigène dans la composition de l'eau, on a cette proportion : trois parties du mélange sont, à une partie de gaz oxigène, comme la diminution du mé-

---

(1) *Annales de Chimie*, tome XIII, page 38.
(2) *Mémoires de Chimie* de Scheèle, part. 2, mém. 11,

lange dans l'*eudiomètre* est à la quantité d'air pur contenue dans les deux parties d'air atmosphérique.

Faisant $n =$ le volume de l'air absorbé, on a :

$$3 : 1 = n : x : \text{d'où } x = \frac{n}{3}.$$

Prenant la moitié de x, on a la proportion d'air pur contenue dans une mesure d'air atmosphérique.

Les expériences de Humboldt & Gay-Lussac démontrent que cet *eudiomètre* mérite la plus grande confiance.

Ces savans ont trouvé que, si le gaz oxigène surpasse certaines limites, l'inflammation n'est plus possible. Cent parties de gaz hydrogène, mêlées avec 200 jusqu'à 900 parties de gaz oxigène, donnent une absorption de 146. Si l'on mêle 100 parties de gaz hydrogène avec 950 parties de gaz oxigène, l'absorption n'est plus que de 68.

Enfin, si le gaz oxigène est à celui du gaz hydrogène comme 16 à 1, l'inflammation devient impossible. Lorsqu'on augmente la quantité du gaz hydrogène, les autres phénomènes ont lieu.

Le gaz azote, le gaz acide carbonique, ajoutés en grande quantité au mélange de gaz hydrogène & oxigène, produisent des effets semblables.

On peut donc apprécier, avec l'*eudiomètre de Volta*, toutes les proportions de gaz oxigène au-dessus de 0,003 du volume de la totalité de l'air, pourvu qu'on y ajoute une quantité suffisante de gaz.

Cet instrument peut également servir pour découvrir la plus petite quantité de gaz hydrogène mêlé à l'air.

Des circonstances particulières pouvant obliger d'analyser l'air sur le mercure, on y parvient en simplifiant l'*eudiomètre*. On se sert, pour cet effet, d'un tube de verre A, *fig.* 811 (*a*), très-épais; on le ferme par un bout avec un disque de fer B, terminé par une boule C de même métal. On emplit le tube de mercure, on le place sur un bain de mercure, & on introduit dans le tube l'air que l'on veut analyser, & le gaz hydrogène qui doit être employé à cet effet. On introduit dans le tube un fil de fer D, terminé par une petite boule que l'on approche de celle *a*, qui est fixée dans l'intérieur du tube; on excite une étincelle électrique, & l'on examine les effets de la combustion.

On trouve dans les *Annales de Chimie & de Physique*, tome IV, page 188, de nouveaux changemens exécutés à cet instrument par Gay-Lussac.

« Lorsqu'on se sert de l'*eudiomètre de Volta* pour l'analyse des mélanges ou composés gazeux, on a deux conditions à remplir : la première, que l'instrument soit fermé au moment de l'explosion, car autrement on courroit le risque de perdre du gaz; la seconde, qu'il ne puisse point se faire de vide dans l'instrument, parce qu'il se dégageroit de l'air, de l'eau, ce qui augmenteroit le rendu gazeux. L'*eudiomètre* dont nous allons donner la des-

cription, aux avantages dont nous venons de parler, réunit celui d'une très-grande simplicité, qui permet de le faire construire partout.

« *op*, *fig.* 816, est un tube de verre épais, fermé à sa partie supérieure par une virole *a b*, de laiton ou de tout autre métal, portant une boule intérieure *c*, opposée à une autre boule *d*, entre lesquelles doit passer l'étincelle électrique. La boule *d* est portée par un fil métallique *e f*, en spirale, maintenue à frottement dans un tube de verre. Cette disposition permet de rapprocher ou d'écarter à volonté les deux boules *c* & *d*, & elle est d'ailleurs extrêmement simple. L'extrémité inférieure de l'*eudiomètre* porte une virole *g h*, destinée à donner de la solidité à l'instrument. A cette virole est fixée, par une vis *q*, une plaque circulaire *i k*, mobile autour de la vis qui lui sert d'axe : elle porte à son centre une ouverture conique, formée par une soupape qui, lors de son mouvement, est maintenue par la tige *m n* : la petite goupille *n* fixe l'étendue de l'ascension de la soupape. Au moment de l'explosion, la soupape, percée de haut en bas, reste évidemment fermée; mais aussitôt qu'il se fait un vide dans l'*eudiomètre*, l'eau soulève la soupape & vient la remplir. Pour que la plaque *i k* ait plus de solidité, elle entre dans une petite échancrure *k*, pratiquée dans le prolongement *l* de la virole *g h*. La main en métal M, dont nous ne représentons ici qu'une partie, est destinée à fixer l'instrument lorsque l'on opère; elle est terminée par une virole brisée, que la vis V presse contre l'*eudiomètre*. C'est la commodité que nous avons reconnue, depuis plusieurs années, à cette construction, qui nous détermine à la recommander aux chimistes. »

EUDIOMÈTRE D'INGENHOUSS.

Instrument employé par Fontana & perfectionné par Ingenhouss pour mesurer la pureté de l'air par le gaz nitreux.

On trouve dans le *Journal de Physique* pour l'année 1785, tom. Ier., pag. 350, la description de cet instrument, qui est composé d'un tube A, *fig.* 812 (*a*), parfaitement calibré. Ce tube, qui ferme hermétiquement dans sa partie supérieure *a*, est terminé, à sa partie inférieure, par un cylindre de cuivre *b b'*, dont l'ouverture *d* est très-évasée. Ce tube est divisé en parties égales de la contenance d'une mesure C, *fig.* 812; un curseur de cuivre *c c*, sur lequel la longueur de la division du tube est subdivisée en cent parties égales, glisse le long du tube; un anneau *f f*, garni de trois tiges horizontales, sert à le suspendre dans un cylindre de cuivre B, que l'on emplit d'eau; enfin, la mesure C, *fig.* 812, composée d'une mesure de verre *a*, enchâssée dans un chaton *b b*, lequel contient une coulisse *c*, qui ouvre & ferme l'ouverture, complète l'instrument.

Pour éprouver l'air, on emplit d'eau le tube A. On y introduit une mesure de l'air que l'on veut éprouver & une mesure de gaz nitreux; cette quantité est suffisante pour de l'air atmosphérique ; on secoue légèrement le tube dans le baquet ; puis on l'introduit dans le cylindre de cuivre B ; on hausse ou baisse l'instrument de manière que le zéro de la division du curseur corresponde à la division du tube qui se trouve immédiatement en-dessus du niveau de l'eau dans le tube, & l'on regarde sur l'échelle du curseur à quelle division le niveau de l'eau correspond, ce qui donne la quantité d'absorption. Appliquant ensuite à cette absorption la formule indiquée au mot EUDIOMÈTRE A GAZ NITREUX, on détermine la pureté de l'air. (Voyez EUDIOMÈTRE A GAZ NITREUX) Si l'air est plus pur, & que l'absorption ne soit pas complète, on ajoute successivement de nouvelles mesures de gaz nitreux, jusqu'à ce qu'il n'y ait plus d'absorption.

Cette manière de déterminer la pureté de l'air a été attaquée par un grand nombre de physiciens, à cause des variations du gaz nitreux & de l'absorption de ce gaz par l'eau, lorsque l'on agite le mélange dans l'eau, comme le prescrit Ingenhousz. En effet, Ingenhousz a trouvé que l'absorption d'une mesure d'air commun, mélangée avec une mesure de gaz nitreux, étoit de 1,03, dont le quart seroit 0,256, tandis que, par le gaz hydrogène, la proportion est de 0,21.

Malgré cette irrégularité, Ingenhousz défend la méthode de Priestley & Fontana, & la regarde comme étant infiniment préférable à toutes celles qui existent. Il regarde aussi l'opération de secouer le tube, comme absolument nécessaire pour avoir le maximum d'absorption ; mais ce savant ignoroit que, par cette opération, il faisoit absorber 0,19 d'azote ; car l'expérience faite sans secousse donne 0,84 d'absorption.

EUDIOMÉTRIE ; eudiometria ; *eudiometrie* ; f. f. L'art d'analyser l'air atmosphérique & de déterminer la proportion d'air pur ou d'oxigène qu'il contient.

L'eudiométrie devroit avoir pour objet l'analyse exacte de tous les airs composés & de toutes les substances qu'ils contiennent ; mais on n'a considéré jusqu'à présent, sous le nom d'*eudiométrie*, que l'art de déterminer la portion de gaz oxigène contenue dans les airs que l'on veut essayer, quelquefois aussi la quantité de gaz hydrogène : les instrumens que l'on emploie pour cet objet se nomment *eudiomètres*. Voyez ce mot.

Quoique tous les agens qui sont propres à séparer le gaz oxigène des airs ou gaz qui en contiennent, puissent être employés avec plus ou moins de succès dans la recherche que l'on se propose, les chimistes n'ont cependant fait usage, jusqu'à présent, que de six réactifs : 1°. du gaz nitreux, deutoxide d'azote ; 2°. du gaz hydrogène ; 3°. du phosphore ; 4°. une combinaison de soufre & de fer ; 5°. des sulfures ; 6°. du muriate ou du sulfate de fer, saturé de gaz nitreux.

Tous les moyens *eudiométriques* donneroient les mêmes résultats si on les connoissoit tous également ; mais chacun présente des corrections qui sont plus ou moins difficiles à bien faire, & ce que l'on a dû se proposer, a été de choisir, parmi toutes les méthodes, celles dont les correctifs présentoient le moins de difficulté.

D'abord, le gaz nitreux paroissant le plus incertain, a été abandonné peu à peu, puis le mélange de soufre & de limaille de fer, enfin les sulfures alcalins & le phosphore. Il ne restoit que l'usage du gaz hydrogène qui a seul prévalu, jusqu'à ce que l'on eût proposé la combinaison du sulfate & du muriate de fer avec le gaz nitreux.

Ces deux derniers réactifs sont aujourd'hui ceux que l'on emploie le plus ordinairement, & cela jusqu'à ce que l'on ait trouvé des réactifs nouveaux, dont l'emploi soit très-facile, & dont les résultats soient plus rigoureux. Voyez les articles EUDIOMÈTRES DE VOLTA, DE DAVY, DE LEVIS.

Une remarque assez intéressante, c'est que, par les deux réactifs, le gaz hydrogène & les sulfates de fer saturés de gaz nitreux, on trouve que l'air atmosphérique présente peu de différence dans sa pureté, soit qu'on le puise dans les lieux très-habités, dans les villes les plus populeuses, dans les salles de spectacle, dans les plaines arides ou fertiles, sur le sommet des montagnes & dans les régions les plus élevées de l'atmosphère ; partout il contient 0,21 de gaz oxigène. L'air même le plus délétère ne présente pas de différence sensible.

EUGRAPHE, de ευ, bien ; γραφω, tracer. Chambre noire dans laquelle on redresse les objets à l'aide d'un second verre lenticulaire.

Dans les chambres noires ordinaires, la peinture des objets, au foyer d'un seul verre lenticulaire, est dans une position renversée. On redresse habituellement cette image à l'aide d'un miroir ; mais la peinture que l'on obtient par ce moyen se trouve encore inexacte, en ce que les côtés sont dans une situation opposée : le côté droit de l'objet est à gauche dans l'image, & le côté gauche est à droite.

On pourroit, pour redresser complétement l'image, employer, comme dans les lunettes terrestres, deux nouveaux verres lenticulaires, placés par-delà l'image (voyez LUNETTES TERRESTRES) ; mais cette multiplicité de verres absorbant une grande quantité de lumière, rendroit l'image obscure. On peut également n'employer qu'un seul verre, *fig.* 813, que l'on place à une distance telle, de la première image I, que les rayons, en sortant de ce verre, convergent à une distance D, où l'on reçoit la seconde image dans sa vraie position. Voyez CHAMBRE NOIRE.

Dans le *phantoscope* pour lequel M. Robertson a pris un brevet d'invention en 1799, l'objet *a*, *fig.* 817, envoie son image dans un prisme *b*. Cette image fe réfléchit & fort du prifme pour traverfer un verre lenticulaire c, & fe peindre fur un plan d dans fa pofition naturelle. *Voyez* PHANTOSCOPE.

EULER (Léonard), illuftre géomètre & favant phyficien, né à Bâle, le 15 avril 1707, & mort à Saint-Pétersbourg, le 7 feptembre 1785.

Fils de *Paul Euler*, pafteur de Riechen, il étudia les élémens de mathématique fous fon père, qui l'envoya terminer fes études à l'univerfité de Bâle, où il fe montra digne d'obtenir des leçons de Jean Bernouilli & l'amitié de fes fils, déjà les émules de leur père.

A dix-neuf ans il obtint l'*accefit* du prix propofé par l'Académie des Sciences de Paris, fur la mâture des vaiffeaux. Bouguer, qui remporta le prix, étoit un géomètre diftingué, qui profeffoit fur un port de mer, & qui poffédoit, fur la queftion à réfoudre, des connoiffances que le jeune Bâlois ne pouvoit réunir au même degré.

Appelé par Catherine Ire. avec les Bernouilli fes émules, pour former l'Académie de Péterfbourg, il obtint bientôt le titre de profeffeur de mathématiques. On peut dire, fans exagération, qu'il compofa plus de la moitié des Mémoires de ce genre dans les quarante-fix volumes que l'Académie publia depuis 1727 jufqu'en 1783.

Témoin de la révolution qui renverfa Biren en 1741, le gouvernement tyrannique de ce favori lui avoit infpiré une fi grande terreur, qu'il vint à Berlin, & qu'à fon arrivée il devint muet devant la Reine-mère, qui, defirant s'entretenir avec lui, l'encourageoit par un accueil bienveillant. Ne pouvant vaincre fa timidité, elle alla jufqu'à lui dire : « Pourquoi donc, M. *Euler*, ne voulez-vous pas me parler? Madame, répondit-il, parce que je viens d'un pays où, quand on parle, on eft pendu. »

Nous ne parlerons pas ici des nombreux travaux d'*Euler* en mathématiques. Il tenoit, dans cette divifion des connoiffances humaines, le premier rang avec Lagrange & d'Alembert. Nous ne ferons connoître que les fervices importans qu'il a rendus à la phyfique.

Un traité fort étendu fur la dioptrique, a été le fruit de fes recherches fur les moyens de perfectionner les lunettes, fujet dans lequel, pour fe diftinguer, il lui auroit fuffi de la part qu'il eut à l'invention des lunettes achromatiques. *Voyez* APPAREIL ACHROMATIQUE, LUNETTE ACHROMATIQUE.

Euler cultiva beaucoup la phyfique; mais il ici fa fupériorité l'abandonna fouvent. Il fembla quelquefois ne chercher que des occafions de calcul; & l'on a lieu d'être étonné que le géomètre qui a donné tant de preuves d'une grande force de tête, d'une fi longue patience, par les immenfes calculs qu'il a effectués, fe laiffe aller à des aperçus incomplets, embraffe, fans héfiter, des hypothèfes précaires. L'habitude de faire tout

avec leur tête & avec leur plume, rend les géomètres pareffeux d'entreprendre des expériences; d'ailleurs ils les font quelquefois très-mal, parce qu'ils n'ont pas appris à fe fervir des inftrumens qu'il faut employer. Il en eft plufieurs, parmi ceux qui occupent, comme *Euler*, le premier rang, qui préfèrent de s'en rapporter aux expériences des autres, particulièrement quand elles leur préfentent des moyens d'en déduire de belles lois, que fouvent les faits contredifent.

Daniel Bernouilli & Monge ont fuivi une marche bien différente de celle de beaucoup de jeunes géomètres de ce fiècle. Ils cherchèrent l'un & l'autre à faire expliquer la nature par des expériences ingénieufes, à deviner fon fecret par des conjectures fines, afin de fuppléer au calcul, qui ne peut que rarement démêler la complication du fujet fans y faire des reftrictions fautives.

Dans fes Lettres à une princeffe d'Allemagne (la princeffe d'Anhalt-Deffau, nièce du roi de Pruffe), il rend fenfible, par des figures, tout le mécanifme de la formation du fyllogifme; il attaque le fyftème des monades & de l'harmonie préétablie de Leibnitz; mais on ne voit pas, dans fes difcuffions, qu'il ait fait attention aux écrits des philofophes du dix-huitième fiècle, qui ont revendiqué avec tant de zèle & de fuccès les droits de la raifon contre l'empire des préjugés; on ne peut pas même le difculper des préventions injuftes à leur égard.

Euler étoit plein de vivacité; il avoit des faillies perpétuelles; & aimoit la plaifanterie. On ignore s'il faifoit cas des ouvrages d'efprit & de goût; on ne croit pas même qu'il fe foit plu à la repréfentation d'aucun fpectacle, excepté celui des marionnettes les plus abfurdes, auquel il couroit avec empreffement, & qui fixoit fon attention des heures entières, à le faire pâmer de rire.

Indépendamment de plufieurs Mémoires publiés dans les Académies de Péterfbourg, de Berlin, de France, &c., on diftingue parmi fes ouvrages fur la phyfique : 1°. *Differtatio phyfica de fono* : 2°. *Tentamen novæ theoriæ muficæ* ; 3°. *Penfées fur les élémens des corps* ; 4°. *Conftructio lentium objectivarum* ; 5°. *Lettres à une princeffe d'Allemagne, fur quelques fujets de phyfique & de phylofophie* ; 6°. *Dioptrica* ; &c.

EUSTACHE (Trompe d'). Conduit de l'oreille qui aboutit à la bouche. *Voyez* TROMPE D'EUSTACHE.

EUPHONIE, de ευ, *bien* ; φωνη, *voix* ; euphonia ; *euphoni* ; f. f. Son agréable d'une feule voix ou d'un feul inftrument bien touché. Il eft oppofé à *fymphonie*, qui fe dit du mélange de plufieurs voix ou de plufieurs inftrumens.

ÉVAPORATION; evaporatio; *ausduenftung*;

f. f. Réduction d'un liquide en vapeur par fa combinaison avec le calorique.

On distingue l'*évaporation* de la vaporisation, en ce que, dans le premier cas, le liquide fe réduit en vapeur par l'action du calorique & de l'air à la furface feulement, tandis que, dans le dernier, la vaporifation, l'action du calorique a lieu dans toute la maffe du liquide; la vapeur fe dégage du fein du liquide; fe foulève & produit une ébullition. *Voy.* EBULLITION, VAPORISATION.

Tous les liquides expofés à l'action de l'air s'évaporent; leur volume diminue : le liquide, réduit en particules imperceptibles, s'élève dans l'air & fe mêle ou fe combine avec lui. La quantité de liquide évaporé eft d'autant plus grande, toutes chofes égales d'ailleurs, que la furface libre du vafe eft plus confidérable : on peut conclure même, des expériences qui ont été faites, que la quantité de liquide évaporé eft proportionnelle à la furface du liquide expofé à l'action de l'air.

Il paroît que l'*évaporation* eft à peu près en raifon inverfe de la pefanteur fpécifique des liquides. Ainfi l'éther, qui eft le liquide le plus léger, eft celui qui eft le plus promptement évaporé, & le mercure, qui eft le plus pefant, s'évapore le moins promptement.

Les anciens philofophes attribuoient l'*évaporation* à la formation de petites véficules, par l'introduction de la matière du feu, dans l'intérieur des particules des liquides; ce qui donnoit naiffance à de très-petits-ballons beaucoup plus légers fpécifiquement que l'air, & qui fe féparoient du liquide en s'élevant. Sauffure a fait revivre cette opinion (1), qui a été combattue avec beaucoup de fuccès par Monge (2). *Voyez* VAPEURS VÉSICULAIRES.

Hooke, Halley, Leroy, Monge, fuppofent que l'air fe comporte, à l'égard des liquides, comme l'eau à l'égard des fels; que l'*évaporation* eft une véritable diffolution des liquides par l'air, & que la quantité du liquide contenu à faturation dépend : 1°. de l'affinité de l'air pour le liquide; 2°. de la température de l'air; 3°. de la preffion à laquelle l'air eft foumis : qu'ainfi, plus l'affinité, la température & la preffion font grandes, & plus la quantité de liquide évaporé eft confidérable.

On a fait plufieurs objections à cette hypothèfe, parmi lefquelles nous diftinguerons ces deux-ci : 1°. fi l'action diffolvante de l'air étoit la caufe de l'*évaporation*, elle ne devroit pas s'opérer là où il n'y a pas d'air; Leflie a fait congeler de l'eau renfermée dans le récipient de la machine pneumatique, avec de l'acide fulfurique concentré (*voyez* CONGÉLATION); la vapeur, fans ceffe renaiffante, qui partoit de l'eau pour fe porter fur l'acide, refroidiffoit ce premier liquide; 2°. l'*évaporation* devroit être en proportion de la quantité d'air qui agit fur le liquide, tandis que l'inverfe arrive, puifque, d'après Sauffure, l'*évaporation* eft plus que double fur le Col-du-Géant, où l'air eft un tiers plus rare qu'à Genève.

Kirwan penfe que cinq caufes contribuent à l'*évaporation* : 1°. la chaleur; 2° l'affinité de la vapeur pour l'air ambiant; 3°. l'agitation; 4°. l'électricité; 5°. la lumière.

De ce que l'*évaporation* des liquides eft d'autant plus grande que la preffion qu'ils éprouvent eft plus foible, les phyficiens en avoient conclu que les liquides n'exiftoient fous cette forme qu'à caufe de la preffion que l'atmofphère exerçoit fur eux. Dalton, en voulant vérifier cette affertion, s'eft affuré que chaque liquide pouvoit s'évaporer jufqu'à ce qu'il éprouvât, de la vapeur qui fe forme, une preffion qui fît équilibre à l'effort que le calorique exerce, pour déterminer l'*évaporation*, laquelle preffion eft indépendante de celle de l'atmofphère : il chercha à déterminer cette preffion, & il obferva qu'elle étoit différente pour chaque liquide, mais qu'elle fuivoit cette loi remarquable; qu'en partant de la température de l'ébullition de chaque liquide à une preffion déterminée, la preffion des différentes vapeurs augmentoit ou diminuoit de la même quantité, en élevant ou abaiffant la température d'un même nombre de degrés au-deffus ou au-deffous de la température de leur ébullition. Nous allons préfenter ici un tableau des preffions des vapeurs de différens liquides, exprimées en pouces de hauteur de mercure, pour des degrés de chaleur indiqués par le thermomètre de Réaumur.

DEGRÉS de chaleur.	PRESSION DES VAPEURS DE			
Th. Réau.	l'eau.	l'alcool.	l'ammoniaque.	l'éther.
	pouc.	pouc.	pouc.	pouc.
80	28	52,89	87,40	139
64	13,05	28	52,89	100
48	5,38	13,05	28	63
32	1,978	5,38	13,05	35,18
20,93	1,35	4,56	11,38	28
16	0,63	1,987	5,78	17,06
8	0,36	1,134	3,28	11,38
0	0,1875	0,630	1,135	7,32
—10	0,097	0,36	0,63	4,56
—20	0,05	0,1875	0,36	1,81

On conçoit, d'après cette table, que la quantité de vapeur produite par les différens liquides fera d'autant plus grande, que la tenfion ou la force élaftique de la vapeur fera proportionnelle au degré de chaleur. C'eft ce que confirment effectivement les expériences de Dalton. Ce favant s'eft affuré qu'en prenant pour l'unité la quantité d'eau

(1) *Hygrométrie* de Sauffure, effai 111, chap. 2, p. 282.
(2) *Annales de Chimie*, tome V, page 1.

évaporée dans une minute à 80 degrés R., on avoit pour les autres températures :

TEMPERATURE.	QUANTITÉ D'EAU ÉVAPORÉE.
80	1,00
65,77	0,50
58,66	0,35
53,33	0,25
49,77	0,20
47,11	0,16

Dans le vide, au terme 0 du thermomètre, la vapeur d'eau fait équilibre à une colonne de mercure de 0 pouce 2875; celle de l'alcool à une colonne de 0,630; celle d'ammoniaque à une colonne de 1,134; enfin, celle d'éther à une colonne de 7 pouces 32.

Le vide une fois rempli de la quantité de vapeur qui peut se former à chaque température, la formation de la vapeur s'arrête, soit que la vapeur réagisse sur le liquide, soit que l'affinité du calorique se trouve satisfaite par la quantité de liquide qui lui est combinée.

Dans l'air parfaitement sec, la tension de la vapeur, à chaque température, est absolument la même que dans le vide, & par conséquent l'affinité de l'air ne détermine pas sa formation; mais l'air s'unit à la vapeur à mesure qu'elle se forme. Dans cette union, le liquide & l'air sont retenus par une force d'affinité, en sorte que la vapeur, ainsi combinée, peut supporter un excès de pression qui la réduiroit en liquide si elle étoit seule; ce qui fait que l'air peut contenir une assez grande quantité de liquide à l'état de vapeur, sous la pression atmosphérique ordinaire.

Aussitôt que la tension de la vapeur d'un liquide contenu dans l'air est égale à celle du liquide à la même température, il ne peut plus y avoir d'*évaporation* de ce liquide, par la même raison qui la fait cesser dans le vide; mais il peut s'évaporer d'autres liquides dont la vapeur se mêle également dans l'air.

Il arrive très-rarement que l'air soit ainsi saturé d'un liquide, quoique celui-ci soit, comme l'eau, répandu en grande quantité sur la surface de la terre; mais il est plus rare encore que l'air soit parfaitement sec. Dans l'état ordinaire, la tension de la vapeur dans l'air est moindre que celle du liquide dans le vide à la même température. Dans ce cas, la force expansive du liquide est en partie contre-balancée par la réaction de la vapeur existante, & l'*évaporation* s'exécute en vertu de la différence en faveur de la force expansive du liquide.

D'après les principes que l'on vient d'établir, on voit, 1°. que l'*évaporation* s'opère en vertu de la force expansive du liquide, qui tend à se combiner au calorique; 2°. que l'*évaporation* seroit proportionnelle aux températures, si l'air étoit parfaitement sec; 3°. qu'elle est modifiée par la quantité de vapeur déjà contenue dans l'air; 4°. que la dissolution des liquides dans l'air est un effet qui suit l'*évaporation*, mais qui n'en est pas la cause.

La masse d'air qui environne un fluide en *évaporation*, est promptement chargée d'une vapeur dont la tension égale celle d'un liquide, en sorte que l'*évaporation* s'arrêteroit si cet air n'étoit renouvelé & n'emportoit avec lui cette vapeur : d'où il suit, que le renouvellement de l'air est une des conditions qui accélèrent l'*évaporation*, non par son action dissolvante, comme on le croyoit autrefois, mais parce qu'il enlève avec lui la vapeur, dont la réaction balanceroit bientôt la force expansive du liquide.

Non-seulement les liquides s'évaporent, mais quelques solides jouissent de la même propriété. L'eau à l'état de glace, par exemple, s'évapore comme l'eau liquide. Si l'on environne un thermomètre d'une légère couche de glace, que l'on expose l'instrument dans un milieu dont la température soit au-dessous de zéro, non-seulement on voit la couche de glace disparoître; mais encore, le thermomètre qui en est couvert, indiquer une température plus basse que celle des autres thermomètres qui lui sont comparables. Mairan avoit remarqué, dans sa *Dissertation sur la glace*, que l'eau congelée s'évapore, même dans les froids les plus rigoureux.

Quelle que soit la circonstance dans laquelle une vapeur se forme, elle emporte avec elle une quantité fixe de calorique combiné, qui est nécessaire à son état de vapeur; en sorte que l'*évaporation* est une grande cause de refroidissement : l'eau se gèle dans une petite ampoule de verre, enveloppée d'un linge mouillé d'éther, & qu'on agite dans l'air; l'eau se refroidit dans des vases poreux qui la laissent suinter, & qu'on fait osciller au bout d'une corde; enfin, l'*évaporation* de l'eau à la surface du globe est un moyen de refroidissement qui tempère & balance l'action du soleil. *Voyez* CONGELATION, REFROIDISSEMENT, ALCARAZAS.

ÉVAPORATION FROIDE. Moyen imaginé par Montgolfier, pour obtenir une prompte *évaporation* sans chaleur.

Montgolfier ayant remarqué que le mouvement de l'air favorise l'*évaporation*, a tenté d'accélérer l'*évaporation* (1) en exposant une grande surface de ceux-ci à l'action de l'air, renfermant dans de petits espaces les vases qui les contiennent, & faisant entrer dans cet espace une grande quantité d'air dans un temps très-court. On peut faire usage

---

(1) *Annales des Arts & Manufactures*, tome XXXVIII, page 297.

d'un foufflet, d'un ventilateur, ou de toute autre machine foufflante, pour produire le courant d'air que l'on veut employer,

Quelquefois, l'air atmofphérique eft fi humide qu'il diffoudroit peu d'eau, & que fon mouvement feroit peu profitable; mais ces cas font très-rares, & l'on voit tous les jours que, pendant la pluie même, le vent eft encore ficcatif. Cependant, pour hâter l'*évaporation* & régularifer le travail, on peut échauffer l'air fon paffage dans l'*évaporation*; on peut l'obliger à traverfer un foyer en combuftion, alimenté par du charbon de bois, fi la matière en *évaporation* pouvoit être altérée par la fumée, ou par d'autres combuftibles dans le cas contraire.

Les premiers effais de Montgolfier eurent lieu en 1794. Il fit plufieurs conferves de fruits, entr'autres celle de pomme & de raifin. La première, qui étoit en quantité, car il en avoit fabriqué plus de trois mille livres, avoit un goût fi agréable, que le fruit lui-même paroiffoit tout-à-fait mauvais quand on le goûtoit comparativement.

Dans l'état ordinaire où fe trouve l'atmofphère en automne, dans le Dauphiné, où Montgolfier à fait fes expériences, un pied cube d'air peut, par fon contact avec l'eau, évaporer d'un à quatre grains de ce liquide. Si l'on fuppofe deux grains par pied cube, ou trois grammes par mètre cube, on aura une donnée fur la quantité d'air qu'il faudra employer pour évaporer une quantité de liquide donnée.

Curaudeau annonce (1) qu'il faut abfolument une température de 50°, au moins, pour deffécher le firop, & Montgolfier affure qu'il ne faut pas que la température de l'air ait plus de 30 à 50° pour obtenir des conferves. Ces deux températures dépendent, comme on voit, du degré de defficcation que l'on veut donner au fuc des fruits.

ÉVAPORATION SPONTANÉE. *Évaporation des liquides en les expofant à l'action de l'air feulement, fans addition artificielle de chaleur. Voyez* ÉVAPORATION, ÉVAPORATION SÈCHE.

ÉVAPORATOIRE. Vafe ou inftrument dans lequel on évapore des liquides.

ÉVECTION; eveEtio; *evection*; f. f. Changement de courbure dans l'orbe lunaire, par lequel il s'approche ou s'éloigne de la forme du cercle.

Ce changement produit la plus grande des inégalités périodiques qui affectent la longitude de la lune; on l'attribue à l'action du foleil fur la lune: elle fut découverte par Ptolémée. Son effet général & conftant eft de diminuer l'équation du

centre dans les fyzygies, & de l'augmenter dans les quadratures.

Après de longues fuites de faits & d'obfervations, on eft parvenu à repréfenter très-exactement cette inégalité, en la fuppofant proportionnelle au finus du double de la diftance angulaire de la lune au foleil, moins l'anomalie moyenne de la lune.

La période de l'*évection* diffère peu d'une révolution périodique de la lune; elle eft de 27j.,178533.

EXACORDE, de εξ, *fix*; χορδη, *corde*; exachorda; f. m. Inftrument à fix cordes, ou fyftème compofé de fix fons, tel que l'*exacorde* de Guy d'Arezzo.

EXAÈDRE, de εξ, *fix*; εδρα, *face*; hexaedrum; *fechs fitiger korper*; f. m. Solide à fix côtés. *Voyez* HEXAÈDRE.

EXAGONE, de εξ, *fix*; γονια, *angle*; hexagonum; *fechs ekig*; f. m. Figure à fix angles. *Voyez* HEXAGONE.

EXALTATION; exaltatio; *erholung*; f. f. Action d'élever de bas en haut. Ce mot a plufieurs fignifications.

En algèbre, il défigne l'élévation des puiffances.

En aftrologie, c'eft le figne où une planète a le plus de vertu; ainfi le Bélier eft l'*exaltation* du Soleil, la Balance eft fa *déjection*.

En chimie, c'eft l'action, l'opération qui *exalte*, élève, purifie, fubtilife quelques corps naturels en fes principes & fes parties.

Les chimiftes entendent encore, par *exaltation*, une opération par laquelle on change les propriétés d'une fubftance, & on lui communique plus de vertu. Lorfque l'on calcine de la pierre à chaux, des alcalis, on les rend cauftiques en enlevant leur acide carbonique. Les anciens chimiftes regardoient cette opération comme une *exaltation*; ils croyoient que le feu s'infinuant dans les pores de ces fubftances, exaltoit leurs propriétés, les rendoit âcres & rongeantes.

Dans l'homme, l'*exaltation* eft fouvent le perfectionnement de lui ou de plufieurs de fes fens. C'eft ainfi qu'un prifonnier, long-temps renfermé dans un cachot obfcur, parvient à en diftinguer toutes les parties. Le matelot, du haut de fa dunette, aperçoit fur la vafte étendue des mers une voile, une côte, qu'à peine un autre homme découvre avec les plus fortes lunettes. Un muficien démêle, dans une fymphonie, une légère difcordance, que l'oreille vulgaire n'entend point. Un fauvage fuit à la pifte fon ennemi, & découvre, par le feul odorat, l'approche encore lointaine d'un étranger ou le repaire d'un ferpent. Le gourmet, le crû du vin & le lieu où tel poiſſon a été pêché. Les aveugles perfectionnent leur tact au point qu'il remplace chez eux la vue, &c.

Quant aux *exaltations* dans les idées, elles ſont produites avec beaucoup plus de force dans les régions méridionales que dans les contrées froides. C'eſt dans l'Aſie méridionale que ſe voient ces exemples prodigieux de fanatiſme, d'enthouſiaſme religieux. L'état d'extaſe, de viſion, produit par des contemplations prolongées & des jeûnes auſtères, la vie ſolitaire, concentrée, méditative ; tout engendre, tout manifeſte l'exagération des eſprits, chez les dervis, les fakirs, les ſantons, les bonzes, les talapoins des Indes : ainſi la folie eſt plus fréquente en ces pays que ſous un ciel tempéré, où les rayons d'un ſoleil moins brûlant n'échauffent pas autant les cerveaux. Des femmes délicates s'élancent, au Malabar, ſur le bûcher enflammé qui conſume le cadavre de leur époux. La débilité, la foibleſſe, la diſpoſition ſpaſmodique produit, dans les pays froids, des *exaltations* analogues. Ainſi, parmi les Lapons, les Samoïèdes, les Tſchutchis & d'autres peuplades polaires, une légère ſurpriſe, une émotion inattendue, une terreur bruſque, un caprice même de ſenſibilité dont on ne peut ſe rendre raiſon, ſuffiſent pour exciter ces individus grêles, tendus, nerveux, à des actes de manie furieuſe. C'eſt que la rigidité produite par le froid ſur leurs fibres, la mauvaiſe nourriture de ces peuples miſérables, leur profonde ignorance qui les ſoumet à toutes les craintes & les entoure de prétendus prodiges, les diſpoſent ainſi (principalement les femmes) aux *exaltations* nerveuſes.

EXCENTRICITÉ, de ἐϰ, hors; ϰέντρον, centre; *excentricitas*; *excentricité*; ſ. f. Diſtance entre deux centres différens.

Anciennement on appeloit *excentricité* la diſtance entre les centres de deux cercles ou de deux ſphères; mais ce mot n'eſt plus admis dans ce ſens. Aujourd'hui on appelle *excentricité*, dans une ellipſe, la diſtance C F, *fig. 793*, qui exiſte entre ſon centre & l'un de ſes foyers F ou *f*.

Toutes les planètes ſe meuvent dans des orbes elliptiques, dont le ſoleil occupe l'un des foyers F : d'où il ſuit qu'elles ſe trouvent dans leur mouvement à des diſtances différentes du ſoleil. La différence qui exiſte entre la plus grande diſtance F B & la plus petite diſtance A F, eſt exprimée par la ligne F *f*, menée de l'un à l'autre foyer de l'ellipſe, que l'on nomme *excentricité double*, & la moitié de cette différence, qui eſt C F, eſt l'*excentricité* ſimple de l'orbe de la planète.

Les *excentricités* des orbites de toutes les planètes ne ſont pas dans la même proportion avec leur diſtance au ſoleil : elle eſt très-conſidérable à l'égard des unes, & fort petite à l'égard des autres; de ſorte que les unes parcourent des orbites très-elliptiques, tandis que les autres par-

courent des orbites qui approchent très-près du cercle. Ainſi la différence de la plus grande à la plus petite diſtance de Mercure au Soleil eſt de plus d'un tiers, tandis que celle de Vénus au Soleil n'eſt que d'environ un ſoixante-neuvième. Afin de faire connoitre les différentes ellipticités des orbites des planètes, nous allons donner ici le rapport de leur *excentricité* à leur demi-grand axe au commencement de 1801 (1).

Mercure	0,20551494
Vénus	0,00683298
La Terre	0,01685318
Mars	0,09313400
Cérès	0,07833486
Pallas	0,243584
Junon	0,254944
Veſta	0,093220
Jupiter	0,04817840
Saturne	0,05616830
Uranus	0,04667030

EXCENTRIQUE........*excentriſche*; adj. Qui a une excentricité : corps où figures qui n'ont pas le même centre.

EXCENTRIQUE (Anomalie de l'). Arc de cercle circonſcrit à l'orbite compris entre l'aphélie & une ligne droite qui, paſſant par le centre de la planète, eſt tirée perpendiculairement à la ligne des apſides.

EXCENTRIQUES (Cercles). Cercles qui ont des centres différens. *Voyez* CERCLES EXCENTRIQUES.

EXCÈS; *exceſſus*; *ueber ſchreitung*; ſ. m. Différence en plus d'une quantité à une autre. Partie par laquelle une quantité eſt plus grande qu'une autre.

EXCITATEUR; *excitator electricus*; *auſlöder*; ſ. m. Inſtrument d'électricité ſervant à ſoutirer des étincelles.

Deromas, craignant les effets des longues & fortes étincelles qu'il ſoutiroit de la corde d'un cerf-volant électrique, imagina, pour s'en préſerver, un inſtrument auquel il donna le nom d'*excitateur*.

Cet inſtrument étoit compoſé d'un tube de verre de deux à quatre pieds de longueur, à l'une des extrémités duquel eſt fixé un tuyau de fer-blanc, fermé par un bout & aſſez ſemblable à une portion d'un étui ordinaire de cure-dent; à ce tuyau eſt attachée une chaîne de métal, aſſez longue pour toucher la terre, lorſqu'on approche le tube de métal pour tirer des étincelles. *Voyez* CERF-VOLANT ELECTRIQUE.

---

(1) Laplace, *Expoſition du Syſtème du monde*, page 116.

Tenant

Tenant cet inſtrument par le tube de verre , le fluide électrique, attiré par le tuyau , ſe porte auſſitôt, par la chaîne conductrice, au réſervoir commun ; de manière que la perſonne qui tient le tube de verre eſt miſe à l'abri des accidens qu'elle ne pourroit éviter, ſi elle n'étoit iſolée par le tube (1).

Depuis on a imaginé des *excitateurs*, ſoit pour décharger des bouteilles de Leyde , ſoit pour décharger des batteries ou tout autre corps dans lequel on a accumulé une forte électricité. C'eſt un cercle de métal A C B, *fig*. 814, terminé aux deux extrémités par des boules A B ; au milieu eſt une douille C , dans laquelle ſe place un tube de verre C D , d'un pied de longueur environ. Pour décharger une bouteille de Leyde , on poſe l'une des boules B de l'*excitateur* contre l'armure F extérieure de la bouteille , & l'on approche la boule A , de l'autre extrémité, de la boule E de la bouteille, qui communique avec l'intérieure ; lorſque les boules A E ſont aſſez rapprochées, l'électricité s'élance de l'armure placée ſur le conducteur , & la bouteille ſe décharge.

S'il on vouloit décharger un carreau électrique K, *fig*. 814 (*a*), il faudroit donner aux deux branches de l'*excitateur*, un mouvement à charnière C , & placer des douilles D E aux deux côtés de la charnière, afin d'y fixer les deux tubes de verre F, G, avec leſquels on meut les deux branches A C, B C, pour rapprocher ou écarter les boules A & B relativement à la diſtance des deux armures.

Henley a imaginé un inſtrument auquel il a donné le nom de *chargeur univerſel*, & que l'on pourroit également nommer *excitateur univerſel*. Cet inſtrument ſe compoſe d'une planche A B, *fig*. 815 , ſur laquelle ſont fixés trois cylindres de verre C, G, C. Les deux cylindres C , C portent deux boules de métal D, D, dans leſquelles paſſent deux fils métalliques; aux extrémités E, E, ſont des anneaux , & aux extrémités H , H, des boules viſſées ſur des points. Sur le cylindre G eſt une tablette d'ivoire F : les extrémités H H, pouvant être rapprochées & écartées l'une de l'autre, donnent une diſtance variable, à travers laquelle on peut faire paſſer l'étincelle électrique.

Cet *excitateur* peut ſervir, ſoit à faire paſſer une maſſe d'électricité à travers un corps, en fixant les deux boules ou les deux pointes H, H ſur les deux faces du corps, ſoit à faire paſſer une étincelle électrique au-deſſus d'un corps, en plaçant ce corps ſur la tablette au-deſſous des deux extrémités H, H.

EXCITATEUR A CHARNIÈRE. Inſtrument , *fig*. 814 (*v*), dont la courbe métallique eſt diviſée en deux parties réunies par une charnière. *Voyez* EXCITATEUR.

(1) *Mémoires préſentés à l'Académie des Sciences*, tome II, page 393.

Dict. de Phyſ. Tome III.

EXCITATEUR UNIVERSEL. Inſtrument, *fig*. 815, dont on peut rapprocher ou écarter les conducteurs iſolés H, H , pour obtenir une étincelle plus courte ou plus longue.

On place aux anneaux E & E deux communications, l'une avec l'électricité C d'une bouteille de Leyde ou d'une batterie électrique; l'autre avec l'électricité E de la même bouteille ou de la même batterie ; & lorſque l'intenſité électrique ſera aſſez conſidérable, le fluide paſſera de l'une à l'autre armure, à travers les corps placés entre les deux extrémités H, H. *Voy*. EXCITATEUR.

EXCLUSION ; *excluſio* ; *auſſchlieſſung* ; ſ. f. Action de pouſſer dehors, de faire ſortir, d'exclure.

EXCLUSIONS (Méthode des). Manière de réſoudre les problèmes en nombre , en rejetant d'abord, en excluant certains nombres, comme n'étant pas propres à la ſolution de la queſtion.

Frenicle, habile mathématicien qui vivoit du temps de Deſcartes, eſt l'inventeur de cette méthode , laquelle, dans quelques circonſtances, réſout les problèmes avec plus de promptitude & de facilité que la méthode directe. Quelques inſtances que l'on fit à Frenicle, il ne voulut jamais, pendant ſa vie, donner communication de cette méthode ; mais après ſa mort, elle ſe trouva dans ſes papiers, & elle fut auſſitôt publiée.

EXCURSION; *excurſio* ; *ſtreiferei*; ſ. f. Courſe, irruption.

EXCURSION (Cercles d'). Cercles parallèles à l'équateur , & placés à une telle diſtance de ce grand cercle, qu'ils renferment ou terminent l'eſpace des plus grandes latitudes.

EXÉCUTION ; *executio* ; *auſsfeihrung* ; ſ. f. Action d'exécuter.

On appelle *exécution*, en muſique, la facilité de lire & d'exécuter une partie vocale ou inſtrumentale ; & l'on dit d'un ſymphoniſte, qu'il a beaucoup d'*exécution*, lorſqu'il exécute correctement, ſans héſiter & à la première vue, les choſes les plus difficiles.

EXÉGÈSE; εξηγησις; ſ. m. Extraction numérique ou linéaire des racines des équations, c'eſtà-dire, la ſolution numérique de ces équations, ou leur conſtruction géométrique.

Viète s'eſt ſervi de ce mot dans ſon algèbre, où il appelle *exégétique* l'art de trouver les racines de l'équation d'un problème, ſoit en nombre, ſoit en lignes, ſelon que le problème eſt numérique ou géométrique.

EXHALAISON, de εξ, *hors* ; αλως, *couronne de vapeur* ; *exhalatio* ; *auſfluſs* ; ſ. f. Élévation dans l'air d'un gaz, d'une vapeur, d'une fumée qui fort des corps folides.

Souvent on confond les mots *exhalaifons*, *vapeurs*, *fumées*, *émanations*, *miafmes*, *effluves*. On les diftingue cependant, en ce que les *exhalaifons* fe dégagent des corps folides en s'élevant en l'air, & qu'elles ne font ni toujours vifibles ni toujours odorantes : les *vapeurs* fortent le plus fouvent des liquides ; les *fumées* des fubftances en ignition ; les *émanations* des corps les plus odorans ; les *miafmes* des corps en décompofition putride ; les *effluves* des diverfes fubftances de la nature. *Voyez* EFFLUVES, ÉMANATIONS, FUMÉES, MIASMES, VAPEURS.

On diftingue deux fortes d'*exhalaifons* : gazeufes & non gazeufes. Les *exhalaifons gazeufes* font quelquefois propres à la refpiration ; tel eft le gaz oxigène ; d'autres font *délétères* ; tels font les gaz azotés, hydrogénés, carbonés, ammoniacaux, acides ; les *exhalaifons non gazeufes* ne font connues & diftinguées que par leurs effets ; elles fe dégagent ordinairement des végétaux & des animaux.

Le gaz oxigène s'*exhale* particulièrement des plantes en pleine végétation, expofées à l'action du foleil. Ces *exhalaifons* contribuent à purifier l'atmofphère. *Voyez* VÉGÉTATION.

Les gaz azotes s'*exhalent* de tous les lieux où le gaz oxigène de l'atmofphère eft abforbé, & dont le gaz azote fe dégage, foit pur, foit combiné à diverfes fubftances.

Ainfi, dans les *exhalaifons* des foffes d'aifance, l'air qui s'en dégage, lorfqu'on les ouvre, n'eft le plus fouvent que du gaz azote. Il paroît que la matière fécale abforbe l'oxigène de l'air atmofphérique, & l'azote, refté feul, fe charge des émanations fétides, animalifées, & donne naiffance à ces *moffettes* qui produifent de fi funeftes effets fur les vidangeurs. *Voy.* ASPHYXIE, MOFFETTES, MEPHYTISME.

Le gaz hydrogène, l'un des plus fréquens parmi les *exhalaifons*, eft rarement pur ; il eft fouvent combiné avec du carbone, du foufre, de l'arfenic & d'autres fubftances. Ces gaz proviennent ordinairement de la décompofition de l'eau, & de la combinaifon de l'hydrogène avec les fubftances qui favorifent cette décompofition.

Il s'*exhale* du gaz hydrogène carboné dans les mines de houille, les tourbières, les marais, les cloaques. Dans les mines de houille, l'eau a été décompofée par la houille elle-même, & le gaz hydrogène s'eft combiné avec du carbone pour former ces toiles d'araignées, ces vapeurs grifâtres fi funeftes aux mineurs qui les traverfent, ou qui en approchent leur lumière. *Voyez* FEU BRISOU.

On voit ordinairement, fur la furface des eaux bourbeufes des marais, des ampoules aplaties qui fe forment & crèvent ; c'eft du gaz hydrogène carboné, formé par la décompofition de l'eau fur les fubftances animales ou végétales, en putréfac-

tion. Ces gaz qui s'*exhalent* de la fange impure, du limon de ces marécages, font pernicieux à l'humanité, & produifent ces fièvres intermittentes dont les malheureux, qui habitent les bords de ces marais, font fouvent attaqués. *Voyez* GAZ HYDROGÈNE DES MARAIS, FEUX FOLLETS.

Dans les mines fulfureufes, des gaz hydrogènes fulfurés s'*exhalent* fouvent ; mais les courans d'air que les mineurs entretiennent avec foin, les entraînent & détruifent leurs funeftes effets : il eft des endroits, comme dans les Marais-Pontins, près de Rome, où les gaz fulfurés & carbonés exercent leur action fur les malheureux qui s'expofent à les refpirer, & déterminent des fièvres d'un mauvais caractère, qui font très-difficiles à guérir.

Peu de gaz hydrogènes fulfurés font auffi actifs que celui qui fe forme dans les foffes d'aifance, & que les vidangeurs nomment *plomb*. *Voyez* GAZ HEPATIQUE, PLOMB.

Un gaz extrêmement pernicieux, c'eft celui qui s'*exhale* de quelques mines de cobalt, d'argent rouge & blanc, d'étain, &c., tenant de l'arfenic. L'hydrogène ayant la propriété de diffoudre de l'arfenic, fe combine avec ce métal lorfque des fulfures d'arfenic décompofent de l'eau. Le gaz hydrogène arfeniqué qui fe produit, eft extrêmement délétère pour les mineurs qui s'y trouvent expofés ; ceux même qui n'en refpirent que très-peu, font encore attaqués de toux convulfives, de pulmonie, de phthifie & de fuffocations, qui les font lentement périr.

Le gaz carbonés font très-communs ; ils fe forment partout où il y a décompofition de fubftances animales & végétales : il s'*exhale* dans des caves, des grottes, des fouterrains. Cet air impur, ce méphytifme, énerve les conftitutions & donne la mort. *Voyez* GAZ ACIDE CARBONIQUE, MÉPHYTISME, CAVES, GROTTES.

Les gaz ammoniacaux font peu fréquens ; ils ne s'*exhalent* guère que de quelques matières animales en décompofition : on les rencontre dans les foffes d'aifances ; les vidangeurs le nomment *mite*. Ces *exhalaifons* les étouffent quelquefois, & leur caufent prefque toujours une violente ophthalmie ou une inflammation à la conjonctive. *Voyez* MITE.

Nous ne croyons pas devoir parler ici des gaz acides minéraux, parce que ce font ordinairement des produits de l'art.

Quant aux *exhalaifons* non gazeufes, celles qui font propres aux animaux & aux végétaux font ordinairement odorantes. Plufieurs animaux fe diftinguent par leur *exhalaifon*. La propreté & les vêtemens, dans l'efpèce humaine, diminuent ces *exhalaifons* animales, &, à l'exception des individus roux & de ceux qui ont des éphélides ou taches de rouffeur, dans notre race blanche, l'odeur des pieds, des aiffelles, de la tête, &c., n'eft pas affez vive pour affecter défagréablement l'odorat. Il n'en est pas de même des autres peuples, & surtout des nègres; la plupart *exhalent*, dans leur sueur, une odeur très-fétide de poireau ou d'ail pourri, & leur transpiration graisseuse s'attache même long-temps aux objets qu'ils touchent. Les *exhalaisons* des plantes peuvent méphytiser l'air au point d'asphyxier les hommes & les animaux, lorsqu'elles sont renfermées dans une chambre. L'odeur de quelques plantes, comme le chanvre, occasionne quelquefois des vertiges lorsqu'on les récolte.

EXHALATION; exhalatio; *abdampfung*; s. f. Emanation quelconque poussée hors d'un corps.

En chimie, c'est une opération par laquelle, au moyen du feu, on fait élever & dissiper les parties volatiles des substances.

EXHAUSTION; exhaustio; s. f. Manière de prouver l'égalité de deux grandeurs, en faisant voir que leur différence est plus petite qu'aucune grandeur assignable, & en employant, pour les démontrer, la réduction à l'absurde.

EXPANSIBILITÉ, *de* ex, *hors*; pando, *ouvrir*; ....., s. f. Propriété des fluides élastiques, de tendre sans cesse à occuper un espace plus grand, s'ils n'étoient retenus par quelqu'obstacle.

Cette propriété est occasionnée par le calorique qui pénètre les corps; elle a lieu lorsque l'attraction entre les molécules est entièrement détruite: alors, les molécules n'étant plus rapprochées que par la compression que les fluides élastiques ou les vapeurs éprouvent, ces substances tendent à s'étendre lorsque l'on diminue la compression. On peut augmenter l'*expansibilité* des substances en les chauffant ou en faisant dégager le calorique qu'elles contiennent: dans ce dernier cas, l'*expansibilité* est quelquefois si grande, qu'elle est capable de vaincre des efforts prodigieux, comme cela se voit dans l'inflammation de la poudre à canon & dans celle de différentes compositions qui développent, par le choc seul, une immense quantité de gaz.

On donne également le nom d'*expansibilité* à une sensibilité physique & morale qui ouvre perpétuellement l'ame à la compassion, aux sentiments affectueux, à l'amour. Cette *expansibilité* est beaucoup plus grande dans les femmes que dans les hommes; dans les êtres nerveux, délicats, mobiles, que dans les corps robustes, musculeux, athlétiques; enfin dans les pays chauds que dans les pays froids.

EXPANSIBLE; *ausdehnbar*; adj. Qui peut être dilaté, qui a la propriété de tendre sans cesse à occuper un volume plus grand.

Toutes les substances *expansibles* sont nécessairement compressibles & élastiques. *Voyez* EXPANSIBILITÉ.

EXPANSIF. Faculté qu'ont certains corps de s'étendre lorsqu'ils en ont la liberté. *Voyez* POUVOIR EXPANSIF.

EXPANSION; expansio; *ausbreitung, ausdehnung*; s. f. Etat de dilatation, de développement, d'épanouissement d'une substance douée d'expansibilité.

Tous les corps se dilatant par le calorique, le calorique peut être considéré comme une des principales causes de l'*expansion* des corps. Cependant il est des corps qui paroissent s'écarter de la loi générale, & qui, au lieu d'éprouver de l'*expansion* par la chaleur, diminuent de volume. Telle est l'argile, dont Wedgwood a formé son pyromètre. Mais ce retrait est occasionné par la vaporisation de l'eau retenue par cette terre avec une extrême adhérence, ce qui diminue le volume de l'argile. *Voyez* PYROMÈTRE.

C'est principalement lorsque les corps changent d'état, qu'ils augmentent de volume, particulièrement lorsqu'ils passent de l'état liquide à l'état gazeux. Quelques corps prennent de l'*expansion* en passant de l'état solide à l'état liquide: telles sont la cire, la graisse; d'autres, au contraire, prennent de l'*expansion* en passant de l'état liquide à l'état solide: tels sont la glace, le fer, &c. *Voyez* DILATATION, GLACE.

EXPANSIVE (Force). Effort par lequel un corps électrique tend à s'étendre. *Voyez* FORCE EXPANSIVE.

EXPÉRIENCE; experientia; *erfahrung*; s. f. Essai, épreuve réitérée de quelque fait qui sert à notre raisonnement pour venir à la connoissance de sa cause.

C'est avec nos sens que nous jugeons les faits; & comme il est possible qu'ils nous trompent, nous devons multiplier les essais, les *expériences*, en appliquant, autant qu'il est possible, chacun de nos sens à perfectionner notre jugement, afin de nous assurer si l'un d'eux ne nous trompe pas.

Tout ce que nous savons de positif est le fruit de l'*expérience*, & l'*expérience* seule peut servir de base, de fondement à nos connoissances, à l'histoire de la nature. Projeter des théories sans *expériences*, c'est présenter les choses non telles qu'elles sont, mais comme notre imagination les conçoit. C'est ainsi que les anciens philosophes se sont trompés; c'est ainsi que se trompent encore un grand nombre de savans distingués qui veulent soumettre la nature aux lois qu'ils établissent par leur calcul. Séduits par une hypothèse brillante qu'ils appliquent à des faits isolés & quelquefois inexacts, ils prétendent, à l'aide d'une analyse très-élevée, soulever le voile sous lequel la nature se cache, &

nous tracer le chemin que nous devons fuivre : le plus fouvent, hélas ! ils ne font que nous égarer, & nous éloignent du but où nous voulons atteindre.

Quelqu'inexactes que foient les théories que les anciens philofophes ont adoptées & qu'ils nous ont tranfmifes, on ne peut fe laffer d'admirer comment, avec un auffi petit nombre de faits pofitifs, & avec des inftrumens auffi inexacts, ils ont pu faire parvenir la fcience au degré de fplendeur où elle eft arrivée, & nous devons être bien difpofés à leur pardonner les erreurs qu'ils propageoient en faveur du peu de moyens qu'ils avoient en leur difpofition. Parmi les connoiffances qu'ils ont cultivées, il en eft une qu'ils ont fort avancée, c'eft l'aftronomie; ils l'ont amenée à un grand degré de perfection. *Voy.* PLATON, ARISTOTE, SENEQUE, PLINE.

Fr. Bacon de Vérulam, grand-chancelier d'Angleterre, un des plus grands hommes de fon temps, frappé de l'état d'obfcurité où les difciples d'Ariftote avoient plongé la fcience, publia fon bel ouvrage de *Interpretatione Naturæ & de augmentatis fcientiarum*, afin de déterminer les favans à fe livrer aux *expériences*, & à vérifier les affertions du maître. Defcartes vint enfuite & renverfa les hypothèfes & les rêves des fcolaftiques; mais au lieu d'établir la fcience fur des faits, au lieu de fe livrer aux *expériences*, il fe laiffa guider par fon imagination, & remplaça les hypothèfes détruites par des hypothèfes nouvelles. Il fubftitua à la métaphyfique des Anciens des principes d'analyfe & de mécanique; il parut donner, par ce moyen, plus de folidité à fes raifonnemens, fans arriver, pour cela, plus près de la vérité.

Galilée & fes difciples en Italie, Robert Boyle en Angleterre, Kepler, Otto de Guerich & Sturm en Allemagne, Mufchenbrœck en Hollande, fuivirent avec beaucoup de fuccès le chemin que leur avoit indiqué Bacon. La phyfique s'eft enrichie de découvertes nouvelles; l'on a commencé à établir des bafes fondamentales; Newton, cet homme fublime, a de même confulté l'*expérience*, & l'optique a été créée. Alors, les phyficiens fe font empreffés de fuivre les traces de ce grand homme, & la phyfique eft devenue une fcience exacte, de fpéculative & d'hypothétique qu'elle étoit.

Un grand chemin s'eft ouvert, & l'on s'eft empreffé de le parcourir. Les Anciens, fimples fpectateurs, voyoient les faits fans pouvoir les approfondir; à l'aide des *expériences*, le phyficien cherche aujourd'hui la réponfe aux queftions que les faits ont fait naître naturellement. Par les réfultats qu'il obtient de fes *expériences*, l'homme s'initie dans les fecrets de la nature; il devient même créateur, en produifant des réfultats nouveaux qui n'ont jamais exifté, & qui deviennent le produit de fon induftrie.

Depuis le moment où l'on a reconnu la grande fupériorité des *expériences* fur les fpéculations, les favans fe font empreffés de conftruire des inftrumens & de publier des ouvrages qui indiquent la manière de s'en fervir. On peut bien, avec ces moyens, répéter les *expériences* qui ont été faites; mais pour interroger la nature à l'aide de nouvelles *expériences*, & pour parvenir à faire des découvertes qui augmentent la fomme de nos connoiffances, il faut avoir un génie particulier. Celui qui fait des *expériences* doit être doué d'une grande patience, avoir beaucoup d'adreffe dans les mains, favoir obferver tous les réfultats qui ont lieu, les féparer les uns des autres, les réunir, les combiner; il faut qu'il ait une force de tête capable de concevoir les conféquences que préfentent tous les faits, & les réfultats auxquels ils doivent conduire; enfin, il doit favoir varier fes *expériences* de manière à les faire répondre aux queftions qu'il pofe, & fans négliger cependant les faits qui s'en écartent & qui peuvent le conduire à d'autres réfultats.

EXPÉRIENCE DE LEYDE; experimentum Leydenfe; *Leider verfuche*. Charge & décharge de l'électricité E & C accumulée fur les faces intérieures & extérieures d'une bouteille. Nom que l'abbé Nollet a donné à une *expérience* d'électricité, faite pour la première fois à Leyde, & dans laquelle on reçoit une violente commotion. *Voyez* BOUTEILLE DE LEYDE.

EXPÉRIMENTALE; in experimentis fitus; *auf erfahrung; experimental;* adj. Ce qui eft fondé fur l'expérience.

EXPÉRIMENTALE (Phyfique); *experimental-phyfik.* Phyfique fondée fur l'expérience. *Voyez* PHYSIQUE EXPÉRIMENTALE.

EXPIRATION; expiratio; *ablauf;* f. f. Acte par lequel l'air qui avoit été infpiré fort des poumons, après avoir éprouvé & produit dans ce vifcère des changemens particuliers. *Voyez* RESPIRATION.

L'*expiration* eft le dernier des phénomènes de la vie animale.

EXPLOSION; explofio; *explofion;* f. f. Eclat, bruit, mouvement fubit & véhément.

Dans beaucoup de circonftances, l'*explofion* eft produite par la dilatation fubite d'une fubftance quelconque.

Si l'on enflamme de la poudre à canon, une grande partie de fes compofans paffe à l'état de gaz, & produit, par ce paffage, un volume confidérable d'air & de vapeur qui fe répandent dans l'air & occafionnent une *explofion*.

Le choc d'un marteau fur de la poudre fulminante, gazéifie une partie de fes compofans, & produit, comme dans l'inflammation de la poudre, une forte *explofion*.

Que l'on faffe chauffer un liquide dans un vaifseau exactement fermé. Si la chaleur est assez forte pour donner au liquide une force expansive plus grande que la résistance du vaisseau, elle le fait crever, se réduit subitement en vapeur, & fait une *explosion* terrible & capable d'effort prodigieux.

En faisant le vide sous un cylindre de verre recouvert d'une vessie, l'air crève la vessie & rentre dans le vide, en produisant une *explosion* d'autant plus forte, que le volume du cylindre étoit plus grand & que le vide étoit plus parfait.

Tout fait croire que le bruit est formé par le choc de l'air sur l'air, lorsque l'*explosion* se fait à l'air libre ; & par le choc de l'air sur les parois du vase & sur l'air, lorsque l'air atmosphérique rentre dans le cylindre sous lequel on a fait le vide. Le bruit du canon paroît être également produit par le choc de l'air sur l'air.

Une étincelle électrique produite dans un mélange de deux volumes de gaz hydrogène & un d'oxigène, produit une forte *explosion* ; d'abord le volume des gaz augmente, puis il diminue, & l'on a de l'eau pour résultat.

Cette *explosion*, occasionnée par l'étincelle électrique, se produit dans des mélanges de ces deux gaz.

Ainsi, d'après les expériences de Humboldt & Gay-Lussac, l'*explosion* a lieu jusqu'à ce que la proportion de gaz hydrogène soit à celle du gaz oxigène comme 16 : 1 ; alors l'étincelle électrique ne produit plus d'effet. *Voyez* EUDIOMÈTRE DE VOLTA.

Davy a cherché à déterminer, par l'expérience, dans combien de parties de différens gaz, une partie d'un mélange explosif de deux volumes d'hydrogène & d'un d'oxigène, cessoit de faire *explosion*, en produisant une étincelle électrique à travers le mélange ; & il a trouvé qu'une partie du mélange explosif étoit empêchée par (1)

8 d'hydrogène environ.
9 d'oxigène.
11 d'oxide nitreux.
1 d'hydrogène carburé.
2 d'hydrogène sulfuré.
$\frac{1}{2}$ de gaz oléfiant.
2 de gaz acide muriatique.
$\frac{3}{5}$ de gaz acide fluorique.

M. de Grotthus ayant assuré qu'un mélange d'oxigène & d'hydrogène cesse d'être explosif par l'étincelle électrique, lorsqu'il est raréfié seize fois, qu'un mélange de gaz hydrogène & de chlore ne peut plus faire *explosion* lorsqu'il est raréfié six fois seulement ; que la raréfaction par la chaleur détruit également la propriété explosive des mélanges gazeux ; M. Davy a répété ces expériences, & il s'est assuré que l'oxigène & l'hydrogène, dans les proportions convenables pour faire de l'eau, ne détonoient plus par l'étincelle élec-

trique, après avoir été raréfiés dix-huit fois, tandis que le chlore & l'hydrogène, dans les proportions qui conviennent à l'acide muriatique, donnent, dans les mêmes circonstances, un éclair lumineux ; quant à la raréfaction par la chaleur, que l'*explosion* avoit toujours lieu à une température de 557° centigrades, quoique l'air fût dilaté de manière à occuper un volume 2,25 fois son volume primitif.

Plusieurs *explosions* étant obtenues par le choc, comme dans les poudres détonantes, Monge, le docteur Higgins, Bethollet, crurent pouvoir avancer que la compression, produite dans une partie d'un mélange explosif, par l'expansion subite d'une autre portion, au moyen de la chaleur ou de l'étincelle électrique, étoit la cause de la combinaison, & conséquemment de l'*explosion* qui a lieu. L'explosion qui se forme lorsque l'on comprime un mélange explosif d'oxigène & d'hydrogène, sembloit confirmer cette explication. Davy, desirant s'assurer si cette explication pouvoit être admise, enferma sur du mercure, un mélange explosif d'hydrogène & de gaz hydrophosphorique. Le vase qui le contenoit ayant été placé sur un bain de sable, l'*explosion* eut lieu aussitôt que la température fut parvenue à 116°,7. Le même mélange, placé dans un récipient qui communiquoit avec une pompe foulante, fut condensé, jusqu'à ce qu'il n'occupât plus que le cinquième de son volume primitif : il n'y eut point de détonation ni aucun changement chimique.

« Il paroît donc, dit Davy, que le calorique, » abandonné par la compression des gaz, est la » vraie cause de la combustion qu'elle produit, & » qu'à certaines élévations de température, soit » dans des atmosphères raréfiées ou condensées, » il y a *explosion* ou combustion, c'est-à-dire, que » les corps se combinent avec dégagement de » chaleur & de lumière. »

Nous ajouterons à ces observations de Davy, que Monge a vainement tenté plusieurs fois d'enflammer par le choc un mélange explosif de gaz oxigène & hydrogène, renfermé dans une vessie, soit en frappant dessus avec un bâton, soit de toute autre manière, & qu'à l'époque où Hassenfratz fit sa première expérience de l'*explosion* des gaz oxigène & hydrogène par une compression forte & subite, dans une pompe de compression, il soumit également à la même action différens gaz qui produisirent, par cette compression, assez de chaleur pour charbonner du coton qu'il avoit placé au fond de la pompe ; l'inflammation de l'amadou dans une pompe de compression n'est produite que par la chaleur qui se dégage.

EXPLOSION ÉLECTRIQUE....... Éclat, bruit formé par le passage d'une grande masse d'électricité, qui se porte rapidement d'un point à un autre, à travers l'air. *Voyez* BOUTEILLE DE LEYDE.

EXPLOSION VÉGÉTALE. Éclat, bruit produit

dans l'enveloppe de la graine de quelques plantes, lorsque celles-ci sont mûres.

Muller a décrit (1) plusieurs observations qu'il a faites sur une *explosion* particulière, qu'il a remarquée dans quelques espèces de clavaires & de lycoperdon.

EXPONENTIELLE , de expono , *exposer ; exponen ial ;* adj. Elévation à une puissance dont l'exposant est indéterminé & variable.

EXPOSANT ......, *exponant ;* adj. Ce terme a différentes acceptions. C'est ordinairement le chiffre, en algèbre, au-dessus de la lettre, & qui marque sa puissance. Ainsi, dans a^4, 4 est l'*exposant* ou la quatrième puissance de *a*.

L'*exposant d'une raison* est la division du conséquent par l'antécédent. Ainsi, dans leur raison, 2 : 8 ; $\frac{2}{8} = \frac{1}{4}$ est l'*exposant*.

On entend par *exposant du rang* le quantième du terme dans une suite quelconque. Ainsi 7 est l'*exposant du rang* 13 dans une suite impaire 1, 3, 5, 7, 9, 11, 13, 15, 17, &c.

EXPRESSION ; expressio ; *ausdruck ;* s. f. L'action d'exprimer.

En algèbre, c'est une quantité, une valeur représentée sous une forme algébrique.

L'*expression*, en musique, est la quantité par laquelle le musicien rend vivement, & rend avec énergie toutes les idées qu'il doit rendre, & tous les sentimens qu'il doit exprimer. Il y a une *expression* de composition & une d'exécution, & c'est de leur concours que résulte l'effet musical le plus puissant & le plus agréable.

EXPURGATION ; expurgatio ...... s. f Sortie de l'ombre dans une éclipse. *Voyez* EMERSION.

EXSICCATION ; exsiccatio ; *austocknung ;* s. f. Opération qui consiste à dessécher des matières molles, humides, ou à leur enlever l'eau qui les mouille & qui les altéreroit.

EXSUCCION ; exsuccio. Action exercée par la racine des plantes, pour attirer les substances dont elles se nourrissent.

EXTENSIBILITÉ, *de ex*, hors ; tendo , *tendre ;* extensibilitas ; *dehnbarkeit ;* s. f. Propriété des corps en vertu de laquelle ils peuvent être étendus au-delà de leur dimension ordinaire : tels sont les cordes, les métaux.

Cette propriété a quelqu'analogie avec l'élasticité & la ductilité. L'élasticité est l'effet par lequel les corps, après avoir été comprimés, tendent à reprendre l'état qu'ils avoient avant la compression, tandis qu'en vertu de l'*extensibilité*, les

corps acquièrent des dimensions plus considérables que celles qui leur sont naturelles. On pourroit dire que l'*extensibilité* commence là où finit l'élasticité. La ductilité est la propriété qu'ont les corps de pouvoir s'étendre par la compression ; elle diffère de l'*extensibilité* en ce qu'il n'est pas nécessaire que la compression soit mise en jeu pour que cette dernière propriété agisse.

EXTENSIBLE..... *denhbar ;* adj. Qui a la propriété de s'étendre. *Voyez* EXTENSIBILITÉ.

EXTENSION ; extensio ; *ausdehnung ;* s. f. Alongement des corps dans l'une des trois dimensions, ou dans deux ou trois à la fois.

Extension est opposé à contraction. C'est à l'aide des deux mouvemens d'*extension* & de contraction que les muscles deviennent les principaux agens du mouvement dans les animaux. *Voyez* l'ouvrage de Borelli, intitulé : *De Motu animalium ;* c'est encore par les mouvemens de contraction & d'*extension* que la plupart des vers & des reptiles ont un mouvement progressif.

EXTERNE ; externum ; *äusserlich.* Qui est dehors.

EXTERNE (Angle). Angle formé par le prolongement des côtés d'un autre angle. *Voyez* ANGLE EXTERNE, ANGLE INTERNE.

EXTINCTION ; extinctio ; *auslöschung ;* s. f. Action d'éteindre le feu ou une lumière, c'est-à-dire , d'arrêter l'action du feu ou de la lumière.

Le feu & la lumière sont ordinairement des produits de la combustion, résultant de la combinaison de l'oxigène avec les combustibles, lorsque les combustibles sont eux mêmes élevés à une assez haute température pour faciliter la combinaison.

On peut arrêter cette combustion, éteindre le feu , de deux manières : 1°. en couvrant le combustible d'une substance qui empêche l'oxigène de parvenir jusqu'à eux ; 2°. en refroidissant le combustible : c'est ainsi , dans le premier cas, que l'on éteint le feu , en couvrant d'eau, de cendres, de terre ou de toute autre substance les combustibles embrasés ; & dans le second , en approchant un corps très-froid de la mèche d'une lampe ou d'une bougie.

En couvrant un combustible embrasé avec une substance qui intercepte la communication de l'oxigène, il faut que le contact de cette substance dure assez long-temps pour que le combustible puisse se refroidir ; car s'il n'est pas assez refroidi, il se rallume dès qu'on le découvre & que l'oxigène peut exercer son action sur lui : c'est pourquoi il est si difficile d'arrêter les progrès des incendies avec l'eau des pompes, parce que cette eau se vaporisant, dès qu'elle touche le combustible, ne le refroidit pas assez & ne le prive pas assez long-temps du contact de l'oxigène ; dès que celui-ci y parvient de nouveau, la température est encore très-élevée, & la combustion recommence. C'est encore par une raison semblable que des charbons embrasés, recouverts le soir avec de la cendre chaude, se rallument souvent le matin lorsqu'on les découvre.

Dans quelques circonstances, une couche d'eau très-mince peut éteindre un feu vif & brillant : cela a lieu toutes les fois que le combustible est fraîchement allumé, & qu'il n'a pas encore acquis une température assez élevée : alors la privation instantanée de l'oxigène suffit pour éteindre le feu. (*Voy.* EAU ANTI-INCENDIAIRE.) Dans l'*extinction* d'une lampe ou d'une bougie par le souffle, on suspend la vaporisation du combustible qui produisoit la lumière par sa combinaison avec l'oxigène. Lorsque la mèche est mince, la suspension momentanée suffit pour arrêter la vaporisation & éteindre la lumière ; lorsque la mèche est très-grosse, comme dans les lampes de souffleur de verre, souvent le souffle ne suffit pas : il faut plonger la mèche dans l'huile pour intercepter l'action de l'oxigène & refroidir la mèche.

EXTINCTION DE LA CHAUX. Opération par laquelle on combine de l'eau à la chaux vive pour en former un hydrate de chaux. *Voyez* CHAUX VIVE.

Plusieurs autres terres, des oxides métalliques, la soude, la potasse, des sulfures calcinés, produisent également de la chaleur en se combinant avec une petite portion d'eau qu'elles solidifient comme la chaux. *Voyez* CHAUX.

EXTINCTION DU MERCURE. Premier degré d'oxidation du mercure, que l'on obtient en triturant ce métal à l'air libre, avec de la graisse, & en le mêlant si bien qu'il soit rendu imperceptible.

EXTRACTIF, *de ex, hors*; traho, *tirer*; principium extractivum; *extraktivstoff*; s. m. Substance retirée des végétaux, que l'on a placée au rang de leurs principes immédiats, parce qu'on l'a regardée comme identique dans différentes plantes.

Vauquelin nous a fait connoître & a placé l'*extractif* au nombre des principes immédiats, parce qu'il n'a pas encore été décomposé sans le réduire aux élémens de toutes les substances végétales : oxigène, hydrogène, azote & carbone.

L'*extractif* est soluble dans l'eau ; sa solution est toujours colorée. La saveur de l'*extractif* est toujours forte ; elle varie selon la plante dont on l'obtient ; l'alcool le dissout, mais il est insoluble dans l'éther. Exposé à l'air, en couche mince, il devient insoluble dans l'eau. La solution aqueuse d'*extractif* est précipitée par l'alumine, par les sels métalliques, par les acides muriatique, nitrique & muriatique oxigéné.

EXTRACTION ; extractio ; *auszechen* ; s. f. Opération chimique par laquelle on retire les principes des corps mixtes. Ainsi l'huile des olives, séparée de la pulpe qui la contient, s'appelle *extraction de l'huile*.

EXTRACTION est encore une opération arithmétique ou algébrique, qui consiste à trouver la racine d'un nombre ou d'une quantité algébrique.

EXTRAIT ; extractum ; *extrakt* ; s. m. Infusion ou décoction des parties végétales fraîches ou desséchées, évaporées jusqu'à consistance épaisse.

L'*extrait* varie selon la nature du menstrue dont on fait usage. En employant l'eau, l'*extrait* contient toutes les substances solubles dans ce liquide : en employant du vin ou de l'alcool, l'*extrait* contient des substances plus ou moins résineuses.

EXTRAVERSION ; extraversio ; s. f. Action de rendre manifeste ce qu'il y a de salin, d'alcali ou d'acide dans les mixtes : il est opposé à concentration. *Voyez* ce mot.

EXTRÊME ; extremus ; adj. Qui est au dernier point, aux extrémités.

Dans une proportion, ce sont les deux termes placés aux deux extrémités. Ainsi, dans la proportion 2 : 7 = 6 : 21, les nombres 2 & 21 sont les deux *extrêmes*. *Voyez* PROPORTION.

On dit, en géométrie, qu'une ligne est divisée en moyenne & *extrême* raison, lorsque la ligne entière est à l'une de ses parties comme cette partie est à l'autre.

EZÉCHIEL. Astronome arménien, né vers l'an 673, & mort l'an 727.

Ce savant fut un des élèves les plus distingués d'Anania Schiragatsi.

Après avoir acquis de grandes connoissances dans l'astronomie, la physique & la rhétorique, il parcourut la Syrie pour s'instruire davantage. De retour dans sa patrie, il fonda une école qui a formé un grand nombre d'élèves fort instruits dans l'astronomie & la physique.

Nous avons d'*Ezéchiel*, en manuscrit : 1°. un *Traité de Physique & de Mathématiques* ; 2°. un *Traité sur le mouvement du Zodiaque* ; 3°. un *Discours sur la Création* ; 4°. un *Traité de Rhétorique*.

FA

F A. Quatrième son de la gamme diatonique & naturelle. *Voyez* GAMME.

C'est aussi le nom de la plus basse des trois clefs de la musique. *Voyez* CLEF.

FABRICIUS (Jean), physicien & astronome, naquit à Ostende, près de Norde, dans l'Ost-Frise. On ignore le moment de sa naissance & de sa mort, mais on sait qu'il vivoit en 1617.

Ce savant apprit en Hollande à construire les télescopes par réfraction. Il observa le soleil avec cet instrument, & y découvrit les taches que Galilée a remarquées également quelque temps après, & qu'il explique beaucoup mieux que *Fabricius*.

Son père, Daniel *Fabricius*, avoit découvert, en 1556, l'étoile changeante de la Baleine.

FACE; facies; *fache*; s. f. Un des plans qui composent la surface d'un polyèdre.

FACETTE; latusculum; *facette oder klein scite*; s. f. Petits plans qui composent un polyèdre. *Voyez* POLYÈDRE.

FACETTE (Miroir à). Miroir dont la surface est formée de plusieurs plans qui multiplient la réflexion des objets en donnant plusieurs directions à la lumière réfléchie. *Voyez* MIROIR A FACETTE.

FACETTE (Verre à). Verre dont la surface est taillée à *facette*, afin de faire prendre plusieurs directions à la lumière réfractée qui les traverse. *Voyez* VERRE A FACETTE.

FACTEURS; factor; s. m. Quantités qui forment un produit en les multipliant l'une par l'autre.

En arithmétique & en algèbre, les *facteurs* sont le multiplicande & le multiplicateur. *Voyez* MULTIPLICATION.

FACULES, de facula, *petit flambeau*; facula; *facule*; s. f. Taches lumineuses que l'on aperçoit quelquefois sur le disque du soleil.

Ce nom a été donné par Schener aux endroits lumineux plus clairs que le disque du soleil, dont parloit Galilée, & que l'on a beaucoup de peine à distinguer.

FACULTÉ; facultas; *krafte*; s. f. Puissance, pouvoir, principe d'action.

FACULTÉ CONDUCTRICE DES CORPS. Faculté, pouvoir qu'ont les corps de conduire une propriété, telle que la chaleur, l'électricité, le ma-

gnétisme, &c. *Voyez* CHALEUR, ÉLECTRICITÉ, MAGNÉTISME, CONDUCTRICITE.

FAHRENHEIT (Gabriel-Daniel), habile physicien & artiste ingénieux, naquit à Dantzick vers la fin du dix-septième siècle, & mourut en Hollande en 1740.

Son père le destinoit à suivre le commerce, mais son goût le portoit à l'étude des sciences, & le succès de quelques instrumens qu'il exécuta avec d'utiles rectifications, détermina son penchant pour la physique.

Il voyagea dans les différentes parties de l'Allemagne, pour accroître ses connoissances par la fréquentation des savans. Il s'établit en Hollande, où il acquit l'amitié des hommes les plus distingués, & entr'autres de l'illustre S'Gravesende.

Fahrenheit doit sa célébrité à deux instrumens fort en usage en Angleterre, son thermomètre & son aréomètre. *Voyez* THERMOMÈTRE DE FAHRENHEIT, ARÉOMÈTRE DE FAHRENHEIT.

On attribue à *Fahrenheit* une *Dissertation sur les Thermomètres*. On trouve de lui, dans les *Transactions philosophiques*, cinq Mémoires sur le degré de chaleur de divers liquides en état d'ébullition, sur la congélation de l'eau dans le vide, sur la gravité spécifique de différens corps, sur un nouveau baromètre, & sur un aréomètre d'une nouvelle invention.

FAHRENHEIT (Aréomètre de). Instrument propre à prendre la densité des corps, imaginé par *Fahrenheit*. *Voyez* ARÉOMÈTRE DE FAHRENHEIT.

FAHRENHEIT (Thermomètre de). Thermomètre imaginé par *Fahrenheit*, dont la congélation de l'eau est au 32e. degré, & l'ébullition de l'eau au 212e. *Voyez* THERMOMÈTRE DE FAHRENHEIT.

FAISCEAU, de fascis, *botte*, *fagot*; fascellus; *bund*; s. m. Amas de plusieurs choses réunies ensemble.

FAISCEAU DE LUMIÈRE. Assemblage d'une infinité de rayons de lumière qui partent de chaque point d'un objet éclairé, & s'étendent en tout sens.

FANAL, de φανω, *luire*; phanalium; *fanal*; s. m. Tour élevée sur un endroit remarquable de la côte ou de l'entrée d'un port, pour éclairer & diriger les vaisseaux pendant la nuit. *Voy.* PHARE.

On éclaire les *fanaux* avec du bois, de la houille, de l'huile ou du gaz hydrogène. La lumière

mière que l'on obtient avec ces combustibles eſt conſtante ou variable : on la rend variable en faiſant toùrner le foyer ſur un axe, ou en faiſant tourner un diaphragme autour du foyer.

Lorſque les *fanaux* ſont éclairés avec de l'huile ou du gaz hydrogène, la lumière eſt placée au foyer d'un grand réflecteur paraboloïde qui permet à la lumière d'être aperçue à une grande diſtance dans l'axe de la parabole.

Bordier Marcel, Lenoir, ainſi que pluſieurs autres phyſiciens, s'occupent de perfectionner les réflecteurs des *fanaux*, afin de les rendre plus utiles aux navigateurs, en leur faiſant produire de plus grands effets.

On donne encore le nom de *fanal* aux lanternes dont on fait uſage ſur les vaiſſeaux.

FANEGA. Meſure pour la terre & pour les grains, employée en Eſpagne & en Portugal.

Le *fanega* pour l'arpentage varie ſelon la nature des grains que l'on ſème.

	Arpens.	Hectares.
Le *fanega* ordinaire	= 0,6720	= 0,2834
—— pour l'avoine	= 0,7392	= 0,3119
—— pour l'orge	= 0,9165	= 0,3868
—— pour le froment ...	= 1,1000	= 0,4643

Employé comme meſure de grains, il varie également; il a diverſes diviſions, dont la principale eſt de 12 celimes.

	Boiſſeaux.	Décalit.es
A Lisbonne, le *fanega* =	4,255	= 5,5315
A Cadix	= 4,502	= 5,8526
A Séville	= 4 550	= 5,9150
A Bilbao	= 4,758	= 6,1594
A Saint-Sébaſtien ...	= 5,000	= 6,5

FANO. Monnoie de Portugal = 15 reis courans = 0,1115 livre tournois = 0,10998 fr.

FANTASMAGORIE, de φαντασμα, *fantôme*, & d'αγορα, *aſſemblée*; phantasmagoria; *fantasmagori*; ſ. f. Spectacle phyſique qui conſiſte à faire apparoître, dans un lieu obſcur, des images de corps animés qui produiſent de l'illuſion.

Ces apparitions ont lieu ordinairement dans des endroits obſcurs. Souvent, pour préparer les eſprits aux grands effets que l'on veut obtenir, & faire naître de la frayeur, la ſcène ſe paſſe dans un grand ſouterrain tapiſſé en noir, & foiblement éclairé par une lampe ſépulcrale, qui s'éteint au moment où les ſpectres doivent paroître. Sur la tapiſſerie ſont peints des os de morts, groupés de diverſes manières. Le morne ſilence qui règne dans ces lieux, eſt interrompu par le bruit aſſez bien imité de la pluie, de la grêle & du tonnerre, enfin par le ſon lugubre d'un harmonica & par le tintement des cloches. *Voyez* BRUIT DE LA PLUIE, BRUIT DE LA GRÊLE, BRUIT DU TONNERRE.

On peut diviſer en trois claſſes les ſpectres que l'on fait paroître : les premiers ſont d'abord très-petits, ne laiſſent diſtinguèr qu'un point lumineux; puis on les voit grandir ſucceſſivement, de manière qu'ils ſemblent venir de fort loin, & ils paroiſſent au moment où le ſpectateur croit les voir ſur lui : les ſeconds ont une grandeur fixe & reſtent à une certaine diſtance du ſpectateur; mais ils ont du mouvement & paroiſſent animés : les troiſièmes enfin s'aperçoivent au milieu des ſpectateurs, diſparoiſſent ſubitement, & ſemblent parcourir toutes les parties du lieu de la ſcène.

Pour obtenir les deux premiers ſpectres, on fixe, à une petite diſtance des ſpectateurs, une mouſſeline gommée, tendue verticalement, qui eſt comme la toile d'un tableau où les images ſont vues par tranſparence : derrière cette toile eſt un appareil qui projette ſur la mouſſeline les images lumineuſes que l'on veut montrer aux ſpectateurs. Ces appareils ne ſont autre choſe qu'une lanterne magique, ou un mégaſcope lucernal, à l'aide deſquels on projette des images par tranſparence ou par réflexion. *Voyez* MÉGASCOPE LUCERNAL, LANTERNE MAGIQUE.

Il eſt facile, à l'aide de la lanterne magique, de faire varier la grandeur des images & leur donner un mouvement apparent. Il ſuffit de faire varier, 1°. la diſtance de la première lentille au verre coloré, qui contient la peinture des objets, & au travers duquel la lumière paſſe; 2°. de faire varier la diſtance de la ſeconde lentille à la première.

On ſait qu'en approchant les deux lentilles du verre coloré, le foyer de l'image ſe trouve à une grande diſtance, & que le ſpectre qu'elle produit devient très-grand : on ſait également qu'en éloignant les deux lentilles du verre coloré, le foyer de l'image eſt très-rapproché, & que le ſpectre devient très-petit. *Voyez* LANTERNE MAGIQUE, MICROSCOPE SOLAIRE, MÉGASCOPE.

Ainſi, pour faire grandir ſucceſſivement le ſpectre & lui donner l'apparence du mouvement, tout conſiſte à donner aux deux lentilles d'une lanterne magique un mouvement qui les rapproche & les éloigne du verre coloré, en même temps que l'on donne à la lanterne magique un mouvement qui l'approche ou l'éloigne du tableau qui reçoit l'image du ſpectre.

Ces deux mouvemens s'obtiennent, le premier en plaçant les deux lentilles dans deux tuyaux : la première A, *fig.* 818 *(a)*, eſt placée du verre coloré V, dans un tuyau fixe, *a b*; la ſeconde, B, eſt placée à l'extrémité d'un tuyau *c d*, qui ſe meut à frottement dans un autre; une crémaillère C D, eſt fixée à l'extrémité *g* d'un diaphragme *fg*; une roue d'engrenage E fait mouvoir cette crémaillère, & fait approcher ou reculer la lentille B de celle A; une ouverture que l'on peut ouvrir ou fermer avec une plaque qui couie dans les couliſſes *i k*, permet de laiſſer apercevoir ou de faire diſparoître la lumière, conſéquemment le spectre qu'elle produit : le second en plaçant la lanterne magique L, *fig.* 818, sur un petit chariot M ; approchant le chariot près du tableau & éloignant la lentille B, à une grande distance de la lentille A, tirant sa plaque pour ouvrir l'ouverture F, le spectre se peint très-petit sur la toile ; éloignant ensuite la lanterne magique en même temps que l'on rapproche la lentille B de la lentille A, à l'aide d'une manivelle O, placée sur roue dentée E, pour que l'image soit toujours maintenue à son foyer sur la toile, on voit le spectre s'agrandir successivement ; enfin, dès que la lanterne est à sa plus grande distance, & que le spectre est parvenu à ses plus grandes dimensions, on ferme l'ouverture F, & le spectre disparoît.

Or, les spectateurs, que l'obscurité empêche de distinguer si le lieu de l'image change ou ne change pas à leur égard, se laissent séduire par l'illusion qui les porte à croire qu'elle s'approche d'eux en même temps que ses dimensions augmentent ; & cette illusion a d'autant plus d'empire sur eux, que le spectre, commençant à ne se laisser apparoître que fort petit, n'est d'abord vu que comme un point : parvenant rapidement à une étendue très-considérable, leur imagination trompée prend cet accroissement pour l'effet d'un mouvement progressif, à l'aide duquel un objet qu'ils auroient vu, il n'y a qu'un instant, dans le lointain, seroit venu se placer près d'eux.

Quelquefois, par le moyen de deux ou plusieurs verres colorés qui se meuvent l'un sur l'autre, ou même de cornes transparentes qui se meuvent sur le verre, on donne du mouvement à diverses parties du spectre ; mais ce mouvement se produit beaucoup plus facilement avec une ou plusieurs figures en relief, dont les diverses parties sont mues par un mécanisme. Ce relief étant fortement éclairé, la lumière qu'il reçoit se réfléchit dans les deux lentilles de la lanterne magique, & va peindre sur la mousseline le spectre que l'on veut obtenir. Dans cette circonstance, où l'illusion principale consiste dans le mouvement de l'objet, on fixe le chariot & on écarte les lentilles au moment où le spectre produit est d'une grandeur déterminée, puis on met le mécanisme en mouvement. Souvent, au lieu de figures en relief, on place dans la caisse, des personnes vivantes ou des animaux : alors l'illusion est d'autant plus complète, que ce sont les images d'objets vivans avec leurs mouvemens réels. Dans cette circonstance, la lanterne magique fait fonction d'un mégascope, à l'aide duquel le spectre peut avoir des dimensions égales, plus grandes ou plus petites que l'objet. *Voyez* MÉGASCOPE, MICROSCOPE LUCERNAL.

On produit le troisième effet *fantasmagorique*, c'est-à-dire, l'apparence des spectres qui se promènent au milieu de l'assemblée, qui paroissent & disparoissent promptement, avec des mannequins & de masques transparens, dans l'intérieur

desquels on place une lanterne sourde. Une personne transporte ces mannequins dans l'intérieur du lieu de la scène, & à l'aide d'un cordon, elle découvre ou recouvre la lanterne : en la découvrant, on aperçoit le spectre par l'effet de la lumière qui passe à travers les masques, & le spectre disparoît aussitôt que l'on recouvre la lumière.

La *fantasmagorie* est un spectacle nouveau, qui n'a commencé à être bien connu que sur la fin du dix-huitième siècle. Ce n'est, comme on voit, qu'une extension de l'emploi de la lanterne magique. Quelques personnes croient que l'on en a fait usage dans la haute antiquité ; elles prétendent même que c'étoit à l'aide de la *fantasmagorie*, que l'on effrayoit les personnes que l'on initioit aux mystères d'Isis & de Cérès, & qu'un grand nombre de charlatans faisoient apparoître les divinités infernales, ou les morts que l'on invoquoit. S'il est difficile de prononcer sur cette opinion, on voit au moins, en observant les effets de la *fantasmagorie*, combien il auroit été facile, avec ce moyen, d'abuser de la crédulité des personnes qui ne la connoissoient pas.

FANTASMAGORIE (Tableau de). Verres sur lesquels on peint les spectres que l'on veut faire apparoître sur la toile qui reçoit les figures lumineuses. Ces figures doivent être faites avec beaucoup de soin & être environnées d'une teinte noire, afin que la lumière ne passe qu'à travers la figure, & n'éclaire sur le tableau que l'espace que le spectre occupe.

On peut encore donner le nom de *tableau de fantasmagorie* aux peintures faites sur des corps opaques que l'on éclaire fortement, & dont la lumière réfléchie passe à travers les lentilles de l'appareil *fantasmagorique*.

FANTASMAGORIE (Transparent de). Figure de carton ou de tôle, découpée de manière à représenter un objet déterminé, en faisant passer la lumière à travers les découpures. *Voyez* DANSE DES SORCIERS.

On donne encore le nom de *transparent de fantasmagorie* aux verres colorés que l'on place dans le porte-objet des lanternes magiques qui servent à la *fantasmagorie*. *Voyez* TABLEAU DE FANTASMAGORIE.

FANTOME ; φαντασμα ; phantasma ; *gespenst* ; s. m. Etre imaginaire, vain, sans existence physique ; produit d'une erreur d'optique ou d'une imagination déréglée.

Pendant la nuit, lorsque les objets sont peu éclairés, qu'on les voit confusément & que l'on n'a aucun moyen d'apprécier leur distance, on juge souvent, à cause de la foible lumière que l'on reçoit, les objets beaucoup plus éloignés qu'ils ne le sont réellement ; alors ils paroissent s'agrandir à nos yeux. C'est ainsi que l'on croit d'une grandeur gigantesque, de très-petits objets placés près de nous; & si la forme n'est pas bien déterminée, & que la crainte, la frayeur, donnent une disposition particulière à notre imagination, nous croyons toujours apercevoir des objets tout différens de ceux qui existent réellement.

Diverses maladies, les névroses, les délires, &c., produisent des visions de *fantômes*.

Quelques médecins donnent le nom de *fantômes* à des taches, à de petits flocons que l'on voit sans cesse flotter dans l'air : c'est une maladie des yeux.

FANTÔME (Masque de). Masque transparent dont on fait usage dans la fantasmagorie. Ces masques sont formés d'une toile fine & transparente, dont les contours & les sinuosités sont fixés par une dissolution de cire.

FAON. Mesure de longueur employée en Danemarck = 3 alen = 6 pieds danois = 5,976 pieds de roi = 1,9412 mètre.

FARETELLE. Poids dont on se sert dans quelques endroits des grandes Indes. Il est égal à 2 livres de Lisbonne = 1,8742 livre poids de marc = 881,4 grammes.

FARSANG. Mesure itinéraire d'Arménie = 30 asparèses = 0,900 lieues horaires = 0,5004 myriamètres.

FARTHING. Monnoie de cuivre, liard d'Angleterre = 0,0129 livre tournois = 0,01272 fr.

FATIO DE DUILLER (Nicolas), géomètre & physicien, naquit à Bâle le 16 février 1664, & mourut à Worcester en 1753.

Il fut élevé à Genève, y acquit le droit de bourgeoisie, demeura quelque temps à Paris & à la Haye, & se fixa en Angleterre, où il devint membre de la Société royale de Londres à vingt-quatre ans.

Fatio donna de bonne heure des preuves d'un génie fécond & universel : il fut bon mathématicien; il s'occupa de la dilatation de la prunelle & de son resserrement; il démontra les fibres de l'urée intérieure, de la choroïde; il trouva une manière de tailler les verres des télescopes & de mesurer la vitesse des vaisseaux.

Après avoir joui de l'estime de tous les savans de son temps & avoir prouvé, par des travaux distingués, qu'il en étoit digne, son esprit changea de direction & montra le côté foible par lequel trop souvent l'homme que nous avons admiré finit par exciter notre compassion. Il se déclara zélé partisan des Camisards; il s'étoit même fait le secrétaire de ces prophètes, qui avoient promis de ressusciter un mort, & qui manquèrent leur miracle. Ayant été arrêté avec deux autres fanati-

ques, il fut exposé au pilori pendant une heure, deux jours différens. Il mourut à quatre-vingt-dix ans, sans être revenu de son enthousiasme pour les prophètes.

Parmi les ouvrages qu'il nous a laissés, on distingue : 1°. *Lettre à Cassini sur une lumière qui paroît dans le ciel depuis quelques années* ; 2°. *Epistola de mari æneo Salomonis, ad Bernardum, in quâ ostenditur geometria satisfieri posse mensuris quæ de mari æneo in sacrâ Scripturâ habentur; 3°. Linea brevissimè descensûs investigatio geometrica duplex, cui addita est investigatio geometrica solidi rotundi in quod minima fiet resistentia; 4°. la Navigation perfectionnée, &c.*

FAUSSE-PÉNOMBRE. Portion de l'ombre qui contient une portion de la lumière qui éclaire les corps. *Voyez* PÉNOMBRE (Fausse).

FAUSSE-POSITION (Règle de). Opération de l'arithmétique, dans laquelle on fait usage de deux suppositions. *Voyez* POSITION.

FAUX-BOURDON. Musique à plusieurs parties, mais simple & sans mesure, dont les notes sont presque toutes égales, & dont l'harmonie est toujours syllabique.

FAYOLE. Monnoie de compte employée au Japon. La *fayolle* varie de 10 deniers à 12 livres 10 sous.

FÈCES ; fex ; *satz* ; s. f. Sédiment de liqueurs fermentées, dépôt que font les liqueurs filtrées & clarifiées.

FÉCULE ; fecula ; *bodensatz* ; s. f. Dépôts d'une liqueur, l'un des principes immédiats des végétaux.

C'est une substance blanche, d'une saveur fade ou nulle, sans odeur, que l'on retire, par des procédés très-simples, d'un grand nombre de plantes; on la désigne souvent sous le nom d'*amidon*. Les pommes de terre se composent presqu'entièrement de *fécule*.

La *fécule* est à la fois alimentaire & médicinale. Les personnes qui se nourrissent d'alimens riches en *fécule* se distinguent par une grande force.

FÉE MORGAN. Nom donné par Minasi à des apparitions de figures bizarres dans la mer & dans l'air, près du phare de Messine. Minasi a imprimé à Rome, en 1773, une dissertation sur ce phénomène. Nicholson en a donné un extrait dans le n° 5 de son journal, cahier du mois d'août 1797.

FÉES (Cercle des); *circuli fatidicarum; wiesen cirkes*. Cercle que l'on distingue dans les prairies. *Voyez* CERCLES DES FÉES.

FÈETMANGE. Petite monnoie de Cologne = 0,0331 livre tournois = 0,03265 fr.

FÉLICE (Fortuné-Barthelemi), professeur de physique, né à Rome, le 24 août 1725, mort à Yverdun, le 7 février 1789.

Il fit de bonnes études sous les Jésuites, suivit à Brescia les leçons du P. Abricia, récollet. Le P. Boscovich, Jacques & Lesur le distinguèrent. A vingt-trois ans il professa à Rome, fut bientôt appelé à une chaire honoraire de physique à Naples. Il s'y distingua par des connoissances vastes, une diction élégante & pure. Il n'étoit pas rare de trouver mille à douze cents personnes de toute condition & de tout âge à ses leçons.

Un égarement de l'amour lui ayant fait enlever une femme mariée, il essuya de longues persécutions. Enfin, il s'arrêta à Berne, où le Gouvernement le protégea & l'encouragea.

Félice ayant embrassé la religion protestante, & s'étant marié, le besoin d'une famille naissante le fit aviser à se créer des ressources. Il forma l'établissement d'une imprimerie à Yverdun, dont la société typographique lui donna la direction. Il y joignit un pensionnat nombreux, dont il instruisoit lui-même les élèves dans les différentes branches de connoissances.

Son génie actif lui fit entreprendre de nombreux ouvrages, parmi lesquels se trouve l'*Encyclopédie ou Dictionnaire universel raisonné des connoissances humaines.* De savans & nombreux collaborateurs l'aidèrent. Tous les articles signés F. D. sont de lui. On a peine à concevoir qu'un seul homme, dans une petite ville de la Suisse, ait achevé, en aussi peu de temps, une entreprise aussi colossale, à laquelle il réunissoit à la fois tant d'autres occupations.

Félice a publié un grand nombre d'ouvrages, parmi lesquels nous distinguerons : 1°. *De utili aerometria cum cæteris facultatibus naturalibus nexu*; 2°. *Essai des effets de l'air sur le corps humain*; 3°. *De Newtoniana attractione cohærentie naturalis causa, adversus, &c.* Il a traduit divers ouvrages, auxquels il a joint des notes judicieuses; telles sont : 1°. les *Lettres de Maupertuis sur le progrès des sciences*; 2°. la *Méthode de Descartes*; 3°. la *Vie de Galilée*, par Viviani; 4°. la *Méthode de faire des expériences*, par Muschenbroeck; 5°. le *Discours préliminaire de l'Encyclopédie*, par d'Alembert, &c.

FELOURS. Monnoie de cuivre qui se fabrique à Maroc. Il en faut huit pour faire un blanquille, lequel = 0,08 livre tournois = 0,07892 fr.

FEMELIE (Hydre). Nom d'une constellation. *Voyez* HYDRE FEMELLE.

FENÊTRE, de φαινω, *luire*; fenestra; *fenster*; s. f. Ouverture pour donner du jour. Nom donné par les anatomistes à deux ouvertures situées dans la caisse du tambour. Ils distinguent ces deux sortes d'ouvertures, l'une ovale ou vestibulaire, l'autre ronde ou cochléaire.

FENÊTRE OVALE; fenestra ovalis; *ovalen fenster.* Ouverture C, *fig.* 447, qui établit une communication de la caisse du tambour dans le vestibule, & qui est ordinairement fermée par la base de l'étrier.

Cette ouverture, qui occupe à peu près le milieu de la cavité du tambour, n'est pas précisément ovale; elle n'est arrondie qu'à sa partie supérieure. Son grand diamètre offre à peu près le double de celui du petit. La base de l'étrier adhère à toute la circonférence de cette ouverture, au moyen d'une membrane qui joue un rôle très-actif dans le mécanisme de l'audition; elle semble destinée, par les mouvemens de tension & de relâchement que la base de l'étrier lui fait éprouver, à affoiblir ou à renforcer les sons, à comprimer la lymphe qui remplit l'intérieur du labyrinthe, & à la refouler, par le limaçon, vers la membrane de la *fenêtre* ronde. *Voyez* OREILLE, CAISSE DU TAMBOUR, VESTIBULE, LABYRINTHE, LIMAÇON.

FENÊTRE RONDE; fenestra rotunda; *runde fenster.* Ouverture D, *fig.* 447, qui établit une communication entre la caisse du tambour & la rampe interne du limaçon. *Voyez* CAISSE DU TAMBOUR, LIMAÇON.

Cette ouverture est fermée par une membrane fort mince & susceptible de vibration. Cette membrane contribue, avec celle de la *fenêtre* ovale, à faire vibrer les filamens du limaçon à l'unisson des vibrations de l'air, & à donner la perception des sons. *Voyez* OREILLE, PERCEPTION DES SONS.

FENIN. Monnoie de Hollande représentant le denier = 0,0068 livre tournois = 0,005328 franc. Il faut 8 fenins pour faire un gros, 320 pour faire un florin, & 480 pour faire un daller.

FEODER. Mesure pour les liquides. *Voyez* FOEDER.

FER; ferrum; *eisen*; s. m. Métal d'un blanc-bleuâtre, qui tire sur le gris. C'est le plus utile de tous les métaux; c'est aussi celui dont les mines sont le plus abondamment répandues sur la surface de la terre.

Sa cassure est grenue, lamelleuse ou fibreuse; sa densité entre 6300 et 8000.; sa saveur astringente & son odeur lui sont particulières.

La dureté du *fer* est très-variable : les uns sont assez durs pour rayer le verre; d'autres s'émoussent sur le cuivre. Frotté contre des corps durs, il produit des étincelles.

En le chauffant, le *fer* s'amollit, se fond. La température de sa fusion varie avec son état de pureté. Très-pur, il se fond à 158° du pyromètre de

Wedgwood; à l'état de fonte, il peut être liquéfié à 100° de température du même pyromètre.
Elevé à une très-haute température, il se vaporise.

Comme tous les autres métaux, c'est un excellent conducteur de l'électricité & du calorique : il
jouit, au plus haut degré, de la propriété de se magnétiser par influence, seulement lorsqu'il est pur,
& de contracter un magnétisme stable lorsqu'il est
combiné avec du carbone à l'état d'acier, ou avec
du soufre, dans la pyrite magnétique, même avec
du phosphore, dans le phosphure de fer.

Il est malléable à toute température : cette malléabilité croît avec l'élévation de sa température.
On ne peut cependant pas le réduire en feuille aussi
mince que l'or, l'argent & le cuivre; mais on peut
le tirer en fil très-fin. D'après les expériences de
Sickingen, un fil de fer de 0,3 ligne d'épaisseur &
de 2 pieds de longueur, peut supporter, sans se
rompre, un poids de 40 livres. De tous les métaux,
c'est celui qui possède la plus grande solidité.

On distingue trois sortes de fer: 1°. la fonte; 2°. le
fer; 3°. l'acier.

On a donné le nom de fonte ou fer cru, à l'espèce
de fer que l'on obtient des hauts fourneaux dans
lesquels on traite les minerais de fer: dans cet état
il est très-fragile, & se fond à une foible température. Sa fragilité varie avec son état de pureté &
la quantité de carbone qu'il contient. La fonte
grise la plus carbonée est la plus tenace & la plus
facile à travailler.

Cette espèce de fer est composée de fer, oxigène,
carbone & laitier. Les proportions de ces substances sont :

Fer . . . . entre	0,91 &	0,98
Oxigène	0,02	0,070
Carbone	0,05	0,30
Laitier	0,05	0,40

A l'état liquide, la fonte de fer peut être coulée
dans des moules & y prendre toutes les formes
qu'on y a imprimées. Les reliefs des objets moulés
en fonte sont plus beaux que ceux que l'on obtient
avec l'or, l'argent, le cuivre, &c., parce que le
fer fondu a, comme l'eau, la faculté d'augmenter
de volume en se solidifiant. Voyez FONTE DE FER.

Des trois états sous lesquels on distingue le fer,
celui auquel on donne le nom de fer ductile est le
plus pur; cependant, quelques soins que l'on se
donne en l'affinant, il retient toujours diverses
substances, & principalement du charbon.

Les proportions du carbone varient entre 0,0005
& 0,006. Le fer est d'autant plus mou & plus doux
qu'il contient moins de charbon; il durcit avec la
proportion de charbon qu'il retient.

Par rapport à ses qualités, on distingue quatre variétés de fer ductile: 1°. fer doux; 2°. fer cassant;
3°. fer brisant ou rouverain; 4°. fer aigre.

Le fer doux peut être mou, dur, grenu, nerveux
& mélangé : ces différences sont produites par la
proportion de carbone qu'il retient. Le fer cassant
a le défaut de se briser facilement à froid, quelquefois même en tombant : ce défaut est souvent occasionné par du phosphure de fer. Le fer brisant ou
rouverain a le défaut de s'éclater sous le marteau,
lorsqu'il est rouge ou lorsqu'il a atteint une certaine température; de manière qu'il devient très-
difficile à forger : ce défaut est produit par différentes substances combinées avec le fer, particulièrement par de l'étain, du cuivre, &c. Le fer aigre
participe des deux défauts des fers cassant & brisant.
On peut acquérir de plus grands détails sur ces fers
dans la Sidérotechnie d'Haffenfratz.

Enfin, l'acier est une combinaison de fer & de
carbone : la proportion de carbone varie entre
0,008 & 0,020. On distingue trois sortes d'acier :
1°. naturel ou de forge; 2°. de cémentation; 3°.
fondu. Ces aciers ont chacun des propriétés qui les
font préférer pour différens travaux. En général,
à 0,008 de carbone, l'acier est mou; à 0,010, il
est d'une qualité ordinaire; à 0,012, il est dur, &
à 0,020 il devient très-difficile à traiter. Voyez
ACIER. Voyez aussi la Sydérotechnie d'Haffenfratz.

On peut diviser en quatre classes les minerais,
dont on retire le fer : 1°. métalloïde ; 2°. carbonaté;
3°. oxidé ; 4°. hydraté.

Le minerai métalloïde a l'éclat métallique du fer;
c'est ordinairement un oxide de fer pur qui contient
de 0,50 à 0,76 de fer pur. Le minerai carbonaté,
plus connu sous le nom de fer spathique, contient,
lorsqu'il est pur, de 0,5500 à 0,60 de fer; mais il
peut être combiné avec des gangues, de manière à
ne produire que de 0,3500 à 0,40. C'est une combinaison d'oxide blanc de fer, d'oxide de manganèse, de magnésie, de silice & de chaux. L'oxide
de fer est un minerai très-commun & qui se rencontre sous différens états. Lorsqu'il est bien pur,
il peut contenir jusqu'à 0,60 de fer; mais il est
excessivement rare de le trouver à cet état; il est
presque toujours combiné avec des terres, de manière à ne produire que de 0,25 à 0,40 de fer. Enfin, le fer hydraté est une combinaison d'oxide de
fer & d'eau, contenant différentes proportions de
fer, communément de 0,25 à 0,50.

Toutes les méthodes employées jusqu'à présent
pour obtenir le fer du minerai qui le contient,
peuvent se réduire à deux : la première appliquée
aux minerais très-riches, qui contiennent plus de
0,45 de fer; la seconde aux minerais moins riches,
qui contiennent moins de 0,45 de fer.

Pour traiter le minerai riche, on le place dans
des bas fourneaux de 12 à 18 pouces de profondeur; on les dispose, avec du charbon, de manière
qu'ils puissent se désoxider, se fondre, former une
loupe au fond du creuset : on y raffine cette loupe
& on la porte sous le marteau pour en étirer des
barres. On a donné à ce mode le nom de méthode
à la catalunne.

Selon que l'on a conduit l'opération avec plus

ou moins de vitesse, on obtient du *fer* plus ou moins pur, plus ou moins aciéreux.

Quant aux minerais moins riches, on les jette dans un haut fourneau avec du charbon ; ils s'y désoxident en tombant : arrivés aux étalages, ils s'y fondent, ainsi que les terres qui accompagnent l'oxide métallique ; les verres terreux enveloppent les gouttes de métal fondu : ils tombent ensemble, passent devant la tuyère, & se séparent dans le creuset. On coule la fonte, que l'on refond de nouveau dans un bas fourneau, pour l'y affiner & en former une loupe que l'on porte sous les marteaux pour être cinglée.

Quelque modique que soit la valeur du *fer* en sortant des usines qui le retirent du minerai, il peut acquérir, par le travail, un très-grand prix. Ekstrom a fait voir, dans un Mémoire lu à l'Académie des Sciences de Stockholm, qu'il pouvoit, dans quelques circonstances, augmenter de plus de soixante-dix mille fois sa valeur.

Il paroît impossible de remonter à l'origine du travail du *fer*. On la rapporte aux temps fabuleux. Les uns en attribuent l'invention à Tubulcain ; d'autres à Vulcain, à Prométhée, à Odin, &c. ce qui paroît assez positif, c'est que le travail du *fer* a dû être postérieur à celui des autres métaux : du cuivre, de l'argent, du plomb, &c. Tous ces métaux sont malléables après avoir été fondus. La fonte de *fer* est cassante. On ne peut rendre ce métal malléable qu'après l'avoir affiné & l'avoir forgé au rouge-blanc : découverte qui a pu être due au hasard.

FER (Coloration du). Coloration que l'on donne au *fer* en l'exposant à l'action du feu.

Si, après avoir poli la surface d'un morceau de *fer* & d'acier, on le chauffe graduellement en l'exposant à l'action de l'air, l'oxigène de l'air se combine avec cette surface & la colore d'abord en jaune-paille ; l'oxigène se combinant de nouveau, le jaune augmente d'intensité ; il devient orange, rouge, violet, bleu, vert, & enfin gris : alors il cesse de se colorer. *Voyez* OXIDATION, COULEUR DES LAMES MINCES.

FER FONDU. *Fer* que l'on a fait entrer en fusion en l'exposant à l'action d'une température de 158° du pyromètre de Wedgwood. *Voyez* FER.

On donne encore le nom de *fer fondu* à la fonte de fer. *Voyez* FONTE DE FER.

FER (Fonte de). *Fer fondu* provenant du traitement des minerais de *fer* dans des fourneaux hauts ou bas, après les avoir mis en contact avec du charbon. *Voyez* FONTE DE FER, FER.

FER FORGÉ. Fonte de *fer* raffiné, dont les loupes amenées à un très-haut degré de température, à la couleur rouge-blanc, ont été cinglées sous de gros marteaux. *Voyez* FER.

FER NATIF. *Fer* très-malléable, que l'on rencontre dans les entrailles ou sur la surface de la terre, & qui paroît y être tombé de l'atmosphère.

Ce *fer* n'a pas précisément tous les caractères du *fer forgé* ; il est plus blanc que lui, souvent encore plus malléable ; il contient assez constamment du nickel.

On a trouvé du *fer natif* en Sibérie, en Bohême, en Croatie, en Allemagne, en Amérique, en Asie, enfin dans un grand nombre de pays. Quelques masses de ce *fer* pesoient jusqu'à 3 milliers.

FER OLIGISTE. Oxidule de *fer* avec éclat métallique, contenant une proportion d'oxigène un peu plus grande que le *fer oxidulé*. On trouve de ce minerai de *fer* qui rend jusqu'à 0,66 de *fer* pur.

FER OXIDÉ. *Fer* combiné avec l'oxigène, contenant environ 0,31 d'oxigène. C'est un minerai de *fer* qui est souvent mélangé ou combiné avec différentes terres.

FER SPATHIQUE. *Fer* combiné avec de l'oxigène, de l'acide carbonique & différentes terres. L'oxide de *fer*, dans ce minéral, est à l'état d'oxide blanc.

Le *fer spathique* est ordinairement de couleur blanche ; il passe à la couleur rouille par des nuances insensibles ; sa texture habituelle est lamelleuse : il contient 0,30 à 0,55 de *fer*. Ce minerai est employé avec beaucoup de succès pour en obtenir du *fer* & de l'acier : traité dans les hauts fourneaux, il donne de sa fonte, & dans les bas fourneaux on obtient directement du *fer*.

FERDING. Nom d'une monnoie employée à Riga = 0,0605 de la livre tournois = 0,05966 franc. Il faut 20 *ferding* pour un florin, & 60 pour un rixdaler.

FERDON ; *ferdonus*. Nom d'une ancienne monnoie dont la valeur étoit estimée 2 onces.

FERGUSSON (Jacques), physicien, mécanicien, astronome, naquit en 1710, dans un village du comté de Bamff en Ecosse, & mourut à Londres le 16 novembre 1776.

Réduit à garder les moutons dans son enfance, il apprit à lire en écoutant les leçons que son père donnoit à son frère aîné, & il se livra ensuite à la lecture.

Sa situation le porta naturellement à la contemplation du ciel ; il voulut connoître les lois suivant lesquelles les astres se mouvoient, & il construisit, par son adresse & son génie, un globe céleste, une montre & une horloge en bois. Son maître, étonné d'avoir un berger aussi savant, lui procura la connoiffance d'un homme qui lui enfeigna les mathématiques.

Fergufson quitta le fermier pour fe livrer aux fciences avec plus d'ardeur. Le befoin de fournir à la fubfiftance de fa famille, lui fit entreprendre des portraits à l'encre de la Chine. Il parcourut ainfi, comme peintre ambulant, plufieurs parties de l'Ecoffe & de l'Angleterre.

Arrivé à Londres, en 1744, il y donna des leçons de phyfique. Le Prince royal fut un de fes élèves. La Société royale le reçut au nombre de fes membres fans payer aucun droit pour fon admiffion.

Parmi les différens ouvrages qu'il a imprimés, on diftingue : 1°. l'*Aftronomie enfeignée fuivant les principes de Newton*; 2°. l'*Introduction à l'électricité*; 3°. l'*Introduction à l'aftronomie*; 4°. les *Exercices choifis de mécanique*; 5°. *Les leçons fur divers fujets de mécanique, d'hydroftatique, d'hydraulique, de pneumatique & d'optique*; 6°. *Traité de perfpective*, &c.

FÉRIALE (Lettre). Lettre affectée au premier de chaque mois. *Voyez* LETTRE FÉRIALE, LETTRE DOMINICALE.

FERLIN. Vieille monnoie qui valoit le quart d'un denier.

FERME; *firmus*; *feft*; adj. Qui eft dur, & dont l'union des particules les empêche de fe déplacer aifément lorfqu'on le touche.

On donne ordinairement le nom de folides aux corps *fermes*. Ces corps font oppofés aux corps liquides, dont les parties cèdent à la moindre preffion, & aux corps mous, dont les parties fe déplacent aifément pour une force médiocre. Cependant on doit diftinguer *ferme & folide*, en ce que les corps mous font folides fans être *fermes*.

FERMENT; *fermentum*; *gœhrungfmettel*; f. m. Subftance qui détermine, qui occafionne la fermentation des corps.

Le *ferment* eft une matière végéto-animale, qui fe fépare fous forme de flocons plus ou moins vifqueux de tous les liquides qui éprouvent la fermentation vineufe. C'eft un compofé de carbone, d'azote, d'hydrogène & d'oxigène.

Cette fubftance, que l'on fépare de la farine de froment & des farines des autres graines céréales, & que l'on nomme *gluten*, eft un excellent *ferment*: c'eft elle qui excite la fermentation de la pâte & produit un pain levé, léger & plein d'yeux. *Voyez* GLUTEN.

Il eft néceffaire qu'il foit frais obtenu pour produire la fermentation. Il perd fa propriété, 1°. en le coagulant au moyen de la chaleur; 2°. en le combinant à l'oxigène ou à des acides minéraux; 3°. en le combinant à l'alcool.

FERMENTATION; ζύμωσις; fermentatio; *gœhrung*; f. f. Mouvement fpontané qui exifte dans les fubftances végétales ou animales, & qui donne naiffance à des produits qui n'exiftoient pas.

Pendant long-temps on a confondu la *fermentation* & l'*efferfcence*. Cette dernière eft produite par le dégagement d'une fubftance gazeufe, formée par l'action d'une fubftance fur des matières minérales, foit que ces fubftances exiftaffent déjà, tel que l'acide carbonique que l'on dégage des carbonates à l'aide des acides; foit que l'action chimique les produife : tel eft le gaz hydrogène, que l'on obtient en diffolvant des métaux dans l'acide muriatique. *Voyez* EFFERVESCENCE, GAZ HYDROGÈNE.

On diftingue ordinairement trois fortes de *fermentation* : 1°. la *fermentation vineufe*, fpiritueufe ou alcoolique; 2°. la *fermentation acéteufe*; 3°. la *fermentation putride*. Quelques phyficiens ajoutent à ce nombre deux nouvelles *fermentations* : 1°. la *fermentation panaire*; 2°. la *fermentation fucrée*. *Voyez* ces mots.

FERMENTATION ACÉTEUSE. Transformation fpontanée d'une liqueur vineufe en acide acétique. *Voyez* ACIDE ACÉTIQUE, VINAIGRE.

On détermine la *fermentation acéteufe* en expofant une liqueur vineufe à l'air, à une température de 10 à 30 degrés : l'oxigène de l'air s'y combine; il fe forme du gaz acide carbonique qui fe dégage, & le liquide s'échauffe foiblement; il fe trouble; une foule de filamens s'y forment & fe meuvent en tout fens; ils fe dépofent en une maffe femblable, pour la confiftance, à de la bouillie : la liqueur redevient tranfparente, & le vinaigre eft formé.

Cette *fermentation* eft produite par la décompofition de l'alcool contenu dans la liqueur vineufe, & elle ceffe lorfque l'alcool eft entièrement décompofé. Si, d'après Chaptal, on délaie 15 grammes de levure de bière & un peu d'empois, dans un litre d'eau-de-vie à 12°, la *fermentation acéteufe* fe produit dans ce mélange, & l'on obtient un vinaigre extrêmement fort, qui commence à fe produire le cinquième jour de l'expérience.

En général, les liqueurs vineufes qui contiennent le plus d'alcool, font celles qui donnent le vinaigre le plus fort.

Quoique l'abforption de l'oxigène foit néceffaire, dans un grand nombre de circonftances, pour déterminer la *fermentation acéteufe*, il en eft cependant dans lefquelles elle peut être produite hors du contact de l'air, puifque la bière & le cidre finiffent par s'aigrir dans des vaiffeaux fermés. *Voyez* VINAIGRE.

FERMENTATION PANAIRE. *Fermentation* qui

se produit dans la pâte, la fait lever & donne de la légèreté au pain.

Thenard a prouvé que la *fermentation panaire* se composoit de la *fermentation spiritueuse* ou *vineuse*, & de la *fermentation acide*.

FERMENTATION PUTRIDE. *Fermentation* à l'aide de laquelle les corps passent à l'état de putréfaction.

Souvent la *fermentation putride* est une suite, une continuation de la *fermentation acéteuse*; quelquefois aussi la *fermentation putride* s'établit d'abord dans les substances végétales ou animales. *Voyez* PUTRÉFACTION.

Pour que la *fermentation putride* s'établisse, il faut que les substances végétales & animales soient exposées à la double action de l'humidité & de l'air atmosphérique; alors il s'en dégage peu à peu du gaz acide carbonique, du gaz hydrogène carboné & du gaz azote, & il se produit une odeur fétide : il se forme en outre de l'eau & diverses autres substances.

Aucune substance n'éprouve la *fermentation putride*, si elle n'est exposée au contact de l'air & de l'eau, & si elle n'est soumise à une certaine température entre 10 & 25°. Au-dessous de zéro, l'eau étant toujours congelée, il n'y a pas de *fermentation putride* : cette *fermentation* devient très-active à une température de 15 à 25° R. au-dessus de zéro. Les substances végétales & animales peuvent être préservées de la *fermentation putride* en les renfermant exactement & en les garantissant de l'action de l'air & de l'eau. Il est probable que les sels & l'alcool produisent le même effet, en s'emparant de l'humidité des substances animales & végétales.

Il ne suffit pas que l'air soit en contact avec les substances animales & végétales pour favoriser la *fermentation putride*; il faut encore qu'il soit stagnant, car le mouvement de l'air peut dessécher ces substances & arrêter la *fermentation*. *Voyez* PUTRÉFACTION.

FERMENTATION SUCRÉE. Opération par laquelle il se produit du sucre dans des substances qui n'en laissoient pas apercevoir.

Nous donnerons pour exemple la matière sucrée qui paroît se développer pendant une certaine période de la germination des graines céréales. Tout fait croire que cette germination est absolument nécessaire pour déterminer la *fermentation vineuse* dans l'eau qui a séjourné sur de la farine d'orge, & obtenir de la bière.

Quelques physiciens prétendent que cette *fermentation* est au moins douteuse, parce que, avant a germination, ces grains contenoient déjà du sucre, & qu'il seroit possible que la germination ne produisît d'autre effet que de détruire un corps auquel le sucre étoit uni dans la graine.

Proust paroît partager ce sentiment dans un Mé-

moire sur l'orge germée, qu'il a lu à l'Académie des Sciences en août 1817. Nous allons rapporter ce qu'il dit à ce sujet.

« On obtient en abondance de l'eau-de-vie des pommes de terre, sans autre apprêt que leur cuisson par la vapeur. On les broie le mieux possible & on en fait une pâte qu'on étend d'eau; en y ajoutant un peu de farine crue & de levure, la *fermentation* s'excite, & en peu d'heures on obtient une liqueur qui, passant à l'alambic, donne de l'eau-de-vie en quantité suffisante pour que ce procédé soit utile.

» Les distillateurs anglais ou écossais sont depuis long-temps, je crois, dans l'usage de fabriquer de l'eau-de-vie aussi bien avec de la *farine crue* qu'avec celle d'orge maltée. Les produits sont à très-peu-près les mêmes. C'est ce qui a été établi avec beaucoup de soin dans l'ouvrage présenté en 1806 à la Chambre des Communes par les commissaires de l'Excise.

» J'ai eu occasion de répéter ce procédé sur la farine de seigle, & j'ai trouvé qu'elle donnoit autant d'eau-de-vie, sans préparation, qu'après la germination du grain. » *Voyez* FERMENTATION VINEUSE, ESPRIT-DE-VIN.

FERMENTATION VINEUSE. Mouvement spontané qui s'excite dans un liquide sucré, à la suite duquel on obtient une liqueur vineuse & alcoolique.

On peut obtenir facilement une *fermentation vineuse*, en dissolvant cinq parties de sucre dans vingt parties d'eau, & en y ajoutant une partie de ferment. (*Voyez* FERMENT.) En exposant le tout à une température de 15 à 30 degrés, on voit des bulles se former & le liquide s'échauffer. La totalité du sucre & une partie du ferment se décomposent; il se forme de l'alcool, de l'acide carbonique; & une matière blanche, équivalente à la moitié du ferment, se précipite.

Comme cette *fermentation* peut avoir lieu sans la présence de l'air, on présume que le ferment, qui a beaucoup d'affinité pour l'oxigène, en enlève un peu à chaque partie du sucre par une partie de son hydrogène & de son carbone, & que dès-lors l'équilibre se trouvant rompu entre les principes constituans du sucre, ceux-ci agissent tellement les uns sur les autres, qu'ils se transforment en esprit-de-vin & en acide carbonique. Quant à la matière blanche qui se précipite, & qui est composée d'hydrogène, de carbone & d'oxigène, on croit qu'elle est formée aux dépens du ferment. On ignore ce que devient l'azote, qui étoit partie constituante du ferment.

Le sucre nécessaire dans la *fermentation vineuse* est composé, d'après Thenard & Gay-Lussac, de 42,47 de carbone, 50,67 d'oxigène & 6,90 d'hydrogène. L'alcool qui se forme est composé, d'après Th. Saussure, de 51,98 de carbone, 33,32 d'oxigène & 13,70 d'hydrogène : d'où il suit

suit que l'on peut, en nombre rond, considérer le sucre comme composé de trois parties d'acide carbonique & trois parties d'hydrogène proto-carburé, & l'alcool d'une partie d'acide carbonique & trois parties d'hydrogène proto-carburé : d'où il suit encore que, pour qu'un poids donné de sucre se change en alcool par la *fermentation*, il devra se dégager deux parties d'acide carbonique.

Tous les liquides sucrés extraits de diverses substances végétales, & qui contiennent naturellement du ferment, peuvent éprouver seuls la *fermentation vineuse* : tels sont le moût de vin, le suc exprimé des pommes, l'infusion de drêche ou de farine de graines de céréales, dans lesquelles on a déterminé un commencement de germination, &c. Il est rare que ces liquides fermentent, lorsqu'on les a privés du contact de l'air; mais dès qu'à l'aide d'une très-petite quantité d'oxigène, la *fermentation* a commencé, elle continue seule & sans addition de nouvel air. *Voyez* VIN, VINIFICATION; *voyez* aussi BIÈRE, CIDRE, dans le *Dictionnaire de Chimie* de l'*Encyclopédie*.

FERRUGINEUX; *ferrugineus eisenhaltig*; adjectif. Qui contient du fer, qui est formé de ce métal.

On donne le nom de *ferrugineux* à divers composés chimiques qui proviennent ou qui contiennent du fer.

FERTELLE. Mesure de Brabant qui contient le quart d'un boisseau.

FÊTE; *festum*; *fest*; s. f. Jour de réjouissance établi pour célébrer un événement.

FÊTE MOBILE; *beweglich feste*. Fête de l'Église, dont le jour, dans le calendrier, est déterminé par le jour auquel on célèbre la *fête de Pâque*.

Ces *fêtes* peuvent être divisées en deux classes : celles qui précèdent & celles qui suivent le jour de Pâque.

Parmi celles qui précèdent le jour de Pâque, sont : 1°. le dimanche de la *Septuagésime*, ou 63 jours avant Pâque; 2°. la *Sexagésime*, 56 jours avant Pâque; 3°. la *Quinquagésime*, 49 jours avant Pâque; 4°. le jour des *Cendres*, 46 jours avant Pâque. Les *fêtes* qui suivent le jour de Pâque sont : 1°. les *Rogations*, 36 jours après Pâque; 2°. l'*Ascension*, 39 jours après Pâque; 3°. la *Pentecôte*, 49 jours après Pâque; 4°. la *Trinité*, 56 jours après Pâque; 5°. la *Fête-Dieu*, 60 jours après Pâque.

D'où l'on voit que, pour avoir la date exacte des *fêtes* mobiles, il faut d'abord déterminer celle du jour de Pâque; qui doit être le premier dimanche qui suit la pleine lune qui arrive après l'équinoxe de printemps. *Voyez* CALENDRIER.

FEU; *ignis*; *feuer*; s. m. L'un des quatre élémens admis par le plus grand nombre des philo-

sophes anciens. C'est le seul qui ait, jusqu'à présent, continué d'occuper une place parmi les corps simples.

Cet élément qui pénètre l'Univers entier, qui l'éclaire & qui anime toute la nature organisée, a fait, dans tous les temps, l'admiration des hommes capables de réfléchir, & presque tous les peuples primitifs l'ont divinisé. Son action nous fait éprouver un bien-être lorsque nous nous tenons à une certaine distance d'un foyer qui nous communique une douce chaleur.

On conçoit par le mot *feu*, soit la chaleur elle-même, soit la matière qui se dégage des substances en ignition, en combustion, soit enfin la matière élémentaire qui produit la chaleur. *Voyez* CHALEUR, CALORIQUE.

FEU (Aliment du). Tout ce qui sert à produire & à entretenir le *feu*. *Voyez* COMBUSTIBLE, ALIMENT DU FEU.

FEU AVEC COMPRESSION. Réunion de la chaleur & de la compression pour produire de grands effets. *Voyez* CHALEUR MODIFIÉE PAR LA COMPRESSION.

FEU BLANC INDIEN. *Feu blanc*, très-brillant, qui se distingue à une très-grande distance.

Les astronomes français en ont fait usage comme signaux, lorsqu'ils ont voulu continuer leur triangulation de France en Angleterre.

Un de ces *feux*, allumé à Core, sur les côtes d'Angleterre, fut vu très-distinctement à Mont-Lambert, par Méchain, sur la côte de France, à une distance de 40 milles de mer, pendant un temps couvert & nébuleux, à la vue simple & sans télescope. Ce *feu* est facilement aperçu peu avant le coucher du soleil, à une distance de 36,000 toises. La lumière de ce *feu* est d'un éclat tellement éblouissant, qu'il blesse les yeux de ceux qui s'en approchent beaucoup, & ils ressentent les mêmes effets qu'on ressent après avoir regardé le soleil.

Ce *feu* se compose de 24 parties de salpêtre;
7 de fleur de soufre;
2 d'arsenic rouge.

Ces substances sont pulvérisées & bien mêlées ensemble : on les enferme dans des boîtes rondes où carrées de bois mince : il s'allume avec une mèche & s'enflamme sans explosion. Il se produit une lumière très-brillante, accompagnée d'un peu de fumée, qui oblige celui qui allume de se mettre au vent pour éviter les vapeurs arsenicales.

FEU BRISOU. Exhalaisons meurtrières & malfaisantes que l'on rencontre dans les mines de houille.

Ces exhalaisons paroissent ordinairement sous la forme de flocons blancs, de fils ou de toiles d'araignées, qui s'enflamment subitement aux lampes des ouvriers, avec un fracas & une explosion épouvantables; elles bleffent & tuent en un inftant ceux qui ont le malheur d'en être atteints.

Dès que les ouvriers voient ou entendent quelques mouvemens qui dénotent la préfence de ces fils, ils les faififfent, les mêlent avec l'air avant qu'ils puiffent s'allumer à leur lampe, ou plutôt ils s'écartent ou éteignent leur lumière, fe jettent ventre à terre & avertiffent leur camarades par leurs cris.

Comme cette fubftance eft un gaz inflammable carboné, qu'elle eft plus légère que l'air atmofphérique, la vapeur enflammée paffe fur leur dos fans leur faire aucun mal.

Il eft des mines de houille qui font plus fujettes que d'autres à ces fortes de feu. Alors il eft néceffaire de prendre des précautions pour en garantir les ouvriers. Dans quelques-unes de ces mines, on a foin d'y faire defcendre, avant les autres, un homme couvert de linge mouillé ou de toile cirée, ayant un mafque avec des yeux de verre. Cet homme tient une perche au bout de laquelle eft une lumière; il s'approche ventre à terre de l'endroit où fe réuniffent les exhalaifons pernicieufes; bientôt l'inflammation & la détonation s'annoncent avec un bruit de tonnerre, & la galerie eft purifiée.

Affez généralement, ces nuages ne fe rencontrent que là où l'air eft ftagnant: auffi détruit-on les effets du feu brifou dans un grand nombre de mines, en y établiffant un fort courant d'air.

Lorfque les ouvriers font obligés de travailler dans des galeries dont on ne peut écarter le feu brifou, ils fe fervent, pour s'éclairer, d'une meule que l'on fait tourner fur une lame d'acier qui produit de vives étincelles. C'eft à l'aide de ces étincelles, qui n'enflamment pas le feu brifou, qu'ils s'éclairent pour travailler.

Davy s'eft affuré que fi l'on enveloppe la mèche d'une lampe d'un très-petit tuyau de toile métallique, la matière même du feu brifou peut paffer à travers ce tamis avec l'air atmofphérique, fans produire aucun embrafement. Voyez LAMPE DE DAVY, GAZ INFLAMMABLE DES MINES.

FEU CENTRAL. Feu que l'on fuppofe exifter au centre de la terre. Voyez CHALEUR CENTRALE.

FEU D'AIR INFLAMMABLE. Feu de diverfes formes, obtenu avec du gaz hydrogène, & produifant des effets analogues aux feux d'artifice.

Si l'on applique un tube à un réfervoir de gaz hydrogène, & que ce gaz forte par une très-petite ouverture, on fait que l'on obtient, par ce moyen, une lumière qui dure tant que le réfervoir peut fournir du gaz, & que l'air, dans lequel le gaz fort, contient affez d'oxigène pour entretenir la combuftion. C'eft ce moyen dont on fait ufage pour produire des effets affez agréables.

Pour obtenir des feux qui produifent des figures déterminées & des formes conftantes, il fuffit d'avoir un ou plufieurs, tubes T, fig. 819, repréfentant la figure que l'on veut obtenir, perçant ces tubes d'une infinité de petits trous a a a, afin qu'il fe forme autant de jets de gaz hydrogène; allumant tous ces jets à la fois, on produit en feu la figure demandée.

Mais fi l'on veut obtenir un feu circulaire femblable aux foleils de feu d'artifice, il faut placer à l'extrémité du tube A, fig. 819 (a), un autre tube BD qui tourne fur un centre C; ce fecond tube doit être tellement ajufté, qu'il reçoive le gaz du premier & ne lui donne de fortie que par les extrémités coudées B & D: la réfiftance que le gaz éprouve en fortant, procure au tube BCD un mouvement de rotation fur fon axe. Allumant le gaz au moment où il fort, on obtient une lumière circulaire qui produit l'effet d'un foleil d'artifice.

Il eft facile, avec des pièces de ces deux genres, différemment préparées, d'obtenir des feux d'air inflammable très-variés, & de produire ainfi des effets plus ou moins agréables.

Un nouveau perfectionnement devoit être apporté à ces fortes de feux; c'étoit de varier leur couleur: on y parvint d'abord en employant des gaz différens, foit des gaz hydrogènes purs, des gaz hydrogènes carbonés, huileux, fulfureux, &c., puis de faire paffer ces gaz à travers des éponges remplies d'éther, des boules remplies de charbon en poudre, de limaille de fer & de cuivre: avec le charbon on obtenoit un feu plus rouge & plus fombre; avec la limaille de cuivre, un feu plus vert; avec la limaille de fer, des étincelles brillantes.

Diller a formé à Paris un fpectacle dans lequel il a fait, pendant quelque temps, l'amufement du public par des feux d'air inflammable de différentes couleurs & de différens deffins. Dumoutier, rue du Jardinet, à Paris, a exécuté & vend tous les appareils propres à produire ces différens feux. Voyez GAZ HYDROGÈNE DES MARAIS.

FEUX D'ARTIFICE. Feux obtenus avec des tubes de carton remplis de poudre, compofés de différentes proportions de falpêtre, de foufre & de charbon, & fouvent de pétrole, de poix-réfine, de chaux vive, de mercure, &c. Voyez l'ART DE L'ARTIFICIER dans les Arts & Métiers de l'Encyclopédie.

Les Chinois donnent aux feux d'artifice, toute la variété des formes, des couleurs & des effets dont l'art eft fufceptible; mais quant aux combinaifons des figures, des mouvemens & des contraftes du feu, il n'eft point de nation qui l'emporte fur les Mofcovites.

FEU DE RÉVERBÈRE. Fourneaux ou machines à feu, dans lefquels le feu s'accumule par la réflexion dans un efpace donné.

FEU ÉLECTRIQUE. Lumière qui accompagne les phénomènes électriques.

On distingue, parmi les *feux électriques*, les aigrettes lumineuses qui brillent aux pointes & aux angles des corps conducteurs électrisés (voy. AIGRETTES LUMINEUSES), les étincelles qui éclatent entre deux corps différemment électrisés (voyez ÉTINCELLES ELECTRIQUES), toutes les lumières diffuses qu'on aperçoit dans un tube, dans un matras, dans un globe vide d'air, &c.; enfin, tous les phénomènes dans lesquels la matière électrique devient lumineuse & visible dans l'obscurité. Voyez ELECTRICITÉ, LUMIÈRE ÉLECTRIQUE.

FEU ÉLÉMENTAIRE. Substance que les philosophes considèrent comme donnant naissance au *feu* & aux phénomènes de la chaleur. Voyez CALORIQUE.

FEU (Équilibre du). Température égale, existant dans toutes les parties de l'espace que l'on considère.

Pour que le *feu* soit en équilibre entre deux ou plusieurs corps, il faut qu'ils conservent respectivement la quantité qu'ils possèdent, & qu'ils ne s'en enlèvent pas réciproquement : s'il se fait un échange de *feu* ou de calorique entre ces corps, cet échange doit être égal de part & d'autre, de manière qu'ils conservent toujours la même quantité de calorique, & qu'ils soient en équilibre de température. Prévot a traité cette question avec beaucoup de détail dans le *Journal de Physique* de 1791, partie I, page 314, & dans son *Traité du Calorique rayonnant*.

FEU FOLLET; *ambulones*; *jarlichter*. Météore enflammé, semblable à une flamme légère, qui voltige dans l'air, à peu de distance de la terre, & qu'on aperçoit principalement pendant les nuits d'été, dans les cimetières, dans les endroits marécageux, au-dessus de quelques mines de houille, &c.

Plusieurs physiciens, en se copiant les uns les autres, se sont accordés à attribuer l'origine de ces *feux* à une matière visqueuse & glaireuse, comme le frai de grenouille, qui est élevée dans l'air par la chaleur du soleil, & qui devient lumineuse à la manière des phosphores.

Aujourd'hui la grande majorité des physiciens s'accordent à attribuer la formation de ces *feux* aux gaz hydrogènes plus ou moins carbonés qui se dégagent des matières en putréfaction & des mines de houille; ils supposent que ces gaz sont enflammés par l'électricité (voyez GAZ HYDROGÈNE DES MARAIS; FEU GRISOU, FONTAINES BRULANTES); d'autres l'attribuent au gaz hydrogène phosphoré. L'hydrogène & le phosphore étant deux principes constituans des matières animales, on conçoit qu'ils peuvent quelquefois se réunir au moment où la décomposition putride de ces matières s'opère, & donner lieu à la formation du gaz hydrogène phosphoré. Ce gaz jouissant de la propriété de s'enflammer spontanément à l'air, on conçoit qu'il peut donner lieu à la formation des *feux follets* que l'on observe dans les cimetières humides.

Cependant, avant de donner une explication à ce phénomène, il auroit été à désirer qu'il fût mieux connu : il en existe peu de bonnes descriptions jusqu'à présent. Déchales raconte que Robert Fludd avoit suivi un de ces météores lumineux, & que l'ayant abattu, il ramassa une matière gluante. Derham dit en avoir vu un dansant sur un chardon pourri, mais qui se sauva à son approche. Beccaria & Hano assurent qu'un de ces *feux* avoit suivi un voyageur pendant plus d'un mille. De Trebra raconte qu'il a vu en octobre 1783, à Zellerfeld, une grande lumière rougeâtre qui vint à lui, l'environna, ainsi que sa maison, puis s'éloigna à cinq cents pas, que ce météore disparut & reparut ensuite une demi-heure après, &c. Rompel Wentzel, général de l'ordre de Saint-Guillaume du duc d'Agenteau, assure avoir rencontré vers minuit, sur les hauteurs de Wethich, un *feu follet* de la grandeur de la pleine lune; que le vent le conduisit dans sa voiture, qui étoit découverte; qu'il ne lui trouva ni consistance, ni odeur, ni chaleur; que sa main, placée au milieu, paroissoit parfaitement illuminée; enfin, qu'il le renvoya en établissant un courant d'air avec son chapeau.

Comment concilier ces faits avec les différentes explications que les physiciens donnent de ce phénomène? Nous ne pouvons ici que renouveler le vœu que ce phénomène soit mieux observé & mieux décrit.

FEU GALVANIQUE. *Feu* & lumière observés dans les phénomènes galvaniques. Voyez GALVANISME.

FEU (Globes de). Globes de *feu* que l'on aperçoit dans l'atmosphère. Voy. URANOLITES.

FEU GRÉGEOIS; *griechisch feuer*. Composition d'artifice imaginée par les Grecs, à l'aide de laquelle ils mettoient le *feu* aux flottes qui les assiégeoient.

Une des principales propriétés de cette composition étoit de pouvoir brûler jusqu'à réduction complète des substances, quels que fussent d'ailleurs les moyens que l'on employât pour les éteindre. Ainsi une masse de cette composition, lancée dans l'eau sur un vaisseau, s'attachoit à la partie qu'elle touchoit, & brûloit dans ce liquide, en propageant sa combustion sur la matière même du vaisseau.

Ce *feu* fut mis, pendant long-temps, au nombre des secrets de l'État. Les Turcs en firent usage a siége de Damiette, en 1249. On croit que l'invention en est perdue, & que ce *feu* a été remplacé par la poudre à canon. Cependant il sera facile de trouver diverses compositions propres à produire les mêmes effets que le *feu grégeois*. Tout consiste à réunir, en une masse solide, des substances combustibles qui contiennent à la fois l'oxigène & le combustible propre à brûler, & qui soient telles que l'humidité ne puisse point exercer son action sur elles, comme sur la poudre. En 1792, des expériences furent faites, à Meudon, sur des compositions semblables, & elles remplirent parfaitement le but que l'on se proposoit. Un grand nombre de projectiles, ainsi composés, furent transportés à la Fère; un de ces projectiles resta long-temps dans le cabinet de physique de l'Ecole polytechnique.

FEU GRISOU. Matière inflammable qui se dégage & s'accumule dans les mines de houille. *Voyez* FEU BRISOU.

FEU PYRIQUE. Tableaux lumineux représentant des *feux* d'artifice avec les mouvemens des différens *feux*.

Après avoir dessiné sur un carton la représentation que l'on veut obtenir, on découpe avec un emporte-pièce des ouvertures très-rapprochées sur tous les traits des dessins; plaçant cette pièce découpée dans une chambre obscure, & fixant derrière une forte lumière, la lumière passant à travers les découpures, donnera au carton l'apparence d'un dessin lumineux; mais ici la lumière sera fixe. Pour lui donner du mouvement & imiter les effets des *feux* d'artifice, on place une grosse toile fort claire entre la lumière & le carton découpé; faisant mouvoir cette toile, les ombres des fils passent successivement devant chaque ouverture, & produisent un mouvement de lumière qui représente assez bien le *feu* d'artifice. Pour varier la couleur de cette lumière, on place également, entre la toile & le carton découpé, un papier transparent, peint de diverses couleurs, & la lumière se colorant en passant à travers ces papiers colorés, donne aux *feux* les différentes couleurs dont on veut qu'ils aient l'apparence.

Ainsi, lorsque l'on veut représenter une cascade ABDEFC, *fig.* 819, on dessine cette cascade sur un carton & on le perce de trous, comme on le voit sur cette figure. A la place de la tête A, est une grande ouverture que l'on recouvre d'un papier sur lequel on a peint avec des couleurs transparentes tout le détail de la tête; une ou plusieurs fortes lumières sont placées derrière ce carton : la lumière passant à travers les petites ouvertures, fait paroître une multitude de points lumineux qui représentent une cascade de *feu*.

Pour donner du mouvement à cette cascade, on place, entre la lumière & le carton, une grosse toile sans fin que l'on pose sur les deux rouleaux GH, IK. En tournant la manivelle M, on fait descendre cette toile; & les étincelles de lumière

paroissent descendre comme la toile. On produit ainsi l'illusion d'un *feu* d'artifice.

Si l'on vouloit représenter le soleil, *fig.* 819 (*a*) ou *fig.* 819 (*b*), après avoir troué le carton, comme on le voit sur les figures, & avoir placé une lumière derrière, on poseroit, entre la lumière & le carton, un plan circulaire AB, *fig.* 819 (*c*), percé de trous de différentes grosseurs; ce plan est porté par un axe CC, qui est mis en mouvement par un cordon de soie passé sur deux poulies P *p*. En mouvant la poulie *p* à l'aide d'une manivelle M, on donne un mouvement circulaire au transparent troué AB, & les alternatifs d'ombre & de lumière qui passent devant les ouvertures du carton découpé, *fig.* 819 (*d*) ou 819 (*b*), font scintiller la lumière, en lui donnant l'apparence d'un mouvement de rotation.

Nous croyons inutile d'observer qu'il est nécessaire que le lieu où la lumière est placée soit entièrement séparé de celui où est le spectateur, & qu'il est essentiel qu'il ne reçoive de lumière, que celle qui lui arrive par les ouvertures faites au dessin que l'on représente, à travers les transparens peints.

FEU (Pompes à). Pompes mues par l'action de la vapeur de l'eau. *Voyez* POMPES A FEU, MACHINE A VAPEUR.

FEU (Propagation du). Manière suivant laquelle le *feu* se propage dans les corps. *Voyez* CHALEUR (Propagation de la), PROPAGATION DU FEU, PROPAGATION DE LA CHALEUR.

FEU-SAINT-ELME; *ignis lumbens*; *S.-Elmus feuer*. Petites gerbes de *feu* que l'on aperçoit en mer, dans les temps d'orage, aux extrémités des vergues & des mâts des bâtimens, & qui font quelquefois entendre un bruissement plus ou moins fort.

Ce *feu* avoit été observé par les Anciens. Pline parle des étoiles de *feu* que l'on apercevoit sur la pointe des lances des soldats. Lorsqu'elles étoient au nombre de deux, on les assimiloit à Castor & Pollux; elles présageoient le bonheur; mais lorsqu'on n'en voyoit qu'une seule, on l'assimiloit à Hélène, & elle présageoit le malheur. Les marins portugais appellent ce *feu* corpo sancto.

Depuis que l'on a reconnu que le tonnerre n'est autre chose qu'un phénomène d'électricité, on a bientôt soupçonné que ces *feux* étoient électriques, & que ne trouvant que peu d'issues par les différentes parties des vaisseaux, qui sont ordinairement imprégnés & même enduits de goudron & d'autres matières résineuses, ils se dissipent sous la forme de petites gerbes, par les extrémités des vergues & des mâts, qui se trouvent au-dessous d'une nuée orageuse, comme on en voit sortir des corps non isolés, vis-à-vis de nos globes

& de nos conducteurs électrisés. L'expérience a vérifié cette conjecture.

FEU SOUTERRAIN. *Feux* que l'on croit exister naturellement sous terre. *Voyez* CHALEUR SOUTERRAINE, CHALEUR CENTRALE.

FEUILLETTE. Petit tonneau employé pour mesurer les liquides. La *feuillette* = 2 quartauts. Il faut deux *feuillettes* pour faire un muid. La *feuillette* de Paris = 144 pintes = 134,1 litres.

FÉVRIER. Nom du deuxième mois de l'année. Ce mois a vingt-huit jours dans les années communes & vingt-neuf dans les années bissextiles. *Voyez* ANNÉE BISSEXTILE.

Il a été nommé *février* du mot *februare*, faire des expiations, parce que c'étoit au commencement de ce mois que les Romains offroient des sacrifices pour les morts.

Le soleil entre le 18 de ce mois dans le signe des Poissons.

D est la lettre fériale du mois de *février. Voyez* LETTRES FÉRIALES.

FIAMETTE; color flammeus; f. f. Couleur rouge qui imite celle du feu clair.

FIBRE; *is*; fibra; *faser*; *fieber*; f. f. Corps longs & grêles, qui, par leur disposition & leur connexion, donnent naissance à une foule de corps.

Tous les végétaux, les animaux & quelques minéraux sont composés de *fibres*. Les cordes sont formées de *fibres*. Parmi les végétaux, on emploie les *fibres* de chanvre, d'écorce d'arbre, pour fabriquer les cordes; & pour les tissus de toile on fait usage de coton, de lin, de chanvre. Les *fibres* des animaux forment le plus grand nombre des différentes parties de leur corps.

FIBRINE; fibrina; *faserstoff*; f. f. Substance fibreuse qui forme la base du tissu musculaire, & qui se retrouve dans le caillot du sang, dans la couenne inflammatoire, dans le chyle.

On l'obtient facilement du sang en le laissant coaguler, & lavant ensuite les caillots sous un petit filet d'eau. Entièrement dépouillée de la matière colorante du sang, elle est blanche, solide, sans saveur, sans odeur, plus pesante que l'eau.

Traitée par l'acide nitrique, la *fibrine* est changée en une masse jaunâtre, qui, suivant Berzelius, est composée de graisse & de *fibrine* altérée.

FIGURABILITÉ; figurabilitas; f. f. Propriété générale qu'ont les corps d'avoir une figure quelconque.

Comme tous les corps ont un volume, & qu'ils sont terminés par des surfaces qui ont nécessairement un certain arrangement entre elles, ce que l'on appelle *figure* (*voyez* FIGURE); il s'ensuit que la *figurabilité* est une propriété générale des corps.

FIGURE; figura; *gestalt*, *figur*; f. f. Forme extérieure d'une chose matérielle.

Quelqu'égalité que les corps puissent avoir en grandeur, en poids, & même dans leur composition, on peut toujours les distinguer par leur *figure*. Les *figures* des corps sont innombrables. Leibnitz prétend qu'il n'y a pas deux corps dans la nature qui soient parfaitement semblables.

Il est des corps dont les dimensions sont tellement exiguës, que leur *figure* échappe aux regards les plus pénétrans: elle devient néanmoins sensible à l'œil armé du microscope.

FIGURE APPARENTE. *Figure* sous laquelle un objet s'offre à nos regards, quoiqu'il en ait une tout-à-fait différente.

La *figure* des corps éprouve des variations en raison de la distance à laquelle on les observe; les parties saillantes disparoissent dans l'éloignement, & l'on ne distingue plus que les contours. C'est ainsi qu'une sphère fort éloignée, comme la lune, ne nous paroit être qu'une surface plane & circulaire; qu'une tour carrée paroit ronde, si le spectateur est placé à une grande distance; qu'un cercle, vu obliquement, paroit elliptique; enfin, qu'un observateur, situé sur une vaste plaine terminée irrégulièrement, se croit toujours au centre d'un cercle.

En général, les *figures* changent de forme selon l'angle sous lequel elles se présentent, ou selon la distance à laquelle elles sont aperçues. Cette différence, relative aux distances, provient de la diminution dans l'intensité de la lumière, & des ombres qui nous font distinguer la position des plans qui constituent la forme & la *figure* des corps.

FIGURE CIRCONSCRITE. *Figure* qui en entoure une autre.

Ainsi le cercle AIKLMNO, *fig.* 563, & le carré ABCD, *fig.* 564, sont des *figures circonscrites*: la première à l'hexagone ABDEFG; elle touche tous les angles de cet hexagone; la seconde au cercle *abcd*; les lignes qui la forment sont toutes tangentes au cercle.

Toutes les *figures* rectilignes régulières ont la propriété de pouvoir être circonscrites au cercle, & le cercle peut être circonscrit à toutes les *figures* rectilignes régulières.

FIGURES CURVILIGNES. *Figures* formées par des lignes courbes: tels sont les cercles, les ellipses, les triangles sphériques, &c.

FIGURE DES CORPS. Ordre d'arrangement que prennent entr'elles les surfaces qui terminent le volume des corps.

Comme il n'y a point de corps qui ne soit terminé par des surfaces, que ces surfaces ne se confondent point, & qu'elles se distinguent toujours les unes des autres, au moins par leur situation relative, il s'ensuit qu'il n'y a point de corps qui n'ait une *figure* quelconque.

Les surfaces qui terminent les corps, peuvent varier & varient effectivement à l'infini, soit par leur grandeur, soit par leur forme, soit par leur nombre, soit par leur arrangement respectif : d'où il suit que les *figures des corps* sont aussi variables, & peuvent être aussi variées entr'elles, qu'il est possible de combiner ensemble la forme, la grandeur, le nombre & l'ordre des superficies.

FIGURÉS DES MOLÉCULES DES CORPS. *Figures* propres aux molécules dont les corps sont composés. *Voy.* FORME DES MOLECULES DES CORPS, MOLECULES DES CORPS.

FIGURE DE LA TERRE. Forme que l'on croit que la terre doit avoir, & que l'on déduit d'un grand nombre d'observations.

On a cru pendant long-temps que la terre étoit une surface plane, qui avoit la mer pour limite ; mais bientôt la disparition de quelques étoiles & l'apparition de plusieurs autres, lorsque les voyageurs se transportèrent sur divers points de la terre, firent soupçonner que sa surface devoit être courbe ; enfin, les voyages de long cours, la projection de l'ombre de la terre dans les éclipses de lune, persuadèrent que la terre devoit être un corps solide, suspendu dans l'espace.

Tous les corps pesans sur la surface de la terre, les molécules qui la composent, exerçant une action attractive les uns sur les autres, la fluidité originaire supposée à cet astre, ainsi que la tendance de tous les corps au centre de la terre, ont fait présumer que la *figure de la terre* devoit être celle d'une sphère.

Dès que l'on eut reconnu que la terre faisoit une révolution diurne sur son axe, & que, par l'effet de la force centrifuge, les corps placés à l'équateur, & qui ont un plus grand mouvement que ceux qui sont près des pôles, devoient avoir aussi une plus grande tendance à s'écarter du centre, on a conclu que la *figure de la terre* devoit être celle d'un ellipsoïde de révolution, & que le diamètre à l'équateur devoit être plus grand que celui des pôles.

Alors on s'occupa de vérifier, par l'expérience, cette différence dans la grandeur des deux diamètres de la terre, ainsi que la *figure* ellipsoïdale qu'on lui attribuoit. Il se présenta, pour cet effet, deux moyens différens : 1°. la différence de la pesanteur sur différens points de la surface, du pôle à l'équateur ; 2°. la mesure des degrés des arcs du méridien, & celle des parallèles à l'équateur.

Un moyen simple de mesurer la pesanteur sur différens points de la surface de la terre, étoit l'emploi du pendule. L'action de la pesanteur sur

cet instrument est d'autant plus grande qu'il est plus rapproché du centre de la terre, & d'autant plus petite qu'il en est plus éloigné. C'est ce que plusieurs savans ont été à même de remarquer, en observant la vitesse du pendule sur le bord de la mer & sur le sommet des montagnes Bouguer a trouvé, d'après la vitesse de deux pendules égaux, placés l'un sur le bord de la mer & l'autre sur le sommet du Pichincha, élevé de 4744 mètres, que l'action de la pesanteur exercée sur ces deux pendules étoit comme 10000 est à 9988.

Richer, envoyé à Cayenne pour y faire des observations astronomiques, remarqua que son horloge, réglée à Paris sur le temps moyen, retardoit chaque jour à Cayenne d'une quantité sensible. Cette observation donna la première preuve directe de la diminution de la pesanteur à l'équateur.

Plusieurs savans ont répété cette expérience avec beaucoup de soin, dans un grand nombre de lieux, en tenant compte de la résistance & de la température de l'air.

Il résulte de tous les calculs & observations faites sur le pendule, que le rayon de la terre augmente du pôle à l'équateur, & que l'accroissement total de la pesanteur au pôle est $\frac{1}{178}$ de la pesanteur à l'équateur ; que le pendule qui bat les secondes est plus grand aux pôles qu'à l'équateur de 0,00567 de sa longueur à l'équateur, & que, sur tous les autres points, son accroissement est proportionnel au carré du sinus de la latitude. *Voyez* PENDULE.

Si la pesanteur sur la surface de la terre pouvoit être rapportée à son centre, si partout elle étoit proportionnelle à la droite menée de la surface au centre de la terre, & si elle n'éprouvoit aucune altération, on pourroit faire usage de l'observation du pendule pour déterminer la longueur des différens rayons, & conséquemment en déduire la *figure de la terre* ; mais la pesanteur est dirigée dans le sens de la normale à la surface, qui elle-même ne tend pas au centre de la terre ; de plus, tout fait croire que cette pesanteur n'est pas proportionnelle à la distance de la surface au centre ; enfin, elle éprouve, sur chaque point de la terre, une diminution qui affecte la longueur du pendule, diminution occasionnée par la rotation de la terre, & qui est proportionnelle au carré du co-sinus de la latitude. Toutes ces causes empêchent donc de faire usage de l'observation du pendule pour déterminer la forme exacte & très-compliquée du sphéroïde terrestre. Alors on a dû avoir recours à la méthode plus longue, plus difficile, mais plus directe, de la mesure des arcs du méridien & des cercles parallèles à l'équateur. *Voyez* DEGRES DE LA TERRE, DEGRES DE LATITUDE.

Picard, de l'Académie des Sciences, mesura, vers la fin du dix-septième siècle, la portion de l'arc du méridien entre les parallèles d'Anières & de Malvoisine, par un enchaînement de triangles. Depuis, la Hire a continué cette opération jusqu'à Dunkerque, & Caffini jusqu'à Perpignan. On a obtenu, par ce moyen, la mesure du méridien terrestre qui traverse la France depuis Dunkerque jusqu'à Montjoui près de Barcelone, dans une étendue de plus de $10^\circ \frac{1}{2}$ (1). Comparant la mesure de chaque degré, on remarqua que celle des degrés, près de Barcelone, étoit plus courte que celle des degrés près de Dunkerque : le degré du milieu de l'arc, correspondant à $51^\circ\frac{1}{3}$, étoit de 100017,9 mètres.

Comme cette différence étoit peu considérable, & que, jointe aux erreurs des observations, il étoit difficile d'en déduire aucune conséquence, l'Académie royale des Sciences envoya des académiciens à l'équateur & vers le nord, pour y mesurer les degrés du méridien. Les premiers trouvèrent le degré à l'équateur de 465,6 mètres plus petit que celui mesuré en France à $51^\circ\frac{1}{3}$, & les seconds trouvèrent que, à $73^\circ,7$ de hauteur du pôle, le degré du méridien est plus long de 951,1 mètres qu'en France, & que la différence des degrés au nord & à l'équateur est de 1416,7 mètres.

En comparant les degrés mesurés dans le Nord à ceux mesurés en France, & leur appliquant l'analyse, en supposant la *figure de la terre* un ellipsoïde de révolution, on a pour l'ellipticité de la terre $\frac{1}{116}$ de l'axe des pôles pris pour unité. Comparant également les degrés de l'équateur à ceux de la France, on a pour l'ellipticité $\frac{1}{331}$. De nouvelles mesures des degrés de la terre, prises par divers savans, sous différentes latitudes, & comparées également les unes aux autres, toujours dans l'hypothèse que la *figure de la terre* est un sphéroïde de révolution, ont donné des ellipticités différentes : ce qui porte à croire que la *figure de la terre* n'est pas un sphéroïde régulier, comme on a été porté à le croire jusqu'à présent. Rapportons à ce sujet l'opinion du célèbre auteur de l'*Exposition du Système du monde.*

On nomme *aplatissement* ou *ellipticité* du sphéroïde elliptique, l'excès de l'axe de l'équateur, sur celui du pôle, pris pour unité; la mesure de deux degrés, dans le sens du méridien, suffit pour le déterminer. On doit donc, si la *figure de la terre* est elliptique, trouver à peu près le même aplatissement, en comparant deux à deux les divers degrés terrestres déjà mesurés; mais leur comparaison donne à cet égard des différences qu'il est difficile d'attribuer aux seules erreurs des observations. Il paroît donc que la terre est sensiblement différente d'un ellipsoïde; il y a même lieu de croire que ce n'est pas un solide de révolution, & que ses deux hémisphères ne sont pas semblables à chaque côté de l'équateur. Le degré mesuré par Lacaille au Cap de Bonne-Espérance, à $37^\circ,01$ de hauteur du pôle austral, a été trouvé de 100050,5 mètres; il sur-

passe celui qu'on a mesuré en Pensylvanie à $43^\circ,56$ de hauteur du pôle boréal, & dont la longueur n'est que de 99789 mètres; il est encore plus grand que le degré mesuré en Italie, à $47^\circ,80$ de hauteur du pôle, & dont la longueur est de 99948,7 mètres; il surpasse même le degré de France, à $51^\circ\frac{1}{3}$ de hauteur du pôle. Cependant le degré du Cap devroit être plus petit que tous ces degrés, si la terre étoit un solide régulier de révolution, formé de deux hémisphères semblables; tout nous porte donc à croire que cela n'est pas.

La *figure de la terre* étant fort compliquée, il importe d'en multiplier les mesures dans tous les sens, & dans le plus grand nombre de lieux qu'il est possible. On peut toujours, à chaque point de la surface, concevoir un ellipsoïde osculateur qui se confonde sensiblement avec elle, dans une petite étendue autour du point d'osculation. Des arcs terrestres, mesurés dans le sens des méridiens & des perpendiculaires aux méridiens, feront connoître la position & la nature de cet ellipsoïde, qui peut n'être pas un solide de révolution, & varier sensiblement à de grandes distances.

Quant aux causes qui peuvent contribuer à cette *figure* très-compliquée de la terre, elles paroissent provenir principalement de l'hétérogénéité des couches concentriques des matières qui la forment, & dont la densité diminue du centre à sa surface. *Voyez* GÉNÉRATION DE LA TERRE, GÉOGNOSIE, COSMOLOGIE.

FIGURES DE LICHTENBERG. *Figures* obtenues sur un plateau de résine avec deux électricités différentes.

Pour cela on charge deux bouteilles, l'une d'électricité C & l'autre d'électricité E; on tient chacune d'elles par la garniture extérieure, & l'on dessine quelques traits avec le bouton sur le gâteau d'un électrophore, après qu'on a enlevé toute autre électricité au gâteau, en l'essuyant & le frottant avec une toile. On saupoudre ensuite, à l'aide d'un soufflet cylindrique, avec des poudres fines de soufre & de minium; & les traits que l'on a faits avec l'électricité C se couvrent de la poussière du minium, tandis que ceux que l'on a faits avec l'électricité E se couvrent de soufre. *Voyez* ÉLECTRICITÉ, ÉLECTROPHORE.

FIGURES ÉGALES. *Figures* dont toutes les lignes qui les terminent sont parfaitement *égales* chacune à chacune.

Ainsi deux *figures* rectilignes sont *égales*, lorsque les côtés homologues de l'une sont égaux en longueur aux côtés homologues de l'autre, & que, par conséquent, les angles correspondans de l'un sont égaux aux angles correspondans de l'autre.

FIGURES GÉOMÉTRIQUES. Espace terminé par des lignes droites ou courbes, ou par une seule ligne courbe.

Il y a trois sortes de *figures géométriques*, respec-

---

(1) Ce degré est celui de la division décimale de l'angle droit : il en est de même des autres dans cet article.

tivement aux lignes qui les terminent ; ſavoir : des *figures rectilignes*, des *figures curvilignes*, des *figures mixtilignes*. *Voyez* ces mots.

Les *figures* qui ont trois côtés ſe nomment *triangles* ; celles qui en ont quatre, *quadrilatères* ; celles qui en ont un grand nombre, *polygones*.

On diſtingue ces *figures* en régulières & irrégulières ; les premières ſont celles dont tous les côtés & tous les angles ſont égaux ; les ſecondes ſont celles dans leſquelles il y a inégalité entre les côtés & les angles.

FIGURES INSCRITES. *Figure* qui eſt entourée par une autre.

Ainſi le polygone ABDEFG, *fig.* 563, eſt *inſcrit* dans le cercle IKLMNO, & le cercle *a b c d* eſt inſcrit dans le carré ABCD, *fig.* 564.

FIGURES MIXTILIGNES. *Figures* formées en partie de lignes droites & en partie de lignes courbes.

FIGURES RECTILIGNES. *Figures* formées par des lignes droites : tels ſont les triangles, les carrés, les polygones.

Lorſque tous les côtés qui renferment une *figure rectiligne* ſont d'égale longueur, la *figure* s'appelle *figure équilatérale* ; de même, ſi tous les angles d'une *figure* ſont égaux, la *figure* ſe nomme *équiangle*.

FIGURES SEMBLABLES. *Figures* dont les angles homologues ſont égaux, & les côtés homologues proportionnels.

Les ſurfaces de deux *figures ſemblables* ſont entre elles comme les carrés des côtés ou des lignes homologues de ces *figures* ; & comme les cercles, de quelque grandeur qu'ils ſoient, ſont des *figures ſemblables*, dont les rayons & les diamètres ſont des lignes homologues, il s'enſuit que les ſurfaces des cercles ſont entr'elles comme les carrés de leur rayon ou de leur diamètre.

FIL ; *filum* ; *foders* ; ſ. m. Petit corps long & délié, que l'on obtient, ſoit en tortillant des matières longues, fines & molles, ſoit en paſſant des métaux à la fillière.

FIL DE LA VIERGE. Petit filament blanc que l'on voit, l'automne, voltiger dans l'air, & que l'on attribue à un inſecte connu ſous le nom de *tiſſerand d'automne*, que Geoffroy place dans la claſſe des *tiques*.

Ces *fils* ont beaucoup d'analogie avec la ſoie & les *fils* des toiles d'araignées. Sage, qui en a fait l'analyſe, prétend qu'elle eſt compoſée de :

Carbonate d'ammoniaque concret...	0,43,4
Huile non épaiſſe................	0,08
Charbon......................	0,43,4
	94,2
Perte......................	05,2

FIL D'UN MICROSCOPE. *Fils* que l'on tend au foyer d'une lunette, pour meſurer le diamètre apparent des aſtres. L'un de ces *fi's* eſt ordinairement fixe & l'autre mobile. On meſure le diamètre des aſtres par la diſtance entre ces *fils*.

FILET ; *filatum* ; *fadchen* ; ſ. m. Petit fil, fil très-délié.

Les fileurs d'or appellent *filet* un trait d'or ou d'argent battu, aplati & dévidé ſur de la ſoie. Les orfèvres donnent ce nom à un trait qu'on exécute le long des cuillères ou des fourchettes, &c.

FILIPPE. Monnoie du duché de Milan = ſl.,964 = ſf.,890. Le *filippe* = 115 ſoldo courant = 106 ſoldo imperiale = 1800 denaro courant = 1272 denaro imperiale.

FILTRATION ; *filtratio* ; *durchſeiden* ; ſ. f. Paſſage d'un liquide à travers un tiſſu poreux, appelé *filtre*. *Voyez* ce mot.

Il faut, pour opérer une *filtration*, 1°. que le filtre ne ſoit pas attaqué par la matière filtrante ; 2°. que celle-ci ait un degré de fluidité proportionné aux pores du filtre : quelques liqueurs viſqueuſes, chargées de matières ſalines, doivent être chauffées pour être filtrées ; d'autres, comme le petit-lait, doivent avoir été clarifiées avec du blanc d'œuf.

FILTRE, *de* feutrum, *feutre* ; filtrum ; *filtrum* ; ſ. m. Inſtrument au moyen duquel on opère la filtration.

Les principales conditions des *filtres* ſont d'avoir une poroſité proportionnée à la denſité de la liqueur, une forme convenable, & d'être abſolument inſolubles dans la liqueur à filtrer.

On emploie comme *filtre* du papier, des étoffes & des ſubſtances ſolides en fragmens plus ou moins gros.

On *filtre* l'eau à travers des pierres poreuſes, à travers des ſables, enfin à travers de la pouſſière de charbon : cette dernière ſubſtance, imbibée d'un peu d'acide ſulfurique, a ſur toutes les autres l'avantage d'enlever les odeurs & de déſinfecter les eaux contenant des matières animales ou végétales en putréfaction. (*Voy.* EAUX ÉPURÉES, CHARBON.) Ces ſubſtances ſe placent à une certaine hauteur dans les fontaines qui contiennent l'eau, de manière que ce liquide paſſe à travers, pour parvenir dans un eſpace inférieur qui doit la recevoir. Les acides ſe filtrent à travers du quartz ou du verre pilé.

Dans les arts, dans les pharmacies, on ſe ſert de *filtres* de drap, de feutre, de coutil, de toile, & ſouvent même de papier. Les *filtres* de laine ſervent à filtrer les ſirops ; ceux de coutil, le mercure ; ceux de toile, des alcalis ; & ceux de papier, toutes les ſubſtances très-liquides qui n'ont point d'action ſur lui.

Les

Les opinions sont partagées sur la forme que l'on doit donner aux *filtres*. Les pharmaciens se servent d'une étoffe tendue horizontalement sur un châssis ; les chimistes, d'une chausse conique. Les uns assurent que sur les premiers *filtres*, la filtration est plus rapide, parce que le fond du *filtre* est presque horizontal ; les autres prétendent que la chausse *filtre* plus vîte, parce que la pression est plus forte, lorsque la colonne est plus élevée ; que la chausse occasionne moins de perte que le *filtre* horizontal & tendu, & qu'elle a en outre l'avantage de recevoir une plus grande quantité de liquide à la fois ; ce qui permet à un seul homme de soigner en même temps plusieurs filtrations.

FILTRE ; φιλτρο. Breuvage composé par des charlatans, avec lequel on prétend donner de l'amour, & qui a la vertu de faire aimer.

FILTRE PORTATIF. *Filtre* que l'on peut transporter avec soi.

Chenevix a décrit un *filtre portatif* de sa composition dans le XXXVIᵉ. volume de la *Bibliothèque britannique*, page 199. Ce *filtre* n'est autre chose qu'un vase cylindrique de fer-blanc, terminé par un entonnoir très-obtus. On place au-dessus de l'entonnoir un diaphragme circulaire, dont la moitié est percée de petits trous ; l'autre moitié est pleine. On entasse sur ce diaphragme du charbon pilé & tamisé, de la grosseur de la poudre à canon, & on le recouvre d'un second diaphragme, percé comme le premier, mais disposé de manière que la partie percée de celui-ci corresponde à la partie pleine du diaphragme inférieur, & *vice versâ*. Il reste au-dessus du diaphragme supérieur un espace libre, dans lequel on verse l'eau. L'eau passe à travers, & perd, dans ce passage, l'odeur qu'elle pouvoit avoir, ainsi que les substances qui troubloient sa transparence.

Paul, de Genève, a proposé, dans les *Annales des Arts & Manufactures*, tom. XLV, pag. 326, l'usage d'un *filtre* moins portatif que celui de Chenevix : il est composé de plusieurs cylindres faits en forme de manchons, qui s'emboîtent les uns dans les autres. Ces cylindres sont remplis de sable, & sont tellement disposés, que l'eau mise dans le premier traverse le sable pour parvenir dans le fond du second : là, elle s'élève à travers le sable du second pour arriver dans l'ouverture supérieure du troisième ; elle traverse le sable qu'il contient, pour arriver dans le fond du quatrième, & ainsi de suite, jusqu'au dernier, d'où l'eau s'écoule dans le vase qui doit la recevoir.

FIN, du teuton *fein* ; *tenuis* ; *feyn* ; adj. Ce qui est menu, subtil, délicat, *délié*. *Voyez* DÉLIÉ.

On donne aussi le nom de *fin* à ce qui est excellent, qui est purifié. C'est ainsi, par exemple, qu'on désigne une portion d'or ou d'argent dans

Dict. de Phys. Tome III.

laquelle il n'y a point d'alliage. *Voyez* AFFINAGE, ESSAI, DENIER, KARAT.

FIN ; finis ; *ende*, s. f. Limite, terme ; ce qui termine, ce qui achève.

FIN (Corde sans). Corde dont les extrémités sont réunies, & qui, en conséquence, ne présente aucune *fin*. *Voyez* CORDE SANS FIN.

FIN (Vis sans). Vis qui s'engrène dans une roue dentée, & dont l'action est continue dans le même sens. *Voyez* VIS SANS FIN.

FINALE. Principale corde ou mode sur lequel la pièce de musique doit finir. *Voyez* TONIQUE.

FINITEUR ; ...... s. m. Nom que les astronomes donnent à l'horizon, parce qu'il finit, ou borne la vue ou l'aspect.

FIOLE ; φιαλη ; phiola ; glæsernes, flæschchen ; s. f. Petite bouteille de verre.

Petit matras d'un grand usage dans les laboratoires de chimie, par la facilité qu'ont ces *fioles* d'aller au feu sans se casser.

On donne encore le nom de *fiole* aux tuyaux de verre que l'on met dans les tuyaux d'un *niveau à eau*, pour en ajuster de la cire & du mastic ; afin que l'eau colorée, renfermée dans le gros tuyau horizontal, puisse monter dans les *fioles* & découvrir la ligne de mire.

FIOLE DES QUATRE ÉLÉMENS. Tube cylindrique de verre, rempli de quatre liquides différens, & qui, n'ayant aucune action l'un sur l'autre, ne se mêlent jamais, & se séparent pour se placer relativement à leur pesanteur spécifique.

On remplit ordinairement ces *fioles* avec du mercure, de l'huile de tartre par défaillance, de l'alcool & de l'huile de pétrole. Si l'on agite ces *fioles*, les liqueurs se mêlent ; mais en les laissant ensuite reposer, elles se séparent & se placent les unes au-dessus des autres, dans l'ordre de leur pesanteur spécifique.

Cet appareil servoit autrefois à démontrer les lois particulières de la pression & de l'équilibre des liqueurs hétérogènes.

FIRKIN. Mesure anglaise, équivalente à un quart de barique. Il existe deux sortes de *firkin* : l'un est employé à mettre des harengs & divers autres objets ; sa contenance est de 8 gallons = 32 pintes = 29,8022 litres : l'autre sert à transporter la bière ; sa contenance est de 9 gallons = 36 pintes = 33,5775 litres.

FIRLOT. Mesure pour les grains, employée en Ecosse. On en distingue deux : le premier, employé pour mesurer le froment = 2,8350 boiſſeaux de Paris = 36,8550 litres ; le ſecond en uſage pour meſurer l'orge = 4,138 boiſſeaux de Paris = 53,7940 litres.

FIRMAMENT; firmamentum ; firmament ; ſ. m. Nom donné au ciel par les anciens aſtronomes, parce qu'ils le croyoient d'une matière ſolide.

Ce nom étoit principalement donné au huitième ciel des anciens aſtronomes, à celui que l'on ſuppoſoit contenir les étoiles fixes Voyez CIEL.

Un axiôme de l'ancienne philoſophie étoit, que les cieux devoient être ſolides : cependant, comme il falloit que la lumière paſſât à travers, cela obligeoit à faire les cieux de criſtal.

Aujourd'hui on ne do ne plus le nom de firmament qu'à cette voûte céleſte & de couleur bleue, où les étoiles paroiſſent attachées.

Quant à la forme apparente du firmament, voyez HAUTEUR DE L'ATMOSPHÈRE.

FIXATION; fixatio; fixation; ſ. f. Opération de chimie par laquelle un corps volatil ou facile à diſſiper eſt rendu fixe.

FIXE; fixus; fix; adj. Ce qui ne ſe meut point, ne varie point.

On donne, en chimie, le nom de fixe aux ſubſtances qu'une chaleur conſidérable ne peut faire évaporer ; mais ici cette dénomination ne peut être que relative à la température, car ne connoiſſant pas de terme à la température, on a été obligé de conſidérer toutes les ſubſtances comme pouvant être volatiliſées. C'eſt ainſi que l'on regarde l'acide ſulfurique comme fixe, lorſqu'on le compare aux autres acides qui ſont plus volatils ; que quelques métaux, comme l'or, l'argent, ſont regardés comme fixes, lorſqu'on les compare à l'arſenic, à l'antimoine, &c. qui ſont plus volatils ; enfin, que l'on diſtingue les huiles en volatiles & fixes, &c.

Quelques phyſiciens ont donné le nom de fixe à diverſes ſubſtances, parce qu'elles ſe fixent en ſe combinant avec d'autres, quoiqu'elles ſoient volatiles. C'eſt ainſi qu'ils ont diſtingué le gaz acide carbonique des autres gaz, & qu'ils lui ont donné le nom d'air fixe; parce qu'il étoit fixé dans les carbonates, dont ils le dégageoient ; mais cette dénomination eſt vicieuſe, car les autres gaz ſont ſuſceptibles de ſe fixer de la même manière : le gaz oxigene eſt fixé dans les oxides ; le gaz hydrogène eſt fixé dans les réſines ; le gaz azote eſt fixé dans des ſubſtances animales, &c. Voyez GAZ.

FIXES (Étoiles). Étoiles qui conſervent une poſition conſtante parmi les étoiles. Voyez ÉTOILES FIXES.

FIXITÉ. Propriété qu'ont les corps de n'être point diſſipés par l'action du feu. Cette propriété ne peut être que relative. Voyez FIXE.

Les aſtronomes ſe ſervent du mot fixité pour diſtinguer les étoiles qui n'ont aucun mouvement propre, d'avec les planètes appelées étoiles errantes. Voyez ÉTOILES.

FIXITÉ DES MÉTAUX. Propriété que l'on attribue à quelques métaux, comme l'or, le platine, l'argent, &c. de n'être point volatiliſés par l'action du feu. Cette propriété, comme nous l'avons déjà dit, ne peut être que relative, car tous les métaux peuvent être volatiliſés en les expoſant à une très-haute température.

FLACON; φλασκιον; lagena, laguncula; flaſche, fleſchtien; ſ. m. Eſpèce de bouteille.

FLACON DÉSINFECTANT. Flacon bouché avec un oſculateur que l'on comprime ſur l'ouverture, & dans lequel on a mis de l'oxide noir de manganèſe & de l'acide muriatique, ou mieux de l'acide nitro-muriatique. Voyez DÉSINFECTANT, DÉSINFECTION.

FLAGEOLET ; πλαυιανλος; flaticioletum ; flageolet; ſ. m. Eſpèce de petite flûte dont le ſon eſt clair.

FLAGEOLET ORGANISÉ. Inſtrument qui reçoit ſon vent par des ſoufflets, & que l'on touche comme l'orgue, ſur un clavier.

FLAMME; flamma; flamme; ſ. f. Lumière plus ou moins colorée que l'on aperçoit à la ſurface des corps en combuſtion.

Il n'y a de flamme produite qu'autant qu'il exiſte une combuſtion ; mais toutes les combuſtions ne ſont pas accompagnées de flamme. La flamme, quoiqu'exiſtant à la ſurface des corps, en eſt cependant ſéparée : dans pluſieurs circonſtances, la ſéparation eſt inſenſible ; dans d'autres, elle eſt très-apparente. C'eſt ainſi que l'on voit la flamme qui s'élève au-deſſus du gueulard des hauts fourneaux, & même des fourneaux de chimie, dans leſquels la combuſtion a lieu, ne commencer à paroître qu'à une hauteur plus ou moins grande au deſſus de ce gueulard. On peut même ſéparer une flamme en deux parties, par une toile métallique, ainſi que l'a fait Georges Oſwald Sym.

Tout fait croire que, pour qu'il y ait production de flamme, il eſt neceſſaire que les ſubſtances en combuſtion ſe vaporiſent, & que la vapeur ait une haute température : alors le gaz oxigène de l'air, dans lequel cette gazéification a lieu, ſe porte ſur la vapeur, ſe combine avec elle, & produit la flamme, là ſeulement où le contact de l'air & de la vapeur a lieu. On peut vérifier cette obſervation en plaçant une toile métallique dans le milieu de la flamme, ſoit d'une bougie, ſoit de tout autre corps. En examinant de bas en haut le ſegment de la flamme, on voit qu'il ſe compoſe d'un anneau étroit & lumineux, entourant un diſque obſcur au centre de la furface du cône de vapeur dégagée.

Il est facile d'expliquer la *flamme* des lampes, des bougies ou autres corps à l'aide desquels on se procure de la lumière. Le liquide huilé, cire fondue, &c., monte dans les interstices de la mèche comme dans des tubes capillaires; il s'y échauffe par la grande chaleur que produit la *flamme* qui environne la mèche, se vaporise & se dégage; l'air environnant se porte sur cette vapeur; l'oxigène se combine avec elle & produit la *flamme*.

Quant à la forme pyramidale de la *flamme*, on la conçoit en considérant qu'il sort de la mèche un cylindre de vapeur qui s'élève; la première couche de ce cylindre se combine, à sa base, avec l'oxigène de l'air; une seconde couche se combine au-dessus; une troisième couche ensuite, & successivement; & comme chacune de ces couches de vapeur diminue nécessairement de diamètre, il s'ensuit que le diamètre extérieur de la *flamme* doit diminuer également, à mesure qu'elle s'élève au-dessus de sa base.

Un grand nombre de substances vaporisées & élevées à une haute température produisent de la *flamme* en se combinant avec du gaz oxigène, soit dans l'air, soit dans tout autre milieu; mais la couleur de la *flamme* varie en raison de la substance vaporisée. Les huiles, la cire, les graisses donnent assez généralement une *flamme* jaunâtre, le charbon une *flamme* bleuâtre; en jetant du muriate de cuivre dans la *flamme* d'une chandelle, on obtient une *flamme* d'un rouge brillant, avec une teinte de vert & de bleu vers les bords. La *flamme* est colorée en rose par le strontium & le calcium, en jaune par le barium, en vert par le bore.

Nous devons à Davy (1) une observation assez remarquable; c'est que la même vapeur peut produire une *flamme* brillante ou foible, dont la température est en raison inverse du brillant de la *flamme*.

En exposant à l'action de l'oxigène une vapeur dont la température est très-élevée, le produit de la combustion peut être une vapeur nouvelle, ou un gaz, ou une substance solide. Dans les deux premiers cas, la lumière de la *flamme* est foible, & sa température très élevée; dans le dernier cas, au contraire, la lumière de la *flamme* est très-vive, & sa température foible.

Ainsi, lorsque la *flamme* d'une lampe, d'une bougie, d'une chandelle, est vive & brillante, elle ne produit aucune matière charbonneuse, mais aussi la température est peu élevée; lorsque, par la disposition de la mèche, la *flamme* est foible & devient bleuâtre, l'intensité de sa température augmente considérablement. De même, lorsqu'on brûle du phosphore ou du zinc dans l'oxigène; du potassium dans le chlore, comme ces combustions produisent une matière solide & fixe, la lumière

de la *flamme* est vive & la température foible; au contraire, lorsqu'on brûle de l'hydrogène & du soufre dans l'oxigène, ou du phosphore dans le chlore, cette combustion ne produisant que des matières gazeuses & volatiles, la lumière de ces *flammes* est foible & leur température est très-élevée.

On peut même augmenter l'intensité de la lumière de certaines substances qui brûlent, en plaçant au milieu de leur *flamme* des corps même incombustibles. Ainsi, quand on brûle du soufre, de l'hydrogène, de l'oxide de carbone, &c., on augmente merveilleusement la lumière, en jetant au milieu de la *flamme* de l'oxide de zinc, ou bien en y plaçant de l'amiante très-fine ou une gaze métallique.

« Toutes les fois qu'une *flamme* est extraordinairement brillante & dense, on peut toujours conclure qu'il y a quelque matière solide de produite dans cette *flamme*; au contraire, quand une *flamme* est extrêmement foible & transparente, on peut inférer de-là qu'il n'y a point eu de matière solide de formée. Ainsi, aucune des combinaisons volatiles du soufre ne brûle avec une *flamme* qui soit le moins du monde opaque; & conséquemment, d'après les phénomènes de la *flamme*, il n'y a aucune raison de soupçonner l'existence d'aucune base fixe dans le soufre.

Cette variation dans l'intensité de la *flamme* avoit déjà été observée en faisant usage des chalumeaux à air.

Des expériences très-précises sur la *flamme* ont été faites par M. Porret (1). Ayant découpé une pièce de toile métallique, renfermant 900 fils dans un pouce carré, de manière à lui donner les dimensions du contour de la *flamme*, avec une saillie de ¾ de pouce au fil du milieu, il plaça cette toile dans le milieu de la *flamme*, en implantant le fil au milieu de la mèche. Il trouva, lorsque la *flamme* est garantie des courans d'air, que le contour de la toile qui est plongé dans la *flamme* foible & inaperçue à l'extérieur, « rougit & s'oxide for- » tement; la partie contiguë à celle-là, & corres- » pondante à la surface très-lumineuse, se recouvre » d'une couche épaisse de charbon, destinant » une ligne noire qui, aussi bien que la précé- » dente, a la forme d'un pain de sucre: en dedans » de cette limite, la toile est simplement noircie, » & marque l'espace qui, intérieurement, est oc- » cupé par les gaz & les vapeurs inflammables » que la mèche laisse échapper. »

M. Porret conclut de cette observation & d'observations semblables, faites en plaçant la toile métallique horizontalement pour couper la *flamme*, que « c'est dans la partie presqu'invisible de la » *flamme* que réside le maximum de chaleur; que » là seulement l'oxigène de l'atmosphère peut » agir sur la gaze métallique, & établit avec quel-

» que probabilité que la haute température que
» cette partie acquiert, eſt la véritable cauſe de la
» décompoſition des gaz & vapeurs inflammables
» qui ſont en contact avec ſa ſurface, ſavoir : du
» dépôt & de l'ignition du charbon. Il en réſulte
» encore que la principale précipitation du char-
» bon n'a pas lieu dans la portion de la flamme la
» plus éloignée de l'air atmoſphérique, mais bien
» à la ſurface lumineuſe, & très-peu en dedans
» de cette limite. »

Voulant connoître la nature des vapeurs qui ſe
dégagent du milieu de la flamme, il prit un tube
de verre un peu large. Son diamètre extérieur étoit
moindre que le diamètre de la flamme d'une chandelle ; ſon diamètre intérieur à peu près égal à
celui de la mèche. Ce tube fut recourbé à angle
droit à deux pouces de hauteur, puis poſé ſur la
mèche préalablement mouchée. Au bout de quelques minutes on remarqua une couche de charbon
dépoſée à l'extérieur de la partie verticale du
tube, & dans le tube horizontal une matière
graſſe, de couleur orangée brunâtre & d'une
odeur forte & déſagréable, ſemblable à celle qui
émane d'une chandelle que l'on vient de ſouffler.
La ſubſtance condenſée dans la partie la plus
chaude du tube ſe fondoit à 100° centigrades ;
celle qu'on trouvoit dans le bout froid fondoit à
32° centigrades. Il paroît, d'après un léger exa-
» men, que cette ſubſtance eſt du ſuif un peu altéré,
» rendu empyreumatique, mais conſervant néan-
» moins la plupart de ſes propriétés caractériſ-
» tiques. »

Pluſieurs phyſiciens avoient annoncé que la
flamme étoit tranſparente. M. Oſwald Sym avoit au
contraire conclu de quelques obſervations, que
« la flamme eſt une ſubſtance opaque, comme
» chacun peut facilement le reconnoître, en eſ-
» ſayant de lire un livre à travers la partie ſupé-
» rieure d'une chandelle. » Cette aſſertion,
qui différoit eſſentiellement des réſultats que M. de
Rumford avoit déduits de ſes expériences, &
principalement de cette obſervation faite tous les
jours, que les flammes, quelles qu'elles ſoient,
diſparoiſſent devant une lumière plus forte, détermina M. Porret à faire quelques recherches ſur
cette queſtion.

Examinant ſi la lumière reçue ſur un papier
blanc diminuoit d'intenſité en paſſant à travers
une flamme d'alcool & à travers un verre mince,
il remarqua deux ombres portées ſur le papier,
l'une par la flamme de l'alcool, l'autre par le
verre ; l'ombre de celui-ci étoit beaucoup plus
forte que celle de la flamme : d'où il conclut que
la flamme de l'alcool eſt plus tranſparente qu'un
verre mince. Regardant enſuite des lumières à
travers des flammes, il obſerva qu'à travers la
flamme d'une chandelle, on n'apercevoit pas
celle d'une lampe à alcool, tandis qu'à travers
cette dernière on apercevoit celle d'une chandelle. Voulant s'aſſurer ſi la mèche de la chan-

delle n'étoit pas la cauſe de cette non-percep-
tion, il moucha très-bas cette mèche, & regarda
la flamme de l'alcool à travers celle de la chandelle
qui ſurpaſſoit la mèche ; alors il diſtingua parfaitement la première flamme : d'où il conclut que
l'aſſertion de M. Oſwald n'eſt fondée qu'autant
que les livres qu'il a l s étoient éclairés avec des
lumières qui paſſoient à travers des flammes dont
une mèche occupoit le centre.

Nous avons vu, d'après les expériences de
M. Porret, que pour produire de la flamme, il
faut que les vapeurs ſoient élevées à une haute
température : on doit croire qu'il en eſt de même
des gaz. Des expériences faites par Davy, en
brûlant des gaz différens dans un vaſe rempli
d'huile d'olive, dont la température étoit de
100. deg. centig., la quantité de gaz brûlé dans le
même temps étant la même, ainſi que la preſſion,
lui ont donné les réſultats ſuivans :

La flamme de gaz oléfiant éleva le thermomètre à	132°2
Celle du gaz hydrogène à	114.4
—— hydrogène ſulfuré, à	111,1
—— du charbon de terre, à	113,3
—— oxide de carbone	103,3

D'où l'on voit que le gaz oléfiant eſt celui qui
produit le plus de chaleur, & le gaz oxide de carbone celui qui en produit le moins.

Les opinions que l'on a eues ſur la nature de
la flamme ont éprouvé de grandes variations. Les
anciens philoſophes regardoient la flamme & le
feu comme une ſeule & même ſubſtance élémentaire. Les péripatéticiens la conſidéroient comme
un accident dans lequel ſe trouvoient les corps
embraſés. Suivant Deſcartes, la flamme n'étoit
qu'une vapeur emportée par la matière ſubtie &
animée d'un grand mouvement. Les chimiſtes &
les naturaliſtes qui le ſuivirent, regardèrent la
flamme comme une vapeur allumée & rouge. Euler
croit que la flamme n'eſt autre choſe qu'un eſpace
rempli par la matière du feu. Pluſieurs chimiſtes
ont ſuppoſé que la flamme étoit le produit d'un
mélange d'air inflammable & déphlogiſtiqué ;
Scheele a cru qu'elle étoit le réſultat de la ſuper-
ſaturation de l'air pur par le phlogiſtique ; Crawford a regardé la flamme comme un mélange brûlant de phlogiſtique, d'air pur & d'air inflammable. L'eau produit, dans un grand nombre de
combuſtions, dans leſquelles on aperçoit de la
flamme, comme une combinaiſon de vapeur &
d'eau ; Duluc a modifié cette opinion, en conſidérant la flamme comme une vapeur aquatique
ſuperſaturée de feu libre.

Toutes les expériences faites juſqu'à préſent
ſur la flamme concourent à la faire conſidérer
comme un calorique rendu libre par la combuſtion, & qui acquiert une grande viteſſe en ſe dégageant des corps. Les dernières expériences de
Davy paroiſſent confirmer cette explication, en ce

que la température observée, dans les diverses combustions qui produisent de la lumière, sont d'autant plus grandes que la lumière de la *flamme* est plus foible, & d'autant plus foibles que la lumière de la *flamme* est plus grande : d'où l'on seroit en quelque sorte en droit de conclure que, dans les températures foibles, la chaleur devient lumière, & dans les températures fortes, la lumière devient chaleur; mais comme toutes les circonstances qui peuvent influer dans ce changement ne sont pas encore parfaitement connus, attendons que de nouvelles expériences nous mettent à même de prononcer d'une manière plus positive.

Un résultat assez remarquable qui se déduit de la comparaison des diverses opinions que l'on a eues jusqu'à présent sur la nature de la *flamme*, c'est, qu'après un grand nombre d'expériences & de raisonnemens qui ont fait varier les opinions, on soit enfin revenu à celle des anciens philosophes, qui considéroient le feu, la lumière & la *flamme*, comme une seule & même substance.

En examinant une *flamme* à diverses distances, on remarque que sa forme change en raison de la grandeur de la *flamme* & de la distance de l'observateur. Comme cette variation est un phénomène de la vision, *voyez* VISION, RAYONNEMENT.

FLÉAU, *du latin* flagellum ; *baguette* ; scopus, jugum; *wagbolken*; s. m. Sorte de levier qui fait la partie principale d'une balance.

Le *fléau* AB, *fig.* 74, est un levier du premier genre, partagé par l'axe E, en deux bras égaux, & aux extrémités duquel on suspend les bassins C, D. *Voyez* BALANCE.

On donne éga'ement le nom de *fléau*, dans les balances romaine, suédoise, &c., *fig.* 426, 427, 428, à un levier de première espèce, BK, A P, partagé par l'axe C en deux bras inégaux : sur l'un, au point D, est suspendu le corps à peser; sur l'autre, au point P, est suspendu le poids qui lui fait équilibre. *Voyez* BALANCE ROMAINE, BALANCE SUÉDOISE, &c.

FLÈCHE ; *de l'allemand* flitsch. Trait qui se décoche d'une arbalète. Sagitta; *pfeil*; s. f. Météore enflammé, qui a la figure d'une *flèche*.

FLÈCHE, en astronomie, est une constellation de la partie boréale du ciel, & qui est placée dans la voie lactée, auprès de l'aile de l'Aigle, au dessous de la Lyre & de la tête du Cygne : elle contient dix-huit étoiles dans le Catalogue de Flamsteed.

Suivant quelques poëtes, c'est la *flèche* de l'amour; suivant d'autres, c'est le symbole de la force, ou la *flèche* avec laquelle Hercule blessa Junon & Pluton.

Cette constellation est différente de la *flèche* d'Antinoüs, qui, avec l'arc, forme une constellation dans Hevelius.

FLÈCHE, en géométrie, est le sinus verse d'un arc : tel est P B, *fig.* 676, sinus verse de l'angle ABC, & *flèche* de l'arc AEH. Ce nom a été donné à cette ligne, parce qu'elle ressemble à une *flèche* qui s'appuie sur la corde d'un arc.

FLEGME ; φλεγμα; phlegma; *phlegma*; s. m. Partie aqueuse & insipide que la distillation dégagé des corps.

FLEISCHER (Jean), physicien allemand, né à Breslau en 1539, mort en 1593.

On a de *Fleischer* un ouvrage que l'on cite quelquefois dans l'Histoire de la physique. Cet ouvrage, imprimé en 1571, a pour titre : *De iridibus Aristotelis & Vitellionis*, dans lequel il présente, sur les causes des couleurs de l'arc-en-ciel, une explication plus satisfaisante que la plupart de celles qui avoient paru avant lui. Il suppose que le rayon solaire, en pénétrant une goutte de pluie, en sort après une double réfraction, & que, rencontrant une autre goutte, il en est réfléchi sous la couleur qu'il a acquise, jusqu'aux yeux du spectateur. Les explications imaginées peu après par Kepler & M. A. de Dominis ont fait abandonner celles de *Fleischer*.

FLETT. Argent de Danemarck. Écu d'argent, valant 64 schilling = 3,30 liv. tourn. = 3,2592 fr.

FLETT-MARCK-DANSKE. Marc danois, valant 16 schilling = 0,80 livre tournois = 79 centimes.

FLEUR ; φλος; flos; *blume*; s. f. Partie la plus brillante des plantes, dans laquelle se trouvent les différens organes de la végétation.

Divers accidens arrivés la nuit à des personnes qui avoient conservé des *fleurs* dans leurs chambres, ont porté à conclure que l'émination des *fleurs* étoit délétère. L'expérience ayant appris que, par l'acte de la végétation, les plantes absorbent la nuit du gaz oxigène & le transforment en gaz acide carbonique, on a pensé que la propriété délétère des *fleurs* provenoit de la production du gaz acide carbonique, & qu'il suffisoit d'absorber le gaz acide carbonique qu'elles produisoient, pour détruire leurs effets malfaisans. Mais on reconnut bientôt que l'acide carbonique n'étoit pas la principale cause des effets délétères, car les *fleurs* sont malfaisantes le jour & la nuit, tandis que les feuilles des plantes sont bienfaisantes le jour, par le gaz oxigène qu'elles produisent, & qu'elles ne sont malfaisantes que la nuit, par le gaz acide carbonique qu'elles exhalent : alors on crut devoir rapporter l'action délétère des *fleurs* aux miasmes odorans qu'elles répandent, ou mieux à l'organisation propre des étamines & des pistils que l'on rencontre dans chaque *fleur*, & desquelles les poussières séminales se dégagent avec plus ou moins d'abondance.

Toutes les *fleurs* ne sont point délétères au même degré ; celles dont les émanations sont les plus nuisibles, sont principalement douées d'une odeur suave, fade & comme nauseuse, telles que les lis, les narcisses, les tubéreuses, le safran & la plupart des liliacées de Linné : la violette odorante, la rose, l'œillet, le jasmin, le sureau, sont dans le même cas, mais à un moindre degré. Les *fleurs* qui répandent une odeur aromatique, comme celles de la sauge, du romarin, du serpolet, des labiées, n'offrent pas les mêmes inconvéniens ; elles ramènent au contraire l'énergie vitale, au lieu d'en troubler les fonctions.

FLEURS. C'est, en chimie, tous les corps solides qui se volatilisent par la chaleur & qui se subliment en une masse légère. On a pour exemple le soufre sublimé, l'oxide benzoïque, le muriate d'ammoniaque, les oxides d'antimoine & de zinc.

FLEUR DE LIS. Constellation de la partie méridionale du ciel, placée à côté du triangle boréal, entre la tête de Méduse & le Bélier : elle est composée de sept étoiles.

Cette constellation, qui a été introduite par Augustin Royer, architecte, & le P. Anthelme, chartreux, est représentée par une mouche dans les cartes d'Hevelius.

FLEURS DE LIS. Monnoie d'or à vingt-quatre karats, frappée en France en 1373 & 1384, à la taille de 64. Sa valeur d'alors étoit de 20 sous, & celle d'aujourd'hui 12,80 livres tournois = 12,3456 francs.

FLEUVES ; fluvii ; *flusse* ; s. m. Amas considérable d'eau, qui coule dans un lit vaste & profond, pour se rendre à la mer.

Lorsqu'une eau courante n'est pas assez forte pour porter bateau, on la nomme en latin *rivus*, & en français *ruisseau* ; si elle est assez forte pour porter des bateaux, on la nomme en latin *amnis*, & en français *rivière* ; enfin, si elle peut porter de grands bateaux, on l'appelle en latin *flumen*, & en français *fleuve*.

On ne s'accorde pas encore sur l'espèce de courant d'eau que l'on doit appeler *fleuves*. Quelques auteurs prétendent que l'on ne doit donner ce nom qu'aux rivières qui se déchargent immédiatement dans la mer ; d'autres, & c'est le plus petit nombre, prétendent qu'il n'y a de vrais *fleuves* que ceux qui ont le même nom depuis leur source jusqu'à leur embouchure.

Généralement, les *fleuves* sont formés d'une multitude de ruisseaux, de rivières, qui se réunissent successivement dans leur cours (1). Plusieurs prennent naissance dans les montagnes, d'autres dans les plaines. Tous sont formés par les eaux pluviales qui s'écoulent sur la surface de la terre, ou par celles qui, pénétrant dans l'intérieur, s'y accumulent & produisent des sources. Quelques *fleuves* ont leur source dans des lacs considérables : tels sont le Don, le *fleuve* des Amazones, le Mississipi, le *fleuve* Saint-Laurent, &c.

Depuis leur point de départ, les eaux des *fleuves* s'écoulent dans des lits qui ont des inclinaisons très-variées. Les uns ont des pentes insensibles, d'autres de très-grandes inclinaisons. En prenant la différence de niveau entre la source d'un *fleuve* & son embouchure, comparant cette hauteur à l'étendue que le *fleuve* parcourt, on peut déterminer sa pente moyenne ; mais cette pente varie elle-même dans toute l'étendue du cours. Dans quelques endroits, les eaux s'écoulent avec lenteur ; dans d'autres, avec une grande rapidité ; enfin, elles sont quelquefois arrêtées par des rochers, & tombent ensuite d'une très-grande hauteur. *Voyez* CASCADES, CHUTES D'EAU.

Afin de faire apprécier les variations que présente la pente des *fleuves*, nous allons copier le tableau que l'abbé Chappe a publié (2) sur les principales rivières situées sur la route de Saint-Pétersbourg à Tobolsk.

FLEUVES.	ESPACES PARCOURUS.	PENTE par lieue de 2,000 toises.
Volga ...	De Cazan à Nisz-Nowogorod, sur 100 lieues	22,2 pouces.
	De Cazan à la mer Caspienne, sur 363 lieues	19
Oka	De Moron à son embouchure, sur 35 lieues	50,6
Kaliusma.	De Boinkova à son embouchure, sur 108 lieues	72,3
Kama	D'Ossa à son embouchure, sur 185 lieues	23,2
Czausova.	De Bilimbaeuskoi à son embouchure, sur 83 lieues	79,4
Pyszena .	De Belojarskaia à son embouchure, sur 78 lieues	69,9
Tura	De Werkhotourie à son embouchure, sur 115 lieues	43,9
Tobolsk .	De Berozoviar à son embouchure, sur 45 lieues	33,7
Irtysz ...	De Tobolsk à son embouchure, sur 260 lieues	19

(1) Le Volga & le Danube reçoivent chacun plus de deux cents rivières, dont trente très-considérables ; le Jéniska, le *fleuve* des Amazones, reçoivent plus de soixante rivières ; le *fleuve* de la Plata plus de cinquante, &c.
(2) *Voyage en Sibérie*, tome II, page 535.

On peut conclure de ce tableau, que la plus petite pente de ces rivières est d'une ligne environ sur neuf toises.

La pente de la Seine, de Paris au Havre, sur 82 lieues de cours, est de 19°,3 par lieue de 2000 toises, conséquemment d'une ligne sur 10 toises ;

Néva.
{
De Casan à Kusmodemiank .... 8°,4 par lieue.
De Casan à Nisz-Nowogorod 22,2
De Casan à la mer Caspienne 19
De Nisz-Nowogorod à la mer Caspienne 17,7
De Kusmademiank à Nisz-Nowogorod 34,7
}

Quant à la direction des cours d'eaux, elle est extrêmement variable. On a cru pendant long-temps que la direction moyenne, c'est-à-dire, celle de la droite menée, de leur source à leur embouchure, étoit habituellement d'orient en occident ; mais les observations faites avec plus de soin, & sur une plus grande étendue de pays, ont prouvé que le cours moyen des fleuves suivoit toutes sortes de directions. Enfin, dans leur cours, les eaux des fleuves serpentent continuellement autour de la direction moyenne, de manière qu'elles parcourent, de leur source à leur embouchure, un espace infiniment plus grand que celui qui existe entre ces deux points. La principale cause de ce continuel changement dans la direction du cours, est la tendance que les eaux ont à s'écouler par la plus grande pente qu'elles rencontrent, & la sinuosité continuelle du terrain qu'elles parcourent.

Habituellement, la surface transversale des fleuves est convexe ; les eaux sont plus élevées vers le milieu que sur les bords : cette élévation est quelquefois de trois pieds. On l'attribue à la plus grande vitesse, & conséquemment à la plus grande accumulation des eaux vers le milieu du cours ; cependant à leur embouchure, lorsqu'elles se jettent dans la mer, souvent à la marée montante, les eaux refluant vers les bords, déterminent une surface concave. Lorsque, dans leur cours, les eaux sont arrêtées, elles emploient une partie de la vitesse qu'elles ont acquise à surmonter l'obstacle, & là elles s'élèvent au-dessus de leur niveau.

Plusieurs fleuves paroissent avoir un mouvement assez uniforme depuis leur source jusqu'à leur embouchure ; d'autres un mouvement très-varié, interrompu par des chutes plus ou moins considérables, qui nuisent à leur navigation. Quelques fleuves semblent disparoître, se perdent dans des gouffres, circulent sous terre dans une étendue plus ou moins grande, & ressortent & reparoissent tout-à-coup : tel est, par exemple, le Rhône, qui disparoît entre Genève & Lyon, & qui reparoît à une distance assez éloignée.

Certains fleuves sont sujets à des débordemens périodiques qui inondent toutes les terres voisines de leurs bords, en y portant la fertilité & l'abondance : tels sont le Nil, l'Indus, le Gange, le fleuve de Siam, &c.

celle de la Marne, de Vitry à Meaux, sur 53 lieues de cours, est de 36°,6 par lieue, ou d'une ligne sur 4 toises 3 pieds.

Pour se faire une idée de la variation que la pente des fleuves peut éprouver, nous présenterons le tableau suivant :

Il est des fleuves, comme ceux du Jenisc, du Niger, du Mecou, de l'Oby, des Amazones, du Kiany, de l'Amur, du Nil, du Lena, du Volga, qui ont de 1000 à 1600 lieues de cours ; d'autres, comme le Gange, le fleuve de la Plata, le Missisipi, l'Euphrate, le Bravo, l'Indus, le Danube, le Réal, le Zaïre, le Méary, le Zellé, le Don, qui ont de 500 à 1000 lieues. Parmi ces fleuves, il en est qui se jettent dans la mer par une seule embouchure, d'autres par un plus grand nombre : le Volga en a 70 au moins. Quelques fleuves se perdent dans les sables en arrivant à la mer, & s'infiltrent ainsi dans le grand réservoir.

Chaque fleuve conduit à la mer des quantités d'eau très-variables. On croit que la quantité moyenne de pieds cubes d'eau que le Volga transporte en une heure à la mer, est de 1000, le Pô 42, la Tamise 30, la Seine 16, le Jourdan 9 ; &c. On calcule de deux manières la quantité d'eau qu'un fleuve conduit à la mer : 1°. par la surface de la tranche d'eau à son embouchure, multipliée par sa vitesse ; 2°. par la quantité d'eau qui tombe dans le bassin du fleuve, & cette quantité s'apprécie par sa surface multipliée par la hauteur de l'eau tombée, déduite de l'observation ; mais il faut tenir compte de la quantité qui se vaporise, soit directement, soit par la végétation.

« Pour savoir, dit Buffon (1), à peu près la quantité d'eau que la mer reçoit par tous les fleuves qui y arrivent, supposons que la moitié du globe soit couverte par la mer, & que l'autre moitié soit très-sèche, ce qui est assez probable ; supposons aussi que la moyenne profondeur de la mer, en la prenant dans toute son étendue, soit d'un quart de mille d'Italie, c'est-à-dire, d'environ 230 toises ; la surface de toute la terre étant de 170,981,012 milles, la surface de la mer est de 85,490,506 milles carrés, qui, étant multipliés par ¼ profondeur de la mer, donnent 21,372,626 milles cubiques pour la quantité d'eau contenue dans l'Océan tout entier. Maintenant, pour calculer la quantité d'eau que l'Océan reçoit des rivières, prenons quelques grands fleuves, dont la vitesse & la quantité d'eau soient connues ; le Pô, par exemple, qui passe en Lombardie, & qui arrose un pays de 380 milles

_____

(1) Histoire naturelle de Buffon, Théorie de la Terre, article X, des fleuves.

de longueur, suivant Riccioli : sa largeur, avant qu'il se divise en plusieurs bouches pour tomber dans la mer, est de cent perches de Bologne ou de mille pieds, & sa profondeur de dix pieds; sa vitesse est telle, qu'il parcourt quatre milles dans une heure : ainsi, le Pô fournit à la mer 200,000 perches cubiques d'eau en une heure, ou 4,800,000 dans un jour. Mais, un mille cubique contient 125,000,000 perches cubiques : ainsi il faut vingt-six jours pour qu'il porte à la mer un mille cubique d'eau. Reste maintenant à déterminer la proportion qu'il y a entre la rivière du Pô & toutes les rivières de la terre prises ensemble, ce qu'il est impossible de faire exactement; mais pour le savoir à peu près, supposons que la quantité d'eau que la mer reçoit par les grandes rivières dans tous les pays, soit proportionnelle à l'étendue & à la surface de ce pays, & que par conséquent le pays arrosé par le Pô & par les rivières qui y tombent, soit à la surface de toute la terre sèche en même proportion que le Pô est à toutes les rivières de la terre. Or, par les cartes les plus exactes, le Pô depuis sa source jusqu'à son embouchure, traverse un pays de 380 milles de longueur, & les rivières qui y tombent de chaque côté, viennent de sources & des rivières qui sont environ à 60 milles de distance du Pô; ainsi ce fleuve & les rivières qu'il reçoit, arrosent un pays de 380 milles de long sur 120 milles de large, ce qui fait 45,600 milles carrés. Mais la surface de toute la terre sèche est de 84,450,506 milles carrés : par conséquent, la quantité d'eau que toutes les rivières portent à la mer, sera 1874 fois plus grande que la quantité que le Pô lui fournit : mais comme 26 rivières comme le Pô fourniroient un mille cubique d'eau à la mer par jour, il s'ensuit que, dans l'espace d'un an, 1874 rivières comme le Pô fourniront à la mer 26,308 milles cubiques d'eau, & que dans l'espace de 812 ans, toutes ces rivières fourniront à la mer 21,372,626 milles cubiques d'eau, c'est-à-dire, autant qu'il y en a dans l'Océan, & que par conséquent il ne faudroit que 812 ans pour le remplir. *Voyez* PLUIE.

FLEUVE. Trois constellations, dont deux sont dans la partie septentrionale du ciel, & une dans la partie méridionale. Les deux qui sont dans la partie septentrionale sont : le *fleuve du Jourdain*, le *fleuve du Tigre*; celle qui est dans la partie méridionale est le *fleuve Eridan*. *Voyez* JOURDAIN, TIGRE, ERIDAN.

FLEXIBILITÉ; flexibilitas; *bregfamkeit*; s. f. Qualité de ce qui est *flexible*. Propriété qu'ont les corps de pouvoir céder aux puissances qui les compriment.

On ne connoît point de corps qui ne puisse céder à une force finie; car tous les corps sont compressibles, ce qui suppose nécessairement la *flexibilité*. Le diamant, le corps le plus dur que l'on

connoisse, puisqu'il raie tous les autres, est lui-même *flexible*, & la preuve de sa *flexibilité*, c'est que, si on le laisse tomber sur un corps dur, il rejaillit; or, ce mouvement réfléchi ne lui vient que de son ressort. Les liqueurs elles-mêmes doivent être regardées comme *flexibles*, quoiqu'elles le soient très-peu, puisqu'elles rejaillissent & qu'elles transmettent le son. La propriété opposée à la *flexibilité* est la roideur. *Voyez* ROIDEUR, COMPRESSIBILITÉ, ELASTICITÉ, DURETÉ.

FLEXIBILITÉ (Machine pour mesurer la). Machine à l'aide de laquelle on mesure la quantité dont un corps se plie avant de rompre.

On peut mesurer la *flexibilité* de deux manières : 1°. en suspendant un corps par les deux bouts, comprimant fortement son milieu avec des poids, jusqu'à ce qu'il se rompe; mesurant ensuite la flèche de sa courbure pour la comparer aux poids employés; 2°. en comprimant fortement un corps, jusqu'à ce qu'il se rompe, & mesurant la diminution que l'épaisseur du corps éprouve par la pression, en tenant compte des poids employés. Bosch fils, propriétaire de la manufacture de faïence de Sept-Fontaines, près Luxembourg, a inventé une machine très-ingénieuse pour mesurer la cohésion & la *flexibilité* des corps. Cette machine est décrite dans le tome XXXII, page 123, des *Annales des Arts & Manufactures*.

FLEXIBLE; flexibilis; *biegsam*; adj. Qui peut se plier; qui a de la flexibilité.

Plusieurs corps sont naturellement *flexibles* : tels sont les fils & les petites cordes non tendues; d'autres sont *flexibles* avec plus ou moins d'effort, comme les ressorts, &c.

Un corps *flexible* & qui est plié, forme deux leviers, & le point où il plie peut être regardé comme le point fixe commun aux deux leviers. Il suit de-là que plus la puissance motrice est éloignée de ce point, plus elle a de force : ainsi, plus un corps *flexible* est long, plus il cède aisément à la force qui le fléchit. C'est pour cette raison qu'un grand bâton, que l'on tient horizontalement par un bout, se fléchit souvent par son propre poids.

FLEXION; flexio; *biegung*; s. m. État de ce qui est fléchi.

Ce mot s'applique, en astronomie, aux grands instrumens dont on attend une grande précision, & dont la *flexion* occasionne des inconvéniens considérables.

FLINDERQUE. Numéraire de la principauté d'Oost-Frise. Il en faut six pour un marc & vingt-quatre pour un rixdaler courant.

FLINT-GLASS. Nom donné par les Anglais

au

au verre qui contient du minium. Ce nom anglais fignifie *verre de cailloux*, parce que l'on employoit originairement le filex pulvérifé, au lieu de fable, dans la compofition de ce verre. *Voy.* CRISTAL, VERRE PESANT.

Cette forte de verre, qui a la propriété de difperfer les rayons de lumière & de produire un fpectre beaucoup plus grand que le verre ordinaire, eft employée avec fuccès dans la conftruction des lentilles achromatiques. *Voy.* ACHROMATISME, DISPERSION, LENTILLES ACHROMATIQUES.

FLORIN. Monnoie de compte & monnoie courante employée par plufieurs puiffances.

Il paroît que l'on a donné le nom de *florin*, que l'on a donné à cette monnoie, vient de ce qu'elle a été frappée la première fois à Florence, ou de ce qu'elle contenoit la fleur de lis que l'on trouve dans les armes de Florence.

On diftingue plufieurs fortes de *florin* : le *florin courant*, goulde ou argent, le *florin d'Empire* ou de convention, le *florin de change*, le *florin d'or*. La valeur de chaque *florin* varie en raifon du pays.

Ainfi le *florin* courant vaut :

Dans les anciens Pays-Bas autrichiens.

. . . .	1,861	= 1f,838
En Hollande	2,172	= 2,145
A Bâle	2,466	= 2,435
A Saint-Gall	2,465	= 2,437
A Zurich	2,407	= 2,377
A Berne	2,695	= 2,662
A Genève	0,487	= 0,483
En Savoie	0,7182	= 0,709
En Autriche	2,646	= 2,613
En Bavière	2,205	= 2,178
A Augsbourg — de Giron.	3,360	= 3,218
A Ulm — vieux	2,911	= 2,873
A Cologne	2,580	= 2,548
A Aix-la-Chapelle	2,632	= 2,5997
A Liége	1,323	= 2,294
De Mecklembourg	1,984	= 1,959
De Siléfie	2,523	= 2,492
De Pruffe	1,261	= 1,245
De la Poméranie fuédoife.	1,984	= 1,959
Le *florin* de convention ou		
d'Empire vaut	2,646	= 2,613

On a frappé en France, en 1312, des *florins* d'or à 24 karats, dont la taille a varié entre 52 & 72. Les *florins* frappés en France en 1346, de 32 à la taille, l'or à 24 karats, valoit alors 20 fous, & vaudroit aujourd'hui 15l,38 = 15f,19.

FLORINO. Numéraire de Sicile = 12 carlino, = 120 grano = 720 picciolo = 2l,522 = 2f,491. Il en faut deux pour faire le fcudo di Sicila, & cinq pour l'oncio doro.

FLOTTAISON (Ligne de). Ligne que marqueroit autour d'un corps flottant, la furface du liquide, fuppofé parfaitement calme, dans lequel le corps eft plongé.

FLOTTER; *fluitare*; *fchwimmen*; v. n. Être foulevé ou foutenu par les liquides.

Tout corps dont la pefanteur fpécifique eft moindre que celle du liquide dans lequel il eft plongé, *flotte* fur le liquide. Ainfi le liége, un grand nombre de bois, les graiffes, les huiles, la glace, *flottent* fur l'eau; tous les corps folides, le platine, l'or, le wolfram exceptés, *flottent* fur le mercure.

En plaçant fur un liquide un corps ABCD, *fig.* 820, d'une pefanteur fpécifique moindre que le liquide, celui-ci s'enfonce jufqu'à ce que la pefanteur du liquide ECDF, qu'il déplace, foit égale à la pefanteur du corps. *Voyez* PESANTEUR SPÉCIFIQUE, DENSITÉ.

Ainfi, deux corps de même volume s'enfonceront plus ou moins, felon qu'ils feront plus ou moins pefans, & le rapport d'enfoncement fera proportionnel à la pefanteur de chaque corps.

De même, fi l'on place un corps flottant dans deux liquides différens, il déplacera des volumes différens de chaque liquide : un cube de bois de tilleul, par exemple, divifé en 100 tranches égales, mis dans de l'eau diftillée & dans de l'efprit-de-vin, s'il s'enfonce dans l'eau de 60 tranches & dans l'alcool de 65, il s'enfuivra que la pefanteur fpécifique de l'eau eft à celle de l'alcool comme 65 : 60.

Connoiffant d'une part le volume du corps enfoncé dans un liquide, & de l'autre le poids d'un pied cube de liquide, on peut facilement déterminer le poids du corps : d'où l'on voit que fi le volume d'un vaiffeau EFCD, *fig.* 821, jufqu'à fa ligne de flottaifon EF, étoit de 925 pieds cubes, & que le poids du pied cube d'eau de mer, dans laquelle il eft plongé, fût de 75 livres, il s'enfuivroit que le poids du vaiffeau ABCD feroit de $925 \times 75 = 69,375$ livres; & fi le vaiffeau chargé pouvoit s'enfoncer jufqu'à une autre ligne de flottaifon GH, dont le volume entre les deux lignes EFHG fût de 1500 pieds, le vaiffeau pourroit porter $75 \times 1500 = 112,500$ liv.; & comme le tonneau, dans la marine, eft eftimé du poids de 2000 liv., il s'enfuivroit qu'un pareil vaiffeau pourroit porter 56 tonneaux.

Un corps dont la pefanteur fpécifique eft beaucoup plus grande que celle de l'eau, peut *flotter*, s'il eft creufé de manière que la pefanteur abfolue foit moins grande que celle de l'eau qu'il déplace. C'eft ainfi, par exemple, que l'on conftruit des bateaux de fonte de fer dont la pefanteur fpécifique eft fept fois & demie plus grande que celle de l'eau, & que l'on parvient à leur faire fupporter de grands fardeaux. Ainfi, un bateau de fonte de fer de 18 pieds de long, 6 de large & 4 de hauteur, dont l'épaiffeur feroit de 6 lignes, contiendroit 9 pieds cubes ½ de fonte, laquelle, à 500 livres le pied cube, peseroit 4750 livres; mais le volume extérieur de ce bateau seroit de 432 pieds cubes; il pourroit donc déplacer 432 pieds cube d'eau, lesquels, à 70 livres le pied cube, forment un poids de 31,104 livres : il suit de-là que, pour que le bateau s'enfonçât jusqu'à son bord, il faudroit qu'il fût chargé d'un poids de 31,104 — 4750 = 26,354. Ce bateau pourroit donc *flotter* facilement avec un poids de 20,000 livres.

Quant à l'homme, il *flotte* difficilement, parce que sa pesanteur spécifique diffère peu de celle de l'eau, & que, lorsqu'il se contracte par la peur, il est rare qu'il ne soit pas spécifiquement plus pesant. *Voyez* Nager, Natation.

FLOTTEUR. Corps qui flotte naturellement, & qui facilite la flottaison d'un autre corps. Ainsi, une planche de liége peut être considérée comme *flotteur*, lorsqu'elle supporte un homme sur l'eau : les tonneaux vides que l'on attache à des trains de bois pesans, sont également des *flotteurs*.

Sacharoff & Robertson (1) ont imaginé d'appliquer un *flotteur* à la gondole du ballon pour distinguer son mouvement. Pour cela ils ont réuni en forme de croix, deux feuilles de papier léger & noirci; on les a maintenues ensemble par de petits triangles de bois. Ce corps très-léger étoit attaché à l'extrémité de la gondole par un fil de dix toises de long. Ce *flotteur* plus léger, & offrant moins de surface que l'aéroftat, obéissoit moins au courant que lui; il suivoit conséquemment le ballon; sa position, combinée avec la direction de la boussole, indiquoit le point vers lequel les voyageurs dirigeoient leur marche. Un second avantage que présente ce *flotteur*, c'est qu'il indique l'ascension de l'aéroftat ou sa descente même avant que le baromètre ait fait le plus léger mouvement; lorsque la gondole monte, le *flotteur* descend, & il monte lorsque celle-là descend.

FLUATE; fluas; *fluffaure falz*; f. m. Combinaison de l'acide fluorique avec différentes bases salsifiables. *Voyez* Acides fluoriques.

On connoît trois *fluates* alcalins, six *fluates* terreux & quinze *fluates* métalliques.

Les *fluates* alcalins d'ammoniaque, de potasse & de soude, & les *fluates* terreux d'alumine, de barite, de chaux, de magnésie, de strontiane & de silice, ont la propriété de dégager, à l'aide de l'acide sulfurique, des vapeurs d'acide fluorique qui rongent le verre.

Plusieurs de ces *fluates* sont phosphorescens quand on les échauffe; ils ne se décomposent ni par la chaleur ni par les combustibles. A l'aide

de la chaleur, ils se combinent facilement avec la silice.

Quelques métaux sont attaqués par l'acide fluorique : tels sont le cuivre, le fer, le zinc, le nickel; il dissout les oxides d'antimoine, d'argent, d'arsenic, de cobalt, d'étain, de mercure, de molybdène, de plomb, d'urane; enfin, il se combine avec les oxides de bismuth & de manganèse, en versant un *fluate alcalin* dans un nitrate du premier & un sulfate du second.

FLUDD (Robert), médecin & physicien anglais, né à Milgate dans le comté de Kent, en 1574, & mort à Londres le 8 septembre 1637.

C'étoit un des hommes les plus instruits de son temps; mais une imagination trop vive, un penchant décidé pour tout ce qui porte le caractère du merveilleux, l'égarèrent souvent. Ses écrits sont obscurs, souvent même inintelligibles. Il reconnoît deux principes de toutes choses : la condensation, qu'il appelle la *vertu boréale*, parce qu'elle est produite par le froid; & la raréfaction, la *vertu australe*. C'est à ces deux principes, qui ne sont autres que le mouvement d'impulsion & celui de répulsion, qu'il rapporte toute la physique.

Ses écrits furent vivement attaqués par les bons esprits de son temps, tels que le Père Mersenne, Forster, Gassendi, Kepler, &c.

Un thermomètre, mis à la tête d'un ouvrage qu'il publia en 1738, le fit croire l'inventeur de cet instrument; mais *Fludd*, loin de se l'attribuer, se plaint des charlatans de son temps, qui teignoient la liqueur du tube & attribuoient ses mouvemens à des causes occultes. D'ailleurs, Drebbel, que l'on regarde comme l'inventeur du thermomètre, étoit mort en 1634, & cet instrument étoit connu en 1621. Mais ce que *Fludd* semble s'approprier, c'est l'emploi qu'il fait de thermomètre, pour expliquer les lois de la physique conformément à ses deux principes universels, la condensation & la raréfaction.

On a de *Fludd* un grand nombre d'ouvrages, parmi lesquels on distingue : 1°. *Utriusque cosmi metaphysica, physica atque technico-historia*; 2°. *De supernaturali, praternaturali & contranaturali microcosmi historia*; 3°. *De natura simia, seu technica macrocosmi historia*; 4°. *Philosophia mosaïca, in quâ sapientia & scientia ocaturarum explicatur*; &c.

FLUENTE, de *fluere, couler*. Newton & les géomètres anglais appellent *fluente* ce que Leibnitz & les géomètres français appellent *intégrale*. *Voyez* Fluxion, Intégrale.

FLUIDE, de *fluere, couler*; fluidum; *flussig*; f. m. Substances dont les parties sont mobiles entr'elles, n'ont point ou presque point de cohésion les unes aux autres, se meuvent indépendemment les unes des autres : tels sont, par exemple, de l'air, de l'eau, un tas de fablon, de blé, &c.

Les principales propriétés des *fluides* font : 1°. qu'ils prennent la forme des vafes dans lefquels on les met; 2°. que leurs particules ont fi peu d'adhéfion, qu'elles fe féparent fans oppo-fition.

Defcartes diftingue les *fluides* des folides, en ce qu'il fuppofe que les particules des premiers font dans un mouvement continuel, tandis que celles des folides font dans un repos parfait. Boerhaave regarde le feu comme la caufe de la fluidité. En chauffant un corps folide, le calorique qui le pénètre, écarte fes molécules & le *liquéfie*; de même, en refroidiffant un *liquide*, les molécules fe rapprochent à mefure que le calorique fe dégage; & lorfque leur diftance eft affez petite pour que la force attractive exerce toute leur action, elles s'uniffent fortement & forment un folide.

Ainfi, la différence entre les *fluides* & les folides confifte principalement en ce que l'attraction exercée par les molécules des premiers eft nulle, ou fi foible qu'elles ne contractent aucune cohéfion fenfible, tandis que celle des feconds eft très-grande, & qu'elles éprouvent une forte cohéfion.

Quant à la forme des molécules des *fluides*, on infère qu'elle eft fphérique : 1°. parce que les corps qui ont une femblable figure, roulent & gliffent les uns fur les autres avec une grande facilité; 2°. de ce que toutes les parties des *fluides* graiffeux que l'on peut voir à l'aide d'une loupe ou d'un microfcope, ont une figure fphérique; 3°. de ce que Derham, ayant examiné dans une chambre obfcure, fous quelle forme les vapeurs paroiffoient, trouva, à l'aide d'un microfcope, que ce n'étoit autre chofe que de petits globules fphériques, qui auroient pu former de petites gouttes. Cependant les corps criftallifés conduifent à confidérer les molécules de tous les corps comme des polyèdres de forme particulière. Ne pourroit-on pas regarder ces formes fphériques fous lefquelles les *fluides* nous apparoiffent fouvent, comme des agglomérations de molécules, qui prennent naturellement la forme fphérique par fuite de la preffion exercée dans tous les fens, par le milieu dans lequel elles font, à laquelle fe joint, dans quelques circonftances, l'attraction moléculaire ?

On divife les *fluides* en trois claffes : 1°. *fluide groffier*; 2°. *fluide liquide*; 3°. *fluide aériforme* ou *élaftique* : les premiers ne font formés que des accumulations de très-petits corps folides, ou de corps folides réduits à l'état pulvérulent; les feconds confervent une foible attraction entre leurs molécules, ce qui leur donne la propriété de former des gouttes fphériques par leur réunion; ce font les liquides proprement dits; ils ont divers degrés de fluidité, felon la faculté qu'ils ont de former des gouttes plus ou moins

groffes (*voyez* LIQUIDE); les troifièmes font compofés de molécules infiniment petites, dont la diftance eft plus grande que le rayon d'activité de leur attraction : elles n'ont donc aucune cohéfion, mais elles jouiffent de la compreffibilité & de l'élafticité à un degré très-prononcé. *Voyez* FLUIDE ELASTIQUE, GAZ.

Quoique tous les folides puiffent être rendus *fluides* par la chaleur, il en eft cependant quelquesuns qui peuvent acquérir la fluidité par l'action d'un liquide : tels font, par exemple, les fels, les gommes, qui fe diffolvent dans l'eau, la réfine dans l'alcool, les métaux dans les acides.

FLUIDES ADHÉRENS A LA SURFACE DES CORPS. *Fluides* qui s'attachent à la furface des corps & qui les mouillent.

En plongeant un folide dans un *fluide*, fouvent il en fort mouillé. L'adhéfion du *fluide* au folide eft occafionnée par l'affinité des molécules du *fluide* pour le folide. Cependant tous les folides qui ont de l'affinité pour les *fluides* n'en fortent pas mouillés lorfqu'on les y plonge; car le verre, qui a de l'affinité pour le mercure, puifque des gouttelettes de ce *fluide* s'attachent au verre lorfque l'on expofe celui-ci à la vapeur du mercure, le verre plongé dans ce *fluide* en fort net & fans être mouillé. Il faut, pour qu'un folide forte mouillé d'un *fluide*, que la force d'attraction des molécules du folide pour le *fluide* foit un peu plus grande que la moitié de la force d'attraction des molécules du *fluide* entre elles. *Voyez* TUBES CAPILLAIRES.

Les *fluides élaftiques* dont les molécules paroiffent n'exercer entre elles aucune action attractive, mouillent plus facilement les folides que les *fluides liquides*, dont les molécules font foiblement attirées les unes vers les autres.

Dutour, Achard, Guyton, &c. ont cherché à déterminer, par l'expérience, les rapports d'adhéfion des différens *fluides* pour les folides. Les expériences de Dutour font rapportées dans le *Journal de Phyfique*, année 1780, tom. I, pag. 234, & tom. II, pag. 85; 1782, tom. II, pag. 137. Achard a entrepris de nombreufes expériences qu'il a publiées dans un recueil d'opufcules (*Chymifch-phyfifche fchreiften*, pag. 354); nous allons rapporter quelques-uns de fes réfultats.

Ces expériences ont été faites en plaçant un difque folide fur un *fluide*, & cherchant enfuite, à l'aide d'une balance, quel poids il faut employer pour le foulever; c'eft ainfi qu'il a trouvé qu'un difque de verre, à un pouce & demi de diamètre, exigeoit, pour être féparé de

L'eau................................... 91 g.
L'acide fulfurique...................... 115
L'acide nitrique........................ 92
L'acide muriatique...................... 94
Du vinaigre diftillé..................... 84
De l'efprit empyreume de miel.......... 115

L'esprit empyreume de gaïac .... 82 g.

—— de tartre. 79

L'alcool à 0,842. 54

La dissolution du muriate de chaux ... 106

—— de muriate d'alumine. 102

—— de nitrate d'alumine. 99

—— de nitrate de magnésie. 100

La dissolution de nitrate de plomb 90

—— d'acétate de plomb. 98

—— d'acétate de cuivre. 96

La potasse en déliquescence. 105

L'ammoniaque. 82

L'essence d'anis. 60

L'alcool sulfurique. 54

L'alcool nitrique. 57

L'huile de succin. 64

L'huile de fenouil. 71

L'huile d'anis. 73

L'huile de térébenthine. 60

L'huile d'amandes douces. 66

L'huile de pavot. 67

L'huile de lin. 67

En plaçant sur de l'eau distillée des disques d'un pouce & demi de diamètre de différens solides, Achard a trouvé que l'adhésion étoit pour le

Verre 91

Cristal de roche 90

Jaspe vert oriental 96

Lapis lazuli 97

Marbre rouge 94

Ardoise. 101

Nacre de perle .... 91 $\frac{1}{10}$

Soufre. .... 96 $\frac{1}{10}$

Cire jaune 97

Cire d'Espagne rouge 92

Craie. 90

Fer. .... 93 $\frac{1}{2}$

Cuivre. .... 96 $\frac{1}{2}$

Etain. .... 94 $\frac{1}{2}$

Plomb. .... 100 $\frac{1}{2}$

Laiton. 99

Zinc. 96

Si l'on compare ces deux séries d'expériences, on remarquera que l'adhésion du verre pour les différens *fluides* varie entre 54 & 115, conséquemment plus du simple au double, tandis que l'adhésion des différens solides pour l'eau ne varie qu'entre 90 & 101. Cette différence paroît provenir de ce que tous les solides que l'on a employés dans la dernière expérience, étant mouillés par l'eau, c'est plutôt la force d'adhésion des molécules d'eau que l'on a mesurée, que celle de l'adhésion de l'eau pour les divers solides ; & la différence que l'on remarque, doit plutôt être attribuée à la difficulté que présente ce genre d'expérience, qu'à la variation dans l'adhésion de l'eau pour les différens solides ; car ces solides sont encore mouillés lorsqu'ils sont séparés des liquides.

On voit également que la différence des forces

employées pour rompre l'adhésion du verre aux divers *fluides* sur lesquels le disque avoit été placé, peut représenter également l'adhésion de ces *fluides* ; & l'on est d'autant plus porté à le croire, qu'à quelques anomalies près, la force d'adhésion est d'autant plus grande que la densité du *fluide* l'est davantage : aussi remarque-t-on sur l'alcool, dont la densité est de 0,842, qu'on a rompu l'adhésion du disque avec un poids de 54 grains, tandis que pour rompre l'adhésion de l'acide sulfurique, dont la densité est de 1,868, il a fallu un poids de 115 ; & pour rompre l'adhésion de l'eau, dont la densité est 1000, le poids employé a été de 91 grains.

Ce qui confirme en quelque sorte ce résultat, ce sont les expériences d'Achard sur la force d'adhésion au verre à diverses températures, dans lesquelles il a trouvé que l'adhésion étoit sensiblement en raison inverse de la température.

Guyton de Morveau a fait aussi, de son côté, plusieurs expériences sur l'adhésion des solides & des liquides, en mettant en contact avec le mercure des disques de différens métaux ; ces disques avoient un pouce de diamètre. Il a trouvé, par un mode d'expériences analogue à celui d'Achard, qu'il falloit, pour rompre l'adhésion

De l'or. 446

—— l'argent. 429

—— l'étain. 418

Du plomb. 397

—— bismuth. 372

—— zinc. 204

—— cuivre. 142

De l'antimoine. 126

Du fer. 115

—— cobalt. 8

Comme, parmi ces métaux, il en est qui sont mouillés par le mercure, & d'autres qui ne le sont pas, & que d'ailleurs l'affinité de chacun de ces métaux pour le mercure est différente, & que les métaux qui ont le plus d'affinité pour ce *fluide* sont ceux qui ont exigé un plus grand poids pour être séparés, Guyton de Morveau en a conclu que l'adhésion des liquides aux *fluides* étoit en raison inverse de leur affinité de dissolution.

Il a existé deux opinions différentes sur l'adhésion des liquides aux solides. Bernouilli, Lagrange, Cigna, attribuent cette adhésion à la pression de l'atmosphère ; le docteur Taylor regarde cette adhésion comme une force qui peut être déterminée par le poids qu'il faut ajouter pour séparer les deux surfaces ; Guyton de Morveau prétend que cette force est en raison des affinités de dissolution ; Achard pense qu'elle est en raison inverse de la densité des liquides ; Dutour croit que la méthode de Taylor n'est applicable qu'autant que les solides ne sont pas mouillés par les *fluides* ; que la pression de l'atmosphère y exerce une action sensible, & que, lorsque le solide mouille, ce n'est point la cohésion du solide au *fluide* qui est mesurée, mais la cohésion dans les parties même du *fluide*.

A la suite de sa belle théorie de l'élévation des liquides dans les tubes capillaires, le célèbre géomètre Laplace a cru devoir examiner la question de l'adhésion des liquides sur les solides.

Cette question a été traitée dans un Mémoire lu à la première classe de l'Institut, le 24 novembre 1806. Ce savant divise, comme Dutour, les *fluides* en deux classes ; ceux qui mouillent les solides & ceux qui ne les mouillent pas, ou autrement ceux qui s'élèvent au-dessus de leur niveau dans les tubes capillaires, & ceux qui s'abaissent au-dessous de leur niveau. Nous allons transcrire les expressions du géomètre français pour ces deux circonstances.

« Lorsqu'on applique un disque de verre sur la surface de l'eau stagnante, dans un vase d'une grande étendue, on éprouve, pour l'en détacher, une résistance d'autant plus considérable, que la surface du disque est plus grande. En élevant le disque, on soulève en même temps, au-dessus du niveau du *fluide* renfermé dans ce vase, une colonne de ce *fluide*, dont la figure ressemble à celle d'une gorge de poulie. Sa base inférieure s'étend indéfiniment sur la surface du niveau ; à mesure que la colonne s'élève, elle se rétrécit jusqu'aux sept dixièmes environ de sa hauteur ; ensuite elle s'élargit & couvre la surface du disque par sa base inférieure. Si la largeur du disque est considérable, on trouve, par l'analyse, que le poids de la masse de *fluide* soulevé est égal à un cylindre d'eau, dont la base seroit celle du disque, & dont la hauteur seroit le produit d'un millimètre par la racine carrée du nombre de millimètres contenus dans la hauteur à laquelle l'eau s'élève dans un tube de verre d'un millimètre de diamètre.

» Lorsque le *fluide*, au lieu de s'élever, s'abaisse dans un tube capillaire de la matière du disque, comme le mercure dans un tube de verre, la colonne soulevée par le disque n'a plus la forme d'une gorge de poulie : sa base inférieure s'étend indéfiniment sur la surface du disque ; mais la colonne rétrécit continuellement depuis cette base jusqu'aux points de son contact avec le disque. Le poids de cette colonne, dans l'état d'équilibre, est égal à celui d'un cylindre *fluide*, dont la base seroit celle du disque, & dont la hauteur seroit le produit d'un millimètre, par le nombre de millimètres dont le *fluide* s'abaisse dans un tube de la matière du disque, dont le diamètre seroit d'un millimètre, ce produit étant multiplié par le sinus de la moitié de l'angle aigu que la surface du *fluide* forme avec le disque ; & de plus étant divisé par le co-sinus de l'angle total. »

Il faudroit maintenant comparer l'expérience au résultat donné par l'analyse. Laplace cite une expérience faite par Haüy sur l'élévation de l'eau dans un tube de verre d'un millimètre de diamètre,

qu'il compare ensuite à une expérience d'Achard sur le poids que soulève un disque de verre placé sur l'eau ; mais peut-on compter sur les résultats d'Achard ? Gay-Lussac ayant voulu déterminer le poids nécessaire pour séparer de la surface du mercure un disque de verre de 18 millimètres 366 millièmes de diamètre, a trouvé des poids très-différens, selon la manière dont l'expérience a été faite. Ce poids a varié entre 158 & 296 grammes ; ce qui prouve combien ces expériences sont difficile à bien exécuter. Au reste, Gay-Lussac ayant trouvé, par l'expérience, que les poids nécessaires pour séparer ce disque, après l'avoir mis en contact avec différens *fluides*, étoient avec

L'eau............................... 159,4 g.
L'alcool, densité 0,8595............. 32,87
L'alcool, densité 0,94153........... 37,152
L'huile de térébenthine, densité 0,8694 34,104

Ces résultats s'accordoient assez bien avec ceux que Laplace a déduits de sa Théorie. On peut consulter, à ce sujet, le Mémoire de Laplace sur l'*Adhésion des corps à la surface des fluides*, ainsi que le *Supplément à l'action capillaire*, du même auteur.

FLUIDES AÉRIFORMES........ *luft foermigen flüssigkeiten. Fluides* qui jouissent de toutes les propriétés de l'air. *Voyez* GAZ.

FLUIDE CALORIFIQUE........ Matière de la chaleur. *Voyez* CALORIQUE.

FLUIDES (Corps)........ Corps dont les molécules ont la propriété de se mouvoir facilement, & qui ont peu ou point de cohésion entr'elles. *Voyez* FLUIDES.

FLUIDE DÉFÉRENT ; *fluidum deferens*; *fortleitenden flüssigkeit*. Substance qui défère, qui cède, qui donne la fluidité.

Duluc a donné ce nom, tantôt au feu, tantôt à la lumière. Ainsi, dans l'eau, le feu est le *fluide déférent* qui détermine sa vaporisation.

FLUIDE DÉFÉRENT ÉLECTRIQUE; *fluidum deferens electricum*; *electrische fortleitenden flüssigkeit*. Nom que Duluc a donné à une substance hypothétique qu'il croit combinée à une substance pondérable, pour former le *fluide électrique*.

FLUIDE ÉLASTIQUE ; *fluidum elasticum*; *luft formiger staf elastisches. Fluide* qui jouit de la forme & de l'apparence de l'air, & qui a la même élasticité. *Voyez* GAZ.

FLUIDE ÉLECTRIQUE ; *fluidum electricum* ; *electrische fluisikeit*. Substance combinée dans tous les corps, & à laquelle on attribue les phéno-

mènes électriques. *Voyez* ELECTRICITÉ, MA-
TIÈRE ELECTRIQUE.

FLUIDE EXPANSIBLE; *flüßig aufdehnbar*. Subſtance qui s'étend, qui augmente de volume, lorſque l'on diminue la preſſion qu'elle éprouve. *Voy.*
FLUIDE ÉLASTIQUE, GAZ.

FLUIDE FRIGORIFIQUE. *Fluide* hypothétique
que l'on ſuppoſe pouvoir produire le froid. *Voyez*
FRIGORIQUE.

FLUIDE GALVANIQUE; fluidum galvanicum;
galvaniſche flüßigkeit. Subſtance que l'on ſuppoſe
pouvoir produire les effets du galvaniſme.

On a cru, pendant long-temps, que le *fluide
galvanique* produiſoit des phénomènes qui étoient
diſtincts de tous ceux que l'on connoiſſoit; mais
bientôt on s'aperçut que les phénomènes galvaniques étoient accompagnés de phénomènes électriques : alors Volta chercha à prouver que le
fluide galvanique n'étoit autre choſe que le *fluide
électrique*; depuis, pluſieurs phyſiciens ont fait des
expériences pour s'aſſurer de l'identité des deux
fluides. On remarqua qu'ils avoient la même influence ſur l'électromètre; que l'un des pôles produiſoit de l'électricité E & l'autre de l'électricité
C; qu'avec ces deux *fluides* différens, on produiſoit,
comme avec les deux électricités, les figures de
Lichtenberg; que l'on obtenoit des étincelles
qui enflammoient l'éther ſulfurique, la fleur de
ſoufre, &c., comme l'électricité; enfin, que pluſieurs phénomènes chimiques que l'on a regardé
pendant long-temps ne pouvoir être produits que
par le galvaniſme, tels que la décompoſition de
l'eau, &c., s'obtenoient également avec l'électricité. Malgré ces analogies, quelques phyſiciens
ont cru devoir perſiſter dans l'opinion qu'il exiſtoit une différence entre ces deux *fluides*, parce
que le maximum des effets phyſiques, chimiques
& phyſiologiques ſe tranſmettoit avec des arran-
gemens différens de la pile ſecondaire. *Voyez* GAL-
VANISME, GALVANOMÈTRE, ELECTROMO-
TEUR, ELECTRICITÉ GALVANIQUE, ELEC-
TRICITÉ.

FLUIDE IGNÉ; fluidum igneum; *feurigen flüßigkeit*; ſ. m. *Fluide* qui participe de la nature du feu,
& que l'on regarde comme l'élément du feu.

On a cru pouvoir démontrer l'exiſtence de ce
fluide, en expoſant, au foyer d'un microſcope ſolaire, une boule métallique rouge de feu. En regardant ſur la toile où ſon ombre va ſe peindre, on
aperçoit, autour de cette boule, une ſphère ondu-
lante de vapeurs qui paroiſſent s'élever; mais comme
cet effet n'a pas lieu lorſque l'on place la boule
ſous le récipient d'une machine pneumatique vide
d'air, il eſt clair que ce que l'on a pris pour le
ſpectre du *fluide igné* n'eſt autre choſe que celui

du mouvement de l'air, autour de la boule métallique qui eſt très-chaude.

FLUIDE LUMINEUX; fluidum luminoſum; *leich-
ten flüßigkeit*. Subſtance à laquelle on attribue la
formation de la lumière. *Voyez* LUMIÈRE.

FLUIDE MAGNÉTIQUE; fluidum magneticum;
magnetiſche flüßigkeit. *Fluide* que l'on ſuppoſe exiſter dans le fer & dans tous les métaux qui peuvent
jouir de la propriété magnétique. *Voyez* AIMANT,
MAGNÉTISME, MATIÈRE MAGNÉTIQUE.

FLUIDE PHOSPHORESCENT; fluidum phoſphoreſcens; *phoſphorend flüßigkeit*. Subſtance que Deſſaignes ſuppoſe exiſter dans un corps, & qui produit la phoſphoreſcence par inſolation, par colli-
ſion & par élévation de température.

Deſſaignes ſuppoſe que ce *fluide* (1) reſte ténébreux tant qu'il eſt en repos, parce que ſon reſſort
eſt en équilibre avec l'attraction moléculaire;
mais, ſitôt qu'il eſt refoulé par l'effet répulſif du
calorique, ou par un choc mécanique, lumineux
ou électrique, ſon reſſort augmente d'intenſité,
il ſe détend bruſquement, oſcille juſqu'à ce qu'il
ſoit parvenu à ſon point de repos, & c'eſt cette
oſcillation qui eſt la cauſe productive de l'irradiation lumineuſe qui impreſſionne nos ſens.

Ce ſavant croit (2) que le *fluide phoſphoreſcent*
eſt de nature électrique, parce que, 1°. tous les
métaux, réduits en limaille, ſont lumineux par
étincelles ſur un ſupport chaud; 2°. ſi l'on érode
les métaux avec une lime neuve, & que l'on en
détache des parcelles métalliques, plutôt par inciſion que par frottement, la limaille eſt très-lu-
mineuſe dans un temps beau & ſec; 3°. pluſieurs
ſubſtances rendues inphoſphoreſcentes, ſoit par
la calcination, ſoit autrement, redeviennent
phoſphoreſcentes après avoir été fortement électriſées; 4°. le *fluide phoſphoreſcent* (3) eſt ſoumis
au pouvoir des pointes comme le *fluide électrique*.
Deſſaignes ne peut rapporter que ces quatre
ſortes de préſomption, n'ayant pas pu recueillir
le *fluide phoſphoreſcent* au moment de ſon émiſſion, & montrer ſes propriétés attractives & répulſives. Les premières tentatives qu'il a faites en
ce genre ont été infructueuſes. *Voyez* PHOSPHO-
RESCENCE.

FLUIDE PULVÉRULENT; fluidum pulverulens;
pulvernen flüßigkeit. Corps ſolide pulvériſé, qui
jouit dans cet état de quelques propriétés des
fluides : tels ſont un tas de blé, un tas de
ſable, &c.

Ces *fluides* groſſiers forment des agrégats coniques, dans leur chute, qui ne ſont réellement que

(1) *Journal de Phyſique*, année 1809, tome II, p. 23.
(2) *Ibid.*, tome I, page 463.
(3) *Ibid.*, année 1810, tome I, page 109.

des accumulations de très-petits corps solides. L'angle du cône, ou le tube naturel de ces agrégats, varie avec la grosseur des fragmens & l'agglutination de la substance.

FLUIDITÉ; fluiditas; flüssigkeit; s. f. Propriété par laquelle les parties d'un corps sont mobiles entr'elles, & se meuvent indépendamment les unes des autres. Voyez FLUIDE.

FLUOR, de fluere, couler; s. m. Minéral composé d'acide fluorique & de chaux, que l'on trouve fréquemment dans les pays à mines. Voy. SPATH-FLUOR.

FLUTE, de flutum, flûter; tibia; flotte; s. f. Instrument de musique, creusé en forme de tuyau & percé de plusieurs trous, pour produire différens tons.

FLUTE TRAVERSIÈRE. Flûte percée de six trous qu'on ouvre & qu'on ferme avec les doigts, ainsi qu'avec une clef.

Ces flûtes sont ordinairement en buis, en bois de Rhodes, en bois de violette, en ivoire & même en verre. Les trous doivent être partagés conformément aux longueurs correspondantes à chaque son; on les ouvre plus ou moins, afin de faire rendre le ton juste qu'ils doivent produire. Il est tellement difficile de les régler, que les plus célèbres joueurs de flûte avouent n'en pouvoir trouver qui rendent les tons parfaitement justes; ils y suppléent par le plus ou moins de vent.

FLUX; fluxus; flus; s. m. Mélange salin ou terreux qui favorise la fusion des métaux.

On distingue, en docimasie, trois sortes de flux : 1°. le flux cru, composé de trois parties de tartre & une de nitre; 2°. le flux noir, formé du même mélange, que l'on a fait réduire en charbon en le calcinant; 3°. du flux blanc, obtenu en faisant détoner parties égales de salpêtre & de tartre. On emploie encore divers autres fondans, tels que la potasse, le borax, le sel marin, le verre pilé, &c.

FLUX ET REFLUX; fluxus-refluxus maris; ebbe und fluth; s. m. Mouvement journalier, régulier & périodique que l'on observe dans les eaux de la mer. En vertu de ce mouvement, les eaux s'élèvent & s'abaissent deux fois dans un jour. Le mouvement d'élévation se nomme flux, & celui d'abaissement reflux.

C'est dans les mers vastes & profondes que le flux se fait principalement remarquer. A Brest, la durée de l'élévation des eaux est de 6,09024 heures, & celle de son abaissement de 6,21024 heures; l'intervalle moyen entre deux élévations successives est de 12,30048 heures; l'intervalle moyen

des retours de la lune au même méridien étant de 1,03503 jours, il s'ensuit que l'on observe toujours deux abaissemens dans la durée d'un jour lunaire.

Les mouvemens d'élévation & d'abaissement sont très-variables. A Brest, la marée emploie 13 à 14 minutes de moins à monter qu'à descendre, & le rapport d'élévation ou d'abaissement pour chaque intervalle est tel, que les hauteurs sont proportionnelles aux carrés des temps écoulés depuis la haute ou la basse mer dans ces points.

Indépendamment de la période journalière dans l'élévation & l'abaissement des eaux, on distingue deux autres périodes d'élévation & d'abaissement des eaux : la période menstruelle & la période annuelle.

Ainsi les marées totales (voyez MARÉES) ont deux grandes & deux petites élévations par mois lunaire. On observe les marées totales les moins hautes 7,38264 jours immédiatement après les plus hautes. Les plus hautes, ainsi que les moins hautes marées des mois, se succèdent tous les 14,76529j. Les plus grandes marées ont lieu dans les syzygies, c'est-à-dire, dans les nouvelles ou pleines lunes; les moins hautes dans les quadratures, ou dans les premiers & derniers quartiers. Voyez SYZYGIES, QUADRATURE.

Toutes les révolutions synodiques de la lune, c'est-à-dire, toutes les révolutions du soleil par rapport à la lune, ou mieux tous les 346,61963 jours, il y a deux hautes marées plus considérables, & deux marées plus basses que toutes les autres. Les plus hautes & plus basses marées annuelles varient entr'elles, & leurs relations se renouvellent tous les 223 mois lunaires que dure la révolution de la terre par rapport au soleil.

A Brest, la plus haute marée totale est de 5,888 mètres; & la plus basse de 2,789 mètres, conséquemment comme 2 : 1. Ces hauteurs varient avec le diamètre de la lune; lorsque le diamètre de la lune croit de $\frac{1}{18}$, les marées des syzygies croissent de $\frac{1}{8}$, & celles des quadratures de $\frac{1}{4}$. Les variations de la marée totale dans les syzygies est de 0,883, & pour la variation entière de la lune, de 1,766 mètre.

Dans les syzygies, les marées des solstices sont plus petites que celles des équinoxes; dans les quadratures elles sont plus grandes. La diminution des marées, à Brest, vers les syzygies des solstices, n'est qu'environ les $\frac{4}{5}$ de la diminution correspondante vers les syzygies des équinoxes : l'accroissement des marées vers les quadratures est deux fois plus grand dans les équinoxes que dans les solstices. Dans les syzygies des solstices d'été, les marées du matin du premier & du second jour sont plus petites de 0,183 mètre que celles du soir; elles sont plus grandes de la même quantité dans les syzygies du solstice d'hiver. Dans les quadratures des équinoxes d'automne, les marées du matin, du premier & du second jour après les quadratures, surpassent celles du soir de 0,138 mètre; elles sont plus petites de la même quantité vers les quadratures de l'équinoxe du printemps.

On observe que l'heure des marées suit en quelque sorte le mouvement de la lune. Comme celle-ci retarde de 0,8412 heure ou de 50,727 m., il s'ensuit que si la pleine mer a lieu dans un port à 0 heure, la marée suivante elle arrivera à 12,42048 heures, & le jour suivant à 0,8412 h.: le retard varie avec les phases de la lune, les distances du soleil & de la lune à la terre, & la déclinaison des deux astres.

Cependant cette marche ne s'observe pas exactement. Le retard journalier d'une marée sur l'autre est quelquefois un peu plus grand que 50,727 min. & quelquefois il est moindre.

L'heure des marées varie encore d'un jour à l'autre par les distances du soleil & de la lune à la terre; chaque minute d'accroissement dans le demi-diamètre apparent de la lune augmente ou diminue ce retard de 3,7152 min. dans les syzygies, & de 1,2284 min. dans les quadratures. La déclinaison des deux astres fait encore varier ce retard dans les syzygies des solstices: il est plus grand que dans ceux des équinoxes: il est au contraire plus grand dans les quadratures des équinoxes que dans celles des solstices.

Tout ceci doit s'entendre d'une mer très-étendue & libre de toutes parts, comme l'Océan. Dans les petites mers, & près des rivages, les mouvemens des eaux peuvent être gênés & contrariés par les obstacles qu'ils rencontrent, & les instans des marées varient suivant les temps nécessaires pour que les ondulations se propagent. C'est ce qui arrive dans nos ports, quoiqu'ils soient situés sur le même Océan. L'heure de la haute mer est fort différente de l'un à l'autre, quoique constante dans chaque port. A Dunkerque, par exemple, la pleine mer a lieu un demi-jour après le passage de la lune au méridien; à Saint-Malo, c'est un quart de jour; au Cap de Bonne-Espérance, c'est une heure & demie. L'heure où ce phénomène arrive, le jour de la nouvelle lune, s'appelle l'*établissement du port*. C'est de cette époque qu'il faut partir pour calculer les retards successifs des marées d'un jour à l'autre, & les instans auxquels elles doivent arriver.

Ce phénomène avoit été imparfaitement observé & décrit. Homère & Strabon parlent du *flux & reflux* de la Méditerranée; Hérodote, Diodore de Sicile, parlent de celui de la Mer-Rouge; Pythéas de Massilli & Aristote l'attribuent à l'action de la lune. Les Grecs, qui n'avoient observé ce phénomène que dans la Méditerranée, furent dans un grand étonnement lorsque, arrivés dans l'Inde, sous la conduite d'Alexandre, ils aperçurent leurs vaisseaux à sec dans le *reflux* de la mer. Les Romains ne connurent bien le *flux* & le *reflux* que lorsqu'ils eurent passé le détroit de Gibraltar,

Pline le naturaliste, liv. II, chap. 97, en attribue la cause au soleil & à la lune. Enfin, Galilée regarde ce phénomène comme une preuve du double mouvement de la terre.

Descartes s'est aussi occupé de ce phénomène; il y a appliqué son ingénieuse théorie des tourbillons. Lorsque la lune, dit cet homme célèbre, passe au méridien, le fluide est entre la lune & la terre, ou plutôt entre la terre & le tourbillon particulier de la lune. Ce fluide, qui se meut aussi en tourbillon autour de la terre, se trouve dans un espace plus resserré: il doit donc y couler plus vite; il doit, de plus, y causer une pression sur les eaux de la mer; & de-là le *flux* & le *reflux*: il est facile de voir que cette explication est directement contraire au phénomène, puisque le fluide qui passe entre la terre & la lune doit exercer une pression sur les eaux de la mer, & que cette pression doit refouler les eaux de la mer sous la lune; ces eaux devroient donc s'abaisser sous la lune, lorsqu'elle passe au méridien; or, il arrive précisément le contraire.

Il étoit réservé au grand Newton d'expliquer le *flux* & le *reflux* des eaux de la mer, en appliquant à ce phénomène l'attraction ou la gravitation universelle. Nous allons donner une explication succincte de ce phénomène, fondée sur ce principe.

Par la double action de l'attraction & du mouvement de rotation, la forme de la terre & des eaux qui la couvrent est sensiblement un ellipsoïde de révolution qui s'approche beaucoup d'une sphère. Que la lune soit placée en L, *fig.* 822, elle exerce son attraction sur la sphère d'eau C E D F; celle-ci se déplace & prend la forme d'un ellipsoïde de révolution G I H K; la terre *a b c d*, qui est également soumise à l'attraction de la lune, se déplace & se transporte en N M, & son centre, qui étoit en A, se transporte en B: alors il se forme deux élévations d'eau, l'une en H du côté de la lune, l'autre en G du côté opposé; il se forme en même temps deux dépressions, l'une en I & l'autre en K, qui lui est opposée à cause du mouvement de rotation de la terre; le point M s'écarte peu à peu de la direction B L, & arrive, après un quart de révolution, en R, où se trouve la dépression des eaux. Ces eaux, qui étoient élevées lorsque le point M étoit dans la direction B L, s'abaissent continuellement pendant que le point M se meut vers R, & lorsqu'il est dans la direction B Q, elles arrivent au point le plus bas. Le point M continuant de se mouvoir dans la même direction, arrive, après un nouveau quart de révolution en N, dans la direction B p, où les eaux sont également à la plus haute élévation. Le point M continuant de se mouvoir, on voit qu'à chaque quart de révolution, les eaux sont successivement à leur plus haute élévation & à leur plus bas abaissement; ce qui produit nécessairement deux hautes & deux basses marées dans un jour. Si, à ce mouvement de la terre, on réunit celui de la lune

lune dans le même fens, on voit comment fe produifent deux *flux* & *reflux* dans une révolution lunaire.

Mais la lune n'eft pas le feul aftre qui exerce une forte action fur les eaux de la mer : le foleil les attire également ; fon action, quoique moins forte, n'en eft pas moins réelle. On démontre par l'analyfe, d'après les obfervations faites à Breft, que l'action de la lune eft triple de celle du foleil.

En examinant les effets qui doivent avoir lieu lorfque l'attraction du foleil & de la lune agiffent concurremment, on voit que, dans la fyzygie, les deux actions agiffant dans la même direction, l'effet produit doit être le plus grand poffible, tandis que, dans les quadratures, les actions agiffant en fens oppofé, l'effet doit être le plus petit. Dans toutes les autres pofitions des deux aftres, les effets doivent dépendre de leurs pofitions refpectives, ce qui s'accorde parfaitement avec l'obfervation, & ce qui explique parfaitement les deux grandes & les deux petites marées de chaque mois lunaire.

Quant aux grandes marées annuelles & aux deux très-grandes marées de la révolution luni-folaire, elles dépendent des angles que forment, dans les fyzygies & dans les quadratures, les rayons menés du centre du foleil & de la lune à la terre.

Au refte, fi l'on veut avoir de plus grands détails fur le *flux* & le *reflux* de la mer, fur les caufes qui le produifent, fur les variations qui ont lieu par rapport à l'étendue des mers, la pofition des côtes, la forme de la furface des mers, leur profondeur & leur communication entr'elles, on peut confulter l'*Expofition du Syftème du Monde* de Laplace, in-4°., année 1808, pages 79 & 239; un *Mémoire de Laplace*, dans le tome II du *Journal de Phyfique*, année 1815, page 463, & dans le IVᵉ. livre de la *Mécanique célefte*.

FOEDER. Mefure pour les liquides, en ufage à Hambourg. Le *foeder* = 6 ohms = 24 ankers = 912,7 pintes de Paris = 850,01576 litres.

FOIE DE SOUFRE; hefpar fulfurii; *fchwefels leber*; f. m. Combinaifon de foufre & de potaffe. Le nom de *foie de foufre* lui a été donné à caufe de la couleur fauve, approchante du *foie*, qu'il prend en vieilliffant. *Voyez* SULFURE DE POTASSE.

FOLLETS (Feux); ambulones; *wifche-lichter*; f. m. Flamme légère qui voltige dans l'air, à peu de diftance de la terre. *Voyez* FEUX FOLLETS.

FONCTION; functio; f. f. Quantité compofée d'autant de termes que l'on veut, & dans laquelle une quantité x, par exemple, fe trouve d'une manière quelconque mêlée ou non avec des conftantes.

FONDAMENTAL; fundamentalis ; *grund*; adj. Qui fert de bafe, de fondement.
Dict. de Phyf. Tome III.

FONDAMENTAL (Accord). Celui dont la baffe eft *fondamentale*, & dont les fons font arrangés felon l'ordre de leur génération; mais comme cet ordre écarte extrêmement les parties, on les rapproche par des combinaifons ou renverfemens; & pourvu que la baffe refte la même, l'accord ne laiffe pas pour cela de porter le nom de *fondamental*.

FONDAMENTAL (Son). Celui qui fert de fondement à l'accord. *Voyez* SON.

FONDAMENTALE (Baffe); *grund baff*. Celle qui fert de fondement à l'harmonie.

FONDANT ; liquefaciens; *fchmelzens, flufs*; adj. & f. Subftance employée pour faciliter la fufion des terres & des mines. *Voyez* FLUX.

FONDATION ; fundatio ; *gründung*; fub. f. Epoque de la fondation d'une ville ou d'un Empire. On compte 479 ans depuis la fortie d'Egypte, juqu'à la *fondation* du Temple.

FONDATION DE ROME. Epoque de laquelle les Romains comptoient les années. *Voy.* EPOQUE DE LA FONDATION DE ROME.

FONTAINES ; fontes; *quellen*; f. f. Eaux vives qui fortent de la terre & qui font reçues dans un baffin, foit naturelles, foit artificielles, ou qui coulent par des canaux & qui deviennent l'origine des rivières & des fleuves.

On peut divifer les *fontaines* en trois claffes: uniformes, intermittentes & intercalaires. Nous allons examiner ici comment l'eau peut parvenir à ces *fontaines* pour fournir à leur entretien. *Voy.* FONTAINE UNIFORME, FONTAINE INTERMITTENTE, FONTAINE INTERCALAIRE.

Nous pafferons fous filence les opinions des Anciens fur l'origine des *fontaines*, parce que ces opinions étoient fi bizarres, fi ridicules & fi extraordinaires, que ce feroit perdre fon temps que de s'y arrêter. Nous ne occuperons donc que des opinions qui préfentent quelque probabilité. Les uns prétendent que ces eaux proviennent d'immenfes dépôts qui exiftent dans le fein de la terre, d'où elles s'élèvent jufqu'à la hauteur des refervoirs & des fources : en fortant, elles s'écoulent dans les fleuves & les rivières, qui les transportent à la mer; mais comme ces fources feroient bientôt épuifées, s'il n'y arrivoit de nouvelles eaux pour fournir à leur entretien, on fuppofe des communications fouterraines établies entre le fond de la mer & ces dépôts : alors il fe forme une circulation continuelle des eaux de la mer aux dépôts, d'où elles font élevées pour retourner à la mer en s'écoulant fur la furface de la terre.

D'autres affurent que les eaux de la mer font évaporées à fa furface, transportées par l'air fur les terres, où elles tombent fous forme de pluie, de neige, de grêle; que là, une partie s'écoule directement fur la furface de la terre pour parvenir dans les fleuves, une feconde s'écoule à travers la terre pour approvifionner les réfervoirs des *fontaines*, & qu'une troifième partie eft vaporifée, foit par l'action de l'air fur la furface des fleuves, des rivières, des lacs, &c. foit par l'acte de la végétation & de l'animalifation. Nous allons difcuter ces deux hypothèfes.

Sénèque, Woodward, Defcartes, Kirker, Varenius, Derham, de la Hire, ont partagé la première opinion : Ariftote, Vitruve, Mariotte, Halley, ont défendu la feconde.

Defcartes fuppofe que la terre eft remplie de canaux fouterrains qui conduifent les eaux de la mer dans des cavernes creufées par la nature fous les bafes des montagnes. La chaleur qui règne dans ces fouterrains, réduit ces eaux à l'état de vapeurs; elles dépofent leur fel, s'élèvent jufqu'aux parois fupérieures des cavernes, s'y condenfent & fe filtrent à travers les couches de terre entr'ouvertes, coulent fur les premiers lits qu'elles rencontrent, jufqu'à ce qu'elles puiffent fe montrer en dehors par des ouvertures favorables & un écoulement, où, après avoir formé un amas, elles fe creufent un paffage & produifent une *fontaine*.

Cette hypothèfe fuppofe que les cavernes fe rempliffent de fel, ce qui diminue la falure des eaux de la mer, ou que cette eau très-falée s'écoule dans la mer pour y reporter le fel qui s'eft féparé par la diftillation.

Pour foutenir cette hypothèfe, il faudroit d'abord prouver l'exiftence de cette chaleur continuellement appliquée à diftiller de l'eau, & la diminution fubite de la température pour que cette vapeur puiffe fe condenfer dans les endroits où elle fe dépofe : là, l'eau devroit y être élevée à une haute température, à caufe de la chaleur que la vapeur abandonne en fe liquéfiant, & les fources devroient être généralement très-chaudes. Quel effort cette vapeur, formée par la chaleur centrale, ne devroit-elle pas produire fur tous les terrains où elle exerce fon action, & particulièrement fur les embouchures des canaux par lefquels l'eau de la mer arrive dans ces vaftes cavernes?

Varenius a imaginé, dans fa *Geographia univerfalis*, un nouveau moyen de faire monter les eaux de la mer; il fuppofe qu'elle s'introduit dans les très-petits interftices des pierres & des terres comme dans des tubes capillaires, & que, par la feule force capillaire, elle s'élève, depuis les grandes cavernes où l'eau de la mer parvient, jufque dans les cavités qui fervent de réfervoir aux *fontaines*.

Comme l'action de la capillarité ne fépare pas les fels contenus dans les eaux, il s'enfuit que fi ce mode étoit employé par la nature pour alimenter les *fontaines*, l'eau qu'elles produifent devroit être falée comme celle de la mer. D'ailleurs, dés expériences faites par Perrault, Boyle, Hawksbée, de la Hire, ont prouvé que l'eau, en s'élevant dans les tubes capillaires, reftoit adhérente à la hauteur où la capillarité l'élevoit, & qu'elle ne s'en détachoit jamais naturellement; conféquemment, qu'elle ne devoit pas remplir les cavités des *fontaines* pour fournir l'eau qu'elles dépenfent. *Voy.* TUBES CAPILLAIRES.

Quelques phyficiens ont ajouté à l'hypothèfe de Varenius l'action du flux & reflux de la mer. Si cette hypothèfe avoit été imaginée depuis la découverte du bélier hydraulique, où l'action de la force vive, dans le mouvement des eaux, eft employée avec beaucoup de fuccès pour élever l'eau à une très-grande hauteur, il auroit été poffible aux partifans de cette double action d'en tirer un grand parti; mais les eaux élevées auroient confervé leur falure, & les *fontaines* n'auroient pas donné de l'eau douce.

Ces trois moyens de faire monter les eaux de la mer pour alimenter les *fontaines* ont été diverfement combinés, & ont éprouvé des variations dépendantes de la manière dont chaque auteur concevoit la poffibilité d'élever les eaux des fources & de leur faire perdre le fel qu'elles contenoient.

On a fait, à la formation des *fontaines* par les eaux pluviales, diverfes objections. Une des plus fortes a été produite par Sénèque, la Hire, Buffon; c'eft que les eaux pluviales ne pénètrent pas dans un affez grande profondeur pour pouvoir alimenter les fources des *fontaines*. La Hire cite (1) les expériences qu'il a faites à ce fujet. Une cuvette en plomb a été placée à huit pieds de profondeur dans un terrain moyen; cette cuvette communiquoit à un tuyau de plomb de douze pieds de long, qui aboutiffoit dans une cave. Pendant quinze ans que cette cuvette eft reftée en expérience, la Hire n'a pas obtenu une goutte d'eau; d'où il conclut que les eaux ne s'infiltrent pas dans la terre. Il croit que les eaux pluviales qui tombent annuellement, & dont les terres font imprégnées, font entièrement employées à la nourriture des plantes & à favorifer l'acte de la végétation. Ce favant fe livre à des calculs qu'il applique à une expérience qu'il a faite; d'où il prouve que les eaux pluviales font à peine fuffifantes pour cet objet.

Il exifte cependant des preuves très-multipliées de l'infiltration des eaux, foit dans les grottes fouterraines, foit dans les mines que l'on exploite, foit dans les eaux falées que l'on rencontre en fouillant la terre à diverfes diftances plus ou moins grandes des bords de la mer, foit enfin lors des crues fubites des eaux des rivières & des fleuves. Dans ce dernier cas, les riverains

---

(1) *Mémoires de l'Académie des Sciences*, année 1703.

des fleuves qui ont des caves dont le fond est au-deſſous des hautes eaux, voient affluer l'eau après de grandes crues; & comme l'eau arrive d'autant plus tôt que les caves ſont plus près du lit des rivières ou des fleuves, & d'autant plus tard qu'elles en ſont plus éloignées, on peut calculer la viteſſe de l'infiltration des eaux, qui varie ſelon la nature des terrains qu'elles ont à pénétrer.

Une ſeconde objection, c'eſt la perſuaſion où ſont pluſieurs auteurs, que les eaux pluviales ſont inſuffiſantes pour alimenter les *fontaines*. A cela on peut répondre par les obſervations de Mariotte.

La ſurface du baſſin de la Seine, dont les eaux aboutiſſent au Pont-Royal, eſt eſtimée, d'après Mariotte, de 60 lieues de long ſur 50 de large, donc de trois mille lieues carrées; la lieue ayant 2300 toiſes, la ſurface eſt de 5,270,000 toiſes ou 189,720,000 pieds. Comme il réſulte des obſervations faites pendant pluſieurs années, qu'il tombe annuellement 20 pouces de hauteur d'eau dans ce baſſin, c'eſt par lieue carrée 316,200,000 pieds cubes; & pour les 3000 lieues carrées de ſurface, 948,600 millions de pieds cubes d'eau. D'après les obſervations de Mariotte, il paſſe annuellement 105,120 millions de pieds cubes d'eau ſous le Pont-Royal; la quantité d'eau écoulée par la Seine n'eſt donc que la neuvième partie de celle qui tombe dans ſon baſſin. Les $\frac{8}{9}$ reſtans peuvent être employés, ſoit à la végétation, ſoit à l'évaporation, ſoit à tout autre objet.

Mais cette obſervation, faite ſur le baſſin de la Seine, pourroit-elle être appliquée à tous les fleuves, à toutes les rivières, & l'évaporation peut-elle ſuffire pour alimenter toutes les *fontaines*? Il eſt difficile de prononcer avant d'avoir fait des expériences & des obſervations analogues. A défaut d'expériences particulières ſur chaque fleuve, on peut préſenter un aperçu général.

Il réſulte d'une moyenne priſe d'un très-grand nombre d'obſervations, que la hauteur de l'eau évaporée eſt de 35 pouces par année. L'Océan forme, à peu de choſe près, les trois quarts de la ſurface totale du globe. Comme toute l'eau enlevée par l'évaporation doit néceſſairement retomber ſur la ſurface entière du globe, en ſuppoſant qu'il n'y eût de l'eau d'évaporée que ſur la ſurface de l'Océan, il s'enſuivroit qu'il tomberoit, ſur toute la ſurface de la terre, environ 26 pouces de hauteur d'eau, ce qui eſt bien ſuffiſant pour alimenter les rivières des continens.

Aſſez généralement on ne voit de *fontaines*, que là où les eaux pluviales tombent aſſez abondamment pour les alimenter, ou dans les endroits qui avoiſinent les pays où il pleut. C'eſt ainſi que, dans les pays où le ciel eſt toujours pur, où il pleut rarement, comme l'Egypte, l'Arabie déſerte, on ne rencontre fort rarement des *fontaines*; & tout fait croire qu'elles proviennent de l'infiltration des eaux qui tombent à une très-grande diſtance.

FONTAINE A COMMANDEMENT; *fons ad arbitrium*; *zauber brunnen*. Machine qui coule & ceſſe de couler alternativement par le poids de l'eau & de la réſiſtance de l'air.

Cette *fontaine* eſt compoſée d'un tuyau E F, *fig.* 823, ouvert par les deux bouts, & qui traverſe, dans preſque toute ſa hauteur, un vaſe C D, qui eſt placé au-deſſus d'un baſſin G H; celui-ci eſt ſéparé du baſſin A B par un diaphragme G I H, percé dans ſon milieu de deux petits trous I I. Le tuyau E F eſt enveloppé d'un ſecond tuyau M N, d'un plus grand diamètre, fermé par le bas & communiquant par le haut au vaſe C D. Autour de ce tuyau ſont placés pluſieurs petits canaux obliques, 1, 2, 3, & percés d'une très-petite ouverture, par laquelle l'eau peut s'écouler. Le bout du tuyau E F ne touche pas parfaitement le fond du diaphragme G I H; il reſte une petite diſtance, dont la hauteur eſt indiquée par la grandeur de l'ouverture O.

Pour faire jouer cette *fontaine*, on remplit d'eau juſqu'aux trois quarts le vaſe C D, en l'introduiſant par le tuyau E F & en renverſant la machine, puis on le redreſſe ſur le baſſin. L'ouverture O du bas du tuyau E F étant libre, l'air entre par ce tuyau dans le vaſe C D, & comprime la ſurface de l'eau P Q; alors l'eau s'écoule par les canaux 1, 2, 3, & tombe dans le baſſin G I H. Les trous étant plus petits que la ſomme des ouvertures 1, 2, 3, il arrive dans le baſſin G I H plus d'eau qu'il n'en ſort; pour recevoir dans le ſecond baſſin A B, cette eau s'élève donc peu à peu dans le baſſin G I H; lorſqu'elle eſt arrivée à la hauteur du trou O, elle le bouche, & l'air ne pouvant plus parvenir dans le vaſe C D, la preſſion de l'air extérieur, ſur les ouvertures 1, 2, 3, devient plus grande que la preſſion intérieure de l'air, plus celui de la colonne d'eau; celle-ci ne peut plus ſortir, & la *fontaine* ceſſe; mais l'écoulement de l'eau du baſſin G I H par les trous I, dans le baſſin inférieur A B, contenant la ſurface de l'eau du premier baſſin, s'abaiſſe, & bientôt l'ouverture O ſe découvre, l'air entre dans le tuyau E F, & l'écoulement recommence par les tuyaux obliques 1, 2, 3, juſqu'à ce que le trou O ſoit de nouveau bouché par les eaux accumulées dans le baſſin G I H, & ainſi de ſuite.

Cette *fontaine*, ainſi qu'on doit l'apercevoir, eſt une *fontaine intermittente*. (*Voyez* FONTAINE INTERMITTENTE.) On lui a donné le nom de *fontaine à commandement*, parce que, pouvant juger, par la hauteur des eaux à l'ouverture O, le moment où leur écoulement par les tuyaux obliques 1, 2, 3 s'arrêtera ou recommencera, les faiſeurs de tours, les eſcamoteurs commandent à la *fontaine* de laiſſer couler les eaux ou d'arrêter l'écoulement au moment où l'intermittence va avoir lieu.

FONTAINE ARDENTE; *fons ardens*; *brunnen*.

Source d'eau d'où il fort un jet d'air inflammable ou de gaz hydrogène que l'on peut enflammer, & qui brûle auſſi long-temps que le jet produit à la combuſtion.

Dans le palatinat de Cracovie (1), au milieu d'une montagne dont la terre eſt limoneuſe & pleine de cailloux, eſt une grande *fontaine* dont l'eau eſt claire, d'une odeur & d'un goût agréable à ſa ſource : elle en ſort avec impétuoſité, & bouillonne avec un bruit qui ſe fait entendre d'aſſez loin. Cette eau eſt froide ; mais dès que l'on approche de ſes bouillons un flambeau allumé, elle s'enflamme comme l'alcool. Cette flamme, quoique très-ſubtile, brûle le bois qu'on en approche : elle dure fort long-temps : on l'éteint en agitant fortement l'eau avec des branches d'arbres. Diſtillant l'eau de cette *fontaine*, on en retire un eſpèce de bitume noirâtre qui eſt très-bon pour les ulcères.

Sur la route qui conduit de Warington à Cheſrer (2), dans la terre de M. Hawkleys, eſt une *fontaine* dont l'eau bouillonne ſur une petite ſurface : approchant une chandelle du bouillonnement, l'air qui ſe dégage prend feu. Thomas Shirley, écuyer, ayant vidé l'eau du baſſin, ſentit un courant d'air ſortir à l'endroit où la ſurface de l'eau s'enflammoit : ayant approché une chandelle de l'endroit où le courant d'air ſe faiſoit ſentir, une flamme ſe fit apercevoir ; elle s'éleva à un pied & demi au-deſſus de la ſurface de la terre ; ſa baſe avoit environ deux pieds de diamètre. Tout le pays, à pluſieurs milles autour, eſt rempli de mines charbon, & cette *fontaine* eſt ſituée à 30 ou 40 braſſes de l'ouverture d'une mine de houille.

A quatre lieues d'Hermanſtadt (3), une *fontaine* s'eſt formée au pied d'une montagne : l'eau, à ſa ſource, produit un jet d'une palme de hauteur ; elle bouillonne comme de l'eau qui ſeroit ſur le feu. Si l'on approche des matières enflammées à une palme de diſtance au-deſſus de la ſuperficie de l'eau, elle s'enflamme à l'inſtant, brûle comme de l'eſprit-de-vin ; ſa flamme s'élève à trois pieds de hauteur : une fois enflammée, elle brûle très-long-temps, & on ne peut l'éteindre qu'en l'étouffant avec de la terre qu'on y jette.

Nous ne décrirons pas un plus grand nombre de ces *fontaines*, qui diffèrent peu les unes des autres. Nous ne parlerons pas non plus de la *fontaine brûlante* de Saint-Barthelemy, à quatre lieues de Grenoble, parce que ce n'eſt point une *fontaine* (4) ; c'eſt un petit terrain de ſix pieds de long ſur trois ou quatre de large, où l'on voit une flamme légère & errante, comme une flamme

d'eau-de-vie. D'ailleurs, on peut trouver des deſcriptions d'un grand nombre de ces *fontaines* dans l'*Introduction aux connoiſſances phyſiques & mathématiques du globe terreſtre* de Luhof, & dans les Collections académiques.

Il eſt facile de voir, d'après le peu de détails que nous avons donnés ſur ces *fontaines*, que la combuſtion qui a lieu à leur ſurface provient d'un dégagement de gaz hydrogène carboné qui ſort du centre de la terre, & qui paſſe à travers l'eau dépoſée dans leur baſſin.

FONTAINE A JETS D'EAU. Source dont les eaux jailliſſent en ſortant de la terre. *Voyez* SOURCE JAILLISSANTE.

FONTAINE DE CIRCULATION. Inſtrument de verre dans lequel un liquide coloré, mêlé d'air, monte & circule dans des tubes étroits & contournés.

Cette *fontaine* ſe compoſe de deux groſſes boules de verre A, B, *fig.* 824, communiquant enſemble par un gros tube C qui pénètre dans la boule B, & qui ſe termine en pointe D. Au-deſſus de la boule B eſt un tube de verre étroit & contourné, qui communique avec la boule A. Empliſſant la boule A d'un liquide coloré, & plaçant la *fontaine* dans la poſition que préſente la figure, le liquide tombe par le tube C dans la boule B, s'y élève en jet ; une partie du jet entre dans le petit tube contourné E F ; de l'air de la boule B, pénètre avec lui dans ce tube. L'air reſtant dans la boule B, comprimé par la colonne de liquide A B, force le liquide & l'air à entrer le tube contourné E F, à s'élever dans ce tube pour ſe porter dans la boule A ; & comme cette colonne, mélangée d'air & de liquide, eſt moins peſante que la colonne de liquide A B C, ce liquide, mêlé d'air, monte, & ſon mouvement dans les contours du tube étroit fait diſtinguer la circulation du liquide. Une partie du liquide coloré ſe répand dans la boule B pour remplacer l'air qui en ſort ; l'autre partie remonte par le tube E F dans la boule : cette circulation continue juſqu'à ce que tout le liquide de la boule A ſoit enfin réuni dans la boule B ; alors le mouvement s'arrête : on retourne l'inſtrument pour faire tomber le liquide dans la boule A, on remet la *fontaine* dans la poſition de la figure 824 (*a*), & la circulation recommence.

Ce que cet inſtrument de phyſique a de remarquable, c'eſt qu'il fait voir comment on peut élever une colonne d'eau au-deſſus de ſon niveau, en mélangeant dans la colonne de l'air & de l'eau. On a d'ailleurs, dans les arts, pluſieurs exemples de cette ſurélévation.

FONTAINE DE COMPRESSION; fons compreſſionis ; *zuſammen druckung brunnen.* Inſtrument qui fait jaillir l'eau au-deſſus de ſon niveau, par le reſſort de l'air fortement comprimé.

---

(1) *Ephémérides des Savans*, année 1654.
(2) *Tranſactions philoſophiques*, année 1667.
(3) *Ephémérides des curieux de la nature*, année 1673 à 1674.
(4) *Mémoires de l'Académie des Sciences*, année 1699.

Cette *fontaine* se compose d'un vase de cuivre A B, *fig.* 825, auquel on donne la forme que l'on veut. Ce vase est porté sur un pied C D. Dans l'intérieur de ce vase, on introduit un canal N O, ouvert de part & d'autre, & garni d'un robinet R; ce tuyau s'ajuste à vis sur le vase, & le bout inférieur O descend à une ligne près du fond.

Pour mettre cette *fontaine* en jeu, on la remplit d'eau jusqu'aux deux tiers environ de sa capacité, en E F, par exemple, & cela par l'ouverture G, où le canal N O est visse. On remet ce canal en place, on visse sur la partie supérieure N une pompe foulante (*voyez* POMPE PNEUMATIQUE FOULANTE); on ouvre le robinet, & l'on fait entrer à force une grande quantité d'air à travers l'eau : après quoi le robinet R étant fermé, on ôte la pompe pour visser à sa place un ajutage H, percé d'un ou de plusieurs trous.

L'air accumulé & fortement comprimé au-dessus de la surface de l'eau, réagit par son ressort sur cette eau & la comprime. Si l'on ouvre le robinet R, la compression de l'air sur l'eau la force à s'élever dans le tube & à sortir par l'ajutage H avec une force qui est d'autant plus grande que l'air étoit plus comprimé. Si la compression équivaut à deux, trois, quatre atmosphères, l'eau s'éleveroit à autant de fois trente-deux pieds de hauteur, si la résistance de l'air ne diminuoit pas en partie cette élévation.

Au moment où l'on ouvre le robinet, l'eau s'élève à sa plus grande hauteur; ensuite cette hauteur diminue successivement, & cela parce que le volume que l'air occupe, augmentant à mesure que l'eau sort, sa force élastique diminue ainsi que sa compression.

FONTAINE DE HÉRON; fons Heronis; *Herons brunnen*. *Fontaine* qui fait jaillir l'eau au-dessus de son niveau par le ressort de l'air que comprime une colonne d'eau.

Héron d'Alexandrie est l'inventeur de cette *fontaine*. Elle est composée de deux boîtes de métal ou de verre A B, E F, *fig.* 826, auxquelles on donne la forme que l'on veut : ces deux boîtes sont réunies par des tuyaux de métal C D, I K, L M; elles sont surmontées d'un bassin G H : en N est une ouverture par laquelle on fait communiquer le bassin G H à la boîte A B. Cette ouverture se ferme par le tuyau C D, qui établit une communication entre le fond de la boîte A B & l'air extérieur. Le tuyau I K établit une communication entre le bassin G H & la boîte E F; enfin, le tuyau M L établit une communication entre les deux boîtes A B, E F.

Pour mettre cette *fontaine* en jeu, on emplit d'eau jusqu'aux trois quarts la boîte A B par l'ouverture N, après avoir bouché l'ouverture I, puis on ferme l'ouverture N avec le tuyau C D. On ouvre l'ouverture I, on met de l'eau sur le bassin G H : celle-ci tombe dans la boîte E F, en chasse l'air

qu'elle contient, & qui remonte par le tuyau L M dans la boîte A B. L'air des deux boîtes est comprimé par la colonne d'eau I K. L'élasticité de l'air de la boîte A B, ainsi comprimé, réagit sur la surface de l'eau contenue dans cette boîte, & la force à s'élever par le tuyau D C pour sortir en forme de jet par l'ajutage C. Plus la hauteur de la colonne d'eau I K est grande, plus le jet d'eau sortant par l'ajutage C s'élève.

On a représenté, *fig.* 826 (*a*), une machine en verre qui produit le même effet. A est le réservoir ou bassin qui contient l'eau de pression : cette eau arrive par le tube A C dans un réservoir d'air B; l'air est chassé par le tuyau D E dans un réservoir d'eau F; cet air, condensé par la colonne d'eau A C, exerce son action sur la surface de l'eau F, la comprime & fait élever cette eau dans le tuyau G H, pour sortir en forme de jet par l'ajutage H.

Les frères Girard, lampiers, ont fait l'application du principe de la *fontaine de Héron* aux lampes à courant d'air, pour faire monter l'huile à la hauteur de la mèche. *Voyez* LAMPES HYDROSTATIQUES, GAZOMÈTRE DE GERARD.

Pour conserver à la hauteur de l'huile, dans la mèche, un niveau constant, ils placent l'extrémité K du tube I K dans un second tube P Q, *fig.* 826 (*b*); alors la hauteur du niveau du liquide, dans la caisse E F, étant constante, la hauteur de la colonne I K, qui exerce sa pression sur l'air, l'est également, & le niveau du liquide dans le tube C D n'éprouve aucune variation.

On trouve dans le *Theatrum machinarum* de Leupold une foule de machines à air & à eau, dans lesquelles on a fait un usage utile du principe de la *fontaine de Héron*.

En substituant la chaleur à la pression de la colonne d'eau, on peut également obtenir un jet d'eau par la compression de l'air; nous allons donner deux exemples de cette application. Soit A B, *fig.* 827, une caisse pleine d'air, communiquant par le tube F E à une caisse C D, pleine d'eau aux trois quarts; que cette caisse communique à l'extérieur par un tube G H. En plaçant sous la caisse A B un réchaud de feu I K, ce foyer échauffe l'air de la caisse A B, augmente son ressort & sa compression sur la surface de l'eau dans C D : alors l'eau s'élève par le tube G H, & forme un jet en sortant par l'ajutage H.

Soit également une sphère de métal A, *fig.* 827 (*a*), pleine d'alcool; que cette sphère communique par sa base à deux tuyaux B E, C D, terminés par des ajutages D, E; si l'on enflamme l'alcool qui sort par ces ajutages, la chaleur de la combustion échauffera l'air contenu dans la sphère; celle-ci réagira par son ressort sur la surface du liquide, la comprimera & déterminera deux jets d'alcool enflammés.

FONTAINE DE MOISE. *Fontaines* d'eau saumâtre que l'on observe sur la rive occidentale du golfe de Suez, & qui font remarquables dans ce défert, parce qu'elles forment toutes de petites monticules coniques, terminées chacune, dans la partie fupérieure, par un cratère qui fert de baffin particulier à la fource.

Monge, qui a examiné ces fources (1), attribue la formation de ces monticules à l'humidité & à la végétation qui a retenu les fables, & au fulfate de chaux contenu dans les eaux, qui a confolidé le maffif.

FONTAINE ÉLECTRIQUE; fons electricus; electrifche brunnen. Fontaine qui ne laiffe couler l'eau qu'elle contient que lorfqu'elle eft électrifée.

Cet inftrument fe compofe d'un vafe de métal A, fig. 828, terminé dans fa partie inférieure par plufieurs petits conduits a, b, c, dont l'ouverture de fortie eft capillaire. Ce vafe rempli d'eau eft bouché par un couvercle BC, qui fe ferme herméti-quement; à ce couvercle eft fixée une anfe D pour le fufpendre à un corps électrifable.

Dès que le vafe eft fermé, la preffion de l'air, exercée fur les orifices des conduits, empêche l'eau de fortir; mais auffitôt que le vafe eft électrifé, l'action répulfive des molécules électriques chaffe l'eau contre les parois, & lui fait vaincre la réfiftance de l'air; alors elle s'écoule; mais fi l'on enlève l'électricité du vafe, l'écoulement ceffe auffitôt, & il ne recommence qu'après avoir été électrifé de nouveau. Voyez ÉLECTRICITÉ, RÉPULSION ÉLECTRIQUE.

FONTAINE FILTRANTE...... waffer fafs durchfernang. Fontaines qui contiennent des filtres pour clarifier l'eau. Voyez FILTRE.

FONTAINE INTERCALAIRE; fons intercalaris; eingefchallet brunnen. Fontaine dont l'écoulement, fans ceffer entièrement, éprouve des retours d'augmentation & de diminution qui fe fuccèdent après un temps plus ou moins confidérable. Voyez FONTAINE PÉRIODIQUE.

Nous citerons particulièrement la fontaine ardente du palatinat de Cracovie (2), qui s'élève de plus en plus, à mefure que la lune approche de fon plein; lorfqu'elle eft pleine, la fontaine regorge, & elle s'abaiffe dans le décours. Voyez FONTAINE ARDENTE.

FONTAINE INTERMITTENTE; fons intermittens; intermittirender brunnen. Fontaine dont l'écoulement ceffe & reparoît à plufieurs reprifes. Voy. FONTAINE PÉRIODIQUE.

Il eft de ces fontaines dont l'intermittence eft très-courte: telle eft celle de Madame (3), terri-

toire de Sanilhac, rive gauche du Gardon, dont les intermittences obfervées font de quinze à quatre-vingt-trois minutes; d'autres ont des intermittences analogues à celle des eaux de la mer: telle eft celle du diocèfe de Paderborn (1) en Weftphalie, qui paroît toutes les fix heures avec un grand bruit. Enfin, la fontaine de Boulègne ou Boulaigne, à l'oueft de Fraiffinet, à deux lieues environ de Villeneuve de Berg, dans les montagnes de Coiron, département de l'Arriège, eft remarquable par fes intermittences; elle refte fans couler dix, quinze, vingt & même vingt-cinq années de fuite, après quoi elle coule quelquefois pendant un mois, d'autres fois pendant trois, fix mois, mais jamais au-delà d'un an. Lorfqu'elle coule, ce n'eft jamais d'une manière continue, mais avec des intermittences très-fingulières, donnant de l'eau pendant environ une heure, & reftant enfuite le même temps fans couler.

FONTAINE PÉRIODIQUE; fons periodicus; periodifche brunnen. Fontaines dont les écoulemens font alternatifs, les uns réguliers, les autres irréguliers.

On a divifé les fontaines périodiques en deux claffes: les intercalaires, dont l'écoulement ne ceffe pas, & les intermittentes, dont l'écoulement ceffe. On donne fouvent le nom de flux & reflux à l'intermittence des fontaines.

Les fontaines périodiques font en très-grand nombre fur la furface de la terre. On diftingue parmi elles la fontaine périodique de Côme dans le Milanais, décrite par Pline; celle de Colmars en Provence, qui, pendant 7 à 8 minutes, ne donne qu'un filet d'eau, & enfuite pendant 5 minutes fort de la terre à gros bouillons; celle de Fronzanches dans le Languedoc, dont le hauffement périodique retarde tous les jours de 50 minutes (2); les fontaines périodiques de Bouledon, fur la rive gauche du Gardon (3), dont les flux & reflux font très-courts & très-irréguliers; la fontaine ronde, que l'on voit fur le chemin de Pontarlier à Touillon, dans la Franche-Comté, dont le flux s'élève en bouillonnant (4); la durée totale du flux & reflux eft de moins d'un quart d'heure; le Buller-born, dans l'évêché de Paderborn en Weftphalie, qui fait un très-grand bruit dans fes retours périodiques; la fontaine près Torbay en Devonshire (5); celle de Buxton, dans le comté de Derby (6); la fontaine d'Eugfiler, dans le canton de Berne, qui a une double intermittence annuelle & journalière, &c.

Auffitôt que ce phénomène a été remarqué, on a cherché à en donner une explication. La Hire

(1) Annales de Chimie, tome XXXIV, page 86, & Mémoires fur l'Egypte.

(2) Journal des Savans, année 1684.

(3) Journal de Phyfique, année 1785, tome I, page 302.

(1) Tranfactions philofophiques, année 1665, n°. 7.

(2) Hiftoire naturelle du Languedoc & de la Provence par Aftruc.

(3) Journal de Phyfique, année 1785, tome II, p. 295.

(4) Journal des Savans, 4 octobre 1688.

(5) Tranfactions philofophiques, n°s. 202 & 204.

(6) Curiofités d'Angleterre, par Childrey.

distinguoit deux sortes de *fontaines périodiques*; les unes qui avoient deux flux & reflux dans vingt-quatre heures ; les autres dont les intervalles étoient plus ou moins rapprochés. Il attribuoit l'effet des premières aux marées; il supposoit que toutes ces *fontaines* communiquoient à la mer par des crevasses remplies d'air. Lorsque la mer monte (1), elle comprime l'air renfermé dans les cavités où sont les eaux souterraines, & cet air comprimé les force à s'échapper par quelques ouvertures. Quant aux *fontaines* qui ne coulent que par intervalles & à certaines heures du jour, elles viennent de quelques neiges sur lesquelles le soleil ne donne qu'à ces heures-là, & qui cessent de fondre quand il est retiré.

Il est facile de voir à combien peu de *fontaines périodiques* cette explication pourroit être appliquée, & quelle difficulté il y auroit à en faire l'application même à la *fontaine* de Paderborn en Westphalie, à cause de sa grande distance de la mer. *Voyez* FONTAINE INTERMITTENTE.

Cette explication n'étant pas satisfaisante, on a cherché à la remplacer par des siphons. Soit CED, *fig*. 829, une cavité dans laquelle arrive de l'eau par le conduit FG ; qu'un autre canal courbe ABH communique dans cette cavité; on voit que les eaux, arrivant par le canal FG, rempliront la cavité CED, jusqu'à ce que les eaux soient arrivées à la hauteur BM du canal courbe ABH; alors elles s'écouleront par ce tuyau. Si le canal ABH décharge plus d'eau qu'il n'en arrive par le canal FG, les eaux baisseront successivement dans le réservoir CED, jusqu'à ce qu'elles soient arrivées à l'ouverture A : là, l'écoulement cessera par ABH, & la cavité CED se remplira de nouveau.

Le canal FG fournissant continuellement de l'eau pendant qu'elle s'écoule par le canal ABH, on voit que la quantité d'eau écoulée sera égale à celle qui étoit dans le réservoir, plus celle qui lui est parvenue pendant l'écoulement. Quant à la durée de l'écoulement & des repos, elle dépendra des rapports des quantités d'eau qui arrivent par le canal FG, & qui se dépensent par le canal ABH. Si le canal FG fournissoit autant d'eau qu'il s'en dépense par le canal ABH, l'écoulement seroit continuel ; si le canal FG ne fournit qu'une quantité un peu moindre que celle qu'a dépensée le canal ABH, la durée de l'écoulement seroit beaucoup plus grande que celle de cessation ; si, au contraire, le canal FG fournit peu d'eau, & que le canal ABH en dépense infiniment davantage, la durée de l'écoulement sera plus courte que celle du repos.

On peut se former l'idée d'une *intermittence composée*, en supposant deux ou plusieurs cavités l'une au-dessous de l'autre, & communiquant l'une à l'autre par des canaux en forme de siphons.

En effet, soit ABC, *fig*. 829 (*a*), une cavité dans laquelle de l'eau arrive par un canal AK ; l'eau montera dans cette cavité jusqu'à ce qu'elle soit arrivée à la hauteur D ; alors elle s'écoulera par le canal BDE dans la seconde cavité EFG ; elle s'élevera dans cette cavité jusqu'à la hauteur H, puis elle s'écoulera par le canal FHI.

Si le canal BDE écoule plus d'eau qu'il n'en arrive par le canal AK, on voit qu'il y aura par le canal DE une première intermittence d'écoulement ; si de même le canal FHI dépense plus que ne fournit le canal DE, il y aura encore une seconde intermittence d'écoulement. Ici, les intermittences varieront en raison du nombre de cavités qui se communiqueront par des canaux en forme de siphons, & par les rapports de diamètre des canaux ou des quantités d'eau dont elles facilitent l'écoulement.

Pour expliquer les *fontaines périodiques intercalaires*, on suppose qu'un canal AD, *fig*. 829 (*b*), fournit de l'eau dans la cavité ABC, pendant que deux autres canaux la dépensent. L'un est direct CF, & dépense beaucoup moins d'eau qu'il n'en arrive ; l'autre est en forme de siphon BEF ; il dépense, avec le premier canal CF, plus d'eau qu'il n'en arrive par le canal AD. Cela posé, l'eau arrivant par le canal AD, une partie s'écoule par le canal CF, & l'autre remplit la cavité ABC. Aussitôt que l'eau est élevée en E, elle s'écoule par le canal BEF. Comme il s'écoule plus d'eau qu'il n'en arrive par le canal AD, les eaux s'abaissent dans le réservoir, jusqu'à ce qu'elles aient découvert l'ouverture B ; alors l'écoulement par le canal BEF cesse, & l'eau ne s'écoulant plus que par le canal CF, qui dépense moins d'eau qu'il n'en arrive, les eaux remontent dans la cavité jusqu'en E, pour produire un double écoulement.

Dans cette sorte de *fontaine*, l'écoulement continue toujours par le canal CF, & les variations sont occasionnées par l'action du canal en forme de siphon BEF.

On peut se faire une idée de *fontaines intercalaires composées*, en multipliant les cavités, les siphons, & même les canaux directs placés à différentes hauteurs, toutes moins hautes que la partie la plus élevée du siphon.

Il seroit difficile d'affirmer que l'explication que l'on vient de donner de la formation des *fontaines périodiques* soit celle dont la nature fait généralement usage ; il seroit même difficile d'affirmer qu'il en existât qui soient formées sur ce principe. Ces variations dans la quantité d'écoulemens peuvent être produites de tant de manières, & l'on a si peu de données sur celle que la nature emploie, qu'il seroit difficile de prononcer. Dans quelques circonstances, comme dans la *fontaine périodique* de Suderve (1), située à peu de distance de la mer, & dont le flux & reflux correspond à celui de la mer,

---

(1) *Mémoires de l'Académie royale des Sciences*, année 1703.

(1) *Actes de Copenhague*, années 1671 & 1672.

on peut être conduit à regarder les marées comme la cause de ce mouvement; ce qui confirme en quelque sorte cette opinion, c'est que les eaux sont saumâtres. Dans d'autres, comme dans les *fontaines périodiques* qui croissent après la pluie, qui décroissent dans la sécheresse, & en particulier la *fontaine de malheur*, située près de la montagne volcanique *Serre-de-coupe-d'Antraigues*, dans le département de l'Ardèche, qui ne coule qu'après des pluies excessives, on peut expliquer leur périodicité par la plus ou moins grande abondance de la filtration des eaux pluviales; il en est de même des *fontaines périodiques* à la proximité des glaciers, & dont l'écoulement augmente & diminue relativement à la chaleur & à la fonte des glaciers: telles sont, par exemple, la *fontaine temporaire* (*Voy.* FONTAINE TEMPORAIRE), les *fontaines maïales*, dont les écoulemens commencent aux premières chaleurs, vers le mois de mai, à la fonte des neiges, & qui finissent en automne; mais pour la plus grande partie des autres *fontaines périodiques*, nous devons avouer notre ignorance sur la cause de leur production, & nous ne présentons les explications que nous en avons données, que comme un moyen de les produire.

FONTAINE TEMPORAIRE; *fons temporarius*. *Fontaine périodique* dont l'interruption dure trois, six ou neuf mois de l'année. *Voyez* FONTAINE PÉRIODIQUE.

FONTAINE UNIFORME; *fons consimilis*; *einförmig brunnen*. *Fontaine* dont l'écoulement est constamment le même. *Voyez* FONTAINE.

FONTANA (Félix), physicien & naturaliste, naquit à Pomarolo en Tyrol, le 15 avril 1750, & mourut à Florence le 9 mars 1805.

Il commença ses études à Roveredo, les continua dans les collèges de Vérone & de Parme, & aux Universités de Padoue & de Boulogne, d'où il se rendit à Rome & à Florence.

L'empereur François Ier., alors grand-duc de Toscane, le nomma professeur de philosophie à Pise; le grand-duc Pierre-Léopold, depuis empereur sous le nom de *Léopold II*, le fit venir à Florence; où il l'attacha particulièrement à sa personne comme physicien.

Par les ordres du grand-duc, il forma à Florence le beau cabinet de physique & d'histoire naturelle qui en fait encore aujourd'hui l'ornement. Indépendamment des machines de physique, d'astronomie, & d'un grand nombre d'objets des trois règnes qui remplissent cette collection, on y voit une immense quantité de préparations en cire coloriée, offrant, dans le plus grand détail, toutes les parties du corps humain, & les organes les plus déliés qui entrent dans leur composition. Pendant long-temps ces pièces ont fait l'admiration de l'Europe; mais bientôt elles ont été surpassées par

celles que Laumonier, de Rouen, a faites pour l'Ecole de médecine de Paris.

Fontana est auteur de plusieurs écrits marquans sur la chimie, la physique & la physiologie. Nous avons de lui: 1°. un *Traité sur le venin de la vipère, sur les poisons américains, sur le laurier-cerise, & sur quelques autres poisons végétaux*; 2°. *Descrizioni adusi dil alcuni stromenti per misurar la salubrità dell'aria*; 3°. *Recherches physiques sur la nature de l'air déphlogistiqué & de l'air nitreux*; 4°. *Principe raisonné sur la régénération*; 5°. *Observations physiques & chimiques*. On trouve également de lui, dans les *Mémoires de l'Académie des Sciences de Sienne*, dans le *Journal de physique*, &c., plusieurs lettres & mémoires intéressans.

FONTANA (Eudiomètre de); *eudiometrum Fontanaicum*; *eudiometer van Fontana*. Instrument imaginé par *Fontana* pour mesurer la salubrité de l'air par le moyen du gaz nitreux. *Voyez* EUDIOMÈTRE A GAZ NITREUX.

FONTE; *metallum fusum*; *metall*; s. f. Substance métallique fondue.

FONTE DE FER....... *roheisen*; s. f. Espèce de fer impur, obtenu directement de la fusion des minerais de fer.

Les principales propriétés de la *fonte de fer* sont d'être dure, cassante; de présenter dans sa cassure des lames ou des points plus ou moins gros; d'avoir même, quelquefois, l'apparence d'une cristallisation régulière. La couleur de la cassure varie du blanc au noir, en passant par le gris. La *fonte de fer* ne se forge ni à chaud ni à froid; elle est très-oxidable, se dissout promptement dans les acides; elle brûle facilement à l'air, & lance des étincelles vives & brillantes. Les acides y laissent ordinairement une tache noire.

Sa densité varie entre 6800 & 7670.

On peut magnétiser la *fonte de fer* par influence & par frottement; elle conserve une partie de la vertu qu'elle acquiert, & cela dans des proportions très-variables. Quelques *fontes* sont aussi susceptibles que l'acier de former de bons aimans artificiels.

Toutes les *fontes* sont composées de fer, de carbone, d'oxigène & de laitier; quelques-unes retiennent du manganèse. La proportion du fer varie entre 0,92 & 0,98; celle du carbone, entre 0,002 & 0,02; de l'oxigène, entre 0,005 & 0,06; enfin, celle du laitier, entre 0,001 & 0,01. Quant au manganèse, on en a trouvé jusqu'à 0,018 dans des *fontes* d'allevart.

On distingue trois sortes de *fonte*, blanche, traitée & grises. La *fonte blanche* est ordinairement de la *fonte* très-oxigénée; elle est toujours plus dure que les autres, plus cassante & plus difficile que les autres à travailler. Les *fontes grises* contiennent plus de carbone & moins d'oxigène que

que

que les autres; elles font plus molles & plus faciles à travailler. La *fonte traitée* tient le milieu entre ces deux espèces.

De ce qu'une *fonte* est blanche, il ne faut pas toujours la juger très-oxigénée, parce que toutes les *fontes* peuvent devenir blanches en les refroidissant promptem nt. Ainsi on ne doit regarder comme de véritables *fontes blanches*, que celles qui ont cette couleur après avoir éprouvé un refroidissement lent.

Comme la *fonte de fer* se casse aisément sous le marteau & qu'elle n'est pas malléable, elle ne peut pas être travaillée comme le fer; mais la facilité avec laquelle on peut la fondre, détermine à l'employer sous la forme de *fonte moulée* : sous cette forme on peut obtenir une foule d'objets, tels que plaques, fourneaux, poteries, canons, boulets, boules, roues d'engrenage, grilles, balcons, rampes d'escaliers, statues, médailles, outils de taillanderie, de menuiserie, cuillères, fourchettes, couteaux, ciseaux, rasoirs, boucles, chappes & aiguillons de boucles, &c. &c.

Lorsque la *fonte* est de bonne qualité, qu'elle est grise, elle peut se travailler au ciseau, se percer, se limer. On peut donc corriger ses imperfections & la rendre propre aux objets auxquels on la destine.

Une propriété particulière de la *fonte de fer* qui la rend plus propre aux objets moulés que les autres métaux, c'est qu'elle augmente de volume en se coagulant, &, par cette augmentation, remplit plus exactement toutes les petites parties du moule, & produit des résultats plus exacts.

FONTE DE GLACE; glaciei solutio; *aufthauen des eises*; s. f. Passage de l'eau de l'état solide à l'état liquide. *Voyez* DEGEL.

FOOT. Mesure linéaire, correspondant au pied = 12 pouces = 144 lignes.

FORCE ; ἔνταυις; vis ; *kraft* ; s. f. Tout ce qui est capable d'un effort, qui produit du mouvement ou du repos.

L'idée de *force* est une des plus abstraites que l'esprit ait pu se former. Malebranche regarde la *force* comme un des attributs de la Divinité; il fait de la *force* une suite continuelle de miracles; le mot *force* n'a été introduit que pour expliquer une chose inexplicable. On a donc cherché à cacher notre ignorance par un nom.

Cette idée de *force* a dû se présenter toutes les fois qu'un changement quelconque s'opéroit dans la matière brute ou organisée; ainsi ce n'est pas seulement au mouvement qu'il faut l'appliquer, mais à toute espèce de changement. Un corps ne sauroit attirer un autre corps, ne sauroit le déplacer ou se combiner avec lui, qu'en vertu d'une condition antérieure absolument inconnue, mais réelle, qui permet au premier d'agir sur le second,

Dict. de Phys. Tome III.

& de lui imprimer un changement ou de lieu, ou de forme, ou de composition. De-là l'idée de *force d'attraction*, de *force de répulsion*, de *force de combinaison*, ou de *force d'affinité*. Un corps même, par cela seul qu'il résiste plus ou moins aux changemens divers dont on vient de parler, est considéré comme ayant une *force d'inertie*. Cette *force*, en quelque sorte négative, est pourtant un des résultats de la *force* positive, qui a réuni les molécules de ce corps pour le constituer dans son état actuel. Enfin, quelle que soit la source du mouvement dont les corps sont animés, il suffit qu'ils soient mus actuellement, pour qu'on admette une *force motrice*, une *force impulsive* qui a décidé leur translation dans l'espace.

Il existe dans les hommes & dans les animaux des *forces* qui agissent continuellement, qui sont nécessaires à leur existence, qui cessent lorsqu'ils sont morts, & qui sont alors remplacées par d'autres *forces*;

Toute *force*, quelle qu'elle soit, est susceptible d'augmentation ou de diminution. On peut donc la considérer comme une quantité qui, prise dans un moment indivisible de sa durée, a une valeur propre, indépendante de toute autre, & par conséquent absolue; mais en la prenant dans cet état d'indépendance, & pour ainsi dire en elle-même, nous n'avons aucun moyen d'estimer la *force* : car estimer une *force*, c'est déclarer qu'elle est égale à une autre, ou qu'elle en diffère plus ou moins; &, d'après la supposition, ce terme de comparaison n'existe pas. Or, ce terme de comparaison, nécessaire pour mesurer la *force*, l'homme le trouve dans les variations de la *force* elle-même; & ces variations sont marquées par celles de l'action qu'elle produit. Une *force* plus grande se manifestera par une action plus grande; une *force* moindre par une action moindre; & telles peuvent être les proportions de ces deux actions entr'elles, qu'elles soient dans un rapport donné. Les rapports des *forces* étant les mêmes que ceux des actions, & réciproquement, il suffira de connoître celles-ci pour juger de celles-là; en général, on exprime la grandeur d'une *force* par le produit de la masse M du corps en mouvement, par sa vitesse V, ou par M V. On a longuement disputé sur cette expression de la mesure de la *force*, & cela parce que la *force* elle-même ne nous est pas connue.

FORCE ABSOLUE; vis absoluta; *absolute kraft*. *Force* qui exerce constamment son action sur les corps, soit dans l'état de repos, soit dans l'état de mouvement.

Ainsi la gravité est une *force absolue*, car elle agit constamment d'une manière égale & uniforme, lorsque le corps est arrêté par un obstacle & lorsqu'il est en liberté; dans le second cas, il produit un mouvement accéléré. *Voyez* GRAVITE.

FORCE ACCÉLÉRATRICE; vis acceleratrix;

B b

beschleunigende kraft. Puiſſance qui, agiſſant con-tinuellement ſur un corps, ajoute à chaque inſtant une nouvelle viteſſe à celle que le corps avoit.

On diſtingue deux ſortes de *forces accélératrices* : la *force accélératrice conſtante,* la *force accélératrice variée.* La première, dont nous avons un exem-ple dans la gravité, agit conſtamment de la même manière, & produit une viteſſe uniformément va-riée. Cette *force,* en agiſſant ſur les corps, leur fait parcourir des eſpaces qui ſont comme les car-rés des temps, ſi toutefois elle ne rencontre au-cun obſtacle dans leur mouvement; quant à la ſe-conde *force,* elle produit des mouvemens variés, dont la variation dépend de celle de la *force accé-lératrice.* La poudre qui s'enflamme dans une fuſée, eſt une *force accélératrice* qui ajoute à chaque inſ-tant une nouvelle impulſion à la fuſée qui monte; mais il ſeroit difficile de déterminer à l'avance quelle ſera la loi de la viteſſe de la fuſée, parce que, ſuppoſant qu'elle ſe mût dans le vide, on ne connoît pas de combien la *force* agit à chaque inſ-tant, cette *force* dépendant de la vivacité de la combuſtion de la poudre.

FORCE ATTRACTIVE; *vis attractiva; anziehen-den kraft;* ſ. f. *Force* en vertu de laquelle les mo-lécules de tous les corps s'attirent les uns les autres.

FORCE ASSIMILATRICE. Puiſſance en vertu de laquelle les êtres animés prennent, dans les ſubſ-tances qui les environnent, ce qui eſt néceſſaire à leur aſſimilation.

On trouve dans les *Annales de Chimie,* tome LXI, page 187, des Recherches de Henri Braconnet ſur la *force aſſimilatrice* des végétaux.

FORCES CALORIFIQUES. *Forces* produites par l'action de la chaleur ſur les corps.

On peut employer les *forces* produites par l'ac-tion de la chaleur de deux manières différentes : 1°. lorſqu'elles augmentent ou diminuent le vo-lume des corps; 2°. lorſqu'elles font changer les corps d'état.

En chauffant un corps, il augmente de volume; cette augmentation eſt ſuſceptible de produire un très-grand effort. Quelques phyſiciens ont cher-ché à l'appliquer comme *force* motrice, mais cette application a eu juſqu'à préſent peu de ſuccès. On trouve dans le *Theatrum machinarum* un grand nombre de machines miſes en mouvement par la variation dans la température. *Voyez* FONTAINE DE HÉRON.

Il n'eſt en pas de même du changement d'état des corps. Un profeſſeur de Magdebourg, Papin, a appliqué avec beaucoup de ſuccès la *force* de la vapeur de l'eau au mouvement des machines, vers la fin du dix-ſeptième ſiècle. Cette application a éprouvé de grands perfectionnemens dans le dix-huitième ſiècle & dans le commencement de ce-lui-ci. *Voyez* MACHINES A VAPEURS.

FORCES CENTRALES; *vis centralis; centraliſche kraft.* Puiſſances par leſquelles un corps, qui cir-cule autour d'un point comme centre, tend d'une part à s'écarter de ce centré, & d'autre part à ſe rapprocher de ce même centre. On donne le nom de *force centrifuge* à la première de ces *forces,* & celui de *force centripète* à la ſeconde. *Voyez* CEN-TRALES, FORCE CENTRIFUGE, FORCE CENTRI-PÈTE.

FORCE CENTRIFUGE; *vis centrifuga; centrifuga kraft.* Puiſſance par laquelle un corps, qui circule autour d'un point comme centre, tend à s'écarter de ce centre, & à s'en aller par une tangente à la courbe qu'il décrit :

« Huyghens & les premiers géomètres qui ont donné la meſure de la *force centrifuge,* l'ont dé-duite de la conſidération du mouvement circu-laire; comme cette manière d'y parvenir a ſurtout l'avantage de donner une idée préciſe de cette *force,* nous allons la faire connoître ici en peu de mots.

» Repréſentons-nous donc un point matériel *m, fig.* 830, attaché à un point fixe C, par un fil inex-tenſible C *m :* ſuppoſons qu'on lui imprime une-viteſſe quelconque, dans une direction perpendi-culaire à la longueur du fil; & pour ſimplifier, ſuppoſons auſſi qu'aucune *force accélératrice* n'agiſſe ſur le mobile. Ce point matériel va décrire un cer-cle *m* AB, dont le centre & le rayon ſeront le point fixe & la longueur du fil. Pendant le mou-vement, le fil qui retient le mobile éprouvera, dans le ſens de ſa longueur, une certaine tenſion qui n'eſt autre choſe que la *force centrifuge.* En appli-quant au mobile une *force* égale à cette tenſion, & conſtamment dirigée vers le centre fixe, on pourra enſuite faire abſtraction du fil, & conſidérer le mobile comme abſolument libre. C'eſt donc en vertu de cette *force centrale* inconnue, combinée avec l'impulſion primitive, que le cercle eſt décrit.

» Il s'enſuit d'abord, par le principe des airs, que les ſecteurs circulaires, décrits par le rayon, ſeront égaux en temps égaux, ce qui exige que les arcs de cercles parcourus par le mobile, ſoient auſſi égaux en temps égaux. Le mouvement circu-laire ſera donc uniforme; & ſi l'on appelle *v* la vi-teſſe imprimée au mobile, on aura $s = vt$, *s* étant l'arc parcouru dans le temps *t.*

» Soit *f* l'intenſité de la *force centrale;* quelle que ſoit cette *force,* on peut la regarder comme conſ-tante en grandeur & en direction, pendant un in-tervalle de temps infiniment petit; ainſi, pendant que le mobile parcourt un arc de cercle infini-ment petit, tel que *m m',* la *force f* eſt paral-lèle au rayon G *m,* qui aboutit à l'origine de cet arc; d'où nous concluons que ſi la *force centrale* agiſſoit ſeule ſur le mobile, dans cet intervalle de temps, elle lui feroit parcourir une droite égale à la projection de l'arc $m\,m'$ fur ce rayon, c'eſt-à-dire, égale au ſinus verſe $m\,n$ de cet arc. Or, toute *force accélératrice* conſtante a pour meſure la viteſſe qu'elle imprime au mobile dans l'unité de temps, laquelle viteſſe eſt égale au double de l'eſpace qu'elle lui a fait parcourir, dans un temps quelconque, diviſé par le carré de ce temps; la *force* f eſt donc égale au double du ſinus verſe $m\,n$, diviſé par le carré du temps infiniment petit, employé à décrire l'arc $m\,m'$; mais le ſinus verſe d'un arc infiniment petit eſt égal au carré de cet arc diviſé par le diametre, parce qu'on peut alors pendre l'arc à la place de la corde; donc la *force centrale* ſera égale au carré du rapport de l'arc $m\,m'$ au temps employé à le décrire, diviſé par le rayon $C\,m$; & comme ce rapport eſt la viteſſe v, il s'enſuit qu'en appelant r le rayon, on aura:

$$f = \frac{v^2}{r}$$

» Cette valeur de f eſt auſſi celle de la *force centrifuge*, puiſque cette *force* eſt égale & contraire à la *force centrale*. Si la *force centrifuge*, dans le cercle, eſt égale au carré de la viteſſe, diviſé par le rayon, on en conclut immédiatement que, dans une courbe quelconque, elle aura pour meſure le carré de la viteſſe, diviſée par le rayon du cercle oſculateur; car on peut toujours ſuppoſer que la trajectoire ſe confond en chaque point dans une étendue infiniment petite avec ſon cercle oſculateur à ce point; en ſorte qu'à chaque inſtant, & pendant un intervalle de temps infiniment petit, le mobile peut être cenſé ſe mouvoir circulairement autour du centre de courbure, & avoir, par conſéquent, la *force centrifuge* qui convient à ce mouvement circulaire. »

Cet article eſt copié du *Traité de Mécanique* de S. D. Poiſſon, tome I, page 385.

FORCE CENTRIPETE; vis centripeta; *centripetal kraft.* Puiſſance en vertu de laquelle un corps, qui circule autour d'un point comme centre, tend continuellement à ſe rapprocher de ce centre.

Cette *force* eſt normale à la ſurface de la courbe qui décrit le corps; elle eſt oppoſée à la *force centrifuge*. On a un exemple de l'exiſtence de cette *force* dans le mouvement des corps céleſtes; là, elle prend le nom de *gravitation;* elle retient le corps dans l'orbite qu'il parcourt, & elle eſt en raiſon inverſe du carré des diſtances. *Voyez* FORCES CENTRALES, FORCE CENTRIFUGE.

FORCE COERCITIVE; ..... *zwang-rechtig kraft.* Puiſſance par laquelle le fluide électrique eſt retenu dans les corps idio-électriques & ne ſe porte point au-dehors, comme dans les corps conducteurs. *Voyez* ÉLECTRICITE, CORPS IDIO-ÉLECTRIQUES.

FORCES (Condenſateur des). Machine imaginée par Prony (1) pour appliquer une *force motrice* trop foible au mouvement d'une machine, en condenſant cette *force*.

Pour cela, il expoſe à l'action de ſa machine une ſuite de poids tellement diſpoſés, que la *force* pourra d'abord en faire élever un nombre ſuffiſant pour mettre la machine en mouvement, & qu'elle continuera à élever de nouveaux poids à meſure que ceux précédemment élevés s'abaiſſeront: par ce moyen, le mouvement une fois imprimé ſe perpétuera néceſſairement.

FORCE CONSTANTE; vis conſtans; *unveroenderliche kraft.* Puiſſance qui agit également dans tous les inſtans. La gravitation eſt une *force conſtante.* *Voyez* GRAVITATION.

FORCE D'AGRÉGATION; vis agregationis; *agregation kraft.* Puiſſance qui réunit les molécules des corps les unes avec les autres. *Voyez* ATTRACTION, AGRÉGATION.

FORCE DE COHÉSION; vis cohæſionis; *cohéſiſche kraft.* Puiſſance qui réunit, qui attache les parties des corps les unes aux autres. *Voyez* ATTRACTION, COHESION.

FORCE DE COMBINAISON; vis combinationis; *zuſammenſetzung kraft.* Puiſſance qui réunit les parties de pluſieurs corps pour en faire un compoſé. *Voyez* ACTION CHIMIQUE, COMBINAISON.

FORCE DE DÉCOMPOSITION; ..... Puiſſance qui déſunit, qui ſépare les parties d'un compoſé. *Voyez* DECOMPOSITION, DISSOLUTION.

FORCE DE LA GLACE. *Force* qu'exerce l'eau en ſe congelant. *Voyez* FORCE EXPANSIVE DE L'EAU QUI SE GÈLE.

FORCE DE PERCUSSION; vis percuſſionis; *ſchagen kraft.* Impreſſion que fait un corps en mouvement ſur un corps qu'il rencontre. *Voyez* CHOC DES CORPS, PERCUSSION.

On trouve dans la *Bibliothèque britannique* tome XXXIX, page 298, une Diſcuſſion de Wollaſton ſur la *force de percuſſion.*

Dans ce Mémoire, Wollaſton examine l'eſtimation de cette *force* dans l'hypothèſe de Leibnitz & dans celle de Newton: dans la première, on la ſuppoſe égale aux maſſes multipliées par le centre des viteſſes; & dans la ſeconde comme les viteſſes ſimples. La concluſion à laquelle ce ſavant arrive eſt celle-ci:

« En un mot, ſoit que nous conſidérions les cauſes de l'action déployée ou de l'énergie accumulée par leurs effets ſucceſſifs & gradués, ou par

_____

(1) *Annales des Arts & Manufactures*, tome XIX, page 298.

leurs effets foudains ; dans la pratique, l'idée de la *force mécanique* est toujours la même , & cette *force*, toujours proportionnelle à l'espace dans lequel une *force* motrice donnée s'exerce, ou est contrebalancée ; ou au carré de la viteffe d'un corps dans lequel une pareille *force* est accumulée. » *Voyez* PERCUSSION.

FORCE DES EAUX ; vis aquarum ; *wafferifche kraft*. Effort que fait l'eau par fon poids & fa viteffe.

Dans un grand nombre de circonftances, les auteurs ont confondu la *force*, la dépenfe & la viteffe des eaux. On doit entendre par *force des eaux*, l'effort que fait l'eau pour s'élancer contre la colonne d'air qui réfifte & pèfe deffus : elle dépend donc de deux chofes, de la colonne d'eau & de la colonne d'air. *Voyez* COLONNE.

Les viteffes des eaux qui s'écoulent font comme les racines carrées des hauteurs des maffes d'eau qui les compriment. Ainfi, fi l'eau s'écoulant de deux réfervoirs, l'orifice de l'un est à 16 pieds de la furface, & l'orifice de l'autre à 25 pieds, la viteffe des deux écoulemens fera comme 4 est à 5.

On peut mefurer la *force des eaux* ; ou mieux la viteffe de leur mouvement , de plufieurs manieres, parmi lefquelles nous en diftinguerons cinq : 1°. par le moyen d'un corps flottant ; 2°. par un moulinet ; 3°. par le régulateur de Guglielmini ; 4°. par le tube de Petitot ; 5°. avec un quart de cercle.

1°. Tout corps flottant, abandonné fur l'eau, prend en très-peu de temps fa viteffe. Il fuffit donc, pour connoître la *force de l'eau*, de mefurer l'efpace que parcourt le corps flottant dans un temps donné : mais comme la viteffe d'un courant differe fouvent, à différentes profondeurs, on n'obtient réellement, par ce moyen, que la *force de l'eau* à la furface.

2°. Ayez, dit Smeaton, un moulinet de quinze à dix-huit pouces de diametre, très-léger, parfaitement mobile fur fon axe, fort mince, très-petit, & dont les axes tournent fur des rouleaux pour diminuer les frottemens : que ce moulinet ait quinze à dix-huit ailes très-minces en fer-blanc. Expofez cette machine au choc d'un courant, & comptez le nombre de révolutions qu'elle fera dans un temps donné. Comme on connoît la raifon moyenne de la roue, c'eft-à-dire, la diftance du choc au point où le choc de l'eau eft cenfé s'exercer fur l'aile, on connoît la longueur de la circonférence moyenne, & par conféquent l'efpace qui correfpond au temps donné ou à la viteffe du courant. Il faut, avant de faire ufage d'un moulinet, déterminer la réfiftance qui s'oppofe à fon mouvement, afin d'ajouter cette réfiftance à l'effet produit.

3°. Guglielmini propofe de mefurer la quantité d'eau qui s'écouleroit, en vertu de fa viteffe, par un pertuis rectangulaire. Connoiffant la grandeur du pertuis & la quantité d'eau obtenue dans un

temps donné, on déterminera le cylindre qui l'auroit produit, & conféquemment la viteffe de l'écoulement.

On peut, pour cet effet, placer une caiffe dans l'eau & ouvrir un pertuis dans une mince paroi, recevoir l'eau écoulée dans un temps donné & en mefurer la quantité.

4°. Petitot a employé avec fuccès un tuyau recourbé A B E, *fig*. 831. Expofant fon ouverture A à l'action du courant, l'eau entrant dans le tube avec *force*, s'élève en D au-deffus du niveau CC de la furface du courant. Cette hauteur fait équilibre à la *force* du courant de l'eau, & lui fert de mefure. *Voyez* AQUEDUC.

5°. Soit un quart de cercle dont un des côtés CA, *fig*. 832, eft fixé verticalement ; foient deux fils CH, EM, à l'extrémité defquels foient deux poids plus denfes que l'eau ; le courant entraîne ces poids, &, par la déviation des fils qui les fufpendent, on juge de la *force du courant*, & l'on conclut fa viteffe.

Du centre des boules foient menées deux verticales HK, MO, dont la longueur exprime le poids : formant fur ces verticales, avec des lignes parallèles à la furface de l'eau & à la direction des fils, les parallélogrammes MNOQ & HIKL, les lignes MN & HI expriment la *force* du courant fur les corps, & l'on a *force* MN $= F \times \dfrac{\text{fin.} \times CS}{\text{fin.} \times SC}$,

& *force* HI $\dfrac{\text{fin.} \times CR}{\text{fin.} \times RC}$.

Les *forces* pouvant être exprimées par la hauteur des maffes d'eau qui compriment, & les viteffes étant comme les racines carrées des hauteurs, on peut facilement transformer les viteffes en *forces*, & les *forces* en viteffes. Il fuffit de déterminer, à l'aide d'une expérience, les rapports entre les viteffes & les *forces*. Dans une circonftance, foit F la *force* qui donne V pour viteffe, pour une autre *force* f ou pour une autre viteffe v, on aura $F : f :: V^2 : v^2$.

FORCE DE TORSION ; vis torfionis ; *drehunight kraft*. Effort que fait un fil qui a été tordu, pour fe détordre & revenir à fon premier état.

Coulomb a fait un grand nombre d'expériences pour déterminer la *force de torfion* de différens fils, & les loix que cette *force* fuit.

A l'extrémité d'un fil métallique A B, *fig*. 833, il a fufpendu un petit cylindre BC, ou un cône, à l'extrémité duquel étoit un levier CL. Ce levier étant au repos, il a tordu le fil d'un certain nombre de degrés ; ce fil, abandonné, a fait un effort pour fe détordre, & cet effort a produit une fuite d'ofcillations dont il a mefuré la durée. Il a trouvé que, quel que fût l'angle de torfion du même fil, dans les mêmes circonftances, la durée des ofcillations étoit la même ; d'où il a conclu que la *force de torfion* étoit proportionnelle aux angles de torfion; que les temps des oscillations, pour des fils d'une même substance, étoient en raison des racines carrées des longueurs, & en raison inverse des carrés du diametre, c'est-à-dire, que pour des fils dont les longueurs & les torsions sont égales, mais dont les grosseurs different, les temps des oscillations sont réciproques aux poids des fils. *Voyez* ELASTICITÉ.

FORCE DES ANIMAUX; *vis animalium*; *thierische kraft*. *Force* que développent les animaux pendant leur vie, & que l'on peut appliquer à divers usages. *Voyez* FORCE VITALE.

FORCE DES HOMMES; *vis hominum*; *menschlich kraft*. *Force* que développent les hommes pendant leur vie, & qu'ils peuvent appliquer à divers usages. *Voyez* FORCE VITALE.

FORCE D'INERTIE; *vis inertiæ*; *kraft der tragheit*. *Force* par laquelle tout les corps résistent à un changement d'état, c'est-à-dire, par laquelle, lorsqu'il est en repos, il résiste au mouvement, & lorsqu'il est en mouvement, il résiste au repos, ou à un mouvement plus prompt ou plus lent. *Voyez* INERTIE.

Tous les corps sont indifférens au repos ou au mouvement, ou à un mouvement plus prompt ou plus lent; l'effet nécessaire de cette indifférence est de faire persévérer le corps dans l'état où il se trouve. En effet, si un corps est en repos, il ne se met point en mouvement, s'il n'y a une *force* positive qui l'y oblige. S'il est en mouvement, il n'est point réduit au repos, sans un obstacle qui l'arrête; il ne se meut point plus promptement ou plus lentement, sans une cause qui ajoute ou qui retranche au mouvement qu'il a déja. Il y a donc une *force* résidante dans les corps, par laquelle ils tendent à persévérer dans l'état où ils sont: c'est cette *force* qu'on appelle *force d'inertie*; & c'est par elle qu'ils résistent à tout changement d'état.

Mais les corps, lorsqu'ils sont libres & abandonnés à eux-mêmes, tombent naturellement, sans qu'aucune *force* apparente leur soit appliquée; & lorsqu'un corps se meut horizontalement, on voit son mouvement décroître successivement, & enfin cesser; dans le premier cas, le mouvement, vers le centre de la terre, est déterminé par une *force* particuliere à laquelle on a donné le nom de *pesanteur* (*voyez* PESANTEUR, GRAVITATION); dans le second cas, c'est la résistance ou l'inertie de l'air ou d'un milieu dans lequel le corps se meut, qui diminue son mouvement, parce que, pour se mouvoir, il est obligé de déplacer successivement les particules du milieu, & d'employer une partie de sa *force* pour vaincre la *force* d'inertie de ces particules.

La *force d'inertie* est, ainsi que la pesanteur, proportionnelle à la masse ou à la quantité de matiere

propre de chaque corps; c'est-à-dire, qu'un corps qui a une masse double ou triple de celle d'un autre corps, a une *force* double ou triple de celle de ce corps, &, par cette *force*, résiste doublement ou triplement à l'effort qui tend à la vaincre.

Euler prétend que la gravitation, quand on la regarde comme un principe différent de l'impulsion, est contraire au principe de la *force d'inertie*; car un corps ne peut se donner le mouvement à lui-même, & par conséquent ne peut tendre lui-même vers un autre corps, sans y être déterminé par quelque cause. Ce savant va plus loin: il entreprend de prouver que la *force d'inertie* est incompatible avec la faculté de penser, parce que cette derniere faculté entraîne la propriété de changer d'état: d'où il conclut que la *force d'inertie* étant une propriété reconnue de la matiere, la faculté de penser n'en sauroit être une. *Euleri Opuscula*, Berlin 1746.

FORCE DIRECTRICE DES AIGUILLES AIMANTÉES. Puissance qui contribue à placer & à maintenir l'*aiguille aimantée* dans une direction déterminée dans l'espace.

Coulomb a démontré, à l'aide de sa balance de torsion, que la *force directrice de l'aiguille aimantée* est proportionnelle au sinus de l'angle que fait l'aiguille dérangée de sa direction naturelle, avec cette direction elle-même. Pour cela, l'aiguille étant librement suspendue à un fil métallique exempt de toute torsion, & se trouvant ainsi dans la direction du méridien magnétique, Coulomb imprima à ce fil une torsion d'un certain nombre de degrés; alors l'aiguille s'écarta de son méridien magnétique, jusqu'à ce que la *force directrice* qui tend à l'y ramener fût en équilibre avec la *force* de torsion. Il mesura l'angle que faisoit alors l'aiguille avec sa premiere direction, puis il augmenta la torsion d'un certain nombre de degrés. L'aiguille s'écarta encore davantage de son méridien magnétique, & en même temps la *force directrice* qui tend à l'y faire revenir se trouva augmentée. La torsion terminée, l'aiguille prit de nouveau la position sous laquelle sa *force directrice* se trouve encore en équilibre avec la *force* de torsion, qui est mesurée par la premiere torsion, plus l'accroissement qu'elle a reçu. Coulomb trouva que les nombres de degrés qui mesurent les deux torsions, étoient proportionnels aux angles que faisoit l'aiguille avec sa premiere direction, dans les deux positions qui ont donné l'équilibre.

De cette expérience il est facile de conclure que les *forces directrices* sont proportionnelles aux sinus des angles d'écartement; car on peut démontrer: 1°. que la résultante de toutes les *forces* qui agissent sur l'aiguille, prise parallèlement au méridien magnétique, est une constante, quelle que soit la quantité dont l'aiguille a été écartée du méridien; de-là que les *forces directrices* font proportionnelles aux finus des angles d'écartement. On trouve une démonstration de cette propofition dans le *Traité élémentaire de Phyfique* d'Haüy, §. 807 & 808.

Pour prouver cette loi, nous allons rapporter les réfultats obfervés par Coulomb, & les comparer avec le calcul. Les expériences ont été faites avec une aiguille aimantée de vingt-deux pouces de longueur & d'une ligne & demie de diamètre. Le fil de fufpenfion étoit de cuivre, de la dimenfion appelée n°. 12 dans le commerce, les fix pieds de longueur pefant cinq grammes.

TORSION donnée par le micromètre.	ANGLE de déviation où l'aiguille s'eft arrêtée.	FORCE de torfion qui en réfulte.
0°	0°	0°
1	19½	349½
2	21¼	698¼
3	33	1047
4	46	1394
5	63½	1736½
5,5	85	1895

Repréfentons avec M. Biot (1) la *force directrice* par K fin. *a*, K étant une conftante commune à tous les azimuths; alors, en nommant A, la torfion qui fait équilibre à la *force directrice* dans l'azimuth *a*, nous aurons l'équation

$$A = K \text{ fin. } a, \text{ d'où } K = \frac{A}{\text{fin. } a}.$$

De forte qu'une feule des obfervations précédentes fuffira pour déterminer K; on voit que cette conftante exprime la *force* de la torfion néceffaire pour retenir l'aiguille à 90° du méridien magnétique. En employant fucceffivement les obfervations de Coulomb, nous lui trouverons les valeurs fuivantes:

Direction obfervée . . . . . $\begin{cases} 10°,5 \\ 21,25 \\ 33 \\ 46 \\ 63,5 \\ 85 \end{cases}$ Valeur de K calculée . . . . . $\begin{cases} 1902,24 \\ 1940,37 \\ 1937,89 \\ 1922,30 \\ 1927,92 \\ 1917,85 \end{cases}$

Moyenne K = 1917,76

En divifant par cette conftante les torfions obfervées, on aura les finus des angles où l'aiguille a dû s'arrêter à chaque expérience, & on pourra

(1) *Traité de Phyfique expérimentale & de Mathématique*, tome III, page 30.

---

les comparer à l'obfervation; c'eft le but du tableau fuivant.

TORSION.	DÉVIATION		EXCÈS de calcul.
	obfervée	calculée.	
349,5	10°,30'	10°,28'	— 0,2
698,75	21,15	21,17	+ 0,2
1047	33	32,57	— 0,3
1394	46	46,24	+ 0,24
1736,5	63,30	64,27	+ 0,57
1895	85	79,55	— 5,5

La dernière différence eft la feule qui mérite quelque confidération: elle tient probablement à une petite altération produite dans la réaction du fil par la grande torfion qu'il avoit fubie dans cette dernière expérience. L'accord parfait de toutes les autres confirme l'exactitude de la loi.

FORCE DU VENT; *vis venti*; *kraft der wind*. Effort fait par le vent fur les obftacles qui s'oppofent à fon mouvement.

La maffe d'air qui conftitue l'atmofphère paroît quelquefois calme & fans mouvement, mais le plus fouvent elle fe meut avec plus ou moins de viteffe; c'eft ce mouvement apparent que l'on nomme *vent*. *Voyez* VENT.

Pour chaque fpectateur fur la furface de la terre, le vent paroît avoir des directions & des *forces* différentes. La direction s'obferve avec des anémofcopes ou des girouettes, & la *force*, foit par l'effort qu'il fait fur un plan, foit par la viteffe avec laquelle l'air fe meut. *Voyez* ANEMOSCOPE, GIROUETTE, ANÉMOMÈTRE.

En obfervant l'effort que le vent exerce fur un plan dont la furface eft déterminée, on a de fuite l'expreffion de fa *force*; mais lorfque l'on n'obferve que fa viteffe, il faut, à l'aide d'une formule, transformer la viteffe en *force*.

Huyghens & Mariotte fe font affurés, par l'expérience & par l'analyfe, que la *force d'impulfion du vent* eft comme le carré de fa viteffe; ils fe font encore affurés que l'air qui parcourt 24 pieds par feconde, avoit la même *force* de percuffion que l'eau qui parcourt un pied dans le même temps: comme la *force* de la percuffion de l'eau qui parcourt un pied par feconde, exercée fur une furface d'un pied carré, eft de 19 onces environ, il s'enfuit qu'un courant d'air qui parcourt 24 pieds dans une feconde, exerceroit fur une furface d'un pied carré, un effort de 19 onces.

D'après ces données, il eft facile de déterminer la *force du vent*, lorfque fa viteffe eft connue; car la formule générale étant $V^2 : v^2 = F : f$, & l'expérience ayant appris que, lorfque $V = 24p$, $F = 19°$, il eft facile, en connoiffant v, de déterminer la valeur de f; & de même, en connoissant f, de déterminer celle de v.

Ce rapport entre les vitesses de l'air & de l'eau pour produire la même *force* d'impulsion, a été obtenu par une expérience sur laquelle on a élevé des doutes, parce que, en partant du principe que l'impulsion des liquides est proportionnelle à leur masse multipliée par le carré de leur vitesse, on a trouvé que la densité de l'air n'étoit que $\frac{1}{970}$ de celle de l'eau, tandis qu'elle doit être $\frac{1}{860}$ environ; en la supposant de $\frac{1}{860}$, les vitesses de l'eau & de l'air pour produire le même effort seroient comme $1 : 29,3$.

Smeaton a publié, dans ses *Recherches expérimentales sur l'eau & le vent*, une table qui lui a été communiquée par son ami Rousse; elle est le *résultat d'un nombre considérable de faits*.

TABLE *de la vitesse & de la force du vent, par Rousse*.

VITESSE du vent par seconde.	FORCE imprimée sur une surface d'un pied carré, perpendiculairement à la direction.	ESPÈCE DE VENT.
Pieds.	Onces.	
4,125	0,7	Zéphir.
5,501	1,3	} Brise.
6,865	2,07	
13,761	7,9	} Forte brise.
21,625	20,12	
27,517	33,3	} Vent frais.
34,384	51,9	
48,177	104,6	Grand frais.
61,9	172,2	Très-grand frais.
80,593	305,3	Tempête violente.
115,270	529,2	Ouragan.
137,665	663,8	Ouragan qui renverse.

La *force du vent* est appliquée, comme *force motrice*, à produire différens mouvemens, mais principalement des mouvemens de rotation dans les moulins à vent, & des mouvemens de translation dans la navigation.

On distingue deux sortes de moulins à vent: 1°. à axe vertical, *fig.* 834; 2°. à axe horizontal, *fig.* 835 & *fig.* 836. Les premiers paroissent avoir été employés dans l'origine; mais ils ont été successivement abandonnés, parce que, toutes choses égales d'ailleurs, la surface frappée par le vent est moins grande, & l'effet obtenu par des vitesses égales du vent, moins considérables que dans les seconds moulins. On peut également diviser les moulins à axe horizontal en deux classes: dans les premiers, *fig.* 836, l'axe est placé dans la direction du vent; dans les seconds, *fig.* 835, l'axe est perpendiculaire à la direction du vent: dans ce dernier cas, on est obligé d'employer un diaphragme pour préserver la moitié du nombre des ailes d'être frappées par le vent, & l'effet

obtenu est analogue à celui qui a lieu dans les moulins à axe vertical: dans le premier, toutes les ailes étant exposées à l'action du vent, présentent une surface plus considérable & produisent un plus grand effet.

Mais pour obtenir le maximum d'effet d'une *force de vent* donnée, il faut que les ailes aient une obliquité particulière. Plusieurs géomètres ont cherché à déterminer, par l'analyse, l'obliquité la plus favorable: ils ont trouvé que l'angle de 54°. 54′ étoit celui qui étoit le plus convenable: mais l'expérience a appris aux Flamands & aux Hollandais qu'il étoit plus avantageux de leur donner un plus grand angle. Dans ces deux pays, les ailes des moulins sont gauches. En Flandre, l'angle, près de l'arbre, est de 60°, & à l'extrémité de 78 à 84 degrés. En Hollande, l'angle près de l'arbre, est de 62°,30, & à l'autre extrémité de 90,8. Smeaton a trouvé, d'après différentes expériences faites en grand, que les angles les plus favorables aux deux extrémités sont, près de l'arbre, 72°, & à l'autre extrémité 83; enfin, lorsque l'aile est plane, son angle doit être de 72 à 75 degrés. Si l'on veut avoir de plus grands détails sur la forme à donner aux ailes des moulins, on peut consulter l'ouvrage de Smeaton (1).

Nous croyons inutile de nous occuper ici de la manière dont la *force du vent* est employée pour faire mouvoir, sur l'eau, les bâtimens qui servent à la navigation. On peut, sur cet objet, consulter le *Dictionnaire de Marine. Voyez* aussi COMPOSITION DU MOUVEMENT.

FORCES EXPANSIVES *de l'eau qui se gèle*. Effort que l'eau produit en se congelant.

L'eau, en se congelant, augmente de volume. (*Voyez* GLACE.) Cette expansion produit une *force* qui casse les vases de grès, de terre, de faïence, de porcelaine, de verre, dans lesquels l'eau se congèle. Le major d'artillerie Eward Williams, voulant avoir quelques données sur la *force expansive de l'eau qui se gèle*, remplit d'eau des bombes de 13 pouces de diamètre, boucha le trou de la fusée avec un tampon de fer qu'il fit entrer à force, & profitant d'un froid considérable qui eut lieu à Québec, il exposa les bombes à l'air: l'eau se congela & chassa à une distance variable, entre 22 & 415 pieds, le tampon de fer; de l'eau sortant en même temps par le trou de la fusée, se congela également, & remplaça le tampon de fer par un cylindre de glace qui s'éleva à une hauteur plus ou moins grande: l'un d'eux avoit 8 pouces de longueur au-dessus de l'ouverture. De six bombes ainsi exposées à l'action du froid, l'une s'éclata, parce que le tampon, éprouvant une trop grande résistance, ne put pas sortir. Sur la fin du dix-septième siècle, les académiciens *del Cimento* avoient enfermé de l'eau dans

---

(2) *Recherches expérimentales sur l'eau & le vent*.

une boule de cuivre, dont ils diminuèrent l'épaiſſeur juſqu'à ce que la congélation la fît crever. Muſchenbroeck calculant, d'après la ténacité du cuivre, quelle étoit la force capable de produire l'effet qu'ils avoient obſervé, trouva qu'elle équivaloit à un poids de 27,720 livres.

FORCE GRAVIFIQUE; vis gravifica. Force produite par la tendance que les corps ont à tomber vers le centre de la terre.

Le mouvement de l'eau a été, juſqu'à préſent, la force gravifique la plus généralement employée; cependant on peut, dans un grand nombre de circonſtances, employer la peſanteur comme force motrice. C'eſt ainſi que l'on fait uſage de la deſcente des corps, ſur un plan incliné, pour en remonter d'autres; de même que des hommes & des animaux qui, après avoir monté librement, entraînent par leur poids, en deſcendant, les corps que l'on veut élever. Voyez FORCE DES EAUX.

FORCES INHÉRENTES; vires inhærentes; grund krafter. Forces auxquelles tous les corps ſont ſoumis, que l'on regarde comme inhérentes à la matière : telles ſont la gravitation, la cohérence, l'expanſibilité.

Quelques recherches que l'on ait faites pour parvenir à la connoiſſance des cauſes de ces forces, nous ſommes obligés d'avouer notre ignorance à cet égard. Les deux premières ſont attribuées à une action attractive exiſtante entre les molécules des corps; la troiſième à une propriété répulſive dont jouiſſent les molécules du calorique, interpoſées entre les molécules des corps. Cependant quelques corps, comme l'eau, le fer, &c., augmentent de volume en ſe ſolidifiant, conſéquemment en ſe refroidiſſant, en laiſſant dégager une partie du calorique qu'ils contiennent.

FORCE MÉTÉORIQUE. Force produite par les va iations de l'atmoſphère, telles que le vent, la pluie, la neige, la grêle, l'humidité & la ſéchereſſe, la preſſion de l'atmoſphère, &c.; mais comme on ne fait habituellement uſage que du vent, voyez FORCE DU VENT.

FORCE MORTE; vis mortua; toldte krafte. Puiſſance qui agit contre un obſtacle invincible, qui n'a qu'une ſimple tendance au mouvement; & qui ne produit aucun effet ſur l'obſtacle ſur lequel il agit.

C'eſt à Leibnitz que nous devons la diſtinction des forces mortes; il les a imaginées pour faire oppoſition aux forces vives. Voyez FORCES VIVES.

On diſtingue deux ſortes de forces mortes : les unes ceſſent d'exiſter dès que leur effet eſt arrêté. C'eſt le cas de deux corps durs, égaux, qui ſe choquent directement en ſens contraire, avec des viteſſes égales. La ſeconde eſpèce renferme celles

qui périſſent & renaiſſent à chaque inſtant; en ſorte que ſi l'on ſupprimoit l'obſtacle, elles auroient leur plein & entier effet : tels ſont les corps peſans, lorſqu'ils ſont retenus par un obſtacle (voyez PESANTEUR); tels ſont encore deux reſſorts bandés qui agiſſent l'un contre l'autre, & dont les forces ſe font équilibre.

Cette diſtinction entre les forces mortes donne lieu à une ſeconde : ou la force morte eſt telle qu'elle produiroit une viteſſe finie, s'il n'y avoit point d'obſtacle; ou elle eſt telle, que l'obſtacle ôté, il n'en réſulteroit d'abord qu'une viteſſe infiniment petite, ou, pour parler plus exactement, que le corps commenceroit ſon mouvement par zéro de viteſſe, & augmenteroit enſuite cette viteſſe par degrés. Le premier cas eſt celui de deux corps égaux qui ſe choquent, ou qui ſe pouſſent, ou qui ſe tirent en ſens contraire avec des viteſſes égales & finies; le ſecond eſt celui d'un corps peſant, qui eſt appuyé ſur un plan horizontal. Ce plan ôté, le corps deſcendra; mais il commencera à deſcendre avec une viteſſe nulle, & l'action de la peſanteur fera croître enſuite, à chaque inſtant, cette viteſſe. (Voyez ACCÉLÉRATION, DESCENTE DES CORPS.) De-là les mécaniciens ont conclu que la force de percuſſion étoit infiniment plus grande que la peſanteur, puiſque la première eſt à la ſeconde comme une viteſſe finie eſt à une viteſſe infiniment petite, ou plutôt à zéro, & par-là ils expliquent pourquoi un poids énorme, qui charge un clou à moitié enfoncé dans une table, ne fait pas avancer ce clou, tandis que, ſouvent, une percuſſion aſſez légère produit cet effet. Voyez PERCUSSION.

FORCE MOTRICE; vis motrix; bewegende kraft. Force que des corps emploient pour en mouvoir d'autres.

Deſcartes & le Père Merſenne avoient établi que cette force, en toutes ſortes de cas indiſtinctement, devoit être évaluée par le produit de la maſſe du moteur multiplié par ſa viteſſe; cette manière d'évaluer la force motrice a produit beaucoup d'obſcurité, juſqu'au moment où Leibnitz a établi une diſtinction entre la force motrice qui agit contre un obſtacle invincible, & celle qui agit contre un obſtacle qui cède. Il appela la première force morte, & l'évaluoit en multipliant la maſſe des corps par leur ſimple viteſſe (voyez FORCE MORTE); il appela la ſeconde force vive, & l'évaluoit en multipliant la maſſe des corps par le carré de leur viteſſe. Voyez FORCE VIVE.

On fait uſage, pour mouvoir les machines, d'une quantité conſidérable de forces motrices différentes. Toutes ces forces peuvent être diviſées en quatre claſſes : 1°. forces vitales; 2°. forces gravifiques; 3°. forces météoriques; 4°. forces pyriques. La première eſpèce de force comprend l'emploi des animaux pour porter, traîner & produire une infinité de mouvemens; la ſeconde, tout ce qui eſt eft le produit de la péfanteur & de l'attraction univerfelle ; dans cette claffe fe rangent les courans d'eau, les marées, &c. ; & dans la troifième fe réuniffent toutes les *forces* produites par les météores, telles que le vent, la pluie, les variations dans la preffion de l'atmofphère, &c. ; enfin, la quatrième comprend toutes les *forces* produites par le feu & par les variations dans la température : telles font les *forces* de la vapeur de l'eau, de l'inflammation de la poudre à canon, de l'expanfibilité des gaz, &c. On trouve de nombreux détails fur l'emploi de ces *forces* dans le *Theatrum machinarum* de Leupold, & dans un grand nombres de traités des machines.

FORCES MOUVANTES ; *potentiæ moventes* ; *bewegende kraften*. *Forces* appliquées à mouvoir des machines.

Plufieurs mécaniciens ont donné le nom de *forces mouvantes* aux puiffances naturelles que l'on emploie pour produire des mouvemens : telles font, 1°. les *forces* des hommes & des animaux ; 2°. la *force* de l'eau ; 3°. celle du vent ; 4°. la *force* du feu, la dilatation & la condenfation des vapeurs ; 5°. la *force* des poids, de la péfanteur des corps ; 6°. enfin, la *force* des refforts & celle des corps élaftiques ; cette dernière ne doit être confidérée que comme un moyen de modifier les cinq autres *forces*. *Voyez* FORCES MOTRICES.

D'autres ont donné le nom de *forces mouvantes* aux machines fimples dont on fait mention dans les *Elémens de Statique*, & de la combinaifon defquelles on compofe toutes les autres machines : tèls font le levier, le treuil, le plan incliné, la vis, le coin : ce qui peut, à la rigueur, fe réduire à deux machines fimples, le levier & le plan incliné ; car le treuil & la poulie fe réduifent au levier ; & le plan & la vis au plan incliné. (*Voyez* MACHINE SIMPLE, LEVIER, PLAN INCLINÉ, VIS, COIN, POULIE, &c.) Varignon, dans fon *Projet de Mécanique*, ajoute, à ces machines fimples, la machine funiculaire, qui n'eft qu'un affemblage de cordes, par le moyen defquelles plufieurs puiffances tirent un plan. *Voyez* MACHINES FUNICULAIRES.

FORCE PROJECTILE ; *vis projectilum* ; *würfifche krafte*. Puiffance avec laquelle on lance un corps dans une direction déterminée.

Anciennement on faifoit ufage, dans les combats, d'un grand nombre de machines pour lancer des pierres, des flèches, des dards. Toutes ces machines font remplacées aujourd'hui par des canons, des mortiers, des fufils ; & au lieu de la force des hommes ou des animaux, pour lancer les *projectiles*, on fait ufage de la poudre à canon.

Quelle que foit la direction dans laquelle un projectile eft lancé, il obéit toujours à deux *forces* : 1°. celle qu'on lui applique pour le faire mouvoir dans la direction qu'on lui a donnée ; 2°. la péfanteur qui tend à le faire defcendre fur la furface de la terre. La direction que le corps fuit dans l'efpace eft toujours une réfultante de ces deux *forces*.

La *force projectile* & la péfanteur agiffent d'une manière différente fur le corps lancé : dans le vide, la *force projectile* produiroit un mouvement uniforme, & la péfanteur un mouvement uniformément accéléré ; dans l'air, ces deux mouvemens font retardés par la réfiftance du milieu.

En fuppofant la *force projectile* perpendiculaire à l'horizon, & agiffant de bas en haut, le corps projeté décrit une ligne droite ; il s'élève avec une viteffe qui diminue graduellement par l'action de la péfanteur ; il parvient ainfi à fon maximum de hauteur, puis defcend avec une viteffe accélérée. Le mouvement d'afcenfion eft donc l'effet de la *force projectile*, moins celui de la péfanteur. Si, au contraire, le corps étoit projeté de haut en bas, fon mouvement feroit l'effet de la *force projectile*, plus celui de la péfanteur ; ce feroit également un mouvement fimple, mais qui feroit d'abord accéléré.

Si la direction de la *force projectile* eft parallèle ou oblique à l'horizon, le corps projeté décrit une ligne courbe, parce que la *force projectile* eft uniforme, & que celle de la péfanteur, ajoutant, à chaque inftant, une nouvelle impreffion au mobile, la viteffe de haut en bas en eft accélérée. Ce changement de rapport des deux puiffances qui agiffent en même temps fur le mobile, ne lui permet pas de fe mouvoir en ligne droite. Son mouvement eft donc un mouvement compofé en ligne courbe, & l'amplitude de cette courbe eft d'autant plus grande, que la *force projectile* eft plus confidérable. La nature de cette courbe dans le vide eft une parabole.

C'eft dans la combinaifon de la *force projectile* & de celle de la péfanteur du mobile, que confifte toute la baliftique, ou l'art de mefurer le jet des bombes & des boulets. *Voyez* BALISTIQUE.

FORCES PYRIQUES. *Forces* produites par l'action de la chaleur fur les corps. *Voyez* FORCES CALORIFIQUES.

FORCE RELATIVE ; *vis relativa* ; *relative kraft*. Cette *force* eft oppofée à la *force abfolue* ; elle agit différemment fur les corps en repos que fur les corps en mouvement. C'eft ainfi qu'une boule, par exemple, pouffée avec la main, qui exerce continuellement fon action fur elle, reçoit d'abord une première impulfion qui détermine une viteffe ; mais cette impulfion continuant, la viteffe augmente, & bientôt elle devient plus grande que celle de la main qui la fuit : alors elle n'en reçoit plus d'impulfion.

FORCE RÉSULTANTE ; *vis compofita* ; *zufammen gefetz kraft*. *Force* unique, réfultant de l'action de plufieurs autres.

Cette *force* se détermine par le principe de la diagonale du parallélogramme. *Voyez* COMPOSITION DU MOUVEMENT.

Quand deux ou plusieurs *forces* sont parallèles, on suppose que leurs directions concourent à l'infinie, & par ce moyen on en trouve toujours la résultante; car deux parallèles peuvent être censées concourir à l'infinie. *Voyez* PARALLÈLES.

FORCE RÉTARDATRICE; vis retardatrix; *retardirende kraft. Force* qui retarde le mouvement d'un corps.

On peut avoir un exemple de la *force retardatrice* dans le mouvement d'un corps qu'on jette de bas en haut.

FORCE TANGENTIELLE; vis tangentialis; *tangentialische kraft.* Effort exercé à l'extrémité d'une roue en mouvement, dans la direction de sa tangente.

Pour calculer l'effet dynamique d'un arbre tournant, il faut multiplier la vitesse de cet arbre par sa *force tangentielle;* de même que, pour calculer l'effort d'un cheval, il faut multiplier sa vitesse par l'effort qu'il a à vaincre.

Regnier, Whitt & différens mécaniciens ont cherché à déterminer la *force tangentielle.* Hachette a publié un Mémoire, dans le *Journal des Mines,* tome XXXI, page 213, dans lequel il indique le moyen de trouver la *force tangentielle* dans les machines à arbres tournans.

FORCE VARIABLE; vis variabilis; *veranderliche kraft. Force* qui augmente continuellement, mais d'une manière variable. *Voyez* FORCE ACCÉLÉRATRICE.

Lorsque l'intensité d'une *force* accélératrice varie pendant le temps qu'elle agit sur le mobile, la vitesse, acquise dans chaque unité de temps, est variable comme cette intensité, & le mouvement produit n'est plus uniformément varié. Les *forces* qui dépendent, à chaque instant, de la vitesse actuelle du mobile, telles que la résistance des fluides & le frottement, nous offrent des exemples des *forces accélératrices variables.* Il en est de même de la pesanteur, quand les corps pesans tombent d'une grande hauteur, & que l'on veut tenir compte de la variation continuelle de la gravité due à leur rapprochement du centre de la terre. Le mouvement du corps dépend de la loi suivant laquelle la *force* accélératrice varie; & dans un mouvement quelconque, l'espace parcouru, la vitesse acquise à chaque instant, & la *force* accélératrice, sont trois fonctions qui sont liées entr'elles. *Voyez* le *Traité de Mécanique* de Poisson, tome I, livre II, page 282.

FORCE VITALE; vis vitalis; *leben kraft;* s. f. *Force* produite & développée pendant la vie des êtres animés.

L'application des *forces* des hommes & des animaux, comme *forces* motrices, est de toute antiquité; mais l'appréciation de ces *forces*, la détermination de leurs valeurs, n'ont occupé les savans que sur la fin du seizième siècle & au commencement du dix-septième. Cette évaluation a été déterminée par cinq méthodes.

1°. Borelli & la Hire ont cherché à évaluer la valeur des *forces vitales* par le mouvement des os, la position des muscles, des nerfs, leur action dans le mouvement. L'homme, par exemple, étant à genoux, pouvant se relever en s'appuyant seulement sur la pointe des pieds; les seuls muscles des jambes & des cuisses élèvent tout son corps, dont le poids moyen est de 70 kilog.: comme il peut se mouvoir avec un poids de 75 kilog., & que, par sa marche, il s'élève & s'abaisse successivement de 2 à 3 pouces (*voyez* MARCHE), il s'ensuit qu'à chaque pas l'homme enlève 145 kilogram. à 3 pouces de hauteur. Ces deux savans ont également observé quelle devoit être la *force* des lombes, des muscles des bras, des épaules, &c.

2°. A l'aide d'un dynamomètre, on a mesuré, sur la fin du dix-huitième siècle, l'effort instantané des hommes & des animaux: celui de l'homme varie entre 35 & 210 kilog.; le premier en poussant un corps avec les mains; le second en soulevant un corps avec les bras & les genoux: la pression des mains seules est de 50 kilog. La *force* de traction des chevaux est estimée 360 kilog. *Voyez* DYNAMOMÈTRE.

Rien n'est plus variable que la *force* instantanée des hommes; elle dépend de l'âge, de la constitution, des habitudes & des états. Ainsi l'effort instantané du forgeron & d'un perruquier est du double au simple. Quelques femmes sont très-fortes; mais assez généralement leur force moyenne peut être estimée celle d'un jeune homme de seize à dix-sept ans.

3°. La Hire, Amontons, Daniel Bernouilli, Desaglier, Borda & plusieurs autres géomètres ont cherché à déterminer la *force vitale* par le *moment statique.*

On appelle *moment statique* le poids d'un corps élevé à une petite hauteur, dans un temps infiniment court: ainsi, le poids d'un corps élevé à un pied de hauteur dans une seconde.

Des expériences faites pour déterminer le moment statique ont produit des différences de 11 à 61 kilog.; le premier par un homme qui tire une corde de haut en bas avec une main; le second par un homme qui marche dans une roue. Le moment statique de l'homme qui tire de l'eau dans un puits, avec une corde passée sur une poulie, est de 16 kilog.; celui du cheval qui tire est estimé 240 kilog. *Voyez* MOMENT STATIQUE.

4°. Un savant membre de l'Académie de Berlin, Lambert, a réduit le problème de la *force* de l'homme à une équation qui donne le rapport entre la vitesse de l'homme qui marche, le poids de son corps & de son fardeau, & la pente du chemin sur lequel il marche. Il a donné une table pour faciliter cette équation.

5°. Mais la statique est une circonstance qu'il étoit nécessaire de faire entrer dans l'évaluation des *forces vitales*. Cette circonstance ayant été négligée par les physiciens qui se sont occupés de cette question, Coulomb a cru devoir l'introduire, & remplacer tous les modes qui ont été employés par l'*action journalière* & l'*action utile*.

Coulomb a nommé *action journalière*, la quantité de *force* employée pendant une journée de travail, avec la possibilité de continuer ce travail tous les jours, sans interruption ; & *action utile*, la quantité de *force* employée à produire un travail utile. Il estime & représente l'une & l'autre de ces actions par le nombre de kilogrammes qu'on éleveroit, dans une journée de travail, à un kilomètre de hauteur. Il résulte de ses observations que l'action journalière d'un homme varie entre 71 & 265 kilog.; le premier en tirant de l'eau d'un puits avec une corde passée sur une poulie ; le second en montant un escalier à vide.

Hassenfratz ayant recueilli un grand nombre d'observations sur les *forces vitales*, observations qu'il a réunies dans un ouvrage inédit qu'il doit publier sous le titre de *Mécanurgie* (*voyez* MÉCANURGIE*), a trouvé, en produisant les quatre mouvemens de translation, de va-&-vient, de rotation & d'oscillation, qu'ils présentent les résultats suivans pour l'*action utile*.

Mouvement de translation.

Un homme tirant de l'eau avec une corde. 75 kil.
—— tirant une voiture avec une bricole. 517
—— soulevant un corps par son poids.. 508

Mouvement de va-&-vient.

Un homme tirant la sonnette d'un mouton................................ 76 kil.
—— de l'eau à la main avec un seau.... 60
—— avec une corde................ 75
—— sciant des arbres avec un passepartout...................... 158
—— sciant du bois à brûler avec une scie sur un chevalet........... 108
—— sciant de long................ 182

Mouvement de rotation.

—— marchant dans l'intérieur d'une roue........................ 264
—— à l'extérieur................. 660
—— tirant avec une corde........ 75
—— pesant sur une roue à cheville.... 268
—— tournant une manivelle......... 221

Mouvement d'oscillation.

Un homme marchant, tirant & poussant un balancier................ 405
—— poussant des bras la machine hollandaise.................. 211
—— tirant & poussant sur une machine à bascule 33
—— sur une pompe............. 117
—— bêchant la terre............. 110

Des expériences semblables, recueillies sur un grand nombre d'animaux, lui ont appris que le maximum d'effets des différens animaux, comparé à celui des hommes, étoit :

Un cheval porte, dans un jour, autant que 8 hommes à un kilomètre de distance.
Un mulet............................. 8
Un âne............................... 4
Un bœuf d'Asie....................... 8
Un fort chameau 31
Un dromadaire....................... 25
Un éléphant......................... 147
Un chien............................. 1
Un renne 3
Un cheval tire, dans une journée, autant que 7 hommes.
Un mulet............................. 7
Un âne............................... 2
Un petit bœuf d'Europe.............. 4
Un bœuf grande espèce 7
Un chien............................. $\frac{3}{5}$
Un renne............................. 2

Quant à l'effort pour soulever constamment un poids pendant une journée de travail, Le cheval en fait autant que................ 8 hommes.
Le mulet.. 7
L'âne 4
Le bœuf d'Europe... 7
Le chameau 17
Le chien .... $1\frac{1}{3}$

Nous terminerons en obſervant que l'on ne donne ici que le rapport des plus grandes actions utiles, & que, dans un grand nombre de circonſtances, ces rapports préſentent de grandes différences, ſoit par l'âge, la conſtitution & les habitudes des hommes & des animaux, ſoit par la manière dont leurs *forces* ſont employées.

FORCE VIVE; vis viva; *lebandige kraft*. *Force* d'un corps actuellement en mouvement.

On doit à Leibnitz la diſtinction de cette eſpèce de *force*. Avant lui, tous les efforts exercés par les corps ſur des obſtacles avoient été eſtimés de la même manière, c'eſt-à-dire, par le produit de la maſſe multiplié par ſa viteſſe; mais ce célèbre géomètre crut devoir diſtinguer deux ſortes d'efforts exercés par les corps : 1°. lorſque les corps ſont en repos; 2°. lorſqu'ils ſont en mouvement : le premier effort, qu'il nomme *force morte*, s'eſtime par le produit de la maſſe, par la viteſſe que le corps pourroit avoir, ſi rien ne s'oppoſoit à ſon mouvement (*voyez* FORCE MORTE); le ſecond par le produit de la maſſe par le carré de ſa viteſſe.

Cette évaluation des *forces vives* a été ainſi déterminée, par cette conſidération : qu'on laiſſe tomber librement deux corps A & B de même maſſe & de même volume, de deux hauteurs différentes; le premier A, après une ſeconde de mouvement, exercera un effort; le ſecond B, après deux ſecondes de mouvement, exercera un effort quadruple du premier. Tous les phyſiciens convenant que le ſecond corps B, qui ſe meut pendant un temps double, ne reçoit que le double de la viteſſe, & que B, produiſant un effet quadruple, carré de deux, il s'enſuit que les effets doivent s'évaluer par le carré des viteſſes.

Tous les phénomènes d'après leſquels Leibnitz a évalué l'action des *forces vives*, ſoit d'après la chute des corps, ſoit d'après l'action des reſſorts, ſoit d'après le choc des corps, ſont avoués de tous les mécaniciens; mais tous n'évaluent pas cette *force* de la même manière. Un grand nombre, parmi eux, penſent que cette action doit être évaluée par le produit de la maſſe, par la ſimple viteſſe, & voici le raiſonnement ſur lequel ils ſe fondent. Le corps B, qui, avec une viteſſe double, produit un effet quadruple, ne le produit que dans un temps double : d'où l'on doit conclure que la *force* n'eſt que double en temps égal, c'eſt-à-dire, en raiſon de la viteſſe ſimple, & non en raiſon du carré de la viteſſe.

Alors il s'eſt établi une longue diſcuſſion ſur l'évaluation des *forces vives*. Catelan, Papin, Maclaurin, Mazeas, Stirling, Darcke, Deſaguilier, attaquèrent l'évaluation de Leibnitz, & ſoutinrent que l'évaluation des *forces vives* devoit être le produit de la maſſe par la ſimple viteſſe; Jean Bernouilli, Hermann, S'Graveſend, Muſchenbroeck, Polemi, Wolf, Bulfinger, madame

Duchatelet, défendirent Leibnitz, en prétendant que les *forces vives* devoient être le produit de la maſſe par le carré de la viteſſe.

Il eſt facile de voir que la différence des opinions dans cette grande diſcuſſion, qui a occupé l'Europe pendant plus de 40 ans, provient de ce que les uns faiſoient entrer le temps comme un des élémens de l'évaluation des *forces*, & que les autres négligeoient cet élément.

Rapportons ſur cette queſtion l'opinion de d'Alembert dans ſon *Traité de Dynamique*, qu'il publia à l'époque où cette queſtion occupoit ſi fortement les eſprits.

« Quand on parle de la *force* des corps en mouvement, ou l'on n'attache pas d'idée nette au mot que l'on prononce, ou l'on ne peut entendre, en général, que la propriété qu'ont les corps qui ſe meuvent, de vaincre les obſtacles qu'ils rencontrent ou de leur réſiſter. Ce n'eſt donc ni par l'eſpace qu'un corps parcourt uniformément, ni par le temps qu'il emploie à le parcourir, ni enfin par la conſidération ſimple, unique & abſtraite de ſa maſſe & de ſa viteſſe qu'on doit eſtimer immédiatement la *force*; c'eſt uniquement par les obſtacles qu'un corps rencontre, & par la réſiſtance que lui font ces obſtacles. Plus l'obſtacle qu'un corps peut vaincre, ou auquel il peut réſiſter, eſt conſidérable, plus on peut dire que ſa *force* eſt grande; pourvu que, ſans vouloir repréſenter par ce mot un prétendu être qui réſide dans le corps, on ne s'en ſerve que comme d'une manière abrégée d'exprimer un fait, à peu près comme on dit qu'un corps a deux fois autant de viteſſe qu'un autre, au lieu de dire qu'il parcourt, en temps égal, deux fois autant d'eſpace, ſans prétendre pour cela que le mot de viteſſe repréſente un être inhérent au corps.

» Ceci bien entendu, il eſt clair qu'on peut oppoſer au mouvement d'un corps trois ſortes d'obſtacles : ou des obſtacles invincibles qui anéantiſſent tout-à-fait ſon mouvement, quel qu'il puiſſe être; ou des obſtacles qui n'aient préciſément que la réſiſtance néceſſaire pour anéantir le mouvement du corps, & qui l'anéantiſſent dans un inſtant, c'eſt le cas de l'équilibre; ou enfin des obſtacles qui anéantiſſent le mouvement peu à peu, c'eſt le cas du mouvement retardé. Comme les obſtacles inſurmontables anéantiſſent également toutes ſortes de mouvemens, ils ne peuvent ſervir à faire connoître la *force* : ce n'eſt donc que dans l'équilibre ou dans le mouvement retardé, qu'on doit chercher la meſure. Or, tout le monde convient qu'il y a équilibre entre deux corps, quand les produits de leurs maſſes par leurs viteſſes virtuelles, c'eſt-à-dire, par les viteſſes avec leſquelles ils tendent à ſe mouvoir, ſont égaux de part & d'autre. Donc, dans l'équilibre, le produit de la maſſe par la viteſſe, ou ce qui eſt la même choſe, la quantité de mouvement, peut repréſenter la *force*. Tout le monde convient auſſi que dans le mouvement retardé, le nombre des obstacles vaincus est comme le carré de la vitesse ; en sorte qu'un corps qui a fermé un ressort, par exemple, avec une certaine vitesse, pourra, avec une vitesse double, fermer ou tout à la fois, ou successivement, non pas deux, mais quatre ressorts semblables au premier ; neuf avec une vitesse triple, & ainsi du reste ; d'où les partisans des *forces vives* concluent que la *force* des corps qui se meuvent actuellement, est, en général, comme le produit de la masse par le carré de la vitesse.

» Au fond, quel inconvénient pourroit-il y avoir à ce que la mesure des *forces* fût différente dans l'équilibre & dans le mouvement retardé, puisque, si l'on ne veut raisonner que d'après des idées claires, on ne doit entendre, par le mot *force*, que l'effet produit en surmontant l'obstacle ou en lui résistant ? Il faut avouer cependant que l'opinion de ceux qui estiment la *force* par la vitesse, peut avoir lieu, non-seulement dans le cas d'équilibre, mais aussi dans celui du mouvement retardé, si dans le dernier cas on mesure la *force*, non par la quantité absolue des obstacles, mais par la somme des résistances de ces mêmes obstacles : car on ne sauroit douter que cette somme de résistance ne soit proportionnelle à la quantité de mouvement, puisque, de l'aveu de tout le monde, la quantité de mouvement que le corps perd à chaque instant, est proportionnelle au produit de la résistance par la durée infiniment petite de l'instant, & que la somme de ces produits est évidemment la résistance totale.

» Toute la difficulté se réduit donc à savoir si l'on doit mesurer la *force* par la quantité absolue des obstacles, ou par la somme de leurs résistances. Il paroît plus naturel de mesurer la *force* de cette dernière manière ; car un obstacle n'est tel qu'autant qu'il résiste, & c'est, à proprement parler, la somme des résistances qui est l'obstacle vaincu : d'ailleurs, en estimant ainsi la *force*, on a l'avantage d'avoir, pour l'équilibre & pour le mouvement retardé, une mesure commune : néanmoins, comme nous n'avons d'idée précise & distincte du mot *force* qu'en restreignant ce terme à exprimer un effet, je crois qu'on doit laisser chacun maître de décider comme il voudra là-dessus : & toute la question ne peut plus consister que dans une discussion métaphysique très-futile, ou dans une dispute de mots plus indigne encore d'occuper des philosophes.

» Ajoutons à cette conclusion, qu'on ne peut regarder autrement la question, quand on observe qu'une question de mécanique transcendante, résolue par un partisan ou par un adversaire du sentiment de Leibnitz, donne la même solution. Mais il semble que depuis la fameuse querelle des nominaux, qui alla jusqu'à ensanglanter l'Université de Paris, ce furent toujours les disputes de mots qui furent les plus opiniâtres & les plus échauffées. »

FORCE UNIFORME ; *vis consimilis* ; *einfoermig kraft*. Puissance capable de produire à chaque instant le même effet, & qui le produiroit réellement, sans les obstacles qui s'y opposent, & qui sont inévitables dans l'état naturel des choses.

Dans cet état naturel, il n'y a point de *forces uniformes* ; cependant on les regarde souvent comme telles, en faisant abstraction des obstacles qui s'y opposent. Cela rend plus facile le calcul des effets de ces sortes de *forces*.

FORME ; *forma* ; *form, oder gestalt* ; s. f. Figure extérieure des corps.

FORME DES MOLÉCULES DES CORPS. Solides d'une *forme* constante, engagés symétriquement dans tous les cristaux d'une même espèce, & dont les faces suivent la direction des lames qui composent ces cristaux.

Haüy, qui s'est particulièrement occupé de cet objet, a trouvé que toutes les *formes primitives*, observées jusqu'à présent, se réduisoient à six ; savoir : le parallélipipède, l'octaèdre, le tétraèdre, le prisme hexaèdre régulier, le dodécaèdre à plans rhombes, tous égaux & semblables, & le dodécaèdre à plans triangulaires, composé de deux pyramides droites, hexaèdres, réunies base à base ; que toutes les *formes* cristallines, excessivement variées, que l'on a observées jusqu'à présent, sont composées de particules qui ont l'une de ces six *formes primitives*, mais aussi que ces six *formes* peuvent être décomposées en trois *formes de molécules intégrantes*, qui sont le tétraèdre, la plus simple des pyramides ; le prisme triangulaire, le plus simple de tous les prismes, & le parallélipipède, ou le plus simple des solides qui aient leurs forces parallèles deux à deux.

Ces *formes des molécules des corps*, reconnues dans les cristaux de tous les corps minéraux, font présumer que les végétaux & les animaux doivent avoir des molécules, qui aient une *forme* déterminée dans chaque espèce ; mais quelles sont ces *formes de molécules* ? C'est une question qui n'est pas encore résolue, & sur laquelle nous n'avons même aucun aperçu. *Voyez* MOLECULES.

FORMIATE ; *ameisen gesauerren* ; s. m. Sel formé de la combinaison de l'acide formique avec différentes bases.

Ces sels sont peu connus.

FORMIQUE (Acide) ; *acidum formicum* ; *ameisen saeuer* ; s. m. Acide obtenu par la distillation, avec de l'eau, d'une grosse fourmi rouge qui habite les bois.

Cet acide n'a été connu que dans le siècle dernier. Samuel Fischer est le premier qui l'ait obtenu en distillant des fourmis ; Margraff a suivi ce travail : Ardwinson & Ochen y ont encore ajouté.

D'après des expériences faites par Fourcroy &

Vauquelin, l'*acide formique* seroit de l'acide acé-tique ; cependant cette opinion a été combattue par Gehlen, Lowitz & quelques autres chimistes.

FORMULE ; formula ; *formel* ; f. f. C'est, en algebre, un résultat général, tiré d'un calcul algé-brique, & qui renferme une infinité de cas ; en forte qu'on n'a plus à substituer que des nombres particuliers aux lettres, pour trouver le résultat cherché dans quelque cas proposé que ce foit.

FORMULE POUR LE BAROMÈTRE. *Formule* à l'aide de laquelle on peut, au moyen de deux observations barométriques, déterminer la hau-teur des montagnes.

Cette *formule* fe déduit d'une fuite d'expé-riences faite par Mariotte, d'où l'on conclut que l'air fe comprime en raifon des poids dont il est chargé : il résulte de cette loi, que quand les hauteurs de l'air font en progreffion arithmétique, les denfités correspondantes font en progreffion géométrique, & que ces denfités, à leur tour, font en rapport avec les abaissemens du mercure dans le tube du baromètre, ce que l'on peut faci-lement démontrer.

Pami toutes les méthodes à l'aide desquelles on peut démontrer que, lorsque les hauteurs font en progreffion arithmétique, les denfités correspon-dantes font en progreffion géométrique, nous allons transcrire ici celles que Haüy a publiées dans fon *Traité élémentaire de Physique*, §. 416.

« Soit *abzs*, *fig.* 837, une tranche d'air prise depuis la furface *a b*, de la terre, jufqu'à la limite *s z* de l'atmosphère. Divifons cette tranche en une infinité d'autres tranches d'une épaiffeur infini-ment petite, par des paralleles *d o*, *e f*, *g h*, &c., à la ligne *a b*, dont les diftances respectives *a d*, *d e*, *e g*, &c., foient égales entr'elles ; il est évi-dent que les denfités de ces tranches iront en di-minuant depuis la ligne *a b*, & que, de plus, elles feront fucceffivement comme les poids des quan-tités d'air fituées au-deffus d'elles ; en forte, par exemple, que la denfité de la tranche *a b c d*, fera à celle de la fuivante *d c f e*, comme le poids de l'air contenu dans *d c s z* est à celui de l'air contenu dans *e f z s*.

» Concevons maintenant une courbe *b p r x s* tellement tracée, que fi l'air contenu dans chaque espace *a b c d*, *d c f e*, &c., étoit réduit à n'occu-per que l'espace correspondant *a b n d*, *d n o e*, &c., pris dans l'intérieur de la courbe, le fluide fe trouvât diftribué uniformément dans l'espace total terminé par cette courbe. On conçoit comment cette hypothèse peut avoir lieu, puifque les den-fités primitives de l'air & les espaces *a b n d*, *d n o e*, fitués dans l'intérieur de la courbe, étant de part & d'autre en progreffion décroissante, on est le maître de choifir une courbe d'une telle nature, que les portions d'air qui pafferont des espaces *b n c*, *n e f o*, &c., dans les espaces voifins *a b d n*,

d n o e, &c., faffent croître les denfités de l'air qui occupoient d'abord ces derniers espaces, de ma-niere que leurs différences deviennent nulles.

» Cela pofé, il est vifible que les espaces *a b n d*, *d n o e*, &c., font d'autant plus petits que les den-fités primitives étoient elles-mêmes plus petites ; leur rapport fera le même que celui de ces den-fités ; de plus, les espaces *d n s*, *e o s*, &c., fitués au-deffus des premiers, feront entr'eux fucceffi-vement comme les poids des quantités d'air qui compriment celui que renferment les espaces *a b n d*, *d n o e*, &c. ; & puifque l'air fe condenfe en raifon des poids dont il est chargé, il en résulte que les espaces *d n s*, *e o s*, &c., feront auffi pro-portionnels aux espaces *a b n d*, *d n o e*, &c. Mais ceux-ci font les différences entre les premiers, & il est démontré que, quand des quantités font entr'elles comme leurs différences, ces quantités, & par conféquent leurs différences, font en pro-greffion géométrique ; donc les espaces *a b n d*, *d n o e*, *e o p g*, &c., ou ce qui revient au même, les denfités de l'air qui répondent aux hauteurs *a d*, *a e*, *a g*, &c., fuivent les lois d'une progres-fion géométrique ; & puifque ces hauteurs font évidemment en progreffion arithmétique, à caufe de l'égalité des diftances *a d*, *d e*, *e g*, &c., nous en conclurons que quand les hauteurs de l'air forment une progreffion arithmétique, les denfités correspondantes forment une progreffion géo-métrique. »

Les élévations du mercure dans le baromètre étant proportionnelles aux denfités de l'air, ces élévations feront néceffairement en progreffion géométrique pour des tranches d'air en progreffion arithmétique.

Si l'on exprime par H la hauteur du mercure dans le baromètre pour la ftation la plus baffe où l'on obferve, & par $\frac{1}{k}$ l'abaiffement du mercure pour une tranche d'air infiniment petite = D, on aura les relations fuivantes, entre les hauteurs du mercure dans le baromètre & les hauteurs des tranches d'air :

$$\frac{H}{k} \dots \dots \dots \dots \dots \dots D$$

$$\frac{H}{k^2} \dots \dots \dots \dots \dots \dots 2D$$

$$\frac{H}{k^n} \dots \dots \dots \dots \dots \dots nD$$

Ainfi, pour une hauteur de tranche d'air $x = nD$, on aura une hauteur de mercure dans le baromètre $= \frac{H}{k^n}$; que cette hauteur du mer-cure obfervée foit repréfentée par h, on aura $h = \frac{H}{k^n}$ & $k^n = \frac{H}{h}$; donc $n \log. k = \log. H - \log. h$.

Mais dans $x = n\,D$, on a $n = \dfrac{x}{D}$. Ainsi l'équation $n \log. k = \log. H \log. h$ devient $\dfrac{x}{D} \log. k = \log. H - \log. h$, & $x = (\log. H - \log. h)\dfrac{\log. k}{D}$

& $\dfrac{\log. k}{D}$ est une constante qui varie selon la nature de la mesure dont on se sert pour mesurer les hauteurs des tranches & pour mesurer celle du mercure dans le baromètre. Si l'on fait usage du mètre, la constante déterminée par M. Ramond est de 18,393 mètres, donc $\dfrac{\log. k}{D} = 18393$ mètres.

Voyez COEFFICIENT DU BAROMÈTRE.

D'après ces considérations, la *formule pour le baromètre* est $x = (\log. H - \log. h)$. 18393 mèt. : x étant la hauteur cherchée, H, la hauteur de la colonne du mercure dans le baromètre, dans la station la plus basse, & h, la hauteur de la colonne du mercure dans la station la plus élevée.

La *formule pour le baromètre* que nous venons d'indiquer, ne peut être appliquée qu'autant que les observations sont faites à une température constante ; mais lorsque la température est différente de celle pour laquelle la constante a été déterminée, qui est celle de la glace fondante, la hauteur conclue est différente de celle qui a lieu, parce que cette variation dans la température influe & sur la colonne du mercure & sur celle de la colonne d'air. Pour que cette *formule* puisse donner des résultats exacts, il faut y faire entrer les différences que la variation dans la température y introduit nécessairement.

On s'est assuré par l'observation, que pour chaque degré du thermomètre centigrade, la colonne de mercure augmente de $\frac{1}{5412}$ de sa hauteur. M. Gay-Lussac a également observé que, pour chaque degré centigrade au-dessus de zéro, la colonne d'air augmente $\frac{1}{250}$ de son volume primitif.

Comme les hauteurs du mercure sont proportionnelles à une même température, il suffit de ramener les hauteurs à l'une des températures observées. Ainsi, si les deux températures aux deux stations, H & h, sont T & t, la hauteur du mercure à la seconde station sera $h + h\left(\dfrac{T-t}{5412}\right) =$

$h\left(\dfrac{1 + T - t}{5412}\right)$: de-là $x = 18393 \log.\left(\dfrac{H}{h\left(1 + \dfrac{T-t}{5412}\right)}\right)$.

Mais la hauteur exacte x' doit être augmentée d'autant de fois $\frac{1}{250}$, que la température moyenne est au-dessus de celle où le coefficient a été déterminé, c'est-à-dire, de zéro. La température moyenne étant $\dfrac{T+t}{2}$, on aura $x' = x + x$

$\left(\dfrac{T+t}{2 \times 250}\right) = x\left(1 + \dfrac{2(T+t)}{1000}\right)$. Ainsi, toute déduction faite, la *formule pour le baromètre* deviendra $x =$ $18393\left(1 + \dfrac{2(T+t)}{1000}\right) \log.\left(\dfrac{H}{h\left(1 + \dfrac{T-t}{5412}\right)}\right)$.

Nous devons observer que le coefficient 18393 mètres a été déterminé par M. Ramond pour une latitude de 50° environ, & que ce coefficient doit varier avec la latitude. On trouve dans le *Traité de Mécanique* de Poisson, n° 194 & 543, que pour une latitude ψ, le coefficient doit être 18393 mèt. $(1 + 0,002837)$ cos. 2 ψ. Au moyen de cette correction dans le coefficient, la *formule pour le baromètre* peut servir dans tous les lieux de la terre.

On peut consulter sur cette *formule pour le baromètre* la note première du livre Ier. de l'*Astronomie physique* de Biot, les n°s. 542 & 543 du *Traité de Mécanique* de Poisson, & les détails sur la mesure des hauteurs par le baromètre, dans le *Traité élémentaire de Physique* d'Haüy, tome I, page 292 & suivantes.

FORTE. (Eau-); aqua fortis ; *scheide-wasser* ; s. f. Acide composé d'azote & d'oxigène. *Voyez* EAU-FORTE, ACIDE NITRIQUE.

FOSSILE, *de fodio, fouiller* ; fossilia ; *fossilien* ; s. f. Substance terreuse, pierreuse ou minérale, tirée du sein de la terre.

On donne encore le nom de *fossile* à toutes les substances végétales & animales pétrifiées ou non pétrifiées, qui se trouvent en terre. On rencontre quelquefois de grands dépôts de ces substances. Les coquilles marines ou fluviatiles sont ordinairement en bancs distincts, ou disséminées dans des pierres. Il existe sur toute la surface de la terre de grandes cavités souterraines remplies d'os *fossiles* de différens animaux ; quelques-unes même contiennent des ossemens humains *fossiles*. (*Voyez* CAVERNE.) Les ichtyolites ou *poissons fossiles* se trouvent habituellement comprimés dans les pierres feuilletées. Les localités les plus célèbres pour ce genre de *fossiles*, sont les plâtrières d'Aix en Provence, les carrières d'Œningue sur le lac de Constance, les mines de mercure du pays de Deux-Ponts, la montagne de Pietra-Roia dans la Campanie. Quant aux *phytolites* ou *végétaux fossiles*, on les trouve ordinairement dans les couches d'argile schisteuse, qui servent de lit ou toit aux couches de houille. Ces plantes sont, pour la plupart, des fougères, des capillaires, des prêles, des roseaux ou autres plantes aquatiques.

FOUDRE, *de fulgere, brûler* ; fulmen ; *wetterstral* ; s. m. Feu très-vif qui éclate contre quelques objets terreftres; qui eft capable de fuffoquer les animaux & de les faire périr dans un inftant; qui renverfe les édifices les plus folides; qui brife, qui brûle & qui fond les corps les plus durs.

Ce que l'on nomme *foudre*, n'eft autre chofe que l'action du tonnerre, exercée contre des objets terreftres : chaque coup de tonnerre feroit la *foudre*, s'il frappoit quelque corps terreftre. Ainfi la *foudre* & le *tonnerre* font la même chofe; ils ne diffèrent que dans les effets qu'ils produifent. *Voyez* TONNERRE.

FOUDRE; dolium; *fuder*. Grand tonneau contenant plufieurs muids de vin, dont on fe fert en Allemagne; qu'on ne vide point, & où l'on met toujours du vin nouveau fur le vieux.

FOUDRE ASCENDANTE ; fulmen afcendens ; *auf fteigende blitz*. Electricité ou matière du tonnerre qui paroît fortir de la terre & fe porter fur fa furface.

Quoiqu'il fût généralement reconnu que la *foudre* s'élançât des nuages pour fe porter fur les corps qui exiftent fur la furface de la terre, Maffei avança en 1747, que la *foudre* s'élève toujours de la terre, & que jamais elle ne tombe ni ne peut tomber fur aucune partie de ce globe.

Les faits avancés par Maffei fixèrent l'attention des phyficiens. La direction du mouvement de la *foudre* fut obfervée avec plus d'attention. L'abbé Jérôme Luoni de Ceda, le médecin Bacheton (1), le général Marfilli, Corradi, Vafelli, Seguier de Vérone, Bouguer, l'abbé Chappe d'Auteroche, Caffini, Lavoifier, Lalande, Beccaria, le Père Cotto, Berthollon, &c. ont obfervé des *foudres afcendantes. Voyez* le *Journal de phyfique*, année 1777, tome II, page 179; année 1782, tome II, page 365; année 1783, tome I, page 197; & tome II, page 279; année 1788, tome I, page 92.

Il falloit, à cette époque, avoir une grande confiance dans l'exactitude des obfervateurs que nous venons de citer, pour pouvoir admettre l'efpèce de paradoxe que préfentoit l'idée de la *foudre afcendante* ; mais dès que le phénomène du choc en retour, obfervé & décrit par lord Mahon, fut parfaitement connu, l'afcenfion de la *foudre* parut naturelle, & ce phénomène fut admis par tous les phyficiens. *Voyez* CHOC EN RETOUR.

On voit affez communément la *foudre afcendante* fe former dans les cratères des volcans en activité. Dans les éruptions du Véfuve & de l'Etna, on aperçut des fillons électriques fortir de la bouche de ces volcans, pépétrer la colonne de fumée qui s'élève des cratères, s'élancer & produire fur les corps voifins les effets ordinaires de la *foudre*. Le chevalier Hamilton en rend témoignage dans la belle defcription qu'il a faite de l'éruption de ces volcans en 1777, 1779 & 1783.

(1) *Académie de Boulogne*, 1745.

FOUDRE DESCENDANTE ; fulmen defcendens; *abfteigende blitze. Foudre* fortant des nuages pour fe porter fur les corps placés fur la furface de la terre.

On fait depuis long-temps que l'électricité fe développe dans l'atmofphère, que le tonnerre gronde dans les nuages, & que la *foudre* tombe fur les corps. Ainfi, ce que l'on nomme *foudre defcendante* n'eft autre chofe que la chute du tonnerre fur la furface du globe. *Voyez* TONNERRE, FOUDRE.

FOUDRE (Portraits faits par la). Deffins divers obtenus fur de la foie, en faifant paffer une forte décharge électrique à travers un carton découpé, fur lequel eft une feuille d'or qui fe fond, s'oxide & s'attache à toutes les parties de la foie découverte par le deffin. *Voyez* PORTRAITS FAITS PAR LA FOUDRE.

FOUDRE (Fufion des métaux par la). Fufion provenant de la haute température à laquelle les métaux font élevés par la matière du tonnerre ou d'une forte batterie électrique. *Voyez* FUSION DES MÉTAUX PAR L'ÉLECTRICITÉ.

FOUDROYANT (Coup); explofio electrica; *wetter fchlags*; f. m. Commotion violente que l'on reffent en faifant l'expérience de la bouteille de Leyde, ou du carreau électrique. *Voyez* COUP FOUDROYANT.

FOULANTE (Pompe). Pompe avec laquelle on fait monter des liquides en les comprimant. *Voyez* POMPE FOULANTE.

FOURNEAU; fornax; *ofen*; f. m. Vaiffeau propre à contenir du feu & à appliquer aux fubftances fur lefquelles on veut opérer.

Ces fortes de vafes font employés dans les ufages domeftiques, pour préparer les alimens; en chimie, pour faire chauffer, fondre, bouillir ou vaporifer les fubftances; en métallurgie, pour fondre, liquéfier ou vaporifer.

FOURNEAU; fornax; *ofen*. Conftellation de la partie auftrale du ciel, qui eft placée auprès du tropique du Capricorne, au-deffous de la Baleine, & au-deffous de l'extrémité méridionale de l'Eridan.

C'eft une des quatorze nouvelles conftellations formées par l'abbé de Lacaille, d'après les obfervations qu'il a faites pendant fon féjour au Cap de Bonne-Efpérance ; elle contient quarante-huit étoiles dans le Catalogue des étoiles auftrales, dont une de troifième grandeur.

Une figure très-exacte de cette conftellation fe trouve dans les *Mémoires de l'Académie des Sciences*, année 1752; elle eft compofée d'un *fourneau* chimique, avec fon alambic & fon récipient.

FOURNEAU.

FOURNEAU A FLAMME RENVERSÉE. *Fourneau* dans lequel l'air arrive par-deſſus le combuſtible, empêche la flamme de s'élever, & la force à deſcendre pour ſe porter dans l'eſpace qu'elle doit échauffer.

Ces ſortes de *fourneaux* ſont employées avec beaucoup de ſuccès, ſoit dans les fours à porcelaine, ſoit dans les *fourneaux* des chaudières des pompes à feu. On leur donne, dans pluſieurs endroits, le nom d'*alandier*.

Quelques *fourneaux à flamme renverſée*, *fig.* 858, ſont chauffés avec du bois. Le combuſtible ſe jette par l'ouverture ſupérieure ou gueulard A; l'air qui alimente le feu entre également dans cette ouverture, & la flamme eſt chaſſée dans les ouvertures inférieures B, par leſquelles elle entre dans l'intérieur du *fourneau* C, par les ouvertures *b*, *b*, *b*. D'autres, *fig.* 858 (*a*), ſont chauffés avec de la houille. Le combuſtible ſe met dans une trémie A, pour tomber dans le foyer F; mais comme ce combuſtible bouche complétement l'ouverture & ne permet pas à l'air de parvenir dans le *fourneau* par la trémie, on perce une autre ouverture C, par laquelle l'air parvient ſur le foyer, & chaſſe la flamme dans l'ouverure B, d'où elle entre dans l'intérieur du *fourneau*. A l'aide d'un refouloir D, on fait entrer dans le *fourneau* la houille qui a déjà été échauffée.

FOURNEAU A VENT; fornax vento; *wind ofen.* *Fourneau* dans lequel le combuſtible brûle à l'aide d'un courant d'air naturel, & qui produit le plus grand degré de chaleur ſans le ſecours des ſoufflets.

FOURNEAU DE FUSION; fornax fuſuræ; *ſchmelz ofen.* Eſpèce de tour ronde ou carrée, quelquefois un peu évaſée par le haut, dans laquelle on fait fondre des minerais, des métaux ou des ſubſtances terreuſes.

FOURNEAU DE LAMPE; fornicula lucernæ; *lampiſche ofen.* Fourneau AB, *fig.* 839, dans lequel la chaleur eſt produite & entretenue par la flamme d'une lampe L, que l'on introduit dans ſon intérieur.

FOURNEAU DE LIQUATION; fornax liquationis; *liquation ofen.* Fourneau dans lequel on place des combinaiſons de deux métaux différemment fuſibles, afin d'en ſéparer le plus fuſible en le liquéfiant; telles ſont, par exemple, des plomburès de cuivre, des ſtanures de cuivre, &c.: le plomb & l'étain étant beaucoup plus fuſibles que le cuivre, s'en ſéparent en ſe liquéfiant.

FOURNEAU DE RÉVERBÈRE; fornax repercuſſionis; *reverberis ofen.* Fourneau ABC, *fig.* 840, deſtiné à fondre des ſubſtances à l'aide de la flamme

du combuſtible, qui paſſe dans l'intérieur BC du *fourneau*, & qui ſe réfléchit ſur ſes parois.

Le combuſtible ſe place ſur le foyer A. L'air arrivant par-deſſous la grille entretient la combuſtion; la chaleur & la flamme ſe portent dans l'intérieur BC, & ſortent par une longue cheminée CD. Les ſubſtances placées ſur la ſole EC, éprouvent l'action de la chaleur, ſe fondent & coulent dans un baſſin de réception F, où elles s'accumulent : c'eſt de ce baſſin que la fonte coule par une ouverture FI, que l'on perce toutes les fois que l'on veut la faire ſortir hors du *fourneau*.

Trois ouvertures ſont pratiquées dans les parois des *fourneaux de réverbère* : la première, K, ſert à introduire le combuſtible ſur le foyer A; la ſeconde, L, pour charger le *fourneau* & manœuvrer dans l'intérieur; la troiſième, M, également pour manœuvrer.

FOURNEAU D'ESSAI; fornax tentamenti; *probere ofen.* Fourneau priſmatique, quadrangulaire ou cylindrique, dont on ſe ſert pour faire les eſſais des minerais métalliques, ou du titre de l'or ou de l'argent.

FOURNEAU FUMIVORE; fornax fumivorator; *fumivoriſche ofen.* Fourneau dans lequel ſe brûle la fumée qui ſe dégage du combuſtible.

Il ſuffit, pour faire brûler la fumée qui ſe dégage du combuſtible, d'établir au-deſſus de la combuſtion, ou dans le canal par lequel la fumée ſe dégage, un courant d'air frais qui ſe porte ſur cette fumée, lorſque ſa température eſt encore aſſez élevée pour ſe brûler, par ſon contact avec l'air frais. *Voyez* FOURNEAU A FLAMME RENVERSÉE.

FOURNEAU (haut); alta fornax; *hohe ofen.* Fourneau dont la hauteur ſurpaſſe douze pieds, & que l'on deſtine principalement à traiter les minerais de fer pour en obtenir de la fonte.

FOURNEAU POLYCHRESTE; fornax polychreſtum; *polychreſtiſche ofen.* Fourneau conſtruit de manière qu'il peut ſervir à pluſieurs uſages.

FOYER; focus; *herd*; ſ. m. Atre, lieu où ſe fait le feu.

La forme des *foyers* a une grande influence ſur l'effet que produit la chaleur qui ſe dégage du combuſtible; on s'eſt beaucoup occupé, dans le ſiècle dernier, de la meilleure forme & des dimenſions les plus avantageuſes qui leur conviennent, principalement dans les cheminées domeſtiques. *Voyez* CHEMINÉES, CAMINOLOGIE.

FOYER; focus; *brenn punct*; ſ. m. C'eſt, en phyſique, le point où convergent les rayons de lumière ou de chaleur, ſoit qu'ils proviennent du foleil ou des aftres, foit qu'ils proviennent de la combuftion d'un corps.

Pour que les rayons qui partent d'un corps fe réuniffent en un point nommé *foyer*, il faut qu'ils convergent naturellement vers ce point ; mais toutes les fois qu'un corps chaud ou lumineux lance des rayons de chaleur ou de lumière, ceux-ci s'échappent dans toutes fortes de directions, ils divergent ; on ne peut les faire converger qu'en employant des corps qui aient la propriété de changer leur direction. Ceux dont on fait ordinairement ufage, font les miroirs concaves & les verres lenticulaires.

Dans un miroir dont la concavité eft un fegment de fphère, le *foyer* eft éloigné de la furface du miroir d'une diftance égale à la moitié du rayon, lorfque les rayons qui arrivent fur cette furface font parallèles entr'eux ; s'ils divergent, la diftance eft plus grande ; s'ils convergent, la diftance eft plus petite : cette diftance dépend de la direction des rayons incidens. *Voyez* MIROIRS CONCAVES.

Si les rayons traverfent un verre convexe, formé de deux fegmens de fphère de courbure égale de l'un & de l'autre côté, que les rayons incidens qui forment le faifceau foient parallèles, le *foyer* eft à peu près à l'extrémité du rayon de fa convexité ; ce *foyer* change avec la forme du faifceau (*voyez* VERRE CONVEXE, LENTILLE) ; lorfque le verre eft plan-convexe, le *foyer* des rayons parallèles eft à peu près à l'extrémité du rayon de fa convexité. *Voyez* VERRE PLAN-CONVEXE.

Affez ordinairement on confidère les *foyers* des miroirs concaves & des verres convexes comme un point. Cette manière d'exprimer les *foyers* ne peut être vraie qu'autant que la furface du miroir ou du verre lenticulaire feroit infiniment petite ; mais dès que cette furface a une grandeur fixe, le *foyer* s'élargit, & la furface de fa fection, perpendiculaire à l'axe du *foyer* des rayons, eft d'autant plus grande, que la corde du fegment de la courbure des miroirs & des verres eft plus confidérable. *Voyez* CAUSTIQUE.

En faifant converger les rayons de lumière & de chaleur, on les condenfe, & les rayons qui parviennent au *foyer* font d'autant plus condenfés, que la furface du miroir ou de la lentille eft plus confidérable. Habituellement on avance que cette condenfation eft, toutes chofes égales d'ailleurs, comme le carré de la corde des fegmens. Cette appréciation doit être diminuée : 1°. parce que la quantité de chaleur & de lumière, réfléchie des miroirs, varie avec l'angle d'incidence ; 2°. parce qu'une partie de la lumière qui arrive fur la furface du verre fe réfléchit, & qu'une partie de celle qui pénètre en fe réfractant, eft abforbée par le verre ; 3°. enfin, parce que le *foyer* s'élargit d'autant plus que la corde de l'arc du fegment eft plus grande.

Nous devons obferver que la proportion de la lumière & de la chaleur qui fe réfléchiffent à la furface des corps, ou pénètrent les corps tranfparens, varient entr'elles pour un même corps, & que la chaleur ou la lumière pénètre, ou fe réfléchit en proportions différentes, felon la nature des corps fur lefquels elles arrivent. *Voyez* CALORIQUE, LUMIÈRE, RÉFLEXION, REFRACTION.

FOYER ; focus ; *brenn punct*. C'eft, en géométrie, le point de l'axe d'une courbe où l'ordonnée eft égale au paramètre.

Dans une parabole TAO, *fig.* 841, le point F, pris dans l'axe AB, éloigné du fommet A, d'une quantité AF, égale à la quatrième partie de fon paramètre PR, eft ce qu'on appelle fon *foyer*. *Voyez* PARABOLE.

Dans une ellipfe AMB *a*M*b*A, *fig.* 842, les points F*f* pris dans fon grand axe A *a*, également éloignés de fon centre C, & tellement éloignés de ce centre, qu'en tirant deux droites de ces deux points F, *f*, à un point quelconque de la circonférence, la fomme des deux lignes droites foit toujours égale au grand axe A *a* ; ces deux points font ce qu'on appelle les *foyers* de l'ellipfe. Dans ces points-là, les ordonnées DE ou *de* font égales au paramètre. *Voyez* ELLIPSE.

En général, on donne à ces fortes de points le nom de *foyers*, par la propriété qu'ils ont de réunir les rayons qui viennent frapper la courbe, fuivant des directions déterminées.

FOYER DE LUNETTE ; focus tubulati. Diftance de l'oculaire à laquelle on diftingue les objets que l'on obferve.

Bouguer a remarqué, dans fon ouvrage *fur la figure de la Terre*, page 203 & fuivantes, que le *foyer des grandes lunettes* eft différent : 1°. felon la conftitution des yeux de l'obfervateur ; 2°. felon que l'on enfonce plus ou moins l'oculaire : 3°. felon la conftitution actuelle de l'atmofphère ; & il donne des moyens de fe précautionner contre ces variations. *Voyez* LUNETTES, TELESCOPES.

FOYER DE PENSYLVANIE ; focus penfylvanicus ; *penfylvanifche herd*. Cheminée, *fig.* 605, en ufage dans la Penfylvanie.

Cette cheminée économife le combuftible & renouvelle l'air de l'appartement, en y faifant entrer continuellement de l'air échauffé. *Voyez* CHEMINEE.

FOYER DES RAYONS CONVERGENS. Point auquel les rayons convergens concourent. *Voyez* FOYER.

FOYER DES RAYONS DIVERGENS. Point duquel les rayons divergens font cenfés partir. *Voy.* FOYER IMAGINAIRE, FOYER VIRTUEL.

FOYER DES RAYONS PARALLÈLES. Point auquel les rayons parallèles concourent.

Si l'on ne considéroit que le concours direct des rayons parallèles, le *foyer* seroit à une distance infinie ; mais on conçoit souvent, par *foyer des rayons parallèles*, le point de réunion de ces rayons rompus, soit par un miroir concave, soit par un verre convexe. Dans ce cas, la distance focale varie avec le rayon de courbure des segmens des miroirs & des verres. *Voyez* FOYER.

FOYER ÉCONOMIQUE ; *focus economicus* ; *haushaltungs herd. Foyer* dans lequel on économise le combustible. *Voyez* FOYER DE PENSYLVANIE, CHEMINÉE.

FOYER IMAGINAIRE ; *focus imaginarius* ; *brenn punct eingebildet.* Point d'où les rayons divergens sont supposés partir. *Voyez* FOYER VIRTUEL.

FOYER VIRTUEL..... *kroesty brenn puncht.* Point où se réuniroient les rayons divergens, s'ils étoient prolongés.

Ainsi, lorsqu'un faisceau de rayons parallèles AB, *fig.* 843, arrive sur la surface d'un miroir convexe MDBEN, ces rayons, en se réfléchissant, convergent en DH, EG, &c. Si ces rayons étoient prolongés dans l'intérieur du segment, ils se réuniroient en F ; ce point est le *foyer virtuel* des rayons réfléchis ; de même, si un faisceau de rayons parallèles AB, *fig.* 843 (a), arrive sur un verre biconcave MN, les rayons DH, EG, convergent en sortant. Si l'on suppose ces rayons prolongés dans l'intérieur du verre, & même par-delà, jusqu'à ce qu'ils se rencontrent en F, ce point est le *foyer virtuel* des rayons réfractés.

On donne le nom de *virtuel* à ces *foyers* formés par les rayons divergens par réflexion ou par réfraction, parce qu'ils ont la faculté de produire un *foyer* de lumière dont l'action n'est pas aperçue.

FRACTION, *de frangere, rompre* ; *fractio* ; *bruch* ; s. f. Partie d'un tout.

Une *fraction* s'exprime par deux quantités placées l'une au-dessus de l'autre. La quantité inférieure, appelée *dénominateur*, indique le nombre de parties dans lequel l'unité principale est divisée ; la quantité supérieure, appelée *numérateur*, indique le nombre de ces divisions que l'on considère. Ainsi, ⅗ indique trois portions d'une unité divisée en cinq parties.

FRAGILE, *de frango, briser* ; *zerbrechlich* ; adj. Disposition des corps à être facilement cassés, brisés. *Voyez* FRAGILITÉ.

FRAGILITÉ ; *fragilitas* ; *zerbrechlickeit* ; s. f. Propriété qu'ont les corps de se rompre facilement.

Cette propriété, dont la cause ne nous est pas parfaitement connue, est extrêmement variable. Les corps *fragiles* diffèrent des corps mous, en ce que, dans ceux-ci, les parties se déplacent par le choc sans se séparer ni se rétablir ; ils diffèrent des corps élastiques, en ce que les parties se déplacent, dans ces derniers, pour se rétablir ensuite.

Il est des corps auxquels on peut donner de la *fragilité* : tel est, par exemple, l'acier. En le refroidissant très-lentement, il devient malléable, tandis qu'il devient cassant en le trempant, c'est-à-dire, en le refroidissant rapidement. Sa *fragilité* est d'autant plus grande que son refroidissement a été plus prompt. *Voyez* TREMPE.

FRAI, *de fricare, frotter* ; *attritus* ; *abnutzung* ; s. m. Diminution de poids que le toucher successif & le temps apportent à la monnoie.

FRAIS ; *friscum, frigidus* ; *frisch* ; s. m. Avoir de la fraîcheur.

FRAIS (Vent). Vent moyen & réglé : il se divise en *petit frais*, diminutif du *vent frais* ; *bon frais*, vent plus fort que le *vent frais* ; *grand frais*, vent réglé, mais très-fort. *Voyez* VENT, FORCE DU VENT.

FRANC ; *francus* ; *francke* ; s. m. Pièce d'argent, pesant cinq grammes au titre de 0,9 d'argent sur 0,1 de cuivre.

Le *franc* vaut 1,0125 livre tournois : il se divise en dix décimes & en cent centimes. La pièce d'un décime est en cuivre ; elle doit peser 20 grammes.

Autrefois le *franc* étoit une monnoie de compte que l'on confondoit avec la livre tournois. *Voyez* LIVRE TOURNOIS.

FRANCESCONO. Monnoie du grand-duché de Toscane. Sa valeur est de 6 livres ⅔ = 5,775 liv. tournois = 5,7037 francs.

FRANCINO. Monnoie du grand-duché de Toscane. Sa valeur est de 3 livres ⅓ = 2,887 livres tournois = 2,8518 francs.

FRANCKLIN (Benjamin), célèbre politique & physicien, né à Boston, dans la Nouvelle-Angleterre, en 1706, mort à Philadelphie, le 17 avril 1790.

Né d'une famille pauvre, mais industrieuse, *Francklin* fut d'abord destiné à l'état ecclésiastique : sa famille ne pouvant suffire aux dépenses que cette éducation exigeoit, se contenta de lui faire apprendre à lire, à écrire & à compter, afin de le mettre de bonne heure en apprentissage. Mais ce qui paroîtra assez extraordinaire pour une tête aussi bien organisée que la sienne, c'est qu'il ne réussit point du tout au calcul, & que ce n'est que lorfqu'il fut beaucoup plus âgé, qu'il y fit quelques progrès.

A dix ans, son père le prit pour l'aider dans son métier de fabricant de chandelles : l'enfant ne se plaisant pas à ce travail, on le plaça chez un coutelier : n'y réussissant par davantage, & son père lui voyant un amour irrésistible pour les livres, le mit en apprentissage chez *James Francklin* son frère, imprimeur à Boston, sous la condition d'y travailler, comme simple ouvrier, jusqu'à l'âge de vingt ans, sans recevoir de gage que la dernière année. Il avoit alors douze ans.

Dans ce nouvel état, *Francklin* put se procurer des livres & se livrer à son penchant irrésistible. Il fit de grands progrès, composa même quelques articles de journal qui eurent beaucoup de succès. Des circonstances particulières lui firent obtenir sa liberté avant l'époque fixée par son engagement; mais ne pouvant se procurer de l'ouvrage chez les imprimeurs de Boston, il fut obligé de s'embarquer, & il alla jusqu'à Philadelphie, où il fut employé chez l'imprimeur Kleimer. Le gouverneur de la province lui offrit la direction d'une imprimerie, & lui proposa d'en aller chercher les matériaux en Angleterre. *Francklin* s'embarqua, arriva à Londres. Les lettres de recommandation dont il se croyoit porteur, n'ayant aucun rapport avec lui, il fut déchu de ses espérances.

Sans crédit, sans connoissances, & avec fort peu d'argent, au milieu d'un monde nouveau pour lui, *Francklin* se présenta chez un imprimeur : il fut d'abord occupé chez Palmer; mais le scepticisme que notre jeune homme avoit adopté, ne convenant pas à son maître, celui-ci le remercia. Ruiné en quelque sorte par obligeance, *Francklin* se détermina à chercher un autre imprimeur & à recommencer sa petite fortune; mais cette fois il sentit le besoin de diriger sa conduite morale par des principes plus sévères. Non-seulement il se réforma, mais il entreprit de rendre le même service à ses camarades d'atelier : il les ramena à la sobriété, à l'économie, à l'ordre, par son exemple & ses discours.

Sollicité de rester en Angleterre, il se détermina, après avoir fait quelques économies, à retourner à Philadelphie. Là, il travailla de nouveau quelque temps chez l'imprimeur Kleimer, puis il s'associa avec un de ses amis pour établir une imprimerie. Alors sa prospérité s'accrut rapidement, & bientôt il traita avec son associé & conserva seul son imprimerie.

Francklin forma, à Philadelphie, une réunion de personnes instruites qui s'assembloient une fois par semaine, pour traiter ensemble des questions de morale, de politique & de physique; il établit ensuite une association de lecture, dans laquelle, pour une foible rétribution, l'on étoit admis à jouir, en commun, d'une bibliothèque nombreuse. Cet établissement eut beaucoup de succès,

& fut bientôt imité dans beaucoup de provinces.

On avoit envoyé à Philadelphie des détails relatifs à de nouvelles expériences sur l'électricité, qui faisoit alors l'étonnement des physiciens de l'Europe. On avoit également envoyé des tubes de verre & les autres instrumens nécessaires pour répéter ces expériences. *Francklin*, chargé de ce travail par la société, fit, en les répétant, un grand nombre de découvertes. Il reconnut la distribution de deux électricités différentes, sur les deux surfaces extérieure & intérieure de la bouteille de Leyde, qu'il désigna par les termes de *plus* & *moins*; il montra la cause qui déterminoit cette accumulation.

Cet homme célèbre découvrit, le premier, le pouvoir que les pointes possèdent de déterminer lentement, & à distance, l'écoulement de l'électricité; & comme son génie le portoit aux applications, il conçut de suite le projet de faire descendre ainsi, sur la terre, l'électricité des nuages, si toutefois les éclairs & la foudre étoient des effets de l'électricité. *Voyez* ÉLECTRICITÉ; TONNERRE.

Un simple jeu d'enfant lui servit à résoudre ce problème. Il éleva un cerf-volant par un temps d'orage, suspendit une clef au bas de la corde, & essaya inutilement d'en tirer des étincelles. D'abord ses tentatives furent inutiles; enfin, une petite pluie étant survenue, mouilla la corde, lui donna un degré de foible conductibilité, &, à la grande joie de *Francklin*, le phénomène eut lieu comme il l'avoit espéré; si la corde eût été plus humide, ou le nuage plus intense, il auroit été tué, & sa découverte périssoit probablement avec lui. *Voyez* CERF-VOLANT ÉLECTRIQUE.

Saisissant le parti que l'on pouvoit tirer de ses découvertes pour préserver les édifices de la foudre, *Francklin* imagina les paratonnerres, qui furent en peu de temps adoptés dans toute l'Amérique, & qui le sont aujourd'hui dans toute l'Europe.

Observateur infatigable, il fit plusieurs découvertes intéressantes qui ont contribué à le faire recevoir membre de la Société royale de Londres, & correspondant de l'Académie royale des sciences. Parmi ces découvertes, on distingue la manière de calmer la violence des flots, en répandant de l'huile sur la surface de la mer; découverte qui lui a été contestée par les Anglais, parce que l'on en trouve la substance dans le troisième livre de l'*Histoire ecclésiastique* de Bède. La cheminée de Pensylvanie, qui a été quelque temps à la mode, a reçu depuis de nouveaux perfectionnemens par Desarnod.

Depuis 1744 jusqu'à sa mort, arrivée en 1790, il occupa dans son pays des fonctions importantes. Il fut plusieurs fois chargé d'aller porter au gouvernement anglais les représentations de ses compatriotes. Lorsque ceux-ci se séparèrent de la mère-patrie, il vint à Paris, en 1776, solliciter la protection & l'assistance de la France, près de laquelle il resta en qualité de ministre plénipotentiaire des Etats-Unis, jusqu'en 1785. Sa conduite a toujours été celle d'un sage, ami de la liberté. Il se fit remarquer par sa réserve, sa patiente fermeté, sa modération, & la réunion bien rare d'un jugement solide, joint à un esprit délicat & ingénieux.

Nous avons de cet homme immortel : 1°. sa lettre *concernant les effets de la foudre*; 2°. l'*Analogie du tonnerre avec l'électricité*; 3°. son article sur *la manière de calmer la violence des flots*; 4°. sa *cheminée de Pensylvanie*; 5°. sa lettre à Ingenhousz sur *les cheminées*; 6°. la *Science du bonhomme Richard*; 7°. les *Mémoires de sa vie privée, écrits par lui-même & adressés à son fils*; 8°. différens Mémoires insérés dans les *Transactions philosophiques* & dans le *Recueil de l'Académie royale des sciences*.

FRANCKLIN (Tableau magique de). Carreau de verre garni d'une feuille d'étain de chaque côté. *Voyez* CARREAU ÉLECTRIQUE, TABLEAU MAGIQUE.

FREDERICK. Pièce d'or en usage dans la Prusse. Son poids est de 231 ½ as, au titre de 21 karats ⅔; ils contiennent 125,9 as de fin. Leur valeur est de 5 rixdales courantes = 7 ⅕ florins d'Empire = 19,67 livres tournois = 19,3671 fr.

Le *frederick d'or* du Brandebourg = 19,65 liv. tournois = 19,3074 francs, & le *frederick altéré* = 14,00 livres tournois = 13,8371 francs.

FRÉMISSEMENT; tremor; *zitterug*; s. m. Mouvement insensible qui se fait dans chaque partie des corps naturels, qui rendent quelque son.

Le *frémissement* est produit par des vibrations de peu d'étendue dans les particules des corps. On les distingue dans les cloches, dans l'eau des verres qui produisent des sons par un léger frottement (*voyez* HARMONICA), dans les plaques vibrantes de Chladni (*voyez* PLAQUES VIBRANTES), dans les cordes d'instrumens, & en général dans tous les corps qui produisent des sons. *Voyez* SON.

On donne encore le nom de *frémissement* à un léger mouvement de l'air, à celui de l'eau, lorsqu'elle est prête à bouillir, à la surface des eaux, lorsqu'un souffle léger les agite, &c.

FRIABLE; friabilis; *zerreiblich*; adject. Qui peut être réduit en poudre, qui se pulvérise facilement sous les doigts.

On attribue la *friabilité* au peu d'adhésion des particules des corps, soit que cette adhésion existe directement entre les particules, soit qu'elle résulte de l'action d'un gluten.

FRICTION; frictio; *reibung*; s. f. Action de frotter les corps ou quelques-unes de leurs parties.

FRICTIONS BERTHOLLIENNES; frictio ber-thollienica; *berthollinische reibung*. Frictions faites avec de l'acide muriatique oxigéné.

Ces *frictions* ont été indiquées comme un moyen que les ouvriers pourroient employer lorsqu'ils travaillent dans les marais ou autres lieux infects; mais tout prouve que les fumigations sont plus favorables. *Voy.* Annales de Chimie, tome LXXIX, page 220.

FRICTION ÉLECTRIQUE DES RUBANS. Frottement de deux rubans, d'où résultent deux sortes d'électricité. *Voyez* ÉLECTRICITÉ.

FRIGORIFIQUE, *de frigus, froid*; frigorificus; *kalt machende*; adj. Ce qui cause du froid.

Tous les corps peuvent devenir *frigorifiques* de deux manières : 1°. en changeant d'état; 2°. en se combinant avec d'autres substances.

Nous avons vu, aux articles CHALEUR, CALORIQUE, que les corps laissoient dégager du calorique en passant de l'état gazeux à l'état liquide, & de l'état liquide à l'état solide. Par une raison contraire, les corps produisent du froid & deviennent en conséquence *frigorifiques* en passant de l'état solide à l'état liquide, & de l'état liquide à l'état gazeux. La production du froid est occasionnée dans ces changemens d'état, parce qu'ils ne peuvent avoir lieu sans que le calorique ne s'interpose entre leurs molécules & ne les écarte les unes des autres; & ici le froid produit est d'autant plus grand, que la quantité de calorique interposée & absorbée pour produire ce changement est plus considérable.

On a remarqué, depuis long-temps, que l'évaporation de l'eau, ou son passage de l'état liquide à l'état gazeux, produisoit du froid, & l'on a fait usage de ce passage, soit pour rafraîchir l'air, soit pour refroidir des corps.

Il est assez d'usage chez les Orientaux & chez les peuples qui habitent les pays chauds, d'établir, dans l'appartement où l'on se tient ordinairement, un petit jet d'eau; ce liquide, qui se dissémine en tombant, étant entraîné en partie & vaporisé dans l'air, rafraîchit l'appartement par le calorique qu'il enlève à l'air, avec lequel il se réunit dans son changement d'état.

Les Orientaux & les Espagnols rafraîchissent l'eau, en été, soit en enveloppant d'une étoffe mouillée le vase qui la contient, puis en l'agitant dans l'air, soit en se servant de vases de terre poreuse, nommés *alcarazza*, lesquels laissent suinter l'eau. *Voyez* ALCARAZZA.

Dans les cours de physique, on fait voir le refroidissement des corps par l'évaporation, en enveloppant la boule d'un thermomètre avec des linges imbibés d'alcool, & agitant ainsi l'instrument dans l'air; on parvient même à faire congeler de l'eau en emplissant une ampoule de ce liquide, la plongeant dans un vase plein d'éther, & le soumettant à l'action du vide sous la cloche d'une machine pneumatique. *Voyez* Congélation.

Nous devons à Leflie un moyen ingénieux de congeler de l'eau, qui eft fondé fur ce même principe. Il place fous le récipient d'une machine pneumatique, une capfule remplie d'eau & une remplie d'acide fulfurique concentré ; il fait le vide. L'eau, fe vaporifant, refroidit celle qui refte & le vafe qui la contient. L'acide fulfurique abforbant la vapeur, à mefure qu'elle fe forme, l'évaporation de l'eau & fon refroidiffement continuent jufqu'à ce que l'eau reftante fe congèle. *Voyez* Congélation.

De l'eau fortement comprimée, qu'on laiffe fortir par une petite ouverture, fe dilate, fe vaporife & fe refroidit au point que fouvent, comme

on l'a remarqué à Schemnitz en Hongrie, cette vapeur d'eau fe congèle fur les vêtemens des fpectateurs qui la reçoivent. L'eau, fortement échauffée dans une marmite de Papin, fe refroidit à un degré très-voifin de la congélation, lorfqu'on la laiffe échapper fubitement par une très-petite ouverture. Quelquefois même, la vapeur d'eau qui fort avec impétuofité, par la très-petite ouverture d'un éolipyle, peut, d'après l'obfervation de Gay-Luffac, fe transformer en glace.

Quant aux mélanges *frigorifiques*, c'eft-à-dire, ceux qui produifent du froid, cet effet a lieu le plus fouvent, parce que ces fubftances paffent de l'état folide à l'état liquide, & qu'elles augmentent de volume dans ce paffage. Citons quelques exemples.

Si, à la température de 8° R., on mêle enfemble :

5 parties d'ammoniaque..........	
5 —— de nitrate de potaffe.......	on obtient un froid de .... — 9°,78
16 —— d'eau	
1 —— de nitrate de potaffe......	
1 —— d'eau	.... — 12,44
3 —— de fulfate de foude......	
2 —— d'acide nitrique étendu	.... — 12,88
8 —— de fulfate de foude........	
5 —— d'acide muriatique.........	.... — 14,22

Si, à la température o de R., on mêle enfemble :

1 partie de neige	
1 —— de muriate de foude.......	on obtient un froid de .... — 14,22
3 —— de muriate de chaux.......	
2 —— de neige.................	.... — 22,22
4 —— de potaffe...............	
3 —— de neige.................	.... — 22,66

Si, à la température de — 4°,8 R., on mêle enfemble parties égales de neige & d'acide fulfurique étendu d'eau, on obtient un froid de — 40°,8.

De la neige & de l'acide nitrique étendu & déjà refroidi à — 14°, produifent un froid de — 34°,66.

Parties égales de neige, d'acide fulfurique étendu & d'acide nitrique étendu, déjà refroidi à — 18°,4, produifent un froid de — 39°,09.

Deux parties de muriate de chaux & une partie de neige déjà refroidie à — 14°, produifent un froid de — 43°,55.

Trois parties de muriate de foude & une de neige déjà refroidie à — 32°, produifent un froid de — 46°,66.

Enfin, huit parties de neige & dix d'acide fulfurique étendu, déjà refroidi à — 44°,44, produifent un froid de — 54°,66.

On fait ufage de ces mélanges *frigorifiques* pour faire des glaces chez les limonadiers ; concentrer le vinaigre & diverfes folutions falines, en en féparant l'eau qui fe gèle ; féparer de l'huile d'olive gelée, une huile liquide, que les horlogers emploient.

FRIGORIQUE; *frigoricus* ; *frigorik* ; f. m. Matière fubtile qui produit le froid.

Nous devons aux Epicuriens la première idée de la formation du froid par des corpufcules *frigoriques* qu'ils fuppofoient pointus, piquans, tiraillant & refferrant les fibres de la peau. Lucrèce chanta les molécules *frigoriques* ; Gaffendi leur attribua la force de refferrer tous les corps ; Mairan les adopta également, & Mufchenbroeck ne crut pas pouvoir expliquer la dilatation que l'eau prend en fe gelant, fans recourir à l'intervention des particules du froid. Le docteur Clarck prétendoit que le froid étoit produit par certaines particules falines & nitreufes qui, par leur nature, étoient capables de ces effets.

Ariftote & quelques philofophes avoient regardé la chaleur & le froid comme le produit d'une même caufe, agiffant en fens contraire : les uns les confidéroient comme un accident ou une qualité ; les autres comme le produit d'une vibration plus ou moins rapide, excitée entre les particules des corps ; d'autres enfin, comme l'effet d'une fubftance particulière, à laquelle ils donnent le nom de *calorique. Voyez* ce mot.

Réaumur, Berthollet & Vauquelin ont fait voir que l'augmentation du volume de l'eau, de la fonte de fer, de l'antimoine, du bismuth & du sel, étoit due à la forme cristalline que prennent ces substances. Black a montré qu'il suffit, & qu'il est plus simple, d'admettre une diminution du calorique, ou une moindre chaleur pour satisfaire à tous les phénomènes du froid & de la cristallisation. On démontre également, dans l'hypothèse de la formation de la chaleur par la vibration des molécules des corps, qu'il suffit d'admettre une diminution dans leur mouvement pour expliquer les phénomènes du froid & de la cristallisation.

Tous les physiciens avoient abandonné l'existence du *frigorique*, lorsque Piçtet fit connoître une expérience curieuse, qu'il prétendoit ne pouvoir être expliquée qu'à l'aide de cette substance. Piçtet plaça au foyer *f*, fig. 231, d'un miroir concave d'étain C I D, un thermomètre à air, & un matras rempli de neige au foyer F d'un autre miroir A E B, placé à l'opposite; le thermomètre baissa, & il remonta lorsqu'on retira le matras rempli de neige. En versant de l'acide nitrique sur cette neige, le thermomètre descendit plus bas : d'où il conclut que des *rayons frigoriques* sont émis par la neige & réfléchis par les miroirs sur le thermomètre; de-là, que le froid est une matière réelle qui se transmet, par irradiation, aux corps environnans, de la même manière que le fait le calorique.

Cette explication très-simple, d'un phénomène assez singulier, séduisit d'abord plusieurs physiciens; d'autres crurent, avant de l'admettre, devoir examiner si l'introduction d'une nouvelle substance étoit absolument nécessaire, & si l'on ne pouvoit pas expliquer cette expérience en ne faisant usage que de l'action du calorique seul. Parmi toutes les explications qui ont été données de ce phénomène, nous allons en rapporter une.

Tous les corps de la nature, quelle que soit leur température, laissent dégager du calorique rayonnant. La quantité de calorique rayonnant dégagé des corps est toujours proportionnelle à leur température; il se fait donc, par suite de cette rayonnance, un échange continuel de calorique entre tous les corps. Les corps les plus froids en reçoivent plus qu'ils n'en émettent, & s'échauffent; les corps les plus chauds en reçoivent moins & se refroidissent.

Cet état de choses bien entendu, soit T, fig. 844, un thermomètre placé dans un milieu, avec lequel il soit en équilibre de température: ce thermomètre échangera sa chaleur rayonnante dans la direction T A, T B, T D, T E, T F, T G, T H, T I, de manière à conserver sa température. Que l'on place un corps froid en C, dans sa rayonnance T C, le thermomètre recevra moins de chaleur du corps C, qu'il ne lui en envoie; mais cette diminution dans une seule direction af-

foiblira peu sa température. Si l'on place un miroir *a b d e f* derrière le corps C, celui-ci recevra, par réflexion, les rayons de chaleur T *a* C, T *b* C, T *e* C, T *f* C, & renverra au point T des rayons de chaleur plus foibles C *f* T, C *e* T, C *b* T, C *a* T; le thermomètre T recevra donc des directions T A, T B, T E, T F, moins de chaleur qu'il n'en recevoit avant, & il se refroidira d'autant plus que le miroir interceptera un plus grand nombre de rayons directs & réfléchira un plus grand nombre de rayons moins chauds, émis par le corps C. Si l'on place derrière le thermomètre T un nouveau corps réfléchissant G H I, celui-ci enverra, par réflexion, de nouveaux rayons de calorique au corps C, interceptera les rayons directs qui arrivoient au thermomètre T, & lui réfléchira les rayons de calorique moins chauds, envoyés par le corps C; le thermomètre diminuera donc encore de température par l'interposition de ce second miroir.

On voit, d'après cette explication, qu'il n'est pas essentiellement nécessaire de faire intervenir une substance nouvelle, le *frigorique*, pour se rendre raison du phénomène observé par Piçtet; & comme il faut éviter d'introduire, sans nécessité, des substances hypothétiques, la presque totalité des physiciens a refusé d'admettre l'existence de cette substance nouvelle & inconnue, puisqu'il suffit de traduire, dans toutes les expériences analogues à celle de Piçtet, le mot *froid* par celui de *moindre chaleur*.

FRIMATS, *de* fremitus, *frissonner*; pruina; reise; f. m. Vapeur condensée & congelée qui s'attache aux herbes, aux arbres, aux cheveux, &c.

Ces *frimats* sont formés par des gouttelettes d'eau contenues dans l'air, & qui s'y congèlent en se déposant sur les corps. *Voyez* GIVRE.

FRISI (l'abbé Paul), mathématicien & physicien célèbre, naquit à Milan le 13 avril 1728, & y mourut le 28 novembre 1784.

Entré à l'âge de quinze ans chez les Barnabites, il n'y reçut d'autre instruction que celle qui étoit relative à son état. Désirant apprendre les mathématiques, il se procura quelques livres & les étudia, malgré les ordres de ses supérieurs : il devint bientôt assez habile pour attirer l'attention des géomètres.

Pour le détourner de cette étude, les Barnabites le chargèrent d'enseigner la philosophie, d'abord à Lodi, puis à Milan; mais ces nouvelles occupations, loin de le détourner, le fortifièrent dans ses études. Il écrivit une dissertation sur la figure de la terre, que le comte Donat Silva fit imprimer. La considération qu'obtint *Frisi* en imposa tellement à ses supérieurs, qu'ils le laissèrent suivre librement l'impulsion de son génie, dont le premier résultat fut de combattre la magie & les sorciers, malgré le danger qu'il pouvoit encourir du tribunal de l'inquisition, dont il heurtoit les préjugés.

Ses travaux dans les sciences physiques & mathématiques le firent nommer correspondant à l'Académie royale des sciences en 1753, associé de l'Académie de Pétersbourg & de la Société royale de Londres en 1756, de l'Académie de Berlin en 1758, membre de l'Institut de Bologne en 1766, & agrégé aux Académies de Stockholm, Copenhague & Berne en 1770.

Parmi les nombreux ouvrages que l'*abbé Frisi* a publiés, nous distinguerons: 1°. *Disquisitio mathematica in causam physicam figuræ & magnitudinis telluris nostræ*; 2°. *nova electricitatis Theoria*; 3°. *de Atmosphærâ celestium corporum*; 4°. *de Gravitate universali, libri tres*; 5°. *delle Maniera di preservare gli edifizii del fulmine*; 6°. *dell'Architettura statica e idraulica*; 7°. *Mechanicam universam & mechanicæ applicationem ad aquarum fluentium theoriam*; &c., &c.

FROID; πгγος; frigus; *kalte*; s. m. Sensation plus ou moins douloureuse que nous éprouvons lorsque les corps qui nous environnent soustrayent une portion de notre chaleur.

Ainsi, un corps n'est *froid* ou chaud, pour nous, qu'autant que sa température est moins ou plus élevée que la nôtre : lorsque sa température est moins élevée, il nous enlève du calorique, & par conséquent il est *froid*; lorsque sa température est plus élevée, il nous cède du calorique & il est chaud. *Voyez* CHALEUR.

Si l'on compare les corps les uns aux autres, on regarde également comme *froids* tous ceux dont la température est plus basse, & comme chauds tous ceux dont elle est plus élevée : d'où il suit que le *froid* n'est jamais absolu; qu'il n'est qu'une manière d'être, relative, d'un corps par rapport à un autre. Il ne pourroit y avoir de *froid* absolu qu'autant qu'un corps seroit privé de tout son calorique; mais nous ne connoissons dans la nature aucun corps qui soit dans cet état.

Quoiqu'un corps ne soit *froid* pour nous qu'autant que sa température est plus basse que la nôtre, nous établissons cependant entre ces corps des degrés qui dépendent de l'état actuel de l'organe du toucher, & de la température du milieu que nous quittons; c'est par cette raison que des caves d'une certaine profondeur, & dont la température est à peu près uniforme, nous paroissent *froides* dans l'été et chaudes dans l'hiver; par la même raison, des sources d'une température uniforme paroissent chaudes l'hiver & *froides* l'été : cependant l'air des souterrains & l'eau des sources ont une température plus basse que la nôtre; mais dans l'été, l'air de l'atmosphère dans laquelle nous sommes habituellement, étant élevé à une plus haute température que celle des caves & de l'eau des sources, celles-ci nous paroissent *froides*;

dans l'hiver, au contraire, l'air de l'atmosphère ayant une température plus basse que celle des caves & des sources, celles-ci nous paroissent chaudes.

On observe sur la surface de la terre, à la même latitude, des lieux plus *froids* les uns que les autres. Plusieurs causes contribuent à cette différence de température; parmi ces causes, on distingue principalement la proximité des eaux ou des lieux humides, celle des bois, la hauteur au-dessus du niveau de la mer : cette dernière a une si grande influence sur le *froid*, que l'on voit, dans les chaînes de montagnes, des sommités qui sont constamment couvertes de neige. *Voyez* CLIMATS, GLACIERS.

Dans chaque pays il existe des airs de vent qui sont constamment *froids*, tandis que d'autres sont chauds. Long-temps on a attribué cette différence dans la température des vents, à ce que les uns venoient des pays *froids* & les autres des pays chauds; tels sont, à Paris, les vents de nord & de sud; mais une observation plus approfondie sur ces sortes de vents a fait voir que leur différence de température dépendoit principalement de la propriété qu'ils avoient d'être pluvieux ou secs. *Voy.* VENT CHAUD, VENT FROID.

Il est rare que le plus grand *froid* de la France s'étende à plus de — 15° de Réaumur. En 1740, le *froid* étoit de —18° à Wittemberg, & de —20° à Dantzick. Les plus grands *froids* que l'on ait observés ont eu lieu en Sibérie, entre le 60e. & le 70e. degré de latitude. Plusieurs physiciens ayant publié ce tableau des températures observées, nous allons en présenter un résumé.

LIEUX.	LATITUDE.	ANNÉES.	DEGRÉS R.
Astracan....	46°,21,12	1746	— 24°,5
Pétersbourg.	59,56	1749	— 30
Quebec	46,55	1743	— 33
Tornea.....	65,50,50	1736	— 37
Tonisk en Sibérie		1735	— 53
Kiranga............		1738	— 66
Yeniseuk............		1735	— 70

Sur ce tableau qui présente des *froids* considérables, on ne peut compter que sur les températures qui ne passent pas le 33e. degré; parce que ces *froids* ayant été observés avec des thermomètres à mercure, & le mercure, en se congelant à —32°, diminuant considérablement de volume, le *froid* indiqué devoit nécessairement être beaucoup plus grand que celui qui avoit lieu. Quant au *froid* observé à Tornea, qui est ici marqué de 37°, tout fait croire qu'il y a eu erreur.

Nous ajouterons qu'à Moscow, dans la nuit du

du 11 au 12 juin 1809, le docteur Kehrman vit du mercure exposé à l'air se geler au point de pouvoir être facilement étendu sous le marteau (*voy.* CONGELATION DU MERCURE); ce qui prouvoit que la température étoit au-dessous de 38 degrés de Réaumur. Ainsi le docteur suppose qu'à cinq heures du matin, lors de l'expérience, le *froid* pouvoit être entre 34 & 35° R.

Plusieurs physiciens, à la tête desquels se placent Épicure & ses sectateurs, ont attribué la production du *froid* à une matière subtile qu'ils ont nommée *frigorique* (*voyez* FRIGORIQUE); d'autres, à la sortie de la chaleur ou du calorique de l'intérieur des corps. (*Voyez* CALORIQUE.) Cette dernière manière d'expliquer la formation du *froid* est celle qui est le plus généralement adoptée.

FROID ARTIFICIEL; frigus facticium; *kœlte kuenstliche*; s. m. *Froid* que l'on peut produire par différens moyens.

On distingue trois manières de produire du *froid* : 1°. par l'application d'un corps *froid* sur un corps plus chaud; 2°. en faisant changer l'état des corps de solides en liquides, & de liquides, en gaz; 3°. en mélangeant ensemble des substances qui se dilatent pendant le mélange, ou qui acquièrent, en se combinant, une plus grande affinité pour le calorique.

Nous ne nous étendrons pas sur le premier moyen, qui est le plus simple & le plus en usage; c'est celui que l'on emploie habituellement pour rafraîchir de l'eau, du vin, ou d'autres substances, en les plongeant dans un liquide plus froid ou dans de la glace. On refroidit les corps solides & les métaux échauffés, en les plongeant dans de l'eau ou dans d'autres liquides. Ce mode de refroidir est fondé sur la propriété qu'a le calorique de s'introduire dans tous les corps, & de se mettre en équilibre de température : de-là, les corps les plus chauds cèdent de leur chaleur aux plus *froids* & se refroidissent.

Toutes les fois qu'un corps passe de l'état solide à l'état liquide, il absorbe, dans ce passage, une quantité considérable de calorique; & comme ce calorique est pris dans les corps environnans, qui sont à une température un peu plus élevée, si l'on pouvoit faire passer subitement un corps de l'état solide à l'état liquide, sans employer, pour ce passage, le calorique qui lui est nécessaire, le corps liquide seroit aussitôt refroidi de tout ce ca-

lorique qui lui manque, & qu'il auroit absorbé pour ce passage.

Il en est de même du passage d'un corps de l'état liquide à l'état gazeux; une quantité considérable de calorique est absorbée dans ce passage, sans que, pour cela, le fluide élastique qui s'est formé, ait augmenté de température : ainsi, dès que l'on parvient, par une diminution dans la pression exercée sur un liquide, à le faire passer rapidement à l'état de fluide élastique, on voit ce fluide se refroidir aussitôt.

Pictet avoit remarqué (1) que, de l'air fortement comprimé dans le récipient d'une machine pneumatique, dans laquelle on avoit placé une capsule pleine d'eau, produisoit, en s'échappant, un *froid* tel que de l'eau se glaçoit près du robinet. Long-temps avant, on faisoit remarquer à tous les voyageurs, à Schemnitz en Hongrie (2), que l'air comprimé sur l'eau, dans la machine à air & à eau, établie sur le puits Amélie, étoit tellement froid, en sortant, que lorsqu'on la recevoit sur un chapeau, ou sur tout autre corps solide, il se déposoit des glaçons sur ces corps.

Nous devons à Black & à Cullen de très-belles expériences sur le *froid* qui a lieu lorsque les liquides s'évaporent (*voyez* ÉVAPORATION); mais aucune n'a produit une plus grande sensation que celle de Leslie, à l'aide de laquelle il est parvenu à congeler de l'eau par le *froid* que produit ce liquide, en s'évaporant, sous le récipient d'une machine pneumatique. (*Voyez* CONGELATION DE L'EAU.) Pour obtenir cette congélation, on place dans une capsule de verre, sous le récipient d'une machine pneumatique, l'eau que l'on veut congeler; au-dessous est une autre capsule, contenant de l'acide sulfurique très-concentré; on fait le vide; l'eau s'évapore & produit du *froid*; la vapeur formée est aussitôt absorbée par l'acide, de nouvelle vapeur se forme, l'eau se refroidit & se congèle.

Comme la substance que l'on emploie pour absorber la vapeur qui se forme, a une grande influence sur l'intensité du *froid* produit, le professeur Configliachi, de l'Université de Pavie (3), a fait plusieurs expériences pour reconnoître l'action absorbante de différentes substances. Nous allons en présenter le tableau ci-après.

(1) *Journal de Physique*, année 1798, tome II, p. 186.
(2) *Voyages métallurgiques* de Jars & Duhamel, tome II, page 157.
(3) *Bibliothèque britannique*, tome XLIX, page 124.

TABLEAU *des degrés de froid produits en temps égal par l'évaporation de l'eau, à 17° centigrades, dans le vide, & par l'action de diverses substances hygrométriques.*

SUBSTANCES employées à température égale.	MAXIMUM d'abaissement de température.	MINIMUM de pression.	OBSERVATIONS.
1. Acide phosphorique concret..........	+ 1,50	6,765 mil.	
2. Potasse caustique sèche.............	— 3	2,818	L'eau gelée entièrement
3. Acétate acidule de potasse.........	— 2	3,945	*Idem*, autour de la boule.
4. Acétate neutre...................	— 3	3,382	*Idem*, non en entier.
5. *Idem* très-desséché..............	— 2,75	3,199	*Idem*, en entier.
6. *Idem* alcalinule................	— 3	3,006	*Idem.*
7. Oximuriate de potasse cristallisé.....	+ 2	7,328	
8. *Idem* non cristallisé.............	— 2,5	3,199	*Idem.*
9. Oximuriate de chaux			
10. Nitrate d'ammoniaque cristallisé	+ 5	7,992	
11. Sulfate de soude séché...........	+ 8	9,020	
12. Acide sulfurique concentré. (1,85 pes. sp.)	— 3	0,75	*Idem.*

Le professeur Confiliachi a fait d'autres expériences, en enveloppant dans le récipient une boule de thermomètre avec une éponge pleine d'eau; plaçant dans le fond du récipient une capsule pleine d'acide sulfurique très-concentré, & mouillant le récipient à l'extérieur, afin de le refroidir par l'évaporation du liquide, & empêcher que la chaleur extérieure ne pénètre dans le récipient, il est parvenu, par ce moyen, à obtenir des *froids* tels, qu'il a congelé du mercure. *Voyez* CONGÉLATION DU MERCURE.

On trouve dans la *Bibliothèque britannique*, t. LV, pag. 350, des expériences du docteur Alexandre Marcel, à l'aide desquelles il est parvenu à obtenir un froid artificiel de 63° centig., en enveloppant la boule d'un thermomètre avec des sulfures de carbone liquide, & l'exposant ainsi à l'action du vide.

Quant au troisième moyen de produire du *froid*, c'est-à-dire, en mêlant différentes substances les unes avec les autres, on savoit depuis long-temps que le nitre & plusieurs autres sels avoient la propriété de produire du *froid* en se dissolvant dans l'eau; mais on savoit aussi que le sulfate de fer calciné & quelques autres sels produisoient de la chaleur en se dissolvant.

Dès que l'on a voulu obtenir des *froids artificiels*, on a essayé si d'autres sels avoient, comme le nitre, la propriété de produire du *froid*, & l'on a remarqué qu'il existoit un grand nombre de substances qui pouvoient être employées avec succès. *Voyez* FRIGORIQUE, CONGÉLATION.

FROIDS EXTRAORDINAIRES; frigus extraordinarium; *ausserordentliche kält*. Froids qui ne s'observent pas habituellement.

Il existe plusieurs *froids extraordinaires*; nous n'en distinguerons ici que deux: 1°. ceux qui arrivent dans une saison où l'on n'a pas habitude de les observer: tel est, par exemple, celui qui eut lieu à Fécamp dans la nuit du 10 au 11 juin, qui étoit si considérable, d'après le rapport de l'abbé Diquemare (1), que l'eau s'est glacée & les champs ont été couverts de gelée blanche, gelée qui étoit, même après le lever du soleil, aussi forte que dans l'hiver. Ce que ce *froid* a eu de remarquable, c'est que toutes les jeunes pousses de chêne & de fougère ont péri, tandis que des plantes qui paroissoient fort tendres, n'ont point souffert.

2°. Des *froids* d'hiver plus forts que ceux qui ont lieu ordinairement: tel est celui du 30 décembre 1783. Le duc de la Rochefoucauld a annoncé à l'Académie des Sciences, que le thermomètre de Réaumur, observé par MM. Trochon, Renaud fils & Barbançon, avoit été à — 24° à Saint-Germain & dans les environs de Paris; la même nuit, le ministre Eysen (2) l'observa à Niederbrun, au pied des Vosges, également à — 24; & il rapporte, à ce sujet, les détails suivans:

«La nuit du 29 au 30 décembre, les vins de tous les tonneaux de ma cave, qui est passablement profonde, & que j'avois assez bien garantie, furent gelés au point qu'il me fut impossible d'en tirer une seule goutte de vin.

» Une vingtaine de cruches & de bouteilles, dans lesquelles j'avois du vin rouge, avoient jeté leurs bouchons avec fracas; à tout moment il en partoit un, de manière que cela avoit l'air d'une fusillade, la plus grande partie étoient fendus. Cela m'a mis à même de faire du vin glacé, qui étoit fort bon.

» La terre étoit gelée à deux pieds de profondeur; le gibier a péri. »

On lit, dans le tome Ier. du *Journal de Physique* de l'année 1780, une lettre écrite par l'abbé Rive à l'astronome Messier, dans laquelle on trouve

(1) *Journal de Physique*, année 1777, tome II, p. 137.
(2) *Journal de Physique*, année 1789, tome II, p. 273.

les détails suivans sur les *froids extraordinaires* des années 1458, 1468, 1594 & 1608. Ces froids sont extraordinaires pour la France & non pour la Russie.

« Le premier hiver fut très-rude à Paris ; c'est ce qu'on lit dans les Chroniques de Saint-Denis ; mais il le fut bien plus en Allemagne, puisque Æneas Silvius, qui fut depuis Pape, sous le nom de *Pie II*, rapporte que le Danube s'étant glacé de l'un à l'autre bord, une armée de 40,000 hommes campa sur la glace.

» Le second fut si violent, qu'en Flandre, on fut obligé de rompre à coups de hache le vin qu'on y distribuoit aux soldats. Philippe de Comines nous l'atteste, & c'est de lui que M. Duclos a emprunté ce fait dans son *Histoire de Louis XI*.

» Le troisième causa beaucoup de morts subites à Paris : elles attaquèrent principalement les petits enfans & les femmes. Le grand *froid* de cette année commença le 25 décembre ; il reprit le 13 avril de la suivante, & il gela aussi fortement en ce jour, que le jour de Noël, 1594.

» Le quatrième fut si excessif, qu'on appelle l'année 1608 *l'année du grand hiver*. Il commença le premier janvier. Henri IV dit en s'éveillant, à ceux qui étoient autour de son lit, que le *froid* de ce jour lui rappeloit celui du siége de Landau, & celui de l'année de son mariage, qui fit mourir plusieurs personnes au retour de Lyon.

» Le *froid* alla toujours en augmentant jusqu'au 23 du même mois ; ce fut le 20 que ce Prince dit que *sa moustache s'étoit gelée auprès de la Reine*. C'est Pierre Mathieu qui nous a transmis cette anecdote : elle a été omise par M. de Thou, par Sully, par l'auteur du *Mercure français* & par celui du *Journal de Henri IV*. Il n'est pas vraisemblable qu'ils l'aient ignorée ; mais ils l'ont regardée comme une facétie de ce roi, & c'est pour cela qu'ils l'ont passée sous silence. Pierre Mathieu, de qui nous la tenons, n'en parle que sur la foi de ceux qui la lui ont racontée. Il a cru que son titre d'historiographe de France lui permettoit d'être moins délicat sur le choix des faits qu'il exposoit.

» Ce qui est sûr, c'est que, trois jours après, le pain qu'on servit à Henri IV fut gelé, & il ne voulut pas qu'on le dégelât. La glace fut si épaisse en Flandre, *que ceux d'Anvers voyant la rivière de l'Escaut aussi glacée qu'elle l'avoit été en 1563, y dressèrent plusieurs tentes sous lesquelles ils alloient banqueter*. Le *froid* recommença le premier mars de la même année. Il fut aussi rude qu'il l'avoit été les deux mois précédens. Le gibier & le bétail périssoient dans les campagnes. Il y eut aussi des hommes & des femmes qui en moururent. Un grand nombre d'autres en restèrent perclus pendant toute leur vie, & d'autres en eurent les pieds & les mains gelés, qu'on ne pouvoit pas les réchauffer pour faciliter la circulation du sang dans ces parties. »

Il est difficile, d'après ces détails, d'indiquer exactement la température de ces *froids extraordinaires* ; car on ne connoissoit pas encore, à ces époques, les thermomètres à l'aide desquels on peut seul déterminer le degré de *froid*. Au reste, tous ces *froids* ne sont *extraordinaires* que pour Paris ; car il existe, dans le nord de l'Europe & de l'Asie, des pays très-rapprochés du pôle, où les *froids* sont bien plus considérables. On voit souvent le mercure gelé naturellement à Pétersbourg, ce qui n'est jamais arrivé à Paris, dans les *froids* les plus violens (*voyez* FROID) ; mais, dans ces pays, ces grands *froids* étant ordinaires, on se prépare d'avance à les supporter, & l'on prend toutes les précautions qu'ils exigent, tandis que, dans les pays où l'on n'éprouve que des *froids* moyens, ces grands *froids* paroissent d'autant plus rigoureux que l'on s'y attend moins, & que l'on ne fait à l'avance aucune préparation pour s'en préserver : ils sont extraordinaires pour ces pays, parce qu'ils y arrivent rarement, & que l'on en conserve de grands souvenirs. Pour de plus grands détails sur ces sortes de *froids*, *voyez* HIVER REMARQUABLE, GRANDS HIVERS.

FROIDEUR ; *frigor*, *frigiditas* ; *kœlte* ; s. m. Ce mot a plusieurs acceptions. En physique, c'est la qualité qui imprime en nous un sentiment de froid : telles sont la *froideur* de l'eau, la *froideur* du marbre.

En médecine, c'est l'état de l'un ou de l'autre sexe : telle est la *froideur* de la vieillesse ; c'est encore l'état de l'individu qui se montre impuissant ou incapable de génération. *Voyez* FRIGIDITÉ dans le *Dictionnaire des sciences médicales*.

On appelle encore *froideur*, l'accueil froid, l'indifférence qui existe entre différentes personnes.

FROTTEMENT ; *frictio* ; *reiben* ; s. m. Action de deux corps qui se meuvent l'un sur l'autre.

Si les corps étoient parfaitement polis, ils n'éprouveroient aucune résistance en se mouvant l'un sur l'autre ; mais quelques soins que l'on mette à polir la surface des corps, ils sont toujours couverts d'aspérités. Lorsque les corps sont placés les uns sur les autres, les aspérités *a a a*, fig. 845, des uns pénètrent dans les cavités *b b b b* des autres, & cette pénétration produit un obstacle au mouvement des corps : pour vaincre cet obstacle, il faut ou rompre les aspérités, ou soulever le corps supérieur, ce qui exige l'emploi d'une force particulière. La résistance à cette force est ce que l'on nomme *frottement*.

Comme les corps peuvent se mouvoir les uns sur les autres de deux manières ; 1°. en glissant, 2°. en roulant, on a distingué deux espèces de *frottement*, celui des corps glissans, auquel on a donné le nom de *frottement de la première espèce* ; celui des corps roulans, que l'on a nommé *frottement de la seconde espèce* : le *frottement de la première espèce* a lieu lorsqu'on applique successivement les mêmes parties d'un corps à différentes parties d'un autre

corps, comme lorſque l'on fait gliſſer une planche
ſur une table, *fig.* 845, un traîneau ſur un terrain,
un rouleau A, *fig.* 846, dans un couſſinet B B. Le
frottement de la ſeconde eſpèce ſe produit lorſque
l'on applique ſucceſſivement les différentes parties
d'une ſurface ſur les différentes parties d'une autre,
comme lorſqu'on fait rouler une boule ſur un billard, lorſque l'on fait rouler une roue ſur un terrain,
ou des rouleaux A, *fig.* 846. (a), ſur des poutres.

De nombreuſes expériences ont été faites pour
déterminer la valeur des *frottemens.* On a placé ſur
des tables droites & unies, des corps plans de
différentes natures, & l'on a déterminé, à l'aide
des poids, quelle force il falloit employer pour
vaincre les *frottemens.* Dans toutes les expériences
qui ont été faites, on a remarqué que, la preſſion
étant la même, ainſi que la ſurface des corps frottans, le *frottement* augmentoit avec la grandeur &
la dureté des aſpérités; qu'ainſi il étoit impoſſible
d'apprécier à l'avance la valeur du *frottement* d'un
corps ſur un autre.

On diminue toujours le *frottement* des corps en
augmentant le poli des ſurfaces, & ſouvent en
introduiſant entre les ſurfaces frottantes un corps
gras, liquide, qui rempliſſe les creux & diminue
les aſpérités.

Tous les phyſiciens ont encore remarqué que,
à égalité de ſurface, le *frottement* des mêmes corps
augmentoit avec la preſſion; ils ont même établi
qu'il étoit proportionnel à la preſſion.

Mais lorſque l'on a comparé le *frottement* aux
ſurfaces, la preſſion reſtant la même, les opinions
ont éprouvé de grandes variations. D'abord, on
a penſé que le nombre d'aſpérités augmentât avec
la ſurface, celle-ci devoit néceſſairement influer
ſur ce *frottement*; alors des expériences ont été
faites avec ſoin par Amontons, de la Hire, Muſchenbroeck, Deſaglier, Parent, Bellidor, &c.;
elles ont prouvé que la grandeur de la ſurface
n'avoit aucune influence ſur le *frottement*, & qu'il
étoit conſtamment proportionnel à la preſſion.
Ce réſultat, qui s'accordoit aſſez bien avec l'analyſe, a été adopté par les géomètres.

Parmi les nombreuſes expériences faites par
Coulomb, & rapportées dans ſon Mémoire qui
a remporté le prix propoſé par l'Académie des
Sciences dans les années 1779 & 1781, on en
trouve pluſieurs où la grandeur de la ſurface influe ſur le *frottement.* Ainſi, dans le *frottement* du
chêne contre le chêne, dans le ſens du fil du bois
& ſans enduit, on voit qu'une ſurface de 432
pouces carrés, ſous une preſſion de 874 livres,
a donné, pour le rapport du *frottement*, à la preſſion 0,105, tandis que, ſous une preſſion de 847,
la ſurface de contact étant réduite aux plus petites
dimenſions, le rapport du *frottement* à la preſſion
étoit de 0,068. Ce qu'il y a d'aſſez remarquable,
c'eſt que, lorſque la ſurface de contact étoit enduite de ſuif, le rapport de ce *frottement* à la preſſion étoit de 0,035 pour une ſurface de 180 pouces

carrés, & que ce rapport étoit de 0,060 lorſque
la ſurface étoit réduite aux plus petites dimenſions
poſſibles. Dans le *frottement* du cuivre ou du fer
contre le bois de chêne, le rapport du *frottement*
à la preſſion, avec une viteſſe d'un pied par ſeconde, a été de 0,17 à 0,18; & lorſque la ſurface
a été réduite aux plus petites dimenſions, elle n'a
été que de 0,157.

Nous allons donner ici l'expoſé des réſultats
que Coulomb a déduits de ſes expériences.

« 1°. Le *frottement* des bois gliſſant à ſec ſur
les bois, oppoſe, après un temps ſuffiſant de
repos, une réſiſtance proportionnelle aux preſſions; cette réſiſtance augmente ſenſiblement dans
les premiers inſtans de repos; mais, après quelques minutes, elle parvient ordinairement à ſon
maximum ou à ſa limite.

» 2°. Lorſque les bois gliſſent à ſec ſur les bois,
avec une viteſſe quelconque, le *frottement* eſt encore proportionnel aux preſſions; mais ſon intenſité eſt beaucoup moindre que celle que l'on
éprouve, en détachant les ſurfaces après quelques
minutes de repos : l'on trouve, par exemple, que
la force néceſſaire pour détacher & faire gliſſer
deux ſurfaces de chêne, après quelques minutes
de repos, eſt à celle néceſſaire pour vaincre le
frottement, lorſque les ſurfaces ont déjà un degré
de viteſſe quelconque, à peu près comme 9 : 2.

» 3°. Le *frottement* des métaux gliſſant ſur les
métaux ſans enduit, eſt également proportionel aux
preſſions; mais ſon intenſité eſt la même, ſoit
qu'on veuille détacher les ſurfaces après un temps
quelconque de repos, ſoit qu'on veuille entretenir une viteſſe uniforme quelconque.

» 4°. Les ſurfaces hétérogènes, telles que les
bois & les métaux, gliſſant l'un ſur l'autre ſans
enduit, donnent, pour leur *frottement*, des réſultats très-différens de ceux qui précèdent; car,
l'intenſité de leur *frottement*, relativement au
temps de repos, croît lentement & ne parvient à ſa limite qu'après quatre ou cinq jours, &
quelquefois davantage; au lieu que, dans les métaux, elle y parvient dans un inſtant, & dans les
bois dans quelques minutes : cet accroiſſement eſt
même ſi lent, que la réſiſtance du *frottement*, dans
les viteſſes inſenſibles, eſt preſque la même que
celles que l'on ſurmonte en ébranlant ou en détachant les ſurfaces après trois ou quatre ſecondes
de repos. Ce n'eſt par encore tout : dans les bois
gliſſant ſans enduit ſur les bois, & dans les métaux, la viteſſe n'influe que très-peu ſur les *frottemens*; mais ici le *frottement* croît très-ſenſiblement, à meſure que l'on augmente les viteſſes; en
ſorte que le *frottement* croît à peu près en ſuivant
une progreſſion arithmétique, lorſque les viteſſes
croiſſent en ſuivant une progreſſion géométrique.

Comme les *frottemens* des axes des poulies,
dans les boîtes, ſont encore des *frottemens de la
première eſpèce*, nous allons rapporter ici les réſultats que Coulomb a obtenus.

Axe de chêne-vert, boîte de gaïac, enduit de suif 0,038

En essuyant l'enduit, la surface restant onctueuse 0,060

Axe de chêne-vert & boîte de gaïac qui ont servi plusieurs mois, sans qu'on ait rafraîchi les enduits . . . . } 0,06 — 0,08

Axe de chêne-vert & boîte d'orme, enduit de suif 0,03

En essuyant les boîtes & l'axe, les surfaces restant onctueuses 0,05

Axe de buis, boîte de gaïac, enduit de suif 0,049

En essuyant l'enduit, les surfaces restant onctueuses 0,070

Axe de buis & d'orme 0,035

L'enduit essuyé 0,050

Ces rapports paroissent différer de ceux que Coulomb a obtenus en faisant glisser des bois les uns sur les autres : il a trouvé que le rapport du *frottement* à la pression du

Chêne contre sapin étoit de 0,158

Sapin contre sapin 0,167

Orme contre orme . . . . 0,100.

Dans les *frottemens de la seconde espèce*, la force nécessaire pour les vaincre est beaucoup moins considérable que dans les *frottemens de la première espèce*, parce que, dans ceux-ci, il faut où briser les aspérités, ou soulever les corps frottans, pour les faire glisser, tandis que, dans les premiers, les aspérités de l'un des corps se dégagent successivement des aspérités de l'autre, comme les dents d'une roue A, *fig.* 847, se dégagent des dents d'une crémaillère B, ou d'une autre roue C.

Aussi, dans les expériences que Coulomb a faites, & qui sont rapportées dans le Mémoire que nous avons cité, ce savant a trouvé que le rapport du *frottement* à la pression, dans les roues de

Bois de gaïac, diamètre 6°, étoit de 0,006

——diamètre 2   0,018.

Bois d'orme, diamètre 12 .   0,005

—— diamètre 6   0,010

FROTTEMENT DES MACHINES. Cause principale de la résistance que les machines opposent au mouvement.

Si l'on pouvoit construire une machine sans *frottement*, la plus petite force la mettroit en mouvement ; mais le *frottement des machines*, qui résulte nécessairement de leur construction, exige l'emploi d'une force qui est en quelque sorte perdue pour le résultat que l'on veut obtenir.

Depuis long-temps les mécaniciens se sont occupés de déterminer le *frottement des machines*, afin de pouvoir apprécier la force qu'il faut employer pour les mouvoir & obtenir un produit donné ; mais leurs tentatives ont été inutiles,

parce qu'il existe une foule de causes dans leur construction, qui contribue à augmenter ou à diminuer le *frottement* : aussi remarque-t-on souvent que deux machines semblables, & qui ont les mêmes dimensions, produisent, avec la même force, des effets très-différens. Cette différence tient principalement au perfectionnement dans le travail.

Ne pouvant prévoir à l'avance quel sera le *frottement des machines*, les mécaniciens ont introduit dans leur calcul une valeur qui représente ce *frottement* ; c'est le tiers du poids de la machine.

Mais cette manière d'apprécier la valeur du *frottement des machines* est, 1°. très-difficile ; 2°. inexacte. Cette manière est très-difficile, parce que l'on ne peut pas toujours avoir le poids exact qu'une machine doit avoir ; elle est inexacte, parce que la valeur du *frottement* peut varier avec le poli, & avec la manière dont les forces sont appliquées sur les machines. La direction des forces, appliquées à la machine, peut augmenter la pression, & conséquemment le *frottement* ; elle peut aussi diminuer la pression en soulevant la machine.

Quelques *machinistes* ont cherché à diminuer le *frottement* en diminuant la compression des diverses parties de la machine. C'est ainsi que M. Gaston de Thiville, dans un ouvrage inédit (1), intitulé : *Essai sur les forces motrices en général, & sur les moyens d'en perfectionner l'emploi*, propose l'usage des fluides comme support, & en remplacement des axes dans les machines d'un poids considérable.

Nous citerons pour exemple l'appareil représenté *fig.* 850. « C'est une espèce de meule A A, qui pèse, avec son axe, 132 livres. Dans la partie inférieure est un cylindre de bois B, d'un volume égal à 132 livres de mercure, ou un cylindre de fer-blanc C, d'un volume égal à 132 livres d'eau, & cela afin de faire mouvoir ces cylindres, soit dans le mercure, soit dans l'eau. La meule étoit entourée d'une soie très-fine, passant sur une poulie D ; à l'extrémité de cette soie étoit un petit morceau de métal *f*, pesant trois grammes.

» Lorsque l'axe étoit libre, il falloit ajouter, à l'extrémité du fil *a*, un poids de 12 onces ½ pour vaincre le *frottement* de la machine ; mais lorsque l'un ou l'autre des deux cylindres étoit appliqué à l'axe, & plongé dans le fluide qui lui correspondoit, un petit poids de trois grains suffisoit pour donner le mouvement à la machine : d'où l'on voit que, par l'immersion, dans un liquide quelconque, d'un cylindre qui déplace un volume de liquide égal au poids de la machine, le *frottement* de cette même machine est diminué dans le rapport de à 2383. »

M. Gaston de Thiville donne, dans son Mémoire, divers exemples de la diminution du *frottement* dans toutes sortes de positions, & cela en diminuant le poids de la machine par l'immersion, dans

(1) *Annales des Arts & Manufactures*, tome XXII, p. 32.

un liquide, d'un ou de plusieurs cylindres supportant les axes des machines.

FROTTOIR; f. m. Tout ce qui fert à frotter.

FROTTOIR ÉLECTRIQUE. Couffins alongés, preffés par un reffort contre les faces du plateau électrique.

Ces *frottoirs* font des plaques de bois ou de métal recouvertes d'un cuir que l'on enduit de quelque fubftance graffe, fur laquel on répand, le plus également poffible, un amalgame fec de mercure & de zinc. L'efpace entre le cuir & la plaque eft rempli de crin, pour preffer mollement le *frottoir* contre la glace. *Voyez* MACHINE ÉLECTRIQUE.

FROTTOIR D'ÉLECTROPHORE. Peau de chat, ou queue de renard très-fèche, avec laquelle on frotte le gâteau de réfine de l'électrophore pour l'électrifer. *Voyez* ELECTRICITÉ, ELECTROPHORE.

FRUITS (Confervation des). Moyens employés pour conferver les *fruits*. *Voyez* CONSERVATION DES FRUITS.

FU. Mefure chinoife de capacité. Le *fu* = 64 *fching* ou livre de riz = 64 millions de grains de riz = 3,6420 pintes = 3,39 litres.

FUDER. Mefure de capacité employée en Allemagne pour les liquides. Le *fuder* diffère dans chaque pays; il contient :

			Pintes.	Litres.
A Francfort	=	120 viertels. =	940	= 857,5
A Genève	=	12 fetiers. =	584,6	= 544,4
A Gotha	=	12 eimers. =	880,5	= 820,3
En Hanovre	=	15 eimers. =	983,3	= 915,96
A Heidelberg.	=	24 ankers. =	1129	= 1055,48
A Laufanne	=	18 fetiers. =	904,2	= 842,1
A Leipfick	=	24 ankers. =	951,4	= 886,06
A Nuremberg.	=	12 eimers. =	858,5	= 799,54
A Strasbourg.	=	10 ahm. =	1162	= 1082,18
A Vienne	=	32 eimers. =	1902,5	= 1771,82

FUEN. Mefure chinoife pour les diftances, l'arpentage & les poids.

Le FUEN pour les diftances = 10,000 *hoé*. Il faut 1000 *fuen* pour faire un *chang* ou *cann*, laquelle = 9889 pieds de roi = 3212,7 mètres.

Le FUEN, mefure d'arpentage = 10,000 *hoé*. 100 *fuen* font un *king* = 0,02124 arp. = 0,00108 hectares.

Enfin le FUEN poids = 10,000 *hoé*. Il faut 1600 *fuen* pour faire un *kin*, lequel = 1195 pintes = 1111,13 litres.

FUGUE; fuga; *fuge*; f. f. Fuite. Pièce ou morceau de mufique où l'on traite,

felon certaines règles d'harmonie ou de modulation, un chant appelé *fujet*, en le faifant paffer fucceffivement & alternativement d'une partie à une autre.

Il y a plufieurs efpèces de *fugues*, comme les *fugues perpétuelles*, appelées canons; les *doubles fugues*, les *contre-fugues*, les *fugues renverfées*, dont la réponfe fe fait par un mouvement contraire à celui du fujet.

FULGURATION; fulguratio; *blick*; f. fém. Brillant, éclat, lueur, éclair, foudre.

En chimie & en métallurgie, on donne le nom de *fulguration* à l'inftant où, dans l'opération de la coupellation, la furface du bouton, ou du culot, parfaitement nettoyée, devient tout-à-coup nette & brillante. *Voyez* ECLAIR.

FULIGINEUX; fuliginofus; *ruffig*; adj. Qui eft de la nature de la fuie.

FULIGINEUSES (Vapeurs). Vapeurs groffières qui portent avec elles une efpèce de craffe & de fuie.

FULMINANT; fulminans; *donevend*; adj. Qui foudroie.

FULMINANT (Argent); argentum fulminatum; *knall filber*; f. m. Combinaifon de peroxide d'argent & d'ammoniaque, qui fait explofion avec violence lorfqu'il eft frotté ou chauffé.

FULMINANT (Mercure); hydrogenum fulminatum; *knall queckfilber*; f. m. Combinaifon d'oxide rouge de mercure avec de l'ammoniaque, qui a la propriété de faire explofion. *Voyez* MERCURE FULMINANT.

FULMINANT (Or); aurum fulminatum; *knall gold*; f. m. Combinaifon de peroxide d'or avec de l'ammoniaque, qui a la faculté de détoner. *Voyez* OR FULMINANT.

FULMINANTE (Poudre); pulvis tonnans; *knall pulver*; f. f. Combinaifon de falpêtre, de foufre & de charbon, qui a la propriété de détoner en le chauffant; combinaifon de muriate furoxigéné de potaffe & de foude, qui fait explofion par le choc. *Voyez* POUDRE FULMINANTE.

FULMINANTES (Exhalaifons); f. f. Gaz hydrogène carboné qui fe dégage dans l'intérieur des mines, & particulièrement dans les mines de houille. *Voyez* FEU BRISOU, FEU GRISOU, GAZ HYDROGÈNE CARBONÉ.

FULMINATION; fulminatio; ..... f. f. Opération par laquelle le feu fait écarter les parties d'un corps. *Voyez* POUDRE FULMINANTE.

FUMÉE ; *fumus* ; *rauch* ; f. f. Vapeurs plus ou moins fenfibles , plus ou moins épaiffes , qui s'é-lèvent des corps qui brûlent.

Tous les corps , en brûlant, laiffent dégager des vapeurs. Ces vapeurs diffèrent entr'elles , felon la nature & les compofans des corps en combuftion. Le bois , les combuftibles végétaux , en fe com-binant avec l'oxigène , laiffent dégager de l'eau , de l'acide pyroligneux , des huiles , des gaz acide carbonique , hydrogène , hydrogène carboné , azote carboné , &c. , & quelquefois du charbon en nature. Les combuftibles minéraux, les houilles, le foufre , les métaux, laiffent fouvent dégager des oxides , & quelquefois des acides plus ou moins nuifibles.

Souvent ces vapeurs fe dégagent fous forme de gaz ; alors elles font invifibles ; d'autres fois, les folides & les liquides vaporifés n'étant pas com-plétement gazéifiés , fe laiffent apercevoir : les uns fe mêlent dans l'air , s'y diffolvent & difpa-roiffent ; les autres , plus pefans que l'air , fe pré-cipitent & fe dépofent fur les corps environnans.

Plufieurs vapeurs inflammables fortent , à une température affez élevée , pour s'enflammer en fe combinant avec l'air atmofphérique. C'eft ainfi que fe forme la flamme que l'on aperçoit fur le gueu-lard des hauts fourneaux à fondre le fer , & fur l'ouverture fupérieure d'un grand nombre d'autres fourneaux. Dans plufieurs endroits , on dirige de fuite cette *fumée* dans des fourneaux placés fur le bord du gueulard , & cette *fumée* , en brûlant, produit une vive chaleur que l'on emploie avec avantage.

Sur la fin du fiècle dernier , on a cherché à fe débarraffer de la *fumée* que produifent les com-buftibles, en la brûlant dans le fourneau même qui la dégage , & l'on augmente par ce moyen l'inten-fité de la chaleur dégagée. *Voyez* FOURNEAU FUMIVORE, POÊLE FUMIVORE, PHLOSCOPIE.

Tous les combuftibles végétaux ne laifferoient dégager que de la *fumée* , s'ils étoient chauffés en les préfervant du contact de l'air , & cette *fumée*, reçue dans des vafes fermés , fe divife en dépo-fant fucceffivement , & à mefure qu'elles fe re-froidiffent , les diverfes parties qui la compofent : les gaz permanens feuls fe dégagent ; ce moyen eft employé avec fuccès pour retirer tous les pro-duits qui fe dégagent du bois pendant fa carboni-fation , & dans quelques endroits , la chaleur néceffaire pour carbonifer eft produite par le gaz hydrogène dégagé dans cette même carbonifation.

Les bougies , les chandelles , les lampes , & en général tous les corps éclairans , ne laiffent déga-ger que de la *fumée* de leur mèche ; mais comme ce dégagement a lieu dans l'air atmofphérique, l'oxigène de cet air fe porte fur l'enveloppe du prifme de *fumée* & l'enflamme ; ainfi la lumiere pro-duite n'eft due qu'à la combinaifon de l'oxigène de l'air avec la couche extérieure de la *fumée* , & l'efpèce de cône que la flamme fait voir , doit fa naiffance à la combinaifon de l'oxigène de l'air avec les couches fucceffives du prifme. La pre-mière couche fe brûle à la naiffance de la mèche, la feconde immédiatement au-deffus , puis la troi-fième , & cela fucceffivement , jufqu'à la dernière , qui termine le cône.

On peut s'affurer de cette vérité en plaçant une gaze métallique dans la flamme ; on voit tout l'intérieur de chaque tranche lumineufe , & le milieu noir comme la *fumée* elle-même, lorfqu'elle n'eft pas embrafée. *Voyez* FLAMME.

Quelquefois on donne le nom de *fumée* à des exhalaifons qui fe forment le matin fur la furface de l'eau ou fur celle de la terre , dans des lieux humides ; mais le nom de *vapeurs* convient mieux à ces fortes d'exhalaifons.

FUMIGATION , de θυμιάω , parfumer ; *fumi-gatio* ; *rauchern* ; f. f. Action de réduire une ou plufieurs fubftances en gaz , en vapeur , foit à l'aide de la chaleur , foit par des combinaifons chimiques , afin de les diriger fur des corps ou les difféminer dans un efpace.

On fait ufage , en Afie , de certaines *fumigations* que l'on dégage de divers parfums que recherche la molleffe , & qui font plus deftinés à fatisfaire la fenfualité , que préparés pour les befoins de la fanté. *Voyez* PARFUMS.

Affez généralement , les *fumigations* font en ufage pour préferver l'homme de quelques mala-dies , ou pour l'en guérir ; ces fortes de *fumiga-tions* font employées par les médecins (*voyez* FUMIGATIONS , dans le *Dictionnaire de Médecine* de cette collection) ; d'autres fervent à définfecter l'air. *Voyez* DESINFECTION.

FUMIGATION ACIDE. Vaporifation d'acide em-ployée pour définfecter l'air.

Ces fortes de *fumigations* s'obtiennent en fai-fant vaporifer du vinaigre , de l'acide nitrique ou de l'acide muriatique dans des lieux infectés. *Voyez* DESINFECTION.

FUMIGATION GUYTONNIENE. Moyen propofé par Guyton pour définfecter l'air renfermé dans un efpace donné.

Ce moyen confifte à mêler enfemble du fel marin , du manganefe & de l'acide fulfurique. Par l'action de l'acide fulfurique fur le fel marin , il fe dégage de l'acide muriatique ; celui-ci rencontrant l'oxide de manganefe , s'empare d'une portion de fon oxigène , & fe dégage fous forme d'acide muriatique oxigéné. *Voyez* DESINFECTEUR , DE-SINFECTION.

FUNAMBULES ; *funambuli* ; *feiltünger* ; f. m. Nom que l'on donnoit , à Rome , à ceux qui dan-foient fur la corde.

FUNICULAIRE ; *funicularis* ; adj. Qui eft compofé de cordes.

FUNICULAIRE (Machine). Affemblage de

cordes, par le moyen desquelles deux ou plusieurs puissances soutiennent ou enlèvent un ou plusieurs poids.

Varignon a mis cette machine au nombre des forces mouvantes : elle est regardée comme la plus simple. On traite des *machines funiculaires* dans tous les élémens de statique. *Voyez* ce mot.

FURLONG. Mesure itinéraire en usage en Angleterre : elle représente le stade. Sa longueur = 660 pieds anglais = 0,0362 de la lieue horaire = 1,0111 kilomètre.

FUSEAU ; *fusus* ; *spindel* ; s. m. Petit instrument qui sert à filer & à tendre le fil.

Quelques géomètres ont appelé *fuseau* le solide que forme une courbe en tournant autour de son ordonnée, comme le *fuseau* paraboloïde.

D'autres ont appelé *fuseau* le solide que forme une courbe en tournant autour de sa tangente au sommet ; d'autres, le solide indéfini que forme une courbe de longueur infinie, comme la parabole ou l'hyperbole, en tournant sur son axe.

FUSEAU DE GLOBE. Segment de sphère découpé sur une surface plane, & qui doit être collé sur un globe.

FUSÉE ; *fusus* ; *spindel* ; s. m. Solide que forme une courbe indéfinie en tournant autour d'un axe.

FUSÉE DE MONTRE. Pièce d'une montre sur laquelle s'enveloppe la chaîne.

Cette pièce a la forme d'un cône tronqué, *fig.* 848 ; elle a pour objet de remédier aux inégalités de la force du ressort, & produire de l'égalité dans le mouvement.

Pour cela, la chaîne se dévide d'abord par le plus petit diamètre du cône, & ce diamètre augmente à mesure que le ressort se débande : l'effort, en diminuant, se faisant successivement sur un levier plus grand, peut produire un effet uniforme, si la

grandeur du levier augmente dans la même proportion que la force du ressort diminue.

En effet, pour que l'effort soit constant, il faut que l'action du ressort R, appliqué à l'extrémité du levier L, produise une force constante ; donc que l'on ait RL = const. Mais pour que le produit RL soit constant, il faut que L augmente dans la même proportion que R diminue. C'est d'après cette loi que la courbure des *fusées des montres*, & même celle des barillets, placés sur les machines à molettes, doivent être calculées.

FUSIBILITÉ ; *fusibilitas* ; *schmelzbarkeit* ; s. f. Propriété qu'ont plusieurs corps solides, de se liquéfier en se combinant avec le calorique.

Il est extrêmement probable que si l'on pouvoit obtenir une température assez élevée, tous les corps solides entreroient en fusion. S'il en est, comme le jargon & plusieurs autres terres simples, qui n'aient point encore été fondues, cette *infusibilité* apparente ne tient absolument qu'à la difficulté de les soumettre à l'action d'une température assez haute ; car Saussure est parvenu à fondre ces substances (1) en les exposant en très-petits fragmens à l'action d'un chalumeau.

On mesure le degré de *fusibilité* des corps, en les exposant à une température assez élevée pour les fondre, & observant avec un thermomètre ou un pyromètre, leur température au moment où ils entrent en fusion. Le thermomètre dont on fait usage est le thermomètre à mercure, auquel est appliquée l'une des trois échelles de Fahrenheit, Réaumur ou centigrade (*voyez* THERMOMÈTRE). Le pyromètre que l'on emploie est celui de Wedgwood. Le zéro de ce pyromètre correspond au 598° centig. (478°,4 R.), & chaque degré au-dessus, à 72° de la même échelle (57°,6 R.). *Voyez* PYROMÈTRE DE WEDGWOOD.

Nous allons indiquer ici le degré de *fusibilité* des principales substances sur lesquelles les physiciens ont fait des expériences.

SUBSTANCES.	THERMOMÈTRE CENTIGRADE.	
Mercure	— 39	divers chimistes.
Eau	0	
Huile d'olive	+ 2,22	
——— d'anis		
Graisse	36,11	Nicholson.
Phosphore	37,22	Pelletier.
Blanc de baleine	44,44	Bostock.
Suif	57,78	Nicholson.
Potassium	58	Gay-Lussac & Thenard.
Cire jaune	65	
——— blanche	68,33	
Sodium	90	Gay-Lussac & Thenard.
Soufre	100	Fourcroy.
Camphre	151,50	
Etain	190	Newton.
Bismuth	210	Newton.
Plomb	256	Biot.
Tellure, un peu moins		Klaproth.
Zinc	370	
Antimoine	507	

FUSIBILITÉ ESTIMÉE au thermomètre à mercure.

(1) *Journal de Physique*, année 1774, tome II, page 3 & suivantes.

SUBSTANCES.	PYROMÈTRE DE WEDGWOOD.

FUSIBILITÉ ESTIMÉE au pyromètre de Wedgwood.

Argent.	20 Kennedy.
Cuivre.	27 Wedgwood.
Or.	28 Idem.
Cobalt, un peu moins que le fer.	
Fer fonte.	130 Idem.
— malléable.	138 Chevalier Makensie.
Manganèse.	160 Guyton.
Nickel, comme le manganèse.	162 Richter.

Si l'on consulte les expériences faites par différens physiciens, sur la *fusibilité* de ces substances, on trouve que les degrés qu'ils indiquent, différent souvent d'une manière très-sensible les unes des autres, ce qui tient, très-probablement, à la pureté des substances qui ont été soumises à l'expérience, à la graduation des instrumens & aux soins que chacun y a mis.

Tout porte à croire que la température que l'on peut obtenir dans nos fourneaux ne surpasse pas le 160ᵉ. degré du pyromètre de Wedgwood, puisqu'il a été impossible, jusqu'à présent, d'y fondre des substances qui exigeoient un plus haut degré. Cependant, ainsi que nous l'avons déjà observé, on peut obtenir, à l'aide du chalumeau, une température beaucoup plus grande, puisque des substances infusibles dans nos fourneaux ont été fondues par Saussure, à l'aide d'un chalumeau à air atmosphérique, & qu'il en est, parmi elles, qui ont exigé, d'après l'estimation de Saussure, une température de 18900° du pyromètre de Wedgwood, conséquemment plus de cent vingt fois plus considérable que celle de nos fourneaux.

Saussure a estimé sa température par la grosseur des globules de matières fondues qu'il obtenoit au chalumeau; on peut, sur cet objet, consulter son Mémoire; *Journ. de Physique*, ann. 1794, tome III, page 3 & suivantes. Nous allons faire connoître ici quelques-uns de ses résultats.

SUBSTANCES.	TEMPÉRATURE correspondante au pyromètre de Wedgwood.
Pierre de touche	176
Mica blanc	183
Wolfram de Zinnwald	189
Eméraude transparente	189
Kaolin	204
Strontiane	216
Ardoise grife	226
Ivoire fossile	258
Argile blanche d'Elbe	261
Bol de Lemnos	283 (a)
Terre à foulon	283 (b)
Cornaline rouge	283
Aigue-marine de Sibérie	304
Glaise durcie	315
Terre jaune de Saxe	315
Asbeste	378
Hydrophane laiteux	378
Jaspe porcelaine	378

SUBSTANCES.	TEMPÉRATURE correspondante au pyromètre de Wedgwood.
Jaspe sanguin	378
Spath magnésien	378
Apatite	378
Crayon noir d'Italie	472
Serpentine blanche	472
—— lamelleuse	497
Pierre à fusil	514
Mélinite de Montmartre	568
Ménacanite	568
Talc commun	625
Stéatite blanche opaque	627
Fer spathique	756
Olivine	756
Calcédoine commune	756
Cailloux d'Egypte	945
Bois pétrifié	1128
Hornstein	1426
Chrysoprase	1426
Œil-de-chat	2100
Manganèse noire	2700
Lhithomarge	2800
Rubis d'Orient	2800
Pechstein ligneux	2800
Topaze du Brésil	3924
Dolomie compacte	3024
Cristal de roche	4043
Marbre compacte	6300
Saphir d'Orient	9450
Jargon	18900

FUSIL, *de l'ital.* fucile, *petite pièce d'acier;* ferra fistula longior; *flinte;* s. m. Petite pièce d'acier avec laquelle on bat un caillou pour en tirer du feu, *igniarium;* arquebuse entière quand elle est à *fusil, sclopetus.*

FUSIL A VENT; sclopetum pneumaticum; *windbuchse.* Espèce de *fusil* à l'aide duquel on peut chasser des balles avec une assez grande violence, en n'employant que la force du ressort de l'air.

Ce *fusil* se compose de deux pièces : 1°. d'une crosse A, *fig.* 849, creuse; 2°. d'un tube B. Dans la partie supérieure de cette crosse est une ouverture fermée avec une soupape conique S; cette soupape est pressée par un ressort R. Le tube B se fixe sur la crosse lorsque celle-ci est chargée. On peut charger la crosse par l'ouverture supé-

F f

rieure T, ou par une ouverture O, faite à la partie inférieure de la croſſe. Dans le premier cas, il faut diviſer le tube B toutes les fois que l'on veut charger le canon; dans le ſecond cas, le tube peut reſter fixe au canon.

Pour charger, on viſſe une pompe foulante ſur l'une ou l'autre des deux ouvertures que nous avons indiquées (voyez POMPE FOULANTE), & l'on fait entrer de l'air dans la croſſe. Cet air s'y accumule & s'y comprime; lorſqu'il y eſt aſſez condenſé, on retire la pompe. On viſſe le tube, s'il a été déplacé, & le fuſil eſt prêt à produire ſon effet.

Alors on place une balle M dans le tube. Par le moyen d'une platine fixée ſur la croſſe, on fait pouſſer en dedans, & inſtantanément, la ſoupape S, & cela en lâchant la détente de la platine; une portion de l'air comprimé ſort avec impétuoſité, & exerce toute la force de ſon reſſort ſur la balle qui s'oppoſe à ſon paſſage, il la chaſſe au loin.

Comme il ne s'échappe qu'une portion de l'air comprimé, chaque fois qu'on lâche la détente de la platine, on peut de ſuite, en plaçant une nouvelle balle dans le tube du fuſil, lancer le nouveau projectile, & recommencer juſqu'à ce que tout l'air comprimé ſoit ſorti.

L'air que l'on a fait entrer dans le canon, diminuant de denſité chaque fois que l'on en fait ſortir, ſon reſſort diminue dans la même proportion, & l'action qu'il exerce, devenant moins forte après chaque coup, les nouveaux projectiles ſont ſucceſſivement lancés à de moindres diſtances.

Ces fuſils produiſent beaucoup moins de bruit que les autres, ce qui provient, probablement, de ce que la quantité d'air qui ſort à chaque coup eſt beaucoup moins conſidérable que celle qui ſe développe par l'inflammation de la poudre : auſſi chaſſent-ils la balle beaucoup moins loin. Généralement, le premier coup, lorſque l'air eſt très-condenſé, fait plus de bruit que le ſecond; celui-ci davantage que le troiſième, & cela ſucceſſivement. Le peu de bruit que produiſent ces ſortes de fuſils, pouvant les rendre plus dangereux que ceux dans leſquels on emploie de la poudre à canon, on en a fait défendre l'uſage, & on ne les permet que dans les collections & les cabinets de phyſique.

On trouve dans quelques ouvrages, modernes, des détails plus ou moins ſinguliers ſur l'effet de la poudre blanche. Tout fait croire que les hiſtoires faites ſur cette poudre doivent être entendues dans un ſens figuré, & que l'on a très-probablement voulu parler des fuſils à vent, auxquels elles paroiſſent aſſez bien ſe rapporter.

Sur la fin du ſiècle dernier & au commencement de celui-ci, on a remarqué qu'il ſe produiſoit de la lumière en comprimant fortement l'air dans la culaſſe du fuſil à vent, ce qui provient de la grande quantité de calorique qui ſe dégage pendant cette compreſſion.

Il eſt difficile d'indiquer d'une manière exacte l'époque de l'invention des fuſils à vent. Il exiſtoit, en 1474, une arquebuſe à vent fort imparfaite, dans le cabinet de Germain Smettan, long-temps après l'invention de la poudre à canon; un ſiècle après, un ouvrier, nommé Marin, fit des arquebuſes à vent pour le ſervice du roi Henri IV : mais ce ne fut que dans le dix-ſeptième ſiècle, lorſque l'on commença à s'occuper des propriétés de l'air, que ces ſortes d'inſtrumens furent bien connues. Les Allemands en firent de très-grands. Un habitant de Nuremberg, nommé Kelner, fabriqua un fuſil de cette eſpèce qui fut tranſporté en Sileſie. On en préſenta un à Frédéric-Auguſte, roi de Pologne, qui chaſſoit avec force des balles de quatre livres, & qui perçoit, à la diſtance de quatre cents pas, des planches de deux pouces d'épaiſſeur. Enfin, on a voulu dernièrement introduire l'uſage des fuſils à vent dans les armées.

FUSION, de fundere, fondre; fuſio; fluſs; ſ. f. Ecartement des molécules d'un corps, par le moyen d'une ſubſtance que l'on introduit entre elles, & qui fait paſſer ces corps de l'état ſolide à l'état liquide. La ſubſtance que l'on introduit ordinairement, eſt le calorique.

Tous les corps peuvent entrer en fuſion par la chaleur, mais tous y entrent à des degrés plus ou moins élevés. (Voyez FLUIDITE.) On peut encore déterminer la fuſion des corps par l'électricité, le galvaniſme, & enfin par le mélange de différentes ſubſtances.

La fuſion produit des effets différens ſur les corps. Les corps ſimples ſont mis en fuſion ſans changer la nature de leurs élémens; ils reprennent les mêmes propriétés qu'ils avoient lorſqu'ils deviennent ſolides. Pluſieurs corps compoſés conſervent, dans la fuſion, leur état de compoſition; mais d'autres changent de nature & ſe décompoſent : auſſi la fuſion eſt-elle un puiſſant moyen d'analyſe dont les chimiſtes font uſage; mais c'eſt principalement en métallurgie que la fuſion eſt employée avec beaucoup de ſuccès. Par la fuſion on ſépare pluſieurs métaux de leur gangue; c'eſt le procédé dont on fait uſage habituellement dans le traitement des minerais d'antimoine. On ſépare auſſi pluſieurs métaux les uns des autres dans le procédé de la liquation; c'eſt ainſi que l'on ſépare le plomb du cuivre, par la propriété qu'a ce premier métal d'entrer en fuſion à une température moins grande que le dernier; on ſépare également, par ce procédé, l'étain du cuivre, le tellure de l'or, &c.

Une obſervation eſſentielle & remarquable que l'on doit à Newton, c'eſt que, pendant toute la durée de la fuſion d'un corps, il conſerve la même température, qui eſt celle de ſa liquéfaction; c'eſt ainſi, par exemple, que l'on ſe ſert d'un mélange d'eau & de glace pour obtenir la température conſtante de la glace fondante. Voy. CONGELATION.

Il eſt des corps qui changent ſubitement d'état

par la *fusion*, c'est-à-dire, qui passent de suite de l'état solide à l'état liquide, sans laisser apercevoir d'état intermédiaire : tels sont plusieurs métaux, la glace. Il en est d'autres, comme la graisse, la cire, la poix, qui passent par des graduations insensibles de l'état solide à l'état liquide, & qui prennent, dans ce passage, tous les états de mollesse que l'on peut concevoir.

FUSION ÉLECTRIQUE. *Fusion* des corps obtenue par le moyen de l'électricité.

Plusieurs corps, comme les métaux, jouissent de la propriété d'être amenés à l'état de *fusion* par une forte décharge électrique. *Voyez* ÉLECTRICITE.

FUSION GALVANIQUE; fusura galvanica; *galvanische-schmelzung*. *Fusion* des corps obtenue par l'action galvanique. *Voyez* GALVANISME.

Si l'on fixe à l'un des pôles d'une pile galvanique, un fil métallique très-fin, & que l'on approche du pôle opposé l'autre extrémité du fil, on aperçoit une foible étincelle; si la puissance combustible n'est pas bien forte; mais si elle a une force assez considérable, le fil rougit & se fond. La longueur du fil métallique fondu dépend : 1°. de l'activité de la pile; 2°. de la finesse & de la combustibilité du fil.

M. Wilkinson ayant fait un grand nombre d'expériences sur la combustion des fils métalliques, a trouvé que la longueur que l'on fondoit étoit : 1°. proportionnelle au nombre de plaques dont les piles étoient composées; 2°. comme les cubes de la surface de ces plaques.

Ainsi, une pile de cent paires de plaques de quatre pouces de côté, chargée avec de l'acide nitrique étendu de vingt fois son poids d'eau, a brûlé un demi-pouce de fil d'acier d'environ un soixante-dixième de pouce de diamètre : deux piles de cent paires chacune, de la même dimension, & chargées de la même manière que la précédente, ont brûlé un pouce; quatre piles semblables ont brûlé deux pouces. D'un autre côté, cent paires de huit pouces de côté, conséquemment dont la surface étoit quadruple, ont brûlé trente-deux pouces de longueur de fil, donc soixante-quatre fois plus que la pile de cent plaques de quatre pouces de côté chacune.

Des expériences semblables ont été répétées par divers savans. Childeren a fait construire un appareil de vingt doubles plaques de chacune quatre pieds de longueur sur deux pieds de largeur, lesquelles sont insérées dans un bac de bois, & distribuées en cellules couvertes de ciment, & dont la surface entière est soumise à l'action d'acides dilués. Cette batterie, pendant sa pleine activité, ne produisit pas plus d'effet pour décomposer l'eau, ou pour donner la commotion, qu'une autre batterie composée d'un égal nombre de plaques étroites; mais lorsqu'on

établit le cercle à l'aide de fil métallique, les phénomènes furent d'une nature extrêmement brillante. Un fil de platine, ayant un trentième de pouce d'épaisseur & dix-huit pouces de longueur, étant placé dans le cercle, entre des tiges de cuivre, devint rouge à l'instant, puis rouge-blanc; & la vivacité de la lumière fut bientôt insupportable à l'œil; en peu de secondes le métal fut fondu & coula en globules. Les autres métaux furent aisément fondus par cet appareil, ou se dissipèrent réduits en poussière. Des pointes de charbon, mises en ignition par le même pouvoir, répandirent une lumière tellement vive, que la clarté même du disque du soleil fut trouvée foible à côté d'elle.

Il existe dans le laboratoire de l'Institut royal de Londres, une très-forte batterie galvanique, exécutée aux frais de plusieurs cultivateurs & protecteurs zélés des sciences. Cet appareil consiste en deux cents sections de batterie, mises en communication dans un ordre régulier, & composées chacune de dix doubles plaques qui sont insérées dans des auges de porcelaine, & présentent, dans chaque plaque, une surface de trente-deux pouces carrés; de sorte que le nombre total des plaques doubles est de deux mille, & la totalité de la surface de 128,000 pouces carrés. Cette batterie, lorsque les auges sont remplies d'un mélange de soixante parties d'eau, avec une partie d'acide nitrique & une d'acide sulfurique, produit une suite d'effets aussi frappans qu'admirables. Lorsque, entre les pôles de cet appareil, des morceaux de charbon, longs d'environ un pouce, & épais d'un sixième de pouce, furent rapprochés à la distance d'un trentième ou d'un quarantième de pouce, une étincelle resplendissante éclata, & le charbon rougit au blanc dans plus de la moitié de son volume; &, en écartant les morceaux de charbon les uns des autres, une décharge non interrompue eut lieu à travers l'air échauffé, & dans un espace au moins de quatre pouces, formant un arc ascendant de lumière extrêmement vive, large dans son milieu, & s'élevant en cône.

Un corps qu'on introduisit dans cet arc y devint à l'instant rouge de feu; le platine s'y fondit aussi rapidement que le fait la cire dans la flamme d'une bougie. Du quartz, du saphir, de la magnésie, de la chaux, entrèrent en *fusion*; des éclats de diamant & des pointes de charbon & de plombagine y disparurent rapidement, & semblèrent s'y vaporiser, lors même que la communication étoit établie sous un récipient vide d'air; il ne parut pas que ces corps se fondissent avant d'entrer en vapeur.

Lorsque la communication entre les pointes des deux pôles différens fut établie à travers l'air raréfié, sous le récipient de la pompe pneumatique, la distance d'explosion s'accrut dans le rapport que l'air étoit plus rare; &, lorsque la raréfaction étoit parvenue au point de ne plus soutenir le mercure qu'à un quart de pouce d'élévation, les étincelles franchirent un espace de près d'un demi-pouce, &, en écartant les pointes, la décharge se fit entre six ou sept pouces, sous la production d'une étincelle de lumière pourpre du plus bel effet; le charbon rougit fortement, & un petit morceau de fil de platine, qui s'y trouvoit attaché, se fondit en répandant de brillantes étincelles, & tomba en larges globules sur le plateau de la pompe.

Nous savons que l'intensité électrique de deux piles galvaniques, composées d'élémens d'une même nature, mais dont le nombre est différent, est en raison du nombre d'élémens dont chaque pile est composée; si l'on compare des piles dont les surfaces des disques diffèrent, on trouve également que, pour des nombres de disques égaux, la tension électrique est égale de part & d'autre.

La quantité d'électricité accumulée sur le disque qui termine chaque pile, est le produit de l'intensité multiplié par la surface. Ainsi l'action électrique, au premier instant, devroit être seulement proportionnelle aux surfaces; mais, comme l'observe Haüy (1), dès qu'une fois la combustion a pris naissance, elle s'entretient par la chaleur du fil de fer, jointe à l'action des nouvelles quantités de fluide qui se propagent, arrivent à chaque instant, & c'est à cet effluve plus abondant & plus rapide que l'on doit attribuer cette différence entre les longueurs des fils brûlés & les quantités d'électricité accumulées sur les disques des extrémités de chaque pile.

FUSION PAR LA FOUDRE. Action de la foudre, exercée sur plusieurs substances, par suite de laquelle elles entrent en *fusion*.

C'est ainsi que l'on trouva le plomb de quelques gouttières, le cuivre de quelques paratonnerres, le fer de quelques conduits de sonnettes, fondus par l'explosion de la foudre. *Voyez* TONNERRE, EXPLOSIONS ÉLECTRIQUES.

FUSION (Poudre de). Mélange de trois parties de nitre, deux de soufre & une de sciure de bois, avec lequel on fond des plaques très-minces de métal. *Voyez* POUDRE DE FUSION.

_____

(1) *Traité élémentaire de Physique*, tome II, page 8.

GAG

GAGATHES; gagathes; *gagath*; f. m. Nom donné au jayet, parce qu'il se trouvoit autrefois près du fleuve Gayes en Lycie. *Voyez* JAYET.

GALAXIE, de γαλαξιας, de la nature du lait; galaxiæ; *milchstrasse*. Voie lactée, tracé blanchâtre & lumineuse qui fait le tour du ciel.

Les Grecs l'appeloient γαλαξιας κυκλος, cercle *laité*, d'où est venu le mot *galaxie*: les Latins disoient, *via lactea*, dont nous avons fait *voie lactée*. Cette dernière dénomination est aujourd'hui plus en usage. *Voyez* VOIE LACTÉE.

GALBANUM; γαλβανη; galbanum; *galbanum*; f. m. Suc gommo-résineux, concret, tenace, d'une couleur blanche lorsqu'il est récent, jaunâtre ou fauve quand il est vieux.

Cette substance distille du *bubon galbanum*, qui croît en Amérique & en Asie; plusieurs ombellifères fournissent un suc très-analogue.

Analysé par J. Pelletier, le *galbanum* a donné 66,86 de résine, 19,28 de gomme, 7,52 de ligneux, 6,34 d'eau & d'huile volatile.

On emploie le *galbanum* comme médicament contre les flatuosités, les douleurs intestinales, les asthmes & les toux opiniâtres, &c.; il entre dans la composition d'une foule de mélanges pharmaceutiques, tels que la thériaque, la mithridate, l'orviétan, &c.; Hippocrate, Galien, Dioscoride, en recommandoient l'usage.

GALÈNE; galena; *bleiglans*; f. f. Minerai de plomb, composé de soufre & de plomb. *Voyez* SULFURE DE PLOMB.

C'est, de tous les minérais de plomb, le plus commun. La *galène* contient, lorsqu'elle est pure, jusqu'à 73 pour 100 de plomb. Il est peu de terrains primitifs ou de transitions qui ne contiennent des gissemens de *galène*; ils sont habituellement en couche on en filons; rarement la *galène* est sans argent: dans beaucoup de pays elle est exploitée comme mine d'argent.

GALÈRE, f. m. Fourneau long & étroit dont on se sert pour distiller en grand.

On place dans les *galères* jusqu'à 40 à 60 cornues de grès ou de fonte de fer, dans lesquelles on distille soit des mélanges d'où se dégagent des acides nitrique & muriatique, soit des minerais de mercure, &c.

Son nom lui vient de ce que ce fourneau a une forme alongée, avec des ouvertures latérales les unes à côté des autres, ce qui lui donne quelque ressemblance avec les *galères*.

GALILÉE, astronome, physicien, géomètre & célèbre philosophe, naquit à Pise en 1564, & mourut à Florence en 1642.

Né de parens nobles & sans fortune, *Galilée* commença ses études sous un maître fort vulgaire; mais il s'y livra avec tant d'ardeur, qu'il parvint à vaincre les difficultés, & que bientôt il acquit de grandes connoissances en littérature. Son père, très-habile musicien, le rendit fort habile dans cet art. Enfin il apprit à dessiner, & y excella.

Désirant lui procurer un état utile & lucratif, son père l'envoya étudier la médecine à Pise. Voulant profiter d'une si belle occasion de s'instruire, *Galilée* suivit en même temps les cours de médecine & de philosophie péripatéticienne, la seule qu'on enseignât alors. Cette branche de connoissances lui parut tellement obscure, qu'il essaya à la discuter par des expériences: les résultats qu'il obtenoit étoient si opposés à l'assertion du maître, qu'il combattit celles-ci dans plusieurs discussions académiques, & acquit ainsi la réputation d'esprit obstiné & contradicteur.

Se trouvant un jour dans l'église métropolitaine de Pise, il remarqua le mouvement réglé & périodique d'une lampe suspendue au haut de la voûte; il essaya à s'assurer, par diverses expériences, si cette régularité étoit constante; il reconnut ainsi l'égale durée des oscillations, & en fit usage, en 1633, dans ses observations astronomiques.

De retour chez son père, il continua à s'occuper de l'étude de la médecine; il n'avoit alors aucune connoissance des mathématiques, & ne concevoit pas même en quoi des triangles & des cercles pouvoient servir à un philosophe; mais ayant souvent entendu dire à son père, que les rapports des nombres & les élémens des mathématiques servoient de base à la musique & au dessin, *Galilée* désira les étudier; son père s'y étant refusé, il supplia un professeur de mathématiques des pages du grand-duc, qui venoit chez son père, de l'initier dans cette science; celui-ci y acquiesça, après avoir obtenu le consentement secret de son père; alors le jeune homme, épris des nouvelles lumières que cette étude lui procuroit, abandonna, pour Euclide, la médecine & la philosophie.

L'abandon de la médecine chagrina son père: il tenta de le ramener à des occupations qu'il croyoit plus utiles; il lui fit de vives remontrances, & lui défendit tout commerce avec son professeur; mais l'impulsion étoit donnée, & le jeune *Galilée* étudia seul, & en secret, les Élémens d'Euclide, ayant toujours sur sa table des livres de médecine, qu'il tenoit ouverts quand son père entroit.

Epris de plus en plus de l'étude des mathématiques, & étant arrivé seul jusqu'au sixième livre d'Euclide, *Galilée* conjura son père de ne pas s'opposer à un penchant aussi décidé : toute contrainte devenant inutile, son père lui permit d'abandonner la médecine, & de parcourir sa nouvelle carrière.

Parvenu au Traité d'Archimède, sur les corps qui nagent dans les fluides, & à la solution élégante du problème proposé par Hieron (*voyez* EPRE VE D'EAU D'ARCHIMÈDE, PESANTEUR SPÉCIFIQUE DES CORPS) il chercha les moyens d'en multiplier les applications, & il imagina, pour cet effet, un instrument analogue à celui que l'on connoît sous le nom de *balance hydrostatique*.

Cette invention, sa manière de discuter en philosophie, le firent connoître : il se lia avec le marquis Guido Ubaldi, géomètre instruit, qui le présenta au grand-duc ; celui-ci le recommanda à Jean de Médicis & au grand-duc de Florence, qui lui donnèrent, quelque temps après, la chaire de mathématiques de l'université de Pise, qui étoit venue à vaquer.

Galilée, alors âgé de vingt-cinq ans, réunit à ses leçons de nombreux auditeurs, qui étoient attirés par le nouveau mode d'enseignement qu'il mettoit en pratique ; loin d'expliquer la nature par des raisonnemens & des hypothèses, il interrogeoit la nature par des expériences, toutes les fois que cela étoit possible. Il démontra, dans ses leçons, que tous les corps, quelle que soit leur nature, sont également sollicités par la pesanteur ; & que la différence que l'on observe dans la vitesse de la chute, tient à l'inégale résistance que l'air leur oppose, en raison de la différence de leur volume. Cette expérience le conduisit à établir la véritable théorie du mouvement accéléré.

Bientôt les partisans de l'ancienne philosophie, voyant leur science attaquée par ces nouveautés, par le succès qu'elles obtenoient, & par l'enthousiasme des nombreux spectateurs qui assistoient à ses leçons, cherchèrent à perdre *Galilée* dans l'esprit des personnes puissantes ; ils lui suscitèrent un si grand nombre de persécutions, qu'il fut obligé, en 1592, de quitter la chaire de Pise.

Revenu à Florence, sans emploi, & n'osant se présenter chez son père, il fut accueilli par le marquis Ubaldi, qui le recommanda à Salviata, riche gentilhomme de Florence ; celui-ci le fit connoître à Sagredo, seigneur vénitien, qui bientôt fit obtenir à *Galilée* la chaire de mathématiques de Padoue, qu'on lui conféra pendant six ans.

Au bout de ces six années, le sénat renouvela sa commission, en 1599, pour six autres années, avec une augmentation de traitement. En 1606, sa commission fut encore renouvelée, avec de nouveaux avantages. Enfin, en 1609, le sénat continua sa commission de professeur pour toute sa vie, avec un traitement triple du premier.

Pendant ces quinze années, *Galilée*, libre, dans une ville qui dépendoit du sénat de Venise, put se livrer sans crainte à ses recherches expérimentales, & enseigner publiquement les résultats de ses recherches. Il écrivit, pour les élèves, des traités de gnomonique, de mécanique, d'astronomie, de fortification ; il inventa, en 1597, le thermomètre & le compas de proportion.

Une étoile inconnue, & d'un éclat extraordinaire, ayant paru en 1604, dans la constellation du Serpentaire, *Galilée* démontra, par des observations, que cet astre étoit fort au-delà de ce que les péripatéticiens appellent la *région élémentaire*. Il fit, dans le même temps, des recherches sur les aimans naturels, & trouva moyen d'augmenter considérablement leurs forces par des armures.

Nous arrivons à l'époque où a commencé le plus solide fondement de sa gloire ; c'est l'époque de l'invention de son télescope, en 1609. Les savans sont partagés sur cette invention. Les uns prétendent, qu'ayant entendu dire qu'un Hollandais avoit présenté au comte Maurice de Nassau un instrument qui rapprochoit les objets, il chercha comment la chose étoit possible, & imagina le télescope auquel on a donné son nom. (*Voyez* TELESCOPE DE GALILÉE.) Les autres prétendent qu'ayant eu occasion de voir, à Venise, une des lunettes d'approcher que Jacques Metius avoit inventées en Hollande, cette découverte le frappa tellement, qu'il en fit une semblable ; mais ce qu'on ne conteste pas, c'est qu'il fut le premier qui dirigea cet instrument vers le ciel : ce qui donna lieu aux immenses découvertes qui s'en sont suivies. Quelque temps après, il inventa le microscope, ce qui le mit à même d'observer en même temps les infiniment petits & les infiniment éloignés.

Son télescope dirigé sur la lune, lui fit remarquer que sa surface paroissoit hérissée de hautes montagnes & sillonnée de profondes vallées ; que Vénus présentoit des phases, ce qui prouvoit sa rondeur ; que Jupiter étoit environné de quatre satellites qui l'accompagnent ; que Saturne étoit quelquefois accompagné de deux appendices, qui sembloient de petites planettes ; que la voie lactée, les nébuleuses, tout le ciel étoit parsemé d'une multitude infinie d'étoiles, trop petites pour être aperçues à la vue simple. Il découvrit également des taches mobiles sur le globe du soleil, ce qui lui fit conclure la rotation de cet astre. Il découvrit encore une légère lumière sur la partie du disque de la lune qui n'est pas éclairée par le soleil, qu'il attribua à la lumière réfléchie par le globe terrestre ; enfin, les éclipses des satellites de Jupiter.

Toutes ces observations le conduisirent à consolider, par des preuves, le système de Copernic, & d'agrandir les espaces célestes au-delà de tout ce que l'imagination pouvoit supposer. Il propageoit, dans ses leçons, ses innombrables découvertes, & les conséquences qui en résultoient relativement à la constitution de l'Univers. Il ne cacha rien de ces hautes conséquences, en fit l'ame de ses écrits, de ses discours, & se crut en

droit de méprifer des erreurs, déformais trop groffières, pour être foutenuës de bonne foi.

Dans les Etats de Venife, fes difcours & fes
écrits purent être prononcés & publiés impuné-
ment ; il étoit fous l'égide du fénat, qui favoit
apprécier l'avantage que ces lumières dévoient
procurer aux hommes ; mais il céda, pour fon malheur, aux inftances du grand-duc de Tofcane, qui
l'avoit nommé fon mathématicien extraordinaire,
& qui le combloit de faveurs. Ce prince étoit
obligé de garder avec Rome des ménagemens.

Alors fes envieux & les partifans des anciennes
doctrines, qui tous étoient des eccléfiaftiques,
fe réunirent contre lui : les uns répandoient que
ces découvertes étoient de pures vifions ; les
autres, qu'ayant eu, pendant une nuit, le télef-
cope entre les mains, ils n'avoient rien aperçu :
tous fe réunirent pour l'attaquer. Pour l'atteindre plus fûrement, on s'occupa d'abord de
faire prohiber, comme contraire à l'Ecriture, &
dénoncer au Saint-Siége, la doctrine de Copernic,
que Galilée foutenoit, & que fes obfervations
démontroient.

Comme défenfeur de la doctrine de Copernic,
Galilée fut cité à Rome, & contraint de s'y défendre. Après une longue difcuffion devant une
affemblée de théologiens nommée par le Pape, on
porta la déclaration fuivante : « Soutenir que le
» foleil eft placé, immobile, au centre du monde,
» eft une opinion abfurde, fauffe en philofophie,
» & formellement hérétique, parce qu'elle eft
» expreffément contraire aux Ecritures ; foutenir
» que la terre n'eft point placée au centre du
» monde, qu'elle n'eft pas immobile, & qu'elle a
» même un mouvement journalier de rotation,
» c'eft auffi une propofition abfurde, fauffe en
» philofophie, & au moins erronée dans la foi. »
Et comme il vouloit s'oppofer à la décifion du
Saint-Office, on lui fit perfonnellement défenfe
de profeffer déformais l'opinion qui venoit d'être
condamnée.

De retour à Florence, en 1617, Galilée s'occupa des moyens de répandre fes vérités fans être
de nouveau appelé par le Saint-Office ; il médita
pendant feize ans & compofa un ouvrage fous la
forme de converfation entre trois interlocuteurs :
deux propofoient les nouveaux faits ; c'étoient
deux perfonnages les plus diftingués de Florence &
de Venife, auxquels il avoit donné les noms de Sal-
viati & Sagredo, en reconnoiffance des bienfaits qu'il en avoit reçus. Le troifième fe nommoit
Simplicius, & reproduifoit les argumens invincibles des péripatéticiens. L'ouvrage terminé,
notre philofophe fe rend à Rome, préfente fon
manufcrit, en 1630, au maître du facré palais ;
celui-ci l'approuve après l'avoir lu attentivement ;
mais voulant faire imprimer fon ouvrage à Florence, il en follicita la permiffion fous la condition de le faire examiner encore dans cette ville :
alors le prélat foupçonnant quelque rufe, fit des

difficultés, & redemanda l'approbation qu'il avoit
donnée, fous le prétexte de revoir les termes dans
lefquels elle étoit conçue ; lorfqu'il l'eut, il ne voulut plus la rendre. Galilée fut obligé de s'en
paffer, & de fe contenter de l'approbation du cen-
feur de Florence.

Auffitôt que l'ouvrage parut, en 1633, les théologiens entrèrent en fureur ; Galilée fut mandé à
Rome, où il fut obligé de fe rendre, quoiqu'âgé
de foixante-neuf ans, & tourmenté de douleurs
rhumatifmales. Le 10 février, à fon arrivée, il fut
remis à la clémence de l'Inquifition & du Souve-
rain-Pontife. Le lendemain il fut conduit au palais
du Saint-Office, où il difcuta fa doctrine ; le 30
avril, il fut reconduit chez l'ambaffadeur de Tofcane, avec défenfe de fortir de l'enceinte du
palais. Enfin, le 22 juin fuivant, il fut ramené au
tribunal, où on lui fit prononcer l'abjuration fuivante, qu'on lui dicta : « Moi, Galilée, dans la
» foixante-dixième année de mon âge, étant
» conftitué prifonnier, ayant devant les yeux les
» faints Evangiles, que je touche de mes propres
» mains.... j'abjure, & je maudis & je détefte l'er-
» reur & l'héréfie du mouvement de la terre,
» &c. » Enfuite on prohiba fes dialogues, on le
condamna à la prifon pour un temps indéfini, &
on lui ordonna, pour punition falutaire, de réciter, une fois par femaine, les fept Pfaumes de la
pénitence, pendant trois ans.

On a prétendu, d'après ces mots, rigorofum
examen, qui fe trouvent dans le texte du jugement, qu'il avoit été mis à la queftion ; mais ces
inductions paroiffent entièrement détruites par tout
le refte de la conduite que l'on tint à fon égard.
On lui donna pour prifon le logement même d'un
des officiers fupérieurs du tribunal, l'archevêque
de Sienne Piccolomini, fon ami & fon élève, avec
la permiffion de fe promener dans tout le palais :
on lui laiffa fon domeftique. Galilée y refta jufqu'au commencement de décembre 1633, que le
Pape lui donna la permiffion de réfider à la campagne près de Florence, & plus tard, l'entrée de
cette ville lui fut accordée lorfque fes infirmités
l'exigeoient.

Il fe livra, dans cette réfidence, à fes travaux accoutumés ; il obfervoit & travailloit avec un courage infatigable ; il continua fes Tables des fatellites de Jupiter jufqu'à l'âge de foixante-quatorze
ans, qu'il perdit la vue : dans cet état, il continua
à méditer jufqu'au 9 janvier 1642, qu'il termina fa
carrière, à l'âge de foixante-dix-huit ans, l'année
même de la naiffance de Newton.

Parmi les ouvrages qu'il a publiés, on diftingue :
1°. *Sidereus Muncius*, Florence, 1610, in-4°. ;
2°. Il *Saggiatore, nel quale conbilancia efquifita e
giufta, fi ponderano le cofe contenute*, Rome,
1625, in-4°. ; 3°. *Dialogi quatro fopra i due maffimi
fiftemi del mondo tolemaico e copernicano*, Florence,
1632, in-4°. ; 4°. *Epiftola tres de conciliatione facræ
Scriptura cum fyftemate telluris mobilis, quarum duæ*

poſteriores nunc primùm curâ M. Nevræi prodeunt, Lyon, 1549, in-4°.; 5°. *Conſiderazioni al Taſſo*, Veniſe, 1793, in-12.; 6°. *Lettere inedite di uomini illuſtri*, Florence, 1773, in-8°. Son *Traité de fortification & d'architecture militaire* ſe conſerve en manuſcrit dans la bibliothèque de Riccardiana.

GALILÉE (Téleſcope de); teleſcopium Galileanum; *Galileiſches fernrohr*; ſ. m. Téleſcope formé de deux verres, un oculaire concave & un objectif convexe, imaginé par *Galilée* en 1609. *Voyez* TÉLESCOPE DE GALILÉE.

GALLATE....... *gallus ſaure ſalze*; ſ. m. Sels formés par l'acide gallique combiné avec différentes baſes.

Aucun *gallate* n'exiſte dans la nature, tous ſont le produit de l'art; peu ſont connus. Les *gallates* à baſe de ſoude, de potaſſe & d'ammoniaque, ſont ſolubles, les autres ſont inſolubles. La plupart ſont colorés; ils le ſont plus ou moins en raiſon de la quantité plus ou moins grande d'acide qu'ils contiennent. Les ſous-*gallates* de ſtrontiane, de baryte & de chaux ſont violets, & les *gallates* acides d'un brun-rouge: le dento-*gallate* de fer eſt bleu, & le trito-*gallate* eſt noir.

Preſque tous les *gallates* ſe diſſolvent dans un acide fort; ils perdent leur couleur en ſe diſſolvant. C'eſt ſur cette propriété qu'eſt fondé l'uſage du ſel d'oſeille pour enlever les taches d'encre de deſſus les linges.

GALLIQUE (Acide); acidum gallicum; *gallœpfel ſaure*; ſ. m. Acide retiré de la noix de galle.

Il a une ſaveur acide, aſtringente; il rougit fortement la teinture de tourneſol & criſtalliſe en lames blanches & brillantes, n'attire point l'humidité de l'air, eſt très-ſoluble dans l'alcool, ſe diſſout dans vingt fois ſon poids d'eau froide & trois fois ſon poids d'eau bouillante.

On l'obtient en pulvériſant des noix de galle & les faiſant infuſer dans huit parties d'eau, pendant trois ou quatre jours; puis filtrant, dans l'eſpace d'un mois ou deux, l'infuſion filtrée s'évapore, & il ſe forme, peu à peu, de la moiſiſſure à la ſurface & un précipité criſtallin. On raſſemble la moiſiſſure & le dépôt ſur un filtre, on les lave un peu d'eau froide, puis on les traite par l'eau bouillante. La diſſolution, ſoumiſe à une douce évaporation, laiſſe dépoſer des criſtaux d'*acide gallique*, grenus & étoilés, de couleur griſâtre.

Pour purifier cet acide, on le rediſſout dans l'eau chaude & l'on projette deſſus des petites quantités d'oxide d'étain; la diſſolution ſe décolore, on filtre, on fait évaporer, & l'on obtient l'acide en petites aiguilles fines & très-blanches.

Ce procédé eſt de Scheële, & le mode de purification de MM. Bertholet père & fils.

L'acide ſoumis à l'action du feu donne tous les produits des matières végétales.

GALLON. Meſure pour les liquides, employée en Angleterre & en Normandie.

Il paroît que le *gallon* anglais a différentes capacités, relativement au liquide que l'on veut meſurer.

Le *gallon* pour le vin = 4,038 pintes = 3,76 lit.
———— pour la bière = 4,858   = 4,524.
En Normandie, le *gallon* = 2 pots = 4 pintes = 3,1725 litres.

GALVANI (Louis), médecin & phyſicien célèbre d'Italie, naquit à Bologne le 9 ſeptembre 1737, & mourut dans la même ville le 4 décembre 1798, âgé de ſoixante-un ans.

Un zèle fervent pour la religion catholique le livra, dans ſa jeuneſſe, à l'étude de la théologie & des ſciences exactes; il cultiva de préférence l'anatomie & la phyſiologie humaine & comparée, & choiſit pour profeſſion la médecine. Après avoir ſoutenu avec diſtinction, en 1763, une thèſe ſur les os, il fut créé profeſſeur d'anatomie à l'univerſité de Bologne. Il exerça conſtamment & avec beaucoup d'habileté la chirurgie & l'art des accouchemens.

En 1789, l'épouſe de *Galvani*, prenant des bouillons de grenouilles, aperçut dans le cabinet de ſon mari un phénomène aſſez ſingulier, dont elle s'empreſſa de lui faire part.

Galvani, qui l'aimoit avec paſſion, avoit préparé, pour ſon épouſe, des grenouilles qu'il avoit poſées ſur une table, où ſe trouvoit une machine électrique avec laquelle on faiſoit des expériences. L'un des aides qui y coopéroit, approcha, ſans y penſer, la pointe d'un ſcalpel des nerfs cruraux internes de l'un de ces animaux qui étoit écorché; auſſitôt tous les muſcles parurent agités de fortes convulſions. Averti de ce fait extraordinaire, le profeſſeur d'anatomie répéta l'expérience ſur la même grenouille & ſur pluſieurs autres avec le même ſuccès.

Il ſuſpendit, par les nerfs cruraux, une grenouille au conducteur d'une machine électrique, de manière que les pieds touchaſſent à un conducteur; toutes les fois que l'on touchoit le conducteur, pour en retirer des étincelles, la grenouille ſe contractoit.

Après avoir examiné l'influence de l'électricité ſur les grenouilles, dans un temps d'orage, *Galvani* accrocha, de temps en temps, des grenouilles préparées à une grille de fer à l'entrée de ſon jardin; il y remarqua des mouvemens convulſifs dans des momens les plus éloignés des apparences d'orage. Il attribua d'abord ces mouvemens à des changemens qui pouvoient avoir lieu dans l'athmoſphère, & crut avoir trouvé un nouveau moyen de nous faire connoître ces changemens inaperçus juſqu'alors. Dans cet eſpoir, il ſe se tint en observation pendant plusieurs jours & à différentes heures ; mais ces mouvemens ne reparurent plus : fatigué d'une attente inutile, il prit ces grenouilles par le crochet de cuivre fixé dans leur épine médullaire, & multipliant les contacts à travers les barreaux, il obtint quelquefois des mouvemens, mais le plus souvent la grenouille n'en produisoit pas.

La grenouille suspendue au crochet de cuivre fut transportée dans son cabinet ; il la plaça sur une plaque de fer ; les mouvemens convulsifs se renouvelèrent au moment où le crochet de cuivre toucha la lame de fer ; le même effet eut lieu sur d'autres plaques métalliques : ils étoient nuls lorsque le crochet étoit en contact avec des corps idio-électriques, tels que le verre, la résine, &c.

Ces expériences, répétées de plusieurs manières, le conduisirent à imaginer une théorie assez ingénieuse, mais qui n'est qu'une pure hypothèse, un simple jeu d'esprit. Il pensoit que les animaux sont doués d'une électricité particulière, inhérente à leur économie, beaucoup plus abondamment répandue dans le système nerveux, secrétée par le cerveau & distribuée par les nerfs aux différentes parties du corps. Les réservoirs principaux de l'électricité animale sont les muscles ; chaque fibre représente, pour ainsi dire, une petite bouteille de Leyde, dont les nerfs sont les conducteurs : le fluide électrique est puisé & attiré de l'intérieur des muscles, de façon qu'à chaque décharge de cette bouteille électrique musculaire, répond une contraction. Nous ne pousserons pas plus loin cette hypothèse, à laquelle les faits ont contredit.

Ses idées sur les fermens, dont on a tant abusé, le déterminèrent à refuser de prêter celui que la république cisalpine exigea de tous les fonctionnaires publics : il fut dépouillé de ses dignités, de son emploi, & presque réduit à l'indigence ; il n'eut d'autre ressource que de se retirer chez son frère *Jacques Galvani*, où il tomba dans un état de langueur & de marasme, dont les médecins ne purent arrêter les progrès. Cependant, par égard pour la grande célébrité qu'il avoit acquise pas ses expériences sur le galvanisme, le gouvernement cisalpin décréta que, malgré son obstination, il seroit rétabli dans sa chaire. Il conserva quelque temps ses fonctions, & mourut de la suite de sa maladie.

Nous avons de *Galvani* plusieurs ouvrages imprimés, parmi lesquels on distingue : 1°. *de Renibus atque ureteribus volatilium* ; 2°. *de Volatilium aure* ; 3°. *de Viribus electricitatis in motu musculari commentarius*. C'est dans ce dernier ouvrage qu'il a consigné toutes ses expériences sur l'électricité animale.

GALVANIQUE (Appareil) ; apparatus galvanicus ; *galvanisch apparat* ; s. m. Instrument avec

lequel on produit du galvanisme. *Voyez* GALVANOMOTEUR.

GALVANIQUE (Arc) ; arcus galvanicus ; *galvanisch bogen*. Substance située entre les deux points qui doivent être excités. On distingue deux sortes d'arcs : l'*arc animal* & l'*arc excitateur*. Les organes de l'animal qui doivent recevoir l'influence galvanique forment le premier ; les instrumens qui servent à exciter cette influence forment le second.

Les organes que l'on a choisis de préférence, pour les soumettre à l'expérience, sont les nerfs cruraux & les muscles de la même partie, dans lesquels les premiers se distribuent. Lorsqu'on a mis, par exemple, dans une grenouille, un nerf crural à nu, si l'on place une feuille de plomb au-dessous de ce nerf, puis une feuille d'argent sous la cuisse située du même côté, & qu'ensuite on établisse la communication entre le plomb & l'argent, au moyen d'un excitateur de cuivre, les muscles cruraux éprouveront, au moment du contact, une forte contraction, qui se manifestera par un mouvement convulsif de la cuisse à la jambe.

Il existe plusieurs sortes d'*arcs excitateurs* avec un seul, avec deux, avec trois métaux différens, & même avec un plus grand nombre.

Avec un seul métal, l'*arc excitateur* peut être formé de trois manières différentes : 1°. d'une seule pièce ; 2°. de deux pièces ; 3°. de trois pièces.

Si l'on dispose une grenouille au-dessus d'un bain de mercure bien pur & bien sec, de manière que le nerf pendant & libre, & la chaîne musculaire, au-dessus de ce nerf, viennent ensemble en contact avec la surface du mercure, au moment du contact, la convulsion a lieu. Le même effet a lieu en disposant le double contact à la surface d'un morceau de plomb, d'argent, & même de charbon bien pur.

Avec deux pièces. On prend deux morceaux séparés & bien identiques des mêmes métaux, & après avoir placé l'un comme support, sous le muscle, & l'autre sous le nerf, on les rapproche l'un de l'autre. La convulsion a lieu aussitôt le contact mutuel des deux supports.

Enfin, pour faire usage de l'arc de trois pièces, deux de ces pièces servent de support, l'un au nerf, l'autre au muscle, & le troisième de communicateur. Les convulsions ont lieu au moment du contact du communicateur au support.

On peut former l'*arc excitateur*, avec deux métaux différens, de deux manières : 1°. de deux pièces ; 2°. de trois pièces. Dans le premier cas, l'un des métaux sert de support, soit au muscle, soit au nerf, & l'autre sert d'*excitateur*, en établissant la communication du métal avec l'organe qui n'est pas supporté : dans le second cas, le muscle est placé sur l'un des métaux, le nerf sur l'autre, & avec l'un des métaux servant d'*excitateur*, on établit une communication entre les deux métaux.

Quant à l'*arc excitateur* avec trois métaux, le

muscle & le nerf sont supportés chacun par un métal différent, & le troisième sert à établir la communication entre les deux autres.

Tous les arcs excitateurs que nous venons d'indiquer sont des arcs simples; on peut aussi en faire de composés avec les mêmes métaux; mais il faut qu'ils soient placés dans un ordre tel qu'ils se fortifient mutuellement. Soit, par exemple, un arc composé de trois métaux a, b, c, fig. 856, que l'un, c soit l'excitateur, on peut placer un des organes, nerf ou muscle, sur le métal a; mettre à côté & en contact le métal b; placer le second organe sur le métal b, mettre à côté & en contact le métal a, & établir une communication avec l'excitateur entre les métaux a & b, qui touchent les supports. Une condition essentielle dans la formation de ces arcs, est de conserver leur ordre naturel : car, si l'on invertoit l'ordre, comme dans la fig. 856 (a), le galvanisme développé dans l'une des parties de l'arc seroit détruit par le galvanisme opposé, développé dans l'autre partie.

Il est facile de conclure que si l'on multiplioit les doubles disques, & que chacun de ces doubles disques fût séparé par un carton mouillé, chaque support isolé formeroit une pile galvanique dont l'action seroit doublée par la communication entre les deux extrémités. Voyez GALVANOMOTEUR.

On peut enfin former un arc excitateur sans métaux; il suffit, comme l'ont prouvé Galvani & Aldini, de faire communiquer les extrémités d'un arc animal avec les parties d'un autre arc animal. Nous allons rapporter comme exemple une des expériences d'Aldini.

Sur une table isolée (1) étoit placé le tronc d'un veau, auquel on avoit fait une section longitudinale dans la poitrine, pour avoir une longue suite de muscles à découvert. Deux personnes isolées furent disposées de manière que l'une touchoit, avec un doigt humecté d'eau salée, la moelle épinière du veau; l'autre approchoit la moelle épinière de la grenouille des muscles du tronc : toutes les fois que l'on établit cet arc, c'est-à-dire, lorsque les deux hommes se donnent la main, il y a constamment, dans la grenouille, une contraction musculaire, qui cesse lorsque les deux personnes cessent de se toucher.

GALVANIQUE (Colonne); columna galvanica; galvanische saub. Instrument construit pour produire du galvanisme, auquel on donne la forme d'une colonne. Voyez GALVANOMOTEUR, ELECTRO-MOTEUR.

GALVANIQUE (Commotion); commotio galvanica; galvanische erschüterung. Secousse violente produite en touchant les deux extrémités d'une pile galvanique. Voyez COMMOTION GALVANIQUE.

(1) Essai sur le Galvanisme, page 8.

Un galvanomoteur est, comme une bouteille de Leyde, chargé de deux sortes d'électricité différente; si l'on touche les deux pôles de la pile, on reçoit une commotion analogue à celle que l'on reçoit en touchant les deux armures d'une bouteille de Leyde; mais à intensité égale d'électricité, & à surface égale, la commotion de la pile galvanique est plus forte que celle de la bouteille de Leyde. Il y a plus; c'est que, quelle que soit la surface des plaques, la commotion est sensiblement la même : ainsi, dans les piles d'un même nombre de plaques, que leurs surfaces soient petites ou grandes, on obtient des intensités égales d'électricité, & l'on produit des commotions semblables. Ce résultat diffère essentiellement de celui qui a lieu avec la bouteille de Leyde. Avec celles-ci, la commotion est en raison composée de la surface armée & de l'intensité; au lieu qu'avec les autres, elle n'est qu'à peu près en raison de l'intensité seule.

On explique cette différence d'effet entre les piles dont les disques ont des surfaces différentes, & les bouteilles de Leyde dont les grandeurs des surfaces armées sont également différentes, en observant que, dans la bouteille de Leyde, la commotion est produite par la quantité de fluide accumulée sur les armures, & que dans les piles, elle est produite par le fluide accumulé aux deux pôles, plus celui qui se développe pendant le passage du fluide à travers la chaine; & comme, 1°. cette chaine est un mauvais conducteur, il se développe d'autant plus de fluide, que la transmission est plus difficile; 2°. pendant le temps, la quantité de fluide développée dans les piles à larges plaques diffère infiniment peu de celle qui se développe dans les piles à plaques étroites; il s'ensuit que la quantité de fluide qui produit la commotion est sensiblement la même dans les plaques étroites & les plaques larges, & que la différence des effets est difficilement appréciable.

GALVANIQUE (Electricité); electricitas galvanica; galvanische electricitat. Electricité produite par le galvanisme. Voyez ELECTRICITE GALVANIQUE.

GALVANIQUE (Fusion); fusura galvanica; galvanische schmelzung. Fusion operée par le galvanisme. Voyez FUSION GALVANIQUE.

GALVANIQUE (Pile). Réunion de plusieurs doubles disques métalliques, séparés par du drap mouillé, pour produire du galvanisme. Voyez GALVANOMOTEUR, ELECTROMOTEUR.

GALVANISME; galvanismus; galvanisme; s. m. Réunion d'actions physiologique, chimique & électrique, produites par le contact de deux substances différentes, & dont la découverte est attribuée au médecin Louis Galvani. Voy. GALVANI.

De l'action physiologique.

L'action physiologique peut être divisée en deux classes : action sur les animaux vivans, & action sur les animaux morts.

On trouve les premières traces de l'action physiologique du *galvanisme* sur les animaux vivans, dans un ouvrage publié par Sulzer en 1767, dans sa *Théorie générale du plaisir*. Deux pièces métalliques, de nature différente, posées l'une sur l'autre, procurent une saveur particulière lorsqu'on pose la langue dessus, tandis que, séparément, elles ne laissent rien distinguer. On peut encore obtenir ce résultat d'une manière plus prononcée, en plaçant l'un des métaux sur la surface de la langue & l'autre dessous. Volta a indiqué les différences que l'on observe dans les saveurs, selon la nature & la disposition des armatures; elle varie depuis le goût acide brûlant, jusqu'à l'alcalin am-r.

La saveur que l'on excite (1) en armant la pointe de la langue d'une armature d'argent, & sa face supérieure d'une armature de zinc, l'organe n'étant pas incitable, présente toute l'amertume du *polygala amara* ; la saveur est brûlante : elle est froide, au contraire, en couvrant la partie postérieure de la langue avec du zinc & en appliquant de l'argent à la partie inférieure en avant. Si l'on exerce le *galvanisme* dans cet endroit, pendant quelque temps, l'irritation produit des nausées qui peuvent aller jusqu'au vomissement.

Si un morceau de métal est placé entre la gencive de la mâchoire supérieure & la lèvre supérieure, qu'un autre soit placé sous la langue; en rapprochant ces deux métaux on aperçoit, à chaque contact, une espèce de lueur plus ou moins vive, qui semble passer devant les yeux. L'apparence lumineuse peut être provoquée, d'après Hunter, de quatre manières différentes : 1°. en appliquant une armature à chacun des yeux ; 2°. en appliquant une armature dans les fosses nasales & une à l'un des yeux ; 3°. une à la langue & l'autre à un œil ; 4°. une à la langue & l'autre aux gencives supérieures. On peut encore apercevoir cette lueur, en mouillant légèrement le coin d'un œil & touchant la partie humide avec l'une des armures d'un galvanomoteur très-foible. *Voyez* GALVANOMOTEUR.

Aldini est parvenu, à l'aide du galvanomoteur, en touchant les lèvres & le bout du nez de plusieurs aveugles, de leur faire apercevoir une lueur assez vive.

Une petite tige de zinc, introduite dans les narines & appuyée contre la cloison (2) ; une pièce d'argent placée sur la langue & mise en contact avec la tige de zinc, produit, dans le nez, un chatouillement particulier, accompagné de froid. Si on répète plusieurs fois cette expérience, on éprouve de la pesanteur dans la tête & l'envie d'éternuer.

Ritter a remarqué que le fluide *galvanique* produisoit, sur son odorat, une sensation comparée à l'odeur de l'ammoniaque.

Mettant, pendant quelques minutes (1), un œil en contact avec le pôle négatif d'une pile *galvanique*, Ritter remarqua qu'après cette opération, les objets lui paroissoient rouges ; mais après l'avoir mis en contact avec le pôle positif, il voyoit tout bleu.

Humboldt a fait un grand nombre d'expériences pour connoître l'action du *galvanisme* sur les plaies. « J'approchai, dit ce savant (2), du zinc » de l'alvéole de la dernière dent molaire de la » mâchoire supérieure, quelques minutes après » l'avoir fait arracher ; la langue étoit armée avec » de l'argent : le contact des deux métaux excita » une pulsation & une cuisson ; la cuisson fut ac-» compagnée d'une salivation abondante, qui se » prolongea au moins pendant deux minutes après » que le contact eût cessé. L'or & le zinc y cau-» soient encore, deux jours après, des sensations » douloureuses ; & il auroit été possible de porter » l'irritation jusqu'à l'inflammation.

» J'ai vu survenir de l'inflammation à la main » par l'application de l'irritation métallique.

» Pendant que je m'occupois des expériences » qui viennent d'être rapportées, je m'étois écor-» ché, le poignet à l'endroit où l'artère est très-» superficielle. Je ne voulois pas manquer de tirer » parti de cette occasion favorable pour mes ex-» périences. L'épiderme étoit enlevé ; mais le sang » ne couloit qu'en très-petite quantité. Je plaçai » une armure de zinc sur la plaie & je touchai ce » zinc avec une médaille d'argent. Pendant toute » la durée du contact, j'éprouvai de la tension » jusqu'au bout des doigts, un tremblement & un » picotement dans tout l'intérieur de la main. » La douleur devint manifestement plus aiguë » quand le bord de la médaille toucha le zinc, » qu'elle n'étoit quand la surface plane étoit ap-» puyée sur lui. L'irritation augmentoit aussi l'é-» coulement du sang. Dès que le sang se caillot, » l'armature produisoit un effet beaucoup plus » foible. Je fis alors, avec un scalpel, des incisions » très-légères ; & le *galvanisme* que je continuai » pendant plusieurs jours, produisit une inflamma-» tion plus marquée.

» Je m'étois fait appliquer deux vésicatoires de » la grandeur d'un écu de six francs, sur les épau-» les, de manière qu'ils répondoient aux muscles » trapèzes & au muscle deltoïde ; celui du côté » droit s'étendoit cependant davantage sur le der-» nier de ces muscles, car les contractions que le » *galvanisme* occasionna n'étoient visibles que dans

(1) *Expériences sur le Galvanisme*, par Humboldt, p. 315.
(2) *Ibid.*, page 320.

(1) *Journal de Physique*, année 1803, tome II, p. 41.
(2) *Expériences sur le Galvanisme*, par Humboldt, p. 380.

» fa fubftance. Quand on ouvrit les deux véficules,
» la férofité en fortit, comme à l'ordinaire, fans
» couleur. Partout où elle coula fur le dos, elle
» laiffa, en féchant, un luifant peu marqué qu'on
» enlevoit facilement en lavant. Je fis couvrir la
» plaie du côté droit avec une plaque d'argent. A
» peine en eut-on approché un conducteur de
» zinc, qu'on provoqua, par ce moyen, un nou-
» vel écoulement d'humeur, accompagné d'une
» cuiffon très-douloureufe. Cette humeur n'étoit
» pas, comme la première, blanche & d'un ca-
» ractère doux ; elle prit, en peu de fecondes, une
» teinte d'un rouge-vif, & partout où elle cou-
» loit, elle laiffoit des raies d'un bleu-rougeâtre ;
» l'ulcère le plus malin ne fournit pas une hu-
» meur auffi âcre, & dont l'effet foit auffi prompt. »

Cette expérience fut répétée une feconde fois
quelque temps après, & l'on obtint le même réfultat. « Si, dit Humboldt, j'humectois mon doigt
» avec cette férofité, je pouvois m'en fervir pour
» tracer fur ma peau des figures qui confervoient
» leur couleur pendant plufieurs heures, malgré
» tout ce qu'on pouvoit faire pour les effacer.

« J'effayai de laver les endroits enflammés avec
» de l'eau froide ; mais elle augmenta fi rapidement
» l'inflammation, que mon médecin en conçut de
» l'inquiétude, ainfi que moi, & qu'on lava auffi-
» tôt le dos avec de l'eau tiède, fans cependant
» en obtenir un grand effet. Quelqu'active que
» cette humeur parût être, la rougeur qu'elle pro-
» duifoit n'étoit jamais accompagnée de douleur. »

Achard, de Berlin, a fait le premier une expérience affez curieufe : il a établi une communication galvanique entre la bouche & l'anus avec du
zinc & de l'argent ; de cette manière, il a excité
des douleurs dans le bas-ventre, augmenté l'énergie de l'eftomac & opéré un changement dans les
évacuations alvines. Humboldt ayant répété cette
expérience plufieurs fois fur lui-même, remarqua
qu'en portant de l'argent très-profondément dans
le rectum, il appercevoit des lueurs très-vives, devant les yeux. Il certifie même qu'il n'eft jamais
parvenu à occafionner une lumière auffi forte par
aucune autre application des métaux.

Ce favant confidérant que tous les nerfs du
tronc font agités dans cette expérience, conçut
l'idée d'effayer fi une irritation auffi active ne pourroit point rappeler à la vie des petits animaux très-
irritables, lorfqu'ils font atteints d'une mort apparente. Il choifit, pour ces effais, des oifeaux.

« J'attendis, dit Humboldt (1), le moment
» où une linotte alloit expirer. Elle avoit déjà
» fermé les yeux, elle étoit étendue fur le dos, &
» l'irritation mécanique de la pointe d'une épingle,
» excitée près de l'anus, ne produifit aucun effet.
» Je me hâtai de placer une petite lame de zinc
» dans le bec & un petit morceau d'argent dans le
» rectum, & auffitôt après la communication fut

» établie entre ces deux métaux avec une tige de
» fer. Quel fut mon étonnement, lorfqu'au mo-
» ment du contact, l'oifeau ouvrit les yeux & fe
» releva fur fes pattes en battant des ailes ! Il ref-
» pira de nouveau pendant fix ou huit minutes, &
» enfin il expira tranquillement.

» J'ai répété cette expérience avec fuccès fur
» deux ferins, & je ne doute pas qu'elle ne four-
» niffe un moyen de rappeler à la vie ces petits oi-
» feaux élevés dans les appartemens, & qui fe
» noient quelquefois dans l'eau qu'on leur donne
» pour fe baigner. »

Aldini a répété les mêmes expériences fur des
chiens & d'autres animaux qu'il avoit afphyxiés,
foit dans l'eau, foit dans des gaz, & il a conftamment remarqué que fi l'application du galvanifme avoit lieu avant la mort de l'animal, on pourroit toujours le rappeler à la vie ; il manifefta, en
conféquence, le défir que ce moyen fût appliqué
aux hommes noyés ou afphyxiés d'une autre manière.

Enfin, Ritter a annoncé avoir diftingué des
couleurs oppofées, rouge & violette, en appliquant l'un ou l'autre pôle d'une pile galvanique fur
le coin de l'œil ; mais ce réfultat a befoin d'être
confirmé.

Les premières applications de l'action phyfiologique du galvanifme fur les animaux morts ont été
faites par Galvani fur des grenouilles.

Après avoir dépouillé des grenouilles dont il
avoit mis à nu les nerfs lombaires, fig. 851, avoir
paffé dans la portion D de la colonne dorfale, un
fil de cuivre F recourbé en crochet, Galvani
plaça la grenouille fur un plateau métallique P, &
remarqua que toutes les fois qu'il faifoit toucher
le crochet au plateau, il fe produifoit de fortes
contractions dans les cuiffes. Tenant d'une main
R, fig. 851 (a), le crochet F, & touchant de l'autre main S le plateau P, les mouvemens de contraction ont lieu de la même manière, ce qui
prouve qu'il exifte un arc conducteur entre les
deux métaux qui touchent aux mufcles de la grenouille. L'expérience fe répète partout à l'aide
de deux métaux dont l'un eft fixé fur les nerfs
lombaires, & l'autre touche à la fois l'autre nerf &
le premier métal. Nous allons indiquer ici la manière de préparer la grenouille & de répéter cette
expérience.

Prenez une grenouille, &, après avoir coupé
fon corps tranfverfalement au-deffous des bras,
dépouillez fes jambes & fes cuiffes de la peau qui
les recouvre ; retranchez enfuite toutes les chairs
& toutes les parties qui touchent les nerfs lombaires NN, fig. 851 (b), puis coupez la colonne
dorfale, de manière que les jambes & les cuiffes
reftent fufpendues uniquement par ces nerfs. Alors
on les enveloppe dans une petite feuille de cuivre, de zinc ou de plomb, qu'on appelle armature. On pofe cette grenouille ainfi préparée fur
un fupport ifolant, une plaque de verre, par

_____

(1) Expériences fur le Galvanifme, page 333.

exemple; on prend un morceau de tout autre métal, on pose une de ses extrémités sur les muscles des cuisses & l'autre sur l'armature, & l'on voit aussitôt les convulsions se manifester, non-seulement dans le membre touché, mais encore dans l'autre.

En plaçant cette grenouille sur le bord du plateau, dans la position qu'elle prend ordinairement lorsqu'elle veut sauter, les convulsions, produites par le contact des nerfs, à l'armure, par un autre métal, la font sauter comme si elle étoit vivante.

Aldini a fait de nombreuses applications de l'action galvanique sur des animaux morts récemment (1), en particulier sur des bœufs, des moutons, des agneaux, des poulets, des chiens, des lapins; tous ont éprouvé de très-fortes convulsions.

De semblables expériences ayant été répétées sur des suppliciés décapités à Bologne, on obtint des résultats semblables, soit dans des convulsions de toutes les parties de la tête, soit dans celles du tronc, soit dans les membres réunis au tronc ou détachés du tronc; enfin, ces sortes d'expériences furent répétées à Calais, en faisant communiquer un des pôles de la pile dans la mer, à la jetée de l'ouest, & l'autre pôle au fort Rouge, par le moyen d'un fil isolé. Quoique la pile ne fût formée que de quatre-vingts plaques, les effets du galvanisme se propagèrent du premier fil à un troisième qui plongeoit dans la mer.

En examinant l'action du galvanisme sur les diverses parties des animaux morts, MM. Volta, Mezzini, Valli, Klein, Pfaff, Aldini, Bichat, crurent observer, & publièrent que le cœur & tous les organes qui sont hors du domaine de la volonté étoient insensibles au galvanisme. D'un autre côté, MM. Humboldt, Fowler, Vassali-Eandi, Giulo & Rossi assurèrent avoir fait contracter par le galvanisme le cœur de plusieurs animaux.

Dans cet état de choses, M. Nysten crut devoir répéter les expériences qui ont été faites, pour s'assurer à laquelle des deux opinions on devoit ajouter foi; mais il reconnut bientôt que chacun avoit raison, & que leur contradiction apparente provenoit de ce que chacun avoit fait des expériences sur des parties différentes du cœur, & que chaque partie avoit des degrés & des durées de contractilité différens.

Ses expériences ont été faites sur des hommes & sur des animaux: parmi les mammifères étoient des chiens, des chats, des cabiais, des vaches; parmi les oiseaux, des pigeons, des poulets, des éperviers, des chardonnerets, des linottes, des bruans; parmi les poissons, des carpes; & parmi les reptiles, des grenouilles.

Les organes contractiles de l'homme sain, mort par la décapitation, ont perdu leur contractilité dans l'ordre suivant: le venricule aortique du

cœur, le gros intestin, l'intestin grêle, l'estomac, la vessie urinaire, le ventricule pulmonaire, l'œsophage, les iris, les muscles du tronc, des membres abdominaux, des membres thorachiques, l'oreillette du cœur aortique, l'oreillette du cœur pulmonaire; la veine-cave qui avoisine cette oreillette. L'ordre dans lequel les organes contractiles des autres animaux perdent leur contractilité, diffère peu de celui des organes de l'homme.

Pour exciter l'action du galvanisme dans les diverses parties des animaux, il faut que la partie sur laquelle on s'exerce communique avec deux corps, au moins, conducteurs ou propagateurs du galvanisme; cette communication se nomme arc. Voyez GALVANIQUE (Arc).

Supposons deux substances métalliques, cuivre & zinc, exerçant leur action galvanique sur un muscle, il est nécessaire que l'ordre soit cuivre, muscle, zinc, afin de pouvoir faire communiquer le cuivre au zinc par un corps conducteur qui forme l'arc; on peut encore établir cuivre, zinc, muscle, cuivre, en fermant l'arc par la communication du cuivre au zinc extrême de l'arc. Si l'arc étoit ordonné ainsi: cuivre, zinc, muscle, zinc, cuivre, l'effet seroit interrompu, & l'on n'obtiendroit aucun résultat en faisant communiquer les deux métaux extrêmes.

De l'action chimique.

On a donné le nom d'action chimique à tous les résultats chimiques obtenus par l'action galvanique.

Ainsi, lorsqu'on place dans de l'eau deux pièces d'argent de différentes grandeurs; que l'une soit plus grande que l'autre: on observe, au bout d'un temps très-court, que ces pièces sont oxidées à la surface.

Un des premiers phénomènes de l'action chimique de la pile galvanique est la décomposition de l'eau, dont la découverte est due à MM. Carlisle & Nicolson. Si l'on prend deux fils métalliques difficilement oxidables, tels que l'or, le platine, & que l'on plonge l'une des extrémités de ces fils dans un vase contenant de l'eau; faisant communiquer l'autre extrémité de l'un des fils au pôle positif d'une pile galvanique, l'extrémité de l'autre au pôle négatif; des bulles se manifestent sur les extrémités des fils plongés dans l'eau, mais en plus grande abondance sur celui qui communique au pôle positif. Recueillant ces gaz dans deux petits tubes: celui du pôle négatif est de l'hydrogène; l'autre est de l'oxigène; la proportion des deux gaz dégagés est celle qui est propre à la composition de l'eau. Voyez DÉCOMPOSITION DE L'EAU.

Si l'on mêle les deux gaz obtenus & que l'on fasse passer une étincelle électrique à travers, ils se combinent entièrement & forment de l'eau.

Un grand nombre d'appareils ont été imaginés pour cette expérience: tels sont ceux de Wollaston, de Pittaro, d'Aldini, &c. Parmi tous ceux

---

(1) Essai sur le Galvanisme, par J. Aldini, p. 68 & suiv.

qui exiſtent, nous ferons connoître les deux ſui-vans.

Celui que nous avons fait conſtruire pour nos leçons à l'École polytechnique étoit compoſé d'une cuve de verre A B, *fig.* 852 ; dans cette cuve étoit une petite lame de verre C D, percée de deux trous *a*, *b* ; ſur ces trous étoient deux petits tubes *a d*, *b c*, pleins d'eau. Deux fils de platine *a f*, *b g*, plongés en partie dans l'eau de la cuve, entroient dans les petits tubes en paſſant à travers les trous *a b*. Le fil *b g* communiquoit en E à l'extrémité in-férieure d'une pile *galvanique* E F, & le fil *a f* communiquoit avec la partie ſupérieure F. Auſſitôt la communication de ces fils avec les deux extré-mités de la pile, on voit les bulles ſe former ſur les fils, ſe dégager & ſe réunir dans la partie ſupé-rieure de chaque tube. On peut recueillir ces gaz, les meſurer & les eſſayer.

Un appareil plus ſimple, que l'on emploie dans beaucoup de cours de phyſique, eſt celui-ci : dans un entonnoir A B, *fig.* 852 (*a*), on met une ron-delle de verre F G, percée de deux trous *a*, *b* ; cet entonnoir, dont le bout a été coupé, ſe place dans un vaſe D E plein d'eau ; deux fils métalliques *a f*, *b g* ſont introduits, par le bas de l'entonnoir C, dans les trous *a b* de la rondelle. Ils ſont recou-verts par deux tubes *a d*, *b c* ; lès deux autres ex-trémités *f*, *g* des fils métalliques communiquent avec les deux pôles d'une pile *galvanique* ; les gaz ſe dégagent auſſitôt que la communication eſt établie.

Tous les oxides & les acides qui contiennent de l'oxigène ont été décompoſés par l'action de la pile *galvanique*. L'oxigène eſt venu conſtamment ſe réunir au pôle poſitif de la pile, & les baſes des combinaiſons au pôle négatif : ces belles obſerva-tions ont d'abord été faites par MM. Hiſenger & Berzelius. Humphry Davy, en les variant & les étendant, fut conduit à décompoſer les alcalis. Le docteur Seébeck a perfectionné la méthode de Davy. *V.* SODIUM, POTASSIUM, CALCIUM, &c.

Nous citerons, comme exemple de la décompo-ſition des ſels métalliques, l'expérience ſuivante. Rempliſſez le tube A B, *fig.* 852 (*b*), d'une diſſolu-tion d'acétate de plomb, fermez les deux extré-mités de ces tubes avec deux bouchons *f*, *g*, & faites paſſer à travers ces bouchons deux fils mé-talliques *a d*, *b c* communiquant, l'un avec le pôle poſitif de la pile, l'autre avec le pôle négatif, de manière qu'ils pénètrent dans l'intérieur du tube, à la diſtance d'un pouce l'un de l'autre *a b*. Des la-melles & des eſpèces de filamens paroîtront auſſitôt la communication avec les deux pôles de la pile ; ils adhéreront au fil négatif, qui bientôt ſera re-couvert d'une belle végétation de plomb à l'état métallique. Si l'on fait l'expérience avec le muriate d'étain, le nitrate d'argent, on obtiendra à peu près un ſemblable réſultat : d'autres métaux ſont égale-ment révivifiés, mais ſans préſenter le même éclat métallique.

Si l'on fait communiquer deux capſules ou deux taſſes A B, *fig.* 852 (*c*), par des muſcles, du coton ou mieux un fil d'amiante mouillé, ſi l'on emplit ces vaſes d'une diſſolution ſaline & que l'on y plonge deux fils de platine *a d*, *b c*, la baſe du ſel ſe porte dans le vaſe qui communique avec le pôle négatif C, & l'acide dans celui qui communique avec le pôle poſitif E. Que l'on ait mis, par exemple, une diſſolution de ſulfate de ſoude dans les deux vaſes, on trouvera, au bout de quelques heures, l'acide ſulfurique dans l'eau du vaſe po-ſitif E, & la ſoude dans celle du vaſe négatif C. Auſſi l'acide & l'alcali ſont tranſmis dans des direc-tions oppoſées, à travers l'eau qu'ils contiennent.

On obtient le même réſultat lorſque l'on ne met de diſſolution ſaline que dans l'un des vaſes & de l'eau diſtillée dans l'autre ; ſi l'on fait communi-quer le vaſe qui contient la diſſolution avec le pôle négatif ou C, la baſe y reſtera & l'acide ſera tranſporté dans l'autre vaſe ; en faiſant communi-quer avec le pôle poſitif E, le vaſe qui contient la diſſolution ſaline, c'eſt, au contraire, la baſe qui eſt tranſportée dans l'eau diſtillée ; l'acide reſte dans la diſſolution.

En établiſſant cette double communication dans deux vaſes qui contiennent de l'eau diſtillée, on obſerve que la décompoſition de l'eau continue, lorſque la communication entre les deux vaſes eſt établie avec un fil métallique, & qu'elle s'arrête au bout d'un temps très-court, lorſque la communication eſt établie avec du coton, de l'amiante, des nerfs ; mais elle reprend auſſitôt en changeant les pôles qui communiquent à cha-cun des vaſes : cette différence provient de ce qu'il ſe dégage des gaz hydrogène & oxigène de chaque vaſe, lorſqu'un fil métallique établit la communication, & qu'avec les autres matières, il ne ſe dégage que du gaz hydrogène du vaſe qui correſpond au pôle poſitif, & de l'oxigène dans l'autre : d'où il réſulte que les vaſes contiennent, l'un de l'eau privée d'une portion de ſon hydro-gène, & l'autre de ſon oxigène : à meſure que ces deux gaz ſe dégagent, ce qui en reſte eſt retenu par l'affinité de l'autre gaz en excès ; & le dégage-ment ceſſe lorſque l'affinité du *galvaniſme*, pour chaque gaz, fait équilibre à celle du gaz en excès.

Un phénomène aſſez remarquable a lieu lorſque la communication eſt établie avec des nerfs : celui-ci ſe gélatiniſe dans le vaſe dont l'eau eſt hydro-génée.

Aſſez généralement, on fait dépendre de trois élémens la décompoſition des corps par la pile *galvanique* : 1°. de la diſpoſition plus ou moins forte qu'auront les principes des corps compoſés, à prendre, dans chaque particule, des états élec-triques oppoſés ; 2°. de l'énergie plus ou moins grande avec laquelle ſe conſtituent ces états ; 3°. du rapport de cette énergie avec l'affinité chi-mique que les principes des corps ont entr'eux. Ainſi, ſi l'on opère ſur un corps dont les principes se mettent facilement dans un état électrique très-opposé, il pourra se faire que la pile décompose ce corps, quoique l'affinité chimique qui réunit ses principes soit très-puissante; si, au contraire, l'affinité est très-foible, mais qu'en même temps les principes constituans du corps aient très-peu de tendance à se mettre dans les états électriques opposés, il sera fort possible que la décomposition ne s'opère pas. Enfin, de même que dans le frottement des corps les uns contre les autres, il y en a qui prennent tantôt l'électricité E, tantôt l'électricité ℰ, selon la nature du frottoir auquel on les applique : de même, il pourra arriver qu'un même principe prenne, tantôt l'état positif E, tantôt l'état négatif ℰ, selon les combinaisons dans lesquelles il entrera; & quoique, en général, chaque principe doive porter dans toutes les combinaisons les mêmes dispositions naturelles, néanmoins, le résultat définitif dépendra encore des dispositions analogues ou différentes des principes avec lesquels il sera uni. Dans toutes les expériences que l'on a faites jusqu'à présent avec la pile galvanique, l'oxigène a paru conserver sa disposition à l'état ℰ, & s'est toujours porté vers les surfaces électrifées positivement E; même lorsque les corps se sont trouvés composés de plusieurs principes, dont quelques-uns avoient de fortes affinités pour l'oxigène, celui-ci leur a communiqué sa disposition negative ℰ, & les a entraînés vers le pôle E, tandis qu'au contraire les autres principes ont alors pris l'état vitré E & se sont portés vers le pôle résineux ℰ.

Action physique.

Ce que l'on distingue sous le nom d'action physique, dans le galvanisme, c'est la présence de l'électricité qui se manifeste toujours dans les phénomènes, mais principalement dans la pile galvanique. Voyez PILE GALVANIQUE.

Un électromètre D, fig. 658 (b), placé à l'une des extrémités isolées d'une pile, donne des indices d'électricité; ces indices sont E, si c'est à l'extrémité du pôle positif; elles sont ℰ, si c'est à l'extrémité du pôle négatif : en faisant communiquer l'extrémité isolée d'une pile galvanique avec un condensateur, celui-ci se charge d'une électricité assez forte pour produire une étincelle & faire partir le pistolet de Volta. (Voyez PISTOLET DE VOLTA.) Enfin, on peut charger une bouteille de Leyde, soit directement, en faisant communiquer l'une de ses armures avec l'un des pôles de la pile, soit indirectement, en condensant l'électricité de la pile sur un condensateur, & portant cette électricité condensée sur l'une des armures d'une bouteille de Leyde. Voyez ELECTRICITE.

Des galvanomoteurs.

On distingue deux sortes de galvanomoteurs, naturels & artificiels.

Plusieurs animaux, parmi lesquels se trouvent la torpille, rajo torpedo; l'anguille de Surinam, gymnotus electricus; le trembleur, silurus electricus; un tétradon; le trichiure des Indes, trichiurus indicus, &c.; tous ces poissons ont la propriété de donner, lorsqu'on les touche, une commotion semblable à celle que l'on obtient de la pile galvanique. Quelques pêcheurs assurent même la recevoir en tirant les filets dans lesquels on les prend.

On a reconnu que la propriété galvanique de ces animaux provenoit d'un organe extérieur, composé de prismes de différentes formes, produits par des plans aponévrotiques séparés, & remplis d'albumine & de gélatine. L'ensemble de cet organe ressemble à plusieurs piles galvaniques placées les unes à côté des autres, dans un ordre propre à produire le plus grand effet. Voyez TORPILLE, GYMNOTE ENGOURDISSANT, TREMBLEUR, TETRADON, TRICHIURE.

Les galvanomoteurs artificiels se composent ordinairement de trois substances; deux qui ont la propriété de développer du galvanisme par leur contact, & une qui transmet le galvanisme d'une plaque à l'autre, avec toute son intensité : ces plaques sont placées les unes sur les autres; de manière que les deux plaques qui développent du galvanisme sont en contact, & que chaque paire de plaques est séparée par la substance conductrice. Les galvanomoteurs ordinaires se composent de plaques de cuivre & de zinc pour développer le galvanisme, & de drap mouillé pour séparer les couples; quel que soit l'ordre dans lequel ces plaques sont placées, il doit être constant dans toute la pile; ainsi, si la première paire est composée de cuivre inférieurement & de zinc supérieurement, toutes les autres doivent être dans une même disposition.

Comme il se développe du galvanisme par le contact de chaque paire, le galvanisme développé de la première paire se transmet à la seconde; le galvanisme développé de la seconde paire s'ajoute à celui qu'il a reçu, & ces deux quantités se transmettent à la troisième, & ainsi de suite; de manière que l'intensité du galvanisme de chaque paire augmente successivement en raison du nombre de paires superposées.

En plaçant ainsi les paires de disques les unes au-dessous des autres, les draps mouillés qui sont dans la partie inférieure de la pile sont de plus en plus comprimés; cette compression fait sortir l'humidité nécessaire à la transmission du galvanisme, & la loi de l'augmentation de l'intensité diminue. Pour remédier à l'inconvénient des piles verticales, Cruikshank imagina de placer les plaques dans des auges, & de verser un liquide entre chaque plaque. (Voyez ELECTROMÈTRE DE CRUIKSHANK.) Ces galvanomoteurs à auges, beaucoup plus commodes que les piles galvaniques, lorsque l'on veut produire de très-grands effets, ont été généralement adoptés.

Pour produire de grands effets, on a dû réunir

un grand nombre de plaques, & souvent des plaques de grande dimension; si toutes ces plaques étoient placées dans une seule auge, on éprouveroit de grandes difficultés pour les fixer & pour les manœuvrer; on a donc été contraint de diminuer la grandeur des auges, & de les multiplier: on obtient alors deux avantages: commodité dans la manœuvre, & facilité de varier le nombre de plaques, conséquemment l'intensité du *galvanisme*. *Voyez* ELECTROMOTEUR.

Dumotier, en construisant des *galvanomoteurs* de Zamboni (*voyez* ELECTROMOTEURS DE ZAMBONI), a remarqué que l'on pouvoit obtenir un maximum d'intensité avec un certain nombre de plaques; mais que dès que l'on dépassoit ce nombre, le *galvanisme* n'augmentoit pas sensiblement.

Conservateur du galvanisme, ou piles secondaires.

Si l'on isole une pile galvanique, que l'on fasse communiquer ses deux pôles par une bande de papier mouillé d'eau pure, une corde, un ruban mouillé, &c., chaque moitié de la bande prendra le *galvanisme* du pôle avec lequel elle communique. Si l'on enlève la bande de papier avec un corps isolant, les deux extrémités donneront des indices de *galvanisme* de la nature de ceux du pôle qu'elles touchoient; elles conserveront pendant quelque temps leur *galvanisme*, dont l'intensité diminuera peu à peu jusqu'à ce que l'équilibre soit rétabli.

Tout fait croire que les premières expériences sur la conservation du *galvanisme* sont dues à Gautherot: ce savant ayant attaché deux morceaux de verre D, E, *fig.* 853, à un fil de platine A C B, plongea les deux extrémités A, B dans les tasses des extrémités d'un appareil à couronne (*voyez* ELECTROMETRE A COURONNE), de manière que ce fil complétoit le circuit galvanique. Après les avoir laissés quelque temps dans cette position, il les retira, & rapprochant les deux bouts, sans les toucher, il les porta sur sa langue, & il éprouva une saveur galvanique.

Alors il remplit d'eau salée un flacon F, *figure* 853 (*a*), le couvrit avec un bouchon B, traversé par deux fils de platine *a d*, *b c*, fit communiquer pendant quelque temps les extrémités *c*, *d*, avec les deux pôles d'une pile galvanique; il retira ces fils & plongea dans l'eau les extrémités *c*, *d*; l'eau fut décomposée par ces fils, comme s'ils communiquoient encore à une pile.

Ritter a composé des colonnes de disques de cuivre & de carton mouillé, qui produisent un effet analogue. Ces colonnes, incapables de transmettre le *galvanisme*, le conservent à chacune de leurs extrémités, qui ne le perdent qu'avec lenteur.

On obtient ainsi tous les effets ordinaires des *galvanomoteurs*, la saveur, l'éclair, les commotions, les déflagrations, la décomposition de l'eau, l'écartement des pailles de l'électromètre; mais ce *galvanisme* produit des actions chimiques, physiologiques & physiques, différentes selon la proportion dans laquelle les disques de carton & de cuivre sont dans ces colonnes.

Dès que la communication est établie entre une pile secondaire & un *galvanomoteur*, on trouve que, dans les premiers momens du contact, la pile galvanique perd la plus grande partie de sa tension, & qu'à mesure que le conservateur reçoit du *galvanisme*, la tension de la pile augmente, jusqu'à ce que la pile secondaire ait reçu toute la charge qu'elle est susceptible de recevoir. Elle s'enrichit donc & se charge aux dépens de la pile galvanique, qui ne reprend toute sa force que lorsque l'autre ne peut plus lui en enlever.

Tout le *galvanisme* communiqué par une pile galvanique à un conservateur, n'est pas retenu par celui-ci; il s'en échappe toujours un peu par la faculté plus ou moins conductrice de la pile secondaire, qui ne peut être regardée comme appartenant aux corps isolans, mais plutôt comme un conducteur imparfait. Cette transmission est considérablement variée par la nature du liquide dont on mouille les cartons. Ritter avoit formé deux conservateurs, dont les cartons de l'un avoient été mouillés dans une dissolution de muriate de soude, & les cartons du second dans une dissolution de muriate d'ammoniaque. Après le contact avec une pile galvanique, le premier conservateur produisit des effets bien prononcés, tandis que le second n'en laissoit apercevoir que d'insensibles.

Par les différentes combinaisons entre les disques de cuivre & de carton mouillé, on obtient des effets très-différens des conservateurs; nous allons indiquer à ce sujet quelques résultats des expériences de Ritter, rapportées aux trois actions physique, chimique & physiologique.

Disposant les plaques en trois masses, savoir: A B, *fig.* 854, seize plaques de cuivre; B C, trente-deux rondelles de carton mouillé; C D, seize plaques de cuivre: cette colonne, après avoir été mise en communication avec une pile galvanique, 1°. ne présenta aucune tension électrique appréciable; 2°. ne fit éprouver qu'une très-foible saveur, & ne donna point de commotion; 3°. ne produisit aucun dégagement de gaz.

Une colonne à quatre masses, *fig.* 854 (*a*), formée de seize plaques de cuivre A B; seize rondelles de carton mouillé B C; une plaque de cuivre C; seize rondelles de carton mouillé C D, & quinze plaques de cuivre D E, produisit, après le contact: 1°. une tension électrique très-foible; 2°. une saveur bien prononcée, mais point de commotions; le dégagement de quelques bulles de gaz.

Faisant usage des mêmes élémens; une colonne à cinq masses, *fig.* 854 (*b*), formée de quinze plaques de cuivre A B; onze cartons mouillés B C; deux plaques de cuivre C D; onze cartons mouillés C D & D E, & quinze plaques de cuivre C E F, produisit, après le contact: 1°. une tension électrique sensible;

fenfible; 2°. des commotions foibles, mais une faveur très-forte; 3°. un dégagement de gaz très-prononcé & continu.

Ayant diftribué dans une colonne à fept maffes quatorze difques de cuivre A B, *fig.* 854 (*c*), fept cartons mouillés B C, une plaque de cuivre C; fix cartons mouillés C D, une plaque de cuivre D; fix cartons mouillés D E, une plaque de cuivre E; fix cartons mouillés E F, une plaque de cuivre F; fept cartons mouillés F G & quatorze difques de cuivre G H: on obtient, après le contact: 1°, une tenfion électrique plus grande que dans la précédente; 2°. des commotions très-prononcées; 3°. un dégagement de gaz plus rapide & plus foutenu.

Enfin, Ritter obtint le maximum d'action chimique dans une colonne à dix-neuf maffes, compofée: 1°. de huit difques de cuivre à la bafe, puis un carton mouillé; 2°. un difque de cuivre, deux cartons mouillés; 3°. un difque de cuivre & deux cartons mouillés, treize ftarifications femblables, qui faifoient en tout feize maffes; un difque de cuivre & un carton mouillé pour la dix-huitième; enfin, huit difques de cuivre pour la dix-neuvième. Après le contact, cette colonne préfenta tous les effets phyfiques, chimiques & phyfiologiques, dans une intenfité bien plus grande que dans les colonnes précédentes.

Une colonne à trente-deux intercalations, formée des difques & des cartons placés fucceffivement les uns au-deffus des autres, produifit une tenfion électrique & des effets phyfiologiques plus grands que dans celle qui précéde; mais l'action chimique commença à rétrograder; le dégagement du gaz fut moindre que dans les précédentes.

Continuant à former des colonnes avec des difques de cuivre, féparés un à un par des rondelles de carton mouillé, Ritter compofa une colonne de foixante-quatre plaques de cuivre & foixante-quatre rondelles de carton: il obferva, après le contact: 1°. la tenfion électrique plus grande que dans les colonnes précédentes; 2°. les commotions plus fortes & l'action chimique moindre.

Dans une colonne de cent vingt-huit intercalations, formée de cent vingt-huit plaques de cuivre & autant de rondelles de carton mouillé, il remarqua après le contact, 1°. que la tenfion électrique étoit encore augmentée; 2°. les commotions étoient également plus fortes; 3°. l'action chimique avoit difparu.

Voulant encore doubler le nombre des intercalations & les porter à deux cent cinquante-fix, avec un pareil nombre de difques de cuivre & de carton mouillé, Ritter obferva, après le contact, que, 1°. la tenfion électrique étoit augmentée; 2°. l'action phyfiologique avoit rétrogradé, puifque les commotions étoient devenues

moins fortes; 3°. l'action chimique n'exiftoit plus.

Il réfulte des expériences faites avec des colonnes compofées d'une manière différente, foit par l'arrangement des maffes, foit par le nombre des élémens, que le maximum des actions chimiques, phyfiologiques & phyfiques, s'obtient avec des confervateurs différens. Le maximum de l'action chimique a été obtenu avec une colonne compofée de trente-deux difques de cuivre & trente-deux rondelles de carton mouillé, diftribués en dix-neuf maffes & feize intercalations; les deux maffes des extrémités étoient compofées chacune de huit difques de cuivre, & les dix-fept du centre de chacune deux rondelles de carton; chaque double rondelle étoit féparée par une plaque de cuivre: le maximum d'action phyfiologique étoit produit par une colonne formée de cent vingt-huit intercalations fimples de difques de cuivre & de rondelles de carton; quant au maximum d'action phyfique, il n'a pas encore été déterminé.

Ritter compofa également des confervateurs avec deux métaux, zinc & cuivre. Il forma d'abord une colonne de foixante couples de cuivre & zinc, mais placée inverfement: ainfi, la première couple fur la bafe étoit cuivre & zinc, la feconde zinc & cuivre, la troifième cuivre & zinc, la quatrième zinc & cuivre, &c. Après le contact avec une pile galvanique, la colonne étoit fans action chimique, mais elle produifoit d'affez fortes commotions.

Séparant les couples avec des cartons mouillés, comme dans les piles galvaniques ordinaires, il forma deux piles diftinctes de chacune trente couples de cuivre & zinc, féparées par des cartons mouillés; ces deux piles furent placées inverfement l'une fur l'autre, de manière qu'elles détruifoient mutuellement leurs effets. Après fon contact avec une pile galvanique active, cette colonne ne donna aucune trace d'action chimique; mais elle produifit des commotions beaucoup plus fortes que la précédente: auffi Ritter la confidère-t-il plus fpécialement que toutes les autres, comme un confervateur d'actions phyfiologiques.

Enfin, une colonne formée de trente-deux plaques de zinc, trente-deux plaques de cuivre & foixante-trois rondelles de carton mouillé, fut conftruite en plaçant fur la bafe une plaque de cuivre, un carton mouillé, une plaque de zinc, un carton mouillé, & cela fucceffivement. Après fon contact avec une pile galvanique active, elle produifit: 1°. une tenfion électrique moins grande; 2°. des commotions moins fortes; 3°. une décompofition d'eau plus marquée qu'une colonne de cuivre & de carton mouillé, d'un même nombre d'élémens, & auffi qu'une pile d'un égal nombre de plaques, toutes de zinc & de carton mouillé.

Quoique nous n'ayons rapporté ici que des

expériences faites avec des plaques de cuivre & de zinc, Ritter en a fait aussi avec d'autres métaux, & il a trouvé que les colonnes sont d'autant plus propres à être chargées, que les métaux qui les composent sont plus susceptibles de devenir négatifs par leur contact avec les autres. (*Voyez* Électromoteurs.) Ainsi l'étain, le zinc, le plomb ne donnent rien de sensible; l'action du fer, ainsi que celle de l'acier trempé, est très-foible; celle du laiton & du cuivre est plus grande; celle de l'argent l'est bien davantage; l'or & le platine tiennent encore un rang supérieur; mais le carbure de fer & l'oxide de manganèse agissent encore plus que toutes les autres substances.

Conducteurs galvaniques.

On divise les conducteurs *galvaniques*, comme les conducteurs électriques, en trois classes : 1°. bons conducteurs; 2°. moyens conducteurs; 3°. mauvais conducteurs.

Tous les corps bons conducteurs de l'électricité paroissent l'être également pour le *galvanisme*; il en est de même des moyens conducteurs & des mauvais conducteurs. *Voyez* Conducteurs électriques.

Des galvanomètres.

Nous avons vu qu'il existoit, dans le *galvanisme*, trois actions distinctes, physique, chimique & physiologique; chacune de ces actions devant être mesurée, il est nécessaire d'avoir trois sortes de *galvanomètres*.

Ce que l'on distingue dans les phénomènes galvaniques, sous le nom d'*action physique*, ce sont les phénomènes électriques qui se manifestent dans la plupart des instrumens & des élémens d'instrumens employés à produire du *galvanisme*. Quant à l'action chimique, comme celle qui est la plus apparente, est la décomposition de l'eau, c'est le plus ou le moins de facilité à produire ce phénomène, que l'on prend comme mesure de l'action.

Un *galvanomètre* d'action chimique extrêmement simple, est celui-ci : dans un tube de verre AB, *fig.* 855, rempli d'eau, on introduit deux fils métalliques *a b*, *c d*; on fait communiquer les extrémités *a*, *d* avec les deux pôles d'une pile galvanique, & l'on rapproche les extrémités intérieures *b*, *c* jusqu'à ce que l'on voie des bulles se former à l'extrémité de ces pointes : on juge de la force de l'action chimique par la distance à laquelle les deux pointes *b*, *c*, doivent être pour déterminer la décomposition de l'eau. *Voyez* Galvanomètre.

Quant à la mesure de l'action physiologique, quelques physiciens la déterminent par la force des commotions que l'on reçoit, ou, lorsque le *galvanisme* est très-foible, par la saveur que l'on distingue en approchant du bout de la langue des fils métalliques qui communiquent aux corps galvaniques. Quelques personnes prennent une grenouille fraîchement préparée, & jugent la force & l'intensité du *galvanisme*, d'après l'irritation qu'elle éprouve; mais, en général, tous ces moyens de juger l'action physiologique du *galvanisme* sont très-inexacts.

Analogie entre le galvanisme & l'électricité.

A peine Galvani eut-il découvert les premiers phénomènes de l'action physiologique, qu'il forma une théorie, & les attribua à une électricité animale. Il imagina que le fluide électrique sécrété dans le cerveau, étoit porté dans les muscles par la substance médullaire, tandis que le névritisme, doué d'une propriété isolante, l'empêchoit de se dissiper. Ce fluide, ainsi transmis, s'accumuloit, suivant Galvani, dans chaque fibre musculaire, comme dans autant de petites bouteilles de Leyde; de manière que leur intérieur se chargeoit d'électricité positive E, tandis que leur surface extérieure étoit électrifée négativement C. Venoit-on à mettre, à l'aide d'un arc métallique, les nerfs, qui étoient les conducteurs de l'électricité, en communication avec les muscles auxquels ils se distribuent, l'équilibre étoit rétabli, & c'est à ce rétablissement de l'équilibre qu'étoient dues les contractions musculaires.

Voyant que les convulsions ne s'obtenoient que très-rarement avec un arc composé d'un seul métal, & seulement lorsque l'irritabilité étoit encore très-vive, tandis qu'on les reproduisoit constamment, & pendant plus long-temps, avec un arc composé de métaux hétérogènes, Volta conclut que le principe d'excitation résidoit dans les métaux : & comme ce principe devoit être nécessairement électrique, puisque sa transmission étoit arrêtée par toutes les substances isolantes, il en vint à penser que le seul contact des métaux hétérogènes devoit produire une électricité foible qui, se transmettant à travers les organes musculaires de la grenouille, lorsqu'on complétoit la chaîne, déterminoit dans ces organes les convulsions que Galvani avoit observées.

Essayant, à l'aide de son condensateur, s'il se développoit de l'électricité par le contact des métaux hétérogènes, Volta en trouva réellement des indices; il reconnut même que le zinc, mis en contact avec l'argent ou le cuivre, & qui étoit le meilleur excitateur, étoit aussi celui qui développoit le plus d'électricité dans ce contact : ces résultats l'ont conduit à la construction de l'appareil auquel on a donné le nom de *pile de Volta*. *Voyez* Galvanomoteur, Électromoteur.

Comme la plus grande partie des phénomènes galvaniques sont produits, soit par le galvanomoteur qui développe beaucoup d'électricité, soit par le contact des métaux hétérogènes qui développent également de l'électricité, un grand nombre de phyficiens ont cru devoir attribuer tous les phénomènes galvaniques à l'électricité développée ; mais comme cette opinion a trouvé des contradicteurs, quoiqu'en très-petit nombre, nous allons rapporter ici les principaux phénomènes galvaniques, afin de nous affurer s'ils trouvent tous une explication fatisfaisante par l'électricité.

Tous les phénomènes chimiques, c'eft-à-dire, la décompofition de l'eau, des fels, des oxides, &c. par le galvanifme, ont long-temps été confidérés comme des phénomènes que l'on devoit attribuer à un fluide particulier ; mais dès que Van-Marum fut parvenu à décompofer également l'eau par l'électricité, les phénomènes chimiques, obtenus à l'aide de la pile galvanique, ont été regardés comme des phénomènes électriques, tant on a mis d'empreffement à fe débarraffer du nouveau fluide que l'on vouloit introduire dans la phyfique.

Quant aux combuftions produites par de fortes piles galvaniques, comme elles peuvent être obtenues toutes également avec de fortes batteries électriques, il n'eft refté aucun doute fur la fimilitude des caufes.

Les commotions que l'on reçoit avec des piles galvaniques, quoiqu'elles préfentent quelques différences avec celles que produifent les batteries électriques, ont également été attribuées aux mêmes caufes ; il fuffit, pour établir une parfaite analogie, de regarder les piles galvaniques comme des bouteilles de Leyde qui font conftamment en activité, & qui fe rechargent d'elles-mêmes auffi-tôt qu'elles font déchargées. Voyez COMMOTION GALVANIQUE.

On avoit d'abord regardé les phénomènes des confervateurs du *galvanifme*, ou des piles fecondaires, comme exigeant une autre explication ; mais bientôt ils furent envifagés comme des conducteurs imparfaits, dans lefquels l'électricité fe propage difficilement, & s'arrête dans les corps mauvais conducteurs ; c'eft ainfi que l'on expliquoit l'action de la pile galvanique fur le ruban mouillé, la corde, &c.

Les confervateurs de Ritter paroiffoient plus difficiles à expliquer comme phénomène électrique : voici comment Haüy (1) rend raifon des effets de la colonne compofée alternativement d'un difque de cuivre & d'une rondelle de carton mouillé, &c.

« On conçoit que l'action de la pile fecondaire dépend, en général, de ce que les deux fluides, dont fes extrémités fe font chargées par leur communication avec la pile de Volta, éprouvant une certaine difficulté pour fe réunir, obéiffent à leur attraction mutuelle. Cette difficulté provient d'abord de ce que la propriété conductrice des difques humides eft beaucoup moindre que celle

des difques de cuivre ; mais elle augmente encore, à raifon d'une certaine réfiftance que les furfaces planes des deux fubftances hétérogènes oppofent à la tranfmiffion des fluides, à l'endroit où elles font en contact l'une avec l'autre : de-là réfulte, dans le mouvement des mêmes fluides, une lenteur qui recule le moment où leur réunion fait difparoître la vertu de la pile. »

Il reftoit à expliquer les variations dans les actions phyfique, chimique & phyfiologique, que l'on remarque dans les différens confervateurs de Ritter. Nous allons tranfcrire ici l'explication que M. Biot en donne (1).

« On vient de voir qu'en changeant la diftribution des élémens dans une pile fecondaire, on peut changer à volonté fa faculté conductrice. Il étoit naturel de penfer que fes modifications influeroient diverfement fur les effets chimiques & phyfiologiques. » Pour en fuivre l'effet progreffif, M. Ritter a varié l'arrangement d'un nombre donné de conducteurs humides & folides, depuis la féparation en deux groupes, jufqu'aux alternatives les plus nombreufes. Voici les réfultats qu'il a obtenus. »

« Un très-petit nombre d'alternatives fe laiffe facilement traverfer par le courant de la pile primitive, fuppofée fuffifamment forte. L'appareil ne fe charge donc point d'une manière permanente ; les effets chimiques & phyfiologiques font nuls. En multipliant davantage les alternatives, la pile primitive reftant la même, la pile fecondaire commence à fe charger : elle communique de l'électricité à l'électrofcope ; elle dégage de l'eau quelques bulles de gaz, mais elle ne donne point de commotion dans les organes. Le nombre des alternatives s'accroiffant encore, la charge électrique augmente ; on obtient la décompofition de l'eau, la faveur & la commotion. Mais, à une certaine limite d'alternatives, les effets chimiques & phyfiologiques ceffent de croître, quoique la charge électrique totale refte conftante, ou même continue d'augmenter. Paffé ce terme, cette charge fe foutient toujours ; mais les autres effets s'affoibliffent. Le dégagement des bulles ceffe d'abord, enfuite la commotion. On fe trouve donc alors arrivé à l'autre extrême d'une conductibilité trop imparfaite, & la progreffion avec laquelle ces phénomènes s'éteignent, la charge électrique reftant conftante, achève de mettre, dans une entière évidence, ce que nous avons dit plus haut fur la manière dont ils dépendent de la viteffe de tranfmiffion.

» On voit, d'après les mêmes principes, pourquoi l'appareil de M. Ritter eft plus propre qu'aucun autre à ifoler ces deux genres d'action. Dans la pile ordinaire, la quantité d'électricité libre croît avec le nombre des étages, & balance la réfiftance qui réfulte des alternatives ; au lieu

(1) *Traité élémentaire de Phyfique*, tome II, page 56.   (1) *Traité de Phyfique*, tome II, page 543.

H h 2

que, dans la pile secondaire, la force répulsive de l'électricité aux deux pôles ne peut jamais surpasser celle de la pile primitive; & la résistance que les alternatives fournissent est employée toute entière à modifier l'écoulement d'une même quantité d'électricité.

» Enfin, si la pile de Volta peut charger ainsi la pile secondaire de Ritter, elle doit cette faculté à ce que la force répulsive de l'électricité à ses pôles est extrêmement foible, & pour ainsi dire imperceptible. Une électricité plus forte, telle, par exemple, que celle des machines ordinaires, traverseroit entièrement le système des corps conducteurs qui forme la pile secondaire, & par conséquent ne pourroit produire aucun des effets qui résultent de son accumulation. »

Nous ne nous permettrons aucune réflexion sur les explications données par les deux célèbres physiciens que nous avons cités ; nous nous contenterons d'observer que, des fils métalliques qui sont parfaitement conducteurs de l'électricité, conservent leur action chimique, c'est-à-dire, qu'ils décomposent l'eau, après leur communication aux deux pôles d'une pile de Volta, ainsi que Gautherot l'a assuré dans un Mémoire lu à l'Institut, en ventôse an 9 (1).

Toutes les fois que les phénomènes physiologiques, tels que les convulsions de la grenouille préparée, celles des animaux morts, sont produits par le contact de deux métaux hétérogènes, on peut croire qu'ils sont ici le résultat de l'électricité qui se développe par ce contact, quoiqu'il soit bien difficile de concevoir comment une si foible électrisation peut produire des effets aussi grands que ceux qu'Aldini a obtenus (2). Mais lorsque l'on considère que les mêmes convulsions peuvent avoir lieu en employant des substances qui ne produisent, par leur contact, aucune électricité apparente, sensibles aux instrumens, aux électroscopes les plus délicats, tel, par exemple, que le contact des muscles & des nerfs de l'animal lui-même, comme Galvani l'a prouvé; ou même en se servant de la moëlle épinière, & des muscles d'un autre animal, comme Aldini s'en est assuré par l'expérience (3), on a de la peine à concevoir comment l'électricité peut produire ces convulsions. Nous allons rapporter ici l'explication que Biot donne de ce phénomène (4).

« Puisqu'il se développe de l'électricité par le seul contact mutuel de deux métaux, il est également possible qu'il s'en développe par le contact de deux substances hétérogènes, comme les muscles & les nerfs. Seulement, si cette action est beaucoup plus foible que celle d'un métal sur un métal,

il faudra, pour le manifester, employer un électroscope d'une susceptibilité encore plus vive, & tel que les organes de la grenouille paroissent l'être dans les premiers instants qui suivent la mort ».

Ainsi, pour expliquer les expériences que Galvani opposoit à ceux qui soutenoient que les phénomènes physiologiques sont dus à l'électricité, on lui répond : ces phénomènes eux-mêmes prouvent que l'agent que vous employez est l'électricité.

Il étoit cependant essentiel de s'assurer si les superpositions de nerfs & de muscles étoient susceptibles, comme les métaux, de former une pile galvanique; c'est ce que M. Lagrave essaya. Ce savant prépara & mit à nu (1) un certain nombre de muscles pectoraux & intercostaux, qu'il coupa en forme de disque; il prit du cerveau & en tailla, le plus délicatement qu'il lui fut possible, le même nombre que de parties musculeuses; plaçant ces deux substances l'une sur l'autre, il sépara les couples avec des disques de chapeau mouillés dans l'eau salée. Après bien des tâtonnemens, M. Lagrave étant parvenu à former une pile de soixante couples, obtint, pour tout résultat, un saveur assez prononcée : cette saveur ne commença à être foiblement aperçue qu'à la quarantième couple; à la trentième on ne distinguoit encore rien.

GALVANOMÈTRE ; galvanometrum ; galvanometter ; s. m. Instrument destiné à mesurer le galvanisme développé, soit de la pile galvanique, soit de la combinaison & de la superposition de différentes substances.

Comme on distingue trois sortes d'actions galvaniques : physique, chimique & physiologique, on doit avoir aussi trois sortes d'instrumens pour mesurer le galvanisme.

L'action physique n'étant autre chose que l'électricité développée dans les opérations galvaniques, le galvanomètre doit être, dans cette circonstance, celui dont on fait usage pour mesurer les degrés d'intensité de l'électricité. Voyez ÉLECTROMÈTRE.

Pour l'action chimique, on se sert d'instrumens à l'aide desquels on a cherché à mesurer le degré d'intensité du galvanisme, ou mieux son degré d'action pour décomposer l'eau : c'est dans cet esprit qu'ont été imaginés ceux de Robertson & de Graperon (voyez GALVANOMÈTRE DE ROBERTSON, GALVANOMÈTRE DE GRAPERON) ; mais ces instrumens sont loin de remplir le but que l'on se propose, & de devenir comparables.

Nous avons vu, au mot GALVANISME, qu'il suffit de faire communiquer aux deux pôles d'une pile galvanique, deux fils métalliques difficilement oxidables, tels que l'or & le platine, de plonger les deux autres extrémités dans un vase, de les rapprocher l'un de l'autre sans les mettre en con-

---

(1) *Manuel du Galvanisme*, par Isarn, page 250 & suiv.
(2) *Essai sur le Galvanisme*, par Jean Aldini.
(3) *Essai théorique & expérimental sur le Galvanisme*, p. 8.
(4) *Traité de Physique expérimentale & mathématique*, tome II, page 471.

(1) *Journal de Physique*, année 1803, tome I, pag. 235.

tact, & qu'alors on voit des bulles se former, l'eau se décomposer, & les deux gaz hydrogène & oxigène se dégager. Mais la quantité de gaz qui se dégage, & qui sert de moyen de comparaison pour déterminer l'énergie de la pile, peut varier : 1°. par la proximité des deux fils qui plongent dans l'eau ; 2°. par leur longueur dans le liquide ; 3°. par la nature même de l'eau.

En plaçant les deux fils à une trop grande distance, ils exercent une foible influence l'un sur l'autre, & la quantité d'air obtenu varie avec cette distance. Si l'on met les deux fils en contact, le galvanisme passe rapidement de l'un à l'autre pour se transmettre au pôle opposé, & son action sur les élémens de l'eau devient moindre ; mais quelle est la distance où le maximum d'action doit avoir lieu ? C'est une question dont on n'a pas encore une solution complète.

Gay-Lussac & Thenard (1) ont fait entrer dans un entonnoir, par son bec, deux fils de platine ; ils y étoient scellés à la distance l'un de l'autre d'environ un centimètre ; l'entonnoir étoit plein : l'autre extrémité des fils communiquoit aux deux pôles d'une batterie gavanique composée de vingt paires de plaque, chacune de quarante-huit centimètres de surface. Les fils de platine que l'on employoit avoient chacun huit centimètres de longueur ; le liquide de l'entonnoir étoit composé d'une partie d'acide nitrique étendue de trois parties d'eau. Ces deux savans ont recueilli, dans l'espace de vingt minutes, cent quarante-neuf parties de gaz (2) ; réduisant les fils à quatre centimètres, la quantité de gaz obtenue dans le même temps étoit de cent cinquante-six mesures. Enfin, après avoir réduit les fils à deux pouces de longueur, ils n'obtinrent plus que soixante-cinq parties de gaz.

Quant à la nature du liquide qui remplissoit l'entonnoir dans lequel les fils étoient plongés, on n'obtenoit, en vingt minutes, que des quantités insensibles de gaz lorsque l'eau étoit très-pure ; dans l'eau d'Arcueil, qui contient en dissolution un peu de carbonate de chaux, il se dégageoit constamment dix à onze parties de gaz ; & lorsque l'entonnoir étoit successivement rempli d'acide sulfurique, d'acide nitrique & d'acide muriatique très-étendus, on obtenoit quarante-quatre à quarante-huit parties de gaz.

Plusieurs dissolutions salines concentrées ont offert à peu près les mêmes résultats que les acides foibles ; mais lorsqu'elles étoient étendues de beaucoup d'eau, elles ne donnoient plus lieu qu'à un foible dégagement de gaz.

On voit, d'après ces résultats, quelles difficultés on doit éprouver pour construire des galvanomètres comparables, avec lesquels on veuille

déterminer l'énergie de l'action chimique d'une pile.

Si nous n'avons pas encore d'instrumens assez exacts pour mesurer l'action chimique d'une pile galvanique, nous sommes beaucoup moins avancés pour mesurer l'action physiologique. Lorsque cette action est très-foible, on l'essaie par la saveur que fait éprouver, sur la langue, la communication de cet organe avec les pôles du producteur de galvanisme : si l'action est plus forte, on fait communiquer les extrémités de l'arc animal d'une grenouille fraîchement préparée, avec celles de l'arc excitateur, & l'on juge, par la force & la violence des convulsions obtenues : enfin, on reçoit les commotions ; mais la saveur fait éprouver des sensations différentes dans chaque individu, les grenouilles peuvent être différemment excitables, & la force, la violence de la commotion varie avec la manière dont on se dispose à la recevoir : elle est beaucoup plus forte lorsque l'on touche les deux pôles d'une pile avec des cylindres métalliques, que l'on tient fortement dans chaque main que l'on a préalablement entièrement plongée dans l'eau salée, que lorsque l'on touche avec deux doigts secs.

GALVANOMÈTRE DE GRAPERON ; galvanometrum Graperonicum; galvanometer von Graperon. Instrument imaginé par le docteur Graperon pour mesurer l'intensité galvanique des piles par la décomposion de l'eau.

C'est un tube de verre A B, fig. 855 (a), calibré, dont le diamètre n'a pas plus d'un millimètre ; il est fixé horizontalement sur un pied P ; une de ses extrémités est évasée en entonnoir & se relève sous un angle de 40 à 50 degrés sur la direction horizontale. fz est un fil métallique d'une grosseur déterminée, dont une extrémité est introduite dans le godet A, tout le reste demeurant au dehors pour établir les communications nécessaires. Par l'extrémité opposée du même tube, on introduit un autre fil de métal C, assez long pour aller toucher celui du godet.

Trois petits tubes de verre T, tirés en pointes différemment aiguës, sont destinés à être placés dans le godet A du tube A B, pour en augmenter la capillarité dans ce point ; on applique le long du tube une échelle graduée sur une bande métallique.

Pour graduer l'échelle, M. Graperon a pris, pour premier terme, le point o où les conducteurs peuvent se toucher, c'est le zéro de l'échelle. Le tube étant rempli d'eau, il obtient le second terme en faisant communiquer les extrémités des deux fils métalliques f, C, avec les deux pôles d'une colonne de dix doubles plaques, zinc & cuivre, de quarante-sept millimètres de diamètre, parfaitement décapées. Des rondelles de drap d'Elbeuf, bien mouillées dans une eau saturée de muriate de soude, & à 15 degrés de température, séparent les

(1) Recherches physico-chimiques faites sur les Piles, tome I, page 19.
(2) Cent-vingt-trois parties équivalent à un centilitre.

doubles plaques. La communication n'eſt établie que quinze minutes après que la pile eſt montée ; alors, en mouvant le conducteur C, il cherche la diſtance du point o, où l'extrémité doit être placée pour que le dégagement des bulles commence à paroître après dix ſecondes d'expoſition : ce point eſt le 10°. degré de ſon échelle. L'eſpace entre le point o & ce point eſt diviſé en dix parties égales.

Il a doublé cet eſpace en éloignant le conducteur C, & il a continué la graduation de ſon échelle. Rétabliſſant alors les communications avec ſa pile, il a augmenté le nombre des doubles plaques juſqu'à ce que, au bout de dix ſecondes, les bulles commencent à paroître, ce qui eſt arrivé après avoir ajouté vingt-deux doubles plaques aux dix qui exiſtoient déjà. Ainſi le 20°. degré correſpondoit à une intenſité de trente-deux plaques ; ces dernières plaques n'étoient pas, à la vérité, auſſi bien décapées que les premières. C'eſt à l'aide de cette échelle & de la diſtance à laquelle les bulles commencent à paroître au bout de dix ſecondes, que l'on juge de l'intenſité du galvaniſme, relativement à l'action chimique.

Comme la longueur du tube eſt telle, que le 20°. degré ſe trouve très-près de l'extrémité B, on voit que le maximum de cette échelle ne correſpond qu'à l'intenſité galvanique d'une trentaine de couples. Pour apprécier une force plus grande, on ſe ſert des ajutages. T. On tire en pointe très-aiguë un morceau de tube de verre, on place ſa pointe dans le galvanomètre, & ſa capillarité le fait remplir ſur-le-champ. On introduit, dans cette eſpèce d'entonnoir, un bout de fil fʒ, & l'on avance juſqu'à l'autre fil conducteur C. Alors, quoiqu'on établiſſe la communication des deux conducteurs ʒ C, avec les extrémités d'une colonne dont l'intenſité meſurée étoit de vingt degrés, il ne ſe fait pas de dégagement au bout de dix ſecondes, à cauſe de l'exiguité du tube. La fineſſe que l'on donne à un tube de verre en le tirant à la lampe n'ayant point de borne, on peut facilement s'en procurer d'une exiguité convenable à l'effet dont il s'agit. Les choſes étant à ce point, on uſe l'extrémité du petit tube, juſqu'à ce que l'on obtienne le dégagement, au bout de dix ſecondes, la tige C étant avancée juſqu'au zéro de l'échelle. On voit que, dans ce cas, le zéro indique 20, & que, par conſéquent, l'échelle totale eſt de vingt à quarante ; montant une pile qui indique ce nouveau maximum, & employant d'autres ajutages encore plus fins, réglés par le même procédé, & que l'on a ſoin d'étiqueter du chiffre qui déſigne l'augmentation, on peut étendre l'uſage du galvanomètre juſqu'à meſurer une force galvanique quelconque.

La forme de la pointe de la tige de laiton C, pouvant varier le phénomène, l'auteur en a déterminé la coupe à 45 degrés. Lorſqu'il fit ſes expériences, le ciel étoit couvert, le baromètre à 28 pou. 2 l; & le thermomètre à 15 d. à l'ombre.

Quand le galvanomètre a ſervi pluſieurs fois, il ſe trouve dans la liqueur des bulles d'air qui pourroient tromper, en ſe confondant avec celles d'un nouveau dégagement, & en diminuant la capacité du tube ; alors il faut renouveler l'eau dont il eſt rempli. Il eſt néceſſaire, pour avoir des réſultats comparables, que les conducteurs métalliques qui ſont ajoutés, ſoient au moins auſſi gros que ceux du galvanomètre.

Il eſt inutile d'obſerver que, lorſqu'on fait les tâtonnemens pour diſtinguer le dégagement des bulles d'air au bout de dix ſecondes, l'on doit toujours commencer par un point beaucoup plus éloigné, & avancer ſucceſſivement vers zéro.

Dans le nombre des expériences que M. Graperon a faites avec ſon galvanomètre, nous citerons les ſuivantes : la commotion a commencé à être ſenſible, pour l'auteur, à 16 degrés. La colonne de dix plaques étant reſtée montée toute la journée, le lendemain, à la même heure, elle marquoit 5 degrés. De l'ammoniaque miſe dans un galvanomètre, marquoit 45 degrés à une colonne dont la force n'étoit que de 10 degrés dans l'eau pure. Une diſſolution de nitrate de potaſſe ne donnoit aucun dégagement, lorſ même que la tige C ſe trouvoit à zéro. Mais le fil commençant avec l'autre extrémité de l'appareil, laiſſa dégager quelques bulles. Une diſſolution de muriate d'ammoniaque a préſenté des phénomènes particuliers : quelquefois il y avoit dégagement & oxidation apparente du même conducteur ; d'autres fois il n'y en avoit point ; la couleur des flocons, tantôt rouge & tantôt noire, diſparoiſſoit & revenoit dans certaines circonſtances, qu'il a été difficile de ſaiſir, pour reproduire, à volonté, les mêmes phénomènes. On voit, d'après ces faits, l'uſage que l'on peut faire du galvanomètre pour déterminer la conductibilité d'une liqueur.

Nous devons obſerver que les réſultats obtenus dans l'eau ſaturée de nitre ne s'accordent pas avec ceux de MMᵣ Gay-Luſſac & Thenard ; car une intenſité galvanique qui ne produiſoit, dans l'eau diſtillée, que onze parties de gaz dans un temps donné, en produiſoit vingt huit dans de l'eau ſaturée de nitre. Il eſt vrai, cependant, que la quantité d'eau, décompoſée dans une diſſolution de nitre, augmente juſqu'à un certain degré, en étendant d'eau la diſſolution ſaturée, puiſque l'on a obtenu quarante-ſept parties de gaz dans le même temps, lorſque la diſſolution ſaturée de nitre a été étendue d'un volume d'eau égal au ſien, ce qui pourroit dépendre, diſent ces ſavans, de ce qu'il y auroit entre l'eau & le ſel un point de ſaturation pour lequel la propriété conductrice fût à ſon maximum, & qu'à partir de ce point, la propriété diminuât des deux côtés.

GALVANOMÈTRE DE PEPIS; galvanometrum Pepiſicum; galvanometer von Pepis, ſ. m. Inſtrument imaginé par Pepis pour mesurer l'intensité du galvanisme.

Pepis s'est principalement proposé, en construisant son *galvanomètre*, de mesurer l'intensité électrique des galvanomoteurs. Le principe d'après lequel cet instrument est construit est celui de l'électromètre de Benet. *Voyez* ELECTROMÈTRE, ELECTROMÈTRE DE BENET.

M, N, *fig.* 857, est le *galvanomètre* complet (1). Seulement, pour faciliter la description, on a représenté son couvercle comme soulevé au-dessus du cylindre de verre, au lieu de le montrer inséré dans son orifice supérieur, comme il l'est lorsqu'on fait usage de l'instrument. Le couvercle M est formé de deux plaqués circulaires de laiton, appliquées l'une contre l'autre & garnies en dessous d'une rondelle de liége, qui entre juste dans le cylindre. La plaque inférieure, ainsi que le liége, est percée d'un trou oblong, dans lequel commence une rainure qui arrive jusqu'au bord extérieur de la plaque, & reçoit une lame mince d'argent A A, qui peut glisser en avant & en arrière entre ces plaques, de manière à porter les feuilles d'or, attachées à la lame d'argent, plus près ou plus loin des pièces ascendantes B & C.

B B, C C sont deux pièces de zinc, dont les branches verticales peuvent être approchées ou éloignées l'une de l'autre, au moyen d'une coulisse D F, pratiquée dans les pièces transversales, au bas du cylindre ; on met ces deux pièces de zinc à la distance que l'on veut l'une de l'autre, au moyen de la vis D.

Le zinc B B est, à proprement parler, composé de deux pièces réunies par une charnière E, pour faciliter l'arrangement quand on veut se servir de l'appareil.

On fait reposer la base *m*, qui est en buis, sur des pieds de verre P, P, P, afin de pouvoir aisément l'isoler.

Après avoir construit l'instrument, Pepis essaya son effet en introduisant le bout extérieur de la lame d'argent entre sa lèvre supérieure & la gencive, & approchant ensuite à sa langue, la pièce mobile de zinc. La distance respective des deux branches de zinc ascendantes, dans le cylindre, étoit d'un quart de pouce : il n'aperçut pas le moindre effet. L'essai fut répété en rapprochant ces branches jusqu'à un huitième & à un seizième de pouce de distance l'une de l'autre, & toujours sans observer ni divergence dans les feuilles d'or, ni aucune saveur particulière.

Dès que l'or fut en contact, il éprouva une saveur semblable à celle que l'on distingue après avoir mis en contact, dessus & dessous la langue, une pièce de zinc & d'argent ; on fait toucher ces deux pièces l'une à l'autre, au dehors de la bouche. Mais dès qu'il mettoit les métaux à une distance quelconque l'un de l'autre, il n'éprouvoit pas le moindre effet, quelle que fût d'ailleurs la surface des métaux en contact avec la bouche.

M. H. Lawson ayant établi une pile galvanique composée de quatre-vingts pièces de zinc & d'autant de pièces d'argent, Pepis mit en communication la lame d'argent du *galvanomètre* avec la pièce de zinc qui terminoit la pile par le haut ; & la pièce d'argent qui formoit sa base communiquoit, d'autre part, avec le zinc du *galvanomètre*. On ajusta ensuite les pièces à coulisses B C, & les feuilles d'or se mirent à diverger lorsque ces pièces furent à la distance d'un tiers de pouce l'une de l'autre. Lorsque l'on approcha de l'appareil un tube de verre électrisé, la divergence augmenta ; d'où l'on conclut que l'électricité, développée par la pile, étoit positive ou E.

Etablissant ensuite la communication en sens inverse, en faisant toucher le zinc du *galvanomètre* à celui de la pile, & l'argent à l'argent, on eut les mêmes symptômes électriques ; mais cette fois les feuilles d'or se rapprochoient par la présence du verre excité, & s'éloignoient lorsqu'on présentoit de la cire frottée : ainsi l'électricité manifestée étoit négative ou Ɛ.

Lorsque l'on fit cet essai de l'instrument, la pile donnoit des commotions qui égaloient celles qu'on auroit éprouvées d'une quantité de surfaces, armées en bouteille de Leyde, qui auroit mis en pièces les feuilles d'or, si on eût fait passer cette décharge au travers ; tandis que cette commotion galvanique ne les faisoit diverger que d'environ un quart de pouce. La cire à cacheter, légèrement excitée & présentée à l'instrument, entretenoit les feuilles d'or dans un mouvement continuel.

GALVANOMÈTRE DE ROBERTSON; galvanometrum Robersonicum; *galvanometer von Robertson*; s. m. Instrument imaginé par Robertson pour mesurer l'action chimique du galvanisme.

Cet instrument, décrit par Robertson, dans un Mémoire qu'il lut à l'Institut le 11 fructidor an 8, se compose d'un tube de verre T V, *fig.* 855 (*b*), de huit pouces de longueur & d'une ligne d'ouverture. L'une des extrémités *d*, est garnie d'une virole portant un robinet auquel est adaptée une tige d'argent qui entre dans le tube, quand on visse le robinet à la virole. Ce tube de verre est gradué dans la partie de sa longueur, qui correspond à la tige d'argent.

On remplit le tube d'eau pure ; on introduit, dans l'extrémité *g*, une tige de zinc, tenant à un bouchon qui sert à la fixer à la distance convenable (tout autre métal produiroit le même effet, n'étant là que comme conducteur); on approche cette tige jusqu'à un pouce de celle qui tient au robinet, & l'on fait communiquer chaque extrémité aux pôles d'une pile galvanique, savoir, la tige *g* au pôle positif, & le robinet au pôle négatif.

(1). *Philosophical Magazine*, juin, 1801.

Les bulles qui se forment & se détachent de l'extrémité des tiges, indiquent la présence du *galvanisme*, & la plus ou moins grande quantité de ces bulles est indiquée par la division du tube; de sorte qu'en tenant compte de la mesure du temps, on reconnoît la plus ou moins grande activité du courant galvanique. Cet appareil (dit l'auteur) paroît indiquer assez bien la marche de la progression du courant, qui est toujours annoncé par une petite traînée de bulles qui s'écoulent, tantôt de l'une & quelquefois de l'autre tige.

Il est facile de voir, d'après la description de ce *galvanomètre*, combien il est inexact.

GALVANOMÈTRE DE VOLTA; galvanometrum Voltaïcum; *galvanometer von Volta*. Instrument imaginé par Volta, pour mesurer l'intensité de l'électricité qui se développe dans les électromoteurs. Cet instrument n'est absolument qu'un électromètre. *Voy.* ELECTROMÈTRE DE VOLTA.

GALVANOMOTEUR; galvanomotor; *galvanomotor*; s. m. Instrument, machine, & en général tout ce qui est propre à développer du galvanisme.

Tous les instrumens qui produisent du galvanisme, développant en même temps de l'électricité, nous en avons parlé sous le nom d'*électromoteur*. *Voyez* ELECTROMOTEUR.

GALVANOMOTEUR D'ALDINI; galvanomotor Aldinicus; *galvanomotor von Aldini*. Appareil composé de godets métalliques, que l'on emplit d'un liquide pour produire du galvanisme. *Voyez* ELECTROMOTEUR D'ALDINI.

GALVANOMOTEUR D'ALIZEAU; galvanomotor Alizaucus; *galvanomotor von Alizeau*. Appareil composé de doubles disques de zinc & cuivre, séparés par des cercles de porcelaine remplis de sel marin humecté d'eau. *Voyez* ELECTROMÈTRE D'ALIZEAU.

GALVANOMOTEUR DE CHILDEREN; galvanomotor Childerenicus; *galvanomotor von Childeren*. Appareil galvanique à cuve, formé de vingt doubles plaques de chacune quatre pieds de long, sur deux pieds de large. *Voyez* ELECTROMOTEUR DE CHILDEREN, FUSION GALVANIQUE.

GALVANOMOTEUR DE CRUIKSHANK; galvanomotor Cruickshankicus; *galvanomotor von Cruikshank*. Appareil à cuve, composé de deux auges contenant chacune cent vingt paires de plaques argent & zinc. *Voyez* ELECTROMOTEUR DE CRUIKSHANK.

GALVANOMOTEUR DE DAVY; galvanomotor Davicus; *galvanomotor von Davy*. Appareil galvanique à cuve. *Voyez* ELECTROMOTEUR DE DAVY.

GALVANOMOTEUR DE GAUTHEROT; galvanomotor Gautheroticus; *galvanomotor von Gautherot*. Pile galvanique formée sans le secours des métaux. *Voyez* ELECTROMOTEUR DE GAUTHEROT.

GALVANOMOTEUR D'HACHETTE ET DESORMES; galvanomotor Hacheticus; *galvanomotor von Hachette & Desormes*. Pile galvanique composée de doubles disques de zinc & de cuivre, séparés par des rondelles sèches, composées d'amidon délayé dans une dissolution saline bien concentrée.

Cette pile ne donnoit que de foibles quantités de galvanisme, & son action étoit d'une courte durée, ce qui peut être attribué à l'hydrométricité des rondelles de séparation.

GALVANOMOTEUR DE HAUFF; galvanomotor Haufficus; *galvanomotor von Hauff*. Appareil composé de barils de verre formés de plaques métalliques, zinc & cuivre; ces barils sont remplis d'un liquide conducteur. *Voyez* ELECTROMOTEUR DE HAUFF.

GALVANOMOTEUR DE L'ECOLE POLYTECHNIQUE. Appareil composé de six cents doubles plaques de zinc & de cuivre, de chacune neuf décimales carrées de surface. *Voyez* ELECTROMOTEUR DE L'ECOLE POLYTECHNIQUE.

GALVANOMOTEUR DE L'INSTITUT ROYAL DE LONDRES. Appareil galvanique composé de deux mille doubles plaques de chacune 32 pouces carrés. *Voyez* ELECTROMOTEUR DE L'INSTITUT ROYAL.

GALVANOMOTEUR DE PEPIS; galvanomotor Pepisicus; *galvanomotor von Pepis*. Appareil galvanique composé de deux cuves contenant chacune soixante paires de disques, zinc & cuivre.

Ces cuves remplies avec trente-deux livres d'eau activée par deux livres d'acide nitrique concentré, donnèrent les résultats suivans:

1°. Des fils de fer depuis $\frac{1}{200}$ jusqu'à $\frac{1}{10}$ de pouce de diamètre, brûlèrent en répandant une vive lumière. Plusieurs petits fils cordés donnèrent un spectacle très-agréable, tel que seroit, à peu près, celui de petites vergettes ardentes.

2°. Du charbon de buis ne brûla pas seulement aux pointes de contact, mais fut toujours enflammé plus de deux pouces au-delà.

3°. Le plomb en feuille rougit, brûla vivement, & lança un petit volcan, avec des gerbes d'étincelles & de la fumée.

4°. Des feuilles d'argent émirent une lumière verte;

verte, intenfe & fort vive : point d'étincelles, mais beaucoup de fumée.

5°. Des feuilles de cuivre de Hollande brûlèrent vigoureufement, avec une grande abondance d'étincelles & de la fumée.

6°. L'étain en feuille fe confuma en répandant une lumière très-vive, des étincelles, de la fumée.

7°. L'or en feuille fut confumé avec une lumière blanche, éclatante, brillante & de la fumée.

8°. Du fil d'étain d'un huitième de pouce de diamètre fut mis en fufion, brûlé & oxidé, en jetant beaucoup d'éclat.

9°. Un fil de laiton d'un feizième de pouce de diamètre rougit, rougit à blanc, & fe fondit en globules aux endroits en contact.

10°. La poudre à canon, le phofphore & les fubftances inflammables furent inftantanément mifes au feu, en leur faifant toucher des conducteurs armés de charbon.

11°. Après avoir parcouru une chaîne compofée de feize perfonnes, qui fe tenoient avec les mains mouillées, le fluide galvanique fut encore capable d'enflammer du charbon.

GALVANOMOTEUR DE VOLTA ; galvanomotor Voltaicus ; galvanomotor von Volta. Pile galvanique compofée de plufieurs doubles difques de cuivre & de zinc, féparés par des rondelles de drap mouillé.

Volta, inventeur des premiers galvanomoteurs, a été conduit à cette invention par fuite de la difcuffion qui s'étoit établie fur la caufe de la production du galvanifme, que Galvani attribuoit à une électricité animale.

Remarquant que les convulfions des grenouilles ne s'obtenoient que très-rarement avec un feul métal, & feulement lorfque l'irritabilité étoit encore très-vive, tandis qu'on les reproduifoit conftamment, & pendant plus long-temps, avec un arc compofé de métaux hétérogènes, Volta conclut que le principe d'irritation réfidoit dans les métaux ; & comme ce principe devoit être néceffairement de nature électrique, puifque fa tranfmiffion étoit arrêtée par toutes les fubftances ifolantes, il en vint à penfer que le feul contact des métaux devoit une électricité foible ; il chercha à s'en affurer, à l'aide d'un excellent électromètre armé d'un condenfateur (voyez ÉLECTROMÈTRE DE VOLTA), & l'effet répondit à fon attente.

Ce favant effaya d'augmenter l'intenfité électrique, en multipliant le nombre des difques ; fes tentatives furent long-temps infructueufes ; il remarqua même qu'en plaçant un difque de cuivre entre deux difques de zinc, ou un difque de zinc entre deux difques de cuivre, l'électrifation étoit détruite, ce qui lui fit penfer qu'il falloit féparer les doubles difques par un corps conducteur. Ayant placé, entre deux doubles difques métalliques, un papier mouillé, Volta vit auffitôt que l'inten-

Dict. de Phyf. Tome III.

fité de l'électricité étoit doublée ; alors il augmenta le nombre des difques en féparant chaque paire par une rondelle de drap mouillé, & l'intenfité électrique fuivit le même rapport. Voici ce qu'il dit, fur ce fujet, dans une lettre écrite à Lametterie, le 18 vendémiaire an 10 (1).

« Après avoir bien vu quel degré d'électricité j'obtiens d'une feule de ces couples métalliques, à l'aide du condenfateur dont je me fers, je paffe à montrer qu'avec deux, trois, quatre couples, &c., bien arrangées, c'eft-à-dire, tournées toutes dans le même fens, & communiquant les unes aux autres par autant de couches humides (qui font néceffaires pour qu'il n'y ait pas des actions en fens contraires, comme j'ai montré), on a juftement le double, le triple, le quadruple, &c. ; de forte que fi, avec une feule couple, on arrivoit à électrifer le condenfateur, au point de lui faire donner à l'électromètre, par exemple, trois degrés ; avec deux couples on arriveroit à fix, avec trois à neuf, avec quatre à douze, &c., finon exactement, du moins à très-peu près.

» Voilà donc déjà une petite pile conftruite, qui ne donne pourtant pas encore des fignes à l'électromètre, fans le fecours du condenfateur. Pour qu'elle en donne immédiatement, pour qu'elle arrive à un degré entier de tenfion électrique, qu'on pourra à peine diftinguer, étant marqué par une demi-ligne que s'écarteront les pointes des paillettes, il faut qu'une telle pile foit compofée d'environ foixante de ces couples de cuivre & de zinc, ou mieux, d'argent & de zinc, à raifon d'un foixantième de degré que donne chaque couple, comme j'ai fait remarquer. Alors elle donne auffi quelques fecouffes, fi on touche les extrémités avec des doigts qui ne foient pas fecs, & de beaucoup plus fortes, fi on les touche avec des métaux qu'on empoigne par de larges furfaces avec les mains bien humides, établiffant ainfi une beaucoup meilleure communication.

» De cette manière on peut déjà avoir des commotions d'un appareil, foit à pile, foit à taffe, de trente & même de vingt couples, pourvu que les métaux foient fuffifamment nets & propres, & furtout que les couches humides, interpofées, ne foient pas de l'eau fimple & pure, mais des folutions falines, & affez chargées. »

Pour avoir de plus grands détails fur ce galvanomoteur, il faut confulter les articles ÉLECTROMOTEUR, PILE DE VOLTA.

ÉLECTROMOTEUR DE ZAMBONI ; electromotor Zambonicus ; electromotor von Zamboni. Pile fèche formée de rondelles de papier recouvertes de feuilles d'étain d'un côté, & d'oxide de manganèfe de l'autre. Voyez ÉLECTROMOTEUR DE ZAMBONI, ÉLECTROMOTEUR PERPETUEL.

(1) Journal de Phyfique, année 1801, tome II, p. 311.

Ii

GALVANOMOTEUR PORTATIF ; galvanomotor geſtatu facilis ; *tragborich galvanomotor*. Appareil galvanique qui peut être facilement tranſporté.

On peut rendre facilement portatif : 1°. les appareils à auges ; 2°. les appareils à godets ; 3°. les *galvanomoteurs* de Volta. Nous ne ferons connoître que ce dernier, que l'on eſt parvenu à rendre d'un tranſport très - facile. Quant aux autres, *voyez* ELECTROMOTEUR A GODET & A AUGES.

Sur un plan circulaire de laiton S, *fig.* 858, on perce trois ouvertures équidiſtantes, dans leſquelles on fixe trois tiges de laiton *a, a, a*, que l'on fait paſſer dans trois tubes de verre un peu moins longs, pour que le bout des tiges qui dépaſſent, puiſſe être enfilé dans un plan circulaire C P, percé à ſon centre en *b*.

Entre ces tiges & ſur la baſe S, on établit le nombre de couples, cuivre & zinc, que l'appareil peut contenir, en les ſéparant par des rondelles de drap mouillé, comme on le voit en H K. Les diſques de cuivre & zinc qui forment les couples peuvent être ſoudés l'un à l'autre pour plus de commodité.

E F eſt un étui de fer-blanc deſtiné à recevoir ce petit appareil. La partie ſupérieure ou couvercle B, deſtinée à fermer l'étui, eſt traverſée perpendiculairement par un tube de verre garni d'une tige de métal, qui ſe termine par un bouton ɀ à l'extérieur, & inférieurement par une petite plaque *d* qui doit repoſer ſur le diſque ſupérieur de l'appareil, lorſque celui-ci, étant dans l'étui, on aura fermé le couvercle. Cette tige ɀ *d* eſt, par ce moyen, iſolée de la pièce même à laquelle elle appartient, & la petite colonne ne communique avec le même étui que par ſa baſe, étant iſolée de tout le reſte par les tiges de verre.

Le *galvanomoteur* H K, étant préparé, s'enferme dans l'étui E F, & après l'avoir fermé de ſon couvercle, qui s'adapte *e f* comme une baïonnette, il ſuffit, lorſque l'on veut en faire uſage, de porter le bouton ɀ ſur la partie que l'on veut galvaniſer. Comme on tient dans ſa main l'étui qui communique avec la baſe, on ſe trouve en contact à la fois avec les deux extrémités de l'appareil, & l'on peut obtenir les effets ordinaires.

Ainſi, lorſque, tenant l'étui dans une main, l'on fait toucher le bouton ɀ à la langue, on éprouve la ſaveur propre au fil conducteur qui vient du côté du zinc, ſi la pile eſt conſtruite cuivre, zinc, &c. ; tandis qu'on éprouve la ſaveur que donne le fil qui vient du cuivre, lorſque, tenant l'appareil par le bouton ɀ, on approche la langue d'une partie quelconque de l'étui.

Si l'on veut recueillir de l'électricité pour en examiner la nature, il ſuffit de placer ſur ſa main gauche le condenſateur ; tenant de la main droite le petit appareil par ſon étui, on verſe, pour ainſi dire, de l'électricité dont la nature dépend de l'arrangement & de l'ordre des diſques.

Pour faire agir ce *galvanomoteur* ſur un animal, on touche ſes muſcles de la main gauche, & l'on porte ſur les nerfs le bouton ɀ.

On ſent que pour rendre cet appareil portatif, le nombre des couples doit être très-borné ; conſéquemment les effets ne peuvent qu'être relatifs à ce nombre. Mais on peut les augmenter en prenant deux appareils de cette eſpèce, chacun dans ſon étui & montés inverſement, c'eſt-à-dire, que l'un des deux aura ſes couples tournées de manière que le zinc repoſera ſur la baſe de l'appareil ; tandis que de l'autre ce ſera le cuivre. Alors, tenant un de ces appareils dans chaque main, il ſuffit de les faire toucher par leur bouton ɀ, pour éprouver les mêmes effets que quand on touche les deux extrémités d'un *galvanomoteur* ordinaire ; mais avec une intenſité double de celle que l'on auroit eue avec un ſeul de ces deux étuis.

Cet appareil préſente, comme on voit, l'avantage de pouvoir être tranſporté tout préparé, d'être très-facile à manier ; & quand il eſt double, il eſt aſſez fort pour ſervir commodément aux expériences ordinaires.

Il exiſte encore pluſieurs autres *galvanomoteurs*, connus ſous les noms de *galvanomoteurs à baril, à couronne, à godet, à taſſe, torpillaire*, &c. Comme tous ces inſtrumens ont été décrits ſous les noms d'*électromoteurs*, on peut conſulter les articles ELECTROMOTEUR A BARIL, ELECTROMOTEUR A COURONNE, ELECTROMOTEUR A GODET, ELECTROMOTEUR A TASSE, ELECTROMOTEUR TORPILLAIRE, &c.

GALVANOSCOPE ; galvanoſcopium ; *galvanoſcope* ; ſ. m. Inſtrument deſtiné à découvrir les plus petites quantités de galvaniſme. Comme les principaux *galvanoſcopes* ſervent à reconnoître l'électricité dans les différens galvanomoteurs, on peut conſulter le mot ELECTROSCOPE.

Mais ces inſtrumens n'indiquant que l'action électrique développée dans le galvaniſme, & les deux autres actions chimique & phyſiologique, devant également être indiquées, on peut, pour les premières actions, voir le mot GALVANOMÈTRE : quant à l'indication des phénomènes phyſiologiques, la grenouille préparée eſt le meilleur & le plus ſenſible *galvanoſcope* dont on puiſſe faire uſage. *Voyez* GALVANISME, GALVANOMÈTRE.

GAMME, de γαμμα ; muſicum diagramma ; *tône leiter* ; ſ. f. Nom d'une table ou échelle inventée par Guy Aretin, en 1026, ſur laquelle on apprend à nommer & à entonner juſte les degrés de l'octave de la muſique, *ut, ré, mi, fa, ſol, la*, ſuivant toutes les diſpoſitions qu'on peut leur donner, ce qui s'appelle *ſolfier. Voy.* SOLFIER.

Cette échelle eſt appelée *gamme, gamm'ut,* ou *gamma-ut*, parce que Guy Aretin ajouta un Γ, ou le gamma des Grecs, aux premières lettres de l'alphabet qui lui avoit servi à coter ses tons ou intervalles, pour témoigner que les Grecs étoient les premiers auteurs de la musique, & parce que cette lettre se trouve à le tête de l'échelle, en plaçant dans le haut les tons graves, selon la méthode des Anciens.

On l'appelle aussi *main harmonique*, parce que Guy se servit d'abord de la figure d'une main, pour expliquer ce qu'on a réduit en cette table ou *gamme*.

On s'est servi du point & des lettres, pour marquer le degré de gravité ou de hauteur qu'on devoit donner à chaque son, jusqu'en 1330, qu'un nommé de Mœurs, Parisien, inventa les figures ou caractères que l'on a appelés *notes*.

Vers 1684, un nommé le Maire, Français d'origine, inventa la note *si*. Son utilité la fit généralement adopter en France & en Italie.

GANGUE; *gangum*; *gang*; sub. f. Substance pierreuse qui accompagne le minerai dans les veines ou les gissemens métalliques.

Il est rare que les minerais remplissent seuls les veines dans lesquelles ils se trouvent; ils sont presque toujours mélangés de diverses sortes de pierres, & cela en proportion plus ou moins grande. Le diamant est disséminé dans une substance ferrugineuse qui lui sert de *gangue*; l'or l'est également dans le quartz : ces deux *gangues*, qu'il faut nécessairement extraire pour recueillir les diamans & l'or, exigent des frais considérables qui déterminent la haute valeur des diamans & de l'or.

Haüy a donné une extension au mot *gangue*, en l'appliquant indifféremment aux matieres pierreuses qui sont mélangées avec les minerais dans les veines métalliques, & aux substances qui servent de matrice à des minéraux non métalliques ; ainsi les minerais d'argent ont ordinairement pour *gangue* la chaux carbonatée, & on rencontre quelques variétés de chaux carbonatée qui ont pour *gangue* le quartz; de même que l'on trouve des cristaux de quartz qui ont pour *gangue* de la chaux carbonatée.

GARAVE. Mesure de capacité employée en Syrie pour les grains; le poids qu'elle contient est estimé 2284 livres.

Le *garave* = 114,2 boisseaux = 15,8460 hectolitres.

GARCETTES. Petites cordes, au moyen desquelles on attache au tournevire le gros câble qui tire l'ancre. *Voyez* TOURNEVIRE.

Lorsque le câble est trop gros pour pouvoir être roulé sur l'arbre du cylindre du cabestan, tel que celui qui sert à lever les ancres des gros vaisseaux, on se sert d'un cordage médiocrement gros, nommé *tournevire*, auquel on fait faire deux ou trois tours sur l'arbre du cabestan, & dont on joint ensuite les deux bouts ensemble, & pour en faire une

corde sans fin, de façon qu'un côté ne puisse se rouler sans que l'autre se déroule. Au *tournevire* on attache, par le moyen des *garcettes*, le gros câble qui tire l'ancre. Il y a ici un grand inconvénient que l'on ne peut éviter; les *garcettes* qui tiennent le câble attaché au *tournevire*, sont bientôt hors d'usage : il faut les défaire pour les remettre plus loin, ce qui fait perdre un temps précieux.

GASSENDI (Pierre), philosophe, astronome & physicien célèbre, naquit au bourg de Chantersier près Digne, le 22 janvier 1598, & mourut à Paris, le 14 octobre 1655.

Ses parens, très-pieux, vivant dans une obscure médiocrité, soignirent son éducation ; *Gassendi* puisa, près d'eux, des mœurs simples & pures, qu'il conserva toute sa vie. Dès l'âge de quatre ans il débitoit, de mémoire, des petits sermons. Son goût pour l'astronomie devint si fort, qu'il se privoit du sommeil pour jouir du spectacle d'un ciel étoilé, & étudier le mouvement des astres.

Un soir, étant avec des enfans de son âge, il s'éleva entr'eux une dispute sur le mouvement de la lune & celui des nuages : ses camarades soutenoient que la lune avoit un mouvement sensible, & que les nuages étoient immobiles. *Gassendi* les mena sous un arbre & leur fit observer, entre les branches, que la lune paroissoit toujours entre les feuilles, tandis que les nuages se déroboient à leur vue.

A dix ans il harangua l'évêque de Digne, Antoine de Boulogne, lors de son passage à Chantersier, dans le cours de sa visite pastorale; ce qui frappa tellement ce prélat, qu'il dit aux assistans : *Cet enfant sera un jour la merveille de son siècle.*

Gassendi recevoit alors des leçons du curé de son village : après les avoir entendues, il alloit les étudier à la lueur de la lampe de l'église.

Ses parens, touchés des éloges de l'évêque de Digne, l'envoyèrent à Digne pour y achever ses études : il y apprit la théologie, & y composa des petites comédies. Il fut ensuite à Aix étudier la philosophie sous le P. Philippe Fessaye, grand carme.

A seize ans il remporta, au concours, la chaire de rhétorique à Digne ; mais comme il se destinoit à l'état ecclésiastique, il retourna à Aix apprendre la théologie, l'écriture sainte, le grec, l'hébreux. Il se livra, avec quelque succès, à la prédication, obtint la théologale de Forcalquier, puis celle de Dijon. Il fut nommé docteur à Avignon, & prévôt de l'hôpital de cette ville.

Deux chaires étant vacantes dans l'université d'Aix, l'une de philosophie, l'autre de théologie, il concourut, & à vingt-un ans obtint ces deux chaires ; il se réserva celle de théologie, & dicta son premier cours de vive voix. Il fit soutenir à ses élèves des thèses pour & contre Aristote : c'étoit une manière de faire connoître au public l'imperfection de la méthode péripatéticienne. Pourvu d'un bénéfice à la cathédrale de Digne, *Gassendi* donna, en 1623, la démission de sa chaire.

L'amour de la solitude & le desir de réunir un grand nombre de notes critiques sur la philosophie d'Aristote, le ramenèrent à Digne, où il composa un ouvrage sur les paradoxes qui existent dans la doctrine péripatéticienne ; il le fit imprimer à Grenoble, où il fut envoyé pour les affaires de son chapitre. Ce début lui acquit des admirateurs & lui suscita des adversaires.

Gassendi eut le bonheur de vivre dans un siècle où les lumières commençoient à faire des progrès ; les hommes qui cultivoient les sciences sentoient la nécessité d'entretenir mutuellement des relations étroites & nombreuses ; les savans se communiquoient réciproquement leurs observations & leurs ouvrages, s'excitoient & se soutenoient. Ces relations, que nos associations académiques ont depuis consacrées, régularisées, sous une forme plus solennelle, établissent peut-être des liens moins intimes entre des hommes qui s'admiroient étant éloignés, & qui se voient peut-être aussi de trop près aujourd'hui.

Des courses, des voyages faits par *Gassendi* en Provence, dans le Dauphiné, à Paris, dans les Pays-Bas, en Hollande, où il visita les établissemens, consulta les bibliothèques, lui procurèrent des connoissances nouvelles, & le mirent à même se lier avec les savans de ces différens pays.

Un procès l'ayant appelé à Paris, il s'y lia avec les savans les plus illustres de la capitale. Il se réunissoit souvent à Gentilly, près Paris, avec la Mothe-le-Voyer, Deadoti, Naudé, &c, pour se livrer ensemble à des conversations savantes. Il assistoit, les samedis, à une sorte d'académie privée, formée pour les sciences mathématiques, par Boulliau, Pascal, Roberval, &c. Il se fit, par son esprit agréable & par la douceur de ses mœurs, des amis puissans, tels que Duvair, le cardinal de Richelieu, le cardinal de Lyon. Ce fut par la protection de celui-ci qu'il eut, en 1645, une chaire de mathématiques au collège royal.

Tous les hommes qui s'occupoient des sciences s'apercevoient depuis long-temps des erreurs sans nombre qui étoient enseignées dans les écoles, sous le titre de *philosophie d'Aristote*. Parmi les nombreux savans qui attaquèrent ces erreurs, Galilée, Descartes & *Gassendi* se firent remarquer. Le premier fit des expériences & réunit un grand nombre de découvertes qui nous sont restées, mais qui lui attirèrent de vives & de fortes persécutions. (*Voy.* GALILÉE.) Le second, après avoir tout détruit, voulut tout reconstruire. Entraîné par la force de son imagination, il bâtissoit un système de philosophie, comme on construit un ro-

man ; il vouloit tout prendre dans lui-même. *Voyez* DESCARTES.

Le troisième, homme d'une grande littérature, ennemi déclaré de tout ce qui avoit quelqu'air de nouveauté, étoit prévenu en faveur des Anciens. Chimères pour chimères, il aimoit mieux celles qui avoient deux mille ans. Il prit d'Epicure & de Démocrite, ce que ces philosophes avoient de plus raisonnable, & il en fit la base de sa physique. Il renouvela les atomes & le vide, mais sans y changer beaucoup : il ne fit que prêter son style à ses modèles. *Voyez* ATOMES, ATOMISTES.

Ce savant suppose chaque corps composé de particules indivisibles, infécables, qu'il nomme *atomes*; elles sont d'une petitesse presqu'infinie, laissent entr'elles des espaces vides, & rendent ainsi la porosité une propriété nécessaire des corps. Elles ne se touchent point, mais sont maintenues à distances par de certaines forces qui existent entr'elles ; de-là vient que, dans le volume de chaque corps, il y a beaucoup plus d'espace vide que de plein.

La lumière, dit *Gassendi*, est un corps, & elle se compose d'atomes, c'est-à-dire, de matières douées d'une extrême ténuité, auxquelles il accorde la forme sphérique, comme étant la plus propre à favoriser le mouvement. Elle se propage en ligne droite par des rayons divergens, & la clarté qu'elle répand s'affoiblit en raison directe du carré de la distance. Lorsque, dans sa course rapide, elle rencontre des obstacles, elle se réfléchit ou se réfracte suivant une loi constante ; & ce sont les diverses réfractions qui donnent naissance à ces couleurs variées, dont souvent elle nous offre le spectacle.

On peut reprocher à *Gassendi* d'avoir poussé trop loin l'enthousiasme pour la doctrine des atomes. Il attribue à leur présence le froid, le chaud, l'odeur, la saveur, le son lui-même, considéré comme sensation ; quoiqu'il reconnoisse l'existence de ces ondes aériennes qui se forment autour du corps sonore au moment de la percussion, & qui, d'après ses propres expériences, se répandent, suivant toutes sortes de directions, avec une vitesse déterminée, sur laquelle l'intensité du son n'a jamais aucune influence. *Voyez Gassendi Physica*.

Une si grande différence entre les moyens de relever l'édifice de la philosophie devoit nécessairement établir une discussion épistolaire entre Descartes & *Gassendi*. Cette discussion les brouilla.

En examinant avec imparialité la discussion qui s'éleva entre Descartes & *Gassendi*, on ne peut se dissimuler que celui-ci eut vraisemblablement sur son adversaire, la supériorité que donne une dialectique pressante & exercée. Il saisit avec une singulière habileté les côtés foibles des systèmes physique & métaphysique que Descartes élevoit avec tant de hardiesse & d'assurance. Il découvrit surtout le vice de l'opinion sur les idées innées, de l'emploi du doute méthodique, de la preuve de l'exiftence de Dieu par fon idée. Defcartes affecta prefque toujours, dans cette controverfe, un ton de fupériorité qui lui offroit l'avantage apparent & facile de ne répliquer que par de nouvelles affirmations abfolues, mais gratuites ; quelquefois auffi il fe renfermoit dans un filence dédaigneux & prudent.

Tous les favans virent avec douleur cette rupture ouverte entre les deux plus grands philofophes du fiècle. L'abbé d'Eftrées, depuis cardinal, grand amateur des fciences, fe donna tous les mouvemens néceffaires pour les réconcilier. La chofe n'étoit pas difficile : il s'agiffoit de réunir deux philofophes qui s'eftimoient mutuellement. Pour parvenir à cette réunion, il les invita à dîner avec plufieurs de leurs amis communs, tels que le P. Merfenne, Roberval, l'abbé de Marolles, &c. Gaffendi fut le feul qui ne fe trouva pas à ce feftin. Une incommodité qui lui étoit furvenue pendant la nuit, l'empêcha de fortir ; mais, après le dîner, l'abbé d'Eftrées mena toute la compagnie chez notre philofophe, & ce fut là que les deux adverfaires s'embrafsèrent. Dès que fa fanté lui permit de fortir, Gaffendi fut rendre fa vifite à Defcartes.

Des incommodités fréquentes, jointes à fon application continuelle, avoient ruiné fa fanté. Il fe levoit à deux ou trois heures du matin, & travailloit jufqu'à onze. Ces études nocturnes le minèrent peu à peu, & les médecins achevèrent de le détruire par des faignées multipliées. Près d'expirer, il mit la main de fon fecrétaire fur fon cœur, en lui difant : *Voilà ce que c'eft que la vie de l'homme.*

Monmor, protecteur éclairé des lettres, qui avoit donné à Gaffendi un appartement pendant fa vie, fit recueillir fes ouvrages, après fa mort, & les fit imprimer à Lyon, en 6 volumes in-folio, 1658, par les foins de fon ami Henri, Patrice de cette ville, avec la vie de Gaffendi, par Sorbière. Ils renferment : 1°. la Philofophie d'Epicure ; 2°. la Philofophie de Gaffendi ; 3°. des Œuvres aftronomiques ; 4°. les Vies de Peirefc, a'Epicure, de Copernic, de Ticho-Brahé, de Peurbac, de Jean Muller, &c. ; 5°. la Réfutation des méditations de Defcartes ; 6°. divers Traités ; 7°. des Epîtres. Nous réunirons à cette lifte un ouvrage in-8°., la Phyfique de Gaffendi.

Gaffendi a le premier obfervé le paffage de Mercure fur le difque du foleil. Les aurores boréales, les parhélies, les conjonctions de Vénus & de Mercure, les occultations des fatellites de Jupiter, les propriétés de l'aiguille aimantée, la communication des mouvemens de la chute des graves, lui fournirent le fujet de recherches intéreffantes, plutôt par occafion que par fuite d'un plan formé. En écrivant les vies des aftronomes les plus renommés de fon temps, & dans la préface qui les précède, Gaffendi, quoiqu'il ne s'annonce que comme biographe, a traité d'une ma-nière rapide & lumineufe l'hiftoire entière de l'aftronomie ancienne & moderne.

GASTRILOQUE, du grec γαϛηρ, ventre, & du latin loquor, je parle ; f. m. Manière de reproduire une voix qui femble fortir du ventre.

Ceux qu'on nomme gaftriloques ou ventriloques parlent naturellement, pendant l'acte de la refpiration, ainfi que le font tous les individus ; tout l'art confifte à modifier fa voix comme fi la parole fortoit de la poitrine, du ventre, d'un fouterrain, d'un grenier, d'une cheminée, d'un lieu plus ou moins éloigné, du haut des airs, de la terre, &c. Voyez ENGASTRILOQUE, ENGASTRIMISME.

Tout l'art du gaftriloque confifte à produire des illufions telles qu'on ne puiffe fuppofer que les paroles qu'il fait entendre, fortent de fa bouche ; de proportionner le volume de fa voix à la diftance du lieu d'où elle eft fuppofée partir ; de donner à la voix artificielle un caractère oppofé à la voix naturelle : cette opération fe fait dans les joues, les foffes nafales, la voûte palatine ; dans l'ouverture des lèvres, plus ou moins grande, afin d'augmenter ou de diminuer la capacité de la cavité de la bouche ; de calculer les diftances d'où l'on veut faire fuppofer que la voix eft partie : fi cette diftance eft éloignée, le gaftriloque fait fortir la parole du gofier fans l'articuler dans la bouche ; ce moyen contribue à faire croire la diftance fort éloignée. Il y a des confonnes dont il faut éviter le concours, tels font les r ; lorfqu'on eft forcé de les employer, il convient de faire en forte que le fon parcoure la voûte palatine ; arrivé dans l'air, il s'altère de manière à produire l'illufion défirée.

Un long exercice peut amener à l'acquifition de la voix artificielle que l'on doit produire ; l'habitude fupplée, jufqu'à un certain point, chez les perfonnes délicates, aux forces naturelles des organes pulmonnaires ; mais les individus dont la voix eft grêle, à raifon de la foibleffe, de l'embarras de ces mêmes organes, ne produifent point des illufions auffi complètes, auffi conftantes que les fujets convenablement organifés, & qui peuvent faire retentir la cavité de la poitrine, en repouffant l'air vers les poumons, en tenant la glotte prefqu'entièrement fermée après une longue refpiration.

Le mot gaftriloque défigne mal l'objet qu'il indique, & le défigne de manière à faire foupçonner ce qui n'exifte pas, puifqu'il eft bien démontré que nul individu ne parle du ventre. Ceux qui ont annoncé avoir vu & entendu des hommes parlant du ventre, ont été trompés par d'habiles jongleurs. C'eft le comble de l'art que de produire une voix artificielle qui femble fortir du ventre. Quelques perfonnes poffèdent ces moyens au point de tromper les fpectateurs les moins crédules.

Pour avoir de plus grands détails fur l'engaftrimifme, le gaftriloque, on peut confulter ces deux mots décrits par M. Fournier, dans le *Dictionnaire des Sciences médicales*.

GATEAU; *vastelium*; f. m. Corps de forme aplatie.

Ce nom a diverses significations : en *gastronomie*, c'est une espèce de pâtisserie faite avec de la farine & du beurre ; en *chirurgie*, c'est un petit matelas de charpie pour couvrir les plaies ; dans l'*art du fondeur*, ce font des portions de métal qui se figent dans le fourneau, après avoir été fondues ; en *sculpture*, ce font des morceaux de cire qui rempliffent les creux d'un moule ; dans l'*art de l'émailleur*, c'est la maffe formée par l'émail ; en *peinture*, c'est le *gâteau* de couleurs ; en *agriculture*, ce font les maffes d'alvéoles de cire dans lefquelles le miel est confervé ; enfin, en *physique*, c'est une maffe de réfine, de poix ou autres matières femblables dont on fe fert pour ifoler les corps de l'action électrique. *Voyez* ISOLER.

Ces fortes de *gâteaux* peuvent être faits de réfine, de poix, de foufre ou de cire d'abeille, &c., parce que ce font les matières les plus communes & qui coûtent le moins. Ces *gâteaux* doivent avoir au moins cinq ou fix pouces d'épaiffeur, & être affez larges pour qu'un homme puiffe fe tenir debout deffus. On peut les mouler en coulant la matière fondue dans un cercle d'écliffe ou de carton, auquel on aura fait un fond de bois, ou feulement de plufieurs feuilles de papier collé. Mais lorfqu'ils feront refroidis ou durcis, il faut les dépouiller de cette espèce d'écorce, par laquelle l'électricité ne manqueroit pas de fe diffiper. On peut cependant les laiffer fur le fond de bois ou de papier, ce qui leur donne plus de folidité. Ces fortes de *gâteaux* font fujets à des inconvéniens : ceux de réfiné s'écroulent fouvent, ou fe rompent quand on marche deffus ; ceux qui font faits de poix feule, s'affaiffent & fe déforment quand ils font chauds. On peut remédier à ces inconvéniens, en faifant ces *gâteaux* d'un mélange de parties égales de réfine & de cire la plus commune : alors ils ne font pas affez caffans pour fe fendre.

Il arrive fouvent que ces *gâteaux*, nouvellement moulés, font d'un mauvais fervice, & ne produifent point l'effet qu'on en attend : la perfonne qui eft placée deffus ne devient que peu ou point électrique. Mais fi l'on a la patience d'attendre, cette mauvaife difpofition ceffera avec le temps, & ils deviendront très-propres à l'effet auquel ils font deftinés. Il faut cependant, toutes les fois que l'on veut s'en fervir, avoir foin que leur furface foit bien féché ; car l'humidité ou l'eau est une efpèce de véhicule, qui donne lieu à l'électricité de fe diffiper.

Une précaution effentielle, c'est que la perfonne qui eft placée fur le *gâteau* ne touche à aucun des corps voifins, foit par elle-même, foit par fes habits : l'électricité ne manqueroit pas de fe diffiper, au moins en partie, par-là. Si donc la

perfonne porte une longue robe, il faut qu'elle ait le foin de la tenir autant élevée au-deffus du plancher, que le font fes pieds. Il en eft de même de tous les autres corps que l'on veut ifoler. Il faut prendre garde également que les objets ne touchent à aucun autre corps que leur fupport.

Le peu de grâce des *gâteaux* électriques, leur pefanteur & les autres inconvéniens qu'ils préfentent, leur a fait préférer les tabourets électriques. Ce font des planches foutenues par trois pieds de verre, foit des cylindres, foit des bouteilles ordinaires. Si, lorfque l'on veut s'en fervir, on a foin de fécher les pieds, ils ifolent parfaitement. *Voyez* TABOURET ÉLECTRIQUE.

On donne encore le nom de *gâteau* à la maffe réfineufe qui forme une des parties de l'électrophore. *Voyez* ce mot.

GAU. Mefure de diftance en ufage dans plufieurs parties de l'Afie.

Le *gau* de Coromandel eft de onze au degré ; il équivaut à une lieue horaire 818 centièmes = 1,01 myriamètre.

Les *gaus* de Malabar & de Surate font de dix au degré, conféquemment doubles de la lieue horaire = 1,111 myriamètre.

GAUGER (Nicolas), phyficien, né auprès de Pithiviers en 1680, mort à Paris en 1730.

Cet homme modefte avoit étudié & s'étoit livré de bonne heure à cette partie de la phyfique qui s'appuie fur des expériences. N'ayant qu'une modique fortune, il vint à Paris pour y trouver un fupplément & pouvoir fe livrer avec plus de facilité à fes inclinations. Là, il s'attacha fans charlatanifme à répéter les expériences de phyfique devant plufieurs perfonnes dont la générofité lui fournit les moyens de fubfifter avec honneur ; c'étoit, d'après la remarque du chevalier de Louville, celui de tous les phyficiens qui parvenoit aux réfultats les plus exacts, en faifant les expériences de Newton.

Nous devons à ce phyficien l'invention des cheminées & des poëles à double courant d'air, & un grand nombre de perfectionnemens dans la caminologie des cheminées. (*Voyez* CAMINOLOGIE.) Le procédé de *Gauger* ayant été pratiqué la première fois par un chartreux, frère de l'auteur, les cheminées, faites d'après fes principes, prirent le nom de *cheminées à la chartreufe*.

Parmi les ouvrages que *Gauger* a publiés, on diftingue : 1°. *la Mécanique du feu, ou l'Art d'en augmenter les effets & d'en diminuer la dépenfe* : la première partie contient un *Traité des nouvelles cheminées, qui échauffent plus que les cheminées ordinaires, & qui ne font point fujettes à fumer* ; 1713 & 1749 ; 2°. *Lettre fur la Réfrangibilité des rayons de lumière, & fur leurs couleurs, avec le plan d'un Traité général fur la lumière*, 1728 ; 3°. *Lettre à l'abbé de Conti, noble italien, donnant la folution des difficultés de Rizetti, contre la différence de réfrangibilité des rayons de lumière, & de Mariotte, contre l'immutabilité de leurs couleurs, 1720; 4°. Théorie des nouveaux thermomètres & baromètres de toutes sortes de grandeurs. Paris, 1720.*

GAULE. Mesure de longueur en usage dans la partie occidentale de la France.

La *gaule* de Nantes, employée par les paveurs & les arpenteurs, équivaut à 7 pieds ½ = 2,4363 mètres.

La *gaule* du pays de Retz est de 8 pieds = 2,5987 mètres.

GAZ; *gaz; fluidum aeriforme; gas, gasart, luft, luft gattung*; s. m. Fluide aériforme, compressible, élastique, transparent, incondensable en liqueur par le froid, miscible à l'air en toute proportion : la plupart sans couleur, mais ayant toutes les apparences de l'air sans en pouvoir faire les fonctions.

Van-Helmont est celui qui s'est servi le premier de cette dénomination, sans indiquer son étymologie : quelques personnes croient qu'il l'a prise de l'hébreu, où il signifie une impureté qui se sépare des corps; d'autres de l'allemand *geist*, esprit. Juncker (*Consp. chem.*, tab. XIV, §. 14) le dérive de l'allemand *gascht*, écume, parce que l'écume est formée par l'air qui sort des corps. Ce qui établit une sorte d'analogie avec les *gaz* que l'on obtient en les faisant sortir des corps dans lesquels ils sont combinés.

Composition des gaz.

Jusqu'à présent les *gaz* ont été considérés comme des corps composés de molécules de formes déterminées, qui jouissent de la propriété de s'attirer mutuellement à des distances infiniment petites, mais qui sont écartées l'une de l'autre par le calorique, qui a beaucoup d'affinité pour elles & qui les tient écartées à une distance infiniment plus grande que leur rayon d'activité; de manière que, quelle que soit la force comprimante que l'on ait employée, quelle que soit la diminution de température à laquelle on les ait soumises, il a été impossible de les rapprocher à une distance assez petite pour que leur attraction puisse commencer à s'exercer. Il est vrai que les moyens employés jusqu'à présent ont été extrêmement limités, & que nous ignorons encore ce que produiroit une compression plus grande; tout porte à croire cependant que si, par le rapprochement des molécules, on pouvoit parvenir à faire agir leur attraction mutuelle, on auroit des phénomènes nouveaux que nous ignorons.

Nous avons vu que tous les corps de la nature pouvoient être divisés en trois classes : solides, liquides & gazeux. Les *gaz* diffèrent des liquides & des solides en ce que la constitution de ces derniers, c'est-à-dire, leur solidité, résulte de l'action attractive exercée par leurs molécules (*voyez* SOLIDITÉ), de manière que, si l'on pouvoit parvenir à détruire l'attraction des molécules, l'état de solidité cesseroit tout-à-coup. La constitution des liquides, ou mieux la liquidité provient de trois causes qui agissent simultanément : la première, une foible attraction entre les molécules; la seconde, la compression à laquelle tous les liquides sont soumis : ces deux forces, qui tendent à rapprocher les molécules, font équilibre à une troisième, le calorique, qui tend à les écarter. Si l'on diminue ou si l'on augmente assez ces deux forces, ou si l'on augmente ou diminue d'une quantité assez grande l'action du calorique, la liquidité cesse. (*Voyez* LIQUIDITÉ.) La *gazéité* diffère donc de la solidité & de la liquidité, en ce que, dans cette première, les molécules des corps ne sont soumises qu'à une force répulsive à laquelle une pression extérieure fait équilibre. En augmentant cette pression, en comprimant le calorique combiné qui écarte les molécules, la force de répulsion augmente dans le même rapport. De même, si l'on diminue la pression, le calorique se dilate & la force répulsive diminue dans un rapport semblable : d'où il suit que, quelle que soit la force de compression exercée sur les *gaz*, la force répulsive du calorique lui fait toujours équilibre.

Il existe un état sous lequel les corps ont beaucoup d'analogie avec les *gaz*, c'est celui de vapeurs; les corps, dans cet état, ont, comme les *gaz*, l'apparence de l'air; mais il diffère des *gaz* en ce que, si l'on diminue la température, ils redeviennent liquides ou solides, selon le degré de température diminuée. C'est ainsi, par exemple, que la vapeur d'eau, obtenue sous une pression de vingt-huit pouces de mercure, redevient liquide, si la température à laquelle elle existe est diminuée jusqu'au 79°. degré du thermomètre de Réaumur, & qu'elle devient solide si la température est abaissée au-dessous de zéro du même thermomètre. *Voyez* VAPEURS.

De ces considérations il résulte nécessairement que les *gaz* ne sont pas des substances simples, & que le calorique est un élément nécessaire à leur constitution, puisque ce ne sont absolument que des molécules de corps dissous dans le calorique. Rarement les *gaz* ne sont composés que de calorique & des molécules des corps qui déterminent leur nature; presque toujours l'eau, ou un autre liquide vaporisé, est mélangé ou combiné avec eux; la nature du liquide dépend des méthodes que l'on a employées pour obtenir les *gaz*, & des liquides avec lesquels ils ont été en contact.

Nomenclature des gaz.

On peut diviser tous les *gaz* connus en deux grandes classes : 1°. *gaz simples*, c'est-à-dire, que l'on n'est pas encore parvenu à décomposer ; 2°.

gaz composés, qui font formés de deux ou plufieurs fubftances diffoutes dans le calorique.

Parmi les *gaz fimples* qui peuvent exifter, quatre
ont été auffi bien déterminés que nos connoiffances ont pu le permettre. Ce font :

1°. Le *gaz* oxigène.
2°. —— hydrogène.
3°. —— azote.
4°. —— chlore, ou muriatique oxigéné.

Les *gaz composés* que nous connoiffons, font au
nombre de vingt-deux :

1°. Le *gaz* hydrogène protocarburé, ou *gaz* inflammable des marais.
2°. —— percarburé, ou *gaz* oléfiant.
3°. —— protophofphoré.
4°. —— perphofphoré.
5°. —— arfeniaqué.
6°. —— telluré.
7°. —— potaffé.
8°. —— azote carboné, ou cyanogène.
9°. —— Protoxide d'azote, — oxide d'azote.
10°. —— deutoxide d'azote, — *gaz* nitreux.
11°. —— hydrochlorique — acide muriatique.
12°. —— oxide de chlore — acide muriatique
furoxigné.
13°. —— oxide de carbone.
14°. —— oxide carbonique.
15°. —— chloroxicarbonique, — carbo-muriatique.
16°. —— fulfureux.
17°. —— acide hydrofulfurique, hydrogène
fulfuré.
18°. —— fluoborique.
19°. —— fluorique-filicé.
20°. —— hydriodique.
21°. —— ammoniac.

Tous ces *gaz* ont des propriétés générales &
des propriétés particulières. Nous commencerons
par faire connoître leurs propriétés particulières,
parce que c'eft un moyen de les diftinguer les
uns des autres.

PROPRIÉTÉS PARTICULIÈRES DES GAZ.

M. Thenard divife les propriétés particulières
des *gaz* en dix claffes (1) : les uns font colorés ;
d'autres répandent des vapeurs blanches ; quelques-uns peuvent être enflammés dans l'air atmofphérique ; d'autres rallument les bougies qui
préfentent quelques points en ignition ; il en eft
qui font acides & rougiffent la teinture de tournefol ; d'autres font fans odeur, ou n'en ont
qu'une foible ; d'autres font très-folubles dans
l'eau ; d'autres le font dans les diffolutions alcalines ; d'autres le font dans l'air, & fe combinent
auffitôt avec lui. Enfin, il en eft qui font alcalins. Plufieurs jouiffent de deux, ou d'un plus
grand nombre de propriétés. Nous allons les
claffer d'après ces dix propriétés :

(1). *Traité de Chimie élémentaire*, tome IV, page 9.

1°. *Gaz colorés* : ceux-ci font au nombre de
trois : le *gaz* acide nitreux, le *gaz* oxide de chlore
ou muriatique, *gaz* oxigéné, *gaz* chlorique ou
muriatique oxigéné. Le premier eft rouge ; il doit
fa couleur à de la vapeur nitreufe. Les deux
autres font d'un jaune-verdâtre.

2°. *Gaz produifant des vapeurs blanches dans
l'air :* ce font les *gaz* acides hydro-chlorique ou
acide muriatique, fluoborique, fluorique-filicé
& hydriodique.

3°. *Gaz inflammable par le contact de l'air & des
bougies allumées.* Ces *gaz* font au nombre de dix,
dont huit ont pour bafe l'hydrogène & deux le
carbone : les huit premiers font des *gaz* hydrogène,
hydrogène carboné, hydrogène protophofphoré,
hydrogène perphofphoré, hydrogène fulfuré ou
hydrofulfurique, hydrogène arfenié, hydrogène telluré, hydrogène potaffé ; les deux autres
font : le *gaz* oxide de carbone & le *gaz* azote carboné ou cyanogène.

4°. *Gaz rallumant la bougie.* Ils font au nombre
de trois : les *gaz* oxigène, protoxide d'azote,
oxide de chlore ou muriatique furoxigéné. C'eft
par l'oxigène contenu dans ces *gaz* que ce phénomène fe produit.

5°. *Gaz acides rougiffant la teinture de tournefol.* Ces *gaz* acides font au nombre de douze :
ce font les *gaz* acides nitreux, fulfureux, hydro-
chlorique ou muriatique, hydriodique, fluorique-
filicé, fluo-borique, carbo-muriatique, oxide de
chlore ou muriatique furoxigéné, ou chloroxi-
muriatique, carbonique ; les *gaz* hydrogène fulfuré & hydrogène telluré.

6°. *Gaz qui n'ont point d'odeur ou qui n'en ont
qu'une foible.* Ils font au nombre de fix : ce font
les *gaz* oxigène, azote, hydrogène, hydrogène
carboné, acide carbonique, protoxide d'azote.
L'odeur de tous les autres eft infupportable &
fouvent caractériftique.

7°. *Gaz très-foluble dans l'eau, c'eft-à-dire, dont
l'eau en diffout plus de trente fois fon volume, à la
preffion & à la température ordinaire.* On connoît
fept *gaz* qui ont cette propriété : les *gaz* acides
fluoborique, hydro-chlorique ou acide muriatique, acide hydriodique, fluorique-filicé, fulfureux, & *gaz* ammoniac.

8°. *Gaz foluble dans les diffolutions alcalines.*
Treize ont été diftingués : les *gaz* acide nitreux,
acide fulfureux, hydro-chlorique ou acide muriatique, acide hydriodique, fluorique-filicé,
chlorique ou muriatique oxigéné, acide chlorique
ou muriatique furoxigéné, acide carbonique,
carbo-muriatique, hydrogène fulfuré, hydrogène telluré, ammoniac, azote carboné ou cyanogène.

9°. *Gaz qui fe combine avec l'air & forme de fuite
un acide liquide.* Il n'en exifte qu'un, mais il jouit
de cette propriété à un très-haut degré ; c'eft le
gaz deutoxide d'azote.

10°. *Gaz*

10°. *Gaz alcalin.* Celui-ci est également seul, jusqu'à présent ; c'est le *gaz* ammoniac.

On voit que parmi tous ces *gaz*, il est en qui ne jouissent que d'une seule de ces dix propriétés ; ce sont les *gaz* hydrogène potassié, oxide de carbone, azote, deutoxide d'azote, fluo-borique ; fluorique, hydrogène-protophosphoré, hydrogène-perphosphoré & arséniqué. Six qui jouissent de deux de ces propriétés : les *gaz* oxigéné, hydrogéné, hydrogène carboné, protoxide d'azote, acide chlorique ou muriatique suroxigéné, carbomuriatique. Cinq qui jouissent de trois de ces propriétés : les *gaz* hydrogène sulfuré, hydrogène telluré, acide sulfureux, acide carbonique & ammoniac. Trois qui jouissent de quatre de ces propriétés : les *gaz* hydro-chlorique ou acide muriatique, hydriodique, fluorique-silicé. Enfin, un qui jouit de cinq de ces propriétés, le *gaz* acide nitreux.

Il est facile, en faisant usage de ces dix propriétés, de déterminer la nature & les caractères distinctifs des différens *gaz*.

Caractère distinctif des gaz.

On a vu que ces caractères consistoient en dix propriétés distinctes.

Le *gaz* oxigène, 1°. entretient la combustion, rallume les bougies qui présentent quelque point d'ignition ; 2°. n'a point d'odeur. On peut ajouter qu'il est essentiel à la vie & à la respiration. *Voyez* GAZ OXIGÈNE.

Le *gaz* hydrogène, 1°. s'enflamme par le contact de l'air & des bougies allumées ; 2°. peut absorber la moitié de son volume de *gaz* oxigène en se brûlant avec lui ; 3°. est sans odeur ou n'en a qu'une très foible, lorsqu'il est pur. *Voyez* GAZ HYDROGÈNE.

Le *gaz* azote n'a point d'odeur. (*Voyez* GAZ AZOTE.) On le distingue par ses propriétés négatives.

Le *gaz* chlore ou acide muriatique oxigéné, 1°. est coloré d'un jaune-verdâtre, mais moins verdâtre que le *gaz* acide chlorique ou muriatique suroxigéné ; 2°. est soluble dans les dissolutions alcalines. *Voyez* GAZ CHLORIQUE.

Gaz protoxide d'azote. Oxide d'azote : 1°. rallume les bougies qui présentent quelque point d'ignition. *Voyez* GAZ PROTOXIDE D'AZOTE.

Gaz deutoxide d'azote : se combine instantanément avec l'oxigène, prend une couleur rouge en se mêlant, & forme un liquide, l'acide nitreux. *Voyez* GAZ DEUTOXIDE D'AZOTE.

Gaz acide nitreux : 1°. rallume les bougies qui présentent quelque point d'ignition ; 2°. rougit la teinture de tournesol ; 3°. est soluble dans moins d'un trentième de son volume d'eau ; 4°. est soluble dans les dissolutions alcalines. *Voyez* GAZ ACIDE NITREUX.

Gaz oxide de chlore ; acide chlorique ou muriatique suroxigéné : 1°. est coloré en jaune-ver-

dâtre, mais sa teinte verte est plus foncée que celle du *gaz* chlorique ; 2°. rallume les bougies qui présentent quelque point d'ignition ; 3°. rougit la teinture de tournesol ; 4°. soluble dans les dissolutions alcalines. *Voy.* GAZ ACIDE CHLORIQUE.

Gaz acide sulfureux : 1°. rougit la teinture de tournesol ; 2°. est soluble dans l'eau ; ce gaz est dissous dans moins d'un trentième de son volume, à la pression & à la température ordinaire ; 3°. est soluble dans les dissolutions alcalines. *Voyez* GAZ ACIDE SULFUREUX.

Gaz oxide de carbone. Il est inflammable par le contact de l'air & des bougies allumées. *Voyez* GAZ OXIDE DE CARBONE.

Gaz acide carbonique : 1°. rougit la teinture de tournesol ; 2°. n'a point d'odeur ou n'en a qu'une très-foible ; 3°. est soluble dans les dissolutions alcalines. *Voyez* GAZ ACIDE CARBONIQUE.

Gaz carbo-muriatique : 1°. rougit la teinture de tournesol ; 2°. est soluble dans les dissolutions alcalines. *Voyez* GAZ CARBO-MURIATIQUE.

Le *gaz* chloroxicarbonique, 1°. rougit la teinture de tournesol ; 2°. est soluble dans les *gaz* alcalins.

Le *gaz* ammoniac, 1°. est soluble dans l'eau ; 2°. est soluble dans les dissolutions alcalines ; 3°. est alcalin. *Voyez* GAZ AMMONIAC.

Le *gaz* hydro-chlorique ou acide muriatique, 1°. produit des vapeurs blanches dans l'air ; 2°. rougit la teinture de tournesol ; 3°. est soluble dans les dissolutions alcalines. *Voyez* GAZ HYDRO-CHLORIQUE.

Le *gaz* hydrogène carboné, 1°. est inflammable ; 2°. n'a point d'odeur. *Voyez* GAZ HYDROGÈNE CARBONE, HYDROGÈNE PROTOCARBURÉ, HYDROGÈNE PERCARBURÉ.

Le *gaz* hydrogène protophosphoré : est inflammable par le contact de l'air & d'une bougie. *Voyez* GAZ HYDROGÈNE PROTOPHOSPHORE.

Le *gaz* hydrogène perphosphoré : est inflammable spontanément au contact de l'air. *Voyez* GAZ HYDROGÈNE PERPHOSPHORE.

Le *gaz* hydrogène sulfuré, 1°. est inflammable au contact de l'air & des bougies allumées ; 2°. rougit la teinture de tournesol ; 3°. est soluble dans les dissolutions alcalines. *Voyez* GAZ HYDROGÈNE SULFURÉ.

Le *gaz* hydrogène arséniqué : est inflammable par le contact de l'air & des bougies allumées. *Voyez* GAZ HYDROGÈNE ARSÉNIQUE.

Le *gaz* hydrogène telluré, 1°. est inflammable par le contact de l'air & des bougies ; 2°. rougit la teinture de tournesol ; 3°. est soluble dans les dissolutions alcalines. *V.* GAZ HYDROGÈNE TELLURÉ.

Le *gaz* hydriodique, 1°. produit des vapeurs blanches dans l'air ; 2°. rougit la teinture de tournesol ; 3°. est soluble dans l'eau ; l'eau en dissout plus de trente fois son volume ; 4°. est soluble dans les dissolutions alcalines. *Voyez* GAZ HYDRIODIQUE.

Le *gaz* hydrogène potassié : s'enflamme au contact de l'air & des bougies allumées. *Voyez* GAZ HYDROGÈNE POTASSIÉ.

Le *gaz azote carboné* ou *cyanogène* est, 1°. inflammable par le contact de l'air & des bougies allumées ; 2°. rougit la teinture de tournesol ; 3°. soluble dans les dissolutions alcalines.

Le *gaz fluo-borique*, 1°. produit des vapeurs blanches dans l'air ; 2°. rougit la teinture de tournesol ; 3°. est soluble dans les dissolutions alcalines. *Voyez* GAZ FLUO-BORIQUE.

Le *gaz fluorique-silicé*, 1°. produit des vapeurs blanches dans l'air ; 2°. rougit la teinture de tournesol ; 3°. est soluble dans l'eau ; 4°. est soluble dans les dissolutions alcalines. *Voyez* GAZ FLUO-RIQUE-SILICÉ.

Plusieurs de ces *gaz* ont encore quelques propriétés particulières qui servent à les distinguer.

Examinons maintenant comment, avec les dix propriétés que nous venons d'indiquer, on peut reconnoître chacun des *gaz*, & quelles nouvelles propriétés indispensables il faut y ajouter pour les faire reconnoître.

D'abord, par la coloration, on peut bien facilement reconnoître les trois *gaz* qui jouissent de cette propriété. Le *gaz* acide nitreux est rouge, parce qu'il contient de la vapeur nitreuse ; les deux autres sont d'un jaune-verdâtre ; mais le second, l'acide-chlorique ou muriatique suroxigéné, est plus vert que le premier, le *gaz* chlorique ou muriatique oxigéné.

Quatre *gaz* produisent des vapeurs blanches dans l'air : le *gaz* hydro-chlorique ou muriatique, le *gaz* fluo-borique, le *gaz* fluorique silicé, & le *gaz* hydriodique. Ces vapeurs blanches résultent de la grande affinité des *gaz* pour l'eau, en vertu de laquelle ils se combinent avec celle qui est disséminée dans l'air. Ces quatre *gaz* jouissent d'ailleurs des mêmes propriétés : 1°. de rougir la teinture de tournesol ; 2°. d'être solubles dans l'eau ; 3°. d'être solubles dans les dissolutions alcalines : il faut donc, pour distinguer chacun de ces *gaz*, de nouvelles propriétés. Voici celles que l'on peut employer.

1°. Le *gaz hydro-chlorite* forme, dans la dissolution de nitrate d'argent, un précipité blanc, insoluble dans les acides, & très-soluble dans l'ammoniaque.

2°. Le *gaz fluo-borique* répand dans l'air des vapeurs plus épaisses que les autres, & il noircit sur-le-champ le papier qu'on plonge dans le vase qui le renferme.

3°. Le *gaz fluorique-silicé* dissous dans l'eau, ce fluide en sépare aussitôt des flocons blancs de fluate de silice.

4°. Enfin, le *gaz* hydriodique, mêlé avec le *gaz* chlorique ou muriatique oxigéné, produit une belle couleur violette, occasionnée par la précipitation de l'iode.

Dix *gaz* sont inflammables par le contact de l'air & des bougies : les *gaz* hydrogène, hydrogène carboné, hydrogène protophosphoré, hydrogène perphosphoré, hydrogène sulfuré, hydrogène arsénique, hydrogène telluré, hydrogène potassié, oxide de carbone, & azote carboné ou cyanogène.

Trois de ces *gaz*, le *gaz* hydrogène perphosphoré, le *gaz* hydrogène potassié, & le *gaz* azote carboné, s'enflamment au contact de l'air seul ; mais il faut que le dernier, pour s'enflammer spontanément, soit surchargé de potassium, & l'eau sur laquelle la combustion a eu lieu devient alcaline ; dans le cas où il ne s'enflammeroit pas, il faudroit le comparer avec le *gaz* arsénique & protophosphoré.

Trois rougissent la teinture de tournesol, le *gaz* hydrogène sulfuré, le *gaz* hydrogène telluré & le *gaz* azote carboné ; les deux premiers répandent une odeur fétide qui approche de celle d'œuf pourri ; le troisième une odeur extrêmement vive & pénétrante : ils sont absorbables par les dissolutions alcalines ; mais le premier noircit les dissolutions de plomb, & laisse déposer du soufre lorsqu'on le brûle dans une éprouvette ; le second forme, avec l'eau qui le dissout, une liqueur qui, exposée à l'air, laisse déposer une poudre brune d'hydrure de tellure. Enfin, si on l'agite avec un excès d'une solution de chlore, il en résulte un chlorate ou muriate, précipitant en blanc par les carbonates alcalins, & en noir par les hydro-sulfures. Le troisième brûle avec une flamme d'un assez beau violet ; le produit de sa combustion trouble l'eau de chaux : il est absorbable par la potasse ; & si l'on verse ensuite dans la liqueur, d'abord un acide, puis un mélange de protosulfate & de trito-sulfate de fer, il se forme tout-à-coup un précipité de bleu de Prusse.

Trois *gaz* sont sans odeur sensible : le *gaz* hydrogène, le *gaz* hydrogène carboné & le *gaz* oxide de carbone. Ces trois *gaz* peuvent être facilement distingués, en les mêlant dans une éprouvette avec une quantité égale de *gaz* hydrogène, & excitant une étincelle électrique dans le mélange.

1°. Avec le *gaz* hydrogène pur, il y a de l'eau de formée, & l'absorption qui résulte de la combustion est d'une partie & demie sur les deux du mélange.

2°. Avec le *gaz* hydrogène carboné, tout se transforme en acide carbonique. Si l'on expose le *gaz* acide carbonique formé à l'action de l'eau de chaux, tout est absorbé, & il ne reste dans l'éprouvette aucun résidu.

3°. Avec le *gaz* oxide de carbone, il se forme également de l'acide carbonique ; mais la quantité de *gaz* oxigène combiné pour former le *gaz* acide n'est que la moitié de celui que l'on a employé ; de manière qu'après l'exposition à l'eau de chaux, il reste environ une demi-partie de *gaz* oxigène.

Les trois autres *gaz* restans sont le proto-phosphoré, l'arsénique & le potassié.

1°. Les *gaz* proto-phosphoré & arsénique ont une forte odeur d'ail.

2°. Si l'on brûle ces trois *gaz* dans une éprouvetté, le premier rend l'eau acide, & le dernier alcaline.

3°. L'eau feule décompofe le *gaz* hydrogène potaffié & ne décompofe pas les autres, qui font infolubles dans l'eau.

4°. Enfin, après la combuftion du *gaz* hydrogène protophofphoré, fi l'eau fur-laquelle on l'a brûlé eft agitée avec un excès de *gaz* chlorique, il en réfulte une liqueur qui, évaporée, laiffe un réfidu firupeux & très-acide. L'autre, le *gaz* hydrogène arfeniqué, dépofe, fur les parois de l'éprouvette où on le brûle, une fubftance d'un brun-marron, qui ne paroît être que de l'hydrure d'arfenic, & agité, avec le quart de fon volume d'une folution de *gaz* chlorique, il en réfulte une liqueur dont l'hydrogène fulfuré précipite les flocons en jaune.

Quatre *gaz* rallument les bougies qui préfentent quelque point en ignition : les *gaz* oxigène, protoxide d'azote, acide nitreux, oxide de chlore ou muriatique furoxigéné : ces *gaz* doivent cette propriété à l'oxigène qu'ils contiennent.

Nous avons déjà vu comment on pouvoit diftinguer à la couleur les *gaz* acide nitreux & oxide de chlore ; il ne nous refte donc à examiner ici que l'oxigène & le protoxide d'azote ; ces deux *gaz* étant également fans odeur, il faut les diftinguer par d'autres caractères.

1°. Le *gaz* oxigène eft fans faveur ; il eft fufceptible d'abforber deux fois fon volume de *gaz* hydrogène, en le brûlant dans une éprouvette, & de produire de l'eau fans réfidu.

2°. Le *gaz* protoxide d'azote a une faveur fucrée ; il eft foluble dans un peu moins de la moitié de fon volume d'eau à la température & à la preffion ordinaires ; après fa détonation dans l'eudiomètre, avec deux parties de *gaz* oxigène, une partie feulement eft abforbée ; il refte un réfidu azotique qui augmente la quantité de gaz hydrogène reftée & non combinée.

Onze *gaz* rougiffent la teinture de tournefol : ce font les *gaz* acide nitreux, fulfureux, hydro-chlorique ou muriatique, fluo-borique, hydriodique, fluorique-filicé, carbo-muriatique, acide chlorique ou muriatique furoxigéné, carbonique, *gaz* hydrogène fulfuré, *gaz* hydrogène telluré, azote carboné ou cyanogène.

Les deux *gaz* acide nitreux & chlorique peuvent être diftingués par leurs couleurs.

Les quatre *gaz* acides, hydrochlorique, fluo-borique, hydriodique & fluorique-filicé peuvent également être diftingués par les vapeurs qu'ils répandent dans l'air. Trois *gaz*, l'hydrogène fulfuré, l'hydrogène telluré & l'azote carboné ont été diftingués par le contact de l'air & des bougies enflammées. Il nous refte donc à examiner comment on peut reconnoître les *gaz* acide fulfureux, chloroxi-carbonique & carbonique.

Le *gaz* chloroxi-carbonique ou carbo-muriatique eft odorant ; le *gaz* carbonique eft fans

odeur ; une petite quantité d'eau fuffit pour convertir tout-à-coup le premier en acide muriatique, qui refte en diffolution, & en acide à l'état gazeux. Une petite quantité d'eau ne produit que peu ou point de diminution dans le *gaz* acide carbonique. L'acide muriatique obtenu rougit fortement la teinture de tournefol, l'acide carbonique foiblement ; enfin l'eau qu'a décompofée le *gaz* carbo-muriatique a toutes les propriétés de l'acide muriatique.

Quant au *gaz* acide fulfureux, fon odeur, qui eft la même que celle du foufre qui brûle, fuffit pour le faire diftinguer.

Six *gaz* n'ont point d'odeur ou n'en ont qu'une foible : les *gaz* oxigène, azote, hydrogène, hydrogène carboné, acide carbonique, protoxide d'azote.

Deux *gaz*, hydrogène & hydrogène carboné, font inflammables, & l'on a fait connoître, à cette propriété, comment on les diftinguoit.

Deux autres *gaz*, oxigène & protoxide d'azote, rallument les bougies qui préfentent quelque point en ignition : on a fait connoître, à cette propriété, les moyens de les diftinguer.

On a fait connoître, à la propriété de rougir la teinture de tournefol, comment on diftingue le *gaz* acide carbonique.

Il ne nous refte donc plus à examiner que la manière de reconnoître le *gaz* azote. Ce *gaz* peut être diftingué, parce que des dix propriétés particulières que nous avons examinées, il n'en partage qu'une, celle de ne pas avoir d'odeur ; auffi fes propriétés font-elles toutes négatives : il eft fans odeur, fans couleur, fans faveur ; il éteint les corps en combuftion ; il n'éprouve aucune altération de la part de l'air ; il ne trouble pas l'eau de chaux.

Sept *gaz* font folubles dans l'eau, c'eft-à-dire, dont l'eau en diffout plus de trente fois fon volume à la preffion & à la température ordinaire : les *gaz* acide fluorique, hydro-chlorique ou muriatique, hydriodique, fluorique-filicé, nitreux, fulfureux, *gaz* ammoniac.

On reconnoît le *gaz* nitreux à fa couleur.

Trois *gaz* acides, hydro-chlorique, hydriodique, fluorique-filicé, fe diftinguent par les vapeurs blanches qu'ils forment dans l'air.

L'acide fulfureux, par fa propriété de rougir la teinture de tournefol.

Il ne nous refte à examiner que les caractères diftinctifs des *gaz* acide fluorique & ammoniac. Le premier attaque le verre & forme de l'acide fluorique-filicé ; le fecond eft alcalin.

Quatorze *gaz* font folubles dans les diffolutions alcalines ; ce font les *gaz* acide nitreux, fulfureux, hydro-chlorique ou muriatique, fluo-borique, hydriodique, fluorique-filicé, chlorique ou muriatique furoxigéné, carbonique, carbo muriatique, hydrogène fulfuré, hydrogène telluré, les *gaz* chlorique ou muriatique oxigéné, azote carboné ou cyanogène, ammoniac.

Trois de ces *gaz* acides nitreux, oxide de chlore ou muriatique furoxigéné, chlorique ou muriatique oxigéné, peuvent être déterminés par leur couleur.

Quatre autres *gaz* acides, hydro-chlorique ou muriatique, fluo-borique, hydriodique, fluorique-filicé, font reconnus & déterminés par les vapeurs blanches qu'ils forment dans l'air.

Trois *gaz*, l'hydrogène fulfuré, l'hydrogène telluré, l'azote carboné, ont été reconnus à leur inflammabilité par le contact de l'air & des bougies allumées.

Trois *gaz* acides, le fulfureux, le carbonique, le chloroxi-carbonique ou carbo-muriatique, ont été déterminés par la propriété qu'ils ont de rougir la teinture de tournefol.

Enfin, le *gaz* ammoniac, avec ceux qui font folubles, dans les diffolutions falines.

Un feul *gaz*, le deutoxide d'azote, fe reconnoît par la propriété qu'il a de rougir, en fe combinant avec l'air atmofphorique, & en formant de l'acide nitrique que l'on peut recueillir fur l'eau, lorfque ce mélange fe fait dans un eudiomètre.

Un feul *gaz* eft alcalin; c'eft le *gaz* ammoniac, qui fe reconnoît par cette propriété.

DES PROPRIÉTÉS GÉNÉRALES DES GAZ.

Tous les *gaz* ont l'apparence de l'air, & jouiffent d'un grand nombre de fes propriétés, telles que : la transparence, l'invisibilité, la compreffibilité, l'expanfibilité, l'élafticité, la transverfabilité, la pefanteur, la conductricité, la réfringence, l'affinité pour l'eau & pour les charbons. Nous allons examiner féparement chacune de ces propriétés.

De la transparence des gaz.

On a donné le nom de *transparence* à la propriété qu'ont plufieurs corps de fe laiffer pénétrer par la lumière, de manière que l'on puiffe diftinguer, à la vue, des corps opaques qui font placés derrière eux. Tous les *gaz* jouiffant de cette propriété, ils font tous transparens, mais ils le font à des degrés différens.

Quelle que foit la transparence des *gaz*, comme ils ont tous de l'affinité pour la lumière, ils abforbent des proportions plus ou moins grandes de ce fluide impondérable, lorfque celui-ci les traverfe, & l'abforption augmentant avec l'épaiffeur de la couche; il s'enfuit, que les corps ceffent d'être vifibles avec les *gaz*, lorfque l'épaiffeur de ceux-ci eft trop confidérable; de-là réfultent deux moyens de déterminer la transparence des *gaz* : 1°. par la proportion de la lumière abforbée en traverfant une épaiffeur conftante de couche des différens *gaz*; 2°. en déterminant quelle épaiffeur de couche eft néceffaire pour que la perceptibilité d'un corps, vu à travers un *gaz*, ceffe.

Jufqu'à préfent, ces expériences n'ayant pas encore été faites d'une manière exacte, nous ne connoiffons pas les rapports de la transparence des différens *gaz*. *Voyez* TRANSPARENCE.

De l'invifibilité des gaz.

Un *gaz* devient invifible lorfque fa transparence eft parfaite, & qu'il eft incolore. La plupart des *gaz* ont une affez grande transparence pour ne pas être diftingués à la vue, lorfqu'ils font renfermés dans des vafes également transparens.

Parmi les *gaz* connus, il en eft deux que l'on peut apercevoir, quoiqu'ils foient transparens & que leur épaiffeur foit très-petite; ce font les *gaz* chlore & oxide de chlore, & cela parce qu'ils font colorés. Le *gaz* acide nitreux, lorfqu'il n'eft pas parfaitement pur & qu'il contient un peu de deutoxide d'azote, ce qui eft affez commun, devient vifible, parce qu'il eft coloré & rouge.

Quatre *gaz* qui font naturellement invifibles, peuvent être aperçus lorfque l'on fait parvenir, dans les vafes qu'iles contiennent, une foible quantité de vapeur aqueufe, qui eft elle-même invifible, ou mieux lorfqu'on les fait évaporer dans l'air : ce font les *gaz* acide hydro-chlorique ou muriatique; le *gaz* acide fluo-borique, le *gaz* acide fluorique-filicé, & le *gaz* acide hydriodique. D'autres, comme le *gaz* deutoxide d'azote, qui eft incolore & invifible lorfqu'il eft feul, rougiffent & deviennent en conféquence vifibles, lorfque l'on y mêle un peu d'air atmofphérique. Cette couleur étant occafionnée par la combinaifon du *gaz* oxigène avec le *gaz* deutoxide d'azote, il en réfulte également, que toutes les fois que l'on mêle du *gaz* deutoxide d'azote avec des *gaz* qui contiennent de l'oxigène affez libre pour fe combiner avec ce dernier, ces *gaz* fe colorent en rouge & deviennent vifibles.

D'autres *gaz* peuvent encore, en fe combinant, devenir vifibles. C'eft ainfi qu'en approchant un vafe débouché, contenant de l'acide hydro-chlorique, d'un autre vafe débouché contenant de l'ammoniaque, on voit auffitôt fe former des vapeurs blanches entre les deux vafes; ces vapeurs font occafionnées par la combinaifon des *gaz* invifibles, hydro-chlorique & ammoniac, combinaifon qui donne naiffance à de l'hydro-chlorate d'ammoniaque folide; ou, fi l'on veut, à du muriate d'ammoniaque.

Comme, à l'exception des *gaz* chlore & oxide de chlore, tous les autres font invifibles & ne deviennent vifibles qu'en les mélangeant entr'eux, ou avec des vapeurs, nous examinerons les variations que l'invifibilité des *gaz* éprouve, en parlant de leur combinaifon.

De l'expanfibilité des gaz.

On donne le nom d'*expanfibilité* à cette propriété dont jouiſſent certains corps de pouvoir s'étendre, ſoit dans un ſens, ſoit dans pluſieurs; il en eſt qui s'étendent dans tous les ſens & dont le volume s'augmente. Parmi ces corps, quelques-uns ne s'étendent que d'une quantité déterminée; d'autres s'étendent indéfiniment, & tous les gaz ſont dans cette claſſe.

Deux cauſes contribuent à l'expanſion des gaz & à augmenter leur volume : 1°. la preſſion; 2°. la température.

En diminuant la preſſion exercée ſur les gaz, ceux-ci augmentent de volume, & cette augmentation, qui eſt la même pour tous, eſt proportionnelle à la diminution de cette preſſion, ou, plus généralement, le volume des gaz, à une même température, eſt en raiſon inverſe des poids comprimans : ainſi, ſi l'on diminue de moitié la preſſion qu'un gaz éprouve, ſon volume devient double à une même température. Si la preſſion eſt réduite au tiers, au quart, au cinquième de ce qu'elle étoit, l'expanſibilité des gaz eſt telle que leur volume devient, à une même température, triple, quadruple, quintuple de ce qu'il étoit.

Soumis à l'action de la chaleur, les gaz augmentent de volume dans un rapport qui eſt proportionnel à l'augmentation de la température.

Il réſulte des expériences de M. Gay-Luſſac, à Paris, & Dalton en Angleterre, que les gaz ſuivent la même loi dans leur expanſion, qui eſt, pour chaque degré du thermomètre centigrade, de $\frac{1}{266,67}$ de leur volume à zéro, ſous la preſſion atmoſphérique de 28 p.; en effet l'expérience a démontré à ces ſavans, qu'un gaz quelconque, en paſſant de zéro à 10°, ſe dilate autant qu'en paſſant de 10° à 20°, de 20° à 30°; & qu'enfin, en paſſant de 0 à 100 degrés, il ſe dilate de 0,375 de ſon volume. Or, puiſque l'expanſion eſt la même en paſſant de 0 à 10°, de 10° à 20°, de 20° à 30°, &c. il s'enſuit que, par chaque degré, la dilatation eſt de $\frac{0,375}{100} = 0,00375 = \frac{1}{266,67}$ du volume qu'il occupoit à zéro. Voyez DILATATION DES GAZ.

Ainſi l'expanſion des gaz, ou mieux, leur dilatation, eſt en raiſon inverſe des poids qui les compriment, & en raiſon directe de leur température, & cette loi de leur expanſion eſt la même pour tous.

Comme les gaz diminuent de température dans leur expanſion & que leur reſſort augmente lorſqu'on les chauffe dans des vaſes fermés, il faut, pour meſurer les variations de volume qu'ils ont éprouvées dans les différens modes d'expanſion que l'on emploie, les ramener à une même température & à une même preſſion.

De l'élaſticité des gaz.

L'élaſticité eſt cette propriété par laquelle un corps tend à reprendre ſa première forme & ſa première action, lorſque les forces auxquelles il étoit ſoumis ceſſent d'agir. Tous les corps jouiſſent de cette propriété à des degrés différens : mais les gaz ſont, parmi les corps pondérables, ceux qui jouiſſent de cette propriété au plus haut degré. Voyez ELASTICITE.

Cette élaſticité dans les gaz eſt telle, que des gaz fortement comprimés ou dilatés, c'eſt-à-dire, dont le volume a été réduit à une fraction très-petite, ou à un très-grand multiple du volume primitif, en augmentant ou diminuant leur preſſion; ces gaz, ayant été conſervés pendant pluſieurs années dans cette ſituation, ſont revenus de ſuite à leur volume primitif, lorſque la température & la preſſion on été rappelées à leur premier état. Nous avons vu précédement que, d'après les expériences de Mariotte, la diminution ou l'augmentation du volume des gaz eſt en raiſon inverſe de la preſſion qu'ils éprouvent. Voyez COMPRESSION.

Newton a démontré que, cette loi étant exacte, la force en vertu de laquelle les molécules s'écartent les unes des autres, augmente ou diminue, comme les diſtances entre les centres des particules ou atomes dont elles ſont compoſées, décroiſſent ou deviennent plus conſidérables; ou bien, ce qui eſt la même choſe, que la répulſion entre les molécules des corps gazeux, eſt toujours en raiſon inverſe de la diſtance entre leurs centres (1).

Or, la diſtance entre le centre des atomes des gaz, varie toujours comme la racine cube de leur denſité, en prenant ce mot dans ſon acception ordinaire. Ainſi la denſité d'un gaz à zéro de température, ſous la preſſion de 28 pouc. de mercure étant 1; ſi ce gaz eſt réduit au huitième de ſon volume, ſa denſité devient 8. Dans ces deux cas, la diſtance entre les atomes des gaz eſt inverſement comme la racine cube de 1 eſt à la racine cube de 8 ou :: 1 : 2; de manière que, dans l'air comprimé juſqu'au huitième de ſon volume, la diſtance entre ſes molécules eſt réduite à moitié, & par conſéquent la force de répulſion entr'elles eſt doublée. Dans un gaz raréfié de trois cents fois ſon volume, la denſité eſt réduite aux trois centièmes de celle du gaz, à la même température & à une preſſion trois cents fois plus grande, & dans ce cas la diſtance entre les atomes de ce gaz & du gaz raréfié eſt comme $\sqrt[3]{1} : \sqrt[3]{300}$, ou à peu près comme 1 : 7; de manière que, dans l'air raréfié 300 fois, la diſtance entre les molécules devient preſque ſept fois plus conſidérable, & par conſéquent la force de répulſion entre les molécules ſept fois moindre.

Il réſulte des expériences de M. Gay-Luſſac : 1°. que tous les gaz augmentent de 0,375 de leur

(1) Principia, lib. II, prop. 23.

volume à zéro, en paffant de la température 0 à celle de 100 degrés du thermomètre centigrade ; 2°. que l'augmentation du volume des *gaz* eſt proportionnelle à l'augmentation de leur température. Une conféquence de ces deux principes eſt celle-ci : qu'à 266,67 degrés du thermomètre centigrade, les *gaz* occupent, fous la même preſſion, un volume double de celui qu'ils occupoient à zéro, & que pour les ramener à leur volume primitif, à 266,67° de température, il faudroit qu'ils éprouvaſſent une preſſion double.

Tous les *gaz* renfermés dans des vaſes exercent contre leurs parois, en vertu de leur élaſticité, un effort que l'on attribue à leur reſſort ; cet effort, ou le reſſort des *gaz*, eſt proportionnel aux poids qui les compriment. Si l'on emplit de *gaz* un vaſe incompreſſible & fermé hermétiquement, il exercera contre les parois de ce vaſe un effort qui dépendra de la preſſion qu'il y éprouve. Si l'on chauffe le *gaz* dont ce vaſe eſt rempli, comme il ne peut pas augmenter de volume, il ſe comporte comme s'il éprouvoit une preſſion qui réduiſit ſon volume augmenté à celui qu'il occupe. Ainſi, ſi le *gaz* éprouvoit dans le vaſe, à zéro de température, une preſſion eſtimée 1, il éprouveroit dans le vaſe à 266,67 degrés centigrades, une preſſion eſtimée 2.

Si l'on appelle P la preſſion que le *gaz* éprouve à zéro dans le vaſe qui le contient, & n le nombre de degrés dont il eſt augmenté ; la preſſion à la température n deviendra $P \left(\dfrac{n \, \frac{1}{2,6667} + 1}{n \, \frac{1}{2,6667}} \right)$

Ainſi, dans le cas où $n = 266°,67$, on aura $n \dfrac{1}{2,6667} = \dfrac{2,6667}{2,6667} = 1$, & la force de preſſion $= P \left(\dfrac{1+1}{1} \right) = 2 \, P$. Alors, pour une température de 100 degrés, on aura $n \dfrac{1}{266,67} = \dfrac{100}{266,67} = \dfrac{1}{2,6667}$, & la force de preſſion $= P \left(\dfrac{n \, \frac{1}{2,6667} + 1}{\frac{1}{2,6667}} \right) = P \left(\dfrac{3,6667}{2,6667} \right) = 1,375 \, P$. On voit, par cette application, avec quelle facilité on peut déterminer quel eſt le reſſort des *gaz* échauffés à différens degrés de température.

De la tranſverſabilité des *gaz*.

C'eſt un ſpectacle qui paroît toujours extraordinaire pour celui qui ne l'a pas encore aperçu, que de voir manipuler des *gaz* inviſibles & les voir tranſvaſer dans des vaſes différens. Tout conſiſte, dans cette opération, à remplir un vaſe d'un liquide & à faire remplacer le liquide par le *gaz* que l'on veut introduire.

L'eſpèce de liquide que l'on emploie, dépend de la nature du *gaz* que l'on veut tranſvaſer & du degré de pureté que l'on veut lui conſerver. Les *gaz* miſcibles à l'eau, tels que les *gaz* acide fluoborique, hydro-chlorique, hydriodique, fluorique-ſilicé, les *gaz* ſulfureux & ammoniac doivent être tranſvaſés à travers le mercure ou à travers un liquide qui n'ait pas d'action ſur eux.

Mais les autres *gaz* qui ſe mêlent difficilement à l'eau, tels que les *gaz* oxigène, azote, hydrogène, &c., ſe tranſvaſent ordinairement à travers ce liquide, parce que c'eſt celui que l'on peut ſe procurer le plus facilement : cependant, comme tous les *gaz* ont de l'affinité pour la vapeur d'eau, que celle-ci ſe mêle avec eux & peut occaſionner des réſultats différens de ceux que l'on veut obtenir, on doit éviter de ſe ſervir de ce liquide toutes les fois que l'on veut avoir un *gaz* ſec & exempt d'humidité ; dans ce cas, c'eſt encore du mercure dont on fait uſage.

Nous devons en faire la remarque : quel que ſoit le liquide à travers lequel on tranſvaſe les *gaz*, il eſt difficile qu'il ne ſe mêle une portion de ſa vapeur avec les *gaz* à tranſvaſer ; mais le mercure ayant été regardé, juſqu'à préſent, comme le liquide qui ſe vaporiſe le plus difficilement à la température ordinaire, c'eſt celui dont on fait principalement uſage pour tranſvaſer les *gaz* qui exigent des précautions.

Cependant, lorſque les *gaz* doivent être obtenus & tranſvaſés à une haute température, comme la vaporiſation du mercure augmente avec la température à laquelle il eſt expoſé, il faut, pour éviter les effets que ſa vapeur pourroit produire, lorſqu'elle eſt mêlée dans les *gaz*, faire uſage d'un liquide qui ſe vaporiſe à une plus haute température encore : dans ce cas, on peut employer, avec ſuccès, des combinaiſons métalliques facilement fuſibles, telles que celles de biſmuth, d'étain & de plomb. En tranſvaſant les *gaz* à travers ces ſubſtances lorſqu'elles ſont liquides, on peut avoir, par ce moyen, une aſſez grande certitude qu'il ne ſe mêlera point d'humidité aux *gaz* pendant qu'on les tranſvaſe.

Alors que l'on a déterminé le liquide que l'on doit employer, il faut en emplir une cuve pneumatique A B, *fig. 859* (*voyez* CUVE PNEUMATIQUE*)*; placer dans cette cuve, ſur une tablette T T, le récipient R. ou tout autre vaſe dans lequel on veut faire entrer le *gaz* ; le récipient doit être préliminairement empli du liquide contenu dans la cuve. On plonge verticalement dans le liquide, l'ouverture par en bas, le vaſe V, qui contient le *gaz* ; on l'approche de la tablette, vis-à-vis une ouverture O, qui communique ſous le récipient R ; on incline le vaſe V du côté oppoſé à la tablette, & l'on voit des bulles de *gaz* ſortir & s'élever, à travers le liquide, dans le récipient R. Ces bulles viennent occuper la partie supérieure du récipient, en chassant, par en bas, le liquide qu'elles remplacent. Dans le cas où la tablette ne seroit pas percée, on approcheroit le récipient du bord de cette tablette, de manière qu'il la dépasse un peu, & le vase V seroit incliné dans le récipient.

Les gaz étant plus légers que les liquides, doivent naturellement se placer au-dessus d'eux ; c'est pourquoi la manière de les transvaser, dans les liquides, doit être tout-à-fait différente, & même opposée à celle du transvasement des liquides dans l'air. Dans ce cas, tous les vases ouverts dans l'air & qui paroissent vides, à cause de leur transparence, sont nécessairement remplis d'air ; en versant de haut en bas un liquide à travers l'air, dans un vase, le liquide plus pesant tombe, entre dans le vase, en occupe le fond, & chasse hors du vase l'air qu'il déplace. Pendant que le liquide sort du vase qui le contenoit, il se fait un vide apparent ; mais ce vide est aussitôt rempli par de l'air, de manière qu'il ne sort aucune partie du liquide du premier vase, qu'il ne soit immédiatement remplacé par de l'air du milieu traversé.

Dans le transvasement des gaz à travers les liquides, un effet contraire a lieu ; ce gaz, plus léger que le liquide, doit nécessairement se placer au-dessus de celui-ci. Il faut donc, pour le maintenir dans le vase, que son ouverture dans le liquide soit placée par en bas ; en penchant le vase, le liquide qui se transporte dans la partie la plus basse du vase, qui étoit occupée par le gaz, le chasse par en-haut, & lorsqu'une partie de l'ouverture du vase est plus élevée que la couche de séparation du liquide & du gaz, celui-ci s'échappe par cette ouverture, pour monter à travers le liquide & venir se cantonner dans la partie supérieure du vase qui doit le recueillir.

On peut encore employer une autre méthode pour transvaser le gaz dans un vase. Soit un ballon B, fig. 859 (a), que l'on veuille emplir d'un gaz ; qu'au goulot de ce ballon soit fixé un robinet A ; que le gaz que l'on veut introduire dans ce ballon soit dans un récipient R, placé sur la tablette T t d'une cuve pneumatique C D ; que ce ballon, terminé par un robinet A, puisse s'ajuster, avec une vis, sur le robinet F du récipient R, afin d'intercepter toute communication avec l'air extérieur.

Cela posé, on fait le vide dans le ballon B, en le fixant, par sa vis, sur l'ouverture de la platine d'une machine pneumatique, puis on ferme le robinet A & on le transporte au-dessus du récipient où on le fixe. Ouvrant les deux robinets, le gaz se partage entre les deux vases ; le liquide monte dans le récipient jusqu'à ce que le ressort du gaz, dans ces deux vases, fasse équilibre à la pression de l'air, moins la pesanteur de la colonne de liquide soulevé. Pour faire passer dans le ballon tout l'air du récipient, il faut enfoncer celui ci dans le

liquide, jusqu'à ce que le liquide se soit élevé à la hauteur du robinet ; fermant alors les deux robinets ; dévissant le ballon, on peut transporter celui-ci avec le gaz partout où l'on veut, & le soumettre à toutes les opérations auxquelles on le destine.

Pesanteur des gaz.

Étant composés de molécules pondérables, les gaz doivent être & sont en effet pesans comme tous les autres corps ; mais comme le nombre de molécules contenues dans un espace donné est beaucoup moins considérable, lorsque les corps sont à l'état gazeux, que lorsqu'ils sont à tout autre état, leur pesanteur est beaucoup moins grande.

Le poids d'un litre des différens gaz, déduits des expériences de MM. Gay-Lussac, John Davy, Colin, Biot & Arago, Thenard & Gay-Lussac, Berard, Arago, Théodore Saussure, Cruikshank, Thomson, Tromsdorf ; est en grammes à 12°, $\frac{4}{9}$ de Réaumur & 28,12 pouces de pression.

Gaz hydrogène	0,095105 gram.
— hydrogène arsénique . . .	0,687571
— hydrogène protocarburé	0,720945
— ammoniacal	0,768710
— azote	1,258972
Air atmosphérique	1,299075
Gaz hydrogène phosphoré .	1,13013
— oxide de carbone	1,243013
— hydrogène percarburé . .	1,261941
— deutoxide d'azote	1,348401
— oxigène	1,433520
— hydro-sulfurique	1,547368
— hydro-chlorique	1,619943
— acide carbonique	1,974008
— protoxide d'azote	2,074999
— cyanogène ou azote carboné	2,346613
— sulfuré	2,848707
— euchlorine	3,006030
— chlore	3,10843
— acide nitreux	3,924143
— chlore oxicarbonique . . .	4,402831
— fluorique siliceux	4,648471
— hydriodique	5,771780
Eau liquide à + 4 R. & 28° de pression	1000

Pour prendre cette pesanteur, on vide d'air, à l'aide d'une machine pneumatique, un ballon dont on connoît la capacité ; on le pèse vide, on l'emplit ensuite d'un gaz très-sec, à une température & à une pression déterminée. On pèse le ballon avec le gaz qu'il contient. Retranchant de ce nouveau poids celui du ballon vide d'air, on a le poids de l'air qu'il contenoit. Comme il est rare que le gaz que l'on a pesé soit à la température & à la pression qu'il doit avoir, pour le comparer aux autres ; on détermine, à l'aide d'une formule, le poids

qu'il auroit à la preſſion & à la température déterminée. *Voyez* DENSITÉ DES GAZ.

Nous allons ajouter quelques détails à ceux
que nous avons donnés au mot DENSITÉ DES
GAZ, & nous puiſerons ces détails dans le *Traité
de Phyſique expérimatale & mathématique* de M. Biot,
tome I, page 351 & ſuivantes. Ces détails auront
pour objet de faire connoître les précautions que
l'on doit prendre pour que la peſanteur des *gaz*
ait toute la préciſion dont elle eſt ſuſceptible.

La première précaution ſe rapporte à la manière
dont on doit recueillir les *gaz* que l'on veut peſer. Si l'on veut employer les *gaz* ſaturés d'humidité, on les recueille à travers l'eau, ſous des
cloches ou dans des flacons de verre bouchés à
l'émeri. Alors, on doit avoir ſoin que l'eau dont on
fait uſage ſoit pure ; car ſi elle contenoit d'autres
gaz que celui que l'on recueille, elle en abandonneroit une partie pour abſorber, en échange, une
partie de celui qui la traverſe, & le *gaz* recueilli
ne ſeroit pas pur. Il faut enſuite ne commencer à
recueillir ce *gaz*, que lorſque tout l'air des vaiſſeaux
dont on le dégage, a été complétement chaſſé, ce
que l'on reconnoît en éprouvant, par les procédés
chimiques, la nature du *gaz*, & s'aſſurant qu'il
n'eſt pas mêlé d'air atmoſphérique.

Si l'on veut, au contraire, employer un *gaz*
exempt de vapeurs d'eau, il faut le recueillir ſur
un appareil pneumatochimique au mercure, &
s'il n'eſt pas naturellement ſec, il faut le priver
d'eau avant qu'il ne parvienne ſous les cloches ou
dans les flacons. Pour cela, on le fait paſſer à travers un tube long de quelques décimètres, & rempli de fragmens de muriate de chaux ou de quelques autres ſels ſuſceptibles d'abſorber l'humidité.
Le *gaz* en paſſant à travers ces corps, & ſe trouvant, dans beaucoup de points, en contact avec
eux, leur abandonne la vapeur aqueuſe qu'il contient, & arrive ſec dans la cloche ou dans le flacon. On atteint auſſi le même but, en faiſant paſſer
le *gaz* à travers un tube entouré d'un mélange de ſel
& de glace pilée ; ce mélange produiſant un froid
conſidérable, abaiſſe la température du *gaz* de
pluſieurs degrés au-deſſous de zéro, & précipite,
en très-grande partie, la vapeur aqueuſe qu'il
contenoit : car la quantité de cette vapeur, qui
peut reſter dans un *gaz* ou dans le vide, à de
ſi baſſes températures, eſt exceſſivement petite,
comme le prouve l'évaluation de ſa force élaſtique. Néanmoins cette méthode paroît moins ſûre
que la première (1).

Lorſque l'on opère ainſi ſur le mercure, il faut
avoir ſoin de détacher exactement les petites
bulles d'air qui reſtent dans les flacons ou dans les
cloches, lorſqu'on les remplit de mercure pour
les renverſer ; car ces bulles d'air ſe mêlant au
gaz, altéreroient ſa pureté & ſon poids. Pour les
détacher, on emploie un petit fil de fer que l'on
promène ſur les parois extérieures de la cloche ou
des flacons, aux endroits où l'on aperçoit ces
bulles.

Il s'agit maintenant d'introduire le *gaz* dans le
ballon vide d'air. Pour cela, le procédé conſiſte
d'abord à faire paſſer ce *gaz* ſous une cloche placée ſur l'eau ou ſur le mercure, & munie d'un
robinet par le haut. L'on viſſe le robinet du ballon
vide ſur celui de la cloche, puis, les ouvrant tous
les deux, la communication s'établit, & le *gaz*
paſſe de la cloche dans le ballon. Mais, de cette
manière, on ne peut éviter qu'il ne reſte de l'air
entre les deux robinets ; & cet air, s'introduiſant
dans le ballon avec le *gaz*, altère néceſſairement
la pureté de celui-ci. Quelque petite que cette
erreur paroiſſe, elle peut devenir ſenſible ſur des
gaz très-légers, par exemple, ſur l'hydrogène.
Pour l'éviter, il faut viſſer le ballon ſur la cloche,
puis poſer cette dernière ſur le récipient de la
machine pneumatique, & faire le vide entre les
deux robinets. On effectuera plus directement
cette opération, ſi le robinet de la cloche peut
s'en détacher, & s'adapter immédiatement à la
machine pneumatique. Le vide fait, on ferme le
robinet inférieur, on enlève le ballon avec les
deux robinets & on les viſſe de nouveau ſur la
cloche avec force. Il faut maintenant remplir cette
dernière d'eau ou de mercure, pour en chaſſer
l'air atmoſphérique & le remplacer par le *gaz*. A
cet effet, rien n'eſt plus commode que d'avoir,
dans le robinet inférieur, un conduit latéral fort
étroit, terminé lui-même par un petit robinet *r*,
fig. 859 (*b*). Les ouvertures qui aboutiſſent à ce
robinet doivent être pratiquées de manière que,
lorſque le grand robinet R communique avec la
cloche C, le canal du petit robinet *r* n'y communique point, & qu'au contraire, celui-ci communique avec la cloche, lorſque le premier R eſt fermé.
Ce dernier cas eſt celui qui a lieu lorſque le vide
vient d'être fait entre les deux robinets R & R' du
ballon & de la cloche. Alors on deſcend doucement
celle-ci dans l'eau ou dans le mercure (1), après
avoir eu ſoin d'ouvrir le robinet latéral *r*. L'air
atmoſphérique, comprimé par la preſſion que l'on
exerce, s'échappe par ce robinet à meſure que la
cloche s'enfonce, & l'on juge qu'il eſt entièrement
chaſſé, lorſqu'en inclinant un peu la cloche, on
voit l'eau ou le mercure ſortir par l'orifice *r*. Alors
on ferme *r*, on redreſſe la cloche, on la poſe ſur
le plateau de la cuve pneumatochimique, & la

_____

(1) Quel que ſoit le mode que l'on emploie pour purger
un *gaz* de vapeurs aqueuſes, lorſqu'il y en a eu de mélangées
avec lui, il en reſte toujours une quantité, très-petite à la
vérité, mais qui n'en exerce pas moins ſon influence dans les
expériences où le *gaz* eſt ſoumis.

(1) Quand on opère ſur le mercure, il faut que les robinets R & *r* de la cloche ſoient conſtruits en fer, pour que
le mercure ne les altère point, ce qui arriveroit promptement s'ils étoient en cuivre, parce que le mercure ſe combine rapidement avec ce métal.

preſſion extérieure, exercée par l'atmoſphère, la maintient pleine de mercure ou d'eau.

Cela fait, on introduit le *gaz* ſous la cloche. Dans cette opération, tous les robinets R R′ r reſtent toujours fermés : le premier pour que les premières particules de *gaz* ne lancent point, ſur le robinet du ballon R′, des particules de liquide qu'il ſeroit enſuite très-difficile de détacher, & qui, altérant le poids du ballon entre les deux peſées, jetteroient de l'erreur dans les réſultats; le dernier, pour que l'air extérieur ne s'introduiſe pas dans la cloche. La cloche étant remplie, ou à peu près, de *gaz*, on tourne le robinet R, ce qui établit d'abord la communication entre l'intérieur de la cloche & le robinet R′. Déſormais toute communication avec le robinet r eſt fermée. On ouvre alors le robinet du ballon R′, & le *gaz* s'y introduit; mais il faut ouvrir doucement : car ſi le *gaz* s'introduiſoit dans le vide avec rapidité, il ſe refroidiroit ſubitement par ſon expanſion; &, s'il n'étoit pas parfaitement ſec, il abandonneroit de l'eau qui ſe précipiteroit ſur les parois du ballon, à l'état liquide. La place que cette eau occupoit à l'état de vapeur ſeroit remplie, dans le ballon, par une nouvelle quantité de *gaz*, & par conſéquent, le poids du ballon plein ſeroit trop fort de tout le poids de cette eau. On n'a pas cet inconvénient à craindre quand on introduit le *gaz* très-lentement, comme nous avons preſcrit de le faire, parce que les premières portions de ce *gaz*, qui prennent une expanſion conſidérable, ſont ſubitement, ou preſque ſubitement réchauffées par les parois du ballon, & conſervent ou reprennent, dans l'inſtant même, toute la vapeur aqueuſe qu'elles contenoient en y entrant. Il en arrive autant aux autres portions du *gaz*, qui s'introduiſent après les premières; & leur ſucceſſion lente permet au ballon de maintenir leur température à un degré tel, qu'elles ne dépoſent point d'eau ſur ſes parois.

Pour éloigner complétement toute poſſibilité de précipitation de la vapeur aqueuſe, il eſt bon que l'eau, ou le mercure de la cuve pneumato-chimique, ſoit à une température d'un à deux degrés au-deſſus de celle du ballon & de l'air extérieur. Cela eſt toujours facile en choiſiſſant convenablement les inſtans de l'opération. Par ce moyen, le *gaz*, en traverſant ces liquides, s'y refroidit un peu, abandonne une partie de ſa vapeur aqueuſe & arrive dans la cloche, un peu au-deſſous du point de ſaturation qui convient à la température de l'air extérieur. Cela fait qu'en arrivant dans le ballon, il tend à reprendre de l'eau plutôt qu'à en abandonner, & en laiſſant le ballon & la cloche quelques inſtans ſur l'eau, les robinets étant ouverts, il reprend la quantité de vapeur d'eau qui convient à la température extérieure, ſans que l'on ait à craindre aucune précipitation. Cette crainte n'exiſte plus quand on opère ſur le mercure avec des *gaz* ſecs; mais on a à redouter les petites particules d'air qui

adhèrent preſque toujours aux parois des cloches, quand on les remplit de mercure. De plus, il devient alors néceſſaire de faire le *vide ſec* dans l'intérieur du ballon, avant d'y introduire le *gaz* : c'eſt-à-dire, qu'il faut abſorber toute la vapeur aqueuſe qui s'élève dans le ballon après qu'on y a fait le vide.

Voilà donc le *gaz* introduit dans le ballon : il faut maintenant connoître ſa force élaſtique & ſa température. Cette dernière eſt évidemment celle de l'air extérieur, à moins que l'on ait échauffé le ballon en y touchant. Mais, dans tous les cas, pour que cette égalité ſoit plus rigoureuſe, il ne faut pas fermer le ballon auſſitôt qu'on l'a rempli; il faut le laiſſer quelque temps encore en communication avec la cloche. Alors le *gaz* intérieur ſe met à la température du dehors, & il en entre dans le ballon la quantité préciſe qui convient à cette température. Cela fait, pour déterminer la force élaſtique du *gaz*, on élève ou on abaiſſe la cloche, juſqu'à ce que le liquide, dans ſon intérieur, ſe trouve exactement au même niveau que dans la cuve. En effet, quand cette égalité a lieu, le *gaz* intérieur fait exactement équilibre à la preſſion de l'atmoſphère; par conſéquent, pour connoître ſa force élaſtique, il ſuffit d'obſerver la hauteur du baromètre à cet inſtant. On ne peut trop recommander de faire cette comparaiſon des niveaux extérieur & intérieur avec la plus grande exactitude, car les erreurs que l'on y commet, influent très-ſenſiblement ſur la denſité du *gaz* introduit dans la cloche; & elles ſont ſurtout à craindre quand on opère ſur le mercure, à cauſe de la grande peſanteur de ce fluide. Si le niveau intérieur eſt alors élevé au-deſſus du niveau extérieur, d'une quantité exprimée par h', & que p' ſoit la preſſion de l'atmoſphère à cet inſtant, la preſſion ſupportée par le *gaz* ſera $p'-h'$, & ſa denſité ſera changée dans le rapport de $p'-h'$ à p'; c'eſt-à-dire, qu'elle ſera trop foible ſi h' eſt poſitif, & trop forte ſi h' eſt négative. La première ſuppoſition répond au cas où le niveau intérieur ſeroit plus élevé que le niveau extérieur, & la ſeconde au cas où le contraire auroit lieu. L'inconvénient eſt beaucoup moindre avec l'eau; car, comme ſon poids ſpécifique eſt moindre que celui du mercure, à peu près dans le rapport de 1 à 13,5, il s'enſuit qu'une différence de niveau, égale à une colonne d'eau de la hauteur h', équivaut à une colonne de mercure, dont la hauteur ſeroit $\dfrac{h'}{13,5}$; par conſéquent la force élaſtique du *gaz* intérieur ſera $p'+\dfrac{h'}{13,5}$; c'eſt-à-dire, très-peu différente de p' ſi h' eſt fort petit, comme on peut toujours le ſuppoſer quand l'obſervation eſt faite avec ſoin.

Je ne dois pas négliger de dire, qu'après avoir deviſſé le ballon de deſſus la cloche, il faut, avant

de le peser, essuyer très-exactement la partie intérieure du robinet qui a été vissée : car il s'introduit
souvent, dans cette partie, de l'eau ou d'autres
liquides qui augmentent le poids du ballon.
Mais, à moins d'une nécessité absolue, il faut soigneusement éviter d'essuyer les parois extérieures
du ballon lui-même, & il faut y toucher avec les
mains le moins possible ; car l'on risque alors de
changer la petite couche d'eau qui adhère à ses
parois, & qui doit rester la même dans toutes les
pesées du ballon, soit plein, soit vide, afin
qu'elles soient comparables entr'elles. Par cette
raison, il est bon de laisser le ballon suspendu pendant quelque temps à la balance, avant de
prendre définitivement son poids, parce qu'on
laisse ainsi, à cette petite couche d'eau, le temps
de s'établir telle que la température l'exige.

Enfin, pour l'exactitude des expériences & la
facilité du calcul, il faut encore que les pesées du
ballon plein, du ballon vide, & l'introduction du
gaz, soient faites à des températures & sous des
pressions atmosphériques très-peu différentes les
unes des autres.

Tant de précautions paroîtront peut-être minutieuses : mais quand on aura essayé réellement
de peser des gaz, on verra qu'elles sont toutes
indispensables pour obtenir des résultats exacts,
& qui, d'un jour à l'autre, ne soient pas dissem-
blables entr'eux. La première qualité du physicien est sans doute la sagacité qui lui fait découvrir les propriétés nouvelles de la matière ; la
seconde est l'exactitude : sans elle, on n'obtient
que des résultats imparfaits, qui ne peuvent
jamais conduire bien loin. Cette qualité devient
surtout indispensable dans des expériences aussi
délicates, & aussi fréquemment utiles que le sont
les pesées des gaz.

De la réfringence des gaz.

On nomme *réfringence*, la propriété qu'ont les
corps de faire dévier le rayon de lumière qui les
traverse, & *force réfringente, pouvoir réfringent*,
l'action que les molécules des corps exercent sur
la lumière pour produire cette déviation ; cette
force, ce pouvoir est mesuré par le sinus de
l'angle de déviation d'un rayon de lumière, dont
la direction est sensiblement parallèle à la surface
du milieu réfringent. Newton l'estime le carré de
ce sinus.

Newton, qui a le premier déterminé la force
réfringente d'un grand nombre de corps, estime
que celle de l'air atmosphérique est de 0,000625 ;
celle du verre commun étant de 1,4025, & celle
du diamant 4,994. La réfringence de l'air atmosphérique n'a pas été déduite d'expériences directes ; elle a été déterminée, par cet homme célèbre, de celle de l'atmosphère observée par les
astronomes.

Une loi assez remarquable que Newton a con-

clu de ses expériences, c'est que la force réfringente, pour tous les corps, est proportionnelle à
leur densité. Les corps combustibles sortent de
cette loi ; ils ont tous un pouvoir réfringent beaucoup plus considérable. *Voyez* RÉFRINGENCE,
POUVOIR RÉFRINGENT.

Ce n'est que vers le commencement de ce siècle
que l'on s'est occupé véritablement de déterminer, par l'expérience, la *réfringence des gaz*. Le problème présentoit de grandes difficultés que l'on
est cependant parvenu à vaincre.

L'instrument dont on se sert pour déterminer
la réfringence des *gaz*, est un long tube de verre
AB, *fig.* 860, terminé par deux plans de verre
A, B qui forment entr'elle un très-grand angle.
Sur le milieu sont percées deux ouvertures : l'une
inférieure C, pour y fixer un robinet R ; l'autre
supérieure D, pour y fixer un tube T, contenant dans son intérieur un baromètre B, à l'aide
duquel on puisse mesurer le ressort ou la compression des *gaz* contenus dans le tube. Alors on emplit le prisme du *gaz* que l'on veut éprouver :
pour cela on pose l'instrument sur le plateau d'une
machine pneumatique, & l'on fait le vide. Le robinet de communication étant fermé, on tient
compte de la proportion d'air restant & qui est indiquée par le baromètre ; on transporte l'instrument sur un récipient rempli du *gaz* que l'on veut
éprouver, & l'on ouvre les robinets. Enfin, on
emploie, pour peser les *gaz*, les mêmes moyens que
nous avons indiqués pour remplir les ballons.

Comme il reste toujours un peu d'humidité
dans le tube, lorsque l'on fait le vide, & qu'il
seroit possible que le *gaz* que l'on introduit contînt également de l'humidité qui pourroit occasionner des erreurs dans les résultats, on fait un
vide sec, & l'on emplit le prisme de *gaz* sec, en-
plaçant, dans le tube supérieur, de la potasse caustique, du muriate de chaux très-sec, ou toute
autre substance propre à absorber l'humidité.

Peu de physiciens s'étant encore servi de cet
instrument, MM. Arago & Biot ayant fait avec
ce prisme un grand nombre d'expériences sur la
réfringence des *gaz*, nous allons copier littéralement les détails que M. Biot a publiés dans son
excellent *Traité de Physique* (1), sur la manière
dont ils ont opéré, & les précautions qu'ils ont
prises pour avoir des résultats exacts.

« Ce prisme est monté sur un pied perpendiculaire à sa longueur, & qui le tient dans une situation horizontale ; il est placé sur un cercle répétiteur. Le lieu de l'observation & l'objet qui lui
sert de signal, doivent être choisis de manière que
ce point se trouve dans le même plan horizontal
qui passe par le centre du prisme. On observe la
déviation avec un cercle répétiteur, dont on dispose aussi le limbe dans le même plan ; d'abord
par approximation, ensuite exactement, par la

---

(1) Tome III, page 223 & suivantes.

condition que la lunette supérieure de son limbe, étant transportée de l'objet direct à l'objet réfracté, l'un & l'autre se trouvent toujours sur le même fil horizontal. Pour vérifier cette horizontalité des fils, il est bon que le signal soit placé à une des fenêtres de quelque grand édifice, qui puisse offrir, dans sa construction, de grandes lignes de niveau sur lesquelles on puisse se régler : alors la meilleure de toutes les mires est un paratonnerre vertical qui se projette comme une ligne noire sur la voûte du ciel.

» Ici, comme avec les solides & les liquides, le mode d'observation consiste toujours à diriger la lunette supérieure du cercle, alternativement sur l'objet direct & sur l'image réfractée. Mais comme la déviation produite par les substances gazeuses, est toujours extrêmement petite, même avec le grand prisme dont nous avons fait usage (1), il s'ensuit qu'on ne pourroit pas voir du même point l'objet & son image, parce que le corps même du tube forme un obstacle qui intercepte les rayons, quand on va d'une des positions à l'autre ; de sorte qu'il faut faire usage des deux lunettes supérieure & inférieure du cercle. La première se dirige constamment sur l'image réfractée ; la seconde sur l'objet direct, en quoi on est favorisé par l'excentricité même de cette dernière, qui passe toujours un peu à côté de l'autre, comme on le voit *fig.* 860 (*a*).

» Supposons donc cette disposition faite, & l'objet s' assez éloigné pour que ses rayons menés au prisme & à l'observateur fassent entr'eux un angle insensible, il est clair que la déviation Δ est égale à l'angle formé par les deux lunettes O L, O' L' ; mais cet angle ne peut être mesuré sur le limbe du cercle répétiteur, puisque l'une est au-dessus du son plan, & l'autre au-dessous.

» Un moyen se présente pour y parvenir ; c'est d'enlever le prisme, & de ramener la lunette supérieure O L sur l'objet direct : l'observation devient possible, le prisme étant ôté. Alors l'arc parcouru par cette lunette sur le limbe sera la déviation Δ, & il n'y aura aucune réduction à y faire, puisque la lunette O L tourne exactement autour du centre du limbe circulaire sur lequel les divisions sont tracées. Pendant ce temps, la lunette inférieure, à laquelle on ne touche point, servira d'épreuve, pour savoir si le limbe n'éprouve pas quelque rotation sur son centre par le frottement de la lunette supérieure, pendant qu'on la fait mouvoir ; car un pareil mouvement seroit autant d'erreur sur l'arc que la lunette supérieure doit parcourir. On regardera donc à travers la lunette inférieure, pour voir si elle reste constamment dirigée sur le signal qui sert de mire ; & si elle s'en écarte, ce sera l'indice d'un mouvement du limbe, qu'il faudra corriger par des vis de rappel, jusqu'à ce que la

lunette inférieure se trouve replacée ; & l'on voit bien qu'il faut se garder de la toucher le moins du monde pendant cette opération.

» On obtiendra donc ainsi la déviation Δ ; mais on ne l'obtiendra qu'une fois. Pour répéter l'observation, il faudroit replacer de nouveau le prisme, ramener la lunette supérieure sur l'image réfractée, sans changer sa position sur le limbe, & par la seule rotation de celui-ci. Enfin, pour achever l'opération, il faudroit de nouveau ôter le prisme, puis le replacer encore pour avoir une troisième mesure, & ainsi de suite. Tous ces déplacemens seroient incommodes & pourroient entraîner des erreurs, parce qu'on ne pourroit pas répondre de placer toujours le plan réfringent du prisme avec une égale exactitude, à moins de prendre chaque fois des précautions longues & minutieuses, qui demanderoient beaucoup de temps. Cependant il faut de toute nécessité multiplier les observations de la déviation Δ, & leur faire parcourir les diverses parties du limbe du cercle ; car cette déviation étant toujours fort petite & au plus de cinq ou six minutes, on ne peut espérer de l'obtenir avec exactitude qu'en atténuant les erreurs de division qui pourroient l'altérer, & cela ne peut se faire que par la répétition de l'angle ; mais, par un artifice très-simple, tous ces avantages peuvent s'obtenir réunis à une facilité extrême dans l'opération.

» Pour cela, il faut rendre le prisme mobile sur son pied, de manière qu'il puisse tourner horizontalement. Au moyen de cette disposition, on pourra le retourner point pour point comme le représente la *fig.* 860 (*b*) ; & si le tube qui le compose a seulement trois centimètres de diamètre, cela suffira pour que la même lunette puisse voir à travers ces deux positions opposées. Or, en supposant d'abord la lunette supérieure dirigée directement sur le signal, afin de prendre cette première position pour point de départ, si l'on vient à placer le prisme dans la première direction A A B C, la lunette ne pointera plus sur le signal, puisque l'image de celui-ci sera déviée ; &, pour l'y ramener, il faudroit faire parcourir à la lunette, sur le limbe, un arc égal à la déviation + Δ, en allant, par exemple, de droite à gauche. Cela fait, si vous retournez le prisme de 180 degrés, ce qui l'amènera dans la position B C A, vous aurez une autre déviation précisément égale à la première ; mais dirigée du côté opposé à l'axe du prisme, celle-ci sera donc — Δ au lieu de + Δ ; &, pour la mesurer en partant de la première position de la lunette supérieure, il auroit fallu faire parcourir à celle-ci un angle Δ, en allant de gauche à droite. Donc si, sans s'embarrasser de la première position, on veut aller tout d'un coup de la seconde à la troisième, il faudra faire parcourir à la lunette supérieure, de gauche à droite, sur le limbe, un angle 2 Δ, que l'on pourra mesurer sur la division, puisque

---

(1) L'angle de ce prisme étoit de 143 deg. 7 min. 28 sec.

l'on peut y lire la seconde position de la lunette & la troisième.

» Maintenant, retournons de nouveau le prisme à sa première position A A B C, en regardant à travers la lunette, on retrouvera le signal dévié de 2 Δ ; & si l'on vouloit y ramener la lunette supérieure, il faut lui faire décrire de nouveau cet arc en sens contraire, ce qui le ramènera à sa première position, & déferoit ce que l'on avoit fait d'abord. Mais au lieu de donner ce mouvement à la lunette, donnez-le au limbe, qui peut aussi tourner sur son centre ; vous pourrez ainsi ramener de même la lunette sur l'image réfractée : alors, en retournant le prisme, l'image se trouvera déviée de nouveau de l'angle 2 Δ, & cette fois vous le rejoindrez encore en faisant mouvoir la lunette supérieure de gauche à droite, comme la première fois. Celle-ci déviera donc une seconde fois l'arc 2 Δ, qui se traînera sur le limbe à la suite de celui qu'elle avoit décrit dans la première opération, & en recommençant de la même manière, on pourra multiplier les observations indéfiniment. De plus, comme on ne sera obligé de tirer la position de la lunette sur le limbe, qu'à la première observation & à la dernière, il s'ensuit que l'erreur totale de l'arc parcouru, portera uniquement sur ces deux lectures ; mais, pour en déduire la valeur moyenne de la déviation, il faudra diviser cet arc par le nombre des observations successives ; de sorte que les erreurs, ainsi divisées, pourront devenir tout-à-fait insensibles, si l'on a suffisamment multiplié les observations.

» Il est presque superflu de répéter que, pendant toute l'opération, la lunette inférieure doit servir de repaire pour attester l'immobilité du limbe chaque fois que la lunette supérieure tourne sur son plan.

» Voici donc, en résumant ces remarques, à quoi le procédé se réduit. Le prisme & le cercle étant convenablement disposés, placez la lunette supérieure sur un point quelconque du limbe, que vous prendrez pour point de départ, & lisez sur les verniers la division du limbe à laquelle elle répond ; puis, n'y touchant plus, faites tourner le limbe, jusqu'à ce que l'image réfractée vienne se placer sous le fil. Fixez alors le limbe par ses vis de pression.

» Cela fait, amenez la lunette inférieure sur l'objet direct, à travers l'air, & fixez-la aussi dans cette position par ses vis de pression. Assurez-vous que ce mouvement n'a pas fait tourner un peu le limbe ; si cela est arrivé, la lunette supérieure n'est plus sur l'image. Faites tourner le limbe avec ses vis de rappel, de manière à l'y ramener ; cela changera aussi la direction de la lunette inférieure. Ramenez-la sur l'objet par ses vis de rappel, & assurez-vous de nouveau que la lunette supérieure n'a pas été dérangée par ce mouvement.

» Tout étant ainsi disposé, faites tourner le prisme de 180° ; l'image parcourra l'arc 2 Δ. Le fil de la lunette supérieure s'en trouvera donc très-éloigné. Ramenez-l'y en faisant mouvoir la lunette supérieure sur le limbe ; puis assurez-vous, par le moyen de la lunette inférieure, que le limbe n'a pas tourné ; replacez-le, & fixez la lunette supérieure sur l'image. Quand tout sera ainsi réglé, lisez sur les verniers le point de la division où elle se trouve. Retranchez-en la position de son point de départ ; le reste sera l'arc parcouru, c'est-à-dire, 2 Δ, & sa moitié vous donnera la déviation simple Δ.

» Mais pour l'obtenir avec plus d'exactitude, retournez le prisme ; la lunette ne se trouvera plus sur l'image ; ramenez-l'y en faisant tourner le limbe, & fixez-la quand elle y sera arrivée. Ramenez aussi la lunette inférieure sur l'objet direct, en la faisant marcher sur son plan ; fixez-la & vérifiez de nouveau, par la lunette supérieure, l'immobilité du limbe : quand tout sera d'accord, les circonstances se trouveront exactement les mêmes qu'au commencement de l'opération précédente : seulement le point de départ de la lunette supérieure sur le limbe sera différent ; il répondra à la fin de l'arc 2 Δ, parcouru dans l'observation précédente. Vous ferez alors une nouvelle observation de l'angle 2 Δ, puis une troisième, & ainsi de suite. Soit n leur nombre, vous aurez la déviation simple Δ, en divisant l'arc total parcouru par 2 n. »

Nous avons vu par ces détails comment on parvient à déterminer l'angle Δ que forment le rayon incident & le rayon réfracté ; mais, pour avoir cet angle avec exactitude, il est nécessaire que les plaques de verre A, B, fixées aux deux extrémités du tube, aient leurs deux faces parfaitement parallèles. Obtenir un morceau de verre plan à face parallèle, est un problème qui n'a pas encore été parfaitement résolu jusqu'à présent.

Ainsi l'on doit, avant toutes choses, s'assurer du parallélisme des plaques. Pour s'en assurer, il faut ouvrir le robinet du prisme & même détacher le tube qui le surmonte, afin qu'il puisse se remplir d'air atmosphérique à la même température & à la même pression que l'air extérieur, & éprouver l'instrument : si les verres, dans cette circonstance, ne font éprouver aucune déviation au rayon de lumière qui passe à travers le prisme, on peut regarder l'angle Δ obtenu comme exact : si le rayon de lumière qui passe à travers éprouve une déviation, c'est une preuve que les deux verres sont prismatiques ; alors il faut tenir compte de cette déviation dans la détermination de la réfringence. M. Biot ayant indiqué, page 231 & suivantes, l'analyse à l'aide de laquelle on peut tenir compte de la déviation occasionnée par les deux plaques de verre, nous croyons devoir renvoyer à son ouvrage.

Quant à la manière de déterminer la réfringence des gaz, lorsque l'on connoît, 1°. l'angle Δ, déterminé par l'expérience ; 2°. les trois angles du prisme de verre ; 3°. l'angle d'incidence du rayon de lumière ; nous croyons devoir renvoyer aux articles

POUVOIR RÉFRINGENT, RÉFRINGENCE, RÉFRACTION. Il nous suffit d'avoir enseigné, dans celui-ci, comment on prend l'angle des rayons incidens & réfractés, & d'avoir indiqué également, comment on remplit les prismes des différens gaz dont on veut déterminer la réfringence.

Il résulte des expériences de MM. Arago & Biot, que la réfringence & la densité des gaz à 0 de température & à une pression de 0m,76, en prenant l'air atmosphérique pour unité, sont:

NATURE DES GAZ.	DENSITÉ des gaz.	POUVOIR réfringent.
Air atmosphérique....	1,00000	1,00000
Oxigène............	1,10359	0,86161
Azote.............	0,96913	1,03408
Hydrogène.........	0,07321	6,61436
Ammoniaque.......	0,59669	2,16851
Acide carbonique....	1,51961	1,00476
Hydrogène carburé....	0,57072	2,09270
Hydrogène plus carburé.	0,58825	1,81860
Gaz hydro-chlorique...	1,24740	1,19625

En comparant le pouvoir réfringent de ces gaz avec leur densité, on n'aperçoit pas, entre les corps incombustibles, cette belle loi que Newton avoit trouvée, que la puissance réfractive étoit proportionnelle à la densité des corps. Cependant

D'oxigène .... = 0,210 × 1,10359	= 0,231754
D'azote......... = 0,784 × 0,96913	= 0,759798
D'acide carbonique = 0,006 × 1,51961	= 0,009114

Total du mélange .... 1,000666, un peu plus grande que celle qui est déterminée par l'expérience.

Appelant P, P, p, π, les poids de l'oxigène, de l'azote, de l'acide carbonique & de l'air atmosphérique; R, R, r, ϱ, les réfringences des mêmes gaz, on aura PR + PR, + pr = πϱ. Faisant le poids de l'air atmosphérique = 1; on aura PR + PR + pr = ϱ; mais

$$PR = 0,231754 × 0,86161 = 0,199682$$
$$PR = 0,759798 × 1,03408 = 0,785993$$
$$pr = 0,009114 × 1,00476 = 0,009157$$

d'où il suit que .... ϱ = 0,994832

Quantité un peu plus foible que celle que donne l'observation, de 0,005468.

D'après les expériences de Berthollet, le gaz ammoniac est composé d'hydrogène & d'azote. Faisant P, p, π le poids des gaz hydrogène, azote & ammoniac: R, r, ϱ les puissances réfractives des mêmes gaz; faisant également π = 1

Mais ϱ — r = 2,16851 — 1,03408 = 1,13443
R — r = 6,61436 — 1,03408 = 5,58028

donc: P = $\frac{1,13443}{5,58028}$ = 0,203 & p = 1 — 0,203 = 0,797

MM. Biot & Arago se sont assurés que la réfraction d'un même gaz est toujours proportionelle à la densité de ce gaz.

On voit, dans ce tableau, que le gaz hydrogène a un pouvoir réfringent infiniment plus fort qu'aucune des substances que nous connoissons; & lorsque l'on observe la réfringence des corps dans lesquels il entre comme partie constituante, on remarque, en effet, que leur réfringence en est considérablement augmentée.

Une conséquence que MM. Arago & Biot ont déduite de leurs expériences, c'est que chaque corps porte, dans les composés où il entre comme principe, le caractère dont la réfraction l'a marqué; d'où il suit, qu'en combinant les puissances réfractives des substances dont on connoît les principes constituans, on peut parvenir facilement, & à l'aide de la lumière, à déterminer sa puissance réfractive ou la proportion de ses composans. La formule dont on peut faire usage pour cet objet est celle-ci: le produit du poids du composé, par sa puissance réfractive, est égal à la somme des produits des poids des composans par leur puissance réfractive.

Nous allons donner pour exemple, 1°. l'air atmosphérique; 2°. le gaz ammoniac.

Toutes les analyses de l'air atmosphérique établissent qu'il est composé de 0,210 d'oxigène, 0,784 d'azote & 0,006 de gaz acide carbonique.

La quantité pondérable

la formule devient PR + pr + ϱ.

Il résulte également d'expériences très-exactes du même chimiste, que les quantités pondérables des deux gaz qui entrent dans la composition du gaz ammoniac sont: 0,200 d'hydrogène & 0,800 d'azote. On déduit de ces proportions que:

$$PR = 0,2 × 6,61436 = 1,322872$$
$$pr = 0,8 × 1,03408 = 0,827264$$

donc la réfringence de l'azote ϱ = 2,150136, plus foible de — 0,018715 que celle déduite de l'expérience.

Si l'on vouloit déduire la proportion des gaz hydrogène & azote contenue dans l'ammoniaque, de la réfraction observée. Soit, par exemple, celle de l'hydrogène P; l'équation PR + pr = ϱ deviendroit PR + (1 — P) r = ϱ: de-là P = $\frac{ϱ — r}{R — r}$.

quantités qui approchent très-près de celles que Berthollet avoit trouvées. La différence est assez foible pour être attribuée, soit aux petites erreurs qui peuvent avoir lieu dans la mesure de la réfraction, soit dans celles qui proviennent des analyses, dans lesquelles il est impossible de séparer exactement toutes les substances combinées.

Essayons l'application du même principe à la détermination de la réfringence de l'eau, afin de reconnoître si le changement d'état apporte quelque différence dans la puissance réfringente, & s'il seroit possible de se servir de ce même moyen pour déterminer la composition des corps liquides & solides.

Nous avons vu à l'article EAU (Composition de l') que dans les diverses expériences qui ont été faites sur sa composition, on avoit conclu des proportions différentes d'hydrogène & d'oxigène. Lavoisier a trouvé que l'eau étoit composée de 15 parties pondérables d'hydrogène & de 85 parties d'oxigène; Lefevre-Gineau l'a trouvée composée de 14,34 d'hydrogène & 85,66 d'oxigène. Fourcroy, Vauquelin & Seguin, en tenant compte de l'eau en vapeur que les gaz contenoient,

ont déterminé une proportion de 12,59 d'hydrogène & 87,41 d'oxigène: enfin, Humboldt & Gay Lussac ont conclu, de leur expérience, que l'eau étoit composée de 2 parties volume de gaz hydrogène sur une de gaz oxigène. De laquelle de ces proportions se servira-t-on pour s'assurer si l'on peut, par la seule connoissance du pouvoir réfringent, déterminer les proportions des composans, lorsque leur combinaison se présente sous un état différent de celui où les composans ont été employés? M. Biot a choisi la proportion déterminée par MM. Humboldt & Gay-Lussac. Nous allons examiner le résultat auquel on arrive dans cette hypothèse, puis nous le comparerons à ceux auxquels on parvient en se servant des proportions de Fourcroy, Vauquelin & Seguin, & celle de Lavoisier. Mais comme MM. Humboldt & Gay-Lussac n'ont déterminé les proportions des gaz hydrogène & oxigène qui entrent dans la composition de l'eau, qu'en volume, il est nécessaire, pour rendre la comparaison plus exacte, de traduire les volumes en poids: pour cela nous allons d'abord multiplier les volumes par les densités.

$$\text{Ainsi le poids de l'hydrogène} = 2 \times 0,07321 = 0,14642$$
$$\text{& celui de l'oxigène} \ldots\ldots\ldots 1 \times 1,10359 = 1,10359$$

Le rapport en poids est donc comme 0,14642 : 1,10359, ou mieux comme 0,117134 : 0,88286, dont la somme = 1.

Faisant P, p, π les poids de l'hydrogène, de l'oxigène & de l'eau, & R, r, ρ les réfringences des mêmes substances; faisant encore $\pi = 1$, nous aurons $\rho = $ P R $+ p r$; mais

P R $= 0,117134 \times 6,61436 = 0,77476$
$p r = 0,88286 \times 0,86161 = 0,76069$
& le pouvoir réfringent de l'eau $= \rho$, devient $= 1,53545$.

Faisant usage de la proportion dans les composans déterminés par MM. Fourcroy, Vauquelin & Seguin, on a:

P R $= 0,1259 \times 6,61436 = 0,83674$
$p r = 0,8741 \times 0,86161 = 0,75313$

Et la réfringence de l'eau $\rho = 1,58987$

D'après la proportion déterminée par Lavoisier, on auroit:

P R $= 0,15 \times 6,61436 = 0,99215$
$p r = 0,85 \times 0,86161 = 0,73236$

Et la puissance réfringente de
l'eau $\ldots\ldots\ldots\ldots\ldots = 1,72451$

Il suit de-là que la puissance réfringente déterminée par ces trois méthodes, en considérant celui de l'air comme étant égal à 1, seroit de 1,53545; 1,58987; 1,72451.

Pour comparer ces résultats aux expériences de Newton, il faut en faire disparoître l'espèce par-

ticulière d'unité dont on a fait usage, en le multipliant par le pouvoir réfringent absolu de l'air atmosphérique, qui est 0,45302, lorsqu'on prend la densité de l'eau pour unité: cette opération donne, pour les trois réfringences que nous avons trouvées, 0,69567; 0,72114; 0,78124. Multipliant ces nombres par 1000, comme a fait Newton, on a 6957; 7211; 7812. Newton, par des expériences directes, a trouvé 7845. D'où il paroîtroit que la proportion pondérable d'hydrogène & d'oxigène qui entre dans la composition de l'eau, déterminée par Lavoisier, seroit celle qui se rapporteroit le mieux avec la loi que l'on a établie pour les combinaisons gazeuses.

Cependant toutes ces puissances réfringentes, déduites des proportions des deux élémens qui entrent dans la composition de l'eau, sont au-dessous de celle qui a été trouvée par Newton, qui a été vérifiée avec beaucoup de soin. M. Biot, qui n'a comparé avec la puissance réfractive de Newton, que celle qui résulte de la proportion des gaz hydrogène & oxigène déduite des expériences de MM. Humboldt & Gay-Lussac, parce qu'il la regarde comme la plus exacte, croit que les gaz hydrogène & oxigène combinés & condensés en eau, exercent sur la lumière une action plus énergique qu'ils ne faisoient à l'état de simple mélange. La même épreuve, dit ce savant, tentée sur d'autres substances solides, donne des résultats semblables, c'est-à-dire, que le passage de l'état gazeux à l'état solide produit toujours une augmentation sensible d'affinité. Mais cela est surtout frappant dans le diamant, qui, d'après l'expérience, a un pouvoir réfringent considérable, quoique les analyses les plus précises, à l'aide des agens chimiques, le trouvent entièrement composé de charbon, substance qui, à l'état de *gaz*, n'exerce sur la lumière qu'une action assez foible, du moins à en juger par celle de l'acide carbonique, dont elle est un des principes constituans.

Cependant, dit encore M. Biot, le pouvoir réfringent de l'eau en vapeur différera probablement très-peu de celui de l'eau liquide; car, en ramenant la réfringence de l'eau déterminée par Newton, à celui de l'air pris pour unité, on aura pour ce pouvoir, $\frac{0,78450}{0,45302} = 1,73191$; & comme la densité de la vapeur d'eau n'est que les $\frac{10}{18}$ de celle de l'air, son pouvoir réfringent, rapporté à sa densité, seroit de $1,73171 4 \frac{10}{18} = 1,0823$, qui diffère peu de l'unité.

D'où il suit, dit encore ce savant, que la vitesse de la lumière, dans les vapeurs aqueuses, sera presqu'exactement la même que pour l'air sec; & que la différence deviendra tout-à-fait insensible, si le mélange que l'on considère est celui qui constitue l'atmosphère, parce qu'alors la tension est toujours extrêmement petite, comparativement à la pression totale. Ainsi, les vapeurs répandues dans l'atmosphère, en quantités inconnues & variables, mais toujours fort petites, même dans le cas de saturation extrême, ne peuvent jamais troubler les réfractions que la lumière y éprouve; résultat fort important.

Si l'on supposoit l'égalité des réfractions par-

Gaz acide fluo-borique 700 fois son volume ⎫
— ammoniacal . . . . 437 . . . . ⎬ d'après Thenard.
— hydro-chlorique . . . 464 . . . . ⎭
— acide fluorique . . . . 175 . . . . Thomson.
— acide sulfureux . . . . 37 . . . . Thenard.
— hydriodique . . . . ⎱ La proportion de ces deux derniers n'a pas encore été déter-
— fluorique-silicé . . . . ⎰ minée.

Quant aux autres, les quantités absorbées sont très-variables. MM. Henri & Dalton ont fait beaucoup d'expériences pour les déterminer, & ils ont trouvé que, pour cent parties volume d'eau, les volumes des *gaz* absorbés étoient :

G A Z.	D'APRÈS	
	Henri.	Dalton.
Acide carbonique . . .	108	100
Hydrogène sulfuré . . .	106	100
Oxide nitreux	86	100
Oléfiant	"	12,5
Nitreux	5	3,7
Oxigène	2,14	3,7
Hydrogène phosphoré	3,7	3,7
Hydrogène carburé . .	1,4	3,7
Azote	1,53	1,56
Hydrogène	1,61	1,56
Oxide de carbone	2,01	1,56

faites, la densité de la vapeur pourroit se conclure de cette condition, & elle seroit de $\frac{10}{17,305}$ de celle de l'air, à force élastique égale; résultat peu différent de celui que M. Gay-Lussac a trouvé.

Nous nous dispenserons de faire des observations sur la proportion des *gaz* hydrogène & oxigène dans la composition de l'eau, que M. Biot a préférée, & d'où il a été obligé de conclure une action plus énergique, occasionnée par la grande condensation des *gaz* en formant un liquide, qu'elle n'auroit eu, si la combinaison fût restée à l'état de *gaz*. On a vu que cette action n'auroit pas été changée sensiblement, s'il eût fait usage des proportions résultant des expériences de M. Lavoisier.

En appliquant la formule de M. Biot à la détermination de la réfringence du carbone dans les *gaz*, où ce combustible entre comme partie constituante, on trouve des puissances réfringentes, pour cette même substance, qui sont plus que doubles les unes des autres. *Voyez* GAZ HYDROGÈNE CARBONÉ, GAZ ACIDE CARBONIQUE.

Action de l'eau sur les gaz.

Nous avons vu précédemment que, parmi les vingt-cinq *gaz* que nous connoissons, il en est sept qui sont très-solubles dans l'eau, c'est-à-dire, dont l'eau dissout plus de trente fois son volume à la pression ordinaire de l'atmosphère; les quantités de ces *gaz* absorbés étoient :

La différence que l'on observe dans le volume des *gaz* absorbés par l'eau, résultant des expériences de ces deux savans, provient probablement de la nature & du degré de pureté de ces *gaz*.

En considérant comme exacte (1) la détermination de Dalton, il s'ensuivra que tous ces *gaz* peuvent être rangés en quatre séries. L'eau absorbe un volume égal au sien, des *gaz* de la première série; un huitième de son volume de ceux de la seconde; un vingtième de ceux de la troisième & un soixantième de ceux de la quatrième; mais ces fractions sont les cubes des réciproques des nombres naturels $\frac{1}{1^3}, \frac{1}{2^3}, \frac{1}{3^3}, \frac{1}{4^3}$. Or, cette conséquence à laquelle on étoit loin de s'attendre, dérive de cette loi, que la distance entre les molécules de chaque *gaz*, lorsqu'ils sont contenus dans l'eau, est toujours, ou la même qu'avant

(1) *Chimie de Thomson*, tome V, page 403 & suiv.

l'abforption, ou quelques multiples de cette diftance. Dans les *gaz* de la première férie, cette diftance eft la même; l'acide carbonique, l'hydrogène fulfuré & le *gaz* oxide nitreux ne changent
point de denfité dans l'eau, & la diftance entre les
molécules eft la même que dans leur état d'atmofphère élaftique. La denfité du *gaz* oléfiant eft de
0,125, & la diftance entre les molécules eft double de celle qu'il avoit lorfqu'il conftituoit une
atmofphère élaftique; la denfité de l'oxigène, du
gaz nitreux, du *gaz* hydrogène carboné, qui compofent la troifième férie, eft de 0,037, & la diftance
entre leurs molécules trois fois auffi grande dans
l'eau, que fous la forme de fluide élaftique. La
denfité de l'azote, de l'hydrogène & de l'oxide
de carbone eft de 0,015, & la diftance entre les
molécules de ces *gaz* eft quatre fois auffi confidérable que dans l'eau.

Il eft fâcheux que de femblables expériences
n'aient pas été faites fur tous les *gaz* connus, ce
qui auroit mis à même de confirmer ou d'infirmer
cette belle loi que M. Dalton a établie.

Deux caufes font varier les quantités des *gaz*
abforbées par l'eau, la preffion & la température: elle augmente avec la preffion & elle diminue avec la température.

William Henri a déduit de fes expériences,
que la quantité ponderable d'un même *gaz* abforbée par l'eau, eft proportionnelle à la preffion,
ou, ce qui revient au même, qu'elle abforbera
toujours le même volume, quelle que foit la preffion à laquelle il eft foumis. Ainfi, en fuppofant
que l'eau à 15°,55 abforbe un volume égal au
fien, de *gaz* acide carbonique dans fon état de
denfité ordinaire, elle continuera d'en abforber
un volume égal au fien, quoique le *gaz* ait été condenfé de 0,50, 0,33, 0,25, &c, du volume qu'il
avoit; de forte qu'en augmentant convenablement la preffion, on peut, à volonté, faire abforber par l'eau une quantité quelconque de *gaz*:
c'eft ainfi que l'on produit des eaux aérées factices, contenant des quantités d'acide carbonique
dans des proportions beaucoup plus confidérables
que celles des eaux naturelles.

De même, fi l'on diminue la preffion ordinaire
de l'atmofphère, & que les *gaz* fe trouvent ainfi
dilatés de deux, trois, quatre fois leur volume
primitif, l'eau n'en abforbera que le même volume,
& elle ne contiendra que la moitié, le tiers, le
quart de ce qu'elle auroit pris fous la preffion
ordinaire: on voit par-là comment, en foumettant de l'eau à l'action du vide, on peut faire dégager l'air *gaz* qu'il avoit abforbé.

Nous devons encore à William Henri, des
expériences fur l'abforption des *gaz* par l'eau, à
diverfes températures. Ce favant a trouvé qu'un
décimètre cube d'eau, à la température ordinaire
de 13 degrés centigrades, abforbe 1080 centimètres cubes de *gaz* acide carbonique; mais qu'à
la même preffion & à 29°,5, la même quantité

d'eau n'en prenoit que 840 centimètres cubes. Un
décimètre cube d'eau à environ 13 degrés cent.
abforbe 1060 centimètres cubes de *gaz* hydrogène fulfureux, tandis qu'à 29,5° elle ne s'en
charge que dans la proportion de 950 centimètres cubes.

Si l'on vouloit rapporter cette diminution à la
dilatation produite par la température, on trouveroit que les 1060 centimètres cubes à 13 degrés
centigrades, forment un volume de 1123 environ
à 29 degrés, & que la quantité abforbée devant
être en raifon inverfe des volumes, feroit de 960
environ; ce qui s'écarte peu de la quantité trouvée
pour le *gaz* hydrogène fulfuré, mais préfente une
grande différence avec celle du *gaz* acide carbonique. Au refte, William Henri annonce lui-
même, que l'on ne doit pas confidérer ces quantités comme étant exactes, parce qu'il n'avoit pas
pris en confidération la pureté du réfidu, & que
l'on ne doit envifager ces réfultats que comme
fuffifant pour démontrer que la proportion du *gaz*
abforbé eft affectée par la température.

Pour déterminer le volume d'air abforbé par
l'eau, il fuffit d'avoir un flacon bouché à l'émeri,
de l'emplir d'eau, d'y introduire un volume de
gaz qui réduit le volume d'eau à la quantité que
l'on veut éprouver: celle du *gaz* étant toujours
plus confidérable que celle qui doit être abforbée.
On bouche le flacon & l'on agite l'eau & le *gaz*;
on débouche fous l'eau ou mieux fur le mercure,
ce liquide rentre, & l'on juge de la proportion de
l'air abforbé par le volume d'air reftant. M. Henri
fe fervoit d'un fiphon de verre dont l'une des
branches étoit longue & étroite, & l'autre portoit un cylindre de verre beaucoup plus large,
terminé au-deffus & au-deffous par un robinet.
La partie horizontale de ce fiphon confiftoit en
partie en un tube de caoutchouc qu'on avoit
rendu flexible pour faciliter les moyens d'agiter
le cylindre, ou la branche large du fiphon, fans
rifquer de le brifer. On rempliffoit d'abord le
vaiffeau cylindrique de mercure; on y introdui-
foit enfuite, par le robinet fupérieur, la portion
d'eau à mettre en expérience, tandis que le même
volume de mercure s'écouloit par le robinet inférieur. On faifoit entrer alors, de la même manière, au-deffus de l'eau, la portion néceffaire de
gaz dont on vouloit connoître l'abforption par ce
liquide. La furface de mercure s'étant ainfi établie
horizontalement dans l'une & l'autre branche du
fiphon, on en agitoit la branche large à cylindre.
L'abaiffement du mercure dans la branche étroite
indiquoit l'abforption du *gaz*, & la quantité de
mercure à ajouter, pour établir le niveau horizontal, donnoit exactement le volume de ce qui
en avoit été pris par l'eau.

En général, l'eau peut abforber en même
temps deux ou plufieurs *gaz* différens; mais la
quantité de chacun des *gaz* abforbés eft toujours
en raifon inverfe du nombre des *gaz*. Ainfi, fi
l'on

l'on soumet à l'action de l'eau deux *gaz* qui peuvent être absorbés en même proportion, tels que les *gaz* acide carbonique & hydrogène sulfuré; les *gaz* oxigène & hydrogène carburé; les *gaz* azote & hydrogène, elle absorbera des quantités égales de chacun de ces deux *gaz*, & ces quantités seront la moitié de celle qu'elle auroit absorbée si l'on n'eût exposé qu'un seul *gaz* à son action. D'après cela, un volume donné d'eau à 15° centigr. & 0,76 de pression barométrique, absorbera un demi-volume de *gaz* acide carbonique & un demi-volume de *gaz* hydrogène sulfuré: le même volume d'eau pure auroit absorbé $\frac{1}{21}$ de volume d'oxigène & $\frac{1}{43}$ de volume de *gaz* hydrogène carburé, ce qui fait en somme $\frac{1}{14}$: enfin, il auroit absorbé $\frac{1}{128}$ de *gaz* azote & $\frac{1}{128}$ de *gaz* hydrogène, en tout $\frac{1}{64}$.

De l'eau qui contient déjà un ou plusieurs *gaz* & que l'on expose à l'action d'un ou de plusieurs autres *gaz*, absorbe de ces derniers, en laissant dégager des quantités des premiers, dépendant de la propriété absorbante qu'elle a pour chacun d'eux. Soit, par exemple, de l'eau contenant des *gaz* oxigène & azote à 15° de température & 0,76 de pression, & que l'on expose du *gaz* acide carbonique à l'action de cette eau, elle s'emparera d'une partie de ce *gaz* & laissera dégager des quantités des deux autres, correspondantes à son action sur eux. D'après ce que nous avons dit précédemment, cette eau devroit contenir $\frac{1}{54}$ d'oxigène & $\frac{1}{128}$ d'azote, c'est-à-dire, la moitié du volume qu'elle auroit pu absorber de chacun de ces *gaz*, s'ils eussent été seuls. Mais comme un troisième *gaz* est exposé à son action, elle ne conservera que le tiers des quantités des deux premiers *gaz* qu'elle auroit pu absorber s'ils eussent été seuls, & elle absorbera, par la même raison, le tiers du *gaz* acide carbonique; ainsi l'eau absorbera $\frac{1}{3}$ de son volume de *gaz* acide carbonique & elle laissera dégager $\frac{1}{162}$ de *gaz* oxigène, $\frac{1}{384}$ d'azote, & elle conservera $\frac{1}{81}$ d'oxigène & $\frac{1}{192}$ d'azote. Ces résultats sont déduits des expériences de William Henri, confirmées par celle de Dalton.

On voit, par ces considérations, comment de l'eau qui a été exposée au contact de l'air atmosphérique, & qui a, par conséquent, absorbé de cet air, contient toujours un mélange de deux airs, dans lequel la proportion de l'oxigène est beaucoup plus grande que dans l'air atmosphérique, & comment, lorsque l'on tient long-temps un *gaz* dans une cloche sur une cuve hydro-pneumatique, conséquemment en contact avec de l'eau qui est elle-même, hors de la cloche, en contact avec de l'air atmosphérique, le *gaz* qui étoit pur, d'abord, devient impur, & qu'au bout d'un temps, une grande proportion de ce *gaz*, qui a disparu, a été remplacée par des *gaz* oxigène & azote.

On peut reconnoître & déterminer la quantité d'air contenue dans une eau, en faisant bouillir cette eau & recueillant le *gaz* qu'elle laisse dé-

gager. Voici le moyen indiqué par M. Thénard (1). Lorsqu'on veut déterminer la quantité & la nature de l'air dissous dans l'eau, on s'y prend comme il suit: on remplit de cette eau un matras de trois à quatre litres; on y adapte, par le moyen d'un bouchon troué, un tube propre à recueillir les *gaz*, mais ce tube doit être lui-même plein d'eau: à cet effet, avant de l'adapter au matras, on le remplit d'eau, & bouchant son extrémité libre avec un petit bouchon, il est facile, sans qu'il se vide, d'introduire l'autre dans le col du matras & de l'y fixer; on applique avec soin du lut sur le bouchon du col, & du papier collé sur ce lut; puis ayant disposé le matras sur un fourneau à feu nu, & ayant engagé l'extrémité du tube sous une cloche, on retire le petit bouchon, & on échauffe l'eau peu à peu. Bientôt on voit des bulles se dégager. Après que l'eau a bouilli pendant deux ou trois minutes, on peut la regarder comme totalement privée d'air. Alors on laisse refroidir l'appareil sur le fourneau, ou bien on l'enlève. On mesure le *gaz*, & on en détermine le volume, par rapport à celui de l'eau; enfin, on l'analyse.

Quelques physiciens ont voulu mettre en question si les *gaz* étoient simplement mélangés ou dissous dans l'eau. Dalton partage la première opinion; il regarde l'absorption des *gaz* par l'eau comme étant purement mécanique. Suivant lui, la combinaison des *gaz* avec l'eau ne s'opère pas par cette faculté d'absorption; mais elle les force de se loger dans ses pores. Le *gaz* retenu dans l'eau n'exerce pas de pression sur ce liquide, mais seulement sur le vaisseau qui la contient, & il est à l'égard de l'eau, précisément dans le même état que s'il étoit répandu dans le vide. Berthollet partage la seconde opinion, & il explique ainsi les différentes proportions des *gaz* absorbées par l'eau. L'élasticité du *gaz* s'oppose à son action avec les corps qui ne jouissent pas de cette propriété, & elle limite la quantité du *gaz* qui peut se combiner; car, lorsque l'attraction entre le liquide & le *gaz* se trouve exactement contre-balancée par cette élasticité, toute absorption du *gaz* cesse d'avoir lieu. Si cette élasticité n'étoit pas ainsi un obstacle, la proportion du *gaz* qu'un liquide pourroit dissoudre seroit indéfinie.

Deux expériences, l'une faite par Bergmann, & l'autre par William Henri, paroissent prouver la combinaison des *gaz* d'une manière positive. Bergmann a trouvé que la pesanteur d'une eau saturée de *gaz* acide carbonique, à la température de 2°,2 centig. étoit de 1,0015, comparée avec celle de l'eau à la même température prise pour unité, tandis qu'elle auroit dû être de 1,0019, si son volume n'étoit pas augmenté, en supposant qu'elle n'eût absorbé qu'un volume égal au sien d'acide carbonique: & cependant Bergmann assure qu'elle

---

(1) *Traité de Chimie*, tome I, page. 437.

Mm

étoit imprégnée d'une proportion plus grande. Il paroît donc qu'il y a expansion de l'eau lorsqu'elle absorbe de l'acide carbonique. William Henri a observé qu'un thermomètre plongé dans le liquide, monté de 0,28 aux 0,42 d'un degré centig. Or, ces deux résultats ne peuvent avoir lieu qu'autant qu'il y a combinaison entre le *gaz* acide carbonique & l'eau.

De l'eau contenue dans les gaz.

L'eau n'est pas le seul liquide qui absorbe les *gaz*. M. Théodore de Saussure (1) a fait un grand nombre d'expériences sur l'absorption des *gaz* par différens liquides, tels que l'alcool, l'éther sulfurique, l'huile de lavande, le naphte rectifié, l'huile essentielle de térébenthine, l'huile de lin, l'huile d'olive, l'acide sulfurique; il a fait des observations semblables sur des dissolutions de muriate d'ammoniaque, de potasse, de soude & de chaux, des nitrates de potasse & de soude, de sulfate de potasse, d'alun, d'acide tartareux, de sucre & de gomme arabique.

Il a d'abord reconnu, 1°. que les divers liquides absorboient des quantités différentes de *gaz*; 2°. que les volumes des *gaz* absorbés par les divers liquides étoient toujours les mêmes, quelle que fût la pression qu'ils éprouvassent; 3°. que dans les absorptions des différens *gaz*, les résultats qu'il a obtenus ne s'accordent pas avec la théorie de Dalton; car, dans toutes les expériences qu'il a faites, Saussure a trouvé que la présence de l'un des *gaz* favorisoit l'absorption de l'autre, en ayant égard à la place relative que chacun d'eux occupe dans le liquide.

Si l'on introduit dans un vase rempli d'un *gaz* quelconque un très-petit globule d'eau, ce liquide s'évapore aussitôt; la vapeur se mêle intimement dans tout le volume du *gaz*, & la quantité de cette vapeur que le *gaz* peut contenir, varie avec le volume de celui-ci, & avec sa température. Ainsi, quel que soit le contact d'un *gaz* avec de l'eau, il se trouve contenir de la vapeur aqueuse; & comme il est extrêmement difficile d'éviter que le *gaz* ne se trouve en contact avec quelques petites portions d'eau, soit en le recueillant, soit en le transvasant, il est rare que l'on obtienne & que l'on conserve un *gaz* exempt d'humidité.

Saussure s'est occupé de déterminer, à l'aide d'un hygromètre de sa composition, la quantité d'eau ou de vapeur aqueuse contenue dans les airs ou dans le *gaz*. *Voyez* HYGROMÈTRE DE SAUSSURE, HYGROMÉTRIE.

Comme il est essentiel, dans un grand nombre de circonstances, d'avoir des *gaz* parfaitement secs, on a cherché quels étoient les moyens de les sécher, c'est-à-dire, d'enlever l'humidité qu'ils contiennent. Saussure propose d'exposer les *gaz* à l'action des alcalis fortement desséchés; d'autres, du muriate de chaux parfaitement sec. La première substance peut être employée avec succès sur les *gaz* qui ne se combinent pas avec les alcalis, & la seconde sur les *gaz* acides qui peuvent se combiner avec les alcalis.

Mais les *gaz* exposés à l'action de ces deux sels sont-ils parfaitement desséchés? C'est une question que William Henri a cherché à résoudre. Pour cela il a soumis aux explosions électriques du *gaz* hydro-chlorique, desséché par de l'hydro-chlorate de chaux, & contenu sur du mercure (1); le volume du *gaz* diminua, il se forma du muriate de mercure; & lorsque le *gaz* fut absorbé par un liquide, il resta les 0,06 de *gaz* hydrogène. En faisant l'expérience dans des vases de verre fermés, il se produisoit du *gaz* acide oximuriatique, & il y avoit pareillement dégagement d'hydrogène. Ces phénomènes du dégagement de l'hydrogène & de la formation d'acide oximuriatique étoient dus à la proportion d'eau que le *gaz* desséché retenoit encore. Il y a une limite au-delà de laquelle les explosions ne produisoient plus aucun effet. La quantité d'hydrogène dégagé, dans ce cas, correspondoit à plus de 0,064 grammes d'eau existant dans 1639 centimètres cubes de *gaz*. Or, cette quantité d'eau est beaucoup plus considérable que celle que l'on peut découvrir dans les *gaz*, par le moyen des substances salines.

M. Henri trouva également que le *gaz* hydrogène carboné (2) obtenu de l'acétate de potasse, après avoir été complétement desséché par les alcalis, éprouvoit, par l'électricité, une dilatation de 0,166 de son volume total, & il fit voir que cette augmentation de volume étoit produite par le dégagement du *gaz* hydrogène provenant de la décomposition de l'eau, qui étoit encore retenue dans l'hydrogène carburé. En attribuant rigoureusement à l'hydrogène la totalité de l'augmentation, elle indiqueroit la présence d'environ 0,19 gramme d'humidité dans l'hydrogène carburé.

On voit, d'après ces deux résultats, combien il est difficile de dessécher des *gaz*, puisqu'après avoir employé, pour cet effet, les méthodes que l'on regarde comme les plus efficaces, sans altérer les *gaz*, il reste encore une quantité d'humidité plus considérable que celle que l'on a enlevée; mais après avoir soumis les *gaz* à l'action de l'électricité & avoir décomposé de la vapeur contenue dans les *gaz*, est-on bien certain qu'il n'en reste plus? C'est ce dont nous n'avons pas encore été à même de nous assurer.

Cependant la présence de l'humidité produit une très-grande différence, soit dans la pesanteur spécifique que l'on prend de ces *gaz*, soit dans leur puissance réfringente, soit enfin dans un grand

---

(1) *Bibliothèque britannique*, tome L, page 127 & suiv.

(1) Nicholson's quarto, Journ. IV, 211.
(2) *Ibid.*, II, 244.

nombre de circonstances. Que l'on juge, d'après cela, de l'efficacité des méthodes d'analyses mathématiques appliquées à diverses propriétés des gaz, & des résultats des analyses chimiques & physiques sur les proportions de leurs élémens !

De l'absorption des gaz par le charbon & par d'autres corps.

Des expériences sur les charbons incandescens avoient appris à Fontana, qu'en se refroidissant, les charbons avoient la propriété d'absorber différens gaz. Ses expériences furent répétées par Morozzo, Rouppe & Norden (1). Depuis, M. Théodore de Saussure (2) a refait de nouveau ces expériences; il les a variées de beaucoup de manières, & il s'est assuré que le charbon n'est pas le seul corps qui jouit de la propriété d'absorber les gaz; que tous les corps poreux la partagent avec lui.

Les corps poreux que M. de Saussure a mis en contact avec les gaz, sont au nombre de quinze; savoir :

1°. Le charbon de bois.
2°. L'écume de mer d'Espagne.
3°. Le schiste happant de Ménilmontant.
4°. L'asbeste ligniforme du Tyrol.
5°. L'asbeste, liége de montagne.
6°. L'hydrophane de Saxe.
7°. Le quartz de Vauvert.
8°. Le carbonate de chaux spongieux ou agaric minéral.
9°. Le plâtre solidifié par l'eau.
10°. Le bois de coudrier.
11°. ——— de mûrier.
12°. ——— de sapin.
13°. La filasse de lin.
14°. La laine.
15°. La soie écrue.

Pour faire ces expériences, le savant genevois a divisé ces substances en deux classes : 1°. celles qui peuvent être exposées à l'action du feu, sans y éprouver des altérations qui nuisent à l'opération; 2°. celles que l'on ne peut pas exposer à l'action du feu sans les altérer.

Dans la première classe sont :

1°. Le charbon de bois.
2°. L'écume de mer d'Espagne.
3°. L'asbeste ligniforme du Tyrol.

Toutes les autres substances sont dans la seconde classe.

Le charbon de bois a été chauffé jusqu'à l'incandescence; les deux autres substances ont été chauffées jusqu'au rouge-cerise, puis submergées dans le mercure pour les refroidir, en les préservant du contact de l'air, & après leur refroidissement,

elles étoient introduites dans le gaz qu'elles devoient absorber. Les douze autres substances ont été exposées à l'action de la machine pneumatique, pour retirer tout l'air qui remplissoit leurs pores, & on les introduisoit aussitôt dans le gaz qui devoit être absorbé. L'écume de mer & l'asbeste ont été soumis à l'action de la chaleur & à celle de la machine pneumatique. Dans ces deux manières différentes de faire l'expérience, elles ont absorbé des quantités égales des mêmes gaz.

De tous les corps qui ont été éprouvés, le charbon de bois est celui qui jouit de la propriété absorbante au plus haut degré : c'est aussi celui dont nous allons présenter les résultats. Les expériences ont été faites à une température de 11 à 13° centigrades, & à une pression de 0,704. Les nombres qui indiquent l'absorption des gaz sont rapportés au volume du charbon pris pour unité. La durée de l'absorption a été de 24 à 36 heures; en prolongeant le terme, les quantités de gaz absorbées n'ont pas augmenté, si ce n'est le gaz oxigène, dont l'absorption continue depuis plusieurs années, parce qu'il se combine lentement avec le charbon, & forme du gaz acide carbonique qui est absorbé en plus grande quantité que le gaz oxigène par le même charbon.

Une mesure de charbon de bois absorbe

90 mesures de	gaz ammoniac.
85 ———	acide muriatique.
65 ———	acide sulfureux.
55 ———	hydrogène sulfuré.
40 ———	d'oxide d'azote.
38 ———	nitreux (1).
35 ———	acide carbonique.
35 ———	oléfiant.
9,42 ———	oxide de carbone.
9,25 ———	oxigène.
7,5 ———	azote.
5 ———	hydrogène oxicarburé.
1,75 ———	hydrogène.

On doit considérer ces résultats comme un terme moyen entre plusieurs observations, car deux fragmens d'un même charbon ne font pas toujours des absorptions précisément égales dans le même gaz.

Tous ces gaz s'absorbent avec un foible dégagement de calorique; l'élévation de température dépend de la vitesse de l'absorption, de la quantité & de la nature des gaz absorbés : la chaleur dégagée est souvent sensible au tact; elle peut faire monter de quelques degrés un thermomètre dont la boule est appliquée sur un charbon de bois de quatre ou cinq centimètres cubes.

Ainsi le gaz ammoniac, qui est plus condensé que le gaz acide carbonique, réchauffe plus le charbon que ce dernier, & celui-ci produit plus de chaleur que le gaz oxigène, qui est moins con-

<hr>

(1) *Journal de Physique*, année 1802, tome I, p. 374.— *Annales de Chimie*, tome XXXIV, page 111.

(2) *Bibliothèque britannique*, tome XLIX, p. 299, & t. L, page 111.

<hr>

(1) Le gaz nitreux est en partie composé par le charbon qui en dégage du gaz azote.

denſé que le précédent. Le *gaz* hydrogène, qui eſt moins abſorbé que tous les autres *gaz*, ne fournit pas de chaleur ſenſible.

Quand on humecte légèrement le charbon ſous le mercure, après l'extinction ou le refroidiſſement dans ce liquide métallique, la condenſation de tous les *gaz*, qui n'ont pas une affinité très-grande pour ce liquide, en eſt beaucoup diminuée; la durée de l'abſorption eſt également plus longue pour faire parvenir les *gaz* à leur maximum de condenſation.

On peut encore s'aſſurer de la diminution de l'abſorption des *gaz* par les charbons humides, en employant une méthode inverſe, c'eſt-à-dire, en faiſant abſorber au charbon, dans l'état ſec, toute la quantité de *gaz* qu'il peut prendre, en le faiſant paſſer au travers du mercure, dans un récipient plein de ce liquide & d'une quantité d'eau à peu près égale au volume du charbon. Ce dernier y émet, dans l'eſpace de quarante-huit heures, tout le *gaz* qu'il ne peut pas retenir avec l'eau.

Comme les charbons n'abſorbent, lorſqu'ils ont été plongés dans l'eau, que la moitié du *gaz* acide carbonique qu'ils condenſent lorſqu'ils ſont ſecs, & qu'ils émettent dans l'eau la moitié du *gaz* acide carbonique qu'ils avoient condenſé étant ſecs, M. de Sauſſure croit que l'on pourroit faire uſage de ce moyen pour préparer des eaux gazeuſes acidulées, concentrées, ſurtout ſi l'on avoit des cuves de fermentation.

Il ſuffiroit d'introduire, dans les cuves, des réchauds pleins de charbon de hêtre incandeſcent, pour le ſaturer de *gaz* acide; il eſt facile de conduire l'opération, de manière que le charbon imprégné de *gaz* ne vienne point en contact avec l'air atmoſphérique; il faut encore ne mêler l'eau avec le charbon que lorſque le vaſe qui les contient eſt fermé.

Sans employer ces précautions importantes, M. de Sauſſure a obtenu une eau qui contenoit plus que ſon volume de *gaz* acide, à 19° du thermomètre centigrade, dans un vaſe qui a été rempli au quart avec du charbon de hêtre ſaturé de *gaz* acide, & aux deux tiers avec de l'eau qui a été enſuite exactement renfermée.

Nous devons obſerver que cette propriété de l'eau, de diminuer la quantité de *gaz* condenſé, n'eſt pas générale pour tous les corps, quoiqu'elle ſoit vraie pour tous les charbons: car le ſavant génevois a trouvé, qu'une petite quantité d'eau augmente le pouvoir d'abſorption, dans certains corps qui n'ont qu'à un foible degré cette propriété.

Pluſieurs cauſes contribuent à faire varier les quantités de *gaz* abſorbées par les corps poreux: parmi ces cauſes, nous en indiquerons cinq.

1°. *La température.* Plus celle-ci eſt baſſe, & plus l'abſorption eſt grande; ce qui établit une ſorte d'analogie entre l'abſorption des *gaz* par les liquides & par les ſolides. Il ne ſe produit aucune abſorption à une température voiſine de la chaleur rouge: auſſi, quand un corps eſt imprégné d'un *gaz*, il ſuffit, pour dégager celui-ci, d'expoſer le corps à l'action de la chaleur.

2°. *La preſſion.* Plus elle eſt grande; & plus les corps poreux abſorbent de parties pondérables de *gaz*; ce qui établit une nouvelle analogie avec l'abſorption des *gaz* par les liquides. Lorſque la preſſion eſt nulle, l'abſorption eſt nulle elle-même; de ſorte qu'au moyen de la machine pneumatique, on peut dégager, comme par la chaleur, tout le *gaz* qu'un corps a abſorbé.

3°. *La nature des gaz.* Ceux-ci peuvent être diviſés en deux claſſes: les uns ſont abſorbés en grande quantité, ce ſont les *gaz* ammoniac, acide muriatique, acide ſulfureux, hydrogène ſulfuré, oxide d'azote; les autres, qui ſont abſorbés en petite quantité, ſont les *gaz* hydrogène, hydrogène oxicarburé, azote, oxide de carbone. Parmi ces *gaz*, le *gaz* ammoniac eſt celui qui tient le premier rang. Le *gaz* hydrogène tient le dernier rang dans pluſieurs ſubſtances, & particulièrement dans l'écume de mer, le ſchiſte happant, les asbeſtes & l'hydrophane. Dans le plâtre, c'eſt l'acide carbonique qui occupe le dernier rang; dans l'agaric minéral, l'oxigène; dans les bois, dans la ſoie écrue & dans la filaſſe, l'azote.

4°. *La nature des corps* influe conſidérablement ſur la proportion de ſubſtance abſorbée. Nous avons vu, dans le paragraphe précédent, que pluſieurs abſorboient plus d'hydrogène que d'azote, & d'autres plus d'azote que d'hydrogène; mais c'eſt principalement dans les proportions de *gaz* ammoniac & d'azote que ces abſorptions ſont remarquables. Nous allons en préſenter un tableau.

SUBSTANCES.	MESURE DES GAZ	
	ammoniac.	azote.
Charbon de bois	90	7,5
Écume de mer	15,0	1,6
Schiſte happant de Menilmontant	11,3	0,7
Asbeſte ligniforme	12,75	0,47
—— liége de montagne	2,30	0,68
Hydrophane	64	0,60
Quartz de Vauvert	10	0,45
Plâtre	”	0,53
Agaric minéral	”	0,80
Bois de coudrier	100	0,21
—— de mûrier	88	0,18
—— de ſapin	”	0,21
Filaſſe de lin	68	0,33
Soie	78	0,125
Laine	”	0,24

5°. *Le nombre des pores & leur grandeur.* Il paroît que le pouvoir abſorbant de pluſieurs ſolides poreux, & en particulier du charbon, s'accroît dans une certaine limite avec leur pesanteur spécifique, & que celle-ci doit, toutes choses d'ailleurs égales, augmenter lorsque les pores deviennent plus rapprochés.

Le charbon de liége, dont la pesanteur spécifique est au plus 0,1, ne fait subir, à l'air atmosphérique qui y pénètre, aucune condensation sensible.

Celui de sapin, dont la pesanteur spécifique est environ 0,4, absorbe quatre fois & demie son volume d'air atmosphérique.

Le charbon de buis, dont la pesanteur spécifique est 0,6, absorbe sept fois & demie son volume d'air atmosphérique.

Enfin, la houille de Ruffiberg, dont l'origine est végétale, & dont la pesanteur spécifique est 1,326, absorbe dix fois & demie son volume d'air atmosphérique.

Que l'on ne conclue pas, de ces observations, que la proportion de l'absorption augmente indéfiniment avec la densité des charbons; tout fait croire qu'il est un terme, maximum, après lequel l'absorption décroît. Ainsi, la plombagine de Cumberland, qu'on peut considérer comme un charbon, puisqu'il contient les 0,96 de ce combustible, ne fait subir, avec une pesanteur spécifique de 2,13, aucune condensation à l'air atmosphérique. Il en est de même des charbons obtenus en distillant des huiles essentielles dans un tube de porcelaine incandescent.

En pulvérisant les charbons, on diminue encore leur propriété absorbante. Un morceau de charbon de buis pesant 2,94 grammes, sous un volume de 4,92 centimètres cubes, absorboit 35 ¼ centimètres cubes, environ sept fois son volume d'air atmosphérique. Ce même charbon pulvérisé, mis dans un tube fermé par une gaze à ses deux extrémités, & dans lequel il occupoit un volume de 7,3 centimètres cubes, n'a plus absorbé que 20,8 centimètres cubes ou environ trois fois son volume; mais, dans cette circonstance, le charbon ne présentoit à l'action de l'air qu'une fraction de sa surface.

Une des propriétés les plus remarquables dont jouissent les charbons imprégnés de gaz, est celle qu'ils nous présentent lorsqu'ils sont imprégnés de gaz hydrogène sulfuré, & qu'on le met en contact, soit avec l'air, soit avec le gaz oxigène. L'hydrogène sulfuré se détruit en très-peu de temps; il en résulte de l'eau, du soufre & un dégagement de calorique assez grand pour que le charbon devienne très-chaud. La combustion de l'hydrogène n'auroit pas lieu s'il étoit libre, ou s'il n'étoit pas combiné avec le soufre.

Tout fait croire que, dans les combinaisons de deux ou plusieurs gaz avec le charbon, ceux-ci se comportent comme l'eau, c'est-à-dire que, si l'on introduit dans un gaz un charbon déjà imprégné d'un autre gaz, le premier pénètre dans le charbon en expulsant une partie du gaz qui étoit retenu

antérieurement dans le charbon, & la différence de la quantité absorbée, à celle condensée, dépend de la propriété condensante du charbon pour chacun de ces gaz.

Ainsi, comme le gaz acide carbonique est susceptible d'une plus grande condensation que le gaz hydrogène, il en résulte que, lorsqu'on introduit un charbon imprégné de gaz acide carbonique dans du gaz hydrogène, on observe une grande augmentation de volume dans l'atmosphère du charbon. Un très-petit volume de gaz hydrogène pénètre dans le charbon, & en expulse un grand volume de gaz acide carbonique; cette petite quantité de gaz hydrogène occupe, dans le corps poreux, à peu près le même espace que le gaz acide qui a été déplacé. Au contraire, si l'on introduit, dans un récipient plein de gaz acide carbonique, un charbon imprégné de gaz hydrogène, il y a diminution de volume dans l'atmosphère du charbon; un très-grand volume de gaz acide pénètre dans le charbon, en expulsant un plus petit volume de gaz hydrogène, pour y occuper à peu près la même place que le gaz qui a été chassé.

Dans ces deux expériences, le charbon s'échauffe & se refroidit, selon que la proportion de gaz expulsé est plus petite ou plus grande que celle du gaz absorbé. Lorsque la quantité du gaz expulsé est plus petite que celle du gaz absorbé, il y a augmentation de chaleur; la chaleur, au contraire, diminue quand la quantité de gaz expulsé est plus grande.

Souvent, deux gaz ainsi réunis dans un charbon, & éprouvent une condensation un peu plus grande que lorsqu'ils y sont purs; c'est-à-dire, que le volume absorbé est plus grand que la somme des deux demi-volumes séparés; ou mieux, que la quantité absorbée de chaque gaz est plus grande que la moitié du volume que le charbon absorbe, lorsque ces gaz étoient purs. Ainsi la présence du gaz oxigène dans le charbon, favorise la condensation du gaz hydrogène; la présence des gaz acide carbonique & azote favorise la condensation du gaz oxigène; la présence du gaz hydrogène favorise la condensation du gaz azote. Cet effet n'a pas lieu entre tous les gaz, car la présence du gaz azote dans le charbon n'augmente pas l'absorption du gaz acide carbonique.

De l'obtention des gaz.

Si l'on en excepte l'oxigène & l'azote, parties constituantes de l'atmosphère, il est rare que les gaz soient libres; ils sont presque toujours dans un état de combinaison avec différens corps; on ne les obtient qu'en les dégageant des corps avec lesquels ils sont combinés, & la méthode que l'on emploie, dépend de la nature de la combinaison & des agens dont on peut faire usage. Les principaux sont le feu & les acides.

1°. L'action du feu est employée lorsque l'affinité du *gaz*, combiné avec une substance, a moins de force que la tendance de ce *gaz* à la gazéité. C'est ainsi, par exemple, que l'on dégage l'oxigène des oxides de platine, d'or, de mercure, &c.

Pour cela, on met l'oxide ou la combinaison de l'oxigène dans un vase capable de procurer la température nécessaire au dégagement, & dont la substance qui le compose ne se combine pas avec les substances libres, à la température que le vase éprouve. Ainsi, on peut se servir d'une cornue C, *fig.* 861, de grès, de porcelaine ou de fer. Cette cornue peut, au moyen d'une alonge A, communiquer directement avec un récipient R, rempli d'eau & placé sur la tablette T d'une cuve pneumatique. Le *gaz*, dégagé par la chaleur, sort par l'extrémité de l'alonge & monte dans le récipient, en chassant l'eau qu'il déplace.

Mais, comme il seroit possible que les variations dans la température de la cornue, fissent cesser tout-à-coup le dégagement du *gaz*, & qu'il se produisît un vide qui feroit remonter l'eau de la cuve dans la cornue & la feroit briser avec éclat, on place sur l'alonge, un tube de sûreté S, *fig.* 861 (*b*). Alors l'air extérieur entre par ce tube dans la cornue & remplit le vide ; dès que ce mouvement se fait apercevoir, il faut cesser l'opération, sans quoi on courroit le risque de faire passer, dans le récipient R, l'air rentré, & de vicier la pureté du *gaz* que l'on a obtenue.

Nous croyons inutile d'observer, que l'on ne doit pas recevoir les premières portions de l'air qui se dégage lorsque l'on chauffe la cornue, parce que ces premières portions ne sont ordinairement que l'air que la cornue contenoit : il faut donc, avant de recueillir le *gaz*, laisser dégager tout l'air qui remplissoit la cornue.

2°. L'action d'un acide s'emploie, pour dégager le *gaz* combiné avec une substance, lorsqu'ayant une plus grande affinité pour elle, il force le *gaz* combiné à abandonner la substance pour lui céder sa place.

Ainsi, lorsque l'on veut dégager l'acide carbonique, combiné avec de la chaux, dans le carbonate de chaux, il suffit de verser sur le carbonate de chaux de l'acide sulfurique étendu d'eau. L'acide se combine avec la chaux, en expulsant l'acide carbonique qui y étoit déjà combiné. Pour cela, on met, dans un flacon tubulé F, *fig.* 862, de la chaux pulvérisée & de l'eau ; à l'une des tubulures on place un tube en entonnoir E, & à l'autre un tube recourbé T, dont une des extrémités plonge sous un récipient R, placé dans une cuve pleine d'eau. Lorsque les deux tubulures sont fermées hermétiquement avec du lut (*voy.* LUT), ou seulement avec du papier collé, on verse par l'entonnoir E, l'acide : celui-ci tombe dans le flacon, exerce son action sur la chaux carbonatée, se combine avec la chaux, & l'acide carbonique se dégage, par le tube T, dans le récipient R destiné

à le recevoir. Lorsque l'on craint l'absorption, on place un tube de sûreté S sur le tube T.

On peut faire usage du même appareil, pour obtenir les *gaz* provenant de la décomposition d'une substance intermédiaire à celle sur laquelle l'acide agit. Pour obtenir du *gaz* hydrogène, par exemple ; on met dans le flacon tubulé du zinc & de l'eau, on fait arriver sur ce zinc de l'acide muriatique : celui-ci, qui ne peut se combiner avec le zinc qu'autant qu'il est à l'état d'oxide, oblige l'eau intermédiaire à se décomposer ; son oxigène se porte sur le métal, l'oxide, & le *gaz* hydrogène libre se dégage par le tube T, pour se porter dans le récipient R.

Quelquefois c'est une portion de l'acide qui se décompose, comme cela a lieu dans l'action de l'acide nitrique sur le cuivre. En mettant du cuivre dans le flacon tubulé F, & versant de l'acide nitrique par l'entonnoir, une partie de cet acide se décompose, son oxigène se porte sur le métal, & le *gaz* nitreux, qui étoit combiné avec lui, se dégage.

Souvent on emploie les deux moyens à la fois, l'acide & le feu. C'est ainsi que l'on dégage le *gaz* hydro-chlorique. Dans un matras M, *fig.* 867, on met une dissolution de muriate de soude ; le goulot est fermé avec un bouchon de liége traversé par deux tubes : l'un E, à un entonnoir ; il sert à introduire l'acide dans le matras ; l'autre T, avec un tube de sûreté S, sert de conduit au *gaz* pour se porter sous le récipient R. Le matras est placé dans un bain de sable B, posé sur un fourneau F. Lorsque le goulot est bien bouché, on verse de l'acide sulfurique dans l'entonnoir : celui-ci tombe dans le matras, & comme il a plus d'affinité pour la soude que l'acide muriatique, il se combine avec l'alcali, & le *gaz* hydro-chlorique, libre, se dégage pour se porter dans le récipient. Mais, comme l'action de l'acide muriatique est aidée par la chaleur, on chauffe le bain de sable B. Une chaleur, douce d'abord, se communique au matras, augmente graduellement, & le *gaz* se dégage avec plus d'abondance.

Généralement, le liquide du bain est de l'eau ou du mercure. On emploie l'eau pour les *gaz* oxigène, hydrogène, azote, & pour tous ceux qui ne sont pas miscibles dans ce liquide. On emploie le mercure pour le *gaz* oxide de chlore & pour tous ceux qui sont miscibles à l'eau, ou pour les *gaz* non miscibles, mais que l'on veut préserver d'humidité.

Comme nous nous proposons, en parlant de chaque *gaz* en particulier, d'indiquer les procédés que l'on emploie pour les obtenir, nous croyons inutile d'entrer dans de plus grands détails sur l'obtention des *gaz*. *Voyez* chacun de ces GAZ.

De l'action des gaz sur l'économie animale.

M. Nysten, dans les ouvrages duquel nous allons extraire, en grande partie, cet article, divise les *gaz* en quatre classes : 1°. respirables ; 2°. qui ne nuisent à la respiration que par leur non-respirabilité ; 3°. irritans ; 4°. délétères.

Le *gaz* oxigène forme seul la première classe ; dans la seconde, sont les *gaz* azote, protoxide d'azote, hydrogène, hydrogène carboné, acide carbonique & oxide de carbone ; la troisième se compose des *gaz* hydrogène phosphoré, ammoniac, acide sulfureux, acide nitreux, chlore, hydro-chlorique, acide chlorique, acide carbo-muriatique, acide fluorique silicé, acide fluo-borique, acide hydriodique. Enfin, la quatrième est composée des trois *gaz*, deutoxide d'azote, hydrogène sulfuré, hydrogène arsenié.

Nous examinerons les effets de ces *gaz* : 1°. sur la respiration ; 2°. injectés dans différentes veines.

Pour respirer les *gaz*, on peut employer deux moyens différens : 1°. mettre le *gaz* dans une vessie, à l'extrémité de laquelle soit fixé un robinet terminé par un tube ; placer le tube dans une narine, boucher l'autre en la comprimant, inspirer du *gaz* par la narine ouverte & l'expirer ensuite par la bouche ; 2°. en plaçant dans la bouche la vessie pleine de *gaz*, soutenant la vessie d'une main & comprimant les narines de l'autre, de manière à faire passer alternativement le *gaz* de la vessie dans les poumons, & des poumons dans la vessie. Lavoisier, MM. Seguin & Girtanner ont fait usage d'un masque qui enveloppoit le nez & la bouche, de manière qu'ils pouvoient établir ainsi une communication directe avec le vase qui contenoit le *gaz* à respirer.

Première classe. Le *gaz oxigène* est le seul complétement respirable, soit seul, soit mélangé avec le *gaz* azoté dans l'air atmosphérique. Tout porte à croire qu'il seroit également propre à la respiration s'il étoit mélangé avec le *gaz* hydrogène, peut-être même encore avec le *gaz* oxide de carbone.

Son action, dans la respiration, consiste principalement à produire la chaleur vitale, en convertissant le sang veineux en sang artériel, c'est-à-dire, en rendant au sang les principes vivifians dont ce liquide se dépouille en faveur des organes qu'il nourrit. Lavoisier, Crawford, Laplace, Hassenfratz (1), &c., ont fait des expériences d'après lesquelles ils ont conclu, que la chaleur dégagée provenoit de la combinaison de l'oxigène avec le carbone & l'hydrogène du sang, pour produire l'acide carbonique & l'eau qui se dégage pendant l'expiration. MM. Nysten & Coutanceais sont d'opinion, que l'acide carbonique & l'eau contenue dans l'air expiré, ne proviennent pas de la combinaison de l'oxigène avec l'hydrogène & le carbone enlevés au sang ; car il résulte d'expériences faites en respirant du *gaz* azote pur, que l'air expiré contenoit une quantité de *gaz* acide carbonique, égale à celle qui se dégage pendant la

respiration de l'air atmosphérique ; d'où ils concluent : 1°. que le *gaz* acide carbonique expiré, au lieu de provenir de la combustion du carbone, est le produit de la sécrétion pulmonaire ; 2°. que c'est en se combinant avec du sang veineux, que l'oxigène respiré se convertit en sang artériel. Au reste, nous examinerons cette question importante en traitant de la respiration. *Voy.* RESPIRATION.

Le *gaz* oxigène agit sur les organes de l'homme en les excitant. La respiration de ce *gaz* pur détermine une augmentation dans l'étendue & la fréquence du mouvement respiratoire ; un sentiment de chaleur à la poitrine, lequel se propage ensuite dans les membres ; une augmentation de la force & de la fréquence du pouls ; les yeux deviennent rouges, saillans ; la respiration cutanée est excitée, la chaleur générale augmentée ; la soif devient plus ou moins vive ; les fonctions intellectuelles sont exaltées ; tous les solides reçoivent une augmentation sensible d'activité ; enfin, si l'on continuoit de respirer ce *gaz*, il surviendroit, probablement, une fièvre inflammatoire qui pourroit se terminer par la gangrène des poumons.

Un animal plongé dans un vase rempli de *gaz* oxigène, inspirant & expirant constamment dans le même vase, vicie successivement ce *gaz*, de manière qu'au bout d'un temps, qui dépend du volume du *gaz*, de sa pureté & de la grosseur de l'animal, ce *gaz* cesse d'être propre à la respiration, les mouvemens de l'animal s'affoiblissent & cessent bientôt avec les autres mouvemens, il tombe en asphyxie. Mais lorsque l'asphyxie survient, il reste toujours, dans la cloche, une quantité de *gaz* oxigène assez considérable pour être respirée librement & sans accident par un autre animal. Le comte de Morozzo a fait à ce sujet plusieurs expériences curieuses (1).

On peut injecter du *gaz* oxigène, en quantité modérée, dans le système veineux des animaux vivans, sans déterminer aucune lésion grave dans les fonctions ; mais si l'injection est suffisante, elle peut occasionner la mort, en déterminant la distension de l'oreillette & du ventricule pulmonaire. Ce qui prouve que ce *gaz* agit ici d'une manière purement mécanique, c'est qu'il suffit d'ouvrir promptement une grosse veine, voisine de cet organe, pour faire revenir l'animal à la vie.

On peut injecter dans le système veineux d'un chien de moyenne taille, de cent à cent cinquante centimètres cubes de *gaz* oxigène, mais par quantité de vingt-cinq centimètres cubes seulement, & avec la précaution de laisser écouler trois ou quatre minutes d'intervalle entre les injections, afin d'éviter la distension de l'oreillette & du ventricule pulmonaire : avec cette attention, l'animal ne paroît nullement affecté : il boit, il mange, & il continue à remplir parfaitement toutes ses fonctions.

(1) *Annales de Chimie*, tome IX, page 261.

(1) *Chimie de Thomson*, vol. I, page 12.

Peu de temps après la découverte de Priestley, on a proposé l'usage du *gaz* oxigène dans quelques maladies, principalement dans la phthisie pulmonaire; mais ce traitement a été sans succès; on ignore quel usage on peut en faire en médecine.

2°. *Des gaz qui nuisent à la respiration par leur non-respirabilité.* Tous asphyxient les animaux que l'on plonge dans une cloche qui en est remplie; ils asphyxient également en les respirant. Mais ils diffèrent entr'eux sur la quantité que l'on peut en inspirer sans danger. Quelques inspirations de *gaz* azote suffisent; on peut inspirer un peu plus de *gaz* hydrogène & plus encore de *gaz* protoxide d'azote. La respiration de ce dernier, par l'homme, produit souvent, sur le système nerveux, des effets assez singuliers que nous décrirons en parlant de ce *gaz*. (*Voyez* GAZ PROTOXIDE D'AZOTE.) Parmi ces effets, on a remarqué chez plusieurs individus un rire insolite & une gaieté extraordinaire, qui avoient fait donner à ce *gaz* le nom de *gaz hilariant*. Ces effets ne sont pas dangereux, & on peut respirer le *gaz* protoxide d'azote pendant trois ou quatre minutes sans être asphyxié.

C'est principalement en s'opposant aux phénomènes chimiques de la respiration, à la transformation du sang veineux en sang artériel, que ces *gaz* sont nuisibles: aussi les animaux qui viennent d'être asphyxiés par ces *gaz*, reviennent promptement à la vie, lorsqu'on leur fait respirer du *gaz* oxigène ou de l'air pur. Il suffit de quelques inspirations profondes, à l'air libre, pour voir disparoître les accidens.

Parmi ces *gaz*, les *gaz* azote, acide carbonique & oxide de carbone sont les plus nuisibles à l'homme: le premier, parce qu'il est souvent la cause des asphyxies qui ont lieu dans les fosses d'aisance; le second, parce qu'il se forme continuellement dans les cuves qui contiennent des substances en fermentation, telles que celles où l'on met les raisins, & celles des brasseurs; le troisième parce qu'il se développe continuellement de la combustion des charbons.

On fait fréquemment usage, en médecine, du *gaz* acide carbonique, à cause de la propriété qu'il a de se dissoudre dans l'eau. Il fait la base des eaux minérales acidulées, naturelles & artificielles. *Voyez* EAUX MINÉRALES.

Tous ces *gaz* peuvent être injectés en petite quantité dans le système veineux des animaux vivans, sans troubler sensiblement leurs fonctions; mais chacun d'eux peut être injecté en quantité différente: les *gaz* azote & oxide de carbone doivent être injectés en moindre quantité que les autres: les *gaz* hydrogène & hydrogène carboné, en quantité un peu plus considérable; enfin, les *gaz* protoxide d'azote & acide carbonique en plus grande quantité. Pendant l'injection, il est quelques-uns de ces *gaz*, le *gaz* azote, qui accélèrent momentatément le pouls & la respiration;

mais, généralement, lorsque la quantité est trop grande, ils occasionnent des cris douloureux & la mort. La cessation de la vie paroît être produite par une action mécanique. Cependant, l'abattement général, le chancellement dans la marche, le tremblement, qui sont la suite de l'injection du *gaz* oxide de carbone, font présumer que ce *gaz* agit aussi sur le système nerveux.

Généralement, ces injections donnent au sang artériel une couleur brune; il ne reprend sa couleur vermeille qu'au bout de quelques minutes.

3°. *Des gaz irritans.* Ces *gaz* exercent une action irritante, trop forte pour que l'on ait essayé de les respirer. Quelque peu qu'il y ait de ces *gaz* répandus dans l'air que l'on respire, les cavités nasales & le gosier en sont vivement affectés; le seul de ces *gaz* dont on fasse quelquefois usage pour irriter les organes, est le *gaz* ammoniac: introduit dans les fosses nasales, sans précaution, il peut occasionner un catarre pulmonaire, assez violent pour devenir promptement mortel. Il détermine une prompte inflammation de tous les tissus organiques avec lesquels on le met en contact, & ne paroît avoir d'action spéciale que sur quelques parties de l'organisation.

Parmi ces *gaz*, on n'a encore éprouvé les effets de l'injection que sur les *gaz* hydrogène perphosphoré, ammoniac & chlore. L'action des autres est encore inconnue.

Ces trois *gaz* peuvent être injectés en petites quantités sans produire d'accident; mais, pour peu que ces quantités deviennent un peu considérables, ils occasionnent la mort.

4°. *Des gaz délétères.* Ces derniers ne peuvent être ni respirés ni injectés, en quelque petite quantité que ce soit, sans occasionner promptement la mort. Mais parmi ces *gaz*, il en est un qui jouit de la propriété délétère au plus haut degré; c'est le *gaz* hydrogène sulfuré.

D'après les expériences de MM. Dupuytren & Thenard, il suffit que l'air contienne $\frac{1}{1000}$ de *gaz* hydrogène sulfuré pour tuer sur-le-champ les oiseaux qu'on y plonge. Les chiens peuvent le respirer à des doses plus fortes; mais ils sont mortellement asphyxiés lorsque l'air en contient de $\frac{1}{100}$ à $\frac{1}{300}$, suivant la grosseur & la force de l'animal. Il paroît que les chevaux peuvent respirer des doses de ce *gaz* beaucoup plus grandes.

C'est à l'action du *gaz* hydrogène sulfuré qu'est due, principalement, l'asphyxie des fosses d'aisance, connue des vidangeurs sous le nom de *plomb*.

Lorsque le *gaz* hydrogène sulfuré a été respiré, à dose insuffisante pour déterminer subitement la mort, les accidens consécutifs qu'il occasionne, peuvent devenir plus ou moins promptement funestes.

Des expériences faites, d'abord, par le docteur Chaussier, & ensuite par MM. Dupuytren & Thenard, ont prouvé qu'il suffit de faire agir le *gaz* hydrogène

hydrogène sulfuré sur la surface cutanée, pour faire périr les animaux, parce qu'alors il est absorbé par les bouches inhalantes du derme. Que l'on prenne une vessie munie d'un robinet, au fond de laquelle on aura pratiqué une ouverture; que l'on y introduise un jeune lapin jusqu'au cou, que l'on colle hermétiquement, avec un emplâtre de poix & de térébenthine, les bords de la vessie sur le cou épilé du lapin; que l'on fasse alors le vide dans la vessie par la succion, & qu'on l'emplisse ensuite de gaz hydrogène sulfuré, l'animal périt en quinze à vingt minutes. Les adultes résistent beaucoup plus long-temps.

De la découverte des gaz.

Tout fait croire que les Anciens ne connoissoient & ne distinguoient d'autres substances aériformes que l'air atmosphérique, qu'ils regardoient comme un élément.

Paracèse, qui vivoit dans le commencement du seizième siècle, aperçut qu'il pouvoit exister d'autre air que celui de l'atmosphère. La substance aérienne qui se dégage de la fermentation, & qui asphyxie les animaux qui la respirent, fixa son attention; il lui donna le nom de *spiritus silvestris*.

Quelques physiciens prétendent, que diverses substances aériformes avoient été distinguées avant Paraclèse, principalement celles qui se dégagent des marais, & qui semblent former une espèce d'écume, à laquelle les philosophes, antérieurs à Paraclèse, avoient donné le nom de *gaz*; dérivé de l'hébreux, & qui signifie impureté qui se sépare des corps.

Van-Helmont, disciple de Paraclèse, substitua à la substance qui se dégage du liquide de la fermentation le nom de *gaz*; qui avoit déjà été adopté par ses prédécesseurs, à celui de *spiritus silvestris* que lui avoit donné son maître. Il fit voir que ce *gaz* étoit le même que celui qui se dégage de la grotte du Chien, près de Naples.

Il distingua, en outre, plusieurs vapeurs élastiques qu'il nomma *gaz silvestre*, *flammeum*, *pingue*, *ventosum*; il reconnut que ces *gaz* n'étoient pas à l'état de fluide élastique dans les liqueurs; mais qu'ils y avoient une plus grande densité.

Jean Rey avoit aperçu, en 1630 (1), que l'étain, exposé à l'action de l'air, augmentoit de poids, & que cette augmentation étoit due à une portion d'air atmosphérique qui s'étoit combinée avec lui.

Boyle, en 1680, distinguoit différens *gaz* auxquels il donnoit les noms d'*air factice*, *air artificiel*; il remarqua que l'air commun diminuoit par la combustion de diverses substances, telles que le soufre, l'ambre, le camphre, &c.; enfin il répéta toutes les expériences de Van-Helmont, dans le vide, dans l'air condensé & à l'air libre.

Halles a fait un grand nombre d'expériences sur les effets de la combustion, de la fermentation, des combinaisons, &c. Il a recueilli avec soin tous les *gaz* qui se dégageoient, les a mesurés; il a également déterminé les volumes de *gaz* absorbés, par la diminution qui existoit dans le volume primitif; il a publié sur les *gaz*, en 1717, un ouvrage assez considérable, dont le sixième chapitre a pour titre : *De la Statique des végétaux*.

Boerhaave, convaincu par les expériences de Halles, adopta l'opinion qu'il existoit, dans les corps, de l'air dans un état de fixité, & que l'on pouvoit dégager par divers procédés. C'est ainsi qu'il dégagea, à l'aide du vinaigre, l'air fixé dans des yeux d'écrevisses; qu'à l'aide de l'acide sulfurique & de l'acide nitreux, on dégageoit du fer des quantités considérables d'air fixé.

Venel, en 1750, prouva, que les eaux acidulées devoient leur saveur, & leur imitation avec le vin de Champagne, la bière, le cidre, à une quantité considérable de fluide élastique, ou d'air combiné dans ces eaux, & dans un état de dissolution.

Black, en 1756, a prouvé, par de nombreuses expériences, que la chaux, la magnésie, la potasse & la soude, perdoient la faculté qu'elles ont de *cautériser*, de *brûler*, lorsqu'on les mélangeoit avec un fluide élastique particulier, différent de l'air atmosphérique, qui se combinoit, qui se fixoit sur ces substances : que cet air pouvoit être dégagé, ou par la violence du feu, ou par la voie de la dissolution dans les acides.

A la même époque, le comte de Saluces s'assuroit que les grands effets de la poudre à canon, provenoient d'un fluide élastique fixé dans la poudre; que ce fluide, élastique comme l'air, en différoit cependant en ce qu'il éteignoit les chandelles, & qu'il étoit mortel pour les animaux qu'on y plongeoit.

Macbride fit, à Dublin, un grand nombre d'expériences sur l'air fixe, qui confirmèrent celles qui avoient été faites précédemment.

Cawendish, en 1766, & Jacquin, en 1769, firent également des expériences qui confirmèrent complètement la doctrine de Black, & détruisirent celle que Meyer vouloit lui opposer.

Priestley vint enfin s'occuper de la recherche des *gaz*. Peu de physiciens ont mis plus de zèle pour parvenir au but qu'il se proposoit : tout étoit à faire, tout étoit à créer, &, en 1772, il nous fit connoître l'air fixe dégagé de la fermentation, de la craie; l'air inflammable dégagé des dissolutions de zinc & de fer, par l'acide sulfurique; du bois placé dans un canon de fusil, & exposé à l'action du feu; l'air nitreux provenant de l'action de l'acide nitreux sur le fer, le cuivre, l'étain, l'argent, le mercure, le nickel, &c.; l'air acide marin, par l'action de l'acide muriatique sur divers métaux, tels que le cuivre, le plomb, l'étain, &c. De nouveaux ouvrages furent publiés en 1774, 1775 & 1777, sur les différens airs qu'il

---

(1) *Journal de Physique*, année 1773, tome I, p. 47.

obtenoit, fur leurs propriétés & fur leur caraĉlère diftinĉlif.

Les nombreufes découvertes de Prieftley fur les *gaz* électrifèrent les phyficiens; chacun s'empreffa de marcher fur fes traces; des expériences plus exaĉtes & plus multipliées furent faites de toutes parts, & l'on eft ainfi parvenu, fucceffivement, 1°. à établir la différence qui exiftoit entre les *gaz* & les vapeurs; 2°. à bien caraĉtérifer chaque *gaz* en particulier; 3°. à reconnoître qu'il y en avoit de fimples & de compofés; & enfin, à déterminer & la nature des *gaz* compofés, & la proportion de chacun des *gaz* compofans. Nous ferons connoître ces différens réfultats en parlant de chaque *gaz* en particulier.

GAZ ACÉTEUX (1); gaz *acidum acetum;* gaz *effigfauer;* f. m. Subftance aériforme, retirée d'un acétate, en dégageant le *gaz* avec l'acide fulfurique aidé de la chaleur.

Prieftley, en diftillant du vinaigre très-concentré, & en verfant de l'acide fulfurique fur de l'acétate de plomb, recueillit, fur le mercure, une fubftance aériforme mifcible à l'eau; cette fubftance forme, par fa combinaifon avec ce liquide, un vinaigre d'autant plus concentré que la quantité d'eau eft moindre.

Cet acide aériforme eft également abforbé par les huiles, qui en prennent dix fois leur volume; elles deviennent, par cette combinaifon, plus fluides & fans couleur.

A l'époque où Prieftley recueillit cette fubftance, on n'avoit pas encore parfaitement établi la différence qui exiftoit entre les *gaz* & les vapeurs; alors on les confondoit fouvent; depuis, on les a féparés; & l'*acide acéteux aériforme*, que l'on obtient en traitant les acétates avec un acide, fut claffé parmi les vapeurs, puifqu'il fe condenfe & fe liquéfie à une température affez élevée.

En chauffant de l'acétate de cuivre dans une cornue, une partie de l'acide acétique fe décompofe; il forme de l'eau & du *gaz* acide carbonique. Comme ce *gaz* eft imprégné de vapeurs d'acide nitrique, il étoit très-poffible que les premiers phyficiens priffent le change fur fa nature.

GAZ ACIDE CARBONIQUE; gaz *acidum carbonicum;* gaz *kohlen fauer;* f. m. *Gaz* formé par la combinaifon de l'oxigène avec le carbone.

C'eft, de tous les *gaz*, celui qui a été le plus anciennement connu. Paraclèfe & les Anciens le nommoient *efprit fauvage fpiritus filveftris.* VanHelmont l'appela *gaz fauvage, gaz filveftre;* il fut enfuite nommé *air fixe* par Black, Boyle, Hales,

Prieftley, Lavoifier & plufieurs autres; *acide méphitique* par Bewly, *gaz méphitique* par Macquer, *acide aérien* par Bergmann; enfin Lavoifier l'a appelé *gaz acide crayeux,* &, en dernier lieu, *gaz acide carbonique.*

Le *gaz acide carbonique* jouit de toutes les propriétés générales des *gaz:* il eft invifible; fa faveur eft légérement aigre & piquante; il rougit foiblement la teinture de tournefol; il éteint les corps combuftibles & afphyxie les animaux que l'on y plonge. Sa pefanteur fpécifique eft de 1,5196, l'air étant pris pour unité; fa puiffance réfringente de 1,00476. Le *gaz acide carbonique,* plus pefant que l'air, peut être verfé d'un vafe dans un autre, comme un liquide. On reconnoît que le *gaz acide carbonique* a pris la place de l'air, en plongeant une bougie allumée dans les vafes dans lefquels on l'a verfé.

A la température & à la preffion ordinaire, l'eau diffout à peu près fon volume de *gaz acide carbonique;* elle acquiert, par ce moyen, une faveur agréable, analogue à celle du vin de Champagne mouffeux: en augmentant la preffion, l'eau en diffout davantage. *Voyez* EAUX ACIDULÉES.

En faifant paffer du *gaz oxigène* à travers un tube de porcelaine rempli de charbon incandefcent, on recueille, à l'aide d'un appareil hydropneumatique, du *gaz acide carbonique* dont le poids eft égal à celui du *gaz oxigène* employé, plus celui du charbon brûlé: pefant féparément ces deux fubftances, on trouve que le *gaz acide carbonique* eft compofé de 27,376 parties pondérables de carbone & 72,624 d'oxigène. Comme le volume du *gaz acide carbonique* obtenu, eft parfaitement égal à celui du *gaz oxigène* employé, que la denfité du premier eft de 1,5196, & celle du fecond 1,10359, on peut déduire, de la comparaifon de ces deux poids d'un même volume, le rapport d'oxigène & de carbone obtenus par l'expérience: car fi l'on fait P = la pefanteur du *gaz oxigène,* D = fa denfité; V = fon volume, qui eft le même que celui du *gaz acide carbonique, d* la denfité de ce *gaz,* & *p* le poids du charbon, on aura;

$$\frac{P}{D} = V \ \& \ V \times d = P + p.$$

P = 72,624.
D = 1,10359.
$$\frac{P}{D} = \frac{72,624}{1,10359} = 65,807 = V$$
V d = 65,807 × 1,5196 = 100 = 72,614 + 27,376:

Donc *p* = 27,376.

Si, d'après ces proportions, on vouloit déduire le pouvoir réfringent du charbon, en faifant ufage de la formule que nous avons indiquée en parlant du pouvoir réfringent des *gaz;* appelant P le poids du *gaz* oxigène, R fon pouvoir réfringent; π le poids du *gaz acide carbonique,* ρ fon

---

(1) Cet article & ceux qui fuivront font pris, en partie, dans la *Chimie* de Fourcroy, de Thomfon, de Thenard, & dans l'article GAZ du *Dictionnaire des Sciences médicales.*

pouvoir réfringent, p le poids du carbone r fon pouvoir réfringent, on auroit :

$$r = \frac{\pi \rho - PR}{p}$$

$$\pi \rho = 100\ldots \times 1,00476 = 100,476$$
$$PR = 72,624 \times 0,86161 = 62,573$$
$$\pi \rho - PR \ldots\ldots\ldots = 37,903$$

Comme $p = 27,376$

$$\frac{\pi \rho - PR}{p} = \frac{37,903}{27,376} = 1,385 \text{ environ.}$$

Le *gaz acide carbonique* réfifte à la plus forte chaleur qu'on puiffe produire. Il n'a d'action à aucune température, ni fur le *gaz oxigène*, ni fur l'air atmofphérique. Il n'eft décompofé que par un petit nombre de corps combuftibles, tels que l'hydrogène, le potaffium, le fodium, le fer & le charbon lui-même; il eft probable que le zinc & le manganèfe jouiffent également de la même propriété : ces décompofitions n'ont lieu que par la grande affinité que ces fubftances, élevées à une haute température, ont pour l'oxigène. Il eft rare que le *gaz acide carbonique* cède fon oxigène en entier; le plus fouvent il n'abandonne que l'excès de celui qu'il contient à l'état de *gaz oxide de carbone*. Sa décompofition s'opère rarement à la lumière, à raifon de la condenfation où fe trouve l'oxigène.

Pour décompofer le *gaz acide carbonique* par le *gaz hydrogène*, le carbone ou le fer, on place un tube de porcelaine T T, *fig.* 868, dans un fourneau à réverbère F : on place dedans le fer ou le charbon avec lefquels on veut opérer la décompofition; lorfqu'elle doit être obtenue par l'hydrogène, on laiffe le tube entièrement vide. On fixe aux deux extrémités du tube deux veffies V v, dont l'une eft vide & l'autre remplie de *gaz acide carbonique* feul, fi la décompofition doit être obtenue à l'aide du charbon ou du fer; on mêle ce *gaz* avec deux parties volume du *gaz hydrogène*, lorfque l'on décompofe, avec ce dernier, le *gaz acide carbonique*. On chauffe fortement le tube, & lorfqu'il eft très-rouge, on fait paffer le *gaz* de la veffie V, jufque dans l'autre veffie v; on comprime enfuite la feconde veffie v pour faire paffer le *gaz* dans la première V, & l'on continue jufqu'à ce que la décompofition foit opérée.

Quant à la décompofition par le potaffium ou le fodium, on remplit de mercure une petite cloche de verre courbe, *fig.* 871; on y fait paffer environ un centilitre de *gaz acide carbonique*; puis on y introduit quatre à cinq centigrammes de potaffium ou de fodium : on chauffe fortement avec la lampe à efprit-de-vin L, & la décompofition ne tarde pas à fe manifefter.

On trouve de l'acide carbonique tout formé, & en grande abondance, à l'état gazeux, dans l'air atmofphérique, mais en petite proportion. On le rencontre prefque pur dans différentes ca-

vités des pays volcaniques. Plufieurs de ces cavités exiftent dans le royaume de Naples. La plus connue eft la grotte du Chien, près de Pouzollo, célèbre par les récits merveilleux dont elle a été le fujet, mais dont l'exagération eft bien conftatée par ceux qui l'ont vifitée. Il exifte, à l'état liquide, dans toutes les eaux aérées, qui font en grand nombre fur la furface de la terre; on le trouve encore dans la bière, dans le cidre, dans les vins mouffeux. Enfin, on le rencontre à l'état folide, combiné avec divers oxides, & particulièrement avec la chaux, la foude, la potaffe, la baryte, les oxides de fer, de plomb, d'étain & de cuivre, &c.

Pour recueillir le *gaz acide carbonique* des grottes ou cavités qui en font remplies, il fuffit de prendre une bouteille pleine, de la vider dans l'endroit où le *gaz* exifte : alors la fubftance aériforme entre dans la bouteille pour remplir l'efpace que l'eau abandonne. Comme le *gaz acide carbonique* eft plus pefant que l'air atmofphérique, les *gaz* oxigène, azote, hydrogène, hydrogène carboné, hydrogène fulfuré, qui pourroient fe rencontrer également dans ces cavités, il fe dépofe naturellement vers le bas; c'eft donc près du fol des grottes & cavités, qu'il faut principalement vider les bouteilles pour recueillir le *gaz acide carbonique*.

On peut retirer le *gaz acide carbonique* des liquides qui le tiennent en diffolution, foit en les expofant à l'action du vide de la machine pneumatique, foit en les expofant à l'action du feu. La diminution de la preffion, dans le premier cas, permet à la partie du *gaz*, qui n'étoit retenue que par cette preffion, de fe dégager, & la quantité que l'on retire, par ce moyen, eft d'autant plus grande, que la diminution dans la preffion a été plus confidérable. En chauffant les liquides qui tiennent du *gaz acide carbonique* en diffolution, le calorique qui fe combine avec eux augmente l'élafticité du *gaz* & facilite fon dégagement.

Mais de toutes les combinaifons du *gaz acide carbonique* avec diverfes fubftances, celles d'où on le retire ordinairement, c'eft de la *chaux carbonatée*. Pour cela, on met le carbonate de chaux dans un flacon à deux tubulures. F, *fig.* 862; on adapte à l'une de ces tubulures un tube recourbé T, & à l'autre un tube droit, furmonté d'un entonnoir E, par lequel on verfe, peu à peu, de l'acide fulfurique étendu de dix à douze fois fon poids d'eau : auffitôt, l'acide s'empare de la chaux, forme avec elle un fel prefqu'infoluble; & l'acide carbonique, mis en liberté, fe dégage par l'extrémité du tube recourbé : on en laiffe perdre quelques litres qui fe dégagent avec l'air du flacon F, afin de l'avoir plus pur; puis on le reçoit dans des récipiens R, pleins d'eau, & lorfque le dégagement s'arrête, on verfe une nouvelle quantité d'acide fulfurique, jufqu'à ce que tout le carbonate foit décompofé. Ce *gaz* étant foluble dans l'eau, doit être conservé sur du mercure, ou mieux dans des flacons fermés.

On peut encore le retirer de la pierre à chaux par l'action du feu, en plaçant la chaux carbonatée dans une cornue de fer ou dans un canon de fusil & la chauffant fortement ; ce procédé est celui que l'on emploie en grand pour enlever l'acide carbonique aux pierres calcaires, & obtenir la chaux pure & caustique ; mais dans ce cas, on place la pierre à chaux dans un grand fourneau, en pratiquant un vide, dans la masse, pour y introduire le combustible, ou en stratifiant la pierre à chaux avec le combustible lui-même. *Voyez* CHAUX VIVE.

Il se produit tous les jours du *gaz acide carbonique* en abondance : 1°. par la combustion des substances végétales & animales, mais principalement par le feu de nos foyers ; 2°. par l'action de la vie animale : une portion de l'oxigène contenu dans l'air atmosphérique que l'homme & les animaux inspirent, se combine avec le carbone du sang & se dégage dans l'expiration ; 3°. dans la végétation des plantes qui croissent à l'ombre ; mais aussi les plantes absorbent le *gaz acide carbonique* lorsqu'elles sont exposées au soleil. A l'ombre, les plantes blanchissent, s'étiolent, & au soleil elles deviennent vertes. Il paroît que les parties vertes des plantes décomposent, au soleil, le *gaz acide carbonique*, absorbent tout son carbone & une petite portion de son oxigène, & laissent dégager l'autre sous forme de *gaz*. 4°. Dans la fermentation vineuse de toutes les matières sucrées, qui produisent des liqueurs vineuses & spiritueuses. Le *gaz acide carbonique* est formé, dans cette opération, par la réaction des élémens du sucre les uns sur les autres, & la combinaison d'une portion de son oxigène avec une portion de son carbone. 5°. Par la fermentation acide, c'est-à-dire, par le dégagement d'une quantité assez considérable qui a lieu pendant que le vin devient acide. M. Théodore de Saussure croit, que ce *gaz acide carbonique* est formé par la combinaison de l'oxigène de l'air, avec une portion du carbone contenu dans le principe du vin. 6°. Par toutes les putréfactions animales ou végétales qui ont lieu sur la surface de la terre.

Dans quelques manufactures on recueille le *gaz acide carbonique* provenant de la combustion, pour l'employer comme agent chimique, dont on fait usage dans diverses opérations. Pour cela, on fait parvenir la fumée qui se dégage de la combustion du charbon de bois, ou de tout autre combustible, au-dessus d'une cuve pleine d'eau C, *fig.* 869 ; dans l'eau est une vis d'Archimède, dont une partie supérieure de l'hélice sort de l'eau ; on la fait tourner en sens contraire de celui que l'on emploie ordinairement pour faire monter l'eau. L'air puisé par la portion supérieure de l'hélice, est entraîné en en-bas par son mouvement & sort par la partie inférieure, dans une division de la cuve ; cet air s'élève dans un tuyau T, d'où il est conduit sous les matières qui doivent être soumises à son action.

En passant à travers l'eau, cet air se lave & se purifie, & celui que l'on recueille est un mélange de *gaz acide carbonique* & d'air atmosphérique.

GAZ ACIDE CARBO-MURIATIQUE. *Gaz* composé de *gaz muriatique oxigéné* & de *gaz oxide de carbone* secs.

Ce *gaz acide* est sans couleur ; son odeur est suffocante & analogue à celle de l'azote oximuriaté. Sa pesanteur spécifique est de 3,4269. Il rougit fortement la teinture de tournesol, éteint subitement les corps en combustion ; il affecte sensiblement les yeux, provoque la sécrétion des larmes ; il n'a pas d'action sur l'oxigène, du moins par l'étincelle électrique ; mis en contact avec l'air, il n'y répand point de vapeurs.

Il se combine avec l'alcool concentré, à la température & à la pression ordinaire ; l'alcool concentré absorbe douze fois son volume de ce *gaz*. Le *gaz ammoniac* en absorbe quatre fois son volume ; il s'unit tout-à-coup avec lui & forme un sel qui jouit de plusieurs propriétés particulières. L'eau exerce sur ce *gaz* une forte action ; elle le décompose même à froid ; il n'en faut qu'une très-petite quantité pour le convertir, tout-à-coup, en acide muriatique qui se combine avec l'eau, & en *gaz acide carbonique* qui conserve l'état gazeux.

Aucun corps combustible, non métallique, ne le décompose ; mais le zinc, l'arsenic, l'antimoine ou l'oxide de ces métaux exercent une action sur lui. A l'aide de la chaleur, ces substances le décomposent, & il en résulte, avec les métaux, des muriates & du *gaz oxide de carbone* ; & avec les oxides, des muriates & du *gaz acide carbonique*.

Pour obtenir ces résultats, on remplit de mercure, une petite cloche courbe, *fig.* 871 ; on y introduit le *gaz*, les métaux ou les oxides métalliques ; on la chauffe avec une lampe à esprit-de-vin ; alors ces substances réagissent l'une sur l'autre, & l'on obtient autant de *gaz oxide de carbone*, ou de *gaz acide carbonique*, que l'on a employé de *gaz acide carbo-muriatique*.

Ce *gaz* s'obtient, en mettant dans un matras, dans lequel on a fait le vide, parties égales de *gaz muriatique oxigéné* ou chlore, & de *gaz oxide de carbone*. On expose le matras à l'action du soleil ; Bientôt ce mélange se contracte & se réduit à moitié de son volume. Après cette combinaison, cette réaction, qui a lieu en moins d'un quart d'heure, on ouvre le matras sur le mercure, & l'on mesure le volume du *gaz* qui est ordinairement diminué de moitié,

Le *gaz acide carbo-muriatique* attaquant le mercure & se décomposant dans l'eau, on ne doit mettre en contact le mélange des deux *gaz* avec l'un ni avec l'autre de ces liquides. Il faut l'exposer à une lumière très-vive ; car, si la lumière étoit diffuse, la réaction seroit très-lente; elle seroit nulle dans l'obscurité. La chaleur rouge & même l'électricité sont incapables de la produire.

GAZ ACIDE CHLORIQUE; gaz acidum chloricum; gaz chlorikfauer. Substance aériforme formée d'acide muriatique oxigéné; surfaturé d'oxigène. Voyez GAZ ACIDE MURIATIQUE SUROXIGENÉ, GAZ OXIDE DE CHLORE.

GAZ ACIDE CRAYEUX. Substance aériforme que l'on retire de la craie, par le moyen de l'acide sulfurique étendu d'eau. Voyez GAZ ACIDE CARBONIQUE.

GAZ ACIDE FLUO-BORIQUE; gaz acidum fluoboricum; gaz fluoborik fauer. Substance aériforme composée d'acide fluorique & d'acide borique.

Ce gaz est incolore, d'une odeur piquante, analogue à celle de l'acide muriatique : sa pesanteur spécifique est de 2,371, l'air étant pris pour unité; il éteint les corps en combustion & rougit fortement la teinture de tournesol : la plus haute température ne le décompose pas; il se condense par le froid sans changer d'état; il est très-soluble dans l'au, car ce liquide peut, d'après M. John Davy, en absorber environ sept cents fois son volume, ou deux fois son poids; alors il perd sa propriété gazeuse & devient acide fluo-borique liquide. La glace elle-même absorbe promptement le gaz.

Mélé avec des gaz qui contiennent de l'eau hygrométrique, il s'en empare & produit des vapeurs très-épaisses, en se combinant avec l'humidité. On peut l'employer avec avantage pour reconnoître si un gaz est sec ou humide.

Le gaz acide fluo-borique n'a aucune action sur le verre, c'est en quoi il diffère principalement de l'acide fluorique; mais il attaque les matières animales & végétales, avec autant de force que l'acide sulfurique concentré. Il paroît agir sur ces matières en formant de l'eau, avec l'hydrogène & l'oxigène qu'elles contiennent, car il les charbonne. Cependant on peut le toucher sans en être brûlé.

Aucun corps combustible, non métallique, soit simple, soit composé, n'attaque le gaz acide fluo-borique. Parmi les métaux, le potassium & le sodium sont les seuls sur lesquels il ait de l'action; ils brûlent, à l'aide de la chaleur, dans le gaz fluo-borique, presque comme dans le gaz oxigéné : il produit du bore & du fluate de potasse ou de soude. Le sodium absorbe une plus-grande quantité de ce gaz acide que le potassium.

Pour obtenir le gaz acide fluo-borique, on introduit dans une fiole f, fig. 870, deux parties de fluate de chaux pure & réduite en poudre, & une partie d'acide sulfurique vitrifié. On y verse douze à quinze parties d'acide sulfurique concentré; on adapte, au col de la fiole, un tube recourbé T, qu'on fait plonger dans un bain de mercure B.

Alors on place la fiole sur un fourneau F, & on élève peu à peu la température; bientôt le gaz se dégage, & après avoir laissé perdre quelques parties de gaz qui étoient mêlées avec l'air des vases, on le reçoit dans des flacons pleins de mercure. On reconnoît qu'il est parfaitement pur, quand il est complétement & subitement absorbé par l'eau.

Ce gaz est sans usage; il a été découvert par MM. Gay-Lussac & Thenard. Ne pouvant obtenir de l'acide fluorique sans eau, & convaincus que cette eau provenoit de l'acide sulfurique qu'ils employoient, ils essayèrent de décomposer le fluate de chaux par l'acide borique récemment fondu, & ils obtinrent le gaz acide fluo-borique. Humphry Davy & John Davy ont ensuite obtenu & examiné ce gaz. Voyez GAZ ACIDE FLUORIQUE.

GAZ ACIDE FLUORIQUE; gaz acidum fluoricum; gaz fluss-spath-fauer. Substance aériforme dégagée du spath-fluor par l'acide sulfurique.

Existe-t-il réellement un gaz acide fluorique? C'est une question qu'il est difficile de résoudre. Lorsque l'on expose du spath-fluor à l'action de l'acide sulfurique concentré, il se dégage une substance aériforme qui conserve cet état, à une température de trente degrés, environ, du thermomètre centigrade; elle cesse d'être gazeuse & devient liquide au-dessous de trente degrés. Ce liquide se congèle à une température de quarante degrés au-dessous de zéro. Mais comme on n'a jamais pu se procurer cet acide parfaitement pur, qu'il contient toujours de l'eau dont la proportion n'a point encore été déterminée, il seroit possible que, sans cette eau, l'acide fluorique conservât l'état de gaz à la température ordinaire; cependant, comme il prend la propriété de gaz permanent, lorsqu'il est combiné avec de la silice, & que c'est dans des flacons de verre, qui étoient attaqués par cet acide, que les premiers physiciens l'ont obtenu, il est très-probable, sinon certain, que les physiciens qui ont indiqué ce gaz, ont confondu le gaz acide fluorique-silicé avec le gaz acide fluorique. Voyez GAZ ACIDE FLUORIQUE-SILICÉ.

GAZ ACIDE FLUORIQUE-SILICÉ. Substance aériforme, composée d'acide fluorique & de silice.

Comme tous les gaz, celui-ci est incolore; son odeur est très-piquante & analogue à celle de l'acide hydro-chlorique : sa faveur est fortement acide. Sa pesanteur spécifique, comparée à celle de l'air, prise pour unité, est de 3,574. Il éteint les corps en combustion & rougit fortement la teinture de tournesol. Ce gaz est composé, d'après M. Davy, de 38,6 d'acide fluorique & de 61,4 de silice. Il est très-miscible à l'eau, à 32° centigrades de température & 0,77 m. de pression, dissout 265 fois son volume de gaz acide fluorique-silicé; mais celui-ci se décompose; il se forme un fluate acidulé de filice qui fe précipite à l'état de gelée, & un fluate beaucoup plus acide que le *gaz* qui refte en diffolution Le *gaz acide fluorique-filicé* abforbe le double de fon volume de *gaz* ammoniac', & forme un fel qui fe volatilife entièrement au-deffus de la chaleur rouge : mis en contact avec l'air, à la température ordinaire, il en abforbe l'eau & y produit des vapeurs blanches très-épaiffes.

Aucun corps combuftible ne fe décompofe, foit à froid, foit à chaud : le *gaz acide fluorique-filicé* fupporte la chaleur rouge fans fe décompofer : car on peut lui faire traverfer un tube de fer, porté à cette température, fans l'altérer. Lorfqu'on met le *gaz acide fluorique-filicé* en contact avec du potaffium ou du fodium, à une température élevée, bientôt le métal fe fond, le *gaz* eft abforbé, & il en réfulte une matière folide d'un brun de chocolat.

Pour obtenir ce *gaz*, on introduit dans une fiole *f*, *fig.* 870, trois parties de fluate de chaux réduit en poudre & une de fable ; on verfe deffus une quantité fuffifante d'acide fulfurique, pour former une bouillie épaiffe. On adapte au col de la fiole un tube recourbé T, qu'on fait plonger dans le mercure; on place la fiole fur un fourneau F, & on chauffe peu à peu. Bientôt le *gaz* fe dégage ; après en avoir laiffé perdre les premières portions, on le reçoit dans des flacons pleins de mercure.

Le *gaz acide fluorique-filicé* eft très-irritant : il eft même corrofif, & déforganife promptement les parties vivantes qu'il touche : il n'eft d'aucun ufage.

GAZ ACIDE HYDRIODIQUE ; *gaz acidum hydriodicum* ; *gaz hydriodik faüer*. Subftance aériforme retirée d'une nouvelle matière qui a été nommée iode, de ιώδης, *violaceus*, à caufe de la couleur violette qu'il affecte à l'état de vapeur. *Voyez* IODE.

Ce *gaz* eft fans couleur, fans odeur ; fa faveur eft très-forte. Sa pefanteur fpécifique eft de 4,483, celle de l'air étant prife pour unité. Il éteint les corps en combuftion que l'on y plonge ; il rougit la teinture de tournefol, eft très-avide d'eau, & fe diffout promptement dans l'eau, & il répand des vapeurs dans l'air, en s'emparant de l'humidité qu'il y rencontre. Ce *gaz* eft compofé de cent parties pondérables d'iode & de 0,849 d'hydrogène, ou d'une partie volume de vapeur d'iode, dont la denfité eft de 8,619 & d'une partie de *gaz hydrogène*, denfité 0,07321.

Le *gaz acide hydriodique* fe décompofe en partie à une forte température. Le *gaz oxigène*, à l'aide de la chaleur, le décompofe complètement : il y a formation d'eau, & l'iode eft mis à nu. Le chlore a la propriété de décompofer ce *gaz* à la température ordinaire ; l'iode paroît fous forme de vapeur violette, qui fe précipite, & de chlore, qui paffe à l'état de *gaz hydro-chlorite*.

Les acides fulfurique & nitrique, concentrés, précipitent à l'inftant l'iode du *gaz acide hydriodique* diffous dans l'eau. Le potaffium, le zinc, le fer, le mercure & quelques métaux, en opèrent la décompofition à la température ordinaire : l'iode fe combine avec les métaux, & l'hydrogène eft mis en liberté. C'eft par ce moyen que l'on eft parvenu à déterminer la proportion de fes compofans.

Pour obtenir le *gaz acide hydriodique*, on introduit du phofphure d'iode dans une petite cornue de verre ; on y verfe de l'acide hydriodique liquide, en quantité fuffifante pour humecter le phofphure ; on adapte au col de la cornue un tube recourbé, propre à recevoir les *gaz* ; alors on chauffe légèrement, & bientôt le *gaz* fe dégage : on le reçoit dans des flacons pleins de mercure, ou mieux, à caufe de fon action fur ce métal, dans des flacons pleins d'air, à la partie fupérieure defquels fe trouve un tube, pour permettre la fortie des fluides élaftiques, à mefure que le *gaz* y arrive.

Ce n'eft que fur la fin de 1813, que M. Courtois, falpêtrier, découvrit dans les eaux nitrées de la foude & du varec, une fubftance nouvelle à laquelle on a donné le nom d'*iode*. Dès que M. Gay-Luffac eut connoiffance de cette fubftance, il s'empreffa de l'analyfer & de la combiner avec diverfes matières ; c'eft à la fuite des nombreufes expériences faites, par ce favant chimifte, fur l'iode, qu'il parvint à obtenir le *gaz acide hydriodique*. Ces expériences ont été répétées & confirmées par plufieurs favans diftingués, dans le nombre defquels on compte M. Davy.

GAZ ACIDE HYDRO-CHLORIQUE ; *gaz acidum hydro-chloricum* ; *gaz hydro-chlorick faüer*. Subftance aériforme compofée d'hydrogène & de chlore ; c'eft le *gaz acide marin*. *Voyez* GAZ HYDRO-CHLORIQUE.

GAZ ACIDE MARIN ; *gaz acidum muriaticum* ; *gaz kockfals faüer*. Subftance aériforme dégagée du fel marin traité avec de l'acide fulfurique. *Voyez* GAZ HYDRO-CHLORIQUE.

GAZ ACIDE MARIN DÉPHLOGISTIQUÉ. Subftance aériforme dégagée du fel marin, mélangé de peroxide de manganèfe, traité par l'acide fulfurique : ce *gaz* a été reconnu pour une fubftance fimple, bafe de l'acide marin. *Voy.* GAZ CHLORE.

GAZ ACIDE MÉPHITIQUE ; *gaz acidum mephiticum* ; *gaz mephitifch*. Subftance aériforme qui afphyxie & tue les animaux qui la refpirent.

Quoique tous les *gaz* qui ne peuvent entretenir la vie des animaux, puiffent & doivent être regardés comme des *gaz méphitiques*, Bewly & Magner qui ont introduit cette dénomination, n'ayant eu pour but que de défigner le *gaz acide carbonique*, le feul qu'ils connuffent ; on ne l'applique ordinaire-

GAZ

GAZ ACIDE MURIATIQUE ; gaz acidum muriaticum ; *gaz sals saüer.* Substance aériforme dégagée du sel marin. C'est une combinaison de chlore & d'hydrogène. *Voyez* GAZ HYDRO-CHLORIQUE.

GAZ ACIDE MURIATIQUE OXIGÉNÉ. Substance aériforme, dégagée d'un mélange de sel marin & de peroxide de manganèse, par l'acide sulfurique. *Voyez* GAZ CHLORE.

GAZ ACIDE MURIATIQUE SUROXIGÉNÉ. Substance aériforme, dégagée du muriate suroxigéné de potasse, par l'acide sulfurique : c'est une combinaison de chlore & d'oxigène. *Voyez* GAZ OXIDE DE CHLORE.

GAZ ACIDE NITREUX ; gaz acidum nitrosum ; *gaz salpeter saures.* Substance aériforme acide, composée de *gaz oxigène* & de *gaz azote.*

Ce *gaz* est ordinairement très-rouge, parce qu'il contient de la vapeur nitreuse ; son odeur & sa saveur sont très-fortes ; sa pesanteur spécifique, en prenant celle de l'air pour unité, est de 1,10999. Il rougit fortement la teinture de tournesol ; une bougie plongée dans ce *gaz* continue à y brûler ; cependant les animaux y périssent par suite de l'irritation que ce *gaz* occasionne. Il est composé de 100 parties pondérables d'azote & de 189,796 ou 201,7 d'oxigène, ou mieux de trois parties volume de *gaz deutoxide d'azote*, & une de *gaz oxigène.*

On n'a encore reconnu aucune action du *gaz acide nitreux* sec sur le *gaz oxigène*, à une température quelconque ; mais lorsque ces deux *gaz* sont en contact avec l'eau, le *gaz acide nitreux* absorbe la quatrième partie d'oxigène, & passe à l'état d'acide nitrique qui, alors, se combine avec l'eau.

Il est difficile de reconnoître s'il est décomposé, lorsqu'on le soumet à une très-grande chaleur, parce que, à la chaleur rouge-cerise, le deutoxide d'azote se combine à l'oxigène pour former du *gaz acide nitreux.*

Beaucoup de corps combustibles décomposent le *gaz acide nitreux* ; les uns à la température ordinaire, le phosphore, le *gaz* hydrogène sulfureux, les métaux & les composés métalliques ; les autres à l'aide de la chaleur, tels sont le *gaz* hydrogène, le soufre.

En opérant à froid ou à chaud, on obtient des produits différens avec les métaux. A la température ordinaire, il en résulte du *gaz* oxide d'azote ou du *gaz* azote, & un nitrate solide ; à la température rouge, on obtient seulement un oxide métallique & du deutoxide d'azote ou de l'azote, parce que, à ces degrés de chaleur, les nitrites sont décomposés. L'argent & le mercure, dont les oxides sont facilement réductibles, font exception. Quant aux combustibles non métal-

liques, ils décomposent le *gaz acide nitreux* en oxigène & deutoxide d'azote : ce dernier devient libre ; l'oxigène, combiné avec le combustible, forme des acides avec le bore, le carbone, le phosphore, le soufre, & seulement un oxide avec l'hydrogène.

Pour obtenir ce *gaz*, on prend un ballon de cristal, dont la grandeur est connue ; on adapte un robinet de cristal à son col ; on y fait le vide à l'aide de la machine pneumatique, puis on le visse, sur le robinet d'une cloche, graduée pleine de mercure. Alors on fait passer une partie volume d'oxigène dans la cloche, & de celle-ci dans le ballon dont on ouvre le robinet, & qu'on referme aussitôt que l'oxigène y est entré ; puis on fait passer trois parties de deutoxide d'azote dans le ballon, de la même manière qu'on y a introduit l'oxigène ; l'action est très-prompte, & la contraction telle, que la combinaison de l'oxigène & du deutoxide d'azote ne produit que la moitié de son volume de *gaz acide nitreux.*

Il est nécessaire que le col & le robinet soient en cristal, parce que le *gaz acide nitreux* ne se conserve bien qu'autant qu'il n'est en contact, ni avec un métal, ni avec du mastic.

Le *gaz acide nitreux* est sans usage ; il a été étudié successivement par Scheèle, Priestley, Lavoisier, MM. Davy & Gay-Lussac.

GAZ ACIDE SULFUREUX ; gaz acidum sulphureum ; *gaz schwefel saüer.* Substance aériforme formée d'une combinaison d'oxigène & de soufre.

Ce *gaz* est invisible ; sa saveur est forte & désagréable ; son odeur est piquante & analogue à celle du soufre qui brûle ; il rougit, d'abord, la teinture de tournesol, & l'affoiblit ensuite ; il éteint les corps embrasés, tue les animaux que l'on y plonge. Sa pesanteur spécifique est de 2,2553, celle de l'air étant prise pour unité : l'eau a beaucoup d'action sur lui ; elle en absorbe trente-sept fois son volume, & forme de l'acide sulfureux liquide. Il est composé, d'après M. Gay-Lussac, de 192 d'oxigène & 100 de soufre, & d'après M. Berzelius, de 97,96 d'oxigène.

Aucun corps combustible n'agit à froid sur le *gaz acide sulfureux*, excepté le potassium & le sodium. Le soufre & le *gaz* azote sont sans action à toute température.

A froid, l'action du potassium & du sodium est très-lente ; mais à une température de 200° environ, ces métaux se décomposent subitement. Si le métal est en excès, il se forme de l'acide sulfureux métallique ; s'il y a excès de *gaz acide sulfureux*, il se forme un sulfate de deutoxide du métal employé, c'est-à-dire, de potasse ou de soude & de soufre. Dans tous les cas, il y a un grand dégagement de calorique & de lumière. Cette expérience se fait dans une petite cloche courbe, sur le mercure C, *fig.* 871, qu'on chauffe avec la lampe à esprit-de-vin L, quand on y a introduit l'acide fulfureux & le corps avec lequel on veut le décompofer.

L'hydrogène & le carbone décompofent facilement le *gaz acide fulfureux* à une chaleur rouge ; ces décompofitions s'obtiennent, en faifant paffer le *gaz* à travers un tube de porcelaine incandefcent T, *fig.* 872 & 872 (*u*) : dans le premier cas les deux *gaz* font dans des veffies V, *v*, *fig.* 872 ; ces deux veffies font fixées à une extrémité du tube ; on les comprime & l'on fait paffer en même temps les deux *gaz* à travers le tube porté au rouge. Dans le fecond cas, on met le charbon dans le tube T, *fig.* 872 (*u*) ; & l'on applique à l'autre extrémité, un appareil dans lequel il fe dégage du *gaz acide fulfureux* : bien entendu que, dans les deux expériences, on a fixé à l'autre extrémité du tube de porcelaine, un tube conducteur, par lequel fe dégage le *gaz* décompofé.

Pour obtenir ce *gaz*, on introduit une partie de mercure & quatre d'acide fulfurique concentré, dans une cornue C, *fig.* 873, capable de contenir le double de ce mélange. On adapte au col de cette cornue un tube conducteur T, qu'on fait plonger dans une cuve à mercure H ; puis on difpofe la cornue dans un fourneau F, que l'on chauffe graduellement jufqu'à ce que le mélange bouille. Alors le *gaz acide fulfureux* fe dégage : on en laiffe perdre une certaine quantité qui eft mêlée avec l'air contenu dans les vaiffeaux, & on le reçoit dans des flacons pleins de mercure. L'acide fulfurique, dans cette opération, fe partage en deux parties : l'une cède une portion de fon oxigène au mercure, l'oxide, & paffe à l'état de *gaz acide fulfureux*, qui fe dégage ; l'autre fe combine avec l'oxide de mercure, qui fe précipite fous forme de poudre blanche.

On peut également obtenir du *gaz acide fulfureux*, en expofant, à une haute température, divers métaux, tels que le fer, le zinc, l'étain & beaucoup d'autres, à l'action de l'acide fulfurique concentré. Un grand nombre de corps combuftibles produifent le même effet.

On ne rencontre jamais le *gaz acide fulfureux* qu'autour des volcans ; là il eft produit par le foufre qui brûle au contact de l'air. C'eft fa vapeur qui a fuffoqué Pline le naturalifte, dans la fameufe éruption du Véfuve, par laquelle Herculanum a été englouti, l'an 79 de l'ère du Chrift. Il fe forme toutes les fois que l'on brûle lentement du foufre. C'eft ce *gaz* qui fe dégage avec une flamme bleue, lorfqu'on allume l'extrémité foufrée d'une allumette.

Le *gaz acide fulfureux* a peu d'ufage ; cependant on l'emploie comme purifiant ou définfectant, en faifant brûler du foufre. C'eft ainfi que l'on purifie les tonneaux qui ont une mauvaife odeur, en brûlant une mèche foufrée dans leur intérieur. On s'en fert pour blanchir la foie, la laine & les tiffus de fubftances animales. Il enlève les taches végétales & de fer de deffus le linge. Les médecins l'adminiftrent comme une efpèce de fondant, fpécialement indiqué dans les affections des poumons.

Quoique les Anciens aient reconnu quelques propriétés de cet acide, cependant ces propriétés n'ont eu pour objet que celle de cette fubftance à l'état liquide, que les travaux exacts de Lavoifier nous ont bien fait connoître. Prieftley eft le premier qui, en 1774, l'ait examiné fous forme de *gaz*. Berthollet a donné enfuite de belles recherches fur fa formation, fa décompofition & fes ufages ; Fourcroy, MM. Vauquelin, Gay-Luffac & Berzelius l'ont complétement analyfé.

GAZ (Action des rayons folaires fur les). Manière d'agir des rayons folaires ou de la lumière fur les *gaz*.

Diverfes fubftances expofées à l'action de la lumière fe décompofent & laiffent dégager des *gaz* qui entroient dans leur compofition : c'eft ainfi, par exemple, qu'en expofant de l'acide muriatique oxigéné à l'action de la lumière, il fe dégage du *gaz* oxigène, tandis qu'à cette même chaleur, il feroit diftillé fans décompofition. L'acide nitrique, également expofé à l'action de la lumière, laiffe dégager du *gaz* oxigène, & il fe forme du *gaz* nitreux ; la chaleur au contraire dégage du *gaz* nitreux. Une diffolution de pruffiate de potaffe, dans laquelle on a mêlé un peu d'acide, expofée à l'action de la lumière, eft promptement décompofée, parce qu'une partie de l'acide reprend l'état élaftique, l'autre partie fe précipite en pruffiate de fer. Le même effet a lieu en faifant fubir l'ébullition à cette diffolution.

Pendant long-temps les phyficiens avoient confidéré les différens réfultats obtenus, en expofant l'acide muriatique oxigéné à l'action de la lumière & de la chaleur, comme indiquant une différence d'action entre la chaleur & la lumière, & conféquemment comme propre à en former deux fubftances diftinctes. (*Voy.* CALORIQUE, LUMIÈRE.) Mais Berthollet a fait voir que les mêmes effets pouvoient être obtenus par la lumière & par une haute température. Ces expériences ne prouvent donc autre chofe que, à une même température, les rayons folaires agiffent avec une plus grande puiffance que le calorique.

La lumière, dit Berthollet (1), eft quelquefois fixée par un élément d'une combinaifon, plutôt que par un autre ; de forte qu'elle agit fur lui d'une manière ifolée, pendant que le calorique fe feroit combiné ouvertement avec tous fes élémens. Ces effets de la lumière folaire ne peuvent être comparés qu'à ceux d'une température peu élevée ; mais fi les rayons font concentrés, ils agiffent avec la plus grande puiffance qu'il foit poffible de procurer au calorique. A en juger par les effets, le calorique rayonnant paroît être dans un état intermédiaire entre la lumière & le calorique combiné.

_____

(1) *Statique chimique*, vol. I, page 205.

GAZ ALCALIN, GAZ ALCALI VOLATIL. Subſtante aériforme qui jouit des propriétés principales des alcalis. *Voyez* GAZ AMMONIAC.

GAZ AMMONIAC; *gaz ammoniacum*; *gaz ammoniak*, *oder*, *gaz laugenartiger*.

Ce *gaz* eſt ſans couleur; ſa ſaveur eſt très-âcre & très-cauſtique; ſon odeur eſt vive & piquante; il verdit fortement le ſirop de violette: une bougie allumée, plongée dans ce *gaz*, agrandit ſa flamme en touchant la première couche; ce qui eſt dû à la combuſtion d'une partie du *gaz hydrogène*; elle l'éteint enſuite. Il aſphyxie les animaux qu'on y plonge. Sa peſanteur ſpécifique, comparée à celle de l'air, eſt de 0,596; ſa réfringence de 2,16881. Le *gaz ammoniac* eſt miſcible à l'eau. Ce liquide en diſſout, à la température. & à la preſſion ordinaire, environ 430 fois ſon volume, ou le tiers de ſon poids. Il eſt compoſé de *gaz hydrogène* & de *gaz azote*, dans le rapport de trois parties volume du premier & une du ſecond: d'après les expériences de Berthollet, de deux parties pondérables d'hydrogène & huit d'azote; enfin, on déduit, du rapport des puiſſances réfringentes, la compoſition de 203 parties pondérables d'hydrogène & 797 d'azote.

On ne parvient pas à décompoſer le *gaz ammoniac* en le faiſant paſſer dans un tube de porcelaine chauffé à la chaleur rouge-ceriſe. L'hydrogène & l'azote ſont ſans action ſur ce *gaz*; l'oxigène n'en a aucune à la température ordinaire; mais ſi l'on approche une bougie allumée, d'un mélange de *gaz oxigène* & *ammoniac*, il y a détonation, dégagement de calorique & de lumière, formation d'eau, & l'azote eſt mis en liberté, à l'exception d'une petite quantité qui ſe combine avec l'oxigène, & produit de l'acide nitrique.

A une température élevée, le carbone & le ſoufre décompoſent le *gaz ammoniac*. Pour cela, on fait paſſer le *gaz ammoniac* à travers un tube de porcelaine incandeſcent, qui contient le charbon dans le premier cas, & dans lequel on fait paſſer la vapeur de ſoufre dans le ſecond. Avec le charbon, on obtient du *gaz azote*, du *gaz hydrogène carboné* & une ſubſtance ſoluble dans l'eau, que Clouet prend pour de l'acide pruſſique. Avec le ſoufre, on obtient un mélange de *gaz azote*, de *gaz hydrogène*, de l'hydroſulfure, & de l'hydroſulfure d'ammoniaque ſous forme criſtalline.

Pluſieurs métaux, tels que le fer, le cuivre, l'argent, le platine, l'or, ont, comme le charbon & le ſoufre, la propriété de décompoſer le *gaz ammoniac* à une température très-élevée; on les place, comme le charbon, dans un tube de porcelaine, & l'on obtient du *gaz azote* & du *gaz hydrogène* dans les proportions néceſſaires pour recompoſer l'ammoniaque. Le potaſſium & le ſodium décompoſent le *gaz ammoniac* à une foible chaleur. On introduit dans une petite cloche courbe, *fig.* 871, des proportions déterminées de *gaz ammoniac* & de potaſſium ou de ſodium, on chauffe légèrement, & bientôt la décompoſition a lieu. Il en réſulte un compoſé de potaſſium ou de ſodium, d'azote & d'ammoniaque, & du *gaz hydrogène* libre.

En mettant enſemble du *gaz hydrogène ſulfuré* & du *gaz ammoniac*, ces deux *gaz* ſe combinent & forment un hydroſulfure criſtalliſable.

Un amalgame de mercure, de potaſſium ou de ſodium mis en contact avec une diſſolution de *gaz ammoniac* dans l'eau, ſe décompoſe à la température ordinaire. Le volume de cet amalgame augmente conſidérablement & ſe transforme en un hydrure ammoniacal de mercure & de potaſſium & de ſodium.

Mais c'eſt principalement à l'aide de l'étincelle électrique que ſe décompoſe complétement le *gaz ammoniac* en ſes deux élémens. Si l'on fait paſſer une quantité donnée de *gaz ammoniac* dans une éprouvette graduée, *fig.* 811 (*a*), bien ſèche & pleine de mercure; qu'on y introduiſe un conducteur de fer recourbé, terminé par une boule, iſolée au moyen d'un tube de verre, que l'on introduiſe également à travers le bain de mercure, un ſecond conducteur, terminé également par une boule, & rapproché du premier, de manière à exciter le paſſage de l'étincelle; ſi l'on fait communiquer le conducteur ſupérieur à une machine électrique, que l'on mette celle-ci en mouvement, les étincelles paſſent à travers le *gaz*, & celui-ci augmente ſucceſſivement de volume, d'abord rapidement, puis l'augmentation ſe ralentit: enfin, elle devient inſenſible. L'opération doit ſe continuer juſqu'à ce que le volume ſoit doublé. Le *gaz* étant complétement décompoſé, n'a plus ni odeur, ni ſaveur, ni action ſur le ſirop de violette. Alors, ſi l'on détermine, à l'aide de l'eudiomètre de Volta, *fig.* 811, c'eſt-à-dire, avec le *gaz* oxigène, la quantité de *gaz* hydrogène dans le mélange, on voit qu'il eſt compoſé de trois parties volume de *gaz* hydrogène & une d'azote.

Pour obtenir le *gaz ammoniac*, on remplit preſqu'entièrement une cornue de verre C, *fig.* 873, avec parties égales d'hydro-chlorate d'ammoniaque & de chaux vive en poudre; on adapte au col de la cornue un tube recourbé T, qu'on fait plonger dans un bain de mercure H. On place la cornue, ainſi diſpoſée, dans un fourneau F; on en élève graduellement la température, & bientôt le *gaz ammoniac* ſe dégage: on le reçoit dans des flacons pleins de mercure R, après en avoir laiſſé perdre une certaine quantité qui ſe trouvoit mêlée avec l'air des vaiſſeaux. La chaux, dans cette opération, ſe combine avec l'acide hydro-chlorique de l'hydro-chlorate d'ammoniaque, & forme un hydro-chlorate de chaux; l'ammoniaque ſe dégage ſous forme de *gaz*.

On ne rencontre jamais l'ammoniaque dans la nature, à l'état gazeux; mais on le trouve combiné aſſez abondamment avec diverſes ſubſtances, dans le voisinage des volcans, avec l'acide sulfurique, & dans quelques mines d'alun ; il est combiné avec les acides hydro-chlorique & phosphorique dans l'urine de l'homme, dans les excrémens des animaux qui vivent sur les bords de la mer. Il se dégage sans cesse de quelques matières végétales, & surtout des matières animales pendant leur putréfaction : on l'obtient, dans les arts, en faisant décomposer des substances animales par le feu.

Le *gaz ammoniac* est rarement employé comme *gaz* ; ses usages les plus fréquens sont à l'état liquide. Dissous dans l'eau, on l'emploie en médecine, où on le considère comme un puissant stimulant. Il n'y a pas de réactif plus utile ni plus fréquent en chimie que l'ammoniaque combiné avec l'acide muriatique. L'ammoniaque est fréquemment employé dans les arts. *Voyez* MURIATE D'AMMONIAQUE.

Tout fait croire que l'ammoniaque, ou le *gaz ammoniac* dissous dans l'eau, étoit connu avant le quinzième siècle, que Basile Valentin le sépara des autres alcalis. Sur la fin du dix-septième siècle, on lui donna le nom d'*esprit volatil*, puis celui d'*alcali volatil*. Priestley l'examina sous forme de *gaz*, & soumettant le *gaz ammoniac* à l'action des étincelles électriques, il le décomposa sans bien savoir en quoi il consistoit. Berthollet, en 1785, détermina sa nature &, par suite, la proportion de ses élémens. En 1788, le docteur Austin, ayant mis du *gaz azote* en contact avec du fer humecté d'eau, observa qu'il se formoit de l'oxide de fer & de l'ammoniaque, ce qui étoit une manière de prouver, par la synthèse, les résultats obtenus par l'analyse.

Les découvertes que M. Davy a faites depuis sur la composition des alcalis fixes, ont dirigé de nouveau l'attention des savans sur celle de l'alcali volatil.

GAZ AQUEUX ; gaz aquosum ; *wasser gaz*. Substance aériforme, formée par l'eau vaporisée.

Il n'existe pas de *gaz aqueux* proprement dit. L'eau, à la pression ordinaire, ne peut se maintenir sous l'état aériforme qu'à la température de 100° centrig. Mais comme il s'en vaporise à toute température ; que ces vapeurs se mêlent dans l'air & y restent à l'état aériforme, quelques philosophes ont pu considérer l'eau, contenue dans l'air à toutes températures, comme un *gaz aqueux*. Cependant, comme cette propriété de se mêler avec l'air & de s'y maintenir, à toute température, dans des proportions dépendantes de ces températures, est une des propriétés générales des vapeurs, l'eau, dans cet état, ne doit être considérée que comme vapeur. *Voyez* VAPEURS.

GAZ AZOTE ; gaz azotum ; *gaz azote*. Substance aériforme, formant un des principaux composans de l'air atmosphérique, mais qui n'est pas propre à entretenir la vie.

L'azote pur est toujours à l'état de *gaz* ; il est incolore, invisible comme l'air dont il fait partie. Il a une odeur fade, comme animale ; il est sans saveur ; sa pesanteur spécifique, comparée à celle de l'air, prise pour unité, est, suivant Kirwan, de 0,985 ; suivant Lavoisier & M. Davy, de 0,978 ; & suivant Thenard, de 0,96913. Sa puissance réfringente est de 1,03408. Ce *gaz* n'est pas propre à la respiration ; il asphyxie les animaux que l'on y plonge ; il éteint instantanément la lumière d'une bougie ; il n'est absorbé ni par l'eau, ni par les alcalis ; il n'altère en aucune manière les couleurs végétales. On ne le distingue des autres *gaz* que par des effets négatifs.

Il paroît que ce *gaz* n'est pas favorable à la végétation, & que les plantes qu'on y plonge ne tardent pas à périr ; il en est cependant quelques-unes qui sont susceptibles de végéter dans le *gaz azote*, à la faveur du soleil ; ce sont, en général, celles dont les parties vertes sont très-abondantes, présentent beaucoup de surface, & consument le moins de *gaz oxigène* dans l'obscurité. D'ailleurs, toutes les plantes qui ne sont entourées que de ce *gaz* périssent dans l'obscurité.

Ce *gaz* existe tout formé dans un grand nombre de corps, principalement dans les substances animales & dans quelques substances végétales, en particulier celles de la famille des crucifères. Il se trouve à l'état de combinaison dans l'ammoniaque, dans les acides nitriques, & par conséquent dans tous les nitrates. Dans le premier corps il y est combiné avec l'hydrogène ; dans le second avec l'oxigène. Il se combine avec quelques combustibles, tels que le carbone, le soufre, le phosphore ; mais c'est principalement dans l'air atmosphérique où il est en grande abondance ; car la proportion de ce *gaz* dans l'air est de 0,72 en volume. Aussi est-ce principalement de l'air atmosphérique qu'on le retire ordinairement.

Pour l'obtenir & le séparer de l'air atmosphérique, on fait usage des corps qui ont une assez grande affinité avec l'oxigène pour se combiner avec lui & laisser l'azote libre. C'est ainsi que l'on emploie les sulfures hydrogénés & le phosphore.

Nous devons à Scheèle l'usage du premier réactif : on remplit, pour cet effet, d'air atmosphérique, le sixième de la capacité d'un flacon, de sulfure hydrogéné de potasse ou de soude, les cinq sixièmes restans se trouvant pleins d'air : on bouche le flacon, on le renverse sur un vase plein d'eau, & on l'agite de temps en temps, en prenant la précaution de l'ouvrir par intervalles, sous l'eau, afin que ce liquide remplisse le vide occasionné par l'absorption de l'oxigène. L'opération dure plusieurs jours ; le *gaz azote* qui en résulte contient un peu d'hydrogène sulfuré qu'on lui enlève par le lavage.

Guyton, Lavoisier, Fourcroy, Vauquelin, ont

employé le second réactif; pour cela, on place dans une cloche, ou dans des flacons renversés sur la cuve hydro-pneumatique, plusieurs cylindres de phosphore, qui doivent être affez longs pour monter jusqu'à la partie fupérieure du vafe. De temps en temps on agite celui-ci pour mélanger l'air. On s'aperçoit que tout l'oxigène eft abforbé, lorfqu'il ne fe produit plus de fumée à la furface des cylindres de phofphore, ou qu'ils ne font pas lumineux dans l'obfcurité, ce qui a lieu au bout de vingt-quatre heures, pour un vafe qui contient plufieurs litres. Lorfqu'on veut accélérer la combuftion, on met du phofphore en excès dans une capfule de porcelaine placée fur l'eau de la cuve; on enflamme le phofphore & on le couvre auffitôt d'une cloche pleine d'air atmofphérique : le phofphore brûle en abforbant l'oxigène, & le *gaz azote* refte dans la cuve.

Quelle que foit la manière dont le *gaz azote* ait été obtenu, foit à froid, foit à chaud, au moyen du phofphore, il retient toujours un peu de cette fubftance en diffolution. On la détruit, en faifant paffer dans ce *gaz* quelques bulles de *gaz acide muriatique oxigéné*, & en l'agitant enfuite dans l'eau.

Berthollet a trouvé un moyen plus court pour fe procurer le *gaze azote*; ce moyen confifte à traiter de la chair des animaux par l'acide nitrique, dans un appareil convenable, & à recueillir le *gaz* qui fe dégage abondamment.

Jufqu'à préfent, le *gaz azote* a été fort peu employé. On conferve dans ce *gaz* certains corps qui feroient altérés par l'oxigène de l'air, tels que le potaffium, le fodium, &c. : on s'en fert encore pour remplir des vafes dans lefquels on veut faire agir des corps les uns fur les autres, fans le contact de l'oxigène, & en médecine il a été effayé, avec peu de fuccès, dans quelques maladies, telles que la phthifie pulmonaire. On confeille la refpiration du *gaz azote* pour ralentir la converfion du fang noir en fang rouge.

C'eft à une analyfe exacte de l'air atmofphérique, faite par Lavoifier, que nous devons la connoiffance du *gaz azote* : il lui avoit d'abord donné le nom de *mofette atmofphérique*, parce qu'il tuoit les animaux qui le refpirent; Prieftley le nomma *air phlogiftiqué*. Fourcroy a propofé de le nommer *gaz alcaligène*, parce qu'il le croyoit bafe des alcalis; d'autres, *gaz nitrogène*, comme bafe du nitre; Guyton, Lavoifier, Berthollet ont propofé de le nommer *gaz azote*, pour l'oppofer à celui d'air vital qui avoit été donné par Lavoifier au *gaz oxigène*. Un chimifte américain a propofé de le nommer *gaz fepton*, parce qu'il crut y reconnoître le caractère de favorifer ou de faire naître la putridité, la fepticité dans les matières animales, ce qui n'étoit qu'une hypothèfe. Le nom de *gaz azote* lui eft refté.

GAZ AZOTÉS. Subftances aériformes dans lefquelles l'azote eft un des principes conftituans.

On connoît fept *gaz* dans lefquels l'azote entre comme partie conftituante.

1°. Trois *gaz oxigènes*, l'air atmofphérique, le protoxide d'azote, le peroxide d'azote. L'azote eft combiné dans les deux derniers *gaz*; il n'eft que mélangé dans le premier.

2°. Trois *gaz* avec des combuftibles : l'azote carboné, l'azote phofphoré, l'azote fulfuré.

3°. Un *gaz* avec de l'hydrogène; l'ammoniac.

GAZ AZOTE CARBONÉ; gaz azotum carboneum; *gaz kohlenifche azote*. Subftance aériforme compofée d'azote & de carbone : cette fubftance eft la bafe de l'acide pruffique. *Voyez* GAZ CYANOGÈNE.

GAZ AZOTE PHOSPHURÉ; gaz azotum phofphoreum; *gaz phofphorifche azote*. Subftance aériforme compofée d'azote & de phofphore.

Le *gaz azote phofphuré* jouit de toutes les propriétés des autres *gaz*, mais il a été peu obfervé. On l'obtient en mettant un ou plufieurs cylindres dans une cloche remplie de *gaz azote*, ou mieux en décompofant l'air atmofphérique par le phofphore; le volume du *gaz azote* eft augmenté par le phofphore de 0,025. On peut mettre en queftion fi le phofphore eft diffous dans le *gaz azote*, ou s'il n'y eft que mélangé à l'état de vapeur : ce qu'il y a de certain, c'eft que le phofphore contenu dans le *gaz*, brûle dans le *gaz oxigène* : ainfi le mélange des deux *gaz oxigène* & azote phofphuré devient lumineux. La combuftion du phofphore eft beaucoup plus rapide lorfqu'on introduit, par bulles, le *gaz azote phofphuré* dans une cloche remplie de *gaz oxigène*. Nous avons vu, en traitant du *gaz azote*, que l'on féparoit entièrement le phofphore, en introduifant dans le *gaz azote phofphuré* quelques bulles de *gaz muriatique oxigéné*.

GAZ AZOTE SULFURÉ; gaz azotum fulphureum; *gaz fulphurifche azote*. Subftance aériforme formée de *gaz azote* & de foufre.

Fourcroy a obfervé qu'en faifant fondre du foufre dans du *gaz azote*, ce *gaz* en diffout une portion, & qu'il fe forme du *gaz azote fulfuré* d'une odeur fétide. On affure que Gimbernot en a reconnu la préfence dans les eaux d'Aix-la-Chapelle. Mais le foufre n'eft-il dans le *gaz* qu'à l'état de vapeur, & feulement mélangé? Ce *gaz* n'a pas été affez examiné pour pouvoir prononcer. Ce que l'on fait, c'eft que le *gaz azote*, provenant de la décompofition de l'air atmofphérique, par le procédé de Scheèle, c'eft-à-dire par les hydrofulfures, retient toujours une portion d'hydrogène fulfuré, & que cette fubftance lui eft enlevée par le lavage, ce qui prouve qu'elle n'eft que mélangée.

GAZ. (Capacité des *gaz* pour le calorique.) Rapports entre les quantités de calorique que les corps abforbent ou laiffent dégager pour paffer d'une température à une autre.

Un grand nombre de phyſiciens ſe ſont occupés, ſur la fin du ſiècle dernier & au commencement de celui-ci, d'expériences propres à déterminer la capacité des différens corps pour le calorique ; ils ont publié des tables des rapports de ces capacités.

De tous les états ſous leſquels les corps peuvent exiſter, l'état gazeux eſt celui qui a préſenté les plus grandes difficultés. Crawford, Lavoiſier, de la Place, MM. Leſlie, Gay-Luſſac, Beurard, ont entrepris un grand nombre d'expériences, & cela par des moyens différens, pour déterminer cette *capacité des gaz* pour le calorique, & les rapports qu'ils ont obtenus ſont auſſi très-différens les uns des autres. *Voyez* CAPACITÉ DES CORPS pour le calorique, & principalement l'article CALORIQUE SPÉCIFIQUE DES GAZ, au mot CALORIQUE SPÉCIFIQUE.

GAZ CARBONÉ ; gaz carboneum ; *kohleniſche gaz.* Subſtance aériforme dans laquelle le carbone eſt un des compoſans.

Les *gaz carbonés* ſont en grand nombre, parce que le carbone a de l'affinité pour un grand nombre de ſubſtances gazeuſes.

Avec l'oxigène il forme :
Le *gaz oxide de carbone* ;
Le *gaz acide carbonique.*
Avec l'hydrogène il forme :
Le *gaz hydrogène protocarburé* ;
Le *gaz hydrogène percarburé.*
Avec l'azote il forme :
Le *gaz azote carboné.*
Avec le chlore :
Le *gaz chloroxi-carbonique.*

Ainſi l'on voit que le carbone ſe combine avec les quatre *gaz* ſimples que nous connoiſſons pour former des *gaz carbonés.* Avec les deux premiers, il ſe combine dans deux proportions différentes ; avec les deux derniers, dans une ſeule proportion. Nous ignorons s'il exiſte encore d'autres combinaiſons avec les *gaz*, ſuſceptibles de former d'autres *gaz carbonés.* Quelques probabilités qui puiſſent exiſter à cet égard, il faut attendre que l'expérience ait prononcé. On connoît des combinaiſons liquides & ſolides dans leſquelles le carbone entre dans des combinaiſons trois à trois, quatre à quatre, &c.

Pour avoir des données ſur chaque *gaz carboné*, il faut conſulter les articles qui en traitent.

GAZ CHLORE ; gaz chlorum ; *gaz chlore.* Subſtance aériforme permanente, formée du chlore diſſous dans le calorique.

Ce gaz eſt d'un jaune verdâtre ; c'eſt ſa couleur qui lui a fait donner le nom de *chlore*, du grec χλωρος, vert. Son odeur & ſa ſaveur ſont très fortes & très-déſagréables ; il détruit les couleurs végétales à tel point, qu'il eſt impoſſible de les rétablir. Sa peſanteur ſpécifique, comparée à celle

de l'air, priſe pour unité, eſt de 2,470. Quand on plonge dans le *gaz* une bougie allumée, la flamme pâlit d'abord, rougit & s'éteint. Si l'on y plonge un animal vivant, il périt auſſitôt, & bien avant d'être aſphyxié. Le *gaz chlore* ne peut être ni liquéfié, ni congelé, même à une température de 0,50° au-deſſous de zéro ; mais s'il eſt humide, il ſe congèle au-deſſus de zéro. Il ſe combine facilement avec l'eau ; ce liquide en abſorbe un volume égal au ſien. Il a beaucoup d'affinité pour l'oxigène & pour l'hydrogène ; il forme deux acides différens avec ces *gaz* : il a cependant une affinité plus forte pour le *gaz hydrogène* que pour l'oxigène. Tous les métaux abſorbent également le *gaz chlore* à la température ordinaire, mais ſurtout à une température élevée. Il ſe fait, alors, un dégagement de calorique & de lumière d'autant plus ſenſible, que l'abſorption eſt plus rapide ; & il ſe forme conſtamment un proto ou un deuto-chlorure métallique.

Pluſieurs combuſtibles exercent une forte action ſur le *gaz chlore* : tels ſont l'hydrogène, le phoſphore, le ſoufre. Le bore & le charbon bien ſec n'ont aucune action ſur lui ; mais ſi le charbon contient de l'humidité ou de l'hydrogène, il ſe combine avec le *gaz chlore*, même à la température ordinaire, & produit du *gaz hydro-chlorique.*

A la température ordinaire, un mélange de *gaz chlore* & de *gaz hydrogène*, placé dans un lieu obſcur, n'éprouve aucune altération ; mais ſi on l'expoſe à une lumière diffuſe, les *gaz* ſe combinent peu à peu, & il ſe reproduit du *gaz hydro-chlorique.* Expoſé à l'action directe des rayons ſolaires, la combinaiſon eſt beaucoup plus prompte. Si on l'échauffe, elle ſe fait encore plus promptement.

Le phoſphore & le ſoufre abſorbent le *gaz chlore* à la température ordinaire, comme tous les combuſtibles ; & le réſultat eſt du chlorure de phoſphore ou de ſoufre. Si l'abſorption eſt rapide, elle eſt accompagnée d'un dégagement de calorique & de lumière.

Mis en contact avec des *gaz* hydrogène phoſphoré, hydrogène ſulfuré, la décompoſition de ces *gaz* par le *gaz chlore* eſt prompte & rapide : il y a dégagement de calorique & de lumière ; il en réſulte du *gaz hydro-chlorique* & des chlorures de phoſphore & de ſoufre.

Ce n'eſt qu'à l'état de *gaz* naiſſant que le chlore peut ſe combiner avec le *gaz azote* ; lorſqu'ils ſont déjà formés l'un & l'autre, ils ſe mêlent ſeulement ; mais lorſqu'ils peuvent ſe combiner, le réſultat eſt un liquide qui jouit de propriétés extraordinaires, dont la plus remarquable eſt de détoner avec violence à une température de trente degrés centigrades. (*Voyez* CHLORURE D'AZOTE.) Enfin, quelques bulles de *gaz chlore*, introduites dans du *gaz azote* phoſphoré, le décompoſent & produiſent du chlorure de phoſphore.

L'eau élevée à une haute température peut être décomposée par le *gaz chlore*. Pour cela, on fait communiquer deux cornues à un tube de porcelaine placé dans un fourneau ; un tube de sûreté est placé à une de ses extrémités ; ce tube communique dans une cuve hydro-pneumatique. Dans l'une des cornues est le mélange propre à produire le *gaz chlore* ; dans l'autre est de l'eau. Chacune de ces cornues est dans un fourneau. On fait d'abord rougir le tube de porcelaine : lorsqu'il est rouge, on chauffe les deux cornues. Le *gaz chlore* & la vapeur d'eau, qui arrivent ensemble dans le tube, exercent leur action réciproque ; l'eau est décomposée ; il se forme du *gaz hydro-chlorique* & du *gaz oxigène* ; tous deux passent par le tube de sûreté dans les récipiens placés sur la cuve ; le *gaz hydro-chlorique* est absorbé par l'eau, & le *gaz oxigène* reste libre.

Pour obtenir le *gaz chlore*, on pile ensemble, dans un mortier de fer, une partie de peroxide de manganèse & quatre parties de sel marin. On introduit ce mélange dans un matras M, *fig.* 867, capable d'en contenir plus du double ; on y verse ensuite deux parties d'acide sulfurique concentré, étendu de deux parties d'eau ; puis on adapte au col du matras, par le moyen d'un bouchon, un tube conducteur. On expose le matras sur un fourneau ; on y met quelques charbons allumés, & bientôt le *gaz* se dégage : après avoir laissé perdre les premières portions qui sont mêlées avec l'air des vases, on le recueille dans des flacons pleins d'eau, sur la cuve hydro-pneumatique.

Pendant long-temps le *gaz chlore*, soit libre, soit combiné avec l'eau, étoit peu employé ; il n'étoit en usage que dans les laboratoires ; il ne servoit qu'aux recherches & à des démonstrations ; mais lorsque Berthollet a eu découvert sa faculté de détruire les couleurs, de blanchir les toiles lorsqu'il est dissous dans l'eau, on en a fait un grand usage dans les arts, principalement dans les manufactures, pour blanchir une foule de substances végétales, & surtout les tissus divers, les vieux papiers, les estampes sales, les livres anciens enfumés ; pour enlever l'encre des écritures, &c. Il s'en fait aujourd'hui un commerce considérable, & on l'obtient dans des manufactures d'acide, pour le vendre à ceux qui en ont besoin. *Voyez*, pour l'obtenir liquide & pour ses usages, MURIATIQUE OXIGÉNÉ (Acide).

En médecine, il est employé assez ordinairement pour purifier l'air infecté par des émanations malfaisantes. (*Voyez* DÉSINFECTION, FUMIGATION.) On peut s'en servir pour ranimer le cœur & les poumons dans la syncope & l'asphyxie ; mais il faut l'administrer avec prudence : dissous dans l'eau & en boisson, on le conseille dans quelques fièvres graves. On peut encore l'administrer comme astringent dans des diarrhées & des dyssenteries chroniques ; mais c'est principalement

en chimie qu'il est devenu un réactif très-puissant.

GAZ CHLOR-OXICARBONÉ ; *gaz chlor-oxicarbonum*. Substance aériforme formée d'une combinaison d'acide muriatique oxigéné & de *gaz* oxide de carbone.

Ce *gaz* a d'abord été nommé *gaz acide carbo-muriatique* ; mais, pour lui donner une dénomination plus appropriée à la nomenclature que l'on suit aujourd'hui, & à la nature de ses composans, on le nomme *gaz chlor-oxicarboné*. Comme nous avons déjà parlé de ce *gaz* sous sa première dénomination, *voyez* GAZ ACIDE CARBO-MURIATIQUE.

GAZ COMPOSÉS. Substances aériformes, composées de deux ou plusieurs substances simples.

Dans le nombre des *gaz* que nous connoissons, il en est quatre que l'on regarde comme simples, parce que l'on n'a pas encore pu parvenir à les décomposer, & vingt-un qui sont composés, & dans lesquels l'hydrogène, l'oxigène, l'azote & le chlore forment, chacun, les principaux composans.

Ainsi, l'hydrogène se trouve dans onze *gaz composés* :

1°. *Hydrogène protocarburé*, composé d'hydrogène & de carbone.

2°. *Hydrogène percarburé*, composé des mêmes composans, mais le carbone en plus grande proportion.

3°. *Hydrogène protophosphoré*, composé d'hydrogène & de phosphore.

4°. *Hydrogène perphosphoré*, ayant les mêmes composans, mais le phosphore en plus grande proportion.

5°. *Hydrogène arseniqué*, composé d'hydrogène & d'arsenic.

6°. *Hydrogène telluré*, composé d'hydrogène & de tellure.

7°. *Hydrogène potassié*, composé d'hydrogène & de potassium.

8°. *Hydro-chlorique*, composé d'hydrogène & de chlore.

9°. *Hydro-sulfureux*, composé d'hydrogène & de soufre.

10°. *Hydriodique*, composé d'hydrogène & d'iode.

11°. *Ammoniaque*, composé d'hydrogène & d'azote.

L'oxigène existe dans neuf *gaz composés* :

1°. *Oxide de carbone*, composé d'oxigène & de carbone.

2°. *Acide carbonique* ; mêmes composans, mais l'oxigène en plus grande proportion.

3°. *Protoxide d'azote*, composé d'oxigène & d'azote.

4°. *Deutoxide d'azote* ; mêmes composans, mais l'azote en plus grande proportion.

5°. *Oxide de chlore*, composé d'oxigène & de chlore.

6°. *Acide sulfureux*, composé d'oxigène & de soufre.

7°. *Acide fluo-borique*, composé d'oxigène, de bore & de fluor.

8°. *Acide fluorique-silicé*, composé d'oxigène, de fluor & de silice.

9°. *Chloroxide carbonique*, composé d'oxigène, de chlore & de carbone.

On peut ajouter à ces *gaz* :

1°. L'*air atmosphérique*, composé d'oxigène, d'azote & de carbone.

L'oxigène n'a pas été complétement démontré dans les *gaz* n°s. 7 & 8, mais des expériences assez délicates le font soupçonner.

On trouve l'azote dans la composition de sept *gaz*.

1°. *Azote carboné*, composé d'azote & de carbone.

2°. *Protoxide d'azote*, composé d'azote & d'oxigène.

3°. *Deutoxide d'azote*; mêmes composans, mais l'oxigène en plus grande proportion.

4°. *Ammoniaque*, composé d'azote & d'hydrogène.

On peut ajouter aux *gaz* azotés :

5°. L'*air atmosphérique*, composé d'azote & d'oxigène.

6°. *Gaz azote phosphoré*, composé d'azote & de phosphore.

7°. Le *gaz azote sulfuré*, composé d'azote & de soufre.

Le chlore entre dans la composition de trois *gaz*.

1°. *Chlor-oxicarbonique*, composé de chlore, d'oxigène & de carbone.

2°. *Hydro-chlorique*, composé de chlore & d'hydrogène.

3°. *Oxide de chlore*, composé de chlore & d'oxigène.

Parmi ces *gaz*, il en est trois composés de trois substances.

1°. Le *gaz chlor-oxicarbonique*, composé de chlore, d'oxigène & de corbone.

2°. Le *gaz acide fluo-borique*, composé d'oxigène, de fluor & de bore.

3°. Le *gaz acide fluorique-silicé*, composé d'oxigène, de fluor & de silice.

Ainsi, dans les vingt-cinq *gaz* connus,

Quatre sont simples; l'oxigène, l'hydrogène, l'azote, le chlore.

Quatorze sont composés de deux substances : les *gaz* hydrogène protocarboné, percarboné, protophosphoré, perphosphoré, arsénique, telluré, potassié; les *gaz* azote carboné, protoxide d'azote, deutoxide d'azote, oxide de carbone, acide carbonique, hydro-chlorique, oxide de chlore; les *gaz* acide sulfureux, hydro-sulfureux, hydriodique & le *gaz* ammoniac.

Trois composés de trois substances ; le *gaz* chlor-oxicarbonique ; les *gaz* acide fluo-borique & fluorique-silicé.

GAZ (Conductricité des). Propriété qu'ont les *gaz* de conduire le calorique, l'électricité, le magnétisme. *Voyez* CONDUCTRICITÉ, CONDUCTEUR DU CALORIQUE, ÉLECTRICITÉ.

GAZ CYANOGÈNE; gaz cyanogenum; *gaz cyanogene*. Substance aériforme composée d'azote & de carbone, & qui a été nommée avec plus de raison *gaz azote carboné*.

Ce *gaz* est permanent; son odeur est extrêmement vive & pénétrante; il est inflammable; sa densité est de 1,8064. Il rougit sensiblement la teinture de tournesol; mais en faisant chauffer la dissolution, le *gaz* se dégage : mêlé avec un peu d'acide carbonique, la couleur disparoit. Il est miscible à l'eau; ce liquide, à la température & à la pression ordinaire, en prend quatre fois & demie son volume & devient très-piquant : l'éther sulfurique & l'essence de térébenthine en dissolvent au moins autant que l'eau; l'alcool en dissout au moins cinq fois autant. Ce *gaz* est composé de deux volumes de vapeurs de carbone & un volume de *gaz* azote, condensés en un seul.

Le *gaz cyanogène* supporte une très-haute température sans se décomposer; à la chaleur de la lampe à esprit-de-vin, le phosphore, le soufre, l'iode, l'hydrogène sont sans action sur lui : le cuivre, l'or, le platine ne paroissent pas non plus susceptibles de l'altérer; mais le fer, à la température d'un rouge presque blanc, le décompose en partie; il se recouvre d'un charbon très-léger, devient cassant, & rend libre une certaine quantité d'azote.

Mis en contact avec le potassium, celui-ci agit avec un grande énergie sur le *gaz cyanogène*; il en absorbe, à l'aide de la chaleur, autant qu'il se dégage d'hydrogène dans son contact avec l'eau : cette absorption est accompagnée de lumière, & il se forme un hydro-cyanote de potasse.

On décompose le *gaz cyanogène*, soit en le faisant détoner, dans l'eudiomètre de Volta, avec deux fois & demie son volume d'oxigène ; soit en faisant un mélange d'une partie de cyanure de mercure & de dix autres parties de deutoxide de cuivre, introduisant le mélange dans un tube fermé à l'une de ses extrémités, le recouvrant de limaille de cuivre ; portant celle-ci au rouge, chauffant ensuite l'oxide & le cyanure, & recueillant les *gaz*. Dans les deux cas, on obtient un volume de *gaz* azote & deux volumes de *gaz* carbonique, lequel représente deux volumes de vapeurs de carbone & un de *gaz* azote. La densité de la vapeur du charbon étant de 0,416, celle du *gaz* azote de 0,9691, il en résulte que le rapport des poids des deux substances est de 0,463 environ pour la vapeur du charbon, & 0,537 pour le *gaz* azote.

C'eſt en décompoſant le cyanure de mercure, ou le pruſſiate de mercure ordinaire, dans une cornue, que l'on obtient le *gaz cyanogène*; mais il eſt néceſſaire que ce cyanure ſoit neutre, criſtalliſé & parfaitement ſec. Le cyanure neutre & ſec ne donne que du cyanogène, tandis que le cyanure humide ne produit que de l'acide carbonique, de l'ammoniaque & beaucoup de vapeur d'acide hydro-cyanique.

Nous devons à M. Gay-Luſſac la connoiſſance de ce *gaz*; il a été découvert à la ſuite des belles expériences qu'il a faites ſur la compoſition de l'acide pruſſique, en 1815. Il a reconnu que le *gaz cyanogène* étoit le radical pruſſique, lequel, combiné avec l'hydrogène, formoit l'acide pruſſique, ou mieux, l'acide hydro-cyanique.

GAZ DÉLÉTÈRE, du grec δηλητήριος, *qui donne la mort*; gaz deleterium. Subſtance aériforme qui donne la mort.

On a donné le nom de *gaz délétère* à tous les *gaz* qui ne ſont pas propres à entretenir la vie des animaux. D'après cette diſtinction, tous les *gaz*, le *gaz* oxigène excepté, ſont délétères, même l'air commun, lorſqu'il eſt vicié par quelques *gaz* ou émanations. Mais, comme la plupart de ces *gaz* donnent la mort en aſphyxiant, on a diſtingué parmi tous ces *gaz*, ſous le nom de *gaz délétères*, ceux qui ont la propriété de donner la mort, quelle que ſoit la partie du corps ſur laquelle on l'applique, & qui, conſéquemment, tuent ſans aſphyxier. Ces *gaz* ſont au nombre de trois : le *gaz* deutoxide d'azote, le *gaz* hydrogène ſulfuré, le *gaz* hydrogène arſeniqué.

GAZ DÉPHLOGISTIQUÉ, de φλογιςος, *brûlé*, *enflammé*; gaz dephlogiſticatum; *gaz dephlogiſtiſirtes*. Subſtance aériforme qui ſert à faire brûler les corps, *Voyez* GAZ OXIGÈNE.

GAZ (Dilatation des). Action par laquelle les *gaz* augmentent de volume. *Voyez* DILATATION DES GAZ.

GAZ DEUTOXIDE D'AZOTE. Subſtance aériforme, compoſée de *gaz* azote & de *gaz* oxigène. Ce *gaz* eſt ſans couleur, & probablement ſans odeur. Sa peſanteur ſpécifique eſt de 1,0388. Il eſt ſans action ſur la teinture de tourneſol; il éteint la lumière & tue les animaux : c'eſt un des trois *gaz* que l'on conſidère comme éminemment délétères. Lorſqu'il s'exhale dans l'air, il forme une vapeur rouge en ſe combinant avec l'oxigène : il eſt compoſé de volumes égaux de *gaz* azote & de *gaz* oxigène.

Le *gaz* hydrogène eſt ſans action ſur le *gaz* deutoxide d'azote, même à la chaleur rouge-ceriſe. A cette température, il eſt attaqué par le potaſſium, le ſodium & le fer. Avec le potaſſium, les produits ſont différens, ſelon que l'un ou l'autre des corps eſt en plus grande proportion. Si le potaſ-

ſium eſt en excès, il ſe forme du protoxide de ce métal & du *gaz* azote; ſi c'eſt le deutoxide qui prédomine, on obtient du *gaz* azote & du peroxide de potaſſium, qui abſorbe l'azote à meſure que la température diminue; d'où il réſulte un nitrate de potaſſe. Cette expérience ſe fait ſur le mercure, dans une petite cloche courbe.

Avec le fer, on obtient de l'oxide de fer & du *gaz* azote. Pour cela, on fait paſſer, à travers un tube de porcelaine porté au rouge, & contenant du fil de fer, du deutoxide d'azote, par le moyen d'une veſſie adaptée à l'une de ſes extrémités, *fig.* 871 (a), tandis qu'à l'autre ſe trouve un tube de verre, qui va ſe rendre ſous des flacons deſtinés à recevoir le *gaz*. L'oxigène du deutoxide ſe combine avec le fer, & l'azote eſt mis en liberté.

Si l'on met le *gaz deutoxide d'azote* en contact avec le *gaz* oxigène, au-deſſous de la température rouge, ces deux *gaz* ſe combinent dans le rapport de trois à un, & donnent naiſſance à la moitié de leur volume d'un *gaz* très-rouge, qui eſt le *gaz* acide nitreux, & un dégagement très-ſenſible de calorique. *Voyez* GAZ ACIDE NITREUX.

Pour obtenir le *gaz deutoxide d'azote*, on introduit dans un flacon à deux tubulures F, *fig.* 862, cinquante à ſoixante grammes de tournure de cuivre; on adapte à l'une de ces deux tubulures, un tube recourbé T, que l'on fait plonger dans la cuve hydro-pneumatique.; à l'autre un tube droit E, ſurmonté d'un petit entonnoir; on verſe, par ce dernier tube, environ quatre-vingts à cent grammes d'acide nitrique, à 17 ou 18° de l'aréomètre de Baumé : bientôt la réaction a lieu; il ſe dégage, d'une part, du deutoxide d'azote, & de l'autre il ſe forme un deuto-nitrate de cuivre qui eſt bleu, & reſte en diſſolution dans le flacon. On commence ſeulement à recueillir le *gaz*, lorſque le dégagement des vapeurs rouges, qui ſont dans l'acide nitreux, a ceſſé; alors on le reçoit dans des flacons pleins d'eau.

On fait peu d'uſage du *gaz deutoxide d'azote*, ſi ce n'eſt pour analyſer l'air atmoſphérique, déterminer la proportion d'oxigène qu'il contient; on l'emploie également pour reconnoître la préſence & la proportion d'oxigène qui exiſte dans différens *gaz*. *Voyez* EUDIOMÈTRE A GAZ NITREUX.

Le *gaz deutoxide d'azote* a été découvert par Halles, & étudié enſuite par Prieſtley & par tous les phyſiciens qui l'ont employé comme agent eudiométrique : & il a principalement été analyſé par Lavoiſier, & MM. Davy & Gay-Luſſac; ce dernier l'a propoſé de nouveau pour analyſer l'air, quoiqu'il eût été abandonné, à cauſe des imperfections que ſes analyſes préſentoient.

GAZ ÉTHÉREUX. Air inflammable que l'on obtient, en faiſant paſſer de l'éther en vapeur à travers un tube de porcelaine incandeſcent.

Cet air inflammable eſt un *gaz* hydrogène carboné ; ſa peſanteur ſpécifique eſt de 0,709, celle de l'air étant 1000. L'odeur de l'éther, ſenſible dans les premières proportions que l'on obtient, fait bientôt place à une odeur fétide ; il brûle d'une flamme huileuſe & compacte ; l'eau ne le diſſout ni ne l'altère ; il ne trouble pas l'eau de chaux ; il eſt altérable par les acides & les alcalis.

On obtient, avec l'alcool, un *gaz* analogue, mais plus léger.

Si l'on met, dans le tube de porcelaine, de l'argile ou de la ſilice, on obtient, avec l'éther, un *gaz* plus peſant : c'eſt le *gaz* oléfiant des chimiſtes hollandais. *Voyez* GAZ OLEFIANT.

GAZ (Expanſibilité des). Propriété des *gaz* par laquelle ils tendent ſans ceſſe à occuper un plus grand eſpace, s'ils n'étoient retenus par quelqu'obſtacle. *Voyez* EXPANSIBILITÉ.

GAZ FLUORIQUE ; gaz fluoricum ; *gaz* fluſpaſh. Subſtance aériforme obtenue, en traitant la fluate de chaux, par l'acide ſulfurique.

Comme cette ſubſtance ſe liquéfie à une température de 30° centig. environ, elle ne peut pas être placée parmi les *gaz*. Ce n'eſt qu'une vapeur. *Voyez* VAPEURS, FLUORIQUE ACIDE.

GAZ HÉPATIQUE ; gaz hepaticum ; *gaz* hepatiſches. Subſtance aériforme formée de ſoufre & d'hydrogène. *Voyez* GAZ HYDROGÈNE SULFURE.

GAZ HILARIANT, /de ιλαρος, gai ; gaz hilariatans ; *gaz* hilariant. *Gaz* qui procure un ſentiment de gaieté lorſqu'on le reſpire. *Voyez* GAZ PROTOXIDE D'AZOTE.

GAZ HYDRO-CHLORIQUE ; gaz hydro-chloricum ; *gaz* hydrochlorik. Subſtance aériforme & acide, compoſée de *gaz* hydrogène & de chlore ; c'eſt le *gaz* acide marin.

Quoique le *gaz* chlore, qui entre dans la compoſition de celui-ci, ſoit colorée en vert, le *gaz* hydro-chlorique n'en eſt pas moins ſans couleur ; ſon odeur eſt très-piquante & excite la toux ; ſa peſanteur ſpécifique, comparée à celle de l'air, priſe pour unité, eſt de 1,278. Sa puiſſance réfringente eſt de 1,1962ſ, celle de l'air étant également priſe pour unité ; ce *gaz* jouit de toutes les propriétés des acides, quoiqu'il ne contienne pas d'oxigène ; il rougit la teinture de tourneſol, neutraliſe les alcalis ; il éteint les corps en combuſtion, aſphyxie les animaux. Le *gaz* hydro-chlorique eſt compoſé de parties égales en volume de *gaz* hydrogène & de *gaz* chlore ; il eſt très-miſcible à l'eau : ce liquide en abſorbe 464 fois ſon volume, & produit de la chaleur dans cette abſorption. Evaporé dans l'air ou dans des *gaz*, le *gaz* hydro-chlorique produit des vapeurs blanches en s'emparant de l'eau hygrométrique : il éteint la lumière & aſphyxie les animaux.

Soumis à une température de 50° cent. au deſſous de 0, ce *gaz* ſe condenſe ſans changer d'état. Expoſé dans un tube de porcelaine, à une haute température, ſoit ſeul, ſoit mélangé de *gaz* oxigène, il n'éprouve aucune altération. Il n'agit ni à chaud ni à froid, ſur aucun des corps ſimples combuſtibles non métalliques.

Mis en contact avec le potaſſium, le ſodium, le manganèſe, le zinc, le fer & l'étain, il ſe forme un dégagement de *gaz* hydrogène, égal en volume à la moitié de l'acide hydro-chlorique abſorbé.

Un courant d'étincelle électrique excité dans le *gaz* hydro-chlorique, par le moyen de conducteurs de platine ou d'or, décompoſe une portion de ce *gaz*, & le transforme en *gaz* hydrogène & en *gaz* chlore.

Pour obtenir ce *gaz*, on emplit à moitié, de ſel marin, un matras M, *fig*. 867 (a). On adapte au col de ce matras un bouchon B, percé de deux trous, dont l'un reçoit un tube recourbé T, propre à recueillir le *gaz*, & l'autre un tube à trois branches parallèles V, pour verſer l'acide : on place le matras ſur un fourneau F ; on verſe l'acide peu à peu, le *gaz* ſe dégage à la température ordinaire ; & quand il eſt bien pur, ce qu'on reconnoît quand il ſe diſſout complètement dans l'eau, on le reçoit ſur un bain de mercure, dans des flacons pleins de ce métal. C'eſt ſeulement quand le dégagement ſe ralentit qu'on met le feu dans le fourneau ; on en met d'abord fort peu, puis on l'augmente progreſſivement, & on le continue, juſqu'à ce qu'il ne ſe dégage plus de *gaz*. Souvent, au moment où l'acide eſt introduit dans le matras, il ſe forme une écume conſidérable, & une partie du ſel eſt ſoulevée ; on évite cet inconvénient en verſant de l'acide à pluſieurs fois.

On ne rencontre pas le *gaz* hydro-chlorique pur, ſi ce n'eſt dans l'air, ſur la ſurface & dans les environs de la mer, &, momentanément, dans le voiſinage des volcans en activité ; mais il exiſte abondamment dans les eaux de la mer, dans les dépôts de ſel marin que l'on trouve dans diverſes cavités ſur la ſurface de la terre, de même que dans les ſources ſalées.

Glauber eſt le premier qui, vers le milieu du dix-ſeptième ſiècle, reconnut cet acide & le fit connoître ; on lui donna alors le nom d'*eſprit de ſel*, d'*acide de ſel*, d'*acide marin*. Ce n'eſt que dans le commencement de ce ſiècle qu'il a commencé à être connu : il a été examiné par pluſieurs chimiſtes, & dans ces derniers temps, MM. Henry, Berthollet, Gay-Luſſac, Thenard, Davy, &c. Leurs travaux ont eu pour objet d'y rechercher la préſence de l'hydrogène & de l'oxigène. Ayant enfin reconnu que ce n'étoit qu'une combinaiſon de chlore & d'hydrogène, ils l'ont nommé *gaz* hydro-chlorique.

Rarement on fait uſage du *gaz* hydro-chlorique ; mais on l'emploie très-fréquemment, lorſqu'il eſt

combiné

combiné avec l'eau & à l'état d'acide muriatique.
On en fait cependant usage, comme désinfectant.
On croit qu'il pourroit être employé en médecine,
à l'extérieur, comme rubéfiant & astringent ; &,
à l'intérieur, comme rafraîchissant, diurétique,
excitant, &c. & cela après l'avoir étendu d'une
quantité d'eau convenable.

GAZ HYDROGÈNE ; gaz hydrogenum ; *gaz hydrogène*. Substance aériforme qui entre dans la
composition de l'eau, & qui forme un de ses
principaux élémens.

Ce *gaz* est incolore ; il a une légère odeur
d'ail : c'est le plus léger & le plus réfringent de
tous les *gaz*. Sa pesanteur spécifique est de c,07321,
l'air étant pris pour unité, & sa puissance réfringente de 6,61436, celle de l'air étant également
prise pour unité. On peut le transvaser dans l'air,
mais de bas en haut. En plaçant l'une sur l'autre
deux éprouvettes, l'une remplie de *gaz hydrogène*
& l'autre d'air atmosphérique, l'air descend dans
l'eudiomètre inférieur, & le *gaz hydrogène* monte
dans l'eudiomètre supérieur. Ce *gaz* tue les animaux ; il éteint les lumières que l'on plonge dedans ;
mais, s'il est en contact avec l'air atmosphérique,
il s'enflamme à l'approche de la lumière.

Si l'on comprime une vessie V, *fig*. 580, remplie
de *gaz hydrogène*, terminée par un tube T, dont
l'ouverture soit étroite, il sort un jet de ce *gaz* ;
approchant une lumière de ce jet, il s'enflamme
& produit de la lumière.

On forme des lampes de *gaz* inflammable, en
en remplissant un vase ; plaçant par-dessus un
second vase plein d'eau, cette eau, en tombant, fait sortir le *gaz hydrogène* par un orifice,
&, en enflammant le jet, on obtient une lumière
qui dure tant que le *gaz* peut y fournir. (*Voyez*
LAMPE A GAZ HYDROGÈNE.) Enfin, si l'on met
dans une fiole, du zinc & de l'acide sulfurique
étendu d'eau, l'eau se décompose, & le *gaz
hydrogène* se dégage. (*Voyez* DÉCOMPOSITION DE
L'EAU.) Bouchant cette fiole avec un bouchon
traversé par un tube, & enflammant le *gaz hydrogène* qui sort par ce tube, on obtient de la lumière,
qui dure pendant tout le temps que le *gaz hydrogène* peut entretenir la combustion. *Voyez* LAMPE
PHILOSOPHIQUE.

Quelle que soit la facilité avec laquelle ce *gaz*
brûle dans le *gaz* oxigène, ou dans l'air qui en
contient, il ne se combine cependant pas avec
ce dernier, à la température ordinaire : ces
deux *gaz* peuvent, à cette température, rester
en contact pendant un temps indéfini, sans agir
l'un sur l'autre. Ils ne peuvent s'unir qu'à une
chaleur rouge, & leur combinaison a toujours
lieu dans le rapport de deux volumes d'hydrogène
sur un d'oxigène ; mais sa combinaison se fait
facilement, en excitant une étincelle électrique
dans un mélange de ces deux *gaz*, ou même en
les comprimant fortement : dans ces deux cas,

comme dans tous ceux où ces deux *gaz* se combinent, on a toujours de l'eau pour résultat. En
excitant une étincelle électrique à travers ces
deux *gaz*, il se forme un vide après la combustion, parce que l'eau qui résulte de leur combinaison perd aussitôt l'état liquide ; il se produit
aussi une forte explosion, qui pourroit briser le
vase dans lequel la combustion a lieu, si le volume des deux *gaz* étoit assez considérable, &
que leur proportion fût exactement celle qui est
propre à la composition de l'eau.

Si l'on prend un peu d'eau de savon, à l'extrémité d'un tube de verre fixé à une vessie pleine de
gaz hydrogène, & que l'on comprime la vessie
de manière à faire passer peu à peu de ce *gaz*
dans l'eau, il se forme une ampoule qui peut,
lorsqu'elle est grossie, acquérir assez de légèreté
pour se détacher & s'enlever dans l'air ; approchant alors une lumière de cette bulle de savon,
le *gaz* s'enflamme & produit une légère détonation ; mais si la vessie étoit remplie d'un mélange
des deux *gaz*, dans les proportions de deux volumes d'hydrogène sur un volume d'oxigène, &
que l'on fît passer ce *gaz* à travers de l'eau de
savon contenue dans un vase, il se formeroit
une écume vésiculaire : approchant une lumière de
cette écume, elle s'enflamme en produisant une
violente détonation, qui est d'autant plus
grande que le volume de l'écume est plus considérable.

Le *gaz hydrogène* a beaucoup d'affinité pour le
carbone, le soufre, le phosphore & le chlore ;
il forme, avec ces combustibles, des *gaz* particuliers.

Pour obtenir le *gaz hydrogène*, on met dans
un flacon à deux tubulures F, *fig*. 862, quatre décilitres d'eau & douze à quinze grammes de zinc
en grenaille. On adapte, à l'une des tubulures, un
tube de verre recourbé T, que l'on introduit sous
un entonnoir, placé dans l'eau de la cuve hydropneumatique. On adapte, à l'autre tubulure, un
second tube de verre E, qui plonge presqu'au fond
du flacon ; il sert à y introduire de l'acide sulfurique.
L'appareil étant ainsi disposé, on verse, peu à
peu, de l'acide sulfurique dans l'entonnoir du tube
E ; on facilite le mélange de l'acide avec l'eau,
par l'agitation. Il en résulte une vive effervescence
produite par le dégagement du *gaz hydrogène* :
quand on la juge assez forte, on cesse d'ajouter de
l'acide. On y en met de nouveau quand elle se
ralentit, & ainsi de suite, jusqu'à ce que tout le
zinc soit presqu'entièrement dissous : on laisse perdre les deux ou trois premiers litres du *gaz* dégagé,
qui est un mélange d'hydrogène & d'air atmosphérique. On reçoit celui qui passe ensuite dans
des flacons pleins d'eau, qu'on renverse sur l'entonnoir sous lequel se fait le dégagement.

On peut, à défaut de flacon à deux tubulures, employer une petite fiole F, *fig*. 870 (a), dans laquelle
on met d'abord l'eau & le zinc, puis l'acide sul-

furique, en affez grande quantité pour produire une vive & prompte effervefcence ; on adapte le tube recourbé B, à un bouchon T, deftiné à boucher la fiole ; on agite, le *gaz* fe dégage, & on le reçoit à la manière ordinaire. On peut également remplacer le zinc par la limaille, la tournure ou des petits clous de fer ; mais alors il faut employer plus d'acide fulfurique.

Comme le zinc & le fer qu'on emploie, contiennent toujours une certaine quantité de charbon, il en réfulte que, pendant l'action fimultanée du métal, de l'eau & de l'acide fulfurique, pendant que ces fubftances réagiffent les unes fur les autres, il fe forme un peu d'huile, que le *gaz hydrogène* entraîne en fe dégageant, en même temps que ce *gaz* diffout une petite portion du métal employé. Ces fubftances donnent une odeur particulière au *gaz hydrogène*, & augmentent fa pefanteur fpécifique. Pour lui enlever ces corps étrangers, on fait paffer le *gaz*, avant de le recevoir, dans les récipiens de la cuve, dans l'acide muriatique oxigéné liquide. Ce *gaz* alors n'a plus d'odeur fenfible, & il a la pefanteur fpécifique qui lui eft propre.

L'hydrogène, qui forme le *gaz hydrogène* en fe diffolvant dans le calorique, exifte en grande abondance dans la nature, comme partie conftituante de l'eau. Il eft auffi un des principes conftituans de l'ammoniaque, & il entre dans la compofition de toutes les matières animales & végétales ; il fe fépare naturellement à l'état gazeux de quelques-unes de ces fubftances, lorfqu'elles fe décompofent fpontanément. Il fe dégage auffi du fein de la terre, en quantité très-confidérable, dans diverfes contrées, & notamment aux environs de Barigazzo, comme le rapporte Spallanzani (1). Mais le *gaz* qui fe fépare ainfi fpontanément n'eft jamais pur.

Généralement, le *gaz hydrogène* a peu d'ufage : on s'en fert cependant pour faire l'analyfe des *gaz* dans lefquels on foupçonne de l'oxigène ; on l'emploie également pour remplir les ballons aéroftatiques. (*Voy.* BALLONS AÉROSTATIQUES.) Quelques *gaz hydrogènes* font appliqués à l'éclairage & au chauffage (*voyez* ÉCLAIRAGE PAR LE GAZ HYDROGÈNE) ; mais ces *gaz* ne font pas le *gaz hydrogène* pur que nous examinons ici, ce font des *gaz hydrogènes carbonés*.

Dès le commencement du dix-feptième fiècle on avoit connoiffance du *gaz hydrogène* ; car Boyle, Hales, Boerhaave & Stahl en ont parlé dans leurs ouvrages ; mais ce n'eft qu'en 1766, que Cavendish a bien reconnu l'exiftence de ce fluide élaftique & l'a bien diftingué de tous les autres, en le recueillant en particulier & en examinant fes propriétés. Prieftley, Sennebier & Volta l'ont enfuite étudié avec foin dans la plupart de fes

combinaifons. On l'appeloit alors *air inflammable* ou *gaz inflammable*. En 1787, on reconnut qu'il étoit formé d'une fubftance fimple, diffoute dans le calorique ; alors on diftingua foigneufement fa bafe, d'avec le *gaz* lui-même : confidérant, d'ailleurs, qu'il formoit de l'eau en fe combinant avec l'oxigène, que l'on regardoit alors comme le principe acidifiant, les chimiftes français lui ont donné le nom de *gaz hydrogène*, *gaz générateur de l'eau*.

GAZ HYDROGÉNÉS. Subftances aériformes dans lefquelles le *gaz hydrogène* eft un des principaux compofans.

On connoît onze *gaz hydrogénés*, favoir :

1°. Deux *gaz carbonés* : l'hydrogène proto-carburé, l'hydrogène percarburé.

2°. Deux *gaz phofphorés* : l'hydrogène proto-phofphoré, l'hydrogène perphofphoré.

3°. Deux *gaz métalliques* : l'hydrogène arfeniqué, l'hydrogène telluré.

4°. Trois *gaz acides* : l'hydro-chlorique, l'hydrofulfureux, l'hydriodique.

5°. Deux *gaz alcalins* : l'hydrogène potaffé, l'ammoniaque. *Voyez* ces mots.

GAZ HYDROGÈNE ARSENIQUÉ ; gaz hydrogenum arfenicum. Subftance aériforme compofée de *gaz hydrogène* & d'arfenic.

Le *gaz hydrogène arfeniqué* eft fans couleur ; fon odeur eft nauféabonde : d'après Davy, un décilitre de ce *gaz* pèfe 0,9714 grammes, ce qui porteroit fa denfité à 7,477, prenant celle de l'air pour unité. Il rougit la teinture de tournefol, tue les animaux avant de les afphyxier. Ce *gaz* eft un des trois que l'on regarde comme délétères ; cent parties volume de *gaz hydrogène arfeniqué* contiennent cent quarante parties de *gaz hydrogène* pur ; fuivant Stromeyer, il fe liquéfie à une température de 30° centig. au-deffous de zéro.

Il ne fe décompofe pas à la température ordinaire ; mais en faifant paffer une fuite d'étincelles électriques à travers ce *gaz*, on obtient du *gaz hydrogène*, mêlé d'un peu d'arfenic & de l'hydrure d'arfenic. A l'aide de la chaleur on décompofe le *gaz hydrogène arfeniqué*, en le mêlant, foit avec du *gaz oxigène*, foit feulement avec de l'air atmofphérique ; il y a dégagement de chaleur & de lumière, on obtient de l'eau, un hydrure ou un oxide d'arfenic, felon que la quantité d'oxigène employée eft plus ou moins grande. Pour que la décompofition foit complète, il faut employer deux fois autant de *gaz* oxigène en volume que de *gaz hydrogène arfeniqué*.

Plufieurs combuftibles, le foufre, le potaffium, le fodium, l'étain, décompofent le *gaz hydrogène arfeniqué* à une température élevée ; on a pour réfultat une combinaifon de l'arfenic avec la fubftance employée ; le *gaz hydrogène* fe dégage dans un état de pureté plus ou moins grand.

C'eft principalement avec l'étain que l'on décompofe le *gaz hydrogène arfeniqué*, parce que le

(1) *Voyage dans les Deux-Siciles & dans quelques parties des Apennins.*

g.sz hydrogène se dégage entièrement à l'état de pureté; pour cela on chauffe, jusqu'au-rouge, cent parties volume de gaz hydrogène arseniqué, avec un excès d'étain, dans une petite cloche courbe, placée sur le mercure, fig. 871. Le gaz se décompose, l'arsenic se combine avec l'étain, & il se dégage cent cinquante parties volume de gaz hydrogène. C'est ainsi que l'on a déterminé la proportion de gaz hydrogène qui entre dans la composition du gaz hydrogène arseniqué.

Pour obtenir ce gaz, on introduit dans une petite fiole, fig. 870, un alliage pulvérisé, composé de trois parties d'étain & d'une d'arsenic; on verse dessus cinq à six fois son volume d'acide hydro-chlorique. On adapte au col de la fiole un tube conducteur; on chauffe légèrement, & le gaz se dégage bientôt; on le recueille dans des flacons pleins d'eau ou de mercure. Dans cette opération, l'eau de l'acide hydro-chlorique se décompose: son hydrogène se combine avec l'arsenic pour former le gaz hydrogène arseniqué, & son oxigène forme, avec l'étain, un protoxide d'étain qui se combine avec l'acide hydro-chlorique.

Le gaz hydrogène arseniqué est sans usage: il a été examiné successivement par Scheèle & MM. Proust, Strommsdorff, & surtout par M. Stromeyer.

GAZ HYDROGÈNE CARBONÉ; gaz hydrogenum carboneum; gekolte wasserstoff gaz. Substance aériforme composée de gaz hydrogène & de carbone.

Il existe un grand nombre de gaz hydrogènes carbonés, parmi lesquels il en est trois de connus: le gaz hydrogène carboné, le gaz hydrogène percarboné, gaz olifiant des chimistes hollandais, & le gaz hydrogène proto-carboné.

Ces trois gaz sont sans couleur, insipides, plus ou moins odorans, d'une odeur désagréable, approchant de l'empyreume; leur pesanteur spécifique & leur puissance réfringente varient avec la proportion de l'hydrogène & du carbone qui entrent dans leur combinaison; ils éteignent la lumière, tuent, asphyxient les animaux, & s'enflamment lorsqu'ils sont en contact avec l'air, & que l'on approche de leur surface une bougie allumée.

Toutes ces variétés de gaz sont décomposées, en les exposant à une haute température; pour cela, on place dans le fourneau, F, fig. 868 (a), un tube de porcelaine T, aux extrémités duquel on adapte, par le moyen de bouchons, de longs tubes de verre t, t entourés de glace b b pour refroidir les gaz; deux vessies V, v munies de robinets R, r, l'une V, pleine de gaz hydrogène carboné, & l'autre v vide. Pour observer tous les phénomènes que produit l'action de la chaleur, il est bon d'employer le gaz hydrogène percarboné, parce que c'est celui qui contient la plus grande proportion de carbone; on chauffe & l'on porte, peu à peu, la température du tube de porcelaine jusqu'au

rouge-cerise; alors on ouvre le robinet des vessies, on comprime-légèrement celle qui est pleine de gaz; par ce moyen on fait passer, peu à peu, le gaz qu'elle contient, à travers le tube, dans celle qui est vide; de celle-ci, on le fait repasser dans la première, & ainsi de suite; tout le carbone reste au milieu du tube.

On remarque dans cette expérience, qu'en augmentant progressivement la chaleur au-delà du rouge-cerise, le gaz laisse déposer des quantités de carbone, de plus en plus grandes, & prend un volume progressivement plus considérable. Enfin, si on l'expose à la plus haute température possible, il laisse déposer presque tout son carbone, prend un volume environ trois fois plus considérable que celui qu'il avoit d'abord, & par conséquent beaucoup plus grand que ne l'est celui de l'hydrogène qui entre dans sa composition. Ces divers phénomènes, observés avec soin par Berthollet, lui ont fait conclure, avec raison, que l'hydrogène & le carbone pouvoient se combiner en un grand nombre de proportions.

Si l'on fait passer une grande quantité d'étincelles électriques à travers les gaz hydrogènes carbonés, on les décompose également; le carbone se dépose peu à peu, & le gaz augmente progressivement de volume.

A la température ordinaire, le gaz oxigène n'a aucune action sur les gaz hydrogènes carbonés; mais à une température très-élevée, il les décompose: c'est principalement à l'aide de l'étincelle électrique, dans un eudiomètre de Volta, que l'on opère cette décomposition, & que l'on peut parvenir à déterminer exactement la proportion des composans de ces différens gaz; on doit observer de mettre assez d'oxigène, pour opérer cette décomposition. Pour les gaz les plus carbonés, la proportion d'oxigène doit être de cinq fois le volume de celui de l'hydrogène; alors on obtient de l'eau & de l'acide carbonique. Par la proportion d'acide carbonique obtenu, on détermine la quantité de carbone contenue, & par la diminution qui est résultée de la combustion, ou mieux par la différence de poids entre le gaz carboné & le carbone obtenu, on conclut la quantité de l'hydrogène. Voyez EUDIOMETRE A GAZ HYDROGENE.

Examinons maintenant, en particulier, chacun des trois gaz hydrogènes carbonés que nous connoissons assez bien.

1°. Le gaz hydrogène carboné est la seule variété qui existe dans la nature: on le trouve dans la vase des marais & dans toutes les eaux stagnantes. Souvent il se dégage spontanément à la surface de ces eaux, sous forme de bulles: on en facilite le dégagement en agitant la vase, & on peut le recueillir, à l'aide d'un entonnoir, dans des flacons pleins d'eau. (Voyez GAZ HYDROGENE DES MARAIS.) Ce gaz provient de la décomposition qu'éprouvent les matières végétales & animales au bout d'un certain temps. Il eſt ordinairement compoſé de 27 parties d'hydrogène & de 73 de carbone ; ſa peſanteur ſpécifique, en prenant celle de l'air pour unité, eſt de 0,5383 ; ſa puiſſance réfringente eſt de 2,09270.

2°. Le *gaz hydrogène percarboné* s'obtient, en expoſant, à une douce chaleur, dans une cornue de verre, un mélange d'une partie en poids d'alcool, & de quatre parties d'acide ſulfurique concentré : l'alcool ſe décompoſe, & le *gaz hydrogène percarboné*, l'un des produits de cette décompoſition, ſe dégage ; on le reçoit dans des flacons, à l'appareil hydro-pneumatique. Ce gaz eſt compoſé de 86 parties de carbone & 14 d'hydrogène ; c'eſt le plus carboné des *gaz hydrogènes* connus : ſa proportion de carbone eſt ſi grande, que, dans quelques circonſtances, il forme de l'huile, ce qui lui a fait donner le nom de *gaz oléfiant*. Sa peſanteur ſpécifique eſt la même que celle de l'air, c'eſt-à-dire, 1,000, en prenant l'air pour unité. Sa puiſſance réfringente eſt de 1,81860, conſéquemment moindre que celle de l'hydrogène carboné, & cela parce que la proportion de l'hydrogène eſt moins grande. *Voyez* GAZ OLÉFIANT.

3°. Le *gaz hydrogène proto-carboné* s'obtient, en expoſant le *gaz* hydrogène percarburé à une température très-élevée ; & comme ce *gaz* abandonne une portion de ſon charbon, on obtient un *gaz* hydrogène beaucoup moins carboné. On croit que ce *gaz* ne contient que trente-trois parties de carbone ſur ſoixante-ſept d'hydrogène ; mais il eſt difficile d'arrêter l'opération à une proportion déterminée, car elle varie avec la température que l'on fait ſubir au *gaz* hydrogène percarburé. M. de Sauſſure annonce que ſa peſanteur ſpécifique eſt de 0,082, en prenant l'air atmoſphérique pour unité. On ne connoît pas ſa puiſſance réfringente, qui doit être conſidérable, à cauſe de la grande quantité de *gaz* hydrogène qu'il contient.

On peut encore obtenir le *gaz* carboné en diſtillant du bois, de la houille, en diſtillant des huiles, des goudrons, &c. Mais ces *gaz* qui ont été recueillis, & dont quelques-uns, les deux premiers, ſont employés dans l'éclairage, d'autres à produire des feux d'artifice, ne ſont pas encore parfaitement connus. *Voyez* ECLAIRAGE, FEU D'ARTIFICE DE GAZ HYDROGÈNE.

Si l'on vouloit déduire des deux premiers *gaz hydrogènes carbonés*, la réfringence du carbone d'après la formule donnée par M. Biot, que la ſomme des produits des réfringences par les quantités, dans les deux compoſans, eſt égale au produit de la réfringence par la quantité dans le compoſé, on trouveroit pour la réfringence du carbone, dans le ſecond cas, une quantité plus que double de celle du premier.

GAZ HYDROGÈNE DE LA HOUILLE. *Gaz* hydrogène carboné que l'on retire de la houille en

la diſtillant, & que l'on emploie pour éclairer. *Voyez* ECLAIRAGE.

GAZ HYDROGÈNE DES MARAIS. *Gaz* hydrogène que l'on recueille dans les marais. Il eſt compoſé d'hydrogène & de carbone. *Voyez* GAZ HYDROGÈNE CARBONÉ.

Nous avons fait connoître, dans l'article précédent, les principales propriétés du *gaz hydrogène des marais* ; nous ajouterons qu'il brûle avec une flamme bleue, qu'il détone difficilement à l'air pur, de manière que ſi l'on en emplit un eudiomètre, qu'on le tourne de façon que l'ouverture ſoit dans la partie ſupérieure, & qu'on l'enflamme lorſqu'il eſt en contact avec l'air atmoſphérique, le *gaz* brûle lentement, la flamme deſcend ſucceſſivement, à meſure que les tranches ſe brûlent, & la combuſtion continue avec lenteur & ſans bruit, tant que la couche enflammée eſt en contact avec l'air de l'atmoſphère.

La combuſtion calme, ſans bruit, ſans exploſion de ce *gaz*, l'a fait employer avec beaucoup d'avantage dans la production des feux d'artifice, & l'on produit ainſi des ſpectacles agréables, ſans bruit & ſans fumée. Il ſuffit, pour cet effet, de remplir, de ce *gaz*, des veſſies garnies de robinets de cuivre ; d'introduire ce *gaz*, à l'aide de ces veſſies, dans des tubes cylindriques différemment contournés, & percés d'un grand nombre de petites ouvertures. En preſſant ces veſſies plus ou moins fort, ſuivant le beſoin, les *gaz hydrogènes* paſſent dans le tube, ſortent par toutes les ouvertures qui y ſont pratiquées ; on les enflamme avec une bougie allumée : après quoi ils continuent de brûler juſqu'à ce que, fermant le robinet, on en interrompt le cours.

Aſſez généralement, la flamme blanche eſt produite par le *gaz hydrogène* extrait du charbon de terre ; le mélange de parties égales d'air atmoſphérique avec ce *gaz* produit la couleur bleue. Le *gaz hydrogène* pur fournit le rouge, & ſi l'on y mêle, en ſoufflant, du *gaz* expiré, qui eſt compoſé de *gaz* acide carbonique, de *gaz* azote & d'air atmoſphérique, on y ajoute par-là une teinte de bleu.

On attribue, communément, les feux follets que l'on rencontre, quelquefois, près des eaux bourbeuſes & marécageuſes, à l'inflammation du *gaz* hydrogène carboné qui ſe dégage de ces eaux. *Voyez* FEUX FOLLETS.

En analyſant ce *gaz* avec l'oxigène, dans l'eudiomètre de Volta, on y rencontre ſouvent du *gaz* azote, ce qui provient du dégagement de ce *gaz*, des matières en putréfaction, lorſque ces matières en contiennent.

Ce *gaz* s'exhale dans toutes les circonſtances où il y a décompoſition de matières animales & végétales ; c'eſt pourquoi on en obtient ſouvent dans les latrines, dans les voiries, dans les cimetières, &c. &c.

GAZ HYDROGÈNE DES MINES. *Gaz* inflammable qui ſe dégage dans l'intérieur des mines, & ſpécialement dans les mines de houille.

Dans toutes les mines où il exiſte des pyrites en décompoſition, il ſe produit ordinairement, par l'action de l'eau ſur le métal des pyrites, & même ſur le charbon, une décompoſition de ce liquide; l'oxigène ſe combine avec le métal, & le *gaz hydrogène* ſe dégage.

C'eſt principalement dans les mines de houille que ce dégagement a lieu avec plus d'abondance, & qu'il fait ſouvent courir de grands dangers aux ouvriers. *Voyez* FEU BRISOU.

Quand le *gaz* ſe produit dans les mines, les mineurs doivent ſe placer ventre à terre & ramper, en portant en avant une lumière élevée qui puiſſe enflammer ce *gaz*: comme le *gaz hydrogène* qui ſe dégage, ne contient pas une proportion de carbone auſſi grande que dans le *gaz hydrogène per-carboné*, il eſt néceſſairement plus léger que l'air atmoſphérique, & il monte pour ſe cantonner dans la partie ſupérieure des galeries.

Enfin, le plus ſûr moyen de détruire l'effet malfaiſant du dégagement continuel de ce *gaz*, c'eſt d'établir un fort courant d'air dans les galeries où il ſe produit, afin qu'il ſoit entraîné à chaque inſtant qu'il ſe forme, & qu'il ſe trouve noyé dans la grande maſſe d'air du courant.

On voit ſouvent à la ſurface de la terre, au-deſſus des mines de houille, des jets continuels de *gaz hydrogène* qui ſe dégagent; ces jets s'enflamment lorſqu'on en approche une lumière, & la combuſtion continue tant que le jet d'air inflammable eſt aſſez abondant: il eſt de ces jets qui ſortent à travers l'eau. *Voyez* FONTAINES BRULANTES.

GAZ HYDROGÈNE OXICARBURÉ. *Gaz* que l'on obtient par la diſtillation de ſubſtances animales ou végétales dans leſquelles le *gaz hydrogène* carboné eſt mêlé avec de l'oxide de carbone; quelquefois il eſt également mêlé d'acide carbonique.

GAZ HYDROGÈNE PESANT; gaz hydrogenum ponderoſum; *ſchweren brennbaren gaſarten.* Nom que les Allemands ont donné au *gaz hydrogène*, dont la peſanteur ſpécifique eſt très-grande. *Voy.* GAZ HYDROGÈNE CARBONÉ, & particulièrement le GAZ PER-CARBONÉ.

GAZ HYDROGÈNE PHOSPHORÉ; gaz hydrogenum phoſphoriſatum; *gaz phoſphoriſche, oder, gephoſphorres hydrogeniſche gaz.* Subſtance aériforme produite par une combinaiſon d'hydrogène & de phoſphore. Comme il exiſte deux variétés bien connues de ces *gaz*, ſavoir, l'hydrogène per-phoſphoré & l'hydrogène proto-phoſphoré, nous allons parler ſéparément de chacune de ces deux variétés.

GAZ HYDROGÈNE PERPHOSPHORÉ; gaz hydrogenum perphoſphoriſatum. *Gaz hydrogène phoſphoré* dans lequel le phoſphore eſt en plus grande quantité que dans les autres.

Ce *gaz* eſt incolore; ſon odeur eſt très-forte & analogue à celle de l'ail ou de l'arſenic; ſa ſaveur eſt inconnue, ainſi que ſa peſanteur ſpécifique, ſa puiſſance réfringente & ſes principes conſtituans. On peut cependant ſuppoſer qu'il contient une fois & demie ſon volume de *gaz hydrogène*; l'eau en diſſout le quart de ſon volume.

A la température ordinaire, ce *gaz* laiſſe dépoſer, au bout de quelques jours, une portion du phoſphore qu'il contient; il paſſe ainſi à l'état de *gaz hydrogène* proto-phoſphoré.

On ne connoît encore que l'action du potaſſium & du ſodium ſur le *gaz hydrogène* perphoſphoré. A l'aide de la chaleur, le phoſphore ſe combine avec le métal & forme un phoſphure, tandis que l'hydrogène eſt mis en liberté. Il eſt probable, qu'à une température très-élevée, les autres métaux agiroient de la même manière. En décompoſant le *gaz hydrogène* perphoſphoré par le potaſſium ou le ſodium, dans une petite cloche courbe, *fig.* 871; dont on porte la température juſqu'au rouge-ceriſe, on obtient cent cinquante parties de *gaz hydrogène*. C'eſt de cette-expérience que l'on a conclu la probabilité des proportions.

Quand on met en contact, à une température quelconque, le *gaz hydrogène* perphoſphoré, avec le *gaz* oxigène ou l'air atmoſphérique, il s'enflamme, & il y a formation d'eau & d'acide phoſphorique.

Pour obtenir ce *gaz*, on réduit de la chaux en poudre, on la délaye avec une quantité d'eau aſſez grande pour former une bouillie, à laquelle on ajoute environ la douzième partie de ſon poids de phoſphore, réduit en petits fragmens; on introduit ce mélange dans une fiole, *fig.* 870, à laquelle on adapte, par le moyen d'un bouchon, un tube recourbé qui plonge dans l'eau ou dans le mercure; on chauffe peu à peu la fiole, & le *gaz hydrogène* perphoſphoré ne tarde pas à ſe dégager. Quand tout le *gaz* de la fiole eſt chaſſé, que le *gaz* s'enflamme à l'extrémité du tube conducteur, on le reçoit dans des flacons pleins d'eau ou de mercure. Pour opérer ſous l'eau, il faut préliminairement avoir fait bouillir celle-ci, pour en chaſſer l'air qui décompoſeroit une partie du *gaz*. Vers la fin de l'opération, il ne ſe dégage plus que de l'hydrogène proto-phoſphoré qu'on recueille dans des flacons ſéparés.

Dans cette expérience, de l'eau ſe décompoſe; ſon hydrogène ſe combine avec une certaine quantité de phoſphore pour former le *gaz hydrogène* phoſphoré, tandis que l'oxigène forme, avec l'autre portion de phoſphore, de l'acide phoſphorique qui ſe combine avec la chaux.

Nous devons la découverte de ce *gaz* à M. Gingembre; elle eut lieu dans le commencement de l'année 1783. Jufqu'à préfent ce *gaz* n'a été d'aucun ufage.

GAZ HYDROGÈNE PROTO-PHOSPHORÉ ; gaz hydrogenum proto-phofphoricum. *Gaz hydrogène* combiné avec du phofphore au minimum de la proportion de ce combuftible.

Ce *gaz* eft fans couleur; fon odeur eft très-forte & très-défagréable, analogue à celle de l'oxide d'arfenic en vapeur. On ignore fa faveur & fa pefanteur fpécifique. A la température ordinaire, il ne s'enflamme ni dans l'air ni dans le *gaz* oxigène; il ne brûle dans ces deux airs qu'à l'aide d'une forte chaleur : les produits de fa combuftion font de l'eau & de l'acide phofphorique.

Ce *gaz* a été peu examiné; il eft conféquemment peu connu.

On l'obtient naturellement, en laiffant, pendant quelques jours, le *gaz hydrogène per-phofphoré* abandonner fon excès de phofphore ; on l'obtient également fur la fin de l'opération, par laquelle on dégage de l'hydrogène per-phofphoré.

GAZ HYDROGÈNE PHOSPHO-SULFURÉ. Subftance aériforme compofée d'hydrogène, de foufre & de phofphore.

En combinant du phofphore avec du foufre par la voie fèche, ces deux combuftibles fe gonflent; fi on les jette dans l'eau, il fe dégage des bulles d'une odeur fétide & alliacées, qui font lumineufes dans l'obfcurité : fouvent même ces bulles s'enflamment fpontanément dans l'air. L'eau contracte, dans cette expérience, une qualité acide. C'eft à ces bulles inflammables, que Fourcroy a donné le nom de *gaz hydrogène phofpho-fulfuré*.

GAZ HYDROGÈNE POTASSIÉ. Subftance aériforme formée d'hydrogène & de potaffium.

Ce *gaz* eft fans couleur, & il a la propriété, lorfqu'il eft récemment fait, de s'enflammer par le contact du *gaz* oxigène, & même de l'air, à la température ordinaire. Mais, au bout de quelques heures, il ne jouit plus de cette propriété, parce qu'il laiffe dépofer une certaine quantité de potaffium qui occafionne fon inflammation. Dans tous les cas, il prend feu à l'aide de la chaleur, & forme de l'eau & du deutoxide de potaffium.

D'après M. Semontini, profeffeur de chimie à Naples, le *gaz hydrogène potaffié* fe forme, toutes les fois qu'on traite l'hydrate de deutoxide de potaffium, par le fer, à une très-haute température. On peut recueillir ce *gaz* fur le mercure. Il faut admettre que, dans cette opération, l'oxigène de l'eau & du deutoxide fe combine avec le fer, tandis que l'hydrogène fe combine, en partie, avec le potaffium.

GAZ HYDROGÈNE SULFURÉ ; gaz hydrogenum fulfurifum ; *gaz fulphurifirter wafferftoff*. Subftance aériforme compofée d'hydrogène & de foufre.

Ce *gaz* eft fans couleur; fa faveur & fon odeur font infupportables, & analogues à celles de l'œuf pourri. Sa pefanteur fpécifique, comparée à celle de l'air, prife pour unité, eft de 1,1912. Il rougit la teinture de tournefol, & jouit de la plupart des propriétés des acides ; il éteint les corps en combuftion que l'on y plonge, tue les animaux : c'eft un des trois *gaz* délétères. (*Voy.* GAZ DÉLÉTÈRE.) Cent parties de ce *gaz* font formées de 73,855 de foufre, & de 26,145 de *gaz* hydrogène. Il eft mifcible à l'eau. Ce liquide en abforbe, à la température & à la preffion ordinaire, trois volumes égaux au fien.

A froid, peu de fubftances ont de l'action fur lui; mais, à une température élevée, il eft décompofé par l'oxigène, l'air atmofphérique, le potaffium, le fodium, & probablement les autres métaux, fi la température étoit affez élevée ; feul même, il eft fufceptible de fe décompofer, en partie, à une température rouge ; peut-être fe décompoferoit-il entièrement, fi la chaleur étoit affez forte. L'action de l'électricité fur ce *gaz* eft encore inconnue.

On conftate l'action de la chaleur fur ce corps, en le faifant paffer à travers un tube de porcelaine incandefcent, par le moyen de deux veffies adaptées aux deux extrémités de ce tube, fig. 868. Avec l'oxigène, il produit de l'eau & du *gaz* acide fulfureux : il fe dégage du calorique & de la lumière. Cette expérience fe fait dans un eudiomètre. Avec le potaffium & le fodium, il fe produit de l'eau, du deutoxide de fodium ou de potaffium, & une combinaifon de foufre, d'hydrogène fulfuré, & de potaffium ou de fodium. Cette expérience fe fait fur le mercure, dans une petite cloche courbe, fig. 871 ; il fe dégage de la lumière au moment de la combinaifon.

Sur l'économie animale, l'action du *gaz hydrogène fulfuré* eft des plus dangereufes, quelle que foit la partie du corps avec lequel il eft mis en contact. Les propriétés délétères de ce *gaz* ont été prouvées depuis long-temps par le docteur Chauffier.

Le *gaz hydrogène fulfuré* fe trouve combiné, en petite quantité, avec la potaffe ou la foude, dans les eaux fulfureufes de Barrèges, d'Aix-la-Chapelle, d'Aix en Savoie, de Plombières, &c. Les matières animales & végétales en dégagent à l'état gazeux, par la fermentation putride ; il s'en dégage fpontanément des foffes d'aifance ; c'eft ce dégagement qui noircit l'argenterie des ménages qui avoifinent les lieux d'où l'on vide des foffes. Pour faire difparoître fon odeur, quelques vidangeurs adaptoient, à de grands tonneaux, un brafier allumé, à travers lequel ce *gaz* étoit obligé de fe dégager. Alors, l'hydrogène étant brûlé, le *gaz* fe trouvoit transformé en *gaz* acide fulfureux.

Pour obtenir ce *gaz*, on introduit dans un matras M, fig. 867, une partie de fulfure d'antimoine en poudre ; on adapte au col de ce matras un bouchon B, traverfé par deux tubes : l'un T,

propre à recevoir le *gaz*, & que l'on fait plonger dans l'appareil hydro-pneumatique, ou dans
une cuve à mercure ; l'autre droit, surmonté
d'un entonnoir E. On verse par celui-ci, dans le
matras, cinq à six parties d'acide hydro-chlorique
concentré ; puis on place le matras sur un fourneau F, & l'on chauffe légèrement : le *gaz* ne
tarde pas à se dégager, & on le recueille dans des
flacons pleins d'eau ou de mercure. Lorsque
l'action se ralentit, on verse de nouveau de l'acide.
Dans cette opération, l'eau de l'acide est décomposée ; son hydrogène se combine avec le soufre
du sulfure, pour former le *gaz hydrogène sulfuré*,
& son oxigène forme, avec l'antimoine, un
oxide de ce métal, qui devient un hydro-chlorate d'antimoine, en se combinant avec l'acide
hydro-chlorique.

On se sert de l'hydrogène sulfuré, comme
réactif, dans les laboratoires ; on l'emploie particulièrement pour reconnoître la présence des
oxides métalliques, & les séparer les uns des
autres.

Le *gaz hydrogène sulfuré* a été découvert par
Scheele. Un grand nombre de chimistes s'en sont
occupés ; mais c'est à Berthollet qu'on doit la
connoissance de presque toutes les propriétés de
ce *gaz*. Ses effets délétères sur les animaux qui le
respirent ont été examinés par le D^r. Chaussier, ensuite par MM. Dupuytren, Thenard, Leroux, &c. ;
enfin, dans ces derniers temps, par MM. Davy,
Gay-Lussac & Thenard.

GAZ HYDROGÈNE TELLURÉ ; gaz hydrogenum
tellurium. Substance aériforme composée d'hydrogène & de tellure.

Ce *gaz* est incolore ; son odeur est désagréable,
presqu'analogue à celle du *gaz* hydrogène sulfuré.
On ne connoît ni sa pesanteur spécifique, ni sa
réfringence. Il est soluble dans l'eau : exposé au
contact de l'air, lorsqu'il est dissous dans l'eau,
il cède une portion de son hydrogène à l'oxigène
de celui-ci, & passe à l'état d'hydrure qui se
dépose sous forme de poudre brune. Mis en
contact avec le *gaz* oxigène, ou l'air atmosphérique, & un corps en combustion, il s'enflamme.

Le *gaz hydrogène telluré* n'existe pas dans la
nature. On l'obtient en traitant, par l'eau & par
l'acide muriatique, un alliage de potassium & de
tellure ; il se forme, d'abord, par la décomposition
de l'eau, une combinaison d'hydrogène telluré
& de deutoxide de potassium, qui reste en dissolution dans la liqueur ; ensuite l'acide muriatique s'empare du deutoxide, & met en liberté
l'hydrogène telluré, qui se dégage avec effervescence. Cette expérience peut être faite dans
une éprouvette pleine de mercure. On observe
que la liqueur, avant l'addition de l'acide muriatique, est d'un pourpre très-foncé.

Ritter est le premier chimiste qui ait observé la

combinaison de l'hydrogène avec le tellure : ce
gaz a ensuite été examiné par M. Davy.

GAZ HYDRO-MURIATIQUE ; gaz hydro-muria-
ticum. Substance aériforme acide, composée
d'hydrogène & de *gaz* muriatique oxigéné. *Voyez*
GAZ HYDRO-CHLORIQUE.

GAZ INFLAMMABLE ; gaz inflammabile ; *gaz
brennbares*. Substance aériforme qui s'enflamme à
l'approche d'une lumière, lorsqu'il est en contact
avec l'air atmosphérique. *Voy*. GAZ HYDROGÈNE.

GAZ INFLAMMABLE CARBONÉ. *Gaz* inflammable contenant du carbone en dissolution, &
dans un état de combinaison. *Voyez* GAZ HYDRO-
GÈNE CARBONÉ.

GAZ INFLAMMABLE CARBONIQUE. *Gaz* inflammable contenant du carbone en état de combinaison. *Voyez* GAZ HYDROGÈNE CARBONÉ.

GAZ INFLAMMABLE CARBONEUX. *Gaz* inflammable composé d'hydrogène & de carbone. *Voyez*
GAZ HYDROGÈNE CARBONÉ.

GAZ INFLAMMABLE DES MARAIS. Substance
aériforme qui se dégage des eaux bourbeuses &
marécageuses, & que l'on peut recueillir dans
une bouteille renversée, pleine d'eau, garnie d'un
entonnoir, sous lequel on remue la vase des eaux,
pour en faire dégager les substances aériformes
& les recueillir. *Voyez* GAZ HYDROGÈNE DES
MARAIS, GAZ HYDROGÈNE CARBONÉ.

GAZ INFLAMMABLE DES MINES. Substance
aériforme qui se dégage des mines, & qui fait
courir de grands dangers aux mineurs. *Voyez* GAZ
HYDROGÈNE DES MINES, FEU BRISOU.

GAZ INFLAMMABLE MOFÉTISÉ. Substance
aériforme inflammable, qui se dégage des eaux
marécageuses, & qui a la propriété d'occasionner
des maladies, & quelquefois la mort. *Voyez*
MOFETTE, GAZ HYDROGÈNE DES MARAIS.

GAZ INFLAMMABLE PHOSPHORÉ. *Gaz* hydrogène dans lequel une portion de phosphore est
combinée. *Voyez* GAZ HYDROGÈNE PHOSPHORÉ.

GAZ INFLAMMABLE SULFURÉ. *Gaz* hydrogène
qui contient du soufre dans l'état de combinaison.
Voyez GAZ HYDROGÈNE SULFURÉ.

GAZ INSOLUBLE ; gaz insolubilis ; *unauflœsliche
gaz*. *Gaz* qui n'est pas soluble dans l'eau.

Comme on ne connoît pas de *gaz* qui ne soit
absorbé par l'eau, en proportion plus ou moins
grande, on pourroit dire qu'il n'existe aucun *gaz*
insoluble ; mais comme la proportion des *gaz* mis-

cibles à l'eau, à la température & à la pression ordinaire, varie entre sept cent fois le volume de l'eau & la soixante-quatrième partie du volume de ce liquide, les physiciens ont distingué, sous le nom de *gaz insoluble*, ceux dont l'eau n'absorbe que le quart au plus de son volume. Ainsi dans cette classe sont les *gaz*

Oléfiant,	Hydrogène carboné,
Nitreux,	Oxide de carbone,
Oxigène,	Azote,
Hydrogène phosphoré,	Hydrogène, &c.

GAZ INTESTINAUX. Substances aériformes trouvées dans les intestins des hommes, morts peu de temps après avoir mangé.

M. Jurine, de Genève, ayant eu occasion, en 1789, d'ouvrir le cadavre d'un fou, mort de froid dans sa loge, trouva, dans le canal intestinal, les *gaz* oxigène, acide carbonique, azote & hydrogène sulfuré.

MM. Magendi & Chenevix, ayant répété la même expérience sur quatre individus suppliciés, trouvèrent, dans l'estomac du premier, qui avoit mangé du pain de prison & du fromage de Gruyère, & bu de l'eau rougie :

Gaz oxigène	11,00
— acide carbonique	14,00
— hydrogène pur............	3,55
— azote	71,41

Ils trouvèrent dans l'intestin grêle des trois autres :

	n°. 1.	n°. 2.	n°. 3.
Gaz oxigène.......	0,00	0,00	0,00
— acide carbonique.	24,39	40,00	25,00
— hydrogène pur...	55,53	51,15	8,40
— azote........	20,08	8,85	66,60

D'où l'on voit qu'il existe, dans ces intestins, un mélange de *gaz* acide carbonique, hydrogène pur & azote, en diverses proportions. Quant à l'oxigène, il n'a encore été trouvé que dans l'estomac.

De semblables *gaz* ont été trouvés dans le gros intestin, le cœcum & le rectum, dans des proportions également variables, mais dans lesquelles la quantité de *gaz* acide carbonique étoit plus abondante dans le gros intestin, que dans l'estomac & dans l'intestin grêle.

GAZ IRRITANS. *Gaz* qui agissent sur l'économie animale, en déterminant une irritation très-vive dans les organes respiratoires, & en occasionnant la mort par cette irritation.

Ces *gaz* sont au nombre de treize ; savoir :

1°. Deux *gaz* hydrogènes phosphorés.
2°. Le *gaz* ammoniac.
3°. — acide sulfureux.
4°. — acide nitreux.
5°. — chlore.
6°. — oxide de chlore.
7°. — hydro-chlorique.

8°. Le *gaz* acide carbonique.
9°. — chloroxi-carbonique.
10°. — acide fluorique-silicé.
11°. — acide fluo-borique.
12°. — acide hydriodique.

Pour connoître chacun de ces *gaz, voyez* leurs noms.

GAZ MÉPHITIQUE ; gaz mephiticum ; *gaz mephitische*. Substance aériforme qui se dégage de la fermentation ; c'est le nom que Macquer a donné à l'air malfaisant qui se dégage de cette manière. *Voyez* GAZ ACIDE CARBONIQUE.

GAZ MURIATIQUE OXIGÉNÉ. Substance aériforme, obtenue en combinant de l'oxigène avec l'acide muriatique.

Les expériences de Berthollet, Gay-Lussac, Davy, &c., ayant prouvé que ce *gaz* n'étoit pas acide, il en résulte que l'oxigène, ajouté à l'acide muriatique, se combinoit avec son hydrogène pour former de l'eau, & que la propriété acide de cette substance étoit détruite par la combinaison de l'hydrogène ; de-là on conclut, que la base du *gaz muriatique oxigéné* étoit une substance simple, à laquelle on donna le nom de *chlore*, & que l'acide muriatique étoit une combinaison du chlore avec l'hydrogène ; ce qui formoit un acide hydro-chlorique. *Voyez* GAZ CHLORE.

GAZ NAISSANT. *Gaz* qui commence à se former, soit par la combinaison de ses élémens, soit par la dissolution de la base dans le calorique. Souvent les *gaz*, à leur naissance, ont des propriétés qu'ils n'ont plus lorsqu'ils sont entièrement formés, ou qu'ils le sont depuis quelque temps.

GAZ NITREUX ; gaz nitrosum ; *gaz salpeter artiges*. Substance aériforme & délétère, obtenue par la décomposition de l'acide nitreux dans la dissolution des métaux. *Voyez* GAZ DEUTOXIDE D'AZOTE.

GAZ NITREUX DÉPHLOGISTIQUÉ. Substance aériforme, composée d'oxigène & d'azote, qui a la propriété d'entretenir la combustion. *Voyez* GAZ PROTOXIDE D'AZOTE.

GAZ NON PERMANENT. Substance aériforme, qui passe à l'état liquide par le refroidissement. *Voyez* VAPEURS.

GAZ NON RESPIRABLES. *Gaz* qui ne nuisent à la respiration que par leur non-respirabilité.

Tous les *gaz*, l'oxigène excepté, tuent les animaux qui les respirent : on pourroit les placer tous dans la classe des *gaz non respirables*. Cependant, comme il en existe qui peuvent occasionner la mort d'une autre manière, soit par l'irritation qu'ils produisent dans les organes respiratoires, soit foit par leur action délétère, on a cru devoir séparer des *gaz* ceux qui n'asphyxient, que parce qu'ils empêchent l'action de l'oxigène & s'opposent à la transformation du fang veineux en fang artériel, & en former une claffe, fous le titre de *gaz non respirables*.

Les *gaz non respirables* font au nombre de huit ; favoir :

1°. Le *gaz* azote.
2°. — protoxide d'azote.
3°. — hydrogène pur.
4°. — hydrogène carboné.
5°. — proto-carboné.
6°. — percarboné.
7°. — acide carbonique.
8°. — oxide de carbone.

Voyez chacun de ces *gaz*.

GAZ OLÉFIANT. Subftance aériforme, inflammable, qui a la propriété de laiffer dégager de l'huile, en la brûlant avec du *gaz* chlore.

Ce *gaz*, qui jouit de toutes les propriétés du *gaz* hydrogène percarburé (*voyez* ce mot) & qui n'en diffère que par l'huile qu'il produit, a été découvert par les chimiftes hollandais Bondt, Deiman, Van-Trooftwyk & Lauwerenbug, dans l'année 1796 (1). Ces favans ayant obfervé que le *gaz* fe dégageoit fur la fin d'une diftillation d'éther & d'acide fulfurique, cherchèrent les moyens de l'obtenir à volonté. Ils ont trouvé qu'il fuffifoit de mêler enfemble, foixante-quinze parties pondérables d'acide fulfurique concentré, avec vingt-cinq parties d'alcool, & qu'alors ce *gaz* fe dégageoit fans le concours même de la chaleur ; ils ont formé également du *gaz* oléfiant, en faifant paffer de l'alcool ou de l'éther en vapeur, fur la filice ou de l'alumine dans un tube de verre ; ils ont remarqué, en outre, que ce *gaz* ne fe forme pas, & que l'on n'obtient que du *gaz* hydrogène carboné, non huileux, en faifant paffer ces deux fubftances dans un tube de verre rougi, fans filice & fans alumine.

Si l'on fait paffer du *gaz* oléfiant à travers un tuyau de verre rouge, il perd fa propriété de produire de l'huile avec le *gaz* chlore. Six cents commotions électriques, paffées à travers le *gaz* oléfiant, augmentent fon volume des deux cinquièmes, & lui ôtent la propriété de former de l'huile, fans en précipiter du carbone.

En comparant la denfité du *gaz* oléfiant avec celle du *gaz* hydrogène carboné, obtenu du paffage de l'éther & de l'alcool dans un tube de verre rouge, fes favans hollandais ont trouvé, en prenant celle de l'air pour unité, qu'à la température & la preffion ordinaire, la pefanteur du

Gaz oléfiant étoit de..........	0,909
— hydrogène de l'éther.......	0,707
— hydrogène de l'alcool.......	0,436

(1) *Annales de Chimie*, tome XXI, page 48.

Analyfant ces trois *gaz* hydrogènes par l'oxigène, dans des eudiomètres de Volta, ils ont remarqué que les deux extrêmes des proportions étoient, quatre-vingt à foixante-quatorze parties de carbone fur vingt à vingt-fix parties pondérables d'hydrogène. En-général, les trois *gaz* ont préfenté peu de différence entr'eux. Le *gaz* oléfiant leur a offert, généralement, plus de carbone ; le *gaz* hydrogène de l'éther, une proportion moyenne de ce principe, & le *gaz* hydrogène de l'alcool, le moins des trois.

Mêlant ce *gaz* à parties égales avec le *gaz* chlore, & allumant, il laiffe précipiter, en brûlant, une grande quantité de carbone. En ajoutant 0,25, 0,20, 0,15 de *gaz* chlore à 0,75, 0,80, 0,85 de *gaz* oléfiant, & en allumant ce mélange, le carbone paroît auffitôt fous la forme de noir de fumée très-fine. Plus la proportion de *gaz* chlore eft petite, & plus l'apparition de carbone, pendant l'inflammation, eft fenfible. Trop de cet acide muriatique le convertit en acide carbonique.

MM. Vauquelin & Hecht, ayant répété ces expériences, & les ayant variées de diverfes manières, penfent que la différence obfervée & décrite, avec tant de foin, par les chimiftes hollandais, entre les trois *gaz* carbonés : oléfiant ; hydrogène de l'éther ; hydrogène de l'alcool, quoique tous les trois puiffent être indiftinctement obtenus de l'alcool ou de l'éther, ne provient que de la manière dont on traite ces deux liquides inflammables, & fe réduit toujours à ce que, pour former ou en formant le *gaz* oléfiant, on emploie une moins haute température, on fait entrer moins de calorique dans la combinaifon, on détermine un compofé où l'hydrogène & le carbone font moins rapprochés & plus difpofés à former de l'huile, tandis qu'en chauffant plus fortement l'alcool & l'éther, & accumulant plus de calorique dans leur vapeur, on les décompofe plus complétement, on écarte davantage leurs élémens, on fépare affez, les unes des autres, les molécules de l'hydrogène & du carbone, pour diminuer beaucoup leur adhérence, & rendre leur attraction fimultanée & propre à former de l'huile, fi foible, que, dans ce cas, ils ne font plus fufceptibles de paffer à l'état d'huile. Ainfi l'on conçoit comment de 0,909 de pefanteur fpécifique qui diftingue le *gaz* oléfiant, il parvient, en ceffant de l'être, par l'addition du calorique, à ne plus pefer que 0,436. *Voyez* GAZ HYDROGÈNE CARBONÉ.

GAZ OXIDE D'AZOTE. Subftance aériforme compofée d'oxigène & d'azote.

Indépendamment de l'air atmofphérique, que l'on pourroit confidérer comme un *gaz* oxide d'azote, il en eft deux autres bien connus : 1°. le protoxide d'azote ; 2°. le deutoxide d'azote : mais ces deux *gaz*, 1°. contiennent beaucoup plus d'oxigène que l'air atmofphérique, puifque le premier eft compofé de 0,37 parties pondéra-

Q q

bles d'oxigène environ, & le second de 0,55, tandis que l'air atmosphérique n'en contient que 0,257 environ ; 2°. les *gaz* oxigène & azote font intimement combinés dans les *gaz* protoxide & deutoxide d'azote, tandis qu'ils paroissent n'être que mélangés dans l'air atmosphérique. *Voyez* GAZ PROTOXIDE D'AZOTE, GAZ DEUTOXIDE D'AZOTE, AIR ATMOSPHÉRIQUE.

GAZ OXIDE DE CHLORE ; *gaz oxidum chlore.* Substance aériforme, acide, composée de chlore & d'oxigène.

Ce *gaz* est d'un jaune-verdâtre, plus verdâtre que le chlore ; son odeur participe de celle du sucre brûlé & de celle du chlore ; sa pesanteur spécifique est de 2,41744, en prenant celle de l'air pour unité. A la température & à la pression ordinaire, l'eau dissout huit à dix fois son volume de *gaz*. Il rougit d'abord les parties bleues des végétaux, & les détruit ensuite. Il tue les animaux. Il est composé de deux parties volume de *gaz chlore*, & d'une partie de *gaz oxigène*.

Un grand nombre de combustibles agissent vivement sur le *gaz oxide de chlore*, les uns à froid, le phosphore, le soufre ; les autres à l'aide de la chaleur : les métaux, le charbon, l'hydrogène : mis en contact avec le *gaz oxide de chlore*, le phosphore le décompose promptement avec un grand dégagement de lumière ; il se forme de l'acide phosphorique & du chlorite de phosphore. L'action du soufre est moins vive ; elle est d'abord nulle ; mais au bout de quelque temps elle se manifeste très-vivement, & il en résulte du *gaz* acide sulfureux & du chlorure de soufre.

A une température élevée, la plupart des métaux décomposent le *gaz oxide de chlore*, & il résulte de cette décomposition du chlore & du *gaz oxigène.*

Un charbon incandescent, plongé dans le *gaz oxide de chlore*, brûle d'abord vivement, en s'emparant de l'oxigène de l'acide, puis s'éteint peu à peu : le produit est du *gaz acide carbonique* & du chlore.

Mêlant ensemble une partie volume de *gaz oxide de chlore* & deux de *gaz* hydrogène, & en faisant passer une étincelle électrique à travers ces deux *gaz*, une détonation a lieu, & l'on obtient un mélange d'eau & d'acide hydro-chlorique.

On voit, d'après ces résultats, combien ce *gaz* se décompose facilement. Il a une telle tendance à se décomposer, que l'exposition à une douce chaleur suffit ; souvent même celle de la main ; alors il y a détonation & dégagement de calorique & de lumière ; le volume augmente de $\frac{1}{7}$, & le *gaz oxide de chlore* se transforme en *gaz chlore* & oxigène. Ordinairement, cette expérience se fait en emplissant de mercure un tube gradué que l'on pose sur une cuve à mercure ; on y fait passer cinquante parties de *gaz oxide de chlore* ; on chauffe avec une lampe à esprit-de-vin, jusqu'à ce que l'inflammation

se manifeste ; on note le volume du *gaz* qui se trouve être de soixante parties, on l'agite dans l'eau pour absorber le chlore, & il reste vingt parties de *gaz oxigène.* Donc les cinquante parties de *gaz oxide de chlore* étoient composées de quarante parties de chlore & vingt d'oxigène.

Pour obtenir le *gaz oxide de chlore*, on met dans une fiole F, *fig.* 870, cinquante à soixante grammes d'oxichlorate de potasse avec trente ou quarante grammes d'acide sulfurique étendu d'eau. On adapte au col de la fiole un tube recourbé T, ensuite on la place sur un fourneau, & on la chauffe légèrement. Le sel se décompose & on obtient, d'une part, du deuto-chlorate de potassium qui reste en dissolution dans la liqueur ; &, de l'autre, du *gaz oxide de chlore* mêlé d'un peu de chlore. On recueille le *gaz* sur le mercure, & on le laisse en contact avec ce métal, qui absorbe le chlore sans agir sur l'oxide de chlore ; lorsqu'il ne se fait plus d'absorption, le *gaz oxide de chlore* reste pur.

On doit à M. Berthollet la découverte de la composition de ce *gaz* avec différentes substances, auxquelles il donne le nom de *muriates suroxigénés* ; mais, jusqu'à M. Davy, on avoit vainement essayé d'isoler ce *gaz* ; on croyoit même qu'il ne pouvoit exister qu'en combinaison avec d'autres corps. Enfin, après avoir découvert que l'acide muriatique, auquel on a donné le nom de *chlore*, étoit une substance simple & non acide, susceptible de former deux acides différens, l'un en se combinant avec l'hydrogène, & l'autre avec l'oxigène, on a nommé le premier : *acide hydro-chlorique*, & le second *oxide de chlore.*

GAZ OXIDE DE CARBONE. Substance aériforme composée d'oxigène & de carbone.

Ce *gaz* est sans couleur, sans saveur ; sa pesanteur spécifique, comparée à celle de l'air, prise pour unité, est de 0,96783. Il ne rougit point la teinture de tournesol, asphyxie les animaux, éteint les corps en combustion : en plongeant une bougie allumée dans du *gaz oxide de carbone* en contact avec l'air, ce *gaz* l'enflamme, & il se produit du *gaz* acide carbonique. Il est composé de quarante-trois parties pondérables de carbone, & cinquante sept d'oxigène.

Aucun corps combustible ne décompose, à froid, le *gaz oxide de carbone* ; un très-petit nombre agissent sur lui à l'aide de la chaleur : le potassium & le sodium sont peut-être les seuls qui décomposent le *gaz oxide de carbone* à l'aide de la chaleur : si l'oxide est pur, tout son oxigène est absorbé, & le chabon est mis à nu. Cette décomposition s'opère dans une petite cloche courbe, *fig.* 871. On la remplit de mercure, on y fait passer une certaine quantité de *gaz oxide de carbone* & un excès de métal ; on chauffe avec la lampe à esprit-de-vin, & bientôt la décomposition a lieu.

Une conséquence naturelle du peu de métaux

qui peuvent agir sur le *gaz oxide de carbone*, à l'aide de la chaleur, est que la plus forte chaleur ne doit avoir aucune action sur lui. En effet, si on le fait passer plusieurs fois, par le moyen de deux vessies, *fig.* 868, à travers un tube de porcelaine chauffé au rouge, il n'éprouve aucune altération.

Mais ce *gaz* est attaquable par le *gaz* oxigène, qui agit sur lui à une température rouge; il se combine avec la moitié de son volume de ce *gaz* : il résulte, de cette combinaison, une quantité de *gaz* acide carbonique égale en volume à celle du *gaz oxide de carbone* employé. Il suffit, pour s'assurer de ce fait, de mettre dans un eudiomètre à mercure, deux parties de *gaz oxide de carbone*, & une partie de *gaz* oxigène, & d'exciter des étincelles électriques dans ce mélange : le volume se réduit aux deux tiers, & tout le *gaz* restant est absorbé par l'eau de chaux.

Pour obtenir ce *gaz*, on pulvérise du carbonate de baryte, on le dessèche par la calcination, & on le mêle exactement avec parties égales, en poids, de limaille de fer; on en remplit presqu'entièrement une cornue de grès C, *fig.* 874, à laquelle on adapte un tube recourbé T, qu'on fait plonger dans une cuve hydro-pneumatique. On place la cornue, ainsi préparée, dans un fourneau à réverbere F, on la chauffe graduellement jusqu'au rouge-cerise; alors le *gaz oxide de carbone* commence à se dégager. On le reçoit dans des flacons pleins d'eau, après en avoir laissé perdre une certaine quantité qui se trouve mêlée avec l'air des vaisseaux. On continue d'élever de plus en plus la température, jusqu'à ce que le dégagement du *gaz* se ralentisse ou s'arrête. Il ne reste, dans la cornue, qu'une combinaison d'oxide de fer, avec le protoxide de barium & peu de carbonate, si le mélange a été fait exactement.

On n'a point encore rencontré ce *gaz* dans la nature, mais il se produit journellement dans la combustion du charbon de bois & de la houille, soit dans les foyers ordinaires, soit dans les hauts & bas fourneaux, dans lesquels se font des opérations métallurgiques : l'inflammation qui a lieu, au contact de l'air, au-dessus du gueulard de ces fourneaux, prouve l'existence de ce *gaz*.

Les douleurs de tête, l'espèce de stupeur & d'ivresse qu'occasionne la respiration de la vapeur de charbon, qui est, en grande partie, formée de *gaz oxide de carbone*, indiquent une action particulière de ce *gaz* sur le système nerveux; mais cette action n'est pas assez forte, pour contribuer à la cessation de la vie dans les asphyxies par ce *gaz*, comme le prouve la facilité avec laquelle on rappelle à la vie les animaux qu'il a asphyxiés.

Ce n'est que depuis la fin du siècle dernier & au commencement de celui-ci, que le *gaz oxide de carbone* est connu : avant cette époque, on croyoit que, dans la réduction des oxides métalliques par le charbon, il ne se formoit que du *gaz* acide carbonique; mais Priestley ayant reconnu que, dans celle de l'oxide de zinc, il ne se formoit que du *gaz inflammable*, & ayant annoncé que ce *gaz* étoit de l'hydrogène carboné, les chimistes & les physiciens s'empressèrent de répéter cette expérience, d'autant plus que Priestley la regardoit comme inexplicable dans la nouvelle théorie. On vit, en effet, que le *gaz* qui provenoit de l'action du charbon sur l'oxide de zinc, étoit susceptible de s'enflammer; mais on reconnut que c'étoit un nouveau composé de carbone & d'oxigène, auquel il ne manquoit que de l'oxigène pour devenir acide carbonique. La nature de ces *gaz* fut reconnue tout à la fois par Cruikshank, en Angleterre, & MM. Clément & Desormes, en France.

GAZ OXIDE NITREUX. *Gaz* composé d'oxigène & d'azote, mais qui ne contient pas encore assez d'oxigène pour devenir *gaz* acide nitreux. *Voyez* GAZ DEUTOXIDE D'AZOTE.

GAZ OXIDULE D'AZOTE. Substance aériforme composée d'azote & d'oxigène, & dans laquelle celle-ci est au minimum de sa combinaison. *Voyez* GAZ PROTOXIDE D'AZOTE.

GAZ OXIGÈNE. *Gaz* simple, partie constituante de l'atmosphère, & que l'on a cru, pendant fort long-temps, le seul générateur des acides; ce qui l'a fait nommer *oxigène*.

Ce *gaz* est incolore, invisible, insipide comme l'air atmosphérique; il est un peu plus pesant que ce fluide, puisque sa pesanteur spécifique est de 1,103, celle de l'air étant 1,000. C'est de tous les *gaz* que l'on a essayés, celui qui réfracte le moins la lumière; sa puissance réfringente est de 0,86161, celle de l'air étant prise pour unité: l'eau en absorbe $\frac{1}{24}$ de son volume à la température & à la pression ordinaire. La principale propriété de ce *gaz* est d'être propre à la combustion & d'être le seul qui soit éminemment respirable, & sans lequel il n'existeroit aucun animal sur la surface de la terre.

Le *gaz* oxigène agit sur tous les corps combustibles; il les brûle en se combinant avec eux : avec les uns ils forment des liquides, avec d'autres des solides, & avec d'autres des *gaz*. Ces solides peuvent être acides, alcalins ou neutres. Ainsi, avec le sodium & le potassium, il se forme les alcalis connus sous le nom de *potasse* & de *soude*; avec le charbon, le soufre, le phosphore, l'azote, &c., il forme les acides carbonique, sulfureux, sulfurique, phosphoreux, phosphorique, nitreux, nitrique, &c.; enfin, avec l'hydrogène il forme de l'eau. Il peut se combiner en diverses proportions avec plusieurs substances, & former des composés qui aient des propriétés très-différentes.

Mais c'est principalement sous ces deux rapports les plus essentiels que nous allons le considérer : 1°. sous celui de la respiration des animaux; 2°. sous celui de la combustion.

1°. Le *gaz oxigène* est le seul respirable : en l'inspirant, il parvient dans les poumons; là il se mêle avec le sang veineux, il est entraîné avec lui dans tout le cours de la circulation, il se combine en partie, dans ce trajet, avec le sang, produit, par cette combinaison, du calorique qui entretient la chaleur animale, revient avec le sang artériel dans le poumon, & sort par l'inspiration; dans cette sortie il est mélangé d'acide carbonique & d'eau.

Pendant long-temps on a cru que, dans l'acte de la respiration, l'oxigène se combinoit avec du carbone & de l'hydrogène du sang, & produisoit l'eau & l'acide carbonique qui se dégagent dans l'inspiration; les expériences que Lavoisier a faites sur la respiration du *gaz oxigène*, par l'homme & par divers animaux, ainsi que celles qui ont été faites par plusieurs physiciens distingués, paroissent le prouver d'une manière positive : cependant quelques physiciens, MM. Coutanceau & Nysten, assurent que le rôle de l'oxigène dans la respiration consiste, principalement, à convertir le sang veineux en sang artériel, c'est-à-dire, qu'il rend au sang les principes vivifians dont ce liquide se dépouille en faveur des organes qu'il nourrit; que le *gaz* acide carbonique expiré, au lieu de provenir de la combustion du carbone, est le produit de la sécrétion pulmonaire, & que c'est en se combinant avec le sang veineux, qu'il le rend sang artériel : mais comment se fait le changement de couleur du sang ? comment la chaleur est-elle propagée aux extrémités les plus éloignées des poumons ? Ce sont des questions résolues dans la première explication, il faudroit les examiner de nouveau dans celle-ci. Au reste, quoique nous ayons une opinion bien formée sur cette question, nous nous dispenserons de l'examiner dans ce moment, afin de pouvoir la traiter plus en détail au mot Respiration. *Voyez* ce mot & celui Chaleur animale.

En plongeant des animaux dans du *gaz oxigène*, ceux-ci le respirent facilement; mais comme ce *gaz* est plus pur que celui qu'ils respirent ordinairement, dans l'air atmosphérique, l'action vitale a beaucoup plus d'activité; mais cette grande activité se ralentit peu à peu, & au bout d'un temps plus ou moins long, qui dépend de la quantité de *gaz oxigène* que l'air respiré contient; & de la grosseur des animaux, ce *gaz* cesse de devenir respirable pour l'animal. On conçoit facilement, qu'une portion d'oxigène étant absorbée dans chaque inspiration, & se trouvant remplacée à chaque expiration par du *gaz* acide carbonique, non respirable, & de l'eau, le *gaz oxigène* doit se vicier peu à peu, & cesser enfin de pouvoir être respirable. Mais ce qu'il y a de remarquable, c'est que ce *gaz oxigène* vicié, & qui cesse d'être respirable pour un animal, est encore propre à entretenir la vie, pendant quelque temps, à un autre animal, &, que, lorsqu'il devient non respirable pour celui-ci,

il peut encore être respirable pour un troisième, pour un quatrième, &c.

Ce qui est peut-être plus digne d'attention, c'est que le *gaz oxigène*, vicié par la respiration d'un seul animal, contient quelquefois des proportions d'oxigène plus grandes que celles qui se trouvent dans l'air atmosphérique, qui est, en volume, de 0,21 d'oxigène sur 0,79 d'azote.

Quelque grande que soit l'action du *gaz oxigène* dans la combustion, il est peu de corps combustibles qui, comme le potassium, le sodium, le phosphore, le *gaz* hydrogène perphosphoré, se combinent avec lui à la température ordinaire; tous les autres ont besoin d'être élevés à une température, variable pour chacun d'eux, pour que la combustion commence; mais dès que la combustion est commencée dans une partie quelconque du combustible, elle continue, souvent, jusqu'à ce que tout le combustible soit combiné avec l'oxigène : ce qui se conçoit facilement, lorsque l'on fait attention que, pendant la combustion, c'est-à-dire, pendant sa combinaison avec les corps combustibles, il se dégage de la lumière & de la chaleur; que cette chaleur dégagée échauffe les parties voisines du combustible embrasé, & facilite la continuation de la combustion; enfin, elle ne cesse que quand le calorique qui se dégage ne suffit pas pour élever, à la température convenable, les parties du combustible qui avoisinent celle où l'embrasement a lieu. *Voyez* Combustion.

Si l'on plonge un corps combustible, chauffé au rouge, dans une cloche pleine de *gaz oxigène*, il brûle en absorbant ce *gaz* & en se combinant avec lui; le fer même, préalablement porté au rouge, se brûle en répandant une lumière très-éclatante & en lançant, de tous les points, de vives étincelles; mais la durée de la combustion varie selon la facilité que les corps ont à brûler, & selon la nature des produits de la combustion. Le phosphore, par exemple, qui a une très-grande affinité pour l'oxigène, brûle jusqu'à ce que tout le *gaz* soit absorbé; mais le carbone, qui a aussi une grande affinité pour l'oxigène, cesse de brûler, quoiqu'il reste encore beaucoup d'oxigène : l'acide carbonique qui s'est formé, & qui se mêle avec l'oxigène, s'oppose à la continuation de la combustion; cependant, lorsque le charbon est à l'état de vapeur, ou à l'état de *gaz* combiné avec une autre substance, soit l'hydrogène dans le *gaz* hydrogène carboné, soit l'oxigène dans le *gaz* oxide de carbone, la combustion continue tant qu'il y a de l'oxigène, si le *gaz* est en excès. Quelquefois la combustion cesse, lorsqu'il reste encore une proportion d'oxigène assez grande pour entretenir la respiration des animaux; c'est ce qui arrive lorsqu'une bougie, allumée dans le *gaz oxigène*, s'y éteint & cesse de brûler.

Comme on n'emploie, dans la combustion ordinaire, que de l'air atmosphérique qui ne contient qu'un cinquième en volume d'oxigène, à peu près, nous n'avons que des combustions très-foibles. Ces combustions peuvent être augmentées, ainsi que la température qui les accompagne, en faisant usage d'oxigène pur. On peut, par un courant de *gaz oxigène*, dirigé sur un charbon embrasé, obtenir une température tellement élevée, que l'on parvienne à fondre les métaux les plus réfractaires. Il suffit de faire un creux dans un charbon, d'y placer quelques morceaux de métal, d'allumer le charbon, en dirigeant, sur le creux qu'on y a pratiqué, la flamme d'une bougie, & d'animer la combustion par du *gaz* qu'on fait sortir, au moyen de la compression d'une vessie, dont l'ouverture est terminée par un ajutage en cuivre, auquel on adapte un tube. La chaleur développée dans cette expérience, est si forte, qu'elle fait souvent fondre le tube lorsqu'il est de métal. *Voyez* CHALUMEAU A GAZ OXIGÈNE.

Non-seulement le *gaz oxigène* est nécessaire à la respiration, mais il l'est également à la végétation. Toutes les expériences faites jusqu'à présent paroissent le prouver.

On retire habituellement le *gaz oxigène*, soit du muriate suroxigéné de potasse ou oxichlorate de potasse, soit de l'oxide de manganèse au maximum.

Pour l'obtenir de l'oxide de manganèse, on réduit en poudre de l'oxide de manganèse, en cristaux brillans, & exempt de corps étrangers; on en remplit la panse d'une cornue de grès C, *fig.* 874, que l'on a enduite, à l'extérieur, de terre argileuse, pour qu'elle puisse supporter une plus haute température; on la dispose dans un fourneau à réverbère F, & l'on adapte, à son col, un tube T, qui se rend dans une cuve hydro-pneumatique. On chauffe graduellement, jusqu'à ce que la cornue soit portée à la température rouge; à la première action du feu, l'air atmosphérique contenu dans les vaisseaux se dégage; vient ensuite l'acide carbonique; & le *gaz oxigène* ne passe qu'au moment où la cornue commence à rougir; on continue l'action du feu en portant la température au rouge-blanc, & on l'y maintient jusqu'à ce qu'il ne passe plus de *gaz*. Le manganèse qui reste, dans la cornue, n'est plus qu'à l'état d'oxide au minimum.

Comme il est possible qu'il passe, avec le *gaz oxigène*, des portions du *gaz* acide carbonique contenu dans l'oxide, on fait usage, pour avoir de *gaz* plus pur, du muriate suroxigéné de potasse. On met ce sel dans une cornue de verre C, *fig.* 814, enduite à l'extérieur d'une couche d'argile; on la place dans le foyer d'un fourneau F; on y adapte un large tube de Welter V, qu'on y fait arriver sous une cloche, dans la cuve hydro-pneumatique. On chauffe la cornue par degrés. A la première action du feu, l'air contenu dans la cornue se dilate, sort en partie par l'extrémité du tube. Le muriate suroxigéné de potasse ne tarde pas à se fondre; peu après on voit s'élever à la surface un grand nombre de bulles qui se dégagent avec rapidité, & augmentent de grosseur, en produisant un boursouflement considérable dans la matière, qui, pour cette raison, ne doit occuper, avant la fusion, qu'un quart de la capacité de la cornue. Dès le commencement du boursouflement, il est essentiel de ménager le feu, parce que le *gaz* se séparant promptement de sa combinaison saline, pourroit, par son expansion subite, faire éclater la cornue, si le tube conducteur étoit d'un diamètre trop étroit. On reçoit le *gaz* sous des cloches ou dans des flacons, & on met à part les premières portions, qui contiennent un peu d'air atmosphérique.

Le *gaz oxigène* est abondamment répandu sur la surface de la terre; il existe en grande quantité dans l'air atmosphérique; il est un des principes constituans de l'eau, dont il forme le 0,88 en poids: il se trouve en combinaison solide avec beaucoup de corps combustibles, & ces combinaisons forment des masses considérables à la surface de la terre. Enfin, il entre dans la composition des corps organisés, végétaux & animaux.

On fait un grand usage du *gaz oxigène* : on a essayé de l'employer, par la respiration, dans le traitement de quelques maladies; mais cela a été, jusqu'à présent, sans succès; peut-être pourra-t-on l'employer avec plus d'avantage en boisson, depuis que M. Thenard est parvenu à le combiner avec l'eau en assez grande proportion, environ quarante fois son volume. *Voyez* la page 441 du tome IX des *Annales de Chimie & de Physique*.

Ce n'est que depuis 1774, que Priestley en a fait la découverte, que ce *gaz* est connu. Scheèle le découvrit de son côté presqu'en même temps que Priestley. Celui-ci le nomma *air dephlogistiqué*, par opposition à air phlogistique ou inflammable, *brûlant*. Scheèle l'avoit nommé *air du feu*, parce que c'est celui qui entretient la combustion. Lavoisier le nomma *air vital*, *air éminemment respirable*, parce que c'est le seul qui paroisse entretenir la vie, & qui soit propre à la respiration. Mais, lorsque ce savant eut remarqué, qu'il entroit dans la composition de tous les acides qui avoient été analysés, il le nomma *principe oxigène*. D'autres l'ont nommé *principe sorbile*, à cause de sa facile absorption par beaucoup de corps; *empyrée*, parce qu'il est un des élémens de l'atmosphère. Enfin, les savans qui proposèrent, en France, la nouvelle nomenclature chimique, modifièrent la dernière dénomination de Lavoisier, en changeant sa terminaison; ils le nommèrent *oxigène*, du grec ὀξὺς & γεινομαι, engendrant les acides.

GAZ PERMANENT; gaz permanens; *beständig gaz*. Substance aériforme qui conserve son état à toutes les températures & les pressions auxquelles on peut l'exposer.

Cette dénomination a été donnée aux *gaz* pour les distinguer des vapeurs qui perdent l'état aériforme en fe refroidiffant, & qui paffent à l'état liquide ou à l'état folide, felon la température à laquelle elles font expofées : ainfi, la vapeur de l'eau, qui prend l'état aériforme à 100° du thermomètre centigrade, fous une preffion de 0,72 mèt., devient liquide à toute température entre 100° & 0, & devient folide à toute température au-deffous de zéro. L'épithète *permanent*, donnée au mot *gaz*, eft abfolument inutile, parce que le mot *gaz* indique feul une fubftance aériforme, permanente comme l'air atmofphérique, & que les fubftances aériformes non permanentes font défignées fous le nom de *vapeurs*.

GAZ PHLOGISTIQUÉ, de φλογιϛος, *brûlé*; gaz phlogiſticatum; *gaz phlogiſtiſées*. Dénomination donnée par Prieſtley au *gaz* azote, parce qu'il le regardoit comme une portion de l'air brûlé & dégagé des corps en combuſtion, ou des matières odorantes. *Voyez* GAZ AZOTE, PHLOGISTIQUE.

GAZ PHOSPHORÉ; gaz phofphoricum; *gaz phofphoriſche*. *Gaz* qui contient du phofphore en diffolution.

A l'exception du *gaz oxigène*, tous les *gaz* fimples peuvent diffoudre du phofphore dans des proportions plus ou moins grandes. Mais on ne reconnoît ordinairement, fous le nom de *gaz phofphoré*, que les *gaz* hydrogène & azote : ce dernier retient peu de phofphore; le premier fe divife en deux efpèces : l'hydrogène proto-phofphoré & l'hydrogène perphofphoré; ce dernier, qui contient du phofphore au maximum, a la propriété de s'enflammer feul au contact de l'air. *Voyez* ces GAZ.

GAZ PHOSPHORIQUE. C'eft abfolument le même que le précédent. *Voyez* GAZ PHOSPHORÉ.

GAZ (Propagation de la chaleur par les). Manière dont la chaleur fe propage par les *gaz*; elle diffère de celle dont la chaleur fe propage dans les folides. *Voyez* PROPAGATION DE LA CHALEUR.

GAZ PROTOXIDE D'AZOTE. Subftance aériforme formée d'azote & d'oxigène au minimum de combinaifon.

Ce *gaz* eft fans couleur, fans odeur; il a une faveur légèrement fucrée; fa pefanteur fpécifique eft de 1,36293; il allume les bougies & les allumettes que l'on y plonge, lorfqu'elles préfentent encore quelque point en ignition; il entretient mieux la combuſtion que l'air atmofphérique; il tue, en moins d'une minute, un oifeau que l'on y plonge : fi on le retire de la cloche, prefqu'auffitôt que l'afphyxie a lieu, en l'expofant à l'air, il reprend bientôt fes premières forces; il meurt s'il y refte trop de temps. Les hommes peuvent en refpirer pendant trois ou quatre minutes fans être afphyxiés; mais il feroit dangereux d'en refpirer plus long-temps. Ce *gaz* eft compofé de deux parties volume d'azote & d'une partie d'oxigène.

L'hydrogène phofphoré eft le feul combuſtible qui décompofe le protoxide d'azote à froid, & avec une forte d'explofion : il en réfulte de l'eau, du *gaz* azote & de l'acide phofphorique. Les autres combuſtibles exigent une température rouge. Le fodium & le potaffium le décompofent à une chaleur bien au-deffous du rouge. L'expérience fe fait dans une petite cloche courbe, *fig.* 871, que l'on chauffe avec une lampe à efprit-de-vin, & la décompofition s'opère.

Deux combuſtibles, le phofphore & le foufre, décompofent le *gaz protoxide d'azote*, en les allumant & les plongeant dans un flacon plein de ce *gaz*. La combuſtion a lieu à la faveur de l'oxigène du protoxide. Il fe produit de la chaleur & de la lumière. On obtient, avec le premier, de l'acide phofphorique & du *gaz* azote phofphoré; avec le fecond, du *gaz* acide fulfureux & du *gaz* azote.

Plufieurs autres combuſtibles, le bore, le fer, le manganèfe, le zinc, l'étain, décompofent le *gaz protoxide d'azote* en le faifant paffer, à l'aide d'une veffie, à travers un tube de porcelaine rouge, *fig.* 871 (*a*); dans lequel on a placé ces fubftances. Ces décompofitions produifent également de la chaleur & de la lumière. L'oxigène fe combine avec les bafes; & l'azote refte libre.

On obtient ces décompofitions en plaçant, d'abord, la fubftance décompofante dans un tube de porcelaine T, *fig.* 871 (*a*), à l'extrémité duquel on adapte une veffie V, pleine de *gaz*, dont l'orifice eft muni d'un robinet R, tandis que l'autre extrémité du tube de porcelaine communique avec un tube conducteur, recourbé *t*, fous une cloche E, placée fous l'eau ou fous le mercure. On met ce tube dans un fourneau de réverbère F, & on élève la température jufqu'au rouge; alors on ouvre le robinet de la veffie, on la preffe pour faire paffer, dans le tube, le *gaz*, qu'on reçoit dans la cloche fous laquelle fe trouve le tube conducteur.

Si l'on met, dans un eudiomètre à *gaz* hydrogène, une partie de *gaz protoxide d'azote*, & une partie de *gaz* hydrogène, que l'on faffe paffer une étincelle électrique à travers ce mélange, ces deux fubftances fe combinent avec explofion; il y a production de chaleur & de lumière, & l'on obtient de l'eau & du *gaz* azote.

Expofé à l'action d'une chaleur rouge, dans un tube de porcelaine, le *gaz protoxide d'azote* fe décompofe : il fe transforme en deutoxide d'azote & en azote. Le volume augmente, parce que chacun des deux *gaz* eft plus léger que le protoxide. On fait ufage, pour cette expérience, de deux veffies placées aux deux extrémités du tube, *fig.* 868, &

l'on fait alternativement paſſer le *gaz* de l'une des veſſies dans l'autre.

Ce que ce *gaz* préſente de plus remarquable, ce ſont les effets qu'il produit ſur le ſyſtème nerveux des hommes qui le reſpirent. Parmi ces effets, on la remarqué, chez pluſieurs individus, un rire inſolite & une gaieté extraordinaire, qui avoient fait donner à ce *gaz* le nom de *gaz hilariant*. Ces effets ne ſont pas dangereux, s'ils ne ſont pas trop long-temps prolongés. Nous allons décrire ici quelques-uns de ceux qui ont été produits par le *gaz protoxide d'azote*.

M. Davy eſt le premier qui ait tenté de reſpirer ce *gaz*; voici les effets qu'il en éprouva, tels qu'il les rapporte lui-même. « Après avoir expiré l'air » de mes poumons & m'être bouché les narines, » je reſpirai environ quatre litres de *gaz* oxide » nitreux; les premiers ſentimens que j'éprouvai » furent, comme dans la première expérience, » ceux du vertige & du tournoiement; mais, en » moins d'une demi-minute, continuant toujours » de reſpirer, ils diminuèrent par degrés, & furent » remplacés par des ſenſations analogues à une » douce preſſion ſur tous les muſcles, accompa- » gnées de frémiſſemens très-agréables, particu- » lièrement dans la poitrine & dans les extrémités; » les objets, autour de moi, devenoient éblouiſ- » ſans, & mon ouïe plus ſubtile: vers les der- » nières inſpirations, l'agitation augmenta, la » faculté du pouvoir muſculaire devint plus grande, » & il acquit, à la fin, une propenſion irréſiſtible » au mouvement. Je ne me ſouviens qu'indiſtinc- » tément de ce qui ſuit; je ſais ſeulement que » mes mouvemens furent variés & violens. Ces » effets ceſſèrent dès que j'eus diſcontinué de reſ- » pirer ce *gaz*, & dans dix minutes je me retrou- » vai dans mon état naturel: la ſenſation de fré- » miſſement ſe prolongea plus long-temps que les » autres. »

Ces expériences furent répétées de toutes parts. M. Mittchill & pluſieurs autres ſavans du Nou- veau-Monde furent frappés de la propriété qu'ils lui trouvèrent, d'exciter le rire & de procurer une ſenſation générale fort agréable. En Europe, M. Prouſt n'a reſſenti que des étour- diſſemens & un malaiſe inexprimable. M. Wurzer a ſenti de la gêne dans la poitrine & une preſſion aux tempes; pluſieurs de ſes auditeurs éprouvè- rent des ſenſations différentes, mais principale- ment une gaieté inſolite & une ſorte de tremble- ment. M. Berzelius n'a remarqué qu'une ſaveur douce & agréable. Pluſieurs perſonnes, à Tou- louſe, ont obtenu des réſultats très-variables, dont le principal étoit la ſaveur ſucrée. M. Pfaff & pluſieurs de ſes diſciples ont confirmé les réſultats obtenus par M. Davy; l'un d'eux a été enivré très-vite, & mis dans une extaſe extraordi- naire & très-agréable. MM. Tennant & Onterowd ont éprouvé des effets analogues. A peine M. Vau- quelin eut-il inſpiré ce *gaz*, qu'il tomba ſans

force; ſon pouls étoit extrêmement agité; un bourdonnement conſidérable avoit lieu dans ſes oreilles; ſes yeux étoient hagards & rou- loient dans leurs orbites; ſa figure étoit décom- poſée; ſa voix ne pouvoit ſe faire entendre, & ſa ſouffrance étoit extrême: il reſta dans cet état pendant deux minutes environ. M. Thenard & deux de ſes préparateurs devinrent blêmes & bleuâtres; leur reſpiration étoit précipitée: auſſi- tôt que la veſſie leur fut arrachée, ils tombèrent en défaillance, & reſtèrent quelques ſecondes ſans mouvement, les bras pendans & la tête penchée ſur les épaules. M. Davy croit que la différence entre ſes réſultats & ceux obtenus par MM. Vauquelin, Thenard, ſes préparateurs, &c., vient de ce que ces derniers n'avoient pas reſ- piré aſſez de *gaz*.

Peu d'expériences ſemblables ont été faites ſur les animaux, de manière qu'il eſt difficile de pré- voir ce qui leur arriveroit: une ſeule a été faite à Toulouſe, ſur un oiſeau mis dans un bocal aſſez grand, rempli de *gaz* protoxide d'azote; cet oi- ſeau n'a pas paru d'abord en être incommodé; mais bientôt il a fermé les yeux, & s'eſt laiſſé aller tout doucement ſur le côté, comme s'il fût tombé de ſommeil. Remis à l'air libre, il s'eſt remis ſur pied, ſans chercher à s'envoler. Re- plongé, une heure après, dans le *gaz*, & y ayant été laiſſé plus long-temps, on l'a retiré ſans mou- vement, & aucun moyen n'a pu le rendre à la vie.

Ce *gaz* ne ſe rencontre pas dans la nature; lorſque l'on veut en avoir, il faut le retirer du nitrate d'ammoniaque deſſéché.

Pour obtenir le *gaz protoxide d'azote*, on met vingt grammes de ce ſel dans une petite cornue de verre C, *fig*. 873, au col de laquelle on adapte un tube recourbé T. On place cette cornue dans un petit fourneau F, dont on élève graduellement la température. Bientôt le nitrate ſe fond, ſe décompoſe, & ſe transforme en eau qui ſe con- denſe & en protoxide d'azote qui ſe dégage ſous forme de *gaz*, & qu'on recueille à la manière ordinaire dans des flacons pleins d'eau. Il faut avoir ſoin: 1°. de ne pas trop élever la tempéra- ture, parce que la décompoſition ſeroit trop vive, & une exploſion auroit lieu à une température voiſine du rouge-brun; 2°. de boucher les flacons à meſure qu'ils ſe rempliſſent, parce qu'il eſt légè- rement ſoluble dans l'eau.

Nous devons encore la découverte du *gaz pro- toxide d'azote* à Prieſtley, qui l'a nommé *gaz nitreux déphlogiſtiqué*, parce qu'il a la propriété d'entre- tenir la combuſtion, & ſe diſtingue par-là du *gaz* nitreux. Il a été étudié par M. Berthollet, en 1785, & enſuite par M. Davy, qui a déterminé la proportion de ſes compoſans, ſes propriétés particulières, & enfin celle de produire une ſen- ſation agréable, lorſqu'on le reſpire pendant trois à quatre minutes.

GAZ (Réfringence des). Action des *gaz* sur les molécules lumineuses, en vertu de laquelle elle les détourne de leur direction. *Voyez* GAZ, RÉFRINGENCE.

GAZ RESPIRABLE ; gaz spirabile. Substance aériforme que l'on respire.

Nous ne connoissons qu'un seul *gaz* qui soit respirable, c'est celui qui est essentiel à la vie des animaux, c'est le *gaz* oxigène. L'air atmosphérique n'est respirable qu'à cause de l'oxigène qu'il contient. Supprimez l'oxigène de l'air, alors il devient mortel, il n'est plus respirable.

Tous les *gaz* qui contiennent de l'oxigène ne sont point respirables ; plusieurs sont irritans, tels sont les *gaz* acides nitreux, oxide de chlore, &c.; d'autres sont non respirables, tels sont les *gaz* protoxide d'azote, l'acide carbonique, &c.; d'autres, enfin, sont délétéres, tels sont le *gaz* deutoxide d'azote, &c.; parmi ces *gaz* il en est qui ont la propriété d'entretenir la combustion : le *gaz* protoxide d'azote, &c., & qui cependant ne sont pas respirables. Pour qu'une substance aériforme soit respirable, il faut : 1°. que le *gaz* oxigène, ne soit que mélangé dans le *gaz* ; 2°. que le *gaz* avec lequel l'oxigène est mélangé ne soit ni irritant, ni délétère ; c'est ainsi que l'air atmosphérique est formé d'un mélange de *gaz* azote & de *gaz* oxigène.

GAZ SAUVAGE. Nom donné par Van-Helmont au *gaz acide carbonique*. *Voyez* ce mot.

GAZ SEPTON, de σηπτικος, *putréfiant* ; gaz septicum ; *gaz septon*. Nom que M. Mittchill, professeur de chimie à New-York, a donné au *gaz* azote, parce qu'il le croyoit propre à favoriser la putréfaction. *Voyez* GAZ AZOTE.

GAZ SILVESTRE ; gaz silvestre. Nom donné par Paraclèse & par les anciens physiciens, qui ont précédé Van-Helmont, au *gaz* acide carbonique. *Voyez* ce mot.

GAZ SIMPLE ; gaz simplex. Substance aériforme formée d'une base indécomposable, dissoute dans le calorique.

Nous ne connoissons, jusqu'à présent, que quatre *gaz* simples, savoir :

 1°. Le *gaz* oxigène,
 2°. —— azote.
 3°. —— hydrogène.
 4°. —— chlore.

Quels que soient les moyens que les chimistes & les physiciens aient employés, quelque puissans que soient les réactifs dont ils aient fait usage, il leur a été impossible de les décomposer. L'impuissance de leurs efforts a donc déterminé les savans à regarder ces quatre *gaz* comme simples ;

tous les autres sont des *gaz* composés. *Voyez* ce mot.

GAZ SULFURÉS ; gaz sulfurer ; *schwefelicht gaz*. *Gaz* dans lesquels le soufre est une des parties constituantes.

Il existe deux *gaz* sulfurés : dans le premier, le soufre est combiné avec l'oxigène, & forme le *gaz* acide sulfureux ; & dans le second, le soufre est combiné avec l'hydrogène, & donne naissance au *gaz* acide hydro-sulfurique. *Voyez* ces mots.

GAZ TONNANT ; gaz tonnans ; *donner gaz*. Nom donné au mélange de deux parties volume de *gaz* hydrogène & d'une de gaz oxigène.

On a donné le nom de *gaz* tonnant à ce mélange, à cause de la propriété qu'il a de produire une forte explosion, lorsqu'on l'enflamme, à l'aide d'une étincelle électrique, dans des vases fermés. Il produit également une forte détonation, lorsque, par une très-forte pression, on oblige ses molécules de se rapprocher assez intimement pour se combiner. *Voyez* EAU, FORMATION DE L'EAU.

GAZEUSES ; adj. Qualité des substances qui contiennent des gaz dans l'état de combinaison. Cette dénomination n'est ordinairement ajoutée qu'aux eaux qui contiennent de l'acide carbonique en dissolution.

GAZEUSES (Appareil pour faire les eaux). Machine, instrument, appareil, à l'aide desquels on dispose le gaz acide carbonique à se combiner avec l'eau, à se fixer dans ce liquide.

Les bienfaits obtenus de l'usage des eaux aérées déterminèrent les savans à les imiter. Venel paroît être un des premiers qui ait trouvé l'art de faire des eaux *gazeuses* artificielles, en dissolvant, dans des vases fermés, des carbonates alcalins qu'il décomposoit par un acide. Il faisoit communiquer ces vases à d'autres qui contenoient de l'eau, & l'acide carbonique, passant à travers ce liquide, étoit pris, dissous & fixé dans son passage.

Il suffisoit, dans les premiers temps, d'un flacon à deux goulots F, *fig.* 862 (*a*), dans lequel on mettoit la substance d'où l'acide carbonique devoit être dégagé ; un tuyau coudé T, étoit adapté à l'un des goulots par une de ses extrémités ; l'autre plongeoit dans l'eau d'un second flacon *f* ; dans l'autre ouverture étoit placé un tube droit E, par lequel on versoit l'acide : ces deux goulots étoient fermés hermétiquement & l'acide versé sur la substance ; le gaz acide carbonique se dégageoit par le tube T & alloit se combiner avec l'eau en la traversant.

Comme il se perdoit une grande quantité de gaz avec cet appareil, on chercha les moyens de le perfectionner. D'abord on renversa le flacon *f* plein d'eau, *fig.* 862 (*b*), dans un vase rempli également d'eau ; le tube T entrant dans le goulot du flacon *f*,

le

le gaz pénétroit dans ce flacon & faisoit sortir l'eau qu'il remplaçoit; lorsque le vase étoit aux deux tiers plein de gaz, on le bouchoit, on l'agitoit pendant sept ou huit minutes; ensuite on l'ouvroit dans une dissolution acide faite d'avance; puis on y faisoit passer une nouvelle quantité de gaz & l'on agitoit de nouveau. Ce moyen, exigeant beaucoup de sujétion, détermina à le remplacer par un appareil qui pût seul, & sans soin, saturer l'eau; alors plusieurs appareils différens succédèrent à celui-ci, & dans le nombre nous distinguerons celui de Parker, *fig.* 741; mais comme, avec ces appareils, il étoit difficile de combiner avec l'eau plus d'un volume de gaz, égal à celui du liquide, on chercha à se procurer des appareils qui pussent en combiner davantage. On imagina l'appareil, *fig.* 744, avec lequel on fait entrer le gaz à l'aide d'une pompe de compression; & comme l'eau absorbe d'autant plus de gaz acide carbonique, que ce gaz est plus comprimé, on parvient, par ce moyen, à combiner avec l'eau jusqu'à cinq volumes de gaz égal au sien. *Voyez* EAUX MINÉRALES ARTIFICIELLES.

GAZEUSES (Eaux). Eaux qui contiennent du gaz acide carbonique fixé, condensé, & qui pétille & mousse comme du vin de Champagne, du cidre ou de la bière. *Voyez* EAUX GAZEUSES, EAUX ACIDULES.

GAZIFÈRE, composé de *gaz* & φερω, *porter*; *gaziferum.* Instrument imaginé par M. Boulard, pour obtenir du gaz hydrogène pur & exempt d'air atmosphérique.

Pour cela, à une bouteille de verre A, *fig.* 875, dont le col est fort & droit, on lute, avec du glaire d'œuf & de la chaux vive, une garniture en cuivre B, ayant un rebord C. A cette garniture s'adapte, à vis, une espèce de couvercle D, dont le rebord vient porter sur celui de la partie inférieure; entre ces deux rebords, on place un disque ou couronne de cuir E. Le couvercle D est couvert d'un tuyau F, de deux à trois pouces de hauteur, aussi de cuivre, & faisant partie du couvercle.

Ce tuyau est assez gros pour recevoir trois tubes de verre G, H, I, qui sont solidement lutés; le premier G, descend jusqu'aux deux tiers de la bouteille; il est recoudé à environ trois pouces au-dessus du tuyau de cuivre F. Le second H, formé en entonnoir à sa partie supérieure, & surmontant le premier de quelques pouces, descend ensuite à environ un pouce près du fond de la bouteille. Le troisième I, prenant naissance à la partie supérieure du couvercle, & bientôt recoudé dans une entaille faite exprès au tuyau de cuivre F, pour donner plus de solidité à ce tube I, & l'empêcher de tourner. Ce dernier est prolongé horizontalement de quelques pouces. Son extrémité est garnie de filasse pour recevoir le tube K, aussi de

verre, lequel diminue de grosseur pour s'unir au siphon M, au moyen d'un tube ou manchon L, de gomme élastique, fortement attaché, sur les deux tubes, par des ficelles.

Pour diminuer la dépense, on peut substituer à la garniture en cuivre, un bouchon de bois B, *fig.* 875 (*a*), percé à jour longitudinalement, pour recevoir les trois tubes. Ce bouchon sera garni de filasse pour boucher très-exactement la bouteille. Il faut que le col de la bouteille soit évasé, pour que l'on puisse y mettre, d'abord, un bourrelet de cire molle, puis de l'eau pour entretenir la cire fraîche, & s'apercevoir si l'air s'échappe par le bouchon.

On ôte le bouchon D, *fig.* 875, & l'on verse, dans la bouteille, de la limaille, des copeaux de fer ou des fragmens de zinc; on la rebouche ensuite, ayant soin de l'incliner, pour que les fragmens de métal n'empêchent pas au tube d'y entrer. On place le vase près de la cuve où l'on veut recevoir le gaz. Cela fait, on verse de l'eau dans l'entonnoir du tube H. Lorsque le vaisseau est plein, l'eau sort par le tube M, que l'on ferme avec un petit bouchon N; alors l'eau monte & sort par le tube G, & arrive à la même hauteur dans le tube H. Par ce moyen, on est sûr que l'air est entièrement remplacé par l'eau, soit dans le vase, soit dans les tubes.

On verse l'acide par le tube H; il se précipite au fond de la bouteille; & fait sortir par le tuyau G, autant d'eau qu'il est nécessaire pour que l'équilibre soit rétabli. L'effervescence dégagera du gaz hydrogène, qui montera de suite au sommet de la bouteille & contre le bouchon. Ce gaz comprimera l'eau & la fera jaillir par le tube G. Quand la partie supérieure du gaz sera dégagée de l'eau qu'elle contenoit, & que le tube G ne trempera plus dans l'eau que d'environ cinq à six lignes, on débouchera l'extrémité N du tube M, & l'on recevra le gaz,

GAZOLITRE, du mot *gaz* & du grec λιτρα, *litre*; *gazolitrum*; *gazoliter*; s. m. Appareil destiné à calculer juste & en peu de temps les parties gazeuses contenues dans un corps quelconque, & à indiquer sa pression.

Le *gazolitre* est une ancienne mesure pour les liquides, employée par les Grecs.

GAZOMÈTRE, du mot *gaz* & du grec μετρον, *mesure*; *gazometrum*; *gazometer*; s. m. Instrument qui fait connoître la quantité de gaz employé pendant l'opération, & avec lequel on fait passer, à volonté, une quantité quelconque de gaz, d'un grand réservoir dans un autre vase, afin d'en régler l'afflux.

Un *gazomètre* extrêmement simple est celui qui a été employé par Monge, dans son expérience de la composition de l'eau. Ce *gazomètre* se compose, tout simplement, d'un grand récipient R, *fig.* 859

(b), qui a été mesuré avec beaucoup de soin. Une échelle E, indique exactement les mesures du gaz qu'il contient. Dans la partie supérieure est une ouverture O, sur laquelle est fixé un robinet r, dans lequel est un tube pour conduire le gaz où il doit être dirigé. Ce récipient est placé sur la banquette d'une cuve C C hydro-pneumatique.

D'abord, on emplit d'eau le récipient; pour cela, on détache le tube T, on renverse le récipient dans la cuve & on le replace sur la banquette lorsqu'il est plein. Si le récipient étoit trop grand pour être manœuvré, ou que la cuve fût trop petite, on pourroit faire communiquer, par le moyen d'un tube flexible, la partie supérieure du robinet r, avec une machine pneumatique & pomper l'air du récipient, jusqu'à ce qu'il soit entièrement rempli d'eau. Alors on verse, par-dessous, le gaz qui doit le remplir; celui-ci monte & chasse l'air qu'il remplace. On note, 1°. la division de l'échelle à laquelle se trouve la couche de séparation de gaz & d'eau; 2°. la différence de niveau de l'eau intérieure & de l'eau extérieure; 3°. la hauteur du baromètre; 4°. la température du gaz. Cela fait, on procède à la détermination du volume.

Nous avons vu que les gaz étoient compressibles & dilatables (voyez COMPRESSIBILITÉ, DILATABILITÉ), & que leur volume varioit avec la pression à laquelle ils étoient soumis, & à la température qu'ils éprouvoient. Ainsi, pour comparer des volumes entr'eux, il faut les rapporter à une même pression & à une même température. La hauteur du baromètre, à laquelle on ajoute ou l'on retranche la différence de hauteur de l'eau dans l'intérieur & à l'extérieur du récipient, différence réduite à une colonne de mercure, donne la pression à laquelle le gaz est soumis dans le récipient. On ajoute la différence, lorsque le niveau intérieur est plus bas que le niveau extérieur; on la retranche au contraire lorsque le niveau de l'eau intérieur est plus élevé. Assez généralement, la couche d'eau intérieure doit être plus basse, afin que le gaz, pressé par une force, exprimée par la différence des deux hauteurs, puisse sortir du récipient par le robinet r; la hauteur de l'eau se réduit en hauteur de mercure, en la multipliant par $\frac{1000}{13568}$.

Pour avoir le volume du gaz, rapporté à une pression & à une température déterminée, il faut d'abord faire la correction que la différence de pression exige, en faisant usage de la loi de Mariotte, que les volumes sont en raison inverse des pressions. Si p est la pression observée, P celle à laquelle on veut les rapporter, v le volume du gaz observé, V celui qui doit exister à la pression P : on aura $V = \frac{vp}{P}$. Il faut ensuite faire la correction que la température exige, en faisant usage de la loi trouvée par M. Gay-Lussac, que les gaz augmentent de 0,00375 de leur volume à la glace

fondante, pour chaque degré du thermomètre centésimal, au-dessus de la température de la glace.

Le volume étant déterminé, on dirige le gaz, par le robinet r & le tube T, dans le vase où il doit entrer, puis on tient note de la division à laquelle le gaz se trouve, de la différence du niveau des deux hauteurs d'eau, de la hauteur du baromètre, de la température indiquée par le thermomètre, & l'on détermine quel est le volume du gaz restant, rapporté à la pression & à la température déterminée. On retranche ce second volume du premier, & la différence donne assez exactement le volume du gaz employé.

Alors, on introduit de nouveau gaz dans le récipient, on détermine son volume, on le dirige dans le vase où il doit être employé; on mesure & l'on détermine le volume restant, & la différence indique la quantité de gaz sorti.

C'est ainsi que Monge a opéré dans sa belle expérience de la composition de l'eau. Voyez EAU, COMPOSITION DE L'EAU.

Mais ce gazomètre exige une suite d'observations & de calculs de réduction qui deviennent fatigans; quelques soins que l'on mette dans les observations, il est difficile qu'il ne s'y introduise plusieurs causes d'erreurs, qui se multiplient par le nombre des observations, & puis, cet instrument ne peut être employé, qu'autant que le gaz doit être pris successivement. Dans un grand nombre d'expériences, il est nécessaire de se procurer un jet continu avec une pression constante, ce qu'il seroit extrêmement difficile d'obtenir avec cet instrument. On a donc cherché à substituer au gazomètre de Monge, d'autres gazomètres qui fussent plus faciles à manœuvrer, & qui produisissent un jet d'air continu. Ce but a été rempli de deux manières : 1°. en remplissant un vase du gaz que l'on veut employer, & introduisant dans ce vase, par une autre ouverture, un filet d'eau qui comprime le gaz, & le force à sortir par une autre ouverture, pour être dirigé là où il doit être employé; 2°. en plaçant, dans une cuve pleine d'eau, une cloche mobile, emplissant cette cloche de gaz, & la soulevant de manière qu'elle n'exerce, sur le gaz, qu'une pression fixe. Cette cloche, abandonnée à elle-même, comprime le gaz & le force à sortir, jusqu'à ce que l'air ait été dirigé dans les vases dans lesquels il doit entrer. Nous allons donner des exemples de ces deux sortes de gazomètres. Nous appellerons le premier gazomètre à eau tombante, & l'autre gazomètre à cloche.

Exemple d'un gazomètre à eau tombante. Soit une caisse A, fig. 876, dans laquelle on a pratiqué quatre ouvertures, l'une a pour l'introduction du gaz; la seconde b pour l'introduction de l'eau; la troisième c pour la sortie du gaz, & la quatrième d pour la sortie de l'eau. Soit un récipient B servant de réservoir à air; que ce récipient ait dans sa partie supérieure une ouverture O, sur laquelle soit fixé un tube conducteur T. Ce récipient doit être placé fur la banquette d'une cuve hydro-pneumatique D. Que fur la caiffe A, ou à côté de cette caiffe, on place un réfervoir C, entretenu conftamment plein d'eau ; que ce réfervoir communique à la caiffe par un tube recourbé b, dont l'ouverture o, foit à une hauteur déterminée, au-deffous du niveau conftant de l'eau de la cuve C ; que l'on place quatre robinets, le premier f, fur l'ouverture du récipient à air ; le fecond g, dans le tuyau qui conduit du réfervoir à la caiffe ; le troifième h, fur le tuyau qui conduit le gaz de la caiffe dans les vafes où il doit être employé ; le quatrième k, fur un tuyau par lequel l'eau fort de la caiffe.

Tout ceci bien entendu, que l'on empliffe de gaz le récipient, & que l'on place la communication entre le récipient & la caiffe ; que l'on empliffe d'eau la caiffe A, en ouvrant les deux robinets g & h, le premier pour faire entrer l'eau dans la caiffe ; le fecond pour en faire fortir l'air. La caiffe étant pleine, fi l'on ferme ces deux robinets, & que l'on ouvre les deux autres f, k, l'eau fortira de la caiffe par l'ouverture de ce dernier, pendant que le gaz du récipient s'introduira dans la caiffe pour le remplacer. Lorfque toute l'eau eft fortie & que la caiffe eft remplie de gaz, on ferme les deux robinets f, k : alors on peut faire ufage du gaz qui remplit le *gazomètre*.

Il ne fuffit pas de connoître le volume de la caiffe A, pour favoir quel eft celui du gaz qu'elle contient ; il faut encore avoir la preffion à laquelle il eft foumis, ainfi que fa température. On connoît cette dernière par le moyen d'un thermomètre, dont la boule eft introduite dans la caiffe, & l'on détermine la première à l'aide d'un tube de verre recourbé A B C, *fig.* 876 (*a*), que l'on introduit dans la caiffe, par fa partie fupérieure A ; l'autre C, qui eft ouverte, eft expofée à l'action de l'air extérieur. En plaçant un peu d'eau a B b dans le tube, cette eau eft comprimée en a par le gaz du *gazomètre*, & en b par l'atmofphère. La différence de hauteur des deux colonnes a, b, donne celle des compreffions extérieure & intérieure ; avec ces deux données, & la hauteur du baromètre, on peut calculer le volume du gaz, rapporté à une preffion & à une température déterminée.

Pour faire ufage de ce *gazomètre*, on établit une communication, à l'aide du tuyau H, avec le vafe où le gaz doit être conduit ; on ouvre le robinet g du réfervoir d'eau, & l'on ouvre, en même temps, le robinet h de fortie de l'air : l'eau tombant dans le *gazomètre*, le gaz comprimé fe dégage par l'ouverture c, & tout le gaz fort jufqu'à ce que la caiffe foit remplie d'eau.

On voit que la preffion que le gaz éprouve en fortant, eft déterminée par la hauteur de la colone d'eau, entre la furface de l'eau du réfervoir & l'ouverture o du tuyau ; & comme on peut toujours régler cette hauteur à volonté, par le placement de ce réfervoir, on eft donc toujours maître

de fixer la preffion que l'on veut avoir. Il faut avoir attention de recourber le tuyau b, afin que l'ouverture o foit toujours remplie, & que du gaz ne s'introduife pas dans cette ouverture pendant qu'il eft comprimé.

Dans le cas où l'on confommeroit tout le gaz contenu dans la caiffe, il feroit facile de déterminer la quantité employée d'après la mefure que l'on a prife en commençant l'opération ; mais fi on n'avoit fait ufage que d'une partie du gaz, alors il faudroit connoître exactement le volume de celui qui eft refté, afin de le retrancher du volume primitif. Si la caiffe étoit en verre, & qu'elle fût graduée, on verroit, par la graduation à laquelle la hauteur de l'eau correfpondroit, quel feroit le volume apparent qui refte dans la caiffe, &, d'après l'obfervation de la température, de la hauteur du baromètre, & de la différence des niveaux a b, dans le tube recourbé, *fig.* 876 (*a*), on détermineroit exactement ce volume ; mais fi la caiffe étoit de métal, de bois ou de toute autre fubftance opaque, il faudroit placer, au fond de la caiffe, un tube de verre recourbé D E F, *fig.* 876 (*b*), dont le bout fupérieur F foit ouvert. L'eau entrant dans ce tube, indique, par la hauteur a, à laquelle elle parvient, non la hauteur de l'eau dans la caiffe, mais celle où elle feroit fi le gaz étoit foumis à la preffion feule de l'atmofphère. On peut donc graduer ce tube de manière, qu'il indique des volumes connus du gaz contenu dans la caiffe ; & lorfque ce tube exifte, il peut remplacer le tube recourbé A B C, *fig.* 876 (*a*) ; il fuffit de lui donner une longueur affez grande, dans la partie inférieure, pour indiquer la preffion de l'air intérieur, lorfque la caiffe eft remplie de gaz. *Voyez* GAZOMÈTRE DE GÉRARD, DE LA SOCIÉTÉ TELLERIENNE, DE VAN-MARUM, &c.

Ce *gazomètre* a un défaut affez grand ; c'eft que l'air qui le remplit, contient une grande quantité d'eau, produite par la vapeur qui fe forme, lorfque ce liquide tombe du réfervoir dans la caiffe : cette eau attire les gaz ; quelques-uns même fe diffoudroient entièrement dans ce liquide ; cet inconvénient a déterminé M. Bérard à faire ufage d'un autre *gazomètre*, *fig.* 451 & 452, dans lequel le gaz eft contenu dans des veffies, & n'eft point en contact avec l'eau. *Voyez* GAZOMÈTRE DE DESROCHES ET DE BÉRARD, CALORICITÉ SPÉCIFIQUE.

Exemple du gazomètre à cloche. Soit un réfervoir cylindrique R R R plein d'eau, *fig.* 877, dans lequel on place une cloche C, ouverte par le bas & fermée par le haut. Que cette cloche foit fufpendue par une corde ou une chaîne A B B D, paffant fur deux poulies B, B, & à l'extrémité de laquelle foit fufpendu un plateau de balance D. Que fur le fond du réfervoir on introduife deux tubes, dont les ouvertures intérieures foient toujours au-deffus de la furface de l'eau ; l'un E E fert à introduire les gaz dans la cloche, l'autre

S V, à les faire fortir pour les diriger dans les vafes où l'on veut en difpofer. Deux robinets doivent être appliqués : le premier en *a* pour l'introduction de l'air ; le fecond en *b* pour fa fortie ; un bâti en bois, G H I K, foutient les deux poulies B B, fur lefquelles paffe la chaîne qui fufpend la cloche. Dans le plateau de balance D, on met un poids qui contre-balance celui de la cloche.

Cela pofé, pour introduire du gaz dans la cloche, on fait communiquer le tube E E, avec un récipient Q plein de gaz, placé fur la tablette d'une cuve hydro-pneumatique ; on met dans le plateau D, un poids qui foulève légèrement la cloche. Là compreffion, dans l'eau, qu'elle contient, étant moins grande que celle qui fe trouve dans le récipient, le gaz s'introduit dans la cloche. On entretient toujours, à l'aide de poids placés dans le plateau de la balance, la preffion intérieure de la cloche, de manière qu'elle foit moindre que celle de l'intérieur du récipient, & le gaz continue à y parvenir. Il faut avoir foin de remettre de nouveau gaz dans le récipient, à mefure que celui qu'il contient paffe dans la cloche, & cela jufqu'à ce que la cloche foit remplie. Alors, d'après la hauteur du baromètre, & la différence des deux hauteurs de l'eau dans l'intérieur du récipient, & à l'extérieur, dans la cuve hydro-pneumatique, on détermine quelle eft la preffion à laquelle le gaz eft foumis dans la cloche, puis on ferme le robinet *a*. Quant au volume de gaz dans la cloche, on le connoît par un index M, placé en haut de la cloche, qui correfpond à la furface inférieure du fommet de la cloche. On peut, avec cet index, prendre la diftance qui exifte entre le fommet intérieur de la cloche, & la furface de l'eau dans le réfervoir. Cette diftance doit être prife avec une règle métallique fur laquelle on a gradué les volumes que la cloche contient au-deffus du niveau de l'eau : la mefure, prife de cette manière, n'indique pas le volume du gaz dans la cloche, mais bien celui que le gaz occuperoit, s'il n'éprouvoit de preffion que celle de l'air atmofphérique. Enfin, à l'aide de cette obfervation, celle du baromètre & celle du thermomètre, on peut calculer quel doit être le volume de l'air contenu dans la cloche, rapporté à une température & une preffion donnée.

Connoiffant ainfi le volume du gaz introduit, & établiffant une communication entre le tube U & le vafe qui doit recevoir le gaz, on y fait paffer celui-ci : il fuffit d'ouvrir le robinet *b* & de déterminer, à l'aide des poids placés dans le plateau de la balance D, une preffion conforme à la viteffe que l'on veut donner au courant du gaz.

Tant que la caiffe contient du gaz, on peut en employer. Si on le confomme entièrement, on fait, par la mefure que l'on en a pris précédemment, ce qui eft forti : s'il en refte, on prend la diftance entre l'index & la furface extérieure de l'eau ; on obferve la hauteur du baromètre & la température, puis on ramène le volume apparent à celui

qu'il auroit fous la preffion & à la température donnée.

Ce *gazomètre*, très-fimple, a été employé par plufieurs phyficiens, avec des modifications. (*Voy.* GAZOMÈTRE DE LAVOISIER.) Une des modifications affez importantes eft celle qui a été imaginée par Pepis ; elle confifte à placer, au fond de la cuve, un maffif qui correfpond au vide de la cloche que l'on remplit d'air, ainfi qu'il eft repréfenté *fig.* 651. Cette cloche eft graduée avec foin. *Voyez* GAZOMÈTRE DE PEPIS.

Les *gazomètres* repréfentés *fig.* 651, font en verre, exécutés avec beaucoup de foin ; ce font des inftrumens deftinés aux cours publics, & ils font difpofés pour fervir à l'expérience de la compofition de l'eau. *Voy.* COMPOSITION DE L'EAU.

En s'enfonçant dans l'eau, la caiffe diminue de poids de la quantité d'eau qu'elle déplace ; cette diminution en occafionne également une dans la preffion que l'air éprouve, de manière que la quantité de gaz qui fort, dans un temps donné, diminue graduellement, depuis le commencement de l'expérience jufqu'à la fin. Pour obtenir une maffe de gaz qui foit la même dans tous les inftans, il faut qu'à mefure que la cloche s'enfonce, on ajoute au poids de la cloche, un poids nouveau, qui foit égal à celui qu'elle perd. On peut parvenir à ce réfultat de plufieurs manières différentes. Parmi toutes ces manières, nous allons indiquer celle qui nous a paru la plus fimple. Le corps flexible A B B D, *fig.* 877, après lequel la caiffe C & le plateau de balance D font fufpendus, augmente, de chaque côté, le poids des corps qui leur correfpondent, & ces poids croiffent avec leur longueur. Pendant l'opération, ce corps devient plus long du côté A B, & plus court du côté B D, à mefure que la caiffe s'enfonce : l'augmentation de longueur du côté A B, augmente le poids comprimant, en même temps qu'il diminue, de l'autre côté, celui qui lui fait équilibre. Les augmentations & les diminutions de ces poids dépendent de celui du corps flexible. Comme l'augmentation de la longueur A B d'un côté, eft égale à la diminution de celle B D de l'autre ; que toute la diminution dans le contre - poids de la caiffe augmente d'autant la preffion que celle-ci exerce, il s'enfuit que l'augmentation de la preffion, à mefure que la caiffe s'enfonce, eft égale au double du poids de l'alongement du corps flexible du côté de A B. Tout confifte donc, pour obtenir une preffion qui foit toujours la même, à faire ufage d'un corps flexible dont le poids foit la moitié de celui de l'eau déplacée par la caiffe ; c'eft-à-dire, que fi la caiffe, en s'enfonçant d'un centimètre dans l'eau, déplace un poids *p* de ce liquide, il faut que la longueur d'un centimètre du corps flexible foit $= \frac{1}{2} p$. Alors la perte de poids de la caiffe, en s'enfonçant dans l'eau, eft exactement compenfée par celui de l'augmentation du corps qui la suspend, & la pression que le gaz éprouve est constamment la même.

GAZOMÈTRE DE DESROCHES ET BÉRARD; gazometrum Berardicum; gazometer von Desroches und Bérard. Instrument imaginé par Desroches & Bérard, pour transvaser facilement & commodément le gaz d'un premier vase dans un second, puis du second dans le premier, & cela successivement, & en évitant de mettre le gaz en contact avec l'eau.

Cet instrument, qui peut avoir différentes formes, relativement à l'usage auquel on le destine, est composé de deux ballons à deux tubulures B, b, fig. 878, dans chacun desquels est une vessie V, v. La première est pleine du gaz que l'on veut employer; la seconde est vide : ces deux vessies communiquent entr'elles par le moyen d'un tube T, qui bouche bien hermétiquement les ballons. Deux autres tubes t, t, établissent une autre communication entre les ballons & deux flacons à deux tubulures F, f, trois dans la partie supérieure & une dans la partie inférieure. Ces deux flacons communiquent à deux réservoirs par les tubes c, d; deux robinets sont placés sur chaque flacon : sur l'un F, est un robinet a pour établir la communication avec le réservoir d'eau, & l'autre c pour faire sortir le fluide que le vase contient; de même dans le flacon f, est un robinet g de communication avec le réservoir & un autre d d'évacuation.

Tout étant ainsi disposé, les tubulures bien bouchées, les deux ballons B, b & les deux flacons F, f pleins d'air atmosphérique, on ouvre le robinet d'évacuation d du flacon f; on ouvre également le robinet a du réservoir. L'eau afflue dans le flacon F, en chasse l'air qui passe dans le ballon B, comprime la vessie V; le gaz en sort & passe dans la vessie v; celle-ci s'enfle, comprime l'air contenu dans le ballon b, le chasse dans le flacon f, d'où il s'écoule par le robinet d. Dès que le flacon F est plein d'eau, que tout le gaz de la vessie V est passé dans celle v, on ferme les robinets a & d; on ouvre les robinets c & g, aussitôt l'eau afflue du réservoir dans le flacon f, & celle qui remplit le flacon F s'écoule; l'air du flacon f, comprimé par l'eau qui arrive, passe dans le ballon b, comprime la vessie v; le gaz qu'elle renferme passe dans la vessie V, qui, en se remplissant, comprime l'air du ballon B & celui-ci passe dans le flacon F, pour prendre la place de l'eau qui s'écoule. L'eau étant écoulée du flacon F, & la vessie V étant remplie de gaz, on ferme les robinets c, g, on ouvre ceux a, d, & l'opération recommence. On peut donc, à l'aide de ce gazomètre, faire passer successivement le gaz d'une vessie dans l'autre, autant de fois qu'on le desire, sans que le gaz ni les vessies soient jamais en contact avec l'eau. Voyez, pour l'usage que MM. Desroches & Bérard ont fait de ce gazomètre, l'article CALORIQUE SPÉCIFIQUE.

GAZOMÈTRE DE GÉRARD; gazometrum Gerardicum; gazometer von Gerard. Instrument inventé par M. Gerard, lampiste, pour déterminer un courant uniforme de gaz, par le moyen de l'eau, & qui est construit sur le principe qu'il a adopté pour sa lampe à courant d'air & à hauteur d'huile constante. Voy. LAMPE DE GÉRARD.

Ce gazomètre est en verre ou en cristal; il se compose d'un grand flacon F, fig. 879, à quatre tubulures a, b, c, d; d'un grand ballon B à trois tubulures f, g, h. Dans les tubulures du flacon, s'adaptent : à la tubulure a, un tube AA, garni d'un robinet i; à la tubulure b, un tube recourbé f o, garni d'un robinet k, qui établit la communication entre le ballon & le flacon; à la tubulure c, un tube S garni d'un robinet l, par lequel le gaz se dégage pour être dirigé partout où l'on doit s'en servir; enfin, à la tubulure d, un robinet m, pour la sortie de l'eau. Aux trois tubulures du ballon s'adaptent : à la tubulure f, le tube f o, garni d'un robinet, pour établir la communication entre le ballon & le flacon; à la tubulure g, un bouchon qui s'ôte & se remet à volonté; à la tubulure h, un tube I, ouvert des deux bouts. Le flacon est destiné à contenir le gaz que l'on doit employer; aussi doit-il être gradué pour connoître, soit le volume du gaz, qui a été introduit, soit le volume du gaz restant après l'expérience. Le tube T, qui peut s'enfoncer plus ou moins, sert à déterminer la hauteur de la colonne d'eau qui exerce une pression sur le gaz du flacon, & qui est toujours égale à la hauteur verticale qui existe entre l'ouverture o du tube recourbé, & l'ouverture p du tube I. Voyez CALORIQUE SPÉCIFIQUE.

Tout étant ainsi préparé, on ferme tous les robinets, on ôte le bouchon de la tubulure g du ballon, & l'on emplit celui-ci d'eau; on repose le bouchon & on ouvre les deux robinets k, l : l'eau s'introduit dans le flacon F, en chassant, par le tube S, l'air qu'il contient; lorsque le flacon est plein d'eau, on ferme les robinets k, l, on fait communiquer le tube A avec la partie supérieure d'un récipient R, rempli du gaz que l'on veut introduire; on ouvre les robinets i, m, l'eau sort par l'ouverture de ce dernier, en même temps que le gaz s'introduit par l'ouverture du premier pour remplacer l'eau qui sort. C'est ainsi que l'on emplit de gaz le flacon, & l'on juge de la pression qu'il éprouve : 1° par la hauteur du baromètre; 2°. par la différence de hauteur de l'eau intérieure & extérieure dans le récipient.

Pour employer le gaz, on ferme les robinets i, m, on fait communiquer le tube S avec le vase dans lequel le gaz doit être introduit; on emplit d'eau le ballon b, on place le bouchon sur la tubulure g, on ouvre les robinets k, l, l'eau tombe dans le flacon par l'ouverture o, & chasse le gaz par l'ouverture du robinet l. La vitesse de l'écoulement de l'eau, la quantité qui entre dans le flacon dans un temps donné, dépend : 1° de la grandeur de l'orifice *o* ; 2°. de la hauteur verticale entre les deux ouvertures *o*, *p*. Dès que l'on a employé assez de gaz, on ferme le robinet *l*, on laisse couler l'eau par l'orifice *o* ; lorsqu'elle cesse de couler, on ferme le robinet *k*, on note les points de l'échelle de graduation où se trouve la surface de l'eau du flacon, pour connoître le volume apparent, & l'on observe la température. Quant à la pression, elle est égale à celle que la hauteur du baromètre indique, plus celle de la colonne d'eau *o p*.

On peut exécuter ce *gazomètre* en métal, en faisant construire deux caisses carrées ou cylindriques G, R, *fig.* 879 (*a*), de manière que la caisse R, qui sert de réservoir à eau, soit un peu plus grande que la caisse G, qui doit contenir le gaz. Les ouvertures qui remplacent les tubulures, les tubes de communication, les robinets, doivent être disposés, dans cet appareil, comme dans celui en verre que nous venons de décrire ; il se manœuvre de la même manière ; seulement, comme la caisse G qui contient le gaz, n'est pas transparente, il faut, pour juger du volume apparent du gaz qu'elle contient, y appliquer un tube de verre C D E, sur lequel on place une échelle qui représente le volume du gaz ; un robinet *n* intercepte ou permet la communication avec l'air par l'ouverture E du tube. Pendant toute la durée de l'opération, ce robinet doit être fermé, pour que le gaz soit soumis à la pression de la colonne d'eau *o*, *p* ; mais lorsqu'on veut mesurer le volume du gaz, il faut fermer tous les autres robinets, & ouvrir seulement celui *n* ; alors on juge du volume apparent du gaz, par le point de l'échelle où l'eau arrive, & la pression qu'il éprouve est absolument celle de l'atmosphère, que l'on détermine par la hauteur du mercure dans le baromètre.

En doublant ce *gazomètre*, on peut exécuter le passage successif du gaz dans l'un & l'autre flacon, comme on l'obtient à l'aide du *gazomètre* de MM. Desroches & Bérard. (*Voyez* CALORIQUE SPÉCIFIQUE.) Mais ces gaz étant continuellement en contact avec l'eau, sont absorbés & se détériorent ; c'est cette absorption & cette détérioration, qui ont déterminé ces deux savans à imaginer, & à employer le *gazomètre* à vessie dont ils ont fait usage.

GAZOMÈTRE DE MEUSNIER ET LAVOISIER ; gazometrum Meusniericum ; *gazometer von Meusnier und Lavoisier.* Instrument imaginé par Meusnier, pour mesurer les gaz, & dont Lavoisier a fait usage dans sa belle expérience de la composition de l'eau. Nous allons transcrire ici la description que le célèbre Lavoisier a donnée de cet instrument.

Ce *gazomètre* consiste en un grand fléau de balance D E, *fig.* 880, de trois pieds de long, construit en fer très-fort. A chaque de ses extré-

mités D E est solidement fixée une portion d'arc de cercle, également de fer.

Ce fléau ne repose pas, comme dans les balances ordinaires, sur un couteau ; on y a substitué un tourillon cylindrique d'acier F, *fig.* 880 (*a*), qui porte sur des rouleaux mobiles : on est parvenu ainsi, à diminuer considérablement la résistance, qui pouvoit mettre obstacle au libre mouvement de la machine, puisque le frottement de la première espèce se trouve converti en frottement de la seconde. Ces rouleaux sont en cuivre jaune d'un grand diamètre : on a pris, de plus, la précaution de garnir les points qui supportent l'arc, ou tourillon du fléau, avec des bandes de cristal de roche. Toute cette suspension est établie sur une colonne fixe de bois B C, *fig.* 880.

A l'extrémité D de l'un des bras du fléau, est suspendu un plateau de balance P, destiné à recevoir des poids. La chaîne, qui est plate, s'applique dans la circonférence de l'arc *n* D *o*, dans une rainure pratiquée à cet effet. A l'extrémité E de l'autre bras de levier, est attachée une chaîne également plate *i k m*, qui, par sa construction, n'est pas susceptible de s'alonger ni de se raccourcir, lorsqu'elle est plus ou moins chargée. A cette chaîne est adaptée solidement, en *i*, un étrier de fer à trois branches : *a i*, *c i*, *h i*, qui supporte une grande cloche A, de cuivre battu, de dix-huit pouces de diamètre sur vingt de hauteur.

Tout autour de la cloche, dans le bas, est un rebord relevé en dehors, & qui forme une capacité partagée en différentes cases ; ces cases sont destinées à recevoir des poids de plomb, qui servent à augmenter la pesanteur de la cloche, dans le cas où l'on a besoin d'une pression considérable. La cloche cylindrique A est entièrement ouverte par le fond *d e* ; elle est fermée par le haut au moyen d'une calotte de cuivre *a b c*, ouverte en *b f*, & fermée par le moyen d'un robinet *g*. Cette calotte, comme on le voit par l'inspection de la figure, n'est pas placée tout-à-fait à la partie supérieure du cylindre ; elle est rentrée en dedans de quelques pouces, afin que la cloche ne soit jamais plongée en entier sous l'eau, & qu'elle ne soit pas recouverte.

Cette cloche, ou réservoir à air, est reçue dans un vase cylindrique L M N O, également en cuivre, & qui est pleine d'eau.

Au milieu de ce vase cylindrique L M N O, s'élèvent perpendiculairement deux tuyaux *s t*, *x y*, qui se rapprochent un peu l'un de l'autre, par leur extrémité supérieure *t*, *y*. Ces tuyaux se prolongent jusqu'un peu au-dessus du niveau du bord supérieur L M de L M N O : quand la cloche *a b c d e* touche le fond N O, ils entrent d'un demi-pouce environ dans la capacité conique *b*, qui conduit au robinet *g*.

Dans le fond & au milieu du vase, est une petite calotte sphérique, assujettie & soudée par ses bords.

On peut la confidérer comme le pavillon d'un petit entonnoir renverſé, auquel s'adaptent en *s* & en *x*, les tuyaux *s t*, *x y*. Ces tuyaux ſe trouvent, par ce moyen, en communication avec ceux *m m*, *n n*, *o o*, *p p*, fig. 880 (*b*), qui ſont placés horizontalement ſur le fond de la machine, & qui, tous quatre, ſe réuniſſent dans la calotte ſphérique *s x*.

De ces quatre tuyaux, trois ſortent en dehors du vaſe L M N O; l'un 1, 2, 3, s'ajuſte en 3 dans la partie ſupérieure d'une cloche V, & par l'intermède du robinet 4. Cette cloche eſt poſée ſur la tablette d'une petite cuve G H I K, doublée de plomb dans l'intérieur.

Le ſecond tuyau eſt appliqué contre le vaſe L M N O, fig. 880 (*c*), de 6 en 7, & ſe continue enſuite 7, 8, 9, 10, & vient s'engager en 11 dans la cloche V. Le premier de ces deux tuyaux eſt deſtiné à introduire le gaz dans la machine; le ſecond à en faire paſſer des eſſais ſous les cloches. On détermine le gaz à entrer ou à ſortir, ſuivant le degré de preſſion que l'on donne, & on parvient à faire varier cette preſſion, en chargeant plus ou moins le baſſin P, fig. 880. Lors donc qu'on veut introduire de l'air, on donne une preſſion nulle & quelquefois négative; lorſqu'au contraire on veut en faire ſortir, on augmente la preſſion juſqu'au degré où on le juge à propos.

Le troiſième tuyau 12, 13, 14, 15, eſt deſtiné à conduire l'air ou le gaz à telle diſtance qu'on le juge à propos pour les combuſtions, combinaiſons, ou autres opérations de ce genre.

Pour entendre l'uſage du quatrième tuyau, il eſt néceſſaire d'entrer dans quelques explications. Suppoſons le vaſe L M N O ſoit rempli d'eau, & que la cloche A, ſoit en partie pleine d'air & en partie pleine d'eau: il eſt évident qu'on peut proportionner tellement les poids placés dans le baſſin P, qu'il y ait un juſte équilibre, & que l'air ne tende ni à entrer ni à ſortir de la cloche A; l'eau, dans cette ſuppoſition, ſera au même niveau en dedans & au dehors de la cloche. Il n'en ſera pas de même ſitôt qu'on aura diminué le poids placé dans le baſſin P, & qu'il y aura preſſion du côté de la cloche: alors le niveau de l'eau ſera plus bas dans l'intérieur, qu'à l'extérieur de la cloche, & l'air de l'intérieur ſe trouvera plus chargé que celui du dehors, d'une quantité qui ſera meſurée, exactement, par le poids d'une colonne d'eau d'une hauteur égale à la différence des deux niveaux.

Meuſnier, en partant de cette obſervation, a imaginé d'en déduire un moyen de reconnoître, dans tous les inſtans, le degré de preſſion qu'éprouvera l'air contenu dans la capacité de la cloche A. Il s'eſt ſervi, à cet effet, d'un ſiphon de verre à deux branches 19, 20, 21, 22, 23, fig. 880 (*c*), ſolidement maſtiqué en 19 & 23; l'extrémité 19 de ce ſiphon, communique libre-

ment avec l'eau de la cuve, ou vaſe extérieur. L'extrémité 23, au contraire, communique avec le quatrième, dont on a expliqué l'uſage, il n'y a qu'un moment, & par conſéquent avec l'air intérieur de la cloche par le tuyau *s t*, fig. 880; enfin, Meuſnier a maſtiqué en 16, fig. 880 (*c*), un autre tube droit de verre, 16, 17, 18, qui communique, par ſon extrémité, 16, avec l'eau du vaſe extérieur; il eſt ouvert à l'air libre par ſon extrémité ſupérieure, 18.

Il eſt clair, d'après ces diſpoſitions, que l'eau doit ſe tenir, dans le tube 16, 17 & 18, conſtamment au niveau de celle de la cuve, ou vaſe extérieur; que l'eau, au contraire, de la branche 19, 20 & 21, doit ſe tenir plus haut ou plus bas, ſuivant que l'air intérieur de la cloche eſt plus ou moins preſſé que l'air extérieur, & que la différence de hauteur entre ces deux colonnes, obſervée dans le tube 16, 17 & 18, & dans celui 19, 20 & 21, doit donner exactement la meſure de la différence de preſſion. On peut faire placer, en conſéquence, entre ces deux tubes, une règle de cuivre, graduée & diviſée en pouces & lignes, ou en centimètres & millimètres, pour meſurer ces différences.

On conçoit que l'air, & en général tous les fluides aériformes, étant d'autant plus lourds qu'ils ſont plus comprimés, il étoit néceſſaire, pour en évaluer les quantités, & pour convertir les volumes en poids, d'en connoître l'état de compreſſion: c'eſt l'objet qu'on s'eſt propoſé de remplir par le mécaniſme qu'on vient d'expoſer.

Mais ce n'eſt pas encore aſſez pour connoître la peſanteur ſpécifique de l'air ou des gaz, & pour déterminer leur poids ſous un volume connu, que de ſavoir quel eſt le degré de compreſſion qu'ils éprouvent; il faut encore en connoître la température, & c'eſt à quoi on eſt parvenu, à l'aide d'un petit thermomètre dont la boule plonge dans la cloche A, & dont la graduation s'élève au dehors: il eſt ſolidement maſtiqué avec une virole de cuivre qui ſe diviſe à la calotte ſupérieure de la cloche en 24 & 25.

L'uſage du *gazomètre* auroit encore préſenté de grands embarras & de grandes difficultés, ſi nous nous fuſſions bornés à ces ſeules précautions. La cloche, en s'enfonçant dans l'eau du vaſe extérieur L M N O, perd de ſon poids, & cette perte de poids eſt égale à celui de l'eau qu'elle déplace. Il en réſulte que la preſſion qu'éprouve l'air ou le gaz contenu dans la cloche, diminue continuellement à meſure qu'elle s'enfonce; que le gaz qu'elle a fourni, dans le premier inſtant, n'eſt pas de même denſité que celui qu'elle fournit à la fin; que ſa peſanteur ſpécifique va continuellement en décroiſſant; &, quoiqu'à la rigueur, ces différences puiſſent être déterminées par le calcul, on auroit été obligé à des recherches mathématiques qui auroient rendu l'uſage de cet appareil embarraſſant & difficile. Pour remédier à cet inconvénient, Meufnier a imaginé d'élever, perpendiculairement, au milieu du fléau, une tige carrée de fer, 26 & 27, qui traverfe une lentille creufe de cuivre, 28, qu'on ouvre & qu'on peut remplir de plomb. Cette lentille gliffe le long de la tige 26 & 27; elle fe meut par le moyen d'un pignon denté qui engrène dans une crémaillère, & elle fe fixe à l'endroit qu'on juge à propos.

Il eft clair que, quand le levier D E eft horizontal, la lentille 28 ne paffe ni d'un côté ni d'un autre; elle n'augmente donc ni ne diminue la preffion. Il n'en eft plus de même quand la cloche A s'enfonce davantage, & que le levier s'incline d'un côté. Alors, le poids 28, qui n'eft plus dans la ligne verticale qui paffe par le centre de fufpenfion, pèfe du côté de la cloche, & augmente fa preffion. Cet effet eft d'autant plus grand, que la lentille 28 eft plus élevée vers 27, parce que le même poids exerce une action d'autant plus forte qu'il eft appliqué à l'extrémité d'un levier plus long. On voit donc, qu'en promenant le poids 28, le long de la ligne 26 & 27, fuivant laquelle il eft mobile, on peut augmenter ou diminuer l'effet de la correction qu'il opère; & le calcul, comme l'expérience, prouvent qu'on peut arriver au point de compenfer fort exactement la perte de poids que la cloche éprouve à tous les degrés de preffion.

Un des objets le plus important eft l'évaluation des quantités d'air ou de gaz fournies par la machine. Pour déterminer avec une rigoureufe exactitude ce qui s'eft dépenfé dans le cours d'une expérience, & réciproquement, pour favoir ce qui en a été fourni, on a établi, fur l'arc de cercle qui termine le levier D E, un limbe de cuivre *l m*, divifé en degrés & demi-degrés; cet arc eft fixé au levier D E; il eft emporté par un mouvement commun. On mefure les quantités dont il s'abaiffe, au moyen d'un index fixe 29 & 30, qui fe termine en 30 par un nonius qui donne les centièmes de degré.

Mefurant l'enfoncement & l'élévation de la caiffe par l'ofcillation du levier de fufpenfion, il eft effentiel que le corps flexible *i k*, qui fufpend la caiffe & qui eft fixé fur le quart de cercle *l m*, ne puiffe s'alonger ni fe raccourcir, fuivant qu'il eft plus ou moins chargé. Pour fatisfaire à cette condition, la chaîne *i k*, qui porte la cloche, eft toute formée de plaques de fer, limées, enchevêtrées les unes dans les autres, & maintenues par des chevilles de fer. Quelque fardeau qu'on faffe fupporter à ce genre de chaîne, elle ne s'alonge pas fenfiblement.

Quand on veut fe fervir du *gazomètre*, on commence par remplir d'eau le vafe extérieur L M N O, jufqu'à une hauteur déterminée, qui doit toujours être la même dans toutes les expériences. Le niveau de l'eau doit être pris quand le fléau de la machine eft horizontal. Ce niveau, quand

la cloche eft à fond, fe trouve augmenté de toute la quantité d'eau qu'elle a déplacée; il diminue au contraire, à mefure que la cloche approche de fon plus haut point d'élévation. On cherche enfuite, par tâtonnement, quelle eft l'élévation à laquelle doit être fixée la lentille 28, pour que la preffion foit égale dans toutes les pofitions du fléau. Je dis à peu près, parce que la correction n'eft pas rigoureufe, & que des différences d'un quart de ligne, & même d'une demi-ligne ne font d'aucune conféquence. Cette hauteur à laquelle il faut élever la lentille, n'eft pas la même pour tous les degrés de preffion; elle varie fuivant que cette preffion eft d'un, deux, trois pouces, &c. Toutes ces déterminations doivent être écrites à mefure, fur un regiftre, avec beaucoup d'ordre.

Ces premières difpofitions faites, on prend une bouteille de huit à dix pintes, dont on détermine bien la capacité, en pefant exactement la quantité d'eau qu'elle peut contenir. On renverfe cette bouteille, ainfi pleine, dans la cuve G H I K; on en pofe le goulot fur une tablette, à la place de la cloche V, en engageant l'extrémité 11 du tuyau 7, 8, 9, 10 & 11, dans fon goulot; on établit la machine à zéro de preffion, & on obferve, bien exactement, le degré marqué fur l'index par le limbe : puis, ouvrant le robinet 8, & appuyant un peu fur la cloche A, on fait paffer autant d'air qu'il en faut pour remplir entièrement la bouteille. Alors on obferve de nouveau le limbe, & on eft en état de calculer le nombre de pouces cubes qui répondent à chaque degré.

Après cette première bouteille on en remplit une feconde, une troifième, &c.; on recommence plufieurs fois cette opération, & même avec des bouteilles de différentes capacités; & avec du temps & une fcrupuleufe attention, on parvient à jauger la cloche A, dans toutes fes parties. Le mieux eft de faire en forte qu'elle foit bien tournée & bien cylindrique, afin d'éviter les évaluations des calculs.

Il ne nous refte plus qu'à indiquer la correction que l'on doit faire au volume apparent des gaz, pour les ramener au volume qu'ils occuperoient, fous une preffion & à une température donnée. Lavoifier & Meufnier ont adopté, pour preffion conftante, celle d'une colonne de mercure de vingt-huit pouces de hauteur, & ils ont fait ufage de la loi de Mariotte, que les volumes font en raifon inverfe des preffions, lorfque la preffion du volume apparent étoit différente de celle de vingt-huit pouces. Quant à la température, ils ont adopté la température moyenne de 10° du thermomètre de Réaumur, & ils ont fait ufage de la loi trouvée par Duluc, que l'air atmofphérique augmente de $\frac{1}{213}$ de fon volume, pour chaque degré de fon thermomètre, ce qui correfpond à $\frac{1}{211}$ pour chaque degré du thermomètre de Réaumur. La loi qui corrige la preffion eft celle dont on fait encore ufage aujourd'hui; mais celle pour la température

pérature eſt différente de celle que l'on emploie maintenant, qui a été trouvée par Gay-Luſſac de $\frac{1}{213}$, ce qui diffère très-peu; ſi ce n'eſt que, d'après Gay-Luſſac, cette fraction ſe prend à partir du volume à zéro, tandis que Duluc la regarde comme applicable, au volume, à tous les degrés : quoi qu'il en ſoit de cette différence, nous allons rapporter ici l'exemple que Lavoiſier donne de cette réduction.

Que le volume que l'air occupoit dans la cloche ſoit de 353 pouces, ſa température 15°.

Soit la hauteur de la colonne de mercure de 27° 9 lig. $\frac{1}{2}$, en fractions décimales..   27°,79167

La hauteur de l'eau dans l'inté-
rieur de la cloche étoit de 4° $\frac{1}{2}$, au-
deſſus de celle de l'extérieur, donc
à retrancher de la preſſion du baromètre, cette hauteur eſtimée en
mercure eſt de....................   0,33166

D'où il ſuit que la preſſion réelle,
dont cet air étoit chargé, n'étoit
que de....................   27,46001

Appliquant la loi de Mariotte, que le volume des fluides élaſtiques diminue, en général, en raiſon inverſe des poids qui les compriment, il eſt clair, que pour avoir le volume de 353 pouces, ſous une preſſion de 28 pouces, il faudra dire :

$$353 \text{ pouces} : x :: \frac{1}{27,46001} : \frac{1}{28}; \text{ d'où l'on}$$

conclura $x = 353 \times \dfrac{27,46001}{28} = 346,192$ pouc.

C'eſt le volume qu'auroit occupé ce même air, ſous une preſſion de 28 pouces; le 210ᵉ. de ce volume égale 1,650 pouce; ce qui donne, pour les cinq degrés ſupérieurs au dixième degré du thermomètre, 8,2555 &; &, comme cette quantité eſt ſouſtractive, on en conclura que le volume de l'air, toute correction faite, doit être de 337,942 pouces. En faiſant uſage des réſultats de l'expérience de Gay-Luſſac, on auroit trouvé 339,515 pouces.

Bien certainement, il eſt difficile de faire conſtruire un gazomètre plus exact & plus précis que celui dont Lavoiſier a fait uſage, pour déterminer la proportion des gaz oxigène & hydrogène qui entrent dans la compoſition de l'eau; mais ce qui paroîtra peut-être extraordinaire, c'eſt que ce ſoit à cet inſtrument, que l'on doive attribuer le retard de l'adoption de la découverte de la compoſition de l'eau. Pour bien juger les expériences à l'aide deſquelles cette compoſition étoit prouvée, il étoit néceſſaire de les répéter; mais la cherté de l'inſtrument, que Lavoiſier avoit employé, empêchoit tous les ſavans, peu fortunés, de la tenter; ceux même qui avoient de la fortune héſitèrent long-temps, avant de ſe déterminer à faire conſtruire un gazomètre ſemblable; & ce n'eſt, véritablement, que du moment où l'on s'eſt aſſuré, que l'expérience de la compoſition de l'eau

pouvoit être faite, avec des inſtrumens moins chers, qu'elle fut répétée de tous côtés, & que l'on ſe convainquit que l'eau étoit une ſubſtance compoſée d'hydrogène & d'oxigène:

GAZOMÈTRE DE PEPIS ET ALLEN; gazomètrum Pepiſicum; gazometer von Pepis und Allen. Inſtrument deſtiné à contenir des gaz & à les meſurer : il a été imaginé par MM. Pepis & Allen, pour recevoir le gaz oxigène deſtiné à la combuſtion du diamant. Ce gazomètre a été décrit dans les Tranſactions philoſophiques de la Société royale de Londres, pour l'année 1807.

Le gazomètre de Pepis & Allen eſt compoſé de deux cylindres concentriques de fonte de fer; le cylindre intérieur eſt maſſif, & ſeulement percé d'un trou dans ſon axe : le cylindre extérieur laiſſe, entre lui & le cylindre ſolide intérieur, un eſpace ſuffiſant pour loger les parois d'un récipient de verre, qui monte & deſcend; cet eſpace eſt rempli de mercure; & ſeize livres de ce métal ſuffiſent pour la manipulation du gazomètre, qui peut contenir ſoixante à quatre-vingts pouces de gaz, y compris un petit bain de mercure placé au-deſſous.

Au ſommet de chaque récipient eſt un bras horizontal, de l'extrémité duquel deſcend, verticalement, une échelle diviſée, qui, ſe rapportant au bord du cylindre extérieur du gazomètre, indique, en pouces cubes, le volume du gaz que contient le récipient. Un petit index de verre montre le niveau du mercure. L'échelle du récipient eſt diviſée en pouces cubes, & d'après les expériences, dans leſquelles on les a introduits un à un.

Cet inſtrument poſe ſur un ſupport percé au milieu, pour qu'on puiſſe adapter au-deſſous, ſelon le beſoin, ou un petit récipient ſous lequel eſt un bain de mercure, ou un canal à trois robinets, en forme de ⊣ couché, ou telle autre diſpoſition qu'il convient de leur ajouter.

En faiſant conſtruire ce gazomètre, MM. Allen & Pepis avoient pour objet d'employer des gaz ſecs, & qui ne fuſſent point en contact avec l'eau, & cela, afin de les conſerver dans un plus grand état de pureté; cependant, on ne tarda pas à s'apercevoir que le gaz oxigène, conſervé quelque temps dans ce gazomètre, ſe détérioroit; ce qui eſt d'autant moins étonnant, que ce gaz ſe détériore, même lorſqu'il eſt contenu dans des flacons de verre, fermés par des bouchons de verre uſés à l'émeri; d'où il ſuit que, pour employer un gaz oxigène pur, il faut en faire uſage immédiatement après qu'il a été obtenu.

Guyton, voulant répéter les expériences d'Allen & Pepis, ſur la combuſtion du diamant avec cet appareil, fit conſtruire ſes gazomètres en verre; ils font partie de la belle collection de l'Ecole royale polytechnique.

O, P, fig. 881, eſt un cylindre ou manchon de

verre (1) blanc de 26,5 centim. de hauteur, de 7 millim. d'épaisseur, & de 16 centimètres de diamètre intérieur. Les bords inférieurs sont dressés pour s'appliquer exactement sur une glace douciе *g g*, maſtiquée bien horizontalement sur le pied de bois Q. Ce manchon eſt fixé, sur la glace, par le cercle de fer R , réuni au pied de bois par les branches de fer *s , s*, qui traverſent le cercle & le tirent par leurs écrous.

T eſt une cloche de verre sans boutons, de 12,2 centimètres de diamètre extérieur, de 19,5 de hauteur, dont les bords inférieurs s'appliquent également sur la verge de fer U, percée dans toute ſa longueur, & taraudée en vis à l'extrémité ſupérieure, pour entrer dans la petite calotte de fer V, faisant fonction d'écrou.

Cette verge de fer eſt percée pour recevoir un tube de verre *v*, qui s'élève de deux centimètres au-deſſus de la calotte de fer V, & qui, arrivé au pied de bois, en traverſant la glace, ſe courbe & ſe prolonge juſqu'au robinet d'acier X, auquel il eſt maſtiqué.

Enfin Y eſt une cloche mobile de verre de 13 centimètres de diamètre intérieur, de 4 millimètres d'épaiſſeur, de 21,5 centimètres de hauteur. Cette cloche, dont la capacité eſt de près de trois centimètres cubes, porte une échelle gravée au diamant en décilitre.

GAZOMÈTRE DE LA FONDATION TEYLÉRIENNE. Inſtrument exécuté par M. Tries, aux frais de la fondation teylérienne, pour contenir les gaz employés à l'expérience de la composition de l'eau. Cette deſcription eſt extraite d'une lettre, écrite par M. Tries à Cavallo. Elle eſt inférée dans le *Journal de Phyſique*, année 1792, tome I, page 118. Une deſcription du même *gazomètre* a été envoyée, par M. Van-Marum, à Berthollet; elle eſt inférée dans le volume XII des *Annales de Chimie*, page 113.

Le principe fondamental de l'arrangement d'un *gazomètre*, dit M. Tries, eſt de pouvoir faire paſſer, à volonté, une quantité arbitraire de gaz, d'un grand réſervoir, dans un vaſe où l'on en a beſoin, d'être en état d'en régler l'afflux à volonté, & de ſavoir au juſte quelle eſt la quantité qui a été employée pendant l'opération.

Ce *gazomètre* ſe compoſe d'un cylindre de cuivre C, *fig*. 882, de quatre pieds de haut sur ſix pouces de diamètre, fixé sur une table E, par le moyen d'une forte vis K, qui entre dans le milieu du fond de ce cylindre; un grand réſervoir B eſt placé sur une tablette plus élevée F. Il eſt fixé sur un baſſin de cuivre, poſé sur un triangle de fer placé horizontalement par des vis de rappel I.

On fait communiquer intérieurement ces deux vaſes par un siphon *a b c d*, dont une des branches va preſque toucher le fond du réſervoir B, tandis que l'autre extrémité eſt ſoudée à un robinet *d*, fixé

à la circonférence intérieure & tout près du fond du cylindre C, en ſorte que le bout carré, par lequel on tourne la clef, ſe faſſe ſeulement voir à l'extérieur du cylindre. La branche *a b* eſt entrecoupée par un robinet *f*, viſſé sur le fond d'une virole maſtiquée au col du réſervoir B. Deux autres robinets *e , g*, ſont placés sur le même fond, ainſi qu'un thermomètre *h*. Le robinet *e* ſert à faire ſortir l'air du réſervoir, & celui *g*, qui communique à un récipient placé sur une cuve hydropneumatique, ſert pour remplir le réſervoir de gaz. Un tuyau de verre *i k*, de neuf lignes de diamètre intérieur, communique par le bas, en *i*, avec l'intérieur du cylindre C; l'autre extrémité *k*, eſt ouverte. Au-deſſus du cylindre C, en eſt un autre D, de ſix pouces de diamètre ſur ſix de hauteur; un robinet *m*, muni d'un index, eſt fixé sur ſon fond; un arc de cercle gradué *n n*, indique l'angle d'ouverture du robinet. Un tube de verre *o p*, communiquant par le bas, fait voir, ainſi que celui *i k*, quelle eſt la hauteur de l'eau dans les cylindres. *q r s*, eſt un tuyau de conduite, par lequel découle le trop plein de l'eau qui vient d'un grand réſervoir. Le petit cylindre D, eſt fixé au grand C, par trois bandes de cuivre *u u*.

Pour remplir de gaz le réſervoir B, il faut d'abord le remplir d'eau: pour cela, on remplit d'eau le cylindre C, en la faiſant couler d'un réſervoir ordinaire dans le petit cylindre D, & de celui-ci par le robinet *m*. On voit par la hauteur de l'eau, dans le tuyau *i k*, celle où elle eſt dans le cylindre C; lorſque le cylindre eſt plein, on ferme les robinets *d* & *f*, on ôte la vis *i*, & l'on remplit d'eau le tube recourbé. On remet la vis pour fermer l'ouverture, on ouvre le robinet *g* pour donner iſſue à l'air, & on ouvre également les robinets *d, f*. Comme l'eau, dans la branche du siphon *b f*, ſe trouve au-deſſous du niveau de l'eau, dans le réſervoir C, l'eau s'écoule, par cette branche, juſqu'à ce qu'elle ſoit au même niveau dans les deux réſervoirs B & C; continuant à faire arriver de l'eau par la partie ſupérieure du cylindre C, l'eau parvient dans le réſervoir B; on continue ainſi à en introduire juſqu'à ce qu'elle ſoit arrivée à la hauteur *f*, alors on ferme ce robinet.

Cela fait, il eſt facile de remplir le réſervoir de gaz; pour cela, on fait communiquer le réſervoir B à un récipient Z, placé sur une cuve hydropneumatique, par le moyen d'un tuyau flexible *β γ*, que l'on remplit d'eau. On introduit du gaz dans le récipient; lorſqu'il eſt plein, on ouvre le robinet *x*, placé au bas du cylindre C, de l'eau s'écoule; lorſque le niveau eſt au-deſſous du robinet *f*, on ouvre celui-ci, & l'on ouvre enſuite le robinet *g*; l'eau du réſervoir s'écoule par le siphon *a b c d*, dans le réſervoir C, juſqu'à ce que le niveau de l'eau s'établiſſe à la même hauteur dans les deux réſervoirs; en même temps le gaz du récipient Z, plus comprimé que n'eſt celui du réſervoir B, s'y introduit, & continue à y affluer, tant que l'eau s'écoule, & qu'il reste assez de gaz, dans le récipient, pour passer dans le réservoir; celui-ci étant rempli, on ferme les robinets, & on le conserve jusqu'à ce que l'on puisse s'en servir.

Ayant ainsi rempli de gaz le réservoir, on peut le faire sortir dans une proportion donnée, & avec une pression égale ou variée, en employant un moyen inverse, de celui dont on a fait usage pour remplir le réservoir; pour cela, on élève l'eau du cylindre à une hauteur, au-dessus du niveau de celle du réservoir B, qui soit égale à celle que doit produire la pression que l'on veut obtenir; on ouvre les robinets f d'entrée de l'eau, & c, de sortie de l'air. Le courant d'eau prend son cours; il afflue dans le réservoir par le robinet m; on fait arriver de nouvelle eau pour remplacer celle qui sort du cylindre C, & cela, en telle quantité, que la différence des niveaux de l'eau, des deux vases, soit toujours la même, ce que l'on obtient en tournant plus ou moins ce robinet; par ce moyen, l'eau est maintenue à la même pression. Quant à la grosseur du filet de gaz sortant, on la détermine en ouvrant plus ou moins le robinet c.

M. Van-Marum a fait quelques changemens à ce gazomètre; ces changemens, qui le rendent beaucoup plus simple, d'une construction plus facile, & par suite d'une moins grande dépense, sont consignés dans une lettre qu'il a écrite à Bertholler, & qui a été imprimée dans le quatorzième volume des *Annales de Chimie*, page 313.

GEDDA (Condenseur de). Instrument imaginé par le baron de *Gedda*, pour condenser la vapeur de l'eau. *Voyez* CONDENSEUR CONIQUE.

GEHLER (Jean-Samuel Traugott), géomètre & physicien estimé, naquit à Gœrlitz, dans la Lusace, le 1er. novembre 1751, & mourut à Leipsick en octobre 1795.

Son père, qui avoit occupé la place de bourgmestre à Gœrlitz, & qui avoit des connoissances assez étendues en philosophie & en mathématiques, guida ses premiers pas dans la carrière des sciences.

Né d'une constitution foible, qui recéloit, dès sa naissance, le germe de sa destruction, *Gehler* avoit un esprit contempelatif qui contribua à ses progrès.

A l'âge de quinze ans, il fut envoyé à Leipsick pour y suivre les cours de l'Université. Son frère aîné, alors médecin, dirigea ses études : on le destinoit au barreau. Son esprit méditatif & ennemi de toutes les idées vagues, s'opposa à ce qu'il quittât la ligne droite des sciences exactes, pour se jeter dans le labyrinthe de la jurisprudence. Cependant, à l'aide d'une application assidue, il acquit bientôt des connoissances profondes dans cette partie.

Dès qu'il eut fini ses études, il fut nommé gouverneur de trois jeunes seigneurs russes, depuis 1773 jusqu'en 1775, c'est-à-dire, pour le temps que ces jeunes gens suivoient les cours de l'Université. Ayant été reçu maître ès-arts en 1774, il donna, à Leipsick, des leçons de mathématiques.

N'ayant hérité de son père qu'une bibliothèque considérable, & peu de fortune, il forma le plan de consacrer sa vie à l'instruction. Il publia une dissertation, connue sous le titre de *Historia logarithmorum naturalium primordia*, & une traduction des *Recherches sur les modifications de l'atmosphère*, par Duluc, qui lui firent obtenir le droit de faire des leçons publiques sur toutes les parties des sciences.

Un riche mariage ayant changé ses dispositions, il entra dans la magistrature : il fut, en 1785, nommé sénateur de la ville de Leipsick.

Le desir de faire paroître le dernier volume du *Dictionnaire de physique*, qu'il a publié, l'ayant forcé de négliger les eaux de Carlsbad, qui soulageoient ses soufrances, il termina sa carrière. En disséquant son cadavre, on lui trouva les poumons consommés, &, dans la poitrine, un grand sac, d'une peau très-forte, remplie d'une énorme quantité d'eau brunâtre.

Ce qui a principalement contribué à sa réputation, c'est le *Dictionnaire de physique* qu'il a publié en 1787 & 1791, auquel il ajouta, en 1795, un supplément qui renferme les découvertes & les opinions les plus modernes jusqu'en 1794.

Parmi les ouvrages que ce savant a publiés, on distingue : 1°. sa *Diss. historia logarithmorum naturalium primordium*, in-4°. Leipsick, 1776; 2°. *Diss. inaug. de lesione emtoris ultra dimidium reste computanda*, in-4°., 1777, Leipsick; 3°. *Recueil pour la physique & l'histoire naturelle*, publié en allemand; 4°. *Dictionnaire de physique*, 4 vol. in-8°. supplément, 1 vol. in-8°. Plusieurs traductions allemandes peuvent être ajoutées à ces ouvrages, dans lesquelles sont les *Recherches sur les modifications de l'atmosphère*, par Duluc, la *Philosophie chimique* de Fourcroy, &c.

GÉLATINE, *de gelo*, *geler*; gelatina; *gelatin*; s. f. Substance formant un des principes immédiats des matières animales, & qui prend habituellement une consistance analogue à la gelée.

Cette substance est inodore, insipide, incolore, plus pesante que l'eau, sans action sur la teinture de tournesol. Elle est très-soluble dans l'eau bouillante, & peu dans l'eau froide. Combinée à l'eau, la *gélatine* s'altère, elle s'aigrit, se liquéfie, & éprouve tous les effets de la décomposition putride.

La *gélatine* est une des principales substances nutritives contenues dans les substances animales. Elle entre pour une portion considérable dans la composition des os & des parties blanches des animaux, comme les tendons, les aponévroses, les cartilages, les ligamens, les membranes, &c. Elle existe aussi dans le sang, dans le lait, & dans les autres liquides animaux. Elle eft prefque pure dans les os cartilagineux des poiffons, &c.

Cent parties d'eau bouillante & deux & demie de *gélatine*, forment un liquide; mais en fe refroidiffant, ce compofé donne une maffe homogène, tremblante. C'eft la *gélatine* qui forme les gelées que l'on obtient dans les cuifines, avec des fubftances animales, & auxquelles les cuifinières donnent des faveurs & des noms différens.

Les tablettes de bouillon, la colle-forte, font de la *gélatine* fortement concentrée à l'aide de la chaleur, & que l'on a verfée, ainfi épaiffie, dans des moules, où elle devient folide en fe refroidiffant; on ajoute à la *gélatine*, dans les tablettes de bouillon, des aromates ftomachiques retirés des légumes aromatiques, pour faire difparoître fa faveur fade.

Pendant long-temps on jetoit les os après avoir cuit la viande : Cadet de Vaux ayant remarqué qu'ils contenoient encore une quantité confidérable de *gélatine*, invita à les traiter féparément, c'eft-à-dire, à les broyer & à les faire bouillir quelque temps dans l'eau, pour en retirer cette fubftance, & l'ajouter au bouillon de viande. M. Darcet a propofé de retirer la *gélatine* des os, & de la faire fervir à la compofition des bouillons, dans les hôpitaux, les hofpices, les établiffemens de charité, &c. Mais comme les bouillons de *gélatine* font fades & qu'ils fe digèrent péniblement, ce favant philantrope veut que l'on y ajoute des légumes aromatiques, comme le céleri, la carotte, le panais, &c., & que l'on continue à employer, dans la confection des bouillons, la quatrième partie de la quantité de viande de bœuf dont on avoit la coutume de fe fervir, afin de lui communiquer la faveur, l'odeur & la couleur qu'ils ont habituellement; enfin, pour ajouter à la *gélatine* une fubftance nommée *ofmazone*, qui exifte dans la chair du bœuf, & à laquelle on attribue une grande partie des excellens effets de cette viande, qui la diftinguent du veau & du poulet, dans lefquels elle n'exifte pas.

On obtient la *gélatine*, foit des fubftances animales, dans les cuifines, foit des débris des animaux dans les fabriques de colle-forte, en faifant bouillir ces fubftances dans l'eau, pendant longtemps, filtrant ce liquide & le laiffant refroidir; fi l'on veut obtenir une *gélatine* tremblante, cette opération fuffit; mais pour l'amener au degré de dureté qu'elle doit avoir pour refter incorruptible, il faut faire évaporer de nouveau le liquide furabondant qu'elle contient, afin de l'amener au degré de confiftance que l'on defire.

M. Darcet emploie, avec fuccès, un procédé fort fimple pour retirer la *gélatine* des os. Il plonge les os dans un vafe contenant de l'acide muriatique étendu d'eau; cet acide enlève le phofphate de chaux, & il refte un corps folide qui conferve la forme des os; ce n'eft, en grande partie, que de la *gélatine* durcie. Ces os *gélatineux*

font mis dans des paniers d'ofier, qu'il plonge à plufieurs reprifes dans l'eau, pour les dépouiller de l'acide qu'ils peuvent retenir; il les dépouille de la partie graiffeufe qui y adhère, & la *gélatine* devient blanche. Ainfi préparée, cette fubftance fe diffout facilement dans l'eau bouillante; elle fe prend en gelée fi on ne lui laiffe qu'une foible proportion d'eau; elle devient dure & folide, fi on la prive davantage de ce liquide, fi on la concentre beaucoup, & dans cet état c'eft de la colle-forte.

La *gélatine* eft en ufage dans la confection des tablettes de bouillon, de la colle-forte & de la colle de poiffon. Séguin a propofé de l'employer comme anti-fébrifuge.

GELÉE; gelus; *froft*; f. f. Action par laquelle l'eau & les fubftances liquides paffent de l'état liquide à l'état folide. On donne également le nom de *gelée* à des préparations faites avec des fubftances animales & végétales, qui prennent de la confiftance en fe refroidiffant, & offrent à l'œil une maffe épaiffe & tremblante.

Tout liquide expofé dans un milieu dont la température foit très-baffe, abandonne peu à peu de fon calorique, diminue de volume & augmente de denfité; la diminution de température continue jufqu'à ce que les molécules du liquide foient affez rapprochées pour que leur attraction agiffe; alors elles fe réuniffent fortement, elles forment une maffe folide; la température à laquelle le liquide change d'état & paffe à l'état folide, eft différente pour chacun d'eux, mais elle eft conftante pour le même liquide. *Voyez* CONGÉLATION.

On donne le nom de *gelée* à la folidification de l'eau expofée à l'action de l'air. Comme l'eau fe folidifie & fe convertit à la température zéro du thermomètre centigrade & du thermomètre de Réaumur, il y a *gelée*, c'eft-à-dire, qu'il y a de la glace de formée, qu'il y a de l'eau de folidifiée, lorfque la température de l'air eft zéro. Comme la température de l'air varie du foir au matin & du matin au foir, & que le minimum de température ou le maximum de froid arrive ordinairement un peu avant le lever du foleil, on remarque fouvent que la température de zéro ne dure qu'un inftant très-court. Dans ce cas il eft poffible que l'on ne remarque aucun indice de *gelée*, parce que, pour que l'eau puiffe fe congeler, il eft néceffaire qu'elle refte quelque temps expofée à cette température.

Si la température fe foutient à zéro, ou ne defcend que très-peu au-deffous de zéro, & qu'elle refte affez long-temps pour exercer fon influence congelante, on voit d'abord la glace fe former fur la furface des eaux, qui ne couvre les corps que d'une couche extrêmement mince; elle fe forme enfuite fur la furface d'une couche d'eau plus épaiffe, & elle fe propage fucceffivement fur des maſſes d'eau plus conſidérables. Le froid augmentant & ſe ſoutenant, la *gelée* devient plus forte; l'épaiſſeur de la glace augmente. Dans les températures peu éloignées de zéro, il ne gèle d'abord que dans les campagnes, les lieux très-aérés; le froid augmentant & ſe ſoutenant, la *gelée* ſe fait appercevoir dans les lieux étroits, à la proximité des habitations, enſuite elle pénètre dans l'intérieur des maiſons, dans les lieux ouverts, puis dans les chambres les plus exactement fermées. Les eaux ſtagnantes ſe gèlent les premières, enſuite celles qui ont un foible courant, puis les rivières les plus rapides; ici la glace ſe forme ſur les bords, elle s'étend, les rivières charient & elles ſe prennent. *Voyez* GLACES.

Quelques liquides, tels que les huiles, ſe gèlent avant que la température de l'air ſoit parvenue à zéro; l'eau ſe gèle enſuite. Le froid augmentant, on voit d'autres liquides ſe geler ſucceſſivement, & cela ſuivant le degré auquel leur congélation doit avoir lieu. *Voyez* CONGÉLATION.

Pour que la *gelée* ſe manifeſte, il eſt néceſſaire que l'air ſoit calme & tranquille; le mouvement de l'air agite les liquides, & ce mouvement retarde leur congélation; c'eſt pourquoi les grands vents ſont un obſtacle à la formation de la glace. Il faut, pour que la *gelée* ſe manifeſte, que la température ſoit beaucoup au-deſſous de zéro, & qu'elle le ſoit d'autant plus que le vent eſt plus fort. Ainſi, quoique les vents du nord & d'eſt ſoient froids, & qu'ils amènent ordinairement la *gelée*, ce n'eſt point lorſqu'ils ſoufflent avec le plus de violence qu'il gèle le plus fortement. L'air, dans les fortes *gelées*, eſt tranquille ou médiocrement agité.

De fortes *gelées* occaſionnent ſouvent de funeſtes effets, ſur les végétaux & ſur les animaux; mais jamais ces effets ne ſont plus funeſtes, que quand la *gelée* ſuccède tout-à-coup à un dégel, à de longues pluies, à une fonte de neige; car, dans ces circonſtances, toutes les parties des végétaux ſe trouvent imbibées de beaucoup d'eau, qui, venant à ſe glacer dans les petits tuyaux où elle s'étoit gliſſée, & augmentant de volume en ſe congelant, elle écarte les fibres & toutes les parties organiques, y cauſe une violente diſtenſion & les rompt. Les arbres même, dont le bois eſt le plus dur, ne ſont pas à l'abri de ces funeſtes effets. On vit, en 1709, en Languedoc & en Provence, périr les oliviers à la ſuite d'une ſemblable *gelée*. Les arbres les plus vieux moururent en grande quantité, parce que leurs fibres, moins flexibles, ſe prêtoient moins à l'effort que faiſoit l'eau *gelée* en ſe dilatant. On vit dans l'hiver de 1788 à 1789, des arbres fendus (1), dans les forêts, par l'effet de la *gelée*.

Un des plus déplorables effets de la *gelée* eſt celui qu'elle exerce dans les pays vignobles, au moment où la ſève commence à s'élever. Cette ſève, congelée dans la vigne, détruit toute l'eſpérance du cultivateur. Avant cette époque, les vignes peuvent être expoſées à de très-fortes *gelées*, ſans éprouver d'accident, principalement lorſque la terre eſt couverte de neige. Dans l'hiver remarquable de 1788 à 1789, le thermomètre marquant à Paris — 17° R. on a obſervé, que toutes les parties des ceps de vignes qui n'étoient point couvertes de neige, étoient fortement endommagées, tandis que celles que la neige couvroit n'avoient pas ſouffert.

Tout le monde ſait que les fruits ſe gèlent dans les hivers qui ſont un peu rudes. Dans cet état, ils perdent ordinairement leur goût, & lorſque le dégel arrive, on les voit, le plus ſouvent, tomber en pourriture. Les parties aqueuſes & ſucrées, ou acides, que ces fruits contiennent en grande quantité, étant changées en autant de petits glaçons dont le volume augmente, briſent & crèvent les petits vaiſſeaux qui les renferment; le ſuc même du fruit ſe décompoſe & l'organiſation eſt détruite.

On obſerve des effets analogues ſur les animaux, dans les pays froids. Il n'eſt pas rare d'y voir des perſonnes qui ont perdu le nez, les oreilles, les pieds, les mains, pour avoir été expoſées à une forte *gelée*. Ces accidens arrivent même quelquefois dans les pays tempérés. Lorſque l'effet de la *gelée* n'a pas été trop fort, que les liquides contenus dans les parties conſidérablement refroidies, n'ont pas encore été ſolidifiés & n'ont pas produit tous les ravages que leur extenſion occaſionne, on ne peut détruire le mal qu'elle produiroit après le dégel, qu'en les amenant lentement & ſucceſſivement à la température moyenne qu'elles doivent ſupporter. Pour cela, on recouvre les parties gelées avec de la neige; celles-ci ſont dans un endroit où la température eſt au-deſſus de zéro. Alors elle ſe fond & conſerve la température de la congélation de l'eau, juſqu'à ce qu'elle ſoit entièrement fondue. Le membre *gelé* ne ſe réchauffe que ſucceſſivement; la circulation ſe rétablit à peu dans la partie attaquée par le froid, & le membre eſt ſauvé. On peut prévenir, de la même manière, la perte d'un fruit *gelé*; mais il faut en faire uſage auſſitôt, parce qu'il a une plus grande tendance à la corruption, que les autres.

Il ſuit de-là, que les fruits qui ſe ſont *gelés* ſur les arbres ſont perdus ſans reſſource, s'il ſurvient un dégel trop conſidérable & trop prompt; c'eſt ce que l'on remarque, principalement, ſur les jeunes fruits. Si, à la ſuite d'une *gelée*, le ſoleil ſe montre dans toute ſa ſplendeur & dirige ſes rayons échaufans ſur les fruits que la *gelée* a attaqués, il eſt rare que l'on puiſſe en ſauver.

Lorſque des animaux, des végétaux, ont été *gelés*, on peut les conſerver, dans cet état, auſſi long-temps que leur congélation dure; mais il faut les manger ou les employer au moment où ils dégèlent. C'est ainsi que l'on transporte, en Russie, à des distances assez considérables, des poissons, des viandes, des fruits *gelés*, que l'on expose en masse dans les grands marchés. Préparés & mangés immédiatement après avoir été dégelés lentement, ils conservent une grande partie de leur saveur.

GELÉE ANIMALE. Substance animale, épaisse, homogène & tremblante. *Voyez* GÉLATINE.

Toutes les *gelées animales* ont la gélatine pour principe constituant. On les compose avec des pieds de veau, des viandes couvertes de leur peau, des os, des viandes blanches, des cornes de cerf, de la chair de vipère, &c. On soumet ces substances à une longue ébullition, dans l'eau, sur un feu doux; lorsque le liquide s'épaissit & qu'il est convenablement rapproché, on le passe à travers un linge ou toute autre substance; dans quelques-unes, on ajoute du sucre en proportion assez forte, quelquefois aussi du vin blanc; on clarifie le tout avec un blanc d'œuf; on passe de nouveau la colature, on la verse dans des pots, où, en se refroidissant, elle prend la forme gélatineuse. Rarement, les *gelées animales* se conservent longtemps en bon état. Dans l'été, elles ne durent pas plus de deux jours sans se décomposer.

On mêle, quelquefois, des acides végétaux à ces *gelées*; ces agens augmentent leur transparence, en dissolvant les particules de phosphate de chaux qui restent suspendues dans la matière gélatineuse, ou en précipitant les matières gélatineuses. Les acides retardent la décomposition des *gelées animales*.

GELÉE BLANCHE; pruina; reif; s. f. Petits glaçons fort menus & très-rapprochés les uns des autres, qu'on aperçoit le matin, sur la surface de la terre, en certains temps de l'année, comme vers la fin de l'hiver ou le commencement du printemps, & vers la moitié ou la fin de l'automne.

Généralement, ces petits glaçons sont produits par la congélation des gouttes de rosée qui se sont déposées, à la surface de la terre, sur les corps qu'ils recouvrent ordinairement. Lorsqu'au moment où ils se déposent & pendant tout le temps qu'ils existent, la température de l'air & celle des corps que la rosée couvre, ne sont pas assez froids pour congeler les gouttes d'eau, celles-ci restent à l'état liquide, jusqu'à ce qu'elles soient absorbées ou évaporées; mais si la température, ou les corps qu'elles recouvrent, sont assez froids pour congeler ces gouttes d'eau, elles forment des petits glaçons d'une couleur blanchâtre, qui couvrent des surfaces plus ou moins grandes: c'est cette couleur blanche qui a fait donner, à cette congélation, le nom de *gelée blanche*.

Assez ordinairement on voit de la *gelée blanche*,

quoique la température de l'air n'ait pas été jusqu'à zéro, qui est le terme essentiellement nécessaire pour la congélation de l'eau; aussi la *gelée blanche* se fait-elle toujours apercevoir avant la *gelée*. Il suffit, pour que la *gelée blanche* se forme, que la température de l'air approche de celle qui est nécessaire à la *gelée*.

On peut rapporter cette congélation, qui devance la température nécessaire à la formation de la glace, à l'évaporation des gouttes de rosée, qui ont été déposées sur les corps qu'elles recouvrent. Cette évaporation n'étoit produite qu'à l'aide du calorique, que l'eau, qui se vaporise, enlève au corps qu'elle touche; il en résulte, que les molécules de la rosée, voisines de celles qui se vaporisent, se refroidissent, parviennent bientôt à zéro, si la température en est très-rapprochée, & dépassent même ce terme. Alors les gouttes de rosée se congèlent & produisent de la *gelée blanche*. Aussi, la *gelée blanche* est-elle formée principalement, les matinées où l'air est sec & propre à recevoir une grande quantité d'humidité. Le vent accélère aussi la formation de la *gelée blanche*, parce qu'il accélère l'évaporation, & c'est en quoi la formation de la *gelée blanche* diffère de celle de la *gelée*, puisque celle-ci est retardée par le mouvement de l'air. Il arrive souvent que la rosée, qui étoit encore liquide avant le lever du soleil, devient *gelée blanche*, peu d'instans après que cet astre est monté au-dessus de l'horizon, parce que le premier effet de sa présence est de favoriser l'évaporation; & quoique ses rayons échauffent en même temps la rosée, comme l'échauffement de ses rayons est moins grand, que le refroidissement produit par l'évaporation qu'ils occasionnent, la *gelée blanche* se forme aussitôt. Aussi la *gelée blanche*, produite quand le soleil est bien brillant, cause-t-elle le plus de dommage aux fruits, & cela: 1°. parce que les fruits sont d'abord plus refroidis par l'évaporation; 2°. parce qu'ils sont dégelés plus promptement.

Jamais la *gelée blanche* ne recouvre les corps sur lesquels la rosée ne se dépose pas; aussi n'en voit-on jamais sur les métaux polis (*voyez* ROSÉE); mais aussi elle est fort abondante sur les corps que la rosée mouille, comme les ardoises des maisons, le verre, la porcelaine, le bois, les terres sèches, & principalement l'herbe des prés.

Lorsque la rosée a été abondante & que le froid a augmenté lentement & progressivement, qu'il a même dépassé le terme de la congélation, on voit, sur les corps couverts de *gelée blanche*, les bois, les herbes, les pierres, des cristaux bien formés & bien déterminés. Leur forme ordinaire est une enveloppe de pyramide hexaèdre A, *fig.* 88;. Nous avons souvent aperçu deux ou trois enveloppes semblables, placées l'une dans l'autre B, C, D; chaque enveloppe est formée d'une espèce de treillis composé de fil de glace, parallèle au côté de l'hexagone de la base, & qui se réunisfant fur les arêtes des plans, forment des filets marquant les angles plans ; d'autres fois, ce font feulement des plans hexagonaux E, ifolés ou placés les uns fur les autres: Il paroît que toutes ces formes criftallines, qui ont beaucoup de rapport avec celle de la neige, ont l'octaèdre pour élément. *Voyez* Neige.

Gelée noire. Fortes, *gelées* du cœur de l'hiver, lorfque l'air eft très-fec, qu'il ne fe précipite rien, & que la feule eau, répandue fur la furface du fol, fe folidifie. Cette dénomination eft en oppofition avec celle de *gelée blanche*, dans laquelle il n'y a de congelée que l'eau précipitée de l'air.

Gelée végétale. Subftance végétale, épaiffe, homogène & tremblante.

On fait des gelées *végétales* avec la grofeille, les pommes, les coings, les abricots. On exprime le fuc de ces fruits, on le paffe à travers une toile; on y ajoute une quantité donnée de fucre, on le fait fondre, & bientôt le mélange fe prend en une maffe épaiffe & tremblante, qui devient une *gelée*.

Souvent on fe fert du feu dans cette opération ; il accélère la combinaifon du fucre, il évapore une partie de l'humidité, rapproche les particules & donne à la *gelée* plus de confiftance ; mais le feu altère la couleur du fuc & vaporife une partie de fon arôme : auffi les *gelées* faites fans feu font-elles beaucoup préférables aux autres.

Montgolfier & Curaudeau ont propofé de rapprocher les fucs des fruits par l'évaporation froide, c'eft-à-dire, en dirigeant, fur le liquide, un courant d'air fec. Les *gelées*, faites par ce procédé, étoient beaucoup plus agréables que celles que l'on obtenoit par le feu.

Comme les fucs des fruits & des plantes ne recèlent pas tous un principe mucilagineux affez abondant, pour former une *gelée* avec le fucre néceffaire, on ajoute, à ceux qui en ont befoin, une quantité de gélatine fuffifante pour remplacer le mucilage. On peut, pour cet effet, fe fervir de colle de poiffon ou de toute autre colle faite avec foin.

Gémeaux ; gemini ; *zwilling*; f. m. Troifième conftellation du Zodiaque : on la repréfente par ♊.

Dans le Catalogue de Flamfteed, cette conftellation eft compofée de quatre-vingt-cinq étoiles, dont trois de la feconde grandeur, quatre de la troifième, fept de la quatrième, neuf de la cinquième. Il y a, dans la tête de chacun des *gémeaux*, connus fous les noms de *Caftor* & *Pollux*, une étoile de la feconde grandeur. La première eft à la tête du *Gémeau* occidental, & la feconde au *Gémeau* oriental.

Les *Gémeaux* portent différens noms dans les anciens auteurs. C'eft Caftor & Pollux, Apollon & Hercule, Triptoleme & Jafion, Amphion & Zéthus, Théfée & Pirithoüs. Il femble que l'on

ait voulu placer dans le ciel le fymbole de l'amitié. Suivant Schmidt, ce font deux divinités égyptiennes, Horus & Harpocrate, que l'on féparoit jamais ; mais il paroît plutôt que c'eft le fymbole de la fécondité. Les Orientaux ont peint deux chevréaux dans cette conftellation.

On a confervé le nom de figne des *gémeaux* à la partie du ciel dans laquelle le foleil paroît entrer le 20 ou le 21 mai. Lorfque le foleil paroît arriver au dernier point de ce figne, le printemps finit pour les habitans de l'hémifphère feptentrional, & c'eft, au contraire, l'automne qui finit pour les habitans de l'hémifphère méridional.

Gemmes ; gemma. Pierres précieufes colorées par des oxides métalliques.

Il exifte, jufqu'à préfent, une grande confufion dans le claffement des *gemmes* ou pierres précieufes : les uns les ont diftinguées en pierres d'Orient & pierres d'Occident ; d'autres, particulièrement les commerçans, les claffent d'après leur couleur ; mais les pierres les plus précieufes, les diamans, les rubis, les topazes ont des couleurs très-variées. Enfin, on finit par les claffer par leur brillant, leur caffure, leur pefanteur, leur dureté, leur phofphorefcence, leur criftallifation, &c.

Gemme (Sel). Sel marin qui fe retire des mines. Cette dénomination lui a été donnée à caufe de fa reffemblance avec les criftaux des *gemmes*. *Voyez* Sel gemme.

Générateur, *de generare*, *engendrer*, & *d'agere*, *agir* ; generator ; *zeuger* ; f. m. C'eft, en géométrie, ce qui engendre, par fon mouvement, foit une ligne, foit une furface, foit un folide.

Génération ; generatio ; *zeugung* ; fub. f. Action par laquelle on engendre une chofe.

En géométrie, c'eft la formation d'une ligne, d'un plan, d'un folide, par le mouvement d'un point, d'une ligne, d'une furface. Cette *génération* eft purement d'imagination.

En phyfiologie, c'eft la production de fon femblable ; c'eft encore, jufqu'à préfent, un myftère auffi impénétrable qu'admirable.

Génération de la terre. Formation de la terre.

Il eft peu de queftions qui aient été plus fouvent agitées, fur lefquelles on ait préfenté plus d'hypothèfes que celle de la formation de la terre. Nous obferverons que nous n'entendons parler, en aucune manière, de la *génération de la terre* rapportée dans la Genèfe ; nous n'examinerons que celles qui ont été propofées par des hommes.

Parmi toutes les hypothèfes qui ont été propofées, on peut en diftinguer trois : 1°. celle des hydrogéens ; 2°. celle des pyrogéens ; 3°. celle des atmogéens. Les premiers regardent l'eau comme le générateur de la terre ; les feconds, le feu ; les troifièmes, une fubftance atmofphérique.

Hypothèse hydrogéene.

Tout fait croire que l'hypothèse hydrogéene a pris naissance en Égypte. Orphée, Héfiode, Homère, Thalès font, parmi les Anciens, ceux qui ont propagé cette hypothèse : parmi les Modernes on compte Burguet, Burnel, Maillet, Linné, Dolomieu, &c.

Ces favans fuppofoient que l'eau avoit été le grand diffolvant des matières qui conftituent le globe de la terre ; que les molécules de ces fubftances fe font rapprochées, réunies, & fe font précipitées, tantôt fous forme pulvérulente, d'autres fois fous forme criftalline, & que ces dépôts ont formé des couches concentriques de diverfes fubftances qui conftituent la maffe du globe ; que des révolutions furvenues à la furface de la terre, foit par l'action du feu, foit par l'action des eaux, ont dérangé le parallélifme de ces couches, & ont produit des efpèces de bouleverfément, de défordre & même d'ordre partiel que l'on trouve, dans les chaînes de montagnes qui fe rencontrent fur toute la face du globe : ils donnent pour preuve de leur affertion : 1°. que la terre eft un fphéroïde aplati vers les pôles ; forme qui ne peut exifter, avec le mouvement de rotation de la terre, qu'autant que la matière du globe a été liquide, ou dans un état très-voifin de la liquidité ; 2°. les criftaux bien formés que l'on trouve dans un grand nombre de roches, criftaux dont on ne peut concevoir la formation, qu'autant que les fubftances qui les compofent ont été tenues dans un liquide, & ce liquide eft l'eau.

On demande aux hydrogéens, ce qu'eft devenue l'eau qui tenoit en diffolution les fubftances qui fe font précipitées ? Ici ils affirment qu'elle eft contenue dans de grandes cavités qui fe font rapprochées du centre de la terre, & que la partie folide du globe n'eft qu'une enveloppe, qui doit avoir une épaiffeur que nous ne pouvons pas apprécier.

A cette réponfe on obferve que fi la terre étoit compofée d'une enveloppe folide & d'eau, que la denfité de la terre devroit être une moyenne entre la denfité des matières de l'enveloppe & de l'eau ; qu'en fuppofant la denfité moyenne des matières de l'enveloppe 3,000, celle de l'eau étant 1,000, la denfité moyenne du globe ne devroit être que de 1,500 à 2,000 ; cependant il réfulte des expériences faites par Cawendish, que la denfité moyenne de la terre eft de 5,480. On leur demande enfuite comment on peut concevoir ces grandes cavités avec une denfité auffi confidérable ?

Quant aux criftaux, on leur obferve qu'ils peuvent être formés indiftinctement par le feu ou par l'eau, ce qui eft prouvé par les expériences de Halles (1).

(1) *Annales de Chimie*, tome LIX, page 170.

Hypothèse pyrogéene.

Il eft extrêmement probable que cette hypothèfe a pris naiffance en Afie. Zoroaftre, les brames, les fages de l'Orient, les mages, les ftoïciens, les philofophes du Portique, font, parmi les Anciens, les propagateurs de cette opinion. Defcartes, Leibnitz, Whifton, Buffon, &c. font, parmi les Modernes, les défenfeurs de l'opinion indienne, c'eft-à-dire, de la formation de la terre par le feu.

Les uns fuppofoient que la terre avoit été originairement en combuftion, & qu'elle refplendiffoit de lumière comme le foleil ; que cette combuftion a ceffé, mais qu'elle a confervé un état de liquidité ; que le globe s'eft refroidi, les fubftances liquéfiées fe font précipitées : d'abord celles d'une plus difficile fufion, puis celles d'une fufion plus facile ; qu'en fe précipitant dans un liquide, qui ne devoit fe folidifier qu'à une température plus baffe, des fubftances fe font criftallifées, d'autres n'ont point affecté de forme régulière ; d'où réfultent ces roches compofées de fubftances criftallifées & de fubftances amorphes.

D'autres prétendent que le globe de la terre eft formé, ainfi que toutes les autres planètes de notre fyftème folaire, de fragmens du foleil, qui ont été détachés de cet aftre par le choc d'une grande comète, & que ces fragmens ayant été chaffés à des diftances différentes, il en réfulte les pofitions & les diftances refpectives des diverfes planètes au foleil.

Ils donnent pour preuve de l'état liquide du globe : 1°. fa forme ellipfoïdale aplatie vers les pôles ; 2°. la diminution fucceffive de la chaleur centrale.

On peut voir à l'article CHALEUR CENTRALE, l'opinion que l'on peut & que l'on doit en avoir.

Au refte les hydrogéens ne s'occupent, dans leur hypothèfe, que de la formation de la terre feulement ; ils n'examinent ni fon mouvement, ni fon rapport avec les autres corps du fyftème planétaire. Les pyrogéens, au contraire, particulièrement ceux qui prétendent que les planètes font des fragmens du foleil, expliquent & la formation des planètes & leur mouvement.

Mais, dans ces deux hypothèfes, on n'explique pas : 1°. le mouvement de toutes les planètes dans une même direction, qui eft celle du mouvement de rotation du foleil, d'occident en orient ; 2°. le peu d'excentricité des orbes planétaires ; 3°. le mouvement de rotation des planètes dans le même fens que celui de leur tranflation, c'eft-à-dire, d'occident en orient ; 4°. la formation des fatellites & leur mouvement autour des planètes, dans un orbe peu excentrique & dans la même direction que celui des planètes, d'occident en orient, ainfi que leur mouvement de rotation ; 5°. le peu d'inclinaifon des orbes, des planètes & des fatellites, les uns fur les autres, puifque tous les corps qui compofent notre fyftème planétaire

taire paroiſſent ſe mouvoir dans le même plan. Cependant, quel que ſoit le ſyſtème que l'on propoſe ſur la *génération de la terre*, ce ſyſtème doit pouvoir être appliqué à la *génération* des autres corps du ſyſtème planétaire, & il doit, en outre, pouvoir expliquer le mouvement régulier, dans le même ſens, & ſenſiblement dans le même plan, de tous les corps qui compoſent notre ſyſtème planétaire. C'eſt le but que s'eſt propoſé l'auteur de l'hypothéſe atmogéene.

Hypothèſe atmogéene.

Nous devons au célèbre géomètre Laplace la brillante conception de cette belle hypothèſe ; il l'a conſignée dans le chapitre IV du livre VI de ſon *Expoſition du ſyſtème du monde*. Nous allons la tranſcrire littéralement, dans la crainte d'en altérer le ſens.

« La conſidération des mouvemens planétaires nous conduit donc à penſer, qu'en vertu d'une chaleur exceſſive, l'atmoſphère du ſoleil s'eſt primitivement étendue au-delà des orbes de toutes les planètes, & qu'elle s'eſt reſſerrée ſucceſſivement juſqu'à ſes limites actuelles ; ce qui peut avoir lieu par des cauſes ſemblables à celle qui fit briller du plus bel éclat, pendant pluſieurs mois, la fameuſe étoile que l'on vit tout-à-coup en 1572, dans la conſtellation de Caſſiopée.

» La grande excentricité des orbes des comètes conduit au même réſultat. Elle indique évidemment la diſparition d'un grand nombre d'orbes moins excentriques ; ce qui ſuppoſe, autour du ſoleil, une atmoſphère qui s'eſt primitivement étendue fort au-delà du périhélie des comètes obſervables, & dont la réſiſtance, en détruiſant les mouvemens de celles qui l'ont traverſée, pendant la durée de cette grande extenſion de l'atmoſphère, les a réunies au ſoleil. Alors, on voit qu'il ne doit préſentement exiſter que les comètes placées, au-delà, dans cet intervalle ; & comme nous ne pouvons obſerver que celles qui approchent aſſez près du ſoleil dans leur périhélie, leurs orbes doivent être fort excentriques. Mais en même temps, on voit que leurs inclinaiſons doivent offrir les mêmes variétés, que ſi ces corps ont été lancés au haſard, puiſque l'atmoſphère ſolaire n'a point influé ſur leurs mouvemens. Ainſi la longue durée des révolutions des comètes, la grande excentricité de leurs orbes, & la variété de leurs inclinaiſons, s'expliquent très-naturellement au moyen de cette atmoſphère.

» Mais comment a-t-elle pu déterminer les mouvemens de rotation & de révolution des planètes & des ſatellites ? Si ces corps avoient pénétré dans l'atmoſphère ſolaire, la réſiſtance les auroit fait tomber ſur le ſoleil ; on peut donc conjecturer que les planètes ont été formées aux limites ſucceſſives de cette atmoſphère, par la condenſation des zônes qu'elle a dû abandonner dans le plan de ſon équateur, en ſe refroidiſſant & en

ſe condenſant à la ſurface de cet aſtre, comme on l'a vu dans le livre précédent. Ces zônes de vapeurs ont pu, par leur refroidiſſement, former des anneaux liquides ou ſolides, autour du corps central ; mais ce cas extraordinaire ne paroît avoir lieu, dans le ſyſtème ſolaire, que relativement à Saturne. Elles ſe ſont généralement réunies en pluſieurs globes, & quand l'un d'eux a été aſſez puiſſant pour attirer à lui tous les autres, leur réunion a formé une planète conſidérable. Il eſt facile de voir que les viteſſes réelles des parties de l'anneau de vapeur, croiſſant avec leur diſtance autour du ſoleil, les globes produits par leur agrégation ont dû tourner ſur eux-mêmes, dans le ſens de leur mouvement de révolution. On peut conjecturer encore que les ſatellites ont été formés d'une manière ſemblable par les atmoſphères des planètes. Les cinq phénomènes expoſés ci-deſſus (& qui ne ſont pas expliqués dans les autres hypothéſes) découlent naturellement de celle-ci. Les anneaux de Saturne, & la découverte des quatre petites planètes ſituées entre Jupiter & Mars, à des diſtances du ſoleil à peu près les mêmes, lui ajoutent un nouveau degré de vraiſemblance. Enfin, ſi, dans les zônes abandonnées ſucceſſivement par l'atmoſphère ſolaire, il s'eſt trouvé des molécules trop volatiles pour s'unir entr'elles ou aux corps céleſtes, elles doivent, en continuant de circuler autour du ſoleil, nous offrir toutes les apparences de la lumière zodiacale, ſans oppoſer une réſiſtance ſenſible au mouvement des planètes.

» Quoi qu'il en ſoit de cette origine du ſyſtème planétaire, que je (Laplace) préſente avec la défiance que doit inſpirer tout ce qui n'eſt pas un réſultat de l'obſervation ou du calcul, il eſt certain que ſes élémens ſont ordonnés de manière qu'il doit jouir de la plus grande ſtabilité, ſi des cauſes étrangères ne viennent point la troubler. Par cela ſeul que les mouvemens des planètes & des ſatellites ſont preſque circulaires & dirigés dans le même ſens & dans des plans peu différens, ce ſyſtème ne fait qu'oſciller autour d'un état moyen dont il ne s'écarte jamais que de quantités très-petites : les moyens mouvemens de rotation & de révolution de ces différens corps ſont uniformes, & leurs diſtances moyennes, au foyer des forces principales qui les animent, ſont conſtantes : toutes les inégalités ſéculaires ſont périodiques. »

Depuis l'impreſſion de cet article, M. de Laplace a publié, dans les *Annales de Chimie & de Phyſique*, tome XI, page 31, de nouveaux détails ſur l'homogénéité chimique & l'hétérogénéité mathématique des couches de la terre, auxquels nous croyons devoir renvoyer nos lecteurs.

GENETHLIAQUES, de γενέθλη, origine, naiſſance ; genethliacum ; *genethliak* ; ſ. f. Eſpèces d'aſtrologues qui dreſſent des horoſcopes & prétendent tirer de l'état du ciel, au moment de la

naiſſance d'un enfant, des prédictions ſur les événemens de ſa vie, ou ſur ſon ſort dans l'avenir.

GENETHLIOLOGIE, de γενεθλη, naiſſance,
& λογος, diſcours; genethliologia; genethliologie;
ſ. f. Art de prédire l'avenir par le moyen des aſtres, en les comparant avec la naiſſance ou la conception des hommes.

Cette charlatanerie aſtrologique, qui étoit beaucoup en uſage dans les ſiècles paſſés, eſt entièrement abandonnée depuis qu'on en a reconnu le
ridicule.

GENNETÉ, phyſicien-fumiſte du dix-huitième
ſiècle, qui prenoit le titre de premier phyſicien
de l'empereur d'Allemagne.

Ce ſavant ſe fit connoître par des inventions
utiles, ainſi que par divers ouvrages.

Il s'étoit propoſé de réſoudre le problème d'une
cheminée qui ne fume point, recherche d'autant
plus importante, à l'époque où il écrivoit, que
toutes étoient plus ou moins, affectées de ce
vice, quoiqu'on eût déjà fait quelques tentatives
pour y remédier. (V. GAUGER, CAMINOLOGIE.)
Genneté n'oublia rien pour parvenir à un perfectionnement. Il fit un grand nombre d'expériences
& alla juſque dans les houillères du pays de Liége,
étudier le mécaniſme de la circulation de l'air,
relativement à ſes vues. Il ne lui ſuffit pas de pourvoir aux moyens d'empêcher la fumée; il voulut
donner à ſes cheminées d'autres avantages, comme
de pouvoir étouffer le feu, lorſqu'il y prend, de
conſerver la chaleur, &c. Quand il crut avoir
aſſez obſervé, il préſenta à l'Académie ſes moyens.
Elle y applaudit, & jugea qu'on pouvoit en eſpérer du ſuccès.

On a de Genneté: 1°. Cahier préſenté à MM. de
l'Académie des Sciences de Paris, ſur la conſtruction &
les effets d'une nouvelle cheminée; Paris, 1759, in-8°.
Cet ouvrage a eu deux éditions, l'une en 1760 &
l'autre en 1764, chez Jombert. 2°. Expériences
ſur le cours des fleuves, 1760, in-8°. 3°. Purification de l'air croupiſſant dans les hôpitaux, les pri-
ſons & les vaiſſeaux; Nanci, 1767, in-8°. 4°.
Manuel des laboureurs, réduiſant à quatre chefs principaux, ce qu'il y a d'eſſentiel dans la culture des
champs; Nanci, 1767. 5°. Pont de bois de charpente horizontale, ſans piles ni chevalets, ni autre
appui que ſes deux culées, &c. 1770, in-8°. 6°.
Connoiſſances des veines de houille & de charbon de
terre, & leur exploitation dans la mine qui les contient; Nanci, 1774, in-8°. 7°. Origine des fontaines, & de-là, des ruiſſeaux, des rivières & des
fleuves; Nanci, 1774, in-8°.

GENOU, de γονυ; genu; nux; ſ. m. Ce mot
a différentes acceptions.

En anatomie, c'eſt la partie du corps humain
qui joint la jambe avec la cuiſſe, par-devant.

En mécanique, c'eſt une boule de cuivre B, fig.
883, ou d'autres matières emboîtées entre deux

mâchoires A A, ſerrées par une vis V, de telle
ſorte qu'elle peut tourner ſans peine de tous côtés,
comme on veut.

On diviſe le genou en deux eſpèces: le ſimple
& le double. Le premier A B, fig. 883 (a), appliqué à un quart de cercle, eſt un axe vertical,
portant une ouverture horizontale à ſa partie ſupérieure. L'axe tourne dans une cavité du pied
de l'inſtrument; & l'ouverture ſupérieure reçoit
le cylindre qui eſt fixé au centre du quart de cercle
& qui y tourne à frottement.

Le genou double, fig. 883 (b), A B C, contient
une autre pièce ſemblable qui tourne dans la précédente; & qui ſert à incliner le plan d'un quart
de cercle.

Dans les graphomètres, les bouſſoles & autres
inſtrumens légers, on ſe ſert d'un genou plus ſimple, qui ne conſiſte qu'en une boule, fig. 883, fixée
par une tige à la partie ſupérieure de l'inſtrument,
& qui eſt reçue dans une mâchoire concave du
pied ou du ſupport, où elle tourne à frottement.
On rend le frottement plus ou moins dur, en ſerrant avec une vis V, les deux calottes ou hémiſphères qui forment cette mâchoire.

GENOVINE, croiſat. Écu d'argent de la ſeigneurie de Gênes.

La genovine vaut 20 ſous = 240 den. de Gênes
= 8,230 liv. = 8,128 fr.

GENRE, de generis, engendre; genus; geſ-
chlecht, gattung; ſ. m. Collection d'objets réunis ſous un point de vue qui leur eſt commun &
propre.

En géométrie, les lignes ſont diſtinguées en
genres ou ordres, ſelon le degré de l'équation qui
exprime le rapport qu'il y a entre les ordonnées &
les abſciſſes. Les lignes du ſecond ordre, ou ſections coniques, ſont appelées courbes du premier
genre; les lignes du troiſième ordre, courbes du
ſecond genre, & ainſi des autres.

En algèbre, on appliquoit autrefois le nom genre
au degré de l'équation; ainſi l'on diſoit équation
du ſecond genre, du troiſième genre, pour équations du ſecond & du troiſième degré dans les
équations des quantités différentielles; on appelle
quelquefois différentielles du ſecond, du troiſième
genre, &c. ce qu'on appelle, plus communement,
différentielles du ſecond, du troiſième ordre, &c.

On diſtingue en muſique le genre diatonique, le
chromatique, l'enharmonique. Ces diſtinctions ont
été faites par les Anciens comme par les Modernes;
mais les uns & les autres conſidèrent ces genres
d'une manière fort différente. C'étoit, pour les
Anciens, autant de manières différentes de conduire le chant ſur certaines cordes preſcrites.
C'eſt, pour les Modernes, autant de manières de
conduire le corps entier de l'harmonie, qui forcent
les parties à ſuivre les intervalles preſcrits par ces
genres; de ſorte que le genre appartient encore plus

à l'harmonie qui l'engendre, qu'à la mélodie qui le fait fentir.

GÉOCENTRIQUE, de γῆ, *terre*, & κεντρον, *centre*; geocentricum; *geocentrifch*; adj. Lieu d'une planète, en tant qu'on la confidère par rapport à la terre.

GÉOCENTRIQUE (Latitude). Angle que fait une ligne qui joint une planète & la terre avec le plan de l'orbite terreftre, qui eft le véritable écliptique, ou, ce qui eft la même chofe, c'eft l'angle que la ligne qui joint la planète & la terre forme, avec une ligne qui aboutiroit à la perpendiculaire, abaiffée à la planète, fur le plan de l'écliptique. *Voyez* LATITUDE GÉOCENTRIQUE.

GÉOCENTRIQUE (Longitude). Lieu de l'écliptique auquel répond une planète vûe de la terre. *Voyez* LONGITUDE GÉOCENTRIQUE.

GÉOCYCLIQUE, de γῆ, *terre*, & χυχλος, *cercle*; geocyclicum; *geocyklick*; f. m. Machine propre à repréfenter le mouvement de la terre autour du foleil, & furtout l'inégalité des faifons, par le parallélifme conftant de l'axe de la terre.

Ces machines font faciles à imaginer. Il fuffit, pour repréfenter le parallélifme de la terre, que fon axe foit placé fixement fur une poulie, & qu'au centre du foleil, il y ait une poulie égale à l'autre, avec un cordon fans fin, qui paffe fur ces deux poulies, & qui ferre l'un & l'autre : alors on pourra faire tourner la terre tout autour du foleil, fans que fon axe ceffe d'être incliné & dirigé vers la même région du ciel, & parallèle à lui-même.

GÉODE, de γεωδης, *terreftre*; geodum; *klaperftein*; f. f. Coques pierreufes, ou pierres creufes de différentes formes, & tapiffées intérieurement de diverfes criftallifations.

GÉODÉSIE, de γῆ, & δαιω, *divifer*; geodefia; *geodefie*; f. f. Partie de la géométrie qui enfeigne à mefurer, à divifer les terres & les champs entre plufieurs propriétaires.

On applique auffi quelquefois le mot *géodéfie*, à des opérations géométriques ou trigonométriques, néceffaires pour lever une carte, foit en petit, foit en grand. C'eft pour cette raifon que quelques auteurs ont appelé *opérations géodéfiques*, celles qu'on fait pour trouver la longueur d'un degré terreftre du méridien, ou, en général, d'une portion quelconque du méridien de la terre. Ils les appellent ainfi, pour les diftinguer des *opérations aftronomiques* que l'on fait pour trouver l'amplitude de ce même degré.

GÉOGNOSIE, de γῆ, *terre*, & γνωσις, *connoiffance*; geognofia; *geognof*; f. f. Science qui

apprend à connoître la ftructure, la fituation & la nature des grandes maffes de matières pierreufes, ou d'autres fubftances minérales qui entrent dans la compofition de l'écorce de la terre.

GÉOGONIE, de γῆ, *terre*, γονος, *génération*; geogonia; *géogonie*; f. f. Génération de la terre.

La *géogonie* eft une des divifions de la géographie phyfique; cette dénomination a été introduite par les Allemands. *Voyez* GÉNÉRATION DE LA TERRE.

GÉOGRAPHIE, de γῆ, *terre*, & γραφω, *décrire*; geographia; *erdekunde*; f. f. Science qui enfeigne la pofition de toutes les régions de la terre, les unes à l'égard des autres, & par rapport au ciel, avec la defcription de ce qu'elle contient de principal.

On diftingue la *géographie* en univerfelle & particulière. La première confidère toute la terre en général, fans entrer dans les détails particulier des pays; la feconde décrit la fituation & la conftitution de chaque pays féparément; & on fubdivife cette dernière en chorographie, qui décrit des pays d'une étendue confidérable, & en topographie, qui n'embraffe qu'un lieu ou une pétite portion de terrain.

Née en Egypte, la *géographie*, comme les autres beaux-arts, occupa fucceffivement l'attention des Grecs, des Romains, des Arabes & des peuples occidentaux de l'Europe.

La première carte géographique dont parlent les auteurs anciens, eft celle de Séfoftris, le premier & le plus grand conquérant de l'Egypte. Mais quelqu'ancienne que l'on puiffe fuppofer la *géographie*, elle fut long-temps à devenir une fcience fondée fur des principes certains. Les Grecs afiatiques furent les premiers qui, aidés des lumières des aftronomes chaldéens & des géomètres d'Egypte, commencèrent à former différens fyftèmes fur la nature & la figure de la terre. Les uns la croyoient nager dans la mer, comme une balle dans un baffin d'eau; d'autres lui donnoient la figure d'une furface plate, entrecoupée d'eau; mais Thalès le Miléfien fut le premier qui conftruifit un globe terreftre & repréfenta, fur une table d'airain, la terre & la mer.

Plufieurs favans s'occupèrent alors, avec fruit, de la *géographie* : on entreprit des voyages fur mer, on recueillit les obfervations des marins. Strabon parle, dans fes écrits, de voyages faits autour du monde; Eratofthène entreprit de calculer la grandeur de la terre, pendant qu'Hypparce cherchoit à déterminer la latitude & la longitude des pofitions que l'on connoiffoit, & qu'Hécatée écrivoit un traité fur la *géographie*. Enfin, Ptolomée recueillit tout ce qui avoit été écrit fur la *géographie* pour en former un corps de doctrine.

Avec les arts, le goût de la *géographie* ne tarda pas à paffer de la Grèce à Rome. Scipion

Emilien donna des vaiſſeaux à Polybe, pour re-connoître les côtes d'Afrique, d'Eſpagne & des Gaules.

Sous le conſulat de Jules-Céſar & de Marc-Antoine, le ſénat conçut le deſſein de faire dreſ-ſer des cartes de l'Empire, plus exactes que celles qui avoient paru juſqu'alors : Zénodore, Théo-dore & Polyclète furent employés à cette grande entrepriſe.

On acheva, ſous le règne d'Auguſte, la deſ-cription générale du Monde, à laquelle les Ro-mains avoient travaillé pendant deux ſiècles. Cette deſcription fut achevée ſur les Mémoires d'Agrippa & fut miſe au milieu de Rome, ſous un grand por-tique bâti exprès.

Par ſuite de la décadence de l'Empire romain, la barbarie ayant chaſſé d'Europe l'amour des ſciences & des arts, elle alla ſe réfugier en Aſie, & trouva chez les Arabes un aſyle favorable.

Almamond, califes de Babylone, fit traduire, du grec en arabe, le livre de Ptolomée, connu ſous le nom d'Almageſte, & il fit meſurer, au travers des plaines de Senar, un degré du grand cercle de la ſphère.

Ce ne fut que dans le ſeizième ſiècle que la géographie a été cultivée avec ſuccès en Europe. L'Allemagne, l'Angleterre, l'Italie, l'Eſpagne, la Suède, la Ruſſie & la France ont produit un grand nombre d'ouvrages précieux.

Il eſt facile de conclure de cet expoſé, que la géographie doit être diviſée en trois grandes épo-ques : 1°. géographie ancienne ; 2°. géographie du moyen âge ; 3°. géographie moderne : la première contient la deſcription de la terre, conformé-ment aux connoiſſances que les Anciens en ont eu, juſqu'à la décadence de l'Empire romain ; la ſeconde, depuis la décadence de l'Empire romain, juſqu'au renouvellement des lettres, & la troi-ſième depuis le renouvellement des lettres juſqu'au moment actuel.

GÉOGRAPHIE DES INSECTES. Deſcription de la diſtribution des inſectes ſur la ſurface de la terre.

M. Latreille, qui s'eſt occupé de ce travail, a lu à l'Académie des Sciences, en 1816, un Mé-moire ſur la géographie des arachnides & des inſectes, dans lequel il fait voir, que la totalité ou le plus grand nombre des arachnides & des inſectes, qui habitent des contrées ſéparées par de grands eſpaces, appartiennent à des eſpèces différentes, lors même que ces contrées, ſituées ſous le même parallèle, jouiſſent d'une égale tem-pérature : ainſi, les inſectes de la Chine ſont diſ-tincts de ceux de l'Europe & de l'Aſie.

Quand les pays où les inſectes font leur ſéjour, font ſéparés par des barrières naturelles, telles que des mers, des chaînes de montagnes très-élevées, des déſerts, les inſectes y diffèrent ſpé-cifiquement, ce qui eſt naturel. Ainſi les inſectes

& les arachnides de la Nouvelle-Hollande diffè-rent de ceux de l'ancien continent & de l'Amé-rique ; il en eſt de même de ceux de la Guyane & du Pérou, ſéparés par les Cordillières. Lorſ-qu'on paſſe de France en Piémont, par le Col-de-Tende, on aperçoit un changement bruſque dans les inſectes.

On ne trouve les Agres, Galérites, Nillions, Tetraonix, Ruteles, Doryphores, Alurnes, Éro-tyles, Cupers, Corydales, Labides, Pélécines, Cen-tris, Eugloſſes, Hélyconiens, Erycines, Caſtnies, &c., que dans le nouveau continent.

Il paroît conſtant qu'un eſpace en latitude, meſuré par un arc de douze degrés, produit, abſtraction faite de quelques variations locales, un changement très-ſenſible dans la maſſe des eſpèces, & que ce changement eſt preſque total, ſi l'arc eſt de vingt-quatre degrés, comme du nord de la Suède au nord de l'Europe.

En s'élevant ſur une montagne, à une hauteur où la température, la végétation, le ſol, ſont les mêmes que dans une contrée bien p'us ſepten-trionale, on y découvre pluſieurs eſpèces qui ſont particulières à celles-ci, & que l'on chercheroit en vain dans les plaines & les vallées qui ſont au pied de ces montagnes.

Une obſervation aſſez eſſentielle, c'eſt le chan-gement de couleur produit par la variation dans l'intenſité de la lumière ; elle change du jaune en orangé & en rouge, lorſque la lumière augmente ; & le jaune paſſe au blanc lorſqu'elle diminue. Dès qu'en allant du Nord au Midi, on arrive à l'île de Ténérife, on s'aperçoit déjà que notre papillon Chou (Papilio cheiranthi), & celui qu'on nomme le Vulcain (Atalanta), ont éprouvé une modifica-tion dans leurs couleurs. Les papillons diurnes de nos montagnes ont, ordinairement, le fond des ailes blanc, ou d'un brun plus ou moins vif.

GÉOGRAPHIE MÉDICINALE. Deſcription de la terre, relativement à la médecine.

En examinant attentivement le globe de la terre, on le voit diviſé en deux grandes parties, terre & eau ; la portion couverte de terre eſt iné-gale ; on y aperçoit de très-hautes montagnes, dont pluſieurs ſont couvertes de glaces éter-nelles ; de longues & profondes vallées, des por-tions planes ; les unes couvertes de ſables brûlés par les rayons du ſoleil, d'autres couvertes de plantes cultivées par la main des hommes, puri-fiant l'air par leur végétation ; d'autres couvertes d'immenſes & noires forêts qui entretiennent l'hu-midité ; d'autres, enfin, remplies d'eaux bour-beuſes, ſtagnantes, marécageuſes, dont s'exha-lent des gaz malfaiſans & des miaſmes peſtilen-tiels.

Diviſant la terre par zônes, on aperçoit que les unes ont une température élevée, conſtante & uniforme ; les autres une température froide & glaciale, d'autres une température moyenne.

Les plantes & les animaux se sont divisé la surface de la terre : on trouve sous chaque latitude, à chaque élévation, des plantes & des animaux qui y naissent & y croissent naturellement ; transportés sous d'autres climats, ils y meurent souvent, ou n'y vivent que par les soins multipliés que l'on en prend. L'homme seul se transporte partout, vit partout ; mais il éprouve, dans chaque nouvelle région, des maladies plus ou moins graves, jusqu'à ce qu'il y soit habitué.

Il résulte, pour l'homme, des moyens de nutrition existans dans chaque région, des températures, de la disposition des eaux & des terres dans chaque climat ; des mœurs les plus discordantes, les propensions les plus bizarres, l'origine de plusieurs maladies, telles que le farcin des Moluques, le pian des nègres, la proctalgie des Brasiliens, des engorgemens éléphantiaques en des contrées humides & chaudes, la plique polonaise, le tarbo des Egyptiens, les lèpres, la peste, les fièvres, & en particulier la fièvre jaune, la variole, la syphilis, & mille autres affections dues principalement à la nature particulière des températures, des eaux, de l'air, &c. Mais aussi le transport dans un autre lieu, la respiration d'un air plus rare ou plus condensé, procure la guérison de diverses maladies : c'est ainsi, par exemple, que les plus violens délires, la frénésie, la méningite, occasionnés, dans l'été, par la grande chaleur des vallées, cessent dès que l'on a pu transporter aux sommités froides des montagnes, les individus qui en sont attaqués.

Chaque climat, chaque région, chaque position du globe, ainsi que les usages, les mœurs de chaque pays, pouvant contribuer à engendrer diverses maladies & en guérir d'autres, il seroit précieux pour l'humanité, que l'on eût une connoissance aussi exacte qu'il est possible de l'influence de chaque pays, soit sur le natif qui l'habite, soit sur l'étranger qui y arrive : malheureusement nous sommes loin de les avoir. Quelques faits ont déjà été recueillis : mais ils sont en si petit nombre ! Nous formons donc le vœu bien sincère que des médecins habiles, des physiciens instruits, recueillent tous les faits isolés & positifs qui peuvent avoir du rapport à la santé & à la maladie des hommes dans chaque partie de la terre. Ces faits étant publiés, un homme de génie s'en emparera ; il les classera, les ordonnera, en formera un corps de doctrine, & nous aurons une *géographie médicinale*, qui nous manque.

GÉOGRAPHIE MINÉRALE. Description de la terre, relativement aux minéraux dont sa surface est formée.

Sur la fin du siècle dernier, les géologues se sont enfin aperçu qu'il leur manquoit des faits, pour pouvoir connoître l'enveloppe terrestre ; alors, au lieu de se livrer à des hypothèses plus ou moins vagues, comme leurs devanciers, ils ont été étudier les chaînes de montagnes, observer leur structure, & ont publié leurs observations. Déjà un grand nombre de faits ont été recueillis & publiés. Cet esprit d'observation se continuant, tout nous fait espérer que nous aurons enfin une géologie. *Voy.* GEOLOGIE, SAUSSURE.

GÉOGRAPHIE PHYSIQUE. Description du globe de la terre sous deux rapports également importans & fortement liés ensemble, la structure intérieure du globe & sa forme extérieure. Ces objets peuvent être représentés par des cartes *géographiques*, & ils tiennent aux causes physiques qui ont concouru en différens temps à la construction actuelle de la terre. *Voyez* GÉOLOGIE.

GÉO-HYDROGRAPHIE, de γη, *terre*, υδωρ, *eau*, & γραφω, *décrire* ; geo-hydrographia ; *géohydrographie* ; s. f. Description des eaux sur la surface de la terre. *Voyez* HYDROGRAPHIE.

GÉOLOGIE, de γη, *terre*, λογος, *discours* ; geologia ; *géologie* ; s. f. Science qui a pour objet la connoissance de l'histoire naturelle du globe.

Cette science, qui ne peut s'étudier que dans les voyages, se distingue de la minéralogie, dit Haüy (1), en ce que celle-ci est livrée plus particulièrement à la description des espèces, & la *géologie* à celle des masses ; l'une range les minéraux dans les classes indiquées par l'analyse ; l'autre les considère comme naturellement distribuées par domaines : l'une rassemble l'élite de toutes les productions du règne minéral, elle recherche celles où les caractères les plus nettement prononcés permettent de saisir les ressemblances qui les rapprochent, & les contrastes qui les font ressortir ; l'autre s'attache de préférence aux minéraux qui marquent le plus par leur abondance, par leurs gissemens & leurs relations de positions, par le rôle important qu'ils jouent dans la structure du globe : les résultats de l'un ressemblent davantage à ces desseins où tout est soigné & fini ; ceux de l'autre ont plus d'analogie avec ces tableaux où l'on reconnoît une main hardie & vigoureuse. Chacune a ses théories : la minéralogie dévoile les propriétés physiques des êtres qu'elle considère, & pour en rendre l'étude piquante, elle y joint celle des causes dont ils dépendent ; elle détermine, à l'aide d'un calcul, les lois qui président à la structure des corps réguliers, &, non contente d'expliquer ce qui est soumis à ses observations, elle enveloppe, dans ses formules, tous les possibles, & fait sortir en quelque sorte, d'avance, des retraites souterraines, les formes qui se dérobent à ses yeux..... La *géologie*, de son côté, démêle dans la composition diversifiée des terrains, les indices d'une formation plus ancienne ou plus récente ; elle marque

---

(1) *Traité de Minéralogie*, tome IV, page 419.

les tranfitions qui fervent à lier les extrêmes; elle contemple à la fois les formes des grandes maffes, leurs différentes hauteurs, leur ftructure, leur enchaînement & leur correfpondance; & à la vue de ce vafte enfemble, où il refte encore quelques témoins du travail de la nature, où la main du temps a laiffé, çà & là, fon empreinte, elle peut quelquefois remonter à ce qui a été, par des conjectures toujours précieufes, lorfqu'elles font fagement déduites de l'obfervation, & qu'elles partent d'un efprit fidèle à interpréter le langage des faits, fans avoir l'ambition de fuppléer à leur filence.

GÉOMANCIE, de γῆ, *terre*, & μαντεια, *divination*; geomantia; *géomantie*; f. f. Divination par la terre. *Voyez* DIVINATION.

GÉOMÉTRAL, de *géométrie*; ichnographicus; *geometrifch*; adj. Qui appartient à la géométrie.

En optique, c'eft la représentation d'un objet fait de manière, que les parties de cet objet aient entr'elles la même rapport qu'elles ont réellement dans l'objet tel qu'il eft: le plan *géométral* eft oppofé au *plan perfpectif*, parce que, dans celui-ci, les parties de l'objet font représentées dans le tableau avec la proportion que la perfpective leur donne. *Voyez* PLAN GÉOMÉTRAL.

GÉOMÉTRIE, de γῆ, *terre*, μετρον, *mefure*; geometria; *géometrie*; f. f. Science des propriétés de l'étendue, en tant qu'on la confidère comme fimplement étendue & figurée.

On diftingue, en *géométrie*, trois étendues: en longueur, en largeur & en profondeur. La première, confidérée fans largeur & fans profondeur, fe nomme *ligne* (*voyez* LIGNE); la feconde en longueur & en largeur, confidérées enfemble, indépendamment de la profondeur, fe nomme *furface* (*voyez* SURFACE); l'étendue en longueur, largeur & profondeur, confidérées enfemble, fe nomme *folide* (*voyez* SOLIDE); quelquefois *corps*, *volume*. (*Voyez* ces mots.) On donne encore le nom de *point* à une partie de l'étendue que l'on confidère comme n'ayant aucune étendue: telle eft l'extrémité d'une ligne.

La *géométrie* confidère ces dimenfions féparément les unes des autres; par exemple, la longueur fans la largeur & la profondeur; elle confidère de même la longueur & la largeur, fans avoir égard à la profondeur; enfin, elle confidère le point fans avoir aucune dimenfion. Mais comme il n'exifte point d'étendue qui n'ait les trois dimenfions, la longueur, la largeur & la profondeur, & que le point même a de l'étendue, la phyfique confidère toujours ces dimenfions comme inféparables.

Nous allons donner ici un extrait de l'hiftorique de la *géométrie*, extrait puifé dans l'excel-

lent ouvrage de l'*Hiftoire des mathématiques* de Montucla & de quelques autres auteurs diftingués.

Tout porte à croire que la *géométrie*, comme la plupart des autres fciences, eft née en Egypte, ou, au moins, qu'elle a été tranfmife en Europe, de cette terre claffique. Selon Hérodote & Strabon, les Egyptiens ne pouvant reconnoître les bornes de leurs héritages, confondues par les inondations du Nil, inventèrent l'art de mefurer & de divifer les terres, afin de diftinguer les leurs par la confidération de la figure qu'elles avoient, & de la furface qu'elles pouvoient contenir.

De l'Égypte, la *géométrie* paffa en Grèce, où l'on prétend que Thalès la porta & l'enrichit de plufieurs propofitions de fon invention.

Après lui vint Pythagore, à qui on attribue la fameufe propofition du carré de l'hypothénufe.

Les philofophes qui fuccédèrent à Pythagore, continuèrent à cultiver l'étude de la *géométrie*. Plutarque nous apprend qu'Anaxogore de Clozomène s'occupa du problème de la quadrature du cercle, dans la prifon où il avoit été renfermé, & qu'il compofa même un ouvrage fur ce fujet.

Platon, qui donnoit à Anaxagore de grands éloges fur fon habileté en *géométrie*, en méritoit auffi beaucoup lui-même. On fait qu'il donna une folution très-fimple du problème de la duplication du cube.

Entre Anaxagore & Platon, on doit placer Hippocrate de Chio, l'inventeur de la fameufe quadrature de la lunule.

Euclide recueillit ce que fes prédéceffeurs avoient trouvé fur les élémens de *géométrie*, & il en compofa un ouvrage, que bien des Modernes regardent comme le meilleur en ce genre. Dans fes *Élémens*, Euclide ne confidère que les propriétés de la ligne droite, du cercle, & celle des furfaces, des folides rectilignes & circulaires; ce n'eft pas, néanmoins, que du temps d'Euclide, il n'y eût d'autre courbe connue que le cercle. Les *géométres* s'étoient déjà aperçus qu'en coupant un cône de différentes manières, on formoit des courbes différentes du cercle, qu'ils nommèrent *fections coniques*.

Apollonius du Perge, qui vivoit deux cent cinquante ans avant Jéfus-Chrift, recueillit les différentes propriétés des courbes que plufieurs mathématiciens découvroient fucceffivement; il les réunit & en forma huit livres: on prétend que ce fut lui qui donna aux trois fections coniques les noms qu'elles portent, de *parabole*, *ellipfe* & *hyperbole*.

Dans le même temps qu'Apollonius floriffoit, Archimède s'occupa avec beaucoup de fuccès de la *géométrie*; il nous refte, de ce grand homme, de très-beaux travaux fur la fphère, le cylindre, fur les conoïdes & les fphéroïdes, fur la quadrature du cercle, qu'il trouva une approximation très-fimple & très-ingénieufe, & fur celle de la parabole, qu'il détermina exactement.

Les Grecs continuèrent à cultiver la *géométrie*, même après qu'ils eurent été subjugués par les Romains. La *géométrie* & les sciences, en général, ne furent pas fort en honneur chez ce dernier peuple, comme on peut le voir par la légèreté avec laquelle Cicéron parle d'Archimède, & par le nom de *mathématicien* donné à ceux qui se mêloient de deviner l'avenir. Les Grecs eurent, depuis l'ère chrétienne, & assez long-temps après la translation de l'Empire, des *géomètres* habiles. Ptolomée vivoit sous Marc-Aurèle. Nous avons encore les ouvrages de Pappus d'Alexandrie, qui vivoit du temps de Théodose-Proclus, qui florissoit vers le commencement du sixième siècle, qui démontra les théorèmes d'Euclide, & se rendit fameux par les miroirs (vrais ou supposés) dont il se servit, dit-on, pour brûler la flotte de Vitalien, qui assiégeoit Constantinople.

Une ignorance profonde couvrit l'Orient, après la destruction de l'Empire romain par les Barbares, & la *géométrie*, comme toutes les autres sciences, s'en ressentit. Les sciences & les arts passèrent chez les Arabes : la *géométrie* y fut cultivée avec beaucoup de succès depuis le neuvième siècle jusqu'au quatorzième. Cette nation a produit des astronomes, des *géomètres*, des géographes, des chimistes, &c. On croit que l'on doit aux Arabes les premiers élemens de l'algèbre; mais leurs ouvrages de *géométrie* ne sont point parvenus jusqu'à nous, ou sont encore en manuscrit.

A la renaissance des lettres en Europe, on se borna, presqu'uniquement, à traduire & à commenter les ouvrages de *géométrie* des Anciens, & cette science fit d'ailleurs peu de progrès jusqu'à Descartes. Ce grand homme publia, en 1637, sa *Géométrie*, & la commença par la solution d'un problème, où Pappus dit que les anciens mathématiciens étoient restés. Mais ce qui est plus précieux encore que la solution de ce problème, c'est l'instrument dont il se servit pour y parvenir, l'application de l'algèbre à la *géométrie*. C'étoit le plus grand pas que la *géométrie* eût fait depuis Archimède, & c'est l'origine des progrès surprenans que cette science a faits dans la suite.

On doit à Descartes, non-seulement l'application de l'algèbre à la *géométrie*, mais les premiers essais de *l'application de la géométrie à la physique*, qui a été poussée si loin dans ces derniers temps. L'analyse a renversé, depuis, ses hypothèses & ses calculs; mais ce grand homme n'en a pas moins la gloire d'avoir appliqué, le premier, avec quelque succès, la science de la *géométrie* à la science de la nature, comme il a le mérite d'avoir pensé, le premier, qu'il y avoit des lois du mouvement; quoiqu'il se soit trompé sur ces lois.

Tandis que Descartes ouvroit, dans la *géométrie*, une carrière nouvelle, d'autres mathématiciens s'y frayoient des routes à d'autres égards, & préparèrent cette *géométrie* de l'infini, qui, à l'aide de l'analyse, devoit faire, dans la suite,

d'aussi grands progrès. On compte parmi les géomètres qui ont préparé ce beau travail : Bonaventure, Cavalieri, Grégoire de Saint-Vincent, Pascal, Fermat, Barreau, Wallis, Menaton, Bruncker, Jacques Grégori, Huyghens, &c. Enfin Leibnitz publia, en 1684, les règles du calcul différentiel, que Newton avoit, assure-t-on, trouvé de son côté, & Jean Bernouilli y ajouta, quelques années après, la méthode de différencier leurs quantités exponentielles.

Newton n'a pas moins contribué aux progrès de la *géométrie* pure par son ouvrage sur la quadrature des courbes, que par celui qui a pour titre : *Enumération des lignes du troisième ordre;* mais ces écrits, quelqu'admirables qu'ils soient, ne sont rien en comparaison de l'immortel ouvrage du même auteur, intitulé : *Philosophia naturalis principia mathematica*, qu'on peut regarder comme l'application la plus étendue, la plus admirable & la plus heureuse qui ait jamais été faite à la *géométrie* & à la physique.

L'édifice élevé par Newton à cette hauteur immense, n'est pourtant pas encore achevé; le calcul intégral a été depuis extrêmement augmenté par Bernouilli, Cotte, Maclaurin, & par les mathématiciens qui sont venus après eux. On a fait des applications plus subtiles, plus heureuses & plus exactes de la *géométrie* à la physique; Euler, Lagrange, de Laplace, &, dans ces derniers instans, Poisson, ont beaucoup ajouté à ce que Newton avoit commencé sur le système du monde, & sur l'application de la *géométrie* à la physique.

On divise la *géométrie* en *géométrie élémentaire* & *géométrie transcendante* : on la divise encore en *géométrie ancienne* & *géométrie moderne*. *Voyez* ces mots.

GÉOMÉTRIE ANCIENNE. *Géométrie* employée par les Anciens, avant l'application faite, par Descartes, de l'analyse à la *géométrie*, & dans laquelle ils ne faisoient usage que des constructions graphiques & des principales opérations de l'arithmétique. Ce que cette *géométrie* a de précieux, c'est que l'on y marche successivement de proposition en proposition, & que le passage d'une vérité à une autre y est toujours clair; & quoique souvent long & laborieux, il laisse dans l'esprit une satisfaction que ne donne point le calcul algébrique, qui convainc sans éclairer.

GÉOMÉTRIE DESCRIPTIVE. Moyen de résoudre, avec la règle & le compas, toutes les opérations que l'on soumet ordinairement à l'analyse. Nous devons à Monge la création de cette *géométrie*.

Cet art, dit Monge, a deux objets principaux (1) : le premier est de représenter avec exactitude, sur des dessins qui n'ont que deux dimenfions, les objets qui en ont trois, & qui font fufceptibles de définitions rigoureufes.

Sous ce point de vue, c'eft une langue néceffaire à l'homme de génie qui conçoit un projet, à ceux qui doivent en diriger l'exécution, & enfin, aux artiftes qui doivent eux-mêmes en exécuter les différentes parties.

Le fecond objet de la *géographie defcriptive*, eft de déduire, de la defcription exacte des corps, tout ce qui fuit néceffairement de leurs formes & de leurs pofitions refpectives. Dans ce fens, c'eft un moyen de rechercher la vérité; elle offre des exemples perpétuels du paffage du connu à l'inconnu; & parce qu'elle eft toujours appliquée à des objets fufceptibles de la plus grande évidence, il eft néceffaire de la faire entrer dans le plan d'une éducation nationale. Elle eft non-feulement propre à exercer les facultés intellectuelles d'un grand peuple, & à contribuer par-là au perfectionnement de l'efpèce humaine, mais encore elle eft indifpenfable à tous les ouvriers, dont le but eft de donner aux corps certaines formes déterminées; & c'eft principalement parce que les méthodes de cet art ont été jufqu'ici trop peu répandues, ou même prefqu'entièrement négligées, que les progrès de notre induftrie ont été fi lents.

Toute la *géométrie defcriptive* confifte à concevoir un plan dans l'efpace, & à le projeter, foit fur trois plans rectangulaires entr'eux, foit fur des plans obliques à la projection, foit d'après un fyftème de projection conique. Le premier mode donne le moyen de déterminer les formes & les dimenfions des corps; le fecond, le tracé des ombres; le troifième, la perfpective.

En traçant, fur du papier, les plans des bâtimens qu'ils doivent faire conftruire, les architectes exécutent une petite partie des opérations de la *géométrie defcriptive*; les charpentiers, les tailleurs de pierre, les menuifiers, en traçant leurs épures, les mécaniciens, en deffinant l'enfemble & les détails de leurs machines, exécutent diverfes parties, plus ou moins grandes, de la *géométrie defcriptive*; les architectes, les peintres en décoration, en deffinant des perfpectives, exécutent des opérations de la *géométrie defcriptive*. On voit, d'après ces détails, que diverfes parties de la *géométrie defcriptive* étoient déjà pratiquées depuis longtemps, avant que Mónge s'occupât de cette branche des connoiffances humaines; mais ce que Monge a fait, c'eft de réunir toutes les pratiques en un feul corps de doctrine, de les ramener à des principes fimples & conftans, & de créer ainfi un art nouveau, qu'il a mis à la portée de tous les hommes, une manière de repréfenter fa penfée, qui peut être entendue dans toutes les langues.

GÉOMÉTRIE DU COMPAS. Opérations géométriques qui peuvent être réfolues avec le compas feul.

Parmi les ouvrages qui traitent de la *géométrie*

du compas, nous indiquerons celui de l'abbé Mafcherni : ce favant y a trouvé le fujet d'un grand nombre de problèmes piquans., par la nouvelle condition oppofée, favoir, l'emploi du compas, fans aucun ufage de la règle; ainfi, les deux points terminans d'une ligne étant donnés, trouver, ou entre ces deux points, ou extérieurement, autant d'autres points qu'on voudra, qui foient avec les premiers en ligne droite, & qui divifent leur intervalle en raifon donnée; tirer à une ligne donnée, des perpendiculaires ou des lignes faifant avec elles des angles donnés, &c.; enfin, tous les problèmes de la *géométrie* d'Euclide, & plufieurs autres qui préfentent beaucoup de difficulté; il réfoud même par approximation, divers problèmes d'un ordre fupérieur. Voyez *Geometrica del compaffo*, in 8°., Milan 179.... & *Géométrie du compas*, in-8°., Paris 1798.

GÉOMÉTRIE ÉLÉMENTAIRE. Premiers principes de *géométrie*, à l'aide defquels on parvient à des confidérations plus élevées.

Cette *géométrie* ne confidère que les propriétés des lignes droites, des lignes circulaires, des plans & des folides les plus fimples, c'eft à-dire, des figures rectilignes ou circulaires, & des folides terminés par ces figures. Le cercle eft la feule figure curviligne dont on parle dans la *géométrie élémentaire*; la fimplicité de fa defcription, la facilité avec laquelle les propriétés du cercle s'en déduifent, & la néceffité de fe fervir du cercle pour différentes opérations très-fimples, pour élever une perpendiculaire, pour mefurer un angle, &c., toutes ces raifons ont déterminé à faire entrer le cercle feul dans la *géométrie élémentaire*.

GÉOMÉTRIE MODERNE. *Géométrie* généralement en ufage, depuis la fin du dix-feptième fiècle.

On fait ufage, dans cette *géométrie*, de l'analyfe que Defcartes y a appliquée le premier; on y emploie auffi le calcul différentiel & intégral. A l'aide de ces deux moyens, on parvient plus rapidement & plus facilement à la folution d'une foule de queftions, qui auroient préfenté de grandes difficultés aux géomètres qui ont précédé Defcartes, Leibnitz & Newton; mais auffi on y arrive fouvent, fans être parfaitement éclairé fur la queftion que l'on a réfolue. On peut confidérer les moyens employés dans la *géométrie moderne*, comme des inftrumens ou des machines propres à réfoudre les queftions.

GÉOMÉTRIE SOUTERRAINE. Application de la *géométrie* aux travaux des mines.

Il exifte, dans les travaux des mines, une foule d'opérations qui exigent l'ufage, l'emploi de la *géométrie*; telles font la levée des plans, des galeries, la recherche des dimenfions des filons, de

leur

leur inclinaison à l'horizon, de leur direction relativement aux quatres points cardinaux, du percement des puits, des points où ils doivent correspondre à l'intérieur de la mine, &c. C'est à l'ensemble de toutes les opérations *géométriques*, que ces travaux exigent, que l'on a donné le nom de *géométrie souterraine*.

GÉOMÉTRIE TRANSCENDANTE. Opération *géométrique* qui exige l'application du calcul intégral & différentiel.

Cette *géométrie* s'applique à toutes les courbes différentes du cercle, comme les sections coniques & celles d'un genre plus élevé.

GÉOSCOPIE, de γῆ, *terre*, σκοπεω, *considérer*; geoscopia; *géoscopiè*; s. f. Connoissance que l'on tire de la nature & de la qualité de la terre, en les observant & en les considérant.

GÉOSTATIQUE, de γῆ, *terre*, εςημι, *être en repos*; geostatica; *géostatik*; s. f. Partie de la mécanique qui traite de l'équilibre des corps solides.

Par cette dénomination, on la distingue de l'hydrostatique, qui traite de l'équilibre des corps fluides. Ainsi, on représentoit les solides, en général, par la terre, & les fluides par l'eau. Le mot *hydrostatique* est resté; mais le mot *géostatique* a été simplifié, & changé en celui de *statique*. Voyez ce mot.

GEORGIUM SIDUS; Georgicus sidus; *Georgen planet*; s. f. Nom donné, par Herschel, à la planète qu'il a découverte, en considération de Georges II, roi d'Angleterre. Tous les astronomes de l'Europe l'ont nommée *Uranus*. Voyez ce mot.

GEORGIN. Monnoie d'argent de la seigneurie de Gênes; il contient cent six as d'argent fin. Sa valeur réelle est de 1,148 liv. = 1,134 fr.

GERAH. Monnoie d'Asie. Le *gerah* = 2 ⅖ padion = 38⅖ perutah. Il en faut cinq pour faire une drachme ou denier; il vaut 2 sous 1 den. = 5/18 de livre = 0,1020 fr.

GERÇURE; rimace; *ritz*; s. f. Petites fentes ou crevasses.

Les lapidaires nomment *gerçures*, les glaces ou fêlures qui arrivent aux diamans ou autres substances minérales, lorsqu'on les sépare des rochers où ils sont attachés : les mineurs les frappent & les étonnent avec leurs leviers de fer.

GERME; germen; *keim*; s. m. Partie de la semence qui se développe la première dans la plante, ou qui commence à produire l'animal.

GERSTEIN, mathématicien & physicien allemand, né à Giesen, en février 1701, & mort à Francfort, le 13 août 1762.

Il fut nommé professeur de mathématiques dans l'Université de Giesen, en 1733. S'étant laissé condamner, par défaut, dans un procès qu'il eut contre son beau-frère, & privé d'une partie de son traitement de professeur, il prit le parti de quitter sa ville natale. Il fut à Altona, à Pétersbourg, revint à Darmstadt, où il vécut dans un état voisin de la misère, parce qu'il ne voulut ni s'arranger avec son beau-frère, ni reprendre les fonctions de professeur qu'on lui offrit de nouveau.

Arrêté, en 1748, à Francfort, pour avoir écrit en termes inconvenans au landgrave de Hesse-Darmstadt, il fut conduit au château de Marxebourg pour y rester prisonnier toute sa vie. La cour lui avoit assigné un traitement de deux cents florins, & lui laissoit la liberté de donner des leçons particulières.

Ne voulant pas reconnoître ses torts, ni demander sa grâce, affectant même de braver la cour de Darmstadt, celle-ci lui rend la liberté, en 1760, en lui laissant la banlieue de Braubach pour prison, pendant un an; mais avant l'expiration de ce terme, il trouva le moyen de s'évader & fut se cacher, tantôt à Wisbaden, tantôt à Offenbach, & tantôt à Francfort, où il mourut accablé de tout le poids de l'indigence.

Son caractère inflexible & opiniâtre avoit causé son malheur; mais il étoit plein de probité, & avoit, comme mathématicien, un mérite distingué.

On a de *Gerstein* : 1°. une Machine arithmétique, fort ingénieuse, décrite dans le n°. 438 des *Transactions philosophiques*; 2°. *Tentamina systematis novi ad mutationes barometri ex natura elateris aeri demonstrandas*, Francfort, 1733. 3°. *Methodus nova ad eclipses terra & appulsus lunæ ad stellas supputandas*, Giesen, 1740, in-4°. 4°. *Exercitationes recentiores circa roris meteora*, Offenbach, 1748, in-8°.; 5°. différens *Mémoires astronomiques*, insérés dans les *Transactions philosophiques*, n°s. 433, 473, 482; 6°. un *Traité de perspective* resté manuscrit.

GESTATION; de gestare, *porter*; gestatio; *gestation*; s. f. Exercice que l'on prend en se faisant porter.

On nomme *gestation*, les exercices pendant lesquels le corps reçoit, d'une cause qui lui est étrangère, une quantité de mouvemens suffisante pour agiter le matériel de ses organes, en laissant les muscles des membres dans un état de repos, ou au moins de ne demander d'eux qu'un état de contraction fixe, capable de tenir le corps à demi fléchi; on voit, d'après cette définition, en quoi la *gestation* diffère de l'exercice, qui fait également partie de la gymnastique (voyez GYMNASTIQUE), puisque, dans ce dernier, les membres sont en mouvement, comme dans la marche, la course, la danse, &c.

La *geſtation* étoit fort en uſage chez les Romains, où elle étoit regardée, de même que parmi nous, comme un moyen ſalutaire, parce qu'elle ne procure point de laſſitude, & qu'elle agite le corps de la même manière que les exercices les plus violens; enfin, qu'elle peut être ſupportée par des perſonnes qui ſont dans un grand état de foibleſſe, & qui ſeroient incapables d'entreprendre aucun exercice.

Parmi les manières de s'exercer, dans leſquelles les muſcles ſont dans le repos & le relâchement, & qui conſtituent la *geſtation*, on place, au premier rang, l'équitation & le tranſport dans des charrettes ou des chariots non ſuſpendus, & qui produiſent de grandes ſecouſſes: on met au ſecond rang, parce que l'intenſité des effets eſt moins conſidérable, le tranſport dans des voitures ſuſpendues, dans des chaiſes à porteurs, dans des bateaux, enfin, la navigation. On peut, ſans ſortir de chez ſoi, pratiquer la *geſtation*, en faiſant uſage d'un trémouſſoir, du tabouret ou ſiége d'équitation, d'un lit poſé ſur les pieds inégaux, de l'eſcarpolette, de la balançoire, du lit ſuſpendu ou du hamac.

Une des machines qui ſert à la *geſtation*, le *trémouſſoir*, n'étant pas extrêmement connu, nous allons en donner une deſcription. L'abbé de Saint-Pierre, qui en eſt l'auteur, l'avoit nommé *fauteuil de poſte* (1), parce qu'il l'avoit imaginé pour ſuppléer au ſoulagement que l'on obtient en courant la poſte.

C'eſt, tout ſimplement, un fauteuil que l'on poſe ſur un châſſis, lequel, par un mécaniſme particulier, procure à la perſonne qui on fait aſſeoir, des ſecouſſes auſſi fortes & auſſi fréquentes qu'on le deſire. Ces ſecouſſes, analogues à celles qui ont lieu dans une chaiſe de poſte, ſont produites de devant en arrière, de droite à gauche & de haut en bas. Tantôt ces différens mouvemens ſe ſuccèdent avec régularité, ſouvent ils concourent pluſieurs à la fois. On peut, à ſon gré, les rendre plus bruſques, plus doux, plus prompts, plus lents, plus violens ou plus foibles.

En général, la *geſtation* favoriſe la digeſtion, exerce une influence ſalutaire ſur la circulation, affermit les poumons & régulariſe la reſpiration, réveille l'énergie des appareils ſécrétoires & abſorbans, excite l'appétit, &c. auſſi les médecins habiles l'ordonnent ils dans un grand nombre de circonſtances.

GEYSER. Jet d'eau bouillante qui a lieu en en Iſlande, vers les 64°,52 de latitude & 354°,40 de longitude, à partir de l'île de Fer. Ce jet eſt à ſeize lieues de la côte méridionale, & à ſix lieues nord-eſt du ci-devant ſiége de l'évêché de Skolholdt, près d'une habitation appelée *Haukadal* (2).

(1) *Obſervations ſur la Sobriété.* Paris, 1755.
(2) *Journal des Mines*, tome XXXI, page 5.

Ce jet, connu depuis long-temps, & dont les éruptions ſe font par intervalles, s'élève juſqu'à deux cents pieds de hauteur. *Voy.* EAUX BOUILLANTES (Jets d').

GIORGINO. Monnoie d'argent de la ſeigneurie de Gênes. Il vaut vingt-ſix ſous courant du pays, = 1,126 liv. = 1,112 fr.

GIORNATA. Meſure d'arpentage, en uſage à Turin. Cette meſure vaut 100 tavale, 400 trabuc = 0,7440 d'arpent de France = 0,3744 hectare.

GIRAFFE; *cameloparddalis*; *kamelparder*; ſ. f. Animal d'une forme aſſez bizarre, qui tient du bœuf & du chameau par ſes formes, & qui peut atteindre, avec la tête, à la hauteur de dix-ſept à dix-huit pieds; il a les jambes de derrière beaucoup moins hautes que celles du devant, en ſorte que, quand il eſt aſſis ſur ſa croupe, il ſemble qu'il ſoit entièrement debout.

C'eſt, en aſtronomie, une des conſtellations de la partie ſeptentrionale du ciel, qui eſt placée aſſez près du pôle boréal, entre Céphée, Caſſiopée, Perſée, le Cocher, & la grande & la petite Ourſe. C'eſt une des onze conſtellations qu'Auguſtin Royer a ajoutées aux anciennes, & ſous leſquelles il a rangé les étoiles qui étoient demeurées informes.

On compte, dans cette conſtellation, trente-deux étoiles, dont les plus belles ſont de quatrième grandeur. La tête de la *Giraffe* eſt ſituée entre la queue du Dragon & l'étoile polaire, & elle occupe l'eſpace qui eſt entre la tête de la grande Ourſe & Caſſiopée; les pattes de derrière ſont entre Perſée & le Cocher, & celles de devant ſur la tête du Cocher & ſur celle du Lynx.

GIRANDE, de l'italien *gio*, tourner. C'eſt, en terme de fontainier, un amas de tuyaux d'où l'eau jaillit.

En terme d'artificier, c'eſt la principale caiſſe de feu par laquelle on termine ordinairement le feu d'artifice.

GIRANDOLE, diminutif de *girande*; *waſſer armleuchter*. Jets d'eau qui s'échappent dans pluſieurs directions, & qui produiſent l'effet d'un luſtre d'eau.

GIRASOL, de γυρος, *courber*; *gyros agere*; *tourner en rond*; aſteria; *giraſol*; ſ. m. Pierre d'un blanc-bleuâtre, qui produit diverſes couleurs, ſelon la manière dont on la regarde, & ſelon la direction des rayons de lumière qu'elle reçoit & qu'elle réfléchit. Le rouge eſt la couleur dominante.

Ce minéral eſt placé, par Haüy, parmi les quartz réſinites; il reſſemble à une opale tranſparente, & qui a l'aspect gélatineux. On trouve le *girasol* dans les mêmes lieux que l'opale & l'hydrophane : on le taille en cabochon, comme toutes les pierres à reflet.

On donne encore le nom de *girasol*, à un émail d'un blanc laiteux, qui reflète la lumière sous différentes couleurs.

GIROUETTE, de *gyrare*, *tourner* ; gyrutta ; *wetter fahne* ; s. f. Pièce de fer-blanc, ou d'autre métal, fort mince, taillée en forme de banderole, mise sur un point en un lieu élevé, en sorte qu'elle tourne au moindre vent.

Dans la marine, c'est une petite bande d'étamine placée ordinairement à la tête d'un mât.

Ces sortes de *girouettes* représentent différens objets ; *fig.* 55, 56, 57, 58, 58 (a) ; elles sont placées de manière que l'un de leurs côtés est long & léger, afin que le vent puisse les maintenir dans sa direction, & faire connoître ainsi celle du vent. *Voyez* ANEMOSCOPE.

On peut suppléer aux *girouettes* & aux anémoscopes de plusieurs manières : 1°. en observant la marche des nuages & la direction qu'ils suivent ; cette manière d'observer la direction des vents, indique souvent, dans l'atmosphère, à diverses hauteurs, des courans d'air très-différens ; 2°. en jetant dans l'air des corps légers, tels que des plumes, des aigrettes de plusieurs semences, des flocons de coton ; le vent emporte ces substances, & l'on juge de sa direction par celle que les corps suivent ; 3°. en mouillant un doigt, l'élevant en l'air, pour le soumettre à l'action du vent ; là où le courant d'air vient frapper le doigt humide, il se vaporise une plus grande quantité d'eau que dans toute autre direction, & l'on juge du côté par lequel le vent vient frapper le doigt, par un refroidissement plus considérable que l'on éprouve de ce côté. Ce moyen peut être employé lorsque l'on se trouve dans une plaine, sur le sommet des montagnes, éloigné de toute habitation, que le ciel est sans nuages, & que l'on n'a, à sa disposition, aucun objet que l'on puisse abandonner à l'action du vent.

GISSEMENT, de *jacere*, *être couché*. Manière dont une côte est située par rapport aux rhumbs de vents de la boussole.

C'est encore, en minéralogie, la manière d'être, la position des substances minérales dans le sein de la terre.

GIULIO. Monnoie de l'Etat de l'Eglise. Le *giulio* = 5 bajouello, 50 quatrino. Il faut 2 *giulio* pour un papette, 10 pour un scudo romano, & 16 pour un ducat d'or. Le *giulio* = 0,5466 liv. = 0,5402 fr.

GIUSTINO. Monnoie d'argent de la seigneurie de Venise. Le *giustino* = 5,791 liv. = 5,7192 fr.

GIVRE ; pruina ; reis ; s. m. Brouillards qui, venant à se geler, s'attachent, en forme de petits glaçons, aux branches des arbres & des plantes, aux habits & aux cheveux des voyageurs, aux crins des chevaux, & généralement à tout ce qui s'y trouve exposé : on donne encore au *givre* le nom de *frimat. Voyez* ce mot.

Entre le *givre* & la gelée blanche, il existe cette ressemblance, qu'ils sont formés, l'un & l'autre, par de petites particules d'eau congelées avant qu'elles ne se soient réunies en globules ; mais aussi il existe ces différences essentielles : 1°. que la gelée blanche n'est formée que le matin, soit un peu avant le lever du soleil, soit immédiatement au moment où il se lève, & que le *givre* peut être produit dans tous les instans du jour ; 2°. que la gelée blanche est formée par la congélation de la rosée déposée sur les corps, & que le *givre* est formé par la congélation de l'eau suspendue dans l'air pendant les brouillards.

C'est ordinairement depuis le milieu de l'automne, jusqu'à la fin de l'hiver, c'est-à-dire, dans les mois d'octobre, novembre, décembre, janvier, février & mars, & particulièrement en novembre, lorsque les froids commencent à se faire sentir, à l'époque où se produisent les brouillards, les brumes, que le *givre* se fait apercevoir. En effet, à cette époque, l'air éprouve de grandes variations de chaud & de froid, qui donnent différens degrés de chaleur à l'air, & permet à la vapeur de l'eau de s'interposer entre ses molécules : le refroidissement oblige la vapeur à se précipiter ; elle reste suspendue dans l'air & produit le brouillard (*voyez* BROUILLARD) ; le froid augmentant, les particules d'eau suspendues se congèlent & s'attachent, étant congelées, sur les corps qu'elles touchent ; souvent aussi, lorsque la formation du brouillard a eu lieu, après un froid plus ou moins vif, & que les corps solides n'ont pas encore pu acquérir la température de l'air, celui-ci, en passant, dépose sur les corps froids les particules d'eau qu'il tient en suspension ; ces particules s'y congèlent & produisent du *givre*.

Monge (1) pense qu'il suffit que les corps solides aient des parties amincies & aiguës, pour que l'eau suspendue dans l'air puisse s'y déposer. « Ces substances se mouillent, dit ce savant, en déterminant une précipitation d'eau qui n'auroit pas eu lieu sans leur présence ; & quand la température est sensiblement au-dessous de la congélation, elles se tapissent, sur tous les bords, de cristaux de glace qui sont réguliers, lorsque l'air est transparent & calme, comme dans les cas de la gelée blanche, & qui sont irréguliers, lorsque la transparence est troublée, parce qu'alors l'excès des petits cristaux qui flot-

---

(1) *Annales de Chimie*, tome V, page 50.

tent dans l'air, & qui s'attachent tout formés, troublent perpétuellement la marche de la criftallifation. C'eft le cas du *givre* ou des frimats.

Auffitôt que l'air vient à fe réchauffer, le *givre* fond & fe diffipe ; de l'une ou l'autre de ces manières, ou il tombe à terre, lorfque les particules d'eau fe réuniffent & forment des goutes affez pefantes, ou il s'élève, fe vaporife & s'interpofe dans l'air, pour donner naiffance, par la fuite, à des nuages, fi la vapeur eft affez élevée, ou à des brouillards, fi elle s'élève peu & refte à la furface de la terre.

On rapporte ordinairement au *givre* ou aux frimats, cette efpèce de neige qui s'attache aux murailles après de longues & fortes gelées. Cette congélation eft occafionnée par le refroidiffement, moins prompt, des corps folides que de l'air. Les murailles confervent encore, quelque temps après le dégel, une grande partie du froid qu'elles avoient éprouvé ; l'air plus échauffé, en touchant ces murailles, s'y refroidit, abandonne, par ce refroidiffement, une partie de l'eau en vapeur qui eft interpofée entre fes particules ; cette eau fe dépofe fur la muraille, & s'y congèle auffitôt par le froid de celle-ci.

Quelques perfonnes ont avancé que ces frimats provenoient de l'humidité qui fortoit des murailles ; c'eft une erreur d'autant plus forte, qu'il feroit difficile de concevoir comment il pourroit fortir de l'humidité des murs, pour être congelée à la furface, lorfque toute l'humidité qu'ils contiennent eft déjà à l'état de glace dans l'intérieur.

Pendant les gelées, on voit fe former, fur les vitrages des appartemens, une efpèce particulière de réfeaux de glace, que l'on peut également rapporter au *givre*. L'air de la chambre ayant une chaleur tempérée, le vitrage eft refroidi à l'extérieur par l'impreffion de la gelée, & la vapeur de l'intérieur de l'appartement s'y dépofe & s'y congèle. Pendant le dégel, fi l'air de la chambre eft encore très-froid, & que l'adouciffement vienne de l'air extérieur, ce fera l'humidité extérieure qui s'attachera aux carreaux & qui s'y gelera.

Souvent, pendant les gelées, il fe dépofe fur le bord des foupiraux des caves, dans la partie qui eft expofée à l'extérieur, des quantités plus ou moins grandes de *givre* ; celui-ci eft produit par l'air chaud qui fort par le foupirail de la cave, & qui dépofe, contre fes parois, de l'humidité, que la froideur de ces parois congèle auffitôt.

Dans toutes ces congélations, on voit régner conftamment le même principe : des corps folides, refroidis à un certain degré, glacent les particules d'eau qui s'attachent à leur furface, & ces particules d'eau, c'eft l'air qui les fournit ; mais dans un cas, celui de brumes, l'eau eft déjà abandonnée dans l'air, où elle eft à l'état de liquide fufpendu ; dans un autre, lorfque l'air eft clair & parfaitement tranfparent, l'eau y eft à l'état de vapeur

difféminée dans l'air : dans le premier cas, l'eau abandonnée s'attache fur les corps qu'il touche ; dans le fecond, les corps folides obligent l'air à abandonner une partie de la vapeur qu'il contient ; cette vapeur reprend la forme liquide & mouille les corps.

Tout corps plus froid que l'air qui l'environne, enlève une portion du calorique de l'air qui le touche, le refroidit : cet air, ainfi refroidi, ne peut plus contenir la même quantité de vapeur d'eau interpofée ; la partie furabondante paffe donc à l'état liquide, & fe précipite ; fi le corps d'où naît le refroidiffement, a la propriété d'attirer l'eau, il fe couvrira de molécules aqueufes, qui fe convertiront en glaçons, à un degré de froid fuffifant pour produire cet effet.

Les congélations qui s'attachent aux vitres des fenêtres font quelquefois très-remarquables, par la fingularité des figures qu'elles affectent. De petits brins de glace s'arrangent de manière qu'il en réfulte diverfes figures curvilignes, femblables à de la broderie : rien ne paroît fi contraire à la direction rectiligne & convergente, que les particules de glace fuivent conftamment, quand elles font en pleine liberté. Auffi de Mairan avoue-t-il, que ce phénomène l'embarraffa long temps : à la fin, ayant fait réflexion qu'il ne l'avoit vu que fur des vitres récemment nettoyées, il crut pouvoir conjecturer que les contours dont il s'agit, avoient été formés par la main du vitrier, qui, pour fécher les vitres qu'il venoit de laver, y avoit paffé une broffe avec du fable fin. Selon cette idée, les particules de glace fe feroient logées dans les petits fillons que les grains de fable auroient gravés par le frottement. M. de Mairan penfe auffi, que l'ouvrier qui fabrique le verre, en remuant, avec fa *canne*, la matière vitreufe actuellement en fufion, fait naître, par ce mouvement, diverfes figures curvilignes, qui fubfiftent après le refroidiffement. On pourroit donc appercevoir ce phénomène, indépendamment du nettoyage du vitrier. Comme cette explication eft purement hypothétique, elle auroit befoin d'être vérifiée ou infirmée par l'expérience. Nous nous contenterons d'obferver, que l'on remarque fouvent, fur la furface de l'eau qui commence à fe congeler, des figures courbes, analogues à celles qui fe forment fur les vitrages.

Il eft facile d'imiter la nature, & de faire naître, en toute faifon, un *givre artificiel*, tout-à-fait femblable au *givre naturel*. Il fuffit, pour cet effet, de mettre un mélange frigorifique dans un vaiffeau de verre mince, bien effuyé en dehors, & que l'on tient environ un quart d'heure dans un lieu frais. Ce mélange, produifant un refroidiffement confidérable, de plufieurs degrés au-deffous de la congélation, on voit bientôt tous les dehors du vaiffeau fe couvrir peu à peu d'une efpèce de frimat, ou de neige qui ne diffère pas du *givre* ou de la gelée blanche ordinaire. (*Voyez* CONGÉLA-

TION.) Dans l'opération par laquelle on fait des glaces pour fervir fur les tables, le fabot qui les renferme eft toujours recouvert de *givre*. Le mélange frigorifique le plus fimple eft de la glace pilée & du fel marin.

GLACE; κρυςſαλλος; glacies; *eis*; f. f. Eau folide formée par la congélation de l'eau liquide, occafionnée par le refroidiffement.

Tous les liquides pouvant être amenés à l'état folide par le refroidiffement, il s'enfuit que le mot *glace* pourroit être appliqué à tous les liquides qui fe folidifient par le refroidiffement. *Voyez* CONGÉLATION.

On voit encore, qu'en donnant de l'extenfion à cette définition, on pourroit donner indifféremment le nom de *glace* à tout liquide ou fluide gelé. On pourroit donc dire d'une bougie, c'eft une *glace* de cire; d'un carreau de vitre, c'eft une *glace* de verre; de la ftatue d'Henri IV, c'eft une *glace* de bronze, &c. Mais l'ufage a reftreint le mot *glace*; & il n'eft guère employé que pour défigner l'eau gelée, & pour les préparations des fucs de fruits congelés.

Il fe préfente, dans la formation de la *glace*, des phénomènes affez finguliers, qui ont été obfervés avec beaucoup d'attention par de Mairan, & que nous allons rapporter.

D'abord, on voit fe dégager des bulles d'air, à mefure que l'eau fe refroidit, jufqu'au moment où elle commence à fe congeler; enfuite, s'il ne gèle que foiblement, une pellicule de *glace* très-mince fe forme, à la furface fupérieure qui touche immédiatement l'air; puis on voit partir, des parois du vaiffeau, des filets diverfement inclinés à ces parois, ou faifant avec elles divers angles aigus ou obtus, rarement l'angle droit. A ces filets, il s'en joint d'autres qui leur font de même diverfement inclinés, & à ceux-ci d'autres encore, & ainfi de fuite. Tous ces filets fe multiplient, s'élargiffent, forment des lames qui augmentent en nombre & en épaiffeur, & produifent une maffe folide par leur réunion. A mefure que le froid continue & qu'il augmente, ce premier tiffu de *glace* augmente d'épaiffeur, jufqu'à un certain terme, qui dépend de la faculté conductrice de la *glace*.

Si la gelée eft plus âpre, que le froid foit très-confidérable, tout fe paffe plus confufément; à peine a-t-on le temps d'examiner ces filets & ces lames, qui fe forment & s'uniffent dans un clin d'œil.

De Mairan ayant examiné les différentes pofitions de ces filets avec beaucoup de foin, regarde leur difpofition angulaire, comme l'effet d'une certaine tendance qui dépend de la figure des molécules, qu'il préfume être de petites aiguilles, & il cite entr'autres exemples, qui viennent à l'appui de fon opinion, celui de la pyrite

cubique, dont les faces font ftriées, alternativement, dans trois directions perpendiculaires l'une à l'autre. Cette pyrite n'eft, felon lui, qu'un affemblage d'aiguilles déterminées, par elles-mêmes, à affecter conftamment ces directions croifées; mais il eft prouvé, par les expériences du célèbre criftallographe Haüy, que la pyrite ftriée eft, comme les autres, un affemblage de molécules cubiques, & doit être regardée comme une criftallifation, ébauchée, du dodécaèdre à plan pentagonal.

On pourroit plutôt, dit Haüy, préfumer que les molécules de la *glace* font des tétraèdres réguliers, compofant des octaèdres par un affortiffement femblable à celui qui a lieu dans le fpath-fluor, ou la chaux boratée, puifque les congélations qui donnent les indices de formes régulières, ont un rapport marqué avec des dendrites métalliques, que l'on fait être des affemblages d'octaèdres implantés, dont la ftructure reffemble à celle dont il s'agit: ce font les mêmes apparences de triangles équilatéraux aux extrémités.

Au refte, cette forme de l'octaèdre régulier pourroit être également celle qui produit les criftaux hexagones de la neige & les prifmes hexaèdres de la *glace*. *Voyez* NEIGE, GLACIERS.

Quoique la *glace* foit un corps folide & très-dur, elle s'évapore confidérablement, & fouvent même plus que l'eau en temps égal. Il fuffit, pour s'en affurer, de pefer féparément de l'eau & un morceau de *glace*, & de pefer l'un & l'autre, après avoir été expofés, pendant un temps déterminé, à l'action de l'air; on voit, affez généralement, que la *glace* a, proportionellement, éprouvé une perte de poids plus grande que l'eau.

Pour que l'eau foit évaporée, en confervant fa liquidité, il faut qu'elle foit expofée à une température au-deffus de celle de la congélation. La *glace*, expofée à la même température, fe fond à fa furface & diminue de poids par deux caufes: par la *glace* fondue qui mouille les corps, & par l'eau vaporifée; il faut donc, pour s'affurer que c'eft bien de la *glace* qui s'eft vaporifée, que celle-ci foit expofée à une température au-deffous de zéro; or, dans ce cas même, on trouve encore quelquefois, proportionellement, plus de *glace* vaporifée que d'eau; ce qui tient à ce que plufieurs faces de la *glace* font expofées à l'action de l'air, tandis que l'eau ne préfente que fa furface fupérieure. Au refte, la perte de poids que la *glace* éprouve dans l'air, dans les temps les plus froids, prouve qu'elle s'évapore comme l'eau.

Une maffe de *glace*, formée par une lente congélation, paroît affez homogène & affez tranfparente, depuis fa furface extérieure, qui eft très-glacée la première, jufqu'à deux ou trois lignes de diftance en dedans; mais dans le refte de fon intérieur, & furtout vers fon milieu, elle eft interrompue par une grande quantité de bulles d'air, & la furface fupérieure, qui d'abord s'étoit formée

plane, se trouve élevée en bosse & toute raboteuse.

Dans une prompte congélation, les bulles d'air
se répandent indifféremment dans toute la masse,
qui, par-là, est plus opaque que dans le premier cas ; la surface supérieure est aussi convexe &
plus inégale.

Il est facile de concevoir comment il se fait que
la première couche de *glace*, formée par une lente
congélation, ne contient pas de bulles d'air appréciables, tandis qu'après une épaisseur déterminée, les couches successives & inférieures en
sont remplies. L'eau contient de l'air en dissolution ; la quantité qu'elle contient, varie avec la
température & la pression. Il est rare qu'au moment de la congélation, l'eau en soit complètement saturée. La première couche d'eau refroidie
par la température de l'air, cède son air dissous à
la couche du liquide qui la touche. Cet air se répand dans toute la masse ; une seconde couche
mince de *glace* se formant, l'eau abandonne encore l'air qu'elle contient, aux couches qui l'avoisinent, qui, elles-mêmes, le cèdent à celles qui les
touchent. Cet air dissous est abandonné par chaque
couche qui se congèle, jusqu'à ce que toute la
masse en soit saturée. Alors, l'eau liquide avoisinant
la couche d'eau qui se congèle, ne pouvant plus
dissoudre de nouvel air, celui-ci est abandonné
& se trouve interposé dans la *glace* sous forme de
fluide élastique.

Nous observerons que l'eau, pouvant absorber
d'autant plus d'air qu'elle est plus comprimée
(*voyez* GAZ) ; & l'eau restée liquide sous la *glace*
formée, étant plus comprimée qu'elle n'étoit avant,
à cause de l'augmentation du volume de la *glace*,
celle-ci en absorbe beaucoup plus que si elle n'étoit
exposée qu'à la pression de l'atmosphère, & elle
en contient beaucoup plus que dans son état de
saturation à la pression ordinaire : d'où il suit qu'elle
peut permettre la formation d'une couche de *glace*
transparente, beaucoup plus épaisse que la quantité
d'air, originairement absorbée, ne semble le permettre.

Au reste, cette épaisseur de couche transparente augmente : 1°. avec la profondeur du vase,
ou mieux l'épaisseur de la colonne d'eau, sur laquelle la congélation a lieu ; 2°. que la proportion d'air contenu étoit moins grande, car, lorsque l'eau a été exposée à l'action de la machine
pneumatique, avant sa congélation, la couche
parfaitement transparente en est de beaucoup augmentée.

Bien certainement, l'augmentation de volume
de l'eau, lorsqu'elle approche de la congélation,
& surtout quand elle se gèle, est un phénomène
des plus importans, & dont il est facile de se convaincre. On met, pour cet effet, de l'eau dans
un long tuyau, & on marque l'endroit où se trouve
sa surface, lorsqu'elle est dans un lieu tempéré :
on expose ensuite le tout à la gelée ; l'eau des-

cend très-sensiblement ; mais, lorsqu'elle approche
de sa congélation, sa surface s'arrête environ au
quatrième degré de Réaumur, puis elle remonte
lentement & s'élève au-dessus de l'endroit où
elle étoit d'abord. Cette expérience ne laisse aucun lieu de douter, que l'eau qui approche de la
congélation, & celle qui se *glace* actuellement,
n'occupent plus d'espace, & ne soient par-là plus
légères qu'un pareil volume d'eau médiocrement
froid.

Cette augmentation de volume de l'eau gelée
devient très-sensible lorsque l'on met de la *glace*
sur l'eau ; on voit qu'elle nage sur la superficie de
l'eau liquide, & que les glaçons qu'on met au
fond d'un vase plein d'eau, ou au fond d'une rivière, montent toujours vers la superficie.

On a une nouvelle preuve de cette augmentation par les efforts prodigieux que l'eau fait en
se congelant. Si le vase, dans lequel l'eau est contenue, est d'une forme plate, & présente une large
ouverture, la force de la *glace* s'exerce en partie
sur la croûte supérieure, qu'elle soulève vers le
milieu, en lui faisant prendre une figure convexe ;
en sorte que les parois du vase n'ayant à soutenir
que le résidu de la même force, lui opposent ordinairement une résistance suffisante ; mais si le vase
est étroit, il arrive rarement qu'il ne soit pas
rompu par l'effort de la *glace* : un canon de fer, de
l'épaisseur d'un doigt, une boule de cuivre très-
épaisse, des bombes remplies d'eau & bien bouchées, ont crevé par la congélation de ce liquide. *Voyez* CONGÉLATION.

Galilée regarde la *glace* comme de l'eau dilatée
par elle-même en se congelant. Cette manière de
considérer l'augmentation de volume de la *glace* a
été vivement combattue par Huyghens, Homberg, Mariotte ; ils pensent, les uns & les autres,
que l'augmentation de son volume n'est due qu'à
l'air qui, étant sorti de ses pores par le rapprochement des particules de l'eau, & ne pouvant sortir
de la masse, parce que la surface est la première
gelée, se répand dans cette masse & y occupe
de nouvelles places qu'il n'occupoit pas lorsqu'il
étoit disséminé dans les pores. Aussi observe-t-on,
disent ces savans, que la *glace* faite avec de l'eau
bien purgée d'air, est sensiblement plus pesante
que l'autre, quoiqu'on n'ait pas encore pu parvenir à en faire de plus pesante, ou même d'aussi
pesante que l'eau, parce qu'il n'est pas possible
de la purger tout-à-fait de l'air qu'elle contient.
Selon de Mairan, la *glace* faite avec de l'eau purgée
d'air n'excède que de $\frac{1}{19}$ le volume d'eau qui l'a
formée, tandis que la *glace* faite avec de l'eau non
purgée d'air, excède ce volume de $\frac{1}{9}$ à $\frac{1}{10}$. Ainsi
ce seroit, dans cette opinion, l'augmentation
de volume causée par un fluide parfaitement élastique, qui donneroit tant de force à la *glace*. Cependant, des expériences faites récemment par
Blagden, avec beaucoup de soin, lui ont fait voir
que l'eau congelée, après avoir bouilli, consé-

quemment privée d'autant d'air qu'il étoit poffible, avoit augmenté de ⅐ de fon volume primitif.

De Mairan attribue à trois caufes l'augmentation du volume de l'eau en fe congelant : 1°. le développement de l'air contenu dans l'eau, qui occupe plus de place qu'il n'en occupoit lorfqu'il étoit abforbé, & qui augmente ainfi le volume de l'eau ; 2°. l'efpèce de dérangement que ce dégagement aura caufé aux parties de l'eau, qui leur aura fait occuper plus de place qu'elles n'en occupoient auparavant, & dans leur arrangement naturel ; 3°. l'arrangement particulier des filets de *glace*, lefquels, en fe joignant les uns aux autres, font toujours entr'eux un angle de foixante degrés. Cette tendance des parties de l'eau, à s'affembler fuivant des angles de 60°, eft regardé par M. de Mairan comme une des principales caufes de l'augmentation de volume que l'eau prend en fe congelant.

En examinant l'effet de ces trois caufes, on a bientôt été conduit à fupprimer la première, & cela, par la feule confidération que les portions de glaçons, qui ne contiennent aucune efpèce de bulles appréciables au plus fort microfcope, n'en avoient pas moins une plus grande légèreté que l'eau liquide ; fupprimant la première caufe, il en réfultoit néceffairement la fuppreffion de la feconde, puifqu'elle n'eft qu'une dépendance de la première. Ainfi l'on a été conduit à n'admettre que la troifième. Il paroît, dit Haüy, que l'acte feul de la criftallifation eft, par lui-même, une caufe relativement à certaines fubftances, & en particulier à l'égard de l'eau, une caufe immédiate d'augmentation de volume. Telle eft, dans ces fortes de cas, la figure des molécules, jointes aux autres circonftances, que, pour fuivre les efpèces d'alignemens qui déterminent leurs nouvelles pofitions refpectives, elles font forcées de fe développer dans un efpace plus étendu que celui qui exigeoit l'état de liquidité.

Ainfi, après bien des hypothèfes fondées fur un fait, le dégagement des bulles d'air, pendant la congélation, nous voilà revenus à l'explication que Galilée avoit conçue de ce phénomène, mais qu'il n'avoit pas pu porter à l'évidence où l'on eft arrivé aujourd'hui, parce que l'on n'avoit pas un affez grand nombre de faits pofitifs.

M. Biot a cherché à prouver (1) que cette augmentation de volume, rapportée à l'acte de la criftallifation, réfultoit des effets de l'attraction dépendant de la figure, comme les phénomènes de la nutation & de la préceffion des équinoxes font produits par les attractions du foleil & de la lune fur le fphéroïde aplati de la terre, phénomènes qui n'auroient pas lieu fi la terre étoit fphérique.

Suppofons maintenant (dit ce favant) que la chaleur venant à diminuer, les particules fe rap-

prochent lentement les unes des autres & tendent à fe folifier de nouveau ; alors les forces dépendantes de leur figure commenceront à renaître, & à mefure qu'elles croîtront, les particules, follicitées par ces forces, prendront des mouvemens autour de leurs centres de gravité. Elles tourneront, les unes vers les autres, leurs faces de plus grande attraction, pour arriver enfin aux pofitions que la criftallifation exige. Or, felon la figure des particules, on conçoit que ces mouvemens pourront réagir fur leur centre de gravité, & les rapprocher peu à peu les unes des autres, jufqu'à donner enfin, à leur affemblage, le volume qu'il doit prendre dans l'état folide ; volume qui, dans certains cas, peut être plus grand, & dans d'autres, moindre que celui qu'elles occupoient à l'état liquide. Ces confidérations mécaniques expliquent ainfi, de la manière la plus vraifemblable & la plus fatisfaifante, les dilatations & les contractions irrégulières que certains liquides, l'eau & le mercure, par exemple, éprouvent en approchant du terme de la congélation.

Toutes ces explications, quelque féduifantes qu'elles foient, où l'on voit briller l'efprit de leurs auteurs, quelques probabilités qu'elles préfentent, doivent être prifes pour ce qu'elles font, c'eft à-dire, pour des hypothèfes très-ingénieufes.

Quoique la température de la congélation de la *glace* foit conftante, il arrive quelquefois que l'eau conferve l'état de liquidité, à une température beaucoup plus baffe que celle à laquelle elle fe congèle enfuite. Fahrenreith a obfervé que le repos fenfible, tant de la maffe d'eau qu'on expofe à la gelée, que de l'air qui touche immédiatement cette eau, produit cet effet extraordinaire ; ce qu'il n'étoit pas facile de prévoir. Ce double repos empêche que l'eau ne fe gèle, quoiqu'elle ait acquis un degré de froid fort fupérieur à celui qui, naturellement, lui fait perdre fa liquidité. De l'eau, étant dans cet état, vient-elle à éprouver la plus légère agitation fenfible, de la part de l'air ou de quelqu'autre corps environnant, elle fe gèle dans l'inftant. Ce favant a obfervé, avec la plus grande furprife, que de l'eau, refroidie au quinzième degré de fon thermomètre, ce qui répond à fept degrés, au-deffous de zéro, du thermomètre de Réaumur & à — 8°,75 du thermomètre centigrade, fe maintenoit dans une liquidité parfaite, jufqu'au moment où il l'agitoit. Ce qu'il y a de bien fingulier dans cette expérience, c'eft que l'eau, ainfi refroidie de plufieurs degrés au-deffous du terme de la *glace*, venant à fe geler, en conféquence de l'agitation qu'on lui imprime, fait monter, dans le temps qu'elle fe *glace*, la liqueur du thermomètre au degré ordinaire de la congélation. Ainfi, l'eau diminue de froid en fe gelant ; efpèce de paradoxe qui a befoin de toute l'autorité de l'expérience pour pouvoir être cru.

Plufieurs phyficiens ont répété cette expérience ; & M. Blagden, en particulier, l'a étudiée avec

(1) *Traité de Phyfique expérimentale & mathématique*, tome I, page 252.

tous les foins néceffaires, pour qu'on pût amener ce phénomène à des confidérations précifes. Pour affurer la réuffite de l'expérience, il faut que l'eau ait été privée d'air par l'ébullition; il faut auffi qu'elle foit abritée du contact de l'atmofphère, furtout de l'atmofphère froide, qui pourroit y introduire des particules déjà glacées. Sous ces deux rapports, rien n'eft plus commode, que d'employer un petit matras à col étroit, & d'opérer dans une chambre, dont la température foit au-deffus du terme de la congélation. Alors, on met l'appareil dans un mélange frigorifique, dont on gradue peu à peu le degré du froid, de manière qu'il agiffe lentement: car un refroidiffement brufque détermine la congélation & empêche le phénomène d'avoir lieu. A l'aide de toutes ces précautions, on peut, felon l'obfervation de M. blagden, amener la température de l'eau jufqu'à 6°,16, de la divifion centéfimale, au-deffous de zéro, fans qu'elle ceffe d'être liquide. En couvrant, de plus, fa furface d'une petite couche d'huile, M. Gay-Luffac l'a même vu defcendre jufqu'à 12 degrés.

En même temps que l'eau fe refroidit, elle fe dilate de plus en plus, & l'accroiffement de fon volume va jufqu'à former une proportion confidérable de la dilatation totale qu'elle prend, quand elle paffe à l'état de *glace*.

Jufqu'à l'époque où M. Blagden a étudié ce phénomène, on avoit cru que le repos abfolu des molécules liquides étoit néceffaire à fa production; mais ce favant anglais a bien prouvé que cette condition n'eft point indifpenfable, car il a remué & agité, plufieurs fois, de l'eau qui avoit été abaiffée jufqu'à 6° au-deffous de zéro, fans y déterminer la congélation, quoique d'autres mouvemens de frémiffement ou de vibration, en apparence plus foibles, mais de nature à agir ifolément fur quelques particules, la déterminaffent auffitôt.

Au refte, tout prouve que la plus légère portioncule de *glace*, ou même un corps pointu, une afpérité dans le vafe, fuffifent pour déterminer de fuite la congélation. Dès qu'un petit criftal de *glace* eft formé, il exerce fon action fur toutes les particules; s'offrant à elles, par les côtés de plus grande action, il les contraint à fe tourner dans des pofitions pareilles. Alors les molécules, ainfi tournées, agiffent de même fur celles qui les environnent, comme a fait le premier criftal; &, de proche en proche, le mouvement fe propageant dans toute la maffe du liquide, détermine l'état de la congélation.

Quelques phyficiens ont avancé, que l'eau bouillie fe congeloit plus promptement que celle qui ne l'avoit pas été: d'autres ont affuré, au contraire, que l'eau bouillie ne fe geloit pas plus tôt que celle qui ne l'avoit pas été. Cette différence, dans les réfultats, peut provenir de quelques caufes particulières qui n'auront pas été ob-

fervées avec affez de foin. Black, d'Édimbourg, crut devoir examiner de nouveau cette queftion. Pour cela, il mit, dans une bouteille de Florence, quatre onces d'eau bouillie, qui avoit été amenée à 48° de température, au thermomètre de Fahrenheit; il mit, dans une femblable bouteille, quatre onces d'eau non bouillie & amenée à la même température. Ces deux bouteilles ayant été expofées au vent du nord, fur une fenêtre où le thermomètre marquoit 29°, le réfultat fut, que l'eau non bouillie fe glaça la première; ce qui arriva toutes les fois qu'il réitéroit l'expérience, même neuf heures après avoir verfé la liqueur bouillie. La longueur du temps que l'eau employa pour fe geler, fut différente dans les diverfes expériences.

Une caufe de cette variété dépendoit de la température de l'air, qui étoit devenue plus froide l'après midi, & avoit fait defcendre le thermomètre à 25°; mais il y en avoit une autre qu'il attribuoit à l'agitation de l'eau: car l'eau bouillie fe glaçoit, auffitôt ou prefqu'auffitôt, que celle qui n'avoit pas fubi l'action du feu, s'il la remuoit légèrement avec fon cure-dent.

On fait que l'eau non bouillie laiffe dégager fucceffivement des bulles d'air, en fe refroidiffant, tandis qu'il ne s'en dégage plus de l'eau bouillie; comme ce dégagement produit néceffairement de l'agitation dans l'eau, on peut rapporter, en grande partie, au moins, à l'agitation caufée par le dégagement de l'air, la plus prompte congélation de l'eau non bouillie.

Nous n'examinerons pas ici les différentes hypothèfes qui ont été propofées pour expliquer la formation de la *glace*; nous ne nous occuperons pas non plus de la détermination des différens degrés auxquels l'eau, combinée à différentes fubftances, fe *glace*. On peut, pour ces différens objets, confulter les articles CONGÉLATION DE L'EAU, CONGÉLATION DES LIQUIDES. Nous ferons remarquer feulement que, dans toutes les combinaifons de l'eau, il y a augmentation de volume par la congélation; que le volume du liquide diminue, en fe refroidiffant, jufqu'à quatre ou cinq degrés, avant le terme de la congélation; qu'enfuite, le volume du liquide augmente; que tous ces liquides peuvent, comme l'eau pure, fupporter, fans fe congeler, une température de plufieurs degrés au-deffous de celle où ils fe congèlent; qu'en fe refroidiffant ainfi, ils continuent à augmenter de volume, & qu'au moment de la congélation, il fe dégage du calorique; enfin, que la température du liquide remonte exactement à celle de fa congélation.

Si nous portons nos regards fur les grandes maffes d'eau, nous obfervons que la *glace* fe forme, d'abord, à une température zéro, fur les eaux tranquilles, fur les eaux ftagnantes, & que celles qui ont du mouvement, fe congèlent à une température plus baffe; en général, la température de la formation de la *glace* eft en raifon inverfe de la la rapidité du mouvement des eaux. Généralement, la *glace* commence à se former sur les bords des grandes étendues d'eau, sur les ruisseaux, les rivières, les fleuves, c'est vers les bords où elle a le moins de mouvement. La glace se détache, la rivière entraîne les glaçons, elle les charrie & les transporte ainsi jusqu'à la mer, si, par une augmentation de la température de l'air, la *glace* n'est pas fondue dans son trajet.

On observe assez généralement, que les ruisseaux, les rivières, les fleuves, commencent à charrier des *glaces* à des températures différentes, qui dépendent de leur profondeur & de la rapidité de leur cours. La Seine, par exemple, commence à charrier lorsque la température est à 5° de Réaumur au-dessous de zéro : si la température se maintient & continue à baisser, les glaçons augmentent; si la température augmente, les glaçons diminuent, & bientôt la rivière cesse de charrier.

Ces énormes morceaux de *glace*, que l'on voit flotter sur la surface des rivières, ont excité la curiosité des physiciens & ont donné naissance à différentes hypothèses sur leur formation. On a d'abord prétendu que ces *glaces* se formoient sur la surface des eaux tranquilles, sur les bords des rivières & des fleuves, d'où elles étoient détachées & entraînées, par les eaux, dans leur cours.

Plot & Hales, d'abord, & plusieurs autres ensuite, ont supposé que ces glaçons se formoient au fond des eaux; qu'ils en étoient détachés, s'élevoient à la surface, puis charriés par le courant. Ces deux physiciens appuyoient leur sentiment sur le témoignage des bateliers de la province d'Oxford, sur ceux de la Tamise, parmi lesquels quelques-uns affirmoient avoir retiré plusieurs fois, du fond de cette rivière, de gros glaçons, à l'aide de leurs pics.

Nollet est le premier physicien qui ait cherché à faire des observations qui pussent le mettre à même d'adopter ou de réfuter l'hypothèse de Hales. Pour procéder avec ordre (1), il a fait rompre la *glace* dans plusieurs endroits de la Seine, à une époque où la température étoit de 10° R. au-dessous de zéro, & où l'épaisseur de la *glace* avoit huit pouces environ : il remarqua que tous les glaçons étoient formés de deux sortes de *glace*; celle de la partie supérieure étoit solide, compacte; celle de la partie inférieure étoit couverte de cavités, remplies de saletés, qui pouvoient faire soupçonner que ces glaçons avoient été formés au fond de l'eau, & s'étoient élevés en entraînant, avec eux, une partie de la terre, du sable du fond, & que les portions terreuses, dégagées, avoient produit les creux que l'on distinguoit. On donne, sur les rivières, le nom de *bousin*, à la *glace* caverneuse

(1) *Mémoires de l'Académie royale des Sciences*, année 1743, page 55.

Dict. de Phys. Tome III.

que l'on remarque sur la surface inférieure des glaçons. *Voyez* BOUSIN.

Mais les *glaces* formées sur le bord des rivières, qui se sont étendues successivement, que l'on a vu croître, & sur lesquelles on a la certitude qu'elles se sont formées à la surface de l'eau, & qu'elles ne se sont pas élevées du fond, sont également recouvertes de bousin. Pour éclaircir cette formation, l'abbé Nollet fit prendre de l'eau de la rivière, par des ouvertures qu'il avoit fait faire à la *glace*, dans des endroits qui avoient plus ou moins de profondeur, & il remarqua que cette eau étoit remplie de fragmens de *glace*, salis par de la terre, du sable, de la paille, des herbes, &c. Ces fragmens étant semblables à la matière qui formoit le bousin, il conjectura, d'abord, que la surface inférieure des *glaces* étoit formée de la réunion de ces fragmens, qui s'y attachoient & s'y congeloient.

D'où provenoient ces fragmens ? Il paroissoit assez probable que des portioncules d'eau, se congelant sur le fond des rivières, s'élevoient successivement par leur légèreté, en entraînant, avec elles, une partie du fond qui les salissoit; & ce qui fortifioit cette opinion, c'est que, quelques soins que l'on y mît, on ne put jamais parvenir à éclaircir l'eau qui se trouvoit dans les ouvertures faites dans la *glace*.

Pour s'assurer si ces fragmens s'élevoient continuellement du fond, pour en salir l'eau, l'abbé Nollet fit plonger, dans la rivière, un tonneau défoncé des deux bouts. Bientôt l'eau fut éclaircie & de nouveaux fragmens de *glace* ne s'élevèrent plus. De-là, cet habile physicien conclut, que ces fragmens étoient entraînés, charriés par les eaux, & qu'ils ne venoient pas du fond de la rivière; mais que l'on devoit attribuer leur formation au brisement, soit des bords des glaçons qui se rencontroient & se choquoient, soit au brisement des glaçons minces qui commençoient à se former; que quant à leur saleté, on pouvoit l'attribuer également à celle des eaux, ou au frottement des glaçons sur les bas-fonds qu'ils rencontroient souvent; qu'au reste, les saletés qui avoient été observées sur ces portioncules de *glace*, étoient différentes de celles du fond de la rivière au-dessus duquel on les avoit puisées; donc, qu'elles ne s'étoient pas élevées de ce fond, mais qu'elles avoient été charriées à l'endroit où il les avoit trouvées.

Quant à la formation de la *glace* que les rivières charrient, il conçoit qu'elle peut être formée, 1°. de quelques glaçons détachés des bords des ruisseaux qui communiquent aux rivières, & des bords même des rivières qui les charrient; mais que cette quantité ne forme qu'une très-petite fraction des *glaces* charriées; 2°. des congélations formées, même à la surface de l'eau en mouvement, congélations qui acquièrent, plus ou moins promptement, assez de dureté pour résister aux chocs

que la *glace* éprouve, & cela en raison de l'abaiſſement de la température; 3°. à l'augmentation
de volume des glaçons charriés, par un accroiſſement de congélation ſur leurs bords, & en particulier aux fragmens de glaçons briſés, qui augmentent plus ou moins rapidement en étendue par la
même cauſe.

En ſuppoſant (dit l'abbé Nollet) que la *glace*
ſe forme ſur les rivières, de la manière que je
viens de l'expoſer, on peut facilement rendre
raiſon des différences qu'on y remarque, quand on
la compare à celle des eaux dormantes; alors il
explique pourquoi :

1°. Les *glaces* des rivières, tant celles qui flottent que celles qui ſont adhérentes, ont les bords
plus épais que le reſte, & la face qui touche l'eau
eſt preſque toujours enduite d'une couche de
bouſin.

2°. Les glaçons que les rivières charrient, ſont
pour l'ordinaire moins unis & moins droits que
ceux du rivage & des eaux dormantes.

3°. Les glaçons flottans ſont moins tranſparens
que les autres, & le plus ſouvent d'une couleur
laiteuſe.

4°. Les glaçons qui flottent, dès l'inſtant de leur
formation, ſont toujours moins ſolides & moins
épais que ceux qui ont commencé dans une eau
tranquille, en même temps & avec le même degré de froid.

Une obſervation importante, faite par l'abbé
Nollet, eſt celle-ci : en plongeant un thermomètre
dans l'eau, après avoir fait rompre la *glace*, il a
conſtamment trouvé que la température de l'eau,
à toute profondeur, & même contre le fond de la
rivière, étoit partout au-deſſus de zéro, ou mieux
au-deſſus du terme de la congélation. Comme la
glace ne ſe forme que lorſque l'eau eſt en contact
avec des corps qui ſont à la température de zéro,
ou au-deſſous, comment concevoir la formation
de la *glace* au fond de l'eau, où la température eſt
au-deſſus de zéro ?

Deſmareſt reprit cette queſtion, en 1776, dans
un Mémoire qu'il lut à l'Académie des Sciences,
& il dit avoir vu lui-même, en 1780 (1), les glaçons ſe former au fond d'un canal qui apporte l'eau
à la papeterie de Montgolfier, ainſi que dans la
rivière de Drôme; que ces glaçons étoient ſpongieux & formés d'un aſſemblage de lames de *glaces*,
qui compoſoient des eſpèces de petites cellules,
où ſe trouvoient des grains de ſable ou de terre
qui donnoient naiſſance à ces cellules.

Il explique la formation de ces glaçons, en ſuppoſant que l'eau diſperſée au milieu des ſables du
fond de la rivière, y jouiſſoit d'un repos, d'une
tranquillité aſſez grande pour recevoir l'impreſſion
du froid extérieur; que d'ailleurs la congélation
de cette eau y étoit favoriſée par le contact des

ſables & des terres, qui pouvoient y être refroidis à un degré plus bas que celui de la *glace*.

Ainſi, pour former les *glaces* flottantes, l'eau
ſe gèle, non ſur le fond, mais dans le fond même;
& au lieu de ſe renouveler à chaque inſtant,
comme celle du courant, elle y eſt ſtagnante au
milieu des ſables qui, la touchant par leurs faces
refroidies, la réduiſent en petites lames de *glace*.

Cette théorie établie, Deſmareſt cherche à expliquer les circonſtances qui accompagnent la formation de la *glace* ſpongieuſe. Ainſi :

1°. Si les glaçons ſpongieux ont paru d'abord
le long des bords de la rivière de Drôme, & à
une moyenne profondeur ſur le fond, c'eſt parce
que, dans cette poſition, les ſables & l'eau diſper-
ſés au milieu d'eux, étoient plus acceſſibles à
l'impreſſion du froid extérieur que partout ailleurs:
en conſéquence, le progrès de la formation des
glaçons ſur les autres parties du fond, ſuivit les
progrès du refroidiſſement; que l'eau & les ſables
pouvoient y éprouver les jours ſuivans; & il lui
parut, qu'à environ 7° R. au-deſſous de la *glace*,
le froid ne s'étoit pas fait ſentir au de-là de quatre
pieds & demi de profondeur ſous l'eau courante.

2°. La formation des glaçons ſpongieux, ſuppoſant une eau tranquille & diſperſée au milieu des
ſables; partout où le fond de la rivière en étoit
dégarni, & où le courant libre rouloit immédiatement ſur des rochers à nu, on n'aperçut jamais
le moindre veſtige de *glace*; au contraire, partout
où ces ſables ſe trouvoient dépoſés, les glaçons
s'y multiplièrent ſuivant la proportion de ces amas
de ſables. La différence la plus remarquable que
lui offrirent ces glaçons, ſoit relativement à leur
volume, ſoit relativement à leur ſolidité & à leur
conſiſtance, étoit dépendante de l'abondance
ou de la petite quantité de ces ſables. Les glaçons
étoient foibles & iſolés dans les parties où les
ſables étoient rares, & ils ne prirent des accroiſſemens conſidérables & ſucceſſifs, que dans les
parties du fond comblées par des dépôts fort épais
de terre & de ſable.

3°. Les glaçons ne ſe formoient pas ſeulement
ſur le fond des rivières; c'étoit auſſi ſur ce fond
& par la partie inférieure qui touchoit au fond,
que ces glaçons prenoient leur accroiſſement ſuc-
ceſſif. Suivant ce mécaniſme, la *glace* déjà formée
étoit ſoulevée continuellement par la force expanſive de la *glace* qui ſe formoit, jointe à ſa peſanteur ſpécifique, moindre que celle de l'eau; &
tant que les ſables réſidant au fond, & l'eau diſperſée au milieu d'eux, fourniſſoient des matériaux
à la congélation, il ſuccédoit chaque jour un nouveau *ſtratum* de *glace* au-deſſous des glaçons formés
les jours précédens. En obſervant cette marche,
Deſmareſt a vu que certains glaçons, en une ſeule
nuit, avoient été ſoulevés de cinq à ſix pouces, &
avoient acquis une boſſe de pareille épaiſſeur;
quelques-uns même, par des ſous-additions journalières aſſez égales, avoient crû de manière à for-

mer des îles de *glace*, qui figuroient au-deſſus de l'eau courante.

Le ſyſtème de cette formation & de ces accroiſſemens, étant une fois bien connu & bien conſtaté, il en réſulte que chaque jour, le fond des rivières peu profondes, lorſque les circonſtances ſont favorables, peut fournir un certain convoi de glaçons aſſez nombreux, qui ſont entraînés par le courant; car, à meſure que les glaçons ſupérieurs ſe détachent, les glaçons inférieurs leur ſuccèdent & ſe reproduiſent ſans interruption.

A ces faits, obſervés avec beaucoup de ſoin par Deſmareſt, ce ſavant y joint les obſervations des bateliers & des meûniers de la Marne & de la Seine, obſervations qu'il a été à même de vérifier un grand nombre de fois : voici en quoi elles conſiſtent principalement. On ne voit jamais les glaçons flotter ſur les rivières de Marne & de Seine, & en interrompre la navigation, quoique le poids ſoit conſidérable, tant que le ciel eſt conſtamment & uniformément couvert de nuages épais; mais, dès que le ſoleil ſe montre, ces rivières, peu de jours après, commencent à charrier des glaçons; ce que Deſmareſt attribue à l'adouciſſement du froid que l'apparition du ſoleil produit, ce qui facilite le détachement des glaçons du fond des rivières.

Deſmareſt rapporte à trois, les moyens qui concourent à détacher les glaçons ſpongieux qui ſe forment au fond des ruiſſeaux & des rivières.

1°. La ſéparation des glaçons formés chaque nuit, ſéparation produite par l'adouciſſement du froid pendant le jour, par ſuite de l'apparition du ſoleil ou de toute autre cauſe.

2°. La chaleur qui, lors de l'adouciſſement du froid, ſe fait ſentir juſqu'aux glaçons fixés au fond des rivières, & détruit la foible ſoudure de *glace* qui les uniſſoit enſemble.

3°. Enfin, l'augmentation journalière de l'eau des rivières qui charrient & l'accélération du courant, préciſément aux heures où les glaçons ſpongieux s'élèvent du fond en plus grand nombre, & viennent flotter à la ſurface.

Si l'on examine la quantité énorme de glaçons qui couvrent une rivière principale comme la Seine, ainſi que la forme & le volume de ces mêmes glaçons, il eſt difficile de concevoir comment ils peuvent s'être élevés ainſi du fond de la rivière. Si l'on obſerve également ces glaçons, dans le cours ſupérieur de ces mêmes rivières, telles que la Seine à Troyes, & la Marne à Châlons, on remarque que, dans ces derniers lieux, les glaçons y ſont plus petits ou moins nombreux, & que la partie ſpongieuſe y eſt en bien plus grande proportion, puiſqu'elle forme, dans ces derniers endroits, de la moitié au tiers des glaçons, tandis qu'elle ne forme que le cinquième ſixième de la *glace* que la Seine & la Marne charrient à Paris. Il faut donc, dit Deſmareſt, diſtinguer pluſieurs eſpèces de *glaces* qui entrent dans la compoſition des gla-

çons flottans : la *glace ſpongieuſe* qui en fait la baſe, & la *glace compacte*, & d'un tiſſu ſerré, qui ſe forme deſſus cette baſe pendant le trajet que peuvent faire les glaçons à la ſurface de l'eau.

Henri Pott, libraire à Lauſanne, rapporte (1) une foule d'obſervations de ſon ami Brauns, qui prouvent qu'il ſe forme de la *glace* au fond des rivières. Parmi ces obſervations, les plus ſaillantes ſont celles-ci :

1°. Il a remarqué que le fond extérieur de ſon bateau, ſur l'Elbe, étoit incruſté de petits globules diaphanes de *glace*, de la groſſeur d'un pois.

2°. Qu'il avoit vu s'élever du fond de l'eau, ſur l'Elbe, une grande quantité de ces glaçons diaphanes, qui ſe réuniſſoient ſur la ſurface & y formoient des glaçons nombreux, où s'attachoient à ceux déjà flottans ſur le fleuve.

3°. Qu'en naviguant de Hambourg à Wilhelmsbourg, ſon bâtiment paſſa ſur un banc de *glace* placé au fond de l'un des bras de l'Elbe.

4°. Qu'ayant plongé dans l'Elbe, un ſoir, à plus de vingt pieds de profondeur, douze corbeilles pour prendre des anguilles, le fleuve étant encore ſans *glace*, elles ſortirent du fleuve & réparurent toutes les douze, le lendemain, ſur l'heure de midi, étant incruſtées intérieurement de globules diaphanes de *glace*. L'intérieur de ces corbeilles étoit rempli de petits plateaux de *glace* qui ſe trouvoient en croix, à côté & l'un ſur l'autre, n'ayant guère plus de deux pouces carrés de ſurface & tout au plus ⅛ en épaiſſeur; mais ils étoient aſſez éloignés l'un de l'autre pour qu'il y eût, dans les intervalles, un grand nombre de cellules vides, de formes pyramidales & de différentes grandeurs, ayant tout au plus ¾ de pouce cubique d'eſpace. D'après la diſpoſition de ces corbeilles, la *glace* n'a pu y être introduite par le fleuve.

5°. Enfin, il a remarqué, immédiatement ſous une grande étendue de *glace* ſupérieure & tranſparente, une autre couche de *glace* épaiſſe de ſix pieds, compoſée de globules diaphanes.

Brauns a remarqué que les corps qui ſont le plus vite entourés de *glace* au fond de l'eau, ſont le chanvre, la laine, les cheveux, le crin bouilli, la mouſſe, l'écorce d'arbre entourée de mouſſe. Parmi les métaux : le cuivre, le laiton, l'acier, l'étain; parmi les pierres : la *molaſſe*, toutes les pierres raboteuſes. Les pierres taillées ou cuites le ſont peu; une pierre ronde & de nature volcanique ne le fut jamais. Les corps qui n'ont jamais donné de priſe à la *glace*, au fond de l'eau, ſont : la cire d'Eſpagne, la poix, la colophane, toutes les réſines; la ſoie, le cuir tanné, la cire, la toile cirée, &c.; le bois ſans écorce & raboté.

De ces obſervations, Brauns conclut :

1°. Qu'il ſe forme effectivement de la *glace* au fond de l'eau, ſi le gel de la ſuperficie eſt retardé.

(1) *Journal de Phyſique*, année 1788, vol. II, p. 59.

X x 2

2°. Qu'il s'élève, au commencement d'un froid violent, beaucoup de petits globules diaphanes de glace, du sein de l'eau, & qu'ils s'assemblent & se joignent seulement sur la surface en gros glaçons qu'on nomme *sick* ou *sick-eis* dans le nord de l'Allemagne, & *bousin* en France; mais qu'il est encore incertain, si cette espèce de glace se forme au fond des rivières ou entre deux eaux, où le mouvement n'est pas si grand qu'à la surface.

3°. Qu'il se forme, en outre, au fond des rivières, de grosses masses de glace, qui ne s'élèvent sur la surface de l'eau qu'après les avoir détachées, ou quand elles tiennent à des corps qui ne sont pas assez fortement unis au fond de la rivière pour s'en séparer, dès qu'au moyen de cette glace, ils ont acquis un moindre poids spécifique que l'eau qu'ils déplacent, & que cette espèce de glace mérite le nom de *grund-eis*, glace de fond, pour la distinguer du *sechl-eis*, nom que l'on donne aux petits globules transparens.

4°. Que ces deux espèces de glace exigent un haut degré de froid; & comme ce froid violent n'est pas ordinaire, ou qu'il est du moins de trop courte durée dans les parties méridionales de l'Europe, il n'est pas étonnant que les physiciens français & italiens aient nié, jusqu'ici, la possibilité que la glace puisse se former au fond de l'eau.

5°. Enfin, qu'il est vrai que le véritable *grund-eis*, suivant toutes les expériences faites jusqu'ici, se laisse détacher plus facilement que la glace supérieure; mais que néanmoins, en s'accumulant, elle peut être préjudiciable aux autres établissemens au bord de la mer.

Desmarest a ajouté, à l'expérience des corbeilles à anguilles de Brauns, le fait rapporté des Mémoires de la Société des sciences de Haarlem: qu'un ponton, qui avoit coulé bas au fond du Leck, près de Krimpen, en automne, s'éleva de lui-même à la superficie de l'eau, l'hiver suivant, porté sur un glaçon considérable qui s'étoit formé autour, tandis qu'on n'avoit jamais pu parvenir à le retirer du fond de la rivière, malgré toutes les peines qu'on s'étoit donné pour y parvenir. Il rapporte encore, d'après Voigt, que lorsqu'on flotte dans les rivières, à buches perdues, quelques-unes de ces buches, trop pesantes, gagnent le fond de l'eau & y restent; mais quand l'hiver vient, & qu'il est fort froid, la glace qui se forme au fond de ces rivières, soulève, à la surface de l'eau, les buches qui vont se fixer aux bateaux où l'on a coutume de les pêcher.

Un nouveau champion est venu attaquer l'opinion de Desmarest & de Brauns; c'est le docteur Godard, de Dijon: il répond aux observations de Brauns (1).

1°. Que la couche des globules glaciales, de la grosseur d'un pois, dont le fond extérieur du bateau étoit incrusté, ainsi que les glaçons qui s'atta-

chent aux filets des pêcheurs, fait l'effet du bousin qui s'attache à tous les corps.

Et ici, le docteur Godard pense, comme l'abbé Nollet, que ce bousin est produit par le brisement des glaces minces.

2°. Qu'il falloit que Brauns eût de bons yeux pour voir, jusqu'au fond de l'Elbe, dans un temps où cette rivière est remplie de glace, ces globules de glace s'élever du fond de l'eau.

3°. Que le banc de glace, sur lequel passa le vaisseau qui montoit Brauns, étoit une preuve que les glaces, du fond des rivières, ne sont que des fragmens amoncelés au hasard, sans presque aucune adhérence entr'eux, & qu'ils ne forment pas une seule & unique glace, comme cela devroit être, si elles étoient le produit d'une eau stagnante, gelée au fond.

4°. Que des corbeilles à prendre des anguilles, plongées dans le sens du courant, à plus de vingt pieds de profondeur, le matin, & qui reparoissent d'elles-mêmes à midi, incrustées, extérieurement, de globules diaphanes, & remplies de petits plateaux de glace, posés en croix, les uns sur les autres, ne disent autre chose que la rencontre du bousin, son insinuation à droite, à gauche & à dos, par les mailles des corbeilles, & la conservation de sa légèreté spécifique.

5°. Que la seconde glace que Brauns a vue, avoit été formée par la réunion des glaçons flottans, que le fleuve avoit continué à charrier, la première glace étant formée.

6°. Enfin, ce que les expériences multipliées du savant Brauns apprennent, c'est que le bousin s'accroche, adhère aux corps raboteux, & de préférence aux poils.

Mais les expériences les plus intéressantes, citées par le docteur Godard, sont celles de la température de l'eau, à diverses profondeurs: ces expériences réitérées lui ont prouvé, comme à l'abbé Nollet, que le thermomètre de Réaumur, quelque froid qu'il fasse, ne baisse jamais au-dessous de zéro, dès qu'il est couché dans l'eau, à une profondeur qui excède l'épaisseur de la glace de la superficie: que six à sept degrés de froid, qui produisent sur l'eau courante deux tiers de pouce de glace, ne gèlent pas l'eau d'une bouteille plongée seulement à un pouce: qu'une autre bouteille mise à trois pieds, dans un canal, a résisté à l'horrible froid de 19 $\frac{1}{2}$ degrés au-dessous de zéro, qu'il fit à Verviers, le dernier jour de l'année 1783.

On voit, d'après tous ces détails, que les partisans de la formation de la glace au fond des ruisseaux, des rivières & des fleuves, citent des faits positifs; les uns d'après le rapport qui leur en a été fait par des hommes qui habitent constamment la surface des rivières, & qui sont, par leur état, à même d'apprécier; d'autres qu'ils ont vus & observés eux-mêmes, tels que les faits cités par Desmarest & Brauns; il est difficile de révoquer ces faits en doute, fans fufpecter la véracité des favans qui les rapportent : on eft donc forcé, en quelque forte, d'admettre qu'il fe forme des glaçons au fond des ruiffeaux, des rivières & des fleuves; ce qui eft affez difficile.

Les partifans de la non-formation des glaçons au fond de l'eau, rapportent également des faits auffi pofitifs; c'eft que la température de l'eau, au fond des rivières qui charrient des *glaces*, ou qui font couvertes de glaçons, n'eft jamais au-deffous de zéro. On pourroit ajouter que fi l'eau étoit fans mouvement, que la température du fond des eaux ne feroit jamais plus baffe que trois ou quatre degrés au-deffus de zéro; car, on fait (*voyez* DILATATION DE L'EAU) que le maximum de condenfation de l'eau eft de trois degrés & demi au-deffus de zéro, & que, dans une eau tranquille, toute l'eau qui a moins de trois degrés & demi de température, étant plus légère, s'élève, tandis que celle qui a trois degrés & demi, étant plus pefante, fe précipite : ainfi, fi l'eau avoit un peu plus de zéro de degré, elle fe diviferoit en tranches dont les températures iroient en augmentant, de la furface au fond; & jamais celle du fond ne pourroit être capable de congeler l'eau.

On fait encore que la terre eft peu conductrice de la chaleur, & que, dans des froids très-forts, de dix, treize & même vingt degrés au-deffous de zéro, il eft rare que la terre foit gelée à plus de trois à quatre pieds de profondeur; au-deffous, la température y eft conféqemment au-deffus de zéro.

Sous ces deux rapports, il feroit donc difficile de concevoir comment il feroit poffible que de la *glace* puiffe fe former au fond d'une maffe d'eau tranquille, qui auroit huit à dix pieds de profondeur; auffi remarque-t on, que l'on n'aperçoit jamais de couche de *glace* dans le fond des étangs, des mares, des baffins & de toute efpèce d'eaux ftagnantes; on ne rapporte, on ne cite de ces fortes de *glaces*, formées au fond des eaux, que dans les lieux où elles ont du mouvement. Or, l'effet du mouvement eft de mêler infiniment les eaux, & de les amener à la même température dans toute leur maffe. D'après cela, on peut concevoir que les eaux foient à zéro, c'eft-à-dire, à la température de la formation de la *glace*, au fond des ruiffeaux, des rivières & des fleuves; mais jamais au-deffous; car, par cela feul qu'il y a de l'eau liquide, la température des corps qu'elle touche doit être amenée à fa température.

Par cela que la température du fond des eaux courantes peut être à zéro, lorfque la température extérieure eft plus froide, on peut concevoir la formation de ces petits glaçons fphérique & tranfparens au fond de l'eau. Pour que la *glace* fe forme, il ne fuffit pas que la température foit zéro, il faut encore que la congélation foit favorifée par une caufe particulière, fans quoi la

température pourroit baiffer jufqu'à douze degrés, comme l'a obfervé M. Gay-Luffac, fans qu'il y eût congélation; or, on fait que des corps anguleux, pointus, favorifent la congélation : ainfi, lorfque de l'eau à zéro eft en contact avec du fable, des cailloux, conféquemment des corps anguleux, pointus, & que cette eau eft retenue affez long-temps pour que la congélation s'opère, on conçoit qu'il peut fe former des petits criftaux de *glace*; ceux-ci peuvent, à leur tour, favorifer la formation de nouveaux corps, & la maffe s'augmenter & produire les glaçons de boufin qui s'élèvent enfuite au-deffus de l'eau.

Il fuit de-là que, malgré les obfervations thermométriques de l'abbé Nollet & du docteur Godard, on peut concevoir la formation du boufin au fond des ruiffeaux & des rivières, & conféquemment fe former une idée de la génération de ces maffes de *glace* dont Defmareft à obfervé la naiffance & les progrès.

Mais auffi on ne peut difconvenir que les boufins élevés fur la furface de l'eau, n'augmentent en volume que par la congélation de l'eau qui les environne, lorfque le froid eft affez fort pour favorifer cet accroiffement; c'eft auffi ce que l'on remarque fur les glaçons, par la diftinction des deux fortes de *glaces* : la poreufe & la maffive.

Enfin, on ne peut plus révoquer en doute, que fi le froid eft affez fort, & qu'il fe trouve des portions de la furface des rivières ou des fleuves, dont le mouvement de tranflation foit doux, uniforme, ces portions ne fe congèlent à la furface & ne forment, d'abord, une *glace* mince, fufceptible de pouvoir être brifée par les plus légers chocs, mais qui, fe confolidant peu à peu, ne produifent auffi de gros & de forts glaçons; ceux-ci pourroient facilement fe diftinguer des autres, fi les petits glaçons, fufpendus dans les eaux, & entraînés par le courant, ne venoient pas s'attacher, fe réunir aux glaçons par leur furface inférieure.

Si l'on pouvoit élever quelques doutes fur la formation de la *glace*, à la furface des eaux courantes, il fuffiroit d'obferver la formation de cette même *glace* fur la furface de la mer, dans les régions circompolaires, à une grande diftance des côtes. Les navigateurs qui parcourent ces parages, affurent avoir vu fe former, en pleine mer, des *glaçons* d'une étendue confidérable, même lorfque les eaux étoient agitées. D'abord, une immenfité de petits criftaux fe forment; ils produifent l'afpect d'une grande quantité de neige qui feroit tombée fur une eau trop froide pour la fondre. Ces criftaux augmentent de volume, fe réuniffent & donnent naiffance à des glaçons d'un pied d'épaiffeur, fur plufieurs toifes de circonférence. On voit ici une formation à la furface, qui produit un effet femblable à ces petits glaçons qui font fufpendus dans l'eau des fleuves, qui forment le boufin en fe réuniffant & s'attachant aux glaçons, sur la surface inférieure, qui est plongée dans l'eau, & que Desmarest, Brauns & plusieurs autres assurent se former au fond des fleuves & des eaux courantes. *Voyez* GLACES POLAIRES.

Ainsi, après une longue discussion sur les différentes hypothèses qui ont été proposées, pour expliquer la formation des glaçons que les rivières charrient, à des températures qui sont toujours de quelques degrés au-dessous de zéro, nous arrivons naturellement à cette conclusion : que l'on peut rapporter la formation de ces glaçons à trois causes.

1°. Aux petits glaçons qui se forment au fond des eaux courantes, sur les sables ou cailloux fins qui tapissent ce fond, lesquels, en se réunissant, forment le *bousin*, qui se détache du fond de l'eau & vient surnager à la surface (1).

2°. De la *glace* qui se forme à la surface de l'eau, soit sur les bords des ruisseaux, des rivières & des fleuves, soit sur le milieu de leurs surfaces, dans des positions où la surface se meut tranquillement, sans secousse & sans choc.

3°. De la congélation de l'eau qui touche les glaçons qui surnagent & qui sont entraînés par le courant, ainsi que les petits fragmens de *glace* qui surnagent dans l'eau, qui s'élèvent & s'attachent à la surface inférieure des glaçons qu'ils touchent.

Dans une eau continuellement agitée, la *glace* est remplie de pores, occasionnés par le mouvement que les particules d'eau éprouvent au moment où elles se solidifient ; mais lorsque la *glace* se fait assez tranquillement, & par un froid très-âpre, sa dureté devient grande ; elle surpasse celle du marbre ; elle a quelqu'analogie avec le verre : sa cassure est, comme celle du verre, lisse & conchoïde ; pour la fendre, il faut d'abord la couper à la surface, comme on le pratique avec un diamant sur le verre : alors, à l'aide d'un coup sec, on la fend.

Il paroît que la *glace* est d'autant plus forte, pour résister à sa rupture ou à son aplatissement, qu'elle est compacte & plus dégagée d'air, ou qu'elle a été formée par un plus grand froid ; enfin, ce qui est la même chose, dans des pays plus froids.

Les *glaces* du Spitzberg & des mers d'Islande sont si dures, qu'il est difficile de les rompre avec le marteau. Une preuve assez remarquable de la fermeté & de la ténacité des *glaces* septentrionales, est l'usage que l'on en fait, quelquefois, en Russie. Pendant le rigoureux hiver de 1740, on construisit à Saint-Pétersbourg, suivant les règles de la plus élégante architecture, un palais de *glace* de cinquante-deux pieds & demi de longueur, sur seize de largeur & vingt de hauteur, sans que le poids des parties supérieures & du comble, qui étoient aussi de *glace*, parût endom-

mager, le moins du monde, le pied de l'édifice. La Neva, rivière voisine, avoit fourni les matériaux nécessaires : la *glace* que l'on en avoit retirée avoit deux à trois pieds d'épaisseur. Pour augmenter la merveille, on plaça, au-devant du bâtiment, six canons de *glace*, avec leur affût, de la même matière, & deux mortiers à bombes, dans les mêmes proportions que ceux de fonte. Ces pièces de canon étoient du calibre de celles qui portent ordinairement trois livres de poudre : on ne leur en donna cependant qu'un demi-quarteron ; mais on les tira, & le boulet d'une de ces pièces perça, à soixante pas, une planche de deux pouces d'épaisseur. Le canon, dont l'épaisseur étoit tout au plus de quatre pouces, n'éclata point par une si forte explosion. Ce fait peut rendre croyable ce que rapporte Olaüs Magnus, des fortifications de *glace*, dont il assure que les nations septentrionales font usage.

En admettant que la densité de la *glace* fût de 0,92, l'eau liquide étant 1,00, il en résulteroit qu'il faudroit environ dix-sept pieds cubes de *glace* pour porter cent livres, & vingt-quatre pieds cubes pour porter le poids d'un homme de cent-quarante livres. On peut juger, d'après cela, quel volume de *glace* isolé, & supporté par l'eau, il faudroit pour porter un poids considérable.

Cependant, lorsqu'une rivière est prise, sa force est infiniment plus grande, & alors elle peut supporter les fardeaux les plus considérables : aussi des voitures lourdement chargées passent-elles souvent, sans danger, sur des rivières prises, dans une grande étendue, & sur lesquelles la *glace* n'a pas plus de dix-huit pouces d'épaisseur. On a vu le Rhin, qui coule dans un pays tempéré, & qui ne se gèle que par des hivers rigoureux, servir de passage aux voitures, avec les fardeaux les plus pesans ; on tient même, quelquefois, sur ces *glaces*, des espèces de foires.

Il suffit, pour comparer le poids que la *glace* peut porter, lorsqu'elle est unie aux rivages, de l'espace sur lequel elle est formée, de citer ce fait d'armes. Un corps d'armée étoit campé sur la *glace* d'un lac : après de vains efforts pour l'en déloger, on ne trouva d'autre moyen que de rompre la *glace* au bord du rivage ; la *glace*, alors, ne pouvant supporter le poids dont elle étoit chargée, s'enfonça : une prompte fuite a pu seule préserver les soldats d'une mort certaine.

GLACES ARTIFICIELLES. Eau congelée, en l'exposant à l'action de divers mélanges frigorifiques, ou d'un froid artificiel.

Les habitans des pays voisins des grands dépôts de *glace*, que la nature a répandus avec profusion sur les hautes montagnes, ont pu se procurer, l'été, & dans les temps où la température étoit très-élevée, les moyens de rafraîchir leurs boissons, & même de faire usage de boissons glacées. Il suffisoit, dans le premier cas, d'envelopper avec

(1) Nous n'indiquons cette formation qu'avec beaucoup de doute.

de la *glace* le vase qui contenoit la boisson ; dans le second, il falloit, ou faire congeler la boisson, ou y plonger des morceaux de *glace* qui l'amenassent, naturellement, à la température de la *glace fondante*.

En s'éloignant des glaciers, on a cherché à suppléer au grand dépôt de la nature, & l'on y est parvenu en conservant dans des glacières, les *glaces* & les neiges qui se forment l'hiver, afin de pouvoir en faire usage dans les temps chauds. *Voyez* GLACIÈRES.

Mais lorsque l'on habite des pays dans lesquels il ne se forme pas de *glace* l'hiver, il faut y suppléer en faisant congeler l'eau par des moyens artificiels : les Anciens en connoissoient à peine ; mais les progrès rapides de la physique & de la chimie nous en ont fait découvrir un grand nombre que nous avons détaillés en parlant de la *congélation*. *Voyez* ce mot & celui FRIGORIFIQUE.

Parmi les moyens de former de la *glace artificielle*, il en est un qui est pratiqué aux Indes orientales depuis des temps immémoriaux ; voici en quoi il consiste :

A Allahabad, Moolegil & Calcutta, situés entre les 23 ½ & 25 ½ degrés de latitude, où le thermomètre ne descend jamais au terme de la congélation, on fait beaucoup de *glaces artificielles*, pendant les mois de décembre, janvier & février (1).

Dans une plaine vaste & découverte, on creuse plusieurs fosses, chacune d'environ trente pieds carrés, sur deux de profondeur ; on en garnit le fond d'une couche de cannes à sucre, ou de tiges de blé d'Inde, à la hauteur d'environ huit pouces ; on place sur cette couche, à côté les unes des autres, une quantité de petites terrines basses, propres à contenir l'eau destinée à la congélation. Ces terrines, non vernissées, ont à peine un quart de pouce d'épaisseur, sur environ un pouce & un quart de profondeur : la terre en est si poreuse, que l'eau pénètre leurs parois d'outre en outre. A l'entrée de la nuit, on les remplit d'eau douce qui a été bouillie, & on laisse le tout dans cette situation. Les faiseurs de *glace* se rendent ordinairement aux fosses avant le lever du soleil, ramassent, dans des corbeilles, la *glace* qu'ils portent à un grand réceptacle, disposé généralement sur un lieu sec & élevé, où est une fosse profonde d'environ quatorze ou quinze pieds, garnie d'abord de paille & ensuite d'une toile grossière. Là, on bat la *glace* jusqu'à ce que son propre froid l'ait fait glacer de nouveau, & prendre en une seule masse. On intercepte soigneusement la communication avec l'air extérieur dans la fosse, avec de la paille & de la toile recouverte d'un toit de chaume.

Il est difficile de prévoir d'avance la quantité de *glace* que l'on obtiendra ; cette quantité dépend

de l'état de l'atmosphère. Quelquefois on n'en obtient point, d'autres fois toute l'eau est congelée. Plus l'air est léger & serein, plus il devient favorable à la congélation. Les fréquens changemens de vents & de nuages l'empêchent toujours : souvent, dans des nuits très-froides à l'impression du corps humain, on n'obtient presque point de *glace*, au lieu que d'autres fois, par une nuit calme & sereine, sensiblement plus chaude, les contenus des terrines étoient totalement gelés. La plus forte preuve de l'influence de l'atmosphère, est que l'eau se congèle davantage dans une fosse que dans une autre, située à un mille de la première.

Avec les *glaces* conservées dans les *glacières*, soit qu'elles aient été formées naturellement ou artificiellement, on fait geler d'autres fluides pendant les vives chaleurs de l'été, soit pour faire des sorbets, des crêmes, ou pour obtenir tout autre fluide au suc glacé.

On donne le nom de *sorbets* & de *crêmes*, à toutes les compositions sucrées que l'on se propose de faire congeler pour obtenir des *glaces*. Les sorbets sont des sucs de fruits dans lesquels on fait fondre une quantité déterminée de sucre clarifié, & auquel on ajoute des substances aromatiques ; les crêmes sont composées de crême de lait, de jaunes d'œuf, dans lesquels on fait entrer une quantité, plus ou moins grande, de sucre, d'amandes douces ou amères, ou bien des avelines, des pistaches, du thé, du chocolat, du café, de la vanille, du safran, de la canelle, ainsi que toute autre substance aromatique.

Ces liquides se mettent dans un sabot ou sorbetière d'étain, que l'on ferme bien ; on plonge cette sorbetière dans un seau qui contient un mélange de *glace* & de sel marin. La température de ce mélange est ordinairement de 17° R. au-dessous de zéro. On tourne continuellement le sabot dans le mélange frigorifique, jusqu'à ce que toute la masse soit congelée.

Depuis fort long-temps, l'usage des *glaces* est connu dans les pays méridionaux ; il n'est pas possible d'y remonter à son origine : cependant, ce ne fut que vers l'an 1660 qu'elles furent introduites en France. Procope Couteau, natif de Florence, les a fait connoître, le premier, à Paris : un café, où l'on débitoit des *glaces*, a été établi, par lui, sous le nom de *Café Procope*. Il est passé depuis à d'autres glaciers.

Quant à l'usage des boissons glacées, il date de la plus haute antiquité ; elles étoient connues de Salomon : les Grecs, les Romains en consommoient beaucoup ; Aristote, Hippocrate, Athénée, saint Augustin, Sénèque, Pline, &c. parlent des boissons glacées que l'on employoit de leur temps. Les Orientaux, les Persans en font un grand usage, de même que les Portugais, les Espagnols, les Italiens ; ces derniers peuples en consomment considérablement : ces boissons sont chez eux à un prix fi médiocre, que les gens de tous les états en prennent.

L'opinion des médecins eft partagée fur l'ufage des boiffons glacées : les uns les regardent comme falutaires, les autres comme nuifibles, ce qui peut dépendre de l'état de fanté & de la conftitution des individus. Chez l'homme robufte, fanguin & bien portant, les boiffons glacées font d'abord éprouver une fenfation de froid, mais bientôt il s'établit dans l'eftomac une réaction, plus ou moins vive, qui s'étend à toutes les parties du corps, & fait éprouver un fentiment de bien-être & de vigueur auffi agréable que falutaire. Chez l'homme foible, épuifé, fatigué, le froid perfifte : il furvient des friffons, des anxiétés, un trouble dans les organes digeftifs, & un affoibliffement dans le corps.

On peut encore diftinguer, fous le nom de *glaces artificielles*, les glacés diverfes avec lefquelles on fait des miroirs. *Voyez* GLACES COULÉS, GLACES SOUFFLÉES ; MIROIRS.

GLACES AUSTRALES. Vafte étendue de *glaces* accumulées vers le pôle auftral.

Tous les navigateurs qui ont parcouru l'hémifphère auftral affurent avoir rencontré des *glaces* vers les 50 à 60 degrés de latitude, & qu'il leur a été impoffible d'avancer davantage ; c'eft à cette grande furface d'eau congelée, que l'on attribue le grand froid que l'on éprouve dans cette partie du monde, & qui eft plus confidérable que dans l'hémifphère boréal.

Quelques géographes prétendent que ces *glaces* fe continuent jufqu'au pôle ; d'autres croient qu'elles ne forment qu'une enceinte mobile, derrière laquelle il pourroit fe trouver de vaftes étendues de mers, qui, de temps en temps, ne renfermeroient aucune *glace*. *Voyez* GLACES POLAIRES.

GLACE COMPACTE. *Glace* dure, compacte, qui ne renferme aucune cavité.

Cette dénomination a pour objet de diftinguer cette *glace* de la *glace fpongieufe*, qui eft remplie de cavités. La *glace compacte* forme les premières couches d'eau congelée dans un vafe : on la rencontre également à la furface fupérieure des maffes de *glace* formées par les eaux ftagnantes, & charriées par les ruiffeaux, les rivières & les fleuves. (*Voyez* GLACE.) La *glace compacte* forme les premières couches des vaftes champs de *glace* qui flottent dans la mer Glaciale. *Voyez* GLACES POLAIRES.

Quelque homogène, dure, compacte que foit cette *glace*, fa denfité eft toujours moindre que celle de l'eau, puifqu'elle furnage conftamment fur ce liquide.

GLACE CRISTALLISÉE. *Glace* que l'on rencontre fous forme criftalline.

On trouve, dans le *Journal de Phyfique* de l'année 1785, tome I, page 34, une lettre de M. Haffenfratz à M. Monges, fur la criftallifation de la *glace*, obfervée à Vienne en Autriche, fur le Danube, lors du dégel de ce fleuve ; à cette lettre eft joint un deffin des formes des criftaux.

Ces criftaux avoient différentes formes ; les uns étoient des prifmes, les autres des pyramides tronquées ; les bafes étoient des parallélogrammes, des pentagones, des hexagones & des octogones.

Dans un voyage que le même favant fit, au commencement de ce fiècle, dans le département du Mont-Blanc, où étoit placée l'Ecole-pratique des Mines, il obferva que la *glace* qu'on lui fervoit à Chambéry fe brifoit en prifmes hexagones ; curieux de voir cette *glace* fur place, il fe fit conduire dans les glacières d'où elle avoit été tirée, & il y trouva dés blocs confidérables, compofés de prifmes hexaèdres, terminés par des pyramides hexaèdres. Ces criftaux reffembloient parfaitement à des criftaux de quartz.

M. Haricart de Thury, alors ingénieur des mines, obferva également de la *glace criftallifée*, en 1805, dans la caverne dite *la Glacière*, près de Fondeule, département de l'Ifère. Nous allons rapporter textuellement ce qu'il a publié fur cet objet :

« ..... Ayant détaché (1) quelques-unes de ces colonnes de ftalactites de *glace*, nous nous aperçûmes qu'elles étoient vides, qu'elles formoient des géodes, & que tout l'intérieur étoit tapiffé de belles aiguilles parfaitement criftallifées. Ce phénomène nous fit apporter une plus grande attention fur la contexture de la nappe de *glace* fur laquelle nous marchions, & nous vîmes, avec autant de furprife que de fatisfaction, qu'elle étoit compofée de parties criftallifées de la plus grande limpidité, préfentant, pour la plupart, des prifmes hexaèdres, dont la furface terminale offroit des ftries parallèles aux faces du prifme, tandis que les criftaux de l'intérieur des ftalactites étoient, les uns des prifmes triangulaires, & les autres des prifmes hexaèdres, dont quelques-uns offroient également des ftries fur la face terminale, & dont plufieurs, qui avoient jufqu'à 0,005 mètre, ou 5 millimètres de diamètre, fe préfentoient avec des facettes qui remplaçoient les arêtes terminales de la jonction de la bafe & du prifme. Quelque fcrupuleufes qu'aient été nos recherches, nous n'avons pu découvrir aucune pyramide complète. »

Enfin, le docteur Brewfter vient de s'affurer (2) que des maffes de *glace*, de deux à trois pouces d'épaiffeur, formées fur la furface d'une eau tranquille, étoient auffi parfaitement criftallifées, que du criftal de roche ou du fpath calcaire. Tous les axes des criftaux élémentaires, correfpondant à ceux d'un prifme hexaèdre, étoient exactement

(1) *Journal des Mines*, tome XXXIII, page 159.
(2) *Journal de Phyfique*, année 1817, tome II, p. 398.

parallèles

parallèles les uns aux autres & perpendiculaires à l'horizon.

Ce résultat a été obtenu, en transmettant de la lumière polarisée à travers un morceau de *glace*, dans une direction perpendiculaire à sa surface. Une série de bandes concentriques, supérieurement colorées, avec une croix rectangulaire, obscure, passant par le centre, se développèrent & furent d'une nature opposée à celle que le docteur Brewster a découverte, il y a quelques années, dans le béril, le rubis, & d'autres minéraux. La force polarisante de la *glace*, comme elle a été trouvée dans plusieurs expériences, est de $\frac{1}{9005}$, celle du cristal de roche étoit de $\frac{1}{311}$.

GLACES COULÉES. Verre fondu, que l'on coule sur une table de cuivre, que l'on place ensuite dans un fourneau échauffé, pour le faire refroidir lentement.

Les plaques de verre que l'on obtient ainsi, ont quelquefois de quatre-vingts à cent pouces de longueur, sur soixante à soixante-dix pouces de largeur: lorsqu'elles ont d'aussi grandes dimensions & qu'elles n'ont pas de défaut, elles ont une grande valeur.

Ces grandes feuilles de verre, qui ont de quatre à six lignes d'épaisseur, sont dressées & dégrossies avec du sable, du grès, puis mises d'épaisseur & polies avec de l'émeri, du rouge d'oxide de fer & de la potée d'étain. Alors elles ont un bel éclat & peuvent être employées, soit comme *glaces*, soit comme miroirs. Dans ce second cas, on les étame, c'est-à-dire, qu'à l'aide du mercure, on applique une feuille d'étain sur l'une des faces : cette feuille arrête les rayons de lumière qui ont traversé la *glace*; elle les force à se réfléchir à la surface & à faire distinguer l'image des objets. *Voyez* MIROIR.

On donne souvent le nom de *glace* aux miroirs eux-mêmes, particulièrement lorsqu'ils ont de grandes dimensions.

Quant à la composition de ces *glaces*, à la manière dont on les obtient, *voyez* l'article VERRERIE, dans le *Dictionnaire des Arts & Métiers* de cette Collection.

GLACE DE DIAMANT. Fêlures qu'on fait aux diamans, en les séparant, dans la mine, des rochers auxquels ils sont attachés.

GLACES DE MAGDEBOURG. *Glaces* de verre, *fig.* 2 & *fig.* 2 (a), parfaitement polies, qui adhèrent fortement lorsqu'elles sont mises en contact. *Voyez* ADHÉRENCE, ADHÉSION.

GLACE INFLAMMABLE. Espèce de *glace* qui s'enflamme par le contact d'un liquide.

On doit à Bose la connoissance d'une composition qui a toute l'apparence de la *glace*, & qui jouit de la singulière propriété de s'enflammer.

C'est un mélange d'huile de térébenthine & de blanc de baleine, ou *spermaceti*. Cette substance, mise dans un vase, sur un feu doux, se fond & devient claire comme de l'eau de fontaine : plaçant le vaisseau qui la contient, dans un lieu frais, elle se solidifie en trois minutes; si elle se solidifioit trop difficilement, il faudroit y ajouter du *spermaceti*. Lorsque la chaleur de l'été est trop forte, & qu'on n'a pas de lieu assez frais pour faire prendre la liqueur, il faut mettre le vaisseau, qui la contient, dans de l'eau très fraîche; elle se *glace* brusquement : alors, elle est moins belle, moins claire & moins semblable à de la *glace*.

Pour l'enflammer, il faut exposer cette *glace* à une légère température, & pendant qu'elle se fond, & qu'il y a encore des glaçons flottans dessus, y verser de bon acide nitrique : la liqueur & la *glace* s'enflamment & se consomment dans l'instant.

Rien n'est moins étonnant, que de voir l'huile de térébenthine s'enflammer par l'acide nitrique; l'art consiste, ici, à l'avoir combinée avec une matière qui lui donne la forme, la couleur & la transparence de la *glace*, sans altérer son inflammabilité. Ce n'est donc, à proprement parler, qu'une sorte de jeu & de récréation, qui étonne lorsqu'on n'en connoît pas véritablement la cause.

GLACES NATURELLES. *Glaces* formées naturellement par la congélation de l'eau exposée au froid naturel de l'atmosphère. *Voyez* GLACES.

On fait usage de la dénomination de *glaces naturelles*, pour distinguer celles qui sont produites par le froid naturel de l'air, de celles qui sont obtenues par des moyens artificiels, par des mélanges frigorifiques. *Voyez* GLACES ARTIFICIELLES, CONGÉLATION.

GLACES POLAIRES. Amas de *glaces* formées & réunies aux pôles de la terre.

Ces *glaces* s'étendent à des distances plus ou moins grandes des pôles. Vers le pôle austral, on rencontre déjà des nappes de *glace* à 50 degrés de latitude; vers le pôle boréal, elles sont plus reculées; elles ne se laissent apercevoir que vers les 60 à 70 degrés de latitude. A cette hauteur, on voit des glaçons, plus ou moins gros, flotter sur les eaux : la grandeur de ces glaçons augmente à mesure que l'on s'approche des pôles; ils forment alors de grandes îles flottantes; on rencontre souvent de ces îles de *glace*, qui ont une demi-lieue de long, & qui s'élèvent, au-dessus des eaux, jusqu'à cent pieds de hauteur; ce qui supposeroit qu'elles seroient enfoncées de 1200 pieds dans la mer. Malheur aux vaisseaux qui se trouvent dans les espaces que ces glaçons parcourent! ils y courent des dangers sans cesse renaissans.

Après ces glaçons, ces îles de *glace*, on voit, en approchant des pôles, vers le 80e. degré, des champs formés de *glaces*, des *glaces* fixes; soit que la mer y foit gelée jufqu'au fond, ce qui eft peu probable ; foit que les *glaces* fe foient feulement accrochées & arrêtées par leur accumulation. Cook a trouvé une bande de ces *glaces* qui joignoit l'Afie orientale à l'Amérique feptentrionale.

Par fuite de l'inclinaifon de l'axe de la terre & du mouvement de la terre autour du foleil, la durée des jours & la préfence du foleil font très-grandes l'été & très-courtes l'hiver : d'où réfultent de grands froids l'hiver & de grandes chaleurs l'été. Cette variation, dans la température, donne naiffance à une formation de *glace* confidérable, & l'été, à la fufion de tout ou partie de ce folide aqueux. Si la quantité de *glace*, fondue par la chaleur des étés, étoit égale à la quantité de *glace* formée par le froid des hivers, il exifteroit un intervalle, quelque court qu'il fût, où les mers polaires feroient entièrement libres de *glace*, & pourroient, en conféquence, être livrées à la navigation. Cette confidération a fait préfumer qu'il feroit poffible que les vaiffeaux puffent fe frayer un paffage vers le pôle boréal, pour parvenir, de l'ancien, au nouveau Continent. Plufieurs tentatives ont déjà été faites pour découvrir ce paffage, & encore, tout récemment, une flotte angloife vient de l'entreprendre, mais fans en avoir obtenu le fuccès que l'on en efpéroit.

Depuis l'époque où les progrès de la navigation ont permis de s'écarter à de grandes diftances des côtes, on a reconnu beaucoup de pays qui étoient inconnus à nos prédéceffeurs. Parmi ces pays, il en eft vers les pôles, comme le Groenland, qui ont été habités anciennement, auxquels les vaiffeaux abordoient avec affez de facilité, & dont l'accès eft aujourd'hui prefque fermé par les *glaces*. Seroit-ce la conféquence d'une formation de *glace*, pendant les hivers, plus confidérable que celle qui peut être fondue les étés ? Cette conféquence paroîtroit affez naturelle ; mais il feroit poffible auffi, qu'il y eût des périodes de chaleur & de froid, tels, que les *glaces* polaires puiffent diminuer pendant un temps & augmenter pendant un autre ; ce que l'obfervation fait préfumer, & ce que nos neveux apprendront. Quant à nous, nous n'avons pas encore affez de faits, pour pouvoir prononcer fur une femblable queftion.

On diftingue vers les pôles, dans les régions glacées, plufieurs fortes de *glaces* flottantes fur les eaux de la mer. Les marins leur ont donné les noms de *champs de glace, ballots de glace, montagnes de glace*, &c., felon leur dimenfion, leur forme & leur hauteur au-deffus de la furface des eaux.

Les *champs de glace* font des furfaces continues de *glaces*, dont on n'aperçoit point les limites depuis le fommet d'un mât de vaiffeau. Ces champs ne s'élèvent guère que de quatre à fix pieds au-deffus de la furface des eaux, & s'enfoncent jufqu'à vingt & trente pieds au-deffous. On en a vu de cent milles anglais de longueur, & de plus de

la moitié de cette diftance de largeur. La *glace* qui les forme eft parfaitement tranfparente, & l'eau qui en provient eft extrêmement douce & peu faumâtre. La furface des champs eft fouvent très-unie ; cependant on aperçoit, fur plufieurs, quelques monticules, auxquels les Anglais donnent le nom d'*hummocks*, dont l'éclat éblouiffant eft relevé par la réflexion d'une couleur verte, extrêmement délicate.

Un grand nombre de ces champs font annuellement détruits par le mouvement continuel qui les entraîne vers le fud-oueft avec une grande viteffe. On les voit fréquemment tourner avec une viteffe de plufieurs milles par heure. Ainfi, lorfqu'un champ en mouvement rencontre un champ en repos, ou mieux, lorfqu'il eft arrêté par un champ qui eft mu dans une direction contraire, le choc, qui en réfulte, produit un effet que l'imagination peut à peine concevoir. Le champ le plus foible eft entièrement détruit avec un bruit horrible. Des pièces de dimenfion énorme font fubmergées ; d'autres font élevées les unes au-deffus des autres, à la hauteur de vingt à trente pieds.

On a donné le nom de *montagnes de glace* à des maffes énormes, élevées fur les bords des côtes, dont les faces font à pic, & qui s'enfoncent dans la mer, à une grande profondeur. Il en eft dans les vallées du Spitzberg, qui ont plus de trois cents pieds de hauteur au-deffus du niveau de la mer. La couleur verte de la furface luifante de ces murs, forme un contrafte remarquable avec la blancheur des grandes maffes de neige, qui s'élèvent les unes au-deffus des autres. Plufieurs de ces montagnes flottent dans la mer : on en a obfervé qui avoient plus de cinq à fix milles carrés de furface, qui s'élevoient de quatre-vingts à cent pieds, & qui devoient, par conféquent, être fubmergées de dix à douze cents pieds, & dont le poids devoit être de plus de deux millions de tonnes (1).

Enfin, les *ballots*, ou petites maffes flottantes, font ordinairement le réfultat du brifement des champs de *glace*, ou celui de la congélation de l'eau par parties féparées ; ces maffes, dont les dimenfions font très-variables, font entraînées par les courans : ils fe réuniffent ou fe brifent lorfqu'elles fe choquent, & cela, fuivant la grandeur, la force & la fragilité des maffes, ainfi que la température qui exifte.

On aperçoit une grande différence entre la *glace* des eaux de la mer & celle des eaux douces. La première eft blanche, poreufe, opaque. La lumière qui la traverfe eft verdâtre ; elle eft moins dure, & furnage plus facilement que la *glace* d'eau douce. La partie au-deffus de la furface eft à la partie fubmergée, comme 1 à 4 : d'où il réfulte que fa pefanteur fpécifique eft de 0,873. Cette *glace*, fondue, donne toujours de l'eau fau-

---

(1) La tonne pèfe deux milliers.

mâtre, quoique moins falée que celle de la mer. La *glace* d'eau douce a un afpect noirâtre, une belle couleur verte & une tranfparence parfaite, quand on la retire de l'eau. On peut en faire des lentilles qui réfractent les rayons du foleil, & avec lefquelles on peut allumer des corps combuftibles. Cette *glace* furnage moins facilement que celle de l'eau de mer; la partie au-deffus de la furface eft, à la partie fubmergée, comme 1 à 7, & fouvent comme 1 à 13, ce qui porteroit fa pefanteur fpécifique à 0,937.

Plufieurs phyficiens ont avancé que le voifinage de la terre étoit néceffaire à la formation de la *glace*; mais M. William Scoresby (1) a obfervé, loin des côtes, les progrès de la congélation, depuis l'apparition des premiers criftaux, jufqu'à ce que la *glace* ait atteint l'épaiffeur d'un pied, fans que la terre y influe le moins du monde; il a même vu de la *glace* naître pendant des vents affez violens, fous le 72ᵉ degré de latitude, & dans des lieux expofés aux vagues de la mer du Nord & de l'Oueft.

Quand les premiers criftaux de *glace* paroiffent, la furface de l'Océan reffemble à celle d'une eau trop froide pour fondre la neige qu'on y auroit jetée. La mer houleufe en eft tout-à-coup appaifée. Le mouvement des vagues brife les criftaux en petits fragmens de trois pouces, au plus, de diamètre. Ces morceaux, tout en augmentant, font conftamment heurtés les uns contre les autres, arrondis & relevés par leurs bords; les Anglais les nomment alors *pancake*, *omelette*. Ils en forment de plus larges, jufqu'à ce qu'enfin ils puiffent atteindre un pied d'épaiffeur, fur plufieurs braffes de circonférence.

Si la mer n'eft pas agitée, les progrès de la congélation font plus rapides, & la *glace* augmente par la furface inférieure. Si le froid eft intenfe, elle peut atteindre l'épaiffeur de deux à trois pouces en vingt-quatre heures, & fouvent, le poids d'un homme en moins de quarante-huit. Lorfqu'on confidère que la mer, qui eft entourée de grandes maffes de *glaces*, eft toujours calme comme l'eau dans un port, on conçoit que l'effet d'un mois de gelée intenfe y doit produire d'immenfes *champs de glace*.

Cependant on ne peut nier que beaucoup de *glaces* ne fe foient d'abord formées dans les baies & entre les îles du Spitzberg, & entraînées enfuite vers la grande mer par les courans; mais il feroit difficile, avec cette feule formation, de rendre raifon de l'immenfe quantité de *glace* qui exifte dans la mer du Nord, & l'on voit que ces vaftes *champs de glace* peuvent être formés fans le concours des *glaces* des côtes.

Mais ces *glaces*, formées dans la mer, différent,

par la pureté, la couleur, la denfité & l'eau faumâtre qu'elles donnent en fondant, de la *glace* qui recouvre les *champs de glace*; celle-ci eft denfe, pure, tranfparente, & produit de l'eau douce en fe liquéfiant. M. Scoresby attribue la formation de cette feconde *glace* à de la neige; voici comme il l'explique.

Il eft à peu près certain que les vents doivent féparer les *glaces* du Nord, par les courans irréguliers qu'ils occafionnent; les ouvertures font gelées de nouveau, en peu de temps: il s'y forme une couche mince de *glace*. La neige, qui, généralement, couvre ces maffes jufqu'à la hauteur de deux ou trois pieds, fe fond vers la fin de juin & le mois de juillet; mais l'eau qui en provient ne pouvant arriver à la mer, puifque la *glace* nouvelle s'eft foudée à l'ancienne, eft retenue d'abord, gelée enfuite; peu de temps après, elle augmente ainfi la hauteur du champ de plufieurs pouces. Ceci, répété pendant plufieurs années, conjointement avec l'augmentation de la *glace* par-deffous, doit être fuffifant pour produire les maffes les plus étendues, & une *glace* denfe & tranfparente, comme l'eft, en général, celle des champs.

On diftingue, dans les mers du Nord, deux fortes de *montagnes de glace*: les unes font fixes, & les autres flottantes. Les *montagnes de glace fixes* bouchent les vallées, dans les terres circompolaires; elles s'enfoncent dans les terres, entre les montagnes; dans les vallées, elles parviennent à des limites qui n'ont pas encore été déterminées. M. Scoresby croit qu'elles ont été formées de la même manière que les *champs de glace*, c'eft-à-dire, par l'accumulation des neiges fondues & gelées de nouveau, qui, peut-être, ont exigé un grand nombre de fiècles pour s'élever à une hauteur auffi prodigieufe: ce qui détermine cette opinion, c'eft que la *glace* de ces montagnes eft abfolument de la *glace* d'eau douce, femblable à celle qui couvre les *champs de glace*. Au refte, cette opinion de M. Scoresby paroît d'autant plus probable, que c'eft ainfi que fe forme la *glace* des glaciers. *Voyez* GLACIERS.

Pour les *montagnes de glace flottantes*, il croit que plufieurs d'entr'elles fe font détachées des *montagnes de glace fixes*, foit par la preffion en avant, vers la face verticale, ou par la dilatation de l'eau qui fe gèle dans des fentes. Cependant, M. Scoresby doute que ces maffes détachées puiffent former ces immenfes montagnes qu'on rencontre quelquefois: il préfume que celles-ci fe forment plutôt dans les baies garanties des vents & des courans, qu'entre les montagnes & dans les vallées de la terre. Ces montagnes de glace font enfuite détachées par les vents & les courans, qui les entraînent en pleine mer. C'eft pourquoi on rencontre plus fouvent de ces grandes montagnes flottantes, vers le détroit de Davis, que dans les environs du Spitzberg; dans ces

(1) *Mémoire de la Société wernerienne d'Edimbourg*, vol. II, page 1 & fuiv. —*Annales de Chimie & de Phyfique*, tome V, page 59.

derniers parages, on ne voit flotter que de très-petites *montagnes de glace*.

GLACES SOUDÉES. Fragmens de *glace* de verre, que l'on soude en les exposant à l'action du feu.

Souder des *glaces brisées*, est un problème qui présente de grandes difficultés, principalement par la condition, qu'après la réunion des fragmens, la surface obtenue doit être parfaitement plane. Il paroît, cependant, que ce problème a été résolu, puisqu'il existe, dans la Collection de l'École royale des Mines, des portions de *glaces soudées*; mais le prix auquel cette soudure revient, empêchera long-temps que l'on ne puisse la pratiquer économiquement.

GLACE SOUFFLÉE. Verre fondu, que l'on souffle en manchon, & que l'on étend ensuite dans un four nommé *étracon*.

Ces sortes de *glaces* ne sont jamais aussi épaisses, & n'ont pas d'aussi grandes dimensions que les *glaces coulées*; mais on les fabrique plus facilement & elles peuvent être versées, dans le commerce, à meilleur marché. D'ailleurs, on les dégrossit & on les polit comme les autres.

GLACE SPONGIEUSE. *Glace* remplie de porosités, & qui paroît être formée d'un amas de petits glaçons réunis & congelés ensemble. *Voyez* BOUSIN, GLACES.

GLACE TRANSPARENTE. Eau congelée, compacte, homogène & parfaitement transparente. Cette *glace* se forme à la superficie de l'eau contenue dans des vases, sur la surface des eaux tranquilles, & dans la partie supérieure des glaçons qui flottent sur les rivières (*voyez* GLACE); elle se forme également par l'accumulation des neiges. *Voyez* GLACIERS, GLACES POLAIRES.

GLACIAL, *glacialis*; *eis-kalt*; adj. Qui est gelé, qui peut être gelé; en général, tout ce qui a rapport à la glace.

GLACIALE (Mer). Portion de la mer, près des pôles, qui se glace, qui est couverte de glaçons toute l'année, ou une grande partie de l'année. *Voyez* GLACES POLAIRES, MER GLACIALE.

GLACIAL (Vent). Vent très-froid qui accélère la congélation de l'eau, favorise la formation de la *glace*; tels sont les vents du nord & de l'est, à Paris. *Voyez* VENT GLACIAL.

GLACIALE (Zône). Etendue, surface de la sphère; zône, calotte sphérique sur laquelle il existe un froid considérable, qui glace les eaux de la mer. *Voyez* ZÔNE GLACIALE.

GLACIÈRE; *glaciei servanda*; *eis grube*; s. f.

Cavités dans lesquelles la *glace* se forme & se conserve.

Il existe deux sortes de *glacières* : naturelles & artificielles.

Les *glacières artificielles* sont de grandes cavités, creusées dans un terrain élevé & sec, que l'on garnit de paille dans le fond & sur les côtés. Cette cavité doit être couverte en paille ou en chaume; l'ouverture doit être formée d'une double porte, pour éviter l'entrée de l'air chaud.

Si le terrain dans lequel on creuse la cavité n'est pas parfaitement solide, on recouvre les parois, soit avec un mur, soit avec un pan de bois.

Il est préférable de couvrir le fond de la cavité avec des roseaux, &, dans ce cas, il faut en mettre de six pouces à un pied d'épaisseur.

Aux Indes, les *glacières artificielles* sont des fosses creusées dans un lieu sec & élevé, profondes d'environ quatorze ou quinze pieds, garnies d'abord de paille, & ensuite d'une toile grossière: on place, dans le fond, des cannes à sucre, ou des tiges de blé d'Inde; la nature spongieuse de ces deux substances, les rend propre à la conservation de la *glace*.

En construisant des *glacières artificielles*, il faut avoir grand soin d'éloigner tout accès d'eau qui feroit fondre la *glace*; d'empêcher la circulation de l'air, lequel, lorsqu'il est au-dessus de zéro, feroit également fondre la *glace*; enfin, de tapisser, garnir les parois, de substances non conductrices de la chaleur, pour éviter que la chaleur du sol ne parvienne à la *glace*, & ne la fasse fondre: c'est pour cet objet que l'on emploie, avec beaucoup de succès, la paille & la toile.

Dans le temps des *glaces* ou des neiges, on charrie de l'eau congelée, que l'on jette & que l'on dépose dans ces cavités. On bat ces substances, pour qu'elles prennent du corps, & que l'on conserve ainsi la *glace*, jusqu'au moment où l'on veut s'en servir. *Voyez* GLACIÈRE; dans cette collection, à la division qui a pour objet les *Arts & Métiers*.

Les *glacières naturelles* sont de grandes cavités, formées par la nature, dans les hautes montagnes qui n'ont qu'une ou deux ouvertures étroites, & dans lesquelles la neige, qui environne ces cavités, est chassée par les vents dans leur ouverture. Là elle s'y accumule, s'y durcit & s'y conserve à l'état de *glace*.

Il existe de ces cavités, en grand nombre, dans les chaînes calcaires qui précèdent les chaînes granitiques dans les montagnes alpines. Alors, selon leur position, la direction de leur ouverture, par rapport à celle des vents qui règnent, ordinairement, sur la montagne où elles sont situées, elles deviennent des *glacières*, ou seulement des grottes & des cavernes.

Pendant long-temps, les savans n'ont connu en France que la grotte creusée dans la montagne de Baume, située à quelques lieues de Besançon, dans laquelle on trouvoit de la *glace* dans l'été ; ce phénomène fut publié comme un fait extraordinaire, dont on a cherché à donner diverses explications ; cependant on faisoit usage, dans des villes, placées à la proximité des montagnes, de *glaces* provenant de différentes *glacières naturelles* ! mais dès que le goût de la minéralogie & de la géologie s'est un peu étendu chez nous, des voyageurs ont été parcourir les hautes montagnes, les chaînes alpines, & nous avons appris, enfin, que les *glacières naturelles* étoient assez communes dans les grandes chaînes de montagnes.

GLACIERS ; *montes glaciei* ; *eis berge* ; f. m. Amas de *glaces*, formés par de la neige tombée dans des hautes vallées, ou dans la féparation des montagnes.

Il est peu de chaînes alpines qui ne contiennent des *glaciers*, foit dans les vallées élevées, ce qui forme les *glaciers* du premier genre, foit dans les vallées basses, ce qui forme les *glaciers* du second genre. Les premiers doivent leur naissance aux neiges qui tombent sur leurs surfaces, & qui coulent des flancs escarpés des sommités qui les dominent & les environnent ; les seconds font formés, ou par des avalanges, ou par l'accumulation des neiges.

La glace des *glaciers* du premier genre est ordinairement compacte comme de la glace ; cette compacité est produite par deux causes : 1°. par la pression que les couches supérieures exercent sur les couches inférieures ; 2°. par la filtration de l'eau provenant, à la surface, de la fonte des neiges, par la chaleur du soleil, ou par celle de l'air ; cette eau remplit tous les pores des masses qu'elle peut atteindre.

Quoiqu'il existe des hautes montagnes dont la sommité est toujours couverte de neiges éternelles, ces neiges accumulées ne forment pas les *glaciers* : elles se distinguent de celles qui font entassées dans les vallées, & ces secondes seulement, qui font amenées à l'état de glace, constituent les *glaciers*.

Deux causes contribuent à diminuer la masse des glaces dans les *glaciers* : 1°. la fonte à la surface supérieure, occasionnée par l'action réunie du soleil, des pluies & des vents chauds ; 2°. la fonte occasionnée à la surface inférieure, par l'action de la chaleur du sol. Une partie de l'eau, provenant de la fonte à la surface supérieure, est évaporée & dispersée dans l'air, l'autre partie s'infiltre dans la masse ; une portion de l'eau provenant de la fonte, à la surface inférieure, s'infiltre dans la terre pour former les sources & les fontaines qui existent dans ces pays montagneux ; l'autre glisse sur le sol & produit ces chutes, ces ruisseaux que l'on voit à l'extrémité des *glaciers*.

Ainsi, deux causes concourent simultanément à l'augmentation & à la diminution des *glaciers* ; la pression & la neige qui tombe sur les hautes montagnes ; la seconde est la fusion, aux surfaces supérieure & inférieure de ces masses de glace ; & selon que l'une ou l'autre de ces causes prédomine, il y a augmentation ou diminution dans les *glaciers* ; d'où il résulte que, dans les années peu chaudes & abondantes en neige, les *glaciers* augmentent ; dans les années chaudes & peu abondantes en neige, les *glaciers* diminuent : de-là ces variations dans la dimension des *glaciers*, qui ont donné naissance à tant d'hypothèses différentes sur leur variation.

Souvent il se forme, dans le milieu des *glaciers*, des amas de pierres arrangées par lignes parallèles au bord du *glacier* ; ces amas proviennent des pierres qui s'écoulent des faces des montagnes, qui bordent la vallée remplie de glace ; elles s'écoulent d'abord sur les bords, puis roulent, peu à peu, jusqu'au centre : là, elles s'entassent. Couvrant la glace sur laquelle elles posent, ces pierres la préservent de l'action du soleil. Les surfaces environnantes qui éprouvent son action, fondent, produisent de l'eau qui s'évapore ; leur surface diminue pendant que celle du milieu conserve sa hauteur ; d'où il résulte une surélévation de glaces & de pierres sur le milieu du *glacier*.

En descendant vers la partie inférieure du *glacier*, les glaces entraînent les pierres qui couvrent leur surface ; mais si elles se fondent, les pierres restent & forment une espèce de muraille à laquelle on a donné le nom de *morenne*.

Il se creuse dans l'été, sur la surface du *glacier*, des puits remplis d'eau, qui ont une profondeur plus ou moins grande. On conçoit la formation de ces puits, en observant que, dès qu'il séjourne de l'eau dans une place quelconque du *glacier*, quelque peu de chaleur que cette eau reçoive, elle la transmet aussitôt aux couches inférieures, parce que le maximum de densité de l'eau étant, entre trois ou quatre degrés, toute l'eau, à cette température ; descend ; touchant la glace à zéro, elle en dissout une couche extrêmement mince, arrive à la température zéro avec la couche qu'elle a dissoute ; mais étant, à cette température, moins dense que de trois à quatre degrés, elle s'élève, de l'eau entre trois & quatre degrés la remplace, &, par l'excès de sa chaleur, fait encore fondre une mince couche de glace. Cette eau à trois ou quatre degrés, constamment renouvelée, exerçant continuellement son action sur la glace du fond, creuse un puits, dont la profondeur dépend de la durée de l'action de cette eau.

GLAÇON ; *glaciei frustum* ; *eissholle* ; f. m. Morceaux de glace, plus ou moins gros, qui surnagent sur l'eau.

On a distingué les *glaçons* d'après leur contexture : il en est de compactes, de poreux ; quelques-uns font très-petits ; d'autres forment des montagnes de glace. *Voyez* GLACE COMPACTE ET POREUSE, GLACE, GLACE POLAIRE.

GLAISE; glis; *thon*; f. f. Terre graffe & tenace, dont on fait ufage pour engraiffer les terres ou retenir les eaux; c'eft une argile impure.

GLANDE; glandula; *drüle*; f. f. Organes mollaffes, grenus, globuleux, compofés de vaiffeaux, de nerfs, & d'un tiffu particulier.

GLANDE LACRYMALE. *Glande* fituée vers le petit angle de l'œil, derrière la conjonctive, d'une étendue affez confidérable & plate.

Cette *glande* eft comme partagée, dans fa partie antérieure, en plufieurs petites pièces qu'on nomme *lobes*. Il fort, d'entre leurs intervalles, des conduits excrétoires qui apportent la liqueur des larmes. Dans l'homme, ils font au nombre de fept à huit: la liqueur qui coule par ces petits conduits, eft claire, limpide, un peu falée; elle fert à couvrir la cornée d'une humidité continuelle, & qui lui eft néceffaire pour que fa furface foit liffe, & que les rayons de lumière qui pénètrent dans l'œil fe réuniffent en un feul foyer.

GLASER (Jean-Frédéric), phyficien allemand, né à Waffingen le 3 feptembre 1707, & mort à Sablé le 7 décembre 1789.

Fils d'un exécuteur de la haute juftice, il fe diftingua dans fes études: il fut reçu docteur en médecine à Harderwick, puis nommé confeiller des mines du duché de Saxe-Gotha.

Glafer poffédoit de grandes connoiffances en phyfique & en économie politique.

Préfent à un incendie qui réduifit Sablé en cendres, il chercha les moyens de préferver les maifons du feu; il en propofa deux: 1°. d'enduire la charpente d'un mélange de glaife, d'argile, de farine de feigle & de fable fin; 2°. de plonger les bois dans de la leffive de cendres.

Nous avons de *Glafer*: 1°. des *Mémoires fur la manière de préparer les bois de conftruction pour réfifter aux incendies*, Drefde & Leipfick, 1762, in-8°.; 2°. *Mémoire fur le perfectionnement des fecours contre les incendies dans les petites villes*, Drefde & Leipfick, 1775, in-8°.; 3°. *Differtation fur les chenilles qui dévaftent les arbres fruitiers, & fur les moyens de les détruire*, Francfort & Leipfick, 1774, in-8°.

GLASS. Mot anglais; nom que les Anglais donnent au verre & au criftal.

On diftingue deux fortes de *glafs*, le *glafs crowne* ou *crowne glafs*, & le *glafs flint* ou *flint-glafs*. *Voyez* ces mots.

GLASS-CHORDE. Nom donné par Franklin, à une efpèce de forté-piano qui, au lieu de cordes ordinaires, a des cordes de verre.

Ces cordes font de petites bandes de verre ou de criftal, lefquelles font attachées fur deux efpèces de petits chevalets; une des extrémités eft frappée par des petits marteaux garnis de foie; ces mar-

teaux font foulevés par les touches du clavier. Les bandes, pour les tons graves, font minces & ont peu de longueur. Leur épaiffeur eft plus confidérable, pour les tons aigus, ainfi que leur longueur.

Les avantages de cet inftrument font: 1°. d'avoir des fons plus mélodieux que ceux du piano ordinaire; 2°. de n'avoir pas befoin d'être accordé de nouveau; 3°. d'être très-portatif.

GLASS-CROWNE. Verre blanc ordinaire; tel eft celui que l'on emploie pour les carreaux & autres vitrages. *Voyez* VERRE A VITRE.

GLASS FLINT. Verre compofé de fable, de potaffe & de minium, connu en France fous le nom de *criftal*. Comme il a une plus grande réfringence que le verre ordinaire, il eft employé avec fuccès, conjointement avec le verre ordinaire, pour fabriquer les lentilles achromatiques. *Voyez* FLINT-GLASS, LENTILLE ACHROMATIQUE.

GLAUBER, chimifte & phyficien allemand qui vivoit dans le feizième fiècle.

Peu de chimiftes ont travaillé avec plus d'ardeur & de ténacité que *Glauber*. Dépourvu, malheureufement, de l'inftruction & de la force d'efprit néceffaire, pour tirer de juftes conféquences des nombreufes expériences auxquelles il fe livroit, avec affez d'habileté, il n'a pu parvenir à en tirer tout le parti qu'elles préfentoient.

On doit à *Glauber* plufieurs découvertes utiles, à la tête defquelles on peut placer le fulfate de foude, nommé alors *fel admirable de Glauber*. Il a contribué à nous mieux faire connoître certains fels & plufieurs métaux. On peut, en quelque forte, le regarder comme l'inventeur des bains à vapeurs par encaiffement, fur lefquels il a écrit, & dont on a récemment préfenté la découverte comme nouvelle.

Plein d'amour pour le merveilleux, toute fa vie fut employée à la recherche de la panacée, de la pierre philofophale & des autres chimères dont les alchimiftes fe berçoient l'imagination.

C'eft en recherchant ces rêveries des adeptes, qu'il a fait les découvertes qui ont contribué à fa réputation. Il eut l'art de féduire beaucoup de monde par des promeffes auffi vaines qu'exagérées.

On lui reproche d'avoir fait un vil trafic de fes prétendues découvertes, qu'il vendoit quelquefois un prix exceffif, à plufieurs perfonnes différentes, ce qui ne l'empêchoit pas de les publier fous fon nom.

Parmi les ouvrages publiés par *Glauber*, on diftingue: 1°. la *Profpérité de la Germanie*, Amfterdam, 1656, in-8°.; 2°. *Defcription d'une nouvelle manière de diftiller*, Amfterdam, 1648, in-8°.; 3°. *De medicinâ univerfali five de auro potabili vere*, Amfterdam, in-8°., 1658; 4°. *Miraculum mundi*,

Amsterdam, in-4°., 1653 ; 5°. *Pharmaçopea spagy-rica*, Amsterdam, in-8°., 1655 ; 6°. *Dissertatio medica, hermetica & catholica magni naturæ magisterialis mysterii*, Francfort, in-8°., 1656 ; 7°. *De tartaro & vini fæcibus*, in-8°., 1655 ; 8°. *Consolation des navigateurs*, Amsterdam, in-8°., 1657 ; 9°. *Opus minerale*, Amsterdam, in-8°., 1651 ; 10°. *De elia artista*, Amsterdam, in-8°., 1668. Tous ces ouvrages sont écrits en allemand, malgré leurs titres latins.

GLAUBERITE ; glauberitum ; *glauberit* ; f. m. Nouveau minéral découvert par M. Brogniart, composé de chaux, de soude & d'acide sulfurique.

Ce minéral est d'un jaune-pâle, assez dur pour rayer le gypse, se fendillant, décrépitant au feu & s'y fondant en un émail blanc. Mouillé, il prend une couleur blanc-laiteux : il est en partie soluble dans l'eau ; sa poussière ni sa dissolution ne verdissent le sirop de violette.

Ses composans sont :

Chaux sulfatée enhydre	49
Soude sulfatée enhydre	51
	100

Jusqu'à présent, le *glauberite* ne s'est trouvé qu'en Espagne, à Villarubia, dans la Nouvelle-Castille ; il est disséminé dans des masses de sel gemme.

GLEICHEN célèbre naturaliste & physicien, né à Bareuth, le 14 janvier 1717, mort à Bareuth, le 16 juin 1783.

Issu d'une famille noble, il commença sa carrière en qualité de page, à la cour du prince de la Tour-Taxis, à Francfort ; entra dans l'Ecole des Cadets à Dresde, accepta une commission en-seigner à Bareuth, se distingua dans la carrière militaire, & y avança rapidement ; fit la campagne de 1741, avec Frédéric, en qualité de major ; hérita, en 1748, de biens considérables, provenant de son grand-père maternel, sous la condition de porter le nom de *Russworme*, & se retira dans ses terres en 1756.

Pendant son séjour à la campagne, un ouvrage de Ledermuller, *les Amusemens des yeux & de l'esprit à l'aide du microscope*, lui étant tombé sous la main, il prit du goût pour l'histoire naturelle : il se procura un microscope, & observa tous les petits corps qu'il put obtenir ; ne pouvant, avec cet instrument, observer les corps opaques, il fabriqua lui-même, aidé d'un horloger, d'abord un microscope universel, puis un microscope solaire. Ayant besoin de savoir peindre pour décrire ses observations, il se livra, quoiqu'âgé, à l'étude de la peinture, & il fit de rapides progrès ; il en fit également dans la chimie & la physique, dont les connoissances lui étoient absolument nécessaires.

L'observation des animacules spermatiques &

infusoires devint son étude favorite ; il y acquit une grande habileté. Il travailloit avec un zele infatigable aux progrès des sciences naturelles : il avoit placé, au-dessus de sa porte, un avertissement aux gens désœuvrés, de ne pas troubler le travail. Cette passion pour l'étude lui fit, vers la fin de ses jours, négliger entièrement le soin de sa personne, ce qui peut avoir avancé sa carrière.

Ses études, qui ne portoient toujours à la contemplation des merveilles de la nature, l'avoient rendu facile à admettre toutes sortes de superstitions : il croyoit sérieusement aux prédictions relatives à la fin du monde, même aux spectres, non comme des revenans, mais comme des êtres extraordinaires, que la nature se feroit plue à produire.

Nous avons de *Gleichen* : 1°. *Notices de ce qu'il y a de plus nouveau dans le règne végétal, surtout concernant les mystères des amours des plantes*, Nuremberg, 1762 & 1763 ; 2°. *Histoire de la mouche commune*, in-4°. ; Nuremberg, 1790 ; 3°. *Essai d'une histoire des pucerons de l'aphidivore de l'orme*, in-4°., Nuremberg, 1770 ; 4°. *Découvertes microscopiques sur les plantes, les fleurs, les insectes & autres objets remarquables*, Nuremberg, in-4°., 1777 & 1781 ; 5°. *Dissertation sur les animalcules spermatiques & infusoires, & sur leur production, avec les observations microscopiques sur les semences des animaux & sur différentes infusions*, Nuremberg, in-4°., 1778 ; 6°. *Dissertation sur le microscope solaire & le microscope universel*, in-4°., Nuremberg, 1778 ; 7°. *De l'origine, de la formation & de la destination du globe terrestre, tiré des archives de la nature & de la physique*, in-8°., Dessau, 1780. On trouve, en outre, divers Mémoires, dans plusieurs ouvrages périodiques : tels que *les nouvelles Variétés*, les *Mémoires de la Société des amateurs de l'histoire naturelle à Berlin*, les *Acta Acad. elect. mog.* ; enfin, dans la *Collection Franconienne*, publiée par Delius.

GLEUCOMÈTRE, de γλεῦκος, moût, vin doux, & μέτρον, mesure ; gleucometrum ; *gleucometer* ; f. m. Instrument qui sert à mesurer la force du moût de vin dans la cuve.

Ce *gleucomètre* est un aéromètre, construit sur une plus grande échelle que les aéromètres ordinaires.

Des expériences, faites avec soin, avoient démontré que le moût, qui, avant la fermentation, ne donnoit au pèse-liqueur, pour les sels, que huit degrés, ne fournissoit qu'un vin peu généreux & de médiocre qualité ; mais que, lorsqu'on augmentoit la densité de ce moût, de trois ou quatre degrés, par l'addition d'une matière sucrée, alors on avoit un très-bon vin. Des expériences faites par M. Cadet de Vaux, lui ont appris que chaque degré exigeoit deux gros de sucre par pinte de moût, & une livre pour soixante-quatre pintes. Le *gleucomètre*, ou l'aéromètre, sur une plus grande échelle, a pour objet de mesu-

rer la denſité du moût, & de déterminer la quantité de ſucre qu'il faut lui ajouter pour l'amener à
onze ou douze degrés de l'aréomètre à ſel.

Bien certainement, plus le moût eſt ſucré &
plus les vins ſont généreux, plus ils produiſent
d'alcali ; mais les vins les plus généreux ne ſont
pas toujours les meilleurs & les plus eſtimés ; les
meilleurs vins de Bourgogne ne ſont pas plus généreux que ceux des environs de Paris : cependant ils ſont plus eſtimés & ont une plus haute
valeur que les vins des départemens, qui ſont extrêmement généreux.

D'après ces conſidérations, l'aréomètre auquel
M. Chevalier a donné le nom de gleucomètre, ne
doit être employé qu'avec circonſpection : 1°.
parce que tous les moûts peuvent, avec des denſités différentes, produire des vins également généreux ; il eſt même poſſible d'obtenir des vins
plus généreux, avec des moûts d'une moins grande
denſité, qu'avec des moûts d'une denſité plus
conſidérable, parce que les ſubſtances qui entrent
dans la compoſition du moût, influent, chacune à
leur manière, ſur la denſité ; 2°. que la quantité
des vins ne dépend pas toujours de la proportion
de matière ſucrée qu'ils ont, ainſi qu'on peut le
voir, en comparant les vins du Midi, qui contiennent beaucoup plus de matière ſucrée que les
vins de la haute Bourgogne. Voy. ARÉOMÈTRE.

GLOBE ; globus ; kugel ; ſ. m. Corps ſphérique ou ſolide, produit par la révolution d'un cercle
autour de ſon diamètre. Voyez SPHÈRE.

GLOBE CÉLESTE ; globus celeſtis ; himmels-
kugel ; ſ. m. Globe de bois, de cuivre, de carton,
ſur lequel on a repréſenté les images des conſtellations, les orbites planétaires, l'écliptique, l'é-
quateur, ſes parallèles, les cercles de déclinaiſon, les cercles de latitude, le méridien, l'horizon & autres cercles de la ſphère.

Ce globe eſt traverſé par un axe S P, fig. 884,
qui, paſſant par le centre, aboutit aux deux points
P & S, qui repréſentent les deux pôles du monde ;
ſavoir : P, le pôle nord, & S, le pôle ſud. Cet
axe enfile deux trous, faits dans deux points diamétralement oppoſés de la circonférence d'un
cercle A P B S, de cuivre ou de carton, qui repréſente le méridien, & ſur lequel le globe tourne
librement ſur ſon axe S P. Le méridien eſt partagé
en quatre parties égales A P, B P, A S, B S, dont
chacune eſt diviſée en 90°, en commençant à
compter de part & d'autre des points A & B, &
finiſſant ſur les points P & S.

Sur ces globes ſont repréſentées les étoiles qui
forment les conſtellations, ſituées ſuivant la longitude & la latitude qui conviennent à chacune
d'elles. On rapporte auſſi, ſur le globe, les cercles
de la ſphère, tels que l'équateur A D B, les tropiques E F, ef, les cercles polaires G g, H h,
& pluſieurs autres cercles ; ſavoir : des cercles pa-

rallèles à l'équateur, & que l'on appelle ſimplement parallèles ; des cercles perpendiculaires à
l'équateur, qui vont tous ſe réunir & ſe couper aux
pôles du monde, & qui ſont les cercles de déclinaiſon ; enfin, des cercles perpendiculaires à l'é-
cliptique, qui vont tous ſe réunir & ſe couper
aux pôles de l'écliptique ; & qui ſont les cercles
de latitude. Voyez ces mots.

Le grand cercle R D R', ſoutenu ſur quatre
pieds, repréſente l'horizon. Sur ce cercle en ſont
tracés deux autres : l'un eſt diviſé en 360 parties
égales ; il repréſente les degrés des douze ſignes
que le ſoleil doit parcourir dans un an : l'autre
eſt diviſé en 365 parties égales, il repréſente les
jours de l'année. C'eſt dans deux entailles faites
à ce cercle, en deux points R & R', diamétralement oppoſés, que l'on place le méridien A P B S,
qui eſt en outre ſoutenu dans une troiſième entaille faite à un petit pilier T, poſé au milieu des
pieds de l'inſtrument. Le globe tourne ainſi librement ſur ſon axe S P, & le méridien A P B S,
gliſſe aſſez facilement dans les entailles, pour
pouvoir être placé, de façon à mettre l'un des
pôles à tel degré de hauteur que l'on veut, au-
deſſus de l'horizon.

Sur le méridien, eſt attaché un petit cercle horaire
Y, diviſé en 24 parties égales, qui repréſente les
heures du jour. L'extrémité P de l'axe, qui paſſe
au centre du cercle horaire Y, porte une aiguille
qui, y étant placée à frottement dur, tourne à
meſure qu'on fait tourner le globe.

On ajoute, ſur le méridien, un quart de cercle
mobile I K, qui peut y être placé ſuivant les différens uſages auquel il eſt deſtiné.

Par le moyen du globe céleſte, on peut réſoudre
pluſieurs problèmes, ſans le ſecours d'aucun calcul ; mais, pour cela, il faut ſavoir placer le
globe, ſuivant l'état du ciel, pour le lieu, le jour
& l'heure auxquels on veut obſerver ; enſorte que
le globe préſente l'état du ciel, & que les étoiles,
qui ſont au-deſſus de l'horizon du globe, correspondent exactement à celles qui ſont au-deſſus de
l'horizon du lieu, afin qu'on puiſſe les reconnoître aiſément.

Voici comment il faut s'y prendre pour donner au
globe la ſituation convenable : 1°. il faut tourner
le méridien A P B S, ſans le ſortir de ſes entailles,
de manière que le pôle ſoit élevé au-deſſus de
l'horizon, à une hauteur convenable à la latitude
du lieu : par exemple, à Paris, à 49° au-deſſus
de l'horizon R D R', il faut donc que l'arc du
méridien intercepté entre le pôle P & le point R
de l'horizon ſoit de 49 degrés ; ce qu'il eſt aiſé de
trouver par les diviſions du méridien, ſur leſquelles ſe comptent toujours les degrés de la
hauteur du pôle. 2°. Il faut, par le moyen d'une
bouſſole M, orienter le globe de façon que ſon
pôle nord correſponde exactement au pôle nord
du ciel, afin que le méridien du globe ſoit dans
le plan du méridien du lieu où l'on eſt, ce que

l'on

l'on ne peut obtenir avec exactitude qu'en connoissant la déclinaison de l'aiguille aimantée dans le lieu où l'on se trouve ; 3°. on cherche quel est le degré de l'écliptique auquel se trouve le soleil au jour donné : ces degrés sont marqués vis-à-vis des jours, sur le cercle R D R', qui sert d'horizon : on place sur le méridien le degré trouvé, & en même temps on met, sur midi, l'aiguille du cercle horaire. La raison de cette opération, c'est que l'on doit toujours compter midi dans un lieu, lorsque le degré de l'écliptique, où se trouve le soleil, c'est-à-dire, lorsque le soleil lui-même est dans le méridien de ce lieu. Le globe étant ainsi disposé, présentera l'état du ciel à midi pour ce jour-là ; mais s'il est, par exemple, dix heures du soir, on fera tourner le globe, jusqu'à ce que l'aiguille se trouve sur dix heures du soir, c'est-à-dire, sur dix heures du côté de l'occident. Alors la position du globe sera conforme à celle du ciel ; il en sera de même pour toutes les autres heures du jour. On reconnoît donc aisément, par les étoiles du globe, celles du ciel qui leur correspondront alors.

On commence ordinairement à reconnoître l'étoile polaire, ce qui est fort aisé, par le procédé que nous avons indiqué à cet article. (*Voyez* ÉTOILE POLAIRE.)Cette étoile une fois reconnue, on passe aux étoiles les plus brillantes qu'on voit dans le ciel, & on les rapporte sur le globe, où l'on trouve leur nom & leur position. De cette façon, on parviendra à connoître successivement toutes les constellations qui seront au-dessus de l'horizon.

Nous allons maintenant indiquer comment on peut résoudre les cinq principales questions que l'on se propose ordinairement.

1°. *Trouver l'heure du passage d'une étoile par le méridien, pour un jour donné.* Il faut, 1°. chercher le degré de l'écliptique où se trouve le soleil au jour donné ; 2°. placer ce point de l'écliptique sous le méridien, & mettre en même temps, sur midi, l'aiguille du cercle horaire ; 3°. amener l'étoile sous le méridien ; l'heure que l'aiguille marquera alors, sera celle du passage de l'étoile par le méridien, ce jour-là. Cette opération ne donne cette heure qu'à peu près ; on peut même s'y tromper quelquefois d'une demi-heure, par l'imperfection de l'instrument : mais on obtiendra une plus grande exactitude par l'opération suivante, qui, avec un globe de dix pouces de diamètre, peut donner, à quatre minutes près, l'heure du passage au méridien. Il faut, 1°. remarquer le degré de l'équateur qui se trouve sous le méridien, en même temps que le degré de l'écliptique, où se trouve le soleil au jour donné ; ce degré de l'équateur marque l'ascension droite du soleil (*voyez* ce mot) ; 2°. remarquer le degré de l'équateur qui se trouve sous le méridien, en même temps que l'étoile ; ce degré de l'équateur marque l'ascension droite de l'étoile (*voyez*

ce mot) ; 3°. on compte la différence de ces deux ascensions droites, ou l'intervalle de ces deux points de l'équateur, qui, converti de temps, à raison de quatre minutes de temps pour chaque degré, ou d'une heure pour 15 degrés, donnera l'heure du passage de l'étoile au méridien, si l'étoile y doit passer après le soleil ; mais si le soleil doit y passer après l'étoile, l'heure donnée sera, ce qu'il s'en faudra qu'il ne soit midi, lorsque l'étoile passera au méridien. Supposons, par exemple, que l'heure donnée par cette opération, soit 4 heures 36 minutes : si l'étoile doit passer au méridien après le soleil, l'heure de son passage sera de 4 heures 36 minutes du soir ; si, au contraire, le soleil doit y passer après l'étoile, l'heure du passage de l'étoile au méridien sera 7 heures 24 minutes du matin.

2°. *Trouver la longitude & la latitude d'une étoile.* Il faut, 1°. appliquer le centre du quart de cercle mobile, I K, au pôle de l'écliptique, dans le même hémisphère où se trouve l'étoile proposée ; 2°. tourner le globe, jusqu'à ce que le quart de cercle mobile tombe sur le centre de l'étoile. Le degré de l'écliptique, auquel répond alors le quart de cercle, marque la longitude de l'étoile ; sa latitude est désignée par le nombre de degrés du quart de cercle, compris entre l'écliptique & le centre de l'étoile. Il est aisé, par cette opération, de reconnoître les étoiles qui ont la même longitude & la même latitude.

3°. *Trouver l'ascension droite d'une étoile.* Il faut, 1°. amener l'étoile proposée sous le méridien du globe ; 2°. remarquer le degré de l'équateur, qui est coupé par le méridien. Ce degré marque l'ascension droite de l'étoile.

4°. *Trouver la déclinaison d'une étoile.* Il faut, 1°. amener l'étoile proposée sous le méridien du globe, qui représente le cercle de déclinaison ; 2°. compter le nombre de degrés compris, depuis le point où le méridien est coupé par l'équateur, jusqu'au centre de l'étoile proposée. Ce nombre de degrés exprime la déclinaison de l'étoile.

5°. *Trouver quelle est la hauteur d'une étoile à un instant donné.* Il faut, 1°. chercher le degré de l'écliptique où se trouve le soleil au jour donné ; 2°. placer ce point de l'écliptique sur le méridien, & mettre en même temps, sur midi, l'aiguille du cercle horaire ; 3°. tourner le globe de façon que l'aiguille marque l'heure qu'il est actuellement : par exemple, s'il est 9 heures du soir, faites arriver l'aiguille sur 9 heures, du côté de l'occident ; 4°. approcher le quart du cercle mobile I K, de l'endroit où est marquée l'étoile proposée ; on verra alors à quel degré du quart de cercle elle répond, ce qui donnera sa hauteur. Si l'on veut avoir cette hauteur avec plus de précision, il faut opérer de la manière suivante : 1°. convertir l'heure donnée en degrés, à raison de 15 degrés pour une heure, afin de savoir de combien le soleil est éloigné du méridien à cette heure-là : par exemple, à 9 heures du soir, il y a à 9 heures que le soleil est paſſé au méridien; ces 9 heures valent 135 degrés de l'équateur ; 2°. remarquer quel eſt le point de l'équateur qui ſe trouve ſous le méridien, en même temps que le lieu du ſoleil ; 3°. éloigner ce point de 135 degrés du méridien vers l'occident, parce que l'obſervation eſt ſuppoſée ſe faire le ſoir; 4°. le *globe* étant arrêté dans cette ſituation, on approche le quart de cercle mobile de l'étoile, & l'on voit à quel degré de hauteur elle répond.

Il paroît que les *globes céleſtes* des Anciens étoient des *ſphères armillaires*. (*Voyez* ce mot.) Diodore explique la fable d'Atlas portant un *globe*, en la conſidérant comme un moyen de tranſmettre à la poſtérité la découverte de la *ſphère céleſte*, par un prince maure, dans les Etats duquel ſe trouvoit cette montagne : d'autres croient qu'Atlas, fils de Jupiter & de Clymène, qui excelloit dans l'aſtrologie, inventa la ſphère, & que les poëtes ont feint, par cette raiſon, qu'il portoit le ciel. Pluche rapporte l'invention de la ſphère céleſte aux Egyptiens; il prétend que, pour en exprimer les difficultés, ils ſymboliſerent, par une figure humaine, portant un *globe*, une ſphère, ſur ſon dos, & qu'ils appeloient atlas, mot qui ſignifioit *peine, travail exceſſif*, & que les Phéniciens, trompés par cet emblême, & voyant, dans leur voyage en Mauritanie, les ſommets des montagnes de ce pays couverts de neige & cachés dans les nuées, leur donnèrent le nom d'Atlas, & transformèrent ainſi le ſymbole de l'aſtronomie, en un roi changé en montagne, & dont la tête ſoutient les cieux. Gaſſendi ſoutient que, 190 ans avant J. C., Euxodus de Cnidus avoit conſtruit un *globe céleſte*.

Dans le quinzième ſiècle, les *globes* étoient parfaitement connus. Regiomontanus, Schoner, Hartmann, ont fait des *globes céleſtes* très-imparfaits. Martin Bechaim, Doppel Mayer, en ont fait de plus exacts. Enfin, Tycho-Brahé en a fait un de ſix pieds de diamètre, qui a été brûlé avec l'obſervatoire de Copenhague.

Dans le dix-huitième ſiècle on a conſtruit des *globes céleſtes* aſſez remarquables; Guillaume Blauen en a fait un de ſept pieds de diamètre, que l'on conſerve à Saint-Péterſbourg. André Brouſch, de Limbourg, en a conſtruit un de onze pieds de diamètre, qui étoit à l'extérieur *globe terreſtre* & à l'intérieur *globe céleſte*. Une table étoit placée dans l'intérieur, ainſi que des ſiéges pour douze perſonnes; une galerie exiſtoit à l'extérieur. Ce *globe* a été réparé à Péterſbourg. Deux grands *globes*, l'un céleſte, l'autre terreſtre, de chacun treize pieds de diamètre, ont été conſtruits par Vincent Cornelli, Vénitien. Ces *globes*, qui ſe mouvoient avec une extrême facilité, ont d'abord été placés à Marly, puis ils ont été tranſportés à la bibliothèque royale, où ils ſont maintenant.

Aujourd'hui on fait des *globes céleſtes* de toutes dimenſions, à un prix exceſſivement bas. Les boules ſont conſtruites en carton ou en bois, recouvertes de plâtre tourné avec ſoin : on colle

deſſus des fuſeaux imprimés, ſur leſquels ſont placées toutes les conſtellations & tous les cercles de la ſphère. Comme les conſtellations & les lignes ſont gravées ſur des planches de cuivre, pour être imprimées ſur le papier, on ſa fabrique ainſi que des *globes céleſtes* d'une grandeur déterminée.

GLOBE DE BULFINGUER ; globus Bulfinguericus; *Bulfingueriſch kugel*. Machine imaginée par Bulfinguer, pour prouver qu'un tourbillon, qui a deux mouvemens circulaires, dont les directions ſe croiſent à angle droit, peut faire tendre, vers le centre de la terre, tous les corps qui ſont à ſa ſurface.

Cette machine ſe compoſe d'un *globe* de verre G, *fig.* 285. L'axe BD de ce *globe* paſſe dans un cercle de cuivre ABCD, qui a également deux axes OP, placés au milieu des deux demi-circonférences BAD & BCD, & dont la direction fait un angle droit avec l'axe BD; ces deux axes ſont portés ſur des piliers HI, KL, fixés ſur une planche QR; à l'une des extrémités de l'axe BD eſt une poulie E, fixée ſur cet axe, & qui le fait tourner lorſqu'elle eſt en mouvement. Sur l'axe CP du cercle de cuivre, eſt également une poulie G, qui tourne avec cet axe, que l'on peut faire mouvoir à l'aide de la manivelle M. Sur le cercle ABCD, à la hauteur de la poulie E, eſt fixée une traverſe ST, qui porte une chappe UV, dans laquelle ſont placées deux poulies F, F; une corde ſans fin paſſe de la poulie X ſur les deux poulies F, F, & ſur la poulie E.

En faiſant mouvoir la manivelle M, on donne un mouvement de rotation au cercle ABCD. La poulie X, tournant également, fait mouvoir la corde ſans fin, laquelle communique un mouvement de rotation à la poulie E, & par la ſuite à l'axe BD, donc au *globe* G; d'où il réſulte que le *globe* doit avoir deux mouvemens de rotation, l'un ſur ſon axe BD, l'autre avec le cercle ABCD, qui l'entraîne.

Si le *globe* eſt rempli d'eau, de manière qu'il ne reſte dans ſon intérieur qu'un globule d'air, ce globule doit prendre une poſition dépendante de ces deux mouvemens. On ſait que, ſi le *globe* ne ſe mouvoit que dans une direction, le globule d'air ſeroit entraîné, par la force centifuge, dans l'axe du mouvement du *globe*. (*Voyez* GLOBE DE DESCARTES.) Le *globe* de Bulfinguer ayant deux mouvemens de rotation, le globule d'air, devant être entraîné dans l'axe de ces deux mouvemens, devroit ſe placer au point où ils ſe croiſent, conſéquemment au centre du *globe*.

Telle étoit l'opinion de Bulfinguer, lorſqu'il propoſa ſon *globe* pour vérifier ſa propoſition, que deux mouvemens, à angle droit, dans un tourbillon, ſuffiſoient pour ramener au centre, par l'action de la force centrifuge, ou plus exactement de la force axifuge, les corps légers ſuſpendus dans l'eau; mais l'abbé Nollet, qui a rapporté cette expérience (1), doute que Bulfinguer l'ait exécutée. Nous allons transcrire ici les résultats que l'abbé Nollet a obtenus.

1°. Quand les deux rotations se sont faites avec des vitesses égales, & que l'un des deux axes étoit horizontal, les corps légers qui étoient dans l'eau du *globe* se sont rangés, sans différence sensible, dans ce dernier axe, comme s'il n'y eût eu qu'un seul mouvement.

2°. La rotation de l'axe horizontal ayant la même vitesse, & celle de l'autre étant augmentée d'un tiers, il n'a aperçu aucun changement dans les effets.

3°. Dans l'un & dans l'autre cas, lorsqu'on arrêtoit le *globe* de verre, & que les deux axes de rotation étoient dans une situation horizontale, il a paru que le cylindre, formé par les corps légers, quittoit sa situation pour se diriger à peu près vers les quarante-cinq degrés.

4°. Quand il élevoit obliquement, ou même verticalement, celui des deux axes que l'on tient habituellement dans le plan horizontal, le cylindre formé par les corpuscules légers ne changeoit point de situation, mais il se convertissoit en cône renversé, ce qui est une suite de la légèreté respective.

5°. Enfin, de quelque manière qu'il ait varié cette expérience, soit par le rapport des vitesses entre les deux mouvemens du *globe*, soit par la situation des deux axes, il n'a jamais aperçu aucun signe sensible d'une force qui dirigeât les corps légers au centre.

Quoique ce *globe* à double rotation, imaginé par Bulfinguer, pour prouver que deux mouvemens à angle droit, dans un tourbillon, suffisoient pour diriger les corps pesans vers le centre de la terre, ait été proposé dans un Mémoire couronné en 1728, par l'Académie royale des Sciences, on voit, d'après les observations de l'abbé Nollet, qu'il étoit loin de remplir le but que Bulfinguer & ses juges en attendoient. L'abbé Nollet observe, à la fin de son Mémoire, qu'il se borne au simple récit des faits, pour fixer les opinions sur une expérience qui a partagé les savans, tant qu'elle n'a été que projetée.

GLOBE DE CIRE D'ESPAGNE; globus signatorix; *sigellakische kugel*. *Globe electrique* formé avec de la cire d'Espagne. *Voyez* GLOBE ELECTRIQUE.

GLOBE DE DESCARTES; globus Descarticus; *Descartische kugel*. *Globe* de verre, plein d'eau, ayant un mouvement de rotation sur son axe, proposé par Descartes, pour prouver que, par l'action du mouvement de rotation, qui entraîne la terre dans son mouvement, tous les corps qui sont à sa surface doivent avoir une tendance vers son centre.

(1) *Mémoires de l'Académie royale des Sciences*, année 1741, page 184.

Cette machine se compose d'un *globe* de verre G, *fig.* 885 (*a*), sur lequel sont fixés deux axes A, B. Ces axes sont placés sur deux supports C, D; sur l'axe B est fixée une poulie E, qui communique, à l'aide d'une corde sans fin O P Q R, avec une grande roue F; l'axe de celle-ci est placé dans deux traverses S, T, fixées sur un montant H I K, placé sur une tablette L N; une manivelle M est placée sur l'axe I I de la roue; elle sert à la faire mouvoir.

Si l'on emplit le *globe* G d'eau, & que l'on y ajoute un peu d'huile de térébenthine, on voit d'abord la goutte d'huile, plus légère que l'eau, se placer dans la partie la plus élevée; donnant ensuite un mouvement de rotation au *globe*, en mouvant la manivelle M, l'huile, entraînée avec l'eau, se divise, & cédant à la force axifuge qui emporte ses particules, elle s'approche de l'axe de la révolution commune, & l'enveloppe dans toute sa longueur, en formant un corps, dont le diamètre & la figure varient suivant la valeur relative de la force axifuge de l'eau, & les rapports qu'ont entr'elles les forces centrifuges particulières d'où il résultent. Ordinairement c'est un cylindre, quelquefois un conoïde, d'autres fois un fuseau; assez souvent c'est un corps plus enflé aux extrémités qu'au milieu, & jamais une sphère, pas même rien qui en approche.

Une bulle d'air paroît se comporter différemment; lorsqu'elle ne se divise pas comme l'huile, elle se porte ordinairement au centre du *globe*; mais si elle se divise, elle se place dans l'axe de rotation; en inclinant l'axe du *globe*, elle se porte au pôle le plus élevé. En général, lorsque le globule d'air ne se divise pas, il se porte vers la partie de l'axe à laquelle il est perpendiculaire.

Généralement, lorsque le globule d'air est très-petit, & l'axe de rotation horizontal, la forme du globule, amené par le mouvement de rotation, au centre du *globe*, est celle d'une sphère; mais s'il est un peu gros, il prend la forme d'un ellipsoïde de révolution, dont le grand axe est dans l'axe de rotation du *globe*.

On voit donc que, pour vérifier l'assertion de Descartes, il n'est pas indifférent de mêler avec l'eau, de l'air, de l'huile, ou d'autres fluides plus légers que l'eau, puisque l'air, lorsqu'il est en très-petite quantité, qu'il ne forme qu'un très-petit globule, se porte vers le centre du *globe*.

Descartes, en proposant son *globe*, pour vérifier son système, s'est nommé, lui-même, un juge qu'il auroit dû faire prononcer d'abord; s'il ne l'a pas fait, c'est, peut-être, qu'il comptoit un peu trop sur une décision favorable à son opinion; & tous les savans de son temps, négligeant d'en appeler à l'expérience, préférèrent de le croire sur parole, comme leurs prédécesseurs avoient fait sur la philosophie d'Aristote. Cependant Huyghens & plusieurs autres physiciens avoient prévu que ce fait ne répondroit pas aux vues de celui qui l'avoit comme cité d'avance : enfin, Bulfinguer, dans un Mémoire qui remporta le prix de l'Académie, en 1728, rapporte qu'il a fait tourner sur son axe, une sphère de verre remplie d'eau, avec des petits corps, les uns plus légers, les autres plus pesans que ce fluide, & qu'il a reconnu que le résultat de cette épreuve n'étoit pas conforme à la pensée de Descartes, & que la pesanteur des corps, vers le centre de la terre, ne peut être expliquée par un tourbillon de matière fluide qui circule seulement dans un sens. C'est à la suite de ces observations qu'il établit que le tourbillon doit avoir deux mouvemens, & qu'il conçut l'idée de son *globe* pour le vérifier. *Voyez* GLOBE DE BULFINGUER.

GLOBE DE FEU; globus ardens; *feuer kugel;* f. m. Météore enflammé, feu, lumière qu'on aperçoit dans l'air, qui paroît sous la forme d'un *globe,* & dont la rapidité du mouvement lui occasionne, quelquefois, l'apparence d'une queue lumineuse.

Ces sortes de *globes* apparoissent souvent; ils semblent parcourir un espace assez considérable dans le ciel, puis disparoissent. Leur lumière est d'abord foible; elle augmente d'intensité, diminue peu à peu, & prend une teinte jaune vers la fin. La grosseur de ces *globes* varie : il en est dont le diamètre apparent a plus de deux pieds; quelquefois on les voit se diviser en plusieurs fragmens. Souvent l'apparition de ces *globes* est suivie d'un bruit plus ou moins fort, que l'on peut comparer à celui du tonnerre, & à la suite de ces bruits, de ces lumières, il tombe des pierres, ou des fragmens de pierres, plus ou moins grosses. On a reconnu, dans ces derniers temps, que la plupart de ces *globes* étoient des masses de pierres embrasées. *Voyez* URANOLITES.

On trouve des descriptions de *globes de feu* dans les ouvrages les plus anciens, ce qui prouve qu'ils ont été observés depuis bien long-temps. Aristote lui donne le nom de *chèvre dansante;* Kirker, Gassendi, Balbus, Monterchius, &c., donnent des descriptions des *globes de feu* qu'ils ont observés.

Il est des endroits où ce phénomène s'observe assez fréquemment, & où l'on en voit, quelquefois, plusieurs dans une même nuit. Ulloa cite, à cet égard, la ville de *Santa-Maria de la Parilia;* mais ils sont moins fréquens dans les autres endroits, ce qui fait qu'on les range dans la classe des phénomènes rares. *Voyez* URANOLITES.

GLOBE DE L'ŒIL; globus oculi. *Globe* composé de plusieurs parties, dont l'ensemble forme l'organe matériel de l'œil.

Les parties qui composent le *globe de l'œil* sont plus ou moins fermes; elles représentent une espèce de coque, formée de l'assemblage de plusieurs couches membraneuses : telles sont la *cornée,* l'*urée,* la *rétine.* (*Voyez* ces mots.) Le *globe* est

rempli de trois sortes de substances : l'une liquide (*voyez* HUMEUR AQUEUSE); l'autre solide (*voy.* CRISTALLIN); la troisième en forme de gelée (*voyez* HUMEUR CRISTALLINE). Le *globe de l'œil* est attaché dans son orbite par différens muscles.

Ce *globe* a différentes formes. Dans l'homme, il est sensiblement sphérique; dans plusieurs animaux, il a la forme d'un ovoïde, aplati dans les uns, alongé dans les autres : quelques animaux, comme les aigles & autres oiseaux de proie, ont le *globe de l'œil* divisé en trois parties : celle du milieu osseuse ou cartilagineuse, dure & solide; celles des deux autres parties, postérieure ou intérieure, molles & mobiles, afin de donner à la cornée, d'une part, différentes convexités, & de rapprocher ou d'éloigner la rétine, sur laquelle l'image se peint. *Voyez* ŒIL.

GLOBE DE RÉSINE; globulus resinæ; *harzisch kugel.* *Globe* électrique formé avec de la résine. *Voyez* GLOBE ÉLECTRIQUE.

GLOBE DE SOUFRE; globus sulphuris; *schwefelische kugel.* *Globe* électrique formé avec du soufre. *Voyez* GLOBE ÉLECTRIQUE.

GLOBE DE VERRE; globus vitri. Masse de verre soufflé, dont la forme est celle d'un *globe.* Ce *globe de verre,* creux, a toujours une ouverture, & peut avoir une ou plusieurs tubulures; il est d'un usage très-habituel en chimie, soit pour recueillir les produits, soit pour disposer des expériences.

On s'en sert souvent, en physique, pour construire des machines électriques, pour produire des effets lumineux, & pour une infinité d'objets. *Voyez* GLOBE ÉLECTRIQUE.

GLOBE ÉLECTRIQUE; globus electricus; *electrische kugel.* *Globe* de verre, ou d'autres substances, que l'on fait tourner sur son axe, que l'on frotte avec un corps, & qui produit ainsi de l'électricité.

Pendant long-temps, à l'origine des connoissances électriques, on n'employoit que des tubes de verre, pour développer de l'électricité & pour communiquer cette vertu à d'autres corps (*voyez* TUBES ÉLECTRIQUES); mais on n'obtenoit, avec beaucoup de difficulté, que de foibles quantités d'électricité avec ces tubes.

Vers l'an 1740, Boze, professeur de physique à Wittemberg, essaya de substituer des *globes* de verre aux tubes dont on faisoit usage; il plaçoit ce *globe* sur un plan, qu'il faisoit tourner, en même temps qu'il le touchoit & le frottoit avec les mains; alors il obtint des quantités considérables d'électricité. Les physiciens s'empressèrent d'imiter son moyen & de se servir de *globes* électriques.

Tous les verres dont on peut former les *globes* ne font pas également bons pour produire de grandes quantités d'électricité; on préfère le verre blanc, dit *verre de Bohême*, & celui que l'on nomme *criftal*, dans lequel il entre du minium. Plufieurs verres donnent beaucoup d'électricité après avoir été fabriqués; d'autres, comme le verre à vitre, doivent être gardés long-temps avant d'être employés; il en eft d'autres, comme le verre à bouteille, qui ne s'électrifent pas fenfiblement lorfqu'on commence à les frotter, & qui acquièrent, après avoir été frottés long-temps, une grande intenfité d'électricité: enfin, les verres d'une même qualité apparente, préfentent des différences confidérables dans la production ou le développement de l'électricité.

Comme ces *globes* ne font ordinairement frottés que dans une très-petite zône de leur équateur, les dimenfions les plus favorables que l'on puiffe leur donner, font celles d'un pied de diamètre. Il eft convenable que ces *globes* aient au moins une ligne & demie d'épaiffeur, pour mieux réfifter à l'effort que le frottement exerce fur eux.

Quoique la figure fphérique ne foit pas abfolument néceffaire pour obtenir de l'électricité, c'eft cependant celle que l'on a confervée pendant long-temps, parce que c'étoit celle que l'on obtenoit le plus facilement en foufflant une maffe de verre fondu: aujourd'hui, on préfère la forme en manchon, qui s'obtient auffi commodément, & qui produit plus d'électricité, parce qu'elle peut être frottée fur une plus grande furface. *Voyez* MANCHON ÉLECTRIQUE.

Pour mouvoir & électrifer commodément les *globes*, il faut les faire tourner entre deux pointes de fer ou d'acier A B, *fig.* 886: fur l'une de ces pointes eft une poulie P, fur laquelle paffe une corde, qui paffe également fur une grande roue R, mûe par une manivelle. Ces pointes font fupportées dans deux crapaudines de fer, fixées dans des montans en bois C, D; une vis V, tournée avec un petit levier L, ferre plus ou moins les crapaudines contre les pointes. Le tout eft placé dans un châffis, *fig.* 886 (*a*).

Il eft bon que le *globe* G ait deux appendices, ou goulots N, O, *fig.* 886 (*b*), pour y fixer, avec un maftic, les deux axes de bois A, B; fur l'un, B, eft fixée la poulie qui doit, à l'aide de la corde, faire mouvoir le *globe*; puis placer les pointes fixées fur le montant, fur le milieu de ces cylindres. Si les goulots du *globe* n'étoient point exactement dans un ligne droite, paffant par le centre du *globe*, il faudroit, pour placer les deux pointes dans cette direction, avoir la précaution de laiffer au bouchon à vis A, placé du côté oppofé à celui qui reçoit la poulie, une tête fort large, afin de pouvoir y choifir un point qui foit à l'extrémité d'une ligne droite, paffant par l'autre pointe & par le centre du *globe*.

Dans le cas où l'on ne trouveroit pas de *globe* à deux goulots oppofés, il faudroit prendre, tout fimplement, un de ces gros ballons qui fervent de récipient dans les laboratoires de chimie, en choififfant le plus épais; &, après avoir coupé le col, de telle forte qu'il n'ait que deux pouces de longueur, il faut fixer, avec du maftic, cette portion du col qui lui refte à la partie B, garnie de la poulie P, & qui porte à fon centre un morceau de bois dur, dans le centre duquel entrera la pointe du tour: on appliquera au pôle oppofé une calotte de bois dur A; alors on chauffera la partie concave de cette pièce de bois, & la partie du ballon qui doit s'y appliquer; on enduira l'une & l'autre de maftic fondu, & on les réunira de manière qu'une ligne, paffant du centre du bouchon B, au centre du ballon, parvienne exactement au centre du bouchon A.

En pofant cette calotte, il eft effentiel de ne pas laiffer une trop grande épaiffeur de maftic, entre la calotte & le ballon, parce que le maftic & le verre, ne diminuant pas également de volume en fe refroidiffant, fi la couche de maftic étoit épaiffe, il fe produiroit une efpèce de tiraillement qui pourroit faire caffer le verre.

Selon la nature des expériences que l'on fe propofe de faire, on emploie des *globes* de verre, de foufre, de cire d'Efpagne, &c. Otto de Guerike eft le premier qui en ait fait de foufre. Il coula ce combuftible dans un *globe* de verre, caffa l'enveloppe & en retira le *globe* de foufre; l'ayant percé avec un fer chaud, il y fixa un axe pour le faire tourner fur deux fourches; ce *globe* étoit maffif. L'abbé Nollet en fit un creux. Pour cela, il emplit, aux deux tiers, un ballon de verre à deux ouvertures oppofées, avec du foufre concaffé; il fit traverfer ce ballon par un axe en bois, qu'il fixa aux ouvertures, avec de la filaffe; il tourna ce ballon fur un réchaud plein de feu; le foufre fe fondit en enduifant toute la furface extérieure d'une couche de foufre, d'une épaiffeur à peu près égale: lorfque tout le foufre fut fondu, il le laiffa refroidir en continuant de tourner le ballon; enfuite il caffa, avec précaution, l'enveloppe de verre, & obtint, par ce moyen, un *globe* de foufre creux.

On conçoit qu'il feroit poffible d'obtenir, en cire d'Efpagne, en compofition de fubftances réfineufes, &c., des *globes* femblables à ceux de foufre; on conçoit encore comment on pourroit, à l'aide d'un noyau couvert de corde, de filaffe, que l'on enduiroit de foufre, de réfine, &c., à l'état pâteux, obtenir des *globes* de différentes fubftances & de différens diamètres. Nous croyons, en conféquence, inutile de nous occuper de ces conftructions.

Nous terminerons ce que nous avons à dire fur les *globes électriques*, en rapportant celui qui a été conftruit par Haukesbée, avec lequel il a fait des expériences qui ont été regardées, dans le temps, comme très-curieufes, & qui ont contribué à

augmenter les connoiſſances ſur l'électricité. C'é-
toit un *globe* de verre, enduit intérieurement de
cire d'Eſpagne, excepté à l'un de ſes pôles. Pour
cela, on fait entrer par le pôle non enduit, de la
cire d'Eſpagne concaſſée & pulvériſée : on tourne
ce *globe* au-deſſus d'un réchaud plein de charbons
ardens, juſqu'à ce que toute la cire ſoit fondue,
avec l'attention de ne point enduire le pôle qui
doit être préſervé, & l'on continue de tourner
juſqu'à ce que la cire ſoit entièrement refroidie.
Il faut chauffer la cire avec précaution, parce que,
ſi on la brûloit, elle ſe détacheroit du verre en ſe
refroidiſſant, & produiroit des bourſoufflures. La
couche doit être peu épaiſſe, à cauſe des accidens
que pourroit occaſionner la différence, dans la diminution de volume, que le verre & la cire éprouvent en ſe refroidiſſant.

Lorſque, dans des expériences que l'on ſe propoſe de faire avec les *globes*, ſoit de verre pur, ſoit
de verre enduit intérieurement de ſoufre, de cire
d'Eſpagne ou de toute autre ſubſtance, on veut
faire le vide dans ces *globes*, il faut garnir un de
leurs goulots, d'une virole de cuivre, propre à
recevoir un robinet à air.

GLOBE MAGNÉTIQUE; globus magneticus; *ma-
gnetiſch kugel*. Sphère conſtruite avec un morceau
d'aimant naturel.

Il ſuffit, pour obtenir ces *globes*, de ſe procurer
un morceau de minerai de fer oxidulé, qui jouiſſe
de la propriété magnétique, & de le faire tailler
en *globe* : alors on diſtingue, ſur ce *globe*, les
deux pôles magnétiques, c'eſt-à-dire, deux points
oppoſés, où une aiguille magnétiſée prend une
direction normale à la ſurface; l'équateur magnétique eſt un grand cercle de ce *globe*, ſur lequel
une aiguille aimantée ſe dirige parallèlement à
l'axe qui paſſe par les deux pôles magnétiques :
les méridiens magnétiques ſont de grands cercles
qui paſſent par les pôles magnétiques, qui ſont
perpendiculaires à l'équateur, & ſur leſquels une
aiguille prend diverſes inclinaiſons, mais dans leſquelles elle varie depuis le paralléliſme à la ſurface,
ſur l'équateur, juſqu'à devenir normale à la ſurface, aux pôles; enfin, des parallèles magnétiques
ſur leſquels une aiguille aimantée conſerve une
direction conſtante.

Il paroît que les aiguilles aimantées ſe comportent, ſur le *globe magnétique*, comme elles ſe
comportent ſur la ſurface de la terre, en rapportant leurs poſitions à celles des deux pôles magnétiques.

GLOBE TERRESTRE; globus terreſtris; *erd
kugel*. Globe de bois, de cuivre ou de carton, deſtiné à repréſenter l'eſpace occupé par les terres,
les mers, les îles, ainſi que les diviſions, ſuivant
la latitude & la longitude qui conviennent à chacun d'eux.

Sur ces *globes* ſont repréſentés les différens cer-

cles de la ſphère, tels que l'*équateur*, l'*écliptique*, les
tropiques, les *cercles polaires*, les *méridiens*, les *parallèles*, &c. Voyez ces mots.

Ce *globe* eſt compoſé d'une ſphère, *fig.* 884 (*u*),
traverſée par un axe P S, paſſant par le centre,
& par deux points P, S diamétralement oppoſés,
qui repréſentent les deux pôles de la terre; ce
globe eſt entouré d'un grand cercle de cuivre ou
de bois E P *e* S, qui repréſente le méridien; l'axe
P S paſſe dans deux ouvertures faites dans ce
cercle, & à l'aide deſquelles le *globe* tourne facilement.

Ce cercle eſt placé dans trois entailles, dans
leſquelles il peut ſe mouvoir : deux dans un
plan circulaire H C *h*, qui repréſente l'horizon;
la troiſième dans un pied D, fixé ſur une tablette Q R : ce cercle de l'horizon eſt ſupporté
par quatre petits piliers, fixés, comme le pied D,
ſur la tablette Q R.

Sur ce *globe* on a repréſenté les diviſions de la
terre, les principaux lieux habités, & les cercles
de la ſphère. Les méridiens y ſont tracés de dix en
dix degrés, ainſi que les parallèles qui coupent les
méridiens à angles droits; c'eſt à l'aide des méridiens que l'on compte les longitudes, & à l'aide
des parallèles que l'on compte les latitudes.

Un petit cercle horaire, diviſé en vingt-quatre
parties égales, & qui repréſente les heures du
jour, eſt fixé ſur le grand cercle de cuivre qui
repréſente le méridien, & juſtement où l'axe de
la terre P le traverſe; à l'extrémité de cet axe eſt
une aiguille qui indique la révolution que le *globe*
a faite ſur ſon axe.

On voit que ce *globe* peut avoir deux ſortes de
mouvemens, l'un de rotation ſur ſon axe, l'autre
à l'aide du cercle méridien, qui élève ou abaiſſe ce
pôle au-deſſus de l'horizon; enfin, que ce *globe* eſt,
ſoit pour ſa forme, ſoit pour ſes mouvemens,
ſemblable en tout au *globe céleſte*; il n'en diffère
que par les objets qui ſont tracés ſur ſa ſurface :
ſur le *globe céleſte*, ce ſont les conſtellations & les
étoiles; ſur le *globe terreſtre*, ce ſont les limites des
terres & des eaux, le cours des fleuves & des
rivières, la poſition des hautes montagnes, des
îles, & les principaux lieux de la terre.

A l'aide de ce *globe*, on peut réſoudre, ſans le
calcul, divers problèmes géographiques, ainſi
que l'on en a réſolu d'aſtronomiques, à l'aide de
la ſphère céleſte. Pour donner une idée de l'uſage
du *globe terreſtre*, nous allons indiquer quelques-
unes de ces ſolutions.

1°. *Connoiſſant l'heure qu'il eſt dans un lieu quelconque, connoître celui qu'il eſt dans les autres lieux
de la terre.* Suppoſons que Paris ſoit le lieu donné,
qu'il y ſoit neuf heures du matin, & qu'on
veut ſavoir l'heure qu'il eſt à Chandernagor :
1°. il faut mettre Paris ſous le méridien, & en
même temps l'aiguille du cercle horaire ſur neuf
heures du matin, c'eſt-à-dire, ſur neuf heures du
côté de l'orient; 2°. faire tourner le *globe* juſqu'à

ce que Chandernagor soit sous le méridien : alors l'aiguille marque deux heures trois quarts du soir ; ce qui apprend qu'il est deux heures trois quarts à Chandernagor, lorsqu'il est neuf heures du matin à Paris. Toutes les villes qui sont à l'orient de Paris, telles que celles d'Asie, comptent, de même, plus qu'à Paris, tandis que celles qui sont situées à l'occident, telles que les villes d'Amérique, comptent moins qu'à Paris. Ainsi, quand il est midi à Paris, il est déja sept heures trente six minutes dix secondes du soir, à Pékin, tandis qu'il n'est encore que sept heures onze minutes huit secondes du matin à Québec, c'est-à-dire, quatre heures quarante-huit minutes cinquante-deux secondes de moins qu'à Paris.

2°. *Connoissant la latitude d'un lieu, trouver, à chaque jour de l'année, l'heure du lever & du soucher du soleil.* Supposons que le lieu donné soit Paris, qui est à quarante-neuf degrés de latitude septentrionale, & que l'on veuille savoir l'heure du lever & du coucher du soleil, pour le 21 juin : 1°. il faut tourner le méridien E P e S, sans le sortir de ses entailles, de manière que le pôle nord soit élevé de quarante-neuf degrés au-dessus de l'horizon H C h ; 2°. chercher quel est le degré de l'écliptique où se trouve le soleil au jour donné ; ce qu'on trouvera sur le cercle H C h, qui sert d'horizon, où ces degrés sont marqués vis-à-vis des jours : on trouve pour le 21 juin le premier degré du Cancer ; 3°. placer sous le méridien le degré trouvé, & en même temps sur le midi, l'aiguille du cercle horaire ; 4°. tourner le globe du côté de l'orient, jusqu'à ce que le premier degré du Cancer soit dans l'horizon ; l'aiguille horaire se trouve alors sur quatre heures, ce qui apprend que, ce jour-là, le soleil se lève à quatre heures ; 5°. on tourne de même le globe vers le couchant, jusqu'à ce que le même degré de l'écliptique arrive à l'horizon : l'aiguille, alors, marque huit heures. Cette même opération apprend que là durée de ce jour est de seize heures ; car, tandis que le point de l'écliptique, où est le soleil, va de la partie orientale à la partie occidentale de l'horizon, l'aiguille parcourt, sur son cercle horaire, un espace de seize heures.

3°. *Trouver la longitude & la latitude d'un lieu de la terre.* 1°. Amener sous le méridien le lieu proposé ; 2°. remarquer le point de l'équateur qui se trouve alors sous le méridien. L'arc du méridien, compris depuis le premier méridien qui passe par l'Ile-de-Fer (1), jusqu'au point de l'équateur qui est coupé par le méridien du *globe*, qui est alors celui du lieu proposé, donne la longitude de ce lieu : de sorte que si cet arc est de

50 degrés, ce lieu a 50 degrés de longitude. Il faut remarquer que ces degrés se comptent en allant de l'ouest à l'est, partant du premier méridien. Le tout demeurant dans la même situation, l'arc du méridien, compris depuis l'équateur jusqu'au point du méridien qui répond au lieu proposé, donne la latitude de ce lieu.

Les résultats que l'on obtient, par le moyen des *globes*, dans ces opérations, ne sont pas d'une grande exactitude ; mais il y a bien des cas où les à peu près suffisent. On peut encore, avec les *globes*, soit *terrestres*, soit *célestes*, résoudre ainsi plusieurs autres problèmes qu'il sera facile d'imaginer.

Tout fait soupçonner que les *globes célestes* ont pu être conçus & inventés avant les *globes terrestres*, parce que l'on a pu, dans tous les temps, concevoir le ciel comme une boule creuse qui tournoit autour de la terre, où dont tous les corps, que l'on y aperçoit, tournoient autour de la terre, tandis qu'à la même époque la terre étoit encore regardée comme une surface plate, qui étoit bornée par la mer : ainsi l'invention des *globes célestes* doit avoir précédé celle des *globes terrestres*, qui n'a pu avoir lieu qu'à l'époque où l'on a conçu, enfin, que la terre devoit avoir la forme d'une sphère suspendue dans l'air.

Ptolémée, à ce que l'on croit, en a parlé dans un chapitre de sa *Géographie* ; mais, dès le quinzième siècle, on en construisoit concurremment avec les *globes célestes*. Ainsi l'on peut, pour l'historique des *globes terrestres*, consulter ce qui a été dit à l'article des *globes célestes*, depuis le quinzième siècle.

On entend encore par *globe terrestre*, la terre elle même ; cette planète qui a, chaque jour, un mouvement de rotation sur son axe, qui parcourt chaque année la circonférence entière de son cercle autour du soleil. Nous parlerons du *globe terrestre* considéré comme planète, au mot TERRE. Quant à ce qui concerne la division, la position des différens lieux qui sont sur sa surface, des nations qui l'habitent, on peut consulter le *Dictionnaire de Géographie* de cette collection. Pour sa formation, *voyez* GÉNÉRATION DE LA TERRE.

GLOBE TERRESTRE ANÉMOSIQUE. *Globe terrestre* sur lequel on a tracé le cours des vents réguliers, qui existent sur la surface de la terre.

Ce *globe* peut être très-utile aux navigateurs ; mais on le remplace d'une manière plus commode & plus portative, en traçant les cours de vent, soit sur une mappemonde, soit sur des cartes particulières. *Voyez* VENTS.

GLOBE TERRESTRE MAGNÉTIQUE. *Globe terrestre* sur lequel on a tracé les pôles magnétiques, l'équateur magnétique & toutes les courbes où il existe la même déclinaison & la même inclinaison de l'aiguille aimantée.

Comme la déclinaison & l'inclinaison de l'ai-

(1) On suppose ici que, sur le *Globe*, le premier méridien passe par l'Ile-de-Fer. Si les géographes l'eussent fait partir d'un autre point, tel que *Paris*, ou tout autre lieu, ce seroit du lieu sur lequel passe le premier méridien, qu'il faudroit compter les longitudes.

guille aimantée sont variables, chaque année, dans le même lieu, & que l'on ne connoît pas encore la loi de cette variation, s'il en existe une, un *globe terrestre* magnétique ne peut être tracé que pour l'année dans laquelle on a réuni assez d'observations pour connoître la position de toutes ces lignes.

GLOBULAIRE ; globularia ; *kugel blume* ; s. f. Qui fait, qui produit des globules.

Ce nom n'a encore été donné qu'à une famille de plantes qui produisent des globules.

GLOBULE ; globulus ; *kugelchen* ; s. m. Diminutif de globe ; petit globe, petit corps rond.

On distingue un grand nombre de *globules*. Les petites boules d'eau que l'on aperçoit le matin sur les plantes, & qui sont produites par la rosée qui s'est déposée dessus, sont des *globules d'eau* ; les petites boules de mercure que l'on reçoit sur une lame de verre que l'on expose à la vapeur de ce métal, sont des *globules de mercure* ; les petites particules d'air que l'on trouve renfermées dans la glace, & qui n'ont pu s'échapper, parce que la congélation a commencé à la surface, sont des *globules d'air* ; les petites particules d'eau qui sont en l'air & qui forment les brouillards ou les nuages, sont des *globules d'eau* ; les petites boules de cuivre qui s'évaporisent dans les fourneaux où l'on traite ce métal, & qui ont l'apparence de grains de sable, sont des *globules de cuivre*. Il est facile de voir, d'après ces définitions, qu'il existe autant de sortes de *globules* que de substances qui peuvent se diviser en petits corps ronds.

GLOBULE DE VERRE ; globulus vitri ; *glass kugelchen* ; s. m. Petite boule, petit globule de verre.

A défaut de microscope, on peut se servir de *globules de verre* pour observer de très-petits objets. Pour cela, on prend un fragment de vitre très-mince & très-étroit ; on l'expose au dard d'une flamme que l'on obtient, à l'aide d'un chalumeau. Le verre fond, & se tire en un fil très-mince, qui n'a guère au-delà de $\frac{1}{500}$ de pouce de diamètre. Ces fils se mettent à part pour s'en servir au besoin. Présentant latéralement & par un bout, l'un de ces fils, dans la partie bleue inférieure de la flamme d'une chandelle, il rougit immédiatement, & se fond en un *globule*. On pousse graduellement le fil en avant, à côté de la flamme, jusqu'à ce que le *globule* soit devenu d'une grosseur suffisante.

Il est essentiel de choisir des verres qui ne contiennent pas d'oxide de plomb, parce que ce métal, se revivifiant, rend ordinairement les *globules* noirs & opaques.

Ces petites sphères donnent à leur foyer des images solaires, qui paroissent fort transparentes & d'une rondeur parfaite. Ils remplacent les lou-

pes très-fortes, & font distinguer de très-petits objets. Plusieurs des hommes célèbres, qui nous ont fait connoître une foule de corps naturels, infiniment petits, se sont servis de *globules de verre* à la place des microscopes.

GLOBULE VÉSICULAIRE ; globulus vesicularis ; *bläschen kugelchen*. Globule que l'on suppose être formé d'air enveloppé d'une couche d'eau, comme les bulles de savon que l'on forme, en soufflant dans une goutte de savon.

Ces *globules vésiculaires* ont été imaginés, pour expliquer la légèreté de la vapeur d'eau & d'autres liquides qui s'élèvent dans l'air, parce que l'on ne pouvoit concevoir, comment un liquide huit cent fois plus pesant que l'air, pouvoit, après avoir été réduit en *globules* infiniment petits, s'élever dans l'air, comme s'il avoit une densité huit cent fois moindre que celle du liquide qui les forme.

Quelques physiciens ont supposé que les *globules d'air* étoient enveloppés d'une couche extrêmement mince d'eau, ce qui formoit des petites vessies, des vésicules ; d'autres considérant que de l'air enveloppé d'eau, devoit avoir une plus grande densité que l'air, puisque les *bulles de savon* tomboient toujours dans l'air & ne s'y élévoient pas, quelque mince que fût l'enveloppe, ont substitué à l'air, de la matière de la chaleur. Ainsi, les *globules vésiculaires* seroient, suivant leur opinion, de la matière de la chaleur, enveloppée d'une couche mince d'eau ou d'autres liquides ; & cette opinion paroissoit d'autant plus probable, que c'est en échauffant les liquides, en les pénétrant de chaleur, en y introduisant du calorique, que l'on forme la vapeur, & conséquemment les *globules vésiculaires* auxquels on l'attribue ; alors on a nommé cette vapeur, *vapeur vésiculaire* ; mais cette opinion de la vapeur a bientôt été combattue ; & l'on a prouvé que les globules qui s'élévoient dans l'air, étoient des *globules* pleins de liquide. *Voyez* VAPEURS, VAPEURS VÉSICULAIRES.

GLOBULEUX ; ex globulis constans ; *aus kleinen ; kugelchen zusammen* ; adjectif de globule, diminutif de globe, qui est composé de globules, qui contient des globules.

GLOSSOGRAPHIE, de γλωσσα, langue, γραφω, *décrire* ; glossographia ; *glossographi* ; s. f. Description de la langue. *Voyez* LANGUE.

GLOTTE, de γλωττις, languette, diminutif de γλωσσα, langue ; glottis ; *luftrohrenspalt* ; s. f. Fente, ouverture qui s'observe au milieu du larynx, par où l'air passe dans la trachée-artère, laquelle sert à former la voix.

Il existe dans le larynx deux ouvertures ou fentes, dont la forme est triangulaire ; l'une supérieure à la base en avant, l'autre inférieure à la base en arrière ; enfin il existe, entre ces deux fentes, une

portion

portion de fa cavité qui eft un peu plus excavée; or, c'eft alternativement à l'une ou à l'autre de ces trois parties, que les anatomiftes ont donné le nom de *glotte*. Si, comme l'indique l'étymologie de ce mot, on doit entendre par *glotte*, la partie du larynx qui concourt fpécialement à la production de la voix, ce doit être à la fente inférieure que ce mot doit s'appliquer.

Dodart, ainfi que plufieurs autres anatomiftes, regardent la *glotte* comme le principal organe de la voix; il fuppofe que cette fente fe dilate, fe rétrécit pour fournir à fes différentes inflexions. Dans cette hypothèfe, la trachée-artère fait l'office de porte-vent; la *glotte* forme la voix & en règle les fons; la langue les modifie & produit la parole. Ainfi ce favant (1) regarde la *glotte* comme un inftrument à vent, lequel, par les diverfes modifications dans la grandeur de fon ouverture, doit produire tous les tons de la voix. Il faut que fon ouverture, qui peut avoir 10 à 11 lignes de longueur, fur moins d'une ligne de largeur, puiffe éprouver 9631 modifications.

Ferrein, au contraire, regarde la *glotte* comme un inftrument à cordes (2). Les lèvres de la *glotte* font recouvertes d'une membrane, formée de cordons tendineux, auxquels il donne le nom de *cordes vocales*. Ils font attachés à des cartilages qui fervent à les tendre. (*Voyez* CORDES VOCALES.) L'air, en paffant par la *glotte*, frotte ces cordes comme le feroit un archet, les fait vibrer, & par fuite produire des fons. Ces fons font modifiés par les différens degrés de tenfion des cordes, comme ils le font dans les cordes d'un forté-piano. Ainfi Ferrein compare, affimile la *glotte* à un inftrument à cordes.

Ces deux opinions ont partagé les anatomiftes; chacun cite des faits pour les défendre ou les attaquer. Cette queftion, fur la manière dont la voix eft formée dans la *glotte*, mérite toute notre attention, & doit être développée avec foin: auffi nous en occuperons-nous en traitant de la voix & des fons. Nous ferons connoître les expériences faites par ces deux favans médecins, devant les membres de l'Académie royale des Sciences. *Voyez* VOIX, SON.

GLU, de γλοσος, *vifqueux*, γλια, *glus*, *colle*; vifcus; *vogelleim*; f. f. Sorte de compofition vifqueufe & tenace avec laquelle on prend des oifeaux.

La *glu* eft verdâtre, amère, tenace; fon odeur approche de celle de l'huile de lin; elle s'évapore & fe deffèche à l'air: chauffée, elle fe fond, fe gonfle & s'enflamme. Elle n'eft point foluble dans l'eau; les alcalis la diffolvent; les acides foibles la

(1) *Mémoires de l'Académie des Sciences*, année 1700, page 224.
(2) *Ibid*, année 1741, page 409.

ramolliffent; l'alcool n'a pas d'action fi réelle, & l'éther fulfurique la diffout entièrement.

On obtient la *glu* en féparant la feconde écorce du houx, de la morelle, du gui, des pommiers, poiriers, tilleuls, &c., la laiffant fermenter quelques jours dans un lieu frais, la pilant, la faifant bouillir, & évaporant l'eau jufqu'à confiftance de *glu*. De toutes ces écorces, celle du houx eft la meilleure.

GLUANT; glutinofus; *kleberige*; adjectif de glu. Tout ce qui eft recouvert d'une liqueur vifqueufe, qui s'attache aux doigts.

GLUCINE, de γλυκυς, *doux*; glucina; *glucine*; fubft. fém. Terre nouvellement découverte par Vauquelin.

Cette terre eft blanche, infipide, infufible, n'a aucune action fur l'oxigène; elle abforbe le gaz acide carbonique; fa pefanteur fpécifique eft de 2,967, celle de l'eau étant prife pour unité.

Ses combinaifons avec les acides produifent des fels neutres, doux & fucrés.

On ne l'a encore retirée que de trois fubftances; l'émeraude, l'aigue-marine & l'euclafe. *Voyez* ces mots.

Pour cela, on traite d'abord cette pierre par la potaffe, l'eau & l'acide muriatique; on évapore la diffolution jufqu'à ficcité: on verfe de l'eau fur le réfidu, & on filtre la liqueur; puis on verfe un excès de fous-carbonate d'ammoniaque dans celleci: il fe forme du muriate d'ammoniaque foluble, des fous-carbonates de chaux, de chrôme, de fer infoluble, & du fous-carbonate de *glucine* foluble dans l'excès du fous-carbonate d'ammoniaque: on filtre, on fait bouillir; le fous-carbonate de *glucine* fe précipite; on le lave, le fèche & le calcine pour chaffer l'acide carbonique, & obtenir la *glucine* pure.

La *glucine* n'eft encore d'aucun ufage.

GLUTEN, de γλια, *colle*; gluten; *gluten*; f m. Corps élaftique, ductile, que l'on retire de la farine des céréales.

Cette fubftance eft infoluble dans l'eau, d'une odeur fpermatique, légèrement foluble dans l'alcool, donne beaucoup d'ammoniaque à la diftillation, eft colorée en jaune par l'acide nitreux qui la convertit en acide oxalique. C'eft une matière animale qui, mêlée intimement avec l'amidon, l'albumine, le *froment* (*voyez* ces mots), conftitue la partie intérieure de plufieurs graines céréales, du feigle, de l'orge, & furtout du froment.

On obtient le *gluten* en faifant une pâte avec de la farine de froment, & la malaxant fous un filet d'eau, jufqu'à ce que celle-ci, qui, d'abord, devient laiteufe, conferve fa limpidité, & qu'il refte dans les mains une fubftance collante, fufceptible de s'étendre & de prendre l'afpect d'une membrane.

C'eſt au *gluten* que la farine doit ſa propriété de faire une pâte avec de l'eau ; c'eſt auſſi au *gluten* que la pâte doit la propriété de lever, par ſon mélange avec la levure. En effet, la levure, agiſ-ſant ſur le ſucre de la farine, détermine la fermen-tation ; il cède à l'effort que le gaz fait pour le dégager, l'envelopper, & produit ainſi de petites cavités qui donnent de la légéreté & de la blan-cheur au pain.

Tenu en macération dans l'eau, juſqu'à ce qu'il ſoit réduit en bouillie, le *gluten* eſt propre à coller la porcelaine & toute eſpèce de poterie : il ſuffit d'en appliquer une petite couche ſur la caſſure, & de maintenir le vaſe dans une poſition fixe pendant vingt-quatre heures.

D'après M. Cadet, on peut former un vernis qui jouit d'une grande élaſticité, en triturant, dans de l'alcool, du *gluten* fermenté, de manière à former une ſorte de mélange, & y ajoutant, en-ſuite, une nouvelle quantité d'alcool. Ce vernis s'étend très-bien ſur le bois & ſur le papier : mêlé avec de la chaux, il fait un lut excellent, que l'on applique comme celui de blanc d'œuf & de chaux.

Nous devons la découverte du *gluten* à Beccaria.

GLUTEN, en minéralogie, eſt le nom que l'on donne aux cimens naturels qui lient, réuniſſent les parties de certains agrégats, plus ou moins pré-cieux. Ce *gluten* eſt quartzeux dans le poudingue ; calcaire, dans les grès de Fontainebleau ; argileux, dans des minérais de fer agglutinés, &c.

GLUTINANT, GLUTINATIF, adject. Qui agglutine, qui réunit, qui joint des parties ſépa-rées ou diviſées. C'eſt la contraction d'*agglutinatif*. Ce mot eſt principalement employé en chirurgie.

GLUTINEUX ; glutinoſus ; *kleberig* ; adject. Qui colle, qui agglutine, qui réunit, qui joint des parties ſéparées. On dit un *corps glutineux*, une *matière glutineuſe*.

Fourcroy, dans ſon *Syſtème des connoiſſances chimiques*, a fait de ce mot un ſubſtantif, qu'il a ſubſtitué au mot *gluten*. *Voyez* ce mot.

GLYPTIQUE, du grec γλυφή, *gravure* ; glyp-ticos ; *glyptik* ; ſ. f. Art de graver les pierres dures, à l'aide d'inſtrumens particuliers.

Cet art eſt connu depuis long-temps. Les pierres gravées, que l'on a recueillies des Anciens, en ſont une preuve ; mais cet art, comme tous ceux qui exiſtoient anciennement, ſe réfugia dans l'O-rient, après la deſtruction de l'Empire romain, par les Barbares ; il rentra en Italie, après la priſe de Conſtantinople. On l'y vit fleurir dans le ſeizième ſiècle, décliner dans le dix-ſeptième, & refleurir dans le dix-huitième. Ce fut Matheo del Naſſaro qui en apporta le goût en France, quand il y vint à la ſuite de François Ier.

GNEISS, ſ. m. Mot employé par les Saxons, pour déſigner une roche agrégée, qui diffère peu du granit. *Voyez* GRANIT.

D'après Werner, le *gneiſſ* eſt eſſentiellement compoſé de *feld-ſpath*, *quartz* & *mica* (*voyez* ces mots), immédiatement agrégés, formant comme des petites plaques placées les unes ſur les autres, & ſéparées par des couches minces de paillettes de mica ; c'eſt, à proprement parler, un granit ſchiſteux.

Cette roche eſt regardée, par les géologiſtes, comme une des plus anciennement formées, après le granit.

GNESE. Meſure de longueur pour les étoffes & les toiles employées en Perſe. Il exiſte deux ſortes de *gneſes*.

Le *gneſe* ſimple = 0,530 de l'aune de Paris, = 0,6299 mètre.

Le *gneſe* royal = 0,603 de l'aune de Paris, = 0,6966 mètre.

GNOME, de γνώμων, *connoiſſeur* ; gnomus ; *gnom* ; ſ. m. Peuples que les cabaliſtes ſuppoſent devoir habiter les entrailles de la terre, qui ſont inviſibles, & qui s'occupent principalement de la garde & de la conſervation des tréſors. *Voyez* CABALES, CABALISTES.

GNOMON, γνώω, *connoître* ; gnomon ; *gno-mon* ; ſ. m. Inſtrument qui ſert à meſurer les lon-gueurs des ombres & les hauteurs du ſoleil.

Un *gnomon* doit être une pyramide alongée, fixée ſolidement ſur un plan horizontal, & dont on meſure la longueur de l'ombre, chaque jour, dans la direction du méridien. C'eſt ainſi que les anciens aſtronomes les conſtruiſoient.

Aujourd'hui, les *gnomons* ſont des ouvertures faites dans un mur ſolide, & par leſquelles les rayons du ſoleil doivent paſſer à midi, pour ſe pro-jecter ſur une ligne tracée dans la direction du mé-ridien, dans un lieu foiblement éclairé ; l'ouver-ture doit être très-petite, & l'on peut y placer un verre lenticulaire, dont le foyer ſoit à la diſ-tance, où la projection de la lumière arrive dans les équinoxes, & cela, afin que l'image du ſoleil qui arrive ſur le plan, ſoit la plus étroite poſſible.

Connoiſſant la hauteur du *gnomon*, au-deſſus du ſol, la projection verticale de la ſommité, on peut déterminer, chaque jour ; par le point où l'ombre, où la lumière arrive à midi, c'eſt-à-dire, ſur le méridien, quel eſt l'angle d'inclinaiſon du ſoleil ; c'eſt, de tous les inſtrumens, celui avec lequel on peut faire les obſervations ſolaires les plus déli-cates.

Anaximandre, d'après Diogène de Laërce, pa-roît être le premier aſtronome qui ait fait uſage du *gnomon* ; il obſerva, avec cet inſtrument, les re-tours du ſoleil, c'eſt-à-dire, les ſolſtices, & il me-ſura, probablement, l'obliquité de l'écliptique à l'équateur, que son maître Thalès avoit déjà découverte.

Cependant, les Égyptiens paroissent avoir employé le *gnomon* bien long-temps auparavant ; les Chinois & les Péruviens en faisoient également usage, depuis des temps inconnus. Depuis, on a fait construire des *gnomons* dans tous les pays ; on cite, comme digne d'être remarqué, le *gnomon* que l'empereur Auguste fit élever dans Rome, & dont Manlius surveilla la construction ; c'étoit une pyramide de 70 pieds de hauteur, dont l'ombre se projetoit, à midi, sur une ligne horizontale, qui étoit marquée par des lames de bronze, incrustées dans la pierre.

Toscanelli ayant, sans doute, observé que les rayons solaires entrant, par un trou quelconque, dans un endroit obscurci, donnent une image du soleil, se ménagea, dans le haut du dôme de Florence, une ouverture circulaire, & traça, sur le pavé, une méridienne, sur laquelle passoit, chaque jour, une image oblongue du soleil, de plusieurs pieds de dimension ; car le centre de cette ouverture avoit 277 pieds au-dessus du pavé horizontal de l'église : d'où il résulte que le jour du solstice d'été, l'image du soleil devoit avoir deux pieds & trois quarts, environ, de longueur, dans le sens de la méridienne. On pouvoit donc, par ce moyen, mesurer, avec une exactitude dont aucun instrument ne sauroit approcher, la hauteur des bords du soleil, à son passage par le méridien ; par conséquent, celle de son centre, aux solstices & aux équinoxes ; &, enfin, déterminer, par-là, avec une exactitude inconnue jusqu'alors, la distance des tropiques, &c.

On regarde Toscanelli comme le premier astronome qui ait substitué les *gnomons* à images solaires, aux *gnomons* à ombres.

Parmi les *gnomons* remarquables, construits en suivant la méthode de Toscanelli, on cite celui de Cassini, à Boulogne ; celui de François Bianchini, aux Chartreux à Rome ; celui de l'église Saint-Sulpice, dirigé par Lemonnier ; celui de la grande salle de l'Observatoire, à Paris, construit par un Cassini, fils du premier, &c.

GNOMONIQUE, de *gnomon* & de l'inceffif objectif *ique* ; gnomonica ; *gnomonika* ; sub. fém. Science des cadrans qui marquent l'heure par la projection de l'ombre d'un astre.

Cette science comprend la manière de tracer les cadrans par le soleil, par la lune, par les étoiles, &c. *Voyez* CADRANS.

GNOMONIQUE (Colonne). Colonne qui sert de *gnomon*. *Voyez* ce mot, & COLONNE GNOMONIQUE.

GNOMONIQUE (Polyèdre). Polyèdre, sur les différentes faces duquel on a tracé des cadrans. *Voyez* POLYÈDRE GNOMONIQUE.

GNOMONIQUE RÉFLEXE. Partie de la *gnomonique* qui enseigne à tracer des cadrans par réflexion & par réfraction.

GNOSTIQUE, de γνωστικὸς, *favant éclairé* ; gnostica ; *gnostik* ; s. m. Secte de Chrétiens qui étoient, ou se faisoient passer pour les seuls hommes éclairés dans la véritable science du christianisme.

GOBELET ; poculùm ; *becher* ; s. m. Vase de métal, de verre ou de bois, de forme cylindrique, ou évasé en forme de coupe, & dont on se sert pour boire.

Assez généralement, les *gobelets* sont composés d'une matière sur laquelle le liquide que l'on met dedans, & qui est destiné à être bu, n'a point d'action ; mais, quelquefois aussi, le liquide a de l'action sur la substance ; il acquiert, par cette action, des propriétés particulières ; tels sont les *gobelets de quassia*, de *tamaris* & *émétique* : les deux premiers sont en bois de ces deux substances ; & le troisième en verre d'oxide d'antimoine.

En mettant un liquide, du vin, de l'eau dans ces *gobelets*, ils dissolvent une partie des substances qu'ils contiennent ; dans les *gobelets de quassia*, les liquides acquièrent de l'amertume ; ils deviennent fébrifuges, toniques, stomachiques, &c. On prétend qu'ils ont la propriété de diminuer le mal de mer : dans les *gobelets de tamaris*, le liquide devient amer, astringent ; il acquiert des propriétés désobstruantes : dans les *gobelets* de verre d'antimoine, les liquides s'émétisent, purgent & occasionnent des vomissemens. Il faut user de ces *gobelets* avec modération, parce que si les liquides dissolvoient une trop grande quantité de la matière du vase, ils pourroient devenir malfaisans, particulièrement les *gobelets émétiques*, dans lesquels le liquide peut devenir un poison dangereux.

Ces *gobelets*, qui étoient beaucoup en usage autrefois, ont été successivement abandonnés.

GOCLENIUS (Rodolphe), professeur de physique & de mathématique, naquit à Wittemberg en 1572, & mourut à Marbourg en 1621.

Il alla étudier à Marbourg, & il y prit le grade de docteur en médecine en 1601, fut nommé professeur de physique, dans l'Université de la même ville, en 1608, & professeur de mathématique en 1612.

Ce savant possédoit les talens d'un bon observateur ; il en donna des preuves dans l'exposition qu'il a faite des caractères, de la marche & de la terminaison de la peste, qu'il a été à même d'observer ; ainsi que l'usage des moyens énergiques & efficaces que l'on doit employer, & en particulier des vésicatoires.

On ne peut s'empêcher de regretter qu'un aussi bon observateur, qu'un écrivain aussi fécond, ait été crédule & enthoufiafte, & fe foit, fi fouvent, livré aux écarts d'une imagination déréglée.

Goclenius avoit adopté, à l'exemple de Paracelfe & de Bafile Valentin, un magnétifme propre à l'économie animale, tel, à peu près, que Mefmer l'a reproduit vers la fin du dix-huitième fiècle. Ce favant méloit, à fes procédés phyfiques, des enchantemens & des exorcifmes, qui avoient principalement pour but d'agir fur l'imagination.

Si cette doctrine eut beaucoup de partifans, elle trouva aufi, en débutant dans le monde, de redoutables adverfaires, à la tête defquels on doit placer le jéfuite Roberti. Le combat dura douze ans, mais l'obftination de *Goclenius* fut vaine; le champ de bataille refta à Roberti, qui l'a accablé fous le poids d'une meilleure phyfique & d'une dialectique plus févère.

Nous avons de *Goclenius*: 1°. *Phyfiologia crepitûs ventris; item rifus & ridiculi & elogium nihili*, in-12. Francfort, 1607. 2°. *De pefte febrifque peftilentialis cauſis, fubjecto differentiis, fignis*, in-12. Marbourg, 1607. 3°. *De vitâ prorogandâ, id eft animi & corporis vigore confervando & falubriter producendo*, in-12. Francfort & Mayence, 1608. 4°. *Uranofcopia, chirofcopia, metopofcopia, optalmofcopia*, in-8°. Francfort, 1603. 5°. *Tractatus de magneticâ curatione vulnerum, citrâ ullum dolorem & remedii applicationem*, in-8°. Marbourg, 1608. 6°. *Tractatus de portentofis, luxuriofis & monftrofis noftri feculi conviviis*, in-12. Marbourg, 1609. 7°. *Enchiridon remediorum facilè parabilium*, in-8°. Francfort, 1610. 8°. *Læmographia & quid in fpecie in pefte marpurgenfi anni 1611 evenerit*, in-8°. Francfort, 1611. 9°. *Synarthrofis magnetica*, in-8°. Marbourg, 1617. 10°. *Acroteleution aftrologicum*, in-4°. Marbourg, 1618. 11°. *Affertio medicinæ univerfalis, adverfus univerfalem vulgè jactatam*, in-4°. Francfort, 1620. 12°. *Tractatus phyficus & medicus de fenorum dietâ*, in-4°. Francfort, 1621. 13°. *Aphorifmi chiromantici*, in-8°. Francfort, 1597. 14°. *Chiromantia & phyfiognomica fpecialis*. Marbourg, 1621. 15°. *Apologeticus pro aftronomiâ difcurfus*, in-4°. Marbourg, 1611. Enfin, 16°. *Mirabilium naturæ liber, five defenfio magneticæ curationis vulnerum*, in-folio. Francfort, 1625.

GODE. Mefure de longueur pour les étoffes de laine, en ufage à Londres.

Le *gode* = 0,5887 de l'aune de France = 0,6996 mètre.

GOESGEN. Monnoie de billon en ufage à Cologne.

Le *goefgen* = 20 haller = 0,0827 de la livre tournois = 0,0816 du franc.

GOETTLING (Jean-Frédéric-Augufte), chimifte laborieux & phyficien, naquit à Bernburg,

en Allemagne, le 5 janvier 1755, & mourut à Jéna, le 1er. feptembre 1809.

La mort prématurée de fes parens avoit réduit à l'indigence le jeune *Goettling*; mais le poëte Gleim fe chargea de pourvoir à fon éducation; il profita fi bien des leçons de Wiegleb, que, très-jeune encore, il fut placé, comme provifeur, à la tête de la pharmacie de Weimar.

Ayant été étudier la médecine à Goettingue, il fe lia d'amitié avec le célèbre Lichtenberg, &, après avoir été voyager en Hollande & en Allemagne, il fut nommé, en 1789, profeffeur extraordinaire de philofophie à l'Univerfité de Jéna; il y enfeigna la chimie & la technologie avec un grand fuccès.

Ce qui fait placer *Goettling* parmi les phyficiens, ce font les deux ouvrages, très-eftimés, qu'il a publiés: 1°. l'*Ami de la maifon*, écrit périodique fur la phyfique & la chimie, in-8°. Jéna, de 1804 à 1807; 2°. l'*Encyclopédie phyfico-chimique*, in-8°. Jéna, 1805.

Ses autres écrits, & particulièrement fur la chimie, font fi confidérables, que nous ne rapporterons ici que les principaux. 1°. *Introduction à la chimie pharmaceutique pour les apprentis*, in-8°. Altembourg, 1778. 2°. *Des avantages & des améliorations pratiques de différentes opérations chimiques & pharmaceutiques*, in-8°. Weimar, 1783. 3°. *Principes élémentaires de la docimafie*, in-8°. Leipfick, 1794. 4°. *Aperçu fyftématique de technologie*, in-8°. 5°. *Manuel de chimie théorique & pratique*, in-8°. Jéna, 1794. 6°. *Inftruction pratique de l'art d'effayer & d'analyfer en chimie*, in-8°. Jéna, 1802.

GOLFE; κολπος; de l'italien *golfo*; finus; golf; f. m. Bras de mer, ou étendue de mer qui entre ou qui avance dans les terres.

GOMME; κομμι; gummi; *gummi*; f. f. Excrétions qui fuintent naturellement de diverfes parties des plantes, qui s'épaiffiffent avec le temps, fe durciffent à l'air, & font plus ou moins tranfparentes.

On diftingue les *gommes* en deux claffes: les *gommes* & les *gommes* réfines. Les premières font un mucilage épaiffi, inodore, infipide ou de faveur fade, infoluble dans l'alcool, dans l'éther & dans les huiles, complètement foluble dans l'eau, à laquelle elles donnent de la vifcofité: les fecondes font folubles en partie dans l'eau, & en partie dans l'alcool; c'eft cette action de l'alcool, fur une partie de leurs compofans, qui fait diftinguer cette feconde claffe de *gomme*. Le nom de *gomme* a également été donné à des fubftances qui ne contiennent que des réfines. Enfin, il eft des *gommes* qui doivent leur propriété à des fubftances particulières & différentes de la *gomme*; dans cette dernière claffe font: la *gomme* adragante, la *gomme* kino.

GOMME ADRAGANTE; gummi traganth. Subftance gommeuse que l'on retire de plusieurs arbrisseaux du genre *astragale*. C'est avec la *gomme adragante* que l'on prépare les mucilages qui exigent des soins & de la propreté.

Elle est composée de :

Gomme .... 0,57.
Principe particulier .... 0,43.

GOMME AMMONIAQUE. *Gomme* résine, qui nous vient d'Egypte ; on ignore encore la plante qui la produit. Elle est composée de :

Gomme .... 18,4.
Résine........................ 70
Matière glutineuse............. 4,4
Eau 6

GOMME ARABIQUE. Substance gommeuse, provenant du *mimosa nilotica* ; elle nous arrive de l'intérieur de l'Afrique ; elle est alimentaire : on s'en sert dans les pâtes ; elle fait la base des juleps.

GOMME CARANE. C'est une *gomme* résine qui nous vient de la Nouvelle-Espagne ; elle a une excellente odeur aromatique ; elle n'a d'usage que pour préserver les plaies de l'action de l'air, & faciliter la suppuration.

GOMME COPAL. Cette substance, qui nous vient de l'Amérique méridionale, est une résine qui sert à préparer différens vernis.

GOMME DE GAÏAC. Cette substance contient plus des neuf-dixièmes de résine ; elle se retire du *guaia officinalis* ; elle nous vient de l'Amérique méridionale ; elle n'est d'usage qu'en médecine ; elle a une odeur balsamique assez agréable.

GOMME DE GENÉVRIER. Substance résineuse, qui découle du genévrier. *Voyez* SANDARAC.

GOMME-GUTTE. Gomme-résine qui vient de l'Asie, que l'on retire du *garcinia cambrogia*. Elle sert aux dessinateurs pour colorer en jaune. Elle est composée de :

Gomme........................ 0,20
Résine........................ 0,80

Elle occasionne des vomissemens lorsqu'on la prend intérieurement.

GOMME-KINO. Cette *gomme* est formée presqu'entièrement de tannin. Elle nous vient de la Jamaïque ; on la retire du *nauclea gambir*. Elle est employée en médecine ; c'est un assez bon fébrifuge.

GOMME-LAQUE. C'est une résine déposée par un insecte, *cocus lacca*, sur plusieurs espèces d'arbres des Indes orientales. Elle n'est employée que dans les arts. Sa partie colorante communique à la laine une couleur pourprée ; elle sert aussi à composer la cire à cacheter, & à former des vernis.

GOMME DE LIERRE. Substance gommeuse que l'on retire du lierre.

GOMME DE LICHEN. Substance gommeuse que l'on retire de plusieurs espèces de lichen, & qui peut remplacer la *gomme du Sénégal*.

GOMME DU PAYS. Substance gommeuse que l'on retire sur les pruniers, les cerisiers, les abricotiers, &c. Cette *gomme* peut, dans un grand nombre de circonstances, remplacer la *gomme arabique* ; elle est employée dans l'encre & dans les arts pour donner du brillant aux couleurs.

GOMME PURE. Substances gommeuses qui ne contiennent point de matières étrangères à la *gomme* ; telles sont :

La gomme arabique,
La gomme du pays,
La gomme du Sénégal.

GOMME-RÉSINE. Substance soluble en partie dans l'eau & en partie dans l'alcool, qui est composée de gomme & de résine. Ces *gommes* peuvent être divisées en deux classes ; les unes ne contiennent que de la résine, ce sont :

La gomme animée,
La gomme élémi,
La gomme de gaïac,
La gomme élastique ;

D'autres sont un mélange de *gomme* & de résine ; telles sont :

La gomme ammoniaque,
La gomme carane,
La gomme-gutte.

GOMME DU SÉNÉGAL. Elle nous est apportée du Sénégal ; elle découle du *mimosa senegalis* ; elle a les propriétés chimiques, alimentaires & médicinales de la *gomme arabique*.

Toutes ces *gommes* sont recueillies sur les arbres qui les produisent ; les unes exsudent naturellement des arbres. Telles sont :

La gomme arabique,
La gomme du pays,
La gomme du Sénégal.

D'autres exigent que l'on fasse aux arbres des entailles entre l'écorce & le liber ; alors la *gomme* suinte de ces ouvertures, & se recueille lorsqu'elle s'est durcie. Telles sont :

La gomme animée,
La gomme élémi,
La gomme de gaïac,
La gomme-gutte,
La gomme de kina.

Quelques-unes sont obtenues par ces deux opérations, c'est-à-dire, par des exsudations naturelles & par des incisions. Telles sont :

La gomme adragante,

La gomme carane,

La gomme de lierre.

Enfin, on en retire par la décoction des plantes,

La gomme du lichen.

GONARQUE, de γωνια, *angle*, απγος, *montrer*; gonargus; *gonargue*; s. m. Espèce de cadran solaire, pratiqué sur les surfaces différentes d'un corps anguleux. *Voyez* CADRAN.

GONG-GONG; s. m. Instrument produisant un son très-fort, & dont on fait usage en Chine, à la place des cloches que l'on emploie en Europe.

Cet instrument est large & rond; sa forme est à peu près celle d'un tambour; il est tout en métal, & le fond qui occupe la place de la peau, dans le tambour de basque, est légèrement convexe. On frappe dessus avec un battoir garni de peau. Le ton en est d'abord grave; mais en le frappant adroitement, il devient de plus en plus éclatant, & acquiert une force telle, qu'il fait trembler le bâtiment dans lequel on s'en sert.

Un *gong-gong* qui appartenoit à sir Joseph Banks ayant été fêlé, le docteur Wollaston en prit une portion pour en faire l'analyse, ce qui l'a conduit à en préparer de semblables; mais ce qu'il y a de plus remarquable, c'est qu'il a raccommodé la fêlure du *gong-gong* de sir Joseph Banks, & qu'il lui a rendu le son qu'il avoit auparavant. La fente se prolongea dans la suite, comme cela arrive toujours dans les corps cassans & très-élastiques.

En examinant le *gong-gong*, on remarque sur sa surface des empreintes de coups de marteau, ce qui prouve évidemment qu'il a été mallé. M. d'Arcet, qui fabrique depuis long-temps des cimbales & d'autres poteries métalliques, assure qu'on ne le forge pas à chaud; il prétend que ce n'est pas là le tour de main employé dans l'Inde & en Turquie, pour donner à cet instrument la ténacité nécessaire.

Quoique le *gong-gong* porte évidemment l'empreinte du marteau, il est cependant cassant & très-élastique. Lorsqu'on le brise, on trouve que sa cassure est granuleuse, & plus blanche que ne l'est la surface de l'alliage nettoyée à la lime.

D'après Klaproth, la pesanteur spécifique du *gong-gong* est de 8,815, celle de l'eau étant 1000; & d'après Thomson, elle est de 8,953.

La nature & la proportion de l'alliage, dans le *gong-gong*, différent considérablement. Il suit, de l'analyse faite par Klaproth, qu'il est composé de :

Cuivre 0,78

Etain 0,22

Et d'après Thomson :

Cuivre 0,800

Zinc 0,056

Etain 0,101

Plomb 0,043

Il paroît que la propriété qu'a le *gong-gong* de répandre un son si étendu, dépend de la pénétration réciproque des substances qui le composent, & qui augmentent considérablement la densité de l'alliage; car, en supposant, comme dans l'expérience de Klaproth, que ce métal est composé de cinq parties de cuivre & une d'étain, la pesanteur spécifique du cuivre de la Chine étant 9,000, celle de l'étain 7,299, la densité moyenne seroit de 8,659, & la densité moyenne a été trouvée de 8,953 & 8,815.

GONIOMÈTRE, de γωνια, *angle*, μετρον, *mesure*; goniometrum; *goniometer*; s. m. Instrument employé pour mesurer les angles des cristaux naturels ou factices, & de toute espèce de petits polyèdres.

Il existe deux sortes de *goniomètres*; l'un mesure directement les angles par deux branches fixes ou mobiles; on peut le nommer *goniomètre à branches*; l'autre mesure les angles par la réflexion de la lumière; on le nomme *goniomètre de réflexion*. Nous allons faire connoître chacun de ces deux goniomètres. *Voyez* GONIOMÈTRE A BRANCHES, GONIOMÈTRE DE RÉFLEXION.

GONIOMÈTRE A BRANCHES. Instrument avec lequel on mesure les angles plans d'un polyèdre par l'angle que forment deux branches qui se placent sur ses deux faces contiguës, perpendiculairement à l'arête de jonction de ces deux plans.

Le premier *goniomètre* de cette espèce, dont on ait fait usage, est une carte, *fig.* 887, dans laquelle on enlevoit avec des ciseaux, ou tout autre instrument tranchant, un fragment F, de manière à former un vide, qui corresponde à l'angle plan que l'on veut mesurer. On pose ce vide sur la jonction des deux plans du polyèdre, & l'on agrandit ou diminue l'angle, en enlevant des fragmens, jusqu'à ce que le vide soit parfaitement rempli par l'angle formé par les deux plans; alors on mesure cet angle sur un demi-cercle divisé en 180 parties égales, & l'on a ainsi le nombre de degrés de l'angle formé par ces plans. M. Carangeot (1) dit avoir employé le premier ce moyen, qu'il fit connoître au savant Romé de Lisle.

Peu satisfait de cet instrument, M. Carangeot imagina d'en faire construire un en cuivre, ou en argent, qui eût deux branches mobiles pour embrasser exactement les deux faces contiguës du polyèdre, & un demi-cercle divisé en 180 parties égales, sur lequel les branches prolongées pussent

_____

(1) *Journal de Physique*, année 1713, partie I, p. 193.

indiquer de fuite l'angle mefuré. Il chargea de l'exécution de cet inftrument, le fieur Vincard, ingénieur en inftrumens de mathématique, & chez lequel, & fous le nom duquel ce *goniomètre* a été vendu.

Trois années après, en 1786, le fieur Ferat, jeune artifte en inftrumens de mathématique, qui s'étoit appliqué feul (1) à l'exécution de cet inftrument, chez le fieur Vincard, fit quelques perfectionnemens au *goniomètre* pour le rendre d'un ufage plus facile aux minéralogiftes. Nous allons tranfcrire les defcriptions que le célèbre cryftallographe Haüy donne de cet inftrument dans fon excellent *Traité de minéralogie* (1).

Cet inftrument, qui a beaucoup de rapport avec le graphomètre, eft compofé d'un demi-cercle MTN, *fig. 887 (a)*, de laiton ou d'argent, divifé en degrés, qui porte deux alidades A B, F G, dont l'une F G eft évidée depuis *u* jufqu'en R, en couliffe à jour, excepté à l'endroit K, où on a laiffé une petite traverfe, qui n'eft qu'un acceffoire pour donner plus de folidité à l'inftrument. Cette alidade eft attachée en R & en *c*, fur une règle de laiton, fituée derrière, & qui fait corps avec le demi-cercle. La réunion de l'alidade avec cette règle, s'opère au moyen de deux petites tiges à vis, qui s'inférent dans la couliffe, & dont chacune porte un écrou. L'autre alidade A B eft pareillement évidée, depuis *x* jufqu'en *c*, où elle eft attachée au-deffous de la première, à l'aide de la tige à vis qui eft en cet endroit, & qui traverfe les deux rainures. En lâchant les écrous, on peut raccourcir à volonté les parties *c* G, *c* B, des deux alidades, fuivant que les circonftances l'exigent.

L'alidade AB n'ayant qu'un feul point d'attache en *c*, où eft le centre du cercle, a un mouvement autour du centre, tandis que l'alidade G F refte conftamment dans la direction du diamètre qui paffe par les points zéro & 180 degrés.

Il n'eft pas inutile de remarquer que la partie fupérieure de l'alidade A B doit être mince, en forme de tranchant vers fon bord *sx*, dont la direction prolongée au-deffous, paffe par le centre de l'inftrument. La raifon en eft, que ce bord eft ce que l'on appelle la *ligne de foi*, c'eft-à-dire, celle qui indique fur la circonférence graduée, la mefure de l'angle cherché.

Suppofons maintenant que l'on veuille mefurer, fur un criftal, l'angle de deux plans voifins. On fait que cet angle eft égal, à celui de deux lignes menées du même point de l'arête qui réunit ces plans. Pour avoir cet angle, on difpofera l'inftrument de manière que les portions *c* G, *c* B, des deux alidades, ne laiffent aucun jour entr'elles & les plans dont il s'agit, & qu'en même temps leurs bords foient perpendiculaires à l'arête de jonction. Dans ce cas, les faces qui embraffent le

criftal, font tangentes aux deux plans dont on veut avoir l'incidence. Cela fait, on cherchera, fur la circonférence de l'inftrument, la marque de la ligne de foi *sx*, ou l'angle que fait cette ligne avec celle qui paffe par le centre *c* & par le point zéro, lequel angle eft égal à celui que forment les deux portions G*c*, *c*B, des alidades, puifqu'il lui eft oppofé au fommet.

C'eft un avantage de pouvoir raccourcir à fon gré ces mêmes parties, pour éviter les obftacles qui rendroient l'opération impraticable, & qui peuvent provenir, foit de la gangue à laquelle adhère le criftal, foit des criftaux voifins dans lefquels il eft engagé en partie.

Mais il eft des cas où cette précaution ne fuffit pas, & où l'on fe trouveroit gêné par la partie du demi-cercle, fituée vers M, fi fa pofition étoit invariable. L'ingénieux auteur de l'inftrument a paré à cet inconvénient, à l'aide du mécanifme fuivant.

La tige fituée en *c* porte, outre les deux alidades, une tringle d'acier placée en dehors de la règle de cuivre, fur laquelle eft appliquée immédiatement l'alidade GF. L'extrémité fupérieure de cette tringle, ou celle qui eft fituée vers O, a une échancrure, dans laquelle entre une tige d'acier, garnie pareillement d'un écrou. De plus, le demi-cercle eft brifé à l'endroit du 90e degré, en forte qu'au moyen d'une charnière dont il eft garni au même endroit, le quart du cercle T M fe replie au-deffous du quart T N, & fe trouve comme fupprimé. Lorfque l'on veut exécuter ce mouvement, on lâche l'écrou qui tenoit la partie fupérieure de la tringle *c* O, on dégage l'échancrure qui termine cette tringle, de l'écrou qui s'y inféroit, & l'on rabat la tringle jufque par-deffous la règle de cuivre, qui porte l'alidade GF. Lorfque l'angle excède 90 degrés, on remet le quart de cercle T M à fa place pour en reconnoître la valeur.

Il eft facile d'apprécier ce *goniomètre*, fi l'on réfléchit combien il eft intéreffant que les defcriptions des criftaux indiquent les angles que leurs faces font entr'elles.

Depuis l'invention du *goniomètre à branches mobiles*, cet inftrument a été employé avec beaucoup de fuccès dans plufieurs arts où il eft néceffaire que les angles plans des polyèdres que l'on forme, foient déterminés. Les lapidaires en font aujourd'hui un grand ufage.

Un nouveau perfectionnement a été appliqué à cet inftrument; c'eft de féparer les alidades du demi-cercle, & cela afin de pouvoir prendre plus commodément & plus facilement les angles des criftaux; alors on lui a donné le nom de *goniomètre à demi-cercle libre. Voyez* ce mot.

GONIOMÈTRE A DEMI-CERCLE LIBRE. *Goniomètre* dont on fépare & l'on repofe, avec facilité, les alidades du demi-cercle.

Une condition effentielle dans la conftruction de cet inftrument, c'eft que l'on puiffe toujours

(1) *Journal de Phyfique*, année 1786, partie II, p. 226.
(2) *Traité de minéralogie*, tome I, page 249.

replacer, exactement, le centre des alidades au centre du demi-cercle, en même temps que l'une des alidades foit exactement fur le diamètre.

Pour cela, on pratique au centre du demi-cercle A B D, *fig.* 887 (*b*), un point faillant en avant C, & à l'entour un enfoncement cylindrique K, & fur le côté de la règle, parallèle au diamètre, une petite rainure R R. Le demi-cercle eft divifé en 180 parties égales ou degrés.

Les alidades E F, G H, *fig.* 887 (*c*), ont deux rainures M, N, à l'aide defquelles on les meut fur un petit cylindre K, autour duquel elles tournent. Le milieu de ce cylindre eft percé d'un trou C, dans lequel peut fe placer le point faillant *c* du demi-cercle. Sur l'une des branches E F, eft une petite partie faillante R, deftinée à être placée dans la rainure R R du quart de cercle; enfin, les alidades font évidées de manière que les lignes *a a, b b*, de leurs faces, étant prolongées, paffent par le centre du cylindre K, autour duquel elles tournent.

Dès que l'on a pris avec les alidades libres, l'angle plan de deux faces d'un criftal, on fait entrer la faillie R dans la rainure R R du demi-cercle, le cylindre K des alidades, dans l'enfoncement cylindrique K du demi-cercle, & la faillie C de celui-ci dans la cavité C des alidades. De cette manière, on eft affuré que les deux centres des alidades & du demi-cercle font bien identiques, & qu'une des alidades correfpond au diamètre. Alors on peut déterminer, fur le demi-cercle, le nombre de degrés de l'angle plan que l'on a mefuré.

A l'aide de ces *goniomètres*, on peut, avec de l'habitude, mefurer les angles des criftaux à un quart de degré près.

GONIOMÈTRE A RÉFLEXION. Inftrument à l'aide duquel on mefure l'angle que deux plans font entr'eux, par la connoiffance des angles que forment les rayons réfléchis, d'un même objet, fur les deux faces du polyèdre.

On doit à fir William Hyde Wollafton l'invention de ce *goniomètre*; il en fit part à la Société royale de Londres le 8 juin 1809.

Cet inftrument eft formé d'un plan circulaire gradué P M N, *fig.* 888, tournant fur fon centre C. Sur cet inftrument, on place, avec de la cire, le corps B A D dont on veut mefurer l'angle bièdre B A D.

Pour cela, on place l'inftrument fur une fenêtre, ou dans tout autre lieu d'où l'on découvre des objets très-éloignés, & l'on tourne le plan jufqu'à ce que l'œil en O, aperçoive, par réflexion, l'objet placé dans la direction R E; enfuite, on tourne le plan de nouveau jufqu'à ce que la face B A fe trouve dans la direction A D, & que l'on aperçoive également, fur cette face, l'objet réfléchi à l'œil, placé en O; alors la ligne A B fe trouve dans la direction A *b*, & l'angle B A *b*,

décrit par le plan dans fon mouvement, eft le complément de l'angle bièdre B A D que l'on vouloit mefurer.

Il eft inutile d'obferver que, fi la graduation de l'inftrument eft dans la direction N P, oppofée au mouvement, dans le fens P N, que l'on donne à l'inftrument, & que, dans la première pofition, c'eft-à-dire, où l'on obferve la réflexion fur la face A D, l'inftrument eft placé à 180°, au point de départ, le degré obfervé fera jufte celui de l'angle B A D.

On peut placer le plan de cet inftrument dans une pofition horizontale ou verticale. Malus, dans fes belles expériences fur la double réfraction, emploie l'inftrument dans la première pofition, & Wollafton, qui en eft l'inventeur, en a fait ufage dans la feconde pofition.

GONIOMÈTRE DE CHARLES. *Goniomètre* à réflexion que M. Charles a fait conftruire.

Ce *goniomètre* eft formé d'un cercle de cuivre horizontal A D B P, *fig.* 888 (*a*), divifé fur fa circonférence, & muni d'une alidade A B, qui peut tourner fur fa furface autour d'un axe C. A côté de ce cercle, & à fa hauteur, fur un fupport S, qui en eft indépendant, on établit une petite lunette L *l*, qui, dans les obfervations, doit refter fixement dirigée fur la furface réfléchiffante, mais à laquelle, cependant, on donne un mouvement horizontal & vertical, afin qu'on puiffe facilement l'amener, dans chaque cas, fur la direction qui convient le mieux. Cette lunette eft munie intérieurement d'un micromètre à fils, c'eft-à-dire, qu'on a tendu, dans fon intérieur, un réfeau de fils très-fins qui fervent de repaire fixe pour diriger la lunette.

Pour fe fervir de ce *goniomètre*, on cherche avec la lunette un objet qui foit parfaitement vertical, c'eft-à-dire, que l'on voie dans la direction des fils verticaux placés dans la lunette; enfuite on fixe avec de la cire, fur le fupport C, le corps dont on veut mefurer les angles; on tourne l'alidade jufqu'à ce que l'on aperçoive, dans la lunette, l'objet fervant de mire, réfléchi fur l'une des faces qui forment l'angle bièdre que l'on veut mefurer. Si ce plan eft lui-même vertical, il réfléchira l'image dans la direction où l'objet a été aperçu; fi l'image paroiffoit inclinée, il faudroit mouvoir le criftal fur le fupport de cire, jufqu'à ce que l'image paroiffe verticale. On répète la même épreuve fur l'autre face. Cela fait, on tourne l'alidade jufqu'à ce que l'objet réfléchi foit aperçu dans la lunette; on obferve, fur la circonférence graduée, à quel degré la pofition de l'alidade correfpond; puis on tourne l'alidade jufqu'à ce que l'on aperçoive, dans la lunette, l'objet réfléchi fur la feconde face qui forme l'angle. On obferve également le degré fur lequel l'alidade eft fixée, & l'on détermine combien de degrés l'alidade a parcourus, ou l'angle qu'elle a formé dans ces deux pofitions;

positions : L'angle bièdre cherché est exactement le supplément de l'angle observé.

GONIOMÈTRE DE MALUS.

Goniomètre à réflexion dont Malus a fait usage pour déterminer les angles plans de divers cristaux.

Malus a fait usage, pour son *goniomètre*, d'un cercle répétiteur sur le centre duquel il fixoit, avec de la cire, le corps dont il vouloit mesurer l'angle bièdre de deux plans contigus; une lunette étoit placée sur un pied près du cercle répétiteur, afin de pouvoir observer, à l'aide d'un microscope à fil, & la verticalité du point de mire, & la réflexion de ce point sur les deux faces qui forment l'angle.

Tout étant disposé pour l'observation, on fixe l'alidade au zéro de la graduation, & on tourne le cercle jusqu'à ce que l'on aperçoive, par réflexion, le point de mire dans la lunette; on fixe le cercle & l'on tourne l'alidade pour apercevoir, dans la lunette, le point de mire réfléchi sur l'autre surface. Alors on fixe l'alidade sur ce point, on desserre les vis qui retenoient le limbe du cercle immobile, on le fait tourner en sens inverse, jusqu'à ce qu'il ramène la première face parallèlement à sa première position, c'est-à-dire, que l'on aperçoive, dans la lunette, le point de mire réfléchi sur cette face. Alors on attache de nouveau le limbe qui devient immobile, l'on recommence la mesure de l'angle par le mouvement de l'alidade, & l'on a un angle double du premier. A cette seconde opération, on en fait succéder une troisième, une quatrième, & ainsi de suite, jusqu'à ce que l'on soit arrivé à la précision que l'on veut atteindre. Comme, dans chaque opération, l'angle observé est le supplément de l'angle cherché, si l'on nomme A cet angle & α l'angle observé, l'angle cherché sera $A = 180 - \alpha$; & si le nombre d'observations est n, l'angle trouvé $a = n(180 - \alpha)$, & l'angle cherché $A = 180 - \frac{a}{n}$.

Pour éviter de faire mouvoir le corps dont on veut mesurer les angles, Malus a placé ce corps ABC, *fig.* 808 (*b*), sur un point fixe; puis il a mesuré, avec un cercle répétiteur, l'angle EDF, formé du point D, avec deux points de mire éloignés. Transportant son cercle répétiteur aux points G, H, il a pris très-exactement les angles IGF′, KHE′, formés par les rayons réfléchis I G, KH, avec les directions aux points de mire GF′, HE′. Appelant α l'angle BAC du corps; β l'angle IGF′; γ l'angle KHE; & δ l'angle EDF, observé entre les deux signaux, il a déterminé (1) l'angle bièdre par cette formule : $\alpha = \frac{\beta + \gamma}{2} - \delta$.

En effet, l'angle B A C = 360° — les angles AOD + APD + ODP.

Mais AOD = 180° — GIO.

$GIO = \frac{IGF'}{2}$. Car FGF′ = 180 — GIM & GIO + MIA = 180 — GIM:

Donc GIO + MIA = IGF, & comme GIO = MIA, il s'ensuit que :

$$GIO = \frac{IGF}{2} = \frac{\beta}{2}$$

De même APD = 180 — HKP

$$HKP = \frac{KHE'}{2} = \frac{\gamma}{2}$$

Ainsi, l'angle BAC = α = 360 — 180° + $\frac{\beta}{2}$

— 180 + $\frac{\gamma}{2}$ — δ.

Donc $\alpha = \frac{\beta + \gamma}{2} - \delta$.

Si, au lieu de placer l'angle du cristal dans une direction opposée à celle de l'angle formé par les deux objets, on le plaçoit, dans la *fig.* 888 (*c*), dans la direction de l'angle δ, on auroit $\alpha = \delta - \left(\frac{\beta + \gamma}{2} \right)$.

Car l'angle δ = α + FIG + BKE.

$$FIG = \frac{\beta}{2}$$

$$BKE = \frac{\gamma}{2}$$

Donc $\alpha = \delta - \frac{\beta + \gamma}{2}$.

GONIOMÈTRE DE VINCAR.

Goniomètre à branches, exécuté par le sieur Vincar, sous la direction de M. Corangeot. *Voyez* GONIOMÈTRE A BRANCHES.

GONIOMÈTRE DE WOLLASTON.

Instrument destiné à mesurer les angles dièdres d'un polyèdre, par la réflexion de la lumière sur les deux faces qui forment l'angle.

Nous allons copier la description de cet instrument dans les détails que sir Wollaston en a donnés dans les *Transactions philosophiques*, & que l'on a traduits dans le *Journal de Physique*, deuxième volume de l'année 1810, page 165 & suivantes.

L'instrument dont je me sers (dit Wollaston), est composé d'un cercle AB, *fig.* 889, gradué sur son bord, & monté sur un axe horizontal CC, supporté par un pilier P qui est debout. Cet axe étant percé, offre un passage à un axe plus petit E, qui le traverse, & auquel un cristal, de grandeur médiocre, peut s'attacher au moyen d'un morceau de cire, par le bord N, ou l'intersection de ses surfaces, horizontalement ou parallèlement à l'axe du mouvement.

« On place d'abord le cristal en N, de ma-

(1) *Théorie de la double réfraction*, page 99.
Dict. de Phys. Tome III.

Bbb

nière qu'en tournant le petit axe EE, chacune des deux faces, dont on veut mesurer l'inclinaison, réfléchisse la même lumière à l'œil.

« Le cercle est alors placé à zéro, où à 180 degrés, au moyen d'un index attaché au pilier qui le supporte.

» On tourne ensuite le petit axe EE, jusqu'à ce que la surface la plus éloignée réfléchisse la lumière d'une chandelle, ou de tout autre objet que l'œil peut définir ; & enfin, l'œil restant toujours fixé à la même place, le cercle se tourne par le moyen de l'axe plus grand cc, jusqu'à ce que la seconde surface réfléchisse la même lumière. Cette seconde surface se trouve, ainsi, dans la même position où étoit la première. L'angle, au travers duquel le cercle a été mis en mouvement, supplée, par le fait, à l'inclinaison de ces surfaces ; mais comme ces graduations marquées sur son bord, sont nombrées dans un ordre inverse, l'angle se voit exactement par le moyen de l'index, sans qu'il soit besoin de calcul.

» On peut observer qu'il n'est pas nécessaire d'avoir une fracture uniformément polie, pour l'application de l'instrument à la structure de la substance feuilletée ; en effet, du moment où toutes les portions d'une surface endommagée, qui sont parallèles à une autre, quoique n'étant pas sur le même plan, réfléchissent la même lumière, l'angle d'une fracture irrégulière peut être déterminé aussi bien, à peu près, que lorsque les fragmens réfléchissans sont sur un même plan. »

Dans la *figure* 889 se voit AB, le cercle principal du *goniomètre* gradué sur son bord.

CC, axe du cercle.

D, roue qui fait tourner le cercle.

EE, petit axe, pour tourner le cristal, sans faire mouvoir le cercle.

F, roue pour le petit axe.

G, plaque de cuivre soutenue par le pilier, & graduée comme un *vernier*, de cinq minutes en cinq minutes.

H, l'extrémité d'un petit ressort, au moyen duquel le cercle s'arrête à 180 degrés, sans craindre qu'il en indique un autre.

JJ & KK, sont deux centres de rotation, l'un horizontal & l'autre vertical, pour ajuster la position d'un cristal. L'un tourne par le moyen d'une poignée I, & l'autre à l'aide d'une roue.

Le cristal étant attaché au point N, par une tête de vis, dans le centre de tous les mouvemens, avec une de ses surfaces parallèles, autant que possible, à la roue M, on le rendra parallèle à l'axe, en tournant la poignée jusqu'à ce que l'image réfléchie, d'une ligne horizontale, se montre horizontale.

Au moyen de la roue F, la seconde surface se ramène alors dans la position de la première, & si l'image, réfléchie de cette surface, ne se trouve pas horizontale, on la rend telle en tournant la roue M ; & comme ce mouvement est parallèle à la première surface, il ne peut pas déranger l'ajustement précédent.

Pour que l'application du *goniomètre de Wollaston* soit facile & sûre, il faut que les dimensions du cristal & sa distance à l'œil, puissent être considérées comme fort petites, comparativement à l'éloignement des objets qui servent de mire ; car si cela a lieu, la fixité de l'œil n'est plus une condition nécessaire, pas plus qu'elle ne l'est dans les observations que l'on fait en mer, avec les instrumens de réflexion. De plus, la verticalité du limbe sera assurée, par la possibilité même d'opérer la coincidence des lignes réfléchies avec les lignes parallèles, vues directement ; enfin, l'observation de ces coincidences sur les deux faces, attestera, de la manière la plus exacte, que l'angle mesuré est bien exactement celui qu'elles embrassent.]

GORGE, *de* gurges, gouffre ; sinus ; *kehle* ; s. f. Partie creuse d'un objet.

GORGE DE LA POULIE. Espèce de rainure qu'on pratique dans toute la circonférence d'une poulie, pour recevoir la corde ou la chaîne par lesquelles les puissances agissent.

Au lieu de creuser cette *gorge* en rond, on la creuse quelquefois en angle, afin que la corde puisse y être placée, & ne pas glisser dessus sans faire tourner la poulie ; ce qui pourroit arriver, à cause du grand frottement qu'éprouve quelquefois l'axe de la poulie, ou la poulie sur son axe. *Voyez* POULIE.

GORGE DE LA VIS. Partie creuse de la vis, dans laquelle entre la partie saillante de l'écrou. *Voyez* VIS.

GORGE DE MONTAGNE. Détroit, passage entre deux montagnes ; partie basse entre deux montagnes, sur laquelle on peut établir un passage.

GOS. Mesure linéaire pour la marche, en usage dans l'Asie.

Le *gos* de Coromandel est de onze au degré ; il égale 1,818 lieue = 1,0180 myriamètre.

Le *gos* de Malabar est de dix au degré ; il égale 2 lieues = 1,1111 myriamètre.

Le *gos* de Surate est également de dix au degré ; il égale 2 lieues = 1,1111 myriamètre.

GOUACHE, *de l'italien* guazzo. Peinture où l'on emploie des couleurs détrempées avec de l'eau gommée.

GOUDRON, *de l'arabe* kitran ; pix nautica ; *ther* ; s. m. Matière liquide, qui s'obtient particulièrement de la distillation des bois résineux & de plusieurs autres substances.

Cette matière est d'un brun-noirâtre, tenace, filante, demi-transparente, & de consistance sirupeuse ; elle exhale une odeur résineuse & empyreumatique ; elle est moins pesante que l'eau, & plus que l'huile d'olive. Le *goudron* est compoſé de réſine brûlée en partie, d'huile empyreu-matique, ou d'un ſuc particulier, & d'acide acétique.

On obtient le *goudron* en charbonnant des bois réſineux : ce liquide coule ſur l'aire du fourneau ; on le dirige, par des conduits, dans les vaſes qui doivent le recevoir ; on l'obtient également de la diſtillation des bois de toute nature, de la houille, &c.

Généralement, on ſe ſert du *goudron* pour enduire les bois, les cordages, & les garantir de l'action alternative de l'humidité & de la ſéchereſſe, qui contribuent à leur deſtruction. Dans quelques parties du nord de l'Europe, le *goudron* ſert à lubrifier les roues des voitures ; en Eſpagne, on en enduit l'intérieur des outres, ce qui donne au vin une ſaveur particulière, que l'on imite dans quelques endroits, en mettant un peu de *goudron* dans le vin.

Dans quelques circonſtances, l'eau de *goudron* eſt adminiſtrée comme médicament ; mêlé à de la graiſſe, il eſt employé, à l'extérieur, contre la lèpre & la gale.

GOUFFRE, de *gurges* ; *vorago* ; *abgrund*, *waſſer wirbel* ; ſ. m. Tournoiement d'eau, occaſionné par l'action de deux ou pluſieurs courans oppoſés.

Parmi les *gouffres* fameux, & connus des Anciens, on cite le Carybde, qui exiſte dans le détroit de Sicile, en face de Meſſine : c'eſt un tournoiement, dans lequel Homère ſuppoſe que les eaux ſont abſorbées & rejetées trois fois en vingt-quatre heures. Un rocher, ſitué à fleur d'eau, au nord-eſt du détroit, portoit le nom de *Sylla*. Il arrivoit fréquemment que, pour ſe garantir de l'un de ces dangers, on ſe portoit trop vers l'autre, & l'on y périſſoit. Les effroyables effets du *gouffre* de Carybde ſont tellement diminués, que les géographes d'aujourd'hui ne ſont pas d'accord ſur ſa poſition : les poëtes le placent preſqu'à l'oppoſite du rocher de Sylla. Swimburn croit qu'il eſt ſur la côte orientale du cap Pélore, à quelques milles au nord de Meſſine, comme l'indique Homère.

On ſuppoſe, dans la mythologie des Grecs, qu'une femme, nommée *Carybde*, ayant volé des bœufs à Hercule, fut foudroyée par Jupiter, & changée en un *gouffre* dangereux, qui ſe trouve dans le détroit de la Sicile.

Un *gouffre* auſſi fameux parmi les Anciens, c'eſt celui d'Euripe, détroit de l'Archipel qui ſépare l'ancienne Béotie, ſi connu par la fable que l'on a répandue, qu'Ariſtote ne pouvant expliquer la cauſe de ſes effets, s'y eſt précipité de déſeſpoir. Thiſton rapporte, qu'Ariſtote eſt mort dans ſa patrie ; les uns diſent d'un poiſon qu'il avoit pris, les autres des ſuites d'une colique.

Environ au milieu de ce détroit, on voit les eaux affluer, tantôt du nord & tantôt du midi, dix, douze & quatorze fois par jour, avec la rapidité d'un torrent : juſqu'à préſent, la cauſe de ces flux & reflux continuels n'a pas encore été expliquée.

Vers les côtes de la Norwège, dans les îles de Nordland, entre les îles Moskoe & Moskoenes, eſt le *gouffre* de Malſtrom, que les géographes étrangers ont décrit comme le plus conſidérable qui exiſte, puiſqu'on lui donne plus de vingt lieues de circuit ; & l'on aſſure qu'il abſorbe, pendant ſix heures, tout ce qui eſt dans ſon voiſinage, l'eau, les baleines, les vaiſſeaux, & rend enſuite pendant autant de temps ce qu'il a abſorbé.

Ce fameux *gouffre* eſt produit par deux courans oppoſés : l'un va pendant ſix heures du nord au ſud, & l'autre du ſud au nord, pendant les ſix autres heures. L'impétuoſité du courant eſt inégale ; elle eſt plus grande dans les nouvelles & pleines lunes, & vers les équinoxes, que dans tout autre temps. Ce courant eſt dans un état de repos abſolu, deux fois par jour ; il ne remonte que peu à peu à ce degré de fureur qui le rend impraticable. Pendant ſon repos, & même juſqu'au demi-flot, les habitans des côtes voiſines le traverſent, ſans aucun danger, pour aller ramener leur bétail de l'île de Moskoe.

Il paroît que, dans certains momens, ce courant acquiert une impétuoſité étonnante & terrible. On dit que les vaiſſeaux & les baleines ſe reſſentent de ſa force attractive, à une diſtance de pluſieurs lieues. Les navires coulés à fond, par les vagues en fureur, reparoiſſent, mais briſés en pluſieurs morceaux.

On cite encore quelques autres *gouffres* fameux : tel eſt celui dans lequel ſe précipite la rivière de Steinbach, près de Beſſingheim, pour couler ſous la terre, dans un eſpace aſſez conſidérable. Sur la pente ſeptentrionale des Cordillières, eſt un précipice affreux dans lequel la Sylla de Carracas ſe précipite de plus de treize cents toiſes (1). Le *gouffre* du golfe de Cumana, qui engloutit tout ce qui en approche, ſans que rien y reparoiſſe, &c.

Divers phyſiciens, pour expliquer les effets extraordinaires de ces *gouffres*, avoient ſuppoſé qu'il exiſtoit, dans la mer, des trous, des abîmes, qui engloutiſſoient continuellement les eaux ; mais on voit, d'après les deſcriptions que nous avons données, que ces ſuppoſitions ne ſont pas néceſſaires ; qu'il ſuffit, dans beaucoup de circonſtances, que les eaux aient deux directions oppoſées. De la compoſition de ces mouvemens, réſulte, habituellement, un tournoiement circulaire, qui ſemble former un vide dans le centre de ce mouvement, comme on peut l'obſerver dans pluſieurs endroits, auprès des piles qui ſoutiennent les arches des ponts, ſurtout dans les rivières rapides : il en eſt de même des *gouffres* de la mer ; ils ſont produits par le mouvement de

_____

(1) Humboldt, *Journal de Phyſique*, 1801, tome II, page 37.

deux ou de plufieurs courans contraires ; & comme le flux & le reflux font la principale caufe.de s courans, puifque, pendant le flux, ils font dirigés d'un côté, & , pendant le reflux, ils vont en fens contraire, il doit en réfulter que les *gouffres* qui proviennent de ces courans attirent & engloutiffent, pendant quelques heures, tout ce qui les environne, & qu'ils rejettent enfuite, pendant tout autant de temps, ce qu'ils ont abforbé.

Il exifte, dans l'air, des effets analogues aux *gouffres*, produits par des courans d'eau oppofés : ce font les trombes, les ouragans, dans lefquels on obferve un tournoiement d'air femblable aux tournoiemens de l'eau.

Quelque probabilité que préfente cette explication, appliquée à quelques *gouffres*, on ne peut fe diffimuler qu'il en eft beaucoup d'autres pour lefquels elle feroit infuffifante : il exifte donc un grand nombre d'autres caufes ; mais il faut, pour pouvoir les indiquer, que ces grands effets de la nature aient été mieux obfervés & mieux décrits.

GOUJON ; acciucla ferrea; *bolzen* ; f. m. Cheville, boulon de fer que l'on place dans le trou des poulies, & autour duquel elles fe meuvent.

GOULDE. Monnoie d'argent employée dans quelques parties de la Suiffe & de l'Allemagne.

A Bâle, la *goulde* = 20 gros = 60 kreutzers = 2,4660 livres tournois = 2,4354 du franc.

Dans les Etats autrichiens, la *goulde* = 20 gros = 60 kreutzers = 2,6460 de la livre tournois = 2,6137 du franc.

Enfin, dans une partie de la Weftphalie, le duché de Brunfwick, la principauté de Lunebourg, &c., la *goulde* = 16 bons gros = 64 welten = 2,6460 de la livre tournois = 2,6137 du franc.

GOUSSIER (Jean-Jacques), phyficien eftimé, né à Paris en 1722, & mort, dans la même ville, en 1799.

Gouffier s'attacha, dès fon enfance, à l'étude des fciences exactes, & il profeffa d'abord les mathématiques. Il mit en ordre les Mémoires de la Condamine, fur la mefure des trois premiers degrés du méridien ; fit plufieurs articles fur les Arts mécaniques de l'*Encyclopédie* ; rédigea, avec Marivetz, le grand ouvrage fur la Phyfique, que ce dernier publia ; il fut attaché, par Roland, au miniftère de l'intérieur, divifion des Arts & Métiers, où il refta jufqu'à fa mort.

Ce favant vifita, à pied, les diverfes provinces de la France, afin d'établir un fyftème de navigation intérieure. Il apprit les procédés des arts & métiers, qu'il a été chargé de publier, tels que l'horlogerie, la ferrurerie, la menuiferie, &c., & en perfectionna plufieurs. Il a exécuté, avec beaucoup d'habileté, plufieurs machines de fon invention, parmi lefquelles on remarque un moulin à bras & un niveau à eau.

Nous avons de *Gouffier* : 1°. *Phyfique du Monde*, in-4°. Paris, 1780 à 1787, en commun avec Marivetz ; 2°. *Profpectus d'un Traité de Géographie phyfique du royaume de France*, in-4°. Paris, 1779 ; 3°. *Syftème général, phyfique & économique des navigations naturelles & artificielles de l'intérieur de la France*, in-4°. Paris, 1788 à 1789.

GOUT ; guftus ; *geftmack* ; f. m. Ce mot a deux manières d'être confidéré, fous le rapport des fens, ou fous celui du fentiment. Nous allons l'examiner très-fuccinctement fous ces deux rapports.

1°. *Confidéré comme l'un des fens* dont l'homme jouit, le *goût* eft celui auquel nous devons la notion des faveurs, des qualités fapides des corps, &c.

Ce fens eft un des plus utiles aux animaux, puifque c'eft celui qui apprécie l'action des fubftances alimentaires, qui détermine à les adopter ou à les rejeter. La nourriture étant néceffaire à leur accroiffement & à leur entretien, il étoit donc effentiel, non-feulement qu'ils fentiffent ce befoin, mais encore qu'ils euffent du plaifir à le fatisfaire, & que, pour cela, la nature les conformât de manière à défirer d'eux-mêmes les alimens qui leur conviennent, & à pouvoir les diftinguer. Le *goût* confifte donc à fentir les impreffions des matières favoureufes & à choifir, entre toutes, celles qui font les plus agréables.

D'après les anatomiftes, l'organe du *goût*, chez l'homme & chez les animaux qui font rapprochés de l'homme, eft fpécialement ce qu'on appelle la *langue*, ou mieux la membrane nerveufe, qui eft étalée à la furface fupérieure de cet organe : quelques anatomiftes font participer à ce fens les lèvres, la membrane palatine, l'intérieur des joues ; quelques points de l'intérieur de la bouche ; d'autres propagent ce fens jufqu'à l'eftomac.

Un des principaux effets du *goût*, c'eft la diftinction des faveurs. Cette diftinction réfulte de l'action immédiate des corps fur les différentes parties de l'organe, d'où il réfulte des faveurs *auftères*, *acerbes*, *amères*, *falées*, *âcres*, *acides*, *douces*, *graffes*, *fades*, *urineufes*, *fpiritueufes*, *aromatiques*, *putrides*, *ftiptiques*, *fèches*, *aqueufes*, &c. *Voyez* SAVEURS.

La langue, qui eft confidérée comme le principal organe du *goût*, eft compofé de deux parties : 1°. une partie mufculeufe, qui en fait le corps ; 2°. une membrane, qui eft étalée à fa furface fupérieure, & qui eft fpécialement l'organe du *goût*. Cette membrane eft couverte de papilles formées par les dernières extrémités des nerfs : on attribue aux différentes actions des corps fur ces papilles, les diverfes fenfations qu'ils font éprouver, & par fuite les faveurs qui en réfultent. *Voyez* LANGUE.

Plufieurs hypothèfes ont été propofées pour expliquer l'action des fubftances fur l'organe du *goût*, à la fuite defquelles on diftingue les différentes saveurs ; mais toutes, jusqu'à présent, sont très-incomplètes. Parmi ces hypothèses, il en est une qui rapporte la sensation du *goût* à la succession de trois actions : 1°. des corps sur l'organe du sens proprement dit, ce qui produit une *impression* ; 2°. à celle d'un nerf, qui transmet cette impression au cerveau ; 3°. au cerveau, qui perçoit cette impression & détermine la sensation.

Diverses causes font varier la sensation du *goût*. D'abord, il s'use avec l'âge, soit naturellement, parce que les organes deviennent plus durs, soit qu'ils aient été affoiblis par l'usage continu de diverses substances, telles que les liqueurs spiritueuses. On voit communément le *goût* s'affoiblir tellement, parmi les gens du peuple accoutumés à boire de l'eau-de-vie, que le vin leur devient insipide, & qu'il leur faut quelquefois des liqueurs excessivement fortes, des esprits, pour qu'ils puissent en ressentir les effets. Les buveurs d'eau ont, en général, le *goût* plus fin, plus délicat.

Certaines maladies exaltent ou altèrent le *goût* ; d'autres le détruisent ; il en est enfin qui déterminent un *goût* particulier, qui reste pendant toute la durée de la maladie.

2°. Comme *sentiment*, le *goût* est extrêmement difficile à définir. Quelques métaphysiciens le regardent comme un objet mixte, composé d'une qualité de l'esprit & d'un sentiment du cœur.

De sa qualité de l'esprit, résulte la facilité de voir d'un coup d'œil, & de saisir, dans l'instant, le point de beauté qui convient à chaque sujet. Cette qualité est habituelle ; elle se forme par l'observation, s'épure par la comparaison, se fortifie par la réflexion, s'étend par les exemples, & s'affermit par l'imitation.

Considéré dans le cœur, le *goût* ne se définit pas, puisque c'est un sentiment ; il ne s'acquiert pas ; c'est une qualité que donne la nature : sentiment du vrai, droiture de raison, voilà ses règles ; souplesse de l'esprit à la loi des bienséances, sagesse de détail, qui adopte le nécessaire & l'utile, en rejetant le superflu, économie dans l'ordonnance : voilà ses qualités.

D'Alembert a établi une sorte d'analogie entre le *goût physique* & le *goût moral*. Tous les hommes ont du *goût*, mais à des degrés différens. Le *goût sensuel* & le *goût sentimental* diffèrent, dans chaque pays, en raison du climat & de la civilisation des nations ; ils diffèrent également dans chaque individu, relativement à son éducation. Ces deux sortes de *goûts* se perfectionnent par l'usage, & se détériorent par l'abus, principalement des choses fortes & extraordinaires.

En musique, le *goût*, dit J. J. Rousseau, est celui, de tous les dons de la nature, qui se sent le mieux & qui s'explique le moins.

Il y a, dans la mélodie, des chants plus agréables que d'autres, quoiqu'également bien modulés ; il y a, dans l'harmonie, des choses d'effet & des choses sans effet, toutes également régulières ; il y a, dans l'entrelacement des morceaux, un art exquis de faire valoir les uns par les autres, qui tient à quelque chose de plus fin que la loi du contraste ; il y a, dans l'exécution du même morceau, des manières différentes de le rendre, sans jamais sortir de son caractère : de ces manières, les unes plaisent plus que les autres, & loin de pouvoir soumettre aux règles, on ne peut pas même les déterminer.

On appelle, en France, *goût du chant*, l'art de chanter ou de jouer les notes avec les agrémens qui leur conviennent. Ce *goût* a plusieurs termes qui lui sont propres.

GOUTTE ; *guttæ* ; *tropfen* ; s. f. Portion de fluide séparée de sa masse. C'est ainsi que l'on dit une *goutte* d'eau, une *goutte* d'huile, &c.

Pour obtenir des *gouttes* de liquide, il faut incliner doucement le vase qui le contient ; la portion qui adhère au bord augmente successivement de grosseur, jusqu'à ce que sa pesanteur soit plus grande que son adhésion aux bords du vase qui la touche ; alors la *goutte* se détache & tombe.

Une *goutte* de fluide peut être plus ou moins grosse : 1°. selon la nature & la viscosité du fluide, la forme du vase qui la contient & dont elle se détache ; 2°. la vitesse avec laquelle on détermine la séparation. Lorsqu'on veut avoir des *gouttes* à peu près égales, d'un même liquide, on fait usage d'un chalumeau : on remplit la boule du liquide, & on laisse celui-ci s'écouler *goutte* à *goutte* par son extrémité.

Si l'on chauffe un liquide, & qu'on reçoive sur un corps froid la vapeur qui se dégage, les particules de vapeurs se réunissent en se refroidissant, & forment, par leur réunion, des *gouttes* de liquide. Ainsi les *gouttes* peuvent être formées de deux manières, par séparation & par réunion : les *gouttes* de pluie, qui se précipitent de l'air, sont formées par la réunion des particules de vapeurs aqueuses disséminées dans l'air.

Habituellement, les *gouttes* de fluide prennent une forme qui approche plus ou moins de la sphère. Cette forme dépend de leur grosseur. Jamais, cependant, les *gouttes* ne sont parfaitement sphériques ; elles sont aplaties lorsqu'elles posent sur un plan ; elles sont alongées lorsqu'elles sont suspendues à l'extrémité d'un corps aigu.

Quelques philosophes ont attribué la forme d'un sphéroïde que prennent les *gouttes*, à la pression égale & uniforme du fluide environnant, ou de l'air, ce qui oblige les *gouttes* à prendre cette figure. On a objecté à cette hypothèse, que la forme sphéroïde des *gouttes* se conservoit dans le vide. A cette objection, ils ont répondu : 1° que, lorsque l'air est sorti d'un vase, il y reste un autre fluide beaucoup plus subtil, quand ce ne seroit que la lumière, qui peut produire cet effet ; mais, réplique-t-on, si c'est la pression de l'air qui détermine cette sphéroïdité, la forme devroit changer, le fphéroïde devroit s'aplatir, en enlevant l'air en tout ou en partie, dans l'opération du vide, & l'on ne voit, après cette opération, aucun changement de forme dans les *gouttes* de liquide.

Newton & fes fectateurs attribuent la forme fphérique des *gouttes* de liquide à l'attraction mutuelle de leurs molécules : cette attraction les concentre, les rapproche les unes des autres, les divife vers le centre d'action, ce qui doit néceffairement leur faire prendre une forme fphérique, qui n'eft altérée que par l'action que la pefanteur exerce fur ces particules; or, cette pefanteur aplatit néceffairement les *gouttes* pofées fur un plan, & elle alonge celles qui font fufpendues.

Sur cette queftion, Newton explique ainfi la formation des *gouttes* de liquide (1). *Gutta enim corporis cujüfque fluidi, ut figuram globofam inducere conentur, facit mutua partium fuarum attractio; eodem modo quo terra mariaque in rotunditatem undiquè conglobantur, partium fuarum attractione mutua quæ eft gravitas.*

En effet, fi on imagine plufieurs corpufcules femblables qui s'attirent mutuellement, & qui, par leur attraction, fe joignent les uns aux autres, ils doivent néceffairement prendre la forme fphérique, puifqu'il n'y a point de raifon pourquoi un de ces corpufcules fera placé fur la furface de la *goutte*, d'une autre manière que tout autre corpufcule, & que la figure fphérique eft la feule que la furface puiffe prendre, pour que toutes les parties du fluide foient en équilibre. *Voyez* ADHÉRENCE, COHESION.

La forme fphérique des *gouttes* de liquide ne fe conferve pas fur tous les corps; il en eft fur lefquels elle s'aplatit entièrement, ce qui dépend de l'affinité des molécules du liquide pour le folide fur lequel il eft placé. Mufchenbroeck a fait un grand nombre d'expériences fur la forme que les *gouttes* d'eau prennent fur différens corps (1); il faifoit tomber ces *gouttes* par des ouvertures plus ou moins grandes, les unes capillaires, les autres de 3 à 4 lignes de diamètre.

Affez généralement, les *gouttes* d'eau d'une ligne de diamètre, tombant fur du fer poli, paroiffent hémifphériques; elles s'aplatiffent davantage fur l'ivoire, le bois de gaïac & de buis; elles s'aplatiffent plus encore fur le mercure, le verre; mais elles conferventleur forme fphéroïdale fur les feuilles de plufieurs plantes.

Un effet affez remarquable, c'eft que les *gouttes*, tombant fur du fer moyennement chaud, s'y étendent de fuite, & que fi le fer eft très-chaud, même rouge-cerife, elles confervent leur forme fphéroïdale. Les *gouttes* d'eau tombant fur de l'eau, d'une hauteur un peu grande, & dans un temps fec, confervent pendant quelque temps

(1) Newton, *Opt.*, page 338.
(2) *Introd. ad Philof. nat.*, tom, I, §. 1018.

leur forme fphéroïdale, roulent fur le fluide & difparoiffent; on obferve ce phénomène en fe promenant fur l'eau, par un beau temps : l'eau qui tombe des rames du marinier, lorfqu'il les foulève, forme, en fe féparant, une immenfité de petits globules, qui roulent fur la furface de l'eau avec une grande viteffe.

Ce phénomène eft occafionné par l'air qui environne les *gouttes* d'eau, qui s'unit à elles pendant qu'elles tombent, les enveloppe, & forme une couche d'air qui s'oppofe d'abord à la réunion de la *goutte* à la maffe; mais bientôt, en roulant, la couche d'air eft enlevée par la furface du liquide, & l'eau s'y réunit.

Des maffes d'eau confidérables, en tombant d'une grande hauteur, telles que des ruiffeaux, des rivières, qui forment des cafcades, font divifées par l'air en tombant, & fe réduifent en *gouttes* dont la petiteffe dépend de la hauteur de la chute.

On donne encore, improprement, le nom de *goutte* à une maladie des articulations qui n'eft pas encore bien connue.

GOUTTE SEREINE, *de gutta*, *goutte*, *ferena*, *fereine*, *férénité*; *amaurofis*; *fwartze ftar*; f. f. Maladie de l'œil, qui occafionne une cécité abfolue.

Dans cette maladie, l'œil conferve toute fa fraîcheur; il ne paroît altéré en aucune manière : on croiroit, en le regardant, que le malade devroit jouir de toutes les facultés de la vue.

Quelques *gouttes fereines* n'affectent qu'un œil, mais bientôt l'autre reffent les effets de la maladie; il eft des *gouttes fereines* conftantes & continues, d'autres qui font paffagères ou périodiques. On cite des femmes qui ont été attaquées de *gouttes fereines*, par une fuppreffion de menftrues, & qui ont recouvré la vue auffitôt qu'elles ont reparu; des hommes qui ceffent de voir, lorfqu'ils font dans l'état d'ivreffe, & qui jouiffent de toutes leurs facultés, lorfque les fumées du vin font diffipées.

Il n'a pas encore été poffible de déterminer la caufe de cette maladie : les uns l'attribuent à l'infenfibilité de la rétine, d'autres à celle du nerf optique.

Pinel attribue à trois caufes diftinctes la *goutte fereine* : 1°. la pléthore fanguine; 2°. la débilité générale ou locale; 3°. des irritations fur les yeux.

On cite plufieurs *gouttes fereines*, occafionnées par l'une ou l'autre de ces trois caufes.

La dénomination de *goutte fereine*, attribuée à cette maladie, eft très-impropre; le nom lui a été donné par les anciens médecins : celui de *goutte*, parce qu'ils la croyoient produite par l'action délétère d'un fluide, diftillant *goutte à goutte* du cerveau fur le cou; & *fereine*, parce qu'elle trouble la férénité de la vue. Le nom d'*amaurofe*, donné par les modernes, lui convient beaucoup mieux, parce qu'il paroît que c'est une véritable maladie de nerf.

GOUVERNAIL, de l'italien *governale*; gubernaculum; *steuer-ruder*; f. m. Pièce de bois longue & plate, destinée à faire tourner un bateau qui se meut.

Le *gouvernail* est suspendu verticalement sur des gonds, à l'arrière de tout bateau ou bâtiment de mer, pour servir, en le tournant à droite ou à gauche, à diriger la route du bateau ou du navire, en forçant la proue à se porter d'un côté ou de l'autre, suivant le besoin, ou à le tenir dans la même direction, résistant, par l'effort de cette machine, à l'effort du vent ou des rames, ou à celui des eaux agitées, qui tendent continuellement à le déranger de son droit chemin.

On peut comparer le *gouvernail* à la queue des poissons ; il agit d'une manière analogue, pour régler la direction. En effet, en tournant le *gouvernail*, pendant que le bateau ou le navire se meut, l'eau qui coule sur ses faces, en venant de l'avant en arrière, le pousse vers le côté opposé, pour peu qu'on le retienne dans cette situation ; de sorte que le derrière, ou la poupe, auquel le *gouvernail* est attaché, reçoit le même mouvement, & le batiment étant poussé de côté, l'arrière tourne sur un point quelconque, tandis que l'avant passe.

GRACE ; gratia ; *grazie* ; f. f. Une des branches du goût par laquelle on parvient à plaire à l'ame, de la manière la plus douce & la plus agréable.

GRADATION ; gradatio ; *gradation* ; f. f. Action d'avancer pas à pas. La *gradation*, dans les couleurs est une manière d'arriver, par degrés insensibles, d'une teinte à une autre, de manière que les nuances soient difficilement appréciables. On peut arriver par *gradation insensible* d'une couleur quelconque à une autre couleur, soit par des mélanges, soit par des couleurs naturelles ; c'est ainsi, par exemple, que, dans le spectre solaire, les couleurs passent par *gradation* du rouge au jaune, de l'orangé au vert, du jaune au bleu, du vert au violet, &c.

GRADE ; gradus ; *grade* ; f. m. Degré décimal du méridien.

C'est le nom donné à la centième partie du quart de cercle, pour le distinguer du degré qui n'est que la quatre-vingt-dixième partie, & dont la longueur a servi de base à la nouvelle division des poids & mesures. Le *grade* contient 100,000 mètres. On le désigne encore sous le nom de *degré décimal*.

GRADUATION, de *gradus*; graduatio; *abtheilung in grade*; f. f. Action de *graduer*, de diviser par degrés, soit un espace, soit une opération.

En mathématique, c'est l'action par laquelle on divise une grandeur quelconque, en parties égales nommées *degrés*.

Ce sont encore des parties égales qui sont marquées ou séparées par des petites lignes, comme les degrés d'un quart de cercle, les degrés d'un thermomètre, les degrés d'une échelle quelconque.

Pour les instrumens de mathématique, on se sert plus ordinairement du mot *division* que de celui de *graduation*.

Dans *l'art du saunier*, on donne le nom de *bâtiment de graduation*, à un hangard fort long, garni, dans l'intérieur, de charpentes qui supportent un grand nombre de fagots d'épine, sur lesquels on fait tomber, par des robinets, de très-petits filets d'eau salée, qui se divisent, & tombent goutte à goutte sur les fagots, de toute la hauteur du *bâtiment de graduation*. En tombant, les gouttes d'eau sont exposées à l'action de l'air, qui vaporise une portion plus ou moins grande d'eau douce ; de manière que l'eau, en tombant ainsi, dans un bassin inférieur, y arrive avec une proportion de sel plus grande, ou mieux avec un plus grand degré de salure.

Cette évaporation préliminaire, dans les *bâtimens de graduation*, économise le combustible que l'on emploie pour vaporiser l'eau, & séparer le sel des eaux salées.

GRAHAM (Georges), horloger, physicien & mécanicien distingué, naquit à Horsgilles en Angleterre, l'an 1675, & mourut à Londres le 24 novembre 1751.

Étant venu à Londres en 1688, il se mit en apprentissage chez un horloger. Il y acquit une si grande habileté, & montra un génie si précoce, que Tompion, un des plus célèbres horlogers anglais de ce temps, conçut pour lui un vif intérêt, l'admit dans sa maison, & le traita toujours, depuis, comme son fils.

Graham joignit au don de l'invention, un soin scrupuleux dans l'exécution des machines, des expériences & des instrumens, qu'il construisoit avec une exactitude & une précision supérieures.

Il avoit une profonde connoissance en astronomie ; c'est surtout au progrès de cette science, qu'il a appliqué les divers instrumens & méthodes, qu'il a imaginés ou perfectionnés depuis.

Sincère, confiant & généreux, il avoit dirigé tous ses efforts vers le progrès de la science & le bonheur de ses semblables. Il étoit de la secte des quakers.

Membre de la Société royale de Londres, il a enrichi les *Transactions philosophiques* de plusieurs découvertes ingénieuses & importantes, principalement en physique & en astronomie, telles que celles d'une espèce d'altération horaire de l'aiguille aimantée, d'un pendule à mercure, & de plusieurs particularités curieuses, relatives à la longueur du pendule. L'horlogerie lui est redevable de l'échappement à cylindre.

On lui doit, entre autres inftrumens précieux, le fuperbe mural qu'il exécuta pour le docteur Halley, dans l'obfervatoire de Greenwick ; le planétaire qu'il exécuta pour le comte d'Orrery ; enfin, les excellens inftrumens que les académiciens français emportèrent, pour faire, dans le Nord, des expériences propres à déterminer la figure de la terre.

GRAIN ; granus ; *korn oder grân* ; f. m. Petit corps ou parcelle d'un corps pulvérifé.

Ce nom a différentes acceptions dans les arts & dans les branches de connoiffances où il eft employé.

En agriculture, c'eft le fruit de la femence des céréales.

En botanique, le fruit de certaines plantes & arbriffeaux.

Dans l'art de l'*effayeur*, c'eft le vingt-quatrième partie du degré que l'argent contient. Ainfi, pour indiquer que les piaftres contiennent 21 parties d'argent fur trois de métaux étrangers, on dit qu'elles font à 21 *grains*. *Voyez* TITRE.

En métrologie, c'eft un petit poids que l'on rapporte, en quelque forte, à celui du *grain* de froment.

Il faut   9216 *grains* pour faire la livre.
     4608 . . . . le marc.
      576 . . . . l'once.
        72 . . . . le gros.
        24 . . . . le denier.
    18827 . . . . le kilog.

Anciennement, les apothicaires faifoient ufage, dans les préparations médicinales, d'un *grain* plus fort de ⅐ de celui du marc; mais ce poids a été généralement abandonné.

En Angleterre, il faut 5760 *grains* pour former la livre troy, qui n'eft que la 0,7618 de la livre poids de marc ; d'où il fuit que le *grain* de la livre troy eft de ⅐ environ plus fort que celui de la livre marc. *Voyez* LIVRE TROY.

En phyfique & dans la marine, on appelle *grain*, un nuage qui arrive précipitamment, & qui paffe de même, mais qui produit, pendant le peu de temps qu'il dure, un coup de vent très-violent, ordinairement accompagné d'une pluie très-abondante. Ces *grains* font furtout très-fréquens dans les mers de la zône torride, & particulièrement près des côtes ; ils feroient très-dangereux, en furprenant un vaiffeau avec toutes fes voiles au vent, fi les marins expérimentés ne connoiffoient leur approche, même la nuit, par une noirceur qui paroît à l'horizon, & s'ils ne prenoient des précautions pour *déventer* tout de fuite les voiles & les carguer lorfque le *grain* charge le vaiffeau.

On appelle *grain blanc*, celui qui s'annonce par un nuage blanc ; *grain pefant*, celui qui, accompagné d'un vent très-violent, charge & fait incliner le vaiffeau ; *grain fec*, celui qui eft fans pluie.

GRAISSE, du latin barbare *craffies* ; σ7ιαℓ; adeps ; *felt* ; f. f. Subftance graffe, liquéfiable par la chaleur, qui fe forme dans les animaux.

Cette fubftance eft onctueufe, plus légère que l'eau, molle, infufible à une foible chaleur, d'une odeur & d'une faveur fade. Elle eft très-folide dans les ruminans ; elle prend alors le nom de *fuif*. (*Voyez* ce mot.) Elle refte fluide & huileufe dans les poiffons ; molle & d'une odeur repouffante dans les carnivores ; blanche & de faveur douce dans les herbivores ; molle chez les reptiles ; verdâtre dans quelques tortues ; mufquée chez les bifons & auroches.

MM. Chevreul & Braconnet ont trouvé que les *graiffes* étoient compofées de deux fubftances en diverfes proportions ; du fuif folide & une huile fluide. C'eft à la proportion de ces fubftances que l'on doit attribuer leurs différens degrés de dureté.

On fait ufage de la *graiffe* comme aliment, comme combuftible éclairant. On l'emploie dans la fabrication des favons & dans différens arts. Comme combuftible éclairant, le fuif produit plus de lumière, dans un temps donné, que la cire, en ne brûlant que le même poids de combuftible ; mais la lumière eft moins blanche & plus vacillante, à caufe de la groffeur des mèches qui exigent qu'elles foient mouchées.

En combinant la *graiffe* avec de la potaffe, on en fait des favons, dont la dureté varie avec la nature de la *graiffe* : dans cette opération, la *graiffe* fe décompofe ; elle produit une matière nacrée, à laquelle M. Chevreul a donné le nom de *marguerine* & de l'huile.

GRAMME ; γράμμα ; gramma ; gramme ; f. m. Unité du poids dont on fait ufage en France.

Pour obtenir une unité de poids que l'on puiffe conftamment retrouver, on l'a déduit de la mefure linéaire du quart du méridien, que l'on peut retrouver dans tous les temps. La dix-millionième partie de cette longueur forme le mètre, & le poids d'eau diftillée, d'un centimètre cube, pris au plus haut degré de concentration de ce liquide, qui eft à 4 degrés centigrades, forme le *gramme*.

Comme il feroit extrêmement difficile de fabriquer une mefure qui contînt exactement un centimètre cube, on fit conftruire un folide dont on connoiffoit parfaitement le volume, & l'on détermina le poids qu'il perdoit dans l'eau ; divifant ce poids par le nombre de centimètres cubes que contenoit le folide, on eut le poids abfolu du *gramme*. Comme cette opération eft extrêmement délicate, & qu'elle a été exécutée avec beaucoup de foin, nous allons décrire la manière dont on a obtenu ce poids, & nous en copierons le détail dans l'excellent *Traité de Phyfique* de l'abbé Haüy.

M. Lefebvre-Gineau fut chargé de tout ce qui concernoit cette opération, ou plutôt cette réunion d'opérations, toutes extrêmement délicates.

La précision à laquelle il se proposoit d'atteindre, excluoit un moyen qui, au premier aperçu, paroît fort simple, & qui consistoit à prendre un vase cubique, dont le côté eût un rapport connu avec le centième du mètre; à le peser d'abord seul, puis à le peser de nouveau, après l'avoir rempli d'eau distillée. La différence entre ces deux poids donneroit le poids du volume d'eau employée; mais on conçoit, sans qu'il soit besoin d'entrer dans les détails, que le résultat seroit affecté de diverses erreurs, qu'il eût été impossible d'éviter ou d'apprécier. On a donc adopté un autre moyen, susceptible d'une beaucoup plus grande exactitude. Il consiste, à peser spécifiquement dans l'eau, un cylindre creux, de cuivre, dont on a, auparavant, comparé le volume avec celui du cube qui a pour côté le centième du mètre. L'opération fait connoître le poids du volume d'eau distillée, égal à celui du cylindre, & l'on en conclut le poids du cube de la même eau, qui représente l'unité cherchée.

La machine destinée à mesurer le cylindre avoit été construite avec autant de soin que d'intelligence, par Fortin, l'un des artistes les plus distingués de cette ville. Sans nous arrêter à en donner la description, il suffira de dire qu'elle rend appréciable une différence égale à un deux millième, & même à un quatre millième de ligne : cette évaluation se fait au moyen d'un levier, dont un des bras est dix fois plus grand que l'autre; le tout est tellement disposé, que les différences réelles qu'il s'agit de déterminer, occasionnant, dans le plus petit bras, des mouvemens égaux à ces différences, les mouvemens des plus longs bras, qui sont décuples, & qui par-là deviennent sensibles au moyen du nonius appliqué à l'extrémité de ce bras, font connoître les deux millièmes de ligne, mesurés par le jeu du bras le plus court.

Quelqu'attention que le même artiste eût apportée dans la fabrication du cylindre, la forme de ce solide se trouvoit nécessairement affectée d'une multitude de petites inégalités, qui pouvoient influer sensiblement sur le résultat, si on les eût négligées; car ici, une erreur commise sur une seule des deux dimensions du cylindre, savoir, la hauteur & le diamètre de la base, est, pour ainsi dire, une erreur cubique, & non pas seulement une erreur linéaire, comme dans la détermination d'une simple distance. Il a fallu suivre, en quelque sorte, d'un point à l'autre, la surface du corps dans tous ses écarts, & mesurer un nombre suffisant de hauteurs & de diamètres, à différens endroits des bases & de la convexité, pour ramener la solidité du cylindre, qui étoit l'objet de l'opération, à celle d'un cylindre parfaitement régulier, & d'un égal volume.

Cette opération terminée, on a pesé le cylindre dans l'air, en employant un procédé aussi simple qu'ingénieux, qui fait disparoître l'inconvénient occasionné par l'inégalité, presqu'inévitable, en-

tre les bras des balances, même les mieux exécutées. On place, dans l'un des bassins, le corps que l'on veut peser; & l'on charge l'autre bassin avec des poids quelconques, jusqu'à ce que le fléau soit horizontal. On retire ensuite le corps du premier bassin; on le remplace par des poids connus, jusqu'à ce que le fléau ait repris la position horizontale. Il est évident que le poids de ce corps est représenté exactement par la somme des poids qu'on lui a substitués; quoiqu'il puisse bien arriver que cette somme diffère de celle des poids qui sont de l'autre côté, par une suite de la construction vicieuse de la balance.

« La pesée du cylindre dans l'air, faite au moyen de ce procédé, a eu, de plus, l'avantage de donner précisément le même résultat que si elle avoit été faite dans le vide. D'abord, les poids substitués au cylindre, étant de la même matière que ce corps, leur volume égaloit celui de la partie solide du cylindre, & sous ce rapport, la perte dans l'air étoit aussi égale de part & d'autre. Mais, de plus, on avoit pratiqué, à l'une des bases du cylindre, une petite ouverture, qui établissoit une communication entre l'air intérieur & celui de l'atmosphère. Il en résulte, qu'au moment de la pesée, l'air intérieur étant de la même densité que celui qui avoit été remplacé par ce cylindre, l'air environnant lui faisoit donc équilibre, &, ainsi, la perte de poids étoit nulle à cet égard.

» On a pesé ensuite le cylindre dans l'eau; & comme, alors, le poids qui lui faisoit équilibre étoit seul soutenu par l'air, il a fallu tenir compte de la petite perte qu'il faisoit dans le fluide, comme n'étant pas commune au cylindre plongé dans l'eau. On a eu égard aussi à la petite augmentation de poids qu'occasionnoit, par rapport au cylindre, l'air renfermé dans son intérieur. Enfin, on a ramené le résultat à ce qu'il auroit été dans l'eau, prise à son maximum de densité (voyez CONDENSATION & DILATATION DE L'EAU), & l'on a trouvé que la nouvelle unité de poids, ou le *gramme*, répondoit à 18 grains, 0,82715 de l'ancien poids de marc. »

Les divisions & les compositions du *gramme* sont :

Milligramme.....	0,001 =	0,01882
Centigramme	0,010 =	0,18827
Décigramme	0,100 =	1,88271
Gramme	1 =	18,82715
Décagramme.....	10 =	188,27150
Hectogramme....	100 =	1882,715
Kilogramme.....	1000 =	18827,15
Myriagramme ...	10000 =	188271,5

GRAMME. Mesure, poids employés anciennement dans la Grèce & en Egypte. Les Romains le nommoient *scrupulum*, *scriptulum*.

Quelques auteurs prétendent que c'étoit le plus petit poids dont ils faisoient usage, cependant le *gramme* fe divifoit en 2 oboles femites, 6 filiques & 24 grains de froment. Il faut 2 *grammes* pour faire un drachme, 4 pour un didrachme, & 6 pour un tridrachme.

Le *gramme* des Grecs = 21 grains $\frac{11}{12}$ = 1,1642 *gramme*.

GRAND; grandis; *grofs*; adj. Tout ce qui eft fort étendu en longueur, largeur & profondeur.

C'eft, en économie politique, le titre de certains officiers, &, dans les arts, tout ce qui eft fimple, beau & approche du fublime.

GRAND-BLANC. Monnoie de billon, frappée en France, l'an 1425. Son poids étoit de 32 grains, fa taille 96; elle avoit 9 deniers de fin. Sa valeur actuelle feroit de 0,4131 livre tournois = 0,4059 franc. La valeur de la livre tournois d'alors, étoit de 6,6090 livres tournois = 6,5252 francs.

GRAND CHIEN. Conftellation de la partie méridionale du ciel, placée entre le Lion & le Navire. *Voyez* CHIEN (Grand).

GRAND NUAGE. Conftellation de la partie auftrale du ciel, placée près du pôle. *Voyez* NUAGE (Grand).

GRANDE OURSE. Conftellation de la partie feptentrionale du ciel; & qui refte toujours au-deffus de l'horizon. *Voyez* OURSE (Grande).

GRANDEUR; granditas, magnitudo; *groffe*; f. f. Etendue de ce qui eft grand. C'eft, en géométrie, tout ce qui eft fufceptible d'augmentation & de diminution. Ainfi, une ligne, une furface font des *grandeurs*, parce qu'elles font fufceptibles d'être augmentées & diminuées. Quelques mathématiciens, trouvant cette définition peu exacte, définiffent la *grandeur*, ce qui eft compofé de parties.

On diftingue deux efpèces de *grandeurs* : la *grandeur abftraite* & la *grandeur concrète*. *Voyez* ces mots.

La *grandeur* eft, en économie politique, une dignité.

GRANDEUR ABSTRAITE. *Grandeur* dont la notion ne défigne aucun objet particulier, dont on a fait abftraction de la chofe.

Cette *grandeur* peut être, ou la *grandeur* en elle-même, & d'une manière générale, ou des nombres qui n'indiquent aucun objet en particulier. Ainfi, le nombre 8 eft un nombre abftrait, parce qu'il peut faire connoître indiftinctement celui de tous les objets, & que l'on fait abftraction de celui auquel il s'applique. Lorfque l'on indique la chofe dont il défigne le nombre, il devient concret. *Voyez* NOMBRE CONCRET.

GRANDEUR APPARENTE; magnitudo apparens; *groffe fcheinbar*; f. f. *Grandeur* d'un objet, tel qu'il paroît à nos yeux, quelle que foit fa diftance.

Tous les objets que l'on voit fe peignent dans l'œil; la *grandeur* de l'image, ou l'étendue de la fenfation que l'objet détermine dans l'organe de la vue, dépend de l'angle fous lequel il eft aperçu. (*Voyez* VISION.) Ainfi, on peut dire, à la rigueur, fi l'on ne confidère que l'effet produit par la peinture ou l'image d'un objet, fur le fond de l'œil, que la *grandeur apparente* d'un objet eft proportionnelle à l'angle fous lequel on l'aperçoit. Cette proportionnalité rigoureufe n'eft vraie que pour des objets vus fous un très-petit angle; car elle fuppofe que les tangentes des angles font proportionnelles aux angles eux-mêmes, ce qui n'eft vrai que pour de très-petits angles. Cependant, on peut dire, avec plus de jufteffe, que la *grandeur apparente* des objets eft proportionnelle aux finus des angles fous lefquels on les aperçoit.

Il réfulteroit de cette manière de confidérer la *grandeur apparente* des objets, que deux corps de différentes *grandeurs*, placés à des diftances telles que les angles, fous lefquels on les voit, foient égaux, devroient avoir la même *grandeur apparente* : de-là, qu'un géant G G, fig. 890, de 8 pieds de hauteur, placé à 120 mètres de la diftance du fpectateur S, devroit avoir une *grandeur apparente* égale à celle d'un nain N N, de 4 pieds de hauteur, vu à 60 mètres de diftance : cependant il n'eft perfonne qui, à ces deux diftances, ne juge le géant beaucoup plus grand que le nain.

Cette différence, fur le jugement que nous portons fur la *grandeur apparente* de ces deux objets, tient à deux caufes : 1°. à ce que nous la rapportons à des diftances différentes; 2°. à ce que nous avons déjà une opinion formée fur leur *grandeur*.

En effet, fi un même objet O O, o o, fig. 890 (a), eft placé fucceffivement à deux diftances différentes du fpectateur, nous le voyons fous un angle plus grand o S o, lorfqu'il eft plus rapproché, & fous un angle plus petit, O S O, lorfqu'il eft plus éloigné. Si donc nous pouvons nous former une opinion de la diftance fous laquelle nous appercevons deux objets, nous jugerons plus grand, celui que nous rapportons à une plus grande diftance, & plus petit, celui que nous rapportons à une plus petite diftance : de-là, la *grandeur apparente* des objets variera, quoiqu'ils foient vus fous un même angle, & c'eft une des caufes qui nous fait juger, d'une *grandeur* différente, le nain & le géant, quoique vus fous les mêmes angles, parce que nous jugeons le nain plus près, & le géant plus loin.

Nous avons une telle habitude de juger la diftance des objets, qu'il eft peu de perfonnes qui n'indiquent, auffitôt, la diftance approximative des objets, lorfqu'ils font affez rapprochés de nous :

tous les objets qui nous environnent sont autant de moyens de comparaison, dont on se sert pour résoudre la question. Il est même des personnes qui perfectionnent tellement cette faculté de juger les distances, qu'elles lèvent à vue, & avec assez de précision, les terrains qui les environnent, & qu'elles peuvent en dresser un plan assez exact. La perfection de cette faculté est essentielle aux généraux, & aux ingénieurs géographes & militaires.

Plusieurs physiciens prétendent que la faculté de juger les *distances apparentes* provient: 1°. de la direction que les yeux prennent naturellement pour diriger leur axe optique vers l'objet; 2°. de la faculté qu'a le fond de l'œil de s'approcher, & la cornée de s'aplatir, pour que l'image soit à son foyer, lorsqu'elle est reçue au fond de l'œil. *Voyez* DISTANCE APPARENTE, VISION, ŒIL.

Quant à la seconde classe, le jugement des *grandeurs apparentes*, différentes de celle de l'angle sous lequel on voit les objets, l'habitude que nous avons de juger la *grandeur réelle* de plusieurs corps, en les touchant lorsqu'ils sont près de nous, nous donne nécessairement un sentiment de leur *grandeur*, que nous conservons toujours, quelle que soit la distance à laquelle nous les apercevons; & si ce sont ces objets dont nous voulons apprécier la *grandeur apparente*, on voit que la *grandeur* de l'image, peinte au fond de l'œil, & dont nous ressentons l'impression, ne peut pas avoir assez d'influence, pour détruire le sentiment que nous avons de la *grandeur réelle* de ces objets.

Mais si le corps que nous apercevons n'a pas encore été mis à notre portée, & que nous n'ayons aucun sentiment de sa *grandeur réelle*, nous sommes d'abord obligés de nous en rapporter à l'étendue de l'impression que nous modifions, par l'appréciation de la distance à laquelle nous jugeons l'objet, & par la comparaison que nous en faisons avec les corps qui sont à la même distance, & dont nous avons un sentiment de la *grandeur*.

Pour avoir un rapport très-rapproché, entre la *grandeur apparente* des objets & leur *grandeur réelle*, il faut que nous soyons placés dans une position, où nous avons l'habitude de juger les distances & de voir les objets, pour apprécier leur *grandeur*: aussi, lorsque nous les voyons dans une position différente, nous avons un autre sentiment de leur *grandeur apparente*, & nous les jugeons différemment; c'est ce qui fait qu'en regardant, du haut d'une tour très-élevée, les objets qui l'environnent, à une très-petite distance, & en regardant du pied d'une montagne, les objets qui sont sur ses flancs & sur son sommet, les *grandeurs apparentes*, vues sous le même angle, nous paroissent extrêmement différentes de celles que nous leur attribuons, lorsqu'ils sont sur le même plan horizontal que nous.

Jusqu'ici, nous avons considéré les objets placés à des distances peu éloignées de nous; mais lorsque la distance devient très-grande, & que les objets intermédiaires, qui facilitent notre jugement, sont eux-mêmes à une très-grande distance de ces corps, leur *grandeur apparente* nous paroit encore différente, & semble se rapporter assez à l'angle sous lequel nous voyons les objets.

Ainsi, le soleil & la lune, qui sont à une distance considérable de nous, nous paroissent avoir sensiblement la même *grandeur apparente*, lorsque nous les voyons sous le même angle, quoique l'un, le soleil, soit 390 fois plus éloigné de la terre que l'autre, la lune: mais ces mêmes corps nous paroissent, chacun en particulier, avoir des *grandeurs apparentes* différentes, quoique vus sous le même angle, lorsque nous les observons dans une direction plus ou moins rapprochée de l'horizon. Lorsque ces astres se lèvent ou se couchent, lorsqu'ils sont dans l'horizon de l'observateur, ils ont une *grandeur apparente* beaucoup plus considérable, que lorsqu'ils sont élevés à 30 ou 40 degrés au-dessus de l'horizon; & mieux encore lorsqu'ils sont au zénith.

On donne, de ces variations dans la *grandeur apparente*, différentes explications que l'on peut rapporter à deux: les uns prétendent que les objets intermédiaires, qui existent dans le plan de l'horizon, éloignent, en apparence, ces deux astres, les font juger à une plus grande distance, & leur donnent, en conséquence, une *grandeur apparente* plus considérable; mais, en regardant ces astres à l'horizon, à travers un tube, qui écarte de la direction tous les rayons visuels, tous les objets intermédiaires, & qui ne laisse apercevoir uniquement que l'astre, à son lever ou à son coucher, sa *grandeur apparente* reste toujours plus considérable que lorsque l'astre est plus élevé.

D'autres assurent que la voûte céleste, que nous jugeons ordinairement un hémisphère, dont le centre est le lieu où se trouve le spectateur, n'est nullement hémisphérique, mais que c'est une calotte sphérique dont la hauteur est infiniment moins grande que la longueur de son rayon à l'horizon; & comme notre imagination transporte les astres, sur cette calotte sphérique, nous les jugeons plus éloignés à l'horizon qu'au zénith, & de-là, ils ont nécessairement une *grandeur apparente* plus considérable. *Voyez* HAUTEUR DE L'ATMOSPHÈRE, VOUTE CÉLESTE, ILLUSION D'OPTIQUE, GRANDEUR APPARENTE DE LA LUNE, DU SOLEIL, DISTANCE APPARENTE.

Jusqu'à présent, nous n'avons considéré la *grandeur apparente* d'un objet, qu'autant qu'il étoit aperçu à la vue simple; mais lorsqu'on le regarde à travers des lunettes, des télescopes, des verres lenticulaires ou concaves, sa *grandeur apparente* change aussitôt: ce changement tient à ce que l'image de l'objet étant plus rapprochée de nous que l'objet même, nous le voyons sous un angle plus grand, & nous le jugeons également plus éloigné. *Voyez* LUNETTES, TÉLESCOPES, VERRES LENTICULAIRES.

Cependant, cette variation dans la *grandeur apparente*, résultant de la vision des objets, ou avec des instrumens grossissant ou diminuant, n'existe qu'autant que l'on n'a pas l'habitude de se servir de ces instrumens, & que l'on n'a pas le sentiment de leur grandeur; c'est ainsi, dans le premier cas, qu'en regardant avec des besicles lenticulaires ou concaves, des objets qui sont susceptibles d'éprouver des variations dans leur *grandeur*, comme des écrits imprimés, ils paroissent d'abord plus grands ou plus petits qu'à la vue simple; mais dès que l'on a contracté l'habitude de l'usage de ces verres, les objets reprennent l'apparence de leur *grandeur* ordinaire : c'est encore, dans le second cas, ce qui fait que, lorsque nous regardons des hommes avec des lunettes de spectacle, leur *grandeur apparente* est la même qu'à la vue simple, quoiqu'elle soit considérablement augmentée, ainsi que l'on s'en assure, en regardant la même personne directement avec un œil nu, & à travers la lunette avec l'autre. *Voyez* BESICLES, LUNETTES DE SPECTACLE.

GRANDEUR CONCRÈTE, *de con & de* crescere, *croître ensemble. Grandeur* dont la notion renferme le sujet particulier.

Cette *grandeur* peut être composée, ou de parties coexistantes, ou de parties successives; & sous cette idée, elle renferme deux espèces : l'*étendue* & le *temps*. *Voyez* ces mots.

GRANDEUR RÉELLE. *Grandeur* mesurée d'un objet, & indépendante de l'illusion de la vue.

Il est facile de prendre la *grandeur réelle* de tous les objets que l'on peut approcher & que l'on peut toucher; mais, lorsque les objets sont éloignés & hors de notre portée, il est plus difficile de déterminer leur *grandeur réelle*.

On peut obtenir la *grandeur* d'un cube, d'une tour, ou de tout autre édifice que l'on ne peut pas approcher, à l'aide d'opérations trigonométriques; on peut prendre la *grandeur réelle* du diamètre de la lune, du soleil & de toutes les planètes, en déterminant, d'une part, l'angle sous lequel on voit le diamètre, & de l'autre, la distance des corps célestes au moment de l'observation. *Voyez* DISTANCE.

GRAND-FRANC. Monnoie d'or, frappée en France, en 1361. Cette monnoie étoit à 24 karats; elle étoit de 42 à la taille : elle valoit alors 30 sous; elle vaut aujourd'hui 19,05 livres tournois. La valeur de la livre tournois d'alors vaudroit aujourd'hui 12,70 livres tournois.

GRANDIN, bachelier en théologie à la Faculté de Paris, professeur de philosophie au collège de Navarre, n'est connu que par deux ouvrages :

1°. Un Mémoire qu'il présenta à l'Académie des Sciences, en 1718, sur la *Nature du feu & de sa propagation*.

2°. Une nouvelle édition des *Récréations mathématiques* d'Ozanam, publiée en 1724, & dont il a retouché le style en plusieurs endroits, & retranché plusieurs propositions peu dignes d'un philosophe.

Cette édition, à laquelle il a ajouté plusieurs problèmes de musique, a eu du succès pendant quarante ans, c'est-à-dire, jusqu'à ce que Montucla en eût donné une autre, tellement supérieure, qu'elle pût passer pour un nouvel ouvrage. *Voyez* MONTUCLA.

GRAND-ŒUVRE. Nom que les alchimistes donnent à la recherche de l'être hypothétique, qu'ils appellent *pierre philosophale*. *Voyez* ce mot.

GRANIT, de l'italien *granito*; granum; *granit*; s. m. Roche fort dure, composée de quartz, feldspath & mica.

Comme cette roche est composée de substances cristallisées, agglutinées, & qu'elle a quelque ressemblance avec le grès, on lui a donné le nom de *granit*, c'est-à-dire, pierre grenue.

Le *granit* est une des roches primitives les plus abondantes à la surface de la terre. Quelques portions sont indécomposables à l'air, & sont d'une dureté remarquable; d'autres sont décomposées par l'action de l'air & tombent en poussière.

Anciennement, le *granit* étoit employé dans la construction des objets que l'on vouloit transmettre à la postérité. On voit encore plusieurs monumens, construits en *granit*, par les Anciens. Ces fameux obélisques, que l'on admire aujourd'hui, étoient, pour la plupart, d'un beau *granit rouge*.

Il est des *granits* de diverses couleurs; ce qui dépend de la nature des substances qui entrent dans leur composition. Cette roche est susceptible de prendre un très beau poli, un poli éclatant.

Parmi ces roches, le *granit graphite* est remarquable, parce que des cristaux de quartz se détachent, sur un fond feld-spathique, & semblent former une écriture. Le *granit globuleux* de Corse l'est également, par les globules plus ou moins gros qui sont enchâssés dans la pâte.

GRANITELLE. *Granit* à très-petits grains. Il est ordinairement blanc ou gris, avec des points noirs de mica.

GRANO. Petit poids en usage en Espagne.

Le *grano* d'Espagne étoit de trois sortes.

Le *grano* actuel, de 9216 à la livre.

Le *grano* ancien, de 9600 à la livre.

Le *grano* des médecins, de 6750 à la livre.

Mais la livre de ces derniers eſt, à la livre courante : : 6604 : 9392, ce qui ramène le *grano* des
médecins au *grano* des Anciens.

GRANO. Monnoie de Naples. Il faut 10 *grano*
pour faire un carlino, 120 pour le florino, & 600
pour l'oncio d'oro.

Le *grano* = 0,021 de la livre tournois =
2,06406 centimes.

GRANULATION; granulatio; *kornen*; ſ. m.
Opération par laquelle on réduit les métaux en
petits grains ou en grenailles.

On granule les métaux de deux manières :
1°. en faiſant tomber le métal fondu, goutte à
goutte, dans de l'eau froide; ſouvent, on met
le métal fondu dans une paſſoire, percée de trous
plus ou moins grands, & les gouttes coulent à travers les trous; c'eſt ainſi que l'on granule le plomb
pour en faire des balles; 2°. en faiſant couler le
métal fondu ſur un balai de genêt, ou de bouleau,
qui le diviſe en tombant dans l'eau; on emploie
ordinairement ce procédé pour granuler l'or,
l'argent, &c.; 3°. en faiſant tomber, d'une très-
grande hauteur, le métal fondu; celui-ci eſt diviſé
en petites parcelles, par la maſſe d'air qu'il traverſe, & il tombe, ordinairement, en petits grains
ſphériques: c'eſt encore un des procédés que l'on
emploie pour granuler le plomb.

Pour obtenir des grains très-ronds, dans le
premier & dans le troiſième procédé, on combine
un autre métal avec celui que l'on veut granuler.
C'eſt ainſi que, dans la *granulation* deſtinée à
obtenir du plomb de chaſſe, on fond de l'arſenic
avec du plomb, dans des proportions qui dépendent de ſon degré de pureté.

GRAPHIE, de γραφω, *décrire, peindre*; graphia;
graphie, beſchreibung; ſ. f. Deſcription, peinture,
manière d'écrire.

Ce mot eſt placé à la ſuite de pluſieurs autres,
& en forme la terminaiſon, comme *géographie,
hydrographie, lithographie, tachigraphie*, &c. *Voy.*
ces mots.

GRAPHIQUE, de γραφω, *peindre*; graphicus;
bildlich; adj. Décrire, tracer, deſſiner.

Ce mot ſe dit particulièrement des opérations
indiquées, ou exécutées par des lignes, des
figures, des deſſins tracés ſur le papier.

Ainſi, les deſſins d'architecture, le tracé des
lignes dans la géométrie, la coupe des bois, la
coupe des pierres, ſont des opérations *graphiques*.

Monge, dans ſa *Géométrie deſcriptive*, a appliqué les opérations *graphiques*, à la ſolution des
problèmes qui n'étoient réſolus que par la haute
géométrie; il a créé, en quelque ſorte, une
ſcience nouvelle, qui peut être facilement appriſe
par des intelligences moyennes, qui ne ſeroient

pas en état de concevoir des opérations de la
haute géométrie : c'eſt, en quelque ſorte, un
langage facile, qui peut ſervir pour correſpondre
avec les hommes de toutes les claſſes & de toutes
les nations.

On emploie, depuis long-temps, des *opérations graphiques*, pour réſoudre des problèmes d'aſtronomie ſphérique, par le moyen d'une ou de
pluſieurs figures, tracées en grand ſur du papier.
C'eſt ainſi que les aſtronomes célèbres, Deliſle,
l'abbé de Lacaille, &c., faiſoient uſage d'*opérations graphiques*, pour avoir la ſolution du problème des comètes, des éclipſes, pour trouver
les longitudes en mer, avec une approximation
d'autant plus grande, qu'ils avoient opéré avec
plus de ſoin & de préciſion.

Dans les ſpectacles, c'eſt encore à l'aide d'*opérations graphiques*, que l'on trace, ſur la toile, ces
effets de perſpective qui repréſentent des objets,
dans des proportions telles, qu'ils paroiſſent, à
l'œil, être placés à des diſtances très-éloignées
les uns des autres.

GRAPHITE; graphitum; *graphit*; ſ. m. Subſtance minérale avec laquelle on trace, le papier, ſur le bois, ſur la toile, &c., les objets en
couleur blanche, noire, rouge, &c.

Cette ſubſtance eſt généralement connue ſous
le nom de *crayon*; mais c'eſt principalement à celle
avec laquelle on fait les crayons de couleur griſe,
& qui portoit le nom de *mine de plomb*, de *plombagine*, que cette dénomination a été tranſportée; parce que cette ſubſtance ne contient aucune portion de plomb. Ce n'eſt abſolument
qu'une combinaiſon naturelle de fer & de carbone, dans laquelle ce dernier combuſtible forme
environ 0,9 de la maſſe.

On trouve, en France, peu de *graphite* propre
à faire de bons crayons; on étoit obligé de le tirer d'Angleterre, & les Français ſe trouvoient
ainſi ſous la dépendance de ces inſulaires; mais,
un de ces hommes de génie, auxquels les arts
ſont redevables de découvertes utiles, parvint à
fabriquer d'excellens crayons de *plombagine*, en
mélangeant le *graphite* naturel, réduit en poudre,
avec de l'argile délayée, & expoſant le mélange à
l'action du feu. Ces crayons ſont connus ſous le
nom de *crayons de Comté*. *Voyez* CRAYONS,
COMTE.

GRAPHOMÈTRE, de γραφω, *décrire*, μετρον,
meſure; graphometrum; *winkelmeſſer*; ſ. m. Inſtrument pour lever le terrain, & avec lequel on meſure les angles.

Cet inſtrument ſe compoſe d'une demi-cercle
de laiton A D B, *fig.* 891, diviſé en deux parties
égales au point D. Chaque quart de cercle
A D, D B, eſt diviſé en quatre-vingt-dix parties
égales, nommées *degrés*. Chaque degré eſt diviſé en deux, quatre, ſix, dix, ou un plus grand

nombre de parties égales, représentant des minutes ou des multiples de minute. Aux deux extrémités A & B, & sur le diamètre du demi-cercle, sont élevées deux petites plaques de cuivre, ou pinnules A *a*, B *b*, percées de deux ouvertures situées dans la direction du diamètre. Ces ouvertures sont divisées en deux parties P. L'une est rectangulaire *r*; un crin la sépare en deux parties, perpendiculairement au diamètre ; l'autre est une fente *f*, dans la même direction que le crin. Ces deux ouvertures sont placées différemment : dans l'une, la pinnule A *a*, par exemple, l'ouverture rectangulaire est en-haut ; dans l'autre, la pinnule B *b*, elle est en-bas. Sur le demi-cercle est fixée une alidade E F, qui tourne autour du centre *c*; deux pinnules E*e*, F*f*, sont fixées perpendiculairement sur la règle de l'alidade. Deux ouvertures sont faites sur ces pinnules, comme sur celle A *a*, B *b*. Le crin & la fente, qui existent sur chaque pinnule, sont perpendiculaires à une ligne qui passeroit par le milieu de la règle, & par le centre du cercle. Cette ligne est tracée aux deux extrémités de la règle, pour indiquer les points de division où correspondent les crins & les fentes des pinnules, sur le demi-cercle. On trace souvent, sur les bords de la règle de l'alidade, un nonius, pour estimer des divisions de la graduation. (*Voyez* NONIUS.) Sous le centre du demi-cercle, est un cylindre T, terminé par une boule ; celle-ci entre dans un genou, fixé sur une douille, qui se place sur le pied de l'instrument. Ce genou facilite les mouvemens de la boule, & permet de donner au plan du *graphomètre* toutes les inclinaisons que les opérations exigent.

Sur quelques *graphomètres*, on remplace les pinnules par deux lunettes : l'une est fixée dans la direction du diamètre qui soutient le demi-cercle ; l'autre sur la règle de l'alidade. Celle-ci est placée dans la direction de la droite, qui passe par le milieu de la règle & par le centre du demi-cercle.

Pour se servir de cet instrument, on dirige les pinnules ou la lunette, placées sur le diamètre du demi-cercle, dans la direction d'un objet. Si l'on se sert de pinnules, on regarde par la fente de l'une d'elles, & l'on tourne l'instrument jusqu'à ce que le crin, placé dans l'ouverture rectangulaire de l'autre pinnule, coupe l'objet de mire en deux parties égales, ou couvre entièrement cet objet : alors on fixe l'instrument. Si l'on se sert de lunette, on tourne également l'instrument jusqu'à ce que le fil, qui est dans la lunette, coupe par le milieu, ou couvre entièrement l'objet de mire, & l'on fixe également le *graphomètre*.

Cela fait, on tourne l'alidade jusqu'à ce que le second objet de mire, vu par la fente de l'une des pinnules de l'alidade, ou par la lunette, soit caché ou coupé par le fil. On vérifie la direction du premier objet de mire, afin de s'assurer que l'instrument n'a pas bougé, & l'on observe à quel degré du limbe correspond la ligne milieu de l'ali-

dade ; ce degré indique celui de l'angle formé par leurs deux directions.

Il est facile de voir que la précision que l'on obtient, dans la mesure des angles, dépend : 1°. de la justesse de la graduation du limbe de l'instrument ; 2°. de la position des fentes & des crins des pinnules, de la direction des lunettes & de l'exactitude que l'on a mise dans la direction observée entre les fentes, le crin & le point de mire.

GRAPHOMÈTRE A LUNETTE. *Graphomètre* sur lequel sont fixées deux lunettes, pour prendre la direction des deux points de mire.

Ces lunettes ont, leur intérieur, deux fils très-fins, qui se croisent à angles droits, dans le milieu de la lunette ; l'une est perpendiculaire au plan du *graphomètre* ; l'autre lui est parallèle. Ces lunettes sont placées : l'une, dans la direction du diamètre du demi-cercle, l'autre dans la direction du milieu de l'alidade. *Voyez* GRAPHOMÈTRE.

GRAPHOMÈTRE A PINNULES. *Graphomètre* sur lequel sont fixées quatre pinnules P, *fig.* 891, avec lesquelles on prend la direction des objets de mire.

Ces pinnules ont chacune une ouverture rectangulaire *r* & une fente *f*, dont l'ouverture est sur le milieu de la pinnule, & dans une direction perpendiculaire au plan du *graphomètre* ; le crin est placé dans la même direction, & forme une droite avec la fente. Ces pinnules, fixées aux deux extrémités du diamètre & de l'alidade, ont leur ouverture & leur fente dans des positions telles, que la fente de l'une corresponde au crin de l'autre, & que leur direction soit dans la droite qui passe par le milieu de l'alidade, ou par le diamètre du demi-cercle.

GRAS ; crassus ; *fette* ; adj. Qui a beaucoup de graisse.

Gras se prend souvent au figuré, dans les arts, pour indiquer trop d'épaisseur ; c'est ainsi qu'on dit : un *trait gras*, une *hachure grasse*, un *angle gras*, une pièce de charpente trop *grasse*, un *biais gras*, des *joints gras*, &c. On dit encore qu'une pierre est *grasse*, lorsque sa surface est onctueuse.

Gras signifie sale, obscène, licencieux : c'est dans ce sens que l'on dit des *paroles grasses*, des *discours gras*, &c.

On dit que l'on parle *gras*, lorsque, l'on a de la difficulté à prononcer les r. *Voyez* GRASSEYEMENT.

Dans la marine, on se sert des expressions *temps gras*, *horizon gras*, pour désigner un temps couvert & brumeux, un air épais & humide, à travers lequel on ne peut apercevoir les objets éloignés.

GRAS DES CADAVRES. Subſtance graſſe, dans laquelle ſe transforment les ſubſtances animales que l'on conſerve dans l'eau ou la terre humide.

On obtient pur le *gras des cadavres*, en le fondant dans l'eau bouillante, & le paſſant à travers un linge.

Fourcroy, qui a le premier diſtingué cette ſubſtace, la regardoit comme un ſavon ammoniacal; mais M. Chevreul, qui l'a analyſée avec beaucoup de ſoin, s'eſt aſſuré que ce *gras* étoit compoſé d'une petite quantité d'ammoniaque, de potaſſe & de chaux, unie à beaucoup de margarine. *Voyez* ce mot.

GRASSEYEMENT; *blæſa vox*; *ſchnarren*; ſ. m. Prononciation dans laquelle on articule défectueuſement la lettre *r*.

On diſtingue cinq ſortes de *graſſeyement* ou de manières de prononcer la lettre *r*.

1°. En formant de l'*r* un ſon multiple & prolongé, qui envahit toutes les autres articulations, & empêche de les diſtinguer.

2°. En changeant l'*r* en *v*, qui fait prononcer *intévieuve* pour intérieure, *mève* pour mère, &c.

3°. En alliant une autre lettre à la lettre *r*, ce qui embrouille l'articulation, en faiſant entendre deux lettres à la fois, telle que *zréſulte* pour réſulte, *mardiage* pour mariage, *merze* pour mère.

4°. En changeant l'*r* en *gue*; ainſi *aigue* pour air, *intégieugue* pour intérieur, *mugue* pour mur.

5°. En prononçant l'*r* d'une manière tellement foible, que l'on ne peut l'entendre; comme dans les mots *pahlé* pour parler, *hétoïque* pour rhétorique, &c. C'eſt ce parler que les *merveilleux*, les *incroyables* affectoient à peu de temps.

Il paroît que, dans le plus grand nombre, le *graſſeyement* provient de ce que la lettre *r*, étant la plus difficile à articuler, les enfans, qui commencent à parler, ne la prononcent preſque jamais, & lui ſubſtituent, pour l'ordinaire, la lettre *l*, dont l'articulation eſt plus ſimple: ce n'eſt qu'en faiſant des efforts pour prononcer cette lettre qu'ils parviennent à l'articuler facilement, & lorſque les efforts n'ont pas été ſuffiſans, ils graſſeyent. Il peut arriver cependant que, par quelque vice ou par quelque foibleſſe dans l'organe de la voix, il devienne difficile de prononcer la lettre *r*. Alcibiade ne put jamais vaincre la difficulté que lui oppoſoit l'articulation de cette lettre; il lui ſubſtituoit toujours la conſonne *l*. Les femmes ſont affectées, plus que les hommes, de cette prononciation défectueuſe, qui ſe remarque rarement chez les perſonnes qui ont fait des études grammaticales.

Dans beaucoup de circonſtances, on peut corriger le *graſſeyement* par des efforts, & en particulier lorſqu'il provient de l'imitation; mais il eſt extrêmement difficile de le détruire, lorſqu'il réſulte d'un vice dans l'organiſation.

GRATICULER; *uber gattern*; ſ. m. Diviſer une ſurface en petits carreaux, pour y tracer un deſſin de grandeur naturelle, ou de grandeur différente de celle de l'original.

Les peintres *graticulent* leur toile, pour y transporter les deſſins qu'ils doivent exécuter.

GRAVE; *gravis*; *grâve*; ſ. m. Poids étalon propoſé par la commiſſion des poids & meſures, en 1792.

Ce poids étant celui d'un décimètre cube d'eau diſtillée, il repréſentoit le kilogramme. La commiſſion avoit propoſé, pour diviſion, le *décigrave* & le *centigrave*, correſpondant à l'hectogramme & au décagramme.

GRAVES; *gravis*; *ſchwere*; adj. Qualité, propriété des corps d'être peſans, c'eſt-à-dire, de tomber vers le centre de la terre ou vers un point déterminé.

Tous les corps de la nature ayant une tendance vers un point quelconque, ſont *graves*. Tous les corps qui ſont ſur la ſurface de la terre, les corps ſublunaires, & la lune elle-même, tombant vers le centre de la terre, ſont par cela des corps *graves*. La terre & les autres planètes, qui ſe portent vers le centre du ſoleil; les ſatellites de Jupiter, de Saturne, d'Uranus, qui ſe portent ſans ceſſe, les premières vers le centre du ſoleil, les ſecondes vers le centre de la planète, autour deſquels elles tournent, ſont également des *corps graves*.

Parmi les corps que nous connoiſſons, il en eſt quelques-uns dont il a été impoſſible de reconnoître, juſqu'à préſent, s'ils avoient de la peſanteur; tels ſont le calorique, la lumière, l'électricité, le magnétiſme; il nous eſt donc impoſſible d'aſſurer que ces corps ſoient *graves*: auſſi pluſieurs phyſiciens nient-ils leur exiſtence comme corps, & attribuent les effets qu'ils produiſent, au mouvement d'autres corps. *Voyez* CALORIQUE, LUMIÈRE, ÉLECTRICITÉ, MAGNÉTISME.

GRAVES, Qualité des ſons que l'on obtient.

Plus les vibrations d'un corps ſonore ſont lentes, plus les ſons qu'il produit ſont *graves*. Ici, *grave* eſt oppoſé à *aigu*. *Voyez* ce mot.

Un ſon, produit avec des corps ſonores, peut être obtenu plus ou moins *grave*, ſelon que les cordes varient dans leur longueur, leur groſſeur, ou leur tenſion: plus les cordes ſont longues, plus elles ſont groſſes, moins elles ſont tendues, plus le ſon qu'elles rendent eſt *grave*.

On ſe ſert encore, en muſique, du mot *grave*, comme adverbe, pour déſigner la lenteur du mouvement, & donner un air de *gravité*, un air ſérieux à l'exécution.

GRAVESANDE (Guillaume Jacob's), phyſicien, géomètre & philosophe hollandais, né à Bois-le-Duc, le 27 septembre 1688, mort à Leyde, le 28 février 1742.

Issu d'une ancienne famille patricienne, dont le nom étoit *Storn van s'Gravesande*, il fit ses premières études dans la maison paternelle, & il y annonça les dispositions les plus heureuses, & la passion la plus vive pour l'étude des mathématiques.

A l'âge de seize ans, il fut envoyé à l'Académie de Leyde, pour y étudier le droit ; & quoique son temps fût partagé entre son étude favorite, & celles dont on lui avoit fait contracter l'obligation, il n'en fut pas moins reçu docteur en droit, avec des suffrages très-honorables, en 1707. Alors il fut à la Haye, où il s'appliqua à l'étude du barreau, sans négliger l'étude des sciences physiques & mathématiques. Les progrès qu'il fit dans cette science, & la réputation qu'il y acquit, le firent nommer, en 1717, professeur ordinaire de mathématiques & d'astronomie à l'Académie de Leyde.

Pendant les dix années qui s'écoulèrent, entre sa réception de docteur en droit & sa nomination de professeur de mathématiques & d'astronomie, *S'Gravesande* se lia avec une société de jeunes gens distingués par leurs connoissances, & entreprit, à la Haye, la composition d'un *Journal littéraire*, dans lequel il inséroit un grand nombre d'extraits d'ouvrages de mathématiques & de physique.

Ce journal parut depuis 1713 jusqu'en 1722, sous ce premier titre ; il se continua, depuis 1729 jusqu'en 1733, sous le titre de *Journal de la république des lettres*. Parmi les articles que *S'Gravesande* imprima dans ces deux journaux, on y distingua un *Extrait de la Géométrie de l'infini*, par Fontenelle, & plusieurs dissertations originales, telles que : la *Construction des machines pneumatiques* ; la *Théorie des forces vives*, & *du choc des corps en mouvement ;* le *Mouvement de la terre ;* le *Mensonge ;* la *Liberté*, &c.

En 1730, il joignit, momentanément, à l'enseignement des mathématiques & de l'astronomie, celui de l'architecture civile & militaire ; & en 1734, celui de la philosophie, de la logique & de la morale. Il démontra, dans ses leçons, l'avantage de la méthode introduite par Galilée & Newton sur celles qui les avoit précédés. Il enseigna publiquement la philosophie de Newton : il l'adopta, comme il appartenoit à un homme éminemment éclairé, à un esprit indépendant ; il en saisit les principes, les principaux résultats ; mais il y joignit des vues, des expériences, des démonstrations & des observations qui lui étoient propres. Son enseignement étoit plein de méthode & de clarté ; il donnoit aux nouvelles méthodes, un riche développement, en confirmant, d'une manière éclatante, les nouvelles découvertes par

ses appareils, ses machines & ses infatigables travaux.

S'Gravesande, très-habile dans l'art d'observer & d'expérimenter, en appeloit toujours à l'expérience, dans les questions très-délicates, que les géomètres décidoient ordinairement par une analyse élevée. Ayant adopté & défendu, sur la force des corps, l'opinion de Newton, pour lequel il professoit la plus grande vénération, contre celle de Leibnitz, pour lequel il avoit une profonde estime, il fit un grand nombre d'expériences, pour prouver cette opinion. Faisant une de ces expériences, qu'il croyoit la plus propre à confirmer cette opinion, il s'écria, en présence de son frère : *Ah ! c'est moi qui me suis trompé ;* & il embrassa aussitôt celle de Leibnitz, qu'il défendit avec le même zèle.

Invité, en 1724, par le czar Pierre-le-Grand, à faire partie de l'Académie royale de Pétersbourg, à l'époque de sa fondation, &, en 1740, par le roi de Prusse, pour la composition de la nouvelle Académie de Berlin, il rejeta les offres de ces deux princes, pour ne point quitter sa patrie, à laquelle il a rendu de grands services : il y fut souvent consulté pour les opérations de finance, employé, pendant la guerre de la succession, à déchiffrer les dépêches enlevées sur l'ennemi ; genre de travail pour lequel il avoit un talent particulier ; enfin, il concourut plusieurs fois à perfectionner les travaux hydrauliques, qui ont, pour la Hollande, une si haute importance.

Nous ne nous occuperons pas, dans cet article, des travaux de *S'Gravesande*, sur la métaphysique.

Marié en 1720, *S'Gravesande* eut de ce mariage, deux fils qu'il perdit à huit jours d'intervalle, l'un âgé de treize ans, l'autre de quatorze. La douleur qu'il ressentit d'une perte aussi grande, le conduisit bientôt lui-même au tombeau.

On distingue, parmi les ouvrages qu'il a publiés : 1°. *Essai de Perspective*, la Haye, 1711 ; 2°. *Physices experimenta, mathematica, experimentis confirmata, sive Introductio ad philosophiam newtonianam*, in-4°., la Haye, 1720 ; 3°. *Philosophiæ newtonianæ, institutiones in usus academicos*, Leyde, 1723 ; 4°. *Matheseos universalis, quibus accedunt, speciem commentarii in arithmeticam universalem Newtoni, ut & de determinandâ formâ seriei, infinitæ adsumtæ regula nova*, Leyde, 1717.

GRAVET. Petit poids proposé par la commission des poids & mesures, en 1792. Sa pesanteur étoit celle d'un centimètre cube d'eau distillée ; il correspondoit au gramme que l'on a adopté depuis.

Le *gravet* se divisoit en mille parties :

Décigravet, c'est le décigramme.

Centigravet..... centigramme.

Milligravet...... milligramme.

Dix *gravets* = un *décigrave* ou décagramme.

Cent

Cent *gravets* = le *décagrave* ou hectogramme.
Mille *gravets* = le *grave* ou kilogramme.

GRAVEUR (Burin de). Conftellation de la
partie auftrale du ciel, placée entre l'Eridan & la
Colombe. *Voyez* BURIN DE GRAVEUR.

GRAVIMÈTRE, de *gravis*, *pefant*, μέτρον,
mefure ; gravimetrum ; *gravimeter* ; f. m. Aréomètre perfectionné par Guyton, qui étend beaucoup fon ufage.

Le *gravimètre* eft compofé d'un cylindre de
verre C, *fig.* 892, furmonté d'une tige T très-
fine, terminée par un godet G. Dans la partie inférieure eft un flotteur de verre F, rempli de
mercure, fufpendu par deux filets de verre A B ;
des petits poids de verre, remplis de mercure P,
nommés *plongeurs*, fervent à augmenter le poids
de l'inftrument.

En faifant abftraction du plongeur, le *gravimètre* eft abfolument femblable à l'aréomètre
univerfel de Nicholfon (*voyez* ARÉOMÈTRE UNI-
VERSEL) ; il en diffère feulement, en ce que
l'aréomètre univerfel de Nicholfon eft en métal,
en fer-blanc, & que le *gravimètre* de Guyton eft
en verre. Ce feul changement le rend propre à
beaucoup d'ufages, dans lefquels on ne pourroit
pas employer l'aréomètre de Nicholfon : les principaux de ces ufages font de pouvoir être plongé
dans des acides.

Mais une addition précieufe, c'eft l'emploi
du plongeur P, que l'on place dans le flotteur,
lorfque l'on veut augmenter le poids de l'inftrument. Ce plongeur fe compofe d'une bulle de
verre leftée avec du mercure, que l'on place dans
fon intérieur. Comme ce plongeur déplace un
volume d'eau égal au fien, il doit avoir, étant dans
l'eau, un poids plus grand que celui qu'auroit,
pour lui faire équilibre, un poids placé hors de
l'eau ; il exige donc, pour fa conftruction, des
foins particuliers.

Pour former le plongeur, il faut d'abord fouffler une bulle de verre & la tirer en pointe fine,
puis y introduire du mercure, jufqu'à ce qu'elle
fe tienne fous l'eau ; alors on la bouche avec un
peu de cire. Cette bulle étant placée fur le flotteur, c'eft-à-dire, fur le baffin inférieur de l'inftrument, on charge le baffin fupérieur, jufqu'à ce
que le point de remarque fe trouve exactement au
niveau de l'eau. La fomme des poids ajoutés
donne précifément la quantité de mercure qu'il
faut faire entrer, de plus, dans le plongeur, & il
n'y a plus qu'à le fceller, en prenant garde de ne
pas changer fon volume.

On peut remplacer la bulle de verre, qui forme
le plongeur, par un morceau de verre maffif,
que l'on ufe peu à peu, jufqu'à ce que, placé
dans le baffin intérieur, il faffe plonger le *gravimètre* jufqu'au repaire tracé fur la tige.

Il eft facile, dit Guyton (1), d'imaginer comment cet inftrument peut s'adapter à tous les cas.

Il fervira, 1°. pour les folides ; c'eft le pèfe-
liqueur de Nicholfon ; il n'y a nulle différence.
La feule condition fera auffi, que le poids abfolu
du corps à éprouver foit un peu au-deffous du poids
additionnel & conftant, c'eft-à-dire, du poids qu'il
faut ajouter fur la capfule fupérieure de l'inftrument, pour le faire plonger jufqu'à la marque
faite fur la tige. Dans le *gravimètre* de Guyton, ce
poids eft de cinq grammes.

2°. Pour les liquides d'une moindre pefanteur
fpécifique, l'inftrument, fans le poids additionnel,
pèfe environ deux décagrammes, dans les dimenfions de celui que Guyton a fait conftruire (2) ;
on a donc la latitude d'un cinquième en légèreté, & par conféquent, le moyen de parcourir
tous les intermédiaires, & d'arriver jufqu'à l'alcool le plus rectifié, que l'on fait être avec l'eau
dans le rapport de 8 à 10.

3°. Pour les liquides d'une plus grande pefanteur fpécifique que l'eau, le poids additionnel fe
trouvant reporté vers le bas, au moyen du plongeur, qui eft de fix grammes, l'inftrument peut recevoir, dans le baffin fupérieur, plus de quatre fois
le poids additionnel ordinaire, fans perdre l'équilibre de fa pofition, & indiquer ainfi le rapport de
denfité des acides de la plus haute concentration.

4°. Il aura une autre propriété commune avec
celui de Nicholfon, de fervir au befoin de balance,
pour pefer les corps dont la maffe n'excédera pas
fon poids additionnel.

5°. Enfin, la pureté de l'eau étant connue, il
indiquera de même fes degrés de raréfaction &
de condenfation, par le rapport de fa maffe à fon
volume.

GRAVITATION, de gravare, *charger*, *rendre
pefant* ; ago ; *faire* ; gravitatio ; *gravitation* ; f. f.
Action de rendre pefant, de graviter.

On entend par *gravitation*, l'action que tous
les corps, & même les parties qui les compofent,
ont à fe porter les unes vers les autres. Ainfi, un
corps tombe fur la furface de la terre, en vertu
de la *gravitation*, c'eft-à-dire, de la tendance
qu'il a à fe porter vers le centre de la terre. La
terre, qui tourne autour du foleil, n'eft maintenue
dans l'orbe elliptique qu'elle parcourt, qu'en
vertu de la *gravitation*, c'eft-à-dire, de la tendance
qu'elle a à fe porter vers le foleil. Les molécules
des corps ne fe réuniffent pour former des bulles
de liquide, ou des corps folides, qu'en vertu de
la *gravitation*, c'eft-à-dire, de la tendance qu'elles
ont à fe porter les unes vers les autres.

Mais cette *gravitation* a été divifée en trois
claffes ; 1°. celle des molécules des corps, qui dé-

(1) *Annales de Chimie*, tome XXI, page 9.
(2) Ses deux dimenfions font de 22 millimètres de diamètre pour le cylindre, & 21 centimètres de longueur.

termine leur réunion; on a donné le nom d'*attrac-tion* à celle-ci (*voyez* ATTRACTION); 2°. la ten-dance des corps sublunaires à tomber vers le centre de la terre; les physiciens lui ont donné des noms différens : les uns l'ont appelée *pesan-teur*, les autres *gravité* (*voyez* PESANTEUR, GRAVITÉ); 3°. enfin, la tendance que tous les corps, qui sont dans l'espace, ont à se porter les uns vers les autres : plusieurs physiciens lui ont donné le nom de *gravitation universelle*, d'autres celui de *gravité*, d'autres enfin celui de *pesanteur universelle*. *Voyez* GRAVITATION UNIVERSELLE, GRAVITÉ, PESANTEUR UNIVERSELLE.

Quoique nous regardions cette tendance qu'ont tous les corps à se porter les uns sur les autres, comme provenant d'une seule & même cause, qui nous est encore inconnue, nous conserverons cependant le nom d'*attraction* à la tendance que les molécules des corps ont à se réunir, soit pour former des corps solides, soit pour former des bulles de liquide; nous donnerons le nom de *pesanteur*, à la tendance que tous les corps sub-lunaires ont à tomber vers le centre de la terre, & le nom de *gravité*, à cette tendance générale qu'ont tous les corps célestes à se réunir. *Voyez* ATTRACTION, PESANTEUR, GRAVITÉ.

GRAVITATION (Centre de); *centrum gravi-tationis*; *mittel punckt der gravitation*; s. m. Point vers lequel tous les corps pesans tendent. *Voyez* CENTRE DE GRAVITATION.

GRAVITATION UNIVERSELLE; *gravitatio uni-versalis*; *allgemeine gravitation*; s. f. Tendance que tous les corps de la nature ont à se porter les uns vers les autres.

On désigne par ce mot, l'effet d'une cause in-connue, d'une action que les corps exercent réciproquement, & par laquelle tous les corps tendent sans cesse à se porter les uns vers les autres. Cette cause, inconnue comme toutes celles des phénomènes apparens, nous la désignons sous le nom générique de *propriété*; & lorsque nous voyons que cette cause semble résider dans tous les corps, nous disons qu'elle est une propriété générale des corps. Ainsi donc, lorsque nous disons propriété, nous désignons une cause sup-posée d'un ou plusieurs effets que nous aper-cevons.

Cette dénomination a été employée par quel-ques physiciens, pour distinguer l'action générale de la *gravitation*, de son action particulière. On lui a substitué, dans ces derniers temps, celui de *pesan-teur universelle*. Nous croyons devoir lui conser-ver sa première dénomination, & faire connoître cette action générale, en la traitant sous le nom de *gravité*. *Voyez* PESANTEUR GÉNÉRALE, GRAVITÉ.

GRAVITÉ; *gravitas*; *schwere*; s. f. Propriété

en vertu de laquelle les corps tendent à tomber les uns vers les autres.

L'existence de cette propriété est prouvée : 1°. par le flux & le reflux de la mer sur la surface de la terre; 2°. par la variation dans la longueur du pendule qui bat les secondes; 3°. par l'attrac-tion que les montagnes exercent sur un fil placé près de leurs masses; 4°. par la forme elliptique de la terre, celle de Jupiter, &c.; 5°. par le mouve-ment de toutes les planètes autour du soleil, par celui de la lune autour de la terre, & des autres satellites autour de leurs planètes; 6°. par le mouvement des comètes autour du soleil; 7°. par la forme ellipsoïdale de l'orbe des pla-nètes, des satellites & des comètes; 8°. par la nutation de la terre; 9°. par la libration de la lune; 10°. par la précession des équinoxes; 11°. par le mouvement des étoiles, ou mieux, leur changement de latitude; 12°. par la perturbation dans le mouvement de la lune; 13°. par les per-turbations dans le mouvement des planètes & des satellites; 14°. par l'inégalité dans le mouve-ment des comètes; 15°. par les perturbations des satellites de Jupiter, &c.; enfin, par tous les mouvemens que présentent les corps célestes & la pesanteur à la surface de la terre.

1°. On distingue, sur les côtes, un mouvement alternatif des eaux de la mer; ce mouvement d'élé-vation & d'abaissement est occasionné par la *gra-vité*, ou l'action que le soleil & la lune exercent sur ces eaux. *Voyez* FLUX ET REFLUX.

2°. Richer, de l'Académie des Sciences, ayant été envoyé à Cayenne pour y faire des observa-tions astronomiques, trouva que son horloge retardoit; ce retard, qui étoit occasionné par une diminution dans la *gravité*, a été depuis ob-servé sur toute la surface de la terre, & l'on a remarqué, généralement, que la *gravité* augmen-toit aux pôles & diminuoit à l'équateur. *Voyez* PENDULE, FIGURE DE LA TERRE.

3°. En prenant dans le même instant, des deux côtés d'une des hautes montagnes de la chaîne des Cordillières, l'angle d'une étoile, avec une verticale formée par un long fil, à l'extrémité duquel étoit un corps pesant, la Condamine s'est assuré, par la différence des angles de l'é-toile avec cette verticale, que la direction du fil étoit dérangée par la *gravité* de la montagne, la-quelle attiroit à elle le corps pesant que le fil sou-tenoit; cette observation a depuis été répétée par le docteur Maskelin. *Voyez* ATTRACTION DES MONTAGNES, MONTAGNES.

4°. Toutes les expériences faites, jusqu'à pré-sent, pour déterminer la forme de la terre, ont prouvé qu'elle étoit un sphéroïde aplati vers les pôles; cette forme résulte de l'action de la *gravité* exercée par toutes les molécules qui la com-posent, & du mouvement de rotation de la terre. *Voyez* FIGURE DE LA TERRE.

5°. Depuis long-temps, on s'est aperçu que

les planètes tournoient autour du soleil; quelques-uns ont cru que tout ce système tournoit autour de la terre. Copernic a conçu, qu'en supposant un mouvement de rotation à la terre, sur son axe, il en résultoit que la terre, ainsi que toutes les autres planètes, tournoient autour du soleil. Cette supposition a été ensuite prouvée par Galilée (voyez GALILÉE), & vérifiée par tous les astronomes qui l'ont suivi. On s'est également assuré que les satellites tournoient autour de leurs planètes, & l'on a démontré que ce mouvement étoit occasionné par la gravité. Voy. SYSTÈME DU MONDE, SYSTÈME DE COPERNIC.

6°. Observant, à l'aide d'instrumens exacts, la marche des comètes, on s'est assuré que le plus grand nombre d'entr'elles se mouvoient autour du soleil; on a même déterminé le retour périodique de quelques-unes d'entr'elles. Voyez COMÈTES.

7°. Kepler, après des observations réitérées, établit les faits suivans, auxquels on a donné le nom de lois de Kepler.

(a) Les aires décrites par les rayons vecteurs des planètes, dans leur mouvement autour du soleil, sont proportionnelles aux temps.

Il en résulte, par le calcul, que la force qui sollicite les planètes, est dirigée vers le centre du soleil.

(b) Les orbes des planètes & des comètes sont des sections coniques, dont le soleil occupe un des foyers.

D'où il suit que la force qui les anime est en raison inverse du carré de la distance du centre de ces astres à celui du soleil; réciproquement, de ce que la force suit cette raison, la courbe est une section conique.

(c) Les carrés des temps des révolutions des planètes sont proportionnels aux cubes des grands axes de leurs orbites, ou, ce qui revient au même, les courbes décrites en temps égaux, dans les différentes orbites, sont proportionnelles aux racines carrées de leurs paramètres.

On en déduit que la force qui sollicite les planètes & les comètes, est la même pour tous ces astres; qu'elle ne varie de l'un à l'autre, qu'à raison de leur distance; en sorte que s'ils étoient placés, en repos, autour du soleil, à des distances égales, ils tomberoient vers lui avec la même vitesse: d'où l'on voit que la force qui les sollicite, pénètre chacune de leurs molécules, & est proportionnelle à leur masse.

Enfin, les faits observés par Kepler conduisent directement à la connoissance de la gravité, c'est-à-dire, de la force qui retient les planètes & les comètes dans leurs orbites. Voyez LOIS DE KEPLER.

8°. Si l'on observe avec soin les étoiles, on voit qu'elles ont une déviation apparente, un léger balancement, qui a lieu dans le mouvement de l'équateur sur l'écliptique, & dont la péripétie est absolument égale à celle des nœuds de l'orbe lunaire; c'est à ce mouvement que l'on a donné le nom de nutation, balancement. Ce mouvement est occasionné par la gravité que le soleil & la lune exercent sur le sphéroïde de la terre, c'est-à-dire, sur la portion du renflement qui enveloppe la terre, supposée une sphère parfaite. Voyez NUTATION.

9°. Une observation suivie du disque de la lune, fait apercevoir de légers changemens dans ses apparences: les taches que l'on remarque sur sa surface s'approchent ou s'éloignent des bords du disque sans quitter leur position respective: on a donné le nom de libration, balancement, à ce phénomène, qui est produit par l'action de la gravité de la terre sur le sphéroïde lunaire.

10°. Tous les ans, le mouvement de la terre, par rapport aux équinoxes, avance de 154,92 secondes décimales, sur l'année sydérale; d'où il suit que les nœuds de l'écliptique décrivent, chaque année, 154,62 secondes décimales, autour de l'écliptique; on a donné à cet avancement de l'année tropique, sur l'année sydérale, le nom de précession des équinoxes: sa révolution entière est de 25,868 ans environ. Ce mouvement est produit par l'action de la gravité, exercée par le soleil sur l'anneau qui produit le renflement de la terre vers l'équateur. Voyez PRECESSION DES ÉQUINOXES.

11°. Quoiqu'il résulte de toutes les observations faites jusqu'à présent, que les étoiles sont fixes, cependant, on conclut d'un examen scrupuleux, fait sur les distances respectives des étoiles, que quelques-unes des plus brillantes paroissent avoir un mouvement propre, très-lent, & l'analogie nous porte à regarder ces étoiles, comme le centre d'autant de systèmes planétaires, conséquemment sur lesquelles la gravité exerce son action. Voyez ÉTOILES, PLURALITÉ DES MONDES.

12°. La lune a un mouvement autour de la terre: ce mouvement éprouve plusieurs sortes d'inégalités: 1°. dans sa vitesse; 2°. dans le mouvement de son orbe; 3°. dans la courbure de l'orbe; ils sont connus sous le nom d'évection, de variation & d'équation annuelle. Ces mouvemens & ces variations de mouvement sont occasionnés par la gravité de la terre & du soleil sur la lune. Voy. LUNE, EVECTION, VARIATION, EQUATIONS ANNUELLES, PERTURBATION DU MOUVEMENT DE LA LUNE.

13°. Deux sortes de perturbations sont observées dans le mouvement elliptique des planètes: les unes croissent avec une extrême lenteur, & affectent les mouvemens elliptiques: on les a nommées inégalités séculaires; les autres dépendent de la position de planètes entr'elles, relativement à leurs nœuds & à leur périhélie; elles redeviennent les mêmes, chaque fois que ces positions & ces configurations sont les mêmes; elles ont été nommées inégalités: ces deux inégalités dépendent de l'action de la gravité des planètes,

les unes fur les autres. *Voyez* PERTURBATION
DES PLANÈTES.

14°. Après avoir obfervé avec beaucoup de
foin la marche des comètes, on chercha à déterminer, par le calcul, l'époque de leur retour;
alors on remarqua que les unes revinrent plus
tard, & les autres plus tôt que le calcul ne l'avoit
annoncé; on chercha donc à introduire, dans le
calcul, l'action que la *gravité* des planètes, dans
le voifinage defquelles elles paffoient, devoit produire dans leur mouvement; & l'on reconnut,
effectivement, qu'il en réfultoit des perturbations.
Voyez PERTURBATION DANS LE MOUVEMENT
ELLIPTIQUE DES COMÈTES.

15°. Il réfulte de l'obfervation du mouvement
des fatellites de Jupiter, que ces efpèces de
lunes ont deux fortes de perturbations: la première dans leur mouvement; la fɛconde dans le
mouvement de leur orbe, & ces perturbations
prouvent qu'elles réfultent de la *gravité* de ces
fatellites les uns fur les autres.

Plufieurs de ces effets étoient connus des anciens philofophes; mais ils les attribuoient à des
caufes différentes, la plupart occultes. Nous croyons
qu'il eft inutile de les préfenter ici. Dans le nombre des explications qui ont été données, au mouvement des corps céleftes & à l'action de la pefanteur, on diftingue, principalement, celle de
Defcartes, qui les attribuoit à des tourbillons
de matière éthérée qui entraîne les corps autour du foleil. Cette explication préfente à l'efprit un mécanifme intelligible, qui enchante par
fa fimplicité; mais cette idée, fi féduifante au
premier coup d'œil, eft fujette à tant de difficultés, & elle fe trouve, malheureufement, fi peu
d'accord avec les phénomènes ou les lois de la
phyfique, que, malgré les efforts de plufieurs
hommes célèbres, pour les concilier enfemble, on
eft forcé de convenir que le fyftème de Defcartes
n'eft pas le fyftème de la nature. *Voyez* TOUR-
BILLON.

Newton a pris une autre route, & fur les débris
de ce fyftème en a élevé un plus folide. La phyfique
célefte de cet homme immortel eft fondée fur le
principe de la *gravité univerfelle*. Toutes les parties de la matière, quel que foit le mécanifme ou
la caufe de cet effet, tendent, fuivant le philofophe anglais, les uns vers les autres, avec une
force qui varie en raifon inverfe du carré de la
diftance. C'eft la pefanteur que nous éprouvons
fur la furface de la terre, & le reffort de tous
les mouvemens céleftes les plus compliqués.

Ce principe d'action des corps avoit déjà été
entrevu par quelques-uns des fages ou des philofophes de la Grèce. Anaxagore donnoit, aux
corps céleftes, une pefanteur vers la terre, qu'il
regardoit comme le centre de leurs mouvemens,
& répondoit à la queftion: pourquoi ces corps
ne tomboient pas? que leur mouvement circulaire les en empêchoit. Ce fut également un

des principes de la philofophie d'Epicure & de Démocrite, que l'on trouve clairement énoncé par
leur élégant interprète, le poëte Lucrèce; &
c'eft de ce principe qu'il tire la hardie conféquence
que l'Univers eft fans bornes.

Copernic, dans fon ouvrage intitulé: *De revolu-
tionibus orbis cœleftis*, lib. 1, cap. 9, attribue la rondeur des corps céleftes, à la tendance de leurs parties à fe réunir; il n'y avoit plus qu'un pas pour
arriver à la *gravitation* des planètes; mais Copernic
ne franchit pas. Kepler, plus hardi & plus fyftématique, a fu, dans la préface de fon *Commentaire
fur les mouvemens de Mars*, faire pefer la lune fur
la terre, & *vice verfa*; de forte, dit-il, que fi elles
n'étoient retenues loin l'une de l'autre, par leur
rotation, elles s'approcheroient & fe réuniroient
à leur centre de *gravité* commun. Il eft furprenant
que Kepler, après avoir fi bien vu ce principe, n'en
ait pas fait plus d'ufage, & qu'il ait employé, dans fon
explication du mouvement des planètes, des raifons auffi peu phyfiques que celles qu'il propofe.

Quelques favans du dix-feptième fiècle, tels
que Fermat, Roberval, Borelli, Hoock, adoptèrent l'opinion de la *gravitation univerfelle*. Le premier, Fermat, la regardoit comme la caufe de la
pefanteur. Un corps, fuivant lui, ne tomboit vers
le centre de la terre, que parce qu'il fe prêtoit,
autant qu'il étoit poffible, à la tendance qu'il avoit
vers toutes fes parties. Il ajoutoit, d'après le témoignage du Père Merfenne, dans fon *Harmonica
univ.*, lib. li, p. 12, qu'il étoit moins attiré entre
le centre & la furface, parce que les parties les
plus éloignées de ce centre commun, l'attiroient
en fens contraire des plus proches; d'où il conclut que la pefanteur décroît comme la diftance au
centre.

Roberval, fous le nom d'Ariftarque de Samos,
dans un fyftème phyfico-aftronomique, *de Mundi
fyftem. liber fingularis*, qu'il publia, attribue à toutes
les parties de la matière, dont l'Univers eft compofé, la propriété de tendance les unes vers les
autres. C'eft là, dit-il, pourquoi elles s'arrangent
en figure fphérique, non par la vertu d'un centre,
mais par leur action mutuelle, & pour fe mettre
en équilibre les unes fur les autres.

Alphonfe Borelli, dans fa théorie des fatellites
de Jupiter, *Theor. medic. planet.*, 1666, attribue
leur mouvement à l'attraction.

Hoock eft, de tous les philofophes qui ont précédé Newton, celui qui a le mieux aperçu le
fyftème de la *gravitation univerfelle*, & qui en a
fait l'application la plus heureufe dans fon ouvrage,
intitulé: *An attempt to prove the motion of the Eart*,
London, 1674. Il fe fonde fur trois propofitions:
1°. que tous les corps céleftes tendent, non-feulement vers leur centre, mais encore qu'ils pèfent
& *gravitent* l'un fur l'autre; 2°. que tous les corps
qui ont primitivement un mouvement rectiligne,
le continuent, tant qu'ils ne font pas dérangés; que
pour décrire une courbe, il doit exifter une force

nouvelle qui les y déterminent ; 3°. que l'attraction que les corps exercent l'un sur l'autre, est d'autant plus grande & plus forte, que les corps sont plus rapprochés.

Tel étoit l'état des connoissances ; au moment où Newton s'occupa de cette question. Pemberton, dans ses *Elémens de la philosophie Newtonienne*, raconte que, forcé de quitter Cambridge, & de se retirer à la campagne, à cause de la peste qui régnoit, Newton se promenant seul dans son jardin, ses méditations se tournèrent un jour sur la pesanteur ; ses réflexions le conduisirent à ce raisonnement : Si la cause qui produit la pesanteur diminue sensiblement, du bord de la mer au sommet des hautes montagnes, pourquoi ne s'étendroit-elle pas jusqu'à la lune ? Dans le cas où elle s'y étendroit, ne devroit-elle pas avoir une influence sur la courbe qu'elle décrit autour de la terre. Continuant son raisonnement, il remarquoit que, si la *gravitation* de la lune vers la terre étoit la cause de la courbe qu'elle parcourt autour de cette planète, ne devroit-il pas arriver également, que les courbes que toutes les planètes décrivent autour du soleil, seroient produites par la *gravité* de ces planètes vers le soleil ? & par suite, que la courbe décrite par les satellites autour de l'astre, auquel ils semblent attachés, proviendroit également de la *gravité* des satellites vers leurs planètes ?

Appliquant les lois de Kepler à ce raisonnement, il remarquoit que les carrés des temps des révolutions de chaque planète, étant proportionnels aux cubes de leurs grands axes, il en résultoit que la tendance des planètes vers le soleil étoit réciproque aux carrés des rayons de leurs orbes, supposés circulaires ; de-là, que la lune, étant éloignée de la terre de soixante demi-diamètres, la *gravité* exercée par la terre devoit être 3600 fois moindre que celle qui est exercée sur les corps à sa surface ; & comme, d'après les expériences de Galilée, les corps parcouroient, sur la surface de la terre, quinze pieds & demi dans une seconde, la lune ne devroit tomber, dans le même temps, que de $\frac{15\frac{1}{2}\text{ pieds}}{3600}$.

Voilà donc tout le système de la *gravité* réduit, d'après les lois de Kepler, à la vérification d'un seul fait, c'est-à-dire, de s'assurer si la lune, dans sa course autour de la terre, tombe vers elle, dans une seconde, de $\frac{15\frac{1}{2}\text{ pieds}}{3600}$. Comparant donc le sinus verse de l'arc de 32″ 56‴, que la lune parcourt dans une minute, qui a soixante fois plus de durée qu'une seconde, & supposant, avec tous les géographes & les navigateurs, que la longueur du degré du méridien de la terre étoit de soixante milles anglais, il trouva que la chute, sur la surface de la terre, ne devoit être que de 13 pieds ⅓. Cette différence étant trop considérable, Newton crut devoir abandonner son opinion.

Ce ne fut que 10 ans après, en 1676, à l'époque où parut le livre de Picard, sur la mesure de la terre, & à l'occasion d'une lettre du docteur Hoock, que Newton crut devoir reprendre son travail ; alors il observa qu'il étoit parti d'une grandeur de la terre trop petite, & que le résultat, auquel il étoit arrivé, étoit inexact. Admettant donc, avec les astronomes les plus célèbres, que la distance de la lune à la terre est de 60 demi-diamètres, & se servant de la mesure du degré terrestre, lequel, d'après Picard, est de 57,100 toises, ou 69¼ milles anglais ; Newton trouva, que le sinus verse de l'arc décrit par la lune, dans une minute, est de 15⅓ pieds. Or, les corps voisins de la surface de la terre tombent dans une seconde, sur la surface de la terre, de cette même hauteur de 15⅓ pieds, par conséquent, d'après la loi de la chute des graves, trouvée par Galilée, dans une minute, ou 60 secondes, cette chute seroit 3600 fois plus grande ; d'où il est évident que la chute de la lune, pendant cet intervalle de temps, est 3600 fois moindre qu'à la surface de la terre.

Une fois cette vérité démontrée, Newton donna à ses recherches, sur la *gravité*, toute l'extension que son génie lui permettoit. D'abord, il chercha quelle courbe devoit décrire un corps projeté, dans l'hypothèse rigoureuse que les directions convergent à un centre, & que la force qui y pousse ou attire ce corps, suit le rapport inverse du carré des distances à ce centre. Il trouva d'abord, qu'en général, c'est-à-dire, quelle que soit la loi de la *gravitation*, les aires décrites par les lignes, tirées continuellement du corps au centre de force, sont proportionnelles aux temps. De-là, passant à la *gravitation* en raison inverse du carré de la distance, il découvrit que la courbe décrite, dans ce cas, est toujours une section conique ; ainsi, lorsqu'elle rentre en elle-même, ce ne peut être qu'un cercle, ou une ellipse, ayant le centre de ses forces à l'un de ses foyers. Ce sont là les deux principales propriétés du mouvement des planètes autour du soleil.

Newton en étoit là, lorsqu'il fit connoissance avec Halley. Cet illustre ami sentit aussitôt le prix de ces belles découvertes, & il l'engagea à les publier dans les *Transactions philosophiques*. Mais, bientôt il alla plus loin, &, conjointement avec la Société royale, il l'exhorta puissamment à développer davantage, & à mettre en ordre toutes ses sublimes théories, qu'il avoit dès-lors ébauchées sur la mécanique, & sur divers points du système de l'Univers ; il s'offrit enfin à prendre sur lui les peines & les soins de l'édition. Ce furent ses instances, &, pour ainsi dire, cette violence qu'il fit au peu de goût qu'avoit Newton, qui hâtèrent la publication de ses *Principes*, & qui nous procurèrent, en 1687, l'immortel ouvrage qui a pour titre : *Philosophia naturalis principia mathematica*.

On voit, par l'ensemble des phénomènes, produits par la *gravité*, que ce n'est point une pure

hypothèfe, mais une vérité de fait, une conféquence à laquelle nous conduit l'examen approfondi des phénomènes.

La continuité des mouvemens des aftres qui circulent autour du foleil, & qui font toujours les
mêmes dans les endroits femblables de leurs orbites, eft une puiffante raifon d'affurer que les
efpaces céleftes ne font remplis d'aucune matière
fenfiblement réfiftante. D'ailleurs, Newton a démontré qu'un fluide, femblable à celui dont Defcartes rempliffoit fes efpaces, détruiroit, dans peu,
le mouvement des corps qui le traverferoient. Cependant, les comètes parcourent ces efpaces céleftes dans toutes les directions imaginables, &
avec la même liberté que fi c'étoit un vide parfait.

Ainfi, le mouvement des corps céleftes eft la
fuite d'un mouvement une fois imprimé. Mais les
lois de la mécanique nous apprennent, qu'un
corps une fois mu, ne s'écarte jamais de la ligne
droite, qui eft la direction primitive qu'il a reçue,
à moins que quelque caufe ne l'en détourne. C'eft
pourquoi, puifque nous voyons les planètes parcourir autour du foleil une ligne courbe, il faut
néceffairement qu'à chaque inftant, elle foit détournée, par quelque force, de la direction rectiligne; & la direction de cette force tend vers le foleil: or, l'obfervation a démontré que les planètes
principales décrivent, autour du foleil, des aires
proportionnelles aux temps, & lorfqu'un corps,
en vertu d'une impulfion primitive, décrit autour
d'un point, des aires proportionnelles aux temps,
la force qui les détourne de la ligne droite eft dirigée vers ce point. Ainfi, il eft parfaitement établi que les planètes ne circulent, autour du foleil, que par l'action combinée d'une impulfion
primitive & latérale, & d'une force fans ceffe agiffante, qui tend à les rapprocher de cet aftre. Cette
force eft la *gravité*; il en eft de même des planètes
fecondaires. Cette force eft proportionnelle à fa
maffe.

Mais quelle eft cette force qui agit fur les corps,
comme l'aimant fur le fer? eft-ce une impulfion
réitérée fur les corps, ou une nouvelle propriété
de la matière? Newton a long-temps héfité pour
l'affigner; d'abord il l'a nommée *attraction*, en obfervant qu'il ne fe fervoit de ce terme, que pour
exprimer, d'une manière générale, l'effort que font
les corps pour s'approcher les uns des autres, foit
que cet effort foit l'effet de l'action des corps qui
fe cherchent mutuellement, ou qu'il foit produit
par des émanations de l'un à l'autre, ou par l'action de l'éther, ou de tel autre milieu corporel ou
incorporel.

Je vais, dit-il encore dans le même ouvrage,
expliquer les effets de ces forces que je nomme
attraction, quoique peut-être, pour parler phyfique-
ment, il fût plus exact de les nommer *impulfion*.

Dans fon *Optique* (1), Newton cherche à ex-

pliquer comment la *gravité* s'exerce. Il en attribue
la caufe à l'impulfion donnée par un milieu fubtil
& élaftique, qui pénètre tous les corps; mais
comme il n'a aucune donnée fur ce milieu, il le
fuppofe extrêmement rare, & fa force élaftique
extrêmement grande. Ainfi, en fuppofant cette
fubftance, qu'il nomme *éther*, 700,000 fois plus
rare que l'air, fa réfiftance feroit 600,000,000 de
fois moindre que celle de l'eau, & cauferoit, à
peine, une altération fenfible dans le mouvement
des planètes en dix mille ans; & fi fon élaftricité
étoit 700,000 fois plus grande que notre air, fon
action feroit extrêmement forte. Ainfi, dit le philofophe anglais, quoique l'accroiffement de denfité
puiffe être exceffivement lent, à de grandes diftances, cependant, fi la force élaftique de ce milieu eft exceffivement grande, elle peut fuffire à
pouffer les corps, des parties les plus denfes de ce
milieu, vers les plus rares, avec toute cette force
que nous nommons *gravité*.

Voilà la caufe de la *gravité* rapportée à une *impulfion*; mais, en 1713, le célèbre Roger Cotes,
chargé par Newton de la traduction de fon immortel ouvrage, traduction faite fous les yeux du philofophe anglais, a tranché le mot, dans la préface qu'il a mife à la tête de la nouvelle édition
des *Principes*, & a donné la *gravitation univerfelle*
pour une propriété inhérente à la matière, fous le
nom d'*attraction*.

Pourquoi Newton a-t-il héfité fi long-temps entre ces deux caufes de la *gravité*, l'*impulfion* &
l'*attraction*? C'eft qu'ayant un penchant décidé
pour admettre l'attraction, il craignoit les fortes
objections que l'on formoit de toutes parts contre
cette propriété inhérente, & contre le reproche
qu'on lui faifoit, de vouloir ramener, dans la philofophie, les propriétés occultes, fi juftement prof-
crites par les Modernes. Cependant, malgré ces
oppofitions, les philofophes ont fini par adopter,
généralement, l'*attraction* comme caufe de la *gravité*.

Jean Bernouilli a élevé, contre l'*attraction*, une
difficulté qui mérite d'être difcutée, & c'eft la
feule que nous examinerons dans cet article. Il
prétend que l'attraction ne fauroit être en même
temps proportionnelle à la maffe du corps attiré,
& fuivre le rapport inverfe du carré de la diftance.
« Car, dit-il, une particule élémentaire, à un éloi-
» gnement double du corps attirant, en reçoit
» une force, non fous-quadruple, mais fous-oc-
» tuple de celle qu'elle reçoit à une diftance fim-
» ple; puifque la denfité ou la multitude des rayons,
» partant du corps attirant, & qui faififfent la
» particule, doit être eftimée par la quantité de
» la maffe, & non par celle de la furface; d'où il
» fuivroit que la force de cette attraction dimi-
» nueroit comme les cubes, & non comme les
» carrés des diftances. »

Cette difficulté, qui a été renouvelée par plufieurs habiles antagoniftes de l'attraction, feroit

(1) *Optique de Newton*, Queftions XXI & XXII.

effectivement très-preffante, peut-être même fans réponfe, fi les chofes fe paffoient comme ces auteurs le fuppofent. Il faut, pour lui conferver fa force, que l'attraction foit l'effet d'une émanation partant d'un centre, & fe répandant à l'entour par des lignes en forme de rayons; on le voit fuffifamment par l'expofé même de l'objection. Mais cette manière de concevoir l'attraction, n'eft fondée que fur l'analogie de la loi qu'elle fuit, avec celles fuivant lefquelles décroît la lumière à différentes diftances du point lumineux, & rien n'oblige ceux qui font de l'attraction une propriété inhérente à la matière, rien ne les oblige à lui affigner une pareille caufe. Au contraire, puifque cette tendance au mouvement eft un effet immédiat, rien n'empêche que, dans chaque particule élémentaire, elle ne foit en raifon de la maffe, & qu'elle ne décroiffe en raifon réciproque du carré de la diftance à chaque autre particule; & des amas de ces particules élémentaires fe formeront des corps qui graviteront les uns vers les autres, en raifon des maffes & en raifon inverfe du carré des diftances.

Lefage, de Genève, a attribué la caufe de la gravitation, à un fluide particulier, qu'il nomme *fluide gravifique*. Il le fuppofe compofé de corpufcules infiniment petits, qui fe meuvent en ligne droite, en toute direction, avec une rapidité exceffive. Ces corpufcules choquent tous les corps qu'ils rencontrent: s'il n'exiftoit qu'un feul corps dans l'efpace, celui-ci, choqué de toutes parts, refteroit en équilibre; mais, qu'un fecond corps fe préfente, chacun de ces deux corps garantira l'autre du choc des corpufcules qui le frappe lui-même, par la face diamétralement oppofée à celle qu'il lui préfente. Les deux corps feront donc moins frappés l'un & l'autre fur les faces qu'ils fe préfentent mutuellement, que fur les faces oppofées; &, par conféquent, ils feront pouffés l'un vers l'autre, par la fomme des chocs extérieurs qui ne feront pas compenfés par les chocs intérieurs.

Nous ne fuivrons pas plus loin le célèbre métaphyficien genevois; on peut prendre une idée plus étendue de fon fyftème, dans une lettre publiée par Duluc, & qui eft inférée page 88 du tome I du *Journal de Phyfique*, pour l'année 1793. Nous n'avons parlé de cette hypothèfe, qui n'a point été adoptée, que parce qu'elle a été renouvelée depuis par des perfonnes qui, probablement, n'en avoient pas de connoiffance, & qu'il eft poffible qu'elle le foit encore à caufe de fa fimplicité apparente.

Après nous être affurés de l'exiftence de la *gravité*, nous allons développer les principaux phénomènes qui en dérivent; & nous allons puifer ce développement dans l'*Expofition du fyftème du monde*, de l'illuftre géomètre P. S. Laplace. Nous changerons, dans ce que nous emprunterons de ce favant, le mot de *pefanteur* en celui de *gravité*, ou de *gravitation*, que nous avons cru devoir conferver.

Parmi les phénomènes du fyftème folaire, le mouvement elliptique des planètes & des comètes femble le plus propre à nous conduire à la loi générale des forces dont il eft animé. L'obfervation a fait connoître que les aires tracées autour du foleil, par les rayons vecteurs des comètes & des planètes, font proportionnelles aux temps: or, comme il faut pour cela que la force, qui détourne fans ceffe chacun de ces corps de la ligne droite, foit dirigée conftamment vers l'origine des rayons vecteurs, la tendance des planètes & des comètes vers le foleil eft donc une fuite néceffaire de la proportionnalité des aires décrites par les rayons vecteurs, aux temps employés à les décrire.

Pour déterminer la loi de la tendance, fuppofons les planètes mues dans des orbes circulaires, ce qui s'éloigne peu de la vérité; les carrés de leurs vitteffes réelles font alors proportionnels aux carrés des rayons de ces orbes, divifés par le carré des temps de leurs révolutions; mais, par les lois de Kepler, les carrés des temps font entr'eux comme les cubes des mêmes rayons; les carrés des viteffes font donc réciproques à ces mêmes rayons. Les forces centrales de plufieurs corps, mus circulairement, font comme les carrés des viteffes, divifés par les carrés des circonférences décrites; les tendances des planètes, vers le foleil, font donc réciproques aux carrés des rayons de leurs orbes fuppofés circulaires. Cette hypothèfe, il eft vrai, n'eft pas rigoureufe; mais le rapport conftant des carrés des temps des révolutions des planètes, aux cubes des grands axes de leurs orbes, étant indépendant des excentricités, il eft naturel de penfer qu'il fubfifteroit encore, dans le cas où ces orbes feroient circulaires. Ainfi la loi de la pefanteur vers le foleil, réciproque au carré des diftances, eft clairement indiqué par ce rapport.

L'analogie nous porte à penfer que cette loi, qui s'étend d'une planète à l'autre, a également lieu pour la même planète, dans fes diverfes diftances du foleil: fon mouvement elliptique ne laiffe aucun doute à cet égard. Pour le faire voir, fuivons ce mouvement, en faifant partir la planète du périhélie. Sa viteffe eft alors à fon maximum, & fa tendance, à s'éloigner du centre du foleil, l'emportant fur fa *gravité* vers cet aftre, fon rayon vecteur augmente & forme des angles obtus avec la direction de fon mouvement; la *gravité* vers le foleil, décompofée fuivant cette direction, diminue donc de plus en plus la viteffe, jufqu'à ce que la planète ait atteint fon aphélie. A ce point, les rayons vecteurs redeviennent perpendiculaires à la courbe: fa viteffe eft à fon minimum, & la tendance à s'éloigner du foleil étant moindre que la *gravité folaire*, la planète s'en rapproche en décrivant la feconde partie de fon ellipfe. Dans cette partie, fa *gravité*, vers le foleil, accroît fa viteffe, comme auparavant elle l'avoit diminuée : la planète fe trouve au périhélie avec fa viteffe primitive, & recommence une nouvelle révolution femblable à la précédente. Maintenant, la courbe de l'ellipfe étant la même au périhélie & à l'aphélie, les rayons ofculateurs y font les mêmes, &, par conféquent, les forces centrifuges, dans ces deux points, font comme les carrés des viteffes. Les fecteurs, décrits pendant les mêmes élémens du temps, étant égaux, les viteffes périhélies & aphélies font réciproquement comme les diftances correfpondantes de la planète au foleil : les carrés de ces viteffes font donc réciproques aux carrés des mêmes diftances; or, au périhélie & à l'aphélie, les forces centrifuges, dans les circonférences ofculatrices, font évidemment égales aux *gravités* de la planète vers le foleil; ces *gravités* font donc en raifon inverfe du carré des diftances.

Ainfi, les théorèmes d'Huyghens, fur la force centrifuge, fuffiroient pour reconnoître la loi de la tendance des planètes vers le foleil; car il eft très-vraifemblable, qu'une loi qui a lieu d'une planète à l'autre, & qui fe vérifie, pour chaque planète, au périhélie & à l'aphélie, s'étend à tous les points des orbes planétaires, & généralement à toutes les diftances du foleil. Mais, pour l'établir d'une manière inconteftable, il falloit avoir l'expreffion de la force qui, dirigée vers le foyer d'une ellipfe, la fait décrire à un projectile : Newton trouva, qu'en effet, cette force eft réciproque au carré du rayon vecteur. Il falloit encore démontrer rigoureufement, que la *gravité*, vers le foleil, ne varie d'une planète à l'autre, qu'à raifon de la diftance à cet aftre. Ce grand géomètre fit voir que cela fuit, de la loi des carrés des temps des révolutions proportionnelles aux cubes des grands axes des orbites. En fuppofant donc toutes les planètes en repos à la même diftance du foleil, & abandonnées à leur pefanteur vers fon centre, elles defcendroient de la même hauteur en temps égal; réfultat que l'on doit étendre aux comètes, quoique les grands axes de leurs orbes foient inconnus; car on a vu, dans le fecond livre, que la grandeur des aires décrites, par leurs rayons vecteurs, fuppofe la loi des carrés des temps de leurs révolutions.

L'analyfe qui, dans fes généralités, embraffe tout ce qui peut réfulter d'une loi donnée, nous montre que, non-feulement l'ellipfe, mais toute fection conique peut être décrite en vertu d'une force qui retient les planètes dans leurs orbes; une comète peut donc fe mouvoir dans une hyperbole; mais alors elle ne feroit qu'une fois vifible, & après fon apparition, elle s'éloigneroit au-delà des limites du fyftème folaire, & s'approcheroit de nouveaux foleils pour s'en éloigner encore, en parcourant ainfi les divers fyftèmes répandus dans l'immenfité des cieux. Il eft probable, vu l'infinie variété de la nature, qu'il exifte des

aftres femblables : leurs apparitions doivent être fort rares, & nous ne devons obferver, le plus fouvent, que des comètes qui, mues dans des orbes rentrans, reviennent à des intervalles plus ou moins longs, dans les régions de l'efpace, voifines du foleil.

De même que les planètes gravitent vers le foleil; la lune & tous les fatellites gravitent vers les planètes : ainfi, les comètes, les planètes & les fatellites font foumis à la même loi; mais les divers fyftèmes des planètes, accompagnées de leurs fatellites, font emportés d'un mouvement commun dans l'efpace, & gravitent enfemble vers le foleil. Le mouvement relatif des planètes & des fatellites eft à peu près le même que fi la planète étoit en repos.

Ainfi nous arrivons naturellement, & fans aucune hypothèfe, à regarder le centre du foleil comme le foyer d'une force qui s'étend indéfiniment dans l'efpace, qui diminue en raifon du carré des diftances, & qui attire femblablement tous les corps. Chacune des lois de Kepler fournit des preuves de cette force attractive, que le foleil, les planètes, les fatellites & les comètes exercent les unes fur les autres. *Voyez* LOIS DE KEPLER.

Quelques petites altérations, dans le mouvement elliptique des planètes, & les erreurs dont ces obfervations font fufceptibles, fembleroient faire naître quelques incertitudes; mais, d'ailleurs, ces différences font très-petites, & dépendent elles-mêmes de la *gravité*, ou de l'action exercée par tous les corps planétaires. (*Voyez* PERTURBATIONS.) On peut regarder cette attraction apparente, comme le complément de la loi de la *gravité* proportionnelle aux maffes, & réciproque au carré des diftances.

Il réfulte de la proportionnalité des aires des rayons vecteurs décrits par ces fatellites, aux temps employés à les décrire, ainfi que de la loi de la diminution de cette force en raifon inverfe du carré des diftances, indiquée par l'ellipticité de leurs orbes, une preuve de la gravitation des fatellites vers le centre de leurs planètes; mais cette preuve manquant pour la terre, qui n'a qu'un fatellite, on y fupplée par les confidérations fuivantes : 1°. que la *gravité*, s'étendant jufqu'au fommet des plus hautes montagnes, fans laiffer appercevoir de diminution fenfible, il eft naturel de penfer qu'elle peut s'étendre jufqu'à la lune; 2°. qu'un projectile, lancé horizontalement fur la terre, d'une grande hauteur, avec une viteffe de projection de fept mille mètres environ, & n'étant point éteinte par la réfiftance de l'atmofphère, circuleroit, comme un fatellite, autour de la terre, puifque fa force centrifuge feroit équilibre à fa *gravité*: qu'ainfi, il fuffiroit d'érlever ce projectile à la même hauteur que la lune, pour fe repréfenter le mouvement de cet aftre; & nous avons vu précédemment que le calcul appliqué à la viteffe angulaire de la lune, donnoit

exactement

exactement un mouvement & une gravitation semblable à celle que cet astre devroit avoir. Ainsi la loi de la gravitation, qui pour les planètes accompagnées de plusieurs satellites, est prouvée par la comparaison de leurs distances & la durée de leurs révolutions, est démontrée pour la lune, par la comparaison de son mouvement avec celui des projectiles à la surface de la terre. *Voyez* LUNE, PESANTEUR.

Une forte analogie porte à étendre cette propriété attractive, aux planètes même qui ne sont point accompagnées de satellites. La sphéricité commune à tous ces corps indique évidemment que leurs molécules sont réunies autour de leur centre de *gravité*, par une force qui, à distances égales, les sollicite également vers ces points. Cette force se manifeste encore par les perturbations qu'elle fait éprouver aux mouvemens planétaires. Enfin, on sait que si toutes les planètes & les comètes étoient placées à la même distance du soleil, leurs *gravités*, vers cet astre, seroient proportionnelles à leurs masses : or, c'est une loi générale de la nature, que la réaction est égale & contraire à l'action; tous ces corps réagissent donc vers le soleil, & l'attirent en raison de leurs masses; par conséquent ils sont doués d'une force attractive proportionnelle aux masses, & réciproques aux carrés des distances. Par le même principe, les satellites attirent les planètes & le soleil, suivant la même loi : d'où il résulte que cette propriété attractive est commune à tous les corps célestes.

Non-seulement la propriété attractive des corps célestes leur appartient en masse, mais elle est encore propre à chacune de leurs molécules. Si le soleil n'agissoit que sur le centre de la terre, sans attirer chacune de ses parties, il en résulteroit, dans l'Océan, des oscillations incomparablement plus grandes & très-différentes de celles qu'on y observe. La gravitation de la terre, vers le soleil, est donc le résultat des gravitations de toutes ses molécules qui, par conséquent, attirent le soleil en raison de leurs masses respectives. D'ailleurs, chaque corps, sur la terre, *gravite* vers son centre proportionnellement à sa masse; il réagit donc sur elle, & l'attire suivant le même rapport : si cela n'étoit pas, & si une partie de la terre, quelque petite qu'on la suppose, n'attiroit pas l'autre partie, comme elle en est attirée, le centre de *gravité* de la terre seroit mû dans l'espace en vertu de la gravitation, ce qui est inadmissible.

Ainsi, les phénomènes célestes comparés aux lois du mouvement, nous conduisent donc à ce grand principe de la nature, savoir, que *toutes les molécules de la matière s'attirent mutuellement, en raison des masses, & réciproquement au carré des distances*. Déjà l'on entrevoit, dans cette *gravitation universelle*, la cause perturbatrice des mouvemens elliptiques; car les planètes & les comètes étant soumises à leur action réciproque, elles doivent

s'écarter un peu des lois de ce mouvement, qu'elles suivroient exactement si elles n'obéissoient qu'à l'action du soleil. Les satellites, troublés dans leurs mouvemens autour de leurs planètes, par leur attraction mutuelle & par celle du soleil, s'écartent pareillement de ces lois. On voit encore que les molécules de chaque corps céleste, réunies par leur attraction, doivent former une masse à peu près sphérique, & que la résultante de leur action à la surface du corps, doit y produire tous les phénomènes de la *gravitation*. On voit pareillement que le mouvement de rotation des corps célestes doit altérer un peu la sphéricité de leur figure, & l'aplatir aux pôles; & qu'alors la résultante de leurs actions mutuelles, ne passant point exactement par leur *centre de gravité*, elle doit produire dans leurs axes de rotation, des mouvemens semblables à ceux que l'observation y fait apercevoir. Enfin, on entrevoit que les molécules de l'Océan, inégalement attirées par le soleil & la lune, doivent avoir un mouvement d'oscillation pareil au flux & au reflux de la mer. Mais tous ces divers effets, provenant de la *gravitation universelle*, seront développés en traitant de chacun de ces articles en particulier. Ce sont donc ces articles qu'il faut consulter.

GRAVITÉ ABSOLUE. Force avec laquelle les corps tombent en bas. *Voyez* PESANTEUR.

GRAVITÉ (Centre de); *centrum gravitatis; mittel punckte des schwere.* Point situé dans l'intérieur d'un corps, & autour duquel toutes ses parties sont en équilibre. *Voyez* CENTRE DE GRAVITÉ.

GRAVITÉ SPÉCIFIQUE. Rapport de la *gravité* d'un corps à celle d'un autre corps. *Voyez* PESANTEUR SPÉCIFIQUE, DENSITÉ.

GRAVITER. Tendre ou être porté vers un corps par la *gravité*.
Newton a long-temps hésité sur la cause qui faisoit *graviter* les corps. Il l'a d'abord attribuée à une force impulsive, puis à une qualité inhérente à la matière, qu'il a nommée *attraction*. *Voyez* GRAVITÉ.

GRAVOIR. Outil avec lequel on fait la rainure des chasses de lunette.

GRAVURE, de γραφω, *graver*, du latin barbare *graphare*; sculptura; s. f. Art qui, par le moyen du dessin, & à l'aide de traits fins, & creusés sur des matières dures, imite les formes, les ombres & les lumières des objets visibles, & peut en multiplier les empreintes par le moyen de l'impression.
On *grave* sur des planches de bois, de cuivre & d'acier; sur les premières, à l'aide de plusieurs

Eee

instrumens tranchans, qui coupent le bois avec beaucoup de netteté ; sur les secondes, à l'aide de l'acide nitrique & des burins : on peut également graver sur l'acier par le dernier moyen.

Deux nouveaux genres de *gravures* ont été inventés sur la fin du siècle dernier & au commencement de celui-ci. Le premier est la *gravure* sur verre, à l'aide de l'acide fluorique. On enduit une plaque de verre d'une couche de vernis, composée de trois parties de cire & une de térébenthine, que l'on coule sur le verre de manière à en former une couche d'un millimètre d'épaisseur. Lorsque cette couche est solidifiée & refroidie, on y grave, avec une pointe sèche, le dessin que l'on veut obtenir, en faisant en sorte que les traits pénètrent jusqu'à la surface du verre, & l'on verse dessus de l'acide fluorique étendu de cinq à six fois son poids d'eau : ou l'on expose les traits gravés, dans le vernis, à l'action de la vapeur de l'acide fluorique, vapeur que l'on obtient, en mettant une partie de fluate de chaux & deux parties d'acide sulfurique, dans une boîte de plomb, que l'on chauffe légèrement, & que l'on recouvre avec le morceau de verre que l'on veut *graver*. L'acide attaque le verre que l'on a mis à découvert par les traits faits dans le vernis. Lorsque le verre est attaqué assez profondément, on enlève le mastic, & l'on retouche la *gravure* si cela est nécessaire.

Le second genre de *gravure* est celui que l'on exécute aujourd'hui sur la pierre, en traçant dessus, avec un crayon, ou avec une encre particulière, les traits du dessin que l'on veut obtenir, & en imprimant ensuite.

Dans ce genre de *gravure*, deux conditions sont essentielles : la première, que la pierre, sur laquelle on trace les traits du dessin, puisse se pénétrer facilement d'humidité, & conserver cette humidité de manière que l'encre grasse d'impression ne puisse pas s'attacher dessus : la seconde, que l'encre ou la substance du crayon avec lesquelles on dessine sur la pierre, soient telles qu'elles s'y attachent facilement, qu'elles s'y durcissent, & qu'elles puissent recevoir l'encre grasse d'impression pour la transporter sur le papier.

Parmi les *gravures* que l'on imprime, il en est qui sont principalement destinées à être placées dans les optiques ; celles-là doivent représenter différens objets, en suivant les principes rigoureux de la perspective linéaire & aérienne, afin que, vues à travers les lentilles grossissantes, elles produisent une illusion complète. *Voyez* PERSPECTIVE.

GRÉGEOIS (Feu) ; *ignis græcanicus* ; *grichisch feuer* ; s. m. Feu qui brûle dans l'eau, & dont on attribue l'invention aux Grecs.

Ce que l'on appelle *feu grégeois*, est une combinaison de substances combustibles & de substances oxigénées, formant une masse solide & compacte, dans laquelle la proportion des com-

bustibles & de l'oxigène est telle, que la substance une fois allumée, continue à brûler sans pouvoir être éteinte.

On peut composer les *feux grégeois* de diverses manières. Parmi toutes les combinaisons possibles, on peut former la masse solide avec du charbon, du soufre, du bitume, de la poix, & du nitre ou salpêtre, dans les proportions convenables à leur totale combustion. Cependant, il est nécessaire que la substance qui produit l'oxigène, ne puisse pas se dissoudre dans l'eau ; c'est pourquoi un oxide métallique rendant facilement son oxigène, seroit préférable au nitre.

Dans les feux ordinaires, les substances combustibles ne brûlent que lorsqu'elles sont exposées à l'action de l'air atmosphérique, & l'oxigène de l'air devient nécessaire à la combustion. Ce qui distingue le *feu grégeois*, & ce qui l'a fait regarder comme une chose étrange, c'est que la composition qui le produit, contient tous les élémens de la combustion, & que l'on peut le priver entièrement du contact de l'air, soit en le couvrant de terre, ou en le plongeant dans l'eau, sans l'empêcher de brûler.

La propriété qu'a le *feu grégeois* de pouvoir brûler sans le concours de l'air, l'a fait regarder comme une composition d'autant plus redoutable, que l'on n'a aucun moyen de l'éteindre. La manière de produire ce feu a été perdue pendant long-temps. On croit qu'un chimiste le découvrit de nouveau sur la fin du dix-septième siècle, & qu'il l'offrit à Louis XIV. On cite, à ce sujet, comme un beau trait de ce souverain, d'avoir enfoui ce secret, & de n'avoir pas voulu en faire usage. Ce secret pouvoit en être un véritablement, avant que l'on ne connût parfaitement la théorie de la combustion ; mais aujourd'hui chacun peut en préparer. *Voyez* FEU GRÉGEOIS.

GRÉGORIEN ; *Gregorianisch* ; adjectif de Grégoire, nom propre.

GRÉGORIEN (Calendrier) ; *calendarium gregoricum* ; *gregorius calende* ; s. m. Division du temps, ordonnée par le pape Grégoire XIII. *Voyez* CALENDRIER GRÉGORIEN.

GRÉGORIEN (Chant). Sorte de plain-chant, dont l'invention est attribuée à saint Grégoire, pape, & qui a été substitué & préféré, dans la plupart des églises, au chant ambroisien. *Voyez* PLAINCHANT.

GRÉGORIEN (Télescope) ; *telescopium gregoricum* ; *gregoryste teleskop* ; s. m. *Télescope* imaginé par Jacques Grégory, savant géomètre écossais, & dont il a donné la description dans son *Optica promota*. *Voyez* TELESCOPE CATADIOPTRIQUE.

GRÉGORIENNES (Années) ; *annus gregoricus* ;

grégorisch jahr; f. f. Années écoulées depuis la réforme du calendrier, faite en 1582, par le pape Grégoire XIII. *Voyez* CALENDRIER GRÉGORIEN.

GRÊLE; *gracilis*; *fchlanck*; adj. Qui eft long & menu.

Cette épithète fe donne, en phyfiologie, à diverfes parties de corps qui font minces & longues; on la donne également, en botanique, à des parties de plantes qui paroiffent trop longues & trop déliées pour leur groffeur.

GRÊLE (Voix). Voix aiguë & foible. *Voyez* VOIX GRÊLE.

GRÊLE, du mot celtique *gréfil*; grundo; *hagel*, *fchloffen*; f. f. Météore aqueux; gouttes d'eau congelées dans l'air & réduites en glaçons.

On donne le nom de *grêle* à de petits morceaux de glace de différentes formes & de différentes groffeurs, qui fe précipitent de l'air fur la terre à diverfes époques de l'année.

Habituellement, ces grains font formés d'une maffe floconneufe, femblable à des fragmens de neige réunis, qui occupent le centre. Ces flocons font environnés de plufieurs couches de glace concentriques & tranfparentes. Quelques unes de ces couches font opaques; mais cette circonftance eft rare.

Quant à la forme des glaçons, Mufchenbroeck dit qu'il arrive rarement qu'ils foient ronds; que les grains de *grêle* font aplatis çà & la, comprimés, & qu'on leur remarque des angles & des cavités; que la *grêle* qui tombe lorfqu'un vent violent fe fait fentir, eft ordinairement d'une figure moins régulière que celle qui tombe dans un autre temps; que la glace eft quelquefois mollaffe; fa furface paroît comme faupoudrée de farine : cette forte de *grêle* eft ordinairement petite, fe fond facilement, & elle tombe lorfqu'il fait un temps calme, humide & peu chaud.

Volta (1) affure que les grains de *grêle* ne font jamais parfaitement fphériques; ils font plus ou moins arrondis, fuivant les circonftances; quelquefois ce font des fphéroïdes comprimés, quelquefois coupés fur une face, & comme hémifphériques; tantôt préfentant plufieurs faces, tantôt lenticulaires, & autres variétés de formes plus ou moins irrégulières, telles que celles qui fe trouvent hériffées de pointes; ce qui, cependant, arrive très-rarement, mais feulement lorfque plufieurs grains viennent à s'agglomérer pour n'en former qu'un feul. Les formes irrégulières les moins rares font celles qui préfentent des fortes de compreffions produites par différentes caufes, foit par la force avec laquelle ils font lancés & froiffés, foit par les coups de vent, foit par un commencement de liquéfaction, foitpar le choc qu'ils éprou-

vent dans leur mouvement alternatif, foit par le mélange de la pluie qui a lieu dans leur chute, foit enfin par toute autre caufe.

Ayant eu occafion, dans mes voyages, d'obferver un grand nombre de grêlons, dans les plaines & fur la fommité des montagnes, j'ai obfervé conftamment que, tant que le grêlon étoit folitaire & entier, fa forme étoit celle d'un paraboloïde de révolution G, *fig.* 893, dans lequel on diftinguoit un flocon de neige dans fon centre, & que les autres formes, que j'ai également obfervées, provenoient ou du brifement du grêlon primitif, ou de la fufion de quelques-unes de fes parties, ou de l'agglutition de plufieurs grêlons entiers, ou de fragmens de grêlons.

La groffeur & le poids des grains de *grêle* font extrêmement variables. Sur les hautes montagnes, & l'hiver dans les plaines, elle eft très-petite; leur groffeur approche de celle des grains de coriandre; on la confond même fouvent avec le *gréfil*. (*Voyez* GRÉSIL.) Dans l'été, c'eft-à-dire, dans les mois de mai, juin, juillet & août, principalement dans les plaines, il en tombe quelquefois de très-groffe. Defcholes rapporte qu'il tomba à Rome, en 1740, une *grêle* dont les grains étoient de la groffeur d'un œuf. Vallace rapporte, dans la defcription des îles Orcades, qu'au mois de juin de l'année 1680, il tomba, pendant un temps d'orage, & lorfque le tonnerre grondoit fortement, des morceaux de glace de l'épaiffeur d'un pied. Dans l'île de Riffel, il tomba, le 25 mai 1686, de la *grêle* dont les grains étoient de la groffeur d'un œuf de colombe; ces grains pefoient quatre onces; il y en avoit qui pefoient une livre : on trouvoit au centre de quelques-uns de ces grains, une matière d'une couleur brune obfcure. Morton a obfervé à Northampton, en 1693, des lames de glace longues de deux pouces & épaiffes d'un pouce, & outre cela, des grains fphériques d'un pouce de diamètre, fur lefquels on remarquoit cinq rayons faillans qui formoient une efpèce d'étoile. A Hertfort, en Angleterre, il tomba au mois de juin de l'année 1697, de la *grêle* qui avoit neuf pouces de groffeur (1). Il tomba, en 1720, auprès de Crembs, de la *grêle*, dont quelques grains pefoient fix livres (2). Mufchenbroeck vit, en 1736, à Utrecht, des grains de *grêle* qui étoient auffi gros que des œufs de pigeon; quelques-uns de ces grains étoient compofés de deux, trois & quatre autres plus petits, qui s'étoient unis enfemble pour n'en former qu'un feul, mais qu'on diftinguoit parfaitement, parce qu'ils étoient féparés les uns des autres par des efpaces affez grands; il en vit quelques-uns parmi ceux-là, qui étoient auffi gros que des œufs de poule. Dans la province de Thuringe, en Allemagne, il tomba, en 1738, auprès de Northaufen, & dans vingt-quatre bourgs circon-

---

(1) *Journal de Phyfique*, année 1809, tome II, p. 339.

(1) *Tranfactions philofophiques*, n°. 229, page 579.
(2) *Collect.* Breflau, année 1720.

voifins, des grains de *grêle* auffi gros que des œufs d'oie. En 1739, il tomba, dans l'évêché de Wartzbourg, de la *grêle*, dont certains grains pefoient 5 livres. En 1740, il tomba en France (1) de la *grêle*, dont quelques grains avoient deux pouces de longueur, un de large, & un demi-pouce d'épaiffeur. Il en tomba de femblables, en 1758, dans la Virginie. Volta cite un orage qui éclata dans les environs de Rome, la nuit du 19 au 20 août 1807, dans lequel il tomba des grains de *grêle* de la groffeur d'un œuf de poule; quelques-uns même pefoient plus de neuf onces.

Tous ces grêlons extraordinaires font des grêlons compofés; aucun n'eft folitaire; plufieurs fe font réunis dans leur chute, & font tombés naturellement groupés; d'autres fe font réunis après être tombés, & l'on peut placer, dans cette claffe, le morceau de glace d'un pied d'épaiffeur, cité par Vallace, fi toutefois ce morceau de glace a été vraiment obfervé & mefuré, & fi fes dimenfions n'ont pas été augmentées par l'imagination. Il eft difficile de croire que des glaçons auffi gros que plufieurs de ceux que nous avons cités, aient été remarqués au moment de leur chute; il eft plus naturel de croire qu'ils ont été obfervés quelque temps après, & lorfqu'ils ont pu s'être agglutinés de nouveau, après avoir féjourné fur la terre.

Il eft difficile d'indiquer précifément les époques de l'année où la *grêle* tombe. Ces époques dépendent de la latitude & de la pofition. En Italie, il ne tombe ordinairement de la *grêle* que dans les temps chauds; dans le nord de l'Europe, il tombe de la *grêle* tous les mois de l'année. Mufchenbroeck a obfervé que le nombre de jours qu'il avoit grêlé à Utrecht, pendant 29 années, étoit: dans le mois de janvier 30; février 24; mars 40; avril 58; mai 35; juin 13; juillet 11; août 8; feptembre 10; octobre 29; novembre 40; décembre 36; d'où il fuit qu'il *grêle* très-rarement dans l'été; encore cette *grêle* ne furvient-elle que dans les orages. Il fuit encore de-là, que la moyenne de chaque année eft de onze jours & demi de *grêle*, environ. Mais ce nombre de jours eft également variable, car il eft des années où il n'a été que de 5, & d'autres de 24.

Nous avons déjà vu que la latitude avoit une grande influence fur les époques où la *grêle* tomboit. Scheuchzer rapporte qu'il ne *grêle* jamais, ou qu'il ne *grêle* que très-rarement, dans les vallons qui ont leurs montagnes à l'Orient: telles que les vallées de Schwitz, de Glaris, de Wefen, de Gafteren dans les Alpes. Sauffure dit (2) que c'eft une obfervation que l'on a fouvent faite, que les plaines voifines des hautes montagnes, qu'à une certaine diftance de ces montagnes, les *grêles* font beaucoup plus fréquentes qu'à des diftances ou plus grandes ou plus petites; mais qu'il y a auffi des diftances privilégiées, où les *grêles* ne tombent que très-rarement: que fon père poffède, au bord de l'Arve, à une demi-lieue en ligne droite du pied de la montagne de Salève, une campagne fur laquelle, de mémoire d'homme, il n'eft pas tombé de *grêle* confidérable, parce que les orages paffent toujours ou plus près ou plus loin de la montagne. *Voyez* ORAGES.

Un fait bien remarquable, dit encore ce célèbre géologue (1), c'eft la fréquence de la *grêle*, ou du moins du gréfil, dans ces hautes régions. Sur 140 obfervations, prifes de deux heures en deux heures, il en compte une de *grêle* proprement dite, & 11 de gréfil. Il penfe qu'il faut confidérer le gréfil comme de la *grêle* qui commence à fe former; qu'il eft très-fouvent accompagné de tonnerre, & que l'on trouve prefque toujours, dans chaque grain de *grêle*, un noyau de neige durcie, qui n'eft autre chofe qu'un grain de gréfil; qu'enfin, le docteur Pacard trouva des grêlons dans la neige qui recouvre la cime même du Mont-Blanc; qu'il en a également obfervé fur le Col-du-Géant, mais qu'ils étoient plus petits, communément, comme des grains de chenevis, ou des petits pois, & fouvent couverts de petits mamelons arrondis.

Rarement la *grêle* tombe fur une grande étendue de terrain. Comme elle fe forme, ordinairement, dans un nuage orageux, & que ces fortes de nuages n'occupent pas une grande étendue, ce n'eft que fur l'efpace que ce nuage couvre, pendant la durée de la formation & de la précipitation de la *grêle*, que cette eau congelée tombe; auffi obferve-t-on facilement : 1°. la marche du nuage, par l'étendue en longueur du terrain fur lequel la *grêle* eft tombée, & la largeur du nuage, par celle de la furface grêlée. Alors, felon que le nuage a une viteffe plus ou moins grande, que fa largeur a plus ou moins d'étendue, que la formation & la précipitation de la *grêle* ont eu une durée plus ou moins prolongée, la furface qui a éprouvé les effets de ce météore deftructeur, a plus ou moins d'étendue. Il eft heureux, pour les cultivateurs, que l'étendue des nuées orageufes ne foit pas auffi grande que celle des nuées pluviales, & que la durée de la formation & de la précipitation de la *grêle* ne foit pas auffi confidérable que celle de la formation & de la précipitation de la pluie.

Pour expliquer le phénomène de la *grêle*, les anciens philofophes ont fuppofé que les nuées entières étoient de groffes maffes de glace, qui fe rompoient & fe brifoient en fragmens de différentes grandeurs, qui tomboient en fe preffant les uns contre les autres. Nous ne penfons pas que cette hypothèfe puiffe être férieufement difcutée. Les philofophes modernes ont, avec plus de jufteffe, confidéré la *grêle* comme provenant de la

---

(1) *Mémoires de l'Académie royale des Sciences*, année 1741.
(2) *Voyage dans les Alpes*, §. 972.

(1) *Voyages dans les Alpes*, §. 2075.

congélation de l'eau suspendue dans les nuages d'où la *grêle* est lancée; mais comment se fait cette congélation, pour produire des glaçons solitaires, aussi gros que ceux que l'on observe habituellement ?

Muschenbroeck divise la formation de la *grêle* en deux classes: celle qui se forme l'hiver, sans être accompagnée de tonnerre, & celle qui se forme l'été, & qui accompagne de grands & forts orages.

En Hollande, pendant l'hiver, l'air qui est auprès de la surface de la terre, est assez froid & assez disposé à produire la congélation de l'eau: & c'est aussi pour cette raison que, si l'on considère avec attention les nuages qui se convertissent en neige ou en *grêle*, on verra qu'ils ne sont pas assez élevés au-dessus de la surface de la terre: & suivant que les nuées seront plus ou moins élevées en hiver, la *grêle* se formera en différens endroits au-dessus de la surface de la terre.

– Il est facile de voir que, sur les hautes montagnes, la *grêle* se forme, comme dans la Hollande, l'hiver, & qu'en tombant dans les vallées, souvent elle se fond & se transforme en pluie.

Quant à la *grêle* qui se forme en été, Muschenbroeck observe que la partie inférieure, ou la couche inférieure de la région de la neige, considérée, pour la France, l'Angleterre & la Hollande, peut être placée à 9680 pieds au-dessus de la surface de la terre; que l'on voit, cependant, des nuées qui sont beaucoup plus élevées, qui nagent & qui flottent dans les régions de la neige; qu'il y a des nuées qui sont fortement électriques, d'autres qui le sont moins: lorsque ces nuées se rencontrent, ces dernières s'emparent, avec avidité, de la matière électrique des premières, & les en dépouillant: il en résulte des étincelles & des éclats froudroyans, c'est-à-dire, des foudres & des tonnerres; cet effet se produit de la même manière que les étincelles bruyantes que nous tirons, lorsque nous approchons le doigt d'une barre de fer électrifée. Lorsque ces nuées ont perdu leur matière électrique, les vapeurs qui font partie de ces nuées, ne se repoussent plus les unes les autres; elles se condensent alors par l'action du vent, ou de plusieurs vents opposés, ainsi que par le froid qui règne dans l'endroit où elles se trouvent: elles se glacent, & cette congélation est d'autant plus prompte, qu'elles sont exposées à l'action d'un plus grand nombre de causes qui concourent à cet effet. Les premiers glaçons qui se forment sont plus petits, mais ils s'unissent avec d'autres qu'ils rencontrent dans leur chute: ce qui leur donne différentes grosseurs, & ce qui rend leurs figures si irrégulières; de sorte qu'il en résulte une masse non continue de glace, qui est le résultat de plusieurs glaçons réunis.

Comme le tonnerre se fait toujours entendre dans les orages d'été, qui sont accompagnés de g*rêle*, Muschenbroeck & la plupart des physiciens qui l'ont observé, ont cru devoir considérer l'électricité & le refroidissement, comme concourant ensemble à la production de ce phénomène. Cependant chacun fait concourir ces deux causes d'une manière différente; afin de donner une opinion de la manière dont on conçoit les actions séparées ou simultanées de ces deux causes, nous allons faire connoître les explications que Mongez, Volta & Monge donnent sur la formation de la *grêle*.

Dans une lettre qu'il a écrite à Guyton de Morveu, & qui est inférée dans le *Journal de physique*, tome II, année 1778, page 209, Mongez, chanoine régulier de la congrégation de France, résume ainsi son hypothèse:

1°. Les nuages sont tous électriques naturellement, & ne s'électrisent en plus qu'accidentellement.

2°. Il n'y a point d'évaporation électrique dans le premier cas; elle ne peut avoir lieu que dans le second.

3°. Dès que l'évaporation électrique commence dans une goutte de pluie, il se forme autour d'elle une atmosphère de sa propre substance, qui intercepte le mouvement & la chaleur répandue dans l'air ambiant.

4°. Cette cessation de mouvement produit le froid dans cette atmosphère.

5°. Ce froid & cet engourdissement se communiquent à la goutte d'eau, successivement jusqu'à son centre.

6°. La glace se forme alors.

7°. Quand la croûte de glace est formée, l'évaporation électrique cesse.

8°. Enfin, le glaçon, en tombant, s'évapore, se refroidit & se durcit de plus en plus, en parcourant les couches de l'atmosphère.

Avec ces huit données, Mongez croit que l'on peut facilement résoudre tous les phénomènes qu'offre la *grêle*, & il en parcourt les principaux, qu'il cherche à expliquer, tels que ceux-ci; pourquoi:

1°. La *grêle* qui se trouve sur le sommet des montagnes, est plus petite que celle qu'on rencontre dans les vallées? C'est parce qu'elle ne fait que de naître.

2°. Le centre de la g*rêle* renferme toujours une espèce de noyau blanchâtre & opaque, entouré d'une croûte de glace assez transparente? C'est que la première couche de glace étant formée, l'air reste au centre & ne peut plus s'échapper.

3°. La g*rêle*, après sa chute, est électrique? C'est que la surabondance du fluide électrique n'a pu se perdre.

4°. Il *grêle* quelquefois sans tonnerre? C'est qu'il n'a pas été entendu ou remarqué.

5°. La pluie & la g*rêle* redoublent après, & à chaque coup-de-tonnerre? Cet effet n'a pas besoin d'explication.

6°. La figure de la *grêle* varie beaucoup, mais

on peut la réduire à ces deux-ci : des cubes arrondis, & des parallélipipèdes & polyèdres irréguliers ? C'est que les gouttes d'eau s'alongent en tombant, & que les glaçons se choquent & se brisent.

Volta (1) suppose d'abord qu'un nuage est composé de vapeurs vésiculaires, remplies de fluide électrique (voyez Vapeurs vesiculaires) ; que les nuages, fortement électrisés d'une électricité semblable, repoussent ces vésicules ; que celles-ci sont lancées du sein des nuages, ou plutôt de leur surface, pour disparoître & s'élever, en passant à l'état de fluide ou de vapeurs élastiques ; que l'air placé au-dessus des nuages, est parfaitement sec ; que cet air desséché, & l'action solaire, concourent à produire une évaporation rapide, dans la couche supérieure de la nuée orageuse ; enfin, que cette évaporation produit un froid assez grand, pour congeler les vapeurs élastiques qui se sont formées.

Alors, la partie supérieure de ce nuage se trouve comme couverte d'une innombrable quantité de molécules de glace : on peut considérer ces molécules comme les élémens, ou les noyaux des premiers grains de grêle, qui seront renvoyés sur la partie supérieure du nuage, par la puissance répulsive de l'électricité, dont se trouve chargé le centre de cette nuée orageuse : ils seront alors tenus en suspension dans l'air, à une certaine distance du nuage, de la même manière que le seroit une plume ou du coton, ou autre corps léger, par un large plateau suffisamment électrisé.

Ces grains d'eau congelés oscilleront au-dessus du nuage, se choqueront, se réuniront & augmenteront peu à peu leur masse. Ces grains oscillant au-dessus du nuage fortement électrisé, se dépouillent d'une partie de leur électricité, & baissent ensuite jusque vers la surface du nuage ; plusieurs grains y plongent, mais bientôt ils sont rejetés d'où ils viennent ; quelques-uns seulement, en s'y plongeant, dépassent le centre du nuage ; ils sont alors poussés vers la terre, & tombent avec rapidité : ces grains, qui sont en petit nombre, & qui s'échappent, isolément ou partiellement, du nuage orageux, sont comme les avant-coureurs de la chute de la grêle qui va tomber. Le mouvement oscillatoire ou alternatif de va-&-vient, que fait la grêle au-dessus du nuage, ne peut durer qu'un certain espace de temps, & jusqu'à ce que chaque grain de grêle ait pris un assez fort accroissement, par ce mouvement alternatif, & que le nuage ait perdu une certaine quantité de son électricité, soit par le transport que fait la grêle, soit par les différentes détonations qui s'opèrent : alors cette grêle se froisse & se brise en tombant avec force, par l'effet de son propre poids.

Jusqu'à présent, Volta ne considère que l'effet d'un seul nuage sur les vapeurs vésiculaires qui le constituent ; mais, en admettant deux nuages pourvus d'électricité contraire, ce qui paroît vraisemblable dans l'opinion de ce savant physicien, le phénomène s'expliquera bien plus facilement. On pourra alors considérer les grains de grêle, non-seulement suspendus & oscillans, mais même agités d'un mouvement assez vif pour le passage rapide de l'état négatif ; c'est ainsi que des corps légers sont, par nos appareils électriques, mis en mouvement.

Volta établit une différence entre la formation de la neige, l'hiver, & de la grêle, l'été ; il suppose, pour la formation de la neige, que les vésicules, dans les nuages, ne peuvent se geler qu'à une température supérieure à celle de la formation de la glace ; mais si elle se rompt par le choc des vents, ou que des gouttes d'une pluie formée dans un autre nuage, traversent celui dont la température est à zéro, alors il se forme des flocons de neige, & celle-ci tombe presqu'aussitôt qu'elle est formée, parce que les nuages n'étant pas suffisamment pourvus d'une électricité assez vigoureuse, pour soutenir en l'air ces flocons, & les faire aller & venir un temps suffisant, ils tombent.

Il n'en est pas de même pendant l'été, saison des orages ; alors l'électricité se manifeste avec une très-grande force, & l'évaporation des nuages inférieurs se trouve provoquée par l'action du soleil, & avec le concours des autres circonstances dont nous avons parlé ; ce qui produit un très-grand abaissement de température dans l'air où sont les nuages : cet abaissement de température est supérieur à celui nécessaire pour la congélation de l'eau, & est, en général, suffisant pour rompre les vapeurs vésiculaires, & les faire passer à l'état de neige très-congelée, état dans lequel les flocons sont fortement repoussés de là nuée électrique d'où ils proviennent, & sont alors puissamment attirés vers la nuée supérieure, qui, vraisemblablement, est pourvue d'une électricité contraire, d'où cette neige est renvoyée vers la première qui la repousse à son tour ; ce mouvement se réitère, & peut-même quelquefois durer longtemps.

C'est par l'effet de ce ballottement ou mouvement alternatif de haut en bas, comme on peut se le figurer, que les flocons de neige, premiers rudimens & base de la grêle, prennent leur véritable forme, en se couvrant de différentes couches de glace, & forment des grains plus ou moins durs, plus ou moins ronds, plus ou moins transparens. Ils rompent d'abord les vésicules de quelques nuages qu'ils rencontrent sur leur passage, ensuite plusieurs de celles des deux nuées orageuses pourvues de l'électricité contraire ; ils les choquent avec impétuosité, puis ils pénètrent jusqu'à une certaine distance avant d'être repoussés. C'est ainsi que l'eau des vésicules rompues & brisées éprouve mutuellement l'effet de la congélation, puis

(1) Journal de Physique, tom. II, année 1809, pag. 286 & 333.

va en augmentant de volume. Outre les vapeurs véficulaires, fe joignent auffi des vapeurs élaftiques, qui font, entre les couches de ces nuages, pourvues de l'électricité contraire : cet air étant humide, ou le devenant beaucoup, & étant faturé de vapeurs élaftiques, l'eau qui fe dépofe fur les grains déjà formés, devient auffi beaucoup plus froide que l'air humide que traverfent ces grains ; ils fe recouvrent, par ce moyen, d'une pellicule, puis d'une autre, & ainfi de fuite ; ces pellicules viennent peu à peu fe mettre à l'état de glace transparente, à la faveur de la baffe température dans laquelle fe trouvent, dès leur première formation, les flocons de neige, & cette baffe température perfifte pendant un certain temps, lors même qu'ils font déjà revêtus de différentes couches.

Pour parvenir à cet effet, & même pour faire voltiger, dans l'air, les grains de *grêle* d'une moyenne groffeur, il faut une très-grande force électrique ; mais telle eft effectivement celle des nuages orageux dont nous venons de parler. Pour s'en convaincre, il fuffit qu'il y ait un nuage orageux qui ne foit pas élevé fur l'horizon, au-de-là de quarante-cinq degrés ; il fe fait reffentir fur l'air ferein qui fe trouve au-deffus de nous, de telle forte que, fi nous élevons un électromètre, nous avons des fignes très-fenfibles de l'électricité, foit que l'électricité du nuage fe trouve à l'état pofitif ou à l'état négatif ; d'où nous pouvons conclure, combien doit être forte l'électricité de ces grands & immenfes nuages, qui étendent leur fphère d'activité à plufieurs lieues de diftance, & quelle doit être la force, foit attractive, foit répulfive, à l'égard des corps qui fe trouvent dans fa fphère d'activité, & que l'électricité fe trouve à l'état pofitif ou à l'état négatif.

Ces grains de *grêle* d'une groffeur quelquefois très-confidérable, feront renvoyés d'une couche à l'autre, par les électricités pofitive & négative, avec plus de facilité que le font les plumes & les balles de moëlle de fureau par nos appareils, c'eft-à-dire, avec nos machines électriques, dont la fphère d'activité s'étend feulement à quelques pieds de diftance.

Une objection, affez forte, que l'on peut faire à l'opinion de Volta, fur la formation de la grêle, & que ce favant n'a pas voulu fe diffimuler, eft celle-ci : comment peut-on concevoir que deux couches de différens nuages, électrifés en fens contraire, fe maintiennent à la diftance néceffaire ou propre à attirer & repouffer, alternativement, de petits flocons de neige, qui groffiffent peu à peu, & deviennent enfuite de gros morceaux de glace, fans que leur chute ne foit provoquée, & même demeurent en cet état pendant un affez long efpace de temps ? N'eft-il pas préfumable que de femblables couches de nuages s'attire-

ront, & fe joindront pour fe confondre en une feulement ?

Volta répond à cette objection, que le nuage inférieur n'eft pas feulement attiré par le nuage fupérieur, mais auffi par la terre, principalement par les forêts & les montagnes, & que nous voyons ces nuages s'en approcher ; cette puiffance contre-balance celle du nuage fupérieur, qui peut l'être auffi par quelques autres nuages qui l'attirent dans un fens contraire ; dans ce cas, les deux nuages pourvus de l'électricité contraire femblent demeurer immobiles, ou jouir d'une forte de balancement : alors les parties des furfaces internes de ces nuages feront mutuellement provoquées entr'elles, d'où il réfultera un gonflement & une forte de flux & reflux ; il peut auffi s'en détacher quelques parties, & même d'affez fortes, qui iront, foit en haut, foit en bas, dans le voifinage de l'autre couche, ce qui favorife encore le mouvement alternatif des flocons de neige, ou des grains de *grêle* qui font entre les nuages, & que le volume d'air foit peu confidérable. A l'égard des différens mouvemens, foit des nuages interpofés ou autres portions de nuages, foit auffi des couches voifines des principaux nuages, quand de femblables mouvemens ont lieu, & que les nuages, ou ces couches de nuages, ne font pas retenus par une autre force, ils le font alors par l'étendue de leur volume, & par celui de l'ample couche d'air qui les fépare ; c'eft ainfi qu'ils réfiftent à leur déplacement : d'où il réfulte que de tels nuages ne peuvent que lentement s'approcher l'un de l'autre avec une force plus ou moins grande, fuivant les différentes circonftances.

Pendant tout le temps que les nuages électrifés en fens contraire fe maintiennent à diftance, la *grêle* fe forme & augmente de volume ; mais, auffitôt qu'ils font réunis, foit par le fimple contact, foit par la pénétration ou le mélange mutuel, qui détruit alors les fonctions électriques, il fe répand auffitôt une forte pluie, ou une *grêle* abondante vient à l'inftant fe précipiter vers la terre.

Une lettre écrite par Volta, au profeffeur Configliachi, fur le retour périodique des orages, & fur le vent froid & ordinairement fec, qui fe fait fentir plufieurs heures après ceux qui font accompagnés de *grêle*, lettre imprimée dans le tome IV, page 245, des *Annales de Chimie & de Phyfique*, paroît propre à confirmer cette théorie : nous ferons connoître les faits contenus dans cette lettre, en parlant de la formation & du retour périodique des orages. *Voyez* ORAGES.

Dans les trois hypothèfes de la formation de la *grêle* que nous avons fait connoître, l'électricité joue un rôle important ; elle contribue à la diminution de la température, en chaffant, hors des nuages, des vapeurs véficulaires ou des vapeurs élaftiques : dans la théorie de Volta, l'électricité joue un rôle plus important encore ; elle contribue à la formation & à l'augmentation de volume des grêlons. Dans la théorie que Gaspard Monge a donnée de ce phénomène, l'électricité n'entre pour rien dans la formation de la *grêle*; sa production dans les nuages orageux est une conséquence de leur formation, & non un élément nécessaire. *Voyez* NUAGE, ORAGE, PLUIE, TONNERRE.

Monge observe d'abord (1) que la *grêle* présente deux difficultés qui ont occupé les physiciens, & qu'il ne pense pas qu'on ait encore résolues d'une manière satisfaisante: la première est la formation même de ce météore; la seconde est, qu'il n'a jamais lieu pendant l'hiver, tandis qu'au premier aperçu, cette saison sembleroit plus favorable à sa production (2).

Pour expliquer la formation de la *grêle*, on a supposé que les gouttes de pluie, en traversant des couches froides de l'atmosphère, éprouvoient un refroidissement assez grand pour opérer leur congélation. Mais outre qu'il seroit difficile d'expliquer comment, en vertu des lois de l'hydrostatique, de semblables couches pourroient exister entre d'autres couches plus chaudes, il n'est pas facile de concevoir comment des globules d'eau de six lignes, & même d'un pouce de diamètre, pourroient être congelés entièrement dans le temps, nécessairement très-court, qu'ils employeroient à traverser ces couches.

D'ailleurs, si la *grêle* étoit formée de cette manière, il seroit bien extraordinaire qu'il ne se rencontrât pas un grand nombre de grains, dont la congélation ne fût que commencée, & dont le centre fût encore dans l'état liquide; & il est de fait, qu'on n'en trouve jamais qui ne soit gelée jusqu'au centre. De plus, si la congélation commençoit à la surface, les grains de *grêle* seroient tous fendus, parce que l'eau du centre augmentant de volume par la congélation, occasionneroit la rupture de l'enveloppe, si elle avoit été durcie auparavant; enfin, il est impossible que des gouttes de pluie puissent acquérir & conserver un volume aussi grand que celui sous lequel il n'est pas rare de trouver de la *grêle*; car des gouttes très-petites ont bien, à la vérité, la faculté de se réunir pour composer des gouttes plus grosses, mais cette marche a un terme; & il est impossible qu'une masse d'eau, d'un pouce de diamètre, tombe dans l'air sans se désunir au contraire, & sans se partager en d'autres gouttes assez nombreuses.

Quelques physiciens modernes ayant observé

que la *grêle* n'a presque jamais lieu sans orage, & sachant d'ailleurs que l'électricité accélère l'évaporation de l'eau, ont cru trouver dans l'accroissement de l'évaporation, par l'état électrique, produit dans les gouttes de pluie, la cause du refroidissement de ces gouttes & de leur conversion en grains de *grêle*. Mais l'accroissement de l'électricité, produit dans l'évaporation de l'eau, & le refroidissement qui en résulte, sont si peu considérables, que s'ils contribuent quelquefois, comme cela est possible, à la production du phénomène, ils ne peuvent en être regardés ni comme la cause principale, ni comme la cause nécessaire.

Toutes les circonstances portent à croire que les grains de *grêle* commencent à se former par un noyau, qui prend ensuite de l'accroissement par des couches successives.

Lorsque les globules d'eau abandonnés par l'atmosphère ont acquis assez de masse, par la réunion de plusieurs d'entr'eux, pour vaincre leur adhérence à l'air, & que la vitesse de leur chute est devenue grande, ils éprouvent une évaporation rapide & un refroidissement vif, qui, pour être porté au-dessous du terme de la congélation, n'exige qu'une hauteur de chute suffisante. Deux causes concourent à la rapidité de cette évaporation: 1°. le renouvellement continuel du contact avec le dissolvant; 2°. la compression très-grande que les gouttes de pluie exercent dans leur chute, contre les couches d'air qui les touchent par en bas, compression qui augmente de beaucoup la faculté dissolvante de l'air, & qui la lui restitueroit même, s'il l'avoit perdue par la saturation.

Les petites gouttes de pluie, congelées par ce premier refroidissement, ne cessent pas d'être exposées à l'évaporation, ni d'éprouver le refroidissement ultérieur qui en résulte; elles deviennent de petits noyaux très-froids, qui congèlent les couches d'eau successives que forment, autour d'eux, les gouttes encore liquides qu'ils rencontrent dans leur route, & l'accroissement de leur volume n'a d'autre terme que celui de leur chute. Les chocs excentriques que les grains de *grêle* commencés éprouvent, les uns de la part des autres, ou qu'ils essuient de la part des gouttes de pluie, leur communiquent souvent un mouvement giratoire, qui augmente leur évaporation, en augmentant la vitesse respective de leur surface, par rapport aux molécules d'air qui les environnent, & qui tend à leur faire prendre une forme aplatie vers les pôles. Il n'est pas rare de voir des *grêles* dont les grains sont généralement aplatis; on y distingue alors, facilement, les zônes dont ils ont été successivement formés, & les inégalités; dans la transparence de ces zônes, sont l'effet de la différence dans la rapidité de leur congélation; ainsi, il y a une grande différence entre les circonstances qui donnent lieu à la neige,

---

(1) *Annales de Chimie*, tome V, page 51.

(2) On voit que Gaspard Monge n'entend pas parler de cette petite *grêle* qu'on peut confondre avec le grésil, qui se forme, l'hiver, dans les parties septentrionales de l'Europe, & toute l'année, sur les hautes montagnes; mais de cette *grêle*, dont les grêlons sont gros & solides, & qui se forment dans la partie méridionale de l'Europe.

& celles qui occasionnent la *grêle*. La neige est produite, lorsque les globules d'eau qui constituent les nuages, sont congelés par le refroidissement de l'atmosphère, & avant qu'ils aient acquis une chute capable de donner lieu à leur réunion en gouttes sensibles. Ce météore peut prendre naissance à quelque hauteur que ce soit; il arrive seulement que les flocons sont d'autant plus gros & plus irréguliers, qu'ils tombent de plus haut. Pour la *grêle*, au contraire, il faut:

1°. Que la température du nuage ne soit pas au-dessous du terme de la glace, afin que les globules puissent se réunir à l'état liquide, & prendre une vitesse de chute capable de produire un grand refroidissement.

2°. Il faut que la situation du nuage soit très-élevée dans l'atmosphère, afin que la durée de la chute & l'intensité du refroidissement puissent opérer la congélation.

On voit, d'après cela, pourquoi la *grêle* n'a jamais lieu que dans les saisons chaudes; car c'est alors seulement que les régions assez élevées de l'atmosphère sont au-dessus du terme de la glace.

Pour compléter l'explication que Monge donne de la formation de la *grêle*, on pourroit y ajouter les observations suivantes:

Il existe une hauteur, dans l'atmosphère, où la température est à zéro; au-dessus elle est plus froide, & au-dessous plus chaude. Tout nuage existant au-dessous de ce terme, contient de l'eau à l'état liquide; ceux qui sont au-dessus doivent contenir de l'eau à l'état solide, sous forme de neige ou de grésil.

Si le nuage au-dessous de la tranche de température zéro a une grande épaisseur, & qu'il se forme au-dessus de lui un nuage, l'eau abandonnée se congelera, tombera dans le nuage inférieur, une couche d'eau se réunira à la neige, s'y congelera, augmentera sa masse & la vitesse de sa chute; le grain formé, en tombant, se refroidira: 1°. par la vitesse due à sa gravitation, qui sera d'autant plus grande que le grain sera plus gros; 2°. par la vitesse du mouvement giratoire, occasionnée par le choc des gouttes d'eau qu'il rencontre & qui se réunissent à lui: alors les gouttes d'eau qu'il rencontre & qui se réuniront aux grains de *grêle*, couvriront successivement toute sa surface, s'y congeleront, & la grosseur du noyau neigeux sera d'autant plus grande, que le nuage supérieur se sera formé avec plus ou moins de vitesse, & que sa hauteur, au-dessus de la limite zéro, sera plus grande; si le nuage supérieur s'est formé avec une grande vitesse, il y aura éclair & tonnerre produits. (*Voyez* NUAGE, TONNERRE, ORAGE.) En traversant le nuage inférieur, le grain atteindra, dans sa chute, les gouttes formées, & qui se meuvent avec moins de vitesse; il les réunira à sa masse, en les congelant, & la grosseur du grain deviendra d'autant plus

grande, que l'épaisseur du nuage traversé sera plus considérable. Comme les grains, eux-mêmes, peuvent avoir des grosseurs & conséquemment des vitesses différentes, les grains qui ont plus de grosseur & de vitesse pourront atteindre ceux qui en ont moins, & les réunir à leur masse pour former les grêlons composés. Si le nuage inférieur a peu d'épaisseur, & qu'il soit très-élevé, les grains de *grêle* qui n'auront pas une grosseur assez grande, peuvent, en traversant une couche d'air sec & chaud, diminuer de volume & tomber à l'état d'eau ou de neige fondue.

D'après ces nouvelles considérations, on peut expliquer, depuis la formation des petits grains de *grêle* l'hiver, dans les plaines septentrionales de l'Europe, &, l'été, sur le sommet des hautes montagnes de la partie méridionale, jusqu'aux grains les plus gros que l'on puisse observer l'été, dans un orage: on peut également expliquer pourquoi, généralement, les grains de *grêle* sont moins gros sur les montagnes que dans les plaines.

GRÊLE (Appareil pour la). Instrument employé dans les spectacles de fantasmagorie, pour imiter le bruit de la *grêle*.

Cet instrument est composé d'une caisse de bois, *fig.* 225, dans laquelle sont des diaphragmes de tôle ou de fer-blanc, sur lesquels on fait tomber des pois secs ou des petits cailloux. *Voyez* BRUIT DE LA GRÊLE.

GRÊLE COLORÉE. *Grêle* qui est tombée avec une couleur particulière, différente de celle que la glace prend ordinairement.

On trouve dans le tome LXXXVIII, page 146, des *Annales de Chimie*, quelques détails sur une *grêle colorée*, & qui ont été publiés par M. Fabroni. Nous allons donner un extrait de ces détails.

Il tomba pendant la soirée du 13 mars, à Arezzo, dans la Toscane, une *grêle* peu compacte, ayant une couleur jaune-rougeâtre. Le sol étoit entièrement couvert de neige avant la chute de la *grêle*.

Cette *grêle* semble avoir commencé à tomber à neuf heures du soir, & avoir continué à plusieurs reprises jusqu'à la pointe du jour suivant.

Dans la nuit, on vit plusieurs éclairs; le vent du nord souffloit par intervalles avec beaucoup de force. L'aspect du ciel étoit comme lorsqu'il se dispose à neiger; quelques personnes assurent l'avoir vu parsemé de nuages jaunes-rougeâtres.

Le tonnerre gronda une fois ou deux pendant la plus forte chute de la *grêle*.

Le lendemain, cette *grêle* formoit une couche séparée, au-dessus de la neige, de laquelle on la distinguoit aisément par sa couleur; l'ancienne neige étoit blanche, quoiqu'elle eût acquis un état de congélation très-semblable à l'autre. La couleur étoit égale, non-seulement dans toutes les parties d'une même masse de *grêle*, mais encore dans toute celle qui étoit tombée en même temps dans les campagnes, & fur les montagnes voifines d'Arezzo.

Si, avant de la faire fondre, on la lavoit avec foin, la *grêle* perdoit fa couleur; la glace reftante, fondue, ne différoit point de l'eau provenant de la neige.

Il réfulte des obfervations faites fur les eaux de layage de cette *grêle colorée*, que fa couleur provenoit d'une fubftance terreufe très-fine, interpofée avec uniformité, entre les petits criftaux de *grêle*, fur une portion de furface feulement.

D'où provenoit cette terre colorée? Le fol des alentours étoit entièrement couvert de neige, & mouillé, partout ailleurs, à beaucoup de profondeur. Cette terre ne peut avoir été amenée que par les vents; mais M. Fabroni ne fait pas de quel lieu cette terre peut avoir été apportée, nul ouragan ne s'étant fait fentir ni dans la ville ni dans les environs. *Voyez* NEIGE FONDUE.

GRÊLE ÉLECTRIQUE. Expérience électrique, à l'aide de laquelle on fe propofe de faire voir comment la *grêle* s'accroît, dans l'hypothèfe de Volta.

Cette expérience confifte à fufpendre un plateau métallique ifolé, au-deffus d'un autre plateau qui communique avec le réfervoir commun; de placer fur petites boules de liége fur le plateau inférieur, & d'électrifer le plateau fupérieur; on voit de petites boules, électrifées par influence, attirées par l'électricité du plateau fupérieur, s'élever & fe porter vers ce plateau; là, elles le touchent, s'électrifent de la même manière, & font chaffées vers le plateau inférieur, & les dépofent leur électricité; ramenées à l'état naturel par ce contact, elles font de nouveau électrifées par influence, attirées par le plateau fupérieur vers lequel elles s'élèvent pour le retoucher, & retomber enfuite.

Volta fuppofe que c'eft ainfi que fe forme la *grêle*; que deux nuages électrifés différemment font placés l'un au-deffus de l'autre; que des vapeurs véficulaires font attirées du premier nuage vers le fecond; que les véficules fe crèvent dans le paffage, l'eau de l'enveloppe fe congèle, & cette efpèce de neige, attirée fucceffivement par les deux nuages, réunit à elle de l'eau de nouvelles vapeurs véficulaires qui fe font crevées, ainfi que l'eau provenant de vapeurs élaftiques, & que les grains de *grêle*, dans cette ofcillation continuelle entre les deux nuages, augmentent de groffeur, jufqu'à ce que leur gravitation, devenant plus grande que la force qui les attire, la *grêle* tombe fur la furface de la terre. *Voyez* GRÊLE.

GRÊLE (Formation de la). Manière dont on conçoit que la *grêle* eft formée.

Il exifte plufieurs hypothèfes fur la *formation de la grêle*, parmi lefquelles on diftingue celles de Mufchenbroeck, de Volta & de Monge. *Voyez* GRÊLE.

GRÊLER; grandinat; *hagein*; v. imp. Action de *grêler*, frapper par la grêle. *Voyez* GRÊLE.

GRÉLONS; major grandinis grumus; *gröfse hagel korn*; f. m. Gros grains de grêle. *Voyez* GRÊLE.

GRELOT; cymbalum; *fchellen*; f. m. Petit corps fphérique de métal, creux & percé d'un ou deux trous, dans lequel on place un corps dur pour faire du bruit.

Le *grelot* eft une efpèce de fonnette que l'on attache au cou des animaux, fur la tête des mulets, & autour de quelques inftrumens. *Voyez* SONNETTE.

GRENAILLE; pulvis; *gekornetis*; f. m. Métal réduit en petits grains.

Dans l'art de l'effayeur, on réduit de l'argent en grenaille, en le jetant dans l'eau lorfqu'il eft fondu, & en remuant l'eau avec un balai, ou mieux, en jetant l'argent fondu fur un balai plongé dans l'eau.

GRENAT, de granatum, *grenade*; calchidonius; *grenat*; f. m. Pierre précieufe qui a la couleur de la grenade.

Quoique la couleur du *grenat* foit ordinairement rouge, il en eft cependant de diverfes couleurs: de noir, de jaune, de blanc, de vert. Cette pierre a pour forme criftalline, le dodécaèdre à plan rhombe, qui, quelquefois, par des additions, ont 24, 36 & même 60 faces. Sa pefanteur fpécifique varie entre 3,5578 & 4,18883. Il raye le quartz, à une réfraction fimple, eft fufible au chalumeau; fes compofans ordinaires font le quartz, l'alumine, la chaux & l'oxide de fer: quelques-uns, le *grenat* oriental, contiennent en outre de l'oxide de manganèfe; le *grenat* de Bohême, de l'oxide de manganèfe & de la magnéfie.

La filice varie dans le *grenat*, entre 0,34 & 0,52; l'alumine entre 0,06 & 0,28; la chaux entre 0,03 & 0,32; le *grenat* oriental n'en contient pas; l'oxide de fer entre 0,16 & 0,41.

Généralement, les *grenats* fe trouvent difféminés & enchâffés dans différentes pierres ou terres, telles que les ardoifes & autres pierres feuilletées, les pierres calcaires compactes; ils ne forment point de maffes proprement dites.

Souvent ils entrent dans la compofition des roches, fe trouvent dans les filons qui les traverfent, ou tapiffent, en criftaux, les parois des fiffures qu'on y remarque: quelquefois on les trouve dans les filons, accompagnant les fubftances métalliques qu'ils contiennent. On les trouve auffi dans les pierres en maffes, qui conftituent les couches des terrains formés par fédiment ; enfin on trouve des *grenats* libres dans des terrains de tranfport & dans les laves.

Il y a des *grenats* dans prefque tous les pays ; mais les plus renommés, pour leur pureté, font ceux de l'Inde, dont on ne connoît pas le giffement, enfuite ceux de Bohême. Les *grenats* rouges, des montagnes qui féparent la Styrie de la Carinthie, font les plus gros que l'on connoiffe ; ils pèfent jufqu'à quatre livres.

On diftingue, dans le commerce, le *grenat* fyrien, le *grenat* de Ceylan, & la vermeille ou l'efcarboucle.

Chez les joailliers, on donne le nom de *grenat fyrien* à tous ceux qui n'ont point une teinte coquelicot ou orangée, & dont la couleur tire fur le rouge-violet ou le pourpre : ce font ordinairement les plus beaux *grenats*. Ce n'eft point comme venant de la Syrie, que le furnom de *fyrien* a été donné à ces *grenats* ; mais par corruption du mot *Syrian*, capitale du Pégu, d'où, fans doute, on apportoit autrefois les plus beaux. On apporte encore aujourd'hui, de l'Inde, de beaux *grenats* fyriens ; mais on en trouve beaucoup de la même nuance dans la Hongrie, la Bohême : il en vient auffi du Bréfil, d'Ethiopie, de Madagafcar, de Ceylan. On choifit les plus tranfparens, pour les tailler à facettes, & on les double d'une feuille argentée pour augmenter leur jeu.

Habituellement, les joailliers donnent le nom de *grenats de Ceylan* à ceux qui ont une teinte vineufe, ce qui n'indique pas qu'ils viennent tous de Ceylan ; & cependant on en apporte de très-volumineux de cette île.

On donne le nom de *vermeille* ou d'*efcarboucle*, aux *grenats* qui ont une couleur rouge de feu. On les exploite ordinairement en Bohême, au moyen d'un puits : la plupart ont befoin d'être taillés en cabochon & être chevés, c'eft-à-dire, d'être très-amincis, pour devenir tranfparens. Il eft extrêmement probable que l'efcarboucle des Anciens étoit ce *grenat* couleur de feu.

Ces pierres taillées à facettes, & percées avec un diamant monté en foret, fe vendent, ainfi que celles qui font taillées en cabochon, pour être employées comme ornemens ; ce font les moins eftimées des pierres gemmes. En Bohême on les vend de 8 à 26 francs la livre. Il s'en trouve de groffes & de bien tranfparentes ; on les vend plus cher, mais elles n'ont jamais la valeur des faphirs d'Orient. Lorfque leur gangue eft dure, tranflucide, ou qu'elles font en grande maffe, on les taille en plaque ou l'on en fait des vafes. On fe fert de la pouffière des petits *grenats* comme d'émeri, pour polir. Enfin, dans quelques parties de l'Allemagne & de la Bohême, ces pierres font fi abondantes qu'on les emploie comme fondans, dans le traitement du fer.

GRENOUILLES ; βατραχος ; rana ; *frofch* ; f. f.

Genre de reptile de la famille des batraciens, qui comprend un grand nombre d'efpèces.

Les *grenouilles* font amphibies ; elles nagent avec beaucoup de facilité : elles fe tiennent au fond de l'eau ou à la furface, & conftamment, lorfqu'il fait beau, fur les bords, où elles font entendre ce croaffement qu'Ariftophane a rendu par les mots barbares *brekeke kex, coax, coax*. Leur taille eft légère, leur mouvement prefte, leur attitude gracieufe. Quel malheur, dit Lacépède, qu'elles aient une fi grande reffemblance de forme avec les lourds crapauds, ces êtres ignobles ! Cependant ne foyons pas fâchés de voir les rives des ruiffeaux embellies par les couleurs de ces animaux innocens, animés par leurs fauts vifs & légers ; contemplons leurs petites manœuvres ; fuivons-les des yeux au milieu des étangs paifibles, dont ils diminuent la folitude fans en troubler le calme ; voyons-les montrer, fous les nappes d'eau, les couleurs les plus agréables, fendre, en nageant, les canaux tranquilles, & en rider la furface.

Ces animaux étant faciles à trouver dans la belle faifon, & ne donnant point de fignes de douleur, par des cris, ou par des mouvemens convulfifs, lorfqu'ils reçoivent les bleffures les plus graves, ils ont le funefte privilége d'être choifis pour une foule d'expériences fur la refpiration, la circulation, la génération, l'irritabilité, le galvanifme, &c. (*Voyez* GALVANISME.) Il périt, chaque année, un grand nombre de ces animaux fous la machine pneumatique, fous l'excitateur électrique & fous le fcalpel. On a obfervé qu'ils font doués d'une énergie vitale extraordinaire. Ils furvivent plufieurs heures en hiver, après qu'on leur a arraché les entrailles. Le cœur eft tellement irritable, que, plufieurs jours après la féparation du corps, il fe contracte encore légèrement, lorfqu'on le touche avec un ftimulant quelconque.

GRENOUILLE (Expérience de la). Expérience galvanique ou électrique faite avec la *grenouille*.

Pour faire cette expérience, on coupe tranfverfalement, au-deffous des bras, le corps d'une *grenouille* vivante ; on dépouille la partie inférieure ; on enveloppe d'une petite lame métallique les nerfs de la colonne dorfale ; on fait communiquer, avec un autre métal, des nerfs, avec l'armure métallique, & l'on excite des mouvemens convulfifs. *Voyez* GALVANISME.

GRÈS, du celtique *craig* ; filex ; *fandftein* ; f. m. Pierre formée de petits grains arrondis, liés par un ciment filicéux.

Il exifte un grand nombre de variétés de *grès* : tels font le *grès* luftré, le *grès* blanc, le *grès* bigarré, le *grès* rouge, le *grès* flexible, le *grès* filtrant. On les trouve ordinairement dans les terrains de fédiment, depuis les plus anciens juf-

qu'aux plus nouveaux, quoiqu'ils foient habituellement très-durs; cependant il en eft qui paroiffent
tendres en fortant de la carrière, & qui durciffent
enfuite à l'air; ces grès contiennent un peu d'argile, & portent le nom de *mollaffe*.

Les grès font employés dans les bâtimens. Les
conftructeurs prétendent qu'ils n'ont pas de lit;
il en eft cependant qui fe divifent dans des directions déterminées. Quelques grès font employés à
faire des meules à aiguifer. Un phénomène affez
dangereux, que ces meules préfentent quelquefois, c'eft que, lorfqu'on leur imprime un mouvement de rotation, elles éclatent avec une
détonation dangereufe. Ce phénomène n'a pas
encore été expliqué jufqu'à préfent. On fait
encore des meules de moulin à farine avec les
grès; on y a obfervé également des détonations.

GRÈS A FILTRER ou GRÈS FILTRANT. *Grès*
léger, rempli de pores nombreux & réguliers,
à travers lefquels l'eau paffe facilement, mais qui
font trop ferrés pour laiffer paffer les impuretés.

On met ce grès dans des fontaines, & on le
place dans une pofition telle, que l'eau, dont on
emplit ces vafes, eft obligée de paffer, de filtrer
à travers ce grès, pour parvenir dans un réfervoir, d'où on la retire pour boire, ou pour l'appliquer aux ufages auxquels on la deftine. *Voyez*
FONTAINE FILTRANT., PIERRE A FILTRER.

Le grès filtrant fe trouve en Saxe, en Bohême,
près de Bade, de Libochowitz; dans la mer, le
long des côtes du Mexique; près des îles Canaries. On en trouve auffi en Efpagne, fur le bord
de la mer, entre Saint-Sébaftien & Guetaria,
dans le Guipufcoa: on en fait des ftatues dont
la tête eft creufe; on les remplit d'eau, qui filtre
par les yeux, en forte que ces figures de grès
femblent pleurer.

GRÉSIL; grando minutiffima; *graupen hagel*;
f. m. Petite grêle fine & menue.

Les grains de gréfil font de la groffeur des
grains de chenevis environ; ils tombent ordinairement, l'été, fur les fommités des hautes montagnes, ou, l'hiver, dans les plaines: quelquefois le gréfil eft mélangé dans la neige; c'eft ainfi
que Sauffure l'a obfervé fur le Col-du-Géant, &
le docteur Pacard, fur la cime du Mont-Blanc.
La grêle qui tombe l'hiver, dans la partie feptentrionale de l'Europe, n'eft ordinairement que
du gréfil.

Non-feulement le gréfil diffère de la grêle par
par fa groffeur, mais il en diffère auffi par fa contexture. Les grains de grêle ont une forme régulière, arrondie; ils font compofés de deux fubftances: l'une poreufe & opaque, au centre;
l'autre folide & tranfparente, à la furface. Le gréfil
eft anguleux, tendre & poreux

Volta & quelques phyficiens regardent le gréfil
comme la fubftance qui forme le noyau des gla-

çons; que fi, lors de la formation de la grêle, le
mouvement alternatif qui a lieu entre deux nuages
électrifés différemment, ne dure que peu de
temps, les grains font petits, de la groffeur de
la coriandre, ou à peu près, & que c'eft alors
qu'on appelle gréfil (*voyez* GRÊLE); d'autres
penfent que le gréfil n'eft autre chofe que des
tampons de neige, durcie par un grand froid;
d'autres, enfin, préfument que le gréfil n'eft ni
de la neige, ni de la glace, mais des gouttes
d'eau formées dans les nuages, qui font congelées après leur formation; tandis que, dans la
neige, l'eau eft congelée à mefure que les particules aqueufes font formées, c'eft-à dire, pendant le paffage infenfible de l'eau vapeur en eau
liquide: dans ce dernier cas, chaque partie congelée eft infiniment petite, tandis que, dans
l'autre cas, chaque portion d'eau congelée étoit
déjà réunie en gouttes affez groffes avant la
congélation.

Sauffure penfe que le gréfil fe forme, l'été, dans
les plus hautes régions de l'atmofphère, & qu'il
ne fe change en grêle que quand il traverfe,
d'abord, des couches d'air affez chaudes pour contenir de l'eau fous forme fluide, & enfuite d'autres
couches affez froides pour congeler cette eau.

GRESSUS. Mefure itinéraire des Romains.

Il faut deux greffus pour faire une braffe ou pas,
2,000 pour un *millarium*, & 144,000 pour un
degré.

Un greffus = 2 ½ pieds romains = 2,53 pieds
de roi = 37,26 centimètres.

GRIEVE. Monnoie de la Livonie, numéraire
de Revel.

Il faut 8 grieve pour faire un rixdaler, & 10
pour un rouble.

Un grieve = 10 copeck = 0,4735 de la liv. tournois = 0,4676 franc.

GRILLET (René), horloger, exiftoit fous
le règne de Louis XIV; il fe fit connoître par
des inventions ingénieufes qui fuppofent un rare
talent pour la mécanique.

Parmi les machines qu'il a conftruites, on diftingue: 1°. une nouvelle *Machine d'arithmétique*,
décrite dans le *Journal des Savans*, n°. 14, année
1678; 2°. un *Hygromètre nouveau*. Cet hygromètre
eft mis en mouvement par plufieurs petites cordes
jouant fur des poulies. Il avoit, comme tous les
inftrumens de ce genre conftruits à cette époque,
l'inconvénient de n'être pas comparable, mais il
étoit très-fenfible; & l'auteur, par un procédé
ingénieux, y avoit adapté deux aiguilles, dont
l'une faifoit le tour entier d'une circonférence divifée en foixante parties, pendant que l'autre ne
parcouroit qu'une divifion de fon échelle.

Il a, en outre, publié des *Curiofités mathématiques*, in-4°. Paris, 1673.

GRIMALDI (François-Marie), Jésuite, né à Bologne, en 1613, & mort dans la même ville, en 1663.

Après avoir enseigné les belles-lettres pendant vingt-cinq ans, il s'appliqua aux sciences exactes & y fit de grands progrès; il s'associa aux travaux astronomiques du Père Riccioli, & fit une description particulière des taches de la lune.

Par un hasard heureux, il introduisit un jour, dit Montucla, un rayon de lumière dans une chambre obscure, & lui exposa un cheveu & d'autres corps déliés. Il fut fort surpris, à l'aspect de l'ombre large qu'il leur vit jeter. Il la mesura, ainsi que la distance du trou, d'où divergeoit la lumière, jusqu'à l'objet, & il s'assura, par-là, que cette ombre étoit beaucoup plus grande qu'elle n'eût dû être, si les rayons, qui avoient effleuré ce corps, eussent continué leur route en ligne droite. Il observa aussi que le cercle de lumière, formé par un petit trou percé dans une lame déliée de métal, étoit plus grande qu'elle ne devoit être, eu égard à la divergence des rayons solaires, &, de-là, il conclut, malgré ses répugnances, que les rayons de lumière, dans le voisinage de certains corps, y éprouvent un certain fléchissement auquel il donna le nom de *diffraction*. *Voyez* DIFFRACTION.

Grimaldi fit encore l'importante remarque de la dilatation du faisceau des rayons solaires, occasionnés par le prisme; ce qu'il attribua à un certain éparpillement irrégulier, causé par les parties du prisme.

Il y avoit encore loin, de ces observations, à la différente réfrangibilité des rayons de lumière, découverte par Newton; cependant, on ne peut disconvenir que *Grimaldi* a l'avantage d'avoir été comme le précurseur de cet homme immortel : ce titre suffit pour recommander sa mémoire à l'estime de la postérité.

Nous avons de *Grimaldi* un ouvrage intitulé : *Physico-mathesis de lumine, coloribus & iride, aliisque annexis, libri II, in-4°.* Bologne 1665, qui est rempli de quantité d'expériences curieuses sur la lumière & les couleurs.

GRIS, de l'italien *grigio*; *cinesius*; *grau*; s. m. Couleur mêlée, plus ou moins de blanc & de noir. Ce mot est souvent employé comme adjectif.

La couleur grise est, à proprement parler, un blanc noirci; cependant on en reconnoit plusieurs nuances que l'on rapporte à diverses couleurs, ou qui sont mélangées de diverses couleurs : c'est ainsi que l'on distingue le *gris-cendré*, le *gris de perle*, le *gris de lin*, le *gris-brun*, le *gris-sale*, le *gris de souris*, le *gris de minime*, le *gris de fer*, le *gris de lavande*, le *gris d'ardoise*, le *gris-vert*, le *gris-vineux*, le *gris de noix*, le *gris de maure*, &c.

Ces couleurs sont toujours des couleurs composées; elles n'existent pas dans le prisme solaire : on les obtient en mêlant ensemble plusieurs rayons homogènes; ou en mélangeant plusieurs couleurs différentes.

GRISOU. Gaz inflammable carboné qui se dégage dans les galeries des mines, & principalement dans les mines de houille.

Ce gaz, qui est souvent mêlé avec de l'air atmosphérique, est très-dangereux pour les ouvriers qui travaillent dans les mines où le *grisou* existe. *Voyez* FEU GRISOU, FEU BRISOU, GAZ INFLAMMABLE DES MINES.

GRIVNE. Monnoie de la Livonie. *Voy.* GRIEVE.

GRIWE. Monnoie de la Livonie. *Voy.* GRIEVE.

GROCHE. Monnoie de l'empire de Russie; il en faut 50 pour faire un rouble.

Le *groche* = 2 copeck = 0,0473 de la livre tournois = 0,0467 franc.

GROESCHEL. Monnoie des États d'Autriche, en Allemagne; il en faut 80 pour un florin, 120 pour un rixdaler courant, & 160 pour l'écu d'Empire.

Le *groeschel* = 3 pfenning = 6 hallers = 0,0371 de la livre tournois = 0,0327 franc.

GROOTEN. Monnoie des comtés d'Oldembourg, des duchés de Ferden & de Brême; il en faut 32 pour le rixdaler de convention.

Le *grooten* = 5 schwaren = 0,165 de la livre tournois = 0,16294 franc.

GROS. Ce mot a différens usages en métrologie : 1°. comme poids; 2°. comme monnoie.

Comme *poids*, il faut 8 *gros* pour une once, 64 pour un marc, & 128 pour la livre; il contient 3 deniers = 72 grains = 3,8243 grammes.

Comme monnoie, le *gros* a différentes valeurs; dans divers pays il vaut :

PAYS.	Liv. tourn.	Franc.
En Hollande	0,054	0,0533
En Bavière.......	0,079	0,078
A Bâle..........	0,1233	0,1217
A Ulm		
A Francfort......	0,1323	0,1306
A Cologne......		

Il en faut 12 pour 1 escalin, 126 pour 1 ducaton; 38 pour 1 florin, 164 pour 1 livre; 60 pour 1 florin, 90 pour 1 rixdaler; 20 pour 1 florin, 40 pour 1 rixdaler.

En France; on a frappé des gros de billon dans le quinzième siècle; ils ont varié entre 1 $\frac{1}{3}$ à 5 den. $\frac{1}{2}$ de fin, de 80 à la taille, & leur valeur entre 0,0122 livre tournois = 0,01205 franc, &

0,4898 de la livre tournois = 0,4837 franc. Leur valeur courante étoit de 20 deniers.

GROS A LA COURONNE. Monnoie de billon, frappée en France dans le quatorzième siècle ; sa valeur nominale étoit de 10 deniers : le fin a varié de 5 à 8 deniers, la taille entre 96 & 108, & sa valeur actuelle entre 0,2448 livre tournois = 0,2418 franc, & 0,3937 de la livre tournois = 0,3887 franc.

GROS-BLANC. Monnoie de billon, frappée en France dans le quatorzième siècle ; sa valeur nominale a varié entre 8 & 15 deniers, la quantité d'argent entre 2 & 5 deniers, la taille entre 64 & 112, & sa valeur actuelle entre 0,1164 de la livre tournois = 0,1149 franc, & 0,3147 de la livre tournois = 0,3109 franc.

GROSCHE, GROSCHEN. Monnoie de cuivre de la Prusse, de la Suède & de Dantzick ; il en faut, en Prusse & à Dantzick, 30 pour un florin, & 90 pour un rixdaler.

En Prusse, le grofchen = 18 pennings = 0,0420 liv. = 0,0414 franc.

A Dantzick, le grofchen = 13 pennings = 0,0377 liv. = 0,0371 franc.

GROS D'ARGENT. Monnoie d'argent, frappée en France dans les quatorzième & quinzième siècles ; sa valeur nominale a varié entre 10 à 33 deniers, la proportion d'argent entre 11 & 12, la taille entre 67 & 96, & sa valeur actuelle entre 0,5508 liv. tourn. = 0,5440 franc, & 0,7533 liv. tourn. = 0,7449 franc.

GROS DENIER. Monnoie de billon & d'argent, frappée en France dans le quatorzième siècle. La valeur du gros denier de billon a varié entre 8 & 12 deniers, la proportion d'argent entre 2½ & 6, sa taille entre 66 & 140, & sa valeur actuelle entre 0,1101 livre tournois = 0,1087 fr. & 0,3300 livre tournois = 0,3259 franc.

La valeur nominale du gros denier d'argent étoit de 18 deniers, sa proportion d'argent de 11 den. ¼ à 12 deniers, sa taille 96, & sa valeur actuelle entre 0,5274 livre tournois = 0,5209 franc, & 0,5508 livre tournois = 0,5440 franc.

GROS-ROYAL. Monnoie d'or, frappée en France, l'an 1295, à 24 karats ; sa valeur nominale étoit de 25 sous, sa taille 35, & sa valeur actuelle 22,86 livres tournois = 21,5776 francs.

GROSSETO. Monnoie de banque de la seigneurie de Venise ; il en faut 240 pour un ducat, & 2880 pour la livre de gros banco : c'est le denier de ducat.

Le grofseto = 5¼ denario = 0,0176 liv. tour. = 0,173 franc.

GROSSIR, du latin barbare grofefcere ; craffius ; dick machen ; verb. act. Faire gros. En optique, c'est faire paroître un objet plus gros qu'il n'est en effet.

Tous les instrumens de catoptrique & de dioptrique grofsifent les objets, parce que les rayons de lumière se réfractent, en passant à travers les verres, ou se réfléchissent sur la surface des miroirs, dont les formes sont telles, que la lumière réfractée ou réfléchie arrive à l'œil sous un plus grand angle, que si elle venoit de l'objet aperçu à la vue simple : les rapportant alors à la distance à laquelle on les juge, ils sont nécessairement grandis & grofsis ; mais on voit que, pour que le grofsifement ait lieu, il ne suffit pas que l'angle, sous lequel les objets sont vus, soit agrandi, il faut encore que l'on ait une opinion de la distance, telle que, de la combinaison de ces deux élémens, les objets paroissent plus grands. Voyez DISTANCE APPARENTE.

On peut voir les objets grofsir, sans que, pour cela, l'angle, sous lequel ils sont aperçus, soit changé ; il suffit de les rapporter à une autre distance : c'est ainsi, par exemple, que le soleil & la lune nous paroissent plus gros à l'horizon qu'au zénith, parce que nous les jugeons à une distance plus éloignée ; que la nuit, des objets aperçus dans l'obscurité, nous paroissent plus gros, parce que, en raison du peu de lumière qu'ils nous envoient, nous les jugeons plus loin, & qu'une mouche, qui vole entre notre œil & un vitrage sur lequel nous avons la vue fixée, nous semble un oiseau, parce que nous transportons la mouche sur le carreau, conséquemment à une distance plus grande qu'elle n'est réellement.

Il résulte de ces développemens, que les objets peuvent être grofsis, par une sorte d'illusion, de trois manières différentes : 1°. parce que, les voyant sous le même angle qu'à la vue simple, nous les transportons, par l'imagination, à une plus grande distance ; 2°. parce que, les jugeant à la même distance, nous les voyons sous un plus grand angle ; 3°. parce que, les voyant sous un plus grand angle, nous les rapportons à une distance telle, qu'il résulte, de la combinaison de ces deux élémens, un grofsifement apparent. On pourroit ajouter une quatrième cause de grofsifement aux trois que nous venons d'indiquer : c'est qu'ayant une opinion bien déterminée de la grofseur fixe d'un objet, à quelque distance que nous l'apercevions, nous le jugeons de la grofseur qu'il a naturellement, quoique nous dussions, à raison de sa distance, le voir réellement plus petit.

GROSSISEMENT DU MICROSCOPE. Grofsifement des objets vus à l'aide du microscope.

Les microscopes sont composés d'un ou plusieurs verres lenticulaires. (Voyez MICROSCOPE.) Les rayons de lumière, passant à travers ces verres, se réfractent, de manière que les rayons partant de tous les points d'un objet, vu à travers un verre, convergent en fortant; cette convergence permet d'approcher l'objet, vu à travers le verre lenticulaire, beaucoup plus près de la lentille qu'il ne feroit de l'œil, fi on le regardoit à la vue fimple : or, l'angle fous lequel l'objet apparoît à travers la lentille, étant égal à celui que forment tous les rayons du périmètre de l'objet dirigé vers le centre de la lentille, cet angle est beaucoup plus grand que celui fous lequel l'objet feroit vu directement; & comme, à l'aide des lentilles, lorfque l'objet est placé à fon foyer, par rapport à l'œil, cet objet est jugé à la diftance de la portée de la vue exacte, il s'enfuit qu'on le juge plus loin qu'il n'est réellement, & de-là, d'autant plus grand qu'on le juge plus loin. *Voyez* LENTILLE, VERRE LENTICULAIRE.

Comme la portée exacte des différentes vues dépend de la puissance réfringente des différentes parties de l'œil, & de la courbure de la cornée & du criftallin, un objet ne peut être vu distinctement & parfaitement qu'à une certaine distance, qui varie pour chaque efpèce de vue. *Voyez* VUE PARFAITE, VUE DISTINCTE.

Pour voir parfaitement un objet, chacun le porte naturellement à la distance de la vue parfaite; ce qui fait que, lorfque l'on voit parfaitement un objet dont on ne peut juger la distance, on le juge naturellement à la distance de la vue parfaite. Ainfi, tous les moyens de faire voir parfaitement un objet, en le plaçant à une distance de l'œil, moins grande que celle de la vue parfaite, est un moyen de les *groffir*, puifque c'est un moyen de les juger à une plus grande distance que celle où ils font lorfqu'on les regarde; c'est là tout le myftère & toute la théorie des microfcopes.

On peut obtenir un femblable réfultat, en regardant un objet à travers une petite ouverture, parce que cette ouverture, interceptant une quantité confidérable de rayons divergens, ne laisse parvenir à l'œil que des rayons parallèles, qui permettent de voir parfaitement l'objet, à une distance moins grande que celle où il feroit vu naturellement. Ainfi, regarder un objet à travers une petite ouverture, est un moyen de le *groffir*.

GROSSISSEMENT DU TÉLESCOPE. Augmentation dans la grandeur apparente des objets, vus avec un téléfcope.

On a donné le nom de *téléfcope* à des inftrumens d'optique, deftinés à faire diftinguer des objets qui font à une très-grande distance. Ces inftrumens tranfportent, à l'aide de verres & de miroirs, l'image de l'objet dans le tube de l'inftrument ; & là, avec une ou plufieurs lentilles, on regarde cette image, de même que l'on regarde un objet dans un microfcope. La difpofition des verres & des miroirs est telle, que l'image, tranfportée dans l'inftrument, est nette & diftincte ; alors, par le moyen des lentilles avec lefquelles on la regarde,

on voit l'image fous un plus grand angle que l'on ne verroit l'objet, & on le voit avec beaucoup plus de netteté. *Voyez* TÉLESCOPE.

GROSSO. Monnoie de banque de la feigneurie de Venife. C'est le fou de ducat; il en faut 20 pour le ducat, & 240 pour la livre de gros banco. Le *groffo* = 12 groffolo = 62 denaro = 0,2112 livre tourn. = 0,2086 fr.

GROS TOURNOIS. Monnoie de billon & d'argent, frappée en France, dans le quinzième fiècle.

Le *gros tournois* de billon avoit 8 deniers de valeur d'alors ; il contenoit 3 deniers d'argent; fa taille étoit entre 96 & 120, & fa valeur actuelle feroit entre 0,1100 liv. tourn. = 1056 fr., & 1468 liv. tourn. = 0,1449 fr.

Le *gros tournois* d'argent valoit 15 deniers : l'argent étoit à 12 deniers de fin, fa taille de 84, & fa valeur d'aujourd'hui varie entre 0,6295 & 0,6447 liv. tourn., ou entre 0,6217 & 0,6367 fr.

GROSZ. Monnoie de cuivre de la Prusse polonaife; il en faut 30 pour un florin, 90 pour un daler, & 120 pour le daler efpèce. Le *grofz* = 9 penning = 0,0378 liv. tourn. = 0,0373 fr.

GROTTE ; χρυπτε ; du latin *crypta*, de l'italien *grotta* ; fpecus ; grotten ; f. f. Excavation fouterraine, formée par la nature ou par l'art.

On trouve, dans la plupart des Dictionnaires français, que *antre*, *caverne* ou *grotte* font fynonymes; en effet, ces trois excavations font défignées en latin par les mots *fpecus* ou *fpelunca* indiftinctement. Cependant, l'idée de ces trois expressions vient de trois racines celtiques différentes. *Antre* vient de *tar*, *ter*, *tra*, *trè* ; trou, piquer, percer, entr'ouvrir, &c. *Caverne* vient de la racine *cab*, *cap*, qui indique capacité, contenance, &c. *Grotte* vient de *crau*, *cru*, *crop*, & l'oriental *kreb*, trou, creufer, fouir.

Antre & *caverne*, dit l'abbé Gérard, préfentent l'idée de retraites obfcures & affreufes, qui ne femblent propres qu'à des bêtes fauves; au lieu que la *grotte*, n'excluant ni la lumière, ni le gracieux, quoique ruftique, peut être l'habitation de l'homme folitaire. Elle fert fouvent à orner les jardins. Le mot *caverne* paroît enchérir fur celui d'*antre*, par la profondeur, par la clôture & par un rapport plus formel à la férocité de ce qui peut y habiter. L'*antre* devient une tanière ; les animaux féroces fe gîtent dans les antres. La *caverne* devient un repaire ; des bandes de brigands fe réfugient dans les cavernes. La *grotte* devient une retraite ; les anachorètes habitent des *grottes*.

Comme les géographes ont donné, indiftinctement, les noms de *grottes* ou *cavernes* à un grand nombre d'excavations naturelles, nous avons dû parler, au mot CAVERNES, de plusieurs *grottes* : telle est la *grotte d'Antiparos*, qui a été visitée par Tournefort, dont ce savant botaniste a publié une si brillante description. Nous ne parlerons ici que de quelques *grottes*, dont il n'a pas été question dans cet ouvrage. *Voyez* CAVERNES.

Nous diviserons les *grottes* en deux classes : 1°. *grottes* ornées de stalactites & de stalagmites ; 2°. *grottes*, dont les parois, la voûte & le fond sont nus & sans incrustation. Quant aux différentes explications que l'on a données de la formation des *grottes*, nous renvoyons au mot CAVERNES.

Parmi les *grottes*, embellies par les stalactites, nous citerons celle de Notre-Dame de la Balme, d'Arcy, en France ; celle de Wokey en Angleterre ; celle de Gouttes en Ecosse ; celle de Naxos dans l'Archipel & celle de Madisson dans l'Amérique.

La *grotte de Notre-Dame de la Balme* est située dans le département de l'Isère. C'est une *grotte* creusée très-irrégulièrement dans une montagne fort élevée ; elle est composée, d'abord, d'une grande salle, dans laquelle on a pratiqué une chapelle dédiée à la Sainte-Vierge ; viennent ensuite deux longues galeries, remplies de stalactites. Celle qui est à gauche est arrosée, dans toute sa longueur, par un torrent qui se perd sous les rochers, à l'entrée de la galerie, & ne reparoît qu'à l'entrée de la galerie d'où il sort, pour se jeter dans le Rhône. Un curé de Balme, accompagné de quelques amis, a rencontré ce torrent souterrain pendant l'espace de plus d'une lieue ; il arriva à une ouverture ronde & spacieuse, d'où l'eau sort à gros bouillons, & tombe dans le bassin avec un bruit qui, répété par les échos de la caverne, a quelque chose d'effrayant.

C'est sur la lisière du Morvan, près de Vermanton, au sud-est d'Auxerre, que se voit la fameuse *grotte d'Arcy*. Cette grotte, formée dans des couches de pierre calcaire, a 247 toises de longueur : elle est composée de plusieurs chambres ou salles remplies de stalactites ; quelques-unes des salles contiennent de l'eau. On voit, dans plusieurs endroits de la *grotte*, entre les lits des rochers, une couche, de deux pieds d'épaisseur, d'un gros gravier mêlé avec beaucoup de mica & de granit. On a plusieurs fois décrit l'aspect pittoresque de ces voûtes souterraines. Pazumat en a donné une excellente description, qui est imprimée dans les *Mémoires de l'Académie de Dijon.*

Il existe, en France, un grand nombre d'autres *grottes* qui produisent des stalactites : telles sont les *grottes* d'Orselles dans le Jura, de Caumont, de Villecroz, de Barjoles, &c., &c.

En Angleterre est la *grotte* de Wokey, dont l'eau se pétrifie & prend, en tombant, mille formes bizarres & singulières ; en Ecosse, près de Stains, est la *grotte aux grottes*, dans le fond de laquelle l'eau se solidifie promptement, après avoir filtré à travers un roc poreux & spongieux.

La *grotte de Samnos* renferme des concrétions qui se distinguent par leur couleur blanc de neige, & parce que, vers les extrémités, elles sont, pour ainsi dire, marquetées de petites taches brillantes de couleur d'or. Ces taches forment des cubes réguliers, comme si elles eussent été taillées exprès, & polies de la main du plus habile artiste ; elles sont disposées sur les surfaces blanches, tantôt séparément, tantôt par bandes.

A une lieue du rivage de Naxos, est la *grotte* qui porte le nom de cette ville ; elle se compose d'une voûte demi-circulaire, formée par des rochers escarpés qui ont l'air de colonnes, qui semblent soutenir cette voûte suspendue. L'eau qui coule constamment, goutte à goutte, du haut de la *grotte*, se solidifie, &, par degrés, la première goutte acquiert une consistance semblable à celle d'une écaille fragile & mince ; la seconde s'étend autour de la première, de sorte qu'en brisant ces stalactites, à l'extrémité desquelles est toujours une goutte d'eau claire, &, en les examinant, on croit voir une infinité de tuyaux de verre faits pour être enchâssés les uns dans les autres, & dont le dernier a plus de circonférence que celui qui le précède : elles sont aussi belles que l'albâtre. Les autels & les colonnes, qui s'élèvent de terre, & dont quelques-uns sont plus hauts que l'homme le plus grand, sont d'une couleur différente de celle des stalactites ; leur couleur est d'un gris-brun, & ils semblent plus durs que le plus dur caillou.

Nous allons terminer ce que nous nous proposons de dire sur les *grottes*, par la description de celle de Madisson, mieux connue sous le nom de *cave de Madisson*. Cette *grotte* est une vaste cavité placée au centre d'une montagne de 200 pieds de hauteur, dont un des côtés offre une pente douce, mais dont l'autre est à pic au-dessus d'une rivière. C'est de celui-ci, qui, du haut jusqu'en bas, est garni d'énormes roches & d'arbres, qu'on entre dans la *grotte*. Cette entrée est défendue par une vaste roche qui semble toujours prête à s'écrouler. La première division de la *grotte* a 25 pieds de hauteur & 15 de largeur : cette espèce de salle est très humide, à cause de la quantité d'eau qui suinte continuellement de la voûte. Le thermomètre de Fahrenheit y descend de six degrés.

A la distance de quelques pieds, à gauche, se présente un passage qui conduit à une espèce d'antichambre, d'où l'on se rend dans une chambre résonnante, ainsi nommée à cause de la prodigieuse répercussion de la voix, ou d'un instrument de musique, lorsqu'ils partent de l'intérieur de cette pièce. La chambre sonore a environ 20 pieds carrés. La voûte en est en forme d'arc, & toutes les parois, ainsi que celles de la salle d'entrée, sont couvertes de belles stalactites.

On retourne de-là dans l'antichambre, puis on fait deux ou trois tours à droite & à gauche, & l'on entre dans un long passage d'environ 30 pieds de largeur & de 15 de hauteur. Ce passage, qui a

une

une pente très rapide, est long d'environ 180 pieds. Il se rétrécit infiniment à l'extrémité, & aboutit à un étang d'eau claire de 3 à 4 pieds de profondeur.

Aux deux tiers du même passage on trouve, à droite, une grande ouverture qui conduit à une autre salle, dont le sol est de dix pieds moins élevé que celui qu'on quitte. Les côtés étant très-escarpés & extrêmement glissans, il n'est pas facile d'y descendre. C'est la plus belle pièce de toute la grotte, & la forme en est ovale : elle a environ 60 pieds de longueur, 30 de largeur, &, en quelques endroits, 15 de hauteur. Les stalactites que l'on y voit sont de la plus grande beauté, & retombent élégamment en forme de draperies : si l'on frappe dessus, avec un bâton, on entend une sorte de mugissement que répètent les échos. Il y a des parties de cette salle où les stalactites commencent par le bas, forment des colonnes, dont quelques-unes atteignent la voûte. Si l'on s'en éloigne à quelque distance, en laissant une personne, tenant à la main & faisant mouvoir un flambeau allumé, mille objets fantastiques se dessinent, & l'on est presque tenté de se croire au milieu des régions infernales, parmi des spectres & des monstres. Le pavé s'incline par degrés de l'un & de l'autre côté, & aboutit à un petit étang, qui semble de niveau avec celui que l'on voit à l'extrémité du long passage ; & leur situation fait conjecturer qu'ils se communiquent l'un à l'autre. Le thermomètre de Fahrenheit s'arrête à 55 degrés, dans les parties les plus reculées de la salle.

Les habitans des environs disent, qu'avant d'avoir été visitée si souvent, la cave de Madisson étoit bien plus belle qu'elle ne l'est actuellement, toutes les stalactites des voûtes & des murs étant alors d'un blanc-mat. Il en est de même de toutes les grottes dans lesquelles il se forme des stalactites ; dès qu'elles acquièrent une sorte de réputation, & qu'on va les visiter, la fumée des flambeaux noircit les dépôts cristallisés que les voyageurs ne brisent pas dans leurs visites.

Quant aux grottes qui ne contiennent point de stalactites, elles sont en grand nombre. En Italie sont les grottes de Pausilippe, du Chien, de la Sibylle de Cumes : la première est une grande galerie percée sous le mont Pausilippe, qui sert de passage ; la seconde est près du lac d'Agnano : à peu de distance des étuves qui sont sur ses bords, est une excavation de 10 pieds de longueur sur 9 de hauteur, dans laquelle les chiens, plongés dans un gaz méphitique, y sont asphyxiés ; la troisième, dans la vallée où se trouve l'Averne, a quelques centaines de pieds de longueur, sur 10 à 12 de large, dans laquelle se trouve une petite chambre carrée, que l'on prétend être le lieu où la sibylle rendoit ses oracles. Dans l'Archipel sont les grottes de Trophonius, de Corisicus auxquelles on donne le nom d'antre. Ces deux grottes ont été longtemps le théâtre des superstitions religieuses. Tous

les environs du mont Parnasse sont remplis de grottes. On connoît celle de l'Oracle, au-dessus de laquelle la Pythonisse s'asseoit sur le trépied sacré. On croit que c'étoit un soupirail, d'où il sortoit des vapeurs suffocantes, dont l'effet naturel étoit de provoquer des convulsions & des extases, qui accompagnent ordinairement l'exercice du don de prophétie. Plusieurs soupiraux semblables existent à Hermione, & près du promontoire de Ténare.

Près du mont Carmel sont deux grottes remarquables, qui sont en grande vénération dans l'esprit des Mahométans, parce qu'ils les regardent comme l'ancienne demeure du prophète Elie. Ils en ont fait une mosquée, sous le titre d'El-Kader, c'est-à-dire, la verte ; elle est desservie par un derviche.

Avant d'atteindre le sommet de la montagne, on rencontre le couvent de quelques moines carmes qui s'y étoient établis, & qui est en partie détruit. Ce paisible édifice est creusé, dans presque toute son étendue, par les mains de la nature, qui sembla le construire en faveur de la vertu champêtre & isolée. Les petits laboratoires, les cellules, les chambres destinées aux voyageurs, sont autant de grottes fort commodes au besoin de la vie. C'est aussi une grotte qui sert de temple dans ce lieu saint.

GROUCHE. Monnoie d'argent de l'Empire ottoman ; on lui donne différens noms, tels que lœwendaler, oslon, tolaro, toralo, lion, léondales, piastre turque, piastre de change. Son titre est de 7 deniers de fin.

Le grouche = 12 olik = 40 paras = 120 asper = 480 manker = 3,4850 livres tournois = 3,4419 francs.

GRUAU, de grutulum dans la basse latinité, ou de grutum ; polenta ; grütz ; s. m. Graines céréales dépouillées de leurs écorces & grossièrement concassées.

GRUAU, de grue, petite grue. Machine qui n'a pas tant de saillie que la grue, & qui est destinée aux mêmes usages.

Le gruau, fig. 894, est composé d'un arbre A, fixement soutenu par trois jambettes emmanchées dans des semelles S : celle du milieu J, est garnie de chevilles pour pouvoir monter commodément au sommet ; des moises m m, lient & entretiennent l'assemblage de l'arbre.

Un chapeau M N s, est posé sur le sommet de l'arbre, & tourne sur son pivot. Ce chapeau se compose d'un fauconneau F, d'une sellette s, & d'un lien L.

T, est le treuil sur lequel se roule un cordage C C C, qui passe sur des poulies p P, fixées dans le fauconneau, & qui tombent ensuite pour prendre les corps qui doivent être soulevés. Voyez GRUE.

GRUE, de γέρανος, *oifeau à long cou*; grus; *kranich*; f. f. Machine compofée de plufieurs machines fimples, combinées enfemble, & qui fert à élever des corps pefans, foit des matériaux employés à la conftruction des bâtimens, foit à la charge & décharge des bateaux, des vaiffeaux dans les ports. Ce nom lui a été donné, parce que les *grues* ont ordinairement une piece de bois qui s'avance dans la partie fupérieure, & qui lui donne quelque reffemblance avec le long cou des oifeaux que l'on nomme *grues*.

Ces machines fe compofent d'un treuil T, *fig.* 894 (*a*); 894 (*b*), autour duquel un câble CC eft enroulé. Ce câble paffe fur des poulies *p p* P, afin de parvenir à l'extrémité P de la tête de la *grue*; de-là, le câble defcend pour prendre les corps que l'on doit élever. Comme il eft néceffaire de tranfporter les corps élevés, fur l'emplacement où ils doivent être déchargés, on place la tête au chapeau de la *grue*, fur un poteau vertical A A, fur lequel le chapeau tourne.

Il eft facile de concevoir que, pour obtenir ce réfultat, on peut difpofer les *grues* de différentes manieres. Lorfqu'elles doivent être dans une pofition fixe, comme celles que l'on établit à demeure fur les ports, ou dans des ateliers, la *grue* fe compofe d'une efpece de potence, *fig.* 894 (*a*), dont l'arbre A A eft fixé dans deux pieces de bois horizontales: l'une, une poutre M N, a une ouverture dans laquelle paffe le tourillon fupérieur de l'arbre; l'autre inférieur Q V, a une crapaudine dans laquelle tourne un pivot qui fe fixe au pied de l'arbre. La corde paffe fur deux poulies P *p*, pour fe rouler fur le treuil T.

Mais lorfque les *grues* doivent être déplacées, tranfportées & montées temporairement, partout où l'on en a befoin, on place ordinairement l'arbre vertical A A, *fig.* 894 (*b*), fur un pied folide. Ce pied, formé de plufieurs femelles en forme de croix, tient l'extrémité inférieure de l'arbre fortement enchâffée; il eft foutenu, dans fa pofition verticale, par huit étréfillons E E E E. Un chapeau M N, portant, fous fon milieu, une crapaudine K, pofe fur un pivot fixé au fommet de l'arbre A A. Ce chapeau fupporte un affemblage dans lequel fe trouve le treuil T, autour duquel le câble C C C eft roulé; ce câble paffe fur des poulies *p p p* P, pour defcendre en F prendre le fardeau.

Tout cet affemblage doit être conftruit de maniere que le côté M faffe contre-poids au côté N lorfqu'il eft chargé, afin d'empêcher que la différence des poids, qui exiftent de chaque côté, foit lorfque la *grue* eft chargée, foit lorfqu'elle eft déchargée, ne faffe incliner le chapeau. On place, dans l'affemblage, des traverfes X Y qui embraffent l'arbre, permettent à l'enfemble de tourner, & maintiennent le tout dans une pofition conftante.

On conçoit que l'on peut donner à cet affemblage diverfes difpofitions, d'où réfultent néceffairement des formes de *grues* différentes.

Sur la fin du fiecle dernier, on a conftruit, fur les ports de la ville de Paris, des *grues* à double effet; c'eft-à-dire, qui ont deux treuils & deux têtes, & avec lefquelles on peut élever un fardeau de chaque côté. Souvent on éleve un fardeau d'un côté pendant qu'on en defcend un autre de l'autre côté. Par cette conftruction, le contrepoids, de chaque côté, eft maintenu d'une maniere plus exacte que dans les autres *grues*.

Dans plufieurs *grues*, le câble C defcend de la poulie P, vers le fol, pour aller prendre le corps que l'on doit enlever: dans cette difpofition, *fig.* 894 (*a*), l'effort excité fur le treuil eft néceffairement égal au poids à foulever, plus les frottemens & la roideur du câble qu'il faut vaincre; d'autres fois, le bout du câble eft fixé à l'extrémité N de la tête de la *grue*, *fig.* 894 (*b*); une poulie π pofe fur cette partie du câble, & fupporte les crochets qui fervent à enlever les fardeaux: dans cette difpofition, l'effort exercé fur le treuil eft égal à la moitié du poids du fardeau; plus la moitié de l'effort néceffaire pour vaincre les frottemens & la roideur du câble. Quelquefois même, lorfque le poids à foulever eft trop grand, on place un moufle M, *fig.* 894 (*c*), à l'extrémité N du chapeau de la *grue*. *Voyez* MOUFLE.

Dans la plus grande partie des *grues*, le treuil T eft placé horizontalement, *fig.* 894 (*b*); on le fait tourner avec une roue à cheville, afin de le faire mouvoir facilement: dans plufieurs *grues*, particulièrement dans celles qui font à demeure dans les ateliers, le treuil eft mu par une roue dentée R, *fig.* 894 (*d*), fixée fur le treuil, laquelle roue eft mue, elle-même, par une roue plus petite *r*, que l'on fait tourner à l'aide d'une manivelle, *m*.

Enfin, le treuil T peut être placé verticalement, *fig.* 894 (*a*), & être mu par des leviers horizontaux. Cette maniere de faire mouvoir le treuil, ou cabeftan, a été décrite par Defaglier, tom 1, page 127 de fon *Cours de Phyfique expérimentale*.

On trouve dans tous les ouvrages de mécanique, & en particulier dans la *Statique de Boffut*, la maniere d'appliquer le calcul à la détermination de l'effort que l'enlevement d'un fardeau exige; mais ce calcul fuppofe que l'on connoît le frottement & la roideur du câble que l'on a à vaincre; cependant, comme ces deux élémens varient: 1°. felon le plus ou moins de perfection dans le travail de la machine; 2°. felon que la corde, elle-même, a plus ou moins de roideur; il eft difficile de conclure exactement, d'après le calcul, l'effort que l'on doit employer; il eft beaucoup plus fimple de le déterminer par l'expérience, lorfque la machine eft conftruite, ce qui eft toujours extrêmement facile.

GRUE. Conftellation de la partie méridionale

du ciel, placée auprès de l'Indien, entre le Poisson austral & le Toucan.

C'est une des douze constellations décrites par Jean Bayer, & qui ont été ajoutées aux quinze constellations méridionnales de Ptolémée; elle a été conservée par l'abbé de Lacaille, dans son planisphère austral.

La principale étoile de cette constellation est marquée *a*; elle est de seconde grandeur; elle a 48° 9′ 22″ de déclinaison australe. Il en est qui n'ont que 38°, & qui, par conséquent, se lèvent sur l'horizon de Paris.

De toute la constellation de la *Grue*, il n'y a que la tête qui paroisse sur notre horizon.

GRUE HYDRAULIQUE. *Grue* mue par l'eau.

On trouve dans les *Annales des arts & manufactures*, tom. XV, page 143, la description d'une *grue hydraulique*, inventée par John Harriot. Cette *grue* se compose d'une potence mobile, *fig.* 894 (*e*), sur laquelle passe le cordage qui supporte le poids. Ce cordage s'enveloppe sur un grand cylindre; sur l'axe de ce cylindre en est un plus petit, enveloppé également d'un autre cordage, qui s'attache à un piston placé dans une caisse de fonte. Un tube établit une communication sur la partie supérieure & sous la partie inférieure du piston. Ce tube, garni d'un robinet, permet ou intercepte le passage de l'eau, de l'une à l'autre partie. Une seconde caisse, beaucoup plus petite, reçoit l'eau d'un réservoir élevé, & facilite, à l'aide d'un robinet, ou le passage de l'eau du réservoir dans la grande caisse, ou la sortie de l'eau de la caisse.

Ceci posé, en établissant une communication entre le réservoir & la partie supérieure du piston, en même temps que l'on procure un écoulement à l'eau placée inférieurement, ce piston est comprimé par une colonne d'eau, égale à toute la hauteur du réservoir, au-dessus du piston; l'effort de cette colonne fait abaisser le piston, & par suite tourner l'axe du grand cylindre, & soulever le poids placé à l'extrémité du câble. Lorsque le poids est déchargé, on établit la communication entre les deux parties supérieure & inférieure du piston; on soulève le piston à l'aide d'un poids placé à l'extrémité du câble, on ferme le robinet, & l'on peut, à l'aide du même moyen, soulever des poids nouveaux. Le mécanisme qui fait mouvoir ces *grues*, étant analogue à celui des machines à colonne d'eau, nous croyons devoir renvoyer à ce mot pour en connoître les détails. *Voyez* MACHINE A COLONNE D'EAU.

GRYPHE. Monnoie de l'Empire de Russie; il en faut 10 pour faire un rouble. Le *gryphe* = 10 copeck = 40 poluschk = 0,4735 livre tournois = 0,4676 franc.

GUEUSE; *porca*; *gunz*; s. f. Pièce de fonte de fer, longue & peu épaisse, de la forme d'un prisme triangulaire, amincie à ses extrémités.

On obtient les *gueuses* en faisant couler, d'un haut fourneau à traiter le minerai de fer, dans une tranchée faire dans le devant du fourneau, la fonte qui est accumulée dans le creuset du fourneau. Les *gueuses* pèsent ordinairement de quinze à vingt-cinq quintaux; leur longueur varie entre seize & vingt-quatre pieds.

Cette forme n'est pas la seule sous laquelle la fonte de fer est coulée des hauts fourneaux; on lui donne, dans quelques pays, celle de saumon; ce sont des prismes rectangulaires de trois à quatre pieds de longueur, & du poids de quatre à sept quintaux: dans d'autres, la fonte est coulée en plaques, ce sont des prismes rectangulaires de six à douze pouces de côté, & du poids de cent à cent cinquante livres: enfin, dans plusieurs fourneaux de Styrie & de Carinthie, on coule la fonte en lames ou feuilles, que l'on nomme *blettes*. Ces différentes formes, données à la fonte, dépendent du mode de transport que l'on emploie. Dans les pays de plaine, où l'on charrie la fonte dans des voitures; on lui donne la forme des *gueuses*, parce qu'elle se charge plus facilement sous les voitures; on ne donne la forme de saumon, à la fonte, que dans les fourneaux, où les coulées fréquentes ne permettent pas de couler de plus grandes masses. La forme de plaque est obtenue dans les pays montagneux, où l'on transporte le fer à dos de mulets, ou de chevaux. Quant à la forme des blettes, elle a pour objet de faciliter le travail de l'affinage, soit pour obtenir du fer, soit pour obtenir de l'acier.

On se procure la fonte de fer, pour couler les *gueuses*, en chargeant successivement du minerai de fer, du charbon & des fondans, dans un fourneau de dix-huit à soixante pieds de hauteur, & dont le vide intérieur est ordinairement formé de deux pyramides posées bases à bases. On excite la combustion du charbon par une masse énorme d'air, qu'on lance dans l'intérieur du fourneau, par le bas, à l'aide de machines soufflantes. L'action des charbons & des gaz carbonés désoxide le minerai; la chaleur le rougit, le fond, ainsi que les substances terreuses qui l'accompagnent; le métal fondu, ainsi que les verres terreux, coulent goutte à goutte & tombent dans le creuset, où ils se séparent. Le métal plus pesant tombe au fond; les verres terreux, connus sous le nom de *laitier*, surnagent; ils coulent ordinairement par une ouverture qui existe dans le devant du fourneau, à laquelle on donne le nom de *tympe*. Lorsque le creuset est rempli de fonte, on creuse la rigole, ou l'on forme les moules dans lesquels elle doit couler; on fait, à l'aide d'un ringard, une ouverture dans le fond du creuset, & la fonte coule dans le moule qui doit la recevoir.

GUEZE. Mesure d'aunage employée en Perse; le *gueze* = 0,800 de l'aune de Paris = 0,9907 mèt.

GUGLIELMINI (Dominique), célèbre hydraulicien, né à Bologne en 1655, & mort à Padoue, le 12 juillet 1710.

Il s'appliqua, en même temps, à l'étude des mathématiques & de la médecine; il fut reçu docteur en médecine en 1678, & intendant-général des eaux de Bologne, en 1686 : charge très-importante, à raison de la grande quantité de rivières & de canaux qui coupent ce pays dans tous les sens, & qui y causeroient de grands ravages s'ils n'étoient surveillés avec soin.

S'étant acquitté de ses fonctions, dont il avoit su apprécier l'étendue, avec un zèle qui lui concilia l'estime générale, Guglielmini fut nommé professeur d'hydrométrie. Ce nom, dit Fontenelle, est aussi nouveau que la place. Il fut nommé, ensuite, professeur de mathématiques & de médecine à Padoue.

Nous avons de Guglielmini : 1°. des thèses sur un phénomène lumineux observé en Italie en 1676; 2°. de Cometarum naturâ & ortu dissertatio epistolica, in-4°., Bologne, 1681; 3°. Aquarum fluentium mensura nova & inquisita, in-4°., Bologne, 1590 & 1691; 4°. Della natura de'fiumi trattato fisico matematico, in-4°., Bologne, 1697; 5°. de Solibus dissertatio epistolaris physico-medico-mechanica, in-8°., Venise, 1705; 6°. Exercitatio de idearum vitiis, correctione & usu ad statuendam & inquirendam morborum naturam; in-8°., Padoue; 1707; 7°. de Principio sulphureo, in-8°., Padoue, 1707.

GUINÉE. Monnoie d'or fabriquée en Angleterre. L'or est au titre de 22 karats; la guinée est à la taille de 44 ½ à la livre poids de Troy.

La guinée = 21 schelings = 24,7940 livres tourn. = 24,4876 francs.

GUITARE, de l'espagnol guittara; de l'arabe kiter; de κιθαρος, thorax de l'homme; chitara;

zither; s. f. Instrument à cordes, qui a la forme du thorax de l'homme. Son manche a dix touches & cinq cordes. Cet instrument a peu de son, mais beaucoup d'harmonie. Il ne faut s'en servir que pour jouer seul.

On ignore l'origine de la guitare : il paroît que nous la tenons des Espagnols, qui, probablement, la tiennent des Maures. La guitare est fort en usage chez les Turcs & les Persans; elle leur est venue de l'Arabie, où elle est connue de toute antiquité. De temps immémorial, les Espagnols se servent de cet instrument, surtout dans les sérénades.

Les nègres ont aussi leur guitare; c'est une grande gourde recouverte d'une planche, sur laquelle sont tendues quatre ou six cordes. Ils ont encore une autre guitare, composée d'une pièce de bois creusé, couverte de cuir, avec deux ou trois cordes de crin. Cet instrument est orné de petites plaques de fer & d'anneaux.

GULDEN. Monnoie d'Aix-la-Chapelle & de la grande Pologne; c'est le florin de ces deux pays.

A Aix, il faut 6 gulden pour valoir un florin d'Empire, 9 pour un rixdaler courant, & 12 pour le rixdaler espèce. Le gulden = 6 marcs = 36 busche = 144 heller = 0,439 liv. tourn. = 0,4335 franc.

Dans la grande Pologne, il faut 15 gulden pour le daler espèce. Le gulden = 30 gros = 270 penning = 0,5663 livre tournois = 0,5583 fr.

GUT-GROSCHEN. Monnoie de billon de la Saxe, du Brandebourg, de la Silésie, de la Poméranie & de la Prusse.

Il faut vingt-quatre g t-groschen pour faire le rixdaler de chaque pays, la Silésie exceptée, où il en faut trente.

Le gut-groschen

Dans le Brunswick	= 12 penning	= 0,1654 liv. tourn.	= 0,1583 fr.
En Saxe	= 12	= 0,1654	= 0,1583
Dans le Brandebourg	= 12	= 0,1577	= 0,1437
En Silésie	= 15	= 0,1577	= 0,1437
Dans la Poméranie	= 12	= 0,1577	= 0,1437
En Prusse	= 67 ½	= 0,1577	= 0,1437

GUNTER (Edmond), ingénieux mathématicien & physicien anglais, né en 1581, dans le comté d'Hereford, mort au collège de Gresham, le 10 décembre 1626.

Gunter fut d'abord destiné à la carrière du ministère; il reçut les ordres sacrés; mais son goût naturel pour les sciences mathématiques l'éloigna de sa première destination : il fut professeur d'astronomie au collège de Gresham, en 1619.

Il inventa un secteur qui lui servoit à opérer, avec la plus grande facilité, toutes les pratiques de la gnomonique. Il calcula les logarithmes des sinus & des tangentes, pendant que son collègue,

Briggs calculoit ceux des nombres naturels. Il imagina de transporter les logarithmes sur une échelle, pour en faciliter l'usage; il rendit encore d'autres services aux sciences physiques & astronomiques. On croit qu'il remarqua, le premier, la variation de l'aiguille aimantée, dans un même lieu, phénomène qui a été confirmé, depuis, par des observations multipliées.

GUNTER (Échelle de). Transport fait, par Gunter, des logarithmes sur une échelle linéaire, au moyen de laquelle on peut, par une seule ouverture de compas, obtenir les résultats d'une multiplication, ou d'une division, avec une précision proportionnée à la longueur de l'échelle.

Cette ingénieuse invention fut très-bien accueillie en Angleterre, & cette échelle s'y trouve communément dans tous les étuis de mathématique. Edmond Wingate l'introduisit en France; Henrion l'y reproduisit avec quelque perfectionnement. Lemonnier la recommanda, en 1772, dans le quartier de réduction. Fortin la fit graver en 1776, dans la reduction de l'atlas céleste de Flamsteed.

Dès 1741, Camus, de l'Académie des Sciences, chargé de fournir aux commis de la ferme, employés aux barrières, une jauge expéditive, & qui dispensât de tout calcul, imagina de faire glisser l'une contre l'autre, deux échelles logarithmiques, dont l'une servoit à mesurer le moyen diamètre, & l'autre la longueur des futailles : par cette invention, la multiplication étoit réduite en addition.

Enfin, l'application la plus ingénieuse & la plus avantageuse, dans la pratique, qu'ait reçue l'échelle de Guuter, est la forme circulaire que lui a donnée M. Gattey, dans son *Cadran logarithmique*, publié, d'abord, en 1798, & perfectionné depuis, sous le nom d'*Arithmographe* (1).

GUSTATION, de *gustare*, *goûter;* gustatio; *schmecken einer sache;* ſ. f. Mot récemment proposé pour exprimer l'exercice du sens du goût, l'action de goûter. *Voyez* GOUT.

GUTTE (Gomme); gummi guttæ; f. f. Gomme résine retirée d'un arbre de la famille des guttiferes. *Voyez* GOMME-GUTTE.

GUTTURAL, de *guttur*, *gosier;* gutturalis; *kehle gehörig;* adj. Qui a rapport au gosier.

C'est dans ce sens que l'on dit *son guttural*, son que l'on tire du gosier : *lettres gutturales*, lettres que l'on prononce du gosier: telles font les lettres G & Q.

GUYTON DE MORVEAU (Louis-Bernard), chimiste & physicien célèbre, érudit & laborieux, né à Dijon, le 4 janvier 1737, mort à Paris, le 2 janvier 1816.

Ce savant fut promu, à 18 ans, à la charge d'avocat général au Parlement de Dijon, après avoir obtenu des dispenses d'âge. Il se distingua, dans cette carrière, par des plaidoyers qui prouvent qu'il ne manquoit ni des talens qui font l'orateur, ni des connoissances qui font nécessaires aux jurisconsultes, ni des vues élevées qui caractérisent le magistrat.

Trois volumes de discours & d'éloges, qu'il publia en 1775, ainsi que quelques pièces de vers qu'il fit dans sa première jeunesse, annoncent qu'il

ne lui auroit pas été impossible de se distinguer par ses talens littéraires.

Membre & chancelier de l'Académie de Dijon, il sollicita & obtint des Etats de Bourgogne, la fondation d'un cours de chimie, de minéralogie & de matière médicale; &, malgré l'espèce d'éloignement que MM. les membres du Parlement affectoient, à la réunion du titre de professeur à celui de ce magistrat, *Guyton* eut la force de vaincre ce préjugé, & de se croire honoré en acceptant la place de professeur, qu'il occupa pendant treize ans avec succès; mais ses confreres ne lui pardonnèrent ni ses nouveaux succès, ni son dédain pour les préjugés. Ils l'accablèrent de tant de désagrémens, qu'il se détermina à se defaire de sa charge, après vingt ans d'exercice. Alors, ses envieux, glorieux de cette victoire, que les préjugés du temps remportoient sur la culture des sciences, lui laissèrent obtenir le titre d'avocat général honoraire, qu'on ne pouvoit lui refuser.

Pendant son professorat, il établit une correspondance très-active avec les savans de tous les pays, traduisit en français plusieurs ouvrages de Bergmann, de Scheèle, de Black, qu'il accompagna de notes. Chargé de la rédaction du *Dictionnaire de Chimie* de cette collection, il en fit paroître le premier volume en 1786, & y rassembla, avec une vaste érudition & un discernement exquis, tout ce que les étrangers avoient fait de plus récent & de plus exact. L'article ACIDE, de ce volume, a toujours passé pour un chef-d'œuvre. L'Académie des Sciences décerna à *Guyton*, à cette occasion, le prix qu'elle distribuoit cette année pour l'ouvrage le plus utile. Cette partie du Dictionnaire a été traduite en allemand, en anglais & en espagnol. Quelques talens qu'aient marqués les continuateurs de cet excellent Dictionnaire, on regrette toujours de ne pas y retrouver cet historique des ouvrages étrangers, qui constituoit principalement le talent de cet homme célèbre. Mais chaque homme de génie a sa manière de présenter & de décrire les mêmes objets.

Un typhus mortel, provenant de l'ouverture d'un caveau dans la cathédrale de Dijon, ne pouvoit être ni détruit ni arrêté. *Guyton* s'occupa des moyens de le faire, & il y parvint, à l'aide de l'acide muriatique oxigéné; c'est de cette époque, 1773, que date sa précieuse découverte du pouvoir des fumigations acides contre les miasmes contagieux. L'année suivante, les prisons de Dijon furent désinfectées par le même procédé, lequel, perfectionné par son auteur, est devenu d'un usage général dans les hôpitaux, les prisons, les vaisseaux & tous les lieux où l'accumulation des êtres vivans produit des germes de maladies. Ces fumigations ont presqu'anéanti la fièvre d'hôpital; & ce font elles qui ont principalement arrêté les progrès de l'affreuse épidémie de ce genre, que des armées, battues & manquant de tout, appor-

---

(1) *Explication des usages de l'arithmographie*, 2e. édit. in-8°. Paris, 1810.

tèrent à leur suite. *Voyez* DÉSINFECTION, FU-
MIGATION.

Dans ses relations avec les chimistes étrangers,
Guyton conçut le vaste projet d'une nomenclature
chimique; il s'en occupa, pendant long-temps,
avec cet esprit méthodique qu'il portoit dans tous
ses travaux. Il publia, en 1782, dans le *Journal
de Physique* (1), la méthode qu'il se proposoit de
suivre, & la mit en pratique dans le premier volume du *Dictionnaire de Chimie*, qui parut en
1786. Etant venu à Paris, à cette époque, pour
être témoin des nouvelles expériences de Lavoisier & Berthollet, ce premier l'invita à se réunir
à un comité de savans français, pour s'occuper
de l'amélioration de sa nomenclature. *Guyton* sa-
crifia aussitôt la gloire qu'il pouvoit recueillir, &
que lui promettoient ses succès, à une plus grande
certitude de faire adopter ce nouveau langage; il
se réunit chez l'illustre Lavoisier, avec Berthollet,
Fourcroy, Monge, Vandermonde & plusieurs
autres savans, parmi lesquels se trouvoient Hassenfratz & Adet. La nomenclature se perfectionna;
elle fut publiée sous les noms de *Guyton*, Lavoisier, Berthollet & Fourcroy, & devint, par la
suite, la langue de tous les chimistes.

Quelques-unes de ses recherches furent dirigées
de manière à seconder le génie de la guerre. Il
provoqua & appliqua lui-même l'usage des ballons, à la reconnoissance de la position de l'ennemi. Il organisa une troupe pour ce genre de
service. On doit, en grande partie, au premier
essai qu'il en fit, en montant lui-même dans une de
ces machines, le gain de la bataille de Fleurus.
Pourquoi cette application a-t-elle été abandonnée? C'est une question que nous ne pouvons
décider.

Guyton contribua, avec Berthollet, Vandermonde & Hassenfratz, à aider Monge, dans son
grand projet de la création de l'Ecole polytechnique, qui a fourni tant de savans & d'ingénieurs
distingués; il y prit, comme eux, une chaire,
qu'il remplit pendant onze ans; il contribua aussi,
comme administrateur des monnoies, à l'établissement de notre système monétaire.

Il étoit membre de l'Institut de France à sa création; il l'étoit également de la Société royale de
Londres, & d'un grand nombre d'Académies.
Les *Mémoires de l'Institut*, la *Collection des Annales de Chimie*, dont il étoit un des principaux ré-
dacteurs, renferment un nombre considérable de
ses Mémoires, utiles aux arts, & aux sciences,
parmi lesquels nous distinguerons : ses expériences
sur la combustion du diamant (*voyez* DIAMANT);
ses recherches sur les cimens propres à bâtir sous
l'eau; sur les affinités, sur la composition de certains sels; sur les gaz; son pyromètre. *Voyez*
PYROMÈTRE.

Nommé député du département de la Côte-

d'Or, en 1791, *Guyton*, se trouvant jeté dans le
torrent révolutionaire, dut nécessairement y avoir
une opinion & la manifester; nous ne croyons pas
devoir ici, comme historien de la science, nous
occuper de ses opinions politiques : 1°. parce qu'il
est extrêmement difficile de pouvoir juger des motifs qui, dans ces momens où les passions étoient
exaltées, ont pu faire adopter une opinion, quelle
qu'elle fût, qui étoit toujours blâmée par les uns
& louée par les autres; 2°. parce que nous sommes convaincus qu'il y a aujourd'hui peu de courage, d'autres diroient de la lâcheté, à attaquer,
à blâmer les vaincus, à louer & chanter les
vainqueurs; 3°. que ces temps désastreux étant
cessés, nous devons réunir tous nos soins pour
calmer les plaies qu'ils ont formées, éteindre les
haines qui y ont pris naissance, ramener à l'union,
à la concorde tous les membres de la grande famille, & éloigner d'elle tout ce qui pourroit lui
retracer ces époques si funestes à tous les Français :
Ce que nous pouvons assurer, parce que nous en
avons été plusieurs fois témoins, c'est que, dans
les momens les plus difficiles, *Guyton* n'a pas
craint d'exposer sa vie pour soustraire, des mains
des furieux, d'innocentes victimes, quelles
qu'aient été leurs opinions.

Un affoiblissement graduel, augmenté par le
chagrin que sa position lui faisoit éprouver, & que
son grand âge ne lui permettoit plus de vaincre,
le conduisit au tombeau, après plusieurs années de
langueur.

Parmi les ouvrages que *Guyton* a publiés, nous
distinguerons : 1°. *Mémoires sur l'éducation publique*,
in-12. 1764; 2°. *Défenses sur la volatilité du phlogistique*, in-8°. 1773; 3°. *Instruction sur le mortier de loriot*,
in-8°. 1775; 4°. *Mémoires sur l'utilité d'un Cours
de Chimie dans la ville de Dijon*, in-4°. 1775; 5°.
*Description de l'aréostat de Dijon, avec un essai
sur l'application de cette découverte à l'extraction des
eaux des mines*, in-8°. 1784; 6°. *Traité des
moyens de désinfecter l'air*, &c. in-8°. 1801; 7°.
*Rapport sur la restauration du tableau de Raphaël,
connu sous le nom de la Vierge de Foligno*, in-4°.
1802; 9°. *Elémens de Chimie théorique & pratique*, en
commun avec Maret & Durande, in-12. 1776 &
1777.

GUYTON (Désinfecteur de). Flacon rempli
d'oxide de manganèse & d'acide nitro-muriatique,
dont on fait usage pour désinfecter l'air. *Voyez*
DÉSINFECTANT.

GUYTON (Eudiomètre de). Instrument avec
lequel on reconnoit, à l'aide du phosphore, la
proportion d'oxigène contenue dans un gaz ou
dans un air donné. *Voyez* EUDIOMÈTRE A PHOS-
PHORE.

GUYTON (Gazomètre de). Instrument dont
Guyton s'est servi pour contenir & fournir le gaz

qu'il a employé dans la combuſtion du diamant, & pour recueillir celui qui s'eſt formé pendant la combuſtion. *Voyez* GAZOMÈTRE DE PÉPIS.

GYMNASTIQUE, de γυμναϛικη; gymnaſtica; *gymnaſtick*; ſ. f. Art qui enſeigne à régler l'uſage des divers exercices du corps, ſoit pour conſerver la ſanté, ſoit pour aider à ſon rétabliſſement, ſoit pour développer les forces.

On diviſe ordinairement la *gymnaſtique* en trois claſſes : 1°. exercices actifs ou muſculaires ; 2°. exercices paſſifs, ou *geſtation* (*voyez* ce mot) ; 3°. repos.

Une *gymnaſtique* naturelle exiſte pour tous les âges. Dans l'enfance, le ſyſtème locomoteur étant trop débile, les muſcles n'ayant pas aſſez de force, la geſtation devient néceſſaire pour fortifier le corps & les membres ; c'eſt cette *gymnaſtique* que les nourrices emploient, en ballottant & en agitant les enfans confiés à leurs ſoins. Dès que les progrès de l'âge & le développement des forces ont mis l'enfant à même de ſe ſervir de ſes membres, alors il fait uſage de la première claſſe de la *gymnaſtique*, c'eſt-à-dire, de l'exercice actif, & il la continue juſqu'à ce que ſes forces ſoient épuiſées.

Toutes les fois que l'adulte a, par ſa poſition, des exercices muſculaires ſuffiſans, il eſt inutile de lui en créer : mais lorſque, livré à l'étude, il eſt maintenu, une partie de la journée, dans une ſituation où il n'y a que l'eſprit qui s'exerce, pendant que le corps eſt en repos, il faut néceſſairement obliger les jeunes gens à un exercice muſculaire, tel que la courſe, la ſaltation, la danſe, l'eſcrime, le jeu de balle, la paume, &c. Par ce moyen, les membres ſe fortifient, les muſcles acquièrent un grand volume, & la répétition des mêmes mouvemens fait acquérir de l'habileté à les exécuter. Il eſt eſſentiel que, dans les exercices muſculaires que l'on procure aux jeunes gens, tous les muſcles ſoient également exercés ; car l'on remarque habituellement que ceux qui ſont plus exercés que les autres, acquièrent un plus grand volume, & occaſionnent, par cela, une ſorte de difformité.

Dans les premiers temps de la civiliſation, où la force muſculaire étoit la force principale, la *gymnaſtique* étoit une partie eſſentielle de l'éducation. Le développement de la force muſculaire devenoit la ſauve-garde des familles, & la force des muſcles des individus faiſoit la ſûreté des États, aſſuroit la victoire dans les combats, & rendoit une nation redoutable à ſes ennemis : auſſi remarque-t-on que toutes les nations anciennes, & en particulier les Grecs & les Romains, avoient des gymnaſes, & que les gouvernemens, les adminiſtrations, réuniſſoient tous les moyens de faire développer les forces muſculaires, & même rendre honorables ceux qui acquéroient cette force à un très-haut degré. Nos anciens châtelains ſe rendoient redoutables à leurs ſerfs, par les forces muſculaires que l'éducation développoit

en eux ; enfin, nous voyons encore les nations ſauvages s'occuper de la *gymnaſtique*, & honorer celui de leurs compagnons qui a ſu acquérir la plus grande force.

Mais depuis l'invention de la poudre à canon & l'uſage des armes à feu, cette force muſculaire ne devient plus auſſi eſſentielle ; la manière de faire la guerre a changé, les hommes ne s'attaquent qu'avec des écrits, & ne ſe défendent qu'avec des armes à feu. On laiſſe à ceux qui exercent des profeſſions qui exigent l'emploi de la force, les moyens d'acquérir & de développer celle qui leur eſt néceſſaire.

Comme les anciens Grecs obligeoient les jeunes gens à ſe mettre nus, ou preſque nus, pour ſe livrer à l'exercice du gymnaſe, c'eſt-à-dire, à l'exercice de la courſe, du ſaut, de la lutte, du javelot, du diſque, &c., que nu, en grec, ſe dit γυμνος, on a donné à l'art où l'on s'exerce nu, le nom de γυμναϛικη, & en français *gymnaſtique*.

GYMNOPÉDIE; γυμνοπαιδια; γυμνος, nu, & παις, jeune homme ; gymnopedia ; *gymnopedi* ; ſ. f. Danſe en uſage chez les Lacédémoniens, qui étoit exécutée par deux troupes de danſeurs nus, la première compoſée de jeunes gens, la ſeconde d'hommes adultes.

Dans cet exercice, les danſeurs, par les mouvemens cadencés de leurs pieds, & par les attitudes figurées de leurs bras & de leurs mains, offroient aux ſpectateurs une image adoucie de la lutte & du pancrace.

GYMNOSOPHISTES, de γυμνος, nu, & ſοφος, ſage ; γυμνοσοφιϛ ; gymnoſophiſtæ ; *gymnoſophiſt* ; ſ. m. Anciens philoſophes indiens qui alloient preſque nus.

GYMNOTE ÉLECTRIQUE ; gymnotus electricus ; *electriſche gymnote* ; ſ. m. Poiſſon long, de la forme des anguilles, de la famille des apodes, qui a deux nageoires pectorales près de l'anus, point de nageoires dorſales, & qui a la propriété de développer de l'électricité, ou mieux du galvaniſme.

Ce poiſſon peut atteindre de quatre à cinq pieds de long ; ſa groſſeur eſt ordinairement du huitième de ſa longueur. En le touchant, même avec un bâton, il engourdit tellement le bras, qu'on lui a donné le nom de *gymnote engourdiſſant* ; &, à cauſe de ſa forme, on lui donna, dans quelques endroits, les noms vulgaires d'*anguille trembleuſe*, *anguille électrique*, *anguille torpille de Cayenne* ou de *Surinam*.

En touchant le *gymnote électrique* avec une ſeule main, armée d'un métal, on n'éprouve aucune commotion ; mais ſi on le touche avec une, ou avec les deux mains nues, on éprouve des commotions, qui dépendent de ſa volonté. Souvent, il faut l'irriter, pour qu'il porte ſon coup ; ce qui dépend probablement, dit M. Humboldt, de ce qu'il ne tient pas toujours ses organes électriques chargés; mais il les recharge avec une célérité admirable, & peut donner, de suite, plusieurs commotions. Il dépend de sa volonté de donner des secousses plus ou moins fortes. Ordinairement, les premières sont foibles; mais lorsqu'elles ne produisent pas les effets qu'il en attend, il en donne de plus fortes, quelquefois capables d'engourdir totalement les hommes, & de tuer les poissons qui sont soumis à son action.

Richter observa, en 1677, les premiers effets du *gymnote électrique*; mais les sciences physiques n'avoient pas encore fait d'assez grands progrès, à cette époque, pour qu'on pût apprécier l'importance de ses observations. Ce n'est que de 1750, que date la grande célébrité dont jouit le *gymnote électrique*.

Il y a, dans le *gymnote électrique*, quatre organes galvaniques, *fig. 895*, dont on doit la connoissance à Hunter, deux grands & deux petits, placés de chaque côté du corps, depuis l'abdomen, jusqu'à l'extrémité de la queue. Les premiers sont logés au-dessous de la vessie natatoire & des muscles vertébraux; ils sont recouverts par la peau. Les petits sont placés à la région inférieure de la queue; ils sont enfoncés dans les muscles; mais ils ne diffèrent les uns des autres que par leur diamètre, leur longueur étant à peu près la même, c'est-à-dire, le tiers de celle du poisson. Ils se terminent en pointe vers l'extrémité de la queue.

Dans chacun de ces organes, on remarque un grand nombre de séparations horizontales, parallèles, coupées presqu'à angles droits par d'autres séparations à peu près verticales. Les horizontales sont, au plus, distantes d'une demi-ligne les unes des autres, & se touchent même dans quelques endroits. Hunter a compté jusqu'à trente-quatre de ces lames onduleuses, dans un grand organe, & quatorze dans un petit. Tout cet appareil galvanique est mis en jeu par un système de nerfs, procédant de la moelle épinière, & distribué avec un mécanisme admirable. Les différens rameaux d'un gros nerf, qu'on trouve au-dessus de la colonne vertébrale de ce poisson, rampent d'abord à la surface de ces organes, & finissent par se répandre & s'épanouir dans leurs alvéoles.

Ces organes sont formés par la réunion de plusieurs aponévroses, qui s'étendent dans le sens de la longueur du poisson, comme autant de lignes horizontales, parallèles & écartées les unes des autres d'un millimètre. *Voyez* SURINAM (Anguilles de).

GYNANTROPE, de γυνη, *femme*, ανθρωπος, *homme*; γυναντθρωπος; gynanthropos; *gynantrop*; s. m. Individus qui réunissent, jusqu'à un certain point, les organes des deux sexes, mais chez lesquels les organes féminins sont plus développés.

GYNIDE, de γυνη, *femme*; gynides; *gynide*; s. m. Hermaphrodite, qui tient plus de la femelle que du mâle.

GYPSE, de γη, *terre*, εψω, *cuir*; γυψος; gypsum; *gyps*; s. m. Substance avec laquelle on fait le plâtre, en la cuisant. Cette pierre est tendre, un peu soluble dans l'eau. Ce liquide en dissout la cinq centième partie de son poids. Sa densité varie entre 2,300 & 2,900, celle de l'eau étant 1,000. On le rencontre cristallisé & amorphe. La forme primitive du cristal est un prisme droit, quadrangulaire: souvent on le trouve en lames transparentes, & d'autres fois en cristaux trapézoïdes; enfin, en cristaux de plusieurs variétés. Dans tous, il se divise en lames qui ont une réfraction double. Ses composans sont, d'après Bergmann:

Chaux	0,32
Acide sulfurique	0,46
Eau	0,22
	100

Toutes les eaux qui passent sur les *gypses*, s'en saturent; elles acquièrent de la crudité, cuisent difficilement les légumes, ne dissolvent pas le savon, & ne sont, en conséquence, point propres au savonnage.

On fait, habituellement, le plâtre avec le *gypse* amorphe. On le fait calciner, l'eau se vaporise: on bat le plâtre calciné. Dans cet état de sulfate de chaux enhydre, il a beaucoup d'affinité pour l'eau; il se combine avec elle & se solidifie en se séchant. Délayé dans l'eau, il perd toutes les formes qu'on lui donne, & les conserve en prenant de la solidité; seulement il augmente un peu de volume.

Il est essentiel, lorsque l'on a fait les plâtres dans une maison, de les laisser parfaitement sécher avant de l'habiter, afin d'éviter les mauvais effets de l'humidité & de la fraîcheur des plâtres.

HAAS (Lampe docimaſtique d'). Lampe do-cimaſtique, inventée par M. *Haas*, pour être employée comme chalumeau. Cette lampe eſt dé-crite tome XXVI, page 48 des *Annales des Arts & Manufactures. Voyez* LAMPES DOCIMASTIQUES.

HABITACLE; habitaculum; *compaſſ-hünſchen;* ſ. m. Eſpèce d'armoire ou caiſſe carrée, dans la-quelle on place, ſur les vaiſſeaux, la bouſſole qui indique la direction de la route que l'on ſuit.

On place ordinairement l'*habitacle* en avant de la roue du gouvernail, afin que le timonier qui le fait mouvoir, puiſſe connoître la direction que le vaiſſeau ſuit, & le diriger de manière à le main-tenir dans l'aire de vent que permet celui qui ſouffle, & le lieu où l'on ſe propoſe d'arriver.

Sur preſque tous les vaiſſeaux, l'*habitacle* a trois compartimens, formés par deux vitres : aux deux côtés ſont des bouſſoles, & au milieu une lampe, qu'on allume dans la nuit, pour éclairer chaque bouſſole. Une attention qui doit être portée au ſcrupule, c'eſt qu'il n'y ait aucun ſer, ſoit clous, chevilles ou autres, à la proximité de l'*habitacle*, parce que le fer dérangeroit la direction des ai-guilles aimantées, & jetteroit les navigateurs dans une ſorte d'incertitude ſur la route qu'ils ont ſuivie.

HACHETTE (Doubleur d'électricité d'). Inſ-trument perfectionné par M. *Hachette*, & à l'aide duquel on peut déterminer la nature de l'électri-cité qui exiſte dans le lieu où l'on ſe trouve. *Voyez* DOUBLEUR D'ÉLECTRICITÉ.

HACQUET (Balthaſar), chirurgien, natura-liſte & phyſicien, né au Conquet en Bretagne, en 1740, mort à Vienne en Autriche, en 1815.

Ce ſavant paſſa très-jeune dans les Etats autri-chiens : il y fut nommé profeſſeur de chirurgie & d'hiſtoire naturelle, & enſuite membre du con-ſeil des mines à Vienne.

Hacquet aimoit l'hiſtoire naturelle avec une ſorte de paſſion; il apprit toutes les langues eſclavones & les dialectes allemands, pour viſiter avec fruit les différens pays qu'il déſiroit explorer. Il par-courut les Alpes diniariennes, juliennes, carnien-nes, rhétiques, noriques; les monts Carpathes, la Carniole, l'Iſtrie, la Podolie, la Bukowine, la Tranſilvanie, &c. Toutes ſes courſes ont été dé-crites & publiées; elles fourniſſent des renſeigne-mens précieux ſur les nombreux pays qu'il a vi-ſités. On reconnoît en lui un bon obſervateur, un homme très-inſtruit & doué d'une belle ame. Il

ſeroit à déſirer que ſes ouvrages, écrits la plupart en allemand, fuſſent traduits en français.

Nous avons d'*Hacquet* : 1°. *Oryctographia car-niolica*, in-4°. Leipſick, de 1778 à 1789. 2°. *Voya-ges phyſico-politiques dans les Alpes dinariennes, ju-liennes, carniennes, rhétiques et noriques*, in-8°. Leipſick, de 1785 à 1787. 3°. *Voyages dans les Alpes noriques, relatifs à la phyſique, faits de 1784 à 1786*, in-8°. Nuremberg, 1791. 4°. *Nouveau Voyage phyſico-politique, fait en 1788 & 1789, dans les monts Carpathes, Daces ou ſeptentrionaux*, in-8°. Nuremberg, de 1790 à 1796. 5°. Un grand nombre de Mémoires publiés dans des collec-tions de ſociétés ſavantes & dans des journaux.

HADLEY (Sir John), ſavant aſtronome & phyſicien du dix-huitième ſiècle, né en Angle-terre, mort dans ſa patrie.

Il n'exiſte aucune note biographique ſur la vie de ce ſavant. On ne le connoît que parce qu'il fut membre & vice-préſident de la ſociété royale de Londres; qu'il a imaginé le quartier de ré-flexion qui porte ſon nom, & qu'il a publié plu-ſieurs Mémoires dans les *Tranſactions philoſophi-ques*, parmi leſquels on diſtingue : 1°. *Deſcription d'un téleſcope catadioptrique*, année 1723. 2°. *Deſ-cription d'un nouvel inſtrument pour meſurer les an-gles*, année 1731. 3°. *Obſervations faites à bord du yacht le Châtain, les 30 & 31 août & 1ᵉʳ ſeptembre 1732, pour eſſayer le nouvel inſtrument*, année 1732. 4°. *Deſcription d'un niveau à eſprit-de-vin, fixé à un quart de cercle*, année 1733. 5°. *Sur la combinaiſon des lentilles tranſparentes, avec des plans qui réfléchiſ-ſent la lumière*, année 1736.

HADLEY (Octant d'). Inſtrument imaginé par *Hadley* pour prendre la hauteur en mer & la dis-tance des aſtres.

Hooke avoit fait connoître, en 1674, un quar-tier de réflexion ou octant, pour obſerver les aſ-tres en mer, malgré le roulis du vaiſſeau : cet inſtrument fut, depuis, perfectionné par Newton; ce qui n'empêcha pas *Hadley* de faire connoître celui qu'il imagina, & qu'il préſenta à la Société royale en 1731, où, par un phénomène de catop-trique, la fixité de la ſuperpoſition des deux images, vues dans une même lunette, étoit ſubs-tituée à la fixité de leur maintien ſur les axes optiques de deux lunettes différentes.

Pour s'aſſurer de la ſupériorité de cet octant, la Société royale nomma des commiſſaires pour en faire un eſſai, qui réuſſit complètement, & ce ſuccès fut confirmé depuis. L'adoption de cette méthode a changé la face de l'aſtronomie nautique pratique. L'octant de *Hadley* a été essentiellement perfectionné par Mayer & Borda, & l'on peut s'en servir sur terre avec beaucoup d'avantage pour mesurer des angles, en voyageant, à cheval ou en voiture.

HADROT (Lampe d'). Lampe imaginée par M. *Hadrot*, avec un réservoir d'huile placé dans la partie supérieure, pour avoir un niveau constant. *Voyez* LAMPE A RÉSERVOIR SUPÉRIEUR.

HAINER-MOLTER. Mesure sitométrique de Gotha.

Le *hainer-molter* = 4 viertels = 76 metzen = 15480 pouces de Gotha = 15,82 boisseaux de Paris = 105,66 litres.

HALE, dé αλεα, *ardeur du soleil*, ou du gaulois *heaulia*, exposer quelque chose au soleil; le *hâler*; halitus; *sommer hitze*; f. m. Qualité de l'atmosphère par laquelle elle sèche.

On distingue deux effets que l'on attribue au *hâle*; le premier, de dessécher les corps, le linge, la terre, les plantes, &c.; le second, de brunir, de noircir la peau.

Bien certainement, l'action desséchante du *hâle* est le résultat du concours de trois causes distinctes : 1°. de la sécheresse de l'air, qui enlève de l'humidité à tous les corps qu'il touche; 2°. de l'action du soleil, qui échauffe l'air & le rend capable de contenir une plus grande quantité d'humidité; 3°. du vent qui renouvelle constamment l'air qui touche les corps humides; d'où l'on voit que, plus l'air est sec, plus la chaleur du soleil est grande, plus le vent est fort, plus le *hâle* est considérable. *Voyez* DESSICCATION, ÉVAPORATION, SÉCHERESSE.

Quant au *hâle* qui brunit & noircit la peau, il est uniquement occasionné par la lumière solaire; car la chaleur la plus forte ne le fait pas naître sur les parties recouvertes par les vêtemens, & le froid n'en garantit pas, lorsqu'une gelée sèche permet au soleil de briller dans tout son éclat. Les individus qui ont la peau blanche & fine sont les plus sujets à recevoir l'impression du *hâle*. Cette affection disparoît bientôt chez les personnes qui n'ont été que peu de temps exposées au grand air; mais lorsqu'elle est devenue habituelle pendant plusieurs années, elle laisse quelquefois des traces ineffaçables.

On distingue facilement, par la blancheur de la peau, les personnes exposées au *hâle* & celles qui s'en préservent. La crainte du *hâle*, empêche souvent nos dames de parcourir les campagnes durant les beaux jours d'été; mais la privation de l'action bienfaisante des rayons solaires, leur cause une sorte de foiblesse qui leur occasionne des vapeurs & des affections nerveuses, que l'on traite imparfaitement avec des gouttes, des essences, des élixirs. Le remède le plus efficace seroit de braver le *hâle*,

& de jouir de tous les bienfaits de la nature, en s'occupant des soins d'un jardin, d'une ferme, ou de tous autres objets analogues. *Voyez* ÉTIOLEMENT.

HALEINE; anhelitus; *athem*; f. f. Air qui sort des poumons, lorsque la respiration se fait naturellement & sans efforts.

Dans les temps froids, on distingue l'*haleine* par une légère vapeur qui paroît sortir du nez & de la bouche. Cette vapeur est produite par le refroidissement de l'eau, contenue dans l'air que l'on expire; aussi, dans les temps chauds, la vapeur n'est pas aperçue. En général, l'*haleine* dirigée sur un corps froid, le ternit, en le couvrant d'humidité : c'est ainsi que l'on s'assure si une personne vit encore, en présentant, devant sa bouche, une glace; elle se couvre d'une légère humidité, lorsqu'il existe encore un léger souffle.

A l'époque de la puberté, & dans l'état de santé, l'*haleine* est douce & sans odeur particulière; dans l'enfance, elle est plus ou moins aigre & fade; dans la vieillesse, elle perd de sa fraîcheur; elle acquiert peu à peu une odeur plus ou moins désagréable.

Il est des *haleines* fortes & puantes; elles sont occasionnées, ou par la mal-propreté de la bouche, la carie des dents, ou par des matières exhalées des poumons. On corrige les premières avec de la propreté; les secondes, avec des médicamens, lorsque cette puanteur ne tient pas à un état particulier de la constitution.

Selon que le courant d'air qui sort de la bouche & du nez, pendant l'expiration, est plus ou moins fort, on lui donne un nom différent : il porte le nom d'*haleine*, lorsqu'il se fait sans effort; & celui de *souffle*, lorsqu'on le chasse volontairement & avec une certaine force; ainsi, les mots *haleine* & *souffle* indiquent deux modes d'expiration, dont l'un se fait lentement, sans que la volonté paroisse y participer, & l'autre avec une certaine force, & par un acte de la volonté. *Voyez* SOUFFLE.

Ces deux mots, *haleine* & *souffle*, sont employés dans le langage poétique, pour indiquer la force des vents : ainsi, l'on dit l'*haleine du Zéphyr*, lorsque l'on veut parler d'un vent léger & d'une température agréable; & le *souffle de Borée*, lorsque les vents soufflent avec force. Le *Zéphyr* règne le printemps & l'été, le *Borée* l'hiver.

HALES (Etienne), physicien anglais, né à Beckebourn, dans le comté de Kent, le 7 septembre 1677, mort à Teddington, le 4 janvier 1761.

Il se fit distinguer dans ses études à Cambridge, par la construction de différentes machines : il entra dans les ordres, obtint quelques petits bénéfices, fut nommé curé de Teddington, puis aumônier de la princesse douairière, & enfuite chanoine de Windfor.

Sa vie entière fut partagée entre les occupations de fon état & des expériences fur l'économie végétale: auffi, deux grandes inventions fignalèrent fon paffage dans le monde, fon ventilateur, & fa ftatique des végétaux. Cette dernière eft un ouvrage immortel, qui a puiffamment contribué à la découverte des gaz. Le premier a été mis au jour en même temps que deux inventions femblables; l'une par un Suédois, Martin Triewal; l'autre par un Anglais, Sulton. Le ventilateur de ce dernier, quoique plus avantageux que celui de Hales, eut moins de fuccès, parce qu'il n'eut pas affez de crédit pour le faire adopter dans la pratique.

Hales fit appliquer fon ventilateur aux prifons, aux hôpitaux, aux vaiffeaux, avec un grand fuccès. On cite, qu'un de ces ventilateurs ayant été établi, en 1747, dans une des prifons de Londres, il fut conftaté, qu'au lieu de cent cinquante perfonnes qui, avant cette innovation, y mouroient annuellement de la fièvre des prifons, quatre perfonnes feulement y moururent dans l'efpace de deux ans.

Ce favant fut admis au nombre des membres de la Société royale de Londres, en 1717, & eut l'honneur d'être nommé affocié étranger de l'Académie des fciences de Paris, en 1753.

Retiré dans fa modefte cure de Teddington, il y recevoit, avec une fimplicité vraiment patriarchale, les perfonnages les plus confidérables de la nation, dont plufieurs fe plaifoient à le furprendre dans fon laboratoire.

Parmi les ouvrages qu'il a publiés, on diftingue : 1°. l'Art de rendre potable l'eau de la mer, in-12; 2°. Mémoire fur les moyens de diffoudre la pierre dans la veffie & dans les reins, & de conferver la viande dans les voyages de long cours; 3°. la Statique des végétaux, publiée en 1727; & fes Effais ftatiques, en 1733. Ces deux ouvrages ont été traduits en différentes langues. On trouve, en outre, dans les Tranfactions philofophiques, plufieurs écrits de Hales, fur des fujets d'hiftoire naturelle, d'agriculture, de phyfique, de médecine & d'économie domeftique.

HALIMÈNE. Mefure de capacité en ufage en Afie & en Egypte. C'eft une des plus petites mefures dont on fe ferve habituellement.

Il faut 12 halimènes pour faire un conge facré, 24 pour un hin, & 48 pour un modios. L'halimène = 0,2352 de la pinte = 0,2190 litre.

Halimène, mine, hémine, cotyle, fédafa, font une feule & même mefure.

HALLEY, phyficien, l'un des plus grands aftronomes de l'Angleterre, naquit à Londres le 8 novembre 1656, & mourut dans la même ville le 25 janvier 1742.

Quoique fa grande facilité, & fon ardeur à s'inftruire, le portèrent d'abord vers toutes les branches de connoiffances à la fois, l'aftronomie l'emporta bientôt fur les autres. Ses premiers pas dans la carrière lui firent goûter des plaifirs qui ne peuvent être conçus que par ceux qui les ont éprouvés.

Perfuadé que l'avancement de l'aftronomie dépendoit d'une connoiffance parfaite des étoiles, Halley follicita une miffion pour aller obferver le ciel dans l'autre hémifphère. Charles II lui ayant accordée, il fe rendit à Sainte-Hélène en 1676, & y détermina la pofition de trois cent cinquante étoiles. Le célèbre Lacaille compléta, au Cap de Bonne-Efpérance, long-temps après, la tâche que s'étoit propofée Halley. Ce dernier obferva, dans cette île, le paffage de Mercure fur le difque du foleil, & conçut l'heureufe idée qui a été exécutée depuis, en 1761, de faire ufage du paffage de Vénus, fur le difque du foleil, pour déterminer la parallaxe de cet aftre, de laquelle dépendent toutes les dimenfions du fyftème planétaire. Voyez PARALLAXE.

A fon retour de Sainte-Hélène, il prit fes degrés de maître-ès-arts, & fut reçu membre de la Société royale de Londres. Il publia fon Catalogue d'étoiles auftrales en 1679, & voyagea enfuite dans le nord de l'Allemagne, en Italie, en France, afin de vifiter les favans de ces pays, & faire avec eux un échange de lumières.

Revenu en Angleterre en 1683, il fe maria, & fe livra avec fuccès à plufieurs genres d'obfervations, parmi lefquelles nous diftinguerons celle des variations de l'aiguille aimantée. Perfuadé qu'elles étoient foumifes à une loi, il recueillit toutes les obfervations faites jufqu'alors, les ordonna, & reconnut qu'elles dépendoient de deux centres d'action, dont il détermina la pofition fur la furface de la terre, ainfi que les lignes courbes où l'aiguille ne décline point. Le grand avantage que cette théorie devoit procurer à la navigation, détermina le roi d'Angleterre à charger Halley de vérifier fa théorie. Il entreprit, pour cet effet, en 1698, 1699 & 1700, deux voyages différens, dans lefquels il trouva la variation de la bouffole conforme à fa théorie. Voyez DÉCLINAISON DE L'AIGUILLE AIMANTÉE.

Une autre réunion d'obfervations également utiles à la navigation, eft celle que l'on trouve dans fon Hiftoire des vents alifés & des mouffons, qui règnent dans les mers placées entre les tropiques. A cette Hiftoire, il a réuni un Effai fur la caufe phyfique qui les produit.

Grand promoteur de la philofophie de Newton, c'eft à fes foins & à fon zèle que l'on doit la publication du livre immortel des Principes, qui a foudroyé la philofophie de Defcartes & anéanti le fyftème des tourbillons. Il reftoit encore aux cartéfiens le mouvement des comètes, qui fembloit échapper à la belle théorie du mouvement planétaire. Halley effaya de le foumettre à la même loi : il réunit , pour cet effet , toutes les observations exactes faites sur le mouvement des comètes, les soumit à un calcul long & rigoureux. Ayant fait le calcul de vingt-quatre comètes, il compara ensemble leurs orbites , & reconnut que celles des années 1531 , 1607 & 1682 , avoient des élémens semblables, & que, par conséquent, c'étoit le même astre qui avoit paru à trois époques , séparées par des intervalles presqu'égaux. L'histoire fortifia encore cette idée, en lui indiquant des apparitions de comètes qui avoient eu lieu dans les années 1456 , 1380 & 1305. Cette constance des retours , cette égalité dans les intervalles, confirmèrent la sublime idée de Newton , que les comètes , comme les planètes, tournent dans des ellipses autour du soleil. Halley établit donc, que la première comète avoit un période de soixante-quinze à soixante-seize ans ; & qu'elle devoit reparoître de 1758 à 1759 ; ce que l'expérience a vérifié.

Mais il restoit à perfectionner la théorie ébauchée par Halley ; c'est ce que fit d'abord Clairaut, puis le plus célèbre géomètre du siècle passé & du siècle actuel.

Il existoit, pour les navigateurs, une grande incertitude sur la détermination du lieu où le vaisseau se trouvoit, après quelque temps de navigation ; cette position ne pouvoit être déterminée rigoureusement, que par la connoissance de la latitude & de la longitude du lieu. Point de difficulté pour déterminer la latitude ; mais le problême de la longitude avoit inutilement exercé les hommes les plus instruits. Halley crut que la lune , par la rapidité de son mouvement, pouvoit contribuer à cette détermination ; mais il falloit, pour cela, connoître parfaitement la loi du mouvement de la lune. Alors il s'occupa, depuis l'année 1710 jusqu'en 1739, à observer le mouvement de cet astre, & il en publia des tables, à l'aide desquelles il devoit déterminer, avec beaucoup de facilité , la longitude. Mais cet astre est soumis à plusieurs inégalités, que Halley n'avoit pas prévues, & que le célèbre Laplace découvrit par la suite. Ces inégalités ayant été introduites dans les calculs du mouvement de la lune, on a obtenu des tables infiniment plus exactes, avec lesquelles on peut prendre maintenant, avec beaucoup de justesse, la longitude en mer. Voyez LONGITUDE.

Nous ne pousserons pas plus loin l'historique de ses longs travaux & de ses précieuses découvertes ; nous dirons seulement, qu'il a reconnu que les étoiles avoient des mouvemens qui leur étoient propres ; qu'il a fait de nombreuses observations sur le baromètre , sur les marées, sur quelques météores extraordinaires , sur l'art de vivre sous l'eau, sur la manière de faire descendre l'air atmosphérique jusqu'au fond de la mer ; enfin, qu'il a mis lui-même cet art en pratique, au moyen d'une cloche de son invention. Voyez CLOCHE DU PLONGEUR.

Indépendamment d'un grand nombre de Mémoires imprimés dans les *Transactions philosophiques* & dans les *Acta eruditorum*, Halley a publié : 1°. *Methodus directa & geometrica investigandi excentricitates planetarum*, in-4°. Londres, 1675 & 1677. 2°. *Catalogus stellarum australium*, in-4°. Londres, 1678 & 1679 3°. *Théorie des variations de l'aiguille aimantée*, 1683. 4°. *Théorie de la recherche du foyer des verres optiques*, Transf. phil. 1692. 5°. *Ephémérides pour 1688, calculées sur le méridien de Londres* , in-8°. Londres, 1686. 6°. *Table des variations & des annuités des rentes viagères*, in-12. Londres, 1686. 7°. *Carte des variations de l'aiguille aimantée*, 1701. 8°. *Carte de la Manche*, 1702. 9°. *Appollonii Pergai de sectione rationis libri II*, ex arabico MS. latinè versi ; accedunt ejusdem de sectione spatii, libri II restituti, in-8°. Oxford, 1700. 10°. *Appollonii Pergai conicorum libri VIII*, & *sereni de sectione cylindri & coni libri II*, in-fol. Oxford, 1700. 11°. *Miscellanea curiosa*, in-8°. Londres, 1708. 12°. *Tabula astronomica*, in-4°. Londres, 1749.

HALLEY (Cloche du plongeur de). Machine inventée par Halley, pour descendre dans la mer, & qui avoit la forme d'une cloche. Voyez CLOCHE DU PLONGEUR.

HALLUCINATION , du latin allucinor, se méprendre ; allucinatio ; hallucination ; s. f. Conviction intime d'une sensation actuellement perçue, alors que nul objet extérieur, propre à exciter cette sensation , n'est à portée des sens.

On distingue autant d'hallucinations qu'il existe de sensations. Ainsi on connoît des hallucinations de la vue, c'est-à-dire, où l'homme voit réellement un ou plusieurs objets qui n'existent pas, où un aveugle même est convaincu qu'il distingue des objets ; des hallucinations de l'ouie, où l'on croit entendre , soit des discours , soit de la musique, soit du bruit, lorsque tout est calme & tranquille près de celui qui perçoit ces sensations ; des sourds même sont convaincus qu'ils entendent : dans ces circonstances, celui qui est affecté de cette perception, cause, entend les réponses qu'on lui fait ; des hallucinations du goût, de l'odorat, du toucher, dans lesquelles on flaire, on sent, on touche des objets qui n'existent pas.

Quelquefois ces hallucinations sont seules, isolées ; d'autres fois plusieurs sont réunies ensemble, ce qui arrive principalement lorsque l'halluciné converse : alors il voit, il entend & même touche les personnes, les animaux, les objets avec lesquels il s'entretient.

Il existe, entre l'hallucination, le délire, le somnambulisme, &c., cette différence, que les premiers se rappellent de toutes les idées qui ont troublé leur esprit ; qu'ils en ont une conviction si entière & si franche, qu'ils raisonnent, jugent, & se déterminent en conséquence de leurs hallu-

cinations, indépendamment de toutes senfations, de toute idée, de tout raifonnement ; tandis que les aûtres oublient les fenfations qu'ils ont éprou-vées.

L'*hallucination* peut être confidérée comme un des élémens du délire, qu'on retrouve fréquem-ment dans la manie, la mélancolie, la monomanie, l'extafe, la catalepfie, l'hyftérie, le délire fé-brile, &c.

HALMYRHAYA. Nom que Pline donne à un fel qu'on trouve, par un temps fec, dans les val-lées de Médie. *Voyez* NATRUM, SOUDE.

HALO, de αλωσ, *air* ; halones ; halonen ; f. m. Météore qui paroît en forme d'anneau ou de cer-cle lumineux, & de diverfes couleurs, autour du foleil, de la lune & des étoiles.

Ces *halos* font quelquefois blancs, d'autres fois colorés. Les couleurs ont quelqu'analogie avec celle de l'iris (*voyez* ARC-EN-CIEL) ; mais elles font plus foibles & fe fuccèdent dans un ordre différent. Ces cercles font fimples ou multiples. Dans ce dernier cas, les cercles font concentriques. Newton a remarqué, que les couleurs du premier anneau interne étoient, bleu en dedans, blanc au milieu, rouge au dehors ; celles du fecond, pourpre en dedans, enfuite bleu, vert, jaune & rouge-pâle. Huyghens a obfervé des *halos* dans lefquels les couleurs étoient dans le même ordre, & d'autres dans un ordre différent.

Gaffendi annonce, que les *halos* obfervés au-tour de Jupiter ou de Syrius, avoient 2, 3, 4, 5 de-grés de diamètre ; Newton, que ceux obfervés autour de la lune, n'avoient quelquefois que 3 à 5 degrés de diamètre, mais qu'ils font ordinaire-ment plus grands que ceux que l'on obferve au-tour du foleil ; que plufieurs avoient 12° ; 22° ; 25 : 30° : 38° : 4. 2. Huyghens prétend que les *halos*, obfervés autour du foleil, doivent avoir 45 degrés de diamètre, & quelquefois même 90 degrés. Bouguer a vu, fur le fommet du Pim-bamarca, au lever du foleil, fon ombre projetée fur un nuage, la tête étant environnée de plufieurs cercles concentriques, ornés d'une couleur très-vive. Le diamètre du premier cercle avoit 5° ⅔, celui du fecond 11°, du troifième 17, & ainfi de fuite. Un grand cercle blanc de 67 degrés de dia-mètre environnoit ces premiers.

Muffchenbroeck a compté chaque année, en Hol-lande, jufqu'à cinquante apparitions de *halos*. Il penfe que l'on en verroit davantage, fi l'on ofoit regarder plus fixement le foleil. Midleton nous ap-prend que ces phénomènes font très-fréquens dans l'Amérique feptentrionale, puifque l'on peut obfer-ver, chaque femaine, un ou deux *halos* autour du fo-leil, & également deux par mois autour de la lune.

Affez fréquemment, on obferve des *halos* fur les vitrages humides des appartemens ; il fuffit de placer une lumière derrière ces vitrages, pour y

diftinguer des couronnes. Lorfque l'on eft placé dans une voiture fermée, & qu'il fait, à l'exté-rieur, un froid affez grand pour que l'humidité de la refpiration puiffe fe dépofer fur les glaces, on diftingue des *halos* fur ces glaces, en regardant une lumière placée à l'extérieur.

Généralement, les *halos* ne s'aperçoivent qu'au-tant qu'il exifte des vapeurs d'eau entre l'obfer-vateur & l'aftre, ou tout autre corps lumineux, & que les nuages dans lefquels ils fe forment ont peu de mouvement.

Diverfes explications ont été données de ces *halos*. Defcartes les attribuoit à la réfraction de la lumière rompue dans des petites étoiles planes, de glaces, bien transparentes, qui nagent dans l'air, & que la grandeur du diamètre de ces cercles dé-pend de la diftance à laquelle font placées ces particules.

Gaffendi, dans le deuxième volume de fon ou-vrage, intitulé *de Meteoris in opp.*, pag. 103, & Dechales, *Curfus mathemat.*, vol. 3, pag. 758, ex-piquent les *halos* de la même manière que les Grecs. Dechales rapporte, qu'ayant placé une lumière derrière une boule pleine d'eau, il aper-çut un cercle coloré, dont le diamètre avoit 23°.

Huyghens, vol. 5, n°. 60 des *Tranfactions phi-lofophiques*, fuppofe que, lorfque le phénomène eft produit, les globules d'eau qui forment le nuage contiennent un noyau de glace. « Soient donc ABCD, *fig.* 896, le globule, & EF le noyau ; fuppofons encore, dit Huyghens, que tou-les rayons qui viennent de GH, tombent fur le côté, il eft évident qu'ils feront rompus & plié en dedans par la furface AD ; d'où il fuit, qu'un grand nombre de ces rayons frappera le noyau EF. Soit GA, HD, les rayons qui, après la réfrac-tion, toucent les côtés du noyau EF, & qu'ils foient encore rompus en B & C, pour fortir par les lignes BK, CK, qui fe coupent mutuelle-ment au point K, dont la plus petite diftance du globule eft un peu moindre que fon demi-diamètre. Si l'on prolonge BK, CK en M & L, on aura un angle LKM, dans lequel on ne recevra point de lumière réfractée.

Cela pofé, foit la direction des rayons folaires SO, *fig.* 896 (a), & l'œil du fpectateur en O ; fi du point O, on mène des lignes OQ, OR, paral-lèles aux lignes KM, KL, les rayons DO, EO, réfractés dans les globules D E, arriveront à l'œil, tandis que ceux qui feront réfractés par les globules TUVX, placés entre D & E, n'y parviendront pas : ceux, au contraire, qui pafferont à travers les globules qui font au-delà, tels que Y, Z, en en-verront ; mais l'étendue des molécules placées par-delà D & E, qui enverront des lumières réfractées au point O, fera limitée par l'épaiffeur de la cou-che d'eau qui enveloppe le noyau de glace.

Il fuit de-là, que l'obfervateur en O ne recevra pas de lumière des molécules placées dans le cône QOR ; que toute la bafe de ce cône fera obfcure,

& qu'il n'arrivera à l'œil que la lumière réfractée par une couronne de globules, partant du diamètre intérieur D E, & dont la largeur dépendra de l'épaisseur de la couche d'eau autour des noyaux.

Dans cette explication, on est obligé d'admettre que les globules d'eau, qui produisent les *halos*, ont un noyau de glace. Cependant on aperçoit des *halos* à des époques, où, bien certainement, il n'existe pas d'eau congelée dans les nuages: les *halos* artificiels, formés par des gouttelettes d'eau déposées sur des vitrages, ne contiennent pas plus d'eau congelée; ainsi, l'explication des *halos* doit être indépendante de la supposition de l'existence des noyaux de glace, qui doivent nécessairement avoir lieu dans l'hypothèse d'Huyghens.

Newton explique la formation des *halos*, par l'hypothèse des accès de facile transmission & de facile réflexion. (*Voy.* ANNEAUX COLORÉS & COULEUR DES LAMES MINCES) Nous allons transcrire ici l'explication donnée par Newton, dans sa treizième observation de la partie IV du livre 2 de son *Traité d'optique.*

« Comme la lumière, réfléchie par une lentille, enduite par-derrière le vif-argent, produit les anneaux colorés décrits ci-dessus, elle doit aussi produire des anneaux colorés, en passant au travers d'une goutte d'eau. A la première réflexion des rayons dans la goutte d'eau, quelques couleurs doivent être transmises comme dans la lentille, & d'autres réfléchies vers l'œil. Par exemple, si le diamètre d'une petite goutte, ou globule d'eau, est environ la 500e. partie d'un pouce, de sorte qu'un rayon rouge, passant par le milieu de ce globule, ait 250 *accès de facile transmission*, au dedans du globule, & que tous les rayons rouges qui, à une certaine distance, environnent de tous côtés ce rayon mitoyen, aient 249 accès au dedans du globule, & que tous les rayons de la même espèce qui l'entourent, à une certaine distance, plus grande, aient 248 accès, & que tous ceux qui l'entourent, à une certaine distance, encore plus grande, aient 247 accès, & ainsi de suite: ces cercles concentriques de rayons, tombant, après leur transmission, sur un papier blanc, y formeront des cercles concentriques de rayons rouges, supposé que la lumière qui passe au travers d'un seul globule soit assez forte pour être sensible. C'est de la même manière que les rayons des autres couleurs produiront des anneaux de leurs propres couleurs. »

Maintenant, supposé que, par un beau jour, le soleil brille au travers d'une nuée mince, composée de pareils globules d'eau, ou de grêle, & que ces globules soient tous de la même grosseur; en ce cas-là, le soleil, vu au travers de cette nuée, paroîtra environné d'anneaux colorés concentriques, tout pareils à ceux que nous venons de décrire, & le diamètre du premier anneau rouge sera de 7° ¼; celui du second, 10° ¼; celui du troisième, 12° ⅓; & selon que les globules d'eau sont plus gros

ou plus petits, les anneaux seront plus grands ou plus petits. C'est là la théorie, & l'expérience y est exactement conforme: car, au mois de juin de l'année 1692, je vis, par réflexion, dans un vase d'eau dormante, trois couronnes ou anneaux colorés autour du soleil, semblables à trois petits iris, concentriques au soleil. Les couleurs de la couronne intérieure étoient en dedans, près du soleil, du bleu; en dehors, du rouge; & au milieu, entre le bleu & le rouge, du blanc. Les couleurs de la seconde couronne, c'étoit du pourpre, du bleu en dedans, du rouge-pâle en dehors, & du vert au milieu; & celle de la troisième couronne étoit un bleu-pâle en dedans, & un rouge-pâle en dehors. Ces couronnes s'entouroient l'une l'autre immédiatement; de sorte que leurs couleurs, à les prendre depuis le soleil en dehors, étoient disposées dans cet ordre continu: bleu, blanc, rouge: pourpre, bleu, vert, jaune-pâle, rouge: bleu-pâle, rouge-pâle. Le diamètre de la deuxième couronne, mesuré depuis le milieu du rouge & du jaune, à l'un des côtés du soleil, jusqu'au milieu de la même couleur, à l'autre côté, étoit de 9° ⅓, ou environ. Je n'eus pas le temps de mesurer les diamètres de la première couronne & de la troisième; mais le diamètre de la première paroissoit d'environ cinq à six degrés, & celui de la troisième d'environ douze.

« Il y a quelquefois de pareilles couronnes autour de la lune; car, au commencement de l'année 1664, la nuit du 19 février, j'en vis deux pareilles autour de cette planète. Le diamètre de la première, ou de l'intérieur, avoit environ 3 degrés, & celui de la seconde environ 5° ¼. Immédiatement autour de la lune, il y avoit un cercle blanc, &, immédiatement après, paroissoit la couronne intérieure qui, en dedans, tout près du blanc, étoit d'un vert-bleuâtre, & jaune-rouge en dehors: & immédiatement autour de ces couleurs, il y avoit du bleu & du vert sur le dedans de la couronne extérieure, & du rouge sur le dehors de cette même couronne. On voyoit, en même temps, un *halo*, ou cercle coloré, à environ 22° 35' de distance du centre de la lune. Il étoit elliptique, & son diamètre étoit perpendiculaire à l'horizon, s'éloignant le plus de la lune, par sa partie inférieure.

» On m'a assuré qu'il y a quelquefois jusqu'à trois, ou plus de trois couronnes concentriques colorées, qui s'environnent l'une l'autre, immédiatement autour de la lune.

» Plus les globules d'eau ou de glace seront égaux entr'eux, plus on verra de couronnes colorées, & plus les couronnes en seront éclatantes. Au reste, ce *halo*, qui paroissoit à 22° ½ de la lune, est d'un autre genre. De ce qu'il étoit ovale & plus éloigné du corps de la lune par le bas que par le haut, je conclus qu'il étoit produit par la réfraction d'une espèce particulière de grêle ou de neige, qui flottoit horizontalement dans l'air, l'angle réfringent étant d'environ 58 ou 60 degrés. »

Dans l'explication que Newton donne de ce phénomène, il faut supposer : 1°. que les globules d'eau sont, dans le nuage, d'une grosseur égale, ce qui n'arrive jamais, non plus que les globules hémisphériques déposés sur des verres, & qui produisent des *halos* artificiels ; 2°. que la lumière éprouve des accès de facile transmission & de facile réflexion, ce qui est loin d'être démontré, & que Herschel regarde comme très-douteux. *Voyez* ANNEAUX COLORÉS.

Muschenbroeck suppose que, de tous les rayons de lumière qui traversent les globules d'eau, & qui se réfractent en les traversant, il n'arrive à l'œil, des rayons efficaces de chaque couleur, que sous un certain angle, & que ce sont ces rayons efficaces qui produisent le phénomène des *halos*.

« Tous les autres faisceaux, dit ce savant, qui tombent sur le brouillard, au-delà des limites des globules des rayons rouges, se séparent aussi, à la vérité, en rayons différemment colorés ; mais leurs rayons efficaces ne parviennent point à l'œil, & par conséquent, l'œil n'est éclairé que d'une certaine lumière : pareillement, les rayons de lumière qui tombent sur les parties du brouillard, qui sont comprises dans la base du cercle, au dedans du rayon bleu, n'envoient point de rayons efficaces à l'œil ; & c'est pour cela que l'œil ne reçoit, de toute l'étendue de la base, qu'une lumière mêlée de toute sorte de rayons, ce qui fait que ce cercle paroît blanc. »

Toute l'explication de Muschenbroeck repose sur les rayons efficaces, produits dans la double réfraction de la lumière, à travers les globules d'eau ; mais Muschenbroeck auroit dû démontrer l'existence de ces rayons efficaces, comme Newton les a démontrés, lorsqu'un rayon de lumière éprouve une ou plusieurs réflexions dans ces globules d'eau.

Ainsi, le phénomène des *halos* reste encore à expliquer, malgré les recherches des hommes les plus célèbres du siècle dernier.

HALOTECHNIE, de ἅλς, *sel*, τεχνη, *art* ; halotechnia ; *halotekni* ; f. f. Art de fabriquer les sels en grand.

HALR-TONDER. Mesure de liquide employée dans le Danemarck.

Il faut 2 *halr-tonder* pour faire la tonne.

Le *halr-tonder* = 4 fierdinger = 8 skieppe = 32 tierdingkar = 34 kandes = 68 pattes = 68,95 pintes de Paris = 64,21 litres.

HALSTER. Mesure sitométrique de Gand. Il en faut deux pour faire un sac.

Le *halster* pèse 81 ½ l. de grains ; il équivaut à 4 boisseaux 0975 de Paris = 598,96 litres.

HALURGIE, de ἅλς, *sel*, εργον, *travail* ; ha-lurgia ; *halurgi* ; f. f. Art de travailler les sels en grand.

HAMBERGER (Georges-Erhard), médecin & physicien saxon, né à Jena, le 21 décembre 1697, mort dans la même ville, le 21 juillet 1755.

Son goût pour les sciences exactes lui fit abandonner l'étude de la théologie, pour celle de la médecine & de la physique. Il fut nommé, en 1737, professeur de physique à l'Université de Jena, & quelques années après, professeur de médecine.

Hamberger fut le premier professeur en Allemagne, qui, dans ses leçons, ait lié les sciences mathématiques avec la physique & la médecine ; aussi ses leçons furent-elles très-suivies.

L'aïeul & le fils d'*Hamberger* professèrent la physique, les mathématiques & la médecine, à Jena.

Parmi les ouvrages nombreux qu'*Hamberger* a publiés, nous distinguons : 1°. *Elementa physices, methodo mathematica in usum auditorum conscripta*, in-8°. Jena, 1727 ; 2°. *De respirationis mechanismo & usu genuino*, in 8°. Jena, 1727 ; 3°. *De venæ sectione quatenùs motum sanguinis mutat*, in-4°. Jena, 1729 ; 4°. *Dissertation sur la mécanique des sécrétions dans le corps humain*, Bordeaux, 1646 ; 5°. *Experimenta de respirationis mechanismo atque usu genuino differt. unà cum scriptis quæ ad controversiam de mechanismo illo agitatum pertinent*, in-4°. Jena, 1748 ; 6°. *Continuatio controversiæ de respirationis mechanismo*, in-4°. Gœttingue, 1749 ; 7°. *Physiologia medica, seu de actionibus corporis humani sani doctrina*, in-4°. Jena, 1751 ; 8°. *Elementa physiologiæ medicæ*, in-8°. Jena, 1757 ; 9°. *Methodus medendi morbos, cum præfat. de præstantiâ theoriæ Hambergeri præ cæteris*, in-8°. Jena, 1763.

HANEGA. Mesure pour les grains, employée en Castille.

Cette mesure équivaut à 13 célemnie = 48 quartillo = ,192 ochoro = 4,5160 pintes de Paris = 4,22 litres.

HAO. Mesure employée en Chine, pour les distances, l'arpentage & les poids. C'est une très-petite mesure.

HAPENY ou **DEMI-PENNY.** Monnoie de cuivre d'Angleterre. Il en faut 24 pour un scheling, 320 pour un marc, & 480 pour une livre sterling.

Le *hapeny* = 0,0518 de la livre tournois = 0,0511 franc.

HARMONICA; harmonica ; *harmonika* ; f. m. Instrument très-harmonieux, formé avec des vases de verre.

Cet instrument se compose d'un axe A B, *fig.* 897, sur lequel sont enfilées plusieurs capsules de verre C C C ; leur nombre dépend de celui des tons différens que l'on veut obtenir. Assez ordinairement, ils font en affez grande quantité pour produire trois octaves. Cet axe eft placé de manière que l'on peut lui donner un mouvement de rotation uniforme & continu. Une bande de peau, mouillée d'eau, & que l'on a foin d'entretenir humectée, eft étendue fur l'enfemble des cloches, dans le fens de la longueur. Ses deux bouts font fixés invariablement, afin que le mouvement de rotation du cylindre ne l'entraîne pas.

Une précaution effentielle, lorfque l'on veut conftruire un *harmonica*, c'eft de choifir les capfules avec le plus grand foin; non-feulement, il faut que chacune puiffe produire le ton indiqué par la place qu'elle occupe dans fon octave, mais il faut encore que le fon foit pur; &, pour l'obtenir ainfi, il eft néceffaire que les capfules aient une épaiffeur égale & uniforme.

Pour obtenir des fons de l'*harmonica*, on s'affied devant la rangée de verres, on fait tourner la manivelle, on preffe fur la peau, felon les tons que l'on veut obtenir; la capfule touchée vibre & produit un fon, &, felon que l'on preffe avec plus ou moins de force, on augmente ou l'on affoiblit l'intenfité du fon. On peut auffi le prolonger à volonté, & en faire entendre plufieurs à la fois, en touchant plufieurs capfules.

On peut toucher la peau, c'eft-à-dire, la preffer fur les capfules, foit directement avec les doigts, foit avec des touches que fait mouvoir un clavier. Il y a peu d'avantage dans la feconde méthode; la première eft préférable, parce que la preffion eft plus directe, elle fe fait avec plus de preffteffe. On tient la peau en contact pendant tout le temps que l'on veut faire entendre le fon. On a obfervé qu'il exifte toujours un intervalle de temps fenfible, avant que la vibration fe communique à chaque vafe, c'eft-à-dire, entre le touché & la production du fon.

Francklin a donné à cet inftrument de mufique, le nom d'*harmonica*, parce que c'eft le plus attrayant, le plus mélodieux, & l'on ofe dire le plus dramatique que l'on connoiffe. Les fons en font magiques, délicieux, pénétrans & purs; les accords harmonieux & doux. On peut enfler, filer, faire naître & mourir infenfiblement des fons qui touchent, enchantent, féduifent l'ame, & la plongent dans le plus délicieux recueillement.

Chladni rapporte la théorie de la vibration des capfules ou cloches des *harmonica*, à celle des plaques rondes, dans lefquelles il y a une ligne-nodale. *Voyez* PLAQUES VIBRANTES.

« Quand, dit ce favant, §. 157 de fon *Traité d'acouftique*, une cloche eft frappée, on entend, furtout, le fon le plus grave; mais, en écoutant avec attention, on le trouvera fouvent accompagné d'un mélange confus de fons aigus, peu harmoniques; cependant, on peut produire chaque fon, dont la cloche eft fufceptible, féparément, en touchant, avec les doigts, ou d'une autre manière, une ou plufieurs lignes nodales, pour le mode de vibration que l'on veut produire, & en appliquant l'archet, au milieu d'une partie vibrante.

» Une cloche d'*harmonica* (§. 159), qui fe tourne autour de l'axe, & dont les vibrations font produites, en la frottant, avec un doigt mouillé d'eau, ou avec une autre matière convenable, fe partage en quatre parties vibrantes; mais la pofition de ces parties change à chaque inftant. La manière de vibrer & le fon font les mêmes que fi l'on frappoit la cloche, ou fi l'on appliquoit l'archet de violon; mais l'endroit où l'on produit le mouvement, a un autre rapport à la pofition des lignes nodales & des parties vibrantes. Quand le mouvement eft produit en frappant, ou en appliquant l'archet dans une pofition diamétrale, cet endroit eft à peu près le milieu d'une partie vibrante, & les lignes nodales fe trouvent à une diftance de 45 degrés; mais quand on produit le mouvement, par un frottement dans le fens de la périphérie, une ligne nodale paffe par l'endroit du frottement, & les parties de la cloche où le frottement fe fait, prennent, alternativement, des directions qui ofcillent fur la première. On ne peut pas toucher une cloche d'*harmonica*, en même temps, dans plus d'un endroit, fans empêcher les vibrations, excepté dans des endroits oppofés ou éloignés l'un de l'autre d'un quart de la périphérie.

» La conftruction d'un *harmonica* eft rendue fouvent pénible, par des inégalités du fon de la même cloche, quand elle eft frottée en différens endroits. Les inégalités du fon peuvent être caufées par des irrégularités de l'épaiffeur ou par des excentricités; le fon étant un peu différent, fi une ligne nodale paffe par l'endroit vicieux, ou fi cet endroit fe trouve dans une partie vibrante. » Ici Chladni cite, pour exemple, une taffe de porcelaine avec une anfe, & il détaille la pofition des lignes nodales, relativement à la partie touchée.

« Si la forme d'une cloche ou d'un vafe eft affez régulière, continue le favant phyficien, & l'épaiffeur partout la même, la férie des fons poffibles eft comme les carrés de 2, 3, 4, &c. Quand le fon le plus grave eft *ut* 2, la férie des fons poffibles fera :

NOMBRE des parties vibrantes.	SONS.	NOMBRE dont les carrés conviennent à ces fons.
4	Ut 2	2
6	Ré 3	3
8	Ut 4	4
10	Sol ♯ 4	5
12	Ré 5	6

» Cette férie fera celle d'une cloche d'*harmonica*.

nica hémifphérique, ou d'un autre vafe femblable ; mais fi la forme eft différente, ou fi l'épaiffeur n'eft pas la même vers le bord & vers le milieu, tous les intervalles peuvent fe diminuer ou s'agrandir ; de manière que la diftance du premier fon au fecond, peut être moindre d'un octave, ou plus grande d'un douzième, & que de même, les autres diftances s'élargiffent ou fe contractent. Cependant il faut regarder la férie citée, comme le terme moyen pour la diftance d'un fon à l'autre, qui font les mêmes que pour une plaque ronde divifée de la même manière. »

Examinant enfuite quels font les réfultats, ou mieux, quelle eft la férie des fons poffibles, d'une cloche, déduite de la théorie d'Euler (*voyez* VIBRATION DES CLOCHES) , Chladni prouve, qu'elle ne s'accorde pas avec l'expérience : alors il remplace l'équation d'Euler par l'équation fuivante (§. 162).

Si *n* exprime le nombre dont le carré convient à chaque manière de vibration, D l'épaiffeur, L le diamètre, R la rigidité, G la pefanteur fpécifique : les fons des vafes ou cloches dont la forme eft

la même, feront $= \dfrac{n^2 \, D}{L^2} \sqrt{\dfrac{R}{G}}$ comme dans

d'autres corps rigides.

Après avoir rapporté la férie des fons obtenus des cloches, rapportée par Chladni , M. Biot obferve que (1), de même qu'une corde qui vibre, fait entendre les fons harmoniques, qui répondent aux diverfes parties aliquotes dans lefquelles elle peut fe partager, de même une cloche ou un vafe de révolution donné, outre fon ton le plus grave, fait entendre une infinité d'autres fons que Chladni a déterminés, & qui font différens de ceux que produifent les cordes. Néanmoins, il eft bon de remarquer qu'ils ont, comme ceux-ci, la propriété de s'accorder entr'eux dans leurs réfonnemens. De quelque manière que l'on combine, par exemple, les cinq premiers fons ut_1, $ré_2$, ut_3, $sol\#_3$, & $ré_4$, ils donnent toujours, pour réfultant, 1 ou $\frac{3}{4}$, c'eft-à-dire, le premier ut, ou fa double octave grave ut_1.

On favoit depuis long-temps, qu'en frottant des gobelets de verre, fur leur bord, avec les doigts mouillés, on leur faifoit rendre des fons doux & purs ; cependant, ce n'eft qu'en 1760, que Puckeridge, Irlandois, effaya le premier de former un inftrument harmonieux, en plaçant fur fa table, un certain nombre de verres de diverfes grandeurs, qu'il accordoit en y mettant de l'eau. Puckeridge étant mort jeune, n'eut pas le temps de perfectionner fon inftrument.

Cet inftrument étoit encore informe alors, & imparfait ; il occupoit un grand efpace ; fon ufage étoit incommode & difficile ; les verres devoient

être accordés fouvent, à caufe de la vaporifation de l'eau : on ne pouvoit faire fonner enfemble que deux tons, rarement trois, & plus rarement quatre.

Francklin, ayant eu occafion d'entendre, à Londres, un de ces inftrumens, enchanté de la beauté, de l'éclat, de la douceur des fons & des accords qu'on en tiroit, en fit l'objet de fes recherches. Cet illuftre Américain parvint, après un grand nombre d'effais & de combinaifons, à conftruire un inftrument d'une forme nouvelle, & qui réuniffoit bien des avantages dont étoit privé celui de Puckeridge.

Pour former ce nouvel inftrument, Francklin avoit réuni une fuite de cloches de verre, qui produifoient toutes un fon diftinct, & dont les tons réunis contenoient trois octaves ; ces cloches étoient enfilées fur un axe de fer, que l'on faifoit tourner à l'aide d'une pédale : alors, après avoir mouillé ces verres avec une éponge, on fait agir la pédale, pour faire tourner l'axe & les cloches, & l'on exprime les fons, en appuyant plus ou moins fortement les doigts fur leur bord.

Malgré l'avantage de cette nouvelle forme, du mécanifme inventé par Francklin, de la fupériorité de fon *harmonica* fur les autres inftrumens de mufique, pour l'expreffion, & fon attendriffante harmonie, il laiffoit encore appercevoir quelques imperfections, qui en rendoient l'ufage ou trop difficile, ou borné à trop peu de genres d'exécution.

En effet, les timbres de verre, touchés avec les doigts mouillés, ont en général l'intonation pareffeufe ; car ils ne commencent pas toujours à fonner à l'inftant de l'appui des doigts : on n'eft pas même bien affuré de les faire fonner. Un peu trop de viteffe dans leur mouvement de rotation, la plus petite quantité de matière graffe, gluante ou vifqueufe, dont leurs bords ou les doigts qui les touchent, font craffés, les rend muets : la même chofe arrive lorfque, voulant preffer la modulation, on les parcourt trop preftement ; on ne peut exécuter que les adagio, ou tels airs dont la marche ou la fucceffion des tons fe fait lentement.

2°. Les fons excités par la peau humaine font fentir affez fouvent des petits grincemens défagréables à l'oreille, grincemens qui précèdent ordinairement les intonations, & que toute la dextérité du muficien ne peut pas toujours ni prévenir, ni faire difparoître en entier.

3°. Les verres graves font quelquefois entendre des fons multiformes & difcordans, qui altèrent la pureté de l'harmonie.

4°. Quoique les doigts humectés obtiennent ordinairement des fons pleins, intenfes & harmonieux, des deux octaves graves des verres de l'inftrument, ils n'ont pas la même aptitude à faire parler la troifième octave, qui renferme les tons aigus : car ils n'en expriment, le plus fouvent, que des fons foibles, aigus, interrompus : fouvent

---

(1) *Traité de Phyfique expérimentale & mathématique*, tome II, page 103.

Dict. de Phyf. Tome III.

Iii

même, les huit à dix plus petits timbres refusent de chanter, ce qui restreint beaucoup l'usage de l'instrument, & ne permet que l'exécution de telles pièces de musique, dont la modulation & l'harmonie sont renfermées dans deux octaves seulement.

5°. L'eau dont les timbres sont humectés, & qui est l'agent propre & nécessaire pour les faire sonner, s'évapore bientôt : de sorte qu'on est obligé de mouiller souvent, & qu'on ne peut jouer que des pièces d'une certaine durée.

Enfin, les vibrations & frémissemens des verres sonnans, causent quelquefois des crispations incommodes aux doigts des personnes qui ont le genre nerveux trop irritable.

M. Deudon, guidé par la théorie & l'expérience, a exécuté quelques changemens à l'harmonica de Franck'in, qui ont contribué à le rendre plus parfait Tels sont : 1°. les formes & les proportions des timbres ; 2°. le mécanisme à l'aide duquel on le fait tourner ; 3°. la touche. Ce troisième changement, qui est un des plus importans, consiste à interposer une bande de drap entre les verres & les doigts du musicien. Cette bande de drap un peu fin, est humectée d'eau & de très-peu de vinaigre. Elle est assujettie d'une part à la paroi antérieure de l'instrument ; elle est couchée de l'autre, sur toute la suite des tons.

En conséquence de ces corrections, les grincemens désagréables qu'excitent les doigts nus, ainsi que les sons multiformes discordans, disparoissent presqu'entièrement ; les trois octaves des timbres résonnent prestement, nettement & avec facilité, avantages qui, avec un peu de dextérité & d'habitude, permettent l'exécution de toutes sortes de musique, soit vive, soit lente, & dans toute l'étendue de l'instrument ; tandis qu'avec le mécanisme primitif, on ne pouvoit jouer que des airs dont la modulation étoit tardive, & renfermée seulement dans les deux octaves graves de l'instrument. D'ailleurs, le drap interposé amortit les vibrations crispantes des verres sonnans ; & comme il est susceptible de rester long-temps mouillé, on peut exécuter des pièces de musique de telle étendue que l'on veut.

A la vérité, les sons qu'on obtient de cette manière, n'ont pas le même timbre précisément que celui que fait naître la voix humaine. Les sons que celle-ci exprime sont plus tendres peut-être, plus pénétrans, plus magiques. Ceux que donne le drap sont plus moelleux, plus nets, plus aisément modifiables & plus doux. Aussi rien n'est plus attrayant que le mélange du jeu des doigts & de celui du drap, exécuté par des musiciens exercés, sur deux instrumens différens ; car, comme les sons sont diversement nuancés par les deux manières de les faire naître, leur concours fait entendre le plus délicieux contraste, & réunit tout ce que la mélodie peut faire sentir de plus délicat, tout ce que l'harmonie peut avoir de plus séduisant.

Depuis 1788 que ces changemens ont été introduits, on a substitué une bande de peau, imbibée d'eau, à la bande de drap imbibée d'eau, foiblement acidulée de vinaigre.

HARMONIE ; αρμονια ; harmonia, harmonie ; s. f. Fille de Mars & de Vénus, qui porta, en Grèce, les premières connoissances de l'art de l'harmonie.

On représente l'harmonie sous la figure d'une belle femme, richement habillée, ayant une lyre en main, & sur la tête une couronne ornée de sept diamans de la même beauté, pour désigner les sept tons de la musique ou les sept planètes.

Au figuré, l'harmonie est un accord parfait, une entière correspondance de plusieurs parties qui forment un tout, ou qui concourent à cette même fin, de quelque nature qu'elle soit.

En architecture, l'harmonie se dit de l'ensemble d'un édifice, lorsqu'il est d'une architecture régulière & majestueuse. En peinture, c'est ou l'ensemble des couleurs, leurs actions mutuelles & réciproques, ou l'ensemble d'une composition ; mais c'est principalement en astronomie & en musique, que nous allons considérer l'harmonie.

HARMONIE, en musique, est une succession de sons qui flatte agréablement l'oreille.

Il paroît que les anciens & les modernes ont conçu l'harmonie d'une manière différente.

Le sens que les Grecs donnoient à ce mot dans leur musique, dit J.-J. Rousseau, n'est pas facile à déterminer : dans les anciens traités qui nous restent, l'harmonie paroît être la partie qui a pour objet la succession convenable des sons, en tant qu'ils sont aigus ou graves, par opposition aux deux autres parties, appelées rythmica & metrica.

Selon les modernes, l'harmonie est une succession d'accords, selon les lois de la modulation. Long-temps cette harmonie n'eut d'autres principes que des règles presqu'arbitraires, ou fondées uniquement sur l'approbation d'une oreille exercée : mais le P. Mersenne & Sauveur, ayant observé que tout son, bien que simple en apparence, est toujours accompagné d'autres sons moins sensibles, qui forment avec lui l'accord parfait majeur : Rameau est parti de cette expérience, & en a fait la base de son Système harmonique.

Cette remarque du P. Mersenne & de Sauveur est celle-ci : que si l'on fait vibrer une corde, toute oreille exercée distingue toujours, avec le son principal, deux sons concomitans, qui répondent, l'un à la douzième majeure, & l'autre à la dix-septième ; ou mieux, l'octave de la quinte & la double octave de la tierce : ainsi, en produisant le son ut₁, on distingue facilement sol₁ & mi₃.

Tartini, partant d'une expérience plus neuve & plus délicate, & non moins certaine, est parvenu à des conclusions assez semblables. Toutes les fois que deux sons forts, justes & soutenus, se font entendre au même instant, il résulte de leur choc un troisième son, plus ou moins sensible, à proportion de la simplicité du rapport des deux premiers, & de la finesse d'oreille des écoutans.

Ainsi, la quinte donne l'unisson du son grave; la quarte, l'octave du son aigu; la tierce majeure, l'octave du son grave, &c.

Des résultats opposés de ces deux sortes d'expériences, l'un, les sons concomitans qui accompagnent le son principal; l'autre, le son engendré par deux sons produits dans le même instant, Rameau fait engendrer le dessus par la basse, & Tartini fait engendrer la basse par le dessus; celui-ci tire l'*harmonie* de la mélodie, & le premier fait tout le contraire. Pour décider de laquelle des écoles doivent sortir les meilleurs ouvrages, il ne faut que savoir lequel doit être fait pour accompagner l'autre. *Voyez* SYSTÈME, MÉLODIE.

M. Biot observe, que les sons concomitans *ut*, *sol₂*, *mi₃*, qui se font entendre en faisant résonner une corde, sont très-différens de ceux de *ut₁*, *ré₂*, *ut₃*, *sol♯₃*; *ré₄*, que l'on distingue en faisant sonner une cloche; d'où l'on voit quelle est l'erreur de ceux qui ont voulu tirer l'accord parfait *ut*, *mi*, *sol*, & tous les principes de l'*harmonie*, de la co-existence de ces trois sons dans les vibrations des corps sonores, puisqu'ils se trouvent seulement compris dans les harmoniques d'une corde, mais non dans les harmoniques d'un vase.

HARMONIE. C'est, en astronomie, l'accord parfait dans les mouvemens célestes.

Les anciens avoient considéré les mouvemens célestes comme formant entr'eux une espèce d'*harmonie*. Ils considéroient, d'abord, les aspects comme ayant un rapport avec les intervalles des tons. Pythagore détermina les distances des planètes, en supposant que les nombres harmoniques expriment les poids tenseurs des cordes dont les tons correspondent aux sept premières planètes; & ce qu'il y a de remarquable, c'est que ces distances hypothétiques s'accordent assez bien avec celles qui ont, depuis, été déterminées d'une manière exacte & rigoureuse. *Voyez* DISTANCES DES PLANÈTES.

HARMONIQUES; harmonicus; *harmonisch*; adj. Ce qui appartient à l'harmonie; comme les divisions *harmoniques* du monocorde, la proposition *harmonique*, le canon *harmonique*. *Voyez* ces mots.

HARMONIQUES; f. m. & f. Tous les sons concomitans ou accessoires qui, par les principes de la résonnance, accompagnent un son quelconque & le rendent appréciable; ainsi, toutes les aliquotes d'une corde sonore, en donnent les *harmoniques*.

On a vu, aux mots HARMONICA, HARMONIE, que les *harmoniques* des surfaces vibrantes, & celles des cloches, étoient différentes de celles des cordes.

HARMONOMÈTRE, de αρμονια, accord μητρον, mesure; harmonometrum; *harmonometer*; f. m. Instrument propre à mesurer les rapports harmoniques.

Si l'on pouvoit observer & suivre à l'oreille & à l'œil, les ventres, les nœuds de toutes les divisions d'une corde sonore en vibration, on auroit un *harmonomètre* naturel & très-exact; mais nos sens, trop grossiers, ne pouvant suffire à ces observations, on y supplée par un monocorde, que l'on divise à volonté par des chevalets mobiles; & c'est le meilleur monomètre naturel que l'on ait trouvé jusqu'ici. *Voyez* MONOCORDE, MONOMÈTRE.

HARPE, du saxon *hearpe*; cithara; *harfe*; f. f Instrument à cordes, de longueur inégales, qu'on touche des deux côtés & des deux mains à la fois.

Cet instrument a la forme d'un triangle scalène: il se compose d'une caisse nommée *corps*, qui se pose verticalement; le clavier ou la console, placé dans la partie supérieure, & le bras, qui forme arc-boutant. Les cordes s'attachent sur le bras, & sont tendues par des chevilles placées dans la console.

Pour tirer des sons de cet instrument, on pose la caisse à terre, dans une position verticale; on la place entre les jambes, on l'appuie contre l'épaule, & les mains s'avançant de chaque côté, pincent les cordes pour les faire résonner.

Plusieurs savans pensent que la *harpe* nous est venue de Phrygie & d'Egypte; d'autres la croient indigène parmi les nations du Nord. La *harpe* existe de toute antiquité chez les Teutons & chez les Irlandais. Quelques-uns prétendent qu'elle fut apportée par les Saxons; d'autres prétendent qu'elle y existoit avant leur arrivée, & ils se fondent sur les différences qui existent entre les *harpes* irlandaises primitives, & celles que les Bretons reçurent des Saxons.

Assez généralement, les *harpes* diffèrent par leur grandeur & par le nombre de leurs cordes. Quelques-unes, portatives, n'ont que trente à trente-deux pouces de hauteur; elles contiennent vingt à trente cordes: d'autres ont quatre pieds & demi de hauteur; elles portent trente à trente-six cordes. Parmi ces *harpes*, il en est qui ont un mécanisme avec lequel on peut augmenter considérablement leurs propriétés musicales, puisqu'elles peuvent, sans double emploi, renfermer vingt-sept gammes: telle est la *harpe* de M. Erard.

HARPOCRATE ; Harpocratius ; *Harpokrat* ; f m. Divinité égyptienne, symbole du Silence, fils d'Isis & d'Osiris.

Harpocrate paroît avoir été, avec Horus, également fils d'Osiris & d'Isis, le type de la constellation des Gémeaux, de Castor & Pollux. *Voy.* GÉMEAUX.

HARTSOEKER (Nicolas), métaphysicien, géomètre & physicien hollandais, né à Gouda, en 1656, & mort à Utrecht, en 1725.

Destiné à occuper une chaire de ministre de la religion réformée, l'amour des sciences lui fit prendre une autre direction. Voulant étudier les élémens du cours des astres, malgré les obstacles que lui opposoit son père, il y employa le fruit de ses modiques épargnes, & emprunta même, à ses compagnons, pour satisfaire aux frais de sept mois de leçons de mathématiques. Il passoit les nuits à étudier cette science, & de peur qu'une lumière indiscrète ne le trahît, il garnissoit, avec des couvertures, les fenêtres de son modeste réduit.

Ayant un jour présenté un fil de verre à la flamme d'une bougie, il s'apperçut que l'extrémité de ce verre prenoit une forme sphérique : il se procura, par ce moyen, des microscopes presqu'aussi parfaits que ceux que se construisoit Lowenkoeck. Alors il observa plusieurs petits objets ; les animaux spermatiques fixèrent son attention. Ce phénomène lui parut si étrange, qu'il douta de la réalité pendant deux ans. Ce n'est qu'après avoir communiqué sa découverte à deux physiciens, avoir observé avec eux, & avoir reconnu que ces êtres singuliers existoient sous des formes différentes dans d'autres animaux, qu'il crut enfin à leur existence, & qu'il imagina son système de la formation des êtres (*voyez* ANIMALCULES), qu'il abandonna ensuite, après avoir eu connoissance de la reproduction des jambes de l'écrevisse, & qu'il remplaça par une succession d'êtres intelligens, qui, tous, se rattachent à la Divinité.

Emmené à Paris par Huyghens, il se lia d'amitié avec Cassini. Il construisit, d'après ses instances, un télescope plus parfait que ceux de Campani, qui passoient pour être les meilleurs d'alors. Il fréquenta les savans dans cette grande ville, s'y fit connoître, & parvint, par la suite, à y être reçu, en qualité d'associé étranger, à l'Académie royale des sciences. L'Académie de Berlin se l'est également agrégé.

Forcé, en 1696, de s'éloigner de Paris, à cause du mauvais état de ses affaires, il se retira à Rotterdam, où il fut présenté au czar Pierre-le-Grand, qui lui proposa de le suivre en Russie : mais comme il desiroit rester à Amsterdam, les magistrats de cette ville lui firent élever un observatoire sur l'un des bastions d'Amsterdam, & lui procurèrent les moyens de faire construire un grand miroir ardent.

Deux princes souverains, le landgrave de Hesse-Cassel & l'Electeur palatin, lui témoignèrent une estime particulière, & assistèrent même à ses travaux. Ils le sollicitèrent de venir les joindre. Il accepta la place de professeur de mathématiques & de philosophie que l'Electeur palatin lui proposa, & il se rendit auprès de lui.

Il fit plusieurs voyages en Allemagne, visita les savans, observa les curiosités naturelles, & alla voir, à Cassel, le célèbre miroir ardent de Tschirnhaus. Ayant rejoint l'Electeur palatin à Dusseldorf, ce prince lui ayant parlé avec admiration du miroir ardent de Tschirnhaus, *Hartsoeker* en fit fondre trois pareils dans les verreries de Neubourg.

La princesse palatine s'étant retirée en Italie, à la mort de l'Electeur, *Hartsoeker*, comblé de bienfaits, se retira, & alla finir ses jours à Utrecht, dans le sein de sa famille.

Hartsoeker aimoit beaucoup la controverse ; il attaquoit sans ménagement toutes les opinions qui lui déplaisoient, souvent par le raisonnement, d'autres fois avec l'arme du ridicule. Il attaquoit & ridiculisoit même ses opinions, lorsqu'il les abandonnoit pour en adopter d'autres. Enfin, il attaqua successivement Leuwenhoeck, Descartes, Leibnitz, Newton, &c. Il mit tant d'aigreur dans l'attaque contre ce dernier, que J. Bernouilli en fut indigné, & que, dans une lettre qu'il adressa à Leibnitz, il lui dépeignit *Hartsoeker* comme un homme plein d'arrogance, qui, avec des connoissances très-superficielles, traitoit indignement les hommes du premier mérite, & osoit regarder l'ouvrage admirable de Newton, comme rempli de choses futiles, & valant encore moins que les qualités occultes des anciens.

Rien n'étoit exempt de sa critique, pas même les Mémoires de l'Académie des sciences. Il prenoit tant de plaisir à ces disputes, que, pour se satisfaire, il ne craignoit pas de susciter contre lui de nombreux ennemis, même parmi ceux qui lui avoient témoigné de l'estime, qui lui avoient rendu des services, & auxquels il devoit de la reconnoissance.

Nous avons de *Hartsoeker* : 1°. *Essai de Dioptrique*, en 1694 ; 2°. *Principes de Physique*, en 1696 ; 3°. *Eclaircissemens sur les conjectures physiques* ; 4°. *Recueil de plusieurs pièces de physique*, où l'on fait principalement voir l'invalidité du système de Newton, 1722.

HAUKSBÉE (François), physicien anglais, né dans le dix-septième siècle, & mort dans le dix-huitième.

Nous ne connoissons *Hauksbée* que par ses travaux, les Mémoires qu'il a publiés dans les *Transactions philosophiques*, & un ouvrage in-4°, imprimé à Londres en 1709, ayant pour titre : *Expériences physico-mécaniques*.

Hauksbée s'est particulièrement appliqué à l'électricité, & il a fait faire beaucoup de progrès à cette science.

Ayant remarqué qu'un tube de verre, bouché par une de ses extrémités, étant rendu électrique par le frottement, attiroit, d'une certaine distance, des feuilles de métal, & les repoussoit ensuite : il retira l'air du tube, & observa, qu'il perdoit presqu'entièrement sa faculté attractive, & ne produisoit plus d'étincelles au dehors, tandis que l'intérieur étoit éclairé d'une lumière vive.

Cette expérience fut répétée sur un globe de verre. Celui-ci, mis en mouvement, lançoit, en le frottant, de vives étincelles ; mais dès que l'on en retiroit l'air, il devenoit lumineux intérieurement, pendant la rotation, & ne lançoit plus d'étincelles au dehors.

Hauksbée entoura ensuite ce globe d'un cercle de fer, auquel étoient suspendus des fils de laine, trop courts pour atteindre la surface : l'ayant électrisé par un mouvement rapide, il vit tous les fils tendus vers son centre ; puis ayant introduit, dans l'intérieur du globe, un cylindre de bois, auquel étoient attachés de pareils fils, il les vit s'écarter en rayons & tendre à la surface.

Le physicien anglais fit beaucoup d'expériences sur les différentes électricités que produisoient le verre & la résine. Il a le mérite d'avoir substitué le verre au soufre, dans les globes employés par Otho de Guerick, & d'avoir découvert la phosphorescence électrique.

Dufay a répété, en France, toutes les expériences de *Hauksbée*, avec cette sagacité & cette précision qui caractérisent tous ses travaux. Il a rendu compte de ses résultats dans le *Recueil de l'Académie des Sciences*, année 1733 & 1734.

HAUT ; *altus* ; *hôch* ; adj. Elevé ; qui est opposé à bas.

HAUTBOIS ; *major tibia* ; *hautbois* ; s. m. Instrument à vent, qui a une anche très-délicate, formée de deux parties flexibles.

C'est un tube creux de deux pieds de long, depuis l'endroit où l'anche s'adapte au corps, jusqu'à son extrémité. Il est percé de dix trous, huit par-dessus & deux par-dessous ; l'un des deux est fermé par une boîte.

Lorsque cet instrument est joué par un maître habile, il n'en retire que des sons agréables, qui ont des qualités brillantes ; mais il a le défaut de canarder, lorsqu'il est joué par des musiciens peu exercés.

HAUTE-CONTRE, de l'italien *contr-alto* ; *altissimo* ; s. f. Celle des quatre parties de la musique, qui appartient aux voix d'hommes les plus aiguës & les plus hautes.

Haute-contre est opposée à *basse-contre*, qui appartient aux voix les plus graves & les plus basses.

Dans la musique italienne, la *haute-contre*, qu'ils appellent *contr-alto*, est toujours chantée par des bas-dessus, soit femmes, soit *castrats*. La *haute-contre*, en voix d'homme, n'est pas naturelle ; il faut la forcer pour la porter à ce diapason : quoi qu'on fasse, elle a toujours de l'aigreur, & rarement de la justesse.

HAUTE-CONTRE DE FLUTE A BEC. Instrument à vent, qui donne la quinte au-dessus de la taille de flûte, & l'unisson au-dessus & par-dessus du clavecin.

HAUTE-CONTRE DE VIOLON. Instrument qui donne la quinte du violon.

HAUT-DESSUS. Dessus chantant, dont se subdivise la partie supérieure.

Dans les parties instrumentales, on dit toujours : *premier dessus, second dessus*.

HAUTEFEUILLE (Jean de), physicien & mécanicien célèbre, né à Orléans, le 20 mars 1647, mort à Orléans, le 18 octobre 1724.

Son père, boulanger à Orléans, fournissoit du pain à Sordis, qui logeoit dans cette ville, chez la duchesse de Bourbon. Sordis, sur l'éloge que le père de *Hautefeuille* lui fit de son fils, voulut le voir ; il lui trouva de l'esprit, le présenta à la princesse, qui le prit en affection, & lui fit continuer ses études.

Hautefeuille ayant embrassé l'état ecclésiastique, la princesse lui fit obtenir plusieurs bénéfices, le retint auprès d'elle. Il l'accompagna dans ses voyages, & ne la quitta jamais ; lorsqu'elle mourut, elle lui laissa une pension.

Devenu vieux, *Hautefeuille* se retira dans sa patrie, où il termina ses jours, à l'âge de soixante-dix-sept ans.

Né avec un esprit inventif, cet ecclésiastique s'occupa, toute sa vie, d'expériences de physique & de constructions de machines : ainsi, il chercha les moyens de trouver la déclinaison de l'aiguille aimantée avec une grande précision ; il construisit une balance magnétique, un *anopnéomètre*, ou mesure-respiration, un *apopnéomètre*, ou mesure-évaporation, un *brokomètre*, ou mesure pluie. Il discuta les causes du flux & du reflux, qu'il attribuoit au mouvement de la terre, les machines parallactiles, les moyens de faire des expériences qui prouvent le mouvement de la terre, les longitudes, &c.

Il s'est occupé du perfectionnement du sens de l'ouïe, & de l'amélioration des instrumens d'acoustique ; il rejettoit toute analogie entre l'émission du son & celle de la lumière ; il proscrivoit les formes géométriques dans les instrumens acoustiques ; il perfectionna le porte-voix, en donnant une plus grande ouverture au pavillon. Il imagina un instrument qui produisoit, sur l'oreille, l'effet merveilleux que produit, fur la vue, le microſcope : il diſcuta la cauſe des échos, & publia une differtation ſur cette queſtion, qui fut couronnée par l'Académie de Bordeaux.

Le perfectionnement du niveau & des lunettes occupa long-temps l'abbé de *Hautefeuille* : il inventa un *microſcope micrométrique* ; il diminua la longueur des lunettes d'approche ; réſolut divers problêmes de gnomonique ; imagina des inſtrumens pour prendre la hauteur des aſtres ; enfin, il s'occupa des moyens de reſpirer ſous l'eau.

Mais c'eſt principalement vers l'horlogerie qu'il dirigea ſon génie inventif. On lui attribue l'importante application du reſſort ſpiral au balancier des montres, reſſort qui en régulariſe le mouvement, & rend les oſcillations iſochrones. Cependant, Huyghens, en Hollande, & Hooke, en Angleterre, lui diſputèrent cette invention, pour laquelle le premier obtint un privilége.

Nous ne pouſſerons pas plus loin la liſte des nombreuſes inventions d'*Hautefeuille*, qui, toutes, ne furent pas couronnées du ſuccès : ce qui tient au défaut qu'il avoit de s'arrêter trop promptement à une idée encore informe & mal développée, qu'il ſe hâtoit de publier avant de s'être aſſuré de la poſſibilité de l'exécution, & que la fougue de ſon imagination lui faiſoit auſſitôt abandonner, pour courir après une autre idée.

On attribue le peu de ſuccès de ſes inventions, & l'inſtabilité de ſes recherches, autant à la vivacité de ſon imagination, qu'aux tracaſſeries qu'il éprouva ſouvent, & au défaut d'encouragement, qui aigrirent ſon eſprit, & l'empêchèrent de rendre publiques ſes plus utiles découvertes. Il ſollicita vainement, toute ſa vie, l'honneur d'être admis à l'Académie des *Sciences*. Combien d'autres, avec moins de titres, y ſont parvenus ! *Voyez* INSTITUT.

Peu de phyſiciens ont publié plus d'ouvrages ; mais ils ſont ſi rares & ſi difficiles à réunir, que nous nous diſpenſerons de les faire connoître. La plupart d'entr'eux ne conſiſtent que dans une feuille ou une demi-feuille.

HAUTE MER ; *mare altum* ; *hohe mer* ; ſ. f. Inſtant où la mer eſt à la plus haute élévation de ſon flux. *Voyez* MARÉE, FLUX & REFLUX.

HAUTE-TAILLE ; *vox ſubgravis* ; *hohe tenor* ; ſ. f. Partie de la muſique qu'on appelle ſimplement *taille*.

La taille ſe ſubdiviſe en deux parties ; l'inférieure prend le nom de *baſſe-taille* ou concordans, & la ſupérieure s'appelle *haute-taille*.

HAUTEUR ; *altitudo* ; *hohe* ; ſ. f. Etendue d'un corps, en tant qu'il eſt haut.

En géométrie, c'eſt la diſtance la plus courte du ſommet, ou d'un point ſupérieur d'une figure,

ou d'un corps quelconque, à la ligne horizontale ; &, par conſéquent, c'eſt une ligne perpendiculaire tirée du ſommet d'une figure, ou d'un corps, ſur la ligne horizontale, ou ſur la baſe de la figure ou du corps. Ainſi, la *hauteur* d'une tour, d'une montagne, &c., eſt la ligne perpendiculaire, abaiſſée du ſommet de la tour ou de la montagne, ſur la ligne horizontale.

Ce même s'emploie plus généralement pour déſigner la diſtance d'un point ou d'une ligne, à une ligne ou à un plan. Ainſi, on appelle *hauteur d'un triangle*, la perpendiculaire, menée de l'un des angles du triangle au côté oppoſé ; *hauteur* d'un parallélogramme, la perpendiculaire, menée d'un point quelconque de l'un des côtés du parallélogramme, ſur le côté oppoſé, &c.

Les triangles qui ont des baſes & des *hauteurs* égales, ſont égaux en ſurfaces ; les parallélogrammes ſont doubles en ſurface des triangles de même baſe & de même *hauteur*.

En optique, la *hauteur* eſt déterminée par l'angle compris entre une ligne tirée par le centre de l'œil, parallèle à l'horizon, & un rayon viſuel qui vient de la partie ſupérieure à l'œil. Si, par les deux extrémités S T, d'un objet, *fig.* 898, on tire deux lignes T V, S V, qui faſſent un angle en V, où l'on ſuppoſe l'œil placé ; l'angle T V S détermine la *hauteur* de l'objet. Cette *hauteur*, vue du point V, eſt donc du même nombre de degrés que l'angle T V S.

HAUTEURS ASTRONOMIQUES. Meſure de l'angle que forme la direction d'un aſtre avec l'horizon.

Ainſi, la *hauteur aſtronomique* ne ſe meſure point par des lignes droites, mais par des arcs de cercle ; d'où il ſuit que la *hauteur* ou l'élévation d'un aſtre, eſt le nombre de degrés, de minutes & de ſecondes, compris entre l'aſtre & l'horiſon. La meſure des *hauteurs* eſt le fondement de toute l'aſtronomie.

On diſtingue les *hauteurs* des aſtres en *hauteurs apparentes* & en *hauteurs vraies*. La *hauteur vraie* d'un aſtre, eſt ſa diſtance de l'horizon, vue au centre de la terre, & la *hauteur apparente* eſt ſa diſtance de l'horizon, vue de la ſurface de la terre : celle-ci diffère de l'autre, à raiſon de la réfraction qui la rend plus grande, & de la parallaxe, qui la fait paroître plus petite. *Voyez* RÉFRACTION, PARALLAXE.

HAUTEURS CORRESPONDANTES. *Hauteurs*, par le moyen deſquelles on connoît le moment du midi vrai, ainſi que l'heure du paſſage d'un aſtre au méridien.

Ces aſtres ſont également élevés, deux ou trois heures avant leur paſſage au méridien, & deux ou trois heures après. Ainſi, pour avoir rigoureuſement le moment où un aſtre a paſſé au méridien, il ſuffit d'obſerver, par le moyen d'une horloge à pendule, l'inſtant où il s'eſt trouvé à une certaine

hauteur en montant, & avant fon paffage au méridien, & d'obferver enfuite le temps où il fe trouve
à une *hauteur* égale, en defcendant, après fon
paffage au méridien : le milieu entre ces deux
inftans, à l'horloge, fera l'heure que l'horloge
marquoit au moment où l'aftre a été dans le méridien.

Suppofons, par exemple, que le centre du
foleil ait été obfervé le matin avec un quart de
cercle, & qu'on ait trouvé fa *hauteur* de 30 degrés,
au moment où l'horloge marquoit 9 heures 10 minutes : fuppofons encore que, plufieurs heures
après, & le foleil ayant paffé au méridien, on retrouve fa *hauteur* de 30 degrés vers le couchant,
dans l'inftant où l'horloge marquoit 3 heures 5 minutes ; mais qu'il faut compter comme fi l'horloge
avoit marqué les heures de fuite, pour 15 heures
5 minutes. Les *hauteurs*, ainfi prifes, font ce qu'on
appelle *hauteurs correfpondantes*.

Pour favoir maintenant le moment où le foleil a
été dans le méridien, il faut voir combien il y a
de temps écoulé entre les deux obfervations,
c'eft-à-dire, entre 9 heures 10 minutes & 15 heures 5 minutes ; fi l'on prend le milieu de cet intervalle, ce fera le moment où le centre du foleil a
a été dans le méridien, & par conféquent le moment
du midi vrai. Pour prendre le milieu entre
ces deux inftans, il faut ajouter enfemble les deux
nombres, & prendre la moitié de la fomme. Cette
moitié fera l'heure que marquoit l'horloge à l'inftant où le centre du foleil étoit dans le méridien.

Heure où le foleil étoit à 30 degrés le matin.............   9h. 10'
Heure où le foleil étoit à 30 degrés le foir...............   15   5

Somme des deux nombres..... 24   15

Moitié de la fomme......... 12   7,5

L'horloge marquoit donc 12 heures 7 minutes
30 fecondes, au moment où le centre du foleil
s'eft trouvé dans le méridien ; ce qui fait voir
qu'elle avançoit de 7 minutes 30 fecondes fur le
temps vrai.

HAUTEUR DE LA LUNE. Angle que forme la direction de la lune avec l'horizon de l'obfervateur.
Cette *hauteur* devient néceffaire pour prendre la
longitude en mer, & pour diverfes autres obfervations. *Voyez* LONGITUDES, HAUTEURS ASTRO-
NOMIQUES.

M. Etienne-Leguin a imaginé un inftrument avec
lequel on peut prendre facilement la *hauteur de la
lune* & de tant d'autres aftres, &, par fuite, la longitude en mer. Cet inftrument eft décrit dans les
Annales des arts & manufactures, tom. XIII, pag.
310 & fuiv.

HAUTEUR DE L'ATMOSPHÈRE ; altitudo atmof-
pheræ ; *atmofpherifche höhe* ; f. f. *Hauteur* pré-
fumée de la limite fupérieure de l'atmofphère qui
environne la terre. *Voyez* ATMOSPHÈRE.

Toutes les fois qu'un corps fe meut dans un
milieu, quelque peu réfiftant qu'il foit, fon mouvement en eft altéré. L'expérience a prouvé que
le mouvement des corps planétaires n'éprouve pas
de diminution appréciable : donc le milieu dans
lequel ils fe meuvent ne leur oppofe pas de réfiftance fenfible. L'air atmofphérique, oppofant
une réfiftance au mouvement des corps, il s'enfuit
que l'atmofphère terreftre ne s'étend pas jufqu'aux
corps du fyftême planétaire, & qu'elle ne s'élève
même pas jufqu'à la lune. Mais quelle eft la *hauteur de l'atmofphère* ? Cette queftion, qui a long-
temps exercé la fagacité des phyficiens, n'eft pas
encore complétement réfolue.

On a fait ufage de quatre méthodes différentes
pour déterminer cette *hauteur* : 1°. par la diftance
de la terre à laquelle fe trouvent quelques-unes des
aurores boréales que l'on aperçoit ; 2°. par la preffion que l'air exerce fur la furface de la terre, eftimée par la hauteur du mercure dans le baromètre ;
3°. par la durée du crépufcule ; 4°. par la forme
apparente de la voûte célefte.

*Hauteur de l'atmofphère, déduite des obfervations des
aurores boréales.*

Jufqu'à préfent on a regardé l'aurore boréale
comme un météore lumineux, produit dans l'atmofphère terreftre. Si cette opinion étoit prouvée,
il feroit poffible, par deux ou plufieurs obfervations correfpondantes, faites fur l'aurore boréale,
à des diftances extrêmement éloignées, de déterminer la *hauteur* où ce météore exifte, & par fuite
celle de l'*atmofphère*.

En effet, foit A, *fig.* 899, le point de l'aurore boréale, & B, D les deux pofitions des obfervateurs ;
prenant du point B l'angle F B A, & du point D
l'angle E D A, on en conclut les angles A B H &
A D H. Par la pofition des obfervateurs on connoît
l'angle B C D ; les angles C B D, C D B, & par
fuite les angles D B H & B D H. Donc les angles
B D A & D B A, comme on connoît la diftance
B D, on en conclut les diftances A B & A D. Dans
le triangle A B C, on connoît les diftances A B,
B C & l'angle A B C ; on peut donc facilement déterminer la longueur A C ; retranchant de cette
longueur celle du rayon de la terre, on en conclut
la hauteur A T du météore au-deffus de la furface
de la terre, donc la *hauteur de l'atmofphère* dans
laquelle on l'obferve.

Quoique ces fortes d'obfervations correfpondantes & inftantanées n'aient pas encore été
faites, auffi fouvent qu'elles auroient pu l'être,
foit que les phyficiens n'aient pas cru devoir s'en
occuper, foit qu'elles préfentent trop de difficultés, on peut cependant avoir des aperçus fuffi-

fans fur la *hauteur* où exifte le météore, par la diftance à laquelle on l'a aperçu.

Ainfi, l'aurore boréale du 19 octobre 1726 fut aperçue à Varfovie, à Mofcou, à Péterfbourg, à Rome, à Naples, à Madrid, à Lisbonne & à Cadix. Or, on démontre que, par cela que le météore a été aperçu fort haut, à Péterfbourg, & en même temps à Lisbonne, fon élévation devoit avoir été au moins de deux cent foixante lieues.

De quelques autres obfervations analogues, faites à de plus petites diftances, & qui font en très-grand nombre, de Mairan en a conclu que la *hauteur* du phénomène devoit être à cent, deux cents & trois cents lieues.

Maupertuis, foumettant à l'analyfe quelques obfervations d'aurore boréale, faites par un feul obfervateur, avec les élémens aftronomiques de la pofition du lieu de l'obfervation, la *hauteur* du fommet de fon arc & fon amplitude, en conclut, que plufieurs aurores boréales étoient élevées de cent ou deux cents lieues au-deffus de la furface de la terre.

Nous ne pouſſerons pas plus loin le détail des obfervations faites fur les *hauteurs* des aurores boréales; nous nous contenterons feulement de pofer deux queftions: 1°. les aurores boréales, obfervées en même temps dans des lieux auffi éloignés, étoient-elles les mêmes? 2°. ce météore a-t-il effectivement lieu dans l'atmofphère?

On répond à la première queftion, que les defcriptions faites par chaque obfervateur, préfentoient des apparences femblables, & que les points déterminés étoient les mêmes fommets & arcs lumineux, ou des points de divers fommets concentriques au pôle, ce qui produit un effet équivalent à celui du même point.

Quant à la feconde queftion, il eft fort difficile d'y répondre; car, comment s'affurer fi le phénomène fe paffe dans l'atmofphère ou hors de l'atmofphère? Cependant, de Mairan remarque que l'aurore boréale fuit vifiblement les mouvemens divers de l'atmofphère terreftre, parce que l'on n'aperçoit, dans aucune de fes parties, le mouvement extérieur du premier mobile, ou cette révolution apparente que les aftres font régulièrement tous les jours autour de la terre, d'orient en occident.

Ce qui paroît affez certain, c'eft que fi le phénomène fe paffe dans l'atmofphère, fa *hauteur* doit être de deux ou trois cents lieues.

Si l'on portoit fur les uranolites les mêmes attentions que l'on a portées, jufqu'à préfent, fur les aurores boréales, on auroit de nouvelles données fur la *hauteur de l'atmofphère*; car, tout porte à croire que ce phénomène fe paffe dans la maffe d'air qui environne notre globe: mais il fe préfente une difficulté dans ce dernier genre d'obfervations, qui n'exifte pas également dans les aurores boréales; c'eft que les uranolites ont un mouvement particulier qui exige qu'ils foient obfervés au même inftant par deux ou plufieurs obfervateurs, tandis que les aurores boréales paroiffent ftationnaires.

Hauteur de l'atmofphère par la preffion de l'air.

Dès que l'on eut découvert que l'air étoit pefant, & qu'en conféquence de cette pefanteur, il devoit exercer une preffion qui devoit faire équilibre à celle de la colonne du mercure dans le baromètre, on s'occupa de déterminer le rapport qui devoit exifter entre la denfité de l'air & celle du mercure: fuppofant enfuite que la denfité de l'air étoit uniforme dans toute la *hauteur de l'atmofphère*, on détermina quelle hauteur devoit avoir chaque colonne d'air dans l'atmofphère, pour faire équilibre à la *hauteur* de la colonne du mercure.

Kepler fut un de ceux qui s'occupa le premier de la folution de ce problème; mais, foit qu'il n'ait pu fe procurer des expériences bien faites fur le rapport qui exifte entre les denfités de ces deux liquides, foit qu'il n'ait pas eu les moyens d'en faire d'affez exactes, il partit de la fuppofition que le rapport des denfités étoit environ comme 1 eft à 8000; de-là, que la *hauteur de l'atmofphère* ne devoit avoir que 2 à 3000 toifes.

Boyle reprit les données d'après lefquelles Kepler étoit parti, & chercha à déterminer plus exactement le rapport exiftant entre la denfité du mercure & celle de l'air. D'abord, il chercha le rapport qui exifte entre la denfité de l'air & celle de l'eau; puis il compara celle de l'eau à la denfité du mercure: alors, comparant l'air au mercure, il détermina le rapport de denfité comme 1 à 14000; d'où il conclut que la *hauteur de l'atmofphère* devoit avoir 35000 pieds, donc une hauteur prefque double de celle qui avoit été trouvée par Kepler.

Des expériences faites depuis, & avec beaucoup d'exactitude, ont prouvé que le poids de l'air étoit à celui d'un pareil volume de mercure, comme l'unité à 10477,9; d'où il fuit, qu'en s'élevant de 10,4779 mètres, la hauteur du baromètre s'abaifferoit à très-peu près d'un millimètre, & que fi la denfité de l'atmofphère étoit partout la même, fa *hauteur* feroit de 7963 mètres, 24513.45 pieds.

Mais on partoit, dans l'évaluation de ces *hauteurs*, d'une fuppofition contraire à ce qui exifte; c'eft que l'air eft, dans toute l'étendue de l'atmofphère, d'une denfité uniforme. Des expériences faites par Boyle, & répétées par Mariotte, ont prouvé que ce fluide étoit compreffible & dilatable, & que fon volume étoit d'autant plus grand, que le poids qui le comprimoit étoit plus foible; de-là que les tranches d'air correfpondantes à une même *hauteur* de la colonne du mercure, devoient aller en augmentant à mefure que l'on s'élevoit.

Partant de la belle loi qu'il avoit trouvée, Mariotte chercha à déterminer quelle *hauteur* devoit

avoir

avoir l'atmosphère. Il remarqua d'abord, d'après des observations faites à de petites *hauteurs*, qu'il falloit s'élever de soixante pieds, au bord de la mer, pour que le mercure, élevé à 28 pouces dans le baromètre, baissât d'une ligne. Divisant la colonne de l'air en 4032 parties, chacune d'un poids égal à un douzieme de ligne de mercure ; la première de ces parties, qui feroit équilibre à une ligne de mercure sur le bord de la mer, auroit cinq pieds de *hauteur*. En l'élevant jusqu'à la 2016ᵉ. de ces parties ; c'est-à-dire, au point que le poids de l'atmosphère ne fût que la moitié de celui qu'il avoit au bord de la mer, il faudroit une colonne d'air de dix pieds de haut pour faire équilibre à une ligne de mercure. Continuant à l'élever, on trouveroit la 3024ᵉ. tranche, c'est-à-dire, la 1008ᵉ. de la partie supérieure, doit occuper un espace de vingt pieds ; la 3528ᵉ. ou la 504ᵉ. du quart restant, quarante pieds ; la 3780ᵉ., quatre-vingts pieds, & ainsi de suite : d'où Mariotte conclut, en substituant pour la commodité, des moyens proportionnels arithmétiques aux moyens proportionnels harmoniques, que, si l'air est susceptible de se raréfier 4032 fois plus qu'il ne l'est à la surface de la terre, l'atmosphère aura quinze lieues de *hauteur* ; que s'il se raréfie 32256 fois plus qu'ici-bas, toute son étendue sera d'environ vingt lieues ; enfin, qu'elle n'auroit que trente lieues, lors même que l'air se raréfieroit huit millions de fois plus qu'il ne l'est dans la partie inférieure de l'atmosphère.

Horrebow fit des expériences plus exactes, pour trouver de combien il falloit s'élever au-dessus du niveau de la mer, pour que le mercure descendît d'une ligne dans le baromètre : il trouva soixante-quinze pieds.

Ces expériences servent de fondement à une table d ... il fait croître les termes en progression harmonique, en suivant cette analogie. Comme la hauteur, *observée du mercure est à 336 lignes*, hauteur *du mercure dans le baromètre au bord de la mer ; ainsi, soixante-quinze pieds, hauteur de la colonne d'air qui soutient une ligne de mercure au bord de la mer, sont à la hauteur qui produit un effet égal au lieu de l'observation.*

Horrebow n'a pas trouvé cette formule par des expériences immédiates sur les densités relatives de l'air dans l'atmosphère ; mais il suppose que les densités sont proportionnelles au poids dans l'air libre, comme dans l'air renfermé. Partant de cette supposition, & des expériences qu'il a faites, il porte la table des *hauteurs de l'air*, correspondantes à celles du mercure, de ligne en ligne, jusqu'au point où, ne se trouvant plus d'air qui passe sur le mercure, sa hauteur doit être réduite à zéro dans le baromètre ; & il trouve que ce point doit être élevé de 26862 toises au-dessus du bord de la mer : c'est la *hauteur* qu'il donne à l'atmosphère.

Jusqu'à présent, chacun étoit parti d'expé-

riences, faites pour déterminer la *hauteur* de la colonne d'air qui faisoit équilibre sur le bord de la mer, à la *hauteur* d'une ligne de mercure dans le baromètre. Halley, ne présumant pas que ces expériences pussent être faites avec assez d'exactitude pour servir de règle, aima mieux appliquer les logarithmes à la loi de la dilatation ; car les expansions de l'air étant réciproquement comme les *hauteurs* du mercure, il est évident qu'elles peuvent être déterminées à toutes *hauteurs* données du mercure, par la courbure de l'hyperbole entre ses asymptotes. Il ne s'occupa donc que de déterminer le rapport des poids d'un même volume d'air & de mercure, qu'il trouva être comme l'unité de la 10800ᵉ. C'est d'après ces données qu'il a construit la table suivante.

HAUTEUR DU MERCURE	ÉLÉVATION DANS L'AIR.
30 pouces.	0 pieds.
29	915
28	1862
27	2844
26	3863
25	4922
20	10947
15	18715
10	29662
5	48378
1	91831
0,5	110547
0,25	122262 = 29 milles.
0,1	154000 = 29
0,01	216169 = 41
0,001	278338 = 53

Dans cette supposition, observe Halley, il paroît qu'à la *hauteur* de quarante-un milles, l'air occupe déjà trois mille fois plus de place qu'ici-bas ; mais il est probable que ses ressorts ne peuvent pas souffrir une beaucoup plus grande extension, & que l'atmosphère ne doit pas s'étendre au-delà de quarante-cinq milles. Cela paroît confirmé par les observations du crépuscule, qui commence & finit ordinairement quand le soleil est abaissé de 18 degrés au-dessous de l'horizon.

Il existe plusieurs causes de variation dans la loi des *hauteurs de l'air*, correspondantes aux *hauteurs* du mercure dans le baromètre, qui n'étoient pas connues du temps de Halley. Les principales sont, 1°. la température ; 2°. l'humidité. Quoique les physiciens se soient beaucoup occupés de perfectionner la formule, qui établit les relations entre la *hauteur* de la colonne de mercure dans le baromètre, & les *hauteurs de l'air* qui lui correspondent, ils ont cru devoir abandonner ce mode de détermination, d'abord, parce que, ne connoissant pas le rapport de température & d'humidité dans les tranches d'air qui avoifinent les limites de l'atmofphère, on ne peut déterminer la *hauteur* correfpondante à une preffion donnée, quelque foible qu'elle foit; & puis, parce que, pour une preffion nulle, la *hauteur* devroit être infinie. Cette feconde confidération, & la perfuafion où font plufieurs favans, que l'atmofphère doit avoir une *hauteur* finie, leur a fait croire que la loi de Mariotte pouvoit éprouver quelques modifications dans les tranches fupérieures de l'atmofphère.

Hauteurs de l'atmofphère par le crépufcule.

On nomme *crépufcule* la lumière qu'on aperçoit depuis l'inftant où le jour commence à paroître, jufqu'à celui où le foleil fe montre à l'horizon. (*Voyez* CRÉPUSCULE) Cette clarté eft l'effet, non des rayons directs de cet aftre, mais de la réflexion de ces rayons: ainfi, connoiffant le nombre de degrés que la terre parcourt pendant la durée du crépufcule, ou, ce qui eft la même chofe, à combien de degrés le foleil eft au-deffous de l'horizon au moment où le crépufcule commence, & fuppofant, d'ailleurs, que les rayons du foleil ne peuvent être réfléchis que par les dernières couches de l'atmofphère, on a pu calculer, à quelle profondeur dans l'atmofphère, les rayons de cet aftre devoient pénétrer, lorfqu'il eft à plus de 20 degrés au-deffous de l'horizon, pour que ces rayons puffent, par leur réflexion, arriver fur la furface de la terre; & l'on a trouvé, qu'en fuppofant que ces rayons fubiffent une légère courbure, par leur réfraction dans les couches d'air qui n'auront pas une grande denfité, on a trouvé que cette *hauteur* feroit de foixante mille mètres environ.

En effet, foit C B le rayon de la terre, *fig.* 697, dont B H O la courbure, & le cercle Q D A la limite de l'atmofphère; fi A B eft un rayon folaire vifible en B, ce rayon, prolongé, ira toucher la dernière tranche de l'amofphère en D; & parmi les rayons réfléchis de ce point, celui D O touchant la furface de la terre en O, fe laiffera apercevoir du fpectateur placé fur ce point: ce rayon fera pour lui le premier du crépufcule. L'angle O C S étant celui qui mefure l'arc que le foleil parcourt avant d'arriver dans la direction D O, on a conclu, d'un grand nombre d'obfervations, que cet angle étoit de 20 degrés environ. La *hauteur de l'atmofphère*, dans cette figure, eft égal à D H = C D — C H. Mais C D, la fécante de l'angle O C B de 10 degrés, peut être obtenu par cette équation $\dfrac{CD}{CA} = \dfrac{R}{cof.\ 10}$; d'où il fuit que $CD = \dfrac{CA \times R}{cof.\ 10}$. Si l'on fuppofe le rayon de la terre = 600000 mètres, la *hauteur* D H devient égale à 6000 mètres.

Comme il eft difficile de prouver que l'angle d

10 degrés, parcouru par le foleil, depuis la naiffance du crépufcule, foit réellement celui qu'il a parcouru depuis le moment où fes rayons ont atteint la tranche la plus élevée de l'atmofphère, la feule conclufion que l'on puiffe tirer de la *hauteur de l'atmofphère*, déduite du crépufcule, c'eft que, à cette *hauteur*, il exifte des tranches d'air capables de réfléchir affez de lumière pour que cette lumière foit fenfible à la vue.

De la hauteur de l'atmofphère, par la courbure apparente du ciel.

Nous allons tranfcrire ici ce que le célèbre géomètre Laplace dit, dans fon *Expofition du fyftème du monde*, page 89, fur cette manière de déterminer la *hauteur de l'atmofphère*.

« L'air eft invifible en petite maffe; mais les rayons de lumière, réfléchis par toutes les couches de l'atmofphère, produifent une impreffion fenfible: ils le font voir avec une couleur bleue, qui répand une teinte de même couleur fur tous les objets aperçus dans le lointain, & qui forme l'azur célefte. Cette voûte bleue, à laquelle les aftres paroiffent attachés, eft donc fort près de nous: elle n'eft que l'atmofphère terreftre; & c'eft à d'immenfes diftances au-delà que tous ces corps font placés. Les rayons folaires que fes molécules nous renvoient en abondance, avant le lever & après le coucher de cet aftre, forment l'aurore & le crépufcule, qui s'étendent à plus de vingt degrés de diftance de cet aftre, nous prouvent que les molécules extrêmes de l'atmofphère font élevées au moins de foixante mille mètres.

» Si l'œil pouvoit diftinguer & rapporter à leur vraie place les points de la furface extérieure de l'atmofphère, nous verrions le ciel comme une calotte fphérique, formée par la portion de cette furface que retranchercroit un plan tangent à la terre; & comme la *hauteur de l'atmofphère* eft fort petite, relativement au rayon terreftre, le ciel nous paroîtroit fous la forme d'une voûte furbaiffée. Mais quoique nous ne puiffions pas diftinguer les limites de l'atmofphère, cependant, les rayons qu'elle nous renvoie venant d'une plus grande profondeur à l'horizon qu'au zénith, nous devons la juger plus étendue dans le premier fens. A cette caufe fe joint encore l'interpofition des objets à l'horizon, qui contribue à augmenter la diftance apparente de la partie du ciel que nous rapportons au-delà: le ciel doit donc nous paroître furbaiffé, telle que la calotte d'une fphère. Un aftre élevé d'environ 26 degrés, femble divifer en deux parties égales la longueur de la courbe que forme, depuis l'horizon jufqu'au zénith, la fection de la furface du ciel, par un plan vertical; d'où il fuit, que fi cette courbe eft un arc de cercle, le rayon horizontal de la voûte célefte apparente, eft à fon rayon vertical, à peu près comme trois un quart eſt à l'unité ; mais ce rapport varie avec les cauſes de cette illuſion. »

En ſuppoſant que la courbure apparente de la voûte céleſte ſoit concentrique à celle de la ſurface de la terre, il en réſulteroit que la *hauteur de l'atmoſphère* ſeroit le cinquième environ du rayon de la terre. Par la méthode du crépuſcule, la *hauteur de l'atmoſphère* n'eſt que le dixième du rayon de la terre : cette dernière méthode donne donc une *hauteur* moitié de la première. La différence entre ces deux rapports provient de ce que nous ne jugeons, par le crépuſcule, que la *hauteur de l'atmoſphère* qui nous réfléchit des rayons de lumière aſſ.z forts pour être diſtingués ; nous jugeons cette *hauteur* beaucoup trop baſſe. Par la courbure de la voûte céleſte, nous jugeons cette *hauteur*, d'après l'action que produiſent les rayons de lumière provenant de l'enſemble de toutes les molécules qui ſe trouvent dans chaque direction, & nous déduiſons, de la courbure apparente, une *hauteur* plus grande que celle qui a réellement lieu. Il eſt extrêmement probable que la vraie *hauteur de l'atmoſphère* ſe trouve entre ces deux limites : mais quelle eſt cette *hauteur* ? C'eſt un problème qui n'eſt pas encore réſolu.

HAUTEUR DE LA VÉGÉTATION. *Hauteur* à laquelle les végétaux ceſſent de croître.

Chaque plante a beſoin, pour croître, d'une température & d'une humidité qui lui ſoient propres. Les unes croiſſent ſous le ciel brûlant de la zone torride, les autres ſur le ſol glacé des zones polaires. Il faut, à des plantes, un terrain ſec, à d'autres une terre pénétrée d'humidité. Les plantes transportées des zones brûlantes dans des climats tempérés, n'y vivent que par les ſoins nombreux qu'on leur prodigue, qu'en les cultivant dans des ſerres chaudes ; & ſouvent celles qui réſiſtent à ce tranſport, dégénèrent. Pluſieurs de celles qui formoient de grands arbres vivaces dans les pays chauds, deviennent de foibles plantes annuelles dans les pays plus froids. Chaque plante croît bien dans une zone déterminée, & elle ceſſe de croître lorſqu'elle en paſſe les limites.

Une montagne très-élevée peut être comparée à une longue étendue de terrain. Depuis ſa baſe juſqu'à ſon ſommet, on y reſſent, graduellement, tous les degrés de température. En la graviſſant, on traverſe une longue ſuite de climats différens. On éprouve à ſa baſe les chaleurs de l'équateur, & à ſon ſommet le froid des pôles. A chaque centième de mètre d'élévation, la température baiſſe d'un demi-degré : il ſuit de-là que, dans les quatre à cinq mille mètres d'élévation des hautes montagnes des Alpes, la température baiſſe de 20 à 25 degrés, & dans les huit à neuf mille mètres d'élévation des montagnes d'Aſie, la température baiſſe de 40 à 45 degrés. Quelle longue étendue de terrain, ſous un même méridien, peut préſenter une auſſi grande variation dans la température ?

Ainſi, toutes les plantes qui croiſſent ſur les faces d'une montagne très-élevée, peuvent être comparées à celles qui végètent dans les plaines de l'équateur aux pôles ; & l'on doit obſerver dans la végétation, à chaque *hauteur* différente, des variations analogues à celles que l'on remarque, en parcourant un long eſpace de terrain dans la direction du méridien.

De même que l'on voit la vigne croître dans les pays chauds, y produire des vins ſpiritueux, diminuer de vigueur & ceſſer de croître dans le nord de l'Europe, on remarque que la vigne eſt vigoureuſe au pied des hautes montagnes, y produit d'excellens vins, & que ſa végétation s'affoiblit juſqu'à une certaine *hauteur* où le raiſin ne mûrit plus.

On obſerve de même, dans un ſens oppoſé, que les pins d'Ecoſſe, ſi tortueux, ſi grêles dans les zones tempérées, & qui augmentent de force & de vigueur en avançant vers le Nord, où ils ſorment de grands & ſuperbes arbres, comme dans la Laponie, ſont également grêles & tortueux au pied des hautes montagnes, deviennent plus forts, plus grands & plus vigoureux en s'élevant, parviennent à une certaine *hauteur*, à leur maximum de grandeur & de force, puis décroiſſent en s'élevant plus haut, juſqu'à ce que l'on ſoit arrivé à une *hauteur* où ils ceſſent de croître.

En général, on voit, à partir d'une *hauteur*, les arbres & les grandes plantes diminuer de force & de croiſſance juſqu'à deux mille quatre cents ou deux mille cinq cents mètres au-deſſus du niveau de la mer, ce qui répond au climat de 76 degrés ; alors ils ceſſent d'y croître & diſparoiſſent.

A partir de la baſe des montagnes, l'ordre de croiſſance des arbres eſt d'abord le chêne, puis le hêtre, le frêne, enſuite le ſapin, l'if, enfin le pin, le mélèze ; parmi les premiers, on diſtingue le pin d'Ecoſſe. Cet ordre eſt exactement celui de la décroiſſance des arbres, en avançant vers le Nord, où les derniers arbres qui croiſſent ſont les pins.

Les arbriſſeaux ſuccèdent aux arbres ; parmi les premiers on diſtingue le genévrier, que l'on voit diminuer ſucceſſivement de grandeur, juſqu'à 2900 mètres d'élévation, où il diſparoît. Les ſous-arbriſſeaux ſuivent les arbriſſeaux ; enfin ceux-ci ceſſent de croître à leur tour, & ſont remplacés par des herbes à racines vivaces ; la limite des neiges remplace alors toute la verdure.

Mais la végétation ne ceſſe pas encore totalement. La neige couvre des plantes qu'elle conſerve & que l'on aperçoit toutes les fois que, dans des étés chauds, la neige ſe fond à de plus grandes *hauteurs*, & que la limite des neiges s'élève ; on voit ſur la place que cette neige a recouverte, pendant pluſieurs années de ſuite, des plantes que l'action bienfaiſante du ſoleil fait développer, & qui étoient reſtées dans une ſorte d'engourdiſſement, de ſtupeur, pendant tout le temps qu'elles ont été privées de la préfence de la lumière. Parmi ces plantes, il en eft qui font placées dans de telles pofitions, qu'elles ne voient pas le foleil p us de dix fois dans un fiècle.

Deux caufes paroiffent devoir contribuer à l'altération de la végétation fur le fommet des hautes montagnes; d'abord la variation dans la température, enfuite la diminution dans la preffion de l'air. La première caufe préfente des différences analogues à celles qui s'obfervent dans les plaines, de l'équateur aux pôles; la feconde doit préfenter des différences qui n'ont plus d'analogues : auffi remarque-t-on, dans ces plantes qui croiffent dans les parties hautes des montagnes, un port, une phyfionomie, qu'on ne retrouve plus dans les plantes des plaines. Parmi ces plantes, il eft un arbriffeau qui a un caractère particulier, c'eft le rhododendron; il ne croît & ne végète bien que dans une tranche d'air qui exifte entre 16 & 2600 mètres d'élévation. Cet arbriffeau, tranfporté dans les plaines, végète mal, fouffre & meurt. Il eft difficile de le cultiver également à plus de 2600 mètres de hauteur.

Pour avoir de plus grands détails fur la *hauteur de la végétation*, on peut confulter un excellent Mémoire de M. Ramond, inféré pag. 395, tom. IV, des *Annales du Muféum d'hiftoire naturelle*, & le premier volume du *Nova genera fpecies plantarum*, de MM. Humboldt & Dupland.

HAUTEUR DE L'ÉQUATEUR. Arc compris entre l'équateur & le point où fe trouve l'obfervateur.

Cette *hauteur* fe prend pour trouver la déclinaifon par la *hauteur méridienne*. Elle peut fe prendre directement, en obfervant la plus grande & la plus petite *hauteur* du foleil, en été & en hiver. La moitié de la différence entre ces deux obfervations, donne l'angle que l'écliptique forme avec l'équateur. Ce moyen a été employé, à Babylone, par les Caldéens.

HAUTEUR DE QUELQUES ÉDIFICES. Comme plufieurs édifices, remarquables par leur *hauteur* au-deffus du fol, ont été mefurés avec foin, nous avons penfé qu'il feroit agréable de les faire connoître, afin que l'on puiffe avoir entr'elles des points fixes de comparaifon.

Plufieurs de ces *hauteurs*, telle que celle des pyramides d'Égypte, ont été mefurées par des opérations trigonométriques (*voy.* HAUTEUR DES MONTAGNES); d'autres, directement avec les mefures étalons des différens pays. Ces *hauteurs*, réduites en mètres, font :

	mètres.
La plus haute des pyramides d'Égypte	146
La tour de Strasbourg (le Munfto), au-deffus du pavé	142
La tour de Saint Étienne, à Vienne	138
La coupole de Saint-Pierre de Rome (au-deffus de la place)	132

	mètres.
La tour Saint Michel, à Hambourg	130
—— de Saint-Pierre, à Hambourg	119
—— de Saint Paul, à Londres	110
Le dôme de Milan (au-deffus de la place)	109
La tour des Afinelli, à Bologne	107
La flèche des Invalides (au-deffus du pavé)	105
Le fommet du Panthéon (au-deffus du pavé)	79
La baluftrade de la tour Notre-Dame (au-deffus du pavé)	66
La colonne de la place Vendôme	43
La plate-forme de l'Obfervatoire	27
La mâture d'un vaiffeau français de 24 canons	73

HAUTEUR DE QUELQUES LIEUX HABITÉS DU GLOBE. Ces *hauteurs*, au-deffus du niveau de la mer, ont été prifes, affez généralement, avec le baromètre (*voyez* HAUTEUR DES MONTAGNES, MESURE DES HAUTEURS PAR LE BAROMÈTRE). Elles font utiles à connoître, 1°. parce que l'on peut apprécier à quels degrés de raréfaction de l'air les hommes peuvent vivre; 2°. parce que ces *hauteurs* peuvent fervir de point de départ, pour mefurer diverfes *hauteurs* par le baromètre ou autrement.

	mètres.
Métairie d'Antifana	4101
Ville de Mieni panpa (Pérou)	3618
Ville de Quito	2908
Ville de Caxamarcas (Pérou)	2860
Santa-Fé de Bogota	2661
Ville de Cuença (province de Quito)	2633
Mexico	2277
Hofpice de Saint-Gothard	2075
Village de Saint-Verán (Alpes-Maritimes)	2040
Village de Breuil (vallée du Mont-Cervio)	2007
Village de Maurin (Baffes-Alpes)	1902
Village de Saint-Remi	1604
Village de Heas (Pyrénées)	1465
Village de Gavarnie (Pyrénées)	1444
Briançon	1306
Village de Barège (Pyrénées)	1290
Palais de Saint-Ildefonfe (Efpagne)	1155
Pontarlier	818
Madrid	608
Infpruck	566
Munich	538
Berne	536
Laufanne	507
Augsbourg	475
Saftzbourg	452
Neuchâtel	438
Clermont-Ferrand (préfecture)	411
Genève	372
Freyberg	372
Ulm	369
Ratisbonne	362
Mofcow	300
Gotha	285

	mètres.
Turin	230
Dijon	217
Prague	179
Caffel	158
Vienne (Autriche)	156
Lyon	155
Gottingue	134
Milan (jardin botanique)	128
Bologne	121
Parme	93
Dresde	90
Paris (obfervatoire royal, 1er. étage)	73
Rome (capitole)	46
Wirtemberg	44
Berlin	40

HAUTEUR DES GLACES ; altitudo glacierum ; f. f. *Hauteur* à laquelle les glaces exiftent conftamment. *Voyez* GLACIER, HAUTEUR DES NEIGES.

HAUTEUR DES MONTAGNES ; altitudo montium ; *bergifche hohe;* f. f. Élévation du fommet des montagnes au-deffus d'un ou de différens points donnés de pofition.

Habituellement, c'eft au niveau de la mer que l'on rapporte la *hauteur des montagnes*. Cependant, il eft des circonftances dans lefquelles on eft obligé de les rapporter à une bafe donnée, jufqu'à ce que l'on ait pu déterminer exactement la *hauteur* de cette bafe au-deffus du niveau de la mer. Alors la fomme des deux *hauteurs* donne celle de la montagne, au-deffus des eaux de la mer.

On peut prendre la *hauteur des montagnes* de diverfes manières :

1°. Par un nivellement continué, de la bafe de la montagne à fon fommet. De toutes les manières de prendre la *hauteur des montagnes*, celle-ci eft la plus fimple, mais c'eft auffi la plus inexacte, parce que la *hauteur de la montagne*, qui eft égale à la fomme de tous les nivellemens qui ont été pris, eft néceffairement affectée de toutes les erreurs inévitables qui ont lieu dans chaque opération.

2°. En mefurant une bafe avec beaucoup d'exactitude, & prenant, à chaque extrémité, l'angle formé par la bafe & la droite menée, de chaque ftation, au fommet de la montagne. Par cette opération, on forme un triangle dont on connoît un côté & deux angles, conféquemment, dans lequel on peut, par une formule trigonométrique extrêmement fimple, connoître les deux autres côtés, donc la diftance de chaque extrémité de la bafe mefurée, au fommet de la montagne.

La formule dont on fait ufage eft celle-ci, le finus de l'angle oppofé à la bafe, & à cette même bafe, comme le finus de l'un des angles pris fur cette bafe eft au côté oppofé.

Appelant *a* & *b* les deux angles méfurés, l'an-gle au fommet du triangle $c = 180 - (a + b)$; de-là on a $\frac{\text{fin. } 180 - (a + b)}{a b} = \frac{\text{fin. } a}{b c} = \frac{\text{fin. } b}{a c}$.

Connoiffant la longueur de chaque ftation au fommet de la montagne, on prend l'inclinaifon de ces directions, ou mieux, l'angle qu'elles font avec l'horizon ; alors on a deux triangles rectangles, dans lefquels on connoît : 1°. l'angle droit oppofé à la diftance, & l'angle de *hauteur* oppofé à cette *hauteur*. Appelant *d* & *e* les angles de *hauteur*, & *ch* cette *hauteur*, on a :

$$\frac{R}{a c} = \frac{\text{fin. } d}{c h} \quad \& \quad \frac{R}{b c} = \frac{\text{fin. } e}{c h};$$

d'où l'on conclut la *hauteur ch* de la montagne par deux opérations qui fe vérifient l'une par l'autre.

Cette manière de mefurer la *hauteur des montagnes* eft affectée, 1°. des erreurs qui peuvent exifter dans la manière de mefurer les quatre angles que l'on a pris ; 2°. des erreurs qui peuvent exifter dans la mefure de la bafe ; 3°. dans la réfraction de l'air. On voit donc qu'il eft toujours poffible d'avoir une *hauteur* affez exacte, fi la bafe eft mefurée avec tous les foins, & en prenant toutes les précautions qu'une femblable opération exige ; fi les angles ont été mefurés avec un cercle répétiteur, & avec beaucoup d'exactitude ; enfin, fi l'on a corrigé, dans la mefure des angles, les effets de la réfraction de l'air.

3°. En faifant, fimultanément, deux obfervations à la bafe & au fommet de la montagne, de la *hauteur* du mercure dans le baromètre, & de la température de l'air, alors, à l'aide de la formule

$$18393 \left(1 + \frac{2 T + t}{1000} \right) \log. \left(\frac{H}{h \left(1 + T - t \right)} \right) \frac{}{5412}$$

(*voyez* FORMULE DU BAROMÈTRE), on détermine avec affez d'exactitude *la hauteur des montagnes*.

Nous allons terminer cet article par le tableau de la *hauteur* des principales montagnes du globe, au-deffus du niveau de l'Océan (1).

EUROPE.

	mètres.
Mont-Blanc (Alpes)	4775
Mont-Rofe (Alpes)	4736
Ortler (Tyrol)	4699
Fifterahorn (Suiffe)	4362
Jung-Frau (Suiffe)	4180
Mulahafen (Grenade)	3555
Mont-Perdu (Pyrénées)	3436
Col-du-Géant (Alpes)	3426
Vigunmal (Pyrénées)	3356
Le Cylindre (Pyrénées)	3332
Etna (Sicile)	3237
Pic du Midi (Sicile)	2935

(1) Extrait de l'*Annuaire* préfenté au Roi par le Bureau des longitudes, pour l'an 1815.

	mètres.
Budofch (Tranfilvanie)	2924
Sural (Tranfilvanie)	2924
Legnone	2806
Canigou (Pyrénées)	2781
Pointe Lomnis (Crapates)	2701
Monte-Rotondo (Corfe)	2672
Monte d'Oro (Corfe)	2652
Lipfze (Carpates)	2534
Sonehaten (Norwège)	2500
Monte-Vellino (Apennins)	2393
Montagne de Mezin (Cevennes)	2001
Olympe (Grèce)	1988
Lacha (Grèce)	1988
Mont-d'Or (France)	1888
Cantal (France)	1857
Sierra-d'Eftre (Portugal)	1700
Puy-Mary (France)	1658
Winfide (Yorkshire)	1627
Huffoko (Moravie)	1624
Schneckoppe (Bohême)	1608
Adelat (Suède)	1578
Suæfials-Jokull (Iflande)	1559
Monts-des-Géans (Bohême)	1512
Puy-de-Dôme (France)	1477
Le Ballon (Vofges)	1403
Pointe-Noire (Spitzberg)	1372
Fichtelberg (Saxe)	1212
Véfuve (Naples)	1198
Mont-Parnaffe (Spitzberg)	1194
Mont-Erix (Sicile)	1187
Snowden (pays de Galles)	1155
Broken (Haute-Saxe)	1140
Sierra de Foja (Olyarbe)	1100
Shehelien (Ecoffe)	1030
Hekla (Iflande)	1013

Depuis l'impreffion de l'*Annuaire* de 1815; M. Reboul, correfpondant de l'inftitut , a publié, dans les *Annales de phyfique & de chimie* , tome V, page 254, des *hauteurs* des fommets de plufieurs montagnes des Pyrénées, dont nous allons préfenter un tableau.

Pic Maladetta	3481,8
Pic Pofets	3437
Mont-Perdu	3403,9
Montagne de Vignemal	3353,2
Cylindre de Marbore	3368,5
Pic de la Cafcade	3275,3
Pic de Mont-Calme	3250,0
Pic de Biedouze	3246,0
Pic de Cambielle	3234,3
Pic Long	3226,5
Pic de Cabrioul	3214,9
Troumouffo	3199,0
Pic de Neige-Vieille	3148,6
Pic Badefcure	3146,7
Tique de Moupas	3146,7
Le Taillon	3112,9
Pic Neige-Vieille , Cap Longue	3092,1

	mètres.
Pic Quairat	3087,2
Pic Fourcande	3057,2
Tour de Marbore	3037,6
Pic Hermittans	3027,8
Brèche de Roland	3004,4
Pic d'Atrieugrand	3002,5
Pic Baroude	2984,9
Pic de midi d'Offeau	2983,0
Aiguillon de Heas	2967,4
Pic de la Serrere	2951,8
Pic de Riouffe	2940,1
Pic d'Aule	2932,3
Pic d'Arre fupérieur	2930,4
Pic du port Siguier	2930,4
Pic Pedrou	2903,1
Pic de Montouliou	2899,2
Pic d'Arre inférieur	2893,4
Pic l'Anoue	2856,4
Pic d'Abriffon	2844,7
Pic Fontargente	2819,3
Canigou	2786,2
Pic Peiric	2780,4
Tique de Cicyo	2739,4
Craberes	2638,1
Pic d'Irré	2604,0
Pic d'Anie	2583,6
Roc blanc	2536,8
Moffet	2408,2
Pic Montaignu	2325,5
Pic d'Appi-Saint-Barthelemy	2322,5
Pic de Courua ou Bergons	2158,8
Poey Louvic	2127,7
Serre de Saint-Paul	1875,4

AMÉRIQUE.

Cimborazo (Pérou)	6530
Cayambe (Pérou)	5954
Antifana (volcan du Pérou)	5833
Catopaxia (volcan du Pérou)	5753
Mont Saint-Elie (côte N-E. Amérique)	5513
Popocatepec (volcan du Mexique)	5400
Pic d'Orizaba	5295
Mowna-Roa (iles Sandwich)	5024
Siera-Nevada (Mexique)	4786
Mont du Beau-Temps (côté N-O. Amérique)	4549
Nevado de Toluca (Mexique)	4621
Cofre de Perote	4088
Mont d'Otaiti (mer du Sud)	3323
Mont-Bleu (Jamaïque)	2218
Volcan de la Solfatare (Guadeloupe)	1557

ASIE.

Le pic le plus élevé du Tibet	7400
Pic de la frontière de la Chine & de la Ruffie	5135
Ophyr (île Sumatra)	3950
Mont-Liban	2906
Petit-Altaï (Sibérie)	2202
Elbars (fommet du Caucafe)	1762

M. Humboldt a fait imprimer depuis, dans le 3e. volume des *Annales de chimie & de physique*, page 297, une note sur les montagnes de l'Inde, de laquelle il résulte que les *hauteurs des montagnes de l'Himo'aya*, dans l'Inde, sont au-deffus du niveau de la mer.

	mètres.
Le Dhawalagiri ou montagne blanche, par trois observations............	9145
— par deux observations............	8746
Yamunavatari ou Jamautri............	6849
Dhaïbun............	6645

Afrique.

Pic de Ténériffe............	3710
Montagne d'Ambotifmène (Madagafcar).	3507
Mont du Pic (Açores)............	2412
Mont Sataze (île Bourbon)............	3313
Mont de la Table (Cap de Bonne-Efpérance)............	1163

Paffages des Alpes qui conduifent d'Al'emagne, de Suiffe, de France, en Italie.

	mètres.
Paffage du Mont-Cervin............	3410
— de Furka............	2530
— du Col de la Seigne............	2461
— du grand Saint-Bernard............	2428
— du Col Terret............	2321
— du petit Saint-Bernard............	2192
— du Saint Gothard............	2075
— du Mont-Cenis............	2066
— du Simplon............	2005
— du Splügen............	1925
— de la pofte du Mont-Cenis............	1906
— du Col de Tende............	1795
— des taures de Raftadt............	1559
— de Brenner............	1420

Paffges des Pyrénées.

Port de Pinède............	2516
Port de Gavarnie............	2331
Port de Cavarere............	2259
Paffage de Tourmolet............	2194

HAUTEUR DES MONTAGNES PAR LE BAROMÈTRE. Méthode employée pour mefurer la *hauteur des montagnes*, en obfervant aux deux ftations extrêmes, & dans le même inftant, 1°. la *hauteur* du mercure dans le barom:tre; 2°. la température. *Voyez* MESURE DES MONTAGNES PAR LE BAROMÈTRE.

HAUTEUR DES NEIGES; altitudo nivium; f. f. *Hauteurs* au-deffus du niveau de la mer, auxquelles la neige ceffe de fondre.

Toutes les fois que la température de l'air fe trouve au-deffous de zéro, l'eau, abandonnée dans l'air, tombe glacée & fous forme de neige; cette neige conferve fon état folide, tant que la température ne s'élève pas; mais elle fe fond, dès que la chaleur augmente, & qu'elle parvient au-deffus de zéro.

Il fuit de-là que, s'il exifte des pofitions fur le globe de la terre, où la température fe maintienne au-deffous de zéro, il ne tombera que de la neige fur ces pofitions, & la neige y refte éternellement.

Mais, pour que la température zéro fe maintienne dans une pofition, il eft néceffaire que l'échauffement produit dans le jour, par la préfence du foleil, foit détruit, la nuit, pendant l'abfence de cet aftre. Cette confidération exclut naturellement les neiges éternelles des pôles & de la zône glaciale; car, quoiqu'il y faffe, l'hiver, un très-grand froid, la longue durée de la préfence du foleil, pendant l'été, échauffe conftamment le fol, & détermine la fonte de la neige. (*Voyez* CLIMATS.) L'échauffement, par la longue durée de la préfence du foleil, l'été, eft fi grande fous la zône polaire, que les grains y mûriffent beaucoup plus promptement que dans les zônes tempérées.

Où doit-on chercher des pofitions où la température de l'été foit affez baffe pour y maintenir les neiges? En confidérant la queftion théoriquemet, on trouve fa folution dans la loi que fuit la température de l'air, dans chaque colonne de l'atmofphère. Les voyages aéroftatiques ont appris que la température de l'air varie d'un degré pour chaque cent vingt toifes, dont on s'élève dans l'atmofphère. *Voyez* HAUTEUR DE L'ATMOS-PHÈRE.

Ainfi, quelle que foit la température moyenne du lieu où l'on fe trouve, on conçoit qu'il exifte, à une certaine *hauteur* de l'air, une tranche où la température eft à zéro; tout ce qui eft au-deffous, eft au-deffus de zéro, & tout ce qui eft au-deffus, a une température moindre que celle de la glace fondante. Cette limite, dans chaque pofition du Globe, doit être celle de la limite des neiges, fi toutefois les fommets des montagnes s'élèvent jufqu'à cette *hauteur*.

En voyageant dans les hautes montagnes, on voit, en effet, que les cimes les plus élevées reftent, pendant tout l'été, couvertes de neige; & cette *hauteur*, limite de la fonte des neiges, paroît former un cordon, ou mieux une zône qui fepare la verdure de la végétation, de la glace des hivers.

Mais cette *hauteur* doit varier, dans chaque climat, avec la température moyenne. De là, il doit réfulter, que la *hauteur des neiges*, ou mieux celle de la zône où elles ceffent de fondre, eft d'autant plus élevée, que la température moyenne eft plus grande, & d'autant plus baffe, que la température moyenne eft moins grande. C'eft, en effet, ce que l'expérience prouve. La *hauteur des neiges* eft plus grande fous l'équateur que près des pôles. Cette *hauteur* fe trouve, d'après les observations d'un grand nombre de géologues, rapportées par M. Humboldt (1) :

	toises	mètr.
Sous l'équateur	2460	4793
Sous le 20° deg. de latit. boréale	2350	4578
Sous le parallèle de 45°	1350	2630
Sous le parallèle de 62° en Suède	810	1578
Sous le parallèle de 65° en Norwège	700	1363
Idem, en Islande	480	935

Cette dernière évaluation, pour l'Islande, est due à MM. Ohlsen & Westlassen. Elle donne une hauteur plus basse pour l'Islande que pour la Norwège, quoiqu'à la même latitude. M. de Buch, qui a publié cette observation pour la Norwège, ainsi que celle pour la Suède, dans son *Voyage en Laponie*, observe avec raison, que si les neiges se conservoient à un niveau plus bas en Islande qu'en Norwège, c'est parce que, dans l'Islande, la température moyenne des mois d'été est bien plus diminuée qu'en Norwège, par la proximité de la mer.

Bouguer est un des premiers savans qui ont mesuré la hauteur des neiges dans la zône torride, qu'il regarde, comme formant une ligne assez exactement de niveau, dans tous les pays qui sont aux environs de l'équateur (2).

« Mais, ajoute-t-il, si nous examinons la chose d'une manière plus générale, si nous portons la vue sur tout le globe, cette ligne n'est pas exactement parallèle à la surface de la terre : il est évident qu'elle doit aller en descendant d'une manière graduée, à mesure que l'on s'éloigne de la zône torride, ou qu'on s'avance vers les pôles. Cette ligne est élevée de 2434 toises au-dessus du niveau de la mer dans le milieu de la zône torride; elle ne sera élevée, vers l'entrée des zônes tempérées, que de 2100 toises, en passant par le sommet de Theyde, ou du pic de Ténériffe, qui a à peu près cette hauteur. En France & dans le Chili, elle passera à 15 ou 1600 toises de hauteur, & continuera à descendre à mesure qu'on s'éloignera de l'équateur : elle viendra toucher la terre au-delà des deux cercles polaires, quoique nous ne la considérions toujours que pendant l'été.

On voit, d'après les observations que nous avons rapportées, en quoi cette manière générale de considérer ce phénomène s'accorde ou diffère avec la forme de la surface courbe annoncée par Bouguer.

Ces hauteurs ont été corrigées sous l'équateur par M. Humboldt, & en France par Saussure; ces corrections exigent que l'on ait des hauteurs des montagnes prises avec beaucoup d'exactitude; & puis, cette hauteur elle-même, varie dans chaque lieu avec la température de l'été, qui est elle-même variable chaque année.

(1) *Journal des Mines*, tome XXIX, page 91.
(2) *Voyage au Pérou*, page 58.

Rapportons ici les observations de Saussure sur la hauteur des neiges dans les Alpes (1).

» Quant aux Alpes, il y a une distinction essentielle à faire entre les montagnes dont la hauteur surpasse beaucoup la limite inférieure des neiges, & celles qui se terminent à peu près à cette limite.

» Les premières, comme le Mont-Blanc, les Hautes-Aiguilles, le Buet même, ont leur cime & leurs flancs couverts de grands amas de neiges éternelles, qui réfroidissent de proche en proche les couches inférieures de l'air, imbibent continuellement d'une eau glacée les terres & les rochers qui sont au-dessous d'elles, & entretiennent ainsi, pendant toute l'année, des neiges à des hauteurs où elles se fondroient si elles étoient sur des montagnes moins hautes, & où elles n'auroient à combattre que le froid de l'air, & non des amas de frimats dans un état de congélation actuelle. Ainsi, sans parler des glaciers, qui, par une cause différente, descendent encore plus bas, on peut dire, en général, que les neiges, proprement dites, ne fondent guère au-dessus de 1300 toises sur les montagnes dont la hauteur totale surpasse 15 à 1600 toises.

» Mais les cimes isolées, ou qui du moins ne sont pas immédiatement jointes à de très-hautes montagnes, se débarrassent de toutes leurs neiges, lorsque leur élévation, au-dessus de la mer, ne surpasse pas 1400 & quelques toises. Ainsi, le Cramont & les Fours, que nous avons observés, & d'autres que nous verrons encore, qui ont environ 1400 toises de hauteur, se dégagent entièrement, & produisent quelques gramens & quelques autres plantes sur leurs sommités. Mais, toutes les montagnes dont la hauteur suppose 1400 ou 1450 toises, conservent à leurs cimes des neiges éternelles.

Les montagnes volcaniques, elles-mêmes, conservent des neiges éternelles. L'Etna, malgré les feux qu'il recèle dans son sein, & une situation bien plus méridionale que le Mont-Blanc, puisqu'il est entre le 37e. & le 38e. degré de latitude, conserve des neiges éternelles à une élévation plus petite que 1500 toises.

HAUTEUR DES NUAGES ; altitudo nubium. Élévation des nuages au-dessus de la surface de la terre.

Il est difficile de désigner la hauteur à laquelle se maintiennent les nuages. Les uns se forment à la surface de la terre, d'autres à une très-grande hauteur. Pour pouvoir déterminer cette hauteur, il faudroit que deux observateurs, placés aux deux extrémités d'une base, pussent observer un point du nuage au même instant ; mais comme ces deux opérations doivent être faites, l'une, l'angle

(1) *Voyage dans les Alpes*, §. 942, 943.

que forme la direction du point du nuage avec la
base, l'autre, l'angle que fait cette direction avec
l'horizon; il est difficile, si le nuage se meut, que
ces deux opérations puissent être faites exactement. Cependant Chasseaux dit, (1) qu'il est parvenu à en mesurer un, qu'il trouva élevé de 4347
toises, ce qui doit paroître extrêmement haut.

Cependant, tout fait croire qu'il peut en exister encore à une plus grande hauteur; car, les
montagnes les plus élevées, comme la montagne
Blanche, en Asie, qui a plus de 4500 toises d'é-
lévation, sont couvertes de neige sur leur sommet; or, il ne peut tomber de la neige sur le
sommet d'une montagne, qu'autant que le nuage
qui la contient est un peu élevé au-dessus d'elle.

Mais doit-on comparer l'élévation des nuages
au-dessus du niveau de la mer, dans les chaînes
de montagnes ou sur des plateaux élevés, à celle
des mêmes nuages dans les mêmes plaines basses?
L'élévation du sol n'a-t-elle pas une influence sur
celle des nuages qui le domine? Ne voit-on pas des
nuages, à une hauteur moyenne dans les plaines,
s'élever graduellement avec le sol pour passer au-
dessus de la sommité des montagnes (voy. VENTS
SECS & VENTS PLUVIEUX)? Toutes ces considérations doivent donc conduire à faire désirer que
des expériences exactes, sur la hauteur des nuages,
puissent mettre à même de déterminer les diverses
questions qui naissent naturellement de la connoissance de cette hauteur.

HAUTEUR D'UN ASTRE; altitudo astri; höhe
eines gestirns. Arc compris entre l'horizon & un
astre.

Cet arc se mesure par l'angle que forme, avec
l'horizon, la droite menée de l'œil de l'observateur à l'astre. Ainsi, lorsque l'astre est au zénith,
il est à sa plus grande hauteur; l'arc ou l'angle qui
le mesure a 90 degrés.

Dans le lever & le coucher d'un astre, sa hauteur est = 0; sa plus grande hauteur a lieu lors de
son passage dans le méridien.

La hauteur d'un astre, observé hors du méridien, soit en mer, soit à terre, corrigée de la réfraction, sert à trouver l'heure qu'il est; & les
anciens astronomes n'avoient pas d'autres moyens.

HAUTEUR D'UN LIEU; altitudo loci; höhe eines
ories. Distance verticale d'un lieu, sur un plan
horizontal, passant par un point donné.

Cette hauteur se prend par des mesures directes,
par des opérations trigonométriques, ou par l'observation simultanée du baromètre & du thermomètre dans les deux points dont on veut avoir la
différence de hauteur. Voyez HAUTEUR DES MON-
TAGNES.

HAUTEUR DU PÔLE. Arc compris entre le pôle
& l'équateur.

S'il existoit une étoile visible au pôle, il seroit
extrêmement facile de prendre la hauteur du pôle;
mais la polaire, qui est l'étoile la plus proche du
pôle, dans ce moment, en est éloignée de 1° 40'
environ.

Ainsi, pour prendre la hauteur du pôle, il faut
observer le mouvement de l'étoile polaire dans
une belle nuit, & prendre sa hauteur au moment
où elle passe dans le méridien : 1°. lorsqu'elle est
au-dessus du pôle; 2°. lorsqu'elle est au-dessous.
La moitié de la somme de ces angles donne la
hauteur du pôle au-dessus de l'horizon, & son complément est la distance à l'équateur, ou la hauteur
du pôle.

Soit, les deux angles observés,
le supérieur = 42°,50
l'inférieur.. = 39,30

la somme 82,20

La hauteur au-dessus de l'horizon
sera de 41,10

Donc la distance à l'équateur, ou la hauteur du
pôle = 48°,50.

HAUTEUR MÉRIDIENNE. Hauteur des astres au
moment où ils passent par le méridien.

C'est l'arc du méridien compris entre l'astre
& l'horizon. Cette hauteur est la plus grande de
toutes; elle sert à trouver la déclinaison de l'astre. On l'observoit autrefois avec un gnomon;
actuellement on se sert d'un quart de cercle mural, dont il faut connoître l'erreur par les vérifi-
cations nécessaires.

HAUTEUR (prendre). Mesurer le degré de l'é-
lévation du soleil sur l'horizon, pour en déduire
la latitude du lieu.

Cette observation se fait ordinairement à midi,
lorsque le soleil est dans le méridien du lieu de
l'observation. On se sert, en mer pour prendre hauteur, de plusieurs espèces d'instrumens, dont les
principaux sont : l'OCTANT, le SEXTANT, un
QUART DE RÉDUCTION. Voyez ces mots.

Ayant la hauteur du soleil au-dessus de l'horizon
dans son passage au méridien; connoissant d'ailleurs, par des tables, sa distance de l'équateur le
jour de l'observation, on en déduit la distance
du lieu de l'observation à l'équateur; & conséquemment la latitude du lieu.

Si l'on avoit une bonne montre, un garde-
temps, bien réglé sur le méridien du lieu d'où
l'on commence à compter les longitudes, on
pourroit facilement connoître la longitude du
lieu de l'observation, par l'heure indiquée sur
le garde-temps lors du passage du soleil au méridien.

On détermine l'instant précis de ce passage en

obſervant la *hauteur* du ſoleil un moment avant ſon paſſage au méridien, & ſuivant conſtamment les mouvemens aſcenſionnels avec l'inſtrument. Le moment où l'aſtre devient ſtationnaire, eſt le moment de ſon paſſage. *Voyez* LATITUDE, LONGITUDE.

HAUTS-FOURNEAUX; altitudo fornicula; *hochofen*; ſub. maſ. Fourneau de 12 à 60 pieds de hauteur, dans lequel on traite le minerais de fer pour en obtenir de la fonte.

Ces ſortes de *fourneaux* ſont compoſés d'un maſſif ou muraillement ABEF, CDHG, *fig.* 900, au milieu duquel eſt un eſpace EFIHG, dans lequel on conſtruit le *fourneau*. Celui-ci eſt formé d'une maçonnerie qui enveloppe un vide KLMNOP compoſé de deux pyramides tronquées KLOP, LMNO, oppoſées baſes à baſes: la maçonnerie intérieure de ce vide eſt en pierre réfractaire. Entre les deux maſſifs, on place ordinairement une couche de pouſſière de charbon ou de toute autre ſubſtance non conductrice de la chaleur EF, GH. Une ouverture T, nommée *tympe*, pratiquée au haut du creuſet, facilite la ſortie des ſcories: l'air lancé par les machines ſoufflantes entre par une ouverture S.

Après avoir rempli ce *fourneau* de charbon, que l'on allume, & avoir échauffé les parois intérieures, on charge par le gueulard KP du minerais, des fondans & du charbon. Le minerais s'échauffe, ſe déſoxide par ſon contact avec les charbons & par l'action des gaz hydrogènes & carbonés; il deſcend juſqu'aux ventres LO, où il éprouve une très-haute température, & ſe liquéfie: alors il traverſe l'ouvrage, & tombe, goutte à goutte, dans le creuſet, où le métal fondu ſe ſépare des ſcories qui l'entourent; le métal, plus peſant, tombe au fond du creuſet, le laitier, plus léger, ſurnage & s'écoule par l'ouverture T de la tympe.

Dès que le creuſet eſt rempli de fer fondu, on perce, près de la dame TV, une ouverture qui correſpond au fond du creuſet, & le métal fondu coule dans les moules que l'on a formés pour le recevoir. *Voyez* FER, FONTE DE FER.

HAUY (Électomètre d'); Electrometrum Hauycum; *Electrometer van Hauy*; ſ. m. Inſtrument imaginé par M. Hauy, pour reconnoître & diſtinguer l'électricité des minéraux.

Cet inſtrument ſe compoſe d'une petite aiguille d'argent ou de laiton ACB, *fig.* 901, terminé, à ſes deux extrémités A, B, par de petites boules; au milieu C eſt une petite ouverture en forme de chappe, afin de recevoir la pointe d'une tige ou ſupport de métal D: ce ſupport eſt fixé ſur un pied PP.

Pour ſe ſervir de cet inſtrument, on approche de l'une ou de l'autre extrémité de l'aiguille le minéral M, que l'on veut éprouver; ſi celui-ci eſt électriſé, il attire auſſitôt l'aiguille, & l'on juge de la force ou de l'intenſité, par la diſtance à laquelle l'extrémité de l'aiguille eſt attirée.

Si l'on veut reconnoître la nature de l'électricité, on place le pied de l'*électomètre* ſur une plaque de verre ou de réſine VV, on électriſe la petite aiguille avec une électricité connue, ſoit avec de la réſine, ou du verre frotté: dans le premier cas, l'électricité eſt réſineuſe ou C, & dans le ſecond, elle eſt vitrée ou E. Alors, par l'action attractive ou répulſive du minéral, on juge de la nature de ſon électricité. Elle eſt ſemblable à celle de l'aiguille, ſi celle-ci eſt repouſſée; elle en diffère ſi elle eſt attirée.

On peut encore placer, ſous l'une des extrémités de l'aiguille, un bâton de cire d'Eſpagne E, qui a été électriſé par le frottement: celui-ci exerce ſon influence ſur l'aiguille, & l'électriſe d'une électricité oppoſée. Préſentant alors le minéral à l'autre extrémité, on juge qu'il eſt électriſé d'une électricité ſemblable à celle du bâton E, s'il attire l'aiguille, & qu'il l'eſt d'une électricité contraire, s'il la repouſſe.

HECTARE, de ικατον, cent; area, aire; ſ. m. Meſure de ſurface, en uſage en France, deſtinée à meſurer les terres.

L'*Hectare* contient cent ares ou mille mètres carrés. *Voyez* ARES, METRE CARRÉ.

En meſures anciennes, l'*hectare* = 2,92494 arpens de Paris = 2,36925 arpens de 20 pieds de côté = 1,95802 arpens des eaux & forêts.

HECTEUS. Meſure de capacité employée en Grèce. Il en faut huit pour faire un mètre. L'*hecteus* = 0,5835 boiſſeaux = 7,5855 litres.

HECTO, ικατον, cent. Dénomination employée dans les nouvelles meſures pour déſigner cent.

Ce mot eſt employé pour déſigner ſix dans quelques circonſtances, & cent dans d'autres; ce qui dépend du mot grec dont on le fait dériver. Si *hecto* provenait de ικτον, ce qui ſeroit plus naturel, il déſigneroit *ſix*; mais en le faiſant dériver de ικατον, il déſigne cent. Dans ce cas peut-être, auroit-il été plus convenable d'employer le mot *hecato*: c'eſt donc par ſyncope que l'on écrit & que l'on prononce *hecto*.

HECTOGRAMME, de ικατον, cent, γραμμα, gramme. Poids nouveau, qui équivaut à cent gramme. *Voyez* GRAMME.

L'*hectogramme* eſt deſtiné à peſer les marchandiſes d'un petit poids, ou à faire les appoints des grands. Il égale 3,2686 onces ou 3 onces 2 gros 9 grains, & 0,1296.

HECTOLITRE, de ικατον, cent; λιτρα, litre; cent litres. Nouvelle meſure de capacité pour les

liquides, & dont le litre eſt l'unité de meſure.
Voyez LITRE.

L'*hectolitre* eſt le dixième du mètre cube (*voy.*
MÈTRE CUBE) ; il contient , en meſure ancienne,
107 pieds , 0,375. Cette meſure eſt deſtinée à
meſurer des capacités moyennes.

On employe également l'*hectolitre* pour meſurer les matières ſeches, les graines, &c. ; il remplace le ſeptier, & = 10 décalitres = 100 litres
= 7 boiſſeaux 0,692 = 0,641 ſeptiers.

HECTOMÈTRE, de εκατον, *cent* ; μετρον, meſure, *cent mètre.* Meſure linéaire, dont l'unité eſt
le mètre. *Voyez* MÈTRE.

En meſure ancienne, la meſure de l'*hectomètre*
eſt de 307,84 pieds courans = 51 toiſes 0,387.

HECTOS. Meſures grecques & ſythiques,
employées dans l'expertiſe. Ils valent chacun 10
médianes.

L'*hectos* grec, 0,093 de l'arpent = 47 ares
0,50596.

HECTOSTÈRE, de εκατον, *cent* ; στερεος, ſolide.
Meſure deſtinée au bois de charpente.

L'*hectostère* égale cent ſtères (*voyez* STÈRE) ; =
13 toiſes cubes 0,506.

HÉGIRE, mot arabe, qui ſignifie *fuir.* Æra
arabica, *hegire*, ſ. m. Époque de laquelle les Mahométans commencent à compter leurs années.

C'eſt l'époque où Mahomet fut obligé de s'en-
fuir de la Mecque, & d'aller ſe réfugier à Médine.
Cette fuite eut lieu la 5335° année de la période
Julienne, ou l'an 622 de J. C.

Ainſi, pour connoître l'année mahométane, ou
combien il s'eſt écoulé d'années depuis la fuite
de Mahomet, juſqu'à une époque de l'an de
J. C., il ſuffit d'ôter 621 de l'année propoſée. En
ôtant donc 621, de l'an 1818, on aura 1197 pour
l'année mahométane, laquelle ne commence
qu'au mois de juillet.

HÉLIAQUE, de ηλιος, *soleil*, adj. Lever ou
coucher d'un aſtre qui précède ou ſuit le lever
ou le coucher du ſoleil.

Chaque année, par ſon mouvement apparent
d'occident en orient, le ſoleil s'écarte et ſe rapproche des conſtellations & des étoiles, & par le
double mouvement des planètes & du ſoleil, cet
aſtre ſe rapproche de ces premiers : d'où il doit
réſulter, & il réſulte en effet, un de ces mouvemens réels ou apparens, que le ſoleil ſe lève & ſe
couche en même temps que chacun des aſtres, &
qui en eſt précédé dans ſon lever & ſuivi dans
ſon coucher ; c'eſt à cette apparition du lever
des aſtres un peu avant celui du ſoleil, ou de leur
coucher peu de temps après le coucher du ſoleil,
que l'on a donné le nom d'*héliaque.*

HÉLIAQUE (*coucher*). Coucher d'un aſtre qui

entre dans le rayon du ſoleil, & qui devient in-
viſible par la ſupériorité de la lumière de cet
aſtre.

Ainſi, le *coucher héliaque* arrive, lorſque le ſoleil approchant d'un aſtre, en eſt encore aſſez éloigné, pour qu'un peu avant que l'aſtre ſe couche,
il ſoit deſcendu ſous l'horiſon d'une quantité ſuffiſante, de manière que la lumière du crépuſcule
ſoit aſſez affoiblie pour ne pas faire diſparoître
l'aſtre. Car, lorſque le ſoleil s'en eſt un peu plus
rapproché, l'aſtre ceſſe de paroître le ſoir après
le coucher, parce qu'il ſe couche peu de
temps après lui, & que, pendant le temps qu'il
demeure encore ſur l'horizon après le ſoleil, la
lumière du crépuſcule eſt trop vive pour lui permettre de paroître. *Voyez* CRÉPUSCULE, COUCHER
HÉLIAQUE.

HÉLIAQUE (*lever*). Lever d'un aſtre lorſqu'il
ſort des rayons du ſoleil qui nous empêcheroit de
le voir, & qu'on commence à l'apercevoir le matin
avant le lever du ſoleil.

Lorſque le ſoleil, après s'être levé avec un
aſtre, en eſt aſſez éloigné pour ſe lever environ
une heure plus tard, l'aſtre commence à paroître
le matin ; en ſe levant un peu avant que la lumière
du crépuſcule ſoit aſſez conſidérable pour le faire
diſparoître, c'eſt le *lever héliaque* de l'aſtre. *Voyez*
LEVER HÉLIAQUE.

HÉLICE, de ελιξ, *helice*, helix, ſcraubenlinée ;
ſ. m. Enveloppe, ligne qui tourne autour d'un
corps.

Courbe qui environne obliquement un cylindre, & qui continue indéfiniment en ſe mouvant parallèlement ; enfin c'eſt une ligne tracée en forme
de vis.

En architecture, ce ſont les petites volutes du
chapiteau corinthien. Elles ont la forme d'une ſpirale. *Voyez* SPIRALE.

En anatomie, c'eſt le tour extérieur de l'oreille.
Voyez HÉLIX.

HÉLICOIDE, de ελιξ, *tour*, *hélice*, ειδος, *forme*,
qui a la figure d'une *hélice* ou ligne tournante.

HÉLICOIDE (parabole) Ligne courbe, dont l'axe
eſt plié & roulé ſur la circonférence d'un cercle ;
c'eſt la parabole apollonienne.

La *parabole hélicoïde* eſt donc une ligne courbe
qui paſſe par les extrémités des ordonnées à la parabole, leſquelles deviennent convergentes vers le
centre d'un cercle.

HÉLICOSOPHIE, de ελιξ, *hélice*, οφια, *sagesse.*
Art de tracer des *hélices* ou des ſpirales.

HÉLIOCENTRIQUE, de ηλιος, *soleil*, κεντρον,
centre, heliocentrum, *heliocentriſch* ; adj. Lieu
d'une planète vue du ſoleil ; c'eſt-à-dire, le lieu

où paroîtroit la planète, fi notre œil étoit au centre du foleil.

Ainfi la pofition *héliocentrique*, eft celle où la planète fe trouveroit fur l'écliptique en la voyant du centre du foleil.

Comme le mouvement des planètes fe fait autour du foleil, vu du centre de cet aftre, leur mouvement paroît plus uniforme & plus régulier ; c'eft pourquoi il eft plus avantageux & plus commode, pour le calcul, de rapporter tous les mouvemens apparens des planètes au *mouvement héliocentrique*.

HÉLIOCOMÈTE, de ηλιος, *foleil*, κομητης, *comète*; heliocometum, *heliokomet*, f. f. Phénomène que l'on remarque quelquefois au coucher du foleil.

Sturmius & d'autres aftronomes ont donné à ce phénomène le nom d'*héliocomète*, parce que le foleil reffemble alors à une comète ; une longue queue, ou colonne de lumière, paroît lui être attachée, & femble traînée par cet aftre au moment où il fe couche, de la même manière qu'une comète traîne fa queue.

Dans l'*héliocomète* obfervée à Grypfwald, le 15 mars 1702, à cinq heures après midi, le bout qui touchoit le foleil, n'avoit que la moitié du diamètre de cet aftre ; mais l'autre bout étoit beaucoup plus large ; fa largeur avoit plus de cinq diamètres du foleil, & elle fuivoit la même route que le foleil ; fa couleur étoit jaune près du foleil, & s'obfcurciffoit en s'en éloignant : on ne la voyoit peinte que fur les nuages les plus rares & les plus élevés. Cette *héliocomète* parut, dans toute fa force, l'efpace d'une heure, & diminua enfuite fucceffivement & par degrés.

Ce phénomène paroît avoir du rapport avec celui de la lumière zodiacale & de l'aurore boréale. *Voyez* LUMIÈRE ZODIACALE, AURORE BORÉALE.

HÉLIOMÈTRE, de ηλιος, *foleil*, μετρον, *mefure*; héliometrum, *heliometer*, f. m. Inftrument propre à mefurer, avec beaucoup d'exactitude, le diamètre des aftres, & particulièrement ceux du foleil & de la lune.

Cet inftrument eft compofé de deux objectifs d'un très-long foyer, placés l'un à côté de l'autre, & combinés avec un feul oculaire. Le tuyau eft fort gros par l'une de fes extrémités, à caufe de la largeur des deux objectifs. L'autre extrémité, celle d'en bas, eft munie d'un micromètre au foyer. L'un des deux objectifs eft mobile, afin qu'on puiffe l'approcher de l'autre. Le micromètre eft retenu dans un châffis, entre deux couliffes, & on le fait mouvoir avec une vis.

« Si l'on dirige cet *héliomètre* vers le foleil ; dit

Bouguer (1), il fera le même effet qu'un verre à facettes : ce feroit auffi le mieux, que les deux objectifs ne fuffent pas abfolument dans le même plan, mais qu'ils fuffent un peu inclinés l'un à l'autre ; il fe formera deux images au foyer, à caufe des deux verres. Chacune de ces images ferait entière, fi la lunette étoit affez groffe par en bas ; mais il n'y aura que deux efpèces de fegmens : ainfi, lorfque l'obfervateur appliquera l'œil à l'oculaire, il diftinguera deux portions du difque à côté l'une de l'autre, il verra comme deux croiffans adoffés ; & on doit remarquer que la partie des deux difques, qui font voifines, repréfenteront les deux bords oppofés de l'aftre.

» Si les deux images fe touchent, & que les deux verres foient fixes, il pourroit fe faire que, dans une autre faifon, elles fe féparent, ou qu'au contraire elles avancent l'une fur l'autre. Elles s'écartent, fi le foleil perd de fa grandeur apparente par fon éloignement de la terre ; & elles pafferont, au contraire, un peu l'une fur l'autre, fi l'aftre s'approche de nous & nous paroît plus grand.

» Dans l'un & l'autre de ces deux cas, il ne s'agira que de mefurer la diftance des bords des deux difques avec le micromètre, ou, ce qui vaudra beaucoup mieux, lorfqu'il s'agira principalement du diamètre horizontal, on pourra, fans fe fervir du micromètre d'en bas, examiner avec celui d'en haut, combien il faut avancer l'objectif mobile vers le foyer, ou l'en éloigner pour que les deux croiffans adoffés viennent fe toucher. Les petites quantités que fournira le micromètre, feront fouftractives ou additives, à l'égard du grand angle du foyer qui étoit foutenu par la diftance d'un objectif à l'autre, felon que les deux images étoient trop éloignées ou trop voifines. »

Pour avoir de plus grands détails fur cet *héliomètre*, on peut confulter le Mémoire que nous avons cité.

Dollond & Short furent les premiers qui firent conftruire en Angleterre cet *héliomètre* ; ils en attribuent l'invention à un Anglais nommé *Savery*. Quoi qu'il en foit de cette attribution, ce qu'il y a de certain, c'eft que cet inftrument ne fut véritablement connu, répandu & employé qu'après que le Mémoire de Bouguer fut imprimé, c'eft-à-dire, en 1748.

HÉLIOSCOPE, de ηλιος, *foleil* ; σκοπειν, *regarde*; helioscopium, *helioskop*, f. m. Inftrument dont on fe fert pour obferver le foleil fans fatiguer la vue.

Il exifte deux fortes d'*hélioscopes* : avec les uns, on regarde directement le foleil ; avec les autres, on reçoit l'image du foleil dans une chambre obfcure où on l'obferve.

(1) *Mémoires de l'Académie des Sciences*, année 1748, page 24.

Dans les premiers inftrumens, on faifoit ufage de verre coloré, foit à l'oculaire, foit à l'objectif, foit aux deux parties à la fois. A défaut de verre coloré, on peut faire ufage de glace, que l'on enduit d'une couche mince de noir de fumée, en la paffant au-deffus de la lumière d'une bougie, d'une chandelle ou d'une lampe.

Le choix des verres colorés n'eft pas indifférent: le vert & le rouge, qui ne laiffent paffer que des rayons de ces couleurs, ont l'avantage de diminuer la couronne lumineufe qui borde les objets dans les lunettes ordinaires, à caufe des rayons colorés qu'elles féparent, & le foleil en eft mieux terminé. Entre ces deux couleurs, la verte eft préférable, parce qu'elle fatigue moins l'œil.

Malgré l'avantage que les verres colorés en vert procurent, il eft difficile de s'en fervir, ainfi que des autres verres colorés, à caufe de l'irrégularité de ces fortes de verres, & des nombreufes ftries qu'ils contiennent, & qui produifent de l'obfcurité : on préfère donc ordinairement les verres enfumés.

Helvélius, le P. Scheiner, Gentil, ont employé des *hélioscopes* dont l'objectif & l'oculaire étoient d'un verre coloré.

Plufieurs aftronomes ont fait ufage d'un *hélioscope* avec lequel on dirigeoit l'image du foleil dans une chambre obfcure, & on la recevoit fur du papier ou fur un verre dépoli; alors on pouvoit obferver directement cette image à la vue fimple, ou la regarder avec des verres groffiffans pour pouvoir mieux en diftinguer les détails. Scheiner a reçu l'image du foleil dans une chambre obfcure pour en obferver les taches, & il a fait ufage, pour cet objet, d'une lunette hollandaife. Hevel, dans fa *Senographia prolegom.*, page 98, décrit l'*hélioscope* en forme de porte-voix, dont Eimmart s'eft fervi pour obferver, à Nuremberg, une éclipfe de foleil.

Ces fortes d'*hélioscopes* à image deviennent précieux pour deffiner les objets que l'on voit, foit les taches du foleil, foit toute autre chofe.

HÉLIOSTAT, de ἥλιος, foleil; ϛατός, qui s'arrête; hélioftatum; *hélioftat*; f. m. Inftrument avec lequel on peut regarder le foleil fans être dérangé par fon mouvement.

Cet inftrument, dont on fe fert en aftronomie, eft une lunette montée fur un axe parallèle à l'axe du monde, ainfi que les paralleptiques, & dont l'axe eft conduit par un mouvement d'horloge, qui lui fait faire le tour en vingt-quatre heures.

Quelqu'avantageux que puiffe être cet inftrument, il eft peu en ufage à caufe de la grande dépenfe qu'il exige pour obtenir le degré de précifion qui lui eft néceffaire.

HÉLIOSTAT. Inftrument de phyfique deftiné à introduire, dans une chambre obfcure, un rayon de lumière qui conferve une direction conftante.

On peut introduire un rayon de lumière dans une chambre obfcure de deux manières différentes, ou directement, par une ouverture faite dans une mince parois, fur une furface éclairée par les rayons folaires; ou par réflexion, en dirigeant la furface d'un miroir d'une telle manière, que le rayon incident fe réfléchiffe fur une ouverture faite dans une parois qui communique à la chambre obfcure.

Comme le foleil a un mouvement apparent d'orient en occident, en vertu duquel il femble tourner autour de la terre dans une journée, la direction de fes rayons change continuellement dans la chambre obfcure dans laquelle on les reçoit, puifque cette direction eft toujours dans le prolongement de la droite menée du centre du foleil au trou deftiné à recevoir les rayons.

Dans un grand nombre de circonftances dans lefquelles on fait des expériences fur la lumière folaire, il eft néceffaire que la direction des rayons fur lefquels on opère foit conftante; fans quoi on eft obligé de changer continuellement la pofition de fes inftrumens, & l'on éprouve une grande difficulté pour obferver la même portion du faifceau lumineux, particulièrement lorfque les obfervations ont pour objet la décompofition de la lumière, & qu'elles doivent être dirigées fur une couleur conftante du fpectre folaire.

En faifant ufage de la lumière réfléchie à l'aide d'un miroir, on peut, en changeant continuellement la fituation du miroir, conferver une direction conftante au faifceau qui pénètre dans la chambre obfcure; mais le mouvement continuel du miroir exige que l'on y applique foit des hommes, foit des machines pour l'opérer.

Pour donner au miroir, qui réfléchit la lumière, un mouvement continuel, tel que le rayon réfléchi conferve une direction conftante, S'Gravefande a imaginé un inftrument auquel il donna le nom d'*hélioftat* : c'eft cet inftrument décrit volume 2, liv. 5, chap. 2, §. 2660, de fon ouvrage intitulé : *Phyfices elementa mathematica*, que nous allons faire connoître.

Cet inftrument fe compofe d'un miroir plan MM, fig. 902, & d'une pendule PP, fig. 902 (b). Le miroir eft en métal, afin qu'il ne réfléchiffe qu'une feule image du foleil. (*Voyez* MIROIR). Il eft fixé fur un chaffis CC, fig. 402 (a), qui tourne fur un axe AA. Ce chaffis eft terminé par un petit cylindre vertical, que l'on fait entrer dans une douille D, fig. 902, pratiquée dans un fupport SS. Par le double mouvement du miroir fur le chaffis, & du chaffis fur le fupport, on peut donner au miroir toutes les directions, toutes les fituations imaginables.

Afin de procurer au miroir les mouvemens convenables au but que l'on fe propofe, on applique fur le fond du miroir une queue Q' Q, fig. 902, laquelle, par fes divers mouvemens, fait donner au miroir toutes les fituations néceffaires pour procurer une direction constante dans le rayon réfléchi.

Le mouvement du miroir devant dépendre de celui du soleil, S'Gravesande a appliqué l'extrémité Q, de la queue du miroir, à un mécanisme dont le mouvement suit parfaitement celui de l'astre. Ce mécanisme est une pendule P P, fig. 902 (*b*), dont le plan est parfaitement parallèle au plan de l'équateur. Un stil *ss*, placé sur le milieu du cadran, perpendiculairement à sa surface, est, par la position du plan de ce cadran, parallèle à l'axe de la terre, & l'ombre du stil, projetée sur ce plan, remplit toutes les conditions d'un cadran équatorial. *Voyez* CADRAN.

Plaçant la ligne de midi à six heures, dans le plan du méridien, & mettant l'aiguille de la pendule sur la projection de l'ombre du stil, le mouvement de l'aiguille suivra uniformément celui de l'ombre & conséquemment celui du soleil. Si donc on prolonge cette aiguille de *s* en *a*, & qu'à cette extrémité on place l'extrémité Q de la queue du miroir, cette extrémité sera mue par un mécanisme qui suivra très-régulièrement le mouvement du soleil.

Mais comme l'extrémité *a* de cette aiguille, dans son mouvement circulaire, s'approchera & s'éloignera de la surface du miroir, on place à l'extrémité Q de la queue du miroir dans un tuyau *tt*, fig. 902 (*c*), fixé dans une fourchette F F, dont le pied cylindrique se met dans une douille pratiquée à l'extrémité de l'aiguille; alors la queue peut elle-même, sans sortir de la douille, s'allonger, se racourcir & s'incliner dans tous les sens.

Tout consiste, d'après cette disposition du mécanisme, à placer les deux parties de *l'hélioscat* à des distances & à des hauteurs respectives telles, que, par l'action du mouvement de l'aiguille appliquée à la queue du miroir, celui-ci prenne continuellement la position qu'il doit avoir pour que le rayon réfléchi conserve toujours la même direction.

Or, ce placement se détermine à l'aide d'un instrument auquel on a donné le nom de *positeur*. Cet instrument est composé d'un tuyau T, fig. 902 (*d*), qui a un mouvement à charnière sur un support S, & dans lequel on fait mouvoir une règle.

Après avoir placé le miroir dans la position qu'il doit avoir, on retire le châssis du miroir, & l'on met à sa place le cylindre S, qui porte le tuyau du positeur; on tourne le positeur dans la direction constante qu'on veut donner au rayon réfléchi. Le bras X Z ayant la longueur convenable & dépendante de la position du sol sur l'écliptique, on fait avancer le pied de l'horloge jusqu'à ce que le point Z du positeur touche l'extrémité du stil.

Dès que ces deux points coïncident, on enlève le positeur, on y substitue le miroir, on fait entrer la queue dans le tuyau *tt*, fixé sur la fourchette placée à l'extrémité de l'aiguille de la pendule, & le mouvement de celle-ci conserve la direction constante du rayon réfléchi.

Si le mouvement du soleil se faisoit constamment dans l'équateur, la position de l'horloge, par rapport au miroir, seroit constante; mais le mouvement de cet astre dans l'écliptique, changeant continuellement sa hauteur méridienne, il s'ensuit que l'on est obligé de changer la hauteur du stil de l'horloge, & la distance du centre du miroir à l'extrémité du stil.

Pour avoir de grands détails sur *l'héliostat*, sur la manière de le poser, on peut consulter le §. 2660, chap. 2, livre 5, de *Physices elementa mathematica*, de S'Gravesande, & le chap. 4 du livre 5, tom. 3, page 175 du *Traité de physique expérimentale & mathématique* de M. Biot.

M. Charles a perfectionné cet instrument, en unissant invariablement le pied du miroir à celui de l'horloge, par un bras horizontal, qui peut tourner horizontalement autour du point de jonction: il évite, par ce moyen, les nombreux tâtonnemens qu'il faut faire pour amener l'extrémité des bras du positeur en contact avec l'extrémité du stil. On peut se procurer cet instrument, ainsi perfectionné, chez M. Dumotier, rue du Jardinet, à Paris.

HÉLIX, ἧλος, hélix, s. m. L'une des quatre éminences de la face externe du pavillon de l'oreille.

L'*hélix* commence au-dessus du milieu de la conque, mesure une grande partie de la circonférence du pavillon, & se termine derrière le lobule, presqu'au niveau de son origine.

HELLE (Maximilien), habile astronome & savant physicien, né à Schemnitz le 15 mai 1720, mort à Vienne le 14 avril 1792.

Passionné pour l'étude de l'astronomie & de la physique, il se livra tout entier à ces deux sciences.

Admis, comme novice, dans la compagnie de Jésus, il suppléa, pendant un an, le P. Joseph-François dans ses observations à l'observatoire des Jésuites à Vienne, & il prit un grand soin du musée de physique expérimentale, qui venoit d'être créé dans cette capitale. Il reçut les ordres en 1751, &, après avoir achevé la troisième année de son noviciat, il obtint le degré de docteur, & fut reçu professeur de mathématiques à l'École de Clausténbourg, en Transylvanie.

Quatre années après, le P. *Helle* fut appelé à Vienne, où il occupa, pendant trente-six ans, la place d'astronome & de conservateur de l'observatoire, qu'on y avoit construit d'après ses dispositions.

Sollicité d'accepter une commission pour aller observer, en Laponie, le passage de Vénus sur le disque du soleil, il partit pour ce pays en 1768, & revint à Vienne en 1770. Ses observations se sont trouvées une des cinq plus complètes qui aient pu servir à nous faire connoître la vraie distance du foleil, & par fuite, de toutes les planètes à la terre.

Pendant fon féjour dans ces régions glacées, il fit de nombreufes obfervations fur la géographie de ce pays, l'hiftoire, le langage, les arts, la réligion, la phyfique, l'aimant, l'hiftoire naturelle, les marées, les vents, les météores, la chaleur, le froid, le baromètre, la hauteur des montagnes & la pente des fleuves : mais toutes ces obfervations ont été perdues pour fes contemporains. Triefnecker, habile aftronome de Vienne, ne put obtenir d'en voir les manufcrits ; les héritiers lui refuferent même cette fatisfaction.

Le P. Helle, frappé des réfultats que Mefmer lui dit avoir obtenu avec des pièces d'acier aimanté, & qu'il lui avoit communiqué, crut pou-

voir attribuer à l'aimant la propriété de guérir les maladies de nerfs ; il publia cette opinion, que Mefmer combattit, en prétendant que ce qu'il nommoit ainfi, par analogie, était diftinct des propriétés de l'aimant. *Voyez* MAGNÉTISME ANIMAL.

Helle a publié un grand nombre d'ouvrages dont nous ne rapporterons pas la notice, parce qu'ils avoient tous l'aftronomie pour objet.

HELLER, monnoie de cuivre, ou feulement monnoie de compte, qui peut être comparée aux anciens deniers de France.

L'*heller*, qui eft en ufage en Allemagne, a différente valeur dans chaque pays.

A Aix-la-Chapelle, il en faut 864 pour un florin	= 0,003 liv. tourn.	= 0,002961 franc.
A Cologne.............................	= 0,0041	= 0,004048
A Nuremberg............		
A Augsbourg........... } 480	= 0,0055	= 0,0054318
En Autriche.............		
Dans l'électorat de Saxe..... 384	= 0,0069	= 0,006853
A Um............ 240	= 0,0092	= 0,009085
A Nuremberg.......... 240	= 0,0110	= 0,010863

HELOS ; de ειλυω, *retourner ;* helofis, *helos ;* f. f. Renverfement ou difformités des paupières, provenant de fpafmes dans les mufcles orbiculaires.

HEMADOPIE ou HOMOLOPIE ; de αιμα *fang,* ὀψ, *œil ;* hemalopia, *hemalopi ;* f. f. Épanchement de fang dans le globe de l'œil.

Tant que l'épanchement n'a lieu que dans le tiffu cellulaire graiffeux, la maladie a peu d'inconvéniens ; mais dès que le fang s'épanche dans la cavité de l'œil, qu'il fe mêle à l'humeur aqueufe, il en altère la tranfparence, lui fait prendre une teinte rougeâtre, & le malade ceffe de voir. Lorfque cet épanchement n'eft produit que par la rupture de quelques vaiffeaux de l'iris, bientôt l'épanchement ceffe, & la vifion fe rétablit graduellement. Les meilleurs remèdes dans ces maladies de l'œil, font de laiffer agir la nature.

HEMATITE, de αιμα, *fang,* λιθος, *pierres ;* hematites, *blutftein ;* f. f. Oxide de fer concrétionné.

Ce nom a été donné à ce minerais de fer, parce qu'il a une couleur rouge de fang ; mais cette couleur n'eft pas conftante dans toutes les *hematites,* puifqu'il en exifte de couleur jaune, brune & noire ; on peut donc regarder cette dénomination comme impropre, & il feroit plus convenable de lui fubftituer celui d'*oxide de fer concrétionné.*

En général, les mines de fer concrétionnées, ou les *hematites,* font très-riches ; elles rendent de 40 à 70 pour cent de fer : elles contiennent

un peu de filice, qui va de 2 à 5 pour cent : rarement de la chaux, & plus rarement encore de l'alumine ou de la magnéfie.

Quelques variétés d'*hematites,* les brunes & les noires, & affez généralement celles que l'on trouve dans les filons de fer fpathique, contiennent du manganèfe.

Ce minerais eft affez riche pour être traité directement par la méthode à la catalanne, qui donne du fer ou de l'acier d'une feule opération. Il produit, par ce procédé, de 33 à 40 de fer par quintal, & confomme, ordinairement, trois parties & demie de charbon par quintal de fer obtenu.

Traité au haut-fourneau, pour produire de la fonte, les *hematites* exigent une quantité affez confidérable de fondans pour ne pas engorger le fourneau.

Prefque toutes les *hematites* contiennent de l'eau en combinaifon, ce qui les a fait ranger parmi les hydrates par quelques minéralogiftes. *Voyez* HYDRATE.

HEMATOSE, αιμάτωσις, hematofei ; *haimatos ;* f. f. Action ou fonction naturelle par laquelle le fang fe forme.

Parmi toutes les théories données, jufqu'à préfent, fur la formation du fang, les phyficiens paroiffent avoir adoptée celle-ci.

On obferve, à la furface de l'inteftin grêle, les orifices abforbans des vaiffeaux chyliés ; une portion du fluide de la digeftion eft abforbé par ces ouvertures, & tranfporté par les vaiffeaux chylifères, dans une cavité nommée réſervoir de Pecquet, c'eſt le *chyle*.

Une autre ſubſtance, formée de matières ſe- crétées, eſt conduite également par les vaiſſeaux lymphatiques dans le grand vaiſſeau lymphatique droit, & dans le canal torachique. Le chyle vient du réſervoir de Pecquet, ſe réunit à la lymphe, dans le canal torachique : alors, ces deux lymphes, l'une ſeule, l'autre mélangée de chyle, ſe verſent directement dans les veines ſous-clavières, ſe mêlent au ſang, & reviennent enſemble, ſous forme de ſang artériel, dans l'o- reillette du cœur du poumon.

Ainſi, dans cette hypothèſe, le ſang artériel ſeroit formé de la combinaiſon de trois élémens : du chyle, de la lymphe & du ſang veineux, auxquels on peut réunir l'air. D'abord le chyle ſe verſe dans la lymphe, & ces deux-ci dans le ſang veineux ; ce dernier eſt recueilli dans des peti- tes vénicules d'où il eſt pouſſé dans des veines plus groſſes, de celles-ci dans des veines plus groſſes encore, & cela juſqu'à ce qu'il arrive à l'oreillette du cœur du poumon.

HÉMÉRALOPIE, de ἡμέρα, *jour*, ὄπτομαι, *voir*; hemeralopia, *heméralopie*; ſ. f. Affection des yeux, qui conſiſte à n'apercevoir les objets qu'en plein jour ſeulement, & à ne plus les voir le ſoir.

Parmi les cauſes de cette affection, on diſtingue la fatigue des yeux par une trop vive clarté, la réflexion des rayons ſolaires par la neige, ou par les ſables des déſerts, la vive lumière du feu, des métaux en fuſion, le trop grand uſage du mi- croſcope, comme il arriva au célèbre Swammer- dam, ſur la fin de ſa vie.

Cette maladie, qui eſt quelquefois épidémique, & même endémique, peut être conſidérée comme le premier degré de la goutte ſereine. *Voyez* GOUTTE SEREINE.

HEMI, de ἡμισυς, *moitié*, hemi, *hemi*, *demi*. Prénom grec, qui entre dans la compoſition d'un grand nombre de termes en uſage dans les ſciences & dans les arts.

HEMICYCLE, de ἡμισυς, *moitié*, κυκλος; *cer- cle*; hemicyclus, *alb-zirkel*; ſ. f. Demi-cercle.

En architecture, c'eſt le trait d'une voûte, d'un demi-cercle parfait : c'eſt encore un lieu demi-circulaire, formé en amphithéâtre, pour réunir une aſſemblée d'auditeurs ou de ſpecta- teurs.

HEMICYCLE DE BIROS. Eſpèce de cadran ſolaire, coupé en demi-cercle, concave du côté du ſep- tentrion.

Ce cadran avoit un ſtyle, ſortant du milieu, dont la pointe répondoit au centre de l'*hemicycle*,

qui repreſentoit le centre de la terre. Son ombre tomboit ſur la concavité de l'*hemicycle*, mar- quoit, non-ſeulement les déclinaiſons du ſoleil, c'eſt-à-dire les jours des mois, mais auſſi les heures de chaque jour.

HEMIHESTE. Meſure olympique pour l'ar- pentage des terres.

Il faut douze *hemiheſtes* pour faire un plètre ou une medimme.

L'*hemiheſte* eſt un douzième de terre ; il con- tient 2304 pieds olympyques carrés : il égale 0,047 d'arpens = 0,0243 hectares.

HEMINE. Meſure de capacité, employée pour les liquides & pour les grains.

L'*hemine* employée pour meſurer les liquides, étoit en uſage en Aſie, en Égypte, à Rome, à Montpellier, &c. Cette meſure contenoit :

	pintes.		litres.
En Égypte & en Aſie...	0,2352	=	0,2188
A Rome	0,3226	=	0,3010
A Montpellier	24,17	=	22,51

L'*hémine*, employée pour meſurer les grains, contient :

	liv. de gr.	boiſſ.	litr.
A Auxonne	640	32,	= 416,
A Dijon	480	24,	= 312
A Gênes	190	9.5	= 123,5

HEMIONE, de ἡμισυς, *demie*, ὅλος, *tout*; ſ. m. Le tout & la moitié du tout.

C'eſt, en arithmétique, le nom d'une propor- tion qui exprime le rapport de deux quantités, dont l'une eſt à l'autre comme 3 eſt à 2.

En muſique, c'eſt également le rapport de deux quantités, qui ſont entr'elles, comme 15 à 10, conſéquemment comme 3 à 2 : on l'appelle autre- ment *rapport ſeſqui altère*.

C'eſt de ce rapport que naît la conſonnance appelée *diapante* ou quinte.

HÉMISPHÈRE, de ἡμισυς, *moitié*, σφαιρα, *ſphère*, ἡμισφαιρον; hemiſphairia, *halbkugel*; ſ. m. Moitié d'un globe ou d'une ſphère, diviſée par un plan qui paſſe par le centre.

On diſtingue deux *hémiſphères*, l'un concave, l'autre convexe. Le premier, en uſage en aſtro- nomie, eſt la partie concave du ciel, ou la moitié du globe céleſte. La ſphère peut être ſé- parée par l'équateur, par le méridien, par l'é- cliptique, ou par un plan parallèle à l'horizon du lieu du ſpectateur ; &, ſelon la poſition du plan qui ſépare la ſphère céleſte, chaque *hémiſ- phère* porte un nom particulier, tels que *hémiſ- phère* méridionnal, oriental, occidental ſepten- trional, &c.

Le ſecond, l'*hémiſphère* convexe, eſt en uſage

en géographie ; c'est la moitié du globe de la terre, qui peut être séparée également par des plans qui passent par le centre, & qui ont des directions différentes, d'où résultent diverses dénominations de ces *hémisphères*.

C'est encore la projection, sur un plan, de la moitié du globe céleste ou terrestre. *Voyez* CARTES PLANISPHÈRES.

HÉMISPHÈRE ASCENDANT. Moitié de la sphère divisée par un méridien, & qui s'élève constamment. *Voyez* HÉMISPHÈRE ORIENTAL.

HÉMISPHÈRE AUSTRAL. Moitié de sphère du côté du sud, qui a pour section le plan de l'équateur. *Voyez* HÉMISPHÈRE MÉRIDIONAL.

HÉMISPHÈRE BORÉAL. Moitié de la sphère, du côté du nord, & qui a pour section le plan de l'équateur. *Voyez* HÉMISPHÈRE SEPTENTRIONAL.

HÉMISPHÈRE DESCENDANT. Moitié de la sphère divisée par un méridien, & qui descend vers l'horizon. *Voyez* HÉMISPHÈRE OCCIDENTAL.

HÉMISPHÈRE ÉCLAIRÉ ET OBSCUR. La sphère terrestre, & toutes les sphères planétaires, sont éclairées par les rayons solaires ; ces rayons éclairent la partie de la sphère dirigée vers le soleil ; l'autre partie, qui ne reçoit point de ces rayons, est obscure ; un cercle, formé par la tangente des rayons solaires sur la surface de chaque sphère, les divise sensiblement en deux parties égales, & en forme deux *hémisphères* ; l'un éclairé & l'autre obscur.

HÉMISPHÈRE INFÉRIEUR. Moitié de la terre ou de la sphère céleste qui a l'horizon pour base, ou qui est coupée par un plan longeant, au point de la surface de la terre sur lequel le spectateur est placé.

Chaque spectateur ne peut apercevoir, dans le ciel, aucun des objets qui se trouvent dans cet *hémisphère*, parce qu'il est tout entier au-dessous de son horizon.

HÉMISPHÈRE INVISIBLE. Portion des sphères célestes, ou des planètes, qui ne peut être aperçue. Dans le ciel, l'*hémisphère invisible* est celui qui est séparé par l'horizon du spectateur, & qui est placé au-dessous de lui. *Voyez* HÉMISPHÈRE INFÉRIEUR.

L'*hémisphère invisible* des planètes est celui qui est tourné du côté qui nous est opposé ; il est formé par un plan perpendiculaire au rayon, mené par l'œil du spectateur au centre de la planète. Il est des *hémisphères* de corps célestes qui sont toujours invisibles pour nous ; tel est celui de la lune, qui, dans ses divers mouvemens autour de la terre, nous présente toujours la

même face ; il en est d'autres qui ne sont invisibles que pendant un temps, dont la durée dépend de ses mouvemens : tel est celui du soleil, qui reparoît tous les treize jours environ.

HÉMISPHÈRE MÉRIDIONAL. Moitié de la sphère terrestre ou céleste, divisée par l'équateur, & dont le pôle est au sud.

Selon la position des observateurs, on peut voir l'*hémisphère méridional* en entier, ou n'en apercevoir qu'une partie.

Ainsi, l'observateur placé au pôle sud du globe céleste, voit distinctement, toutes les nuits, l'*hémisphère céleste méridional* en entier ; mais, dès qu'il s'éloigne du pôle pour se porter vers l'équateur, quelques parties de l'*hémisphère* cessent d'être visibles ; des parties de l'*hémisphère septentrional* les remplacent. Parvenu à l'équateur, le spectateur n'aperçoit plus que la moitié de l'*hémisphère méridional* ; une moitié de l'*hémisphère septentrional* remplace celle qui est au-dessous de l'horizon, qui se trouve dans l'*hémisphère inférieur*, & qui est, conséquemment, invisible.

Quant à l'*hémisphère méridional terrestre*, il ne peut être vu que du soleil ou des planètes ; aussi n'est-ce point par la vue qu'on le distingue, mais par les objets.

HÉMISPHÈRE OCCIDENTAL. Moitié de la sphère, divisée par le méridien de l'observateur, & dont le pôle est à l'occident.

Chaque observateur ne peut voir que la moitié de l'*hémisphère occidental* ; parce que l'horizon, partageant cet *hémisphère* en deux parties égales, il ne peut apercevoir celle qui est au-dessous de l'horizon, & qui se trouve dans l'*hémisphère inférieur* ou invisible.

En géographie, l'*hémisphère occidental* est séparé par le premier méridien, c'est-à-dire, par le méridien qui passe par l'île de Fer. Cet *hémisphère* contient le continent de l'Amérique ou le Nouveau-Monde, & autres petites portions du nord de l'Asie, vers le détroit de Baring.

HÉMISPHÈRE ORIENTAL. Moitié de la sphère, qui a pour base le méridien de l'observateur, & dont le pôle est à l'orient.

De même que pour l'*hémisphère occidental*, l'observateur ne peut voir que la moitié de l'*hémisphère oriental céleste*, parce que l'horizon partageant cet *hémisphère* en deux parties, on ne peut voir celle qui se trouve dans l'*hémisphère inférieur*.

En géographie, l'*hémisphère oriental*, étant séparé de la sphère par le premier méridien, celui qui passe par l'île de Fer, il contient l'Europe, l'Asie & l'Afrique, & une grande partie des îles qui composent l'Australasie où Méganésie. *Voyez* MÉGANÉSIE.

HÉMISPHÈRE SEPTENTRIONAL. Moitié de la sphère terrestre ou céleste, divisée par l'équateur; & dont le pôle est au nord.

L'*hémisphère septentrional céleste* ne peut être vu, en entier, que par ceux qui habitent précisément sous le pôle nord; & il seroit entièrement invisible pour ceux qui habiteroient précisément sous le pôle sud; parce qu'il est tout entier au-dessus de l'horizon des premiers, & au-dessous de celui des seconds; mais, à l'égard des autres habitans de la terre, il y a toujours une portion de cet *hémisphère* au-dessus de l'horizon, & une portion au-dessous. La première est d'autant plus grande, & la dernière d'autant plus petite, que l'observateur se trouve plus près du pôle nord; de sorte que, s'il est à une distance égale des deux pôles, c'est-à-dire, sous l'équateur, la portion de cet *hémisphère* qui est au-dessous de son horizon est égale à celle qui est au-dessus; & cette dernière va toujours en diminuant, & l'autre en augmentant, à mesure que l'observateur s'approche du pôle sud.

Sur la terre, l'*hémisphère septentrional* contient une beaucoup plus grande étendue de continent que l'*hémisphère méridional*. Celui-ci ne contient qu'une partie de l'Amérique, de très-petites portions de l'Afrique & de l'Asie. Les glaces sur mer, dans l'*hémisphère septentrional*, ou mieux, la mer Glaciale, commence à se faire apercevoir à une plus grande distance de l'équateur que dans l'*hémisphère méridional*.

HÉMISPHÈRE SPHÉROÏDE. Moitié d'un sphéroïde de révolution. *Voyez* SPHÉROÏDE.

HÉMISPHÈRE SUPÉRIEUR Moitié de la terre ou de la sphère céleste qui a l'horizon pour base, & dont le pôle est au zénith.

Chaque observateur, placé dans un endroit bien découvert, peut voir, en entier, cet *hémisphère céleste*, parce qu'il est tout entier au-dessus de son horizon; c'est pour cela qu'on l'appelle aussi *hémisphère visible*.

HÉMISPHÈRE VISIBLE. Portion de la voûte céleste que les observateurs aperçoivent

C'est l'*hémisphère* qui a pour base l'horizon & pour pôle le zénith. *Voyez* HÉMISPHÈRE SUPÉRIEUR

On appelle aussi *hémisphère visible*, celui d'une planète qui est tournée de notre côté; mais cet *hémisphère* n'est réellement visible pour nous, que lorsqu'il est éclairé par le soleil. Ainsi l'*hémisphère* de la lune, qui est tourné de notre côté, n'est réellement visible pour nous que lorsqu'il est tourné du côté du soleil, dont il reçoit la lumière. C'est ce qui arrive lorsque la lune est en opposition avec le soleil. Nous la voyons alors ronde & lumineuse; & nous l'appelons *pleine lune*; mais, lorsque l'*hémisphère de la lune*, qui est tourné de notre côté, se trouve tout-à-fait dans l'ombre,

cet *hémisphère*, que nous appelons *visible*, parce que c'est le seul que nous puissions voir, n'étant point éclairé du soleil, devient invisible pour nous; c'est ce qui arrive lorsque la lune est en conjonction. Cependant, comme dans cette position, l'*hémisphère visible* de la lune reçoit une portion de lumière qui lui est réfléchie de la surface de la terre, il se trouve éclairé d'une lumière foible que l'on nomme cendrée, ce qui fait distinguer cette portion de la lune. Lorsque l'*hémisphère visible*, ou celui qui est tourné de notre côté, se trouve moitié éclairé & moitié dans l'ombre, nous ne distinguons que la moitié de cet *hémisphère*, parce que nous n'en pouvons voir que la partie éclairée; c'est ce qui arrive lorsque la lune est dans ses quadratures: & ainsi de toutes les autres positions de la lune. Nous en voyons d'autant plus, qu'il y a une plus grande partie de l'*hémisphère éclairé*, qui fait partie de l'*hémisphère visible*.

HÉMISPHÈRES DE MAGDEBOURG; hemispheræ Magdeburgiæ; *halbekugel Magdeburgisch*; s. m. *Hémisphères* concaves, que l'on fait adhérer ensemble en retirant l'air de leur intérieur.

Chacun de ces *hémisphères* ADB, *adb.* fig. 903, est terminé par un plan circulaire AEB, *aeb*, bien dressé, afin qu'ils puissent joindre exactement, en les posant l'un sur l'autre. L'un des *hémisphères* ADB, a, dans son milieu D, un robinet R, & l'autre un anneau P. Ces *hémisphères* ont été imaginés dans le dix-septième siècle, par Otto-de-Guérike, bourguemestre de Magdebourg, pour prouver que l'air pressoit & comprimoit les corps.

En effet, si l'on place les deux *hémisphères* l'un sur l'autre, de manière que les deux plans joignent parfaitement, & qu'on les plonge dans l'eau à une grande profondeur, l'eau comprimera tellement les deux surfaces, que ces deux *hémisphères* ne pourront être séparés qu'avec un poids égal à la force que la colonne de liquide exerce sur les deux surfaces, dans une direction opposée à celle de l'attraction.

Pour prouver que l'air comprime les corps de la même manière que les liquides dans lesquels ils sont plongés, Otto-de-Guérike mettoit ses deux *hémisphères* dans un récipient; couvrant le plateau d'une machine pneumatique, il faisoit le vide dans ce récipient, & plaçoit, dans le vide, les deux *hémisphères* l'un sur l'autre; alors il faisoit rentrer l'air dans le récipient, retiroit les deux *hémisphères* réunis; ceux-ci adhéroient fortement l'un à l'autre; ils exigeoient, pour être séparés, une force d'autant plus grande, que le diamètre des *hémisphères* étoit plus considérable, & que le vide avoit été fait plus exactement. Remettant les *hémisphères* adhérens sur le récipient d'une machine pneumatique, faisant le vide au même degré où il avoit été fait primitivement, les deux *hémisphères* se séparoient sans aucune difficulté.

Voilà donc la pression de l'air exercée sur les corps, prouvée d'une manière analogue à celle de la pression des liquides.

Mais comme cette manière de faire l'expérience présentoit plusieurs difficultés, Otto-de-Guérike appliqua un robinet à l'un des *hémisphères*, & plaça une rondelle de cuir mouillé entre les deux plans de contact des *hémisphères*, afin de les faire joindre beaucoup plus exactement. Cela fait, il vissoit le robinet sur le tuyau d'une machine pneumatique, plaçoit les deux *hémisphères* l'un sur l'autre, faisoit le vide dans leur intérieur, fermoit le robinet & dévissoit son *hémisphère*. Puis, suspendant les deux *hémisphères* h H, *fig.* 403 (*u*), par l'anneau P de l'un d'eux, il vissoit un crochet C dans le robinet, & suspendoit, à ce crochet, un plateau de balance, M M, sur lequel on mettoit des poids jusqu'à ce que l'effort pût faire rompre l'adhésion des deux *hémisphères*: & le poids employé dépendoit du degré de vide que l'on avoit fait.

Ce qu'il y a de remarquable, dans cette expérience, & ce qui prouve d'une manière positive que cette adhésion est due à la pression de l'air, c'est que, si l'on ouvre le robinet, & qu'on laisse entrer de l'air, la force de l'action employée pour séparer les deux *hémisphères* diminue proportionnellement à la quantité d'air rentrée; enfin, la séparation se fait sans effort, si l'on tient le robinet ouvert.

D'abord, Otto-de-Guérike fit ses expériences avec des *hémisphères* de cuivre qui avoient 0,67 d'aune de Magdebourg de diamètre, environ 16 pouces & demi du pied de roi. Il fit tirer les deux extrémités par des chevaux, dont il augmenta le nombre jusqu'à ce que, par leurs efforts, les *hémisphères* se séparèrent, & produisirent un bruit semblable à celui d'un coup de fusil. Il fallut seize chevaux pour produire cet effet; &, en supposant que la traction de chaque cheval pût être estimée 175 livres, la force exercée par les seize chevaux auroit été de 2800 livres. Otto-de-Guérike établissit, par le calcul, que la pression de l'air pouvoit être estimée 2686 livres, sur chaque *hémisphère*; l'effort employé pour les rompre auroit dû être de 5372 livres; l'effort employé étant moindre, prouvoit que le vide formé étoit loin d'être parfait, ce qui est naturel: car les machines d'alors étoient beaucoup moins bonnes que celles dont on se sert aujourd'hui, & avec lesquelles il est impossible de faire un vide exact.

Par la suite, Otto-de-Guérike a fait des *hémisphères* d'un plus grand diamètre. Il en a fait exécuter qui avoient une aune de Magdebourg, environ 24° 8 lig de diamètre. Ces derniers, avec un vide au même degré que celui qui avoit eu lieu dans l'expérience que nous avons citée, avoient

exigé vingt-quatre ou trente chevaux pour être séparés.

Otto-de-Guérike ayant répété cette expérience à Ratisbonne, en 1654, devant l'empereur Ferdinand III, les électeurs, & les autres grands personnages réunis à cette époque, pour former l'assemblée du collège de l'Empire; le succès qu'elle obtint contribua à faire admettre la doctrine de la pression de l'air, à donner une grande réputation à sa machine pneumatique, & à faire adapter le nom d'*hémisphères de Magdebourg* à l'appareil avec lequel il avoit fait cette expérience.

HÉMISPHÉROÏDE, de ἡμισυς, moitié, σφαιρα, sphère, ειδος, ressemblant; s. m. Moitié d'un sphéroïde. *Voyez* SPHÉROÏDE.

HÉMITROPE, de ἡμισυς, moitié, τροπη, renversement; adj. Épithète donnée par M. Haüy, à un cristal composé de deux moitiés d'un même cristal dont une paroît être renversée.

Plusieurs cristaux se présentent sous forme *hémitrope* : tels sont ceux de gypse, de feld-spath, &c. Romé Delisle appeloit *macles* les cristaux ainsi disposés; d'autres les appeloient *jumeaux*.

HENDÉCAGONE, de ενδεκα, onze, γονια, angle; endecagonum; eilf-eck; s. m. Figure composée d'onze angles, & d'un pareil nombre de côtés. *Voyez* POLYGÔNE.

L'angle au centre de l'*hendécagone* régulier, c'est-à-dire, dont tous les angles & les côtés sont égaux, est la 11°. partie de 360°, & ne peut se déterminer directement par la règle & le compas: on ne peut décrire géométriquement l'*hendécagone*, qu'en résolvant une équation du 11°. degré.

HENRI. Monnoie d'or, frappée en France, l'an 1549. L'or étoit à 23 karats, & la taille à 67.

La valeur du *henri* étoit alors de 50 sous; il vaut aujourd'hui 11,44 livres tournois = 11 fr. 2987.

HEPAR, de ἡπαρ, foie; hepar; schwefelleber; s. m. Combinaison du soufre avec un alcali.

Ce nom fut donné à cette substance par les chimistes anciens, à cause de sa ressemblance avec la couleur du foie. On lui a substitué le nom de *sulfure alcalin* dans la nouvelle nomenclature chimique. *Voyez* SULFURE ALCALIN.

HÉPATIQUE; ἡπατικος; hepaticus; zur leber gehörig; adj. Qui appartient au foie, ou qui a des rapports avec le foie.

C'étoit, en chimie, ce qui avoit des rapports avec les sulfures alcalines.

En minéralogie, *hépatique* est employé par les

naturaliftes, pour exprimer la couleur des minéraux, dont la nuance approche de celle du foie des animaux, ou leur odeur du foie de foufre, c'eft-à-dire, de l'hydrogène fulfuré.

HEPTACORDE, de επτα, fept, χορδα, corde; f. m. Lyre ou cythare à fept cordes.

C'étoit encore un fyftème de mufique à fept tons, qui différoit peu de notre gamme. Ainfi, l'heptacorde fynnéménon, qu'on appeloit lyre de Terpandre, étoit compofé de fons, exprimés par ces lettres de la gamme, E, F, G, a, b, c, d. L'heptacorde de Philaulaüs fubftituoit le bécarre au bémol, & rapportoit chaque corde à une des planètes.

HEPTAGONE, de επτα, fept, γωνια, angle; heptagonum; fieben eckt; f. m. Figure à fept angles & à fept côtés. Voyez EPTAGONE.

HEPTAMÉRIDES, de επτα, fept, μερις, divifer; f. f. Divifion en fept. Voyez EPTAMÉRIDES.

HERBORISATION DES PIERRES. Figure repréfentant des plantes, que l'on voit fur la furface & dans l'intérieur de plufieurs pierres.

Ordinairement, ces herborifations fe trouvent dans des agates & fur des pierres calcaires; elles pénètrent dans les premières à une profondeur plus ou moins grande: on donne aux agates qui ont de ces figures, le nom d'agates herborifées.

Sur les pierres calcaires, elles prennent le nom de dendrites, de δενδρον, arbre; elles y font de deux manières: les unes font à la furface, les autres font profondes. On peut imiter les dendrites à la furface, en recouvrant la furface d'un morceau de verre d'une diffolution d'argent par l'acide nitrique, plaçant une petite portion de cuivre fur le milieu de cette diffolution; l'acide fe porte fur le cuivre, en abandonnant l'argent dans fa route, & laiffant, ainfi, dépofer des ramifications de ce métal, qui figurent des plantes. Voyez ARBRE DE VÉNUS.

Quant aux dendrites profondes, M. Haüy penfe qu'elles fe trouvent dans des pierres pleines de filandres, dans lefquelles un fluide chargé de fer s'eft introduit, & a laiffé des petits dépôts métalliques. Pour que ces dépôts fe prefentent fous forme de dendrites, il faut que la pierre foit taillée dans un fens, perpendiculaire aux faces; dans ce cas, les traits dont une face eft marquée, reparoiffent à peu près, dans le même ordre, fur la face oppofée.

HERBUE; herbidus; grafig. Lieu rempli d'herbe.

En métallurgie, c'eft une terre argileufe que l'on charge, dans le fourneau, avec du minerai de fer, pour lui fervir de fondant.

HERCULE; Ηρακλης. Demi-dieu de la fable, fils d'Amphytrion & d'Alcmène, qui vivoit quelques années avant le fiége de Troyes, fut du voyage des Argonautes, & exécuta les douze célèbres travaux qui lui furent ordonnés par Euryfthée, qui y avoit été excité par Junon.

Hercule eft une des conftellations de la partie feptentrionale du ciel; elle eft placée entre le bouvier & la lyre. C'eft une des quarante huit conftellations formées par Ptolomée. Elle renferme cent treize étoiles dans le catalogue britannique de Flamfteed; la plus remarquable, défignée par la lettre α, eft fituée fur la tête d'Hercule: elle eft de feconde ou troifième grandeur.

Dupuis explique tous les travaux d'Hercule par l'aftronomie; il prouve, que la fucceffion de fes douze travaux eft la même que celle des douze fignes du zodiaque, ou des conftellations extra-zodiacales, qui fixoient le paffage du foleil dans chaque figne, à partir du lion célefte, au lever duquel fe couchoient les dernières étoiles de la conftellation d'Hercule: celui-ci étoit auffi le génie infpecteur du premier figne. Voyez ZODIAQUE.

HÉRÉDIE. Mefure gromonique des Romains; il en falloit cent pour une centurie.

L'hérédie = 24 onces de terre = 57600 pieds romains carrés = 1,077 arpens = 0,55 hectares.

HÉRISSON; hericius; ftirnrad; f. m. Roue, dont les rayons font plantés directement fur la circonférence du cercle, qui ne peuvent s'engager que dans une lanterne, & ne reçoivent le mouvement que d'elle.

HERMAPHRODITES, de ερμης, Mercure, αφροδιτη, Vénus; hermaphrodites; zwitter; f. m. Fils de Mercure & de Vénus, duquel on fuppofoit les deux fexes. Individus qui réuniffent les deux fexes.

Il exifte réellement des hermaphrodites dans la nature: la réunion des deux fexes fe trouve dans un grand nombre de plantes. En partant du végétal pour arriver à l'animal parfait, on rencontre encore un grand nombre d'intermédiaires, hermaphrodites, c'eft-à-dire, qui réuniffent les deux fexes, & peuvent engendrer feuls; tels font les zoophytes, les mollufques acéphales & gaftéropodes; mais lorfque l'on arrive à l'animal parfait, l'hermaphrodite n'exifte plus.

Pendant long-temps on a cru remarquer des hermaphrodites dans l'efpèce humaine. En les examinant avec plus de foin, on les a divifés en trois claffes: 1°. hermaphrodite mafculin; 2°. hermaphrodite féminin; 3°. hermaphrodite neutre: cette troifième claffe étoit fous-divifée en deux parties: 1°. neutre avec abfence de fexe; 2°. neutre avec conformation de fexe mixte.

Les hermaphrodites mafculins doivent cette diftinction à un vice de conformation du scrotum, & non à l'existence d'un second sexe. Les *hermaprodites féminins* se distinguent par les dimensions excessives du clitoris, & non par l'existence du sexe masculin. Les *hermaphrodites neutres*, avec absence de sexe, sont des individus destinés primitivement à être du sexe masculin, mais dans lesquels les parties de la génération ne se sont pas développées. Enfin, les *hermaphrodites neutres*, avec conformation de sexe mixte, sont fort rares; mais il paroît, par la dissection de quelques sujets, qu'ils existent réellement; que l'un des sens est à droite & l'autre à gauche. En général, ces sexes ne sont pas assez parfaits pour pouvoir coopérer à la génération.

HERMÉTIQUE, de ἑρμῆς, *Mercure*; hermeticos; *hermetisth*; adj.; de *Hermès*, dieu de l'éloquence, & de *Hermès Trismegiste*, excellent chimiste.

HERMÉTIQUE (Colonne). Colonnes d'un *hermès*, ou de la statue du Mercure grec.

HERMÉTIQUE (Philosophie). Travaux chimiques, à l'aide desquels les adeptes recherchoient la pierre philosophale, la transmutation des métaux. Ce nom lui a été donné en l'honneur d'*Hermès Trismegiste*, qui excelloit, dit-on, dans ces sortes de travaux.

HERMÉTIQUEMENT; hermetice; *hermetisch*; adv. Fermer exactement, à la manière d'Hermès.

Sceller *hermétiquement* un vase de verre, c'est le fermer en étirant, à la lampe ou autrement, le col qui le termine, & fondant cette extrémité de manière que l'air ne puisse plus pénétrer.

C'est encore, fondre les parties saillantes de l'ouverture du vase de verre, & couler en une surface continue les bords de son orifice, de manière que toute sa superficie se trouve alors, d'une seule pièce & sans discontinuité.

On croit qu'Hermès est l'inventeur de cette façon de fermer les vaisseaux de verre; c'est pourquoi on lui a donné le nom de *scellement hermétique*.

Depuis l'époque où Lavoisier a cherché à recueillir tous les produits qui se dégagent des analyses chimiques, il a été essentiel de fermer exactement, de toute part, les vases dans lesquels ces analyses se font, & de ne laisser d'ouverture que celles qui doivent servir pour la sortie des substances que l'on doit recueillir. Il auroit été à desirer que l'on eût pu employer le scellement hermétique; mais la difficulté de pratiquer cette méthode, a fait imaginer un autre moyen, qui consiste à fermer toutes les jointures des vases & autres ouvertures, avec une composition à laquelle on donne le nom de *lut* (v. yez LUT). Ces sortes de luts, pour qu'ils remplissent par-

faitement le but que l'on se propose, doivent fermer *hermétiquement* les ouvertures, si ce n'est d'une manière aussi solide, d'une manière aussi exacte, au moins, que par la fusion du verre.

HÉRON (dit l'*ancien*), physicien & mécanicien, naquit à Alexandrie, vers la 164e olympiade, environ 120 ans avant J. C.

Ce physicien, élève de Ctésibus, se rendit célèbre par ses grandes connoissances en physique, en mécanique & en géométrie. Il a écrit trois livres sur les différentes puissances mécaniques, qu'il faisoit toutes dériver du levier. On trouve, dans un de ses traités, la fameuse machine d'Archimède, qui servoit à enlever des poids énormes, & qui avoit beaucoup d'analogie avec le levier : elle étoit composée de roues dentées, engrenées dans des pignons.

Héron a excité l'étonnement de ses contemporains par ses clepsydres à eau, ses automates & ses machines à vent; ce qu'on sait, prouve que le génie de *Héron* avoit devancé les connoissances qu'on a acquises depuis sur beaucoup de parties de la physique; & que, sans avoir pénétré dans la théorie relative à l'élasticité de l'air, il ne s'étoit pas mépris en calculant ses résultats.

Il nous reste de *Héron* un Traité des machines à vent, intitulé : *Spiritalia seu pneumatica*, un fragment de ses automates, & un traité intitulé : *Belopeeca*.

HÉRON (Fontaine de); fons heronicus; *herons bruns*; s. f. Fontaine qui fait jaillir l'eau au-dessus de son niveau, par le ressort de l'air comprimé par une colonne d'eau. *Voyez* FONTAINE DE HÉRON.

HÉRON (Pile de); pila Heronis; *herons bull*; s. f. Machine hydraulique, inventée par *Héron d'Alexandrie*, qui consiste en une sphère, à laquelle on a joint un tuyau étroit, qui forme un jet d'eau lorsqu'on souffle dedans. *Voyez* PILE DE HÉRON.

HERSCHELL, célèbre astronome anglais, né à Hanovre, le 15 novembre 1738, qui vint à Londres comme musicien dans un régiment anglais, & s'éleva, par son génie, à la célébrité qu'il a acquise.

HERSCHELL (Planète d'). Planète découverte par *Herschell*, le 13 mars 1781. C'est la plus éloignée du soleil que l'on connoisse encore.

Son diamètre apparent est de 4 à 5 secondes; sa grosseur est de $91\frac{1}{4}$ fois celle de la terre; sa densité est de 0,22 de celle de la terre; sa masse est $17\frac{1}{4}$ fois celle de la planète que nous habitons; enfin, sa distance du soleil est de 190,342, celle de la terre étant 10168. Il est environné de huit satellites.

Quelques astronomes ont cru devoir donner à cette planète le nom de celui qui l'a découverte ; les astronomes anglais lui ont donné le nom de *Georgius Sidus ;* mais la grande majorité des astronomes, & aujourd'hui la généralité, lui a donné le nom d'*Uranus. Voyez* URANUS.

HERZ (Marc). Israélite, professeur de physique & de philosophie, né à Berlin, le 17 janvier 1747, mort dans la même ville le 19 janvier 1803.

Son père étoit simple maître d'école ; *Herz* eut à lutter contre la pauvreté & les préventions attachées à son culte. Il triompha de tous les obstacles par une ardeur infatigable, qu'alimentoit l'amour de l'humanité, & que secondoit un talent facile, une pénétration vive, une grande habitude de méditation.

Herz fut le disciple de Kant ; il développa avec clarté, dans des cours publics, la philosophie de son maître, & il s'affligea par la suite, de voir succéder à la philosophie kantienne, des doctrines qui lui paroissoient oiseuses ou funestes.

Ses principaux ouvrages sont : 1°. une *Recherche sur les vertiges*, imprimée en 1786 ; 2°. ses *Recherches sur la différence des goûts*, publiées en 1787 ; 3°. son *Cours de physique expérimentale*, imprimé en 1787 & 1788.

HESPER, εσπερος, *fin du jour ;* hesperus ; *abendstern ;* s. f. La planète de Vénus, vue après sa conjonction supérieure avec le soleil : alors elle paroît du côté de l'orient, & on la voit, le soir, après le coucher du soleil. *Voyez* VÉNUS.

HÉTÉRODROME, de ετερος, *autre ,* δρομος, *courbe ;* adj. Mouvemens différens.

Levier du premier genre, dont le point d'appui est entre le poids & la puissance ; il est ainsi appelé, parce que le poids & la puissance se meuvent différemment.

HÉTÉROGÈNE, de ετερος, *autre ,* γενος, *genre ;* heterogeneum ; *hétérogène ;* adj. D'une nature différente.

Corps dont les parties sont différentes les unes des autres, soit par leurs densités, soit par leurs qualités ou propriétés.

Tous les animaux, tous les végétaux & plusieurs minéraux sont *hétérogènes*, parce qu'ils sont composés de substances différentes & diversement combinées. La lumière du soleil est *hétérogène* ; elle est formée d'un mélange de toutes sortes de rayons différemment réfrangibles, & capables, par leurs impressions sur l'organe de la vue, de faire distinguer différentes couleurs. L'air que nous respirons est *hétérogène* ; il est composé d'un fluide élastique très-propre à la respiration ; d'un

autre qui n'est nullement capable de remplir cette fonction, & d'une infinité de substances, à l'état de gaz, de vapeurs, ou de particules solides.

HÉTÉROSCIENS, de ετερος, *autre ,* σκια, *ombre ;* heteroscii ; *einschaltigie ;* s. m. Peuples de la terre qui habitent les deux zônes tempérées, c'est-à-dire, entre les tropiques & les cercles polaires.

Ces peuples ont, pendant toute l'année, leur ombre méridienne tournée vers le pôle, qui est élevée sur l'horizon ; de sorte que ceux de la zône tempérée septentrionale, ont leur ombre à midi, tournée vers le pôle arctique, & ceux de la zône tempérée méridionale, ont leur ombre méridienne tournée vers le pôle antarctique.

HEURE, ωρα ; hora ; *stund ;* s. f. Division du jour.

Cette division est quelquefois égale, & quelquefois inégale. Elle est égale, lorsqu'elle provient du mouvement apparent du soleil autour de la terre ; dans ce cas, l'heure est assez généralement la vingt-quatrième partie du jour. Lorsque l'on proposa la nouvelle division décimale, on divisa le jour en dix heures. Dans l'immortel ouvrage de M. de la Place, l'*Exposition du système du monde,* on a conservé cette division.

Plusieurs nations, les Juifs, les Athéniens, les Romains, divisoient le jour en deux parties ; la première contenant tout le temps de l'apparence du soleil sur la partie habitée par l'observateur ; la seconde, toute la durée de son absence : alors, chaque partie du jour étoit divisée en douze, ou en un autre nombre de parties.

HEURE. Instrument de gnomonique, propre à montrer les *heures* du jour & la hauteur du soleil : c'est une espèce de cadran. *Voyez* CADRAN.

HEURES ANTIQUES. Ce sont celles qui étoient en usage chez les Juifs & les Romains ; on les nomme également *heures planétaires, judaïques, temporaires, inégales.*

Elles commençoient au lever du soleil, & recevoient leurs noms d'une des sept planètes ; cet usage étoit venu des Egyptiens, suivant Hérodote, & des Chaldéens, suivant Goguet. On croit que l'ordre des planètes, dans les jours de la semaine, venoit de l'influence qu'on leur supposoit sur les différentes heures du jour. Le dimanche, au lever du soleil, la première heure étoit pour le soleil ; ensuite venoit Vénus, Mercure, la Lune, qui étoit supposée au-dessous du soleil ; puis Saturne, Jupiter, mais qui étoient au-dessus. Par-là, il arrivoit que le lendemain commençoit par la lune ; voilà pourquoi le jour de la lune, c'est-à-dire, le lundi, fut placé à la suite du jour consacré au soleil.

Dans un savant ouvrage fait sur la musique des anciens, l'abbé Roussier croit, que cet arrangement vient de la musique des anciens. Scaliger l'explique par des triangles faits sur les côtés d'un heptagone ; Plutarque en avoit fait la matière d'une dissertation. Ces heures étoient inégales, parce que l'on divisoit le jour naturel en douze parties, & la nuit en douze autres parties.

HEURES ASTRONOMIQUES. Manière dont les astronomes divisent les heures.

Il existe trois sortes d'heures astronomiques : 1°. heures solaires moyennes ; 2°. heures solaires vraies ; 3°. heures du premier mobile.

Les heures solaires moyennes sont toujours égales & uniformes ; elles sont la 24e. partie d'un jour moyen, c'est-à-dire, d'un retour moyen du soleil au méridien ; ce sont ces heures égales, & ces jours moyens sur lesquels se règlent tous les calculs, ainsi que les calculs astronomiques. Voyez TEMPS MOYENS.

Les heures solaires vraies sont celles que marque chaque jour le soleil sur nos méridiennes & nos cadrans, mais qui varient tous les jours, à raison des inégalités du mouvement du soleil. Les heures solaires vraies sont plus grandes, au commencement de janvier, de 29 secondes par jour que les moyennes ; & plus petites, trois mois après, sont moindres de 19 secondes. Voy. TEMPS VRAI.

Quant aux heures du premier mobile, ce sont celles que l'on compte par la révolution des étoiles fixes, qui est la véritable durée de la rotation de la terre, & qui est toujours égale à 23° 86' 4" de temps moyen. Il y a des astronomes qui règlent leurs horloges ou pendules sur ces heures du premier mobile ; ils y trouvent cet avantage, que les étoiles passent, tous les jours, à la même heure de la pendule, mais le soleil y passe environ quatre minutes plus tard : cette méthode a encore la commodité de donner, par une opération très-simple, les arcs de l'équateur qui correspondent aux heures de la pendule : 15° pour une heure, 15 secondes de degré pour une seconde de temps ; c'est ce qu'on appelle convertir en degré les heures du premier mobile.

HEURES ATHÉNIENNES. Manière dont les heures étoient comptées à Athènes.

On commençoit, à Athènes, à compter les heures depuis le coucher du soleil ; on en fait de même en Italie ; on le faisoit également en Bohême ; mais il n'y a plus, à Prague, que deux horloges de cette espèce. Les Italiens commencent leurs vingt-quatre heures une demi heure après le coucher du soleil.

HEURES BABYLONIQUES. Manière dont les Babyloniens distribuoient & comptoient les heures.

A Babylone, les heures commençoient à se compter du lever du soleil ; cela se pratique encore à Majorque & à Nuremberg. Les Egyptiens & les Romains commençoient à compter les heures de minuit, & cet usage est encore celui de la plupart des nations de l'Europe.

HEURES CHAG. Division du jour en douze parties par les astronomes du Cathay.

Ces savans donnent à chaque chag ou heure, un nom particulier pris dans chaque animal. Le premier est appelé zeth, souris ; le second, cheo, taureau ; le troisième, zem, léopard ; le quatrième, man, lièvre ; le cinquième, chiu, crocodile ; le sixième, six, serpent ; le septième, vou, cheval ; le huitième, vi, brebis ; le neuvième, schim, singe ; le dixième, you, poule ; le onzième, sou, chien ; le douzième, cai, porc.

HEURES DE CHEMIN. Espace que l'on parcourt ordinairement en une heure.

Anciennement, les Gaulois & les Francs comptoient les distances par heures de chemin ; mais ces heures avoient une longueur fixe de quatre milles ou une lieue horaire de 20 au degré = 2850½ toises = 0,55556 myriamètres ou 5555,6 mètres.

Dans plusieurs parties de la France, les habitans des campagnes comptent encore le chemin par heures, mais ces heures de chemin n'ont aucune mesure fixe ; les uns les font plus longues, les autres les font plus courtes : de manière que rien n'est plus incertain que l'indication, dans les campagnes, des distances par heures de chemin.

HEURES INÉGALES. Heures dont la durée varie chaque jour ; ce qui provient de la manière dont on détermine leur durée. Voyez HEURES ANCIENNES.

HEURES ITALIENNES. Manière de distinguer & de compter les heures. Voyez HEURES ATHÉNIENNES.

HEURES JUDAÏQUES ou JUIVES. Heures usitées autrefois chez les Juifs. Voyez HEURES ANCIENNES, HEURES ROMAINES.

HEURES (Manière de compter les). Tous les astronomes comptent les heures à commencer de midi, lorsque le soleil passe sur le méridien, comme faisoient autrefois les Umbres, & comme font aujourd'hui les Arabes : les astronomes comptent jusqu'à vingt-quatre heures. Ainsi, lorsque l'on compte, dans la société, le 3 juillet à neuf heures du matin, les astronomes comptent le 2 juillet à vingt-une heures.

A l'époque où l'on adopta la mesure décimale, le jour fut divisé en dix heures, & l'heure en 100 minutes. On convint alors de compter l'heure du moment où le soleil passe sous le méridien opposé à celui de l'observateur, c'est-à-dire, à l'heure de minuit. Les Babyloniens & les Egyptiens comptoient également les *heures* à commencer de minuit.

Dans beaucoup de pays où, suivant le syftème des Anciens, le jour eft divifé en deux parties de douze *heures* chacune, les premières douze *heures* fe comptent à partir de minuit, & les fecondes de midi.

Quelques peuples, comme les Italiens, commencent à compter les *heures* du moment où le foleil fe couche. Les Romains les comptoient du moment où il fe lève.

Il fuit de-là, qu'il exifte quatre manières de *compter les heures* : 1°. du moment où le foleil fe lève; 2°. du moment où il paffe au méridien du lieu; 3°. du moment où il fe couche; 4°. du moment où il paffe au méridien oppofé. Comme le lever & le coucher fe font à des époques très-inégales, il s'enfuit que le lever avance l'été, & retarde l'hiver d'un nombre d'*heures*, qui dépend de la latitude du lieu, & que le coucher du foleil préfente les mêmes différences; il en réfulte encore que de toutes les manières de *compter les heures*, celles que l'on commence à compter au lever & au coucher, font les moins uniformes & les plus inexactes. Il paroit, au premier aperçu, affez indifférent de commencer à *compter les heures* du moment où le foleil paffe au méridien du lieu, ou au méridien oppofé; cependant, cette feconde manière eft plus avantageufe dans les relations fociales, en ce que la journée de travail n'eft pas interrompue comme elle le feroit en commençant à *compter les heures* & les jours au moment du paffage du foleil au méridien du lieu.

HEURES PLANÉTAIRES. Ufage introduit par les Egyptiens, de donner à la première *heure* du jour de chaque femaine, le nom d'une planète. *Voyez* HEURES ANCIENNES.

HEURES ROMAINES. Manière dont les *heures* étoient comptées chez les Romains.

Avant la première guerre punique, les Romains ne connoiffoient point la divifion du jour en vingt-quatre parties égales; ils diftinguoient, dans le jour artificiel, pris du lever au coucher du foleil, quatre parties principales : prime, tierce, fexte & none. Prime commençoit au lever du foleil; tierce, trois *heures* après; fexte, à midi, & none, trois heures avant le coucher du foleil. Ces *heures* étoient plus ou moins grandes, fuivant que le foleil étoit plus ou moins long-temps fur l'horizon. On emploie encore, dans le bréviaire de l'Eglife, les mêmes dénominations : ce font les *heures* judaïques, planétaires ou inégales. Par cette manière de compter, on concilie le moment où Jéfus-Chrift fut crucifié, rapporté dans les Evangiles de faint Marc & de faint Jean. Le premier dit que ce fut à la troifième *heure*, & le fecond, à la fixième. Comme ce moment fut celui qui étoit très-près du paffage du foleil au méridien, il appartenoit encore à la tierce; mais il étoit fi près de la fexte, que l'on pouvoit indifféremment indiquer la troifième ou la fixième *heure*.

On divifoit également la nuit en quatre veilles; chacune contenoit trois *heures*.

HEURES SOLAIRES. Divifion du jour en *heures* dépendant de la durée du mouvement du foleil. *Voyez* HEURES ASTRONOMIQUES.

HEURES STELLAIRES. Divifion du jour en *heures* dépendantes de la durée du mouvement de rotation de la terre, ou mieux du temps écoulé entre le paffage & le retour d'une même étoile au méridien.

Les *heures* ftellaires font plus courtes que les *heures* folaires, parce que la durée du mouvement de la terre, ou mieux, l'intervalle & le retour d'une étoile au meridien, eft d'un peu moins de quatre minutes, moindre que la durée moyenne du mouvement apparent du foleil. *Voyez* HEURES ASTRONOMIQUES.

HEURES TEMPORAIRES. *Heures* comptées depuis le lever du foleil. *Voyez* HEURES ANCIENNES.

HEURE (Trouver l'). Manière de connoître l'*heure* dans tous les inftans du jour.

Il exifte deux manières de prendre l'*heure* fur terre & fur mer. Sur terre, les aftronomes calculent l'*heure* qu'il eft : 1°. par la hauteur du foleil ou d'une étoile; 2°. par les hauteurs correfpondantes; 3°. par des pendules réglées fur des lunettes méridiennes, ou fur des méridiennes ordinaires.

On trouve l'*heure*, en mer, par la hauteur du foleil, prife au moyen d'un quartier de réflexion; lorfqu'il eft à fa plus grande hauteur, il paffe fur le méridien, c'eft l'*heure* de midi : fi l'on connoît la latitude du lieu où l'on eft, on peut, pour chaque jour, connoître fa hauteur à l'inftant où il paffe fur le méridien, &, par fa hauteur, à un moment quelconque, l'*heure* qu'il eft à ce moment. En 1745, l'Académie des Sciences a propofé pour prix, d'indiquer la meilleure manière de trouver l'*heure* en mer. Parmi tous les auteurs qui ont concouru, Daniel Bernouilli eft un de ceux qui partagèrent le prix. Dans le nombre des méthodes indiquées, la plus générale & la plus ufitée eft d'obferver la hauteur du foleil. Alors la folution d'un feul triangle fphérique donne l'angle du pôle, ou l'angle horaire, & conféquemment l'*heure* qu'il eft.

HEURTER, de l'allemand *hurten*; conflictare; *ftöffen*; v. a. Choquer, toucher, rencontrer rudement. *Voyez* CHOC.

HEXACORDE, de ἕξ, fix, χορδὴ, cordes; hexafunis;

hexafunis; hexacorde; f. m. Inftrument à fix cordes. *Voyez* EXACORDE.

HEXACORDE. Syftème de mufique, compofé de fix tons. *Voyez* EXACORDE.

HEXADRAGME, de ἓξ, *fix*, δραχμη, *dragme*. Numéraire, poids & monnoie de l'Afie & de l'Egypte.

L'*hexadragme* vaut 6 dragmes: il en faut 40 pour une mine de Moïfe, & 2400 pour un talent babylonien.

L'*hexadragme* poids = 0,0285 liv. = 13,8510 grammes.

L'*hexadragme* monnoie = 3 ⅛ de livre = 3,0862 fr.

HEXAÈDRE, de ἓξ, *fix*, εδρα, *face*; hexaedra; *fechs feitige*, *hexaeder*; f. m. Un des cinq corps réguliers, plus connu fous le nom de *cube*.

On le nomme *hexaèdre*, parce que chaque face peut être prife pour la bafe d'un corps régulier: ainfi, un dez à jouer eft un *hexaèdr*. *Voyez* CUBE.

HEXAGONE, de ἓξ, *fix*, γωνια, *angle*; hexagonus; *fechs-eckig*; f. m. Figure compofée de fix angles & fix côtés.

Un *hexagone* peut être régulier ou irrégulier; le premier a fes fix angles & fes fix côtés égaux.

Pour décrire un *hexagone* régulier ABDEFG, fig. 563, il faut divifer un cercle en fix arcs égaux, AIB, BKD, DLE, EMF, FNG, GOA, dont chacun fera de 60°, parce que fix fois 60 font 360. La corde, comme, par exemple, AB, BD, &c., de chacun de ces arcs, fera un des côtés de ce polygone; de forte que ces fix cordes, AB, BD, DE, EF, FG, GA, des fix arcs, formeront les fix côtés de l'*hexagone* régulier; car toutes ces cordes font égales entr'elles, puifqu'elles foutiennent des arcs égaux.

Si, de chacun des angles de l'*hexagone*, on mène des droites au centre, on formera fix triangles; la fomme des angles de chaque triangle étant égale à deux angles droits, celle des fix triangles fera douze angles droits. Comme la fomme de tous les angles, au centre de l'*hexagone*, eft de quatre angles droits, il s'enfuit que celle des fix angles extérieurs fera de huit angles droits, donc de 720°. Chaque angle devant être la fixième partie de cette fomme, fera de 120°.

Confidérant chaque triangle ACB, BCD, &c., en particulier, leur angle au centre devant être la fixième partie de quatre angles droits, ou 360°, fera de 60°; chaque angle fur la bafe étant la moitié de l'angle extérieur, de 120°, fera également de 60°; d'où il fuit que chacun des triangles formés fur les côtés de l'*hexagone*, feront des triangles équiangles, donc équilatéraux; d'où il fuit que les côtés de l'*hexagone* feront tous égaux aux

droites menées des angles extérieurs au centre; donc un rayon du cercle.

D'après ces confidérations, on voit combien il eft facile de décrire ou de tracer un *hexagone* régulier. Avec un rayon AC, égal au côté que doit avoir l'*hexagone*, & d'un centre C, décrivez la circonférence du cercle ABDEFG; d'un point quelconque A de cette circonférence, portez cette longueur fucceffivement fur cette circonférence, vous la diviferez naturellement en fix parties égales, aux points BDEFGA; de chacun de ces points, menez des droites, AB, BD, DE, EF, FG, GA, & l'*hexagone* régulier fera tracé.

Ainfi, l'*hexagone* jouit de la propriété remarquable, que la longueur de chacun de fes côtés eft égale au rayon du cercle dans lequel il eft infcrit, & que les angles extérieurs font le double de chaque angle au centre, formés par des droites menées du centre à chaque angle extérieur.

Pour avoir la furface d'un *hexagone* quelconque, foit régulier, foit irrégulier, *voyez* POLYGONE.

HEXAPODE. Mefure linéaire d'Afie & d'Egypte, & mefure d'arpentage olympique.

L'*hexapode* linéaire d'Afie & d'Egypte repréfente la braffe. Il en faut 100 pour le ftade nautique, 1000 pour le milliaire, 4000 pour le fchène du Delta.

Cet *hexapode* = 2 ⅛ pas de voyageur = 61,6320 pouces = 1,6684 met.

L'*hexapode* olympique employé dans l'arpentage, équivaut à un 768e de terre, c'eft-à-dire, qu'il en faut 768 pour former un plèthre ou médimne, qui correfpond à peu près à un journal de Cedillac.

Cet *hexapode* = 0,000734 de l'arpent des eaux & forêts = 0,0003,693 de l'hectare.

HIMALA (Monts). Hautes montagnes fituées au centre de la chaîne qui fépare l'Indoftan du Thibet.

Ces grands monts font les plus élevés du Globe, puifque, d'après la mefure qui en a été prife, leurs fommités s'élèvent de 8 à 9000 mètres au-deffus des bords de la mer. (*Voyez* HAUTEUR DES MONTAGNES.) La roche qui compofe cette chaîne eft, comme celle de l'Europe, de granit. Cependant on y a trouvé une roche particulière, dont on ne donne pas la defcription. La direction de cette chaîne de montagnes va du nord-eft au fud-oueft.

HIMTE. Mefure pour les grains, employée à Brunfwick & à Hildesheim.

L'*himte* de Brunfwick = 2 metzen = 3 tierces = 4 quartes = 1564 pouces cubiques = 2 boiffeaux 0,444 = 31 litres 0,772.

Celui de Hildesheim = 1992 pouces cubiques = 1,93 boiffeau = 25,09 litres.

HIMTEN. Mefure pour les grains , en ufage à Ofnabruck = 9 boiffeaux 0,285 = 120 litres 0,705.

HIPPARQUE , un des plus grands aftronomes de l'antiquité , étoit de Nicée en Bithynie ; il vivoit vers l'an 127 de notre ère.

On doit à *Hipparque* une foule de découvertes en aftronomie ; telles font la rétrogradation des points équinoxiaux , la diftance de la lune à la terre , l'évection , les révolutions & les moyens mouvemens des planètes. Il imagina plufieurs inftrumens pour obferver les aftres avec plus d'exactitude : tels font un aftrolabe , pour avoir la pofition des aftres ; un dioptre , pour comparer le diamètre du foleil à la lune. Nous devons encore à *Hipparque* l'invention de la ftéréographie, ou l'art de repréfenter, par des cercles & fur un plan, tous les cercles de la fphère. (*Voyez* STÉRÉOGRAPHIE.) Il repréfenta , par ce moyen , une fphère qui lui fervoit à déterminer l'heure de la nuit par l'obfervation de quelques belles étoiles , & généralement à réfoudre tous les problèmes de géométrie fphérique.

Hipparque donna la première idée d'un fyftème exact & complet de géographie. Il montra que l'on ne pouvoit déterminer les pofitions refpectives des villes , des provinces , des royaumes , dans leurs limites , qu'en partageant le globe de la terre en cercles femblables & correfpondans à ceux de la fphère célefte ; que par les diftances du pôle à l'équateur , & par la différence des méridiens.

Nous ne nous étendrons pas plus loin fur les découvertes de ce père de l'aftronomie , & fur les fervices qu'il a rendus à cette fcience , foit par les obfervations exactes qu'il a faites , foit par les conféquences qu'il a tirées de fes obfervations , avec les plus exactes des favans qui l'avoient précédé , parce qu'il paroît ne s'être principalement occupé que d'aftronomie.

Un grand nombre de fes ouvrages font perdus ; les titres qui nous font reftés de plufieurs de ceux qu'on lui attribue, font : *Defcription du ciel étoilé ; des grandeurs & des diftances du foleil à la lune ; du mouvement de la lune en latitude ; des mois lunaires ; des afcenfions des douze fignes ; de la longueur des années ; de la rétrogradation des points équinoxiaux & folftitiaux ; Critique de la Géographie d'Eratoftène ; Repréfentation de la Sphère fur un plan ; Tables des cordes des fphères ; Traités des levers & des couchers des étoiles.*

Ptolomée & Pline nous ont fait connoître une grande partie des travaux de cet homme immortel.

HIPPOLITE, de ιππος , *cheval* , λιθος , *pierre* ; f. m. Concrétions pierreufes qui fe trouvent dans quelques parties du cheval. *Voyez* CHEVAL.

HIPPUS, de ιππος , *cheval* ; f. m. Affection des yeux , dans laquelle ils font perpétuellement clignotans & tremblans.

C'eft Hippocrate qui a donné , à cette maladie, le nom d'*hippus*. Elle confifte dans une affection du mufcle qui foutient l'œil , & qui embraffe la bafe de cet organe.

HIRONDELLE ; χελιδων ; hirundo ; *fchwalbe* ; f. f. Oifeau du genre & de l'ordre des paffereaux.

Comme les *hirondelles* n'arrivent dans nos contrées que peu de temps après l'équinoxe de printemps , & qu'elles difparoiffent vers l'équinoxe d'automne , ces migrations ont donné lieu aux fuppofitions les plus abfurdes. Quelques auteurs ont prétendu que ces oifeaux paffent l'hiver engourdis dans des creux de rochers ; d'autres , qu'elles fe plongent dans des lacs & y reftent durant l'hiver. Le fait eft que les *hirondelles* , qui ne vivent que d'infectes , abandonnent notre zône , dès qu'elles n'y trouvent plus de nourriture , & qu'elles fe rendent dans des contrées plus chaudes , où elles trouvent à fubfifter.

On trouve , dans Diofcoride , des affertions affez fingulières fur les *hirondelles*. Il avance que quelques-unes ont , dans le ventre , une pierre qui a la propriété de rendre la vue perçante ; que la cendre des mères & celle des petits , brûlés dans une marmite de terre , éclaircit la vue ; que cette même cendre remédie aux angines. Quelques phyficiens croient que ces affertions fe rattachent à une ancienne théogonie toute aftronomique.

Nicolas Lemery & plufieurs pharmaciens modernes , indiquent des recettes d'eau diftillée d'*hirondelle* , que l'on employoit contre l'épilepfie, l'apoplexie , la paralyfie , l'hyftérie , &c. Ces compofitions abfurdes & furannées font maintenant abandonnées.

HIRONDELLES (Nids d'). Habitations conftruites par les *hirondelles* , pour y être à l'abri des injures de l'air , y couver & y élever leurs petits.

Si l'on fait peu de cas des *nids des hirondelles* d'Europe , il n'en eft pas de même de ceux des *hirondelles* de Java. Les Chinois, qui les aiment avec paffion , en font un mets d'ornement & de luxe fur la table des riches (1).

Après les avoir fait tremper & les avoir bien nettoyés , ils les mettent , avec un chapon gras ou un canard , dans un pot de terre bien fermé , & les font cuire , pendant vingt quatre heures , fur un petit feu , qu'ils appellent *timmen*. Par cette préparation , ce comeftible acquiert une riche faveur & une qualité nourriffante.

Dans l'île de Java , on regarde les *nids d'hirondelles* comme très rafraîchiffans lorfqu'on les a fait

---

(1) *Bibliothèque britannique* , tome XV , page 177.

bouillir en une façon de foupe, expofés enfuite à la rofée, & affaifonnés de fucre. Les Javanais les adminiftrent avec fuccès dans les fièvres violentes.

Ces mèts font tellement recherchés, en Chine, qu'on les vend de 800 à 1400 rixdallers les cent vingt-cinq livres pefant; ce qui équivaut de 30 à 50 francs la livre pefant.

Examinés après avoir été deffechés, c'eft une matière d'un gris-blanchâtre, demi-tranfparente comme de la corne, ou plutôt comme de la colle de poiffon, telle qu'on la trouve dans le commerce; l'épaiffeur de fes filamens n'eft guère que d'une demi-ligne environ.

Analyfée par les méthodes ordinaires, on ne trouve dans leur compofition qu'une folution gommeufe, d'un goût plutôt défagréable qu'autrement.

Ces *nids* font conftruits dans des cavernes, fituées dans des lieux déferts & d'un accès difficile; ils y font en grand nombre, les uns à côté des autres, à diverfes hauteurs, depuis cinquante jufqu'à trois cents pieds. Le gouvernement de Java retire une rétribution de ceux qui vont enlever ces *nids*, On en ramaffe annuellement, dans cette île, environ vingt-cinq quintaux.

On ignore avec quelle fubftance ces *nids* font formés. Les uns annoncent que les *hirondelles* fe fervent d'écume de la mer, ou de plantes marines; quelques-uns affurent que ces *nids* font le produit d'une efpèce de fucus décompofé; d'autres prétendent que ces oifeaux fe fervent de frai de poiffon, qui forme, fur l'eau, une colle-forte à demi délayée; d'autres, enfin, croient que les *nids* font préparés avec les réfidus les plus folides des alimens dont les *hirondelles* fe nourriffent.

HISTOIRE, de ιστορια, *connoiffances*; *hiftoria*; *gefchichte*; f. f. Récit de faits & d'événemens mémorables.

HISTOIRE NATURELLE; *hiftoria naturalis*; *naturgefchichte*; f. f. Partie de la phyfique générale, qui a pour objet la connoiffance des formes extérieures des corps qui exiftent fur la furface de la terre, de leur manière d'être habituelle, des caractères apparens qui les diftinguent, leur defcription, leur féparation, leur claffification. *Voyez* PHYSIQUE GÉNÉRALE.

Tous les corps qui exiftent fur la furface de la terre peuvent être féparés en deux grandes divifions: corps organifés & matière non organifée. Cette dernière partie comprend tous les corps qui ne doivent leur formation qu'à la cohéfion des molécules des matières brutes qui les compofent; tels font les pierres, les métaux, les combuftibles, &c. Cette divifion, qui a pour but la connoiffance des corps qui exiftent dans le fein de la terre, fe nomme *minéralogie*. *Voyez* MINÉRALOGIE.

Les corps organifés fe fous-divifent naturelle-

ment en deux parties: la première comprend les corps doués de fenfibilité, de volonté, qui peuvent fe mouvoir d'eux-mêmes; allant chercher leurs alimens, font pourvus de goût pour les reconnoître, d'une bouche pour les engloutir, & d'organes pour les digérer. Cette fous-divifion eft connue fous le nom de *zoologie*. *Voyez* ZOOLOGIE.

On comprend dans la feconde fous-divifion tous les corps infenfibles, fans locomobilité, trouvant leur nourriture à leur portée, n'ayant que des racines ou des pores pour l'abforber. Cette partie de l'*hiftoire naturelle* eft connue fous le nom de *botanique*.

Dans ces grandes divifions de l'*hiftoire naturelle*, les corps organifés & la matière non organifée font divifés en claffes, les claffes en genres, les genres en efpèces, les efpèces en variétés, &, les variétés en fous-variétés. Les corps organifés ont, dans cette échelle, une divifion particulière; c'eft celle en familles, ou ordres, dans laquelle on raffemble tous les individus qui ont une organifation femblable, & qui ne diffèrent entr'eux que par quelque caractère particulier, qui eft indépendant de leurs habitudes & de leurs propriétés.

Nous allons donner pour exemple de cette divifion des corps, dans l'*hiftoire naturelle*, les trois principales méthodes qui ont été employées, en botanique, par Tournefort, Linné & Juffieu. Nous avons choifi la botanique de préférence aux deux autres divifions, parce que le mot BOTANIQUE n'a pas été traité dans ce Dictionnaire.

Tournefort fonde fa méthode de divifion: 1°. fur la diftinction des plantes en arbres ou en herbes; 2°. fur la préfence ou l'abfence de la corolle dans les fleurs; il nomme les premières *pétalées* & les fecondes *apétalées*; 3°. fur le nombre de fleurs réunies enfemble; lorfqu'elles font féparées & qu'elles ont toutes une même tige, il les nomme *fimples*; lorfque plufieurs fleurs font réunies enfemble, il les nomme *compofées*: dans la première divifion fe trouvent les rofes; dans la feconde, les foleils; 4°. fur le nombre de pétales qui compofent chaque fleur: il les nomme *monopétales* lorfque les fleurs ne font formées que d'un feul pétale, comme dans les muguets, les jacinthes, & *polypétales*, lorfque la fleur a plufieurs feuilles, comme dans les lis, les giroflées, l'œillet; 5°. enfin, par la régularité ou l'irrégularité des fleurs, comme dans l'oreille-d'ours, la renoncule, la fauge, le pois de fenteur, &c.

A l'aide de ces diftinctions, Tournefort partage les plantes en huit divifions & vingt-deux claffes, lefquelles font divifées en fections. Celles-ci font établies fur les fruits, fur leur origine, leur fituation, leur fubftance, le nombre des cellules, le nombre des femences, la difpofition des fruits & des fleurs.

Linné envifage la botanique fous un afpect qui

avoit été négligé avant lui, & qui a enrichi cette science d'un grand nombre de découvertes & de termes que lui fournit l'analogie. Il ne voit, dans l'acte de la fructification, que celui de la génération, qu'il appelle les *noces du règne végétal*; le calice des fleurs eſt le lit conjugal, auquel la corolle ſert de dais; les filets des étamines ſont les vaiſſeaux ſpermatiques; leurs ſommets ou anthères les réſervoirs; la pouſſière des ſommets eſt la liqueur ſéminale; le ſtigmate ou piſtil devient la vulve; le ſtyle eſt la trompe; le germe eſt l'ovaire; le péricarpe eſt l'ovaire fécondé; la graine eſt l'œuf; le concours des mâles & des femelles eſt néceſſaire à la végétation.

Cette théorie ingénieuſe n'eſt pas l'ouvrage de l'imagination, mais le réſultat d'expériences démonſtratives, faites par le botaniſte ſuédois. Plein des nouvelles idées qu'elles lui avoient ſuggérées, il fonda ſes claſſes ſur les étamines ou parties mâles; ſes ordres, qui répondent aux ſections de Tournefort, ſur les piſtils ou parties femelles, & ſes genres ſur toutes les parties de la génération; excluſivement aux autres parties de la plante; c'eſt aux tiges, feuilles & racines qu'il reſtreignit les caractères des eſpèces.

D'après ces principes, il diviſe les plantes en fleurs viſibles & inviſibles; il nomme ces dernières *cryptogames*. Les premières en hermaphrodites, qui réuniſſent les deux ſexes, ou en ſexes ſéparés dans des fleurs différentes. Ces deux ſortes de fleurs, à un ſeul ſexe, peuvent exiſter ſimultanément ſur un ſeul pied, ſur des pieds différens; ils peuvent y être ſeuls, ou mélangés avec des fleurs hermaphrodites; ce qui forme trois claſſes, ſous les noms de *monœcie, diœcie, polygamie*.

Toutes les fleurs hermaphrodites ſont diviſées, relativement au nombre de piſtils ou parties mâles dans chaque fleur, ce qui forme ſes *monandrie, diandrie, triandrie...polyandrie*; enfin, il continue ſa diviſion ſelon la manière dont les piſtils ou parties mâles ſont réunis par le pied. C'eſt ainſi que Linné établit ſes vingt-quatre claſſes de plantes.

Juſſieu a cherché à former une méthode naturelle qui puiſſe réunir toutes les plantes ſemblables. Cette méthode, qui avoit d'abord été cherchée par Céſalpin, Lauremberg, Magnol, Roi, & par Adanſon, conſiſte à rapprocher les uns des autres tous les êtres organiſés, ſelon l'ordre, le nombre & l'importance des rapports naturels, & à les offrir ainſi groupés aux obſervations du botaniſte. Il forme, par cette méthode, des familles fondées ſur les rapports naturels & invariables que chaque plante ont entr'elles.

Il ſe ſert, pour former ces groupes, du calice, de la corolle, du piſtil, de l'ovaire, du périſperme, de l'embryon, de la plumule, des lobes ou cotylédons, auxquels il donne des valeurs différentes. Les principaux caractères dont il ſe ſert, ſont d'abord les cotylédons qui environnent l'embryon, les étamines & les piſtils. Avec ces premiers caractères, il forme d'abord trois diviſions: 1°. acotylédons; 2°. monocotylédons; 3°. dicotylédons. En réuniſſant enſuite les deux autres caractères au premier, il forme quinze claſſes de tous les végétaux connus.

Ainſi Juſſieu, groupant d'abord tous les individus parfaitement ſemblables entr'eux, c'eſt-à-dire, qui ſe reſſemblent par tous leurs caractères, en forme des réunions, auxquelles il donne le nom d'*eſpèce*; réuniſſant les eſpèces qui ſe reſſemblent, par le plus grand nombre de caractères poſſible, il en forme un groupe plus conſidérable, auquel il donne le nom de *genre*. Les genres qui ont entr'eux le plus grand nombre de rapports naturels, forment un nouveau groupe, auquel il donne le nom d'*ordre* ou de *famille*; enfin, réuniſſant toutes les familles qui ont le même caractère eſſentiel, quoiqu'en petit nombre, il forme les claſſes.

On voit, par les différences qui exiſtent dans ces trois méthodes de ranger les plantes, quelle difficulté les naturaliſtes ont éprouvée & éprouvent encore pour former une bonne méthode d'arrangement des corps ou de la matière, une méthode telle, que l'on puiſſe facilement reconnoître chaque individu, & lui appliquer de ſuite le nom qui lui appartient.

Ce claſſement & cette diſtinction exigent une étude approfondie de chaque individu, de ſa forme, de ſa ſtructure, de ſa compoſition, de l'arrangement de toutes les parties qui le compoſent; de ſon organiſation, lorſqu'il eſt organiſé; de ſes organes eſſentiels & acceſſoires, des lieux où il exiſte ordinairement, de ſes habitudes, de ſes fonctions & même de ſes mœurs, lorſqu'il en a; quels autres individus lui ſont utiles ou nuiſibles; comment il ſe nourrit, digère, quelles ſubſtances ſont néceſſaires à ſon exiſtence; enfin, avoir une connoiſſance parfaite de chacun d'eux.

HIVER, du latin *hibernum*; hiems; *winter*; ſ. m. L'une des quatre ſaiſons de l'année.

L'*hiver* commence lorſque le ſoleil eſt arrivé à ſa plus grande diſtance du lieu de l'obſervateur, qui eſt toujours au ſolſtice, & à ſa moindre hauteur méridienne, & que les jours ſont les plus petits poſſibles.

Ainſi, pour les habitans de l'hémiſphère boréal, l'*hiver* commence lorſque le ſoleil eſt arrivé au ſolſtice du capricorne, ce qui a lieu le 21 ou 22 décembre. Cette ſaiſon finit lorſque le ſoleil eſt arrivé à l'équinoxe du printemps, c'eſt-à-dire, lorſqu'il paſſe ſur l'équateur, ce qui a lieu le 20 ou 21 mars. Dans l'hémiſphère auſtral, ou méridional, l'*hiver* commence lorſque le ſoleil eſt parvenu au ſolſtice oppoſé, c'eſt-à-dire, au premier ſigne du cancer, ce qui a lieu le 21 ou 22 juin; il finit lorſque le ſoleil eſt arrivé à l'équinoxe, c'eſt-à-dire, lorſqu'il paſſe ſur l'équateur, ce qui a lieu le 22 ou 23 ſeptembre. Pour les ha-

bitans qui font fous l'équateur, fi l'*hiver* commençoit de même lorfque le foleil eft à fa plus grande
diftance ou à fa plus petite hauteur méridienne,
il devroit y avoir deux *hivers*; ils commenceroient
chacun lors de l'arrivée du foleil à l'un & à l'autre
folftice; mais pour peu que l'on foit écarté de la
ligne équatoriale, il n'y auroit plus qu'un *hiver*.

Que l'on ait divifé l'année en quatre parties, &
que ces divifions commencent & finiffent au moment où le foleil arrive aux folftices ou aux équinoxes, c'étoit ce qu'il pouvoit y avoir de plus
exact & de plus naturel, puifque l'on faifoit dépendre les limites de cette divifion, d'un phénomène aftronomique qui avoit eu lieu au même
inftant pour tous les peuples de la terre, & que
chacun pouvoit obferver avec une égale facilité;
mais que l'on ait regardé l'*hiver* comme la faifon
la plus froide de l'année, c'eft un fait qui eft pofitif pour la plus grande maffe des habitans qui exiftent fur la furface de la terre, quoiqu'il ne le foit
pas pour tous: auffi les habitans de l'équateur, &
même ceux qui font fous la zône torride, dans
l'intérieur des terres, ne connoiffent pas de faifon plus froide. Les navigateurs & les habitans
des bords de la mer reconnoiffent bien une faifon dangereufe & funefte, c'eft celle des coups
de vents, des ouragans, des pluies abondantes,
& à laquelle on donne, non le nom d'*hiver*, mais
celui d'*hivernage*. (*Voyez* HIVERNAGE.) Cette faifon arrive bien, dans un grand nombre d'endroits, pendant le retour du foleil du folftice
le plus éloigné, au point équinoxial; mais dans
d'autres, il arrive quelquefois que l'*hivernage* a
lieu dans l'été, c'eft-à-dire, pendant le retour
du foleil du folftice de l'hémifphère du lieu de
l'obfervateur, au point équinoxial.

Ordinairement on attribue le froid de l'*hiver*:
1°. à la plus grande diftance du foleil à la
terre; 2°. à la plus grande obliquité des rayons
du foleil, & à la moindre durée de fa préfence
chaque jour. Quoique ces deux caufes puiffent
& doivent néceffairement y influer, ce ne font
cependant pas les feules caufes principales; car,
1°. pendant l'*hiver* de l'hémifphère boréal ou
feptentrional, le foleil eft à fa plus petite diftance de la terre, c'eft-à-dire, moins éloigné
de 1 million 200,000 lieues qu'au commencement
de l'été, ou mieux, qu'au mois de juin; ainfi,
l'action de la plus grande diftance du foleil fur
la production du froid de l'*hiver*, ne peut réellement avoir lieu que fur l'hémifphère méridional ou auftral, & cet éloignement devroit produire un effet oppofé fur l'*hiver* de l'hémifphère
boréal.

Quant à la diminution de la chaleur produite
par l'obliquité des rayons folaires, & à la moindre durée de fa préfence chaque jour, elle eft
la même dans l'automne que dans l'*hiver*, c'eft-
à-dire, depuis le 22 ou 23 feptembre jufqu'au 21
ou 22 décembre, que depuis le 21 ou 22 dé-

cembre jufqu'au 20 ou 21 mars; cependant, la
chaleur, l'automne, eft beaucoup plus grande
que l'*hiver*.

Bien certainement, depuis le 22 ou 23 feptembre, que le foleil eft à l'équinoxe, jufqu'au 21 ou
22 décembre, que le foleil eft au folftice d'*hiver*,
les rayons folaires augmentent d'obliquité fur l'hémifphère boréal, & les jours deviennent de plus
en plus courts, conféquemment la température
doit aller en diminuant; mais, arrivé au folftice,
le 21 ou 22 décembre, le foleil revient vers
l'équinoxe; il s'élève, s'approche de nous, l'o-
bliquité de fes rayons diminue chaque jour, &
les jours augmentent fucceffivement: ces deux
caufes réunies devroient donc augmenter fucceffivement la température. Ainfi, à compter du
21 ou 22 décembre, que le foleil eft arrivé au
folftice, la chaleur devroit aller fucceffivement
en augmentant. Cependant le contraire a lieu, &
le froid, au contraire, augmente chaque jour,
jufqu'au commencement de février; d'où il réfulte toujours un plus grand froid l'*hiver*, lorfque
la hauteur du foleil augmente graduellement, que
l'automne, où elle diminue fucceffivement.

Mais à quoi tient cette différence de température de l'automne à l'*hiver*? A la chaleur déjà
acquife par le fol pendant l'été, au moment où
l'automne commence, qui eft beaucoup plus
grande que celle qu'il a, au moment où l'*hiver*
commence. Expliquons la caufe de cette différence.

Pendant que les rayons folaires éclairent la
terre, le fol s'échauffe; il fe refroidit au contraire
pendant leur abfence. Le 23 feptembre, le fol eft
encore très-échauffé des chaleurs de l'été; la
préfence des rayons folaires augmente cette chaleur; pendant la nuit, il en perd une portion un
peu plus grande que celle qu'il a reçue, & la
température acquife va en diminuant fucceffivement jufqu'au 21 ou 22 décembre. Alors le foleil
s'élève, mais la chaleur acquife le jour, étant
toujours moins grande que celle qui eft perdue la
nuit, la température moyenne diminue & le froid
augmente. Cette diminution dans la température
continue jufqu'à ce que la chaleur perdue la
nuit, foit égale à celle que la terre reçoit pendant
le jour. A cette époque, qui arrive vers la fin de
janvier, ou au commencement de février, le
froid refte ftationnaire; puis la chaleur reçue le
jour, en excès de celle qui eft perdue la nuit,
échauffe peu à peu le fol, jufqu'à ce que le foleil
foit arrivé à fa plus grande hauteur; elle continue
même à l'échauffer encore quelque temps lorfqu'il defcend, c'eft-à-dire, lorfqu'il s'éloigne du
folftice d'été, pour fe porter vers l'équinoxe
d'automne. (*Voyez* ÉTÉ.) Il réfulte donc, de cette
confidération, que le froid, l'*hiver*, doit être plus
grand que l'automne, & cela parce que la chaleur acquife par le fol entretient une plus haute
température pendant cette dernière faifon.

Si l'on compare la chaleur, l'été, sur toute l'étendue d'un méridien, depuis l'équateur jusqu'au pôle, on voit que la température moyenne de chaque climat est sensiblement la même, c'est-à-dire, de 26 degrés à peu près ; il n'en est pas ainsi de l'hiver : le froid diminue graduellement, à mesure que l'on s'approche vers le pôle. Sous l'équateur, la température est sensiblement la même l'été & l'hiver : à Paris, la température moyenne des hivers est à — 8° R. ; à Berlin, de — 12 à 14° ; à Pétersbourg, de — 20° ; & dans la Laponie, de — 35 à 40°. Cette différence suit en quelque sorte celle de l'obliquité des rayons solaires & de la différence entre la durée du jour & de la nuit. A mesure que l'on descend vers les pôles, l'obliquité des rayons solaires augmente, & la durée de la nuit, par rapport au jour, devient plus considérable l'hiver.

On observe, chaque hiver, une température différente. Quelquefois, sur un point donné de terre, les hivers sont très-doux, comparés aux hivers moyens ; d'autres fois, ils sont très-rudes : l'intervalle entre chaque hiver doux, ou entre chaque hiver rude, est très-variable. On trouve peu d'observations en France sur les hivers rigoureux avant le quinzième siècle ; mais les recueils hollandais en contiennent depuis le sixième. La série des hivers, remarquables par leur froid, dont il y est fait mention (1), est celle-ci : 554, 670, 717, 763, 814, 859, 864, 881, 913, 922, 928, 992, 994, 1022, 1126, 1143, 1149, 1205, 1206, 1234, 1250, 1251, 1257, 1287, 1295, 1323, 1361, 1385, 1391, 1399, 1434, 1442, 1457, 1464, 1468, 1480, 1482, 1502, 1511, 1514, 1543, 1552, 1564, 1568, 1575, 1608, 1620, 1621, 1670, 1684, 1695.

Comme il n'existoit pas encore de thermomètres, à l'aide desquels on pût déterminer la température, on a conclu la rudesse des hivers de quelques résultats de froid qui n'étoient pas habituels, tels que des rivières glacées, des arbres & des arbrisseaux gelés, du vin congelé dans les caves, des membres gelés, des individus ou des animaux morts de froid ; mais ces résultats peuvent dépendre de diverses causes, dans lesquelles le degré du froid & sa longue durée peuvent entrer comme des élémens principaux. Voyez FROIDS REMARQUABLES.

Rien n'indique quelle température a produit ces rudes hivers ; ce n'est que depuis le commencement du dix-huitième siècle que l'on a pu réunir le degré de température à la rudesse des hivers. Dans ce siècle, les hivers rudes ont été remarqués dans les années 1709, 1716, 1729, 1731, 1732, 1740, 1742, 1745, 1746, 1748, 1749, 1751, 1754, 1755, 1757, 1758, 1759, 1760, 1763, 1767, 1774, 1778, 1799. Les hivers les plus extraordinaires sont ceux de 1709 & 1740.

(1) *Journal de Physique*, année 1800, tome I, page 221.

Ce qu'il y a de remarquable, c'est que les grands froids de l'hiver de 1709 ne sont pas arrivés le même jour dans différens pays, & qu'ils n'ont pas été proportionnels à l'augmentation de la latitude. Ces grands froids ont eu lieu dans le mois de janvier.

LATIT.	VILLES.	JOURS.	DEG.
43,36	Montpellier	11 janvier.	—12
48,50	Paris	13 & 14.	—17
51,31	Londres	10	—12,6
52,22	Amsterdam	....	—12
53,36	Hambourg	13	—12,4
54,22	Dantzick	24 & 25.	—17
55,53	Berlin	11 & 12.	—13,3

Il en est de même des froids de 1799 à 1800, recueillis par le P. Cotte (1).

LATIT.	VILLES.	ÉPOQUES.	DEG.
40,13	Tarbes	29 décemb.	—12
48,50	Paris	31	—10
50,5	Prague	29	—21
50,51	Bruxelles	28	—11
55,22	Amsterdam	30	—15,5

Nous ne pousserons pas plus loin cette comparaison, parce que nous n'avons pas assez de faits pour en tirer des conséquences positives, & que, d'ailleurs, nous ne sommes pas assez certains de la justesse & de la précision des instrumens avec lesquels les plus basses températures ont été observées.

La diminution de la température dans les hivers exerce son influence sur le corps humain. Le froid resserrant les pores de la peau, occasionne la diminution dans la transpiration. Sanctorius a observé, qu'un homme qui transpire environ cinq livres, dans les vingt-quatre heures, pendant l'été, n'en transpire ordinairement que trois livres en hiver ; mais la compensation se fait dans les urines. Cette variation dépend, en général, des mouvemens actifs de l'individu.

On est plus robuste en hiver qu'en été ; on mange davantage, la digestion se fait plus facilement, la respiration est plus forte ; à une plus grande tendance au sommeil, à l'engourdissement ; on engraisse beaucoup plus. L'accroissement en longueur, dans les enfans, est moindre que dans l'été ; les facultés génitales sont moindres, & il se procrée, dans cette saison, proportionnellement plus d'hommes que dans l'été. Dans les régions glacées, la proportion des hommes est plus grande que celle des femmes ; c'est l'opposé dans les régions méridionales.

Ainsi les fonctions de la vie interne, digestion, nutrition, assimilation, &c., s'opèrent mieux & plus complètement en hiver, tandis que les fonctions de la vie extérieure, ou de relâchement, s'engourdissent, sont diminuées.

(1) *Journal de Physique*, année 1800, tome I, p. 365.

Il résulte des effets de l'*hiver*, qu'il nuit aux vieillards, aux êtres débiles, froids, inertes & cacochymes, tandis qu'il fortifie les individus jeunes, chauds, déjà vigoureux & robustes, qui prennent de l'exercice.

En général, dans les villes, on modifie l'effet du froid par l'usage du feu & des appartemens échauffés.

HIVERNAGE, d'*hiver*; f. m. Époque à laquelle les vaisseaux doivent, dans la zône torride, relâcher, pour éviter les mauvais temps.

On observe, près de l'équateur, en mer, que toutes les fois que le soleil passe d'un hémisphère sur un autre, ce passage donne naissance à des vents violens, à des tempêtes, & que les vaisseaux qui sont dans ces parages sont exposés à des avaries plus ou moins grandes; quelquefois même ils courent les dangers de se perdre : alors il est prudent, lorsque les vaisseaux sont à la portée de quelques ports avantageusement situés, de s'y réfugier & d'y laisser passer les mauvais temps. A cette époque, les vents réguliers changent ordinairement de direction (*voyez* MOUSSONS). Souvent aussi, il arrive, vers les solstices, des changemens de direction de vents réguliers, qui sont accompagnés de gros temps & de tempêtes.

Par suite de ces changemens de vents, il est des contrées où le temps devient pluvieux pendant toute la durée de ce changement. Aux Antilles, & principalement aux îles du Vent, cette saison des pluies & des coups de vent dure, de la mi-juillet à la mi octobre; aussi, pendant ce temps, les capitaines ont l'attention de placer leurs vaisseaux dans les baies les plus sûres & les plus à l'abri, ils *hivernent*.

On donne également le nom d'*hivernage* à la saison de l'hiver, pendant laquelle il convient, autant qu'on le peut, de relâcher, pour attendre la saison la plus propre à la navigation.

HO. Mesure de capacité en usage en Chine.
Il existe deux sortes de *ho*, le petit & le grand. Le petit *ho* = 1000 co =1,000,000 grains de riz ; il faut 500 petits *ho* pour faire un grand *ho* : celui-ci = 2 boisseaux 0,845 = 3,6985 décalitres.

HOE. Mesure chinoise pour les longueurs & les distances. Il faut 10,000 *hoe* pour un *fuen*, & 1000 *fuen* pour un *chang* ou *cann*, qui = 9,8890 pintes = 9,2098 litres.

HŒDEN. Mesure de capacité de Rotterdam, employée pour les grains. Cette mesure contient 54056 pouces. cubiques de France = 84,46 boisseaux = 10,9798 hectolitres.

HOLLANDAIS (Télescope). Instrument d'optique qui a été imaginé en Hollande pour découvrir les objets éloignés. *Voyez* TÉLESCOPE HOLLANDAIS, TÉLESCOPE DE GALILÉE.

HOLOMÈTRE, de ὅλος, tout, μετρον, mesure ; holometrum ; *holometer* ; f. m. Instrument de mathématique, dont on se sert pour prendre toutes sortes de hauteurs, tant sur la terre que dans le ciel.

Cet instrument est composé de trois règles mobiles; leurs ouvertures & leurs positions donnent les trois angles à la fois.

L'*holomètre* a été inventé par Abel Tullo, qui en a publié un traité à Venise, en 1564.

HOMBERG (Guillaume), physicien, astronome, chimiste, médecin, né à Batavia, le 8 janvier 1652, mort à Paris, le 24 septembre 1715.

Fils d'un gentilhomme employé au service de la compagnie des Indes, il fut destiné au service militaire. Revenu à Amsterdam avec sa famille, il entreprit de refaire entièrement son éducation.

Après avoir fait ses études, il alla étudier le droit aux universités de Leipsick & d'Jéna ; il se fit recevoir avocat à Magdebourg, & s'y occupa de la jurisprudence.

S'étant lié d'amitié avec Otto-de-Guérike, il prit du goût pour les sciences naturelles, & il abandonna, pour elles, l'état qu'il avoit embrassé.

Il voyagea en Italie ; il étudia la médecine, la botanique à Padoue ; travailla sur la pierre phosphorique à Boulogne ; apprit à faire des lunettes à Rome ; vint à Paris, passa en Angleterre, retourna en Hollande, & se fit recevoir médecin à Wittemberg.

Reprenant le cours de ses voyages, il visita l'Allemagne, la Hongrie, la Bohême, la Suède ; traversa la Hollande & revint à Paris, où Colbert le fixa, & où il embrassa la religion catholique.

Ayant perdu son protecteur & encouru la disgrace de son père, à cause de son changement de religion, il rencontra un alchimiste de ses amis, qui, voulant le convaincre de la possibilité de faire de l'or, lui fit présent d'un lingot qu'il prétendoit avoir fabriqué. La vertu de ce lingot, dont il obtint 400 francs, lui procura les moyens d'aller à Rome, où il pratiqua la médecine avec beaucoup de succès. L'abbé Bignon le rappela à Paris, en 1691, où il fut agréé à l'Académie des Sciences. Quelques années après, le duc d'Orléans le choisit pour lui enseigner la physique, & il le nomma son premier médecin, avec un traitement considérable.

Homberg étoit connu alors par ses phosphores, une machine pneumatique plus parfaite que celle de Guérike, ses microscopes & une foule de découvertes en chimie.

Les ouvrages que ce savant a publiés sont insérés dans le Recueil de l'Académie des Sciences. On y distingue principalement : 1°. *Moyen de faire le phosphore de Kunckel*, 1692; 2°. *diverses expériences sur ce phosphore*, 1692; 3°. *Réflexions sur l'expérience des larmes de verre qui se brisent dans le vide*, 1692; 4°. *Expériences sur la germination des plantes*, 1693; 5°. *Observations sur le miroir ardent*, 1702; 6°. *Analyse du soufre commun*, 1703; 7°. *Mémoires touchant les végétations artificielles*, 1710; 8°. *Manière de copier, sur le verre coloré, les pierres gravées*, 1712; 9°. *sur différentes végétations métalliques*, 1692, &c.

HOMME ; αυθρωπος ; homo ; *mensch* ; s. m. Animal mammifère, ayant deux mains & deux pieds ; ces derniers ont cinq doigts courts, & le pouce est peu écarté des autres.

En classant tous les animaux, l'*homme* a cru devoir se mettre à leur tête. Il a fait des *hommes* une espèce distinguée, qui domine en roi toutes les créatures, s'élève par la pensée aux plus hautes conceptions, mesure le cours des astres, parcourt la terre & la mer, descend dans la profondeur de la terre & s'élève dans le sein de l'atmosphère. Quoique foible & sans arme naturelle, il parvient, par son adresse & son industrie, à vaincre tous les animaux, à les dompter, à les habituer à remplir ses volontés & à satisfaire ses besoins.

Tous les zoologistes divisent les *hommes* en trois grandes races : 1°. *caucasienne* ; 2°. *mongole* ; 3°. *éthiopienne*. La première, de couleur blanche, a son centre principal en Europe ; elle s'étend dans l'Asie mineure, l'Arabie, la Perse & l'Inde, jusqu'au Gange, & en Afrique, jusqu'à la Mauritanie ; la seconde, olivâtre, s'étend sur tout le reste de l'Asie, & a son foyer, pour ainsi dire, sur le plateau de la grande Tartarie & du Thibet. Il paroît qu'elle a peuplé, originairement, l'Amérique du Nord. Enfin, la race éthiopienne, noire, qui couvre presque toute l'Afrique & quelques îles de la Nouvelle-Guinée, la terre des Papous, &c.

Indépendamment de la couleur, l'angle facial & les traits de la figure établissent une grande différence entre ces trois races. L'angle facial de la race blanche est de 85 à 90° ; celui de la race olivâtre, de 80 à 85 ; & celui de la race noire, de 75 à 80 : c'est, de toutes les faces, celle qui est la plus alongée & la plus approchante du museau des autres animaux. La race blanche a le visage ovale ; son nez est grand, droit ou aquilin, sa bouche modérément fendue ; les lèvres petites & les joues colorées. La race olivâtre a la face large, carrée, ou en losange aplatie, comprimée, le nez enfoncé, gros, écrasé à sa racine, les yeux placés obliquement & le menton très-avancé ; les cheveux noirs, droits, plats, rudes comme du crin. La race noire a le front déprimé, les cheveux laineux, les lèvres grosses & gonflées, le nez large & épaté, & les yeux ronds, à fleur de tête.

D'autres différences dans leur structure caractérisent encore ces trois races ; mais nous ne croyons pas devoir les suivre plus loin.

On divise la race blanche en plusieurs familles, qui présentent des caractères particuliers, soit dans leurs formes, soit dans leurs habitudes ; telles sont : 1°. les Arabes ; 2°. les Hindoux ; 3°. les Scythes ; 4°. les Celtiques. Chacune de ces familles est répandue sur diverses parties de la surface de la terre habitée par la race caucasienne.

La race mongole se divise en Kalmouks orientaux & occidentaux, & Mongoles du Nord ; cette dernière est remarquable par sa petite taille & ses traits grossiers & rabougris. On distingue encore parmi les Mongoles les variétés malaie & américaine.

Enfin, la race éthiopienne a trois variétés : 1°. les Nègres ; 2°. les Caffres ; 3°. les Hottentots ou Papous. Cette dernière est, de toutes les variétés de l'espèce humaine, celle qui se rapproche le plus de la brute ; maudit par son visage & ses habitudes : c'est parmi les Hottentots que se trouve la tribu des sauvages Houzouanas, dans laquelle les femmes ont d'énormes loupes graisseuses situées au croupion, ou au-dessous des muscles fessiers.

Si l'on examine la structure du globe de la terre & les couches successives qui contiennent des débris de corps organisés, on est conduit à conclure, comme dans le Genèse, que les végétaux ont existé les premiers, & long-temps après la formation du globe ; puis les animaux, & que les *hommes* ont habité la terre long-temps après les autres.

Nous n'examinerons pas comment les premiers *hommes* ont pris naissance sur la surface de la terre, s'ils sont tous enfans d'un premier *homme* ; enfin, si les trois grandes races que l'on distingue, doivent être rapportées aux enfans de Noé ; si Cham, maudit de son père, & condamné à devenir le serviteur de ses frères, étoit la tige des Africains ; le nom de *Cham*, en hébreu חם, signifie chaleur ; si Sem doit être considéré comme la souche de la race mongole, & Japhet, dont le nom s'est conservé chez les peuples de l'Occident, même dans le paganisme, est le tronc originel de la race caucasienne. Ce qu'il y a de certain, c'est que ces trois races ont de telles différences dans leur organisation, que les naturalistes éprouvent de grandes difficultés pour les faire sortir d'une souche unique.

HOMMES (Force des) ; vis hominum ; *menschisch kraft;* s. f. Force que les *hommes* déploient pendant leur vie. *Voyez* FORCE DES HOMMES.

HOMMES (Forces motrices des). Forces des *hommes* appliquées à faire mouvoir des machines, soulever des fardeaux, &c. *Voyez* FORCES MOTRICES DES HOMMES.

HOMMES INCOMBUSTIBLES. *Hommes* habitués à supporter une haute température, & auxquels on a donné le nom impropre d'*hommes incombustibles*.

On voit communément, dans les grandes villes d'Asie & d'Europe, des *hommes* qui se lavent les mains dans de l'huile très-chaude, qui marchent sur du fer rouge, qui lèchent du fer rouge avec la langue, qui passent à plusieurs fois, sur les bras & sur la jambe, 'a 'umière d'une chandelle. Ces faits extraordinaires au premier instant, peuvent être répétés facilement, en se frottant la peau, pendant plusieurs jours, avec une solution saturée d'a'un, & en prenant la précaution de ne pas laisser trop long-temps séjourner le corps chaud sur la partie touchée. *Voyez* CHALEUR ANIMALE.

HOMOCENTRIQUE, αμοκεντρος, de ομυς, semblable, κεντρον, centre; homocentrum; homocentrik; adj. Courbes qui ont un centre commun. *Voyez* CONCENTRIQUE.

HOMODROME, de ομος, semblable, δρεμω, courir; homodromum; homodrom; adj. Qui va du même côté.

HOMODROME (Levier). Levier dans lequel le poids & la puissance sont du même côté du point d'appui, & qui, par conséquent, se meuvent du même côté.

Il existe deux sortes de leviers *homodromes*: dans l'un, le poids est entre la puissance & l'appui; on appelle ce levier, *levier de la deuxième espèce*: dans l'autre, la puissance est entre le poids & l'appui; on l'appelle *levier de la troisième espèce. Voyez* LEVIER.

HOMOGÈNE, de ομος, semblable, γενος, nature; homogenum; gleich artig; adj. Tout ce qui est d'une même nature, d'une même constitution.

Un corps est *homogène* lorsque toutes les parties intégrantes sont semblables, sont de même espèce, de même nature, de même densité, & ont les mêmes propriétés. Telles sont les parties de l'eau pure; telles sont encore les parties intégrantes des métaux bien purifiés, comme l'or, l'argent, le cuivre, &c.; telles sont aussi les parties d'un rayon de lumière exactement séparées de toutes les autres, qui ont toutes la même degré de réfrangibilité, & sont toutes capables de nous faire distinguer la même couleur.

Il est peu de corps naturels organisés qui soient *homogènes*; mais il existe un grand nombre de matières qui jouissent de cette propriété: les unes sont naturelles, les autres des produits de l'art. Dans le nombre sont des corps simples, des gaz, des combustibles, des métaux; d'autres sont composés. Ainsi, le soufre, le phosphore, le diamant, l'or, l'argent, &c., sont des corps simples *homo-* gènes; le cristal d'Islande, les cristaux de baryte, de nitre, &c., sont des corps composés *homogènes*.

En algèbre, on appelle *homogène*, des quantités qui ont le même nombre de dimensions. On dit que la loi des *homogènes* est observée dans une équation algébrique, lorsque tous les termes y sont de la même dimension.

HOMOGÉNÉITÉ, s. f. Qualité de ce qui est *homogène*; c'est dans ce sens que l'on dit *homogénéité* de l'or, du quartz, du diamant, que toutes les parties de ces substances, lorsqu'elles sont pures, sont *homogènes*.

HOMOLOGUE, de ομος, semblable, λογος, raison, rapport; g eich mumig; adj. Qui a des parties, des proportions, des quantités semblables. Ainsi des lignes, des côtés de deux figures semblablement situées, qui ont des positions semblables, ou qui, dans des figures semblables, sont opposées à des angles égaux, sont *homologues*.

En géométrie, lorsque les figures sont semblables, les côtés *homologues* sont proportionnels. Il suit de-là que deux triangles équiangles ont leurs côtés *homologues* proportionnels; tous les rectangles semblables sont entr'eux comme les carrés de leurs côtés *homologues*.

HOMOMÈTRE; homometrum; homometer; s. m. Tableau de la longueur de l'ombre d'un homme, à chaque heure de la journée, selon les divers mois de l'année.

Ce cadran a un avantage particulier; c'est que l'on peut toujours, au milieu d'une campagne, éloigné de toute habitation, connoître l'heure, lorsqu'il fait du soleil: c'est un cadran portatif. Ce cadran fut imaginé par Bede, dans le seizième siècle. Il est décrit dans ses Œuvres, publiées à Bâle, en 1543.

HOMOPHONIE, ομοφονια, de ομος, semblable, φωνη, son; homophonia; homophoni; s. f. C'étoit, dans la musique grecque, cette espèce de symphonie qui se faisoit à l'unisson, par opposition à l'antiphonie, qui s'exécutoit à l'octave.

HOOKE (Robert), physicien, mathématicien & mécanicien célèbre, naquit à Frishwota, dans l'île de Wight, le 18 juillet 1635, & mourut à Londres, le 3 mars 1703.

Destiné au ministère, il reçut une éducation soignée; mais son état valétudinaire, bossu, pâle, maigre, accablé de maux de tête, l'obligea d'abandonner ses études. Livré à lui-même, il exécutoit des petits ouvrages en bois; il dessinoit.

Ayant perdu son père, il se plaça chez un peintre, suivit les leçons de l'école de Westminster, entra au collége de Christ-Church à Oxford, où il fut écolier servant de Goodman. Là, il imagina plusieurs manieres de voler. Une machine de son invention, pourvue d'ailes qui se mouvoient obliquement au moyen d'une vis, s'élevoit & se soutenoit dans les airs.

Hooke suspendit ses tentatives & se livra à l'astronomie, s'occupa du perfectionnement des pendules, en appliquant un ressort à l'arbre des balanciers. Cette invention lui a été contestée par l'abbé d'Hautefeuille & Huyghens : elle est restée à ce dernier. On doit à *Hooke* l'échappement à ancre, & celui à double balancier.

En 1658, *Hooke* fabriqua plusieurs nouveaux instrumens astronomiques ; un quart de réduction pour observer les astres, malgré le roulis du vaisseau ; une espèce de télégraphe. On lui doit une lampe conservant toujours son huile à la même hauteur ; un instrument universel pour tracer toutes sortes de cadrans ; un nouveau micromètre ; un baromètre de mer ; un instrument pour perfectionner le sens de l'ouïe ; une manière d'élever l'eau par le moyen du feu ; un barométrographe ; un instrument pour mesurer la pluie, un autre pour mesurer la vitesse du vent, &c. &c.

Il lut successivement, à la Société royale de Londres, dont il avoit été reçu membre en 1662, divers Mémoires sur la forme des molécules de l'eau ; sur la pression de ces molécules l'une sur l'autre ; sur les figures formées par la gelée, la neige & la glace ; sur la raréfaction de l'air, son élasticité, sa condensation, sa pesanteur ; sur la différence des poids de l'eau froide & de l'eau chaude ; sur celle des corps solides, à mesure qu'on les élève de terre ; sur les moyens de mesurer la chute des graves ; sur la réfraction de la glace ; sur les divers usages de la machine pneumatique. Il s'occupa de la condensation de l'esprit-de-vin ; de l'extraction de l'air contenu dans l'eau ; du rapport du mode de vibration des cordes avec leurs divers tons.

A toutes ces connoissances, *Hooke* joignit celle d'habile architecte. La ville de Londres ayant été presqu'entièrement détruite par un incendie, on préféra le plan qu'il présenta pour sa reconstruction, à celui des intendans de la ville. On lui doit également les plans de plusieurs édifices remarquables.

Plus que négligé dans sa personne, *Hooke* étoit défiant, jaloux, d'une humeur mélancolique, qu'avoient singulièrement aigri les tracasseries suscitées par ses rivaux ; mais ces défauts furent plus que compensés par ses grands talens, par ses connoissances presqu'universelles.

Quelques savans parcourent, comme *Hooke*, une grande série de branches de connoissances, & font des découvertes dans chacune de celles dont ils s'occupent ; mais il est rare qu'ils acquièrent une grande réputation. Si, au lieu de courir ainsi d'une branche de connoissances à une autre, ces mêmes hommes se fussent fixés, auroient-ils été plus utiles à l'avancement des sciences ?

Nous avons de *Hooke*, en anglais : 1°. *Essai pour expliquer les phénomènes d'une expérience de Robert Boyle*, in-4°., Londres, 1641 ; 2°. *Discours sur un instrument inventé pour faire des observations astronomiques plus exactes*, in-4°., Londres, 1661 ; 3°. *Observations sur la comète de 1664* ; 4°. *Méthode pour mesurer la terre*, 1685 ; 5°. *Micrographie ou description physiologique des plus petits corps*, in-fol. ; Londres, 1665-1667 ; 6°. *Tentatives pour prouver le mouvement de la terre*, in-4°., Londres, 1674 ; 7°. *Remarques sur la première partie de la machine céleste*, 1674 ; 8°. *Traité des hélioscopes*, Londres, 1676 ; 9°. *Sectione cotleriana*, in-4°., Londres, 1678-1679 ; 10°. *Description de quelques perfectionnemens mécaniques sur des lampes & les poids à peser l'eau*, in-fol., Londres, 1705.

HORAIRE, de ωρα, *heure* ; horarius ; *stundlich* ; adj. Qui a rapport aux heures.

HORAIRE (Angle). Angle au pôle, formé par le cercle *horaire* & par le méridien du lieu : cet angle est de 15°. en une heure, & de 30°. en deux heures.

HORAIRE (Cercle) ; circulus horarii ; *stunder kreise* ; s. m. Cercles qui passent par les pôles du monde, & qui, par leur distance du méridien, marquent les heures. *Voyez* CERCLES HORAIRES.

HORAIRES BABYLONIQUES (Cercles). Cercles qui déterminent les heures babyloniques & italiques, que l'on commence à compter de l'horizon. *Voyez* HEURES BABYLONIQUES.

HORAIRE (Mouvement). Quantité dont un astre varie en une heure, soit en latitude, soit en longitude.

Les astronomes ont fait des tables du *mouvement horaire* de la lune, où sont renfermées toutes les inégalités dont ce mouvement est susceptible, soit à raison de l'excentricité de l'orbite lunaire, soit à cause de l'attraction du soleil. *Voyez* MOUVEMENT HORAIRE, MOUVEMENT DE LA LUNE.

HORAIRE (Parallaxe). Parallaxe que l'on observe au moyen du changement qu'elle cause dans l'ascension droite d'une planète, telle que Mars ou la Lune. *Voyez* PARALLAXE HORAIRE.

HORDEINE, de hordeum, *orge* ; s. f. Substance ligneuse, en poudre jaune, sèche, grenue, insoluble dans l'eau, que l'on trouve dans la farine d'orge.

Cette substance, dont on doit la découverte à M. Proust, forme les 0,55 de la farine d'orge : elle remplace l'amidon. Il paroît que c'est à l'*hordeine* que le pain d'orge doit ses propriétés & sa grande infériorité sur les autres espèces de pain.

On obtient l'*hordeine* en lavant à l'eau froide, puis faisant bouillir dans l'eau la farine d'orge ; on enlève, par ce moyen, tous les principes solubles dans l'eau, tels que l'amidon, les matières gommeuses & fucrées : l'*hordeine* reste insoluble.

A l'analyse, l'*hordeine* n'offre rien qui la distingue des autres tissus ligneux, dont l'azote ne fait pas partie.

HORIZON, ὁρίζον, de ὁρίζω, borne ; *circulus finitor ; horizon ; horizont geschts kreis ; f. m.* Ce qui termine la vue sur la surface de la mer, ou dans une vaste plaine.

On distingue plusieurs sortes d'*horizon* : nous allons les examiner successivement.

HORIZON ASTRONOMIQUE. C'est l'un des grands cercles immobiles de la sphère R P A H S B, *fig.* 884, qui, pour chaque lieu de la terre, sépare la partie visible du ciel de celle qui ne l'est pas, & dont chaque point de la circonférence est éloigné de 90° du zénith & du nadir.

Ce cercle divise les cieux en deux parties ou hémisphères, dont l'une est appelée hémisphère supérieur ou visible, & l'autre hémisphère inférieur ou invisible. *Voyez* HÉMISPHÈRE SUPÉRIEUR, HÉMISPHÈRE INFÉRIEUR.

Il suit de cette définition, que l'*horizon* est différent pour tous les points de la surface de la terre : on en peut compter autant qu'il y a de positions sur le globe terrestre ; chaque pays, chaque observateur a le sien : ainsi nous changeons d'*horizon* à chaque pas que nous faisons, dans quelque direction que ce soit.

Si l'on conçoit une ligne droite, perpendiculaire à l'*horizon*, qui passe par le centre de la terre & qui soit prolongée de part & d'autre jusqu'à la concavité du ciel, cette ligne pourra être regardée comme l'axe de l'*horizon*, & ses deux extrémités aboutiront, l'une au nadir, l'autre au zénith : ces extrémités peuvent être regardées comme les deux pôles de l'*horizon. Voyez* ZÉNITH, NADIR.

C'est sur l'*horizon* que se compte l'amplitude des astres. *Voyez* AMPLITUDE.

HORIZON BORNÉ. Etendue de la surface de la terre que le spectateur découvre du point où il est placé. L'*horizon* est borné lorsque cette étendue est peu considérable.

HORIZON CÉLESTE. Plan du grand cercle céleste qui passe par le centre de la terre, & qui est perpendiculaire à la normale menée du point où se trouve le spectateur ; ce cercle coupe la sphère céleste en deux hémisphères. *Voyez* HORIZON ASTRONOMIQUE.

HORIZON ÉTENDU. Toute la partie de la surface de la terre que découvre le spectateur du

point où il est placé. L'*horizon* est étendu lorsque la vue peut s'étendre fort loin, & que des obstacles ne s'opposent pas à ce que l'on puisse découvrir à une grande distance.

Sur mer & dans de vastes plaines, l'*horizon* est très étendu, parce qu'aucun objet n'arrête la vue.

HORIZON GÉOGRAPHIQUE. Grand cercle terrestre, dont le plan passe par le centre de la terre, perpendiculairement à la normale qui passe par la position du spectateur : ce cercle divise le globe terrestre en deux hémisphères.

On sait, par expérience, que la gravitation s'exerce sur toutes les parties de la surface de la terre, dans une direction perpendiculaire au plan de l'*horizon*.

Il existe, sur la surface de la terre, autant d'*horizons* qu'il y a de positions. *Voyez* HORIZON ASTRONOMIQUE.

HORIZON RATIONNEL. Plan du grand cercle qui divise la terre & les cieux en deux hémisphères égaux, qui passent par le centre de la terre, & qui est perpendiculaire à la normale menée de la position du spectateur. *Voyez* HORIZON ASTRONOMIQUE.

HORIZON SENSIBLE. Etendue de la terre & des cieux qui termine la vue.

Cet *horizon* est formé par un grand cercle parallèle au plan de l'*horizon* rationnel (*voyez* HORIZON RATIONNEL) ; il partage la terre & les cieux en deux parties inégales, dont la supérieure est la plus petite.

Supposons un spectateur placé en S, *fig.* 924, & qui, à cause de la rotondité de la terre, ne peut apercevoir les objets terrestres que jusqu'en B, & à une distance à peu près égale tout autour de lui. Ce cercle, tout petit qu'il est, lui paroîtra toucher le ciel en H, parce qu'il ne s'aperçoit pas de la distance qu'il y a de B en H, quoiqu'elle soit immense ; de sorte que la ligne H H représente le diamètre de son *horizon* sensible, qui, comme on le voit, divise la terre & les cieux en deux parties inégales. Mais lorsqu'il s'agit des astres, le rayon de la terre C S n'est, pour ainsi dire, qu'un point en comparaison de la distance qu'il y a entre les astres & nous : ce qui fait que l'*horizon* sensible, dans le ciel, ne diffère pas de l'*horizon* rationnel d'une manière apparente.

HORIZON VISUEL. Portion du ciel & de la terre que chaque spectateur aperçoit. *Voyez* HORIZON SENSIBLE.

HORIZON VRAI. Portion du ciel & de la terre

que chaque spectateur aperçoit. *Voyez* HORIZON SENSIBLE.

HORIZONTAL. Même origine qu'*horizon*; horizontale; *wasser gleich*, *wagrecht-horizon*; adj. Ce qui est de niveau, parallèle à l'*horizon*, qui n'est point incliné sur l'*horizon*, qui se rapproche de l'*horizon*.

HORIZONTAL (Cadran). Cadran décrit sur un plan parallèle à l'*horizon* du lieu sur lequel il est construit, & dont le style est dans la direction de l'axe de la terre. *Voy.* CADRAN HORIZONTAL.

HORIZONTAL (Diamètre). C'est le plus grand diamètre apparent.

HORIZONTALE (Ligne). C'est, en perspective & en peinture, une ligne droite tirée du point de vue, parallèlement à l'*horizon* de la perspective ou du tableau, ou à l'intersection du plan du tableau avec le plan *horizontal*.

La position de la *ligne horizontale* d'un tableau ou d'une perspective n'est pas indifférente; elle doit dépendre, absolument, de la position dans laquel on suppose le spectateur, par rapport aux objets. Plus haute, on fait voir les objets trop par-dessus; plus basse, on les fait voir trop par-dessous.

HORIZONTALE (Parallaxe). C'est la plus grande de toutes les parallaxes. *Voyez* PARALLAXE.

HORIZONTAL (Plan). Plan parallèle à l'*horizon* du lieu.

En arpentage, c'est le plan auquel on rapporte ordinairement un grand nivellement.

En perspective, c'est un plan qui passe par l'œil du spectateur, qui est parallèle à l'*horizon*, & qui coupe le plan du tableau à angle droit. *Voyez* PERSPECTIVE.

HORIZONTALE (Réfraction). Réfraction du rayon de lumière à l'*horizon*. *Voyez* RÉFRACTION HORIZONTALE.

HORLOGE, ωρολογίον, de ωρα, heure, λογιο, annonce; horologium; *uhr*; s. f. Machine qui a le principe de son mouvement en elle-même, qui sert à mesurer le temps, à marquer & à faire connoître les heures.

On peut facilement se former l'idée de la construction d'une horloge par la *fig*. 925.

En effet, soit P *p* un pendule, qui oscille sur le point *p*, que sur l'axe d'oscillation soit fixé un échappement E *e*, lequel engrène dans une roue dentée S *s*, qui a trente dents. A chaque oscillation du pendule, une dent s'échappe alternativement de chaque côté, de manière qu'après soixante

oscillations, la roue S *s* a fait un tour entier, & ce tour a été fait en 60 secondes ou une minute, si le pendule bat les secondes. Ainsi, en plaçant une aiguille sur l'axe A de cette roue, cette aiguille marquera les secondes.

Que l'on fixe sur le même axe A, une nouvelle roue dentée *m m*, contenant cinq dents; que sur un autre axe *a* on fixe une roue dentée M M, contenant trois cents dents qui s'engrènent dans celle de la première, il en résultera, qu'à chaque tour de l'axe A, il y aura cinq dents d'échappées de la grande roue M M, & conséquemment, après soixante tours de l'axe A, la roue M M aura fait un tour entier; & comme la durée de la révolution de l'axe A est d'une minute, la roue M M fera un tour entier en 60 minutes ou une heure : si donc on place une aiguille sur l'axe *a*, cette aiguille marquera les minutes.

Soit également fixée sur l'axe *a* une nouvelle roue dentée *h h*, contenant cinq dents, sur laquelle s'engrène une autre roue H H contenant soixante dents. A chaque tour de l'axe *a*, cinq dents s'échapperont de la grande roue H H; d'où il suit qu'il faudra douze révolutions de l'axe *a* pour obtenir un tour entier de la roue H H; & comme l'axe *a* fait sa révolution en une heure, la roue H H fera la sienne en douze heures : si donc on place sur l'axe *a* une aiguille, celle-ci marquera les heures.

Il est facile de concevoir que si l'on fixoit également sur l'axe *a* une roue dentée à cinq dents, & qu'on la fît engrener dans une roue qui eût trois cents dents, que celle-ci feroit sa révolution en trente jours, & qu'une aiguille placée sur l'axe indiqueroit les jours.

Nous ne pousserons pas plus loin les effets que l'on peut obtenir d'une pareille *horloge*, ni comment on pourroit faire marquer les heures, le cours de la lune & celui du soleil. Ce sont des problèmes que nous croyons devoir laisser résoudre à nos lecteurs.

Comme le mouvement que l'on a imprimé originairement au pendule diminue continuellement par l'action de la résistance de l'air réunie à celle du frottement de toutes les parties de la machine, bientôt le mouvement cesse. Pour faire continuer le mouvement, il est nécessaire d'appliquer au mécanisme une force qui renouvelle continuellement celle qui fait osciller le pendule : on a d'abord fixé sur l'un des axes des rouages des *horloges*, une roue à gorge, autour de laquelle étoit une corde qui suspendoit deux poids inégaux F *f*. Le plus fort F entraîne l'axe dans la direction du mouvement, & par l'effort qu'il produit & qui se communique à l'échappement du pendule, la résistance & les frottemens sont vaincus, le mouvement se continue.

Toutes les *horloges* ne sont pas aussi simples que celle que nous venons de présenter; la dif-position des aiguilles & le grand diamètre des roues MM & HH, qui font leurs révolutions en une heure & en une demi-journée, exigent un autre arrangement & une autre distribution des rouages. C'est cette distribution qui augmente le nombre des engrenages, & qui fait paroître, au premier aspect, les *horloges* aussi composées.

Toutes les connoissances des Anciens, pour mesurer le temps, se réduisoient à faire usage de l'écoulement uniforme d'un liquide ou d'une poussière extrêmement fine. *Voyez* CLEPSYDRES, SABLIERS.

Quelques personnes font remonter à l'an 513, l'invention des machines à rouages avec lesquelles on mesure le temps; elles prétendent que Trimolcien possédoit à Rome, à cette époque, une *horloge* à rouages; mais ce n'est que dans le huitième siècle que les *horloges* furent véritablement connues. Le pape Paul fit présent à Pepin-le-Bref d'une *horloge* à rouages vers l'an 760, & cette machine fut regardée alors comme une chose unique.

Environ cinquante ans après, le calife Aaron-Raschild en envoya une pareille à Charlemagne.

Bientôt les Italiens imitèrent les *horloges* à roues, & la gloire en est due à Pacificus, archidiacre de Vérone, mort en 826.

Au commencement du quatorzième siècle, on vit à Londres l'*horloge* de Wolingford, bénédictin anglais, & bientôt après parut celle de Jacques Dondis, né à Padoue; l'aiguille marquoit, outre les heures, le cours annuel du soleil, suivant les douze signes du zodiaque, avec le cours des planètes.

Ces deux machines à mesurer le temps éveillèrent l'industrie, & l'on ne vit, dans toutes les parties de l'Empire, que des *horloges* à contrepoids & à sonneries; ce fut peu après, en l'an 1370, que Charles V fit venir d'Allemagne Henri de Vic, qui fit l'*horloge* du Palais, à Paris.

Vers l'an 1550, la mécanique des grosses *horloges* se perfectionna partout; quelque temps après, parurent les *horloges* d'appartement; & ensuite les montres, pour lesquelles on imagina le ressort spiral qui remplace le poids.

Huyghens apporta un nouveau degré de perfectionnement, en appliquant le pendule aux *horloges* (*voyez* PENDULE). Cette invention donna lieu aux sous-divisions du temps en minutes & en secondes. On imagina ensuite les *horloges* à réveil, celles qui marquent les quantièmes du mois, les années, les phases de la lune, le lever & le coucher du soleil, les *horloges* à répétition; enfin, les *horloges* & les montres à équation.

HORLOGES ASTRONOMIQUES. Machines employées par les astronomes pour connoître l'heure du commencement d'une observation, & sa durée.

Pour connoître le temps vrai d'une observa-tion, l'on n'avoit, anciennement, d'autre moyen que d'observer la hauteur du soleil ou d'une étoile. Depuis 1500, jusqu'en 1659, Walterus, Tycho-Brahé, Hevelius, employèrent, pour vérifier leurs calculs, les meilleures *horloges* de leur temps; Galilée aperçut la propriété du pendule, que les Arabes connoissoient avant lui, & Huyghens imagina de l'appliquer aux *horloges* en 1636 : alors les astronomes se servirent, dans leurs observations, d'*horloges* avec des pendules qui battent les secondes. L'usage de cette machine se continue encore.

HORLOGE D'EAU. Machine avec laquelle on détermine l'heure par la quantité d'eau qui s'est écoulée.

HORLOGE DE FLORE. Table qui indique l'heure à laquelle les plantes s'ouvrent ou s'éveillent, ou se tournent vers le soleil, ainsi que celle à laquelle elles se ferment & paroissent s'endormir.

HORLOGE (Equation de l'.). Différence entre l'heure du temps moyen qui nous est marquée par une *horloge* bien réglée, & l'heure du temps vrai qui nous est indiquée par un cadran solaire. *Vo.* EQUATION DE L'HORLOGE.

HORLOGE DE SABLE. Espèce d'ampoules de verre accouplées, dans lesquelles on place un sable très-fin qui coule de l'une dans l'autre. On mesure le temps par celui de l'écoulement du sable. *Voyez* SABLIER.

HORLOGES MARINES. *Horloges* faites avec une extrême précision pour mesurer les longitudes en mer.

On appelle *longitude*, la distance angulaire d'un méridien à un autre. Cette distance peut être mesurée en degrés ou en heures, à 15 au degré. Il suit de-là que, si l'on peut savoir exactement quel intervalle de temps s'écoule entre le passage des deux méridiens sous le soleil; on aura leur intervalle en temps, & conséquemment en degrés.

Pour obtenir ce résultat, il suffit d'avoir une bonne *horloge*, dont le mouvement soit invariable, & que l'on règle sur un méridien. Observant la hauteur du soleil sur un méridien quelconque, & remarquant sur le méridien du lieu & sur l'*horloge*, l'heure de cette observation, on a, par la différence des heures, l'heure en temps, & conséquemment la distance angulaire des deux méridiens; donc la longitude (*voyez* LONGITUDE). Les *horloges* susceptibles de ce grand degré de précision & d'exactitude se nomment *horloges marines*.

Hardouin, Arnold & Kendal, en Angleterre, ont exécuté des *horloges* qui marquoient l'heure moyenne avec une assez grande précision pour servir à mesurer les longitudes. Le Roy, Berthoud & M. Breguet, en France, en ont fait & en font également d'une grande exactitude. De Verdun, Pingré, de Borda, Kergelon, de Rosnevet, Chabert & le fameux capitaine Cook, ont fait usage de celles de Berthoud & de le Roy; ils les ont trouvées d'une exactitude surprenante.

HORLOGE SOLAIRE. Instrument avec lequel on connoît l'heure par la direction & la longueur de l'ombre du soleil. *Voyez* CADRAN.

HORLOGE; *horologium*; *uhr*; f. f. Constellation de la partie australe du ciel, placée au-dessous de la tête de l'hydre mâle, entre l'extrémité méridionale de l'Éridan & le réticule rhomboïde.

C'est une des quatorze nouvelles constellations formées par l'abbé de la Caille, d'après les observations qu'il a faites pendant son séjour au Cap de Bonne-Espérance : sa figure est celle d'une *horloge* à pendule & à secondes.

On ne voit jamais cette constellation sur notre horizon; les étoiles qui la composent ont une déclinaison méridienne trop grande pour pouvoir jamais se lever pour nous. La principale étoile de l'*horloge* est de la cinquième grandeur.

HORODICTIQUE, de ωρα, *heure*, dicto, *dicter*; horodictum; *horodiktik*; f. m. Instrument qui sert à trouver l'heure.

HOROGRAPHIE, de ωρα, *heure*, γραφω, *décrire*; horographia; *horographi*; f. f. Art de faire des cadrans solaires & de les tracer. *Voyez* GNOMONIQUE.

HOROLOGIOGRAPHIE, de ωρολογιον, *horloge*, γραφω, *décrire*; horologiographia; *horologiographi*; f. f. Art de faire des cadrans solaires. *Voyez* GNOMONIQUE.

Un ouvrage sur la construction des cadrans, publié par le P. de la Magdelaine, feuillant, porte ce titre.

HOROMÉTRIE, de ωρα, *heure*, μετρον, *mesure*; horometria; *horometri*; f. f. Art de mesurer ou de diviser les heures, & de tenir compte du temps.

HOROPTÈRE, de ορος, *limite*, οπτης, *qui voit*; horoptera; *horopter*; f. f. Limite de la vue distincte.

C'est une ligne droite A B, *fig.* 916, tirée par le point de concours G des deux axes optiques, parallèlement à la ligne H I, tirée du centre d'un œil au centre de l'autre. *Voyez* AXE OPTIQUE.

On appelle cette ligne *horoptère*, parce qu'on a crû, d'après quelques expériences, qu'elle étoit la limite de la vision distincte. *Voyez* VISION.

Quelques auteurs d'optique, comme le P. Aquilon, jésuite, se sont servis de l'*horoptère* pour expliquer la cause qui fait quelquefois paroître les objets doubles. Ils prétendent que toutes les fois qu'un objet est hors du plan de l'*horoptère*, il doit paroître double, parce que, selon ces auteurs, c'est à l'*horoptère* qu'on rapporte toujours les objets que l'on voit; de sorte que les objets paroissent simples lorsqu'ils sont placés dans l'*horoptère*, & doubles lorsqu'ils n'y sont pas. Nous discuterons cette explication au mot VISION DOUBLE.

HOROSCOPE, de ωρα, *heure*, σκοπεω, *considérer*; horoscopus; *planeten lesen*; f. f. Point de l'écliptique situé dans l'horizon au moment d'une nativité.

Ce point de l'*horoscope* est le point ascendant, éloigné de 90° de celui que les astronomes appellent *nonagésime*, & dont on se sert pour calculer les parallaxes des éclipses.

Le point de l'*horoscope* étoit regardé, par les astrologues, comme le point le plus important du thème céleste; voilà pourquoi l'on disoit lire l'*horoscope*, pour dire, dresser le thème de la nativité d'une personne, ou l'état du ciel pour le moment de sa naissance (*voyez* MAISON, THÈME CÉLESTE); d'où les astrologues prétendent juger de ce qui doit arriver dans la vie.

HORREUR; φρικη; horror; *entsetzen*; f. f. Mouvement de l'ame, causé par quelque chose d'affreux ou de terrible, & qui est ordinairement accompagné de frémissement & de crainte.

HORREUR DU VIDE. Expression vide de sens, par laquelle les anciens physiciens vouloient désigner la prétendue *horreur* que la nature avoit pour le vide.

On se servoit de ce principe imaginaire pour rendre raison de l'ascension de l'eau dans les pompes aspirantes, & de plusieurs autres phénomènes semblables. On disoit : l'eau monte dans les pompes aspirantes, parce que la nature a *horreur du vide*.

Dès que l'on se fut assuré que l'eau ne s'élevoit dans les pompes qu'à la hauteur de trente-deux pieds, on éprouva de l'embarras pour expliquer cette limite : alors on en vint jusqu'à ce point d'absurdité, de dire que la nature n'avoit *horreur du vide* que jusqu'à la hauteur de trente-deux pieds.

Mais Galilée, qui avoit observé le fait, y soupçonna une autre cause. Il fit part de son soupçon à Torricelli, son disciple, qui fit voir, peu de temps après, que le mercure ne s'élevoit, dans les tuyaux, qu'à la hauteur de vingt sept à vingt-huit pouces; & comme il auroit été trop ridicule de dire que la nature avoit *horreur du vide* pour l'eau jusqu'à trente-deux pieds, & pour le mereure jusqu'à vingt-huit pouces seulement, on abandonna totalement l'*horreur du vide*, & on regarda ce résultat comme un fait d'équilibre. Bientôt après, Pascal démontra, dans son *Traité de l'équilibre des liqueurs*, que tous ces effets étoient produits par la pression de l'air. *Voyez* VIDE, TUBE DE TORRICELLI.

HORRIPILATION, de *horrere*, *avoir peur*, *frissonner* ; *pilus*, *poil*, *agere*, *faire* ; *horripilatio* ; *horripilation* ; s. f. Action de faire dresser le poil par la peur ; avoir le poil hérissé.

Cette action du redressement des poils, surtout ceux de la tête, par la frayeur, a lieu pour l'homme comme pour tous les autres animaux. Ces derniers ont le mouvement des poils beaucoup plus facile ; ils les hérissent lorsqu'ils entrent en fureur par une provocation hostile. Ce mouvement provient d'une couche musculeuse très-étendue, qui est immédiatement placée sous le derme, & qu'on nomme *panniculé charnue* : il est dans les animaux, comme le hérisson, chez lesquels cette puissance motrice est très-forte, puisqu'ils élèvent les nombreux aiguillons dont leur peau est armée.

HOUACHE, du hollandais *weigh*. Sillage d'un vaisseau, ou la trace, le bouillonnement en tourbillons, que laisse après lui, dans la direction de sa route, un vaisseau qui marche.

C'est l'effet de l'agitation des eaux qui cherchent à reprendre leur niveau, & à remplir le vide qu'y a fait le vaisseau en avançant dans l'espace. *Voyez* SILLAGE.

HOUILLE, du flamand *kolle* ; *carbo fossilis* ; *steinkohl* ; s. f. Combustible que l'on trouve par couches dans les entrailles de la terre, & que l'on connoissoit anciennement sous le nom de *charbon de terre*.

Ce combustible est solide, opaque, noir, plus ou moins brillant, insipide, quelquefois friable ; sa densité moyenne est de 1,3. Il brûle avec assez de facilité ; sa flamme est blanche, sa fumée est noire, & l'odeur qui s'en dégage n'a rien de piquant, comme dans la fumée du bois.

On obtient, par la distillation de la *houille*, de l'eau, de l'huile empyreumatique, mêlée de goudron & d'ammoniaque, & du gaz hydrogène carboné ; il reste dans la cornue une matière charbonneuse, à laquelle on donne le nom de *coack*, ou mieux, de *charbon de houille*. Le charbon brûlé produit de l'acide carbonique & de l'oxide de carbone ; il reste des terres & de l'oxide de fer. Les proportions de ces substances varient avec la qualité des *houilles*.

Exposées à l'action de l'air, les *houilles* & les charbons de *houille* se pénétrent d'humidité comme les charbons de bois.

Les *houilles* sont divisées en trois classes : 1°. *houilles sèches* ; 2°. *houilles maigres* ; 3°. *houil-* les *grasses*. Les premières ne donnent aucuns produits à la distillation ; elles brûlent avec une telle difficulté, que Dolomieu leur avoit donné le nom d'*antrachite*. Les secondes donnent un peu de bitume & de gaz hydrogène à la distillation ; elles brûlent tranquillement, sans augmenter de volume. Les troisièmes tenent au feu, s'agglutinent, produisent beaucoup de bitume en les distillant : on obtient de cette dernière *houille* un charbon spongieux qui est employé avec un grand avantage dans la fabrication du fer.

De ces trois espèces, celle que l'on préfère, soit pour le chauffage, soit pour les usines, c'est la *houille grasse*.

Pour le chauffage, l'usage de la *houille* a éprouvé beaucoup de résistance ; l'odeur qu'elle exhale & la fumée noire qu'elle répand, en sont la principale cause. On l'a d'abord regardée comme malsaine. Les Anglais vouloient en exclure l'emploi dans la ville de Londres. Une pétition avoit été présentée au Parlement pour cet objet ; mais le défaut de combustible en bois, a forcé ces fiers insulaires à brûler de la *houille*, & maintenant il est rare que l'on brûle d'autre combustible.

On a d'abord supposé que ce combustible étoit malsain ; l'usage a prouvé le contraire : alors on l'a trouvé plus salubre, parce que la *houille* exigeant un plus grand courant d'air pour brûler, renouvelle beaucoup mieux celui des appartemens ; on a même prétendu que son odeur étoit favorable aux personnes attaquées du foie. Quelques médecins français annoncent aujourd'hui que les vapeurs que répand ce combustible en brûlant, sont la cause de la consomption & de la phthisie pulmonaire, si communes à Londres. Cependant ces deux maladies n'existent pas en France, dans les villes où l'on ne brûle absolument que ce seul combustible. Hoffmann affirme, de son côté, que ce combustible purifie l'air, lui donne du ressort, & que dans la ville de Halle, en Saxe, la phthisie, qui y étoit très-commune, disparut lorsque l'on adopta l'usage de la *houille*.

Que croire de toutes ces opinions contradictoires ? Qu'en ceci les hommes ont suivi la marche dont ils ne s'écartent jamais, celle d'attribuer constamment, à l'usage des choses auxquelles ils ne sont pas habitués, les maux & les biens dont ils ne peuvent connoître les causes ; mais ce qu'il y a de positif, c'est que le carbone, vaporisé en nature, pendant la combustion, noircit & salit les corps que sa fumée peut toucher ; qu'il se dépose de toute part une poussière fine & légère qui pénètre par les plus petites ouvertures, & qu'il faut beaucoup plus de soin & d'attention pour se maintenir blanchement & proprement, dans les villes où l'on brûle de la *houille*, que dans les autres.

HOULE, mot celte, fait par onomatopée ; s. f. Mouvement des eaux de la mer.

Ce mot s'applique principalement & exprime particulièrement l'élévation sourde des vagues, qui subsiste à la suite d'un gros vent, lors même que ce vent est changé.

HOULEUX, adjectif de *houle*. La mer est *houleuse*, lorsqu'elle est élevée & agitée par de grosses lames longues & sans brisans.

HOURAGAN, de l'indien *uracan*, de l'espagnol *huracan*. Les quatre vents joints ensemble, & soufflant l'un contre l'autre. Tempête orageuse, pluvieuse, & terrible par la force des vents qui changent à chaque instant: *Voyez* OURAGAN.

HUILE; ἔλαιον; oleum; œle; s. f. Liqueur grasse, onctueuse, qui se tire des substances végétales, animales ou minérales; soit par la simple pression, soit par le moyen du feu.

On divise ordinairement les *huiles* en deux grandes classes: les premières sont visqueuses ou presqu'insipides; on les nomme *huiles grasses, douces* ou *fixes*: les secondes sont presque sans viscosité, caustiques & volatiles; on les nomme *huiles volatiles, huiles essentielles*, & on leur donne quelquefois le nom d'*essence*. Nous allons faire connoître quelques-unes de ces *huiles*, ainsi que les propriétés qui les caractérisent.

HUILE ANIMALE; oleum animale. *Huile* retirée de diverses parties des animaux; tels sont les abatis des animaux, & de la graisse de plusieurs espèces de poissons. *Voyez* HUILE DE PIED DE BŒUF, HUILE DE POISSON.

On obtient également une *huile* animale brune, épaisse, charbonneuse, fétide, en distillant les matières animales.

HUILE DE CACAO. *Huile* concrète, d'un blanc jaunâtre, d'une saveur douce & agréable, d'une odeur particulière, & qui est contenue dans les semences de cacao.

On l'obtient en broyant les graines de cacao & les mettant dans l'eau bouillante; l'*huile* se fond & s'élève à la surface: on l'enlève & on la coule dans des moules.

Comme cette *huile* conserve l'état solide à la température ordinaire, on lui donne communément le nom de *beurre de cacao*.

HUILE DE CAMPHRE. Substance d'un aspect oléagineux, que l'on obtient en dissolvant, à une douce chaleur, le camphre par l'acide nitrique.

Cette substance, qui n'est point une *huile*, se décompose instantanément par l'action de l'eau.

HUILE DE DIPPEL. *Huile* légère, blanche & incolore, obtenue par Dippel, en distillant l'*huile* brune animale.

HUILE DE JAUNE D'ŒUF. Liquide oléagineux, extrait du jaune d'œuf, par la coction & l'expression.

Cette *huile* est limpide, d'un jaune orangé, d'une odeur agréable, très-douce au goût; elle contient 0,91 d'*huile*, & 0,09 d'une matière concrète, analogue au suif de mouton.

HUILE DE NAPHTE. Liquide transparent, que l'on recueille abondamment sur les bords de la mer Caspienne.

Cette *huile*, ou bitume, est d'un blanc légèrement jaunâtre, d'une odeur forte, tenant de l'essence de térébenthine, pesant spécifiquement 0,80 au plus, combustible au point de prendre feu par la présence d'un corps enflammé, placé à peu de distance de lui.

HUILE DE NOIX MUSCADE. Substance concrète, fusible, que l'on retire de la noix muscade, & à laquelle on donne également le nom de *beurre*.

L'*huile de noix muscade* est d'une couleur tirant sur le rouge, d'une consistance assez ferme, d'une odeur extrêmement agréable, contenant un peu d'*huile essentielle*.

On l'extrait en pilant, dans un mortier de fer, des noix du *myristica moschata*, y ajoutant un peu d'eau bouillante lorsqu'elles sont en pâte, les plaçant dans un sac de coutil, entre deux plaques chaudes, & les soumettant à une forte pression.

HUILE DE PÉTROLE. Liquide gras qui s'écoule avec l'eau, en Auvergne & dans divers pays. On la recueille sur l'eau qu'elle surnage: on lui donne également le nom de *bitume*.

Cette *huile* est brun-noirâtre, presqu'opaque, d'une odeur forte & tenace, onctueuse au toucher, laissant un foible résidu en brûlant, donnant, à la distillation, une *huile* semblable à celle de naphte: sa densité est de 0,854.

Elle sert à l'éclairage, remplace le goudron: on l'emploie en médecine.

HUILE DE PIED DE BŒUF. Graisse liquide que l'on obtient des abatis de divers animaux.

Cette *huile* est jaune, inodore, ne s'épaissit & ne se fixe que difficilement.

On l'obtient en faisant bouillir les abatis des animaux, & principalement les pieds de bœufs, séparés de leurs cornes. L'*huile* se rassemble sur la liqueur, on l'enlève, & on la met dans de grands réservoirs, où elle se dépure par le repos.

Quant à son usage, cette *huile* est fort recherchée dans les arts, à cause de la propriété qu'elle a de se durcir difficilement. Avant que l'on eût trouvé le moyen d'épurer les *huiles* grasses, & en particulier celles de graines & de poissons, on en faisoit un grand usage dans l'éclairage; maintenant l'*huile de pied de bœuf* est employée pour le grais-
sage

fage des mécaniques : on s'en fert auffi comme aliment dans l'économie domeftique, & particuliérement pour faire des fritures.

Huile de poisson. Graiffe fluide, blanche, ou d'un brun-rougeâtre, d'une odeur défagréable, qu'on retire de plufieurs poiffons de mer, & furtout des cétacés.

On obtient cette *huile* animale en faifant fondre la matière graffe, la coulant à travers une toile, dans des tonneaux, & la féparant, par la décantation, d'une matière blanche qu'elle laiffe dépofer par le refroidiffement : cette matière eft le blanc de baleine.

Huile détonante. Combinaifon de chlore & d'azote, qui prend une forme *huileufe*, & qui a la propriété de détoner.

M. Dulong, qui a le premier aperçu cette fubftance, & qui a failli en être victime, l'obtient en faifant paffer un courant de gaz oximuriatique dans une diffolution étendue d'un fel ammoniacal quelconque. Pendant le cours de l'opération, il fe dégage un gaz, dont les propriétés varient en raifon de la température ou de la rapidité avec laquelle le gaz traverfe la folution. Il fe forme fur la furface de la folution, une large pellicule *huileufe*, qui fe raffemble en globules & tombe au fond du vafe.

Sa couleur eft celle de la cire d'abeille ; elle eft très-fluide ; fa denfité eft d'environ 1,6. Cette *huile* s'évapore prefqu'inftantanément, quand elle eft expofée à l'air ; alors elle répand une odeur particulière & pénétrante, qui affecte les yeux d'une manière pénible, & produit l'effufion des larmes. M. Davy la croit compofée de trois parties de chlore & une d'azote condenfé.

Cette finguliére fubftance s'évapore avec une grande facilité ; elle détone, d'après M. Davy, à une température de 93° centigrades, environ, & d'après M. Dulong, à une température de 30 à 33°. M. Davy annonce, que quoique le réfultat de plus de deux-cents expériences fut, que ce compofé ne détone pas fans le contact d'une fubftance combuftible, ou à une température au-deffous de 93°, il a cependant eu trois explofions, dont il n'a pu connoître la caufe ; ce compofé étant alors en contact avec de l'eau froide ; c'eft pourquoi il recommande de porter toujours un mafque fur la figure & des gants aux mains, lorfqu'on fait des expériences avec cette *huile*.

Huile de vitriol. Acide compofé de foufre, d'oxigène & d'eau. Cette dénomination eft impropre ; c'étoit le nom que les anciens chimiftes donnoient à l'acide fulfurique, à caufe de fon onctuofité. *Voyez* Acide sulfurique.

Huile d'œillet. Liquide obtenu par expreffion de la graine de pavot. *Voyez* Huiles grasses.

Cette *huile* eft d'un blanc-jaunâtre, peu vifqueufe, inodore, d'une légère faveur d'amande, liquide à zéro & ficcative.

On l'emploie, dans fon état naturel, dans l'éclairage & comme aliment. Quelquefois on la mêle avec l'*huile* d'olive ; ce que l'on peut reconnoître ; parce qu'elle retarde fa congélation. *Voyez* Huile d'olive.

Huile d'olive. Liqueur onctueufe que l'on retire de la pulpe des olives.

Cette *huile* eft plus ou moins colorée en jaune, ou jaune-verdâtre, légèrement odorante & folide à la température de +10°.

On l'extrait en exprimant à froid les olives les plus mûres & non fermentées ; ou en laiffant fermenter les olives & les comprimant enfuite. La première, qu'on nomme *huile vierge*, eft ordinairement peu colorée & d'une odeur agréable ; la feconde eft d'une mauvaife qualité : elle contient plufieurs matières étrangères, qui troublent fa tranfparence pendant quelque temps.

Il exifte une troifième *huile*, que l'on nomme *commune*, & que l'on extrait en délayant, dans l'eau bouillante, la pulpe des olives dont on a féparé l'*huile vierge*, & qui, en raifon de fa légèreté, fe raffemble à fa furface. Cette *huile* fe rancit facilement ; elle eft toujours colorée en jaune.

Huile douce. Liqueur vifqueufe, fade ou prefqu'infipide. *Voyez* Huiles grasses.

Huile douce du vin *Huile* obtenue en diftillant de l'alcool & de l'acide fulfurique concentré pour former de l'éther fulfurique.

Cette *huile douce du vin* eft obtenue en petite quantité avec de l'acide acéteux, fur la fin de la diftillation.

Huile empyreumatique. *Huile* que l'on obtient en diftillant des fubftances végétales & animales, à un degré de chaleur fupérieur à l'eau bouillante.

Ces *huiles* ont été nommées *empyreumatiques*, parce qu'elles font toujours le produit du feu. (*Voyez* Empyreume.) On ne les a jamais examinées avec attention ; mais elles ont, pour la plupart, les propriétés des *huiles* volatiles. Leur odeur eft toujours exceffivement défagréable ; & leur faveur très âcre.

Huile essentielle Liquide onctueux, qui pénètre le papier lorfqu'on en laiffe tomber une goutte, lui donne une apparence demi-tranfparente, & lui imprime une tache graiffeufe.

Les propriétés générales des *huiles effentielles*, oppofées à celles des *huiles* graffes, font d'être âcres, cauftiques, très-odorantes, fans vifcofité, très-volatiles, fufceptibles de s'enflammer à l'approche d'un corps en combuftion, fenfiblement folubles dans l'eau, & incapables de former des combinaifons intimes avec les alcalis.

Plufieurs *huiles effentielles* font colorées, les unes en vert, d'autres en jaune, & d'autres en blanc. Quoique douées d'une forte odeur, elles n'entrent pas en ébullition aussi facilement que l'eau. Elles fe décomposent en partie dans le gaz hydrogène. Elles peuvent abforber une grande quantité de gaz hydrochlorique. Quelques-unes acquièrent, par cette abforption, la propriété de criftallifer.

Si l'on verfe fur les *huiles effentielles*, de l'acide nitreux, ce liquide les décompofe avec violence; il en réfulte un grand bourfouflement, beaucoup de chaleur; des gaz carbonique, azote & oxide d'azote fe dégagent. En mêlant à l'acide nitreux environ le tiers de fon poids d'acide fulfurique, l'*huile* s'enflamme tout-à-coup.

Avec les *huiles fixes*, les *huiles effentielles* fe combinent en toutes proportions. Elles diffolvent la réfine, le camphre & le caout-chouc. Diffoutes dans l'eau, elles forment les eaux aromatiques, &, dans l'alcool, les efprits.

Tous les végétaux aromatiques contiennent de l'*huile effentielle* toute formée; on l'extrait par la diftillation ou par la preffion, ou par les deux procédés réunis. Pour l'obtenir par la diftillation, il faut diftiller les plantes avec de l'eau; alors il fe dégage deux produits: 1°. de l'eau aromatifée; 2°. de l'*huile effentielle*. Cette dernière ne fe fépare que lorfque l'eau eft faturée.

On ne fait ufage de la preffion feule, pour obtenir les *huiles effentielles*, que fur les zeftes dont la partie charnue de quelques fruits eft enveloppée; telles font les oranges. On donne le nom d'*effences* aux *huiles effentielles* ainfi extraites.

Quelques fleurs, dont l'*huile* a une odeur extrêmement fugace, comme le jafmin, le lis, la tubéreufe, l'iris, la violette, fe traitent par les deux procédés réunis. On étend, au fond d'une boîte de fer-blanc, un drap de laine blanche, imprégné d'*huile* d'olive; on le recouvre d'un lit de fleurs; celui-ci, d'un deuxième drap, & ainfi de fuite, jufqu'à ce que la boîte en foit remplie, & on comprime le tout, au moyen d'un couvercle. Au bout de vingt-quatre heures, on retire les fleurs; on les remplace par de nouvelles, que l'on difpofe comme les premières, & qu'on renouvelle jufqu'à ce que l'*huile* fixe foit bien chargée d'odeur. Alors on met les morceaux de drap dans l'alcool, on les exprime bien & on diftille, au bain-marie, ce mélange d'alcool & d'*huile* odorante; l'alcool fe volatilife, & fe rend dans le récipient chargé de l'odeur de la fleur.

Dans le grand nombre d'*huiles effentielles* que l'on peut obtenir, on diftingue principalement les *huiles* d'anis, de bergamotte, de citron, de cédrat, d'orange, de canelle, de cumin, de girofle, de jafmin, de lavande, de menthe poivrée, de mufcade, de fleur d'orange, de romarin, de rofe, de térébenthine, &c.

HUILES (Épuration des). Manière d'épurer les *huiles*, pour les rendre plus propres à la combuftion.

Il eft rare que les *huiles*, quelque foin que l'on ait mis à les extraire, ne contiennent point de fubftances charboneufes & mucilagineufes, qui nuifent à leur combuftion. Pour féparer ces fubftances, on mêle à l'*huile* quantité égale d'eau, qui contient un cinquantième de fon poids d'acide fulfurique; on agite & on laiffe repofer. Les matières mucilagineufes fe féparent & fe précipitent, l'*huile* en devient plus claire & plus limpide, & procure un beaucoup meilleur éclairage.

Quelques épureurs d'*huiles* verfent directement un cinquantième de fon poids d'acide fufurique dans l'*huile*, remuent & laiffent le liquide fe purifier par le repos de maffe.

M. Pluvinet ayant remarqué qu'il reftoit toujours un peu d'acide fulfurique dans l'*huile*, propofe de l'en féparer par le moyen de la craie ou de la chaux carbonatée pulvérulente.

HUILES FIXES. Liqueurs vifqueufes, fades ou prefqu'infipides. *Voyez* HUILES GRASSES.

HUILES GRASSES. Liquide plus ou moins vifqueux, retiré des fubftances végétales, & principalement des graines.

Ces fortes d'*huiles* font douces, prefqu'inodores, vifqueufes, infolubles dans l'eau; elles ne s'enflamment point par l'approche d'un corps en combuftion, & ont beaucoup d'affinité pour les bafes falifiables, avec lefquelles elles forment des favons. La plupart font colorées en jaune ou en jaune-verdâtre. Toutes font fpécifiquement plus légères que l'eau.

MM. Braconnot & Chevreul fe font affurés que les corps gras, en général, font compofés de deux fubftances: l'une font analogue à la cire, au fuif, que M. Chevreul a nommée *ftéarine*; l'autre analogue à l'*huile*, & qu'il a nommée *élaïne*. C'eft à la première fubftance qu'ils attribuent la propriété que les corps gras ont de fe folidifier, & à la feconde, qu'ils doivent l'odeur, la faveur, la couleur qui les caractérifent.

Trois *huiles* ont été analyfées par M. Braconnot, dans le deffein de reconnoître la proportion qu'elles contiennent de ces deux principes. Ce font les *huiles* d'olive, d'amande douce & de colza. Les réfultats qu'il a obtenus font:—

HUILES	STÉARINE.	ÉLAINE.
D'olive	28	72
D'amande douce..	24	76
De colza.	46	54

Ces fubftances font elles-mêmes compofées d'hydrogène, de carbone & d'oxigène. D'après une analyse de MM. Gay-Luſſac & Thenard, l'*huile* d'olive ſeroit compoſée de:

Carbone................... 77,213
Hydrogène & oxigène, dans le rapport où ils ſ nt dans l'eau........ 10,712
Hydrogène en excès .... 12,075.

Quoique les *huiles graſſes* ſoient très-abondantes, elles ne ſe rencontrent, pour ainſi dire, que dans les ſemences, & ne ſe trouvent jamais que dans celles des monocotylédones.

Il eſt de ces *huiles* qui ſont employées comme aliment; telle eſt l'*huile* d'olive: d'autres, comme médicament, l'*huile* d'amande douce; d'autres, enfin, dans l'éclairage, l'*huile* de chenevis. Les deux premières s'obtiennent en broyant la ſubſtance qui les contient, & en exprimant cette ſubſtance à froid, ſi les *huiles* ſont fluides, & entre des plaques de fer plus ou moins chaudes, ſi elles ſont concrètes. Pour obtenir les troiſièmes, on broie auſſi les ſubſtances dont on veut les extraire; mais avant de ſoumettre cette ſubſtance à la preſſe, on l'humecte, on la torréfie, afin de détruire le mucilage qu'elle renferme & qui s'oppoſe à la ſortie de l'*huile*, & afin de rendre celle-ci plus fluide.

Parmi les nombreuſes *huiles graſſes* qui exiſtent, on diſtingue les *huiles* d'olive, d'amande douce, d'arache, de lin, de faine, de chanvre, de colza, de ricin, de lin, d'œillet, de noix, de chenevis, de cacao, de noix muſcade.

La connoiſſance des *huiles graſſes*, qui ſont d'une utilité ſi étendue dans les arts, datent d'une époque très-reculée. Il en eſt fait mention dans la Genèſe, & il paroît même que déjà, du temps d'Abraham, on s'en ſervoit pour les lampes. Cécrops apporta l'olive de Saïs, ville de la Baſſe-Egypte, où l'arbre qui porte ce fruit, dont on retiroit l'*huile*, étoit cultivé de temps immémorial, & il enſeigna aux Athéniens l'art de l'en extraire. C'eſt ainſi que l'uſage de l'*huile* fut connu en Europe; mais il paroît que les Grecs ignoroient encore, à l'époque du ſiége de Troye, la méthode de ſe procurer de la lumière avec des lampes: au moins ne trouve-t-on rien, dans les écrits d'Homère, qui puiſſe indiquer qu'ils ſe fuſſent ſervis de ce moyen, & dans toutes ſes deſcriptions, ſes héros ne ſont éclairés que par des torches de bois.

HUILE (Lumière produite par l'). Lumière obtenue en brûlant de l'*huile*.

Si l'on place une mèche dans un vaſe contenant de l'*huile*, c'eſt-à-dire, ſi l'on met dans l'*huile* un corps filamenteux, dont les brins réunis produiſent l'effet des tubes capillaires, l'*huile* montera par les ſéparations des filamens, & ſe répandra ſur toute la ſurface de la mèche; alors, ſi l'on approche de cette ſurface un corps embraſé, une portion de l'*huile* échauffée ſe vaporiſera & s'enflammera; cette partie enflammée échauffera l'*huile* diſſéminée & qui l'avoiſine; celle-ci ſe vaporiſera à ſon tour, s'enflammera de même, &, de proche en proche, toute l'*huile* qui recouvre la mèche s'allumera; de la lumière ſera produite par la combuſtion de l'*huile* répandue autour de la mèche, & cette lumière ſera continuée auſſi long-temps que l'*huile* montera dans la mèche, & que ſa combuſtion aura lieu: la quantité de lumière produite ſera, toutes choſes égales d'ailleurs, proportionnelle à celle de l'*huile* brûlée.

Mais les *huiles* produiſent, en général, des quantités de lumière différentes; ces quantités dépendent: 1°. de la nature & de la proportion de leurs compoſans; 2°. de leur degré de pureté. L'hydrogène, le carbone & l'oxigène ſont les trois ſubſtances conſtituantes des *huiles*. Il en eſt dont la proportion de carbone eſt tellement grande, & où ce combuſtible eſt tellement libre, qu'elles en ſont noircies.

Selon que la proportion du carbone eſt augmentée ou diminuée dans les *huiles*, la quantité de lumière qui réſulte de leur combuſtion éprouve des variétés.

M. Haſſenfratz ayant fait, en 1794 & 1795, un grand nombre d'expériences ſur la lumière obtenue de différentes *huiles*, trouva qu'à poids égal, l'*huile* d'olive produiſoit plus de lumière que l'*huile* de grain, & celle-ci plus que l'*huile* de poiſſon.

On obſerve que, depuis que l'on eſt parvenu à purifier les *huiles*, c'eſt-à-dire, à en ſéparer les ſubſtances mucilagineuſes qu'elles contiennent, elles produiſent une lumière plus forte & plus blanche.

Pour déterminer le rapport de lumières produites par les différentes *huiles*, M. Haſſenfratz en mettoit un poids déterminé dans une lampe, hauſſoit ou baiſſoit la mèche, de manière qu'elle produiſît autant de lumière qu'une bougie des cinq à la livre, & il examinoit combien les lampes conſumoient d'*huile* par heure, pour produire cette lumière; ayant ſoin, toutefois, que la combuſtion fût uniforme, & qu'il ſe vaporiſât le moins d'*huile* & de carbone poſſible. *Voyez* LUMIÈRE, LUMIÈRE PRODUITE PAR L'HUILE.

HUILE MINÉRALE; *oleum mineralium*. *Huile* retirée des ſubſtances minérales.

On diſtingue quatre ſortes d'*huiles minérales*: 1°. celles qui s'écoulent naturellement du ſein de la terre, ou qui ſe dépoſent ſur de grands amas d'eau, telles que les *huiles* de naphte & de pétrole (*voyez* ces mots); 2°. celle que l'on obtient de la diſtillation de quelques ſubſtances minérales; telle eſt l'*huile* que l'on retire de la houille; 3°. celle qui provient de la liquefcence de quelques ſels, ou de la propriété qu'ils ont d'attirer l'humidité de l'air & de tomber en déliqueſcence; telles ſont l'*huile* de tartre par défaillance, l'*huile* de chaux, l'*huile* de mercure, l'*huile* de Vénus, l'*huile* de camphre, &c. Le nom d'*huile*, donné à ces fubftances, eft d'autant plus impropre, qu'elles ne contiennent aucun corps gras ou *huileux*. L'acide fulfurique, que les anciens chimiftes avoient nommé *huile de vitriol*, ainfi que l'*huile glaciale de-vitriol*, à caufe de leur vifcofité, ne contiennent également aucun corps gras ou *huileux*; 4°. enfin, les corps qu'on diffout dans des *huiles*; telle que l'*huile* de Saturne, qui eft le produit de la diftillation d'une diffolution d'acétate de plomb dans l'*huile* volatile de térébenthine.

Huile philosophique; oleum philofophicum. *Huile* légère & d'une forte faveur, obtenue de la diftillation de l'*huile*.

Souvent on diftille l'*huile* feule, d'autres fois on plonge un corps poreux, des briques, par exemple, dans de l'*huile*, après les avoir fait rougir au feu; on diftille ces briques, & l'*huile* que l'on obtient eft de l'*huile* des philofophes.

Huile siccative. *Huile* qui a la propriété de fe fécher facilement.

Quelques *huiles*, comme l'*huile* de lin, jouiffent de cette propriété à un très-haut degré; mais on l'augmente encore, en faifant bouillir l'*huile* de lin avec fept à huit fois fon poids de litharge; on l'écume avec foin, & quand elle acquiert une couleur rougeâtre, on laiffe éteindre le feu: elle fe clarifie par le repos.

Tout fait croire que, dans cette opération, l'*huile* diffout une certaine quantité de litharge, & qu'elle abforbe, en même temps, une partie de fon oxigène; d'où réfulte, fans doute, de l'eau & de l'acide carbonique.

Huile jetée sur l'eau. Effet que l'*huile* produit fur l'eau agitée.

Si l'on verfe, fur de l'eau, une petite quantité d'*huile*, il fe produit trois effets: 1°. l'*huile* s'étend fur la furface en une couche très-mince, qui décompofe la lumière & produit des couleurs femblables à celle de l'iris ou des anneaux colorés (*voyez* COULEURS DE LAMES MINCES); 2°. la furface de l'eau devient unie, calme & tranquille; 3°. lorfque l'on place des corps légers, du papier, des mouches mortes, &c., ces corps prennent, fur la furface, un mouvement de rotation. *Voyez* CAMPHRE, ROTATION DES CORPS LÉGERS.

De ces trois effets, celui qui a le plus occupé les phyficiens, c'eft la propriété qu'a l'*huile* d'unir la furface de l'eau & de calmer le mouvement qui a lieu à cette furface, & cela à caufe de l'avantage que cette faculté de l'*huile* peut procurer aux navigateurs.

Francklin a éveillé l'attention des phyficiens fur ce phénomène, dans une lettre que ce favant a écrite au docteur Brownvigy, & qui a été imprimée dans le *Journal de Phyfique*, t. II, année 1774, pag. 362. Nous allons rapporter ici quelques paffages de cette lettre.

« Voulant obferver l'effet de l'*huile* fur l'eau, je fis un jour cette expérience fur l'étang de Clapham. Le vent élevoit de groffes rides fur fa furface; j'envoyai chercher une petite bouteille d'*huile*, & j'y en répandis une partie. Je vis cette *huile* s'étendre avec une rapidité furprenante fur la furface, mais elle n'applanit pas les vagues, parce que je l'avois d'abord jetée au côté, fous le vent de l'étang, où les vagues étoient plus grandes, & où le vent rejetoit l'*huile* fur le bord. J'allai enfuite au côté du vent où les vagues commençoient à fe former; une cuillerée d'*huile* que j'y répandis, produifit, à l'inftant, fur un efpace de plufieurs verges en carré, un calme qui s'étendit par degrés jufqu'à ce qu'il eût gagné la côte fous le vent, & bientôt l'on vit toute cette partie de l'étang, qui étoit environ d'un demi-acre, auffi unie qu'une glace.

» Il femble que dès que l'*huile* a touché l'eau, il s'exerce entre toutes les parties qui la compofent, une répulfion mutuelle & fi forte, qu'elle agit fur les autres corps légers nageant à la furface, comme les pailles, les feuilles, &c., & les force à s'éloigner des environs de la goutte, en laiffant autour de ce centre, un grand efpace dégagé de tous corps étrangers. »

Occupé un jour, chez le célèbre Smeaton, à applanir devant lui les rides d'un petit étang qui eft devant fa maifon, un jeune homme de beaucoup d'efprit, M. Jenop, qui étoit préfent, nous parla d'un phénomène qu'il avoit aperçu depuis peu fur cet étang. Il nous dit que, voulant laver un petit vafe dans lequel il tenoit de l'*huile*, il jeta fur l'eau quelques mouches qui s'étoient noyées dans l'*huile*: ces mouches s'agitèrent fur-le-champ & fe mirent à tourner rapidement, comme fi elles avoient été en vie, quoiqu'en les examinant, il reconnût qu'elles étoient mortes. J'en conclus tout de fuite, que le mouvement étoit produit par la force de répulfion dont je viens de parler; & que l'*huile*, fortant peu à peu du corps fpongieux de la mouche, entretenoit ce mouvement. Il trouva d'autres mouches noyées dans l'*huile*, avec lefquelles il répéta; devant nos yeux, la même expérience. Pour voir fi ces mouches n'étoient pas reffufcitées, il coupai de petits morceaux de papier ou de carton huilé, en forme de virgule, & de la groffeur d'une mouche ordinaire; je les jetai fur le même étang, & je reconnus que le courant des particules renaiffantes qui fortoient de la pointe, faifoit tourner la virgule en fens contraire. On ne peut pas réitérer ces expériences dans fon cabinet; un vafe d'eau ne fuffit pas: il faut un efpace confidérable, pour que la petite goutte d'*huile* ait affez de place pour s'étendre. Si on laisse tomber la plus petite goutte d'*huile* au milieu d'un vase d'eau, toute la surface est dans un moment couverte d'une peau mince & graisseuse provenant de la goutte; mais dès que cette peau a gagné les côtés du vase, la goutte conserve son état naturel; elle ne diminue plus; parce que les parois du vase empêchent que la peau ne se développe davantage.

Cet effet de l'*huile* sur l'eau étoit déjà connu des Anciens; car Aristote dit à ce sujet, « que le vent ne faisant que glisser sur la surface de l'*huile*, à raison de son poli extrême, il ne peut soulever l'eau qui est sous cette *huile*, & par-là, il est contraint de porter son impétuosité plus loin, où il ne rencontre pas de tels obstacles, *indè dilabentibus* : il glisse de cet endroit. »

Pline dit : « que cette propriété de l'*huile* étoit connue des plongeurs de son temps, qui s'en servoient pour voir plus clair au fond de l'eau. »

Plutarque en fait le sujet d'une de ses questions de philosophie naturelle. « Quelle est la cause du calme & de la transparence de l'eau arrosée d'*huile* ? » Sourme, en parlant des divers efforts que les matelots faisoient dans la tempête, dit : « Quelques-uns se prosternoient, adorant la mer, rappelant de vieux contes; & jetant à grands flots, sur les ondes, tout ce qu'ils pouvoient trouver d'*huile* sur le vaisseau. »

Une ancienne loi prescrivoit, dans les cas de tempête, où l'on est obligé de jeter les marchandises à la mer pour alléger le vaisseau, de commencer par l'*huile*, s'il s'en trouvoit à bord.

Les pêcheurs d'huîtres de Gibraltar sont dans l'usage de verser un peu d'*huile* sur la mer, afin qu'en calmant son agitation, ils puissent voir les huîtres qui sont au fond.

« De nos jours, les marins ont observé que le sillage d'un vaisseau nouvellement espalmé, agite beaucoup moins que celui d'un vaisseau auquel on n'a pu donner le suif depuis long-temps.

» En Ecosse, les pêcheurs ont remarqué que lorsque les veaux marins dévorent un poisson très-huileux, ce qu'ils font toujours au fond de l'eau, on observe que la mer, à sa surface, est d'un tranquille singulier; ce qui apprend aux pêcheurs que c'est dans ces endroits qu'ils doivent chercher les veaux marins »

Les pêcheurs de la côte de Provence, ceux qui habitent les bords du Tage, près de Lisbonne, les habitans des îles Hébrides, & jusqu'à ceux de Saint-Kilda, la plus reculée de ces îles, ont recours au même moyen pour distinguer, avec plus de facilité, les moules & autres coquillages au fond de la mer. Les habitans de Raguse sont encore aujourd'hui dans l'usage, lorsqu'ils vont à la pêche au harpon, de jeter de l'*huile* avec un arrosoir, pour mieux voir jusqu'au fond. Les ouvertures que forment ainsi sur l'eau les gouttes d'*huile*, portent dans leur pays le nom de *fenêtres*.

Habituellement les vaisseaux pêcheurs de Saint-Malo, sur le grand banc & sur l'île de Terre-Neuve, retirent des foies de morues une assez grande quantité d'*huile*. A leur retour pour l'Europe, lorsqu'ils sont battus par de violentes tempêtes, ils jettent à la mer quelques tonnes de cette *huile*, à laquelle on reconnoit, depuis long-temps, la propriété de calmer les flots, & de les empêcher de se briser trop violemment contre les vaisseaux.

Un habitant de Rhode-Islande a observé à Francklin, qu'il avoit remarqué que le hâvre de Neuport est toujours calme & tranquille, pendant que les bâtimens de la pêche de la baleine y mouillent.

Enfin, M. Tenquagel a écrit de Batavia, le 15 janvier 1770 :

« Près des îles Paulus & Amsterdam, nous essuyâmes un orage qui n'eut rien d'assez particulier pour être remarqué, sinon, que notre capitaine se trouva obligé, en tournant sous le vent, de verser de l'*huile* contre la haute mer, pour empêcher les vagues de se briser contre le navire, ce qui réussit à nous conserver, & a été d'un très-bon effet; & comme il n'en versa que très-peu, à la fois, la compagnie doit peut-être son vaisseau à six demi-aumes d'*huile* d'olive. »

Mais, à quoi tient cette propriété de l'*huile* d'unir la surface des eaux & de calmer les flots ? C'est une question qui ne paroît pas encore parfaitement résolue.

Francklin attribue cet effet à une répulsion mutuelle qui s'exerce entre les molécules de l'*huile*, au moment où celle-ci touche l'eau. Le docteur Wall (1) cherche à prouver que la différence seule d'attraction entre les particules de l'eau & celles de l'*huile*, suffit pour en rendre raison. Patterson pense que l'effet de l'*huile* sur l'eau est le résultat de leur différence de gravité; il observe que l'agitation du mercure sous l'eau est insensible, & que celle de l'eau sous l'*huile* est beaucoup plus grande, & elle est plus grande encore entre l'*huile* & l'alcool. En général, l'agitation du fluide inférieur sera d'autant plus grande, que sa différence de gravité spécifique avec le fluide supérieur sera plus petite, & réciproquement. Enfin, M. Robinet (2) la regarde comme le résultat de la combinaison de deux principes d'hydrostatique très-bien connus eux-mêmes, mais qu'on n'a point encore considérés ensemble; celui par lequel les liquides se mettent de niveau, & celui dont Archimède fut si joyeux d'avoir enrichi la physique. Avouons que, jusqu'à présent, ce phénomène remarquable & utile n'est pas encore parfaitement expliqué.

HUILE VÉGÉTALE. Liquide ou suc visqueux que

---

(1) *Bibliothèque britannique*, tome IX, page 3.
(2) *Journal de Physique*, tome II, 1807, page 277.

l'on retire, par expreſſion, de diverſes parties des végétaux.

Parmi les propriétés générales des *huiles végétales*, on diſtingue l'onctuoſité, la fluidité, l'indiſſolubilité dans l'eau, la combuſtion avec flamme. Quelques *huiles végétales* ſont fixes, d'autres volatiles.

La plupart des plantes contiennent plus ou moins de parties oléagineuſes ou d'alimens propres à les former, ſoit dans les racines, dans les tiges, dans les feuilles, dans les fleurs, dans les pulpes & dans les graines : les réſines, les mucilages en fourniſſent par la diſtillation. *Voyez* HUILES GRASSES, HUILE ESSENTIELLE.

HUILE VIERGE. Première portion de l'*huile* obtenue par expreſſion de différens corps.

Ainſi, lorſque l'on exprime à froid le péricarpe des olives les plus minces, l'*huile* que l'on obtient d'abord, ſe nomme *huile vierge*. Pour obtenir l'*huile* commune, on délaye dans l'eau bouillante, la pulpe dont on a ſéparé l'*huile vierge* ; l'*huile* reſtante ſe dégage & ſe porte à la ſurface : cette dernière eſt toujours colorée en jaune ; elle ſe rancit facilement.

De même, en comprimant à froid des noix broyées, l'*huile* que l'on obtient ſe nomme *huile vierge* ; on peut s'en ſervir comme aliment : pour ſéparer ce qui reſte, on exprime à chaud le réſidu, & l'*huile* que l'on obtient ne peut être employée qu'à l'éclairage ou dans la peinture.

HUILE VOLATILE. *Huile* qui ſe volatiliſe facilement. Elle eſt âcre & très-odorante, s'enflamme avec une extrême facilité. *Voyez* HUILE ESSENTIELLE.

HUMBLE; humilis. L'un des quatre muſcles droits de l'œil. *Voyez* ABAISSEUR.

Ce nom lui a été donné, parce qu'en abaiſſant l'œil, il donne à la phyſionomie l'air *humble*.

HUMBOLDT (Équateur magnétique d'). *Équateur magnétique* déterminé d'après les obſervations de M. Humbo.dt. *Voyez* ÉQUATEUR MAGNÉTIQUE.

HUMECTANT; humificus; *beſenctend*; adj. Subſtances qui humectent, qui mouillent, qui rendent humide.

Ce ſont ordinairement des alimens, des boiſſons qui rafraîchiſſent. Cette dénomination a été employée par les philoſophes, qui diviſoient les ſubſtances du corps humain en ſolides & liquides. Les *humectans* étoient ſuppoſés reſtituer au corps humain le fluide qu'il avoit perdu.

HUMECTER; humectare; *anfeuchten*; v. act. ndre humide, mouiller. La pluie, la roſée, huctent la terre.

On humecte un corps en le plongeant dans un liquide, ou en jetant un liquide deſſus, de manière à le mouiller légèrement.

HUMEUR; χυμοι; humor; *feuchtigkeit*; ſ. f. Subſtance liquide, exiſtant, ou produite dans le corps de l'homme, médiatement ou immédiatement.

On diviſe ordinairement les *humeurs* en trois claſſes : 1°. les *humeurs produites par la digeſtion* ; 2°. les *humeurs circulantes* ; 3°. les *humeurs ſécrétées*.

Dans la première claſſe ſe placent le chyme, fluide épais, muqueux, pultacé, griſâtre, un peu acide ; il ſe forme dans l'eſtomac, dans la portion pylorique de ce viſcère ; le chyle, liquide blanc de lait, opaque, d'une odeur ſpermatique, qui ſe diviſe en ſérum & en caillot.

Les *humeurs circulantes* ſont : la lymphe, liqueur diaphane, incolore, peu odorante, eſſentiellement albumineuſe, plus peſante que l'eau diſtillée ; le ſang, qui ſe ſous-diviſe en ſang veineux & ſang artériel. Le premier eſt d'un rouge-brun ; le ſecond, d'un rouge plus ou moins vif. *Voyez* LYMPHE, SANG VEINEUX, SANG ARTÉRIEL.

Quant aux *humeurs ſécrétées*, on les diviſe en trois ordres : le premier contient les *humeurs* exhalées ou perſpirées ; telles ſont les villeuſes ſimples, la ſynovie ; les *humeurs* ſéreuſes, graiſſeuſes, la moelle ; les *humeurs* de la peau, le mucus de l'iris ; les trois *humeurs* de l'œil, la lymphe de Cottugno ; l'*humeur* des ganglions, de l'appareil vaſculaire, la tranſpiration inſenſible, la ſueur ; les *humeurs* des appareils digeſtif, urinaire & génital.

La ſeconde claſſe comprend les *humeurs* foliculaires ; tels que les mucus des appareils reſpiratoire, digeſtif, urinaire, génital.

Enfin, la troiſième claſſe, celle des *humeurs* glandulaires, comprend les larmes, la ſalive, le ſuc pancréatique, la bile, l'urine, le ſperme.

Parmi toutes ces *humeurs*, celles dont nous allons principalement nous occuper, ſont les *humeurs* de l'œil, parce qu'elles ſont eſſentielles à la viſion, à la diſtinction des objets.

HUMEUR AQUEUSE; humor aqueus; *waſſerichte feuchtigkeit*; ſ. f. Liquide placé dans la partie antérieure de l'œil, entre la cornée transparente & le criſtallin. *Voyez* ŒIL.

Cette *humeur* a la limpidité & la transparence de l'eau la plus pure ; elle eſt incolore ; ſa ſaveur eſt légèrement ſalée : récemment retirée, elle verdit la teinture de mauve. Sa denſité eſt, d'après M. Nicolas, de 1,0009, & d'après M. Chenevix, de 1,0053. Sa réfringence diffère peu de celle de l'eau.

MM. Chenevix & Nicolas, qui ont analyſé cette ſubſtance, l'ont trouvée compoſée d'une grande quantité d'eau & d'une petite quantité d'albumine, de gélatine & de sel marin. D'après M. Berzelius, la proportion de ces substances est :

Eau 98,10
Albumine ....
Muriate & lactate 1,15
Soude & une matière animale, soluble dans l'eau 0,75
_____
100,00

HUMEUR CRISTALLINE; humor crystallina; krystallinse feuchtigkeit; f. f. Matière solide, de forme lenticulaire, que l'on trouve dans l'intérieur de l'œil. Voyez CRISTALLIN.

Des expériences faites par M. Brewster, sur l'action que le cristallin des poissons exerce sur la lumière polarisée (1), lui ont fait tirer les conclusions suivantes :

« 1°. Toutes les parties du cristallin des poissons, correspondant aux deux cercles concentriques obscurs, n'exercent point d'action sur la lumière polarisée. Les couches extérieures, qui agissent sur elle comme une classe de cristaux à double refraction (ainsi que le nucleus solide qui a une action semblable), font dans un état de dilatation mécanique, tandis que les couches moyennes qui agissent sur la lumière, comme l'autre classe de cristaux, sont dans un état de contraction mécanique.

» 2°. La structure du cristal des poissons n'est pas symétrique, comme on l'a supposé jusqu'ici, & consistant seulement en un grand nombre de couches de différentes densités; mais il a un rapport distinct au diamètre de la sphère, qui est l'axe de la vision.

» 3°. Les variations de densité, qui produisent la structure à double refraction, ne sont pas en rapport avec le centre du cristallin, mais avec le diamètre qui forme l'axe de la vision; car si les différences de densité étoient en rapport avec le centre, la sphère auroit une structure symétrique, & comme la sphère du cristal, dont il a été parlé plus haut, elle donneroit la même image dans toutes les positions.

» 4°. Il est extrêmement probable que la structure particulière du cristallin est nécessaire pour corriger l'aberration de sphéricité. »

HUMEURS DE L'ŒIL; humores oculi; feuchtigkeit des auges; f. f. Matières liquides & solides qui remplissent toute la cavité de l'œil.

Ces humeurs sont au nombre de trois : l'humeur aqueuse, l'humeur cristalline & l'humeur vitrée. Elles n'ont pas toutes la même consistance; leur densité & leur puissance réfractive sont également différentes; aucune ne contient de gélatine. Ces variations dans les humeurs, ainsi que la forme qu'elles ont dans le globe de l'œil, ont pour principal objet de perfectionner la vision; aussi remarque-t-on que, dès que leurs formes ou leurs propriétés physiques sont altérées, la vue éprouve des variations. Dans l'enfance, la moyenne des vues est courte; dans la puberté, d'une portée moyenne, & dans la vieillesse elle est longue. Pour perfectionner les deux vues extrêmes, celles de l'enfance & de la vieillesse, on fait usage de bésicles qui ont, dans l'enfance, des verres concaves, & dans la vieillesse, des verres convexes. Voyez VISION, ŒIL, BÉSICLES.

HUMEURS DE L'ŒIL (Réfringence des). Propriété qu'ont les humeurs de l'œil, de réfracter la lumière.

D'après les nouvelles expériences faites par MM. Brewster (1) & Gordon, sur l'œil de l'homme, & surtout relativement au pouvoir réfractif de ses différentes humeurs aqueuse, cristalline & vitrée, & sur la structure polarisante de ses différentes parties, les humeurs aqueuses & vitrées ont été trouvées, contre l'opinion commune, avoir un pouvoir réfringent sensiblement plus grand que l'eau, celui de l'humeur vitrée étant le plus considérable. La lentille du cristallin offre une structure polarisante tout-à-fait semblable à celle du quartz, & surtout des cristaux à double refraction, ou que les couches moyennes du cristallin des poissons. L'iris a la même structure; mais la cornée offre une structure différente, puisqu'elle est presque la même que celle du spath calcaire, ou que les couches internes ou externes des cristallins des poissons. La teinte polarisée par l'œil de l'homme est d'un bleu foible.

HUMEUR LACRYMALE; humor lacrymalis; thranende feuchtigkeit; f. m. Liquide qui couvre assez constamment le cristallin, & qui forme les larmes lorsqu'il est trop abondant.

Cette humeur est claire, transparente comme de l'eau; sa saveur est sensiblement salée; sa pesanteur spécifique un peu plus grande que celle de l'eau distillée; elle verdit le sirop de violette, & l'acide muriatique oxigéné la coagule en flocons blancs qui deviennent jaunes. D'après Vauquelin & Fourcroy, l'humeur lacrymale est composée de beaucoup d'eau, quelques centièmes de mucus albumineux, un peu de soude, de muriate de soude, de phosphate de soude & de chaux. Voy. LARMES.

HUMEUR VITRÉE; humor vitreus; glaserne feuchtigkeit; f. f. Substance molle, qui remplit l'intervalle entre le cristallin & la rétine.

Cette humeur est sous forme de gelée, sans couleur, & de la plus grande transparence. Passée dans un blanchet, pour la débarrasser de ses capsules, elle s'est trouvée absolument semblable à l'*humeur* aqueuse. Sa pesanteur spécifique & sa force réfringente sont un peu plus grandes que dans cette dernière.

D'après M. Berzelius, l'*humeur vitrée* est composée de :

Eau	98,40
Albumine	0,16
Muriate & lactate	1,42
Soude avec une matière soluble dans l'eau	0,02
	100,00

La matière particuliere & soluble dans l'eau seulement, se coagule par la chaleur, & jouit, à la couleur près, de toutes les propriétés du sang.

HUMIDE ; *vypos* ; humidum ; *feucht* ; adject. Tout ce qui est pénétré par un liquide, tel que l'eau, ou qui est d'une substance aqueuse.

Ainsi, les éponges, le papier, qui attirent les liquides contenus dans l'air & s'en pénètrent, sont des corps *humides* ; le sel marin, l'alcali du tartre, le muriate de chaux, qui enlèvent l'eau à l'air, sont des sels *humides*. En général, tous les corps solides, qui sont capables de s'emparer des liquides que l'air contient, ou qui augmentent de poids dans un air qui en contient beaucoup, sont *humides*, & par cela hygrométriques.

On regarde également comme *humides* tous les corps qui en mouillent d'autres. Ainsi, l'air est *humide* lorsqu'il dépose de l'eau sur les corps. Souvent un air sec, c'est-à-dire, qui a de l'affinité pour l'eau, qui accélère la vaporisation de ce liquide, devient *humide* en se refroidissant, parce qu'il abandonne l'eau qu'il avoit enlevée étant chaud & sec. En général, un corps est *humide* lorsqu'il est pénétré d'un liquide, & qu'il l'abandonne de manière à mouiller les corps qui le touchent.

HUMIDITÉ, de *vypos*, humide, coulant ; humiditas ; *feuchtigkeit* ; s. f. Qualité de ce qui est humide, propriété de mouiller.

Quoique tous les liquides soient susceptibles de mouiller les corps, & d'occasionner de l'*humidité*, on ne s'occupe, assez habituellement, que de l'*humidité* qui est occasionnée par l'eau, & principalement lorsque ce liquide est disséminé & suspendu dans l'air.

Ainsi, c'est l'*humidité* de l'air, ou la faculté, la propriété qu'il a de mouiller les corps, que l'on considère ordinairement sous le nom d'*humidité*.

L'*humidité* de l'air peut être naturelle ou artificielle. L'*humidité* est naturelle lorsqu'elle est produite par l'action de l'air sur les grandes masses d'eau qui existent sur la surface de la terre ; elle est artificielle lorsqu'elle est produite par l'eau que l'on fait vaporiser. C'est ainsi que l'air des buanderies, des ateliers de teinture, des brasse-

ries, &c., est toujours *humide*, parce qu'il y existe des chaudières pleines d'eau en ébullition ; que l'eau vaporisée s'élève, se mêle dans l'air, & le rend humide. L'*humidité* est quelquefois élevée à un si haut degré, que l'air en devient opaque, & que l'on distingue les vapeurs.

Nous devons observer qu'il existe une grande différence entre l'*humidité* & la fluidité, que quelques personnes confondent. Pour qu'un corps soit fluide, il suffit qu'il puisse couler. La fluidité est un état naturel qui peut être permanent. C'est une manière d'être particulière des corps, une propriété inhérente à tel ou tel corps, & qui en constitue l'essence. Un corps simple, comme le soufre, peut être fluide ; il suffit qu'il soit rendu fluide par la chaleur. Tous les gaz, simples ou composés, sont fluides (*voyez* FLUIDE) ; mais l'*humidité* est un état relatif qui suppose l'action de deux corps, l'un humectant, l'autre humecté.

On voit, d'après ces considérations, que la quantité ou la qualité de l'air atmosphérique doit varier, & varie en effet, suivant les saisons, les climats, la proximité des eaux, le nombre des végétaux ou des animaux qui existent dans un espace.

En général, lorsque la température de l'air augmente, son *humidité* diminue ; il devient même sec, c'est-à-dire, qu'il a la propriété de favoriser l'évaporation, d'enlever de l'eau aux corps ; mais dès que la température diminue, l'*humidité* augmente ; de l'eau est abandonnée, des brouillards & des nuages se forment, & souvent l'eau se précipite en forme de pluie.

Comme les animaux expirent constamment de l'air *humide*, quelque sec que soit l'air qu'ils respirent, il en résulte nécessairement, que la réunion d'un grand nombre d'hommes ou d'animaux dans un lieu fermé, augmente nécessairement l'*humidité* de l'air ; aussi voit-on quelquefois cette *humidité*, lorsqu'elle est très-abondante, se manifester en mouillant les vitrages & les murailles des lieux où il existe un grand rassemblement. Les végétaux, vaporisant, par leurs feuilles, l'eau qu'elles puisent par leurs racines, produisent également de l'*humidité* dans les endroits où elles sont, comme les serres chaudes, dans lesquelles on les réunit l'hiver en grande quantité.

Nos sens jugent aussi inexactement de l'*humidité* que de la chaleur. Nous trouvons que l'air, ou un corps quelconque est humide, lorsqu'il apporte de l'*humidité* à notre corps ; nous jugeons qu'il est sec, lorsqu'il lui enlève de l'*humidité* ; la même masse d'air peut donc paroître humide à un observateur & sèche à un autre. Ainsi, lorsque l'*humidité* de l'air n'est pas assez prononcée pour troubler sa transparence & la faire distinguer à la vue, il faut employer des moyens plus efficaces & plus sûrs de la sensation que nous éprouvons.

Tous les corps ont plus ou moins d'action sur l'eau ; ils l'enlèvent ou la cèdent à l'air, selon leur

leur affinité refpective. Lorfque les corps enlèvent l'eau à l'air, l'*humidité* fe manifefte différemment fur chacun d'eux; elle fait enfler les corps qui font compofés de fibres végétales tordues, & par cela même ces cordes fe raccourciffent quand elles font pénétrées d'*humidité*; elle ramollit & relâche celles qui font faites de fubftances animales, comme les cordes de boyaux, qui, par cette raifon, s'alongent; elle pénètre en très-grande abondance la plupart des fels, qui augmentent alors de poids & même quelquefois fe liquéfient; elle s'infinue dans le bois; furtout lorfqu'il eft en œuvre, & que, par conféquent, la fève eft évaporée; elle écarte leurs fibres, & c'eft par-là qu'elle empêche fouvent des portes de s'ouvrir ou de fe fermer, & qu'elle produit ce pétillement qu'on entend quelquefois dans les boifages dont les affemblages tendent à fe renfler, à fe refferrer, quand l'*humidité* les pénètre.

Certaines pierres poreufes fe ramolliffent confidérablement quand l'air eft *humide*. On voyoit, par exemple, auprès d'Affcheleben, à vingt lieues à l'oueft de Leipfick, une pierre qui tenoit lieu de baromètre aux voyageurs. Quand la pluie étoit prochaine, on y plantoit un clou, comme dans de l'argile; mais quand le beau temps devoit continuer, cette pierre, qu'on voyoit toute garnie de clous, émouffoit, au premier coup, ceux qu'on vouloit y planter.

D'autres pierres manifeftent l'*humidité* par l'eau dont elles fe couvrent; celles-là font dures, liffes, & ne permettent pas à l'eau de les pénétrer. Les pierres les plus tendres & les plus poreufes peuvent auffi produire le même effet, lorfqu'elles font expofées long-temps à la transpiration, ou à l'attouchement des hommes & des animaux, ou quand, par d'autres caufes, elles ont été couvertes d'une efpèce de vernis qui bouche l'entrée de leurs pores, & fur lequel l'*humidité* s'accumule, comme fur les pierres dures & polies. On voit fréquemment des pierres ainfi verniffées, dans de vieux batimens, & ce ne font pas celles qui fe confervent le moins.

Mais ces moyens de reconnoître l'*humidité* font trop groffiers pour pouvoir être comparés les uns aux autres, & à plus forte raifon pour diftinguer de légères nuances, qu'il eft effentiel, dans un grand nombre de circonftances, de pouvoir apprécier. Pour y parvenir, les phyficiens fe font occupés de découvrir des moyens de mefurer, comparativement, les différens degrés d'*humidité* de l'air. Ils ont imaginé, pour cet effet, différens inftrumens, auxquels ils ont donné le nom d'*hygromètre* & d'*hygroscope*. *Voyez* HYGROMÈTRE, HYGROSCOPE.

HUMUS, de *humus*, *terre*; f. m. Couche de terre végétale, formée des débris des végétaux, ou mélangée d'une quantité affez confidérable

de débris de végétaux, & qui couvrent la fuperficie des terres cultivées. C'eft dans cet *humus* que fe produit la végétation la plus abondante.

HUNDRED. Quintal anglais de 112 livres. C'eft la vingtième partie du tonneau de marine. L'*hundred* = 103,76 liv. 50,79 kilog.

HUTTON (James), phyficien, médecin, naturalifte, né à Edimbourg en 1726, & mort dans la même ville le 26 mars 1797.

Après avoir tenté d'étudier diverfes branches de connoiffances, il fe décida pour la médecine & la chimie; il alla terminer fes études à Leyde, où il fut reçu docteur; mais bientôt il abandonna la médecine pour fe livrer à la culture des terres.

Hutton s'établit chez un fermier de Norfolck, pour y apprendre l'agriculture-pratique, fit plufieurs voyages à pied, pour étudier cet art utile, ainfi que la minéralogie & la géologie; vifita la Flandre, revint en Ecoffe, & introduifit, dans une ferme qu'il avoit, dans le comté de Berwick, le nouveau mode d'agriculture qui depuis a fait de fi grands progrès.

Sentant toute la difficulté que préfente la génération de la terre par une diffolution aqueufe, *Hutton* crut devoir faire intervenir l'action du feu dans ces grandes opérations: il fuppofe que, par une caufe qu'il n'affigne pas, le Globe a éprouvé un degré de chaleur fuffifant pour le réduire à une liquéfaction ignée; à la fuite de laquelle chaque fubftance minérale, fuivant la loi des affinités, a criftallifé, foit régulièrement, foit confufément, en fe refroidiffant. *Voyez* GÉNÉRATION DE LA TERRE.

Il a inféré dans les *Mémoires de la Société royale d'Edimbourg*, dont il étoit membre, une Théorie de la pluie, & des Obfervations fur différens fujets de philofophie naturelle, dans lefquelles il applique fa Théorie pour expliquer les phénomènes du monde matériel. Il a publié une *Differtation fur la philofophie de la lumière & de la chaleur*.

HUYGHENS (Chriftian), géomètre, aftronome & phyficien célèbre, naquit à la Haye, le 14 avril 1629, & mourut dans la même ville le 8 juin 1695.

Fils de Conftantin *Huyghens*, gentilhomme hollandais, connu par fes poéfies latines, fa première éducation lui fut donnée par fon père, qui lui enfeigna la mufique, la géographie, l'arithmétique, & qui l'initia, à treize ans, à la connoiffance des machines, pour lefquelles il avoit beaucoup de goût; il fut finir fes études à Leyde & à Breda.

Defcartes, à qui l'on communiqua fes premiers effais en mathématiques, jugea « qu'il deviendroit excellent dans cette fcience, dans laquelle je ne vois prefque perfonne qui fache rien. » De fon côté, *Huyghens* étoit rempli d'admiration pour Defcartes, & il écrivoit au P. Mersenne, que « jamais les siècles n'avoient rien produit de tel. »

Après avoir parcouru le Danemarck, l'Allemagne, l'Angleterre, la France, il se fixa à Paris, où il fut appelé par Colbert, au moment où l'on forma l'Académie des sciences, que tant de grands hommes ont illustrée. Louis XIV lui donna une pension considérable & un logement à la Bibliothèque du Roi. Il resta à Paris depuis l'an 1665 jusqu'en l'an 1681, qu'il retourna en Hollande, après la révocation de l'édit de Nantes.

Né après Descartes & avant Newton, il tint, après la mort du premier, la retraite de Pascal, & avant les découvertes sublimes du second, le premier rang parmi les savans de l'Europe.

Il justifia, en mathématiques, l'opinion que Descartes avoit conçue de lui avant l'invention de la méthode des infiniment petits ; il publia ses Théorèmes sur la quadrature de l'hyperbole, de l'ellipse & du cercle, en supposant donné le centre de gravité de certaines de leurs parties ; la loi du choc des corps, la théorie du choc des corps élastiques, la rectification de la parabole cubique, en supposant donné la quadrature de l'hyperbole ; le problème de la chaînette, &c. Le calcul différentiel faisoit déjà des progrès en Europe. Sa correspondance avec Leibnitz & le marquis de l'Hôpital ébranlèrent la répugnance qu'il avoit pour cette nouveauté, & il finit par se vouer tout entier aux progrès de cette nouvelle méthode.

Galilée ayant trouvé l'isochronisme des petites oscillations des pendules, on adopta cet instrument pour mesurer la durée des observations ; mais il falloit une personne toujours attentive à donner le branle au poids suspendu par une corde, & à compter ses vibrations. Huyghens inventa l'échappement, & bientôt le pendule fut appliqué aux horloges. Il adopta ensuite le ressort spiral aux montres de poche. L'abbé de Hautefeuille & le docteur Hooke lui disputèrent ces inventions. *Voyez* HAUTEFEUILLE, HOOKE.

Partant du raccourcissement du pendule observé par Richer près de l'équateur, Huyghens en conclut que la pesanteur y est diminuée par la force centrifuge ; il découvrit, ensuite, que la combinaison de cette force, qui varie avec la latitude & la sphéricité de la terre, ne laisseroit pas parcourir aux graves une direction perpendiculaire à la surface du globe ; & il en conclut que, puisqu'ils ont, par le fait, cette direction, la terre est nécessairement aplatie vers le pôle. Il calcule, d'après cela, les deux axes qui en résultent, & il trouve ces axes dans le rapport de 577 à 578. (*Voyez* FORME DE LA TERRE.) Long-temps avant, il avoit démontré que la mesure de la force accélératrice se déduisoit de la longueur du pendule à secondes & de la durée de ses vibrations, & réciproquement. Le tiers de cette longueur, jusqu'alors mal terminée, étoit indiqué par lui sous le nom

de *pied horaire*, comme le type naturel d'un système uniforme de mesure de longueur.

En 1655, Huyghens s'occupa avec son frère, de l'art de tailler & de polir les verres des grandes lunettes ; il fabriqua un objectif de douze pieds de foyer. A son retour en Hollande, il fabriqua également, avec son frère, deux objectifs lenticulaires : l'un avoit 170, & l'autre 210 pieds de foyer. Il fit présent de ces deux derniers à la Société royale de Londres. Il les dirigea le premier vers le ciel, & découvrit le sixième satellite de Saturne & la durée de sa révolution. Il remarqua le corps lumineux que l'on avoit observé près de Saturne, étoit un anneau que l'on apercevoit sous diverses inclinaisons : il décrivit les bandes de Jupiter, & aperçut la nébuleuse d'Orion.

Voulant se faire une idée approchée de la distance des étoiles, il imagina de construire une lunette ; au moyen de laquelle le diamètre apparent du soleil étoit réduit à celui de Sirius, la plus éclatante des fixes. Il trouvoit ainsi, que ce diamètre réduit étoit 27,664 fois plus petit que le diamètre apparent ; d'où il suivoit que, si la grosseur de Sirius est au moins égale à celle du soleil, sa distance à la terre est, de même, au moins 27,664 fois plus grande.

Un Traité général de la lumière, & un Traité particulier de dioptrique, ont été publiés par ce savant hollandais. On trouve, dans le premier, la double réfraction du cristal d'Islande mathématiquement démontrée. Il conçoit que la lumière est produite par les vibrations très-rapides d'une matière éthérée qui remplit l'espace ; que ces vibrations excitent des ondes analogues à celles que le corps sonore excite dans l'air. Ces ondes, en venant frapper nos yeux, excitent en nous le sentiment de la vision.

Cette opinion, qui avoit d'abord été avancée par Descartes, a depuis été défendue par Euler, & vient d'être reprise dans ces derniers temps avec une nouvelle faveur. Dans tous les phénomènes ordinaires, Huyghens suppose les ondes lumineuses circulaires ; mais pour expliquer la double réfraction du cristal d'Islande, il les suppose elliptiques ; d'où il a déduit la belle loi par laquelle il est parvenu à représenter celle de la réfraction extraordinaire du spath d'Islande.

Huyghens s'est occupé de la solution d'un grand nombre de questions de physique, en suivant la marche du siècle, c'est-à-dire, à l'aide d'hypothèses hardies & brillantes, auxquelles il appliquoit l'analyse. Il a imaginé une machine à feu, mue par l'explosion de la poudre, a perfectionné la machine pneumatique & le baromètre. Il proposa une règle pour déterminer la hauteur d'une station d'après la pression de l'air indiquée par le baromètre. Il inventa un niveau à lunette d'une vérification tout-à-fait facile.

Nous avons de ce savant un Traité des couronnes & des parhélies, dans lequel il donne, sur ce phénomène, une explication qui n'a pas pas encore été remplacée par une plus probable. Il en trouve la cause dans des gouttes de neige, sphériques ou cylindriques, qui flotteroient en l'air, environnées d'une couche d'eau ou de glace transparente. *Voyez* HALO.

Les Œuvres d'*Huyghens* ont été recueillies après lui, & publiées par les soins de S'Gravesande, en deux recueils; le premier intitulé : *Christiani Hugenii Zulichemii opera varia, in IV tomos distributa*, in-4°, Leyde, 1724; le second : *Christiani Hugenii Zulichemii opera reliqua*, in-4°,-2 vol. *quorum secundum, in duos tomos distributum*, continet opéra posthuma, Amsterdam, 1728.

HYACINTHE, Υακινθος, *nom d'homme*; Hyacinthus; *Hyacinthus*; f. f. Fleuve très-célèbre dans la fable, par la métamorphose d'un prince de ce nom, aimé d'Apollon & de Zéphir.

C'est aussi une pierre précieuse, de couleur orangée, ou d'un rouge brun tirant fur le jaune; elle se trouve habituellement cristallisée fous la forme d'un prisme à quatre pans, terminé par des pyramides à quatre faces; mais il s'en trouve aussi une grande quantité de roulées, & qui offrent peu d'indices de leur forme régulière.

Elles font infusibles; leur double réfraction est très-prononcée. Les *hyacinthes* font composées, d'après

	Klaproth.	Vauquelin.
Zircone	70	64,5
Silice	26	32,5
Fer	1	2
Perte	3	1
	100	100

La grande proportion de cette terre particulière, que l'on trouve dans les *hyacinthes*, leur a fait donner, par les naturalistes, le nom de zircon (*voyez* ZIRCON); mais celui d'*hyacinthe* leur est resté dans le commerce & dans les usages ordinaires.

Généralement, la surface des *hyacinthes* est luisante, & leur poli naturel a quelque chose de gras; leur cassure, rarement lamelleuse, est ordinairement ondulée & brillante : enfin, elles ont un léger degré de dureté de plus que le cristal de roche.

On trouve des *hyacinthes* de diverses couleurs; elles font brunes, orangées, rouge-ponceau & rougeâtres. La première porte le surnom de *jargon brun*; la deuxième & la troisième d'*hyacinthe la belle* & d'*hyacinthe orientale*; la quatrième d'*hyacinthe de Ceylan*.

Quelquefois les lapidaires chauffent les *hyacinthes* qui ont des nuances peu agréables, & ils donnent à celles qui deviennent presqu'incolores, ou un peu nébuleuses, le nom de *diamans bruts*,

fous lequel ils désignent quelques variétés peu colorées. Il paroît qu'à une époque où l'on avoit moins de connoissance du caractère des pierres, certains marchands, peu délicats, vendoient ces *hyacinthes* pour des diamans de basse qualité.

On donne encore le nom d'*hyacinthe* : 1°. à l'hydocrase; 2°. à la méionite; 3°. au quartz hyalin hématoïde : les deux premières substances font volcaniques; la première est brune, & porte le nom d'*hyacinthe brune des volcans*; la seconde est blanche, on la nomme *hyacinthe blanche* : quant à la troisième, on la nomme *hyacinthe de Compostelle*. Ces trois pierres font très-différentes de l'*hyacinthe*; elles ne contiennent, dans leurs composans, aucune trace de zircone, qui est la terre dominante dans cette dernière pierre.

Les joailliers donnent encore le nom d'*hyacinthes* à plusieurs variétés de topazes, & à d'autres substances étrangères à l'espèce du zircon.

HYADES, de υω, *pleuvoir*. Assemblage d'étoiles, placées fur le front du taureau.

Ces étoiles, en forme d'Y, paroissoient autrefois dans la saison des pluies; c'est pourquoi elles ont été nommées *hyades*. La principale de ces étoiles forme l'œil du taureau.

Les poëtes ont feint que les *hyades* font filles d'Atlas & de Pléione, & que leur frère Hyas, ayant été déchiré par une lionne, elles pleurèrent sa mort avec tant de douleur, que les dieux, touchés de compassion, les transportèrent au ciel & les placèrent sur le front du taureau, où elles pleurent encore. Cette fable vient de ce que ces étoiles se lèvent au coucher d'Atlas, qui est dans la constellation du bouvier.

HYALOÏDES, de υαλος, *verre*, ειδος, *ressemblance*; hyaloides; *hyaloïde*; adj. Qui ressemble à du verre.

Membrane qui renferme l'humeur vitrée, & qui naît, elle-même, dans la rétine. Elle est d'une finesse extrême & d'une parfaite transparence. Son extérieur représente une cavité à peu près globuleuse, déprimée seulement à la partie antérieure, & divisée dans tous les sens par de nombreuses expansions, qui font de la même nature qu'elle & qui ont la même structure.

Cette membrane, découverte par Fallope, sert à contenir & à sécréter l'humeur vitrée, à la repomper ensuite & à l'entretenir ainsi dans une parfaite circulation, qui fait qu'elle se trouve complétement régénérée au bout d'un temps plus ou moins long. (*Voyez* HUMEUR VITRÉE.) C'est dans la duplicature de cette membrane qu'est logé le cristallin, lequel est enveloppé d'une membrane particulière, nommée *arachnoïde*. *Voyez* CRISTALLIN, ARACHNOÏDE.

HYALIN, de υαλος, *verre*; adj. Qui a des rapports avec le verre.

Cette dénomination a été appliquée, par les minéralogistes, à des substances transparentes qui ont beaucoup d'analogie avec le verre ; tel est le cristal de roche, auquel Haüy a donné le nom de *quartz hyalin*. *Voyez* QUARTZ.

HYALITE, de υαλος, *verre*, λιθος, *pierre* ; s. m. Pierre de verre.

Quelques minéralogistes ont donné ce nom au *quartz hyalin*, à cause de la ressemblance qu'il a avec le verre.

HYBRIDE, de υϐρις, *injure* ; adj. Individu provenant du croisement de deux espèces.

Ce nom a été donné à ces individus, comme si leurs naissances étoient un outrage fait à la nature, une espèce d'adultère commis par la nature elle-même : cependant les *hybrides* sont considérablement multipliés dans le règne animal & dans le règne végétal, particulièrement parmi les animaux domestiques, dans lesquels on se complaît à croiser les races, pour améliorer les espèces.

De ce que quelques *hybrides*, comme les mulets, sont inféconds, il ne faut pas conclure que tous les *hybrides* le soient. Nous avons des exemples nombreux de la fécondité des *hybrides* dans les hommes, dans les animaux domestiques & dans les végétaux.

On ne doit pas regarder comme des *hybrides*, ces difformations monstrueuses qui arrivent parfois aux végétaux, & que les botanistes désignent sous le nom de *peloria*, où une fleur irrégulière est changée en une fleur régulière d'une structure toute particulière : ce sont de véritables monstruosités végétales, purement accidentelles, & qui ne sont nullement fécondes.

HYDATOÏDE, de υδωρ, *eau*, ειδος, *ressemblance* ; hydatoïdes ; *hydatoïde* ; adj. Qui ressemble à de l'eau.

Anciennement on donnoit le nom d'υδατοιδες à tous les liquides qui ressembloient à de l'eau ; aujourd'hui, on l'a conservé à l'une des humeurs de l'œil. *Voyez* HUMEUR AQUEUSE.

L'*hydatoïde* est un liquide très-limpide, épanché dans toute la partie de l'œil située au-devant du cristallin, & remplissant la cavité des deux chambres, séparées par l'iris. On a beaucoup disputé pour savoir laquelle des deux chambres en contient le plus ; mais il est constant, aujourd'hui, que la plus grande partie s'en trouve au-devant de l'iris, dans la chambre intérieure, & que la chambre postérieure en renferme fort peu. *Voyez* OPHTHALMOMÈTRE.

On sait aujourd'hui que l'*hydatoïde* est le produit de l'exaltation par les extrémités des artérioles disséminées dans le tissu de la membrane *hydatoïde*. Ce liquide peut influer sur la vision par son augmentation, sa diminution & sa transparence : dans le premier cas, elle constitue une

maladie qu'on nomme l'*hydrophtalmie* ; dans le second, elle produit l'*atrophie* de l'œil ; dans le troisième, elle trouble la vision. Lorsque les deux premiers défauts sont peu considérables, elle rend la vue courte, dans le premier cas, & longue dans le second.

HYDRARGYRE, de υδωρ, *eau*, αργυρος, *argent* ; hydrargyrum ; *quecksilber* ; s. m. Argent liquide comme de l'eau. *Voyez* MERCURE, VIF-ARGENT.

HYDRARGYRIE, s. m. Action du mercure sur les corps. Ce mot est principalement en usage en médecine. *Voyez* MERCURE.

HYDRARGYROPNEUMATIQUE, de υδωρ, *eau*, αργυρος, *argent*, πνευμα, *air*. Appareil chimique pour recueillir l'air sur du mercure. *Voyez* CUVE HYDRARGYROPNEUMATIQUE.

HYDRAULES, de υδωρ, *eau*, αυλος, *flûte* ; s. m. Instrument de musique. Flûte qui joue par le moyen de l'eau.

On donne également ce nom à certains joueurs d'instrumens qui savent former des sons par le moyen de l'eau.

HYDRAULICIEN, de υδωρ, *eau*, αυλος, *tuyau* ; s. m. Celui qui s'occupe de l'élévation & du mouvement des eaux.

HYDRAULICOPNEUMATIQUE, de υδωρ, *eau*, αυλος, *tuyau*, πνευμα, *air* ; adj. Machines qui élèvent l'eau par le moyen de l'air.

C'est ainsi que la fontaine de Héron, la fontaine de compression élèvent l'eau par le ressort de l'air. *Voyez* FONTAINES.

On peut encore ranger, parmi les machines *hydraulicopneumatiques*, celles qui servent à élever l'eau par le moyen du feu, lorsque ces machines agissent par l'action du ressort de l'air qui est augmenté par la chaleur.

HYDRAULIQUE, de υδωρ, *eau*, αυλος, *flûte* ; hydraulica ; *hydraulik* ; adj. & s. f. Eau sonnante ; orgue que l'on fait jouer.

Anciennement, ce mot désignoit l'art de construire des orgues, des instrumens à tuyaux, qui produisent du son par le mouvement de l'air dans leur intérieur. Avant que l'on appliquât le mouvement des soufflets aux jeux d'orgues, on se servoit d'une chute d'eau, pour y faire entrer le vent & les faire sonner. Aujourd'hui, on donne le nom d'*hydraulique* à la partie de la mécanique qui considère le mouvement des fluides, & qui enseigne la conduite des eaux & le moyen de les élever, tant pour les rendre jaillissantes, que pour d'autres usages.

Les premiers philosophes qui se sont occupés

de la science des eaux, avoient donné le nom d'*hydraulique* à cette science, considérée dans toute sa généralité. Les physiciens modernes l'ont divisée en deux parties : théorique & pratique. La théorie a été sous-divisée en science de l'équilibre des eaux, ou *hydrostatique*, & science du mouvement des eaux, ou *hydrodynamique* : ils ont conservé le nom d'*hydraulique* à la partie pratique. *Voyez* HYDROSTATIQUE, HYDRODYNAMIQUE.

Parmi les auteurs modernes qui ont perfectionné l'*hydraulique*, on distingue Mariotte dans son *Traité des eaux & des autres corps fluides* ; Guglielmini dans sa *Mensura aquarum fluentium*, où il réduit en pratique les principes les plus compliqués de l'*hydraulique* ; Newton, dans ses *Phil. nat. princ. mathemat.* ; Varignon, dans les *Mémoires de l'Acad. des sciences* ; Daniel Bernouilli, dans son traité intitulé : *Hydraudynamica*, imprimé à Strasbourg en 1738 ; Jean Bernouilli, dans son *Hydraulique*, imprimée à la fin du recueil de ses œuvres ; d'Alembert, dans son *Traité du mouvement des fluides* ; l'abbé le Bossut, dans son *Hydrodynamique* ; Prony & Poisson, dans les *Traités de mécanique* qu'ils ont publiés pour l'instruction des élèves de l'Ecole polytechnique.

Au commencement, & presque vers le milieu du siècle dernier, plusieurs physiciens, parmi lesquels se distinguent Borelli, Keill, Gurme, Halles, Morgand, Sauvages, Bernouilli, &c., voulurent expliquer les mouvemens des liquides dans les corps vivans, par les lois de l'*hydraulique*, & appliquer ainsi les calculs mathématiques aux êtres organisés. Tous eurent des résultats différens dans leurs opérations, ce qui en démontra l'erreur, cela devoit être, puisqu'ils prenoient pour base de leurs calculs, des organes que la vitalité fait varier à chaque instant.

HYDRAULIQUE (Architecture) ; architectura hydraulica ; *hydraulik baukunst* ; s. f. Art de construire tous les travaux relatifs au mouvement & à l'élévation des eaux.

Cet art, un des plus utiles pour les besoins des hommes, doit avoir pour objet principal, les travaux nécessaires pour rendre les fleuves navigables, la construction des ports, la conduite des eaux, les canaux de navigation, les écluses, les ponts, les machines pour élever les eaux, &c. : c'est une des principales branches des connoissances de l'ingénieur des ponts & chaussées.

Un ouvrage assez considérable & généralement estimé, a été publié sur cet art ; c'est l'*Architecture hydraulique* de Belidor : il renferme des détails pratiques & théoriques précieux pour les savans & les artistes. M. de Prony a, depuis, publié deux volumes sur l'*Architecture hydraulique*. La lecture de ces deux volumes fait vivement regretter que ce savant, inspecteur-général des

ponts & chaussées, n'ait pas continué cet ouvrage.

HYDRAULIQUE (Balancier). Machine, en forme de balancier, mise en mouvement par l'eau.

Pour se former une idée d'un *balancier hydraulique*, que l'on conçoive deux vases V *v*, *fig.* 904, suspendus aux deux extrémités d'un levier L *l*, se mouvant sur un axe A ; qu'un tuyau T *t* fournisse de l'eau pour emplir, alternativement, les vases V *v* ; que des vannes ouvrent & ferment alternativement, les ouvertures T *t* du tuyau.

Supposons maintenant que le vase *v* étant élevé, & maintenu à cette hauteur par un ressort, la vanne *t* s'ouvre, & que de l'eau parvienne dans le vase *v* ; que dès que le vase est plein, une détente fasse fermer la vanne *t* & échapper le support du vase *v* ; alors celui-ci descendra par l'action de la pesanteur de l'eau, & le vase V s'élevera. Arrivé à la hauteur H, un échappement placera un support pour retenir le vase, & ouvrira la vanne T : l'eau entrera dans le vase. Descendu en *h*, le vase *v* trouvera des corps qui souleveront des soupapes placées à son fond, & l'eau s'écoulera : celui-ci étant vide, & le vase V rempli, l'échappement qui correspond à ce dernier vase fera fermer la vanne T & dégagera le support du vase ; alors celui-ci descendra par son excès de pesanteur, enlevera le vase *v* ; celui-ci s'emplira, pendant que le vase V se videra, & le mouvement d'oscillation du *balancier hydraulique* continuera.

Il est facile de voir quel usage on peut faire de ce moteur *hydraulique*, extrêmement simple, pour élever de l'eau ou produire divers effets.

M. Dartigue a présenté à l'Académie des sciences, dans l'année 1817, un *balancier hydraulique*, dont on peut voir la description dans le tome II des *Annales des mines*, page 45.

HYDRAULIQUE (Belier). Machine inventée par Montgolfier, pour élever directement l'eau, par la seule action de la vitesse acquise. *Voyez* BELIER HYDRAULIQUE.

HYDRAULIQUE (Grue). Machine employée pour soulever des fardeaux & les transporter à la manière des *grues*, en se servant de l'eau comme force motrice.

On conçoit que l'eau peut être employée comme force motrice pour faire mouvoir les *grues*, de la même manière que toute autre espèce de force ; mais que les *grues* mues par l'eau, doivent être placées dans une position fixe, & ne peuvent pas être transportées comme beaucoup d'autres. M. John Harriot a inventé une de ces *grues*, que nous avons déjà fait connoître. *Voyez* GRUES HYDRAULIQUES.

Quoique ces *grues* puissent être facilement établies sur les ports & partout où il y a des courans d'eau, on doit voir, avec surprise, que dans ces positions mêmes, on préfère de faire mouvoir les *grues* par la force des hommes.

HYDRAULIQUE (Machine). Machine muë par l'eau, employée comme force motrice.

On donne encore le nom de *machine hydraulique*, à toutes celles qui font employées pour élever ou mouvoir des eaux, quelle que foit la force motrice qui y foit appliquée. C'eft ainfi, par exemple, que les machines à puifer l'eau, les feaux & les poulies, les chapelets, les noria, les pompes, font des *machines hydrauliques*.

Il exifte beaucoup d'ouvrages qui contiennent des détails & des conftructions de *machines hydrauliques*. Héro d'Alexandrie eft le plus ancien des auteurs, dont les traités des *machines hydrauliques* nous foient parvenus. Parmi les Modernes, il en exifte un grand nombre, dans lefquels on diftingue le *Theatrum machinurum* de Leupold ; le *Traité des machines* de Salomon Caux ; la *Mechanica hydraulica-pneumatica* de Gafpar Schœllus ; le *Mundus mathematicûs* de Chales ; l'*Architecture hydaulique* de Belidor ; celle de M. Prony ; les *Mémoires de l'Académie des fciences* de Paris, & ceux de toutes les Académies & Sociétés favantes de l'Europe ; les collections de journaux fcientifiques, &c. &c. *Voyez* MACHINES HYDRAULIQUES.

HYDRAULIQUE (Moteur). Machine fimple, que l'eau fait mouvoir, qui peut être appliquée à diverfes machines comme force motrice.

Telles font, par exemple, les roues mues par l'eau ; le mouvement de rotation que l'eau leur procure, étant appliqué à une machine, détermine fon mouvement, & cette roue devient le *moteur hydraulique* de la machine. *Voyez* MOTEUR, MOTEUR HYDRAULIQUE.

HYDRAULIQUE (Pompe). Pompe mue par l'eau : telles font, par exemple, celle de la machine de Marly, celle du Pont-Notre-Dame, à Paris, &, en général, toutes celles qui font mues par la force de l'eau. *Voyez* POMPE HYDRAULIQUE.

HYDRAULIQUE (Preffe). Machine, à l'aide de laquelle on peut comprimer les corps, en employant l'eau comme force motrice.

Il exifte un grand nombre de moyens de comprimer les corps par l'action de l'eau ; il fuffit d'élever de l'eau à une grande hauteur, & de faire pefer une colonne d'eau très-élevée fur un plan qui ait de grandes dimenfions.

Mais ces *preffes* préfentent une forte d'embarras, que l'on évite en comprimant une grande furface d'eau par un léger filet, que l'on élève à l'aide d'une pompe, dont le cylindre ait un très-petit diamètre. Ces fortes de *preffes* font très-communes aujourd'hui : on peut en attribuer l'invention au célèbre Pafcal. *Voyez* PRESSE HYDRAULIQUE.

HYDRAULIQUES (Soufflets). Soufflets dans lefquels on obtient de l'air par le moyen de l'eau.

On diftingue deux efpèces de *foufflets hydrauliques* : dans les premiers, comme dans les trompes, l'air eft entraîné par l'eau, & fe fépare de ce liquide en tombant dans une grande caiffe (*voyez* TROMPE) : dans les feconds, le foufflet eft mu dans l'eau, & le déplacement de ce liquide conftitue tout le frottement qu'il faut vaincre pour mouvoir le volant fur le git. *Voyez* MACHINES SOUFFLANTES HYDRAULIQUES, SOUFFLETS HYDRAULIQUES.

HYDRAULIQUES (Travaux). Toute efpèce de travail qui fe fait dans l'eau, ou pour diriger, retenir & conduire les eaux. *Voyez* TRAVAUX HYDRAULIQUES.

HYDRATES, de ὕδωρ, *eau* ; hydras. Subftances dans lefquelles l'eau fe trouve à l'état de combinaifon.

Prefque tous les oxides métalliques retenant de l'eau de combinaifon, font par cela des *hydrates* : quant aux fels, nous allons les examiner rapidement.

HYDRATE D'ALUMINE. Combinaifon folide de 0,64 d'alumine & 0,36 d'eau.

On l'obtient en précipitant, en forme de gelée, par la potaffe, l'alumine ou fulfate d'alumine diffous dans l'eau, & expofant la gelée à l'action du foleil. Les argiles peuvent auffi être confidérées comme des *hydrates*, dans lefquelles l'eau tient fi fortement, qu'on ne peut la chaffer que par l'action d'une chaleur extrêmement forte.

HYDRATE DE BARYTE. Subftance folide, très-pefante & d'un gris-blanc, compofée de 0,89 de protoxide de barytum & 11 d'eau.

Pour l'obtenir, on met de la baryte dans un creufet d'argent ; on verfe de l'eau deffus jufqu'à ce qu'elle foit réduite en bouillie ; on la chauffe jufqu'au rouge : l'on coule l'*hydrate* fondu.

HYDRATE DE CHAUX. Combinaifon de 0,75 de chaux & 0,25 d'eau.

On obtient cet *hydrate*, en verfant de l'eau fur de la chaux vive, jufqu'à ce qu'elle foit réduite en bouillie, & chauffant cette bouillie dans un creufet d'argent, à la chaleur d'une lampe à efprit-de-vin.

HYDRATE DE MAGNÉSIE. Subftance folide, formée de 0,70 de magnéfie & 0,30 d'eau.

L'*hydrate de magnéfie* s'obtient comme les *hydrates* de baryte, de ftrontiane & de chaux, en verfant de l'eau fur la terre, la réduifant en bouillie, & chauffant cette bouillie dans un creuſet.

HYDRATE MÉTALLIQUE. Eau combinée avec un oxide métallique.

Tous les ſels métalliques diſſous, & dont on précipite l'oxide, donnent un *hydrate métallique*, lorſqu'ils ont été parfaitement lavés. Les autres oxides métalliques peuvent produire des *hydrates*, en les délayant à l'état de bouillie & les laiſſant ſécher ; mais ces *hydrates* retiennent ſi foiblement l'eau, que pluſieurs phyſiciens ont mis en queſtion ſi l'eau n'étoit pas ſeulement mélangée avec les oxides.

Il exiſte pluſieurs *hydrates* naturels, particulièrement ceux de fer, de zinc, de cuivre, &c.

HYDRATE DE POTASSE Subſtance ſolide, ſèche, blanche, compoſée de 0,75 de potaſſium & 0,25 d'eau.

On l'obtient en ſéparant, par de la chaux, l'acide carbonique du ſous-carbonate de potaſſe, évaporant l'eau de diſſolution & purifiant la potaſſe par l'alcool : la potaſſe ainſi obtenue, eſt de l'*hydrate de potaſſe*.

HYDRATE DE SOUDE. Combinaiſon ſolide de 0,75 de ſodium & 0,25 d'eau.

Cet *hydrate* s'obtient comme l'*hydrate de potaſſe*, c'eſt-à-dire, en décompoſant, par la chaux, le deutoxide de ſoude, & purifiant la ſoude par l'alcool.

HYDRE, υδρα, *ſerpent d'eau* ; hydrus ; hyder ; ſ. m. Espèce de ſerpent qui vit dans les rivières & dans les étangs, ou mieux, un ſerpent fabuleux que l'on ſuppoſe avoir eu ſept têtes, qui renaiſſoient à meſure qu'on les coupoit. La mort de l'*hydre* de Lerne fut un des travaux d'Hercule.

HYDRE. Nom de deux conſtellations de la partie méridionale du ciel, dont l'une eſt appelée *hydre femelle*, & l'autre *hydre mâle*. Voyez ces deux mots.

On donne deux origines à cette conſtellation. Ovide l'attribue à la punition qu'Apollon infligea au corbeau, en chargeant le ſerpent de l'empêcher de boire ; d'autres la regardent comme l'*hydre* de Lerne, tué par Hercule. Dupuis explique ce travail d'Hercule, en faiſant remarquer que, dès que le ſoleil entroit au ſigne de la Vierge, la conſtellation de l'*hydre* diſparoiſſoit des feux ſolaires ; mais, lorſque le ſoleil arrivoit aux dernières étoiles, celle de la tête s'élevoit déjà héliaquement : voilà pourquoi on dit que cet *hydre* renaiſſoit.

HYDRE FEMELLE. Conſtellation de la partie méridionale du ciel, qui s'étend au-deſſus du Lion & de la Vierge, & au-deſſous de la bouſſole, de la machine pneumatique & du centaure.

C'eſt une des 48 conſtellations formées par Ptolémée. Elle eſt compoſée de 60 étoiles dans le catalogue britannique, & 100, en y comprenant la coupe & le corbeau, qui ne font qu'un ſeul groupe, & qui vont communément enſemble. La principale étoile eſt celle du cœur de l'*hydre*, que quelques aſtronomes mettent au nombre des étoiles de la première grandeur, & d'autres dans le nombre de celles de la ſeconde.

HYDRE MALE. Conſtellation de la partie méridionale du ciel, placée près du pôle ſud, entre le grand & le petit nuage.

C'eſt une des douze conſtellations que Jean Bayer a ajoutées aux quinze conſtellations méridionales de Ptolémée. Elle eſt ſituée entre le Toucan & la Dorade. Sa principale étoile eſt de troiſième grandeur. Cette conſtellation ne paroît jamais ſur notre horizon.

HYDRELEON, de υδωρ, *eau*, ελαιον, *huile*. Mélange d'eau & d'huile.

On obtient ce mélange par le moyen d'un petit balai avec lequel on bat l'huile & l'eau. L'*hydreleon* étoit regardé, par les Anciens, comme rafraîchiſſant.

HYDRIODATE, de υδωρ, *eau*, ιωδης, *violet*, *jode* ; hydriodas ; ſ. m. Sel neutre, formé d'acide hydriodique & de différentes baſes.

L'acide hydriodique n'étant connu que depuis très-peu de temps, les *hydriodates* le ſont encore très-peu eux-mêmes : cependant comme MM. Gay-Luſſac, Davy & pluſieurs autres ſe ſont empreſſés d'examiner ces ſels, lorſque l'iode a été découvert (*voyez* IODE), nous avons quelques données ſur les *hydriodates* alcalins.

Quoique les *hydriodates* puiſſent être obtenus en uniſſant les baſes : ſoude, potaſſe, chaux, baryte, ſtrontiane, &c., ou les oxides métalliques avec l'acide hydriodique, il eſt plus économique de mettre en contact les premières baſes. Les métaux ſe mettent également dans une fiole avec de l'iode & de l'eau ; en chauffant, l'eau ſe décompoſe, l'oxigène ſe combine avec les métaux, les oxide, & l'hydrogène s'unit à l'iode pour former l'acide hydriodique, qui diſſout les oxides. Avec les baſes alcalines & les terres, l'eau ſe décompoſe également ; mais il ſe forme deux acides : l'un, avec l'oxigène, c'eſt l'acide iodique ; l'autre, avec l'hydrogène, c'eſt l'acide hydriodique, & par ſuite deux ſels, des iodates & des *hydriodates*.

HYDRIODIQUE ; même étymologie qu'*hydriodate* ; adj. Combinaiſon d'hydrogène & d'iode.

HYDRIODIQUE (Acide). Acide formé par la combinaiſon de l'iode avec l'hydrogène.

Cet acide eſt toujours à l'état de gaz. Ce gaz eſt

fans couleur, très-odorant & très-fapide. (*Voyez* GAZ ACIDE HYDRIODIQUE.) Combiné avec l'eau, il forme l'*acide hydriodique* liquide, très-denfe, très-acide & peu volatil.

Soumis à l'action de la pile galvanique, l'*acide hydriodique* liquide eft promptement décompofé: l'iode fe porte vers le pôle pofitif, & l'hydrogène vers le pôle négatif.

HYDROCHLORATE, de υδωρ, eau, χλωρος, *verdâtre, bafe des acides muriatiques*; hydrochloras; *hydroklorate*; f. m. Combinaifon de l'acide hydrochlorique, ou muriatique, à une des bafes. Ces fels étoient autrefois connus fous le nom de *muriates. Voyez* MURIATE.

HYDROCHLORIQUE (Acide), f. m.; même étymologie qu'*hydrochlorate*. Acide compofé d'hydrogène & de chlore, ou acide muriatique oxigéné. *Voyez* ACIDE MURIATIQUE.

HYDROCHOOS; υδροχοος; aquarius; *waffermann*; f. m. L'une des douze conftellations, ou l'un des douze fignes du zodiaque. *Voyez* VERSEAU.

HYDRODYNAMIQUE, de υδωρ, *eau*, δυναμις, *force, puiffance*; hydrodynamica; *hydrodynamik*; f. f. Partie de la mécanique rationnelle qui traite du mouvement des fluides.

Quelques phyficiens ont cru pouvoir conclure, de cette définition, que l'*hydrodynamique* comprenoit l'hydraulique & l'hydroftatique; c'eft une erreur. D'après fa définition, l'*hydrodynamique* eft la dynamique des liquides, c'eft-à-dire, la fcience de leur mouvement, comme la dynamique, proprement dite, eft la fcience du mouvement des corps. Ainfi, de même que la fcience connue fous le nom de *mécanique*, ou la fcience de la pefanteur, de l'action, du choc, du mouvement des corps, fe divife en deux claffes: ftatique & dinamyque; de même, la fcience de la pefanteur, du choc, de l'action & du mouvement des eaux, à laquelle on avoit donné originairement le nom d'*hydraulique*, doit fe divifer en deux claffes: hydroftatique & hydrodynamique; Quant à cette partie de l'hydraulique, la conduite des eaux & le moyen de les élever, on devroit lui donner le nom d'*hydrotechnie*.

Nous devons les premiers fondemens de l'*hydrodynamique* à la belle expérience de Torricelli, d'après laquelle les géomètres les plus célèbres font partis pour développer leurs principes. Les premiers qui aient bien fait connoître les règles du mouvement des eaux, & particulièrement de leur viteffe, en faifant ufage du calcul intégral & différentiel, font les deux Bernouilli. Jean Bernouilli le père, dans fon *Hydraulica nunc primùm detecta ac demonftrata directè ex fundamentis purè mechanicis*, 1732; & Daniel Bernouilli fon fils, dans fon *Hy-*

drodynamica f. de viribus & motibus fluidorum Commentarii. Argentor. 1738.

En général, l'*hydrodynamique* eft purement mathématique. C'eft à l'aide d'un calcul très-élevé, que l'on réfout les différentes queftions que cette fcience préfente.

M. Poiffon obferve, dans fon *Traité de mécanique*, tome II, page 443, qu'en appliquant aux fluides le principe de d'Alembert, on formera immédiatement les équations générales de leur mouvement, d'après celle de leur équilibre; mais comme ces opérations font très-compliquées, & qu'il y a des queftions relatives au mouvement des fluides, dont il eft plus fimple de chercher directement la folution que d'effayer de les déduire de l'équation générale, c'eft pour cette raifon, qu'avant de donner ces équations, il va confidérer, en particulier, le mouvement des fluides pefans, & réfoudre, par rapport à ces fluides, plufieurs problèmes importans qui dépendent d'une analyfe fort fimple.

Conféquemment à cette obfervation, M. Poiffon divife fon *hydrodynamique* en deux chapitres: dans le premier, il traite du mouvement des fluides pefans, & dans le fecond, des équations générales du mouvement des fluides.

De nombreufes expériences ont été faites fur l'écoulement des eaux, fur la réfiftance que l'eau oppofe au mouvement, &c., afin de déterminer les lois du mouvement & parvenir aux équations qui les indiquent. L'abbé Boffut en a fait un grand nombre, qui font décrites dans fon *Hydrodynamique*.

HYDROGALE, de υδωρ, *eau*, γαλα, *lait*; hydrogala; *hydrogal*; f. m. Mélange d'eau & de lait.

Cette boiffon eft rafraîchiffante & très-agréable pendant les chaleurs de l'été; fon ufage remonte à la plus haute antiquité; elle convient furtout aux individus qui peuvent refter en repos, parce qu'elle provoque une abondante tranfpiration.

HYDROGÈNE, de υδωρ, *eau*, γιννάω, *j'engendre*; hydrogenum; *wafferftoff*, *hydrogen*; f. m. L'une des fubftances qui entrent dans la compofition de l'eau, & que les chimiftes confidèrent comme engendrant l'eau.

L'hydrogène pur eft toujours à l'état de gaz; c'eft la plus légère de toutes les fubftances pondérables connues. Il diffout un grand nombre de fubftances, telles que le charbon, le phofphore, le foufre, le zinc, l'arfenic, le fer, & forme des gaz compofés, connus fous les noms d'*hydrogène carboné, phofphoré, fulfuré, zingué, arfeniqué, ferré*. (*Voyez* GAZ HYDROGÈNE.) On le trouve en grande abondance, à l'état de combinaifon, dans l'eau & les matières animales & végétales.

HYDROGÈNE

HYDROGÈNE CARBONÉ. Combinaison de l'hydrogène avec le charbon. Cette combinaison est souvent à l'état de gaz. (*Voyez* GAZ CARBONÉ.) Elle a également lieu, à l'état liquide, dans la graisse, les huiles, les cires, les résines. On trouve dans toutes ces combinaisons de l'oxigène en petites proportions. *Voyez* GAZ HYDROGÈNE CARBONÉ.

HYDROGÈNE CARBURÉ. Union intime de l'hydrogène & du carbone. *Voyez* GAZ HYDROGÈNE CARBONÉ.

HYDROGÈNE CUIVRÉ. Combinaison de l'hydrogène & du cuivre.

M. Lampadius (1) assure que, si l'on fait passer du gaz *hydrogène* sur de la limaille de cuivre chauffée au rouge blanc, ce gaz dissout du cuivre. On reconnoît la présence de ce métal en le brûlant. La couleur de sa flamme est verte, & il se forme, dans la combustion, un oxidule de cuivre.

HYDROGÈNE *employé dans l'éclairage*. C'est le gaz *hydrogène* carboné, retiré de la houille par la distillation, que l'on brûle pour produire de la lumière. Ce procédé, qui a d'abord été découvert en France, a été adopté par les Anglais, qui l'ont perfectionné. On l'a ensuite importé en France, où il commence à s'étendre. *Voyez* ECLAIRAGE PAR LE GAZ HYDROGÈNE.

HYDROGÈNE PHOSPHORÉ. Union de l'*hydrogène* & du phosphore, ou mieux, phosphore dissous dans le gaz *hydrogène*. Cette combinaison, qui est toujours à l'état de gaz, est connue dans deux proportions différentes. *Voyez* GAZ HYDROGÈNE PERPHOSPHORÉ, GAZ HYDROGÈNE PROTO-PHOS-PHORÉ.

HYDROGÈNE SULFURÉ. Dissolution du soufre dans l'*hydrogène*. Cette combinaison gazeuse jouit de toutes les propriétés des acides, sans contenir d'oxigène; elle forme des sels connus sous le nom d'*hydrosulfure*. *Voyez* GAZ HYDROGÈNE SULFURÉ.

HYDROGÈNE SURSULFURÉ. Combinaison d'*hydrogène* & de soufre, dans laquelle le soufre prédomine.

Pour obtenir l'*hydrogène sursulfuré*, on verse peu à peu une dissolution d'un sulfure hydrogéné, dans un acide; il se précipite un liquide d'une consistance huileuse, plus pesant que l'eau, ayant l'odeur & la saveur de l'*hydrogène* sulfuré; c'est l'*hydrogène sursulfuré*. Ce liquide se décompose à l'air, en soufre & *hydrogène* sulfuré; la même chose arrive par la chaleur.

(1) *Journal de Schweiger.*

HYDROGRAPHE, de υδωρ, eau, γραφω, décrire; hydrographiæ peritus; *wasserbeschreibung*; s. m. Personne versée dans l'hydrographie.

HYDROGRAPHIE, de υδωρ, eau, γραφω, décrire; hydrographia; *hydrographie*; s. f. Description des eaux.

Prise dans le sens le plus général, l'*hydrographie* traite de tout ce qui est relatif à la navigation, la détermination des longitudes & des latitudes. Prise dans l'acception particulière la plus habituelle, c'est la construction des cartes marines & la manière de s'en servir.

Dans le dix-septième siècle, les pères Riccoli, Fournier & Deschales, nous ont donné des Traites d'*hydrographie*; Bouguer père, un Traité de navigation qui complétoit les premiers ouvrages; son fils, membre de l'Académie des sciences, publia, dans le dix-huitième siècle, un Traité plus complet encore: Leveque, Kohl, Greiswald, Bode, publièrent, en 1778, divers ouvrages sur l'*hydrographie*.

HYDROGRAPHIE MÉDICALE. Description des maladies auxquelles les gens de mer sont sujets; moyen de les prévenir & de les traiter.

On voit, par la définition donnée à cette *hydrographie*, qu'elle seroit mieux nommée. *hygiène navale*; mais M. Renaudier, qui a traité cette question d'une manière fort étendue dans le *Dictionnaire des Sciences médicales*, a cru devoir lui donner ce nom, pour distinguer son article de ceux *Hygiène militaire* & *Hygiène publique*.

HYDROGRAPHIQUE; même étymologie qu'*hydrographie*; adj. Qui a rapport à l'*hydrographie*.

HYDROGRAPHIQUES (Cartes); tabulæ hydrographicæ; *seekarte*; s. f. Figures planes, représentant les limites des mers & des côtes. *Voyez* CARTE HYDROGRAPHIQUE.

HYDROLOGIE, de υδωρ, eau, λογος, discours; hydrologia; *hydrologie*; s. m. Traité des eaux en général, de leur nature & de leurs propriétés.

Cette science a pour objet la connoissance, l'analyse de toutes les eaux qui existent sur la surface de la terre. *Voyez* EAU, & toutes les *eaux différentes* qui suivent ce mot, particulièrement EAUX MINÉRALES.

HYDROMANCIE, de υδωρ, eau, μαντεια, divination; hydromantia; *hydromancie*; s. f. Sorte de divination qui se fait par le moyen des eaux. *Voyez* DIVINATION.

HYDROMANTIQUE; même origine qu'*hydromantie*; hydromantica; *hydromantik*; s. f.

Art de faire paroître, par le moyen de l'eau, des apparences singulières.

Nous allons donner quelques exemples d'effets *hydromantiques*, qui ne sont absolument que des phénomènes d'optique, comme tous ceux que l'on produit.

Soit un vase A B C A, *fig.* 905; qu'un objet O soit fixé au fond du vase, que l'œil d'un spectateur soit placé en S, de manière que le bord A B lui empêche de pouvoir apercevoir l'objet, & qu'il ne puisse distinguer par le rayon S I, qu'en I, le fond du vase. Si l'on introduit de l'eau dans le vase, jusqu'en E F, les rayons de lumière réfléchis par l'objet se réfracteront sur la surface E F, & l'image parviendra à l'œil du spectateur par le rayon brisé O H S; alors il croira que l'objet qu'il aperçoit est placé en K. (*Voyez* CAUSTIQUE, RÉFRACTION.) Ajoutant de l'eau, l'image s'élevera & s'approchera de l'œil; retirant de l'eau, elle s'éloignera & disparoîtra: on pourra donc, par l'eau ajoutée ou retranchée dans le vase, faire paroître l'image, la faire changer de position, & la faire disparoître.

Donnons un second exemple. Qu'un verre V, *fig.* 905 (*a*), contenant de l'eau jusqu'en E F, soit renversé dans une assiette A B; qu'au fond du vase on ait placé une pièce de monnoie M, l'œil d'un spectateur placé en S, pourra voir la pièce de monnoie à travers l'eau par la surface E F, & par le contour du verre. Dans le premier cas, le rayon S H lui fera apercevoir la pièce en L; dans le second, il apercevra, par le rayon S K, la pièce en O: ainsi, il apercevra en même temps deux images de la même pièce, ce qui lui fera croire qu'il y a deux pièces dans le verre. Mais, dans le premier cas, comme la surface de l'eau est plane, la grandeur de la pièce éprouvera peu de variation; & dans le second, comme la surface de l'eau est convexe, la pièce de monnoie paroîtra plus grosse & plus grande.

Ces deux exemples nous semblent suffire pour faire voir combien on peut varier les illusions d'optique dans l'*hydromantique*, & cela par la réfraction que la lumière éprouve en passant de l'eau dans l'air, & par la forme & la position des surfaces de séparation. Ces phénomènes peuvent encore être augmentés, soit par des miroirs placés dans l'eau, soit par des images que l'on y fait parvenir à l'aide de verres lenticulaires, comme dans des chambres obscures.

HYDROMEL, de υδωρ, *eau*, μελι, *miel*; hydromel; *meth*; s. m. Dissolution de miel dans l'eau.

Le miel étant très-soluble dans l'eau, l'*hydromel* a été fort employé chez les Anciens, qui ne connoissoient pas l'usage du sucre.

On distingue deux sortes d'*hydromel*, frais ou fermenté: le premier se prépare en faisant dissoudre une partie pondérable de miel dans vingt à vingt-deux parties d'eau: cette dissolution se fait à froid ou à l'aide de l'ébullition: par la seconde méthode, on en sépare les impuretés lorsque le miel en contient. Cette boisson rafraîchissante est remplacée par l'eau sucrée.

Pour préparer l'*hydromel fermenté*, ou mieux l'*hydromel vineux*, on fait fondre une partie de bon miel dans trois parties d'eau bouillante; on met le tout dans un tonneau, & on laisse fermenter le liquide: cette fermentation dure deux mois environ; alors l'*hydromel* se conserve comme le vin, soit dans des tonneaux bien fermés, soit dans des bouteilles.

On attribue l'invention de cette boisson à Aristée, roi des Arcades & fils du Soleil. L'*hydromel vineux* étoit très-recherché des Egyptiens. Aujourd'hui, les Polonais & les Russes en font un grand usage.

En Pologne, l'*hydromel* est la boisson exclusive des bourgeois; ils l'appellent *miédon*: en Russie, au contraire, cette boisson se prépare pour les grands; on la nomme *miole*. Ces derniers mettent l'*hydromel* en bouteilles après la cuisson, ce qui retarde sa fermentation; aussi a-t-elle toujours un goût douceâtre, & elle pétille comme du vin de Champagne.

HYDROMÈTRE, de υδωρ, *eau*, μετρον, *mesure*; hydrometrum; *hydrometer*; s. m. Instrumens qui servent à mesurer, soit la pesanteur, soit la densité, soit la vitesse ou la force, que les autres propriétés des fluides. On a donné le nom d'*aréomètre* à celui qui sert à mesurer la densité. *Voyez* ARÉOMÈTRE.

Les médecins donnent le nom d'*hydromètre* aux maladies de la matrice; mais, dans cette acception, la désinence *mètre* vient de μητρα, *matrice*.

HYDROMÉTRIE; même origine qu'*hydromètre*; hydrometria; s. f. Science qui enseigne à mesurer les différentes propriétés des fluides; & qui apprend à se servir des *hydromètres*.

HYDROMÉTROGRAPHE, de υδωρ, *eau*, μετρον, *mesure*, γραφω, *j'écris*. Instrument imaginé par M. Bader, pour indiquer la quantité d'eau salée reçue pour la cuisson des sels.

L'*hydrométrographe* se compose de deux cuves, dont la grandeur est déterminée: sur chaque cuve est un flotteur. L'eau arrive dans les cuves par un canal à bascule. Chaque flotteur étant arrivé à une hauteur fixe, fait partir une détente qui fait de suite osciller le canal; l'eau cesse alors de tomber dans la cuve pleine, elle tombe dans l'autre; en même temps une soupape placée dans une ouverture pratiquée au fond de la cuve pleine, s'élève, & l'eau sort par cette ouverture. La soupape s'abaisse dès que le canal oscille pour faire tomber l'eau dans la caisse.

A chaque oscillation, une détente fait mouvoir une roue dentée, & la fait avancer d'une dent.

Cette roue communique à une seconde, celle-ci à une troisième, & chaque tour de la seconde roue en exige dix, ou un plus grand nombre de la première ; chaque tour de la troisième en exige également un nombre plus ou moins grand de la seconde. On peut donc, en comptant par des aiguilles le mouvement de chaque roue, connoître combien de fois les cuves se sont vidées, conséquemment combien il y a eu d'eau de consommée.

Cet *hydrométrographe* a été décrit par M. Marcelle de Serre, dans le LV.ᵉ volume des *Annales des arts & manufactures*, pag. 113 & suivantes.

HYDROPHANE, de ὕδωρ, *eau*, φαίνω, *luire*, hydrophana ; *hydrophane* ; f. m. Pierre qui a la propriété de devenir transparente quand on la plonge dans l'eau.

Cette pierre est du genre de celles que l'on nomme *agates*, & qui sont demi-transparentes & assez dures pour étinceler par le choc du briquet. Lorsqu'on la plonge dans l'eau, on voit s'élever des files nombreuses de petites bulles d'air, qui se succèdent sans interruption. Cet air, qui occupoit les pores de la pierre, en est délogé par l'eau qui le remplace ; en même temps, la pierre acquiert un nouveau degré de transparence, & si on la pèse d'abord, avant l'expérience, & de nouveau, après l'expérience, on trouve que son poids est augmenté d'une quantité sensible.

Nous allons rapporter ici la manière dont Haüy explique ce phénomène.

Il résulte de l'expérience que nous allons rapporter, que cette pierre est criblée d'une multitude de vacuités qui, dans l'état naturel de l'*hydrophane*, sont remplies d'air. Le peu de densité de ce fluide, comparé à la matière propre de la pierre, occasionne la réflexion d'une grande partie des rayons qui la pénètrent, & ne laisse subsister qu'un foible degré de transparence, à l'aide du petit nombre de rayons qui poursuivent leur route jusqu'à la surface tournée du côté de l'œil. Mais si, à la place de l'air, l'eau s'introduit dans l'*hydrophane*, ce liquide, ayant une densité qui se rapproche plus de celle de la pierre, il y aura un bien plus grand nombre de rayons qui, au lieu d'être réfléchis au contact des deux milieux qui se succèdent, dans l'intervalle des deux surfaces, seront réfractés, & continueront leur trajet jusqu'à la surface située vers l'œil, ce qui fera croître la transparence dans un très-grand rapport. *Voyez* OPACITÉ, TRANSPARENCE.

HYDROPHOBE, de ὕδωρ, *eau*, φόβος, *crainte* ; hydrophobus ; *wasserscheue* ; f. m. Celui qui a horreur de l'eau.

L'*hydrophobie*, ou l'horreur de l'eau & des liquides, étant le symptôme le plus caractéristique de cet ensemble d'accidens qui constitue la rage chez les animaux & l'homme, il en résulte que les mots *hydrophobie* & *rage* sont presque toujours employés comme synonymes.

Il est rare, dans les animaux, que l'*hydrophobie* ne soit le précurseur ou la compagne de la rage ; dans l'homme, il n'en est pas de même : on a vu plusieurs personnes mordues par des animaux véritablement enragés & mourir de la rage, sans avoir perdu entièrement la faculté de boire ; de même, on voit souvent des *hydrophobies* qui se manifestent comme symptômes de diverses maladies, & qui ne sont ni accompagnées ni suivies de la rage : ces maladies sont les fièvres inflammatoires & nerveuses, l'hystérie, l'épilepsie, &c.

HYDROPHTALMIE, de ὕδωρ, *eau*, οφθαλμός, *œil* ; hydrophtalmia ; *augenwassersucht* ; f. f. Hydropisie de l'œil.

L'*hydrophtalmie* est occasionnée par la surabondance des humeurs aqueuses & vitrées, par suite de l'augmentation de la sécrétion ou de la diminution de l'action des vaisseaux absorbans.

Dans cette maladie, le globe de l'œil s'enfle, la courbure de la cornée augmente. Lorsque l'*hydrophtalmie* commence, la vue devient courte, & la miopie est un des caractères constans de cette affection ; mais si la cause continue, le volume de l'organe devient plus considérable, sa forme devient ovale, & l'œil grossit à tel point, qu'il sort de l'orbite. Lorsque l'*hydrophtalmie* continue ses progrès, elle occasionne la perte de la vue. Quelques médecins prétendent même qu'elle occasionne la mort de celui qui en est atteint.

HYDROPNEUMATIQUE, de ὕδωρ, *eau*, πνεῦμα, *air* ; adj. Air retenu par le moyen de l'eau.

Dans toutes les expériences sur l'air & sur les gaz, on fait usage d'un liquide pour les transvaser. L'appareil dans lequel ce liquide est contenu, porte le nom d'*appareil hydropneumatique*, lorsque l'on emploie l'eau ; si l'on fait usage d'un autre liquide, on désigne ce nouveau liquide : ainsi, lorsque le mercure est employé pour transvaser les gaz, l'appareil porte le nom d'*hydrargyro pneumatique*. *Voyez* CUVE HYDROPNEUMATIQUE.

HYDROPOTE, de ὕδωρ, *eau*, πότης, *buveur* ; hydropota ; *hydropot* ; f. m. & adj. Buveur d'eau.

L'eau est la boisson naturelle des animaux & des hommes ; les liqueurs fermentées qu'on lui substitue ne sont en usage que parmi les hommes ; aussi, les neuf dixièmes des habitans de la terre ne boivent que de l'eau ; & ce qu'il y a de remarquable, c'est que les *hydropotes* sont plus nombreux dans les pays à vignobles que dans le nord de l'Europe. Dans ces derniers pays, on fait usage de boissons spiritueuses, c'est-à-dire, fermentées & distillées, qui abrègent la durée de la vie.

M. Vaidi établit les deux corollaires suivans, déduits de plusieurs observations.

1°. Les peuples *hydropotes* font fobres dans le manger, ont un goût, un penchant irréfiftible pour les alimens aromatiques & âcres.

2°. Les peuples qui ufent largement de boiffons fermentées & fpiritueufes, préfèrent les alimens doux & de peu de faveur.

HYDROPYRIQUE, de υδωρ, *eau*, πυρ, *feu*; adj. Réunion du feu & de l'eau.

Le nom d'*hydropyrique* a été donné à ces dépôts d'eau dont on peut enflammer la furface, conféquemment aux jets de gaz hydrogène qui fortent à travers l'eau. *Voyez* FONTAINE BRULANTE.

On donne également le nom d'*hydropyrique* à ces récréations dans lefquelles des lumières paroiffent brûler dans l'eau. C'eft ainfi que des lumières L L, *fig.* 906, peuvent être placées au-déffous d'un champignon d'eau: l'eau, en s'échappant avec une grande force, par l'ouverture O, qui a la forme d'un entonnoir, & que l'on place fur un tube T, forme une nappe d'eau qui environne la lumière. Celle-ci paroît donc exifter au milieu du liquide dont elle eft environnée.

Il eft facile de varier ces récréations de diverfes manières. Tout confifte à former des nappes d'eau qui environnent les corps embrafés qui répandent de la lumière; & l'on peut, foit par la diftribution des lumières, foit par la forme des nappes d'eau qui les recouvrent & les environnent, produire des effets extrêmement variés.

HYDROSCOPE, de υδωρ, *eau*, σκοπεω, *voir*; hydrofcopia; *waffer-uhr*; f. m. Efpèce d'horloge d'eau, compofée d'un tuyau en forme de cylindre, au bout duquel il y avoit un cône. On mefuroit le temps par des marques faites pour cela. *Voyez* CLEPSYDRE.

HYDROSCOPE; hydrophanta; f. m. Celui qui prétend avoir la faculté de reffentir les émanations des eaux fouterraines.

C'eft une efpèce de charlatanifme, dont quelques hommes ont abufé pour en impofer à la crédulité.

Quelques *hydroscopes* manifeftent les fenfations qu'ils difent éprouver, par un frémiffement, une forte de mouvement fébrile qu'ils font apercevoir; d'autres font ufage d'un corps pefant, placé à l'extrémité d'un fil, qu'ils ont l'air de faire mouvoir circulairement lorfqu'ils font fuppofés paffer fur des eaux fouterraines, & dont ils font ceffer le mouvement lorfqu'ils ont paffé ces eaux; d'autres enfin fe fervent d'une baguette de coudrier, ou de tout autre bois, qu'ils font tourner en paffant fur les eaux. *Voyez* BAGUETTE DIVINATOIRE.

Nous ajouterons à cet article quelques détails fur la manière dont on fait tourner la baguette, & nous prendrons, pour exemple, la baguette courbe A B, *fig.* 907.

On pofe cette baguette fur les deux index, près des pouces. Soit C, D, la pofition des deux index fous la baguette. Pour exécuter ce mouvement, il faut d'abord placer les deux points d'appui de manière que la pefanteur C D foit en équilibre avec la fomme des deux pefanteurs A C, D B; dans ce cas, fi l'on écarte un peu les deux points d'appui C D. cette portion étant plus pefante que la fomme des deux parties A C; D B, elle tombera en en bas, comme dans la *fig.* 907; mais fi on rapproche les deux fupports C D, la fomme du poids des parties A C, D B, étant plus grande que la pefanteur C D, les deux bouts A, D, tomberont vers le bas, comme dans la *fig.* 907 (a); d'où l'on voit que tout confifte à écarter & à rapprocher fucceffivement les deux points d'appui d'une manière infenfible & imperceptible aux fpectateurs. Ce mouvement léger eft facilité par l'efpèce d'accès de fièvre que les *hydroscopes* difent éprouver.

HYDROSTATIQUE, de υδωρ, *eau*, ιδαμαι, *être en repos*; hydroftatica; *hydroftatik*; f. f. Science qui a pour objet l'équilibre des corps fluides, ainfi que celui des corps qui y font plongés.

Comme toutes les queftions de phyfique dont les géomètres fe font emparés, l'*hydroftatique* peut être traitée de deux manières différentes: 1°. en pofant un principe général, appliquant à ce principe une analyfe plus ou moins élevée, & en déduifant toutes les conféquences que cette analyfe préfente; 2°. en faifant des expériences qui déterminent la loi des phénomènes, combinant ces expériences pour en déduire des conféquences, & vérifiant ces conféquences par de nouvelles expériences. La première manière eft celle des géomètres; la feconde eft celle des phyficiens.

Afin de donner une idée de la manière des géomètres, nous allons faire connoître les principes fur lefquels M. Poiffon établit fon calcul, & nous les puiferons dans fon excellent *Traité de mécanique.*

« Un fluide, dit ce favant, eft un amas de points matériels, qui cèdent au premier effort que l'on fait pour les féparer les uns des autres. Les fluides que la nature nous préfente, approchent plus ou moins de cet état de fluidité parfaite, que notre définition fuppofe. L'adhérence qui exifte entre les molécules de plufieurs de ces fubftances, & qui produit ce qu'on appelle la *vifcofité* du fluide, s'oppofe à la féparation de leurs parties; mais, dans la théorie que nous allons oppofer, nous ferons abftraction de cette adhérence, & nous ne confidérerons que des fluides parfaits.

» On diftingue deux efpèces de fluides; les uns font *incompreffibles*, comme l'eau & tous les liquides; ils peuvent prendre une infinité de figures différentes; mais, fous toutes les formes, ils confervent toujours le même volume. Les fluides de la feconde efpèce comprennent l'air, le gaz

& les vapeurs ; ils font *compreſſibles*, & doués d'une élaſticité parfaite ; de ſorte qu'ils peuvent changer à la fois de forme & de volume par la compreſſion, & revenir exactement à leur figure primitive, dès que cette compreſſion a ceſſé. Les vapeurs diffèrent de l'air & du gaz permanent, en ce qu'elles perdent leur forme de fluide élaſtique, & ſe réduiſent en liquides, lorſqu'on les comprime à un certain degré, ou quand on diminue leur température ; tandis que l'air & le gaz ont toujours conſervé cette forme, quelles que ſoient la compreſſion & la température auxquelles on les a ſoumis juſqu'à préſent.

" La propriété caractériſtique & fondamentale des fluides, celle qui les diſtingue des ſolides, & qui ſervira de baſe à la théorie de leur équilibre & de leur mouvement, eſt la faculté qu'ils ont de tranſmettre également, en tout ſens, la preſſion que l'on exerce à leur ſurface. Nous admettrons cette propriété comme un fait conſtaté par l'expérience, & avoué de tous les phyſiciens ; c'eſt, au reſte, la ſeule hypothèſe ſur laquelle eſt fondée l'hydroſtatique, ou la partie de la mécanique qui traite de l'équilibre des fluides. "

Ce principe poſé, M. Poiſſon examine d'abord comment les fluides peſans doivent ſe comporter dans des vaſes ; quelles actions ils exercent entre leurs parois. Il conſidère l'effet exercé en tout ſens, d'un fluide incompreſſible, comme une véritable machine ; il y applique le principe des viteſſes virtuelles, & parvient à une équation ; il examine enſuite quelle variation l'élaſticité doit produire.

Il traite alors la queſtion d'une manière plus générale, en conſidérant une maſſe de fluide, homogène ou hétérogène, compreſſible ou incompreſſible, dont les molécules ſont ſollicitées par des forces accélératrices données, & cherche, à l'aide d'une analyſe élevée, à exprimer par des équations les conditions de ſon équilibre.

Enfin il s'occupe de l'équilibre des fluides peſans : il calcule la preſſion due à ces fluides ; il cherche la condition de l'équilibre dans des vaſes communiquans, fait connoître les pompes & y applique l'analyſe.

Son *hydroſtatique* ſe termine par l'examen de l'équilibre des corps flottans & du baromètre pour la meſure des hauteurs verticales.

Pour donner une manière dont les phyſiciens traitent cette même branche de connoiſſances, nous allons rapporter ici les détails que Briſſon en a donnés dans ſon *Dictionnaire de Phyſique.*

On peut diviſer en trois parties la ſcience de l'*hydroſtatique* : la première comprend la manière dont une liqueur, priſe ſéparément, & ſans comparaiſon avec d'autres, exerce ſa peſanteur ſur les obſtacles qui la retiennent, & comment elle ſe met en équilibre avec elle-même ; dans la ſeconde, on examine comment ſe mettent en équilibre, entr'elles, pluſieurs liqueurs de différentes den-

ſités ; dans la troiſième, comment les ſolides, que l'on plonge dans les liqueurs, ſe mettent en équilibre avec elles.

Manière dont une liqueur exerce ſa peſanteur.

1°. Toutes les parties d'une même liqueur ſont en équilibre entr'elles, ſoit dans un même vaiſſeau, ſoit dans pluſieurs qui communiquent enſemble, lorſque leurs ſurfaces ſupérieures ſont dans un même plan parallèle à l'horizon : ce qui tient à la nature des liqueurs. (*Voyez* LIQUEUR.) Cette propriété des liqueurs fait que l'eau, que l'on amène chez ſoi, par des canaux ſouterrains, remonte auſſi haut que l'endroit d'où elle vient, quelle que ſoit la profondeur à laquelle on la fait paſſer. Cela rend encore raiſon des ſources que l'on trouve quelquefois au ſommet des montagnes : ces eaux doivent venir des montagnes plus élevées, par des canaux ſouterrains.

2°. Les parties d'une même liqueur exercent leur peſanteur indépendamment les unes des autres. Cette propriété vient de ce qu'elles n'ont preſque point de cohéſion entr'elles ; ce qui eſt très-différent de la manière de peſer des corps ſolides : leurs parties étant adhérentes, elles peſent toutes en commun. Cette dernière ſubſtance, en avançant, ſe diviſe par la réſiſtance de l'air, ce qui fait que ſa viteſſe eſt plus retardée qu'elle ne l'eût été ſans cette diviſion : ainſi diviſée, elle s'applique à une plus grande ſurface, ce qui partage ſon effort ; au lieu qu'un ſolide ne partage qu'un petit eſpace qui reçoit l'effort entier. C'eſt pourquoi un corps anguleux, qui tombe ſur la tête, fait plus de mal qu'un corps plat de même poids.

3°. Nous voyons que les liqueurs exercent leur peſanteur en toutes ſortes de ſens. Ainſi, non-ſeulement elles peſent, comme le font les autres corps, de haut en bas, mais encore elles preſſent, avec toute la valeur de leur poids, les obſtacles qu'elles rencontrent latéralement. Voilà pourquoi un tonneau plein d'huile ſe vide quand on le perce par le côté ; ſi l'huile étoit fixée, il ne ſe videroit pas : dans ce dernier cas, l'huile devient un corps ſolide, & les corps ſolides ne peſent que de bas en haut & non latéralement.

4°. Les liqueurs exercent leur preſſion, tant perpendiculaire que latérale, non en raiſon de leur quantité, mais en raiſon de leur hauteur au-deſſus du plan horizontal, & de la largeur de la baſe qui s'oppoſe à leur chute : c'eſt-à-dire, que ſi vous rempliſſez d'eau pluſieurs vaſes qui ſoient tous de la même hauteur, & dont les fonds ſoient égaux, tous ces fonds ſeront également chargés, quelles que ſoient la forme & la capacité de ces vaſes.

Suppoſons qu'on rempliſſe d'eau les trois vaſes ABCD, EFGH, LMNOPQ, *fig.* 908, dont les hauteurs AB, IF, LT, ſoient les mêmes, & qui aient des fonds égaux, BC, FG, NO ;

on prouve par l'expérience, que tous ces fonds font également chargés, quoique les quantités d'eau qui remplissent les vases soient très-différentes. *Voyez* MACHINE DE PASCAL.

Dans le vase Z, le fond est chargé de toute la masse d'eau ABCD : ici la liqueur pèse à la manière d'un solide : supposons son poids de trois kilogrammes.

Il est facile de concevoir que dans le vase *fig.* U, le fond FG ne porte que la masse d'eau IFGH, égale à celle du vase *fig.* Z, conséquemment trois kilogrammes. Le reste de la liqueur est porté sur les parois du vase EF, GH.

Ainsi, il ne reste de difficulté qu'à entendre comment, dans le vase *fig.* Y, le fond NO est encore chargé de trois kilogrammes, quoiqu'un demi-kilogramme d'eau suffise pour remplir le vase : voici comment on peut le faire comprendre.

Bien certainement, sur la portion TV, du fond NO, il y a une pression égale à celle d'une colonne d'eau, dont la base est l'étendue TV, la hauteur LT. Si, sur toutes les autres pareilles portions du même fond, il y a une pression égale à celle de cette colonne LTVQ, ce fond est partout également chargé. Or, par exemple, sur la portion VX, il y a une pression égale à celle d'une colonne d'eau QVXR, laquelle seroit elle-même égale à la colonne LTVQ; car, la petite colonne d'eau PVXS, qui repose dessus, tend à s'élever par la pression de la colonne voisine LTVQ, & avec une force égale à l'excès LMPQ, de cette grande colonne sur la petite : elle presse donc la partie PS du fond supérieur, avec cette force-là : Mais *la réaction est égale à la compression.* La partie PS réagit donc avec une force égale à l'excès LMPQ de la grande colonne sur la petite : donc il y a sur la portion VX, du fond NO, une pression composée de cette petite colonne d'eau PVXS, & de la réaction de la partie PS; égale à la pression d'une colonne d'eau QPSR, lesquelles deux, prises ensemble, égalent la pression de la colonne LTVQ. Ce que l'on dit de la portion VX, peut se dire de tout le reste. Donc, &c.....

Il suit de-là une proposition qui paroît d'abord un paradoxe, mais qui n'en est pas moins certaine, & qui influe considérablement sur toutes les machines hydrauliques, comme nous le verrons à l'article des pompes. (*Voyez* POMPES.) Savoir, que la même quantité d'eau pourra faire un effort deux ou trois cents fois plus ou moins grand, suivant la manière dont elle sera employée. Par exemple, si l'on employoit la quantité d'eau que peut contenir le vase EFGH, dans un vase pareil à celui de la *fig.* Y..., mais assez haut pour la tenir toute, la pression sur le fond NO seroit infiniment plus grande que sur le fond FG.

Partant de cet effet, on voit comment on peut faire crever un tonneau, TO, *fig.* 908 (a), déjà plein d'eau, en le chargeant de quelques kilogrammes d'eau, employée dans un tuyau AB, long

de huit à dix mètres : car il est clair que cette petite quantité d'eau, qui remplit le tuyau, charge le fond du tonneau, autant que si on lui ajoutoit une colonne d'eau grosse comme le tonneau lui-même, & longue comme le tuyau. Ce qui équivaudroit à un poids de 825 kilogrammes, en supposant que le tonneau ait un mètre de diamètre.

Équilibre de plusieurs liqueurs de densités différentes.

1°. La différence du poids ou de la densité suffit pour séparer les parties de plusieurs liqueurs qu'on a mêlées ensemble, si d'autres causes plus fortes n'empêchent cet effet.

Nous venons de voir que les parties des liqueurs exercent leur pesanteur indépendamment les unes des autres : celles qui ont le plus de densité, ayant le plus de force pour occuper le lieu le plus bas, obligent donc les autres à leur céder leur place : ainsi se fait la séparation de l'huile & de l'eau bien mêlées ensemble. Si on laisse reposer le mélange, l'eau ayant plus de densité que l'huile, s'empare de la partie inférieure, & l'huile passe à la partie supérieure. Si cet effet n'a pas lieu, c'est qu'il y a des causes qui s'y opposent.

Ces causes sont : 1°. les frottemens qui croisent à mesure que les surfaces augmentent; comme lorsqu'on mêle du vin avec de l'eau : l'eau, quoique plus dense que le vin, ne s'en sépare point; 2°. la viscosité des matières, comme lorsqu'on bat des blancs d'œufs, & que, par là, on y mêle beaucoup d'air : l'air, quoique beaucoup plus léger, n'a pas la force de rompre ses enveloppes pour s'échapper; 3°. l'affinité entre les substances, qui souvent est tellement forte, qu'elle peut vaincre la plus grande différence entre les densités, comme l'alcool & l'eau, le gaz chlore & l'eau.

2°. Deux liquides de densité différente, sont en équilibre entr'eux, lorsqu'ayant la même base, leurs hauteurs perpendiculaires à l'horizon sont en raison réciproque de leurs densités ou pesanteurs spécifiques; alors les pressions sont égales, d'où naît l'équilibre.

Si l'on met, par exemple, du mercure dans un siphon renversé, & que l'on verse de l'eau dans une des branches, pour faire élever le mercure dans l'autre branche, d'un centimètre au-dessus de son niveau, il faudra que l'eau soit à environ quatorze centimètres de hauteur. La hauteur de l'eau sera donc quatorze fois aussi grande que celle du mercure; de même que la densité du mercure est quatorze fois aussi grande que celle de l'eau.

Équilibre des solides avec les liquides dans lesquels ils sont plongés.

Un solide que l'on plonge dans une liqueur, lorsqu'il est impénétrable par cette liqueur, occupe la place d'un volume de cette liqueur parfaitement égal au sien. Ce volume du liquide déplacé, ou égale en densité ou en poids, le solide qui prend sa place, ou bien l'un des deux pèse plus que l'autre. On appelle *pesanteur respective*, la quantité dont le plus pesant surpasse le plus léger.

1°. Un corps solide entièrement plongé dans une liqueur, est comprimé de toute part par la liqueur qui l'entoure, & la pression qu'il éprouve est d'autant plus grande qu'il est plus profondément plongé, & que la liqueur a plus de densité. Ce qui se déduit de ce que nous avons vu précédemment.

Ainsi, nous, qui sommes plongés dans l'air, (fluide qui agit selon toutes les lois de l'*hydrostatique*), nous sommes comprimés de toute part par l'air qui nous environne ; nous le sommes plus dans un lieu bas que dans un lieu élevé, & nous le sommes d'autant plus que l'air a plus de densité.

Un poisson qui est à la surface de l'eau, n'est chargé que du poids de l'atmosphère ; mais s'il se plonge à trente-deux pieds de profondeur, la pression qu'il éprouve est double de la première. On peut s'assurer de cette vérité en plongeant dans l'eau une cloche remplie d'air ; on voit qu'à cette profondeur, le volume est diminué de moitié par la compression. *Voyez* CLOCHE DU PLONGEUR.

Quoique nous éprouvions dans l'air une compression assez grande, l'habitude que nous avons d'éprouver cette continuité d'impression, fait que nous ne la distinguons pas ; mais, dès que nous nous élevons sur les sommités des hautes montagnes, où, qu'à l'aide d'un ballon nous montons à une grande hauteur dans l'atmosphère, nous nous apercevons de cette différence par les symptômes que nous éprouvons.

2°. En plongeant un corps dans une liqueur, il ajoute à cette liqueur un poids égal au volume qu'il déplace, quelle que soit la densité de ce corps ; car le corps plongé fait élever la liqueur dans le vase, dans lequel on le plonge, autant que si on ajoutoit un volume de liqueur égal au sien : or, les liquides pèsent en raison de leur hauteur perpendiculaire ; donc, quelle que soit la densité du corps plongé, il ajoute à la liqueur dans laquelle on la plonge, un poids égal à celui du volume de liqueur qu'il déplace.

3°. Si le corps plongé est plus pesant que le volume de la liqueur qu'il déplace, sa pesanteur respective, & non sa pesanteur absolue, le fait tomber au fond du vase, s'il est libre de lui obéir. La preuve de cela, c'est que, pour l'empêcher de tomber, il ne faut pas un poids égal au sien, mais seulement un poids égal à l'excès de son poids sur celui du volume de liqueur déplacé. En effet, le corps plongé tient la place d'un volume de liqueur qui feroit en équilibre avec le reste : le volume de liqueur qui est au-dessous ne doit donc lui céder sa place que suivant l'excès de son poids sur celui de ce volume de liqueur : or, c'est cet

excès que l'on appelle *pesanteur respective*. Il suit de-là :

4°. Qu'un corps plongé dans une liqueur perd une partie de son poids parfaitement égale au poids du volume de liqueur déplacé ; puisque, comme nous venons de le dire, pour l'empêcher de tomber, il ne faut qu'un poids égal à l'excès de son poids sur celui du volume déplacé : en un mot, il ne faut qu'un poids égal à sa pesanteur respective. Voilà pourquoi il est si aisé d'empêcher un homme de se noyer, par quelqu'endroit qu'on le soutienne : car sa pesanteur respective, dans l'eau, est très-peu de chose.

Il suit de-là, qu'à quantité égale de matière, ou à poids égaux, plus les corps ont de volume, plus ils perdent de leur poids par l'immersion ; car il déplace un volume de liqueur qui a plus de poids : or, c'est le poids de ce volume de liqueur déplacé qui détermine la portion de son poids que perd le corps plongé.

5°. Si le corps est moins pesant qu'un pareil volume de la liqueur dans laquelle il est plongé, il surnage en partie ; & ce qui reste plongé, déplace une quantité de liqueur qui pèse autant sur le corps entier. Ainsi, un bateau, placé sur la rivière, déplace une quantité d'eau qui pèse précisément autant que le bateau & toute sa charge ; & si on le charge davantage, il s'enfonce d'autant, & sa partie plongée en étant plus grande qu'il est plus chargé, ou que l'eau a moins de densité : il s'enfonceroit donc moins dans la mer que dans l'eau douce. Ainsi, si un bateau doit aller alternativement sur la mer & sur l'eau douce, il ne faut pas le charger autant qu'il pouvoit l'être sur mer, car il seroit submergé dans l'eau douce.

Archimède paroît être, parmi les Anciens, celui qui a fait faire le plus de progrès à cette branche de connoissances. Il nous a laissé deux livres très-estimés περι των ιχυμενων βιβλ. β. *De insidentibus humido, lib.* II, *in. opp. Archimedis*, par David Rivoltum. Paris. Vitruve lui attribue le moyen de déterminer, par les lois de l'*hydrostatique*, les proportions des substances contenues dans un composé. Galilée, Torricelli, Pascal, Guglielmini, Boyle, Mariotte, &c. ; se sont occupés de reconnoître, par l'expérience & par l'analyse, l'équilibre des fluides : le dernier dans son *Traité du mouvement des eaux & des autres corps fluides*, & l'avant-dernier dans l'ouvrage intitulé : *Paradoxa hydrostatica*. Daniel Bernouilli a traité ce même sujet avec beaucoup de succès dans son *Hydrodinum*, sect. 118, & d'Alembert dans son *Traité des fluides*, art. 13. De nos jours, plusieurs célèbres géometres ont traité la même question.

HYDROSTATIQUE (Balance). Balance avec laquelle on pèse les corps dans l'eau. *Voyez* BALANCE HYDROSTATIQUE.

HYDROSTATIQUE DE NICHOLSON (Balance).

Aréomètre perfectionné par Nicholfon, pour prendre la pefanteur fpécifique des corps. *Voyez* ARÉOMÈTRE DE NICHOLSON.

HYDROSTATIQUE (Chalumeau). Machine avec laquelle on dirige, à l'aide de l'eau, un courant d'air fur la flamme d'une bougie, d'une lampe, &c.; pour obtenir une forte température, & fondre des corps très-minces & très-menus. *Voyez* CHALUMEAU HYDROSTATIQUE.

HYDROSTATIQUE (Lampe). Lampe imaginée par M. Gerard, fabricant de lampes, conftruites fur le principe de la fontaine de Héron, avec laquelle on tient l'huile dans la mèche à une hauteur conftante. *Voyez* LAMPE HYDROSTATIQUE, FONTAINE DE HÉRON.

HYDROSTATIQUES (Soufflets). Soufflets ou machines qui lancent de l'air par le moyen de l'eau; machine foufflante qui fe meut dans l'eau. *Voyez* SOUFFLET HYDRAULIQUE, MACHINE SOUFFLANTE HYDRAULIQUE, TROMPES.

HYDROSULFURE; hydrofulfurea; *hydrofulfur*; f. m. Sel compofé de l'hydrogène fulfuré avec des bafes falifiables.

M. Berthollet eft celui qui a donné le nom à ces fels neutres, qu'il a lé premier parfaitement caractérifés. M. Chenevix avoit propofé de les nommer *hydrogènes fulfurés*: cependant la dénomination de M. Berthollet a été confacrée.

On ne reconnoît encore que douze *hydrofulfures*; ceux de potaffe, de foude, de baryte, de ftrontiane, de chaux, de magnéfie, d'ammoniaque, de manganèfe, de zinc, de fer, d'étain & d'antimoine. Les fept premiers font folubles dans l'eau, les cinq derniers infolubles.

Diffous dans l'eau, les *hydrofulfures* font incolores tant qu'ils n'ont point été expofés à l'air; ils ont une faveur amère, & dégagent l'odeur propre à l'hydrogène fulfuré: les cinq *hydrofulfures* infolubles font inodores & infipides; celui de fer eft noir, celui d'antimoine brun-marron.

On diftingue les *hydrofulfures* par la propriété qu'ils ont de dégager du gaz hydrogène fulfuré par l'action des acides puiffans, & fans aucune précipitation de foufre.

Aucun *hydrofulfure* ne fe rencontre dans la nature; on les obtient artificiellement: ceux qui font folubles, en faifant paffer du gaz hydrogène fulfuré à travers une diffolution de leurs bafes dans l'eau; ceux qui font infolubles, par une double décompofition d'un fel métallique & d'un *hydrofulfure alcalin*.

Tous les *hydrofulfures* font fans ufage, parce que l'on emploie plus naturellement les *hydrofulfures fulfurés* ou les fulfures hydrogénés, qui fe forment immédiatement par la diffolution d'un fulfure dans l'eau. L'*hydrofulfure d'antimoine*, connu

fous le nom de *kermès*, eft le feul employé. (*Voy.* KERMÈS.) Quelques phyficiens avoient penfé que les *hydrofulfures* feroient un excellent contrepoifon contre les préparations arfenicales; mais l'expérience n'a pas répondu à leur attente.

HYDROLITE, de υδωρ, eau, ους ωτος, oreille; hydrotis; hydrotit; f. f. Hydropifie de l'oreille.

Inflammation qui affecte affez fouvent l'oreille interne, en déterminant l'occlufion ou le rétréciffement de la trompe d'Euftache; donne lieu à un amas d'humeurs férofo-muqueufes, dans la cavité tympanique, & dans les cellules maftoïdiennes. Cette maladie de l'oreille eft très-commune; elle donne lieu à des bourdonnemens, occafionne une efpèce de furdité qui dure quelquefois toute la vie.

On détruit fouvent cette maladie naiffante, en fumant du tabac & en dirigeant brufquement la fumée vers l'orifice de la trompe d'Euftache.

HYDRURES. Combinaifon de l'hydrogène avec différentes bafes.

On ne connoît, jufqu'à préfent, que trois *hydrures*: de potaffium, d'arfenic & de tellure.

On obtient le premier, en chauffant du potaffium dans l'hydrogène, & les deux autres en décompofant de l'eau à l'aide de la pile galvanique, & plaçant un fragment d'arfenic ou de tellure en contact avec le fil qui laiffe dégager de l'hydrogène.

Ces *hydrures* font fans ufage. Les deux premiers ont été découverts pas MM. Gay-Luffac & Thenard; le troifième par M. Ritter.

HYÉTOMÈTRE, de υτος, pluie, μετρον, mefure; hyetometrum; *hyetometer*; f. m. Inftrument qui fert à déterminer la quantité de pluie qui tombe.

Cet inftrument fe compofe d'un prifme A B C D, *fig.* 909, que l'on expofe à l'action de l'air, & qui reçoit l'eau, la neige, qui tombent de l'air. On mefure la quantité d'eau tombée, à l'état liquide ou à l'état folide, par la hauteur du liquide ou du folide dans le vafe.

Mais comme il feroit poffible qu'une portion de l'eau tombée s'évaporât avant que l'on ait mefuré fon volume, & que l'on eût, par ce moyen, une quantité en moins, on recouvre le vafe par un entonnoir A E D; alors, l'eau qui tombe s'écoule le long des parois, paffe par l'ouverture O, & fe raffemble dans le vafe.

L'évaporation n'ayant plus lieu que par l'ouverture O de l'entonnoir, qui peut être très-petite, la quantité qui s'échappe devient prefqu'infenfible. Cependant, comme l'eau mouille néceffairement la furface intérieure de l'entonnoir, quelque mince que foit cette couche, elle produit une diminution dont la proportion eft d'autant plus grande qu'il eft tombé moins d'eau.

Un

Un nouveau défavantage de l'entonnoir, c'eſt que, lorſqu'il tombe de la neige ou de la grêle, ſouvent cette eau glacée, ne pouvant s'écouler par le goulot, s'accumule ſur l'entonnoir, & ſi la chute de cette glace étoit conſidérable, elle pourroit être trop volumineuſe, & retomber hors de l'entonnoir. Lorſque la grêle ou la neige reſte, une portion aſſez conſidérable s'évapore par l'action de l'air ſur l'eau glacée.

Il ſe préſente ſouvent des difficultés aſſez grandes pour meſurer, chaque fois, la quantité d'eau tombée, ſurtout ſi le récipient a une grande ſurface : dans ce cas, on donne à l'entonnoir une grande ſurface, & une très-petite au vaſe qui reçoit le liquide.

Pour meſurer l'eau tombée, avec plus de préciſion, quelques phyſiciens pèſent, après chaque pluie, la quantité d'eau qui s'eſt écoulée : pour cela, ils pratiquent une ouverture au bas du récipient, & à l'aide d'un robinet, ils font écouler le liquide réuni dans cette circonſtance, on néglige la quantité d'eau reſtée, adhérente aux parois de l'entonnoir & du récipient : le mieux ſeroit, peut-être, de peſer à chaque fois l'inſtrument entier ; mais on peſeroit en même temps l'eau tombée contre les parois extérieures de l'inſtrument, & l'on auroit une quantité en plus.

La nature de la ſubſtance dont l'*hyétomètre* eſt compoſé, a une grande influence ſur la meſure de l'eau ; il eſt eſſentiel que cette ſubſtance ne ſoit pas hygrométrique, que l'eau ne la pénètre pas ; c'eſt pourquoi on conſtruit habituellement ces inſtrumens en verre ou en métal.

Mariotte paroît être le premier qui ſe ſoit occupé de reconnoître la quantité de pluie qu'il tomboit ſur un point donné de la ſurface de la terre. Son exemple a été ſuivi par un grand nombre de phyſiciens. Depuis l'an 677 juſqu'à ce jour, les collections académiques & les journaux contiennent de nombreux réſultats d'expériences, qui ont fait connoître combien il tomboit d'eau par année, par mois, ſur différens points de la terre. Mais, comme les quantités d'eau varient chaque année, on ne peut compter, en général, que ſur une moyenne priſe ſur pluſieurs années.

Chaque phyſicien a donné, à ſon *hyétomètre*, une forme, des dimenſions & une poſition différente ; mais tous ſont conſtruits ſur ce principe : qu'une grande ſurface eſt expoſée à l'action de l'air pour recueillir l'eau qui tombe, que cette ſurface a la forme d'un entonnoir, & que l'eau ſe réunit dans un vaſe placé au-deſſous, & dans lequel on meſure la quantité qui s'y eſt réunie.

HYÉTOMÉTROGRAPHE, de *υετος, pluie, μετρον, meſure ; γραφω, décrire.* Inſtrument qui indique la quantité de pluie qui eſt tombée dans chaque inſtant du jour.

Hermann, curé de Commerſwald, a imaginé un *hyétométrographe* extrêmement ſimple, qu'il fit
Dict. de Phyſ. Tome III.

connoître en 1789. Cet inſtrument ſe compoſe de douze entonnoirs placés ſur un plan circulaire, & qui ſe diviſe en douze ſections égales. Ce plan, mû par un mouvement d'horloge, fait ſa révolution en douze heures. Une ouverture, dont la ſurface eſt abſolument ſemblable à celle de l'un des entonnoirs, permet à l'eau pluviale de tomber ſur celles qui correſpondent à l'ouverture. Un récipient placé ſous chaque entonnoir, reçoit l'eau qui y tombe. On obtient donc, avec cet inſtrument, la quantité d'eau tombée dans les différentes heures du jour.

Comme l'eau tombe ſur toute la ſurface des entonnoirs qui ſe trouvent au-deſſous de l'ouverture, & que rarement un ſeul entonnoir y correſpond ; que, plus ſouvent, deux entonnoirs reçoivent à la fois l'eau qui tombe, il eſt impoſſible d'indiquer l'heure préciſe où l'eau a commencé à tomber, & celle où il a ceſſé de pleuvoir. Landriani a publié, dans le *Journal de Phyſique*, en 1783, un *hyétométrographe* qui fait connoître, non-ſeulement la quantité de pluie, mais encore l'inſtant où la pluie a commencé, celui où elle a fini, enfin ſa durée. *Voyez* CHRONYOMÈTRE.

HYGIÈNE, de *υγιης, ſain ;* hygiene; *geſundheits-lhere ;* ſ. f. Art de conſerver la ſanté.

Doit-on rapporter aux principes d'*hygiène*, exercés par les Anciens, cette force & longue durée de la vie, que l'on n'obſerve plus parmi nous ? C'eſt une queſtion qu'il ſeroit difficile de réſoudre : ce que l'hiſtoire nous apprend à cet égard, c'eſt que les Perſes, les Égyptiens, les Hébreux, preſcrivoient, dans leurs principes religieux, des règles d'*hygiène* ; que les plus célèbres légiſlateurs de la Grèce, Minos, Lycurgue, ont introduit des principes d'*hygiène* dans les loix qu'ils ont données. Chez les peuples modernes, tous ces principes ſanitaires ont été abandonnés. La liberté la plus entière règne ſur leur uſage, & il en réſulte que le plus grand nombre les néglige.

L'*hygiène* comprend le régime & la gymnaſtique. C'eſt par la combinaiſon de ces deux grands principes bien dirigés, que l'on peut éviter la maladie & ſe maintenir à l'état de ſanté : on y réunit encore l'uſage des bains, qui ſont d'une ſi grande utilité à l'homme. *Voyez* RÉGIME, GYMNASTIQUE.

HYGIOCÉRAME, de *υγιεινος, ſalubre, κεραμος, poterie ;* ſ. m. Poterie ſalubre.

Nom donné par M. Haüy à une poterie, dont la couverte contient, pour tout métal, de l'oxide de fer. Cette couverte, compoſée de pierre-ponce, a été imaginée par M. Fourmi. On lui a donné le nom d'*hygiocérame*, pour la diſtinguer des autres poteries, dans leſquelles la couverte eſt compoſée d'oxide de plomb, que M. Fourmi regarde comme rendant inſalubres ces ſortes de poteries.

HYGROCLIMAX, de *υδωρ, eau, κλιμαξ, dc-*

gré, échelle. Machine avec laquelle on peut comparer la denſité des liquides.

Cet inſtrument ſe compoſe de pluſieurs tubes A, *fig.* 910, ouverts des deux bouts. La partie inférieure plonge dans des vaſes I, & la partie ſupérieure eſt fixée dans un tube C, par des douilles B, au milieu de ce tube ; dans la partie ſupérieure eſt un robinet D, ſur lequel on peut ajuſter une pompe E. Tous ces tubes plongent dans des vaſes I, portés ſur des calices de bois H, mus par des vis G. La tablette M N qui porte ces tubes, eſt graduée à partir du point O, indiqué par une ligne L L, qui ſert à marquer le niveau de chaque liquide dans les verres.

Tout étant ainſi préparé, on ouvre le robinet D, & on met, dans chaque vaſe, un liquide différent, parmi leſquels doivent être du mercure & de l'eau diſtillée. La hauteur des différens liquides dans les verres doit arraſer la tige L ; alors on viſſe la pompe E ſur le robinet : on pompe l'air. A chaque coup de pompe, les liquides s'élèvent à différentes hauteurs dans les tubes, & ces hauteurs ſont toutes en raiſon inverſe de leur denſité. Comparant la hauteur des colonnes de chaque liquide, à celle de l'eau diſtillée, on a leur denſité reſpective, qui eſt inverſe de ces hauteurs.

M. Scanegati, démonſtrateur de phyſique, & membre de la Société royale des ſciences, belles-lettres & arts de Roüen, eſt l'inventeur de cet inſtrument, dont il a publié la deſcription dans le premier volume du *Journal de Phyſique* de l'année 1781, page 82.

HYGROMÈTRE, de υγρος, *humide*, μιτρον, *meſure* ; hygrometrum ; *hygrometer* ; ſ. m. Inſtrument deſtiné à meſurer les degrés d'humidité de l'air.

Un grand nombre de corps ont de l'affinité pour l'eau ; ils en prennent partout où ils en trouvent, juſqu'à ce qu'ils en ſoient complétement ſaturés : on donne, à ces corps, le nom de *corps hygrométriques*.

Pluſieurs corps hygrométriques étant en contact, ils s'enlèvent l'humidité les uns aux autres, juſqu'à ce que l'action ſur l'humidité de chaque corps ſoit en équilibre ; alors chaque corps conſerve ſa proportion d'humidité, juſqu'à ce que, par des cauſes nouvelles, l'affinité vienne à changer : dans ce cas, les corps exercent de nouveau leur action ſur l'humidité.

L'air a, comme tous les autres corps, de l'action ſur l'humidité ; il s'empare de l'eau libre : celle-ci ſe combine ou ſe mêle avec lui, il la conſerve ; & comme la propriété que l'air a de ſe combiner avec l'eau, varie avec la température, il en réſulte qu'il contient des proportions d'eau très variables. Lorſque la température augmente, l'air ſe ſèche, il s'empare d'eau nouvelle ; & lorſque ſa température diminue, il abandonne l'eau qu'il contient & devient humide. Il peut donc prendre ou céder de l'eau aux corps hygrométriques, en raiſon de la quantité d'humidité qu'il contient.

Nous avons dit d'humidité, parce que l'eau contenue dans l'air ſec peut lui être difficilement enlevée, & que ce n'eſt que ſous l'état d'humidité qu'il eſt pris ordinairement.

Ainſi, tous les corps hygrométriques prennent ou cèdent de l'humidité à l'air, ſelon leur état de ſéchereſſe réciproque, & leur affinité mutuelle pour l'eau.

Monge attribue à trois forces l'action hygrométrique des corps avec l'air. Nous allons copier ici ce qu'il dit de l'effet hygrométrique du cheveu (1), en l'appliquant à tous les autres corps.

Par rapport à l'humidité, les corps hygrométriques ne peuvent être en équilibre avec l'air environnant, à moins que les molécules d'eau qui ſont à leur ſurface, ne ſoient elles-mêmes en équilibre avec toutes les forces qui s'exercent ſur elles ; forces, dont les unes tendent à la faire pénétrer dans l'intérieur de la ſubſtance de ce cheveu, tandis que les autres s'oppoſent à leur intromiſſion.

Dans tous les cas que nous conſidérons ici, il n'y a qu'une ſeule force qui s'oppoſe à l'intromiſſion de l'humidité, c'eſt l'adhérence que les molécules propres des corps ont les unes pour les autres ; adhérence qui doit être vaincue, pour que ces molécules s'écartent & admettent de l'eau nouvelle dans les intervalles qui les ſéparent. Cette force n'eſt pas une ſimple réſiſtance ; car, en tendant à rapprocher les molécules des corps, elle fait effort pour en exprimer l'eau, & elle l'exprime en effet, lorſqu'elle peut ſurmonter les obſtacles qui s'y oppoſent. Mais il y a deux forces qui tendent à faire pénétrer l'eau dans l'intérieur des corps hygrométriques ; la première eſt l'excès d'affinité de l'eau pour le corps ſur la force qui la retient dans l'air ; la ſeconde, à laquelle il ne paroît pas qu'on ait fait ſuffiſamment attention, eſt la compreſſion qu'éprouve le fluide environnant, & qu'il exerce à ſon tour contre la ſurface des corps. Cette compreſſion doit avoir elle-même deux effets diſtincts : car, en ſuppoſant d'abord que l'air tienne de l'eau en diſſolution, ſous la forme de fluide élaſtique, la compreſſion doit augmenter la denſité de l'eau conſidérée dans cet état, & par conſéquent augmenter ſon action chimique ſur les corps hygrométriques. De même que l'air atmoſphérique devient plus diſſoluble dans l'eau, lorſqu'il eſt plus comprimé, de même l'action du gaz oxigène, ſur les corps combuſtibles, eſt plus grande lorſque ſa compreſſion eſt plus forte. Mais, en ſuppoſant même que le fluide environnant ne tienne point d'eau en diſſolution, la preſſion qu'il exerce ſur la ſurface des corps

_____

(1) *Annales de Chimie*, tome V, pag. 30.

s'oppose à ce que l'eau en soit exprimée ; & l'on conçoit que cette force seule peut être portée à tel point, qu'elle empêche, en effet, qu'aucune molécule d'eau ne sorte, & que le corps n'éprouve aucune contraction, c'est-à-dire, qu'un corps saturé d'eau & indiquant l'humidité extrême, pour les circonstances actuelles, pourroit être introduit dans un fluide élastique très-sec, sans se recouvrir & sans faire le moindre pas vers la sécheresse, si ce fluide, privé d'ailleurs de toute son action sur l'eau, étoit suffisamment comprimé.

Lors donc qu'il survient quelqu'alternative dans l'une des trois forces que l'on vient de considérer, l'eau doit pénétrer dans l'intérieur du corps, où elle doit être exprimée ; le corps lui-même doit augmenter ou diminuer sa dimension, selon le sens dans lequel l'équilibre a été troublé. Sans entrer ici dans les détails de tous les cas de cette perturbation, examinons celui qui a lieu lorsque l'on diminue la pression de l'air.

Si, lorsque la substance hygrométrique, placée sous le récipient de la machine pneumatique, indique l'humidité extrême, on dilate l'air par un coup de piston, on produit, par cette opération, deux effets contraires, & dont on n'aperçoit que la différence ; car, d'une part, en diminuant la densité de l'air, on porte ce fluide au-delà du point de saturation, on diminue son action sur l'eau, & l'on favorise l'introduction de l'eau dans le cheveu (1) ; mais, de l'autre, en diminuant la pression que l'air exerçoit contre le corps, on affoiblit un des obstacles qui empêchoient l'eau de céder à l'action qui détermine les molécules des corps à se porter les unes vers les autres, & on favorise sa sortie : l'expérience nous apprend que c'est ce dernier effet qui est le plus considérable, puisque les corps se contractent & marchent vers la sécheresse.

Enfin, les corps peuvent se contracter dans deux circonstances différentes : 1°. lorsque l'air ayant une plus grande action sur l'eau, lui enlève une partie de celle qu'il contenoit, & alors la surface du corps sèche ; 2°. lorsque le fluide élastique environnant, sans devenir plus dissolvant, se comprime avec moins de force, &, dans ce cas, le corps est mouillé au dehors ; & l'on verroit l'eau ruisseler sur la surface, si le phénomène se passoit plus en grand.

Au reste, il y auroit de la témérité à établir une théorie nouvelle d'après des considérations aussi délicates, & dénuées de faits positifs.

Tous les corps hygrométriques pouvant prendre ou donner de l'eau à l'air, selon que celui-ci est plus ou moins humide que les corps, il en résulte que l'on peut juger de la sécheresse ou de l'humidité de l'air par la diminution ou par l'augmentation de poids de ces sortes de corps ; mais

la variation dans le poids n'est pas le seul moyen que l'on emploie ; on fait encore usage de quelques effets particuliers, que cette humidité produit ; ainsi, l'on reconnoît le plus ou le moins d'humidité par quatre effets distincts que cette humidité produit sur les corps hygrométriques :

1°. Par leur augmentation ou leur diminution de poids ;

2°. Par leur augmentation ou leur diminution de volume ;

3°. Par la rotation de quelques - uns de ces corps ;

4°. Par l'eau déposée sur leur surface.

A ces quatre sortes d'*hygromètres*, on peut en ajouter une cinquième ; c'est celle qui est formée par les êtres organisés vivans.

Des hygromètres par augmentation ou diminution de poids.

Tous les corps qui ont de l'affinité pour l'eau, qui s'attachent à l'air, & qui augmentent de poids par leur combinaison avec l'eau, peuvent servir d'*hygromètre* à poids. Quoique tous les corps hygrométriques puissent être employés de cette manière, l'espèce de difficulté que l'on éprouve à reconnoître les variations dans la pesanteur des corps, la poussière & les substances étrangères qui peuvent se porter sur les corps, s'y attacher, a fait substituer à ce mode de mesurer les variations de l'humidité de l'air, celle des autres propriétés des corps, & l'on n'a conservé, dans cette classe, que les corps qui ne peuvent indiquer les variations d'humidité que par celle de leur poids.

Aussi, les substances dont on fait ordinairement usage dans les *hygromètres* à poids, sont : l'acide sulfurique, les sels déliquescens, tels que la potasse, le muriate & le sulfate de soude, le nitrate & le muriate de chaux, le sulfate de fer, &c. ; quelques corps liquides & spongieux, l'oculus mundi, une espèce d'ardoise, quelques pierres qui deviennent humides & qui se sèchent naturellement ; les fucus, les algues, la cailine vulgaire : on fait également usage du papier, du chanvre, de la toile, de la baleine, &c. ; mais il est préférable de se servir de l'augmentation de volume de ces corps.

Pour se servir de ce mode hygrométrique, on met, dans une capsule de verre, soit les liquides, soit les sels ; on suspend à un fil métallique les pierres, l'éponge, les algues, le papier, &c. La capsule ou les fils métalliques se suspendent à l'extrémité de l'un des bras du fléau d'une balance, & l'on juge de l'augmentation ou de la diminution de l'humidité de l'air, par les poids qu'il faut ajouter ou retrancher pour rétablir l'équilibre. On peut également se servir d'une balance romaine, & établir l'équilibre avec un poids mobile, *Voyez* BALANCE, BALANCE ROMAINE.

Afin d'éviter l'embarras de rétablir l'équilibre à

---

(1) Dans la Théorie de Dalton, ce seroit le contraire, & ces deux effets concourroient au même résultat.

chaque obſervation, on conſtruit des eſpèces de balances qui ſe mettent ſeules en équilibre : nous allons en indiquer quelques-unes.

1°. On peut fixer au centre C, *fig.* 911, du fléau, & en deſſous, une aiguille CP, perpendiculairement au bras de levier. Placez à l'extrémité de l'aiguille un poids P, tel, que le fléau ſoit horizontal lorſque la ſubſtance hygrométrique eſt à ſon plus grand degré de ſéchereſſe. L'eau, ſe combinant à la ſubſtance, augmentera ſon poids ; le plateau S tendra à deſcendre, & le poids P, en s'écartant de la verticale, tendra à s'élever. Pour chaque augmentation de poids, l'aiguille s'inclinera, & l'index CE montera. Traçant ſur un arc de cercle BD, une diviſion, la poſition de l'index E indiquera, ſur cette diviſion, la quantité d'humidité priſe à l'air par le corps hygrométrique.

2°. Le fléau peut être coudé ACE, *fig.* 911 (*a*) ; le poids en s'écartant ou en ſe rapprochant de la verticale CV, fera équilibre aux variations ſurvenues dans le poids du corps hygrométrique, & par la poſition de l'index E, ſur l'arc gradué BD, on jugera la quantité d'humidité que le corps aura priſe ou donnée à l'air, conſéquemment, le degré d'humidité de ce dernier.

3°. Subſtituant à l'aiguille CP, *fig.* 911, une chaîne HG, *fig.* 911 (*b*), placée du coté de l'évier qui fait équilibre à la capſule ; le poids S, en augmentant ou en diminuant, ſoulèvera ou abandonnera naturellement une portion de la chaîne pour lui faire équilibre ; alors l'index E s'élèvera ou s'abaiſſera, & par ſa poſition ſur l'arc de cercle, indiquera l'humidité de l'air.

4°. Quelques phyſiciens ſubſtituent à l'aiguille CP, *fig.* 911, & à la chaîne HG, *fig.* 911 (·), un reſſort RT, *fig.* 911 (*c*) ; celui-ci contre-balance, par ſon action, le poids S, & l'index E monte ou deſcend, ſelon que le corps hygrométrique prend ou cède de l'eau à l'air ; il indique, par ce mouvement, ſur la graduation de l'arc de cercle BD, le degré d'humidité de l'air.

Quoique le nombre de moyens que l'on peut employer pour mettre en équilibre les bras de levier des balances, ſoit très-conſidérable, nous avons cru nous borner à ce petit nombre d'exemple : chacun pouvant y ſubſtituer ceux que ſon imagination lui préſentera.

Nous devons obſerver que, parmi les ſubſtances que nous avons indiquées comme pouvant ſervir, par la variation de leur poids, à indiquer l'humidité de l'air, toutes n'ont pas les mêmes propriétés : l'éponge, par exemple, après avoir augmenté de poids dans un air humide, diminue de poids dans un air ſec, & devient par-là propre à faire connoître les variations de l'air ; mais il en eſt d'autres, comme l'acide ſulfurique, ainſi que l'obſerve William Gould, dans le n°. 156 des *Tranſactions philoſophiques*, qui, après avoir augmenté de poids, à meſure que l'air devient plus humide, continue encore à augmenter de poids pendant

que l'air devient ſec : cette augmentation diminue chaque jour, de manière qu'au bout de huit à quinze jours, ſelon l'état de l'air, il eſt poſſible qu'il ſe faſſe des échanges d'eau entre l'air & l'acide : mais, lorſque l'évaporation de l'eau combinée à l'acide a lieu, celle-ci entraîne avec elle de l'acide, de manière qu'il eſt extrêmement difficile d'établir, par ce mode, des *hygromètres* comparables.

Des hygromètres par augmentation ou par diminution de volume.

Quoique les corps qui ſe pénètrent d'humidité augmentent de volume dans leurs trois dimenſions, on ne fait uſage, habituellement, que de leur augmentation en longueur.

Les ſubſtances que l'on emploie ordinairement, ſont des filamens de ſoie, du lin, du chanvre, des cheveux, des crins, des cordes, des bandes de ruban, de papier, d'inteſtins, de baudruche, de peau, de baleine, d'ivoire, des bois & des corps creux d'ivoire, de plume, &c.

La longueur ſe meſure de deux manières différentes, ou directement, en attachant un corps C, *fig.* 912, à l'extrémité d'un fil ou d'une corde AC, & obſervant la poſition de l'index I, ſur une échelle graduée BD, ou en roulant, ſur une petite poulie C, *fig.* 912 (*a*), un fil AP, fixé en A, & ſupportant un petit poids P. En augmentant & en diminuant de longueur, le fil fait tourner ſur ſon axe la petite poulie C. Plaçant une aiguille CI ſur l'axe de cette poulie, l'aiguille ſe meut avec elle, & l'index I indique, ſur un arc de cercle gradué BD, les rapports d'alongement ou de raccourciſſement occaſionné par l'humidité priſe ou rendue à l'air.

Cette variation dans la longueur peut ſe déterminer directement comme dans la *fig.* 912, ou par le ſinus verſe SV, *fig.* 912 (*b*), de l'arc AVC, que décrit la corde : pour cela, on fixe horizontalement une longue corde AB, par ſes deux extrémités ; on place dans le milieu un fil métallique VP, à l'extrémité duquel eſt un index I. La corde s'alongeant ou ſe raccourciſſant, ſelon que l'air eſt ſec ou humide, ſa courbure augmente ou diminue également, ainſi que le ſinus verſe de ſa courbure. Alors l'index deſcend ou monte, & il indique, ſur une échelle BD, les rapports d'humidité de l'air. Un ſemblable *hygromètre* a été placé ſous une des portes du Louvre, où il a été, pendant long-temps, offert à la curioſité des obſervateurs.

Un des avantages que préſente cette manière de diſpoſer l'*hygromètre*, c'eſt que l'on peut donner à la corde une très-grande longueur ſans occaſionner beaucoup d'embarras.

Pour rendre cet *hygromètre* portatif, & employer en même temps un fil ou une bande d'une grande longueur, on le fait paſſer ſur pluſieurs poulies

E, F, G, H, K, L, C, *fig.* 912 (*c*), & l'index I, étant fixé à l'extrémité de ce fil, indique, par son mouvement, son alongement ou son raccourcissement total, & par suite l'humidité & la sécheresse de l'air. On a fait anciennement de ces sortes d'*h.gromètres*, que l'on plaçoit dans une boîte de montre.

On fait que les cordes faites de boyau, de chanvre, de lin, &c., changent de longueur. On rapporte des expériences qui font foi du changement de longueur. Sewenter dit que les cordes dont il se servoit pour l'arpentage, s'étoient raccourcies de la seizième partie, ou d'un pied sur seize. On raconte que, pour achever l'obélisque de Sixte-Quint, le menuisier Fontanus se vit obligé de mouiller les cordes pour les raccourcir. Lambert, ayant mouillé des cordes de boyau, de ficelle, de chanvre, observa qu'elles gonfloient, qu'elles se détortilloient, & qu'il pouvoit, sans y employer beaucoup de force, les alonger considérablement; ce qu'il ne pouvoit pas faire lorsqu'elles étoient sèches. Dalencé, dans son *Traité des baromètres*, dit que les cordes à boyau s'alongent lorsqu'on les mouille. Wolsstarm & plusieurs autres prétendent qu'elles se raccourcissent. Quel que soit celui des deux effets que l'humidité produit sur les cordes, il suffit qu'il en existe un pour que l'on puisse les employer comme *hygromètre* appréciable par leur longueur.

Ce qui peut avoir occasionné cette grande différence d'opinion sur l'alongement des cordes par l'humidité, c'est la grande variation qu'elles présentent dans leur marche. Tantôt elles s'alongent, tantôt elles restent stationnaires, tantôt elles se raccourcissent, principalement lorsqu'elles parviennent à l'humidité extrême. Leur grosseur exerce aussi une grande influence sur leur marche; c'est cette variation qui a déterminé Duluc (1) à leur substituer des bandelettes, soit de fils, soit de fibres végétales ou animales, soit de membranes : elles acquièrent une extension non interrompue, depuis leur sécheresse extrême jusqu'à leur plus grande humidité; ce qui provient de l'extension de leurs mailles par l'intromission de l'eau, qui l'emporte, jusqu'à l'humidité extrême, sur l'extension des fibres.

De tous les *hygromètres* dont on fasse usage, celui que l'on préfère, est un *hygromètre* qui indique l'humidité de l'air par l'alongement & le raccourcissement d'un ou de plusieurs cheveux. *Voyez* CHEVEUX, HYGROMÈTRE DE SAUSSURE, HYGROMÈTRE DE RICHER.

Des morceaux de bois de sapin, A B C D E, *fig.* 913, sont placés dans une rainure faite à un châssis de chêne P Q R S : à leur extrémité est une petite tringle F, qui est fixée à articulation, sur un levier G, mobile sur un centre O. Un index I marque, sur un arc gradué M N, les alon-

gemens & les raccourcissemens des morceaux de bois, dans le sens A F.

Pour bien entendre l'effet de cet *hygromètre*, il faut savoir que les arbres morts varient considérablement de volume par l'humidité, dans le sens de leur diamètre A B, *fig.* 913 (*a*), & très-peu dans le sens de leur longueur, & cela parce que le tissu cellulaire des bois, étant extrêmement hygrométrique, l'humidité y pénètre & en sort facilement, selon que l'air est humide ou sec : alors les planches qui proviennent de ces arbres, éprouvent de grandes variations dans le sens de leur largeur & de leur épaisseur, par l'humidité & la sécheresse; c'est cette variation des planches qui occasionne la difficulté que l'on éprouve, lorsque l'on veut ouvrir des portes & des croisées dans des temps humides.

Ainsi, en plaçant les planches A, B, C, D, E dans le sens de leur largeur, dans des coulisses de bois P Q, S R, situées dans le sens de leur longueur, les variations hygrométriques seront très-grandes dans les planches, tandis qu'elles seront insensibles dans les montans; alors, le levier G sera mu par l'excès des variations hygrométriques des planches sur celles des montans.

On peut indiquer les mouvemens hygrométriques des planches, de diverses manières. Les uns se contentent d'observer l'alongement direct, d'autres adaptent une crémaillère à la tringle F, laquelle s'engrène dans une petite roue dentée, & son mouvement de rotation fait connoître la marche de l'*hygromètre*.

En général, l'état des bois varie sans cesse, relativement à leur faculté de se saisir d'humidité, ou de la perdre : ces variétés sont surtout déterminées par leur âge, par la portion de l'arbre qu'on emploie, & par le temps qui s'écoule depuis qu'on les a destinées à l'usage de l'hygrométrie. Le degré de leur sécheresse n'est jamais absolu; leur élasticité est constamment variable, & leur volume change toujours. De tous les bois, celui qui paroît le plus propre pour faire des *hygromètres*, c'est le jonc des Indes; il y a plus d'homogénéité dans sa nature, plus de ressemblance dans les effets qu'il produit, & assez de promptitude dans ses variations.

Une autre manière d'employer, comme moyen hygrométrique, l'augmentation du volume des corps, c'est de les creuser, d'emplir le creux d'un liquide, & de mesurer la diminution & l'augmentation de l'humidité, par la diminution ou l'augmentation dans le volume apparent d'un liquide.

Il suffit, pour cet effet, de creuser dans un corps solide hygrométrique, un cylindre A B, *fig.* 914, de couvrir ce cylindre avec un chapeau B C E, dans lequel on fixe un tube de verre très-étroit, C D; après avoir mastiqué hermétiquement le chapeau & le tube, on emplit le tout de mercure, & on l'expose à une sécheresse extrême : exposant ensuite cet *hygromètre* à l'action de l'air, l'humidité qui le pénètre, augmente le volume de l'enveloppe du cylindre creux, & à celle de la fécheresse qui le diminue. Ces augmentations & ces diminutions font varier également le volume de la capacité du cylindre. Lorsque cette capacité augmente, le mercure descend dans le tube; lorsqu'elle diminue, il monte. Padua a fait usage d'un tuyau de plume pour construire un semblable *hygromètre*; & Duluc, d'un morceau d'ivoire qu'il a creusé. On peut encore employer, pour ces sortes d'*hygromètres*, les tuyaux des plantes graminées & plusieurs autres.

Tous les *hygomètres*, par augmentation de volume, éprouvent deux actions de l'air: 1°. de son humidité; 2°. de sa température. Lorsque ces deux effets concourent ensemble au même résultat; l'effet indiqué est plus grand que celui de l'humidité seule; lorsque ces deux effets marchent en sens contraire, l'instrument n'indique que leur différence. Pour avoir les résultats de l'humidité seule, il faudroit, par des expériences préliminaires, connoître celle de la chaleur, afin de la retrancher de l'effet observé.

Des hygromètres par torsion, ou par rotation, des corps hygrométriques.

Deux sortes de substances peuvent servir d'*hygromètre par torsion*:

1°. Des cordes de toutes matières filamenteuses, soit de boyaux d'animaux, de chanvre, de lin, de coton, de soie, &c.; 2°. des substances végétales, telles que les barbes des épis d'avoine sauvage, de blé, d'orge, de seigle, &c.

Il est facile de se rendre raison du mouvement de rotation des cordes: celles-ci, étant tordues par ces moyens artificiels, conservent leur torsion lorsqu'elles sont exposées au même degré de fécheresse; mais, dès qu'elles sont exposées à l'action de l'humidité, l'eau qui les pénètre, augmente leur volume: cette augmentation fait effort sur le tors qui les resserre; l'humidité tend donc à vaincre ce tors, & à détordre les cordes. Alors, une aiguille placée au sommet des cordes, doit nécessairement avoir deux mouvemens de rotation opposés: 1°. dans le sens opposé au tors de la corde, lorsque celle-ci est exposée à l'action de l'humidité; 2°. dans le sens décrit par la torsion, lorsque la corde est exposée à la fécheresse.

Les barbes des plantes sont des filets aigus, plus ou moins longs, que l'on observe souvent aux fleurs écailleuses des plantes graminées: on en remarque de fort longs dans l'orge, d'assez courts dans les bromes, de droits dans les seigles, de tortillés ou presqu'articulés dans l'avoine, &c. Ce sont principalement les barbes tortillées dont on fait usage comme *hygromètre*; l'humidité agit sur ces barbes comme sur les cordes: elle les tord ou les détord, selon que l'air est sec ou humide.

On emploie les corps hygrométriques tors de plusieurs manières: lorsqu'ils sont un peu longs, on les fixe, par leur partie supérieure A, *fig.* 915, & l'on suspend, à leur partie inférieure C, un plan circulaire B D; un index I, correspondant à un arc gradué M N, indique la rotation de la corde, soit dans un sens, soit dans un autre: c'est ainsi que l'on construisoit autrefois des *hygromètres*. Leupold a placé ce plan dans une petite maisonnette en bois, *fig.* 915 (a), ayant deux ouvertures; deux petites figures, l'une, une femme F, portant un parasol; l'autre, un homme H, portant un fusil, étoient fixées sur ce plan; & selon que l'air étoit sec ou humide, on voyoit la femme ou l'homme sortir par une des ouvertures de la maisonnette.

D'autres fixent une petite corde, *fig.* 915 (b), dans un verre A B; ou une barbe d'avoine A, *fig.* 911 (c), dans un vase B C. La partie supérieure de la corde ou de la barbe d'avoine supporte une une petite aiguille I I; au-dessous est un plan P P, sur lequel est un cercle divisé en degrés; les points où correspondent les extrémités de l'aiguille, indiquent le degré de torsion de la corde ou de la barbe d'avoine, & par suite de l'humidité de l'air.

Aujourd'hui, on fait un grand nombre d'*hygromètres* par torsion; en fixant une figure découpée A B, *fig.* 915 (d), sur un socle P P. Un fil de laiton coudé F L, supporte une corde à boyau I L par son extrémité L; à l'autre extrémité l, est fixé un corps mobile I K, soit le bras de la figure ou tout autre objet. Par l'humidité & la fécheresse, la corde se détord & se tord, & fait ainsi mouvoir le corps mobile, dont l'extrémité K indique le degré d'humidité.

Ce petit nombre d'exemples doit suffire pour faire juger du nombre infini de manières dont chacun peut disposer les cordes, & construire des *hygromètres* par torsion.

Quelque nombreuses qu'aient été les expériences faites avec cet *hygromètre*, pour connoître les différens degrés d'humidité de l'air, ces instrumens ne sont considérés que comme donnant des à peu près, & sont plutôt employés comme *hygromètres* de salon, que propres à faire des expériences exactes.

Des hygromètres par le dépôt de l'eau.

On sait depuis long-temps, que lorsqu'on expose des corps froids à l'action de l'air, celui-ci dépose de l'eau sur leur surface, & que la quantité d'eau déposée est d'autant plus grande, que l'air est plus chargé d'humidité. On voit constamment les bouteilles froides, que l'on monte de la cave, se couvrir d'humidité dans l'été, lorsqu'on les dépose dans la salle à manger, dont la température est élevée: on voit également, dans l'hiver, les vitrages des appartemens, ceux des voitures, lorsqu'ils sont refroidis par l'air extérieur, se couvrir d'humidité, lorsque cet intérieur a une température beaucoup plus élevée que l'air de l'extérieur, & que les vitrages eux-mêmes : c'est ce moyen qui a été employé, par divers physiciens, pour déterminer l'humidité de l'air.

Pour cet effet, ils ont fait usage de différentes méthodes. Les académiciens del Cimento suspendoient, dans l'air, un cône rempli de glace, & ils jugeoient de l'humidité de l'air par la quantité d'eau qui s'écouloit le long des parois du cône. Fontana refroidissoit un corps métallique d'une surface donnée, il l'amenoit à une température déterminée, le suspendoit dans l'air, & jugeoit de l'humidité de celui-ci, par l'augmentation de poids du corps métallique. Leroy, de l'Académie des sciences, remplissoit un vase conique d'eau à la température du milieu dans lequel il le plaçoit ; il versoit, peu à peu, dans cette eau, de l'eau à la glace, & il jugeoit de l'humidité de l'air par le degré de refroidissement auquel il falloit abaisser l'eau du vase, pour que ses parois extérieures commencent à se mouiller.

De ces trois sortes d'*hygromètres*, celui de Leroy paroît de beaucoup préférable aux autres, car le degré de refroidissement doit nécessairement varier avec le degré d'humidité de l'air, pour que de l'eau commence à être abandonnée ; mais cette manière de juger de l'humidité de l'air, qui pouvoit être employée dans des expériences de recherche, est trop embarrassante pour des expériences journalières, & pour des expériences dans des vases fermés.

Des hygromètres des êtres organisés.

L'humidité de l'eau se fait ressentir d'une manière particulière sur tous les individus : il en est plusieurs qu'elle affecte sensiblement, d'autres qui ne ressentent qu'imparfaitement ses effets. Comme cette action de l'humidité sur les êtres organisés n'a pas encore été examinée, jusqu'à présent, d'une manière assez étendue, nous nous contenterons de rapporter les effets qu'elle produit sur deux individus, l'un pris dans le règne végétal, l'autre dans le règne animal.

Dans la classe des soucis, il en est un que Linné a nommé *calendula pluvialis*, auquel d'autres botanistes ont donné le nom de *souci hygrométrique* : la fleur de ce souci jouit de la propriété de se tenir ouverte ou fermée, selon que le temps est beau ou disposé à la pluie.

Quant aux animaux hygrométriques, on raconte qu'un curé annonça avoir observé qu'une sangsue, conservée dans un bocal, sur une fenêtre, restoit au fond, sans mouvement, lorsque le temps devoit être au serein & beau le lendemain ; que, s'il devoit pleuvoir avant ou après midi, elle montoit à la surface de l'eau, & y restoit jusqu'à ce que le temps fût revenu au beau ; que, quand il devoit faire grand vent, elle parcouroit son bocal avec beaucoup de vitesse, & ne cessoit de se mouvoir que lorsque le vent commençoit à souffler ; que,

lorsqu'il se préparoit une tempête, la sangsue restoit constamment hors de l'eau, & cela, pendant plusieurs jours, paroissant inquiète & agitée ; qu'elle restoit constamment au fond du bocal pendant la gelée, contractée autant que possible ; qu'enfin, dans les temps de neige ou de pluie, elle se fixoit à l'embouchure même du bocal & s'y tenoit tranquille.

Il n'y a pas de doute que l'influence des variations de l'atmosphère n'agisse sur les sangsues, & qu'une partie des résultats cités ne se montrent souvent ; mais il n'y a pas de doute non plus qu'ils sont extrêmement variables, & que quatre de ces animaux, mis ensemble en expérience, présentèrent, la plupart du temps, chacun une indication différente. Quelques physiciens se sont assurés de ce fait.

Comment on rend les hygromètres comparatifs.

Si l'on construit des *hygromètres* avec diverses substances, & que l'on veuille comparer leur marche, on apercevra bientôt que leurs indications auront peu de rapport. Il en est, comme les acides & les sels déliquescens, qui continuent toujours à absorber de l'eau, & qui, par conséquent, paroissent marcher constamment à l'humidité ; il en est d'autres, comme les fils, les cordes, les bandelettes, qui marchent tantôt à l'humidité & tantôt au sec. Par la seule direction de leur marche, on ne peut établir aucune comparaison entr'eux ; il y a plus, c'est que si l'on compare la marche de ces dernières substances hygrométriques, on voit que, souvent, ils marchent ensemble au sec ou à l'humide ; mais aussi, qu'ils ont quelquefois une marche rétrograde ; que les uns marchent au sec, lorsque les autres marchent à l'humide ; & le plus souvent, lorsque deux *hygromètres*, formés de matières différentes, marchent dans la même direction, on voit, dans quelques circonstances, l'*hygromètre* A marcher plus vite que l'*hygromètre* B, & dans d'autres, l'*hygromètre* B marcher plus vite que l'*hygromètre* A. Lambert, de l'Académie de Berlin, a fait une longue suite d'expériences sur la marche comparée de quelques *hygromètres* : ces expériences ont été imprimées dans le tome XXV des *Mémoires de l'Académie de Berlin*, pour l'année 1789.

Pour que la marche de deux hygromètres soit comparable, il est essentiellement nécessaire que les *hygromètres* soient faits avec une substance semblable ; encore arrive-t-il quelquefois que, dans ce cas même, la marche n'est pas la même. De nombreuses expériences ont été faites sur cet objet par Saussure, Duluc & un grand nombre de physiciens. *Voyez* CHEVEUX, CHEVEUX RÉTROGRADES.

Ainsi, avant de se déterminer à adopter l'usage d'une substance hygrométique, il faut d'abord éprouver cette substance, afin de s'assurer quel choix il faut faire dans les fragmens de cette substance, afin que leur marche soit semblable. Alors on détermine deux points extrêmes, l'un d'humidité, l'autre de sécheresse, & l'on gradue, en un nombre de parties égales, l'espace que l'index de l'*hygromètre* a parcouru : le nombre de divisions ordinairement adopté, est de cent.

Il a existé une grande différence d'opinion sur la manière de déterminer ces deux points extrêmes. Pour l'humidité, par exemple, les uns vouloient que l'*hygromètre* fût entièrement plongé dans l'eau ; d'autres pensoient qu'il suffisoit de le placer dans un air saturé d'humidité. La première manière peut être appliquée à quelques substances, comme la corde, les bois, &c. ; mais la seconde peut s'appliquer à toutes.

En plongeant les substances hygrométriques dans l'eau, elles s'en saturent complétement ; mais cette saturation est-elle absolument nécessaire pour les observations hygrométriques ? & puis, l'eau dans laquelle les substances hygrométriques sont plongées, n'exerce-t-elle aucune action sur ces substances ? ne dissout-elle aucun de leurs composans ? ne les altère-t-elle pas ? Lorsque l'on sort les *hygromètres* de l'eau, & qu'on les place dans un air saturé d'humidité, il faut qu'ils y restent quelque temps, qu'ils se ressuient en quelque sorte avant d'être au degré de l'air ; habituellement, les *hygromètres* sortant de l'eau, marchent au sec dans de l'air au maximum d'humidité. Il suffit donc, pour avoir le maximum d'humidité que les *hygromètres* doivent indiquer, de les placer dans un air saturé d'humidité, & de les y laisser assez long-temps pour que l'un d'eux devienne stationnaire : c'est le moyen que Saussure a indiqué, c'est celui que l'on adopte aujourd'hui assez généralement.

Pour obtenir un air saturé d'humidité, il suffit de placer une cloche sur un vase plein d'eau ; l'eau s'évapore & se dissémine dans l'air du vase & le sature. On juge que l'air est saturé, lorsque l'on voit l'eau se déposer sur les parois de la cloche & ruisseler le long de ces parois ; alors, on peut placer l'*hygromètre* sous la cloche & au-dessus du vase qui contient l'eau ; l'index marche de suite à l'humidité, & il devient stationnaire dès qu'il est en équilibre d'humidité avec l'air.

Cependant, il est possible que l'air, chargé de brouillard, soit dans un degré d'humidité plus fort que celui de l'air de la cloche, parce qu'il y a, dans le premier, de l'eau abandonnée en gouttelettes suspendues dans l'air, ce qui n'a pas lieu dans l'air de la cloche, où toute l'eau est à l'état de vapeur ; mais ces gouttelettes d'eau, qui mouillent les corps, supersaturent l'air ; & la proportion de cette eau abandonnée en gouttelettes, ne peut pas être appréciée avec exactitude par les *hygromètres*.

Afin d'obtenir le degré de sécheresse extrême, quelques physiciens ont proposé d'exposer les *hygromètres* à l'action de la chaleur près d'un foyer, jusqu'à ce que l'index reste stationnaire ; mais la température à laquelle l'instrument est exposé peut varier : 1°. avec l'intensité du feu ; 2°. avec la distance à laquelle l'*hygromètre* sera du foyer, & le point stationnaire de l'index peut varier également. D'autres pensent qu'il est plus convenable de sécher l'air, de lui enlever toute son humidité, en l'exposant sous l'air, renfermé dans une cloche, à l'action d'une substance hygrométrique très-active, tels que l'acide sulfurique concentré, les muriate & nitrate de chaux fortement desséchés, la potasse calcinée, &c.

Voici ce que dit Saussure à l'égard de ces desséchemens. « Les alcalis caustiques, les acides concentrés, les neutres déliquescens dessèchent toujours très-fortement l'air dans lequel on les renferme ; mais j'ai cependant éprouvé que, suivant que cet air est plus ou moins sec, dans le moment où l'on introduit les sels, suivant que la quantité de ces sels est plus ou moins grande, relativement au volume de l'air qu'ils doivent dessécher, & enfin, suivant qu'ils ont été préparés & conservés avec plus ou moins de soin, le degré de sécheresse qu'ils produisent varie d'une manière très-sensible. Ainsi, lors même que j'avois employé les plus grandes précautions pour dessécher complétement l'air qui entouroit mon *hygromètre*, il me restoit toujours quelques doutes sur le succès, & surtout sur l'uniformité de son opération. »

En effet, toutes ces substances n'agissent sur l'humidité de l'air, que jusqu'à ce que l'équilibre soit établi entre l'action de l'air sur l'eau & l'action des substances ; & la quantité d'eau restant dans l'air, doit varier avec la température. Si l'on diminue cette température, l'air ne pourra plus retenir la même quantité d'eau, au même degré de sécheresse ; il en abandonnera, & l'instrument marchera aussitôt à l'humide. On doit donc ne regarder un air parfaitement sec, qu'autant qu'il n'abandonne plus d'eau lorsqu'on l'expose à une plus foible température : c'est ce moyen de dessécher l'air que Saussure a cherché & qu'il paroît avoir trouvé. Transcrivons encore ce que Saussure dit à ce sujet (1).

« Je choisis un récipient de forme à peu près cylindrique, le plus petit possible, relativement à l'*hygromètre* qui doit y être renfermé ; je fais ensuite courber une feuille de tôle, en forme d'un demi-cylindre, dont les dimensions soient telles qu'il puisse entrer dans le récipient, & qu'il occupe toute la hauteur & la moitié de sa largeur. Je place cette tôle sur des charbons ardens ; je l'échauffe jusqu'à ce qu'elle commence à rougir ; je l'asperge alors de tous côtés, tant dans sa concavité que sur sa convexité, d'une poudre composée de parties égales de nitre & de tartre cru ; je fais en sorte qu'après la détonation, l'al-

_____

(1) *Essai sur l'hygromètre*, page 34.

cali fixe qui en est le résultat, couvre toute la surface de la tôle, & soit également répandue sur elle. Je calcine ce sel en continuant de tenir la tôle, à peine rouge, pendant le premier quart d'heure, pour laisser au sel le temps de perdre sa trop grande liquidité, qui le feroit couler & abandonner la tôle; mais, à mesure que le sel devient moins fusible, j'augmente la chaleur, & je la pousse jusqu'à ce que le fer & le sel qui le couvrent soient d'un beau rouge de cerise; j'entretiens ce degré de chaleur pendant une bonne heure, après quoi je retire la tôle du feu, & je la laisse refroidir jusqu'au point de ne pas courir le risque de faire fendre le récipient dans lequel elle doit être insinuée; je la place alors, encore chaude, dans le récipient, que j'ai tenu aussi chaud & parfaitement sec; j'y renferme en même temps l'hygromètre & un thermomètre monté en métal, & j'empêche la communication avec l'air extérieur par du mercure, ou en lutant avec de la cire molle les bords du récipient. »

Aussitôt, l'hygromètre marche au sec, l'instrument continue à marcher pendant vingt-quatre heures. Saussure le laisse sous la cloche jusqu'à ce que l'index ait resté douze heures stationnaire.

Tout étant ainsi préparé, Saussure a voulu s'assurer si une plus haute température feroit marcher encore l'hygromètre au sec; & si un refroidissement le feroit marcher à l'humidité.

Exposant alors son appareil devant le feu, à une distance telle que le feu ne fasse pas fendre le bocal, il le tourne peu à peu, afin que l'air s'échauffe également. Par ce procédé, il élève la température de l'appareil à plus de cinquante degrés; alors on voit l'hygromètre, non marcher au sec, comme on auroit pu s'y attendre, mais aller à l'humidité de trois à quatre degrés, ce qui provient de l'alongement de la substance par l'action de la chaleur. Au contraire, si l'on expose l'appareil dans un lieu plus froid, même à une température artificielle de dix à douze degrés au-dessous de zéro, l'index de l'instrument marche au sec, à cause du raccourcissement de la substance, par la diminution de température.

Qui ne croiroit, d'après cette épreuve, que l'air a été complétement desséché? C'étoit aussi l'opinion de Saussure. Mais, si l'on fait passer une suite d'étincelles électriques à travers cet air, on voit aussitôt des indices certains d'eau décomposée, & même d'une quantité plus grande que celle que l'air auroit pu abandonner en passant de l'humidité extrême à la sécheresse extrême. Voyez Gaz, page 274.

Saussure, étant persuadé que l'air desséché par sa méthode ne contenoit plus d'eau, a cherché à déterminer, par l'expérience, combien d'eau l'air, à quinze degrés, devoit contenir par chaque degré de son hygromètre. Pour cela, il a introduit dans un ballon contenant un pied cube d'air, des demi-grains successifs d'eau, & il a observé à quel degré marchoit l'hygromètre. Nous allons rapporter ici le tableau qu'il en a publié dans ses Essais sur l'hygrométrie, page 250.

TABLE des vapeurs aqueuses contenues dans un pied cube d'air à 15°.16 du thermomètre, & à chaque degré de l'hygromètre.

Degrés de l'hygromètr.	Poids des vapeurs	Degrés de l'hygromètr.	Poids des vapeurs.	Degrés de l'hygromètr.	Poids des vapeurs.	Degrés de l'hygromètr.	Poids des vapeurs.
	Grains.						
1	0.0304	19	1,0262	37	2,3254	55	4,0335
2	0,0643	20	1,0926	38	2,4041	56	4.1502
3	0.1017	21	1,1597	39	2,4834	57	4.2692
4	0.1426	22	1,2274	40	2,5634	58	4.3905
5	0,1820	23	1,2959	41	2,6451	59	4.5141
6	0,2349	24	1,3650	42	1,7291	60	4,6534
7	0,2863	25	1,4348	43	2,8155	61	4,8021
8	0,3412	26	1,5053	44	2,9042	62	4,9597
9	0,3996	27	1,5764	45	2,9952	63	5,1271
10	0,4592	28	1,6483	46	3,0885	64	5,3051
11	0,5195	29	1,7208	47	3,1843	65	5,4873
12	0,5804	30	1.7940	48	3,2822	66	5,6775
13	0,6421	31	1,8679	49	3,3826	67	5,8595
14	0,7044	32	1,9424	50	3,4852	68	6,0329
15	0,7674	33	2,0177	51	3,5902	69	6,1971
16	0,8311	34	2,0936	52	3,6976	70	9,3651
17	0,8954	35	2,1702	53	3,8072	71	6,5331
18	0,9605	36	2,2475	54	3,9192	72	6,7011

Degrés de l'hygromètr.	Poids des vapeurs.	Degrés de l'hygromètr.	Poids des vapeurs.	Degrés de l'hygromètr.	Poids des vapeurs.	Degrés de l'hygromètr.	Poids des vapeurs.
	Grains.						
73	6,8691	80	8,0450	87	9,2210	94	10,3970
74	7,0370	81	8,2130	88	9,3890	95	10,5650
75	7,2050	82	8,3810	89	9,5570	96	10,7330
76	7,3730	83	8,5490	90	9,7250	97	10,9010
77	7,5410	84	8,7170	91	9,8930	98	11,0770
78	7,7090	85	8,8850	92	10,0610		
79	7,8770	86	9,0530	93	10,2290		

Il résulte de ce tableau, qu'à o° de l'*hygromètre*, l'air est supposé ne point contenir d'eau en vapeur, ce qui est contraire à l'expérience de M. Henry ; & qu'à 98°, un pied cube doit contenir 11 grains 0,0690 d'eau.

Supposant que les quantités de vapeurs contenues dans l'air sont 1,2337 plus grandes de 5 en 5° du thermomètre de Réaumur, Saussure a calculé une table des quantités d'eau combinées dans l'air pour tous les degrés de l'*hygromètre*, la température augmentant de 5 en 5°, depuis —10, jusqu'à +30, c'est-à-dire, dans une étendue de 40° de température. Nous avons cru ne pas devoir publier cette table : 1°. parce qu'elle est, comme la première, établie sur la base fausse que l'air est entièrement privé d'eau par le moyen que Saussure emploie ; 2°. parce que le facteur 1,2337, qui est un facteur moyen, varie depuis 1,1185 jusqu'à 1,3213, relativement aux températures & au degré d'hygrométricité.

HYGROMÈTRE A ARBRE ; hygrometrum cum arbore ; *hygrometer mit spindel* ; f. m. *Hygromètre* à cheveux, imaginé par Saussure.

Cet *hygromètre* étoit composé d'un cheveu préparé, qui augmentoit de 0,024 de sa longueur, en passant de la sécheresse à l'humidité extrême. Ce cheveu étoit attaché par le bas à un point fixe ; la partie supérieure passoit sur une petite poulie ; le cheveu étoit tendu par un poids de 3 à 4 grains : à l'axe de la poulie étoit fixée une aiguille, qui indiquoit, sur un cadran, les degrés d'humidité du milieu dans lequel l'instrument étoit placé. Comme il étoit difficile de transporter cet *hygromètre*, Saussure y fit plusieurs changemens, qui avoient pour objet de le rendre portatif. *Voyez* HYGROMÈTRE DE SAUSSURE.

HYGROMÈTRE A BALEINE ; hygrometrum balænatum ; *hygrometer mit fischbein* ; f. m. *Hygromètre* exécuté par Deluc, avec une bandelette extrêmement mince de baleine. *Voyez* HYGROMÈTRE DE DELUC.

HYGROMÈTRE A BANDELETTES ; hygrometrum cum fasciolâ ; *hygrometer mit bändgen* ; f. m. Instru-

ment fait avec des bandelettes tendues, pour indiquer l'humidité de l'air.

Les bandelettes dont on fait usage, sont de papier, de parchemin, de membrane d'animaux, de peau, de toile, de ruban, de baleine, &c. Ces bandelettes sont fixées par leur extrémité supérieure ; un poids, placé à leur extrémité inférieure, les maintient dans une tension constante : elles augmentent de longueur par l'humidité & par un accroissement de température ; elles diminuent par la sécheresse & par le froid.

On peut mesurer les degrés d'humidité de l'air avec des bandelettes, soit par les variations directes dans leur longueur, soit par le mouvement d'une aiguille placée sur l'axe d'une petite poulie, sur laquelle passe l'extrémité de la bandelette.

Nous joignons ici des figures de trois de ces *hygromètres*, fig. 912 (c), 912 (d), 912 (e).... On voit, par ces trois figures, comment on peut augmenter ou diminuer la longueur des bandelettes, & comment il est possible de réunir ces *hygromètres* dans des boîtes, & de les rendre portatifs.

On peut distinguer, parmi les bandelettes, celles qui, d'après la nature de la substance dont on les tire, doivent nécessairement être employées sous cette forme : telles sont les bandelettes de papier, de membrane d'animaux, de parchemin, de peau, de baleine, &c. ; & celles que l'on peut employer indistinctement sous forme de filamens, de cordes & de bandelettes : tels sont le chanvre, le lin, la soie, la laine, les poils d'animaux, &c. N'ayant pas de choix dans la manière d'employer les premiers, on a dû absolument en faire usage sous la forme de bandelettes ; mais les seconds, pouvant être employés de plusieurs façons, il étoit convenable de s'assurer, par l'expérience, de la forme sous laquelle leur usage ou leur emploi étoit le plus avantageux.

Deluc a entrepris de nombreuses expériences dans ce dessin, & il s'est assuré que les bandelettes acquièrent une expansion non interrompue, depuis le degré de la sécheresse extrême, qu'il produit par le moyen de la chaux, jusqu'à celui de la plus grande humidité : les fils, au contraire, éprouvent des ralentiffemens dans leur marche, & même des rétrogradations, furtout lorfqu'ils approchent de la grande humidité ; tous, même, rétrogradent, de manière que leur plus grande extenfion précède la plus grande humidité. Deluc a préfenté, dans des tables, le réfultat des obfervations qu'il a faites, non-feulement fur la différence des bandelettes & des fils, à cet égard, mais encore fur les différences des bandelettes entr'elles, & des fils entr'eux. Il explique la marche particulière aux bandelettes & aux fils, d'après leur texture : l'alongement des bandelettes eft dû à l'extenfion de leurs mailles, par l'introduction de l'eau, qui l'emporte jufqu'à l'humidité extrême fur l'extenfion des fibres ; c'eft directement l'extenfion des derniers, qui produit l'alongement des fils : cependant, l'eau, en s'accumulant auffi dans les mailles du réfeau qu'elles forment entre elles, & les élargiffant, tend à rapprocher les points de jonction, & c'eft là la caufe de la marche décroiffante des alongemens des fils, fuivis de rétrogradation, comparativement aux quantités d'eau qui les pénètrent.

Deluc conclut, des expériences qu'il a faites, pour comparer les rapports d'extenfion des deux efpèces d'hygromètres, que la progreffion des bandelettes eft beaucoup plus proportionnelle aux quantités d'eau abforbées par l'air, que celle des fils, qui va en diminuant à mefure qu'ils approchent du degré de la plus grande humidité. Parmi les bandelettes, c'eft celle de la baleine qui lui a paru mériter la préférence, furtout par la propriété qu'elle a, de revenir fenfiblement au même point, par l'immerfion dans l'eau. *Voyez* Hygromètre de Deluc.

HYGROMÈTRE A BOYAUX DE VER A SOIE ; *hygrometer aus dem darme des feiden wurms ;* f. m. Hygromètre imaginé par dom Casbois, bénédictin à Metz, dans lequel il fait ufage des inteftins de ver à foie.

Dom Casbois a conftruit deux fortes d'hygromètres. Le premier, & le plus fimple, eft formé de plufieurs fils de boyaux de ver à foie, noués bout à bout, & qui pendent le long d'une muraille ; ils font tendus par un poids d'une demionce, & terminés par une aiguille horizontale, qui monte ou defcend fur fon échelle, & marque les degrés ; le fecond eft un fil feul, de boyau de ver à foie, appliqué à un mécanifme peu différent de celui de l'hygromètre de Sauffure. *Voyez* Hygromètre de Sauffure.

Richer, très-habile mécanicien, chargé par dom Casbois, de la conftruction de ces hygromètres, s'apperçut que, quelque précifion qu'il ait apportée dans leur conftruction, ils ne fuivoient pas la même marche : les plus gros s'alongeoient davantage que les autres, & la différence fur des fils de 205 lignes de longueur, étoit de ⅔ de ligne.

Alors, pour rendre ces hygromètres comparables,

Richer conftruifoit d'abord un *hygromètre* dans lequel il divifoit les points d'humidité & de féchereffe extrême, en 100 parties. Cet inftrument étoit l'étalon dont il faifoit ufage ; puis, après avoir tracé l'humidité extrême fur les nouveaux inftrumens, il le laiffoit en comparaifon avec l'*hygromètre* étalon ; après deux ou trois jours d'expofition dans un endroit fermé, il marquoit le point où fe trouvoit l'index, & divifoit l'intervalle entre les deux points, en un nombre égal à celui des degrés de l'étalon, & continuoit fa graduation.

Mais cette graduation ne pouvoit plus fervir lorfque le fil fe caffoit : Il falloit, pour chaque fil, une graduation différente.

Cazalet, de Bordeaux, a cherché à rectifier cet inftrument, & il a donné, dans le *Journal de Phyfique* de l'année 1786, deuxième volume, p. 247, les détails de fon perfectionnement.

HYGROMÈTRE A CADRAN. *Hygromètre* dans lequel les degrés d'humidité ou de féchereffe font marqués par le mouvement d'une aiguille, fur un cercle, ou un arc de cercle divifé en degrés.

On conftruit ces fortes d'hygromètres, foit avec des corps auxquels l'humidité donne naturellement un mouvement de rotation, tels que la barbe d'avoine, les cordes, &c. (*voyez* Hygromètre de Lambert), foit avec des bandelettes, des fils, de cordes, des crins, des cheveux, &c. *Voyez* Hygromètre de Sauffure.

HYGROMÈTRE A CHARBON ; *hygrometrum cum carbone ; hygrometer mit kohle ;* f. m. Inftrument avec lequel on fait ufage du charbon pour mefurer l'humidité de l'air.

Le charbon, fraîchement fait, a la propriété d'abforber l'humidité de l'air, & cette abforption continue pendant fort long-temps. (*Voyez* Gaz.) On mefure cette abforption par l'augmentation de poids du charbon. Mais, comme le charbon abforbe également toute efpèce de gaz, & particulièrement l'oxigène, il eft difficile de diftinguer la proportion d'humidité abforbée par cette fubftance ; ainfi, quelle que foit fon action fur l'humidité de l'air, le charbon ne formera qu'un *hygromètre* inexact.

HYGROMÈTRE A CHEVEUX ; *hygrometrum cum capillis ; hear hygrometer ;* f. m. Inftrument imaginé par Sauffure, pour mefurer l'humidité de l'air ; c'eft, jufqu'à préfent, un des plus exacts que l'on connoiffe. *Voyez* Hygromètre de Sauffure, Cheveux.

HYGROMÈTRE A CORDES ; *hygrometrum cum funibus ; ftrick hygrometer ;* f. m. Inftrument avec lequel on mefure l'humidité de l'air par le moyen des cordes.

Les cordes éprouvent, par l'humidité de l'air, deux fortes de mouvement : le premier dans leur longueur, le second dans leur torsion. On peut donc mesurer l'humidité de l'air, avec des cordes, de deux manières différentes : par les variations dans leur longueur, & par les variations que leur torsion éprouve : ces deux moyens sont effectivement employés. *Voy.* HYGROMÈTRES DE GOULD, DU PÈRE MERSENNE, DE MOLINEUX, DE LAMBERT, &c.

HYGROMÈTRE A CYLINDRE D'IVOIRE. Instrument imaginé par Deluc, pour mesurer l'humidité de l'air.

C'est un cylindre d'ivoire, *a a b*, *fig. 914 (a)*, ouvert par le bout *a a*, fermé en *b*, ayant 3 pouces de longueur, sur un demi-pouce de diamètre, percé, dans le sens de ses fibres, d'un trou bien droit, de deux lignes & demie de diamètre, & de deux pouces huit lignes de profondeur.

On place, dans ce cylindre, un tube de verre *e d*, de quatorze pouces de longueur, & de trois huitièmes de ligne de diamètre intérieur; une pièce de laiton *f g*, réunit le tuyau d'ivoire avec le tube de verre. Toutes ces pièces sont mastiquées avec de la gomme laque, de manière à empêcher le liquide de suinter entre leur surface.

Alors on remplit le cylindre & le tube de mercure, en plaçant un entonnoir de papier sur ce tube, l'emplissant de mercure, & faisant entrer ce liquide & dégager l'air qui s'oppose à son intromission. On se sert pour cela d'un crin qui entre dans le tuyau, & l'on donne quelques secousses successives.

Quant à la graduation, Deluc a employé une méthode particulière : d'abord, il a déterminé son degré d'humidité extrême, en plongeant l'instrument dans de l'eau à la glace; il l'a laissé sept à huit heures, c'est-à-dire, jusqu'à ce que le mercure, parvenu à son maximum d'abaissement, reste stationnaire & tende à monter.

Pour graduer l'instrument, à partir de ce point zéro, il cherche, par une expérience particulière, quelle étendue du tube, une quantité donnée de mercure parcourt; il cherche également, en pesant son *hygromètre* vide & plein de mercure, quelle quantité il contient de ce liquide; puis il conclut, par une simple règle de proportion, quelle longueur du tube, ce mercure parcourroit en passant de la température zéro à celle de l'eau bouillante, & il divise cette longueur en quarante parties, de manière que chaque division correspond à deux degrés thermométriques.

Comparant ainsi la marche de son *hygromètre* avec celle d'un thermomètre placé à côté, *fig.* 914 (*b*), il détermine & distingue les degrés d'augmentation, provenant de la température & de la sécheresse.

Si l'on veut de plus grands détails sur cet *hygromètre*, on peut consulter le tom. V du *Journal de Physique*, ou mieux, le *Journal de Physique* de 1773, tom. I, pag. 581.

HYGROMÈTRE A DEUX TUBES. Instrument formé d'un tube de verre recourbé, *fig.* 916, rempli d'un liquide coloré, & terminé, dans ses deux extrémités, par deux boules. On juge de l'humidité de l'air, par le froid que produit l'évaporation de l'eau qui mouille une de ces boules. *Voyez* HYGROMÈTRE DE LESLIE.

HYGROMÈTRE A FIL. Instrument avec lequel on mesure l'humidité par le moyen des fils. *Voyez* HYGROMÈTRE A CORDES.

HYGROMÈTRE A PLUME; *hygrometrum cum plumâ; feder hygrometer;* s. m Instrument composé d'un tuyau de plume rempli de mercure, que Chiminello a inventé pour mesurer l'humidité. *Voyez* HYGROMÈTRE DE CHIMINELLO; HYGROMÈTRE DE COPINEAU.

HYGROMÈTRE D'AMONTONS; hygrometrum Amontonicum; *hygrometer von Amontons;* s. m. Instrument imaginé par Amontons, en 1687, pour mesurer l'humidité de l'air.

C'est un tuyau de verre, d'environ trois pieds; à l'un des bouts il y a une petite fiole comme aux baromètres ordinaires, mais ouverte par le haut; & à l'autre, qui est celle du bas, est une autre fiole percée d'un trou : elle est environnée d'une bourse de cuir bien liée au tuyau. Quand l'air est humide, le cuir s'élargit & la liqueur de l'*hygromètre* descend, & au contraire lorsqu'il est sec. Amontons a substitué de la corne au tuyau de cuir, & l'*hygromètre* marchoit également.

Ayant présenté, en 1687, cet instrument à l'Académie royale des sciences, on mit un linge mouillé sur la boule d'en bas; la liqueur descendit, & lorsqu'on y mit la main, elle descendit plus vite; en sorte qu'il paroît que la chaleur contribuoit à faire descendre la liqueur.

Il y avoit du mercure dans toute la capacité de la bourse de cuir : le reste de cette bourse & du tuyau étoit rempli de deux liqueurs, l'une sèche ou maigre, & l'autre grasse; elles étoient différemment colorées, ce qui donnoit au point de leur séparation, un terme qui servoit à mesurer le haussement ou l'abaissement de la liqueur.

On peut regarder l'*hygromètre d'Amontons* comme celui qui a servi de principe à tous les *hygromètres* analogues, tels que celui à cylindre d'ivoire de Deluc, celui à plume de Chiminello.

HYGROMÈTRE DE BOIS; hygrometrum ligni; *holzisch hygrometer;* s. m. Instrument qui indique les variations de l'humidité, par le gonflement & le retrait du bois.

Nous avons déjà fait connoître, à l'article HYGROMÈTRE, sur quel principe ces instrumens étoient construits. Nous nous contenterons, dans celui-ci, de faire connoître deux nouvelles manières de leur faire indiquer les variations de l'humidité de l'air.

Déjà nous avons fait connoître, *fig.* 913, comment on parvenoit à produire, avec l'*hygromètre en bois*, un mouvement d'oscillation. Nous allons indiquer ici, comment on obtient un mouvement de rotation & un mouvement de translation.

Il suffit, pour obtenir le mouvement de rotation, de placer sur la tringle FG, *fig.* 913 & 913 (*b*), une crémaillère qui engrène dans une roue dentée O : une aiguille O I, placée sur l'axe de cette roue, est entraînée dans son mouvement, & elle indique, sur le cercle gradué M N, le degré d'humidité de l'air. Une considération essentielle, dans la construction de cet *hygromètre*, c'est que la circonférence de la roue dentée soit égale à la longueur que la tringle F G parcourt, depuis l'humidité jusqu'à la sécheresse extrême ; alors, la roue fait une révolution entière pendant ce passage.

Pour le mouvement de translation, on fait usage d'un moyen assez ingénieux : il consiste à faire communiquer l'extrémité G, de la tringle F G, *fig.* 913 (*c*), à un quadrilatère G T U V, formé de quatre règles mobiles sur les angles. L'angle U, opposé à l'angle G, est fixé sur une traverse X Y ; par ce moyen, les mouvemens de la tringle F G ralongent ou raccourcissent la diagonale G U ; en rapprochant ou éloignant le point G du point U, & raccourcissent ou alongent, en même temps, la diagonale T V. Prologeant les branches T U, V U du parallélogramme, & les faisant communiquer à d'autres règles à articulation, formant, par leur ensemble, un zigzag ou un bec de cigogne, *fig.* 913 (*a*), & plaçant, à l'angle du dernier parallélogramme, un index I, celui-ci parcourt un espace d'autant plus grand, que le nombre des parallélogrammes est plus considérable.

On trouve, dans le *Theatrum machinarum* de Leupold, plusieurs autres *hygromètres en bois*. L'abbé de Hautefeuille & Coniers en ont également employé. *Voyez* HYGROMÈTRE DE HAUTEFEUILLE, HYGROMÈTRE DE CONIERS.

HYGROMÈTRE DE CASBOIS ; hygrometrum Casboisicum ; *hygrometer von Casbois* ; s. m. Instrument avec lequel on mesure le degré d'humidité de l'air ; en se servant de fil de boyaux de ver à soie. *Voyez* HYGROMÈTRE A BOYAUX DE VER A SOIE.

HYGROMÈTRE DE CHIMINELLO ; hygrometrum Chiminelloicum ; *hygrometer von Chiminello* ; s. m. Instrument avec lequel on apprécie le degré d'humidité de l'air, par l'hygrométricité des tuyaux de plumes.

L'Académie palatine de Manheim, ayant proposé pour question, en 1783, de construire un bon *hygromètre*, l'astronome de Padoue, Chiminello, obtint le prix, en proposant, pour la construction de son *hygromètre*, l'emploi d'un

tuyau de plume auquel on adaptoit un tube de verre d'un très-petit diamètre. Le tube & le tuyau étoient remplis de mercure. Il déterminoit l'humidité extrême, en plongeant son tuyau de plume dans l'eau, & la sécheresse extrême, en exposant l'instrument au soleil, un beau jour d'été, la température étant à 25° de Réaumur.

On trouve dans le *Journal de Physique*, année 1773, tome I, page 38, la description d'un *hygromètre* de Deluc, construit en ivoire, & qui ne diffère de celui-ci que par la matière du cylindre ; & dans le *Journal de Physique* de l'année 1783, tome I, page 385, un *hygromètre à plume*, de l'abbé Copineau, qui ne diffère de celui de Chiminello, que par la fixation des deux points extrêmes. *Voyez* HYGROMÈTRE A CYLINDRE D'IVOIRE, HYGROMÈTRE DE COPINEAU.

HYGROMÈTRE DE CONIERS ; hygrometrum Coniesicum ; *Coniesich hygrometer* ; s. m. Hygroscope construit par Coniers, avec du bois de sapin ; il déterminoit les degrés d'humidité de l'air par l'augmentation du poids du bois.

HYGROMÈTRE DE COPINEAU ; hygrometrum Copineauicum ; *hygrometer von Copineau*. Instrument imaginé par l'abbé Copineau, pour reconnoître les variations dans l'humidité de l'air.

Cet instrument est composé d'un tuyau de plume d'oie, dont on bouche le bout avec de la cire ; on place un tube de verre dans la partie supérieure ; on l'y assujettit avec du mastic de marbrier, dans lequel on a ajouté un peu de cire vierge & de térébenthine. On emplit le tout de mercure, & l'on place le tuyau de plume dans un tube de fer-blanc : alors on le gradue. Le terme de l'humidité extrême s'obtient, en plongeant l'instrument dans la glace fondante ; c'est le zéro de l'échelle. Le degré 33 est celui de la hauteur du mercure dans l'*hygromètre* placé sous les poules qui couvent.

On voit assez, d'après cet exposé, combien cet *hygromètre* doit être inexact : nous nous dispenserons donc d'entrer dans de plus longs détails. On peut, pour le mieux connoître, consulter la description que l'abbé Copineau en a donnée dans le *Journal de Physique* de l'année 1783, tome I, page 384.

HYGROMÈTRE DE DALTON ; hygrometrum Daltonicum ; *hygrometer von Dalton* ; s. m. Moyen employé par Dalton, pour connoître le degré d'humidité de l'air.

Dalton détermine le degré d'humidité de l'air en versant de l'eau, à la glace, dans un vase contenant de l'eau à la température du milieu dans lequel se trouve le vase, & par le moyen d'un thermomètre placé dans ce vase, il reconnoît quelle est la température de l'eau du vase, à laquelle la surface du vase se couvre d'humidité. Il regarde cette température comme étant celle où l'air feroit faturé de l'eau qu'il contient.

Pour bien apprécier l'avantage de cette méthode, il faut favoir que l'air peut être faturé de diverfes quantités d'eau, felon fa température. Des expériences faites par Dalton, lui ont prouvé que la vapeur d'eau pouvoit foutenir à

0° de tempér. une colonne de mercure de	2,5
15°	6
40°	39
80°	336

Connoiffant le rapport qui exifte entre la denfité de l'air atmofphérique & celle de la vapeur d'eau d'une part (voyez DENSITÉ DES VAPEURS), celui qui exifte entre le poids que foutient l'élafticité de l'air & celui de la vapeur d'eau qui le fature, à une température donnée (voyez EAU BOUILLANTE), il eft facile de déterminer la proportion d'eau qui exifte dans l'air faturé, lorfque l'on connoît la température à laquelle la faturation a lieu. Or, par l'expérience que Dalton propofe, on connoît la température à laquelle l'air commence à abandonner de l'eau, conféquemment la température à laquelle il eft faturé d'eau; d'où il fuit que l'on peut déterminer, facilement, quelle eft la proportion d'eau contenue dans l'air au moment où l'on fait l'expérience.

Cet hygromètre peut être regardé comme un des plus exacts que l'on connoiffe. Le feul inconvénient qu'il puiffe préfenter aux perfonnes qui ne font pas habiles à faire des expériences, c'eft qu'il exige que l'on éprouve l'air chaque fois que l'on veut connoître fon degré d'humidité; ainfi, pour les gens du monde, l'hygromètre de Sauffure, ou les hygromètres de torfion, qui ne donnent que des à peu près, fuffifans pour leur ufage, leur font-ils préférables; mais pour les phyficiens, qui veulent connoître exactement la quantité d'humidité contenue dans l'air, l'hygromètre de Dalton peut être regardé comme un des meilleurs dont ils puiffent faire ufage. Voyez VAPEURS.

HYGROMÈTRE DE DELUC; hygrometrum Delucicium; hygrometer von Deluc; f. m. Inftrument imaginé par Deluc, pour mefurer l'humidité de l'air.

Deluc a conftruit deux fortes d'hygromètres, qu'il a fait connoître, le premier, dans le Journal de Phyfique, année 1773, tome I, page 581 (voy. HYGROMÈTRE A CYLINDRE D'IVOIRE); le fecond, fait avec de la baleine, eft décrit dans le Journal de Phyfique, année 1787, tome I, page 437 & fuivantes.

Cet inftrument confifte en un plan circulaire qui recouvre une boîte en forme de montre, fig. 917. Un cadran eft fupporté par fix piliers C, portant des rouleaux, fur lefquels paffe une bandelette de baleine D, qui eft fixée fur un pilier fans rouleau, au point O: E, eft un petit cordonnet de foie attaché à l'autre extrémité de la baleine, lequel cordonnet va s'envelopper au centre fur une poulie, & s'attache au reffort F. L'index ou aiguille G, tourne avec la poulie, & indique, fur le cadran, la marche de l'hygromètre.

Une condition importante dans les hygromètres, c'eft de pouvoir obtenir des bandelettes de baleine, prifes en travers, & réduites à une épaiffeur affez petite pour que l'effet de l'humidité fe produife inftantanément. Deluc eft parvenu à obtenir des bandelettes d'un pied de long, & de trois lignes de diamètre, qui s'alongeoient, de l'humidité à la fécherefse extrême, de plus d'un pouce & demi, conféquemment d'un huitième de leur longueur.

Pour rendre ces hygromètres comparables, Deluc détermine le zéro, ou la fécherefse extrême, en laiffant les inftrumens pendant quinze jours ou trois femaines, c'eft-à-dire, jufqu'à ce qu'ils foient ftationnaires, dans un vafe rempli de chaux vive, & l'humidité extrême, en les plongeant dans l'eau: alors, il divife cet efpace en 100 parties égales.

Afin de fimplifier la conftruction de cet inftrument, Deluc en a exécuté avec un fimple tube de verre, qui renferme un reffort en hélice, fait d'un mince fil de clavecin. La bandelette eft fixée en bas, à un ajuftement; le haut porte la veffie. Cet hygromètre eft fort fimple, & très-commode pour les voyages.

La conftruction de cet hygromètre a fait naître une longue difcuffion entre Deluc & Sauffure. Le premier, voulant que l'on accordât la fupériorité à fon inftrument, attaqua celui de ce dernier. Il fit un grand nombre d'expériences fur la comparaifon des deux hygromètres. On trouve, dans le Journal de Phyfique des années 1787 & 1788, une partie des difcuffions que cette prétention a fait naître. De cette controverfe, il eft réfulté que l'hygromètre de Sauffure, quoique beaucoup plus cher que celui de Deluc, a obtenu la préférence parmi les phyficiens. Voyez HYGROMÈTRE DE SAUSSURE.

HYGROMÈTRE DE FONTANA; hygrometrum Fontanaicum; hygrometer von Fontana; f. m. Plateau de verre avec lequel l'abbé Fontana déterminoit l'humidité de l'air.

Pour cela, Fontana expofoit fon plateau à une température déterminée, celle de la glace fondante, par exemple, & il concluoit l'humidité de l'air, par l'augmentation du poids du plateau.

Quoique le principe, celui de l'abandon de l'eau fur un corps refroidi, puiffe être employé avec avantage, la manière dont l'abbé Fontana l'a appliqué, ne peut donner aucun réfultat comparable. Il faudroit, pour pouvoir comparer les diverfes expériences entr'elles, que, dans le même état de l'air, il y ait la même quantité d'eau abandonnée fur le plateau, ce que rien ne conftate. Le meilleur *hygromètre*, établi fur le principe de l'eau abandonnée, eft celui de Dalton. *Voyez* HYGROMÈTRE DE DALTON.

HYGROMÈTRE DE GOALD; *hygrometrum Goaldicum*; *hygrometer von Goald*; f. m. C'eft une corde A E F G H K L C, fig. 912 (*c*), attachée à un point fixe A, & paffant fur des poulies E, F, G, H, K, L, C; elle eft fixée par l'autre extrémité au bout d'une aiguille G I, fig. 912 (*d*), ofcillant au point P. Le poids de l'index P I foutient la corde, dont l'alongement & le raccourciffement font mouvoir l'aiguille qui indique, fur l'axe du cercle M N, fes différences de longueur.

Tous ces *hygromètres* ont plufieurs défauts qui les ont fait abandonner. *Voyez* HYGROMÈTRE A CORDES, HYGROMÈTRE A BANDELETTES.

HYGROMÈTRE DE HAUTEFEUILLE. Cet inftrument fut préfenté à Paris par l'abbé Hautefeuille, en 1678. Il le nomma *pendule perpétuel*.

Il eft compofé de deux planches de fapin A E F C, B H G D, fig. 918, placées dans des rainures faites dans deux tringles de bois de chêne A B, C D. Une petite règle de métal I K eft fixée, par l'une de fes extrémités I, fur la planche A E F G; à l'autre extrémité K eft une crémaillère qui engrène dans une roue dentée L, fixée fur la planche B H G D: fur l'axe de cette roue eft une aiguille M, qui marche avec l'axe, & indique, fur un cadran, les variations que l'humidité & la fécherefle font éprouver à ces planches.

Malgré les différentes améliorations que Tauber de Zeitz a faites à cet *hygromètre* (1), il a été impoffible de lui faire obtenir quelque fuccès : 1°. fes planches ont trop peu de largeur pour éprouver de grandes variations; 2°. le bois perd peu à peu de fes propriétés hygrométriques; &, au bout de plufieurs années, il devient prefqu'infenfible à l'humidité. *Voyez* HYGROMÈTRE DE BOIS.

HYROMÈTRE DE LAMBERT; *hygrometrum Lamberticum*; *hygrometer von Lambert*; f. m. *Hygromètre* imaginé par Lambert, & qu'il a publié dans les *Mémoires de l'Académie royale de Berlin*, année 1769.

Cet inftrument fe compofe d'un plan de carton A, fig. 919, foutenu par trois pieds de fil de fer. Un fecond plan, formé dans une carte découpée, eft foutenu par un fil de fer courbé en hélice, *a a a*. Un morceau de corde à boyau A C, fixé en A, paffe par une ouverture faite dans le milieu de la carte F G; une aiguille D E, de bois mince & léger, eft fixée à l'extrémité C, de la corde à boyau; fur la carte F G, eft tracé, du centre C, un cercle divifé en degrés.

(1) *Act. Erud. Lipf.*, 1687, pag. 76.

Expofant ces *hygromètres* à l'humidité, en les plongeant dans un verre contenant de l'eau, & recouvrant le verre avec un difque de verre luté, on voyoit la corde fe détordre, & l'aiguille fe mouvoir en ce fens. Lorfqu'après plufieurs jours, la corde étoit arrivée à l'extrême humidité, on retiroit l'*hygromètre* du verre; l'eau qui la pénétroit s'évaporoit, la corde fe retordoit & revenoit au point de départ. La durée de l'évaporation étoit beaucoup plus courte que celle de l'imbibition.

Généralement, le degré où l'aiguille revenoit, pendant l'évaporation de l'eau, dépendoit du degré de fécherefle de l'air. Dans de l'air plus humide, il n'arrivoit pas au même point; dans de l'air plus fec, il le dépaffoit.

L'*hygromètre* de Lambert indique bien, par le mouvement de l'aiguille, que l'air devient plus humide ou plus fec; mais quels font les degrés d'humidité ou de fécherefle? C'eft ce qu'il eft impoffible d'annoncer, parce que cet inftrument n'a pas une gradation partant des deux points extrêmes : Lambert s'eft contenté de remarquer quel degré marquoit fon inftrument, dans la plus grande fécherefle & la plus grande humidité qu'il ait obfervées.

Si ce favant phyficien ne s'eft pas occupé de conftruire un *hygromètre* comparable, il s'eft occupé d'autres queftions hygrométriques affez importantes; telles, par exemple, que le nombre de tours ou de détours que les cordes font, & cela d'après leur groffeur, leur longueur, & le degré de tors qu'elles ont éprouvé : c'eft dans les *Mémoires de l'Académie de Berlin* que l'on peut confulter les nombreufes expériences qu'il a faites fur les cordes.

HYGROMÈTRE DE LEUPOLD; *hygrometrum Leupoldicum*; *hygrometer von Leupold*; f. m. Perfectionnement & embelliffement faits par Leupold, auteur du *Theatrum machinarum*, à des *hygromètres* en bois & à cordes.

Dans les *hygromètres* de bois, le changement confifte à avoir appliqué au zig-zag A B U C, fig. 913 (*c*), une crémaillère F 4, à l'extrémité G 4, laquelle crémaillère s'engrène dans une roue dentée R, fur l'axe de laquelle eft fixée une aiguille qui marque, fur un cadran, les variations de l'humidité du bois. Par cette difpofition, l'*hygromètre* peut être placé fur un cadre circulaire, femblable à ceux que l'on difpofe pour les baromètres. *Voyez* HYGROMÈTRE DE BOIS.

C'eft encore Leupold qui a imaginé de placer, fur le plateau tournant F H, fig. 915 (*a*), une femme & un homme qui fortoient alternativement de la petite maifonnette, lorfque l'air étoit humide ou fec. (*Voyez* HYGROMÈTRE.) Enfin, il a encore ajouté un embelliffement à l'*hygromètre* de Lichtſcheid. *Voyez* HYGROMÈTRE DE LICHT-SCHEID.

HYGROMÈTRE DE LESLIE; hygrometrum Lefli-cum; *hygrometer von Leſlie*; f. m. Inſtrument avec lequel on meſure l'humidité de l'air, par le froid que produit l'évaporation de l'eau (1).

Cet inſtrument ſe compoſe d'un tube recourbé, A B C, *fig. 9 6*, aux deux extrémités duquel ſont deux petites boules creuſes, A, C, à peu près égales; on remplit les boules & le tube de gaz hydrogène, puis on fait entrer dans le tube, une liqueur colorée que l'on diſpoſe d'une telle manière, que lorſque l'air des deux boules eſt d'une égale température, le liqui le eſt à la même hauteur dans les deux tubes; alors, en couvrant l'une des boules d'une légère couche d'eau, cette eau s'évapore, refroidit la boule & l'air qu'elle contient, le liquide monte dans le tube où elle correſpond, & par la différence de niveau du liquide dans les deux t bes, on meſure le degré de refroidiſſement, & par ſuite celui de l'humidité. On peut voir, pour la conſtruction de cet inſtrument, les mots PHOTOMÈTRE DE LESLIE, THERMOMÈTRE DIFFÉRENTIEL.

Rapportons les détails que M. Leſlie donne de cet inſtrume t, afin de mettre à même d'apprécier ſon uſage, & pouvoir comparer ſes effets à ceux des *hygromètres* de Sauſſure & de Dalton. *Voyez* ces mots.

Quoique cet inſtrument (2) ne nous faſſe pas connoître préciſément la ſéchereſſe de l'air, il nous met à portée de déterminer l'abſolue quantité d humidité dont il peut ſe charger. En effet, la converſion de l'eau en vapeur exige 524 degrés de la diviſion centigrade; & l'évaporation, dont les effets ſont analogues, peut être préſumée occaſionner la même abſorption de chaleur. Suppoſons donc que la capacité de l'air ſoit la même que celle de l'eau, il devroit abandonner, pour chaque degré de l'*hygromètre*, autant de chaleur qu'il en faudroit pour diſſoudre un 5240e de ſon poids d'humidité; mais la capacité de l'air eſt à celle de l'eau : : 11 : 6, & conſéquemment il faudroit, dans cette proportion, une plus grande évaporation, pour produire le même effet; d'où l'on peut conclure que, pour chaque degré de l'*hygromètre*, l'air exige $\frac{11}{6} \times \frac{1}{5240}$ = un 2858e de ſon poids pour produire la ſaturation.

A proprement parler, les degrés de l'échelle hygrométrique ne donnent pas la meſure de la ſéchereſſe de l'air à ſa température actuelle, mais ſeulement ſon état de ſéchereſſe, lorſqu'il eſt refroidi au degré de la boule mouillée. Or, comme on connoît la loi ſuivant laquelle le pouvoir diſſolvant de l'air eſt affecté par la chaleur, il eſt aiſé, d'après cette diſpoſition de l'air, relativement à

(1) *Annales de Chimie*, tome XXXV, pag. 12.
(2) *Ibid.*, pag. 16.

l'humidité, à une température donnée, de conclure celle qu'il aura à une autre. Je me bornerai à rapporter ici les réſultats de quelques expériences faites avec ſoin.

L'air étant ſuppoſé tenir, au degré de la glace, 50 parties d'eau, à 10 degrés de l'échelle centigrade, il en tiendra 100; à 2 0, 200; à 30°, 400, & ainſi en doublant par chaque élévation de 0 degrés. On peut, d'après cela, dreſſer une table qui préſente ces converſions.

Dans le temps de la gelée, la ſurface humide ſera bientôt une croûte de glace; alors l'inſtrument agira comme auparavant, mais le nombre de degrés qu'il marquera, devra être augmenté d'environ un ſeptième; car, dans la converſion de l'eau en glace, il y a 70 degrés de chaleur abſorbés, & 524 dans le paſſage de l'eau à l'état de vapeur, ou $\frac{70}{524} = \frac{1}{7}$, à peu près.

Pour ne rien omettre de ce qui peut éclaircir la théorie de cet inſtrument, j'obſerverai que l'air, en contact avec la ſurface humide, n'eſt pas abſolument refroidi à la même température. L'air & l'eau s'uniſſent réellement l'un à l'autre, à un point déterminé par la raiſon compoſée de leur denſité & de leur capacité. Il faudroit donc augmenter les indications de l'*hygromètre* de $\frac{11}{6} \times \frac{1}{550}$, ou d'un 464e; mais cette différence eſt trop peu conſidérable pour qu'il importe d'en faire état.

On aura une expérience inverſe en recouvrant la boule avec de l'acide ſulfurique, de la potaſſe, ou autres ſels déliqueſcens.

Cet inſtrument eſt gradué à la manière des thermomètres. Chaque degré répond à la millième partie de l'eſpace entre le point de la congélation & de l'ébullition.

HYGROMÈTRE DE LICHTSCHEID; hygrometrum Lichtſcheidicum; *hygrometer von Lichtſcheid*; f. m. *Hygromètre* à cordes & à rotation qui ſoutient des poids.

Une corde à boyau A B, *fig.* 920, fixée en A, ſuſpend un plateau circulaire D E : un cercle C, creuſé en gorge, eſt fixé ſur le plateau; deux petites poulies P P ſont attachées après le couvercle de la boîte; deux autres poulies q q, ſont également fixées au haut de la cage en bois, dans laquelle paſſe la corde A B. Une corde ſans fin R q P P q R paſſe ſur les quatre poulies & dans la gorge du cercle C, qu'elle entoure.

Par ce mécaniſme, lorſque le plan tourne dans un ſens, l'un des poids R monte, & l'autre deſcend; ſi le plan tourne dans un ſens oppoſé, celui des poids R', qui montoit précédemment, deſcend alors, & celui qui deſcendoit, monte. On peut donc, par l'aſcenſion & la deſcente de chaque poids, connoître la marche à l'humidité & à la ſéchereſſe de la corde à boyau.

Le changement exécuté par Leupold, conſiſte à avoir ſuſpendu à la corde A B, *fig.* 920 (u), un cylindre C, & placé des oiſeaux o o, à la place des

des poids. Ces changemens donnent à l'instrument une apparence plus agréable, sans rien augmenter de sa bonté & de sa solidité.

HYGROMÈTRE DE LOWITZ; hygrometrum Lowitzicum; *hygrometer von Lowitz* ; s. m. *Hygromètre* à poids, avec lequel on évalue l'humidité de l'air par la variation du volume d'une ardoise.

On trouve dans le *Gœttingisches Magazin der wiss. und litteratur, III. jahr*, 4ᵉ. *stuck. num. 2*, la description de l'*hygromètre* de Tobie Lowitz. Ayant trouvé au bord de la Volga, dans l'Estracham, en 1772, un morceau d'ardoise mince, bleuâtre, qui attiroit l'humidité & qui se desséchoit également, il le plaça à l'extrémité A d'un fléau de balance A C E, *fig.* 911. (*v*); une chaîne d'argent étoit suspendue en H, & par les développemens formoit un contre-poids lorsque l'ardoise augmentoit d'humidité; elle se plioit sur le plan P, lorsque l'humidité se vaporisoit. L'index E marquoit, sur un arc de cercle B D, la variation du poids, & conséquemment le degré d'humidité de l'ardoise.

Un morceau de cette ardoise ayant été desséché au feu, pesoit 175 grains, & après avoir été complétement imbibé d'eau, 247: d'où il suit que, de la sécheresse à l'humidité extrême, le poids de l'ardoise varioit de $\frac{72}{175}$ ou $\frac{1}{3}$ environ.

Deluc rapporte (1) que l'on voyoit auprès d'Assecheleben, à 20 lieues à l'ouest de Leipsick, une pierre qui tenoit lieu de baromètre aux voyageurs. Quand la pluie étoit prochaine, on y plantoit un clou comme dans l'argile; mais quand le beau temps devoit continuer, cette pierre, qu'on voyoit toute garnie de cloux, émoussoit, au premier coup, ceux qu'on vouloit y planter alors.

Ces deux faits feroient croire qu'il pourroit exister diverses espèces de pierre hygrométrique, parmi lesquelles il seroit possible d'en choisir qui puissent former des hygroscopes : c'est une recherche que l'on doit recommander aux minéralogistes & aux géologues.

HYGROMÈTRE DE MAIGNAN; hygrometrum Maignanicum; *hygrometer von Maignan*; s. m. Instrument avec lequel on indique l'humidité de l'air par le mouvement de rotation d'une barbe de grain d'avoine.

Une barbe de grain d'avoine A, *fig.* 915 (*c*), est fixée avec de la cire à cacheter sur un petit cylindre de bois E F, qui entre à frottement dans le fond d'une boîte. A l'extrémité D de la barbe, on fixe une petite aiguille de carton 11 avec un peu de cire; on hausse ou l'on baisse le cylindre E F, jusqu'à ce que l'aiguille soit très-près d'un cercle gradué P P. Alors, par le tors & le détors de la barbe,

occasionné par l'humidité, le P. Maignan jugeoit du degré d'humidité de l'air.

Ces *hygromètres* ont des marches fort inégales, & il est très-difficile de les rendre comparables; enfin, leur mouvement cesse lorsqu'ils ont été trop desséchés.

HYGROMÈTRE DE MERSENNE; hygrometrum Mersenneicum; *hygrometer von Mersenne*; s. m. Hygroscope qui indique l'humidité de l'air par le son que rend une corde à boyau.

C'est une idée fine & ingénieuse qu'a eue le P. Mersenne, de juger les degrés d'humidité de l'air par le son que rend une corde. Il suffit de tendre la corde par un temps sec, de manière à lui faire rendre un son; alors, dès que l'humidité & la sécheresse exercent leur action sur la corde, soit pour l'alonger ou la raccourcir, les plus petites variations deviennent sensibles, par la différence des sons que rend la corde : plus la corde est humide, plus les sons sont aigus. Nous voyons tous les jours, par la difficulté qu'éprouvent les harpes à conserver leur accord dans un lieu de grande réunion, combien l'humidité a d'influence sur les sons que rendent les cordes.

La difficulté que l'on éprouveroit pour graduer ces sortes d'instrumens & les rendre comparables, doit faire regarder l'*hygromètre du P. Mersenne* comme un instrument curieux, plutôt que comme un instrument utile.

HYGROMÈTRE DE MOLINEUX. Instrument pour connoître l'humidité avec une corde tordue.

Molineux a fait un grand nombre d'expériences pour déterminer la loi de la torsion des cordes avec l'humidité qui les produit. Ces expériences sont consignées dans le n°. 162 des *Transactions philosophiques* & dans les *Acta Erud.*, année 1686, page 389. Cet *hygromètre* étoit tout simplement une corde A, *fig.* 915, attachée dans sa partie supérieure; un plateau circulaire étoit suspendu à l'autre extrémité. Un index, fixé sur une planche, faisoit connoître le nombre de degrés marqués sur la tranche du plateau dont la corde avoit été tordue ou détordue.

HYGROMÈTRE DE RENES; hygrometrum Renesicum; *hygrometer von Renes*. Balance à leviers inégaux, pour mesurer l'humidité des corps par leur augmentation ou leur diminution de poids.

Cette balance se compose d'une tringle A B, *fig.* 911 (*d*), sur laquelle est fixé, perpendiculairement, un bras C D, mobile en C. A l'extrémité B est un plateau de balance, dans lequel on place la substance qui attire l'humidité de l'air; à l'autre extrémité A, est un point P fixe; un fil à plomb C E, à l'extrémité E duquel est un corps pesant E, qui reste toujours dans une position verticale. Lorsque le corps hygrométrique attire l'humidité de l'air, il augmente de poids, le bras D B s'incline par en bas, & l'extrémité B s'approche de la verticale, pendant que l'extrémité A s'en écarte ; alors la tringle A s'incline jusqu'à ce que l'équilibre s'établisse.

On conçoit facilement qu'il faut, pour que l'équilibre ait lieu, que l'on ait $H \times Bb = P \times Aa$. Si H vient à augmenter, & que B descende, la distance Bb diminue, tandis que celle Aa augmente. Soit x l'augmentation de poids du corps x par l'humidité ; 6, la diminution de la distance Bb, & a, l'augmentation de celle Aa : on a, dans le cas de l'équilibre, $H + x \times Bb - 6 = P \times Aa + a$; & dans le cas de la diminution du poids H par la sécheresse, on auroit $H - x \times Bb + 6 = P \times Aa - a$.

Tout se réduit donc, pour déterminer l'augmentation ou la diminution du poids H, de connoître l'alongement ou le raccourcissement des distances Aa & Bb. Pour cela, on divise les distances BD & AD de manière que, par la position du fil à plomb CE, sur cette division, on ait, d'une manière très-exacte, les variations dans les distances horizontales.

HYGROMÈTRE DE RICHER ; hygrometrum Richericum ; *hygrometer von Richer* ; f. m. Instrument composé de huit cheveux, préparés à la manière de Saussure, & qui indiquent l'humidité par leurs variations. *Voyez* CHEVEUX, HYGROMÈTRE DE SAUSSURE.

Les anomalies que peut présenter le mouvement d'un seul cheveu, ont déterminé Richer à en réunir huit, & à les disposer de manière que la moyenne de leurs variations fasse seule mouvoir l'aiguille du cadran de l'*hygromètre*. Nous allons extraire la description de cet instrument, d'une lettre que M. Faye a écrite à M. de Lamétherie, & qui a été publiée dans le *Journal de Physique*, année 1789, tome I, page 58.

Cet instrument est composé de huit cheveux, attachés deux à deux à l'extrémité d'une petite bascule AA, *fig.* 921 (*a*), percée dans le milieu de sa longueur, laquelle roule, par cet endroit, sur le pivot d'une seconde bascule BB : sur l'extrémité de celle-ci est une autre bascule CC, également percée dans le milieu de sa longueur, pour recevoir le pivot d'une quatrième bascule D, percée de même dans son milieu, pour être traversée par un petit axe qui la joint librement entre les joues d'une chappe, qui est, elle-même, une espèce de bascule, retenue dans son milieu, de manière pourtant à pouvoir se balancer dans cet endroit, pour être mue par une vis de rappel E, quand on veut faire le raccordement.

Si les huit cheveux étoient attachés par le bas, à un même corps, ces cheveux ne se contractant & ne s'étendant pas de même, l'effet de ceux qui seroient distendus seroit nul, tandis que ceux qui seroient tendus souffriroient tout l'effort nécessaire pour faire marcher l'instrument.

Les huit cheveux se réunissent vers la partie supérieure, où ils sont attachés à une lame d'argent fixée à une petite bride F, & pressée par une vis, sur une poulie de quatre lignes & demie de rayon, dont le fond de la gorge est plat. Cette roue à gorge, ou poulie, a son axe fixé dans une cage formée par une bride de cuivre, fixée elle-même par deux vis, aux deux croisillons verticaux du limbe ou cercle.

A l'autre extrémité de ce même axe, est une espèce de rateau à dents G, ayant huit lignes de rayon sur trente-six dents refendues sur le nombre de 180. Ces dents s'engrènent dans une roue R de deux lignes & demie de diamètre : celle-ci a trente dents. Cette petite roue pose sur le bout de l'autre axe qui porte l'aiguille ; sur ce même axe, est montée une petite poulie L, où se roule la soie du contre-poids, dont l'effet est de faire supporter trois-grains & demi à chaque cheveu. Ce poids est libre dans un tuyau m, brisé, & orné de pince, laquelle, à l'aide d'une vis, s'ouvre & se ferme quand on veut arrêter le poids & le mettre en liberté.

Vers les 40 degrés du limbe, est une pince n, dont l'usage est d'arrêter l'aiguille lorsqu'on veut transporter l'instrument ; dans ce cas, il faut fixer l'aiguille, & ensuite arrêter le poids.

Lorsqu'on veut rendre l'aiguille libre, il faut d'abord lâcher le poids & maintenir l'aiguille, afin qu'elle ne s'échappe point trop brusquement.

Dans la grande sécheresse, l'aiguille de l'*hygromètre* se porte au 38e degré, & dans la très-grande humidité, elle se porte au 100e.

L'avantage de l'*hygromètre* de M. Richer consiste, en ce que huit cheveux, dont les forces sont réunies en un seul point, sont suffisans pour vaincre l'inertie qu'une aiguille, pesant huit grains, peut occasionner sur la paroi d'un trou capable de recevoir le pivot de l'aiguille, qui a un tiers de ligne.

HYGROMÈTRE DE LEROY ; *hygrometer von Leroy.* Détermination de l'humidité de l'air par la température à laquelle l'air abandonne l'eau qu'il contient.

Pour connoître la température à laquelle l'air abandonne l'eau qu'il contient, Leroy, de Montpellier (1), met, dans un verre très-sec, de l'eau à la température du lieu où il se trouve ; il place dans ce verre un très-petit thermomètre, & il verse, dans cette eau, de l'eau à la glace jusqu'à ce que l'extérieur du verre se couvre de gouttelettes d'eau ; alors, il observe la température à laquelle cette eau commence à se déposer, & il la nomme le degré de saturation de l'air.

Il manquoit à Leroy des expériences qui pussent

(1) *Mémoires de l'Académie des Sciences*, année 1751, page 491.

lui faire connoître quelle proportion d'eau, l'air saturé à diverses températures retenoit. Des expériences ont été faites sur cette question par Saussure, Dalton & par divers physiciens Depuis, Dalton a employé le principe de Leroy, de Montpellier, dans la construction de son *hygromètre*. *Voyez* HYGROMÈTRE DE DALTON.

HYGROMÈTRE DE SAUSSURE; hygrometrum Saussuricum; *hygrometer von Saussure*. Hygromètre fait avec un cheveu préparé pour indiquer les degrés d'humidité de l'air.

Cet instrument se compose d'une aiguille, *fig.* 921, qui se meut sur un axe *a*. Un cheveu préparé *c d e* est fixé en *c* & en *d*. (*Voyez* CHEVEUX HYGROMÉTRIQUES.) Le point *c* est une espèce de pince, qui peut être élevée & abaissée par la vis *m*, de manière à placer l'aiguille sur un point donné du cadran, à un degré d'humidité donné, & à repérer l'instrument s'il se dérangeoit. Un cadre en cuivre porte l'aiguille & le point d'appui supérieur, ainsi que le limbe sur lequel sont gradués les degrés d'humidité. Un poids suspendu à un fil de soie, passe sur une seconde gorge faite à l'arc de cercle de l'extrémité de l'aiguille; ce poids, qui doit être de 3 à 5 grains, sert à tendre le cheveu.

On voit, d'après cette description, que toutes les fois que le cheveu s'alonge ou se raccourcit; l'aiguille doit se mouvoir de *i* en *o*, ou de *i* en *p*, & indiquer, sur le limbe, les degrés d'alongement & de raccourcissement; & comme ces degrés sont en rapport avec l'humidité dont le cheveu est pénétré, il en résulte que les mouvemens de l'aiguille indiquent les degrés d'humidité du cheveu.

Pour rendre les *hygromètres* comparables, il falloit avoir un point d'humidité extrême, & un autre de sécheresse absolue. Saussure a déterminé le premier, en plaçant son instrument sous une cloche recouvrant un vase qui contenoit de l'eau. Cette eau s'évaporoit dans l'air de la cloche, s'y mélangeoit jusqu'à saturation; alors on apercevoit: 1°. que les parois de la cloche se couvroient de gouttelettes d'eau; 2°. que l'aiguille, qui avoit constamment marché à l'humidité, restoit stationnaire. Saussure marquoit, sur le limbe, le point où l'aiguille s'étoit arrêtée: puis il plaçoit son instrument sous une cloche, dans laquelle étoit une feuille de tôle recouverte d'un mélange de tartre & de nitre, que l'on avoit exposé avec la tôle à l'action d'une haute chaleur. Cette cloche étoit ensuite lutée sur un plateau, pour qu'il ne puisse y pénétrer aucune portioncule d'humidité. L'aiguille de l'instrument, placée sous cette cloche, marchoit à la sécheresse. Lorsqu'elle restoit stationnaire, Saussure marquoit le point où l'aiguille s'étoit arrêtée; c'étoit son point *o*, ou de sécheresse extrême: il faisoit diviser en 100 parties égales, sur le limbe, l'espace entre la sécheresse & l'humidité extrême, & cette division formoit les degrés de son *hygromètre*.

Un grand nombre d'*hygromètres* construits de cette manière, & mis ensemble en expérience, afin de comparer leur marche, donnoient constamment, dans les mêmes circonstances, les mêmes degrés d'humidité; d'où il suit qu'ils étoient comparables.

Mais une donnée essentielle étoit de pouvoir déterminer, pour chaque degré de l'*hygromètre*, à une température donnée, quelle quantité d'eau étoit contenue dans un volume déterminé d'air, un pied cube, par exemple. Saussure fit, pour cet effet, un grand nombre d'expériences:

D'abord il remplit d'air un grand ballon, dont il connoissoit la capacité; il plaça, dans ce manomètre, un baromètre, un thermomètre & un *hygromètre*. Il dessécha l'air de ce ballon avec un mélange de tartre cru & de salpêtre, détoné & calciné à un très haut degré de chaleur; cette substance se place dans le ballon, que l'on ferme ensuite hermétiquement. L'air se dessèche un peu, ce que l'on reconnoît par la marche de l'*hygromètre*. Lorsqu'il est stationnaire, on retire le sel & on en remet du nouveau; ce que l'on continue jusqu'à ce que l'air soit parfaitement sec: le plus fort degré de dessiccation auquel Saussure soit arrivé, par ce procédé, étoit de 9,05 de son *hygromètre*.

Alors il introduit, dans le ballon, un linge mouillé, qu'il a pesé préliminairement; il ferme le ballon aussitôt, observe la marche de l'*hygromètre*, du thermomètre & du baromètre. Il retire le linge lorsque l'*hygromètre* est monté de quelques degrés, pèse le linge, & juge, par la différence des poids, de la quantité d'eau vaporisée dans un pied cube d'air, pour faire marcher l'*hygromètre* à l'humide, d'un nombre de degrés connu, & cela à une température déterminée. Il introduit un nouveau linge mouillé, fait les mêmes observations, & continue ainsi jusqu'à ce que l'*hygromètre* soit arrivé à l'humidité extrême.

C'est d'après plusieurs expériences, répétées un grand nombre de fois, que Saussure a construit la table suivante.

DEGRÉS de l'hygromèt.	Poids de l'eau contenue dans un pied cube d'air, à		RAPPORT entre ces nombres.
	15°,06 du ther.	0°,18 du ther.	
10	0,4592	0,2545	0,554
20	1,0926	0,6349	0,587
30	1,7940	1,0833	0,604
40	2,5634	1,5317	0,597
50	3,4852	2,0947	0,601
60	4,6534	2,7159	0,583
70	6,3651	3,3731	0,530
80	8,0450	4,0733	0,506
90	9,7250	4,9198	0,506
98	11,0690	5,6549	0,511

Avec cette première table, Sauſſure en a conſtruit deux autres; l'une que nous avons déjà fait connoître (*voyez* Hygromètre), & qui indique la quantité d'eau contenue dans l'air, à 15,16 du thermomètre de Réaumur, pour chaque degré de ſon *hygromètre* ; la ſeconde, que nous ferons connoître au mot Hygrométrie, & qui indique la quantité d'eau pour chaque degré de ſon *hygromètre*, à des températures variables de 5 en 5 degrés depuis — 10, juſqu'à + 30.

Quelques ſoins que Sauſſure ait mis pour déterminer, avec ſon *hygromètre*, la proportion d'eau contenue dans l'air, on ne peut pas regarder cette proportion comme exacte : 1°. parce qu'il n'a pas fait un aſſez grand nombre d'expériences; qu'il a pris une moyenne entre quelques-unes, & qu'il a déduit ſes nombres d'un calcul approximatif; 2°. parce qu'il ſuppoſe que l'air deſſéché avec des ſels calcinés ne contient plus d'eau, ce qui eſt contraire aux expériences de M. Henry. *Voyez* Gaz, page 274 de la première partie du 3°. volume de ce Dictionnaire.

Mais, quelles que ſoient les objections que l'on puiſſe faire à la méthode avec laquelle Sauſſure déduit la proportion d'eau contenue dans l'air, pour chaque degré de ſon *hygromètre*, à diverſes températures, on ne doit pas moins lui ſavoir beaucoup de gré des expériences qu'il a faites & des tables qu'il a conſtruites, parce-que l'on obtient, par ce moyen, & ſans beaucoup de difficulté, une approximation ſuffiſante dans un grand nombre de circonſtances.

Le degré de perfection auquel Sauſſure a porté ſon *hygromètre*, doit le faire regarder comme un des plus exacts dont on puiſſe faire uſage.

Hygromètre de Senebier ; hygrometrum Senebiericum; *hygrometer von Senebier*. Meſure de l'humidité de l'air par l'augmentation de poids d'un ſel déliqueſcent.

Senebier calcinoit différens ſels (1), tels que la terre foliée du tartre, le zinc corné, la pierre à cautère, le ſel de tartre, le foie de ſoufre, &c. ; plaçoit ces ſels dans une capſule de verre, qu'il ſuſpendoit à l'extrémité d'un fléau de balance ; à l'autre extrémité étoit un poids qui lui faiſoit équilibre : il jugeoit de l'augmentation, ſoit par le mouvement d'une aiguille ſur un limbe gradué, ſoit par des poids, & l'humidité, par la variation du poids dans un temps donné, de cinq à ſix heures, par exemple. Nous allons rapporter ce que Senebier dit des avantages de ſon *hygromètre*.

1°. Chacune des matières dont j'ai parlé, attiroit conſtamment la même quantité d'humidité, lorſqu'on mettoit chaque eſpèce en expérience dans le même lieu, dans le même temps & pendant le même eſpace de temps.

2°. Quoique chacune de ces matières attirât

une quantité particulière d'humidité, cependant il y avoit un parallélisme conſtant dans leur marche, & elle gardoit ce parallélisme, lorſque le temps où elles reſtoient en expérience, n'excédoit pas celui qui étoit preſcrit par la nature de la matière qui ſe chargeoit le plus vîte d'humidité.

3°. Je leur ai vu ſouvent ſuivre la marche des *hygromètres* que j'eſtimois les meilleurs ; & lorſque le ſel de tartre, employé comme je l'ai dit, s'en écartoit, j'ai eu lieu de m'aſſurer que cette différence étoit un défaut des *hygromètres* que je lui comparois.

4°. La marche des *hygromètres* faits avec le ſel de tartre, eſt beaucoup plus graduée que celle des autres *hygromètres*, dont les ſauts ſont bruſques, parce qu'ils ne ſont pas ſenſibles : on peut eſtimer facilement la 100°. partie d'un grain.

5°. Pluſieurs parties de ce ſel de tartre, expoſées à l'air, en divers temps, ſe mettent bientôt d'accord, & expriment le même degré d'humidité.

6°. Ces *hygromètres* marchent parallèlement dans des vaſes fermés, où l'on fait évaporer de l'eau.

7°. J'ai obſervé une conſtance invariable dans le parallélisme de ces *hygromètres* faits avec le ſel de tartre, lorſque je les ai expoſés à la plus grande ſéchereſſe, & que je les ai fait paſſer graduellement à la plus forte humidité qu'il m'ait été poſſible de produire dans ces vaſes clos.

Par ce ſel de tartre, dit Senebier, j'entends celui qui porte le nom d'*alcali purifié*, & j'ai ſoin de ne le retirer du feu, que lorſqu'il commence à fondre. Il faut encore choiſir le creuſet qu'on emploie à cette opération ; s'il étoit d'argent, il contiendroit un acide qu'il faut en éloigner.

Hygromètre de Sméaton ; hygrometrum Smeatonicum; *hygrometer von Smeaton*. *Hygromètre* qui indique l'humidité par l'extenſion d'une corde.

Cet inſtrument, décrit dans les *Tranſactions philoſophiques*, vol. LXI, année 1771, n°. 24, ſe compoſe d'une corde de chanvre AB, *fig.* 921 (3), de trente pouces de long & de 1/10 à 1/12 pouce de diamètre. Pour rendre cette corde ſenſible, on la fait bouillir dans de l'eau ſalée, puis on la tend pendant une ſemaine, en l'attachant par une de ſes extrémités, & fixant à ſa partie inférieure un poids d'une à deux livres.

Après lui avoir fait éprouver cette tenſion, on la fixe à une cheville A, ſur une planche. A la partie B eſt attaché un fil métallique BD, qui communique à une aiguille CI, mobile au point C : au-deſſous du point D, eſt un poids P, d'une demi-livre environ.

Pour graduer l'inſtrument, on l'approche devant un feu modéré, & on l'y maintient juſqu'à ce que l'aiguille reſte ſtationnaire : c'eſt le zero de l'échelle. On tourne la cheville A jusqu'à ce que le point I de l'aiguille réponde au zéro sur le limbe M'N : alors on retire l'instrument du feu, on jette de l'eau dessus, on l'humecte, jusqu'à ce qu'il devienne stationnaire ; puis on marque le point du limbe sur lequel se trouve l'aiguille, & l'on divise en cent parties égales l'espace que l'aiguille a parcouru.

L'hygromètre de Sméaton ne diffère des autres hygromètres à cordes, que par la préparation qu'on leur fait subir : il partage le défaut des autres. *Voyez* HYGROMÈTRE A CORDES.

HYGROMÈTRE DE TEUBERT ; hygrometrum Teuberticum ; *hygrometer von Teubert* ; f. m. Instrument avec lequel on mesure l'humidité de l'air par les variations qu'elle fait éprouver aux bois.

Cet hygromètre (1) ne diffère des hygromètres de bois que par la marche & le mécanisme de l'index. *Voyez* HYGROMÈTRE A BOIS.

Dans l'hygromètre de Teubert, une tringle A B, *fig.* 913 (*e*), se meut par le renflement ou le rétrécissement des planches. Sur cette tringle est une crémaillère qui s'engrène dans une petite roue C ; sur l'axe de cette roue en est une plus grande E E, qui se meut avec elle. Tel est le principal mécanisme de cet hygromètre. Cette roue s'engrène ou dans une roue dentée H, où elle s'engrène, à angle droit, dans une roue horizontale I K, *fig.* 913 (*f*). Dans le premier cas, le mouvement se communique à une aiguille ; dans le second, à une vis : ce qui produit deux manières différentes d'indiquer la marche de l'hygromètre.

En faisant communiquer le mouvement à une aiguille, Teubert a désiré pouvoir indiquer, non-seulement le nombre de degrés, mais encore le nombre de tours que l'aiguille a parcourus. Pour cela, il place la roue verticale H, dans un cylindre creux, qui fait mouvoir une espèce de boîte dans laquelle se trouve l'aiguille. Dans ce cylindre en entre un autre, qui a également une roue dentée qui s'engrène dans une crémaillère pratiquée sur l'aiguille : ainsi, pendant que l'aiguille tourne avec sa boîte, sa crémaillère s'engrène sur le second cylindre, qui la fait s'alonger ou se raccourcir ; de manière que l'extrémité de l'aiguille correspond à une spirale tracée sur le cadran, & indique, par ce moyen, des degrés d'humidité, quel que soit le nombre de tours faits par la boîte & par l'aiguille.

La roue D E s'engrenant dans une roue horizontale, la fait tourner. Cette roue est fixée de hauteur à une ouverture carrée dans laquelle est un axe qui a deux mouvemens, l'un de rotation avec la courbe, l'autre de translation de haut en bas. Sur cet axe est fixée une vis V V qui passe dans un écrou P P ; sur le sommet de l'axe, est

un plateau sur lequel on place une figure qui tient une baguette. La roue I K se mouvant, la tige tourne, fait mouvoir la vis ; elle alonge ou abaisse, suivant la direction de son mouvement. La petite figure placée sur le plateau, jouissant des deux mêmes mouvemens, fait parcourir à sa baguette une hélice sur laquelle les degrés sont tracés.

On voit que ces hygromètres n'ont de remarquable que les deux mécanismes à l'aide desquels on fait parcourir, à l'extrémité de l'index, soit une spirale, soit une hélice. Mais il falloit, pour cet effet, pouvoir employer une force assez considérable pour vaincre les frottemens que ces deux mécanismes occasionnent nécessairement ; & l'hygrométricité du bois est propre à produire cette force.

HYGROMÈTRE DE WILSON ; hygrometrum Wilsonicum ; *hygrometer von Wilson* ; f. m. Indication de l'humidité de l'air par l'extorsion d'une vessie de rat.

Nous allons copier, textuellement, la description de cet instrument dans les *Annales de Chimie & de Physique*, tom. V, pag. 306.

« On se procure une vessie de rat ; après l'avoir bien lavée dans de l'eau froide, on la retourne, & on attache à son orifice, avec du fil, un tube capillaire de verre, dont l'extrémité inférieure avoit été elle-même antérieurement recouverte de quelques tours de fil, pour l'empêcher de glisser. Le tout est ensuite rempli de mercure (1). On obtient le terme de l'humidité extrême en plongeant la vessie dans de l'eau, à la température de 15,5° centigrades. Le point de l'extrême sécheresse se détermine aussi simplement en renfermant, sinon l'instrument entier, du moins la vessie qui le termine, dans un récipient de verre contenant une certaine quantité d'acide sulfurique d'une densité égale à 1,850. L'intervalle compris entre ces deux points fixes, est divisé en 100 parties, qui doivent être égales entr'elles, si le tube est calibré. On ferme l'extrémité supérieure du tube avec un petit bouchon de bois poreux, recouvert ensuite d'une enveloppe de cuivre.

» Dans cet état, la marche du mercure dans ce petit tube de l'instrument, est l'effet combiné de l'expansion du liquide & des changemens de capacité qu'éprouve la vessie, lorsque l'air est plus ou moins humide. La dilatation du mercure étant

---

(1) *Acta Eruditorum Lipf.*, ann. 1688, menfe februario.

(1) Le procédé que recommande M. Wilson, pour remplir l'instrument, consiste à attacher momentanément à l'extrémité supérieure du tube de l'hygromètre, une vessie plus grande que celle qui doit servir de récipient, & contenant déjà du mercure : la vésicule du fiel d'un agneau, par exemple. En la soulevant, & à l'aide de quelques légères secousses, on parvient à faire descendre le mercure le long du tube capillaire, surtout si on a l'attention de faire, à la paroi de la vessie, à côté de ce tube, de très-petites piqûres par lesquelles l'air puisse s'échapper. Ces piqûres se trouvent ensuite tout naturellement fermées, si on étend jusqu'à elles la ligature qui sert à attacher la vessie au tube capillaire.

connue, pour défalquer, de la marche de l'inſtrument, la partie purement thermométrique, il ſuffiroit de déterminer le rapport du volume du tube à celui de la veſſie ; mais on arrivera plus facilement encore au réſultat, en plongeant l'inſtrument dans l'eau à différentes températures, & notant les excurſions correſpondantes du mercure. »

M. Wilſon dit avoir conſervé des *hygromètres* de ce genre pendant plus de trois ans, ſans qu'il ſe ſoit manifeſté aucun changement dans leur marche ; les points extrêmes ne s'étoient pas non plus déplacés dans l'eau & dans un récipient que l'action abſorbante de l'acide ſulfurique avoit purgé de vapeurs ; le mercure, après ce long eſpace de temps, venoit occuper les diviſions 100 & 0, comme le jour où l'échelle avoit été graduée pour la première fois. L'auteur recommande néanmoins de ne pas laiſſer la veſſie trop long-temps dans l'eau.

La ſenſibilité de ces *hygromètres* eſt fort grande : la partie de l'échelle compriſe entre les termes de l'humidité & de ſéchereſſe extrême eſt triple de l'intervalle qui, dans un thermomètre dont les dimenſions ſeroient préciſément les mêmes, s'étendroit de 0 à 100° centigrades.

Dans ceux de ces inſtrumens qui ſont deſtinés aux voyageurs, pour éviter qu'une ſecouſſe du mercure ne rompe la veſſie, on introduit celle-ci dans une petite boîte en bois, dont le fond, de peau, eſt mobile à l'aide d'une vis ; le tout eſt recouvert d'une enveloppe de cuivre qui peut ſe viſſer au tube en verre de l'*hygromètre*. Lorſque l'inſtrument doit être emballé, ce récipient extérieur eſt rempli à moitié de mercure ; on pouſſe alors, avec la vis, ce fond mobile ; l'air s'échappe au travers des pores du bois ; le mercure extérieur vient recouvrir la veſſie, comprime ſes parois & force le liquide intérieur à s'élever dans le tube de l'*hygromètre*, juſqu'à un demi pouce du ſommet. Dès-lors les parois de la veſſie ſont à peu près autant preſſés de dedans en dehors que de dehors en dedans, & l'on n'a plus rien à craindre des ſecouſſes qu'elle peut éprouver. Cette diſpoſition, ajoute M. Wilſon, a encore l'avantage de priver la veſſie du contact de l'air, lorſqu'on ne fait pas d'expériences, & de la garantir de toute altération.

HYGROMÈTRE DU COMTE LUGUERRANDE. Inſtrument avec lequel on meſure l'humidité de l'air par la variation dans le poids des fucus & des algues marines.

HYGROMÈTRE PORTATIF ; *hygrometrum geſtatu facilis*; *reiſe-hygrometer*; ſub. m. *Hygromètre* que l'on peut facilement tranſporter dans les voyages.

Il eſt peu d'*hygromètres* que l'on ne puiſſe rendre portatifs. Ainſi la dénomination d'*hygromètre portatif* devroit être donnée à tous ceux de ces inſtru-

mens que l'on a rendus propres à être tranſportés en voyage. Cependant le nom d'*hygromètre portatif* a été principalement donné à l'un des *hygromètres* de Sauſſure (1), pour le diſtinguer du premier inſtrument qu'il avoit imaginé, & auquel il donnoit le nom d'*hygromètre à arbre. Voyez* HYGROMÈTRE DE SAUSSURE, HYGROMÈTRE A ARBRE.

Pour rendre ſon *hygromètre portatif*, Sauſſure a placé au bas du cadre de ſon inſtrument, *fig.* 921 (*c*), une grande pince *n o p q* (2), qui ſert à fixer l'aiguille & ſon contre poids, lorſque l'on veut tranſporter l'*hygromètre*. Cette pince tourne ſur un axe *n*, terminé par une vis qui entre dans le cadre ; en ſerrant cette vis, on fixe la pince dans la poſition qu'on veut lui donner. Lorſqu'on deſire arrêter le mouvement de l'aiguille, on donne à cette pince la poſition déſignée par les lignes ponctuées ; le long bec *p*, de la pince, ſaiſit la double poulie *b* de l'aiguille, & le bec le plus court *o*, ſaiſit le contre-poids ; la vis de preſſion *q* ſerre les deux becs à la fois. Il faut, en aſſujettiſſant l'aiguille, la placer de manière que le cheveu ſoit très-lâche, afin que ſi, pendant le tranſport, le cheveu venoit à ſe deſſécher, il puiſſe ſe contracter avec liberté. Lorſqu'enſuite on veut mettre l'inſtrument en expérience, on commence par relâcher la vis *n*, & l'on fait reculer la double pince avec beaucoup de précaution, en prenant bien garde de ne pas tirailler le cheveu ; il convient, pour cela, de retenir d'une main l'aiguille près de ſon centre, tandis que, de l'autre main, on dégage la poulie & le contre-poids des pinces qui les tiennent aſſujettis. Le crochet *r* ſert à ſuſpendre un thermomètre ; il doit être de mercure, à boule nue, très-petite, afin d'indiquer le plus promptement les variations de l'air. Il doit encore être monté en métal, & aſſujetti de manière à ne pas faire des oſcillations qui puiſſent venir déranger le cheveu.

Enfin on voit en *s*, une coche faite au-deſſous du cadre, pour marquer le point de ſuſpenſion autour duquel l'inſtrument eſt en équilibre, & ſe tient dans une ſituation verticale.

HYGROMÈTRE POUR LES GAZ. Inſtrument imaginé par Guyton, pour reconnoître la quantité d'humidité que les gaz retiennent.

Cet inſtrument ſe compoſe (3) d'un vaſe de criſtal A, *fig.* 922, de la capacité de 2 à 3 centilitres, dont les bords ſont parfaitement dreſſés, & qui eſt pris dans le collet briſé B, au moyen de la charnière C & de la vis *d* ; de ſorte qu'il peut être facilement ſéparé de l'appareil pour être nettoyé & peſé.

E, couvercle dans lequel eſt maſtiqué l'obturateur de glace. On le voit ici abaiſſé par la poſition que l'on a donnée à la baſcule F, & qui eſt aſſurée

(1) *Eſſai ſur l'hygrométrie*, par Sauſſure, page 8.
(2) *Ibid.*, page 12.
(3) *Annales de Chimie*, tome LXVIII, page 9.

par la pression du mentonnet *g* de la queue mobile H, de la bascule, sur la partie coudée du manche de l'instrument.

Si l'on veut éprouver l'état hygrométrique d'un gaz quelconque, on détache le vase de cristal de son collet, on en fait la tare, ensuite on le remplit de muriate de chaux poussé à fusion sèche & pulvérisé, dont on prend également le poids. Après l'avoir remis, on place & ferme son couvercle, on l'introduit sous la cloche, *fig.* 922 (*u*), & on lève l'obturateur : le poids acquis par le muriate de chaux indique la quantité d'eau qu'il a absorbée.

Dans les cas assez fréquens, où l'expérience ne donne des résultats décisifs qu'autant que le gaz a été porté au plus haut degré de siccité, on conçoit que l'on ne doit pas se borner à l'appareil sous la cloche pendant quelques heures ; qu'il faut répéter l'opération avec de nouveau muriate de chaux, & ne se tenir assuré d'avoir atteint le but, que lorsque ce sel est retiré sans avoir acquis aucune augmentation de poids.

HYGROMÉTRIE, de υγρος, *humide*, μετρον, *mesure*; hygrometria ; *hygrometri* ; s. f. Branche des sciences exactes qui a pour objet de mesurer l'humidité.

D'après la définition du mot *hygrométrie*, cette science devroit avoir pour objet la mesure de l'humidité contenue dans tous les corps ; mais, jusqu'à présent, cette science n'a été appliquée qu'à la mesure de l'humidité de l'air : & c'est en effet cette partie de la science qui doit le plus nous intéresser, puisque c'est à cette humidité de l'air que l'on peut rapporter toutes les variations de l'atmosphère, qui ont une si grande influence sur notre santé & sur les productions de la nature. C'est donc sous ce principal rapport que nous allons la considérer.

A l'époque où Leroy, de Montpellier, s'occupa de l'examen de la distribution des vapeurs d'eau dans l'air, on avoit encore peu d'idée sur la manière dont elles y étoient placées. Ce savant chercha à prouver que l'air a la faculté de dissoudre l'eau & de la convertir en fluide élastique, comme l'eau dissout elle-même les sels & les fait passer de l'état solide à l'état liquide : son opinion paroissoit fondée sur des expériences décisives, par lesquelles ce physicien faisoit voir :

1°. Que l'air, en absorbant de l'eau, conserve sa transparence, ce qui n'auroit pas lieu si l'eau étoit simplement suspendue par quelques moyens mécaniques.

2°. Que la faculté dissolvante de l'air diminuant à mesure que la quantité d'eau absorbée augmente, ce fluide peut arriver à une véritable saturation.

3°. Que le point de saturation est variable suivant les températures ; en sorte que l'air saturé d'eau, par une température haute, contient plus d'eau que quand il est saturé par une température plus basse.

4°. Que si l'air saturé d'eau éprouve un refroidissement, il devient supersaturé, & il abandonne toute l'eau dont il ne s'étoit chargé qu'à la faveur de l'excès de la température qu'il a perdue ; & parce que ces quatre circonstances accompagnent ordinairement toutes les dissolutions, & en sont regardées, en général, comme les caractères, il prononça que l'absorption de l'eau par l'air est le résultat d'une véritable dissolution.

Cette opinion a été généralement adoptée jusqu'à ce que des expériences exactes & positives, faites par Dalton, aient prouvé que l'eau n'étoit point dissoute dans l'air, qu'elle n'y étoit que mélangée à l'état de vapeur ; que la quantité de cette vapeur mélangée va soit avec la température, & qu'elle étoit la même dans un espace donné, soit que cet espace fût vide, soit qu'il fût rempli d'air à une compression quelconque ; que la seule différence qui existoit dans la distribution de cette vapeur, c'est qu'elle remplissoit promptement tout l'espace, lorsqu'il étoit vide, & qu'elle ne s'introduisoit que lentement & successivement dans l'air, à cause de l'obstacle & de la résistance qu'il opposoit à cette intromission.

Un résultat précieux, obtenu par Dalton, est celui-ci. La même quantité de vapeur répandue dans un espace donné, & à une température donnée, exerce la même action, & supporte la même pression dans le vide comme dans une masse d'air : ainsi, connoissant la pression supportée par une quantité de vapeur aqueuse, dans un espace donné vide d'air, à une température donnée, on pouvoit conclure quelle étoit la quantité de vapeur qui supportoit la même pression, à la même température, dans un autre espace rempli d'air.

On sait que les vapeurs, en général, suivent les mêmes lois que l'air & les gaz lorsqu'ils sont soumis aux mêmes variations de pression & de température, pourvu toutefois que, dans les variations qu'elles éprouvent, elles conservent toujours leur état de vapeur.

Il résulte de cette considération, que si l'on connoît : 1°. la pression qu'un gaz supporte à une température donnée ; 2°. le rapport qui existe entre la densité de l'air & celle de la vapeur, il sera toujours facile de déterminer le poids d'un volume donné de cette vapeur. Or, M. Gay-Lussac a trouvé que la densité de la vapeur aqueuse étoit à celle de l'air, comme 10 est à 16 ; & Dalton a fait de nombreuses expériences pour déterminer la pression que supporte une vapeur d'eau à diverses températures. On peut donc facilement, avec ces deux données, trouver quelle est la proportion de vapeur contenue dans l'air, lorsque l'on sait quelle est la pression que cette première supporte.

Nous allons rapporter ici une table des tensions de la vapeur d'eau, de 5 en 5 degrés, déduite des expériences de Dalton, & extraite d'un

Traité de physique expérimentale & mathématique de M. Biot.

Force élastique de la vapeur d'eau, évaluée en milli-mètres pour chaque dégré du thermomètre centig.

DEGRÉS.	TENSION.	DEGRÉS.	TENSION.
— 20	1,333	60	144,66
15	1,879	65	182,71
10	2,631	70	229,07
5	3.660	75	285,07
0	5,059	80	352,08
+ 5	6,947	85	431,71
10	9 475	90	525,28
15	12,837	95	634,27
20	17,314	100	760,00
25	23,090	105	903,64
30	30,649	110	1066,06
35	40,404	115	1247,81
40	52,998	120	1448,83
45	68,751	125	1669,31
50	88,742	130	1907,67
55	113,71		

Tout ceci bien entendu, voyons comment on peut parvenir à déterminer quelle proportion de vapeur d'eau l'air contient.

Il se présente d'abord un moyen assez simple : ce seroit de remplir d'air un ballon dont on connoît la capacité; de placer dans ce ballon un hygromètre, de choisir une substance qui ait assez d'affinité avec la vapeur aqueuse pour enlever à l'air toute celle qui est contenue dans le ballon; de l'y introduire & de l'y laisser jusqu'à ce que l'hygromètre soit arrivé au maximum de sécheresse. Retirant cette substance & la pesant, on voit, par la différence de poids, celle de la vapeur qui a été enlevée à l'air, & l'on conclud sa proportion.

Mais cette expérience est extrêmement difficile à faire, soit à cause de la difficulté que l'on auroit à obtenir une substance qui pût enlever toute la vapeur à l'air, soit à cause de la grande masse de cette substance qu'il faudroit employer. On peut juger de cette difficulté par celle que Saussure a éprouvée pour enlever toute l'humidité à l'air qui remplissoit son manomètre (1). *Voyez* HYGRO-MÈTRE DE SAUSSURE.

Dalton a fait usage d'une autre méthode qui est assez exacte; elle consiste à chercher quelle est la température à laquelle l'air est saturé de vapeur aqueuse, c'est-à-dire, celle où elle commence à abandonner l'eau qu'il contient. Considérant cette température comme étant celle que l'air auroit pour être saturé de la vapeur qu'il contient, & cherchant, par la table qu'il a dressée, & que nous avons fait connoître, quelle seroit la tension ou la force de l'élasticité de la vapeur à cette température, il conclud la proportion de vapeur contenue dans l'air. *Voyez* HYGROMÈTRE DE DALTON.

S'il ne s'agissoit que de l'air atmosphérique, on pourroit se borner au procédé de M. Dalton; mais ce procédé n'est point applicable à une petite masse de gaz; & peut être aussi n'a-t il pas, en des mains ordinaires, toute la sensibilité que son auteur lui attribue.

Ce qu'il y a de mieux, dans ce dernier cas, c'est de placer un hygromètre dans le gaz dont on veut connoître le degré & le rapport d'humidité; mais, quel hygromètre employer? Plusieurs ne donnent que des aperçus, n'indiquent que les changemens dans l'humidité de l'air, sans faire connoître les proportions. (*Voyez* HYGROMÈTRES, HYGROSCOPES.) Les deux seuls que l'on ait regardés comme vraiment comparables, & propres à faire connoître les proportions d'humidité, sont les *hygromètres de Deluc & de Saussure* (*voyez* HY-GROMÈTRE DE DELUC, HYGROMÈTRE DE SAUS-SURE), principalement ce dernier, pour lequel Saussure a fait plusieurs expériences, afin de déterminer la proportion de vapeur que chaque degré de l'hygromètre indique à diverses températures. Nous allons faire connoître la table que Saussure a publiée sur cet objet, page 261 de son *Essai sur l'hygrométrie.*

(1) *Essai sur l'hygrométrie*, page 152 & suiv.

TABLE des poids de vapeurs aqueuses contenues dans un pied cube d'air de différens degrés à l'hygromètre & du thermomètre.

Hygromè.	DEGRÉS DU THERMOMÈTRE.								
	— 10	— 5	0	5	10	15	20	25	30
40	0,8971	1,1069	1,3653	1,6843	2,0779	2,5634	3,1625	3,9016	4,8134
45	1,0676	1,3171	1 6248	2,0045	2,4729	2,6952	3,6952	4,5588	5,6242
50	1,2197	1,5047	1,8563	2,2900	2,8251	3,4852	4,2997	5,3045	65,442
55	1,4116	1,7414	2,1483	2,6503	3,2696	4,0335	4,9751	6,1390	7,5737
60	1,6411	2,0246	2,4976	3,0590	3,7737	4,6554	5,7434	7,0856	8,7415
65	1,9204	2,3691	2,9226	3,6055	4,4480	5,4873	6,7697	8,3518	10,3036
70	2,2277	2,7482	3,3903	4,1824	5,1596	6,3651	7,8526	9,6878	11,9518
75	2,5215	3,1107	3,8375	4,7324	5,8404	7,2050	8,8888	10,9661	13,5289
80	2,8155	3,4734	4,2850	5,2862	6,5213	8,0450	9,9251	12,2446	15,1062
85	3,1095	3,8361	4,7324	5,8581	7,2022	8,8850	10,9614	13,5231	16,6834
90	3,4035	4,1987	5,1797	6,3900	7,8831	9,7250	11,9977	14,8016	18,2706
95	3,6946	4,5578	5,6229	6,9420	8,5640	10,5650	13,0340	16,0800	19,8379
98	3,8739	4,7790	5,8956	7,2731	8,9725	11,0690	13,6558	16,8472	20,7844

Ii

Il est fâcheux que ce tableau, qui est le résultat de quelques expériences faites avec assez de précaution, ainsi que de l'analyse appliquée à ces expériences, ne présente pas le degré d'exactitude & de certitude qu'il seroit à desirer qu'il eût. Aussi, plusieurs physiciens, parmi lesquels nous distinguerons MM. Gay-Lussac & Dulong, qui ont répété ces expériences avec beaucoup plus de soin & plus d'exactitude que Saussure, ont-ils trouvé des différences. Des considérations d'amitié ayant fait perdre les résultats obtenus par M. Dulong, nous ne rapporterons ici qu'un extrait des résultats obtenus par M. Gay-Lussac, & nous les prendrons dans le 1er. volume du *Traité de Physique expérimentale & mathématique* de M. Biot. Ces expériences n'ont été faites qu'à la température de 10 degrés centésimaux ; la tension n'y est point exprimée par des poids. M. Gay-Lussac a supposé 0, la tension à zéro de l'hygromètre, & 100 la tension à 100 degrés.

Degrés de l'hygromètre.	Degrés de tension.	Degrés de l'hygromètre.	Degrés de tension.
0	0,00	55	31,76
5	2,25	60	36,28
10	4,57	65	41,41
15	6,96	70	47,19
20	9,45	75	53,76
25	12,15	80	61,22
30	14,78	85	69,59
35	17,68	90	79,09
40	20,78	95	89,06
45	24,14	100	100,00
50	27,79		

Tel est l'état actuel de l'*hygrométrie*. On voit, par cet exposé, combien il reste encore d'expériences délicates à faire pour l'amener au point de perfection où il est à desirer qu'elle puisse parvenir. Cependant, on ne peut se dissimuler que, depuis son origine, qui date de la fin du 17e. siècle, cette branche des sciences physiques n'ait fait de grands progrès, surtout depuis le moment où Saussure s'est occupé de ses essais sur l'*hygrométrie*. Les discussions de Deluc & de Saussure sur la marche de leurs hygromètres, la détermination des points extrêmes d'humidité & de sécheresse, enfin, la quantité de vapeurs qu'ils indiquent, ont perfectionné cet art ; mais c'est principalement aux belles expériences de Dalton que l'*hygrométrie* doit son plus haut degré de perfectionnement.

Les premiers instrumens avec lesquels on ait cherché à connoître les variations dans l'humidité de l'atmosphère, n'étoient absolument que des hygroscopes : ils faisoient entrevoir des variations dans l'humidité de l'air, sans indiquer précisément

ces variations, puisque ces instrumens étoient toujours mis en mouvement par deux causes simultanées, la température & l'humidité ; que, dans quelques cas, ces deux causes agissoient dans le même sens ; dans d'autres, elles agissoient séparément, & l'on n'avoit encore aucun moyen d'apprécier ces deux effets & de les distinguer : ainsi, ce n'est que de l'an 1783 que Saussure a publié son *Hygrométrie*, que l'on a eu de véritables hygromètres.

Hygrométrique (Eau). Eau à l'état de vapeur, contenue dans les gaz, qui n'est pas combinée avec eux, & qui peut être enlevée par des substances qui ont beaucoup d'affinité pour elle.

On distingue, dans les gaz, deux sortes d'eaux, combinées & mélangées. La première existe dans le gaz hydrochlorique, la seconde dans l'air atmosphérique. On reconnoît la présence de l'eau mélangée, en exposant les gaz à l'action de substances qui aient une grande affinité pour l'eau, telles que : 1°. la potasse & la soude purifiées à l'alcool, & fondues ; 2°. la baryte & la strontiane provenant du nitrate de ces bases ; 3°. la chaux vive ; 4°. l'acide fluoborique liquide & concentré ; 5°. l'acide nitrique & l'acide sulfurique concentrés ; 6°. l'acide phosphorique vitreux & l'acide arsenique desséché ; 7°. tous les sels déliquescens, & surtout l'acétate de potasse, les muriates & nitrates de chaux, les muriates & nitrates de magnésie ; 8°. quelques sels non déliquescens, particulièrement le sulfate de chaux calciné ; 9°. le gaz acide fluoborique & le gaz acide hydrochlorique ; 10°. enfin, par un froid de quelques degrés au-dessous de zéro.

MM. Gay-Lussac & Thenard, qui ont cherché à déterminer quels sont les gaz qui contiennent de l'*eau hygrométrique*, & quels sont ceux qui n'en contiennent pas (1), ont employé, pour cette recherche, le gaz fluoborique, qui est celui, de toutes les substances, qui a le plus d'affinité pour l'eau. Après avoir fait passer un gaz dans une cloche placée sur un bain de mercure, ils y introduisoient du gaz fluoborique, & ils distinguoient la présence de l'*eau hygrométrique* par la vapeur qui se formoit aussitôt cette intromission. Dans quelques circonstances, le gaz faisoit encore apercevoir des traces d'*eau hygrométrique*, lorsque les gaz éprouvés avoient été exposés à l'action de l'une des substances *hygrométriques* que nous avons indiquées ; d'autres fois, il n'en laissoit apercevoir aucune trace : tel est, par exemple, le gaz acide carbonique exposé à l'action du muriate de chaux desséché.

Il résulte de leur expérience, que tous les gaz insolubles dans l'eau, c'est-à-dire, qui ne se dissolvent qu'en très-petites proportions, comme les gaz oxigène, hydrogène, azote, &c., contien-

---

(1) *Recherches physico-chimiques*, tome II, page 77.

nent de l'*eau hygrométrique*, tandis que ceux qui font extrêmement folubles dans l'eau, comme les gaz acide fluoborique, ammoniacal, hydrochlorique, fluorique, fluorique-filicé, carbonique, hydrogène fulfuré, oxide nitreux, ne contiennent point d'*eau hygrométrique*, ou ne peuvent en contenir qu'une très-petite quantité, parce qu'auffitôt qu'ils font en contact avec l'eau, elle les abforbe fur-lechamp. Ainfi, lorfque l'on introduit une goutte d'eau dans un vafe qui contient du gaz hydrochlorique, au lieu de voir cette petite quantité d'eau fe vaporifer, elle augmente de volume & de poids par le gaz qui fe porte fur la goutte d'eau & s'y combine ; & le volume de gaz diminue de cette quantité.

A l'époque où MM. Gay-Luffac & Thenard s'occupèrent de la diftinction des gaz qui contenoient de l'*eau hygrométrique* & de l'eau combinée, ils ne trouvèrent que le feul gaz hydrochlorique qui contînt de l'eau dans ce dernier état : depuis, M. Henry en a également trouvé dans le gaz hydrogène carboné.

HYGROSCOPE, de υγρος, eau, σκπτεω, voir ; hygrofcopium ; *hygrofcop* ; f. m. Inftrument avec lequel on aperçoit les différens degrés d'humidité de l'air.

On regarde communément les mots *hygrofcope* & *hygromètre* comme fynonymes : il exifte cependant cette différence entre les deux dénominations, que les *hygrofcopes* font apercevoir les variations d'humidité qui fe trouvent dans l'air, tandis que les hygromètres les mefurent. Ainfi, tous les inftrumens à cordes ou en bois qui font apercevoir les changemens qui arrivent dans l'humidité de l'air, par les variations dans leur longueur ou par leur rotation, font de véritables *hygrofcopes* ; tandis que les inftrumens imaginés par Sauffure, Deluc & Dalton, font de vrais hygromètres, puifqu'ils fervent, non-feulement à faire apercevoir que l'air éprouve des variations dans fon degré d'humidité, mais encore qu'ils fervent à mefurer la quantité d'humidité contenue dans l'air. *Voyez* HYGROMÈTRE.

HYO-ÉPIGLOTIQUE, de υωειδης, hyoïde, επι, fur, γλωσσα, langue ; hyo epigloticus ; adj. Épithète donnée à un ligament qui a pour objet de fixer la bafe de l'épiglotte à la face poftérieure du corps de l'hyoïde. *Voyez* LANGUE, VOIX.

HYO-GLOSS, de υωειδης, hyoïde, γλωσσα, langue ; hyogloffus ; adj. Mufcle étendu de l'os hyoïde à la partie poftérieure, inférieure & latérale de la langue, qui fert à la retirer en arrière & à l'aplanir dans toute fon étendue, quand il agit de concert avec fon congénère.

HYOÏDE, de υ & ειδος, reffemblance, qui reffemble à un Y ; hyoïdes ; adj. pris fubftantivement.

Os fourchu, fitué à la racine de la langue, & qui lui fert de point d'appui.

C'eft une forte de chaîne compofée de cinq pièces bien diftinctes. La pièce principale, ou le corps plat, forme un peu plus d'un demi-anneau ; les quatre autres forment les grandes & les petites cornes.

L'*hyoïde* demeure fort long-temps cartilagineux ; mais il s'offifie peu à peu : alors la déglutition eft gênée. *Voyez* LANGUE, VOIX.

HYO-PHARYNGIENS, de υωειδης, hyoïde, φαρυγξ, pharynx ; hyo-pharyngeus. Mufcles du pharynx. *Voyez* PHARYNX, LANGUE, VOIX.

HYO-THYROÏDIEN, de υωειδης, hyoïde, θυρεος, bouclier, ειδος, femblable ; hyothyroideus ; fubftant. Mufcle qui s'étend du cartilage thyroïde à l'os hyoïde. *Voyez* HYOÏDE, THYROÏDE.

HYPATIE, fille de Théon, célèbre mathématicien d'Alexandrie, naquit vers la fin du quatrième fiècle ; & mourut au mois de mars 415.

Élève de fon père, qu'elle furpaffa en célébrité, elle confacroit à l'étude les jours entiers & une partie des nuits. A l'exemple des grands-hommes, elle fut à Athènes fuivre les leçons des hommes les plus célèbres.

De retour dans fa patrie, les magiftrats l'invitèrent à enfeigner la philofophie, ce qu'elle fit avec un grand fuccès : elle compta au nombre de fes difciples, Synefius, qui a été évêque de Ptolemais.

Orefte, gouverneur d'Alexandrie, confulta *Hypatie* fur le moyen de réprimer le zèle trop ardent de faint Cyrille. Les mefures du gouvernement irritèrent les chrétiens contre *Hypatie*, & les plus furieux, ayant à leur tête le docteur Pierre, l'arrêtèrent comme elle fe rendoit à l'école, la forcèrent de defcendre de fon char, l'entraînèrent dans une églife, où, après l'avoir dépouillée de fes habits, ils l'affommèrent avec des débris de tuiles & de pots caffés : ils coupèrent fon corps par morceaux, les portèrent dans les rues d'Alexandrie, & les brûlèrent.

On attribue à cette fille célèbre l'invention de l'aréomètre. (*Voyez* ARÉOMÈTRE.) Elle a écrit plufieurs ouvrages, tels que les *Commentaires fur Diophante* ; un *Canon aftronomique* ; un *Commentaire fur les coniques d'Apollonius de Perge* : mais ces ouvrages ont été brûlés dans l'incendie de la bibliothèque d'Alexandrie.

HYPERBOLE, de υπερ, au-delà, βαλλω, jeter ; hyperbola ; *hyperbol* ; f. f. Ligne courbe A D B, *fig.* 923, formée par la fection d'un cône A S B, *fig.* 923 (*a*), par un plan C D qui foit oblique aux deux côtés, foit qu'il fe trouve perpendiculaire à la bafe, mais de manière que, la fection ne paffant pas par un des côtés du cône, & étant prolongée vers le haut, aille rencontrer un second cône A'SB' opposé au sommet du premier.

Cette ligne courbe n'est pas rentrante comme le cercle & l'ellipse ; elle jouit de cette propriété, que le carré d'une ordonnée quelconque au premier axe, est au rectangle formé par les parties de cet axe prolongé, comme le carré de son axe conjugué, est au carré du premier axe. Si l'on nomme y l'ordonnée ; x, l'abscisse ; a, l'axe transverse ; b le paramètre : on a $y^2 = abx + bx^2$, c'est-à-dire, $b : a = y^2 : ax + x^2$.

L'*hyperbole* a bien peu d'usage en physique ; mais elle a beaucoup de propriété en mathématiques.

En élocution, l'*hyperbole* est une figure de rhétorique par laquelle l'orateur augmente les choses beaucoup au-delà de la vérité.

HYPERBOLIQUE, adjectif. Qui appartient à l'hyperbole, qui est formé par l'hyperbole.

HYPERBOLOÏDE, de υπερβολη, *hyperbole*, ειδος, *ressemblance*. Qui a la forme de l'hyperbole.

On donne ce nom aux hyperboles qui se définissent par des équations dans lesquelles les termes de l'hyperbole sont élevés à des degrés supérieurs.

HYPERBORÉE, de υπερ, *au-delà*, βορεας, *vent du nord ;* hyperboreus ; *nord licht ;* adj. Notions des pays qui sont du côté du nord.

HYPNOBATE, de υπνος, *sommeil,* βαω, *je marche ;* hypnobates ; *hypnobat ;* s. m. Qui marche en dormant. *Voyez* SOMNAMBULE.

HYPNOLOGIE, de υπνος, *sommeil,* λογος, *discours ;* hypnologia ; *hypnologi ;* s. f. Partie de l'hygiène qui traite du sommeil.

Le sommeil est nécessaire pour réparer la fatigue des organes. Les enfans dorment beaucoup, les vieillards peu ; la durée du sommeil des adultes varie du tiers au quart de l'espace nycténaire. Un sommeil trop long-temps prolongé, nuit autant à l'activité des facultés intellectuelles, que les veilles excessives sont pernicieuses au développement physique du corps. L'époque la plus favorable au sommeil est la nuit.

HYPNOTIQUE, υπνωτικος, *somnifère ;* hypnoticus ; *hypnotik ;* adj. Qui endort, qui assoupit, qui a la vertu de faire dormir & de procurer un doux sommeil.

Il existe quelques *hypnotiques* efficaces, mais beaucoup d'autres sont problématiques : plusieurs substances sont *hypnotiques* pour des tempéramens & stimulantes pour d'autres.

HYPOCAUSTE, de υπο, *dessous,* καιω, *brûler ;* hypocaustum ; *hypokaust ;* s. m. Fourneau placé dans un lieu souterrain, qui servoit à chauffer les bains chez les Grecs & les Romains, & dont les tuyaux circuloient sous le pavé des appartemens.

HYPOCONDRIE, de υπο, *sous,* χονδρος, *cartilage ;* hypocondria ; *hypokondri ;* s. f. Affection physique & morale, que l'on désigne souvent sous le nom de *vapeur. Voyez* ce mot.

Les hypocondres sont affectés dans leur organisation & dans leurs sensations. En général, le désordre moral se prononce plus tôt, & est plus caractérisé lorsque l'*hypoconrie* est produite par les affections pénibles de l'ame, ou par des méditations trop prolongées. Quand, au contraire, elle est le résultat d'une cause physique, le trouble de nos fonctions organiques prédomine sur celui de l'entendement : on remarque alors, communément, un désordre plus prononcé dans nos organes sensibles, des éblouissemens, des sifflemens & une sensibilité exquise de l'ouïe, de l'odorat, du goût & même du toucher.

Un des principaux caractères de cette maladie, est une affection éminemment nerveuse, qui paroît consister dans une irritation, ou une manière d'être particulière du système nerveux, & particulièrement de celui qui vivifie les organes digestifs : les symptômes essentiels sont nombreux ; le plus souvent les digestions sont troublées ou se font avec lenteur.

C'est parmi les hommes de lettres, les citoyens livrés aux travaux du cabinet, les artistes, les poëtes, parmi les littérateurs les plus distingués, & surtout au milieu des personnes douées de l'imagination la plus ardente, ou de la plus vive sensibilité, qu'elle choisit de préférence ses victimes.

HYPOCOPHASIE, de υπο, *dessous,* κωφωσις, *surdité ;* hypocophasis ; s. f. Surdité commençante, appelée vulgairement *dureté d'ouïe.* Ce terme est synonyme de *barycoie. Voyez* SURDITÉ.

HYPOCRAS ; vinum hypocraticum ; s. m. Vin aromatisé, que les Anciens employoient comme tonique.

On le composoit d'amandes douces concassées, 4 onces ; canelle concassée, une once & demie ; sucre blanc en poudre, 2 livres & demie ; eau-de-vie, une livre ; vin de Madère, 7 livres. On laissoit macérer le tout pendant quelques jours, on le couloit dans la chausse, & on le parfumoit avec ½ grain d'ambre & autant de musc.

HYPOGÉE, de υπο, *dessous,* γη, *terre ; dessous terre ;* s. m. Lieux souterrains, où les Grecs & les Romains déposoient leurs morts, lorsqu'ils eurent perdu l'usage de les brûler.

HYPOMOCLION, de υπο, *sous,* μοχλος, *levier ;* hypomochlion ; *rechtpunckt ;* s. m. Point d'appui qui soutient le levier, & sur lequel il fait son effort, soit qu'on le baisse ou qu'on le lève : on l'appelle plus ordinairement *point d'appui. Voyez* POINT D'APPUI.

HYPOPHTALMIE, de υπο, *sous,* οφθαλμος,

œil ; hypophtalmia ; *hypophtalmi* ; f. f. Douleur de l'œil fous la cornée.

Gonflement de la paupière inférieure, qui s'obferve ordinairement chez les individus cachectiques & chez les perfonnes atteintes d'hydropifie. *Voy.* Hypophion, Paupière.

HYPOPHYSE ; hypophyfis ; *hypophis* ; f. f. Chute des poils qui garniffent les paupières.

On donne également le nom d'*hypophis* au prolongement du troifième ventricule du cerveau.

HYPOPHYON, de ὑπο, *fous*, πυον, *pus* ; hypophyum ; *hypophyon* ; f. m. On donne ce nom à deux maladies de l'œil : 1°. aux petits abcès développés dans le tiffu même de la cornée ; 2°. aux collections purulentes, foit entre cette membrane & l'iris, foit entre l'iris & le criftallin. On diftingue l'*hypophyon* de la cornée, de l'*hypophyon* des chambres.

HYPOSTASE, de ὑπο, *fous*, ϛημι, *refter* ; hypoftafis ; *hypoftafe*, f. f. Partie la plus épaiffe & la plus groffière qui fe précipite au fond des liqueurs. *Voyez* Sédiment.

HYPOTHÉNUSE, de ὑπο, *fous*, τεινω, *tendre* ; hypothenufa ; *hypothénufe* ; f. f. Sous-tendante.

Côté d'un triangle rectangle oppofé à l'angle droit : ainfi la ligne I L, *fig. 17*, eft l'*hypothénufe* du triangle I K L. *Voyez* Angle droit, Triangle rectangle.

C'eft un problème célèbre en géométrie, & qui a été réfolu par Pythagore, que de déterminer le rapport qui exifte entre l'*hypothénufe* d'un triangle rectangle & fes deux autres côtés. Ce favant a découvert ce théorème fameux, que, dans tout triangle rectangle, le carré fait fur l'*hypothénufe* eft égal aux carrés faits fur les deux autres côtés.

HYPOTHÈSE, de ὑπο, *fous*, ϑεσις, *pofition*, ὑποϑεσις, *fuppofition* ; hypothefis ; *vorans fetzung* ; f. f. Suppofition dont on n'a pas la preuve, mais qui s'accorde plus ou moins bien avec le phénomène que l'on veut expliquer.

Quand l'*hypothèse* fatisfait à un grand nombre de circonftances qui accompagnent le phénomène qu'on fe propofe d'expliquer par fon moyen, elle acquiert par-là un grand degré de probabilité : fi elle fatisfait à toutes les circonftances, elle devient une certitude morale : la difficulté eft de réunir toutes les circonftances qui accompagnent un phénomène. Si elles ne font pas toutes réunies, l'*hypothèse* explique par défaut ; fi l'on en a réuni qui foient indépendantes du phénomène, elle explique par excès : l'une & l'autre font également vicieufes.

On fait fouvent, en phyfique, des *hypothèses* ; quelquefois elles font utiles, en ce qu'elles con-

duifent à expliquer des phénomènes & à en découvrir les caufes ; mais on ne doit ni les propofer ni les admettre trop légèrement. Long-temps la phyfique étoit enveloppée d'*hypothèses* ; les faits n'étoient expliqués que par des *hypothèses*. On a fenti les inconvéniens fans nombre de cette manière d'expliquer les phénomènes : on en a appelé à l'expérience. Celle-ci a foulevé le voile de la vérité ; mais enfuite on a foumis les expériences aux calculs, d'abord avec réferve, puis avec abandon ; & bientôt les géomètres, à l'aide de l'analyfe géométrique, ont cru devoir tout expliquer ; plufieurs même négligent des expériences préliminaires. Craignons de rentrer dans le chaos d'où nous fommes fortis avec tant de difficulté : il eft fi facile de tout faire avec fa tête, & feulement en raifonnant !

En mathématique, l'*hypothèse* eft une fuppofition que l'on fait pour en tirer une conféquence qui établit la vérité ou la fauffeté d'une propofition, ou même qui donne la folution d'un problème.

Hypothèse, en aftronomie, eft le fyftème formé pour expliquer le mouvement des corps céleftes. On diftingue dans ces *hypothèses*, celle de Ptoloméé, qui fait tourner toutes les planètes & le foleil autour de la terre ; celle des Egyptiens, qui font tourner Mercure & Vénus autour du foleil, & celui-ci, ainfi que toutes les autres planètes, autour de la terre ; celle de Ticho-Brahé, qui fait tourner toutes les planètes autour du foleil, & cet aftre, ainfi que la lune, autour de la terre ; enfin, celle de Copernic, qui fait tourner la terre & toutes les planètes autour du foleil. *Voyez* Système planétaire.

Les aftronomes font des *hypothèses* pour lier enfemble des obfervations dont la loi n'eft pas affez connue : telles font, par exemple, les denfités de l'atmofphère pour calculer les réfractions & la hauteur des montagnes ; les denfités de la terre, pour calculer les degrés du méridien. Généralement, on ne juge du mérite de ces *hypothèses*, que par l'accord de leurs réfultats avec l'obfervation.

HYPPARQUE. Un des plus grands aftronomes de l'antiquité. *Voyez* Hipparque.

HYPPARQUE (Année d'). Grande année, compofée de 304 années folaires. *Voyez* Année d'Hipparque.

HYPPARQUE (Période d'). Révolution de 304 années folaires, à la fin defquelles les nouvelles & pleines lunes reviennent aux mêmes jours de l'année. *Voyez* Période d'Hipparque.

HYVER ; hibernum ; f. m. L'une des quatre faifons de l'année. *Voyez* Hiver.

IATROPHYSIQUE, de ιατρευω, jeguéris, & φυσιχ, physique; iatrophysica; iatrophisik; s. f. Nom qu'on donne à cette partie de la physique dont s'aide le médecin, soit en l'appliquant à la construction des appareils & des machines, soit à l'explication des phénomènes physiologiques & morbifiques.

On donne également ce nom à certains ouvrages qui traitent de la physique relativement à la médecine.

ICHNOGRAPHIE, de ιχνος, trace, γραφω, décrire; ichnographia; ichnographi; grund-riss; s. f. Description de la trace ou de l'empreinte d'un ouvrage.

C'est, en perspective, la vue ou la représentation d'un objet quelconque, coupé à sa base, ou à son rez-de-chaussée par un plan parallèle à l'horizon.

En général, l'ichnographie est la même chose que plan géométral, ou simplement plan, & elle est opposée à stéréographie, qui est la représentation d'un objet sur un plan perpendiculaire à l'horizon, ce qu'on appelle ordinairement élévation géométrale. Voyez STÉRÉOGRAPHIE.

ICHTYOCOLLE, de ιχθυς, poisson, κολλα, colle; ichtyocolla; hausblase; s. f. Colle de poisson. On fait cette colle avec la vessie aérienne de quelques poissons, principalement de l'esturgeon.

Après avoir lavé cette vessie, on la coupe dans sa longueur, on sépare la membrane extérieure de l'intérieure, on enveloppe celle-ci dans de la toile, on la presse dans les mains jusqu'à ce qu'elle soit parfaitement souple & molle; on la roule ensuite en cylindre que l'on fait sécher à une chaleur modérée.

Un grand nombre de poissons peuvent donner, comme l'esturgeon, une excellente ichtyocolle avec leurs vessies natatoires; tels sont, par exemple, le perce-pierre, le lièvre de mer, la molle, la coquillarde, le cabillaud, plusieurs gades, les squales, les accipensères, les strelets, les perches d'eau douce. En général, tous les poissons peu couverts d'écailles, vivant dans les eaux tranquilles des lacs, des étangs, fournissent une abondance extraordinaire de gélatine très-saine & très agréable.

Cette substance nous vient du nord de l'Europe. Les Russes se sont emparés de ce commerce. Les Hollandais ont essayé de faire de la colle de poisson; mais elle n'est pas aussi estimée que celle de Russie. M. Darcet propose de remplacer l'ichtyocolle, par la gélatine, qu'il sépare des os, à l'aide de l'acide muriatique. Voyez GÉLATINE.

Il existe dans le commerce deux sortes d'ichtyocolle: l'une translucide, disposée en cœur, blanchie par le gaz acide sulfureux; c'est le produit de la vessie de l'esturgeon, préparée par les Russes;

l'autre un peu rousse, en tablette plate; elle provient de l'ébullition de la peau, de l'estomac, des intestins, des nageoires de plusieurs poissons cartilagineux.

L'ichtyocolle a beaucoup d'usages: elle sert à clarifier le vin blanc, la bierre, le café; à réunir des fragmens de verre ou de porcelaine; mais, pour cet effet, on la fait dissoudre dans l'eau-de-vie; on en fait un vernis transparent: elle est employée dans plusieurs arts pour lustrer les étoffes de soie. Les confiseurs, les pharmaciens font avec l'ichtyocolle dissoute dans l'eau aromatisée, sucrée & rapprochée à consistance de pâte, des tablettes agréables au goût; on en fait également, par le même procédé, la colle à bouche dont les dessinateurs se servent pour coller leur papier.

ICHTYOPHAGE, de ιχθυς, poisson, φαγειν, manger; ichtyophagia; fisch-fresser; s. f. Mangeur de poisson.

Quoique tous les hommes mangent volontiers du poisson, & que cette sorte de nourriture ait même été ordonnée par des institutions religieuses, nous ne regarderons comme ichtyophages, que les hommes qui se nourrissent exclusivement de poisson; ceux-ci existent dans toutes les régions stériles, bordées par les eaux de la mer, ou remplies d'étangs, traversées par des lacs, c'est-à-dire, dans les contrées où l'on trouve abondamment du poisson, & où l'on ne peut vivre que de poisson. Tels sont, par exemple, les rivages de la Nouvelle-Hollande, les îles Hébrides & Schottland, toute la Sibérie la plus boréale, l'Islande, le Groenland, le Kamtschatka, les rives du golfe Persique, de la mer Rouge, &c. &c.

Dans quelques-uns de ces pays, les poissons s'y trouvent en une telle abondance que l'on ne sait qu'en faire: c'est ainsi, qu'à une certaine époque, les fleuves de la Sibérie, les lacs de Suède, de Norwège & de Laponie sont tellement remplis de poissons, qu'on répand les esturgeons, les saumons, les éperlans, &c. sur les terres en place de fumier; qu'on en fait des tas énormes dans des fosses, où ils gèlent & peuvent se conserver des siècles: souvent même, on en nourrit les bestiaux. En islande, on en donne aux vaches en hiver, au lieu du foin qui manque; les chevaux mangent du poisson pourri. Les chiens & les animaux sauvages en ont à satiété.

En général, la viande de poisson est plus légère que celle des animaux terrestres, soit quadrupèdes, soit volatiles; mais elle produit aussi plus de gélatine. Ainsi, 4 onces de viande de bœuf ne produisent que 108 grains de tablettes de bouillon; c'est 0,045, tandis que le même poids de viande de carpe en produit 152, & de celle de brochet 178 gr. de gélatine sèche; c'est 0,077. Cependant, malgré cette abondance de gélatine, la chair de poisson est moins nutritive que celle des viandes faites. Aussi donne-t-on plutôt du poisson que de la chair aux vieillards & aux convalescens foibles. Les piscivores sont, en général, plus foibles, plus débiles que les carnivores; ils sont sujets au scorbut & à des maladies cutanées rebelles, des gales, des dartres, dans les climats froids; des ulcères putrides, des fièvres gastriques, dans les pays chauds. En général, la nourriture des poissons porte plus à la luxure que celle des viandes: malgré tous les inconvéniens, lorsque les ichtyophages joignent la sobriété à l'exercice, ils parcourent une carrière plus longue; mais on peut dire aussi qu'ils vivent moins intensivement que les peuples carnivores.

ICHTYOPHTALMITE, de ιχθυς, poisson, οφθαλμος, œil; ichtyophthalmicum; ichtyophthalmit; f. m. Pierre dont le jeu imite celui des yeux des poissons.

Cette substance a été trouvée à Ulo, par d'Andreda, minéralogiste du Brésil; elle est blanche, transparente, avec un petit œil opalin; elle a été analysée par Fourcroy & Vauquelin; elle contient de la silice, de la chaux, de l'eau & de la potasse (1).

ICONANTIPTIQUE, de εικων, image, αντι, opposée; διπτυχος, double; adj. Image opposée double.

C'est le nom qu'on avoit donné à une lunette que l'on a ensuite appelée diplantidienne. Voyez ce mot.

ICONOLOGIE, de εικων, image, λογος, discours; iconologia; bilderkunst; f. f. Art qui consiste à employer des images ou symboles pour exprimer ses pensées.

ICOSAÈDRE, de εικοσι, vingt, εδρα, base; icosaedrum; icosaèdre; f. m. Qui a vingt bases.

C'est, en géométrie, un solide régulier, terminé par vingt triangles équilatéraux, égaux entr'eux. On peut considérer l'icosaèdre comme composé de vingt pyramides triangulaires dont les axes se rencontrent au centre d'une sphère, & qui ont, par conséquent, leurs hauteurs & leurs bases égales.

L'icosaèdre est un des cinq solides réguliers.

IDÉAL, de ιδεα, idée; adj. Qui n'existe que dans l'idée, dans l'entendement.

IDÉALISME. Système de ceux qui pensent

(1) Journal de Physique, année 1785, tome II, p. 106.

que nous ne connoissons les objets que par nos propres idées.

IDENTITÉ, du latin idem & idem; gleichheit. f. f. Ce qui fait que deux ou plusieurs choses ne font qu'une.

D'identité, les géomètres ont fait identique, pour désigner une équation ou une proportion dont les deux membres sont les mêmes, ou contiennent les mêmes quantités, sous la même ou sous différentes formes: ainsi: $3 : 4 = \frac{6}{2} : \frac{1}{3}$ est une proportion identique; car $\frac{6}{2} = 3$ & $\frac{1}{3} = 4$.

IDES, du latin idus, ou du toscan iduare; idus; ides; f. f. Une des divisions des mois.

C'étoit un des noms par lesquels les Romains distinguoient les jours des mois. Dans chaque mois il y avoit trois sortes de jours; savoir: jours des ides, jours des calendes & jours des nones.

Dans chaque mois il y avoit huit jours des ides qui se comptoient en rétrogradant. Dans les mois de mars, de mai de juillet & d'octobre, les ides tomboient au quinzième jour du mois; les sept autres jours, en remontant jusqu'au huit, s'appeloient jours avant les ides; de sorte que le huitième jour du mois se marquoit ainsi: VIII idus, c'est-à-dire, die octavâ ante idus. Dans les huit autres mois de l'année, les ides tomboient au troisième jour du mois, & se comptoient aussi en rétrogradant jusqu'au six, de sorte que c'étoit le sixième jours du mois qui étoit marqué VIII idus.

On se sert encore de cette façon de compter les jours en la chancellerie romaine & dans le calendrier du bréviaire.

IDIO-ÉLECTRIQUE, de ιδιος, particulier, ηλεκτρον, électricité; adj. Qui est propre à l'électricité.

On donne cette épithète aux corps qui sont susceptibles d'être électrisés par frottement: tels sont le verre, les résines, la soie, &c. Lorsque l'on ne connoissoit que très peu de substances susceptibles de s'électriser par frottement, il étoit naturel de diviser les corps, relativement à leur propriété électrique, en deux classes idio-électrique & an-électrique; mais depuis que l'on s'est assuré que les corps métalliques & les corps humides étoient également susceptibles de s'électriser par frottement, & qu'ils ne s'y étoient refusés, pendant long-temps, que parce que, étant très-conducteurs de l'électricité, ils partageoient avec tous les corps, qui les touchoient, l'électricité que le frottement faisoit naître, on les a isolés; alors on s'est assuré qu'ils s'électrisoient comme les autres; enfin, que tous les corps de la nature étoient idio-électriques. Voyez ÉLECTRICITÉ.

IDIOSYNCRASIE, de ιδιος, propre, συν, avec, κρασις, tempérament; idiosyncrasia; idiosinkrasi; f. f. Disposition spéciale qui résulte du tempérament ou de la manière d'être individuelle, & qui détermine des répugnances ou des inclinations particulières.

La connoissance de cet état, de cette disposition particulière des individus, appartient entièrement aux sciences médicales. Nous n'en parlerons ici que pour faire connoître quelques *idiosyncrasies des sens*, & nous tirerons ces exemples de l'excellent article que le docteur Marc a publié dans le *Dictionnaire des Sciences médicales*.

Idiosyncrasie de l'odorat. Les substances odorantes qui agissent sur l'organe de l'odorat occasionnent souvent des syncopes, de la stupeur, des nausées, des vomissemens, & quelquefois la mort. Il est des femmes auxquelles l'odeur du musc, de l'ambre ou des roses, donne des convulsions, tandis qu'elles supportent très-bien celle du tabac & de l'assa fœtida; d'autres, que l'odeur du tabac & de la canelle fait tomber en foiblesse. Haller étoit insensible à l'odeur des cadavres en putréfaction, & il ne pouvoit supporter à dix ou douze pas de distance, la transpiration d'un vieillard. Plusieurs individus ne peuvent supporter les émanations des chats, des souris, des rats, &c., & éprouvent même jusqu'à des convulsions, lorsqu'ils sont dans le voisinage d'un de ces animaux. L'odeur du lièvre faisoit évanouir le célèbre Contat & le duc d'Épernon. L'odeur de la viande, du sang ou de la graisse, répugne, en général, à la plupart des animaux frugivores ou herbivores. Les chevreuils détestent tellement l'odeur du sang, qu'ils ne souffrent pas, parmi eux, d'animal blessé.

Idiosyncrasie du goût. La sensation du goût fait éprouver des effets analogues à celle de l'odorat. Les matières qui déplaisent, provoquent également des nausées, des vomissemens, &c.; la même substance est *idiosyncrase* pour l'un & apétente pour l'autre. C'est ainsi que l'on voit quelques personnes chlorotiques savourer de la craie, de la chaux, de la terre, des cendres, &c.; qu'une fille hystérique avaloit des épingles; qu'un garçon cordonnier avaloit les débris de cuir, ainsi que le fil enduit de poix; souvent même ces deux affections ont lieu dans la même personne, à des époques différentes. C'est ainsi que l'on voit souvent des femmes grosses dévorer, avec délices, de la viande crue, du poisson pourri, &c., qui excitent en elles des vomissemens lorsque la grossesse a cessé.

Idiosyncrasie de l'ouïe. Le son d'une cornemuse produisoit, sur un Gascon, une incontinence d'urine. Paulini cite un homme que la musique faisoit vomir, & J.-J. Rousseau, une femme de condition, chez laquelle cette même cause provoquoit un rire universel. Pope ne pouvoit s'imaginer que la musique procurât du plaisir. Le bruit de l'eau qui sortoit d'une pipe, fit tomber Bayle en syncope. Lamotte ne pouvoit entendre des accords sans éprouver des sentimens de douleur; le bruit du tonnerre lui procuroit au contraire beaucoup de

plaisir. Une femme, au rapport de Bayle, s'évanouissoit au son d'une cloche. Des accords & des tons de musique affectent désagréablement certains hommes & certains animaux, notamment les chiens. Quelquefois le son & le bruit produisent des cures. Un enfant a été guéri d'une fièvre ataxique par le bruit de la caisse.

Idiosyncrasie du sens de la vue. Les *idiosyncrasies* de la vue sont, en général, assez rares. Il est des individus qui ne peuvent apercevoir certaines couleurs, d'autres qui prennent une couleur pour une autre; quelques-uns qui voient tout d'une seule couleur; d'autres enfin, quoique voyant très-bien, ne distinguent aucune couleur. Certains individus éprouvent des nausées, lorsque leur vue se fixe trop long-temps sur des lignes courbes, irrégulières, comme, par exemple, sur des caricatures. Tissot rapporte, qu'un jeune garçon devenoit épileptique, chaque fois qu'il voyoit quelque chose de rouge. Les dindes, les buffles, les éléphans ne peuvent supporter la couleur rouge.

Idiosyncrasie du toucher. Ce sens s'affecte, chez certains individus, d'une manière particulière & souvent fort pénible. Quelques personnes ne peuvent toucher le velours sans éprouver une sensation désagréable. Le professeur Procheska a connu un homme qui éprouvoit des envies de vomir, toutes les fois qu'il touchoit le duvet d'une pêche; un autre, qui aimoit beaucoup les pêches, ne pouvoit toucher le velouté, sans éprouver un sentiment de froid le long du dos.

IDIOT, de ἰδιώτης, *propre, privé, solitaire*; idiota; *dumm*; s. m. Celui qui est inhabile à raisonner, &, en quelque sorte, seul, isolé, détaché du reste de la société.

IDIOTISME, de ἰδιώτης, *solitaire*; amentia; s. m. Démence originaire ou innée.

L'*idiotisme* est cet état dans lequel les facultés intellectuelles ne se sont jamais manifestées, ou n'ont pu se développer assez, pour que l'*idiot* ait acquis les connoissances relatives à l'éducation que reçoivent les individus de son âge, & placés dans les mêmes conditions sociales que lui.

On confond souvent, avec l'*idiotisme*, la démence & le crétinisme: il existe cette différence entre ces trois états des privations des facultés humaines: que l'*idiotisme* est de naissance, que la démence ne commence qu'à la puberté, & que le crétinisme n'existe que dans des régions déterminées: que, dans ces régions, les crétins y sont très-abondans, tandis que l'*idiotisme*, qui est excessivement rare, peut exister dans tous les pays. Cependant on peut regarder le crétinisme comme une variété très-remarquable de l'*idiotisme*.

IGNÉ, d'*ignis*, *feu*; igneus; *feurig*; adj. des deux genres. Qui tient de la matière du feu. C'est ainsi que l'on dit *matière ignée*, *particule ignée*, pour matière du feu, particule du feu.

IGNITION, d'*ignis*, *feu*, agere, *agir*; ignitio; *glichen*; f. f. Etat d'inflammation d'un corps combustible actuellement embrasé.

Plusieurs physiciens entendent par *ignition* une telle accumulation de calorique, qu'il reste à la surface des corps sans se dégager en flamme. Il n'est sensible que par l'éclat que le corps acquiert.

Il existe plusieurs degrés d'*ignition* qu'on peut distinguer par la couleur qu'on aperçoit au grand jour ou dans l'obscurité. Lorsque l'*ignition* commence, l'éclat est peu vif & d'un rouge foncé; à un degré de feu plus violent, la lumière est blanche.

On peut considérer la température à laquelle l'*ignition* a lieu, à un degré déterminé, comme une chaleur constante. Elle paroît être la même pour tous les corps. On a cherché à déterminer les différens degrés de l'*ignition*. Newton met le degré de l'*ignition* le plus inférieur du fer, où il commence à devenir sensible à l'obscurité, à 635° Fahrenheit. Lorsque le fer étoit bien rouge, comme du fer ordinaire, l'échelle de Fahr. étoit de 1049 à 1050.

Wedgwood trouva la chaleur rouge du fer, en plein jour, à 1077 Fahr.; & celle visible dans l'obscurité, à 947 Fahr.

Plusieurs praticiens déterminent la température d'après les couleurs de l'*ignition*. C'est ainsi qu'ils laissent le fer au feu jusqu'à ce qu'il soit d'un rouge cerise ou d'un blanc-bleuâtre, &c. Certains métaux fondent avant de rougir, d'autres deviennent rouges avant d'avoir été fondus.

Tous les corps ne sont pas susceptibles d'acquérir l'*ignition*, au moins les gaz paroissent faire une exception. Wedgwood fit chauffer l'air, jusqu'à ce qu'un fil d'or en acquît l'*ignition*; mais l'air n'étoit pas rouge. Il est pourtant possible que l'air n'ait pu être aperçu en raison de sa grande dilatation.

L'incandescence exprime une espèce d'*ignition* qui a lieu vers le commencement ou la fin de l'embrasement d'un corps. On emploie ordinairement ce mot pour les corps qui contiennent du carbone.

IGNIVORE, d'*ignis*, *feu*, vorare, *dévorer*; ignivorus; f. m. Mangeur de feu.

Nous ne pensons pas qu'il soit nécessaire d'entrer dans de longs détails pour prouver qu'il est impossible de manger du feu, & que les hommes qui passent pour avoir cette faculté, sont des charlatans qui séduisent & qui trompent les spectateurs. Déjà, à l'article CHALEUR ANIMALE, nous avons fait connoître les moyens employés par divers jongleurs, & en particulier par cet Espagnol qui se disoit incombustible, pour pouvoir avaler du plomb fondu, marcher sur des fers rouges, &c.

Depuis fort long-temps figurent sur les tréteaux, des hommes qui prennent des filamens embrasés, des mèches de flambeaux, les plongent

dans leur bouche & semblent les manger, & font sortir des étincelles de feu de leur bouche. Mais ces baladins ont eu soin de se remplir, à l'avance, la bouche avec de la filasse, & les filamens embrasés, enveloppés par la filasse, ne touchent point l'intérieur de la bouche, conséquemment ne peuvent la brûler. En soufflant à travers cette filasse, on fait sortir des étincelles de feu des filamens embrasés.

On voit fort souvent, dans certaines sociétés, des personnes qui placent, dans leur bouche, la mèche d'une chandelle allumée, & qui la retirent quelquefois sans l'éteindre. Tout l'art consiste à ne pas laisser la lumière toucher, assez long-temps, les parties solides de la bouche, que l'on a soin de tenir humide. Nous ne rapporterons qu'un fait de ces tours extraordinaires, & nous le puiserons dans le *Journal des savans* de 1677. Il suffira pour mettre à même d'apprécier les moyens employés par les autres jongleurs.

On lit dans ce journal, sous la date du 15 février, le programme suivant, des expériences de l'*ignivore* Richardson, surnommé l'*incombustible* & le *mangeur de feu*.

1°. Il mâche des charbons que l'on voit long-temps ardens dans sa bouche.

2°. Il fond du soufre, le fait brûler dans sa main, & ensuite le porte tout en feu sur le bout de sa langue, où il achève de le consumer.

3°. Il met un charbon ardent sur sa langue, sur laquelle il fait cuire un morceau de chair crue, ou une huître, & souffre, sans sourciller, qu'on l'allume avec un soufflet, pendant l'espace d'un demi-quart d'heure.

4°. Il tient un fer rougi dans ses mains, pendant un long temps, sans qu'il y reste aucune impression; il le porte sur un fer à repasser, & là, le prend dans sa bouche, & avec ses dents le lance contre la cheminée (auprès de laquelle il fait son expérience), avec autant de force qu'un autre pourroit jeter une pierre.

5°. Enfin, il avale du verre fondu & de la poix, du soufre & de la cire mêlés ensemble, tout enflammés, de telle manière que la flamme en sort par la bouche; & cette composition fait autant de bruit dans la gorge, qu'un fer chaud qu'on trempe dans l'eau.

Dodart, de l'Académie des sciences, a cherché à expliquer ces faits extraordinaires, dans une lettre qu'il publia dans le *Journal des savans* de la même année, & dont nous allons donner un extrait.

1°. On voit tous les jours des personnes très-délicates qui avalent si chaud, qu'on ne peut manger avec elles sans se brûler; c'est une disposition naturelle, fortifiée par l'habitude. Deux personnes connues dans Paris par de meilleurs talens, ont mâché plusieurs fois, en présence de leurs amis, des charbons ardens sans se brûler. La salive éteint ces charbons en partie, & l'agitation sauve fauve une partie de l'impreſſion que cette ſorte de feu pourroit faire.

2°. Le ſoufre ne rend pas les charbons plus ardens ; il les nourrit, & ſa flamme brûle beaucoup moins que la flamme d'une chandelle, qui eſt beaucoup moins chaude que la ſurface d'un charbon embraſé. Or, on voit tous les jours des gens qui avalent des oublies tout en feu, & qui tiennent dans leur bouche, aſſez long-temps, des bougies allumées. Le ſeul toucher ſuffit pour reconnoître que la flamme du ſoufre & de l'eſprit-de-vin eſt moins chaude que celle d'une chandelle, & que celle-ci eſt moins chaude qu'un charbon ardent.

3°. Le charbon ſur lequel le ſieur Richardſon fait cuire de la viande, étoit à plus de deux pouces de ſa langue, enveloppé avec de la chair ; & le ſoufflet, avec lequel il faiſoit allumer le charbon, ſouffloit beaucoup plus ſur la langue que ſur le deſſus du charbon.

4°. Ce mélange de poix-réſine, de poix noire & de ſoufre allumé, eſt beaucoup moins chaud qu'on ne penſe. Les réſines ne ſont que fondues, le ſoufre ne brûle qu'à la ſurface, & cette ſurface n'eſt qu'une croûte de la nature du charbon. J'ai tenu le doigt, ſans incommodité conſidérable, durant plus de deux ſecondes, ſur ce mélange fondu, verſé ſur une pelle médiocrement échauffée, quoique j'aie la main très-ſenſible. Cependant ce mélange flamboit depuis quatre minutes.

Outre que ce mélange n'eſt pas extrêmement chaud, il eſt gras, & ne peut toucher immédiatement la langue, qui eſt abreuvée de ſalive. Les dents ſont couvertes d'un émail ſi dur, qu'elles peuvent bien ſouffrir l'application d'un fer rouge. Il ne faut quelquefois qu'une application pour cautériſer le nerf & le rendre inſenſible. Cette application répétée, peut uſer les dents, & j'ai remarqué que celles du ſieur Richardſon ſont extrêmement uſées.

5°. M. Thoiſnard m'a aſſuré avoir vu une dame d'Orléans, faire dégoûter ſur ſa langue de la cire d'Eſpagne allumée, ſans qu'il y parût aucune impreſſion ſenſible, & lécher pluſieurs fois, ſans ſe brûler, une barre de fer rouge. Busbèque rapporte qu'il a vu un religieux turc, tourner & retourner pluſieurs fois dans ſa bouche une bille de fer rouge, & qu'il entendoit la ſalive frémir pendant cette opération, comme l'eau dans laquelle les forgerons éteignent le fer. Il eſt facile de voir que, dans ces expériences, c'eſt la grande humidité conſervée ſur la langue qui empêche que l'on ne reſſente les impreſſions de la chaleur.

« Les artiſans qui manient le fer, font tous les jours des choſes incomparablement plus conſidérables. On les voit prendre, avec les mains ſéches, des barres qui ont un bien plus grand degré de chaleur. Il eſt aſſez ordinaire de voir des cuiſiniers retirer, avec la main, une pièce

de chair d'une marmite bouillante, des poiſſons de la friture, &c.

» On voit ſouvent des plombiers ſe laver les mains avec du plomb fondu, & aller chercher au fond de ce métal fondu, une pièce de monnoie que l'on y jette ; mais ils ont ſoin de ſe mouiller préliminairement les mains.

» Dodart trouve plus difficile l'explication de la déguſtation du verre fondu. Il penſe que l'on peut tenter cette expérience en employant adroitement une grande quantité de ſalive, & en s'habituant à ſupporter, graduellement, un haut degré de chaleur. Il paroit que les Anciens, loin de craindre ces ſortes d'épreuves, y étoient au contraire très-familiariſés, puiſque Dioſcoride ordonne à ſes malades, attaqués de l'aſthme, juſqu'à une once & demie de réſine liquéfiée, & qu'il preſcrivoit autant de naphte en fuſion contre les douleurs d'entrailles. Il eſt probable que la plupart des matières enflammées, tranſportées dans la bouche, s'éteignent auſſitôt qu'elle eſt fermée, la nature du gaz, qui s'exhale du poumon, ne pouvant pas contribuer à la combuſtion. »

ILES, de l'italien *iſol* ; *inſula* ; *inſola* ; ſ. m. Eſpace de terre, plus ou moins grand, environné d'eau de toute part.

D'après cette diſtinction, toute la terre ne formeroit que des *îles*, puiſque l'on ne connoît aucune maſſe de terre qui ne ſoit environnée d'eau. Mais comme il exiſte deux grandes étendues qui ne peuvent être comparées à aucune autre, celle qui contient l'Europe, l'Afrique & l'Aſie, & celle qui contient les deux Amériques, on a donné à ces deux grands eſpaces le nom de *continens*, & tous les autres ont été nommés *îles*.

Il exiſte des *îles* dans la mer, dans les lacs, dans des fleuves & dans les rivières ; il en exiſte même dans des terres, & qui ſont formées par un ruiſſeau ou par des foſſes d'eaux ſtagnantes qui les entourent.

Le plus grand nombre des *îles* ne ſont que des ſommités de montagnes où de monticules dont les baſes ſont couvertes d'eau. Quelques-unes ont été formées par des ſéparations des continens, ou d'autres *îles*, ſoit par l'action continuée des eaux, ſoit par des tremblemens de terre ; d'autres ont été ſoulevées du ſein de la mer par l'action des volcans ; on les nomme *îles volcaniques* ; d'autres, enfin, ſont dues à la réunion d'une grande maſſe de ſubſtances végétales qui ont été recouvertes de terre. *Voyez* ILES FLOTTANTES.

ILES FLOTTANTES. Amas de terre ſupportés par les eaux, & qui peuvent changer de place. On voit de ces ſortes d'*îles flottantes* ſur un lac près de Saint-Omer (1). Le charmant Loch-Lo-

(1) *Hiſtoire de l'Académie des Sciences*, année 1700, page 5.

Yyy

mond, en Ecosse, contient plusieurs de ces *îles* qui, en général, paroissent ne pas être rares dans cette partie de l'Angleterre, & même en Irlande. Le lac sulfureux de Tivoli offre également des *îles flottantes*. Sénèque dit en avoir vu dans plusieurs autres lacs d'Italie.

Ces *îles* sont, tout simplement, des terrains d'une nature tourbeuse, mais très-légère, quelquefois seulement tissus de roseaux ou de racines d'arbres. Après avoir été minées par les eaux, elles se détachent du rivage, & à cause de leur grande étendue, jointe à une mince épaisseur, elles restent suspendues & flottent sur la surface des eaux.

Quelques-unes de ces *îles* peuvent également devoir leur naissance à des réunions, à des accumulations de pierre-ponce.

ÎLES VOLCANIQUES. *Îles* formées par des éruptions volcaniques.

On trouve dans l'*Histoire de l'Académie des sciences*, page 23, année 1708, des détails sur une *île* nouvelle que l'on a aperçue près de celle de Santorini. Cette *île* paroissoit sortir d'un endroit où la mer avoit plus de soixante brasses de profondeur. Cette *île*, qui étoit environnée de plusieurs autres plus petites, d'où il sortoit continuellement de grandes flammes, fit soupçonner qu'elle pouvoit avoir été formée, ainsi que celles qui l'environnoient, par une ou plusieurs éruptions volcaniques sous-marines. Bientôt des observations nouvelles, & la formation de quelques autres *îles*, confirmèrent ces soupçons. Depuis cette époque, on a vu plusieurs autres *îles* se former de la même manière. Enfin, l'examen des substances qui composent le massif d'un grand nombre d'*îles*, a prouvé qu'elles étoient également volcaniques. Ainsi, l'on a reconnu qu'il existoit des *îles volcaniques* dans presque toutes les parties du globe terrestre.

Quoique l'on rencontre des *îles* d'une grande étendue, formées dans les siècles derniers par des éruptions volcaniques, & que plusieurs d'elles aient été bien observées, nous nous contenterons de citer le fait suivant, qui est très-récent, puisqu'il a eu lieu en 1814, & nous l'extrairons du *Journal de Paris* du 5 septembre 1814.

Un phénomène bien singulier a eu lieu dans les provinces russes de Tschernomorsk, aux environs d'Alttemrjuk, vis-à-vis les salines. Le 10 mai, à deux heures de l'après-midi, par un temps calme & serein, on entendit, tout-à-coup, un bruit épouvantable dans la mer, à 200 toises du rivage; des flammes en sortirent, accompagnées d'explosions semblables à des coups de canon, & des tourbillons d'une vapeur épaisse, des masses énormes de terre & de grosses pierres, furent lancés avec force dans les airs. Dix éruptions des plus fortes se succédèrent dans l'espace d'un quart d'heure; celles qui suivirent, se prolongèrent jusque dans la nuit: alors on vit sortir de la mer une *île* vomissant, par plusieurs bouches, une

matière limoneuse, qui prit successivement une consistance plus ferme. Pendant que ce phénomène s'opéroit, il se répandit, à dix werstes à la ronde, une odeur particulière, qui, cependant, n'avoit aucune ressemblance avec celle du soufre. Le 20, on commença l'examen de cette *île*; on la croyoit inaccessible, étant environnée de toute part d'un limon durci; enfin, on réussit à pénétrer jusque dans l'intérieur. Son élévation au-dessus du niveau de la mer est d'une toise & demie; sa surface est couverte en entier d'une masse pierreuse & blanchâtre.

• ILLIMITÉ, *de in, sans, limen, limite*; nullis terminis circumscriptus; *unumschrankt*; adj. Sans limite, sans borne. Ainsi, l'Univers est *illimité*, parce qu'on ne lui connoît ni bornes, ni limites.

• ILLUMINATION; illuminatio; *erleuchtung*; s. f. Action d'éclairer, d'illuminer, ou état de ce qui est illuminé.

Les *illuminations* peuvent être produites par des lumières naturelles ou artificielles: dans le premier cas se trouve l'*illumination* de la terre, de la lune, des planètes, &c., par le soleil; dans le second se trouve l'*illumination* des édifices par la disposition, la distribution des nombreuses lumières artificielles. Les jours de fêtes publiques, on voit de grandes *illuminations*.

Les *illuminations* artificielles sont produites: 1°. avec des simples lumières. Leur beauté dépend alors de l'arrangement de ces lumières. On peut, avec des lampions ordinaires, former de grands cordons le long des édifices, des pyramides de lumière, &c. C'est principalement dans des lieux montueux, dans de vastes excavations, que ces *illuminations*, disposées avec art, produisent de grands effets. Lorsque des souverains vont visiter des mines considérables, on dispose les mineurs de manière à produire des *illuminations* extraordinaires. Dans une de ces visites, faite par le roi de Suède, dans les mines de cuivre de Falun, les mineurs étoient disposés de manière à former, avec leur lumière, le chiffre de ce prince, &, à un signal donné, ils changèrent de position & formèrent celui du prince son fils.

2°. Avec des petits lampions cloués sur des planches, ou des petites lampes attachées avec des fils de fer, on forme des desseins extrêmement variés: des chiffres, des guirlandes, des étoiles, &c. On varie l'effet de ces desseins en plaçant l'huile & les mèches dans des verres de couleur. La lumière qui sort à travers le verre, emporte avec elle la couleur du verre qu'elle traverse. Ces verres peuvent être colorés naturellement, c'est-à-dire, être fabriqués avec des verres de couleur. On obtient aisément de ces sortes de lampes colorées en bleu, en vert, en jaune, en violet; mais les rouges sont trop chères & fort difficiles à obtenir. On y supplée en colorant, avec un vernis rouge, des verres b'ancs, à l'extérieur ; lorfque le temps ou la localité ne permet pas de fe procurer des verres colorés naturellement, on fe procure des verres blancs, que l'on colore à l'extérieur avec des vernis colorés.

3°. Avec des tranfparens. Ce font de grandes furfaces de papier, de verre, fur lefquelles on peint, avec des couleurs tranfparentes, les objets que l'on veut repréfenter. Plaçant derrière ces tranfparens de fortes lampes ou de gros lampions, la lumière qui paffe à travers, fort avec la couleur qu'elle rencontre fur fon paffage, & produit la fenfation du tableau que l'on a peint.

Pour imiter en petit, dans des optiques, ces fortes d'*illuminations*, on troue des cartons, d'a près des deffins donnés, & on éclaire fortement ces cartons par-derrière. Pour produire l'effet du fcintillement des lumières, on fait paffer derrière le carton, entre celui-ci & la lumière, une toile à gros fils. L'ombre que portent ces fils, en paf fant devant les trous, imite le fcintillement de la lumière des *illuminations*. *Voyez* FEUX PYRIQUES.

On nomme encore, au figuré, *illumination*, la lumière extraordinaire que la Divinité répand quelquefois dans l'ame.

ILLUMINER ; *illuminare*; *erleuchten*; verb. act Éclairer ; répandre de la lumière fur quelque corps.

Ainfi, le foleil *illumine* toute chofe. La lune, *illuminée* par le foleil, *illumine* la terre par réflexion.

Illuminer fe dit encore, figurément, en matière de religion, *éclairer l'efprit*, *éclairer l'ame*.

On donne le nom d'*illuminé* aux vifionnaires, en matière de religion, & à certains hérétiques qui ont paru dans ces derniers fiècles.

ILLUMINATION ÉLECTRIQUE ; *illuminatio electrica*; *electrifch erleuchtung*; f. f. Traits lumineux repréfentant différens objets, obtenus par le fluide électrique.

On produit les *illuminations électriques* en plaçant, fur un morceau de verre, des feuilles métalliques qui aient des folutions de continuité, dont l'arrangement produife une figure donnée. Alors, faifant paffer une décharge électrique à travers ces feuilles métal'iques, on aperçoit une étincelle lumineufe dans chaque folution ; & comme toutes ces étincelles paroiffent fimulta nément, on diftingue, fous forme lumineufe, le deffin que forme l'enfemble des folutions de continuité. *Voyez* ÉLECTRICITÉ.

Bertholon a publié dans le *Journal de Phyfique*, année 1776, tome I, page 483, un Mémoire fur les *illuminations élect iques*, dans lequel il fait connoître comment on peut repréfenter : 1°. des por traits ; 2°. des figures entières ; 3°. des animaux ; 4°. des oifeaux ; 5°. des reptiles ; 6°. des poiffons ; 7°. des infectes ; 8°. des coqui'les ; 9°. des plantes, des feuilles, des fleurs, des fruits ; 10°. des minéraux ; 11°. de l'écriture ; 12°. des machines ;

13°. des figures d'aftronomie, le foleil, des planètes avec leurs fatellites, des étoiles, &c. ; enfin, tout ce que l'imagination peut concevoir.

Pour obtenir les figures de ces *illuminations*, l'abbé Bertholon colloit fur du verre, avec de la côlle de poiffon, de très-petites lofanges de feuilles d'étain, dont les pointes, très-rapprochées, laiffoient entr'elles un vide infiniment petit. Lorfque les figures étoient telles que le fluide électrique pouvoit fuivre la trace formée par les lofanges, fans fe déranger de fa direction, toutes les lofanges étoient collées d'un feul côté ; mais lorfque, par la forme des contours & la difpofition des lignes, elles étoient telles que le fluide électrique ne pouvoit pas fuivre facilement la trace, on plaçoit une partie des lofanges d'un côté de la plaque de verre, & une autre partie de l'autre côté.

Ainfi, pour repréfenter un U enluminé, on traçoit la lettre fur un carreau de verre, *fig.* 926, & l'on colloit fur cette trace une fuite de petites lofanges ACB. A l'une des extrémités A de la let tre, on colloit une bande de feuille d'étain AE, & à l'autre extrémité une femblable bande B D. Faifant communiquer le point E à une machine électrique, & le point D au réfervoir commun, chaque décharge d'électricité qui paffoit du point E au point D, pour fe rendre au réfervoir commun, faifoit apparoître la trace de l'U parfaitement illuminée.

Mais pour repréfenter un O, *fig.* 926 (a), on place d'abord, d'un côté, des lofanges dans le demi-cercle A H B, puis des lofanges de l'autre côté de la plaque, dans le demi-cercle C K F: une bande de métal AE, établit d'un côté la communication avec le premier demi-cercle ; une autre bande BCD, paffant d'une face à l'autre de la plaque, établit la communication entre le demi-cercle A H B d'un côté, & le demi-cercle C K F de l'autre ; enfin, une bande de métal F G, eft placée fur cette feconde face. Par ce moyen, l'électricité qui parvient du point E au point A, parcourt d'abord tout le demi-cercle A H B, & à l'aide de la bande B D C, paffe de l'autre côté de la plaque pour parcourir tout le demi-cercle C K F, & fe rendre au réfervoir commun par la bande F G.

Par un femblable moyen & par des paffages fuc ceffifs d'une face de la plaque fur l'autre, on peut faire produire, en *illumination électrique*, les deffins les plus compliqués. Cependant, il eft poffible de rencontrer des figures qui préfentent de trop grandes difficultés. On a, dans ces derniers temps, imaginé un procédé très-fimple pour repréfenter les deffins les plus difficiles. Ainfi, foit un double nœud A R D, B S C, *fig.* 926 (b), à produire. Sur une plaque de verre P F, on collera une bande métallique continue, P G H I K L M... F ; on tracera ce nœud A R D, B S C fur le verre ; & à chaque trace de ce nœud, fur les bandes, on coupera légerement le métal avec un canif, de manière qu'il s'y trouve une légère folution de continuité. Alors, faifant communiquer l'extrémité P avec une machine électrique, & l'extrémité F avec le réfervoir commun, chaque folution de continuité laiffera apercevoir une étincelle, lors du paffage du fluide à travers la bande continue, & l'enfemble de ces étincelles repréfentera l'*illumination* de ce double nœud.

Il eft facile de concevoir que plus les bandes feront approchées, plus le deffin produit par l'*illumination* aura d'exactitude. *Voyez* TABLEAU ÉLECTRIQUE, LUMIÈRE ÉLECTRIQUE.

ILLUSIONS, *de* illudere, *fe moquer, fe jouer;* fallacia vifis-optica; *optifche tanfchungen, geficht, betrigge;* f. f. Apparence trompeufe.

En optique, ce font les faux jugemens que nous portons fur la forme & les dimenfions des objets, en les jugeant dans les règles de l'habitude. A l'aide du toucher, nous avons appris à juger de la forme des objets, & en nous mouvant vers eux, de leur diftance, nous étant ainfi habitués à juger la forme & la diftance des objets, il en réfulte que nous ne les jugeons exactement que lorfque nous fommes dans les limites qui ont contribué à former notre jugement : lorfque nous fortons de ces limites & que nous jugeons mal, il-y a *illufion*. Nous allons rapporter quelques exemples de ces *illufions*.

Si nous regardons le ciel pendant une belle nuit, les étoiles, les planètes, &c., femblent y être attachées. C'eft une *illufion* qui provient de ce que nous n'avons pas eu les moyens de parvenir jufqu'à eux, & de juger de leur diftance. Le ciel paroît former une efpèce de voûte qui femble lui fervir de limite; c'eft encore une *illufion*, produite par la lumière qui nous eft envoyée de toutes les parties de l'atmofphère. *Voyez* ATMOSPHÈRE, CIEL, COULEUR DU CIEL, HAUTEUR DE L'ATMOSPHÈRE.

De nouvelles *illufions* céleftes font : 1°. le mouvement apparent des étoiles, dû au double mouvement de la terre (*voyez* ÉTOILES, MOUVEMENT DE LA TERRE); 2°. la forme plate du foleil & de la lune, parce que nous ne pouvons juger de la différence des diftances de leurs bords & de leur convexité (*voyez* SOLEIL, LUNE); 3°. la plus grande longueur apparente du diamètre de ces aftres à l'horizon & au zénith, ainfi que leur forme ellipfoïde à l'horizon & circulaire au zénith, ce qui dépend, 1°. de la différence que nous fuppofons entre la longueur de la demi-corde & la hauteur de l'atmofphère, & 2°. de la réfraction de la lumière.

On obferve également fur terre un grand nombre d'*illufions*. La nuit, les objets nous paroiffent gigantefques, parce que nous les jugeons plus éloignés, à caufe de la petite quantité de lumière qu'ils nous envoient. Les habitans des plaines ju-

gent, dans les chaînes alpines, les objets beaucoup moins éloignés que dans les plaines, à caufe des grandes maffes avec lefquelles ils comparent les diftances. Lorfque l'on a quitté, dans fa jeuneffe, les lieux de fa naiffance, & que l'on y retourne dans un âge plus avancé, on trouve, habituellement, les lieux que l'on habitoit, les chambres, &c., plus petits qu'au moment où on les a quittés, quoique l'on n'y ait rien changé. La feule manière de juger les objets a changé pour nous.

Vus horizontalement de haut en bas, ou de bas en haut, les objets nous paroiffent, à la même diftance, avoir des dimenfions différentes : ainfi, du haut d'une tour, les hommes vus à fa bafe, & les perfonnes que l'on aperçoit fur ces hauteurs, paroiffent plus petits que ceux que l'on voit horizontalement à la même diftance; ce qui tient, 1°. à l'habitude que l'on a de les voir dans une direction horizontale; 2°. à la diminution dans la grandeur de l'angle. La première caufe y influe tellement, que les gardiens des tours, qui font conftamment fur leur fommet, & les habitans des vallées entourées de hautes montagnes, jugent ce qu'ils voient, les premiers dans la plaine fur laquelle la tour eft élevée, les feconds fur les flancs des montagnes qui les entourent, & apprécient leurs dimenfions d'une manière affez exacte. Changez leur pofition, alors ils auront des *illufions*, & jugeront les objets plus grands qu'ils ne font.

En général, dit Bouguer, les objets très-loin nous paroiffent très-petits : de-là vient qu'une longue allée femble diminuer de largeur à mefure que la diftance augmente, & que la furface de la mer femble s'élever; & cela, parce que nous croyons les objets éloignés plus rapprochés, & les objets qui ont beaucoup de largeur, plus élevés qu'ils ne font, felon la règle de la perfpective : une conféquence de ces fortes d'*illufions*, c'eft que, fur une pente douce élevée, les objets nous paroiffent plus grands, parce que nous les jugeons plus éloignés, & que, fur une pente douce defcendante, ils nous paroiffent plus petits, parce que nous les jugeons plus rapprochés.

Placé dans un corps en mouvement, une voiture, un bateau, les objets ftationnaires nous paroiffent avoir du mouvement : les uns, ceux qui font les plus rapprochés, femblent fe mouvoir dans un fens oppofé, & ceux qui font éloignés, dans une direction femblable à la nôtre. Ainfi, lorfque nous marchons la nuit, la lune & les étoiles femblent fe mouvoir avec nous, quoique ces aftres foient ftationnaires. Tous ces mouvemens, leur vîteffe & leur direction, dépendent : 1°. de la vîteffe propre des obfervateurs, & de la diftance à laquelle on fuppofe les objets fixes : tout ce qui eft plus rapproché de cette diftance, fe meut en fens contraire, avec une vîteffe d'autant plus grande qu'ils font plus éloignés de la diftance ftationnaire, ou qu'ils font plus rapprochés du fpectateur : au-delà de la diftance ftationnaire, les objets se meuvent dans la direction de l'obfervateur, avec des vitefses qui augmentent avec la diftance, foit du point ftationnaire, foit du fpeêtateur. Le maximum des deux vitefses eft celle du fpeêtateur; il a lieu dans le premier cas, c'eft-à-dire, pour les mouvemens inverfes, lorfque l'objet eft près du fpeêtateur; & dans le fecond, pour les mouvemens direêts, lorfque la diftance eft infinie. C'eft pourquoi la lune paroît fe mouvoir avec une vitefse égale à celle du fpeêtateur: de ces deux *illufions*, celle qui eft la plus forte & la mieux prononcée, c'eft le mouvement des objets éloignés, dans la même direêtion que le fpeêtateur.

Nous éprouvons encore des *illufions* dépendantes de la couleur des objets & de leur éclairement, c'eft-à-dire, de la quantité de lumière qu'ils nous envoient. C'eft ainfi que les objets blancs paroiffent plus gros que les objets noirs; nous en avons un exemple remarquable dans la forme de la nouvelle lune, au deuxième & au troifième jour de fon croiffant; fes bords, éclairés par la lumière du foleil, font blancs & lumineux; le refte de fa furface, éclairée par la lumière que la terre lui réfléchit, eft d'un gris-cendré: le difque alors paroît avoir deux diamètres différens, celui de la partie blanche qui eft beaucoup plus grand, & celui de la partie obfcure beaucoup plus petit. On fait, depuis long-temps, que les bas noirs rendent la jambe plus fine, & les bas blancs la jambe plus groffe. Les étoiles nous paroiffent, à la vue fimple, avoir une affez grande furface, & même une forme rayonnante; ce qui dépend, ainfi que l'effet des couleurs, de l'impreffion de la lumière fur la rétine. *Voyez* LUMIÈRE, ÉTOILES, COULEUR, ŒIL, VUE, VISION, RAYONNANCE, RAYONNEMENT.

Faifant mouvoir un corps embrafé, l'impreffion de la lumière fur le fond de l'œil produit une *illufion* d'où réfulte la trace continue du mouvement des corps: ainfi, un charbon mu circulairement, un corps embrafé dans l'atmofphère, fe mouvant en ligne droite, l'étincellement de la foudre dans une direêtion en zigzag, font apercevoir des cercles, des lignes, des zigzags lumineux; cette *illufion* dépend de la durée de l'impreffion de la lumière fur le fond de l'œil: de Signer conclut cette durée d'une demi-feconde, & Darcy de deux fecondes & demie. *Voyez* DARCY, LUMIÈRE, ŒIL.

Mufchenbroeck, Scheiner, Delamotte, &c., rapportent une *illufion* affez remarquable: fi l'on perce, avec une aiguille, plufieurs trous dans une carte, fur une furface égale au diamètre de la prunelle; que l'on place cette carte près de l'œil, & que l'on regarde une lumière à travers ces ouvertures, la lumière paroîtra fimple ou multiple, felon fa diftance de l'œil; fi elle eft à la diftance de la portée de la vue exaête, elle paroîtra fimple; fi elle eft plus rapprochée ou plus éloignée, on apercevra autant de lumières que la carte aura de trous,

par lefquels la lumière parviendra à la rétine: ce qui dépend, dans le premier cas, de ce que tous les rayons de lumière, paffant par les trous, fe réuniront au fond de l'œil à leur foyer, & que la lumière étant plus rapprochée ou plus éloignée, le foyer fera plus éloigné ou plus rapproché que la rétine; & les rayons, paffant par chaque trou, toucheront des points différens du fond de l'œil. *Voyez* FOYER, ŒIL, PORTÉE DE LA VUE, VUE.

Perçant un trou dans une carte, avec une aiguille, plaçant cette carte près de l'œil, & une épingle ou une aiguille entre la carte & l'œil; l'épingle ou l'aiguille paroîtront plus groffes, & dans une pofition renverfée; ce qui tient: 1°. à ce que l'épingle ou l'aiguille feront rapportées à la diftance de la vue parfaite; 2°. à ce que les rayons qui arrivent à l'œil, fe croifant dans le trou, les objets doivent être vus dans une pofition renverfée. *Voyez* MICROSCOPE, VISION.

On peut encore rapporter aux *illufions* les couleurs accidentelles dont nous avons déjà parlé: l'ofcillation des objets fixes, vus à travers de l'air échauffé; les villes, les montagnes & autres corps éloignés, vus doubles & dans une pofition renverfée. *Voyez* COULEURS ACCIDENTELLES, MIRAGE, VISION.

Quelques *illufions* dépendent de la difpofition des yeux. C'eft ainfi que l'on voit les objets doubles, lorfque l'on dérange le globe de l'un des yeux; que les perfonnes ivres voient les objets doubles & fe mouvoir, parce qu'ils ne peuvent fixer leurs yeux; que les objets font doublés en les plaçant plus près ou plus éloignés que le point fur lequel la vue eft fixée; qu'une ligne droite, oblique, A B C D, *fig.* 927, tracée entre deux parallèles E F, G H, & interrompue entre les deux droites, femble formée de deux lignes diftinêtes qui ont une direêtion différente; qu'une ligne droite, A B, *fig.* 927 (*a*), tracée fur une fuite de lignes courbes concentriques, paroît avoir une courbure dans une direêtion oppofée à ces lignes; enfin, qu'une ligne droite A B, *fig.* 927 (*b*), tracée obliquement fur plufieurs lignes parallèles, femble être formée d'une fuite de lignes tracées en zigzag. *Voyez* ŒIL, VUE, VISION.

Nous croyons inutile de parler ici des *illufions* produites à l'aide de verres courbes & de verres à facettes: nous en traiterons en parlant de ces fortes de verres. *Voyez* OPTIQUE, VERRE A FACETTES.

On trouve dans l'*Hiftoire des peintres*, les détails de quelques *illufions* produites en peinture: tels font les raifins de Zeuxis, que les oifeaux venoient becqueter; le rideau de Parrhafius, qui trompa Zeuxis lui-même; mais ces fortes d'*illufions* n'exiftent plus aujourd'hui: il feroit poffible qu'elles aient été exagérées par les Anciens qui ont rapportées. Cependant quelques peintres exécutent encore, de nos jours, des tableaux aux quels on donne le nom de *trompe l'œil*, qui produifent une telle *illufion* que le commun des hommes y eft trompé.

IMAGE, de imitari, *imiter*; imago; *bild*; f. f. Repréfentation d'un objet en fculpture ou en peinture, principalement de ceux qui font partie d'un culte religieux.

En optique, c'eft le lieu où l'on fuppofe placé l'objet que l'on voit, quoiqu'il foit dans une autre place.

Tout objet vu directement, n'a d'*image* que celle qu'il forme dans l'œil, & à laquelle plufieurs phyficiens attribuent la fenfation & la perception de l'objet (*voyez* VISION); mais cette *image* n'eft pas celle que nous confidérons ici, puifque c'eft le lieu où nous fuppofons qu'eft placé l'objet que nous apercevons, quoiqu'il n'y foit pas. Ces fortes d'*images* font produites de trois manieres: directement, par réflexion & par réfraction.

Si l'on perce une très-petite ouverture dans une paroi extrêmement mince d'une chambre obfcure, tous les objets extérieurs qui enverront de la lumiere par cette ouverture, dans la chambre, produiront une peinture, un tableau, fur un carton ou fur une furface blanche, placée dans la chambre, pour recevoir cette lumiere. La peinture ou le tableau qu'ils produiront, eft *l'image* des objets extérieurs. *Voyez* CHAMBRE OBSCURE.

Pour produire une *image* par réfraction, il faut que l'objet foit vu à travers un corps tranfparent, & que les rayons de lumiere éprouvent, en le travefant, une déviation qui tranfporte l'*image* dans un autre lieu que l'objet; pour produire une *image* par réflexion, il faut que la furface du corps réfléchiffant foit parfaitement polie, & qu'elle réfléchiffe, à l'œil, les rayons de lumiere envoyés par l'objet: alors l'*image* eft dans une pofition dépendante de l'enfemble de la réflexion des rayons de lumiere.

Un corps dont la furface ne feroit par parfaitement polie, & qui feroit couvert d'afpérités, réfléchit bien la lumiere; mais la lumiere envoyée de chaque afpérité, eft réfléchie de tant de directions différentes, qu'elle arrive à l'œil mélangée de toutes les couleurs, & qu'elle produit la fenfation du blanc; tandis que lorfque la furface eft polie, la lumiere fe réfléchit, en fuivant une loi conftante, qui détermine les rayons de lumiere, envoyés de chaque point, à arriver ifolément à l'œil, & à produire la fenfation de la couleur du rayon.

Il ne fuffit pas, pour produire une *image* par réfraction, que la lumiere paffe à travers le corps; il faut encore qu'en le traverfant, elle fe dirige felon une loi fixe & déterminée: car, fi elle paffoit à travers un milieu globuleux, hétérogene, comme la neige, ou à travers un corps homogene dont la furface feroit couverte d'afpérités, la lumiere fe diferferoit dans le milieu du corps hétérogene ou à la furface du corps homogene, les rayons de couleurs différentes fe mélangeroient en fortant du corps diaphane, & ne produiroient que la fenfation de la lumiere blanche: c'eft ainfi que fe comporte le verre dépoli. Quelques corps, comme le verre, pouvant être à la fois tranfparens & polis à la furface, font fufceptibles de produire deux *images* différentes: l'une par réflexion & l'autre par réfraction.

Selon la nature des corps tranfparens & la forme de leur furface, l'*image* peut être fituée dans des lieux différens & avec des formes particulieres.

Ainfi, fi le corps eft placé dans un milieu tranfparent, & l'œil de l'obfervateur dans un autre, l'*image* fera plus élevée ou plus enfoncée dans le corps tranfparent, que le corps lui même: il fera plus élevé fi le milieu où eft le corps eft plus réfringent que celui où eft l'œil; dans le cas contraire, il fera moins élevé. Si la furface de féparation eft courbe, le lieu de l'*image* variera: 1°. par rapport à la réfringence des deux milieux; 2°. par rapport à la pofition de l'objet & du fpectateur, relativement au centre de courbure. Enfin, fi le corps eft placé dans le même milieu où l'œil du fpectateur, & que les rayons qu'il renvoie foient obligés de traverfer un milieu d'une autre réfringence, le lieu de l'*image* variera: 1°. relativement à la forme & à la pofition des deux furfaces du milieu traverfé; 2°. relativement à la différence de réfringence des deux milieux. *Voyez* FOYER, VISION, VERRE PLAN, VERRE CONVIXE, VERRE CONCAVE, LENTILLE, CAUSTIQUE, LIEU DE L'IMAGE.

Une conféquence de cette tranfpofition du lieu de l'*image*, par la différence de réfringence des deux milieux, & la pofition des furfaces de féparation, c'eft que, un feul objet, vu à travers un milieu par plufieurs furfaces différemment inclinées, a autant d'*images* qu'il exifte de furfaces à travers lefquelles on le voit: ainfi, un poiffon placé dans une cuve de verre rectangulaire, vu par un de fes angles folides, fur les faces des trois plans qui le forment, préfente trois *images*, & l'on croit qu'il exifte trois poiffons. C'eft une illufion d'optique. *Voyez* ce mot.

Quelques corps jouiffant de la double réfraction, produifent ordinairement deux *images* d'un même objet: l'une par la réfraction ordinaire, l'autre par la réfraction extraordinaire. *Voyez* DOUBLE RÉFRACTION.

Par réflexion, fi la furface réfléchiffante eft plane, l'*image* eft toujours placée derriere cette furface à une diftance égale à celle de l'objet à cette même furface: l'*image* conferve la forme & la grandeur de l'objet; elle n'en differe qu'en ce que ce qui eft à droite dans l'objet, eft vu à gauche dans l'*image*: c'eft ce que nous voyons tous les jours dans les miroirs plans. *Voyez* MIROIRS.

Mais lorsque la surface réfléchissante est courbe, l'*image* a alors une position & une forme dépendantes de cette courbure. Si la surface réfléchissante est sphérique ou convexe, l'*image* est toujours derrière le miroir; sa grandeur est moindre que celle de l'objet : si la surface réfléchissante est sphérique, concave, l'*image* peut être derrière ou devant la surface, selon la position de l'objet & du spectateur : enfin, si la surface est cylindrique, l'*image* est déformée suivant la direction des rayons réfléchis, dépendant des formes droites & courbes, des lignes de la surface. *Voyez* MIROIRS, CAUSTIQUE, FOYER, LIEU DE L'IMAGE.

Si le miroir dont on fait usage est métallique, il ne produit qu'une seule *image*, provenant des rayons réfléchis à la surface; mais dans les miroirs de verre, il existe toujours deux *images* au moins : 1°. celle qui a lieu à la surface extérieure; 2°. celle qui est produite par la surface intérieure; celle-ci est placée dans une position différente de la première, parce que le rayon de lumière éprouve deux réfractions : l'une en entrant dans le verre, & l'autre en sortant : la position & l'intensité de ces deux *images* dépendent : 1°. de l'épaisseur du verre & de l'inclinaison sous laquelle le rayon de lumière réfléchi parvient à l'observateur : souvent même, lorsque l'inclinaison des rayons réfléchis est très-grande, on distingue un plus grand nombre d'*images*. C'est ainsi qu'en regardant une lumière dans une glace épaisse, on aperçoit quelquefois jusqu'à six à sept *images* : il suffit, pour cela, que les rayons soient réfléchis sous une grande obliquité. Cette multiplication d'*images* est produite par la réflexion intérieure, aux deux surfaces successives du miroir, & à la réfraction extérieure d'une partie de la lumière, après chaque réflexion.

On conçoit que si le miroir est composé de plusieurs plans, formant un polyèdre, que la position des corps, relativement à chaque plan, ainsi que celle du spectateur, peut donner naissance à la production d'un nombre d'*images* plus ou moins grand, qui dépendra toujours du nombre de plans & de leur position. *Voyez* MIROIRS, POLYÈDRE.

IMAGES COLORÉES. *Images* des objets, bordées des couleurs de l'iris.

Toutes les fois qu'un objet est vu par réflexion & par réfraction; dans le premier cas, avec des miroirs à une seule surface réfléchissante ou à deux surfaces parallèles, & dans le second, à travers deux miroirs, soit qu'il n'existe qu'une seule surface de séparation, ou que les deux surfaces de séparation soient parallèles, l'*image* de l'objet est pure & sans autre couleur que celle qui lui est propre : mais si l'on regarde un objet à travers un prisme ou un corps transparent, dont les faces de séparation ne soient pas parallèles, l'*image* de l'objet est environnée des couleurs de

l'iris. Cet effet provient de la décomposition de la lumière, en passant à travers un corps dont les deux surfaces d'incidence & d'émergence, c'est-à-dire, d'entrée & de sortie, ne sont pas parallèles *Voyez* COULEURS, LUMIÈRE, DÉCOMPOSITION DE LA LUMIÈRE, PRISME, SPECTRE SOLAIRE.

De même, si l'on regarde un objet dans un miroir de verre dont les deux surfaces, supérieure & inférieure, ne sont point parallèles, le rayon de lumière, en entrant, éprouvera une déviation occasionnée par la réfringence du milieu; il se réfléchira sur la surface inférieure, & sortira par la surface supérieure, en éprouvant une nouvelle déviation. Le rayon de lumière, à son entrée, à sa réflexion & à sa sortie, se comportera comme s'il traversoit un corps transparent; il se décomposera, & l'*image* que l'on apercevra, sera bordée des couleurs du spectre solaire. (*Voyez* MIROIRS À SURFACE INCLINÉE.) On trouve dans le *Journal de Physique*, année 1773, tom. I, pag. 368, une Mémoire de M. M....., qui traite des *images colorées*.

On peut également donner le nom d'*image colorée* à celles qui proviennent de la fatigue de l'œil qui fixe un objet. *Voyez* COULEUR ACCIDENTELLE.

IMAGE (Lieu de l'). Lieu, position dans laquelle se trouve l'*image* d'un objet que l'on voit, soit par réflexion, soit par réfraction. *Voyez* LIEU DE L'IMAGE.

IMAGINAIRE; de *imago*, *image*; *imaginarius*; *eingebildet*; adj. Qui n'est que dans l'imagination, qui n'est point réel.

On appelle ainsi, en algèbre, les racines paires des quantités négatives; la raison de cette dénomination est, que toute puissance paire, d'une quantité quelconque, positive ou négative, a nécessairement le signe $+$, parce que $+$ par $+$, & $-$ par $-$, donnent également $+$.

IMAGINATION, de *imago*, *image*; *imaginatio*; *einbildung*; s. f. Représentation d'images à l'esprit, soit volontairement, soit spontanément.

Ces images peuvent être régulièrement coordonnées, comme le sont les objets de la nature, ou bien elles peuvent se représenter sans ordre & bizarrement associées, comme dans les délires des songes.

Si l'on observe la perdrix arrêtée par le chien, les animaux effrayés en apercevant l'aigle qui plane dans l'air; ceux qui restent stupides à la vue d'un serpent, les cris du chien pendant son sommeil, on est porté à croire que l'*imagination* agit sur les animaux comme sur les hommes.

On distingue deux sortes d'*imagination*, la passive & l'active : la première nous représente des objets déjà vus ou décrits; elle se modifie & cause souvent des douleurs insupportables, des terreurs pufillanimes; elle peut même faire tomber dans la démence, furtout lorſqu'elle eſt miſe en action par des contes terribles des revenans, des forciers, des morts, des maladies; par le tableau des peines, des maux que les damnés fouffrent dans l'enfer. La feconde eſt produite par une tête ardente, dont la fenfibilité s'exalte en création : elle agit fur les autres individus, les émeut, les touche, les excite; elle dépend, en quelque forte, de chaleur & de furabondance de vie : c'eſt cette *imagination* qui crée les peintres, les muficiens, les poëtes.

C'eſt principalement dans l'art de guérir que l'influence de l'*imagination* peut produire des cures merveilleufes : telles font celles qui proviennent du magnétifme, du fomnambulifme, &c.

L'ancienne philofophie corpufculaire admettoit, pour expliquer les effets de l'*imagination*, qu'il fe détachoit fans ceffe, de la fuperficie de chaque objet, une foule d'images légères ou d'apparence, efpèces intentionnelles qui, voltigeant dans les airs, venoient frapper nos fens, tels que la vue, l'ouïe, & cela jufque dans le fommeil. Ainfi, Démocrite aveugle prioit, dit-on, les dieux de ne lui envoyer que d'agréables images. On fait aujourd'hui quelle confiance mérite cette opinion.

IMAGINATION; *fuffufio*; f. f. Maladie des yeux. Genre particulier de perverfion de la vue, qu'on appelle auffi, vulgairement, *berlue*, & qui confifte dans la confcience d'un objet réputé préfent, fans qu'on ait reçu aucune impreffion fur l'organe vifuel de la part d'un corps étranger.

Parmi les *imaginations*, on diftingue : 1°. les étincelles brillantes que Tfchirhaufen, Morgagni & beaucoup d'autres, voyoient voltiger autour d'eux; une multitude d'étincelles que quelques perfonnes aperçoivent momentanément la nuit, des boules de feu, de grandes flammes qu'elles voient fortir de leurs yeux; 2°. des taches plus ou moins noires qui couvrent les objets que l'on regarde; fouvent ces taches font fixes, d'autres fois elles font mobiles. *Voyez* SUFFUSION SCINTILLANTE.

Cette affection de la vue peut être permanente ou intermittente. Le premier cas eſt celui des bluetres, des taches, dont le mouvement le plus ordinaire fe fait de haut en bas; le fecond, quand le temps eſt clair, & que l'on fixe des objets fort éclairés. *Voyez* OPHTALMOSCOPIE, ŒIL, VUE, VISION.

On attribue ces *imaginations* : 1°. à l'obfcurciffement d'une des parties tranfparentes de l'œil; à des vices dans les humeurs aqueufes & vitrées; à un vice de conformation dans le criftallin; 2°. à l'état faburral, fableux des premiers; aux vers inteftinaux, à l'ataxie générale du fyſtème nerveux; elles accompagnent l'action des corps qui produifent des contufions, les éternuemens violens. *Voyez* EBLOUISSEMENT.

IMBÉCILLITÉ; *imbecillitas*; *bloedigkeit*; f. f. Etat dans lequel des individus, par la foibleffe des organes deſtinés à la manifeſtation de la penſée, font d'une médiocrité telle, qu'ils font incapables de s'élever aux connoiffances & à la raifon commune à tous les individus du même âge, du même rang & de la même éducation qu'eux. *Voyez* IDIOTISME.

IMBIBITION, *de imbibere*, *imbiber*; imbibitio, combibendi facultas; *einfangung*; f. f. Efpèce de cohobation par laquelle un liquide fe fixe enfin de telle forte, qu'il ne peut plus monter. Action d'*imbiber*, de mouiller un corps.

D'après J. A. Deluc & Sauffure (1), l'*imbibition* eſt un effet diftinct des effets chimiques, en ce qu'il ne fert qu'à amener un liquide quelconque, en contact avec les parties internes d'un folide poreux, fans rapport à ce qui fe paffe enfuite entr'eux, par des affinités chimiques.

Cet effet a lieu pour l'eau dans fa fubfance de l'hygromètre & dans une pierre fableufe réfractaire, comme dans le fel de tartre, la chaux, le fucre; mais il fe borne à l'introduction dans les deux premières de ces fubftances, & il n'en eſt pas de même dans les autres, non plus qu'avec d'autres liquides que la même caufe y introduiroit, & dont il réfulteroit quelque combinaifon chimique.

IMITATION, *de imitari*, *imiter*; imitatio; *nachahmung*; f. f. Action par laquelle on imite une chofe.

L'*imitation* peut être dépendante ou indépendante de notre volonté : on peut placer, dans la première divifion, les efforts que font les littérateurs pour *imiter* les plus beaux endroits des auteurs qui ont acquis de la célébrité; les moyens que les peintres emploient pour *imiter* les objets qu'ils veulent peindre; enfin, toutes ces *imitations* relatives à la phyfique, à la chimie, à la mécanique, &c.

Quant à l'*imitation* indépendante de notre volonté, nous citerons le bâillement auquel nous fommes entraînés, lorfque d'autres perfonnes bâillent devant nous. Cette *imitation* eſt toute entière fous la dépendance de la faculté *imitative*, & très-peu foumife à la volonté réfléchie.

Montaigne a dit : « La vue des angoiffes d'aul-
» truy m'angoiffe matériellement, & à mon fenti-
» ment fouvent ufurpé le fentiment d'un tiers : un
» touffeur continuel irrite mon poulmon & mon
» gofier. »

Les mères ont raifon, difoit encore Montaigne, « de tancer leurs enfans lorfqu'ils contrefont
» les borgnes, les boiteux, les bicles & tels autres
» defauts de la perfonne : car oultre ce que le
» corps ainfi tendu en peut recevoir un mauvais

(1) *Annales de Chimie*, tome LIII, page 6.

» ply,

» ply, je ne fais comment il femble que la fortune » fe joue à nous prendre au mot. »

En effet, nous voyons parmi les hommes une foule de vices contractés par *imitation*; c'eft ainfi, par exemple, que le loucher s'acquiért fouvent, & que l'habitude devient fi forte, qu'il eft difficile de rendre à l'œil fa direction naturelle. Il eft des perfonnes qui, par une *imitation* ridicule, fe font tellement habituées à l'ufage des beficles, qu'il leur feroit fouvent impoffible de s'en paffer.

Si, par l'*imitation*, on acquiert quelquefois des vices, on peut, par la même raifon, obtenir des vertus & de bonnes qualités. Que l'on juge, d'après les réfultats de l'*imitation*, quelle précaution les grands parens doivent prendre, lorfqu'ils ont des enfans, & quel choix ils doivent faire dans les perfonnes qu'ils fréquentent habituellement !

IMMERSION, de *in*, *dans*, mergere, *plonger*; immerfio; *eintrit*; f. f. Action par laquelle on plonge dans un milieu.

C'eft, en aftronomie, le commencement d'une éclipfe d'étoile, quand celle-ci eft cachée par la lune.

Quelquefois on fe fert du mot *immerfion*, pour défigner le temps où un aftre eft fi près du foleil qu'on ne peut le voir, parce qu'il eft comme enveloppé dans fes rayons.

On fe fert encore du mot *immerfion*, dans les éclipfes de lune : c'eft le moment où la lune commence à être toute obfcurcie ou plongée dans l'ombre de la terre.

Immerfion fe dit auffi, en parlant des fatellites de Jupiter, dont les obfervations font d'une grande utilité pour la détermination des longitudes.

Le mot *immerfion* eft en ufage en chimie, pour exprimer une efpèce de calcination qui fe fait, en plongeant un corps dans quelque fluide, afin de le corroder.

C'eft encore une efpèce de lotion qui confifte à faire tremper une fubftance dans quelque fluide pour le corriger ou l'améliorer.

En médecine, l'*immerfion* eft l'opération par laquelle on plonge le corps entier, ou feulement une de fes parties, dans un liquide & que l'on retire auffitôt. Ainfi, l'*immerfion* différe du bain en ce que les parties du corps qui font plongées dans le liquide, reftent un certain temps, & que dans l'*immerfion* elles en font retirées auffitôt.

Tout nous porte à croire que l'*immerfion* étoit en grande faveur chez les Anciens : chez un grand nombre de nations, on plonge dans l'eau les enfans nouveau-nés. Le baptême n'étoit autre chofe qu'une ou plufieurs *immerfions* que l'on faifoit fubir à ceux que l'on initioit à la religion catholique.

IMPAIR; impar; non par; *ungerade*; adj. Qui n'eft pas pair, qui ne peut être divifé en deux

Dict. de Phyf. Tome III.

nombres entiers. Tels font les nombres : 1, 3, 5, 7, 9, &c.

Dans l'antiquité païenne, les nombres *impairs* ont été en grande vénération; c'eft en nombres *impairs* que le rituel magique prefcrivoit fes plus myftérieufes préparations; il n'étoit pas non plus indifférent dans l'art de la divination ni des augures; il a été même appliqué à la médecine. L'année climactérique eft, dans la vie humaine, une année *impair*; entre les jours critiques d'une maladie, les jours *impairs* font les jours dominans, foit par leur nombre, foit par leur énergie.

IMPAIREMENT PAIR. Nombre *pair*, formé de deux nombres impairs. Ainfi 2, 6, 10, 14, &c., font des nombres *impairement pairs*, parce qu'ils font formés de deux fois 1, 3, 5, 7, &c.

IMPALPABLE, *de la particule négative* in & *de* palpare, *manier*; intactilis; *unfühlbar*; adj. Qui eft fi fin, fi petit, qu'on ne peut le diftinguer par les fens, particulièrement par celui du toucher. *Voyez* TOUCHER.

IMPARFAIT, *de* in, *non*, perficere, *achever*; imperfectus; *unvollkommen*; adj. Qui n'eft pas achevé.

On dit, en mufique, *accord imparfait*, par oppofition à l'accord parfait, celui qui porte une fixte; & par oppofition à l'accord plein, celui qui n'a pas tous les fons qui lui conviennent, & qui doivent le rendre complet.

IMPÉNÉTRABILITÉ; *de la particule négative* in & *de* penetrare, *pénétrer*; impenetrabilitas; *undurchdringlikeit*; f. f. Propriété en vertu de laquelle un corps ne peut pas occuper une place déjà occupée par un autre.

On conçoit que cette propriété n'appartient point à l'étendue prife dans un fens abfolu.

Nous devons obferver encore, que cette propriété n'exifte que dans le fyftème des atomes, qui eft adopté en France, & qu'elle ne peut exifter dans le fyftème dynamique, qui eft encore adopté par quelques phyficiens allemands; car, dans ce fyftème, les corps étant compreffibles & dilatables, on eft obligé d'admettre qu'ils fe pénètrent dans leur effence la plus intime. Au refte, fans nous occuper des hypothèfes qui divifent les phyficiens fur cette propriété, nous nous contenterons de la prouver par des faits.

Les corps peuvent être folides, liquides ou gazeux.

D'abord, on obferve que les corps folides réfiftent à toute pénétration dans un autre corps folide. Quelques corps préfentent, à la vérité, l'apparence de la pénétrabilité; tels font, par exemple, les clous enfoncés dans le bois, l'acier enfoncé dans le plomb, &c. Mais, dans tous ces exemples, il n'y a point de pénétrabilité, car les clous, l'acier, &c., occupent une place diftincte du bois & du plomb : ces corps ne font que perméables & non pénétrables.

Les liquides, les gaz, s'oppofent à l'intromiffion des folides; ceux-ci n'entrent dans leur intérieur, qu'autant que leurs molécules s'écartent pour leur livrer un paffage, & les folides n'occupent pas une place que les liquides occupent en même temps.

On diftingue affez facilement la réfiftance que les liquides oppofent à l'intromiffion des folides; mais au premier afpect, il n'eft pas auffi facile de concevoir celle de l'air, qui femble céder au moindre effort. Une expérience fuffit pour prouver l'*impénétrabilité* de l'air. Que l'on plonge dans l'eau, par fon ouverture, une bouteille, un verre, un bocal plein d'air, on verra que l'air conferve fa place dans l'eau, & que ce liquide ne le pénétre pas. On remarque cependant une diminution dans le volume de ce fluide élaftique; mais cette diminution eft occafionnée par la compreffion de l'eau & l'élafticité de l'air : que la compreffion ceffe, l'air occupe auffitôt fon volume primitif. *Voyez* ELASTICITÉ.

Quelques liquides mêlés enfemble fe féparent & reftent féparés, quelques moyens que l'on emploie pour les réunir : tels font l'eau & le mercure, l'eau & l'huile, &c. Ici, il eft bien prouvé qu'i's font impénétrables l'un à l'autre; mais d'autres liquides fe mélangent : tels font l'eau & le vin, l'eau & l'alcool, l'eau & les acides, &c. Dans quelques circonftances, comme dans le mélange de l'eau & du vin, le volume du mélange eft égal à la fomme des volumes féparés des deux liquides; ce qui prouve que chacun occupe une place diftincte, & qu'il n'y a pas de pénétration; dans d'autres cas, comme dans celui du mélange de l'acide fulfurique & de l'eau, il exifte une diminution fenfible dans le volume; ici on pourroit foupçonner une pénétration. Mais pendant que ce mélange a lieu, il fe dégage une quantité confidérable de calorique; la fortie du calorique doit néceffairement former un vide, & c'eft ce vide qui produit la diminution du volume.

Plufieurs gaz mélangés avec les liquides ne paroiffent pas augmenter fenfiblement leur volume. C'eft ainfi que l'eau abforbe environ fept cents fois fon volume de gaz acide fluoborique, fans que fon volume en foit confidérablement augmenté. Mais ici il fe forme une combinaifon chimique entre ces deux fubftances : le gaz paffe à l'état liquide, & il fe dégage du calorique. C'eft à cette combinaifon, d'une part, & au calorique dégagé, de l'autre, qu'eft due cette diminution confidérable dans le volume, & non à la pénétration des deux fubftances.

Un grand nombre de gaz mélangés, tels que l'oxigène & l'azote, occupent un volume égal à la fomme des deux gaz féparés; il n'y a donc pas de pénétration; mais d'autres, les gaz hydro-

chlrite & ammoniaque, diminuent confidérablement de volume; c'eft qu'ici il y a combinaifon des gaz & formation d'une fubftance nouvelle d'une plus grande denfité que celle de la moyenne des deux gaz.

Il fuit de ces confidérations, que l'*impénétrabilité* eft une propriété générale des corps, prouvée par l'expérience, & que fi les réfultats de l'expérience préfentent quelques anomalies, elles proviennent de l'affinité chimique des fubftances mélangées, & de la formation de nouvelles combinaifons.

IMPÉNÉTRABLE; impenetrabilis; *undurchdringlich*; adj. Qui ne peut pas être pénétré.

C'eft une propriété générale des corps que d'être *impénétrables*, c'eft-à-dire, de ne point permettre aux corps d'occuper la même place qu'ils occupent, à moins toutefois que ces autres corps ne les en aient chaffés, foit en les comprimant, foit en les forçant à fe tranfporter ailleurs. *Voyez* IMPÉNÉTRABILITÉ.

IMPERMÉABILITÉ, *de* in, *non,* per, *au travers,* meare, *paffer;* impermeabilitas; *undurchdringlichkeit.* Qualité de ce qui eft *imperméable,* ou qui ne peut paffer au travers.

Propriété qu'ont certaines matières de ne point fe laiffer traverfer par d'autres. Ainfi, le verre femble être *imperméable,* puifqu'aucun corps ne peut pénétrer dans fon intérieur, fans le rompre; cependant la lumière peut le traverfer. Mais, de tous les corps, celui que l'on regarde comme *imperméable* au plus haut degré, c'eft le calorique, puifque lui feul s'introduit entre tous les corps & qu'aucun corps ne peut le pénétrer; fes parties font trop déliées & trop dures pour le leur permettre.

Toutes les fubftances, autres que le calorique, ne font *imperméables* qu'en partie; c'eft-à-dire, qu'elles font perméables à certaines fubftances, & ne le font point à d'autres. Ainfi, une veffie eft *imperméable* à l'air & ne l'eft pas à l'eau; le marbre eft *imperméable* à l'eau & ne l'eft point à l'alcool, à l'huile de térébenthine, &c.; le criftal de roche eft *imperméable* à un grand nombre de corps, mais il ne l'eft pas à la lumière fuppofée matière, toutes les fubftances de la nature font perméables au calorique.

Il eft néceffaire de bien diftinguer la différence qui exifte entre *imperméabilité* & *impénétrabilité.* Un corps eft perméable toutes les fois qu'un autre corps peut le traverfer ou déranger fes molécules, pour fe placer entr'elles; mais ce qu'il eft perméable, il ne s'enfuit pas qu'il foit pénétrable; car, pour qu'il ait cette feconde propriété, il faudroit que les molécules du corps qui le pénétre, puiffent occuper la place de fes molécules, ce qui n'a pas lieu. Ainfi, la lumière, en traverfant les corps tranfparens, paffe fimplement entre les molécules de ces corps. Le calorique, en pénétrant dans les corps, écarte leurs molécules & se place entr'elles ; ainsi, ni les molécules de la lumière, ni celles du calorique, n'occupent une place occupée en même temps par les molécules des corps ; elles se placent seulement dans l'espace qu'elles laissent entr'elles. Il y a donc réellement perméabilité, mais non pénétrabilité.

IMPERMÉABLE ; impermeabilis ; *undurchdringlich* ; adj. Qui ne peut pas être pénétré, qui ne se laisse point traverser par d'autres corps.

Il paroît que, de tous les corps, le calorique est le seul qui soit *imperméable* ; les autres le sont plus ou moins, c'est-à-dire, qu'ils se laissent traverser par un nombre de corps plus ou moins grand ; enfin, tous sont traversés par le calorique : donc tous sont permeables. *Voyez* IMPERMÉABILITÉ.

IMPRÉGNATION, de *prægnans*, *femme grosse* ; impregnatio ; *eintrankung* ; s. f. C'est, en chimie & en pharmacie, l'action par laquelle une liqueur s'imbibe & se charge des principes d'une substance qu'on y fait macérer, infuser ou bouillir, & dont elle reçoit en même temps toute la vertu. *Voyez* DISSOLUTION.

Quelques médecins entendent, par ce mot, l'acte même de la fécondation & les rapports de l'embryon à la mère. D'autres nomment *imprégnation* tout changement opéré dans l'une des parties du corps, ou dans l'organisme, par l'absorption d'un fluide étranger, ou seulement par l'impréffion que produit ce corps.

IMPRESSION, de in, *dans*, premere, *presser* ; impreffio ; *druk* ; s. f. Effet d'une preffion sur quelque chose preffée par une autre.

En médecine, c'est le résultat du contact immédiat des corps extérieurs sur nos organes, & principalement sur nos sens. Toute la vie active se compose d'une série habituelle d'*impreffions*, de senfations, d'où résultent nos penfées & nos réflexions.

IMPRESSION (Centre d'). Point particulier d'un orifice par lequel un fluide s'écoule ; duquel on peut calculer le volume du fluide qui s'écoule.

Quand un fluide s'échappe d'un vafe, par un orifice horizontal ou vertical, très-petit, relativement à la hauteur de son niveau sur cet orifice, sa vitesse est la même, sensiblement pour tous les points de l'orifice, & égale à celle qu'un corps pesant acquerroit en tombant du niveau sur l'orifice ; mais si l'orifice est de grandeur sensible & verticale, il n'en est pas ainsi : cependant on peut toujours imaginer une hauteur telle que, si toutes les parties du fluide étoient animées d'une vitesse due à cette hauteur, il sortiroit, dans le même temps, une quantité de fluide égale à celle qui sort avec les vitesses effectives. C'est le point de l'orifice, où

répondroit cette hauteur, comptée du niveau, que quelques auteurs ont appelé *centre d'impreffion*.

IMPULSION, de in *dans*, pulfare, *pouffer* ; impulfio ; *antrieb* ; s. f. Pouffer dedans.

Action par laquelle un corps en pouffe un autre, & tend à lui communiquer du mouvement, ou lui en communique en effet. Cette action est proportionnelle à la maffe & à la vitesse du corps qui pouffe. Ainsi, plus ce corps a de maffe & de vitesse, plus l'*impulfion* est grande. *Voyez* FORCE, MOUVEMENT.

IMPULSION DES RAYONS DE LUMIÈRE. Action par laquelle les rayons de lumière choquent ou pouffent les corps.

Deux hypothèses sont proposées pour expliquer les effets de la lumière : dans l'une, on suppose que l'espace est rempli d'un fluide particulier, qui est mis en vibration par les corps lumineux, & que cette vibration produit la lumière ; dans l'autre, on suppose qu'il sort des corps lumineux une matière particulière, qui se meut avec une grande vitesse, & que c'est à l'*impulfion* des molécules lumineufes sur la rétine, que l'on doit attribuer le sentiment de la lumière. *Voyez* LUMIÈRE, VISION.

C'est donc dans cette seconde hypothèse, que l'on doit à Newton, que l'on peut & que l'on doit concevoir l'*impulfion des rayons de lumière*, ou des molécules lumineufes.

Tant que cette *impulfion* n'a été confidérée que par l'effet qu'elle produit sur la rétine, les physiciens s'en sont peu occupés ; mais des physiciens ont cherché à lui faire jouer un plus grand rôle : ils ont supposé que c'étoit à cette *impulfion* que l'on devoit attribuer l'attraction universelle, c'est-à-dire, cette tendance qu'ont tous les corps à se porter les uns vers les autres ; alors, pour pouvoir attribuer l'attraction à cette *impulfion*, il falloit s'affurer qu'elle étoit susceptible de produire un effet. Pour s'en affurer, ils ont foumis des corps très-légers & très-mobiles, à l'action des rayons de lumière, soit simplement & directement, soit réunis en maffe & en faisceaux, à l'aide de miroir convexe ou de verre lenticulaire ; mais, quelles que fuffent la concentration & la maffe de la lumière employée, quelles que fuffent la légéreté & la mobilité des corps que l'on a foumis à son action, il n'a jamais été possible d'observer le plus léger mouvement occafionné par cette *impulfion*.

INACCESSIBLE, de *la particule négative* in & d'accedere, *approcher* ; inacceffus ; *unzuganglich* ; adj. Qui ne peut être approché, dont l'accès est impoffible.

En géométrie, une hauteur ou une distance *inacceffible* est celle qu'on ne peut mefurer immédiatement, à caufe de quelques obftacles, soit l'eau, soit tout autre. Alors on fait ufage d'inftrumens, tels que graphomètre, quart de cercle, &c., à l'aide desquels on mesure, dans un triangle, deux angles & un côté; la distance à mesurer formant l'un des deux autres côtés du triangle.

INALBUMINÉ, *de in & d'albumen, albumine*; adj. Qui ne contient point d'albumine. *Voyez* ALBUMINE.

Cette expression n'est ordinairement en usage qu'en botanique, pour désigner les embryons des graines qui ne contiennent point d'albumine, c'est-à-dire, de cette substance qui accompagne, dans l'embryon, la partie farineuse du froment, la substance cornée du café, &c.

INANGULÉ, *de in & d'angulus, angle*; adj. Qui n'a point d'angles.

On ne fait ordinairement usage du mot *inangulé* qu'en botanique. Il se dit des plantes qui n'ont point d'angles. Il est opposé à *angulé*.

INCANDESCENCE, *de incandescere, devenir tout en feu*; *excandescentia*; s. f. État d'un corps pénétré de feu jusqu'à devenir blanc. *Voyez* IGNITION.

INCANÉ, *de incanescere, devenir blanc*; adj. Blanchâtre par pubescence.

Ce mot n'est encore en usage qu'en botanique, en parlant des parties d'un végétal blanchâtre, par l'existence de poils quelconques ou de parties analogues.

INCANTATION, *de incantare, enchanter*; *incantatio*; *zauberey*; s. m. Cérémonie que font les prétendus magiciens, pour évoquer les démons & pour tromper la simplicité du peuple.

INCARNAT, *de caro, chair*; *incarnatus*; *hoch rosenroth*; adj. Couleur de chair.

Espèce de couleur entre la couleur cerise & la couleur de rose.

INCENDIE, *de incendere, brûler*; *incendium*; *fuersbrunst*; s. m. Grand embrasement.

Il existe deux sortes d'incendie, spontané & par le concours du feu. Nous avons parlé des *incendies* spontanés au mot EMBRASEMENT. (*Voyez* COMBUSTION SPONTANÉE.) Quant à l'autre sorte d'incendie, il peut être occasionné par le feu du ciel, soit par un embrasement accidentel ou naturel.

En traitant ici des *incendies*, nous ne devons nous occuper que des moyens de les éteindre ou de les éviter.

Pour éteindre un *incendie*, les moyens que l'on emploie habituellement consistent à jeter de l'eau sur les matières embrasées; il arrive souvent que l'action de l'eau fait cesser l'inflammation & détruit l'*incendie*; mais il arrive aussi, très-souvent, que l'eau, jetée sur les matières embrasées, ne diminue pas sensiblement l'action du feu ni de sa propagation.

Afin de bien concevoir les moyens qui doivent être employés pour éteindre les *incendies*, il faut être bien pénétré de cette vérité; qu'un *incendie* ne peut exister qu'autant que les élémens de la combustion sont continuellement en présence. (*Voyez* COMBUSTION.) Dans les *incendies* ordinaires, ce sont des matières combustibles, végétales, dont la combustion est mise en activité & continuée par l'action de l'air atmosphérique sur ces substances : enlevez, dispersez les matières combustibles, ou empêchez l'action de l'air, & l'*incendie* cessera.

On peut empêcher l'action de l'air atmosphérique dans les *incendies*, en recouvrant les matières combustibles d'une substance qui empêche l'air de parvenir jusqu'à elle : ainsi, l'eau que l'on jette sur les matières embrasées, a pour objet de le couvrir de liquide, & d'empêcher qu'elles ne soient en contact avec l'air. Ce moyen devient efficace lorsque les matières combustibles restent couvertes de l'eau que l'on a jetée dessus; mais si leur température est assez élevée pour vaporiser ce liquide aussitôt qu'il parvient sur les matières en combustion, son effet n'arrête point l'action du contact de l'air, & par conséquent n'empêche pas la continuation de l'*incendie*. Dans un commencement d'embrasement, lorsque les matières combustibles sont minces, telles que le papier, les copeaux, la paille, de l'eau jetée à propos, & en petite quantité, peut suffire pour éteindre l'*incendie* (*voyez* EAU ANTI-INCENDIAIRE); mais si les matières embrasées ont de grandes dimensions, comme les solives des planchers, & que leur température soit très-élevée par la continuation de la combustion, l'eau jetée dessus s'évapore aussitôt, & n'empêche pas que l'*incendie* ne continue. Ce qu'il faut faire, dans ce cas, est moins de chercher à éteindre la combustion que de fixer l'*incendie* & d'arrêter sa propagation : il faut donc jeter l'eau, non sur les matières embrasées, mais sur celles qui les avoisinent, & que la chaleur du foyer échauffe; il faut les refroidir successivement, afin d'empêcher que leur température ne s'élève au point de déterminer leur embrasement.

Cette fixation de l'*incendie* est le moyen que l'on emploie généralement lorsque le feu a déjà fait de grands progrès : c'est ainsi que, dans l'embrasement des forêts, soit par le feu du ciel, soit par l'imprudence des personnes qui s'y chauffent, soit par d'autres causes, on s'occupe de faire de grands abattis, à peu de distance du foyer; on creuse des fossés & l'on établit un assez grand intervalle, libre de tout combustible, entre la place où l'embrasement existe & la continuation de la forêt. C'est de même, par cette raison, que dans les *incendies* des édifices, on fixe le foyer de la combustion en faisant tomber toutes les matières combustibles & embrasées dans un espace déterminé;

alors on empêche sa propagation, soit par des mouillages continuels sur les matières environnantes, soit en détruisant ou en enlevant tous les combustibles qui sont à la proximité du foyer.

L'arrosement avec de l'eau n'est pas le seul moyen que l'on emploie pour arrêter les *incendies*; tout ce qui peut empêcher le contact des substances nécessaires à la continuation de la combustion, produit le même résultat. Ainsi, lorsque l'huile, le goudron, contenus dans une grande chaudière fortement échauffée, s'enflamment en quelque sorte spontanément, il suffit de couvrir promptement la chaudière, de manière à intercepter tout contact entre l'air & la matière grasse. De même, si l'on couvre avec des cendres, de la terre, du sable, des corps embrasés, l'air n'y parvenant plus, l'*incendie* cesse. C'est cette considération qui a fait proposer, à quelques personnes, d'employer, pour éteindre les *incendies*, une eau bourbeuse, ou contenant des sels en dissolution. L'eau parvenant sur les matières embrasées, se vaporise, mais la terre, les sels, restent, & couvrent peu à peu ces matières, jusqu'à ce que la couche soit assez épaisse & assez étendue pour intercepter le contact de l'air & faire cesser la combustion.

De même, quelques personnes arrêtent le feu des cheminées, en bouchant les deux ouvertures inférieure & supérieure, ou en brûlant, dans le foyer, du soufre. Dans le premier cas, on intercepte le courant d'air, & la suie ou les autres corps embrasés s'éteignent; dans le second cas, l'air qui se porte sur le foyer pour brûler le soufre, se dépouille d'une partie de son oxigène, & le peu qui reste, étant mêlé avec le gaz azote & l'acide sulfureux, formé par la combustion du soufre, n'étant plus capable d'entretenir celle de la suie & des autres combustibles, l'*incendie* cesse.

Enfin, quelques personnes font tirer, dans la cheminée, un fusil chargé à poudre, recouverte de sel au lieu de plomb. Le mouvement violent, communiqué par cette décharge, à l'air que contient le tuyau de la cheminée, ébranle la suie qui tapisse ses parois & fait tomber ces matières : très-souvent ce moyen détruit l'*incendie*, l'arrête, parce que les matières combustibles sont enlevées.

On s'occupe depuis long-temps des moyens de préserver les maisons des *incendies*. Les recherches qui ont été faites en font connoître trois : 1°. de ne faire entrer aucune substance combustible dans la construction des édifices ; 2°. d'envelopper les matières combustibles de manière que, dans un *incendie*, elles soient préservées du contact de l'air ; 3°. d'imbiber les matières combustibles de substances qui retardent, ralentissent leur combustion, & les empêchent de brûler avec flamme.

Dans tous les pays où les bois sont rares, les édifices sont construits avec des pierres, des briques, toutes substances incombustibles. Les grands édifices, les temples, sont construits en pierres, & souvent sans aucun combustible : ces édifices sont, par ce mode de construction, à l'abri des *incendies*. Mais, pour éviter tout emploi de combustible, on étoit obligé de construire des voûtes pour séparer les étages, ce qui exigeoit la perte d'une grande épaisseur. On a imaginé, dans ces derniers temps, de remplacer les solives, les poutres des planchers en bois, avec du fer, & de remplir l'espace entre les solives, avec une poterie creuse & légère ; par ce moyen, on supprime le bois ; les séparations entre les étages ont aussi peu d'épaisseur qu'avec des planchers en bois, & l'édifice est beaucoup moins exposé aux *incendies*. Le Théâtre-Français, rue de Richelieu, à Paris, est construit, en partie, sur ce principe.

M. l'abbé Mann a publié dans le *Journal de Physique*, 2ᵉ. vol., pag. 259, année 1778, un Mémoire dans lequel il fait connoître les procédés imaginés par M. Hartley & milord Mahon, pour préserver, dans les édifices, les matières combustibles du contact de l'air : le premier propose de couvrir les planchers avec une tôle très-mince ; le second, d'enduire les poutres, les solives & toutes les autres substances combustibles avec du mortier. Les expériences qui avoient été faites en Angleterre, par les deux inventeurs, furent répétées à Vienne (1) par le colonel Bréquin, avec beaucoup de succès ; mais il substitua l'argile au mortier, dans la méthode de milord-Mahon, & le succès fut beaucoup plus complet.

Enfin, la troisième méthode consiste à plonger les bois de charpente dans une eau saturée de sels, tels que l'alun, le sulfate de soude, de potasse, de fer, de sel marin, &c. Pendant l'action du feu sur les bois, ces sels couvrent peu à peu la surface, interceptent l'action de l'air de manière qu'il n'existe plus qu'une combustion charbonneuse.

INCENDIE (Pompe à). Pompe que l'on emploie dans les *incendies*.

Ce sont des petites pompes foulantes & aspirantes, placées sur des chariots, afin que l'on puisse les transporter facilement : elles puisent l'eau dans un réservoir dans lequel elles sont placées. A l'aide de longs tuyaux, on transporte l'eau à de grandes distances & de grandes hauteurs : on leur ajoute un tuyau d'aspiration, pour pouvoir puiser dans les mares ou dans les puits, l'eau qui leur est nécessaire, lorsqu'elles sont placées à la proximité de ces sortes de réservoirs : dans le cas contraire, on transporte l'eau dans le réservoir de la pompe, soit à bras d'hommes, soit à l'aide de tonneaux traînés par des chevaux. Ces pompes sont manœuvrées avec un grand levier d'oscillation, aux deux extrémités duquel sont placés les hommes qui le font mouvoir. *Voy.* POMPE.

INCÉRATION, de in, *dans*, cera, *cire*, agere,

faire ; inceratio ; *inceration* ; f. m. Action d'incorporer de la cire avec quelqu'autre matière, foit pour la colorer, foit autrement.

C'eſt encore l'action de réduire quelques ſubſtances fèches à la conſiſtance de la cire molle, en la mêlant par dégrés avec quelque fluide.

INCIDENCE, *de* in, *dans*, cadere, *tomber* ; caſus ; *einfals* ; f. f. Chute d'un corps ſur un autre.

INCIDENCE (Angle d') ; angulus incidens ; *einfalfwink* ; f. m. Angle compris entre un rayon incident ſur un plan, & la perpendiculaire tirée ſur le plan à la ligne d'*incidence*.

Ainſi, ſi l'on ſuppoſe que D C, *fig. 36*, ſoit un rayon incident partant du point lumineux & rayonnant D, tombant ſur le point d'*incidence* C ; & K C une perpendiculaire ſur A B, élevée au point d'*incidence*, l'angle D C K, compris entre les lignes K C & D C, ſera l'angle d'*incidence*.

Quelques auteurs appellent *angle d'incidence*, le complément de ce dernier angle : ainſi, ſuppoſant que D C ſoit un rayon incident & K C une perpendiculaire comme ci-devant, l'angle D C A, compris entre le rayon & le point de réflexion ſur la ligne A B, eſt appelé, par ces auteurs, *angle d'incidence* ; mais la première dénomination eſt plus uſitée, ſurtout en dioptrique.

Il eſt démontré en optique : 1°. que l'*angle d'incidence* D C K eſt toujours égal à l'angle de réflexion K C E, ou l'angle D C A à l'angle E C B. *Voyez* RÉFLEXION.

2°. Que les ſinus des *angles d'incidence* & de réfraction ſont toujours l'un à l'autre en raiſon donnée, *Voyez* RÉFRACTION.

3°. Que, dans le paſſage des rayons de l'air dans le verre, le ſinus de l'*angle d'incidence* eſt au ſinus de réfraction, comme 300 eſt à 193, ou à peu près comme 14 à 9 : au contraire, que du verre dans l'air, le ſinus de l'*angle d'incidence* eſt à celui de l'angle de réfraction, comme 193 eſt à 300, ou comme 9 à 14.

Il eſt vrai que Newton, ayant démontré que les rayons de lumière ne ſont pas tous également réfrangibles, on ne peut fixer au juſte le rapport qui exiſte entre les ſinus des angles de réfraction & d'*incidence* ; mais on indique le rapport de 300 à 193 comme le plus approchant, c'eſt-à-dire, celui qui convient aux rayons d'une réfrangibilité moyenne. *Voyez* LUMIÈRE, COULEURS, RÉFRANGIBILITÉ.

INCIDENCE (Axe d') ; cathetus incidentiæ ; *einfals loth* ; f. m. Ligne droite, menée perpendiculairement du point d'*incidence* ſur la ſurface réfléchiſſante ou rompante. Ainſi, K C & K G, *fig. 36* & *37*, ſont les *axes d'incidence* dans les deux cas.

Quelques auteurs nomment *axe d'incidence* une droite, menée du point lumineux perpendiculaire-

ment au plan ; mais cette manière d'indiquer l'*axe d'incidence* ne pourroit pas être appliquée d'une manière générale. *Voyez* AXE D'INCIDENCE.

INCIDENCE (Ligne d'). C'eſt la droite, menée du point lumineux au point d'*incidence*. Ainſi, D C, M G, *fig. 36* & *37*, ſont les *lignes d'incidence*. *Voyez* LIGNES D'INCIDENCE ; RAYON INCIDENT.

INCIDENCE (Obliquité d'). Inclinaiſon du rayon d'*incidence* avec la perpendiculaire, menée ſur le plan au point d'*incidence*. Cette *obliquité d'incidence* eſt néceſſaire, pour que la lumière ſoit réfractée en paſſant d'un milieu dans un autre. *Voyez* ANGLE D'INCIDENCE, OBLIQUITÉ D'INCIDENCE.

INCIDENCE (Point d') ; punctum incidentiæ ; *einfals punkt* ; f. m. Point d'une ſurface, ſur laquelle parvient le rayon incident. Ainſi, C & G, *fig. 36* & *37*, ſont des *points incidens*. *Voyez* POINT D'INCIDENCE.

INCIDENT ; incidens ; *zufallig* ; adj. Épithète que l'on donne à un rayon de lumière qui tombe ſur une ſurface. Un tel rayon eſt appelé *rayon incident*. *Voyez* RAYON DE LUMIÈRE.

INCINÉRATION, *de* in, *dans*, cineres, *cendres*, agere, *agir* ; incineratio ; *einaſcherung* ; f. f. Action de convertir, de réduire en cendres.

Opération chimique par laquelle on brûle, à l'air libre, des ſubſtances végétales & animales pour les réduire en cendres. Le but de l'*incinération* eſt d'extraire de ces cendres les ſubſtances ſalines qu'elles contiennent.

L'*incinération* des métaux s'appelle *calcination*. Quelques perſonnes penſent que le mot *incinération* doit être appliqué à la calcination des écailles d'huîtres, qu'elles regardent comme une ſubſtance animale ; mais comme l'*incinération* des écailles d'huîtres a pour principal objet de produire de la chaux vive, de même que la calcination de toutes les pierres calcaires, un grand nombre de ſavans ont cru devoir conſidérer cette opération comme une calcination.

INCITABILITÉ, *de* incitare, *pouſſer violemment* ; incitabilitas ; f. f. Puiſſance intérieure qui pouſſe, qui excite.

Ce mot n'eſt guère employé qu'en médecine ; il y a été introduit par Brown. L'*incitabilité* eſt la puiſſance intérieure des corps vivans à s'affecter plus ou moins par tous les autres corps : conſidérée auſſi comme ſtimulant, l'incitation eſt l'effet exercé ſur l'*incitabilité*, qui eſt la ſource ou la cauſe première, & qui s'épuiſe.

INCLINAISON, de εγκλινειν, *pencher* ; inclinatio ; *neigung* ; f. f. Situation penchée d'un corps, par rapport à un autre.

En géométrie, c'est la situation, la position d'une ligne, par rapport à une autre ligne; d'un plan, par rapport à un autre plan, de manière qu'ils fassent entr'eux un angle aigu ou obtus, c'est-à-dire, moindre ou plus grand que l'angle droit.

En chimie, *inclinaison* est l'action de renverser un vaisseau pour que la liqueur claire qu'il contient s'écoule, & que le mare reste au fond.

INCLINAISON (Aiguille d'). Aiguille aimantée, *fig.* 584 (a), suspendue par son centre de gravité, que l'on place dans le méridien magnétique, & que l'action du magnétisme du globe terrestre détermine à prendre une position, à laquelle on donne le nom d'*inclinaison de l'aiguille aimantée*. *Voyez* AIGUILLE D'INCLINAISON, INCLINAISON DE L'AIGUILLE AIMANTÉE.

INCLINAISON (Angle d'). Angle plus grand ou plus petit que l'angle droit, & que forme une ligne ou un plan, sur une autre ligne ou sur un autre plan. *Voyez* ANGLE D'INCLINAISON.

INCLINAISON DE L'AIGUILLE AIMANTÉE; inclinatio acûs magneticæ; *neigung der magnet nadel*. Angle que fait naturellement l'aiguille d'inclinaison avec le plan de l'horizon, ou avec une perpendiculaire à ce plan, c'est-à-dire, avec la verticale.

Si l'on suspend, par son centre de gravité, une aiguille d'acier, & qu'on l'aimante ensuite, elle prend aussitôt une direction dans l'espace. La projection de cette direction, dans le plan horizontal, est ce que l'on nomme *déclinaison magnétique* (*voyez* DÉCLINAISON MAGNÉTIQUE) : cette direction, dans le plan vertical dans lequel l'aiguille se trouve, se nomme *inclinaison magnétique* ou *inclinaison de l'aiguille aimantée*.

Pour déterminer l'*inclinaison*, on fixe un axe sur une aiguille d'acier; cet axe doit passer exactement par le centre de gravité de l'aiguille, de manière qu'en plaçant l'aiguille sur cet axe, elle reste parfaitement horizontale; on aimante l'aiguille, on place l'axe de suspension au centre d'un cercle vertical de cuivre MM, *fig.* 928, dont le limbe, divisé en degrés, tourne autour d'un axe pareillement vertical VV, de manière à pouvoir être placé dans les azimuts. L'axe VV lui-même est placé au centre d'un autre cercle horizontal, également divisé, qui sert à déterminer la direction dans laquelle on tourne le premier cercle MM.

On fait usage de trois méthodes pour déterminer l'*inclinaison de l'aiguille aimantée* : 1°. on détermine directement cette *inclinaison* par l'angle qu'elle fait avec la verticale; 2°. par le nombre de ses oscillations dans un temps donné; 3°. par le poids qu'il faut ajouter à l'une des extrémités de l'aiguille, pour qu'elle se tienne parfaitement horizontale.

De ces trois méthodes, la plus simple & la plus

naturelle, c'est la première. En plaçant le limbe vertical MM, dans le plan du méridien magnétique, l'aiguille s'incline, & l'on détermine son *inclinaison* par l'angle que sa direction fait avec la verticale.

Cette méthode est extrêmement facile; c'est la plus commode, lorsque l'on connoît la direction du méridien magnétique; mais si cette direction n'est pas connue, il suffit de prendre l'*inclinaison de l'aiguille aimantée* dans deux directions perpendiculaires entr'elles, pour connoître l'*inclinaison* dans le plan du méridien magnétique; car, le carré de la tangente de l'*inclinaison de l'aiguille aimantée*, dans la direction du méridien magnétique, est égale à la somme des carrés des tangentes de l'*inclinaison* dans deux directions quelconques perpendiculaires entr'elles; c'est-à-dire, que si l'on nomme I l'*inclinaison de l'aiguille aimantée* dans le sens du méridien magnétique; *i* l'*inclinaison* dans une direction quelconque, & *i'* l'*inclinaison* dans une direction perpendiculaire, on a tang.^{2} I = tang.^{2} *i* + tang.^{2} *i'*.

Démontrons cette proposition. Quelles que soient les forces qui déterminent l'*inclinaison de l'aiguille* MCE, *fig.* 929, ces forces peuvent être décomposées en deux : l'une AB, qui agit dans le sens horizontal & que nous nommerons H; l'autre AD, qui agit dans le sens vertical, & que nous nommerons V. Soit I, l'angle d'*inclinaison* NCE, l'action des deux forces, pour maintenir l'aiguille dans sa direction, sera $\frac{H}{V}$; mais H est le sinus de l'angle NCE, V en est le cosinus; & le quotient du sinus d'un angle divisé par son cosinus, est égal à la tangente : donc tang. = I $\frac{H}{V}$.

Maintenant, supposons ME, *fig.* 929 (a), la direction horizontale du méridien magnétique, & que les deux observations de l'*inclinaison de l'aiguille* aient été faites dans les deux directions CD, CO, perpendiculaires entr'elles. Si l'on fait CD = *h* & CO = *h'*, on aura *h* = H sin. *a* & *h'* = H cof. *a*. Nommant *i* & *i'* les angles d'*inclinaison* correspondans aux directions CD & CO, comme la force dans le sens de la verticale est la même dans toutes les directions, on aura tang. *i* = $\frac{H \sin. a}{V}$ & tang. *i'* = $\frac{H \cos. a}{V}$; élevant ces deux quantités au carré, on aura : tang.^{2} *i* = $\frac{H^2 \sin.^2 a}{V^2}$ & tang.^{2} *i'* = $\frac{H^2 \cos.^2 a}{V^2}$: de-là, tang.^{2} *i* + tang.^{2} *i'* = $\frac{H^2}{V^2}$ (sin.^{2} *a* + cof.^{2} *a*); mais sin.^{2} *a* + cof.^{2} *a* = 1, & $\frac{H^2}{V^2}$ = tang.^{2} I, d'où il suit que tang.^{2} I = tang.^{2} *i* + tang.^{2} *i'*.

On trouve dans le *Traité de Physique expérimentale & mathématique* de M. Biot, tom. III, pag. 27, une formule à l'aide de laquelle on peut déterminer l'*inclinaison de l'aiguille aimantée* par deux observations de durée d'oscillation de l'aiguille.

Cette formule est : cof. $i = \dfrac{T^2}{T'^2}$; T & T' indiquant la durée des oscillations; N & N' indiquant le nombre d'oscillations que l'aiguille aimantée fait dans un nombre de secondes déterminé, 10', par exemple; prenant la seconde pour unité de temps, on aura : $T = \dfrac{600}{N^2}$, & par suite cofin. $i = \dfrac{N'^2}{N^2}$.

Ces formules ont été appliquées, par M. Biot, à diverses observations de M. Humboldt. Les premières furent faites près de Quito, sous l'équateur terrestre : latitude 0°, 0', 0", & longitude 81° 2' occid. Les oscillations de *l'aiguille d'inclinaison*, pendant dix minutes de temps, furent observées dans le méridien magnétique & dans le plan rectangulaire; elles donnèrent N = 220 & N = 109.

Ces nombres étant substitués dans la formule, on trouve $i = 75° 47' 25"$. L'observation directe de i, faite dans le plan du méridien magnétique, a donné $i = 75° 47' 55"$.

M. Humboldt répéta les mêmes observations à Mexico : latitude 19° 25' 45" bor.; long. 101° 25' 30" occid. Il trouva N' = 242; N = 205, d'où l'on tire $i = 44° 8' 40"$. L'observation directe de i, faite dans le plan du méridien magnétique, a donné $i = 47° 50' 46"$.

On voit que les *inclinaisons* déduites des oscillations diffèrent peu de celles qui résultent de l'observation directe. La différence peut tenir à quelques imperfections dans l'équilibre de l'aiguille, ou à l'inertie de la suspension, ou enfin aux erreurs inévitables de ce genre d'expérience.

Rien n'est plus facile que d'observer les oscillations horizontales; il suffit de placer l'aiguille dans un étrier fait d'une bande de papier suspendue à un assemblage de fils de cocons, dont la force de torsion soit insensible. L'observation des oscillations dans un plan vertical est beaucoup moins simple; il faut un axe solide adapté au centre de l'aiguille, & autour duquel elle puisse osciller; il faut des supports bien polis pour poser cet axe; enfin, il faut qu'il soit parfaitement horizontal. Tout cela peut faire désirer d'éviter ce genre d'observations; il ne faut, pour y parvenir, qu'observer le contre-poids qui rend l'aiguille horizontale, lorsqu'elle est placée à une distance donnée du centre.

On trouve également dans le *Traité de Physique expérimentale & mathématique* de M. Biot, tome III, page 33, une formule à l'aide de laquelle on peut déterminer, par le contre-poids de l'aiguille, son *inclinaison*. Cette formule est :

$$\text{Tang.} = \frac{\pi^2 P' l^2}{3\, g P \rho\, T^2}.$$

P est le poids de la lame d'acier qui forme l'aiguille; l, la moitié de la longueur; g, la gravitation; p, le contre-poids; ρ, sa distance au centre de l'aiguille; T, la durée des oscillations.

Dans une expérience faite par Coulomb, les valeurs de ces quantités, relatives à l'aiguille, étoient P = 88808 milligrammes; l = 213,3, l'aiguille faisant 50 oscillations dans 495" : donc $T = \dfrac{495}{50} = 9''.9$.

Cette aiguille ayant été introduite dans un anneau de cuivre, portant, de chaque côté, un couteau pareil aux couteaux de balance, & placé à peu près à la hauteur du centre de gravité de l'aiguille, l'aiguille n'entrant dans l'anneau qu'à frottement, Coulomb la poussa jusqu'à ce que son centre répondît à très-peu près au milieu de l'anneau, & la passant sur des supports horizontaux, il chercha à l'équilibrer. Il trouva qu'il falloit employer pour cela un poids de 200 milligrammes, placé sur la branche *sud*, à 170.75 millimètres du centre du couteau de suspension; ce qui donne le produit 34150 pour le moment $p\rho$ des forces verticales.

Sans sortir la lame de son anneau où elle étoit fixée, Coulomb l'aimanta en sens contraire, de sorte que son pôle *nord* devint son pôle *sud*, & réciproquement. Cela fait, il l'équilibra de nouveau, & trouva cette fois qu'il falloit poser sur la branche *sud*, un poids de 209 milligrammes, à 194 millimètres du tranchant du couteau, ce qui donne le produit 40546 pour le moment statique des forces verticales.

La différence de ce nombre à celui qu'il avoit trouvé d'abord, peut tenir à une distribution différente du magnétisme, ou à ce que le tranchant des couteaux ne coïncidoit pas exactement avec le centre de gravité de l'aiguille, ou enfin à ces deux causes à la fois. Pour le savoir, Coulomb sortit l'aiguille de l'anneau & la fit de nouveau osciller horizontalement; il trouva qu'elle faisoit, comme la première fois, 50 oscillations en 495". Toute la différence provenoit donc du centrage. Ainsi, pour la faire entièrement disparoître, il suffisoit de prendre une moyenne entre les nombres 34150 & 40546; ce qui donne 37348 pour la valeur exacte de $p\rho$, telle qu'elle auroit été si l'aiguille eût été suspendue exactement par son centre de gravité.

Faisant ensuite, dans la formule, $g = 9808,8$ & $\pi = 3,14159$, on trouve avec toutes ces données, $i = 69° 41' 18"$.

Telle étoit donc l'*inclinaison de l'aiguille aimantée*, à Paris, dans le lieu & à l'époque où Coulomb a opéré. Il sembleroit que cette *inclinaison* a varié depuis; car elle étoit, le 11 juillet 1818, de 68° 35'. L'expérience ayant été faite dans une chambre, l'*inclinaison de l'aiguille* peut avoir été un peu influencée par l'action des balcons & des barres de fer qui entrent toujours dans la construction des maisons; & ainsi, elle peut

peut être en erreur de quelques minutes; mais cela n'ôte rien à la bonté de la méthode, qui est la plus exâcte de toutes celles que l'on peut employer, comme on pourroit s'en assurer en discutant les diverses causes d'erreur dont elles sont susceptibles.

On observe, sur la surface de la terre, des endroits où l'aiguille aimantée n'a aucune inclinaison. William, Bayle & Cook, sur deux bâtimens qui naviguoient de concert dans les mers du Sud, en 1777, ont rencontré l'un & l'autre une position sans inclinaison de l'aiguille, à 3° 13' 40" de latitude australe, & à 158° 50' 9" de longitude occidentale. Dalrymple a rencontré un point sans inclinaison de l'aiguille magnétique, à 7° de latitude boréale, dans les mers de la Chine, à 256° de longitude occidentale. Lapeyrouse, Lacaille, Humboldt, ont également rencontré des positions sans inclinaison de l'aiguille aimantée, & c'est de la discussion de ces observations, c'est-à-dire, des points où passe l'équateur magnétique, que M. Biot a déterminé l'angle que fait l'équateur magnétique avec l'équateur terrestre. Voyez ÉQUATEUR MAGNÉTIQUE.

Dès que l'on a eu déterminé l'équateur magnétique, il a été facile d'indiquer les points de la terre où devoit être le maximum d'inclinaison de l'aiguille: l'un doit être au 78° de latitude boréale & au 25° de longitude occidentale; l'autre, diamétralement opposé, au 78° de latitude sud, & au 205° de longitude occidentale. Là, l'aiguille aimantée devroit être au maximum d'inclinaison, c'est-à-dire, tout-à-fait verticale; mais on n'a pas encore observé une semblable inclinaison: la plus grande que les navigateurs aient remarquée, étoit de 72 à 74 degrés; enfin, de 78° à Tobolsk, & près le Spitzberg, 81 à 82° nord.

Cavallo a rassemblé un grand nombre d'observations de la déclinaison de l'aiguille aimantée, faites par plusieurs voyageurs. Nous allons les rapporter ici, quoiqu'on ne doive pas les regarder comme étant d'une grande exactitude.

LATITUDE.	LONGITUDE.	INCLINAIS.	ANNÉES.
Nord.	Ouest.	Nord.	
53°,55'	193°,39'	69°,10'	1778
49,36	233,10	72,29	
	Est.		
44,5	8,10	71,34	1776
38,53	12,1	70,30	
34,57	14,8	66,12	
29,18	16,7	62,17	
24,24	18,11	59,0	
20,47	19,36	56,15	
15,8	23,28	51,0	
12,1	23,35	48,26	
10,0	22,52	44,12	
5,2	20,10	37,25	

LATITUDE.	LONGITUDE.	INCLINAIS.	ANNÉES.
Sud.	Est.	Nord.	
0,3	27,38	30,3	
4,40	30,34	22,15	
7,3	33,21	17,57	
11,25	34,24	9,15	
	Ouest.	Sud.	
16,45	208,12	29,28	
19,28	204,11	41,0	1777
21,8	185,0	39,1	
35,55	18,20	45,37	1774
41,5	174,13	63,49	1777
45,47	166,18	70,5	1773

Nous avons vu, en parlant de la déclinaison de l'aiguille aimantée, que cette déclinaison éprouvoit des variations; ces variations existent également dans l'inclinaison de l'aiguille aimantée.

Si l'on pouvoit s'en rapporter à Muschenbroeck, la variation dans l'inclinaison de l'aiguille aimantée seroit considérable; car il avance (1) qu'elle a varié en 1734, depuis 71° 10' jusqu'à 77° 30'. Elle a été croissante depuis le milieu de juillet jusqu'au milieu de novembre, & décroissante ensuite jusqu'à la fin de l'année, où elle étoit de 73° 35'; mais tout porte à croire que l'aiguille d'inclinaison dont Muschenbroeck a fait usage, n'étoit pas parfaitement exacte, & que les expériences peuvent avoir été modifiées par des causes qu'il aura négligées.

Norman (2) a trouvé, en 1576, que l'inclinaison de l'aiguille aimantée étoit, à Londres, de 71° 50'. Bond la trouva, en 1676, de 73° 47'; Wiston, en 1720, trouva l'inclinaison de 75° 10'; Cavendish, en 1775, la trouva de 72° 30', & Gilpin, en 1805, de 70° 21'. En comparant les observations de Norman à celles de Bond, l'inclinaison seroit augmentée de 1',17 par année, & en comparant celles de Cavendish à celles de Gilpin, dans lesquelles on doit avoir la plus grande confiance, l'inclinaison seroit diminuée de 4',3 par année.

A Berlin, l'inclinaison étoit, en 1755, de 71° 45', & en 1769, 72° 45': l'inclinaison auroit donc augmenté de 4',2 par année.

Duhamel de Denainvilliers a fait aussi, à Denainvilliers, près Paris, des observations sur l'inclinaison de l'aiguille aimantée, pendant les années 1767 & 1774 (3). Il a fait usage de deux boussoles d'inclinaison. Le maximum des deux aiguilles a été de 70° 45'. Le minimum de l'une d'elles a été de 69° 10', & celui de l'autre, 68° 50'. Le

(1) Journal de Physique, tome I, année 1808, p. 277.
(2) Transactions philosophiques, 1806.
(3) Mémoire sur la météorologie, par Duhamel-Dumonceau, tome II, page 246.

péu d'accord entre les variations de ces aiguilles, pendant huit mois qu'on les a observées journellement, est une preuve de leur imperfection.

On observe maintenant avec beaucoup de soin & avec d'excellens instrumens, l'*inclinaison de l'aiguille aimantée*, à l'Observatoire royal de Paris. Cette *inclinaison* étoit :

En octobre 1810 .... 68° 50'.
Le 6 octobre 1816, à midi, de 68° 40'.
Le 14 mars 1817, à 2 heures après midi, de 68° 28'.
Le 11 juillet 1818, entre 11 heures & 2 heures après midi, de 68° 35'.

Ainsi, l'*inclinaison de l'aiguille aimantée* a diminué, à Paris, de 15' pendant dix-huit années ; c'est 0',88 par année ; mais on voit que cette diminution est inégale, puisqu'elle étoit de 2' pendant cinq mois de 1816 à 1817, c'est 24" par mois, & de 3' pendant seize mois de 1817 à 1818, c'est 11" par mois.

Il existe sur la surface de la terre des courbes d'*inclinaison* uniformes, comme il existe des courbes de déclinaison (*voyez* Déclinaison de l'aiguille aimantée) ; mais ces dernières ont des directions différentes ; elles coupent même les premières. Wilke a publié des essais pour construire une carte d'*inclinaison de l'aiguille aimantée* ; ces essais se trouvent dans les *Schwedischen Abhdl*, pour l'année 1768, tome XXX. Plusieurs savans distingués, tels que Cunninghams, le Père Feuillée, l'abbé de Lacaille, le cap. Ekebergs, ont publié des observations sur l'*inclinaison de l'aiguille aimantée*. Enfin, le professeur Funk a publié, à Leipsick, en 1781, une carte d'*inclinaison de l'aiguille aimantée*. Il paroît, en général, que les courbes d'égalités d'*inclinaison*, sur la surface de la terre, sont parallèles à l'équateur magnétique.

On peut représenter, à très-peu de chose près, les *inclinaisons* en nombres, en supposant, au centre de la terre, un aimant très-petit, ou, ce qui revient au même, deux cercles magnétiques infiniment voisins, dont les actions s'exercent sur tous les points de la surface du globe, selon les lois ordinaires des forces magnétiques, c'est-à-dire, en raison inverse du carré de la distance. Ce résultat se trouve établi d'après l'observation, dans un Mémoire publié par MM. Humboldt & Biot, sur les variations magnétiques terrestres, à différentes latitudes.

M. Biot a donné, page 132 du 3e. volume de son excellent *Traité de Physique*, la formule tang.

$$(i + \lambda) = \frac{\sin^2 \lambda}{\cos. 2\lambda - \frac{1}{3}}$$ pour déterminer l'*incli-*

naison de l'aiguille aimantée sur tous les points de la terre ; i étant l'*inclinaison de l'aiguille* pour un lieu dont la latitude magnétique est λ. *Voyez* Latitude magnétique.

D'après la position de l'équateur magnétique, on trouve, par un calcul assez simple, dont M. Biot indique la marche, que, pour Paris,

$\lambda = 59° 20' 10''$; de-là que, $i + \lambda = 132° 49' 20''$, & par suite $i = 73° 29' 10''$. C'est là l'*inclinaison de l'aiguille aimantée*, à Paris, déduite de la formule de M. Biot : l'expérience directe donne environ 70°.

Cette formule, dit M. Biot, donne une relation très-simple entre les *inclinaisons* observées près de l'équateur magnétique. En effet, dans ce cas, i & λ sont des quantités fort petites. Si l'on se borne à leurs premières puissances, on peut regarder cos. 2 λ comme égal à 1, & substituer à tang. $(i + \lambda)$ & sin. 2 λ les arcs qui leur correspondent ; alors la formule se réduit à $i = 2 \lambda$, c'est-à-dire, que chaque *inclinaison* est exactement double de la latitude magnétique correspondante. Cette relation se trouve parfaitement vérifiée dans toutes les observations faites à peu de distance de l'équateur magnétique, entre les limites où il est sensiblement circulaire.

Par exemple, à Tompenda, au Pérou, M. de Humboldt a observé une *inclinaison* de 3° 11' 42", ce qui donne λ ou la latitude magnétique de Tompenda, égale à 1° 35' 36". En la calculant d'après la position géographique, on la trouve 1° 28' 55".

Autre exemple : à Quito, au Pérou, la latitude magnétique, calculée d'après la position géographique, est .... $\lambda = 6° 33' 10''$. En la doublant, on aura l'*inclinaison* $i = 13° 6' 2''$. M. Humboldt a trouvé par observ. $i = 13° 21' 54''$.

« Les observations de Lapeyrouse & de Lacaille, près de l'équateur magnétique, dans l'Océan atlantique & la mer des Indes, étant réduites de la même manière, continue M. Biot, m'ont présenté les mêmes accords avec la formule. Malheureusement, ces lois simples ne s'étendent pas aux parties opposées du globe, qui sont affectées par les inflexions de l'équateur magnétique. Si l'on essaie d'appliquer la formule rigoureuse à quelques-unes des iles australes de la mer du Sud, à Otaiti, par exemple, où Cook a si souvent observé, on trouve des *inclinaisons* australes beaucoup trop fortes, & au contraire, pour les pays situés au nord de l'Amérique, vers la même longitude, les *inclinaisons* calculées sont beaucoup trop foibles. Ces écarts résultent nécessairement de l'inflexion qui, dans cette partie du globe, a amené l'équateur vers le pôle austral ; & elles en donnent une confirmation frappante.

» Il faut donc, pour satisfaire à ces phénomènes, supposer vers les archipels de la mer du Sud, quelques causes perturbatrices locales, telles qu'un centre particulier de forces magnétiques qui influe, surtout, dans cet hémisphère, & y modifie l'action centrale. En effet, cette supposition permet d'accorder tous les résultats, & même elle n'exige, dans le centre secondaire, qu'une force très-foible, qui tienne presqu'uniquement son énergie de sa proximité. Mais avant de chercher à la définir & à la mesurer, il faut étudier les variations que la déclinaison de la boussole & l'intenfité des forces magnétiques éprouvent à différentes latitudes ; car les phénomènes, étant aussi des résultats de l'action magnétique du globe, doivent être pris en confidération quand on veut les repréfenter complétement. »

INCLINAISON DE L'AIMANT. Direction que prend dans l'efpace la ligne menée du pôle nord au pôle fud, dans un aimant. *Voyez* INCLINAISON DE L'AIGUILLE AIMANTÉE.

INCLINAISON DE L'ORBITE ; inclinatio orbitæ ; *neigung der bohn ; f. m.* Angle que fait le plan des orbites des planètes, avec le plan de l'écliptique. *Voyez* ÉCLIPTIQUE.

Si l'on obferve les planètes dans le cours de leurs révolutions périodiques, en remarquant leur diftance des étoiles fixes, auprès defquelles elles paffent, on s'aperçoit qu'elles ne répondent pas tout-à-fait aux mêmes points du ciel, lorfqu'elles paffent à la même longitude, & proche des mêmes points des mêmes étoiles. Une planète qui, dans une de fes révolutions, aura paffé au nord au-deffous d'une étoile, pourra, dans la révolution fuivante, paffer au fud au-deffous de la même étoile, & être plus ou moins éloignée de l'écliptique, c'eft-à-dire, avoir plus ou moins de latitude. On remarque, d'ailleurs, que les planètes font tantôt au nord, tantôt au fud de l'écliptique ; ce qui prouve très-clairement que leurs orbites (*voyez* ORBITES) ne font pas dans le plan de l'écliptique, mais qu'elles lui font inclinées, & que leurs plans forment, avec celui de l'écliptique, des angles plus ou moins grands. Ce font ces angles qu'on appelle *inclinaifon des orbes planétaires*.

Tous les plans de ces orbes paffent par le centre du foleil. Cela eft évident, par exemple, à l'égard du plan de l'orbite de la terre ; car le foleil ne nous paroît jamais fortir de l'écliptique : de plus, fi l'on obferve la déclinaifon du foleil, en été & en hiver, par rapport à l'équateur, on la trouve la même de part & d'autre, ce qui ne pourroit pas être, fi le plan de l'orbite de la terre ne paffoit pas par le centre du foleil. Il en eft de même à l'égard des autres planètes : car fi l'on obferve leurs plus grandes latitudes ou leurs plus grandes diftances au nord & au fud de l'écliptique, on les trouve égales de part & d'autre, fi on les rapporte au foleil ; & l'on remarque auffi que leurs nœuds ou leurs interfections avec l'écliptique, font à 180 degrés l'un de l'autre, rapportés au foleil, ce qui ne pourroit pas avoir lieu, fi les plans de ces orbites ne paffoient pas tous par le centre du foleil. Mais, quoique ces plans paffent tous par le centre du foleil, ils font différemment inclinés les uns aux autres & à l'écliptique, & s'étendent vers différentes régions du ciel, comme on le peut voir par la table fuivante, qui exprime l'*inclinaifon des plans de ces orbites* avec

l'écliptique, pour le commencement de l'année 1801.

NOMS DES PLANÈTES.	INCLINAISONS.		
Mercure	7°	0'	9"
Vénus	3°	19'	25"
La Terre	0°	0'	0"
Mars	1°	51'	0"
Cérès	10°	37'	33"
Pallas	34°	37'	7"
Junon	13°	3'	27"
Vesta	7°	8'	45"
Jupiter	1°	18'	50"
Saturne	2°	29'	35"
Uranus	0°	46'	26"

Pour déterminer cette *inclinaifon* par l'obfervation, il faut connoître la latitude héliocentrique de la planète, ou la déduire de la latitude géocentrique obfervée ; la plus grande des latitudes héliocentriques, celle qui a lieu à 90° des nœuds, eft néceffairement l'*inclinaifon de l'orbite* ; mais pour éviter l'inconvénient de cette réduction au foleil, on choifit, quand on le peut, le temps où le foleil eft dans le nœud de la planète, c'eft-à-dire, nous paroît, au degré de longitude que la planète traverfe quand elle eft dans fon nœud.

Ces i.clinaifons éprouvent des variations occafionnées par l'attraction que les corps planétaires exercent les uns fur les autres ; ainfi, depuis l'an 1750, jufqu'au commencement de 1801, c'eft-à-dire, pendant la durée d'un demi-fiècle, l'angle d'*inclinaifon de l'orbite* de Mercure eft augmenté de 0',0027 fecondes centéfimales ; ceux de Vénus, Mars, Jupiter, Saturne, font diminués, le premier de 0',0009 ; le fecond de 0',00035 ; le troifième de 0',0033 ; le quatrième de 0',0052 fecondes centéfimales. Uranus paroît ne pas avoir éprouvé de variation.

Le plan de l'orbite de la lune & celui des autres fatellites font également inclinés au plan de l'écliptique. L'orbe de la lune eft incliné à l'écliptique de 9° 11' 41". (*Voyez* LUNE, ORBITE DE LA LUNE.) Ceux de Jupiter font également inclinés, le premier de 4°,4352" décimales à l'équateur de Jupiter ; le fecond de 5152" ; le troifième de 2284" ; le quatrième de 2° 7000" à l'orbe de Jupiter. En général, les *inclinaifons des orbites* des fatellites de Jupiter font variables, leurs nœuds & leurs périjoves font en mouvement (*voyez* PÉRIJOVES) ; ces aftres fecondaires forment, autour de leur planète, une forte de monde ou de fyftème à part, qui nous offre en petit la repréfentation des changemens qui s'opèrent ou doivent s'opérer, à la longue, dans le mouvement des planètes autour du foleil.

On obferve également des *inclinaifons* dans les

orbes des comètes ; mais celles-ci font extrêmement variables ; leurs *inclinaifons* font fouvent
très-confidérables. *Voyez* COMÈTES, ORBITES-DES
COMÈTES.

INCLINATION, *de* in, *dans,* clinare, *fe pencher;*
inclinatio; *meff kunft;* f. f. Action de pencher.

L'*inclination* peut être confidérée relativement
aux êtres vivans ou aux propriétés naturelles des
corps; c'eft ainfi que l'on dit, dans ce dernier cas,
tous les corps graves ont de l'*inclination* pour leur
centre ; l'aimant a de l'*inclination* pour le pôle ;
l'*inclination* de deux lignes fait un angle. *Voyez* IN-
CLINAISON.

Appliquée aux êtres vivans, l'*inclination* peut
être phyfique ou morale : dans le premier cas, c'eft
la tendance d'une partie du corps vers un point ;
telle eft l'*inclination* de la tête , de bas en haut, de
gauche à droite, &c., l'*inclination* du globe de
l'œil vers un des angles ou des points de l'orbite : toutes les *inclinations* font, ou des réfultats
de l'habitude, ou de quelques maladies particulières.

Confidérée fous le rapport moral, l'*inclination*
offre plufieurs acceptions : tantôt on entend par
inclination tout penchant naturel, volontaire ou
involontaire, vers un objet ou un acte quelconque ; ainfi, pour les fciences, les lettres, les arts,
ou une profeffion quelconque. D'autres fois, par
ce mot *inclination*, on indique ce fentiment qui
nous attache à un individu de fexe différent.

Quelquefois l'*inclination* eft fous l'empire de la
volonté ; le plus fouvent, elle en eft indépendante; fréquemment elle y eft oppofée.

Prife dans fon fens le plus général, l'*inclination*
eft tantôt innée, tantôt acquife : dans le premier
cas, elle eft parfois un réfultat du tempérament ;
dans l'autre, elle dérive le plus fouvent des circonftances dans lefquelles on fe trouve placé,
ou de nos habitudes.

Dans les fciences & dans les arts, il ne fuffit
pas d'avoir de l'*inclination* ; il faut encore avoir
une organifation propre à fuivre, jufqu'au dernier
période, la branche de connoiffance pour laquelle on a de l'*inclination*. J'ai connu un peintre
qui parloit de fon art avec une exaltation qui faifoit aimer la peinture à tous ceux qui l'écoutoient ;
cet homme avoit bien de l'*inclination* pour fon
art : par fes confeils, fes élèves faifoient de rapides progrès, mais tous trembloient lorfqu'ils lui
voyoient prendre le crayon ou le pinceau pour corriger leurs ouvrages; fa main ne pouvoit jamais fuivre fa conception, & jamais il n'a fait un bon tableau. Combien de favans qui parviennent à l'im-
mortalité, qui ont une forte *inclination* pour les
mathématiques, qui réfolvent, par leur fimple
raifonnement, les problèmes les plus difficiles, &
qui n'ont jamais pu paffer les équations du deuxième degré, quelqu'application qu'ils y aient mife !

INCLINÉ; inclinatus; adj. Qui penche vers
un côté.

INCLINÉ (Plan). Plan qui fait un angle optique
avec l'horizon.

On fait ufage, en mécanique, des *plans inclinés*
dans un grand nombre des circonftances : ainfi,
lorfqu'un corps defcend le long d'un *plan incliné*,
fa force & fa viteffe font diminuées : 1°. parce
qu'il perd une partie de la pefanteur que le *plan
incliné* fupporte; 2°. parce que l'efpace qu'il a
à parcourir, eft oblique. En général, la force
avec laquelle un corps defcend le long d'un *plan
incliné*, eft à la force avec laquelle il defcendroit
perpendiculairement, comme le finus de l'angle
d'incidence du plan eft au rayon. *Voyez* PLAN IN-
CLINÉ.

INCOMBUSTIBLE, *de la particule négative*
in & comburere, *brûler;* combuftioni innoxicus ;
unverbrenklich; adj. Qui ne peut être brûlé, qui ne
fe confume point au feu.

On a donné ce nom, par oppofition, à quelques corps fimples qui n'avoient pas, comme la
plupart des autres, la propriété de fe combiner
avec l'oxigène; on rangeoit principalement dans
cette claffe, les terres, les alcalis, &c.; mais
depuis que l'on a reconnu que les alcalis & les
terres étoient des oxides métalliques, on a regardé tous les corps pondérables comme combuftibles, & ceux-ci ont été divifés en deux claffes :
les uns déjà brûlés ; tels font les oxides métalliques, les alcalis, les terres : les autres capables
d'être brûlés, c'eft-à-dire, de fe combiner avec
l'oxigène; tels font, parmi les corps fimples,
l'hydrogène, le bore, le carbone, le phofphore,
le foufre, l'azote & les trente-deux métaux connus; & parmi les corps compofés, les bois, les
charbons, les graiffes, les huiles, l'alcool, &c.

Quoique tous les corps aient été ou foient encore combuftibles, on peut cependant conferver
la dénomination d'*incombuftible*, & la donner aux
corps déjà brûlés, & qui ne peuvent plus être
brûlés de nouveau qu'après leur avoir fouftrait la
fubftance qui les a brûlés, c'eft-à-dire, l'oxigène.

INCOMBUSTIBLE (Homme). Homme que l'on
fuppofe ne fe pas brûler.

Nous avons déjà parlé des *hommes incombuftibles* dans l'article CHALEUR ANIMALE ; & là nous
avons cité les hauts faits de ce jongleur auquel
on avoit donné le nom d'*Efpagnol incombuftible ;*
nous avons également parlé des *hommes incombuftibles*, au mot IGNIVORES, & là nous avons cité
les jongleries de Richardfon, furnommé le *mangeur de feu;* nous ferons donc extrêmement concis
dans cet article. *Voy.* CHALEUR ANIMALE, HOMME
INCOMBUSTIBLE, IGNIVORE.

J'ai vu plufieurs de ces *incombuftibles* qui pouvoient fupporter, fans aucune préparation, l'application fucceffive & affez lente d'une très-

groſſe barre de fer rouge ſur la plante des pieds ; ſaiſir avec leurs doigts & introduire dans leur bouche un métal fondu que l'on diſoit être du plomb, le laiſſir figer ſur leur langue & le rendre en globules ſolides & refroidis ; enfin, ſe laver les mains dans une liqueur dite huileuſe très-chaude.

On ſait que le plomb entre en fuſion à 260° centigrades de température ; mais on ſait auſſi qu'il exiſte des alliages métalliques qu'il eſt difficile de diſtinguer du plomb au premier aſpect, & qui entrent en fuſion au-deſſous de 80 degrés du même thermomètre. Quel étoit le métal fondu que l'on donnoit pour du plomb ? & quelle étoit la température de la matière huileuſe ? C'eſt ce que l'on ne m'a pas permis de voir.

Dans l'application des corps très-chauds ſur les organes de l'homme, il y a deux choſes à conſidérer : 1°. l'action de la chaleur ſur les matières organiques, en vertu de laquelle elle les décompoſe ; 2°. la ſenſation qui en réſulte pour celui qui fait l'expérience.

Quant au premier genre d'effet, on peut remarquer que l'application des corps chauds n'eſt jamais aſſez long-temps prolongée pour attaquer profondément le tiſſu des organes, & qu'elle n'eſt jamais accompagnée que d'une cautériſation ſuperficielle & d'une odeur des ſubſtances animales brûlées. Quant à la ſenſation, elle eſt toujours proportionnée aux degrés de ſenſibilité, & rien n'eſt plus variable que ce degré, qui ſe modifie depuis la main la plus délicate, juſqu'à celle du forgeron.

Au reſte, la faculté de ſupporter une température élevée eſt beaucoup moins ſurprenante qu'on ne le croit ordinairement ; les perſonnes d'une ſenſibilité moyenne ſupportent facilement une température de 60 à 70 degrés. J'ai vu des mineurs travailler tous les jours, pendant ſix heures, dans une galerie de mines, dont la température étoit de plus de 50 degrés du thermomètre de Réaumur. MM. Fordice, Banks, Blagden & Solander ſupportèrent pendant quelques minutes, ſans en être incommodés, une température de 79 à 80° de Réaumur. MM. Berger & Laroche, de Genève, ont ſéjourné, pendant 7 à 13 minutes, dans une étuve dont la température étoit de 77 à 89 degrés de Réaumur. Tillet & Duhamel diſent avoir vu, à Rochefort, la fille d'un boulanger paſſer 12 minutes dans un four dont la température étoit de 112 degrés de Réaumur. *Voyez* Chaleur animale.

Il eſt à remarquer que l'action d'un fer chaud varie beaucoup, ſelon la température. Lorſqu'il eſt incandeſcent, il fait difficilement évaporer une goutte d'eau, tandis qu'elle s'évapore auſſitôt, ſi le fer eſt foiblement chaud. Les forgerons ſe brûlent plus fortement avec le fer à moitié refroidi, qu'avec le fer incandeſcent. Enfin, les *incombuſtibles* ne font ordinairement que toucher le fer chaud avec leur pied, & il lui faut un certain temps pour qu'il puiſſe brûler, parce qu'il faut qu'il

amène graduellement le corps touchant à la température où il doit brûler.

Le métal fondu que l'on met ſur la langue, eſt conſtamment en contact avec de la ſalive qui ſe renouvelle & refroidit le métal ſans s'échauffer aſſez pour brûler la langue.

On obſerve que, parmi les *incombuſtibles* qui reçoivent du plomb fondu dans la bouche, qui marchent ſur des fers rouges & qui les paſſent ſur leur langue, on n'en a jamais rencontré aucun qui pût avaler une gorgée d'eau bouillante.

Incombustible (Toile). Toile tiſſée, faite avec du fil d'amiante.

L'amiante eſt un foſſile compoſé de magnéſie, de ſilice, de chaux & d'alumine, qui affecte quelquefois une diſpoſition ſoyeuſe & flexible qui lui donne l'apparence du lin & la rend propre à être filée. *Voyez* Amiante.

Cette ſubſtance eſt très-commune dans la Corſe & dans les montagnes de la Tarentaiſe en Savoie ; elle eſt aſſez difficile à filer. Pour y parvenir, on eſt ſouvent obligé de la mélanger avec un peu de chanvre.

Anciennement, on faiſoit beaucoup plus d'uſage des tiſſus d'amiante qu'aujourd'hui. On prétend que l'on faiſoit, avec cette ſubſtance, des ſerviettes, des bonnets, &c., & quand ces pièces étoient ſales, on les jetoit au feu, dont elles ſortoient blanches. Le principal uſage de cette *toile incombuſtible* étoit de former des linceuls, avec leſquels on enveloppoit les cadavres des rois, avant de les placer dans le bûcher, afin de conſerver ſéparément ces cendres précieuſes. On trouve encore, à Rome, un ſuaire de cette eſpèce, qui renferme des cendres & des oſſemens à demi brûlés. On ne fait plus guère uſage de cette ſubſtance aujourd'hui, que pour des mèches de lampes ; elles ont l'inconvénient de ſe couvrir de charbon.

Quelques perſonnes ont annoncé en avoir fait du papier ; j'en ai fabriqué moi-même ; mais le papier d'amiante eſt loin d'avoir la ſolidité du papier ordinaire, & il perd, à un grand feu, le peu de ſolidité qu'on lui a donnée en le fabriquant.

En Corſe, l'amiante eſt employé dans la confection des poteries ; il donne à la pâte beaucoup plus de légéreté, en la rendant plus poreuſe.

INCOMMENSURABLE, *de la négative* in, *de* cum, *avec,* & *de* menſura, *meſure* ; incommenſurabilis ; *unermeſlich* ; adj. Qui ne peut être meſuré.

Il ſe dit, en algèbre & en géométrie, de deux quantités qui n'ont point de meſure commune ; ainſi, le côté d'un carré eſt *incommenſurable* avec ſa diagonale.

Une différence exiſte entre les *incommenſurables* & les *imaginaires* (*voyez* ce mot) : c'eſt que les premiers peuvent ſe repréſenter par des lignes, comme la diagonale du carré, quoiqu'ils ne puiſsent s'exprimer exactement par des nombres; au lieu que les imaginaires ne peuvent ni se représenter ni s'exprimer, & qu'on approche des *incommensurables*, autant qu'on peut, par le calcul, ce qu'on ne peut faire des imaginaires.

INCOMPLEXE, *de la négative* in *& de* complexus, *composé*; incomplexus; adj. Qui n'est pas composé.

On donne le nom d'*incomplexe*, en arithmétique, à tout nombre concret ou abstrait qui n'est pas composé de plusieurs espèces réductives à une seule. Ainsi, 18 fr., 35 mètres, 42 pieds, sont des nombres *incomplexes*. Au contraire, 18 fr., 25, 35 mèt., 45, 42 pieds 6 pouces, sont des nombres *complexes*.

INCOMPRESSIBILITÉ, *de la négative* in *& de* compressus, *comprimé*; incompressibilitas; s. f. Qui ne peut être comprimé.

C'est la propriété d'un corps qu'aucune force extérieure ne pourroit réduire à un moindre volume; d'un corps qui ne pourroit être comprimé par une force finie.

On a cru, pendant long-temps, que quelques corps, comme l'eau, le verre, le quartz, &c., étoient incompressibles, & l'on avoit en conséquence divisé les corps en deux classes : compressibles & incompressibles; d'où il résultoit que l'*incompressibilité* étoit une propriété de quelques corps; mais des expériences plus exactes, faites sur les corps que l'on croyoit incompressibles, ont prouvé qu'ils pouvoient être comprimés comme les autres. *Voyez* COMPRESSIBILITÉ.

INCOMPRESSIBLE, *même origine qu'incompressibilité*; adj. Qui ne peut être comprimé.

Cette épithète avoit été donnée à tous les liquides, parce que l'on croyoit qu'ils ne pouvoient pas être comprimés. Mais, ainsi qu'on l'a vu au mot INCOMPRESSIBILITÉ, il n'existe aucune substance qui soit physiquement *incompressible*.

INCONNUE, *de la particule* in *& de* cognitus, *connu*; incognitus; *unbekannt*; adj. Qui n'est pas connu.

On donne, en algèbre, le nom de *quantité inconnue*, ou seulement *inconnue*, à la quantité que l'on cherche dans la solution d'un problème.

INCORPORATION, *de* in, *dans*, corporare, *ramasser*; incorporatio; *einverleibung*; s. f. Action de rassembler en un corps.

C'est, en chimie, l'union, le mélange, la jonction d'un corps avec un autre. L'*incorporation* consiste à réduire plusieurs choses de différente consistance, à une consistance commune, par la digestion ou la mixtion. Il faut éviter, dans ces *incorporations*, la rencontre de substances suscep-

tibles de se décomposer entr'elles, & il faut, autant qu'il est possible, proportionner la dose des substances de manière que l'*incorporation* soit complète.

INCRÉMENT; incrementum; s. m. Accroissement.

C'est, en géométrie, la quantité dont une quantité variable augmente ou croît. Si la quantité variable décroît ou diminue, sa diminution ou son décroissement se nomme *incrément*; mais l'*incrément* est négatif. Taylord a appelé *incrémens* les quantités différentielles.

INCRUSTATION; incrustatio; *incrustation*; s. f. Revêtir, enduire; application de quelques pieces de marbre, de jaspe, contre une muraille, pour l'orner.

En minéralogie, c'est la croûte pierreuse dont plusieurs substances sont recouvertes, après avoir séjourné quelque temps dans l'eau.

Plusieurs eaux, telles que celles des bains de Saint-Philippe en Toscane, celles d'Arcueil, à Paris, jouissent de la propriété d'incruster les substances que l'on y fait séjourner; les eaux des sources salées, que l'on fait tomber sur des fagots d'épines, pour les concentrer, déposent, sur les branches des fagots, une substance pierreuse qui les incruste.

Assez ordinairement ces *incrustations* sont calcaires; quelques-unes sont séléniteuses, mais elles sont plus rares. La propriété que ces eaux ont de former des *incrustations*, provient du carbonate de chaux qu'elles dissolvent en traversant des masses calcaires. Aussi, les eaux qui tombent dans des grottes calcaires déposent-elles constamment de la chaux carbonatée, qui produit les belles stalactites & stalagmites qui ornent ces grottes. *Voyez* CAVERNES GROTTES.

Il se forme également, dans l'économie animale, des *incrustations*, principalement sur les artères & sur les os. C'est ordinairement lorsque l'on avance en âge que ces *incrustations* se produisent, & que diverses portions s'ossifient.

On doit distinguer les *incrustations* des concrétions qui se forment dans l'épaisseur des organes & dans les cavités, & des pétrifications de la substance même de ces organes.

INCUBATION, *de* in, *sur*, cubare, *coucher*; incubatio; *incubation*; s. f. Coucher sur.

Dans l'origine, on n'appliquoit le mot *incubation* qu'à l'action des oiseaux couvant des œufs en se couchant dessus; depuis on applique cette dénomination à toutes les manières de couver les œufs. D'après cela, il existe quatre sortes d'*incubation*; 1°. au moyen de la chaleur naturelle des femelles ou des mâles qui se placent sur les œufs : ce mode est employé par tous les volatiles, l'autruche exceptée; 2°. à l'aide de la température élevée de l'atmosphère : plusieurs animaux, tels que l'autruche, les tortues, les crocodiles, &c., creusent des trous dans le sable & y déposent leurs œufs ; échauffés par les rayons du soleil, l'*incubation* devient complète ; 3°. en faisant usage de leur chaleur naturelle ou de celle d'autres animaux. Ainsi le cloporte & le gallinsecte couvent leurs œufs dans leur intérieur, où ils éclosent. Il est des insectes qui déposent leurs œufs sur l'homme, & sa chaleur en favorise l'*incubation* ; d'autres pondent dans diverses parties des animaux à sang chaud, & l'*incubation* s'y accomplit. 4°. Enfin, l'*incubation* se fait dans des fours que l'on maintient à une température constante. C'est ainsi que les Egyptiens font éclore les œufs de leurs poules depuis très long-temps. Ce mode d'*incubation* artificiel est maintenant pratiqué dans plusieurs de nos cités.

INCUBE ; incubus ; *alp* ; f. f. Qui se couche dessus.

Espèce particulière de songe, dont le caractère principal consiste dans le sentiment d'une forte pression, attribuée à un poids quelconque, & le plus souvent à un être vivant placé sur la poitrine.

Cette pression, à laquelle on donne communément le nom de *cauchemar*, étoit attribuée à des démons que l'on appeloit tantôt *incubes* & tantôt *succubes*, selon la position qu'ils prenoient. Parmi les causes qui produisent cette espèce de songe désagréable, on distingue principalement les mauvaises digestions.

INDÉFÉRENT, *de la particule négative* in & *de* deferre, *porter* ; indeferens ; adj. Qui ne porte pas.

Nom donné, par quelques physiciens, aux corps non conducteurs. Ainsi, les corps *indéférens* à la phosphorescence ne sont pas conducteurs du fluide qui produit ce phénomène.

INDÉFINI, *de la particule négative* in & *de* definire, *limiter* ; indefinitus ; adject. Dont on ne peut déterminer les bornes, les limites.

Une ligne *indéfinie* est une ligne aussi longue que l'on veut, & qui doit être du moins aussi longue qu'il est nécessaire pour l'opération que l'on veut faire, mais qui peut être plus longue encore.

INDÉLÉBILE, *de la particule négative* in & *de* delere, *effacer* ; indelebilis ; *unauslöschlich* ; adj. Qui ne peut être effacé.

C'est dans ce sens qu'on dit : encre *indélébile*, caractère *indélébile*.

INDÉTERMINÉ, *de la particule négative* in & *de* determinare, *borner*, *limiter* ; fluctuans ; un-

bestiment ; adj. Quantité ou chose qui n'a pas de bornes certaines & prescrites.

En géométrie, on distingue plusieurs sortes d'*indéterminées* ; telles sont les *quantités indéterminées*, qui peuvent changer de grandeur ; les *problèmes indéterminés*, dont on peut donner un nombre infini de solutions différentes ; *fonctions indéterminées*, qui peuvent devenir *indéterminées* dans quelques cas.

INDEX, de ϛιϛδειϰα, *montrer* ; index ; *zeigefinger* ; f. m. C'est le doigt le plus proche du pouce, parce que c'est de celui-là qu'on se sert pour indiquer, pour montrer quelque chose avec le doigt.

En arithmétique, l'*index* est la caractéristique ou l'expression d'un logarithme ; il montre de combien de chiffres le nombre absolu, qui appartient au logarithme, consiste, & de quelle nature il est, nombre entier ou une fraction.

INDICTION ; indictio ; *ansagung* ; f. f. Impôt, subside, ordre, ordonnance.

INDICTION ROMAINE étoit autrefois un tribut que les Romains percevoient, toutes les années, dans les provinces, sous le nom d'*indictio tributaria*, pour la subsistance des soldats, particulièrement de ceux qui avoient servi pendant quinze années. Lorsque l'Empire changea de face, sous les derniers empereurs, on conserva le terme d'*indiction* ; mais l'acception en fut changée ; il ne signifia qu'un espace de quinze années.

L'époque à laquelle on s'est servi de l'*indiction*, dans ce dernier sens, n'est pas certaine. Plusieurs historiens prétendent que Constantin l'introduisit en 312, après avoir aboli les jeux séculaires ; mais ils n'en rapportent aucune preuve.

On n'est pas plus avancé à l'égard de l'origine de l'*indiction romaine* pontificale ; ce qui est constant, c'est que les papes, après que Charlemagne les eut rendus souverains, commencèrent à dater leurs actes par l'année de l'*indiction* ; auparavant ils les datoient par les années des empereurs, & enfin ils les ont datés par celles du leur pontificat.

On appelle *indiction première*, *indiction seconde*, & ainsi du reste, la première, la seconde année de chaque *indiction*. Voy. CYCLE DE L'INDICTION ROMAINE.

INDIEN ; indus ; *indianer* ; f. m. Habitant de l'Inde.

Nom qu'on donne, en astronomie, à une des constellations de la partie méridionale du ciel. Elle est située au-dessous du sagittaire ; elle est du nombre de celles que les pilotes formèrent, peu après la découverte du Cap de Bonne-Espérance & de l'Amérique ; elles étoient faites grossièrement ; mais l'abbé de Lacaille, dans son *Catalogue des étoiles australes*, les a réformées. La principale étoile α de l'*Indien* est de la troisième grandeur.

Cette conftellation eft une de celles qui ne paroiffent jamais fur notre horizon : les étoiles qui la
forment ont une trop grande déclinaifon pour
cela , de forte qu'elles ne fe lèvent jamais pour
nous.

INDIGÈNE , *de* indu , *employé pour* in , *dans ,*
& genitus , *engendré ;* indigena ; *eineimifch ;* adj.
Qui eft engendré là.

Indigène fe dit des peuples établis de tout
temps dans un pays : *les peuples indigènes.* Il fe
dit également des plantes propres à tels ou tels
pays : *les plantes indigènes.* On l'applique auffi
quelquefois aux minéraux & autres fubftances qui
ont été formées dans un pays : *minéraux indigènes,
fubftances indigènes.*

INDIGO, *de* ινδικος , *indien ;* indicum ; *indig ;*
f. m. Fécule ou fuc bleu épaiffi , que l'on retire
de plufieurs plantes , & particulièrement de l'anil
ou *indigo.*

Expofé à l'action du feu , l'*indigo* fe divife en
deux parties ; l'une fe volatilife fous forme de vapeur violette qui fe condenfe en matière bleue fur
les corps froids. Cette expérience doit fe faire à
une température peu élevée ; fi elle eft trop forte ,
l'*indigo* fe bourfoufle , s'enflamme , brûle ; il fe
transforme d'abord en un charbon volumineux
qui finit par s'incinérer.

Il eft inaltérable à l'air ; infoluble dans l'eau &
dans l'éther , fenfiblement foluble dans l'alcool
bouillant , qu'il colore en bleu, & dont une partie
fe précipite en fe refroidiffant.

Neuf à dix parties d'acide fulfurique concentré
diffolvent une partie d'*indigo*, à la température de
30° , & la diffolution eft d'un beau bleu.

Réduit en poudre fine & traité avec diverfes
matières-défoxigénantes, l'*indigo* paffe au jaune,
devient foluble dans l'eau, & reprend fa couleur
bleue en s'oxigénant. L'acide muriatique oxigéné
détruit fa couleur en peu de temps. L'acide muriatique n'a aucune action fur l'*indigo*, à la température ordinaire ; l'acide nitrique concentré en
exerce une très-vive ; il forme, avec cette fub-
tance, des produits très-nombreux.

D'après Chenevix, l'*indigo* de Guatimala eft
compofé de cinquante parties environ d'*indigo*
proprement dit, combiné avec de la gomme, de
la réfine, de la matière verte, de l'extractif, de la
filice, du carbonate de chaux, de l'oxide de fer &
de l'alumine.

On retire l'*indigo* de divers *indigofera*, du paftel
& d'un grand nombre de plantes, telles que les
nerium, colutea, galega, robinia, &c.

Pour obtenir l'*indigo*, on met, dans une cuve
pleine d'eau, les plantes deftinées à le produire ;
on les y laiffe fermenter, puis on coule l'eau dans
une feconde cuve, où l'eau eft battue jufqu'à ce
qu'elle ait acquis la couleur bleue : on la laiffe repofer un peu, & on la coule enfuite dans une

troifième cuve où elle dépofe l'*indigo*. L'eau eft
décantée fucceffivement, & le réfidu eft mis dans
des moules pour fécher.

Cette fubftance précieufe pour la teinture nous
eft d'abord venue des Indes. Elle a été apportée
en Europe vers le milieu du feizième fiècle. Avant
qu'on ne la connût, on y fuppléoit par la matière bleue que l'on retiroit du paftel. Dans ces
derniers temps, on a fait de nombreux effais pour
nous fouftraire à la dépendance de l'étranger, &
remplacer l'*indigo*. Quelques teinturiers font parvenus à lui fubftituer le bleu de Pruffe avec beaucoup d'avantage.

INDIGO (Couleur d'). Variété de la couleur
bleue, diftinguée fous le nom d'*indigo*.

En examinant la férie des couleurs provenant de
la décompofition de la lumière par le prifme,
Newton remarqua qu'il exiftoit un long intervalle
entre le bleu & le violet ; voulant caractérifer la
couleur intermédiaire entre ces premiers, il chercha de quelle couleur conftante elle pouvoit approcher, & il remarqua l'*indigo*, dont la couleur
bleu foncé, légèrement violacée, étoit fenfiblement celle de la couleur intermédiaire entre le
bleu & le violet ; alors il donna, à cette couleur,
le nom d'*indigo*. Ainfi, au lieu de ne diftinguer
dans le prifme que les couleurs de fix intervalles :
le rouge, l'orange, le jaune, le vert, le bleu &
le violet, qui devoient néceffairement former les
fix couleurs les mieux caractérifées, Newton en
diftingua fept : le rouge, l'orange, le jaune, le
vert, le bleu, l'*indigo* & le violet.

Diffous dans l'acide fulfurique, l'*indigo* a deux
couleurs diftinctes (1) ; l'une, par réflexion, eft
rouge cuivré ; l'autre, par rétraction, eft bleu
légèrement violacé ; c'eft celle que Newton a
choifie.

La couleur rouge cuivré, que l'on aperçoit par
réflexion fur la diffolution de l'*indigo*, n'eft pas
toujours celle que préfente cette fubftance. Lorfque la furface de l'*indigo* réfulte d'une caffure
franche, d'une défunion directe de fes particules,
fa couleur eft le *bleu-indigo*. Si l'on unit la furface,
qu'on la poliffe, foit par le frottement, foit par
une forte de compreffion, la couleur devient
jaune cuivré.

M. Haffenfratz s'eft affuré que la lumière colorée en bleu par de l'*indigo*, en paffant à travers
une diffolution de cette fubftance diffoute dans
l'acide fulfurique, produit deux fpectres (2),
fig. 930. Le premier A B, un peu elliptique, eft
orangé ; fa longueur étoit de 57 millimètres ; le
fecond C D, plus elliptique, avoit 115 millimètres de long ; il étoit compofé de vert, de bleu &
d'*indigo*. La diftance entre les deux ellipfes étoit
25 millimètres. La diftance du bord inférieur A

---

(1) *Annales de Chimie*, tome LXVII, pag. 22.
(2) *Ibid.*, page 14.

du premier ſpectre, à l'origine du rouge du ſpectre, produit par la lumière blanche, étoit de 24 millimètres. L'abſorption commence par le jaune.

En diſcutant l'hypothèſe de Newton ſur les diverſes manières dont on peut concevoir la compoſition des ſept couleurs, principalement diſtinguées dans le ſpectre ſolaire, M. Haſſenfratz (1) a cherché à déterminer de combien de manières la couleur *indigo* pouvoit être obtenue, par réfraction, dans la ſuppoſition que ſa formation fût la même que celle des anneaux colorés; il a trouvé que cette couleur pouvoit être obtenue de deux manières:

1°. Par trois couleurs en un ſeul ſpectre: bleu, *indigo* & violet, du deuxième & du troiſième ordre. *Voyez* ANNEAUX COLORÉS, tome II, première partie.

2°. Par cinq couleurs en trois ſpectres, de deux manières: A, le premier rouge du cinquième ordre, le ſecond jaune & vert du ſixième, le troiſième *indigo* & violet du ſeptième. B, le premier rouge & orangé du ſixième ordre, le ſecond vert du ſeptième, le troiſième *indigo* & violet du huitième.

L'*indigo* ne s'obtient pas:

1°. D'une ſeule couleur, *indigo*;

2°. De deux couleurs, bleu & violet;

3°. De quatre couleurs, rouge, vert, bleu & violet.

Ce qu'il y a de remarquable, c'eſt que de toutes les manières de former la couleur *indigo*, déduites de la théorie de Newton, aucune n'indique celle que M. Haſſenfratz a obtenue par l'expérience.

INDISSOLUBILITÉ, *de la particule négative* in & de diſſolvere, *diſſoudre*; indiſſolubilis naturæ; *unauflöſſchkeit*; ſ. f. Qualité de ce qui eſt indiſſoluble.

Tous les corps qui ne peuvent pas être attaqués par un liquide, & s'incorporer, s'unir, ſe combiner parfaitement avec lui, ſont des indiſſolubles. Pluſieurs corps peuvent être diſſous dans des liquides, & être indiſſolubles dans d'autres. L'or eſt indiſſoluble dans l'acide nitrique, mais il peut être diſſous dans l'acide nitro-muriatique. Un grand nombre de ſubſtances ſont indiſſolubles dans l'eau & ſolubles dans les acides, l'alcool, &c.; d'autres ſont indiſſolubles dans l'alcool, quoiqu'elles puiſſent être diſſoutes dans l'eau. En général, l'*indiſſolubilité* ne doit être conſidérée, pour chaque ſubſtance, que relativement à un ou pluſieurs liquides déterminés.

INDIVISIBILITÉ, *de* individuus, *qui ne peut être diviſé*; indiviſibilitas; *untheilbarkeit*; ſ. f. Qualité de ce qui eſt indiviſible, de ce qui eſt inſécable.

On ne connoît point de corps, dans la nature,

qui ne ſoit point diviſible, parce qu'ils ſont tous compoſés de parties, & que l'on conçoit parfaitement que ces parties peuvent être ſéparées les unes des autres. (*Voyez* DIVISIBILITÉ.) On ne connoît d'indiviſibles, dans les corps, que les atomes, que l'on regarde comme inſécables. *Voyez* ATOMES.

INDIVISIBLE; indiviſibilis; *untheilbar*; adj. Les plus petits élémens des corps, ceux que l'on regarde comme leurs compoſans, & qui ne peuvent plus être diviſés.

Quoique la preſque généralité des géomètres conſidèrent les grandeurs comme pouvant être diviſées à l'infini, Cavalleri &, après lui, Torricelli, ont prétendu que la ligne étoit compoſée de points; le plan, de lignes; & les ſolides, de ſurfaces; & comme ils conçoivent que chacun de ces élémens ſont *indiviſibles*, on a donné à cette manière de conſidérer la formation des corps le nom de *méthode des indiviſibles*. Cette opinion a encore aujourd'hui quelques partiſans parmi les géomètres, parce qu'elle peut contribuer à abréger les recherches & les démonſtrations mathématiques.

INÉGALITÉ, *de la particule négative* in & de æqualis, *égal*; inæqualitas; *ungleichheit*; ſ. f. Défaut d'égalité.

En optique, l'*inégalité* s'applique principalement à celle qui dépend de la diſtance, par oppoſition à l'*inégalité* réelle.

Les aſtronomes font ſouvent uſage du mot *inégalité* pour diſtinguer toutes les irrégularités que l'on obſerve dans le mouvement des planètes; ils les claſſent ſuivant leur ordre. C'eſt ainſi qu'ils diſent: *première inégalité, ſeconde inégalité*, &c.

INÉGALITÉS PÉRIODIQUES. *Inégalités* dans le mouvement des corps céleſtes, qui ſe renouvellent après un intervalle déterminé.

INÉGALITÉS SÉCULAIRES. Petites *inégalités* dans le mouvement des corps céleſtes, & que l'on ne peut apprécier qu'à la ſuite d'un grand nombre d'obſervations faites pendant un très long eſpace de temps.

INÉQUILATÈRE, *de la particule négative* in, *de* æquus, *égal*, & de latus, *côté*; adj. Surface ou ſolide à côtés inégaux.

Cette expreſſion n'eſt ordinairement employée qu'en botanique.

INERTIE, *de la particule négative* in & de ars, *art, force*; inertia; *hagheit*; ſ. f. Sans art, ſans force.

Quoique, d'après ſa définition, l'*inertie* dût être un état de repos, les phyſiciens donnent une plus grande extenſion à ce mot; ils conſidèrent l'*inertie* comme la tendance que les corps ont à conſerver leur état, ſoit de repos, ſoit de mouvement. Cette manière de conſidérer l'*inertie* étant aſſez difficile à concevoir, nous allons transcrire ici les détails qu'Euler a donnés fur l'*inertie*, dans fa 74ᵉ. Lettre à une princeffe d'Allemagne.

« De même qu'on dit qu'un corps, tant qu'il eft en repos, demeure dans le même état, on dit auffi d'un corps en mouvement, que tant qu'il fe meut avec la même viteffe, & fuivant la même direction, il demeure dans le même état. Demeurer dans le même état, ne fignifie autre chofe que refter en repos, ou conferver le même mouvement. Voilà ce que l'on entend par *inertie*.

» Cette manière de parler s'eft introduite pour énoncer plus fuccinctement ce grand principe: que tout corps, en vertu de fa nature, fe conferve dans le même état, jufqu'à ce qu'une caufe étrangère vienne le troubler, c'eft à dire, mettre le corps en mouvement s'il eft repos, ou changer fon mouvement s'il fe meut déjà.

» Il ne faut pas s'imaginer qu'un corps, pour conferver le même état, doive refter dans le même lieu: c'eft bien ce qui arrive lorfque le corps eft en repos; mais lorfqu'il fe meut avec la même viteffe & felon la même direction, on dit également, qu'il demeure dans le même état, quoiqu'il change de lieu à chaque inftant. Cette remarque eft néceffaire pour ne pas confondre le changement de lieu avec celui d'état.

» Si l'on demande pourquoi les corps demeurent dans le même état? on peut répondre que c'eft en vertu de leur propre nature.

» Tous les corps, en tant que compofés de matière, ont la propriété de demeurer dans le même état, s'ils n'en font pas tirés par quelque caufe externe. C'eft donc là une propriété fondée fur la nature des corps, par laquelle ils tâchent de fe conferver dans le même état, foit de repos, foit de mouvement. Cette qualité, dont tous les corps font doués, & qui leur eft effentielle, eft ce que l'on nomme *inertie*: elle leur convient auffi néceffairement que l'étendue, l'impénétrabilité; tellement qu'il feroit impoffible qu'il y eût un corps fans *inertie*; c'eft, comme l'on voit, une propriété générale.

» Le terme d'*inertie* a d'abord été introduit dans la philofophie par ceux qui foutenoient que tout corps avoit un penchant pour le repos. Ils envifageoient les corps comme des hommes pareffeux, qui préféroient le repos au travail, & attribuoient aux corps une horreur pour le mouvement, femblable à celle que les pareffeux ont pour le travail; le terme d'*inertie* fignifiant à peu près la même chofe que celui de pareffe. Mais quoiqu'on ait connu depuis la fauffeté de ce fentiment, & que les corps reftent également dans leur état de mouvement comme dans celui de repos, on a confervé le mot d'*inertie* pour marquer, en général, la propriété de tous les corps de refter dans le même état, foit de repos, foit de mouvement.

» On ne fauroit donc concevoir l'*inertie* fans une répugnance pour tout ce qui tendroit à faire changer l'état des corps; car, puifqu'un corps, en vertu de fa nature, conferve le même état de mouvement ou de repos, & qu'il ne fauroit en être tiré que par des caufes externes, il s'enfuit que, pour qu'un corps change d'état, il faut qu'il y foit forcé par quelque caufe étrangère; fans quoi il demeureroit toujours dans le même état. De-là vient qu'on donne à cette caufe externe le nom de *force*. Voyez FORCE D'INERTIE.

» Ainfi, quand un corps qui a été en repos eft mis en mouvement, c'eft une force qui produit cet effet; & quand un corps en mouvement change de direction ou de viteffe, c'eft auffi une force qui a caufé ce changement. Tout changement de direction ou de viteffe, dans le mouvement d'un corps, demande ou une augmentation, ou une diminution de forces. Ces forces font donc toujours hors du corps dont l'état eft changé, attendu que nous avons vu qu'un corps abandonné à lui-même, conferve toujours le même état, à moins qu'une force de dehors n'agiffe fur lui. Or, l'*inertie* par laquelle un corps tend à conferver le même état, exifte dans le corps même, & en eft une propriété effentielle.

» Dès qu'une force externe change l'état de quelque corps, l'*inertie* qui voudroit le maintenir dans le même état, s'oppofe à l'action de cette force, & de-là on comprend que l'*inertie* eft une qualité fufceptible de mefure, ou que l'*inertie* d'un corps peut être plus ou moins grande que celle d'un autre corps. Or, les corps font doués d'*inertie*, en tant qu'ils renferment de la matière. C'eft même par l'*inertie*, ou la réfiftance qu'ils oppofent à tout changement d'état, que nous jugeons de la quantité d'un corps; ainfi, l'*inertie* d'un corps eft d'autant plus grande qu'il contient plus de matière. Auffi favons-nous, qu'il faut plus de force pour changer l'état d'un grand corps que d'un petit, & nous en concluons que le grand corps contient plus de matière que le petit. On peut donc dire que, par cette feule circonftance, l'*inertie* nous rend la matière fenfible.

» Il eft donc clair que l'*inertie* eft fufceptible d'une mefure, & qu'elle eft la mefure même de la quantité de matière qu'un corps contient: puifqu'on nomme auffi la quantité de matière d'un corps, fa *maffe*, la mefure de l'*inertie* eft la même que celle de fa maffe.

» Voilà donc à quoi fe réduit notre connoiffance des corps en général. Premièrement, nous favons que tous les corps ont une étendue à trois dimenfions; en fecond lieu, qu'ils font impénétrables; & de-là réfulte leur propriété générale, connue fous le nom d'*inertie*, par laquelle ils fe confervent dans leur état, c'eft-à-dire, que quand un corps eft en repos, c'eft par fon *inertie* qu'il y demeure, & que quand il eft en mouvement, c'eft auffi par fon *inertie* qu'il continue à fe mouvoir avec la même viteffe & felon la même direction; & cette confervation du même état dure jufqu'à ce qu'il furvienne une force extérieure, qui y cause quelque changement. Toutes les fois que la force d'un corps change, il ne faut jamais en chercher la cause en lui-même; elle existe toujours hors de lui, & c'est la juste idée que l'on doit se former d'une force. *Voyez* FORCE.

INFECT; *fetidus; stinkend;* adj. Qui a une mauvaise odeur, une odeur désagréable, que l'on ne peut supporter.

On donne cette épithète à toute substance qui exale une mauvaise odeur. Parmi ces substances, on range : 1°. quelques gommes-résines, telles que l'assa fétida, le galbanum, &c.; 2°. des matières végétales & animales en putréfaction; 3°. les matières fécales; 4°. l'odeur qui se dégage des plaies gangrénées, du pus de mauvaise qualité; 5°. les miasmes qui s'exhalent des marais, les exhalaisons qui résultent du rassemblement d'hommes dans un lieu étroit, &c &c.

Parmi les odeurs infectes, il en est que quelques personnes sentent avec plaisir; tel est l'assa fétida, recherché par les personnes vaporeuses, qui éprouvent un état de calme, une sorte de béatitude hors de l'inspiration de cette odeur.

INFECTION, de *inficere, infecter;* infectio; *gestank;* s. f. Action exercée sur notre économie par des particules délétères.

L'infection peut se communiquer par l'attouchement & par la respiration.

Tout porte à croire que l'infection par attouchement est occasionnée par des animalcules qui pénètrent dans la peau & produisent des infections cutanées; telle est la gale.

Quant aux infections par la respiration, elles sont occasionnées par des particules délétères, suspendues dans l'air que l'on respire.

Trois sortes de particules paroissent réunir les caractères propres à produire l'infection par la respiration : 1°. les effluves ou exhalaisons des marais ou d'autres lieux; 2°. les miasmes nés du corps de l'homme malade; 3°. les émanations putrides résultant de la décomposition des substances animales.

Ces substances suspendues dans l'air, sont transportées à des distances plus ou moins grandes, où, étant respirées, elles produisent sur l'économie animale les pernicieux effets que l'on observe journellement.

Il a été impossible, jusqu'à présent, de reconnoitre autrement que par leurs pernicieux effets, l'existence, dans l'air, de ces substances délétères. L'analyse la plus exacte ne fait rien distinguer.

Plusieurs de ces substances délétères, que l'air ne transporte qu'à une petite distance, s'attachent souvent aux corps & sont transportées avec eux. Lorsque l'air agit sur elles, elles s'y dissolvent, & l'agent d'infection se trouve ainsi transporté d'une grande distance.

On peut détruire l'effet d'un grand nombre de ces substances délétères avec le feu, des fumigations ou des vaporisations d'acide nitrique & muriatique oxigénées. (*Voyez* DÉSINFECTION.) Celles qui sont plus tenaces, & que l'air ne peut transporter à une grande distance, se fixent dans le lieu d'infection; alors on les entoure, & l'on empêche d'en sortir les choses & les malheureux qui s'y trouvent.

Habituellement, les causes d'infection sont détruites par le froid. Telle est, par exemple, la fièvre jaune, dont les ravages cessent, dès que les froids se font sentir.

INFÉRIEUR; inferior; *unterst;* adj. Qui est au-dessous.

INFÉRIEUR (Hémisphère). Partie de la sphère qui est au-dessous de l'horizon, & qui n'est pas visible. *Voyez* HÉMISPHÈRE INFÉRIEUR.

INFILTRATION, de *in, dans, filtrum, filtre;* infiltratio; *einseigung;* s. f. Action de passer à travers un filtre.

Terme dont on se sert en chimie & en physique, pour exprimer l'action par laquelle une humeur, un liquide, se glisse & s'insinue insensiblement dans le tissu cellulaire des parties solides.

En anatomie & en pathologie, c'est l'interposition d'un liquide entre les mailles des différens tissus qui composent le corps humain. Ainsi, l'anasarque est une hydropisie par infiltration; l'ascite est une hydropisie par épanchement.

INFINI, de *in, sans, finis, fin;* infinitus; *unendlich;* adj. Qui n'a pas de fin; qui est sans borne & sans limites. Ainsi, lorsqu'on tire une ligne infinie, on entend qu'on tire une ligne aussi longue qu'on le veut.

INFINI (Géométrie de l'). C'est proprement la nouvelle géométrie des infiniment petits, contenant les règles du calcul différentiel & intégral. On admet, en géométrie, des quantités infinies du second, du troisième, du quatrième ordre. *Voyez* DIFFÉRENTIEL; INTÉGRAL, FLUXION.

INFINIS (Arithmétique des). Nom donné par Wallis à la méthode de sommer les suites qui ont un nombre infini de termes. *Voyez* SUITE, SÉRIE.

INFINIMENT PETITS. Quantités regardées par les géomètres comme plus petites que toutes grandeurs assignables.

Il y a des infiniment petits de différens ordres, c'est-à-dire, du premier ordre, du second ordre, &c.

INFLAMMABILITÉ, de *inflammare, enflammer, embraser;* inflammabilitas; *brennbarkeit;* s. f.

Qualité de ce qui eſt inflammable, de ce qui peut s'embraſer, s'enflammer.

Cette qualité, cette propriété de brûler avec flamme, appartient à la plus grande partie des corps combuſtibles, lorſqu'ils ſont fortement chauffés ; quelques uns jouiſſent de cette proprié é à un très-haut degré : tels ſont l'hydrogène, le phoſphore, le ſoufre, le zinc, l'alcool, les huiles, les réſines, &c.

On attribuoit autrefois l'*inflammabilité* à un principe particulier, qu'on nommoit *feu fixé*, *phlogiſtique*, *principe inflammable*. On croit aujourd'hui que l'*inflammabilité* provient du dégagement du calorique lors de la combinaiſon, avec l'oxigène, des combuſtibles à l'état de vapeur. *Voy.* FLAMME, LUMIÈRE.

INFLAMMABLE; inflammabilis; *brennbar*; adj. Qui peut s'enflammer, produire de la flamme.

Cette dénomination eſt appliquée à tous les corps qui s'enflamment facilement. *Voyez* INFLAMMATION.

INFLAMMABLE (Air). Subſtance aériforme qui a la propriété de s'enflammer. *Voyez* AIR INFLAMMABLE.

INFLAMMABLE (Corps). Corps qui ont la propriété de s'enflammer. Tous les corps combuſtibles, ſuffiſamment échauffés pour que les ſubſtances qui les compoſent puiſſent ſe vaporiſer, ſont des *corps inflammables* : ainſi, le bois, les graiſſes, les réſines, la plus grande partie des ſubſtances animales & végétales, le ſoufre, le phoſphore, ſont des *corps inflammables* ; plusieurs métaux, tels que le zinc, l'antimoine, le fer même, brûlent avec flamme & ſont *inflammables*.

INFLAMMABLE (Gaz). Subſtance aériforme qui brûle avec flamme. *Voyez* GAZ INFLAMMABLE.

INFLAMMABLE (Principe). Subſtance qui produit la flamme.

Les anciens chimiſtes avoient donné le nom de *principe inflammable* à la matière du feu combiné & fixé dans les corps combuſtibles, matière à laquelle ils attribuoient leur combuſtibilité ; pluſieurs autres le nommoient *phlogiſtique*. *Voyez* COMBUSTIBILITÉ, FLAMME, PHLOGISTIQUE.

INFLAMMATION; inflammatio; *brennbarung*, *entzundung*; ſ. f. Phénomène par lequel les corps combuſtibles prennent feu & exhalent de la flamme.

Habituellement, l'*inflammation* a lieu lorſque le gaz oxigène ſe combine avec des ſubſtances combuſtibles qui ſe vaporiſent : il ſe dégage alors une lumière plus ou moins vive, réſultant de l'*inflammation*. Quelques chimiſtes ont cru que la lumière dégagée dans l'*inflammation*, étoit produite par l'oxigène ; d'autres, par des ſubſtances combinées. Pluſieurs penſent que la lumière qui ſe dégage, eſt une ſubſtance particulière ; d'autres, que ce n'eſt que le calorique mu avec une viteſſe telle qu'il peut être diſtingué à la vue. *Voyez* COMBUSTION, FLAMME, LUMIÈRE, CALORIQUE.

Il n'eſt pas toujours néceſſaire que l'oxigène ſoit à l'état de gaz, & que les ſubſtances combuſtibles ſoient à l'état de vapeur, pour produire des *inflammations* ; car la poudre à canon, les muriates ſuroxigénés, mélangés avec des matières combuſtibles, s'enflamment avec une grande facilité ; les poudres fulminantes, dans leſquelles l'oxigène eſt auſſi à l'état ſolide, s'enflamment ſouvent au plus léger choc. Dans toutes ces circonſtances, il y a décompoſition des ſubſtances qui contenoient l'oxigène, & il ſe produit des compoſés nouveaux. *Voyez* DÉTONATION, POUDRE FULMINANTE.

Huyghens rapporte dans le *Journal de Phyſique*, page 221 du tome III, de l'année 1778, une *inflammation* d'étain par le nitrate de cuivre. Il a pris des criſtaux de nitrate de cuivre, encore humide, les a pulvériſés, en a couvert une feuille d'étain : le nitrate pouvoit avoir 2 millimètres d'épaiſſeur ; cette feuille a de ſuite été roulée ; alors elle s'eſt échauffée, le ſel s'eſt bourſoufflé au bout de quelques minutes, & l'étain s'eſt enflammé.

S. E. le comte de Czernichew rapporte dans le *Journal de Phyſique* de 1782, tome II, page 1, des expériences ſur l'*inflammation* de noir de fumée & d'huile.

Enfin, on ſait depuis long-temps, que de l'acide nitreux concentré, verſé ſur des huiles eſſentielles, les bourſoufle, les charbonne, & produit auſſitôt une vive & forte *inflammation*.

INFLAMMATION DU CHANVRE; inflammatio cannabis; *brennbarung des hanfs*; ſ. f. Du chanvre humide, conſervé dans un lieu humide, ferme ſe ſouvent, s'échauffe & s'enflamme ; mais c'eſt principalement lorſqu'il a été humecté avec de l'huile que l'*inflammation* eſt vivement excitée. Ainſi, rien n'exige plus de ſurveillance que les magaſins dans leſquels on entaſſe le chanvre & le lin humectés d'huile, pour les rendre propres à être filés avec plus de fineſſe. On a vu pluſieurs manufacturiers devenir victimes des incendies occaſionnés par l'*inflammation* de cette ſubſtance imbibée d'huile.

INFLAMMATION DES HERBES; inflammatio herbarum; *krauter brennbarung*; ſ. f. Herbes humides accumulées, qui s'enflamment ſpontanément.

Cette ſorte d'*inflammation* eſt ſouvent très-dangereuſe ; des granges & d'autres bâtimens avoiſinans, ont pluſieurs fois été incendiés par l'*inflammation* du foin ou d'autres herbages, ſerrés lorſqu'ils étoient humides.

Mais une *inflammation* plus habituelle & plus prompte, eſt celle des herbes cuites dans des

corps gras., foit pour des prépara ions pharmaceutiques, foit pour tout autre objet. N. J. So-
ladin, médecin à Lille, a publié, fur ces fortes
d'*inflammations*, un Mémoire imprimé dans le
Journal de Phyfique de 1784, tom. II, pag. 370.

INFLAMMATION HUMAINE ; inflammatio hu-
mana ; *menfchlich brennbarung*; f. f. *Inflammation*
d'une perfonne vivante par une caufe qui nous
eſt encore inconnue.

Nous avons parlé de ces fortes d'*inflammation*
dans le 2°. volume de ce Dictionnaire. *Voyez*
COMBUSTION HUMAINE.

INFLAMMATION PAR COMPRESSION ; inflammatio cum compreffione ; *brennbarung mit zufammen
drücken*; f. f. *Inflammation* produite par une forte
compreffion.

Plufieurs corps folides peuvent être enflammés
à l'aide d'une compreffion plus ou moins forte:
telles font les poudres fulminantes & toutes celles
qui font compofées de muriate oxigéné ; quelques gaz mélangés avec le gaz oxigène, & en
particulier le gaz hydrogène, peuvent s'enflammer
à l'aide d'une forte compreffion. Les premières expériences, fur l'*inflammation par compreffion* des gaz
hydrogène & oxigène, ont été faites par M. Haffenfratz. (*Voyez* COMPRESSION DES GAZ, POUDRE
DÉTONANTE, POUDRE FULMINANTE.) Enfin, l'air
atmofphérique fortement comprimé, produit une
vive lumière, avec laquelle on peut enflammer de
l'amadou & d'autres corps. *Voyez* BRIQUET PNEU-
MATIQUE.

Tous les corps combuftibles s'enflamment plus
facilement dans l'air comprimé, toutes chofes égales d'ailleurs ; l'*inflammation* eſt d'autant plus vive
& plus forte que l'air eſt plus comprimé. Grotius
ayant fait des expériences fur l'*inflammation* des
gaz oxigène & hydrogène, a remarqué (1), qu'en
dilatant un gaz détonant (2), de manière à lui
faire occuper un volume quatre ou cinq fois plus
confidérable que celui qu'il occupoit fous la preffion ordinaire, il perdoit la propriété de s'enflammer, & cela, que la dilatation ait été produite
par une diminution dans la preffion ou par une
augmentation de température.

De ces obfervations, Grotius conclut, que la
difficulté que l'on éprouve à enflammer un gaz
par un charbon embrafé, lorfque le même gaz
s'enflamme à la plus foible lumière, provient de
ce que la chaleur du charbon dilate le gaz de
manière à ne plus permettre l'*inflammation*, tandis que la lumière s'enflamme avant qu'il n'ait pu
fe dilater.

INFLAMMATION SPONTANÉE ; inflammatio fpon-

tanea ; *felbften zundungen*; f. f. *Inflammation* naturelle, qui fe produit feule, fans feu, par la feule
action des fubftances les unes fur les autres, &
fans l'action d'un corps embrafé.

Ces fortes d'*inflammations* peuvent être occafionnées par diverfes caufes, dont les principales
font :

1°. Un frottement confidérable. C'eſt ainfi que
l'on obtient du feu en frottant un cylindre de bois
entre deux tablettes : la promptitude de l'*inflammation* dépend de la nature du bois, de fon état
de fécherefe & de la viteffe du mouvement. C'eſt
ainfi que l'on a vu, dans de fortes chaleurs, des
voitures prendre feu, parce qu'elles n'avoient pas
été graiffées.

2°. L'action du foleil. On fait que les rayons
du foleil, concentrés par un miroir ou par un verre
lenticulaire, produifent une chaleur capable d'embrafer les corps. Ainfi des caraffes de verre remplies d'eau, expofées à l'action du foleil, peuvent
embrafer des fubftances combuftibles, placées à
leur proximité. On a des exemples d'incendies
occafionnés par cette feule caufe.

3°. Le dégagement du calorique produit par
des corps, quoique non combuftibles, mais rapprochés d'autres corps combuftibles, auxquels ils
peuvent communiquer un tel degré de chaleur,
qu'ils s'enflamment par le contact de l'air.

C'eſt ainfi, par exemple, que la chaux vive
humectée, échauffe & détermine une *inflammation*
dans les fubftances combuftibles, bois, copeaux,
pailles, &c.; des incendies confidérables ont été
produits par ces fortes d'*inflammations*.

Il arrive, dans la nature, un grand nombre de
phénomènes analogues, où des corps, en changeant de compofition, ou en contractant de nouvelles combinaifons, s'échauffent tellement ou
dégagent tant de calorique, que d'autres combuftibles qui les entourent, peuvent s'enflammer.

4°. La fermentation des fubftances animales &
végétales, entaffées en grandes maffes, qui ne
font ni entièrement fèches, ni trop humides,
comme le foin, le fumier, &c.

C'eſt ainfi que l'on a vu s'embrafer fpontanément des meules de foin, de tourbe, de lin, de
chanvre, des amas de vieux linges, &c.

Dès qu'une meule de foin s'échauffe, il faut
détacher lentement les couches extérieures les
unes des autres. Si l'on renverfe brufquement
le tas, ou fi l'on fait une large ouverture au milieu, il arrive prefque toujours que le feu prend
fubitement.

On peut prévenir les *inflammations* occafionnées par du foin rentré trop humide, en répandant entre chaque couche quelques poignées de
fel de cuifine. Ce fel, en prévenant l'*inflammation*,
ajoute à ce fourrage une faveur qui provoque l'appétit des beftiaux, aide à leur digeftion & les pré-
ferve d'une foule de maladies

Il faut, dans les grandes chaleurs de l'été, arro-

(1) *Annales de Chimie*, tome LXXXII, page 34.
(2) Le gaz détonant eſt compofé de deux parties mefures de gaz hydrogène & d'une d'oxigène.

fet de temps en temps les tas de fumier, pour empêcher leur *inflammation*.

5°. L'entaſſement des laines, du coton & d'autres ſubſtances animales & végétales, enduites d'une matière huileuſe, ſurtout d'une huile ſiccative.

Des vaiſſeaux, des manufactures, ont été incendiés par l'*inflammation* de ces ſortes de ſubſtances. On cite parmi les incendies occaſionnés par des ſubſtances animales & végétales, enduites d'une matière huileuſe, une frégate ruſſe, dans le port de Cronſtadt; le grand magaſin de cordage de St.-Péterſbourg; c. lui de Rochefort, en 1756; le magaſin à voiles, à Breſt, en 1757; la manufacture de Langelbart, une manufacture à Sainte-Marie-aux-Mines, &c.

6°. La cuiſſon des graiſſes & celle de l'huile de lin, pour le noir d'imprimerie, des vernis, &c.

Dans ces opérations, la chaleur fait vaporiſer les ſubſtances huileuſes, & lorſque leur température ſe trouve élevée à un trop haut degré, elles s'enflamment ſpontanément par la combinaiſon de l'oxigène de l'air. Il faut, dans ces opérations, avoir toujours près de ſoi un couvercle pour couvrir le vaſe ſitôt que le feu a pris, & ſurtout ſe garder de ne point verſer de l'eau, qui, au lieu d'éteindre le feu, lui donneroit plus d'expanſion & d'activité.

7°. La torréfaction de différentes ſubſtances végétales.

Pluſieurs de ces ſubſtances augmentent, par la torréfaction, la propriété de s'enflammer ſpontanément, ſi on les enferme dans des ſacs de toile qui les laiſſent en contact avec l'air ambiant; telles ſont la ſciure de bois, le café brûlé, la farine des graminées & des fruits légumineux, comme haricots, lentilles, pois, &c.

On a des exemples d'écuries incendiées par un ſachet de ſon brûlé mis au cou d'une bête malade, & de braſſeries incendiées par du grain grillé, mis dans des ſacs.

8°. Les gaz hydrogènes ſulfuré & phoſphoré, qui ſe dégagent dans pluſieurs opérations de la nature, & dont le dernier, principalement, s'enflamme par le ſeul contact de l'air atmoſphérique, même à une température baſſe, & qui ſe préſente ſouvent ſur la ſurface de la terre, comme une petite flamme, connue ſous le nom de *feu follet*, dans les lieux où ſont enfouies des ſubſtances animales en putréfaction. (*Voyez* FEU FOLLET.) S'il ſe trouve alors quelques combuſtibles à l'endroit où le dégagement a lieu, ils peuvent facilement s'allumer.

On remarque quelquefois, près des houillères, des *inflammations* ſemblables. Des charbons pyriteux, réunis en maſſe, s'enflamment ſouvent par la chaleur provenant de la décompoſition des pyrites par l'humidité, & l'*inflammation* du gaz hydrogène ſulfuré qui ſe dégage.

9°. Le phoſphure de chaux & de potaſſe, ou le pyrophore, qui peut ſe former dans la prépation du charbon; ſurtout dans celui de tourbe & de quelques ſortes de bois qui croiſſent dans des endroits marécageux. Ce charbon étant mouillé, le pyrophore, en attirant ſimplement l'humidité, forme du gaz hydrogène phoſphoré, qui, par le contact de l'air atmoſphérique, s'enflamme & peut mettre le feu à toute la maſſe du charbon.

Deux exemples d'*inflammations ſpontanées* du charbon de bois de bourdaine, ont eu lieu dans la fabrique de poudre à Eſſonne, en l'an 8 & en l'an 10. La première fois, le feu a pris dans le coffre du bluteau de charbon; & la ſeconde fois, le magaſin de charbon a pris feu, ſans qu'on ait pu ſoupçonner une autre cauſe que celle d'une *inflammation ſpontanée*.

10°. Le phoſphore qui ſe forme quelquefois, quoique rarement, dans la carboniſation de différentes ſortes de bois, ſans qu'il ſoit combiné lui-même avec la chaux, ni avec la potaſſe en état de phoſphure. Ces charbons ne s'enflamment pas ſpontanément à la température ordinaire de l'atmoſphère; mais ils peuvent produire une *inflammation*, en les pulvériſant & les frappant avec du nitrate de potaſſe ou avec quelques autres nitrates ou oxides métalliques, auxquels l'oxigène adhère foiblement, & qui ſe trouve dans un état de thermoxide, retenant beaucoup de calorique latent.

Nous pourrions rapporter encore pluſieurs autres cauſes d'*inflammations ſpontanées*, telles que l'étincelle obtenue par le choc du caillou contre l'acier, l'étincelle lumineuſe provenant du développement de l'électricité, &c., &c.; mais nous croyons que celles que nous avons rapportées ſuffiſent pour tenir en garde contre les incendies nombreux, occaſionnés par des *inflammations ſpontanées*. Quant aux *inflammations ſpontanées* du corps humain, *voyez* COMBUSTION HUMAINE.

INFLEXIBILITÉ, de in, ſans, flexio, flexion; inflexibilitas; *unbiegſamkeit*; ſ. f. Qualité de ce qui eſt inflexible.

Propriété qu'auroit un corps dont la dureté ſeroit telle qu'il ne pourroit céder à l'effort d'aucune puiſſance.

Juſqu'à préſent, on n'a point rencontré de corps de cette eſpèce; on n'en connoît point qui ait une dureté abſolue; on n'en connoît point qui ne puiſſe céder à une force finie; qui ne puiſſe changer de forme par une compreſſion ſuffiſante. Il ſuit de-là que l'*inflexibilité* n'appartient à aucun corps. *Voyez* INCOMPRESSIBILITÉ, FLEXIBILITÉ, COMPRESSIBILITÉ.

INFLEXIBLE; inflexibilis; *unbiegſam*; adj. Qui ne ſe laiſſe point fléchir.

Cette épithète pourroit convenir à un corps qui ne pourroit céder à aucune force comprimante, mais on n'a encore trouvé aucun corps de cette espèce.

INFLEXION, *de in*, *dedans*, flectere, *fléchir*, *courber*; inflexio; *beugung*; f. f. Action de ce qui se fléchit.

On applique le mot *inflexion* aux changemens de voix, lorsque l'on passe d'un ton à un autre. Dans la grammaire, on nomme *inflexion* la variation des noms & des verbes, en des temps ou des modes différens; mais c'est principalement de l'*inflexion* de la lumière dont nous allons nous occuper ici.

INFLEXION DE LA LUMIÈRE; inflexio luminis; *beugung der lichts*; f. f. Déviation que les rayons de lumière éprouvent en rasant un corps.

Newton a donné le nom d'*inflexion* à cette déviation qu'éprouvent les rayons de lumière, lorsqu'ils rasent le bord d'un corps opaque. Grimaldi, qui a fait cette découverte, lui avoit donné le nom de *diffraction*. Ce changement de dénomination a été introduit par le célebre physicien anglais, pour mieux désigner ce phénomène, dans l'hypothèse de l'émission de la lumière. Nous avons déja fait connoître toutes les expériences qui constatent ce phénomène. *Voyez* DIFFRACTION.

En cherchant à expliquer ce phénomène, nous avons fait voir qu'il existoit deux manières de l'entendre: 1°. dans l'hypothèse de l'émission produite par Newton; 2°. dans celle de la vibration des molécules d'un milieu donné, par Huyghens, Euler & M. de Fresnel. Comme ce jeune physicien a présenté à l'Académie des sciences, depuis l'impression de cet article, un Mémoire sur la diffraction, qui a été couronné par cette Société savante, & dont un extrait a été publié dans les *Annales de Chimie & de Physique*, tom. XI, p. 246, nous allons transcrire ici le commencement de cet extrait, afin de mettre nos lecteurs à même d'apprécier son opinion; nous les inviterons à lire cet extrait ou son Mémoire en entier, pour connoître les preuves sur lesquelles elle est fondée.

« Tous les phénomènes de la diffraction s'accordent à démontrer que les rayons lumineux qui passent auprès d'un corps, ne sont pas seulement infléchis à leur surface même, mais encore à des distances très sensibles de cette surface, & qui peuvent être d'autant plus considérables, que le point lumineux est plus éloigné. Ainsi, par exemple, s'il est à une distance infinie, comme une étoile; quelle que soit la largeur d'une ouverture par laquelle on fait passer le faisceau lumineux, en s'en éloignant suffisamment, on le verra toujours se dilater & répandre une lumière à peu près uniforme, dans un espace beaucoup plus large que la projection de l'ouverture. On a vu, dans les notes jointes au rapport de M. Arago, que cet effet ne pourroit se concevoir, qu'en supposant que les rayons s'infléchissent à des distances très-sensibles des bords de l'ouverture, puisque, s'il n'y avoit que les rayons qui ont rasé ses bords qui éprouvassent cette *inflexion*, la quantité de lumière infléchie, beaucoup moindre que celle que l'on observe, ne présenteroit qu'une teinte obscure, sur laquelle se détacheroit vivement la projection brillante de l'ouverture formée par le pinceau des rayons directs.

» Mais si les molécules lumineuses sont dérangées de leur direction primitive, par l'influence des corps, en passant à des distances sensibles de leur surface, il faut supposer, d'après le système de l'émission, que cet effet est produit par les forces attractives & répulsives, qui émanent des corps, & dont la sphere d'activité embrasse les mêmes intervalles, ou bien l'attribuer à de petites atmosphères aussi étendues que ces spheres d'activité, & dont le pouvoir réfringent différeroit de celui du milieu environnant. Mais il résulteroit également de ces deux hypotheses, que l'*inflexion* des rayons varieroit avec la forme ou la nature des bords de l'ouverture: or, l'on peut s'assurer, par des expériences variées & des mesures précises, que ces circonstances n'exercent aucune influence appréciable sur le phénomène (1), & que la dilatation du faisceau lumineux dépend uniquement de la largeur de l'ouverture. Les phénomènes de la diffraction sont donc inexplicables dans le système de l'émission.

» Dans celui des ondulations, au contraire, il est aisé de rendre raison de l'*inflexion* des rayons lumineux, à des distances sensibles de l'écran. En effet, quand une petite partie du fluide élastique a éprouvé une condensation, par exemple, elle tend à se dilater dans toutes les directions; & si, dans une onde entière, les molécules ne se meuvent pas parallèlement à la normale, cela tient à ce que toutes les parties de l'onde, situées sur la même surface sphérique, éprouvent simultanément la même condensation & la même dilatation, & qu'ainsi les pressions transversales se font équilibre. Mais dès qu'une portion de l'onde lumineuse se trouve interceptée ou retardée, dans sa marche, par l'interposition d'un écran opaque ou transparent, on conçoit que cet équilibre transversal doit être détruit, & qu'il doit en résulter, pour les différens points de l'onde, la fa-

---

(1) Du moins, tant qu'il ne reçoit pas l'ombre trop près du bord de l'écran, ou que la surface du corps opaque, rasée par les rayons lumineux, n'a pas trop d'étendue relativement à cette distance; car il pourroit se faire, dans ce cas, que les rayons réfléchis eussent une influence sensible sur l'aspect du phénomène, comme cela arrive lorsque la surface rasée par les rayons lumineux est un miroir suffisamment étendu, & qu'on en observe les franges à une petite distance. D'ailleurs, il y auroit alors des diffractions successives, sur une étendue trop considérable pour qu'on pût en faire abstraction.

culté d'envoyer des rayons suivant de nouvelles directions. » *Voyez* ONDULATIONS.

Nous ne pousserons pas plus loin les observations de M. Fresnel; nous observerons seulement que, pour soumettre à l'analyse les effets de la lumière, dans l'hypothèse des ondulations, ce savant physicien fait usage du principe des interférences, introduit par M. Thomas Young, dans la théorie des ondulations. C'est dans le Mémoire de M. Fresnel qu'il faut suivre ses raisonnemens & ses calculs.

En astronomie, on donne le nom d'*inflexion* à un phénomène qui paroit constaté depuis quelques années; c'est le changement de direction que les rayons de lumière éprouvent en rasant les bords de la lune.

On a remarqué que les rayons de la lumière, en traversant l'atmosphère terrestre, éprouvent une *inflexion* d'environ 34'; cette *inflexion* est due à la réflexion. Si la lune avoit également une atmosphère & que les rayons y fussent courbés, cette réfraction produiroit un effet sur la durée des éclipses; elle en changeroit la durée.

Les observations de l'éclipse de 1764, que Duséjour a discutées, sembleroient faire croire que les rayons de lumière éprouveroient une *inflexion* en rasant les bords de la lune, que cette *inflexion* seroit de trois secondes & demie. Duséjour l'attribue à une petite réfraction occasionnée par l'atmosphère de la lune; mais d'autres observations prouvent que cette atmosphère n'existe pas. *Voyez* LUNE, ATMOSPHÈRE.

INFLEXION D'UNE COURBE (Point d'.) C'est le point où une courbe commence à se courber, ou à se replier dans un sens contraire à celui dans lequel elle se courboit d'abord. Ainsi, de concave qu'elle étoit vers son axe, elle devient convexe, & réciproquement. *Voyez* POINT D'INFLEXION.

INFLUENCE, *de* in, *dedans,* fluere, *couler;* influxus; *einfluss;* s. f. Action que les corps peuvent exercer à distance, les uns sur les autres,

INFLUENCES CONDUCTRICES; influxus duces; *führer einfluss;* s. f. Action que les corps exercent sur les autres corps pour leur donner la propriété conductrice.

C'est ainsi, par exemple, que l'eau rend les bois secs, les cordes seches, conducteurs de l'électricité (*voyez* ÉLECTRICITÉ, CONDUCTRICITÉ ÉLECTRIQUE); que l'eau rend également les sels secs, conducteurs ou indéférens pour le fluide de la phosphorescence. M. J. P. Dessaigne a publié dans le *Journal de Physique* de l'année 1809, deuxième volume, page 169, un Mémoire sur l'*influence conductrice* ou indéférente des corps pour le fluide de la phosphorescence. *Voyez* PHOSPHORESCENCE.

INFLUENCE DE LA LUMIÈRE; influxus lucis; *lichtes einfluss;* s. f. Action que la lumière exerce sur les corps.

C'est principalement sur les végétaux & les animaux que la lumière exerce une très-grande *influence*. Elle leur donne de la force, de la couleur & de la vigueur. Les plantes & les animaux qui vivent & croissent à l'obscurité, sont blancs, foibles & languissans. *Voyez* ÉTIOLEMENT.

INFLUENCE DE LA LUNE; influxus lunæ; *einfluss des mund;* s. f. Action que la lune exerce sur les corps.

De l'observation constante que la lune exerce, sur la mer, une action par laquelle ses eaux sont soulevées, plusieurs physiciens en ont conclu qu'elle devoit nécessairement exercer une action semblable sur l'air de l'atmosphère, & produire ainsi une grande *influence* sur les phénomènes météorologiques.

Par suite de cette opinion, on a relevé avec exactitude, les observations météorologiques faites dans diverses périodes lunaires & lunisolaires; mais ces relevés n'ont produit aucune loi remarquable, d'après laquelle on puisse prévoir les variations qui peuvent & qui doivent survenir dans l'atmosphère.

Cependant les astrologues, & par suite les personnes qui ajoutent quelque confiance à leurs prédictions, ont regardé les diverses époques de la lune, telles que le passage d'un quartier à un autre, comme devant produire des changemens dans le temps; & quoique ces prédictions ne se réalisent que fort rarement, l'opinion des personnes peu instruites n'en a pas moins été attachée à l'*influence* de ces passages: il suffit que le fait se vérifie une fois sur quatre ou cinq, pour fortifier cette opinion: ils citent, comme un résultat de leur profonde connoissance, la prédiction du changement de temps; mais ils oublient de faire remarquer les nombreuses circonstances dans lesquelles leur prédiction est en défaut.

Les astrologues ont poussé beaucoup plus loin l'*influence de la lune*; ils cherchent à persuader qu'elle exerce son action sur les animaux, sur les individus & sur l'agriculture: de-là ces défenses de couper ses ongles, ses cheveux, de semer, de planter à certaines époques de la période lunaire.

D'après M. de Laplace, l'action du soleil & de la lune, si grande lorsqu'elle est exercée sur les eaux de la mer, est presqu'insensible sur l'atmosphère, puisque l'étendue des oscillations du baromètre, à l'équateur même, où elle est la plus grande, n'est pas d'un millimètre. Cependant, comme les circonstances locales augmentent considérablement les oscillations de la mer, il est probable qu'elles doivent accroître également les oscillations du baromètre: il recommande en conséquence aux physiciens de suivre avec constance les observations de ces variations.

INFLUENCE

INFLUENCE DE LA PLUIE; influxus pluviæ; *regenes einfluss;* f. f. Action que la pluie exerce sur les corps.

Quoique la pluie exerce une grande *influence* sur tous les corps de la nature, & particulièrement sur la végétation (*voyez* PLUIE), nous ne considérons cette *influence de la pluie* qu'autant qu'elle est exercée sur le baromètre.

C'est une opinion générale, que la pluie exerce une *influence* sur le baromètre, que le mercure baisse lorsqu'il doit pleuvoir, & qu'il hausse lorsque le temps marche au sec; cependant cette *influence* n'est pas générale, car on voit quelquefois le baromètre monter, lorsqu'il va pleuvoir, & lorsqu'il pleut; on le voit également descendre, quoique le temps marche au beau.

M. Prevot, professeur de physique à Genève, a observé la marche du baromètre pendant les deux jours qui ont précédé chaque pluie, & il en a dressé un tableau (1).

Sur cinquante-trois jours de pluie, trente-huit ont été précédés d'une baisse dans la colonne de mercure du baromètre, & quinze d'une hausse; quelques observations, faites par d'autres météorologistes, ont donné une plus grande proportion d'observation de hausse. *Voyez* PLUIE, BAROMÈTRE, HAUTEUR DE LA COLONNE DANS LE BAROMÈTRE.

INFLUENCE DES ANIMAUX; influxus animalium; *thierisches einfluss;* f. f. Action que les animaux exercent les uns sur les autres.

On peut diviser l'*influence des animaux* en deux classes: morale & physique. L'*influence morale* est bien prouvée par celle que le fort exerce sur le foible, le riche sur le pauvre, l'homme d'esprit sur les sots ou les ignorans, enfin, l'homme puissant sur ceux qui lui sont soumis; quant à l'*influence physique*, elle a besoin d'être examinée.

Cependant, cette *influence* a été reconnue par les Anciens; c'est à elle que l'on attribue la frayeur que le chien & l'agneau ont du loup, tous les animaux du lion, les poules de l'aigle, la perdrix du chien, la chèvre & plusieurs oiseaux du serpent, &c. Mais cette *influence* a été considérée par plusieurs physiciens comme une *influence* morale, exercée par le fort & le méchant sur le foible & le timide. Cette considération pourroit être vraie, si l'animal effrayé avoit d'avance été prévenu de son danger: mais combien d'animaux, arrêtés par la peur & la crainte, n'ont jamais pu avoir d'idée de celui qui exerce sur leurs sens une si grande *influence*?

Il n'est pas d'individu qui n'éprouve des sensations différentes pour les personnes qu'il rencontre, une première fois, dans une grande société:

les uns lui inspirent de l'intérêt, de l'amitié, de la confiance; les autres, de l'aversion, de la haine, de la crainte. A quoi attribuer ces sensations? Quelques physiciens les rapportent à l'*influence* que les individus exercent les uns sur les autres; d'autres, à des souvenirs, à des physionomies analogues, ou à des opinions formées sur des physionomies.

Enfin, il est de grands effets produits, depuis long-temps, par des individus sur d'autres, que l'on attribue à une *influence* physique; ce sont les résultats du magnétisme animal; mais un grand nombre d'hommes instruits l'attribuent à la confiance, à la persuasion & à l'*influence* morale.

Mais à quoi attribuer cette *influence* physique, si elle existe? Les uns, comme Ernest Platner, supposent que l'ame étant diffuse par tout le corps, peut s'étendre, se dissiper au dehors & toucher l'ame d'autrui en lui transportant ses émotions; d'autres, comme Platon, Arétée, Paracelse, Van-Helmont, Willis, Virdig, Digby, Robert Studd, Boerhaave, établissent dans les nerfs des esprits subtils, soit d'électricité ou de quelqu'autre fluide capable de se transmettre en dehors: ainsi, c'est à un fluide invisible, vital, transmissible, auquel on attribue toutes les *influences* physiques, même celles que la nature commande & qu'un sexe exerce sur un autre. Ce fluide vital, les disciples de Mesmer le nomment *magnétisme*. *Voyez* MAGNÉTISME ANIMAL.

Nous ne pensons pas qu'il soit nécessaire de discuter ici l'opinion ou les opinions des spiritualistes; il nous suffira de faire remarquer que, malgré les recherches faites jusqu'à présent, il a été impossible d'apercevoir aucune trace de ce fluide vital, & que tous les efforts que l'on attribue dans l'homme à l'*influence* physique, peuvent être parfaitement expliqués par l'*influence* morale, & sans l'existence d'aucun fluide nouveau, inconnu jusqu'alors.

INFLUENCE DES ASTRES; influxus astrorum; *sternes einfluss;* f. f. Action que les astres exercent sur les individus.

Dans l'astrologie judiciaire, l'*influence* ou l'*influx des astres* est cette vertu mystérieuse, fondement de l'astrologie judiciaire, attribuée aux planètes & aux étoiles fixes, de diriger & de régler le sort de la fortune, les mœurs & les caractères des hommes, en conséquence d'un aspect particulier, d'un passage au méridien, dans un temps marqué, &c. C'est sur cette *influence* que portent les prédictions, les horoscopes, les divinations qui ont rapport aux choses fortuites, aux événemens volontaires ou regardés comme tels.

Aujourd'hui que l'on ne croit plus à l'*influence des astres*, on est singulièrement surpris que des hommes d'un très-grande mérite, tels que Ptolomée, Aben-Erza, Hali-Rodoan, Regiomontanus, Gaffarel, Lucas Gauricus, Jérôme Cardan, &c.

aient pu croire férieufement à cette forte d'*influence* : mais quelle que foit la hauteur à laquelle un homme de génie parvienne, il lui eft bien difficile de ne pas payer un tribut à fon fiècle, & de ne pas être *influencé*, dans un grand nombre de circonftances, par les impreffions qu'il a éprouvées dans fa jeuneffe.

INFLUENCE ÉLECTRIQUE ; influxus electricus ; *electrifche einflufs*; f. f. Action que les corps électrifés exercent fur ceux qui font à l'état naturel & fur ceux qui font électrifés.

Cette *influence* confifte à développer des propriétés électriques dans les corps naturels, à augmenter ou diminuer l'intenfité électrique des corps déjà électrifés, lorfqu'ils ont une électricité différente ou une électricité femblable ; à électrifer les corps de deux manières différentes, c'eft-à-dire, d'une électricité différente fur la face en préfence & d'une électricité femblable fur la face oppofée, & d'augmenter l'intenfité de l'électricité différente ou de diminuer celle de l'électricité femblable fur les faces en préfence des corps déjà électrifés, & de produire un effet contraire fur les faces oppofées ; enfin, d'obliger à fe diftribuer inégalement, & felon une loi déterminée, l'électricité qui exifte à la furface du corps *influencé*. Voyez ÉLECTRICITÉ, DISTRIBUTION DU FLUIDE ÉLECTRIQUE.

Cette propriété qu'ont les corps électrifés, d'exercer une *influence* fur les corps déjà électrifés & fur ceux qui font à l'état naturel, a été découverte par Œpinus, en cherchant à appliquer l'analyfe aux phénomènes électriques. Coulomb a complété la découverte d'Œpinus, en découvrant la loi d'action du fluide électrique, qui eft en raifon directe des quantités d'électricité & en raifon inverfe du carré des diftances. Voy. ÉLECTRICITÉ, COULOMB.

INFLUENCE MAGNÉTIQUE ; inflexus magneticus ; *magnetifche einfiufs* ; f. f. Action que les corps magnétifés exercent fur ceux qui font déjà magnétifés, ou qui peuvent l'être.

Cette *influence* eft la même que celle de l'électricité, c'eft-à-dire, qu'un corps magnétifé rend fenfible le magnétifme des corps à l'état naturel & qui peuvent être magnétifés. Le magnétifme développé eft toujours de deux fortes : différent dans les faces en préfence, & femblable dans les faces oppofées. Dans un corps déjà magnétifé, l'*influence magnétique* d'un autre corps détermine le fluide magnétique des faces en préfence & des faces oppofées à fe mouvoir ; l'intenfité fe trouve diminuée, fi le magnétifme eft femblable, & augmentée, s'il eft différent.

Œpinus eft également l'auteur de la découverte de l'*influence magnétique*, & Coulomb a auffi déterminé la loi de fon action, qui eft en raifon directe des quantités de magnétifme, & en raifon

inverfe du carré des diftances. Voy. MAGNÉTISME, AIMANT, DISTRIBUTION DU MAGNÉTISME.

INFORME, de in, fans, forma, *forme* ; informis ; *ungeftalt*; adj. Corps qui n'a pas la forme qu'il doit avoir, qui eft imparfait.

INFORMES (Etoiles). Etoiles fparfites, fporales ou difperfées, qui n'entrent point dans les limites des grandes conftellations, à caufe de leur trop grand éloignement de ces limites.

INFUSIBILITÉ, de in, non, fufibilis, *fufible* ; infufibilitas ; f. f. Qualité de ce qui eft *infufible*, qui ne peut être fondu par l'action du feu.

Tous les corps pouvant être fondus, fi on les amène au degré de température que leur fufion néceffité, il s'enfuivroit que l'*infufibilité* ne devroit pas exifter ; mais, comme les moyens que nous pouvons employer pour développer le calorique des corps, ne nous permet pas toujours d'obtenir une température affez forte pour faire entrer tous les corps en fufion, les phyficiens regardent comme *infufibles*, les corps qu'ils ne font pas encore parvenus à fondre par les moyens qui font à leur difpofition.

INFUSIBLE ; infufibilis, adj. Propriété des corps qui ne peuvent pas être fondus feuls, par l'action du feu.

Toutes les tentatives faites jufqu'à préfent, pour obtenir une température affez élevée pour fondre les terres magnéfienne, calcaire & argileufe pures, ayant toujours été fans fuccès, on avoit regardé ces fubftances comme *infufibles* : cependant Sauffure eft parvenu, en expofant des petits fragmens de ces terres pures à l'action du dard de flamme d'un chalumeau à gaz oxigène, à les faire entrer en fufion & à déterminer, par la groffeur du globule, la température néceffaire pour les fondre.

On peut encore, à l'aide d'une forte preffion & d'une température élevée, fondre des fubftances que l'on avoit regardées jufqu'à préfent comme *infufibles* : tel eft le carbonate de chaux, fondu par M. Jame Haile. Voyez CHAUX CARBONATÉE, CHALEUR MODIFIÉE PAR LA PRESSION.

Cependant, il eft quelques fubftances que l'on doit encore regarder comme *infufibles*, par la propriété qu'elles ont de brûler, lorfqu'elles font élevées à une haute température & expofées à l'action de l'air. Le charbon eft dans ce cas ; mais le carbone fe rencontre dans la nature, fous l'apparence d'un verre tranfparent : tel eft le diamant. Cette forme & cette tranfparence fembleroient faire croire que le carbone lui-même eft fufible, & que tout confifte à le placer dans la circonftance qui eft propre à le faire parvenir à l'état de diamant. Voyez DIAMANT.

INFUSION, de in, *dans*, fundere, *verfer*; infufio; *aufgieſſen*; f. f. Action de verſer dedans, d'*infuſer*.

Opération par laquelle on met tremper un corps dans un liquide, qui peut lui enlever une des matières ſimples ou compoſées, qui entrent dans ſa compoſition, & que l'on veut en ſéparer. Les liquides que l'on emploie ordinairement, ſont l'eau, l'huile, l'alcool, le vinaigre, &c.

Pour que le liquide agiſſe plus efficacement, on triture le corps, ce qui multiplie ſon contact & augmente, par conſéquent, l'action de la liqueur.

On verſe le liquide froid, chaud ou bouillant, ſelon la nature des matières à extraire, & l'action du liquide ſur ces matières.

Quelquefois on expoſe l'*infuſion* à la chaleur; mais il ne faut pas que la liqueur paſſe à l'ébullition, parce qu'alors l'*infuſion* ſeroit changée en décoction.

On préfère l'*infuſion* à la décoction, dans les cas où les parties à extraire ſe volatiliſent ou s'altèrent à la chaleur de l'eau bouillante, ou quand les parties ſont ſolubles à une température plus baſſe qu'à celle du degré bouillant. Les liquides chargés de ces parties extraites ſont nommés *infuſum*.

INFUSOIRES; infuſoria; f. m. Genre d'êtres animés, ſi petits qu'ils échappent à la vue ſimple, & ne peuvent être diſtingués qu'à l'aide du microſcope.

On a donné à ces animalcules le nom d'*infuſoires*, parce qu'on les obſerve, preſque conſtamment, dans les liquides qui tiennent en ſuſpenſion des ſubſtances animales ou végétales, comme dans la plupart des infuſions.

Ces *infuſoires* ne ſe trouvent pas ſeulement dans les infuſions aqueuſes des nerfs, des muſcles, des membranes du cerveau, des plantes, des farines, &c., mais on les obſerve encore dans des liqueurs animales, telles que le ſérum, le ſang, le lait, le chyle, la ſalive, le ſperme, &c., dans les infuſions animales & végétales; les graiſſes & les huiles ſont les ſeules ſubſtances dans leſquelles on ne trouve pas d'*infuſoires*.

Comme il a été queſtion de ces ſortes d'animaux microſcopiques au mot ANIMALCULES, nous croyons devoir y renvoyer. (*Voyez* ANIMALCULES.) Nous nous contenterons de donner ici la figure de quelques-uns de ces *infuſoires*, fig. 931.

1. Rotifère: *a*, ſa tête; *b*, ſes yeux; *c*, ſa tête; *d*, ſon étui; *e*, ſa queue; *f*, les lobes de ſa roue.
2. Animalcule de la lentille d'eau.
3. Animalcule ovipare d'une infuſion de riz.
4. Animalcule ſpermatique de l'homme.
5. —— du cheval.
6. —— du taureau.
7. —— du belier.
8. —— du coq.
9. —— de la ſalamande aquatique.
10. —— de la carpe.

INGENHOUSZ (Jean), médecin ſavant, naturaliſte & phyſicien hollandais, né à Breda en 1730, mort à Londres le 7 ſeptembre 1799.

Après avoir exercé, pendant quelque temps, la médecine pratique dans ſa ville natale; il partit pour Londres, où il ſe lia intimement avec le docteur Pringle, alors préſident de la Société royale de Londres.

Ingenhousz ſe livra dans cette ville à des expériences ſur les végétaux; il y fit l'importante découverte que les végétaux vivans, expoſés à la lumière, émettent & répandent dans l'atmoſphère du gaz oxigène.

Cette découverte & pluſieurs autres expériences ingénieuſes ſur l'électricité, lui acquièrent l'eſtime & la conſidération des premiers ſavans de l'Angleterre, qu'il s'eſt conſervées par l'aménité de ſon caractère: il fut élu de la Société royale de Londres.

L'impératrice Marie-Théréſe, ayant eu la douleur de voir périr, victimes de la petite-vérole, deux de ſes enfans, chargea ſon ambaſſadeur à Londres de conſulter le docteur Pringle, ſur le choix d'un médecin, pour venir inoculer la famille impériale. Le docteur Pringle a nommé le docteur *Ingenhousz*, qui ſe rendit de ſuite à Vienne: il inocula les princes & princeſſes avec le plus grand ſuccès, ainſi que les enfans des premières familles de la capitale, qui s'empreſſèrent de ſuivre l'exemple qui leur étoit donné par leur ſouverain, & de profiter du ſéjour du docteur *Ingenhousz* dans la capitale de l'Autriche.

Un ſuccès auſſi grand lui valut la faveur de l'Impératrice; elle nomma *Ingenhousz* conſeiller aulique & médecin de la famille impériale: cette nomination fut accompagnée d'une penſion conſidérable, dont ce célèbre médecin a joui juſqu'à la fin de ſes jours.

Pendant ſon ſéjour à Vienne, *Ingenhousz* continua ſes recherches ſur l'air produit par les végétaux, l'électricité, le magnétiſme, l'eſſai des différens airs; il y inventa une machine électrique portative. *Voyez* ÉLECTRICITÉ D'INGENHOUSZ.

Joseph II témoigna toujours la plus grande eſtime pour ſon premier médecin: il l'admit très-ſouvent dans ſa ſociété particulière; il le viſitoit dans ſon cabinet, & prenoit plaiſir à répéter avec lui des expériences de phyſique.

A la mort de ce prince, *Ingenhousz* revint en Hollande, voyagea à Paris, en Allemagne, & finit par s'établir dans une maiſon de campagne à deux lieues de Londres, où il mourut.

Nous avons d'*Ingenhousz*: 1°. un *Mémoire ſur l'électrophore*, lu à la Société royale de Londres; 2°. *Expériences ſur les végétaux*, 2 vol. in-8°., Paris, 1787 & 1789; 3°. *nouvelles Expériences & Obſervations ſur divers objets de la Phyſique*, 2 vol. in-8°., Paris, 1787 & 1789; 4°. *Eſſai ſur la nourriture des plantes*; enfin, pluſieurs Mémoires dans le *Journal de Physique* & dans les *Recueils périodiques anglais*.

Ingenhousz (Amalgame d'). Dissolution d'étain dans du mercure, employée par *Ingenhousz*, pour mettre sur les coussins des machines électriques. *Voyez* Amalgame électrique.

Ingenhousz (Électricité d'). Petite machine électrique, imaginée par *Ingenhousz*; elle est composée d'un flacon, d'un double doigtier de peau de chat, & d'un ruban enduit de vernis élastique. *Voyez* Électricité de poche.

Ingenhousz (Eudiomètre d'). Tube de verre gradué, dans lequel on mélange le gaz nitreux avec l'air que l'on veut essayer. *Voy.* Eudiomètre d'Ingenhousz.

INHALATION, *de in*, *dedans*, *halare*, *porter*; inhalatio; s. f. Porter dedans.

Ce mot est l'opposé d'*exhalation*, porter au dehors; il est synonyme d'*absorption*. *Voyez* Absorption.

INHÉRENCE, *de in*, *dans*, *hærere*, *être attaché*; inhærentia; s. f. Union de choses inséparables par leur nature.

L'*inhérence* est une qualité qui réside ou que l'on croit résider dans les corps, indépendamment d'aucune cause ou action extérieure. C'est ainsi que les newtoniens prétendent que l'attraction est une qualité *inhérente* dans les corps. *Voyez* Attraction.

INHÉRENT; inhærens; adj. Épithète que l'on donne aux propriétés ou qualités qui résident, ou que l'on croit résider dans un corps, indépendamment d'aucune cause ou action extérieure.

INITIATION, *de inire*, *introduire*; initiatio; *aufnahme*; s. f. Introduction, première connoissance que l'on acquiert dans les sciences & dans les arts.

INNÉ; *de innasci*, *naître*; innatus; *angebohrn*; adj. Qui est né avec nous.

La question des idées *innées* a beaucoup occupé les philosophes de tous les siècles; elles ont été admises dans l'ancienne philosophie, depuis Platon jusqu'à Descartes. Dans le siècle dernier, Locke, Condillac, ont rejeté les idées *innées*. Les doctrines de Kant, de Thomas Reid & de beaucoup d'autres, semblent revendiquer contre Lock & Condillac. Toutes les fois que cette question sera discutée métaphysiquement, il sera toujours facile de soutenir l'une ou l'autre opinion.

Mais, dès qu'on veut consulter notre organi-sation & celle des animaux & des végétaux, cette question perd beaucoup de son importance. En effet, on voit dans les animaux & dans les végétaux des propensions qui se manifestent dès la plus tendre enfance, comme l'instinct naturel des animaux, lequel n'est nullement appris ni acquis par l'habitude.

INOCULATION, *de in*, *dans*, *oculus*, *œil*; inoculatio; *einpfropfen*; s. f. Insertion du bourgeon d'un arbre dans une ouverture faite à l'écorce d'un autre.

Pline & Columelle n'ont appliqué le nom d'*inoculation* qu'à l'opération de la greffe; mais, dans ces derniers temps, ce mot, employé au figuré, a été appliqué à toute insertion faite dans des parties d'animaux & de végétaux vivans, & qui peuvent propager, soit un autre individu, soit une maladie, soit la santé.

INODORE, *de in*, *sans*, *odor*, *odeur*; inodorus; adj. Qui est sans odeur.

Propriété qui appartient à plusieurs substances organiques, qui ne laissent dégager aucune substance qui affecte l'odorat. *Voyez* Odeur.

INODORE (Fosse). Correspondance des tuyaux des latrines avec des tonneaux dans lesquels tombent & se rendent toutes les substances. Des soupapes, disposées près de l'ouverture des tonneaux, permettent aux substances d'entrer, & empêchent la sortie de toute espèce de gaz. Les tonneaux peuvent s'enlever lorsqu'ils sont remplis, & être de suite remplacés par d'autres, de manière que la vidange se fait sans affecter l'odorat.

INONDATION, *de in*, *dans*, *unda*, *onde*; inundatio; *ueberschwemmung*; s. f. Submersion, débordement d'eau.

Il est peu de grandes rivières, de fleuves un peu considérables, qui ne produisent des *inondations* périodiques; les unes à la suite des pluies considérables qui ont lieu à des époques déterminées, les autres à la suite de la fonte des neiges. Une de ces *inondations* très remarquable, est celle du Nil, qui porte la fécondité sur tous les terrains qu'elle submerge, en les couvrant d'un limon fertile que les eaux déposent pendant leur séjour.

Nous ne parlerons pas ici des *inondations* de la Seine, qui intéressent si fortement les habitans de la capitale de la France; non par leurs bienfaits, mais par les ravages qu'elles occasionnent. Les *Mémoires de l'Académie des sciences* contiennent plusieurs descriptions de ces *inondations*.

On a donné le nom de *déluge* aux grandes *inondations*, de *eluere*, laver, parce qu'il est dit dans la Genèse, que les eaux du ciel tombées sur la terré, l'ont entièrement couverte d'eau & ont produit un déluge universel.

Plusieurs sectes ont aussi eu leurs grandes inondations, leurs déluges : tels sont ceux d'Ogygès, de Deucalion, d'Inachus, d'Archelaüs, &c.; mais tous ces déluges n'étoient que partiels, parce que les nations qui les annonçoient, ne s'appuyoient que sur les traces qui en restoient dans les pays qu'ils habitoient, & ces nations ignoroient, non-seulement la forme, mais les limites de la terre.

Cependant, les débris des végétaux & des animaux que l'on trouve ensevelis sous des terrains de transport, & qui appartiennent à des espèces qui vivent aujourd'hui sous des climats très-éloignés de ces dépôts, tendent à prouver qu'il y a eu des inondations qui se sont étendues à de grandes distances.

Le nom d'inondation, qui devroit, d'après son étymologie, n'être appliqué qu'à des submersions, des débordemens d'eau, a été appliqué, par les géologues, à des submersions de plusieurs substances : de-là les INONDATIONS DE SABLE, les INONDATIONS VOLCANIQUES. Voyez ces mots.

INONDATION DE SABLE. Submersion, débordement de sable.

Dans tous les pays recouverts de sable dans une grande étendue, comme l'Arabie déserte, les vents forts & violens soulèvent cette substance pulvérulente & légère, ils la transportent à de grandes distances, où ils la laissent tomber. Le sable ainsi transporté, recouvre, inonde les terrains où il est abandonné.

En Angleterre, sur les côtes de Suffolk, & en France, aux environs de Saint-Léon, dans la ci-devant Bretagne, on éprouve souvent des inondations de sable, qui recouvrent les campagnes des environs. Plusieurs villages près de Terford, dans la province de Norfolk, ont été entièrement détruits dans le quinzième siècle par les sables des côtes de Suffolk, & un terrain assez considérable, aux environs de Saint-Léon, en a été entièrement inondé en l'année 1666. Voyez les Mémoires de l'Académie royale des sciences, année 1722.

INONDATION VOLCANIQUE. Submersion, inondation de terrain par les matières que lancent les volcans.

Dans leur éruption, les volcans lancent, de leurs cratères, diverses substances qui inondent les pays sur lesquels elles tombent; d'autres s'écoulent de leurs ouvertures & recouvrent, en s'écoulant, les pays qu'elles parcourent : telles sont les inondations de laves.

On observe assez ordinairement, pendant les éruptions, qu'il tombe des quantités d'eau considérables, qui inondent les environs des volcans, & qui s'étendent même à une grande distance. Quelquefois ces eaux sont seules, d'autres fois elles sont accompagnées de cendre ou de terre réduite en poudre; & cette réunion forme des inondations boueuses : c'est à une de ces inondations boueuses que l'on attribue la disparition ou la submersion d'Herculanum.

Quelques géologues prétendent que les inondations d'eau qui accompagnent les éruptions volcaniques, proviennent d'une éruption de ce liquide lancée par le cratère des volcans; d'autres pensent que la chaleur qui se dégage de l'embouchure, échauffe, raréfie l'air, détermine la formation de plusieurs nuages qui laissent échapper l'eau qu'ils contiennent : l'une & l'autre de ces explications peuvent être vraies : car il est possible que de l'eau, réduite en vapeur, soit lancée par la bouche du cratère; ce qu'il y a de certain, c'est que toutes les éruptions ne sont pas accompagnées d'eau, & que l'on observe souvent des éruptions sèches, & des inondations de cendres seules.

INQUART, de in, dans, quarto, quatre; inquarto; quartirer; s. m. Partage en quatre parties.

On donne, en chimie, le nom d'inquart à l'alliage de trois parties d'argent & d'une d'or, pour séparer ce dernier métal de l'argent, par le moyen de l'acide nitrique. Voyez DÉPART.

INQUARTATION; inquartatio; quartiren; s. m. Alliage de trois parties d'argent & d'une d'or. Voyez INQUART.

INSCRIT, de in, dans, scribere, écrire; adj. Inscrire dedans.

C'est, en géométrie, la trace d'une figure dans une autre qui la touche.

INSCRITE (Figure). Figure tracée dans une autre, de telle manière que toutes les parties saillantes de la première touchent les parties rentrantes de la seconde : lorsqu'un polygone est inscrit dans un cercle, ce sont les angles du polygone qui touchent la surface concave du cercle; & lorsqu'un cercle est inscrit dans un polygone, c'est la surface convexe du cercle qui touche les faces internes du polygone.

Une hyperbole inscrite, est celle qui est entièrement renfermée dans l'angle de ses asymptotes, comme l'hyperbole ordinaire. Voyez FIGURE INSCRITE.

INSECTOLOGIE, de insecare, couper, insectum, insecte, petit animal dont le corps est coupé par anneaux, & λογος, discours; insectologia; s. f. Science, ou traité des insectes.

Ce nom, composé d'une racine latine & d'une désinence grecque, a été remplacé par un nom entièrement composé de grec. Voyez ENTOMOLOGIE.

INSENSIBILITÉ, de in, sans, sensus, sentiment; indolentia; unempfindlichkeit; f. f. Incapacité d'apercevoir des impressions par des organes naturellement susceptibles d'en ressentir.

INSENSIBLE, de in, sans, sensibilis, sensible, qui ne tombe pas sous les sens; insensibilis; unmerklich; adj. Qui n'est pas sensible; qui ne tombe pas sous les sens, que l'on ne peut apercevoir.

On donne ordinairement deux significations au mot insensible : 1°. des organes qui ne sont pas susceptibles de ressentir des impressions : tels sont les cheveux, les ongles des hommes; 2°. ce qui n'est pas perceptible à nos sens, à la vue, au toucher, à l'odorat, &c. C'est dans ce sens que l'on dit, en physique, les parties insensibles des corps. Voyez PARTIES INSENSIBLES.

INSIPIDE, de in, sans, sapire, sentir; insipidus; angeschmakt; adj. Qui n'a aucun goût, aucune saveur.

On donne l'épithète d'insipide, en physique, à tout ce qui n'affecte pas l'organe du goût d'une manière distinguée; telle est l'eau pure.

INSIPIDITÉ; insulsitas; unschmackhaftigkeit; f. f. Qualité de ce qui est sans saveur.

C'est une propriété négative des corps. Voyez SAVEUR, SAPIDITÉ.

INSOLATION, de insolare, pour in solem mittere, exposer au soleil; insolatio; insolation; f. f. Action d'exposer au soleil.

L'insolation est une des actions les plus utiles au développement & à la bonne complexion des animaux & des végétaux. Voyez ÉTIOLEMENT.

En chimie, l'insolation est l'exposition au soleil des substances végétales dont on veut hâter la maturité, ou des mélanges des substances dont on veut accélérer la macération ou la dessiccation. Dans cette insolation, les rayons du soleil exercent leur action de deux manières : 1°. comme chaleur; 2°. comme lumière; & cette double action produit des effets plus grands & plus efficaces que si l'on ne faisoit agir que l'action de la chaleur sans lumière. Voyez CHALEUR, LUMIÈRE.

INSOLUBILITÉ, de in, sans, non; solubilis, soluble; insolubilitas; unauflüslichkeit; f. f. État d'un corps qui n'est pas susceptible d'être dissous dans un liquide.

Rarement l'insolubilité est absolue; ainsi le quartz est soluble dans les alcalis; habituellement l'insolubilité est relative, car plusieurs substances insolubles dans l'eau le sont dans l'huile, dans l'alcool, &c. Tout consiste donc à connoître le liquide dans lequel la substance peut être dissoute. C'est souvent à l'aide des propriétés relatives de dissolubilité de diverses substances, que l'on parvient à les séparer les unes des autres. Voyez SOLUBILITÉ.

INSOLUBLE; insolubilis; unauflüslich; adject. Propriété dont certains corps solides paroissent jouir, de ne pas se laisser dissoudre par les fluides de quelque nature qu'ils soient.

Il en est de la propriété insoluble, comme de l'insolubilité; le plus souvent, cette propriété n'est que relative; ainsi, les métaux insolubles dans l'eau, les huiles, l'alcool, &c., sont solubles dans les acides. Il en est qui sont insolubles dans un acide, & sont solubles dans d'autres; tel est l'or, insoluble dans l'acide nitrique, & qui est dissous complétement dans l'acide nitro-muriatique. Voyez SOLUBLE.

INSPIRATION, de in, dedans, spirare, souffler; inspiratio; eingeben; f. f. Action de faire entrer en soufflant.

Partie de la respiration dans laquelle l'air est porté dans les poumons par les narines & la bouche, ou acte par lequel la poitrine des hommes ou des animaux, en se soulevant, en s'élargissant, reçoit de l'air, dont bientôt après elles expirent une partie. Voyez EXPIRATION, RESPIRATION.

INSPIRATION INTELLECTUELLE. Sorte d'excitation de quelques-unes des facultés intellectuelles, qui, tout-à-coup, développe leur puissance & agrandit leur sphère d'activité : exaltation subite qui nous fait découvrir des choses que jusque-là nous n'avions pas aperçues; ou, en d'autres termes, situation d'esprit telle, où que des faits encore ignorés se dévoilent à nos yeux, ou que l'on feint d'en présenter d'inconnus.

Ainsi, étant, un lundi, chez Lavoisier, avec plusieurs membres de l'Académie des sciences, au moment où ce célèbre & malheureux auteur de la restauration de la chimie reçut une lettre de Londres, dans laquelle on lui apprenoit la découverte de la composition de l'acide nitrique par Cavendish, M. Berthollet se lève & annonce que l'on peut envoyer aux chimistes anglais, pour réponse, la composition de l'ammoniaque. Ce mouvement du chimiste français étoit réellement une inspiration ; car les expériences propres à prouver cette composition, n'avoient pas encore été faites. Elles furent exécutées sur-le-champ, & l'annonce de la découverte fut aussitôt envoyée en Angleterre. Voyez AMMONIAQUE.

INSPISSATION, de in, dans, σπιδνος, dense; spissus, condensé; inspissatio; vendichtung; f. f. Condensé dedans.

C'est l'opération par laquelle, dans l'évaporation des matières liquides, quelques-unes de leurs parties se vaporisent, tandis que d'autres se condensent. Ainsi, la distillation des vins, dont les produits sont reçus dans des récipiens qui ont diverses températures, peut être considérée comme une sorte d'inspissation ; car, dans les premiers récipiens, qui ont toujours la plus haute température, il se condense des mélanges différens d'eau & d'esprit, tandis que l'esprit vaporisé se transporte jusqu'aux récipiens les plus éloignés & les plus refroidis.

INSTANT; instans; *augenblich*; f. m. La plus courte durée du temps.

C'est, en mathématique, une partie du temps très-petite, ou d'une courte durée, & tellement courte, qu'elle ne nous paroît pas divisible, quoiqu'elle le soit réellement.

On regarde comme un axiôme, en mécanique, qu'aucun effet naturel ne peut être produit en un *instant*. On voit par-là pourquoi un fardeau paroît moins pesant à une personne, à proportion qu'elle porte vîte, & pourquoi la glace est moins sujette à se rompre, lorsqu'on glisse dessus avec vitesse, que lorsqu'on va plus lentement.

INSTANTANÉ; de instans, *instant*; instantaneus; adj. Acte qui ne dure qu'un instant.

C'est dans ce sens que l'on dit, que l'action de la matière électrique est *instantanée*, & que la propagation de la lumière ne l'est pas. Avant les belles observations de Roemer & Cassini, la vitesse de la lumière étoit aussi regardée comme *instantanée*; mais nous n'avons encore aucun moyen de mesurer une assez grande distance de transmission de l'électricité, pour juger définitivement sa vitesse. *Voyez* ÉLECTRICITÉ, LUMIÈRE.

L'acception du terme *instantané* n'est pas toujours appliquée d'une manière aussi rigoureuse que dans l'électricité, car on l'applique quelquefois à un phénomène, dont la durée, courte à la vérité, a pourtant quelque durée commensurable; alors il est synonyme de *prompt* & *passager*.

Souvent des transmissions dont la vitesse est connue, sont regardées comme *instantanées* quand on les compare à d'autres dont la vitesse est plus sensible. C'est ainsi que, pour mesurer la vitesse du son, on la compare ordinairement à celle de la lumière, & que la transmission de celle-ci est regardée comme *instantanée*.

INSTILLATION, de in, *dedans*, stilla, *goutte*; instillatio; *enflüssen*; f. f. Action de verser goutte à goutte.

C'est l'art d'estimer de petites mesures d'un liquide, en le laissant tomber goutte à goutte.

INSTINCT, de *in*, *dedans*, δάκω, *piquer*; instinctus; *naturtriebe*; f. m. Tendance naturelle que les êtres animés ont à faire une chose.

C'est une grande question que celle de l'existence de l'*instinct*; cette propriété a été combattue & défendue par les philosophes de tous les siècles. Plusieurs philosophes de nos jours ne reconnoissent d'*instinct* que dans les animaux bruts & dans les plantes; ils regardent l'*instinct* comme

exprimant le principe qui dirige les bêtes dans leurs actions, un certain mouvement, un certain sentiment, quelque chose enfin que leur a donné la nature pour leur faire connoître & chercher ce qui leur est bon, & leur faire éviter ce qui est mauvais.

Le docteur Vitry a traité le mot *instinct* avec beaucoup de détail, dans le *Dictionnaire des sciences médicales*. Nous croyons devoir renvoyer à cet article les personnes qui voudront avoir plus de connoissances sur l'*instinct*.

INSTITUT, de in; *dans*, statuere, *poser*, établir; institutum; *institut*; f. m. Société, communauté, dans laquelle on suit une règle déterminée.

INSTITUT DE BOLOGNE. Réunion de savans, formée à Bologne, dans laquelle on s'occupe de l'avancement des sciences & des arts.

C'est un des plus beaux établissemens de l'Italie : on y a réuni une Académie pour les sciences, une bibliothèque, un observatoire très-bien monté, un grand cabinet d'histoire naturelle & un de physique; des salles pour la marine, pour l'art militaire, pour les antiquités, pour la chimie, pour les accouchemens, pour la peinture & pour la sculpture, avec des professeurs habiles dans chacune de ces parties.

Eustache Manfredi, âgé seulement de seize ans, jeta les premiers fondemens de cet *institut*, vers l'an 1690, en établissant chez lui des conférences académiques. Sandri, Morgagni & Victor Stancari furent les promoteurs de la nouvelle Académie. En 1705, le comte de Marsigli, cet illustre mécène des savans, & savant lui-même si distingué, la reçut dans son palais. Quelques années après, ayant établi l'*institut*, avec le concours du Sénat de Bologne, il obtint que l'Académie y seroit logée, & qu'elle en feroit partie. Elle tint ses premières séances en 1714.

INSTITUT ROYAL DE FRANCE; Institutum regium Galliæ; *kœniglich institut von Franckreith*; f. m. Etablissement scientifique & littéraire, fixé à Paris, pour le progrès des lettres & le perfectionnement des sciences & des arts.

Dans le cours de la révolution française, les vandales voulant éteindre le feu sacré des sciences & de la littérature, firent fermer les académies instituées pour propager les connoissances utiles & agréables. Ce ténébreux état dura quelques années, pendant lesquelles MM. Prieur, de la Côte-d'Or, & Carnot, membre du comité de salut public, réunirent près d'eux quatre savans, Monge, Vandermonde, & MM. Berthollet & Hassenfratz, qui furent chargés de conserver le feu sacré & de le préserver de la fureur des vandales. Enfin, en 1795, M. Carnot, membre du Directoire, proposa & fit créer l'*Institut national de France*, en remplacement des quatre

Académies qui exiftoient avant; favoir; l'Académie françaife & les Académies des fciences, des
antiquités & des beaux-arts.

Cet *Inftitut* fut divifé, d'abord, en trois, puis
en quatre claffes: 1°. des fciences phyfique & mathématique; 2°. de la langue & de la littérature
françaife; 3°. d'hiftoire & de littérature ancienne;
4°. des beaux-arts. Chaque claffe étoit fous-divifée
en fections: Celle des fciences phyfique & mathématique, la feule dont nous croyons devoir nous
occuper, étoit divifée en deux parties : fcience
mathématique & fciences naturelles, & en onze
fections: 1°. géométrie; 2°. mécanique; 3°. aftronomie; 4°. géographie & navigation; 5°. phyfique générale; 6°. chimie; 7°. minéralogie;
8°. botanique; 9°. économie rurale & école vé-
térinaire; 10°. anatomie & zoologie; 11°. médecine & chirurgie.

Pour former l'*Inftitut*, le Directoire nomma un
membre dans chaque fection; celui-ci fut chargé
de s'adjoindre un fecond membre; ces deux membres en indiquoient un troifième, & cela fuccef-
vement, jufqu'à ce que chaque fection fût complète. Les premiers membres nommés pour les
onze fections de la première claffe furent, par
ordre de fection: Lagrange, Monge, Meffier,
Bougainville; MM. Charles, Berthollet, Haüy,
Lamarck, Thouin, Lacépède & Deffeffarts.

A l'origine, les candidats, dans chaque claffe,
deftinés à remplacer les morts, étoient nommés
membres au fcrutin des claffes réunies. Depuis,
on a laiffé à chaque claffe la nomination des membres remplaçans.

Pour nommer les remplaçans, on établit une
forte de concours entre les candidats. Chacun
peut aller lire des Mémoires à la claffe; celle-ci
nomme des commiffaires pour en rendre compte.
Après avoir jugé les productions nouvelles &
examiné les productions anciennes, la fection,
dans laquelle on doit nommer, rend compte à la
claffe s'il fe trouve des candidats affez forts, ou fi
l'on doit ajourner la nomination. Si l'on trouve
qu'il exifte des candidats affez forts, la fection
préfente une lifte, les candidats font difcutés dans
une féance fecrète, & la féance fuivante, on
procède à l'élection; dans le cas contraire, on
ajourne la nomination. Toutes les nominations
font portées au pied du trône pour être fanction-
nées ou refufées par le Souverain.

Qui le croiroit qu'avec un tel mode d'élection,
pratiqué par les hommes que l'on regarde comme
les plus inftruits du royaume, les plus forts dans
chaque fection duffent être élus? Cependant Jean-
Jacques, Piron, Mauduit & beaucoup d'autres,
n'ont jamais pu être membres de l'Académie
françaife, ni de l'Académie des fciences. Hélas!
ce font des hommes qui jugent! Les hommes font
tous conduits, dominés par leurs opinions, par
leurs paffions, & l'on ne peut & l'on doit attendre d'un jugement d'homme un réfultat exact

& rigoureux, que des génies fupérieurs, exempts
de paffions, pourroient feuls produire.

Mais quel mal peuvent occafionner, pour l'affo-
ciation, des choix qui ne font pas toujours ceux
que les hommes éclairés de tous les pays auroient
defirés? Aucun, fi les premiers de chaque fection
fiégent dans la claffe. En effet, que doit defirer la
claffe? C'eft que tous les hommes qui fe préfentent pour y lire des Mémoires, foient affurés d'y
trouver des juges plus forts que ceux qui font en
dehors de la claffe. Alors, le jugement qu'elle
rend, peut & doit être regardé comme le meilleur
fur la queftion qui a été traitée. S'il fe trouvoit
des hommes plus forts hors la claffe, le jugement pourroit être porté à un autre tribunal, &
courroit la chance d'être flétri par l'opinion publique, & de compromettre la gloire, la réputation
de la claffe, & l'afcendant qu'elle doit avoir fur
les branches de connoiffances dont elle s'occupe.

Ainfi, lorfqu'il fe trouve dans chaque fection
de la claffe, un homme jugé généralement le plus
fort dans la branche de connoiffances qu'elle a
pour objet, il importe peu que les autres membres de chaque fection foient de la deuxième, de
la troifième...., de la dixième force; il fuffit qu'ils
aient donné quelques preuves des connoiffances
que la fection a pour objet.

Il y a plus, c'eft qu'il eft peut-être avantageux
pour la claffe qu'il y ait, en dehors, des hommes d'un mérite diftingué, qui occupent même le
deuxième ou le troifième rang. Ces hommes
fages & fans ambition peuvent être cités aux
hommes plus foibles, qui fe plaignent, & les déterminer enfin à attendre qu'ils aient été affez
heureux pour réunir, dans les concours, l'affenti-
ment de la majorité des membres qui nomment.

INSTRUMENT, *de* in, *dans*, *ftruere*, *conf-*
truire; inftrumentum; *werkzeuge*; f. m. Tout ce qui
fert à faire quelque chofe.

INSTRUMENS ACOUSTIQUES; inftrumenta acouf-
tica; *acouftifche werkzeuge*; f. m. *Inftrumens* dont
fe fervent les perfonnes qui ont l'ouie dure, afin
d'entendre plus facilement. *Voyez* CORNETS
ACOUSTIQUES.

On pourroit encore donner le nom d'*inftrumens*
acouftiques à ceux qui font deftinés à porter la voix
à une grande diftance. *Voyez* PORTE-VOIX.

INSTRUMENS A ANCHES; inftrumenta lingulata;
f. m. *Inftrumens* à vent, dans lefquels on fait produire du fon par la vibration d'une anche. *Voyez*
ANCHE.

INSTRUMENS A CORDES; fides; *feitern inftrumente*;
f. m. *Inftrumens* qui produifent du fon en faifant
vibrer les cordes qui les compofent.

On divife les *inftrumens à cordes* en quatre claffes:
1°.

1°. à touche; 2°. à manivelle; 3°. à archet; 4°. à pincement.

Dans la première classe se trouvent : le clavecin, le clavicorde, l'épinette, le forté-piano, le manicorde, &c.; tous ces *instrumens* ont un clavier, qui fait mouvoir des corps qui touchent les cordes & les font vibrer. *Voyez* CLAVECIN, CLAVICORDE, ÉPINETTE, MANICORDE, PIANO.

Il n'existe dans la seconde classe que la vielle : quelques musiciens y placent l'harmonica; mais cet *instrument* n'est point un *instrument à cordes. Voyez* VIELLE, HARMONICA.

On distingue principalement dans la troisième classe : l'amphicordon, le baryton, la basse, la lyre, le monocorde, la quinte, la viole, le violon, le violoncelle, le rebec, la trompette marine, &c.

L'amphicordon est un *instrument* en forme de basse de violon; il a douze ou quinze cordes, se joue avec un archet.

De même, le baryton est une espèce de basse de viole, qui a des cordes de laiton sous le manche. On fait résonner ces cordes avec le pouce, en même temps que l'on fait vibrer les cordes de boyau avec l'archet.

Quant aux autres *instrumens à cordes* mues avec un archet, *voyez* BASSE, LYRE, MONOCORDE, QUINTE, VIOLE, VIOLON, VIOLONCELLE, REBEC, TROMPETTE MARINE.

De toutes les manières de faire vibrer les cordes, le pincé paroît être celle qui a été la plus employée, puisque la quatrième classe est celle qui contient le plus d'*instrumens.* On y trouve : l'apollon, l'angélique, la buche, le ché, la guitare, la harpe, la lyre, le luth, la mandoline, le pandure, le pentepentacorde, le psaltérion, le rôle, le sistre, le strumstrum, le théorbe, &c.

On donne le nom d'*apollon* à un *instrument* ressemblant au théorbe ; il avoit vingt cordes simples; il étoit d'un meilleur usage & plus aisé à accorder.

L'*angélique* est une sorte de guitare qui a dix touches & dix-sept cordes accordées de suite. Cet *instrument*, analogue au luth & à la guitare, en diffère peu par sa figure.

La *buche* est une table d'*instrument*, tantôt carrée, tantôt triangulaire, qui ressemble assez à une buche, sur laquelle sont trois cordes de laiton qu'on touche avec le pouce de la main droite.

Le *ché* est un *instrument* de musique chinoise, formé de noyer, monté de vingt cordes; sa grandeur ordinaire est d'environ huit pieds.

Pour les autres *instrumens, voyez* GUITARE, HARPE, LYRE, LUTH, MANDOLINE, PANDURE, PENTEPENTACORDE, PSALTÉRION, RÔLE, SISTRE, STRUMSTRUM, THÉORBE.

INSTRUMENT ANACLASTIQUE, instrumentum anaclast.cum; *anaclastisches weikzeuge*; f. m. *Instrument* avec lequel on mesure l'angle de réfraction de lumière, en passant d'un milieu dans un autre.

Kircker, dans son *Ars magna lucis & umbra*,

indique, pour mesurer la réfraction de la lumière, l'usage d'un hémisphère creux que l'on remplit d'un liquide transparent; une règle est placée au centre, & elle indique, par son mouvement, l'angle que forme le rayon réfracté.

On trouve, dans la *Dioptrique* de Kepler, un *instrument anaclastique* assez ingénieux. C'est un cube de verre A B C D E F G H, *fig.* 932, placé dans l'angle de deux plans rectangulaires I K L M N O ; l'ombre du plan I K L M se forme sur la base du cube de verre & sur le plan L M N O ; menant une ligne du point A aux deux extrémités P, P', des deux ombres, on a l'angle du rayon incident G A P & celui du rayon réfracté G A P' : c'est avec cet *instrument* que Kepler a trouvé que le sinus de l'angle d'incidence étoit, à celui de réfraction de l'air dans le verre, comme 3 : 2. *Voyez* RÉFRACTION, RÉFRANGIBILITÉ.

INSTRUMENS A FROTTEMENT; instrumenta frictionis; *einfluss zum reiben*; f. m. *Instrumens* de musique avec lesquels on produit des sons en frottant leur surface.

On peut diviser ces *instrumens* en deux classes : *instrumens* à cordes & *instrumens* à surfaces solides, vibrant par le frottement. *Voy.* INSTRUMENS A CORDES.

Quant aux *instrumens* à surfaces & à solides vibrant par le frottement, on peut placer dans cette classe l'harmonica & tous les autres *instrumens* formés, soit de surfaces auxquelles on fait produire des sons avec un archet, soit des verges, avec lesquelles on obtient des sons par le même moyen. *Voy.* HARMONICA, MONOCORDON, VIBRATION DES SURFACES, VIBRATION DES VERGES.

INSTRUMENS A VENT; *winde instrument*. Tube dans lequel on produit des sons par le moyen d'un courant d'air que l'on dirige dedans.

Tous ces tubes ont une ouverture par laquelle l'air est introduit; c'est à cette ouverture que sont produites les premières vibrations qui déterminent le son; ces vibrations sont modifiées : 1°. par la longueur du tube que l'onde aérienne doit parcourir; 2°. par la manière dont le tube se termine.

On distingue dans les *instrumens à vent* quatre sortes d'ouvertures : 1°. à ouverture simple; 2°. à onglet; 3°. à anche; 4°. à bocal. Dans la première ouverture, la vibration est produite par l'attouchement de l'air sur le bord de l'ouverture ; dans la seconde, par la division & l'attouchement de l'air contre l'onglet; dans la troisième, par la vibration d'une ou des deux parties, dont l'anche est composée (*voyez* ANCHE); enfin, dans la quatrième, par la vibration que l'air éprouve en sortant de la bouche, par la disposition & le mouvement des lèvres qu'il touche.

Dans la première classe se trouvent le sifflet de Pan ou syringa, le cheng, le fifre, la flûte traversière; les deux premiers sont sans doigtés, &

les deux autres ont des trous pour modifier les tons avec les doigts. *Voyez* SIFFLET DE PAN, SY-RINGA, FLUTE TRAVERSIERE.

Quant au cheng, dont il n'a pas encore été question, c'est un *instrument* chinois, formé d'une calebasse, laquelle, étant désséchée & coupée en deux parties, sert de corps & d'appui à des tuyaux. Chaque tuyau, en modifiant le son de la calebasse, lui fait rendre tous les tons contenus dans l'octave.

On place dans la seconde classe, les flûtes à bec, le calenda, le galoubet, la guimbarde, le ty, le flageolet. Tous ces *instrumens* sont à onglet, à bec & à doigté.

L'embouchure à onglet se compose d'un cylindre de bois, *fig.* 933, que l'on introduit dans la bouche; à l'embouchure, dans le vide de la flûte, au bout B, où se termine ce cylindre, on creuse, dans le tube, une ouverture à laquelle l'on donne la forme d'un coin C. L'air étant lancé par un canal pratiqué dans le cylindre, & qui aboutit à l'ouverture, arrive, par ce canal, près du petit coin, frappe la languette, se divise; une partie sort par l'ouverture, & l'autre se transmet, en vibrant, dans l'intérieur du tube. Le son est modifié en raison de la longueur du tube. *Voyez* FLUTE, FLAGEOLET, GUIMBARDE, TY.

Un *calenda* est une espèce de chalumeau à deux clefs, en usage parmi les paysans italiens. Cet *instrument* est troué comme la flûte; il a deux ressorts à l'embouchure, qui, étant pressés, rendent deux sons diamétralement opposés.

De toutes les flûtes, le *galoubet* est celle qui a le son le plus perçant, parce qu'elle est deux octaves plus élevée que la flûte traversière; c'est la flûte à bec avec laquelle on accompagne les tambourins de Provence.

Les *instrumens* à anche se divisent en deux classes: dans les uns, la clarinette, l'anche est composée d'une partie fixe & l'autre mobile; dans les autres, le hautbois, l'anche est composée de deux parties flexibles & mobiles. Parmi ces *instrumens*, il en est dont l'anche est visible, comme dans le basson ou la basse du hautbois, & d'autres dans lesquels l'anche est cachée, comme dans la musette, la cornemuse, les trompettes des enfans. *Voyez* ANCHE, BASSON, CLARINETTE, CORNE-MUSE, HAUTBOIS, MUSETTE.

Il est facile de voir que, dans ces sortes d'*instrumens*, le son est produit par le mouvement des parties flexibles des anches, lequel détermine la vibration de l'air.

On divise en deux classes les *instrumens* à vent & à bocal: 1°. sans doigtés; 2°. avec doigtés. Les premiers, comme le buccin marin, le cor, la trompette, le chalzotzéroth, le lapa, le clairon, le trombon; dans les seconds sont le cornet, le serpent, &c. Les premiers sont des tubes droits ou courbes, qui n'ont que deux ouvertures, celle par laquelle entre l'air en vibration,

l'autre par laquelle il sort: on varie les tons dans ces sortes d'*instrumens*, en variant la force avec laquelle l'air est lancé dans les tubes. *Voyez* SON, ECHELLE DE MUSIQUE, BUCCINE, COR, CLAI-RON, TROMBONE, TROMPETTE.

Le *chalzotzéroth* est une espèce de trompette des Juifs: sa longueur étoit d'une coudée environ; son tuyau étoit d'environ la grosseur d'une flûte, & n'avoit d'autre ouverture que ce qu'il en falloit pour l'emboucher. Le bout est semblable à celui d'une trompette ordinaire.

Le *lapa* est une trompette dont se servent les Tartares pour sonner la charge. Ce sont de grands tubes de cuivre de huit à neuf pieds, terminés comme nos trompettes.

Pour produire du son dans le bocal des *instrumens à vent*, on l'embouche de manière que le bout de la langue puisse s'y insinuer & conduire le vent dans le corps de l'*instrument*. Le vent, en sortant entre les lèvres, fait vibrer celle-ci, & c'est cette vibration qui se communique à l'air qui entre dans le tube. On forme les sons en appuyant plus ou moins sur l'embouchure.

Quant aux *instrumens* à bocal & à doigté, *voyez* CORNET & SERPENT.

Il est des *instrumens* à vent dans lesquels l'air, lancé dans les tubes, est fourni par des machines soufflantes. Parmi ces machines, quelques-unes sont à deux tubes: la cornemuse; le soufflet attaché sur le côté droit est mu par le bras droit, à l'aide d'un brasselet & d'une agrafe. (*Voyez* MUSETTE.) Les autres sont à plusieurs tuyaux, dans lesquels on intercepte, ou l'on fait entrer alternativement, l'air des soufflets par le moyen de soupapes que l'on ferme & qu'on ouvre. Dans quelques-uns de ces *instrumens*, les soupapes sont mues à l'aide d'un clavier que les mains dirigent (*voyez* ORGUES); dans d'autres, à l'aide d'un cylindre, sur lequel on a fixé des pointes de fil de laiton. *Voyez* ORGUE DE BARBARIE, SERI-NETTE.

INSTRUMENS BALISTIQUES; instrumenta balistica; *balistisches werkzeuge*; s. m. Machines employées par les Anciens, pour lancer des pierres. *Voyez* BALISTE, BALISTIQUE.

INSTRUMENS D'ASTRONOMIE; instrumenta astronomica; *astronomische instrumente*; s. m. I *strumens* dont les astronomes se servent dans leurs opérations.

Ce sont ordinairement des lunettes, des cercles gradués, ou autres machines propres à observer les astres & à mesurer leur mouvement. Les principaux *instrumens* sont: l'anneau astronomique, l'arbalète, l'astrolabe, le cercle répétiteur, l'équatorial, le gnomon, l'héliomètre, les diverses lunettes, la lunette méridienne, le micromètre, le mural, le pendule, le planétaire, le quart de cercle, le quartier de réduction, le *réticule*, le *fecteur*, la *fphère*, les *télefco-pes*, &c. *Voyez* ces mots,

INSTRUMENS DE CHIMIE; inftrumenta chimica; *chemifche inftrumente*; f. m. Tout ce qui fert aux opérations chimiques, tels que les *fourneaux*, les *cornues*, les *vaiffeaux*, &c. *Voyez* chacun des mots qui fervent à défigner ces *inftrumens*.

INSTRUMENS DE MUSIQUE; inftrumenta mufica; *mufikalifches inftrumente*; f. m. *Inftrumens* qui peu-vent rendre & varier les fons.

On reconnoît trois manières de produire des fons; favoir : 1°. par les vibrations des cordes; 2°. par les vibrations des corps élaftiques; 3°. par la vibration & la collifion de l'air enfermé dans des tuyaux. Les *inftrumens* fe divifent également en trois claffes : 1°. *inftrumens* à cordes; 2°. *inftrumens* à vent; 3°. *inftrumens* de percuffion. Dans le cours du fiècle dernier, Franklin a imaginé un *inftrument* nouveau, qui ne fe trouve point placé dans cette divifion; c'eft l'harmonica, *inftrument* compofé d'hémifphères creux, de verres, que l'on fait vibrer par le frottement; & comme il exifte un grand nombre de corps minces dont on peut retirer également des fons, on peut établir une quatrième divifion des *inftrumens de mufique*, *inftru-mens* à furface vibrante : peut-être conviendroit-il mieux de divifer les *inftrumens* en trois claffes : 1°. *inftrumens* à vent; 2°. *inftrumens* de percuffion; 3°. *inftrumens* à frottement; & cette claffe feroit divifée en deux : 1°. *inftrumens* à frottement & à cordes; 2°. *inftrumens* à furfaces & à folides vibrans. *Voy.* INSTRUMENS A VENT, INSTRUMENS DE PER-CUSSION, INSTRUMENS A FROTTEMENT.

INSTRUMENS DE PASSAGE; inftrumenta tranfita; *paffage inftrumente*; f. m. *Inftrumens* employés par les aftronomes pour obferver les aftres dans le méridien. *Voyez* LUNETTE MÉRIDIENNE.

INSTRUMENS DE MATHÉMATIQUE; inftrumenta mathematica; *mathematifche inftrumente*; f. m. *Inftrumens* employés par les géomètres pour tracer & pour faire les opérations de géométrie. *Voyez* COMPAS, COMPAS DE PROPORTION, GRAPHOMÈ-TRE, NIVEAU, PANTOMÈTRE, RÈGLE, &c.

INSTRUMENS DE PERCUSSION; inftrumenta per-cuffionis; *echlagifche inftrumente*; f. m. *Inftrumens* de mufique avec lefquels on obtient des fons en les frappant.

Tels font l'ALTO BASSO, caiffe carrée, vide, fur laquelle font tendues quelques cordes accordées entr'elles à l'octave, à la quinte, à la quarte; le BONTOLON, efpèce de tambour nègre, formé d'un tronc d'arbre creux, & couvert, du côté de l'ou-verture, d'une peau de chèvre ou de brebis affez bien tendue; les ECHELETTES, morceaux de bois fecs & durcis au feu, enfilés par les deux extré-mités avec un cordon, afin de les fufpendre : les longueurs des morceaux de bois font telles qu'ils produifent, en les frappant, tous les tons de la gamme.

On peut, pour les autres *inftrumens*, voir les mots : GASTAGNETTES, CLOCHES, CYMBALES, GONGON, KUSSIR, MARIMBA, QUISANDO, REBUL, SEMANTERA, SONNANTES, TAMBOUR, TAMBOUR DE BASQUE, TAMBOURIN, TRIANGLE, TROMBE, TIMBALE, TYMPANON, &c.

INSTRUMENS DE PHYSIQUE; inftrumenta phyfi-ca; *phyficalifche inftrumente*; f. m. *Inftrumens* en ufage en phyfique, pour exécuter les diverfes expériences que l'on fe propofe.

Il exifte, dans les cabinets de phyfique, un grand nombre d'*inftrumens* effentiels pour exécu-ter les expériences. Ces *inftrumens* font en trop grand nombre pour en rapporter ici la nomencla-ture; mais ils feront décrits, avec foin, dans tou-tes les expériences où ils doivent être employés.

INSTRUMENS D'OPTIQUE; inftrumenta optica; *optifche inftrumente*; f. m. *Inftrumens* de phyfique, employés dans les expériences d'optique.

On diftingue principalement dans ces *inftrumens* les LUNETTES, les MICROSCOPES, les TÉLESCO-PES, les PRISMES, les VERRES de diverfes for-mes, &c. *Voyez* ces mots, & toutes les expérien-ces où les divers *inftrumens* font employés.

INSTRUMENS MÉTÉOROLOGIQUES; inftrumenta meteorologica; *meteorologifche inftrumente*; f. m. *Inftrumens* employés pour mefurer les variations des phénomènes produits dans l'atmofphère.

Les principaux phénomènes de l'atmofphère font les vents, la pluie, la neige, la grêle, la preffion de l'air, fa température, fon humidité, la vapo-rifation de l'eau, &c. Les *inftrumens* que l'on em-ploie, ont pour but de mefurer la quantité, la du-rée, l'intenfité des effets produits. *Voyez* pour cet objet, ANÉMOMÈTRE, ANÉMOSCOPES, ATMOMÈ-TRE, BAROMÈTRE, CYANOMÈTRE, DOLYMÈTRE, GIROUETTE, HYGROMÈTRE, PARATONNERRE, THERMOMÈTRE, YÉTOMÈTRE, &c.

INSUFFLATION, de in, *dans*, fufflare, *fouffler*; infufflatio; *einblafung*; f. f. Action de fouffler de-dans.

On fait ufage de l'*infufflation* dans un grand nombre de circonftances, principalement lorf-que l'on fait entrer de l'air dans un corps, à l'aide d'un foufflet ou avec la bouche : c'eft ainfi que l'on enfle une veffie, que l'on forme des bulles de favon, &c.

Mais c'eft principalement en médecine que l'*infufflation* eft d'un grand ufage, pour rappeler à la vie les afphyxiés & les enfans qui naiffent dans une forte de ftupeur, en rétabliffant le mouve-ment & l'action de l'air fi néceffaire à la refpiration; on peut mettre en queſtion ſi, dans cette circonſtance, il eſt plus avantageux d'inſuffler avec un ſoufflet ou avec la bouche. Dans le ſecond cas on ſouffle un air moins pur, mais dont la température eſt plus convenable; auſſi a-t-on remarqué que l'inſufflation avec la bouche eſt plus avantageuſe aux enfans nouveau-nés.

INTACTILE, *de la particule négative in & de tangere, toucher;* intaÇtilis; *unfühlbar;* adj. Qui ne peut être touché.

Il exiſte pluſieurs ſubſtances *intaÇtiles,* telles que le magnétiſme, les gaz, &c.

INTÉGRAL, *de* integer, *entier;* integralis; *integral;* adj. Réunion des parties en un entier.

Intégral (Calcul); *integral rechnung;* ſub. m. Moyen de trouver une quantité finie ou infinie, dont une quantité infiniment petite eſt la différentielle : ce mode eſt l'inverſe du calcul differentiel. *Voyez* Différentielle, Calcul intégral, Calcul différentiel.

INTÉGRANT, TE, *de* integrare, *pour* integrum facere, *rendre entier;* volſtandig machende; adj. Qui entre dans la compoſition d'un tout.

Intégrante (Force). Force particulière qui concourt, avec pluſieurs autres, à produire un effet. *Voyez* Forces.

Intégrantes (Molécules). Particules infiniment petites, dont les corps ſont compoſés, & dont la compoſition eſt abſolument la même que celle du corps, c'eſt à-dire, qui eſt compoſée des élémens de toutes les ſubſtances qui entrent dans la compoſition du corps. *Voyez* Molécules intégrantes.

Intégrantes (Parties). Parties qui entrent dans la compoſition d'un tout, & qui toutes enſemble font que le tout eſt entier.

Elles diffèrent des parties eſſentielles, en ce que celles-ci ſont abſolument néceſſaires à la compoſition du tout, en ſorte qu'on n'en peut ôter une ſans que le tout change de nature; au lieu que les *parties intégrantes* ne ſont néceſſaires que pour la totalité, & ſont, pour ainſi dire, le complément du tout. Ainſi, le bras n'eſt qu'une partie *intégrante* de l'homme, le corps & l'ame ſont les parties eſſentielles.

INTELLECT, *de* intelligere, *pour* interlegere, unum ex alio colligere, *entendre, concevoir, pénétrer;* intelleÇtus; *verſtand;* ſ. m. Faculté de l'ame qui nous permet de connoître ou de concevoir.

Quelques phyſiciens croient que le ſiége de l'*intelleÇt* eſt dans le cerveau, & que ſes facultés ſont le jugement, la mémoire, l'imagination. Ses

fonÇtions peuvent être exaltées, perverties, affoiblies ou détruites.

L'*intelleÇt* a, dans chaque individu, une marche périodique de l'enfance à la virilité; il s'accroît, reſte ſtationnaire & décroît dans la vieilleſſe. Des maladies peuvent exalter ou dépraver l'*intelleÇt.* On ſait que les enfans attaqués de maladies chroniques, ont l'*intelleÇt* plus exalté que ceux qui ſont dans l'état de ſanté. Enfin, l'*intelleÇt* varie dans chaque individu en raiſon de ſes facultés. Il eſt rare qu'un enfant ait l'*intelleÇt* égal à celui de ſes grands parens. Lagrange diſoit un jour chez Lavoiſier, qu'ayant voulu comparer l'*intelleÇt* des enfans des grands-hommes à celui de leur père, il en avoit trouvé un ſur cinquante, qui pouvoit en approcher. On cite des familles, comme celle des Bernouilli, où l'*intelleÇt* s'eſt conſervé quelque temps.

INTEMPÉRIE, *de* in, *non, & de* temperies, *pour* temporis res commoditas, *ſaiſon, temps convenable;* intemperies; *intemperie;* ſ. f. Temps inconvenable.

On applique particulièrement le mot *intempérie* à l'air, aux ſaiſons; on ſouffre beaucoup de l'intempérie de l'air.

En médecine, l'*intempérie* ſe prend auſſi pour défaut de tempérament. On le dit non-ſeulement du corps humain, mais encore des viſcères, du ſang, des humeurs, &c.

INTENSE, *de* intendere, *pour* admodùm-tendere, *tendre extrêmement, avec force;* intenſitus; *intenſe;* adj. Qui eſt fort grand, qui contient beaucoup de matière. Ainſi, l'on dit une chaleur *intenſe,* pour une grande chaleur.

INTENSITÉ; intenſitas; *intenſitaet;* ſ. f. Degré d'exiſtence, de force & d'aÇtivité d'une choſe.

Ce mot exprime la valeur d'une puiſſance ou l'énergie d'une qualité quelconque, comme la chaleur, le froid, l'éleÇtricité, &c; car toutes les qualités, étant ſuſceptibles d'augmentation ou de diminution, peuvent avoir plus ou moins d'*intenſité.*

On ſe ſert beaucoup du mot *intenſité,* en mécanique, pour déſigner la force d'une aÇtion, comparée à celle d'une autre aÇtion, dans des circonſtances ſemblables : ainſi l'on dit, la réſiſtance d'un fluide a d'autant plus d'*intenſité,* toutes choſes égales d'ailleurs, que ce fluide eſt plus denſe.

En muſique, les ſons *intenſes* ſont ceux qui ont le plus de force, qui s'entendent de plus loin : ce ſont auſſi ceux qui, étant rendus par des cordes fort tendues, vibrent, par-là même, plus fortement. *Intenſité* eſt ici oppoſé à Remise. *Voyez* ce mot.

INTERCALAIRE, *de* inter, *entre,* calare,

appeler en hauffant la voix ; intercalaris ; eingefchaltet ; adj. Qui eft inferé entre.

Intercalaire fe dit proprement du jour que l'on ajoute aux années biffextiles. Ce jour eft ainfi nommé, parce qu'il étoit annoncé à voix haute par les pontifes romains, qui faifoient eux-mêmes la cérémonie de l'intercalation. C'eft leur négligence à s'acquitter de ce devoir, qui obligea Céfar à réformer le calendrier.

On appelle mois intercalaire, celui qu'on ajoute tous les trois ans aux années lunaires. Voyez CA-LENDRIER, BISSEXTILE.

En médecine, on donne le nom d'intercalaire aux jours qui tombent entre les jours critiques d'une maladie, telles que les fièvres intermittentes; les jours qui tombent entre deux accès, fe nomment jours intercalaires.

INTERCEPTER, de inter, entre, capere, prendre; intercipere ; auffangen ; verb. act. Prendre au milieu.

Ce mot eft employé, en phyfique, dans le fens d'interrompre la marche des rayons folaires ; on intercepte, avec un corps, les rayons folaires dirigés fur un autre corps. En général, ce mot s'applique à l'interruption du concours direct d'une chofe.

INTER-LUNIUM, de inter, entre, luna, lune; inter-lunium; fub. m. Entre deux lunes.

Temps où la lune ne paroit pas : deux jours avant & après la conjonction.

INTERMÈDE, de inter, entre, medius, milieu; intermedius; zwifchenmittel; f. m. Qui eft placé au milieu, entre-deux.

Subftance qui permet l'union de deux autres qui, fans elle, n'euffent pu s'allier. Le jaune d'œuf eft l'intermède du camphre à l'eau ; la gomme, de l'huile à l'eau; le fucre, des huiles effentielles avec des liquides aqueux, &c. Voyez EXCIPIENS.

INTERMÉDIAIRE; intermedius; adj. Ce qui eft placé entre deux ou plufieurs corps.

Comme toutes les fenfations n'ont lieu que par l'ébranlement de l'organe qui les apprécie, & que les objets que nous voyons ne touchent pas nos yeux, il faut néceffairement qu'il y ait entre nos yeux un fluide ou des corps transparens intermédiaires, à travers lequel fe tranfmette le fluide qui ébranle l'organe. Voyez VISION, TRANSMIS-SION DES SENS.

INTERMITTENCE, de inter, entre, mittere, mettre; intermiffio ; nachlaffen ; f. f. Mettre entre; interruption, difcontinuation.

Intervalle pendant lequel n'a pas lieu un effet qui, alternativement, a lieu & ceffe d'avoir lieu :

ainfi dans le jet d'eau bouillante de Geyfer, qui a lieu pendant des intervalles, & ceffe d'avoir lieu, cet intervalle, pendant lequel l'eau ceffe de jaillir, eft ce que l'on nomme intermittence.

INTERMITTENT ; intermiffus ; nachlaffend ; adj. Epithète que l'on donne à ce qui a lieu & qui ceffe alternativement. Les phares qui projettent de la lumière par un côté, & qui tournent fur un axe, font des phares intermittens.

INTERMITTENTE (Fontaine). Fontaine qui coule pendant un certain temps, & dont l'eau ceffe enfuite de couler, pour reprendre fon cours après un intervalle. Voyez FONTAINE INTERMITTENTE.

INTERMITTENTES (Sources). Sources qui produifent de l'eau pendant un temps, & qui ceffent d'en produire pendant un intervalle, pour en produire enfuite. Voyez SOURCES INTERMITTENTES.

INTERNE, de inter natus, né dedans; internus; innerlich ; adj. Qui eft né au dedans.

INTERNES (Angles). Angles formés par les côtés d'une figure rectiligne, & pris au dedans de cette figure. Voyez ANGLES INTERNES.

INTERPOLATION, de inter, entre, polire, polir, retoucher; interpolatio ; einruken ; f. f. Action de renouveler, de repolir.

Méthode de trouver une loi qui lie plufieurs phénomènes, plufieurs obfervations ou plufieurs faits.

C'eft également une méthode employée par les phyficiens & les aftronomes, pour remplir les intervalles d'une fuite de nombres d'obfervations ou de calculs, dont la marche n'eft pas égale, ni les progrès uniformes.

Un moyen d'interpolation graphique, affez commun & affez facile, confifte à placer fur une droite A B, fig. 934, une férie des obfervations exprimées par des nombres, & repréfentées par les diftances A C, A D, A E, A B; & fur les perpendiculaires, élevées fur cette ligne, aux points A, C, D, E, B; de placer d'autres réfultats des mêmes obfervations, également exprimés en nombres aux points F, G, H, I, K; la courbe F G H I K donnera tous les réfultats d'obfervations intermédiaires. Rapportons un exemple:

Soit cinq obfervations du volume de l'eau, à 0, 5, 8, 12, 30 degrés, indiquées au thermomètre de Réaumur ; fi l'on porte fur la ligne 5 parties de A en C, 8 de A en D, 12 de A en E & 30 de A en B; que fur les perpendiculaires élevées fur ces points, on porte également le volume exprimé en nombre à zéro fur la ligne A F, celui à 5 degrés fur la ligne C G, celui à 8 degrés fur la ligne D H, celui à 12 degrés fur la ligne E I, enfin, celui à 30 degrés fur la ligne B K, & que l'on trace la courbe F G H I K. Cette courbe peut donner tous les volumes de l'eau aux températures intermédiaires, ou la température correspondante à un volume intermédiaire.

Soit donc demandé le volume de l'eau à 17 degrés; que l'on rapporte sur la ligne A B une distance A L égale à 17 des parties rapportées sur cette ligne; qu'on élève la perpendiculaire L M, la longueur L M, où cette ligne coupe la courbe, indique le volume de l'eau à cette température.

De même, si l'on demande quelle température correspond à un volume d'eau exprimé par B N sur la ligne B K. Du point N, soit menée une ligne N O parallèle à A B, du point O, où cette ligne coupe la courbe F G H I K, soit menée la ligne O P perpendiculaire à A B, le point P, où cette ligne coupe la droite A B, ou mieux la distance A P, indique la température du volume d'eau.

Nous ne pousserons pas plus loin l'usage de cette méthode d'*interpolation*, qui est assez simple pour que chacun puisse en faire usage.

Quant à la manière d'appliquer l'analyse aux *interpolations*, *voyez* le mot INTERPOLATION dans le *Dictionnaire de Mathématiques* de cette *Encyclopédie*.

INTERPOSITION, *de* inter, *entre*, ponere, *mettre*; interpositus; *zwischenstand*; f. f. Situation d'un corps placé entre deux autres.

Interposition se dit, en astronomie, d'un astre placé entre deux autres, de manière à former une éclipse. Ainsi, l'éclipse du soleil n'a lieu que par l'*interposition* de la lune entre le soleil & la terre, & celle de la lune par l'*interposition* de la terre entre la lune & le soleil; celle des satellites de Jupiter, par l'*interposition* de Jupiter entre le soleil & les satellites.

INTERSECTION, *de* inter, *entre*, secare, *couper*; intersectio; *intersection*; f. f. Point où deux lignes, deux plans ou deux solides, se coupent l'un & l'autre. Ainsi le point, C *fig.* 40, est l'*intersection* des lignes A E, B D.

L'*intersection* de deux lignes est un point; l'*intersection* de deux plans est une ligne; l'*intersection* de deux solides est une surface; le centre d'un cercle est l'*intersection* de ses deux diamètres.

INTERSTELLAIRE, *de* inter, *entre*, stella, *étoile*; adj. Espace qui se trouve entre les étoiles.

Ces espaces sont situés au-delà de notre système solaire. C'est là que sont placés les autres systèmes planétaires, se mouvant chacun autour d'une étoile fixe, qui est leur soleil & le centre de leur mouvement, ainsi que notre soleil est le centre de notre système.

S'il est vrai, comme cela est très-probable, que chaque étoile fixe soit un soleil, autour duquel se meuvent les planètes habitées ou habitables, le monde *interstellaire* est d'une étendue prodigieuse,

& en même temps une preuve bien complète de la puissance, de la grandeur & de la magnificence de son auteur.

INTERSTICE, *de* inter, *entre*, sistare, *être placé*; interstitium; *zwischenzeil*; f. m. Qui est entre deux intervalles.

Petits intervalles qui séparent les molécules des corps; petits espaces qui se trouvent entre les parties des corps & qui se trouvent vides de la propre substance de ces corps. Ce sont ces *interstices* que l'on nomme *pores*. Quelque petits que soient ces *interstices*, ils sont toujours remplis d'une substance, le calorique.

INTERVALLE, *de* inter, *entre*, vallum, *palissade*; intervallum; *zwischenraum*; f. m. Distance entre deux palissades.

Ce nom, que les Romains donnoient à la distance entre deux palissades, a été depuis appliqué à toute espèce de distance, puis à toute espèce de grandeur, soit en étendue, soit en durée. Ainsi, l'on peut dire, de tel objet à tel autre, il y a un *intervalle* de tant de mètres; tel phénomène s'est passé dans l'*intervalle* de tant d'heures.

En musique, l'*intervalle* se dit de la différence d'un son à un autre, entre le grave & l'aigu; c'est tout l'espace que le son auroit à parcourir sur l'échelle, pour arriver à l'unisson de l'autre. La différence qu'il y a de l'*intervalle* à l'étendue, c'est que l'étendue est considéré comme indivisé, & l'étendue comme divisée. Dans l'*intervalle*, on ne considère que les deux termes; dans l'étendue, on en suppose d'intermédiaires. L'étendue forme un système; mais l'*intervalle* ne peut être composé.

INTESTIN, *de* intùs, *dedans*; intestinus; *merlich*; adj. Qui est interne, intérieurement.

Chose qui existe ou se pose au dedans; c'est dans ce sens que l'on dit mouvement *intestin*, force *intestine*. *Voyez* MOUVEMENT, FORCE.

Intestin devient subst. masc. quand ce mot est appliqué au canal membraneux qui s'étend de l'estomac à l'anus.

INTONATION, *de* intonare, *faire du bruit*; *tonos*, *son prolongé*; modulatus; *anstimmung*; f. f. L'action d'entonner un chant.

L'*intonation* peut être juste ou fausse; trop haute ou trop basse; trop forte ou trop foible; & alors l'*intonation* s'entend de la manière d'entonner.

INTORSION, *de* intorquere, *tordre*; intorsio; *intorsion*; f. f. Volubilité, contorsion, flexion quelconque d'une partie qui prend une autre direction que celle qui lui est naturelle.

INTROMISSION, *de* intrà, *dedans*, mittere, *mettre*; intromissio; *eindrigen*; f. f. Mettre dedans.

Action par laquelle un corps est introduit dans un autre.

INTUITION, *de intueri*, *regarder*; intuitio; *anschauung*; f. f. Connoiffance claire & diftincte d'une chofe que l'on a vue foi-même.

Quoique l'*intuition* foit le meilleur moyen de juger les chofes & les objets, elle eft néanmoins fujette à tromper; tout le monde ne voit pas la même chofe de la même manière. L'opinion, l'habitude & l'organifation influent fouvent fur la manière de voir, & un grand nombre ne voit qu'une partie de la chofe qu'il regarde. Dans l'homme qu'ils aperçoivent, le chapelier ne voit fouvent que le chapeau; le perruquier, que la tête & les cheveux; le tailleur, que l'habit; le peintre, que les formes, &c. Combien de gens croient avoir vu, tandis qu'ils ne voient jamais ce qu'il importe de voir! C'eft ainfi que quelques-uns ne voient dans la lune qu'un vifage, dans les nuages que des monftres. Enfin, des hommes diftingués & d'un grand mérite, Sully, Davila, racontent, avec le caractère de la perfuafion, les combats qu'ils ont aperçus dans les nuages.

Rien n'eft plus difficile que de bien voir & de bien obferver; les uns ne favent pas voir & d'autres ne veulent pas voir. Plufieurs n'aperçoivent pas ce qui faute aux yeux de tout le monde, & d'autres croient bien voir, parce qu'ils regardent toujours en arrière.

INTUS-SUSCEPTION, *de intùs*, *dedans*, fufcipere, *recevoir*; intus-fufceptio; *intus-fufception*; f. f. Croître intérieurement.

Accroiffement d'un corps qui fe fait par l'addition ou la réception d'une fubftance qui fe répand dans tout l'intérieur de la maffe. Les animaux & les végétaux croiffent par *intus-fufception*.

En médecine, on défigne plus particulièrement fous le nom d'*intus-fufception*, la chûte d'une portion d'inteftin dans un autre.

INULINE, *de inula*, *aunée*; f. f. Matière végétale qui tient le milieu entre le fucre & la fécule (1).

Sa couleur eft d'un blanc-grifâtre; elle eft infoluble dans l'eau froide & foluble dans 4 ou 5 parties d'eau à 60 degrés centigrades: jetée fur les charbons, elle fe fond, répand des vapeurs blanches qui exhalent une véritable odeur de caramel, & brûlent avec une flamme bleue.

On l'obtient de l'aunée, plante médicinale; de la racine d'angélique, de la noix de galle & de la pyrèthre. Il fuffit de foumettre ces plantes à l'ébullition dans une affez grande quantité d'eau, de faire évaporer cette décoction jufqu'à confiftance d'extrait, & de laver celui-ci à l'eau froide pour

en diffoudre les principes folubles; l'*inuline* refte, & peut être ifolée par la décantation.

C'eft à M. Rofe que nous devons la découverte de cette fubftance nouvelle; elle a été étudiée enfuite par MM. Thomfon, Funke, Trommsdorff, W. Henry, Johne, Gauthier, &c.; elle a été nommée *alantine* par M. Trommsdorff, & *élécamp* par W. Henry. M. Thenard l'a placée au nombre des principes immédiats des végétaux.

INVENTION, *de invenire*, *trouver*, *inventer*; inventio; *erfindung*; f. f. Arriver à la connoiffance de quelque chofe par un travail quelconque.

Pour bien concevoir le mot *invention*, il faut le comparer à celui de *découverte*. *Invention* exprime l'action d'un homme qui, à l'aide d'un travail quelconque, parvient à produire un réfultat nouveau dans la nature ou dans les arts. *Découverte* indique un fimple travail, plus ou moins long ou difficile, par lequel on arrive, le premier, à faire connoître un phénomène, un corps ou un individu tout formé dans la nature. On invente une machine, on découvre une force: on a découvert le magnétifme, & on a inventé la bouffole.

Quelquefois la découverte réfulte de l'*invention* des moyens que l'on a employés pour y parvenir. Il faut fouvent du génie pour inventer & pour découvrir; mais le plus fouvent les découvertes, comme les *inventions*, font feulement le réfultat d'un concours fortuit de circonftances: il eft des *inventions* qui précèdent de beaucoup le génie du fiècle dans lequel on fe trouve; d'aut.es, que la marche des connoiffances amène naturellement: on pourroit dire, en quelque forte, que le fiècle étoit mûr pour ces *inventions*.

Le mot *invention* fe prend également pour l'action d'inventer & pour la chofe inventée.

INVERSE, *de in*, *fur*, vertere, *tourner*; inverfus; *blingekehrt*; adj. Tourner fur, retourner dans un fens renverfé.

INVERSE DES FLUXIONS (Méthode). C'eft ce qu'on appelle communément *calcul intégral*. *Voyez* FLUXION INTÉGRALE.

INVERSE (Raifon). On dit que deux chofes font en raifon *inverfe* de deux autres, lorfque la première eft à la feconde comme la quatrième eft à la troifième. Ainfi, quand on dit que la gravitation eft en raifon *inverfe* du carré des diftances, cela veut dire que la gravitation à la diftance A, eft à la gravitation à la diftance B; comme le carré de la diftance B, eft au carré de la diftance A.

INVISIBLE, *de la particule négative* in & de videre, *voir*; *unfichtbar*; adj. De nature à ne pas être vu.

On donne l'épithète d'*invifible* à tout ce qui échappe à la vue, ou par fa nature, ou par fa

(1) *Annales de Chimie*, tome XCIV, pag. 200.

transparence, ou par sa petitesse, ou par son éloignement, ou parce que l'effet de leur lumière est détruit par une lumière plus forte.

Ainsi, les substances spirituelles sont *invisibles* par leur nature; les corps parfaitement transparens, comme l'air, sont *invisibles* par leur transparence; ils réfléchissent trop peu de lumière : les corps trop petits ou trop éloignés deviennent *invisibles* pour nous; ils font, au fond de nos yeux, de trop foibles impressions : les étoiles sont *invisibles* le jour, parce que l'action de leur lumière est trop affoiblie par celle du soleil.

INVISIBLE. (Hémisphère). Partie de la sphère d'une planète que nous ne pouvons apercevoir, parce qu'elle est par-delà le grand cercle perpendiculaire au rayon qui va de l'œil du spectateur au centre de la planète. *Voyez* HÉMISPHÈRE INVISIBLE.

INVISIBILITÉ; invisibilitas; *unsichtbarkeit*; s. f. Qualité des substances qui échappent à la vue. *Voyez* INVISIBLE.

IODE, de ιωδης, *violacée*; iodium; *iode*; s. m. Corps combustible, simple, non métallique.

Son aspect est métallique, sa couleur bleuâtre; son odeur est celle du chlorure de soufre; sa saveur est âcre, très-désagréable; sa pesanteur spécifique est de 4,946, celle de l'eau étant 1,000.

L'iode se fond à une chaleur peu supérieure à celle de l'ébullition de l'eau; il bout & se volatilise à 140° du thermomètre de Réaumur. C'est de la couleur violette des vapeurs qu'il répand, que lui vient le nom d'*iode*.

Avec l'oxigène & l'hydrogène, l'*iode* forme de véritables acides; savoir : l'acide iodique avec l'oxigène, & l'acide hydriodique avec l'hydrogène. *Voyez* IODIQUE (Acide), HYDRIODIQUE (Acide).

Ce nouveau corps combustible est susceptible d'entrer en combinaison avec un grand nombre de corps du règne minéral, de décomposer la plupart des substances qui proviennent, soit des végétaux, soit des animaux, ou de se combiner avec elles Il détruit les couleurs végétales, & colore en jaune la peau & le papier.

Pris à la dose de 4 à 6 grains, l'*iode* détermine sur l'homme des vomissemens de matière liquide & jaunâtre, il produit l'ulcération de la membrane muqueuse de l'estomac; c'est un poison corrosif & redoutable pour les chiens, & presqu'indubitablement pour l'homme.

On extrait l'*iode* des eaux mères de la soude de varec, où il se trouve à l'état d'hydriodate de potasse. Il suffit, pour cela, de concentrer ce liquide, d'y verser de l'acide sulfurique, & de le soumettre à la distillation. L'iode entraîné par l'eau, passe en vapeur & se condense dans les récipiens, sous forme de lames cristallines; on le

purifie ensuite en le lavant dans une foible dissolution de potasse.

M. Courtois, salpêtrier à Paris, est l'auteur de cette découverte; il la communiqua à MM. Clément & Desormes, qui en firent part à l'Académie des sciences, le 6 décembre 1813, dix huit mois environ après la découverte. Aussitôt, MM. Gay-Lussac, Dawy, Sementini & plusieurs autres firent de nombreuses expériences sur l'*iode* : ces expériences ont déterminé sa nature & constaté ses propriétés.

Depuis, l'*iode* a été trouvé dans un grand nombre de *fucus* & d'*ulva*.

Jusqu'à présent, l'*iode* n'est d'aucun usage hors des laboratoires; il peut être employé utilement dans l'analyse des substances végétales, pour désigner la présence de la fécule, avec laquelle il forme une combinaison d'un bleu plus ou moins intense.

IONIEN, de Ιων, petit-fils d'Erechthée, qui donna son nom à l'*Ionie*; ionicus; *ionisch*; adject. Qui appartient à l'*Ionie*.

IONIEN (Mode). Le cinquième des modes moyens de la musique des Grecs. *Voyez* MODE IONIEN.

IPÉCACUANHA, *nom brasilien*; ipecacuanha; *ipecacuanha*; s. m. Substance médicinale employée comme vomitif.

C'est la racine d'une plante de la famille des rubiacées, nommée *collicocca ipecacuanha*, qui nous vient du Brésil.

On pile cette plante pour la réduire en poudre & en séparer la tige ligneuse, qui contient peu de matière vomitive.

D'après l'analyse de cette substance, faite par M. Pelletier fils, l'*ipécacuanha* contient :

Matière vomitive	0,16
Amidon	0,42
Ligneux	0,20
Gomme	0,10
Cire végétale	0,06
Matière grasse huileuse	0,02
Acide gallique des traces	0,00
Perte	0,04
	100

La matière vomitive ainsi séparée a été nommée *émétine* par M. Pelletier, du grec εμετηρια, *vomitif*. *Voyez* ÉMÉTINE.

IPO, UPAS; s. m. Poison végétal, ainsi nommé dans l'archipel des Moluques & des îles de la Sonde.

C'est le suc retiré, par incision ou par ébullition, de quelques végétaux qui croissent dans l'archipel des Moluques & dans les îles de la Sonde,

&

& dont ces infulaires enduifent le dard de leurs flèches pour occafionner la mort, foit dans les animaux, foit dans les individus qui en font frappés.

Nous ne parlons ici de cette fubstance véné-
neufe qu'à caufe des merveilles qui en ont été
rapportées par les voyageurs, &, probablement,
d'après les rapports fabuleux qui leur en ont été
faits. Les détails que nous rapportons font extraits des voyages de M. Defchaux, qui a vu les
plantes qui produifent ce poifon

On retire l'ipo ou upas de deux fortes de végétaux : 1°. de l'écorce d'une liane nommée tieuté ;
2°. d'un grand arbre nommé upas antiar.

Un naturel prépara le premier poifon, en râ-
pant l'écorce de la racine de la liane, la faifant
bouillir dans l'eau, réduifant la décoction à l'état
de firop & y ajoutant deux oignons, une gouffe
d'ail, une forte pincée de poivre, deux morceaux
de la racine de kœmferia galenga, trois petits morceaux de gingembre & une graine de capsicum fru-
ticofum. Cet réfidu mélangé, bouilli & nettoyé,
forma un poifon violent, dont M. Lefchenault fit
l'effai fur des chiens & des poules.

Quant au fecond poifon, il provient d'incifions
faites à un grand arbre qui croît à Java, & que
l'on connoît fous le nom de pohon antiar : de ces
incifions coule un fuc qui fe condenfe par la fimple
chaleur de l'atmofphère. A ce fuc, les naturels
ajoutent différens ingrédiens, que M. Lefchenault
croit plus nuifibles qu'utiles.

Dans les environs de cet arbre croiffent d'autres végétaux. Les lézards montent le long de fon
écorce, les oifeaux fe pofent fur fes branches
fans en reffentir d'incommodité. Les habitans du
voifinage & les animaux d'alentour font pleins de
vie & de fanté ; des Indiens montèrent même au
faîte de l'un de ces arbres fans en reffentir aucun
mauvais effet. Cependant il en eft fur lefquels fon
atmofphère exerce une influence plus ou moins
forte. M. Lefchenault ayant fait abattre un de ces
arbres, qui avoit quatre pieds de tour, il fe pro-
mena au milieu de fes branches rompues ; il eut
les mains & même le vifage couverts du fuc gommo-
réfineux qui dégouttoit fur lui : il n'en fut point
incommodé, en ayant la précaution de fe laver
auffitôt.

IRIDIUM ; iridium ; iridium ; f. m. Métal nouveau qui fe trouve ordinairement mélangé ou
combiné avec le platine.

Ce métal eft blanc, fans odeur, fans faveur.
On le croit plus denfe que le platine. Cependant,
comme on ne l'a pas encore obtenu en culot, il
eft difficile de prononcer fur fa denfité & fur fa
ductilité.

L'iridium réfifte à l'action du feu le plus violent que l'on puiffe produire. Il n'eft altéré, à
aucune température, ni par l'air, ni par le gaz
oxigène.

On n'a encore trouvé ce métal que combiné

avec l'ofmium (voyez OSMIUM), & on ne le fépare que par des moyens très-compliqués. Les
acides n'ont aucune action fur lui ; mais il eft attaqué par les alcalis, & l'on parvient ainfi à le diffoudre & à produire des fels rouges.

Defcotils a découvert l'iridium en 1803 ; il a
enfuite été examiné par Fourcroy & MM. Vauquelin, Tennant, Wollafton, &c.

IRIS ; ιρις ; regenbogen ; f. f. Arc coloré que l'on
aperçoit dans le ciel. Les Anciens la nommoient
μετεωρα τα και εμφασιν, meteora emphasis, météore
brillant.

Déjà on a décrit dans le premier volume de ce
Dictionnaire, l'apparence de ce phénomène ; on
a même fait connoître les différentes manières
dont il a été expliqué. Voyez ARC-EN CIEL.

Nous ne nous proposerons dans cet article que
d'indiquer la méthode d'analyfe qui peut y être
appliquée.

Il exifte deux manières d'expliquer les phénomènes produits par la lumière, ainfi que la formation des couleurs : 1°. en fuppofant que les corps
lumineux lancent un fluide particulier qui fe meut
avec une grande viteffe, & auquel on donne le
nom de lumière ; que la lumière blanche, que l'on
diftingue généralement, eft un compofé d'une immenfité de molécules lumineufes, de couleurs différentes, qui ont toutes une réfrangibilité particulière ; que les limites de cette réfrangibilité font
celles des molécules ou des rayons rouges & violets ; 2°. que l'efpace eft rempli d'un fluide particulier auquel les corps lumineux communiquent
un mouvement d'ondulation, & que, felon la viteffe des vibrations des molécules, il en réfulte la
perception de couleurs différentes. La première
hypothèfe eft propofée par Newton, & l'application la plus heureufe qu'il en a faite, eft l'explication de la formation de l'iris. La feconde hypothèfe, celle des ondulations, a été propofée par
Huyghens & Euler, &, dans ces derniers temps,
par M. Fresnel, qui en a fait une heureufe application au phénomène de la diffraction, ou de l'inflexion du rayon de la lumière, qui paroît inexplicable dans le fyftème de l'émiffion.

En examinant avec attention les phénomènes
de l'iris, on voit qu'ils font produits par la réfraction de la lumière à travers des gouttes d'eau,
fuppofées fphériques, & que, dans l'intérieur des
gouttes, elle y éprouve une ou plufieurs réflexions, felon que la lumière doit produire une
première, une feconde, une troifième, &c., iris.
Or, comme la réfraction que la lumière éprouve
en paffant d'un milieu dans un autre, ainfi que la
réflexion qui a lieu fur les furfaces des corps, font
également bien expliquées dans l'une ou l'autre
des deux hypothèfes (voyez RÉFRACTION, RÉ-
FLEXION), l'analyfe, appliquée à la formation de
l'iris, fondée fur la loi de la réfraction de la lumière, pouvoit & devoit être la même dans les

deux hypothéses. Nous allons préfenter ici une ana-lyse que l'on peut appliquer à toutes les deux.

On doit fe rappeler que, pour pouvoir diftin-guer les diverfes couleurs de l'*iris*, il ne fuffit pas qu'un rayon coloré, fortant d'une goutte d'eau, arrive à l'œil, parce que ce rayon, mêlé à d'au-tres de diverfes couleurs ; partant d'autres gouttes d'eau, produiroit du blanc ; qu'il eft néceffaire, pour avoir le fentiment d'une couleur, qu'il ar-rive à l'œil un faifceau de rayons d'une couleur, & que ce faifceau foit envoyé d'une feule goutte ; alors, ce faifceau prend le nom de *rayon efficace*. (*Voyez* ARC-EN-CIEL, RAYON EFFICACE.) C'eft donc à la détermination de l'angle formé par les rayons efficaces avec le rayon incident, aprés une ou plufieurs réflexions, que nous allons appliquer l'analyfe.

D'aprés ces confidérations : foit AB, *ab*, *fig*. 935, le faifceau blanc, qui doit devenir efficace pour une couleur, la rouge, par exemple, aprés une feule réflexion ; le faifceau réfracté BD *b* devra concourir au point D de la circonférence, pour réfléchir un cône de rayon qui fe réfracte en faifceau parallèle. Repréfentons par *m* l'angle d'incidence *abe* ; par *n*, l'angle de réfraction *eoD*, & par *u*, le rapport de fin. *m* à fin. *n*, pour les rayons rouges.

Le rayon incident *ab*, fe mouvant, parallèle-ment à lui-même, d'une quantité infiniment pe-tite, devient AB, & l'angle d'incidence ABE ; l'accroiffement *dm*, de l'angle d'incidence, eft mefuré par l'arc infiniment petit B*b*, & l'accroif-fement *dn* de l'angle de réfraction eft mefuré par la moitié de ce même petit arc. On a donc dans ce cas :

$$dm = 2\,dn.$$

Soit maintenant le petit faifceau AB, *ab*, *figure* 935 (*a*), incident, blanc, qui, aprés deux ré-flexions, doit produire un faifceau efficace rouge. La condition eft, comme nous l'avons vu précé-demment, que le faifceau DE, *de*, réfultant de la première réflexion, foit compofé de rayons pa-rallèles. On aura donc : *d*D = E*e* ; mais BD = DE & *bd* = *de* ; donc BD — *bd* = DE — *de* = 2D*d* ; or, BD — *bd* = B*b* — D*d* : donc enfin, B*b* = 3 D*d*. On a, dans ce cas, *dm* = B*b* = 3 D*d* : *dn* =

$$\frac{Bb - Dd}{2} = Dd. \text{ Donc :}$$

$$dm = 3\,dn.$$

Pour le faifceau qui doit devenir efficace aprés trois réflexions, il faut qu'à la feconde les rayons convergent en un point de la circonférence E, *fig.* 935 (*b*). On trouvera facilement qu'il eft né-ceffaire, pour cela, que l'on ait :

$$dm = 4\,dn;$$

&, en général, pour le faifceau qui doit être effi-cace aprés *p* de réflexion, on doit avoir :

$$dm = (p+1)\,dn.$$

Mais la relation fin. *m* = *a* fin. *n* (1) donne cof. *m dm* = *a* cof. *n dn*. Donc (*p* + 1) cof. *m* = *a* cof. *n* (2).

Les équations 1 & 2 fuffiront pour déterminer les angles *m* & *n*. On en conclut :

$$a \ldots \text{fin. } m = \pm\sqrt{1 - \frac{(a^2-1)}{p\,(p+2)}}\,;\quad \text{fin. } n = \pm\frac{1}{a}\sqrt{1 - \frac{(a^2-1)}{p\,(p+2)}}$$

L'angle *m* a deux valeurs, puifque fon finus a deux fignes. Le figne + correfpond au cas où le point d'incidence *b* eft au-deffus de NC, comme dans la *fig.* 935, & le figne — au cas où le point eft au-deffous de cette ligne, comme dans la *fig.* 935 (*a*) : ce figne eft déterminé par la condi-tion que le faifceau émergent n'eft efficace qu'au-tant que le fpectateur ne reçoit pas d'impreffion des rayons directs du foleil.

Les angles *m* & *n* étant, comme il eft facile d'en conclure, l'angle que le rayon efficace fait avec le rayon incident.

En effet, foit *p* le nombre de réflexions dans l'intérieur de la goutte d'eau, & ϖ la demi-circon-férence, on a, *fig.* 935 (*c*), AOC = π — *m* — ACO.

Or ACO = $\dfrac{ADEF}{2}$ = ACD $\left(\dfrac{p+1}{2}\right)$;

Mais ACD = π — 2 *n* ; donc enfin :
AOF = 2 AOC = 2 *n* (*p*+1) — 2 *m* — ϖ (*p*—1).

Si l'on repréfente par *m'* & *n'* ce que devien-nent *m* & *n* dans le cas des rayons violets, l'angle des rayons efficaces de cette couleur, avec les rayons folaires, fera :

2 *n'* (*p*+1) — 2 *m'* — ϖ (*p*—1), & la différence 2 [(*p*+1) (*n* — *n'*) — (*m* — *m'*)]

indique la largeur de l'arc ; felon que cette quantité fera pofitive ou négative, le haut de l'arc fera occupé par les rayons rouges ou les rayons violets.

Pour déterminer la valeur numérique des dia-mètres apparens des différens arcs, il faut faire *a* = $\dfrac{4}{3}$ pour les rayons rouges & = $\dfrac{109}{81}$ pour les rayons violets. On trouve, de cette manière, pour premier arc-en-ciel :

Angle des rayons rouges efficaces & des rayons directs du foleil . . . . = 42°1'46"
Angle des rayons violets . . . . . = 40°16'12"
Largeur de l'arc . . . . = 1°45'36",7

Pour le second arc :

Angle des rayons rouges .... = 50° 58' 41"
Angle des rayons violets .... = 54° 9' 34"
Largeur de l'arc.......... = (3° 10' 53")

Dans le premier arc, le rouge est plus élevé ; dans le second, c'est le violet.

Comparant ces quantités avec celles qui ont été déterminées par l'expérience (voy. ARC EN-CIEL), on le trouve aussi conforme qu'il est possible ; seulement on indique pour l'angle de la couleur rouge du premier arc 42° 11'. C'est une faute d'impression : il faut lire : 42° 1'.

IRIS. Membrane de forme circulaire & de différentes couleurs, soutenue au segment de sphère que la cornée transparente représente, faisant office de cloison entre la chambre antérieure & postérieure de l'œil.

Elle présente, vers son milieu, une ouverture circulaire, à laquelle on a donné le nom de *pupille*, de *prunelle*. Cette ouverture donne passage à la lumière qui vient frapper le fond de l'œil, pour faire apercevoir & distinguer les objets. Cette ouverture peut augmenter ou diminuer, selon la quantité & l'intensité de la lumière qui arrive à l'œil. Tout porte à croire que cette variation dans l'ouverture est occasionnée par l'extensibilité & l'érectibilité de l'*iris*, & par sa correspondance avec la rétine ; car la prunelle ne diminue que lorsque la lumière arrive en trop grande quantité, & qu'elle est trop forte pour faire distinguer les objets. Aussi, au moment du passage d'un individu, d'un lieu éclairé dans un lieu obscur, on voit l'ouverture de l'*iris* s'augmenter ; elle diminue, au contraire, au moment du passage d'un lieu obscur dans un lieu éclairé.

Si, après avoir regardé un objet avec les deux yeux, on en ferme un, l'ouverture de l'*iris* de celui qui est ouvert augmente aussitôt. De même, si, après avoir regardé un objet avec un seul œil, on le regarde avec les deux yeux, l'ouverture de l'*iris* diminue de suite.

L'*iris* est composée de deux lames de substances différentes : l'une, postérieure, est membraneuse ; elle sert de base à un tissu particulier demi-fibreux, demi-spongieux. Ce tissu est plus épais & plus lâche à la grande circonférence ; il va toujours en s'amincissant vers les bords de la pupille, où on ne peut plus le distinguer de l'uvée, qui le double. C'est de l'entrelacement de ces fibres que résulte la couleur totale de l'*iris*, qui varie suivant les individus, & à laquelle on rapporte la couleur des yeux.

Buffon observe que les différentes couleurs des yeux sont : l'orangé foncé, le jaune, le vert, le bleu, le gris mêlé de blanc, & le brun foncé, qu'on appelle vulgairement *noir*.

D'après ce savant, la substance de l'*iris* est veloutée & disposée par filets & par flocons ; les filets sont divisés, vers le milieu de la prunelle,

comme des rayons qui tendent à un centre ; les flocons remplissent les intervalles qui sont entre les fibres. Ces filets & ces flocons tiennent ensemble par des ramifications très-fines & très-déliées. Ainsi, la couleur n'est pas si sensible dans ces ramifications que dans le corps des filets & des flocons, qui paroissent toujours être d'une teinte plus foncée.

Continuons à citer Buffon : « Les couleurs les plus ordinaires dans les yeux sont l'orangé & le bleu, & le plus souvent ces couleurs sont dans le même œil. Les yeux que l'on croit être noirs, ne sont que des jaunes-bruns ou des orangés foncés. Il ne faut, pour s'en assurer, que les regarder de près ; car, lorsqu'on les voit à quelque distance, ou qu'ils sont tournés à contre-jour, ils paroissent noirs, parce que la couleur jaune tranche si fort sur le blanc de l'œil, qu'on la juge noire par l'opposition du blanc. Les yeux qui sont d'un jaune moins brun, passent aussi pour des yeux noirs ; mais on ne les trouve pas si beaux que les autres, parce que cette couleur tranche moins sur le blanc. Il y a aussi des yeux jaunes & jaune clair : ceux-ci ne paroissent pas noirs, parce que leurs couleurs ne sont pas assez foncées pour disparoître dans l'ombre.

» On voit très-communément, dans le même œil, des nuances d'orangé, de bleu, de jaune & de gris. Dès qu'il y a du bleu, quelque léger qu'il soit, il devient la couleur dominante. Cette couleur paroît par filets dans toute l'étendue de l'*iris*, & l'orangé est par flocons, autour & à quelques petites distances de la prunelle. Le bleu efface si fort cette couleur, que l'œil paroît tout bleu, & on ne s'aperçoit du mélange de l'orangé, qu'en le regardant de près.

» Les plus beaux yeux sont ceux qui paroissent noirs ou bleus ; la vivacité & le feu, qui font le principal caractère des yeux, éclatent davantage dans les couleurs foncées, que dans les teintes de couleurs. Les yeux noirs ont donc plus de force & d'expression, & plus de vivacité ; mais il y a plus de douceur & peut-être plus de finesse dans les yeux bleus. On voit, dans les premiers, un feu qui brille uniformément, parce que le fond, qui nous paroît de couleur uniforme, renvoie partout les mêmes reflets ; mais on distingue des modifications dans la lumière qui anime les yeux bleus, parce qu'il y a plusieurs sortes de couleurs qui produisent des reflets différens.

» Il y a des yeux qui se font remarquer sans avoir, pour ainsi dire, de couleur ; ils paroissent être composés différemment des autres ; l'*iris* n'a que des nuances de bleu & de gris, si foibles qu'elles sont presque blanches dans quelques endroits : les nuances d'orangé qui s'y rencontrent, sont si légères, qu'on les distingue à peine du gris & du blanc, malgré le contraste de ces couleurs. Le noir de la prunelle est alors trop marqué, parce que la couleur de l'*iris* n'est pas assez foncée. On—

ne voit, pour ainfi dire, que la prunelle ifolée au centre de l'œil. Ces yeux ne difent rien, & le regard en paroît fixe ou effaré.

» Dans quelques yeux, la couleur de l'*iris* tire fur le vert : cette couleur a la même origine que le bleu, le gris, le jaune & le jaune-brun.

» Quelques perfonnes ont les yeux de couleurs différentes. Cette variété dans la couleur des yeux eft particulière à l'efpèce humaine, à celle du cheval, &c. Dans la plupart des autres efpèces d'animaux, la couleur des yeux de tous les individus eft la même... Ariftote, qui fait cette remarque, prétend que, dans les hommes, les yeux gris font les meilleurs ; que les bleus font les plus foibles, & que les bruns ne voient pas fi bien dans l'obfcurité. »

Iris. Genre de plante de la famille des iridées de Juffieu.

Iris pseudo-acorus. Plante vulgairement connue fous le nom d'*iris des marais, glaïeul des marais.*

Nous ne parlons ici de cette *iris* que par la propriété que M. William Skrimskire a trouvée à fa graine, de pouvoir être fubftituée au café.

Les fleurs de cette plante, qui croît fur les bords des marais, font jaunes ; fes graines, contenues dans des capfules, font de la couleur des châtaignes. On torréfie ces graines, on les moud & on les met infufer dans l'eau bouillante, comme les graines de café ; l'infufion produit une liqueur analogue au café, pour la couleur & pour l'odeur ; mais en a-t-elle les propriétés tonique & excitante comme les grains parfumés de l'yemen ? C'eft une queftion qui n'a pas encore été décidée.

On appelle Iris, en docimaftique, les couleurs qui fe fuccèdent rapidement fur le bouton d'argent, dans les effais, à l'aide du plomb fur la coupelle. *Voy.* Coupellation, Eclair, Essai

En lithologie, on donne également le nom d'Iris à une efpèce d'opale qui fait voir les couleurs de l'arc-en ciel, lorfqu'on l'expofe au foleil.

IRRADIATION, d'*irradiare*, pour *in radiare*, *jeter des rayons fur* ; irradiatio ; *ftrahlen* ; f. f. Effufion, émiffion des rayons d'un corps lumineux. Action par laquelle le foleil lance fes rayons.

C'eft encore l'expanfion ou le débordement de lumière qui environne les aftres en forme de frange, ce qui fait que ces objets lumineux paroiffent plus grands qu'ils ne font.

L'effet de l'*irradiation* eft quelquefois fi confidérable, que Ticho-Brahé eftimoit le diamètre de Vénus, douze fois plus grand qu'il ne paroît dans les lunettes, & Kepler l'eftimoit fept fois trop grand.

Depuis l'invention des lunettes, & furtout depuis l'invention du micromètre de Huyghens, on

a eu, fur la grandeur apparente des aftres, des notions beaucoup plus exactes. Les lunettes, en faifant paraître les objets mieux terminés & mieux circonfcrits, diminuent confidérablement la quantité de l'*irradiation*.

On attribue encore à l'*irradiation*, le jugement que nous portons fur la grandeur des objets diverfement colorés. C'eft ainfi, par exemple, qu'un corps blanc nous paroît beaucoup plus grand qu'un corps noir de même dimenfion, ce que l'on obferve d'une manière parfaitement diftincte dans la grandeur de la lune, lorfqu'elle eft dans fon croiffant. La partie éclairée par le foleil & qui réfléchit une lumière vive & forte, nous paroît, à la vue fimple, avoir un diamètre beaucoup plus grand que le refte, qui n'eft éclairé que par la lumière que lui réfléchit la terre, & qui ne nous renvoie qu'une foible lumière que l'on nomme lumière cendrée.

Enfin, c'eft encore à l'*irradiation* que l'on attribue cet aminciffement que préfentent les parties du corps couvertes de noir, & le groffiffement de celles qui font couvertes de blanc : une jambe couverte d'un bas noir, paroît toujours plus fine que celle qui eft revêtue d'un bas blanc.

Schmitt & plufieurs autres phyficiens attribuent l'*irradiation* aux cercles de diffipation qui fe forment fur la rétine, lorfque l'objet obfervé eft à une diftance plus ou moins grande que celle de la portée de la vue exacte. A cette plus ou moins grande portée, l'image de l'objet, fur la rétine, eft plus grande qu'elle ne feroit, fi l'objet étoit à la portée de la vue exacte ; & comme le jugement porté fur la grandeur d'un objet, dépend en grande partie de celle de l'image formée au fond de l'œil, il s'enfuit que, plus l'image eft grande, plus l'objet eft jugé grand. *Voyez* Vue exacte, Portée de la vue exacte, Cercle de dissipation.

Pour prouver que cet agrandiffement apparent provient du cercle de diffipation, il invite à regarder le même objet à travers le trou d'une carte, ou à l'aide d'une lunette ; alors, l'objet paroît confidérablement diminué.

Il exifte une feconde caufe de l'*irradiation*, que les lunettes & le trou percé dans une carte ne détruifent pas ; c'eft celle de l'étendue de l'*irritation* que le rayon de lumière fait éprouver à la rétine.

Tout le monde fait que, lorfqu'on reçoit un choc, une piqûre, fur une partie quelconque du corps, la douleur fe fait fentir à une diftance plus ou moins grande du point piqué ou du point choqué. De même la lumière, en produifant une impreffion fur la portion de la rétine où l'image fe forme, cette impreffion s'étend à une diftance plus ou moins grande de l'efpace que l'image occupe, felon que la lumière eft plus ou moins vive ; alors l'extenfion de la fenfation produit un effet femblable à l'extenfion de l'image, & l'objet doit nécessairement en paroître plus grand ; c'est ce que l'on observe particulièrement dans la formation des couleurs accidentelles. Là, le phénomène est entièrement dû, ou à une extension d'impression, ou à une durée d'impression, lorsque la cause a cessé d'agir. *Voy.* COULEURS ACCIDENTELLES.

Habituellement il se réunit au phénomène de l'*irradiation* un second phénomène, auquel M. Hassenfratz a donné le nom de *rayonnement* (1). C'est celui qui occasionne ces jets de lumière qui environnent les étoiles, & qui font au nombre de deux, trois, quatre, cinq, & quelquefois davantage. Ce phénomène est produit par la forme irrégulière du cristallin. Aussi, son apparence est-elle différente pour chaque individu, & diffère-t-elle pour un même individu aux différentes époques de la vie. *Voyez* RAYONNEMENT.

On nomme *irradiation*, en physiologie, une émission du cerveau & de la moelle épinière, d'un principe excitateur dans les organes, par le moyen des nerfs. Cette émission est volontaire, comme le mouvement des orteils, des doigts, du globe de l'œil, &c.

IRRATIONEL, *de non rationis*, *non rationel* ; irrationalis ; *irrational* ; adj. Nombres qui n'ont aucune commune mesure avec l'unité. *Voyez* INCOMMENSURABLES.

IRRÉDUCTIBLE, *de la particule négative* in & *de* reducere, *réduire* ; irreductibilis ; *irreductible* ; adj. Qui ne peut être réduit.

Substance qui ne peut être réduite ou ramenée à son état de pureté ; ainsi, l'oxide de manganèse & quelques autres oxides métalliques sont *irréductibles*, parce qu'on ne peut leur enlever leur oxigène & les amener à l'état de métal pur ; ils ne peuvent être fondus & réduits en culot métallique.

IRRÉDUCTIBLE (Cas). C'est le cas où une équation du troisième degré a ses trois racines réelles, inégales & incommensurables. *Voyez* CAS IRRÉDUCTIBLE.

IRRÉGULIER, *de la particule négative* in & *de* regula, *règle* ; irregularis ; *unregelmüssig* ; adj. Qui n'est pas selon les règles.

IRRÉGULIERS (Corps). Solides qui ne sont point terminés par des surfaces égales & semblables. *Voyez* CORPS IRRÉGULIERS.

IRRÉGULIÈRES (Figures). Figures dont les côtés & les angles qui les forment, ne sont pas égaux. *Voyez* FIGURES IRRÉGULIÈRES.

IRRITABILITÉ, *de* irritare, *irriter*, & *de* habilitas, *faculté* ; irritabilitas ; *reizbarkeit* ; s. f. Faculté de ce qui est susceptible d'être irrité.

C'est la propriété qui donne, aux différentes parties des êtres organisés, la faculté de réagir contre les corps étrangers qui viennent la toucher.

Haller, à qui l'on doit les premières connoissances exactes sur l'*irritabilité*, appelle *partie irritable du corps humain*, celle qui devient plus courte quand on la touche un peu fortement.

Tous les corps organisés & vivans sont *irritables* ; mais leur *irritabilité* est plus ou moins sensible : dans les plantes, par exemple, l'*irritabilité* devient sensible dans les feuilles du *drosera longifora*, de l'*averrhoa carambola*, de la *mimosa pudica*, l'*onoclea sensibilis*, l'*oxalis sensitiva*, le *dionæa muscipula*, l'*hedysarum gyrans*, &c. Dans les étamines de la *berberis vulgaris*, de l'*heliotropium*, de la *candula*, du *cistus oppennius*, du *lilium superbum*, des *cactus*, de la *forskhlea tenacissima*, &c.

Un grand nombre de substances, telles que la lumière, la chaleur, les acides, les alcalis caustiques, l'électricité, le galvanisme, &c., ont la propriété d'exciter cette *irritabilité* dans les animaux & les végétaux ; mais quelle est la cause de cette propriété ? C'est ce qu'on ignore encore, malgré les recherches nombreuses des Haller, des Bichot, des Legallois, des Lamarck, des Chaussier, des Magendie, &c.

ISABELLE ; isabella ; *isabelle* ; s. f. & adj. Couleur entre le blanc & le noir.

ISAGONE, *de* ἴσος, *égal*, γωνία, *angle* ; isagonia ; *isagon* ; adj. Plan ou solide dont tous les angles sont égaux.

ISLANDE (Cristal d'). Carbonate de chaux pur, limpide, qui se trouve en Islande, & qui a la propriété de doubler les objets. *Voyez* CRISTAL D'ISLANDE.

ISOCÈLE, *de* ἴσος, *égal*, σκέλος, *jambe* ; isocelus ; *gleichschenkelig* ; adj. Qui a deux jambes égales.

ISOCÈLE (Triangle). Triangle qui a deux côtés égaux. *Voyez* TRIANGLE ISOCÈLE.

ISOCHRONE, *de* ἴσος, *égal*, χρόνος, *temps* ; isochronas ; *gleichzeitig* ; adj. Qui se fait en temps égaux.

Ainsi, les vibrations d'un pendule sont regardées comme *isochrones*, soit que l'arc que le pendule décrit, soit plus grand ou plus petit ; car, quand l'arc est plus petit, le pendule se meut plus lentement ; & quand l'arc est plus grand, il se meut plus vîte ; cependant, il est bon de remarquer que les vibrations ne sont pas *isochrones* de rigueur, à moins que l'arc décrit ne soit une cycloïde. *Voyez* PENDULE, VIBRATIONS DU PENDULE, CYCLOÏDE.

---

(1) *Annales de Chimie*, tome LXXII, page 5.

ISOCHRONE (Ligne). C'eft la ligne par laquelle on fuppofe qu'un corps defcend fans avoir aucune accélération.

On eft redevable à Leibnitz, de la connoiffance de la *ligne ifochrone;* il a auffi montré la manière de trouver une ligne, par laquelle un corps pefant, venant à defcendre, s'éloignera ou s'approchera uniformément d'un point donné.

ISOCHRONISME. Égalité de durée dans les vibrations d'un pendule.

Il exifte cette différence entre *ifochronifme* & *fynchronifme*, que le premier fe dit de l'égalité de durée entre les vibrations d'un même pendule, & l'autre de l'égalité de durée entre les vibrations de deux pendules différens.

ISOLATION, *de l'italien* ifola, *du latin* infula, *i.e;* ifolatio; *einfenheit; f. f.* Action d'ifoler un corps, c'eft-à-dire, qu'il ne touche à aucun autre.

L'*ifolation* eft une action relative, parce qu'il y a une forte d'impoffibilité d'ifoler abfolument un corps. Pour que l'*ifolation* fût complète, il faudroit qu'un corps pût être fufpendu dans l'efpace fans qu'il touchat à aucun autre. Tous les corps, fur la furface de la terre, obéiffent à la gravitation. Il faut, pour les empêcher de tomber, qu'ils foient retenus par une force qui s'oppofe à l'action de la pefanteur. Or, pour retenir le corps, il faut le fufpendre ou le faire fupporter par un autre avec lequel il doit néceffairement être en contact.

Peut être pourroit-on fe faire une idée de l'*ifolation* abfolue, en fufpendant, dans le vide, un morceau de fer par l'action magnétique qu'un corps aimanté exerceroit fur lui; il faudroit, pour obtenir ce réfultat, que le corps fût à une diftance du corps aimanté, telle que l'attraction exercée par celui ci, faffe exactement équilibre à la pefanteur de celui-là; mais la plus légère variation dans cette diftance feroit mouvoir le corps, foit vers la terre, foit vers le corps aimanté; alors il toucheroit ce corps ou a furface du fol, & il ne feroit plus ifolé.

Ainfi, l'*ifolation* eft toujours conçue relativement à d'autres corps qui jouiffent d'une propriété dont on veut empêcher de participer celui que l'on ifole. On peut, dans cette acception, ifoler un corps embrafé d'autres combuftibles, qui pourroient s'embrafer également, ifoler un corps hygrométrique de tout autre corps hygrométrique qui pourroit prendre ou donner de l'humidité au premier, éloigner un corps magnétique des autres corps qui pourroient lui prendre ou lui donner du magnétifme, &c.; mais l'acception la plus générale que l'on donne au mot *ifolation*, c'eft d'éloigner un corps électrique de tout autre corps qui pourroit lui prendre ou lui donner de l'électricité; c'eft dans ce fens feulement que nous allons confidérer le mot *ifolation*.

La néceffité d'ifoler les corps pour les électrifer

par communication, & les fubftances propres à les ifoler, n'ont été connues que par hafard. Ce furent les expériences faites par Gray, conjointement avec Whéeler, le 3 juillet 1729, qui fournirent cette double connoiffance.

Ils avoient attaché, avec une ficelle, une boule de bois dorée à l'extrémité d'une tube de verre; & en électrifant le tube par frottement, la boule devenoit électrique par communication. Il n'y avoit que quatre pouces de ficelle entre l'extrémité du tube & la boule dorée; ils alongèrent cette ficelle jufqu'à un, deux, trois, &c., pieds; la boule continua de paroître électrifée: pour pouvoir y mettre une ficelle encore plus longue, ils montèrent au premier étage, & laiffèrent pendre la boule dorée jufque vers le pavé de la cour; la boule fut encore électrique; ils monrèrent au fecond, au troifième, & jufque fur les toits, toujours avec le même fuccès. Ne pouvant monter plus haut, & voulant cependant effayer jufqu'à quel point on pourroit alonger la ficelle, ils fe placèrent dans une grange fort longue, & firent prendre, à leur ficelle, une fituation horizontale, au lieu de la fituation verticale qu'elle avoit dans leurs premiers effais; & pour la foutenir en l'air, ainfi que la boule dorée, ils l'attachèrent avec une autre ficelle, à la charpente, par le moyen d'un clou. Dans cet état, l'expérience ne réuffit point; la boule dorée ne donna aucun figne d'électricité, quelque courte que fût la ficelle qui l'attachoit au tube de verre. Ils penfèrent que la matière électrique s'échappoit par la ficelle qui tenoit à la charpente, & que cette ficelle étant trop groffe, laiffoit paffer trop de matière.

Pour vérifier cette conjecture, les deux favans anglais firent ufage d'un cordon de foie, qui, avec beaucoup moins de groffeur, avoit autant de force. L'expérience réuffit complètement: la boule dorée s'électrifa, quelque longueur qu'ils donnaffent à la ficelle qui l'attachoit au tube de verre.

Nos deux électriciens crurent avoir deviné, & que, plus le fupport étoit mince, plus le fuccès feroit certain. Pour réuffir encore plus fûrement, fuivant leur opinion, à la place du cordon de foie, ils mirent un fil de métal beaucoup plus menu; & l'expérience manqua totalement; la boule dorée ne donna aucun figne d'électricité. Ce qui leur prouva que ce fuccès ne dépendoit pas de la groffeur du fupport, mais bien plutôt de fa nature.

Cette preuve fut un trait de lumière pour nos deux favans. Ils effayèrent auffitôt différentes fubftances pour connoître celles qui étoient propres à ifoler les corps électrifés, & ils obfervèrent que c'étoient celles qui s'électrifent par frottement.

De ces réfultats, nos électriciens anglais conclurent, que pour électrifer les corps par communication, il eft néceffaire de les ifoler, & que les corps les plus propres à cet effet font ceux qui s'électrifent le mieux par frottement. *Voyez* ELECTRICITÉ, CONDUCTEUR ÉLECTRIQUE.

ISOLÉ ; * isola* ; *einzeln* ; adj. Épithète que l'on donne à un corps auquel on veut communiquer ou développer quelques propriétés, & que l'on soutient, pour cela, avec des substances qui ne sont point conductrices de ces propriétés. *Voyez* CONDUCTEURS.

ISOLEMENT. État de ce qui est isolé.

ISOLEMENT IMPARFAIT. État d'un corps qui est imparfaitement isolé.

Quoique l'*isolement imparfait* puisse être examiné relativement à toutes les espèces d'*isolemens*, nous ne le considérerons ici que par rapport à l'électricité, & nous puiserons cet article dans un Mémoire de Volta, publié dans le *Journal de Physique* de l'année 1783, première & deuxième parties, page 325 & page 3.

On distingue, en électricité, deux sortes de corps isolans : 1°. des corps qui isolent parfaitement, tels sont la résine, la gomme-laque, la soie, quelques espèces de verres, &c. ; 2°. des corps qui isolent imparfaitement, tels que le marbre, l'albâtre, le plâtre, les bois secs, &c. (*Voyez* CONDUCTEURS IMPARFAITS.) Les premiers retiennent complétement l'électricité ; elle ne peut ni les pénétrer, ni glisser le long de leur surface : les seconds se laissent pénétrer par l'électricité, & peuvent, avec le temps, l'enlever complétement aux corps pour la conduire au réservoir commun.

Un phénomène assez remarquable que présentent les conducteurs imparfaits, est celui-ci. Si un conducteur imparfait, communiquant au réservoir commun, est touché par un ou par quelques points, par un corps électrisé, ce conducteur imparfait soutire, dans un temps très-court, toute l'électricité que contient le corps électrisé, & conduit cette électricité au réservoir commun ; tandis que, si l'on touche le conducteur par une grande surface du corps électrisé, celui-ci conserve son électricité pendant long temps, & souvent même il la conserve plus long-temps que s'il étoit soutenu par des corps non conducteurs.

Ainsi, un disque métallique électrisé, soutenu par trois cordons de soie, ou par un cylindre de verre, conserve moins long-temps son électricité que s'il étoit posé à plat sur un plateau de marbre de Carrare parfaitement sec.

Il y a plus : c'est que ce disque métallique, dans cette seconde situation, c'est-à-dire, imparfaitement isolé, peut être touché plusieurs fois, soit avec le doigt d'une personne communiquant au réservoir commun, sans perdre une quantité considérable de son électricité ; tandis que le même corps, parfaitement isolé, perd toute son électricité au premier contact.

Cette différence dans les effets s'explique par l'action des influences électriques. (*Voyez* ELECTRICITÉ, INFLUENCE ÉLECTRIQUE.) L'électricité du plateau électrisé, attire l'électricité opposée du conducteur imparfait ; & ces deux électricités,

en présence, sont mutuellement retenues par les électricités opposées, réparties dans les faces opposées des deux corps. *Voyez* ELECTROPHORE.

L'air de l'atmosphère contient toujours de l'humidité, & par cette humidité qu'il contient, il devient conducteur d'électricité. Un corps électrisé, & parfaitement isolé, doit donc, lorsqu'il est dans l'air, perdre constamment de son électricité : 1°. par l'air qui le touche & qui se renouvelle sans cesse ; 2°. par l'humidité dont les corps isolans se recouvrent, lorsque leur température est moindre que celle de l'air ; cette humidité sert de conducteur à l'électricité qui s'écoule le long des supports, avec une vitesse plus ou moins grande.

Dès que le disque métallique est placé sur le corps qui isole imparfaitement, l'électricité de la surface supérieure est retenue par l'électricité opposée de la surface inférieure. L'air humide qui passe continuellement sur cette surface, ne peut donc pas lui enlever aussi facilement l'électricité que si, loin d'être retenu, elle avoit même une tendance à s'échapper, comme dans les corps parfaitement isolés ; d'où il résulte que les corps électrisés, dont une grande surface pose sur un corps qui isole imparfaitement, doivent retenir plus facilement & plus long-temps leur électricité.

On ne connoît encore qu'un très-petit nombre de corps isolant imparfaitement qui puissent retenir l'électricité. Ce sont : les marbres blancs bien secs, quelques albâtres, & les bois parfaitement secs : la plus petite quantité d'humidité détruit la propriété des isolans imparfaits, & les rend corps bons conducteurs. Ainsi, la première préparation que l'on doit faire éprouver aux isoloirs imparfaits, dont on veut faire usage, c'est de les faire bien sécher au soleil, au feu, ou dans un four.

Il est facile de suppléer aux corps qui isolent imparfaitement, lorsque l'on ne peut s'en procurer ; il suffit de couvrir la surface d'un corps bon conducteur, d'un couche légère de substance parfaitement isolante, telle que la soie, de la résine, du vernis de gomme-laque, &c. Alors les corps conducteurs deviennent des isoloirs imparfaits, qui jouissent de toutes les propriétés du marbre de Carrare, de l'albâtre & du bois bien sec.

Que l'on ne croie pas qu'en couvrant des corps conducteurs d'une couche légère de substance isolante, on en forme des corps isolant parfaitement ; car on sait très-bien que, si l'on place une personne sur un corps conducteur communiquant au réservoir commun, après avoir recouvert celui-ci avec un morceau d'étoffe de soie, de toile cirée, une légère couche de cire à cacheter, de soufre, de vernis, &c., il est impossible d'électriser la personne : toute l'électricité passe de suite au réservoir commun. Il faut, pour isoler complétement, que l'isoloir soit formé d'une masse de soufre, de cire à cacheter, de résine, très-considérable. La personne montée sur l'isoloir, peut être confidéréé comme un corps électrifé qui ne touche l'ifoloir imparfait que par fes pieds, c'eſt-à-dire, par quelques points.

Ce feroit à tort que l'on voudroit affimiler les ifoloirs imparfaits aux électrophores ; ces derniers ne produifent d'effet qu'autant qu'ils font déjà électrifés, & les feconds doivent être à l'état naturel pour que l'expérience réuffiffe. Ils ont plus de rapport avec les condenfateurs, les collecteurs d'électricité, lorfqu'ils font formés d'une fubſtance conductrice recouverte d'une légère couche des matières ifolantes, & même lorfqu'ils font entièrement compofés de matières ifolantes, comme le marbre, l'albâtre, le bois fec ; ils peuvent faire fonction de collecteurs d'électricité. *Voyez* ELECTROPHORE, CONDENSATEUR, COLLECTEUR D'ELECTRICITÉ.

ISOLER, infulare ; ifoliren ; verbe actif. Soutenir un corps pour l'écarter de toute communication avec d'autres corps qui pourroient exercer une influence fur la propriété que l'on veut lui donner.

Ainfi, lorfque l'on veut connoître exactement la direction ou l'inclinaifon de l'aiguille aimantée, il faut l'ifoler de toutes fubſtances qui pourroient exercer de l'action fur le magnétifme, telles que le fer, le nickel, &c. De même, pour ifoler un corps électrifé, il faut l'éloigner de tous corps électrifables, afin qu'ils ne puiffent exercer d'influence fur lui.

Nous avons vu, en traitant de l'électricité, qu'il exiſtoit trois fortes de corps : 1°. bons conducteurs d'électricité ; 2°. conducteurs imparfaits d'électricité ; 3°. mauvais conducteurs. Ce font ces derniers dont on fait ufage pour ifoler les corps ; tels font la foie, le crin, le foufre, la réfine, la poix, la cire d'Efpagne, la gomme-laque, la cire d'abeille, &c. On ifole les corps avec les ifolans filamenteux, comme la foie, le crin, &c. en les fufpendant avec ces fubſtances ; on les ifole avec les corps folides, en les plaçant fur ces derniers ; mais il eſt néceffaire que les uns & les autres corps ifolent parfaitement ; qu'ils aient une certaine longueur, c'eſt-à-dire, qu'ils éloignent d'une certaine diſtance, de tout autre corps conducteur, ceux que l'on veut ifoler. On s'eſt convaincu, par l'expérience, que cette diſtance varioit avec la nature du corps & la groffeur des fupports.

Le Père Ammerfin, Minime, s'eſt affuré que l'on pouvoit rendre le bois affez bon ifolant, en le faifant fécher dans un four, & enfuite le faifant frire dans de l'huile bouillante : on conſtruit ainfi des fcellettes qui réuffiffent parfaitement.

En faifant des expériences d'électricité, l'abbé Nollet & Briffon fe fervoient de fabots féchés au four & frits dans l'huile bouillante. Ces fabots ifoloient affez bien la perfonne qui les avoit aux pieds.

De toutes les manières d'ifoler les corps électrifés, celle que l'on préfère aujourd'hui, confiſte à les faire fupporter par des prifmes de verre. Pour rendre l'ifolement plus exact, & empêcher les effets de l'humidité qui recouvre ordinairement le verre, on le couvre d'une couche de vernis. Enfin, Coulomb, qui a fait de nombreufes expériences fur la manière d'ifoler parfaitement les corps électriqués, a reconnu que des prifmes de gomme-laque devoient être préférés à toute autre fubſtance. Les grands plateaux fur lefquels on place des fubſtances plus ou moins pefantes, les tabourets, les chaifes, fur lefquels on place les perfonnes que l'on veut électrifer, ont des pieds de verre enduits de vernis pour les fupporter.

Une des fubſtances de laquelle il paroît extrêmement difficile d'ifoler les corps, c'eſt le calorique ; car cette fubſtance eſt répandue fur tous les corps, & fe trouve dans tous les milieux qui les environnent. Cependant, on parvient à ifoler affez complétement un corps de l'action de la chaleur, & l'on peut le maintenir à une température conſtante, quelle que foit la variation de celle du milieu dans lequel il fe trouve ; il fuffit, pour cela, de le placer dans une fubſtance qui paffe de l'état folide à l'état liquide, telle, par exemple, que la glace qui fe liquéfie.

Newton a remarqué, & l'on s'eſt affuré depuis, que tous les corps en changeant d'état, & particulièrement en paffant de l'état folide à l'état liquide, confervoient une température conſtante. Il fuffit donc, pour ifoler un corps du calorique, de le placer dans une fubſtance qui fe liquéfie à la température que l'on veut conferver au corps ; faifant liquéfier ce corps, & plaçant conſtamment de la matière folide dans celle qui eſt déjà liquéfiée, quelle que foit la température du milieu, cette fubſtance reſte à la même température tant qu'elle eſt compofée de parties liquides & folides. Dès qu'elle eſt paffée complétement à l'état liquide, elle peut acquérir une plus haute température ; & lorfqu'elle eſt à l'état folide, elle peut acquérir une température plus baffe que celle de la f fion. *Voyez* CHALEUR, CHALEUR CONSTANTE, CALORIQUE, LIQUÉFACTION DES CORPS.

ISOLETTE. Monnoie d'argent de l'Empire ottoman.

Il exiſte deux fortes d'ifolette, la neuve & la vieille.

L'ifolette neuve = 75 afpres = 2,1781 = 2,161 f.
L'ifolette vieille = 77 afpres = 2,2581 = 2,208 f.

ISOLOIR, f. m. Corps qui ifole les autres des propriétés qu'ils peuvent avoir.

Les ifoloirs jouiffent des propriétés oppofées aux conducteurs. *Voyez* CONDUCTEUR, ISOLATION, ISOLEMENT, ISOLER.

ISOMÉRIE,

ISOMÉRIE, de *ισος*, *égal*, *μερις*, *partie*. Action de réduire en parties égales.

C'est, en algèbre, la manière de délivrer une équation des fractions qui l'embarrassent. Ce terme n'est en usage que chez les anciens auteurs.

ISOPÉRIMÈTRE, de *ισος*, *égal*, *περι*, *autour*, *μετρον*, *mesure*, ou même *περιμετρον*, *contour*, *circuit*; *isoperimetrum*; *isoperimeter*; adj. Figures dont les contours sont égaux. *Voyez* PÉRIMÈTRE.

De toutes les figures *isopérimètres* régulières, la plus grande est celle qui contient un plus grand nombre de côtés, ou un plus grand nombre d'angles. C'est pourquoi le cercle, qui est regardé comme un polygône d'une infinité de côtés, a une aire plus grande que celle de toutes les autres figures qui ont un contour égal au sien; & par conséquent, la sphère a une solidité plus grande que celle de tous les autres solides qui ont une surface égale à la sienne.

Si des figures *isopérimètres* ont un même nombre de côtés, celle qui a l'aire la plus grande, est celle qui est équilatérale, ou équiangle, ou celle dont tous les côtés & tous les angles sont égaux. Supposons, par exemple, un carré & un parallélogramme, qui sont deux quadrilatères; que le côté du carré soit de dix mètres, son contour sera de quarante mètres; que le premier côté du parallélogramme soit de dix-neuf mètres, & les petits côtés d'un mètre, son contour sera aussi de quarante mètres: cependant l'aire du carré sera de cent mètres carrés, & celle du parallélogramme ne sera que de dix-neuf mètres carrés.

Jacques Bernouilli est le premier qui ait traité avec exactitude la théorie des figures *isopérimètres curvilignes*, beaucoup plus difficile & plus profonde que celle des figures *isopérimètres rectilignes*.

ISORROPIE, de *ισορροπια*, *équilibre*; *isorropia*; *isorropiè*; s. f. Equilibre.

Ce terme a été employé par quelques auteurs pour le mot équilibre, d'où ils ont fait *isorropique*, pour ce qui est en équilibre, & *isorropastique* pour la science de l'équilibre. *Voyez* STATIQUE.

ISOTHERMES, de *ισος*, *égal*, *θερμος*, *chaud*. Egalité de chaleur.

ISOTHERMES (Lignes). Lignes où l'on suppose qu'il existe une égalité de chaleur sur la surface de la terre.

Nous devons à M. Humboldt la recherche des *lignes isothermes*. Un extrait du Mémoire qu'il a publié sur cet objet, se trouve dans les *Annales de Chimie & de Physique*, tom. V, pag. 102.

M. Humboldt examine d'abord les diverses méthodes que les physiciens ont successivement suivies dans la détermination des températures moyennes.

Par la température moyenne des jours. Dans l'acception mathématique, la température moyenne d'un jour est la moyenne des températures correspondantes à tous les instans dont le jour se compose. Si l'on fixoit à une minute la durée de ces instans, on diviseroit par 1440 = 24 × 60 la somme des 1440 observations thermométriques faites d'un minuit au minuit suivant, & l'on obtiendroit ainsi le nombre cherché. La somme de tous ces résultats partiels, divisée par 365, donneroit la température moyenne de l'année.

Les expériences des variations thermométriques, en un jour, étant, en général, fort rapprochées, on conçoit que les mêmes degrés de chaleur appartiendront à un grand nombre d'instans; en sorte que chacune influera sur la moyenne définitive en raison de sa valeur & de sa durée. En se conformant à cette remarque, dans le calcul des moyennes, on peut les observer avec précision, alors même que les intervalles des observations partielles sont beaucoup plus grandes que nous ne venons de le supposer.

M. de Humboldt a discuté, sous ce point de vue, quelques suites d'observations faites d'heure en heure, & dans différentes saisons, sous l'équateur & à Paris. Il compare les moyennes calculées suivant la méthode précédente, c'est-à-dire, en tenant compte de la durée de chaque température partielle, à celle que fournissent les procédés les plus généralement usités. Il en est résulté que, la demi-somme des températures, maximum & minimum de chaque jour, c'est-à-dire, celle de deux heures après midi & celle du lever du soleil, ne diffère généralement que de quelques dixièmes de degré de la moyenne rigoureuse, & peut la remplacer.

En calculant un grand nombre d'observations, faites entre les parallèles de 46 à 48 degrés, M. de Humboldt a trouvé que la seule époque du coucher du soleil, donne une température moyenne qui ne diffère que de quelques dixièmes de degré de celle qui a été conclue des observations du lever du soleil & de deux heures.

Comme il est rare que les voyageurs aient les moyens de réunir, dans chaque lieu, des observations en nombre suffisant pour donner la température moyenne de l'année, il étoit curieux de rechercher quels mois peuvent la fournir immédiatement. Le tableau suivant montre que, jusqu'à des latitudes très-élevées, les mois d'avril & d'octobre, mais surtout ce dernier, jouissent de cette propriété.

ISO

LIEUX.	TEMPÉRATURE MOYENNE		
	de l'année.	d'octobre.	d'avril.
Caire............	22,4	22,4	25,5
Alger............	21,0	22,3	17,0
Natchez........	18,0	20,2	19,1
Rome...........	15,8	16,7	13,0
Milan..........	13,2	14,5	13,1
Cincinati.......	12,0	12,7	13,8
Philadelphie....	11,9	12,1	12,0
New-Yorck.....	12,1	12,5	9,5
Pékin..........	12,6	13,0	13,9
Bude...........	10,6	11,3	9,5
Londres........	11,6	11,3	9,9
Paris...........	10,6	10,7	9,0
Genève.........	9,6	9,6	7,6
Dublin.........	9,2	9,3	7,4
Edimbourg.....	8,8	9,0	8,3
Gottingue......	8,3	8,4	6,9
Franeker.......	11,3	12,7	10,0
Copenhague....	7,6	9,3	5,0
Stockholm......	5,7	5,8	3,6
Christiania.....	5,9	4,0	5,9
Upsal..........	5,4	6,3	4,3
Quebec........	5,5	6,0	4,2
Pétersbourg....	3,8	3,9	2,8
Abo...........	5,2	5,0	4,9
Drontheim.....	4,4	4,0	1,3
Uleo..........	0,6	3,3	1,2
Umeo.........	0,7	3,2	1,1
Cap-Nord.....	0,0	0,0	1,0
Enontekies....	—2,8	—2,5	—3,0
Nain..........	—3,1	—0,6	—2,5

Après avoir indiqué avec précision le sens que l'on doit attacher à l'expression de température moyenne, nous allons nous occuper du tracement des *lignes isothermes* ou d'égale chaleur. L'emploi des moyens graphiques jettera beaucoup de jour sur des phénomènes qui sont du plus haut intérêt pour l'agriculture & pour l'état social des habitans.

Pour tracer ces *lignes isothermes*, il faut chercher les points du globe dont les températures moyennes se rapprochent de 0, 5, 10, 15°, &c. Comme il est difficile d'avoir des observations faites sur les lieux où la température moyenne est exactement de 0, 5, 10, 15°, &c., & que les observations peuvent être faites à des distances plus ou moins éloignées de ces températures moyennes, une donnée nécessaire, pour déterminer ces points, est la connoissance de la décroissance de la température moyenne annuelle, en s'avançant du sud au nord.

M. Humboldt a trouvé que, pour 1° de variation dans la température moyenne annuelle, correspondent, dans différentes zônes, les changemens de latitude suivans :

	Dans le nouveau Continent, pour les longitudes de 70 à 80° ouest.	Dans l'ancien Continent, pour les latitudes de 2 à 17° est.
Entre 30 & 40° latitude nord..	1°,24'	2°,30'
— 40 & 50...	1°,6'	1°,24'
— 50 & 60...	1°,18'	1°48'

D'après ces données & les moyennes les plus précises qu'il ait pu recueillir, en ayant égard à la hauteur des lieux où les observations ont été faites, M. Humboldt trouve que :

La *bande isotherme* de 0° passe par 3° 54' au sud de Nain, dans le Labrador; par le centre de la Laponie, & 5° au nord d'Uleo par Soliskamsky.

La *bande isotherme* de 5° passe par 0°,5 au nord de Quebec; 1° au nord de Christiania; 0°,5 au nord d'Upsal; par Pétersbourg & par Moscou.

La *bande isotherme* de 10° passe par 42°,3/4 dans les États-Unis; 1° au sud de Dublin; 0°,5 au nord de Paris; 1°,5 au sud de Franeker; 0°,5 au sud de Prague; 1°,5 au nord de Bude; 2°,1/4 au nord de Pekin.

La *bande isotherme* de 15° passe par 4°,5 au nord de Natchez; par Montpellier; à 1° au nord de Rome & 1°,5 au nord de Nanagasacki.

La *bande isotherme* de 20° passe par 2°,5 au sud de Natchez; 50° au sud de Funchal, & autant qu'on en peut juger, sous la méridienne de Chypre.

En jetant un coup d'œil sur la *fig* 936, qui représente les *lignes isothermes* de l'hémisphère septentrional, on voit que ces lignes diffèrent des parallèles terrestres. Leurs sommets convexes, en Europe, sont presque situés sur le même méridien. A partir de ces points, & en marchant vers l'ouest, ces lignes descendent vers l'équateur, auquel elles restent à peu près parallèles, depuis les côtes atlantiques du Nouveau-Monde jusqu'à l'est du Mississipi & du Missouri; il n'est pas douteux qu'elles ne se relèvent ensuite au-delà des montagnes rocheuses sur la côte opposée de l'Asie, entre les 35 & 55° de latitude. On sait, en effet, qu'on cultive avec succès l'olivier le long du canal de Santa-Barbara, dans la Nouvelle-Californie; & qu'à Noutka, presque dans la latitude du Labrador, les plus petites rivières ne gèlent pas dans le mois de janvier.

Comme les températures varient, dans chaque pays, en raison des hauteurs auxquelles on s'élève, il est nécessaire que les *lignes isothermes* que l'on vient de tracer se rapportent à un niveau constant, ou mieux, à une hauteur fixe, prise du bord de la mer, sous chaque latitude; mais pour réduire la température moyenne, prise dans un lieu, à celle qu'elle auroit à la hauteur au-dessus du niveau de la mer, à laquelle on veut la rapporter, il eſt eſſentiel de connoître les *bandes iſothermes* ſous chaque climat, en raiſon des hauteurs.

Nous devons encore à M. Humboldt le tracé graphique des variations des hauteurs des bandes *iſothermes*, repréſenté *fig. 936 (a)*. Leurs points de départ, à l'équateur, leurs hauteurs pour d'autres latitudes, ſe fondent ſur la diſcuſſion d'un grand nombre d'obſervations faites, tant ſur le dos des Cordillières, entre 10° de latitude auſtrale & 10° de latitude boréale, que dans nos climats.

M. Humboldt en a déduit les réſultats ſuivans :

HAUTEUR.	Zône équator., de 0 à 10° de latitude.	Zône tempérée, de 45 à 47° de latit.
à 0,mètre.	+ 27°,5	+ 12°,0
974	+ 21,8	+ 5,0
1,949	+ 18,4	— 0,2
2,925	+ 14,3	— 4,8
3,900	+ 7,6	» »
4,872	+ 1,5	» »

À l'aide de ces deux tracés des *lignes iſothermes* horizontale & verticale, il eſt facile de trouver la température moyenne d'un point quelconque de l'hémiſphère ſeptentrional.

Nous devons obſerver que ces lignes, tracées à l'aide d'obſervations priſes à de grande diſtances les unes des autres, doivent préſenter quelques anomalies ; c'eſt ainſi, par exemple, qu'elles devroient éprouver quelques inflexions ſur les côtes de la Méditérannée, entre Marſeille, Gênes, Lucques & Rome ; mais les obſervations n'étant pas encore aſſez multipliées pour comprendre toutes ces inflexions partielles, on attendra que l'on en ait ſuffiſamment pour le comprendre, d'abord, dans des cartes particulières, puis dans des cartes générales.

M. Humboldt ayant diſcuté les températures moyennes de chaque ſaiſon ſur la *ligne iſotherme* de 12°, a trouvé que ces températures moyennes étoient :

	HIVER.	PRINTEMPS.	ÉTÉ.	AUTOMNE.
Au ſommet concave en Amérique, 77° de longitude oueſt de Paris..........	0'	+ 11°,3	+ 24	+ 12°,5
Près du ſommet concave, en Europe, dans le méridien de Paris..........	+ 4,5	+ 11,0	+ 20	+ 12,3
Au ſommet concave, en Aſie, 114° de longitude orientale de Paris..........	— 4°	+ 12,6	+ 27	+ 12,4

À l'aide de ces obſervations, il a tracé, ſur chaque *ligne iſotherme*, l'indication des températures moyennes de l'été & de l'hiver, priſe dans différens points, ſous la forme d'une fraction. Ainſi, la fraction $\dfrac{-11°,5}{+10°}$, qui correſpond à la Laponie, — 11°,5 pour la température moyenne de l'hiver, + 10° pour celle de l'été ; la température moyenne de l'année étant zéro.

ISTHME ; ἰσθμος ; iſthmus ; *erde-enge* ; ſub. maſ. Terre reſſerrée entre deux mers.

C'eſt une langue de terre qui joint deux continens, ou une péninſule à la terre ferme, & qui ſépare deux mers. Les *iſthmes* les plus célèbres ſont ceux de Panama, de Suez & de Corinthe.

ITINÉRAIRE, *de iter, itineris, voyage,* itinerarium ; *reiſebeſchreibung* ; ſ. m. Deſcription de tous les lieux où l'on paſſe pour aller d'un pays à un autre.

IVOIRE ; *du latin* ebur, dont les Italiens ont fait avorio, les Anglais *avory* ; ebur ; *elfenbeim* ; ſ. m. Subſtance qui compoſe les défenſes des éléphans,

On trouve peu de différence dans la compoſition de l'*ivoire*, des dents & des os des animaux ; ils contiennent du phoſphate de chaux, de la gélatine, du phoſphate de magnéſie, & quelquefois de l'oxide de manganèſe & de fer.

Il ſe fait un grand commerce d'*ivoire* dans les pays où il exiſte des éléphans, & particulièrement ſur les côtes d'Afrique. Cette ſubſtance eſt principalement employée par les tabletiers pour en former divers objets.

Quoique l'*ivoire* diffère peu des os par ſa compoſition, il eſt beaucoup recherché, & d'un bien plus haut prix que les derniers ; ce qui paroît tenir à ſa compacité, qui lui permet d'obtenir un plus beau poli.

Son charbon, broyé très-fin, fournit ce que l'on nomme *noir d'ivoire*.

C'eſt à tort que l'on a regardé l'émail des dents comme de l'*ivoire* ; tout porte à croire que c'eſt une ſubſtance différente & d'une nature particulière.

IXION. Nom qui a été donné à la conſtellation d'Hercule & à celle de la couronne auſtrale. *Voy.* HERCULE, COURONNE AUSTRALE.

JACQUIER (Le P. François), savant physicien & mathématicien, naquit à Vitri-le-Français le 7 juin 1711, & mourut à Rome le 3 juillet 1788.

Son éducation ayant été confiée à un eccléfiaftique, il entra à l'âge de feize ans dans l'ordre des Minimes. Les rares talens qu'il avoit montrés dans les mathématiques, déterminèrent l'Ordre à l'envoyer achever fes études à Rome, lorfqu'il eut fait fa profeffion; là, on le laiffa fuivre le penchant qui l'entraînoit vers l'étude des fciences exactes.

Pour fe délaffer de fes études, le P. Jacquier s'appliqua aux langues anciennes. Il parvint à fe rendre l'hébreu familier & à parler le grec auffi couramment que fa langue naturelle.

D'après la conformité de fes goûts & de fes talens, le P. Jacquier fe lia, de l'amitié la plus étroite, avec le P. Lefueur, autre Minime, au point que, de cette époque, ils publièrent en commun tous les ouvrages qui ont fait leur réputation.

En 1745, le P. Jacquier fut nommé profeffeur de phyfique à l'Univerfité de Turin; mais le cardinal Valenti, premier miniftre de Benoît XIV, voulant conferver à Rome un profeffeur auffi diftingué, le rappela dans cette capitale du monde chrétien, & lui donna, en novembre 1746, la chaire de phyfique expérimentale du Collège romain.

Keralio, l'ayant fait venir à Parme avec le Père Lefueur, pour inftruire l'enfant du duc Ferdinand, dans les fciences phyfico-mathématiques; le P. Jacquier fut rappelé à Rome en 1773, après la fuppreffion des Jéfuites, pour occuper la chaire de mathématique au Collège romain.

Nous avons du P. Jacquier, en commun avec le P. Lefueur: 1°. *Ifaaci Newtoni philofophiæ naturalis principia mathematica, perpetuis commentariis illuftrata*, 3 vol. in-4°., Genève, 1739, 40 & 42; 2°. *Elementi di perfpettiva fecundo i principi di Taylor*, Rome, 1755, in-8°.; 3°. *Inftitutiones philofophicæ ad ftudia theologica potiffimum accommodata*, Rome, 1757, 6 vol. in-12°.; 4°. *Differtazione ful lago Trafimeno*, Rome; 5°. *De vetere quodam folari horologio nuper invento, epiftola*; dans l'*antiquorum monumentum Sylloge* de G. H. Martini, Leipfig, 1783, in-8°.; 6°. *Élément du calcul intégral*, 1768, 2 vol. in-4°.; 7°. *Trattato in torno la sfera*, Parme, 1775. Il exifte du P. Jacquier plufieurs differtations ou difcours académiques fur l'architecture, la mufique, les cloches & l'invention des aréoftats. Ce favant Minime croyoit que les ballons étoient connus bien avant Montgolfier.

JACULATOIRE, *de jacere, lancer;* jaculatorius; *jaculatoire;* adj. Ce qui eft lancé.

Ce mot s'applique principalement à l'eau qui eft lancée. On appeloit autrefois *fontaine jaculatoire*, ce qu'on nomme aujourd'hui plus communément JET D'EAU. *Voyez* ce mot.

JADE, *de l'efpagnol* hijada, *néphrétique;* jadum; *nierenftein;* f. m. Pierre néphrétique.

Ce nom lui vient de la perfuafion où l'on étoit, que cette pierre étoit un fpécifique contre la colique néphrétique.

Le *jade* eft dur, raie le verre, étincelle au briquet; il eft très-difficile à travailler & à polir; il prend un poli onctueux. Sa denfité varie entre 2,9502 & 3,389. Sa couleur varie du blanc au verdâtre, en paffant par l'olive. Il eft fufible au chalumeau.

Il eft compofé de huit fubftances: de la filice, de la chaux, de l'alumine, de l'oxide de fer & de manganèfe, de la foude, de la potaffe & de l'eau. Ces deux alcalis font en affez grande proportion; car la foude varie de 0,06 à 0,11, & la potaffe de 0,002 à 0,084.

On diftingue trois fortes de *jade*: 1°. néphrétique, qui vient de la Chine & de l'Inde; 2°. afcien ou axien, qui vient de l'Amérique, & avec lequel les Américains arment leurs haches ou caffe-têtes; 3°. tenace, que Sauffure a découvert fur les bords du lac de Genève. Quelques minéralogiftes placent ce *jade* parmi les feldfpath.

JAIS, *de* γαγάτης, à caufe du fleuve *Gagis;* gagatas; gagathe; f. m. Subftance combuftible, noire, opaque, que l'on a trouvée primitivement près du fleuve Gagis en Lybie.

C'eft une matière bitumineufe, inflammable, dont la caffure eft liffe, luifante, qui eft fufceptible d'être taillée & de prendre un beau poli. Le *jais* eft opaque & d'un noir pur; fa pefanteur fpécifique varie de 0,97 à 1,26.

On claffe le *jais* parmi les lignites bitumineux, c'eft-à-dire, parmi les bois bituminifés. On le trouve en banc peu épais. Dans des couches de terre de différente nature, on en exploite en France, en Allemagne, en Efpagne & dans divers pays.

Avec ce combuftible on fait des objets d'ornement, des colliers, des pendans d'oreilles, &c. & furtout des bijoux de deuil. On polit le *jais* avec de l'eau, fur une roue de grès mue horizontalement. On choifit celui qui eft très-pur, qui ne contient point de pyrites. Le *jais* propre à être travaillé, fe trouve en maffe, fouvent affez grande, mais dont le poids atteint rarement cinquante livres.

JALLABERT (Jean), physicien distingué, né à Genève en 1712, mort en la même ville en 1768.

Quoiqu'il eût perdu son père à l'âge de onze ans, il n'en continua pas moins ses études classiques d'une manière distinguée; puis il s'appliqua à l'étude des sciences exactes, dont il fut distrait quelque temps pour étudier la théologie, d'après les conseils du pasteur Turretus.

Ayant été promu au saint ministère, en 1737, les magistrats de Genève créèrent, en sa faveur, une chaire de physique expérimentale, dont il ne voulut prendre possession qu'après avoir voyagé en Suisse, en Hollande & en France, pour y entendre les plus célèbres professeurs, & ce ne fut qu'en 1739 qu'il fit l'ouverture de son cours.

Nommé, quelque temps après, conservateur de la bibliothèque publique à Genève, il remplit, jusqu'en 1744, les trois fonctions de prédicateur, de conservateur de la bibliothèque & de professeur de physique. Sa santé étant alors altérée par excès de travail, il suspendit son cours de physique.

En 1750, il fut nommé professeur de mathématiques; en 1752 il remplaça Cramer dans sa chaire de philosophie; en 1756 il suspendit ses études pour entrer au petit conseil. Il fut élevé, en 1765, à la place de syndic de la république, où il resta jusqu'en 1768, qu'il termina sa carrière.

Dans ses nombreuses études en théologie, en physique, en chimie, en mécanique, en philosophie, &c., il s'adonna principalement au développement des connoissances sur l'électricité, qu'il a contribué à étendre: c'est lui qui, le premier, imagina d'employer l'électricité dans le traitement des maladies.

Jallabert fut membre ou associé dans les Académies de Paris, de Londres, de Berlin, de Bologne, de Montpellier, de Lyon, de Modène & de Dijon.

Peu d'ouvrages ont été publiés par *Jallabert*. On a de ce savant genevois: 1°. *Expériences sur l'électricité*, in-8°., Genève, 1748; 2°. *Observations sur une trombe; sur les sèches du lac de Genève; sur les baromètres*, &c., Genève, 1756; 3°. *Academica questiones Vesuvio*, tom. VI du *Muséum helvétique*; 4°. *Oratio exponens vitam Gabr. Cramer*, id. tom. VII: d'où l'on voit que, si l'on en excepte ses expériences sur l'électricité, tous ses autres ouvrages sont des Mémoires qui ont été originairement publiés dans les collections de sociétés savantes.

JALON, de *jaculum*, *javelot*; *absteck-pfahl*; s.m. Bâton que l'on plante dans la terre pour indiquer un point, pour rendre visible un point sur lequel on doit diriger sa vue, dans les opérations géodésiques.

JANK. Mesure d'arpentage, en usage à Inspruck.

Le *jank* est de 600 perches carrées; il égale 0,847 de l'arpent de France = 8,43847 kilomètres carrés.

JANVIER, de *Janus*, *divinité romaine*; januarius; *januar*; s. m. Nom du premier mois de l'année.

Anciennement l'année commençoit à Pâque, c'est-à-dire, à l'équinoxe de printemps, à l'époque où tout renaît dans la nature: mais Charles IX ordonna que l'année commenceroit en janvier, après le solstice de l'hiver, au moment où le soleil commence à se rapprocher, où les jours augmentent. Chez quelques peuples anciens, on a fait commencer l'année au moment de l'équinoxe d'automne, le 21 septembre.

Ce mois a 31 jours; sa lettre fériale est A. (*Voyez* LETTRE FÉRIALE.) C'est le 19 ou le 20 de ce mois que le soleil entre dans le signe du verseau.

JARGON, de l'allemand *zirgone*; circomius; *zirkon*; s. m. Pierre dure & infusible que l'on range parmi les pierres précieuses. *Voyez* ZIRCONE.

C'est le diamant brut de Ceylan. Sa couleur est rougeâtre, jaunâtre, verdâtre, jaune-verdâtre, blanchâtre.

JASPE, de ιασπις, *jaspe*; jaspis; *jaspis*; s. m. Pierre dure, approchant des agates.

Il est composé de silice, d'alumine & de fer. Le *jaspe* est très-dur & supporte un beau poli; il fait feu avec le briquet.

On divise le *jaspe* en quatre variétés: l'égyptien, le rubané, le porcellanite & le commun.

Différens *jaspes* se polissent pour en faire des tabatières, des manches de couteau; on les emploie aussi dans la sculpture.

JAUGE, du latin barbare *gaya*, ou de *gabote*, écuelle, jatte; *visterstab*; s. f. Objet destiné à mesurer une capacité.

C'est un instrument propre à faire connoître une étendue proposée, & surtout la solidité d'un corps de figure quelconque. Le jaugeage est une opération qui consiste à réduire à une mesure cubique, connue, la capacité inconnue de toutes sortes de vaisseaux, laquelle mesure est fixée par la loi ou l'usage.

Jauger, en hydraulique, c'est trouver, dans un temps donné, la quantité d'eau que fournit une source ou une pompe; la dépense d'eau nécessaire pour le service d'une machine hydraulique, &c.

JAUNE, de l'italien *giallo*; flavus; *gelbe*; adj. Couleur du soufre, du jaune d'œuf, &c.

C'eſt une des couleurs que l'on obtient en dé-compoſant la lumière blanche par le priſme.

On ſait qu'il réſulte du paſſage de la lumière par un priſme, un ſpectre formé d'une infinité de couleurs différentes. (*Voyez* COULEUR.) Dans ce nombre infini, Newton en a diſtingué ſept. Le *jaune* eſt une de ces couleurs diſtinguées; c'eſt la troiſième, en commençant par le rouge.

En général, les corps qui nous paroiſſent *jaunes*, ne produiſent ſur l'organe l'effet de cette couleur, que parce qu'il nous envoient de la lumière *jaune*, ſoit par réflexion, ſoit par réfraction. *Voyez* COULEURS DES CORPS.

JAUNE (Ambre). Ambre de couleur *jaune*. *Voyez* AMBRE JAUNE.

JAUNE DE NAPLES; flavus napolitanus; *napolitaniſche gelbe*. *Jaune* métallique, d'un très beau ton, & qui nous eſt venu originairement de Naples.

Ce *jaune* n'eſt encore bien connu que de ceux qui le préparent pour le beſoin des arts. On prétend qu'on l'obtient en calcinant convenablement un mélange de litharge pure, de muriate d'ammoniaque, d'antimoine diaphorétique lavé & d'alun.

On emploie le *jaune de Naples* dans la peinture à l'huile, & en détrempe, ſur les papiers peints.

JAUNE DE COULEUR. Couleur *jaune*. *Voy.* JAUNE.

JAUNE DE CUIVRE. *Jaune* rougeâtre qui appartient au cuivre & qui le diſtingue.

JAUNE DE PLOMB. Couleur *jaune* que prend le plomb lorſqu'il eſt combiné avec une certaine proportion d'oxigène.

JAURAT (Edme-Sébaſtien), aſtronome, né à Paris en 1724, & mort dans la même ville en 1803.

Jaurat ſe deſtina d'abord à la peinture; il obtint, à l'âge de 22 ans, une médaille de deſſin que lui décerna l'Académie de peinture.

Employé comme ingénieur-géographe à la levée de la carte de France, ſon goût pour les mathématiques ſe développa. Il ſe fit diſtinguer, & obtint, en 1755, la place de profeſſeur de mathématiques à l'Ecole militaire.

Voulant ſe rendre utile, *Jaurat* calcula les oppoſitions de 1755 & des années ſuivantes; il obſerva, dans un obſervatoire qu'il s'étoit formé, les comètes de 1759 & 1760, & donna des formules pour calculer les mouvemens des planètes.

Nous devons à ce laborieux aſtronome, des tables déduites, par le calcul trigonométrique, de ſes propres expériences, par leſquelles les opticiens trouvent toutes les courbures qu'ils doivent donner aux verres deſtinés à compoſer des objectifs de lunettes. On lui doit encore l'idée de la lunette *diplantidienne*, qui, ayant la propriété de donner deux images, l'une droite, l'autre renverſée,

permet d'obſerver directement l'inſtant où le fil d'une planète paſſe ſous le fil horaire.

L'Académie des ſciences reçut *Jaurat* parmi ſes membres en 1763; il fut également de l'Inſtitut en 1796. Il obſerva long-temps à l'Ecole militaire, où le duc de Choiſeul avoit fait compléter & conſolider le mauvais obſervatoire, en bois, qu'il s'étoit formé. De-là, il paſſa à l'Obſervatoire royal.

Un Traité de perſpective a été publié par *Jaurat* en 1750. La plupart de ſes autres ouvrages ſe trouvent dans les *Mémoires de l'Académie des ſciences & de l'Inſtitut*. Il publia douze volumes des *Connoiſſances des temps*, à commencer de 1775.

JET, de jacere, *lancer*; jactus; *wurf*; ſ. m. L'action de jeter, mouvement d'un corps pour lancer, ſoit avec la main, ſoit avec un inſtrument.

Ce mot a pluſieurs acceptions: dans l'art militaire, c'eſt l'action de jeter, de lancer des projectiles; dans la marine, c'eſt le *jet*, à la mer, des effets du vaiſſeau, dans un temps d'orage; en hydraulique, c'eſt une lame d'eau qui s'élève à une hauteur plus ou moins grande; en botanique, c'eſt la dernière production d'un arbre; dans l'art du fondeur, ce ſont des canaux qui ſervent à porter le métal fondu dans toutes les parties du moule; en peinture, c'eſt la manière de draper, comme ſi les vêtemens euſſent été jetés par haſard, &c.

JET (Amplitude du); amplitudo jactûs; *weite des wurfs*; ſ. f. Ligne horizontale qui coupe & qui termine la courbe que parcourt un corps projeté, ſoit parallèlement à l'horizon, ſoit de bas-en-haut, la direction de la projection faiſant avec l'horizon un angle aigu.

Comme les corps lancés décrivent une parabole, lorſqu'ils ne ſont ſoumis qu'à la force de projection & à la peſanteur, c'eſt ordinairement à l'amplitude de la parabole que l'on rapporte l'*amplitude du jet* des corps. (*Voyez* AMPLITUDE DE LA PARABOLE) Cependant, comme les corps, en ſe mouvant dans l'air, éprouvent une réſiſtance qui diminue leur viteſſe de projection, il s'enſuit que la courbe qu'il parcourt n'eſt plus une parabole; on peut voir dans le *Traité de mécanique* de M. Poiſſon, tome I, page 341 & ſuiv., comment on détermine cette courbe, dont la connoiſſance eſt ſi néceſſaire dans le *jet* des bombes.

JET (Armes de); arma jactûs; *gewehrte wurf*; ſ. m. Armes propres à lancer des corps avec force, pour offenſer l'ennemi de loin.

Chez les Anciens, la fronde, l'arc, la baliſte, la catapule, &c., étoient les *armes de jet*. Les canons, les mortiers, les fuſils leur ont été ſubſtitués chez les Modernes.

JET D'EAU; fontes ſalientes; *ſpringbrunen*; ſ. m.

Filet d'eau qui jaillit avec force par l'ouverture d'un tuyau.

En fortant d'une ouverture, l'eau jaillit & ne s'élève qu'en vertu de fa chute ; or, fuivant les lois de la chute des corps, un corps qui tombe perpendiculairement, a acquis, à la fin de fa chute, une viteffe capable de le faire remonter à la même hauteur d'où il eft tombé ; & cela arriveroit en effet, s'il ne rencontroit aucun obftacle : d'où il fuit que, pour former un jet d'eau, il fuffit de laiffer tomber de l'eau dans un tuyau recourbé. L'eau, en fortant, jaillira prefqu'à la même hauteur de celle d'où elle eft tombée.

Plufieurs caufes empêchent le jet d'eau de s'élever au niveau du réfervoir qui le produit : parmi ces caufes, nous en diftinguerons trois. La première eft le frottement de l'eau contre les parois intérieures du tuyau. Ce frottement diminuant fa viteffe, elle ne peut pas s'élever hors du tuyau, auffi haut que fi ce frottement ne l'eût pas ralentie, donc elle ne peut pas s'élever auffi haut que le niveau de fa chute.

Traverfant l'air, en fortant de l'ouverture, celui-ci oppofe à fon mouvement une forte de réfiftance que l'eau doit vaincre ; cette réfiftance eft une feconde caufe qui s'oppofe à fa grande élévation. Cette réfiftance contribue auffi à l'élargiffement de la partie fupérieure de la colonne d'eau, & cet élargiffement augmente l'effet de la réfiftance de l'air, par l'augmentation de la tranche de la furface de l'eau qui eft expofée à fon action. Le jet d'eau en monte donc d'autant moins haut ; & la différence de fa hauteur, à celle du réfervoir, eft d'autant plus confidérable qu'il y a plus d'air à traverfer.

Une troifième caufe de diminution dans l'élévation du jet d'eau, c'eft la chute de l'eau elle-même lorfqu'elle eft arrivée à toute fa hauteur. Les particules qui fortent fans ceffe de l'ajutage, & qui s'élèvent, font retardées par la pefanteur ; & comme l'efpace, compris entre l'ajutage & le point où finit leur viteffe initiale, eft rempli de molécules, ces molécules font choquées par l'eau qui fuccède ; la colonne s'élargit néceffairement en s'éloignant de l'ajutage, & perd, par cette raifon, une partie de fa viteffe. De plus, lorfque le jet eft bien vertical, les particules, après s'être élevées auffi haut qu'elles peuvent, retombent fur elles-mêmes par leur pefanteur, ce qui doit diminuer encore la viteffe des nouvelles particules afcendantes. Auffi on obferve, qu'en inclinant un peu le jet, il s'élève un peu plus haut que quand il eft exactement vertical.

Pour favoir quelle eft la diminution de la hauteur des jets d'eau, eu égard à celle de leur réfervoir, on peut fuivre cette règle : que les différences des hauteurs des réfervoirs & des hauteurs des jets, augmentent en raifon doublée de leurs hauteurs, c'eft-à dire, dans le rapport des carrés de ces hauteurs. Ainfi, fi le premier jet eft de

5 pieds, que fon réfervoir foit plus haut d'un pouce, pour avoir un jet de 10 pieds, il faudra que le réfervoir ait 10 pieds 4 pouces ; car les hauteurs des jets, étant comme 1 eft à 2, les différences des hauteurs des réfervoirs doivent être comme 1 carré de 1 eft à 4 carrés de 2. Il fuffit donc, d'après cette règle, de connoître, par une expérience, la différence de hauteur d'un jet d'eau à celle de fon réfervoir, pour déterminer celle qu'un réfervoir doit avoir pour une hauteur de jet donné : ainfi, appelant J la hauteur du jet d'eau ; J + a celle de fon réfervoir ; j celle d'un jet d'eau que l'on veut obtenir, feroit $= a \frac{j^2}{J^2}$. Car on auroit $J^2 : j^2 = a : x$ & $x = a \frac{j^2}{J^2}$.

Mais il eft néceffaire, pour que cette règle puiffe avoir une application exacte, que les ouvertures des ajutages foient les mêmes : car on a reconnu, que plus les diamètres des ajutages font grands, plus les jets d'eau s'élèvent ; & cela, à caufe du frottement que l'eau éprouve en fortant des ajutages, & parce que l'air réfifte proportionnellement beaucoup plus à un petit corps qu'à un gros.

Quelle que foit la direction d'un jet, la dépenfe d'eau qu'il fait eft toujours la même, pourvu que l'ajutage & la hauteur de réfervoir au-deffus de l'ajutage foient les mêmes ; c'eft une fuite de la preffion des fluides en tous fens.

Nous avons vu qu'en inclinant légèrement le tuyau, le jet d'eau s'élevoit à une plus grande hauteur ; mais fi l'inclinaifon eft un peu confidérable, la force de projection & la pefanteur de l'eau font que le jet décrit fenfiblement un parabole, dont l'amplitude eft d'autant plus grande, que la hauteur des réfervoirs eft plus confidérable ; car elle y eft proportionnelle. Lorfque l'ajutage fe dirige horizontalement, le jet décrit une demi-parabole.

Généralement, les jets d'eau s'élèvent d'autant plus haut, que les ouvertures des ajutages font plus grandes ; parce que deux jets d'eau qui, venant du même réfervoir, fortent de leurs ajutages avec des viteffes égales, le plus gros, 1°. éprouve moins de frottemens, relativement à la quantité d'eau qui paffe ; 2°. a plus de maffe, & par conféquent plus de force pour vaincre les obftacles : mais, quoique les gros jets s'élèvent plus haut que les petits, ils ne dépenfent cependant pas, proportionnellement, plus d'eau que ces derniers : car la dépenfe eft comme le produit de l'ajutage par la viteffe au fortir de l'ajutage, & cette viteffe eft fenfiblement la même pour l'un & pour l'autre, abftraction faite des frottemens.

On trouve dans l'*Hydrodynamique* de l'abbé Boffut, tom. II, pag. 97, des expériences fur les élévations d'eau par des orifices de différens diamètres.

L'eau eft entretenue dans le réfervoir à la hauteur conſtante de 11 pieds au-deſſus de la paroi ſupérieure O F, *fig.* 987, du gros tuyau. La hauteur du *jet* ſe compte, depuis cette même paroi; le diamètre du tuyau C E eſt de 3 pouces 8 lignes.

1°. Le *jet* vertical, par l'ajutage F de 2 lignes de diamètre, s'élève à 10 pieds 10 lignes. La colonne forme une gerbe. En inclinant un peu le *jet*, il s'élève à 10 pieds 4 pouces 6 lignes.

2°. Le *jet* vertical par l'ajutage G de 4 lignes de diamètre, s'élève à 10 pieds 5 pouces 10 lignes. La colonne ne s'élargit pas beaucoup en haut; elle forme une belle gerbe. En inclinant un peu le *jet*, il s'élève à 10 pieds 7 pouces 6 lignes.

3°. Le *jet* vertical par l'ajutage H de 8 lignes de diamètre, s'élève à 10 pieds 6 pouces 6 lignes. Dans tous les *jets*, l'eau fait des bonds qui ne ſont pas de la même hauteur. Ils ſont plus ſenſibles ici que dans les deux exemples précédens. La colonne s'élargit beaucoup par en haut. En inclinant un peu le *jet*, il s'élève juſqu'à la hauteur de 10 pieds 8 pouces, & la colonne ſe déforme moins que quand il eſt exactement vertical.

4°. Le *jet* vertical par le tuyau conique K M, s'élève à 9 pieds 6 pouces 4 lignes: la colonne eſt fort belle. En inclinant un peu le *jet*, il s'élève à 9 pieds 8 pouces 6 lignes.

5°. Le *jet* vertical par le tuyau cylindrique I N, s'élève à 7 pieds 1 pouce 6 lignes: la colonne eſt fort belle. En inclinant un peu le *jet*, il s'élève à 7 pieds 3 pouces 6 lignes.

Pour que les gros *jets* s'élèvent plus haut que les petits, il faut, 1°. que les ajutages ſoient percés dans le tuyau de conduite, & que les parois ſoient très-minces; 2°. que les tuyaux de conduite ſoient aſſez gros pour fournir les eaux avec une abondance ſuffiſante; car, s'ils ſont trop étroits, l'expérience prouve que les petits *jets* s'élèvent plus que les gros, ce que l'abbé Boſſut a prouvé par l'expérience ſuivante. Le diamètre eſt de 9 à 10 lignes, conſéquemment près du cinquième du premier.

Entretenant l'eau dans le même réſervoir & à la même hauteur de 11 pieds,

1°. Le *jet* vertical par l'ajutage F, *fig.* 937 (*u*), de 2 lignes de diamètre, s'élève à 9 pieds 11 pouces: la colonne eſt belle.

2°. Le *jet* vertical par l'ajutage G, de 4 lignes de diamètre, s'élève à 9 pieds 7 pouces 10 lignes: la colonne ſe déforme beaucoup & la gerbe en haut eſt fort élargie.

3°. Le *jet* vertical par l'ajutage H, de 8 lignes de diamètre, ne s'élève qu'à 7 pieds 10 pouces: la colonne s'éparpille extrêmement, & n'eſt formée, pour ainſi dire, que de *jets* détachés qui ſe ſuccèdent les uns aux autres.

Il réſulte de ces expériences, qu'il faut que le diamètre du tuyau de conduite ait une certaine grandeur par rapport à l'ajutage, pour que le *jet* s'élève à la plus grande hauteur à laquelle il puiſſe atteindre. Si donc on compare deux *jets d'eau* différens, & que l'on veuille que chacun s'élève à ſa plus grande hauteur, il faut que les carrés des diamètres des tuyaux de conduite ſoient entr'eux en raiſon compoſée des carrés des diamètres des ajutages, & des racines carrées des hauteurs des réſervoirs.

Ainſi, ſi l'on connoît, par expérience, le diamètre que doit avoir un tuyau de conduite, pour fournir la dépenſe d'un ajutage donné, ſous une hauteur donnée de réſervoir; l'expérience a appris que, pour un ajutage de 6 lignes, & ſous une hauteur donnée de réſervoir de 52 pieds, le diamètre du tuyau de conduite du réſervoir devoit être de 39 lignes environ, & que, pour un ajutage de 6 lignes de diamètre, ſous une hauteur de réſervoir de 16 pieds, le diamètre du tuyau de conduite doit avoir 28 ½ lignes environ. Il n'y a point d'inconvénient à donner au tuyau de conduite un diamètre plus grand que ne l'exige la règle ci-deſſus, & il y en auroit à lui en donner un plus petit.

Nous allons préſenter ici une table pour faciliter l'application des principes que nous avons établis. Cette table a été copiée dans l'*Hydrodynamique* de l'abbé Boſſut, tome II, page 110. Les trois premières colonnes ont été déterminées par Mariote.

HAUTEUR DES		DÉPENSE en une minute, par un ajutage de ſix lignes de diamètre, exprimée en pintes de Paris.	DIAMÈTRE des-tuyaux de conduite, relatifs aux deux colonnes précédentes, exprimé en lignes.
JETS exprimés en pieds.	RÉSERVOIRS exprimés en pieds & pouces.		
Pieds.	Pieds pouces.	Pintes.	Lignes.
5	5 1	32	21
10	10 4	45	26
15	15 9	56	28
20	21 4	65	31
25	27 1	73	33
30	33 0	81	35
35	39 1	88	36
40	45 4	95	37

HAUTEUR

HAUTEUR DES		DÉPENSE en une minute, par un ajutage de six lignes de diamètre, exprimée en pintes de Paris.	DIAMÈTRE des tuyaux de conduite, relatifs aux deux colonnes précédentes, exprimé en lignes.
JETS exprimés en pieds.	RÉSERVOIRS exprimés en pieds & pouces.		
Pieds.	Pieds. pouces.	Pintes.	Lignes.
45	51 9	101	38
50	58 4	108	39
55	65 1	114	40
60	72 0	120	41
65	79 1	125	42
70	86 4	131	43
75	93 9	136	44
80	101 4	142	45
85	109 1	147	46
90	117 0	152	47
95	125 1	158	48
100	133 4	163	49

Afin d'obtenir la plus grande élévation d'eau dans les *jets*, il faut que les ajutages soient percés dans la platine horizontale qui forme l'extrémité du tuyau P, *fig.* 937 (*b*) ; il faut que cette platine soit mince, bien polie, d'une épaisseur uniforme, & percée bien perpendiculairement.

Si l'on est obligé de couder le tuyau de conduite, il faut éviter, autant qu'on peut, de le couder à angles droits ; car le choc du courant, contre ces sortes d'angles, détruit une partie de la vitesse & fatigue beaucoup le tuyau de conduite. Le mieux seroit certainement de les couder circulairement.

En perçant, dans une platine, des trous diversement inclinés, on peut donner aux *jets d'eau* des directions différentes & des desseins très-variés ; c'est ainsi que l'on a obtenu, dans le bassin du Palais-Royal, à Paris, une très-belle gerbe d'eau. On exécutoit anciennement de ces sortes de desseins ; on en voit encore de fort jolis dans les jardins de Versailles & de Saint-Cloud. *Voyez* RÉCRÉATIONS HYDRAULIQUES, SOLEIL HYDRAULIQUE.

On peut obtenir des *jets d'eau* à l'aide de toute espèce de pression, correspondante à celle de l'eau. C'est ainsi que l'on en forme, à l'aide de la pression de l'air, dans la *fontaine de compression*, dans celle de *Héron*. (*Voyez* FONTAINE DE COMPRESSION.) On peut également se procurer des *jets d'eau* assez élevés, en remplissant d'eau un vase cylindrique AB, *fig.* 937 (*c*), terminé, dans sa partie inférieure, par un tuyau CD, percé en E d'une petite ouverture. Plaçant sur la surface de l'eau un piston P, chargé de différens poids G, H, I, K, &c., la pression exercée par le piston forcera l'eau à s'élever en EF, à une hauteur d'autant plus grande, que la pression sera plus considérable.

A l'aide de la chaleur, on produit également des *jets d'eau* plus ou moins grands. Il suffit, pour cela, de chauffer fortement l'air renfermé dans un vase contenant de l'eau. Le ressort de l'air augmenté par la chaleur, exerce son action sur l'eau que le même vase contient. Si un tube est plongé dans cette eau, ce liquide s'élevera dans le tube, & sortira par l'orifice percé dans sa partie extérieure ; le *jet* s'élevera à une hauteur d'autant plus grande, que la température de l'air sera plus élevée, & que son ressort sera plus augmenté. *Voyez* FONTAINE DE HÉRON.

JETS D'EAU BOUILLANTE. *Jets* naturels d'eau en ébullition, qui ont lieu dans quelques pays, particulièrement au Geyser. *Voy.* EAUX BOUILLANTES, EAUX JAILLISSANTES.

JETS D'EAU DANS L'AIR RARÉFIÉ. *Jets d'eau* produits dans un vase dans lequel on a raréfié l'air.

Comme les *jets d'eau* sont occasionnés par une pression plus grande, exercée sur le liquide intérieur que sur l'orifice par lequel l'eau jaillit, il suffit, pour former un *jet d'eau*, d'établir cette différence de pression. Or, il existe, pour cet effet, deux moyens opposés : le premier de charger, soit par une colonne d'eau, soit par un poids, la masse du liquide avant son arrivée à l'orifice ; le second de supprimer, en tout ou en partie, à l'orifice seulement, la pression de la masse d'air qui s'oppose à la sortie de l'eau : c'est ce second moyen que l'on emploie pour former un *jet d'eau* dans le vide.

Prenez un grand récipient R, *fig.* 937 (*d*), placez-le sur le plateau AB d'une machine pneumatique ; introduisez dans ce récipient un tube OT, communiquant à un vase plein d'eau V, raréfiez l'air du récipient à l'aide de la machine pneumatique ; alors ouvrez le robinet P. L'air, dans le récipient, exerçant sur l'ouverture O du tube, une pression

moins grande que celle qui a lieu fur la furface
extérieure du vafe V, l'eau jaillira dans le récipient en vertu de cette différence de preffion, &
le jet s'élevera à une hauteur d'autant plus grande,
que la différence fera plus confidérable. Si le vide
avoit été fait dans le récipient R, le jet pourroit
s'y élever à la hauteur de 32 pieds.

On peut, pour faire l'expérience plus commodément, avoir un long tube de verre A B,
fig. 937 (e), fermé hermétiquement à fes deux extrémités. A l'un des bouts B, eft foudé un tuyau
C D, dans lequel eft placé un robinet R. En
fixant la partie D du tuyau fur le plateau d'une
machine pneumatique, on raréfie l'air, on fait
même le vide. Fermant le robinet, tranfportant
le tube, pour plonger l'extrémité D, du tuyau,
dans un vafe V plein d'eau; ouvrant enfuite le
robinet, on voit jaillir l'eau dans le tube à une
hauteur dépendante du degré de raréfaction de
l'air intérieur.

JET D'EAU (Tuyaux de). Tuyaux ordinairement
cylindriques, percés d'une ouverture pour laiffer
jaillir l'eau du jet. Voyez TUYAUX DE JET D'EAU.

JET D'UN CORPS. Mouvement d'un corps lancé,
foit avec la main, foit avec des inftrumens. Voyez
JET.

JEU, de ιαχος, cri; jocus; fpiel; f. m. Diver-
tiffement, récréation.

On diftingue deux fortes de jeux, ceux de l'enfance & ceux de l'âge mûr. Les premiers font néceffaires aux développemens des individus; tels
font la courfe, les jeux de balle, le volant, la
boule, les quilles, la balançoire, la bafcule, la
danfe, les armes, le faut, la lutte, &c.; les feconds procurent des diftractions, des fecouffes:
ils fervent à éloigner l'ennui ou à occuper une
activité furabondante.

Dans le nombre de divifions que l'on peut faire
des jeux de l'âge mûr, on diftingue principalement
les jeux d'adreffe, comme la paume, le billard;
les jeux de fociété, comme les fpectacles, la mufique; ces petits jeux où l'on donne des gages &
où on développe de l'efprit, &c.; les jeux de
combinaifon, comme les dames, les échecs, les
caffe-têtes, &c.; les jeux de hafard ou de chances, comme le trente & quarante; le brelan, les
dés, la loterie, &c.

Les jeux d'adreffe qui exigent de l'exercice,
font utiles aux perfonnes fédentaires; elles trouvent, dans ces amufemens, les moyens de donner
du développement & de l'action à toutes les parties de leur corps.

Bien dirigés, les jeux d'efprit peuvent devenir
utiles au développement de l'intelligence: ils
contribuent auffi à former des liaifons utiles ou
dangereufes.

Ordinairement, les jeux de combinaifon font

adoptés par les hommes ftudieux, qui trouvent
encore, dans ces fortes de jeux, à exercer leur
intelligence. Ces jeux font principalement en ufage
dans les pays chauds, où les hommes font habitués à une vie contemplative & fédentaire. Il feroit heureux, pour nos jeunes évaporés, que l'on
pût d'abord les fixer par ces fortes de jeux; alors
on leur donneroit les moyens de s'appliquer à
quelqu'état.

Quant aux jeux de chances ou de hafard, nous
les diviferons en deux claffes: les uns exigent des
combinaifons, tels font plufieurs jeux de cartes,
le piquet, le wisk, le boston, &c.; d'autres ne
préfentent que des chances fans combinaifons,
tels font les dés, les loteries, &c. Les premiers
jeux peuvent fervir d'amufemens à toutes les claffes de la fociété; les feconds ne font ordinairement pratiqués que par des fripons ou des dupes.

Nous n'examinerons ici, & d'une manière très-
fuccincte, que la loterie. On peut la divifer en deux
efpèces; dans les unes, le banquier ne court aucune chance; dans les autres, les banquiers courent
des chances.

Ainfi, lorfque l'on diftribue un nombre déterminé de numéros, ayant chacun une valeur fixe;
que la fomme le banquier prélève fes dépenfes
& fon bénéfice; que la fomme reftante eft divifée
en lots plus ou moins forts qui échoient à ceux
qui ont les numéros fortans; c'eft une loterie dans
laquelle les ponteurs perdent néceffairement le
prélèvement que fait le banquier pour fes dépenfes
& fes bénéfices; & celui-ci ne court aucune
chance dans fa loterie. Mais les joueurs, en fuppofant les chances égales, au bout d'un temps déterminé, auroient toujours perdu les dépenfes &
les bénéfices. Voilà cependant la loterie où les
chances font les moins défavorables.

Prenons pour exemple de l'autre loterie, celle
à laquelle on a donné le nom de royale de
France.

Les ponteurs ont quatre-vingt-dix numéros fur
lefquels ils peuvent placer par extrait, par ambe,
par terne & par quaterne: autrefois on pouvoit
placer par quine. Sur ces quatre-vingt-dix numéros
il en fort cinq, qui donnent cinq extraits, dix ambes, dix ternes, cinq quaternes & un quine.

Si l'on combine combien on court de chances
en jouant, & combien on devroit payer au joueur
pour établir l'égalité, on trouve que, pour les
extraits fimples, on devroit payer 18 fois la mife;
les ambes, $400\frac{1}{2}$ fois; les ternes, 11,748 fois; les
quaternes, 511,038 fois, & les quines 43,949,268.
On ne paie aux gagnans que 15 fois la mife fur
l'extrait fimple; 270 fois fur l'ambe fimple; 5,500
fois fur le terne; 70,000 fois fur le quaterne, &
1 million de fois fur le quine. Ainfi la chance pofitive pour le banquier eft de $\frac{3}{18}$ pour les extraits fimples, $\frac{23}{40}$ ou plus de $\frac{3}{10}$ fur les ambes; plus de la
moitié fur les ternes; plus des $\frac{6}{7}$ fur les quaternes,
& les $\frac{43}{44}$ fur les quines.

Très-certainement, si toute la loterie étoit remplie à chaque tirage, la loterie seroit sûre pour le banquier ; son gain seroit de plus de la moitié des mises, & alors il mériteroit l'animadversion du gouvernement. Mais il s'en faut bien qu'il en soit ainsi, & même il seroit impraticable d'attendre que cette loterie fût pleine pour la tirer. On la tire donc à des époques fixes, telle qu'elle se trouve. Or, il peut arriver que l'on ait mis considérablement sur un terne, ou même sur plusieurs, tandis qu'à peine on aura mis sur les autres. Si donc ces premiers venoient à sortir, la somme à payer seroit immense & la loterie se trouveroit en perte, ce qui arrive quelquefois ; mais les autres tirages remboursent promptement les pertes. Enfin, le bénéfice de la loterie est compté pour 12 millions dans le budget, sans y comprendre les frais de papier, d'impression, le gros traitement des administrateurs, ceux des inspecteurs ; enfin, les indemnités accordées aux buralistes.

Afin d'exciter à jouer, on propose des martingales, on fait connoître les numéros qui ont été long-temps sans sortir ; alors on excite la cupidité. Il est peu de moyens plus ou moins adroits que l'on ne mette en usage pour attirer l'argent des crédules.

Examinons un moment l'ancienneté des numéros. Comment, parce qu'un numéro aura été 500 tirages sans sortir, peut-on espérer qu'il sortira au 501e ? La chance pour ce numéro n'a aucune différence avec celle des autres. Tous sont pris dans une roue après les avoir mesurés & les avoir pesés ; on les mêle en tournant la roue ; on les tire au hasard. Or, il n'y a ici aucune chance plus favorable pour un numéro que pour un autre, quelle que soit l'ancienneté ou l'époque de sa sortie ; c'est donc une erreur fondée sur de fausses opinions, que de préférer un numéro ancien à un numéro nouveau. Cette chance seroit vraie ou positive, si l'on ne remettoit pas dans la roue les numéros qui en sont sortis ; elle devient nulle lorsqu'on les y remet, & tout porte à croire que c'est par un faux raisonnement que l'on attribue à une disposition la chance qui appartient à une autre.

Au reste, il n'existe que deux classes d'individus qui mettent ordinairement à la loterie ; des malheureux, qui fondent l'amélioration de leur sort sur un bonheur, sur un hasard, dont la chance est extrêmement éloignée ; & ces malheureux, par ce jeu hasardeux, se rendent encore plus malheureux, puisqu'ils y jouent souvent jusqu'à leur dernière chemise. La seconde classe est formée de ces esprits faux, qui croient qu'il existe des calculs qui conduisent nécessairement, ou très-probablement, à des gains assurés : les premiers sont excusables ; ils placent leur sort dans un hasard heureux ; ils sont déjà si malheureux ! les autres ruinent leur ressource, & ne peuvent s'en prendre qu'à leur mauvais esprit & à la fausseté de leur raisonnement.

JEU, en musique, est la manière dont on touche les instrumens. On peut avoir le *jeu* beau, le *jeu* brillant.

Il se dit encore, en parlant de l'orgue, un *jeu d'orgue*, & en parlant de divers *jeux de l'orgue*; tels que le *jeu de flûtes douces*, le *jeu de voix humaine*, &c. *Voyez* ORGUE.

JEU DU PISTON ; *kolben spiel* ; s. m. Espace que parcourt, à chaque coup, le piston placé dans un corps de pompe. *Voyez* POMPE, PISTON.

JONGLEUR, de ιαχία, *chanter comme les bacchantes*; joculator; *glaukler, possenreisser*, &c. ; s. m. Bateleurs, joueurs d'instrumens.

Sous Henri II, en 1056, c'étoient des chanteurs & joueurs d'instrumens qui s'étoient associés aux troubadours ; ils se désunirent en 1382 : les troubadours conservèrent de l'estime, & les *jongleurs* devinrent des hommes vils. La rue Saint-Jean des Ménestriers, à Paris, n'étoit autrefois habitée que par des *jongleurs*, dont elle porte le nom.

Aujourd'hui, les *jongleurs* sont des hommes qui amusent le public, soit en faisant des facéties, pour lui vendre ensuite des drogues ou des remèdes sans danger ou sans vertus, ou pour exécuter des choses extraordinaires.

C'est ainsi, par exemple, que des *jongleurs* indiens vinrent en 1817 à Paris. Les uns joûoient avec des couteaux, des boules ; ils les jetoient en l'air, & les recevoient avec une habileté & une dextérité admirables ; d'autres exécutoient des équilibres extraordinaires ; d'autres s'enfonçoient dans le gosier, des épées qui avoient de 10 à 24 pouces de longueur.

Bientôt ces *jongleurs* indiens furent imités par des *jongleurs* français, qui, d'abord, se firent voir dans de petits spectacles, puis dans des places publiques. Plusieurs *jongleurs* marchoient sur des fers chauds, se lavoient les mains dans de l'huile bouillante. *Voyez* INCOMBUSTIBLE.

Il est peu de classes de la société dans lesquelles les *jongleurs* de toute espèce & de toute nature n'aient accès ; mais c'est principalement dans l'exercice de la médecine que se présente le plus grand nombre ; en cela, ils imitent les *jongleurs* qui exercent la médecine dans les hordes de sauvages.

L'Inde paroît être le pays où les *jongleurs* d'adresse sont les plus nombreux, & où ils exécutent les tours les plus extraordinaires.

JOUEUR, de jocus, *jeu*; joculator; *spieler*; s. m. Celui qui joue.

On peut jouer de diverses manières, soit à des jeux (*voyez* JEUX), soit à des affaires de commerce, soit avec des instrumens, &c.

Tout ce qui présente des chances, peut être considéré comme un jeu ; ainsi le négociant qui fpéculé fur les produits de l'agriculture ou des fabriques, joue fur la valeur de ces objets ; le mineur qui perce les entrailles de la terre pour en retirer les fubftances utiles & précieufes qu'elle renferme, joue fur les mines ; le fpéculateur qui forme une entreprife nouvelle, utile ou agréable, joue fur cette entreprife ; mais ceux que l'on confidère principalement comme des *joueurs*, font ces capitaliftes qui achètent & vendent des actions fur les fonds publics : les uns jouent à la hauffe, les autres à la baiffe, c'eft-à-dire, qu'ils achètent ou vendent, pour un prix, des actions qu'ils doivent livrer le premier du mois fuivant, à la charge de payer ou recevoir la différence en plus ou en moins, felon que les actions ont monté ou defcendu dans le cours du mois.

JOUEUR D'ÉCHECS ; latrunculis ludens ; *fchach fpieler*; f. m. Celui qui joue aux échecs.

Plufieurs *joueurs d'échecs* automates ont été préfentés au public. Le premier a été imaginé à Vienne, par M. de Kempeten ; celui-ci parut à Paris en 1783 ; il étoit habillé en turc, & placé devant un échiquier ; il jouoit une pièce, dès que le *joueur* adverfe avoit joué la fienne. Il remettoit à leur place les pièces que les *joueurs* avoient mal jouées, & abattoit toutes les pièces & troubloit le jeu, lorfque l'on continuoit à jouer fauffement ; il gagnoit tous les *joueurs* qui jouoient avec lui.

On a donné diverfes explications de ce *joueur d'échecs* : les uns prétendoient qu'il étoit mu par un mécanifme dont on faifoit voir quelques pièces ; d'autres, qu'un individu caché & voyant le jeu, faifoit mouvoir l'automate. M. Kempeten faifoit un fecret de fes moyens. *Voyez* AUTOMATE.

JOUEUR DE FLUTE ; tibicen ; *flotefche fpieler*; f. m. Celui qui joue de la flûte.

Vaucanfon imagina & fit voir, en 1738, à Paris, un automate qui jouoit de la flûte. Il produifoit un grand nombre de mouvemens très-variés, & jouoit une fuite d'airs de flûte.

Ce flûteur automate étoit réellement mu par un mécanifme ; le vent étoit produit par neuf foufflets, & il étoit transporté à l'embouchure de la flûte par des conduits particuliers.

Quelque profond mécanicien que fût Vaucanfon, quelles que furent les machines ingénieufes, utiles aux arts & aux manufactures, qu'il ait imaginées & conftruites, nous le difons avec regret, c'eft à fes automates inutiles qu'il dut, en partie, la grande réputation qu'il meritoit fi bien par fes autres mécaniques. *Voyez* AUTOMATE.

JOUEUR DE TAMBOURIN ; minus tympanum ludens ; *trommler fchluger*; f. m. Celui qui joue du tambourin.

Nous devons encore à Vaucanfon le *joueur de tambourin* ; c'eft le fecond automate qu'il exécuta. Son *joueur* étoit planté tout droit fur un piédeftal, habillé en berger danfeur, & à l'aide d'un méca-

nifme très-difficile, cet automate jouoit une vingtaine d'airs, menuets, rigaudons ou contredanfes. *Voyez* AUTOMATE.

JOUR, de diurnum, *ce qui dure un jour; dies ; tag*; f. m. Durée d'une révolution entière de la terre autour de fon axe, ou plutôt, temps pendant lequel le foleil nous paroît faire une révolution entière autour de la terre, d'orient en occident.

Le temps que la terre emploie à faire un tour entier fur fon axe eft toujours exactement de 23 h. 56' 4". (*Voyez* JOUR SIDÉRAL.) Mais le temps pendant lequel le foleil nous paroît faire une révolution entière autour de la terre, d'orient en occident, celui, par exemple, qui s'écoule entre l'inftant où le centre du foleil eft dans le plan du méridien d'un lieu, & l'inftant auquel il eft retourné au même méridien, après une révolution entière, ce temps n'eft pas toujours de la même durée. C'eft ce qui a donné lieu à cette diftinction, *jour civil* & *jour aftronomique*. Le premier a toujours une égale durée (*voyez* JOUR CIVIL, JOUR MOYEN); le *jour* aftronomique eft celui dont la durée eft tantôt plus & tantôt moins grande. *Voy.* JOUR ASTRONOMIQUE.

Pour concevoir la différence qu'il y a entre le *jour civil*, qu'on peut appeler *jour moyen*, & le *jour* aftronomique, qu'on peut nommer *jour véritable*, il faut confidérer que le dernier eft mefuré par le retour du foleil au méridien, qui eft compofé de la révolution entière de l'équateur ou de l'un de fes parallèles, qui eft de 360 degrés, plus l'arc de l'équateur ou de ce parallèle, qui répond au vrai mouvement journalier du foleil fur l'écliptique, lequel eft tantôt plus & tantôt moins grand. A l'égard du *jour* moyen, qui doit être d'une égale durée pendant tout le cours de l'année, il eft mefuré par la révolution entière de l'équateur ou de l'un de fes parallèles, qui eft de 360 degrés, plus l'arc de l'équateur ou de ce parallèle qui répond au moyen mouvement journalier du foleil fur l'écliptique, lequel arc eft de 59 minutes 8 fecondes & environ un tiers de degré, ou $\frac{360°,000}{365,242}$; 365,242 j. étant la durée de l'année tropique (*voy.* ANNÉE TROPIQUE); ce qui a donné lieu à la diftinction dn temps vrai & du temps moyen.

On diftingue encore le *jour* naturel du *jour* artificiel : le premier eft la même chofe que le *jour* aftronomique ; le fecond eft la durée de la préfence du foleil fur l'horizon. *Voyez* JOUR ASTRONOMIQUE.

JOUR ARTIFICIEL ; dies artificialis ; *künftliche tag*; f. m. Durée de la préfence du foleil fur l'horizon.

Sur la plus grande partie de la furface de la terre, le foleil nous paroît faire fa révolution diurne, en partie fur l'horizon & en partie en deffous. Le temps qu'il demeure fur l'horizon fe nomme *jour artificiel*, & le temps qu'il demeure au-deſſous, *nuit*. *Voyez* NUIT.

La durée du *jour artificiel* n'eſt pas égale partout ni dans tous les temps : cette durée varie ſuivant les différens climats & les différentes ſaiſons. Elle eſt toujours exactement de douze heures pour ceux qui habitent préciſément ſous l'équateur, & qui ſont dits avoir la ſphère droite, parce que, dans cette poſition, l'équateur & tous ſes parallèles, que le ſoleil paroît décrire, ſont coupés par l'horizon en deux parties égales. (*Voyez* SPHÈRE DROITE.) Pour les habitans des pôles, s'il y en a, & qui ſont dits avoir la ſphère parallèle, cette durée eſt de ſix mois, parce que tous les parallèles que le ſoleil paroît décrire, les uns ſont tout entiers au-deſſus de l'horizon, & les autres tout entiers au-deſſous : & il y en a autant d'un côté que de l'autre ; de ſorte que, dans cette poſition, il n'y a qu'un ſeul *jour* dans l'année. (*Voy.* SPHÈRE PARALLÈLE.) A l'égard des habitans de la terre qui ſont placés entre l'équateur & les pôles, & qui ſont dits avoir la ſphère oblique, cette durée varie continuellement. Elle n'eſt exactement de 12 heures que lorſque le ſoleil eſt dans l'un des points de l'équinoxe dans leſquels ce cercle coupe l'équateur : dans tous les autres temps elle eſt plus grande ou plus petite. Pour ceux qui habitent entre l'équateur & le pôle ſeptentrional, elle va toujours en augmentant à meſure que le ſoleil s'avance de l'équateur juſqu'au tropique du cancer, ce qui arrive après l'équinoxe de notre printemps : elle va au contraire en diminuant à meſure que le ſoleil s'avance vers le tropique du capricorne, ce qui arrive après l'équinoxe de notre automne. Pour ceux qui habitent entre l'équateur & le pôle méridional, leur *jour artificiel* eſt de plus de douze heures, & va toujours en augmentant à meſure que le ſoleil s'avance de l'équateur vers le tropique du capricorne, il eſt de moins de douze heures & va toujours en diminuant à meſure que le ſoleil s'avance de l'équateur vers les tropiques du cancer; de ſorte que, dans cette poſition, il n'y a dans l'année que deux *jours* d'équinoxe, c'eſt-à-dire, deux *jours* égaux aux nuits, parce que l'équateur eſt le ſeul qui ſoit coupé par l'horizon en deux parties égales, & que tous ſes parallèles ſont coupés obliquement.

Ces *jours* vont ſucceſſivement en augmentant & en diminuant de durée juſqu'à la latitude de 66°,30, qui eſt celle des cercles polaires ; là, le *jour artificiel* eſt o ou de 24 heures, un *jour* de l'année, celui où le ſoleil eſt dans les ſolſtices. Il eſt de 24 heures pour le cercle arctique & de zéro pour le cercle antarctique, lorſque le ſoleil eſt au tropique du cancer; c'eſt l'époque du maximum de durée des *jours* ſur l'hémiſphère ſeptentrional, & le minimum de durée ſur l'hémiſphère méridional; de même, la durée du *jour* eſt de zéro ſur le cercle polaire arctique & de 24 heures ſur le cercle polaire antarctique, lorſque le ſoleil eſt ar-

rivé au tropique du capricorne; la durée des *jours* eſt à leur minimum ſur tout l'hémiſphère ſeptentrional, & à leur maximum ſur tout l'hémiſphère méridional.

Lorſque le ſoleil eſt ſur le tropique, la durée des *jours* eſt depuis l'équateur juſqu'au cercle polaire.

LATITUDE.	DURÉE DES JOURS.	
	Maximum.	Minimum.
0°	12 h.	12
16,25	13	11
30,20	14	10
41,20	15	9
49,1	16	8
54,20	17	7
58,26	18	6
61,19	19	5
63,22	20	4
64,49	21	3
65,47	22	2
66,20	23	1
66,30	24	0

Depuis le cercle polaire juſqu'au pôle :

66,30	Un jour.	0
67,50	Un mois.	Un mois.
69,30	Deux mois.	Deux mois.
73,20	Trois mois.	Trois mois.
78,20	Quatre mois.	Quatre mois.
84	Cinq mois.	Cinq mois.
90	Six mois.	Six mois.

Par-delà les cercles polaires juſqu'aux pôles, la durée des *jours* varie depuis 24 heures juſqu'à 40828 h. 8 ; il en eſt de même de la durée des nuits.

Telle eſt la durée du *jour artificiel* pour les différens climats, ſi l'on n'a égard qu'à la préſence réelle du ſoleil ſur l'horizon ; mais il y a des cauſes qui alongent la durée de cette préſence : telle eſt la réfraction qui fait que nous voyons le diſque du ſoleil, à ſon lever & à ſon coucher, au-deſſus de l'horizon, pendant qu'il eſt entièrement au-deſſous. L'effet de la réfraction pour le climat de Paris, nous fait paroître le ſoleil plus haut de 32 à 33 minutes de degré, qu'il n'eſt réellement.

Si l'on n'appelle *jour artificiel* que le temps pendant lequel le ſoleil paroît au-deſſus de l'horizon, nous venons d'indiquer quelle eſt ſa durée pour les différens climats : mais ſi l'on vouloit donner ce nom à tout le temps pendant lequel nous apercevons de la lumière, la durée des *jours artificiels* ſeroit très-alongée par les crépuſcules. *Voyez* CRÉPUSCULES.

JOUR ASTRONOMIQUE; *dies aftronomicus*; *aftronomifche tag*; f. m. Temps pendant lequel le foleil nous paroît faire une révolution entière autour de la terre, d'orient en occident.

C'eft, autrement, le temps qui s'écoule entre l'inftant où le foleil eft dans le plan du méridien d'un lieu, & l'inftant auquel il eft retourné au même méridien, après une révolution entière.

Les *jours aftronomiques* ne font pas d'une durée égale; ils font tantôt plus longs & tantôt plus courts, pour plufieurs raifons:

1°. Il ne fuffit pas, pour que le foleil nous paroiffe avoir fait une révolution entière autour de la terre, que la terre ait elle-même fait une révolution entière autour de fon axe; parce que, pendant que la terre tourne fur fon axe, elle avance d'environ 1° dans fon orbite, & le foleil nous paroît avancer d'autant dans l'écliptique: c'eft pourquoi il faut que la terre faffe un peu plus d'un tour fur fon axe, depuis l'inftant où le foleil fe trouve au méridien, jufqu'à celui où il revient le lendemain au même méridien. Mais la terre ne parcourt pas des portions égales de fon orbite dans des temps égaux; elle va plus lentement lorfqu'elle eft dans fon aphélie, que lorfqu'elle eft dans fon périhélie: &, en conféquence, le foleil nous paroît avancer plus lentement dans l'écliptique, lorfqu'il eft dans l'apogée que lorfqu'il eft dans le périgée. Première caufe de l'inégalité des *jours aftronomiques*.

2°. C'eft fur l'équateur, ou fur fes parallèles, qui font les cercles que le foleil nous paroît décrire chaque *jour*, que fe font les divifions du temps: 15 degrés de ces cercles équivalent à une heure. Mais l'obliquité de l'écliptique, par rapport à l'équateur, eft caufe qu'à des arcs égaux de l'écliptique, pris à des diftances inégales de l'équateur, ne répond pas à des arcs égaux de l'équateur. C'eft encore une des raifons pour lefquelles le retour du foleil au méridien ne nous paroît pas reculer tous les *jours* de la même quantité. Seconde caufe de l'inégalité des *jours aftronomique*.

3°. La figure elliptique de l'orbite de la terre eft une troifième caufe; car, tandis que la terre parcourt, par exemple, une douzième partie de fon orbite, le foleil nous paroît parcourir plus ou moins d'un douzième de l'écliptique. Pendant que la terre étant vers fon aphélie, parcourt un douzième de fon orbite, le foleil nous paroît parcourir moins d'un douzième de l'écliptique: & au contraire, pendant que la terre étant vers fon périhélie, parcourt un douzième de fon orbite, le foleil nous paroît parcourir plus d'un douzième de l'écliptique. Voilà la raifon pour laquelle le foleil nous paroît demeurer dans les cercles feptentrionaux plus long-temps que dans les cercles méridionaux.

Il fuit de-là, que les *jours aftronomiques* ne font pas égaux entr'eux, dans les différens temps de l'année. Parmi les moyens employés par les aftronomes, pour les rappeler à l'égalité, eft celui-ci. Ils divifent l'année entière, ou ce qui eft la même chofe, la fomme du temps, pendant lequel le foleil nous paroît parcourir tout l'écliptique, en autant de parties égales, appelées *heures*, qu'il en faut pour en affigner 24 à chaque *jour*. C'eft là ce qu'ils appellent *équation du temps*. (*Voy.* ÉQUATION DU TEMPS.) Au moyen de cette équation, nous avons deux fortes d'heures à diftinguer: les unes toujours égales entr'elles, & qui font celles dont nous venons de parler; les autres qui font affectées des inégalités qui fe trouvent dans l'apparence du mouvement diurne du foleil. C'eft ce qui a donné lieu à la diftinction du temps vrai & du temps moyen.

On appelle *temps vrai*, celui qui eft compofé de ces heures inégales, & qui nous eft indiqué par un cadran folaire bien exact. (*Voy.* TEMPS VRAI.) On appelle *temps moyen*, celui qui eft compofé d'heures parfaitement égales entr'elles, telles que celles que nous indiqueroit une montre, une pendule ou une horloge bien réglée. *Voyez* TEMPS MOYEN.

Pour que les *jours aftronomiques* fuffent parfaitement égaux entr'eux, il faudroit que le foleil nous parût aller d'un mouvement uniforme, & parcourir, chaque *jour*, d'occident en orient, 59 minutes & environ 8 fecondes un tiers de degré; mais il nous paroît parcourir un efpace tantôt plus & tantôt moins grand. *Voyez* ÉQUATION DU TEMPS.

Le *jour aftronomique* commence à midi du temps vrai, c'eft-à-dire, à l'inftant où le foleil eft au méridien, & finit au moment où le foleil, après une révolution entière, arrive au méridien. En aftronomie, on eft dans l'ufage de compter les 24 heures de fuite d'un midi à midi; de forte qu'à une heure après minuit, au lieu de recommencer à compter par un, l'on compte 13; à deux heures après minuit, on compte 14 heures, & ainfi des autres jufqu'à 24 heures.

JOURS CANICULAIRES; *dies caniculares*; *hundstag*; f. m. Nom que l'on donne aux *jours* compris, depuis le 24 juillet jufqu'au 24 août, pendant lefquels il fait ordinairement très-chaud.

On appelle ces *jours caniculaires*, parce que la canicule, étoile très brillante, qui eft dans la conftellation du grand chien, fe lève & fe couche avec le foleil pendant ce temps-là.

JOUR CIVIL; *dies civilis*; *bürgerliche tag*; f. m. *Jour* dont la durée eft celle qui s'écoule entre l'inftant où le centre du foleil eft dans le plan du méridien d'un lieu, & l'inftant auquel il eft retourné au même méridien. *Voyez* JOUR ASTRONOMIQUE.

Il y a cependant cette différence entre le *jour civil* & le *jour* aftronomique, que le premier commence lorsque le soleil passe au méridien opposé du lieu de l'observateur, c'est-à-dire, à minuit, tandis que le *jour* astronomique commence lorsque le soleil passe sur le méridien du lieu, c'est-à-dire, au midi vrai.

Le *jour civil* se divise en deux parties, de chacune douze heures, du minuit au midi & du midi au minuit.

JOUR (Commencement du). Instant où l'on commence à compter le *jour*.

Nous avons vu précédemment, que les astronomes commençoient à compter le *jour* au midi vrai; qu'habituellement, en Europe, dans la vie civile, on commençoit à compter le *jour* au minuit vrai; mais cette époque du commencement du *jour* n'a pas été la même dans tous les temps, & elle ne l'est pas même dans tous les pays.

Les Babyloniens commençoient à compter le *jour* au lever du soleil, de sorte que c'étoit alors que commençoit la première heure du *jour*. Les Juifs & les Athéniens le comptoient du coucher du soleil, ce qui est encore en usage parmi les Italiens, dont la première heure du *jour* commence au coucher de cet astre. Ainsi, dans les équinoxes, le minuit, en Italie, est à 6 heures; le lever du soleil à 12, & le midi à 18. Dans le solstice d'été, le minuit est à 4 heures, le lever du soleil à 8 heures, & le midi à 16 heures. Dans le solstice d'hiver, le minuit est à 8 heures, le lever du soleil à 16 heures, & le midi à 20 heures.

Pour pouvoir marquer ces heures, il est nécessaire d'avancer ou de retarder, chaque *jour*, les montres, les pendules & les horloges, ou les régler chaque *jour* au moment où le soleil se couche, ce qui est extrêmement incommode, soit pour les habitans, soit pour les étrangers.

Dans tous les autres pays catholiques, le *jour* commence au minuit vrai, & les machines à marquer le temps peuvent être réglées tous les *jours* au passage du soleil au méridien, & la quantité d'avance ou de retard qu'elles doivent éprouver, dépend absolument de l'équation du temps, c'est-à-dire de la différence du temps vrai, qu'indique la marche du soleil, au temps moyen, que doit indiquer une montre bien réglée.

JOURS COMPLÉMENTAIRES; dies complementarii; s. m. *Jours* ajoutés au bout de l'année, dont les mois sont égaux, pour compléter l'année.

Les Egyptiens avoient fait leurs mois de trente jours chaque, ce qui ne formoit, pour leurs 12 mois, que 360 jours; & comme l'année est de 365,2422 jours, il falloit ajouter 5 jours après le douzième mois, dans les années ordinaires, & 6 jours dans les années bissextiles, pour compléter l'année & recommencer une année nouvelle.

JOURS D'ÉQUINOXE; dies æquinoctii; tag der nachtgleiche; f. m. *Jours* où les nuits sont égales sur toute la surface de la terre.

Ces jours ont lieu toutes les fois que le soleil se trouve sur l'équateur; alors la ligne de séparation d'ombre & de lumière, étant perpendiculaire au plan de l'équateur, les *jours* sont égaux aux nuits sur toute la surface de la terre; ainsi, les nuits ont partout 12 heures de durée. Il y a donc partout égalité de nuit. *Voyez* EQUINOXE, JOUR ARTIFICIEL.

JOURS DE SOLSTICE; dies solstitii; tag der soncwende; f. m. *Jour* où le soleil parvient au solstice.

Ce jour est pour chaque point de la terre le plus grand ou le plus petit jour de l'année, selon que le soleil se trouve sur le solstice de l'hémisphère sur lequel se fait l'observation, ou qu'il se trouve sur le solstice de l'hémisphère opposé. *Voy.* SOLSTICE, JOUR ARTIFICIEL.

JOUR (Influence du). Action du *jour* sur tous les objets qui existent sur la surface de la terre.

Si l'on observe le baromètre, le thermomètre, l'hygromètre, l'électromètre, l'aiguille aimantée, &c., on voit que tous ces instrumens indiquent des variations périodiques dans l'atmosphère à différentes heures du *jour*. *Voyez* BAROMÈTRE, THERMOMÈTRE, HYGROMÈTRE, ÉLECTROMÈTRE, VARIATIONS PÉRIODIQUES.

Non-seulement il existe des variations périodique dans l'atmosphère pendant le *jour*, mais on en observe également sur les végétaux & les animaux, dans l'état de santé & dans l'état de maladie, soit que ces variations dépendent de celles de l'atmosphère, soit qu'elles dépendent directement de l'action du *jour*.

D'abord, les végétaux ont, le *jour*, des sécrétions & des absorptions particulières. L'action de la vie se développe ordinairement pendant le *jour* dans les végétaux & dans les animaux; quelques-uns cependant craignent le *jour* & se cachent; tels sont, parmi les végétaux, les champignons, les mousses, les lichens, les moisissures, & parmi les animaux, les chauves-souris, les tatous, &c.

Le *jour* a également de l'influence sur l'homme en santé & sur l'homme malade: pendant le *jour* il jouit de ses forces, il en use une partie qu'il remplace pendant le sommeil; dans l'état de maladie, on observe des périodicités à différentes heures du *jour*; les unes sont bienfaisantes, les autres nuisibles. C'est principalement au commencement & à la fin du *jour*, que ces influences se font particulièrement apercevoir. *Voyez* NYCTHÉMÉRON.

JOUR MOYEN; dies medius; mittlern sonen tag; f. m. *Jour* dont la durée est égale & uniforme pendant toute l'année.

Les jours astronomiques ou vrais ont tous une durée inégale, occasionnée: 1°. par l'angle que décrit la terre au-delà de fa révolution fidérale ; 2°. par les différences qui exiſtent entre les arcs rapportés à l'équateur & ceux qui ont lieu ſur l'écliptique ; 3°. par la forme elliptique de l'orbe terreſtre. (*Voyez* JOUR ASTRONOMIQUE.) Pour avoir un *jour moyen*, il faudroit pouvoir rapporter au *jour* fidéral, une durée égale & uniforme de l'axe parcouru par la terre, ſur l'écliptique rapportée à l'équateur. *Voyez* JOUR SIDÉRAL.

Nous allons faire connoître ici la méthode indiquée par M. de Laplace, pour parvenir à ce réſultat.

Pour obtenir, dit ce ſavant (1), un *jour moyen*, indépendant des cauſes d'inégalités qui exiſtent : on imagine un ſecond ſoleil mû uniformément ſur l'écliptique, & traverſant toujours, au même inſtant que le vrai ſoleil, le grand axe de l'orbe ſolaire, ce qui fait diſparoître l'inégalité du mouvement propre du ſoleil. On fait enſuite diſparoître l'effet de l'obliquité de l'écliptique, en imaginant un troiſième ſoleil, paſſant par les équinoxes, aux mêmes inſtans que le ſecond ſoleil, & mu ſur l'équateur, de manière que les diſtances angulaires de ces deux ſoleils, à l'équinoxe du printemps, ſoient conſtamment égales entr'elles. L'intervalle compris entre deux retours conſécutifs de ce troiſième ſoleil au méridien, forme le *jour moyen aſtronomique*.

Un moyen très-ſimple d'avoir un *jour moyen*, ſeroit d'avoir un garde-temps d'une marche très-régulière, & dont l'aiguille des heures fît 730,4845 révolutions pendant la durée du mouvement de la terre autour du ſoleil, à partir d'un équinoxe de printemps juſqu'à ſon retour : alors chaque double révolution de cette aiguille indiqueroit un *jour moyen*.

Pour éviter le très-long temps qu'exigeroit un pareil garde-temps à être réglé, on peut faire uſage des tables qui indiquent chaque *jour* la différence, en temps, qui exiſte entre le temps vrai & le temps moyen. *Voyez* EQUATION ANNUELLE.

JOUR NATUREL ; dies naturalis ; *naturliche tag* ; f. m. Temps qui s'écoule entre l'inſtant où le centre du ſoleil eſt dans le plan du méridien d'un lieu, & l'inſtant où il eſt retourné au même méridien, après une révolution entière. *Voyez* JOUR ASTRONOMIQUE.

JOUR SIDÉRAL ; dies fideralis. *ſternifche tag* ; f. m. Durée de la révolution de la terre rapportée à une étoile.

Ce *jour* eſt uniforme : 1°. parce que le mouvement de la terre qui le repréſente eſt uniforme ; 2°. parce que le mouvement ſur l'écliptique rapporté à l'équateur, eſt nul pour les étoiles, à cauſe de leur grande diſtance.

En prenant le *jour moyen aſtronomique* pour unité de temps, le *jour fidéral* égale 0,997269922 *jours* ; d'où il ſuit que l'année équinoxiale, formée de *jours ſidéraux*, contient une journée de plus que la même année formée de *jours aſtronomiques*.

JOUR SOLAIRE ; dies ſolaris ; *ſonnen tag* ; f. m. Durée de la révolution apparente du ſoleil. *Voy.* JOUR ASTRONOMIQUE, JOUR NATUREL, JOUR CIVIL.

JOUR VRAI ; dies ſolaris verus ; *wahre ſonnen tag* ; f. m. Durée de la révolution apparente du ſoleil. *Voyez* JOUR ASTRONOMIQUE, JOUR NATUREL, JOUR SOLAIRE.

JOUR (Lumière du). C'eſt la clarté répandue dans l'eſpace.

En architecture, on appelle *jour* ou *jours*, les fenêtres ou les ouvertures par leſquelles la clarté, la lumière, pénètrent dans les édifices ; en peinture, *jour* ſe dit de l'éclairement de la toile, & de la diſtribution de la lumière ſur le tableau.

JOUR. C'eſt encore une meſure agraire. *Voyez* JOURNAL.

JOURDAIN (Fleuve du). Conſtellation de la partie ſeptentrionale du ciel, placée au-deſſus de la grande ourſe.

Elle eſt du nombre des conſtellations nouvelles formées en 1679 dans le catalogue d'étoiles & ſur les cartes céleſtes publiées par Auguſtin Royer, d'après Ticho, Bayer, Riccioli, &c. Cette conſtellation ne contient pas d'étoiles plus belles que celles de 4e. grandeur.

Depuis, cette conſtellation a été donnée par Helvelius, ſous le nom de CHIEN DE CHASSE. *Voyez* ce mot.

Une partie de la conſtellation du *jourdain* demeure toujours ſur notre horizon, & ne ſe couche jamais pour nous.

JOURNAL. Meſure pour l'arpentage, en uſage dans divers pays. C'eſt une quantité de terre que l'on ſuppoſe devoir être travaillée dans une journée. Le journal eſt :

Dans le Maine, {	pour les terres labourables	= 1,0331 arp.	= 0,52764 hectare,
	— les prés	= 0,7749	= 0,39576
	— les jardins	= 0,6457	= 0,32977
En Angoumois		= 0,673	= 0,34367
A Blaye		= 0,628	= 0,32071
En Anjou	= 100 perches de 25 pieds	= 1,291	= 0,65933

(1) *Expoſition du Syſtême du Monde,* in-4°. page 15.

A Bordeaux

A Bordeaux.....................	= 25000 pieds carrés	= 0,6218 arp.	= 0,32073 hectare.
A Coutras ⎰	= 24 brasses = 1152 toises carrées	= 0,8569	= 0,43765
A Fronzac ⎱			
A Libourne..........	= 20 brasses = 960 toises carrées	= 0,7140	= 0,36466
A Benauge ⎰	= 144 lattes = 20736 pieds carrés	= 0,5158	= 0,26342
A Cadillac ⎱			
A Bergerac.............	= 3 poignerées = 216 escats	= 0,6500	= 0,33198
A Condom	= 240 escats	= 0,800	= 0,40857

JOURNÉE. Mesure linéaire française. Espace que l'on parcourt facilement en une heure.

La *journée* = 8 lieues marines = 10 lieues communes, 22800 toises = 4,444 myriamètres.

JOURNEL. Mesure de terre pour l'agriculture, en usage à Châlons-sur-Marne.

Le *journel* = 1,2756 de l'arpent de France = 0,65166 hectare.

JOVILABE ; de *Jovis*, génit. de *Jovis pater*, pour *Jupiter*, & de λαμϐανω, *prendre* ; *jovilabum* ; *jovilabe* ; s. m. Instrument propre à prendre ou à trouver les configurations ou les situations respectives, apparentes, des satellites de Jupiter.

On a imaginé plusieurs instrumens pour avoir la situation des satellites de Jupiter. Le *jovilabe*, dont Lalande se servoit, étoit composé de quatre cercles, dont les rayons étoient proportionnels aux distances des quatre satellites à Jupiter ; plus, d'un alidade transparent. *Voyez* la *fig.* 147 des planches d'astronomie.

JOYES ; hilaria ; *freude* ; s. f. Gaîté, hilarité.

JOYES DES PLANTÈES. C'est, en astrologie, l'influence qu'elles exercent dans les maisons où elles dominent.

JUGÈRE. Mesure grammatique des Romains.

Le *jugère* = 12 onces de terre = 28800 pieds romains carrés = 0,538 de l'arpent = 0,2476 hectare.

JUGLANS. Nom que quelques auteurs donnent à la constellation d'Orion. *Voyez* ORION.

JUGUM, de ζυγος, *joug auquel on attache les bœufs* ; *jugum*. Nom donné par quelques astronomes à la constellation de la balance. *Voyez* BALANCE.

JUILLET, de Julius, *Jules-César* ; *mensis julius* ; *julius* ; s. m. Nom du septième mois de l'année, en commençant par janvier.

C'est le 22 ou le 23 de ce mois, qui a trente-un jours, que le soleil entre dans le signe du lion. Ce mois a été nommé *juillet* par Marc-Antoine, parce que l'empereur Jules-César est né dans ce mois. On l'appeloit avant, *quintilis*, parce que c'étoit le

Dict. de Phys. Tome III.

cinquième mois de l'année romaine, qui commençoit au mois de mars.

La lettre fériale du mois de *juillet* est G. *Voyez* LETTRE FÉRIALE.

JUIN, de *junius*, *formé de Juno*, *Junon*, suivant les uns, *ou de junioribus*, *jeunes gens* ; *junius mensis* ; *junius* ; s. m. Nom du sixième mois de l'année, en commençant du mois de janvier.

C'est dans ce mois, qui a trente jours, que finit le printemps & que commence l'été. Le soleil entre, le 21 ou le 22 juin, dans le signe de l'écrevisse. Ce moment est nommé le solstice d'été, parce que le soleil paroît stationnaire (*voy.* SOLSTICE D'ÉTÉ) ; c'est alors que nous avons, sur tout notre hémisphère, les plus longs jours & les plus courtes nuits.

Quelques chronologistes prétendent que ce mois tire son nom du latin *juvenibus*, parce qu'il étoit destiné à la jeunesse romaine. D'autres croient qu'il lui vient de *Junius Brutus*, qui fut le premier bourguemestre de Rome, après en avoir chassé les rois.

Ce mois étoit le quatrième de l'année romaine, qui commençoit par le mois de mars.

La lettre fériale du mois de juin est E. *Voyez* LETTRE FÉRIALE.

JUK ou JUX. Monnoie de l'Empire ottoman.

Le *juk* = 10000 aspres = 2905 livres tournois = 2869,13 fr.

JULIENNE, *adject.* de Julius-César ; *julianische*. Qui appartient, qui a été fait par *Jules* ou *Julien*.

JULIENNE (Année) ; annus julianus ; *julianische jahr* ; s. f. Année ordonnée par l'ordre de César.

Sosigène, dont César se servit pour la réformation du calendrier, supposa que l'année solaire moyenne étoit justement de 365 jours 6 heures ; & sur ce fondement, César ordonna que des quatre ans, l'un seroit bissextile, & les trois autres communs. *Voyez* ANNÉE JULIENNE.

JULIENNE (Epoque) ; epocha juliana ; *julianische epoche* ; s. f. Epoque, temps de la réformation du calendrier sous Jules César. *Voyez* EPOQUE JULIENNE.

Hhhh

JULIENNE (Période) ; periodus juliana ; *période julianifche* ; f. f. Période de 7980 ans, inventée par Jules Scaliger, qui a pour but d'indiquer l'époque où une même année du cycle folaire, lunaire & de l'indiction, appartiennent à une autre année. *Voyez* PÉRIODE JULIENNE, CYLE SOLAIRE, CYCLE LUNAIRE, INDICTION.

JUNON, *de* juvans, *qui aide* ; Juno ; *Junon* ; f. f. Femme de Jupiter.

C'eft une des quatre planètes télefcopiques, une des aftéroïdes qui font placés entre Mars & Jupiter. *Voyez* PLANÈTES TÉLESCOPIQUES.

Dans l'ordre des découvertes des quatre planètes télefcopiques, *Junon* fe trouve la troifième ; elle fut diftinguée par M. Harding, en 1803. Voici l'hiftoire de fa découverte.

M. Harding s'occupoit de la publication des cartes céleftes qui doivent contenir toutes les petites étoiles de l'hiftoire célefte françaife, afin qu'on puiffe reconnoître facilement les deux planètes télefcopiques Cérès & Pallas, découvertes, la première au commencement de ce fiècle, par Piazzi ; la feconde en 1802, par Olbers.

Pour rendre fes cartes plus complètes, Harding les comparoit avec le ciel, afin d'y deffiner les étoiles qui auroient pu lui échapper. Le 1er. feptembre, il vit une étoile de huitième grandeur qui n'étoit pas dans l'hiftoire célefte ; il la deffina, d'après fa configuration, avec les petites étoiles environnantes. Le 4 feptembre il compara de nouveau fa carte avec le ciel ; &, à fon grand étonnement, l'étoile qu'il avoit obfervée le 1er. feptembre, avoit difparu. En même temps il en aperçut une autre plus vers l'oueft & vers le fud, qu'il n'avoit pas vue le 1er. feptembre. Il foupçonna auffitôt que l'étoile vue le 1er. feptembre avoit un mouvement propre, & fes obfervations exactes, faites le 5 & le 6, confirmèrent ce foupçon.

Depuis, plufieurs aftronomes ont vu cette planète, l'ont obfervée & ont calculé fes élémens, que nous allons rapporter ici, en les copiant dans l'*Expofition du fyfteme du monde*, de M. de Laplace.

Durée des révolutions fidérales	1590j,998
Demi-grand axe de l'orbite	2,667163
Rapport de l'excentricité au demi-grand axe	0,254944
Longitude moyenne, à minuit, au commencement de 1801	322°,7938
Longitude du périhélie, à la même époque	59°,2349
Inclinaifon de l'orbite à l'écliptique	14°,5086
Longitude du nœud afcendant, au commencement de 1801	190°,1228

JUPITER (Contraction de) ; *de juvans pater, père qui aide*, ou *de Jehu pater, dieu de l'antiquité païenne* ; Jupiter ; *jupiter* ; f. m. Le plus puiffant des dieux que l'antiquité ait reconnu : fon empire étoit dans le ciel.

JUPITER eft le nom d'une des fept planètes principales qui tournent autour du foleil : fon figne eft ♃.

C'eft la feconde des planètes que l'on appelle fupérieures. (*Voyez* PLANÈTES.) C'eft celle qui, après Saturne & Uranus, eft la plus éloignée du foleil ; elle fe trouve placée entre l'orbe de Mars & de Saturne : elle eft remarquable par fon éclat.

Jupiter étant plus éloigné du foleil que ne l'eft la terre, embrafle cette dernière dans fa révolution autour du foleil ; c'eft pourquoi nous le voyons tantôt du côté du foleil, tantôt du côté oppofé : au lieu que nous voyons toujours les planètes inférieures, telles que Mercure & Vénus, du côté du foleil, & jamais du côté oppofé.

Cette planète fe meut d'occident en orient (1) dans une période de 4332,5963076 jours. La durée de fa révolution fynodique eft d'environ 399 jours.

Il eft affujetti à des inégalités femblables à celles de Mars. Avant l'oppofition de la planète au foleil, & lorfqu'elle en eft à peu près éloignée de 128 degrés, fon mouvement devient rétrograde : il augmente de viteffe jufqu'au moment de l'oppofition, fe ralentit enfuite, devient nul, & reprend l'état direct, lorfque la planète, en fe rapprochant du foleil, n'en eft plus diftante que de 128 degrés. La durée de ce mouvement rétrograde eft de 121 jours, & l'arc de rétrogradation de 11 degrés ; mais il y a des différences fenfibles dans l'étendue & dans la durée des diverfes rétrogradations de *Jupiter*. Le mouvement de cette planète n'a pas exactement lieu dans le plan de l'écliptique : elle s'en écarte quelquefois de 3 ou 4 degrés.

On remarque, fur la furface de *Jupiter*, plufieurs bandes obfcures, *fig.* 119, fenfiblement parallèles à l'écliptique. (*Voy.* BANDES DE JUPITER.) On y obferve encore d'autres taches, dont le mouvement a fait connoître la rotation de cette planète d'occident en orient, fur un axe prefque perpendiculaire à l'écliptique, & dans une période de 0,41377 jour. Les variations de quelques-unes de ces taches, & les différences fenfibles dans les durées de la rotation, conclue de leur mouvement, donnent lieu de croire qu'elles ne font pas adhérentes à *Jupiter* : elles paroiffent être

(1) *Expofition du Syftème du monde*, par P. S. Laplace, page 34, format in-4°.

autant de nuages que les vents transportent avec différentes vitesses dans une atmosphère fort agitée.

Jupiter est, après *Vénus*, la plus brillante des planètes ; quelquefois même il la surpasse en clarté. Son diamètre apparent est le plus grand qu'il est possible dans les oppositions, où il s'élève à 147″ ; sa grandeur moyenne est de 118″, dans le sens de l'équateur ; mais il n'est pas égal dans tous les sens. La planète est sensiblement aplatie à ses pôles de rotation, & l'on a trouvé par des mesures très-précises, que son diamètre, dans le sens des pôles, est à celui de son équateur, à peu près dans le rapport de 13 à 14.

Autour de *Jupiter* sont quatre petits astres qui l'accompagnent sans cesse ; leur configuration change à tous momens : ils oscillent de chaque côté de la planète, & c'est par l'étendue entière de ces oscillations que l'on détermine leur rang, en nommant *premier satellite*, celui dont l'oscillation est la moins étendue. On les voit quelquefois passer sur le disque de *Jupiter* & y projeter leur ombre, qui décrit alors une corde de ce disque. *Jupiter* & ses satellites sont donc des corps opaques, éclairés par le soleil. (*Voyez* SATELLITES DE JUPITER.) En s'interposant entre le soleil & *Jupiter*, les satellites forment, par leurs ombres sur cette planète, de véritables éclipses de soleil, parfaitement semblables à celles que la lune produit sur la terre. *Voyez* ÉCLIPSES.

De l'observation des éclipses des satellites de *Jupiter*, résulte une méthode simple & assez exacte pour comparer entr'elles les distances de *Jupiter* & du soleil à la terre, méthode qui manquoit aux anciens astronomes ; car la parallaxe de *Jupiter* étant insensible, à la précision même des observations modernes, & lorsqu'il est le plus près de nous, ils ne jugeoient de sa distance que par la durée de sa révolution, en estimant plus éloignées les planètes dont la révolution est la plus longue.

Si l'on observe le temps que dure une éclipse d'un satellite de *Jupiter*, on verra que la moitié de sa durée coïncide, à peu près, avec le point

de son orbe, où il est en opposition avec le soleil, & donne la direction prolongée du rayon vecteur du soleil à la planète. Si l'on remarque l'instant d'une première conjonction TSJ, *fig.* 938, d'un satellite de *Jupiter*, & celui du milieu de l'éclipse du même satellite qui a lieu immédiatement après cette observation ; connoissant la loi du mouvement du satellite, on a, par le temps écoulé entre deux observations d'éclipses, l'arc sidéral qu'il a décrit autour de la planète. Si donc, pendant cet intervalle, *Jupiter* s'est porté de J en *j*, & que du centre de l'astre, dans cette seconde position, on mène une ligne *ee′*, parallèle à TE, direction de la conjonction précédente, l'arc décrit par le satellite sera *e′Des* : maintenant, si de cet arc, connu par le temps écoulé entre les deux observations, on retranche la demi-circonférence *seD*, il restera l'arc DA*e′*, composé des angles *e′j*A & A*j*D ; mais à cause des parallèles *e′e*, *t*E′, on a l'angle *e′j*A = J*t*E′, & l'on peut avoir ce dernier en prenant l'angle de *Jupiter* à la terre, dans sa seconde position avec la direction *t*E′, qu'il avoit dans sa première ; retranchant cet angle de la somme des deux autres, il reste l'angle A*j*D ou *tjΣ*, formé par les droites menées du centre de *Jupiter j* aux centres du soleil Σ & de la terre *t* : ainsi, dans le triangle *tjΣ*, formé par la position des trois axes on connoît : l'angle à *Jupiter* ; on peut par l'observation avoir celui à la terre J*t*Σ ; & comme l'on connoît la distance *t*Σ de la terre au soleil, on doit en conclure celle de *Jupiter* au soleil & à la terre. On trouve, par cette méthode, que la plus grande distance de *Jupiter* au soleil est d'environ 6,2 de la distance du soleil à la terre ; que sa plus petite distance est 4,2 ; sa moyenne 5 environ ; enfin, que le diamètre de *Jupiter* est plus de 11 fois plus grand que celui de la terre, & son volume plus de mille fois.

Comparée au soleil, la masse de *Jupiter* est $\frac{1}{1067,9}$ de cet astre : conséquemment 340 fois au moins plus grande que celle de la terre.

Les élémens de la planète de *Jupiter* sont :

Durée de sa révolution sidérale .... 4332^j,5963076

Demi-grand axe de son orbite, ou sa distance moyenne, celle de la terre prise pour unité 5,2027911

Rapport de l'excentricité au demi-grand axe, au commencement de 1801 0,04817840

Variation séculaire de ce rapport 0,00059350

Longitude moyenne pour le minuit du 31 décembre 1800, temps vrai .... 124°,67781

Longitude moyenne du périhélie, à la même époque .... 12°,3812

Mouvement sidéral & séculaire du périhélie 2048,95

Inclinaison de l'orbite à l'écliptique, au commencement de 1801 .... 1°,46734

Variation séculaire de l'inclinaison à l'écliptique vrai .... 69″,78

Longitude du nœud ascendant, au commencement de 1801 .... 109°,3624

Mouvement sidéral & séculaire du nœud, sur l'écliptique vrai .... 4869″,04

Comme *Jupiter* ne se rencontre jamais entre le soleil & la terre, on ne le voit jamais en croissant comme on voit la lune, *Vénus* & *Mercure* : & la grande distance à laquelle il est du soleil, est cause même que son disque paroît toujours rond, même dans ses quadratures.

Jupiter, en chimie, est le nom que les Anciens donnoient à l'étain; en alchimie, en terme du grand art, c'est l'or philosophal: leur signe étoit le même que celui de *Jupiter* planète, ♃.

Jupiter (Bandes de). Bandes obscures, à peu près parallèles entr'elles, *fig.* 119, que l'on aperçoit sur la surface de *Jupiter*. *Voyez* Bandes de Jupiter.

Jupiter (Satellites de). Pêtits corps opaques, espèce de lunes qui tournent autour de *Jupiter*

d'occident en orient. *Voyez* Satellites de Jupiter.

JUSANT, *du vieux mot* jus, *en descendant;* salacia; *jusant;* s. m. Reflux de la marée, mouvement d'abaissement des eaux de la mer lorsqu'elles sont arrivées à leur plus grande hauteur. *Voyez* Ebe, Reflux.

JUXTA-POSITION, *de* juxta, *proche,* ponere, mettre; juxta-positio; *ansetzen von auffen;* s. f. Accroissement des corps par l'approchement d'une nouvelle matière sur leur surface extérieure.

Les minéraux croissent par *juxta-position.*

KALI. Nom arabe, donné à la foude, d'où l'on a fait *alcali*, avec la prépofition arabe *al*. Ce nom a d'abord été donné à la foude, puis il eſt devenu dénomination générique des ſubſtances *alcalines*. *Voyez* ALCALI, SOUDE.

KAND. Meſure pour les liquides, employée à Copenhague & dans tout le Danemarck.

Le *kand* = 2 pottes = 8 peeles = 2,028 pintes de France = 1,9292 lit.

KANELSTEIN, f. m. Nom allemand, donné par Werner à une pierre précieuſe, que l'on trouve parmi les zircones de Ceylan.

Sa couleur eſt le rouge-hyacinthe, le jaune de miel & l'orangé ; il eſt dur & aigre ; ſa peſanteur ſpécifique eſt de 3,530, l'eau diſtillée étant 1,000.

On le trouve en fragmens anguleux ; ſon éclat eſt dû au haſard ; ſa caſſure eſt conchoïde : il eſt tranſlucide & rempli de gerçures.

Ce minéral eſt compoſé de ſilice, chaux, alumine & oxide de fer, d'après l'analyſe de Klaproth.

A la chaleur rouge il n'éprouve pas d'altération ; il ſe fond au chalumeau.

KANNE. Meſure pour les liquides, employée à Hambourg, à Dreſde & en Suède.

A Dreſde la *kanne* { pour la bierre = 1 pinte de Paris = 0,9513 lit.
d'eau de fontaine pèſe 1,871 liv. = 0,8797 kilogr.

A Hambourg, la *kanne* = 2 quartiers = 4 œſſels = 1,901 pint. = 1,7085 lit.

En Suède, la *kanne* = 132 pouces cubiques de France = 2,730 pint. = 2,616 lit.

A Leipſick, la *kanne* d'eau de fontaine pèſe 2,439 lit. = 1,1739 kilogr.

KANNEN. Meſure de liquides en uſage dans quelques parties de l'Allemagne. La *kannen* d'Oſnabruck = 1,306 p. = 1,2424 lit.
de Lubeck = 1,928 p. = 1,8331 lit.
de Gotha = 1,827 p. = 1,7380 lit.

KAOLIN, *du chinois* kaolin ; kaolin ; f. m. Argile très-blanche, dont les Chinois ſe ſervent pour faire de la porcelaine.

Pendant long-temps, le *kaolin* a été regardé comme une ſubſtance eſſentielle à la fabrication de la porcelaine, & l'on croyoit qu'il n'exiſtoit qu'en Chine. Cependant, l'analyſe de cette ſubſtance ayant prouvé qu'elle n'étoit qu'une argile blanche, on a fait des recherches nouvelles, & l'on a trouvé du *kaolin* dans un grand nombre de pays : il en exiſte abondamment à Saint-Yriex près de Limoges, & c'eſt avec cette terre que l'on fait les plus belles porcelaines de Sèvres.

KARABÉ, mot perſan qui ſignifie *tire-paille* ; eleƈtrum ; *bernſtein* ; f. m. Subſtance ſolide, combuſtible, ſurnageant ſur l'eau ; compoſée d'adipocire, d'acide benzoïque & de charbon ; fuſible à 50 deg. centigr., & qui a la propriété de s'électriſer fortement par le frottement & d'attirer les corps légers. *Voyez* AMBRE.

KARAT, de l'arabe *karat*. Poids qui équivaut, à la Mecque, à un vingt-quatrième de denier. *Voyez* CARAT.

KEILL (Jean), mathématicien, aſtronome & phyſicien diſtingué, né en Edimbourg en 1671, mort en Londres en 1721.

Il fut le premier qui enſeigna les élémens de Newton, dans des leçons particulières à Oxford, en répétant les expériences ſur leſquelles ils ſont fondés.

Nommé profeſſeur ſuppléant à l'Univerſité d'Oxford, en 1700, il occupa cette chaire avec éclat & publia un ouvrage intitulé : *Introduƈtio ad veram phyſicam*, diviſé en quatorze leçons, & qui eut beaucoup de ſuccès.

En 1705, la Société royale de Londres l'admit parmi ſes membres ; en 1709 il accompagna, en qualité de tréſorier, les Palatins, dans leur paſſage à la Nouvelle-Angleterre ; à ſon retour, en 1710, il fut choiſi profeſſeur d'aſtronomie à Oxford ; enfin, il fut choiſi par la reine Anne pour déchiffrer ; emploi auquel il étoit parfaitement propre.

Pendant ſa vie il eut deux diſcuſſions aſſez vives : la première avec Burnet & Wihſton, à l'ocaſion de l'examen & des remarques qu'il avoit publiées ſur les théories de la terre de ces deux ſavans ; la ſeconde avec Leibnitz, pour avoir combattu un paſſage des *Aƈta Eruditorum* de Leipſick, dans lequel on conteſtoit à Newton la découverte des fluxions. La Société royale intervint dans cette diſcuſſion, & déclara que Newton étoit bien l'inventeur des fluxions, & que *Keill* n'avoit pu offenſer Leibnitz en maintenant cette vérité.

Nous avons de *Keill* : 1°. ſon *Introduƈtion à la véritable phyſique*, imprimée à Oxford en 1700 & 1705 ; 2°. l'*Introduƈtion à la véritable aſtronomie*, publiée en 1718 ; enfin, pluſieurs Mémoires inſérés dans les *Tranſaƈtions philoſophiques*, & en particulier celui ſur *la rareté de la matière & la ténuité de ſes parties*.

KELP: Cendre alcaline que l'on obtient en brûlant les plantes marines qui croissent sur les bords de la Manche. *Voyez* SOUDE DE VARECK.

KEMPELEN (Wolfang, baron de), célèbre mécanicien, né à Presbourg le 31 janvier 1754, mort à Vienne le 22 ou 26 mars 1804.

Kempelen étoit conseiller des finances de l'Empereur, directeur des salines de Hongrie, & référendaire de la chancellerie hongroise.

Ce qui a contribué à la célébrité de *Kempelen*, c'est son automate joueur d'échecs, qu'il fit connoître en 1769 & qu'il fit voir à Paris en 1783. *Voyez* AUTOMATE, JOUEUR D'ÉCHECS.

Tant que cette figure automate ne fut considérée que comme joueur d'échecs, on put croire qu'elle étoit mue par le seul mécanisme que l'on faisoit voir : mais dès que *Kempelen* fit remarquer qu'elle répondoit à toutes les questions qu'on lui adressoit, alors on se crut assuré qu'elle étoit mue par une volonté humaine, & *Kempelen* convenoit volontiers que c'étoit lui qui donnoit la direction au mouvement de l'automate.

Mais comment ce mouvement étoit il donné ? Decremps soupçonna qu'il y avoit un nain caché dans le bureau devant lequel étoit l'automate, & sur lequel le damier étoit placé. Cette hypothèse fut complètement détruite par Dutens, qui, ayant examiné avec attention toutes les parties de l'intérieur de la table & de la figure, attesta que l'enfant ou le nain le plus petit n'eût pu y trouver place.

Ce mécanicien célèbre faisoit voir, dans le même temps, une figure qui articuloit distinctement les mots, & même de petites phrases. *Kempelen* a décrit le mécanisme de cette figure dans un ouvrage intitulé : *le Mécanisme de la parole, suivi de la description d'une machine parlante & enrichi de 27 planches.* Vienne, 1791, grand in-8°.

Parmi les chefs-d'œuvre de mécanique dus au talent de *Kempelen*, il faut compter une presse à l'usage des aveugles, qu'il exécuta pour mademoiselle Paradies, célèbre aveugle de Vienne en Autriche, qui, en 1784, fit à Paris les délices du concert spirituel.

KEN. Mesure de longueur employée à Siam. Le *ken* = 25 oks = 2,958 pieds = 0,9608 mètr.

KEPLER (Jean), célèbre astronome, né dans le duché de Wurtemberg, le 27 décembre 1571, mort à Ratisbonne le 15 novembre 1620.

Né de parens nobles, qui avoient constamment suivi la profession des armes, *Kepler* auroit nécessairement suivi la carrière de ses pères, si ceux-ci, tombés dans la misère, ne se fussent exilés, & ne l'eussent abandonné.

Annonçant de grandes dispositions, *Kepler* fut admis au nombre des élèves du couvent de Maul-

brunn, d'où il alla achever ses études sous le célèbre Mœstling.

Dès l'âge de 20 ans, ce savant professa la philosophie, puis la théologie ; mais sa passion pour l'astronomie le dégoûta bientôt de toutes ses occupations. Il fut nommé, en 1594, pour remplacer Stadt dans la chaire de mathématiques à Gratz. Alors son devoir & son goût particulier l'attachèrent fortement aux études que sa place exigeoit.

Un calendrier que *Kepler* fit pour les grands de Stirie, auxquels il devoit sa chaire, lui fit un nom distingué ; un autre ouvrage que Mœstling, son premier maître, accueillit & imprima en 1597, sans nom d'auteur, sous le nom de *Prodrome* ou *Mystère cosmographique*, augmenta sa réputation parmi les savans, qui savoient qu'il en étoit l'auteur. Cet ouvrage avoit pour but de prouver que le Créateur, en arrangeant l'Univers, avoit pensé aux cinq corps réguliers inscriptibles dans la sphère. Pour satisfaire à ces idées de proportion, il avoit été obligé de soupçonner une planète entre Mercure & Vénus, & une autre entre Mars & Jupiter. Cette dernière a été découverte récemment dans les quatre astéroïtes. *Voyez* PLANÈTE MICROSCOPIQUE.

Ticho-Brahé, ayant reçu cet ouvrage de *Kepler*, résolut de s'attacher un savant aussi distingué, quoiqu'ayant des opinions différentes des siennes sur le système planétaire, puisque Ticho-Brahé supposoit que tout le système tournoit autour de la terre, & que *Kepler*, au contraire, supposoit, avec Copernick, que tout le système tournoit autour du soleil.

Etabli au château d'Uranibourg, où il avoit un vaste observatoire, Ticho Brahé invita, à plusieurs reprises, *Kepler* à venir s'établir près de lui : celui-ci refusa long-temps de répondre à cette invitation ; il préféroit son indépendance, & craignoit qu'on ne l'obligeât à abandonner un système qu'il chérissoit, pour en adopter un autre auquel il trouvoit beaucoup d'imperfection : cependant, vers l'an 1600, à l'époque où Ticho-Brahé avoit quitté son vaste observatoire, pour s'établir en Bohême dans un asyle qui lui avoit été offert par Rodolphe II, *Kepler* vint s'établir avec ce premier, qui lui fit obtenir le titre de mathématicien de l'Empereur, avec un traitement, sous la condition qu'il ne quitteroit pas Ticho Brahé, & travailleroit, sous sa direction, à la construction des tables Rudolphines.

Quelques désagrémens que *Kepler* éprouvât près de Ticho-Brahé, il ne l'abandonna jamais. Ce dernier, en mourant, avoit laissé ses tables Rudolphines imparfaites ; il laissoit encore une veuve & quatre enfans qui n'avoient d'autre bien que ces tables : *Kepler* les termina. Ce fut un grand avantage pour ces tables, que Ticho-Brahé ne les eût pas achevées, il les auroit assujetties à ses idées surannées. Terminées par *Kepler*, elles ont été long-temps les plus exactes que l'on pût emp'oyer ; & pour la partie écliptique , elles servent encore de modèle à nos tables actuelles.

Ce qui diftinguoit le caractère de *Kepler*, c'étoit une inquiétude qui le forçoit à chercher à tout une caufe, une hardieffe à imaginer des explications, une patience inépuifable à vérifier, par le calcul, les fuppofitions qu'il hafardoit ; enfin , ce qui eft plus rare, une bonne foi remarquable qui les lui faifoit abandonner, dès qu'il s'étoit convaincu qu'elles ne s'accordoient pas avec fes obfervations.

Nous devons à ce caractère opiniâtre les trois belles lois fur le mouvement des corps céleftes, qui ont immortalifé *Kepler*, & auxquelles on a appliqué fon nom. *Voyez* LOIS DE KEPLER.

Kepler fut le premier maître en optique de Defcartes, ainfi qu'on peut le voir dans fon *Supplément à l'Optique de Vitellio* ; il a eu la première idée des tourbillons céleftes. Il a été le précurfeur de Newton en phyfique & en aftronomie. Il devina, par la feule force de fon génie, la loi mathématique des aftres.

On lui attribue la découverte de la lunette dont Galilée s'eft fervi, parce qu'il en avoit donné une figure dans fes *Paralipomènes*. Au refte, il en céda l'invention à Porta. Il parle également de l'arrangement des lentilles convexes qui renverfent les images, & qui forment notre lunette aftronomique.

Comme tous les hommes de génie qui l'ont précédé, *Kepler* s'eft laiffé entraîner dans des hypothèfes plus ou moins obfcures ; mais il ne les a confervées qu'autant qu'il n'en a pas aperçu la fauffeté.

Jamais ce favant illuftre n'a été dans l'aifance ; la penfion que lui avoit faite l'empereur Rodolphe lui étoit mal payée. Dans une préface, datée de 1616, il fe plaint du malheur du temps, qui empêche les gardes du tréfor de lui payer exactement fon traitement de mathématicien de l'empereur. Enfin, c'eft en venant folliciter ce qui lui étoit dû, que rongé d'inquiétude, excédé de fatigue, il tomba malade à Ratisbonne, & mourut fix jours après fon arrivée dans cette ville, laiffant à fa femme & à fes enfans, pour toute reffource, un manufcrit ayant pour titre : *le Songe de Kepler*.

Parmi les ouvrages dont *Kepler* nous a enrichis, on diftingue : 1°. *Nova Differtatiuncula de fundamentis aftrologiæ certioribus ad cofmotheoriam fpectans*, in-4°. Prague, 1602 ; 2°. *Prodromus Differtationum cofmographicarum*, in-4°., Tubingue, 1696 ; 3°. *Paralipomena quibus aftronomiæ pars optica traditur*, in-4°., 1604 ; 4°. *De Stellâ novâ in pede ferpentari*, in-4°., Prague, 1606 ; 5°. *De cometis libri tres*, in-4°., Auguftæ-Vindelicorum, 1611 ; 6°. *Ephemerides nova*, in-4°., Lintz, 1616 ; 7°. *Tabulæ Rodolphinæ*, in-fol., Ulm, 1627 ; 8°. *Epitome aftronomiæ Copernicanæ*, in-8°., 1635 ; 9°. *Aftronomia nova*, in-fol., 1609 ; 10°. *Chilius Logarithmorum*, &c. in-4°. *Nova ftereometria doliorum vina-*

riorum, &c. in-fol., Lintz, 1615 ; 11°. *Dioptrique*, in-4°., Augsbourg, 1611.

KEPLER (Lois de) ; regulæ Kepleri ; *Keplerifche regeln* ; f. f. Lois du mouvement du foleil, reconnues & démontrées par *Kepler*. *Voyez* LOIS DE KEPLER.

KERMÈS, de l'arabe *kermès*, cramoifi ; *kermès* ; *kermès* ; f. m. Nom donné à une petite excroiffance de couleur rouge, qu'on trouve fur le chêne-vert.

Il exifte deux fortes de *kermès*, le végétal & le minéral.

Le *kermès* végétal eft cette excroiffance de couleur rouge : elle eft formée par la piqûre d'un infecte qui fait extravafer le fuc de cet arbre. Il fert à teindre en écarlate. On l'emploie auffi en médecine.

KERMÈS MINÉRAL Oxide d'antimoine rouge, granuleux ou en plume, appelé ainfi par le frère Simon, à caufe de fa reffemblance avec les excroiffances nommées *kermès*.

KÉRATION. Monnoie des Romains, fous le Grand Conftantin & fes fucceffeurs.

Le *kération* équivaloit à une livre de cuivre. Il en falloit 120 pour une livre d'argent. Le *kération* = 0,625 liv. = 0,5195 fr.

KEYSERGOS. Monnoie d'Allemagne.

Le *keyfergos* de Bavière = 3 kreutzer ; il en faut 20 pour un florin & 30 pour le rixdaler. Il vaut 0,1103 liv. = 0,1089 fr.

Le *keyfergos* des autres parties de l'Allemagne vaut également 3 kreutzer. Il en faut de même 20 pour le florin & 30 pour le rixdaler ; mais il vaut argent de France, 0,1323 liv. = 0,13066 fr.

KILIARE, de χιλιοι, *mille*, *area*, *aire* ; ce mot eft pour *kiloare* ; f. m. Mefure françaife, contenant mille ares ou 100,000 mètres carrés. *Voyez* ARES.

KILIOGONE, de χιλιοι, *mille*, γωνια, *angle* ; *kiliogonum* ; *kiliogone* ; f. m. Figure qui a mille côtés & mille angles.

Elle eft régulière lorfque tous les côtés, & par conféquent tous les angles, font égaux.

Pour décrire un *kiliogone* régulier, il faut divifer un cercle en mille arcs égaux, dont chacun fera de 21 minutes 36 fecondes, parce que mille fois 21 minutes 36 fecondes font 360 degrés, contenus dans la circonférence de tous les cercles. La corde de chacun de ces arcs fera un des côtés de ce polygone ; de forte que les mille cordes, des mille arcs, formeront les mille côtés du *kiliogone* régulier ; car toutes ces cordes font égales entr'elles, puifqu'elles foutiennent des arcs égaux entr'eux.

Voyez, pour avoir la furface du *kiliogone*, foit régulier, foit irrégulier, le mot POLYGONE.

Tous les angles intérieurs d'un *kiliogone* quelconque valent, pris ensemble, 179640 degrés ; & pour savoir combien de degrés doit avoir chaque angle intérieur d'un *kiliogone* régulier, il faut diviser le nombre de degrés, qui valent ensemble tous les angles intérieurs, savoir, 176640 par mille, nombre de côtés ou des angles du *kiliogone*. Le quotient 179,64 ou 179 degrés 34 minutes 24 secondes., donne la valeur de chacun de ces angles.

KILO, de χιλιοι, *mille*; kilo; kilo; f. m. Prénom des nouvelles mesures, qui indique une mesure mille fois plus grande que celle qui lui sert d'unité.

KILOGONE, de χιλιοι, *mille*, & de γωνια, *angle*; f. m. Mille angles.

C'est, en géométrie, une figure qui a mille angles, & par conséquent mille côtés. *Voyez* KILIOGONE.

KILOGRAMME, de χιλιοι, *mille*, & de γραμμα, *gramme*; f. m. Mille grammes.

Le *kilogramme* est un nouveau poids établi pour remplacer la livre. Son poids est celui d'un décimètre cube d'eau distillée. Comparé au poids de marc, il équivaut à 2,04288 livres. Ce poids & ses différentes parties sont destinés à peser les marchandises qui se vendent en détail. *Voyez* GRAMME.

KILOLITRE, de χιλιοι, *mille*, & de λιτρα, *mesure*; f. m. Mille litres.

Le *kilolitre* est une mesure de capacité destinée à remplacer le muid. Il contient 100 décalitres ou boisseaux nouveaux ; il est égal au mètre cube. Sa capacité équivaut à celle du tonneau de vin de Bordeaux, composée de 4 pièces. Il correspond à 1073 pintes de Paris = 134,2180 veltes = 3,7279 muids.

Le *kilolitre* pour les grains = 1230,77 litrons = 76,92 boiss. = 6,42 setiers = 0,5342 muids. *Voyez* LITRE.

KILOMÈTRE, de χιλιοι, *mille*, μετρον, *mesure*; f. m. Mille mesures.

Le *kilomètre* est une mesure linéaire destinée à exprimer des distances ordinaires ; & à planter des bornes pour indiquer la mesure du chemin. Il pourroit être comparé au mille, mais il n'en fait que la moitié.

Cette mesure = 1000 mètres = 3078,84 pieds = 841,44 ares = 513,14 toises = 615,69 pas géométriques.

KIN. Poids de la Chine, équivalant à 1,195 livre du poids de marc = 0,58 kilogramme ou 580 grammes.

KING. Mesure chinoise pour l'arpentage. Cette mesure équivaut à 1,212 arpent = 0,6209 hectare.

KIRCHER (Athanase), Jésuite allemand, né à Geyssen le 2 mai 1602, mort à Rome le 28 novembre 1620.

Il appartenoit à des parens honnêtes, qui soignirent son éducation. Les progrès qu'il fit déterminèrent les Jésuites à l'attirer dans leur société, où il fut admis. Il y trouva de nouveaux moyens de s'instruire, seul but de ses desirs.

Physique, histoire naturelle, mathématiques, langues anciennes, il embrassoit tout ; c'étoit l'un des hommes le plus savant & le plus laborieux qu'ait produit cet Ordre. Il fut chargé de professer la philosophie, & ensuite les langues orientales à Wurtzbourg. Il professa les mathématiques à Rome ; enfin, l'an 1645, après dix-huit ans de professorat, il obtint de ses supérieurs la permission de renoncer à l'enseignement pour se livrer à d'autres travaux.

Kircher étoit doué d'une imagination vive; ardente, d'une mémoire vaste ; mais quelle que fût son application au travail, il ne put vérifier tous les faits qu'il rapporte dans ses ouvrages. Plusieurs souverains, entr'autres le duc de Brunswick (Auguste), lui fournissoient les sommes nécessaires pour faire ses expériences, & ils lui envoyèrent des raretés. Il forma ainsi, à Rome, un des plus curieux cabinets de physique expérimentale qui eût existé.

C'est en parcourant les nombreux ouvrages publiés par le Père *Kircher*, que l'on peut apprécier sa facilité & ses travaux. Ces ouvrages peuvent être divisés en quatre classes : physique, mathématiques, langues, hiéroglyphes. Nous ne rapporterons ici que ses ouvrages sur la physique.

1°. *Ars magnetica, sive conclusiones experimentales de effectibus magnetis*, in-4°. Wurtzbourg, 1631 ; 2°. *Magnes, sive de arte magneticâ opus tripartitum*, in-4°. Rome, 1641; 3°. *Magneticum Naturæ Regnum, sive Disceptatio physiologica de triplici in naturâ rerum magnete*, in-4°. Rome, 1667 ; 4°. *Ars magna lucis & umbra in X libros digesta*, in-4°. Rome, 1645; 5°. *Musurgia universalis, sive Ars magna consoni & dissoni in X libros digesta*, in-fol. Rome, 1650; 6°. *Phonurgia nova de prodigiosis sonorum effectibus & sermocinatione per machinas sono animatas*, in-fol. 1673 ; 7°. *Mundus subterraneus, in quo universæ naturæ majestas & divitiæ demonstrantur*, in-fol. Amsterdam, 1664; 8°. *Primitiæ gnomonicæ catoptricæ, hoc est horologio graphia nova specularis*, in-4°. Avignon, 1632.

KIRWANN (Richard), chimiste & physicien célèbre, né en Irlande & mort à Dublin le 22 juin 1812.

Destiné à suivre la carrière des lois, il s'exerça dans la profession d'avocat, qu'il fut obligé de

quitter

quitter par des circonſtances ; alors il s'occupa de l'étude des ſciences & s'y fit une grande réputation.

Etabli à Londres, vers l'an 1779, il lut pluſieurs ouvrages à la Société royale, dont il devint membre. Il mérita, en 1781, la médaille fondée par Copley.

Retourné en Irlande, en 1789, il fut nommé préſident de la Société royale d'Irlande. Ses travaux en géologie, minéralogie, phyſique, chimie, &c. le firent agréger à diverſes Sociétés ſavantes. Il a donné ſon nom à la Société *Kirwanienne*.

Savant infatigable, *Kirwann* étoit regardé comme le Neſtor des chimiſtes en Angleterre : preſque toutes les ſciences naturelles lui ſont redevables de quelques-uns de leurs progrès.

Nous avons de *Kirwann* : 1°. *Expériences & obſervations ſur la peſanteur ſpécifique & les affinités de diverſes ſubſtances ſalines* ; 2°. *Eſtimation de la température de différens degrés de latitude*, traduit en françois par M. Adet, in-8°., Paris, 1789 ; 3°. *Obſervations ſur les mines de houille*, 1789 ; 4°. *Expériences ſur les ſubſtances alcalines, employées dans le blanchiment & ſur les matières colorantes des étoffes de laine*, 1789 ; 5°. *ſur la force des acides & la proportion des ingrédiens des ſels neutres*, Dublin, 1790 ; 6°. *Vues comparatives des obſervations météorologiques faites en Irlande depuis 1783 juſqu'en 1793* ; 7°. *Réflexion ſur les tables météorologiques, fixant la ſignification préciſe des termes humides, ſecs & variables*, 1793 ; 8°. *quels ſont les engrais qu'on peut employer avec plus d'avantage aux diverſes eſpèces de ſols, & quelles ſont les cauſes de leurs bons effets dans chaque cas particulier*, traduit en françois par M. Maurice, de Genève, in-4°., 1800 ; 9°. *Expériences ſur une nouvelle terre trouvée près de Stronthian en Ecoſſe*, 1794 ; 10°. *de la proportion du carbone dans les mines de ſoufre & de houille*, 1795 ; 11°. *Réflexions ſur le magnétiſme*, 1796 ; 12°. *Eſſai ſur le phlogiſtique & ſur la conſtitution des acides*, traduit par madame Lavoiſier, in-8°., Paris, 1788 ; 13°. *Elémens de minéralogie*, traduits par Geblin, 1785.

On trouve pluſieurs Mémoires très-intéreſſans de *Kirwann*, dans les *Tranſactions philoſophiques* de la Société royale de Londres, dans ceux de l'Académie d'Irlande, dans la *Bibliothèque britannique*, & dans un grand nombre de collections académiques & d'ouvrages périodiques.

KLAFTER. Nom allemand donné à la toiſe.

Le *klafter* de Siléſie eſt diviſé en ſix parties, correſpondantes au pied ; il équivaut à 5,345 pieds = 1,7360 mètr.

KLAPROTH (Martin-Henri), né à Berlin le 1er. décembre 1743, mort dans la même ville le 1er. janvier 1817.

Doué par la nature d'un eſprit obſervateur, ſé-

rieux, réfléchi, pourvu d'une patience à toute épreuve, il ſe livra aux ſciences phyſiques avec cet aſcendant qui le dominoit.

Klaproth ſe livra d'abord tout entier à la minéralogie, pour laquelle il avoit un penchant décidé ; mais, s'apercevant qu'il ne pouvoit y faire de progrès qu'en y aſſociant la chimie, il s'appliqua avec ardeur à cette ſeconde branche des connoiſſances phyſiques, & il analyſa un grand nombre de minéraux.

Ses expériences multipliées lui donnèrent bientôt les moyens de varier les procédés chimiques, & de découvrir des élémens nouveaux qui avoient échappé à ſes prédéceſſeurs ; c'eſt ainſi qu'il découvrit la zircone dans le jargon de Ceylan ; le titane dans le ſchorl rouge ; l'urane dans le pechblend ; le tellure dans le minéral d'or de Nagiac (*voyez* TELLURE, TITANE, URANE, ZIRCONE) : qu'il trouva la potaſſe dans la leucite & dans les productions volcaniques. Toutes ſes analyſes ont été publiées & traduites dans divers journaux.

Peu d'ouvrages ont été publiés par *Klaproth*, parce qu'il s'occupoit plus de faire des analyſes que d'écrire. Cependant, nous avons de lui trois ouvrages remarquables : 1°. ſon *Syſtème de minéralogie*, baſé ſur les principes conſtans des minéraux ; 2°. les *Mémoires de chimie*, recueillis & traduits en françois par M. Taſſaert, 2 vol. in-8°., Paris, 1807 ; 3°. un *Dictionnaire de chimie*, traduit par MM. Bouillon la Grange & Vogel, 4 vol. in-4°., Paris, 1810.

KLINGENSTIERNA (Samuel), mathématicien, phyſicien & philoſophe ſuédois, né à Tolefors près de Linkœping, en 1689, mort le 28 octobre 1785.

Klingenſtierna fit ſes études à Upſal ; il s'appliqua au droit pour ſe conformer au deſir de ſa famille : mais les ſciences mathématiques le captivèrent au point qu'il renonça aux avantages qu'il pouvoit recueillir de l'étude de la juriſprudence, pour ſatisfaire ſon penchant naturel.

En 1723, *Klingenſtierna* compoſa deux diſſertations : l'une ſur la hauteur de l'atmoſphère, l'autre ſur la manière de perfectionner les thermomètres.

Trois ans après, ce ſavant entreprit un voyage ; il parcourut l'Allemagne, la France & l'Angleterre, pour connoître & ſe lier avec les ſavans de ces pays.

A ſon retour, en 1730, il fut nommé à la place de profeſſeur de mathématiques qu'on lui avoit offerte pendant ſon voyage. Des hommes très-remarquables, tels que Stœmer, Wargentin, Melanderhielm, Mallet, ſortirent de ſon école.

On trouve dans les Mémoires de l'Académie de Stockholm, de la Société d'Upſal, pluſieurs Mémoires qui portent l'empreinte d'un génie créateur.

Parmi les branches de connoiſſance qu'il culti-

voit, l'optique fut furtout l'objet de ses recherches & de ses méditations. Il forma l'habile opticien suédois Charles Lehnberg; il aida de ses
conseils le fameux Dollond; il rectifia plusieurs
calculs du grand Euler.

Une question d'optique intéressante avoit été
proposée par l'Académie de Pétersbourg : « com-
» ment les défauts des tubes dioptriques, résul-
» tant de la diverse réfrangibilité des rayons &
» de la courbure sphérique, peuvent-ils être cor-
» rigés ou diminués par la combinaison de plu-
» sieurs foyers? » Quoique vieux alors & entièrement retiré, il crut devoir concourir, & son Mémoire fut couronné.

Mais ce qui distingue principalement *Klingenstierna*, comme physicien, c'est le succès qu'il
obtint dans la grande question de l'achromatisme
des verres lenticulaires; lorsqu'il prouva, par une
proposition très-simple de géométrie, que Newton s'étoit trompé dans la proposition, à l'aide de
laquelle il prouvoit qu'il y avoit impossibilité d'a-
chromatiser les lentilles. Alors Dollon répéta les
expériences de Newton; il s'assura qu'il avoit
prononcé trop légèrement, & il parvint à construire une lunette achromatique. *Voyez* LENTILLE
ACHROMATIQUE, OBJECTIF ACHROMATIQUE.

Ses talens & ses connoissances le firent nommer
membre de la Société d'Upsal, puis de l'Académie
de Stockholm, & enfin associé étranger à la Société royale de Londres.

Indépendamment des Mémoires que *Klingenstierna* a imprimés dans les collections des Sociétés
savantes dont il étoit membre, nous avons de lui:
1°. une édition latine des *Elémens d'Euclide*;
2°. une traduction suédoise de la *Physique de Muschenbroeck*; 3°. un discours suédois sur les *expériences électriques* les plus récentes du temps de
l'auteur.

KODRANTE. Monnoie de cuivre du Grand
Constantin & de ses successeurs.

Cette monnoie romaine équivaloit à 0,013 liv.
= 0,0128 d.

KOKION. Poids d'Asie & d'Égypte; il en faut
six pour un gramme & douze pour une drachme.
Le *kokion* = 3,41/72 grains. = 0,1939 gramm.

KOOL. Mot arabe, *subtil*. En y joignant l'art.
al, on en a fait alkool. *Voyez* ALCOOL, ESPRIT-
DE-VIN.

KOPFFSTUCK. Monnoie d'Allemagne.
Le *kopffstuck* de Bavière = 6½ batz = 0,8820 liv.
= 0,8621 fr. Il en faut 4¾ pour le rixdaler courant.
Celui d'Allemagne = 5 batz = 0,8820 liv.
= 0,8621 fr. Il en faut 4½ pour le rixdaler courant.

KRAFT (Georges-Wolfang), physicien alle-

mand, né à Drutlingen dans le Wurtemberg, en
1701, mort à Tubingen le 16 juillet 1754.

Son père, pasteur de cette ville, prit soin de
sa première éducation ; puis il l'envoya apprendre
les mathématiques à Blauberen & à Tubingue; c'est
dans cette dernière ville qu'il prit du goût pour la
physique, & qu'il fut reçu maître ès-arts en 1728.

Dans la même année 1728, son maître, Bilfinger,
lui procura la chaire de mathématiques au collège
de St.-Pétersbourg, qu'il remplit avec distinction.
Cinq ans après, on le chargea de donner, en même
temps, des leçons de physique.

Par suite de la grande réputation qu'il s'étoit
acquise, son souverain, en 1744, le rappela dans sa
patrie, où il prit possession, à son arrivée à Tubingue, de la chaire de physique & de mathématiques,
qu'il remplit avec autant de zèle que de succès.

Nous avons de *Kraft* : 1°. *Experimentorum physi-
corum brevis descriptio*, in-8°., Pétersbourg, 1738;
2°. *brevis introductio ad geometriam theoreticam*,
in-8°., Pétersbourg, 1740; 3°. *Description de la
maison de glace construite à Pétersbourg*, traduit par
P. L. Leroy, in-4°., 1741; 4°. *De atmosphærâ solis
dissertationes duæ*, in-4°., Tubingue, 1740; 5°. *Præ-
lectiones academiæ publicæ in physicam theoricam*,
in-8°., Tubingue; 6°. *Institutiones geometriæ subli-
mioris*, in-4°., Tubingue, 1753; 7°. un grand nombre de programmes & de dissertations académiques; 8°. Un grand nombre de Mémoires insérés
dans les recueils des Académies de Pétersbourg
& de Berlin, dont il étoit membre.

KREMPS (Blanc de). Carbonate de plomb ou
blanc de céruse.

Le nom de *blanc de Kremps* a été donné à ce carbonate, parce que ce fut dans cette ville qu'on
fit les premières préparations de cette couleur;
mais, depuis long-temps, toutes les fabriques qui
existoient à *Kremps*, ne travaillent plus, & la fabrication de cette substance se fait également en
France, en Allemagne, en Angleterre, &c. *Voy.*
CÉRUSE.

KREUTZER. Monnoie de billon en usage en
Suisse & en Allemagne.

Le *kreutzer* de Suisse varie de 0,040 à 0,0449 liv.;
il en faut 60 pour le florin & 120 pour le rixdaler.
Ce *kreutzer* vaut :

A Zurich	0,04 liv.	= 0,0395 fr.
A St.-Gall	0,041	= 0,04049
A Bâle	0,0411	= 0,04059
A Berne	0,0449	= 0,04430

Dans toutes les parties de l'Allemagne, il faut
60 *kreutzer* pour un florin, & 90 pour un rixdaler
de convention.

En Prusse, le *kreutzer* équivaut à 0,042 liv. =
0,04148 fr.

En Bavière, le *kreutzer* équivaut à 0,0367 liv. =
0,03624 fr.

Dans tout le reste de l'Allemagne, à 0,0441 liv. = 0,04355 fr.

KRITE Très-petit poids de l'Asie & de l'Egypte, équivalant à un grain d'orge = 0,9132 grains = 48,48 milligr.

KRONE. Monnoie d'argent ayant cours en Hollande, dans les Pays-Bas & à Berne.

Le *krone* de Hollande = 2 florins = 80 gros = 640 pfenning = 4,345 liv. = 4,2912 f.

Celui des Pays-Bas = 5,780 liv. = 5,7086 f.

Le *krone* de Berne = 1½ florin = 50 sous = 600 deniers = 4,492 liv. = 4,4363 f.

KUNISS, s. m. Liqueur que les Tartares font avec le lait de jument, & qu'ils boivent avec plaisir.

On mêle avec du lait de jument, fraîchement tiré, ⅓ d'eau & ⅛ de lait de vache ou de jument aigri; on couvre le vaisseau avec un linge, & on le porte dans un lieu frais. Au bout de 24 heures, on verse le lait épaissi dans un instrument à battre le beurre, afin de mélanger la crème, le lait caillé & le petit-lait. Lorsque le tout est délayé, on le laisse reposer 24 heures pour le mélanger de nouveau, & la liqueur provenant de ce mélange est le *kuniss*. On prétend qu'il a d'excellentes propriétés médicinales.

KUNKEL (Jean), célèbre chimiste allemand, naquit au village d'Hutten, dans le duché de Silésie, en 1630, & mourut à Stockholm, en 1702.

Ses premières études terminées, il parcourut la basse Allemagne & la Hollande, visitant les ateliers & les manufactures, pour y étudier les procédés des ouvriers.

Kunkel commença en 1676 à donner des leçons de chimie à Wittemberg. Appelé en 1679 à Berlin, par l'électeur de Brandebourg, il y ouvrit un cours de chimie qui fut très-fréquenté : en 1693, il se rendit à Stockholm, où il étoit demandé depuis long-temps par le roi de Suède Charles XI, qui le créa conseiller des mines & lui donna des lettres de noblesse.

C'étoit un homme fort expérimenté, peu savant, & qui dut son succès & sa réputation à son opiniâtreté pour le travail, & à l'exactitude de ses expériences & de ses procédés.

Ayant appris que Brand avoit trouvé, par hasard, dans un récipient, une matière lumineuse dans l'obscurité, & sachant d'ailleurs que la matière sur laquelle Brand travailloit, étoit l'urine, *Kunkel* parvint, après un travail opiniâtre, à découvrir le phosphore qui porte son nom.

Nous avons de *Kunkel* plusieurs ouvrages écrits en allemand, tels que : 1°. *Expériences sur l'eau-forte*; 2°. *Recherches & observations sur les sels fixes & volatils, sur l'or & l'argent potables, sur la couleur & l'odeur des métaux & des autres substances minéralogiques*, in-8°., Hambourg, 1676; 3°. *Observations chimiques*, in-8°., Hambourg, 1677; 4°. *Lettre aux médecins & aux philosophes de Saxe, sur le phosphore & les pilules lumineuses*, in-8°., 1679; 5°. *l'Art de faire le verre*, traduit en français par le baron d'Holbach, in-4°., Paris, 1732; 6°. *Lettres où l'on prouve qu'il n'y a pas d'acide dans l'esprit-de-vin*, in-8°., 1681; 7°. *Traité sur les sels & acides minéraux*, in-8°., Berlin, 1686.

KUNKEL (Phosphore de). Substance lumineuse dans l'obscurité, trouvée par hasard par Brand, & découverte ensuite par *Kunkel*. *Voyez* PHOSPHORE DE KUNKEL.

KUPFERNICKEL. Substance minérale dont on retire le nickel. C'est un composé de nickel, d'arsenic & de fer. *Voyez* NICKEL, ARSENIATE.

On donne à ce minérai le nom de *kupfernickel*, à cause de la couleur verte de son oxide & de ses dissolutions, ce qui établit une espèce d'analogie avec le cuivre, que l'on nomme en allemand *kupfer*.

LABDANUM; λαδανυμ; ladænum; *ladan gummi;* f. m. Suc épais, gommo-réfineux, qui découle naturellement de toutes les parties d'une plante, & principalement d'une efpèce de cifte, que les Anciens ont nommé *ciftus ladanum.*

Cette gomme fe récolte dans l'Archipel. Le *labdanum* pur, tel que les Cololcas, moines chrétiens grecs, le recueillent, n'a pas encore été analyfé. Il eft de confiftance molle, de couleur noire; fon odeur agréable & pénétrante approche de celle de l'ambre gris; fa faveur eft âcre & balfamique: on l'emploie principalement en parfum. Les médecins le prefcrivent quelquefois comme topique, ou comme un excellent réfolutif & fortifiant.

LABIAL, *de* labia, *lèvres;* labialis; *labial;* adj. Qui appartient aux lèvres.

C'eft ainfi que l'on dit *mufcle labial,* mufcles qui forment les lèvres; *lettres labiales,* lettres qui fe prononcent avec les lèvres.

LABORATOIRE, *de* laborare, *travailler;* officina; *laboratorium;* f. m. Lieu où un artifte, un favant, fait fes recherches ou fes compofitions.

Ce nom eft ordinairement donné au lieu où le chimifte, le pharmacien, fait fes expériences, préparé fes médicamens: alors il porte, en latin, le nom de *chimica officina.*

Habituellement, le *laboratoire* du chimifte contient un grand manteau de cheminée, fous lequel font placés fes fourneaux, fa forge, une grande table pour fes préparations; des tablettes & des armoires pour dépofer fes vafes, fes réactifs & autres fubftances.

LABORATOIRE PORTATIF; laboratorium geftatu facile; *tragbar Laboratorium;* f. m. Boîte contenant tous les réactifs & les inftrumens néceffaires à un chimifte, pour faire fes expériences dans fes voyages.

Guyton a donné, dans le tome II des *Mémoires de l'Académie de Dijon,* la defcription d'un *laboratoire portatif,* dans lequel étoit une lampe à trois mèches, pour produire la chaleur néceffaire à la diftillation, à la fufion, &c. On trouve de ces *laboratoires portatifs* chez M. Dumoutiers, rue du Jardinet, à Paris.

LABORATOIRE (Siphon de). Siphon à double branche, employé dans les *laboratoires* pour foutirer les liquides. *Voyez* SIPHON DE LABORATOIRE.

LABYRINTHE; λαϐυρινϑος; labyrinthus; *labyrinth;* f. m. Lieu coupé de plufieurs chemins, d'allées où il y a beaucoup de détours, en forte qu'il eft très-difficile d'en trouver l'iffue.

Selon Pline, le premier *labyrinthe* fut conftruit en Egypte, au gouvernement d'Héraclepolis; il fut commencé par Petifacut ou Titkoes, & fini par Pfammeticus.

Dans l'hiftoire des temps fabuleux de la Grèce, il eft mention du fameux *labyrinthe* de Crète, conftruit par Dedale. Ce célèbre architecte y ayant été enfermé avec fon fils Icare, ne pouvant en retrouver l'iffue, devint la victime de fon talent. Il ne fortit de ce lieu, dit la fable, qu'en s'élevant dans les airs.

LABYRINTHE DE L'OREILLE. Réunion de diverfes parties creufes de l'oreille interne, *fig.* 440 & 447. Ces parties, connues fous le nom de *veftibule* G, *fig.* 440; *limaçons* L; *canaux demi-circulaires* H, I, K, font contenues dans la portion dure de l'os temporal, connu fous le nom de *rocher.* Toutes ces parties communiquent enfemble par diverfes ouvertures. (*Voyez* VESTIBULE, LIMAÇON, CANAUX DEMI-CIRCULAIRES.) Des portions molles, membraneufes, tapiffent & divifent l'intérieur de ces cavités, & une férofité limpide les remplit. *Voyez* OREILLE.

LAC; λακκς; lacus; *fee;* f. m. Amas d'eau entouré de terre, & n'ayant aucune communication directe avec l'Océan.

Les géographes divifent ordinairement les *lacs* en quatre claffes.

1°. Dans lefquels une rivière entre par une de leurs extrémités, & fort par une autre en paroiffant les traverfer.

Ces *lacs* font très-nombreux; on en voit fur tous les continens: parmi eux fe trouvent celui de Genève, de Baikal, &c.

2°. Ceux d'où fort une rivière, quoiqu'ils n'en reçoivent vifiblement aucune; tels font le *lac* du Mont-Cénis, celui de Seliger, qui donne naiffance au Wolga; le *lac* Koho-nor, d'où fortent le Honan & le Kiany, &c. Ces *lacs* font alimentés par des fources fouterraines, & par les eaux pluviales qui s'écoulent fur les flancs des montagnes qui les environnent.

3°. Les *lacs* qui reçoivent quelques rivières, fans qu'elles laiffent apercevoir d'iffue à l'eau; tels font le *lac* Afphaltique, la mer Cafpienne, &c. L'évaporation d'une part, & l'infiltration par des conduits fouterrains de l'autre, font la caufe de la dépenfe des eaux qui y arrivent.

4°. Les *lacs* où il n'entre ni nefort aucune rivière;

tels font les nombreux *lacs* du défert de Baraba, en Ruffie, ceux de la province d'Ifel, entre le mont Oura & le Tobol ; ceux que l'on trouve fur le fommet des montagnes volcaniques, ainfi que le *lac* d'Aynano, celui d'Averne, &c.

Les *lacs* du défert de Baraba, ceux qui avoifinent les monts Oural & Lirlifche, préfentent un phénomène affez fingulier. Les uns contiennent de l'eau douce, d'autres du fel marin, d'autres un fel amer comme le fel d'Epfom ; quelques-uns même contiennent ces deux fortes de fels féparés ; le fel marin, dans une partie du *lac*, & le fel d'Epfom dans l'autre. Il exifte des *lacs* qui contiennent également de l'eau douce dans une partie & du fel marin dans une autre : tel eft entr'autres un *lac* du Mexique (1).

Tous ces *lacs* paroiffent devoir leur origine : 1°. aux eaux pluviales, à celles des neiges, &c. 2°. aux eaux infiltrées ; c'eft principalement dans les *lacs* falés que ces eaux infiltrées exiftent : quant à la dépenfe, elle eft occafionnée, 1°. par l'évaporation ; 2°. par l'infiltration.

LAC ASPHALTIQUE ; lacus afphalticus ; *todte meer in Judea* ; f. m. Etendue d'eau confidérable qui exifte dans la Syrie, à laquelle on a donné le nom de *mer morte*, parce que l'on ne diftingue aucune iffue par laquelle les eaux arrivent & fortent.

Ce qui diftingue particulièrement ce grand *lac*, c'eft que fes eaux falées font recouvertes d'un bitume folide qui nage à fa furface, lequel bitume a été nommé ASPHALTE. *Voyez* ce mot.

D'après les obfervations de Volnay, le terrain, fur lequel fe trouve ce *lac*, eft entièrement volcanifé ; on conçoit de-là, que le bitume qui couvre fa furface, provient de fources femblables à celles que l'on rencontre dans un grand nombre de pays anciennement volcanifés, & que ces fources débouchent dans l'intérieur du *lac*.

Quelques autres *lacs*, des pays volcanifés, font également recouverts d'afphalte ; tel eft celui que l'on trouve dans l'île de la Trinité, fur les bords de la mer.

LACS DE NATRON ; f. m. *Lacs* qui exiftent en Egypte & qui produifent du *natron. Voyez* NATRON.

A quelque diftance, au fud de Damahour, eft une longue vallée à laquelle on a donné le nom de *vallée de natron*. Six *lacs*, placés dans le même fens, & comprenant une longueur de fix lieues, font dans cette vallée. Le fond des *lacs* eft calcaire, la couleur des eaux eft rouge, & les eaux qu'ils contiennent, tiennent une quantité confidérable de muriate & de carbonate de foude en diffolution.

Pendant trois mois de l'année, l'eau fort abondamment de la furface du terrain & remplit les *lacs* : elle croît ainfi jufqu'à fur la fin de janvier,

puis elle décroît. Les mouvemens d'élévation & d'abaiffement des eaux des *lacs*, fuivent en quelque forte ceux du Nil, qui en eft peu éloigné.

En fe retirant, les eaux dépofent des couches très-épaiffes de fel marin & de carbonate de foude ; ces couches alternent dans l'épaiffeur du dépôt.

Dès que les eaux fe font évaporées, on extrait le fel dépofé au fond des *lacs*, & on le tranfporte fur des mulets & fur des ânes, à Terranch, où font les entrepôts de ce fel.

On ignore abfolument d'où proviennent les fources falées qui fourniffent à ces *lacs* ; quelques géologues prétendent qu'elles font produites par l'infiltration des eaux de la mer à travers les terres : mais comment expliqueroit-on le hauffement & l'abaiffement des eaux aux mêmes époques que celles du Nil ?

Quoi qu'il en foit de l'origine des fources d'eau falée qui rempliffent ces *lacs*, M. Berthollet penfe que l'eau qui y arrive, ne contenoit, dans l'origine, que du muriate de foude ; mais que l'action de l'affinité & des maffes de pierres calcaires qui forment les baffins, déterminent la décompofition d'une partie du fel marin & la formation du carbonate de foude qui fe trouve dans les eaux de ces *lacs*, & qui produifent une partie du fel qui fe dépofe, fous forme de criftaux, lorfque les eaux font retirées & évaporées ; il obferve que les tiges des rofeaux, qui croiffent dans ces *lacs* & fur leurs bords, favorifent la formation du carbonate de foude.

LAC DE SOUDE ; lacus fodæ ; *kraut fee* ; f. m. *Lac* plus ou moins profond, d'où l'on retire de la foude.

Comme le natron n'eft que de la foude mêlée de fel marin, on voit que les *lacs* de l'Egypte ne font autre chofe que des *lacs de foude. Voy.* LACS DE NATRON.

Il exifte, dans différens pays, des *lacs* dont les eaux tiennent de la foude en diffolution : il en exifte en affez grand nombre dans le comitat de Bihar, en Hongrie. Ces *lacs* ne font autre chofe que des portions de terrains, creufés à bras d'hommes, dans lefquels les eaux pluviales fe réuniffent pendant les pluies, & s'évaporent enfuite. En s'évaporant, elles laiffent au fond de ces *lacs* une effloreſcence faline qui reffemble à de la cendre. C'eft cette effloreſcence que l'on ramaffe, que l'on fait diffoudre, & qui produit de la foude que l'on verfe dans le commerce.

Quatre de ces *lacs* font entre Dobreken & Groffwarden ; ils font fitués à une lieue environ l'un de l'autre, & ils ont depuis un quart de lieue jufqu'à une demi-lieue de tour.

M. Rukart, qui a publié fur ces *lacs* un Mémoire imprimé dans les *Anales de Chimie* de Crell année 1793, n°s. 2, 3 & 6, croit que ces fels exiftent dans les fables ; que les eaux douces, en fourdant à travers les fables qui forment ces plaines,

(1) *Journal des Savans*, 2 mars 1676.

diſſolvent les ſels & les dépoſent enſuite à la ſurface en s'évaporant.

LAC DE SOUFRE; lacus ſulfuris; *ſchwefeliſche ſee*; ſ. m. *Lacs* qui contiennent des matières ſulfureuſes en abondance.

A l'eſt de *Stawropol* & de *Samara*, dans le gouvernement de Simbirſch, dans la Ruſſie d'Europe, il exiſte un grand nombre de ſources de ſoufre & d'aſphalte qui s'écoulent dans des *lacs* & produiſent des *lacs de ſoufre*; ces eaux ſont remplies d'une matière blanche, ſulfureuſe, qui leur donne ſa couleur. Un de ces ruiſſeaux eſt tellement blanc qu'on le nomme le *ruiſſeau de lait*; il traverſe le *lac de ſoufre*, qui renferme un immenſe dépôt de matières ſulfureuſes, & exhale une odeur fétide à deux lieues de diſtance, ſelon que les vents ſoufflent d'un côté ou d'un autre. Ces *lacs* contiennent, comme on voit, un hydroſulfure en diſſolution. *Voyez* HYDROSULFURE.

LAC A FLUX ET REFLUX, ſ. m. *Lac* dont les eaux s'élèvent & s'abaiſſent à différentes époques.

Il exiſte un grand nombre de *lacs*, dont les eaux s'élèvent & s'abaiſſent périodiquement, ce qui tient à des communications établies entre le fond & la ſurface de ces *lacs*, & des rivières ou de vaſtes réſervoirs. Les élévations & les abaiſſemens alternatifs des eaux des *lacs*, qui communiquent à des rivières, s'expliquent ſouvent par les crues ou les diminutions des eaux de ces rivières; les autres peuvent être expliquées par un mécaniſme analogue à celui des fontaines périodiques. *Voyez* FONTAINES PÉRIODIQUES.

Parmi tous ces *lacs* il en exiſte un, celui de Czirnick, dans la baſſe Carniole, qui préſente un phénomène aſſez ſingulier, en ce qu'on y pêche, on y fauche, on y moiſſonne la même année.

Au ſud-eſt de ce *lac*, ſont des vallées, nommées *Jardin du diable*, où coule une rivière qui forme un petit *lac*, dont les eaux ſurabondantes ſe perdent dans les terres, puis elles viennent reſſortir par pluſieurs ouvertures au pied d'une montagne qui borde le *lac* de Czirnick. Dans les débordemens du petit *lac*, les eaux ſurabondantes arrivent au *lac* de Czirnick, entraînant avec elles des poiſſons en plus ou moins grande quantité: dès que le petit *lac* reprend ſon lit, celles du *lac* de Czirnick s'évaporent, on prend le poiſſon qu'elles abandonnent, on fauche l'herbe que leur limon a engraiſſée; & l'on recueille l'orge ou l'avoine que l'on a ſemée dans les parties les plus élevées de cette eſpèce de marais.

LAC SALÉ; lacus ſalſus; *geſalzen ſee*; ſ. m. *Lac* qui contient du ſel en diſſolution.

Les *lacs* ſalés ſont auſſi communs que les ſources ſalées, & l'on peut leur attribuer la même origine, c'eſt-à-dire, qu'ils ſont produits par le paſſage des eaux ſur des maſſes de ſel gemme, &

que ce ſel diſſous eſt entraîné, avec les eaux, dans les *lacs* qui les reçoivent.

Peu de pays contiennent plus de *lacs* ſalés que la Sibérie, principalement dans le Stepp d'Iſſim. Les uns contiennent des eaux ſaturées, dans leſquelles le ſel ſe criſtalliſe & peut être facilement recueilli; d'autres ont des eaux à divers degrés de ſalaiſon. Les *lacs* d'eau ſalée & d'eau douce ſont entremêlés les uns avec les autres, de manière qu'il n'eſt pas rare de rencontrer un *lac* d'eau ſalée entre deux *lacs* d'eau douce, & un *lac* d'eau douce entre deux *lacs* d'eau ſalée.

Mais ce qu'il y a de plus étonnant, ce ſont les changemens qui ſurviennent dans les eaux de ces *lacs:* il en eſt dont les eaux, douces d'abord, deviennent ſalées, & d'autres dont les eaux perdent de leur ſalaiſon. Pluſieurs *lacs* dans leſquels l'eau ſe criſtalliſoit autrefois, ne contiennent plus, maintenant, que quelques degrés de ſalure.

Parmi les *lacs* qui ſont devenus ſalés, on cite celui de Seidiais-Chero, dans la province d'Iſel (1). Ce *lac* étoit autrefois rempli d'eau douce, très-poiſſonneuſe & très-baſſe. Tout-à-coup la profondeur a augmenté, les eaux ſont devenues ſaumâtres, & les brochets qui y abondoient ſont morts.

LACHTER. Meſure de longueur, ſervant de toiſe, employée dans les mines de Saxe.
Le *lachter* = 6,109 pieds = 1,9845 mètr.

LACK. Monnoie de compte employée aux Indes pour les grandes ſommes.
La *lack* = 18000 roupies = 280,000 francs, environ, parce que la roupie a diverſes valeurs.

LACRYMAL, de lacryma, *larme;* lacrymalis; *thranen;* adj. Epithète donnée aux organes chargés de ſécréter les larmes, de les répandre ſur l'œil, de les abſorber pour les répandre dans les foſſes naſales, &c.

LACRYMALE (Caroncule). Petit tubercule rougeâtre, qui s'aperçoit au grand angle de l'œil, derrière la commiſſure interne des paupières, en dedans de la membrane clignotante, en arrière & en dedans des points lacrymaux. *Voyez* CARONCULE LACRYMALE, ŒIL.

LACRYMALE (Glande). Glande ſituée à la partie antérieure externe & ſupérieure de l'orbite, un peu vers la tempe & au-deſſous de la paupière ſupérieure. *Voyez* GLANDE LACRYMALE, VOIES LACRYMALES, ŒIL.

LACRYMALE (Lymphe). Liquide provenant des glandes *lacrymales*, pour mouiller la cornée. *Voy.* LYMPHE LACRYMALE, ŒIL.

(1) *Voyage de Pallas*, tome III, page 32.

LACRYMAL (Sac). Petite poche membraneufe, oblongue, placée au grand angle de l'œil. *Voyez* SAC LACRYMAL, VOIES LACRYMALES, ŒIL.

LACRYMAUX (Points). Orifices externes des conduits *lacrymaux*. *Voyez* POINTS LACRYMAUX, CONDUITS LACRYMAUX, VOIES LACRYMALES, ŒIL.

LACTATE, *de* lac, lait; f. m. Sel formé par la combinaifon de l'acide lactique avec différentes bafes.

Les *lactates* de potaffe, de foude, de baryte & de chaux font peu criftallifables & déliquefcens. Le *lactate* de magnéfie attire l'humidité de l'air. La plupart de ces *lactates* font diffolubles dans l'acool : on connoît peu les autres *lactates*. *Voyez* LACTIQUE (Acide).

LACTÉ, *de* lac, lait; lacteus; adj. Qui appartient au lait.

LACTÉE (Voie); via lactea; milchftrafs; f. f. Efpace blanc que l'on diftingue, la nuit, dans le ciel. *Voyez* VOIE LACTÉE.

LACTIFAGE, *de* lac, lait, φαγω, je mange; lactiphagus; f. m. Mangeur de lait.

LACTIQUE (Acide), *de* lac, lait; acidum lacticum; milchfauer; f. m. Acide retiré du petit-lait aigri.

Sa faveur eft foible: rapproché en confiftance de firop, il ne criftallife point; il eft diffous par l'eau & l'alcool; il rougit la teinture de tournefol.

Cet acide formé avec la potaffe, la foude, la baryte, l'ammoniaque, la chaux, la magnéfie, l'alumine & l'oxide de plomb, des fels deliquefcens; il donne lieu à un dégagement de gaz hydrogène lorfqu'il attaque le zinc & le fer.

Pour obtenir cet acide, on expofe le petit-lait à l'action du feu, jufqu'à ce qu'il foit réduit à un huitième; on fépare, par le filtre, le fromage qui fe dépofe par l'évaporation; on fature la liqueur par de l'eau de chaux pour en féparer l'acide phofphorique, qui fe précipite à l'état de phofphate de chaux. A l'aide de l'acide oxalique, on fépare la chaux reftée en diffolution; on fait évaporer & on fépare l'*acide lactique* par l'alcool.

Nous devons la découverte de cet acide à Scheèle, qui le fit connoître en 1780. Berzelius s'eft affuré qu'il exiftoit, libre ou combiné, dans tous les fluides animaux & les chairs mufculaires. M. Braconnet a propofé de nommer *acide nancéique*, un acide qui a beaucoup de rapport avec l'*acide lactique*.

LACTOMÈTRE, *de* lac, lait, μετρον, mefure; lactometrum; lactometer; f. m. Inftrument destiné à mefurer la quantité de crême que produit le lait.

Cet inftrument fe compofe de tubes de verre d'un même diamètre intérieur (environ 9 lignes), & de 11 pouces de long. Ces tubes, fermés à la partie inférieure, & ouverts par le haut, font gradués à 10 pouces du fond. Les tubes font divifés de haut en bas en 100 parties, ce qui donne, à chaque divifion, $\frac{1}{10}$ de pouce. Le zéro eft à la partie fupérieure. Il eft inutile d'étendre les divifions plus loin que trois pouces de diftance de l'origine, ce qui donne à ces inftrumens 30 divifions.

Pour s'en fervir, on emplit de lait ces *lactomètres*, on les pofe verticalement dans un endroit fermé, & au bout de quelques jours on obferve la divifion à laquelle la couche de crême parvient: cette divifion indique la qualité du lait.

Nous devons, à Sir Jofeph Banck, l'invention de cet inftrument très-fimple, qui eft à la portée de tous les cultivateurs, & qui leur donne les moyens de comparer le lait de leurs vaches, & l'influence des différens pâturages fur le lait.

LAFAYE, géomètre & phyficien français, né à Vienne en Dauphiné le 15 avril 1671, & mort à Paris le 20 avril 1718.

Fils d'un receveur-général des finances du Dauphiné, *Lafaye* reçut une bonne éducation & fe deftina de bonne heure au métier des armes. A l'âge de dix-neuf ans, il s'enrôla dans un régiment de cavalerie, & affifta comme foldat à la bataille de Fleurus.

Sa fortune & fes talens lui firent obtenir une enfeigne dans les gardes du Roi, puis une compagnie. Il fit les campagnes de Flandre; il prit part aux combats d'Ekeren, aux batailles de Ramillies, d'Oudenarde, aux fiéges de Douay, du Quefnoy; partout il fe battoit en foldat, levoit des plans, imaginoit des machines, & faifoit des progrès dans l'art de la guerre.

Dès que la paix le rendit libre, il fe livra entièrement à fon goût pour les mathématiques, la mécanique, la phyfique expérimentale. Il forma un très-beau cabinet, dans lequel fe trouvoit une pierre d'aimant, pefant deux mille livres. L'Académie des fciences lui ouvrit fes portes en 1716.

Lafaye fut très-affidu aux féances de l'Académie, prenoit part aux difcuffions fcientifiques, & écrivit peu; il n'a configné que deux Mémoires dans les recueils de l'Académie pour l'année 1717: l'un *fur une machine à élever les eaux*; l'autre *fur la formation des pierres de Florence*.

LAGOPHTALMIE, *de* λαγως, lièvre, οφθαλμος, œil; lagophtalmia; hafen-auge; f. f. Œil de lièvre.

Affection de la paupière, dans laquelle ces voiles mobiles ne peuvent plus recouvrir les yeux que l'on eft obligé de tenir ouverts en dormant, ainfi qu'une tradition fabuleufe prétend que les lièvres le font.

LAGOSTOME, de λαγως, *lièvre*, στομα, *bouche*; lagoftoma; *hafenfcharb*; f. m. Bec de lièvre.

Difformité qui réfulte de la divifion d'une des lèvres en deux parties : ce nom tire fon origine de la reffemblance qu'on a cru trouver entre la lèvre fupérieure, ainfi divifée, & celle du lièvre, qui, de conformité naturelle, eft ainfi divifée en deux parties égales.

LAGRANGE (Jofeph-Louis), illuftre géomètre qui a fouvent appliqué les mathématiques tranfcendantes à des queftions de phyfique, naquit à Turin le 25 janvier 1736, & mourut à Paris le 10 avril 1813.

Fils d'un tréforier-général de la guerre de la ville de Turin, il reçut une éducation brillante; mais une entreprife hafardeufe qui détruifit la fortune de fes parens, le mit de très-bonne heure dans la néceffité de fe créer une exiftence indépendante.

Son inclination porta d'abord *Lagrange* à l'étude des claffiques latins; il fit même une première année de philofophie, fans montrer aucun penchant pour les mathématiques; mais à la feconde année, fon génie fe développa rapidement.

D'abord *Lagrange* s'occupa de la méthode des géomètres anciens, & ce ne fut qu'à la lecture d'un Mémoire de Halley, où ce dernier faifoit reffortir la fupériorité des méthodes analytiques, que fes yeux s'ouvrirent & lui dévoilèrent fa véritable deftination. Dès ce moment, il fe livra feul, & fans guide, à l'étude des meilleurs ouvrages d'analyfe, & il y fit promptement des progrès incroyables.

Une lettre qu'il écrivit à Charles-Jules Lugnano, dans laquelle il lui faifoit connoître une férie de fon invention, pour les différentielles & les intégrales d'un ordre quelconque, analogue à celle de Newton, pour les puiffances & les racines, le fit apprécier dans le monde favant : il n'avoit encore que dix-huit ans.

Nommé profeffeur de mathématiques aux écoles d'artillerie de Turin, lorfqu'il étoit à peine âgé de dix-neuf ans; les leçons qu'il donnoit à des hommes plus âgés que leur maître, le mirent en relation avec les perfonnes les plus diftinguées de fon pays, &, de concert avec le médecin Cigna & le chevalier de Saluces, il forma, fous les aufpices du duc de Savoie, l'Académie royale de Turin, dont les Mémoires acquirent bientôt de la célébrité par les points d'analyfe & de mécanique les plus importans & les plus difficiles qu'il y inféra.

Bientôt, les Mémoires qu'il publioit dans le Recueil de l'Académie royale du Turin, & les correfpondances qu'il établit avec les plus célèbres géomètres de l'Europe, lui formèrent une répu-

tation telle, que le Grand Frédéric lui propofa d'accepter la préfidence de l'Académie de Berlin, avec un traitement de 6000 francs, & de remplacer Euler, qui paffoit à Saint-Péterfbourg. Ce ne fut qu'avec de grandes difficultés que fon Souverain lui permit de quitter fon pays; il prit poffeffion de fa place, à Berlin, le 6 novembre 1766.

Plufieurs fociétés favantes s'empreffèrent d'admettre *Lagrange* dans leur fein. Alors il fe crut obligé de leur adreffer, chaque année, des Mémoires qui prouvent fa grande fécondité. La fociété royale de Londres ne mit aucun empreffement à poffèder, parmi fes membres, un des plus grands & un des plus dignes admirateurs de Newton.

Après la mort de Frédéric, *Lagrange* prit du dégoût pour la ville de Berlin. Les cours de Naples, de Sardaigne & de Tofcane l'appellèrent près d'elles; mais Mirabeau, qui étoit à cette époque à Berlin, crut rendre un fervice fignalé à fa patrie, en y faifant appeler ce favant géomètre. L'ambaffadeur de France près la cour de Berlin en écrivit au miniftre, & l'on propofa à ce favant illuftre 6000 fr. de traitement, un logement au Louvre, & le titre de penfionnaire vétéran de l'Académie des fciences. Ce fut dans l'année 1787, que *Lagrange* vint fe fixer à Paris.

Quelques perfonnes affurent que, par déférence pour l'ufage de fes confrères de Berlin, *Lagrange* réfolut de s'y marier. Pour cela, il fe fit envoyer de Turin une de fes parentes qui lui fembla la perfonne la plus convenable pour cette union philofophique. Il eut le malheur de la perdre après lui avoir prodigué les foins les plus tendres & les plus affectueux. Cette perte contribua au dégoût que ce favant prit pour le féjour de Berlin, & accéléra fa détermination.

En 1792, *Lagrange* fe maria de nouveau; il époufa, à Paris, mademoifelle Lemonnier, dont la jeuneffe & la beauté étoient loin d'être les feuls mérites, & qui, fille, nièce & petite-fille d'académiciens, prouva, par le dévouement conftant dont elle paya la tendreffe de fon époux, combien elle étoit digne du nom qu'il lui faifoit porter.

Dès l'aurore de fa vie, *Lagrange* a débuté par les découvertes les plus brillantes; la théorie du fon, fi délicate & jufqu'alors fi peu connue, & cette méthode de variations, fi abftraite qu'elle n'a pas toujours été bien entendue, fi utile, que la perfection de la mécanique rationnelle, ce beau réfultat de l'enfemble de fes travaux, repofe peut-être fur cette grande invention. Entré dans la carrière, il y foutint l'honneur de fes premiers pas. Les méthodes d'approximation, indifpenfables pour les connoiffances, *à priori*, des mouvemens céleftes, étoient foumifes, dans l'emploi qu'on en faifoit, à des difficultés que l'on n'avoit pas fuffifamment appréciées : il fut les réfoudre après les avoir bien fait fentir, & découvrit enfuite une méthode plus parfaite. Les inégalités des

des satellites de Jupiter n'étoient guère connues que par des moyens empiriques. Une question si vaste avoit effrayé les géomètres : il en donna la solution mathématique. Le calcul des perturbations des comètes devoit être accommodé à l'énorme variété de leur distance au soleil & aux autres planètes ; il imagina des méthodes variées, convenablement appropriées aux principales situations de ces astres dans leur cours. On lui dut aussi les moyens les plus élégans & les plus sûrs, d'obtenir les mouvemens des nœuds & des inclinaisons des orbes planétaires, & l'introduction dans la mécanique céleste, de cette fonction, qui, sous le nom de *perturbatrice*, réduit l'analyse relative à un nombre quelconque de corps, & à une formule aussi simple que si l'on n'en considéroit qu'un seul.

Tels furent, dans l'étude du système du monde, quelques-uns des principaux fruits de ses efforts; mais ce ne sont pas les seuls. Nous ne suivrons pas ce savant géomètre dans l'examen de l'analyse pure, qu'il a traité avec tant de succès. Si l'on veut avoir quelques détails sur ses ouvrages, on peut consulter : 1°. son article biographique dans la *Biographie universelle* ; 2°. son éloge par M. Delambre, dans les *Mémoires de l'Institut* pour 1812 ; 3°. une notice attribuée à deux savans très-distingués, *Journal de l'Empire*, 28 avril 1813 ; 4°. *Précis historique sur la vie & la mort de Lagrange*, par MM. Virey & Potel, in-4°., 1813 ; 5°. une lettre au rédacteur du *Moniteur*, par M. Monmarqué, 26 février 1814 ; l'*Eloge de Lagrange*, par Cosseli, in-8°., Padoue, 1813.

Indépendamment des ses nombreux Mémoires imprimés dans les *Collections académiques*, Lagrange a publié : 1°. *Addition à l'algèbre d'Euler*, in-8°., Lyon, 1774; 2°. *Mécanique analytique*, in-4°., Paris, 1811 & 1815 ; 3°. *Théorie des fonctions analytiques*, in-4°., Paris, 1813, 5°. *Leçons sur le calcul des fonctions*, in-4°., Paris, 1806; 6°. *Leçons d'arithmétique & d'algèbre*, données à l'École normale; 7°. *Leçons d'arithmétique politique*, Paris, 1796.

LAGUNE, de *lacus*, *lac*, de l'italien *laguna*; lacus; *laguna*; s. f. Petits lacs ou flaques d'eau dans les lieux marécageux.

LAINE; λανος; lana; wolle; s. f. Poil qui couvre le corps de certains animaux, comme moutons, brebis, agneaux, &c.

LAINE DES LABADISTRES. *Laine* très-légèrement filée, ce qui fait que les fils en sont plus épais & plus élastiques.

Cette *laine* est regardée, par Van-Marum (1), comme très-propre à garnir les frottoirs des machines électriques.

LAINES (Instrument pour mesurer la finesse des). Cet instrument a été inventé par le docteur Young. *Voyez* ÉRIOMÈTRE.

LAINE PHILOSOPHIQUE; lana philosophica ; *philosophisch welle*, s. f. Substance métallique qui se vaporise sous la forme d'une *laine* blanche.

Si l'on met du zinc dans un creuset rougi à blanc, & recouvert d'un autre creuset conique, le métal brûle avec une flamme vive & brillante; il se produit une fumée blanche qui se condense en flocons légers, que les alchimistes ont nommés *laine philosophique*. C'est un oxide de zinc.

LAIT; lac; *milch*; s. m. Fluide sécrété dans les mamelles des animaux mammifères femelles, & qui est destiné à la nourriture de leurs petits.

Le *lait* contient quatre sortes de substances : 1°. le beurre, qui se sépare d'abord sous forme de crème; 2°. la matière caseuse, avec laquelle on forme les fromages; 3°. le sérum ou petit-lait ; 4°. le sucre du sel de lait, tenu en dissolution dans le sérum. Les proportions de chacune de ces substances varient dans les animaux mammifères : 1°. selon leur espèce; 2°. d'après leur état de santé & de vigueur; 3°. d'après la nature de leur nourriture.

Si l'on compare la proportion de ces quatre substances dans le *lait* ordinaire de la femme, de la vache, de la chèvre, de la brebis, de la jument & de l'ânesse, on voit que le sucre de *lait* est le plus abondant dans le *lait* de la femme ; que le *lait* de femme occupe le second rang pour la proportion du sérum, le quatrième rang pour la proportion de beurre, & le cinquième pour la matière caseuse. La brebis est la femelle dont le *lait* donne le plus de beurre, la chèvre le plus de caseum, la femme le plus de sucre de *lait*, & l'ânesse le plus de sérum.

LAIT DE CHAUX; *kalkweisse*; s. m. Chaux délayée dans l'eau, de manière à lui donner la couleur du *lait*.

LAIT DES VÉGÉTAUX. Suc blanc que l'on rencontre dans un grand nombre de végétaux & que l'on compare au *lait* des animaux, à cause de sa couleur.

Ce *lait* se trouve en plus ou moins grande abondance dans les euphorbes, les apocynées, les chicoracées, les papaveracées, &c. Dans les deux premières plantes il est caustique, dans la troisième il est amer ; dans la quatrième il est narcoque. Ces *laits* ont, en général, des propriétés très-différentes. Dans les champignons, ce *lait* est souvent vénéneux.

LAIT (Sucre de) ; saccharum lactis; *zucker die milch*; s. m. Substance cristallisée ; blanche, que

(1) *Journal de Physique*, année 1791, tome I, page 113.
Dict. de Phys. Tome III.

K k k k

l'on obtient du petit-lait par la vaporisation. *Voyez* SUCRE DE LAIT.

LAIT VIRGINAL. Teinture alcoolique faturée de benjoin.

Le nom de *Lait virginal* a été donné à cette teinture, parce que quelques gouttes, verfées dans de l'eau, lui donnent la couleur du *lait*, & que ce cofmétique jouit de la réputation de conferver au vifage l'afpect de la virginité.

LAITIER; *de lac*, *lait*; *eifen fchlagke*; f. m. Scorie vitreufe qui furnage au-deffus du métal fondu.

On lui a donné le nom de *laitier*, à caufe de la couleur blanche de lait qu'il a quelquefois, principalement lorfque les fourneaux vont bien, & que les verres terreux retiennent peu de métal combiné.

LAITON; *oricha'cum*; *meffing*; f. m. Métal compofé de cuivre & de zinc, ce qui donne au premier une couleur jaune plus ou moins approchante de celle de l'or.

La proportion du zinc & du cuivre, dans le *laiton*, varie entre trois parties du premier, fur fept à neuf du fecond.

Pour obtenir le *laiton*, on mêle ordinairement enfemble quarante livres de cuivre avec foixante-cinq livres de calamine en poudre, & le double en volume de charbon pulvérifé. Des creufets remplis de ce mélange font placés dans un fourneau de réverbère, dans lequel on entretient le feu jufqu'à ce que les métaux foient parfaitement fondus & combinés; alors on coule, ou dans des moules ou fur le fable.

Rarement le *laiton* obtenu d'une première opération, a le degré de fineffe qu'on défire. On le refond de nouveau, en le fortifiant avec un mélange de charbon & de calamine. *Voyez* CALAMINE.

On peut fondre le zinc pur avec le cuivre, pour former le *laiton*; mais il faut prendre beaucoup de précautions pour empêcher la vaporifation des deux métaux fondus, particulièrement du zinc, dont l'oxide s'évapore avec une grande facilité. Dans ce cas, on couvre le creufet avec un verre terreux, une fcorie facilement fufible. Le liquide terreux met un obstacle à la vaporifation

Selon la proportion du zinc dans le *laiton*, on obtient une couleur différente. Ainfi, parties égales de *laiton* & de cuivre rouge, forment un métal ductile, couleur d'or pâle. Trois cinquièmes de cuivre, fur deux de cuivre rouge, donnent un alliage dont la couleur fe confond avec celle de l'or. Enfin, une partie de *laiton*, fur deux de cuivre, préfente une couleur d'or plus intenfe.

C'eft en combinant, en fondant des proportions variées de *laiton* & de cuivre rouge, que l'on obtient les métaux dont la couleur approche de celle de l'or, & que l'on connoît fous les noms de *fimilor*, *or de Manheim*, métal du prince *Robert*, *tombac*, &c.

Tout porte à croire que la compofition du *laiton* eft connue depuis fort long temps, puifque les plus anciens Traités de chimie, de métallurgie, & même ceux qui parlent du grand-œuvre, font connoître le cuivre jaune, ou *laiton*.

LALLATION, f. m. Vice de la parole, qui a lieu lorfqu'on double les L fans néceffité, & qu'on les amollit comme les doubles LL des Efpagnols, ou l'H des Gafcons, ou lorfqu'au lieu de la lettre R, on prononce L, comme dans *Malie* pour *Marie*.

Cet état dépend, foit d'un défaut de plufieurs dents incifives, foit d'une difficulté dans le mouvement de la langue. Dans le premier cas, lorfqu'on a affaire à un enfant, cette gêne de la parole difparoît lorfque la feconde dentition s'eft opérée: elle ne fe diffipe, chez les adultes, qu'en plaçant des incifives artificielles.

Dans le fecond cas, lorfque la difficulté du mouvement de la langue n'eft pas due à un excès de longueur du filet, l'habitude feule peut rendre à la parole fon rhythme naturel. Il faut, à l'exemple de Démofthènes, s'amufer à réciter à haute voix des pièces de vers, & fe faire une loi de prononcer chaque mot d'une manière exacte & complète.

LAMBERT (Jean-Henri), phyficien, mécanicien, aftronome, théologien, poëte, &c. très-célèbre, né à Mülhaufen, le 29 août 1728, mort à Berlin, le 25 feptembre 1777.

Fils d'un Français réfugié, trouvant à peine, dans l'exercice de fa profeffion de tailleur, de quoi nourrir une famille nombreufe, *Lambert* père ne put trouver les moyens de fatisfaire le favoir que le jeune *Lambert* montra de bonne heure.

Profitant des moyens d'instruction publique & gratuite qu'offroit un petit collége municipal, *Lambert*, fecondé par fes heureufes difpofitions, y apprit promptement les principes des langues latine & française.

Entré, à l'âge de dix-fept ans, en qualité de fecrétaire, chez Ifelin, rédacteur d'une gazette politique, quelque confidérables que fuffent les écritures dont il étoit chargé, *Lambert* n'en entreprit pas moins de faire en même temps, dans les ouvrages de Wolf, Malebranche & Locke, fon Cours de philofophie. Il y apprit le mécanifme des principales opérations de l'efprit, les règles du raifonnement & la méthode pour procéder à la recherche de la vérité.

Un heureux inftinct lui fit trouver, dans les fciences mathématiques, auxquelles il fe livroit avec ardeur, les exemples clairs, variés, étendus de l'application des théories des philofophes qu'il avoit étudiés; mais il lui manquoit cette faculté de conférer de vive voix, fur les objets de ſes lectures, avec des perſonnes inſtruites, ſoit pour obtenir des réponſes aux difficultés qu'il ne pouvoit réſoudre lui-même, ſoit pour communiquer des obſervations qu'il n'avoit pas encore rencontrées.

Pierre de Salis l'appela de Bâle à Coire, en 1748, pour lui confier l'éducation de ſes enfans, & leur enſeigner les langues, l'arithmétique, la géométrie, la fortification, la géographie, l'hiſtoire. Deſtiné à beaucoup enſeigner, il dut beaucoup apprendre. Il profita de la bibliothèque conſidérable de M. de Salis, de ſa converſation & de celle des hommes inſtruits qui fréquentoient ſa maiſon, pour acquérir les élémens des vaſtes connoiſſances qui l'ont illuſtré enſuite.

La Société phyſico-médicale de Bâle envoya à *Lambert*, en 1754, le diplôme d'aſſocié. Les ſavans de Coire s'étoient également empreſſés de l'admettre dans leurs rangs; enſuite l'Univerſité de Gottingue lui donna le titre de Correſpondant; l'Académie de Bavière l'agrégea; & il obtint le titre d'Académicien à Berlin.

Huit ans après ſon entrée dans la maiſon de Salis, il fut chargé de voyager avec ſes élèves; ce qui lui procura les moyens de viſiter & de faire connoiſſance avec les ſavans de l'Allemagne, de la Hollande, de la France, de la Sardaigne, &c. & de perfectionner ſes connoiſſances par leur fréquentation & la correſpondance qu'il établit avec eux.

Quelques années après ſon retour, c'eſt-à-dire, en 1759, *Lambert* fut nommé profeſſeur honoraire à l'Académie électorale de Bavière, avec un traitement & la permiſſion de s'établir dans les environs de Munich.

D'après le conſeil de quelques amis, *Lambert* ſe rendit à Berlin, où ſa réputation l'avoit précédé, & même avoit fait aſſez de bruit pour fixer l'attention du Grand Roi, qui ne perdoit aucune occaſion de recruter ſon Académie, de ce qu'il connoiſſoit d'éminent dans tous les genres de talens. Dès la fin de 1764, *Lambert* fut nommé Académicien penſionnaire.

Ainſi, pendant l'eſpace de douze années que vécut encore *Lambert*, il reçut de fréquens témoignages de l'eſtime diſtinguée que le Roi avoit conçue pour lui, en le voyant de plus près.

Il fut, en 1770, agrégé au département des bâtimens, avec le titre de conſeiller ſupérieur & une augmentation de traitement. *Lambert*, loin de ſe relâcher, ſembla redoubler d'activité. Quarante Mémoires, dont il enrichit le *Recueil des Mémoires de l'Académie* & les *Ephémérides de Berlin*, qu'il eut ſous ſa direction, l'atteſteroient aſſez : cependant, il trouvoit encore du temps pour coopérer aſſidûment à un journal célèbre, *la Bibliothèque allemande univerſelle*.

Nous allons parcourir rapidement les diverſes branches de connoiſſances dans leſquelles *Lambert* s'eſt illuſtré, & dont il a contribué à reculer les bornes, en rivaliſant les plus grands hommes de ſon ſiècle : les d'Alembert, les Euler, les Lagrange, &c. Nous diviſerons ſes travaux en cinq parties : 1°. mathématiques pures; 2°. mathématiques appliquées; 3°. lois mathématiques qui régiſſent les élémens; 4°. mécanique; 5°. métaphyſique. Nous pourrions citer encore quelques parties, telle que celle des tables, &c.; mais nous devons nous renfermer dans les bornes que nous preſcrivent les limites de la phyſique. Ces bornes nous déterminent à ne pas parler ici de ſes travaux dans les mathématiques pures & dans la métaphyſique.

Dans le champ des applications ou des mathématiques appliquées, *Lambert* s'occupe d'abord de la terre; il perfectionne les méthodes géodéſiques; il compoſe une carte magnétique eſtimée; il ſimplifie les pratiques de la perſpective; il donne de nouvelles vues ſur la perfection des cartes géographiques, idée que Lagrange a honorée d'un commentaire. *Lambert* s'élève enſuite dans les cieux. Les orbites des comètes fixent à pluſieurs repriſes ſon attention; c'eſt dans ces recherches qu'il découvre le rapport qui exiſte, entre le temps qu'emploie l'aſtre à parcourir un arc de ſon orbite, la corde de cet arc & les deux rayons vecteurs extrêmes; rapport dont l'expreſſion ſimple & élégante a reçu le nom de *Théorème de Lambert*, &c.

Voyons maintenant *Lambert* aborder le calcul des intenſités ou la recherche des lois mathématiques qui régiſſent les élémens de la nature phyſique : la lumière, le feu, l'air, &c. : nous en trouvons le réſultat dans ſa *Photométrie*, *Pyrométrie*, *Hygrométrie*. Le premier de ces ouvrages, la Photométrie, fut parfaitement accueilli des ſavans, & reçut particulièrement les ſuffrages honorables de d'Alembert & d'Euler. On y admire l'art avec lequel l'auteur interroge la nature, pour en obtenir des réponſes déciſives ſur les lois conteſtées ou imparfaitement reconnues; le talent avec lequel il ſait balancer les erreurs d'obſervations, plus ou moins parfaites, & en déduire les plus probables des phénomènes; la fineſſe & l'étendue de ſes aperçus, quand il eſt forcé de s'en tenir à des conjectures. C'eſt le même eſprit qui règne dans ſa Pyrométrie, ſon Hygrométrie, ainſi que dans une foule d'autres opuſcules ou Mémoires ſur la lumière, le feu ou la météorologie.

En mécanique, *Lambert* examine les moteurs, préſente des difficultés, les aborde avec courage. Nous devons à cette heureuſe témérité, deux Mémoires ſur la force de l'homme, deux Mémoires ſur les roues hydrauliques, un ſur les moulins à vent. Il préſente encore des articles importans ſur le frottement, le fluide imparfait, &c.

Avec un eſprit droit, *Lambert*, ſcrutateur & pénétrant, étoit doué d'une mémoire heureuſe, & de cette ſorte d'imagination qui préſente, à volonté, les tableaux les plus exactement vrais, foit de l'enfemble, foit des moindres parties du monde fenfible, & par conféquent, le plus heureufement né pour les mathématiques. Ce favant s'eft exercé dans toutes les branches des fciences, & dans toutes il a eu du fuccès.

Pour expliquer, en quelque forte, ce que le fuccès de *Lambert* préfente d'étonnant, nous obferverons qu'il poffédoit deux facultés principales: l'une, fervant à defcendre des lois les plus compliquées, aux événemens particuliers, étoit la dextérité avec laquelle il formoit & combinoit les féries convergentes; l'autre, quand il s'agiffoit de remonter des événemens aux lois qui les régiffent, étoit la prodigieufe facilité avec laquelle il parvenoit à lier ou à repréfenter, par des formules analytiques, les féries des faits les plus étendues.

Nous ne nous fommes tant étendus fur ce précis d'une vie fi bien remplie, que pour faire apprécier un Français d'origine, qui honore infiniment fon pays, & qui, cependant, y étoit à peu près inconnu, lorfque les favans les plus illuftres de l'Allemagne favoient fi bien apprécier fes vaftes & brillantes connoiffances.

Les ouvrages que *Lambert* a imprimés feparément font: 1°. *les Propriétés les plus remarquables de la route de la lumière par les airs, & en général par plufieurs milieux réfringens*, in-8°., la Haye, 1759; 2°. *la Perfpective libre*, in-8°., Zurich, 1759; 3°. *Photométria five gradus luminis, colorum & umbræ*, in-8°., Augsbourg, 1760; 4°. *Infigniores orbitæ cometarum proprietates*, in-8°., Augsbourg, 1761; 5°. *Cofmologifche briefe ueber die einrichtung des welbaus*, in-8°., Augsbourg, 1761; 6°. *Supplément au traité du nivellement de Picard*, in-12., Augsbourg, 1761; 7°. *Logarithmifche rechenftoebe*, in-12., Augsbourg, 1761; 8°. *Novum organum*, in-8°., Leipfick, 1763; 9°. *Supplementa tabularum logarithmicarum & trigonometricarum*, in-8°., Berlin, 1770; 10°. *Hygrométrie*, in-4°., Augsbourg, 1770; 11°. *Architectonik*, in-8°., Riga, 1771; 12°. *Baytræge zur mathematik*, in-8°., Berlin, 1765; 13°. *uber das Fürben pyramiden*, in-8°., 1772; 14°. *Pyrométrie*, in-4°., Berlin, 1779.

LAME; lamina; *platte*; f. f. Table fort mince, d'une matière folide: ainfi une *lame de métal*, une *lame de verre*, &c.

LAMES (Anneaux colorés des). Courbes qui ont les couleurs du prifme, & qui fe forment en plaçant deux *lames* de verre l'une fur l'autre. *Voyez* ANNEAUX COLORÉS.

LAMES (Couleurs des). Couleurs que préfentent les *lames* des corps tranfparens, lorfqu'elles font très-minces. *Voyez* COULEURS DES LAMES MINCES.

LAMES DE DAMAS. *Lames* de fabre, d'épée, de couteau, formées de *lames* ou de fils fucceffifs de fer & d'acier. En paffant un peu d'acide fur la

lame polie, l'acier prend une teinte noire, le fer une teinte blanche, ce qui préfente à la vue des deffins variés, provenant de la diverfité d'arrangement des *lames* ou des fils de fer & d'acier.

LAMES ÉLASTIQUES (Réaction des). Mouvement d'une *lame élaftique* qui a été tordue pour revenir dans la première pofition. *Voyez* ELASTICITÉ.

LAMES ÉLASTIQUES (Vibration des). Son produit par des *lames élaftiques*, & qui réfulte de leurs vibrations. *Voyez* VIBRATION DES VERGES ET DES LAMES ÉLASTIQUES.

LAMES MAGNÉTIQUES; lamina magnetica; *magnetifche platte*; f. f. *Lames* d'acier auxquelles on a communiqué la vertu magnétique.

Ces *lames*, placées les unes à côté des autres, le même pôle étant tourné du même côté, puis liées enfemble par des anneaux de cuivre, forment de très-bons barreaux. Ce moyen eft un de ceux que Coulomb a employé pour avoir un très-fort barreau aimanté.

Il eft néceffaire que ces *lames* foient d'un bon acier, trempé au degré convenable. On magnétife ces *lames* par les divers procédés que nous avons fait connoître au mot AIMANT; & que nous détaillerons encore à ceux MAGNÉTISME & MAGNÉTISATION; on les magnétife à faturation, puis on les réunit pour en faire un barreau. *Voy.* AIMANT, AIMANT ARTIFICIEL, MAGNÉTISME, MAGNÉTISATION.

LAME SPIRALE; lamina fpiralis; *gewunden platte*; f. f. Cloifon qui fépare en deux parties, appelées rampes, la cavité du conduit offeux qui enveloppe le noyau du limaçon. Une portion 1, 2, 3, *fig.* 446, de cette cloifon, eft offeufe; l'autre partie 4, 5, 6, eft membraneufe. *Voyez* LIMAÇON, OREILLE.

La *lame fpirale*, féparant en deux moitiés une cavité qui va toujours en diminuant, & qui tourne en vis autour du noyau du limaçon, eft, pour cette raifon, plus large dans fa partie inférieure 4, & va, comme la cavité qu'elle partage, toujours en diminuant de largeur jufqu'à fa partie fupérieure 6: d'où il fuit que les fibres tranfverfales qui compofent fa portion membraneufe 4, 5, 6, font toujours comme des cordes d'un clavecin, de plus courtes en plus courtes.

Cette différence de dimenfion donne lieu de préfumer que ces fibres nerveufes ont plus de rapport & de proportions, avec certains fons qu'avec d'autres. La *lame fpirale* eft donc prête à recevoir, dans quelques-unes de fes parties, les vibrations de quelques tons que ce foit, c'eft-à-dire, que les tons les plus graves n'ebranlent que les fibres les plus longues qui font à leur uniffon, tandis que les plus aigus n'ébranlent que les fibres les plus courtes; & comme toutes ces fibres nerveuſes ont plus ou moins de longueur les unes que les autres, ſelon qu'elles ſont deſtinées à nous procurer la ſenſation de différens tons, on conçoit aiſément pourquoi la lame ſpirale, ainſi que la cavité qu'elle ſépare, eſt auſſi grande dans un enfant que dans un adulte ; car, ſi les dimenſions avoient été différentes dans ces deux âges, les mêmes tons auroient agi ſur nous, d'une manière dans notre enfance, & d'une autre quand nous aurions été d'un âge plus avancé, ce qui n'arrive pas.

LAMPE, de λαμπω, éclairer ; λαμπας ; lampas ; lampe ; ſ. f. Vaiſſeau propre à brûler de l'huile, à l'aide d'une mèche, & dont la flamme ſert à éclairer.

De toutes les manières de s'éclairer dans l'obſcurité, la lampe eſt une des plus anciennement employée par les perſonnes ſtudieuſes ; auſſi les Anciens avoient-ils des lampes de formes extrêmement variées : dans les unes, les réſervoirs étoient gradués de manière à meſurer le temps par la quantité, le volume de l'huile conſumé ; c'étoient des eſpèces de clepſidres : dans d'autres, deſtinées à éclairer des tombeaux, des endroits que l'on viſitoit peu, les lampes communiquoient à un vaſte réſervoir, où elles puiſoient elles-mêmes l'huile qui leur étoit néceſſaire. Voyez CLEPSIDRE.

Pour ſe former une idée de la manière dont les lampes produiſent de la clarté, il faut conſidérer les mèches, qui plongent dans l'huile, comme un aſſemblage de tubes capillaires, qui élèvent le liquide au-deſſus de ſon niveau. Lorſque cette mèche eſt allumée, l'huile qui monte, par le tube, eſt échauffée par la flamme ; elle ſe vaporiſe & veut s'éloigner de la mèche ; l'air qu'elle rencontre, & qui contient de l'oxigène, tend à ſe combiner avec la vapeur huileuſe, & lorſque celle-ci eſt parvenue à une aſſez haute température, elle ſe combine auſſitôt avec l'oxigène : de cette combinaiſon réſulte de la chaleur & de la lumière. Cette dernière, en ſe répandant dans les lieux obſcurs, ſe réfléchiſſant de la ſurface de tous les corps qu'elle rencontre, les fait diſtinguer & produit la clarté dont le milieu eſt rempli. Voyez FLAMME, BOUGIE, CHANDELLE.

LAMPE À AIR INFLAMMABLE ; lampas aeris inflammabilis ; brenniuft lampe ; ſ. f. Vaſe duquel il ſort un jet continuel de gaz hydrogène, ou d'air inflammable, que l'on allume dans l'air atmoſphérique, & qui produit une flamme qui ré,and une lumière aſſez vive pour éclairer

Pendant long-temps, ces ſortes de lampes n'étoient que des bouteilles bouchées avec un tube de verre, terminé par un très-petit orifice, par lequel ſortoit un jet de gaz hydrogène, obtenu de la décompoſition de la limaille, ou tournure de fer, ou de petits fragmens de zinc en contact avec de l'acide ſulfurique étendu d'eau. Cet acide exerçant ſon action ſur le métal, qu'il ne

peut diſſoudre qu'à l'état d'oxide, force l'eau à ſe décompoſer pour fournir l'oxigène néceſſaire ; & l'hydrogène, autre compoſant de l'eau, ſe dégage ſous forme de gaz.

Aujourd'hui, l'emploi du gaz hydrogène, pour produire de la lumière, s'eſt conſidérablement étendu ; mais ce n'eſt plus de la diſſolution du fer ou du zinc, par l'acide ſulfurique étendu d'eau, que ce gaz eſt obtenu, c'eſt de la carboniſation de la houille ; ce gaz hydrogène carboné produit une lumière plus vive & plus blanche que celle du gaz hydrogène pur. Voyez ECLAIRAGE.

LAMPE À CHEMINÉE. Lampe dont la mèche eſt recouverte d'un cylindre de verre ou de métal, qui détermine un courant d'air autour de la mèche, afin de faciliter la combuſtion de l'huile. Voyez LAMPE À COURANT D'AIR.

LAMPE À CLEPSIDRE. Lampe avec laquelle on eſtime la durée, par le volume de l'huile conſumée.

Généralement, le réſervoir d'huile de ces ſortes de lampes eſt un cylindre de verre A B, fig. 939, fermé hermétiquement dans la partie ſupérieure A, & terminé par un tube B C, dans la partie inférieure, à l'extrémité duquel eſt une ouverture C, pour placer une mèche ; cette ouverture eſt en métal. Une diviſion D E, placée, ou tracée ſur le tube, indique la diminution du volume de l'huile, & conſéquemment le temps qui s'eſt écoulé depuis le moment où la mèche a été allumée.

Il eſt extrêmement difficile d'avoir, avec ces ſortes de lampes, une donnée exacte ſur la diviſion du temps, parce que la quantité d'huile brûlée, conſumée dans un temps donné, dépend : 1°. de la groſſeur de la mèche ; 2°. de ſa longueur hors de l'huile ; 3°. de la matière qui la compoſe & de la groſſeur des filamens. Dans quelques circonſtances, toute l'huile vaporiſée ſur la ſurface de la mèche ſe combine avec l'oxigène de l'air ; dans d'autres il ne ſe brûle que l'hydrogène de l'huile, une portion du carbone ſe vaporiſe ; dans d'autres enfin, de l'huile en nature ſe vaporiſe ſans être brûlée. Or, dans chacune de ces circonſtances, la quantité d'huile conſumée eſt différente. On ne peut donc regarder ces lampes, que comme ne donnant que des approximations du temps.

LAMPE À COURANT D'AIR. Lampe conſtruite de manière qu'il s'établit un courant d'air autour de la mèche.

On peut obtenir un courant d'air autour des mèches de deux manières : 1°. en faiſant uſage d'une mèche circulaire M M, fig. 939 (a), placée dans un tube cylindrique T T, ouvert à ſes deux extrémités ; l'air échauffé dans l'intérieur de la mèche t, s'élève rapidement ; de l'air nouveau arrive par-deſſous t', pour le remplacer ; celui-ci s'échauffe à ſon tour & s'élève de ſuite pour faire place à de nouvel air qui arrive par le bas ; 2°. en enveloppant la mèche M, *fig.* 939 (*b*), d'un tuyau T*t*, ouvert par les deux bouts : l'air placé entre la ſurface intérieure du tuyau & la mèche, s'échauffe & monte en vertu de ſa légèreté ; de l'air nouveau arrive par l'ouverture inférieure *t* ; il vient remplacer celui qui a monté ; ce dernier s'échauffe à ſon tour, & monte pour faire place à de l'air nouveau qui vient le remplacer.

Le courant qui s'établit, ſoit dans l'intérieur de la mèche circulaire, ſoit à l'extérieur des mèches, met en contact, avec l'huile vaporiſée, une plus grande quantité d'oxigène, & la facilité avec laquelle cet air doit s'échauffer en montant, favoriſe la combinaiſon de la vapeur huileuſe avec l'oxigène ; & par ſuite la production d'une flamme plus vive & plus intenſe, & d'une plus grande quantité de lumière.

LAMPE A COUPOLE. *Lampe* à double courant, ſur laquelle M. Vivien a imaginé de placer une coupole C C, *fig.* 939 (*c*).

Cette coupole a pour objet d'empêcher que l'éclat de la lumière n'affecte trop vivement la vue. Lorſque la coupole eſt en verre, on dépoli celui-ci ; alors la lumière ſe répand ſous toutes les directions poſſibles, ſans laiſſer apercevoir le foyer qui la produit. Lorſque la coupole eſt opaque, on la recouvre, dans ſon intérieur, d'une couleur blanche, qui facilite la réflexion de la lumière dans la partie inférieure. Ces ſortes de coupoles ſont commodes pour lire ou pour écrire, en ce que toute la lumière de la *lampe* ſe réfléchit ſur les caractères qu'on lit, ou ſur le papier ſur lequel on écrit. Ces objets étant en quelque ſorte les ſeuls éclairés, on diſtingue beaucoup mieux les caractères que l'on trace & ceux qui ſont tracés, & l'organe de la vue n'eſt point affecté du foyer de lumière produit autour de la mèche.

LAMPE A DOUBLE COURANT. *Lampe* dans laquelle on a établi un double courant d'air, l'un dans l'intérieur de la mèche, l'autre à l'extérieur.

Ces ſortes de *lampes* ont une mèche circulaire M, *fig.* 939 (*d*), placée dans un cylindre C*c*, ouvert par les deux bouts. Un tuyau T*t* entoure ce cylindre. On le deſtine à ſupporter une cheminée en verre V ; un petit cylindre P P, eſt deſtiné à porter la mèche. Ce porte-mèche eſt fixé après une tige A, attachée à une crémaillère B B ; qui ſe meut dans un long tube rectangulaire D D ; & une roue dentée R fait monter & deſcendre cette crémaillère, & par ſuite le porte-mèche P P & la mèche M. Tout cet appareil eſt ſupporté par un tuyau *t t*, fixé ſur le réſervoir d'huile H. Ainſi l'huile pénètre par ce tuyau dans le tube rectangulaire D D & dans le cylindre P P, dans lequel eſt plongée la mèche M.

Par cette diſpoſition, l'huile eſt tranſmiſe dans les fibres capillaires de la mèche, que l'on élève à quelques lignes au-deſſus du bord du cylindre. La mèche étant allumée, vaporiſe l'huile avec laquelle l'oxigène ſe combine, pour produire la flamme & la chaleur réſultante de cette combuſtion. Deux courans d'air qui s'établiſſent, l'un dans l'intérieur du cylindre & de la mèche, favoriſe & accélère la combuſtion de la vapeur huileuſe qui ſe dégage de l'intérieur de la mèche. Un ſecond courant s'établit dans l'intervalle qui ſépare le cylindre du tuyau extérieur ; il favoriſe & accélère la combuſtion de la vapeur huileuſe qui ſe dégage de l'enveloppe extérieure de la mèche. Par le moyen de ce double courant, il ſe développe une lumière très-vive & très-intenſe.

On obtient pluſieurs grands avantages de l'uſage de ces *lampes*, ſubſtitué à celui des autres *lampes*, & même des bougies & des chandelles. 1°. C'eſt d'avoir une flamme fixe, tandis que dans les autres moyens d'éclairage, la flamme agitée par le mouvement de l'air vacille continuellement. La cheminée qui entoure la mèche s'oppoſe à l'action latérale du mouvement de l'air ſur la flamme. Quant aux mouvemens des deux courans, ceux-ci ont toujours lieu verticalement de bas en haut dans la direction naturelle de la flamme ; & comme ces mouvemens ont lieu dans une direction conſtante, & avec une viteſſe ſenſiblement uniforme, la flamme devient en quelque ſorte fixe, & n'occaſionne aucun des déſagrémens de la vacillation des autres lumières.

2°. En élevant la mèche à la hauteur convenable, toute l'huile qui ſe vaporiſe ſe combine entièrement avec l'oxigène de l'air des deux courans ; alors il ne ſe dégage pas d'huile ni d'autres exhalaiſons ſales, nuiſibles & malfaiſantes, comme cela a lieu dans les *lampes* ordinaires.

3°. Toute la lumière ſe dégage d'un foyer unique ; ainſi, pour une même quantité d'huile combinée avec l'oxigène, la maſſe de la lumière dégagée eſt plus forte & plus intenſe. Ce foyer unique préſente beaucoup d'avantage dans un grand nombre de circonſtances, principalement lorſque l'on veut éclairer un relief qui doit être deſſiné ; & tout en l'éclairant d'une manière très-vive, on n'a qu'une ſeule direction d'ombre, ce qui aſſimile les effets de l'éclairement de ces *lampes* avec ceux de l'éclairement par la lumière ſolaire.

Nous devons obſerver que, s'il eſt ſouvent avantageux d'obtenir une lumière très-intenſe, cet avantage ſe trouve quelquefois compenſé par un accident aſſez grave ; c'eſt que, ſi ce foyer de lumière eſt placé de manière que la vue puiſſe naturellement ſe porter deſſus, elle en eſt vivement affectée ; au point, qu'à la ſuite d'un uſage long-temps continué de ces vives lumières, la vue s'affoiblit beaucoup plus promptement, que ſi l'on n'eût employé que des foyers d'intenſité moyenne de lumière, comme celle des bougies. Le moyen ordinaire de corriger ces funestes effets, consiste à recouvrir le foyer d'une coupole de verre dépoli; alors la lumière se répand sous des angles divers, d'une manière analogue à la lumière du jour, & l'on profite ainsi de tous les avantages d'une lumière intense, sans éprouver ses inconvéniens.

4°. On a regardé ces *lampes* comme un moyen économique d'éclairage: ce qui est rigoureusement vrai, lorsque la mèche est placée à une hauteur telle que toute la vapeur huileuse se combine avec l'oxigène; mais, en élevant la mèche au-dessus, ou l'abaissant au-dessous de cette limite, il se vaporise de l'huile, & la lumière obtenue n'est pas la plus économique. C'est donc à tort que l'on avance que l'on peut obtenir avec ces *lampes* des lumières économiques à toute intensité. Pour avoir des lumières plus foibles, d'une manière très-économique, il faut diminuer le diamètre de la mèche, afin qu'il se vaporise moins d'huile, & l'élever à la hauteur où toute la vapeur huileuse se combine avec l'oxigène.

5°. Un grand avantage de ces *lampes*, c'est qu'elles peuvent être employées comme foyer de chaleur; aussi, Guyton en a-t-il recommandé l'usage dans les expériences chimiques. C'étoit une *lampe à double courant*, qu'il employoit dans son laboratoire portatif, pour obtenir toute la chaleur qui lui étoit nécessaire, & pour remplacer les fourneaux d'échauffement & les fourneaux de fusion, dont on fait usage dans les laboratoires ordinaires.

Il suffit de placer au-dessus de la cheminée de la *lampe*, un support A B C D, *fig.* 939 (*e*), sur lequel on place le vase que l'on veut chauffer. *Voy.* pour tous ces détails le laboratoire portatif de Guyton, tome XXIV des *Annales de Chimie*.

Avec ce support, on peut employer également la *lampe à double courant* pour chauffer, dans les usages ordinaires, divers objets, de l'eau, du café, du bouillon, &c.

On s'accorde assez généralement à regarder Argand, comme l'inventeur des *lampes à double courant*. Il prit en Angleterre, dans l'année 1783, un brevet d'invention pour lui en conserver la propriété; mais long-temps avant, Meusnier, de l'Académie des sciences, faisoit usage d'une *lampe à mèche circulaire & à double courant*, pour obtenir de la chaleur dans les expériences qu'il faisoit chez lui. Il avoit imaginé cette *lampe* pour remplacer les fourneaux qu'il n'avoit pas. Sa lampe différoit de celle d'Argand, en ce qu'il faisoit usage d'une cheminée de fer-blanc, & que le dernier a employé une cheminée de verre. **Guyton!**

LAMPE A ŒLIPILE. *Lampe*, *fig.* 574, au-dessus de laquelle se trouve un œlipile rempli d'alcool, & dont l'ouverture est dirigée par la mèche de la lampe. *Voyez* CHALUMEAU A ALCOOL, LAMPE DOCIMASTIQUE.

LAMPE A NIVEAU INTERMITTENT. *Lampe* imaginée par M Gotten, qui a la propriété, à l'aide d'une vis, d'élever ou d'abaisser le niveau du réservoir d'huile, pour faire monter le liquide à la hauteur de la mèche.

Pour conserver l'avantage de ce mécanisme, dit M. Gillet-Laumont (1), il faut observer que, quand le gaz huileux est en plus, & le renouvellement de l'air en moins, la *lampe* fume; & lorsque le gaz huileux est en moins & l'air en plus, la mèche se charbonne. D'où l'on voit l'avantage de procurer plus ou moins d'huile à la mèche, afin qu'elle soit toujours en proportion avec le courant d'air.

Une autre considération favorable au niveau intermittent de la *lampe* de M. Gotten, c'est celle qui est relative à la nature des huiles. Il en est qui doivent mouiller abondamment les mèches, & d'autres qui doivent les mouiller moins; le mouvement du réservoir permet encore de fournir de l'huile à la mèche en raison de la qualité du liquide.

LAMPES A RÉSERVOIR SUPÉRIEUR. *Lampe* imaginée par MM. Hadrot & Gotten, dans lesquelles ils placent le réservoir au-dessus de la lumière.

Dans les *lampes* primitives d'Argand, le réservoir étoit placé à la hauteur de la mèche; par cette disposition, le réservoir portoit une ombre qui nuisoit à la répartition uniforme de la lumière. En élevant le réservoir au-dessus de la *lampe*, on évite cette ombre, & l'éclairement en est plus uniforme.

LAMPE ASTRALE; *lampas sideralis. Lampe* à double courant d'air, dont la lumière vive & intense est comparée à celle des astres.

Cette *lampe*, imaginée par M. Bordier, est à double courant d'air; son réservoir *e e*, *fig.* 940, est circulaire; il communique au cylindre qui contient la mèche, par des conduits *d d*; il est recouvert d'un dôme métallique *g*, peint en dedans d'une couleur blanche. Cette *lampe* peut être suspendue par des chaînes *m, m, m*, comme dans la *fig.* 940, ou supporté par un pied P, comme dans la *fig.* 940 (*a*). Au-dessous de la *lampe* suspendue, est un godet *h*, assez grand pour recevoir l'huile qui coule quelquefois du cylindre de cette *lampe*.

Un grand nombre d'expériences comparatives entre les effets de cette *lampe* & la *lampe* ordinaire, à double courant, ont donné à celle de M. Bordier un avantage assez grand, qu'elle doit nécessairement au dôme qui couvre la lumière, & qui oblige toute celle qui se feroit portée au-dessus de la mèche, pour éclairer la partie supérieure des lieux où cette *lampe* est placée, à se réfléchir vers le bas pour y augmenter l'intensité de la lumière. On peut, en donnant une direction oblique, *fig.* 940 (*b*), au couvercle de la *lampe*, diriger la

(1) *Annales des Arts & Manufactures*, tome XLVI, page 296.

lumière réfléchie vers tous les points de la falle, &c.

Pour avoir des détails circonftanciés fur les grands effets de la *lampe aftrale*, confultez les volumes XXXI, XXXII, XXXIV, XXXVI & XXXXVII des *Annales des Arts & Manufactures*.

LAMPE D'ARGAND. *Lampe* à double courant d'air, inventée par Argand. *Voyez* LAMPE À DOUBLE COURANT.

LAMPE DE MEUSNIER. *Lampe* à double courant, inventée par Meufnier, pour remplacer les fourneaux des laboratoires.

Cette *lampe* diffère de celle qu'on emploie ordinairement, en ce que fa cheminée eft en métal. *Voyez* LAMPE À DOUBLE COURANT.

LAMPE DE SURETÉ. *Lampe* imaginée par fir H. Davy, pour s'éclairer avec *fûreté* dans les mines.

Pour bien concevoir les avantages de la *lampe de fûreté*, il eft néceffaire que l'on fache que, dans un grand nombre de mines de houille, il fe dégage du gaz inflammable ; que ce gaz, mêlé à l'air atmofphérique qui circule dans les mines, devient explofible ; & que, lorfque la flamme des *lampes*, portées par les mineurs, rencontre de ces mélanges de gaz, ceux-ci s'enflamment auffitôt, & qu'il fe produit une explofion qui occafionne fouvent les plus grands accidens aux ouvriers & à la mine. La *lampe* imaginée par fir H. Davy, à laquelle il a donné le nom de *lampe de fûreté*, a pour objet de préferver le mineur des accidens des explofions, par la propriété qu'a cette nouvelle *lampe*, de ne pas pouvoir enflammer le gaz explofif.

Cette *lampe, fig. 941*, eft compofée :

A, d'un réfervoir d'huile.

B, bord ou anneau fur lequel une enveloppe de gaz métallique eft fixée, & qui s'ajufte à vis fur le réfervoir à huile.

C, orifice d'un tube qui communique avec l'intérieur du réfervoir. Il fert à mettre l'huile ; on le ferme par une vis ou bouchon de liége.

D, le porte-mèche.

E, fil de fer pour élever, abaiffer ou noyer la mèche. Ce fil paffe dans un tube de fûreté.

F, Cylindre de gâze métallique qui ne doit pas avoir moins de 625 ouvertures dans un pouce carré.

G, feconde enveloppe de gâze métallique, à la partie fupérieure de la lanterne ; fon fond eft élevé de demi ou trois quarts de pouce au-deffus du fond de la première enveloppe.

H, plaque de cuivre qui pofe immédiatement fur la deuxième fond.

I, I, I, I, gros fil de fer autour de la cage pour l'empêcher de plier.

K K, anneaux pour porter & accrocher la lanterne.

La fûreté que préfente cette *lampe* eft fondée fur la propriété de la gâze métallique, de cribler la flamme qui pourroit fortir à travers ; de la re-

froidir en fortant, & de la rendre impropre à enflammer le gaz explofif. Celui-ci ne peut pas entrer par les ouvertures de la gâze, tant que le tube eft plein du gaz qui détermine la combuftion.

Indépendamment de la propriété d'empêcher la combuftion du gaz extérieur au cylindre de gâze métallique, voici quelques-uns des principaux avantages des *lampes de fûreté*.

Cette *lampe* devient un régulateur pour le mineur ; par elle il peut explorer toutes les parties de la mine où il exifte du gaz inflammable, & l'état de la flamme lui indique jufqu'à quel point l'air eft vicié.

Auffitôt que le gaz inflammable fe trouvera mêlé à de l'air atmofphérique, la flamme de la *lampe* s'agrandira.

Quand ce gaz fera parvenu au point explofif, le cylindre fe remplira de flamme ; mais au travers de cette flamme, celle de la mèche fe fera apercevoir.

Dès que l'on aura dépaffé ces limites, la flamme de la mèche difparoîtra, & celle du gaz deviendra plus pâle.

La flamme devenant trop pâle, on doit fe hâter de quitter la partie des travaux où l'on fe trouve ; car, quoiqu'il refte encore affez d'air refpirable, pour permettre au mineur de refter dans un endroit où une *lampe* ne jette plus qu'une foible lueur, encore ne feroit-il pas prudent de refpirer quelque temps un air auffi malfain.

Il réfulte de-là, qu'une *lampe* tranfmettant la lumière, & recevant l'air au travers d'un cylindre de gâze métallique, offre tous les avantages que le mineur peut defirer.

Elle lui donne la fécurité la plus parfaite.

On voit que le gaz inflammable, brûlant dans l'intérieur du cylindre, lui procure une lumière utile, & par fa deftruction il contribue à la définfection de l'air.

Enfin, cette *lampe*, par l'état de la flamme, fournit au mineur les moyens de reconnoître le degré de corruption de l'air.

Une découverte affez importante, faite par fir H. Davy avec cette *lampe*, c'eft que fi, dans une *lampe de fûreté*, une fpirale de fil de platine, de $\frac{1}{30}$ de pouce de diamètre, eft fufpendue par un fil un peu plus gros au-deffus de la mèche, il devient lumineux, quand la lampe s'éteint, par l'arrivée d'une proportion trop grande de ce gaz inflammable, & fournit ainfi au mineur une lueur affez forte pour qu'il puiffe fe diriger. Il n'y a aucun danger pour la refpiration, tant que les fils de la fpirale refteront incandefcens ; car ils s'éteignent auffitôt que le gaz inflammable compofe les trois quarts du volume de l'atmofphère.

Ce font les expériences faites fur la détonation des gaz détonans, dans des tubes de verre, qui ont conduit fir H. Davy à la découverte de la *lampe de fûreté*. Ayant fait détoner un mélange d'une partie de gaz de la houille, & de huit d'air atmofphérique, dans un tube d'un quart de pouce

de

de diamètre & d'un pied de long, il remarqua qu'il falloit plus d'une seconde avant qu'il y eût communication de la flamme d'une extrémité à l'autre; & dans un tube de verre, ayant également un pied de long & seulement un septième de pouce de diamètre, il ne put obtenir de détonation, même en employant des gaz plus inflammables que celui des mines.

Il remarqua, en outre, que les détonations ne peuvent pas se transmettre, à travers des tubes métalliques, à d'autres mélanges explosifs, lorsque leur diamètre est au-dessous d'un septième de pouce, & que leur longueur, quelque diminuée qu'elle soit; empêchoit également la transmission de la détonation; de-là, qu'à travers des cribles faits de fils métalliques, il n'y a pas non plus de communication d'explosion.

Pour avoir de plus grands détails sur ces *lampes*, on peut consulter le tome Ier. des *Annales des Mines*, & les tomes I & V des *Annales de Chimie & de Physique*.

LAMPE D'HUMBOLDT (1). *Lampe* dont on peut faire usage dans les mines, lorsque l'air y est vicié.

Cette *lampe* est composée de deux réservoirs; l'un pour de l'eau, l'autre pour recevoir l'air & une *lampe*. Le tout est réuni dans un vase en fer-blanc, de forme cylindrique, partagé vers le milieu, en deux parties égales, par un diaphragme. L'eau est dans la partie supérieure, du gaz oxigéné est dans la partie inférieure. L'eau communique au réservoir de l'air par un tube; un robinet permet la sortie de l'air près de la mèche.

Dès que l'air de la mine est vicié, on ouvre le robinet, & du gaz oxigène se réunit près de la mèche à l'air de la mine; en ouvrant plus ou moins le robinet, on varie la proportion du gaz oxigène, que l'on fait sortir en proportion d'autant plus grande, que l'air y est plus vicié.

LAMPE DOCIMASTIQUE; lampas docimastica; *docimastiche lampe*; s. f. *Lampe* à faire des essais de mines.

C'est une espèce d'œlipile dont la vapeur anime la flamme qui sert à chauffer l'œlipile même. Cette *lampe*, de l'invention de M. Bertin, sert à la soudure des métaux, à la manipulation du verre & aux essais minéralogiques. *Voyez* LAMPE A ŒLIPILE, DOCIMASIE.

LAMPE HYDROSTATIQUE; lampas hydrostatica; *hydrostatische lampe*; s. f. *Lampe* dans laquelle l'huile est toujours à une hauteur constante.

Un des principaux désavantages des *lampes*, c'est la variation de la hauteur de l'huile dans le réservoir qui la contient. Tant que la hauteur de ce liquide est convenable, l'huile s'élève jusqu'au sommet de la mèche. L'évaporation étant toujours

entretenue par de l'huile nouvelle, la lumière est la plus vive avec la consommation la plus foible; mais, dès que le niveau descend trop bas, & que l'attraction capillaire des brins de la mèche ne peut élever le liquide assez haut, la lumière diminue proportionellement, & elle finit par s'éteindre. Aussi, la solution du problème de maintenir la hauteur de l'huile dans la mèche, à un niveau constant, est-il un de ceux dont les physiciens se sont occupés pour le perfectionnement des *lampes*.

R. Hook imagina, pour cet effet, une *lampe à flotteur*, que Birch a décrite dans l'histoire de la Société royale (1). Cette *lampe* se compose d'un vase hémisphérique qui contient l'huile, & porte latéralement une douille qui soutient la mèche; puis d'un flotteur également hémisphérique, & de dimension telle, qu'il pût s'adapter assez exactement dans la cavité du vase de même forme. Ce solide étoit suspendu par un axe horizontal, autour duquel il pouvoit se mouvoir ou osciller librement. Ainsi, il remplissoit, à très-peu près, la capacité du vase, quand celui-ci n'étoit occupé par aucune autre substance; mais, comme ce solide avoit été construit de manière, que sa pesanteur spécifique fût précisément égale à la moitié de celle de l'huile, on comprend qu'il flottoit quand on introduisoit de l'huile dans ce vase, par sa lèvre; & comme la flottaison de ce solide étoit contenue & dirigée par l'axe horizontal, on obtient, de cette disposition, deux effets très-curieux : 1°. que le volume de la partie surnageante du solide, est toujours égal à celui de l'huile elle-même; 2°. que l'huile se maintient à la même hauteur dans le vase, jusqu'à ce qu'elle soit entièrement consumée.

M. Keir de Kentisch-Town a obtenu, en 1787, une patente pour une *lampe hydrostatique* d'une forme différente de celle du célèbre R. Hook. Elle consiste en un tube A A, B B, *fig* 942, divisé en trois parties par les diaphragmes F, C. L'espace en A A, au-dessus de c, communique avec l'atmosphère; mais l'espace B B, au-dessous de c, est fermé. Un tube F G, communique de l'espace A A à l'espace B B, & arrive par le fond en G. Un autre tube C E, s'élève depuis B B à travers l'espace A A, mais sans communiquer avec ce dernier, & il s'élargit dans le haut de manière à recevoir une mèche avec l'appareil à deux courans d'air.

On commence par verser en E, une mesure d'eau saturée de sel, ou d'eau-mère de sel marin; elle descend par le tube E c, dans l'espace B B, & remplit cet espace. On verse ensuite une mesure égale d'huile qui descend aussi en B B & chasse de bas en haut la liqueur saline, au travers de G F; jusque dans l'espace A A. On amène cette liqueur, en la délayant convenablement avec de l'eau, à une pesanteur spécifique telle, que lorsque l'es-

---

(1) *Journal des Mines*, tome VIII, page 843.
Dict. de Phys. Tom. III.

(1) *Journal de Nicholson*, janvier 1800. — *Bibliothèque britannique*, tome XIV, page 75.

pace A A eft rempli comme il doit l'être, l'huile demeure en équilibre à la hauteur requife aux environs du point ; c'eft-à-dire, que les furfaces refpectives des liquides en A & en E, font élevées au-deffus de l'orifice inférieur en C, en raifon inverfe des pefanteurs fpécifiques de ces liquides. Cette proportion eft ordinairement celle de 3 à 4 ; en forte que, fi la combuftion, ou telle autre caufe, diminue la quantité d'huile en E, le fluide plus pefant en A A, defcendra pour maintenir l'équilibre ; & pendant toute la durée de cette defcente en A A, il y aura une dépreffion correfpondante dans la furface fupérieure de l'huile vers E, qui aura pour mefure, quatre tiers de l'élévation primitive du fluide denfe au-deffus du diaphragme F D. Or, on peut rendre la chute en A A, très-peu confidérable, en augmentant le diamètre du vafe dans cet endroit, & en B B ; & l'élévation du niveau B, au-deffus de A, & par conféquent l'ifolement de la flamme qui doit rayonner, fera modifié à volonté par ce prolongement de l'intervalle D C.

On peut récapituler, en peu de mots, les avantages de cette *lampe* : 1°. elle eft fufceptible de porter des mèches d'une forme quelconque ; 2°. elle ne préfente pas d'obftacle à la radiation de la lumière ; 3°. comme l'huile s'y élève, par l'effet de la fimple gravitation d'un fluide non élaftique, il ne peut, dans aucun cas, monter plus haut que les proportions de la *lampe*, & la denfité des deux liquides ne la déterminé.

MM. Girard ont également imaginé, mais beaucoup plus tard, une *lampe hydroftatique*, qu'ils ont conftruite fur le principe de la fontaine de Héron. Cette *lampe* eft décrite dans les tomes XX & XXXVII des *Annales des Arts & Manufactures*.

Cette *lampe* eft formée d'un efpace, compofé de trois capacités M, N, O, *fig.* 942 (*a*). Les capacités M, N font primitivement remplies d'huile, & la capacité O, remplie d'air.

De la capacité N, l'huile tombe dans celle O, par le tube A L, dont l'extrémité inférieure eft plongée dans le godet R, de manière que l'huile ne peut couler dans le vafe O, qu'en paffant par le deffus des bords B B du godet ; par ce moyen, la colonne d'air qui agit par fon poids fur l'air contenu dans l'efpace O, fe trouve terminée inférieurement au niveau du bord B B du godet.

L'air comprimé dans la capacité O, s'échappe par le tube C C C, & fe rend par l'orifice D, dans le vafe M M ; il bouillonne au travers de l'huile & gagne le haut de l'appareil ; l'huile, obligée de lui céder fa place, s'élève dans le tuyau H I, qui la conduit jufqu'à la mèche.

Au moyen de cette difpofition, il eft facile de concevoir que, quelle que foit la quantité d'huile contenue dans l'appareil, ce fluide s'élèvera toujours au-deffus du point D ou H, à une hauteur égale à celle de la colonne *a l* ; car, d'un côté,

la preffion éprouvée par l'air que renferme la capacité O, eft une force conftante, quelle que foit la quantité d'huile contenue dans le vafe N N, l'effet variable de la colonne A, étant rendu nul par la manière dont l'air extérieur arrive dans le vafe par le tube G F.

Par la difpofition de l'orifice du tube C D, la réfiftance qu'éprouve l'air pour pénétrer dans la capacité M M, eft toujours relative à la hauteur de la colonne H I, & ne dépend, en aucune manière, du plus ou moins d'huile qui refte dans le vafe. En effet, l'air arrivant au point D, fupporte, dans tous les cas, le poids total de la colonne H I. Les colonnes d'huile latérales, ainfi que l'air contenu en M M, n'exercent jamais qu'une fomme de force égale à celle de cette colonne.

Si nous nommons *a* la preffion de l'atmofphère, *b* celle de la colonne *a l*, A L ; *x* celle de la colonne variable A S, *y* celle de l'air contenu en N, nous avons pour l'expreffion totale exercée au point L, $b + x + y$.

Mais $y = a - x$, puifqu'il y a équilibre au point F entre la preffion de l'air extérieur & la fomme des forces exercées par l'air intérieur & par la colonne de fluide A S ; donc l'expreffion $b + x + y = b + a$, quels que foient x & y.

Ayant ainfi appliqué une preffion conftante à l'air contenu dans le vafe O, il reftoit à le tranfmettre à l'huile renfermée dans le vafe M M, de telle manière que la quantité de fluide contenu dans le vafe, n'influât nullement fur la hauteur dans le bec ; c'eft pour y parvenir que l'on a recourbé le tube C C C, de manière à ramener fon orifice tout près du fond du vafe M M.

Si nous appelons *v* la preffion de l'air M M, & *z*, celle de la colonne variable E D, comme la denfité de l'air M M s'accroîtra, jufqu'à ce que ces deux expreffions faffent équilibre à l'effort exercé par l'air inférieur, pour s'échapper par l'orifice D, nous aurons alors $v + x = b + a$.

Mais fi nous appelons *r* la preffion exercée par le fluide élevé dans H I, au-deffus du niveau de l'huile E, il faudra évidemment, pour que l'équilibre foit établi, que $a + r = v + b + a - z$, ou que $r = b - z$ ou $r + z = b$, ou que la colonne totale H I, compofée des deux variables LE + EH = AL.

Il réfulte de plufieurs expériences faites avec foin, que le niveau de l'huile, qui s'élève à la hauteur du bec de la *lampe*, demeure invariable, pendant tout le temps de la combuftion ; que l'intenfité de la lumière s'y foutient jufqu'à la fin de la combuftion, auffi bien que dans les *lampes* à courant d'air ordinaire ; que l'on peut les tranfporter aifément, & les incliner jufqu'à 45 degrés & au-delà, fans que l'huile fe répande ; & que, dans le cas où la dilatation de l'air, produite par un changement de température, élèveroit, momentanément, une quantité d'huile plus grande que celle qui fe confomme habituellement, cette quantité furabondante retombe dans la capacité inférieure de la *lampe*, & ne peut conféquemment produire aucun inconvénient.

LAMPE ÉLECTRIQUE; *lampas electrica*; *lampe eletrifche*; f. f. *Lampe* de gaz hydrogène qui s'enflamme à l'aide de l'étincelle électrique.

Ces *lampes* fe compofent d'un premier vafe A, *fig.* 943, lequel contient du gaz hydrogène. A l'ouverture B de ce vafe, eft lutée une boîte de cuivre qui contient, dans fa partie inférieure, une ouverture D, après laquelle eft foudé un tuyau de cuivre D E F G, qui contient un robinet E, pour faciliter la fortie du gaz hydrogène. Dans la boîte de cuivre eft un robinet R. A l'ouverture inférieure de ce robinet eft fixé un tube de verre qui fe prolonge jufqu'au fond du vafe A. Sur l'ouverture fupérieure de la boîte de cuivre eft un entonnoir V, que l'on emplit d'eau. En ouvrant le robinet R, l'eau s'écoule par le tuyau L, dans le vafe inférieur, & comprime le gaz hydrogène de tout le poids de la colonne d'eau. En ouvrant le robinet E, le gaz hydrogène comprimé, entre dans le tube E F G, & fort par une petite ouverture pratiquée en G. Deux colonnes de verre H I, fupportent deux tiges métalliques N O, P Q, dont la féparation de O en P eft exactement au-deffus de l'ouverture G, par laquelle fort le gaz hydrogène. Faifant communiquer le point N, de la première tige, au réfervoir commun, par une chaîne métallique N S, & l'extrémité Q, de l'autre tige, à une machine électrique par une feconde chaîne métallique Q T, mettant la machine en mouvement, il fe produit une fuite d'étincelles électriques entre O & P; & comme le jet de gaz hydrogène paffe par l'intervalle O P, les étincelles allument le jet de gaz qui fe dégage, lequel jet continue à brûler tant que le vafe A contient du gaz hydrogène, & que l'entonnoir V fournit de l'eau pour remplacer le gaz qui fe dégage.

On doit à Furftenberg, célèbre phyficien de Bâle, l'invention de cette *lampe électrique*, qui a éprouvé depuis plufieurs perfectionnemens.

Ingenhoufz a placé au fond du réfervoir A, *fig.* 943 (*a*), un tube & un robinet X, fixés entre ce réfervoir & un petit pied en forme d'entonnoir *v*, ce qui facilite l'introduction du gaz hydrogène, puifqu'il fuffit d'emplir d'eau le réfervoir A, par le moyen de l'entonnoir V, & du tube L; en ouvrant les deux robinets R & E, l'eau entre pendant que l'air fort en G. Le vafe A rempli, on place la *lampe* fur une cuve pneumatique, en empliffant d'eau l'entonnoir inférieur *v*; alors, fermant les robinets R, E, ouvrant celui O, & verfant du gaz hydrogène dans l'entonnoir *v*, le gaz monte dans le réfervoir, pendant que l'eau defcend pour faire place à l'air. Dès que le réfervoir A eft rempli de gaz, on ferme le robinet X, & l'on fait ufage de la *lampe* de la manière qui a été indiquée.

Un nouveau perfectionnement a encore été pratiqué par Ingenhoufz; c'eft de placer, au-deffus du jet de gaz hydrogène, une bougie qui s'allume auffitôt que le jet de gaz hydrogène eft enflammé.

Picket, de Wurtzbourg, a laiffé la chaînette PQ, pendre jufqu'à peu de diftance de la furface fupérieure d'un électrophore. Le plateau de cet électrophore eft fufpendu par trois cordons de foie qui fe réuniffent en un feul, qui paffe fur une poulie, placée fur le robinet E; de manière qu'en ouvrant le robinet, pour faciliter la fortie du gaz hydrogène par le trou G, le plateau s'élève & vient toucher une boule métallique fixée à l'extrémité T, de la chaîne ou de la tige métallique Q T; auffitôt l'électricité fe communique à la tige Q P, & une étincelle électrique s'échappe & enflamme le gaz hydrogène, celui-ci enflamme la bougie, & l'on a de la lumière.

Enfin, un nouveau perfectionnement vient d'être introduit par M. Dumouftier: c'eft de placer au fond du vafe réfervoir A, du zinc en fragmens; de mettre dans l'entonnoir fupérieur V, de l'eau acidulée d'acide fulfurique; en faifant parvenir cette eau dans le vafe A, l'acide exerce fon action fur le zinc, de l'eau fe décompofe pour l'oxider, & il fe produit du gaz hydrogène; on le laiffe d'abord dégager par l'ouverture E, jufqu'à ce que tout l'air atmofphérique, que le vafe A contenoit, foit forti; puis on ferme les robinets; on ouvre le robinet E, toutes les fois que l'on veut avoir de la lumière, & le gaz hydrogène, qui fe produit par l'action de l'acide fur le zinc, tient conftamment le réfervoir H plein de gaz.

On donne aux *lampes électriques* des formes plus ou moins agréables: on peut en former des ornemens pour être placés dans les chambres & dans les falons. Elles font utiles, en ce que c'eft un moyen de fe procurer conftamment & inftantanément de la lumière, lorfque l'on en a befoin. Une femblable *lampe*, contenant du zinc en fragmens dans le premier réfervoir, devient un meuble précieux pour fe procurer de la lumière. On peut en faire d'affez petites pour être facilement portatives, & pouvoir être tranfportées dans les voyages.

LAMPE MÉCANIQUE; *lampas mechanica*; *mecanifche lampe*; f. f. *Lampe* inventée par MM. Carcel & Carreau, dans lefquelles l'huile eft montée jufqu'au fommet de la mèche, à l'aide d'un mécanifme.

On voit, *fig.* 944, la forme extérieure de cette *lampe*. A eft le focle renfermant le mouvement; B le réfervoir d'huile & le corps de la *lampe*; C la colonne du chandelier, faifant partie du réfervoir d'huile, & traverfé par un tube dans lequel l'huile monte pour parvenir à la partie fupérieure de la mèche; enfin, D eft la robe d'une *lampe* à double courant d'air : l'air entre dans la cheminée par les cannelures qui font à jour.

Dans la bafe A de cette *lampe*, eft un mécanisme fimple, mis en mouvement par un reffort, renfermé dans un barillet; ce barillet communique, à l'aide de quelques rouages, le mouvement à deux piftons placés dans des corps de pompes; ces piftons prennent l'huile renfermée dans le réfervoir D, la forcent à s'élever dans un tuyau qui traverfe le corps C du chandelier, & la font parvenir jufqu'à la partie fupérieure de la mèche. Là, une partie s'évapore, & l'autre retombe dans le réfervoir. La portion vaporifée fe combine avec l'oxigène contenu dans les courans d'air, & produit une forte chaleur & une très-vive lumière.

Guyton de Morveau, comparant la lumière de ces *lampes*, avec celle des bougies & des *lampes* ordinaires *à double courant*, dites *lampes d'Argand*, a obtenu ce réfultat remarquable, que la confommation de 9 gros 2 grains d'huile par heure, a produit une lumière égale à celle de deux quinquets & de onze bougies des cinq à la livre. La chaleur produite par ces *lampes* a fondu, dans un creufet d'argile, en moins de fept à huit minutes, une maffe d'étain affez confidérable; dix-huit grammes d'antimoine fe font fondus en une heure. Un tube de verre, de deux lignes de diamètre, a été courbé avec beaucoup de facilité; enfin, un cylindre de pyromètre de Wedgwood a indiqué une température de 7 degrés ou 505 degrés centigrades.

L'idée de faire monter l'huile au moyen d'une pompe mife en mouvement par un reffort, préfente des avantages très-réels, en ce que la mèche, continuellement abreuvée, n'eft jamais dans le cas de fe charbonner, faute de cet aliment, & que la flamme, toujours éloignée des bords du cylindre qui renferme la mèche, ne peut ni le calciner, ni y dépofer cette croûte d'huile durcie, qui altère fi fouvent l'effet des *lampes* ordinaires.

Mais l'exécution de ce projet n'étoit pas fans difficultés; la plus grande étoit, fans doute, de communiquer le mouvement des rouages dans le réfervoir de l'huile où dévoient jouer les piftons, fans qu'il pût donner lieu à la moindre filtration de ce fluide fi pénétrant, qui n'auroit pas tardé à fe répandre dans la cage des rouages, & de-là fur tout ce qui fe feroit trouvé à portée d'être fouillé par cet écoulement.

Quelque bien exécuté qu'ait été ce mécanifme; quelqu'avantage que ces fortes de *lampes* aient fur toutes celles qui font connues, elles n'ont pas été auffi généralement adoptées, que leur grande fupériorité fembloit le faire préjuger. La caufe qui s'y eft oppofée, eft le grand foin qu'exigent ces *lampes*, pour être maintenues dans l'état de propreté qu'elles exigent. Toutes les fois qu'un homme foigneux & intelligent s'eft chargé du nettoiement & de l'entretien des *lampes mécaniques*, elles ont eu un grand fuccès; mais dès qu'elles ont été livrées à des mains étrangères, à des perfonnes peu foigneufes, il leur eft furvenu de nombreux accidens, qui ont forcé leurs propriétaires à les abandonner.

LAMPES (Mèches de). Mèches que l'on emploie dans les *lampes*.

Rien peut-être n'eft plus effentiel, pour l'éclairage, foit des *lampes*, foit des bougies, foit des chandelles, que le choix d'une bonne mèche. L'office qu'elle remplit, dans l'éclairage, fait qu'elle y coopère pour beaucoup. Elle doit remplir deux conditions effentielles : 1º. qu'elle faffe fonction de tubes capillaires; qu'elle facilite l'afcenfion du liquide combuftible, & qu'elle le dirige jufque fur le fommet de la mèche : 2º. qu'elle brûle facilement; 3º. qu'elle favorife la vaporifation complète de l'huile, afin qu'il ne fe forme, fur fa furface, aucun amas charboneux, ni fur fa partie fupérieure aucun champignon.

On s'eft affûré, par l'expérience, que les meilleures mèches font celles de coton, & que, toutes chofes égales d'ailleurs, elles font d'autant meilleures, que le coton a été filé plus fin, fans être trop tordu, parce qu'il faut que l'huile puiffe s'introduire entre chaque filament.

Pour les *lampes* à niveaux conftans, pour celles qui doivent brûler très-long-temps, les Anciens faifoient ufage d'un filament incombuftible, l'afbefte, & parmi tous les afbeftes, ils choififfoient ceux dont les filamens étoient les plus fins, les plus longs & les plus flexibles.

Quelques fubftances végétales peuvent encore être employées comme mèches. Dans le nord de la Suède, on fait ufage, avec beaucoup de fuccès, de la moelle d'un ajonc jonc rond (1), gros comme le petit doigt, que l'on détache vers la fin d'août ou au commencement de feptembre, qu'on réunit en bottes & que l'on fufpend au plancher des chambres, pour s'en fervir au befoin. Cette mèche eft préférable à celles de fils de chanvre.

LAMPE PHILOSOPHIQUE; *lampas philofophica; philofophifche lampe*; f. f. Lumière produite par la combuftion du gaz hydrogène. *Voyez* LAMPE À AIR INFLAMMABLE.

LAMPE SANS FLAMME. *Lampe* dans laquelle la lumière eft produite par une combuftion du gaz hydrogène des mines, fur la furface d'un fil fpiral de platine. *Voyez* LAMPE DE SURETÉ.

LAMPES SIDÉRALES; *lampas fideralis; fideralifche lampe*; f. f. *Lampes* produifant une lumière vive que l'on compare aux étoiles.

_____

(1) *Collection académique*, tome II, page 411.

Ce font fimplement des *lampes* à double cou-rant, devant lefquelles on place un réflecteur hémifphérique ou paraboloïdal, qui réfléchit la lumière horizontalement. Ces fortes de réflec-teurs, connus depuis long-temps, ont été appli-qués à diverfes fortes de lumière.

On voit, d'après cette définition, que les *lam-pes fidérales* de M. Bordier ne différent des *lampes aftrales*, qu'en ce que, dans ces dernières, la lu-mière eft réfléchie verticalement & de haut en bas, par le moyen d'un réflecteur hémifphérique, placé au-deffus des lumières, tandis que dans les *lampes fidérales*, le réflecteur eft placé fur une des faces, & qu'il réfléchit la lumière horizonta-lement.

Dans beaucoup de circonftances, ce mode d'é-clairage peut être avantageux, principalement pour éclairer une longue galerie.

Au refte, comme les réflecteurs peuvent va-rier de forme & de pofition, on peut, en les ap-pliquant avec difcernement, diriger la lumière fur toutes les parties que l'on veut éclairer. On voit, dans quelques efcaliers, deux réflecteurs coniques placés fupérieurement & inférieurement à la lu-mière, éclairer, à la fois, la partie fupérieure & la partie inférieure de l'efcalier.

LAMPE STATIQUE; lampas ftatica; *ftatifche lampe*; f.f. *Lampe* imaginée par le chevalier d'Edelcrantz, dans laquelle l'huile fe tient à un niveau conftant, par l'équilibre de trois corps différens, dont deux font folides, & un liquide.

Nous allons copier les détails de cette *lampe*, de la defcription qui en a été donnée dans les *An-nales des Arts & Manufactures*, tom. XVIII, p. 193. Le corps de la *lampe* eft divifé en trois parties *ahha*, *dehh*, *bbfg*, fig. 945. Ces divifions peu-vent être cylindriques ou rectangulaires; elles font en tôle; elles différent peu entr'elles, quant à la hauteur & quant à leur diamètre, d'une ligne environ : les divifions ou cylindres *ahha* & *dehh* font réunis par leurs bords inférieurs *ahdeha* & fermés à *de*; & le cylindre *ahha* eft terminé vers *aa* par une petite galerie ou toute autre efpèce d'or-nement. Le troifième cylindre *bbfg*, qui doit paf-fer facilement entre les deux autres, eft également fermé à *fg* par un plateau ou fond, qui projette environ de trois lignes; du centre de ce fond ou plateau, s'élève un tube *kkll*; à fon extrémité *ll* eft viffée la robe d'une *lampe* ordinaire a double courant. Au centre fe trouve un autre tube *pq* de fer-blanc, dans lequel eft placé le fil de fer *mn*, lequel eft fixé contre le plateau à angle droit, avec fa furface; l'extrémité de ce fer eft taraudée & garnie d'un écrou *oo*; l'ufage de ce fil, avec fa vis de rappel, eft de diriger le mouvement du cylindre *bbfg* entre les deux autres, la pofition de l'écrou limitant l'étendue de ce mouvement. Pour fe fervir de cette *lampe*, fuppofons que l'écrou *oo* foit fixé de manière à ce qu'il ne refte

qu'un efpace de 14 à 15 lignes entre les deux autres cylindres, c'eft-à-dire, une longueur égale à *db*, lorfque le cylindre *bbfg* eft à fa plus grande élévation. Qu'on verfe actuellement du mercure dans l'efpace qui fe trouve entre les deux cylin-dres, jufqu'à près de la hauteur *de*, ou, enfin, juf-qu'à *rr*; par ce moyen, le bord du cylindre du milieu fera plongé dans le mercure, & la commu-nication de l'air extérieur avec l'intérieur de ce cylindre, fera interceptée. Maintenant qu'on di-vife la robe de la *lampe* & qu'on y verfe de l'huile par l'ouverture *ll*, elle occupera l'efpace entre *fg*, *de*; l'huile agiffant par fon poids fur la furface du mercure *rr*, rompra fon équilibre & le fera élever du côté oppofé. La gravité fpécifique de l'huile étant à celle du mercure comme 1 à 16, une colonne d'huile de 16 pouces n'élevera le mercure que d'un pouce, c'eft-à-dire, un demi-pouce en dehors & un demi-pouce en dedans.

Enfin, lorfque le réfervoir eft rempli d'huile, & que la robe du réfervoir eft de nouveau viffée à fa place, le plateau *fg* doit être ajufté avec des poids, de manière qu'il puiffe maintenir en équi-libre une colonne d'huile, dont la bafe eft égale à *fg* & la hauteur à *ks*; il eft évident que, par l'effet de cette preffion, l'huile s'élevera dans ce réfervoir jufqu'en *ss*, & continuera à s'élever à cette même hauteur, tant qu'il en reftera une goutte, & que le poids *fg* reftera invariable; la dépreffion de *fg*, lorfque l'huile eft confumée, la fera repofer fur le plateau *de*.

uu, *tt*, petit tube de fer-blanc, deftiné à rece-voir l'huile furabondante, & rempliffant les fonc-tions de godets fous les verres des *lampes* ordi-naires à doubles courans d'air.

La hauteur à laquelle on peut élever l'huile d'une *lampe* de cette conftruction, eft abfolument arbitraire, puifqu'il ne s'agit que d'augmenter le poids du left à proportion de la hauteur du bec de la *lampe*, en confervant, toutefois, un efpace fuffifant pour l'élévation du mercure, égal à un feizième de celle de l'huile; cette élévation fera conftante, parce que le poids eft toujours le même, & que la quantité de l'huile ne peut produire aucune variation fenfible.

Cependant, il eft néceffaire d'obferver, quant à l'effet invariable du contre-poids, qu'il ne feroit pas mathématiquement exact. On fait, par les lois de l'hydroftatique, qu'un corps folide perd, par fon immerfion, une partie de fon poids égale à celui du fluide qu'il déplace; ainfi le cylindre *bbfg*, en s'enfonçant dans le mercure, diminuera de poids; mais cette diminution peut être impercep-tible, fi la portion fubmergée eft très-mince.

LANDMUNTZ. Numéraire de Bavière.

Le *landmuntz* = 2½ kreutzer = 10 heller. Il én faut 24 pour un florin & 36 pour un rixdaler cou-rant. Le *landmuntz* = 0,0919 liv. = 0,09076 fr.

LANDSESTER. Mesure pour les grains, employée dans les campagnes des environs de Strasbourg.

Le *landsester* = 1,4880 boisseau = 19,3440 lit.

LANGUE, *de* ligare, *lier, ou* lingere, *lécher;* lingua ; ᴣunge; s. f. Corps musculeux, très-mobile, placé dans l'intérieur de la bouche.

Sa forme, *fig.* 946, approche de celle de la pyramide ; la partie antérieure en fait la pointe, & la postérieure la base, qui est fort épaisse : cette base est soutenue par un os *a a*, qui a la forme à peu près d'un croissant, qu'on nomme communément l'*os hyoïde*. Elle est partagée dans son milieu par une ligne plus ou moins saillante, qui commence vers sa racine, & à mesure qu'elle s'en éloigne, elle diminue & se perd insensiblement du côté de sa pointe. Au-dessous de sa pointe est un ligament qu'on appelle le *filet*, fait d'un repli, ou prolongement de son enveloppe extérieure, qui l'attache à la symphyse & à sa base, & en dessus est un pareil ligament qui s'attache à la partie convexe de l'épiglotte *b* ; il fait la séparation des deux enfoncemens situés à la racine de la *langue*. Les côtés de la *langue* sont minces; le milieu est plus épais & plus élevé, & diminue vers sa pointe. Sa surface antérieure paroît lisse, polie, quelquefois sillonnée, séparée en deux par une légère gouttière; mais à la loupe, cette surface est toute sillonnée & mamelonnée : sa partie opposée, c'est-à-dire, sa base, est raboteuse, par le grand nombre de mamelons & de monticules dont elle est parsemée.

Dans quelques animaux, particulièrement dans les chats, ces mamelons font des espèces d'ergots crochus, avec lesquels ils semblent égratigner lorsqu'ils lèchent.

On distingue trois fonctions dans la *langue* : 1°. c'est l'organe principal du goût, par le contact des houpes nerveuses sur les parties des alimens qu'elles touchent, & par l'action de ces alimens sur les houpes, ce qui fait distinguer les acides, les sels, &c. *Voyez* SAVEUR.

2°. Elle sert à la mastication, en conduisant les alimens entre les arcades dentaires, les ramenant sans cesse jusqu'à ce que leur trituration soit complète; elle sert à la déglutination, en ramassant en bol, à sa face supérieure, les alimens triturés, en appliquant successivement sa pointe vers sa base, les divers points de cette face contre la voûte palatine, pour comprimer le bol, le faire glisser d'avant en arrière; enfin, en portant sa base un peu en arrière & en haut, pour lui faire franchir l'isthme du gosier. C'est à peu près par le même mécanisme que se fait la déglutination du liquide.

3°. La *langue* sert encore à la prononciation, en variant sa forme, en prenant des positions différentes & exécutant des mouvemens divers. On a plusieurs exemples, cependant, de personnes qui parlent sans avoir de *langue*.

Jussieu a consigné, dans le *Mémoires de l'Académie des Sciences* de 1718, l'histoire d'une jeune fille portugaise, âgée de 15 ans, laquelle, au lieu d'une *langue*, n'avoit qu'une petite éminence en forme de mamelon; elle s'élevoit à la hauteur de quatre lignes, du milieu de la bouche. Cette éminence avoit un mouvement de contraction & de dilatation. La jeune personne parloit distinctement, mais elle éprouvoit de la difficulté à prononcer *c, f, g, l, u, r, s, t, x, ᴣ* : elle faisoit alors une inflexion de tête, & une sorte d'effort pour relever le larynx. Elle mâchoit les alimens avec difficulté, & se servoit du doigt pour les pousser dans la cavité de la bouche, afin de les avaler.

Morgagni fait mention d'un homme chez lequel l'épiglotte manquoit absolument; néanmoins cet individu parloit & avaloit sans difficulté.

LANNE (Électromètre de). Boule métallique D, *fig.* 767 (*b*), avec laquelle on mesure la longueur des étincelles électriques. *Voyez* ÉLECTROMÈTRE.

LANTERNE; laterna; *laterne;* s. f. Cage ou boîte de verre, de corne, de toile, ou d'autres corps transparens, dans laquelle on enferme une chandelle, une lampe, une bougie, de peur que le vent ou la pluie ne l'éteigne.

Habituellement, on emploie le verre, le papier & la corne pour former les surfaces des *lanternes* à travers lesquelles la lumière doit traverser; mais le verre se brise facilement, le papier se déchire & se brûle. La corne se brûle aussi & ne s'obtient pas en feuilles assez grandes dans tous les pays, & puis ces substances pourroient être difficilement appliquées aux *lanternes* des vaisseaux.

Dans les pays où le mica, en grandes lames minces, est commun, comme en Sibérie, dans le district de Witien, dans les environs de Newport dans l'Amérique septentrionale, ce minéral est employé avec beaucoup d'avantage. Une de ses propriétés, réunie à sa transparence, à sa solidité & à sa flexibilité, c'est d'être incombustible : mais cette sorte de mica est assez rare.

Rochon a eu l'idée de remplacer tous ces corps transparens par une substance beaucoup plus solide, & que l'on peut se procurer facilement; c'est un tissu de fil de fer à larges mailles, que l'on recouvre d'une légère couche de colle de poisson ou de vernis de copale. Ce corps transparent résiste parfaitement aux oscillations de l'air occasionnées par le bruit du canon, & peut être obtenu de toute grandeur, de toute forme & de toute dimension.

LANTERNE, en mécanique, est une roue A B, *fig.* 947, dans laquelle une autre engrène; elle diffère du pignon, en ce que les dents du pignon font faillantes, placées au-deſſus & tout autour de la circonférence; au lieu que les dents de la *lanterne*, ſi on peut les appeler ainſi, ſont creuſées au dedans du corps même, & ne ſont proprement que des trous, où les dents d'une autre roue doivent entrer. Ces eſpaces ſont formés par des petits cylindres ou fuſeaux fixés entre deux plans circulaires.

LANTERNE MAGIQUE; laterna magica; *zauber laterae*; ſ. f. Machine qui a la propriété de faire paroître en grand, ſur une muraille blanche, ou ſur une toile tendue, dans un lieu obſcur, des figures peintes en petit, ſur des morceaux de verre mince, avec des couleurs tranſparentes.

Cette *lanterne* eſt compoſée d'une boîte A B, *fig.* 948, ſurmontée d'un dôme D, en forme de cheminée; un des côtés de cette boîte s'ouvre à charnière, pour donner la liberté d'y placer convenablement la lumière. Sur un des fonds de cette boîte eſt adapté un miroir concave M M, d'environ 5 ou 6 pouces de foyer, au devant duquel, & un peu plus près de lui que le foyer des rayons parallèles, on place la mèche d'une groſſe chandelle ou lampe C. Sur le fond de la boîte, oppoſé au miroir, eſt adapté un tuyau H, qui porte les verres I K, & la couliſſe G G, deſtinée à recevoir les lames de verre ou porte-objets T L, *fig.* 948(a). Immédiatement derrière la couliſſe, on place un troiſième verre lenticulaire R, deſtiné à raſſembler les rayons de lumière ſur le porte-objet. Par cette diſpoſition, le porte-objet, ou verre peint, eſt fortement éclairé.

Ayant ainſi diſpoſé le tout, il eſt aiſé de ſe rendre raiſon de l'effet de la *lanterne magique*. A B, *fig.* 948 (b), repréſente le miroir concave de glace ou de métal; C, la lumière. Sur la lentille D d, arrivent des rayons envoyés directement par la lumière C, & des rayons réfléchis, envoyés du miroir ou réflecteur A B. Ces rayons réfléchis dans différentes directions de la ſurface du réflecteur, & venant de tous les points de la flamme C, parviennent ſur chaque point de l'image E, e, en convergeant, & ſortent de ces points en divergeant; alors ſortent les faiſceaux colorés G E M, g e m, qui parviennent ſur la lentille G g; ils en ſortent dans une direction ſenſiblement parallèle, & ils ſe croiſent pour parvenir ſur la lentille H h, d'où ils ſortent en convergeant vers les points K, L, foyer des rayons ſortant des points E, e: comme ces faiſceaux ont leur foyers à une grande diſtance, & que, d'ailleurs, les axes de ces faiſceaux divergent, il en réſulte que l'image K L eſt beaucoup plus grande que celle de l'objet. E e.

En avançant ou en écartant la première lentille G g du porte-objet, ainſi que la ſeconde lentille H h de la première G g, le foyer ſe rapproche ou s'éloigne, & le ſpectre diminue ou augmente. Entrons dans quelques détails ſur les cauſes de cette variation dans la diſtance des foyers & dans la grandeur de l'image.

Nous avons vu que les rayons de lumière qui arrivent ſur chaque point coloré du porte-objet, partent de divers points de la flamme de la lumière, ſoit directement, ſoit après avoir été réfléchis par le miroir; il arrive donc, ſur chaque point coloré, pluſieurs rayons qui convergent vers ce point & qui en ſortent néceſſairement en divergeant.

Si, d'après ces conſidérations, le point A, *fig.* 948 (c), eſt un des points colorés du porte-objet, les rayons, en partant de ce point, divergeront en formant ce cône lumineux E A F. Plaçant la lentille B b très-près de ce point, les rayons, en ſortant, diminueront leur divergence en formant un angle B G b; en reculant la lentille juſqu'en C c, diſtance du foyer des rayons parallèles, les rayons ſortiront parallèlement; enfin, ſi l'on éloigne encore le verre lenticulaire, les rayons ſortiront en convergeant, & le foyer de ces rayons ſera d'autant plus rapproché du point A, que le verre D d en ſera éloigné. *Voyez* LENTILLE, FOYER, VERRE LENTICULAIRE.

Faiſons maintenant avancer une ſeconde lentille près de la première, ſuppoſée fixe. Suppoſons en outre que cette première lentille B b, *fig.* 948 (d), ſoit aſſez rapprochée de la première pour que les rayons ſoient encore divergens, on voit que plus cette ſeconde lentille C c ſera près de la première, plus le foyer en ſera éloigné; & plus elle ſera éloignée de la première, plus le foyer ſe rapprochera. D'où il ſuit que l'éloignement ou le rapprochement du foyer ſuivra une loi inverſe de celle du rapprochement ou de l'éloignement des deux lentilles.

L'angle d'écartement des rayons, lorſqu'ils arrivent ſur la lentille C c, a encore une grande influence ſur l'éloignement du foyer; plus l'angle des rayons arrivans eſt grand, plus le foyer eſt éloigné: ſi donc on ſuppoſe que les deux lentilles B b, C c, reſtent à la même diſtance, on voit qu'en les rapprochant du porte-objet, l'angle des rayons ſortant de la première lentille, augmentant, le foyer doit s'éloigner, tandis qu'en les éloignant, il ſe rapproche.

Alors, ſi l'on fait mouvoir à la fois les deux lentilles, plus on écarte la première du porte-objet, & plus on écarte la ſeconde de la première, plus les foyers ſont rapprochés; & comme il eſt néceſſaire, pour que les images puiſſent être parfaitement diſtinguées, qu'elles ſoient vues au foyer des rayons lumineux, les images ſont vues plus rapprochées ou plus éloignées du porte-objet, ſelon que les deux verres lenticulaires ſont eux-mêmes plus éloignés ou plus rapprochés de ce même porte-objet.

Mais la grandeur des images ne dépend pas ſeulement de la diſtance focale, elle dépend encore de l'angle que forment les axes des faiſceaux de rayons qui partent de chaque point du porté-objet.

On fait que les lignes des faisceaux, qui passent par le centre des lentilles, n'éprouvent aucune déviation (voyez LENTILLES) ; & comme le foyer doit nécessairement être sur cette ligne, il s'ensuit que le rayon lumineux, qui passe par le centre de la lentille, forme l'axe des faisceaux convergens ou divergens.

Supposons maintenant que les deux points A & B, fig. 948 (c), du porte-objet, sortent des rayons divergens ; les axes de ces faisceaux seront nécessairement les lignes A K, B K, passant par le centre K de la lentille C c ; si les rayons, en sortant, divergent encore, leur foyer virtuel sera en F, f.

Plaçant une seconde lentille D, d à une distance quelconque de la première, les rayons, sortant de celle-ci, viendront, en divergeant, comme s'ils sortoient des foyers virtuels F, f, & les axes de ces faisceaux seront dans les directions F I, f I, I étant le centre de la lentille D d. Écartant cette lentille de la première & la plaçant en E e, les nouveaux axes F H, f H ; H étant le centre de la lentille E e, feront un angle moins grand : d'où il suit qu'en écartant la seconde lentille de la première, l'angle des axes diminue successivement.

Il seroit facile de prouver qu'en écartant la première lentille du porte-objet, on fait également diminuer l'angle des axes des faisceaux. Qu'ainsi, en écartant la première lentille du porte-objet & la seconde lentille de la première, on diminue l'angle des axes des faisceaux lumineux ; & comme la grandeur des images, à distance égale, dépend de l'angle des axes des faisceaux, il s'ensuit que l'écartement des deux lentilles diminue la grandeur des images, & réciproquement que le rapprochement des lentilles les augmente.

Or, comme les distances des foyers & les angles des axes des faisceaux lumineux, qui partent de chaque point du porte-objet, diminuent à mesure que l'on éloigne les lentilles & augmentent à mesure qu'on les rapproche du porte-objet, & que la grandeur des images dépend de celle des angles des axes & de la distance des foyers ; il s'ensuit que le rapprochement des lentilles du porte-objet augmente la grandeur des images, & que leur éloignement la diminue. Voyez FANTASMAGORIE.

Quoiqu'il y ait habituellement deux lentilles, après le porte-objet, dans les lanternes magiques, on pourroit cependant en former également avec une seule lentille ; mais, comme il faudroit que celle-ci eût un beaucoup plus petit rayon de courbure, il s'ensuivroit, qu'à grandeur égale, elle altéreroit davantage les images & les rendroit plus diffuses : pour diminuer ce mauvais effet, on seroit obligé de diminuer la grandeur de la lentille ; mais alors on diminueroit la clarté des images, ce qui seroit un nouveau défaut. C'est pourquoi on préfère de construire les lanternes magiques avec deux verres lenticulaires.

LANTERNE SOURDE. Lanterne avec laquelle on peut, à volonté, faire paroître ou disparoître la lumière.

Ces sortes de lanternes se composent de deux cylindres en métal, fig. 949, soit en laiton ou en fer-blanc : le premier, intérieur, contient la lumière. Une ouverture, dans laquelle se trouve du verre, de la corne, ou tout autre corps transparent, permet à la lumière de sortir pour éclairer; le second cylindre, extérieur, se tourne ou s'abaisse sur l'ouverture, par laquelle sort la lumière, & la recouvre ; alors la lumière ne peut plus sortir.

Parmi les différens usages que l'on peut faire de la lanterne sourde, nous citerons son emploi dans la fantasmagorie.

On construit des spectres de carton dont le masque est transparent ; des lanternes sourdes sont placées dans ces spectres, que l'on transporte dans des lieux obscurs. En découvrant la lumière, celle-ci sort à travers le masque transparent & fait distinguer le spectre, qui semble disparoître dès que l'on recouvre la lumière.

LAOCOON, prêtre d'Apollon & de Neptune, étouffé avec ses fils par deux énormes serpens.

C'est également le nom que quelques astronomes ont donné à la constellation d'OPHINIUS ou du SERPENTAIRE. Voyez ces deux mots.

LAPIDIFICATION, de lapidem, pierre, facio, je fais ; s. m. Action par laquelle on convertit quelque substance en pierre. Voyez PÉTRIFICATION.

LAPIS LAZULI, du latin lapis, pierre, & de l'arabe lazul, bleu. Pierre de couleur bleue, qui nous vient de la Perse ou de la Natolie, & de laquelle on tire ce beau bleu connu sous le nom d'outremer.

Pour en retirer la matière colorante, on la réduit en poudre très-fine, que l'on mêle avec de la cire, de l'huile de lin & de la résine fondue ; ces substances, mises dans un linge noué, sont lavées. La cire & la matière résineuse se combinent, se soudent avec les terres, & le bleu séparé est entraîné par l'eau, d'où on le retire par le repos de masse.

On supplée à l'outremer, qui est devenu excessivement cher, par le bleu de cobalt de Thenard.

LAPLACE (Calorimètre de). Instrument imaginé par Lavoisier & M. de Laplace, pour déterminer la quantité de chaleur dégagée des corps. Voyez CALORIMÈTRE DE LAVOISIER ET DE LA-PLACE.

LAQUE ; λακχα ; lacca ; lack ; s. f. Espèce de cire que des fourmis volantes des Indes, recueillent sur les fleurs, & dont elles enduisent les petites branches des arbres où elles font leurs nids. A Madras, on recueille une laque blanche, rassemblée.

femblée par un infecte du genre des cœcus. Elle est fufible à 50 degrés de Réaumur, diffoluble dans l'acide nitrique à l'aide du calorique ; forme, avec l'ammoniaque, un compofé favonneux ; en brûlant, produit moins de lumière & plus de fumée que la cire ; diffoute dans l'alcool, elle ne fournit pas un bon vernis.

On obtient des *laques* artificielles, en précipitant la matière colorante de diverfes fubftances, à l'aide de l'alumine ou d'oxide métallique.

LARGE ; largus ; *breit* ; adj. Se dit d'un corps confidéré dans l'extenfion qu'il a d'un de fes côtés.

LARGE ou LARGO, en mufique, écrit à la tête d'un air, indique un mouvement plus lent que l'*adagio*, & le dernier de tous en lenteur. Il marque qu'il faut filer de longs fons, étendre les tons & la mefure.

Le diminutif *larghetto* annonce un mouvement un peu moins lent que le *largo*, plus que l'*andante*, & très-approchant de l'*andantino*.

LARGEUR, *de* largus, large; latitudo ; *breite*; f. f. Une des trois dimenfions des corps.

On exprime la *largeur* d'un corps par une ligne droite, perpendiculaire à une autre ligne droite qui détermine la longueur de ce corps. Si l'on fuppofe la furface d'un corps compofée de lignes droites, toutes parallèles entr'elles & à la longueur de ce corps, la plus longue de ces lignes détermina cette longueur ; une autre ligne droite, qui coupera perpendiculairement la première, & qui s'étendra depuis la première parallèle jufqu'à la dernière, en exprimera la *largeur*. Par exemple, les fils qui forment la chaîne d'une étoffe, peuvent-être confidérés comme les lignes parallèles dont nous parlons, & qui déterminent la longueur de la pièce d'étoffe ; & les fils qui en forment la trame, & qui font perpendiculaires aux premiers, en expriment la *largeur*. *Voyez* CORPS.

LARME ; lacryma ; *thraene* ; f. f. Humeur féreufe, tranfparente, qui couvre la furface convexe de l'œil.

Cette humeur eft inodore, plus pefante que l'eau diftillée, d'une faveur falée, verdiffant les couleurs bleues végétales. Elle eft compofée d'une grande quantité d'eau, tenant en diffolution un mucilage animal gélatineux, du muriate & du phofphate de foude en petite quantité, de la foude pure & du phofphate de chaux.

Elle eft fécrétée par la glande lacrymale pour couvrir la cornée. Elle tombe en *larmes*, lorfque le liquide qui coule eft trop abondant pour s'écouler par les points lacrymaux.

Généralement, les *larmes* font plus abondantes dans l'enfance que dans l'âge adulte & dans la vieilleffe. Les perfonnes dont la fenfibilité eft ex-

Dict. de Phyf. Tome III.

quife, & qui fentent vivement, pleurent avec facilité.

Parmi les animaux, on fait que les cerfs aux abois verfent des *larmes*; le chien qui a perdu fon maître, vient inonder fa tombe. On affure qu'à la pompe de Pallas le naturalifte, fon cheval, qui fuivoit fes dépouilles, verfoit de groffes *larmes*.

LARME BATAVIQUE ; lacryma vitrea ; *glaffthränen*; f. f. Petite portion de verre en fufion A B, *fig.* 950, qui a été fubitement refroidie en la laiffant tomber dans l'eau froide, & qui a pris la forme d'une *larme*.

Ces *larmes* préfentent des effets qui ont paru fi guliers & furprenans. On peut frapper affez fortement, à coups de marteau, le gros bout A, fans le caffer ; mais, fi l'on en rompt la queue B, dans l'inftant toute la *larme* fe brife en éclats & fe réduit prefqu'en pouffière.

Un grand nombre de phyficiens ont attribué ces effets aux efforts de l'air, & quelques-uns, à celui d'un fluide plus fubtil que l'air. On obferve, en examinant les *larmes bataviques*, qu'il exifte, dans l'intérieur, plufieurs efpaces vides que l'on croit être remplis d'air ; alors on fuppofe que l'air, entrant rapidement dans ces efpaces, occafionne la féparation des particules de verre.

Pour bien entendre ce qui ce paffe, il faut d'abord obferver que le verre chaud & mou occupe un volume plus grand que lorfqu'il eft froid.

En laiffant tomber une *larme* de verre dans l'eau, fa furface fe refroidit & fe durcit auffitôt ; le verre de l'intérieur qui eft encore à l'état pâteux, fe refroidit enfuite. Comme la furface folidifiée & refroidie conferve le volume que la *larme* avoit étant molle, le verre de l'intérieur, qui doit, étant refroidi, occuper un plus petit volume, l'efpace fe trouvant trop grand, les particules s'arrangent tumultueufement, en laiffant entr'elles le plus grand vide poffible. Lorfque le tout eft refroidi, la maffe a une grande dureté, parce que les particules font elles-mêmes très-dures, & elle peut, en conféquence, fubir l'effet du choc du marteau fans fe brifer ; mais dès que l'on incife fa petite partie de la furface, & que l'air peut s'introduire entre les vides de chaque particule, il les fépare auffitôt, & le tout devient une poudre dont les parties font plus ou moins groffes.

Tout, ici, fe paffe comme dans l'acier trempé, c'eft-à-dire, refroidi très-promptement. Le prompt refroidiffement lui procure de la dureté, de la fragilité & le refroidiffement lent de la malléabilité ; de même, lorfque l'on refroidit lentement les *larmes de verre*, elles fe brifent difficilement, & la difficulté du brifement augmente avec la durée ou la lenteur du refroidiffement. C'eft pour limiter la fragilité du verre, qu'on lui fait fubir une opération que l'on nomme *recuiffon*, & qui n'eft

M m m m

qu'un moyen de rendre le refroidissement plus lent.

Si l'on chauffe lentement les *larmes bataviques*, qu'on les amène à la couleur rouge, & qu'on les laisse refroidir lentement, elles perdent aussitôt cette propriété qui les distinguoit.

LARRON; antha œnopolarica ; *stechheber*; s. m. Instrument destiné à prendre des échantillons, des essais des liqueurs renfermées dans des tonneaux.

Cet instrument n'est autre chose qu'un tube A C, *fig.* 951, ouvert par les deux bouts : l'ouverture A est de grandeur telle, qu'on peut le fermer ou le boucher avec le doigt ; l'autre ouverture C, doit être très-petite & sensiblement capillaire. On plonge ce tube, par la bonde, dans un tonneau ; on laisse les deux ouvertures libres, jusqu'à ce que le liquide soit monté à une hauteur déterminée, en B, par exemple ; alors on bouche l'ouverture A hermétiquement, en posant le doigt dessus. On retire le tube, & le liquide ne pouvant s'échapper par l'ouverture C, à cause de la pression de l'air qui s'y oppose, & parce que l'ouverture est trop petite pour qu'il puisse s'établir un double courant, de liquide descendant & d'air ascendant ; le liquide reste dans le tube : on l'en fait sortir, pour le vider dans le vase qui doit le recevoir, en débouchant l'ouverture A. La pression de l'air s'établit aussitôt sur la partie supérieure B du liquide ; cette pression agissant dans un sens opposé à celui qui a lieu à l'ouverture C ; la détruit, & le liquide tombe par cette ouverture, en vertu de sa propre pesanteur.

On peut donner à ces tubes, des formes différentes, en raison de la quantité de liquide que l'on veut retirer. Dans la *fig.* 951, le tube est évasé dans la partie supérieure, afin d'obtenir un volume de liquide plus considérable.

Il est facile de voir que le nom de *larron*, donné à cet instrument, désigne la facilité avec laquelle on peut enlever du liquide d'une tonne, par l'ouverture de la bonde, sans laisser de traces de l'enlèvement. *Voyez* CELLIER, POMPE DE CELLIER, ENTONNOIR MAGIQUE.

A l'aide de cet instrument, il est facile de séparer deux liquides qui ont des densités différentes, telles, par exemple, que l'eau & l'huile. Il suffit, pour cet effet, de boucher avec un doigt l'ouverture C, d'emplir le tube, *fig.* 951, par l'ouverture A, puis de fermer cette ouverture avec le doigt. Les deux liquides en repos, dans le tube, se séparent peu à peu ; le plus pesant, l'eau, se place dans la partie inférieure ; le plus léger, l'huile, surnage. Dès que la séparation est faite, on ouvre les deux ouvertures ; le liquide plus pesant s'écoule, & dès que la première couche d'huile veut sortir, on bouche promptement l'ouverture supérieure, on transporte l'instrument sur un autre vase, dans lequel on laisse couler l'huile, en retirant le doigt de l'ouverture supérieure.

Si, au lieu de deux liquides différens, il s'en trouvoit trois & même quatre de densité différente, on les sépareroit également, en arrêtant l'écoulement après la sortie de chaque liquide, c'est-à-dire, en bouchant l'ouverture supérieure & la débouchant pour laisser couler le nouveau liquide.

LAST. Mesure de liquides, de grains, de poissons ; poids employé dans le nord de l'Europe.

Le *last* pour les liquides est en usage, pour la bière, à Gotha ; il équivaut à douze tonnes = 1056,5 pintes de Paris = 983,94 litres.

Celui pour les grains équivaut :

	Boisseaux.	Litres.
A Amsterdam... à 2 tonnes =	229,6	2984,8
Riga, p.r la potasse, à 12 t. =	123,0	1599
— le sel, à 18 tonnes =	184,5	2398,5
En Suède, à 18 tonnes =	229,6	2984,8
A Brême, à 40 scheffels.. =	221,3	2874,4
A Dantzick, à 60 scheffels =	228,5	2970,5
A Kœnigsberg, à 60 schef. =	229,7	2986,1
A Brunswick, à 16 mollers. =	234,6	3049,8
A Anvers, à 32 ½ viertels =	130 munkers	
	196,4	2553,2
En Pologne =	191,4	2448,2

Le *last*, pour les poids, équivaut :

	Livres.	Kilog.
A Copenhag. à 5200 punds. =	5307 =	2597,17
A Amsterdam, à 2 tonnes, =	4018 =	1966,81

Pour le hareng, le *last* équivaut, en Danemarck, à 12 tonnes = 1655 pintes = 1531,33 lit.

LARYNX; λαρυγξ; spiritus meatus; *lust-rohren kopf*; s. m. Tubérosité que l'on sent au haut de la partie antérieure du cou, & que l'on appelle vulgairement *le nœud de la gorge* ou *le morceau d'Adam*.

Organe cartilagineux, situé dans la partie supérieure & antérieure du cou, entre la base de la langue & la trachée-artère, servant à donner passage à l'air, qui va aux poumons & en revient, & participant principalement à la formation de la voix.

Le *larynx* A B, *fig.* 952, est composé de cinq cartilages ; savoir : le *cricoïde* C ; le *thyroïde* D ; les deux *aryténoïdes* E, & l'*épiglotte* F. Le cricoïde ou annulaire est situé à la partie inférieure du *larynx* ; il forme une espèce d'anneau, beaucoup plus large à sa partie postérieure qu'à l'antérieure. On a donné le nom de *pomme d'Adam* au cartilage *thyroïde* D, ou scutiforme, parce qu'il ressemble à un bouclier : c'est le plus grand de tous les cartilages du *larynx* ; il occupe la partie antérieure & supérieure de cet organe.

Quant aux deux cartilages *aryténoïdes* E, ainsi nommés à cause de leur forme analogue à celle des aiguières, ils sont de petite dimension, ressemblent à une pyramide triangulaire, courbée de devant en arrière sur sa longueur ; ils sont articulés,

& fervent principalement à faire varier l'ouverture de la glotte. *Voyez* VOIX, ORGANE DE LA VOIX.

Enfin, l'*épiglotte* F eft placée au-deffus de la glotte. On lui attribue la fonction de fermer l'ouverture du *larynx*, lors de la déglutination, pour empêcher le bol alimentaire de pénétrer dans la cavité ; ce qui occafionneroit la fuffocation.

LATENT, *de* latere, *fe cacher*; latens ; *verbōgen*; adj. Qui eft caché. C'eft dans ce fens que l'on dit calorique *latent*; chaleur cachée, qui n'eft pas fenfible, que l'on n'aperçoit pas. C'eft le calorique combiné. *Voyez* CHALEUR LATENTE, CALORIQUE LATENT.

LATÉRAL, *de* latus, *côté*; lateralis ; adj. Ce qui appartient au côté de quelque chofe.

En géométrie, *latéral* ne s'emploie qu'avec d'autres mots avec lefquels il forme des compofés, comme *équilatéral*.

On difoit autrefois, en algèbre, *équation latérale*, pour une équation fimple & qui n'a qu'une racine. On dit maintenant *équation fimple*, ou linéaire, ou du premier degré.

LATIPHROSINIE, *de* λαθιφροσυνη, *oubli*, *démence*, *folie*; latiphrofinia ; *latiphrofini*; f. f. Dépravation de l'imagination & du raifonnement; perte de mémoire.

LATITUDE ; latitudo ; *breẽte*; f. f. Diftance de l'équateur terreftre, mefurée ou vers le midi ou vers le nord ; diftance du zénith d'un lieu de l'équateur célefte.

Il y a deux fortes de *latitudes*, l'une feptentrionale ou boréale, l'autre méridionale ou auftrale. La *latitude feptentrionale* eft la diftance à l'équateur, pour les lieux fitués entre l'équateur & le pôle nord : telle eft la *latitude* de Paris. La *latitude méridionale* eft la diftance à l'équateur, pour les pays fitués entre l'équateur & le pôle fud : telles font les *latitudes* du Cap de Bonne-Efpérance & de Buenos-Ayres.

LATITUDE (Cercle de). Cercle parallèle à l'équateur. *Voyez* CERCLE DE LATITUDE.

LATITUDE CORRIGÉE. *Latitude* eftimée en mer, & corrigée enfuite par l'obfervation.

LATITUDE (Degrés de). Divifion en 90 parties, de l'arc du méridien compris entre l'équateur & l'un des pôles. *Voyez* DEGRÉS DE LATITUDE.

LATITUDE DES ASTRES ; latitudo aftrorum ; *breẽte der geftirne*; f. f. Diftance des aftres à l'écliptique, mefurée ou vers le midi ou vers le nord.

Cette diftance fe mefure par l'arc de cercle S *fig.* 953, allant du point S, lieu de l'aftre, au point L, fur le grand cercle P L *p*, perpendiculaire à

l'écliptique & paffant par l'aftre S : L eft le point où le grand cercle rencontre l'écliptique. Cette *latitude* eft feptentrionale ou méridionale : elle eft feptentrionale, lorfque l'aftre eft fitué entre l'écliptique & fon pôle nord ; elle eft méridionale, lorfque l'aftre eft placé entre l'écliptique & fon pôle fud. *Voyez* CERCLE DE LATITUDE.

Un aftre ne peut pas avoir plus de 90 degrés de *latitude*; car il n'y a que 90 degrés entre l'écliptique, d'où on commence à compter, & les pôles de l'écliptique, où finiffent les *latitudes des aftres*. Il fuit de-là, qu'un aftre, telle qu'une étoile, par exemple, qui fe trouve dans l'écliptique, n'a point de *latitude*, & que celui qui feroit précifément au pôle de l'écliptique, auroit 90 degrés.

C'eft en prenant les *latitudes* & les *longitudes* des étoiles, que l'on eft parvenu à connoître & à déterminer précifément leur pofition dans le ciel ; de-là, à diftinguer les étoiles fixes des étoiles errantes, telles que les planètes & les comètes ; & parfuite à reconnoître fi, parmi les étoiles, il en eft qui changent de pofition ; de-là, à eftimer ce changement.

Depuis long-temps les aftronomes s'occupent de la détermination des *latitudes* des étoiles. Les anciens aftronomes fe fervoient, pour cet objet, d'anneaux de bois ou de métal, qu'ils plaçoient, pour chaque obfervation, dans le cercle de l'écliptique & dans celui de la *latitude* de l'étoile ; mais cette méthode, qui n'eft ni facile ni certaine, a été bientôt abandonnée, & les aftronomes fe font contentés d'obferver l'afcenfion droite & la déclinaifon des aftres, dont ils ont conclu leur *latitude* & leur *longitude*. *Voyez* ASCENSION DROITE, DÉCLINAISON.

LATITUDE GÉOGRAPHIQUE; latitudo geographica; *breẽte-geographifche*; f. f. Mefure de l'arc compris entre l'équateur & le zénith du lieu dont on veut déterminer la *latitude*.

En général, la *latitude* d'un lieu, fur la furface de la terre, eft égale à la hauteur du pôle fur ce lieu. En effet, foit L *fig.* 953 (a), le point de la furface de la terre dont on veut avoir la *latitude*, L H l'horizon, & L *ϖ* la direction de l'axe ; l'angle H L *ϖ* fera l'angle de *latitude* ; car, fi l'on fuppofe la droite L Z menée au zénith, cette droite fera, avec la ligne L *ϖ*, diriger vers le pôle, un angle égal à l'angle L C P, mefuré par l'arc P L, complément de L E, arc de *latitude* ; & à caufe de la ligne L Z, perpendiculaire fur L H, l'angle H L *ϖ* eft complémentaire de l'arc Z L *ϖ*, dont la mefure eft celle de L E, mefure de la *latitude*.

Si le pôle étoit à l'horizon, le zénith feroit précifément à l'équateur. Ce lieu n'auroit point de *latitude*, de même que le pôle n'auroit point de hauteur pour lui. Si le pôle s'élevoit au-deffus de l'horizon, l'équateur s'éloigneroit du zénith de la même quantité ; de forte que fi le pôle étoit élevé jusqu'au zénith, il auroit 90 degrés de hauteur; mais alors l'équateur se trouveroit à l'horizon, & seroit, par conséquent, éloigné du zénith de 90 degrés. Donc la *latitude* est égale à la hauteur du pôle : donc, en connoissant l'une, on doit nécessairement connoître l'autre.

Pour trouver aisément la hauteur du pôle, il faut choisir une des étoiles les plus proches du pôle, & qui font leur révolution journalière sans passer sous l'horizon. On observe deux fois sa hauteur méridienne à douze heures d'intervalle, & l'on prend la différence des deux hauteurs. La moitié de cette différence, ajoutée à l'observation de la plus petite, ou retranchée de la plus grande, donne exactement la hauteur du pôle, & par conséquent la *latitude* du lieu.

On fait usage des observations des *latitudes* & des longitudes pour déterminer exactement la position des lieux, & pour les placer sur les cartes géographiques, ou pour déterminer la position où l'on se trouve, soit en mer, soit dans des lieux inconnus.

LATITUDE GÉOMÉTRIQUE; *latitudo geometrica; brecte geometrische;* s. f. Distance à l'écliptique d'une planète vue de la terre.

LATITUDE GÉOCENTRIQUE; *latitudo geocentrica.* Angle sous lequel paroît, vue de la terre, la distance perpendiculaire d'une planète à l'écliptique. *Voyez* GÉOCENTRIQUE.

LATITUDE HÉLIOCENTRIQUE Angle sous lequel une planète, vue du soleil, paroîtroit éloignée de l'écliptique.

Quand les planètes n'ont point de *latitude*, on dit qu'elles sont alors dans leurs nœuds, ce qui veut dire dans l'intersection de leur orbite avec celle du soleil : & c'est, dans cette situation, qu'elles peuvent souffrir des éclipses. *Voyez* NŒUDS, ÉCLIPSES, PASSAGES.

LATTE. Mesure de terre, autrefois en usage à Cadillac; il en falloit 144 pour faire un journal. Là *latte* étoit de 144 pieds carrés. *Voy.* JOURNAL.

LAUDANUM, de laus, *louange.* Composé d'opium & de divers ingrédiens qui ont pour objet d'enlever, à l'opium, son influence narcotique qui porte sur le cerveau, en lui conservant toutes ses facultés curatives.

LAVE, de l'italien *lava; lava; lava;* s. f. Matières fondues & vitrifiables qui sortent en fusion des volcans.

Il existe plusieurs variétés de *laves* : telles sont les *laves lithoïdes,* qui ont l'apparence d'une pierre; les *laves basaltiques,* qui sont cristallisées en prismes; les *laves vitreuses,* qui ont été vitrifiées; les *laves pierreuses,* telle que la pierre ponce, &c.

LAVOISIER (Antoine-Laurent), chimiste & physicien illustre, naquit à Paris le 16 août 1743, & mourut dans la même ville le 8 mai 1794.

Fils d'un père commerçant, propriétaire d'une fortune considérable, il fit d'excellentes études au collège Mazarin, obtint un grand nombre de prix, & se livra, à la sortie du collège, à l'étude des sciences exactes, telles que les mathématiques, l'astronomie, la chimie, enfin, la botanique & la minéralogie.

Un prix ayant été proposé par l'Académie royale des sciences, en 1763, sur l'éclairage de Paris, question de physique de la plus haute importance, *Lavoisier* le remporta en 1766. L'Académie, convaincue de ses hauts talens, lui ouvrit ses portes en 1768, & à l'âge de 25 ans, il fut nommé à la place d'associé, vacante par Baron.

Peu de mois après son admission, *Lavoisier* fut nommé fermier-général. Cette place financière, qu'il remplit avec une grande sagacité, le mit à même de pouvoir sacrifier des sommes assez considérables à l'avancement & aux progrès des sciences, particulièrement de la chimie & de la physique.

Nous étions arrivés à une époque, où les théories des sciences physiques & chimiques devoient éprouver de grandes modifications, par les découvertes nombreuses que les Jean Rey, Robert Boyle, Jean Mayow, Black, Cawendish, Priestley, &c., avoient faites sur les airs factices, sur les chaux métalliques. La fortune de *Lavoisier* lui facilitoit les moyens de réunir chez lui, une fois par semaine, les savans les plus distingués de la capitale. Là, on rapportoit les découvertes qui avoient été faites, on les discutoit, on proposoit les moyens de les varier, & le laboratoire du fermier-général, grand, vaste & placé dans une position convenable, étoit aussitôt mis à contribution.

De nombreuses expériences, fruits de ces réunions, qui ont été exécutées par *Lavoisier,* dans son laboratoire, ont éclairci un grand nombre de questions importantes.

Afin d'employer tout son temps, soit comme fermier-général, soit comme savant, *Lavoisier* travailloit plusieurs heures, le matin & le soir, aux sciences; le reste étoit sacrifié aux travaux publics, au soulagement du peuple & à l'augmentation des revenus de l'État.

Ce qui constituoit principalement le génie de *Lavoisier,* c'est cet esprit d'ordre, cette méthode qu'il mettoit dans toutes ses expériences; & ce qui a le plus contribué au perfectionnement de la chimie & de la physique, & qui a rendu cette première une science positive, de conjecturale qu'elle étoit alors, c'est l'emploi des poids & des mesures que *Lavoisier* a introduit dans toutes ses expériences. Pour ce savant, une expérience étoit une équation, dans laquelle toutes les substances employées formoient l'un des membres, & les substances recueillies l'autre; & il ne regardoit jamais l'expérience comme exacte, que lorsque les deux membres de l'équation se faisoient équilibre. C'est à cela que tient principalement la gloire de *Lavoisier*.

En suivant cette méthode, toutes les expériences répétées présentoient un nouveau caractère; on recueilloit une foule de résultats qui avoient été négligés, & l'on parvenoit à une conclusion, souvent différente de celle qu'avoient présentée les premiers faits. C'est donc moins à ses découvertes qu'à ses perfectionnemens & à la rigueur de ses raisonnemens, que l'on doit le changement de face que la chimie a éprouvé, changement qu'on lui doit presqu'entièrement.

Trois sortes de découvertes sont attribuées à *Lavoisier*: 1°. les gaz; 2°. le développement des phénomènes calorifiques; 3°. la composition de l'eau: mais déjà des découvertes nombreuses avoient été faites sur les gaz. *Lavoisier* a donné, à plusieurs d'entr'elles, le développement & la précision qu'elles n'avoient pas. Pendant deux hivers consécutifs, Monge développoit dans les réunions, chez *Lavoisier*, ses grandes conceptions sur le calorique, & Wilck avoit déjà fait un grand nombre d'expériences sur la mesure, par le moyen de la glace fondue, de la chaleur exprimée des corps; mais ces résultats ont obtenu une plus grande précision par les expériences de *Lavoisier* & de Laplace. Enfin, l'eau avoit déjà été composée par Cawendisch & par Monge, & décomposée par M. Hassenfratz, lorsque *Lavoisier* fit ses belles expériences publiques, en 1783. Ici, les résultats furent plus exacts & plus positifs. *Voyez* GAZ, CALORIMÈTRE, EAU.

Ainsi, c'est moins comme ayant fait quelques découvertes, qualité que des hommes ordinaires peuvent avoir, & que le hasard procure souvent, qu'il faut considérer *Lavoisier*; c'est plutôt comme le génie qui perfectionne ce qui est connu, & qui devient créateur dans ses perfectionnemens & dans ses applications. C'est ainsi qu'il est parvenu à nous faire connoître la composition d'un grand nombre de corps combustibles, la théorie de la combustion & de la fermentation, & les proportions de calorique qui s'en dégageoient: enfin, les effets de la respiration, les causes de la chaleur animale, & la nature & les quantités des diverses transpirations.

Nous devons faire connoître *Lavoisier* sous un autre aspect, que sa modestie a toujours caché. C'est sous le rapport de sa bienfaisance. Plusieurs jeunes savans recevoient de lui des sommes annuelles, plus ou moins considérables, dans le but de leur procurer les moyens d'acquérir des connoissances, de contribuer aux progrès des sciences & d'être utiles à leur pays & à l'instruction de leurs contemporains. Nous devons à cette bienfaisance quelques hommes qui ont illustré leur pays. Madame Paulze *Lavoisier*, son épouse, dont les qualités précieuses firent le charme de sa vie, le secondoit également dans cette bienfai-

sance, comme dans ses travaux. Souvent l'amour-propre qui avoit résisté à la bienfaisance du mari, étoit obligé de céder aux tendres & aimables sollicitations de l'épouse.

Un député qui avoit été long-temps employé dans les bureaux de la ferme générale, & auquel M. Paulze, beau-père de *Lavoisier*, avoit accordé une protection particulière, fit, contre les fermiers-généraux, un rapport où, parmi d'autres imputations puériles, ils furent accusés d'avoir trop humecté le tabac; ce qui détermina la reddition d'un décret qui les envoya au tribunal révolutionnaire. La terreur avoit glacé tous les cœurs: aucun des amis, des obligés de *Lavoisier*, n'osa solliciter les décemvirs pour ce savant respectable; chacun craignoit pour sa tête en les approchant. M. Hallé eut seul le courage de faire, au lycée des arts, un rapport sur les découvertes utiles de ce grand-homme. Mais cette tentative fut sans succès, & *Lavoisier* fut condamné, avec vingt-huit de ses confrères, & fut porter sa tête sur l'échafaud le 8 mai 1794. Ainsi périt un des savans qui avoit le plus contribué au développement des sciences.

Il nous reste de *Lavoisier*: 1°. des *Opuscules physiques & chimiques*, publiés en 1773; 2°. un *Traité élémentaire de chimie*, in-8°., Paris, 1789; 3°. *Traité de la richesse territoriale de la France*, in-8°.; 4°. *Mémoire de physique & de chimie*, publié après sa mort; 5°. *Méthode de nomenclature chimique*, in-8°., publiée en commun avec Guyton de Morveau, Monge, Berthollet, Fourcroy, Hassenfratz & Adet.

LAVOISIER (Calorimètre de). Instrument imaginé par *Lavoisier* & M. de Laplace, pour mesurer la proportion du calorique qui se dégage des corps. *Voyez* CALORIMÈTRE DE LAVOISIER ET DE LAPLACE.

LAZULITE. Pierre bleue dont on retire l'azur. *Voyez* LAPIS-LAZULIS.

LEAQUE. Lieues marines d'Angleterre, de 20 au degré; c'est la même que la lieue horaire de France = 5,5556 kilomètres.

LEDRU (Nicolas-Philippe), physicien, naquit à Paris en 1731, & mourut à Fontenay-aux-Roses, le 6 octobre 1807.

Plus connu sous le nom de *Comus*, *Ledru* fit de la physique expérimentale l'objet de ses études, voyagea dans les provinces & dans les pays étrangers, & fut placé, par Louis XV, au retour de ses voyages, en qualité de physicien & de professeur de mathématiques, près du duc de Bourgogne.

Ayant compulsé le dépôt des cartes de la marine & les cartons qui renfermoient les observations magnétiques, il en fit des extraits pour conftruire des cartes nautiques plus exactes que celle de Halley ; mais ce recueil fut remis entre les mains de la Peyrouse, lorsqu'il partit pour son voyage autour du Monde.

Un cabinet, ou mieux, un spectacle de physique amusante, fut établi, par *Ledru*, sur le boulevard, peu loin du spectacle de Nicolet, aujourd'hui la Gaîté. Là, il y faisoit des expériences d'électricité, & il y donnoit, en 1772, le spectacle de la fantasmagorie. L'empereur Joseph II assista à deux de ses séances particulières.

Ce physicien s'est appliqué également au traitement des affections nerveuses, des épilepsies, des catalepsies, par l'électricité. Une commission de la Faculté de médecine a fait, à cette société, en 1782, un rapport avantageux sur ce traitement.

LÈCHE, de l'espagnol *esca*, s. f. Espèce de vernis de lie de vin, que l'on donne aux piastres qui se fabriquent dans l'Amérique espagnole, afin de leur procurer plus d'éclat.

LÉGER, de λεπτις, *écorce* ; *levis* ; *leicht* ; adject. Qui a peu de pesanteur. *Voyez* LÉGÈRETÉ.

En architecture, on donne le nom de *léger* aux ouvrages qui contiennent peu de matière, & dont les parties qui les composent sont très-déliées. En peinture, le *léger* peut s'appliquer au trait ou à la couleur : appliqué au trait, ce mot est synonyme de spirituel ; à la couleur, à la lumière, il se rapproche des mots *aérien* & *céleste*.

LÉGÈRETÉ ; *levitas* ; *leichtigkeit* ; adj. Propriété d'un corps d'être léger.

La *légèreté* des corps est relative ; elle dépend du poids qu'ils ont sous un volume donné : ainsi, le liége, la plume, sont légers, parce qu'il en faut un gros volume pour obtenir un poids donné ; le plomb, l'or, le platine, sont pesans, parce qu'il n'en faut qu'un petit volume pour obtenir un égal poids donné.

Assez généralement, on regarde comme légers les corps qui surnagent sur l'eau, & comme pesans, ceux qui se précipitent dans l'eau.

LÉGÈRETÉ ABSOLUE. Corps sans pesanteur.

C'est une question qui a long-temps agité les esprits, s'il existe des corps qui aient une *légèreté absolue*. Plusieurs physiciens affirment que le calorique, la lumière, l'électricité, le magnétisme, & en général tous les corps auxquels ils donnent le titre d'*impondérable*, ont une *légèreté absolue* ; c'est-à-dire = 0 ; car, quelque quantité de ces matières que l'on combine à un corps, il n'augmente ni ne diminue de poids ; donc les corps dits *impondérables*, ne sont ni pesans, ni légers ; donc ils ont une *légèreté absolue*.

Mais qu'est-ce que la pesanteur ? C'est la ten-

dance que les corps ont les uns vers les autres, & en particulier celle qu'ils ont vers le centre de la terre, & c'est par cette tendance que les corps ont vers le centre de la terre, que nous jugeons cette pesanteur. (*Voy.* PESANTEUR.) Tous les corps que nous nommons *impondérables*, ont une tendance pour d'autres corps, puisqu'ils se portent vers eux avec une grande vitesse, & qu'ils se combinent avec eux : donc ils pèsent vers les corps sur lesquels ils se portent ; donc ils n'ont pas une *légèreté absolue*. Ainsi, ce que nous appelons *légèreté absolue*, n'est pas la privation de toute tendance des corps vers d'autres, mais l'inappréciation de la tendance de quelques corps vers le centre de la terre.

On pourroit dire de quelques substances qu'elles ont une *légèreté absolue* pour quelques corps, une *légèreté négative* pour quelques autres ; c'est ainsi, par exemple, que le fluide magnétique a une *légèreté absolue* pour l'or, l'argent, le verre, puisqu'il n'exerce aucune action sur ces substances, tandis qu'il a une *légèreté négative* pour le fer, l'acier, &c., puisqu'il exerce une action attractive & qu'il pèse sur ces corps.

LÉGÈRETÉ RESPECTIVE. Différence en moins du poids d'un corps à celui d'un autre corps de même volume. *Voyez* DENSITÉ, PESANTEUR SPÉCIFIQUE.

LÉGÈREMENT ; *leviter* ; *leicht* ; adv. Ce qui se fait avec légèreté. Ce mot est opposé à pesamment.

C'est, en musique, un mouvement encore plus vif que le gai ; un mouvement moyen entre le gai & le vîte ; il répond à peu près à l'italien *vivace*.

LEIBNITZ (Guillaume-Godefroy, baron de), célèbre philosophe, métaphysicien, géomètre & physicien, naquit à Leipsick le 23 juin 1646, mourut à Hanovre le 14 novembre 1716.

Frédéric *Leibnitz*, son père, professeur de morale à l'Université de Leipsick, lui procura tous les moyens de faire d'excellentes études. Il étudia ensuite, dans la bibliothèque que son père lui avoit laissée, les poëtes, les orateurs, les historiens, les jurisconsultes, les théologiens, les philosophes, les mathématiciens, & devint, par ces études, un homme universel.

Appelé, par les princes de Brunswick, pour écrire l'histoire de leur maison, *Leibnitz* parcourut l'Allemagne, l'Italie, pour consulter les savans, les bibliothèques, & réunir tous les matériaux nécessaires à cette entreprise. Sa collection fut considérable, & lui procura les moyens d'écrire sur divers sujets de l'histoire générale & des langues.

Ses écrits le firent connoître des savans de l'Europe, & en 1699 il fut placé à la tête des affociés étrangers de l'Académie des fciences. Il parcourut la France, l'Angleterre, & fe fit connoître avec plus d'avantage encore des favans de ce pays, avec lefquels il entreprit une correfpondance qui ajouta beaucoup à fa réputation.

Plufieurs Souverains lui témoignèrent une grande confidération. L'électeur Erneft-Augufte de Brunfwick le nomma fon confeiller de juftice. A fa follicitation, l'électeur de Brandebourg établit l'Académie des fciences de Berlin, & le nomma fon préfident. Le Czar, l'ayant vu à Torgaw, lui fit un magnifique préfent, & lui donna le titre de fon confeiller privé de juftice, avec une penfion confidérable. L'empereur d'Allemagne lui donna le titre de confeiller aulique, avec une forte penfion.

Nous pourrions confidérer *Leibnitz* fous trois rapports différens : 1°. comme philofophe & métaphyficien ; 2°. comme géomètre ; 3°. comme phyficien.

Comme philofophe & métaphyficien, nous n'examinerons ici que fon ouvrage intitulé : *Hypothefis phyfica nova*, ou *Theoria motûs*. Comme un grand nombre des philofophes qui l'avoient précédé, Zénon, Leucippe, Démocrite, Epicure, Defcartes, Spinofa, &c. ; *Leibnitz* confidère l'Univers comme compofé de corps fimples, immuables, indiffolubles, folides, individuels, aufquels il donne le nom de *monades* : il donne à ces molécules une force agiffante, une tendance au mouvement, qui conftitue fon effence. Lorfqu'il examine les corps organifés, il les trouve fufceptibles de fenfation, qu'il regarde comme dépendans d'attributs de deux natures diverfes : l'une animale, qui vit, fent & ne penfe point ; l'autre intelligente, qui appartient fpécialement à l'homme, & l'élève feul au rang de membre de la cité de Dieu.

Un des plus grands titres à la gloire de *Leibnitz*, comme géomètre, eft la découverte du calcul différentiel & intégral. Cette découverte lui a été difputée par Newton, & a donné lieu à de grandes difcuffions. Nous allons rapporter ici, d'une manière abrégée, les rapports que ces deux hommes célèbres, également inventeurs de cette méthode, ont eus entr'eux.

Dans une lettre écrite à Oldenbourg, le 24 août 1676, & qui devoit être communiquée à Newton, *Leibnitz*, après avoir donné des louanges, fur les réfultats analytiques de Newton, que lui avoit communiqués Oldenbourg, & cela fans faire connoître la méthode à l'aide de laquelle il y étoit parvenu, puifque le géomètre anglais n'avoit donné connoiffance de cette méthode à perfonne, *Leibnitz* annonce qu'il a trouvé une méthode qu'il appelle *des tranfmutations*, avec laquelle il peut réfoudre les mêmes problèmes : il en donne un exemple fur la rectification du cer-

cle, dans lequel il y fait ufage des infiniment petits.

A la fuite de la communication de cette lettre, Newton écrivit à *Leibnitz*, en lui annonçant qu'il eft auffi poffeffeur d'une méthode très-générale ; il en cache l'énoncé fous une efpèce de chiffre, formé de nombres & de lettres tranfpofées, dont il fe réferve un jour l'explication.

Très peu de temps après, le 21 juin 1677, *Leibnitz* envoya à Newton, par l'intermède d'Oldenbourg, l'expofition complète & tout-à-fait explicite de la méthode différentielle.

On voit, par ce fimple expofé, que *Leibnitz* & Newton avoient trouvé, chacun de leur côté, cette méthode de calcul fi précieufe, & qui a contribué fi puiffamment à reculer les bornes de nos connoiffances. Mais des officiers, s'étant interpofés entre ces favans, fi faits pour s'admirer, embrouillèrent la queftion au point que *Leibnitz* en fut vivement affecté. Quelques perfonnes prétendent qu'il mourut du chagrin qu'il en éprouva ; d'autres attribuent fa mort à un remède qu'il fit dans un accès de goutte.

Examinons maintenant *Leibnitz* comme phyficien ; nous y trouverons quelques erreurs qu'il faut attribuer aux connoiffances de fon fiècle.

Partant du principe qu'il a pofé, dans fon *Hypothefis phyfica nova*, *Leibnitz* penfe que l'air n'eft que de l'eau dont les molécules font réduites à un état de grande ténuité. Un autre fluide, l'éther, beaucoup plus délié que l'air, fert à propager le fon : & fa circulation autour de la terre fait naître la pefanteur. La chaleur des corps eft produite par un mouvement imprimé aux particules qui les compofent. La lumière & la chaleur dépendent de la même caufe, avec cette différence, que les corps lumineux ont le privilège exclufif de lancer, felon une direction rectiligne, les molécules les plus fubtiles de leur propre fubftance.

Leibnitz eut l'idée d'appliquer à la phyfique le fameux principe des caufes finales ; d'où il conclut, qu'un rayon de lumière doit toujours aller, d'un point à un autre, par le chemin le plus facile : mefurant la facilité de ce chemin, par le rapport compofé, de fa longueur & de la réfiftance que le rayon éprouve dans le milieu dans lequel il fe meut ; il détermine, par le calcul, quel eft le chemin le plus facile : d'où il conclut que le rapport des finus d'incidence & de réfraction eft conftant & immuable.

Une idée qui a long-temps été partagée, eft celle de la caufe des variations du baromètre, que *Leibnitz* attribue au poids des molécules aqueufes répandues dans l'atmofphère, & qui augmente le poids de l'air qui le foutient. Pour le prouver, il propofa d'attacher aux deux extrémités d'un fil deux corps, l'un plus pefant, l'autre plus léger que l'eau, de manière que tous deux enfemble flottent fur la furface du liquide ; après avoir mis ſes corps dans un tube très-long & plein d'eau, avoir ſuſpendu ce tube à l'extrémité du fléau d'une balance, & l'avoir mis en équilibre par des poids, on doit couper les fils; le plus peſant tombant dans l'eau, l'équilibre ſe trouve rompu : le tube doit moins peſer pendant la chute. Cette expérience ayant été faite par Ramazzini, en Italie, & Réaumur, en France, le réſultat fut conforme à l'annonce de Leibnitz.

Dans le nombre des ouvrages publiés par Leibnitz, nous diſtinguerons : 1°. Scriptores rerum Brunſwicarum, in-folio, 3 vol., 1707; 2°. Codex juris gentium diplomaticus, in-folio, Hanovre, 1693; 3°. le premier volume de l'Académie de Berlin; 4°. Notitia optica promotæ; 5°. de Arte combinatoriâ, in-4°., 1690; 6°. Queſtions de phyſique & de mathématique, réſolues ou propoſées dans les journaux; enfin, les règles du calcul différentiel, 1684; 7°. écrits métaphyſiques ſur l'eſpace, le temps, le vide, les atomes, &c., in-12, Amſterdam, 1710; 8°. Theoria motûs abſtraḉi & motûs contraḉi.

LEMME; λημμα; lemma; lehnſatz; ſ. m. Ce qu'on prend, ce qu'on admet.

Propoſition préliminaire, qu'on démontre, pour préparer à une propoſition ſuivante, & qu'on place avant les théorèmes, pour rendre la démonſtration moins embarraſſante, ou avant les problèmes, afin que la ſolution en devienne plus courte & plus aiſée.

En muſique, lemme eſt un ſilence ou pauſe, d'un temps bref, dans le rythme catalecḉique.

LEMONIER (Pierre-Charles), aſtronome & phyſicien, né à Paris, le 23 novembre 1715, mort à Heril près Bayeux, le 2 avril 1799.

Fils de Pierre Lemonier, profeſſeur en philoſophie au collége d'Harcourt, il y fit d'aſſez bonnes études & ſe deſtina de bonne heure à l'aſtronomie. Ses progrès, dans cette branche de connoiſſances, le firent admettre à l'Académie, l'an 1736, âgé alors de 21 ans.

Lemonier fut un des trois académiciens envoyés à l'équateur, pour y meſurer les degrés du méridien. Il fit pluſieurs voyages en Angleterre & en rapporta d'excellens inſtrumens, qui furent bientôt imités en France.

C'eſt à Lemonier que nous devons la belle méridienne de St.-Sulpice, conſtruite en 1743, ainſi que la méridienne de Bellevue en 1753.

Il perfectionna les méthodes aſtronomiques employées de ſon temps, ainſi que les calculs qu'on leur appliquoit : il détermina le premier les changemens des réfractions, en hiver & en été.

Ce ſavant eut trois filles. La ſeconde épouſa l'illuſtre Lagrange, & la troiſième ſon oncle le médecin.

Parmi les ouvrages qu'il a publiés, qui ſont aſſez conſidérables, nous ne diſtinguerons que ceux qui ont la phyſique pour objet; tels ſont : 1°. Lettres

ſur la théorie des vents, ſpécialement ſur le vent de l'équinoxe; 2°. premières obſervations faites par ordre du Roi, pour la meſure du degré entre Paris & Amiens, in-8°., Paris, 1757; 3°. Aſtronomie nautique, où l'on traite de la latitude & de la longitude en mer, in-8°., Paris 1771; 4°. Eſſais ſur les marées & leurs effets aux grèves du mont St.-Michel, in-8°., Paris, 1774; 5°. Lois du magnétiſme, in-8°., Paris, 1776; 6°. Mémoires concernant diverſes queſtions d'aſtronomie & de phyſique, in-4°., Paris, 1784.

LEMONIER (Louis-Guillaume), médecin & phyſicien, naquit à Paris en 1717, & mourut à Montreuil ſous Verſailles, le 7 ſeptembre 1799.

Frère de Pierre-Charles Lemonier, l'aſtronome, il ſe dévoua à la médecine. Après avoir été reçu docteur, il fut attaché à l'infirmerie de St.-Germain-en-Laye, en 1738.

Quelque conſidérables que furent ſes occupations, puiſqu'il fut médecin du Roi & profeſſeur de botanique au Jardin des Plantes, il n'en cultiva pas moins la phyſique. Il a fait un grand nombre d'expériences ſur l'électricité de l'air, ſur l'aimant, l'aiguille aimantée, &c. Il a publié la traduction d'un ouvrage anglais de R. Coter, ayant pour titre : Leçons de phyſique expérimentale ſur l'équilibre des liqueurs, & ſur la nature des propriétés de l'air, in-8°., Paris, 1742.

Sa chaire de botanique, ſes relations avec pluſieurs ſavans, les plantations qu'il fut chargé de faire à Trianon & dans le jardin de madame Eliſabeth, l'ont déterminé à reſter à Montreuil, où il pouvoit ſatisfaire ſa paſſion pour la culture des plantes étrangères.

LENTICULAIRE, de lens, lentille; lenticularis; linſenfærmig; adj. Qui a la forme d'une lentille.

LENTICULAIRE (Verre). Verre taillé d'une telle manière, qu'il a la forme d'une lentille. Voyez LENTILLE, VERRE LENTICULAIRE.

LENTILLE, de lens, lentille; lenticula; linſe; ſ. f. Verre taillé en forme de lentille, c'eſt-à-dire, convexe d'un ou de deux côtés.

On diſtingue deux ſortes de lentilles : l'une L, fig. 954, maſſive; l'autre MM, fig. 954 (a), compoſée de deux ſegmens creux, placés de manière à former une lentille. Les premières L, s'emploient ſans autre préparation; les ſecondes MM, ſont remplies intérieurement d'un liquide très-réfringent, ſoit de l'alcool, ſoit une huile eſſentielle.

Pour obtenir les premières lentilles, que l'on nomme également verres lenticulaires, on choiſit un morceau de verre épais, bien tranſparent, bien pur, ſans bulles ni ſtries, & autant incolore qu'il eſt poſſible; on taille, dans ce verre, à l'aide d'un diamant, un carré dont le côté eſt un peu plus

grand

grand que le diamètre du cercle de la *lentille*. On trace, sur le carré, un cercle, & avec le même diamant on coupe, tangentiellement au cercle, les quatre angles pour en former un octogone; enfin, avec une tenaille, ou mieux, une pince, on égrène les bords du verre, afin d'enlever tout ce qui excède le cercle; puis on passe ce bord sur une meule mise en mouvement, pour les unir & former un cercle parfait.

Quelquefois, lorsque la *lentille* doit avoir un grand diamètre, on trace le cercle avec un diamant; la circonférence étant ainsi coupée, on détache le verre extérieur, à l'aide du feu, qui fait fendre le verre dans la trace de la coupure.

Après avoir découpé les verres circulairement, on les dégrossit. Pour cet effet, on emploie deux méthodes: 1°. on fixe le disque de verre sur un morceau de bois pyramidal, avec un mastic composé de cire & de résine; on expose ce disque à l'action du grès ou de fragmens de gros éméri, placé dans un bassin, dont le vide est un segment de sphère; donnant au bassin BB, *fig.* 955; un mouvement de rotation, à l'aide d'une manivelle M, le disque DD de verre, que l'on appuie fortement sur le fond de ce bassin, se dégrossit en segment de sphère, d'un diamètre égal à celui du bassin. Quelquefois on polit de suite la face dégrossie; d'autres fois on détache ce disque, on le retourne, en fixant la face dégrossie sur la molette S, & l'on dégrossit l'autre face.

2°. On place le morceau de verre dans un moule en terre ou en métal, que l'on chauffe fortement, jusqu'à ce que le verre ramolli & ramassé puisse se mouler dans les cavités du moule, & prendre la forme lenticulaire que l'on veut lui donner. Cette première opération terminée, on fixe ce segment sur la molette & on le dégrossit dans un bassin, avec de gros éméri.

Dès que les *lentilles* sont dégrossies, on les doucit & on les polit. Le douci se donne avec de l'éméri plus fin que le premier, & toujours dans les mêmes bassins, ou dans des bassins dont la cavité est un segment de la même sphère. Le poli se donne d'abord avec de la potée, puis avec du papier. On place, pour cet effet, une feuille de papier bien doux, dont on retranche toutes les inégalités, si elle en contient. Après avoir mouillé ce papier, pour qu'il puisse prendre plus facilement la forme du segment, on le fixe dans le bassin, que l'on tourne; on presse le segment sur ce papier, afin qu'il puisse prendre un beau poli. Quelquefois on termine le poli à la main; mais il faut, pour cette dernière opération, une main bien douce, soit de femme, soit d'enfant.

Quant aux *lentilles* creuses, on les coupe ordinairement avec un fer chaud, sur des ballons de verre qui ont été soufflés aussi ronds qu'il est possible; on choisit les morceaux dont la forme approche le plus du segment que l'on veut obtenir, puis on les dégrossit, doucit & les polit sur les

deux faces; la partie convexe dans des bassins, comme les verres lenticulaires, la partie concave sur des segmens convexes de cuivre. Une grande attention que l'on doit avoir dans ce travail, c'est d'obtenir deux faces parfaitement parallèles.

Si l'on fait parvenir un faisceau de lumière sur les *lentilles*, on remarque que la lumière se réfracte en passant dans leur intérieur, & qu'elle se réfracte une seconde fois en sortant, de manière que la forme primitive du faisceau se trouve changée, & que le faisceau sortant est toujours plus convergent que le faisceau émergent.

Un faisceau de rayons solaires SSSSS, *fig.* 956, formé de rayons sensiblement parallèles, arrivant sur la surface de la *lentille* LL, se divisent dans leur marche. Le rayon SA, qui passe par le centre, n'éprouve pas de réfraction; il continue sa marche en ligne droite a φ; le rayon SB, qui arrive obliquement sur la surface, se réfracte dans l'intérieur, & suit une direction B *b*; il se réfracte encore en sortant, & suit une direction *b*C, laquelle rencontre le rayon a φ, en F, foyer de ces rayons. Les rayons D *d*, se réfractant également en sortant, suivent la direction d δ, & rencontrent, en *f*, le rayon *b*C; cette suite de rayons qui se rencontrent en sortant de la seconde face de la *lentille*, forment une courbe à laquelle on a donné le nom de CAUSTIQUE (*voyez* ce mot), & la surface de cette courbe est d'autant plus grande que les deux segmens sphériques LAL, L a L sont plus considérables: mais lorsque ces segmens sont très-petits, la caustique se réduit à une très-petite surface, qui devient sensiblement un point, auquel on donne le nom de FOYER. *Voyez* ce mot.

Comme les *lentilles* dont on fait habituellement usage, ne sont composées que de très-petits segmens de sphère, nous allons faire connoître la manière dont on détermine leur foyer, qu'il est essentiel de bien savoir apprécier, dans les différens usages que l'on fait de ces verres; & afin d'indiquer la méthode la plus générale de la détermination des foyers, nous supposerons que les rayons lumineux arrivent sur la *lentille*, d'une distance donnée. On voit de-là, qu'il suffit de supposer la distance infinie pour un faisceau de rayons parallèles, & une distance négative pour un faisceau de rayons convergens.

Les rayons de lumière éprouvent deux réfractions en traversant les *lentilles*: la première à leur surface d'incidence; la seconde à leur surface d'émergence. Nous allons d'abord chercher à déterminer la distance du foyer, en supposant que les rayons n'éprouvent qu'une réfraction; puis, avec la distance de ce même foyer, nous déterminerons quelle est la distance du second foyer, lorsque les rayons sortent par la seconde surface.

Soit donc POP, *fig.* 956 (a), la surface d'émergence de la *lentille*, D le point lumineux, & DO = *d* la distance de ce point à la surface de la *lentille*, C le centre du rayon de courbure

P O P, P le point de la surface touché par un rayon de lumière, P F la réfraction de ce rayon dans le milieu transparent; F le point où se rencontrent les rayons D O F & D P F; conséquemment, le foyer des rayons réfractés, dont la distance O F, est la distance focale = f. Soit m le sin. de l'angle C P m d'incidence, & n le sin. de l'angle C F n de réfraction; enfin, r la longueur du rayon C P : on aura la distance focale :

$$f = \frac{d\,r\,m}{d\,(m-n) - r\,n}.$$

En effet, à cause des triangles semblables D P O, D C m, on a :

$$\frac{DO}{DC} = \frac{OP}{Cm} \text{ ou } \frac{d}{d+r} = \frac{OP}{m}; \text{ donc } OP = \frac{dm}{d+r}.$$

De même, à cause des triangles semblables F C n & F P O, on a :

$$\frac{FC}{FO} = \frac{Cn}{OP} \text{ ou } \frac{f-r}{f} = \frac{n}{OP}; \text{ donc } OP = \frac{fn}{f-r}.$$

D'où il suit que $\frac{dm}{d+r} = \frac{fn}{f-r}$, ou $fdm - rdm = dfn + frn$:

D'où encore : $f(dm - dn - rn) = drm$, & $f = \dfrac{drm}{d(m-n) - rn}.$

Maintenant, pour connoître le foyer de la lumière, en sortant de la seconde surface L B L, fig. 956 (b), soit δ la distance F B du point lumineux à la surface B, R = le rayon de courbure C' B de la surface d'émergence, O B = e épaisseur de la lentille, & φ le nouveau foyer. On aura, en faisant usage des triangles C' φ n' & C' F m', & employant le même mode de raisonnement que dans la première détermination :

$$\varphi = \frac{R\,\delta\,m}{\delta\,(m-n) + R\,n};$$

mais $\delta = f - e$ & $f = \dfrac{drm}{d(m-n) - rn}.$

Mettant, à la place de δ, cette valeur de f dans l'équation, & supposant R = r; ce qui a lieu ordinairement, & e = o, ce que l'on peut supposer sans erreur sensible, à cause de la petite épaisseur des lentilles comparées à la distance f, on a :

$$\varphi = \frac{rdm}{2\,d\,(m-n) - rn}.$$

D'où l'on voit que la distance focale est, dans ce second cas, moitié de ce qu'elle étoit dans le premier.

Il est aisé de conclure, de cette formule, que la distance du foyer φ dépend absolument de celle du point lumineux; qu'ainsi, lorsque cette distance est infinie, comme celle des rayons solaires, des pla-

nètes, des étoiles, &c., la formule devient

$$\varphi = \frac{rm}{2\,(m-n)}, \text{ & dans le cas où } d \text{ seroit négatif,}$$

on auroit $\varphi = \dfrac{drm}{2\,d\,(m-n) + rn}.$

Faisant maintenant, comme dans le verre ordinaire, $\frac{m}{n} = \frac{3}{2}$, on aura $\varphi = \dfrac{2\,rd}{2\,(d-r)}$, & si la distance est infinie, on a $\varphi = \frac{3}{2}\,r$; c'est-à-dire que, dans une lentille de verre ordinaire, le foyer des rayons solaires est à un rayon & demi de la surface.

Une conséquence de cette formule est celle-ci : lorsque le point lumineux est à une distance infinie, fig. 956, le foyer est à une distance $\frac{rm}{2\,(m-n)}$; mais dès que le point lumineux s'approche de la lentille, le foyer s'en éloigne, & cela jusqu'à ce que la distance $d = \frac{rm}{2\,(m-n)}$: alors le foyer est à une distance infinie. Si l'on rapproche ce point lumineux de la surface, le foyer devient négatif, c'est-à-dire, qu'il est placé du même côté du point lumineux, & ce foyer se rapproche de plus en plus de la surface, à mesure que le point lumineux s'en rapproche. C'est à cette position négative du point lumineux que l'on doit le singulier phénomène de l'image d'un corps aperçu en avant d'une lentille, lorsque le corps qui le produit est du même côté de la lentille. Voyez ANAMORPHOSE.

Ce que l'on se propose ordinairement, en faisant usage des lentilles, c'est de voir des objets plus ou moins grossis & plus ou moins rapprochés; ce qui provient de ce que les rayons de toutes espèces, soit parallèles, soit convergens, soit divergens, se réunissent, après deux réfractions, en formant des angles plus grands. Ainsi, les rayons parallèles b e, b d, fig. 956 (c), qui, sans réfraction, ne se réuniroient jamais, en traversant la lentille d e, se réunissent en f. Les rayons convergens A d, a e, qui, sans la réfraction, n'iroient se réunir qu'en g, après la réfraction, se réunissent en h. Enfin, les rayons divergens c d, c e, qui, sans la réfraction, iroient toujours en s'écartant, en traversant la lentille, vont se réunir en g. La portion c e de l'objet paroît donc sous l'angle A g a, & par conséquent de la grandeur A a. Voyez VISION.

De plus, l'image de cet objet paroît derrière la lentille, dans un endroit plus éloigné que celui où il est naturellement, ce qui vient principalement de ce que nous transportons, à la distance de la portée de la vue exacte, les objets que nous distinguons parfaitement, & que cette portée est toujours plus éloignée que celle à laquelle on voit parfaitement les objets à travers une lentille.

Indépendamment de la distance à laquelle nous.

rapportons ces objets, il exiſte une autre cauſe qui nous les fait rapporter plus loin; c'eſt que, les rayons de chaque faiſceau, en partant de chaque point de l'objet, deviennent moins divergens, & ont, par-là, leur point de réunion plus éloigné. Ainſi, le point F, *fig 956 (d)*, vu au travers de la *lentille*, paroît en *f* plus éloigné que F.

Mais, pour que l'image de l'objet ſoit vue derriere la *lentille*, il faut que l'objet ſoit placé plus près de la *lentille* que le foyer des rayons paralleles; car, ſi l'objet étoit en L, plus loin que le foyer des rayons paralleles, les rayons de chaque faiſceau, en arrivant à la ſurface de la *lentille*, étant trop peu divergens, deviendroient, en la traverſant, paralleles ou même convergens, & n'auroient pas de point de réunion; on ne verroit donc pas l'image derriere la *lentille*. Mais, ſi ces rayons devenoient convergens, cette image pourroit ſe faire voir en deçà de la *lentille*, entre la *lentille* & l'œil.

Suppoſons C, *fig. 956 (e)*, le foyer des rayons paralleles de la *lentille m n*, & un objet placé au-delà en A B: les faiſceaux des rayons A *n*, B *m*, partant de chaque point, étant trop peu divergens en arrivant à la *lentille*, deviennent convergens en la traverſant, & vont tracer en *a b*, une image renverſée, qu'un œil, placé en O, peut appercevoir. Cette image eſt néceſſairement renverſée, parce qu'il n'y a que des rayons qui ſe ſoient croiſés, entre l'objet & la *lentille*, qui puiſſent enſuite converger au même œil.

C'eſt cette image qui vient ſe former en deçà de la *lentille*, qui eſt le principe ſur lequel eſt fondée la conſtruction des lunettes; car, dans une lunette, c'eſt cette image, & non pas le corps, qui eſt l'objet immédiat de la viſion. *Voyez* LUNETTE.

Pluſieurs cauſes font varier la clarté des objets vus à travers une *lentille*: les unes ont pour objet de l'augmenter. Ainſi, dans toutes les *lentilles* dont la ſurface eſt plus grande que celle de la prunelle, il y arrive une plus grande quantité de lumiere qu'il n'en parviendroit dans l'œil, & cette lumiere, en convergeant, peut parvenir en grande partie à l'œil; mais, parmi les rayons qui arrivent ſur la ſurface de la *lentille*, pluſieurs ſont réfléchis & ne pénetrent pas; d'autres ſont abſorbés par le verre qu'ils traverſent; d'autres enfin ſont réfléchis à la ſurface de ſortie. Ainſi, pendant qu'une cauſe tend à augmenter la clarté, pluſieurs autres tendent à la diminuer.

Vus à travers une *lentille*, les objets paroiſſent ſouvent difformes. C'eſt ce qui arrive principalement, lorſque l'objet eſt grand & la *lentille* fort convexe; car alors, les effets de la réfraction ne ſont pas égaux pour tous les points, à cauſe de la différence d'obliquité & d'incidence pour chaque rayon: ce qui provient de la courbure de la ſurface; & parce que les différens points de la ſurface, étant placés à différentes diſtances de la ſurface, les rayons qui en partent, y arrivent avec différens degrés de divergence. Ces cauſes peuvent faire voir confu-

ſément certaines parties de l'objet, tandis que d'autres ſont vues diſtinctement. Cela s'apperçoit principalement aux extrémités de l'image, quand les *lentilles* ſont d'un foyer fort court, parce que les réfractions des bords de la *lentille* ne concourent pas avec celles du milieu. *Voyez* SPHÉRICITÉ (Aberration de).

On voit, d'après la divergence que la lumiere éprouve, dans des *lentilles* de très-court foyer & d'un très-grand diametre, pourquoi on ſe ſert de ſegmens de ſphere pour former des lentilles; & pourquoi on n'emploie pas des ſpheres entieres. Dans ce dernier cas, il y auroit plus de lumiere diſperſée & plus de confuſion dans l'apparence des objets: plus les ſegmens de ſphere ſont petits, moins il y a d'aberration de ſphéricité, & moins il y a de lumiere abſorbée & réfléchie.

Il ſeroit poſſible, pour éviter cette aberration & détruire cette confuſion, de ſe ſervir d'autres ſurfaces courbes que celles de la ſphere, ainſi que des paraboles & des ellipſes; mais la difficulté que préſente la conſtruction de ces ſortes de *lentilles*, a juſqu'à préſent empêché d'en faire uſage.

LENTILLE DE PENDULE. Corps métallique, en forme de *lentille*, que l'on fixe à l'extrémité d'une ou de pluſieurs verges métalliques, pour déterminer des égalités de vibration. *Voyez* PENDULE.

LENTILLE DE TRUDAINE. *Lentille* exécutée aux frais de *Trudaine*, ſous la direction de pluſieurs commiſſaires nommés par l'Académie des ſciences. Cette *lentille* eſt une des plus belles qui aient été exécutées. Bernieres, contrôleur des ponts & chauſſées, a été chargé de ſon exécution: elle eſt compoſée de deux glaces courbées, de huit pieds de rayon, & huit lignes d'épaiſſeur. Le vide qui exiſte entr'elles eſt de quatre pieds. Cette *lentille* étoit remplie avec cent trente-trois litres d'alcool. *Voyez* VERRE ARDENT.

LENTILLE DE TSCHIRNHAUSE. *Lentille* ſolide, exécutée par *Tſchirnhauſe*.

Ce célebre artiſte, aſſocié étranger de l'Académie des ſciences, a exécuté deux *lentilles* maſſives, chacune de trente-trois pouces de diametre. L'une avoit ſept pieds de foyer, & l'autre douze. Cette derniere appartient à l'Académie des ſciences. *Voyez* VERRE ARDENT.

LENTILLE PARABOLIQUE. *Lentille* formée de ſegmens de parabole.

Une *lentille* parabolique a été conſtruite à Gratz en Styrie, par le célebre mécanicien Roſpini, pour des alchimiſtes qui vouloient l'employer à faire de l'or.

Cette *lentille*, compoſée de deux calottes réunies par un cercle de fer, a trois pieds de diametre environ, & ſept à huit pieds de foyer. Elle

n'a pas été coulée, mais feulement courbée au feu. Elle a coûté de 20 à 30 mille francs, parce que plufieurs ont été manquées.

Jacquin, célèbre chimifte à Vienne, a affuré que le diamant y étoit brûlé en quelques fecondes, & le platine fondu en peu de minutes. Le diamètre ne paroît pas avoir plus de quatre lignes.

La lentille, avec l'appareil pour placer l'objet en expérience, fixée fur une plate-forme, & pofée fur un plan incliné élevé fur une forte charpente, fuit le cours du foleil, mis en mouvement par une pendule qui bat les fecondes.

Dans le paffage des armées françaifes en Autriche, M. Daru, alors fous-intendant-général de l'armée, a chargé M. Coutelle, fous-infpecteur aux revues, d'en faire l'acquifition pour le gouvernement français. Elle lui a coûté 2900 florins.

LEPTON. Très-petite monnoie d'Afie. Il en faut cent quatre vingt-douze pour une drachme. Sa valeur eft de $\frac{125}{192}$ du denier de la livre tournois.

LEROY (Julien), fameux horloger, né à Tours en 1686, mort à Paris en 1759.

Fort jeune encore, il annonça des difpofitions extraordinaires pour la mécanique. A l'âge de treize ans, il fabriquoit de petits ouvrages de fon invention, qui fuppofoient une rare intelligence.

S'étant fixé à Paris, il fe fit agréger au corps des horlogers en 1713. A cette époque, les horlogers anglais jouiffoient d'une fupériorité que perfonne ne leur conteftoit. Julien Leroy fe propofe de mieux faire, & bientôt fes ouvrages furent les plus eftimés de l'Europe. Les horlogers de Genève fubftituèrent, fur leurs montres, le nom de Julien Leroy à celui des plus habiles horlogers de l'Angleterre. Voltaire lui écrivit quelque temps après la bataille de Fontenoy, & il dit à l'un de fes fils : Le maréchal de Saxe & votre père ont battu les Anglais.

Julien Leroy a laiffé quatre fils : Pierre Leroy fon fucceffeur ; Jean Leroy, phyficien, membre de l'Académie royale des fciences, qui s'eft beaucoup occupé d'électricité ; Julien David Leroy, architecte, & Charles Leroy, médecin & chimifte diftingué.

LEROY (Jean), phyficien, né à Paris vers le milieu du dix-huitième fiècle, mort dans ladite ville, fur la fin du même fiècle.

Fils de Julien Leroy, célèbre horloger, il fit d'excellentes études, & fut reçu membre de l'Académie des fciences. En 1751, il faifoit partie de cette fociété favante.

Il s'occupa principalement de l'électricité. Il inventa la première machine électrique pofitive & négative dont on ait fait ufage. Il perfectionna les paratonnerres, les aréomètres.

En 1757, il fut nommé par le Roi, pour travailler à l'hiftoire de l'Académie des fciences, pour les années 1757, 1758, 1759 & 1760.

Modefte & laborieux, il fit partie d'un grand nombre de commiffions nommées par l'Académie des fciences ; fouvent même il fut chargé d'en faire les rapports.

On trouve dans les recueils de l'Académie des fciences, depuis l'année 1751 jufqu'à fa fin, plufieurs Mémoires de Jean Leroy, fur l'électricité, les paratonnerres, les aréomètres, l'anneau de Saturne & les hôpitaux. On en trouve également dans le recueil du Journal de Phyfique, pour les années 1778, 1782, 1788 & 1790.

L'éloge de Leroy a été fait à l'Inftitut, en l'an 9, par M. Lefevre de Gineau ; mais il n'a pas été imprimé dans les volumes des Mémoires.

LESAGE (Georges-Louis), phyficien & métaphyficien, né à Genève, le 13 juin 1724, mort en la même ville, le 20 novembre 1803.

Son père, profeffeur de phyfique & de mathématiques à Genève, fe chargea de lui donner les premiers élémens des fciences exactes. La marche qu'il fuivoit dans l'enfeignement, lui parut tellement irrégulière, que voulant la corriger, le difciple fe jeta dans une forte d'extrême. Il chercha à mettre plus de liaifon dans fes idées, & voulut remonter à la recherche des caufes.

Maintenu avec févérité dans la maifon paternelle, il ne pouvoit exécuter les expériences qu'il imaginoit ; il étoit même très-fouvent obligé de garder le filence, ce qui, par la fuite, lui donna une forte de maladreffe, qu'il eut quelque difficulté à s'exprimer, qu'il ne parla qu'avec lenteur ; mais en compenfation, il contracta l'habitude de penfer ; & tourna, avec plus d'énergie, fon efprit vers la méditation.

Après avoir étudié la phyfique fous Calandrini, les mathématiques fous Cramer, avoir fréquenté Daniel Bernouilli, pendant fon féjour à Bâle, où il avoit été, par ordre de fon père, étudier la médecine, avoir été continuer fes études à Paris, être retourné à Genève, & obtenu de fon père la liberté de fe livrer à l'étude des fciences exactes, il entreprit, en 1750, d'enfeigner les mathématiques, afin de fe procurer un petit revenu, & même, par la fuite, une petite fortune indépendante.

Une de fes méditations favorites, étoit l'explication de la gravitation, par la chute d'atomes rapides. Il rapportoit également les affinités à fon mécanifme général, en expliquant, en particulier, l'affinité des fubftances homogènes entr'elles, par l'impulfion de deux courans de particules, de grandeur inégale.

Lefage concourut aux prix propofés par plufieurs Académies, fur plufieurs queftions, dans lefquelles entroit la gravitation. Un feul de fes Mémoires, ayant pour titre : Effai de Chimie mécanique, fut couronné par l'Académie de Rouen. Il fut nommé membre de la Société royale de Londres, & correspondant de l'Académie des sciences de Paris. Ce savant forma des liaisons & entretint des correspondances avec Mairan, d'Alembert, Bailly, Frisé, Boscowich, Lambert, Euler, M. de Laplace, &c. Il étoit étroitement lié avec Deluc, Bonnet, H. B. de Saussure, Lhuillier, &c.

Sa grande assiduité au travail affoiblit sa vue à un tel point, qu'en 1762, il la crut quelque temps perdue; mais des ménagemens & quelques remèdes lui en rendirent insensiblement l'usage. Sa vie étoit simple, uniforme & laborieuse. Il supporta patiemment les infirmités, jusque dans une vieillesse très-avancée; mais une maladie lente & rigoureuse mit fin à ses maux.

Peu d'ouvrages ont été publiés par *Lesage*. Il entassoit ses matériaux dans ses cartons, & les rangeoit avec un ordre admirable; mais peu étoient terminés. On trouve de lui quelques Mémoires dans les recueils de la Société royale, de l'Académie royale de Paris, & dans celle de Berlin.

LETHEC. Mesure géodésique & de capacité, de l'Asie & de l'Egypte.

Mesure géodésique, le *beth-lethec* = 1500 decapodes carrés = 150,000 pieds géométriques carrés = 2,2710 arpens = 1,1598 hectare.

Lethec, mesure de capacité = 15 modios = 169,3 pintes = 158,67 litres.

LESSIVE, de lix, *cendre*; lexivia; *lauge*; s. f. Action par laquelle on fait passer plusieurs fois de l'eau sur de la cendre.

On a étendu cette dénomination au lavage des oxides métalliques & des terres qui contiennent quelques sels, & par le moyen duquel ces sels se dissolvent. Enfin, on donne souvent le nom de *lessive*, à l'eau imprégnée des sels de végétaux réduits en cendre.

Pour lessiver les cendres, les terres, les oxides métalliques, on les place dans un vase troué par le bas. On verse sur ces substances de l'eau froide ou chaude, on la laisse séjourner, & lorsqu'on juge qu'elle a exercé toute son action sur les sels, on la fait couler dans un vase destiné à la recevoir. On met de nouvelle eau sur les substances, jusqu'à ce qu'elles soient épuisées de leur sel.

LESSIVE DES SAVONNIERS. Dissolution de soude pour être combinée avec l'huile, dans la fabrication des savons.

LETTRE; littera; *büchstab*; s. f. Caractère de l'alphabet, & représentatif des élémens de la voix.

C'est encore un acte ou écrit, qui sert à la correspondance.

LETTRE DOMINICALE; littera dominica; *sontag büchstab*; s. f. *Lettre* qui désigne le dimanche dans le calendrier.

Comme il existe sept jours dans la semaine, il existe sept *lettres*, qui deviennent tour à tour dominicales. Ces *lettres* sont les initiales des mots latins *Dei, cœlum, bonus, accipe, gratis, filius, esto*. Ce sont donc les sept premières *lettres* de l'alphabet, A, B, C, D, E, F, G.

On met ces *lettres* suivant leur ordre naturel, en commençant par le premier janvier, & l'on continue à les placer à côté de chacun des jours de chaque mois, & cela, soit dans le calendrier julien, soit dans le calendrier grégorien.

Ainsi A se met toujours à côté du premier jour de janvier; B, à côté du second; C, à côté du troisième; D, à côté du quatrième; E, à côté du cinquième; F, à côté du sixième, & G, à côté du septième. Ensuite on recommence, en suivant le même ordre : & A revient à côté du huitième, & G, à côté du quatorzième, qui se trouve encore à côté du vingt-unième & du vingt-huitième. Ensuite A, B, C, à côté des trois derniers jours de janvier. Par conséquent, D se trouve à côté de février : ce dernier mois n'ayant que vingt-huit jours, D se trouve à côté du premier jour de mars; ensuite G, à côté du premier jour d'avril; B, à côté du premier jour de mai; E, à côté du premier jour de juin; G, à côté du premier jour de juillet; C, à côté du premier jour d'août; F, à côté du premier jour de septembre; A, à côté du premier jour d'octobre; D, à côté du premier jour de novembre; & F, à côté du premier jour de décembre : de sorte que A se trouve encore à côté du trente-unième jour de ce mois. Ainsi, l'année commence & finit par le même jour de la semaine.

Nous devons observer que l'année bissextile n'apporte aucun changement à l'arrangement de ces *lettres*, parce que la *lettre* F, qui est à côté du 24 février, lequel est le jour intercalé dans les années bissextiles, se rapporte au jour suivant du 25 du même mois.

L'année commune étant de trois cent soixante-cinq jours, qui font cinquante-deux semaines & un jour; & l'année bissextile étant de trois cent soixante-six jours, qui font cinquante-deux semaines & deux jours; cela fait que la *lettre dominicale* ne peut pas être la même pour deux années de suite. Elle varie donc tous les ans, non pas suivant l'ordre naturel, mais suivant l'ordre rétrograde. L'an 1817 a eu pour *lettre dominicale* E; l'année 1818, D; l'année 1819, C, &c. En voici la raison. Supposons que l'année commence par un dimanche, la *lettre dominicale* de cette année sera A, puisque cette *lettre* se trouve à côté du premier janvier; & si c'est une année commune, tous les jours de l'année, à côté desquels la *lettre* A se trouvera dans le calendrier, seront des dimanches. Mais la *lettre* A se trouve aussi, comme nous l'avons dit, à côté du 31 décembre; l'année suivante commencera donc par un lundi; par conséquent, le dimanche suivant sera le 7 janvier, à côté duquel est la *lettre* G, qui sera la *lettre dominicale* de cette feconde année. Par la même raifon, la troifième année commencera par un mardi, & le dimanche fuivant fera le 6 janvier, à côté duquel eft la *lettre* F, qui fera la *lettre dominicale* de cette troifième année, &c. On voit par-là, que le commencement d'une année, qui fuit une année commune, avance d'un jour de la femaine, parce que l'année commune eft compofée de cinquante-deux femaines & un jour ; mais le commencement d'une année, qui fuit une année biffextile, avance de deux jours, parce que l'année biffextile eft compofée de cinquante-deux femaines & deux jours. Ainfi, l'année 1819, qui n'a point été biffextile, a commencé & fini par un vendredi. L'année 1820 a donc commencé par un famedi ; mais l'année 1820, qui eft biffextile, & ayant conféquemment un jour de plus, au lieu de finir par un famedi, comme elle a commencé, finira par un dimanche ; & l'année 821 commencera & finira par un lundi, & ainfi de fuite.

Dans les années biffextiles, il y a deux *lettres dominicales*, dont l'une, qui eft la dernière des deux, fuivant l'ordre alphabétique, fert depuis le commencement de l'année jufqu'au 24 février inclufivement ; & l'autre, qui eft la première des deux, fuivant l'ordre alphabétique, fert toute l'année. Ce changement fe fait, parce que, comme nous l'avons dit, la *lettre* F, qui eft à côté du 24 février, fe répète & fe trouve encore à côte du 25 dans les années biffextiles. L'année 1820, par exemple, qui eft biffextile, a pour *lettres dominicales* B A. B a fervi depuis le commencement de janvier jufqu'au 24 février, & A tout le refte de l'année ; car, cette année ayant commencé par un famedi, le dimanche fuivant fut le 2 janvier, à côté duquel eft la lettre B ; tous les jours fuivans, marqués d'un B, font donc des dimanches. Ainfi, le 20 février fut un dimanche ; mais enfuite, à caufe de la biffextile, car le 21 février, marqué d'un C, fut lundi ; le 22, marqué d'un D, fut mardi ; le 23, marqué d'un E, mercredi ; le 24, marqué d'une F, jeudi ; le 25, marqué encore d'une F, vendredi ; le 26, marqué d'un G, famedi, & le 27, marqué d'un A, le dimanche. L'A devient donc la *lettre dominicale* pour le refte de l'année.

Il eft facile de voir, que de tout ce que nous venons de dire, il fuit : 1°. que ces fept *lettres*, A, B, C, D, E, F, G, deviennent *dominicales* tour à tour, mais dans un ordre rétrograde ; 2°. qu'il n'y a qu'une feule *lettre dominicale* dans tout le cours d'une année commune ; 3°. que, dans une année biffextile, il y en a deux, dont la dernière, fuivant l'ordre alphabétique, fert depuis le commencement de l'année jufqu'au jour de biffexte, qui eft le 24 février, & que la première, fuivant l'ordre alphabétique, fert tout le refte de l'année.

S'il n'y avoit point d'années biffextiles, la révolution des *lettres dominicales* s'achèveroit dans l'efpace de fept années, c'eft-à-dire, que chacune de ces *lettres* feroit *dominicale* pendant toute

une année, & les quantièmes des mois & des jours de la femaine fe trouveroient les mêmes de fept en fept ans. Mais l'année biffextile ayant deux *lettres dominicales*, parce qu'elle a un jour de plus, le quantième des mêmes quantièmes des mois, avec les mêmes jours de la femaine, eft reculé tous les quatre ans d'un jour, & ne peut être rétabli qu'au bout de vingt-huit ans. C'eft là ce qui forme le cycle folaire. *Voyez* CYCLE SOLAIRE.

Pour trouver la *lettre dominicale* qui convient à chaque année propofée, il faut connoître le cycle folaire de cette année, & le compter circulairement fur quatre doigts, en prononçant de fuite les mots latin *Dei, cœlum, bonus, accipe, gratis, filius, efto.* Chaque fois qu'on tombe fur le premier doigt, on doit prononcer deux de ces mots, parce que l'année biffextile a deux *lettres dominicales*, & n'en prononcer qu'un fur chacun des trois autres doigts. La *lettre dominicale* que l'on cherche eft la *lettre* initiale du mot qu'on prononce le dernier ; & fi l'on finit fur le premier doigt, cela marque que l'année propofée eft biffextile : donc les *lettres dominicales* font les *lettres* initiales des deux mots qu'on prononce fur ce doigt.

En 1819, par exemple, dont le cycle folaire eft 8 le mot *cœlum*, qui tombe au dernier doigt, par lequel on finit après les avoir parcourus tous deux fois, défigne que la *lettre dominicale* de cette année eft C. En 1820, dont le cycle folaire eft 9, les deux mots *bonus, accipe*, qui tombent au premier doigt, par lequel on finit, après les avoir parcourus tous deux fois, défigne que cette année a été biffextile, & que les *lettres dominicales* qui lui conviennent, font B, A, & ainfi des autres.

On peut encore trouver, indépendamment de la connoiffance du cycle folaire, la *lettre dominicale* qui convient à une année quelconque, foit avant la correction du calendrier, foit après cette correction, en cherchant par quel jour de la femaine commence l'année propofée ; ce que l'on trouvera de la manière fuivante : 1°. ôtez 1 de l'année propofée ; 2°. ajoutez au refte le quart de fa valeur (en négligeant les fractions), pour les nombres biffextes ; 3°. divifez par 7 la fomme entière, fi l'année propofée eft avant la correction du calendrier : ou, fi cette année eft après cette correction, ôtez de cette fomme le nombre des jours retranchés par la correction grégorienne. Ce nombre retranché eft 10 pour le dix feptième fiècle, 11 pour le dix huitième, 12 pour le dix-neuvième, &c. Divifez le refte par 7 ; le refte de la divifion, ou le divifeur même, quand il n'y a point de refte, indique par quel jour de la femaine commence l'année propofée. S'il refte 1, l'année commence par un dimanche ; s'il refte 2, l'année commence par un lundi ; c'eft-à-dire, par le fecond jour de la femaine ; s'il refte 5, l'année commence par le cinquième jour de la femaine, c'eft-à-dire, par un jeudi, &c. ; mais s'il ne refte rien, c'eft le divifeur 7 qui marque que l'année commence par le septième jour de la semaine, c'est-à-dire, un samedi. Le premier de l'année une fois connu, il est aisé de connoître la *lettre dominicale* : car les sept premiers jours de janvier, étant affectés, comme nous l'avons dit ci-dessus, aux sept *lettres dominicales*, il y en aura une qui se trouvera à côté du dimanche, qui sera sûrement un de ces sept jours, & celle-là sera la *lettre dominicale* cherchée.

Par exemple, pour trouver la *lettre dominicale* de 1819, j'ôte 1 de 1819 : au reste 1818, j'ajoute le quart de sa valeur, qui est de 454, ce qui me donne 2272. Je retranche 12 pour la correction grégorienne du dix-neuvième siècle ; je divise le reste 2260 par 7 ; j'ai pour quotient 322 & 6 de reste. Le reste 6 m'indique que l'année commence par le sixième jour de la semaine, c'est à dire, par le vendredi. En conséquence, le 3 janvier, qui est un dimanche, est affecté de la *lettre* C : donc c'est la *lettre* C qui est la *lettre dominicale*.

LETTRE FÉRIALE ; littera feriala ; *festtaglich büchstab*, s. f. *Lettre* dominicale qui est affectée au premier de chaque mois. *Voyez* LETTRE DOMINICALE.

La *lettre fériale* de janvier est A ; celle de février, D ; de mars, D ; d'avril, G ; de mai, B ; de juin, E ; de juillet, G ; d'août, C ; de septembre, F ; d'octobre, A ; de novembre, D ; & de décembre, F.

Afin de faciliter les moyens de retenir plus aisément les *lettres fériales* de chaque mois, on les a comprises dans une phrase composée de douze mots, dont les *lettres* initiales représentent les *lettres fériales* suivant l'ordre qu'elles tiennent. Voici cette phrase : *A, Dieu, donc, Gaffion, brave, & généreux, commandant, fidèle, appui, des Français.*

Par le moyen de la *lettre fériale*, on peut trouver par quel jour de la semaine commence tel ou tel mois. Pour cela, il faut savoir quelle est la *lettre dominicale* de l'année, dans laquelle se trouve le mois proposé. On trouve cette *lettre* par le moyen du cycle solaire, comme nous l'avons indiqué. (*Voyez* LETTRE DOMINICALE.) Cette *lettre* connue, il faut lui comparer la *lettre fériale* : si elle est la même, le mois commence par un dimanche : si la *lettre fériale* suit immédiatement la *lettre* dominicale, selon l'ordre alphabétique, le mois commence par un lundi : si elle en est éloignée de deux places, dans le même ordre, le mois commence par un mardi, &c. Si, au contraire, la *lettre fériale* précède immédiatement la dominicale, selon l'ordre alphabétique, le mois commence par un samedi ; si elle la précède de deux places, elle commence par un vendredi, &c.

Supposons qu'on veut savoir par quel jour de la semaine commence le mois de mai de l'année 1821. Le cycle solaire étant 10, la *lettre* dominicale est G, la *lettre fériale* du mois de mai est B ; or, B précède G de cinq places. Le mois de mai 1821 doit donc commencer un mardi, & ainsi des autres.

LEUCÉTHIOPIE, de λευχη, *blanc* ; leucethiopia ; *leucethiopi* ; s. f. État dans lequel se trouvent certains individus de l'espèce humaine, ou d'autres races animales, qui, ayant perdu la couleur naturelle de leurs congénères, ont pris une teinte blanche ou blafarde toute particulière.

On trouve des hommes frappés de *leucéthiopie*, dans un grand nombre de pays, où on leur donne les noms de *dundas, kakerlaques, blafards, albinos*, &c. C'est surtout sous les tropiques qu'on les rencontre le plus abondamment. Quelques médecins attribuent cet état à la lèpre blanche ; d'autres, à une dégénération de la matière colorante qui se sépare sous l'épiderme des hommes de couleur. Cet état a besoin d'être encore observé, pour avoir une opinion sur la cause qui le produit.

LEUCIPPE, fameux philosophe grec, qui vivoit vers l'an 370 avant Jésus-Christ.

Il fut le disciple de Mélisse & de Zénon d'Élée. On le regarde assez généralement comme l'inventeur du système des atomes, perfectionné par Démocrite son disciple, & ensuite par Epicure.

Ce philosophe regardoit le monde comme infini, & sujet à des modifications continuelles. D'après son système, l'Univers est vide, & les globes, répandus dans l'espace, sont formés par les atomes ou corpuscules, qui s'accrochèrent en tombant dans l'espace. Diogène de Laërce lui fait honneur d'avoir mis la terre en mouvement autour de son axe. Quant à la forme qu'il lui donnoit, les philosophes anciens sont partagés. Le soleil est, selon *Leucippe*, le plus éloigné de tous les astres ; il parcourt le plus grand cercle autour de la lune.

Nous croyons inutile de nous occuper des hypothèses de *Leucippe*, qui ont été réfutées par Lactance, l'abbé Batteux, &c ; mais ce qui paroit lui faire honneur, c'est d'avoir supposé, le premier, le vide de l'espace.

LEUCOMA, de λευχος, *blanc* ; leucoma ; *leucoma* ; s. m. Tache blanche & superficielle sur la cornée transparente.

LEUWENHOECK, naturaliste célèbre & physicien, naquit à Delft, en Hollande, en 1632, & mourut dans la même ville, en 1720.

Cet homme célèbre avoit un talent tout particulier pour tailler les verres propres à la fabrication des microscopes & des lunettes. La réputation qu'il acquit dans la construction de ces verres, fut ensuite considérablement augmentée par les nombreuses observations qu'il fit avec son microscope.

Il distingua, dans l'économie animale, un grand nombre de vaisseaux qui n'avoient été qu'entrevus , à caufe de leur extrême petiteffe. *Leuwenhoeck* prouva, par l'obfervation, la circulation du fang, découverte par Harvey; il alla même jufqu'à avancer, que les globules du fang font de forme ovale ; qu'ils font compofés de fix petits cônes qui nagent dans le férum, & qui, pris féparément, ne réfléchiffent pas la couleur rouge, mais qui, par leur réunion, communiquent au fang les qualités phyfiques qu'on lui connoît.

Nous devons encore à *Leuwenhoeck*, la découverte des animalcules fpermatiques. Il forma même, fur l'action de ces animalcules, un fyftème fur la génération.

Les recherches & les découvertes de *Leuwenh eck* ont été imprimées, en grande partie, dans les *Tranfactions philofophiques* de la Société royale de Londres. D'autres ont été imprimées féparément en hollandais, à Delft & à Leyde. Une main étrangère a traduit, en latin, toutes les compofitions de cet homme célèbre, fous le titre d'*Arcana naturæ deletta*, 4 vol. in-4°., Delft, 1695, 96, 97 & 99.

LEUWENHOECK (Microfcope de). *Microfcope* fimple, conftruit par *Leuwenhoeck*, & dont il faifoit ufage dans fes obfervations microfcopiques.

D'après le legs fait à la Société royale de Londres, les *microfcopes de Leuwenhoeck* n'étoient compofés que d'une feule lentille, convexe des deux côtés, placée dans une douille, entre deux plaques d'argent, rivées enfemble & percées d'un petit trou. L'objet eft pofé fur une pointe ou aiguille d'argent, qui, par le moyen d'une vis du même métal, peut fe tourner, s'élever ou s'abaiffer, s'approcher ou s'éloigner du verre, felon l'œil de l'obfervateur & la nature de l'objet. Les objets folides étoient fixés à cette pointe avec de la colle; les objets liquides étoient placés fur une plaque mince de tôle ou de verre, qu'il colloit enfuite au bout de l'aiguille, comme les corps folides.

Ce qui donnoit à fes *microfcopes* un fi grand avantage, c'eft que *Leuwenhoeck* ne les fabriquoit qu'avec le verre le plus pur & le plus beau; qu'il les travailloit avec beaucoup de patience, & qu'il ne confervoit que ceux qui lui paroiffoient excellens.

Leuwenhoeck préféroit, pour les expériences, des verres qui groffiffent modérément, à ceux qui groffiffent davantage. Il annonce, dans une de fes lettres, que quoiqu'il eût, depuis plus de quarante ans, des verres d'une petiteffe extraordinaire, il ne s'en étoit fervi que très-rarement; toutes fes découvertes effentielles ayant été faites avec des verres d'un groffiffement médiocre. *Voy.* MICROSCOPE SIMPLE.

LEVAIN, *du latin barbare* levanum, *de* levare, *lever;* fermentum; *fauertaige;* f. m. Subftance capable d'exciter un gonflement, une fermentation interne dans le corps avec lequel on la mêle.

On donne particulièrement le nom de *levain* à un morceau de pâte aigrie, qui, étant mêlé avec de la pâte dont on veut faire du pain, fert à la faire lever, à la faire fermenter.

C'eft encore une matière écumeufe qui s'élève fur la bière en fermentation, & que l'on emploie pour faire fermenter des fubftances fucrées. *Voyez* LEVURE.

L'EVANT, *de* levare, *lever;* oriens; *morgen punckt;* fub. m. Côté de l'horizon où le foleil fe lève.

Ce côté eft proprement l'orient ou l'eft., & le vent, qui fouffle dans cette partie, fe nomme *levant* dans le langage de la Méditerranée. *Voyez* ORIENT.

LEVÉ, *de* levare, *lever;* adj. C'eft, en mufique, le temps de la mefure où on lève la main ou le pied.

Ainfi, le *levé* eft un temps qui fuit ou précède le frappé; c'eft, par conféquent, toujours un temps foible. Les temps *levés* font à deux temps, le fecond; à trois, le troifième; à quatre, le fecond & le quatrième.

LEVÉE, *de* levare, *lever;* ager; *dampfer;* f. f. Élévation de terre, de pierres, de files de pieux ou d'autres matériaux en forme de digue ou de quai, pour foutenir les berges d'une rivière & garantir du débordement des eaux.

Dans quelques machines, les *levées* font ce que l'on appelle *camme;* dans d'autres, ce font quelques éminences pratiquées fur un arbre qui tourne; il en eft d'autres, pratiquées à des pièces debout. Celles de l'arbre venant à rencontrer celles-ci, font relever la pièce, s'échappent, & la laiffent retomber : c'eft le mécanifme des bocards.

LEVÉE DES PLANS. Art de repréfenter en petit, fur le papier, toutes les parties d'un terrain, dans les rapports de leur étendue & de leur pofition : en exprimant, avec clarté, la nature des différens objets qui peuvent varier leurs furfaces.

Les plans offrent, aux propriétaires de terres, la faculté d'évaluer l'étendue de leur poffeffion, d'en établir le partage avec jufteffe, d'en fixer les limites, d'arrêter, à l'avance, d'une manière exacte, les travaux que l'on veut exécuter, & de déterminer toutes leurs divifions.

On lève les plans avec des mefures de longueur, chaînes ou règles; avec des inftrumens deftinés à prendre des angles; le graphomètre, le cercle répétiteur, la bouffole, &c.

Soit ABCDEF, *fig.* 957, la configuration du terrain dont on veut lever le plan. Dans le cas où l'on feroit ufage des mefures de longueur feulement, tout confifteroit à divifer le terrain en triangles AFB, BFC, CFD, DFE; & à prendre les lon-

-gueurs

gueurs des trois côtés succeſſifs de chacun de ces triangles pour les rapporter ſur le papier.

Ainſi, ſoit tous ces côtés meſurés.

AF = 250 mètr.	CD = 120 mètr.
AB = 147	DF = 230
BF = 280	DE = 210
BC = 102	EF = 112
CF = 260	

Pour rapporter ce terrain & en faire le plan, il faut meſurer ſur le papier une ligne droite *af*, *fig. 957* (*a*), indéfinie; rapporter ſur cette ligne, une longueur égale à 250 parties, priſe ſur une échelle; puis, du point *f*, avec une ouverture de compas, égale à 280 des mêmes parties, décrire un arc de cercle *gh*, & du point *a*, avec une ouverture de compas, égale à 147 des mêmes parties, décrire un ſecond arc de cercle *ik*; enfin, du point *b*, d'interſection de ces deux arcs de cercle, mener les lignes *fb* & *ab*.

Ce premier triangle étant décrit, on conſtruit le ſecond, en prenant la ligne *bf* pour baſe; alors, avec une ouverture de compas égale à 260 parties, on décrit un arc de cercle; & du point *h*, avec une ouverture de compas, égale à 102 parties, on décrit un ſecond arc de cercle; du point d'interſection *c*, des deux arcs, on mène les droites *fc*, *bc*, ce qui forme le ſecond triangle.

Il eſt facile de voir qu'en continuant ainſi à former les triangles *cfd*, en prenant la ligne *fc* pour baſe; les triangles *dfe*, en prenant la ligne *fd* pour baſe, on deſſinera le plan du terrain abſolument conforme au terrain lui-même, & que l'on aura ainſi la *levée du plan* du terrain.

Mais cette manière de *levée* exige que l'on puiſſe parcourir toute la ſurface du terrain, & que rien n'empêche de meſurer: ſoit les lignes *fa*, *ab*, *bc*, *cd*, *ae*, *ef* du périmètre; ſoit les lignes *fb*, *fe*, *fd* de l'intérieur, & qui ſervent à former les triangles.

Dans le cas où des obſtacles, tels qu'une rivière GH, *fig. 957* (*b*), ou toute autre cauſe, empêcheroient de meſurer les côtés des triangles, il faudroit alors ſe ſervir d'un inſtrument propre à meſurer les angles ſeulement, tels qu'un graphomètre, un cercle répétiteur, &c, puis choiſir un des côtés du périmètre que l'on puiſſe meſurer, & des extrémités duquel on puiſſe apercevoir tous les autres angles du même périmètre.

Ainſi, ſoit le côté CD: après l'avoir meſuré, on place l'inſtrument à meſurer les angles à l'une des extrémités, C, par exemple, & l'on prend les angles DCB, DCA, DCF, DCF, puis ſe tranſportant en D, on y prend également la meſure des angles CDB, CDA, CDF, CDE. Traçant, ſur un papier, une ligne *cd*, *fig. 957* (*c*), qui repréſente la baſe CD du terrain; rapportant, du point *c*, les angles *dcb*, *dca*, *dcf*, *dce*, égaux à leurs correſpondans ſur le terrain; traçant les lignes *cb*, *ca*, *cf*, *ce* d'une longueur indéfinie;

Dict. de Phyſ. Tome III.

se reportant enſuite au point *d*, pour rapporter les angles *cdb*, *cda*, *cdf*, *cde*, égaux à leurs correſpondans ſur le terrain, & traçant les lignes *db*, *da*, *df*, *de*; l'interſection de ces lignes donne les points *b*, *a*, *f*, *e* des angles du périmètre; deſquels points on peut mener les lignes *cb*, *ba*, *af*, *fe*, *ed*, qui, avec la ligne *cd*, forment le plan exact du terrain.

Nous ne pouſſerons pas plus loin la deſcription de l'art de *lever les plans*: il nous ſuffit d'avoir fait connoître les deux méthodes les plus généralement employées. *Voyez* BOUSSOLE, CERCLE RÉPÉTITEUR, GRAPHOMÈTRE, PLANCHETTE.

LEVER, de *levare*, *lever*. Se hauſſer, ſortir d'un lieu caché, apparoître. Nous n'emploirons le mot *lever* qu'à l'apparition des aſtres.

LEVER ACHRONIQUE, de ακρος, *extrême*, & νυξ, *nuit*; *ortus achronyctos*; *aufgang mit untergang des ſonne*; ſ. m. *Lever* d'une étoile, le ſoir, au moment où le ſoleil ſe couche; d'où il réſulte que c'eſt le moment du coucher du ſoleil qui règle le *lever achronique* des aſtres. *Voyez* ACHRONIQUE.

LEVER COSMIQUE, de κοσμος, *monde*; *ortus coſmicus*; *des aufgang eines ſterns mit aufgang des ſonne*; ſ. m. *Lever* d'une aſtre, le matin, en même temps que le ſoleil.

Ainſi, c'eſt le moment du *lever* du ſoleil qui règle le *lever coſmique* d'un aſtre; ce *lever* eſt l'oppoſé du *lever achronique*.

Le *lever coſmique* d'une étoile précède de douze ou quinze jours ſon LEVER HÉLIAQUE. *Voyez* ce mot.

LEVER DES ASTRES; *ortus ſiderum*; *aufgang des geſtirns*; ſ. m. Première apparition d'un aſtre au-deſſus de l'horizon.

Ainſi, l'heure du *lever* d'un aſtre eſt celle, où l'aſtre arrive ſur l'horizon rationnel, c'eſt-à-dire, à 90° du zénith, par ſa ſituation apparente affectée de la réfraction & de la parallaxe.

Comme, dans la première antiquité, la plupart des peuples n'avoient pas réglé la grandeur de l'année, on ſe ſervit de la méthode uſitée parmi les gens qui vivent à la campagne. Or, les laboureurs, les hiſtoriens & les poëtes employoient le *lever* & le coucher des aſtres. Pour y parvenir, ils ont diſtingué trois ſortes de *lever* & de coucher, ſuivant les divers temps de l'année. Le *lever héliaque*, le *lever coſmique* & le *lever achronique*. On appelle auſſi ces *levers*, *levers poétiques*.

LEVER HÉLIAQUE; *ortus heliacus*; *das hervortreten aus den ſonnenſtralen*; ſ. m. Apparition d'un aſtre après ſa conjonction au ſoleil, ou le premier jour où il commence à ſe dégager des rayons du ſoleil & à être viſible.

Chaque année le ſoleil, par ſon mouvement

propre de l'occident vers l'orient, rencontre les différentes constellations de l'écliptique, & les rend invisibles pour nous, par l'éclat de sa lumière. Lorsque le soleil, après avoir traversé une constellation, est assez éloigné d'elle pour se lever environ une heure plus tard, la constellation commence à paroître le matin, en se levant un peu avant que la lumière du soleil soit assez considérable pour la faire disparoître. C'est ce que l'on appelle son *lever héliaque* ou *soleil des étoiles*.

Il est essentiellement nécessaire, pour l'intelligence de la chronologie & des poëtes, d'avoir une idée du *lever héliaque*. Celui de Sirius est très-célèbre parmi les Egyptiens.

Le *lever héliaque* d'une étoile suit, à douze ou quinze jours près, son *lever cosmique*. *Voyez* HÉLIAQUE, LEVER COSMIQUE.

LEVER SELON LES ANCIENS; *ortus siderum poeticus*; *aufgang der gestirne aus den sinne des Alts un dicter*; s. m. Manière dont les Anciens distinguoient le *lever* des astres.

Nous avons vu que les Anciens rapportoient le *lever des astres* au *lever* & au coucher du soleil, c'est-à-dire, au *lever achronique, cosmique* & *héliaque*, & les poëtes de ces temps reculés, se servoient des mouvemens des astres & de leur *lever* pour embellir leurs fictions. De ces *levers* & ces *couchers*, naquirent un grand nombre de fables, dont Dupuis a donné l'explication la plus heureuse & la plus savante, dans un Mémoire qui fait partie du quatrième volume de l'*Astronomie de Lalande*, publiée en 1781.

LEVIER, de *levare, lever*; *victis*; *hebel*; s. m. Verge, barre, machine simple, avec laquelle on peut élever des fardeaux, vaincre ou soutenir une résistance.

De toutes les machines, le *levier* est la plus simple. C'est une verge de fer, de bois ou de toute autre matière équivalente, assez roide & assez forte pour résister aux efforts auxquels elle est soumise, & au moyen de laquelle, une puissance, aidée d'un point d'appui, sert à ramener ou soutenir une résistance. *Voyez* POINT D'APPUI, PUISSANCE, RÉSISTANCE.

Un *levier* est ordinairement regardé comme une ligne droite, inflexible & sans poids, qui détermine les distances & les positions de la puissance, de la résistance & du point d'appui. Si cette ligne est courbe, sa courbure se réduit toujours à la distance qu'elle met entre la puissance & la résistance, ou entre l'une & l'autre de ces forces & le point d'appui. Si elle a de la pesanteur, comme cela doit physiquement avoir lieu, son poids se divise en deux parties: l'une fait partie de la puissance & l'autre de la résistance, & cela suivant le rapport des distances de ces forces au point d'appui.

On distingue trois sortes de *leviers*: 1°. du premier genre, *fig.* 958; dans lequel le point d'appui C est placé entre la puissance A & la résistance B; 2°. du second genre, *fig.* 958 (*a*), dans lequel la résistance B est placée entre la puissance A & le point d'appui C; 3°. du troisième genre, *fig.* 958 (*b*), dans lequel la puissance A est placée entre la résistance B & le point d'appui C.

Enfin, on distingue les différentes espèces de chacun de ces genres par les différens rapports entre la distance de la puissance & de la résistance au point d'appui. Ainsi, dans le *levier*, *fig.* 958 (*c*), si le point d'appui est en *a*, moitié de *rp*, la puissance en *p*, & la résistance en *r*, on dit que c'est un *levier* du premier genre à bras égaux. Si le point d'appui est en *b*, tiers de *rp*, c'est un *levier* dont le bras de la puissance *p*, est à celui de la résistance *r*, dans le rapport de 2 à 1; & si le point d'appui est en *c*, quart de *rp*, le bras de la puissance est, à celui de la résistance, comme 3 à 1; & ainsi des autres.

De même, dans le *levier* du troisième genre, *fig.* 958 (*a*), si la puissance est placée en 1, tiers de la longueur de C à B, le bras de la puissance P est à celui de la résistance R, comme 1 à 3; car la longueur du bras de *levier* est toujours déterminée par sa distance au point d'appui C. Mais si la puissance P est placée en 2, aux deux tiers de la longueur, c'est un *levier* dont la puissance est à la résistance comme 2 est à 3.

C'est la distance au point d'appui qui détermine les vitesses de la puissance & de la résistance; & ces vitesses sont toujours dans le même rapport que ces distances: car, si le point d'appui étoit en C, *fig.* 959, l'une des puissances en B, & l'autre en A, à une distance du point d'appui double de la première, cette dernière auroit nécessairement une vitesse double de la première B: car, si le *levier* vient à se mouvoir, tandis que B parcourra l'arc B *b*, A parcourra l'arc A *a*. Or, ce dernier arc est double du premier; car les arcs sont toujours dans le même rapport que leurs rayons.

La position la plus avantageuse d'une puissance qui agit par le moyen d'un *levier*, est que sa direction soit perpendiculaire au bras de *levier*, par lequel elle agit; ainsi, dans le *levier*, *fig.* 959 (*a*), si la puissance B agit dans la direction B *b*, elle produit le plus grand effort qu'elle puisse produire: elle produiroit donc un effort moindre, si elle agissoit suivant *b* D ou *b* E. Mais si, lorsque l'une des puissances devient oblique au bras de *levier*, l'autre puissance le devient également, de manière que les directions de ces deux puissances demeurent parallèles; telles sont les directions *ap*, *b r*, *fig.* 959 (*b*), alors elles gardent entr'elles les mêmes rapports. Mais si ces directions reçoivent différens degrés d'obliquité, celle des deux qui s'écarte davantage de l'angle droit, rend la puissance plus foible: par exemple, si la puissance Q, *fig.* 959 (*c*), gardant sa direction perpendiculaire, l'autre puissance devenoit oblique, & agissoit sui-

vant *p c*, *p d*, *p e* ou *p f*, elle deviendroit plus foible, & d'autant plus qu'elle s'écarteroit davantage
de la direction perpendiculaire *p P*. Il est indifférent que la direction de la puissance s'écarte de
l'angle droit, soit en dedans, soit en dehors du
levier. Ainsi, qu'une puissance agisse suivant la direction *a P*, ou suivant *a D*, *fig. 959 (d)*, pourvu
que dans les deux cas elle soit également éloignée de l'angle droit, sa force sera également affoiblie.

Si l'on veut juger de ce degré d'affoiblissement,
on n'a qu'à prolonger ces directions obliques *a d*,
ou *a f*, *fig. 960*, par des lignes indéfinies *a i*, *a k*,
& supposer que le bras de *levier c a* tourne sur le
point *c*, & décrit, par son extrémité *a*, une portion de cercle *a g h i k*; il y aura un point *n* ou *m*,
dans sa longueur, sur lequel la direction prolongée, *a i* ou *a k*, tombera perpendiculairement : c'est
sur ce point que la puissance exerce sa force. Mais
ce point n'est pas à l'extrémité du bras de *levier* :
sa distance au point *c* est donc moindre : c'est
comme si cette puissance, au lieu d'être appliquée
perpendiculairement en *a*, l'étoit perpendiculairement en *b* ou en *e*. Mais on voit bien que les
rayons *c b* & *c e* sont égaux aux rayons *c n* & *c m*,
lesquels sont les sinus des angles que forment les
directions *a d* & *a f* avec le bras de *levier*. On peut
donc comprendre, d'une manière plus générale,
tout ce que nous venons de dire, & l'énoncer par
cette proposition : *Les différens efforts d'une puissance, appliquée à l'extrémité d'un bras de levier
selon différentes directions, sont entr'eux comme les
sinus des angles que font ces directions avec le bras de
levier*. Ce qui explique très-bien, pourquoi l'effort de la puissance est le plus grand qu'il puisse
être, quand sa direction est perpendiculaire au
levier : car alors elle fait, avec ce bras de *levier*, un
angle droit, dont le sinus est égal au rayon entier,
c'est-à-dire, le bras entier du *levier*.

La force du *levier* a pour fondement ce principe, ou théorème, que l'espace ou l'arc décrit
par chaque point d'un *levier*, & par conséquent la
vitesse de chaque point, est comme la distance de
ce point à l'appui; d'où il suit, que l'action d'une
puissance à la résistance augmente à proportion de
leur distance à l'appui.

Et il s'ensuit encore, qu'une puissance pourra
soutenir un poids, lorsque la distance de l'appui
au point du *levier* où elle est appuyée, sera à la
distance du même appui, au point où le poids est
appuyé, comme le poids est à la puissance, &
que, pour peu que l'on augmente cette puissance,
on élevera le poids.

De là, il résulte que la force & l'action du
levier se réduisent facilement aux propositions
suivantes :

1°. Si la puissance, appliquée à un *levier*, de
quelqu'espèce que ce soit, soutient un poids, la
puissance doit être au poids, en raison réciproque
de leurs distances à l'appui.

2°. Etant donné le poids attaché à un *levier*
de la première ou de la seconde espèce, la distance *C V*, *fig. 960 (a)*, du poids à l'appui, & la
distance *A C*, de la puissance au même appui, il
est facile de trouver la puissance qui soutiendra le
poids. En effet, supposons le *levier* sans pesanteur,
& que le poids soit suspendu en V. Si l'on fait
comme *A C* est à *C V*, le poids du *levier* est à un
quatrième terme : on aura la puissance qu'il faut
appliquer en A pour soutenir le poids donné V.

3°. Si une puissance, appliquée à un *levier*, de
quelqu'espèce que ce soit, enlève un poids, l'espace parcouru par la puissance dans ce mouvement, est à celui que le poids parcourt en même
temps, comme le poids est à la puissance qui seroit
capable de le soutenir : d'où il s'ensuit, que le gain
que l'on fait du côté de la force, est toujours accompagné d'une perte du côté du temps, & réciproquement; car plus la puissance est petite, plus
il faut qu'elle parcoure un grand espace pour en
faire parcourir un petit au poids.

De ce que la puissance est toujours au poids,
comme la distance du poids au point d'appui, est
à la distance de la même puissance au point d'appui, il s'ensuit que la puissance est plus grande,
ou plus petite, ou égale au poids, selon que la
distance du poids à l'appui est plus grande, ou plus
petite, ou égale à celle de la puissance. De-là, on
conclura : 1°. que dans le *levier* de la première
espèce, la puissance peut être plus grande, plus
petite, ou égale au poids; 2°. que, dans le *levier*
de la seconde espèce, la puissance est toujours
plus petite que le poids; 3°. qu'elle est toujours
plus grande dans le *levier* de la troisième espèce;
qu'ainsi cette dernière espèce de *levier*, bien loin
d'aider la puissance, quant à la force absolue, ne
fait au contraire que lui nuire. Cependant, cette
dernière espèce est celle que la nature emploie
le plus fréquemment dans le corps humain. Par
exemple, quand nous soutenons un poids attaché
au bout de la main, ce poids doit être considéré
comme fixé à un bras de *levier* dont le point d'appui est dans le coude, & dont par conséquent la
longueur est égale à l'avant-bras. Or, ce même
poids est soutenu en cet état par l'action des muscles, dont la direction est fort oblique à ce bras
de *levier*, & dont, par conséquent, la distance au
point d'appui est beaucoup plus petite que celle
du poids. Ainsi, l'effort des muscles doit être plus
grand que le poids. Pour rendre raison de cette
structure, on remarquera que plus la puissance
appliquée à un *levier* est proche du point d'appui,
moins elle a de chemin à faire, pour en faire parcourir un très grand au poids. Or, l'espace à parcourir par la puissance, étoit ce que la nature
avoit le plus à ménager dans la structure de notre
corps. C'est pour cette raison qu'elle a fait la
direction des muscles fort peu distante du point
d'appui : mais elle a dû aussi les faire plus forts
dans la même proportion.

Quand deux puiſſances agiſſent parallèlement aux extrémités d'un *levier*, & que le point d'appui eſt entre deux, la charge du point d'appui ſera égale à la ſomme des deux puiſſances, de manière que ſi l'une des puiſſances eſt, par exemple, de 100, l'autre de 200, la charge du point d'appui ſera de 300; car, en ce cas, les deux puiſſances agiſſent enſemble dans le même ſens. Mais ſi le *levier* eſt de la ſeconde ou de la troiſième eſpèce, & que, par conſéquent, le point d'appui ne ſoit point entre les deux puiſſances; alors la charge de l'appui ſera égale à l'excès de la plus grande puiſſance ſur la plus petite; car alors les puiſſances agiſſent en ſens contraire.

Si les puiſſances ne ſont pas parallèles, il faut les prolonger juſqu'à ce qu'elles concourent, & trouver, par le principe de la compoſition des forces, la puiſſance qui réſulte de leur concours.

Cette puiſſance, à cauſe de l'équilibre ſuppoſé, doit avoir une direction qui paſſe par le point d'appui; & la charge du point d'appui ſera évidemment égale à cette puiſſance. *Voyez* POINT D'APPUI.

Au reſte, nous avons déjà fait obſerver, au mot BALANCE, & c'eſt une choſe digne de remarque, que les propriétés du *levier* ſont plus difficiles à démontrer rigoureuſement, lorſque les puiſſances ſont parallèles, que lorſqu'elles ne le ſont pas. Tout ſe réduit à démontrer que, ſi deux puiſſances égales ſont appliquées à l'éxtrémité d'un *levier*, & qu'on place, au point du milieu du *levier*, une puiſſance qui leur faſſe équilibre, cette puiſſance ſera égale à la ſomme des deux autres. Cela paroît n'avoir pas beſoin de démonſtration; cependant, la choſe n'eſt pas évidente par elle-même, puiſque les puiſſances, qui ſe font équilibre dans le *levier*, ne ſont pas directement oppoſées les unes aux autres; & on pourroit ſoupçonner, confuſément, que plus les bras de *levier* ſont longs, tout le reſte étant égal, moins la troiſième puiſſance doit être grande pour ſoutenir les deux autres, parce qu'elles lui ſont, pour ainſi dire, moins directement oppoſées. Cependant, il eſt certain, par la théorie de la balance (*voyez* BALANCE), que cette troiſième puiſſance eſt toujours égale à celle des deux autres; mais la démonſtration qu'on en donne, quoique vraie & juſte, eſt indirecte.

Il ne ſera peut-être pas inutile d'expliquer ici un paradoxe de mécanique, par lequel on embarraſſe ordinairement les commençans, au ſujet de la propriété du *levier*. Voici en quoi il conſiſte: on attache à une règle A B, *fig.* 961, deux règles F C, F D, par le moyen de deux clous B, A; & les règles F C, E D ſont mobiles autour de ces clous. On attache de même, aux extrémités de ces dernières règles, deux autres règles F E, C D, auſſi mobiles autour des points C, D, E, F; en ſorte que le rectangle F C D E, puiſſe prendre telle figure ou telle ſituation qu'on voudra, comme *f c d e*, les points A & B demeurant toujours fixes. Au milieu

de la règle F E & de la règle C D, on plante vis-à-vis l'un de l'autre, deux bâtons H G O, I N P, perpendiculaires & fixement attachés à la règle. Cela poſé, à quelque point des bâtons qu'on attache les poids égaux H, I, ils ſont toujours en équilibre, même lorſqu'ils ne ſont pas également éloignés des points d'appui A ou B. Que devient donc, dit-on, cette règle générale, que des puiſſances égales, appliquées à un *levier*, doivent être également diſtantes du point d'appui?

On rendra aiſément raiſon de ce paradoxe, ſi on fait attention à la manière dont les poids H & I agiſſent l'un ſur l'autre. Pour le voir bien nettement, on décompoſera les efforts des poids A & I, *fig.* 961 (*a*), chacun en deux, dont l'un pour le poids H, ſoit dans la direction *f* H, & l'autre dans la direction H *e*; & dont l'un, pour le poids I, ſoit dans la direction C I, & l'autre dans la direction I D. Or, l'effort C I ſe décompoſe en deux efforts, C *n* & C Q; de même l'effort I D ſe décompoſe en deux efforts, D *n* & D *o*. Donc, la verge C D eſt tirée ſuivant C D, par une force C *n* + *n* D, & l'on trouvera de même que la verge *f e* eſt tirée ſuivant *f e*, par une force = *f e*. Donc, puiſque B C = B *f* & C D = *f e* parallèle à *f e*, les deux efforts ſuivans, C D & *f e* ſe font équilibre. Maintenant, on décompoſera de même l'effort ſuivant C Q en deux, l'un dans la direction de B C, lequel effort ſera détruit par ce point fixe & immobile B; l'autre ſuivant C D; & on décompoſera enſuite l'effort qui agit au point D, ſuivant C D, en deux autres, l'un dans la direction D A, qui ſera détruit par le point fixe A, & l'autre dans la direction D C; & on trouvera facilement que cet effort eſt égal & contraire à l'effort qui réſulte de l'effort C Q ſuivant C D; ainſi ces deux efforts ſe détruiront: on en dira de même du point H; ainſi il y aura équilibre.

Nous croyons devoir avertir que l'invention de ce paradoxe mécanique eſt dû à Roberval, membre de l'Académie des ſciences, & connu par pluſieurs ouvrages mathématiques, dont la plupart ont été imprimés après ſa mort. Le docteur Deſagliers, membre de la Société royale de Londres, mort long-temps après Roberval, a parlé fort au long de ce même paradoxe dans ſes *Leçons de Physique expérimentale*, imprimées en anglais, & in-4°.; mais il n'a point cité Roberval, que peut-être il ne connoiſſoit pas pour en être l'auteur. Le P. Pezenas, ſon traducteur, qui certainement devoit avoir connoiſſance, en 1751, de la *balance de Roberval*, n'en a pas parlé davantage.

Au reſte, il eſt indifférent, comme on peut le conclure de la démonſtration précédente, que les points G N, *fig.* 961, ſoient placés ou non, au milieu des règles C D, F E. On peut placer les règles P I, H O, partout ailleurs à H O, F E, & la démonſtration aura toujours lieu. Nous devons avertir que l'équilibre, dans la *balance de Roberval* (c'eſt ainſi que l'on appelle cette machine), eſt affez mal démontré dans la plupart des ouvrages anciens qui en ont parlé.

Nous avons dit plus haut, que tout fe réduifoit à démontrer que, dans la balance à bras égaux, la charge eft égale à la fomme des deux poids. En effet, cette propofition une fois démontrée, on n'a qu'à fubftituer un appui fixe à l'un des deux points, & au centre de la balance une puiffance égale à leur fomme, & l'on aura un *levier* dont l'une des puiffances fera 1 & l'autre 2, & dans lefquelles les diftances au point d'appui feront comme 1 à 2. Voilà donc l'équilibre démontré dans le cas où les puiffances font dans la raifon de 2 à 1; & on pourra de même la démontrer dans le cas où elle fera dans tout autre rapport. Nous en difons affez, pour mettre fur la voie de la démonftration, des lecteurs intelligens. Ainfi, toutes les lois de l'équilibre fe déduiront toujours de la loi de l'équilibre dans les cas les plus fimples. *Voyez* ÉQUILIBRE.

Peu de machines font autant employées dans les arts & dans les ufages même les plus ordinaires, que le *levier*.

D'abord, le pied de chèvre des maçons, les cifeaux communs, les tenailles, les mouchettes, &c., ne font autre chofe que des *leviers* du premier genre; les trois derniers affemblés deux à deux. L'effort des mains ou des doigts qui preffent les deux branches A B, *fig.* 562, doit être regardé comme la puiffance. Le clou C, qui tient le milieu, eft un point fixe ou d'appui aux deux branches; & ce que l'on coupe, ce que l'on ferre avec les extrémités D, E, n'eft autre chofe que la réfiftance.

On doit compter parmi les *leviers* du fecond genre, 1°. les *rames*, avec lefquelles on fait avancer un bateau; l'eau eft le point d'appui, puifqu'on applique contre elle une des extrémités de la rame; la main qui agit à l'autre extrémité, eft la puiffance, & au milieu de la rame fe trouve la réfiftance, c'eft-à-dire, le bateau que l'on preffe pour le faire mouvoir.

2°. Le *couteau de boulanger*, *fig.* 962 (a), lorf-qu'arrêté par un bout, fur une table, & tournant autour d'un point d'appui fixe, il eft porté par la main qui tient le manche, contre la réfiftance que l'on veut vaincre.

3°. Les *foufflets de forges* ou d'*appartemens*. La charnière autour de laquelle le volant ofcille, eft le point d'appui; l'extrémité du volant fur laquelle la main eft placée, eft la puiffance, & la réfiftance eft l'air contenu dans l'intérieur, & que l'on comprime pour le faire fortir par la bufe, ou que l'on raréfie pour le faire entrer par l'ame.

4°. Le *mât d'un navire*. Le vent dont l'action fe déploie contre la voile eft la puiffance; la réfiftance eft le navire lui-même que l'on veut faire mouvoir, & le point d'appui fe trouve à l'endroit où le mât prolongé rencontreroit la quille, au point

autour duquel s'exécuteroit le mouvement circulaire du mât, fi le navire venoit à chavirer.

Une *échelle* appliquée contre un mur, eft un *levier* du troifième genre. Le mur eft la puiffance qui fe foutient; le poids de l'homme qui monte, eft la réfiftance, & l'extrémité de l'échelle, qui repofe fur le terrain, eft le point d'appui; car, fi le mur venoit à fléchir, le poids de l'échelle, réuni à celui de l'homme, feroit tourner l'échelle autour de cette extrémité.

Mais, c'eft principalement pour produire les mouvemens fi variés, que les animaux de toute efpèce peuvent exécuter, que la nature a le plus fréquemment employé le *levier* du troifième genre. L'articulation eft le point d'appui; l'extrémité qui tient le corps à mouvoir, eft la réfiftance, & le mufcle dont l'attache eft entre l'articulation & l'extrémité, eft la puiffance.

Quoique les *leviers* du troifième genre foient ceux que l'on rencontre le plus fréquemment dans l'économie animale, on y trouve auffi les deux autres genres de *leviers*. Ainfi, par exemple, on les voit tous réunis dans les pieds de l'homme. En effet, il forme un *levier* du premier genre, lorf-qu'étant foulevé de terre, on le fléchit en l'étendant fur la jambe; dans ce cas, le point d'appui fe trouve au centre de fon articulation avec la jambe, il fe trouve placé entre la puiffance & la réfiftance. Il devient un *levier* du fecond genre, lorfque fa pointe étant appuyée contre le fol, les mufcles qui s'attachent au tendon d'Achille foulèvent le corps: alors la réfiftance fe trouve placée entre la puiffance & le point d'appui. Il devient, au contraire, un *levier* du troifième genre, lorfque le talon étant fixé immobile, on foulève un poids placé à l'extrémité du pied; dans ce cas, la puiffance eft appliquée entre le point d'appui & la réfiftance.

Pline croit que ce fut Cynira, fils d'Agriope, de l'île de Chypre, qui fut l'inventeur du *levier*. Il nous paroît bien difficile de pouvoir remonter à cette invention. Tout porte à croire que l'ufage du *levier* fe fit naturellement, & que les premiers hommes en firent ufage. En effet, dès que les hommes on pu fe procurer des branches d'arbres, des bâtons, n'ont-ils pas dû s'apercevoir que ces bâtons pouvoient leur faciliter les moyens de mouvoir des maffes plus ou moins groffes, en les employant à la manière des *leviers*? Quoi qu'il en foit, le *levier* eft d'un puiffant fecours pour l'homme; il peut, avec fon affiftance, foulever des maffes fi confidérables, qu'Archimède, dans un moment d'enthoufiafme, annonça qu'il fuffifoit de lui donner un point d'appui, pour qu'il pût mouvoir la maffe de la terre avec un *levier*.

LEVIER (Appareil à). Inftrument employé dans les cours de phyfique, pour faire les expériences fur le *levier*.

Cet inftrument fe compofe de trois piliers A C B,

fig. 963, placés sur une tablette D E. Ces piliers peuvent s'avancer, se reculer & même s'ôter. Deux de ces piliers, A & B, portent une poulie. Sur le troisième pilier C, se place une verge métallique qui se meut dans une chappe F, portant un axe que l'on place sur un support fixé au sommet du pilier G.

Pour faire des expériences sur le *levier* de première espèce, on place G H dans la chappe, de manière que les distances F G, F H, de l'axe de la chappe aux deux extrémités de la verge, soient égales ou inégales. Dans le premier cas, les deux bras F G, F H pèsent également, & la verge est en équilibre ; dans le second cas, le bras le plus long étant plus pesant que le court, il faut suspendre à l'extrémité de celui-ci, un poids qui fasse équilibre. Aux deux extrémités G H, on attache des fils qui passent sur les deux poulies, au bout desquels on suspend des poids P p qui se font équilibre, & l'on fait voir que ces poids sont toujours réciproques aux deux longueurs des bras des *leviers*.

Afin de faire des expériences sur des *leviers* du second genre, on supprime l'un des piliers des extrémités ; on place la chappe à une extrémité, ou mieux, on place, dans un crochet, un anneau, dans lequel on attache le fil de l'une des extrémités. On attache un fil à l'autre extrémité, pour le faire passer sur la poulie. A l'aide d'un poids, on fixe l'équilibre du *levier* ; on accroche un poids sur une des divisions de la verge, & l'on cherche quel poids doit lui faire équilibre à l'extrémité du fil.

On voit que, pour un *levier* du troisième genre, il faut placer le poids à l'extrémité libre, attacher un fil à la division où l'on veut placer la puissance, & chercher quel poids, placé sur l'autre extrémité du fil, que l'on a passé sur une poulie, fait équilibre à celui qui est placé à l'extrémité de la verge métallique.

Il est facile de voir, qu'avec cet appareil, on peut exécuter toutes les expériences propres à trouver les relations entre la puissance & la résistance, dans tous les cas donnés du *levier*.

LEVIERS (Appareil à plusieurs). Instrument composé de plusieurs *leviers* à bras inégaux.

Les axes de chacun de ces *leviers*, A B, C D, E F, &c. *fig.* 963 (1), sont portés sur des piliers G, H, I, &c. Sur la plus courte extrémité de chaque *levier*, sont placés des poids, B, D, F, &c. qui établissent l'équilibre. Plaçant les grandes branches de ces *leviers*, sous les petites branches de ceux qui suivent ; suspendant un poids P à l'extrémité de la petite branche du dernier *levier*, & cherchant quel poids, placé à la grande branche du premier *levier*, lui fait équilibre, on trouve que ce poids R, égale le premier P, divisé par le produit de tous les rapports des grandes branches aux petites.

Ainsi, si toutes les grandes branches étoient trois fois plus longues que les petites, & que le nombre des *leviers* fût de trois, le produit de tous les rapports seroit de vingt-sept ; on auroit donc

$$R = \frac{P}{27}.$$

LEVIER ARITHMÉTIQUE ; *vectis arithmeticus ; rechenkunsche hebel ;* s. m. *Levier* suspendu par son milieu, & dont chaque branche est divisée en cent parties égales, à partir de l'axe de suspension.

Cet instrument sert à faire diverses expériences sur le rapport entre deux ou plusieurs poids qui se font équilibre, & qui sont placés à diverses distances de l'axe de suspension.

LEVIER (Bras de) ; *armichens hebel ;* s. m. Portion d'un *levier*, comprise entre le point d'appui & celui auquel est appliquée la puissance ou la résistance. *Voyez* BRAS DE LEVIER.

LEVIER BRISÉ ; *vectis angularis ; wenkel hebel ;* s. m. *Levier* dont les deux bras forment un angle, *fig.* 964.

On peut appliquer à ces sortes de *leviers* des raisonnemens, & une analyse analogue à celles qui ont lieu pour les *leviers* droits. La condition d'équilibre des forces qui sont appliquées au *levier brisé*, consiste toujours en ce que leur résultante doit passer par le point d'appui.

Ainsi, soit le *levier brisé* B A C, *fig.* 964 (a) ; supposons la force P, appliquée au point B, suivant la direction B E, & la force Q, appliquée au point C, suivant la direction C F, dans le même plan que le premier ; il faudra que le point A se trouve sur la direction de leur résultante ; par conséquent, en abaissant du point A, sur les droites B E, C F, des perpendiculaires A b, A c,

on aura $\dfrac{P}{Q} = \dfrac{A c}{A b}.$

D'où l'on voit que, dans l'équilibre d'un *levier brisé*, comme dans tout autre, la puissance est à la résistance, en raison inverse des perpendiculaires abaissées du point d'appui sur leur direction. La charge du point d'appui est exprimée par la résultante de ces forces.

Quelle que soit la force du *levier*, on peut toujours le remplacer mentalement par un *levier brisé* b A c, formé par deux perpendiculaires abaissées du point d'appui sur les directions des forces ; en prenant les points b & c, où ces perpendiculaires viennent tomber, pour les points d'application des forces, les bras de *levier* seront ces perpendiculaires elles-mêmes, & l'on pourra toujours dire, que les deux forces qui se font équilibre, sont réciproquement proportionnelles à leur bras de *levier*.

Il se fait un grand usage des *leviers brisés*, principalement dans les changemens de direction des mouvemens. C'eſt ainſi, par exemple, que l'on change un mouvement de va-&-vient, qui a lieu dans une direction A B, *fig.* 964 (⁵), & qu'on lui donne une direction D E, par le moyen d'un *levier briſé* B C D, qui ſe meut ſur un centre d'oſcillation C, qui ſert de point d'appui. Ces *leviers briſés* ſont ordinairement employés pour propager l'effort d'une puiſſance, d'un point donné à un autre point plus ou moins éloigné. On voit, à la machine de Marly, ainſi qu'à pluſieurs autres machines hydrauliques analogues, des *leviers briſés*, employés pour changer la direction du mouvement de la roue hydraulique, dans la propagation de ſon effort, ou pour mouvoir des pompes placées à de très-grandes diſtances des roues. On fait encore un grand uſage de ces *leviers briſés* dans la poſe des ſonnettes, pour faire communiquer le mouvement du premier cordon, à la ſonnette, placée à une grande diſtance.

LEVIER DU PREMIER GENRE. *Levier* A B, *fig.* 958, dont la puiſſance A eſt à l'une des extrémités, la réſiſtance B à l'autre, & le point d'appui C entre la puiſſance & la réſiſtance. *Voyez* LEVIER.

LEVIER DU SECOND GENRE. *Levier* A C, *fig.* 958 (*a*), dont la puiſſance A eſt à l'une des extrémités, le point d'appui C à l'autre, & la réſiſtance B entre la puiſſance & le point d'appui. *Voyez* LEVIER.

LEVIER DU TROISIÈME GENRE. *Levier* B C, *fig.* 958 (*b*), dont la réſiſtance B eſt à l'une des extrémités, le point d'appui C à l'autre, & la puiſſance A entre la réſiſtance & le point d'appui. *Voyez* LEVIER.

LEVIER HÉTÉRODROME, de ἕτερος, *autre*, δρόμος, *courſe*; ſ. m. *Levier* dont la puiſſance & la réſiſtance ont des mouvemens différens. C'eſt le *levier du premier genre*. *Voyez* LEVIER.

LEVIER HOMODROME, de ὅμος, *ſemblable*, δρόμος, *courſe*; ſ. m. *Levier* dont la puiſſance & la réſiſtance ſe meuvent dans le même ſens. Cette dénomination peut s'appliquer également aux *leviers* du ſecond & du troiſième genre, dans leſquels la puiſſance & la réſiſtance ſe meuvent dans le même ſens, & qui ne différent entr'eux qu'en ce que, dans le premier, la puiſſance eſt à une des extrémités, & la réſiſtance entre la puiſſance & le point d'appui; & dans le ſecond, la réſiſtance eſt à l'une des extrémités, & la puiſſance entre le point d'appui & la réſiſtance. *Voyez* LEVIER.

LEVIER PHYSIQUE; *vectis phyſicus*; *naturkunde hevel*; ſ. m. *Levier* conſidéré phyſiquement, c'eſt-à-dire, ſans aucune abſtraction.

Habituellement, les géomètres conſidèrent le *levier* comme une verge inflexible & ſans peſanteur.

L'abſtraction qu'ils font de la peſanteur, rend plus commodes & plus faciles les raiſonnemens & les calculs qu'ils lui appliquent; mais ce *levier*, ſans peſanteur, n'exiſte pas dans la nature. Si l'on veut raiſonner avec exactitude, & ſi l'on veut obtenir des réſultats rigoureux, il faut ajouter la peſanteur de chaque bras de *levier* aux réſultats que l'on obtient. Il faut donc conſidérer le *levier* avec tous ſes attributs phyſiques.

LEVIER SANS FIN. *Levier* à l'aide duquel on peut élever le fardeau, à une nouvelle hauteur, à chaque mouvement d'oſcillation du bras de *levier*.

On trouve dans le *Theatrum machinarum* de Leupold, dans le chap. V, planche 16 & 17, deux *leviers ſans fin* que nous allons faire connoître. C'eſt un châſſis A B, *fig.* 965, percé de deux rangées de trous, dans leſquels on peut placer des boulons. Le *levier* E F peut ſe mouvoir entre les deux jumelles du châſſis & s'élever ſucceſſivement. Ce châſſis, placé obliquement, eſt ſoutenu par deux jambes C D. Sur un des boulons C, on place l'encoche I du *levier*, en l'inclinant vers le bras; à l'extrémité F, on ſuſpend le fardeau P. On abaiſſe le bras du *levier* E, juſqu'à ce que la partie G F ſe ſoit élevée en G *f*, au-deſſus du trou H; on y met un boulon & on lève le bras du *levier* qui oſcille ſur le nouveau point H, juſqu'à ce qu'il ait dépaſſé le trou γ & qu'il ait pris la poſition ε φ. On met un boulon dans le trou γ, & l'on baiſſe le bras du *levier* ε γ, afin d'élever le fardeau P; en partant de ce nouveau point d'appui, ce bras s'incline juſqu'à ce que la partie γ φ dépoſe le trou *h*, dans lequel on met un boulon, pour faire oſciller le *levier* ſur le point d'appui, élever de nouveau le bras ε γ, juſqu'à ce qu'il dépaſſe le point *h'*, pour y placer un boulon qui élève de nouveau le point d'appui, & recommencer ſucceſſivement.

Il eſt facile de voir qu'à l'aide de ce *levier ſans fin*, on peut élever les fardeaux, juſqu'à ce que le châſſis ne permette plus d'élever le point d'appui & de manœuvrer le *levier*.

Dans les *Mémoires de l'Académie des ſciences*, année 1617, on trouve un autre *levier ſans fin*, compoſé d'une barre de fer, ou de fonte de fer A B, *fig.* 965 (*a*), garnie de dents courbes des deux côtés. Un *levier* C D eſt garni de deux étriers E F, G H, qui oſcillent autour des boulons E, G. A l'extrémité D du *levier*, eſt ſuſpendu un crochet, auquel on attache le fardeau P.

En baiſſant le bras C du *levier*, il oſcille ſur le boulon G, l'étrier E F s'élève, va s'accrocher dans un cran plus élevé I; relevant le bras de *levier*, il oſcille ſur le boulon E, & l'étrier G H s'élève pour s'accrocher dans le cran K; en continuant d'oſciller, les étriers s'élèvent ſucceſſivement, juſqu'à ce qu'ils ſoient parvenus au dernier cran de la barre de fer A B.

Pluſieurs machines ont été conſtruites ſur le

même principe ; tels font le cric d'équilibre de Perraut, publié, décrit dans le tome I des *Machines*, approuvé par l'Académie des fciences ; un *levier* à charge, dépofé au Muféum des arts & métiers, à Paris, &c.

Schwentener penfe que la première idée de ce *levier* fut publiée, la première fois, par un Français, dans des *Récréations mathématiques*, imprimées à Rouen en 1634. On le trouve part. II, problème 21, fous le nom de *levier fans fin*. Depuis, plufieurs auteurs, tels que Leupold, Bofc, Perraut, &c., en ont décrit d'analogues.

LÉVIGATION, de λειος, levis, *uni* ; levigatio ; *lévigation* ; f. f. Action de réduire un folide en poudre impalpable, en le broyant fur le porphyre, comme on broie les couleurs.

LÈVRE ; labium ; *lippe* ; f. f. Organe mobile, double, placé, dans l'homme, au-devant des os maxillaires.

On nomme *bouche* l'ouverture qui fépare les *lèvres*. Celles-ci font effentielles à la prononciation des fons, à la première période de la digeftion, par la fuccion qu'elles favorifent ; elles peignent, par leur mouvement, les paffions qui nous agitent. Un grimacier habile fait exécuter à fes *lèvres* les mouvemens les plus extraordinaires.

Pierre de Cortone, peignant devant un fouverain d'Italie, remarqua que la vue d'un enfant en pleurs le charmoit. Commandez, Prince, dit l'artifte, & cet enfant va rire : il dit, & de légers coups de pinceau, donnés principalement aux *lèvres*, firent naître l'expreffion de la gaîté.

D'après la pofition & la forme des *lèvres*, le célèbre Lavater établiffoit trois grandes claffes de bouches : 1°. bouche *fentimentale* ; *lèvres* fupérieures, débordant un peu l'intérieur ; expreffion de bonté ; 2°. bouche *loyale* ; les deux *lèvres* s'avancent également ; expreffion de l'honnêteté, de la fincérité ; 3°. bouche *irritable* ; la *lèvre* inférieure déborde la fupérieure. Une bouche *refferrée*, dans laquelle le bord des *lèvres* ne paroît pas, indique un efprit appliqué, ami de l'ordre & de l'exactitude. Si elle remonte en même temps aux deux extrémités, elle annonce un fond d'affection, beaucoup de prétention, un peu de malice. Des *lèvres* charnues, très-groffes, défignent la fenfualité, la pareffe, des goûts voluptueux & groffiers : fi elles fe ferment doucement & fans effort, fi leur deffin eft correct, le caractère eft réfléchi, ferme & fort judicieux ; une *lèvre* inférieure qui fe creufe au milieu, peint un efprit enjoué. Deux *lèvres* fortement arquées, & décrivant en haut une concavité & une ligne courbe en bas, caractérifent l'efprit malicieux & la gaîté. Une difpofition oppofée, c'eft-à-dire, la courbure des *lèvres*, dirigée en haut, exprime la réferve, la prétention, le mépris, beaucoup de fuffifance. La *lèvre* fupérieure fe voit à peine, & l'on ne voit pas l'infé-

rieure. Une *lèvre* inférieure fort avancée, très-charnue & d'une coupe rebutante, prouve un défaut complet de raifon, de délicateffe & de probité : fi elle s'alonge pour dépaffer fenfiblement la *lèvre* fupérieure, elle indique une grande irritabilité & des penchans voluptueux. Les petites *lèvres* & la ligne centrale de la bouche fortement deffinée, & fe retirant en haut, d'une manière défagréable, font craindre, avec beaucoup de vraifemblance, une méchanceté froide & une infenfibilité parfaite.

Ces aphorifmes de Lavater doivent fouffrir un grand nombre d'exceptions ; mais ils prouvent combien de paffions font peintes par de légères inflexions des *lèvres*. Peu de parties du vifage concourent, autant que les *lèvres*, à l'impreffion générale de la phyfionomie.

Un grand nombre de maladies, dont les *lèvres* font affectées, les rendent difformes ou les détruifent. Comme les *lèvres* font effentielles pour bien prononcer, & pour beaucoup d'autres actions de la vie, on fabrique des *lèvres* artificielles lorfque les naturelles ont été entièrement enlevées. Tagliacot donne des préceptes pour cette fabrication. Mais, M. Monfalcon obferve que la grande mobilité des joues permet affez de fabriquer une *lèvre* à leurs dépens, & difpenfe le chirurgien de les tailader en divers fens, felon le procédé de quelques-uns d'eux.

LEVURE, *du latin barbare* levando, *lever* ; f. f. Pâte azotée, que l'on obtient de l'écume de la bière en fermentation.

Cette pâte eft ferme, caffante, d'un blanc grifâtre, d'une. odeur aigrelette. L'écume de bière qui la produit, eft levée pour en féparer la *levure*. On l'emploie pour faire fermenter des liquides, ainfi que des pâtes, particulièrement celle avec laquelle on fait le pain. Dans le premier cas, la *levure* devroit porter le nom de *ferment* ; dans le fecond, celui de *levain*.

D'après les expériences de M. Dæbereiner, la deffication de la *levure*, fon lavage à l'eau froide, ou même avec du vin, ne la dépouille en rien de la propriété dont elle jouit, d'exciter la fermentation, tandis que l'alcool la prive entièrement de cette faculté, en acquérant une couleur jaune & de l'amertume, fans d'ailleurs devenir propre lui-même à exciter la fermentation vineufe.

LEYDE (Bouteille de). Bouteille de verre, armée de feuille métallique à l'extérieur & à l'intérieur, pour accumuler du fluide électrique, avec lequel on produit une commotion. *Voyez* ELECTRICITÉ, BOUTEILLE DE LEYDE.

LEYDE (Expérience de). Expérience qui a eu lieu la première fois à *Leyde*, à l'aide d'une bouteille remplie d'eau aux deux tiers. La commotion que l'on reçut avec cette bouteille électrifée ; & dont

dont la nouvelle fe répandit promptement dans le monde favant, a paru fi extraordinaire, qu'on a donné à cette expérience le nom d'*expérience de Leyde*. *Voyez* ELECTRICITÉ, BOUTEILLE DE LEYDE.

LÉZARD; lacertus; *eidechfe*; f. m. Animal à quatre pattes courtes, avec une longue queue, remarquable par fon agilité & par la beauté des couleurs, dont plufieurs variétés font décorées.

Le *lézard* eft encore une petite conftellation introduite par Hevelius, pour raffembler, fous un nom commun, quelques petites étoiles qui avoient été négligées par les Anciens.

Cette conftellation eft fituée entre le Cygne, Céphée, Caffiopée, Andromède & Pégafe. Hevelius ne pouvoit choifir qu'un petit animal, à caufe de la petiteffe de l'efpace que ces étoiles occupent; & comme le *lézard* eft un animal de diverfes couleurs, il crut que cela fe rapporteroit affez bien avec l'éclat des étoiles qui forment cette conftellation.

Flamfteed l'a confervée dans le *Catalogue britannique*, où elle eft compofée de feize étoiles, dont le plus grand nombre demeure toujours fur notre horizon & ne fe couche jamais à notre égard.

LI. Mefure chinoife pour les diftances, l'arpentage & les poids.

Le *li* pour les diftances eft de deux fortes : le *li* ancien & le *li* moderne.

Le *li* ancien = 144 chang = 288 pu = 1440 ché = 0,083 de la lieue horaire = 0,461 kilom.

Le *li* moderne = 180 chang = 360 pu = 1800 ché = 0,104 de la lieue horaire = 0,7778 kilom.

Pour l'arpentage, le *li* = 100 fu = 1000 hoe = 0,001212 arpent = 0,0026:9 hect.

Enfin, le *li* poids = 100 fu = 1000 hoe = 1000000 fien = 0,00007468 liv. = 0,00000349 kilog.

LIARD. Monnoie de cuivre qui a commencé à être en ufage en France dans l'année 1720 : fa valeur a varié entre 3 & 4 deniers; il a valu 4 deniers en 1721, & 3 deniers depuis 1724.

Il a également exifté des *liards* doubles ou des demi-fous.

LIBBRA. Poids de Modène = 0,6513 livre = 0,3188 kilogr.

LIBRA. Mefure de capacité & de poids, en ufage en Efpagne & en Italie.

Comme mefure de capacité, le *libra* eft employé en Efpagne pour mefurer l'huile : fa capacité = 4 panille = 16 onces d'huile = 0,529 pinte = 0,4926 litre.

En Efpagne, le *libra* poids = 16 onço = 9608 grano = 0,9392 liv. = 0,4597 kilogr.

Le *libra* des médecins = 12 onço = 6750 grano = 0,6604 liv. = 0,3232 kilogr.

Diét. de Phyf. Tome III,

Il exifte deux fortes de *libra* en Italie, le *libra piccola* & le *libra groffe*. Ce dernier vaut :
A Crémone = 1,2740 liv. = 0,5830 kilogr.
A Milan = 28 onces légères = 1,5590 livre = 0,7630 kilogr.
A Padoue = 0,9966 liv. = 0,5876 kilogr.
Le *libra piccola* vaut :
A Milan, 12 onc = 0,668 liv. = 0,3289 kilogr.
A Padoue = 0,6343 liv. = 0,3125 kilogr.

LIBRA. Nom latin de la conftellation de la balance. *Voyez* BALANCE.

LIBRATION, de librare, *balancer*; libratio; *libration*; f. f. Balancement, l'action de balancer.

C'eft, en aftronomie, un petit changement, une efpèce de balancement que l'on obferve dans le globe de la lune.

On a aperçu ce balancement en obfervant les taches de la lune. Cette obfervation nous a d'abord fait remarquer que le globe de la lune nous préfentoit toujours le même côté, & conféquemment la même face. Comme cette face eft couverte de taches que l'on regarde comme des montagnes qui hériffent fa furface, on a néceffairement été conduit à obferver la pofition de ces taches, & bientôt on a été à même de remarquer que, quoique la lune nous préfente toujours la même face, & que fon difque apparent foit à peu près le même dans tous les temps, les taches qui recouvrent ce difque, paroiffent s'éloigner & fe rapprocher plus ou moins du bord feptentrional & occidental du difque lunaire. La différence va même quelquefois à un huitième de largeur du difque. Cette variation paroiffant former une efpèce de balancement, on a donné, à ce balancement apparent, le nom de *libration*.

En examinant avec foin cette variation dans les taches de la lune, on l'a attribuée à trois fortes de *librations* : 1°. LIBRATION DIURNE; 2°. LIBRATION EN LATITUDE; 3°. LIBRATION EN LONGITUDE. *Voyez* ces mots.

LIBRATION DIURNE. Balancement apparent qui a lieu pendant la durée d'un jour : cette *libration* eft égale à la parallaxe horizontale de la lune.

Dans fon double mouvement, la lune employant autant de temps à tourner autour de fon axe, qu'elle en met à achever fa révolution périodique autour de la terre, nous préfente toujours, à peu près, la même face. De-là il fuit, qu'un obfervateur qui, du centre de la terre, regarderoit la lune, verroit, pendant le jour, le même difque de cet aftre terminé par une même circonférence, au moins à fi peu de chofe près, que la différence ne feroit pas fenfible. Mais l'obfervateur étant placé fur la furface de la terre, le rayon mené au centre du globe lunaire ne paffe pas, pendant tout le jour, au même point de la furface de la lune; & ce rayon ne paffe par la ligne des centres, que dans le cas où la lune est au zénith. Lors donc que la lune se lève, le point de sa surface, où tombe le rayon visuel qui tend à son centre, est plus haut que le point où passe la ligne des centres : par conséquent l'on voit, alors, une portion de l'hémisphère occidental de la lune, que l'on ne verroit pas du centre de la terre; & l'on perd également de vue une égale portion de l'hémisphère oriental, que l'on verroit du centre de la terre. Par la même raison, lorsque la lune se couche, l'on voit une portion de son hémisphère oriental, que l'on ne verroit pas du centre de la terre; & l'on perd également de vue une égale portion de son hémisphère occidental, que l'on verroit du centre de la terre. C'est à a position du spectateur, sur la surface de la terre, qu'est dû ce balancement apparent que l'on nomme *libration diurne*.

LIBRATION EN LATITUDE. Balancement de la lune, provenant de l'inclinaison de son axe.

L'axe de la lune étant incliné sur le plan de son orbite & sur celui de l'écliptique, il en résulte que, dans son mouvement autour de la terre, tantôt l'un, tantôt l'autre de ses pôles s'incline vers la terre, comme cela arrive aux pôles de la terre vers le soleil. Il suit de-là que la lune doit paroître se balancer, & nous montrer une plus ou moins grande partie de chacun de ses pôles. Lorsqu'elle a une latitude septentrionale, nous voyons une portion de son hémisphère austral, que nous ne voyons pas lorsqu'elle a une latitude méridionale; & au contraire, lorsqu'elle a une latitude méridionale, nous voyons une portion de son hémisphère boréal, que nous ne voyons pas lorsqu'elle a une latitude septentrionale. La *libration en latitude* est la plus grande qu'il est possible, lorsque la lune est dans ses plus grandes latitudes, & elle est nulle lorsqu'elle est dans ses nœuds.

LIBRATION EN LONGITUDE. Balancement provenant des inégalités du mouvement de la lune dans son orbite.

On a observé que le mouvement de rotation de la lune est uniforme, c'est-à-dire, que pendant le quart du temps qu'elle emploie à faire cette révolution, elle fait exactement le quart d'un tour sur son axe. Mais quoiqu'elle emploie le même temps à parcourir son orbite, qu'à tourner sur son axe, pendant le quart de ce temps-là, elle ne parcourt pas exactement le quart de son orbite; elle en parcourt ou un peu plus, ou un peu moins du quart, suivant qu'elle se trouve vers son périgée ou vers son apogée. Ces inégalités dans son mouvement sont cause que nous découvrons, tantôt vers sa partie orientale, tantôt vers sa partie occidentale, des portions de sa surface que nous ne voyons pas auparavant. C'est là ce qu'on appelle *libration en longitude*. Cette *libration* est nulle

deux fois dans chaque période, savoir, quand la lune est dans son apogée & dans son périgée.

De ces trois *librations*, les deux premières furent reconnues par Galilée, la troisième par Hevelius & Riccioli.

Indépendamment de ces trois *librations*, il en existe une quatrième : voici ce que M. de Laplace dit à ce sujet dans son *Exposition du système du monde*, page 289, in-4°, Paris, 1808.

Quoique la nature ait assujetti les moyens mouvemens célestes, à des conditions déterminées, ils sont toujours accompagnés d'oscillations, dont l'étendue est arbitraire : ainsi, l'égalité des moyens mouvemens de rotation & de révolution de la lune, est accompagnée d'une *libration réelle* de ce satellite. Pareillement, la coïncidence des nœuds moyens de l'équateur & de l'orbite lunaire, est accompagnée d'une *libration* des nœuds de cet équateur, autour de ceux de l'orbite; *libration* très-petite, puisqu'elle a échappé jusqu'ici aux observations. On a vu que la *libration réelle* du grand axe de la lune est insensible, & nous avons observé que la *libration* des trois premiers satellites de Jupiter est également insensible. Il est très-remarquable que ces *librations*, dont l'étendue est arbitraire & pourroit être considérable, soient cependant fort petites, ce que l'on peut attribuer aux mêmes causes qui, dans l'origine, ont établi les conditions dont elles dépendent. Mais relativement aux arbitraires, qui tiennent au mouvement initial de rotation des corps célestes, il est naturel de penser que, sans les attractions étrangères, toutes leurs parties, en vertu des frottemens & des résistances qu'elles opposent à leurs mouvemens réciproques, auroient pris, à la longue, un état constant d'équilibre, qui ne peut exister qu'avec un mouvement de rotation uniforme, autour d'un axe invariable; en sorte que les observations ne doivent plus offrir dans ces mouvemens, que les inégalités dues à ces attractions. C'est ce qui a lieu pour la terre, comme on s'en est assuré par les observations les plus précises : le même résultat s'étend à la lune, & probablement à tous les corps célestes.

LIBRETTA. Poids de Crema, représentant la petite livre = 0,546 liv. = 0,2672 kilogr.

LICENCE, *de licens, libre*; licentia; *freiheit*; s. f. Permission, abus, & même dérèglement.

En musique, la *licence* est la liberté que prend le compositeur, & qui est contraire aux règles, quoiqu'elle soit dans le principe des règles; car voilà ce qui distingue les *licences* des fautes.

LICHTENBERG (Georges-Christophe), célèbre physicien & moraliste, né à Ober-Ranstœdt, près de Darmstadt, le 1er juillet 1742, mort à Gœttingue le 24 février 1799.

Son père, pasteur d'Ober-Ranstœdt, donna à

fes enfans, dont *Lichtenberg* étoit le dix-neuvième, tous les foins que fon état lui permettoit. Il paffa de fes mains au gymnafe de Darmftadt.

Une chute que *Lichtenberg* fit en-bas âge, qui lui courba l'épine du dos & le rendit boffu, détermina le choix qu'il fit de l'étude & de la culture des fciences. Étant encore écolier, il donnoit des leçons de mathématique à quelques-uns de fes condifciples. Un difcours en vers allemands, qu'il prononça, *fur la véritable philofophie & le funatifme philofophique*, en quittant le gymnafe, produifit une telle impreffion, que le landgrave Louis VIII lui accorda fa protection particulière, & lui procura tous les fecours néceffaires pour fe vouer entièrement à l'étude des fciences.

Alors il fe rendit à Gœttingue, où il étudia toutes les parties des fciences fous les maîtres les plus célèbres; il conferva, cependant, une prédilection pour la phyfique & l'aftronomie. Il obtint, dans l'Univerfité de cette ville, une chaire de profeffeur extraordinaire, dans la Faculté confacrée aux fciences exactes & philofophiques, qu'il n'occupa qu'en 1770, après être revenu de Londres.

De retour d'un fecond voyage qu'il fit à Londres, après avoir rempli, avec fuccès, la chaire à laquelle il avoit été nommé, il fuccéda, en 1777, à fon ami Erxleben, dans la chaire de phyfique expérimentale. Par déférence pour la mémoire de ce favant, *Lichtenberg* conferva fon *Traité élémentaire de phyfique*, pour fervir de texte à fes leçons; mais il en donna quatre éditions fucceffives, enrichies de nombreufes obfervations, qui en firent un ouvrage nouveau.

Parmi les travaux qui ont donné de la célébrité, en phyfique, à *Lichtenberg*, on diftingue fa découverte des lignes que forme la pouffière répandue fur la furface des corps électrifés, & que l'on a nommées *figures de Lichtenberg*. Ces figures à caractères déférens, & rayonnantes ou nuageufes felon qu'elles font produites par l'électricité pofitive ou négative, fervent à montrer à l'œil ces deux modifications du même agent; elles font repréfentées en détail dans les gravures jointes aux tomes des *Mémoires de Gœttingue*.

Nous ne fuivrons pas *Lichtenberg* dans la carrière qu'il a parcourue comme moralifte. Ses écrits font très-eftimés, & lui ont fait la réputation d'un excellent humorifte, bien fupérieur à Swift, Fiedling, Sterne, &c.

LICORNE, MONOCEROS, UNICORNUS. Conftellation de la partie méridionale du ciel, introduite par Bartfchius en 1635, employée en 1679 dans le catalogue de Dom Anfelmo, & dans les cartes de Royer, pour raffembler des étoiles informes, fituées entre le grand Chien & le petit Chien, Orion & l'Hydre. Elle contient trente-une étoiles dans le *Catalogue britannique*.

On trouve, dans l'ancienne aftronomie, une conftellation du même nom, mais qui étoit dans un autre endroit du ciel; on la trouve dans la fphère perfique, vers la queue de l'hydre.

LIE, de λιμνη, *marais*; limus, *limon*; fex, croffamen; hefen; f. f. Subftances qui fe précipitent des liqueurs vineufes qu'on laiffe repofer.

La *lie* de vin, féparée nouvellement par le foutirage, a une confiftance vifqueufe, épaiffe, un peu liquide, une couleur plus ou moins rouge, felon les vins dont elle provient; une odeur vineufe, une faveur acide.

Cette fubftance contient du tartre, beaucoup de mucilage, de la gélatine ou de l'albumine animale, provenant des colles ou des blancs d'œufs employés à la clarification des vins, & qui occafionnent le gluant qu'on y remarque; de la matière colorante, des fulfates de potaffe & de chaux en petite quantité, des oxides de fel & de manganèfe.

En diftillant les *lies* de vins par la vapeur de l'eau, & rectifiant le produit fur du charbon, on obtient de très-bonne eau de-vie.

Avant de foumettre les *lies* aux diverfes opérations auxquelles ils les deftinent, les vinaigriers en retirent, par le repos, lorfqu'elles font nouvelles, du vin bon & potable. La *lie* preffée dans des facs de coutil, donne une liqueur que l'on convertit en vinaigre. Le marc, refté dans le fac, eft féché & brûlé, pour en féparer la potaffe contenue dans le tartre.

LIEU, de λοπος, *endroit*, *place*; locus; ort; f. m. Efpace qu'un corps occupe.

On diftingue plufieurs fortes de *lieux*, d'abord le *lieu abfolu*, le *lieu relatif*. On les diftingue enfuite en *lieux aftronomique*, *géométrique*, *optique*. Nous allons les examiner fucceffivement.

LIEU ABSOLU; locus abfolutus; ort abfolut. f. m. Portion de l'efpace, de l'Univers, laquelle eft remplie par des corps.

On ne peut déterminer le *lieu abfolu*. En effet, fuppofons un corps A, placé dans l'efpace infini; on ne peut abfolument définir, ni la place qu'il occupe, ni la fituation dans laquelle il eft. On ne peut point dire qu'il foit à droite, à gauche, audeffus, au-deffous, antérieurement, poftérieurement, &c. puifque toutes ces différentes fituations ne font telles, que comparativement avec d'autres corps: & comme, dans ce lieu infini, il n'exifte aucun corps, avec lequel le corps A puiffe être rapporté, on ne peut point définir un *lieu abfolu*. On ne peut pas dire que ce *lieu* foit la fuperficie intime qui enveloppe le corps; car, des folides égaux occupent toujours des *lieux* égaux, tandis que leur fuperficie peut être inégale, relativement à la différence qui peut fe trouver dans leur figure. L'étendue d'un pied cube eft conftamment la même, en quelques parties que ce corps foit divifé; la fuperficie d'un cube, d'un pied de côté est de six pieds carrés ; mais, si ce cube est divisé en deux parties, par une section parallèle à deux de ses faces, la superficie des deux parties sera de huit pieds carrés, & elle augmentera de plus en plus, si l'on pousse la division plus loin.

De même, on ne peut dire que le *lieu* soit la situation du corps ; car la situation, à proprement parler, ne peut être ni plus ni moins grande, & elle est plutôt au mode du *lieu* que le *lieu* lui-même. Si l'espace avoit des parties, on pourroit dire que le *lieu absolu* d'un corps seroit la partie de l'espace qu'il occupe.

LIEU APPARENT ; locus apparens ; *ort scheinbarer;* s. m. C'est, en optique, le *lieu* où un objet est aperçu.

En regardant dans un miroir M, *fig.* 966, ou à travers un verre convexe V *v*, *fig.* 966 (*o*), ou concave C *c*, *fig.* 966 (*b*), nous voyons l'objet O, dans un *lieu* L, différent de celui où il est, & l'endroit où nous l'apercevons est son *lieu apparent*.

Comme la distance apparente d'un objet est souvent différente de sa distance réelle, le *lieu apparent* est également fort différent du *lieu vrai*. Le *lieu apparent* se dit principalement du *lieu* où l'on voit un objet, en l'observant à travers un ou plusieurs verres, ou par le moyen d'un ou plusieurs miroirs. *Voyez* DIOPTRIQUE, MIROIRS.

Nous disons que le *lieu apparent* est différent du *lieu vrai* ; car, lorsque la réfraction que souffrent, à travers un verre, les pinceaux optiques, que chaque point d'un objet fort proche envoie à nos yeux, a rendu les rayons moins divergens ; ou lorsque, par un effet contraire, les rayons qui viennent d'un objet fort éloigné, sont rendus, par la réfraction, aussi divergens que s'ils venoient d'un endroit plus proche ; alors il est nécessaire que l'objet paroisse, à l'œil, avoir changé de *lieu* : car, le *lieu* que l'objet paroît occuper après ce changement, produit par la divergence, ou la convergence des rayons, est ce qu'on appelle son *lieu apparent.* *Voyez* VISION.

LIEU ASTRONOMIQUE ; locus astronomicus ; *astronomische ort;* s. m. C'est le *lieu d'une planète*, ou mieux sa longitude.

LIEU DE CONCOURS DES DEUX AXES OPTIQUES. C'est le point où les axes optiques se rencontrent, ou mieux, celui vers lequel les deux axes optiques sont dirigés. *Voyez* AXE OPTIQUE.

Tout objet plus près ou plus loin de l'œil que le point de concours des deux axes optiques, paroît double. *Voyez* VISION, VISION DOUBLE.

LIEU DE L'IMAGE. *Lieu* L, *fig.* 966, 966 (*a*), 966 (*b*), où l'on aperçoit l'image de l'objet, soit par réfraction, soit par réflexion. *Voyez* LIEU APPARENT, IMAGE.

LIEU GÉOMÉTRIQUE ; ortus geometricus ; *geometrische ort ;* s. m. Ligne par laquelle se résout un problème géométrique.

Un *lieu* est une ligne dont chaque point peut également résoudre un problème indéterminé. S'il ne faut qu'une droite pour construire l'équation du problème, le *lieu* s'appelle, alors, *lieu à la ligne droite* ; s'il ne faut qu'un cercle, *lieu au cercle* ; s'il ne faut qu'une parabole, *lieu à la parabole* ; s'il ne faut qu'une ellipse, *lieu à l'ellipse* ; ainsi des autres.

Les Anciens nommoient *lieux plans*, les *lieux* des équations qui se réduisoient à des droites ou à des cercles ; & *lieux solides*, ceux qui sont ou des paraboles, ou des hyperboles, ou des ellipses.

LIEU OPTIQUE ; locus opticus ; *ort optischer ;* s. m. *Lieu* où l'on rapporte un corps que l'on voit directement. Ce *lieu* peut être le *lieu vrai* ou un *lieu apparent*.

Si un corps P, *fig.* 966 (*c*), est placé entre l'œil du spectateur O & un plan B D ; ordinairement le spectateur rapporte le corps P au point *o* sur le plan. Dans ce cas, le point *o* est le *lieu optique* du corps P ; de même, le point *a* sera le *lieu optique* du corps P pour le spectateur en A.

C'est ainsi que nous jugeons la position des astres dans un *lieu* différent de celui où ils sont : nous les supposons fixes sur la voûte céleste, qui n'est qu'à une petite distance de nous, tandis qu'ils sont infiniment plus éloignés, & souvent même à une distance infinie : telles sont les étoiles. C'est donc sur le firmament, sur la voûte céleste, que se trouve le *lieu optique* des astres.

D'après l'habitude que nous avons contractée de bien ou mal juger des distances, le *lieu optique* des corps se trouve placé à des distances différentes. Ainsi, dans les plaines, sur la surface des mers, le *lieu optique* des corps paroît très-éloigné, tandis que, dans les *lieux* hérissés de hautes montagnes, le *lieu optique* paroît très-rapproché.

Lorsqu'un spectateur est transporté de O en A, sans s'en apercevoir, le *lieu optique* du point P, sur le plan B D, change successivement de position, en se portant de *o* en *a* ; le spectateur qui transporte le corps P sur le plan B D, & qui le juge dans son *lieu optique*, croit voir le corps P se mouvoir, tandis que le *lieu optique* seul change de position, par suite du déplacement des spectateurs, & ce mouvement est en sens inverse de celui du spectateur.

Menant sur le plan B D, une ligne droite *a o*, parallèle à une autre droite O A, qui passe par les yeux des deux spectateurs, la distance des *lieux optiques o o*, sera à la distance de A O, comme la distance *a* P est à la distance P A.

LIEU RELATIF ; locus relativus ; *beziehendische ort ;* s. m. Situation où un corps se trouve, relativement à d'autres corps avec lesquels on le compare.

Souvent nous connoissons le *lieu relatif* d'un corps, en comparant la situation de ce corps par rapport à notre propre corps. Nous disons qu'il est placé à notre droite, à notre gauche, en avant, en arrière de nous, &c.

Le *lieu relatif* d'un corps peut rester le même, quoique son *lieu absolu* vienne à changer. Cela arrive, lorsque plusieurs corps conservent entr'eux les mêmes rapports de distance, la même situation, & qu'ils sont tous mus en même temps, de la même manière, & comme s'ils ne faisoient qu'une seule & même masse. Telles sont les montagnes, les mers, les îles, &c., sur la surface de la terre, qui conservent leurs *lieux relatifs*, quoique la terre change de position dans l'espace, & que par suite ces objets changent de *lieux absolus*.

Quelquefois il arrive que certains corps, demeurant constamment dans la même place, d'autres changent de place. Dans cette hypothèse, les premiers conservent leur même *lieu absolu*, tandis que les autres en changent; les uns & les autres ne sont donc plus dans le même *lieu relatif*.

LIEU VRAI; *locus verus; ort vahr;* s. m. Lieu dans lequel se trouve le corps que l'on observe.

Rarement le *lieu vrai* est celui auquel on suppose que les corps sont placés. Lorsqu'ils sont à une certaine distance des spectateurs, toujours on les suppose dans un *lieu apparent. Voyez* LIEU APPARENT.

LIEUE; *leuca; meile;* s. f. Espace d'une certaine étendue, qui sert à mesurer la distance d'un lieu à un autre.

On estime la longueur de la *lieue;* 1°. par le nombre qu'un degré du méridien en contient; 2°. par le nombre de toises, de pieds ou d'autres mesures du pays que la *lieue* contient; 3°. par le temps que l'on met à la parcourir : ou mieux, par la distance que l'on parcourt dans une heure.

Les *lieues* mesurées par le nombre contenu dans un degré, sont celles :

D'Écosse,	de 50 au degré.....	= 0,4000 de lieue horaire	= 0,2222 myriam.
D'Anjou, De Beauce, De Bretagne, D'Artois,	de 33	= 0,6060	= 0,3366
De Cayenne, De Luxembourg,	de 28	= 0,7143	= 0,3968
De Berbice,	de 28	= 0,7407	= 0,4144
De Berry,	de 26	= 0,7692	= 0,4273
Du Brabant, De Champagne, De Normandie, De Picardie, Du Maine,	de 25	= 0,8000	= 0,4444
Du Perche, Du Poitou,	de 24	= 0,8333	= 0,4729
Du Bourbonnois, Du Lyonnois,	de 23	= 0,8690	= 0,48277
De Pologne, De Lithuanie,	de 20	= 1	= 0,5555
De Portugal,	de 18	= 1,1111	= 0,6197
Du Brésil,	de 17	= 1,1760	= 0,65333
De Bohême,	de 16	= 1,250	= 0,699
De Prusse, De Silésie (commune), De Souabe,	de 15	= 1,3333	= 0,7405
De Hongrie,	de 13 $\frac{1}{2}$	= 1,482	= 0,8233
	de 13	= 1,539	= 0,8550
De Saxe, D'Ukraine,	de 12	= 1,666	= 0,9555

Par le nombre de toises ou autres mesures, sont les *lieues* :

De Suède, de 5483 $\frac{1}{3}$ toises	....	= 1,921 lieue horaire	= 1,0671 myr.
De Danemarck, de 12000 aunes	....	= 1,354	= 0,7522
De Schélande, de 4536 $\frac{2}{3}$ toises	....	= 1,5930	= 0,8499

De Flandre, De Hollande, Du Rhin, } de 24000 pieds du Rhin......	= 1,355	lieue horaire	= 0,7527 myriam.
De Suiſſe, de 3789 toiſes..............	= 1,525	....	= 0,7361
De Siléſie, de 3324 t..................	= 1,165	....	= 0,6473
De Gaſcogne, De Provence, } de 3000 t...............	= 1,051	....	= 0,5838
De Brabant, de 1000 perches = 2919 toiſes....	= 1,030	....	= 0,5722
De Bourgogne, de 2652 toiſes..........	= 0,9293	....	= 0,5127
De Guyane, De Surinam, } de 2326½ t...........	= 0,7452	....	= 0,4140
De Canada, De Paris, De Pologne, } de 2000 t...............	= 0,7008	....	= 0,3893
Du Gâtinois, de 1700 t...............	= 0,5957	....	= 0,3309
De Gaule, D'Irlande, } de un mille & demi..........	= 0,375	....	= 0,2083

Lieue commune de France, de 25 au degré, de = 0,8000 *lieue* horaire = 0,4444.

Lieue de marche. Cette *lieue* eſt extrêmement variable : on la regarde comme devant être faite en une heure de temps. La moyenne de ces ſortes de *lieues* eſt de 1,2 *lieue* horaire = 0,6666.

Lieue de poſte, de 2000 toiſes = 0,7008 = 0,3893.

Lieue horaire de 20 au degré, de 2850 toiſes = 1 = 0,5555.

Lieue légale d'Eſpagne : elle eſt double de la *lieue* des Gaules ; elle équivaut à trois milles ; elle = 0,750 *lieue* horaire = 0,4166.

Lieue marine. C'eſt la même que la *lieue* horaire = 1 *lieue* horaire = 0,5555.

Lieue ſeigneuriale, en uſage à Moulins = 0,9111 *lieue* horaire, = 0,50616.

LIÈVRE; lepus; *haſſe*; ſ. m. Conſtellation méridionale, ſituée au-deſſous d'Orion : elle contient 19 étoiles dans le catalogue de Flamſteed.

Pline appeloit cette conſtellation *Daſypus*; Virgile, *Auritus*.

C'étoit, en Egypte, le ſymbole de la vigilance, de la prudence, de la crainte, de la ſolitude, de la viteſſe ; il paroît, cependant, n'avoir été placé, à côté d'Orion, que comme un des attributs de ce fameux chaſſeur. D'autres prétendent que ce fut à l'occaſion d'une dévaſtation terrible, arrivée en Sicile par la multiplication prodigieuſe des *lièvres*.

LIGAMENT, *de* ligare, *attacher*; ligamentum; *das bande*; ſ. m. Tout ce qui lie, attache une partie à une autre.

Ce ſont, en anatomie, des organes fibreux, blanchâtres, fort compactes, fort réſiſtans, peu élaſtiques, placés, en général, autour des articulations.

On donne encore le nom de *ligamens* à des replis membraneux qui ont pour fonctions d'aſſujettir certains viſcères.

LIGAMENT CILIAIRE. Ligne blanche, circulaire, qui ſe remarque au-delà d'un cercle peint de différentes couleurs, qui borde la prunelle, & qu'on appelle *iris*. Voyez IRIS, ŒIL.

LIGNE; linea; *linie*; ſ. f. Etendue que l'on ſuppoſe ſans largeur & ſans profondeur, & dont on ne conſidère que la longueur.

Auſſi, quelques ſavans prétendent qu'elle eſt formée de points qui ſe touchent, & cela en ſuppoſant le point ſans aucune dimenſion. (*Voyez* POINT.) La diſtance de Paris à Verſailles, ou tout autre lieu, eſt une *ligne*, dans laquelle on ne conſidère nullement la largeur du chemin que l'on parcourt pour arriver de l'un à l'autre lieu.

Toutes les *lignes* que l'on connoît, ſont généralement diviſées en deux grandes claſſes, *ligne droite* & *ligne courbe*. La ligne droite eſt celle dont tous les points ſont ſitués dans une même direction ; c'eſt celle qui ſeroit tracée par un point qui ſeroit mu, de manière à tendre toujours vers un ſeul & même point : en un mot, c'eſt la *ligne* la plus courte qu'on puiſſe mener d'un point à un autre. Cette *ligne* ſe repréſente fort bien par un fil délié, tendu librement en l'air, autant qu'il peut l'être.

La *ligne courbe*, dont tous les points ſont dans des directions différentes, eſt celle qui ſeroit tracée par un point qui, dans ſon mouvement, ſe détourneroit infiniment peu, à chaque pas, de ſa direction précédente.

On voit, d'après cette définition, qu'il n'y a qu'une ſeule eſpèce de *ligne droite*, mais qu'il y a une infinité d'eſpèces de *lignes courbes*.

Toutes les *lignes courbes* ſont ordinairement conçues comme des aſſemblages de *lignes droites*, infiniment courtes & infiniment peu inclinées les unes ſur les autres. Tels ſont le cercle, l'ellipſe, la parabole, l'hyperbole, la cycloïde, &c.

En phyſique, en mathématique, en hydraulique, en mécanique, &c., on diſtingue un grand nombre de *lignes* qui ont chacune des propriétés particulières. Nous allons examiner fuccinctement les principales de ces *lignes*, afin de les faire connoître.

LIGNE. Instrument avec lequel on pêche les poiſſons. Il ſe compoſe d'une ficelle de chanvre, de ſoie ou de crin, à l'extrémité de laquelle eſt attaché un hameçon qui contient un appas. Les poiſſons, attirés par cet appas, l'avalent, & l'hameçon, accroché dans leur goſier, ſert à les retirer de l'eau.

LIGNE. Meſure uſuelle; c'eſt la douzième partie d'un pouce. (*Voyez* POUCE.) La *ligne* ſe diviſe en douze parties, que l'on nomme *points*. La *ligne* = 2,25583 millimètres courans.

LIGNE A PLOMB; ſ. m. *Ligne* perpendiculaire à l'horizon, c'eſt-à-dire, qui fait un angle droit avec une *ligne* horizontale. *Voyez* LIGNE VERTICALE.

On donne à cette *ligne* le nom de *ligne à plomb*, parce qu'on l'obtient ordinairement, en attachant un plomb, ou tout autre corps peſant, à l'extrémité d'un fil. Comme le corps peſant tend toujours vers le centre des graves, en vertu de ſa peſanteur, le fil qui ſuſpend ce corps prend naturellement la direction que ce corps auroit dans ſa chute, & devient, par conſéquent, perpendiculaire à l'horizon du lieu où le corps eſt ſuſpendu par le fil.

Cette *ligne à plomb*, ou la direction du fil à plomb, qui l'indique, eſt d'un grand uſage dans les conſtructions & dans les opérations géodéſiques, aſtronomiques, &c. On s'en ſert dans les bouſſoles à cadran, dans les inſtrumens de mathématique, d'aſtronomie, &c., pour les placer d'une manière convenable.

LIGNE BRACHYSTOCHRONE, de βραχυς, *court*, abrégé, χρόνος, *temps*; l'nea brachyſtochrona; *brachiſtochromiſche linie*; ſ. f. *Ligne* de la plus courte deſcente des corps.

Deux points étant donnés, ſur la *ligne* que parcourt un corps, pour parvenir de l'un à l'autre, dans le moins de temps poſſible, eſt la *ligne bra. hyſtochrone;* quoique la *ligne* droite ſoit la plus courte de toutes celles que l'on mène d'un point à un autre, ce n'eſt point celle-ci qui eſt la *ligne brachyſtochrone*, cette dernière eſt une *cycloïde*, ainſi que Bernouilli l'a démontré ſynthétiquement. *Voyez* BRACHYSTOCHRONE.

LIGNE CARRÉE; linea quadrata; *quadrat linie;* ſ. f. Produit d'une *ligne*, ou douzième de pouce, multiplié par une *ligne*: c'eſt alors une *ligne* de ſurface.

Ainſi, une *ligne* étant compoſée de 12 points, la *ligne carrée* = 12 × 12 points = 144 poi..ts carrés. La *ligne carrée* eſt la 144ᶜ. partie d'un pouce carré, & la 20736ᵉ. partie d'un pied carré.

Comparée à la meſure métrique, la *ligne carrée* = 5,08876 millimètres carrés.

LIGNE CIRCULAIRE; linea circulata; *rundformig linie;* ſ. f. Portion de la courbe d'un cercle. *Voy.* CIRCULAIRE.

LIGNE COURBE; linea curva; *krumme linie;* ſ. f. *Ligne* dont toutes les parties ont des directions différentes. *Voyez* LIGNES.

On diviſe ordinairement les *lignes courbes* en deux claſſes : LIGNES GÉOMÉTRIQUES & LIGNES MÉCANIQUES. *Voyez* ces mots.

LIGNE CUBE; linea cubica; *cubiſche linie;* ſ. f. Solide cubique, qui a une *ligne* de côté.

C'eſt un compoſé d'une *ligne* multiplié par une *ligne*; ce qui produit une *ligne* carrée, laquelle eſt encore multipliée par une *ligne*. Ainſi, une *ligne* étant compoſée de 12 points, la *ligne* carrée 12 × 12 = 144 points, leſquels, multipliés par 12, donnent 1728 points. La *ligne cube* eſt la 1728ᵉ. partie du pouce cube, & la 2,985,984ᵉ. partie du pied cube.

Rapportée au mètre, la *ligne cube* = 11,79939 millimètres cubes.

LIGNE D'ASPECT. Axe d'un cône, dont le ſommet eſt à l'œil du ſpectateur qui obſerve l'arc-en-ciel. *Voyez* ARC-EN-CIEL.

Comme le centre de l'arc de cercle de l'iris, ou arc-en-ciel, eſt dans le prolongement de la droite menée du ſoleil à l'œil du ſpectateur, il s'enſuit, que la *ligne d'aspect* eſt la continuation de la droite menée du ſoleil à l'œil du ſpectateur.

Ainſi, l'œil étant placé au ſommet d'un cône voit les objets qui ſont ſur ſa ſurface, comme s'ils étoient placés dans des cercles concentriques, inſcrits les uns dans les autres, ſurtout lorſque ces objets ſont aſſez éloignés de lui; car, quand différens objets ſont à une diſtance aſſez conſidérable de l'œil, ils paroiſſent en être à la même diſtance. Or, les gouttes d'eau au travers deſquelles paſſent les rayons de lumière qui ſont voir les arcs-en-ciel, ſont comme rangées ſur la ſurface d'un cône, dont le ſommet eſt à l'œil de l'obſervateur; en conſéquence, ces gouttes doivent lui paroître comme ſi elles étoient diſpoſées ſur autant de bandes ou arcs colorés, comme on le voit dans les arcs-en-ciel. C'eſt donc l'axe de ce cône qu'on appelle *ligne d'aspect*.

LIGNE D'EAU. C'eſt, en hydraulique, la 144ᵉ. partie d'un pouce circulaire.

Pour concevoir ce que c'eſt qu'une *ligne d'eau*, il faut ſavoir, d'abord, que les fontainiers évaluent les eaux qui s'écoulent, par la quantité que produit une ouverture circulaire d'un pouce de diamètre. Or, comme toutes les autres meſures doivent être rapportées au pouce fontainier, la *ligne d'eau* doit être la 144ᵉ. partie de celle qui s'écoule par l'ouverture qui fournit un pouce d'eau : donc, par une ouverture circulaire d'une *ligne* de diamètre. *Voyez* POUCE D'EAU.

LIGNE DE DIRECTION. C'est, en mécanique, une *ligne* dans laquelle un corps se meut actuellement, ou dans laquelle il se mouvroit s'il n'en étoit empêché.

Il est important, dans la statique & dans la mécanique, de connoître la *ligne de direction* d'une puissance, car c'est la *ligne* qui détermine la valeur de l'effort dont cette puissance est capable, dans cette position. Lorsque la *ligne de direction* d'une puissance fait un angle droit avec la machine à laquelle cette puissance est appliquée, cette puissance est dans sa plus grande force pour la faire mouvoir. *Voyez* LEVER.

On appelle aussi *ligne de direction*, celle qui va du centre de gravité d'un corps pesant, perpendiculairement à l'horizon. Cette *ligne* doit passer par le point d'appui, ou support du corps pesant : sans quoi ce corps tomberoit nécessairement.

LIGNE DE FOI. C'est, dans les instrumens d'astronomie, la *ligne* qui va depuis le centre de l'instrument, jusqu'aux points de l'alidade qui correspond aux divisions de la circonférence.

On voit, d'après cette définition, que la *ligne de foi* est celle dont le mouvement décrit exactement les angles que l'instrument mesure. Dans les graphomètres, c'est la *ligne* qui passe par le centre des pinnules. Dans les quarts de cercle à lunettes, c'est une *ligne*, parallèle à la *ligne de collimation*, ou à l'axe optique de la lunette.

LIGNE DE FRONT. C'est, en perspective, une *ligne droite*, parallèle à la *ligne de terre*.

LIGNE DE GRAVITATION. *Ligne* droite, tirée du centre d'un corps pesant au centre du corps vers lequel il pèse.

Comme tous les corps planétaires pèsent vers le soleil, leur *ligne de gravitation* est celle qui est menée de leur centre à celui du soleil. Sur la terre, la *ligne de gravitation* des corps est la verticale, ou la droite, perpendiculaire à l'horizon du point où la gravitation a lieu.

LIGNE DE LA MAIN. Petits sillons que l'on remarque dans la paume de la main, & dont l'observation sert de fondement à la fausse & ridicule science des chiromanciens. *Voy.* CHIROMANCIE.

Ces *lignes* sont au nombre de quatorze : trois desquelles sont regardées, par les chiromanciens, comme les principales. La première, qui est au-dessous du pouce, se nomme par eux la *ligne de vie* ou *du cœur*; la seconde, qui traverse la paume de la main, & va jusqu'au-dessous du petit doigt, se nomme la *ligne hépatique* ou *du foie*; la troisième, qui lui est parallèle, allant dans le même sens, &

qui prend depuis le doigt indicateur jusqu'à l'autre bout de la main, se nomme la *ligne thorale* ou *de Vénus*. Ces noms bizarres ont été inventés par rapport aux choses qu'on s'est faussement imaginé pouvoir prédire par ces *lignes*.

On remarque encore, dans la paume de la main, à la racine des doigts, des petites bosses ou éminences : celles-ci s'appellent *monts*. Les chiromanciens rapportent aux planètes tous ces petits monts. Ils appellent *mont de Mars*, celui qui est sous le pouce ; *mont de Jupiter*, celui qui est sous le doigt indicateur ; *mont de Saturne*, celui qui est sous le doigt du milieu ; *mont du Soleil*, celui qui est sous le doigt annulaire ; *mont de Vénus*, celui qui est sous le petit doigt ; *mont de Mercure*, celui qui est dans la distance comprise entre le pouce & l'indicateur, laquelle s'appelle *thénar* ou *souris*; & *mont de la Lune*, celui qui lui est opposé, lequel s'appelle aussi *hypothénar*.

Nous abandonnons ces prétendues divinations aux charlatans de toutes les espèces. *Voyez* DIVINATIONS, CHARLATANS.

LIGNES DE GUNTER. Règles sur lesquelles sont tracés les logarithmes, avec lesquelles on peut faire, mécaniquement, différentes opérations d'arithmétique. *Voyez* ECHELLE DE GUNTER, ECHELLE DE LOGARITHME, COMPAS DE PROPORTION.

LIGNE DE PROJECTION. *Ligne* que les corps graves décrivent dans l'air, lorsqu'ils sont lancés dans une direction horizontale ou oblique. Gotliba démontré, le premier, que cette *ligne* est une parabole, lorsque le mouvement du corps n'est retardé par aucune résistance. *Voyez* BALISTIQUE.

LIGNE DE RÉFLEXION. *Ligne* que suit un corps en mouvement, après le changement de direction qu'il reçoit, par la rencontre d'un obstacle qui l'oblige à rebrousser chemin, & le fait rejaillir après le choc. *Voyez* RÉFLEXION.

LIGNE DE RÉFRACTION. *Ligne* que suit un corps en mouvement, après le changement de direction qu'il reçoit en passant d'un milieu dans un autre d'un densité différente. *Voyez* RÉFRACTION.

LIGNE DE TERRE. C'est, en perspective, une *ligne* droite, dans laquelle le plan géométral & celui du tableau se rencontrent.

LIGNE DES APSIDES. *Ligne droite*, que l'on conçoit tirée de l'aphélie d'une planète à son périhélie, ou ce qui est la même chose, la *ligne des apsides* est le grand axe de l'orbite d'une planète. *Voyez* APSIDES.

Si l'on connoissoit exactement la moyenne distance de la terre au soleil, le double de cette distance

tance feroit la longueur de la *ligne des apſides* pour la terre : & dans ce cas , l'on connoîtroit la longueur de la *ligne des apſides* des autres planètes , parce qu'on connoît les diſtances proportionnelles des planètes au ſoleil , relativement à la diſtance de la terre au même aſtre.

La moyenne diſtance de la terre au ſoleil , étant diviſée en 100,000 de parties , la moyenne diſtance de Mercure au même aſtre feroit 38705 de ces mêmes parties ; celle de Vénus, 72333 ; celle de Mars, 152359 ; celle de Cérès , 276740 ; celle de Pallas, 276759 ; celle de Junon, 266716 ; celle de Veſta , 237300 ; celle de Jupiter, 520279 ; celle de Saturne , 953877 ; enfin, celle d'Uranus , 1918330. Si l'on ſuppoſe maintenant que la moyenne diſtance de la terre au ſoleil ſoit de 34761680 de nos lieues , on pourra déterminer la longueur de la *ligne des apſides* des planètes , comme on le voit dans la table ſuivante.

Table de la longueur de la ligne des apſides des planètes.

Mercure	26912492 lieues.
Vénus	50288332
La Terre	69523360
Mars	105952048
Cérès	193002942
Pallas	193016152
Junon	185432892
Veſta	165038352
Jupiter	366715840
Saturne	663168184
Uranus	1333687640

LIGNE DES NŒUDS D'UNE PLANÈTE. *Ligne droite* que l'on conçoit tirée d'une planète au ſoleil , lorſqu'elle eſt dans le plan de ſon orbite qui coupe l'écliptique ; ou bien , c'eſt la *ligne droite* que l'on conçoit tirée d'un des points, où le plan de l'orbite de la planète coupe le plan de l'écliptique , diamètralement oppoſé ; enfin , où ces deux plans ſe coupent l'un ſur l'autre. *Voyez* Nœuds.

LIGNE DES SYGISIES. *Ligne* qui paſſe par le ſoleil & la terre , & ſur laquelle ſe trouve la lune lorſqu'elle eſt en conjonction ou en oppoſition. On l'a quelquefois appelée *ligne ſynodique.*

LIGNE D'INCIDENCE. *Ligne* ſuivant laquelle eſt dirigé un corps vers un autre qu'il va toucher.

Cette *ligne* fait , avec la ſurface du corps touché , un angle appelé *angle d'incidence*, lequel doit toujours être égal , pour la lumière & les corps parfaitement élaſtiques , à l'angle formé par la nouvelle *ligne de direction*, que ſuit le corps après ſa réflexion , & la même ſurface du corps touché , & que l'on appelle *angle de réflexion. Voyez* RÉFLEXION , INCIDENCE.

Dans la catoptrique , la *ligne d'incidence* eſt une *ligne droite* D C , *fig.* 36 , par laquelle la lumière vient du point rayonnant D A , au point C de la

Dict. de Phyſ. Tome III.

ſurface d'un miroir. On l'appelle *rayon incident.*

La *ligne d'incidence* , dans la dioptrique , eſt une *ligne droite* M G , *fig.* 37 , par laquelle la lumière vient directement , & ſans réfraction , dans le même milieu du point rayonnant M, ſur la ſurface du corps rompant.

LIGNE DROITE. *Ligne* formée par le mouvement d'un point qui ſe meut ſans changer de direction. *Voyez* LIGNES.

LIGNE ÉQUINOXIALE ; linea equinoctialis ; *equinoxialiſche linie* ; ſ. f. *Ligne* dans laquelle le ſoleil ſe trouve lorſque les nuits ont une égale durée ſur toute la ſurface de la terre. *Voyez* ÉQUATEUR.

On donne , en gnomonique , le nom de *ligne équinoxiale*, à celle qui eſt formée par l'interſection du cercle équinoxial & du plan du cadran.

LIGNE GÉNÉRATRICE. *Ligne droite* ou *courbe* qui , par ſon mouvement, engendre une ſurface.

LIGNE GÉOMÉTRALE. C'eſt , en perſpective , une *ligne* tirée d'une manière quelconque ſur le plan géométral.

LIGNE GÉOMÉTRIQUE ; linea geometrica ; *géometriſche linie* ; ſ. f. *Ligne* dont tous les points peuvent ſe trouver exactement & ſûrement.

Deſcartes nommoit *lignes géométriques* , toutes celles qui peuvent être exprimées par une équation algébrique d'un degré déterminé.

LIGNE HORIZONTALE ; linea horizontalis ; *horizontaliſche linie* ; ſ. f. *Ligne* parallèle à l'horizon.

Cette *ligne* forme un angle droit avec la *ligne verticale*, c'eſt-à dire , avec cette *ligne* que ſuivent les corps graves dans leur chute , lorſqu'ils tombent librement , & qu'ils n'obéiſſent qu'à la peſanteur.

A proprement parler , la *ligne horizontale* n'eſt pas une *ligne droite* , c'eſt une *ligne* dont les points ſont également diſtans du cercle de la terre ; c'eſt donc plutôt une portion de cercle qu'une *ligne droite* ; mais , lorſque cette *ligne* a peu d'étendue , elle eſt ſenſiblement droite , parce que c'eſt une très-petite portion d'un grand cercle.

Généralement, les liquides ont cette propriété, que leur ſurface ſupérieure ſe trouve toujours dans la *ligne horizontale* : d'où il ſuit que leur ſurface n'eſt pas plane , mais convexe. Il eſt vrai que cette convexité eſt inſenſible dans les ſurfaces d'une petite étendue ; mais, quand les ſurfaces des liquides ont une grande étendue , leur convexité ſe diſtingue facilement , ainſi qu'on s'en aperçoit lorſqu'on regarde la ſurface de la mer.

LIGNE HORAIRE ; linea horaria ; *ſtundliſche linie* ; ſ. f. *Ligne* qui indique les heures ſur un cadran ſolaire.

Ces *lignes* font les interfections des cercles horaires de la fphère avec le plan du tableau.

LIGNE HYPERBOLIQUE; linea hyperbolica; *hyperbolifche linie*; f. f. *Ligne* qui a rapport à l'hyperbole.

LIGNE ISOCHRONE. *Ligne* fous laquelle on fuppofe qu'un corps defcend fans aucune altération, c'eft-à-dire, de manière qu'en temps égaux, il s'approche toujours également de l'horizon. *Voyez* ISOCHRONE.

LIGNE LOXODROMIQUE, de λοξος, oblique, & δρομος *course*; linea loxodromica; *loxodromifche linie*; f. f. *Ligne* fpirale, fur la furface de la terre qui va toujours en s'approchant du pôle, mais qui, dans la fpéculation mathématique, ne devroit jamais l'atteindre. *Voyez* LOXODROMIE.

LIGNE MÉCANIQUE; linea mechanica; *mecanifche linie*; f. f. *Ligne* dont tous les points fe trouvent par tâtonnemens & d'une manière approchée.

D'où l'on voit que la différence entre les *lignes géométriques* & les *lignes mécaniques*, confifte en ce que les premières peuvent fe trouver pofitivement, & les fecondes d'une manière approchée. Auffi, Defcartes regardoit-il, comme *lignes mécaniques*, celles qui ne peuvent être exprimées par une équation finie, algébrique, & d'un degré déterminé.

Cependant, quelques géomètres penfent que les *lignes mécaniques*, bien qu'elles ne foient pas défignées par une équation finie, n'en font pas moins déterminées par une équation différentielle; & qu'ainfi, elles ne font pas moins géométriques que les autres. Ils ont, en conféquence, nommé les premières, *lignes algébriques*, & les autres, *lignes tranfcendantes*.

LIGNE MÉDIANE. *Ligne* qui fépare le corps humain en deux parties égales.

Cette *ligne* eft réelle, & non un être imaginé par les anatomiftes : c'eft un plan réel de féparation entre les deux côtés du corps.

LIGNE MÉRIDIENNE; linea meridiana; *mittags linie*; f. f. *Ligne* paffant par les pôles, & qui eft en même temps perpendiculaire à l'équateur.

C'eft encore une *ligne* fur laquelle l'ombre d'un ftyle marque midi. *Voyez* MÉRIDIENNE.

LIGNE NORMALE. *Ligne* perpendiculaire à un plan.

Ainfi, la *ligne de gravitation* eft une *ligne normale* à la furface de la terre.

LIGNE OBJECTIVE. C'eft, en perfpective, une *ligne* tirée fur le plan géométral, & dont on cherche la repréfentation fur le tableau.

LIGNE OBLIQUE; linea obliqua; *fchragifche linie*; f. f. *Ligne* qui, tombant fur une *ligne* ou fur un plan, fait avec cette *ligne* ou ce plan un angle aigu d'une part, & un angle obtus d'une autre.

Ainfi la *ligne* D C, *fig.* 36, qui, tombant fur la *ligne* A B, fait avec elle, d'une part, l'angle aigu D C A, & de l'autre, l'angle obtus D C B, eft une *ligne oblique*. Il en feroit de même fi la *ligne* tomboit fur l'extrémité de la *ligne* A B, elle formeroit toujours deux angles; l'un avec la *ligne* A B, l'autre avec le prolongement de cette *ligne*.

Tous les corps qui, en obéiffant à leur pefanteur, font commandés par quelqu'autre puiffance, dont la direction n'eft pas perpendiculaire à l'horizon, fuivent une *ligne oblique* à l'horizon.

LIGNE VERTICALE; linea verticalis; *verticalifche linie*; fub. f. *Ligne* perpendiculaire à l'horizon. *Voyez* LIGNE DE GRAVITATION.

LIGNE VISUELLE; linea oculi; *gefichts linie*; f. f. C'eft, en perfpective, la *ligne* ou le rayon qu'on imagine paffer par l'objet & aboutir à l'œil.

LIGNES CONVERGENTES; lineæ convergentes; *zufamen laufend linie*; f. f. *Lignes* qui, fi on les continue, fe rencontrent dans un même point.

Ainfi, toutes les *lignes* A B, D E, *fig.* 967, qui, étant continuées, fe rencontrent en un point C, font des *lignes convergentes*. Ces *lignes* font d'un grand ufage dans l'optique, la catoptrique, la dioptrique.

LIGNES DIVERGENTES; lineæ divergentes; *divergentifche linie*; f. f. *Lignes* qui s'éloignent de plus en plus l'une de l'autre, à mefure qu'elles fe prolongent.

D'après cette définition, toutes les *lignes* B A, E D, *fig.* 967, qui font fuppofées partir du point C, & vont toujours en s'écartant de plus en plus, à mefure qu'elles s'éloignent du point où elles divergent, font des *lignes divergentes*; car elles font plus écartées de A en D, qu'elles ne le font de B en E. Ces *lignes* font d'autant plus *divergentes*, qu'elles forment un angle plus ouvert au point d'où elles commencent à diverger. On fait un ufage très fréquent de ces *lignes*, dans l'optique, la catoptrique & la dioptrique.

LIGNES ISOTHERMES; lineæ ifothermæ; *ifothermifche linie*; f. f. *Lignes de chaleur*, ou de températures égales fur la furface de la terre.

M. Humboldt nous a fait connoître la nature & la trace de ces *lignes*, dans un Mémoire, dont les *Annales de Chimie & de Phyfique*, tome V, page 102, ont publié cet extrait que nous avons fait connoître au mot ISOTHERME. *Voyez* ce mot.

LIGNES NODALES, de nodus, nœud; lineæ nodales;

nodalische linie ; f. f. *Lignes* formées fur une furface vibrante par le raffemblement de la pouffière qui la couvre ; fur les nœuds ou points de la furface qui ne vibrent pas.

Nous devons aux belles expériences de M. Chladni, fur les furfaces vibrantes, la connoiffance des *lignes nodales*. Ayant couvert de pouffière des plaques de verre, qu'il tenoit ferrées de la main gauche, entre le pouce & l'index, il chercha à tirer des fons de ces plaques; en frottant un archet fur leurs bords, il remarqua avec furprife, que le fable fin dont il avoit recouvert ces plaques fe raffembloit fur diverfes parties, & formoit, par ce raffemblement, des *lignes droites* AB, fig. 968, courbes ABCD, *fig. 968 (a)*, ou droites & courbes ABC, *fig. 968 (b)*. Ces *lignes*, placées diverfement fur les furfaces vibrantes, peuvent, dit M. Chladni (1), traverfer les plaques en toutes fortes de directions, droites ou courbes, ou revenir fur elles-mêmes ; mais elles ne peuvent jamais fe terminer qu'aux bords de la plaque. La forme des *lignes nodales* peut reffembler quelquefois à une hyperbole, à un cycloïde, à une épicycloïde, & beaucoup d'autres courbes felon les circonftances. Ordinairement les courbes de deux *lignes* ferpentantes, ou de deux femblables *lignes* féparées par une *ligne droite*, s'approchent & s'éloignent mutuellement.

Vers les endroits où ces *lignes nodales* fe coupent, elles s'élargiffent toujours, de forte que la forme des parties vibrantes, par ces endroits, n'eft pas angulaire, mais plus ou moins arrondie, fouvent en forme d'hyperbole. Ces endroits ne fe trouvent pas au bord même, mais à une petite diftance des bords; leur figure eft ronde ou tirée en long, fuivant la figure des parties vibrantes.

Dans toutes les manières poffibles de vibration d'une plaque, les figures des *lignes nodales* peuvent être réduites à un certain nombre ; ou qui par courent l'étendue de la plaque, ou qui font parallèles à la circonférence ou à des parties de la circonférence. Par exemple, fur une plaque rectangulaire, fig. 968 (c), à un certain nombre de *lignes* parallèles à l'une & à l'autre dimenfion; fur une plaque ronde, fig. 968 (d) & fig. 968 (e), à un certain nombre de *lignes* femidiamétrales & demi-circulaires; fur une plaque elliptique ou demi-elliptique, tout eft alongé, &c. Autant que la grandeur des plaques le permet, on peut produire, fur chaque plaque, chaque manière de divifion qui convient à fa forme, ou chaque nombre de progreffion de nombres de *lignes nodales*; fi quelques efpèces de vibration ne produifent pas une figure régulière, elles feront cependant repréfentées par des diftorfions de *lignes nodales*, qu'on pourra réduire à la figure primitive.

Il eft facile de concevoir la formation de ces *lignes nodales* formées par l'accumulation du fable fin. La plaque étant mife en vibration par l'archet qui frotte fur les bords, celle-ci fe divife auffitôt en parties vibrantes & en parties non vibrantes ; ces parties vibrantes produifent le fon que l'on entend. Le fable fin qui recouvre les parties vibrantes, mis en mouvement par la vibration de la furface, eft chaffé de tous côtés : parvenu aux parties de la furface qui ne vibrent pas, il y refte en repos; le fable y arrivant de toutes parts, s'y accumule, forme ces traces de féparation de furfaces vibrantes, & fait diftinguer les *lignes nodales* de la furface vibrante. Mais, fi, par une nouvelle pofition des doigts qui pincent la plaque, ou par le frottement de l'archer fur un autre point, on change le fon que produifoit la plaque, & de nouvelles *lignes nodales* fe forment, le fable abandonne les places des premières *lignes nodales* qui viennent d'être mifes en vibration, il fe porte vers les nouvelles *lignes nodales*, formées par la divifion de la furface vibrante que le nouveau fon exige, & les *lignes nodales* qui féparent les furfaces vibrantes, font auffitôt indiquées par la diftribution & la difpofition du fable. *Voyez* SON, SON DES PLAQUES, VIBRATIONS DES SURFACES, SURFACES VIBRANTES.

LIGNES PARALLÈLES ; lineæ parallelæ; *vergleuhungifche linie* ; f. f. *Lignes* qui font partout également éloignées l'une de l'autre.

Ces fortes de *lignes* doivent toujours être à égales diftances l'une de l'autre, de forte que toutes les perpendiculaires qu'on pourroit tirer entr'elles feroient égales ; enfin, que quelles que foient leurs longueurs, feroient-elles infinies, elles ne fe rencontreroient jamais. Telles font les *lignes* AB, CD, *fig 969*, qui, dans tous leurs points, font également éloignées l'une de l'autre, & entre lefquelles toutes les perpendiculaires EF, GH, IK, &c., font égales. *Voyez* PARALLÈLE.

LIGNES PROPORTIONNELLES. *Lignes* qui font dans une certaine raifon les unes aux autres.

Ainfi, quel que foit le nombre de ces *lignes*, il faut, pour qu'elles foient *proportionnelles*, que la première foit à la feconde, comme la feconde eft à la troifième, ou comme la troifième eft à la quatrième, &c. De-là, fi dans le triangle ABC, *fig. 970*, on coupe les côtés AB, AC, par une *ligne* DE parallèle à BC, on aura AD eft à AB, comme DE eft à BC, ou AE eft à AC, comme AD eft à AB, ou encore AE eft à AC, comme DE eft à BC, &c.

LIGNITE, de λιγνυς, *fumée*; lignum; *bois*; & λιθος, *pierre*; lignitum; *lignit* ; f. m. Combuftible foffile, analogue à la houille, dans lequel on reconnoît fouvent le tiffu ligneux, & que l'on regarde, en conféquence, comme du bois bituminifé.

LILI ou LILIUM DE PARACLÈSE. Médicament

attribué à Paraclèſe, que les Anciens nommoient *teinture des minéraux*, & que les chimiſtes modernes nomment *alcool de potaſſe*.

Ce nom ancien avoit été donné à ce médicament, parce qu'il étoit compoſé avec de l'antimoine, du cuivre, du fer détoné & fondu avec du tartre, puis digéré avec de l'alcool.

LIMAÇON, *de* limax, *limaçon; cochlea; ſchnecke;* ſ. m. L'une des trois parties qui compoſent la portion la plus enfoncée de l'oreille interne, laquelle eſt connue ſous le nom de *labyrinthe. Voyez* OREILLE, LABYRINTHE.

Cette partie de l'oreille a été nommée *limaçon*, à cauſe de ſa forme en ſpirale, comme celle des coquillages des *limaçons*.

Le *limaçon* eſt ſitué en devant; il eſt principalement compoſé d'un noyau, *fig.* 441, formé de cône peu évaſé & d'un conduit oſſeux L, *fig.* 440, 447 & 971, qui fait deux tours & demi de ſpirale. La cavité de ce conduit va toujours en diminuant en s'approchant du ſommet du cône, & ſe trouve partagée dans toute ſon étendue en deux moitiés *a, b,* appelées *rampes.* (*voyez* RAMPES), diſtinguées en externes & internes, par une cloiſon nommée *lame ſpirale* (*voyez* LAME SPIRALE), dont une portion eſt oſſeuſe & l'autre membraneuſe.

On peut diſtinguer, au *limaçon,* ſa pointe *a, fig.* 446, ſa baſe *bb,* ſon noyau & ſes deux rampes: l'interne *rrrr;* & l'externe *ssss.* Le commencement de ces deux rampes eſt au veſtibule (*voyez* VESTIBULE), dans lequel la rampe externe, nommée improprement ſupérieure, par quelques uns, va s'ouvrir, tandis que l'externe ſe termine à la fenêtre ronde. *Voyez* FENÊTRE RONDE.

LIMAÇON (Rampes du). Diviſion du *limaçon* en deux parties. *Voyez* RAMPES DU LIMAÇON.

LIMANCHIE, de λιμος, *famine,* αγχω, *tuer; limanchia; limanchi* ſ. f. Jeûne exceſſif. *Voyez* LIMOCTONIE.

LIMBE; limbus; *raud, ſum;* ſ. m. Bord d'un objet.

En aſtronomie, c'eſt le bord extérieur d'un aſtre: du ſoleil, de la lune.

Les aſtronomes obſervent la hauteur du *limbe ſupérieur* ou du *limbe inférieur* du ſoleil; ils retranchent ou ajoutent le demi-diamètre du ſoleil, pour avoir la hauteur du centre. On obſerve ſouvent des ondulations dans le *limbe* du ſoleil, ce qui provient des vapeurs qui ſe meuvent, & dont il eſt chargé.

On donne également le nom de *limbe,* aux bords extérieurs d'un quart de cercle, ou d'un inſtrument de mathématiques.

LIMITE, *de* limes, *borne;* limites; *gruntzen;* ſ. f. Termes, extrémités d'une choſe.

En aſtronomie, les *limites* ſont les points de l'orbite d'une planète, où elles s'écartent le plus de l'écliptique, & qui ſont, par conſéquent, à 19 degrés des nœuds: c'eſt ſon plus grand éloignement de l'écliptique.

Ces *limites* ſont méridionales, quand la planète eſt éloignée de l'écliptique autant qu'elle peut l'être vers le pôle auſtral; & elles ſont ſeptentrionales, lorſque la planète eſt dans ſon plus grand éloignement de l'écliptique, vers le pôle boréal.

On fait également uſage du mot *limite,* en algèbre & en mathématiques. En algèbre, ce ſont les deux quantités entre leſquelles ſe trouvent compriſes les racines réelles d'une équation.

LIMITES D'UN PROBLÈME. Nombres entre leſquels la ſolution de ce problème eſt renfermée.

LIMITES (Théorie des). Baſe de la vraie métaphyſique du calcul différentiel.

Ainſi, le cercle eſt la *limite* des polygones inſcrits & circonſcrits; car il ne ſe confond jamais rigoureuſement avec eux, quoique ceux-ci puiſſent en rapprocher à l'infini.

LIMITROPHE, *de* limes, *limite,* τρεφω, *nourrir;* limitrophus; *angrenzenden;* adj. Anciennement, terres aſſignées aux ſoldats des frontières pour leur nourriture.

Aujourd'hui, c'eſt, en géographie, l'épithète donnée à des pays qui ſe touchent par leurs limites.

LIMOCTONIE; *de* λιμος, *faim,* κτεινω, *je tue.* Jeûne capable de cauſer la mort.

LIMPIDE, *de* λαμπω, *luire,* lympha, *eau;* limpidus; *klar;* adj. Clair, net, tranſparent comme de l'eau.

On fait uſage du mot *limpide,* en phyſique, en parlant des fluides. Lorſqu'un fluide eſt bien pur, bien clair, très-tranſparent, on dit qu'il eſt *limpide.*

LIMPIDITÉ; limpitudo; *klarheit;* ſ. f. Extrême transparence.

On ne fait ordinairement uſage de ce terme que pour les liquides. Lorſqu'un liquide eſt bien pur, bien clair & très tranſparent, on dit qu'il a une belle *limpidité.*

LINÉAIRE, *de* linea, *ligne;* linearis; adj. Qui appartient à la ligne, qui ſe fait avec des lignes.

Ainſi, la perſpective *linéaire,* eſt celle qui a pour objet le tracé, avec des lignes, des objets que l'on veut repréſenter.

LINÉAIRE (Équation). Équation où l'un des inconnus ne monte qu'au premier degré, & qui peut ſe réſoudre avec des lignes.

LINGOT; *zain*; f. m. Maffe métallique, réunie au fond d'un creufet.

Quoique ce mot foit appliqué à tous les métaux, on le donne principalement à l'or & l'argent en maffe, & qui n'eft pas mis en œuvre.

LINGUAL; *zuncken*; adj. Qui a rapport à la langue.

On diftingue principalement, dans les parties qui ont rapport à la langue : l'ARTÈRE LINGUALE, le NERF LINGUAL, la GLANDE LINGUALE, &c. *Voyez* ces mots.

LION. L'une des conftellations du zodiaque & l'une des divifions de l'écliptique.

C'eft la conftellation, ou la partie de l'écliptique, dans laquelle le foleil nous paroît entrer le 22 ou 23 juillet.

On compte, dans cette conftellation, 45 étoiles remarquables ; favoir : 1 de la première grandeur ; 3 de la feconde ; 5 de la troifième ; 15 de la quatrième ; 7 de la cinquième & 14 de la fixième. *Voyez* CONSTELLATION.

L'étoile de première grandeur, qui fait partie de la conftellation, eft placée vers le milieu de la poitrine ; elle eft connue fous le nom de *Regulus* ou de *cœur de lion*. Quelques aftronomes regardent auffi, comme une étoile de première grandeur, celle qui eft placée à l'extrémité de la queue du *lion*.

Les poëtes prétendent que le *lion* de la conftellation, eft le *lion* de Némée, dompté par Hercule le Thébain, fuivant la Fable, & placé dans le ciel par la puiffance de Junon ; mais il eft plus probable que c'eft la conftellation qui a donné lieu à la fable.

Comme le tempérament fec, ardent de ce terrible animal, l'avoit fait prendre pour le fymbole de la chaleur, de la vigilance & de la fûreté, & que le foleil parcouroit autrefois ce figne dans les chaleurs brûlantes de l'été, il eft plus probable que le nom de *lion* a été donné à cette conftellation, parce que c'étoit le lieu du foleil dans la faifon la plus ardente & la plus fèche de l'année.

Manilius appeloit cette conftellation *Jovis & Junonis fidus* ; d'autres, *Bacchi fidus*, *Leonemeus Herculus*, *primus Herculis labor*. Les Chaldéens l'appeloient *principum cœleftum*, fuivant Théon ; peut-être, parce qu'autrefois le tropique y paffoit, & que l'on commençoit à compter les fignes depuis le folftice. Auffi donne-t-on le nom de *Rex*, *Regulus*, *Bafilifcus*, à la belle étoile de cette conftellation, près de laquelle paffe le foleil le 29 août.

LION (Petit). Nom d'une conftellation formée par Hevelius, & ajoutée aux anciennes dans fon ouvrage intitulé : *Firmamentum fobieskianum*.

Cette conftellation, formée de 53 étoiles, eft placée entre le *lion* & la grande ourfe.

LION D'OR. Monnoie avec l'effigie d'un *lion*, frappée en France en 1338 & 1346.

Les premiers, au titre de 24 karats & de 50 à la taille, valoient en octobre 1338, 25 fous. Leur valeur actuelle eft de 16 liv = 15 fr. 5054.

Quant au fecond, également au titre de 24 karats & de 50 à la taille, il valoit en juin 1346, 17 ½ fous. Leur valeur actuelle eft de 16 liv. = 15 fr. 5054.

LIQUATION, *de eliquare, fondre, liquéfier*; liquatio ; *fchmelzen* ; f. f. Opération métallurgique, qui confifte à féparer du cuivre, la portion de plomb qui y eft combinée, ou, en général, féparer, par la fufion, un métal plus fufible d'un autre qui l'eft moins.

LIQUÉFACTION, *de liquare, fondre, facere, faire*; liquatio ; *fchmelzen* ; f. f. Fufion, par le feu, d'un corps folide.

Dans l'ufage, on entend par *liquéfaction*, la folution ou fonte des fubftances groffes, épaiffes, pour la diftinguer de la fufion ou fonte des métaux.

LIQUEUR, *de liquens, coulant*; liquor ; *flufigkeit* ; f. f. Subftance liquide, qui coule.

Quoique le mot *liqueur* puiffe être appliqué à toutes les fubftances dont les parties fe meuvent, indépendamment les unes des autres, affez librement, pour que toutes les particules qui forment la furface fupérieure, fe placent dans un plan horizontal ; on a cependant cru devoir appliquer le nom *liquide*, à la généralité des corps coulans, & l'on a donné le nom de *liqueur* à des compofés de divers liquides, ou à des liquides compofés & particuliers.

On donne, en général, le nom de *liqueurs* aux vins & à toutes les préparations alcooliques, dont on fait affez habituellement ufage à la fin des repas ; & l'on ajoute aux autres fubftances liquides, défignées fous le nom de *liqueurs*, les épithètes qui les caractérifent. Telles font, par exemple, la *liqueur* des cailloux, celle de corne de cerf, la *liqueur* fumante, la *liqueur* de l'amnios, &c.

Les *liqueurs* vineufes & alcooliques font affez généralement regardées comme des digeftifs, parce qu'elles exercent une action fur les parois de l'eftomac, qui produit un fentiment paffager de chaleur & de bien-être, & excite les parois de l'organe central de la digeftion.

Affez généralement, l'ufage des *liqueurs* eft plus nuifible qu'utile ; l'abus occafionne les combuftions fpontanées. (*Voy.* COMBUSTION SPONTANÉE.) Les *liqueurs* prifes à jeûn, ont une action directe fur les parois de l'eftomac, & lui donnent un degré d'activité paffager qui ne s'exerçant fur rien, lui eft nuifible. Lorfque l'eftomac eft rempli d'alimens, les *liqueurs* s'imbibent dans ces alimens, ce qui amortit & annule prefque leur effet fur les parties gaſtriques, & détruit, en grande partie, les inconvéniens de leur uſage.

C'eſt à tort que l'on croit que l'eau-de-vie eſt plus ſaine que les *liqueurs* proprement dités. Elle agit plus directement ſur les parois de l'eſtomac, & lui devient plus préjudiciable. Les *liqueurs*, au contraire, étant coupées avec de l'eau, édulcorées avec du ſucre, agiſſent moins directement & produiſent de moins mauvais effets.

Parmi les *liqueurs*, les moins mauvaiſes ſont celles qui ſont un peu amères, comme l'abſinthe, le brou de noix, le ſcubac, le noyau, &c.; quelques *liqueurs* paroiſſent avoir des qualités digeſtives, comme l'aniſette, la crême de canelle, vanille, &c. Il faut, autant que poſſible, ne faire uſage que des plus douces & des plus anciennes.

LIQUEURS ANTIINCENDIAIRES. *Liqueurs* avec leſquelles on ſuppoſe que l'on peut plus facilement & plus promptement éteindre le feu des incendies, qu'avec l'eau ordinaire. *Voyez* EAU ANTIINCENDIAIRE.

LIQUEUR DE CORNE DE CERF. Liquide provenant de la diſtillation de la corne de cerf. *Voyez* AMMONIAQUE, ALCALI VOLATIL.

En uniſſant la *liqueur de corne de cerf* avec de l'acide ſuccinique, juſqu'à ſaturation, on obtient de la *liqueur de corne de cerf ſuccinée*, qui eſt en uſage dans la médecine.

LIQUEUR DE L'AMNIOS. *Liqueur* exiſtante dans la membrane, connue ſous le nom d'*amnios*, & dans laquelle les fœtus ſont plongés.

LIQUEUR DES CAILLOUX. *Liqueur* provenant de la fuſion du ſilex avec la potaſſe, qui a été enſuite diſſous dans l'eau.

Cette *liqueur* eſt employée, en chimie, pour obtenir de la ſilice pure.

LIQUEUR FUMANTE. *Liqueur* qui répand des vapeurs blanches dans l'air, lorſqu'on débouche le flacon qui la contient.

On connoît deux ſortes de *liqueurs fumantes*: l'une eſt de *Boyle*, c'eſt un *hydroſulfate ſulfuré d'amoniaque liquide;* l'autre eſt un *deutochlorure d'étain, liquide anhydre*. La première eſt employée, en chimie, comme réactif, pour découvrir la préſence des ſels métalliques; la ſeconde a été employée par Rouelle le jeune, pour former, avec l'alcool, de l'éther muriatique. Elle peut remplacer, comme eſcarrotique, le beurre d'antimoine. On l'emploie dans l'art de la teinture, à la préparation du pourpre de Caſſius, & comme un excellent mordant.

LIQUEUR MINÉRALE ANODYNE D'HOFFMANN. Alcool légèrement éthéré, contenant un peu d'acide ſulfurique. Cette *liqueur*, qui a les mêmes propriétés que l'éther, a été découverte par Hoffmann.

LIQUEUR SÉMINALE. *Liqueur* provenant de l'éjaculation des animaux.

Cette *liqueur* ayant été examinée au microſcope, a laiſſé apercevoir un grand nombre d'animalcules vivans, qui ont donné naiſſance à diverſes hypothèſes ſur la génération. *Voyez* ANIMALCULES SPERMATIQUES, GÉNÉRATION, SPERME.

LIQUIDE; *liquidus; fluſſig;* ſ. m. Fluide qui ne manifeſte pas ſenſiblement d'électricité, dont ſes parties obéiſſent à la plus légère impreſſion, & ſe meuvent entr'elles. *Voyez* FLUIDE.

Nous ne connoiſſons pas de corps qui ſoient parfaitement liquides. Le molécules de tous ceux de cette nature oppoſent une réſiſtance ſenſible à une force qui les preſſe, ou ont un certain degré de viſcoſité. *Voyez* VISCOSITÉ.

Tous les corps de la nature peuvent ſe préſenter ſous trois états différens : ſolides, *liquides* & gazeux; les corps *liquides* ſont dans un état intermédiaire entre les ſolides & les gaz. Dans les corps ſolides, toutes les molécules qui les compoſent ſont réunies par la force attractive dont elles ſont animées, force qui eſt contre-balancée par la répulſion qu'exerce, ſur les molécules, le calorique interpoſé. (*Voy.* SOLIDE, SOLIDITÉ.) Dans les gaz, les molécules des corps ſont écartées les unes des autres par une force répulſive, exiſtante entre les molécules de calorique qui les entourent. Les molécules des corps ne ſont rapprochées que par une force qui les comprime dans tous les ſens. Habituellement, cette force eſt la preſſion de l'atmoſphère. Dans les *liquides*, les molécules ſont en équilibre par trois actions : 1°. une foible attraction entre les molécules des corps; 2°. la preſſion de l'atmoſphère; 3°. la répulſion exercée par les molécules du calorique interpoſé. Si l'une des deux forces, qui contre-balancent la répulſion du calorique, étoit détruite, les *liquides* deviendroient des gaz. Il réſulte de-là, que l'état *liquide* des corps eſt un état intermédiaire entre l'état ſolide & l'état gazeux; que les molécules des corps, dans l'état *liquide*, jouiſſent des deux propriétés qu'elles ont, dans l'état ſolide & dans l'état gazeux.

Ainſi, dans les *liquides*, les molécules ont une force de cohéſion beaucoup moins grande que dans les ſolides; cette force varie conſidérablement dans les différens *liquides*. C'eſt ainſi que la cohéſion du mercure eſt moins forte que celle de l'eau; cette force de cohéſion des *liquides*, cette attraction qui exiſte encore entre les molécules, n'étant point aſſez grande pour les retenir, il en réſulte que ces molécules jouiſſent d'une ſorte de mobilité, ſans aucun changement dans leur diſtance relative, & qu'elles obéiſſent à la gravitation, en gliſſant les unes ſur les autres, de manière que le nombre de celles qui ſupportent la cohéſion, diminue continuellement juſqu'à ce qu'elle devienne trop foible pour réſiſter à la force oppoſante. Enfin, cette force de cohéſion n'eſt point un obſtacle à la combinaiſon de ces corps avec d'autres, à moins ſeulement que l'effet de cette combinaiſon ne fût d'altérer les diſtances relatives des molécules du *liquide*, ou la forme de ſes molecules, que tout porte à croire ſphérique, à cauſe de leur grande mobilité, & que la viſcoſité réſulte du défaut de ſphéricité. *Voy.* VISCOSITÉ.

Les propriétés mécaniques les plus importantes des *liquides*, dépendent de cette mobilité de leurs molécules, en vertu de laquelle elles propagent la preſſion dans tous les ſens; mais la conſidération de ces propriétés appartient à la ſcience de l'HYDROSTATIQUE, de l'HYDRAULIQUE & de l'HYDRODYNAMIQUE. *Voyez* ces mots.

Pendant long-temps, on a regardé les *liquides* comme incompreſſibles; c'étoit par cette propriété que l'on diſtinguoit les fluides compreſſibles ou *gaz*, des fluides incompreſſibles ou *liquides*: des expériences récentes ont prouvé que tous les *liquides* étoient compreſſibles, mais que cette compreſſibilité étoit extrêmement petite. *Voy.* COMPRESSIBILITÉ.

Tous les corps peuvent paſſer à l'état *liquide*: il ſuffit, pour cela, d'augmenter leur température s'ils ſont ſolides, & de la diminuer s'ils ſont gazeux. En élevant la température des corps ſolides, en introduiſant du calorique entre leurs molécules, on les écarte juſqu'à ce que leur action attractive devienne inſenſible; alors les corps paſſent à l'état *liquide*; en refroidiſſant les gaz, en ſouſtrayant une portion du calorique interpoſé entre leurs molécules, celles-ci s'approchent inſenſiblement; & ſi, par la preſſion & la diminution de température, les molécules peuvent être aſſez rapprochées pour que leur attraction mutuelle commence à s'exercer, le gaz devient *liquide*.

Cependant, quoique tous les corps puiſſent devenir *liquides* en les échauffant, s'ils ſont ſolides; en les refroidiſſant & les comprimant, s'ils ſont gazeux, on ne regarde généralement comme *liquides*, que ceux qui peuvent ſe maintenir ſous cet état dans les températures ordinaires; quoique, par des froids plus ou moins conſidérables, ils puiſſent ſe ſolidifier; tels ſont le mercure qui ſe ſolidifie à — 32 du thermomètre de Réaumur, l'eau qui ſe ſolidifie à 0, &c.

Quelque nombreux que ſoient les *liquides*, pris individuellement, on trouve qu'ils ſont en petit nombre, lorſqu'on les conſidère collectivement. On peut, dans ce dernier cas, les diviſer en deux claſſes: *liquides ſimples* & *liquides compoſés*.

Dans l'hypothèſe des atmogéens, c'eſt-à-dire, de la génération de la terre par l'extenſion de l'atmoſphère ſolaire (*voy.* GÉNÉRATION DE LA TERRE), il a exiſté, pendant cette formation, un grand nombre de *liquides ſimples*: car toutes les ſubſtances ſolides, qui compoſent la maſſe du globe, & qui étoient, à l'origine, à l'état de gaz, ſe ſont d'abord liquéfiées par le refroidiſſement, puis ſe

ſont ſolidifiées par la continuation de ce même refroidiſſement; mais combien a-t-il exiſté de ces *liquides ſimples*? de quelle nature étoient-ils? C'eſt ce qu'il ſeroit difficile de déterminer aujourd'hui. Nous voyons, par la nature des matières ſolides que nous connoiſſons, & qui forment une très-petite épaiſſeur de l'enveloppe du globe, & par la compoſition de ces matières, qu'il doit avoir exiſté, pendant la durée de cette formation, comme à l'époque actuelle, un grand nombre de *liquides compoſés*. Au reſte, nous ne connoiſſons aujourd'hui qu'un ſeul *liquide ſimple*, le MERCURE. *Voyez* ce mot.

On peut diviſer les *liquides compoſés* en trois claſſes: 1°. formés de gaz ſimples combinés entr'eux; 2°. de gaz avec une baſe ſolide; 3°. de ſolides combinés.

Dans la première claſſe, les gaz ſimples combinés ſont trois *liquides*:

1°. L'eau.
2°. L'acide nitrique.
3°. L'acide muriatique.

On compte huit *liquides* dans la ſeconde claſſe:

1°. L'acide ſulfurique.
2°. L'alcool.
3°. L'éther.
4°. Les huiles volatiles.
5°. ——— fixes.
6°. Le pétrole.
7°. Le ſurſulfure d'hydrogène.
8°. L'oximuriate d'étain.

Enfin, dans la claſſe des ſolides combinés, on compte deux *liquides*:

1°. Le phoſphure de ſoufre.
2°. Le carbure de ſoufre.

Voilà treize *liquides compoſés*, encore pourroit-on en exclure, dans leſquels l'eau en nature entre dans leur compoſion: tels ſont l'acide nitrique, l'acide ſulfurique & l'acide muriatique. Quant à la denſité de ces *liquides*, elle varie entre 0,700 & 1,800: conſéquemment à peu près du ſimple au double. *Voyez* DENSITÉ DES LIQUIDES.

Nous n'avons pas cru devoir comprendre dans la denſité des *liquides compoſés*, celle du mercure, qui en diffère conſidérablement, puiſqu'elle eſt de 13,560, & cela parce que le mercure eſt un *liquide ſimple*.

La plupart des autres *liquides compoſés* contiennent de l'eau, ou l'un des autres *liquides*, comme l'un des compoſans, qui détermine la liquidité des autres ſubſtances. C'eſt ainſi que les ſels, les gommes, deviennent *liquides*, par leur diſſolutions dans l'eau; que les réſines deviennent *liquides*, par leur diſſolution dans l'alcool ou dans les huiles eſſentielles; que les terres & les métaux deviennent *liquides*, par leur diſſolution dans les acides, &c.

De l'action des liquides entr'eux.

En mélangeant les *liquides* ensemble, il se produit trois effets différens : 1°. ils se combinent intensement ; 2°. ils se décomposent mutuellement ; 3°. ils n'exercent aucune action l'un sur l'autre.

1°. Toutes les fois qu'il y a combinaison entre les *liquides*, il en résulte un composé homogène, dégagement de chaleur & condensation. On conçoit que les composés doivent nécessairement être homogènes, lorsqu'il y a combinaison, puisque les molécules de chaque *liquide* se combinent intensement les unes avec les autres; mais pour que les molécules des *liquides* différens puissent se combiner, il faut qu'ils aient plus d'affinité pour les molécules des autres *liquides* que pour celles du même *liquide*; cette plus grande affinité doit réunir plus intensement, doit rapprocher davantage ces molécules, d'où il doit résulter une plus forte condensation & un dégagement de calorique; c'est aussi ce que l'on observe en mélangeant ensemble des *liquides* susceptibles de se combiner. Parmi toutes ces combinaisons, il en est une dans laquelle ces effets ont lieu à un très-haut degré, & peut être donnée pour exemple dans les cours de physique : c'est le mélange, la combinaison de l'eau & de l'acide sulfurique concentré.

Si, dans un tube de 4 à 5 lignes de diamètre & de trois pieds de long, fermé par un bout, on verse de l'acide sulfurique concentré, environ la moitié de sa capacité; qu'ensuite on verse de l'eau par-dessus : la grande différence de densité de l'eau à l'acide sulfurique concentré, qui est à peu près comme 10 à 18, permet à la colonne d'eau de se placer sur la colonne d'acide, sans se mélanger. Marquant sur le tube la hauteur des deux colonnes de *liquide*, & bouchant ensuite le tube, soit avec un bouchon de cristal, soit avec un disque de verre, puis le remuant pour faire mélanger les *liquides*, on remarque aussitôt, que le tube s'échauffe considérablement, & que la hauteur de la colonne diminue sensiblement. En général, l'augmentation de chaleur & la diminution de la colonne de *liquide* varient selon la proportion des deux *liquides*. *Voyez* DENSITÉ DES LIQUIDES.

On peut diviser en deux classes les *liquides* qui se combinent entr'eux : 1°. *liquides* qui peuvent être mêlés en toute proportion; 2°. *liquides* qui ne s'unissent que dans des proportions déterminées.

Dans la première classe se trouvent :

L'eau avec . . . . $\begin{cases} \text{l'alcool,} \\ \text{l'acide nitrique,} \\ \text{l'acide sulfurique.} \end{cases}$

L'alcool avec . . . . l'éther,

Les huiles fixes avec . . . $\begin{cases} \text{le pétrole,} \\ \text{les huiles volatiles,} \\ \text{les huiles fixes.} \end{cases}$

Les huiles volatiles avec $\begin{cases} \text{le pétrole,} \\ \text{les huiles volatiles.} \end{cases}$

Dans la seconde classe sont :

L'eau avec . . . . $\begin{cases} \text{l'éther,} \\ \text{les huiles volatiles,} \\ \text{le sulfure de carbone,} \\ \text{l'oximuriate d'étain.} \end{cases}$

L'alcool avec . . . . $\begin{cases} \text{les huiles volatiles,} \\ \text{le pétrole,} \\ \text{l'hydrogène sulfuré,} \\ \text{le phosphure de soufre,} \\ \text{le sulfure de carbone.} \end{cases}$

L'éther avec . . . . $\begin{cases} \text{les huiles volatiles,} \\ \text{le pétrole,} \\ \text{le sulfure de carbone.} \end{cases}$

Les huiles volatiles avec le pétrole.

Peu d'expériences ont encore été faites sur la dissolution des *liquides*, par l'eau, l'alcool, l'éther & les huiles volatiles. Elles n'ont été ni assez multipliées ni assez précises, pour mettre en état d'établir, d'une manière exacte, dans quelles proportions elles ont lieu. Cependant, il a été reconnu que ces proportions sont limitées, & que chaque substance a un degré de solubilité qui lui est particulier.

Ainsi, quoique Lauraguais ait annoncé que l'eau dissout les $\frac{9}{10}$ de son volume d'éther, rien ne l'a confirmé jusqu'à présent. Les huiles volatiles ne sont solubles qu'en très-petite quantité dans l'eau; elles ne lui communiquent que leur odeur. MM. Clément & Desormes, qui ont annoncé la dissolubilité dans l'eau, du sulfure de carbone, n'en ont pas indiqué la proportion. Quant à l'oximuriate d'étain, ou la *liqueur fumante de Libavius*, M. Adet assure que vingt-deux parties en poids d'oximuriate d'étain, & sept pouces d'eau, forment aussitôt une masse solide.

Quoique l'alcool dissolve les huiles essentielles en quantité considérable, la proportion en est cependant limitée. L'action de l'alcool sur le pétrole & les trois autres substances qui suivent, n'a été énoncée que par analogie.

1°. L'éther agit fortement sur les huiles volatiles & le pétrole, ainsi que les huiles volatiles sur le pétrole.

2°. Parmi les *liquides* qui se décomposent mutuellement, on distingue :

L'eau par le phosphore & le soufre;

L'acide nitrique par tous les *liquides*, excepté l'eau, l'acide sulfurique & l'acide muriatique.

Toutes ces décompositions se font les unes par degrés, comme l'eau par le phosphore & le soufre; les autres instantanément, comme l'acide nitrique & les huiles volatiles. En général, ces décompositions sont très-curieuses; mais elles sont toutes trop compliquées pour qu'il soit possible, dans l'état actuel de la science, d'en donner une explication satisfaisante.

3°. Quant aux *liquides* qui n'exercent aucune *action* sensible les uns sur les autres, ils sont en très-grand nombre; les plus remarquables dans cette classe sont :

L'eau

L'eau avec........ { le pétrole.
                  { les huiles fixes.
                  { l'hydrogène furfulfuré.

Les huiles fixes avec { l'alcool.
                          { l'éther.

Le mercure avec... { l'eau.
                     { l'éther.
                     { les huiles volatiles.
                     { le pétrole.
                     { le fulfure de carbone.

En mettant ces divers *liquides* dans une fiole, & les agitant enfemble, on voit qu'ils fe féparent par le repos; c'eft d'après cette propriété de plufieurs *liquides*, de ne point exercer d'action les uns fur les autres, que l'on conftruit, pour les cours de phyfique, le petit inftrument connu fous le nom de FIOLE DES QUATRE ÉLÉMENS. *Voyez* ce mot.

De la combinaifon des liquides avec les folides.

Dans les quatorze *liquides* qui exiftent, il en eft quatre dont l'action eft trop circonfcrite pour que nous nous en occupions dans cet article; ce font: l'*hydrogène furfulfuré*, le *fulfure de carbone*, le *phofphure de foufre* & l'*oximuriate d'étain*; il en eft trois autres dont l'action, fur un grand nombre de folides, eft très-énergique; mais comme cette action eftfouvent très-compofée, particulièrement lorfqu'elle eft exercée fur les métaux, nous en ferons abftraction; ce font les *acides nitrique, muriatique & fulfurique*. Nous ne nous occuperons donc ici que de l'action de fept *liquides*:

1°. L'eau.   5°. Les huiles fixes.
2°. L'alcool.   6°. Les huiles volatiles.
3°. L'éther.   7°. Le mercure.
4°. Le pétrole.

1°. L'eau eft le liquide qui exerce la plus grande action fur les folides; c'eft celui qui eft le plus généralement répandu dans la nature, & en même temps celui que l'on a le plus obfervé. L'eau agit de deux manières fur les corps. D'abord, ce *liquide* fe combine avec eux en petite proportion & fe folidifie dans cette combinaifon, enfuite il s'empare des corps folides, les diffout & les liquéfie. Quelquefois les corps folides réagiffent fur l'eau qui les mouille, & la décompofent. C'eft ainfi que le fer, le zinc & plufieurs autres métaux décompofent l'eau, laiffent dégager fon hydrogène & fe combinent avec fon oxigène. Nous ne nous occuperons pas de cette troifième manière d'agir de l'eau fur les corps, ni de la réaction des corps fur l'eau.

Pour que l'eau puiffe fe combiner avec les folides, il faut que l'affinité des molécules d'eau, pour celle des folides, foit plus grande que celle des molécules d'eau pour d'autres molécules d'eau; alors, l'eau pénètre le folide, les molécules d'eau fe combinent avec celles du folide: dans cette première combinaifon, l'eau devient folide, & il fe dégage une quantité de calorique plus ou moins confidérable; la réunion de l'eau avec le folide augmente la denfité de la maffe, de manière que, la denfité de la combinaifon eft toujours plus grande que celle qui devroit réfulter du mélange, ainfi que M. Haffenfratz s'en eft affuré (1). Ajoutant de nouvelle eau, celle-ci exerce fon action fur les molécules du folide; elle détruit leur cohéfion, s'en empare, & le folide eft diffous par l'eau; il paffe à l'état *liquide*. Deux cas fe préfentent dans ce paffage: 1°. la chaleur qui a été développée au commencement de l'action de l'eau fur le folide, ceffe; il fe produit du froid, & la denfité de la diffolution va en diminuant; elle eft moins grande que celle qui devroit réfulter du mélange purement & fimplement; c'eft ce qui a lieu dans les diffolutions des muriates, des fulfates, des nitrates, des borates, de la foude & de la potaffe; 2°. la chaleur continue à fe développer pendant la continuation de la diffolution, & la denfité de la diffolution augmentant également, eft plus grande que celle qui devroit réfulter du mélange feulement; c'eft ce qui a lieu dans la diffolution du muriate de zinc & des acétates de chaux, de magnéfie, d'alumine & de fer, du tartrate de potaffe & du phofphate de foude.

M. Prouft a donné le nom d'*hydrate* à toutes les premières combinaifons de l'eau avec les corps folides, dans lefquelles l'eau fe folidifie (*voyez* HYDRATE), & l'on donne le nom de *diffolution* à toutes les combinaifons de l'eau avec les folides, dans lefquelles les folides paffent à l'état *liquide*. *Voyez* DISSOLUTION.

Il exifte une troifième manière d'agir de l'eau fur les corps folides: c'eft celle où l'action de l'air & l'action des corps folides font exercées à la fois fur l'eau, en vapeur, difféminée dans l'air; de manière que, tantôt c'eft l'air qui arrache aux corps folides & les deffèche; tantôt ce font les folides qui l'arrachent à l'air: alors ils augmentent de poids & de volume par cette combinaifon. Cette action de l'eau fur les corps a été appelée *hygrométrique*. *Voy.* HYGROMÈTRE, HYGROMÉTRIE.

On diftingue parmi les *hydrates*:

1°. L'hydrate de foufre en poudre jaune.

2°. Les hydrates terreux en poudre ou en criftaux.

3°. Les hydrates alcalins. Ils font ordinairement criftallifés.

4°. Les hydrates acides. Ce font les acides folides & criftallifés.

5°. Tous les criftaux falins provenant de leur criftallifation dans l'eau. En fe formant, une portion d'eau de criftallifation refte toujours adhérente aux faces des criftaux élémentaires ou intégrans. Il en eft de même des criftaux de

---

(1) *Annales de Chimie*, tome XXXI, pag. 284.

carbonate & de fulfate de chaux : celles de ces fubftances qui n'en contiennent pas, font diftinguées fous le nom d'*anhydre*.

6°. Tous les hydrofulfureux qui peuvent prendre l'état folide, & les hydrates criftallifés.

7°. Un grand nombre de fubftances terreufes.

8°. Les favons.

9°. Le tannin & beaucoup de folides végétaux.

Dans plufieurs de ces hydrates, la proportion d'eau a été déterminée ; mais dans un grand nombre d'autres, elle ne l'a pas encore été.

Quelques hydrates retiennent foiblement l'eau de combinaifon ; d'autres la retiennent avec une grande force. En faifant évaporer, par le feu, l'eau combinée dans les hydrates, il en eft qui fe délitent & dont les lames fe féparent : tels font les criftaux de g. pfé ; dans d'autres, les folides diminuent de volume, & l'adhéfion des molécules, augmente : telle eft l'argile ; dans d'autres, enfin, le volume des corps ne diminue pas fenfiblement, mais le folide en devient plus poreux : tels font les hydrates de fer, &c.

1°. Toutes les fois que l'action de l'eau peut s'exercer fur les hydrates, elle les diffout : tels font les fels folides en général ; mais il exifte plufieurs hydrates fur lefquels l'eau n'a plus d'action : tels font, par exemple, les hydrates de fer. Comme la quantité de fubftances fur les hydrates defquelles l'eau peut exercer fon action, eft confidérable, nous croyons devoir renvoyer au mot Dissolution. *Voyez* ce mot.

2°. L'action du mercure eft exclufivement bornée aux métaux ; il fe comporte à peu près comme l'eau ; il mouille d'abord leur furface, puis fe combine avec eux & forme des compofés, connus fous le nom d'*amalgame* ; quelques-uns de ces compofés ont été trouvés fous des formes criftallines : tel eft le *mercure argental*.

Parmi les métaux, il en eft fept fur lefquels le mercure agit fpontanément, & qu'il liquéfie, lorfqu'il leur eft appliqué en quantité fuffifante ; tels font :

L'or.	Le bifmuth.
L'argent.	Le zinc.
Le plomb.	L'ofmium.
L'étain.	

D'autres où il n'agit que par la trituration, qui détruit en partie leur cohéfion ; ce font les cinq métaux fuivans :

Le platine.	L'arfenic.
Le cuivre.	L'antimoine.
Le tellure.	

Enfin, il y en a cinq avec lefquels le mercure ne peut former aucune combinaifon ; ce font :

Le nickel.	Le manganèfe.
Le cobalt.	Le molybdène.
Le rhodium.	

Il eft extrêmement difficile de combiner le mercure avec le fer ; il faut qu'il lui foit préfenté fous un état particulier.

Guyton de Morveau a fait un grand nombre d'expériences fur l'adhéfion du mercure pour différens corps (*voyez* Adhésion) ; mais dans plufieurs des réfultats qu'il a obtenus, il a regardé comme la force qui indiquoit l'adhéfion de plufieurs corps au mercure, l'effort qu'il employoit pour féparer les molécules de mercure les unes des autres.

3°. L'alcool ne fe folidifie pas fur les corps comme l'eau ; le réfultat de fon action eft toujours de les diffoudre, de les liquéfier. Les fubftances folides que l'alcool peut diffoudre font :

1°. Le foufre.

2°. Le phofphore.

3°. Les alcalis fixes.

4°. Quelques terres alcalines.

5°. La plupart des acides folides.

6°. Un grand nombre de fels.

7°. Les fulfures alcalins.

8°. Les favons alcalins.

9°. Le tannin, &c.

Un mélange d'eau & d'alcool paroît agir avec plus d'énergie fur plufieurs folides que ne feroient l'un & l'autre féparément.

4°. L'action de l'éther fur les folides eft très-circonfcrite.

5°. Il exifte encore trop peu d'expériences fur l'action du *pétrole*, des *huiles volatiles*, des *huiles fixes*, fur les folides, pour que nous puiffions les rapporter ici.

On peut, pour compléter les connoiffances fur les *liquides*, confulter les mots Dilatation, Densité, Chaleur spécifique.

LIQUIDES (Chute parabolique des) ; cafus parabolicus liquidorum ; *parabolifch fall flüffig.* Courbe que les *liquides* forment en s'échappant de l'efpace qui les contient. *Voyez* Chute parabolique des liquides.

LIQUIDES (Compreffion des). Effets produits par la compreffion fur les *liquides. Voyez* Compressibilité.

LIQUIDES (Dilatation des). Augmentation de volume que les *liquides* éprouvent par la chaleur. *Voyez* Dilatation des liquides.

LIQUIDES (Lois de la dilatation des). Marche de la dilatation que fuivent différens *liquides* pour des quantités égales de chaleur.

De nombreufes expériences ont été faites pour connoître la marche de la dilatation des différens *liquides*, pour des degrés égaux de chaleur. Ces expériences avoient principalement pour objet de graduer des thermomètres, de manière à leur faire indiquer, de la même manière, la température de différens degrés, afin de les rendre comparables entr'eux, (*Voyez* Thermomètre, Degrés du thermomètre.) Mais ces expériences n'indiquoient que la marche particulière des *liquides* dans chaque thermomètre. M. Biot a appliqué, à ces expériences, une formule générale qui peut être adaptée, également, à la dilatation de chaque *liquide*, en y introduisant des constantes déduites des expériences faites sur leur dilatation. *Voyez* LOIS DE LA DILATATION DES LIQUIDES.

LIQUIDES (Refroidissement des). Moyens employés pour refroidir ou rafraîchir les *liquides*. *Voyez* REFROIDISSEMENT DES LIQUIDES, RAFRAICHISSEMENT DES LIQUIDES, YDROCÉRAMES.

LIQUIDITÉ; liquiditas; *flussigkeit*; f. f. Propriété en vertu de laquelle la cohésion, entre les molécules des corps, est tellement diminuée, qu'elles peuvent se mouvoir indépendamment les unes des autres, avec assez de liberté pour que celles de la partie supérieure se placent dans un plan parallèle à l'horizon.

Cette propriété est moyenne entre celle de la solidité ou la cohésion des molécules, où elles se meuvent toutes ensemble, & celle de la gazéité, où les molécules n'ont aucune cohésion, & peuvent, par conséquent, se mouvoir indépendamment les unes des autres.

La *liquidité* peut être considérée en elle-même, ou par rapport aux lois que les corps qui jouissent de cette propriété, observent dans leur équilibre & dans leur mouvement. *Voy.* HYDROSTATIQUE, HYDRODYNAMIQUE.

Si l'on considère la *liquidité* en elle-même, on voit que cette propriété est due au calorique interposé entre les molécules, qui les écarte au point de n'agir que très peu les unes sur les autres, de n'être retenues en contact que par les pressions extérieures, telle que celle de l'atmosphère, de manière à leur conserver la facilité de se mouvoir librement.

Quel que soit l'état d'un corps, il peut toujours acquérir les propriétés de la *liquidité*, s'il est solide, de cinq manières différentes : 1°. par l'action du calorique qui s'interpose entre les molécules des corps & les écarte, jusqu'à ce qu'elles jouissent de la propriété qui leur donne la *liquidité*. On donne, à cette manière, le nom de FUSION. *Voyez* ce mot.

2°. Par l'action d'un *liquide* préexistant, On donne à cette opération le nom de DISSOLUTION. *Voyez* ce mot.

3°. Par l'action d'un *liquide*, aidé de celle du calorique : c'est ainsi que l'amidon & d'autres corps ne se dissolvent que dans l'eau bouillante.

4°. Par l'action d'un gaz. Telle est l'union de la glace au gaz acide muriatique & au gaz ammoniacal; alors il y a un grand dégagement de calorique, parce que ces gaz en abandonnent plus en se *liquéfiant*, qu'il n'en faut à la glace pour se fondre.

5°. Enfin, par l'action d'un gaz, aidé de la chaleur. C'est ainsi que le soufre s'unit au gaz oxigène pour former de l'acide sulfurique, en produisant un grand dégagement de calorique.

Si les corps sont gazeux, ils peuvent être *liquéfiés* de six manières différentes : 1°. par le refroidissement ou la retraite seule du calorique : cette opération porte le nom de *condensation*; elle diminue considérablement leur volume & se fait à une température constante pour la même substance, ou variable pour chaque substance en particulier, & sous la même pression : tels sont le gaz acide sulfureux, qui devient *liquide* par un grand refroidissement, & les vapeurs d'eau & d'alcool, &c., qui redeviennent *liquides* par le plus léger refroidissement.

2°. Par une augmentation suffisante de pression; mais ce fait n'a encore été vérifié que pour les vapeurs naissantes (*voyez* VAPEURS NAISSANTES), & le résultat qu'on obtiendroit pour les gaz, ne subsisteroit, comme pour les vapeurs, qu'autant de temps que dureroit l'augmentation de la pression; dans cette expérience on dégageroit tout le calorique, qui constituoit auparavant le fluide élastique.

3°. Par l'action d'un solide, comme cela arrive au gaz acide muriatique & au gaz ammoniac; en s'unissant avec la glace, elle s'y fond comme dans un brasier.

4°. Par l'action d'un *liquide* préexistant; alors il se dégage du calorique. Cette action est favorisée par une température plus basse & une pression plus grande dans la substance gazeuse. Ce passage s'observe particulièrement lorsque l'eau dissout certains gaz, tels que les gaz acides, le gaz ammoniac & même l'air atmosphérique.

5°. Par l'action d'un gaz, aidé de celle du calorique. C'est ainsi que se comporte le gaz oxigène avec le gaz hydrogène, dont la combinaison forme de l'eau. Lorsqu'un gaz agit ainsi sur un autre, les phénomènes qui se produisent sont accompagnés de chaleur avec ou sans lumière : avec de la lumière, comme dans l'action du gaz oxigène sur les gaz hydrogène pur, carburé, sulfuré, phosphoré; & sur les vapeurs d'alcool, d'éther, de soufre, de phosphore : la chaleur produite n'est pas accompagnée de lumière dans les combinaisons de gaz nitreux & de gaz oxigène, & dans celles de gaz hydrogène & de gaz azote. Dans le premier cas, il se forme du gaz acide nitreux qui se dissout dans l'eau; dans le second, du gaz ammoniac qui se dissout également dans l'eau.

6°. Par la cessation des circonstances favorables à leur état présent : ces circonstances sont une densité ou une température suffisante; de même que, lorsque l'air atmosphérique est saturé d'eau, une partie de cette eau repasse à l'état *liquide*, trouble la transparence de l'air, forme des nuages & mouille les corps qui refroidissent l'air; c'est encore par cette cause que l'on voit les vitres des appartemens se mouiller, en dedans ou en dehors, selon que l'air extérieur est plus ou moins froid que l'air intérieur.

La *liquidité* des solides ou des gaz peut être

permanente ou variable. Dans le premier cas, les corps font placés dans la claffe des LIQUIDES (*voyez* ce mot); dans le fecond, ce ne font que des folides fondus ou diffous, ou des gaz condenfés ou diffous.

LIRA. Poids & monnoie d'Italie, correfpondant à la livre.

La *lira* poids = 12 onces = 228 denari = 6192 grano. Son rapport avec la livre & le kilogramme français eft:

A Brefcia de . . . . 0,5947 liv. = 0,2911 kil.
En Sicile de 0,6460   = 0,3162
A Lucques de 0,6900   = 0,3376
A Livourne de 0,7014   = 0,3433
A Bologne de 0,7360   = 0,3602
A Ancône de . . . . . . c,8603   = 0,4211
A Florence de 0,6936   = 0,3395
A Livourne = 12° = 384 tropifi = 6912 grano = 0,6468 liv. = 0,3168 kilogr.
A Naples = 12° = 360 tropifi = 7200 afcènes = 0,6553 liv. = 0,3207 kilogr.
La *lira groffo* vaut à Bergame 1,6470 liv. = 0,8062 kilogr.
La *lira picciola* vaut à Bergame 0,6223 liv. = 0,3446 kilogr.
La *lira* monnoie = 20 foldo = 240 denari; elle vaut:

A Venife . . . . 0,6821 liv. = 0,6736 franc.
A Livourne 0,8306   = 0,8203
En Tofcane 0,8659   = 0,8552
A Triefte = 20 foldo = 48 penn. = 0,5292 livr = 0,5226 fr.

La *lira de banque* vaut à Venife 20 foldo = 240 denari = 0,8176 fr. = 0,8075 liv.
La *lira picciola* vaut à Venife 20 foldo = 240 picciola = 0,5281 fr. = 0,5203 liv.

LIRETTA. Petite monnoie de la feigneurie de Venife.

La *liretta* = 22 foldo = 264 picciolo = 0,5809 liv. = 0,5737 fr.

LIRAZZA. Petite monnoie de la feigneurie de Venife.

La *lirazza* = 30 foldo = 360 picciolo = 0,7922 liv. = 0,7824 fr.

LISBONINE. Monnoie d'or de Portugal, contenant 513 as de fin.

La *lisbonine* = 32,06 liv. = 31,6641 fr.

LISEUR. L'un des quatre mufcles droits de l'œil; il fert à tourner l'œil vers le nez. On lui a donné ce nom, parce que le mouvement qu'il procure à l'œil eft celui qu'on lui fait faire lorfqu'on lit. *Voyez* ADDUCTEUR, ŒIL.

LISIÈRES LUMINEUSES. Bandes blanches & divergentes que M. D. T., correfpondant de

l'Académie royale des fciences, annonce fe former, par le paffage de la lumière à travers l'atmofphère des corps que l'on expofe à fon action (1).

Si, à un rayon de lumière N, *fig.* 972, pénétrant, par une petite ouverture, dans une chambre obfcure, on expofe une épingle ou un petit cylindre métallique X, on remarque fur un carton, placé à une diftance de quelques pieds, deux bandes ED, *d e*, lumineufes, que M. D. T. nomme *lifières lumineufes*. Ces *lifières* ont une blancheur (2) qui, quoiqu'aifée à diftinguer de celle qu'a le carton, aux endroits où il ne tombe que des rayons non infléchis, n'y laiffe apercevoir la teinte d'aucune des couleurs prifmatiques, malgré la décompofition des rayons qui contribuent à l'enluminer; & même la décompofition de la plupart de ces rayons réfractés, n'eft pas généralement affez complète pour que, lorfqu'on a écarté de l'efpace occupé par les *lifières lumineufes*, les rayons non infléchis, qui lui procurent cette blancheur; les premiers produifent des iris ou bandes colorées, puifqu'on n'y diftingue guère qu'une teinte uniforme d'un gris-bleuâtre, telle, par exemple, qu'on l'obtiendroit en mêlant enfemble diverfes poudres différemment colorées.

M. D. T. attribue cette production à une atmofphère B *b*, qu'il fuppofe exifter autour des corps. Nous ne croyons pas devoir examiner férieufement ces *lifières colorées*, qui paroiffent dépendre du phénomène obfervé par le Père Grimaldi. *Voyez* INFLEXION, DIFFRACTION.

LITHARGE, de λιθος, pierre, αργυρος, argent; lithargyrium glaette; f. f. Oxide de plomb lamelleux, provenant de la coupellation de l'argent.

C'eft un protoxide de plomb en écailles brillantes micacées, d'une couleur rouge, jaune ou orange. La *litharge* marchande de couleur rouge eft nommée, dans le commerce, *litharge d'or*, *chryfitis*: on donne le nom de *litharge d'argent*, *argyrius*, à celle qui eft de couleur jaune.

On obtient la *litharge* en fondant du plomb dans un fourneau de coupelle; dirigeant le vent des foufflets fur le plomb fondu, de l'oxide fe forme à la furface; il fe liquéfie & coule hors du fourneau par la voie de coupelle. L'oxide fondu fe réunit en tas affez confidérables fur le bord du fourneau, puis on le retire en morceaux pour le jeter dans l'ufine & en former une maffe. En fe refroidiffant, les morceaux deviennent lamelleux; la *litharge* fe divife en écailles. Si le refroidiffement fe fait avec une grande lenteur, la *litharge* eft rouge; fi le refroidiffement eft prompt, la *litharge* eft jaune: en général, la couleur jaune, orange & rouge de la *litharge*, dépend de la durée du refroidiffement. Cette différence dans les cou-

---

(1) *Journal de Phyfique*, année 1775, tome II, p. 135.
(2) §. 10, pag. 140.

leurs provient de la proportion d'oxigène, combiné au plomb. A la température de la fusion, le plomb retient encore la quantité d'oxigène propre à le constituer oxide jaune; en se refroidissant, il enlève de l'oxigène à l'air, & à mesure que la proportion d'oxigène augmente, sa couleur passe au rouge. Il suit de-là que, plus il est de temps à se refroidir, plus l'oxide prend de l'oxigène à l'air, & plus il devient rouge.

Dans l'art de la verrerie, la *litharge* pure peut être employée comme le minium, pour donner au verre un plus grande pesanteur & une plus grande réfringence : le verre, dans lequel entre cet oxide de plomb, prend le nom de *cristal.*

Avec ce protoxide, on fait du sous-acétate de plomb ou extrait de saturne, en le dissolvant dans du vinaigre. En faisant passer de l'acide carbonique dans une dissolution de cet acétate, on en obtient du blanc de plomb. Unie avec l'antimoine, la *litharge* constitue le jaune de Naples. Enfin, en faisant chauffer la *litharge* avec diverses matières grasses, on fait l'emplâtre diapalme, l'onguent de la mère, &c.

Pris intérieurement, l'oxide de plomb est un véritable poison; la respiration de ses vapeurs occasionne des coliques néphrétiques. Anciennement, quelques marchands en mettoient dans le vin pour lui donner de la douceur; cet usage dangereux est sévèrement défendu par les lois.

LITHION. Nouvel alcali, découvert par M. Arfridson dans la *pétalite.* Cette substance a également été trouvée, ensuite, par MM. Vauquelin, Clarke & Davy. M. Arfridson l'a rencontrée depuis dans le *triphane* & dans la *lépidolite.* Tout porte à croire qu'il se trouvera encore dans plusieurs autres substances.

Cet alcali est distingué de la potasse & de la soude, par M. Vauquelin, d'après les propriétés suivantes :

1°. En ce que le sel, formé par sa combinaison avec l'acide carbonique, est très-difficile à dissoudre dans l'eau.

2°. Par la grande fusibilité des sels qu'il forme avec les acides sulfurique & muriatique; le premier coule comme une huile, avant d'être chauffé à un premier degré d'incandescence, & le second attire l'eau de l'atmosphère avec avidité.

3°. Par sa grande facilité à attaquer le platine, étant rougi dans un creuset de ce métal.

4°. Par sa grande capacité pour saturer les acides, surpassant en cela, de beaucoup, celle de la potasse & de la soude, même celle de la magnésie, avec laquelle le *lithion* a beaucoup de rapprochement par sa quantité d'oxigène.

5°. Parce que l'acide tartareux forme, avec lui, un sel efflorescent, tandis qu'avec l'acide acétique, le sel qui en résulte se prend en gelée ou en masse d'apparence gommeuse.

Quant à ses autres propriétés qui le rapprochent plus ou moins des autres alcalis, M. Davy les a indiquées de la manière suivante :

1°. Il a une saveur caustique comme les autres alcalis fixes.

2°. Il agit d'une manière très-forte sur les couleurs bleues végétales.

3°. Il forme, avec l'acide sulfurique, un sel qui cristallise en petits prismes, d'un blanc éclatant, qui ont paru carrés, qui ont une saveur salée & non amère, comme les sulfates de soude & de potasse, qui est plus soluble dans l'eau, & plus fusible au feu que le sulfate de potasse.

4°. Il forme, avec l'acide nitrique, un sel déliquescent, d'une saveur très-piquante, ce qui n'appartient ni au nitrate de potasse, ni au nitrate de soude.

5°. Le sel peu soluble qu'il forme avec l'acide carbonique, s'effleurit à l'air; on peut le précipiter d'une solution sulfurique concentrée, au moyen d'une solution de carbonate de potasse aussi rapprochée. Cependant, le sous-carbonate est infiniment plus soluble que les carbonates terreux. Il paroît qu'il attire très-promptement l'acide carbonique de l'air; car il suffit du temps nécessaire pour l'évaporation de sa dissolution, pour qu'il soit entièrement carbonaté.

6°. Il est soluble dans cent fois son poids d'eau froide, environ; & quoique foible, la dissolution fait effervescence avec les acides, & agit fortement sur les couleurs bleues végétales.

7°. La dissolution de ce sel précipite le muriate de chaux, les sulfates de magnésie & d'alumine en flocons blancs; les sels de cuivre, de fer, d'argent, sous des couleurs semblables à celles qu'y produisent les carbonates de soude & de potasse.

8°. Elle dégage l'ammoniaque de sa combinaison saline.

9°. La chaux & la baryte lui enlèvent l'acide carbonique.

10°. Elle ne précipite point le muriate de platine comme le carbonate de potasse.

11°. En s'unissant au soufre, le *lithion* donne au soufre une couleur jaune. Cette combinaison est très-soluble dans l'eau; elle est décomposée par les acides, avec les mêmes phénomènes que les sulfures alcalins ordinaires.

M. Davy estime, d'après ses expériences, que l'oxide de *lithion* est composé de 0,565 de *lithion* & de 0,435 d'oxigène.

LITHIATE, de λίθος, *pierre*; lithias; *lithiate*; s. m. Sel formé par l'acide *lithique*, combiné avec différentes bases. *Voyez* LITHIQUE (Acide), URATES, L'RIQUE (Acide).

LITHIQUE (Acide), de λίθος, *pierre*; acidum lithicum; *lithische sauer*; s. m. Acide retiré, par Scheele, des concrétions urinaires.

Des travaux ultérieurs ayant fait connoître que plusieurs autres principes entroient aussi dans la composition de ces calculs, & que d'ailleurs l'*acide lithique* formoit, dans l'état de fanté, un des matériaux conftans de l'urine, fon nom a été remplacé par celui d'*acide urique*, fous lequel il eft aujourd'hui généralement connu. *Voyez* URIQUE (Acide).

LITHOCOLLE, de λιθος, pierre, κολλα, colle; f. f. Colle à pierre.

Ciment avec lequel les lapidaires attachent les pierres précieufes pour les tailler fur la meule.

LITHOGLYPHITE, de λιθος, pierre, γλυφη, *entaille*; f. f. Subftance foffile qui repréfente des matériaux moulés ou fculptés.

LITHOGRAPHIE, de λιθος, pierre, γραφω, *je décris*; lithographium; *lithographi*; f. f. Defcription des pierres ou avec des pierres.

Le mot *lithographie* a deux fignifications. En hiftoire naturelle, c'eft la partie qui a pour objet la defcription des pierres. Dans l'art de la gravure, c'eft un moyen nouveau de deffiner fur des pierres & d'imprimer avec ces pierres les objets deffinés.

La *lithographie*, qui a pris naiffance fur la fin du fiècle dernier, confifte à choifir des pierres calcaires, compactes, qui s'imbibent facilement d'eau; à faire polir ces pierres, puis deffiner deffus avec un crayon gras, ou de l'encre graffe: on fait ufage, pour l'encre, de plume ou de pinceau.

Après avoir exécuté fur la planche le deffin voulu, & que le crayon ou l'encre font parfaitement fecs, on imbibe d'eau la pierre, on la pofe fur la table de la preffe; on pofe, de plus, avec des tampons, de l'encre d'impreffion; l'encre ne s'attache qu'aux corps gras qui forment les linéamens du deffin; elle réfufe de s'attacher à la pierre qui eft humide: on met le papier fur la pierre, on comprime, l'encre d'impreffion s'attache au papier, & l'on recueille la contre-épreuve du deffin exécuté.

On peut tirer, par ce moyen, un nombre confidérable d'exemplaires, beaucoup plus grand que celui que procurent les gravures en taille-douce.

Ce mode de gravure a l'avantage, fur tous ceux qui font connus jufqu'à préfent, que l'artifte peut lui-même deffiner fur la planche, & nous procurer des deffins originaux qu'il eft impoffible d'obtenir par tout autre moyen.

Un nouvel avantage de ce mode de gravure, c'eft que l'on peut tranfporter, fur la pierre, tous les traits exiftans fur du papier; des écritures, des gravures, &c. & multiplier, par ce moyen, des traits dont il n'exifte qu'un feul exemplaire.

L'art de la gravure exifte, depuis une époque à laquelle on ne peut remonter. Les Anciens gravoient en creux & en relief fur le bois, les métaux & les pierres les plus dures; ils retiroient des empreintes de tous ces objets: cependant,

ils n'avoient aucune connoiffance de l'art de l'imprimerie, dont ils étoient fi près, car il ne s'agiffoit que d'enduire les traits de leurs reliefs avec une couleur, ou d'en remplir les caractères gravés en creux, & d'en tirer des empreintes fur le papyrus, fur les peaux ou fur les étoffes.

On prétend, cependant, que les Egyptiens poffédoient ce fecret, & il n'eft pas douteux que les plus anciens peuples ne l'aient pratiqué; mais il paroît que le hafard feul nous l'a fait connoître.

Il exifte aujourd'hui trois fortes de gravures à impreffion: 1°. la gravure en bois; 2°. la gravure en cuivre; 3°. la gravure fur pierre. La première a pris naiffance au commencement du quatorzième fiècle. Les premiers effais, deftinés d'abord à multiplier des figures groffières, qui fe font tranfmifes jufqu'à nos jours, dans les cartes à jouer, ont éprouvé, depuis, de bien grands perfectionnemens.

Maffo Siniguera, orfèvre à Florence, habile dans la cifelure, tiroit, avec du foufre liquide, les traits tracés au burin. Il imagina d'emplir fes tailles avec une couleur noire broyée à l'huile, & de recevoir cette nouvelle empreinte fur un papier humecté, & preffé fur la planche, au moyen d'une couleur. Voilà l'art de la gravure en taille-douce, découverte au même inftant, & la pratique de plufieurs fiècles ne lui a rien fait gagner fous le rapport mécanique.

Aloys Sonnefelder, médiocre chanteur des chœurs de Munich, obferva la propriété qu'ont les pierres calcaires, de retenir les traits formés par une encre graffe, & de les tranfmettre dans toutes leur pureté, au papier appliqué fortement à leur fuperficie; il reconnut, de plus, que l'on pouvoit répéter le même effet, en humectant la pierre & en chargeant les mêmes traits d'une nouvelle dofe d'encre d'impreffion. Il obtint du roi de Bavière, en 1800, un privilége exclufif pour l'exercice de ce procédé pendant dix-huit ans, & la *lithographie* fe perfectionna & fe répandit dans tous les pays de l'Europe.

Pour avoir de plus grands détails fur la *lithographie*, on peut lire le rapport de M. Caftellan, imprimé dans le *Journal de Phyfique*, 1er volume, année 1817, pag. 102.

LITHOGRAPHIQUE (Crayon). Crayon gras & noir, qui fe taille aifément, s'amincit en une pointe très-déliée, pour deffiner fur des pierres calcaires deftinées à la lithographie.

Il faut une main légère pour fe fervir de ces *crayons*, car leur extrémité caffe & ploie fi l'on appuie trop. Ce *crayon* a encore le défaut de fe ramollir à la chaleur & à l'humidité. *Voyez*, pour fa compofition, CRAYON LITHOGRAPHIQUE.

LITHOGRAPHIQUE (Encre). Combinaifon de graiffe, de réfine, de foude & de gomme laque:

on ajoute à ce mélange la quantité de noir de fumée nécessaire pour le colorer.

Cette encre est soluble à l'eau distillée ; on la prépare de manière qu'elle soit très-épaisse. Lorsqu'elle est bien séchée sur la pierre, elle y est tellement adhérente, que les traits ne s'effacent point, lorsqu'on passe dessus l'éponge mouillée.

LITHOLOGIE, de λιθος, pierre, & de λογος, science ; lithologia ; lithologie ; f. f. Traité sur les pierres.

Partie de l'histoire naturelle qui a pour objet les différentes espèces de pierres, leur formation, leur propriété, &c. C'est par le moyen de cette science que l'on développe les caractères distinctifs de ces substances, & qu'on les range dans un ordre méthodique.

LITHOLOGIE ATMOSPHÉRIQUE ; lithologium atmosphæricum ; atmospherische lithologie ; f. f. Traité des pierres tombées de l'atmosphère.

Depuis le moment où l'on a reconnu qu'il tomboit réellement des pierres de l'atmosphère, on s'est empressé de recueillir tous les faits décrits dans un grand nombre d'ouvrages ; & l'on a publié des ouvrages nouveaux qui font connoître l'historique de ces pierres, leur analyse, & les différentes théories imaginées pour expliquer leur formation. Voyez URANOLITES.

LITHOPÈDE ; λιθοπαιδιον ; infans lapideus ; lithopede ; f. m. Enfant pétrifié dans le ventre de sa mère.

Tous les faits rapportés sur ces sortes de pétrifications, se réunissent à deux enfans trouvés dans le corps de deux femmes, l'une de Sens, l'autre de Pont-à-Mousson. La première est morte à l'âge de soixante-dix ans ; on l'a crue enceinte pendant vingt-huit ans ; & l'on trouva dans sa matrice, après sa mort, un fœtus dont les pieds & les mains paroissoient avoir la dureté des os & de l'ivoire ; on ne put l'extraire qu'à coups de hache, tant l'utérus étoit endurci.

LITOPHAGE, de λιθος, pierre, φαγω, je mange ; lithophagus ; steinfresser ; f. m. Mangeur de pierres.

Il existe, mais très-rarement, des hommes qui ont une gloutonnerie insatiable, & souvent un besoin de manger qu'ils satisfont difficilement. On leur a donné le nom d'homophages, de polyphages. Ces derniers mangent de tout, même des pierres. Un nommé Tarare, des environs de Lyon, jouissoit de cette propriété ; il avaloit des pierres, des cailloux de moyenne grosseur, qu'il rendoit au bout de vingt-quatre heures : on lui fit avaler l'étui d'un gros lancetier, dans lequel on avoit placé un papier écrit : il le rapporta au bout de vingt-quatre heures.

Jacques de Falaise, que l'on a déjà vu au spectacle de M. Comte, & que l'on y voit encore cette année 1820, avale des tuyaux de pipe qu'il rend au bout de vingt-quatre heures.

Nous pensons qu'il faut distinguer ces véritables lithophages, de ceux qui se donnent en public comme mangeurs de pierres, qui paroissent avaler des cailloux & les faire résonner dans leur ventre. Ces derniers répètent trop souvent cette opération, dans la journée, pour croire qu'ils les avalent. S'ils en avaloient quelques-uns, qu'ils pussent rendre intacts au bout de vingt-quatre heures, plus ou moins, il est extrêmement probable qu'ils en escamotent plusieurs en feignant de les avaler : tout fait croire également, que le bruit qu'ils font entendre & qu'ils attribuent aux prétendus cailloux qu'ils ont mangés, est produit d'une autre manière.

Au reste, beaucoup de personnes ont la propriété d'avaler des corps durs & indigestifs, & de les rendre intacts, dans les selles, au bout d'un temps plus ou moins long, tels que les noyaux que les enfans avalent. Tous ces hommes pourroient passer pour de vrais lithophages, s'ils avaloient des pierres au lieu des autres corps durs.

LITRE ; λιτρα ; litrum ; litre ; f. m. Nouvelle mesure de capacité.

Le litre remplace, dans les nouvelles mesures, la pinte dans les mesures anciennes ; sa capacité est d'un décimètre cube, & équivaut en mesures anciennes, à 1,07375 de la pinte, ou à 1,23077 du litron.

On fait usage du litre pour mesurer les liqueurs & les grains qui se vendent en détail.

LITRE. Mesure, poids & monnoie d'Egypte & d'Asie.

En poids, le litre = 12 onces = 96 drachmes = 0,4566 liv. = 0,2235 kilog.

Le litre monnoie équivaut à l'once d'or ; il = 2 dariques = 12 distatenes ou onces d'argent pur = 24 statères = 30 liv. = 14,4755 kilog.

LITRON. Mesure de capacité, anciennement en usage en France, qui est remplacée par le litre. Il faut 16 litrons pour former un boisseau de 640 pouces cubes. Ainsi le litron = 40 pouces cubes = 0,8125 lit.

LITTÉRAL, de littera, lettre ; litteralis ; buchstablich ; adj. Qui est selon la lettre.

LITTÉRAL (Calcul). Calcul au moyen des lettres, c'est-à-dire, dans lequel on emploie des lettres pour désigner des quantités indéterminées. Voyez ALGÈBRE.

LIVONOISE. Monnoie d'argent de la Livonie, province de Russie.

La livonoise est au titre de 9 deniers un grain ; elle pèse 643 as hollandais ; elle contient 547 as de fin ; il en faut 1 1/4 pour un rouble. La livonoise =

f ⅕ rixdaler = 96 copecks = 4,545 liv. = 2, 2248 kilog.

LIVRE; libra ; *pfund* ; f. f. Poids ou monnoie. La *livre*, en métrologie, a différentes divifions. La *livre* ordinaire en France = 2 marcs = 16 onces = 128 gros ou drachmes = 320 efterlins = 384 deniers ou fcrupules = 640 oboles ou mailles = 1280 felins = 9216 grains = 221184 primes.

En Allemagne, la *livre* = 2 marcs = 32 lots = 128 quintins = 512 pennings = 8704 efchen = 9728 afs.

Dans l'origine, la *livre* françaife, celle inftituée par Charlemagne, étoit de 12 onces = 96 drachmes ou deniers = 288 fcrupules, comme l'ancienne livre romaine ; mais elle étoit plus grande, elle répondoit à 6912 de nos grains ; tandis que la *livre* romaine ne contenoit que 6154 de ces mêmes grains.

Sous le règne de Philippe Ier., on introduifit en France le poids de marc ; qui formoit les ⅔ de la *livre* de Charlemagne. Ce marc étoit de 8 onces = 64 drachmes ou deniers = 192 fcrupules = 4608 de nos grains. Par la fuite, on forma la *livre* de 2 marcs, c'eft celle qui exiftoit en 1789 ; mais cette *livre* étoit toujours établie fur la *livre étalon*, inftituée par Charlemagne ; elle formoit une *livre* & un tiers de celle de cet empereur.

Pendant long-temps, la *livre* de Charlemagne a été confervée intacte par les apothicaires ; on la diftinguoit fous le nom de *poids de médecine* ; mais, vers le milieu du dix-huitième fiècle, ils abandonnèrent la *livre* de 12 onces, & adoptèrent celle de 2 marcs ou 16 onces, qui étoit généralement en ufage.

Nous allons faire connoître la valeur des différentes *livres* qui exiftent en Europe, entre la *livre poids du roi* en Angleterre = 1,3823 liv. = 642,1 grammes, & la *livre poids de marc* de France = 1 liv. = 489,5 grammes.

Ces poids, comparés à la *livre poids de marc* & au kilogramme font, la *livre* :

		grammes.
De Batavia	= 1,2020	588,3
De Moravie	= 1,1440	559,8
D'Olmutz	= 1,1440	559,8
De Vienne	= 1,1440	559,8
De Turin	= 1,1500	562,8
De Ratisbonne	= 1,1610	568,1
De Mayence	= 1,1250	548,5
D'Yverdun	= 1,1019	539,2
De Lentzbourg	= 1,0700	523,8
De Siléfie	= 1,0825	529,8
De Neufchâtel	= 1,0625	520,1
De Prague	= 1,0473	507,7
De Memmingen	= 1,0443	511,2
De Soleure	= 1,0440	511,1
De Thoun	= 1,0979	537,5
De Nuremberg	= 1,0393	508,8
De Laufanne	= 1,0379	508,1

		grammes.
De Morgues	= 1,0379	508,1
De Noftock	= 1,0380	508,2
De Dublin	= 1,0174	498
De Soïlingen	= 1,0167	497,6
De Turin	= 1,0100	494,3
De Bruxelles	= 1,0094	494,1
De Surinam	= 1,0046	491,8
D'Ofnabruck	= 1,0046	491,8
D'Amfterdam	= 1,0046	491,8
De Bremen	= 1,0043	491,6
De Berg-op-Zoom	= 1,00354	491,3
De France	= 1,0000	489,5
De Bayeux	= 1,0000	489,5
De Befançon	= 1,0000	489,5
De Nantes	= 1,0000	489,5
De Paris	= 1,0000	489,5
De Rome	= 1,0000	489,5
De la Rochelle	= 1,0000	489,5
De Saint-Malo	= 1,0000	489,5
De Saint-Sébaftien	= 1,0000	489,5
De Strasbourg	= 1,0000	489,5

Nous venons d'examiner la férie des *livres* qui font égales ou plus grandes que celles du poids de marc de France ; examinons maintenant celles qui font plus petites. Leur valeur comparée à la *livre* poids de marc & au kilogr., font, pour la *livre* :

		grammes.
De Bordeaux	= 0,9996	489,3 gr.
De Bayonne	= 0,9996	489,3
De Stade	= 0,9991	489,2
D'Auran	= 0,9974	488,2
De Hanovre	= 0,9947	486,9
De Bâle	= 0,9946	486,8
De Bilbao	= 0,9946	486,8
De Lunebourg	= 0,9916	485,4
De Zell	= 0,9916	485,4
De Lubeck	= 0,9854	482,5
De Stetin	= 0,9807	480,07
De Bourg en Breffe	= 0,9659	472,8
De Middelbourg	= 0,9659	472,8
De Bourges	= 0,9567	468,3
De Munich	= 0,9566	468,3
D'Ulm	= 0,9560	467,9
D'Anvers	= 0,9558	467,8
De Freiberg	= 0,9556	467,8
De Cologne	= 0,9555	467,6
De Hambourg	= 0,9553	467,6
De Manheim	= 0,9553	467,6
De Bonn	= 0,9546	467,2
De Zillau	= 0,9541	467,
De Magdebourg	= 0,9540	466,9
De Drefde	= 0,9539	466,9
De Mons	= 0,9525	466,2
Francfort-fur-le-Mein	= 0,9524	466,1
De Toulon	= 0,9623	466,
D'Aix-la-Chapelle	= 0,9522	465,9
Francfort-fur-l'Oder	= 0,9522	465,9
De Brunfwick	= 0,9518	465,8
De Leipfick	= 0,9519	465,8
De Gueldre	= 0,950	465,
De Namur	= 0,9489	464,5

De

		grammes.
De Séville.........	= 0,9477	= 463,9
De Bois-le-Duc.....	= 0,9464	= 462,3
De Bruges.........	= 0,9464	= 462,3
D'Amiens.........	= 0,9433	= 461,6
D'Espagne........	= 0,9392	= 459,5
D'Alicante........	= 0,9374	= 458,9
De Cadix........	= 0,9379	= 459,1
De Lisbonne.......	= 0,9371	= 458,7
De Malaga........	= 0,9366	= 458,6
De Leyde.........	= 0,9309	= 455,6
De Nanci.........	= 0,9309	= 455,6
D'Alicante	= 0,9302	= 455,2
De Courtrai	= 0,8930	= 437,1
De Thorn	= 0,8909	= 436,1
De Dantzick......	= 0,8878	= 434,6
De Murcie	= 0,8875	= 434,4
De Porto.........	= 0,8851	= 433,3
De Tournu	= 0,8850	= 433,2
De Revel.........	= 0,8792	= 430,3
D'Ypres	= 0,8750	= 428,3
D'Abbeville	= 0,8600	= 420,9
De Dunkerque	= 0,8620	= 421,7
De Riga	= 0,8525	= 417,3
De Liban........	= 0,8450	= 413,6
D'Avignon	= 0,8371	= 409,7
De Toulouse.......	= 0,8363	= 409,3
De Varsovie.......	= 0,8294	= 405,5
De Breslau.......	= 0,8234	= 402,8
De Marseille......	= 0,8167	= 399,6
De Montpellier.....	= 0,8189	= 400,8

On a examiné, dans cette série, toutes les *livres* dont les poids varient entre la *livre du poids de marc* de 16 onces = 1,0000 = 0,4895 kilog., & celle de la *livre Roy* = 0,7618 liv. = 0,3729 kilog., & la *livre* de 12 onces pour la médecine = 0,75 liv. = 0,3674 kilog. Nous allons maintenant examiner toutes les *livres* au-dessous de celles-ci, c'est-à-dire, les *livres* qui sont un peu plus grandes ou un peu plus petites que la moitié de la *livre* avoir de poids = 0,6560 = 0,3211 kilog. La valeur de ces *livres*

A Pise	= 0,6992	= 342,26 gr.
A Rome.........	= 0,6929	= 339,18
A Novi.........	= 0,6726	= 329,22
A Parme	= 0,6667	= 326,35
A Sienne	= 0,6563	= 321,22
A Malte	= 0,6469	= 316,67
A Pistoia........	= 0,6430	= 314,74
A Saragosse	= 0,6419	= 314,22
A Palerme	= 0,6407	= 313,62
A Nice.........	= 0,6325	= 309,57
A Barcelonne.....	= 0,6278	= 307,3
A Thoun........	= 0,6200	= 303,49

LIVRE AVOIR DE POIDS. Poids dont on se sert en Angleterre pour peser les grosses marchandises. Elle se divise, comme l'autre, en 16 onces = 128 drachmes = 384 grains = 0,9264 liv. = 453,3 grammes.

En Irlande, cette même livre = 1,1050 liv. = 540,9 gram.

LIVRE DE COMMERCE. Poids employé à Bruxelles pour le commerce; il se divise en 16 onces. Elle est plus petite que la *livre de marc* de la même ville. La *livre de commerce* = 0,9464 liv. = 463,8 grammes.

LIVRE DE MÉDECINE. Poids employé par les médecins & les apothicaires. Cette *livre* se divise en 12 onces = 96 drachmes = 288 scrupules = 6912 grains, comme celle de Charlemagne. Elle varie de valeur dans différens pays. La *livre de médecine* vaut:
En France = 0,7500 liv. = 367,13 grammes.
En Allemagne = 0,7320 liv. = 350,30 gramm.
En Suède = 0,7284 liv. = 356,56 grammes.
A Turin = 0,6280 liv. = 307,41 grammes.

LIVRE DE TROY. Poids dont on se sert en Angleterre, pour peser l'or, l'argent, les diamans; elle se divise en 12 onces = 240 pennys = 5740 gr. = 0,7618 liv. = 390,9 grammes.

LIVRE GAULOISE. C'est la *livre* de 12 onces, instituée par Charlemagne. *Voy.* LIVRE DE MÉDECINE.

LIVRE POIDS DE MARC. *Livre française* composée de 2 marcs = 16 onces = 128 gros = 384 deniers = 9216 grains = 1 liv. = 418,5 grammes.

LIVRE POIDS DE TABLE. Poids employé dans le Languedoc. La *livre poids de table* = 0,8549 liv. = 418,5 grammes.

LIVRE POIDS DU ROI. Poids employé en Angleterre. Cette *livre* est double de la *livre* sterling; elle est les $\frac{2}{3}$ environ de la *livre* avoir de poids. Elle contient 24 onces = 1,3820 liv. = 676,48 gram.

LIVRE POUR LA SOIE. Il existe dans plusieurs grandes villes des pays méridionaux de l'Europe, un poids destiné à peser la soie; il contient ordinairement 15 onces. Son poids est:
En France = 0,9375 liv. = 464,1 grammes.
A Lyon = 0,9345 liv. = 457,4 grammes.
A Venise, elle est extrêmement légère; elle = 0,6159 liv. = 301,49 grammes.

LIVRE POUR L'OR. Le poids employé pour peser l'or diffère dans beaucoup de pays:
En France, la *livre d'or* est la même que la *livre* poids de marc. *Voyez* LIVRE POIDS DE MARC.
En Angleterre, la *livre d'or* fin = 24 karats = 96 grains = 384 quarts = 0,9618 liv. = 470,8 gr.

LIVRE ROMAINE. Poids introduit en France par les Romains, & auquel Charlemagne a substitué un autre poids.
La *livre romaine* se divise en 12 onces = 96 drachmes = 208 scrupules = 0,6681 liv. = 327,06 grammes.

LIVRE STERLING. Poids introduit en Angleterre par les Romains. Cette *livre* a été divisée en 12 onces = 240 deniers = 0,6849 liv. = 335,32 grammes.

LIVRE, dans les monnoies, est une valeur fictive à laquelle on rapporte toutes les autres valeurs. La *livre* se divise ordinairement en 20 sous, le sou en 12 deniers. En Angleterre, la *livre* se divise également en sous & en deniers, mais le denier se divise en 8 fartings ou liards. Dans les Pays-Bas autrichiens, le denier se divise en 8 pennings & en 24 mytens. On évalue en *livres* tournois & en francs la *livre*

	liv.	franc.
De Bâle .... =	1,4790 =	1,4607
De Berne .... =	1,7970 =	1,7748
De France .... =	1,0000 =	0,9876
De Genève .... =	0,8127 =	0,8126
Dito courante	1,707 =	1,6859
Des Etats de Savoie. =	1,1970 =	1,1822
De Lorraine ..... =	0,750 =	0,7407

LIVRE GROS. Monnoie de compte en usage en Hollande, dans les Pays-Bas autrichiens & français. Evaluée en *livres* tournois & en francs, la *livre gros*

De Hollande .... =	13,03 =	12,8669
Des Pays-Bas autrichiens =	11,17 =	10,9697
Des Pays-Bas français . =	7,50 =	7,4079

LIVRE D'ARGENT. Unité monétaire de France. Les pièces de cette unité, nommées *livres d'argent*, ont été frappées en 1719 & 1720.

En 1719, la *livre d'argent*, formée d'argent à 12 deniers, étoit de $65 \frac{1}{11}$ à la taille, sa valeur numérale étoit de 1 livre, & sa valeur actuelle 0,8346 liv. = 0,8341 fr.

En 1720, la *livre d'argent*, également d'argent fin, a varié de taille & de valeur numérale.

Celles frappées le 5 mars étoient de $65 \frac{1}{11}$ à la taille, leur valeur numérale 30 sous, & leur valeur actuelle 0,8346 liv. = 0,8341 fr.

Du 1er. mai au 1er. décembre, ces pièces étoient de $67 \frac{1}{11}$ à la taille. Leur valeur numérale a varié:

Elle étoit, le 1er. mai de ..... 27 sous 6 den.

Le 1er. juillet de ...	25	»
Le 16 juillet de	22	6
Le 30 juillet de	40	»
Le 1er. septembre de	35	»
Le 16 septembre de	30	»
Le 1er. octobre de..	25	»
Le 1er. décembre de	20	»

Cependant, leur valeur réelle étoit la même; elle seroit aujourd'hui de 0,8097 liv. = 0,7996 fr.

LIVRE STERLING. Monnoie de compte en usage en Angleterre = 1 marc $\frac{1}{2}$ = 2 augites = 3 noble = 4 crowne = 20 scheling = 60 croat. = 240 penny = 1920 fartings = 24,86 liv. = 24,55 fr.

LIVRE TOURNOIS. Monnoie de compte qui valoit, dans l'origine, 240 deniers; elle fut fabriquée à Tours, & portoit, en conséquence, le nom de *tournois*. Cette espèce de *livre* étoit distinguée de celle qui étoit composée de 240 deniers, & de celle de divers autres pays, qui avoient des valeurs différentes.

Charlemagne, en introduisant la manière de compter par *livres*, sous & deniers, entendoit par *livre* monétaire, une *livre d'argent* à 11 deniers 12 grains de fin, qui est l'*argent-le-roi*. Cette *livre* pondérable étoit celle de Charlemagne, de 12 onces. La *livre d'argent*, divisée en 20 parties pondérables, formoit le sou, & le sou, divisé en 12 parties pondérables, formoit le denier tournois.

Depuis Charlemagne jusqu'à Philippe I, les sous furent d'argent, & les 20 pesèrent presque toujours une *livre* de poids, ou approchant; mais dans la suite, les sous ayant beaucoup diminué de leur poids, on n'en continua pas moins de se servir du terme de *livre* pour exprimer une somme de 20 sous, quoiqu'ils ne pesassent plus une *livre d'argent*. Enfin, l'affoiblissement a été porté au point, que si un homme avoit emprunté, sous le règne de Charlemagne, une somme de 100 *livres*, sa famille, si elle existoit aujourd'hui, ne pourroit s'acquitter qu'en donnant 7885 *livres*.

Sous saint Louis, la *livre tournois* valant 20 sous, un gros *tournois* vaudroit aujourd'hui 18 *livres* = 17,7777 francs de notre monnoie.

Enfin, la *livre parisis*, valant 240 deniers *parisis*, valoit une *livre tournois* & un quart, ou 25 sous *tournois*.

La *livre tournois* a été, depuis Charlemagne jusqu'à l'introduction du nouveau système métrique, l'unité monétaire des Français. Cette *livre tournois* = 0,9875.

LIXIVIATION, de lexivium, *lessive*; lixiviatio; ausslangern; s. f. Lessivage des matières qui contiennent des substances solubles dans l'eau.

Cette opération est pratiquée dans les arts & en chimie. Son objet est de séparer des substances solubles, dans l'eau, d'avec d'autres qui sont insolubles, en faisant macérer, dans ce liquide, les composés qui les contiennent. L'eau, chargée ainsi des parties solubles, par une ou plusieurs macérations, & décantée du résidu, se nomme *lessive*, & le produit solide, résultant de l'évaporation complète de la lessive, est appelé *sel lixiviel*.

On fait souvent usage d'une opération analogue à la *lixiviation*, & à laquelle on a donné le nom d'*édulcoration*. La *lixiviation* a pour objet de retirer les sels, ou autres substances solubles contenues dans différents matériaux, tels que la potasse ou la soude des cendres, le salpêtre des plâtras, en négligeant & en rejetant même les résidus de la *lixiviation*. L'édulcoration, au contraire, a pour objet de purifier des matériaux insolubles des substances solubles qu'elles contiennent. Cette édulcoration se fait à chaud, lorsque l'on veut enlever toutes les matières solubles, & obtenir un résidu d'une grande pureté ; elle se fait à froid, lorsque le composé est entièrement soluble dans l'eau bouillante, & que l'un des sels seulement est soluble dans l'eau froide : c'est ainsi quel'on sépare plusieurs sels déliquescens des autres sels avec lesquels ils sont combinés. Tels sont, par exemple, les sels à base terreuse, qui se déposent dans les marais salins avec le sel marin,

LOBE, de λοβος, bout de l'oreille ; lobus ; *lappen* ; s. m. Extrémité inférieure de l'aile de l'oreille.

C'est cette portion B, *fig.* 440, du bas de l'oreille, qui paroît être composée, en partie, d'une substance graisseuse & d'une substance glanduleuse ; c'est cette extrémité, peu sensible, que l'on perce pour suspendre les boucles d'oreille.

Par analogie & par ressemblance au bout de l'oreille, on a donné le nom de *lobes* aux parties saillantes & arrondies d'un viscère ou d'un organe ; c'est ainsi que l'on a distingué les *lobes du cerveau*, les *lobes du poumon*, les *lobes du foie*. On ignore encore quel a été le but de la nature dans la formation de ces organes.

En botanique, on donne également le nom de *lobes*, aux deux corps charnus qui accompagnent l'embryon de la plante ; on les distingue très-facilement dans le haricot. Ces *lobes* deviennent les feuilles séminales de la plante, dès qu'elle est assez forte pour pomper les sucs de la terre.

LOBULE ; lobulus ; *laeppchen* ; s. m. Diminutif de *lobe*.

On dit le *lobule de l'oreille* ; le *lobule du foie*, pour désigner le petit *lobe* de ces viscères.

LOCAL, de *locus*, lieu ; localis ; *artlich* ; adj. Qui appartient au lieu, qui a rapport au lieu.

LOCAL (Problème). C'est un problème dont la solution se rapporte à un lieu géométrique. Il n'est plus guère en usage. *Voyez* LIEU.

LOCOMOBILITÉ, de *locus*, lieu, & *motus*, mouvement ; locomobilitas ; s. f. Faculté de se mouvoir des substances organiques.

Ce mot a été créé pour distinguer les animaux mobiles, des végétaux qui restent dans le lieu où ils sont nés. *Voyez* LOCOMOTION.

LOCOMOTEUR ; adj. Réunion d'organes ou d'agens, à l'action desquels le mouvement volontaire est confié.

LOCOMOTION, même origine que *locomobilité* ; locomotio ; *locomotion* ; s. f. Fonction qui a pour but de mouvoir l'animal à sa volonté, & de maintenir ou de fixer certains rapports de ses par-

ties, soit entr'elles, soit avec le sol ou le milieu qui lui fournit un point d'appui.

On peut diviser la *locomotion* en trois grandes parties : 1°. dans l'ensemble ou la réunion des organes qui y concourent ; 2°. dans ses causes immédiates ; 3°. dans ses actes ou phénomènes généraux.

1°. On peut diviser les organes *locomoteurs* en deux classes : *actifs* & *passifs*. Les organes actifs peuvent être sous-divisés en *excitans* & *agissans*. Quoique nous n'ayons aucune donnée sur les organes excitans, & qu'il nous soit impossible d'assigner la cause qui nous détermine à mouvoir une partie quelconque de notre corps, un grand nombre de physiologistes ont cru devoir attribuer l'excitation au cerveau, au prolongement médullaire de la moelle alongée & aux nerfs cérébraux ; mais, qui détermine ces organes, qui les fait exciter les autres ? Avouons notre ignorance. Quant aux organes agissans, nous savons que ce sont les muscles, les cartilages & certains ligamens élastiques qui agissent en se contractant, c'est-à-dire, en augmentant d'épaisseur & en diminuant de longueur, de manière à rapprocher les extrémités & à mettre en mouvement les parties sur lesquelles elles sont insérées.

Les *organes passifs* se sous-divisent : (*a*) en *organes transmettant l'action* ; ce sont les tendons sur lesquels se rendent les fibres charnues ou contractiles, les aponévroses d'insertion, le périoste adhérant à l'os qu'il enveloppe, les agens qui reçoivent le mouvement des muscles, &c. : ils sont chargés de déverser & de répartir l'action sur le muscle, & rien de plus.

(*b*) En *organes augmentant l'action* ; telles sont les aponévroses qui servent à augmenter la *locomotion* en concentrant & en augmentant l'effet de l'action musculaire.

(*c*) En *organes dirigeant l'action* ; ce sont les gaines fibreuses qui offrent aux tendons des muscles des coulisses, & les ligamens annulaires du tarse, du carpe, &c.

(*d*) En *organes obéissant, ou résistant au mouvement* ; ce sont les os longs des membres, ou les os plats des cavités, que les organes agissans font mouvoir.

(*e*) En *organes multipliant les mouvemens* ; ce sont les articulations mobiles, successivement placées dans la longueur des membres, changeant en effet, chacune en particulier, en plusieurs sens à la fois, la direction du mouvement augmente dès-lors, d'autant plus, le sens dans lequel ceux-ci doivent être produits. Telles sont, par exemple, les articulations successives du bras, de l'avant-bras, du poignet, & enfin chacune des phalanges des doigts.

(*f*) En *organes maintenant la connexion des parties mobiles* ; tels sont les substances cartilagineuses, les fibres cartilagineuses, les ligamens qui attachent d'une manière plus ou moins folide les extrémités mobiles des os.

(g) Enfin, en *organes facilitant le mouvement*; comme les cartilages de revêtement, dont le poli, la douceur & l'élasticité font fi néceſſaires au mouvement; la fynovie, qui, embraſſant continuellement la furface contiguë des os, en facilite le mouvement.

2°. Les *cauſes immédiates* font la force motrice ou la contraction muſculaire, & l'action des leviers qui agiſſent d'après la difpofition du point d'appui de chaque partie, & des fituations refpectives de la force & de la réfiftance. Nous avons déjà vu, à l'article LEVIER, que celui des leviers, qui eft le plus généralement mis en ufage, dans la *locomotion*, eft le levier de la troifième efpèce.

3°. Les *phénomènes* ou *réfultats généraux* de la locomotion font : (*a*) la *marche*, cette action *locomotile*, qui confifte à changer de lieu, au moyen d'une fuite de pas qui fe fuccèdent alternativement. (*Voyez* MARCHE.) (*b*) Le *faut*, qui fort ou élève le corps fur le fol, dont il le détache en entier, pendant un certain temps (*voyez* SAUT); (*c*) la *courfe*. Nous en parlerons en terminant cet article, pour fuppléer à l'oubli que nous en avons fait; (*d*) la *nage*, ou la natation; ce font des mouvemens coordonnés des membres & du tronc, à l'aide defquels l'homme fe foutient & fe dirige au milieu de l'eau, dans laquelle il eft plongé (*voyez* NATATION); (*e*) le *vol*, ou l'action de fe foutenir & de fe mouvoir dans le milieu fi mobile & fi peu réfiftant de l'atmofphère (*voyez* VOL); (*f*) les *efforts* ou la connoiſſance de l'équilibre &_des mouvemens généraux ou progreſſifs du corps de l'homme fur le fol, ou au milieu des divers fluides qui le peuvent, alternativement, entourer. Les *efforts* produits dans un but déterminé, peuvent être rapportés à deux : (*a*) la *traction*, ou l'action d'attirer à foi. Souvent, par la *traction*, les objets fe meuvent vers nous; d'autres fois, lorfque nos efforts ne font pas aſſez grands pour les mouvoir, elle nous pouſſe au contraire vers les objets. (*Voyez* TRACTION). (*b*) La *répulfion*, ou l'action de repouſſer les corps. Une foule d'autres actions, que nous exerçons fur les corps, fe rapportent au mot RÉPULSION. *Voyez* ce mot.

Revenons maintenant à la COURSE.

En général la *courfe*, dans l'homme, peut être confidérée fous un triple afpect : ou bien il lance en avant les membres inférieurs, comme dans la progreſſion, & femble à peine rafer la terre; c'eft ce qu'on appelle *courir en fauchant*; ou bien, les membres inférieurs s'agrandiſſent de la longueur du tarfe & du métatarfe, & le point de fuftenfion fe trouve tranfporté fur les phalanges, qui femblent, par une fuite de mouvemens acceſſoires, plutôt repouſſer le fol que fe fixer fur lui; & comme le membre ainfi difpofé préfente peu de furfaces, il s'en détache plus aifément; la troifième

efpèce n'eft qu'une fucceſſion de fauts plus ou moins rapides. Chacune de ces manières de courir préfente des avantages & des inconvéniens.

Si la première eft moins rapide, elle a l'avantage d'augmenter très-peu les organes refpiratoires & circulatoires. C'eft moins la force muſculaire qui s'épuife dans le coureur, que le trouble de la circulation & la gêne de la refpiration; auſſi, quelle que foit l'agilité des perfonnes qui ont la poitrine étroite, elles ne peuvent parcourir, avec viteſſe, qu'un efpace peu confidérable.

La feconde efpèce eft réellement celle qui mérite le nom de *courfe*; fes pas ne font pas plus grands que ceux que l'on exécute en marchant; elle s'effectue, le pied reftant étendu fur la jambe, dont les fléchiſſeurs & les extenſeurs exécutent les mouvemens alternatifs. (*Voyez* MARCHE.) Le peu d'étendue de la furface qui touche le fol dans la *courfe*, fait qu'elle expofe le coureur à des chutes plus faciles & plus fréquentes; en effet, le plus léger obftacle peut déplacer le centre de gravité, qui ne repofe que fur une bafe de peu d'étendue.

Enfin, la troifième efpèce de *courfe* n'eft qu'une fucceſſion de fauts & de bonds; elle femble moins ébranler les organes refpiratoires & circulatoires, puifqu'on y voit recourir l'homme toutes les fois qu'il ne peut refpirer qu'avec peine, en exécutant la véritable *courfe*, & qu'il eft déjà fatigué par la vivacité de fes mouvemens & l'étendue de l'efpace qu'il vient de franchir.

Pline prétend que l'extirpation de la rate rend les coureurs plus propres à fournir une longue carrière; il eft facile de douter de la vérité de ce fait : mais cette prétention de Pline a paſſé en quelque forte en proverbe.

Dans les temps où la feule force phyfique décidoit du fuccès des combats des nations, eſſentiellement guerrières, elles devoient donner les plus grands foins aux exercices capables de la développer & de l'accroître : la *courfe* étoit de ce nombre; elle étoit un de ceux qu'on exécutoit dans le cirque & dans les célébrations des grands jeux. Pendant long-temps, nos grands feigneurs ont eu, parmi leurs domeftiques, des hommes chargés de courir devant leurs voitures & de faire des commiſſions qui exigeoient une grande célérité. Quelque vifs & agiles que fuſſent ces coureurs, on peut douter qu'ils aient eu la force & l'agilité de ceux dont Pline rapporte l'hiftoire.

LODRU. Poids employé à Alexandrie & à Smyrne.

Le *lodru* d'Alexandrie = 1,20 liv. = 577,4 gram.
Celui de Smyrne = 1,1520 = 536,9 grammes.

LOG. Petite mefure de capacité de l'Afie & de l'Egypte : il en faut 6 pour un conge facré, & 24 pour un modius. Le *log* = 0,4704 pint. = 0,4381 lit.

LOGA. C'eſt la même meſure que le log. *Voyez* Log.

LOGARITHME, de λοyος, *raiſon, proportion,* & αριθμος, *nombre*; logarithmus; *logarithmus*; ſ. m. Raiſon ou proportion de nombre.

Nombre d'une proportion arithmétique, lequel répond à un autre nombre, dans une proportion géométrique; comme dans l'exemple ſuivant:

1, 2, 4, 8, 16, 32, 64, 128, 256, 512, 1024, &c.
0, 1, 2, 3, 4, 5, 6, 7, 8, 9, 10, &c.

En ce cas, les nombres de la progreſſion inférieure, qui eſt arithmétique, ſont ce qu'on appelle les *logarithmes* des termes de la progreſſion géométrique, qui eſt deſſus.

Les *logarithmes* ont été inventés pour rendre les calculs plus faciles & plus expéditifs. En effet, par la méthode des *logarithmes*, on réduit toutes les multiplications en additions, les diviſions en ſouſtractions, les extractions de racines en diviſions.

Donnons ici quelques exemples. Soit 8 à multiplier par 32; on ajoute le nombre 3, *logarithme* de 8, au nombre 5, *logarithme* de 32, & la ſomme 3 + 5 = 8; correſpondant au nombre 256. Ce nombre = 8 × 32.

Soit 512 à diviſer par 16. Retranchant du nombre 9, *logarithme* de 512, le nombre 4, *logarithme* de 16, on a 9 − 4 = 5; lequel correſpond au nombre 32, qui eſt le quotient de $\frac{512}{16}$.

Que l'on veuille prendre la racine cubique de 512, dont le *logarithme* eſt 9, il ſuffit de diviſer 9 par 3, & le quotient 3, *logarithme* de 8, indique que 8 eſt la racine cubique de 512; ou $\sqrt[3]{512}$.

De même, la racine quatrième de 256 eſt 4, parce que 8, *logarithme* de 256, diviſé par 4, eſt 2, le *logarithme* 2 correſpondant au nombre 4.

Enfin, ſi l'on avoit l'opération plus compliquée, $\frac{512 \times 16}{64}$, il ſuffiroit d'ajouter les nombres 9 + 4 = 13, qui ſont les *logarithmes* de 512 & de 16, & de ce nombre, retranchez celui de 6, qui eſt le *logarithme* de 64, on auroit 13 − 6 = 7, qui eſt le *logarithme* de 128 :: d'où il ſuit que $\frac{512 \times 16}{64}$ = 128.

La découverte des *logarithmes* eſt due au baron de Neper, Ecoſſais, mort en 1618. La propriété des *logarithmes* avoit été aperçue auparavant par Stifelius, & même par Juſt-Byrg; mais, ni l'un ni l'autre n'en avoit fait uſage pour abréger les calculs. Gregori Mercator, Newton, Cotes, Taylor, ont donné différentes méthodes pour conſtruire des tables de *logarithmes*, dans leſquelles chaque nombre naturel, depuis 1 juſqu'à 100,000, a ſon *logarithme* correſpondant. On peut, avec ces tables, exécuter, & l'on exécute, en effet, toutes les opérations de l'arithmétique les plus compliquées.

LOGARITHMIQUE (Courbe). Courbe qui tire ſon nom de ſa propriété & de ſes uſages dans la conſtruction des logarithmes.

LOGARITHMIQUE (Echelle). Echelle tracée ſur deux règles que l'on fait mouvoir l'une ſur l'autre, & avec leſquelles on peut réſoudre les calculs ordinaires de la trigonométrie, de l'aſtronomie, &c. Cette échelle eſt tracée d'après les rapports des nombres *logarithmiques*.

J. Mathieu Ritter publia, en 1696, ſous la forme d'un demi cercle, un inſtrument dont le limbe marquoit, au lieu des logarithmes, les nombres, les ſinus & les tangentes.

Scheffelt porta enſuite une diviſion ſemblable ſur une règle de la longueur d'un pied, & un Anglais, nommé Gunther, y appliqua une *échelle logarithmique*. Lambert, ayant vu la deſcription de l'inſtrument de Ritter, & ayant remarqué que ſon exactitude ne pourroit être que très-peu conſidérable, transforma ces deux cercles en deux règles de deux pieds de longueur, & trouva qu'on pouvoit, moyennant cela, tenir compte des millièmes d'un nombre donné. Avec le ſecours de ces baguettes, on peut réſoudre toutes les opérations de l'arithmétique par des calculs extrêmement ſimples.

LOGARITHMIQUE (Spirale). Courbe, dont Jacques Bernouilli eſt l'inventeur, & qui jouit de pluſieurs propriétés ſingulières.

Parmi les propriétés de la *ſpirale logarithmique*, on remarque celles-ci: 1°. elle fait une infinité de tours autour de ſon centre, ſans jamais y arriver; 2°. les angles des rayons avec la courbe, ſont partout égaux; 3°. la développée de cette courbe, ſes cauſtiques par réflexion & par réfraction, ſont d'autres *logarithmiques ſpirales*.

LOGISTIQUE, de λοyιζομαι; calcula logiſtica; *logiſtik richenkunſt*; ſ. & adj. Partie de l'arithmétique où l'on conſidère les fractions ſexagéſimales, degrés, minutes & ſecondes.

En géométrie, ce mot, pris ſubſtantivement, a d'abord été donné à la logarithmique; il n'eſt preſque plus en uſage.

LOGOGRAPHIE, de λοyος, *parole*; yραφω, *écrire*. L'art d'écrire auſſi vite que la parole. *Voyez* Sténographie, Tachigraphie.

LOI, de licere, *permettre*; lex; *geſatz*; ſ. f. Ordre, règle, ſuivi ou à ſuivre.

Loi. Titre auquel les monnoies doivent être fabriquées, c'eſt-à-dire, fin ou la bonté intrinsèque de l'or & de l'argent.

Lois de Kepler; regulæ Kepleri; *regelen geſatze des Kepler*; ſ. f. *Lois* du mouvement des planètes autour du ſoleil, découvertes par Kepler.

Ces *lois* font au nombre de trois : la première de ces *lois* est que, *les planètes se meuvent dans des ellipses, dont le soleil occupe un des foyers*; la seconde de ces *lois* est que, *les carrés des temps périodiques des planètes sont comme les cubes de leur distance à leur astre central*, c'est-à-dire, que si l'on compose le carré du temps qu'une planète primitive, par exemple, emploie à parcourir son orbite, au carré du temps qu'une autre planète primitive emploie à parcourir la sienne, on trouve, entre ces deux carrés, le même rapport qu'entre les cubes des moyennes distances de ces planètes au soleil. La troisième de ces *lois* est que, *les aires sont proportionnelles aux temps*; c'est-à-dire, que les temps qu'une planète emploie à parcourir les différens arcs de son orbite, sont entr'eux, comme les aires triangulaires terminées par ces arcs, & par les deux lignes droites, tirées de leurs extrémités au centre de l'astre central, & pareillement, ces aires sont entr'elles comme les temps employés à les parcourir. *Voyez* PLANÈTES.

On trouve la première de ces *lois* dans le fameux livre de Kepler: *Nova Physica cœlestis tradita commentariis de stellâ Martis*; 1609. Il calcula, par les observations de Ticho, les distances de Mars au soleil, en différens points de son orbite, & il fit voir qu'elles ne pouvoient s'ajuster sur la circonférence d'un cercle, dont le diamètre étoit déterminé; mais que la courbe rentroit sur les côtés, en forme d'ovale. Newton a fait voir ensuite, par la théorie de l'attraction universelle, que cette courbe devoit être rigoureusement une ellipse.

Un hasard lui fit découvrir la seconde *loi*. Kepler raconte que, s'occupant de l'astrologie judiciaire, qui étoit de mode à cette époque, il cherchoit quels rapports pouvoient exister entre les distances des planètes à la planète centrale & la durée de leur révolution, qu'il croyoit, d'après le système de Pythagore, trouver en harmonie avec les sept tons de la musique & les corps réguliers de la géométrie. Il lui vint dans l'idée de comparer l'éloignement de Jupiter & de la lune au soleil, avec la durée de leur révolution; il trouva que le carré du temps des révolutions s'approchoit beaucoup du cube de son diamètre. Cette découverte, qu'il fit le 15 mai 1618, & qu'il fit connoître dans son *Harmonices*, l'amusa beaucoup. Il compara alors les carrés des temps des révolutions des autres planètes, aux cubes de leur distance; il trouva que le rapport étoit constant. Il fut si transporté de cette découverte, qu'il n'osoit se fier à ses calculs. Qu'auroit-il éprouvé s'il eût pu prévoir que cette *loi* seroit la cause de la découverte la plus générale & la plus importante, celle de l'attraction universelle, faite par Newton, 50 ans après?

Quant à la troisième *loi de Kepler*, c'étoit naturellement une suite des excentricités & des vitesses des planètes, & Kepler ne la reconnut que par les observations; il conjectura qu'elle devoit être générale; & l'application qu'il en fit aux observations de Ticho, lui prouva qu'elle l'étoit en effet. Newton a démontré depuis, par les *lois* du mouvement, qu'elle étoit une suite nécessaire du mouvement des projections, combiné avec la force centrale qui retient les planètes dans leur orbite.

LOIS DE LA DILATATION DES LIQUIDES. Expression, ou formule générale de la *dilatation* que suivent les liquides, relativement aux températures auxquelles on les soumet.

M. Biot a posé, dans son *Traité de Physique expérimentale & mathématique*, tom. I, pag. 210, que pour tous les liquides dont les dilatations ont été observées jusqu'à présent, la marche générale de cette *dilatation* peut être représentée, à toute température, par une équation de cette forme,

$$D_T = AT + BT^2 + CT^3.$$

Dans laquelle T désigne la température indiquée par le thermomètre à mercure, D_T, la *dilatation* vraie pour l'unité de volume, compté depuis la température de la glace fondante : A, B, C étant des constantes arbitraires. Il ne s'agit que de déterminer les constantes arbitraires pour chaque liquide en particulier.

Mais, dans toutes les expériences faites sur la *dilatation* des liquides, ceux-ci sont ordinairement renfermés dans un tube, & c'est par l'indication observée sur le tube, que l'on juge de sa *dilatation*; celle-ci n'étant qu'apparente, il étoit d'abord nécessaire de prouver que les *dilatations* apparentes suivoient les mêmes *lois* que les *dilatations* vraies; c'est ce que M. Biot démontre, pag. 211 & 212 de ce premier volume de son ouvrage.

Alors, il ne s'agit plus que de connoître les indéterminées A, B, C, qui entrent dans la formule, & qui doivent varier pour chaque liquide; mais, pour connoître ces indéterminées, il faut en appeler à l'expérience; c'est ce que M. Biot a fait en employant les résultats obtenus par M. Deluc dans ses nombreuses expériences sur la *dilatation* des liquides, & qu'il a consignées dans ses *Recherches sur les modifications de l'atmosphère*. Alors M. Biot a dressé le tableau suivant des valeurs de ces indéterminées.

NATURE DES LIQUIDES.	VALEURS DES COEFFICIENS.		
	A	B	C
Mercure	+ 1,000000	+ 0,000000	+ 0,000000
Huile d'olive	+ 0,950667	+ 0,0007500	— 0,000001667
Huile essentielle de camomille	+ 0,920442	+ 0,0013056	— 0,000003889
Huile essentielle de serpolet	— 0,949335	+ 0,0001607	+ 0,000010000
Eau saturée de muriate de soude..........	+ 0,820006	+ 0,0020275	— 0,000002775
Alcool très-rectifié....................	+ 0,784000	+ 0,0020800	— 0,000007750
Mélange d'une partie d'alcool & d'une d'eau.	+ 0,705333	+ 0,002750	+ 0,000011667
—— d'alcool & de trois parties d'eau....	+ 0,010333	+ 0,0155277	— 0,000039444
Eau pure	+ 0,160000	+ 0,018500	— 0,000050000

Introduisant dans sa formule les valeurs de A, B, C que nous avons rapportées dans le tableau ci-dessus, M. Biot a déterminé la marche de la *dilatation* de ces dix différens liquides : nous allons donner pour exemple l'huile d'olive.

DEGRÉS du thermom. de R. == T.	DEGRÉS du thermomètre d'huile d'olive.		
	Calculés.	Observés.	Excès de l'observation.
80	80,00	80,00	0,00
70	69,64	69,41	— 0,24
60	59,37	59,3	— 0,07
50	49,20	49,2	0,00
40	39,12	38,2	+ 0,08
30	29,15	29,3	+ 0,15
20	19,30	19,3	0,00
10	9,58	9,5	— 0,08
0	0	0	0,00

Nous nous dispenserons de rapporter un plus grand nombre de tableaux; nous renvoyons à l'ouvrage.

Mais, pourroit-on demander; faut-il connoître, par avance, la marche de la dilatation des liquides, pour obtenir les valeurs numériques des trois indéterminées nécessaires dans l'équation qui renferme cette *loi* ? Non : il paroît que trois observations suffiroient, puisqu'avec ces trois observations, on auroit trois équations dans lesquelles ces trois indéterminées entreroient, & qu'avec ces trois équations, on pourroit déterminer la valeur des trois constantes.

LOIS DE LA NATURE; leges naturæ; *naturgesetz*; s. f. Ce qui arrive toujours dans les mêmes circonstances.

Ainsi, tout effet simple, qui arrive toujours dans des occasions semblables, & dont la cause est inconnue, est regardé comme une *loi de la nature*; quoiqu'il soit peut-être produit par des *lois* que nous ignorons. Les *lois de la nature* sont donc

les règles suivant lesquelles les corps agissent les uns sur les autres. C'est de-là que nous partons, comme d'un point fixe, pour rendre raison des différens phénomènes, sans cependant oser assurer que ce que nous donnons, pour première cause physique, ne soit pas l'effet d'une autre *loi* qui nous soit inconnue; car les *lois de la nature* sont en grand nombre, & nous sommes bien éloignés de les connoître toutes.

Ainsi, l'expérience nous apprend qu'une pierre suspendue, & rendue libre, tombe en ligne droite, tandis que les aérostats, rendus également libres, montent. Cependant, ils tomberoient comme la pierre, s'ils n'étoient pas soutenus par l'air. De ces faits, & d'une foule d'autres également observés, on a déduit cette *loi de nature*, que tous les corps, abandonnés à eux-mêmes, sur la surface de la terre, tombent sur sa surface, en ligne droite, dont la direction est vers le centre de la terre.

De même, lorsque l'on observe que les eaux de la mer s'élèvent vers la lune, que celle ci a une tendance vers le centre de la terre, que toutes les planètes gravitent vers le soleil, les satellites vers les planètes, les planètes & les satellites les uns vers les autres; on en déduit encore une *loi de la nature*, beaucoup plus générale, c'est la gravitation des corps célestes.

Si l'on ajoute à ces observations celles que présentent les analyses chimiques, que toutes les molécules des corps ont une affinité, une tendance les unes vers les autres, & les résultats de l'analyse mathématique, à l'aide desquels on démontre, que la gravitation de tous ces corps est en raison directe des masses & inverse du carré des distances : on en conclura une *loi* beaucoup plus générale, d'où l'on déduira une infinité de phénomènes.

Toutes les *lois de la nature* se déduisent des expériences, & toutes les conséquences que l'on en déduit sont fondées sur l'induction, en concluant que tout ce qui se fait d'analogue, se fait dans les mêmes circonstances. Ainsi, les *lois de la nature* doivent être considérées comme des collections de faits, obtenues par l'expérience, qu'on réunit.

pour en former des *lois* générales, afin de faciliter l'étude des phénomènes. Il n'y a dans la nature que des faits ; les *lois* font le fruit de nos réflexions, elles n'existent que dans nos têtes : c'est ainsi que les naturalistes forment leurs *lois* & leurs différens systèmes.

Quoique nous connoissions les *lois* de plusieurs phénomènes, nous sommes encore loin de la connoissance des causes qui les produit ; mais, souvent aussi, l'exacte connoissance des *lois* nous mène imperceptiblement à la découverte des causes : c'est ce qui doit diriger constamment les bons esprits, à établir d'abord les *lois* des phénomènes qu'ils observent.

C'est ainsi que l'on est parvenu à détruire un grand nombre d'erreurs introduites par les Anciens, en voulant expliquer chaque phénomène en particulier. Par exemple, on expliquoit l'ascension de l'eau dans la pompe, par l'horreur que la nature avoit pour le vide ; mais, dès que l'on fut assuré que l'eau ne montoit, dans les pompes aspirantes, qu'à 32 pieds de hauteur, on fut arrêté. Galilée, puis Torricelli, son disciple, firent des expériences, & ce dernier s'aperçut que cette hauteur de l'horreur du vide, varioit pour chaque liquide. Comparant les hauteurs des liquides à leur densité, il aperçut que tout se réduisoit à un poids constant, qui faisoit équilibre à la pesanteur des liquides. Avec cette *loi de la nature*, toutes les *lois* particulières, qui font honneur à l'esprit humain, sont bien loin de nous faire connoître celles que la nature emploie. Peut être est-ce une *loi* simple & générale ! mais il n'est pas encore permis à l'homme de soulever le voile qui la cache. Que sont toutes nos grandes découvertes, comparées à ce qu'il nous reste encore à connoître ! Grands hommes du siècle, courbez vos têtes, & avouez votre ignorance !

Lois DE LA PESANTEUR ; *leges gravitatis* ; *schwergesetz* ; s. f. *Lois* que les corps graves suivent en tombant sur la surface de la terre ; sur celles des planètes & des satellites ; enfin, en gravissant les uns vers les autres. *Voyez* GRAVITATION, PESANTEUR.

Lois DE MARIOTTE. *Lois* que suit, dans son volume, une masse donnée d'air, relativement aux différens poids dont elle est comprimée.

Cette *loi*, que les volumes sont toujours inverses des poids comprimans, a été trouvée par l'expérience ; elle est une suite de la parfaite élasticité de l'air ; c'est elle qui sert de base à la mesure des hauteurs des montagnes par le baromètre. La découverte de la *loi de Mariotte* est une des plus précieuses & des plus utiles qui aient été faites dans le commencement du dix-huitième siècle. *Voyez* COMPRESSION, ELASTICITÉ, MARIOTTE.

Lois D'INERTIE ; *leges inertiæ* ; *gesetz der tragheit* ; s. f. *Lois* que les corps suivent lorsqu'ils sont

en mouvement & lorsqu'ils sont en repos. *Voyez* INERTIE.

Lois DU MOUVEMENT ; *leges motûs* ; *gesetz der bevegung* ; s. f. Règles suivant lesquelles les corps se meuvent, lorsqu'ils agissent les uns sur les autres.

Il y a deux sortes de *mouvemens*, qui ont chacun leurs lois, le *mouvement* simple & le *mouvement* composé ; celles du *mouvement* simple peuvent se réduire à trois principales.

1°. *Tout corps qui est une fois mis en mouvement, continue de se mouvoir, dans la même direction, avec le degré de vitesse qu'il a reçu, si son état n'est pas changé par quelques causes nouvelles.*

Si donc un corps quitte la ligne droite qu'il a commencé à décrire, si sa vitesse s'accélère ou se ralentit, ces changemens viennent certainement d'une cause particulière, qui le détermine autrement, qui ajoute, ou qui retranche à sa vitesse ; sans quoi la première cause ne cesseroit pas d'avoir pleinement son effet : car tous les corps ont une force d'inertie, par laquelle ils résistent à tout changement d'état ; & cette résistance ne peut être détruite que par une force qui lui soit opposée. *Voyez* FORCE D'INERTIE.

Mais on peut objecter que cette *loi* assigne aux corps une constance de direction & de vitesse, qui ne se rencontre jamais sur la surface de la terre ; car, tout *mouvement* se ralentit & tout mobile revient au repos, après un temps plus ou moins long. Il est bien vrai qu'aucune expérience ne prouve directement l'énoncé de cette *loi*. Mais, 1°. tout corps, en tel état qu'il soit, tend à persévérer par sa force d'inertie ; ce principe seul suffit pour prouver que la *loi*, dont il s'agit, existe dans la nature ; 2°. si les corps perdent toujours leur mouvement après un certain temps, c'est qu'il y a toujours des obstacles qui le leur font perdre. Telles sont la résistance des milieux & celle des frottemens. (*Voyez* RÉSISTANCES DES MILIEUX, FROTTEMENS.) Ces résistances sont tellement liées, qu'elles sont inévitables. Si ces résistances cessoient d'exister, la *loi*, dont il s'agit, auroit, certainement, son plein & entier effet. Un corps qui seroit une fois mis en mouvement dans le vide absolu (s'il étoit possible), continueroit donc à se mouvoir, pendant l'éternité, dans ce vide, & y parcourroit à jamais des espaces égaux dans des temps égaux ; puisque là, aucun obstacle ne consommeroit la force de ce corps, ni en tout, ni en partie.

2°. *Le changement qui arrive en plus ou en moins au mouvement d'un corps, est toujours proportionnel à la cause qui le produit.*

Une force, quand elle agit, ne peut produire que ce dont elle est capable, à moins que quelqu'autre force ne s'y oppose. L'effet sera donc toujours proportionnel à la cause. Cela est trop simple & trop clair pour mériter une plus ample explication.

3°. Enfin,

3°. Enfin, *la réaction est toujours égale à l'action ou à la compression.*

Quand un corps en *mouvement*, ou qui tend à se mouvoir, agit sur un autre corps, il le comprime ; & ce dernier exerce, réciproquement sur le premier, une compression égale. Par exemple, si j'appuyois ma main sur un bassin vide, de balance, & que je soulevasse dix kilogrammes de plomb qui seroient dans l'autre bassin, ma main seroit autant comprimée que si je recevois, sur elle, les dix kilogrammes de plomb pour les soutenir. La réaction de ces dix kilogrammes de plomb, contre ma main, seroit donc égale à l'action de ma main.

Mais, dira-t-on, si la réaction est toujours égale à l'action, jamais un corps n'en pourroit mouvoir un autre ; ces deux actions, égales & opposées, se détruiroient mutuellement ; de-là naîtroit l'équilibre : car, comment un corps peut-il en faire avancer un autre, si ce second pousse le premier en sens contraire, avec une force égale à celle que le premier emploie pour le pousser lui-même ? On doit répondre à cela que, lorsqu'un corps en pousse un autre, & qu'il le fait avancer, le premier n'emploie qu'une partie de sa force à vaincre la résistance que lui oppose le second, & qu'après avoir surmonté sa résistance, il lui reste encore une autre partie de cette force, qu'il emploie à faire avancer le corps. Ainsi, quoique les forces soient inégales, l'action & la réaction sont toujours égales ; & si les forces étoient égales, de-là s'ensuivroit l'équilibre ou le repos, comme lorsqu'un poids de cent kilogrammes fait mouvoir un autre poids de cent kilogrammes. La raison de cette égalité de l'action & de la réaction, dans tous les cas, est, qu'un corps ne pourroit employer un degré de force à surmonter la résistance d'un autre corps, sans en perdre lui-même une quantité égale à qu'il y a employée ; mais cette force qu'il emploie n'est pas réellement perdue : le corps qui résiste l'acquiert.

Les lois du mouvement composé peuvent toutes se rapporter à une seule, & dont les autres ne sont que des conséquences. Voici en quoi consiste cette *loi*.

Quand un corps est sollicité au mouvement, par plusieurs puissances qui agissent en même temps, & selon différentes directions, ou il demeure en équilibre, ou bien il prend un mouvement qui suit le rapport des puissances entr'elles pour la vitesse ; & il reçoit une direction moyenne entre celles des puissances auxquelles il obéit.

Dès que les puissances qui agissent ensemble ont des directions opposées, ou elles ont des forces égales, ou elles ont des forces inégales. Dans le cas d'égalité, le mobile demeure en équilibre. Si leurs forces sont inégales, le mobile obéit à la plus forte, non pas suivant toute sa valeur, mais seulement suivant la valeur de son excès sur l'autre ; parce que la plus foible détruit, en l'autre, une

Dict. de Phys. Tome III.

force égale à la sienne. Il ne reste donc à l'autre que son excès pour agir sur le mobile. Ainsi, les puissances étant directement opposées, il en résulte, ou le repos, ou le *mouvement* simple, mais retardé.

LOIN ; *longè* ; *weit* ; adv. Qui est à une grande distance de lieu & de temps.

LOINTAIN ; *longinquus* ; *ent fern* ; adj. & sub. Qui est fort loin du lieu où l'on est, ou dont on parle.

C'est, en peinture, la partie du tableau qui paroît la plus éloignée, c'est ce qui approche le plus de l'horizon, & quelquefois l'horizon lui-même.

LONG ; *longus* ; *long* ; adj. Une des dimensions des corps ; c'est ordinairement la plus grande.

Ainsi, en physique, *long* se dit d'un corps considéré dans l'extension qu'il a d'un bout à l'autre, & par opposition à large.

LONG (Carré). Rectangle dont deux des côtés sont plus longs que les deux autres.

LONGÉVITÉ ; *longævitas* ; s. f. Prolongation de l'existence la plus durable qu'il soit permis d'espérer, selon l'ordre de la nature.

Quarante ans paroît être assez généralement le terme de la vie moyenne. 37 mille, sur 100,000, arrivent à cet âge en France, d'après les tables de mortalité de M. Duvillard. On regarde, assez généralement, comme une *longévité*, tout ce qui, parmi les hommes, passe ce terme. Or, d'après les tables de M. Duvillard, pour la France, sur 100,000 individus,

4905 sont arrivés à	80 ans.
3830	90
207	100
135	101
84	102
51	103
29	104
16	105
8	106
4	107
2	108
1	109
0	110

Cependant, 110 ans n'est point le maximum de *longévité* en Europe ; on trouve, dans le Nord, des personnes qui vivent bien plus longuement. On cite, comme des exemples de très-grande *longévité*, Joseph Swington, mort en Norwège, en 1797, âgé de 169 ans, & Henri Jenking, mort dans le Yorkshire, en 1690, âgé également de 169 ans. Haller cite, comme exemple, neuf hommes & deux femmes, morts en Angleterre & en Irlande, âgés de 140 à 150 ans. Les lieux montagneux de l'Europe & de l'Asie semblent être la patrie de la *longévité*. On remarque que presque

tous les Islandais arrivent à une extrême vieillesse. Les gazettes de 1803, de 1805 & de 1807
ont cité de nombreux exemples de vieillards de
125, 130, 135, 140 & même 145 ans dans la
Russie. Les îles Orcades, les Hébrides, la Norwège, présentent beaucoup de ces âges extraordinaires, observés depuis long-temps par les
historiens de ces contrées. Les Ecossais, les Anglais, sont plus vivaces que les Français & les
Italiens. Il en est de même de la montagne de
Bohême, à l'égard des plaines plus basses ou plus
méridionales de l'Allemagne. Le Caucase, l'Im-
maüs, le plateau de Thibet, de la grande Tartarie, nourrissent aussi des peuples durs, exercés
aux fatigues & à la sobriété, vivant à l'air froid,
& conservant long-temps leur vigueur par ce régime, dont la nature leur impose la nécessité.

On voit, d'après cet exposé des *longévités* actuelles, qu'il n'est pas toujours nécessaire de recourir au système d'années plus courtes pour
expliquer la *longévité* des Anciens.

Tout porte à croire, & l'exemple de la vie des
vieillards paroît le prouver, que le travail habi-
tuel & modéré, l'exposition à l'air, la nourriture
substantielle, la sobriété, la modération de ses
actes & de ses passions, une vie régulière & active, sont les causes d'une *longévité*.

Beaucoup plus de femmes arrivent à un âge oc-
togénaire & même nonagénaire que les hommes,
& cependant la plus extrême *longévité* paroît ré-
servée à ces derniers. On trouve néanmoins des
femmes centenaires, telle que cette femme de
Faënza, citée par Pline, comme étant âgée de
132 ans, & une autre de 137 ans à Rimini. Telles
furent Junie, femme de C. Cassius & sœur de
Marcus Brutus; Livie, femme d'Auguste; Téren-
tia, épouse de Cicéron; Claudia, Luceia, Gale-
ria, &c., chez les Anciens.

Dans nos temps modernes, on cite la comtesse
d'Esmond, morte à 140 ans, en Irlande; la comtesse Ecleston, morte en Irlande, l'an 1691, âgée
de 143 ans; Marguerite Paten, morte en Angleterre, à 138 ans; Marguerite Forster, morte dans
le Cumberland, en 1771, âgée de 136 ans; la célèbre négresse Louise Truxo, morte dans l'Amérique méridionale, le 5 octobre 1780, âgée de
175 ans; Eléonore Spicer, morte en 1773, en Virginie, âgée de 121 ans; Marguerite Bonnefans,
morte en France, à 114 ans; Rosine Jwiwarowska,
morte à 113 ans; Marie Cotin, à 112, & une
foule d'autres.

Il existe également des différences considérables
de *longévité* selon les races. Ainsi, la race nègre,
conformée pour les pays chauds, qui excitent une
puberté plus précoce, vieillit plus tôt & vit moins
long-temps que la race blanche; il est rare d'y
apercevoir des centenaires. Les races mongole,
calmouke & malaie, également précoces en puberté, quoique sous des climats froids, comme
en Sibérie, ont une vie plus courte que la nôtre.

Enfin, la race blanche, soit de la tige européenne, cimbrique & celtique, soit du rameau
asiatique jusqu'au Gange, est de toutes les races
humaines la plus vivace, comme elle est la plus
intelligente & la plus valeureuse.

LONGIMÉTRIE, de *longus*, long, & de
μετρον, *mesure*; longimetria; *longimetri*; subst. f.
Art de mesurer les longueurs, soit accessibles,
soit inaccessibles, comme les bras de mer.

La *longimétrie* est une partie de la trigonométrie, de même que l'altimétrie, art de mesurer les
hauteurs. *Voyez* PLANIMÉTRIE, STÉRÉOMÉTRIE,
PLANCHETTE, CHAINE.

LONGITUDE; longitudo; *dilang*; subst. f.
Distance d'un méridien donné à un autre méridien.

LONGITUDE ASTRONOMIQUE. Arc de l'écliptique compris entre l'équinoxe, ou le premier point
d'aries, & l'endroit de l'écliptique auquel l'astre
répond perpendiculairement.

LONGITUDE (Degré de). Distance en degrés d'un
méridien donné à un autre méridien. *Voyez* DE-
GRÉ DE LONGITUDE.

LONGITUDE DES ASTRES. Distance entre le méridien dans lequel se trouve un astre & celui qui
passe par l'équinoxe.

Il existe deux sortes de *longitudes* des astres:
celle que l'on prend des astres, vus de la terre,
& celle que l'on prend des astres, vus du soleil.
Voyez LONGITUDE GÉOMÉTRIQUE, LONGITUDE
HÉLIOCENTRIQUE.

La *longitude* des astres se compte de l'ouest à
l'est sur l'écliptique, en commençant au premier
point du belier; d'où il suit qu'un astre peut avoir
360 degrés de *longitude*.

En observant les étoiles, on voit que leur *longitude* va toujours en croissant, parce qu'elles paroissent tourner toutes, d'un mouvement commun,
d'occident en orient, en s'éloignant toujours de
plus en plus du premier point du belier, ou mieux
de l'équinoxe. La quantité dont elles s'en éloignent chaque année, est d'environ 50 secondes 20
tierces de degré, de sorte qu'elles paroissent parcourir un degré dans l'espace d'environ 71 ans
& demi. C'est ce changement en *longitude* que
l'on appelle *précession des équinoxes*. *Voyez* PRÉ-
CESSION DES ÉQUINOXES.

LONGITUDE GÉOCENTRIQUE. Point de l'écliptique auquel répond, perpendiculairement, une
planète vue de la terre. Ainsi, ce point de l'écliptique marque la *longitude géocentrique* de la planète.
Voyez GÉOCENTRIQUE.

LONGITUDE GÉOGRAPHIQUE. Distance d'un méridien, sur la surface de la terre, à un autre méri-

dien considéré comme point de départ, & nommé, en conséquence, *premier méridien*.

Pour bien déterminer la position d'un lieu sur la surface de la terre, il est de toute nécessité de connoître sa *latitude* & sa *longitude*. La première est la distance de ce lieu à l'équateur (*voyez* LATITUDE); la seconde est la distance de son méridien à celui que l'on prend pour point de départ. *Voyez* LONGITUDE.

Ainsi, pour connoître la *longitude* d'un lieu, il faut d'abord déterminer à quel méridien on rapportera celui du lieu que l'on considère. Ce qu'il y auroit de plus naturel, ce seroit que toutes les nations de la terre convinssent d'un point, par lequel elles feroient passer le premier méridien; mais ce point n'a pas encore été convenu. Ptolomée avoit fait passer son premier méridien par les îles Canaries; les Anglais le font passer par Londres; les Hollandais, par le pic de Ténériffe; les Français, par Paris; les Espagnols, par Madrid; & cependant, pour accorder toutes les nations, & pour ne pas compromettre leur amour-propre, Louis XIII avoit proposé de la fixer à l'Ile-de-Fer, petite île isolée, qui n'appartenoit à personne; mais cette proposition n'a pas eu de suite. M. de Laplace, dans la première édition de son *Exposition du système du Monde*, avoit proposé de fixer l'origine des *ères* dans l'année, où l'apogée de l'orbe solaire coïncidoit avec le solstice d'été, ce qui remonte à l'année 1250. Prenant pour cette origine, l'instant de l'équinoxe moyen du printemps, qui, dans cette année, répondoit au 15 mars, 5,3676 heures à Paris; & pour le méridien universel, où l'on fixeroit l'origine des *longitudes* terrestres, il proposoit, en même temps, celui du lieu qui compteroit minuit au même instant, & qui est à l'orient de Paris, de 185°,2960 centésimales. Depuis, cet illustre géomètre a proposé, dans la troisième édition de son ouvrage immortel, de prendre le sommet du pic de Ténériffe. Mais, ajoute ce savant, soit que l'on convienne ou non d'un méridien commun, il sera utile, aux siècles à venir, de connoître leur position avec exactitude, par rapport au sommet de quelques montagnes, toujours reconnoissables par leur hauteur & leur solidité, tel que le Mont-Blanc qui domine la charpente immense & inaltérable de la chaîne des Alpes.

On peut employer, & l'on emploie en effet trois méthodes différentes pour déterminer la *longitude* d'un lieu : 1°. la mesure du chemin que l'on a parcouru pour y parvenir, ainsi que la direction que l'on a suivie; 2°. la différence des heures qui existent entre deux lieux plus ou moins éloignés; 3°. l'heure à laquelle on observe, dans différens lieux, un phénomène céleste, qui doit être aperçu au même instant dans chaque lieu de la terre.

C'est principalement en mer que l'on fait usage de la première méthode. On détermine, à l'aide de la boussole, la direction que suit le vaisseau, & à l'aide du *loc*, on connoît combien de chemin le navire parcourt par heure.

Le *loc* est un morceau de bois attaché à une corde; on lâche cette corde placée sur un cylindre dont l'axe est tenu par un marin qui le laisse tourner librement; cette corde se déroule à mesure que le navire avance, & après un certain temps, qui est ordinairement d'une demi-seconde, & qu'on détermine à l'aide d'un sablier, on arrête l'axe du cylindre, & l'on mesure la longueur de la corde. En supposant le flotteur immobile, cette longueur indique le chemin fait par le navire dans cet intervalle, & l'on en conclut, proportionnellement, le chemin qu'il doit faire pendant un temps plus considérable.

Puisque l'on connoît, 1°. la direction de la route suivie par le vaisseau; 2°. sa vitesse; 3°. le temps qu'il a marché dans chaque direction, il est facile de rapporter, sur une carte, la marche du vaisseau, le point où l'on se trouve, & de connoître ainsi, sur la carte, la *longitude* du lieu.

Mais cette méthode suppose, 1°. le flotteur fixe au lieu où on le jette, ce qui n'est jamais vrai; 2°. que l'on connoît la variation de l'aiguille aimantée pour le point où l'on se trouve, & que l'on peut, en conséquence, tracer la direction que le vaisseau a suivie; 3°. enfin, que l'on n'a point rencontré de courant qui ait changé la route que le vaisseau paroissoit suivre. Toutes ces considérations prouvent, qu'il est impossible de déterminer rigoureusement la *longitude* par cette méthode, qui ne donne que de à peu près, & qui pourroit exposer les navigateurs à de grandes erreurs, & leur feroit courir de plus grands dangers.

2°. Rien n'est plus facile que de déterminer l'heure dans le lieu où l'on se trouve; on y parvient, 1°. par l'instant où le soleil passe au méridien; 2°. par la hauteur du soleil au dessus de l'horizon; 3°. par le passage des astres au méridien; 4°. enfin, par la hauteur de ces astres. Il ne s'agit plus que de connoître l'heure qu'il est dans le lieu où passe le premier méridien, au moment où l'on observe l'heure dans le lieu de l'observateur.

Une montre bien réglée, dit M. de Laplace, dans un port dont la position est bien connue, & qui, transportée sur un vaisseau, conserveroit la même marche, indiqueroit, à chaque instant, l'heure que l'on compte dans ce port, en la comparant à celle que l'on a à la mer. Le rapport de la différence de ces heures seroit, comme on l'a vu, celui de la différence de la *longitude* à la circonférence. Mais il étoit difficile d'avoir de pareilles montres; les mouvemens irréguliers du vaisseau, les variations de la température, & les frottemens inévitables & très-sensibles dans des machines aussi délicates, étoient autant d'obstacles qui s'opposoient à leur exactitude. On est heureufement parvenu à les vaincre & à exécuter des montres qui, pendant plufieurs mois, confervent une marche à très peu près uniforme, & qui donnent, ainfi, le moyen le plus fimple d'avoir les *longitudes* en mer ; & comme ce moyen eft d'autant plus précis, que le temps pendant lequel on emploie ces montres, fans vérifier leur marche, eft plus court, elles font très-utiles pour déterminer la pofition refpective des lieux fort voifins : elles ont même, à cet égard, quelqu'avantage fur les obfervations aftronomiques, dont la précifion n'eft pas augmentée par le peu d'éloignement des obfervateurs.

Il eft facile, ayant la différence des heures entre deux endroits, de connoître leur différence en *longitude*, & conféquemment de déterminer celle de l'un des lieux, fi l'autre eft connue. Il fuffit de favoir que, chaque heure de temps correfpond à 15° fexéfimales, qu'un degré correfpond à 4 minutes de temps, & qu'une minute de degré correfpond à 4 fecondes de temps. Si, par exemple, la différence de temps étoit de 2 heures 10 minutes 22 fecondes, on aura :

Pour 2 heures............ 30°
Pour 10 fecondes.......... 2 30'
Pour 22 fecondes.......... »   4' 30"

Donc, pour 2 heures 10' 22" de temps ; 32° 34' 30" de différence de *longitude*. Suppofant que la *longitude* du point, ou fur le méridien duquel la montre a été réglée, fût de 1° 15' 6", on voit que, dans le cas où la différence des heures eût été en plus, la *longitude* feroit de 33° 49' 36", & fi cette différence étoit en moins, de 31° 19' 24".

3°. Quant aux phénomènes céleftes qui doivent être aperçus, en même temps, dans tous les lieux de la terre, on diftingue parmi eux les éclipfes de foleil, de lune, des fatellites, & principalement ceux de Jupiter ; les occultations des planètes, des étoiles, enfin les diftances de la lune aux étoiles.

De tous ces phénomènes, ceux que l'on aperçoit le plus facilement, ce font les éclipfes : celles du foleil font préférables à celles de la lune, parce que l'inftant où elles commencent & celui où elles finiffent, peuvent être obfervés avec beaucoup de précifion ; mais ces phénomènes font très-rares. Les éclipfes des fatellites de Jupiter, qui fe renouvellent fréquemment, offriroient aux navigateurs un moyen facile de connoître la *longitude*, s'ils pouvoient les obferver à la mer ; mais les tentatives que l'on a faites pour furmonter les difficultés qu'oppofent, à ce genre d'obfervation, les mouvemens d'un vaiffeau, ont été jufqu'à préfent infructueufes. La navigation & la géographie ont cependant retiré de grands avantages de ces éclipfes, & furtout du premier fatellite, dont on peut obferver, avec précifion, le commencement & la fin. Le navigateur les emploie avec fuccès dans les relâches ; il a befoin, à la vérité, de

connoître l'heure à laquelle la même éclipfe qu'il obferve, feroit vue fous un méridien connu ; puifque la différence des heures que l'on compte fous les méridiens, eft ce qui détermine la différence de leur *longitude*. Mais les tables des fatellites de Jupiter, confidérablement perfectionnées de nos jours, donnent, pour le méridien de Paris, les inftans de fes éclipfes avec une précifion prefque égale à celle des obfervations mêmes.

L'extrême difficulté d'obferver fur mer les éclipfes, a forcé de recourir aux autres phénomènes céleftes, parmi lefquels le mouvement de la lune eft le feul qui puiffe fervir à la détermination des *longitudes terreftres*. La pofition de la lune, telle qu'on l'obferve du centre de la terre, peut aifément fe conclure de fes diftances angulaires au foleil ou aux étoiles ; les tables de fon mouvement donnent enfuite l'heure que l'on compte fous le premier méridien, lorfqu'on y obferve la même pofition ; & le navigateur, en la comparant à l'heure qu'il compte fur le vaiffeau, au moment de fon obfervation, détermine fa *longitude* par la différence de ces heures.

Pour apprécier l'exactitude de cette méthode, on doit confidérer, qu'en vertu de l'erreur de l'obfervation, le lieu de la lune déterminé par l'obfervateur, ne répond pas exactement à l'heure défignée par fon horloge ; & qu'en vertu de l'erreur des tables, ce même lieu ne fe rapporte pas à l'heure correfpondante qu'elle indique fur le premier méridien : la différence de ces heures n'eft donc pas celle que donneroient une obfervation & des tables rigoureufes. Suppofons que l'erreur conimife fur cette différence, foit d'une minute décimale ; dans cet intervalle, quarante minutes décimales de l'équateur paffent au méridien, c'eft l'erreur correfpondante fur la *longitude* du vaiffeau, & qui, à l'équateur, eft d'environ quarante mille mètres ; mais elle eft moindre fur les parallèles ; d'ailleurs, elle peut diminuer par des obfervations multipliées des diftances de la lune au foleil & aux étoiles, & répétées pendant plufieurs jours, pour compenfer & détruire, les unes par les autres, les erreurs de l'obfervation & des tables.

Il eft vifible que les erreurs fur la *longitude*, correfpondant à celles des tables & de l'obfervation, font d'autant moindres que le mouvement de l'aftre eft plus rapide ; ainfi, les obfervations de la lune périgée font, à cet égard, préférables à celles de la lune apogée. Si l'on employoit le mouvement du foleil, treize fois environ plus lent que celui de la lune, les erreurs fur la *longitude* feroient treize fois plus grandes ; d'où il fuit que, de tous les aftres, la lune eft le feul dont le mouvement foit affez prompt, pour fervir à la détermination de la *longitude* en mer : on voit donc combien il eft utile d'en perfectionner les tables.

L'importance de la détermination des *longitudes* en mer attira toujours l'attention des puiffances, auſſi bien que celle des ſavans. Philippe III, roi d'Eſpagne, qui monta ſur le trône en 1598, fut le premier qui propoſa des prix, en faveur de celui qui trouveroit les *longitudes*. Les Etats de Hollande imitèrent bientôt ſon exemple ; l'Angleterre en a fait de même en 1714. Quant à la France, voici ce qu'on trouve dans l'*Hiſtoire de l'Académie des ſciences* pour 1772, pag. 102 : « L'extrême importance des *longitudes* a déterminé des princes & des Etats, & en dernier lieu le duc d'Orléans, régent, à promettre de grandes récompenſes à qui les trouveroit. » L'Angleterre a fait tout ce qu'on devoit attendre d'une nation ſavante & maritime. Le 11 juin 1714, le parlement d'Angleterre ordonna un comité pour l'examen des *longitudes*, & de ce qui y a rapport ; Newton, Wiſton, Clarcke, y aſſiſtèrent. Newton préſenta un Mémoire au comité, dans lequel il expoſa différentes méthodes propres à trouver les *longitudes* en mer, & les difficultés de chacune. La première eſt celle d'une horloge ou montre, qui meſuroit le temps avec une exactitude ſuffiſante ; mais, ajoutoit-il, le mouvement du vaiſſeau, les variations de la chaleur & du froid, de l'humidité & de la ſéchereſſe, les changemens de gravité en différens pays de la terre, ont été, juſqu'à préſent, des obſtacles trop grands pour l'exécution d'un pareil ouvrage. Newton expoſa enſuite les difficultés des méthodes où l'on emploie les obſervations des ſatellites de Jupiter & celles de la lune. Le réſultat fut, qu'il convenoit de paſſer un bill pour l'encouragement d'une recherche auſſi importante ; il fût préſenté par le général Stanhope Walpole, depuis comte d'Oxford, & le docteur Samuel Clarcke, aſſiſté de Wiſton ; & il paſſa unanimement.

Cet acte, de 1714, établit des commiſſaires qui ſont autoriſés à recevoir toutes les propoſitions qui leur ſeront faites pour la découverte des *longitudes* ; & dans le cas où ils en ſeroient aſſez ſatisfaits pour déſirer des expériences, ils peuvent en donner leurs certificats aux commiſſaires de l'amirauté, qui ſeront tenus d'accorder, auſſitôt, la ſomme que les commiſſaires auront eſtimée convenable, & cela, juſqu'à deux mille livres ſterlings, ou quarante-neuf mille ſix cent quatre-vingt-dix-ſept liv., monnoie de France. Le même acte ordonne, que le premier auteur d'une découverte & d'une méthode pour trouver la *longitude*, recevra dix mille livres ſterlings, s'il détermine la *longitude* à un degré près, c'eſt-à-dire, à la préciſion de 60 milles géographiques, ou de 25 lieues communes de France ; qu'il en recevra quinze mille, ſi c'eſt à deux tiers de degré ; & enfin vingt mille s'il détermine la *longitude* à un demi-degré. La moitié de cette récompenſe doit être payée à l'auteur, lorſque les commiſſaires de la *longitude*, ou la majeure partie d'entr'eux, conviendront que la méthode propoſée ſuffit, pour la ſûreté des vaiſſeaux à 80 milles des côtes, où ſont ordinairement les endroits les plus dangereux. L'autre

moitié de la même récompenſe doit être remiſe à l'auteur, après que le vaiſſeau aura été à l'un des ports de l'Amérique déſigné par les commiſſaires, ſans ſe tromper de la quantité fixée ci-deſſus. Ce fut en vertu de cet encouragement, auſſi bien que des promeſſes du Régent, que Sully conſtruiſit une pendule marine en 1726, & que Jean Harriſon, vers ce même temps, entreprit de parvenir au même but.

Harriſon, alors charpentier dans une province d'Angleterre, vint à Londres : il s'occupa d'horlogerie, ſans autre ſecours qu'un talent naturel. Il viſa à la plus haute perfection ; & dès l'an 1726, il étoit parvenu à corriger la dilatation des verges de pendule, en ſorte qu'il fit une horloge qui ne varia pas, à ce qu'on aſſure, d'une ſeconde par an. Vers le même temps, il fit une autre horloge deſtinée à éprouver le mouvement des vaiſſeaux, ſans perdre ſa régularité. Au mois de mars 1736, l'horloge de Harriſon fut miſe à bord d'un vaiſſeau de guerre qui alloit à Lisbonne ; le capitaine Roger Wills atteſta, par écrit, qu'à ſon retour, l'horloge d'Harriſon avoit corrigé, à l'entrée de la Manche, une erreur d'environ un degré & demi, qui s'étoit gliſſée dans l'eſtime du vaiſſeau, quoiqu'on cinglât directement vers le nord. Le 30 novembre 1749, Folks, préſident de la Société royale, annonça que Harriſon avoit obtenu le prix ou la médaille d'or, qu'on donne chaque année à celui qui a fait l'expérience ou la découverte la plus curieuſe, en conſéquence de la fondation de Godefroy Copley, & que Hanſloame, exécuteur teſtamentaire de Copley, avoit recommandé Harriſon à la Société royale, à raiſon de l'inſtrument curieux qu'il avoit fait pour la meſure du temps. Le préſident lui adjugea cette médaille, ſur laquelle le nom de Harriſon étoit gravé ; & en même temps il prononça un diſcours, où il fit connoître la ſingularité & le mérite des inventions de Harriſon, dans un aſſez grand détail. Depuis 1749, Harriſon ne ceſſa de continuer ſes recherches, & le 18 novembre 1761, ſon fils s'embarqua avec une montre marine pour aller à la Jamaïque. Le mouvement fut éprouvé par des hauteurs correſpondantes ; elle ſe trouva n'avoir varié que de cinq ſecondes en quatre-vingt-un jours, depuis l'Angleterre juſqu'à la Jamaïque, & d'une minute cinquante-quatre ſecondes dans le retour, ou de vingt-huit minutes de degré ; & puiſque cela ne fait pas un demi degré, Harriſon, ſuivant ſon calcul, avoit droit à la récompenſe de vingt mille livres ſterlings promiſe par l'acte de 1714. Cependant, les commiſſaires des *longitudes* lui accordèrent deux mille cinq cents livres ſterlings, & jugèrent que, pour obtenir le prix total, il falloit une ſeconde épreuve. Elle fut faite en 1764 avec le même ſuccès. On en a rendu compte dans la *Connoiſſance des temps* de 1765 & de 1767. Le parlement d'Angleterre lui accorda, en 1765, la moitié des vingt mille livres ſterlings portées par l'acte de

1714, & le reste en 1773, malgré beaucoup d'oppositions & de débats.

Arnold & Kendol ont fait aussi, en 1772, des
montres marines : celui-ci sur les principes d'Harrison, l'autre par des voies plus simples ; elles ont
été mises en expérience en 1773, & elles ont
assez bien réussi. Ces récompenses & ces succès
ont produit en France de semblables efforts. Berthoud & Leroy ont exécuté, vers 1765, des montres
marines qui ont été éprouvées dans plusieurs
voyages d'outre-mer, principalement sur la frégate
la Flore, commandée par Verdun, sur laquelle
étoient embarqués Pingré & Borda, de l'Académie
des sciences. Il résulte des rapports qu'ils ont
faits de leurs observations, que les erreurs de
la *longitude* n'ont jamais été d'un demi-degré en
six semaines, ni dans celle de Berthoud, ni dans
celle de Leroy ; en sorte que l'un & l'autre
auroient atteint, comme Harrison, le but proposé
en Angleterre par l'acte de 1714. Depuis, plusieurs
horlogers français & anglais ont exécuté, également, des horloges marines ; ils leur ont donné le
nom de *garde-temps*. Plusieurs sont aussi exactes,
& quelques-unes ont été plus exactes que celles
d'Harrison, Berthoud, Arnold, Kundel & Leroy.
Pendant long-temps, ces montres extraordinaires
ont eu une valeur excessive ; aujourd'hui elles sont
très-communes, & à un prix tel, qu'un officier
de marine est inexcusable de n'en pas avoir.

Les principaux objets de tous ces horlogers
consistent : 1°. à corriger la dilatation par la chaleur produite dans le ressort spiral ; 2°. à diminuer
les frottemens par des rouleaux ; 3°. à arrêter le
ressort spiral par un point qui soit tel, que les oscillations, grandes ou petites, soient toujours isocho-
rones ; 4°. que l'échappement n'ait que très-peu
de frottement.

Telle est la méthode qui sera toujours la plus
commode & la plus simple pour trouver les *longitudes* en mer ; mais, comme on a été long-temps
avant de pouvoir espérer des horloges marines
d'une assez grande perfection, on a essayé d'y employer les méthodes astronomiques, & d'abord
les éclipses de lune. On cherche ordinairement,
par l'observation de l'entrée & de la sortie dans une
même tache, le temps du milieu de l'éclipse ; on
compare ce temps observé avec celui que donne
le calcul pour le méridien des tables, & la différence des temps, convertis en degrés, donne la
différence de la *longitude* cherchée. Les éclipses
du premier satellite de Jupiter peuvent s'employer au même objet ; mais il est fort difficile de
les observer en mer, à moins qu'on ne soit dans
une chaise de marine suspendue, comme celle que
Jovin fit exécuter en Angleterre, vers 1760, &
dont l'idée se trouve en entier dans le *Cosmolabe*
de Jacques Besson, Paris, 1767. Pour éviter l'embarras de la chaise marine, Rochon, dans ses *Opuscules mathématiques*, publiés en 1762, propose
un moyen qu'il assure lui avoir très-bien réussi :

il emploie une lunette achromatique de deux
pieds, avec laquelle on puisse faire l'observation
des satellites de Jupiter. Il adapte, sur un côté de
cette lunette, un verre lenticulaire de 4 pouces de
diamètre & 12 pouces de foyer : il place à son
foyer un verre mince, mais régulièrement & légèrement dépoli, de 4 pouces de diamètre, & se
contentant de 19° 10′ de champ. Du verre dépoli
à l'œil, l'intervalle doit être de 6 à 8 pouces. Il
dirige ensuite la lunette sur un astre assez lumineux, & lorsqu'il paroît au milieu du champ de sa
lunette, il observe en même temps, sur quel endroit du verre dépoli se peint l'image de cet astre :
il marque cet endroit d'un petit point noir, & l'on
peut être assuré que toutes les fois que Jupiter
paroîtra caché par le petit point noir, ce même
astre paroîtra dans la lunette au milieu du champ.
Cela fournit un moyen bien simple de retrouver,
avec une extrême facilité, un astre que l'agitation
du vaisseau auroit fait perdre. Pour cet effet, il
s'agit de regarder avec un œil dans la lunette,
tandis qu'avec l'autre on regarde le verre dépoli :
il ne faut pas une grande habitude pour regarder
dans une lunette, les deux yeux ouverts, surtout
la nuit. Comme cet œil voit sur le verre dépoli un
champ de plus de 19 degrés, il ne peut perdre
l'astre de vue, & peut le ramener au point noir
très-aisément ; aussitôt l'autre œil le voit au milieu de
la lunette. Mais, indépendamment de la difficulté
d'observer les éclipses des satellites en mer, ces
phénomènes sont trop rares, pour satisfaire aux
besoins qu'ont les navigateurs de trouver, en tout
temps, la *longitude* du vaisseau. C'est pourquoi on a
songé à y employer la lune, dont le mouvement est
assez rapide, pour que la situation dans le ciel
fournisse, en tout temps, un signal facile à reconnoître.

Apian passe pour le premier qui ait songé à employer ainsi, les observations de la lune, pour trouver les *longitudes*. Gemma Frisicus, médecin mathématicien d'Anvers, en parla dans un ouvrage
composé en 1530, & Kepler au commencement
du dix-huitième siècle.

Morin, professeur de mathématiques & médecin
à Paris, corrigea la méthode indiquée par Kepler ;
il la rendit plus générale, & la proposa au cardinal
de Richelieu, qui ordonna, le 6 février 1634,
que la méthode de Morin seroit examinée par des
commissaires qu'il nomma pour cet effet. Parmi ces
commissaires, il y avoit, pour mathématiciens,
Paschal, My-d'orge, Boulanger, Hetigone & Bau-
grand. Ils s'assemblèrent à l'Arsenal, le 30 mars ;
&, après avoir entendu les démonstrations de
Morin, ils convinrent de la bonté & de l'utilité
de sa méthode ; mais, dans la suite, ils reconnurent
que l'idée n'étoit pas assez neuve, ni les tables de
la lune assez parfaites, pour qu'on pût dire que
Morin avoit trouvé le secret des *longitudes* ; &
l'imperfection des tables a continué, pendant tout

le dernier siècle, d'être un obstacle à l'utilité de cette méthode.

Halley, aussi habile navigateur que célèbre astronome, avoit jugé, par sa propre expérience, que toutes les méthodes proposées pour trouver les *longitudes* en mer, étoient impraticables, excepté celles où l'on employoit le mouvement de la lune. En conséquence, il proposa d'observer les occultations des étoiles par la lune, & de corriger les tables de la lune par la période de dix-huit ans, qu'il appelle *saros* ou *période chaldaïque*. Halley s'en tenoit donc aux appulses & aux occultations d'étoiles, parce que l'on n'avoit alors aucun instrument propre à comparer la lune aux étoiles qui en étoient éloignées. L'octant, imaginé en 1731 par Halley, a donné un moyen facile de mesurer les distances sur mer, à une minute près, aussi bien que les hauteurs de la lune; ce qui fournit plusieurs méthodes pour déterminer le lieu de la lune en mer. La hauteur de la lune peut servir également à trouver les *longitudes*, & cela de différentes manières. Lead Belter propose une méthode pour trouver le lieu de la lune par une seule hauteur observée, en supposant la latitude de la lune & l'inclinaison de son orbite, connues par les tables. Lemonnier, pour suppléer quelquefois à la méthode des distances, a donné aussi une méthode pour trouver les *longitudes* en mer, par une seule hauteur observée, pourvu qu'on connoisse la déclinaison de la lune; on le peut faire en observant la hauteur méridienne, & tenant compte du changement de déclinaison de la lune & du mouvement du vaisseau. Pingré, dans son *Etat du ciel*, s'est servi aussi de la hauteur de la lune pour trouver l'angle horaire, c'est-à-dire, la distance au méridien, en supposant la déclinaison connue par les tables. Voici son procédé, qui est aussi simple qu'il puisse être, en employant les angles horaires, & qui peut servir, même à terre, pour trouver la *longitude*, lorsqu'on ne peut comparer la lune à une étoile. Ayant observé en pleine mer la hauteur du bord de la lune, on y fait les quatre corrections qui dépendent de la hauteur de l'œil au-dessus de la mer, de la réfraction, de la parallaxe & du demi-diamètre de la lune; & l'on a la hauteur vraie. On fait toujours, à une demi-heure près, la *longitude* du lieu où l'on observe (car elle est surtout nécessaire dans cette méthode-ci): l'on a donc la distance du pôle au zénith. Ainsi, résolvant le triangle formé à la lune, au pôle & au zénith, on trouvera l'angle au pôle pour le moment de l'observation. Connoissant ainsi l'angle horaire de la lune par le moyen de la hauteur observée, on cherche à quelle heure cet angle horaire devroit avoir lieu au méridien de Paris; la différence entre l'heure de Paris & l'heure du lieu où l'on a observé, est la différence des méridiens. Si cette différence trouvée est à peu près la même que celle qu'on a d'abord supposée, pour calculer la déclinaison, la supposition est justifiée, & il n'y

a rien à changer au calcul précédent. Si la différence est sensible, on fait une autre supposition pour la *longitude* du lieu, & l'on cherche encore la différence du méridien: si l'on trouve la même chose que l'on a supposé, la supposition sera vérifiée; sinon on apercevra facilement quel changement il faudra faire.

La méthode de la distance de la lune au soleil, ou à une étoile, est beaucoup plus générale; elle fut proposée par Kepler, & elle a été suivie par Halley & ensuite par l'abbé de Lacaille, qui l'a perfectionnée & simplifiée. Maskeline, habile astronome de la Société royale de Londres, envoyé à Sainte-Hélène en 1761, par le roi d'Angleterre, ayant éprouvé & vérifié l'exactitude de cette méthode, la recommanda aux marins & aux astronomes de la manière la plus pressante, dans son livre intitulé: *Britsch marine guide*, Londres, 1768, in-4°., où il donne des principes nouveaux & des méthodes faciles pour en faire le calcul; enfin, on publie en Angleterre, depuis 1767, un *Almanach nautique*, tel que Lacaille l'avoit proposé, & qui est uniquement fondé sur cette méthode des distances, qui est la plus exacte de toutes, comme de Lacaille l'a fait voir fort en détail. Pour calculer la distance de la lune à une étoile, on cherche, par les tables de la lune, sa *longitude* pour le temps donné; on prend, dans le catalogue, celle de l'étoile; on cherche également leur latitude; ce qui donne les distances au pôle: & l'on forme un triangle au pôle de l'écliptique, à l'étoile & à la lune, que l'on résoud par les règles de la trigonométrie sphérique. Quand on connoît, par les tables, la distance vraie, il faut l'avoir aussi par les observations, c'est-à-dire, qu'il faut la conclure de la distance apparente observée, en ajoutant l'accourcissement de la réfraction, à la distance observée, plus ou moins l'effet de la parallaxe.

LONGITUDE HÉLIOCENTRIQUE. Point de l'écliptique auquel répondroit, perpendiculairement, le centre d'une planète, si elle étoit vue du soleil. Mais, comme c'est autour du soleil que tournent les planètes, ce sont leurs *longitudes*, vues du soleil, que l'on a surtout besoin de connoître, & on les trouve, principalement, par le moyen des conjonctions & des oppositions. *Voyez* HÉLIOCENTRIQUE.

LONGUE. C'étoit, dans l'ancienne musique, une note carrée avec une queue à droite; aujourd'hui ce mot est le correctif de brève: ainsi, toute note qui précède une brève, est une *longue*.

LONGUEUR, de *longus*, long; longitudo; *die lange*; s. f. Ce qui est long, ou étendue en long:

C'est une des trois dimensions essentielles à tous les corps. La *longueur* d'un corps s'exprime

par une droite, tirée d'une de ſes extrémités à
l'autre. Cette ligne eſt toujours perpendiculaire à
une autre ligne droite, qui exprime la largeur du
corps. *Voyez* Largeur, Corps.

LOOS ou Loopen. Meſure pour les grains,
employée à Riga.

Le *loos* de grain pèſe 99 livres; c'eſt la moitié
d'une tonne. Elle équivaut à 5,129 boiſſeaux =
66,6770 litres.

LOQUACITÉ, *de* loquor, *parler*, loquax,
babillard; loquacitas; ſ. f. Habitude de trop parler.

Cette habitude dépend de pluſieurs cauſes,
parmi leſquelles on diſtingue le ſexe & le climat.
La chaleur des climats imprime, à l'eſpèce humaine, un caractère de vivacité qui s'étend ſouvent ſur la parole; dans les climats froids, au
contraire, on y parle lentement & d'une manière
compoſée & réfléchie. La profeſſion ſe manifeſte
encore ſur l'exercice de la parole. Le géomètre,
penſant ſans ceſſe, parle peu. Les avocats, au
contraire, ſont verbeux.

En général, la *loquacité* eſt une ſucceſſion très-
rapide, un léger déſordre dans les idées; elle eſt
quelquefois un premier degré de la démence, &
parfois le ſymptôme d'un dérangement complet
des facultés intellectuelles dans les maladies.

LORGNETTE, *du vieux mot* loriner *ou* lor-
gner, *regarder en tournant les yeux de côté*; conſpicillum; augenglaſs; ſ. f. Lunette qui n'eſt compoſée que d'un ſeul verre, & qu'on tient ordinairement à la main.

Les phyſiciens appellent auſſi *lorgnettes*, des
monocles, parce qu'elles ne peuvent ſervir que
pour un ſeul œil à la fois; au lieu que les lunettes,
compoſées de deux verres, & qu'on met ordinairement ſur le nez, ſervent pour les deux yeux.
Les *lorgnettes* à un ſeul verre doivent être convexes pour les presbytes, afin de leur rapprocher
les objets; ce verre doit être concave pour les
myopes, afin de leur éloigner les objets. *Voyez*
Presbytes, Myopes.

On donne également le nom de *lorgnette*, à une
petite lunette à tuyau, compoſée de deux verres
au moins, & que l'on tient aiſément à la main.

LOSANGE, de λοξος, *oblique*, & angulus, *angle*;
rhombus; die raute; ſ. f. Figure à quatre côtés
égaux, obliques l'un ſur l'autre.

Eſpèce de parallélogramme dont les quatre côtés
ſont égaux, & chacun parallèle à ſon oppoſé, &
dont les angles ne ſont pas droits; mais qui en a
deux aigus, oppoſés l'un à l'autre, & deux autres
obtus, également oppoſés l'un à l'autre. On l'appelle ordinairement *rhombe*, en géométrie, &
rhomboïde, quand les quatre côtés contigus ſont
inégaux. *Voyez* Rhombe, Rhomboïde.

LOTERIE, *de l'allemand* los, *ſort*; loteria;
die loterie; ſ. f. Sorte de banque où les lots ſont
tirés au ſort.

Eſpèce de jeu de haſard, dans lequel différens lots
de marchandiſes ou différentes ſommes d'argent
ſont dépoſés, pour en former des prix & des bénéfices à ceux à qui les billets favorables échoient.

Les Romains inventèrent des *loteries* pour embellir les ſaturnales Cette fête commençoit par
une diſtribution de billets qui gagnoient quelques
prix. Auguſte fit des *loteries* qui conſiſtoient en des
choſes de peu de valeur; mais Néron en établit en
faveur du peuple, de mille billets par jour, dont
pluſieurs faiſoient la fortune de ceux que le haſard
favoriſoit. Héliogabale en créa d'aſſez ſingulières:
les lots en étoient très-importans ou très-inutiles:
par exemple, il y avoit un lot de ſix eſclaves &
un autre de ſix mouches, &c.

Souvent, dans de grandes fêtes, les gens riches
établiſſent des *loteries* qui imitent celles des
Romains: on diſtribue des billets à tous les aſſiſ-
tans; les numéros ſont tirés dans une urne, tandis
que dans une autre on tire, en même temps, le
nom de l'objet qui échoit au numéro.

Habituellement, les *loteries* ſont établies par le
Gouvernement, ou par des banquiers, pour pré-
lever un impôt ſur la crédulité & l'ignorance. Ces
loteries ſont de deux ſortes: les unes ſe compoſent
d'un nombre de numéros déterminés, qui ont
chacun une valeur fixe; & ſur la ſomme de la
valeur des billets on prélève les frais d'établiſſement, d'impreſſion, de débit & de ſurveillance;
2°. le bénéfice du banquier ou du Gouvernement.
Le reſte de la ſomme eſt deſtiné à former des lots
de différente valeur, que l'on diſtribue à ceux que
la chance favoriſe. Les autres préſentent une chance
continuelle entre le joueur & le banquier: telle eſt
la *loterie royale de France*; mais, dans cette
chance, la ſomme gagnée eſt toujours infiniment
au-deſſous des rapports, ou des probabilités de la
chance, de manière que le banquier eſt toujours
aſſuré, à chaque tirage, d'un bénéfice plus ou
moins grand. *Voyez* Jeux.

LOTION, *de* lotus, *lavé*; lotio; das waſchen;
ſ. f. Action de laver.

Opération qui ſe fait en lavant une ſubſtance
dans l'eau, ou dans quelque liquide, ſoit pour
la nettoyer de ſes ordures, ſoit pour l'édulcorer
ou l'adoucir, en la dépouillant des ſels âcres qui
peuvent être reſtés après la calcination; ſoit pour
lui ôter une mauvaiſe qualité, ſoit pour lui en
procurer une meilleure.

LOTISSAGE, *de l'allemand* los, *ſort*; ſ. m.
Séparation de ſubſtances en différens lots.

Cette opération ſe pratique dans le travail des
mines; elle conſiſte à prendre des morceaux de
minérai

minerai dans les tas provenant de différens filons, à les concaffer avec leur gangue, à les mêler, à en prendre enfuite une certaine quantité pour en faire l'effai.

LOTS. Divifion de l'once en deux parties. Cette divifion a lieu en Allemagne. Le *lots* peut avoir différentes valeurs, qui toutes dépendent de celle de l'once dont il eft la moitié.

LOUCHE, *de lufcus*, *borgne*, *ou lucinius*, *yeux foibles*; *strabo*; *fcheel*; f. m. Qui regarde de travers.

On appelle ainfi une perfonne qui a un œil ou même les deux yeux tournés de travers, de manière que, femblant regarder d'un côté, elle regarde réellement d'un autre.

Les phyficiens different d'opinion fur l'explication de ce fait. Lahire prétend que, dans ceux qui ne font *louches* que d'un œil, la partie fenfible de l'organe eft plus d'un côté, dans un œil, que dans l'autre. Pour ceux qui font *louches* des deux yeux, il y a apparence que la partie la plus fenfible de l'organe n'eft pas placée dans le milieu, ni dans l'un ni dans l'autre œil, ce qui les oblige à fe détourner pour voir diftinctement les objets. Jurine & Buffon penfent que les *louches* ne fe fervent que d'un œil à la fois; car, difent-ils, l'œil *louche*, qui fe détourne pendant que l'autre agit, fe tourne vers l'objet, fi l'on ferme le bon œil. Mais cela ne rend pas raifon du ftrabifme de ceux qui détournent les deux yeux à la fois. *Voyez* STRABISME, VISION

LOUCHETÉ; *lufciofila*; f. f. Vice de la vue, qui fait voir confufément les objets préfentés en face, tandis qu'on les diftingue très-bien fi on les montre par le côté.

Ce qu'on nomme *loucheté*, dépend du ftrabifme, c'eft-à-dire, de la contraction de quelques mufcles de l'œil, & du relâchement de leurs antagoniftes. Lorfque l'œil eft tourné en dehors, & n'aperç it que les objets dirigés de ce côté, cet état eft dû à la contraction du mufcle droit externe, & au relâchement du droit interne. *Voyez* STRABISME.

LOUIS. Monnoie françaife, à l'effigie d'un roi *Louis*, qui a été frappée depuis l'an 1636.

On a diftingué deux fortes de *louis*: le *louis d'argent* & le *louis d'or*.

LOUIS D'ARGENT. Monnoie d'argent, de la grandeur de l'écu de fix livres, frappée à l'effigie des rois de France Louis XIII & Louis XIV, depuis 1636 jufqu'en 1693; alors les *louis d'argent* prirent le nom d'Ecus. *Voyez* ce mot.

Ces *louis d'argent* ont tous été frappés au titre de 11 deniers de fin, & fous le poids de 8 ⁻⁻ à la taille. Leur valeur nominale a varié de 60 à 66 fous; leur valeur actuelle eft de 5,585 liv. tourn. = 5,466 fr.

LOUIS D'OR. Monnoie d'or, frappée depuis 1636 jufqu'en 1793. à l'effigie des rois de France Louis XIII, Louis XIV, Louis XV & Louis XVI.

Tous ont été frappés au titre de 22 karats; mais leur taille, leur valeur nominale & leur valeur actuelle ont varié; ainfi:

En 1636, on a frappé des *louis d'or* à la taille de 36 ⅓. Leur valeur nominale a varié de 11 à 32 livres; & leur valeur actuelle étoit à 19,87 liv. = 19,6245 fr.

En 1709, on a frappé des *louis d'or* à la taille de 32. Leur valeur nominale étoit de 16 fr., & leur valeur actuelle 22,50 liv. = 22,222 fr.

De 1709 jufqu'en 1793, on a frappé des *louis d'or* à la taille de 30. Leur valeur nominale a varié de 16 à 40 livres. Leur valeur actuelle étoit de 24 liv. = 23,7035 fr.

De 1719 jufqu'en 1723, on a frappé des *louis d'or* à la taille de 25. Leur valeur nominale a varié de 32 à 63 livres. Leur valeur actuelle étoit de 28,80 liv. = 27,4444 fr.

Enfin, de 1718 à 1720, on a frappé des *louis d'or* à 20 à la taille. Leur valeur nominale a varié de 36 livres à 61 ¼. Leur valeur actuelle étoit 36 liv. = 35,2554 fr.

On a donné aux *louis d'or* les noms fimples de *louis*; d'autres fois on les a nommés *Louis nouveaux* & *louis anciens*, pour les diftinguer. En 1715, quelques *louis*, fous le nom de *louis nouveaux*, ont été frappés à la taille de 30 ½. Leur valeur nominale étoit de 20 livres, & leur valeur actuelle 23,80 liv. = 23,4768 fr.

LOUP; *lupus*; *der wolf*; f. m. Animal fauvage & carnaffier.

C'eft, en aftronomie, une des conftellations de la partie méridionale du ciel, qui eft placée devant le centaure, au-deffus du fcorpion. C'eft une des quarante-huit conftellations formées par Ptolémée. L'abbé de la Caille en a donné une figure très-exacte, compofée de cinquante-une étoiles.

Il n'y a que la partie antérieure du *loup* qui paroiffe fur notre horizon.

Parmi les fables de l'antiquité, où il eft parlé des *loups*, & que les auteurs ont donnés pour origine à cette conftellation, la plus ancienne eft celle de Lycaon, roi d'Arcadie, qui facrifioit des victimes humaines, & qui fut changé en *loup*, à caufe de cette cruauté. On dit auffi que c'étoit un *loup* facrifié par le centaure Chiron.

On ne fauroit rien décider fur fon origine, non plus que fur celle de beaucoup de conftellations. Il paroît feulement que l'on donna des noms finiftres, à toutes les conftellations qui annonçoient l'automne & l'hiver, ou la ceffation de la végétation.

LOUPE, *du latin barbare* luba, lupia; *vergroferung glafs*; f. f. Objet gros & rond.

C'eft, en dioptrique, une lentille de verre à deux faces convexes, dont les rayons font fort petits. Cette lentille a la propriété de groffir les objets, & elle les groffit d'autant plus que fon foyer, c'est à-dire, la distance où concourent les rayons convergens, est plus courbe. *Voyez* FOYER.

On donne encore le nom de *loupes* ou *verres ardens*, à des verres convexes des deux côtés, lorsqu'ils font d'un foyer un peu court. Ces *loupes*, exposées au soleil, embrasent des matières placées à la pointe de leur foyer. Il y a cette différence entre un miroir ardent & un verre ardent, en ce que le premier brûle par réflexion, c'est-à-dire, en réfléchissant les rayons de lumière, & le second par réfraction, c'est-à-dire, à l'aide des rayons qui le traversent.

Le nom de *loupe* a été donné à différentes grosseurs : en médecine, c'est une tumeur enkystée plus ou moins grosse, mais ordinairement ronde ; en botanique, ce sont des excroissances ligneuses qui se forment sur les troncs ou les branches des arbres ; en métallurgie, ce sont de grandes masses de fonte de fer.

LOXOCOSME, de λοξος, *oblique*, κοσμος, le *monde* ; loxocosmus ; *loxocosme* ; f. m. Monde oblique.

C'est, en astronomie, un instrument propre à démontrer les phénomènes du mouvement de la terre, les saisons, l'inégalité des jours, dont M. Flacheux a publié la description.

Il existe un grand nombre de machines propres au même objet.

LOXODROMIE, de λοξος, *oblique*, δρομος, *course* ; loxodromia ; *loxodromi* ; f. fém. Course oblique.

C'est la ligne qu'un vaisseau décrit sur mer, en suivant toujours le même rhumb de vent oblique au méridien.

Ainsi, la *loxodromie*, qu'on appelle aussi *ligne loxodromique*, coupe tous les méridiens sous un même angle, qu'on appelle *angle loxodromique*. *Voyez* ANGLE LOXODROMIQUE, LIGNE LOXODROMIQUE.

La *loxodromie* est une espèce de spirale logarithmique, tracée sur la surface d'une sphère, & dont les méridiens sont les rayons.

Il suit de cette définition, que la *loxodromie* tourne sans cesse autour du globe, en s'approchant constamment du pôle, sans jamais y arriver, comme la logarithmique spéciale tourne autour de son centre.

LUCERNAL, de λυχνος ; lucerna, *lampe* ; lucernalis ; *lucernal* ; adj. Qui appartient aux lampes, qui se fait avec une lampe.

LUCERNAL (Microscope). Microscope dans lequel les objets sont éclairés avec une lampe. *Voyez* MICROSCOPE LUCERNAL.

LUCIDE ; lucidus ; adj. Clair, net, transparent, diaphane.

En général, tous les corps transparens, solides, liquides, gazeux, sont lucides lorsqu'ils laissent parfaitement passer la lumière, qu'ils sont clairs & diaphanes.

LUCIDONIQUE, de lucidus, *clair, transparent* ; lucidonicus ; adj. Qui est clair & transparent.

LUCIDONIQUES (Couleurs) ; couleurs lucidonices ; f. f. Couleurs claires, transparentes, dans lesquelles il n'entre ni huile, ni essence ni lait ; qui ont l'avantage d'être solides, de résister à l'ardeur du soleil & à la pluie sans se décolorer, se gercer, ni perdre de leur brillant.

Ces couleurs ont été trouvées par M. Cofferon, à Paris, au commencement de ce siècle.

LUCIDONIQUE (Papier). Papier extrêmement transparent, qui peut être employé à calquer à la pointe & au crayon, qui garantit les fourrages & la laine des mites & des teignes ; les dentelles & les mousselines du roussis. Ce papier a été également inventé par M. Cofferon.

LUCIFER, de *ferre* lucem, *porte-lumière* ; lucifer ; *lucifer* ; f. m. Qui apporte la lumière.

Ce nom est donné, quelquefois, à la planète Vénus, lorsqu'elle paroît le matin avant le lever du soleil. Elle annonce alors, & pour ainsi dire, le lever de cet astre ; c'est pour cette raison que les astronomes & les poëtes l'ont nommée *lucifer*. Quand elle paroît le soir, après le soleil, on la nomme *hesper*, de ἑσπερος, *sortir*, aller dehors, passer outre. *Voyez* HESPER.

LUCIFER (Gaz) ; gazum luciferum ; f. m. Nom donné par M. W. Henry, aux gaz qui ont la propriété de s'enflammer & de produire de la lumière : tels sont les gaz hydrogènes purs, carbonés, le gaz oléfiant, &c. *Voyez* GAZ HYDROGÈNE.

LUCIOLE, de *lucere*, *luire* ; luciolus ; adj. Ce qui luit dans l'obscurité, qui jette une foible lumière,

Ce nom, *luciole*, a été donné aux vers luisans, pour désigner la propriété qu'ils ont de répandre de la lumière. *Voyez* VER LUISANT.

LUDION, de *ludere*, *jouer, se divertir* ; ludius, *danseur, baladin* ; ludionus ; f. m. Petite figure plongée dans l'eau, que l'on fait monter & descendre en comprimant l'air combiné à la surface du vase.

Ces petits plongeurs, *fig.* 719, sont suspendus à une petite ampoule de verre, remplie à moitié d'air & d'eau ; une petite ouverture pratiquée à la partie inférieure de l'ampoule, établit une communication entre l'eau du vase & celle de l'ampoule : en comprimant l'air du vase, cette compression se communique à celui de l'ampoule, de l'eau entre pour remplacer le vide qui se forme, le *ludion* devient plus pesant & il descend dans l'eau. *Voyez* DIABLES CARTÉSIENS.

LUDION A POMPE. Vase rempli d'eau, dans lequel sont de petits plongeurs, & que l'on bouche avec une pompe.

Par le moyen de cete pompe, qui bouche le vase, on peut comprimer ou dilater l'air qu'il contient. En comprimant l'air, on fait descendre les plongeurs qui sont à la surface ; en le dilatant, on fait monter ceux qui sont au fond : on peut, par le moyen du piston, en plaçant dans l'eau, des plongeurs de différentes densités, les faire monter & descendre à volonté, & même en maintenir en équilibre, à des hauteurs différentes dans le liquide. Cette pompe, ajoutée pour boucher le vase, est un moyen de démontrer la cause des mouvemens, ascensionnels & descensionnels des plongeurs, & c'est en même temps un perfectionnement de ces sortes de machines.

LUETTE, *de uva, grain de raisin ;* on a dit d'abord *uva,* puis l'*uvette,* & enfin, *luette* ; uva, uvula ; *der zapfen* ; s. f. Renflement charnu qu'on aperçoit au milieu du bord libre de la voûte du palais.

Cet organe est entouré de glandes muqueuses, destinées à imbiber de leurs sucs les alimens qui sont portés vers lui dans la mastication ; il jouit d'une sensibilité plus marquée que les autres portions de la bouche, parce-qu'il est destiné, pour ainsi dire, à reconnoître la nature des alimens, avant que la déglutition ne s'en opère, & à exciter, par ses rapports sympathiques, un soulèvement des organes gastriques, quand ils ne sont pas suffisamment imprégnés de salive.

Outre les usages qui lui sont communs avec les autres parties de la voûte du palais, la *luette* concourt à la formation de certains sons, surtout à la formation de la lettre R, qu'on ne peut articuler lorsque cette partie n'existe pas, ou n'existe plus.

Quelquefois la *luette* s'alonge par le relâchement de son muscle releveur ; il semble qu'un corps très-volumineux bouche le gosier : alors on dit que la *luette* est tombée. Il suffit de toucher la *luette* avec des substances fortes, tels que le sel, poivre, vinaigre, &c., ce qui redonne du ton à cette partie & fait contracter le muscle releveur.

LUEUR, *de lucere, luire ;* maligna lux ; *der schein* ; s. f. Foible clarté que produisent différens corps.

C'est ainsi que l'on dit *lueur des étoiles,* lorsque les étoiles commencent à laisser apercevoir une foible clarté ; la *lueur du feu,* la *lueur de la lune,* foible clarté du feu & de la lune, à laquelle cependant il est possible de lire.

LUEUR PHOSPHORIQUE. Foible lumière que laissent apercevoir quelques substances.

Telles sont, par exemple, la lumière du phosphore qui brûle lentement dans l'air ; la lumière des viandes & des poissons qui se gâtent ; celle du bois pourri ; la *lueur* que l'on distingue quelquefois dans les eaux de la mer, &c. *Voyez* PHOSPHORESCENCE.

LUISANT, *de lucere, luire* ; lucidus ; *leuchtend* ; adj Qui luit, qui jette quelque lumière.

La propriété *luisante* n'est ordinairement attribuée qu'à celle que les corps, parfaitement polis, ont de réfléchir la lumière ; tels sont les marbres *luisans,* les étoffes *luisantes,* les couleurs *luisantes,* l'encre *luisante ;* mais on dit aussi les étoiles *luisantes,* les vers *luisans :* ces deux derniers ne luisent que par la lumière qui leur est propre.

LUMIÈRE, *de λυχη, lumière* ; lumen ; *leicht* ; s. f. Cause de la distinction des corps par l'organe de la vue.

En se propageant dans l'espace, cette cause active, que nous nommons *lumière,* anéantit, pour ainsi dire, les distances, agrandit la sphère que nous habitons ; nous montre des êtres dont nous n'aurions jamais soupçonné l'existence, & nous révèle des propriétés dont le sens de la vue pouvoit seul nous donner la notion. Sans la *lumière,* le sens de la vue n'existeroit pas ; nous serions, comme les aveugles, plongés dans une obscurité profonde ; nous aurions beaucoup moins de connoissances qu'eux, car les clairvoyans suppléant en partie au sens dont ils sont dépourvus, ils leur font connoître, par la parole, & les initient, par les autres sens, à une connoissance que nous ignorerions.

Dans la multitude des objets qui existent, il en est un si grand nombre qui échapperoient à nos sens, s'ils n'étoient pas éclairés par la *lumière !* les uns, à cause de leur immense petitesse, tels sont les corps, les êtres microscopiques ; les autres, par l'infinie distance où ils sont de nous Nous ignorerions l'existence de ces globes immenses, de ces planètes qui tournent autour du soleil, des satellites qui circulent autour des planètes ; de ces nombreux centres de systèmes planétaires, dont une immensité n'est visible qu'à l'aide des télescopes. Nous croirions la terre immobile, nous ne pourrions avoir aucune idée de sa forme, de sa grandeur & de ses limites. Nous ignorerions enfin, s'il existe d'autres êtres que ceux qui habitent avec nous sur l'espace environné d'eau, sur lequel nous sommes, & l'Univers seroit pour nous cet espace, le seul que nous pourrions parcourir.

De la production de la lumière.

Un grand nombre de corps, on pourroit même dire tous les corps que nous voyons, lancent de la *lumière,* puisque nous ne pouvons les voir, les distinguer, les apprécier par la vue, que par la lumière qu'ils tranfmettent à l'organe ; mais tous font lumineux d'une manière différente : les uns font lumineux par eux-mêmes, la *lumière* qu'ils nous font parvenir exifte en eux ; d'autres ne font lumineux que par la *lumière* qu'ils reçoivent d'autres corps, & qu'ils nous tranfmettent comme ils l'ont reçue, quelquefois, cependant, après lui avoir fait éprouver des modifications.

Parmi les *corps lumineux par eux-mêmes*, il en eft chez lefquels la *lumière* exifte de toute éternité, & dont la fource nous eft inconnue ; d'autres qui ne font lumineux qu'inftantanément, & dont nous pouvons faire naître & développer la *lumière*. Nous ne connoiffons encore, dans la première claffe des corps lumineux, que le foleil & les étoiles. Le premier eft un vafte foyer lumineux qui répand fa *lumière* par torrens, qui éclaire tout le fyftème planétaire & même bien au-delà : fes bienfaifans effets vivifient tout ce qui exifte fur la furface de la terre ; fon abfence anéantiroit un nombre infini des êtres qui y vivent. (*Voyez* SOLEIL) ! es étoiles, quoique lumineufes à un même degré, & peut-être même à un degré plus confidérable, nous procurent une *lumière* moins forte ; la grande diftance où elles font de nous, empêche que leur *lumière* ne produife un bienfait égal. La *lumière* des étoiles eft foible, & quoique réunies en nombre confidérable, on peut à peine, à leur lueur, diftinguer les objets. (*Voyez* ETOILES.) La *lumière* du foleil eft accompagnée d'une chaleur vive & forte qui contribue autant, plus peut-être, que la *lumière*, à la naiffance & au développement de tous les êtres organifés.

Quant à la *lumière* que nous pouvons produire, & qui n'exifte qu'inftantanément, c'eft-à-dire, qu'autant de temps que dure la caufe de la production ; parmi les caufes que nous pouvons employer, pour l'obtenir, nous en diftinguerons fix : 1°. la combuftion ; 2°. la combinaifon ; 3°. la compreffion ; 4°. le frottement ; 5°. la percuffion ; 6°. la chaleur.

1°. En échauffant un corps combuftible & l'expofant à l'action de l'oxigène, il brûle ; de cette combuftion entre les deux fubftances réfulte de la chaleur, le corps s'échauffe davantge par fuite de cet échauffement ; le combuftible paffe fouvent à l'état de gaz. Si c'eft dans cet état qu'il fe combine avec l'oxigène, il réfulte de cette combinaifon production de *lumière*. (*Voyez* FLAMME.) Si le corps échauffé refte à l'état folide, il rougit, devient lumineux & continue de brûler. (*Voyez* COMBUSTION.) Cette couleur rouge de feu, eft de la *lumière*, moins forte que celle de la flamme, mais capable fouvent d'éclairer les corps, avec une affez grande intenfité pour les faire diftinguer, & pour permettre de lire à la clarté de cette combuftion. Toutes les *lumières* artificielles des gaz hydrogènes & carbonés, des huiles, des graiffes, des cires, des réfines, des fubftances animales & végétales, & de quelques fubftances minérales, proviennent de la combuftion ou de la combinaifon de ces fubftances avec l'oxigène.

2°. Toutes les fois que deux fubftances fe combinent intimement, il fe produit un dégagement de chaleur plus ou moins confidérable ; lorfque la chaleur eft foible, comme dans le mélange de l'eau & de l'alcool, elle n'affecte que les organes du toucher ; mais, fi elle devient plus intenfe, comme dans la combinaifon de l'eau avec la chaux vive, elle laiffe apercevoir une lueur plus ou moins grande : c'eft de la *lumière* qui fe dégage alors. Cette *lumière* eft quelquefois affez grande pour enflammer des corps combuftibles ; telle eft celle qui provient de la combinaifon de l'acide nitrofulfurique avec les huiles effentielles.

Quoique la combuftion foit une véritable combinaifon, on la diftingue cependant de cette dernière, parce que, dans la combuftion, c'eft l'oxigène qui fe combine avec le corps combuftible ; ce qui produit toujours une combinaifon gazeufe, comme dans la combuftion du charbon, de l'hydrogène, &c. ; enfin, comme dans la combuftion des méaux Dans tout autre cas, c'eftà-dire, lorfque l'oxigène n'eft pas un des principaux agens de la réunion intime, de deux ou plufieurs fubftances différentes, on lui donne le nom de COMBINAISON. *Voyez* ce mot.

3°. La compreffion, exercée fur les corps, rapproche plus intenfément leurs molécules ; par ce rapprochement les corps diminuent de volume & augmentent de température ; l'augmentation de température peut être portée à un tel degré, que le corps comprimé laiffe apercevoir une lueur foible, mais appréciable par des vues fines & délicates, & dans une profonde obfcurité : tel eft le réfultat du croüiffement du fer. En frappant du fer froid & à coups redoublés, fur une enclume, on échauffe fucceffivement ce métal, & on porte fa température au point de produire de la *lumière*.

4°. Par le frottement, on obtient très fouvent de la *lumière*. Nous diftinguerons deux fortes de frottemens : dans l'un, comme celui de la lime fur les métaux, on arrache, on détache les particules les unes des autres ; ce détachement produit de la chaleur & quelquefois de la *lumière* : ce phénomène eft femblable à celui occafionné par la PERCUSSION. (*Voyez* ce mot) Dans l'autre, il fuffit d'un léger frottement, & fouvent même du contact de deux fubftances différentes ; telle eft la *lumière* produite par l'ELECTRICITÉ & le GALVANISME. *Voyez* ces mots.

5°. On obtient, par la percuffion des corps, des *lumières* inftantanées plus ou moins fortes. Deux morceaux de fucre, très fecs, frottés dans l'obfcurité, produifent une lueur plus ou moins forte. Plufieurs minéraux, légèrement frottés avec un cure-dent, un morceau de baleine, font apercevoir de la *lumière*, affez forte pour être diftinguée dans l'obfcurité. (*Voy.* PHOSPHORESCENCE.) D'autres corps laiffent dégager, par le choc, de vives étincelles : tels font deux morceaux de quartz, un morceau d'acier contre l'angle aigu d'un filex. Dans le choc de ces substances, des fragmens de chacun des morceaux frottés, choqués, se détachent de la masse. Le calorique, interposé entre les molécules & fortement comprimé, se dégage & produit une vive lumière en se dégageant.

Si l'on reçoit, sur du papier, les fragmens détachés de ces pierres, & qu'on les examine à l'aide d'un microscope, ils ont l'apparence de corps fondus. Dans le choc du briquet contre le filex, on recueille deux fortes de fragmens, les uns de quartz fondu, les autres de fer oxidé fondu. L'examen de ces fragmens prouve donc, jusqu'à l'évidence, que la lumière observée est la suite de l'immense chaleur, dégagée par la rupture des fragmens; & qui a été assez forte & assez intense pour les faire entrer en fusion. Quant au choc du briquet, deux effets ont lieu à la fois : 1°. échauffement & fusion des fragmens; 2°. combustion des fragmens d'acier. Voyez BRIQUET, CHOC DU BRIQUET.

6°. En appliquant la chaleur aux corps, & l'augmentant continuellement, on arrive à une certaine élévation de température, à laquelle les corps deviennent lumineux. On appelle, dans le langage ordinaire, chauffé au rouge, les corps qui, tenus dans le feu, y deviennent lumineux : il paroît résulter des diverses expériences faites sur cet objet, que tous les corps qui peuvent supporter le degré de feu nécessaire, sans se fondre, se volatiliser, ni se décomposer, émettent cette sorte de lumière; précisément à la même température. Newton trouva le premier, par une suite d'expériences très-ingénieuses, que le fer est visible dans l'obscurité, lorsqu'il est échauffé à 68° de Réaumur; qu'il luit fortement à 320° du même thermomètre; qu'à celle de 379°, il est lumineux dans le crépuscule, immédiatement après le coucher du soleil; & que, lorsqu'il luit, même au grand jour, sa température doit être de 436° de Réaumur.

Un corps chauffé au rouge continue de luire pendant quelque temps, après qu'il a été retiré du feu & placé dans l'obscurité, sans qu'alors l'accroissement constant, ou de la lumière, ou de la chaleur, soit nécessaire; mais si, sur ce corps chauffé au rouge, on fait passer un fort courant d'air, il cesse de luire, par le refroidissement subit qu'il éprouve.

Parmi les corps, il en est, comme les métaux, qui se combinent avec l'oxigène de l'atmosphère & s'oxident; mais cette combinaison ne peut pas être regardée, comme la cause de la lumière qu'ils répandent; car un fil de fer chauffé au rouge, qui s'oxideroit, s'il restoit exposé au contact de l'air, devient rouge & conserve sa couleur rouge, indépendamment du contact de l'air, si on le plonge dans un bain de plomb fondu, à la température de 300 degrés & plus.

Il est facile d'apercevoir que, dans les six ma-

nières de produire des lumières artificielles, celle qui a lieu, est assez généralement une suite de l'échauffement total ou partiel des corps; cependant, il est quelques-unes de ces lumières, telles que la phosphorescence des minéraux, par le frottement d'un cure dent ou d'un morceau de baleine, la lumière qui se développe des expériences électriques, galvaniques, &c., qui paroissent appartenir à d'autres causes.

Tous les corps, lumineux par d'autres, sont innombrables; ils forment presque la généralité des corps : ceux qui sont lumineux par eux-mêmes, si l'on en excepte les étoiles, sont en très-petit nombre. Ils forment presque des exceptions dans la série des êtres & des corps existans. Les premiers corps doivent leur clarté à la lumière qu'ils reçoivent, qui leur est communiquée par les corps lumineux par eux-mêmes, & qu'ils nous transmettent ensuite.

Parmi ces corps, on distingue, dans le ciel, la lune, les comètes, les planètes & leurs satellites; ceux-ci nous transmettent la lumière du soleil par réflexion. Voyez RÉFLEXION DE LA LUMIÈRE.

Sur la surface de la terre, les corps nous paroissent lumineux : 1°. par la lumière qu'ils reçoivent & qu'ils nous réfléchissent (voyez RÉFLEXION); 2°. par la lumière qu'ils reçoivent, qui passe à travers leur masse, & qu'ils nous renvoient après en avoir été traversés (voyez RÉFRACTION); 3°. par la lumière qu'ils absorbent & qu'ils laissent ensuite dégager. Voyez ABSORPTION DE LA LUMIÈRE, INSOLATION.

Ceux des corps que la lumière ne traverse pas, sont nommés opaques, soit que la lumière ait été réfléchie à leur surface, soit que la lumière qu'ils ont reçue, ait été absorbée pour être dégagée ensuite, ou pour être entièrement retenue par le corps. Derrière ces corps, là où la lumière ne parvient pas, est une obscurité plus ou moins grande, à laquelle on donne le nom d'OMBRE. (Voyez ce mot.) Les corps qui absorbent entièrement la lumière, sont invisibles; ils ne sont aperçus qu'autant qu'ils réfléchissent ou laissent dégager, en tout ou en partie, la lumière qu'ils ont absorbée; par un effet contraire, les corps qui laissent entièrement sortir la lumière qui les pénètre, ne sont pas distingués de l'espace libre & vide que la lumière occupe : il faut, pour distinguer ces sortes de corps, qu'une portion plus ou moins grande de la lumière qui les traverse, soit absorbée; alors on les distingue par la différence de leur clarté, avec celle de l'espace vide qui les environne, & dans lequel la lumière est contenue.

Propagation de la lumière.

En partant d'un point lumineux, la lumière se propage dans tous les sens. Dans le vide, sa propagation se fait en ligne droite & dans toutes les directions imaginables, jusqu'à ce qu'elle rencontre

LUM

des corps qui exercent sur elle une action qui l'arrête, la réfléchisse ou change sa direction. Dans le premier cas, son action est détruite; elle est absorbée ou seulement retenue par des corps qui s'en imbibent, pour être ensuite rendue à la liberté; dans le second, elle est repoussée de la surface des corps & renvoyée dans l'espace; dans le troisième, les corps qu'elle touche, ou dont elle approche, exercent sur elle une action qui change sa direction. *Voyez* RÉFLEXION, RÉFRACTION, INFLEXION.

Nous devons à Dufay, d'abord (1), puis à Boze (2), & ensuite à Beccaria (3), de très-belles séries d'expériences sur la faculté qu'ont les *corps de s'imbiber de lumière*, de briller ensuite dans les ténèbres. Il suffit, pour cela, d'exposer les corps à la *lumière*, de les faire passer ensuite dans l'obscurité, & de les présenter à la vue d'une personne qui se trouve, depuis quelque temps, dans cette obscurité: elle distingue parfaitement ces corps, ce qui ne peut avoir lieu qu'autant qu'ils laissent dégager de la *lumière*.

Plusieurs de ces corps, comme le diamant, conservent long-temps cette propriété; d'autres la perdent promptement mais tous la recouvrent en les exposant de nouveau à la *lumière*. La proportion de *lumière* que rendent les corps, qui en sont imbibés, est extrêmement variable. Les uns sont très-éclatans, les autres sont à peine sensibles; mais tous deviennent plus lumineux lorsqu'ils ont été exposés à l'action de la chaleur. Plusieurs corps sont lumineux lorsqu'ils sont secs, & perdent cette propriété lorsqu'ils sont humides.

Baudoin & Canton ont fait des expériences très intéressantes, dans la vue de trouver une composition qui possédât, à un très-haut degré, la propriété de devenir lumineuse dans l'obscurité; ils ont trouvé, ainsi que Margraff, que la terre calcaire jouissoit de cette faculté à un très-haut degré.

Canton fit calciner des écailles d'huîtres dans un grand feu de charbon; il les réduisit en poudre; il mélangea trois parties de cette poudre avec une partie de fleur de soufre. Ce mélange fut mis dans un creuset, & chauffé au rouge pendant une heure; le creuset ayant été refroidi, on ratissa la portion la plus brillante de ce mélange & on la mit dans une fiole sèche, qu'on ferma hermétiquement; ayant exposé, pendant quelques secondes, cette fiole à la *lumière*, elle devint suffisamment lumineuse pour faire distinguer l'heure à une montre. Elle cessa de luire au bout de quelque temps, & ne recouvra cette propriété que lorsqu'on l'exposa de nouveau à la *lumière*.

Quelques physiciens ont avancé, que cette *lumière* pouvoit provenir de la combustion du sou-

(1) *Histoire de l'Académie des Sciences*, année 1735.
(2) *Von dem Leuchtender Diamanten*, page 11.
(3) *Comment. Bonon, &c.*, vol. 2, tom. I, page 105.

fre combiné à la chaux; mais les combustions ne peuvent avoir lieu que par le contact de l'air; elles cessent dès que le combustible en est privé, ou dès que le combustible est consommé. Le pyrophore de Canton perd sa propriété, quelque temps après avoir été privé de la *lumière*; il la reprend en l'y exposant de nouveau. De la chaleur, sans *lumière*, peut contribuer à faire dégager le peu de *lumière* restée dans le pyrophore; mais bientôt elle ne produit plus d'effet.

On exposa à la *lumière* deux globes fermés hermétiquement, dans chacun desquels on avoit mis un peu de ce pyrophore, & on les transporta dans un lieu obscur. Un de ces deux globes ayant été plongé dans un bassin d'eau bouillante, devint plus éclairé que l'autre; mais au bout de dix minutes, il cessa de donner de la *lumière*. Le pyrophore de l'autre globe resta lumineux pendant plus de deux heures. Les deux globes ayant été gardés pendant deux jours, dans l'obscurité, on les plongea l'un & l'autre dans un bassin d'eau chaude; celui qui avoit déjà été mis dans l'eau, ne donna aucune clarté; l'autre, au contraire, devint lumineux & continua à l'être pendant un temps assez considérable. Ni l'un ni l'autre ne recouvra ensuite la faculté de luire, par le moyen de l'eau chaude; mais en les plaçant tous les deux près d'un fer rougi, de manière à être à peine visible, dans l'obscurité, ils dégagèrent aussitôt toute la *lumière* qui leur restoit, & ne purent plus être rendus lumineux par ce moyen; cependant, en les exposant de nouveau à la *lumière*, ou en les exposant à l'action de la *lumière* d'une bougie, ou de l'électricité, ils redevinrent lumineux.

De ces faits, qui ne peuvent certainement pas se concilier avec ce qui a lieu dans la combustion, il est facile de se convaincre que la *lumière* est le seul agent, & que cette propriété a été communiquée au corps par une sorte d'absorption.

Au reste, cette faculté de briller dans l'obscurité, que les corps acquièrent en les exposant à la *lumière*, subsiste dans les corps mêmes qui sont placés dans le vide, ainsi que Lemery s'en est assuré, dans des expériences qu'il a faites sur le phosphore de Boulogne.

On a mis en question, 1°. si la *lumière* émise par les substances pyrophoriques, étoit la même que celle à laquelle elles ont été exposées. Wilson a prouvé que, dans beaucoup de cas, au moins, elle est différente; que les rayons bleus, particulièrement, produisent plus d'effet qu'aucun autre sur beaucoup de pyrophores, & que leur action occasionne un dégagement de *lumière* rouge. Grosser a fait voir que la même chose avoit lieu à l'égard du diamant, qui est un pyrophore naturel.

2°. La *lumière* réfléchie suit, en s'éloignant de la surface des corps, une loi qui dépend de la nature & du poli de leur surface: sur toutes les surfaces recouvertes d'aspérités sensibles, la *lumière* se réfléchit en suivant toutes sortes de directions;

mais fi la furface du corps eft liffe & parfaitement polie, en fe réfléchiffant de la furface des corps, la *lumière* fuit cette loi remarquable, que les angles d'incidence, c'eft-à-dire, ceux que les rayons incidens font avec la normale au point d'incidence, font égaux aux angles de réflexion, c'eft-à-dire aux angles que font les rayons réfléchis avec la normale au point d'incidence. De-là réfultent des directions de réflexion qui font diverger, converger, en rendant parallèles les rayons qui compofent le faifceau de *lumière* réfléchie. *Voyez* RÉFLEXION.

3°. On a donné le nom de *réfraction* à cette faculté, qu'ont les rayons lumineux, de changer de direction, en paffant d'un milieu dans un autre, d'une denfité différente, & cela lorfque le rayon incident forme un angle à la furface, avec la normale, qui foit autre que l'angle droit. Cette réfraction fuit une loi particulière, qui a été déterminée par l'experience. Sous quelqu'angle d'incidence qu'un rayon de *lumière* arrive, fur la furface de féparation de deux milieux donnés, le *finus de l'angle d'incidence*, c'eft-à-dire, du rayon incident avec la normale, élevée au point d'incidence, *eft à l'angle de réfraction*, c'eft le finus de l'angle que fait avec la continuation de la normale le rayon qui pénètre dans le milieu, *dans un rapport conftant*, & qui dépend de la réfringence des deux milieux. *Voyez* RÉFRACTION.

4°. On doit au Père Grimaldi l'obfervation que, dès qu'un rayon de *lumière* paffe près des bords d'un corps mince, il éprouve une déviation, que les uns ont regardée comme provenant d'un pli qu'il forme vers le corps, d'autres comme une réflexion qui le repouffe de la furface du corps; d'autres, enfin, comme produite par ces deux caufes, qui ont lieu, fuivant que le rayon paffe plus ou moins près, plus ou moins éloigné des bords. *Voyez* RÉFLEXION, DIFFRACTION, DÉFLEXION.

Viteffe de la lumière.

Pendant long-temps on a cru que la *lumière* fe tranfmettoit inftantanément, à caufe de la promptitude avec laquelle elle nous parvenoit, & de l'abfence abfolue de moyen que l'on avoit de pouvoir apprécier fa viteffe.

Roemer, phyficien danois, voulant vérifier la table des éclipfes des fatellites de Jupiter, calculées par Caffini, remarqua que, dans toutes les oppofitions, lorfque Jupiter étoit à fa plus petite diftance de la terre, les éclipfes paroiffoient plutôt qu'elles n'étoient annoncées dans ces tables, & qu'au contraire, dans les conjonctions, lorfque Jupiter étoit à fa plus grande diftance de la terre, les éclipfes paroiffoient plus tard que les tables ne les annonçoient. Ayant remarqué encore, que l'avance & le retard des éclipfes obfervées étoient proportionnels à la diftance de Jupiter à la terre, Roemer en conclut que ces avances & ces retards

dépendoient de la viteffe de la *lumière*; & comme cette différence d'apparition, des plus grandes diftances de Jupiter à la terre, étoit de feize minutes, & que la différence de ces diftances étoit le diamètre de l'orbe terreftre, Roemer conclut, que la *lumière* mettoit feize minutes, à traverfer l'orbe de la terre, conféquemment qu'elle parcouroit 32,000 myriamètres par feconde.

Le réfultat des obfervations de Roemer fut, depuis, expliqué & confirmé de la manière la plus pofitive, par le favant travail de Bradley, fur l'aberration de la *lumière* des étoiles. *Voyez* ABERRATION, VITESSE DE LA LUMIÈRE.

M. Arrago vient de s'affurer, que la viteffe de la *lumière* terreftre ou artificielle, eft la même que celle du foleil & des étoiles. En effet, la réfraction de la *lumière* terreftre étant la même que celle du foleil, & cette réfraction dépendant de la viteffe de la *lumière*, il s'enfuit que la viteffe eft uniforme, pour toutes les diftances & pour toutes les *lumières*.

Une conféquence de cette uniformité de viteffe de la *lumière*, ce font les temps différens, que doit mettre la *lumière* pour nous parvenir des différentes étoiles, & Herfchell a conclu de cette viteffe & des diftances fuppofées des étoiles de diverfes grandeurs, que la *lumière* de quelques-unes nous parvenoit au bout de fix ans, & celle de quelques autres de fix mille ans; donc, que ces étoiles devoient avoir fix mille ans d'exiftence, au moment où nous les avons aperçues la première fois. *Voyez* ÉTOILES.

De l'intenfité de la lumière.

Tous les corps lumineux, foit par eux-mêmes, foit par réflexion & réfraction, nous envoient des proportions de *lumière* différentes, c'eft-à-dire, ont des degrés de clarté différens; ce font ces degrés de clarté que l'on nomme *intenfité de la lumière*. Pour mefurer & comparer entr'elles ces différentes clartés, on a imaginé des méthodes différentes. Ces méthodes font fondées fur deux propriétés : la première, c'eft que l'intenfité de la *lumière* diminue, en raifon inverfe du carré des diftances du point lumineux, aux corps qui reçoivent la *lumière*; la feconde, c'eft que la *lumière*, en traverfant un corps tranfparent, laiffe, dans ce corps, une portion de fa *lumière*, & que la quantité de *lumière* abforbée eft, en progreffion géométrique décroiffante, pour des corps tranfparens égaux, qui augmentent en progreffion arithmétique.

On démontre la première propofition, en obfervant que la *lumière*, en partant d'un point lumineux, fe répand dans tous les fens, & que fi l'on fuppofe des enveloppes fucceffives de fphères, qui aient pour centre le point lumineux, chaque enveloppe fucceffive recevra la même quantité de *lumière* : mais les furfaces fucceffives de fphères augmentent comme le carré de leur rayon. Puisque chaque enveloppe de sphère reçoit la même quantité de *lumière*, chaque portion égale, ou mieux chaque surface égale des différentes enveloppes de sphère, recevra d'autant moins de lumière que l'enveloppe sera plus grande ; mais comme cette quantité de *lumière*, reçue sur chaque surface égale, sera en raison inverse de la grandeur de l'enveloppe de la sphère, & que la grandeur de cette enveloppe est proportionnelle au carré du rayon, il s'ensuit que l'intensité de la *lumière*, sur chaque surface égale des enveloppes, sera en raison inverse du carré des rayons de chaque sphère.

Cette proposition se démontre ainsi : soit L, *fig.* 1003, le point lumineux ; abc, A B C, les cercles de deux sphères successives qui reçoivent des quantités égales de *lumière*. La surface $\overline{ab}^2$ du cercle abc recevra autant de *lumière* que la surface $\overline{AB}^2$ du cercle A B C, & ces surfaces sont entre elles comme les carrés des rayons, c'est-à-dire, que l'on a $\dfrac{\overline{ab}^2}{\overline{aL}^2} = \dfrac{\overline{AB}^2}{\overline{AL}^2}$. Si maintenant on mène une ligne ad parallèle à bB, la surface $\overline{Bd}^2$ sera égale à la surface $\overline{ab}^2$. Mais la quantité de *lumière*, reçue sur $\overline{Bd}^2$, sera à celle reçue sur $\overline{AB}^2$ ou ab comme $\overline{Bd}^2 : \overline{AB}^2$: donc en raison inverse des carrés des rayons de chacune des sphères.

Pour démontrer la seconde proposition, supposons J, l'intensité de la *lumière* arrivant sur la surface d'un corps transparent ; $\dfrac{J}{o}$, la quantité de *lumière* absorbée ; l'intensité ou la quantité de *lumière* sortant, sera $J - \dfrac{J}{o} = J\left(\dfrac{o-1}{o}\right)$. Dans le second corps transparent, la quantité de *lumière* absorbée, étant proportionnelle à celle qui reste, sera $J\left(\dfrac{o-1}{o}\right)$, & la quantité de *lumière* sortant du second corps sera $J\left(\dfrac{o-1}{o}\right)^2$; d'où il suit que, pour un nombre n de corps transparens, la quantité de *lumière* sortant du dernier corps sera $= J\left(\dfrac{o-1}{o}\right)^n$; d'où l'on voit que l'intensité de la *lumière* diminue en progression géométrique, lorsque le nombre des corps transparens augmente en progression arithmétique.

D'après ces données, on peut déterminer la différence d'intensité de deux lumières par trois méthodes différentes : 1°. par la réduction des *lumières* à une égale clarté ; 2°. par l'extinction successive de deux *lumières*, jusqu'à ce qu'elles deviennent également insensibles ; 3°. par l'égalité

des ombres. 1°. On amène deux *lumieres* d'intensité différente à produire une égale clarté par plusieurs méthodes, parmi lesquelles nous distinguerons les deux suivantes :

(*a*) En faisant parvenir les deux *lumieres* A & B, *fig.* 1003, (*a*) dans deux tubes, d'égal diametre, placés près d'un plan CD, alongeant ou raccourcissant l'un ou l'autre des tubes, jusqu'à ce que l'intensité E, F des deux *lumieres*, reçues sur le plan, soit égale : alors, l'intensité réelle des deux *lumieres* est en raison inverse de la longueur des tubes.

(*b*) En plaçant les deux yeux aux ouvertures de deux lunettes A C, B D, *fig.* 1003 (*b*), d'égal diametre, regardant à travers ces lunettes, deux *lumieres* ou deux corps éclairés, alongeant ou raccourcissant l'une de ces lunettes, jusqu'à ce que les deux clartés paroissent égales.

Ces deux manières de mesurer l'intensité de la *lumière* sont extrêmement délicates & exigent une grande habitude.

2°. Dans un tube A B, *fig.* 1003 (*c*), dans lequel sont placés des morceaux de verre coupés sur une même feuille, on regarde successivement deux ou plusieurs *lumieres*, augmentant ou diminuant le nombre des morceaux dans chaque expérience jusqu'à ce que la *lumière* cesse d'être sensiblement aperçue. Alors, si n, n', n'' sont les nombres de morceaux de verre nécessaires pour éteindre chaque *lumiere* ou chaque clarté, & que $\dfrac{1}{o}$ soit la proportion de *lumière* absorbée par chaque verre, l'intensité des différentes *lumieres* sera dans les rapports :

$$ J\left(\frac{o-1}{o}\right)^n : J\left(\frac{o-1}{o}\right)^{n'} : J\left(\frac{o-1}{o}\right)^{n''}. $$

Si l'on fait $\dfrac{o-1}{o} = K$, l'intensité de chaque *lumiere* sera : : $J K^n : J K^{n'} : J K^{n''}$, appelant a l'intensité à laquelle on amène la *lumière* en l'affoiblissant, on aura $a = J K^n$, & les intensités des *lumieres* J, J', J'' deviendront :

$$ J = \frac{a}{K^n} ; \quad J' = \frac{a}{K^{n'}} ; \quad \& \quad J'' = \frac{a}{K^{n''}}. $$

3°. Par l'égalité des ombres. Cette méthode est la plus simple, & c'est aussi la plus généralement employée. Elle consiste à placer un corps opaque près d'un carton blanc, à présenter des *lumieres* à ce corps, de manière que l'ombre de chaque *lumière* soit projetée sur le carton ou sur une surface plane & blanche ; on écarte ou on approche ensuite l'une ou l'autre des *lumieres*, jusqu'à ce que les deux ombres soient d'une intensité égale : comme la surface blanche & plane est éclairée à la fois par les deux *lumieres*, & que chaque ombre n'est que l'interruption de l'une des *lumieres*, il s'ensuit que chaque ombre représente la clarté de l'autre *lumière*. L'égalité des

ombres

ombres n'eft donc autre chofe que l'égalité des lumières. Il réfulte de-là, qu'à égalité d'ombre, l'intenfité de chaque lumière eft en raifon inverfe de la diftance au plan qui reçoit les ombres.

Il exifte plufieurs autres manières de mefurer l'intenfité des lumières ; telle eft la méthode imaginée par John Leflie, avec fon thermomètre différentiel ; mais comme les trois que nous avons indiquées, font les plus fimples & les plus faciles, nous croyons inutile de nous étendre davantage. Voy. PHOTOMÈTRE, THERMOMÈTRE DIFFÉRENTIEL.

Bouguer a fait un grand nombre d'expériences, fur la lumière que nous envoient différens corps, principalement les corps céleftes. Ces expériences ont été faites, en comparant la lumière d'une bougie à celle des corps céleftes. Pour cela, il laiffoit entrer cette lumière dans une chambre obfcure, elle y pénétroit à travers un verre lenticulaire, appliqué à une ouverture d'une ligne de diamètre ; l'aftre étant élevé de 31° au-deffus de l'horizon. De cette manière, le difque entier de l'aftre fe peignoit fur une furface blanche & plane ; un corps opaque, placé dans les rayons lumineux de l'aftre, portoit ombre, une bougie éclairant en même temps, l'efpace occupé par le difque, faifoit porter l'ombre du corps opaque qu'elle éclairoit, fur le difque de l'aftre : il avançoit ou reculoit la bougie jufqu'à ce que

l'intenfité des deux ombres fût égale ; alors il concluoit le rapport de la lumière des aftres à celle de la bougie : conféquemment le rapport des lumières des aftres entr'elles. Nous allons rapporter, comme exemple, les expériences faites pour comparer la lumière de la lune à celle du foleil.

Après avoir fait entrer la lumière du foleil dans une chambre obfcure, il obfervoit quel étoit le diamètre du difque de l'image, dont la lumière étoit égale à celle d'une bougie, placée à un pied de diftance du plan d'illumination : d'où il conclut qu'il auroit fallu foixante-cinq mille fix cents bougies, pour égaler l'intenfité de la lumière du foleil, à l'inftant où elle entroit dans la chambre obfcure. Cherchant enfuite, à quelle diftance une bougie devoit être, pour produire une lumière égale à celle du difque de la lune, dont l'image eft reçue dans la chambre obfcure, il comparoit, par le carré des diftances des bougies, pour égalifer les lumières du foleil & de la lune, l'intenfité de la lumière des deux images ; puis comparant les grandeurs des difques, ou mieux les carrés de leur diamètre, multipliant ce rapport par celui des intenfités des difques, il en concluoit le rapport de l'intenfité de la lumière du foleil & de la lune.

De femblables comparaifons faites fur les lumières de Vénus, Mercure, Mars, Jupiter & Saturne, il trouva, qu'en fuppofant l'intenfité de la lumière du foleil = 1,000,000,000,000, on avoit :

Lumière du Soleil	=	1,000,000,000,000	=	65,600 bougies.
— de la Lune	=	2,675,000	=	2
— d'une bougie	=	1,337,500	=	1
— de Vénus	=	860	=	$\frac{1}{1544}$
— de Mercure	=	303	=	$\frac{1}{4414}$
— de Mars	=	88	=	$\frac{1}{150000}$
— de Jupiter	=	58	=	$\frac{1}{23405}$
— de Saturne	=	3.	=	

Compofition de la lumière.

En laiffant paffer un rayon de lumière à travers un prifme, on reçoit, fur un plan, un fpectre coloré & alongé, dont les couleurs varient du rouge à l'orange, de l'orangé au jaune, du jaune au vert, du vert au bleu, du bleu à l'indigo, de l'indigo au violet, en paffant d'une couleur à une autre par une fuite de teintes infenfibles. Dans quelques circonftances, on remarque du pourpre par-delà le violet.

Comme toutes couleurs diverfes peuvent être formées par trois de ces couleurs, le rouge, le jaune & le bleu, quelques favans ont cru ne devoir reconnoître que ces trois couleurs feulement, dans la compofition de la lumière, d'autres, confidérant, qu'il feroit difficile de concevoir comment fe formeroit le violet dans le fpectre, en n'admettant que les trois couleurs que nous venons d'indiquer, comme les feules exiftant dans la lumière, l'ont fuppofé compofé des deux

couleurs extrêmes & de celle du milieu, c'eft-à-dire, du rouge, du vert & du violet.

Newton, qui le premier a fait cette diftinction des fept couleurs du prifme, étoit loin de foupçonner que la lumière ne fût compofée que de fept couleurs ; il annonçoit qu'il y en avoit une infinité, dans lefquelles on diftinguoit principalement le rouge, l'orange, le jaune, le vert, le bleu, l'indigo & le violet ; & pour faire voir que toutes ces couleurs, ainfi que les teintes intermédiaires, étoient en nombre infini, il prenoit, dans le fpectre, un rayon quelconque de ces couleurs, le recevoit fur un prifme, & faifoit voir qu'il n'étoit plus décompofable : donc qu'il étoit d'une couleur fimple ; car, toute couleur femblable, lorfqu'elle étoit formée de deux ou de plufieurs autres, feroit-ce même le rouge, le jaune ou le bleu, étoit auffitôt décompofée par le prifme, lorfqu'on la faifoit paffer à travers.

Jufqu'à préfent, toutes les lumières que l'on a décompofées par le prifme, avoient déjà fubi des modifications en traverfant l'atmofphère; de manière que nous ignorons, abfolument, quelle eft la compofition de la *lumière* au moment où elle fort de l'aftre lumineux qui nous éclaire. Tout fait croire que quelques-unes des couleurs qui la compofent, fiont abforbées par l'air qu'elle traverfe: en effet, la *lumière* du foleil, elle-même, telle que nous la recevons fur la furface de la terre, n'eft pas toujours compofée des mêmes couleurs. Le rayon de la *lumière*, quoique reçu de la même manière fur le prifme, quoique faifant un angle conftant avec la furface, produit un fpectre plus ou moins long, felon l'époque de l'année & l'heure du jour à laquelle il eft décompofé. Ainfi, la *lumière* du foleil, le 21 décembre, au moment où cet aftre fe lève ou fe couche, produit le fpectre le plus court; il n'eft compofé que de rouge, orange, jaune & vert; tandis que le 21 juin, à midi, le fpectre eft très-grand, & contient les couleurs rouge, orange, jaune, verte, bleue, indigo & violette.

Enfin, les rayons du foleil, reçus à midi le même jour, fur le fommet des hautes montagnes, produit un fpectre plus long, dans lequel de la couleur pourpre s'ajoute à la couleur violette. *Voyez* COULEURS DE LA LUMIÈRE.

Quant aux couleurs artificielles, elles peuvent être décompofées par le prifme comme celles des étoiles, des planètes & de la lune; toutes produifent un fpectre coloré, analogue à celui que l'on obtient de la *lumière* folaire. Cependant, comme les lumières artificielles fiont fouvent colorées, celle des huiles, de la cire, des bougies, en jaune; celles dans lefquelles il entre du cuivre, en vert, &c., le fpectre coloré ne fe trouve compofé que des couleurs propres à former celle de la *lumière* que l'on analyfe.

Prefque toutes les *lumières*, foit naturelles, foit artificielles, fiont accompagnées de chaleur. Cette chaleur eft-elle une des parties conftituantes de la *lumière*, ou n'eft-elle que mélangée avec elle? C'eft une queftion qu'il eft difficile de réfoudre d'une manière pofitive; ce qu'il y a de certain, c'eft que, lorfque l'on décompofe le fpectre folaire, on obferve, au-delà des limites du rouge, des rayons de chaleur très-forts, qui ont été féparés également par le prifme. Ici, la *lumière* fe fépare en deux fpectres diftincts, l'un appréciable à la vue, celui des couleurs; l'autre appréciable au thermomètre, celui de la chaleur. *Voyez* CALORIQUE.

Cependant, toutes les *lumières* ne paroiffent pas produire de la chaleur; celle que la lune nous renvoie, & dont l'intenfité égale celle de deux bougies, ne contient pas de chaleur appréciable. Cette *lumière*, recueillie fur des verres concaves, & réunis en grande maffe dans un foyer très-étroit, ne produifit aucun mouvement fenfible au thermomètre qui y étoit placé. Cette *lumière* provient pourtant du foleil, & elle eft accompagnée d'une grande quantité de chaleur. La lune auroit-elle la propriété de féparer la chaleur de la *lumière folaire*

& de s'en emparer? C'eft une queftion que nous ne pouvons pas réfoudre encore.

Opinion fur la caufe de la clarté.

Platon dit, en parlant de la *lumière*: Une flamme légère, ou plutôt un fluide extrêmement délié, jailliffant de la furface des corps & ayant quelque rapport à l'organe de la vifion, donne aux couleurs l'exiftence. Le mouvement rapide qui l'anime, s'effectue toujours en ligne droite; mais, fi un corps dont la furface eft bien polie, réfifte victorieufement à fon paffage, il tombe & fe relève en faifant des angles égaux.

Quoique ces principes fuffent connus de la plus haute antiquité, loin de fuivre ce premier raifonnement, Ariftote crut devoir expliquer la *lumière*, en fuppofant qu'il y a des corps tranfparens en eux-mêmes, par exemple, l'air, l'eau, la glace, &c., c'eft-à-dire, des corps qui ont la propriété de rendre vifibles ceux qui fiont derrière eux; mais, comme la nuit, nous ne voyons rien à travers ces corps, il ajoute qu'ils ne fiont tranfparens que potentiellement & en puiffance, & que dans le jour ils le deviennent réellement & actuellement; & d'autant qu'il n'y a que la préfence de la *lumière* qui puiffe réduire cette puiffance en acte; il définit, par cette raifon la *lumière*: *l'acte du corps tranfparent confidéré comme tel.* Il ajoute que la *lumière* n'a point de feu, ni aucune autre chofe corporelle, qui rayonne du corps lumineux, & fe tranfmet à travers le corps tranfparent; mais la feule préfence ou application du feu, ou de quelqu'autre corps lumineux, au corps tranfparent.

Voilà le fentiment d'Ariftote fur la *lumière*, fentiment que fes fectateurs ont mal compris, & au lieu duquel ils lui en ont donné un autre différent, imaginant que la *lumière* & les couleurs étoient de vraies qualités des corps lumineux & colorés, femblables à tous égards aux fenfations qu'elles excitent en nous; & ajoutant que les objets lumineux & colorés ne pouvoient produire des fenfations en nous, qu'ils n'euffent en eux-mêmes quelque chofe de femblable, puifque *nihil dat quod in fe non habet.*

Mais, le fophifme eft évident; car, nous fentons qu'une aiguille qui nous pique nous fait du mal, & perfonne n'imaginera que ce mal eft dans l'aiguille. Au refte, on fe convaincra encore plus évidemment au moyen du prifme de verre, qu'il n'y a aucune reffemblance néceffaire entre les qualités des objets & les fenfations qu'ils produifent. Ce prifme nous repréfente le bleu, le jaune, le rouge & d'autres couleurs très-vives, fans qu'on puiffe dire néanmoins qu'il ait en lui rien de femblable à ces fenfations.

Defcartes & fes partifans ont approfondi cette idée. Ils avouent que la *lumière*, telle qu'elle exifte dans les corps lumineux, n'eft autre chofe que la puiffance, ou faculté, d'exciter en nous une fenfation de clarté très-vive; ils ajoutent que ce qui eft requis pour la perception de la *lumière*, c'est que nous foyons formés de façon à pouvoir recevoir ces fenfations : que dans les pores les plus cachés des corps tranfparens, il fe trouve une matière fubtile qui, à raifon de fon extrême petiteffe, peut en même temps pénétrer ce corps, & avoir cependant affez de force, pour fecouer & agiter certaines fibres au fond de l'œil ; enfin, que cette matière, pouffée par ce corps lumineux, porte ou communique l'action qu'il exerce fur elle, jufque fur l'organe de la vue.

Ainfi, la *lumière* première confifte, felon eux, en un certain mouvement des particules du corps lumineux, au moyen duquel ces particules peuvent pouffer, en tout fens, la matière fubtile qui remplit les pores des corps tranfparens.

Il fuit de-là, que les petites parties de la matière fubtile, ou du premier élément, étant ainfi agitées, pouffent & preffent, en tout fens, les petits globules durs du fecond élément, qui les environnent de tous côtés & qui fe touchent, afin de pouvoir tranfmettre, en un inftant, l'action de la *lumière* jufqu'à nos yeux ; car ce philofophe croyoit que le mouvement de la *lumière* étoit inftantané.

On voit que la *lumière*, fuivant ce génie immortel, eft un effort au mouvement, ou une tendance de cette matière à s'éloigner, en ligne droite, du centre du corps lumineux ; & l'impreffion de la *lumière* fur nos yeux, par le moyen de ces globules, eft à peu près femblable à ceux que les corps étrangers font, fur la main d'un aveugle, par le moyen d'un bâton. Cette dernière idée a été employée depuis par un grand nombre des philofophes, pour expliquer différens phénomènes de la vifion ; & c'eft prefque tout ce qui refte aujourd'hui du fyftème de Defcartes, fur la *lumière*.

Mallebranche déduit l'explication de la *lumière*, d'une analogie qu'il lui fuppofe avec le fon. On convient que le fon eft produit par les vibrations infenfibles du corps fonore. Ces vibrations ont beau être plus grandes ou plus petites, c'eft-à-dire, fe faire dans de plus grands ou plus petits arcs de cercle, fi, malgré cela, elles font d'une même durée, elles ne produiront, dans ce cas, dans nos fenfations, d'autre différence que celle du plus ou moins grand degré de force ; au lieu que fi elles ont différentes durées, c'eft-à-dire, fi un des corps fonores fait, dans un même temps, plus de vibrations qu'un autre, les deux fons différent alors en efpèce, & on diftinguera deux différens tons : les vibrations promptes formeront les tons aigus, & les plus lentes, les tons graves.

Ce favant fuppofe qu'il en eft de même de la *lumière* & des couleurs. Toutes les parties du corps lumineux font, felon lui, dans un mouvement rapide ; & ce mouvement produit des pulfations très-vives dans la matière fubtile qui fe trouve entre le corps lumineux & l'œil ; ces pulfations font appelées, par le P. Mallebranche, *vibrations de preffion*. Selon que ces vibrations font

plus ou moins grandes, le corps paroît plus ou moins lumineux ; & felon qu'elles font plus lentes ou plus promptes, le corps paroît de telle ou telle couleur.

Ainfi, on voit que le P. Mallebranche ne fait autre chofe, que de fubftituer aux globules durs de Defcartes, de petits tourbillons de matière fubtile. *Voyez* TOURBILLONS.

Huyghens croyant que la grande viteffe de la *lumière* & la décuffation, ou le croifement des rayons, ne pouvoient s'accorder avec le fyftème de l'émiffion des corpufcules lumineux, a imaginé un autre fyftème, qui fait encore confifter la propagation de la *lumière* dans la preffion d'un fluide. Selon ce grand géomètre, comme le fon s'étend tout à l'entour du lieu où il a été produit, par un mouvement qui paffe fucceffivement d'une partie de l'air à l'autre, & que cette propagation fe fait par des furfaces ou ondes fphériques, à caufe que l'extenfion de ce mouvement eft également prompte de tous côtés, de même il n'y a point de doute, felon lui, que la *lumière* ne fe tranfmette du corps lumineux jufqu'à nos yeux, par le moyen de quelques fluides intermédiaires, & que ce mouvement ne s'étende pas des ondes fphériques, femblables à celles qu'une pierre excite dans l'eau quand on l'y jette.

De ce fyftème, Huyghens déduit, d'une manière fort ingénieufe, les différentes propriétés de la *lumière*, les lois de la réflexion & de la réfraction, &c. ; mais ce qui paroît avoir le plus de peine à s'expliquer, & ce qui eft en effet le plus difficile dans cette hypothèfe, c'eft la propagation de la *lumière* en ligne droite. En effet, Huyghens compare la propagation de la *lumière* à celle du fon : pourquoi donc la *lumière* ne fe propageroit-elle pas en tout fens comme le fon ? L'auteur fait voir affez bien que l'action, ou la preffion, de l'onde lumineufe, doit être la plus forte dans l'endroit où cette onde eft coupée, par une ligne menée du corps lumineux ; mais il ne fuffit pas de prouver, que la preffion ou l'action de la *lumière* en ligne droite, eft plus forte qu'en aucun autre fens, il faut encore démontrer qu'elle n'exifte que dans ce fens-là : c'eft ce que l'expérience nous prouve, & ce qui ne fe déduit pas du fyftème de Huyghens.

Selon Newton, la *lumière* première, c'eft-à-dire, la faculté par laquelle un corps eft lumineux, confifte dans un certain mouvement des particules du corps lumineux, non que ces particules pouffent une certaine matière fictive, qu'on fuppoferoit placée entre les corps lumineux & l'œil, & logée dans les pores des corps tranfparens, mais parce qu'elles fe lancent continuellement du corps lumineux, qui les darde de tous côtés avec beaucoup de force ; & la *lumière* fecondaire, c'eft-à-dire, l'action par laquelle le corps produit en nous la fenfation de la clarté, confifte, felon le même auteur, non dans un effort au mouvement, mais dans le mouvement réel de ces particules, qui s'éloignent de tous côtés du corps lumineux, en ligne droite, & avec une vitesse presqu'incroyable.

En effet, dit Newton, si la *lumière* consistoit dans une simple pression, ou pulsation, elle se répandroit dans un même instant aux plus grandes distances; or, nous voyons clairement le contraire par le phénomène des éclipses des satellites de Jupiter. *Voyez* VITESSE DE LA LUMIÈRE.

Descartes, qui n'avoit pas une assez grande quantité d'expériences, avoit cru trouver, dans les éclipses de la lune, que le mouvement de la *lumière* étoit instantané. « Si la *lumière*, disoit ce savant, demande du temps, une heure, par exemple, pour traverser l'espace qui est entre la terre & la lune, il s'ensuivroit que la terre étant parvenue au point de son orbite où elle se trouve entre la lune & le soleil, l'ombre qu'elle cause, ou l'interruption de la *lumière*, ne sera pas encore parvenue à la lune, mais n'y arrivera qu'une heure après; ainsi, la lune ne sera obscurcie qu'une heure après que la terre aura passé par la conjonction avec la lune : mais cet obscurcissement ou interruption de *lumière*, ne sera vu de la terre qu'un heure après. Voilà donc une éclipse, qui ne paroîtroit commencer que deux heures après la conjonction, & lorsque la lune sera déjà éloignée de l'endroit de l'écliptique qui est opposé au soleil; or, toutes les observations sont contraires à cela. »

Si la *lumière* consistoit dans une simp'e pression, elle ne se rendroit jamais en ligne droite, d'après l'opinion de Newton; « car, une pression exercée sur un milieu fluide, dit ce savant, c'est-à-dire, un mouvement communiqué par un tel milieu, au-delà d'un obstacle qui empêche en partie le mouvement du milieu, ne peut point être continué en ligne droite, mais se répandra en tous côtés, dans le milieu en repos, par-delà l'obstacle. La force de la gravité tend en bas, mais la pression de l'eau, qui en est la suite, tend également de tous côtés, & se répand avec autant de facilité & autant de force dans des courbes, que dans des droites; les ondes qu'on voit sur la surface de l'eau, lorsque quelques obstacles en empêchent le cours, se fléchissent en se répandant toujours, & par degrés, dans l'eau, qui est en repos & par-delà l'obstacle. Les ondulations, pulsations ou vibrations de l'air, dans lesquelles consiste le son, subissent aussi des réflexions, & le son se répand aussi facilement dans des tubes courbes, par exemple, dans un serpent, qu'en ligne droite. »

Or, on n'a jamais vu la *lumière* se mouvoir en ligne courbe; les rayons de *lumière* sont donc des petits corpuscules, qui s'élancent avec beaucoup de vitesse du corps lumineux.

Quant à la force prodigieuse, avec laquelle il faut que ces corpuscules soient dardés, pour pouvoir se mouvoir si vîte, qu'ils parcourent plus de 4,000,000 lieues par minute, consultons là-des-

sus le même auteur : « Les corps qui sont de même genre & qui ont les mêmes vertus, ont une force attractive d'autant plus grande, par rapport à leur volume, qu'ils sont plus petits. Nous voyons que cette force a plus d'énergie dans les petits aimans que dans les grands, eu égard à la différence des poids; & la raison en est, que les plus petites parties des petits aimans, étant plus proches les unes des autres, elles ont par-là plus de facilité à unir intimement leur force, & à agir conjointement; par cette raison, les rayons de *lumière* étant les plus petits de tous les corps, leur force attractive sera du plus haut degré, eu égard à leur volume; & on peut en effet conclure, des règles suivantes, combien cette attraction est forte. L'attraction d'un rayon de *lumière*, eu égard à sa quantité de matière, est à la gravité qu'a une projectile; eu égard aussi à sa quantité de matière, en raison composée de la vitesse du rayon à celle du projectile, & de la courbure de la ligne que le rayon décrit dans la réfraction, à la courbure de la ligne que le projectile décrit aussi de son côté; pourvu, cependant, que l'inclinaison du rayon, sur la surface réfractante, soit la même que celle de la direction du projectile sur l'horizon. De cette proportion il suit, que l'attraction des rayons de *lumière* est plus que 1,000,000,000,000,000 fois plus grande que la gravité des corps sur la surface de la terre, eu égard à la quantité de matière du rayon & des corps terrestres, en supposant que la *lumière* vînt du soleil à la terre en 7 à 8 minutes de temps. »

Rien ne montre mieux la divisibilité des parties de la matière, que la petitesse des parties de la *lumière*. On rapporte ordinairement le calcul de Nieuwentit : qu'un pouce de bougie, après avoir été converti en *lumière*, se trouvoit avoir été divisé, par-là, en un nombre de parties exprimées par le chiffre 269617140, suivi de quarante zéros. Que seroit donc cette divisibilité, si Nieuwentit avoit sû qu'aucune partie pondérable de la bougie ne s'étoit transformée en *lumière*, qu'elles avoient donné naissance à de l'eau & de l'acide carbonique qui s'étoient disséminés dans l'air sous forme de gaz & de vapeur?

L'expansion ou l'étendue de la propagation des parties de la *lumière* est inconcevable : le docteur Hoock montre qu'elle n'a pas plus de bornes que l'Univers, & il le prouve par la distance immense de quelques étoiles fixes, dont la *lumière* est cependant sensible à nos yeux au moyen d'un télescope. Ce ne sont pas seulement, ajoute-t-il, les grands corps du soleil & des étoiles qui sont capables d'envoyer ainsi leur *lumière* jusqu'aux endroits les plus reculés des espaces, immenses, de l'Univers, il en peut être de même de la plus petite étincelle d'un corps lumineux, du plus petit globule qu'une pierre à fusil aura détaché de l'acier.

S'Gravesende prétend que, les corps lumineux sont ceux qui dardent le feu, ou qui donnent un mouvement au feu, en droite ligne; & il fait confister la différence de la chaleur & de la *lumière*, en ce que, pour produire de la *lumière*, il faut, felon lui, que les particules ignées viennent frapper les yeux & y entrent en ligne droite, ce qui n'eft pas néceffaire pour la chaleur; au contraire, le mouvement irrégulier femble plus propre à la chaleur: c'eft ce qui paroît par les rayons qui viennent, directement, du foleil au fommet des montagnes, lefquels n'y font pas, à beaucoup près, autant d'effet que ceux qui fe font fentir dans les vallées, & qui ont, auparavant, été agités d'un mouvement irrégulier par plufieurs réflexions. *Voyez* CHALEUR.

On demande s'il peut y avoir de la *lumière* fans chaleur, ou de la chaleur fans *lumière*. Nos fens ne peuvent décider fuffifamment cette queftion: la chaleur étant, d'après Newton, un mouvement qui eft fufceptible d'une infinité de degrés, & la *lumière* une matière qui peut être infiniment rare & foible; à quoi il faut ajouter, qu'il n'y a point de chaleur qui nous foit fenfible, fans avoir en même temps plus d'intenfité que celle des organes de nos fens.

Newton obferve que les corps & les rayons de *lumière* agiffent continuellement les uns fur les autres; les corps fur les rayons de *lumière*, en les lançant, en les réfléchiffant & en les réfractant; & les rayons de *lumière* fur les corps, en les échauffant & en donnant à leurs parties un mouvement de vibration, dans lequel confifte principalement la chaleur: car il remarque encore, que tous les corps fixes, lorfqu'ils ont été échauffés au-delà d'un certain degré, deviennent lumineux, qualité qu'ils paroiffent devoir au mouvement de vibration de leurs parties; & enfin, que tous les corps qui, abondant en parties terreftres & fulfureufes, donnent de la *lumière*, s'ils font fuffifamment agités, de quelque manière que ce foit. Ainfi, la mer devient lumineufe dans une tempête; le vif-argent, lorfqu'il eft fecoué dans le vide; les chats & les chevaux, lorfqu'on les frotte dans l'obfcurité; le poiffon & la viande, lorfqu'ils font pourris. On voit qu'ici, Newton a payé fon tribut au peu de connoiffances de fon fiècle. *Voyez* COMBUSTION, PHOSPHORESCENCE.

◆D'après Newton, l'attraction des particules de *lumière* doit être regardée comme une vérité, prouvée par les expériences nombreufes qu'il a faites; il a trouvé, par des obfervations répétées, que les rayons de *lumière*, dans leur paffage près du bord des corps, foit opaques, foit transparens, font détournés de la ligne droite. *Voyez* DIFFRACTION, INFLEXION.

Cette action des corps fur la lumière paroît s'exercer à une diftance fenfible, quoiqu'elle foit toujours d'autant plus grande que la diftance eft plus petite: c'eft ce qui paroît prouvé dans le paffage d'un rayon, entre les bords des plaques minces, à différentes ouvertures. Les rayons de *lu-*

mière, lorfqu'ils paffent du verre dans le vide, ne font pas feulement fléchis ou pliés vers le verre; mais s'ils tombent trop obliquement, ils retournent alors vers le verre & font entièrement réfléchis.

On ne fauroit attribuer la caufe de cette réflexion à aucune réfiftance du vide; mais il faut convenir qu'elle procède, entièrement, de quelque force ou puiffance qui réfide dans le verre, par laquelle il attire, & fait retourner en arrière les rayons qui l'ont traverfé, & qui, fans cela, pafferoient dans le vide. Une preuve de cette vérité, c'eft que fi vous frottez la furface poftérieure du verre avec de l'eau, de l'huile, du miel, une diffolution de vif-argent, les rayons qui, fans cela, auroient été réfléchis, pafferont alors dans cette liqueur, & au travers; ce qui montre auffi que les rayons ne font pas encore réfléchis, tant qu'ils ne font pas parvenus à la feconde furface du verre; car fi, à leur arrivée fur cette furface, ils tomboient fur un des milieux dont on vient de parler, alors ils ne feroient plus réfléchis, mais ils continueroient leur première route: l'attraction du verre fe trouvant, en ce cas, contre-balancée par celle de la liqueur. De cette attraction mutuelle entre les particules de la *lumière* & celle des autres corps, naiffent deux grands phénomènes, qui font la réflexion & la réfraction de la *lumière*. On fait que la direction du mouvement d'un corps change néceffairement, s'il fe rencontre obliquement, dans fon chemin, quelqu'autre corps; ainfi, la *lumière* venant à tomber fur la furface des corps folides, il paroîtroit, par cela feul, qu'elle devroit être détournée de fa route, & renvoyée ou réfléchie de façon, que fon angle de réflexion fût égal à l'angle d'incidence, comme cela arrive dans la réflexion ordinaire; c'eft auffi ce que fait voir l'expérience, mais la caufe en eft différente de celle dont nous venons de faire mention. Les rayons de *lumière* ne font pas réfléchis, en heurtant contre les parties des corps mêmes, qui les réfléchiffent, mais par quelques puiffances répandues, également, fur toute la furface du corps, & par laquelle les corps agiffent fur la *lumière*, foit en l'attirant, foit en la repouffant, mais toujours fans contact; cette puiffance eft la même par laquelle, dans d'autres circonftances, les rayons font réfractés. *Voyez* RÉFLEXION, RÉFRACTION.

Newton prétend que tous les rayons qui font réfléchis par un corps ne touchent jamais le corps, quoiqu'à la vérité ils en approchent beaucoup. Il prétend encore, que les rayons qui parviennent réellement aux parties folides du corps, s'y attachent, & font comme éteints & perdus. Si l'on demande comment il arrive, que tous les rayons ne foient pas réfléchis à la fois par toute la furface, mais que tandis qu'il y en a qui font réfléchis, d'autres paffent à travers & foient rompus.

Voici la réponfe que Newton imagine qu'on peut faire à cette queftion. Chaque rayon de *lu-*

mière, dans son passage à travers une surface capable de la briser, est mis dans un certain état transitoire qui, dans le progrès du rayon, se renouvelle à intervalles égaux : or, à chaque renouvellement, le rayon se trouve disposé à être facilement transmis à travers la prochaine surface réfractante : au contraire, entre deux renouvellemens consécutifs, il est disposé à être aisément réfléchi ; & cette alternative de réflexions & de transmissions paroît, peut être, occasionnée par toutes sortes de surfaces & à toutes distances. Newton ne cherche pas par quel genre d'action, ou de disposition, ce mouvement peut être produit ; s'il consiste dans un mouvement de circulation ou de vibration, soit des rayons, soit du milieu, ou en quelqu'autre chose de semblable ; mais il permet, à ceux qui aiment les hypothèses, de supposer que les rayons de *lumière*, lorsqu'ils viennent à tomber sur une surface réfringente ou réfractante, excitent des vibrations dans le milieu réfringent ou réfractant, & que, par ce moyen, ils agitent les parties solides du corps. Ces vibrations, ainsi répandues dans le milieu, pourront devenir plus rapides que le mouvement du rayon lui-même ; & quand quelque rayon parviendra au corps, dans ce moment de la vibration, où le mouvement qui forme celui-ci, conspirera avec le sien propre, sa vitesse en sera augmentée, de façon qu'il passera aisément à travers la surface réfractante ; mais s'il arrive dans l'autre moment de la vibration, dans celui où le mouvement de vibration est contraire au sien propre, il sera aisément réfléchi ; d'où s'ensuivent, à chaque vibration, des dispositions successives dans les rayons, à être réfléchis ou transmis. Il appelle *accès de facile réflexion*, le retour de la disposition que peut avoir le rayon à être réfléchi ; & *accès de facile transmission*, le retour de la disposition à être transmis ; & enfin, *intervalle des accès*, l'espace de temps compris entre les retours. Cela posé, la raison pour laquelle les surfaces de tous les corps, épais & transparens, réfléchissent une partie des rayons de *lumière* qui y tombent, & en réfractent le reste, c'est qu'il y a des rayons qui, au moyen de leur incidence sur la surface du corps, se trouvent dans des accès de réflexion facile, & d'autres qui se trouvent dans des accès de transmission facile.

On voit, d'après cette explication, que Newton est obligé d'admettre que, dans les corps excités par la *lumière*, les molécules sont mises en mouvement, & qu'il en résulte une sorte de vibration dans le milieu, conséquemment que deux causes concourent ensemble à la production de plusieurs phénomènes, le mouvement des molécules lumineuses & la vibration des molécules des corps.

Cette hypothèse de la production de la *lumière*, par l'émission d'une substance, à laquelle on a donné le nom de *fluide lumineux*, a été présentée avec une telle clarté, appuyée sur des faits si positifs, elle a présenté tant de facilité à être soumise au calcul, qu'elle a fini par être généralement adoptée. Cependant, quelques grands hommes ont cru devoir la combattre, & la remplacer par le système de la vibration d'une substance, qui remplit l'Univers.

Euler, un des plus célèbres adversaires de Newton, observe d'abord, que la cause qui a déterminé Newton à proposer son système d'émission d'un fluide, est la résistance que les corps célestes éprouvoient à se mouvoir dans leur milieu : car, quelque subtile que l'on suppose la matière du ciel, les planètes devroient y éprouver quelque résistance dans leur mouvement ; & comme ce mouvement n'est assujetti à aucune résistance, il doit régner partout un vide parfait : donc il n'existe point de substance qui nous transmette la vibration des corps lumineux.

Ici, Euler remarque, que cette objection de Newton est contredite par le fait ; car, si la *lumière* est une substance, cette substance remplit l'Univers ; car le soleil, les étoiles, qui en lancent dans toutes les directions, doivent nécessairement en placer dans l'espace que les corps célestes parcourent. Puisque, dans le système même de Newton, l'Univers doit être rempli de fluide lumineux, qui se meut dans tous les sens, & que ce fluide ne porte aucun obstacle, aucune résistance au mouvement des corps célestes, ne peut-on pas supposer l'Univers rempli d'une matière aussi subtile, à laquelle on donnera le nom d'*éther*, & regarder cet éther comme la substance que nous transmet la vibration des corps lumineux, conséquemment la clarté ?

Ayant donc fait voir que le système de l'émission, de même que le système de la vibration, ne pouvoit porter aucun obstacle au mouvement des corps célestes, discutons maintenant les deux hypothèses de l'émission & de la vibration, en soumettant successivement à leur explication les principaux phénomènes lumineux.

1°. Dans l'hypothèse de Newton, les corps lumineux émettent un fluide lumineux. Ce fluide, qui fait partie de la masse, doit nécessairement contribuer à la diminuer, en s'échappant ; & le soleil qui, depuis un grand nombre de siècles, ne cesse de nous envoyer de la *lumière*, devroit être diminué de masse & de volume, de toute la quantité qu'il a perdue ; cependant, rien ne prouve que, depuis ce temps où il a été observé avec soin, son volume & sa masse soient diminués. En supposant la *lumière* occasionnée par l'ébranlement ou la vibration des molécules des corps lumineux, la masse reste toujours la même, quelle que soit la durée de la clarté des corps. On ne peut citer, à l'appui de l'émission, la consommation des substances combustibles ; car, en recueillant tous les produits de la combustion, on prouve, qu'aucune partie pondérable, de la masse de ces corps, ne contribue à la production de la *lumière*. Donc la production de la *lumière* ne laisse dégager aucune matière, dont on puisse apprécier le volume ou la masse. De même aussi, quelque quantité de *lumière* que l'on fasse parvenir sur la surface d'un corps, & qui ne s'en dégage ni par la réflexion, ni par la réfraction, le corps, par cette *lumière*, n'augmente ni de volume ni de masse. La seule réponse qu'il semble que l'on puisse faire à l'émission de la *lumière* solaire & des étoiles, sans altérer leur volume ni leur masse, c'est qu'il se fait un échange continuel de *lumière* entre tous les corps lumineux, & que, par cet échange, ils réparent leur perte mutuelle.

2°. Newton rend parfaitement raison de sa propagation en ligne droite, c'est une conséquence de l'émission; mais ce mouvement en ligne droite s'explique également, en comparant les vibrations qui produisent la *lumière*, à celles qui produisent le son. Les molécules de l'éther, contiguës aux differens points des corps lumineux, prennent des mouvemens semblables à ceux de ces points, elles vont & reviennent avec eux, chaque molécule communique du mouvement à celle qui est derrière, celle-ci à une troisième, & ainsi de suite jusqu'aux molécules qui sont en contact avec l'organe de la vue.

En se trasmettant du corps lumineux, la *lumière* peut éprouver des changemens, des déviations, connus sous les noms de *réflexion*, de *réfraction*, d'*inflexion* & d'*absorption*.

(*a*) Pour bien concevoir ce que l'on entend par réflexion, nous diviserons les corps opaques, qui font éprouver cette sorte de déviation à la *lumière*, en deux classes : corps polis & corps bruts. Pour les corps polis, la *lumière* qui arrive sur leur surface, se réfléchit en faisant des angles de réflexion égaux aux angles d'incidence. Newton explique cette réflexion d'une manière fort simple : les molécules de la *lumière* étant parfaitement élastiques, sont réfléchies de la surface des corps solides qu'ils choquent, de la même manière que les corps élastiques, & l'élasticité de la *lumière* étant parfaite, l'angle de réflexion est parfaitement égal à l'angle d'incidence. (*Voy.* Elasticité, Réflexion.) Dans le système de la vibration analogue au son, lorsque la *lumière* rencontre un corps qui lui fait obstacle, les molécules de l'éther qui choquent ce corps, sont réfléchies à la manière des corps élastiques, en faisant leur angle de réflexion égal à leur angle d'incidence, & communiquent ensuite, à celles qui sont derrière elles, le mouvement qu'elles ont reçu par la réflexion : d'où il suit que la *lumière* se répand de nouveau dans toutes les directions, en retournant de l'obstacle vers l'espace qu'il avoit d'abord traversé.

Quant aux corps bruts, leur illumination est différemment expliquée par Newton & par Euler. Le premier ne considère l'illumination des corps opaques, comme la lune, les planètes & une im-

mensité de corps qui sont sur la surface de la terre, que comme la suite de la réflexion de la *lumière*, qui, frappant les aspérités des corps opaques, doivent frapper chaque partie de ces aspérités sous des angles différens, & se réfléchir, en conséquence, sous une multitude de directions, qui permet de voir également bien les corps, dans les diverses positions où se place le spectateur. Euler, au contraire, regarde l'illumination de ces corps comme le résultat d'une vibration nouvelle, occasionnée dans les molécules de ces corps par la vibration des molécules de l'éther qui les touche : d'où il résulte, 1°. que les corps peuvent être différemment illuminés, selon la propriété qu'ont leurs molécules, d'être plus ou moins facilement mises en vibration par la vibration de l'éther; 2°. que des corps pourroient rester toujours obscurs, si leurs molécules ne pouvoient pas être mises en vibration par l'éther; 3°. que des corps qui ne peuvent avoir qu'un certain ordre de vibration, présentent toujours la même couleur dans leur illumination; 4°. que quelques corps peuvent, comme le phosphore de Canton, conserver, pendant quelque temps, la *lumière* qu'ils ont reçue, en conservant la vibration de leurs molécules; 5°. enfin, que les corps illuminés peuvent produire deux sortes de *lumière* : celle qui provient de leur surface & qui fait distinguer leur forme, & celle qui provient de la vibration de leurs molécules intérieures.

(*b*) Un grand nombre de corps jouissent de la propriété d'être transparens, c'est-à-dire, de transmettre la *lumière* à travers leur masse. Dans le système de l'émission, on suppose que les molécules des corps sont assez éloignées les unes des autres, pour livrer un passage libre aux molécules lumineuses; dans celui de la vibration, on suppose que l'éther, interposé entre les corps transparens, transmet sa vibration extérieure à travers le volume du corps; mais, dans ce passage, la *lumière* éprouve une déviation dans sa direction, que l'on nomme *réfraction*. Newton attribue cette réfraction à une action exercée par les molécules des corps sur les molécules de la *lumière*, laquelle action rapproche ou éloigne de la normale, au point d'incidence de sa surface de séparation des deux milieux; Euler, au plus ou moins de difficulté que cette transmission éprouve. Nous allons transcrire ici la manière dont Huyghens conçoit que cette réfraction est produite.

Huyghens fait consister la *lumière* dans les ondulations d'un fluide élastique très-subtil, qui se répand circulairement, avec une promptitude extrême (1), autour du point lumineux. Chacune de ces ondes circulaires, répandue autour du point lumineux, n'est que le résultat d'une infinité d'au-

---

(1) *Histoire des Mathématiques* de Montucla, tome II, page 287.

tres ondulations particulières, dont les centres font dans toutes les parties du fluide ébranlé, & qui concourent toutes à former la principale. Ainsi, la direction perpendiculaire de chacune de ces ondes, dépend de la rapidité respective de celles qui la forment; de sorte que si, par quelques circonstances, les vitesses de celles-ci deviennent inégales, la direction de la principale changera : or, c'est, dit Huyghens, ce qui arrive dans la réfraction.

Un rayon comme L A D, fig. 1004, tombant obliquement sur un milieu, où la lumière pénètre plus difficilement, par exemple, & où, par conséquent, elle se meut plus lentement, la partie A de l'onde A D, qui est perpendiculaire à la direction L A, arrive la première; là, son choc excite dans la matière, dont est imprégné le second milieu, une ondulation qui s'étend circulairement autour de A en 1, 2, 3 & 4, tandis que les pointes B, C, D arrivent successivement en b, c, d, & y excitent les ondulations b 1, b 2, b 3; c 1, c 2; d 1. Ainsi l'ondulation totale G H, & la direction du rayon de lumière qui lui est perpendiculaire, est A H; mais par la supposition, la lumière se meut plus lentement, par exemple, d'une moitié dans le second milieu que dans le premier; c'est pourquoi l'étendue de l'onde A a est moindre de moitié que celle B b, & par conséquent A 3 est dans le même rapport qu'avec D d. Or, A 3 & D d font respectivement comme les sinus de l'angle rompu & de celui d'inclinaison. Donc ces sinus seront entr'eux comme les sinus de l'angle rompu & de celui d'inclinaison : donc ces sinus seront entr'eux comme les facilités que la lumière éprouve à se transmettre dans les différens milieux.

(c) Grimaldi avoit remarqué que, toutes les fois qu'un rayon de lumière passoit près d'un corps, il s'écartoit de sa direction, soit en se rapprochant, soit en s'éloignant du corps. Newton explique cette déviation du rayon de lumière, qu'il nomme diffraction, par l'action que les molécules des corps exercent sur les molécules lumineuses; Huyghens, Euler & M. de Fresnel, par la vibration des molécules de l'éther. En examinant ce phénomène avec beaucoup plus d'attention que Newton, & apportant plus de précision dans ses résultats, M. de Fresnel a démontré, que ce phénomène ne pouvoit être bien expliqué que dans le système de la vibration. Voyez INFLEXION.

(d) Il ne nous reste plus, pour compléter la discussion que présentent les deux systèmes sur la propagation de la lumière, qu'à faire connoître comment l'extinction ou l'absorption de la lumière est expliquée dans les deux systèmes. Newton suppose que la lumière, en pénétrant les corps opaques, y éprouve une suite de déviations occasionnées par deux substances d'inégale densité, qui réfléchissent la lumière lorsqu'elle passe d'une substance dans une autre; & comme ces réflexions se multiplient rapidement, à mesure que les rayons

pénètrent les corps, il arrive que bientôt ils échappent à la réfraction, qui devroit se propager d'une surface dans une autre. Les partisans du système des vibrations l'attribuent à la petite quantité d'éther contenu dans ces corps, & à la difficulté qu'il a de vibrer, comme dans les corps transparens.

3°. Nous avons vu, précédemment, que la lumière ne se transmettoit pas instantanément, & qu'elle mettoit 8' à venir du soleil à nous, conséquemment, qu'elle parcouroit environ 50000 lieues horaires, ou 27778 myriamètres par seconde : que l'on juge, d'après cette vitesse, quelle force doivent avoir les corps lumineux pour lancer la lumière. Ce n'est pas seulement lorsqu'elle est lancée par le soleil ou par les étoiles, que la lumière acquiert cette énorme vitesse; elle est la même, lorsqu'elle jaillit des corps lumineux qui sont à la surface de la terre, c'est-à-dire, de nos bougies, de nos lampes, & même de ces petits animaux qui luisent dans l'obscurité. Dans le système des vibrations, il suffit que l'éther soit assez rare & assez élastique pour que la vibration du corps lumineux puisse se transmettre à des distances infinies.

Comme la lumière se transmet dans toutes les directions imaginables avec cette immense vitesse; dans le système de l'émission, ces rayons de lumière, qui remplissent l'espace, devroient se rencontrer sans cesse, se mêler & troubler la distinction des objets : dans le système des vibrations on démontre, comme dans la propagation des sons simultanés, que les petites ondulations, après s'être confondues dans un espace infiniment petit, doivent se démêler ensuite & reprendre leur première direction, comme si leur rencontre ne les eût pas dérangées. On lève la difficulté dans le système de l'émission, en annonçant que les molécules lumineuses sont toutes à une tellement grande distance les unes des autres, qu'elles peuvent se mouvoir dans toutes les directions, sans se rencontrer, & que le cas où elles se rencontrent est tellement rare, que bientôt, la molécule dérangée est remplacée par une autre, qui ne subit aucun dérangement. Cette assertion se prouve, en quelque sorte, par la durée de l'impression de la lumière dans l'organe de la vue. Voyez VITESSE DE LA LUMIÈRE, INTENSITÉ DE LA LUMIÈRE.

4°. Si l'on fait passer un rayon de lumière à travers un prisme transparent, on voit, qu'après sa réfraction, le rayon blanc se décompose en une immensité de rayons diversement colorés, parmi lesquels on distingue principalement les couleurs rouge, orange, jaune, verte, bleue, indigo & violette. (Voyez COMPOSITION DE LA LUMIÈRE, COULEURS.) Dans le système de l'émission, on suppose que chaque molécule colorée a une réfrangibilité différente, & que c'est par suite de cette différence de réfrangibilité, que les molécules colorées se séparent. Dans le système des vibrations, on attribue, à la vitesse des vibrations, les diverses couleurs, de même que les différens tons

de

de la musique, sont l'effet des différentes vitesses de vibration des corps, qui sont transmis par l'air au tympan.

On voit, en comparant les deux systèmes, celui de l'émission & celui de la vibration, qu'ils expliquent également, l'un & l'autre, tous les principaux phénomènes de la clarté. Mais lequel doit-on préférer? Pendant long-temps on a cru que le système des vibrations étoit le seul qui pût être admis; ensuite, par l'influence d'un des plus grands génies que l'Angleterre ait produits, on a adopté presque généralement le système de l'émission: ayant observé, avec plus de soin, quelques phénomènes de la lumière, plusieurs physiciens préferent aujourd'hui le système des vibrations. Les savans commencent à se partager entre ces deux systèmes. La vérité est, que nous ignorons lequel des deux est celui de la nature: peut-être, hélas! ne le sont-ils ni l'un ni l'autre, & la cause de la clarté nous est-elle encore complétement inconnue. Le temps est un grand maître; attendons que le voile de la vérité soit soulevé.

Jusqu'à présent, nous avons fait usage du système de l'émission, pour expliquer les phénomènes de la lumière; quelquefois, mais rarement, nous avons employé le système de la vibration: nous continuerons à faire usage de l'un ou de l'autre, selon qu'il présentera plus de clarté dans son application; quelquefois aussi nous ferons usage des deux systèmes.

LUMIÈRE ALTÉRÉE PAR L'ATMOSPHÈRE, *Lumière* du soleil ou des étoiles, qui a perdu quelques-uns de ses composans en traversant l'atmosphère.

Dans son passage à travers l'atmosphère, les molécules d'air exercent leur action sur les molécules lumineuses; une portion des molécules colorées est prise par l'air, à commencer par le violet, & allant successivement à l'indigo & au bleu. Ce sont ces molécules colorées, interceptées, qui donnent à l'air & au firmament cette couleur qui les distingue.

On juge de la quantité des molécules colorées interceptées: 1°. par la couleur des ombres; 2°. par la décomposition de la lumière du soleil par le prisme. *Voyez* COULEUR DE L'ATMOSPHÈRE, COULEUR DES OMBRES.

LUMIÈRE AUSTRALE; *lumen australe; sud licht;* f. f. Lueur, couleur de feu que l'on aperçoit à l'horizon vers le pôle sud.

Ces sortes de lumières ont beaucoup de rapport avec les aurores boréales; elles forment également des arcs concentriques, lançant des jets de lumière. Mais comme elles sont difficilement visibles sur notre hémisphère, elles y ont peu été étudiées. Cependant, le Père Cotte, Forster, & principalement Lichtenberg, citent quelques-unes de ces lumières australes. *Voyez* AURORES BORÉALES.

LUMIÈRE BORÉALE; *lumen boreale; nord licht;* f. f. Lueur rouge de feu, que l'on aperçoit vers le pôle boréal.

Cette lueur a ordinairement la forme d'un arc lumineux qui lance des jets de lumière: elle est plus souvent aperçue dans les régions voisines du pôle que partout ailleurs: plus on s'approche de l'équateur, moins cette lumière est vue souvent; enfin, il est extrêmement rare qu'on l'aperçoive dans la zône torride. C'est ordinairement après le coucher du soleil & quelque temps après sa disparition, que l'on distingue ces lumières qui ont beaucoup été observées, dont on nous a laissé un grand nombre de descriptions, mais aussi, dont la cause nous est encore inconnue. *Voyez* AURORE BORÉALE.

LUMIÈRE CENDRÉE; *lumen cinereum; asch farbey licht;* f. f. Lumière foible & couleur de cendre, qui fait distinguer le disque de la lune, lorsqu'elle est nouvelle.

C'est cette lumière qui fait apercevoir le disque entier de la lune, lorsqu'elle est dans les premiers jours de son croissant. Comme elle est foiblement éclairée par la lumière cendrée, & que les bords qui reçoivent les rayons du soleil, répandent une lumière vive & forte, le diamètre de la lune, éclairé par la lumière cendrée, paroît beaucoup plus petit que celui de l'arc, éclairé par les rayons solaires.

Pendant long temps, on a été fort embarrassé pour expliquer & pour connoître la cause de la production de cette lumière. Moestinus fut le premier qui, en 1596, reconnut que c'étoit la lumière de la terre, réfléchie sur la surface de la lune.

De même que la lune éclaire la terre d'une lumière qu'elle reçoit du soleil, de même aussi, la lune est éclairée par la terre, qui lui envoie, par réflexion, les rayons qu'elle reçoit du soleil; mais en bien plus grande abondance, parce qu'elle en reçoit elle-même plus que la lune, sa surface étant 13 fois plus grande, ou environ. Or, dans les nouvelles lunes, le côté éclairé de la terre est tourné en plein vers la lune, & il éclaire, par conséquent, alors, la partie obscure de la lune. Les habitans de la lune, s'il y en a, doivent donc avoir *pleine lune,* comme, dans une position semblable, nous avons *pleine lune:* de-là cette lumière foible que l'on nomme *lumière cendrée,* & qu'on observe dans les nouvelles lunes.

LUMIÈRE (Chaleur de la). Chaleur qui accompagne la lumière.

On sait, par l'expérience, que la plus grande partie des lumières que l'on distingue, sont accompagnées de chaleur: quelques lumières, même, ne sont que le produit de chaleur accumulée. Cette chaleur se distingue principalement dans la lumière du soleil, puisque c'est elle qui vivifie les plantes & les animaux.

Mais la chaleur & la lumière sont-elles produites

par la même caufe ou par deux caufes.différentes? Ici, les opinions font partagées : les uns prétendent que ce font deux fubftances différentes, auxquelles ils ont donné les noms de *calorique* & de *fluide lumineux*; les autres, que c'eft la même fubftance, animée de différentes vitefles, ou le même fyftème de-vibration, lequel, dans un cas, a une vitefle propre à être aperçu par l'œil : c'eft la *lumière*; & dans l'autre cas, a une vitefle trop forte ou trop foible pour être perceptible à l'organe de la vue : c'eft la chaleur.

Quelle que foit la caufe de la production de la chaleur qui accompagne la *lumière*, ce qu'il y a de pofitif, c'eft qu'on peut la féparer, également, à l'aide d'un prifme, & parvenir ainfi, à obtenir un fpectre de différentes intenfités de chaleur, appréciable à des thermomètres très-délicats, fpectre différent de celui des diverfes couleurs de la *lumière*. *Voyez* CHALEUR DE LA LUMIÈRE, L'UMIÈRE (fon rapport avec le feu).

LUMIÈRE (Compofition de la). Rayons colorés, obtenus de la décompofition de la *lumière*.

En faifant pafler un faifceau de *lumière* blanche à travers un prifme tranfparent, on obtient un fpectre coloré d'une immenfité de couleurs : ces couleurs diverfes, obtenues ainfi de la *lumière*, font regardées, par les partifans du fyftème de l'émiffion, comme les fubftances compofantes de la *lumière* blanche. Mais qu'eft-ce que la *lumière* blanche ? Une action fur l'organe de la vue. *Voy.* COULEUR DE LA LUMIÈRE.

LUMIÈRE CONSIDÉRÉE PAR LES CORPS. Plufieurs corps, expofés à l'action de la *lumière*, ont la propriété de la conferver quelque temps ; tel eft, en particulier, le PHOSPHORE DE CANTON. *Voyez* ce mot.

Nous devons à Dufay, Boze, Becarria, Canton, &c.; un grand nombre d'expériences qui prouvent que des corps, expofés pendant quelque temps à l'action de la *lumière*, & tranfportés enfuite dans un lieu obfcur, laiffent apercevoir des lueurs de cette clarté, à laquelle ils ont été expofés. Pour apercevoir ces lueurs, il faut que celui qui l'obferve, ait refté quelque temps dans l'obfcurité.

Newton & les partifans de l'émiffion expliquent cette faculté des corps, en fuppofant qu'ils s'imbibent de fluide lumineux qu'ils laiffent enfuite échapper. Mais cette *lumière*, qui s'échappe ainfi, fe meut elle, avec une vitefle auffi prodigieufe que celle du foleil ? Les partifans de la vibration fuppofent, que les molécules des corps, mis en mouvement par la *lumière*, confervent encore de ce mouvement une affez grande quantité, pour procurer le fentiment de la *lumière*.

LUMIÈRE (Cône de). Convergence des rayons de *lumière* vers un point, de manière à former un CÔNE DE LUMIÈRE. *Voyez* ce mot.

LUMIÈRE (Couleur de la). Couleur que la *lumière* produit, après avoir paffé à travers un prifme. *Voyez* COULEUR DE LA LUMIÈRE, COMPOSITION DE LA LUMIÈRE.

On ne regarde point la *lumière* blanche comme une couleur, parce que c'eft la réunion de toutes les couleurs qui la compofent ; de même, le noir n'eft pas regardé comme une couleur, parce que c'eft l'abfence de toute *lumière*. Ainfi, il n'y a de couleur de la *lumière* que le rouge, l'orange, le jaune, le vert, le bleu, l'indigo, le violet & le pourpre, ainfi que toutes les nuances poffibles entre ces couleurs.

LUMIÈRE DE LA COMBUSTION; lumen combuftionis ; *verbrennungifche licht* ; f. f. *Lumière* qui fe dégage de la combuftion des différens corps. *Voy.* COMBUSTION.

Cette *lumière* diffère peu de celle du foleil, fi ce n'eft dans fa compofition, où, très-fouvent, il lui manque du violet ou de l'indigo ; celle du foleil eft quelquefois dans le même cas, principalement lorfqu'elle nous parvient dans les mois de décembre & de janvier, au lever & au coucher de cet aftre. La *lumière de la combuftion* jouit d'ailleurs de toutes les propriétés de celle du foleil, principalement de l'énorme vitefle avec laquelle elle nous eft tranfmife.

LUMIÈRE DES BOUGIES; lumen cerearum. Flamme obtenue en brûlant des bougies. *Voyez* COMBUSTION, CHANDELLES, BOUGIES.

Toutes les fubftances avec lefquelles on obtient de la *lumière* par la combuftion, produifent des *lumières* de couleurs différentes : celle des bougies eft une des plus blanches, conféquemment qui fe rapproche le plus de celle du foleil.

LUMIÈRE DES EAUX DE LA MER. *Lumière* plus ou moins vive, que les eaux de la mer laiffent apercevoir la nuit.

Il eft peu de navigateurs qui n'aient obfervé une *lumière* plus ou moins vive, fur la furface & dans l'intérieur des eaux de la mer : puifant de cette eau dans un vafe, l'eau, ainfi puifée, continue à laiffer apercevoir des points lumineux en plus ou moins grande abondance.

M. Marcartney ayant vu, à Hornebay, dans le comté de Kent, la mer très-lumineufe, fit puifer une certaine quantité de cette eau : lorfqu'elle étoit parfaitement tranquille, on n'apercevoit pas de *lumière* ; mais à la plus légère agitation, on voyoit fur toute la furface une fcintillation brillante ; & lorfqu'on frappoit fur le vafe, il fortoit comme un éclair de *lumière* de cette même furface : lorfqu'on fortoit de l'eau un point lumineux, il perdoit à l'inftant toute fa phofphorefcence.

En faifant pafler de cette eau dans un linge, on réuniffoit fur lui un grand nombre de ces corps tranfparens ; & l'eau, après avoir été filtrée, ne luifoit plus. De cette eau, mise dans un grand verre, dans lequel on plongea un morceau du filtre qui avoit retenu beaucoup de points lumineux, ceux-ci s'en détachèrent & brillèrent de nouveau, lorsqu'ils furent rendus à leurs élémens.

De cette expérience, il résulte évidemment que la *lumière des eaux de la mer* n'est pas naturelle; qu'elle doit être attribuée à des petits corps transparens, répandus & disséminés dans l'eau : mais quels font ces corps transparens ?

Plusieurs auteurs ont attribué la *lumière* de la mer à différentes causes. Martin l'attribuoit à la putréfaction; Silberschlay, à la présence du phosphore; J. Mayer, à la propriété qu'avoit la mer d'absorber la *lumière* à peu près comme le phosphore de Boulogne; Bajon & le Gentil, à l'électricité; Forster & Fougeroux de Bondaroy croyoient qu'elle étoit quelquefois due à l'électricité, & d'autres fois à la putréfaction des animaux & des plantes marines. Mais des observations faites avec beaucoup de soin, par J. Bancks, le capitaine Horsboury, M. Macartney & un grand nombre d'autres, ont appris que cette *lumière* étoit particulière à une foule d'animaux lumineux, parmi lesquels la *medusa scintillans* étoit la plus abondante.

Que tous ces animaux possédoient un fluide particulier, qui est souvent logé dans un organe particulier, approprié à cette distinction, & d'autres fois, appartenant à tout le corps de l'animal. *Voyez* LUMINEUX (Animaux).

LUMIÈRE DES GAZ. *Lumière* que l'on obtient en brûlant des gaz.

Il se dégage de la carbonisation du bois, de la houille, &c. une quantité assez considérable de gaz hydrogène carboné. Ce gaz, susceptible de produire de la *lumière*, étoit perdu pour l'humanité, lorsque Lebon, ingénieur des ponts & chaussées, imagina de l'employer à l'éclairage. Cette découverte eut le sort de la plus grande partie des inventions françaises; mais bientôt elle fut importée en Angleterre, où elle eut le plus grand succès : alors on l'importa en France, où ce mode d'éclairage a beaucoup de peine à réussir. *Voyez* ÉCLAIRAGE, ÉCLAIRAGE AU GAZ HYDROGÈNE.

LUMIÈRE (Diffraction de la). Inflexion que la *lumière* éprouve en passant près de la surface des corps.

Cette découverte, due à Grimaldi, a été observée avec soin par Newton, qui l'a attribuée à deux actions, l'une répulsive, l'autre attractive, exercées par les molécules des corps sur celles de la *lumière*; depuis, M. Fresnel a examiné ce phénomène avec beaucoup plus de soin, & il a fait voir qu'il ne pouvoit être occasionné que par la vibration de l'éther, qui produit la *lumière*. *Voyez* DIFFRACTION, INFLEXION.

LUMIÈRE (Émission de la). Opinion de Newton,

sur la formation de la clarté, qui consiste à supposer que tous les corps lumineux lancent, avec une grande force, un fluide particulier, auquel il donne le nom de *lumière*, & dont les molécules, pénétrant dans l'œil, procurent, par leur choc sur la rétine, la sensation de la clarté. *Voyez* LUMIÈRE, VISION.

LUMIÈRE INFLÉCHIE. Courbe que prend la *lumière* à l'approche des corps, & en vertu de laquelle elle s'approche ou s'éloigne de ces mêmes corps. *Voyez* RÉFLEXION, RÉFRACTION, INFLEXION.

LUMIÈRE SUR LES PLANTES (Influence de la). Action que la *lumière* exerce sur les plantes.

C'est à cette action bienfaisante de la *lumière*, que les plantes & même les animaux doivent leur vigueur, leur force & leur santé; toutes les plantes privées de la présence de la *lumière*, deviennent languissantes, blanchissent & s'étiolent. *Voyez* ÉTIOLEMENT.

LUMIÈRE SUR LE SON (Influence de la). Action que la *lumière* exerce sur l'intensité du son.

Habituellement, le son se prolonge plus facilement & s'entend mieux, à de plus grandes distances, la nuit que le jour; mais plusieurs causes concourent à ce résultat, dont la principale est le silence de la nuit : le bruit du jour doit nécessairement affoiblir, à l'oreille, celui du son. Il étoit donc nécessaire, pour connoître l'influence de la *lumière* sur le son, de faire des expériences qui fussent indépendantes de la sensibilité de l'organe de l'ouïe, & c'est ce que M. Paroletti vient d'exécuter d'une manière assez ingénieuse (1).

Il plaça transversalement, sur une planche, deux violons dont les secondes cordes étoient montées à l'unisson : l'un des violons étoit fixe, l'autre mobile. Un beau jour, à midi, lorsque le soleil éclairoit complétement la chambre destinée aux expériences, il fit résonner la corde du violon mobile, en rapprochant, près du chevalet, la seconde corde de la troisième : puis il écartoit, ou rapprochoit, le violon mobile du violon fixe, jusqu'à ce que, un chevalet de papier, placé sur la seconde corde du violon fixe, fût sur la limite de la vibration ou de la fixité. Cet espace entre les deux cordes, qui étoit de 2,44 mètres, fut divisé en cent parties égales, nommées *degrés*; chaque degré avoit, par ce moyen, 0,0214 mètre de distance.

Pour s'assurer si la température, la pression de l'air & l'humidité pouvoient influer sur le son, il répéta cette expérience entre les températures 12 & 17° centigrades, entre les pressions 28° 25', & 28° 49'; enfin, entre les degrés d'humidité 51 &

---

(1) *Journal de Physique*, tome II, année 1809, p. 345.

58. Le maximum de différence dans la diſtance fut, dans ces expériences, de 0,03 de degré, ou 0,007 m., différence que l'on peut attribuer aux erreurs inévitables dans de ſemblables expériences.

Alors, les expériences furent répétées à midi par un beau ſoleil, & à minuit dans l'obſcurité. Le chevalet étoit éclairé par la foible *lumière* d'une veilleuſe ; la différence moyenne dans les réſultats, fut de 2° en moins la nuit que le jour, d'où M. Paroletti conclut, que la *lumière* exerce une influence ſur le ſon, qui lui donne la faculté de s'étendre à une plus grande diſtance.

Nous ne croyons pas que l'on doive trop ſe preſſer de tirer des concluſions de ce réſultat aſſez ſingulier & aſſez inattendu, quoiqu'il ſoit très-préſumable que la *lumière*, dont la viteſſe eſt 900,000 fois plus grande que celle du ſon, puiſſe exercer une influence ſur celui-ci ; mais nous avons cru devoir le ſignaler, afin d'engager quelques phyſiciens à répéter cette expérience & à la diſcuter, afin d'en connoître la cauſe, ſi les faits ſont auſſi poſitifs que l'annonce M. Paroletti.

LUMIÈRE (Meſure de la). Rapport exiſtant dans les intenſités des différentes *lumières*.

Il n'exiſte encore aucun moyen de déterminer la *lumière* abſolue d'un corps : l'œil, qui eſt le juge naturel de la clarté, éprouve des modifications telles, qu'il eſt impoſſible de le prendre pour juge de la meſure de la *lumière*.

Cependant, comme il eſt utile, dans un grand nombre de circonſtances, de pouvoir comparer des intenſités de la *lumière* de différens corps, on a imaginé pluſieurs méthodes, dont la principale & la plus généralement employée, conſiſte à rapprocher ou à reculer les *lumières* comparées, d'un plan, qui reçoit l'ombre d'un corps portée par les deux *lumières*. Les rapprochemens & les écartemens de celles-ci ont lieu, juſqu'à ce que les ombres ſoient d'égale intenſité ; alors, l'intenſité des *lumières* eſt en raiſon inverſe des carrés de leur diſtance, au point du plan où les deux ombres ſont reçues. *Voyez* LUMIÈRE, INTENSITÉ DE LA LUMIÈRE.

LUMIÈRE NATURELLE ; lumen naturale ; *naturlich licht* ; ſ f *Lumière* obtenue des corps céleſtes.

On diſtingue la *lumière naturelle*, que le ſoleil & les étoiles nous procurent, de la *lumière* artificielle, que nous obtenons, ſoit de la combuſtion des corps, ſoit de toute autre opération chimique : parce que la première nous provient naturellement, & ſans qu'il ſoit néceſſaire du concours de notre volonté, & que l'autre n'eſt qu'un produit de l'art & de notre induſtrie.

LUMIÈRE PAR OSCILLATION. Syſtème de pluſieurs phyſiciens, dans lequel on ſuppoſe que la clarté eſt produite par l'oſcillation des corps, & qu'elle eſt tranſmiſe par l'oſcillation des molécules d'un milieu extrêmement rare, auquel on donne le nom d'*éther*. Voyez LUMIÈRE.

LUMIÈRE PHOSPHORESCENTE ; lumen phoſphoreſcens ; ſ. f. Foible lueur que quelques ſubſtances font aperçevoir.

On diſtingue deux ſortes de *lumières phoſphoriqués* : l'une provient d'une combuſtion lente & foible ; telle eſt la *lumière* du phoſphore de Kunkel ; l'autre provient de l'action que la *lumière* exerce ſur les corps : tel eſt le phoſphore de Canton. *Voyez* PHOSPHORE, PHOSPHORESCENCE.

LUMIÈRE (Polariſation de la). Action des molécules des corps ſur les molécules de la *lumière*, par laquelle la *lumière* ſe diviſe, ſur la ſurface des corps, en deux faiſceaux diſtincts.

On a donné, à cette diviſion de la *lumière*, le nom de *polariſation*, parce que l'on ſuppoſe que les molécules de la *lumière* ont deux pôles, & que, relativement au pôle qu'elle préſente ſur la ſurface des corps qu'elle touche, elle ſe diviſe en deux faiſceaux diſtincts. Dans quelques circonſtances, l'un de ces faiſceaux ſe réfléchit ſur la ſurface du corps, & l'autre y pénètre ; dans d'autres, les deux faiſceaux pénètrent dans le corps tranſparent, mais l'un ſe réfracte en ſuivant la loi de la réfraction ordinaire, & l'autre en ſuivant une autre loi. *Voyez* DOUBLE RÉFRACTION.

C'eſt à Newton que l'on doit l'idée de la *polariſation des rayons de lumière*. Voulant expliquer la double réfraction de la *lumière* dans le criſtal d'Iſlande, & cela dans le ſyſtème de l'émiſſion de la *lumière*, il fut obligé de ſuppoſer que les molécules lumineuſes avoient deux pôles ; qu'en ſe mouvant dans l'eſpace, elles étoient placées dans diverſes ſituations, de manière qu'en arrivant ſur la ſurface des corps, elles s'y préſentoient, ſoit dans la direction de l'axe des pôles, ſoit obliquement à cette direction. Dans le premier cas, chaque pôle, en arrivant ſur la ſurface du corps, éprouvoit une action qui l'obligeoit à ſe réfracter, ſelon la loi de la réfraction ordinaire, ou ſelon celle de la réfraction extraordinaire ; dans le ſecond cas, l'action de l'axe du corps l'obligeoit à ſe tourner & à ſe préſenter, à la ſurface du corps ; le pôle le plus voiſin, & à ſe réfracter comme dans le premier cas.

Mais Huyghens avoit déjà expliqué le phénomène de la double réfraction, dans le ſyſtème de la vibration des corps lumineux, & de la vibration d'un milieu très-rare qui la tranſmettoit. Dans tous les corps qui, comme le verre, l'eau, ne jouiſſent que de la réfraction ſimple, il ſuppoſoit que la réfraction intérieure des molécules étoit circulaire, & dans le cas de la réfraction double, qu'elle étoit elliptique ; ce qu'il y a de remarquable, c'eſt que, dans ce mode d'explication, Huyghens donna la loi de cette double réfraction, d'une manière beaucoup plus préciſe que Newton.

Depuis, Malus, Arago, Biot & un grand nombre d'autres favans, ont de nouveau examiné ce phénomène avec beaucoup plus de foin, avec infiniment plus de détail & de précision que ne l'avoit fait le génie immortel qui honore l'Angleterre; & le premier, Malus, qui a réveillé l'attention des physiciens sur cette classe de phénomènes, a remporté le prix proposé par l'Institut sur cette queftion : *Donner, de la double réfraction que subit la lumière, en traversant diverses substances cristallisées, une théorie mathématique vérifiée par l'expérience.* L'Institut royal de Londres a envoyé une médaille à l'auteur de ce Mémoire in-4°, imprimé à Paris, en 1810, chez Garnery.

L'auteur ayant à choisir entre deux systèmes, celui de l'émission, proposé par Newton, & celui de la vibration, proposé par Huyghens, a préféré celui de l'émission, parce qu'il croit qu'il s'accorde mieux avec les phénomènes physiques que produit la lumière. C'eft une queftion qu'il auroit pu & qu'il auroit dû examiner, s'il n'avoit pas voulu facrifier auffi aux opinions de fon fiècle. *Voyez* POLARISATION DE LA LUMIÈRE.

LUMIÈRE (Porte-). Inftrument deftiné à porter la lumière à des diftances plus ou moins grandes, dans des directions & dans des lieux déterminés.

On fait ordinairement ufage de miroir, dans la conftruction des *porte-lumières*. On peut, d'après la pofition du corps lumineux, la forme & la pofition du miroir, diriger la réflexion de la lumière dans la direction & vers les points déterminés. On peut rendre le faifceau de lumière réfléchi, divergent, parallèle ou convergent, felon le befoin que l'on a de le raréfier, de le concentrer ou de le diriger à une grande diftance. *Voyez* PORTE-LUMIÈRE, PHOTOPHORE.

LUMIÈRE (Production de la). Caufe qui produit la clarté que nous attribuons à la lumière.

Nous pouvons annoncer avec certitude, que nous ignorons abfolument les caufes qui produifent la lumière, foit naturelle, comme celle du foleil, des étoiles; foit artificielle, comme celle des combuftions, &c. Deux fyftèmes ont été donnés pour expliquer cette production : l'un par Defcartes, Huyghens, Euler, en fuppofant une forte vibration dans les corps lumineux, qui, tranfmife à l'œil par un milieu extrêmement rare, procure à l'organe, le fentiment de la clarté, comme la vibration des corps fonores, tranfmife aux tympans, par la vibration de l'air, procure la fenfation du fon; l'autre par Newton, que les corps lumineux lancent, avec force, des molécules lumineufes qui, fe mouvant avec une très-grande viteffe, pénètrent dans l'œil, choquent la rétine, & procurent ainfi le fentiment de la vifion. *Voy.* LUMIÈRE.

LUMIÈRE (Propagation de la). Manière dont la lumière fe propage dans l'efpace.

Quel que foit celui des fyftèmes que l'on adopte, de l'émiffion ou de la vibration, la lumière fe propage en ligne droite avec une viteffe telle, qu'elle parcourt 70 mille lieues par feconde, environ; ce mouvement eft continu, tant qu'elle ne rencontre aucun obftacle: Lorfque des corps fe trouvent dans fa direction, ils exercent fur la lumière une action, en vertu de laquelle elle fe réfléchit, fe réfracte, s'infléchit & eft abforbée. *Voyez* PROPAGATION DE LA LUMIÈRE.

LUMIÈRE (Propriété des corps pour la). Action des corps fur la lumière.

Tous les corps exercent une action fur la lumière; mais cette action diffère felon la nature du corps. Les uns abforbent la lumière qui leur parvient, & ne la laiffent pénétrer qu'à une très-petite épaiffeur : tels font les corps noirs & opaques; d'autres réfléchiffent toute la lumière qui arrive à leur furface, ou une grande partie de cette lumière : tels font les planètes, la lune, les fatellites; d'autres laiffent paffer la lumière ou une grande partie de cette lumière : tels font les corps tranfparens, l'air, l'eau, le verre, &c. D'autres abforbent une partie de la lumière & en laiffent réfléchir une autre : tels font les corps opaques colorés; d'autres divifent la lumière qui arrive à leur furface; une portion des rayons colorés fe réfléchit, & forme une couleur, tandis que l'autre pénètre & fe préfente, en fortant, fous une couleur complémentaire : tel eft le verre coloré en rouge avec de l'oxide d'or. Sur d'autres, la lumière fe décompofe en deux faifceaux de lumière blanche; l'un fe réfléchit à la furface, & l'autre pénètre, ou les deux faifceaux pénètrent, en affectant deux réfractions différentes. (*Voyez* POLARISATION DE LA LUMIÈRE.) Enfin, les uns n'ont aucune action polarifante, & les autres dépolarifent les rayons de lumière polarifés.

Rien donc ne varie plus que l'action des corps fur la lumière, & les différens phénomènes que cette action produit.

Le docteur Brewefter a fait un grand nombre d'expériences fur les propriétés des différens corps pour la lumière. Un extrait de ces expériences a été publié dans le *Journal de Phyfique*, 2e. vol., année 1815; pag. 181. Mais ces expériences avoient principalement pour objet la polarifation de la lumière. *Voyez* POLARISATION DE LA LUMIÈRE.

LUMIÈRE (Pyramide de). Jet de lumière partant d'un point lumineux & éclairant un plan. Le point lumineux eft le fommet de la pyramide, & le plan la bafe. *Voyez* PYRAMIDE DE LUMIÈRE.

LUMIÈRE (Rayon de). Direction que fuit la lumière en partant d'un point pour arriver à un autre point.

Dans le fyftème de l'émiffion, c'eft la trace

d'une fuite de molécules lumineuses qui partent d'un même point pour arriver à un point donné, en suivant la même direction; dans le système de la vibration, c'est la continuation de la vibration, en partant d'un point donné pour arriver à un autre point. *Voyez* RAYON DE LUMIÈRE.

LUMIÈRE RÉFLÉCHIE; *lumen reflexum*; *zierack ftrahlenaifch licht*; L. f. Lumière qui éprouve un obstacle à l'approche de la surface d'un corps, & qui est chassée hors de ce corps par une force qui la réfléchit. *Voyez* RÉFLEXION DE LA LUMIÈRE.

LUMIÈRE (Réflexion de la). Action exercée par les corps sur la *lumière*, en vertu de laquelle elle la chasse à lui faisant prendre une direction telle, que l'angle de réflexion est égal à l'angle d'incidence. *Voyez* RÉFLEXION DE LA LUMIÈRE.

LUMIÈRE RÉFRACTÉE; *lumen refractarum*. Lumière qui éprouve une déviation en pénétrant dans un corps.
Par l'action que les corps exercent sur la *lumière*, & réciproquement, les rayons de *lumière* qui arrivent obliquement sur la surface des corps qu'ils pénètrent, éprouvent, ordinairement, une déviation à laquelle on a donné le nom de *réfraction*. *Voyez* RÉFRACTION DE LA LUMIÈRE.

LUMIÈRE (Réfraction de la). Déviation que la *lumière* éprouve en pénétrant les corps.
On s'est assuré, par l'expérience, que la réfraction suivoit cette loi générale, que le sinus de l'angle de réfraction étoit, au sinus de l'angle d'incidence, dans un rapport constant. *Voyez* RÉFRACTION DE LA LUMIÈRE.

LUMIÈRE (Réfraction extraordinaire de la). Plusieurs corps, comme le cristal d'Islande, le cristal de roche, &c. font éprouver à la *lumière* deux déviations différentes. Un faisceau se dirige conformément à la loi générale de la réfraction; un autre suit une loi différente: c'est cette nouvelle loi, suivie par le second rayon de *lumière*, à laquelle on donne le nom de *réfraction extraordinaire*, & que les partisans de l'émission expliquent par la polarisation des molécules lumineuses. *Voyez* RÉFRACTION EXTRAORDINAIRE DE LA LUMIÈRE.

LUMIÈRE. (Son rapport avec le feu.) Il est rare que la *lumière* ne soit accompagnée de chaleur; souvent elle est sensible: telle est la *lumière* du soleil, celle des combustions, &c.: quelquefois elle est insensible: telle est la *lumière* des substances animales en putréfaction, des poissons morts, &c.
Ce concours de *lumière* & de chaleur a fait regarder, par plusieurs physiciens, ces substances, en les supposant matérielles, comme étant absolument la même, mais ayant des vitesses différentes: celle de la lumière est assez grande pour af-

fecter l'organe de la vue, tandis que celle du calorique n'est propre qu'à affecter l'organe du toucher.
On fonde cette similitude de substance: 1°. sur ce qu'on produit de la *lumière* en accumulant de la chaleur; 2°. sur ce qu'on produit de la chaleur en accumulant de la *lumière*; 3°. sur ce que la chaleur se réfléchit & se réfracte comme la *lumière*.
Plusieurs physiciens ont voulu former deux corps différens de la *lumière* & de la chaleur: 1°. parce qu'il existe des *lumières* sans chaleur sensible: telles sont celles des poissons, des bois pourris, des vertes luisans. Mais on a fait voir qu'il y avoit, dans ces circonstances, une vraie combustion, conséquemment qu'il devoit y avoir de la chaleur de dégagée, quoiqu'elle ne fût pas appréciable. M. Berthollet pense que la matière de cette *lumière* est un hydrogène sulfureux.
2°. De ce que la chaleur est arrêtée & séparée de la *lumière* par le photo-thermomètre, le verre & quelques corps transparens; mais on a observé que la séparation que l'on remarque dans ce cas, n'est autre chose que celle de la chaleur rayonnante & celle de la chaleur sensiblement lumineuse, qui sont toujours mélangées avec celle qui est très-lumineuse.
3°. Que la *lumière* de la lune ne contient point de chaleur appréciable: on observe, à cet égard, que la matière de la *lumière* qui fait fonction de chaleur rayonnante & sensible, peut avoir été arrêtée sur la surface de cet astre.
4°. Que quelques substances exposées à l'action de la *lumière* s'y colorent, tandis qu'elles ne se colorent pas à l'obscurité; mais M. Berthollet, ayant répété ces expériences avec beaucoup de soin, est parvenu à obtenir le même résultat d'une forte chaleur dans l'obscurité.
5°. Enfin, qu'il se dégage de l'oxigène, des acides nitrique & muriatique oxigénés, & des plantes exposées à la *lumière*, tandis qu'à la même température, il ne s'en dégageoit pas à l'obscurité; mais M. Berthollet est parvenu au même résultat, en exposant ses acides à une forte chaleur dans l'obscurité.
De ses expériences, M. Berthollet conclut que la *lumière* agit sur les corps avec une force excessive & non appréciée par la température; enfin, il compare ces effets à la température du thermomètre dans l'air raréfié. *Voyez* la *Statistique chimique* de M. Berthollet.
Mais, avant de discuter sur la similitude ou la différence de la *lumière* à la chaleur, il seroit convenable de savoir ce que c'est que la *lumière* & la chaleur; jusqu'ici, nous n'avons connu que des hypothèses. Contentons-nous donc d'observer les faits, de les accumuler, & d'attendre, avant de prononcer, que nous soyons plus instruits que nous ne le sommes encore. *Voyez* CALORIQUE, CHALEUR, LUMIÈRE.

LUMIÈRE SOLAIRE; lumen folare; fonnen licht; f. f. *Lumière* qui nous vient du foleil.

La *lumière folaire* eft très probablement la première que les hommes aient diftinguée. L'obfervation la plus fcrupuleufe que l'on ait faite jufqu'à préfent, de la croûte de la terre, que les hommes ont explorée, prouve que le foleil a exifté long-temps avant les animaux & même les végétaux. Sa *lumière* bienfaifante, toujours accompagnée de cette chaleur fi néceffaire à l'exiftence, à l'accroiffement & à la propagation des végétaux & des animaux, a été religieufement admirée par les hommes; plufieurs fociétés humaines lui ont élevé des autels & l'ont adorée. Sans cette *lumière* éclatante qu'il nous envoie, nous ne jouirions que de la foible clarté, nous dirions prefque de la lueur des étoiles, à l'aide de laquelle nous diftinguerions bien moins d'objets que nous ne pouvons en reconnoître à l'aide de la *lumière folaire*.

Comme tout concourt à prouver que la *lumière* des étoiles & celle du foleil font de même nature & appartiennent à une même caufe, qni peut affurer que fi la *lumière* du foleil n'exiftoit pa, nous diftinguerions & nous jouirions de celle des étoiles? Enfin, fi la *lumière* des étoiles & celle du foleil n'exiftoient pas, nous ferions plongés dans une obfcurité abfolue. Rendons donc d'éternelles actions de grâce à celui qui occafionne le fpectacle refplendiffant & fi utile de cette *lumière*, fi utile aux animaux & aux végétaux.

Nous avons dit aux végétaux! Et ne voyons-nous pas ces arbres ftationnaires fe diriger conftamment vers les points de l'efpace d'où la *lumière* leur vient? Dans l'état de liberté, ils fe dirigent vers le ciel; dans les forêts, les arbres du centre s'élèvent rapidement pour jouir des bienfaits de la *lumière*; ceux qui font fur les lifières, jettent de fortes branches horizontales du côté le plus éclairé. Enfin, les plantes, enfermées dans des efpaces éclairés par une feule ouverture, fe dirigent conftamment vers cette ouverture qui leur envoie de la *lumière*.

Les végétaux ne jouiffent de la *lumière*, que par le befoin qu'ils en ont pour leur fanté, & les hommes en jouiffent doublement, d'abord pour leur fanté, puis par le fens de la vue, qui leur fait diftinguer des objets qu'ils n'apercevroient pas fans cet organe. Ainfi, fi le fens de la vue même n'exiftoit pas pour les hommes & pour les animaux, la *lumière du foleil* leur deviendroit encore néceffaire pour leur confervation.

Quant aux caufes qui produifent cette clarté, voyez SOLEIL, LUMIÈRE.

LUMIÈRE (Viteffe de la). Efpace que la *lumière* parcourt dans un temps donné.

C'eft à la vérification faite, par Caffini & Roemer, de la jufteffe des tables des éclipfes des fatellites de Jupiter, que nous devons la découverte de cette viteffe. Des obfervations comparées aux tables, il réfulte, que la *lumière* nous vient du foleil en huit minutes, & qu'elle parcourt, en conféquence, environ 50,000 lieues par feconde. Des obfervations faites par Bradley, fur l'aberration des étoiles, lui ont également prouvé que la *lumière* que ces aftres nous envoyoient, parcouroit, également, 50,000 lieues par feconde, & qu'elle avoit la même viteffe que celle du foleil; enfin, des obfervations faites par M. Arago & divers favans, fur les *lumières* artificielles, ont prouvé que ces *lumieres* avoient auffi la même viteffe que celle du foleil. *Voyez* LUMIÈRE, VITESSE DE LA LUMIÈRE.

LUMIÈRE ZODIACALE; lumen zodiacale; zodiakal licht; f. f. Clarté ou blancheur affez femblable à celle de la voie lactée, que l'on aperçoit dans le ciel, en certain temps de l'année, après le coucher du foleil ou avant fon lever.

Sa forme eft celle d'une lentille aplatie, placée obliquement, & dont la tranche aiguë atteint très-loin le ciel IAO, fig. 1005. On s'eft affuré qu'elle accompagne conftamment le foleil; dans les éclipfes totales on l'aperçoit, autour de fon difque, comme une chevelure lumineufe; elle eft toujours dirigée dans le plan de l'équateur folaire, & c'eft pour cela qu'on ne la voit pas également bien, le foir, dans toutes les faifons; car, cet équateur étant diverfement incliné à l'horizon, en raifon des diverfes pofitions du foleil dans l'écliptique, la *lumière zodiacale* s'incline avec lui, & fe cache entièrement fous l'horizon, ou du moins, elle eft fort affoiblie par les vapeurs qui s'élèvent près de la furface de la terre. Le temps le plus favorable, pour l'obferver, eft l'équinoxe de printemps, vers le mois de février ou de mars. Alors, la ligne des équinoxes eft, le foir, dans l'horizon H h, fig. 1005 (a), l'arc de l'écliptique SS', dans lequel le foleil va entrer, eft moins incliné à l'équateur SEQ, & la *lumière zodiacale*, toujours dirigée dans le plan de l'équateur folaire, qui eft prefque dans le plan de l'écliptique, fe trouve à peu près perpendiculaire à l'horizon. Aucune autre pofition du foleil n'eft auffi favorable.

Cette *lumière* fut découverte par Caffini, le 16 mars 1683; elle n'eft, felon de Mairan, *Traité de Phyfique & hiftorique de l'aurore boréale*, que l'atmofphère folaire, ou une matière rare & tenue, lumineufe par elle-même, ou feulement éclairée par les rayons du foleil, qui environne le globe de cet aftre, mais qui eft en plus grande abondance & plus étendue autour de fon équateur, que partout ailleurs. De Mairan étant, de tous les phyficiens, celui qui a donné l'explication la plus probable de ce phénomène, & fon explication étant celle qui a le plus généralement adoptée, nous allons en donner ici un extrait.

Il eft très-vraifemblable que la *lumière zodiacale* eft de toute antiquité, car il y a fans doute toujours eu une atmosphère autour du soleil, capable de la produire. Pourquoi donc ne l'a-t-on pas observé plutôt? Elle aura sans doute paru, mais il est probable qu'elle aura été prise pour toute autre chose que ce qu'elle étoit. « On pourroit conjecturer, dit Caffini, que ce phénomène a paru autrefois, & qu'il est du nombre de ceux que les Anciens appeloient *trapes*, ou *poutres*, dont il auroit été à souhaiter qu'ils eussent fait l'histoire ou la description. » Ils semblent même l'avoir mieux désigné quelquefois, lorsqu'ils ont dit avoir observé des *cônes de lumière* ou des *pyramides*. Mais ce qui paroît le plus positif sur ce sujet, c'est un avertissement que Childrey donna aux mathématiciens, à la fin de son Histoire naturelle d'Angleterre, *Britannia Baconice*, écrite environ l'an 1659. Cet avertissement porte, qu'au mois de février, un peu avant, un peu après, Childrey a observé, pendant plusieurs années consécutives, vers les six heures du soir, & quand le crépuscule a presque quitté l'horizon, un chemin lumineux, fort aisé à remarquer, qui se darde vers les plaïades, qu'il semble toucher. On peut encore ajouter à ces témoignages, celui de plusieurs anciens auteurs qui ont vu des apparences célestes, qu'on ne peut méconnoître pour la *lumière zodiacale*, quoiqu'ils ne l'aient pas soupçonnée comme telle.

Selon que les circonstances, nécessaires à son apparition, sont plus ou moins favorables, la *lumière zodiacale* est plus ou moins visible. Quand ces circonstances manquent, jusqu'à un certain point, elle ne paroît point du tout. Une des circonstances les plus essentielles à son apparition, c'est que cette *lumière* ait une étendue, ou une longueur suffisante, vers le zodiaque, & qu'en même temps, l'obliquité du zodiaque à l'horizon ne soit pas grande; car, sans cela, la clarté de la *lumière zodiacale* nous est entièrement dérobée par celle du crépuscule, soit avant le lever du soleil, soit après son coucher.

Quelquefois la *lumière zodiacale* varie réellement, d'autres fois elle varie seulement en apparence; mais il n'y a que dans le cas de trop peu, où il peut y avoir de l'erreur; car la *lumière zodiacale* peut quelquefois être très-étendue, & ne paroître peu par des circonstances extérieures & passagères; mais elle ne sauroit paroître fort étendue sans l'être en effet, n'y ayant aucune illusion optique qui puisse produire cette apparence.

La *lumière zodiacale* paroît, ordinairement, sous la figure d'un cône ou d'une portion de fuseau. On la voit étendue en manière de lame, ou de pyramide, plus ou moins pointue, ayant toujours sa base dirigée vers le corps du soleil, & sa pointe vers quelques étoiles contenues dans le zodiaque. C'est ainsi qu'elle paroît le soir, dans le printemps, & le matin, en automne; sa pointe orientale, ou celle qui est dirigée vers l'orient, se montrant le soir, & sa pointe occidentale le matin.

On peut même voir ses deux pointes dans la même nuit, savoir, vers les solstices, surtout vers celui d'hiver, lorsque l'écliptique fait, le soir & le matin, des angles à peu près égaux avec l'horizon, & assez grands pour laisser une partie considérable de la pointe du phénomène au-dessus des crépuscules, de manière qu'elle puisse se montrer encore au-delà de l'horizon. C'est ainsi que Caffini l'observa, le 4 décembre 1687, à 6 heures & demie du soir, & le matin, à 4 heures 40 minutes. Le solstice d'été a le désavantage d'une plus grande obliquité de l'écliptique sur l'horizon, &, ce qui est encore plus nuisible, l'incommodité des plus grands crépuscules : or, c'est tout le contraire au solstice d'hiver.

Jamais, les observations du soir & du matin ne sauroient nous faire apercevoir plus que les parties supérieures du phénomène, eu égard à l'horizon de l'observateur; car, à mesure que le globe du soleil monte sur l'horizon, ou bien avant qu'il soit descendu de plusieurs degrés au-dessous, le crépuscule devient ou est encore trop fort pour nous permettre de le voir. C'est ce qu'il est aisé de comprendre par la *fig.* 1005 (b), dans laquelle I K O A, représente la *lumière zodiacale*, dans une des positions des plus favorables pour être aperçue de l'horizon H h; comme elle seroit vue le soir, sur la fin du crépuscule, vers les derniers jours de février, à la section du printemps, où le premier du belier étant supposé en K sur l'horizon, le soleil étant en S, au dixième degré du signe des poissons, sur la ligne ou le cercle finiteur du crépuscule C P, 18 degrés au-dessous de l'horizon. L'écliptique T K Z, qui se confond ici avec l'axe A Z de la *lumière zodiacale*, fait avec l'horizon H h, un angle d'environ 64 degrés, & la pointe A de cette *lumière* tombe, entre les étoiles du cou & de la tête du taureau, & se termine au dixième degré du signe des gemeaux; d'où il suit, que la distance A S, de sa pointe au soleil, seroit alors de 90 degrés. La ligne A S étant donc prise pour rayon du sinus total, donne, à peu près, la mesure des autres dimensions de la *lumière* du reste de la figure. Ainsi, la largeur I O, de cette *lumière*, ou de sa base près l'horizon, sera, dans ce cas, de plus de 20 degrés, &c. Le reste I D Z L O, de la matière qui la compose, se trouvant nécessairement caché sous l'horizon H h, savoir, la partie I D L O de la moitié supérieure D L A, & toute la moitié inférieure D L Z.

On voit également, dans cette même figure, la situation *a z* que doit avoir cette même *lumière*, toutes choses d'ailleurs égales, les matins des mêmes jours, immédiatement avant le crépuscule, l'angle *h z* de l'écliptique avec l'horizon, étant d'environ 26 degrés, en imaginant seulement que le spectateur, qui avoit le soir le pôle boréal B à sa droite, & le méridional M à sa gauche, s'étant tourné vers l'orient, aura, au contraire, le septentrional à sa gauche & le midi à fa droite ; & l'inverse de tout cela, qu'on auroit, par exemple, en regardant la figure par-derrière, à travers le jour, donnera l'apparence I K O A, de la *lumière zodiacale*, pour le matin, en automne, vers le 13 ou le 14 octobre, le soleil S étant au vingtième degré du signe de la balance, & le premier point de ce signe, ou la section d'automne, étant supposé en K sur le plan de l'horizon H h, il n'y aura alors à changer que les étoiles correspondantes.

Ce ne sera donc, tout au plus, que la partie G E Z ou g e z, de la moitié D L Z, qui pourra paroître sur l'horizon, le matin, à la fin de février, ou au commencement de mars, & pareille portion de la moitié d l A, le soir, en automne, vers le 13 ou le 14 octobre ; mais comme la pointe est, en ce cas, fort basse, il faudra, pour qu'elle devienne visible, que l'horizon soit extrêmement dégagé de vapeurs.

Par ce que nous venons de dire, on voit, que la *lumière zodiacale*, ou, ce qui est la même chose, l'atmosphère solaire A D Z O, ne sauroit jamais se montrer sur l'horizon, ou la portion D d l L qui environne le soleil, sans que la clarté du jour ou du crépuscule ne la fasse disparoître, ou ne rende ses bords tout-à-fait incertains. Il n'y a que les éclipses totales du soleil, qui puissent nous la montrer, en quelque façon, jusqu'à sa racine & dans sa partie la plus dense ; car, on sait qu'en pareil cas, dès que le disque de la lune a entièrement caché celui du soleil, & même un peu auparavant, il paroît autour de la lune un limbe éclairé, & une espèce de chevelure, d'autant plus épaisse, qu'elle approche davantage de ses bords.

A en juger par les observations, & en rassemblant toutes les circonstances qui les accompagnent, on trouve que la *lumière zodiacale*, lorsqu'elle a été aperçue, n'a jamais occupé moins de 50 à 60 degrés de longueur, depuis le soleil jusqu'à sa pointe, & de 8 à 9 degrés de largeur, à sa partie la plus claire & la plus proche de l'horizon. Ce sont ces dimensions qu'elle eut souvent en l'année 1683, où Cassini commença de l'observer. On trouve de même, que la plus grande étendue apparente, en 1786 & 1787, a été de 90, 95 & jusqu'à 100° de largeur, & de plus de 20 degrés de largeur.

Dans la zone torride, la *lumière zodiacale* doit s'apercevoir plus aisément & plus souvent, & surtout vers l'équateur, que dans les autres climats : 1°. parce que, dans ces contrées, l'obliquité du zodiaque à l'horizon est beaucoup moins grande ; 2°. parce que les crépuscules y sont toujours de peu de durée.

Sur cette opinion de de Mairan, que la *lumière zodiacale*, qui accompagne constamment le soleil, & qui a une forme lenticulaire, doit être nécessairement son atmosphère, opinion qui avoit été généralement adoptée jusqu'alors, M. de Laplace,

dans le chapitre X de son *Exposition du système du Monde*, où il a traité des atmosphères des corps célestes, observe : « Qu'à la surface extérieure de ces atmosphères, le fluide n'est retenu que par sa pesanteur ; & la figure de cette surface est telle, que la résultante de la force centrifuge & de la force attractive des corps lui est perpendiculaire. L'atmosphère est aplatie vers ses pôles & renflée à son équateur ; mais cet aplatissement a des limites, & dans le cas où il est le plus grand, le rapport des axes du pôle & de l'équateur est celui de deux à trois.

» L'atmosphère ne peut s'étendre à l'équateur, que jusqu'au point où la force centrifuge balance exactement la pesanteur ; car il est clair, qu'au-delà de cette limite, le fluide doit se dissiper. Relativement au soleil, ce point est éloigné de son centre du rayon de l'orbe d'une planète, qui feroit sa révolution dans un temps égal à celui de la rotation du soleil. L'atmosphère solaire ne s'étend donc point jusqu'à l'orbe de Mercure, & par conséquent elle ne produit pas la *lumière zodiacale*, qui paroît s'étendre au-delà même de l'orbe terrestre. D'ailleurs, cette atmosphère, dont l'axe des pôles doit être, au moins, les deux tiers de celui de son équateur, est fort éloigné d'avoir la forme lenticulaire que les observations donnent à la *lumière zodiacale*. »

Mais, qu'est-ce que c'est donc que cette *lumière zodiacale* ? Nous l'ignorons. L'explication de de Mairan étoit un beau idéal, qui a séduit les savans. M. de Laplace a détruit l'illusion ; c'est un nouveau service qu'il a rendu aux sciences : *détruire les erreurs est encore un moyen de parvenir à la vérité !*

LUMINEUX ; *luminosus* ; *leuchtend* ; adject. Epithète donnée aux corps qui ont la propriété de répandre ou d'exciter la lumière, & d'en faire éprouver la sensation.

Il suit de cette définition, que les étoiles, le soleil, les flambeaux, les bougies enflammées sont des corps *lumineux*, parce qu'ils produisent de la lumière. On peut même regarder comme corps *lumineux*, la lune, les satellites & autres ; ces corps le sont par réflexion. *Voyez* LUMIÈRE.

LUMINEUX (Animaux). Animaux qui produisent de la lumière dans l'obscurité.

Il existe des *animaux lumineux* ou phosphorescens, dans l'air & dans l'eau ; on connoît, parmi les premiers, les vers luisans, les mouches luisantes, qui sont très-communs parmi nous, &c. On ne trouve, parmi les mollusques & les vers, qu'une seule espèce *lumineuse* de chaque genre, le *pholas dactylus* dans l'un, & le *nereis noctiluca* dans l'autre.

Quelques espèces sont *lumineuses*, ou phosphorescentes, dans les huit genres suivans d'insectes : *elater, lampyris, fulgora, paufus, scolopendra, cancer, lynceus ; limulus*. Les espèces lumineuses

Zzzz

des genres *lampyris* & *fulgora*, sont plus nombreuses qu'on ne le suppose ordinairement, si nous pouvons en juger d'après l'apparence des organes destinés à la phosphorescence, qu'on voit dans les échantillons desséchés. Plusieurs de ces insectes, comme les cancers, vivent dans l'eau.

On ne trouve, parmi les zoophytes, que les genres *medusa*, *beroe* & *pennatula*, contenant des espèces phosphorescentes, & c'est principalement à ces espèces que l'on doit ces lumières plus ou moins vives que laissent apercevoir les eaux de la mer, la nuit, dans divers parages.

Quelques poissons, comme la dorade dans ses migrations, paroissent *lumineux*; mais cette lumière provient de quelques méduses, ou *animaux lumineux* aquatiques, qui se posent & se fixent sur leurs corps.

Cette propriété qu'ont quelques animaux de paroître *lumineux*, est due à un fluide phosphorescent ou *lumineux* qu'ils contiennent. Dans quelques circonstances, ce *fluide lumineux* est logé dans certaines parties de l'animal; d'autres fois, il paroît répandu dans toute sa substance.

Plusieurs physiciens, tels que Spallanzani, Forster, &c., attribuent cette lumière à la combustion du *fluide lumineux*. Ils ont remarqué que les vers luisans, *lampyris splendidula*, brilloient davantage dans le gaz hydrogène que dans l'air atmosphérique. Spallanzani a remarqué, que la lumière des vers luisans disparoissoit graduellement dans les gaz hydrogène & azote, & qu'elle s'éteignoit à l'instant dans le gaz acide carbonique. Il a trouvé aussi que le froid la faisoit disparoître, & que la chaleur la renouveloit. M. Macartney a observé qu'un thermomètre très-sensible, introduit au milieu de plusieurs vers luisans, augmentoit sa température, de 6 à 8 degrés de la graduation de Fahrenheit; il a même cru s'apercevoir que le contact des anneaux *lumineux* produisoit, sur la main, une sensation de chaleur.

Carradori a fait quelques expériences sur les mouches luisantes, dans lesquelles il s'est assuré que la partie lumineuse du ventre de ces insectes luisoit dans le vide, dans l'huile, dans l'eau & dans différentes circonstances, où toute communication avec le gaz oxigène étoit interdite. Il explique le résultat de l'expérience de Forster, en supposant que le ver luisant brilloit plus vivement, parce qu'il étoit plus animé dans le gaz oxigène que dans l'air commun.

Adoptant, sur cet objet, la doctrine de Brugnatelli, Carradori attribue l'apparence lumineuse à la condensation préalable, & au dégagement de la lumière dans des organes particuliers, où elle s'étoit combinée, chimiquement, avec la substance propre de ces animaux. Il suppose que ces organes puisent la lumière dans les alimens des insectes, ou dans l'air atmosphérique, comme une sécrétion particulière, & qu'ils laissent échapper ensuite peu à peu.

Voulant avoir une opinion sur la production de cette lumière, & en découvrir la cause, si cela étoit possible, M. Macartney entreprit diverses expériences, qui sont consignées dans les *Transactions philosophiques* de 1810, & qui ont été publiées, par extraits, dans le tome L de la *Bibliothèque britannique*, page 316 & suivantes. De toutes ces expériences, l'auteur conclut que:

1°. La propriété phosphorique paroît n'appartenir qu'aux animaux de l'organisation la plus simple, dont le plus grand nombre habite la mer.

2°. Chez les animaux qui possèdent la faculté lumineuse, cette faculté n'est pas constante; mais, en général, elle ne leur appartient que dans certaines périodes, & dans un état particulier du corps de l'animal.

3°. La propriété phosphorique réside ordinairement dans une substance, ou un fluide particulier, qui est souvent logé dans un organe approprié à cette destination; d'autres fois elle appartient à tout le corps de l'animal.

4°. Selon que la matière phosphorique existe dans le corps de l'animal, ou qu'elle en est séparée, la lumière est diversement modifiée. Dans le premier cas, elle est intermittente; elle est communément produite, ou augmentée, par un effort musculaire, & quelquefois elle dépend, tout-à-fait, de la volonté de l'animal: dans le second cas, la phosphorescence est uniforme jusqu'à son extinction; & on peut la renouveler momentanément, par frottement, par secousse, ou par l'application de la chaleur. Ces dernières causes opèrent sur la matière lumineuse, tant qu'elle est dans le corps vivant, seulement d'une manière indirecte, c'est-à-dire, en excitant l'animal.

5°. Dans tous les cas, la matière lumineuse, loin de ressembler au phosphore, est incombustible, & perd la faculté de luire, lorsqu'elle est desséchée, ou fortement chauffée.

6°. Quelque longue que soit l'émission de la lumière, elle n'occasionne aucune diminution dans le volume de la matière lumineuse.

7°. Cette émission est indépendante de la présence du gaz oxigène, & ne s'éteint point dans les autres gaz.

M. Macartney ajoute: « L'apparence lumineuse des animaux vivans ne s'épuise point par le long exercice de cette faculté, ni par les répétitions; elle ne s'accroît pas par l'exportation à la lumière du jour; elle ne dépend donc d'aucune source étrangère, mais elle appartient, comme propriété, à une substance ou un fluide animal, particulièrement organisé, & soumis aux lois qui règlent toutes les autres fonctions animales.

Toujours la lumière de la mer est produite par des animaux vivans, & le plus ordinairement par la présence de la *medusa scintillans*. Lorsqu'un grand nombre d'individus de cette espèce s'approchent de la furface, ils fe réuniffent quelquefois & occafionnent cette apparence laiteufe, qui a fouvent étonné, & quelquefois alarmé les navigateurs. Selon la manière dont ces infectes font réunis à la furface de l'eau, ils peuvent produire un éclair, affez reffemblant au phénomène électrique du même genre. Lorfque les médufes lumineufes font abondantes, ce qu'on obferve fouvent dans les baies profondes, elles forment une portion confidérable de la maffe de la mer, & elles rendent fon eau plus péfante & plus nauféabonde au goût.

En général, la propriété phofphorique ne paroît pas être en rapport avec l'économie, ou les mœurs, de l'animal qui en jouit, à l'exception des infectes volans, qui découvrent ainfi leurs femelles pendant la nuit.

Dans ces fortes d'animaux, la lumière qu'ils produifent, à l'aide du *fluide lumineux* qui fait partie de leur conftitution, cette lumière eft-elle produite par émiffion ou par ondulation ? Dans le premier cas, quelle force ne faudroit-il pas que ces animaux exerçaffent fur les molécules lumineufes, qu'ils laiffent échapper, pour leur procurer une viteffe de 50 mille lieues par feconde ? Dans le fecond cas, l'action feroit la même que celle qui les fait apercevoir par la lumière qu'ils reçoivent. Au refte, fi la nature emploie l'un ou l'autre de ces moyens pour produire le phénomène de la clarté, c'eft probablement le même qu'elle met en ufage pour faire dégager de la lumière par ces fortes d'animaux.

LUMINEUX (Fluide). Subftance impondérable, à laquelle, dans le fyftème de l'émiffion, on attribue la formation de la lumière. *Voyez* LUMIÈRE.

On donne encore le nom de *fluide lumineux*, à des liquides qui ont la propriété de répandre de la lumière : telles font les diffolutions de phofphore, qui produifent de la lumière en les expofant au contact de l'air; l'hydrogène phofphoré ; enfin, ce fluide particulier que poffèdent les animaux *lumineux*, & auquel on attribue la lumière qu'ils font apercevoir dans l'obfcurité. *Voyez* PHOSPHORE, ANIMAUX LUMINEUX, LUMINEUX (Animaux).

LUMINEUX (Phénomène). Phénomène produit par la lumière.

Il exifte plufieurs efpèces de *phénomènes lumineux*. Les uns font naturels & fe paffent dans l'atmofphère, ou dans l'étendue du fyftème planétaire ; telles font les aurores boréales, auftrales, les uranolites, la lumière zodiacale, &c. D'autres fe paffent fur la furface de la terre ; ce font ou des combuftions, ou des lumières produites par des animaux vivans, ou par l'électricité. *Voyez* PHÉNOMÈNES LUMINEUX.

LUMINEUX (Point). Point d'où s'échappe de la lumière dans toutes fortes de directions. *Voyez* POINT LUMINEUX.

LUNAIRE ; lunaris ; *der mond betreffend* ; adj. Qui appartient ou qui a rapport à la lune.

LUNAIRE (Année). Année compofée, tantôt de douze & tantôt de treize mois *lunaires*.

Ainfi, l'*année lunaire* fe trouve compofée, tantôt de trois cent cinquante-quatre jours, tantôt de trois cent quatre-vingt-quatre, & quelquefois de trois cent quatre-vingt-trois feulement ; & cela, lorfque le treizième mois ajouté n'a que vingt-fept jours.

LUNAIRE (Arc-en-ciel). Iris produite par la réfraction & la réflexion de la lumière de la lune, à travers des gouttes de pluie.

Ces arcs-en-ciel font très-foibles & fort rares ; cependant, plufieurs ont été obfervés dans les temps anciens & dans les temps modernes. Leur théorie eft la même que celle de l'arc-en-ciel folaire. *Voyez* ARC-EN-CIEL, ARC-EN-CIEL LUNAIRE, IRIS.

LUNAIRE (Atmofphère). Amas de fubftances gazeufes, que quelques phyficiens fuppofent exifter autour de la lune, & former une atmofphère analogue à celle qui exifte autour de la terre.

Toutes les obfervations faites jufqu'à préfent, fur l'occultation des étoiles, par la lune, tendent à prouver que cette atmofphère n'exifte pas, & que s'il en exiftoit une, le fluide qui la formeroit, feroit beaucoup plus rare encore que l'air qui refte, fous le récipient, lorfqu'on y a fait le vide avec nos meilleures machines pneumatiques. *Voyez* ATMOSPHÈRE, ATMOSPHÈRE LUNAIRE.

LUNAIRE (Cycle). Révolution ou période de 19 années folaires, à la fin defquelles les nouvelles & pleines lunes reviennent, aux mêmes jours, auxquels elles étoient arrivées 19 ans auparavant, mais à des heures différentes. C'eft Méton, célèbre aftronome d'Athènes, qui a inventé cette période. *Voyez* CYCLE, CYCLE LUNAIRE.

LUNAIRE (Lumière). *Lumière* envoyée par la lune.

Cette *lumière*, qui jouit des mêmes propriétés que celle du foleil, puifqu'elle provient de celle qui émane de cet aftre, en diffère en ce qu'elle ne donne aucune trace fenfible de chaleur. Expofée à l'action d'un miroir ardent, en cuivre, parfaitement poli, la *lumière* de la pleine lune n'éprouve aucune chaleur fenfible, quoique les rayons du foleil, concentrés par ce miroir, fondiffent en huit minutes un fragment d'un des meilleurs creufets. La même *lumière* de la pleine lune, reçue fur un verre lenticulaire de quatre pieds de diamètre, a produit une augmentation confidérable de *lu-mière* à fon foyer, mais point de chaleur fenfible. L'œil, étant placé à ce foyer, n'en étoit nullement bleſſé. Cependant, les métaux, les cendres mêmes, étoient fondus au foyer de ce verre, lorſqu'on y réuniſſoit les rayons folaires. *Voyez* LU-MIÈRE LUNAIRE.

LUNAIRE (Mois). Temps que la lune emploie à faire fa révolution.

Il y a deux fortes de *mois lunaires* : l'un que l'on appelle *périodique*, qui eſt le temps que la lune emploie à parcourir, d'occident en orient, les douze ſignes du zodiaque ; l'autre, que l'on appelle *ſynodique* ; c'eſt le temps qui s'écoule depuis une nouvelle lune juſqu'à une lune ſuivante. *Voyez* MOIS LUNAIRE.

LUNAIRE (Période). Durée de la révolution de la lune pour que les éclipſes arrivent le même jour. *Voyez* PÉRIODE LUNAIRE, CYCLE LUNAIRE.

LUNAISON ; menſtrus lunæ curſus ; *die monds wandelung* ; ſ. f. Intervalle de temps exiſtant entre deux nouvelles lunes qui ſe ſuivent immédiatement.

Une *lunaiſon* eſt la même choſe que le mois lunaire ſynodique ; elle ſuppoſe le mois lunaire périodique de 2 jours 5 heures 0 minutes 58 ſecondes 10 tierces plus grand que ſon mois périodique. Sa durée eſt de 29 jours 12 heures 44 minutes 3 ſecondes ▓▓▓▓ tierces. *Voyez* MOIS PÉRIODIQUE, M▓▓▓ ▓YNODIQUE.

LUNDI ; lunæ dies ; *monty* ; ſ. m. Jour de la ſemaine conſacré à la lune. C'eſt le lendemain du dimanche, le premier jour de travail.

LUNE ; luna ; *mond* ; ſ. f. Planète ſecondaire, ou mieux, ſatellite de la terre, qui fait ſa révolution autour de cet aſtre. *Voyez* SATELLITE.

De toutes les planètes que nous connoiſſons, la *lune* eſt celle qui eſt la plus rapprochée de la terre. Elle tourne autour de notre globe ; ſa révolution eſt d'un mois environ. Pendant la durée de ce mouvement, elle ſe trouve une fois en conjonction avec le ſoleil, & une fois en oppoſition. *Voyez* CONJONCTION, OPPOSITION.

Le mouvement propre de la *lune* ſe fait d'orient en occident, ſur une ellipſe, à l'un des foyers de laquelle ſe trouve la terre. Cette ellipſe, que l'on nomme ſon *orbite*, eſt inclinée à l'écliptique de 5,7222 degrés décimaux, & le coupe en deux points oppoſés qu'on nomme *nœuds*. L'un de ces nœuds eſt aſcendant & l'autre deſcendant. Le nœud aſcendant eſt celui où ſe trouve la *lune*, lorſqu'elle paſſe, de la partie méridionale de ſon orbite à la partie ſeptentrionale ; & le nœud deſcendant eſt celui où elle ſe trouve, lorſqu'elle paſſe de la partie ſeptentrionale de ſon orbite à la partie méridionale. *Voyez* ORBITE, NŒUDS.

En annonçant que l'orbite de la *lune* étoit inclinée de 5,7222 degrés décimaux, ſur l'écliptique, nous n'avons indiqué que ſon inclinaiſon moyenne. Cet orbe, en oſcillant ſur l'orbe terreſtre, fait varier ſon inclinaiſon. Sa plus grande variation, qui eſt de 0,1627, eſt proportionnelle au coſinus du double de la diſtance angulaire du ſoleil, au nœud aſcendant de l'orbe lunaire.

L'équateur de la *lune* eſt incliné, ſur ſon orbite, d'environ 7,3888 degrés décimaux, de même que l'équateur lunaire eſt incliné, ſur l'équateur terreſtre, de 1,67 degrés décimaux. Puiſque le plan de l'orbe lunaire varie de poſition, l'interſection de l'équateur, avec ce plan, variera également de poſition, ſi le premier conſerve ſa poſition ; mais, ſi, au contraire, le plan de l'équateur ſe mouvoit avec l'orbe de la *lune* de la même manière, l'interſection des deux plans ſeroit conſtante. Dominique Caſſini a obſervé que, ſi, de l'interſection de l'équateur & de l'orbe lunaire, on mène un plan parallèle à celui de l'orbe terreſtre, ces trois plans ont toujours une commune interſection ; mais, comme les nœuds de l'orbe lunaire changent de direction ſur l'orbe de la terre, il faut, pour que l'équateur lunaire reſte dans leur commune interſection, qu'il ſe meuve avec ſon orbe de la *lune* : or, ce mouvement ne peut avoir lieu ſans produire une vibration réelle dans l'axe de la *lune*, par laquelle ſes pôles décrivent, dans le ciel, des petits cercles parallèles à l'écliptique. La période de ces mouvemens eſt la même que celle des nœuds, c'eſt-à-dire, de 6793 jours 42,118 ſecondes décimales ; cette libration prouve, que la *lune* eſt un ellipſoïde, dont le grand axe eſt conſtamment dirigé vers la terre. *Voyez* LIBRATION.

On peut prendre la diſtance de la *lune* à la terre de diverſes manières. Celle que l'on préfère, conſiſte à faire obſerver cet aſtre par deux obſervateurs, placés dans deux poſitions connues, A, B, *fig.* 1006, & à leur faire prendre, dans ce même inſtant, les angles F B L, D A L, de direction avec les normales, B F, A D, au point des obſervations. Cela fait, on connoît l'angle B C A formé par les deux normales, les deux rayons de la terre, B C, A C, & la corde B A, ou la diſtance en ligne droite entre les deux poſitions ; on connoît auſſi les ſupplémens L B C, L A C des angles obſervés, ainſi que les angles C A B =

$$C B A = \frac{180° - A C B}{2} ;$$

d'où il ſuit que l'on connoît L A B = L A C — B A C & L B A = L B C — C B A. Conſéquemment, dans le triangle L A B, on connoît les angles L A B, L B A, & le côté A B compris entre ces angles : donc on connoît les côtés L A, L B. De même, dans les triangles L A C, L B C, on connoît les angles L A C, L B C, & les côtés L A, A C ; & L B, B C, qui forment ces angles : donc on conclura, par deux triangles différens, le rayon vecteur L C, ou la diſtance du centre de la *lune* au centre de la terre, que l'on retrouve être de 60 rayons terreſtres dans la diſtance moyenne de la *lune* à la terre.

Ainſi, en ſuppoſant le rayon de la terre de 1428,5 lieues terreſtres de 25 au degré, la diſtance moyenne de la *lune* à la terre ſeroit de 85710 lieues. Connoiſſant le diamètre de la *lune*, pour une diſtance meſurée, il eſt facile de déterminer ſes autres diſtances, en meſurant ſon diamètre apparent. Ainſi, l'obſervation ayant appris que ſon diamètre apparent, ou l'angle ſous lequel on la voit de la terre, varie entre 5438 & 6207 ſecondes décimales, qu'a ſa diſtance moyenne, elle doit paroître ſous un angle de 5822 ſecondes, il en réſulte que la variation de ſa diſtance doit être de 6091 lieues en plus & en moins de ſa diſtance moyenne; donc elle doit être dans ſa plus grande diſtance à 91801, & dans ſa plus petite diſtance de 79619: de ſorte que ſa plus grande diſtance eſt à ſa plus petite diſtance, à très-peu de choſe près, comme 15 eſt-à 13; ce qui fait voir que ſon orbite eſt très-elliptique.

En comparant les diamètres de la *lune* & de la terre, on obſerve que le rayon de la terre, vu de la *lune*, à ſa diſtance moyenne, eſt de 10661 ſecondes décimales; celui de la *lune*, vu de la terre, eſt de 2911,5 ſecondes décimales. Ainſi, le rapport des rayons eſt à peu près de 11 à 3; donc le diamètre de la *lune* eſt à peu près les $\frac{3}{11}$ du diamètre de la terre, & ſon volume $\frac{1}{49}$ de celui de la terre.

De la meſure de la diſtance de la terre au ſoleil, on trouve que cette diſtance moyenne eſt de 23578 rayons terreſtres, ſi l'on ſuppoſe celle de la *lune* de 60. Il en réſulte que le grand axe de l'orbe de la *lune* eſt au grand axe de l'orbe de la terre, à très-peu près, comme 100 à 39296; de ſorte que la diſtance de la *lune* à la terre n'eſt, qu'environ la $\frac{1}{393}$ de la diſtance de la terre au ſoleil.

Si l'on obſerve le mouvement de la *lune*, par rapport aux étoiles, on remarque, que la durée de ſa révolution ſidérale, autour de la terre, eſt de 27,32166 jours. Cette révolution ſe nomme *révolution périodique*, ou *mois périodique*, pour la diſtinguer d'une autre révolution de la *lune* par rapport au ſoleil, & que l'on nomme *révolution ſynonique*, ou *mois ſynodique*. (*Voy.* Révolution Périodique, Révolution synodique.) Mais, comme dans l'intervalle du retour de la *lune* à ſa conjonction avec le ſoleil, elle achève une révolution entière ſur ſon orbe, plus un arc égal à celui du mouvement apparent du ſoleil, il faut, pour avoir la durée de ſa révolution ſynodique, ajouter à la révolution périodique que nous venons d'indiquer, le temps que la *lune* emploie, à parcourir un arc égal à celui du moyen mouvement apparent du ſoleil, pendant la durée de ſa révolution; ce qui donnera la durée de la révolution ſynodique de la *lune*. Or, l'angle qu'elle parcourt, pour entrer en conjonction avec le ſoleil, exige un intervalle de 2 jours 20893 ſecondes décimales; ce qui, ajouté aux 27 jours 32166 ſecondes, fait une ſomme de 29 jours 53059 ſecondes, ou 29 jours 12 heures 44 minutes 3 ſecondes & 20 tierces. *Voy.* Révolution synodique, Mois synodique.

Il eſt facile, d'après cette détermination, de trouver le moyen mouvement de la *lune*; il ſuffit de diviſer 400 degrés décimaux par 27°32166, ce qui donne 14°6410″, à très-peu près; & ſi l'on diviſe ce nombre de degrés par 24, on aura le moyen mouvement de la *lune* par heure, de 0°,6100″ décimales; en continuant la diviſion par 60, le mouvement moyen de la *lune* ſera de 101″ par minute, & de 16′ 9″ par ſeconde.

Multipliant par 365 jours les 14° 6410′, que la *lune* parcourt par jour, on aura 5343°,9650 décimales parcourus par la lune dans les années ordinaires, ou, ce qui eſt la même choſe, 13 fois 0,3599 le cours du ciel. Dans les années biſſextiles, la *lune* parcourt 5368°,6060″.

Outre ſa révolution autour de la terre, la *lune* tourne encore ſur ſon axe, d'occident en orient; elle emploie dans cette révolution autant de temps qu'elle en emploie à faire ſa révolution périodique autour de la terre, c'eſt-à-dire, 27 jours 32166″ décimales; ce qui eſt prouvé, parce qu'elle nous montre toujours la même face, & conſéquemment les mêmes taches. (*Voyez* Taches de la lune.) En effet, il eſt impoſſible qu'un homme parcoure la circonférence d'un cercle, ~~conſtamment ſon viſage tourné vers le~~ ſans faire, en même temps, un tour ſur lui ~~mois ſ~~

Pour ce qui eſt de la révolution diurne de la *lune* autour de la terre, d'orient en occident, ce n'eſt qu'un mouvement apparent, qui a pour cauſe, la rotation journalière de la terre ſur ſon axe, d'occident en orient. *Voyez* Terre, Rotation de la terre.

Le grand axe de l'orbe lunaire a un mouvement, dans le ciel, autour du centre de la terre, d'occident en orient, dans le ſens du mouvement de la terre. Ce mouvement ſe remarque, par le changement du lieu de l'apogée de la *lune* dans le ciel. En vertu de ce mouvement, il décrit par jour un angle de 0,1237″, & ſa révolution ſidérale eſt de 3232 jours 5807ʒ. Mais cette révolution n'eſt pas conſtante; & pendant que le mouvement de la *lune* s'accélère de ſiècle en ſiècle, celui de l'apogée ſe ralentit. Au commencement de 1800, la diſtance de la *lune* & du périgée, à l'équinoxe moyen du printemps, étoit de 295°,66824″ décimales; ainſi, la révolution de l'apogée de la *lune* ſe fait en 8 ans 309 jours & plus.

De même que ſon apogée, les nœuds de la *lune* ont un mouvement très-prompt. Si la *lune* traverſe l'écliptique dans le premier point du bélier, ou dans le point équinoxial, comme c'eſt arrivé en 1764; environ dix-huit mois après, c'eſt dans le commencement des poiſſons qu'elle traverſe l'écliptique, c'eſt-à-dire, que ſon nœud aura rétrogradé de 33°,33333', ou d'un figne entier ; & continuant de rétrograder, il fait le tour du ciel, & achève fa révolution dans l'efpace de 6793 1°,421 18', ou dix-huit années deux cent dix-neuf jours environ : ce qui donne le moyen mouvement annuel des nœuds de la *lune* de 24°,2542'. En 1750, les diftances moyennes du nœud afcendant à l'équinoxe du printemps, étoient de 311°,4814'; ce mouvement eft affujetti à plufieurs inégalités, dont la plus grande eft proportionelle au finus du double de la diftance angulaire du foleil au nœud afcendant de l'orbite lunaire ; il s'élève à 1°,8802' dans fon maximum, c'eft-à-dire, lorfque les diftances angulaires font de 50, 150, 250, 350 deg.: ces inégalités font nulles, lorfque les angles font de 100, 200, 300 degrés.

Plufieurs inégalités ont été obfervées : les unes dans la courbure de l'orbe lunaire, les autres dans la viteffe de fon mouvement. Ces inégalités font de trois fortes : la première, dans la courbure de l'orbe ; on la nomme *érection* : la feconde, dans l'augmentation ou la diminution de fon mouvement moyen, en raifon de fes fituations avec le foleil ; on la nomme *variation* : la troifième, dans fa viteffe, dépendant de fa diftance au foleil ; on la nomme *équation annuelle*. *Voyez* ERECTION, VARIATION, ÉQUATION ANNUELLE.

Vue de la terre & à fa diftance moyenne, la *lune* paroît fous un angle de 2911″,5. Vue de la *lune*, la terre paroît fous un angle de 10661″. Ainfi, le rapport des rayons eft à peu près comme 11 eft à 3, comme nous l'avons déjà obfervé.

Nous avons vu que la groffeur de la *lune* étoit, à celle de la terre, à peu près comme 1 eft à 49. Sa denfité eft à peu près comme 7 eft à 10; & fa maffe, comme 1 eft à 60.

Comme toutes les autres planètes, la *lune* n'eft point lumineufe par elle-même : elle ne nous éclaire que par le moyen de la lumière qu'elle reçoit du foleil, & qu'elle réfléchit vers la terre. Cette lumière, ainfi réfléchie par la *lune*, n'eft accompagnée d'aucune chaleur fenfible ; non-feulement, dans l'état où elle nous arrive de la *lune*, mais même étant concentrée dans un petit efpace, par le moyen d'un miroir concave, comme l'a éprouvé M. Lahire fils, qui, au mois d'octobre 1705, expofa le miroir concave de l'Obfervatoire, qui a trente-trois pouces de diamètre, aux rayons de la *pleine lune*, lorfqu'elle paffoit au méridien. Quoique ces rayons fuffent raffemblés dans un efpace trente-fix fois plus petit, que celui qu'ils occupoient dans l'état naturel, cependant, cette lumière, ainfi concentrée, ne produifit pas le moindre effet fur un thermomètre de M. Amontons, quoiqu'il foit très-fenfible (1). Bouguer, d'après plufieurs expériences qu'il a faites, conclut, que

la lumière de la *lune* eft trois cents fois moindre que celle du foleil, quoique le foleil foit environ quatre cent onze fois plus éloigné de la terre que n'eft la *lune*. (*Voyez Traité d'Optique fur la graduation de la lumière*, par Bouguer.)

Puifque la *lune* n'a d'autre lumière que celle qu'elle reçoit du foleil, il s'enfuit qu'elle n'a jamais que la moitié de fa furface d'éclairée ; car, elle ne peut pas préfenter davantage au foleil. Si cette moitié éclairée eft entièrement tournée vers la terre, nous voyons, alors, le difque de la *lune* entièrement illuminé en rond : c'eft ce qui arrive lorfque la *lune* eft en oppofition avec le foleil ; on dit alors que la *lune* eft pleine. (*Voyez* PLEINE LUNE.) A mefure que la *lune* fe rapproche du foleil, nous perdons de vue une partie de fon hémifphère éclairé ; environ fept jours & demi après la *pleine lune*, nous ne voyons plus que la moitié de cet hémifphère, dont la convexité eft tournée vers l'orient ; c'eft ce qu'on appelle *dernier quartier* (*voyez* QUARTIERS DE LA LUNE); & environ quatorze jours & demi après la *pleine lune*, toute fa partie éclairée eft cachée pour nous, & elle eft alors en conjonction avec le foleil : c'eft ce que nous appelons la *nouvelle lune*. (*Voyez* NOUVELLE LUNE.) Enfuite, la *lune* s'éloigne de nouveau du foleil, & commence à nous faire voir une portion de fon difque illuminé, qu'on appelle *croiffant*, dont la convexité eft tournée vers l'occident. S'éloignant de plus en plus, arrive, environ fept jours un quart après, la *nouvelle lune*, au point de nous laiffer voir la moitié de fon difque éclairé : c'eft ce que nous appelons *premier quartier*. Enfin, cette partie éclairée va toujours en augmentant pour nous, jufqu'à ce que la *lune*, arrivée à fon oppofition, foit de nouveau revenue pleine. Ces différentes apparences ou illuminations de la *lune*, fe nomment PHASES. *Voyez* ce mot.

Alors que la *lune* ne nous montre que fon croiffant, & qu'il eft encore fort étroit, on voit affez diftinctement le refte du difque de la *lune*. Ce qui produit ce phénomène, c'eft la lumière du foleil réfléchie par la terre fur la furface de la *lune* : car, de même que nous avons *clair de lune*, la *lune* a auffi *clair de terre*, avec des phafes femblables à celles que la *lune* nous préfente. *Voyez* LUMIÈRE CENDRÉE.

En examinant la *lune* avec un inftrument groffiffant, on obferve que fa furface, *fig.* 1007, eft recouverte de points diverfement éclairés. Cette furface paroît d'ailleurs convexe. *Voyez* TACHES DE LA LUNE.

Si l'on obferve avec attention la courbe extérieure de la portion de la *lune* éclairée par le foleil, on y diftingue des efpèces de dentelures. La ligne qui fépare, fur la furface de la *lune*, la partie éclairée de celle qui eft obfcure, préfente également diverfes découpures. Ces apparences ont fait foupçonner que cet aftre étoit recouvert,

---

(1) *Mémoires de l'Académie royale des Sciences*, années 1705.

comme nôtre globe, par de très-hautes montagnes; & ces soupçons ont été confirmés par l'observation suivie, qu'on a faite, des taches éclairées. Après avoir remarqué qu'elles étoient accompagnées d'espaces obscurs, placés dans les directions oppofées à celles du foleil, on s'est afsuré que ces taches obscures changeoient de place, autour de celles qui étoient éclairées, de même que font les ombres portées, lorsqu'on change la position du corps éclairant. L'on a observé aussi que l'intensité de la lumière, des taches éclairées, varioit.

De la proportion des dentelures observées sur le disque lunaire, des découpures & des pointes éclairées, que l'on voit sur la ligne qui sépare la partie obscure de la partie éclairée, de la longueur des ombres projetées, Herschel a conclu, que la plus grande hauteur des montagnes de la *lune* étoit de trois mille mètres. *Voyez* MONTAGNES DE LA LUNE.

Pendant l'éclipfe de *lune*, observée le 21 mai 1706, Liefmann & plusieurs autres aftronomes ont remarqué, fur la furface obfcure de la *lune*, trois points brillant d'une vive lumière. Ce qui leur a fait croire que la *lune* étoit trouée, & que la lumière du foleil leur parvenoit par cette ouverture. (*Mifcel Breflanica*, 1706.) Depuis, Halley, *Tranfactions philofophiques*, n°. 343, & le chevalier Louville, ont obfervé un phénomène femblable, pendant l'éclipfe du 4 mai 1715. Don Anton. Ulloa, obfervant, fur mer, près le cap Saint-Vincent, l'éclipfe du 25 juin 1778, fit remarquer, à fes compagnons, un point éclairé fur le difque de la *lune*. Cette lumière dura environ une minute un quart; d'abord elle paroiffoit comme une étoile de quatrième grandeur, puis elle augmenta, jufqu'à préfenter l'apparence d'une étoile de feconde grandeur. Ce favant croyoit également, que cette lumière étoit occafionnée par une ouverture, à travers laquelle paffoit la lumière du foleil. Depuis, cette opinion a été rejetée, & l'on croit, aujourd'hui, que toutes les lumières vives que l'on obferve, fur la portion du difque non éclairé de la *lune*, font produites par des éruptions volcaniques, & l'on attribue même, à ces éruptions, la chute des pierres embrafées qui tombent de l'atmofphère. *Voyez* URANOLITE.

De même que la terre, que nous habitons, eft recouverte de végétaux qui y croiffent & d'animaux qui y vivent, les hommes, dans leurs fpéculations philofophiques, ont peuplé toutes les planètes comme la terre (*voyez* le *Monde de Fontenelle*); alors il étoit naturel de peupler également la furface de la *lune*; & par fuite, on a donné aux animaux analogues aux hommes, où à ceux qui les remplacent dans la *lune*, le nom de *félénites*. Les pythagoriciens ont foutenu, que la *lune* étoit recouverte de végétaux & habitée par des animaux, *Bibl. græca*, tom. I, chap. 20. Hevel, Huyghens, Fontenelle, Bode, ont foutenu le même fyftème.

Huyghens peupla la *lune*, *per animalia rationabilia*; Fontenelle, par des habitans qui ne font pas des hommes. Mais, quels font ces végétaux & ces animaux qui peuplent la *lune*? Hélas! ils doivent bien différer de ceux qui font fur la furface de la terre; car, l'atmofphère qui environne le globe terreftre eft effentiellement néceffaire aux animaux & aux végétaux: fans air, tout périroit! Si donc il eft prouvé, par l'occultation des étoiles, que la *lune* n'a pas d'atmofphère, les animaux & les végétaux n'ont point d'air; d'où il fuit, qu'il faut qu'ils foient différemment organifés, que ceux qui font fur le globe terreftre.

Tous les corps de la nature s'attirant mutuellement, en raifon directe de leur maffe & en raifon inverfe des carrés de leur diftance, la *lune* doit exercer, fur la furface de la terre, une action analogue à celle que la terre exerce fur ce fatellite, en vertu de laquelle il retient la *lune* dans fon orbite autour de la terre. Parmi les faits réfultant de l'attraction exercée par la *lune*, fur la terre, on remarque l'élévation des eaux de l'Océan. Quoique la *lune* ne concourt pas feule à cet effet, & que le foleil coopère auffi à ce grand phénomène, cependant, à caufe de la proximité de la terre, la *lune* produit le plus grand effet; car, l'action de la *lune* fur les eaux, eft triple de celle du foleil. *Voyez* MARÉE.

Quelques phyficiens ont cru devoir attribuer à la *lune*, des effets fur l'atmofphère, femblables à ceux qu'elle produit fur l'Océan: de-là, l'opinion que la marche du temps, beau ou mauvais, eft principalement attribué à la *lune*.

Pour arriver à l'Océan, dit M. de Laplace (1), l'action du foleil & de la *lune* traverfe l'atmofphère, qui doit, par conféquent, en éprouver l'influence, & être affujettie à des mouvemens femblables à ceux de la mer. De-là, réfultent des vents & des ofcillations dans le baromètre, dont les périodes font les mêmes que celles du flux & du reflux; mais ces vents font peu confidérables & prefqu'infenfibles dans une atmofphère d'ailleurs fort agitée. L'étendue des ofcillations du baromètre n'eft pas d'un millimètre, à l'équateur même, où elle eft la plus grande. Cependant, comme les circonftances locales augmentent confidérablement les ofcillations de la mer, elles peuvent également accroître les ofcillations du baromètre, dont l'obfervation fuivie, fous ce rapport, mérite l'attention des phyficiens.

LUNE. Nom que les anciens chimiftes ont donné à l'argent.

Défignant, ce qu'ils appeloient les fept métaux, par les mêmes figures & les mêmes noms, dont fe fervoient les aftronomes pour défigner les fept

(1) *Expofition du Syftème du Monde*, chap. 13.

planètes, les alchimistes avoient appelé l'argent, *lune* ou *Diane*; à cause de sa blancheur. De-là, les noms de *cristaux de lune* pour nitrate d'argent, & de *lune cornée*, pour exprimer le muriate d'argent : *arbre de Diane*, &c.

LUNE (Age de la). Nombre de jours écoulés depuis la *nouvelle lune*. *Voyez* AGE DE LA LUNE.

LUNE (Eclipse de la). Disparition de la *lune* en passant dans le cône d'ombre formé derrière la terre, lorsque la *lune* & le soleil sont en opposition. *Voyez* ECLIPSE DE LUNE.

LUNE (Influence de la). Action exercée par la *lune* sur les corps vivans & morts.

Nous avons déjà examiné les *influences de la lune* sur l'atmosphère (*voyez* INFLUENCE DE LA LUNE); il ne nous reste plus qu'à parler, très-brièvement, de cette influence sur les animaux & les plantes.

Comme on ne sauroit méconnoître l'influence du soleil sur les animaux & les végétaux, il étoit naturel d'attribuer une influence analogue à l'astre qui, après le soleil, nous procuroit le plus d'avantage. Aussi, les Anciens avoient-ils une grande vénération pour cet astre, & lui attribuoient-ils d'autant plus d'influence, que cette influence pouvoit être moins prouvée. La *lune* ayant une révolution menstruelle, il étoit naturel de lui attribuer une influence sur tous les résultats qui avoient une semblable période. Par suite, cette influence a été étendue sur la santé, sur la végétation, au point d'indiquer des jours de *lune*, pour chaque opération agricole ou animale. Cette extension a été portée si loin, qu'à la fin, elle est devenue ridicule, & que l'on a cessé d'y croire.

Transcrivons, ici, ce que dit M. de Laplace, dans son *Essai philosophique sur les probabilités*, in-4°., Paris, 1813. « Les phénomènes singuliers qui résultent de l'extrême sensibilité des nerfs, dans quelques individus, ont donné naissance à diverses opinions sur un nouvel agent, que l'on a nommé *magnétisme animal*, sur l'action du magnétisme ordinaire & sur l'influence du soleil & de la *lune*, dans quelques affections nerveuses; enfin, sur les impressions que peut faire éprouver la proximité des métaux ou d'une eau courante. Il est naturel de penser que l'action de ces causes est très-foible, & qu'elle peut être facilement troublée par des circonstances accidentelles. Ainsi, parce que, dans quelques cas, elle ne s'est point manifestée, on ne doit point rejeter son existence. Nous sommes si loin de connoître tous les agens de la nature & leurs divers modes d'action, qu'il seroit peu philosophique de nier les phénomènes, uniquement parce qu'ils sont inexplicables dans l'état actuel de nos connoissances : seulement nous devons les examiner avec une attention d'autant

plus scrupuleuse, qu'il paroît plus difficile de les admettre; & c'est ici que le calcul des probabilités devient indispensable, pour déterminer jusqu'à quel point il faut multiplier les observations & les expériences, afin d'obtenir, en faveur des agens qu'elles indiquent, une probabilité supérieure aux raisons que l'on peut avoir, d'ailleurs, de ne pas les admettre. » Nous n'avons pu résister à faire connoître l'opinion d'un de nos plus grands géomètres, sur des actions que les uns ont regardées comme imaginaires, que d'autres ont prouvé être le produit du pur charlatanisme, & que d'autres enfin ont défendues avec courage.

LUNE (Montagne de la). Corps élevé sur la surface de la *lune*, dont on a prouvé l'existence, soit par les crénelures que l'on observe sur ses bords, soit par l'ombre qu'il porte sur le disque lunaire. *Voyez* MONTAGNE DE LA LUNE.

LUNE (Mouvement de la). Changement de position de la *lune* dans l'espace.

On reconnoît trois mouvemens à la *lune* : 1°. son mouvement de rotation sur son axe, en vertu duquel elle nous montre toujours la même face; 2°. son mouvement autour de la terre, dont la durée est de 27,32166 jours, comme le mouvement de rotation sur son axe; 3°. son mouvement de translation sur l'orbe de la terre, mouvement qui est occasionné par l'attraction de la terre. *Voyez* MOUVEMENT DE LA LUNE, LUNE.

LUNE (Nouvelle). Instant de la conjonction de la *lune* & du soleil, & où elle va commencer à s'écarter de cet astre. *Voyez* NOUVELLE LUNE.

LUNE (Phase de la). Variation que présente le globe de la *lune*, relativement aux diverses proportions d'illumination qu'il nous laisse apercevoir, proportions qui dépendent des positions respectives du soleil, de la terre & de la *lune*. *Voyez* PHASES DE LA LUNE.

LUNE (Pleine). Position de la *lune* dans son opposition avec le soleil, & où elle nous montre tout son disque éclairé. *Voyez* PLEINE LUNE.

LUNE (Quartiers de la). Position de la *lune* où elle ne nous laisse apercevoir que la moitié de son disque éclairé.

On distingue deux *quartiers de la lune* : le premier, sept jours après la *nouvelle lune*; le dernier, sept jours après la *pleine lune*. *Voyez* QUARTIERS DE LA LUNE.

LUNE (Taches de la). Parties de la surface de la *lune*, qui sont éclairées d'une lumière plus ou moins vive.

Après avoir observé les taches avec beaucoup de soin dans toutes les phases de la *lune*, on a

cru

cru s'être affûré, que les différentes intenfités de la lumière de fa furface provenoient des afpérités dont elle étoit recouverte, & des inégalités du fol. *Voyez* TACHES DE LA LUNE, MONTAGNE DE LA LUNE.

LUNE (Volcans de la). Points lumineux que l'on obferve, quelquefois, fur la portion du difque non éclairée de la *lune*, & que Herfchel regarde comme des volcans. *Voyez* VOLCANS DE LA LUNE.

LUNETTE, *de luna*, *lune*, *lunetta*, *petite lune*; *confpicillum*; *augenglafs*; f. f. Inftrument compofé d'un ou plufieurs verres, & qui a la propriété de faire voir, diftinctement, ce qu'on n'appercevroit que difficilement, ou point du tout, à la vue fimple.

On diftingue plufieurs efpèces de *lunettes*; les plus fimples font les *lunettes* à mettre fur le nez, & qu'on appelle *befcles*: elles font compofées d'un feul verre pour chaque œil. L'invention de ces *lunettes* date de la fin du treizième fiècle; on l'a attribuée, fans preuves fuffifantes, à Roger Bacon. On peut confulter, fur ce fujet, le *Traité d'optique* de Smith, & l'*H ftoire des mathématiques* de Montucla. On prouve, dans cette Hiftoire, que l'inventeur de ces *lunettes* eft probablement un Florentin, nommé *Salvino deghi Armati*, mort en 1317, & dont l'épitaphe, qui fe lifoit autrefois dans la cathédrale de Florence, lui attribue exclufivement cette invention. Alexandro di Spina, de l'ordre des Frères prêcheurs, mort en 1313, à Pife, avoit auffi découvert ce fecret *Voyez* BESICLES.

Les *lunettes* à plufieurs verres n'ont été connues que long-temps après, car leur invention ne remonte qu'au commencement du dix-feptième fiècle: on leur a donné le nom de *lunettes d'approche*, parce qu'elles fervent à rapprocher les objets pour les faire diftinguer; on les nomme auffi *télefcopes*. Enfin, les petites *lunettes* d'approche, celles dont on fait ufage dans les fpectacles, portent le nom de *lunettes de fpectacle*; on les appelle auffi *lorgnettes d'opéra*: celles-ci ne font compofées que de deux verres, un objectif convexe & un oculaire concave. *Voyez* LORGNETTE, LUNETTE DE SPECTACLE, TÉLESCOPE, OBJECTIF, OCULAIRE.

LUNETTE ACHROMATIQUE; tubus achromaticus; *achromatifche fern rohre*; f. f. *Lunette*; à travers laquelle on n'apperçoit point les couleurs de l'iris.

En regardant les objets à travers les *lunettes* ordinaires, on voit les images environnées des couleurs du prifme, ce qui apporte une forte de diffufion, qui a long-temps empêché que l'on ne fît ufage de ces inftrumens, dans des expériences délicates. Newton avoit cru pouvoir conclure, d'une feule expérience, que le défaut des *lunettes* à plufieurs verres ne pouvoit pas être corrigé, ce qui avoit fait abandonner toutes recherches à cet

égard; cependant, on eft parvenu, vers le milieu du dix-huitième fiècle, à corriger ce défaut, & à conftruire des *lunettes* auffi nettes, & beaucoup plus portatives, que les télefcopes catadioptriques dont on faifoit ufage.

Nous devons à Euler la première idée de ce perfectionnement. Voici ce qu'il difoit à ce fujet, en 1747, dans un Mémoire imprimé, tome III des *Mémoires de l'Académie de Berlin*: « Il eft reconnu parmi les aftronomes, que les verres objectifs, dont on fe fert ordinairement dans les *lunettes*, ont ce défaut, qu'ils produifent une infinité de foyers, felon les différens degrés de réfrangibilité des rayons. Le rayon rouge fouffrant la plus petite réfraction, en paffant par le verre, formoit leur foyer à une plus grande diftance du verre, que les rayons violets, dont la réfraction eft la plus grande: de-là vient que, fi la lumière, qui paffe par le verre objectif, eft compofée de plufieurs fortes de rayons, ce n'eft plus dans un point que les rayons rompus fe raffemblent, comme on le fuppofe communément dans l'optique; mais le foyer fera étendu fur un efpace, qui fera d'autant plus confidérable, que le foyer fera plus éloigné du verre objectif.... Newton a déjà foupçonné que des objectifs compofés de deux verres, dont l'efpace intermédiaire feroit rempli d'eau, pourroient fervir à perfectionner les *lunettes*, par rapport à l'aberration qu'ils fouffrent, à caufe de la figure fphérique des verres; mais il ne paroît pas qu'il eût l'idée, que, par ce moyen, il feroit poffible de rétrécir l'efpace, par lequel les foyers des divers rayons fe trouvent difperfés Or, il me paroît d'abord probable, qu'une entière combinaifon de corps tranfparens pourroit être capable de remédier à cet inconvénient, & je fuis perfuadé que, *dans nos yeux, les différentes humeurs s'y trouvent arrangées, en forte qu'il n'en réfulte aucune différence de foyer.* C'eft, à mon avis, un fujet tout nouveau d'admirer la ftructure de l'œil; car, s'il n'avoit été queftion que de repréfenter les images des objets, un feul corps tranfparent y auroit été fuffifant, pourvu qu'il eût la figure convenable; mais pour rendre cet organe accompli, il y falloit employer plufieurs différens corps tranfparens, leur donner la jufte figure, & les joindre felon les règles de la fublime géométrie, pour que la diverfe réfrangibilité des rayons ne troublât point les repréfentations. » C'eft ainfi que la confidération de ce qui fe paffe dans nos yeux, conduifoit Euler à chercher un moyen d'imiter la nature, & lui faifoit efpérer d'y parvenir par la combinaifon des fluides entre deux verres.

En conféquence, Euler chercha les dimenfions des objectifs formés de verre & d'eau, de manière à pouvoir imiter la combinaifon qui fe fait naturellement dans l'œil; mais toutes les reffources de la plus profonde géométrie ne pouvoient compenfer ce qui manquoit alors à nos connoiffances, par rapport à l'effet des différentes fubftances, pour la dispersion des rayons colorés. Les *lunettes* qui furent exécutées sur ces principes ne réussirent point.

Dès que le Mémoire d'Euler parut, Dollon le père, célèbre opticien de Londres, voulut en tirer parti ; mais il crut reconnoître que sa théorie ne s'accordoit pas avec celle de Newton, ni avec ses expériences, & on ne juroit, en Angleterre, que par Newton. La proposition expérimentale de Newton est ainsi énoncée : « Toutes les fois que les rayons de lumière traversent deux milieux de densité différente, de manière que la réfraction de l'un détruise celle de l'autre, & que, par conséquent, les rayons émergens sortent parallèles aux incidens, la lumière sort toujours blanche. »

Sur cette proposition, Klingenstierna fit remettre à Dollon, en 1755, un écrit qui le força de douter de l'expérience, à l'aide de laquelle Newton avoit établi cette proposition, qui avoit été si long-temps opposée à Euler. Dans cet écrit, que l'on peut voir au mot DISPERSION, & qui fut communiqué en 1761, à Clairaut, par Ferner, digne collègue de Klingenstierna, l'expérience de Newton est attaquée par la métaphysique & la géométrie, & le savant Suédois conclut : « qu'il y a » quelques vices dans l'expérience de Newton, » telle qu'il l'a énoncée généralement. »

Voulant reconnoître la vérité ou la fausseté de cette proposition, Dollon répéta l'expérience de la manière dont elle avoit été indiquée par Newton. Dans un prisme d'eau, renfermé entre deux plaques de verre, le tranchant tourné en bas, il plaça un prisme de verre, dont le tranchant étoit en haut ; & comme il avoit disposé les plaques de verre, de manière que leur inclinaison pût être changée à volonté, il parvint facilement à leur en donner une, telle, que les objets regardés au travers ce double prisme, parussent à la même hauteur que lorsqu'on les regardoit à la vue simple ; ce qui apprenoit que les deux réfractions s'étoient mutuellement détruites. Cependant, au contraire de ce qu'avançoit Newton, les objets se trouvoient teints des couleurs de l'iris, comme on fait que sont tous les objets qu'on regarde à travers des prismes. Dollon fit ensuite mouvoir de nouveau les plaques du prisme d'eau, jusqu'à ce qu'il leur trouvât une inclinaison telle, que les objets regardés au travers des deux prismes fussent aussi destitués d'iris, que vus à l'œil nu ; & alors, leur hauteur apparente n'étoit plus la vraie ; ce qui montroit que les réfractions ne s'étoient point redressées mutuellement, quoique les différences de réfrangibilité des rayons colorés se fussent corrigées les unes par les autres.

Nous avons fait connoître, au mot *Appareil pour l'achromatisme*, les moyens que l'on peut employer pour vérifier, avec deux verres différens, l'expérience de Dollon, & comment on peut déterminer les rapports des angles, de deux substances transparentes, pour parvenir à cette correction.

Voyez APPAREIL POUR L'ACHROMATISME, DISPERSION.

Dollon, qui savoit qu'il y avoit deux sortes de verres, bien plus propres les uns que les autres à la netteté des images, conjectura que cette différence de qualité venoit, de celle de leurs vertus réfringentes ou dispersives, relativement aux rayons colorés ; il pensa qu'un tel verre pourroit rendre la différence de réfrangibilité, du rouge au violet, beaucoup plus sensible que tel autre, & causer, par ce moyen, des iris beaucoup plus étendues, quoique la réfraction moyenne ne fût pas fort différente : il en conçut l'espérance de réussir mieux dans son objet, en combinant des lentilles de verre de différentes qualités, qu'en employant du verre & de l'eau, parce que l'eau & le verre, relativement à leur réfraction moyenne, ne produisoient pas de différences assez sensibles, dans les réfrangibilités des couleurs. Un verre très-blanc & très-transparent, contenant de l'oxide de plomb dans sa composition, & auquel on donne le nom de *cristal*, est celui qui, suivant Dollon, donne les iris les plus remarquables, & par conséquent, celui dans lequel la réfraction du rouge diffère le plus de celle du violet. Le verre à vitre, ou à gobleterie ordinaire, est celui qui donne la moindre différence dans la réfrangibilité. Ce sont ces deux matières, que Dollon imagina d'employer, après avoir mesuré leurs quantités réfringentes ; ce qu'il fit d'une manière analogue à celle qu'il avoit employée pour le verre & l'eau. Il trouva que le rapport des différentes dispersions étoit celui de trois à deux, en sorte que le spectre coloré, qui avoit deux pouces de longueur, dans un prisme de verre à vitre, avoit trois pouces de longueur avec un prisme de verre de cristal. *Mémoires de l'Académie des sciences*, année 1756.

Les premières *lunettes* qui furent exécutées, par Dollon, eurent un grand succès. Les géomètres s'exercèrent bientôt à chercher les courbes les plus propres, à corriger les aberrations de réfrangibilité, & en même temps de sphéricité. On peut consulter, à ce sujet, les Mémoires de Clairaut & d'Euler dans la collection de l'*Académie des sciences*, années 1757, 1762 & 1765 ; les trois volumes de la *Dioptrique* d'Euler ; les *Opuscules mathématiques* de Dalembert, 1764 ; une pièce de Klingenstierna, qui a remporté le prix de l'*Académie de Pétersbourg*, en 1762 ; les *Opuscules de Rochon*, en 1768 ; les cinq *Dissertations latines* du Père Boschowitz, en 1767 ; l'*Optique* de Smith, traduite par le Père Pezenas & par Duval Leroy ; la *Physique* de M. Haüy ; la *Physique mécanique* de Fischer ; le *Traité de Physique expérimentale & mathématique* de M. Biot, &c.

En examinant les premières *lunettes achromatiques* de Dollon, on observe que les objectifs sont composés de trois verres A, C, B, *fig.* 1008. deux verres lenticulaires A, B composés de verre ordinaire, & celui du milieu, concave des deux côtés, composé de verre de cristal. Les six rayons de courbure des trois verres, de l'objectif de l'une de ses *lunettes*, qui avoit 43 pouces de foyer, ayant été mesuré, se sont trouvés, à commencer par celui de la surface extérieure, de 315, 450, 235, 315, 320, 320 lignes. Dans une seconde *lunette*, ils étoient de 315, 400, 238, 290, 316, 316. Ces *lunettes* grossissoient, depuis cent jusqu'à deux cents fois, suivant les divers équipages qu'on leur appliquoit. Elles surpassent de beaucoup les anciennes *lunettes* de même dimension.

Ces courbures étant différentes, il est aisé de voir qu'il doit rester, entre chaque verre, un espace rempli d'air. Les rayons de lumière émanés de l'objet, tombant sur la surface 1, souffrent deux réfractions en traversant cette première lentille, qui est de verre ordinaire, & les rayons colorés dont ils sont composés, se séparent & deviennent apparens: ensuite, traversant les surfaces 3 & 4 du verre concave, qui est de cristal, ils sont rompus en sens contraire, mais plus fortement qu'ils ne l'avoient été par le premier verre, parce que le second a plus de densité & plus de courbure; de sorte que les couleurs sont encore apparentes, mais elles ont changé de position. Enfin, ces rayons, en traversant les deux surfaces 5 & 6, de la troisième lentille, qui est de verre ordinaire, sont rompus de nouveau, en sens contraire de ce qu'a fait le cristal, mais d'une quantité égale à celle que le verre concave avoit fait de trop; d'où il résulte une réunion parfaite des rayons, & par conséquent une cessation de couleur.

Il est facile de voir, que la disposition de trois substances, dans les objectifs achromatiques, provenoit de l'espèce de similitude que l'on vouloit établir, entre ces objectifs & le globe de l'œil, car il étoit beaucoup plus simple, de former ces objectifs de deux seules pièces A, B, *fig.* 1008 (*a*), dont l'une, A, auroit été de verre ordinaire, & l'autre, B, de verre de cristal: c'est effectivement ce que l'on fit par la suite. Les premiers avoient un espace vide, 2, 3, entre les deux lentilles, à cause de la différence des deux rayons de courbure intérieure; mais comme ce vide faisoit perdre, par la réflexion & la réfraction, une quantité de lumière assez considérable, on donna aux deux courbures, 2 & 3, le même rayon; alors les objectifs acquièrent beaucoup plus de limpidité & perdirent moins de lumière.

Avec cette construction, l'analyse, appliquée à la détermination des rayons de courbure des deux lentilles, devenoit beaucoup plus simple. Donnons-en un exemple, que l'on pourra comparer à celle des anciens géomètres, appliquée aux lentilles à trois verres.

Soit *p* la distance totale de la première lentille; *q* celle de la seconde; *f* & *g* les rayons de sphéricité de la première lentille; *h d* ceux de la seconde; *n* : 1 & N : 1, le rapport de réfraction des deux couleurs extrêmes dans la première lentille; *m* : 1

& M : 1, les rapports correspondans dans la seconde lentille. Enfin, faisons, pour abréger,

$$F = \frac{1}{f} + \frac{1}{g} \ \& \ H = \frac{1}{h} + \frac{1}{i},$$

on trouvera aisément, que le point de réunion des rayons de la première couleur, arrivant parallèlement, & après avoir été réfractée par deux lentilles, sera à une distance du centre de l'instrument, égale à

$$\frac{1}{(n-1)\,F + (m-1)\,H.}$$

Pour la seconde couleur, cette quantité se change en

$$\frac{1}{(N-1)\,F + (M-1)\,H.}$$

Maintenant, la condition pour que les deux couleurs se réunissent, sera évidemment

$$(n-1)\,F + (m-1)\,H = (N-1)\,F + (M-1)\,H.$$

ou $(N-n)\,F + (M-m)\,H = o.$

Observant que d'ailleurs : $F = \dfrac{1}{(n-1)\,p}$

$$H = \frac{1}{(m-1)\,q}.$$

On en conclura : $\dfrac{N-n}{n-1}\,q = \dfrac{M-m}{m-1}\,p.$

Equation qui servira à trouver le rapport des distances locales *p* & *q*. Si l'une des quantités *p* & *q* est négative, le verre qui lui correspondra, devra être un verre de divergence.

Faisons une application de cette formule à des verres éprouvés par Dollon. D'après les expériences de ce savant opticien, le rapport de réfraction, dans le verre ordinaire, étoit de 1,55 à 1, par conséquent *n* — 1 = 0,55. Dans le verre de cristal, ce rapport est de 1,58 : 1; par conséquent *m* — 1 = 0,58, la dispersion des couleurs dans les deux verres étant comme 19 : 30, on a

$$N - n : M - m = 19 : 30.$$

Il suit de-là, par conséquent, que *p* : *q* = 11 : —1,497. Le dernier terme de cette proportion étant négatif, il s'ensuit que la lentille, qui est de verre de cristal, doit être une lentille divergente.

Quoique ce résultat soit très-facile à obtenir, les opticiens n'emploient cependant pas cette méthode; ils préfèrent d'ajuster les deux lentilles l'une sur l'autre, & d'augmenter, ou de diminuer, par des tâtonnemens successifs, la courbure de la face externe, soit de la lentille de verre ordinaire, soit de celle du verre de cristal, & ils arrivent, par ce moyen, au degré d'exactitude le plus grand où ils puissent parvenir.

Plusieurs raisons doivent les déterminer à employer la méthode du tâtonnement : 1°. parce que, pour déterminer les rayons de courbure par l'analyse, il faudroit essayer préliminairement la réfraction & la dispersion des verres qu'ils veulent employer, ce qui exigeroit une préparation & un travail assez long ; 2°. c'est, qu'en supposant qu'ils aient pris bien exactement la réfraction & la dispersion des échantillons qu'ils ont éprouvés, il n'est pas certain que le reste du verre, dont ils veulent disposer pour l'objectif *achromatique*, ait identiquement la même réfraction & la même dispersion ; la plus légère différence les obligeroit à finir leur lentille, par la méthode du tâtonnement qu'ils emploient ordinairement ; 3°. c'est que la distribution & les rapports de réfrangibilité des diverses couleurs ne suivent pas la même loi dans des substances différentes. Ainsi, de ce que l'on a pris les rapports de la réfrangibilité du rouge au violet, dans deux substances différentes, on ne peut en conclure les rapports de la réfrangibilité des autres couleurs, & les rayons de courbure, déterminés par l'analyse, pour réunir deux couleurs à un même foyer, ne sont pas ceux qui sont propres à réunir d'autres couleurs. Il est plus sage de tâtonner les courbures, les plus propres à laisser exister le moins de couleurs possibles, que de déterminer, par le calcul, les rayons propres à chaque verre qui forment l'objectif.

En supposant que l'on soit parvenu à obtenir un objectif parfaitement *achromatique*, la correction de l'aberration de réfrangibilité, par rapport à l'objectif, n'en laisse pas moins subsister celle qui provient de l'oculaire. Mais comme le court trajet, que les rayons qui sortent de ce verre, ont à faire pour arriver à l'œil, ne leur permet pas de subir, même, une assez légère séparation, on regarde l'aberration qui en résulte, comme susceptible d'être négligée : l'objectif fait l'essentiel, le reste est de nature à pouvoir être toléré par l'œil.

LUNETTE A LIRE ; *conspicillum* ; *augenglass.* Verre concave ou convexe, dont on se sert pour lire, lorsqu'on a la vue courte ou longue. *Voyez* BESICLES.

LUNETTE A PRISME. *Lunette* dans laquelle on a placé un prisme, de cristal d'islande ou de cristal de roche, disposé de manière qu'il double les objets.

Nous devons, à Rochon, l'invention ou le perfectionnement de cette *Lunette*, avec laquelle on peut mesurer la distance des objets éloignés *Voy.* LUNETTE DE ROCHON, LUNETTE PRISMATIQUE.

LUNETTE A VERRES CYLINDRIQUES. *Lunettes* pour les presbytes, dont les verres sont formés de deux segmens de cylindre posés transversalement.

Ces *lunettes*, imaginées par MM. Galland de Chevreux & Chamblant, ont d'abord été présentées comme ayant beaucoup d'avantages sur celles à segment de sphère ; mais bientôt on a reconnu qu'elles étoient moins favorables que les autres, & elles ont été abandonnées. *Voyez* BESICLES.

LUNETTE ASTRONOMIQUE ; *tubulatum astronomicum* ; *stern fern rohr astronomische.* s. f. *Lunettes* dont se servent les astronomes pour observer le ciel.

Ces *lunettes* ne sont formées que de deux seuls verres, l'objectif & l'oculaire. Ces deux verres sont lenticulaires. L'image, formée par l'objectif, est placée dans l'intérieur de la *lunette*. L'oculaire est dirigé sur l'image, & placé à la distance de la vue exacte. Les objets, dans ces *lunettes*, sont vus dans une position renversée. *Voyez* TÉLESCOPE ASTRONOMIQUE.

LUNETTE BATAVIQUE ; *tubus batavus* ; *fern rohr hollandische* ; s. f *Lunette* formée de deux verres, l'un convexe, l'objectif ; l'autre concave, l'oculaire.

Ces *lunettes* ont le double avantage, d'être plus courbes que les autres, & de faire voir les objets dans leur position naturelle. On leur a donné le nom de *bataviques*, parce que l'on croit qu'elles ont été inventées en Hollande. *Voyez* TÉLESCOPE BATAVIQUE.

LUNETTE D'APPROCHE ; *tubus opticus* ; *seh fern röhr* ; s. m. Instrument composé de deux ou plusieurs verres, par le moyen desquels on voit distinctement des objets, trop éloignés pour les bien voir à la vue simple.

Il existe différentes sortes de *lunettes d'approche* : les unes ne sont composées que de deux verres ; les autres en ont un plus grand nombre, & tous ces verres sont placés dans des tuyaux. Parmi les premières, les unes sont composées d'un verre convexe, qui fait l'objectif, & d'un verre concave, qui fait l'oculaire. (*Voyez* OBJECTIF, OCULAIRE, TÉLESCOPE BATAVIQUE, LUNETTE DE SPECTACLE.) Dans ces *lunettes*, les faisceaux de lumière, qui partent de chaque point éclairé, ou éclairant, d'un objet éloigné, & qui forment autant de pyramides, dont les bases sont appuyées sur l'objectif, se convertissent, en traversant cet objectif, en autant d'autres pyramides opposées aux premières par leurs bases ; & leurs points iroient dessiner une image de cet objet ; mais avant le point où cette image seroit dessinée, on place l'oculaire concave, qui fait perdre à ces rayons leur convergence, & leur fait même prendre un peu de divergence ; & l'œil, placé près de ce verre, recevant ces rayons, aperçoit l'objet dans sa situation naturelle.

Dans les autres *lunettes*, composées également de deux verres, l'objectif & l'oculaire sont tous deux convexes ; mais au lieu de placer l'oculaire entre l'objectif & l'endroit où se forme l'image, on le place au-delà de cet endroit, & à une distance de cette image, à peu près égale à celle de fon foyer : de forte que c'eſt cette image qui devient alors l'objet immédiat de la viſion. Mais comme cette image eſt renverſée, l'œil, placé près de l'oculaire, l'aperçoit dans cette ſituation, ce qui eſt indifférent pour les objets céleſtes. (*Voyez* TÉLESCOPE ASTRONOMIQUE.) On le trouve, avec raiſon, incommode pour les objets terreſtres. C'eſt pourquoi, quand on veut faire uſage de ces *lunettes*, pour ces derniers objets, on ajoute au moins deux autres verres convexes, entre leſquels vient ſe former une ſeconde image, dans la même ſituation que l'objet ; & l'œil, placé près de l'oculaire, voit cette image dans ſa ſituation naturelle. *Voyez* TÉLESCOPE TERRESTRE.

LUNETTE DE GALILÉE ; *tubus Galileanus* ; *fern rohr Galileiſche.* ſ. f. Lunette à deux verres, l'un, l'objectif, lenticulaire ; l'autre, l'oculaire, concave.

Avec cette *lunette*, on voit les objets dans leur poſition naturelle. C'eſt celle qui a été, la première, dirigée vers le ciel, & avec laquelle Galilée a fait de ſi grandes découvertes. *Voyez* TÉLESCOPE DE GALILÉE.

LUNETTE DE NUIT ; *tubus noctis* ; *nacht fern rohr ;* ſ. f. Lunette à deux verres lenticulaires, pour obſerver le ciel, la nuit. —

Cette *lunette* diffère des *lunettes* aſtronomiques, en ce qu'elle eſt très-courte, qu'elle a un objectif fort large, puiſqu'il a juſqu'à huit pouces de diamètre, & l'oculaire un pouce. Ces ſortes de *lunettes* ſont très-utiles pour les aſtronomes, en ce qu'elles ont un très-grand champ, & que l'on peut voir, à la fois, juſqu'à 6 & 7 degrés d'étendue. Avec ces inſtrumens, on peut parcourir rapidement toute la ſurface de la calotte ſphérique, diſtinguer pluſieurs groupes d'étoiles à la fois, & découvrir, s'il ſe trouve quelqu'aſtre nouveau, dans une poſition du ciel où il n'en exiſte pas ordinairement.

Dès que, avec la *lunette de nuit*, on découvre quelque nouveauté dans le ciel, on peut auſſitôt diriger, vers ce point, un téleſcope aſtronomique, qui faſſe voir ce même objet avec plus de détails. Le ſyſtème des *lunettes de nuit* eſt le même que celui des *lunettes* ordinaires.

LUNETTE DE ROCHON ; *tubus Rochonicus* ; *fern rohr Rochoniſche* ; ſ. f. *Lunette* dans laquelle on place un priſme qui double les objets.

Cette *lunette*, imaginée par Rochon, a la propriété de faire apprécier la diſtance des objets que l'on aperçoit, & cela, par la diſtance à laquelle le priſme doit être placé de l'oculaire, pour écarter les deux images d'un intervalle déterminé. *Voyez* LUNETTE PRISMATIQUE.

LUNETTE DE SPECTACLE ; *tubus ſpectaculi* ; *fern rohr ſchanſpeliſche.* Petite *lunette* employée habituellement dans les ſpectacles.

Ces *lunettes* ſont très-courtes, elles n'ont que quelques pouces de longueur ; elles ſont conſtruites ſur le ſyſtème de la *lunette* de Galilée, c'eſt-à-dire, qu'elles ſont compoſées d'un objectif convexe C, *fig.* 1009, & d'un oculaire concave D ; les rayons de lumière partant d'un objet A B, envoient un cône de lumière ſur la ſurface de l'objectif. Cette lumière ſe réfracte, & va peindre, en *a b*, une image dans une poſition renverſée. Plaçant en D, entre l'image & l'objectif, un diſque concave, les rayons qui paſſent à travers, convergent moins, & l'œil, placé en E, reçoit, ſur la rétine, l'image dans une poſition renverſée, comme il le recevroit, ſi les rayons envoyés par l'objet lui fuſſent parvenus directement : donc il le voit dans ſa poſition naturelle.

Quant à l'analyſe appliquée à cette *lunette*, on trouve que la grandeur de l'objet, vu par la *lunette*, eſt égale à ſa grandeur réelle, multipliée par la diſtance focale de l'objectif, diviſée par celle de l'oculaire. (*Voyez* TÉLESCOPE DE GALILÉE.) Ces inſtrumens ſont aſſez uniformes ; ils ſont conſtruits de manière que, la grandeur des objets, vus dans la *lunette*, eſt ordinairement deux fois & demie celle de l'objet, vu à l'œil nu. On peut s'aſſurer de cette vérité & comparer en même temps les deux grandeurs, en regardant à la fois le même objet avec un œil nu, & avec un œil placé ſur l'oculaire de la *lunette*. En rapprochant ces deux images, & les plaçant l'une ſur l'autre, on remarque que celle qui provient de l'objet, vu à l'œil nu, ne forme que les deux cinquièmes de la grandeur de celle qui eſt vue avec la *lunette*.

Le tube de ces *lunettes* eſt formé, au moins, de deux tubes qui entrent l'un dans l'autre, & ſe meuvent avec facilité, ce qui procure les moyens d'écarter & d'éloigner les deux verres l'un de l'autre, afin de faciliter la diſtinction nette de l'objet.

En effet, les yeux des différens ſpectateurs, ayant ordinairement des portées différentes, il faut donner aux rayons de lumière qui entrent dans l'œil, après avoir traverſé l'oculaire, des degrés de divergence différens ; les rayons doivent être plus divergens pour les miopes, & moins divergens pour les presbytes ce que l'on obtient en rapprochant, ou éloignant, les deux verres l'un de l'autre. Pour le même ſpectateur, il faut encore rapprocher ou éloigner les verres, ſelon que les objets obſervés ſont plus loin ou plus près, afin de donner aux rayons qui entrent dans l'œil, la même divergence.

Quelques *lunettes de ſpectacle* ſont formées d'un grand nombre de tubes, qui entrent l'un dans l'autre ; cette multiplicité de tubes n'a d'autre objet, que de procurer les moyens de diminuer, conſidérablement, la longueur de la *lunette*, lorſqu'on veut la mettre dans ſa poche.

LUNETTE D'OPÉRA. *Lunette* dont on fait uſage.

à l'Opéra, pour voir plus diſtinctement les acteurs & les ſpectateurs. *Voyez* LUNETTE DE SPECTACLE.

LUNETTE MAGIQUE; *tubulus magicus; zauber perſpective;* ſ. f. *Lunette* à l'aide de laquelle on perſuade, à quelques perſonnes, que l'on peut voir des objets à travers des corps opaques.

Cette *lunette* ſe compoſe de deux tubes, A, B, *fig.* 1010, placés ſur trois autres C, D, E. Ces tubes ſont creux, & la lumière peut pénétrer, ſans obſtacle, de l'un dans l'autre. Quatre miroirs *a b, c d, e f, g h,* ſont placés dans ces tubes, de manière que, ſi un rayon de lumière O M, vient frapper le miroir *a b,* il ſe réfléchit en M N, ſur le miroir *c d;* de là il ſe réfléchit en N P, ſur le miroir *f e,* puis en P Q, ſur le miroir *g h,* d'où il ſort en P *o,* après ſa réflexion ſur *g h.* Ainſi l'œil placé en *o,* voit le rayon L M, comme s'il lui étoit parvenu directement & ſans obſtacle.

Pour les perſonnes qui ne connoiſſent pas ces ſortes de *lunettes,* l'objet L, vu en O, paroît être vu directement; & pour perſuader que rien n'empêche le rayon de parvenir directement, on place en R & en O des verres ſemblables aux objectifs des *lunettes,* & en T & en S des verres ſemblables aux oculaires, de manière que les deux tubes A B, paroiſſent deux *lunettes* fixées ſur des ſupports C, E.

Alors on place un corps opaque X Y, entre les deux tubes A B; & comme ce corps n'empêche pas de voir, par l'ouverture O, les objets placés dans la direction L M, l'obſervateur croit que les objets ſont vus à travers le corps opaque X Y.

LUNETTE PÉRISCOPIQUE; *conſpicillum periſcopicum; augen glaſs periſcopiſche;* ſ. f. *Lunette* ou beſicles, concave d'un côté & convexe de l'autre, inventée par M. Wollaſton.

Ces *lunettes* ont pour objet de faciliter la viſion nette, d'un plus grand nombre d'objets. On ſuppoſe que l'on ne voit pas, d'un ſeul coup d'œil, dans toute l'étendue des verres ordinaires; mais ſeulement par une portion de la ſurface, à peu près égale à l'ouverture de la pupille; tandis qu'à l'aide des verres bombés, on peut voir à travers toute la ſurface, avec moins de confuſion. *Voyez* BESICLES.

LUNETTE PRISMATIQUE; *tubus priſmaticus; fern rohr priſmatiſche;* ſ. f. *Lunette* dans laquelle on a placé un priſme qui double les objets, & à l'aide duquel on peut meſurer la diſtance de ces mêmes objets.

Nous devons à Rochon l'invention, ou le perfectionnement, de cette *lunette,* qui peut être d'un grand uſage en mer, à l'armée & partout où il eſt néceſſaire de connoître la diſtance des objets, & où le temps & la poſition ne permettent pas d'exécuter les opérations trigonométriques, à l'aide deſquelles on peut déterminer ces diſtances.

D'abord, Rochon a employé, dans ſa *lunette,* un priſme de criſtal d'Iſlande; mais depuis, ayant trouvé que deux fragmens d'un criſtal de roche, taillés de manière que, l'un d'eux ſoit parallèle à l'axe du criſtal, & l'autre, tel, que ſon arête ſoit perpendiculaire à cet axe, plaçant enſuite ces deux priſmes l'un ſur l'autre, on obtient une double image fixe & incolore: il préféra l'emploi du criſtal de roche. *Voyez* CRISTAL DE ROCHE, CRISTAL D'ISLANDE, DOUBLE RÉFRACTION.

Pour bien concevoir l'effet que produit ce criſtal, & même la conſtruction de cette ſorte de *lunette,* nous allons copier la deſcription que M. Biot en donne, dans ſon excellent *Traité de phyſique expérimentale & mathématique,* tom. III, pag. 371.

« Suppoſons, en général, que, pour un ſyſtême donné de deux priſmes, on ait déterminé, d'une manière quelconque, l'angle conſtant O M E, *fig.* 1011, par les deux rayons émergens ordinaires M O, & extraordinaires M E, qui proviennent d'un même rayon incident I O, perpendiculaire de la première ſurface A B. Si l'on prolonge ces rayons juſqu'à un certain point M, on pourra les conſidérer comme les branches d'un compas, dont l'ouverture eſt déterminée & le ſommet connu. Si l'on a un diſque circulaire C, dont on veuille connoître le diamètre, il ſuffira de le placer entre ces deux branches & de l'y faire gliſſer juſqu'à ce qu'il les touche; alors on pourra calculer ſon diamètre d'après ſa diſtance au ſommet de l'angle; l'opération ſera d'autant plus exacte que l'angle ſera plus petit; car alors, une très-petite différence, dans le diamètre du diſque, en produira de fort grandes dans le lieu du contact.

» Rochon a fait une application très-ingénieuſe de ce procédé, à la meſure des diamètres apparens des corps céleſtes. Pour cela, il introduit le ſyſtème de deux priſmes dans l'intérieur d'une *lunette* aſtronomique. Soit A, *fig.* 1011 *(a),* l'objectif de cette *lunette,* A F ſon axe, F ſon foyer, S S un objet très-éloigné, dont je ſuppoſe que le premier bord S, ſe trouve préciſément ſur le prolongement de l'axe A F. Le pinceau de rayon émané de F S, & qui couvre la ſurface de l'objectif, eſt concentré par lui au foyer F, ſur l'axe même de ce pinceau, & y donne l'image lumineuſe du point S. Le pinceau émané de S′ étant raſſemblé de même ſur le prolongement A F′ de ſon axe, donne en F′, une petite image de S′; & en effet pareil s'opérant ſur tous les autres pinceaux, qui émanent des points rayonnans intermédiaires, la ſérie des foyers forme, en F F′, une petite image de l'objet. De plus, ſi l'angle F A S ou S A S′, ſous-tendu par l'objet, eſt fort petit, & ſi l'objectif lui-même eſt très-éloigné, tous les points de l'image ſe trouvent ſenſiblement à la même diſtance de l'objectif A; de ſorte qu'on peut la conſidérer, dans la figure, comme une petite ligne droite, perpendiculaire à l'axe A F de l'objectif.

» Cela poſé, ſi l'on déſigne par F la diſtance

focale A F, & par Δ l'angle FAF', ou son égal
SAS', qui mesure le diamètre apparent de l'ob-
jet vu du point A, la grandeur FF de l'image sera
F. tang. Δ.

» Tout ceci bien entendu, plaçons entre l'objectif & le foyer, notre appareil à double image
PP, *fig.* 1011 (*b*), de manière que sa première
surface soit perpendiculaire à l'axe A F. Cela ne
changera pas sensiblement la grandeur de l'image
FF, du moins, si les surfaces intérieures de l'appareil sont bien parallèles. Mais il est évident qu'il
en résultera deux images au foyer. En effet, chaque rayon incident A F, AF' se divisera en sortant
dans le second prisme, & donnera un rayon émergent extraordinaire *c f*, *c' f'* qui prendra la direction d'émergence assignée à la double réfraction.
De plus, en se bornant à considérer les axes des
faisceaux, les points *c*, *c'*, où s'opère la divergence
pour chaque axe, seront fixes dans l'appareil *prismatique*, à quelque distance de l'objectif qu'on
le place, & les angles de division F *c f*, F' *c' f'* le
seront également. D'où l'on voit que, si l'on éloigne l'appareil *prismatique* du foyer, l'image extraordinaire, qui reste toujours dans le plan FF',
s'écartera de l'image ordinaire, &, au contraire,
elle s'en rapprochera, si l'on rapproche l'appareil *prismatique* du foyer. Enfin, lorsque ce mouvement ira jusqu'à amener les points *c c'* sur la ligne F F, dans le foyer même, les rayons émergens, soit ordinaires, soit extraordinaires, provenant d'un même pinceau, divergeront ensemble
à partir du même point, & ne produiront, sur l'œil,
que l'effet d'un seul point rayonnant, de sorte que,
les deux images coïncideront exactement dans
toutes leurs parties.

» En partant de cette position, si l'angle de
déviation F *c f* surpasse F A F, c'est-à-dire, le diamètre apparent du disque, il y aura une situation
de l'appareil, comprise entre A & F, pour laquelle les deux images F F', *ff*', seront exactement en contact, *fig.* 1011 (*c*). Dans ce cas,
l'image ordinaire F F, se trouve exactement comprise avec les deux branches de l'angle F *c f*, qui
exprime la déviation constante produite par la réfraction extraordinaire, & que nous nommerons
C. Donc, si la distance *c* F du foyer de l'angle, est
égal à D, la grandeur de l'image FF, sera exprimée par D tang. C. Mais, en regardant cette
image comme la base du triangle F A F, dont la
hauteur est F, nous avons trouvé, pour son expression, F tang. Δ, Δ étant l'angle FAF', c'est-à-
dire, le diamètre apparent de l'objet. On aura
donc, en égalant cette expression à la précédente,
F tang. Δ = D tang. C, & par suite

$$\text{tang. } \Delta = \frac{D \text{ tang. C}}{F}$$

Lorsque Δ & C sont très-petits, on a plus simplement : $\Delta = \frac{D C}{F}$

» Dans tous les cas, on voit que, si l'on peut
déterminer D, C & F, on connoîtra aussitôt le
diamètre apparent Δ de l'objet.

» La distance D se mesure par le moyen d'une
division longitudinale, tracée sur le dehors du
tuyau de la *lunette*. Ce tuyau est fendu dans le
sens de sa longueur, pour qu'on puisse, à volonté,
faire marcher le système des deux prismes, depuis
l'objectif jusqu'au foyer. On commence, d'abord,
par déterminer sa position dans le second cas.
Pour cela, on dirige la *lunette* sur une mire circulaire ou sphérique, fort éloignée, & on amène le
prisme vers l'œil, jusqu'à ce que les deux images,
formées au foyer, coïncident exactement ensemble.
On lit alors le point de la division latérale auquel
répond l'index, que l'appareil *prismatique* entraîne
avec lui ; ce point est le zéro, à partir duquel les
distances D doivent être comptées. Supposons
qu'il réponde sur la division au numéro *m* ; lorsque,
ensuite, on observe un objet quelconque, &
qu'on a amené les images au contact, on observe
de nouveau le point de la division où répond
l'index de l'appareil *prismatique*. Supposons que
ce soit au numéro *m'* ; alors, on a évidemment
m' — m = D.

» Quant au coefficient $\frac{\text{tang. C}}{F}$, comme il est
constant dans chaque *lunette*, lorsque l'on emploie
toujours le même appareil prismatique, on le détermine une fois pour toutes, en observant un
objet dont le diamètre est connu. Cela est plus
exact que d'en mesurer les élémens séparés. Pour
cet effet, l'on emploie, comme dans l'expérience
précédente, une mire circulaire ou sphérique d'un
diamètre connu 2 *r*, placée à une distance R, que
l'on mesure directement, ou que l'on détermine
par une opération trigonométrique.

» Si l'on nomme (Δ) le diamètre apparent
M O M', *fig.* 1011 (*d*), que sous tend cette mire
vue de la distance R, on aura évidemment

$$\text{Sin. } \frac{1}{2} (\Delta) = \frac{r}{R};$$

de sorte que, par le calcul, on peut déterminer (Δ).

Cela fait, si l'on observe la même mire à travers la *lunette prismatique*, en plaçant l'objectif au
point O, & lorsqu'on a amené les deux images au
contact, par le mouvement des prismes, on mesu-
rera, sur la division latérale, la distance (D) ; alors,
la quantité (Δ) & (D) doivent évidemment satisfaire à la relation trouvée plus haut entr'eux,
c'est-à-dire, qu'on doit avoir

$$\text{Tang. } (\Delta) = (D) \frac{\text{tang. C}}{F}, \text{ d'où } \frac{\text{tang. C}}{F} = \frac{\text{tang. } (\Delta)}{(D)}$$

Ce coefficient étant ainsi connu, on aura la valeur de Δ dans toute autre expérience, au moyen
de la formule

$$\text{Tang. } \Delta = D \frac{\text{tang. C}}{F} \text{ ou tang. } \Delta = D \frac{\text{tang. } (\Delta)}{(D)}$$

Cette formule donne $\Delta = o$ quand D est nul. En effet, il faudroit que l'objet fût réduit à un point mathématique, pour que le contact de ses deux images ne pût s'obtenir qu'en amenant l'appareil au foyer même. A mesure que le sommet c s'éloigne du foyer, D augmente, ainsi que Δ, & le contact des images mesure des diamètres apparens plus considérables. Enfin, quand le point c coïncide avec l'objet même, D devient égal à F, & l'on a $\Delta = C$, c'est-à-dire, que le diamètre apparent est égal à toute la déviation C, que le système des deux prismes peut produire. C'est aussi la limite des mesures que l'on peut prendre avec ce système, puisque, devant être compris entre le foyer & l'objectif, D ne peut jamais surpasser F.

» Dans tout ce qui précède, nous avons supposé que le premier bord F, de l'image ordinaire F F', se trouveroit précisément sur l'axe de l'objectif à l'instant où l'on observe le contact. Cette condition est indispensable pour que le rayon incident A I, qui, après sa division, embrasse l'image ordinaire, traverse l'appareil prismatique perpendiculairement à ses surfaces extérieures, seul cas que nous ayons considéré jusqu'à présent. Mais, si l'objet observé est un astre, auquel son mouvement fera successivement parcourir tout le champ de la lunette, que devra-t-il en résulter? C'est qu'alors, mathématiquement parlant, la valeur de l'angle C, ne sera plus constante dans les diverses périodes de son passage Si ces variations sont insensibles, ce qui arrive lorsque les angles réfringens du prisme sont fort petits, on pourra établir le contact des deux images, dès que l'astre entrera dans le champ de la lunette, & il subsistera dans toute l'étendue du champ; mais, en augmentant beaucoup l'ouverture des prismes & la déviation qui en est la conséquence, l'angle C commencera à varier sensiblement, pour les diverses incidences que permet le champ de la lunette, & les images, une fois mises en contact, se sépareront en la traversant.

» Pour éviter cet inconvénient, Rochon a imaginé de substituer aux doubles prismes d'un grand angle, un assemblage de plusieurs prismes pareils, mais chacun d'un très-petit angle, & collés les uns aux autres, de manière que toutes les sections principales coïncident exactement sur la même direction. En effet, dans un pareil système, la séparation des rayons augmente avec le nombre des doubles prismes, & l'effet de la variation des incidences, sur l'écart des images, est beaucoup moins sensible que dans un seul prisme qui donneroit un écart égal; c'est ce dont il est aisé de rendre raison par la théorie. Mais il faut le plus grand soin pour que les superpositions soient faites exactement, suivant les sections principales, afin que les images ne se multiplient pas au-delà de deux, & il faut aussi prendre certaine précaution dans la taille des prismes, pour qu'elles ne soient pas colorées.

» Dans tout ce qui précède, nous avons rai-

sonné comme si l'on observoit, à l'œil nu, les images F F', ff', que l'objectif forme à son foyer. Généralement, on regarde ces images à travers une loupe, ou un système de loupe disposé de manière à les agrandir, sans cesser de les faire voir nettement. Ce système se nomme l'oculaire (voyez OCULAIRE), parce qu'on le place près de l'œil, de même que le premier verre de la lunette se nomme l'objectif, parce qu'il se place du côté des objets. (Voyez OBJECTIF) Mais, par cela même que l'action de l'oculaire est postérieure à la formation des doubles images, on comprend qu'il ne peut influer en rien sur l'existence ou la non-existence de leur contact, dont il permet seulement de juger avec plus de précision. Ainsi, tous les raisonnemens que nous avons faits, en supposant l'œil nu, s'appliquent également à l'œil armé d'un oculaire; & c'est pourquoi nous n'avons pas tenu compte de cette modification dans l'exposé des résultats.

» On peut encore se servir de la lunette prismatique pour mesurer l'éloignement des objets dont on veut connoître la grandeur. Ainsi, des vaisseaux en mer, dont la longueur est facile à connoître, d'après le nombre de leurs canons; les troupes, sur terre, dont on veut connoître la longueur du front, &c., &c. En effet, si l'on nomme 2 r leur diamètre ou leur longueur, R leur distance au point d'où on les observe, & Δ leur diamètre apparent, ou leur longueur apparente, on aura comme précédemment :

$$\text{Sin.} \tfrac{1}{2}\Delta = \frac{r}{R}.$$

» Si l'on n'applique la méthode qu'à de petits angles, comme c'est le cas ordinaire, on pourra substituer $\tfrac{1}{2}\Delta$ sin. 1″, à sin. $\tfrac{1}{2}\Delta$; & alors, en tirant la valeur de Δ, on aura :

$$\Delta = \frac{2r}{R \, \text{sin.} \, 1''}$$

Or, nous avons vu que le diamètre apparent Δ, peut se déterminer d'après l'observation du contact des images, au moyen de la formule :

$$\text{Tang.} \, \Delta = \frac{\text{tang. } C}{F}, \text{ qui devient ici :}$$

$$\Delta = \frac{D \, \text{tang. } C}{F \, \text{tang. } 1''};$$

substituant pour Δ sa valeur, & dégageant R, on aura : $R = \dfrac{2 r}{D} \cdot \dfrac{F \, \text{tang. } 1''}{\text{tang. } C \, \text{sin. } 1''}$,

ou simplement : $R = \dfrac{2 r}{D} \cdot \dfrac{F}{\text{tang. } C}$;

car sin. 1″ & tang. 1″ diffèrent si peu l'un de l'autre, qu'on peut négliger leur différence. Ici, comme dans la mesure du diamètre apparent, il

ne

ne reſtera d'inconnu que le coefficient conſtant $\frac{F}{\text{tang. C}}$, & on le déterminera de la même manière, en obſervant le contact des deux images d'un objet, dont on connoît la grandeur & la diſtance; car, dans ce cas, on aura 2 r, R, & on lira D ſur la diviſion de l'inſtrument.

» Suppoſons que le coefficient $\frac{F}{\text{tang. C}}$, déterminé de cette manière, ſe trouve égal à N mètres. Exécutons la diviſion longitudinale de manière que chacune de ſes parties vaille $\frac{N}{100000}$; alors ſi, dans l'obſervation d'un objet, on eſt obligé de faire D = n parties, pour obtenir le contact des images, on aura :

$$D = \frac{n\,N}{100000}, \quad \text{& par ſuite : } R = 2\,r\,\frac{100000}{n}.$$

: » Si l'appareil ne s'eſt éloigné du foyer que d'une partie, n ſera égal à 1, & la diſtance R égalera 100,000 fois la grandeur de l'objet. Si n = 2, R vaudra 50,000 fois l'objet, & ainſi de ſuite. Généralement, on voit que le diamètre 2 r, de l'objet, eſt toujours multiplié par un très-grand nombre pour former la valeur de R; & par conſéquent, les petites erreurs que l'on peut commettre, en évaluant ou en meſurant les dimenſions de l'objet, ſe trouvent extrêmement agrandies dans la valeur de ſa diſtance. Ce procédé n'eſt donc pas applicable aux opérations qui demandent de l'exactitude, d'autant plus que l'inégale diſtance des objets alonge ou raccourcit le foyer de l'objectif, l'éloigne ou le rapproche du ſommet de l'angle priſmatique; ce qui eſt une grande ſource d'incertitude. Mais, ce moyen peut être employé à la guerre, pour des reconnoiſſances, dans leſquelles on ne cherche qu'une approximation; alors, en prenant pour objet des hommes d'une taille moyenne, ou un mât de vaiſſeau d'une hauteur à peu près connue, on ſaura, tout de ſuite, au moyen de la lunette priſmatique, quel eſt leur éloignement.

LUNETTE (Verre de). Verre que l'on place dans les lunettes, pour rapprocher, éloigner, groſſir ou diminuer les objets. Voyez VERRE DE LUNETTE.

LUNISOLAIRE, de luna, lune, & ſol, ſoleil; luniſolaris; der-mund-ſonnen; adj. Qui a rapport à la révolution du ſoleil & à celle de la lune, conſidérées enſemble.

LUNISOLAIRE (Cycle). Période des mouvemens du ſoleil & de la lune.

Le cycle ſolaire, de dix-neuf ans, eſt la première de toutes les périodes luniſolaires; celle de dix-huit ans, ou deux cent trente-trois lunaiſons, ramène

les éclipſes dans le même ordre, mais dix jours plus tard. Voyez CYCLE LUNISOLAIRE.

Une ſeconde période luniſolaire eſt celle de ſix cents ans; elle ramène le ſoleil & la lune au même jour de l'année; du moins ſon erreur n'eſt que la moitié de celle du cycle lunaire.

Enfin, la période luniſolaire de Louis-le-Grand, propoſée par Domin. Caſſini, eſt de onze mille ſix cents ans; elle ramène les nouvelles pleines lunes à la même heure de l'année grégorienne. Voyez PÉRIODE LUNISOLAIRE.

LUNULE, lunula; ſ. f. Figure plane, en forme de croiſſant, terminée par des portions de circonférences de deux cercles, qui ſe coupent aux deux extrémités.

Quoiqu'on ne ſoit pas encore parvenu à trouver la quadrature entière du cercle, cependant les géomètres ont trouvé le moyen de carrer pluſieurs parties du cercle. La première quadrature partielle, que l'on ait trouvée, eſt due à Hippocrate de Chio.

LUPIN. Sorte de plante très-agréable, de la famille des légumineuſes.

LUPIN. Petit poids employé en Aſie & en Egypte. Il en faut quatre pour faire une drachme. Son poids équivaut à huit grains d'orge = $7\frac{11}{36}$ de grains.

LUSTRE, de luere, payer; luſtrum; luſtrum; ſ. m. Eſpace de cinq ans.

Le mot luſtre provient d'un impôt, que les Romains payoient tous les cinq ans.

LUT, de lutum, boue, fange; luta; klehwarth, kitte; ſ. m. Matière tenace, ductile, appliquée ſur les vaiſſeaux chimiques, ſoit pour couvrir leur ſurface & les expoſer à un feu plus fort, ſoit pour boucher leur ouverture.

Pour couvrir la ſurface des corps, ſoit des vaſes, ſoit des tonneaux, on ſe ſert d'une argile réfractaire, que l'on délaie dans l'eau. On mêle, avec cette argile, de la pouſſière de charbon, lorſqu'on veut enduire l'intérieur des fourneaux.

Quant aux luts pour boucher les ouvertures des vaſes, ils différent ſuivant la nature des ſubſtances ſur leſquelles on opère, & ſuivant la chaleur qu'on doit leur appliquer. Pour la diſtillation des liqueurs aqueuſes ou alcooliques, dans les alambics ordinaires, des bandes de papier enduites de colle, ou de la veſſie mouillée, ſont ſuffiſantes. Les appareils de verre, qui ne doivent pas être expoſés à une température ſupérieure à l'eau bouillante, peuvent être lutés avec un mélange d'une livre de cire & deux onces de térébenthine; on en forme un lut qui ſe manie facilement. On peut ſubſtituer à ce lut, la matière des tourteaux provenant de l'expreſſion des amandes douces, ou du lin pulvériſé. Cette matière ſe délaie avec de l'empois.

Lorsque les vaiſſeaux ſont expoſés à une plus haute température, qui brûleroit le *lut de pâte d'amande*, on fait uſage de *lut gras*; c'eſt un mélange intime, je dirois preſque une combinaiſon d'argile ſeche pulvériſée, & d'huile de lin cuite ou ſiccative.

Il eſt convenable de recouvrir ces trois *luts* de cire, de tourteau ou de *lut* gras, avec des bandes de linge imprégnées de *lut de ſapience*, ou de *lut d'âne*: le premier eſt compoſé de chaux éteinte & de blanc d'œuf; le ſecond, de chaux éteinte & de colle forte. On ajoute quelquefois du fromage mou à ces *luts*.

On prépare un *lut de ſapience* compoſé avec de la farine, de la chaux éteinte, de chaque une once; du bol d'Arménie en poudre, demi-once; on mêle le tout, & l'on forme une pâte avec une ſuffiſante quantité de blancs d'œufs, battus à l'avance avec un peu d'eau. Cette pâte, étendue ſur des bandes de papier, peut ſervir auſſi pour boucher les fêlures des vaiſſeaux de verre.

Avant d'appliquer les *luts*, on doit aſſujettir convenablement les appareils, en introduiſant dans les ouvertures, des bouchons percés, deſtinés à recevoir les alonges, les ballons & les tubes.

LUTH, *de l'allemand* lauten, *réſoner*; teſtudo; chitara; *die laute*; ſ. m. Inſtrument à cordes, reſſemblant à la mandoline, dont il étoit le diminutif.

Cet inſtrument étoit monté de vingt cordes; ſon manche étoit large, & avoit la tête renverſée. Le *luth* n'eſt plus en uſage, depuis que la harpe l'a fait délaiſſer.

De cet inſtrument, auquel la guitare ſurvit, on n'a retenu que le nom, qui figure toujours dans la poéſie.

LUTH DE CONGO. Sorte de *luth* dont la table eſt, dit-on, de parchemin ou de peau.

LUYTZ (Jean), philoſophe, aſtronome & phyſicien, né dans le Nord-Hollande, en 1655, mort à Utrecht, le 12 mars 1721.

Luytz fut profeſſeur de phyſique & de mathématiques à Utrecht, depuis 1677 juſqu'à ſa mort. Nous avons de lui: 1°. *Aſtronomica inſtitutio*, in-4°., Utrecht, 1639; 2°. *Introductio ad geographiam novam & veterem*, in-4°., Utrecht, 1692.

LYCHNOMENA, de λυχνος, *lampe*; lychnomena; *lychnomena*; ſ. m. Lampe à double courant d'air, dans laquelle on fait monter l'huile juſqu'au ſommet de la mèche, à l'aide de pompes qu'un mécaniſme fait mouvoir.

Cette lampe, inventée par MM. Carcel & Carreau, produit une lumière beaucoup plus vive, beaucoup plus éclatante & beaucoup plus égale que celle à double courant

ordinaire. D'après les expériences de Guyton, leur lumière eſt environ le double, en intenſité, des autres lampes; leur clarté égale celle de onze bougies & demie, de cinq à la livre. Elles conſomment 34 grammes 0,648 d'huile par heure, environ 34 ⅔ grammes: ce qui, au prix où ſont les huiles aujourd'hui, ſeroit d'un peu plus de ſix centimes.

Guyton a encore fait de nombreux eſſais ſur l'emploi de ces lampes, comme moyen de faire des expériences de chimie: il a trouvé qu'elles produiſoient, environ, 7 degrés de chaleur, au pyromètre de Wedgwood, ou 505° au thermomètre centigrade.

Le ſeul inconvénient que ces lampes préſentent, c'eſt le ſoin qu'elles exigent, pour les maintenir de manière à produire les mêmes réſultats; & cela, principalement, à cauſe du mécaniſme qui leur eſt appliqué. Dans les mains d'une perſonne ſoigneuſe, ces lampes produiſent un très-bel effet, & ſeroient réellement très économiques; mais auſſi, la plus légère négligence peut leur devenir très-nuiſible. *Voyez* LAMPES MÉCANIQUES.

LY. Très-petite meſure chinoiſe, employée pour les diſtances.

LYCÉE, de λυκειον, lieu près d'Athènes, orné de portiques & de jardins, où Ariſtote enſeignoit la philoſophie; lyceum; *lycium*; ſ. m. Lieu deſtiné à l'inſtruction des jeunes gens, qui a remplacé les collèges d'autrefois.

LYCOPODE, de λυκος, *loup*, πus, *pied*; lycopodium; ſ. m. Plante cryptogame, dont l'une d'elles, le *lycopode* en maſſue, produit une pouſſière jaune, ſèche, inflammable, avec laquelle on obtient, dans les ſpectacles, des flammes rapides & légères: il ſuffit, pour cela, de la projeter à travers une bougie allumée ou une flamme d'alcool; il ſe forme alors une flamme vive & rapide, qui, par cette raiſon, ne peut ſe communiquer.

On regarde cette pouſſière comme le *pollen* de cette plante. Elle eſt compoſée de deux principes: l'un aſſez ſemblable à la cire, l'autre au ſucre. Cette compoſition expliqueroit, en quelque ſorte, l'avidité avec laquelle les abeilles enlèvent cette ſubſtance, pour former les alvéoles de leurs ruches.

M. Weſtring a trouvé, que le *lycopode* donne aux étoffes de laine, la propriété de ſe colorer en bleu, lorſqu'on les fait paſſer enſuite dans un bain de bois de Bréſil.

On a ſouvent employé le *lycopode* en médecine. Les druides le recueilloient avec des cérémonies particulières; ils le croyoient propre aux maladies des yeux, & à charmer les infirmités.

LYDIAT (Thomas), mathématicien & phyſicien anglais, né à Okerton, comté d'Oxford, en 1572, mort dans ſa patrie en 1646.

Destiné à l'état ecclésiastique, il fut nommé à une cure; il traîna, dans l'indigence, une vie laborieuse. L'impression de ses ouvrages lui ayant occasionné des dépenses considérables, pour sa situation, il contracta des dettes qui s'augmentèrent, par la facilité avec laquelle il s'empressoit de servir de caution à ses amis, & il fut traîné en prison, où il resta fort long-temps.

Sur la fin de ses jours, *Lydiat* obtint un petit bénéfice; & lorsqu'il alloit jouir du repos que ses travaux lui méritoient, il fut persécuté par les parlementaires, à cause de son attachement au Roi: s'il eût vécu davantage, peut-être l'auroit-il été encore, par son attachement au Parlement.

Lydiat a laissé plusieurs ouvrages, en latin, sur différens sujets de mathématique, chronologie, physique & histoire naturelle. Les trois principaux sont: 1°. *De variis annorum formis*, in-8°. Londres, 1605; 2°. *De l'origine des fontaines & des autres corps souterrains*, in-8°.; 1605; 3°. plusieurs *Traités astronomiques & physiques* sur la nature du ciel & des élémens; sur le mouvement des astres; sur le flux & reflux, &c.

LYDIEN, de λυδιος, *Lydie*; *lydus*; adj. Ce qui concerne la Lydie, ce qui vient de Lydie.

LYDIEN (Mode). L'un des modes de la musique qui occupoit le milieu entre l'éolien & l'hypper-dorien.

Le caractère du *mode lydien* étoit animé, piquant, triste, cependant pathétique & propre à la mollesse; c'est pourquoi Platon le bannit de sa république: c'est sur ce mode qu'Orphée apprivoisoit, dit on, les bêtes mêmes, & qu'Amphion bâtit les murs de Thèbes.

LYMPHE, de νυμφη, *nymphe*, *divinité des eaux*; lymph*a*; *lymphe*; s. f. Humeur provenant de toutes les matières que l'absorption interne recueille, dans les diverses parties du corps.

Cette humeur est limpide, un peu visqueuse, presque sans couleur, sans odeur, sans saveur, elle s'épaissit, par l'évaporation, en une espèce de mucilage blanchâtre, & se sépare de la masse du sang, par les vaisseaux *lymphatiques*, pour être distribuée à différens organes, comme la matière de toutes les sécrétions, & ensuite reprise par les veines *lymphatiques*, pour être remêlée avec le sang.

D'après M. Chevreul, la *lymphe* retirée d'un animal à jeûn, contient:

Eau................	926,4
Fibrine.............	4,2
Albumine...........	61,0
Muriate de soude......	6,1
Carbonate de soude.....	1,8
Phosphate de chaux } Magnésie............ } Carbonate de soude }	0,5
	1000,0

LYMPHE DE COUTUNI. Sérosité dont sont remplies toutes les parties du labyrinthe de l'oreille, qu'on croit être formée par les extrémités des artères, & qui transmet, dit on, au nerf auditif les ébranlemens communiqués par la membrane de la fenêtre ronde, & surtout par la base de l'étrier, qui pose sur la fenêtre ovale. *Voyez* OREILLE, ORGANE DE L'OUÏE.

LYMPHE LACRYMALE. Liquide fourni par une glande conglomérée, nommée *glande lacrymale*.

Cette glande est située au dessus du globe de l'œil, du côté du petit angle; les canaux excréteurs, après avoir traversé la conjonctive, déchargent, sur la surface du globe de l'œil, la *lymphe lacrymale*. Cette *lymphe* passe ensuite par le canal nasal dans le nez. *Voyez* ŒIL.

L'usage de la *lymphe lacrymale* est de mouiller continuellement le globe de l'œil; de garantir, par la cornée transparente, de l'impression de l'air, & d'unir, de polir la surface, afin qu'il se réfléchisse le moins de lumière possible. La portion surabondante de cette *lymphe*, qui n'a pas le temps de passer par les points lacrymaux, déborde au-dessus des paupières, & coulant le long des joues, forme ce qu'on nomme *les larmes*.

LYNX, de λυνξ, *lynx*; ly xluchs; s. m. Quadrupède carnassier, du genre & de la famille des chats, des tigres, &c., dont la peau est mouchetée & la vue très-perçante.

LYNX. Constellation boréale, introduite par Hevelius.

Le *lynx* est placé entre la grande ourse & le cocher, au-dessus des gemeaux. Cette constellation est composée de 49 étoiles dans le Catalogue de Flamsteed, toutes de la cinquième ou de la sixième grandeur: la principale est celle qui est placée à l'extrémité de sa queue; elle est de la quatrième grandeur.

Hevelius a donné, à cette constellation, le nom de *lynx*, à cause de la difficulté que l'on éprouve pour apercevoir ses étoiles à la vue simple, & de la bonne vue qu'il faut avoir pour les distinguer.

Cette constellation est une de celles qui demeurent toujours sur notre horizon.

LYON (John), naturaliste & physicien, né en Angleterre en 1734, mort à Douvres le 30 juin 1817.

Son attention s'étant dirigée sur les découvertes que Franklin avoit faites sur l'électricité, *Lyon* fit des expériences multipliées sur cette branche de la physique. Il publia, sur ce sujet, des opinions plus ou moins systématiques.

Nommé, en 1772, ministre de la paroisse de la Sainte-Vierge Marie, à Douvres, il en remplit, pendant un demi-siècle, les fonctions avec zèle, sans abandonner l'étude de la physique.

Ce savant, d'un caractère modeste & paisible, étoit membre de la Société Linnérienne & de celle des antiquaires.

Nous avons de *Lyon* : 1°. *Expériences & observations sur l'électricité*, in-4°., 1780; 2°. *Nouvelle preuve de l'opinion, que le verre est perméable au fluide électrique*, in-4°., 1780; 3°. *Remarque sur les principales preuves produites en faveur du système du docteur Franklin sur l'électricité*, in-8°., 1791; 4°. *Mémoires sur divers phénomènes nouveaux & intéressans, observés sur le corps d'un homme & de quatre chevaux tués par la foudre, près de Douvres*, in-8°., 1796; 5°. *Histoire de Douvres, avec un précis sur les cinq ports*, in-4°., 1813.

LYRE, de λυρα, *lyre*; lyra; *leier*; f. m. Instrument célèbre, attribué à Mercure, & qui a beaucoup varié dans sa forme & dans le nombre de ses cordes.

La *lyre* différoit de la cithare par ses côtés, qui étoient moins écartés l'un de l'autre, & par son corps, qui ressembloit au corps d'une tortue.

LYRE Constellation boréale, placée au-dessus du Dragon, entre Hercule & le Cygne, c'est une des quarante-huit constellations de Ptolémée.

Cette constellation porte différens noms, & particulièrement celui de *vultur cadens*, *testudo*; elle représente, communément, un vautour qui porte une *lyre* : elle est composée de vingt-une étoiles dans le Catalogue britannique, dont la principale est de première grandeur.

Dupuis croit que le nom de *vautour* est venu, de ce qu'elle tournoit anciennement fort près des pôles; on compara ce mouvement à celui des oiseaux, quand ils fondent sur leur proie; le nom de *testudo*, tortue, vient probablement aussi de la lenteur de son mouvement; enfin, celui de *lyre* peut venir aussi, de ce qu'anciennement les cordes

de la *lyre* se montoient sur une écaille de tortue.

LYRE DE VIOLE. Instrument ancien, qui n'étoit autre chose qu'une *lyre*, adaptée à une espèce de vase qui lui servoit de support.

LYRE BARBARINE. Sorte de violoncelle qui a douze ou quinze cordes, & dont on joue avec un archet. Cet instrument est connu sous le nom d'*amphicordum* ou d'*accordo*.

LYRIQUE; lyricus; *lyrische*; adj. Qui appartient à la lyre.

C'est, en musique, la poésie faite pour être chantée & accompagnée de la lyre, ou cithare, par le chanteur, comme les odes & les autres chansons; à la différence de la poésie dramatique, qui s'accompagnoit avec des flûtes, par d'autres que par le chanteurs.

Aujourd'hui, l'épithète *lyrique* s'applique à la fade poésie de nos opéras, & par extension, à la musique dramatique & imitative du théâtre.

LYS; *lilium*. Fleur blanche, très-odorante.

LYS (Fleur de). Constellation boréale. *Voyez* FLEUR DE LYS.

LYS PUND. Fort poids, employé pour les marchandises à Amsterdam & à Hambourg. On le divise en deux classes : celui pour les marchandises est de 14 livres, & celui pour les voitures de marchandises, 16 livres.

Le *lys pund*, pour les marchandises, vaut, à Amsterdam, 14,064 liv. = 6,8834 kilogr.

Idem, à Hambourg, 13,85 liv. = 6,7795 kilog.

Le *lys pund*, pour les voitures de marchandises, vaut, à Amsterdam, 16,063 liv. = 7,8628 kilog.

Idem, à Hambourg, 15,83 = 7,7487 kilogr.

MAA, MÆA. Numéraire d'Afie, d'Egypte. Il en faut fix pour faire une drachme ou denier. Le *maa* = 1 f. 8 d. $\frac{5}{6}$ = 0,0839 liv. = 0,0826 fr.

MAAS, Mefure de poids & de capacité.

On emploie, en Chine, le *maas* comme poids. Il en faut 10 pour un teyle, & 160 pour un kin. Le *maas* = 0,00747 liv. = 0,00737 fr.

Comme mefure de capacité, le *maas* eft employé, en Allemagne, pour les liquides, & à Arnftadt pour les grains.

A Arnftadt, le *maas* = 4 viertels = 20 metzen = 14,05 boiff. = 181,65 lit.

Pour mefurer les liquides, le *maas*

	Pintes.	Litres.
En Tyrol	= 0,8516	= 0,7931
En Moravie	= 1,1235	= 1,0466
A Berlin	= 1,207	= 1,1141
A Vienne . . = 4 feitels	= 1,486	= 1,4142
A Zurich	= 1,944	= 1,8195
A Florence . . 4 chop.	= 1,958	= 1,8235
A Caffel	= 2,151	= 2,0033

MACÉRATION, de *macum reddere*, *atténuer*, *amollir*; *maceratio*; *einwaichen*; f. f. Action de macérer, de ramollir les corps.

C'eft, en chimie, une opération par laquelle on met tremper, à froid ou à chaud, une fubftance folide, dans une liqueur convenable, de l'eau, de l'huile, de la graiffe, dans l'intention de la ramollir, de la pénétrer, de l'ouvrir, pour la difpofer à être foumife à d'autres opérations.

On confond quelquefois la *macération* avec l'infufion & la digeftion. L'*infufion* a pour objet d'extraire des végétaux, les parties les plus tenues, les plus volatiles & les plus folubles; la *digeftion* eft une infufion prolongée au-delà de vingt-quatre heures. Ces deux opérations diffolvent des fubftances, tandis que la *macération* amollit feulement.

MACHINAL, *machinalis*; *mafchinen mäffig*; adj. Toute action, tout mouvement qui n'eft pas dirigé par la raifon, & qui s'opère, pour ainfi dire, fans but précis & déterminé.

D'après cette définition, l'homme eft foumis, dans le cours de fa vie, à exécuter une foule d'actions, de mouvemens *machinaux*. C'eft ainfi qu'à l'approche du danger non prévu, lorfqu'il furpris par la peur, il exécute, pour fe préferver des dangers, une foule de mouvemens que l'on peut regarder comme *machinaux*.

En s'échappant du fein de fa mère, l'enfant eft foumis à une foule de mouvemens irréfléchis, que l'on peut regarder comme *machinaux*.

Nous favons que les mouvemens & les actions

habituelles des hommes, font dirigés par la raifon; pouvons-nous affirmer que ceux des animaux le foient également? Les philofophes font divifés d'opinion à cet égard. Les uns veulent que la détermination des animaux foit la conféquence d'un choix raifonné & bien réfléchi, & , par conféquent, le fruit de l'éducation; les autres penfent, que le raifonnement n'a aucune part à ces déterminations: qu'à la vérité elles naiffent de la fenfibilité phyfique; mais qu'elles fe forment fans aucune influence de la volonté, qui n'y a d'autre part que d'en déterminer l'action. C'eft l'enfemble de toutes ces confidérations, qui conftitue l'inftinct. *Voyez* INSTINCT.

Quelle que foit l'opinion que l'on adopte fur les mouvemens réfléchis ou *machinaux* des animaux, nous fommes obligés de convenir qu'il exifte des états d'abrutiffement dans l'homme, qui fe rapprochent de ceux des animaux: tels font l'idiotifme & le crétinifme; ce dernier état place fouvent l'homme au-deffous des brutes, car il jouit à peine de cet inftinct, qui porte les animaux à veiller à leur confervation. *Voyez* IDIOT, IDIOTISME.

MACHINE, de μαχανη, *invention*, *art*; *machina*; *mafchinen*; f. f. Inftrument que les hommes emploient pour appliquer les moteurs, d'une manière plus commode & plus avantageufe, à faire équilibre à des réfiftances & à les furmonter.

A l'aide des *machines*, on peut augmenter la force ou la viteffe des moteurs que l'on emploie; varier les directions, de manière à obtenir un effet donné, en faifant ufage d'une force fuffifante. Ainfi, relativement à l'effet que l'on veut obtenir, la *machine* peut être extrêmement fimple, ou elle peut être très-compofée (*Voyez* MACHINE SIMPLE, MACHINE COMPOSÉE.) Il eft des *machines* qui font extrêmement fimples, quoiqu'elles paroiffent très-compliquées, à caufe de la répétition du même mécanifme. La *machine* de Marly, par exemple, eft très-fimple, puifqu'elle n'eft compofée que d'une roue hydraulique, deftinée à faire mouvoir des pompes, à l'aide de plufieurs leviers. En examinant l'action d'une feule roue, & fuivant cette action jufque dans fes dernières ramifications, tout devient extrêmement fimple. Mais, lorfqu'en arrivant près de cette *machine*, on aperçoit un grand nombre de roues, les unes en mouvement, les autres en repos, on eft effrayé de la multiplicité des mécanifmes particuliers qu'elles font mouvoir; en les examinant avec plus de foin, on aperçoit bientôt, que chaque roue ne repréfente que l'image d'un même mouvement: alors tout fe fimplifie; & la *machine* paroît beaucoup moins compofée.

Il y a, dans une *machine*, quatre choses principales à considérer; savoir : la puissance, la résistance, le point d'appui ou le centre du mouvement, & la vitesse de la puissance ou de la résistance.

On nomme *puissance*, une ou plusieurs forces qui concourent à vaincre un obstacle, ou à soutenir son effort : tels sont les efforts des hommes, des chevaux, des poids, des ressorts, &c. Comme la puissance peut n'être pas toujours d'une valeur constante, il faut faire en sorte que, dans son mouvement, le plus foible moment soit toujours supérieur à la résistance, même dans son moment le plus fort. Si la puissance est l'effort d'un homme, d'un animal, pour la bien évaluer, il faut l'estimer suivant la nature & la durée du travail. Un homme, par exemple, qui pourroit vaincre un effort de deux à trois cents livres, s'il ne travailloit qu'un instant, ne doit avoir à vaincre que vingt cinq à trente livres, s'il doit travailler douze heures par jour : ainsi, le dixième environ. De même, un cheval qui pourroit vaincre, pour un instant, sept à huit cents livres, ne doit en vaincre que deux cents, s'il doit travailler continuellement. *Voyez* Puissance.

La résistance est un ou plusieurs obstacles, qui s'opposent au mouvement de la *machine* : tel est, par exemple, un bloc de marbre qu'on enleve avec une grue. La résistance peut n'être pas toujours d'une valeur constante, comme lorsqu'il s'agit de soutenir des fluides, de tendre des ressorts, de diviser des corps, &c. Il faut donc faire en sorte que la résistance, dans son moment le plus fort, soit toujours inférieure à la puissance, même dans son mouvement le plus foible. *Voyez* Resistance.

Dans toutes les parties d'une *machine*, il est un centre autour duquel elles se meuvent; ce centre est le point d'appui. Dans une balance, par exemple, le point d'appui de la chasse, où repose l'axe du fléau, est le point d'appui. Il faut toujours que ce point d'appui soit assez fort pour soutenir la puissance & la résistance, ou pour, dans certains cas, concourir avec une de ces forces, à soutenir l'effort de l'autre. *Voyez* Point d'appui.

Enfin, les vitesses se mesurent par les espaces que parcourent, dans le même temps, la puissance & la résistance, ou qu'elles parcourroient, si l'une des deux emportoit l'autre. Comme, dans une *machine*, les temps sont toujours égaux pour la puissance & la résistance, ces espaces parcourus, ou à parcourir, déterminent leurs vitesses relatives. *Voyez* Vitesse relative.

Pour calculer l'effet d'une *machine*, on la considère ordinairement dans l'état d'équilibre, c'est-à-dire, dans l'état où la puissance, qui doit surmonter la résistance, est en équilibre avec cette résistance. Mais il faut remarquer, qu'après le calcul du cas d'équilibre, on n'a encore qu'une idée très-imparfaite de l'effet de la *machine*, car, comme toute *machine* est destinée à mouvoir, on

doit la considérer dans l'état de mouvement, & non dans celui d'équilibre. Pour cela, il faut avoir égard : 1°. à la masse de la *machine*, ou des pièces de cette *machine*, que la puissance est obligée de soulever, laquelle masse s'ajoute à la résistance à vaincre, & pour laquelle on doit, par conséquent, augmenter la puissance; 2°. au frottement, qui augmente prodigieusement la résistance. (*Voyez* Frottement.) C'est principalement le frottement & la loi de la résistance des solides, si différens pour les grands & pour les petits corps, qui font souvent qu'on ne sauroit conclure, de l'effet d'une *machine* en petit, celui d'une autre *machine* semblable en grand, parce que les résistances n'y sont pas proportionnelles aux dimensions des *machines*.

MACHINE A COMPRIMER. *Machine* à l'aide de laquelle on comprime les corps.

Ces *machines* peuvent être divisées en trois classes : 1°. *machine à comprimer l'air*; 2°. *machine à comprimer l'eau*; 3°. *machine à comprimer les solides*. Les deux premières sont des pistons placés dans des tuyaux qui contiennent le fluide. (*voyez* Machine de compression, Machine de condensation); la troisième, qui est principalement en usage pour juger de la résistance des solides, est formée d'une vis, d'un levier, à l'aide desquels on peut comprimer les corps & estimer la force de compression. Les balanciers, employés pour frapper les monnoies, sont des *machines* à comprimer les solides.

MACHINE A COPIER LES DESSINS. *Machine* avec laquelle on peut facilement copier les dessins.

On fait usage, pour copier les dessins, de deux sortes de *machines*. La première est une presse d'imprimerie en taille-douce, à l'aide de laquelle on comprime un dessin, fraîchement exécuté, & placé sur un papier un peu humide; par cette compression, on obtient une contr'épreuve exacte du dessin. Le célèbre mécanicien Wats a construit une presse portative, avec laquelle on copie, ou mieux, on contr'épreuve les lettres fraîchement écrites. Cette presse est en usage chez un grand nombre de négocians.

Depuis bien long-temps on fait usage de la seconde méthode, qui consiste dans l'assemblage de plusieurs règles, tellement placées, qu'en faisant mouvoir sur tous les traits d'un dessin, une pointe fixée à l'extrémité de l'une des règles, un crayon placé sur une autre, trace, d'une manière exacte, les mêmes traits, sur un papier blanc. On a donné à cet instrument le nom de Pantographe. *Voyez* ce mot.

M. Brunet a imaginé une *machine*, basée sur le principe du pantographe, avec laquelle on peut copier également un dessin avec une grande exactitude. Cet instrument est précieux, en ceci, qu'en même temps que l'on exécute un deſſin, on peut en faire une, deux & même trois copies.

Appliquée à l'écriture, cette *machine* devient extrêmement avantageuſe pour le commerce. Dans les comptoirs, où il eſt ſi néceſſaire de tenir des doubles des écritures, le même commis peut, à la fois, copier ſes regiſtres & ſes journaux.

Cette *machine*, qui eſt décrite dans les *Annales des Arts & Manufactures*, tom. V, pag. 69, eſt portative; elle ſe reploie dans un néceſſaire de voyage. Son inventeur lui a donné le nom d'*auto-graphe*.

MACHINE AÉROSTATIQUE; machina aeroſtatica; *aeroſtatiſche maſchine*; ſ. f. *Machine* avec laquelle on s'élève & l'on voyage dans l'air. *Voyez* AÉROS-TAT, BALLON, BALLON AÉROSTATIQUE.

MACHINE A FEU; machina igni; *feuer maſchine*; ſ. f. *Machine* mue par l'action du feu.

Tous les corps de la nature, quel que ſoit leur état, augmentent de volume par la chaleur, & diminuent de volume en ſe refroidiſſant; c'eſt cette variation de volume, que l'on emploie, comme force motrice, dans la conſtruction des *machines à feu*.

Ainſi, une barre de métal, placée entre deux points fixes, peut exercer une forte compreſſion lorſqu'on la chauffe, & cette compreſſion ceſſe en ſe refroidiſſant. Quoique l'augmentation du volume ne ſoit pas conſidérable, l'effort que l'on obtient, par ce changement de température, peut ſuffire pour produire de très-grands effets. Cet effort a été employé, dans quelques endroits, pour remplacer les balanciers deſtinés à frapper les médailles.

Dans un grand nombre de circonſtances, on fait uſage de l'augmentation & de la diminution du volume de l'air, par la chaleur & le refroidiſ-ſement, comme force motrice. Citons un exemple parmi un grand nombre. Qu'un tube ABCD, *fig.* 973, rempli d'air, fermé par un bout BC, ſoit recouvert de l'autre par un piſton P; ſi l'on chauffe l'extrémité Bc, l'air augmentera de volume, ſou-levera le piſton; refroidiſſant cette extrémité, l'air diminue de volume, & le piſton redeſcend. Ce mouvement de va-&-vient du piſton, peut être appliqué avec beaucoup de ſuccès comme *machine à feu*.

On trouve dans le *Theatrum machinarum* de Leupold, & dans tous les recueils de *machines*, des *machines à feu* dont la puiſſance eſt l'augmen-tation & la diminution du volume de l'air, par la chaleur & le refroidiſſement; c'eſt principalement en faiſant agir cet air ſur de l'eau que l'on déplace, que l'on obtient de très-grands effets.

Parmi toutes ces *machines à feu* & à air, nous diſtinguerons ici celle de M. Cagnard-Latour. Elle ſe compoſe d'une cuve ABCD, *fig.* 973 (*u*), & remplie d'eau conſtamment échauffée. Dans cette cuve eſt une vis d'Archimède MV, mue en ſens contraire de celle qui élève l'eau. L'embouchure ſupérieure étant dans l'air, cette vis fait deſcendre de l'air froid dans la cuve, celui-ci s'échauffe, augmente de volume, s'élève & va exercer ſon effort contre les augets d'une roue RR; cette roue, miſe en mouvement par l'air, peut tranſmettre ſon mouvement à d'autres *machines*, & produire un effet ſemblable aux roues à pots que l'eau fait mouvoir; quelques détails de cette *machine* ſont donnés dans les *Annales des Arts & Métiers*, tom. XXXVI, pag. 15.

Anciennement on voyoit beaucoup de broches miſes en mouvement par un volant horizontal & à aile oblique, VV, *fig.* 973 (*b*), que l'on pla-çoit dans l'intérieur des cheminées. Ces volans, montés ſur un axe AA, mis en mouvement par le courant aſcenſionnel de l'air échauffé, faiſoit tourner une lanterne LL, dans laquelle une roue verticale RR s'engrène; alors, par le moyen de deux poulies P, *p*, & une chaîne C, de com-munication, on faiſoit tourner la broche BB.

Souvent on place, près des tuyaux de poêle, des cartes coupées en ſpirale S, *fig.* 973 (*c*), que le mouvement aſcenſionnel de l'air fait mouvoir.

Toutes ces *machines* peuvent être conſidérées comme de véritables *machines à feu*.

Mais parmi les effets produits par le feu, il en eſt qui en occaſionnent de plus grands que le changement d'état des corps, telle, par exemple, que la vaporiſation de l'eau & ſa condenſation. C'eſt auſſi le moteur le plus puiſſant que l'on ait employé juſqu'à préſent, ſoit pour élever de l'eau directement (*voyez* POMPE A FEU), ſoit pour être employé comme force motrice de différens mécaniſmes. *Voyez* MACHINE A VAPEUR.

En embraſant des ſubſtances qui développent, dans leur combuſtion, une quantité conſidérable de gaz, on produit encore de très-grands effets: tel eſt, par exemple, l'embraſement de la poudre à canon. De nombreuſes tentatives ont été faites, ſans ſuccès, pour employer cet embraſement comme force motrice. Huyghens avoit imaginé une *machine* mue par l'embraſement de la poudre à canon. La ſeule application utile que l'on en ait tirée, eſt l'emploi de la poudre, dans les mines, pour faire ſauter les rochers; dans l'économie ru-rale, pour fendre les ſouches, & dans l'artillerie, pour lancer des projectiles.

Cependant, la combuſtion de diverſes ſubſ-tances, comme force motrice, a été employée par MM. Niepce & Robert. Le premier place une lampe allumée dans une caiſſe de fonte; au-deſſus de cette lampe eſt un tuyau de fonte, dans lequel eſt un piſton. A une ouverture faite dans la partie latérale de la caiſſe, eſt placé un réſervoir de poudre fine, très-inflamma-ble, ſoit de lycopode, de réſine, ou même de pouſſière de charbon. A l'aide d'un ſoufflet, on fait entrer dans la caiſſe une portion de cette pouſ-ſière ſous forme de nuage; cette pouſſière s'enflamme en paffant devant la lumière de la lampe, & cetre inflammation échauffe l'air & foulève le piston, qui, retombant de fuite, eft foulevé de nouveau par l'introduction d'un nouveau nuage de pouffière inflammable.

M. Robert chauffe fortement le fond d'un cylindre, dans lequel eft un piston ; il fait parvenir, dans le fond du cylindre échauffé, par une petite ouverture, quelques gouttes d'huile de térébenthine, & par une autre ouverture, une portion d'air atmosphérique : à la rencontre de la vapeur & de l'air, il fe produit une forte explosion qui foulève le piston ; celui-ci, retombant enfuite, eft de nouveau foulevé par l'introduction de nouvelle huile & de nouvel air.

Nous croyons inutile d'entrer dans de plus longs détails fur les diverfes machines que l'on conftruit, en employant l'action du feu comme force motrice. Ces détails doivent appartenir principalement à l'art de conftruire les machines & de les faire mouvoir. Voyez MACHINE, FORCE MOTRICE.

MACHINE A MESURER L'EAU DE PLUIE. Inftrument employé dans les obfervations météorologiques, pour mefurer la quantité de pluie qui tombe fur une furface donnée. Voyez PLUIE, YÉTOMÈTRE.

MACHINE A MESURER LE TEMPS. Inftrument à l'aide duquel on puiffe mefurer le temps.

De toutes les machines employées pour mefurer le temps, la plus fimple eft le pendule, parce que fes mouvemens font réguliers & uniformes. Voyez PENDULE.

Avant la connoiffance du pendule, que nous devons à Galilée, on faifoit ufage de différens moyens pour mefurer le temps, tels que l'écoulement de l'eau (voyez CLEPSIDRE), l'écoulement d'un fable très-fin (voyez SABLIER), la quantité d'huile que confomme une lampe, Voyez LAMPE, &c.

MACHINE ANAMORPHOTIQUE; machina anamorphotica ; anamorphotifche mafchine ; f. f. Machine à l'aide de laquelle on diftingue des anamorphofes.

Ces machines font, fimplement, des cartons, fur lefquels on a peint des figures informes en apparence, que l'on juge parfaitement enfuite, en les voyant à travers une petite ouverture, ou à travers un verre à facettes. Voy. ANAMORPHOSE, VISION DIRECTE, VISION PAR RÉFRACTION, VISION PAR RÉFLEXION, PERSPECTIVE.

MACHINE A VAPEUR; machina vapori; dampfifch mafchine; f. f. Machine dont la force motrice eft de la vapeur.

Quoique l'on puiffe employer la vapeur de toute efpèce de liquide, comme force motrice, c'eft principalement celle de l'eau dont on fait ufage, à caufe de la facilité avec laquelle on peut fe procurer ce liquide, & fa foible valeur, qui permet d'en confommer une grande quantité.

Nous allons donner, pour exemple, des machines à vapeur, celui d'une machine à double effet, qui étoit, dans ces derniers temps, regardée comme la plus parfaite dont on ait fait ufage.

Cette machine fe compofe d'un grand cylindre de fonte a, fig. 974, parfaitement calibré dans l'intérieur, de manière qu'un piston b puiffe s'y mouvoir, en touchant exactement fa furface dans toute l'étendue de fon mouvement, & qu'il ne puiffe s'échapper aucune portion de vapeur. Ce cylindre communique, dans fa partie fupérieure & inférieure, avec une chaudière c, dans laquelle l'eau eft vaporifée par l'action du feu; cette vapeur, en paffant, par le moyen de foupapes, dans les ouvertures fupérieure & inférieure, peut exercer alternativement fon action deffus & deffous le piston, &, par fa force comprimante, le faire monter ou defcendre. Une cuve pleine d'eau d, placée à côté du cylindre, a, dans fon intérieur, un tuyau e, appelé réfrigérant; celui-ci communique également avec les furfaces fupérieure & inférieure du piston.

Dès que le piston eft en bas, & qu'on veut l'élever, la vapeur entre dans la partie inférieure pour y exercer fon action, elle comprime le piston par-deffous ; il s'établit, en même temps, une communication entre la partie fupérieure du piston & le réfrigérant e; la vapeur fupérieure fe condenfe fur l'eau froide, ce qui produit un vide qui favorife le mouvement afcenfionnel du piston.

Auffitôt que le piston eft élevé, la communication de la vapeur avec la partie inférieure fe ferme, & celle de la vapeur avec la partie fupérieure s'ouvre. La communication de la vapeur fupérieure avec le réfrigérant fe ferme, & celle de la vapeur inférieure fe porte fur ce réfrigérant, s'y condenfe, & il fe forme un vide dans cette partie, en même temps que la vapeur fupérieure exerce une forte preffion fur le piston pour le faire defcendre.

Le piston étant ainfi defcendu, la communication de la vapeur avec la partie fupérieure fe ferme, & il s'établit une communication entre cette partie & le réfrigérant; en même temps, la communication de la vapeur de la partie inférieure avec le réfrigérant fe ferme, & la communication de cette partie avec la chaudière à vapeur s'ouvre; alors, il fe fait un vide dans la partie fupérieure du piston, par la condenfation de la vapeur, & la preffion exercée par la vapeur fur la partie inférieure du piston, oblige celui-ci à remonter.

C'eft ainfi que, par l'ouverture & la fermeture alternative, la communication de la vapeur avec les parties fupérieure & inférieure du piston, & celle des parties inférieure & fupérieure du piston avec le réfrigérant, s'établiffent; le piston reçoit

reçoit alternativement un mouvement d'afcenfion & de defcenfion.

On fait ouvrir & fermer ces communications, par des régulateurs, placés à une tringle de fer *f*, qui communiquent à un balancier que le pifton fait mouvoir.

Une tringle verticale de fer *g*, eft fixée fur le pifton; elle communique, par fon extrémité fupérieure, avec un balancier *k*; la tringle participe du mouvement de va-&-vient du pifton, & communique à ce balancier un mouvement d'ofcillation.

Dans un grand nombre de circonftances, ce mouvement d'ofcillation eft appliqué directement à la *machine* pour la faire mouvoir; d'autres fois, ce mouvement fe communique, par le moyen d'une tringle, à la manivelle d'un grand cercle de fonte H, & lui procure un mouvement de rotation. Ce cercle, étant fixé fur un arbre horizontal, celui-ci peut être appliqué, directement, au mouvement de rotation des *machines*.

Pour calculer l'effort d'une *machine à vapeur*, on la compare ordinairement à celle d'un ou de plufieurs chevaux. On fuppofe qu'un cheval peut donner, à une maffe de 150 livres (avoir du poids), une vitéffe de 220 pieds anglais par minute. Cette force, ou ce moteur, développeroit, en une heure de travail, un effet dynamique exprimé par 249 kilogrammes, élevés à un kilomètre de hauteur; & en prenant l'unité dynamique pour un kilogramme, cette force équivaudroit à 249 unités dynamiques.

Nous devons obferver que, lorfqu'on dit qu'une *machine à vapeur* eft d'un certain nombre de chevaux, on entend que ces chevaux doivent être attachés à un manège, pour faire le même travail que la *machine*; & comme ils n'y font habituellement attelés que fix heures par jour, il s'enfuit, qu'une *machine à vapeur*, dont l'effet feroit égal à un nombre de chevaux, feroit, dans les vingt-quatre heures d'un travail continu, autant d'effet, que quatre fois ce nombre de chevaux.

Comme ces *machines* font mifes en mouvement par de l'eau vaporifée, c'eft par la quantité de vapeur employée, & par la force de cette vapeur, que l'on doit eftimer leur effet. Mais, pour vaporifer de l'eau, on emploie du combuftible; & comme il eft plus facile de calculer le combuftible employé, que l'eau vaporifée, on préfère d'eftimer par la quantité de combuftible. Un kilogramme de charbon de terre équivaut à un moteur animé, que l'on eftime de la manière fuivante.

Un kilogramme de houille peut vaporifer un certain nombre de fois fon poids d'eau, à la preffion de 76 centimètres, & à la température de 100 degrés du thermomètre centigrade. On fuppofe ce poids dix fois celui du combuftible.

Dix kilogrammes d'eau liquide occupent, en vapeur à 100 degrés, un volume dix-fept cents

fois plus grand, c'eft-à-dire, 17,000 litres. Cette vapeur étant totalement condenfée par une injection d'eau froide, on a un efpace vide du même nombre de litres; or, la force néceffaire pour faire ce vide, dans un cylindre de même capacité, éleveroit l'eau qui rempliroit ce cylindre, à la hauteur de la colonne qui mefure la preffion de l'atmofphère. Suppofons cette hauteur de 10 mètres, l'effet dynamique d'un kilogramme de charbon, fera de 170,000 kilogrammes, élevés à un mètre, ou à 170 kilogrammes élevés à un kilomètre; ainfi, la force développée par dix chevaux, en une heure, qui eft exprimée par 2479 unités, équivaut à $\frac{2479}{170}$ ou 15 kilogrammes de houille.

La force développée par quarante-cinq chevaux, en une heure, feroit équivalente à 68 kilogrammes de houille, &, d'après l'expérience, M. Edwards a trouvé que cette dépenfe étoit de 76 kilogrammes. En admettant ce réfultat, ne doit-on pas conclure que le charbon de terre, tel qu'il eft employé par M. Edwards, produit une force plus grande que celle qu'on obtiendroit de dix fois fon poids de vapeur, à la preffion atmofphérique? car la différence des deux dépenfes, 76 & 68 kilogrammes, pratique & théorique, paroît très-petite pour compenfer les pertes de chaleur, qui proviennent du rayonnement & de la condenfation hors du condenfateur.

Il eft inutile de faire obferver que les réfultats, obtenus par M. Edwards, ne font applicables qu'à l'efpèce de houille qu'il a employée; toute autre auroit confommé, pour produire le même effet dynamique, une quantité plus grande ou plus petite, & cela felon fa nature. *Voy.* COMBUSTIBLE.

Dans le commencement de ce fiècle, M. Wolf a introduit un grand perfectionnement dans les *machines à vapeur*, en employant la vapeur à une très-haute preffion. Les nouvelles *machines* conftruites, pour l'emploi de cette vapeur, obtenue à une température plus élevée, doivent avoir deux cylindres à vapeur de capacité différente; & cette différence dépend de la force expanfive, ou de la température que l'on veut donner à la vapeur qui doit mettre la *machine* en jeu.

Employée à une haute température, la vapeur paffe de la chaudière dans le petit cylindre, & de celui-ci dans le grand. Les piftons des deux cylindres s'élèvent & s'abaiffent en même temps, & font attachés à une même traverfe horizontale, au milieu de laquelle fe trouve le pifton moteur.

La chaudière, devant fupporter la preffion de plufieurs atmofphères, eft formée de cylindres en fonte, placés horizontalement dans un fourneau; ces cylindres communiquent avec un autre cylindre vertical, également en fonte, qui enveloppe les deux cylindres à pifton; en forte que ces derniers cylindres, placés dans l'intérieur de la chaudière, font entourés de vapeurs femblables à celle qui passe alternativement dans le petit cylindre, par ses deux bases opposées. Le fond du petit cylindre à piston, communique avec le sommet du grand. De plus, le grand cylindre doit communiquer, alternativement, par ses bases opposées, avec le condensateur, où se fait l'injection. Ces communications se font, suivant l'usage, par des soupapes ou robinets qui s'ouvrent & se ferment alternativement.

Si l'on compare ces sortes de *machines* aux premières, on voit d'abord que, dans les *machines* de Wolf, on comprime la vapeur avant de la faire agir sur le piston du petit cylindre, & on la dilate dans le grand cylindre, avant de la condenser. Cet emploi de la vapeur en augmente l'action mécanique, & le calcul appliqué à ces deux sortes de *machines* fait voir, qu'à dépenses égales de vapeurs, les effets des *machines à deux cylindres & à un seul*, sont à peu près dans le rapport de 35 à 10, à force égale de la vapeur condensée.

On ne peut augmenter la force des vapeurs, que par une augmentation de chaleur, accompagnée d'un plus grand rayonnement : à l'aide du calcul, on peut connoître assez exactement l'augmentation de l'action mécanique, à poids égaux de la vapeur ; mais pour comparer les quantités des combustibles, qui produisent des poids égaux de vapeurs, à diverses pressions, il faudroit entreprendre une série d'expériences, sur la chaleur appliquée aux vapeurs, & avoir à sa disposition une bonne *machine à feu*, qui ne seroit pas moins utile dans un cabinet de physique, qu'une *machine pneumatique*.

Approximativement, toute réduction faite, la pression de la vapeur estimée 40 pieds d'eau, est évaluée, dans les *machines* ordinaires, à 7 liv. ou 7 liv. & demie environ par pouce circulaire, avec une vitesse de 1 mètre par seconde.

D'où il suit, qu'une *machine*, dont le piston auroit,

5 pouces de diamètre, équivaudroit à	1 cheval.
10	4
15	9
20	16

Dans les *machines* à haute pression, supposées ordinairement de quatre atmosphères, les appréciations sont plus grandes, proportionnellement à la vapeur, parce que, dans l'appréciation précédente, on a déduit les frottemens, & que les frottemens sont sensiblement les mêmes, & non proportionnels aux pressions.

Pour avoir de plus grands détails sur la *machine à vapeur à double effet* & à *pression simple*, on peut consulter l'*Architecture hydraulique* de M. de Prony ; & pour la *machine à vapeur à forte compression*, on en trouvera des détails : 1°. dans le tome XX des *Annales des arts & manufactures*, page 294 ; 2°. dans le *Bulletin de la Société d'encouragement*, décembre 1818, page 368.

Nous nous proposions d'entrer ici dans quelques détails sur l'invention, les progrès & l'histoire des *machines à vapeurs* ; mais nous avons cru devoir les renvoyer au mot POMPE A FEU, sous lequel elles étoient originairement connues. *Voy.* POMPE A FEU.

MACHINES COMPOSÉES. *Machine* formée de plusieurs *machines* simples, réunies, combinées ensemble, pour en former un tout.

Les *machines composées* sont, comme l'on voit, des assemblages d'une construction plus ou moins composée, par le moyen desquels on peut faire varier la valeur d'une puissance, en faisant varier la vitesse. *Voyez* MACHINE.

MACHINE D'ATWOOD ; machina Atwoodica ; *Atwoodische maschine* ; s. f. *Machine* imaginée par Atwood, pour prouver la vitesse simple & accélérée des corps.

Cette *machine* consiste en une tige verticale, KV, *fig.* 975, divisée en parties égales, par des traits marqués sur sa longueur. Une poulie A B, fixe, est placée à la partie supérieure ; son axe C, porté sur quatre petites poulies, afin de diminuer le frottement, en le changeant de première en deuxième espèce. On suspend à cette poulie un fil, F D E G, aux extrémités duquel sont fixés deux petits plateaux H & I, de poids égaux, de manière que, dans toutes leurs positions, ces poids se fassent équilibre. C'est pourquoi il est nécessaire que les fils soient extrêmement fins, que leur pesanteur soit insensible, & que leur poids puisse être négligé sans erreur sensible ; que le tout, enfin, soit disposé de manière qu'il suffise d'augmenter, d'une très-petite quantité, la masse de l'un des plateaux, pour mettre les deux corps en mouvement.

Tout l'avantage de cette *machine* consiste, dans la précision de son exécution ; le plus léger frottement, ou le moindre excès de pesanteur dans les deux fils, occasionneroit des résultats inexacts, dans les expériences que l'on exécute, à l'aide de son mécanisme.

Sur le support de la *machine* est un pendule P, qui bat les secondes, & avec lequel on peut comparer les temps écoulés pendant les espaces parcourus, qui sont indiqués par les divisions faites sur la tige KV, & l'on peut, par cette comparaison, déterminer la loi du mouvement.

Ainsi, si, après avoir placé un corps pesant sur le plateau H, on élève celui-ci jusqu'à la naissance K, de la graduation de la règle, & que l'on abandonne ce plateau, au moment où commence l'une des oscillations du pendule, on pourra remarquer, sur la règle, à quelle division le plateau se rencontre à chaque oscillation, & déterminer, de cette manière, la loi de sa chute.

Pour apprécier plus exactement les espaces parcourus, dans des temps égaux ou inégaux, on fixe, sur la règle, & l'on juge par le mouvement du pendule, le temps qui s'est écoulé, pendant que le plateau a parcouru chacune des divisions.

Habituellement, on fixe l'anneau N, de manière que le plateau y parvient en un nombre déterminé de secondes. Si, tout étant dans cet état, on place l'anneau M à une distance NM, triple de celle KN, on voit que le corps parcourt la distance NM, dans un temps, égal à celui qu'il a mis à parcourir la distance KN. Si l'on plaçoit une suite d'anneaux à des distances, qui fussent entr'elles comme les nombres 1, 3, 5, 7, &c., on verroit le plateau parcourir ces distances successives, dans des temps parfaitement égaux. On peut donc, à l'aide de la *machine d'Atwood*, prouver que, dans leur chute, les corps graves parcourent des espaces, qui sont entr'eux comme les carrés des temps.

En plaçant sur le plateau un poids en forme de règle, qui puisse être arrêté par l'anneau, dans le passage du plateau, on remarque que, dès que le poids est enlevé, le plateau continue à se mouvoir avec une vitesse uniforme, tandis qu'il se mouvoit, avec une vitesse accélérée, pendant tout le temps qu'il contenoit le poids ; mais ce que l'on remarque, c'est que les espaces que le corps parcourt, en vertu de cette vitesse uniforme, sont, dans le même temps, doubles de celui que le corps a parcouru, primitivement, avec une vitesse accélérée.

Si l'on varie les poids placés sur le plateau, on fait également varier les vitesses de ce même plateau, & l'on peut, ainsi, comparer les vitesses aux masses.

Il est facile de voir, qu'il est nécessaire de joindre, à cette *machine*, une boîte contenant des corps pesans, de différentes formes & de différens poids ; les formes sont ordinairement de deux sortes : les uns sont ronds, ou en forme de croix, mais d'une grandeur moindre que le diamètre intérieur de l'anneau, afin qu'ils ne puissent toucher l'anneau dans le passage du plateau, & retarder sa vitesse ; les autres doivent être en forme de baguette & avoir une longueur plus grande que le diamètre de l'anneau, pour que celui-ci puisse enlever ce corps, pendant son passage dans l'anneau, & diminuer ainsi la vitesse que le corps doit avoir.

Quant aux poids de ces corps, on les fait tels que, lorsque le plateau H est chargé du poids, que l'on considère comme unité, le plateau puisse parcourir, dans l'unité de temps indiqué par le pendule, un nombre fixe & déterminé de la division de la règle ; tous les autres poids sont des multiples de celui qui est pris pour unité.

La *machine d'Atwood* est une des plus ingénieuses, & en même temps une des plus essentielles qui doivent être placées dans un cabinet de physique ; & comme toute sa bonté consiste dans sa précision & dans son exécution, elle devient nécessairement une *machine* fort chère. Elle remplace, aujourd'hui, toutes ces *machines* inexactes avec lesquelles on faisoit, à l'époque de Muschenbroeck & de l'abbé Nollet, toutes les expériences sur les lois de la gravitation.

On a adapté à cette *machine* une règle, qui se place obliquement, sous diverses inclinaisons, & avec laquelle on peut répéter les expériences de la chute des corps sur un plan incliné.

Une description très-détaillée de cette *machine* a été publiée dans les *Annales de Physique* de Gilbert, en 1803, troisième numéro, pag. 1, & dans un ouvrage intitulé : *Description d'une machine nouvelle de dynamique*, inventée par Atwood, adressée à M. de Volta, par Magellan, Londres, 1780, in-4°. MM. Francœur & Poissons ont donné, dans leur *Traité de mécanique*, des formules qui contiennent toute la théorie de la *machine d'Atwood* : le premier, pag. 251 ; le second, pag. 46 du second volume.

MACHINE DE BOYLE ; machina Boylica ; *Boylische maschine* ; s. f. *Machine* destinée à faire le vide, & avec laquelle Boyle a fait de nombreuses expériences. *Voyez* MACHINE PNEUMATIQUE.

Quoique le nom de *machine de Boyle* semble en attribuer l'invention à ce savant Irlandais, il n'en est cependant pas l'inventeur. C'est la *machine* imaginée par Otto de Guericke, que Boyle a constamment employée : mais son nom a été, dans le temps, donné à cette *machine*, à cause des expériences nombreuses & nouvelles qu'il a fait connoître un des premiers.

MACHINE DE COMPRESSION ; machina comprimens ; *compressions maschine* ; s. f. *Machine* destinée à comprimer l'air, à le condenser.

Cette *machine* est, quelquefois, appelée *machine à condensation* ; elle sert à augmenter la densité de l'air, comme la *machine pneumatique* sert à la diminuer.

Elle est composée d'une tablette de bois A B, *fig.* 976, qui porte en dessous un canal de cuivre C D, logé, en partie, dans l'épaisseur du bois, & dont les deux bouts, relevés d'équerre, affleurent le dessus par une portée, qui est surmontée en *c* d'une vis, grosse comme le petit doigt, & longue de 7 à 8 lignes, & par une autre portée en *d*, sur laquelle est appliquée une petite platine ronde, percée au milieu, & attachée au bois avec des vis ou des clous à tête perdue. E est un robinet, dont la boîte affleure encore le dessus de la tablette. La clef de ce robinet est percée comme celle de la *machine* pneumatique (*voyez* MACHINE PNEUMATIQUE), c'est-à-dire, d'un trou diamétral & d'un autre trou oblique qui va gagner l'axe, & qui se continue jusqu'au bout d'en bas *e*.

Aujourd'hui, on ne pose plus ces robinets verticalement, on les p'ace horizontalement dans le tuyau E, *fig* 976 (*a*), en alongeant affez l'axe du robinet, pour que la tête T, fortant de deffous la tablette, puiffe fe manœuvrer facilement.

La vis qui eft au bout *c*, & qui excède de toute fa longueur le plan fupérieur de la tablette, reçoit une platine ronde de cuivre, de 6 pouces & demi de diamètre, & que l'on voit fous la cage, *fig.* 976 ; cette platine, percée au centre, eft retenue par un écrou plat, fur lequel on met un cuir gras, afin que l'air ne puiffe s'échapper par la jonction. Cette platine eft rebordée d'un cercle de cuivre foudé à l'étain, qui a quatre lignes de diamètre.

Sur les deux côtés de la tablette de bois, s'élèvent des piliers de fer ou de cuivre G *g*, terminés en haut par un tenon en vis. Entre ces deux piliers, & fur la platine, recouverte comme celle de la *machine* pneumatique, d'un cuir mouillé, on place un verre de criftal, ouvert par fes deux bouts & figuré en K, *fig.* 976 (*b*), qui ait partout trois à quatre lignes d'épaiffeur, & environ fix pouces de diamètre, rétréci d'un tiers par les deux bouts, & de telle hauteur que, quand les bords en auront été bien dreffés, il en ait encore un peu plus que le pilier G *g*, jufqu'à fa vis. Sur le bord d'en haut de ce vafe, on étend un cuir mouillé & on place par-deffus une platine ronde de fer ou de cuivre, L, *fig.* 976 (*c*), auquel font deux oreilles condées O *o*, & percées pour laiffer entrer les tenons à vis des piliers, auxquels on l'arrête avec deux écrous. Cette platine produit, par-là, tant en haut qu'en bas, une preffion qui ferme exactement le vafe K. On fait ordinairement à cette platine, un trou, taraudé au milieu, pour recevoir, en cas de befoin, une boîte à cuir. (*Voyez* BOÎTE A CUIR.) Dans les cas ordinaires, ce trou eft fermé avec une vis à oreille *l*, & un cuir gras interpofé.

Pour prévenir les accidens qui pourroient arriver par la rupture du cylindre K, on le couvre d'une cage de métal MNO, *fig.* 976 (*a*), afin de retenir les éclats, s'il venoit à fe rompre, par le reffort de l'air trop fortement comprimé.

On fait entrer l'air dans le récipient K, par le canal *d* D C *c*, avec une pompe foulante, qui fe viffe fur le bout *d* du canal, à l'aide d'un anneau de cuir gras, interpofé, & qui eft foutenu par un pilier S, plat par-devant, & creufé par-derrière en demi rond, pour loger la pompe R, laquelle y eft retenue par une bride à charnière, qui s'arrête avec un crochet. *Voyez* POMPE FOULANTE.

Quand on veut faire ufage de cette *machine*, on place *d* dans le récipient, ce que l'on veut mettre en expérience, foit en le pofant fur le plateau, foit en le fufpendant à un crochet, qui fe viffe fous la pièce L. On met la cage par-deffus, avec la platine L & les écrous, que l'on ferre l'un après l'autre à plufieurs reprifes. Après cela, on tourne la clef du robinet, de manière que la communication foit ouverte, entre la pompe & le récipient ;

& en mettant les deux pieds fur les bords de la tablette, on affujettit la *machine* & l'on fait jouer le pifton.

Dès que l'air eft fuffifamment condenfé, on fait faire un quart de tour à la clef du robinet, pour fermer le canal du côté du récipient, afin d'y retenir l'air dans l'état de compreffion qu'on lui a fait prendre ; & pour laiffer échapper cet air, on fait achever le demi-tour à la clef, ce qui établit une communication de l'intérieur du récipient avec l'atmofphère.

Afin de comprimer l'air dans des vafes ifolés, que l'on puiffe tranfporter commodément, on alonge la partie courbe *c*, du tube, & l'on viffe deffus un corps X, *fig.* 977, à l'extrémité duquel eft un robinet que l'on ferme, après la compreffion, pour maintenir l'air dans l'état où l'on a defiré l'obtenir.

On peut, avec cette *machine*, faire un grand nombre d'expériences dans l'air condenfé.

Galilée eft un des premiers phyficiens qui fe foit fervi de la *machine de compreffion*. Il faifoit ufage, pour cet effet, d'une feringue qu'il fixoit, par une vis, au vafe dans lequel il vouloit comprimer l'air. Haukfbee a perfectionné cette *machine*, en fubftituant, à la feringue, une pompe foulante qu'il faifoit mouvoir, par une roue dentée communiquant à une crémaillère. L'abbé Nollet a de nouveau perfectionné cette *machine* ; c'eft celle que nous venons de décrire. Winckler a fait connoître dans les *Principes de phyfique de Leipfick*, en 1754, pag. 130, une *machine de compreffion* affez fimple. C'eft un tube A B, *fig.* 977 (*a*), dans lequel eft un pifton P *p* mu par une tringle E P. Dans la partie fupérieure de ce tube eft une ouverture O. Ce tube communique à un autre F C, coudé en C. Dans ce tube eft une foupape *s*, qui permet à l'air d'entrer dans le tube F C, & qui ne lui permet pas d'en fortir. En foulevant le pifton jufqu'en O, l'air de l'intérieur du cylindre fe dilate ; mais dès que le pifton a dépaffé l'ouverture, il entre auffitôt de l'air qui le remplit. Pouffant le pifton vers le bas, cet air fe comprime, foulève la foupape *s*, & entre dans le vafe V qui doit le recevoir. Soulevant le pifton, la foupape fe ferme, l'air fe dilate dans le cylindre, jufqu'à ce que le pifton en dépaffe l'ouverture O, puis l'air entre par cette ouverture, pour remplir le cylindre ; abaiffant de nouveau le pifton, l'air fe comprime, ouvre la foupape & pénètre dans le vafe.

Si, par l'ouverture O, on établit une communication avec un vafe rempli d'un gaz particulier, c'eft ce gaz que l'on comprime dans le récipient V ; fi on laiffe l'ouverture O communiquer avec l'atmofphère, c'eft de l'air atmofphérique que l'on comprime.

Connoiffant le rapport qui exifte entre le volume intérieur de la pompe jufqu'à l'ouverture O, & celui du vafe & du conduit qui y communique, il eft facile de déterminer, par le calcul, le degré de compression de l'air intérieur, après un nombre déterminé de coups de piston. Suppofons que V foit le volume du récipient & des conduits, & $\frac{V}{a}$ le volume du vide de la pompe, jufqu'à l'ouverture O, il eft clair qu'à chaque coup de piston, fi celui-ci parvient jufqu'au fond, on fera en rer $\frac{V}{a}$ d'air, à la preffion de l'atmofphère, & qu'après

n coup de piston, il fera entré $\frac{n\,V}{a}$ d'air, à la preffion de l'atmofphère. Si, primitivement, l'air contenu dans le récipient, étoit à cette même preffion, la quantité d'air contenue dans le récipient

fera $V + \frac{n\,V}{a} = \left(\frac{a+n}{a}\right) V$ d'air, à la preffion de l'atmofphère.

Maintenant, pour connoître le degré de condenfation de l'air, on peut faire ufage de cette formule. La compreffion de l'air eft proportionnelle aux quantités réduites à un même volume.

Ainfi, foit P la preffion de l'air atmofphérique, V le volume de l'air à cette preffion, p la preffion de l'air comprimé, $\left(\frac{a+n}{a}\right) V$ le volume de l'air à P de preffion, réduit au volume V; on aura :

$$V : P = \frac{a+n}{a} V : p ;$$

d'où il fuit $V\,p = \left(\frac{a+n}{a}\right) V.P,$

& par fuite $p = \frac{a+n}{a} P.$

— Il eft difficile que, dans cette expérience, tout l'air contenu dans le cylindre entre dans le récipient; la plus petite quantité reftante, occafionnant de très-grandes différences dans ces réfultats; on préfere donc de déterminer cette preffion par l'expérience. Pour cela, on applique au tuyau CF, un tube capillaire T t, *fig.* 978, dans lequel eft une bulle de mercure M. L'efpace U t eft rempli d'air, à la preffion de 28 pouces de l'atmofphère. Divifant cet efpace en progreffion géométrique, telle que :

$$U v = \frac{U\,t}{2}; \quad V x = \frac{V\,t}{2}; \quad xy = \frac{x\,t}{2}, \&c.$$

c'eft-à-dire, que les efpaces fucceffifs V t, $x\,t$, $y\,t$, $z\,t$, &c. $= \frac{1}{2}, \frac{1}{4}, \frac{1}{8}, \frac{1}{16}$ &c. de U t. Le mouvement de la bulle de mercure indiquera la compreffion de l'air qui fera à V de deux atmofphères; à x, de 4 atmofphères; à y, de 8 atmofphères, &c.

On peut encore placer, dans le nombre des *machines de compreffion*, celle que l'on emploie pour comprimer l'eau, le bois, la pierre, &, en général, tous les corps dont on veut éprouver

l'élafticité ou la réfiftance. Telle eft, par exemple, la boule de métal remplie d'eau, dans laquelle Hoffmann enfonçoit une vis, & qui eft décrite dans le *Sylloge commenf. Gætting.* 1762; celle de Fontana, décrite dans le *Journal des Savans*, année 1777, celle de Abich, compofée d'un cylindre métallique de 14½ lignes de vide & de 14½ lignes d'épaiffeur, dans lequel on enfonce, à l'aide d'un levier chargé de poids, un pifton de fer dans la maffe d'eau. *Voyez* COMPRESSION DE L'EAU, COMPRESSIBILITÉ.

MACHINE DE GIRTANNER; *machina Girtannerica; Girtannerifche mafchine;* f. f. Appareil propre à la refpiration des gaz, imaginé par Girtanner.

Cette *machine* eft compofée d'une plaque & de deux tubes, dont un eft vertical & l'autre horizontal, & d'un ballon. La plaque a l'étendue convenable pour couvrir le nez & la bouche; elle eft élaftique & entourée d'un bourrelet de cuir; fon centre eft percé & fixé, à une des extrémités du tube horizontal. Celui-ci, long de 27 centimètres, large de deux, eft coupé obliquement à fon autre extrémité, qui eft fixée au ballon, & il y eft muni d'une foupape qui s'ouvre en dedans. Ce tube, qui fert à l'infpiration, communique, à un tiers environ de cette extrémité, avec la perpendiculaire: celui-ci eft long de 13 centimètres, large de deux centimètres; il eft coupé obliquement à fon extrémité libre, & il y eft muni d'une foupape qui s'ouvre en dehors; il fert, comme on le conçoit, à l'expiration.

Au moyen de cette *machine*, on refpire avec facilité des gaz, & on rend, par l'expiration, le fuperflu, fans qu'il retourne dans le bocal où eft contenu le gaz à refpirer, mélange qui l'altéreroit.

Dans fes expériences fur la refpiration des gaz, que l'illuftre Lavoifier a exécutées, en commun, avec M. Seguin, il a fait ufage d'un mafque de métal, qui fe fixoit fur la figure, à l'aide d'un maftic. Ce mafque avoit également deux ouvertures, l'une pour recevoir le gaz infpiré, & l'autre pour le dégagement des gaz expirés.

MACHINE DE CONDENSATION; *machina denfationis; compreffion mafchine;* f. f. *Machine* à l'aide de laquelle on condenfe l'air, les gaz & différens corps. *Voyez* MACHINE DE COMPRESSION.

MACHINE DE MARIOTTE; *machina Mariottica; Mariottifche mafchine;* f. f. *Machine* imaginée par Mariotte, pour apprécier les effets produits par le choc des corps.

Cette *machine* fe compofe d'un montant D E, *fig.* 979, de cinq à fix pieds de hauteur, fixé perpendiculairement fur un foc triangulaire A B; des vis à, b fervent à placer le foc, de manière que le montant foit vertical. Une rainure à jour F, eft pratiquée dans le haut du montant, pour y placer & y faire gliffer deux portans H, 1, fitués perpendiculairement au plan du montant, & qu'on retient en pofition par deux vis-de-preffion, adaptés, particulièrement, fur la queue de ces portans. En H, *fig.* 979 (*a*), extrémité de l'un des portans, eft un point fixe, fur lequel eft attaché un fil, qui paffe par les ouvertures UV, *fig.* 979 (*b*), faite dans la même pièce de cuivre. Cette pièce eft percée & taraudée pour recevoir une vis XY, terminée en forme de crochet, auquel on fufpend une bille, ou tout autre corps, dont on veut éprouver le choc : cette vis monte & defcend dans fon écrou ; elle fert à élever ou abaiffer la bille qu'elle porte, afin que fon centre fe trouve dans la même ligne horizontale, que celle de fa voifine, fufpendue de la même manière, au fecond portant de la *machine*.

Après avoir paffé par les ouvertures UV, de la pièce de cuivre, le fil attaché en H, *fig.* 979 (*a*), revient embraffer la circonférence d'une poulie B, & fe rattacher fur une cheville C, pofée latéralement fur le montant de la *machine* ; mais à hauteur convenable pour qu'on puiffe la faifir aifément, la faire rouler dans fon trou, pour alonger ou raccourcir le fil.

On a placé, à quelque diftance au-deffus du foc de la *machine*, un châffis de bois MN, dont la planche intérieure eft creufée en bifeau, pour recevoir deux règles de bois OP, divifées chacune en un nombre de parties égales.

Deux fils de laiton *ff*, *gg*, *fig.* 979 (*c*), font tendus parallèlement au devant de cette traverse, ayant entr'eux un pouce de diftance environ. On fait paffer, dans cet efpace, les tiges de métal, auxquelles les billes font fufpendues. Sur l'un de ces fils gliffe, un petit index de cuivre *e*, qui s'appuie fur l'autre ; il fert à indiquer la graduation à laquelle les billes, ou l'une des billes, doit s'élever après le choc.

Il eft facile de voir, qu'avec cette *machine*, on peut déterminer les effets du choc des corps, de toute nature & de toute dureté. Ainfi, pour déterminer les effets du choc des corps mous, on fe fert, communément, de billes faites de terre glaife bien détrempée & bien molle. On en fait deux de même poids, qu'on traverfe avec un fil de métal, retenu dans l'intérieur de la bille par un petit morceau de liége, attaché à l'extrémité inférieure du fil de métal ; l'autre extrémité doit être contournée en forme de crochet, pour fufpendre cette bille à la *machine*. On en fait une troifième de même matière, mais d'un poids différent ; on la fait, ordinairement, fous une demi-maffe, &, dans ce cas, on peut confidérer la petite comme le tiers d'une maffe, dont chacune des deux autres repréfente les deux tiers, & les réfultats des expériences font bien plus faciles à développer.

Les deux billes égales en maffe, étant placées dans le même plan & dans la même ligne, on difpofe les deux tablettes O, P, de manière que,

l'origine de la graduation réponde, de part & d'autre, au centre de la bille, ou plus commodément, au fil de métal qui la traverfe. Cela fait, l'une des billes reftant en repos, fi on élève l'autre, par un arc d'un certain nombre de degrés, & qu'on l'abandonne à elle-même, on remarquera, après le choc, que les deux billes fe mouvront dans la direction de la bille choquante, & qu'elles mefureront, l'une & l'autre, un arc fous-double de celui que la bille choquante aura parcouru avant le choc.

Nous ne pousferons pas plus loin la defcription des expériences que l'on peut faire, fur le choc des corps, avec la *machine de Mariotte*. Un grand nombre de ces expériences ont été exécutées par plufieurs favans. Muschenbroeck, Defagliers, s'Gravefende, les ont décrites, en grande partie, dans les *Traités de Phyfique* qu'ils ont publiés. Les réfultats qui ont été obtenus, ont fervi de bafe aux principaux théorèmes fur le choc des corps, & aux bafes d'après lefquelles on y a appliqué l'analyfe. *Voyez* CHOC DES CORPS.

MACHINE DE NAIRNE; *machina Nairnica*; *Nairnifche mafchine*; f. f. *Machine* électrique à cylindre, imaginée par Nairne, pour électrifer des malades.

Cette *machine* a deux conducteurs : l'un qui porte les frottoirs ; l'autre, les pointes qui foutirent l'électricité. Le cylindre & les deux conducteurs font ifolés.

Avec cette *machine*, on peut obtenir, à volonté, de l'électricité pofitive & négative ; il fuffit, pour cela, de faire communiquer, au réfervoir commun, l'un ou l'autre des conducteurs. En faifant communiquer le conducteur qui fupporte les frottoirs, l'électricité eft foutirée du réfervoir commun, introduit par les frottoirs fur le cylindre de verre, puis foutirée par les pointes de l'autre conducteur, pour être accumulée fur fa furface. Dans cette circonftance, c'eft de l'électricité pofitive ou E que l'on obtient, comme dans toutes les autres *machines électriques* à plateau de verre.

Si, au contraire, on fait communiquer le conducteur, armé de pointes, avec le réfervoir commun, & que l'on conferve ifolé, le conducteur qui porte les couffins ; alors, toute l'électricité retirée par le cylindre de verre, du conducteur porte-frottoir, eft foutirée par les pointes de l'autre conducteur, & tranfmife au réfervoir commun. Le conducteur porte-frottoir s'électrife négativement ou C, & l'on peut faire ufage pour le traitement, d'électricité réfineufe.

En conservant ifolés les deux conducteurs, l porte frottoir s'électrife C, le porte-pointe s'électrife E, de manière que l'on peut employer alternativement, l'une & l'autre électricité.

Nairne a joint à fa *machine* électrique toutes pièces néceffaires pour électrifer facilement commodément, toutes les parties de la personne que l'on soumet à ce genre de traitement. *Voyez* ÉLECTRICITÉ MÉDICALE, MACHINE ÉLECTRIQUE.

MACHINE DE PAPIN ; machina Papinica ; *Papinische maschine*, s. f. Vase de métal très-épais, que l'on ferme hermétiquement, & dans lequel on peut, en chauffant de l'eau, porter sa température, & la force expansible de sa vapeur, à un très-haut degré. *Voyez* MARMITE DE PAPIN.

MACHINE DE PASCAL ; machina Pascalica ; *Pascalische maschine* ; s. f. Appareil, imaginé par Pascal, pour prouver que la pression, exercée par les liquides sur le fond des vases, est égale au poids d'un prisme de liquide, qui auroit ce fond pour base, & pour hauteur celle de la colonne du liquide au-dessus de ce fond.

Voici en quoi consiste cet appareil : sur les deux petits côtés d'une caisse A B, *fig.* 980, s'élèvent deux montans C D, C D, dans la largeur desquels glissent, à rainure & à languette, deux queues F, F, d'une traverse G H. Cette traverse porte deux supports I, K, sur le haut desquels roulent les deux axes des romaines L, M. Ces romaines sont terminées, de part & d'autre, par des arcs de cercle, décrits du centre commun de leur mouvement.

La traverse G H est ouverte en *e f*, pour laisser passer un cordon, dont les extrémités sont attachées en *a, b*, & auquel on accroche le fil de laiton *c d*, fixé au piston.

Vers le milieu de la caisse A B, est monté, à vis, un cylindre de cuivre N O, de six pouces de hauteur & de trois à quatre pouces de diamètre, suivant la grosseur du vase cylindrique R.

Dans ce cylindre, qui doit être exactement calibré selon toute sa hauteur intérieure, glisse un piston P, fait de plusieurs tranches de cuirs, bien arrondies & bien serrées entre deux platines de cuivre, un peu moins larges que les cuirs. Ce piston doit glisser grossièrement dans le cylindre, & le remplir exactement pour sceller l'eau.

Pour retenir le piston & l'empêcher de tomber dans la caisse, on visse au bas du cylindre N O, un fond, ouvert à son centre, d'un trou de deux pouces environ de diamètre, pour que l'air ait la liberté de s'échapper, lorsque le piston descend. On monte pareillement, à vis, un cercle de cuivre dans l'intérieur & sur le bord supérieur du cylindre N O, lorsque le piston P est en place. Ce cercle fait un rebord qui retient ce piston, & qui l'empêche, lorsqu'il s'élève, de venir frapper contre les bords du vaisseau de cristal qui surmonte le cylindre.

Z, U, Y, *fig.* 908, sont trois vaisseaux de cristal, de forme & de capacité différentes, mais réduites vers le bas au même diamètre, par des viroles de cuivre qui y sont mastiquées.

Le premier, Z, est cylindrique, & de même diamètre que le piston P qui lui sert de base,

lorsqu'il est monté sur le cylindre N O, *fig.* 980. Le second, U, est extrêmement évasé par le haut, & le troisième, Y, n'est qu'un tube d'un pouce environ de diamètre, mais élargi vers le bas par une virole de cuivre, qui le ramène aux mêmes dimensions que les précédens.

Ces trois vaisseaux se montent successivement sur le cylindre N O, & on a soin d'interposer un cuir mouillé dans leur jonction, pour fermer le passage à l'eau qui pourroit filtrer par les vis, & s'écouler.

D'abord, on monte le vaisseau cylindrique Z ou R ; on attache le piston, qui lui sert de base, à l'une des extrémités de la tige de métal *c d*. On suspend cette tige aux cordons qui sont attachés aux romaines M L ; on fait descendre le piston P, dans le cylindre N O, jusqu'à ce que les deux bras *a, b*, de ces romaines, soient totalement abaissés ; ce qui donne plus de jeu à ces balances, faites pour trébucher en sens contraire pendant l'expérience. On remplit d'eau le vaisseau R jusqu'à une hauteur connue, & désignée par une marque *g* sur la queue du piston ; on suspend encore aux extrémités *h* & *i* des romaines, des poids *p*, *p*, qui soient suffisans pour enlever le piston P.

Abstraction faite du frottement que le piston éprouve, lorsqu'il se meut dans le cylindre N O, frottement qu'on peut supposer le même dans tous les cas, on peut juger, par ce poids, de la pression de l'eau contre le fond du vaisseau R.

Substituant les autres vases U, V, à la place de celui R ; disposant les romaines de la même manière, & emplissant d'eau les vases à la même hauteur *g*, marquée sur la tige du piston, on trouve qu'il faut la même force, ou les mêmes poids pour le soulever ; d'où il suit que la pression de l'eau est la même, sur le même fond, lorsque la hauteur du liquide est la même, & cela, quelles que soient la forme des vases & la quantité d'eau qu'ils contiennent.

En plaçant sur les faces latérales du cylindre N O, un autre cylindre, contenant également un piston, que l'on puisse tirer horizontalement à l'aide d'une corde & d'une poulie, on peut, avec la même *machine*, mesurer la pression horizontale des liquides sur les parois des vases. *Voyez* LIQUEUR, HYDROSTATIQUE.

MACHINE DE PERCUSSION ; machina percussionis ; *percussion maschine* ; s. f. Machine imaginée par Mariotte, pour estimer la force de percussion ou du choc des corps. *Voyez* MACHINE DE MARIOTTE.

Nous croyons nécessaire d'ajouter, à la description que nous avons donnée de cette *machine*, le moyen que l'on emploie pour multiplier les corps que l'on expose au choc, ou à la percussion d'un ou de plusieurs autres.

Pour cela, on suspend plusieurs billes les unes à côté des autres, *fig.* 979 (*d*), de manière que leur centre se trouve dans une même ligne horizontale; alors, on frappe la rangée de ces billes, soit avec une seule, soit avec plusieurs, & l'on observe les effets résultant de ce choc. *Voyez* PERCUSSION.

MACHINE DES FORCES CENTRALES; *central maschine;* f. f. Appareil destiné à faire connoître les forces centripètes & centrifuges.

Cette *machine* se compose d'une table triangulaire. A B C D, *fig.* 981, posée sur un plan. Un montant G E, est fixé perpendiculairement sur cette table: dans le montant est une roue que l'on fait tourner à l'aide d'une manivelle; une corde sans fin, qui passe sur cette roue R, vient embrasser une seconde roue r, puis descend le long du montant pour joindre deux poulies verticales c, d. Après avoir passé sur ces poulies, la corde prend une direction horizontale, pour venir embrasser deux autres poulies F, G, fixées sur la table. Sur ces deux poulies on fixe, avec des vis, des tablettes, *fig.* 981 (*a*), (*b*), (*c*); sur l'une K L, *fig.* 981 (*a*), est une tringle de métal dans laquelle sont enfilées deux ou plusieurs billes; sur une seconde M N, *fig.* 981 (*b*), so t deux matras qui communiquent à un vase fermé, dans lequel est un liquide; sur un autre O P, *fig.* 981 (*c*), sont quatre tubes fermés par les deux bouts: les uns contiennent deux liquides de diverse densité; d'autres, de l'air & un liquide; d'autres, un liquide & deux billes, l'une plus pesante, qui se porte naturellement au fond du liquide, l'autre plus légère, qui surnage.

Plaçant l'une ou l'autre de ces tablettes sur les poulies portantes F, G, *fig.* 981, & faisant mouvoir la roue R, son mouvement se communique, à l'aide de la corde sans fin, aux deux poulies portantes, & leur procure un mouvement de rotation; alors, les tablettes fixées sur les poulies portantes, se meuvent comme elles.

Examinant l'effet de ce mouvement sur chacune des tablettes, on voit: 1°. qu'une bille seule, placée sur le fil métallique K L, reste au centre du mouvement, si elle y a été parfaitement placée; mais, quelque peu que son centre de gravité s'écarte du centre de mouvement, on voit aussitôt cette bille se porter avec force à l'extrémité du fil, du côté où le centre de la bille s'écarte du centre de mouvement; 2°. plaçant la tablette M N, on voit, pendant le mouvement de rotation, le liquide du vase V, monter dans les ampoules des matras, & l'air descendre pour remplacer le liquide; 3°. le même effet arrive dans les tubes O P; mais, lorsqu'il y a trois fluides de densité différente, le plus léger descend au fond du tube, lorsque le plus pesant monte au sommet. Enfin, dans le tube où l'on a placé deux balles & un liquide, la balle plus pesante que le liquide, monte, la plus légère descend. On voit, dans ces expériences, que, dans tout système de corps mobiles, les corps les plus pesans s'écartent du centre de

rotation, lorsque les plus légers s'y transportent pour les remplacer. *Voyez* FORCES CENTRALES.

A la place de cette *machine* assez volumineuse, on a substitué, dans ces derniers temps, une colonne sur laquelle est un cylindre vertical, dont l'axe se meut facilement. Les tablettes qu'on veut soumettre à l'expérience, se placent, se fixent, à l'aide de vis, sur le plan du cylindre. Une corde qui l'entoure, est tirée; en se développant, elle procure au cylindre un mouvement de rotation qui est communiqué aux tablettes, & produit ainsi les mêmes effets, que la grande & volumineuse *machine* dont on se servoit autrefois.

MACHINE DE VERA; *machina hydraulica funicularis; funicular machine des Vera;* f. f. *Machine* imaginée par Vera, pour élever de l'eau à l'aide d'une corde, plongée dans un réservoir contenant de ce liquide.

Cette *machine* se compose de deux poulies A & B, *fig.* 982. La dernière plonge dans un réservoir d'eau R; la première est placée à la hauteur à laquelle on veut élever l'eau. Une corde sans fin passe sur les deux poulies; la poulie supérieure A, est mise en mouvement à l'aide d'une roue T, sur laquelle passe une corde sans fin, qui enveloppe une troisième poulie, fixée sur l'axe de la roue A.

En tournant la roue T, on communique un mouvement de rotation à la poulie A; celle-ci fait mouvoir la corde a b: la partie b, en s'élevant, après avoir plongé dans l'eau, entraîne avec elle le liquide qui la mouille; il monte avec la corde: arrivée près de la roue A, la corde s'enroule sur la poulie & change la direction de son mouvement; dans ce changement de direction, l'eau qui avoit une vitesse acquise dans la direction primitive de la corde, s'échappe par la tangente de son nouveau mouvement. Ainsi, pendant tout le temps que la corde se meut autour de la poulie A, l'eau qui change, successivement, de direction, s'échappe de la corde & tombe dans le réservoir, ou mieux la caisse C, dans laquelle la poulie est placée; de cette caisse, l'eau peut être dirigée par un conduit D, là où l'on veut l'employer.

Vera, étant alors commis de la poste aux lettres, & logeant à un troisième étage, imagina, après plusieurs tentatives, la *machine* que nous venons de décrire, & qu'il employa, pendant quelque temps, pour monter l'eau dont il avoit besoin. Tout fait croire que l'idée de cette *machine* lui vint, de l'observation qu'il fit, que les roues des voitures éclaboussoient les passans, par l'eau qui s'échappoit par la tangente de leur mouvement, après avoir passé dans des ruisseaux ou autres lieux mouillés.

Dès que cette nouvelle *machine* fut connue, chacun s'empressa de la perfectionner; les uns réunirent plusieurs cordes; d'autres firent usage de sangle; d'autres de cordes de genêts ou de spartérie; mais, les effets n'en furent pas considérablement

dérablement augmentés. Avec une feule corde de vingt-une lignes de tour, on éleva deux cent cinquante pintes d'eau, à foixante-trois pieds, de hauteur, en huit minutes.

Alors, cette machine fut regardée comme préférable aux pompes ordinaires, & on la foumit à une foule d'expériences comparatives, mais elle ne put fupporter la comparaifon. Les pompes les moins parfaites élèvent beaucoup plus d'eau à la même hauteur, & dans le même temps, en employant la même force.

Un examen un peu attentif de la machine, fit bientôt apercevoir le défavantage qu'elle devoit avoir fur les pompes. Dans celles-ci, lorfque les tuyaux, les foupapes & les piftons font bons, on élève toute l'eau que l'on a puifée dans le réfervoir. Dans la machine de Vera, au contraire, à mefure que la corde s'élève, elle laiffe tomber une partie de l'eau qui adhéroit à fa furface, de manière que, lorfqu'elle eft parvenue à une grande hauteur, elle ne contient plus qu'une fraction de l'eau qu'elle a entraînée avec elle. Ainfi, une force affez confidérable a donc été employée en pure perte, pour élever, à des hauteurs différentes, l'eau qui s'eft échappée de la corde, & qui n'eft pas parvenue jufqu'au réfervoir fupérieur.

Quelque défavantage que cette machine ait fur les pompes, fur les norias, & fur un grand nombre de machines analogues, elle peut pourtant être encore employée dans quelques circonftances, à caufe de la facilité & du peu de dépenfe avec laquelle on peut l'établir. En effet, il fuffit de deux poulies & d'une corde; l'une des poulies fe fixe dans le réfervoir inférieur, l'autre dans une caiffe qui doit recevoir l'eau, & à l'aide d'une manivelle on fait mouvoir la poulie fupérieure. On peut donc facilement, avec cette machine, élever de l'eau inftantanément, & même épuifer des amas d'eau; mais, en employant une force plus grande que celle que l'on appliqueroit à d'autres machines deftinées au même ufage.

MACHINE DU VIDE; machina inanis; leerifche mafchine; f. f. Machine avec laquelle on retire l'air contenu dans un efpace; avec laquelle on fait le vide. Voyez MACHINE PNEUMATIQUE.

Une manière de faire le vide, extrêmement fimple, confifte à remplir le vafe dont on veut chaffer l'air, avec un liquide facilement vaporifable, & même avec de l'eau; faire bouillir ce liquide, le transformer en vapeurs, en ménageant une iffue pour la fortie de l'air & des vapeurs; bouchant cette iffue, dès que l'air eft entièrement expulfé du vafe, & le laiffant refroidir, toute la vapeur du liquide fe condenfe, & le vafe eft vide d'air.

Cependant, on ne doit pas regarder le vafe, après cette expérience, comme contenant un vide auffi parfait que celui que l'on auroit obtenu

à l'aide d'une excellente machine pneumatique, parce que l'efpace eft toujours rempli de la vapeur à l'aide de laquelle on a chaffé l'air; & la quantité & la force expanfive de cette vapeur, dépendent de la nature du liquide que l'on a employé, & de la température intérieure du vafe.

MACHINE ÉLECTRIQUE; machina electrica; elektrifir mafchine; f. f. Machine avec laquelle on obtient de l'électricité.

Ces machines fe compofent d'un plateau PP, fig. 989, percé dans fon milieu, pour le faire traverfer par un axe AA, à l'une des extrémités duquel eft une manivelle m: Cet axe traverfe un montant MM, verticalement fixé fur une tablette horizontale TT. Le plateau de verre eft retenu dans fes montans par quatre couffinets C, C, C, C, formés de peau clouée fur du bois, & entre lefquels on a mis du crin, pour produire une compreffion molle & douce. Un conducteur métallique & cylindrique D, terminé à fes deux extrémités par des calottes fphériques S s, eft porté fur deux piliers de verre VV; deux branches métalliques BB, font fixées fur l'une des calottes fphériques S; elles font terminées par des godets g, g, dans lefquels font des pointes pour foutirer l'électricité.

En tournant la manivelle, le plateau frotte circulairement entre les quatre couffins: par ce frottement, le plateau de verre enlève de l'électricité aux couffins; il s'électrife pofitivement ou E, tandis que les couffins s'électrifent négativement ou ℰ. Mais, comme les couffins font fixés aux montans, qui font d'une nature conductrice, ceux-ci rendent de fuite, aux couffins, l'électricité qu'ils ont cédée au plateau, & de nouvelle électricité, venant du réfervoir commun, avec lequel les montans communiquent, remplace de fuite celle qui a été cédée aux couffins. Les faces du plateau, électrifées par le frottement des couffins, arrivent promptement près des pointes placées fur la circonférence, à égales diftances des couffins fupérieur & inférieur, & ceux-ci foutirent, au plateau, l'électricité qu'il a enlevée aux couffins: cette électricité fe propage fur toute la furface du conducteur ifolé.

Après leur paffage devant les pointes, chaque partie de la circonférence du plateau repaffe dans de nouveaux couffins, où elle puife de nouvelle électricité, que l'autre pointe leur enlève. Ainfi, par un mouvement continu de rotation, le plateau enlève fucceffivement de l'électricité aux couffins, qui eft auffitôt remplacée par le réfervoir commun, & cette électricité eft enlevée au plateau, par les pointes des deux bras du conducteur, pour être répartie fur toute la furface de celui-ci. Alors l'électricité s'accumule, jufqu'à ce qu'il y ait équilibre entre l'action exercée par le plateau, pour enlever de l'électricité aux couffins, & l'action exercée par les pointes, pour enlever de l'électricité du plateau; ou bien, jufqu'à

Ddddd

ce que l'électricité, accumulée sur le conducteur, soit parvenue à un degré d'intensité tel, que l'effort de l'air ne puisse plus le retenir.

Il est facile de conclure, de cette manière de prendre, de rendre & de retenir l'électricité, que l'intensité de celle-ci, sur le conducteur, dépend : 1°. de la différence d'affinité pour l'électricité, de la matière du plateau & des coussins ; 2°. de l'isolement plus ou moins parfait du conducteur ; 3°. de l'état hygrométrique de l'air.

Quant à la propriété électrique des verres, elle est extrêmement variable. Un grand nombre d'expériences, faites dans le dessein d'indiquer les rapports de faculté électrique de chaque verre, n'ont rien produit de satisfaisant. Les uns préfèrent le verre olivâtre, que l'on emploie dans la fabrication des bouteilles ; les autres, le verre vert d'eau, & plus ou moins blanc, avec lequel on fabrique la verroterie & les verres à vitres ; d'autres, le verre coulé dans la fabrication des glaces ; d'autres, le verre pesant, contenant de l'oxide de plomb, & avec lequel on fabrique la cristallerie ; d'autres, enfin, le verre bleu, coloré par le cobalt. Ce qu'il y a de certain, c'est que, parmi les verres que l'on fabrique dans une même verrerie, les uns sont fortement électrisables & les autres peu ; les uns conservent long-temps leur électricité, les autres la perdent promptement ; souvent même, ces différences, dans les verres, s'observent dans ceux que l'on retire d'un même pot ou creuset.

Pour obtenir des plateaux parfaitement électrisables, ce qu'il y a de plus certain, c'est d'essayer, dans un grand magasin, les différens verres qui s'y trouvent, & de ne faire tailler, en plateau de *machine électrique*, que ceux qui sont parfaitement électrisables ; cet essai est très-facile : il consiste à frotter chaque morceau de verre avec un morceau de drap, & d'essayer avec un électromètre, ou autrement, quelle est l'intensité de l'électricité produite.

La nature des substances employées pour la formation des coussins, ainsi que leur construction, a aussi une grande influence sur la production de l'électricité. Il faut que les coussins soient fermes sans être durs, que leur frottement soit égal & leur compression moyenne : on règle cette compression à l'aide de ressorts. La surface des coussins doit être enduite d'une substance, dont l'affinité pour l'électricité, soit la plus opposée à celle du verre dont on fait usage ; c'est pourquoi on a imaginé & employé divers amalgames. (*Voy.* AMALGAME ÉLECTRIQUE) La matière de ces amalgames doit être molle, afin de ne pas rayer le verre ; elle doit facilement s'attacher aux coussins ; & la conductricité, par les montans qui supportent les coussins, doit être la plus parfaite. Souvent on est obligé de placer, le long de ces montans, une bande métallique qui établisse une parfaite conductricité.

Nous devons encore observer, que les piliers de verre, ou d'autres matières, qui supportent le conducteur, doivent être parfaitement isolans. Il faut choisir les verres qui isolent le mieux, & les recouvrir même d'une couche de vernis de gomme laque, pour les rendre moins susceptibles d'attirer l'humidité de l'air.

Rien, peut-être, n'est plus variable, dans les *machines électriques*, que la grandeur des plateaux ; il en est qui ont douze pouces de diamètre, & d'autres jusqu'à soixante pouces. La limite de la grandeur dépend, de celle des plateaux de verre que l'on peut obtenir. Toutes choses égales d'ailleurs, ces sortes de *machines* produisent des effets proportionnels à la grandeur des plateaux. Mais, pour que les effets soient les plus grands possibles, il faut que la grandeur des frottoirs soit proportionnée à celle des plateaux. Cette grandeur a des limites. Leur extrémité doit être à douze pouces, au moins, de l'axe du plateau, dans les *machines* de soixante pouces, & , à cette distance même, on voit souvent l'électricité produite, glisser le long du verre pour se porter sur cet axe.

Un perfectionnement assez important, qui a été fait aux *machines électriques*, sur la fin du siècle dernier, c'est l'addition, aux coussins, d'un morceau de taffetas gommé, qui recouvre les deux surfaces du plateau, jusqu'à une petite distance des pointes du conducteur. Ces morceaux de taffetas retiennent l'électricité sur la surface des verres ; ils l'empêchent de s'exhaler dans l'air ; & lorsque les portions du verre électrisées, arrivent près des pointes du conducteur, ceux-ci en retirent une quantité d'électricité beaucoup plus considérable. La même *machine électrique*, essayée dans le même temps, avec & sans addition de taffetas gommé, a électrisé le conducteur, au même degré d'intensité, él.-ctrique, après quatre tours avec le taffetas, & après six seulement sans taffetas.

Ordinairement, les *machines électriques* sont à un seul plateau ; quelques-unes, cependant, sont à deux, à trois & à un plus grand nombre de plateaux. On cite, parmi les *machines électriques* à deux plateaux, celle de Harlem, exécutée pour le Muséum de Teyler, en 1785, par Cuthbertson.

Cette *machine* se compose de deux plateaux de glace, coulés à Saint-Gobin, qui ont soixante pouces de diamètre ; ils sont placés sur un même axe, & éloignés de sept pouces environ l'un de l'autre. Ces plateaux se meuvent entre huit coussins de taffetas ciré, placés au haut & au bas de chacun d'eux ; ils ont quatorze pouces de longueur. Le milieu des plateaux est couvert d'une composition résineuse, qui s'étend à quatorze ou quinze pouces de distance du centre des plateaux ; elle sert à empêcher les vibrations du plateau ; & la dissipation de la matière électrique. Le conducteur est formé de cinq pièces coudées en équerre ; ses bras, armés de pointes, s'étendent jusque dans l'espace qui sépare les deux plateaux.

Toute la *machine* eſt ſoutenue par des piliers de verre, même l'axe de la *machine*. Il faut deux hommes, au moins, pour la faire mouvoir. Lorſqu'elle doit fonctionner un peu de temps, on la fait mouvoir par quatre perſonnes.

L'électricité que produit cette *machine* eſt ſi forte, qu'elle ſe diſſipe même par l'axe des plateaux. C'eſt ce qui a obligé de faire ſupporter l'axe avec des colonnes de verre. Alors, on place un fil de laiton qui communique, d'une part, aux couſſins inférieurs, &, de l'autre, au réſervoir commun; un ſecond fil de métal communique également, des couſſins ſupérieurs au haut de la baluſtrade du Muſéum: quand on veut électriſer négativement, on ôte ces fils, & l'on fait ſupporter la *machine* par des pieds de verre.

Avec cette *machine*, on obtient une ſi forte intenfité électrique, qu'on tire, à la diſtance de 24 pouces, des étincelles de la groſſeur d'un tuyau de plume, qui paroiſſent ſerpenter, & dont il ſe dégage des petits rameaux, leſquels s'étendent quelquefois à huit pouces. On peut allumer, avec cette *machine*, du linge brûlé, de la réſine, de l'amadou, de l'huile de térébenthine & de l'huile d'olive. Une lame d'or battu, d'une ligne & demie de largeur, & de vingt pouces de longueur, placée entre deux bandes de glace, y eſt fondue par l'étincelle. Ayant ſuſpendu les conducteurs avec des cordons de ſoie, de douze pieds de longueur, ou les ayant ſoutenus avec des colonnes de verre, de 57 pouces, les conducteurs n'étoient pas encore iſolés; ils perdoient de leur électricité; l'étincelle n'étoit retirée qu'à 19 pouces.

On a obſervé que la diſtance à laquelle l'attraction de cette *machine* ſe manifeſte, eſt prodigieuſe; car, un fil de ſix pieds de long, eſt éloigné d'un demi-pied de la verticale, à 38 pieds de diſtance du conducteur: une pointe, préſentée à 28 pieds de diſtance du conducteur, eſt encore lumineuſe. Toute la maſſe de l'air de l'appartement, où ſe trouve la *machine*, quoique très-grand, eſt électriſée. On a remarqué un jour, qu'après avoir fait tourner la *machine*, ſeulement cinq minutes, qu'à la plus grande diſtance des conducteurs, c'eſt-à-dire, à 40 pieds, les petites boules de l'électromètre de Cavallo s'écartoient au moins d'un demi-pouce.

En iſolant la *machine* pour obtenir de l'électricité négative, cette électricité eſt aſſez généralement auſſi forte que l'autre; car, une bande d'or, de la largeur d'un huitième de pouce, & de la longueur de 12 pouces, a été fondue par une ſeule étincelle.

Avant que l'on eût connoiſſance de la grande & belle *machine teylerienne*, on avoit eſſayé de conſtruire des *machines* à deux plateaux. On trouve, dans le Ier. vol. du *Journal de Phyſique*, pour l'année 1780, pag. 377, la deſcription d'une *machine électrique* à deux plateaux, exécutée par M. Carochez, pour M. le comte de Brilhac.

Cette *machine* eſt compoſée de deux plateaux de glace, de trente pouces de diamètre; mais la poſition de ces plateaux diffère de celle des plateaux de la *machine teylerienne*, en ce que, dans celle-ci, les plateaux ſont placés l'un vis-à-vis de l'autre, ſont mus par un axe commun & n'ont qu'un ſeul conducteur, tandis que dans la *machine* de M. le comte de Brilhac, les plateaux ſont placés à côté l'un de l'autre, dans un long châſſis; ils ſont mus par trois axes: l'un, auquel eſt appliqué la manivelle, & qui ſupporte une grande poulie, ſur laquelle paſſe une corde ſans fin, qui paſſe également ſur deux poulies, placées ſur les deux plateaux, pour faire mouvoir ceux-ci; cette *machine* a deux conducteurs, un pour chaque plateau.

M. le comte de Brilhac annonce, que ſa *machine*, qui peut facilement être mue par un ſeul homme, produit des effets conſidérables, & comme il n'en a jamais vu produire à aucune autre *machine*.

Par ſa diſpoſition, cette ſeconde *machine* occupe un plus grand eſpace, à plateaux de même grandeur, que celle de la *machine teylerienne*.

Dom Saint-Julien, bénédictin de la congrégation de Saint Maur, a fait une *machine électrique* à *trois plateaux*, dont il a publié la deſcription dans le *Journal de Phyſique*, année 1778, tom. II, pag. 367. Nous allons tranſcrire ici la deſcription, que dom Saint-Julien a donnée, de cette nouvelle *machine*.

A B, *fig.* 989 (a), eſt un châſſis de fer, fortement viſſé ſur un montant de bois C D, par deux vis qui paroiſſent en C & en D, & par deux autres vers le milieu, qui ne paroiſſent pas. Ce montant eſt aſſemblé par un fort tenon, & arrêté par deux vis ſur le long côté du bâtis E F, qui ſert de ſupport à toute la *machine*.

Vers le milieu, chaque lame du châſſis A B, eſt percée d'un trou, garni d'une virole de cuivre rouge, par où paſſe l'axe ou arbre d'une roue dentée G. Cette roue eſt miſe en mouvement au moyen d'une manivelle H, & entraîne, dans ſon mouvement, un plateau de glace *i*, monté ſur le même arbre, dont l'autre extrémité eſt portée ſur un montant K L. Cette glace tourne entre quatre couſſinets, à l'ordinaire. Le montant K L eſt aſſemblé à queue d'hironde, ſur une traverſe de bois M N, & lié au premier montant C D, par une vis de rappel A K, qui paroît dans le haut, & par une autre vis de rappel, qui eſt cachée ſous le bâtis E F, & paſſe ſous M N, où elle ne paroît pas.

Cette roue dentée G, engrène dans deux pignons ou lanternes O, P, garnies chacune d'un volant. L'arbre de ces lanternes traverſe les platines du châſſis, dans des viroles de cuivre rouge; il traverſe, également, l'eſpace compris entre les deux montants C D, K L, paſſé ſur ce dernier, qui eſt entaillé exprès, & porte un plateau de glace, placé au milieu des deux montants K L & Q R, leſquels ſont aſſemblés dans le haut par un cintre de bois K Q; & dans le bas avec la traverſe M N,

au moyen d'une charnière de fer. Ces deux derniers montans portent, chacun, quatre couſſinets,
entre leſquels roulent ces plateaux. La traverſe
M N eſt mobile ſur le bâtis E F, ſuivant la largeur
de ce bâtis ; elle eſt retenue par trois vis. Le bâtis
lui-même eſt fixé ſur une table ſolide S T, par deux
boulons à vis U V.

Sur la ſurface oppoſée à la manivelle, ce bâtis
porte deux crampons de fer, qui accrochent la
baſe d'un triangle iſocèle, aſſemblé, par ſa
pointe, à une traverſe d'environ quatre pouces
de largeur, à l'extrémité de laquelle eſt fixée
une table ef, portée ſur un pied de gueridon à
couliſſe ; à ſon extrémité oppoſée eſt un électromètre de Lane ik.

De la boule m du conducteur, ſortent deux
branches verticales q, r, portant chacune deux
pointes métalliques, prolongées juſqu'aux deux
plateaux, afin d'en ſoutirer l'électricité qui s'y
accumule. Au centre de la boule, eſt une troiſième tige p, qui porte également deux pointes,
qui ſe prolongent juſqu'au premier plateau, ſupporté par l'axe de la manivelle.

Une ſuite d'expériences, faites par dom Saint-
Julien, avec une machine à trois plateaux, de
quinze pouces de diamètre chacun, lui a produit beaucoup plus d'effet, toutes choſes égales
d'ailleurs, qu'une machine ordinaire de trente
pouces de diamètre, conſéquemment, dont la
ſurface équivaloit à quatre petits plateaux.

En multipliant les plateaux de ces machines,
on peut obtenir de très-grands effets ; & ſi l'on
peut s'en rapporter aux réſultats, obtenus par dom
Saint-Julien, les effets ſont beaucoup plus conſidérables, que ceux que produiroit une machine
électrique, d'une ſurface égale à la ſomme de
toutes celles des petits plateaux. Ce qui procu-
reroit un avantage d'autant plus grand : 1°. qu'il
eſt plus facile de ſe procurer des petits plateaux
que des grands ; 2°. que l'on pourroit, en multipliant ces plateaux, obtenir des effets que l'on
ne pourroit jamais eſpérer, des plateaux de la plus
grande dimenſion que l'on puiſſe obtenir.

Mais peut-on compter ſur les réſultats comparés, annoncés par dom Saint-Julien ? C'eſt ce que
l'expérience peut ſeule aſſurer, & ces expériences
ſont extrêmement difficiles à pouvoir être parfaitement comparables. Une des principales conditions, c'eſt que les verres des grands & des petits plateaux ſoient électriſables au même degré,
dans les mêmes circonſtances.

Habituellement, les machines électriques ſont
mues par des hommes, ce qui exige que l'on en
ait toujours à ſa diſpoſition, lorſque l'on veut
faire des expériences ; mais cette manière de faire
mouvoir les machines, empêche que l'on ne puiſſe
faire des expériences ſeul, & que l'on ne puiſſe en
faire qui aient une longue durée : telles ſont, par
exemple, les expériences faites ſur la germination des plantes, ſur l'incubation, &c. : pour

remplir cet objet, M. M..... a imaginé d'appliquer, à l'axe des machines électriques ordinaires,
un mécaniſme analogue aux horloges, ou aux
tourne-broches. Ce mécaniſme, mu par un poids,
ou par un reſſort, peut faire mouvoir la machine,
auſſi long-temps que la diſpoſition du moteur
peut le permettre ; il ne faut plus, dans ce cas,
que remonter le mécaniſme, lorſque le moteur
eſt près de ceſſer ſon action. On peut voir, dans
le Journal de Phyſique, année 1782, Ire. partie,
page 149, la deſcription de la machine électrique,
mue par un mécaniſme, que M. M..... a publié.

Toutes les machines électriques à plateau de
verre donnent de l'électricité poſitive ou E,
parce que le verre poli s'électriſe poſitivement,
avec toutes les ſubſtances que l'on emploie pour
couſſinets ; car il exiſte très-peu de ſubſtances,
qui électriſent le verre négativement ou E, & ces
ſubſtances pourroient être difficilement employées
pour couſſinets. On eſt donc obligé, lorſque l'on
veut obtenir, directement, de l'électricité négative ou E, avec une machine électrique, d'employer, pour plateau, une autre ſubſtance que le
verre ; c'eſt ce que pluſieurs phyſiciens ont tenté.
Parmi les machines-électriques, conſtruites pour
produire de l'électricité négative, nous allons
citer celle que l'abbé Berthollon a fait exécuter,
& qu'il a nommée machine électrique inverſe.

Une deſcription de cette machine exiſte dans le
Journal de Phyſique, tom. II, année 1780, pag. 75.
Les deux montans qui, dans les machines ordinaires,
portent quatre couſſins, ſoutiennent, dans celles-
ci, quatre morceaux de glace, plus longs que larges, mais iſolés. Les bords de ces glaces ſont taillés
en biſeau, pour ne point uſer le couſſin ; à la place
du plateau de verre, eſt un grand couſſin circulaire
de peau, garni avec du crin, arrangé de telle
ſorte, que les deux diſques de ce cercle ſoient
bien plans. Un axe armé, à une de ſes extrémités, d'une manivelle, fait tourner le couſſin
qui frotte ſur les quatre plans de verre, & cet
axe eſt, en tout, ſemblable à celui des machines
ordinaires à plateau. Le conducteur, par le bout
qui eſt tourné vers la machine, eſt terminé par
quatre branches, dont les extrémités très-aiguës
ne ſont pas des glaces.

Il faut placer la machine de telle ſorte, que le
plan du couſſin circulaire ſoit parallèle à la ſurface
du corps de celui qui tourne la manivelle, tandis
que, dans les autres machines, le plan du diſque
lui eſt perpendiculaire.

Cette machine qui, dès les premiers eſſais, a
donné du feu électrique, eſt ſuſceptible de diverſes formes : 1°. elle eſt moins diſpendieuſe
que celles où le plateau de verre eſt un grand diſque ; 2°. elle n'eſt point expoſée à ſe caſſer ;
3°. elle eſt plus facile à réparer, ſurtout en province ; 4°. elle peut facilement être conſtruite
ſous de grandes dimenſions, & produire, conſéquemment, des effets relatifs.

Une découverte plus importante est celle que fit Leroy, de l'Académie des sciences, en 1770, & sur laquelle il a lu, à la séance publique de Pâques, 1772, un Mémoire assez détaillé.

A peine Leroy eut-il eu connoissance de la substitution des plateaux aux globes de verre, faits, en 1766, par Ramsden, qu'il conçut l'idée de rendre cette *machine* propre à produire les deux sortes d'électricité, positive ou E, & négative ou Ɔ.

La *machine électrique* de Ramsden étoit composée d'un plateau de verre, monté sur un arbre, avec une manivelle au milieu de deux morceaux de bois, entre lesquels il y a des coussins qui servent à frotter le plateau. Leroy changea la position des coussins, les mit en dehors des montants du plateau, & les fit porter par un support de verre, qui les isoloit; par ce moyen, la nouvelle *machine*, tout en conservant son premier degré de simplicité, pouvoit servir à présenter les phénomènes qui dépendent des deux électricités.

De même que dans les autres machines *électriques*, celle-ci se compose d'un plateau de verre P, *fig.* 989 (*b*), avec une manivelle, de deux coussins C, C, soutenus par un ressort R, dont on règle la pression contre le plateau, au moyen de deux vis V, V, *fig.* 989 (*c*), & d'un support S, qui sert à porter le tout. Ce support est de verre, pour isoler les coussins.

Pour changer, à volonté, le grain ou le tissu de leurs étoffes, relativement au sens dans lequel le plateau tourne, Leroy les a rendus mobiles sur leur centre. Il remédie, par cet artifice ingénieux, à la diminution d'électricité qu'on remarque, lorsque les coussins ont frotté un certain temps, & que les aspérités se sont détruites, en se couchant dans le sens du frottement. Ce savant physicien a reconnu, qu'il suffisoit de changer la position des coussins pour ranimer l'électricité, en rétablissant le jeu des vibrations, par l'action des aspérités sur le plateau de verre. A côté du plateau sont deux conducteurs; l'un M, est à côté des coussins CC, l'autre N, dans la partie opposée.

On voit que, dans cette *machine*, les coussins & leur conducteur, ainsi que le second conducteur, sont isolés. En tournant la *machine*, le plateau s'électrise positivement, & en électrisant les coussins négativement. Le conducteur N, qui soutire l'électricité du plateau, s'électrise positivement ou E, tandis que le conducteur M, qui fournit l'électricité au coussin, s'électrise comme eux, c'est-à-dire, négativement ou Ɔ.

Si, dans cet état, on fait communiquer, avec le réservoir commun, le conducteur M, qui communique aux coussins, cette *machine* est dans l'état des *machines* ordinaires : le conducteur N s'électrise positivement, & l'on obtient de l'électricité positive; mais si l'on fait communiquer le conducteur N, avec le réservoir commun, & que

le conducteur M reste isolé, celui-ci s'électrise négativement, & l'on obtient de l'électricité négative ou Ɔ; d'où l'on voit, qu'avec cette *machine*, on peut obtenir, à volonté, l'une ou l'autre des deux électricités que l'on a distinguées; mais, ce qu'il y a de remarquable, c'est que, dans les mêmes circonstances, l'électricité positive ou E, & l'électricité négative ou Ɔ, que l'on obtient avec cette *machine*, sont d'une intensité parfaitement égale.

Quoique la plus grande partie des *machines électriques*, construites pour donner de l'électricité positive ou E, puisse facilement donner de l'électricité négative ou Ɔ, en isolant entièrement la *machine*, c'est-à-dire, en plaçant la tablette qui la supporte sur des pieds isolans, & établissant ensuite une communication entre le conducteur & le réservoir commun, & une autre communication entre les frottoirs & un conducteur isolé; comme, par ce moyen, l'électricité négative obtenue n'est jamais aussi intense que l'électricité positive, M. Van-Marum a imaginé une *machine* nouvelle, qui se trouve décrite dans la lettre qu'il a adressée à Ingenhousz, & que l'on a imprimée dans le *Journal de Physique*, 1re. partie, année 1791, page 447. Comme ces *machines*, qui tiennent beaucoup moins de place que les autres, commencent à se multiplier, nous allons décrire ici la *machine électrique* de Van-Marum, comme une des plus exactes & des plus avantageuses que l'on construise dans ce moment.

La nouvelle *machine de Van-Marum* se compose d'un plateau, *fig.* 989 (*d*), fixé à l'extrémité d'un axe, entre deux rondelles de cuivre; cet axe est porté sur un fort pilier C, qui a un chapiteau alongé K; à son extrémité, du côté de la manivelle, est placé un contre-poids en plomb O, afin de faire équilibre au poids du plateau. L'axe est retenu dans le pilier par deux collets de cuivre D D, afin de le maintenir fixement dans une position horizontale.

Deux longs frottoirs, supportés sur deux colonnes de verre A, A, sont placés horizontalement, sur le diamètre horizontal du plateau; ils compriment le plateau à l'aide de deux ressorts. Sur ces deux colonnes sont placées deux sphères de cuivre ꝣ, ꝣ, pour empêcher la dissipation de l'électricité. Un conducteur sphérique, supporté par un pilier de verre A, est placé dans la prolongation de la direction de l'axe du plateau. Un axe horizontal, placé dans la même direction, & terminé par une boule S, traverse cette sphère.

Sur l'axe du plateau, & sur celui du conducteur, sont placés des demi-cercles de cuivre I I & E E, terminés par des petits cylindres métalliques, qui s'approchent à six ou huit lignes du plateau, & dont le but est de soutirer l'électricité qu'il enlève aux frottoirs.

Van-Marum a substitué ces petits cylindres, aux pointes que l'on place ordinairement à l'extrémité de l'arc ou des bras du conducteur, & cela, après s'être assuré que l'on soutiroit beaucoup plus d'électricité, avec ces cylindres, qu'avec des pointes, qui lancent des rayons d'électricité vers les frottoirs.

Aux deux conducteurs, sont fixés des taffetas gommés, qui recouvrent le plateau, depuis les conducteurs, jusque très-près des cylindres des conducteurs; ces taffetas empêchent le contact de l'air & conservent l'électricité développée sur le plateau, de manière que, les conducteurs enlèvent tout ce qui a été produit.

On voit que, dans cette *machine*, toutes les parties, à l'exception de l'axe, sont isolées; celui-ci communique donc seul au réservoir commun; & lorsque la communication n'est pas aussi prompte qu'on peut le désirer, on fait communiquer l'axe au réservoir commun, à l'aide d'une chaîne ou de tout autre corps conducteur.

Pour obtenir de l'électricité positive ou négative avec cette *machine*, il suffit, dans le premier cas, de faire communiquer les frottoirs avec l'axe du plateau, & dans le second, de faire communiquer le conducteur avec les frottoirs. Pour y parvenir, Van-Marum a donné aux deux arcs de cercle EE, II, un mouvement de rotation, le premier à l'aide de l'axe placé dans le conducteur, le second sur l'axe même du plateau; alors, tournant l'arc II, fixé sur l'axe du plateau, de manière à le placer horizontalement, & à lui faire toucher les frottoirs; on établit une communication entre les frottoirs & le réservoir commun; plaçant, en même temps, l'arc du conducteur dans une position verticale, celui-ci se trouve isolé, & absorbe l'électricité positive ou E, que le frottement développe sur le plateau.

Dans cette situation, la *machine* devient une *machine électrique* positive ordinaire. Si l'on veut lui faire produire de l'électricité négative ou &, il suffit de changer la disposition des deux arcs de cercle, c'est-à-dire, de placer horizontalement l'arc du conducteur & le faire communiquer aux frottoirs, & de placer verticalement, l'arc de l'axe du plateau: alors toute l'électricité positive ou E, développée sur la glace par le frottement, est absorbée par l'arc de l'axe du plateau, & transportée au réservoir commun, tandis que l'électricité négative ou &, développée sur les frottoirs, est transportée au conducteur.

Il est facile de voir, à l'inspection de la figure, combien cette *machine* tient peu de place, & avec quelle facilité elle peut être enfermée dans une caisse, divisée en deux parties, dans la direction de l'axe & du conducteur. Cette *machine*, qui a été primitivement construite en Hollande, s'exécute parfaitement aujourd'hui, chez MM. Fortin & Dumoutiez: Ce dernier reste rue du Jardinet, à Paris.

Nous avons vu, au mot Électricité, que les premiers moyens, employés pour produire des phénomènes électriques, étoient le frottement de l'ambre contre les vêtemens; qu'à l'ambre on

a substitué les tubes de verre. Gray & Dufay se servoient encore, au commencement du siècle dernier, de tubes électriques, pour produire les phénomènes électriques, dont ils ont déduit des conséquences si heureuses, & avec lesquels ils ont obtenu les beaux résultats qu'ils ont publiés.

Aux tubes de verre succédèrent les globes. Il paroît qu'Otto de Guericke fut le premier qui l'employa; car on trouve, dans l'*Expositio nova de vacuo spatio*, imprimé à Amsterdam, en 1672, le détail du globe de soufre dont il fit usage.

Hauksbée employa un globe de verre, mu par une corde sans fin, placée sur une roue & sur une poulie fixée sur l'axe du globe. Voyez *Physico-machanical experim.*, London, 1790.

Cependant, on attribue aux Allemands l'invention des premières *machines* de globes de verre. Les uns faisoient tourner ces globes horizontalement, à la manière d'Hauksbée; d'autres faisoient tourner l'axe horizontalement, *fig.* 886, en plaçant la grande roue à la même hauteur que le globe, ou en le plaçant par dessous, comme Hauksbée, *fig.* 990; d'autres faisoient tourner l'axe verticalement, *fig.* 990 (*a*); Winkler faisoit tourner son globe à l'aide d'une pédale comme les tourneurs. Enfin, Nairne, par un mécanisme, *fig.* 990 (*d*).

Pour frotter ces globes, on employa d'abord les mains, puis un tampon T, *fig.* 990 (*b*), que l'on approchoit du globe avec une vis. On attribue cette substitution à Winkler; mais, s'apercevant que le frottement échauffoit trop le verre, à cause de la trop grande pression que le tampon exerçoit, il substitua des ressorts. Le frottoir fut placé au-dessous du globe, comme dans la *fig.* 990 (*c*), ou, de côté, comme dans la *machine* de Nairne, *fig.* 990 (*d*).

Une longue discussion s'est établie sur l'usage des coussinets. L'abbé Nollet prétendoit qu'ils ne développoient pas autant d'électricité que par le frottement des mains; & il donna, en conséquence, la préférence à ce dernier frottement; mais celui-ci fait souvent courir des dangers aux frotteurs. On a vu plusieurs fois les globes électriques rompre pendant qu'on les électrisoit. Ces accidens mirent fin à la discussion, & bientôt on adopta, partout, les coussinets en remplacement des mains; mais on s'occupa, en même temps, de les perfectionner. On les formoit d'une peau, ou d'un tissu attaché sur une plaque de bois ou de métal, & l'on plaçoit du crin, ou toute autre substance filamenteuse, entre le plan solide & le tissu, afin de procurer une pression douce & élastique. Enfin, on varia les tissus, on les couvrit d'amalgames, & l'on parvint, ainsi, à obtenir des coussins aussi & plus avantageux que les mains.

Il étoit difficile, en se servant de globes de verre, de construire des *machines électriques* d'une grande dimension. Wilson remplaça les globes par des cylindres; il fit souffler un manchon de verre, *fig.* 991, qu'il fixa fur un axe, dans lequel étoit une poulie P, mue par une corde fans fin qui paffoit fur une roue R; au-deffus étoit un conducteur C, qui recevoit l'électricité d'un collecteur en forme de peigne.

Nairne a conftruit une *machine électrique* à manchon, qui a été regardée, pendant long-temps, comme une des meilleures que l'on ait conftruite, & que Prieftley a décrite avec beaucoup de foin. Elle étoit compofée d'une boîte A, *fig.* 991 (*a*), dans laquelle étoit une vis fans fin, tournée par une roue-dentée verticale : cette roue étoit mife en mouvement par une manivelle C D; la vis fans fin étoit appliquée à l'axe du manchon G.

Toute la *machine* étoit fixée fur une tablette L M; un reffort H, attaché fur cette tablette, portoit un couffinet qui preffoit modérément fur le cylindre G. Deux bras de fer R S, R S, traverfant la tablette, & retenus par des vis, portoient un châffis en métal, S V Z, S Y S. Sur le châffis étoient attachés deux fils de foie, qui portoient le cylindre conducteur O P; à l'extrémité O, de ce cylindre, étoit fixé un fil élaftique de cuivre doré, pour foutenir l'électricité.

Cet ingénieux Anglais s'eft principalement diftingué dans la conftruction des *machines électriques à manchons*, qu'il a fucceffivement perfectionnées. Il en a fait une très-belle, en 1771, pour le grand-duc de Tofcane.

Prieftley fait connoître, tom. III, pag. 88 de fon *Hiftoire de l'électricité*, une *machine à manchon*, pofée verticalement, *fig.* 991 (*b*); le manchon M eft traverfé par un axe vertical A A, portant, à fon pied, une poulie P, qui communique, à l'aide d'une corde fans fin, à une roue horizontale R, mue par une manivelle. Un frottoir F, comprimé par un reffort, preffe contre le cylindre; un conducteur C, porté par un pied de verre, & terminé près du cylindre, par un demi-cylindre denté, foutire l'électricité : à l'autre extrémité du conducteur, on a placé un bocal B, dans lequel on peut faire des expériences électriques.

Nous ne pufferons pas plus loin la defcription de ces fortes de *machines*, qui font affez généralement abandonnées, depuis qu'on leur a fubftitué les *machines électriques à plateau*, qui paroiffent avoir un bien grand avantage fur ces premières.

Souvent, on a voulu fubftituer au verre différentes fubftances, pour obtenir de l'électricité. Dans les premiers temps, on a conftruit des *machines électriques* avec des globes de foufre, des globes de réfine, des globes de verre enduits, intérieurement & extérieurement, de réfine, de cire à cacheter. *Voyez* GLOBE ÉLECTRIQUE.

Une *machine* à cylindre, qui préfente quelqu'avantage, eft celle qui a été conftruite par le confeiller de léga ion de Lichtenberg : elle fe compofe d'un cylindre de bois M M, *fig.* 992, recouverte, foit de drap de foie, de papier ou de toute autre fubftance non conductrice. Un couffin

F F, couvert de peau de chat, eft fixé fur le châffis de la *machine*, à l'aide d'un tube de verre V V; un conducteur C, *fig.* 992 (*a*), armé d'un peigne métallique, fe place devant le cylindre pour foutirer l'électricité. Ce que cette difpofition a d'avantageux, c'eft que l'on peut, à l'aide d'un réchaud, chauffer & deffécher facilement le cylindre & toute la *machine*, & lui faire produire beaucoup d'électricité. On prétend que cette *machine*, à laquelle on peut donner les plus grandes dimenfions, produit une grande intenfité électrique.

Walkière, de Saint-Amand, a fait conftruire une *machine électrique*, compofée de deux cylindres de fix pieds de long & de deux pieds de diamètre. Ces deux cylindres C, C, *fig.* 992 (*b*), placés à fept à huit pieds de diftance, ont leur axe fur un châffis commun; une grande pièce de taffetas verniffé T T, médiocrement tendue, eft placée fur ces cylindres & tourne avec eux : fa largeur eft de cinq pieds. Un cylindre F, de fept pieds de long & de deux pouces de diamètre, couvert d'une peau de chat, qui touche le taffetas dans une ligne de contact, fert de couffin. Le conducteur A, de fix à fept pouces de diamètre, eft placé au milieu du vide que laiffe le taffetas dans fon mouvement; il eft fufpendu par des cordes de foie, ou fupporté par des piliers de verre; il eft garni de deux pointes pour foutirer l'électricité.

En faifant mouvoir l'un des cylindres, à l'aide d'une manivelle, on fait paffer le taffetas fous le frottoir; celui-ci s'électrife & donne fon électricité au conducteur qui lui foutire. On prétend que cette *machine électrique* produifoit des effets fi confidérables, que les commiffaires de l'Académie des fciences, chargés de l'examiner, craignoient d'en tirer des étincelles avec la main, & que l'on pouvoit foutirer ces étincelles, à 17 pouces de diftance. Cette *machine* a été dépofée, pendant long-temps, dans le cabinet de l'École polytechnique; elle y étoit en 1815; mais jamais elle n'y a produit de grands effets.

Bien des fois on a cherché à fubftituer des plateaux de bois fec, ou verniffés, aux plateaux de verre dans la conftruction des *machines électriques*, mais elles ont été abandonnées chaque fois. Le profeffeur Pickel, de Wurtzbourg, prétend que le peu de fuccès que l'on a obtenu, provenoit de ce que l'électricité ne pouvoit pas pénétrer à travers le bois; il confeille de percer les plateaux de bois de plufieurs petits trous, de les fécher au feu & de les polir. Il confeille, en outre, de fe fervir, pour frottoirs, de couffins recouverts de peaux de taupes, de peaux de rats, en général, de peaux d'animaux à poils courts.

François Magiotto, de Venife, avoit recouvert les deux faces d'un plateau de bois, d'un anneau de fix pouces de large, formé de plufieurs plaques de verre réunies avec du maftic, & attachées avec des vis. Mais ces plateaux exigent de grandes dépenses & se brisent facilement.

Enfin, l'abbé Bertholon a fait construire sa *machine électrique inverse*, que nous avons fait connoître, pag. 764.

MACHINE FUMIGATOIRE; machina fumifica; *dampfentsche maschine*; f. f. *Machine* destinée à introduire de la fumée dans le corps des asphyxiés.

Cette *machine* se compose d'une boîte, dans laquelle est renfermée une pipe, trois tuyaux, l'un pour injecter de la fumée, un second pour souffler dans la pipe, & un troisième pour souffler dans le nez de l'asphyxié; un flacon, un briquet & ses accessoires, une canule & une aiguille. *Voyez* ASPHYXIÉS.

MACHINE FUMIVORE; machina fumivora. *Machine* à l'aide de laquelle on brûle de la fumée.

Cette *machine* a pour objet l'introduction d'un courant d'air dans le tuyau dans lequel passe la fumée des combustibles; celle-ci, étant encore chaude, se combine avec l'oxigène de l'air & se brûle. *Voyez* FOURNEAU FUMIVORE, POÊLE FUMIVORE, FUMÉE.

MACHINE FUNICULAIRE; machina funicularis; *funicularisch maschine*; f. f. Assemblage de cordes avec lesquelles deux ou plusieurs puissances enlèvent un ou plusieurs poids. *Voyez* FUNICULAIRE.

MACHINE GÉOCYCLIQUE; machina geocyclica; *geocyklische maschine*; f. f. *Machine* imaginée par M. Cannebie, pour rendre sensible, à l'aide d'un mécanisme, le parallélisme constant de l'axe de la terre, incliné sur le plan de l'écliptique de 23 degrés.

Cette *machine*, extrêmement simple, a été décrite dans le *Journal de Physique*, 2e. vol., année 1785, pag. 192.

MACHINE HYDRAULIQUE; machina hydraulica; *hydraulische maschine*; f. f. *Machine* destinée à conduire ou à élever les eaux.

Ces *machines* peuvent être simples, tels qu'une roue, une pompe, des canaux, ou être formées d'un assemblage de plusieurs *machines* simples: telles sont la *machine de Marly*, la pompe du pont Notre-Dame, &c. On trouve la description d'un grand nombre de ces *machines* dans le *Theatrum machinarum* de Leupold, dans l'*Architecture hydraulique* de Bellidore, & dans tous les recueils de *machines*.

Les plus modernes de ces *machines hydrauliques* sont celles de Goodwign, de Trouville, de West, de Bader, &c., décrites dans les *Annales des Arts & Manufactures*.

MACHINE HYDRAULIQUE DE SEGNER; machina hydraulica Segneri; *Segners hydraulische maschine*; f. f. *Machine* à eau, imaginée par Segner, pour obtenir un mouvement de rotation.

Cette *machine* se compose d'un cylindre C, *fig.* 993, ayant, dans sa base, plusieurs canaux latéraux, percés sur un des fonds. Ce cylindre, rempli d'eau, est mobile sur un axe; l'eau, en sortant par les ouvertures latérales des petits canaux, a, a, a, a, a, a, a, frappe l'air qui s'oppose à sa sortie & acquiert, par ce choc, un mouvement dans une direction opposée à la sortie de l'eau.

MACHINE PNEUMATIQUE; machina pneumatica; *luft pumpe*; f. f. *Machine* avec laquelle on pompe l'air des vases qui en contenoient.

Cette *machine* se compose d'un plateau circulaire en cuivre, PP, *fig.* 994, 994 (*a*), 994 (*b*), 994 (*c*), recouvert d'un disque de verre bien uni, & servant de support, soit à une cloche de verre U, soit à tout autre vase dans lequel on se propose de pomper l'air; de deux corps de pompe, CC, C'C', en verre ou en cuivre; d'un conduit L L' L'' L''' établissant une communication entre la cloche U & les corps de pompe CC, C'C'; une traverse en cuivre A'A', sert à fixer les corps de pompe CC, C'C', & les montans VV, VV; deux crémaillères BB, B'B', portent à leur extrémité inférieure les pistons D, D'; une boîte de cuivre formée de deux pièces, assemblées au moyen de deux vis A, A, est fixée sur les deux montans VV, VV, au moyen de vis KK. Cette boîte est percée de quatre trous: savoir, deux à travers lesquels passent les montans, & deux à travers lesquels passent les crémaillères. Ces crémaillères sont mues par une roue dentée H, qui engrène avec les crémaillères BB, B'B', & dont l'axe a ses points d'appui sur les deux pièces de la boîte AA. Enfin, II est une double manivelle, servant à faire mouvoir la roue dentée H.

Nous croyons devoir donner ici quelques détails sur la construction du piston, du robinet & de l'éprouvette.

On voit, *fig.* 994 (*d*), une coupe perpendiculaire du piston; DDDD sont des rondelles de cuir, fortement serrées entre deux plans circulaires de cuivre, & formant le corps du piston. B, ouverture circulaire pratiquée dans l'axe du piston. C, clapet métallique s'ouvrant de bas en haut, & servant à fermer l'ouverture B.

Dans les *fig.* 994 (*a*), (*b*), sont, en E, des tiges de cuivre traversant à frottement le piston D, & portant, à son extrémité inférieure, une soupape conique F, destinée à fermer l'ouverture N, par l'abaissement du piston D, & à l'ouvrir, ou à mettre le conduit L L' L'' L''', en communication avec le corps de pompe, par l'élévation de ce même piston. G, petit disque de cuivre faisant corps avec la tige EE, & servant à régler le jeu de la soupape F.

Le robinet principal, MM, *fig.* 964 (*c*), est percé

percé de deux trous : l'un O, perpendiculaire à
son axe, sert à établir la communication entre les
corps de pompe CC, C'C', *fig.* 994 (*c*), & la
cloche U; l'autre RR', parallèle au même axe,
& légèrement courbé, sert à établir la communication entre l'air extérieur & la cloche. T, est un
bouchon, légèrement conique, servant à boucher
l'ouverture RR'.

Quant à l'éprouvette SS, *fig.* 994 (*f*), c'est un
baromètre tronqué, placé verticalement sur une
plaque en cuivre, graduée & recouverte d'une
petite cloche en verre. Cette éprouvette communique avec le conduit LL'L''L''', au moyen du
robinet X, & sert à indiquer jusqu'à quel point on
a fait le vide dans la cloche U.

Enfin, la machine est fixée sur un support, par
des pieds en cuivre, ZZZ.

Pour faire usage de cette *machine*, & pour
pomper l'air contenu dans la cloche U, on dresse
cette cloche, c'est-à-dire, qu'on use & qu'on polit ses bords avec le plus grand soin, afin qu'ils
puissent s'appliquer le plus exactement possible sur
la platine, ou sur le plateau PP; ensuite, on enduit ces bords d'un corps gras, tel que du suif,
pour en boucher les interstices, ainsi que ceux du
plateau. On pose alors cette cloche sur le plateau, en le pressant avec les deux mains, pour rendre le contact le plus parfait possible; on établit la
communication entre les corps de pompe & le
récipient, au moyen du robinet principal M; on
établit également, au moyen du robinet X, la
communication entre l'éprouvette SS & la cloche
U; on fait agir la double manivelle, & au même
instant, on observe que, dès que l'un des pistons,
par exemple, celui D, s'élève, la soupape F s'ouvre, & le clapet C, *fig.* 994 (*e*), se ferme; lorsque
le même piston s'abaisse, cette soupape F se ferme,
& le clapet C s'ouvre. Le même effet a lieu dans
le second corps de pompe, en faisant mouvoir
son piston.

Dès que le piston D s'élève, il opère un vide
dans le corps de pompe CC, & lève la soupape F;
il y a alors communication entre le récipient & le
corps de pompe; une portion de l'air du récipient entre dans ce corps de pompe. Lorsque le
piston D s'abaisse, il ferme la soupape F; par conséquent, une portion d'air se trouve comprimée
entre le fond du corps de pompe & le corps du
piston D; cet air ne pouvant s'échapper par la
soupape F, qui se trouve fermée, fait ses efforts
pour sortir par le clapet C, *fig* 994 (*e*), il le soulève & passe par l'ouverture B, du piston D, dans
la partie supérieure du corps de pompe; le piston,
arrivé au point le plus bas de sa course, se relève
& pousse au dehors tout l'air situé au-dessus de
lui. En effet, cet air ne peut plus repasser par l'ouverture B du piston, puisqu'elle est alors fermée
par le clapet : il est donc obligé de s'échapper
par les différentes ouvertures qui servent de passage à la tige EE, & à la crémaillère BB : mais,

Dict. de Phys. Tome III.

en même temps que le piston D se relève, &
chasse cet air, il se fait de nouveau un vide dans la
partie inférieure du corps de pompe, la soupape
F s'ouvre, & permet à une nouvelle quantité de
l'air du récipient, de remplir le vide produit par
le piston D.

En faisant mouvoir ainsi les pistons, il arrive une
époque, à laquelle, le mercure descend dans la
branche fermée, & monte dans la branche de
l'éprouvette, signe qui indique que l'air de la
cloche est très-rare; il parvient ainsi, peu à peu,
dans cette dernière branche, à la même hauteur
que dans la première, à un millimètre près; alors
le vide est aussi parfait qu'il est possible de le
faire, par la meilleure *machine*, connue jusqu'à présent. Cette pression d'un millimètre, que l'on n'a
pas encore pu diminuer, est produite par une
petite quantité d'air qui reste dans la cloche, &
souvent par de la vapeur d'eau.

Si, au lieu d'un récipient, on vouloit faire le
vide dans un ballon, il faudroit que celui-ci eût
un collet à vis & un robinet R, *fig.* 866. On visse
le ballon sur le pas de vis L''', qui termine le conduit LL'L''L'''. On ouvre le robinet, on procède
comme pour faire le vide dans le récipient U.
Lorsque l'on a pompé tout l'air que le ballon contient, on ferme le robinet, on dévisse le ballon,
& l'on en fait l'usage auquel on le destine.

Il faut avoir soin de le ballon, dans lequel on
veut faire le vide, soit parfaitement sec, afin que la
vapeur d'eau qui se forme, pour remplacer l'air
que l'on retire, ne remplisse pas le ballon.

Toutes les fois que le vase dans lequel on
pompe l'air, ou l'appareil lui-même, contient un
liquide, quel qu'il soit, celui-ci se vaporise pendant que l'on pompe l'air; de manière qu'après
l'opération, le vase est rempli de vapeur, & la
quantité de cette vapeur est d'autant plus considérable, 1°. que le liquide est plus facilement va-
porisable; 2°. que la température est plus élevée.
Cette vapeur produit, par son ressort, une pression, qui exerce son action sur le mercure de
l'éprouvette, & fait monter le mercure au-dessus
de son niveau.

Il est extrêmement difficile, pour ne pas dire
impossible, de construire une *machine pneumatique*
qui puisse faire un vide parfait, parce que, 1°. le
plus petit interstice permet à l'air, comprimé à
l'extérieur, de rentrer dans l'espace vide; 2°. par
la difficulté d'avoir des vases & un appareil assez
secs, pour que, quelque portion d'humidité ne
se vaporise pas, dans l'espace où le vide se fait.
On reconnoît le premier défaut, par le temps que
l'appareil contient le vide, & le second, par la
hauteur à laquelle le mercure descend dans l'é-
prouvette.

Supposant la *machine pneumatique* parfaite & sans
défaut, nous allons faire connoître quelle est la
loi de la dilatation de l'air dans le récipient,
après chaque coup de piston, & nous allons,

Eeeee

pour cet effet, copier, dans l'excellent *Traité de physique expérimentale & mathématique* de M. Biot, l'analyse employée pour déduire cette loi.

Nommant R le volume du récipient, & T celui d'un des corps de pompe; lorsque ce corps de pompe s'ouvrira, l'air du récipient s'y répandra & occupera, par conséquent, un espace total R+T; il entrera donc, dans le corps de pompe, une portion de sa masse représenté par $\frac{T}{R+T}$, & cette portion ne reviendra jamais dans le récipient. Ainsi, en représentant par 1, la quantité totale d'air qui s'y trouvoit d'abord, on voit, qu'après le premier coup de piston, elle se trouvera réduite à

$1 - \frac{T}{T+R}$, ou simplement $\frac{R}{R+T}$;

c'est-à-dire, qu'elle sera réduite, dans le rapport du volume du récipient, & du corps de pompe pris ensemble. Ce qui est évident de soi-même.

Maintenant, au second coup de piston, cette même quantité d'air sera encore réduite dans le même rapport, c'est-à-dire, qu'elle ne sera plus que $\frac{R}{R+T}$, de ce qu'elle étoit après le premier coup de piston; & comme sa quantité se trouvoit déjà réduite à $\frac{R}{R+T}$, on voit qu'elle ne sera réellement que $\left(\frac{R}{R+T}\right)^2$ de sa quantité primitive.

En continuant à raisonner de la même manière, on verra que les quantités d'air successivement enlevées, à chaque coup de piston, ainsi que les quantités qui restent, après chaque coup dans le récipient, sont exprimées par les termes de deux séries géométriques, qui sont, pour les quantités successivement extraites

$$\frac{T}{R+T},\ \frac{TR}{(R+T)^2},\ \frac{TR^2}{(T+R)^3},\ \frac{TR^{n-1}}{(R+T)^n},$$

pour les restes successifs:

$$\frac{R}{R+T},\ \frac{R^2}{(R+T)^2},\ \frac{R^3}{(R+T)^3},\ \frac{R^n}{(R+T)^n}.$$

En effet, si l'on prend un quelconque de ces restes, & qu'on l'ajoute à toutes les quantités précédemment épuisées, la somme sera toujours égale à l'unité, c'est-à-dire, à la quantité primitive de l'air. Pour le voir, il faut se souvenir que, dans une progression géométrique, dont α est le premier terme, ω le dernier, & q la raison, on a la somme S de tous les termes par la formule

$$S = \frac{q\,\omega - \alpha}{q - 1}.$$

Si nous voulons faire la somme de n quantités d'air, extraites par les n premiers coups de piston, nous aurons

$$\alpha = \frac{T}{R+T}\ \cdots\ q = \frac{R}{R+T}\ \cdots\ \omega = \frac{TR^{n-1}}{(R+T)^n};$$

ce qui donne, toutes réductions faites,

$$S = 1 - \frac{R^n}{(R+T)^n},$$

à quoi ajoutant le n^e reste d'air exprimé par $\frac{R^n}{(R+T)^n}$, on voit que la somme est toujours égale à l'unité.

On voit aussi, par le calcul, qu'on ne pourra jamais faire parfaitement le vide, quel que soit le nombre de coups de piston que l'on donne, car la fraction $\left(\frac{R}{R+T}\right)^n$, qui exprime la quantité d'air restante, va toujours en s'affoiblissant, à mesure que n augmente, mais ne peut jamais devenir nulle, à moins que n ne soit infini.

Cependant, puisque cette fraction diminue sans cesse, il semble que l'on devroit parvenir à faire un vide, tel, que la pression, indiquée par l'éprouvette, fût tout-à-fait insensible, & c'est, cependant, ce qui n'arrive jamais, même avec les *machines* les mieux exécutées. Cela tient à plusieurs causes physiques, dont nous n'avons pas tenu compte dans notre calcul. En premier lieu, il faut mettre les vapeurs aqueuses, qui se développent dans l'appareil même, & qui émanent des parois du récipient & des corps de pompe; à mesure que l'on y raréfie l'air. Il faut y ajouter le frottement des soupapes, l'effort qu'il faut faire pour les soulever, leur jonction qui ne peut pas être parfaite. Toutes ces causes sont autant d'obstacles qui limitent l'effet de la *machine*, lorsque l'élasticité de l'air intérieur n'est plus suffisante pour les surmonter. Heureusement, un vide parfait n'est jamais nécessaire. Il suffit que la *machine* raréfie l'air à un haut degré; le baromètre, ou l'éprouvette qu'elle porte, vous indique la quantité d'air qu'elle ne peut extraire, & vous achevez de la rendre parfaite en corrigeant, par le calcul, l'erreur qui pourroit en résulter.

La *machine pneumatique* n'est parvenue que successivement, & pendant l'espace de deux siècles, au degré de perfectionnement où elle est aujourd'hui. La fameuse expérience de Torricelli, faite en 1643, par laquelle il prouva la pesanteur & l'élasticité de l'air, en soutenant, par la pression de ce fluide, une colonne de mercure de 27 pouces & demi au-dessus de son niveau, dans un tube d'une plus grande longueur, fut l'origine de la *machine pneumatique. Voyez* TUBE DE TORRICELLI.

Dès que cette expérience fut connue, les académiciens de Florence s'en emparèrent, pour obtenir un espace vide d'air, & faire des expériences dans le vide : pour cela, ils soufflèrent, au bout d'un tube, une boule d'une capacité assez grande, à la partie supérieure, *fig.* 995, pour y introduire les corps sur lesquels on vouloit opérer : cette ouverture se fermoit hermétiquement, afin que l'air ne pût pas s'y introduire lorsque le vide étoit

fait : d'autres fois, la partie fupérieure A, *fig.*
99*5* (*a*), étoit très-évafée ; ils plaçoient deffus un
couvercle C, qui fermoit bien & qu'ils lùtoient :
l'ouverture O, de ce couvercle, fe fermoit avec
une veffie.

Après avoir introduit les corps dans la partie fupérieure, les académiciens del Cimento
bouchoient la partie inférieure *a*, rempliffoient
le tube & la capacité fupérieure de mercure,
bouchoient l'ouverture O, plaçoient le tube verticalement dans un vafe V V, plein de mercure,
débouchoient, dans ce vafe, l'ouverture *a*; alors
le mercure retomboit dans le vafe, jufqu'à ce
que la hauteur de la colonne H *h* fît équilibre à
la preffion de l'atmofphère. L'efpace *h* O fe trouvoit vide d'air, & ce vide portoit le nom de *vide
de Torricelli.*

Quoique le vide de Torricelli ait été le principal inftrument des académiciens de Florence,
il paroît, par les détails imprimés, de leurs expériences, qu'ils n'ont point ignoré que l'on pouvoit raréfier l'air, dans un vaiffeau, par le moyen
d'une pompe ; ils en ont fait ufage en plufieurs
occafions ; mais on ne voit pas qu'ils fe foient
propofé, comme Otto de Guericke, d'en faire
un inftrument, généralement applicable à diverfes
expériences du vide ; c'eft donc à cet ingénieux
bourguemeftre de Magdebourg, que nous devons, en 1650, la première invention des *pompes
pneumatiques,* avec lefquelles il fit plufieurs expériences très-ingénieufes. *Voyez* HEMISPHÈRE DE
MAGDEBOURG, & dont Boyle fit, dans ce temps,
un fi fréquent & un fi bon ufage, & qu'il a tellement perfectionné, que bien des gens l'en ont
cru l'inventeur.

Cette *machine* fe compofe d'un cylindre creux
de métal A B *fig.* 996, coudé vers le bas en A C,
pour y introduire, en C, & à frottement, le
vafe D. Au col de ce vafe, ou récipient, eft un
robinet E, pour maintenir le vide lorfqu'il eft fait.
Près du coude G, eft un clapet *a*, qui permet la
fortie, & non la rentrée de l'air dans le cylindre.
Un peu au-deffus, en H, eft une ouverture recouverte d'un clapet, qui permet la fortie, & non la
rentrée de l'air dans le corps de pompe. Ainfi,
en pouffant le pifton I, vers le clapet *a*, l'air fortoit par l'ouverture I, & en retirant le pifton, le
clapet, fur H, fe fermoit, celui *a* s'ouvroit, &
l'air du récipient entroit dans le corps de pompe.
On voit, par ces détails, que cette *machine* fonc-
tionnoit comme celles dont on fait ufage maintenant ; mais fa conftruction étoit tellement imparfaite, qu'il étoit difficile d'amener l'air, du
récipient, à un grand degré de raréfaction.

Hook changea la pofition de la *machine* d'Otto
de Guericke, & plaça le cylindre verticalement,
le foutint dans un châffis, *fig.* 996 (*a*) ; la tige du
pifton avoit une crémaillère, & on la faifoit agir
par le moyen d'une roue dentée, qu'une manivelle
faifoit mouvoir : cette *machine* avoit beaucoup

d'avantage fur l'ancienne, d'abord, en ce qu'elle
étoit plus facile à manœuvrer, enfuite parce que
le pifton s'ufoit plus également ; mais auffi, il
remplaça les deux clapets, de la *machine* d'Otto de
Guericke, par un robinet, qui avoit deux ouvertures : l'une, pour faire communiquer le récipient
avec le corps de pompe ; l'autre, pour faire communiquer le corps de pompe avec l'air extérieur.
En defcendant le pifton, on ouvre la communication entre le récipient & le corps de pompe,
l'air du récipient paffe dans le corps de pompe ;
avant de remonter le pifton, on ferme cette communication, on ouvre celle de l'air avec le
corps de pompe, & l'air de ce dernier fort à
l'extérieur.

Papin, médecin français, plaça fur la partie
fupérieure du corps de pompe, un plateau, pour
pouvoir y pofer un récipient ; il remplaça la roue
dentée & la crémaillère, par un étrier, placé à la
tige du pifton. Au lieu du clapet d'Otto de Guericke, il fe fervit de bandes de veffie, fixées fur
des ouvertures : ces bandes fe foulevoient en ra-
réfiant l'air ; elles fe colloient fur le plateau &
bouchoient les ouvertures, en comprimant l'air.

Sangerd compofa fa *machine* du robinet de
Hook, & de la platine de Papin. Son cylindre AB,
fig. 996 (*b*), eft placé obliquement fur une tablette CD ; elle communique au plateau, par un
tube GEF ; à l'extrémité du corps de pompe eft
un robinet H, qui a deux ouvertures pour communiquer avec le récipient, ou avec l'air extérieur, comme on le voit, *fig* 996 (*c*) ; en Q, pour
communiquer avec le récipient, & en T S R, pour
communiquer à l'extérieur. Le pifton eft mû par
une crémaillère, dans laquelle une roue dentée
s'engrène. Cette roue a pour axe celui de la manivelle L M N O ; le robinet E, établit une communication entre le récipient & l'air extérieur.

Hawksbée, en 1709, a réuni deux cylindres, &
a fait manœuvrer fa *machine* avec deux corps de
pompe A & B, *fig.* 996 (*d*). Les piftons ont des
tiges à crémaillère, qui font mues par une roue
dentée ; un levier H I procure, à cette *machine*, le
mouvement qui lui eft néceffaire. Un plateau LM,
eft placé fur la partie fupérieure ; il communique
avec les deux corps de pompe par un tube F G ;
des foupapes ouvrent & ferment, alternativement,
les communications des pompes avec le récipient
& avec l'air extérieur.

On trouve dans les *Elem. philof. pat. mathem.*
de s'Gravefende, tome II, liv. 4, chap. 4, la
defcription d'une *machine pneumatique* à double
pompe, qui préfente quelque différence dans
la difpofition, mais qui approche beaucoup de
celle d'Hawksbée.

En 1740, l'abbé Nollet publia un Mémoire, fur
les *inftrumens propres aux expériences fur l'air,* dans
lequel il donne la defcription de deux *machines
pneumatiques* de fon invention : l'une à deux corps
de pompe ; l'autre à un feul corps de pompe :

comme cette derniere eſt celle à laquelle il donnoit la préférence, c'eſt auſſi la ſeule dont nous croyons devoir donner la deſcription.

Cette *machine* eſt compoſée de cinq parties principales : 1°. une pompe F, *fig.* 996 (e); 2°. un canal I, garni d'un robinet H; 3°. une platine PP, qui ſert de baſe aux différens récipiens; 4°. un pied KLM, ſur lequel elle eſt montée; 5°. un rouet DGER, pour les expériences de mouvemens rapides.

Le corps de pompe F, eſt un cylindre de cuivre fondu, bien alaiſé, & d'un diametre bien égal en dedans; il a 14 pouces de hauteur & 26 lignes de diametre intérieur. Dans ce cylindre, gliſſe un piſton, fixé ſur une tige de fer carrée, de 16 pouces de longueur ſur 5 lignes de diametre. A l'extrémité eſt fixé un étrier T, deſtiné à mettre le pied, & une branche montante TQ, au bout de laquelle eſt une poignée Q, pour la prendre avec la main.

V, *fig.* 996 (f), eſt le robinet, percé de deux trous, l'un *ab*, pour établir la communication entre le corps de pompe & l'extérieur; l'autre *d*, pour établir la communication entre le corps de pompe & le récipient.

Sur le prolongement de la pompe, eſt une platine de cuivre PP, de deux lignes d'épaiſſeur; elle doit être bien dreſſée, & rebordée d'un cercle de cuivre, qui s'éleve de 9 à 10 lignes. Au centre de cette platine, paſſe & déborde la vis du canal *y*; la platine eſt ſoutenue par trois conſoles, attachées d'une part à ſa circonférence, & de l'autre ſur le haut du corps de pompe.

On fait porter la *machine* par un trépied en bois, ſolidement établi, afin de ſupporter tous les efforts qui ont lieu, lorſqu'on manœuvre la *machine*.

Enfin, le rouet, qu'on peut ôter quand on veut, eſt compoſé de deux montans GE, GF, aſſemblés parallélement entr'eux par deux traverſes, & à deux pouces de diſtance l'une de l'autre, entre leſquels eſt une roue R, que l'on fait tourner avec une manivelle. Dans le haut GG, eſt une potence GD, mobile du haut en bas, qui porte des poulies de renvoi, avec un arbre tournant D, propre à communiquer un mouvement de rotation dans le récipient AB; il paſſe au travers de la boîte à cuir C. *Voyez* BOÎTE A CUIR.

Pour manœuvrer cette *machine*, on place le récipient ſur la platine, que l'on a préliminairement recouverte d'une peau mouillée, afin que les bords du récipient, qui touchent la platine, ne laiſſent aucun vide, par lequel l'air puiſſe pénétrer. Alors on ouvre, par le robinet, la communication entre le corps de pompe & l'air extérieur, on pouſſe le piſton juſqu'à ce qu'il touche le fond de la pompe, & l'on chaſſe ainſi tout l'air contenu dans le corps de pompe : on tourne le robinet, pour établir la communication entre le corps de pompe & le récipient; on baiſſe le piſton, & l'air du récipient entre dans le corps de pompe;

dans cette ſituation, on tourne le robinet, pour fermer la communication avec le récipient, & ouvrir celle avec l'air extérieur. On pouſſe, par en haut, le piſton, afin de chaſſer l'air que contient le corps de pompe. Lorſque le piſton touche le fond, on tourne le robinet pour fermer la communication avec l'air extérieur, & ouvrir la communication avec le récipient, & l'on baiſſe le piſton. Cette manœuvre ſe continue juſqu'à ce que l'on ait fait le vide au degré que l'on veut.

Il eſt facile de voir, en comparant cette *machine* avec celle que nous avons décrite, au commencement de cet article, combien cette *machine pneumatique*, de l'abbé Nollet, qui étoit une des plus parfaites au milieu du ſiecle dernier, eſt inférieure, aujourd'hui, à celle dont on fait uſage.

Un grand perfectionnement a été apporté, en 1759, par Smeaton, aux pompes des *machines pneumatiques*; ce perfectionnement eſt décrit dans le volume XLVII, n°. 69, des *Tranſactions philoſophiques*; voici en quoi il conſiſte : ſon cylindre AB, *fig.* 997, eſt placé dans une poſition verticale; le piſton eſt mu par une tringle qui a le double de la longueur du corps de pompe, & qui a une crémaillere, par le haut, pour s'engrener dans une roue dentée. La partie ſupérieure du cylindre eſt fermée par un couvercle AO, pour empêcher l'entrée de l'air extérieur : ce corps de pompe eſt fixé ſur une tablette, placée ſous une table à quatre pieds.

Dans le corps du piſton eſt un clapet, pour permettre le paſſage de l'air à travers, lorſque le piſton deſcend; un ſemblable clapet eſt placé au fond du corps de pompe, ſur l'ouverture du tuyau CD : Smeaton voulant que ſa *machine* pût ſervir à la fois, à la raréfaction & à la compreſſion de l'air, a fermé le corps de pompe par en haut, & a placé, à l'extrémité du tuyau CD, un robinet EFGH, dont la tête K, a un levier KL, pour mouvoir ce robinet.

Ce robinet a trois ouvertures à l'extérieur en D, M, V, *fig.* 997 (a) : les deux premieres communiquent enſemble par un canal courbé, intérieur, *d m*; le troiſieme pénetre de N en V, puis s'éleve verticalement de Y en Z, *fig.* 997. Ce dernier ſert à établir la communication, de l'intérieur de la pompe avec l'air extérieur, & le premier à établir la communication avec le récipient.

Par cette diſpoſition, la *machine de Smeaton* devient une *machine pneumatique* ordinaire; pour en faire une *machine de compreſſion*, il place, dans la partie ſupérieure O du cylindre, un troiſieme clapet, qui permet à l'air de ſortir du corps de pompe, & ne lui permet pas de rentrer.

Ainſi, ſi l'on fait communiquer le tuyau OPQ, de la partie ſupérieure du corps de pompe, avec un récipient, & qu'on tourne le robinet EFGH, de maniere à faire communiquer l'intérieur du corps de pompe avec l'air extérieur, on voit, qu'à chaque abaiſſement du piſton, le corps de pompe se remplira d'air, & qu'en remontant le piston, l'air comprimé soulevera le clapet en O, & pénétrera dans le récipient; descendant le piston, la compression de l'air du récipient fermera le clapet, & le corps de pompe se remplira d'air nouveau, qu'on fera entrer dans le récipient en soulevant le piston.

Quant aux clapets, leur construction est encore une amélioration de Smeaton; il les construit en membranes de vessie ou en baudruche, comme Pepin. Sur l'ouverture O, *fig.* 997 (*n*), il fixe une membrane de vessie, qu'il découpe foiblement en *a a* & en *b b*. Cette membrane est placée du côté par lequel l'air doit sortir. L'air, dessous la membrane, étant plus comprimé que celui qui lui est supérieur, soulève cette membrane, & sort par les ouvertures *a a*, *b b* : si, au contraire, l'air supérieur est le plus comprimé, il presse la membrane sur l'ouverture, & ferme cette ouverture.

Smeaton annonce être parvenu à raréfier l'air, avec sa *machine*, de manière à lui faire occuper un volume mille fois plus considérable; ce qui paroît beaucoup au-dessus de tout ce qu'on faisoit ordinairement.

Nairne & Blunt ont encore beaucoup perfectionné cette *machine* : la *fig.* 997 (*c*), représente la disposition & la forme de son ensemble. Le corps de pompe D, & le mécanisme du mouvement du piston par la manivelle B & les crémaillères C, ont conservé la même position. Seulement, le robinet, qui se trouvoit dans la partie inférieure, est placé dans la partie supérieure, par un double robinet en *m*, *n*; les deux conduits *g h*, qui communiquent à la partie supérieure du corps de pompe, & *e d c*, qui communique à la partie inférieure, parviennent l'un & l'autre dans un conduit *b*, qui se prolonge sous la platine, jusque dans l'intérieur, en *a*; un tube *i G*, plonge en G, dans une cuvette de mercure, & communique par K avec la platine : ce tube a pour objet de faire connoître le degré de raréfaction de l'air. Lorsque l'on comprime l'air, on ferme cette communication avec un robinet.

En faisant communiquer la partie inférieure du corps de pompe avec le récipient, par le robinet qui établit cette communication, on raréfie l'air, & la *machine* devient *machine pneumatique* ordinaire; en faisant communiquer la partie supérieure du corps de pompe avec le récipient, à l'aide de l'autre robinet, la *machine* devient *machine de compression*.

Au lieu de membranes de vessie, pour remplacer les soupapes ou les clapets, Nairne fait usage de taffetas verni, qui est beaucoup plus fort & qui remplit le même but.

La difficulté de faire ouvrir & fermer les soupapes, sans faire entrer ni sortir de l'air, a fait imaginer différens moyens d'y suppléer. Haas & Hurle ont proposé, d'ajouter des petits cylindres au-dessous ou au-dessus du corps de pompe; & de faire ouvrir & fermer les soupapes avec une pédale; ces moyens, compliqués, sont décrits dans les *Transactions philosophiques*, tome LXXIII; dans *Lichtenberg Magazin für das neuste aus der physik u. naturg.*, III b., 1 st., s. 97 u. f.

Baader & Hindenbourg ont imaginé des *machines pneumatiques* à mercure, assez ingénieuses.

Celle de Baader est composée d'un grand réservoir de verre C C, *fig.* 998, qui communique à la platine P P, de la *machine pneumatique*, par un tube *a d*, & un robinet à deux ouvertures *b c*. Le tube & le robinet sont en fer. Au bas de ce réservoir est un autre tube en fer *f f*, qui communique avec un réservoir D, par un tube de fer courbé *m* : à ce réservoir sont deux ouvertures; l'une inférieure, où sont fixés un tube & un robinet en fer *n*, *o*, & dans la seconde, est fixé un tube de fer *p p*, qui correspond à un vase ouvert A.

Tournant le robinet *b c*, de manière à établir la communication entre le réservoir C C & l'air inférieur, fermant le robinet *o*, & versant du mercure dans le vase A, ce liquide descend le long du tube *p p*, emplit le réservoir D, & remonte dans le tube *f f*, pour remplir le réservoir C C. En chassant l'air de ce réservoir & des tubes, par l'ouverture du robinet *b c*, fermant ce dernier & ouvrant le robinet *o*, pour faire tomber le mercure dans un vase, ouvrant en même temps le robinet *b c*, pour établir la communication entre C C & le récipient; l'air du récipient entre dans l'espace C C, à mesure que le mercure en sort. Cet espace étant vide de mercure, on ferme le robinet *o*, on tourne le robinet *b c*, pour établir la communication entre l'espace C C & l'air extérieur : versant de nouveau mercure par A, on chasse l'air entier dans C C, & on remplit ce réservoir de mercure. Fermant la communication *b c*, avec l'air extérieur, ouvrant le robinet *o*, pour faire descendre le mercure jusqu'en *h h*, & établissant la communication entre le récipient & le réservoir C C, de nouvel air passe du récipient dans le réservoir : fermant la communication *b c* & continuant l'opération, on peut, par ce moyen, faire le vide aussi exactement qu'avec une bonne *machine pneumatique* : mais la manœuvre de cette nouvelle *machine*, exige plus de soin que celle des *machines* ordinaires, à cause de l'élévation du mercure dans le tube *f f*, au moment où l'on établit la communication entre le récipient & le réservoir C C; élévation occasionnée par la raréfaction de l'air dans le récipient. On voit encore qu'il est nécessaire, que le tube *f f*, ait plus de vingt-huit pouces de longueur, qui est celle de la hauteur du mercure, occasionnée par la pression de l'atmosphère.

La *machine pneumatique* à mercure de Hindenbourg, diffère de celle de Baader, en ce qu'au lieu du vase A, du réservoir D & du robinet *o*, Hindenbourg fait usage d'une pompe G H, *fig.* 998 (*o*), à l'aide de laquelle on comprime ou l'on dilate le mercure, pour le faire monter ou defcendre du réfervoir N. Cette *machine* eft affez fimple pour être parfaitement entendue à la fimple infpection de la figure.

Nous croyons inutile de parler ici de l'emploi de la vapeur aqueufe, propofée par Wilcke, & de celle de la vapeur du charbon, propofée par Ingenhoufz, pour faire le vide ; car, par l'un & par l'autre de ces moyens, on remplace l'air des récipiens, par la vapeur qui le chaffe, & conféquemment on ne fait pas de vide.

MACHINE PNEUMATIQUE. Conftellation de la partie méridionale du ciel, placée près du tropique du Capricorne, entre le Navire & le milieu du corps de l'Hydre femelle.

C'eft une des quatorze nouvelles conftellations formées par l'abbé de Lacaille, d'après les obfervations qu'il a faites pendant fon féjour au Cap de Bonne-Efpérance. La principale étoile eft de la cinquième grandeur.

MACHINES POUR LES EXPÉRIENCES DU FROTTEMENT. *Machines* à l'aide defquelles on fait connoître l'effort qu'il faut employer, pour vaincre le FROTTEMENT. *Voyez* ce mot.

Parmi les appareils qui peuvent être employés, dans les cours de phyfique, pour faire apprécier la réfiftance que le frottement occafionne, il en eft trois dont on fait ordinairement ufage.

1°. L'appareil de Defaglier, qui confifte en une tablette A B, *fig.* 999, élevée verticalement, & retenue fortement avec des vis & des écrous : deux doubles montans P p, P p, entre lefquels font fufpendus, par des pivots affez forts, quatre rouleaux 1, 2, 3, 4. Sur le haut des montans extérieurs, font taraudés deux écrous, dans lefquels on fait avancer ou reculer deux vis Q, Q ; un cinquième rouleau C, beaucoup plus grand & plus épais que les précédens, eft fupporté par un arbre D E, qui fe termine par deux pivots affez longs, pour s'engager dans les trous des vis Q, Q, & pour repofer fur l'interfection des quatre rouleaux latéraux, lorfqu'on éloigne fuffifamment les vis Q, Q.

Le rouleau C eft mis en mouvement par un reffort fpiral, qui s'enveloppe fur lui-même, & qui eft attaché, d'une part, fur un canon, arrêté par une vis de preffion, fur un des points de l'arbre D E ; l'autre extrémité du même reffort, tient à la potence F ; lorfque ce reffort fe développe après avoir été tendu, il entraîne avec lui le mouvement du rouleau C, qui fait alors des vibrations femblables à celles d'un balancier.

V eft un pilaftre, fur le haut duquel fe meut une petite bafcule b, laquelle étant engagée fous l'un des croifillons du rouleau C, l'empêche de céder à l'impulfion du reffort, & de retourner fur lui-même, lorfqu'on a tendu ce reffort, en faifant tourner le rouleau C fur fon arbre, & dans un fens convenable à cet effet.

R eft un pilaftre, fur le haut duquel fe meuvent, par une efpèce de charnière, deux tiges de métal, de même poids & de même dimenfion, c d, e f. Ces deux tiges peuvent pofer enfemble fur l'arbre D E, ou on peut, à l'aide de la vis g, qui traverfe la tige e f, empêcher que la première, c d, ne pofe fur cet arbre. Il fuffit, pour cela, de faire avancer la vis g, de manière qu'elle foutienne la vis c d. Deux petits poids égaux, en maffe, h & i, font deftinés à être fufpendus, au befoin, aux extrémités des deux tiges dont nous venons de parler.

On peut, avec cet appareil, faire des expériences fur les frottemens de la première & de la feconde efpèce.

Pour comparer les frottemens de la première, à ceux de la feconde efpèce, on difpofe le grand rouleau de manière que, fes pivots foient engagés dans les trous des vis Q, Q ; dans ce cas, le frottement eft de la première efpèce, puifque toute la furface des pivots frotte dans la circonférence des trous qui les reçoivent.

On bande le reffort d'un certain nombre de tours ; deux fuffifent pour rendre l'expérience bien fenfible ; mais, pour procéder avec exactitude, on engage la bafcule b, fous l'un des croifillons du rouleau C ; on fait tourner ce dernier fur lui-même, & on compte fes révolutions par le paffage des croifillons fur la bafcule.

Ayant tendu le reffort, de deux tours, on retire la bafcule, & on compte le nombre de vibrations que fait la roue C, avant d'être réduite au repos.

Pour comparer les frottemens de la feconde efpèce, on procède de la même manière, avec cette différence qu'on recule les vis Q, Q, pour que les pivots de l'arbre D E, portent fur l'interfection des quatre roues latérales : dans ce cas, le mouvement de l'arbre entraînant celui des rouleaux, le frottement devient de la feconde efpèce (*voy.* FROTTEMENT) ; alors, on compte le nombre de vibrations de la roue C, & on trouve que, dans ce fecond cas, le nombre de tours eft beaucoup plus confidérable.

Si on veut faire voir de quelle manière l'étendue des furfaces frottantes influe fur la grandeur des frottemens, on remet les deux vis Q, Q, on bande encore le reffort de deux tours ; mais, avant de lâcher la détente, on fait tomber les deux tiges de métal c d & f e, fur l'arbre D E, de façon cependant, qu'il n'y ait que la feule tige e f qui frotte ; la tige c d étant portée fur la vis g, on lâche la bafcule b, & on compte le nombre de vibrations de la roue C.

Répétant la même expérience, après avoir retiré la vis g & difpofé les deux tiges c d, f e, de manière qu'elles frottent l'une & l'autre fur l'arbre D E : dans ce cas, la charge de l'arbre eft la même, mais la surface frottante est double; cependant, malgré cette différence, la roue C fait toujours le même nombre de vibrations.

2°. Une planche bien dressée, à l'extrémité de laquelle on place une poulie, qui peut s'élever ou s'abaisser, est également employée; on pose sur cette planche, les corps dont on veut déterminer le frottement; un fil est attaché sur ces corps; ce fil passe sur la poulie; un plateau de balance est à son extrémité, &, à l'aide des poids placés dans le plateau de balance, pour faire mouvoir le corps, on détermine la valeur du frottement.

3°. Un cylindre de bois, dont l'axe peut avoir différentes grosseurs, & sur lequel on place une corde, avec des poids pendus aux deux extrémités, sert au même objet. *Voyez* TRIBOMÈTRE DE MUSCHENBROECK.

MACHINE POUR LES EXPÉRIENCES DU MOUVE-MENT. Appareils à l'aide desquels on fait voir quelles sont les lois du mouvement.

Ces appareils sont en très grand nombre, & on les divise en sept classes: 1°. pour le mouvement composé; 2°. pour la communication du mouvement; 3°. pour le mouvement réflechi; 4°. pour le mouvement réfracté; 5°. pour la destruction du mouvement; 6°. pour la pesanteur ou la gravitation; 7°. enfin, pour les forces centrifuges.

1°. On se sert, pour faire voir *le mouvement composé*, d'un appareil sur lequel, à l'aide de deux poulies, on fait parcourir au corps, la diagonale des deux mouvemens directs qu'on leur imprime; ou d'un billard, *fig.* 223, sur lequel on frappe une bille dans deux directions à la fois. *Voyez* MOUVE-MENT COMPOSÉ, BILLARD.

2°. Pour la *communication du mouvement*, on fait usage de l'appareil de Mariotte, *fig.* 979; formée d'un plateau de marbre noir, sur lequel on fait jaillir une bille. *Voyez* MACHINE DE MARIOTTE.

3°. Pour le *mouvement réfléchi*, sur une tablette T, *fig.* 1000, se meut circulairement, & à charnière, une petite caisse contenant un morceau de marbre noir & poli A: cette caisse s'arrête & se fixe, par une vis de pression B, sur toutes les parties de l'arc B D, d'un plan qui s'élève verticalement sur un des côtés de la tablette T.

Un montant MN, au haut duquel est assemblée une potence N G, retenue fixement par une console S, est fixée sur cette tablette. Cette potence est percée d'un trou c, suffisamment grand pour laisser passer une bille d'ivoire, de six à huit lignes de diamètre.

Vers le bas du montant MN, on remarque une espèce de caisse R, mobile sur la hauteur de ce montant, & qu'on fixe à une hauteur convenable, par une vis de pression P. Cette caisse porte une gouttière G, qui règne sur toute la largeur: cette gouttière est d'environ dix lignes de hauteur.

En V, vers le haut, & postérieurement au montant, on remarque un fil V X, auquel est sus-pendu un petit poids: c'est un aplomb qui répond à une ligne verticale, placée sur la face postérieure de ce montant. Il sert à mettre la *machine* de niveau.

Dès que le marbre est placé convenablement, si l'on met une bille dans le trou c, & qu'on recule le diaphragme b, la bille tombe sur le marbre & se réfléchit dans l'ouverture G, si rien ne s'oppose à son mouvement. *Voyez* RÉFLEXION.

4°. Pour le *mouvement réfracté*, on dirige un canon de fusil A B, *fig.* 1000 *(a)*, sur un point donné L, du fond d'une caisse vide, & que l'on emplit d'eau ensuite; on place sur cette caisse deux cadres E F, contenant chacun une feuille de papier; on met le feu à la poudre contenue dans le canon, & la balle qui la recouvre, traverse les deux feuilles de papier en I & en K, puis arrivée à la surface de l'eau, elle change de direction & va frapper le fond en H. On juge de la réfraction par la différence des angles P K L & P K H: le premier est l'angle d'incidence; le second, celui de réfraction. *Voyez* RÉFRACTION.

5°. Pour la *destruction du mouvement*. Le mouvement peut être altéré ou détruit de deux manières: *(a)* par la résistance des milieux; *(b)* par le frottement des corps solides. L'appareil pour la résistance des milieux, est une cuve de deux compartimens, surmontée d'un axe de balancier & de pendule: les balanciers ou pendules sont mis en mouvement dans les divisions de la caisse, lorsqu'elle est vide; on y verse ensuite différens liquides, & l'on voit, bientôt, que chacun d'eux ralentit le mouvement, & que ce ralentissement est d'autant plus grand, que le liquide est plus dense & plus visqueux. (*Voyez* RÉSISTANCE DES MILIEUX.) Quant aux frottemens, *voyez* MACHINE POUR LES EXPÉRIENCES DU FROTTEMENT.

6°. *Machines pour démontrer la pesanteur & la gravitation*. Il existe plusieurs sortes d'appareils destinés à prouver la pesanteur: *(a)* les uns servent à faire voir que la vapeur, la fumée, pèsent; ce sont des vases dans lesquels on place les substances qui les produisent; *(b)* pour faire voir que tous les corps sont également maîtrisés par la gravité: c'est un tube de cristal, dans lequel on met des corps différemment pesans, tels que du plomb, du papier. Faisant le vide dans ce tube, on aperçoit que les corps y tombent avec une égale vitesse, tandis que, dans l'air, les corps plus pesans tombent les premiers; *(c)* pour faire connoître les lois du mouvement accéléré (*voyez* MACHINE D'ATWOOD, CYCLOÏDE); *(d)* pour faire observer la combinaison de la pesanteur avec toute autre force (*voyez* CHUTE PARABOLIQUE DES LIQUIDES, DES SOLIDES); *(e)* enfin, pour expliquer la cause de la pesanteur, *voyez* GLOBE DE DESCARTES, GLOBE DE BULFINGER.

7°. Pour faire connoître l'effet des forces centrales, *voyez* MACHINE DES FORCES CENTRALES.

MACHINE QUI RÉUNIT TOUTES LES MACHINES SIMPLES.

Dans une cage A B C D, *fig.* 1001, est un volant E F, qui fait l'office du *levier du premier genre* ou d'un *balancier*. Au milieu de ce levier, est adaptée une espèce de fuseau G H, portant sur sa longueur, une vis sans fin H, qu'on peut considérer comme un *coin*. Cette vis engrène dans les dents de la roue K, qui représente un *treuil* conduit par une roue ; la corde qui embrasse l'axe de la roue, & qui s'enveloppe sur le treuil, passe sur la circonférence des *poulies mouflées* M & N ; & comme la vis sans fin ne fait, qu'imparfaitement, l'office de *plan incliné*, parce qu'elle n'a point de mouvement progressif, on ajoute à cette *machine* le plan incliné *r q*, R Q sur lequel repose le fardeau P, suspendu à la chasse des poulies mobiles *m*, *n*.

Cet appareil n'est que de pure curiosité ; il réunit toutes les *machines simples* en une seule *machine composée*, & sert à prouver que, dans ce cas, l'avantage de la puissance sur la résistance, est en raison composée de tous les avantages, que chaque *machine simple* procure à la puissance.

MACHINES SIMPLES ; machinæ simplices ; *einfache maschinen* ; s. f. Instrument *simple*, destiné à transmettre l'action d'une force déterminée, à un point qui ne se trouve pas dans sa direction, de manière que cette force puisse mouvoir un corps auquel elle n'est pas immédiatement appliquée, & le mouvoir suivant une direction semblable ou différente de la sienne propre.

On divise les *machines simples* en trois classes : 1°. les cordes (*voyez* MACHINES FUNICULAIRES) ; 2°. le levier ; mais celui-ci en 5 parties, (*a*) le levier proprement dit, (*b*) les poulies & les moufles, (*c*) le tour, (*d*) les roues dentées, (*e*) le cric ; 3°. le plan incliné, qui a trois divisions, (*a*) le plan incliné, (*b*) la vis, (*c*) le coin. Toutes ces *machines* entrent dans la composition des *machines simples*. *Voyez* CORDE, LEVIER, POULIE, MOUFLE, TOUR, ROUE DENTÉE, CRIC, PLAN INCLINÉ, VIS, COIN.

MACHINISME ; machinisma ; *machinisme* ; s. m. Science de la construction des machines. Le *machinisme* est à la mécanique, ce que la pratique est à la théorie. *Voyez* MÉCANAURGIE.

MACHO, poids employé à Cadix, estimé un quintal & demi.
Le macho = 140,68 liv. = 68,8628 kilog.

MACLAURIN (Colin), célèbre mathématicien écossais, né à Kilmaddans, en 1698 ; mort à Edimbourg, en 1746.
Né d'une famille noble, il reçut une éducation distinguée. Ayant trouvé, chez un de ses amis, es *Élémens d'Euclide*, quoiqu'il n'eût alors que

12 ans, il se livra à l'étude de cet ouvrage, & il en comprit parfaitement, en peu de jours, les six premiers livres ; alors son goût pour les mathématiques se développa.

Maclaurin n'avoit encore que 16 ans, lorsqu'il découvrit les principes d'une *Géométrie organique*, c'est-à-dire, la géométrie qui a pour objet la description des courbes, produites par un mouvement continu.

On le nomma professeur de mathématiques à Edimbourg.

Nous avons de *Maclaurin* : 1°. un *Traité d'algèbre* très-estimé ; 2°. une *Exposition des découvertes de Newton*, traduite par Lavirotte, en 1749 ; 3°. un excellent *Traité des fluxions*, traduit par Pezenas, en 1749.

MACQUER (Pierre-Joseph), chimiste & physicien estimé, né à Paris, le 9 octobre 1718 ; mort dans la même ville, le 16 février 1784.
Il étoit fils de Pierre Macquer, avocat au Parlement de Paris, d'une famille originaire d'Ecosse.

S'étant principalement livré à l'étude de la chimie & de la pharmacie, *Macquer* acquit une telle célébrité, qu'il fut nommé membre de l'Académie des sciences & professeur de pharmacie.

Le Gouvernement, qui avoit beaucoup de confiance en ses lumières, le chargea de l'examen de différens remèdes nouveaux, ainsi que de l'examen des procédés de la teinture & de la perfection de ces procédés ; il lui donna, pour cet objet, une place de confiance auprès de l'administration du commerce, dans laquelle M. Berthollet lui succéda.

Nous avons de *Macquer* : 1°. *Elémens de Chimie théorique & pratique*, in-4°., Paris, 1749 ; 2°. *Elémens de Chimie pratique*, 2 vol. in-12, Paris, 1756 ; 3°. *Plan d'un cours de chimie expérimentale & raisonnée*, in-12, Paris, 1756 ; 4°. *Formula medicamentorum magistralium*, Paris, 1763 ; 5°. l'*Art de la teinture en soie*, Paris, 1763 ; 6°. *Dictionnaire de Chimie ; contenant la théorie & la pratique de cet art*, in-8°., Paris, 1756.

MACROBIE, de μακρος, long, βιος, vie ; macrobia ; *macrobie* ; s. f. Longue vie. Nom donné à ceux qui ont vécu un nombre d'années extraordinaire, comme les anciens patriarches. *Voyez* LONGÉVITÉ.

MACROCÉPHALE, de μακρος, long, κεφαλη, tête ; macrocephalia ; *macrocéphale* ; s. m. Longue tête.
Hippocrate donne ce nom à certains peuples de l'Asie, chez lesquels c'étoit une disposition endémique d'avoir la tête longue. Ce savant médecin croit que, d'abord, cette forme étoit donnée aux enfans de ces peuples, en leur petrissant la tête, & que le temps a rendu ensuite, insensiblement,

blement, cette forme naturelle, de forte qu'il n'eſt plus néceſſaire d'y employer la violence.

MACROCOSME, de μακρος, long, κοσμος, monde ; macrocoſmum ; macroſcom ; ſ. m. Le Monde entier, l'Univers.

Ce mot ne ſe dit que par oppoſition à micro-coſme, qui ſignifie l'homme ou petit monde.

MACULE, de macula, tache ; macula; flecken ; ſ. m. & f. Tache, coloration ou décoloration partielle, qu'on obſerve ſur beaucoup de tiſſus humains.

On emploie le mot macule, pour déſigner des taches apparentes ſur les aſtres, telles que les taches du ſoleil, &c.

MADÉFACTION, de madidus, humide, facere, faire ; madefactio ; madefaction ; ſ. f. Introduction de l'humidité dans une ſubſtance, action de l'imbiber. Ce mot eſt preſque ſynonyme de ramollir.

MADONINE. Pièce d'argent de la ſeigneurie de Gênes.

Il y en avoit de ſimples & de doubles ; cette dernière étoit la plus commune. La madonine double contenoit 159 as d'argent fin ; elle valoit 1,721 liv. = 1,6997 fr.

MADRIGAL, probablement de Madrigal, bourg d'Eſpagne ; ſ. m. Sorte de pièce de muſique, travaillée & ſavante, qui étoit fort en uſage en Italie, au ſeizième ſiècle.

Les madrigaux ſe compoſoient, ordinairement, pour la vocale, en cinq ou ſix parties, à cauſe des fugues & deſſeins dont ces pièces étoient remplies, mais les organiſtes compoſoient & exécutoient des madrigaux ſur l'orgue, & l'on prétend même que ce fut ſur cet inſtrument, que le madrigal fut inventé.

MAESCHEN. Meſure ſitométrique employée à Weimar.

Le maeſchen = 9 noeſſeh = 0,4386 boiſ. = 5,7018 lit.

MAGASIN, de l'arabe machzan, lieu où l'on met ſes richeſſes ; apotheca ; magazin ; ſ. m. Lieu où l'on met toutes ſortes d'objets.

MAGASIN D'ÉLECTRICITÉ. Conducteur parfaitement iſolé, ſur lequel on peut accumuler une grande quantité d'électricité. Voy. ÉLECTRICITÉ.

MAGDEBOURG ; Magdeburgum ; Magdeburg. Ville anſéatique, célèbre par les inventions d'Otto de Guericke.

MAGDEBOURG (Glaces de). Glaces de verre,

parfaitement poliés, & qui adhèrent lorſqu'on les met en contact. Voyez ADHÉRENCE, ADHÉSION.

MAGDEBOURG (Hémiſphères de). Hémiſphères creux, que l'on réunit par leur grand cercle, & entre leſquels on fait le vide. Voyez HÉMISPHÈRES DE MAGDEBOURG.

MAGELLAN (Fernand), célèbre navigateur portugais, à qui l'on eſt redevable de découvertes de pluſieurs terres & îles, & dont les cartes & les obſervations ſont très-eſtimées.

MAGELLAN (Jean-Hyacinthe), phyſicien, né à Lisbonne, en 1723, mort à Iſlington, près Londres, le 7 février 1790.

De la famille du célèbre navigateur Fernand Magellan ; Jean-Hyacinthe reçut une bonne éducation, & entra de bonne heure dans l'ordre de Saint-Auguſtin.

Né avec le goût de l'obſervation & des diſpoſitions pour la phyſique & la mécanique, il abandonna la tranquillité du cloître, & paſſa en Angleterre, en 1764.

Parlant avec une grande facilité le latin & les principales langues du nord de l'Europe, il fut choiſi pour accompagner de jeunes ſeigneurs dans leurs voyages ; il viſita, dans chaque pays, les ſavans les plus diſtingués, & ſe ſervit de tous les avantages que lui donnoit ſa poſition, pour leur procurer des encouragemens.

Au retour de ſes voyages, il ſe fixa à Londres, d'où il entretenoit une correſpondance très-active avec pluſieurs Français, Italiens & Allemands, cherchant à établir des rapports entre ceux qui, tendant au même but, pouvoient s'entr'aider, par une communication réciproque de leurs travaux.

Une partie de ſon temps étoit conſacrée à répéter de nouvelles expériences, ou à faire exécuter, ſous ſes yeux, par les meilleurs artiſtes, différens inſtrumens qui lui doivent d'utiles perfectionnemens.

On peut regarder Magellan comme un des hommes qui ont le plus contribué au progrès de la phyſique, dans la moitié du dix-huitième ſiècle ; auſſi fut-il membre de la Société royale de Londres, en 1774, & correſpondant des Académies des ſciences de Paris, de Madrid, de Saint-Pétersbourg, &c.

Nous avons de Magellan ; 1°. Deſcription des octans & ſextans anglais, ou quarts de cercle à réflexion, avec la manière de s'en ſervir & de les conſtruire, in-4°., Paris, 1775 ; 2°. Deſcription & uſage des nouveaux baromètres pour meſurer la hauteur des montagnes & la profondeur des mines, in-4°., Londres, 1779 ; 3°. Collection de différens traités ſur les inſtrumens d'aſtronomie & de phyſique, in-4°., Londres, 1780 ; 4°. Deſcription d'un appareil en verre pour compoſer *des eaux minérales artificielles*, in-8°., Londres, 1777; 5°. un grand nombre d'articles dans le *Journal de Physique*, tels que, 1°. la *Description d'un pendule*; 2°. *Essai sur la nouvelle théorie du feu élémentaire & de la chaleur des corps*; 3°. la *Description d'un baromètre nouveau portatif, &c. &c.*

MAGELLAN (Nuées de). Nom donné à deux blancheurs remarquables du ciel, situées près du sol austral. *Voyez* NUÉES DE MAGELLAN.

MAGE, de μαγος, *sage, savant*; magus; *weisse*; s. m. Sage, savant & philosophe de la Perse.

C'étoit particulièrement les ministres de la religion chez les Perses: dans la doctrine qu'ils professoient, ils rapportoient tout à un être unique; le feu; aussi, dans leur opinion, c'est le feu qui a engendré la terre. *Voyez* GÉNÉRATION DE LA TERRE.

Par suite de l'assassinat de Cambyse, la doctrine des *mages* fut en quelque sorte détruite; mais Zoroastre la rétablit & la répandit parmi les Perses, les Mèdes, les Parthes, les Bactriens, &c.; & lorsque Mahomet établit le musulmanisme, les *mages* se retirèrent dans les montagnes, aux extrémités de la Perse & de l'Inde, pour n'être pas réduits à sacrifier leur ancienne croyance, à la secte naissante d'un ennemi redoutable.

MAGICIEN, de μαγος, *sage*; magus; *zaubner*; s. m. Celui qui prétend posséder l'art de la magie.

Pendant long-temps, & principalement dans l'Orient, les *magiciens* ont joui d'une considération particulière. On établissoit une grande différence entre les *magiciens* & les *sorciers*: les premiers étoient regardés comme des enchanteurs respectables, les autres comme des malheureux vendus aux furies de l'enfer.

Dès que la religion catholique se fut répandue, & que les prêtres obtinrent la confiance que leur fonction méritoit, on jeta de la déconsidération sur les *magiciens*, puis on les fit condamner au feu, comme agens des puissances infernales. Le perfectionnement des lumières a permis de les voir sous leur vrai rapport, c'est-à-dire, comme des fous ou des fripons qui établissent un impôt sur la crédulité publique, & que les lois punissent. *Voyez* MAGIE.

MAGIE; μαγεια; magia; *zauberei*; s. f. Art de produire, contre l'ordre ordinaire & connu de la nature, des effets surprenans qui paroissent tenir du prodige.

Quelle que soit la puissance de l'homme, tout ce qu'il produit est naturel; mais les moyens qu'il emploie, peuvent être plus ou moins facilement aperçus. Lorsqu'ils sont connus & que chacun peut les employer, les résultats sont considérés comme simples, & souvent comme méritant à peine l'attention; mais, lorsque ses moyens ne sont pas aperçus, les résultats sont regardés comme surnaturels, & souvent comme de la magie.

Ainsi, avant que l'électricité & les résultats de la lanterne magique ne fussent connus, on devoit regarder, comme de la *magie*, les grands effets électriques & les phénomènes auxquels on a donné le nom de *fantasmagorie*. La manière de les présenter augmentoit encore l'illusion & contribuoit à cacher les moyens employés. Ainsi, lorsqu'au milieu d'un discours véhément, l'orateur conjuroit la foudre, & que l'on voyoit des masses enflammées sillonner la voûte de l'édifice, dans lequel se trouvoit, accompagnées d'un bruit analogue à celui du tonnerre, on pouvoit croire à la *magie*.

De même, si, après avoir feint de conjurer des ombres, on faisoit apercevoir, à l'aide d'une lanterne magique, un spectre, d'abord fort petit, puis grossissant & semblant s'avancer vers les spectateurs, on pouvoit croire à la *magie*; cependant tous les moyens employés étoient simples & naturels.

La *magie*, dans les siècles de ténèbres & de barbarie, servit merveilleusement les différens fourbes, & contribua singulièrement au succès de leurs premiers pas, comme à celui de leurs entreprises les plus vastes & les plus audacieuses. Elle fut, de tout temps, une arme toute-puissante, un prisme enchanteur qui fascinoit les yeux de la multitude grossière. Ses auxiliaires les plus constans furent, l'ignorance, la crédulité, la superstition, le fanatisme, la pusillanimité, enfin, l'obscurité & les ombres de la nuit. Ses principaux motifs ont été, dans beaucoup de circonstances, l'esprit de vengeance ou une animosité cupide. Il fut facile de sentir que, chez les nations étrangères à toute civilisation, ou au progrès des lumières, chez les personnes dont l'imagination est facile à exalter, les idées superstitieuses, relatives à la *magie* & aux sortilèges, dûrent exercer un très grand empire: les femmes, surtout, montrèrent une ferveur particulière pour ces rêves bizarres, qui piquoient leur curiosité. Aussi, ne doit-on pas s'étonner si on en trouve un grand nombre, parmi les apôtres ou les prosélytes du mesmérisme & du magnétisme.

On a, dans tous les temps, divisé la *magie* en *magie blanche* & *magie noire*. On plaçoit, dans la première classe, tous les phénomènes dont on apercevoit la possibilité par des moyens naturels, quoiqu'ils ne fussent pas connus: ainsi, l'escamoteur, qui faisoit paroître & disparoître la muscade de dessous ses gobelets; celui qui, avec une machine, dont le mécanisme n'étoit pas aperçu, produisoit des effets qui paroissoient extraordinaires; & l'homme qui, par des combinaisons mathématiques, des tours d'adresse, devinoit la carte que l'on avoit tirée & pensée, n'exécutoit que de la *magie blanche*; mais, celui qui provoquoit la foudre, invoquoit les ombres & les faifoit paroître, ne le faifoit qu'à l'aide de la *magie noire*, c'eft-à-dire, par des moyens diaboliques ou furnaturels. Aujourd'hui que nous fommes parvenus à connoître affez parfaitement tous les moyens employés pour produire ces effets, que l'on regardoit comme diaboliques ou furnaturels, la *magie noire*, en un mot, a difparu, & il n'exifte plus que ce que l'on regardoit autrefois, comme le réfultat de l'adreffe ou du calcul, conféquemment de la *magie blanche*.

MAGIE BLANCHE; *magia alba; naturlich ʒauber kuns*; f. f. Effets furprenans, dépendant d'adreffe, de calcul ou de toute autre caufe naturelle, & que l'on conçoit dépendre de moyens naturels, employés par celui qui les produit : tels font l'efcamotage, les tours de cartes, d'adreffe, &c. *Voyez* MAGIE.

MAGIE NOIRE; *magia nigra; fchwarʒ ʒauber kunft*; f. f. Effets furnaturels, que l'on croit ne pouvoir être produits fans le fecours des puiffances infernales, quoiqu'ils foient le réfultat de caufes & de moyens naturels : telles font l'invocation des efprits & leur apparition, produites par la lanterne magique, ou tout autre moyen analogue. *Voyez* MAGIE.

MAGIE, fe dit auffi de l'illufion des arts d'imitation : *la magie d'un tableau; la magie des couleurs; la magie du clair obfcur*.
En littérature on dit auffi : *la magie du ftyle, la magie de la poéfie*.

MAGINI (Jean-Antoine), aftronome & phyficien, né à Padoue, l'an 1555, mort à Bologne, le 11 février-1617.
Ce favant enfeigna, en Pologne, les mathématiques & l'aftronomie. Il conftruifit de grands miroirs concaves; il en fit un de cinq pieds de diamètre. L'optique lui doit une grande partie des progrès que l'on pouvoit lui faire faire alors.
Nous avons de *Magini* : 1°. des *Ephémérides*; 2°. *Nova cœleftium orbium theoria*; 3°. des *Commentaires fur la géographie de Pto'émée*; 4°. *Defcription de l'Italie* en foixante tableaux; 5°. *Traité des miroirs concaves fphériques*; 6°. un grand nombre d'autres ouvrages peu recherchés aujourd'hui.

MAGIQUE; *magicus; ʒauberifche*; adj. Effet naturel que l'on attribue à la magie.

MAGIQUE (Baguette). Baguette ou bâton, avec lequel on prétend, par fon mouvement, découvrir des tréfors, des fources, &c. *Voyez* BAGUETTE DIVINATOIRE.

MAGIQUES (Carrés). Arrangement de nombres en forme de carrés, produifant une même fomme dans tous les fens. *Voyez* CARRÉS MAGIQUES.

MAGIQUE (Lanterne). Lanterne à l'aide de laquelle on fait paroître, fur un plan, des images, des reliefs de grandeurs variées. *Voyez* LANTERNE MAGIQUE, FANTASMAGORIE.

MAGIQUE (Tableau). Carreau de verre, avec lequel on donne la commotion. *Voyez* TABLEAU MAGIQUE.

MAGISTÈRE; *magifterium; niedɪr fchlag*; f. m. Préparations chimiques, regardées comme exquifes & fubtiles.
Il exifte autant de *magiftères*, qu'il y a de différens états, de différentes propriétés ou chofes. On diftingue des *magiftères* de poudre, de volatilité, de couleur, d'odeur, &c. Le *magiftère* de poudre eft celui dont on entend le plus fouvent parler en chimie; c'eft une poudre parfaitement fine, précipitée de quelque diffolution faline ou de tout autre fluide : tels font les *magiftères* de perles de corail, d'étain, de bifmuth, &c.
Ce terme a été emprunté aux alchimiftes; felon eux, il fignifie le grand œuvre : ils 'e dérivoient de *magifterium*, corps trois fois plus vertueux qu'il n'étoit en fon premier état. Paracèlfe appeloit les *magiftères*, les myftères de l'art hermétique.

MAGISTRAL; *magiftralis; magiftral*; adj. Qui tient du maître.
Ce mot n'eft employé qu'en pharmacie, pour défigner les médicamens que le pharmacien prépare au moment même, & pour la circonftance, & qui, par leur nature, ne peuvent fe conferver long-temps.

MAGMA, de μασσω, pétrir, exprimer; f. m. Matière graffe, marc, lie, ou féces d'une fubftance dont on a exprimé les parties les plus fluides.
On donne encore le nom de *magma*, à des linimens épais, dans lefquels il n'entre qu'une très-petite quantité de liquide, pour l'empêcher de s'étendre & de couler.

MAGNÉSIE, de μαγνης, aimant; *magnefia; bitter erde*; f. f. Une des terres fimples : fon nom lui vient d'une ancienne comparaifon, que l'on en fit avec l'aimant, d'après les vertus imaginaires attribuées à cette terre, qu'on fuppofoit attirer les humeurs du corps, de la même manière que l'aimant attire le fer.
Pure, la *magnéfie* eft très-blanche, légère, douce au toucher; fa pefanteur fpécifique eft, d'après Kirwann, de 2,300. Sa faveur eft peu fenfible; elle verdit légèrement les couleurs bleues délicates, telles que celles des fleurs de

mauve & de violette. Il faut 7,900 parties d'eau, pour diffoudre une partie de *magnéfie*.

Expofée à l'air, la *magnéfie* en attire l'humidité & l'acide carbonique, en augmentant de poids. Chauffée jufqu'au rouge, elle laiffe échapper l'eau & l'acide carbonique qu'elle peut contenir. Lorf-qu'elle eft faturée de ces deux fubftances & qu'on l'en fépare, elle perd de fon volume & les deux tiers de fon poids ; elle forme avec le foufre, à l'aide de la chaleur, un fulfure.

Combinée avec les acides, la *magnéfie* produit des fels particuliers qui ont une faveur amère.

On croit que la *magnéfie* eft un oxide de MAG-NESIUM. *Voyez* ce mot.

Jamais la *magnéfie* ne fe rencontre pure & ifolée dans la nature ; elle eft toujours combinée avec des terres, avec les acides fulfurique, nitrique ou muriatique, ou avec l'acide carbonique.

Quoiqu'on puiffe obtenir la *magnéfie* de diverfes fubftances avec lefquelles elle eft combinée, on ne la fépare cependant, pour l'ordi-aire, que du fulfate de *magnéfie*, que fourniffent plufieurs eaux minérales, principalement celle d'Epfom. On ob-tient la *magnéfie* contenue dans ce fel, en verfant, peu à peu, dans fa folution filtrée, une folution de fous-carbonate de potaffe, jufqu'à ce qu'il ne s'y forme plus de précipité. Les acides changent de bafe, le dépôt eft lavé jufqu'à ce que l'eau en forte infipide ; alors on le fait fécher pour l'obtenir en une maffe blanche & légère.

Rarement la *magnéfie* eft employée autrement qu'en chimie, comme réactif, ou en médecine : dans ce dernier cas, on en fait ufage pour diffiper les aigreurs d'eftomac, & comme un contre-poifon.

MAGNÉSIE BORATÉE. Subftance foffile, que l'on rencontre ordinairement à Lunebourg, fous forme cubique, implantée dans du gypfe.

Cette fubftance eft compofée, d'après Wef-trumb :

Acide boracique.....................	68
Magnéfie	13,5
Chaux........................	11
Silice	2
Alumine	1
Oxide de fer....................	0,75
	96,25
Perte......................	3,75

Un des principaux caractères de la *magnéfie bo-ratée*, c'eft d'être électrique par la chaleur, dans huit points différens, oppofés deux à deux ; quatre acquièrent l'électricité vitrée ou E, & les quatre autres l'électricité réfineufe ou Є.

Nous devons, à M. Haüy, la découverte de cette propriété de la *magnéfie boratée* (1). Ayant légèrement chauffé un des criftaux, & l'ayant en-

(1) *Traité de Minéralogie*, tome II, pag. 342.

fuite expofé à fon petit électromètre, il aperçut des indices d'électricité, analogues à celle de la tourmaline. Cette électricité fe manifeftoit dans les angles folides des criftaux cubiques ; lorfque l'un des angles folides étoit électrifé en plus ou E, l'angle oppofé étoit électrifé en moins ou Є.

Ce que ces criftaux ont de remarquable & d'analogue avec la tourmaline, c'eft que, quatre de leurs angles folides font complets, tandis que les quatre autres, qui leur font oppofés, ont plu-fieurs facettes. L'électricité réfineufe ou Є, fe ma-nifefte aux angles folides complets ; l'électricité vitrée ou E, fe manifefte à l'endroit des facettes oppofées à ces angles (*voyez* TOURMALINE) ; là théorie de la production de l'électricité, étant la même, dans les grands axes des criftaux cubiques de *magnéfie carbonatée*, que dans l'axe de la tour-maline. *Voyez* TOURMALINE.

MAGNESIUM ; magnefium ; *magnefium* ; f. m. Subftance métallique, que l'on regarde comme la bafe de la magnéfie, cette dernière étant confidé-rée comme un *oxide de magnefium*.

Des expériences galvaniques faites, fur la foude, la potaffe & fur plufieurs terres, ont prouvé que ces fubftances étoient des oxides métalliques, ou des combinaifons d'oxigène avec les métaux fo-dium, potaffium, barytum, &c. Des divers réful-tats, obtenus fur les alcalis & plufieurs terres, on a cru pouvoir conclure que toutes les terres étoient des oxides métalliques ; de-là, quoiqu'au-cune expérience ne l'ait encore prouvé, on a établi, par analogie, que la magnéfie étoit une combinaifon d'oxigène avec un métal particulier, bafe de la magnéfie, & que l'on a nommé *mag-nefium. Voyez* BARYTUM, CALCIUM, POTASSIUM, SODIUM, &c.

MAGNÉTIQUE, de μαγνης, *aimant* ; magne-ticus ; *magnetifche* ; adj. Tout ce qui appartient à l'aimant, qui a rapport à l'aimant.

MAGNÉTIQUE (Atlas). Réunion de plufieurs cartes, contenant la déclinaifon de l'aimant fur le globe terreftre.

M. Chürcmann a publié un ouvrage in-4°. fous ce titre. Son ouvrage eft orné de trois planches ; il comprend un fyftème de la déclinaifon & de l'inclinaifon de l'aiguille aimantée, d'après lequel il fuppofe que, fi les obfervations font bien faites, on peut déterminer la longitude. *Voyez* CARTES MAGNÉTIQUES.

MAGNÉTIQUE (Attraction). Propriété qu'a l'ai-mant, d'attirer le fer & de s'y attacher fortement. *Voyez* ATTRACTION MAGNÉTIQUE, AIMANT.

MAGNÉTIQUE (Axe). Ligne droite qui paffe par les deux pôles *magnétiques* de la terre, ou par les deux pôles *magnétiques* d'un aimant. *Voyez* PÔLES MAGNÉTIQUES, EQUATEUR MAGNÉTIQUE.

MAGNÉTIQUE (Azimut). Arc de l'horizon, compris entre le méridien du lieu & le méridien *magnétique* : c'est, à proprement parler, la déclinaison *magnétique*. *Voyez* AZIMUT MAGNÉTIQUE, DÉCLINAISON MAGNÉTIQUE.

MAGNÉTIQUES (Barreaux ou Barres). Barres d'acier trempé, auxquelles on a communiqué la vertu *magnétique*. *Voyez* BARREAU MAGNÉTIQUE.

MAGNÉTIQUE (Courant). Mouvement que l'on suppose à la matière *magnétique*, auquel on attribue les phénomènes *magnétiques*. *Voyez* COURANT MAGNÉTIQUE.

MAGNÉTIQUE (Déclinaison). Ecartement de l'aiguille aimantée, de la direction du méridien du lieu ; ou mieux, angle formé par le méridien *magnétique* & le méridien du lieu. *Voyez* DÉCLINAISON MAGNÉTIQUE.

MAGNÉTIQUE (Equateur). Grand cercle de la terre, perpendiculaire à l'axe *magnétique*, & sur lequel l'aiguille aimantée est horizontale. *Voyez* EQUATEUR MAGNÉTIQUE.

MAGNÉTIQUE (Fluide). Fluide impondérable, auquel on attribue tous les phénomènes *magnétiques*. *Voyez* FLUIDE MAGNÉTIQUE.

MAGNÉTIQUE (Inclinaison). Inclinaison que prend, après avoir été aimantée, une barre ou une lame d'acier suspendue par son centre de gravité *Voyez* INCLINAISON MAGNÉTIQUE, INCLINAISON DE L'AIGUILLE AIMANTÉE.

MAGNÉTIQUE (Lame). Lames d'acier aimantées, que l'on réunit en faisceau, pour former un barreau aimanté. *Voyez* BARREAU AIMANTÉ, LAMES MAGNÉTIQUES.

MAGNÉTIQUE (Lunette); tubulatum magneticum; *magnetische augenglass;* f. f. Instrument d'optique, avec lequel on prend la déclinaison de l'aiguille aimantée.

C'est un tube d'acier, contenant l'assortiment de lentilles, convenables, pour en faire une bonne lunette, avec des fils qui croisent dans l'axe. On se sert, pour cet effet, de toile d'araignée : la finesse & l'uniformité du diamètre de ces fils sont très-remarquables.

Après avoir aimanté le tube, & l'avoir suspendu par son centre, la lunette se place naturellement dans le méridien *magnétique*, & elle suit ses plus légères variations.

M. Edouard Trougthon, constructeur d'instru-

mens de mathématiques à Londres, est l'inventeur de cet appareil nouveau, pour déterminer le méridien *magnétique*. Il en a déjà construit un grand nombre pour l'Angleterre & pour le continent. On pourroit facilement suppléer à cet instrument, en attachant, à une lunette, un barreau aimanté; & en suspendant le tout de manière que l'instrument puisse facilement se mouvoir.

Une des difficultés qu'on rencontre dans la construction ordinaire des aiguilles de boussole, consiste en ce que, la ligne de l'action, ou l'axe *magnétique* du barreau, peut n'être pas parallèle à son côté, & il n'est pas facile de déterminer la quantité de l'erreur dans son retournement, & même, dans beaucoup de cas, cette opération est impraticable. La lunette *magnétique* de M. Trougthon, peut être retournée dans son support, comme celle d'un niveau ordinaire, & elle détermine, très-exactement, le méridien *magnétique*, lorsqu'un objet distant répond à la croisée des fils, dans les deux positions de la lunette, droite & renversée.

Il est facile, avec cet appareil, d'observer les variations diurnes & horaires de la boussole, & on découvre même, si la force de la direction *magnétique*, relativement à l'axe de la lunette, est sujette à quelques variations.

On peut appliquer le même principe à l'observation de l'inclinaison, & à celle de la déclinaison absolue, en rapportant les directions à celle du fil à plomb, & à une méridienne déterminée par des observations astronomiques.

MAGNÉTIQUE (Matière). Matière impondérable, à laquelle on attribue les phénomènes *magnétiques*, & que l'on suppose entourer chaque aimant, naturel ou artificiel, circuler d'un pôle à l'autre, & former une espèce d'atmosphère. *Voyez* AIMANT, MAGNÉTISME, MATIÈRE MAGNÉTIQUE.

MAGNÉTIQUE (Méridien). Grand cercle de la sphère, perpendiculaire à l'équateur *magnétique*, qui passe par les pôles *magnétiques*, & sur lequel la direction absolue de l'aiguille aimantée est la même. *Voyez* MÉRIDIEN MAGNÉTIQUE.

MAGNÉTIQUE (Pôle). Point des aimans, ou des barreaux aimantés, vers lequel se concentrent toutes les actions *magnétiques* ; ce sont, à proprement parler, les centres d'action; ce sont encore, les points du globe de la terre, où sont les centres d'action du magnétisme terrestre. *Voyez* PÔLE MAGNÉTIQUE.

MAGNÉTIQUE (Tonton). Disque de laiton portant un axe d'acier. On tourne ce disque comme un tonton ordinaire; on présente à l'axe, pendant qu'il tourne, le pôle d'un aimant; il s'y attache, & continue à tourner avec plus de facilité, pendant sa suspension. *Voyez* TONTON MAGNÉTIQUE.

MAG

MAGNÉTIQUE (*Tourbillon*). Matière *magnétique* que l'on suppose en mouvement continuel, de l'intérieur à l'extérieur des aimans, & à laquelle on attribue les phénomènes *magnétiques*. *Voyez* TOURBILLON MAGNÉTIQUE.

MAGNÉTISME, de μαγνης, *aimant*; vis magnetica; magneticus; *magnetische kraft*; f. m. Propriété de l'aimant & des phénomènes qu'il produit.

Les principaux effets du *magnétisme* sont, d'attirer le fer & l'acier; d'attacher fortement ces deux substances aux corps magnétisés; d'attirer ou de repousser les corps magnétisés, selon qu'ils se présentent, l'un à l'autre, par des pôles amis ou ennemis; de diriger l'un des pôles vers une direction, & l'autre vers une direction opposée; enfin, de faire prendre à la droite, qui passe par les deux pôles, une direction dans l'espace, constante pour le même lieu & dans le même temps, & variable dans les autres lieux, ou à des époques différentes; de communiquer ses propriétés au fer, à l'acier, au nickel & au cobalt. La loi d'attraction & de répulsion du *magnétisme* est en raison directe de son intensité, & inverse du carré des distances *Voyez* MAGNÉTISME (Lois d'action du).

Peu de phénomènes ont éprouvé de plus grandes variations, dans l'explication des causes qui les produisent, que ceux du *magnétisme*; toutes se ressentent des idées systématiques des philosophe des différens siècles. En ne remontant qu'au dix-septième siècle, nous voyons, appliqués au *magnétisme*, les tourbillons de Descartes. Ces tourbillons avoient tellement séduit les esprits, que l'on essaya d'en mettre partout, & que l'aimant dut aussi avoir les siens. Ensuite, on imagina des effluves de matière magnétique, dont les molécules s'accrochoient les unes aux autres, ou prenoient un mouvement de recul, suivant la manière dont les effluves des deux aimans se rencontroient. Il y avoit, dans le fer, des espèces de petits poils qui faisoient les fonctions de valvules, pour permettre au fluide de passer dans un sens, & lui refuser le passage, s'il se présentoit dans un sens contraire. Tel étoit, entr'autres, l'opinion de Dufay; & ce physicien célèbre, qui avoit si bien vu le mouvement électrique, ne donna, lorsqu'il en vint au *magnétisme*, qu'une machine de son invention, au lieu du mécanisme de la nature.

Euler a renouvelé les tourbillons magnétiques; il suppose qu'il existe dans l'éther, qui remplit l'espace, un fluide plus subtil que l'éther; que ce fluide se meut facilement dans le fer, & s'y présente dans une direction *ab*, fig. 1002; qu'en sortant, il rentre dans l'éther où il se meut moins facilement; qu'il tourne ainsi autour de l'aimant, en suivant la route *cae*, pour rentrer en *a*. On peut voir les détails qu'il donne de cette hypothèse dans ses *Lettres* 197, 198 & suiv., *adressées à une princesse d'Allemagne*.

Œpinus est le premier qui, pour expliquer les phénomènes du *magnétisme*, ait employé de simples forces soumises au calcul. Il suppose qu'il existe un fluide magnétique; qui se combine avec les molécules de l'acier; que les molécules de ce fluide jouissent de deux propriétés: 1°. d'attirer les molécules du fer, de l'acier, du nickel, du cobalt; 2°. de se repousser l'une l'autre; que les molécules du fer, du nickel, du cobalt, jouissent également de deux propriétés: 1°. d'attirer les molécules du *magnétisme*; 2°. de se repousser mutuellement: alors, soumettant ces quatre forces au calcul, il explique les attractions, les répulsions & les influences des corps magnétisés & à l'état naturel.

Coulomb a substitué un second fluide aux molécules des corps; & il donne, à ce second fluide, des propriétés analogues à celles qu'Œpinus donnoit aux molécules des corps. Ces deux fluides sont: l'un, le fluide boréal; l'autre, le fluide austral. Appliquant, à ces deux fluides, l'analyse qu'il a appliquée aux deux fluides électriques (*voyez* ÉLECTRICITÉ), il explique les phénomènes magnétiques, de la même manière que les phénomènes électriques.

Quant à l'état du *magnétisme*, constant dans les barreaux aimantés, & la manière dont la distribution du *magnétisme* a lieu, à la surface de ces barreaux, il l'attribue à l'attraction que ces deux fluides exercent l'un sur l'autre. *Voyez* DISTRIBUTION DU MAGNÉTISME sur les barreaux aimantés.

Tout fait croire, que l'on pourroit substituer le calorique, à l'un des fluides, comme M. Hassenfratz l'a déjà fait pour l'électricité; alors il n'existeroit qu'un seul fluide hypothétique, au lieu de deux, qu'on est obligé d'admettre dans la théorie de Coulomb.

MAGNÉTISME AUSTRAL. Cause qui dirige l'un des pôles des barreaux aimantés vers le sud. Cette cause est attribuée à un fluide, semblable à celui qui existe dans le pôle du barreau, qui est tourné vers le nord. *Voyez* FLUIDE AUSTRAL.

MAGNÉTISME BORÉAL. Cause qui dirige l'un des pôles des barreaux aimantés vers le nord. Cette cause est attribuée à un fluide, semblable à celui qui existe dans le pôle austral, qui est tourné vers le sud. *Voyez* FLUIDE BORÉAL.

MAGNÉTISME DE LA LUMIÈRE. Action que la lumière exerce sur l'acier pour le magnétiser.

M. Morichini a lu, le 10 septembre 1812, à l'Académie des Lincei, à Rome, un Mémoire sur la force magnétisante des rayons violets. La traduction de ce Mémoire a été publiée dans la *Bibliothèque britannique*, tom. LII, pag. 21.

Dans ce Mémoire, M. Morichini dit avoir fait

tomber les rayons colorés du spectre solaire, sur un papier blanc, & après avoir disposé une aiguille sur son pivot, implanté sur le bras mobile d'une petite règle de bois, fixé sur une base également de bois, il plongea l'aiguille dans le rayon violet, vers l'extrémité du spectre, & dans le voisinage du foyer des rayons chimiques, qui, comme on sait, est en dehors du rayon violet. L'aiguille qui, avant l'expérience, se maintenoit dans toutes directions & oscilloit indifféremment dans tous les sens, commença à montrer une tendance vers le méridien vrai, & finalement elle se fixa dans cette direction. Sa pointe regardoit le nord & sa queue le sud, sans aucune déclinaison sensible. Lorsque l'aiguille, après s'être arrêtée dans cette direction, paroissoit immobile, si on l'écartoit avec le doigt, elle y retournoit en oscillant, comme si une impulsion extérieure l'y eût irrésistiblement ramenée. Ces expériences ont été faites, en présence de MM. Barlocci, Settele, Carpi & Lursivery.

Un fait, annoncé d'une manière aussi positive, devoit nécessairement intéresser les physiciens ; aussi chacun s'empressa de répéter l'expérience de M. Morichini. Les uns publièrent qu'elle ne leur avoit pas réussi ; d'autres, qu'ils avoient obtenu un succès complet. On trouve, dans la *Bibliothèque britannique*, tom. LIII & LIV ; dans le *Journal de Physique*, année 1813 & 1817 ; enfin, dans les *Annales de Chimie & de Physique*, tom. III & X, différens écrits sur ce phénomène. Parmi toutes les discussions qui ont eu lieu, pour & contre, nous allons rapporter la note que M. Dhombre-firmas a publiée, dans les *Annales de Chimie & de Physique*, tom. X, pag. 285.

« Dès que la *Bibliothèque britannique* annonça la découverte de M. Morichini, je fus curieux de voir, par moi même, les effets singuliers qu'il attribue au rayon violet M. Plaifair, qui avoit vu magnétiser des aiguilles de boussole, par ce moyen, publia de nouveaux détails ; je les suivis moi-même, &, je l'avoue, je ne fus pas plus heureux.

» J'avois d'abord introduit le soleil dans mon cabinet, au moyen d'un miroir que je faisois mouvoir de l'intérieur, afin de conserver aux rayons, à peu près la même direction. Dans l'idée que la réflexion pouvoit nuire à la force magnétique, je fis passer un rayon direct, par une ouverture de quinze millimètres, faite à un volet, derrière lequel étoient disposés le prisme & un carton percé, qui, recevant le spectre solaire, ne laissoit passer que le rayon violet ; je fixai ma lentille à cette ouverture du carton, &, au lieu de promener le foyer sur l'aiguille, il me parut plus facile de passer l'aiguille dans ce foyer, lentement & toujours dans le même sens.

» Des lentilles de différens foyers ont été employées, & l'on a fait varier la distance du prisme à la lentille.

» Le docteur Carpi dit, que la clarté & la sécheresse de l'air étoient essentielles, mais que la température étoit indifférente. Lors de ma dernière expérience, faite au milieu d'octobre 1817, le ciel étoit très-clair, le vent au nord, le thermomètre extérieur vers 14° ; il marquoit 15° dans mon cabinet, & l'hygromètre de Saussure 41 degrés.

» M. Cosimo Ridolfi magnétisoit ses aiguilles dans trente à quarante minutes. M. Plaifair dit que, dans une demi-heure, l'aiguille qu'il a vue aimanter à Rome, n'avoit acquis ni polarité ni force d'attraction, & qu'en continuant vingt-cinq minutes de plus, elle agit énergiquement sur la boussole, & souleva une frange de limaille d'acier. J'ai eu la constance de continuer cette opération pendant plus d'une heure.

» Comme les physiciens italiens exposoient leur aiguille sur le bord du rayon violet, & que M. Cosimo Ridolfi paroît même croire, que les rayons chimiques contribuent au succès de l'expérience, je l'ai essayé, 1°. dans le rayon violet seul ; 2°. en recevant sur la lentille, le pinceau violet & les rayons chimiques ; & 3°. dans ces derniers, tout seul, à côté du spectre solaire. Une solution de muriate d'argent, que j'y exposai, noircit en peu de temps ; mais le fil d'acier passé & repassé à leurs foyers n'éprouva aucun effet.

» Je dois dire que la fenêtre, par laquelle j'introduisois le soleil dans mon cabinet, est au couchant ; par conséquent, mon aiguille étoit à peu près dans le sens du méridien pendant l'opération, tandis que, chez M. Morichini, elle étoit perpendiculaire à cette direction. La situation de cette fenêtre ne m'a permis de faire mes expériences, que vers deux heures après midi, tandis que M. Cosimo Ridolfi opéroit entre onze heures & une heure. J'ai employé, dans plusieurs essais, des fils ronds d'acier bien trempé, au lieu de me servir d'aiguilles plates. Je ne pense pas devoir attribuer à ces circonstances la non-réussite de mes expériences. »

MAGNÉTISME DES ASTRES. Action magnétique que l'on croit devoir exister, dans & sur les astres, comme elle existe dans l'intérieur & sur la surface de la terre.

« L'analogie, dit M. Biot (1), porte à penser que la lune, le soleil & les autres corps célestes, sont doués d'action magnétique comme la terre, d'autant plus que la composition des aréolites, tombés sur notre globe, nous indique que les astres contiennent de pareilles substances magnétiques, telles que du nickel & du fer. »

Enfin, si, comme tout porte à le croire, le

_____

(1) *Traité de Physique expérimentale & de Mathématique*, tome III, page 142.

syſtême planétaire eſt formé par l'extenſion de l'at-moſphère ſolaire, il en réſulte néceſſairement une compoſition ſemblable, dans tous les corps céleſtes qui forment ce ſyſtème. *Voyez* GÉNÉRATION DE LA TERRE.

Les actions magnétiques de tous ces corps doivent donc, ſelon leur poſition & leur diſtance, influer ici bas ſur la direction de l'aiguille aimantée, auſſi bien que ſur l'intenſité abſolue de la force directrice; & comme ces poſitions & ces diſtances changent ſans ceſſe, par l'effet du mouvement de la terre & de toutes les planètes, il en doit réſulter auſſi, dans ces forces magnétiques, de perpétuelles variations.

Par exemple, ſi l'action magnétique du ſoleil & de la lune eſt ſenſible, le mouvement de rotation de la terre ſur elle-même, & ſon mouvement de révolution autour du ſoleil, doivent produire, dans l'aiguille aimantée, des oſcillations diurnes & des oſcillations annuelles. Or, non-ſeulement de tels mouvemens exiſtent, mais leurs périodes, conſtatées par de longues ſuites d'obſervations, s'accordent avec la cauſe que nous venons d'indiquer.

A Paris, d'après M. de Caſſini, le maximum de la déclinaiſon diurne paroît avoir lieu entre midi & trois heures du ſoir; alors, l'aiguille eſt ſtationnaire; elle ſe rapproche enſuite du méridien terreſtre, juſque vers huit heures du ſoir, puis elle s'arrête & reſte ſtationnaire toute la nuit. Mais, le lendemain, vers huit heures du matin, elle recommence de nouveau à s'éloigner du méridien. Si ce ſecond mouvement l'écarte plus que la veille, il en réſulte que la déclinaiſon eſt croiſſante d'un jour à l'autre; dans le cas contraire, elle eſt décroiſſante. Les plus grandes variations diurnes ont généralement lieu, pendant les mois d'avril, mai, juin, juillet, c'eſt-à-dire, entre les deux équinoxes de printemps & d'automne. Elles ſont, à Paris, de 13' à 16'. Les plus petites ſont de 8' à 10'; elles ont lieu dans le reſte de l'année.

Maintenant, ſi l'on compare les poſitions analogues de l'aiguille, à différens jours, mais aux mêmes heures, pour voir ſa marche générale, on trouve que, depuis l'équinoxe du printemps juſqu'au ſolſtice d'été qui ſuit, la déclinaiſon eſt décroiſſante; & qu'elle eſt croiſſante dans tout le reſte de l'année, c'eſt-à-dire, depuis le ſolſtice d'été, juſqu'à l'équinoxe du printemps ſuivant.

On doit la connoiſſance de ces périodes à M. de Caſſini, qui l'a établie par huit années d'obſervations, faites à l'Obſervatoire de Paris.

MAGNÉTISME DES BARRES DE FER. Action magnétique, que les barres de fer acquièrent, lorſqu'elles ſont expoſées à l'air, dans une direction déterminée.

Gaſſendi a le premier obſervé, que les barres qui ont été long-temps élevées dans l'atmoſphère, finiſſent par acquérir la vertu magnétique. La croix du clocher de Saint-Jean d'Aix, en Provence, lui a prouvé ce fait, qui a enſuite été également prouvé par la croix du clocher de Chartres, puis par une foule de barres de fer élevées & libres dans l'air.

Pluſieurs cauſes peuvent contribuer à cette magnétiſation, telles que le choc, la torſion, la preſſion, une décharge électrique, enfin, la ſituation des barres, dans la direction de l'axe magnétique du globe terreſtre. Les premières cauſes magnétiſent inſtantanément, les dernières avec le temps. *Voyez* AIMANT ARTIFICIEL.

MAGNÉTISME DU GLOBE. Action magnétique que l'on préſume exiſter dans l'intérieur du globe.

On croit que l'action de toutes les ſubſtances magnétiques & magnétiſées, qui exiſtent ſur la ſurface & dans les entrailles de la terre, concourent à former deux centres d'action magnétique: l'un vers le pôle boréal de la terre, l'autre vers le pôle auſtral; & c'eſt à ces deux centres d'action que l'on rapporte la direction abſolue que prennent, dans l'eſpace, les aiguilles aimantées que l'on place ſur la ſurface de la terre.

En réuniſſant toutes les obſervations faites ſur l'aiguille aimantée, dans diverſes poſitions de la ſurface du globe, on voit, que la même direction de l'aiguille, ſur chaque point, eſt abſolument ſemblable à celle qui auroit lieu, ſi les aiguilles étoient ſoumiſes à deux centres d'action.

Alors, on a cherché à déterminer, par l'expérience & par le calcul, quelle devoit être la poſition de ces centres d'action. *Voyez* PÔLE MAGNÉTIQUE, ÉQUATEUR MAGNÉTIQUE.

D'après cela, le globe de la terre peut être comparé à un gros aimant ſphérique, ſur lequel les aiguilles que l'on place, à ſa ſurface, prennent des directions réſultantes de l'action des deux pôles magnétiques que le globe contient.

MAGNÉTISME (Diſtribution du). Ordre que ſuit le *magnétiſme* dans l'intérieur & ſur la ſurface des corps magnétiſés. *Voyez* DISTRIBUTION MAGNÉTIQUE.

MAGNÉTISME (Influence du). Action que le *magnétiſme*, ou les corps magnétiſés, exercent, à diſtance, ſur les corps magnétiſés & à l'état naturel, lorſqu'ils ſont de nature à pouvoir être magnétiſés. *Voyez* INFLUENCE DU MAGNÉTISME.

MAGNÉTISME (Intenſité du). Force ou degré de force du *magnétiſme* dans les corps magnétiſés. *Voyez* AIMANT, INTENSITÉ DU MAGNÉTISME.

MAGNÉTISME (Lois d'action du). Ordre de l'action que le *magnétiſme* exerce.

Cette loi, découverte par Coulomb, eſt, comme la loi générale de l'attraction des corps, en raiſon directe

directe de l'intenſité du *magnétiſme*, & en raiſon inverſe du carré des diſtances.

Pour déterminer cette loi, Coulomb ſuſpendit une aiguille, ou un fil aimanté, dans l'étrier de la balance magnétique, *fig.* 690. (*Voyez* COULOMB (Balance de).) Il tourna le fil de ſuſpenſion de la balance de manière que, l'aiguille étant placée dans la direction du méridien magnétique, le fil de ſuſpenſion n'éprouvât aucune torſion. Alors, il plaça verticalement, dans ce méridien, un autre fil aimanté, de même dimenſion que le premier; de manière que, ſi les deux fils s'étoient touchés, ils ſe ſeroient rencontrés, & croiſés, à un pouce de leur extrémité; mais comme ils étoient oppoſés par les pôles homologues, le fil horizontal a été repouſſé de la direction de ſon méridien, & il ne s'eſt arrêté que, lorſque la force de répulſion des pôles oppoſés a été miſe en équilibre par les forces combinées de la torſion & du *magnétiſme* terreſtre, qui tendent à le ramener à ſon point de repos. Voici le réſultat des différens eſſais :

Torſion au fil de ſ ſpenſion, par le moyen du micromètre.

Cercles.	Angle de répulſion.
0	24°
3	17°
8	12°

Avant de démontrer que ces trois réſultats prouvent, que la répulſion eſt en raiſon inverſe du carré des diſtances, nous devons rapporter ici deux lois. La première, que les angles de torſion des fils ſont proportionnels aux forces que l'on emploie pour les tordre (*Voyez* FORCE DE TORSION, ELASTICITÉ DES SOLIDES.) La ſeconde, que la force qui tend à ramener l'aiguille aimantée, dans la direction du méridien magnétique, eſt proportionnelle aux angles d'écartement. *Voyez* FORCE DIRECTRICE DES AIGUILLES AIMANTÉES.

Ces deux lois établies, nous ajouterons que, les expériences faites par Coulomb ſur les fils d'acier aimanté, avec leſquels ce ſavant a fait les expériences, dont nous venons de rapporter les réſultats, exigeoient une force de torſion de 35° du même fil de ſuſpenſion, pour chaque degré d'écartement du méridien magnétique.

On voit, d'après les réſultats que nous avons rapportés, que dans la première expérience, l'angle auquel l'aiguille mobile a été chaſſée immédiatement, & en partant du zéro de torſion, étoit de 24°; conſéquemment, la force qui la maintenoit à cette diſtance, équivaloit à une force de torſion de 24°, plus la force directrice du *magnétiſme* terreſtre pour 24 degrés de diſtance, laquelle eſt égale à 24 × 35° = 840°. Donc, la force répulſive totale, à cette diſtance, étoit de 864°.

Dans la ſeconde expérience, on a tordu le fil de ſuſpenſion de trois cercles, en ſens contraire des 24° produits d'abord, mais l'aiguille n'eſt revenue qu'à 17° de ſon zéro; ainſi, la force de torſion étoit de 3 cercles + 17° ou 1097°. Ajoutant à cette quantité la force directrice de 17°, qui eſt de 17 × 35° = 595°, on aura pour la répulſion totale, 1097 + 595 = 1692°.

Enfin, dans la troiſième expérience, le fil a été tordu de huit cercles. L'aiguille s'eſt arrêtée à 12° de ſon méridien magnétique; la torſion a donc été de 8 cercles + 12° ou 2892; il faut y ajouter la force directrice, égale à 12 × 35° = 420°, ce qui donne pour répulſion totale 3312 degrés.

Ainſi, dans ces expériences, où les arcs de répulſion ſont aſſez petits, pour qu'on puiſſe les confondre avec leurs cordes, les diſtances ſont 12, 17, 24, & les forces répulſives correſpondantes, 3312, 1692, 864.

On voit, d'abord, que la force répulſive s'affoiblit à meſure que la diſtance augmente, & qu'elle s'affoiblit même plus rapidement que le rapport de la ſimple diſtance; puiſque 24 eſt double de 12, & 64, qui correſpond à 248, eſt très près d'être quadruple de 3312, qui correſpond à 12. Si nous eſſayons la raiſon inverſe du carré des diſtances, qui ſemble préſenter la première & la troiſième expérience, on aura pour les diſtances 12, 17, 24, les forces 3312; $\frac{12^2}{17^2} \times 3312$, $\frac{12^2}{24^2} \times 3312$, ou 3312, 1650, 828, qui s'approchent beaucoup des nombres 3312, 1692, 864, que l'expérience a donnés. Les différences 42 & 36 répondent, à peu près, aux degrés d'erreur ſur la poſition obſervée du fil mobile, puiſque la force directrice eſt de 35° pour chaque degré d'écart du méridien magnétique. Ainſi, en négligeant cette erreur, qu'on peut regarder comme bien petite, dans des expériences de ce genre, nous pouvons en conclure que, l'action réciproque des deux aiguilles décroît comme le carré de la diſtance, &, par conſéquent, les *magnétiſmes* d'une même nature, par leſquels cette action eſt produite, ſe repouſſent auſſi ſuivant cette loi.

Les mêmes expériences, répétées ſur les pôles de nom contraire, montrent qu'ils s'attirent ſuivant la même loi, c'eſt-à-dire, dans la raiſon inverſe du carré des diſtances.

Coulomb a confirmé la loi du carré des diſtances, par pluſieurs procédés, différens de celui que nous venons d'expoſer. Comme celui-ci ſuffit pour l'établir, nous ne parlerons pas des autres, que l'on peut voir dans les Mémoires, publiés dans la collection des *Mémoires de l'Académie royale des ſciences & de l'Inſtitut.*

Nous obſerverons que cette loi, des actions attractive & répulſive du *magnétiſme*, eſt commune à celle de l'électricité. *Voyez* ELECTRICITÉ.

Avant les belles & concluantes expériences de Coulomb, pluſieurs phyſiciens avoient cherché à découvrir cette loi d'action du *magnétiſme*. Helſham a annoncé, que les forces attractives de ſon aimant ſuivoient preſque la raiſon *inverſe doublée* des diſtances. Le célèbre Martin, éprouvant les forces attractives d'un aimant contre un morceau de fer, dont la figure étoit celle d'un parallélipipède, a trouvé que ſes forces ſuivoient la raiſon *inverſe ſeſquipliquée* des diſtances. (1). Leſueur & Jacquier ont trouvé que la force magnétique ſuivoit la raiſon *inverſe triplée* des diſtances (2). Enfin, Muſchenbroeck, en plaçant un cylindre aimanté, à l'extrémité du fléau d'une balance, & lui faiſant exercer ſon action ſur un cylindre de fer, a trouvé que l'action étoit en raiſon *inverſe des diſtances*. Une ſphère d'aimant, exerçant ſon action ſur un cylindre aimanté, la loi d'attraction étoit, en raiſon *inverſe ſeſquipliquée* des eſpaces creux. Enfin, un aimant ſphérique, exerçant ſon action ſur un cylindre de fer, donna une loi en raiſon *inverſe ſeſquidoublée* des diſtances.

Tous ces réſultats, ſi différens, préſentoient une ſorte d'incertitude ſur la *loi d'action du magnétiſme*, qu'il étoit réſervé à Coulomb de détruire, en nous faiſant connoître la ſeule & vraie loi d'action, qui ſe trouve être la même que celle de la peſanteur univerſelle.

MAGNÉTISME ANIMAL; magnetiſmus animalis; *thieriſchen magnetiſmus*; ſ. m. Influence réciproque, qui s'opère quelquefois entre les individus, d'après une harmonie de rapports, ſoit par la volonté ou l'imagination, ſoit par la ſenſibilité phyſique (3).

Nous devons à Meſmer la diſtinction du *magnétiſme animal* & du *magnétiſme terreſtre*. Il conſidéroit le premier comme un fluide univerſel répandu dans l'Univers, & dont tous les animaux étoient remplis : alors, en mettant les individus en préſence, ce fluide agiſſoit de l'un ſur l'autre, & produiſoit des effets extraordinaires.

Pour magnétiſer, l'opérateur ſe place en face du patient, afin de ſe mettre en harmonie, & d'établir, entre ſes organes & ceux du ſujet, des rapports, ou cette aptitude à recevoir & à tranſmettre la circulation du *fluide magnétique*.

Quand on touche, pour la première fois, il faut mettre, d'abord, les mains ſur les épaules du ſujet; ſuivre, pendant quelque temps, les bras juſqu'à l'extrémité, dont on tient les pouces; ce qu'on recommence deux ou trois fois. On établit enſuite des courans ſemblables, par des frictions douces, de la tête aux pieds.

Si c'eſt un malade que l'on magnétiſe, on cherche le ſiége & la cauſe du mal ou de la douleur : le malade l'indique ſouvent, mais pour l'ordinaire, c'eſt au moyen du toucher & du raiſonnement qu'on l'explore. On touche ainſi, conſtamment, le

lieu malade, juſqu'à ce que l'on ait, pour ainſi dire, careſſé & favoriſé doucement l'effort critique.

On ſe contente, pour la face, de diriger les doigts ou les mains au devant & en pluſieurs ſens, mais ſans toucher.

Meſmer indiquoit, comme une des meilleures méthodes de *magnétiſation*, de palper avec le pouce & l'indicateur, avec la paume de la main, ou avec un doigt renforcé par l'autre, en ſuivant, autant qu'on peut, le trajet des nerfs, qu'il regarde comme les meilleurs conducteurs, ſans rétrograder ni remonter par la même ligne. L'on impoſe quelquefois la main gauche au-deſſus de la tête.

Quelquefois on touche, avec avantage, au moyen d'un conducteur, qui eſt une baguette de dix à douze pouces, ſoit d'acier, d'argent, d'or, &c. On peut encore magnétiſer avec une canne; mais, alors, le pôle eſt changé, & c'eſt par la paume, & non par la pointe.

Si l'on touche le devant de la tête, la poitrine, le ventre, avec la main droite, il eſt bon d'appoſer l'autre main du côté du dos, pour ſuivre les pôles, comme ſi le corps étoit un aimant. Si l'on veut établir ſon nord à droite, la gauche devient le ſud, & le nombril eſt l'équateur.

Il y a beaucoup d'avantage à magnétiſer en face, les courans émanent de toute l'habitude du corps. Les meilleurs renforts pour le magnétiſeur, ſont des arbres magnétiſés, des baguettes, des cordes de fer, des chaînes. Meſmer réuniſſoit ſouvent beaucoup de monde dans un appartement; la muſique ou les ſons, les bruits divers, augmentoient ou propagoient des criſes, qui ſe tranſmettoient à toutes les perſonnes qui en étoient ſuſceptibles.

Tous les magnétiſeurs ſavent combien les yeux lancent & reçoivent le fluide magnétique avec énergie, ſurtout d'un ſexe à l'autre; c'eſt pourquoi on magnétiſe ſouvent à une certaine diſtance, par des geſtes, & l'action en devient plus efficace qu'étant appliquée immédiatement.

Outre l'homme, on peut magnétiſer divers objets vivans ou morts : les arbres, par exemple; alors on en choiſit un beau, ſurtout ceux du bois compacte, comme l'orme, le chêne. On ſe place devant lui, on lui déſigne une droite, une gauche, qui forment les pôles, le milieu & l'équateur; puis, avec une baguette, une canne, on ſuit, depuis les feuilles, les rameaux, les branches, comme ſi l'on vouloit le deſſiner, juſqu'au tronc & aux racines, dans leurs directions préſumées, que l'on *magnétiſe* également. On opère de même, pour l'autre côté de l'arbre. Cela fait, on s'approche du tronc, en l'embraſſant & lui préſentant les pôles de ſon corps; on le touche de la baguette ou de la canne, alors il jouit de toutes les vertus du *magnétiſme*, & peut produire tous les effets miraculeux que les magnétiſeurs obtiennent.

Pour établir un traitement à l'arbre, on attache, à une certaine hauteur, des cordes au tronc, aux branches, où les ſujets viennent, la face tournée

(1) *Philoſ. britan.*, §. 1, pag. 39.

(2) *Commentar. ad Newton, princ. philoſ.*, tom III, pag. 40, 41, 43.

(3) Nous puiſerons une partie de cet article dans le mot MAGNÉTISME ANIMAL de M. Virey, publié dans le *Dictionnaire des Sciences médicales*.

vers l'arbre, & rangés en cercle fur des chaifes ou de la paille, appliquer les cordes aux parties du corps qu'ils veulent magnétifer. On peut auffi magnétifer les arbres voifins dans un bofquet.

Enfin, on magnétife une bouteille, un verre, une taffe, en rempliffant ces vafes d'eau, en les préfentant avec le pouce & le petit doigt de la main, auffi magnétifée, à un patient en crife ; il y trouve, dit-on, un goût particulier On peut encore magnétifer, par le frottement, une fleur, un mouchoir, un chiffon de papier, qu'on préfente fous le nez du fujet en crife.

Nous avons cru devoir rapporter tous ces détails, afin que l'on puiffe fe former une première idée des opérations, plus que fingulières, employées par les magnétifeurs, & que l'on puiffe avoir une première opinion fur le *magnétifme animal.*

Des cures merveilleufes ont été produites par le *magnétifme animal,* principalement dans les maladies que l'on peut ranger dans la claffe des maladies morales, telles que les chroniques, les affections nerveufes & hypocondriaques. Une foule d'écrits rapportent les guérifons extraordinaires, produites par le *magnétifme animal,* & des hommes dignes de foi atteftent ces cures, dont ils ont été témoins.

Parmi les effets éprouvés par les perfonnes magnétifées, on diftinguoit des douleurs, des crifes, des convulfions, du repos, & même le fommeil ; fouvent, de ces fommeils extraordinaires, dans lefquels le dormeur voit, parle, raifonne & porte des jugemens qu'il n'auroit peut-être jamais pu apprécier dans l'état de veille. *Voyez* SOMNAM-BULISME.

Toutes les perfonnes ne font pas fufceptibles d'éprouver les effets du *magnétifme* : les efprits forts, qui n'y croient pas, font inutilement foumis à cette épreuve ; il faut, pour en reffentir les effets, y avoir de la confiance, y croire, & s'abandonner entièrement à l'impulfion qu'il plaît au magnétifeur de donner.

Mefmer, dans les beaux jours de fon triomphe, avoit choifi, pour opérer fes prodiges, une maifon agréable, avec un jardin charmant. Ses aides magnétifeurs étoient des jeunes hommes, beaux & robuftes comme des hercules. Cette maifon étoit devenue le rendez-vous journalier de la plus brillante fociété.

Les élégantes, que l'oifiveté, la molleffe, la fatiété des plaifirs avoient remplies de vapeurs & de maux de nerfs ; les hommes de luxe, énervés de jouiffances, blafés de plaifirs, vieillis & affoiblis par la vie indolente de la fociété de cette époque, venoient en foule réclamer de douces émotions ou des fenfations nouvelles, comme au temple d'Epidaure.

Arrivés dans cette maifon charmante, ils approchoient, avec une imagination ébranlée par la curiofité & le defir ; parce qu'ils ignoroient, ils

croyoient quelquefois, & cette croyance favorifoit l'action du charme magnétique. Les femmes, toujours les plus ardentes à s'enthoufiafmer, éprouvoient d'abord des bâillemens, des pandiculations, des fpafmes nerveux, des crifes enfin, par ces attouchemens multipliés, prolongés durant plufieurs heures, en préfence d'hommes, & ces émotions des unes fe tranfmettoient à d'autres, comme on fait qu'il arrive dans toutes les fecouffes nerveufes, qui s'imitent, par une forte de contagion d'imitation.

C'étoit au milieu de ces fcènes bizarres, qu'apparoiffoit toup-à-coup Mefmer, vêtu d'un habit brodé, de foie lilas, ou d'une autre couleur agréable, tenant en main une canne ou une baguette, la promenant d'un air d'autorité, avec une gravité magique ; il fembloit gouverner la vie, les mouvemens des individus en crife ; des femmes haletantes menaçoient de fuffocation, il falloit les délaffer ; d'autres battoient aux murailles & fe rouloient à terre, comme ferrées à la gorge, fentoient circuler des vapeurs froides ou brûlantes, dans toute l'économie, fuivant la direction tracée par cette baguette toute-puiffante !!!

Une forte de défordre, réfultant de ces affemblées magnétiques, effraya les perfonnes fages. On écrivit contre ces nouveautés, qui étoient protégées par des perfonnes puiffantes. Pour y mettre fin, le Roi nomma une commiffion compofée de membres pris dans l'Académie des fciences, la Faculté de Paris & la Société royale de médecine. Les commiffaires fe tranfportèrent chez Mefmer ; mais celui-ci, qui vouloit bien des témoins de fes opérations, refufa des juges. Il s'abftint donc de paroître aux expériences. D'Eflon, qu'il avouoit pour fon difciple, le remplaça.

Nous croyons inutile d'entrer dans les détails des expériences faites par la commiffion, qui fut convaincue, que le *magnétifme animal* n'eft qu'une chimère, que les cures magnétiques font le réfultat de l'imagination frappée, des gens fimples, qui fe prêtent à ces manœuvres, enfin, que les différens effets de tranfmiffion & de propagation s'expliquent, par les attouchemens & les preftiges de l'imagination.

Quatre claffes de faits furent préfentées par la commiffion : 1°. les faits généraux, dont la phyfiologie peut indiquer avec précifion la véritable caufe ; 2°. les faits négatifs, ou contraires au *magnétifme animal ;* 3°. les faits qu'on doit attribuer à l'imagination ; 4°. enfin, les faits qui conduifent à admettre un agent particulier.

Indépendamment des rapports des trois Sociétés, dont les membres formoient la commiffion, les commiffaires préfentèrent un Mémoire manufcrit au miniftre, pour être mis fous les yeux du Roi. Dans ce travail particulier, on y montra combien il étoit facile d'abufer du fexe, dans la pratique du *magnétifme ;* & Mefmer avoit avoué, que des femmes, foumifes à l'influence de l'agent, n'étoient plus maîtresses d'elles-mêmes. On rapporte, qu'un satyriasis étant survenu à un monsieur, à la vue d'une jeune demoiselle, qui étoit venue avec sa mère, les choses allèrent si loin, que la mère se leva pour y mettre ordre; mais que d'Eslon s'écria : *Laissez-les faire, ou ils mourront.*

Ce rapport fit beaucoup de bruit & donna lieu à une foule d'écrits polémiques, dont la suite fut la diminution de l'enthousiasme. Plusieurs prosélytes furent honteux d'avoir partagé cette opinion, & Mesmer se retira avec une brillante fortune, acquise par son *magnétisme*. Cependant, les ramifications que cette doctrine avoit formées, se conservèrent; on changea, on modifia les formes, on expérimenta dans le silence, & l'on attendit un temps plus heureux pour lui faire reprendre son essor. Aujourd'hui, le *magnétisme* est protégé dans les Etats du roi de Prusse; mais il ne peut y être exercé que par des médecins.

Depuis long-temps on fait usage de l'aimant pour traiter diverses maladies. Aétius d'Amida, médecin du cinquième siècle, fait mention de ce moyen. Beaucoup d'autres sont recommandés dans les affections goutteuses, les spasmes, l'hystérie, les douleurs de tête. On appliquoit la pierre d'aimant en masse sur les diverses parties du corps, suivant les circonstances. Dans le seizième siècle, le *magnétisme* étoit employé sous forme d'emplâtre; dans le dix-septième siècle, on faisoit avaler au malade de la limaille d'acier magnétisé; enfin, c'est principalement dans le dix-huitième siècle, que l'on commença à faire usage de l'action du *magnétisme* à l'extérieur. On préparoit, pour cet effet, des lames magnétiques de diverses figures, pour les adapter facilement à chaque partie du corps, affectée de quelques maux : un grand nombre de savans, en France, en Allemagne, en Angleterre, enfin, chez toutes les nations de l'Europe, traitèrent différens maux par ce procédé.

La faveur que paroissoit prendre l'action du *magnétisme*, détermina la Société royale de médecine à faire des expériences. L'aimant, sous différentes formes, fut essayé contre les maux de dents, les douleurs nerveuses de la tête, des reins, les douleurs rhumatismales, la névrologie de la face, connue sous le nom de *tic douloureux*, le spasme de l'estomac, le hoquet convulsif, les crampes nerveuses des membres & les palpitations, différentes espèces de tremblemens, l'épilepsie, &c &c. Quelques expériences eurent un succès inespéré; dans d'autres, les douleurs furent seulement déplacées; dans d'autres, enfin, on n'obtint aucun succès. De manière qu'il résulte, des nombreuses expériences entreprises par la Société, une grande incertitude sur la propriété médicale du *magnétisme* naturel.

Vers 1774, le P. Hell, jésuite, professeur d'astronomie, s'occupoit à Vienne d'expériences semblables, & s'étant guéri, par ce moyen, d'un rhumatisme aigu, ayant délivré une dame d'une

cardialgie chronique invétérée, il raconta ces cures à Mesmer. Ce médecin, frappé de la nouveauté & de la singularité de ces résultats, se persuada qu'ils s'adaptoient merveilleusement à la théorie qu'il avoit émise, dans sa thèse inaugurale, en 1766, de l'*influence des planètes sur le corps humain*. Non-seulement il s'empressa de répéter les expériences de Hell, mais il établit chez lui une maison de santé, dans laquelle il s'offrit de traiter gratuitement, par le *magnétisme*, une foule de maladies, à l'aide de lames & d'anneaux magnétisés.

Ne pouvant soutenir les effets merveilleux du *magnétisme* naturel, depuis le rapport publié par la Société de médecine, il annonça que le *magnétisme* qu'il employoit, étoit tout différent: d'abord, il le regarda comme la cause de l'attraction universelle; puis, plus modeste, il en fit son *magnétise animal*.

Klinkorck, à Prague, Ingenhousz & Hell, à Vienne, ayant combattu son système, les Viennois n'y ajoutant pas une grande confiance, Mesmer, convaincu par le proverbe, que *nul n'est prophète dans son pays*, vint à Paris, où, après plusieurs tentatives, il obtint le succès le plus brillant & la fortune la plus heureuse.

Pour avoir de plus grands détails sur le *magnétisme animal*, on peut consulter l'excellent article de M. Virey, tom. XXIX du *Dictionnaire des Sciences médicales*.

MAGNÉTOMÈTRE; magnetometrum; *magnetometer*; s. m. Instrument imaginé par Saussure pour mesurer la force attractive du magnétisme.

Nous allons transcrire la description de cet instrument, des détails que Saussure en donne dans son *Voyage des Alpes*, §. 458.

« Après avoir essayé, sans succès, différens moyens, je jetai les yeux sur la gravité, qui, si elle n'est pas constante, varie du moins suivant des lois si bien connues, que l'on peut toujours prévoir & estimer ses variations. Je pensai qu'une balle de fer, fixée au bas d'une verge de pendule, très-légère & très-mobile sur son axe, seroit détournée de la ligne verticale par un aimant placé à une distance convenable de cette balle; & que l'effort nécessaire pour détourner cette balle, augmenté à mesure qu'on lui fait parcourir de plus grands arcs, les variations de la force attractive de l'aimant se feroient connoître par celles de ces mêmes arcs.

» Je fis, sur-le-champ, quelques essais, qui me prouvèrent que cette idée pouvoit se réaliser : il ne s'agissoit plus que de rendre sensibles, à l'œil, de très-petites variations de ces arcs. Un moyen très-simple me vint à l'esprit; c'étoit de prolonger ce même pendule au-dessus du point de suspension, de manière que sa longueur, au-dessus de ce point, fût plusieurs fois aussi grande que sa longueur au-dessous, & de tracer des divisions très-fines sur l'arc de cercle, que parcourroit cette extrémité supérieure du pendule : car, comme elle décrit nécessairement des arcs semblables à ceux que décrit la balle de fer, fixée à l'extrémité inférieure, on a ainsi la grandeur précise de ces arcs. J'aurois pu, de cette manière, multiplier considérablement l'apparence de ces variations; mais pour rendre l'instrument portatif, je crus devoir me contenter de les rendre cinq fois plus grandes.

» M. Paul m'a construit sur ces principes, deux instrumens dont les succès ont surpassé mon attente; car, la balle de fer, après les oscillations les plus régulières, se fixe à une certaine distance de l'aimant : & si on la détourne de cette position, elle revient, après de nouvelles oscillations, se fixer au même point avec une précision singulière.

» Un niveau à bulle d'air, extrêmement sensible, adapté à cet instrument, sert à lui donner une situation bien exactement verticale; de fortes vis fixent l'aimant dans une position que l'on peut changer à volonté, mais qui, une fois décidée, ne change point d'elle-même; & une boîte solide, fermée par une glace transparente, met le pendule mobile à l'abri de l'agitation de l'air.

» Depuis cinq ans qu'ils sont construits, j'ai beaucoup observé leur marche; j'ai vu que la force attractive varie, que la cause la plus générale de ces variations est la chaleur; que le barreau aimanté perd de sa force quand la chaleur augmente, & la reprend quand elle diminue; & cet instrument rend ces variations si sensibles, qu'une différence d'un demi-degré du thermomètre de Réaumur, produit un changement que l'on observe avec la plus parfaite certitude.

» Si l'on compare cet instrument avec la balance de Coulomb (voy. COULOMB (Balance de), on voit que cette dernière forme un magnét,mètre beaucoup plus parfait que le pendule de Saussure : aussi a-t-il été, jusqu'à présent, préféré à ce dernier. »

MAHOMET (Époque de). Terme de la fuite de Mahomet de la Mecque à Médine, l'an 621 après Jésus-Christ. Voyez ÉPOQUE DE MAHOMET.

MAI, de majus, ancien; maius; mai; s. m. Nom du cinquième mois de l'année, à partir du mois de janvier. C'est le troisième de l'année romaine, commençant par le mois de mars.

Ce mois a 31 jours; le 20 ou le 21 de ce mois, le soleil entre dans le signe des Gemeaux. C'est un des plus agréables mois de l'année.

On prétend qu'il tire son nom de majus, parce qu'il étoit dédié aux plus anciens citoyens romains, qu'on nommoit majores.

MAIGNAN (Emmanuel), mathématicien & physicien célèbre, né à Toulouse, le 17 juillet 1607, & mort dans la même ville, le 20 octobre 1676.

Après avoir reçu une assez bonne éducation, il fut admis dans l'ordre des Minimes; il étudia la philosophie sous un professeur partisan de la doctrine d'Aristote; mais le jeune élève osa contredire des principes admis jusqu'alors sans examen : la capacité dont il avoit donné des preuves, déterminèrent ses supérieurs à l'envoyer à Rome, où il professa les mathématiques, qu'il avoit apprises seul & sans maîtres.

Kirker lui disputa la gloire de quelques-unes de ses découvertes, tant en mathématique qu'en physique; mais les illustres philosophes du temps virent, dans les reproches du Jésuite, plus de jalousie que de vérité.

Revenu à Toulouse, le P. Maignan fut honoré d'une visite de Louis XIV, lorsqu'il passa par cette ville, en 1660. Ce monarque, frappé des talens & de l'humble candeur du savant religieux, voulut l'attirer dans la capitale; mais le P. Maignan s'en défendit, avec autant de douceur que de modestie.

Le buste du P. Maignan est placé au Capitole, dans la salle des hommes illustres qu'a produits Toulouse; on a tracé, au pied du buste, une inscription honorable.

Nous avons du P. Maignan : 1°. Perspectiva horaria, in-fol. Rome, 1648; 2°. Cours de Philosophie, en latin, in-fol.; Lyon, 1673; 3°. de Usu licito pecuniæ, in-12, Lyon, 1673.

MAILLE. Petite monnoie de France, frappée depuis 1293 jusqu'en 1355. Cette monnoie étoit de pur argent dans l'origine; elle a valu depuis ½ denier jusqu'à 8 deniers. En 1346, la maille est devenue monnoie de billon, contenant de ⅓ jusqu'à 4½ deniers de fin; sa valeur a varié entre ⅛ & 7½ deniers.

Pour distinguer les mailles les unes des autres, on leur a donné différentes dénominations, telles que, blanches, bourgeoises, d'argent, parisis, tournois.

Les mailles blanches contenoient entre 4 & 12 deniers de fin; leur taille étoit entre 58 & 180, & leur valeur entre 0,1224 liv. = 0,1208 fr. & 0,9116 liv. = 0,9003 fr.

Les mailles d'argent étoient à 12 den. de fin, 174 à la taille; elles étoient estimées 4 den. & valoient 0,3039 liv. = 0,3006 fr.

Enfin, les mailles tournois ont constamment été en billon; elles ont varié entre ⅓ & 2 den. de fin, leur coupe entre 192 & 360; leur valeur, dans le commerce, étoit de ½ denier, & leur valeur réelle entre 0,0184 liv. = 0,01816 fr. & 0,0369 liv. = 0,0364 fr.

MAILLET (Benoît de), géognoste original, né à Saint-Mihel, le 12 avril 1659, mort à Marseille, le 30 janvier 1738.

Iſſu d'une famille noble, il fut nommé conſul-général de l'Egypte, à l'âge de trente-trois ans; il exerça cet emploi pendant ſeize ans avec beaucoup d'intelligence. Le Roi l'en récompenſa en le nommant au conſulat de Livourne. En 1715, il fut chargé de viſiter les Echelles du Levant & de Barbarie; à la ſuite de cette viſire, il obtint ſa retraite avec une penſion conſidérable.

Maillet avoit fait, toute ſa vie, une étude particulière de l'hiſtoire naturelle, dans le deſſein de connoître la ſtructure de notre globe. Après avoir conſulté une foule d'écrits arabes, pendant ſon ſéjour en Egypte, il ſe paſſionna pour le ſyſtème de la formation des continens, par la retraite des eaux de la mer, qui a pris naiſſance dans ce pays.

C'étoit un homme d'une imagination vive, de mœurs douces, d'une ſociété aimable & d'une probité exacte.

Nous avons de *Maillet*: 1°. *Relation envoyée à M. Ferriol*, ambaſſadeur à Conſtantinople, touchant les deſſeins qu'ont les miſſionnaires d'entrer en Ethiopie; 2°. *Deſcription de l'Egypte*, in-4°., Paris, 1735; 3°. *Idée du gouvernement ancien & moderne de l'Egypte*, avec la deſcription d'une nouvelle pyramide, & de nouvelles remarques ſur les mœurs & les uſages des habitans, in-12, Paris, 1743; 4°. *Telliamed*, in-8°., Amſterdam, 1748, ouvrage original, dans lequel il cherche, non-ſeulement à expliquer la formation de la terre, mais encore la génération des végétaux, des animaux & des hommes.

MAIN; manus; hand; ſ. f. Partie du corps humain, qui correſpond, depuis l'extrémité inférieure de l'avant-bras, juſqu'aux extrémités des doigts.

En muſique, on dit qu'un homme n'a pas de *main*, pour dire qu'il n'a pas une bonne exécution ſur l'inſtrument dont il joue.

On dit auſſi d'une pièce de piano, qu'on a oubliée ou qu'on n'a pas appriſe parfaitement, qu'on ne l'a pas dans la *main*.

MAIRAN (Jean-Jacques d'Ortons de), géomètre, aſtronome, phyſicien & naturaliſte, naquit à Béziers, en 1678, & mourut à Paris, le 20 février 1771.

Né d'une famille noble, mais orphelin de bonne heure, il profita de ſon indépendance, pour diriger ſes études vers les ſciences, où il fit de rapides progrès.

Jeune encore, il fut couronné trois fois par l'Académie de Bordeaux, qui l'admit bientôt au nombre de ſes membres. Alors, il envoya, à l'Académie royale des ſciences de Paris, pluſieurs Mémoires ſur les mathématiques & l'hiſtoire naturelle. Ces ouvrages ouvrirent les portes de l'Académie à *de Mairan*.

Depuis, ce ſavant s'eſt occupé de pluſieurs queſtions intéreſſantes ſur la cauſe du chaud & du froid, ſur l'aurore boréale, ſur la géographie, l'aſtronomie, la géométrie, &c. Cette univerſalité de connoiſſances détermina l'Académie à le nommer, en 1741, pour ſuccéder à Fontenelle, dans ſa place de ſecrétaire perpétuel, qu'il remplit avec un ſuccès diſtingué juſqu'en 1749.

Pluſieurs Académies l'admirent dans leurs ſociétés: telles ſont celle de Saint-Péterſbourg, la Société royale de Londres; celles d'Edimbourg, d'Upſal, &c., l'Inſtitut de Pologne, &c.

A une phyſionomie ſpirituelle, agréable, il uniſſoit beaucoup de douceur. Il avoit cette politeſſe aimable, cette gaîté ingénieuſe, cette ſûreté de commerce, qui font aimer & eſtimer; il avoit auſſi la repartie vive & prompte.

Se trouvant un jour dans une compagnie où étoit un homme de robe, avec lequel il diſcutoit, ſur des objets qui n'avoient rapport ni aux ſciences, ni à la juriſprudence; le magiſtrat, pouſſé à bout, lui dit: *Monſieur, il ne s'agit ici ni d'Euclide, ni d'Archimède.* — *Ni de Cujas, ni de Barthole*, reprit vivement l'académicien.

Parmi tous ſes ouvrages, il en eſt deux qui ont ſurvécu au temps: 1°. ſa *Diſſertation ſur la glace*, dans laquelle on trouve une foule d'obſervations parfaitement faites; 2°. ſon *Traité de l'aurore boréale*, dont on n'a encore remplacé l'explication par aucune autre plus probable. Cependant, dans une des dernières ſéances de réunion de toutes les claſſes de l'Inſtitut, un de nos jeunes, aimables & ſpirituels ſavans, a lu un Mémoire qui a été écouté avec un bien vif intérêt, dans lequel il plaiſante, avec infiniment d'eſprit, ſur l'hypothèſe de *Mairan*, à laquelle il ſubſtitue un *gaz métallifère*. Puiſſe-t-il ne pas ſervir d'exemple à ſes ſucceſſeurs!

Son eſprit & ſon affabilité, & l'art avec lequel il ſavoit s'inſinuer dans les eſprits, lui frayèrent un chemin à la fortune. Le duc d'Orléans, régent, lui légua ſa montre, par ſon teſtament. Le prince de Conti le combla de bienfaits. Le chancelier d'Agueſſeau le nomma préſident du *Journal des ſavans*, qu'il remplit à la ſatiſfaction du public & des gens de lettres.

Nous avons de *Mairan*: 1°. *Diſſertation ſur la glace*, in-12, Paris, 1749; 2°. *Diſſertation ſur la cauſe de la lumière des phoſphores*, in-12, Paris, 1717; 3°. *Traité hiſtorique & phyſique de l'aurore boréale*, in-4°., Paris, 1754; 4°. *Lettre ſur la chimie*, écrite au Père Parennin, in-12; 5°. pluſieurs *Mémoires* ſur différens ſujets, imprimés parmi ceux de l'*Académie des ſciences*, depuis 1719; 6°. pluſieurs *Diſſertations* ſur des matières particulières, brochures; 7°. *Eloges des académiciens de l'Académie royale des ſciences*, morts en 1741, 42, 43, in-12, Paris, 1747.

MAISON CÉLESTE; domus cœleſtis; himmliſche hauſer; ſ. f. C'eſt, en aſtrologie, la douzième partie du ciel, compriſe entre deux cercles de pofition. Ces deux cercles paffent par les deux interfections du méridien & de l'horizon, & coupent l'équateur en douze parties égales.

MAISON DU TONNERRE; domus tonitru; *donner haus;* f. f. Modèle d'une petite maifonnette, avec laquelle on fait des expériences fur les paratonnerres.

Cette maifonnette A B, *fig.* 1012, eft en bois; le haut R R eft fermé par un morceau de bois, traverfé par un tube de verre V; une tige métallique H I, paffe à travers ce tube, & communique, par le bas, à un petit carré de bois I K M L, fur lequel eft une diagonale métallique I M. A l'extrémité M, de cette diagonale, eft une autre tige métallique M N, qui communique avec le réfervoir commun, par une chaîne métallique O P.

Sur le focle S S, de cette maifonnette, eft fixée une colonne de verre C D; au fommet D de la colonne, eft une tige métallique E F, terminée par un anneau F, dans lequel paffe une tige métallique, terminée par deux petites boules G G.

Faifant communiquer la tige E F, avec un réfervoir électrique, par le fil ou la chaîne métallique E Q, on fait parvenir l'électricité dans la tige G G, & cette électricité fe transmet, par commotion fucceffive, à travers l'intervalle G H, dans la tige H I.

Le petit carré mobile peut avoir deux pofitions: dans la première, *fig.* 1012, la diagonale I M communique directement avec les deux fils métalliques H I, M N; dans la feconde, *fig.* 1012 (*a*), la diagonale métallique I M ne communique pas avec les fils H L, M K. Dans le premier cas, lorfque la communication eft établie, le fluide électrique fe transmet directement au réfervoir commun, à chaque commotion qui a lieu en G H; dans le fecond, l'interruption de continuité entre I M, détermine une commotion entre ces deux points, & le petit carré I K M L, eft enlevé par l'électricité & jeté au loin.

En faifant communiquer le point I M, foit avec une cartouche remplie de poudre, foit avec un piftolet de Volta, foit avec du coton couvert de poudre de réfine, l'étincelle qui paffe de I en M, lorfqu'il y a folution de continuité, enflamme la poudre & la réfine, & fait partir le piftolet de Volta.

MAISONNETTE A PARATONNERRE. Modèle de *maifonnette*, employée dans les cours de phyfique, pour faire apprécier les effets des *paratonnerres.*

Cette *maifonnette* A B E D, *fig.* 1012 (*b*), peut être en bois, en métal ou de toute autre matière; elle eft ordinairement conftruite de manière, à pouvoir fe divifer par l'effet d'une explofion intérieure.

Dans le comble A D, eft placé un tube de verre T T, qui donne paffage au paratonnerre P F,

qui fe termine en P, par une pointe très-aiguë, & en F par une boule.

En O, peut s'accrocher une chaîne métallique C C, & dans l'intérieur peut fe placer, en V, près de la boule F, un piftolet de Volta, une cartouche de poudre, ou du coton recouvert de poudre de réfine; l'autre extrémité de ces objets communique avec le réfervoir commun, par une chaîne K M.

Plaçant cette *maifonnette* à la proximité d'une machine électrique en activité, le fluide électrique, qui fe répand dans l'efpace, eft recueilli, foutiré par la pointe P; fi le conducteur métallique C C, qui communique au réfervoir commun, eft attaché en O, à la tige P F, le fluide paffe le long de ce conducteur, & ne produit aucun effet fur la *maifonnette*; mais, fi l'on fupprime le conducteur, le fluide coule le long du fil métallique P F, s'accumule fur ce fil, & lorfque fon intenfité eft affez grande, il s'échappe par la boule F à travers la folution de continuité, paffe à travers le piftolet de Volta, la cartouche de poudre ou le coton couvert de réfine, produit une explofion dans les deux premiers corps & enflamme le troifième.

On fait voir, à l'aide de cette *maifonnette*: 1°. qu'une pointe métallique, placée fur le fommet d'un édifice, attire, recueille le fluide électrique répandu dans l'air & dans les nuages; 2°. que, fi cette pointe communique au réfervoir commun, à l'aide d'un bon conducteur métallique, le fluide y eft immédiatement conduit, fans qu'il en réfulte aucun accident; mais que, fi la pointe métallique ne communique pas directement à un corps bon conducteur, ou s'il fe rencontre des folutions de continuité, le fluide s'accumule fur la verge métallique, & peut occafionner tous les effets défaftreux que l'on obferve, lorfque le tonnerre tombe fur un édifice.

MALACIE; malacia; *gelufte;* f. f. Dépravation du goût, avec un defir plus ou moins grand de fe nourrir d'alimens inufités, & de fubftances plus ou moins dégoûtantes.

Cette maladie n'attaque ordinairement que les enfans & les femmes enceintes.

MALACOSTEON, de μαλακος, *mou*, οϛεον, os. Ramolliffement des os. *Voyez* RACHITISME.

MALATE, de malum, *pomme;* f. m. Sel formé par la combinaifon de l'acide malique, ou des pommes, avec différentes bafes.

Les *malates* font peu connus. *Voyez* MALIQUE (Acide).

MALAXER, de μαλαϛϛω, *amollir;* v. a. C'eft l'art de pétrir, de ramollir les fubftances pour les rendre plus unies, plus molles, plus coulantes, plus ductiles.

MALDER Mesure fytométrique de Francfort. Le *malder* = 24 fimmerns = 192 fechters = 8,1505 boisseaux = 113,35 litres.

MALE, de masculus, *diminutif de mas, viril*; masculus; *mannlich*; f. m. Qui est du fexe le plus fort.

MÂLE (Hydre). Constellation méridionale. *Voyez* HYDRE MÂLE.

MALEBRANCHE (Nicolas), philosophe, géomètre, métaphysicien & physicien célèbre, né à Paris, en 1638, mort dans la même ville, en 1715.

Il entra à 22 ans dans la congrégation de l'Oratoire.

Après avoir fait ses études, *Malebranche* se livra à l'étude de l'histoire ecclésiastique & des langues savantes; mais il se dégoûta bientôt de la science des faits & des mots, & s'abandonna tout entier aux méditations philosophiques.

Un jour, comme il passoit dans la rue Saint-Jacques, un libraire lui présenta le *Traité de l'Homme*, de Descartes, qui venoit de paroître. *Malebranche* avoit 26 ans, & ne connoissoit Descartes que de nom, & par quelques objections de ses cahiers de philosophie. Il se mit à feuilleter le livre, & fut frappé, comme d'une lumière, qui sortit toute nouvelle à ses yeux; il entrevit une science dont il n'avoit pas d'idée, & sentit qu'elle lui convenoit. Il acheta le livre, le lut avec empressement, &, ce qu'on aura peut-être peine à croire, avec un tel transport, qu'il lui en prenoit des battemens de cœur qui l'obligeoient, quelquefois, d'interrompre sa lecture.

Malebranche abandonna donc absolument toute autre étude, pour la philosophie de Descartes; il devint si rapidement philosophe, qu'au bout de dix années de cartésianisme, il avoit composé le livre *de la Recherche de la vérité*. Ce livre fit beaucoup de bruit; & quoique fondé sur des principes déjà connus, il parut original. L'auteur étoit cartésien; mais, comme Descartes, il ne paroissoit pas l'avoir suivi, mais rencontré.

On trouve, dans les *Mémoires de l'Académie des sciences*, pour 1699, un excellent Mémoire de *Malebranche*, sur la lumière, les couleurs & le feu, dans lequel il abandonne le système de Descartes pour en établir un nouveau, formé sur le modèle du système du son.

Dans le système de Descartes, la lumière se transmet par les globules du second élément, que pousse, en ligne droite, la matière subtile des corps lumineux, & ce qui forme les couleurs. Les globules, outre leur mouvement direct, sont déterminés à tournoyer; & selon la différente combinaison du mouvement direct & du circulaire, naissent les différentes couleurs.

A la place de ces globules durs, *Malebranche*

substitué de petits tourbillons de matière subtile, très-capables de compression, & propres à recevoir en même temps, dans leurs différentes parties, des compressions différentes.

Toutes les petites parties d'un corps lumineux, sont, d'après *Malebranche*, dans un mouvement très-rapide; qui, d'instant en instant, comprime, par des secousses très-prestes, toute la matière subtile qui va jusqu'à l'œil, & lui cause des vibrations de pression. Quand elles sont grandes, le corps paroît plus éclairé; selon qu'elles sont plus promptes ou plus lentes, il est de telle ou telle couleur.

Malebranche est plus lu, à présent, comme écrivain que comme philosophe. Ses systèmes sont presque généralement regardés comme des illusions. Mais de son vivant, il eut beaucoup de disciples & d'admirateurs; il ne venoit pas d'étrangers savans, à Paris, qui ne rendissent leurs hommages à ce célèbre métaphysicien. Jacques II, roi d'Angleterre, fut l'un des illustres étrangers qui vinrent lui rendre visite.

Parmi les différens ouvrages de cet homme immortel, on cite: 1°. la *Recherche sur la vérité*, in-4°, Paris, 1712; 2°. *Conversations chrétiennes*, in-12, Paris, 1677; 3°. *Traité de la nature de la Grâce*, in-12, Paris, 1684; 4°. *Méditations chrétiennes & métaphysiques*, in-12, Paris, 1683; 5°. *Entretien sur la métaphysique & la religion*, in-12, Paris, 1688; 6°. *Traité de l'amour de Dieu*, in-12, Paris, 1697; 7°. *Entretien entre un chrétien et un philosophe chinois, sur la nature de Dieu*, in-12, Paris, 1708; il est assez remarquable que, tous ces ouvrages furent imprimés avant la *Recherche sur la vérité*; 9°. *Réflexions sur la lumière & les couleurs*, &c. &c.

MALIQUE (Acide), de malum, *pomme*; acidum malicum; *œpfelsœure*; sub. maf. Acide retiré des pommes, par Scheële, en 1785.

Cet acide est incristallisable & peu sapide; il est sous forme d'un sirop brun-jaunâtre & déliquescent; il forme, avec la potasse, la soude & la magnésie, des combinaisons qu'on n'obtient jamais cristallisées; & avec la baryte, la stroniane, des sels qui ne sont solubles qu'avec un excès d'acide.

MM. Bouillon-Lagrange & Vogel ont cherché à prouver, que l'*acide malique* n'étoit qu'un composé d'acide acétique & d'extractif.

Pour obtenir l'*acide malique*, Scheële propose de saturer le suc de pomme avec de la potasse, d'y ajouter ensuite de l'acétate de plomb, jusqu'à ce qu'il ne se forme plus de dépôt, de délayer le précipité, le bien laver avec de l'acide sulfurique étendu d'eau, jusqu'à ce que le mélange ait une saveur acide marquée, sans être accompagné d'un goût sucré; de separer le sulfate de plomb par le filtre; alors on obtient l'*acide malique* pur.

MALLÉABILITÉ,

MALLÉABILITÉ, de male us, marteau, habilis, propre; malleabilitas; malleabilitat; f. f. Qui peut être battu à coups de marteau, & s'étendre fans fe déchirer, fe brifer, ni perdre fa confiftance & fa ténacité, & qui conferve, après l'opération, la forme qu'il a reçue.

Quoique la malléabilité & la ductilité paroiffent dépendre d'une même propriété, cependant, on les diftingue, en ce que, la ductilité eft la propriété que les corps ont, de fe laiffer étendre & reftreindre par la compreffion, quel que foit le mode que l'on emploie, tandis que la malléabilité défigne cette même propriété des corps, en tant qu'ils font comprimés par le marteau.

A proprement parler, la malléabilité n'eft qu'une propriété de plufieurs corps métalliques. Les uns font immédiatement malléables à toute température, jufqu'à celle qui approche de la fufion: tels font le platine, l'or, l'argent, le cuivre, l'étain, le plomb; d'autres ne deviennent malléables, après la fufion, que lorfqu'ils font élevés à une certaine température: tel eft le fer, dont on ne peut rendre la fonte malléable, qu'après l'avoir élevé à une température voifine de la fufion; le zinc, dont la fonte n'acquiert de là malléabilité, qu'à la température de l'eau bouillante. Enfin, il eft des métaux que l'on n'a pas encore rendus malléables: tels font l'arfenic, l'antimoine, le bifmuth, &c.

En martelant les corps malléables, on rapproche plus intimement leurs molécules, & l'on en exprime du calorique; par cette compreffion, on fait gliffer les molécules des corps malléables les unes fur les autres, & l'on donne, par ce déplacement, une forme & des dimenfions à la maffe que l'on comprime, différentes de celles qu'elle avoit avant la compreffion.

MALLÉABLE; mallei patiens; adj. Propriété des corps, particulièrement de plufieurs métaux, de changer de forme, en les frappant à coups de marteau, & cela, fans les déchirer ni les rompre. Voyez MALLÉABILITÉ.

MALLEMANS (Claude), né à Dijon, en 1655, & mort à Paris en 1723.

Il entra d'abord dans la congrégation de l'Oratoire, qui avoit une maifon d'éducation à Baune; mais il en fortit peu de temps après, & vint à Paris, où il fut profeffeur de philofophie au collége du Pleffis.

Mallemans fut un des plus zélés partifans de Defcartes, ce qui, à cette époque, étoit une preuve de la jufteffe de fon efprit.

Ne pouvant pas faire d'économie dans fa chaire de philofophie, il parvint à la vieilleffe fans avoir pu fe réferver des fecours. La pauvreté le contraignit de fe réfugier dans la communauté des Pères de Saint-François de Sales, où il mourut âgé de 77 ans.

Ses principaux ouvrages font: 1°. le Traité de

physique du monde, nouveau fyftème, in-12, Paris, 1669; 2°. le fameux Problème de la quadrature du cercle, in-12, Paris, 1683; 3°. la Réponfe à l'Apothéofe du Dictionnaire de l'Académie, &c. &c.

MALTER. Mefure fytométrique d'Allemagne. Cette mefure varie de 12 à 130 boiffeaux.

Ainfi le malter de	Boiff.	Lit.
Leipfick = 12 fchaffels.....	= 130,10	= 1691,3
Erfords = 4 viertels......	= 70,35	= 914,45
Eifenach = 4 varlets......	= 30,70	= 399,1
Brunfwick = 6 hinnals.....	= 14,66	= 190,58
Nordhaufen = 4 fcheffels = 16 metzen.............	= 13,65	= 177,45
Gotha = 2 fcheffels = 4 viertels...............	= 13,10	= 170,3
Cologne...............	= 12,72	= 165,36

MALUS (Etienne-Louis), géomètre & phyficien célèbre, né à Paris, le 23 juillet 1775, mort dans la même ville, le 24 février 1812.

Fils d'un tréforier de France, Malus reçut chez fes parens la première éducation, qui fut dirigée vers la littérature. A l'âge de 18 ans, il avoit déjà compofé une tragédie en cinq actes: La Mort de Caton.

Entraîné par fon goût pour les mathématiques, il fe livra à l'étude de cette fcience, & fe difpofoit à entrer dans le génie militaire, pour lequel il avoit fubi un examen brillant; mais le miniftre Bouchotte le repouffa comme fufpect. C'eft ainfi que les opinions politiques font fouvent écarter des hommes précieux, des places dans lefquelles ils auroient pu rendre de grands & d'utiles fervices.

Malus, rejeté par des confidérations puériles, fe fit incorporer dans le 15e. bataillon de Paris. Envoyé à Dunkerque, il y fut employé, comme fimple foldat, aux réparations du port, fous les ordres de l'ingénieur M. Lepère, qui préfidoit à ces travaux, & qui fut bientôt diftinguer le jeune militaire.

En créant l'Ecole polytechnique, Monge fit chercher partout des jeunes gens déjà inftruits, pour contribuer à aider les profeffeurs dans les favantes leçons qu'ils devoient y donner. M. Lepère, ingénieur des ponts & chauffées, faifit cette occafion pour tirer Malus du rang de foldat, & l'envoyer à Paris. Monge, qui l'avoit déjà connu & jugé à l'Ecole du génie, le mit auffitôt dans le petit nombre de ceux qu'il deftinoit à inftruire les autres élèves, & qu'il fe plut à inftruire & à préparer lui-même, pendant trois mois, avec un zèle inépuifable.

Réintégré au corps du génie militaire, fuivant l'ordre de fa première nomination, Malus fe diftingua au paffage du Rhin, aux affaires d'Ukrath, d'Atenkirk, &c. Il fit partie de l'expédition d'Egypte, où il cueillit de nouveaux lauriers. Là, il fut attaqué de la pefte; il fe guérit feul, fans aucun secours, de cette maladie funeste, puis assista encore à plusieurs batailles, & revint en France, le 14 octobre 1801.

Epuisé de fatigue, *Malus* se livra tranquillement aux mathématiques, qui procurent une si grande jouissance aux têtes fortes & pensantes; il présenta, à l'Académie des sciences, un ouvrage précieux, qui traite de la manière la plus générale & la plus rigoureuse des phénomènes de la lumière, de son mouvement direct, de sa réflexion & de sa réfraction.

Cet ouvrage ramena l'attention des savans sur le phénomène de la double réfraction: l'Académie en fit le sujet d'un prix; *Malus* le remporta en prouvant, qu'aux connoissances analytiques dont il avoit fait preuve, il savoit, comme Newton & Monge, réunir la patience, l'adresse & la sagacité, qui constituent le grand physicien.

Par ces expériences délicates, *Malus* découvrit, dans la lumière, des propriétés remarquables ou totalement inconnues; c'est cette ressemblance, cette analogie entre les molécules lumineuses & l'aimant, qui fait qu'elles acquièrent des pôles & une direction déterminée. On a donné le nom de *polarisation* à cette propriété. *Voy.* POLARISATION.

Montgolfier, célèbre par la découverte de ses ballons aérostatiques, ayant payé à la nature le tribut qu'il lui devoit, l'Académie des sciences le remplaça par *Malus*.

L'Institut royal de Londres décerna à *Malus* la médaille d'or qu'elle accorde, chaque année, au savant qui a su découvrir & constater un fait important en physique.

Depuis son admission à l'Académie des sciences, *Malus* ne laissoit guère passer de mois, de semaine, sans lui présenter de nouveaux fruits de ses recherches sur la lumière, & principalement sur la lumière polarisée; & quand sa santé ne lui permettoit pas d'assister à ses séances, un de ses amis l'entretenoit encore de ses travaux.

Continuellement en proie à des douleurs, occasionnées par l'altération de sa santé, il traîna une vie languissante; affoibli par une longue insomnie, incapable d'aucune application, il s'éteignit paisiblement. Au moment de sa mort, il s'abusoit encore sur son état.

A peine entré dans la carrière des sciences, où il avoit rendu de si grands services, *Malus* mourut, âgé seulement de 36 ans. Newton avoit dit: *Si Côtes avoit vécu, nous saurions quelque chose.* Les physiciens de ce siècle pourroient dire également: *Si Malus eût vécu, nous connoîtrions mieux la théorie de la lumière.*

Plusieurs physiciens, français & anglais, se sont emparés, à sa mort, des découvertes de *Malus*, qu'ils exploitent à l'envi: plusieurs résultats importans attestent déjà le fruit de leurs recherches.

Nous n'avons de ce jeune savant physicien qu'un seul ouvrage, celui qui a été couronné par l'Académie des sciences, sa *Théorie de la double réfraction de la lumière dans les substances cristallisées*, in-4°., Paris, 1810, dans lequel il a intercalé les Mémoires sur les *lois du mouvement de la lumière*, qu'il avoit déjà communiqués à l'Institut. Ses autres Mémoires sont imprimés dans le *Recueil des Mémoires de l'Institut.*

MALUS (Appareil pour la polarisation de la lumière). Instrument imaginé par *Malus*, pour observer le phénomène de la polarisation de la lumière. *Voyez* POLARISATION DE LA LUMIÈRE.

MALUS (Goniomètre de). Instrument imaginé par *Malus*, pour mesurer, par la réflexion de la lumière, les angles des cristaux. *Voyez* GONIOMÈTRE DE MALUS.

MAMELON, *diminutif de mamelle;* mamilla; wartz; s. m. Protubérance arrondie, en forme de petite mamelle, ou proéminence qui approche de la forme des mamelles.

MAMMIFÈRE, *de mamma, mamelle;* ferre, *porter;* mammata; adj. Classe d'animaux vertébrés, à sang chaud, & qui ont des mamelles pour l'allaitement de leurs petits.

On divise les *mammifères* en quatorze familles: 1°. les bimanes; 2°. les quadrumanes; 3°. les chéiroptères; 4°. les digitigrades; 5°. les plantigrades; 6°. les pédimanes; 7°. les rongeurs; 8°. les édentés; 9°. les tardigrades; 10°. les pachydermes; 11°. les ruminans; 12°. les solipèdes; 13°. les amphibies; 14°. les cétacés.

MAN. Poids employé à Surate pour peser les marchandises.

Il existe deux sortes de *mán*, le royal ou grand, pour le combustible, il pèse 40 livres; le petit, pour les marchandises, celui-ci qui ne pèse que 30 livres.

MANCIE, de μαντεια, *divination.* Terminaison commune à plusieurs mots français tirés du grec.

Ce mot termine presque tous les noms, qui désignent les différentes pratiques superstitieuses, par lesquelles les Anciens prétendoient connoître l'avenir & découvrir les choses cachées.

MANGANÈSE, *de magnes, aimant;* magnesium; braunstein; s. m. Métal que l'on retire d'un minéral, qui portoit autrefois le nom de *manganèse.*

Ce métal est d'un blanc-jaunâtre, assez éclatant, presqu'infusible, très-cassant, très oxidable, acidifiable même; cependant l'acide qu'il forme n'a pas encore été obtenu isolé. Le *manganèse* décompose l'eau à toutes les températures.

Quoique l'existence de ce métal ait été, depuis long-temps, devinée par Cronstedt, ce n'est que depuis 1774, que Gahn eft parvenu à l'obtenir, en décompofant fon oxide à l'aide du charbon & d'un feu violent. On ne l'a encore obtenu que fous forme de grenaille.

Ses ufages font nuls, mais ceux de fon oxide noir, état fous lequel on le trouve communément, font très-multipliés Il eft principalement employé, pour fournir de l'oxigène à diverfes fubftances, comme dans la fabrication de l'acide muriatique oxigéné, & pour blanchir & décolorer le verre, qui a été verdi par l'oxide de fer, ou pour colorer en violet le verre & les émaux. On l'emploie directement pour obtenir du gaz oxigène.

Son nom de *manganèfe* a d'abord été donné à l'oxide de ce métal, à caufe de fa reffemblance avec l'aimant naturel.

MANIAQUE, de μανια, *fureur, folie;* maniacus; *unfinnig;* adj. & f. m. Qui eft attaqué de manie.

On donne auffi ce nom aux perfonnes qui ont des habitudes, des geftes bizarres, &c. *Voyez* MANIE.

MANICHORDION; *manichordion;* f. m. Inftrument de mufique, en forme d'épinette.

Il diffère de l'épinette, en ce qu'au lieu d'un fautoir armé d'une pointe de cuir ou de plume, le fautoir du *manichordion* eft armé, à fon extrémité: 1°. d'un morceau de cuivre; 2°. d'une petite pointe, qui peut foulever un morceau d'étoffe qui appuie fur la corde.

Le *manichordion* a foixante-dix cordes, qui portent fur cinq chevalets, que l'on fait réfonner avec quarante-neuf ou cinquante touches.

Cet inftrument eft plus ancien que le clavecin ou l'épinette, comme le témoigne Scaliger. On préfume que les Allemands en font les inventeurs.

MANIE, de μανια, *folie;* furor, mania; *wahufinng;* f. f. Délire général, chronique fans fièvre, avec excitation des forces vitales.

Rapportons le tableau tracé par M. Efquirol, de la manière dont la *manie* arrive: « Cet homme qui, hier, ce matin, tout-à-l'heure, étoit livré aux plus profondes méditations, foumettoit à fes calculs les lois qui régiffent l'Univers; qui, dans fes vaftes conceptions, balançoit les deftinées des Empires; qui, par de fages combinaifons, ouvroit à fa patrie de nouvelles fources de profpérité; qui, par fon génie, enrichiffoit les arts de tant de chefs-d'œuvre; méconnoiffant tout-à-coup ce qui l'entoure, s'ignorant lui-même, ce même homme ne vit plus que dans le chaos; fes propos défordonnés & menaçans, trahiffent le trouble de fa raifon; fes actions font malfaifantes; il veut tout bouleverfer, tout détruire; il eft en état de guerre avec tout le monde; il hait tout ce qu'il aimoit; c'eft le génie du mal qui fe plaît au fein de la confufion, du défordre, de l'effroi qu'il répand autour de lui.

Il en eft de même de cette femme, l'image de la candeur & de la vertu, auffi douce que modefte, dont la bouche ne s'ouvroit que pour dire des chofes obligeantes & généreufes; qui étoit bonne fille, bonne époufe, bonne mère, qui a perdu tout-à-coup la raifon; fa timidité fe change en audace, fa douceur en férocité; elle ne profère que des injures, des obfcénités & des blafphèmes; elle ne refpecte plus ni les lois de la décence, ni celles de l'humanité; fa nudité brave tous les regards, & dans fon aveugle délire, elle menace fon père, frappe fon époux, égorge fes enfans, fi la guérifon ou la mort ne mettent un terme à tant d'excès.

Les auteurs anciens donnoient le nom de *maniaques* à tous les aliénés qui étoient entraînés, par leur délire, à quelques actes de violence ou de fureur. Il en réfulte que l'on a confondu la *manie* avec la mélancolie; cependant, il exifte cette différence: la *manie* eft le défordre des facultés intellectuelles, entraînant le délire des paffions & des déterminations du maniaque; tandis que la mélancolie eft le délire des facultés affectives, entraînant le trouble & le défordre de l'intelligence.

En comparant les maniaques de fexe différent, on voit que la *manie* eft plus fréquente chez les hommes que chez les femmes. Chez les hommes, la *manie* a un caractère plus violent, plus impétueux; le fentiment d'une force furnaturelle, qui s'empare de quelques maniaques, joint à l'habitude du commandement, rend les hommes plus violens, plus audacieux, plus emportés, plus furieux. Les femmes font plus bruyantes; elles parlent & crient davantage; elles font plus diffimulées.

C'eft à l'âge de trente-cinq ans, époque où les forces vitales agiffent avec plus d'énergie, que la *manie* fe déclare le plus habituellement. Rarement la *manie* commence avant l'âge de quinze ans. Le nombre des maniaques augmente enfuite jufqu'à l'âge de trente-cinq ans, puis il décroît jufqu'à l'âge de foixante-cinq ans, après lequel il eft affez extraordinaire de rencontrer des maniaques.

Affez généralement, la *manie* éclate dans le printemps, lorfque la nature fe renouvelle, & dans les chaleurs de l'été. La chaleur a une telle influence fur cette maladie, que l'on rencontre une proportion de maniaques, beaucoup plus confidérable, dans les pays chauds que dans les pays froids. Cette influence de la chaleur modifie la marche de la maladie; les ardeurs de l'été l'exafpèrent ordinairement: les maniaques font plus agités, plus irritables, plus difpofés à la fureur; cet état fe prolonge long-temps, tandis que le froid vif & fec, les agite d'abord, mais les calme bientôt.

Deux fortes de caufes contribuent à déterminer la *manie*; les unes font phyfiques & les autres morales.

Parmi les caufes phyfiques, on diftingue: l'hérédité, les suites de couches, les menstrues, l'abus du vin, les temps critiques, l'exposition au feu, la masturbation, les chutes ou coups, les cessations de gale, de fièvres, de dartres ; les insolations, le mercure, les ulcères supprimés, l'apoplexie, l'épilepsie.

Parmi les causes morales, sont : les chagrins domestiques, l'amour contrarié, la frayeur, la misère, les revers de fortune, la jalousie, la colère, l'amour-propre blessé, l'excès de l'étude.

Nous avons classé ces deux causes dans le rang que suit à peu près leur influence : ainsi, dans les causes physiques, l'hérédité & la suite des couches sont les causes les plus influentes, & dans les causes morales, ce sont le chagrin domestique & l'amour contrarié.

Si l'on veut avoir de plus grands détails sur la *manie*, sur les moyens de la traiter & de la guérir, on peut consulter l'article MANIE, par M. Esquirol, imprimé dans le *Dictionnaire des sciences médicales*.

MANIPULATION, *de* manus, main ; manipulatio ; *behandlung*; s. f. Manière d'opérer en physique, en chimie & dans les arts.

Dans le sens le plus précis & le plus exact, la *manipulation* est une faculté acquise par une longue habitude, & préparée par une adresse naturelle, d'exécuter les diverses opérations manuelles des arts.

Il ne faut pas croire, cependant, que la *manipulation* soit fondée, seulement, sur une aveugle routine & l'adresse des mains ; le bon manipulateur est celui dont la tête conduit le bras, & qui, dirigé par une longue expérience, & éclairé par une saine théorie, règle, modifie, perfectionne, selon les circonstances, les procédés de son art.

Quelques étymologistes déduisent le mot *manipulation*, de MANIPULE. *Voyez* ce mot.

MANIPULE; manipulus, *stole*; s. f. Une poignée. C'est une espèce de mesure assez arbitraire, d'herbes, de fleurs, de semences ; c'est ce que la main en peut contenir, ou ce qu'on peut saisir & empoigner d'une main.

Dans les laboratoires & dans les cabinets de physique, on donne aussi le nom de *manipule*, à des petits coussinets, faits, le plus ordinairement, avec du feutre de chapeau ; ils servent pour enlever ou emporter, de dessus le feu, les bassines, vases ou autres corps dont la chaleur brûleroit la main.

Anciennement, chez les Romains, le mot *manipulus* signifioit une poignée d'herbe, une botte de foin, autant qu'on en pouvoit tenir dans la main. Tant que les Romains eurent pour enseigne, pour guide des corps, une botte de foin, le mot *manipule* servoit à désigner cette enseigne ; mais, lorsqu'à la botte de foin on substitua l'aigle, *manipule* ne signifia plus que la section, le peloton, la

poignée d'hommes qui étoit distinguée par une enseigne. Depuis on a étendu le mot *manipule* à tout ce qui peut se tenir dans la main ; & *manipulation* a été dérivé de *manipulus*, & signifie, aujourd'hui, dans le langage des arts, manière adroite d'opérer.

MANIVELLE, *de* manubriolum, *petite manille*; manubrium, *versatile*; *kurbel*; s. f. Bras de levier à manche, destiné à mettre une machine [en mouvement.

On donne aux *manivelles*, différentes formes. Les unes A B, *fig.* 1013, sont droites ; les autres sont courbées en S, *fig.* 1013 (*b*) ; d'autres en demi-cercle, *fig.* 1013 (*a*). Quelque figure qu'on leur donne, elles se réduisent toujours à un bras de levier, droit, dont la longueur est déterminée par la distance qu'il y a entre l'œil A, qui est le point autour duquel elles tournent, & le manche B, qui est celui par lequel on les fait agir ; de sorte qu'ayant cette figure, & uniquement cette longueur, elles produiroient le même effet.

Une puissance qui agit par une *manivelle*, ne produit jamais un plus grand effort, que lorsque sa direction est perpendiculaire à la ligne A B ; ou, ce qui est la même chose, à la longueur de sa *manivelle*. Il n'y a donc que certains points, dans sa révolution, dans lesquels cette puissance jouit de toute sa valeur.

Supposons, par exemple, que la *manivelle* CH, *fig.* 1013 (*c*), soit menée par la puissance D H, laquelle n'a qu'un mouvement horizontal d'aller & de venue ; cette puissance n'agit, avec tout son avantage, qu'en poussant dans la direction D H, & en tirant dans la direction *i k* : dans ces deux points, elle fait un angle droit avec la longueur de la *manivelle* : dans tous les autres points de la révolution, elle devient donc moins forte. (*Voyez* LEVIER.) Dans la direction *m b*, elle fait avec la *manivelle* un angle aigu ; dans la direction *a e*, elle en fait un plus aigu encore, & ainsi des autres positions.

Ce que nous disons ici de cette puissance, on le diroit des bras d'un homme appliqué à cette *manivelle*, s'il ne faisoit que pousser ou tirer dans cette même direction ; mais lorsque son effort s'affoiblit dans une direction désavantageuse, en poussant, il avance son corps, de manière qu'une partie de son poids se porte dans la direction *b f* ou *e g*, & en tirant, il se baisse & se renverse un peu : & par ces différens mouvemens, il fait que sa direction s'éloigne le moins qu'il est possible, de l'angle droit ; mais, on ne peut pas dire que ces sortes de mouvemens se fassent sans fatigue. Il reste donc toujours vrai que, celui qui agit, par une *manivelle*, n'est en pleine force que dans certains points de la révolution ; dans tous les autres, son effort est plus ou moins affoibli, suivant que sa direction s'éloigne plus ou moins de l'angle droit.

Il existe une espèce de levier angulaire I K L, *fig.* 1013 (*d*), que l'on nomme *manivelle coudée*, &

qui eſt fort en uſage pour les mouvemens de ſonnettes, pour les pompes, les ſonneries des horloges, des pendules, &c. Enfin, dans pluſieurs
cas, où l'on a beſoin de changer la direction du
mouvement; ces ſortes de *manivelles* ont les mêmes
propriétés que les droites; car, lorſquelles s'in-
clinent, & que les deux bras de levier K L, K I,
qui faiſoient d'abord des angles droits avec les
directions M L & N I, des puiſſances, ſont devenus obliques à ces directions *m l* & *n i*, comme
lorſque la *manivelle* a pris les poſitions *l k i*, l'obliquité eſt égale de part & d'autre, & par conſéquent, les puiſſances demeurent dans le même
rapport.

On connoît encore une autre *manivelle*, appelée *manivelle en tiers-point*, fig. 1013 (e), fort
employée dans les pompes; elle a trois bras A, B,
C, diſtans de 120 degrés les uns des autres : elle eſt
telle, qu'une puiſſance qui agit par ſon moyen, &
qui ſeroit abſolument néceſſaire pour faire jouer
un corps de pompe, eſt ſuffiſante pour en faire
jouer trois : ce qui eſt un grand avantage. Lorſqu'elle n'eſt appliquée qu'à un corps de pompe, la
puiſſance n'agit fortement que dans une partie de
la révolution, & foiblement dans les autres; lorſqu'elle eſt appliquée à trois à la fois, l'effort de la
puiſſance eſt également diſtribué dans toutes les
parties de la révolution.

MANOMÈTRE, de μανος, *rare*, μιτρον, *meſure*;
manometrum; *dichtigkeit meſſer*; ſ. m. Inſtrument
deſtiné à trouver le rapport des raréfactions naturelles de l'air, ainſi que l'intenſité & l'élaſticité de
l'eau & des autres liquides, mélangés ou combinés
avec l'air.

Nous allons faire connoître, ici, le *manomètre*
que M. Berthollet a fait conſtruire par M. Fortin,
& dont il donne la deſcription dans les *Mémoires
de la ſociété d'Arcueil*, tom. I, pag. 282 & ſuiv.

Figures 1014 & 1014 (a), ſont les projections
verticales & horizontales d'un *manomètre* cylindrique, formé par un bocal A, à large ouverture,
dont le col porte une garniture de cuivre B; l'intérieur de cette garniture forme écrou pour la
plaque de cuivre E, qui ſert à fermer le *manomètre*;
elle appuie ſur une rondelle de cuir, diſpoſée à
l'extrémité du pas de vis intérieur de la garniture,
de telle manière, qu'en viſſant cette plaque, elle
comprime le cuir, & clôt ainſi exactement le bocal.

G, G, ſont des boutons leſquels ſe fixent les
échancrures de la clef, repréſentée de plat en R,
fig. 1014 (b), & vue de champ en S; cette clef
ſert à tenir fixe le bocal, tandis que l'on fait
tourner & que l'on ſerre le couvercle avec l'autre
clef T, dont la tête carrée embraſſe le bouton de
même forme, que l'on voit en E, dans les deux
projections.

a, a, a, fig. 1014 & 1014 (a), trois crochets
fixés au couvercle, auxquels on peut ſuſpendre un
thermomètre, un hygromètre, &c.

D, douille dans laquelle on fixe, avec un mortier
dur, un baromètre à ſiphon. Comme il ſeroit difficile de lui donner, dans cette douille, une
ſituation exactement verticale, & comme d'ailleurs,
l'inclinaiſon du pas de vis qui porte le couvercle,
peut l'écarter de cette poſition; pour donner plus
d'exactitude à ſes indications, on poſe le *manomètre* ſur une rondelle de bois, traverſée par trois
vis K, K, K, que l'on fait mouvoir juſqu'à ce que
le tube du baromètre ſoit bien vertical; ce que
l'on peut juger facilement à l'aide d'un fil à plomb
I F, que l'on mire ſucceſſivement dans les deux
poſitions, qui font entr'elles un angle droit; ce fil
eſt attaché à une échelle mobile H, à laquelle on
ne donne que 0,04 m. à 0,05 m. d'étendue. Cette
échelle, en laiton, embraſſe, par deux anneaux
b, b, non fermés, & faiſant reſſort, le tube barométrique; elle peut ainſi être placée à toutes les
hauteurs ſur le baromètre, & y conſerver la poſition qu'on lui donne. On s'en ſert pour déterminer la quantité, dont la hauteur de la colonne de
mercure a varié, dans le cours d'une expérience;
ſi cette quantité excédoit les limites de cette
échelle, ce qui eſt peu probable, on la feroit gliſſer
de manière à meſurer, en pluſieurs fois, toute la
variation obſervée. La hauteur abſolue du mercure
ſe prend, au commencement de l'expérience, ſur
un baromètre, & l'on fixe l'une des extrémités de
l'échelle H, à la ſommité du mercure dans ce moment. La petite branche du ſiphon eſt munie d'une
échelle, afin d'obſerver auſſi la différence de hauteur du mercure, du commencement à la fin de
l'expérience. Lorſque les expériences l'exigent, on
donne au tube une longueur, qui excède beaucoup
celle des baromètres ordinaires, & elle peut être
augmentée aſſez, pour qu'il indique une preſſion
double de celle de l'atmoſphère.

Sur la plaque E, eſt en C, un robinet, deſtiné à
donner iſſue à l'air de l'appareil, quand on veut en
faire l'examen, & ce robinet eſt ajuſté, de manière,
que l'on peut répéter ces épreuves, auſſi ſouvent
qu'on le juge néceſſaire dans le cours d'une expérience, ſans craindre de changer la nature, ou
même l'état de compreſſion de l'air du *manomètre*.

Pour cela, le robinet, au-deſſus de ſon collet, a en
L, fig. 1014 (d), deux pas de vis, l'un intérieur,
l'autre extérieur; ſur celui-ci, ſe monte une ſou-
coupe de cuivre M, que l'on remplit d'eau diſtillée;
le tube de verre N, gradué, & muni d'une douille
de cuivre en O, s'ajuſte ſur le pas de vis intérieur,
après avoir été auſſi rempli d'eau diſtillée; l'extrémité de ſa vis eſt garnie d'une rondelle de cuir que
l'on comprime. En ouvrant le robinet, l'eau du
tube eſt déplacée, par l'air qui s'échappe du *manomètre*, & lorſqu'on s'aperçoit qu'il en eſt entré dans
le tube, une quantité ſuffiſante, on referme le
robinet. En déviſſant le tube, le volume de l'air
qui y eſt entré, change ordinairement, & occupe
un eſpace plus petit ou plus grand, ſelon qu'il
éprouvoit, dans le *manomètre*, une preſſion plus

forte ou plus foible que celle de l'atmofphère. Mais, on enlève le tube, en plongeant le doigt dans l'eau de la cuvette, & fermaut, avec fon extrémité, l'orifice du tube. On ne mefure l'air qu'après avoir déterminé, avec les précautions ordinaires, la température & la préffion auxquelles il eft expofé.

On n'introduit ainfi, dans le *manomètre*, qu'un liquide qui, le plus fouvent, ne trouble pas les réfultats, & dont on peut toujours évaluer l'influence; fi l'on craignoit, cependant, qu'il n'interrompît l'expérience, on pourroit le recevoir dans un vafe, difpofé à cet effet, dans l'intérieur du *manomètre*.

Dans la conftruction de cet appareil, on doit obferver de donner au trou de la clef du robinet, un diamètre affez fort, pour que l'écoulement de l'eau du tube s'opère facilement, & il ne doit pas être moindre que douze millimètres.

Pour que l'air contenu dans ce trou, foit dans les mêmes circonftances que celui qui occupe toute la capacité du *manomètre*, on laiffe, pendant toute la durée des expériences, le robinet ouvert, & l'on intercepte la communication avec l'air extérieur, à l'aide d'un bouchon de cuivre Q, qui porte le même pas de vis que la monture du tube divifé, & qui eft également garni d'une rondelle de cuir. Afin de le ferrer convenablement, on a pratiqué, à fa furface, une cavité carrée, dans laquelle on infère une tige de même forme, qui eft à l'extrémité du manche de la tige T; on ne ferme alors le robinet, qu'au moment où l'on veut extraire de l'air du *manomètre*.

Otto de Guericke eft le premier phyficien qui nous ait fait connoître, en 1661, un *manomètre*; il le nommoit *baromètre*. Boyle le décrivit enfuite dans les *Tranfactions philofophiques*, n°. 14, fous le nom de *barofcope*, & le donna comme un inftrument de fon invention. Varignon, Fouchi, Gerftner, indiquèrent, depuis, différens *manomètres*. *Voyez* DASYMÈTRE.

Tous ces inftrumens avoient pour objet, de faire connoître les changemens qu'éprouvoit la denfité de l'air, dans lequel ils étoient plongés. Ces inftrumens n'étoient autre chofe qu'un ballon de verre ou de métal, qu'on laiffoit plein d'air, & qu'on vidoit d'air: ce ballon étoit fufpendu au fléau d'une balance; un poids, placé à l'autre extrémité, lui faifoit équilibre. Ce poids étoit égal à celui du ballon, moins le poids de l'air qu'il déplaçoit: ainfi, lorfque l'air devenoit plus rare, le poids du ballon augmentoit; & au contraire, lorfqu'il devenoit plus denfe. Mais, comme ces ballons augmentoient de volume par la chaleur & diminuoient par le froid, dans le premier cas, ils déplaçoient un plus grand volume d'air; dans le fecond cas, un moindre; & les variations dans la pefanteur étoient néceffairement affectées de ces différences.

Bouguer fit ufage d'un pendule, pour comparer les denfités de l'air de l'atmofphère; il le fit ofciller à différentes hauteurs, pour juger, par les parties du mouvement que faifoit le pendule, dans un temps donné, de la réfiftance de l'air, & par conféquent de fa denfité. Ces expériences lui parurent confirmer l'opinion, à laquelle il avoit été conduit, que, depuis la hauteur où le baromètre fe foutient à feize pouces, jufqu'à celle où il fe foutient à vingt-un pouces, il y a un rapport conftant entre les denfités de l'air & les poids qui le compriment; mais que ce rapport varie depuis cette hauteur jufqu'au niveau de la mer; ce qu'il attribuoit à une différence dans l'élafticité des molécules de l'air.

Cette erreur pouvoit provenir de la difficulté d'obtenir des réfultats dégagés d'incertitude, par le moyen du pendule, comme l'a prouvé M. Théodore de Sauffure (1), & de ce qu'il négligeoit d'évaluer l'effet de la chaleur & de l'état hygrométrique de l'air.

Jufqu'ici, les *manomètres* dont on faifoit ufage, ne donnoient à connoître que les variations exiftantes dans la denfité de l'air atmofphérique. Il étoit réfervé au célèbre géologue H. B. de Sauffure, de nous faire connoître un *manomètre*, avec lequel on pût déterminer les changemens, qui furvenoient dans l'élafticité d'une quantité d'air, contenue dans un vafe. Voici en quoi confifte cet inftrument (2):

Un ballon de verre, fermé hermétiquement, fupporte un baromètre dont la cuvette eft contenue dans le ballon; la plaque qui le ferme eft difpofée, de manière, que l'on peut introduire, dans le ballon, par une ouverture, les fubftances qui peuvent affecter l'élafticité de l'air; & cela, en établiffant, momentanément, la communication entre l'air intérieur & l'air extérieur.

Pendant que la communication avec l'air extérieur eft interrompue, le baromètre eft infenfible aux variations de l'atmofphère, & il n'éprouve de changement, dans fon élévation, que par l'accroiffement ou la diminution de l'élafticité.

C'eft ce *manomètre* même, dont M. Berthollet a cherché à étendre les applications; & à le rendre propre à l'obfervation des phénomènes qui ont lieu pendant la végétation, & généralement, de ceux que préfentent les fubftances végétales & animales, pendant leur vie, ou après leur mort, relativement à l'atmofphère dont elles font environnées.

En obfervant le baromètre, on voit, par fa marche, les changemens qui furviennent dans la preffion de l'air contenu dans le *manomètre*; mais, pour déterminer fa quantité, il eft néceffaire d'évaluer: 1°. fa température; 2°. fon degré d'humidité: pour cela, on introduit dans le *manomètre*, un thermomètre & un hygromètre. Le premier inftrument indique l'augmentation ou la diminution, dans l'élasticité, occasionnée par la température ; le second, la tension que la vapeur d'eau supporte.

Après avoir reconnu les variations qui ont lieu, dans l'élasticité du gaz, à différentes époques de l'observation, il importoit de pouvoir déterminer les changemens chimiques, qui sont survenus dans l'atmosphère de la substance végétale ou animale, & la nature des substances gazeuses qui peuvent s'être dégagées ou s'être absorbées.

Ce but est rempli, au moyen d'un robinet au-dessus duquel on adapte, dans une cuvette, un tube gradué rempli d'eau ; en ouvrant le robinet, l'eau tombe dans le manomètre, & elle est remplacée, dans le tube, par un volume de gaz ; on ferme le robinet, & l'on peut transporter le tube avec le gaz qu'il contient.

On retire, par ce moyen, une quantité du gaz contenu dans l'appareil, toutes les fois qu'on veut l'examiner, sans produire aucun changement dans la pression de celui qui reste, & dans l'élévation du baromètre ; il ne s'agit plus que de soumettre le gaz que l'on a extrait, aux épreuves chimiques.

Quelque pure que soit l'eau que l'on introduit dans le manomètre, pour remplacer le gaz que l'on en retire, cette eau produit des altérations dans le gaz restant : 1°. s'il n'est pas saturé de vapeurs, une partie de l'eau s'évapore & augmente la pression de l'air sur le baromètre ; 2°. s'il existoit de l'acide carbonique dans le gaz, l'eau l'absorberoit en tout ou en partie. Ces deux résultats, qui agissent en sens contraire, peuvent, s'ils sont égaux, ne pas être appréciés par le baromètre, qui n'indique que leur différence. Mais l'hygromètre peut indiquer les quantités de vapeurs d'eau introduite, & l'analyse, par l'eau de chaux, indique la proportion d'acide carbonique absorbée.

Nous croyons inutile de rapporter ici quelques analyses faites par M. Berthollet, à l'aide du manomètre ; on en trouvera les détails dans les Mémoires de la Société d'Arcueil, tom. Ier., pag 261.

MANOSCOPE, de μανος, rare, σκοπεω, voir; manoscopum ; manoskope; s. m. Instrument avec lequel on aperçoit les variations qui peuvent exister dans la densité de l'air. Voy. MANOMÈTRE.

On donne indifféremment, au même instrument, le nom de manomètre & de manoscope. Cependant, il doit exister cette différence, que le manomètre doit mesurer exactement la densité de l'air, tandis que le manoscope ne doit que l'indiquer : ainsi le ballon, avec lequel Defourcy reconnoissoit les variations dans la densité de l'air, est un manoscope, tandis que celui que Saussure & M. Berthollet ont imaginé & perfectionné, est un manomètre.

MAPPEMONDE; mappa mundi; land karten;

s. f. Description du monde sur une feuille de papier, en forme de nappe.

On emploie deux méthodes différentes, pour représenter la surface de la terre sur une feuille de papier. La première consiste, à projeter la sphère terrestre sur un plan; mais comme on ne peut projeter qu'un seul hémisphère à la fois, la mappemonde est représentée en deux parties. La seconde méthode est un développement de la sphère terrestre sur un plan ; on a donné, à cette seconde manière, le nom de carte réduite. Voyez CARTE RÉDUITE.

La projection dont on fait le plus ordinairement usage, pour représenter les deux hémisphères sur un plan, est une projection sténographique, dans laquelle on suppose l'œil du spectateur sur l'équateur, & à 90 degrés du méridien qui coupe la sphère en deux parties égales. Ce que cette projection a d'avantageux, c'est que tous les cercles des méridiens & des parallèles sont projetés par des arcs de cercle. Voyez PROJECTION STÉNOGRAPHIQUE, STÉNOGRAPHIE, SPHÈRE.

De toutes les manières de projeter les deux hémisphères, celle que l'on préfère, c'est de placer le plan de projection dans le méridien qui passe par l'île de Fer; alors, chaque projection renferme un des continens entier. Sur l'un se trouve l'ancien continent, contenant l'Europe, l'Asie & l'Afrique ; sur l'autre, le nouveau continent, c'est-à dire, les deux Amériques.

MARAIS, de mara, petite mer; palus; sumpf; s. m. Grand espace de terrain dont le sol est perpétuellement imbibé d'eau stagnante.

Il existe de l'analogie & des différences entre les marais & les lacs ; les premiers sont ordinairement peu profonds, ont leur fond couvert de limon, & contiennent de l'eau stagnante, remplie de substances végétales ou animales en putréfaction; les seconds sont profonds; l'eau qu'ils contiennent a un écoulement extérieur ou intérieur; leur fond est pierreux, caillouteux, sableux; leurs eaux sont limpides & potables.

On trouve des marais dans tous les pays, principalement près des bords de la mer & aux pieds des montagnes; les eaux se réunissent dans des bas-fonds qui ne présentent aucun écoulement, & la diminution de l'eau des marais se fait habituellement par l'évaporation.

Une grande distinction entre les marais & les lacs, peut se déduire de l'action qu'ils exercent, sur la santé des individus qui habitent à leur proximité. Les habitans des bords des lacs sont ordinairement bien portans, & ceux des bords des marais ont une santé délabrée, & sont annuellement exposés à des fièvres plus ou moins pernicieuses, qui les conduisent peu à peu au tombeau.

Cette action délétère du voisinage des marais, est attribuée à la vaporisation des miasmes putrides, provenant de la décomposition des substances animales & végétales que ces eaux contiennent; aussi remarque-t-on, que l'action malfaisante des *marais* n'est exercée que dans les chaleurs de l'été & de l'automne, lorsque leurs eaux sont extrêmement baffes, que plusieurs des substances putréfiantes font à découvert, ou ne sont recouvertes que d'une très-légère couche d'eau. Dans les temps froids, pluvieux, lorsque les *marais* contiennent beaucoup d'eau, leur voisinage n'est plus dangereux.

Pour détruire ces mauvais effets, il faudroit donner à leurs eaux un cours uniforme & régulier, qui les change & les maintienne limpides, & empêche la putréfaction; enfin, les dessécher complétement. Mais le dessèchement ne doit pas être entrepris sans précaution, car c'est ordinairement, pendant l'exécution de cette opération, que l'on observe les plus pernicieux effets.

MARALDI (Jacques-Philippe), astronome & physicien, né dans le comté de Nice, en 1665, & mort à Paris, le 1er. décembre 1729.

Fils de François Maraldi & d'Angela-Catherine Cassini, sœur du fameux astronome de ce nom; son éducation fut naturellement dirigée vers les sciences exactes, & en particulier vers l'astronomie.

En 1687, Cassini fit venir en France son neveu, & le fit observer avec lui; bientôt le jeune *Maraldi* acquit une telle réputation, qu'il fut admis à l'Académie royale des sciences, & chargé de la prolongation de la méridienne, jusqu'à l'extrémité méridionale de la France; en 1718, on le chargea, avec trois autres académiciens, de terminer la méridienne du côté du septentrion.

Maraldi passa toute sa vie, renfermé dans son observatoire, ou plutôt dans le ciel, d'où ses regards ou ses recherches ne sortoient point.

Son caractère étoit celui que les sciences donnent, ordinairement, à ceux qui en font leur occupation: du sérieux, de la simplicité & de la droiture.

Il ne nous est resté de *Maraldi* que: 1°. un *Catalogue*, manuscrit, d'étoiles fixes; 2°. un grand nombre d'*Observations* curieuses & intéressantes sur les *Mémoires de l'Académie*.

MARAT (Jean-Paul), médecin & physicien, né à Baudri, dans la principauté de Neuchâtel en Suisse, en 1744, mort à Paris, le 14 juillet 1792.

C'est seulement, comme physicien, que nous devons parler de *Marat*. Nous abandonnons à l'histoire politique l'exécrable mémoire de cet homme, qui joua un rôle atroce en France, pendant la révolution. Heureusement que, pour l'honneur des Français, il fut toujours étranger parmi eux.

Son langage & ses écrits prouvent qu'il avoit fait de fort mauvaises études, qu'il avoit l'esprit & le jugement faux, & qu'il étoit dominé par une imagination ardente & une ambition démesurée.

Après avoir étudié quelques principes de médecine, il se fit charlatan, monta sur les tréteaux, & vendit publiquement des herbes au peuple. Bientôt son ambition s'accrut; il composa une eau qu'il prétendit souveraine contre tous les maux, & en remplit de petites bouteilles qu'il vendit deux louis: ce prix excessif ne lui procurant pas assez de débit, il tomba dans la misère.

Un des principaux ouvrages en physique, de *Marat*, contient des expériences sur le feu, l'électricité & la lumière. Il prétend que le feu n'est point une émanation du soleil, ni la chaleur un attribut de la lumière.

A l'aide du microscope, il a fait de nombreuses expériences pour prouver, que la matière ignée n'étoit ni la matière électrique, ni celle de la lumière; que les rayons solaires ne produisent la chaleur qu'en excitant, dans les corps, le mouvement du fluide igné; que la flamme est beaucoup plus ardente que le brasier, & d'autant plus qu'elle acquiert plus de légéreté; en sorte que, celle de l'esprit-de-vin, très-rectifié, qu'on regarde comme ayant à peine quelque chaleur, tient, suivant lui, le premier rang.

En 1774, l'Académie de Lyon ayant proposé de déterminer si les expériences, sur lesquelles Newton établit la différente réfrangibilité des rayons hétérogènes, sont décisives ou illusoires, *Marat* se décida pour la négative; il envoya deux Mémoires différens à l'Académie de Lyon, lesquels il se donnoit quelques louanges & attaquoit les belles expériences de Newton. L'Académie accorda une médaille d'or à M. Flaugergue & un accessit à M. Brugmans, deux zélés défenseurs des expériences de Newton.

Nous avons de *Marat*: 1°. *Découvertes sur le feu, l'électricité & la lumière*, in-8°., 1779; 2°. *Recherches physiques sur le feu*, in-8°., 1780; 3°. *Découvertes sur la lumière*, in-8°., Paris, 1780; 4°. *Recherches physiques sur l'électricité*, Paris, in-8°., 1782; 5°. *Mémoire sur l'électricité médicale*, in-8°., Paris, 1784; 6°. *l'Optique de Newton*, traduite en françois, in-8°., 1787; 7°. *Observation à l'abbé Saus, sur la nécessité d'avoir une théorie solide & lumineuse avant d'ouvrir boutique d'électricité médicinale*, in-8°., 1785; 8°. *Notions élémentaires d'optique*, in-8°., Paris, 1784; 9°. *Nouvelles découvertes sur la lumière*, in-8°., Paris, 1788.

MARAVEDIS, Très-petite monnoie de cuivre, employée en Espagne. C'est, dans beaucoup de circonstances, l'unité monétaire.

On reconnoît en Espagne deux sortes de *maravedis*; le *maravedis courant* & le *maravedis colonnois*.

Le *maravedis courant* = 0,008 liv. = 0,0079 fr.

Le *maravedis colonnois* = 0,020 liv. = 0,01975

MARC. Mesure employée comme poids & comme monnoie.

MARC MONÉTAIRE. Dans quelques pays, c'est une monnoie réelle; dans d'autres, c'est une monnoie fictive.

Cette monnoie, qui a cours en Allemagne, porte, dans chaque pays, des noms différens, & a des valeurs différentes. Nous allons examiner ici les valeurs de chaque espèce de marc. Le marc, sans désignation particulière, vaut :

		liv.	francs.
À Aix-la-Chapelle .... =	24 heller =	0,0731 =	0,07219
À Mecklenbourg .... =	16 schillings =	1,323 =	1,3066
À Riga	4 farding =	0,2673 =	0,26375
Le marc danois, en Danemarck.............. =	8 schillings =	0,80 =	0,7901
Le marc d'argent, en Suède .... =	192 pennings =	0,5071 =	0,5008
Le marc de cuivre, en Suède .... =	64 pennings =	0,1690 =	0,1669
Le marc ferding, en Poméranie .... =	8 schillings =	0,6613 =	0,6585
Le marc lubs, à Hambourg .... =	16 schellings =	1,552 =	1,5328
—— à Lubeck .... =	16 schellings =	1,516 =	1,4919
—— en Danemarck .... =	16 schellings =	1,600 =	1,5802
Le marc farding, à Riga................... =	2 fardings =	0,1336 =	0,1020
Le marc suédois, en Poméranie............. =	8 scillings =	0,6613 =	0,6531

MARC PONDÉRABLE. Ce poids est la moitié de la livre; on le divise partout en huit onces. Habituellement ces onces contiennent 4608 grains; quant à son poids réel, il éprouve des variations assez grandes; aussi le marc

				liv.	gramm.
De Suède { des mines			=	0,7639 =	373,92
{ des Etats			=	0,7279 =	356,3
{ du fer			=	0,6916 =	385,2
De Ratisbonne........ = 8 onces			=	0,5026 =	246
De Turin .... = 8	..... =	4608 grains =		0,5024 =	245,9
De France.......... = 8	= 16 gros.. =	4608 grains =		0,5022 =	244,7
De Copenhague .... = 8	= 16 loths =			0,4816 =	235,73
De Milan .... = 8	..... =	4608 grains =		0,4802 =	234,96
De Cologne ... = 8	= 16 loths.. =	4864 as .. =		0,4777 =	233,82
De Berlin .... = 8	= 16 loths =			0,4783 =	234,11
De Castille .... = 8	..... =	4608 grains =		0,4696 =	229,86
De Lisbonne.......... = 8	..... =	4608 =		0,4685 =	229,32
MARC TROY d'Amsterdam = 8	..... =	5120 as =		0,15023 =	245,86
—— de Brunswick.... = 8	..... =	5121 as =		0,15023 =	245,86

MARCASSITE, de l'arabe marcassita; pyrites; markasit; s. f. Minéral jaune-blanchâtre, cristallisé & très-brillant, que l'on taille pour faire des bijoux.

La marcassite est une combinaison naturelle de soufre, de fer, & quelquefois de cuivre. Voyez SULFURE DE FER.

MARCHER; incessus; marsch; s. f. Mouvement de celui qui marche.

C'est le plus ordinaire & le plus simple de nos mouvemens généraux, celui à l'aide duquel nous nous transportons d'un lieu à un autre.

En repos, l'homme debout, se place de manière que, son centre de gravité tombe verticalement sur la surface, formée par la position des deux pieds.

Dès que l'homme veut marcher, & qu'il lève l'un des pieds pour se porter en avant, son centre de gravité se transporte au-dessus du pied qui reste en repos, puis le corps se porte en avant, avec le pied en mouvement: dès que celui-ci se pose, le centre de gravité se place sur le plan formé par les deux pieds; puis, au moment où l'autre pied se lève, pour se porter en avant, le centre de gravité se transporte sur le pied en repos, le corps oscille sur ce pied pour se porter en avant, & suit, en quelque sorte, le pied qui se meut.

Par suite de ce mouvement, il résulte: 1°. que le centre de gravité oscille de droite à gauche & d'arrière en avant, pour se porter successivement au-dessus de l'un & de l'autre pied; 2°. qu'en oscillant successivement sur chacun des pieds en repos, le centre de gravité s'élève & s'abaisse alternativement.

Ainsi, pour marcher, l'homme est obligé de produire un effort: 1°. qui transporte sa masse du point de départ au point d'arrivée; 2°. qui élève le centre de gravité d'une certaine quantité, que l'on estime un pouce ou 27 millim., quantité moyenne.

Un homme pouvant, en marchant librement, sans charge & sans beaucoup de fatigue, parcourir 50 kilomètres dans une journée, & le poids moyen de l'homme étant de 75 kilogrammes, il s'ensuit que, l'action journalière de l'homme est de 3750 kilogrammes tranfportés à un kilomètre de diſtance.

Mais, pour parcourir les 50 kilomètres, un homme fait ordinairement 86250 pas; à chaque pas, il s'élève de 27 millimètres; il élève donc ſon poids, dans cette *marche*, de 1519 mètres : de-là, l'action journalière eſt de 114 kilomètres élevés à un kilomètre de hauteur.

Il réſulte de ces deux effets, produits par la *m rche*, que l'action journalière abſolue de l'homme, marchant ſur un plan horizontal, eſt de 3750 kilogrammes, tranfportés à un kilomètre de diſtance, & de 114 kilogrammes, élevés à un kilomètre de hauteur.

Nous avons ſuppoſé que la *marche* étoit produite par un homme d'une grandeur, d'une force & d'un poids moyen; que le chemin, qu'il parcouroit, étoit facile. Si les élémens, d'après leſquels nous ſommes partis, changeoient, ces changemens influeroient en p us ou en moins ſur les réſultats.

Marche, en muſique, eſt un air qui ſe joue ſur des inſtrumens de guerre, & marque le mètre ou la cadence des tambours, qui détermine la nature & la viteſſe de la *marche*.

Marée, de *mare*, *mer*; æſtus maris; *ebbe und flüth*; ſ. f. Mouvement périodique des eaux de l'Océan, par lequel la mer s'élève & s'abaiſſe, alternativement, deux fois par jour, & forme deux courans en ſens oppoſés : l'un, montant vers les côtes; que l'on nomme *flux* ou *fiot*; & l'autre, en deſcendant, que l'on appelle *réflux*, e e; *j ſant. Voyez* FLUX & REFLUX.

Marée ſe dit auſſi, dans la navigation, de la durée du flux & du reflux; ainſi, l'on dit, nous avons remonté la Tamiſe, juſqu'à Londres, en une *marée*, pour dire que l'on a fait ce chemin, pendant l'intervalle de la *marée* montante, ou dans l'eſpace d'environ ſix heures. On dit, qu'on a employé quatre *marées* à deſcendre la rivière de Bordeaux juſqu'à la mer. Un vaiſſeau qui navigue dans cette poſition, mouille auſſitôt que la *marée* change, & ceſſe d'être favorable à ſa route : & il appareille pour continuer ſa navigation, dès qu'elle a retourné du premier côté.

Marée aérienne. Mouvement d'aſcenſion & de deſcenſion, exiſtant dans l'atmoſphère, occaſionné, comme les *marées* de l'Océan, par l'attraction combinée du ſoleil & de la lune.

Pluſieurs phyſiciens, parmi leſque's ſont Bacon, Gaſſendi, Deſchales, Goad, Dampier, Halley, qui ont écrit ſur les *vents*, remarquent, qu'on obſerve conſtamment, que les temps les plus venteux ſont dans les deux équinoxes; que les tempêtes arrivent, pour la plupart, dans les nouvelles & pleines lunes, & ſurtout vers celles des équinoxes; que dans des temps, d'ailleurs calmes, il

s'élève un petit vent, preſque toujours à la haute *marée*; enfin, que l'on remarque une agitation de l'atmoſphère un peu après midi & minuit. Puiſque la plupart de ces effets ſont analogues aux *marées* de l'Océan, & arrivent en même temps qu'elles, l'abbé Mann (1) & pluſieurs autres phyſiciens en concluent, que les lois du mouvement de l'eau & de l'air, à cet égard, ſont les mêmes, & qu'on doit les attribuer à une même cauſe.

D'Alembert a calculé, dans l'hypothèſe de la gravitation, les mouvemens qui doivent être excités dans l'atmoſphère, par l'action du ſoleil & de la lune; il ſe trouve que cette action doit produire, ſous l'équateur, un vent d'eſt perpétuel; que ce vent doit ſe changer en vent d'oueſt, dans les zônes tempérées, à quelque diſtance des tropiques; que ce vent doit changer de direction, en raiſon des cauſes locales & des obſtacles qu'il rencontre; enfin, que les changemens, qu'il produit ſur le baromètre, doivent être peu conſidérables & preſqu'inſenſibles (2).

Tout en partageant l'opinion de d'Alembert, ſur les *marées aériennes*, M. de Laplace eſt loin de leur attribuer la formation des vents aliſés

« Pour arriver à l'Océan, dit M. de Laplace (3), l'action du ſoleil & de la lune traverſe l'atmoſphère, qui doit, par conſéquent, en éprouver l'influence, & être aſſujettie à des mouvemens ſemblables à ceux de la mer. De-là réſultent des vents & des oſcillations dans le baromètre, dont les périodes ſont les mêmes que ceux du flux & du reflux. Mais ces vents ſont peu conſidérables, & même inſenſibles dans une atmoſphère d'ailleurs fort agitée. . . . . . »

Nous remarquerons ici, que l'attraction du ſoleil & de la lune ne produit, ni dans la mer, ni dans l'atmoſphère, aucun mouvement conſtant d'orient en occident; celui que l'on obſerve dans l'atmoſphère, ſous les tropiques, ſous le nom de *vents aliſés*, a donc une autre cauſe. *Voyez* VENTS ALISÉS.

Marée (Établiſſement de la). Heures de la hauteur de la *marée*, au temps des nouvelles & pleines lunes, dans les différens ports connus.

Il exiſte des tables qui indiquent l'établiſſement de la *marée*, dans les différens ports. Au moyen de ces tables, on peut ſavoir, en tout temps, l'heure de la pleine mer, dans un port quelconque, en ajoutant, à l'heure de l'établiſſement, à peu près autant de fois 49 minutes, qu'il s'eſt écoulé de jours depuis la nouvelle ou la pleine lune. *Voyez* PORTS (Établiſſement des).

Marées (Grandes). Ce ſont celles des nouvelles & pleines lunes, qui s'élèvent plus-haut &

---

(1) *Journal de Phyſique*, année 1785, tome II, page 7.
(2) *Réflexions ſur la cauſe générale des vents.*
(3) *Expoſition du Syſtème du Monde*, page 277.

font plus rapides. On les appelle encore *malines*, du latin *malina*, dans la même fignification.

MARÉES (Mortes). Ce font celles des deuxièmes & derniers quartiers, qui font baffes & lentes.

MARÉE (Ras de). Courant rapide des eaux de la mer, dans un paffage étroit, entre des terres ou des îles, dans une paffe, dans un canal, ou en pleine mer même, dans certains parages. Ces courans font ordinairement occafionnés par le mouvement de la *marée* : ils font plus marqués aux nouvelles & pleines lunes, & furtout à celles des équinoxes.

On entend fouvent par *ras de marée*, une élévation & un mouvement fubit & extraordinaire, qui arrive paffagèrement aux eaux de la mer, fe prolongeant le long des côtes, & y faifant quelquefois beaucoup de ravages, ce qui eft occafionné par quelque dérangement dans le temps, par les fygifies & les équinoxes, ou par les tremblemens de terre.

MARGARATE, de μαργαρος, *perle*. Sel qui réfulte de la combinaifon de l'acide margarique avec les bafes falifiables. *Voyez* MARGARIQUE (Acide).

MARGARINE, de μαργαρον, *perle*, à caufe de la reffemblance de cette fubftance avec la nacre de perle; f. f. Nom fous lequel M. de Chevreul avoit défigné l'un des produits de l'action de la potaffe, fur la graiffe de porc, avant qu'il en eût reconnu les caractères acides. *Voyez* MARGARIQUE (Acide).

MARGARIQUE (Acide); f. f. Acide huileux, rétiré de la graiffe de porc.

Cet acide eft fous forme d'aiguille brillante, d'un blanc nacré, plus léger que l'eau, fans faveur, d'une odeur foible, & qui tient un peu de celle de la cire blanche : il rougit la teinture de tournefol, fond à 56° centigrades, & forme un liquide incolore, qui criftallife par refroidiffement.

Diftillé dans une cornue il fe volatilife en grande partie, fans fe décompofer : il eft infoluble dans l'eau & fe diffout dans l'alcool, s'unit facilement aux alcalis & à diverfes bafes falifiables.

Tous les *margarates* neutres, ceux de potaffe & de foude exceptés, fe diffolvent bien dans l'eau.

Pour obtenir l'*acide margarique*, il faut traiter, à la température de 70 à 90 degrés, 5 parties de graiffe de porc, avec 3 d'hydrate de potaffe, diffoutes dans 20 parties d'eau : on obtient, au bout de deux jours, une diffolution qui, fouftraite à l'action du feu, fe convertit en une maffe favoneufe, contenant l'acide, de la graiffe fluide, de l'huile volatile, un corps orangé & une liqueur

renfermant un principe doux. Si l'on fait bouillir cette maffe dans 30 parties d'eau, elle fe diffoudra, & la diffolution fe prendra de nouveau en une maffe gélatineufe. Lavant, dans 200 parties d'eau, la gelée qui s'eft formée, alors il fe dépofe un favon infoluble de *margarine*; on fépare la potaffe par l'acide tartarique & par l'acide muriatique.

MARHALA. Journée de chemin dans l'Arabie ancienne & moderne. La *murhala* eft de 9 lieues horaires = 4,9999 myriamètres.

MARIENGROS. Monnoie de l'évêché d'Ofnabruck = 7 penn. = 14 heller. Il en faut 24 pour un florin, & 36 pour un rifdaler.

MARIENGROSCHE. Monnoie du duché de Brunfwick = 8 penning. Il en faut 24 pour un florin, & 36 pour un rifdaler courant.

Le *mariengrofch* = 0,11025 liv. = 0,1083 fr.

MARIN, de *mare*, mer; *nauta*; *feeman*; f. m. Homme qui va fur mer.

Confidéré adjectivement, *marin* fe dit de plufieurs chofes qui viennent de la mer, ou qui appartiennent à la mer.

MARIN (Arc-en-ciel). Portion d'anneau, ou bande demi circulaire, ornée des couleurs de l'iris qu'on aperçoit fur la furface de la mer, dans le temps où le foleil eft à une certaine hauteur au-deffus de l'horizon. *Voy.* ARC-EN-CIEL MARIN.

MARIN (Air acide). Subftance aériforme, qui fe dégage du fel *marin*, lorfque l'on verfe deffus de l'acide fulfurique. *Voyez* AIR ACIDE MARIN.

MARIN (Gaz acide). Gaz qui fe dégage du fel *marin*. *Voyez* GAZ ACIDE, MURIATIQUE.

MARINE, de *mare*, mer; *nautica res*; *fewefer*; f. f. Tout ce qui a rapport au fervice de la mer.

On entend encore par *marine*, l'enfemble de tous les vaiffeaux; enfin, le recueil de toutes les connoiffances des arts néceffaires à la conftruction & à la navigation.

Subftantivement, *marine* défigne tout ce qui eft de mer.

MARINE (Trombe). *Trombe* qui a lieu au-deffus de la furface de la mer. *Voyez* TROMBE, TROMBE MARINE.

MARINETTE. Nom que l'on a donné, originairement, à l'aiguille aimantée, parce qu'elle fert à fe diriger fur mer. *Voyez* BOUSSOLE, AIGUILLE AIMANTÉE.

MARIOTTE (Edme), géomètre & phyficien, né en Bourgogne, & mort à Paris en 1684.

Ayant été nommé au prieuré de Saint-Martin-sous-Baune, *Mariotte*, libre de son temps, se livra à la culture des sciences, après avoir publié plusieurs écrits, qui sont encore estimés aujourd'hui, & qui le furent davantage au moment où ils parurent : il fut reçu, en 1666, à l'Académie des sciences.

Ce savant avoit un talent particulier pour les expériences ; il réitéra celles de Pascal sur la pesanteur, & fit des observations qui avoient échappé à ce vaste génie.

Mariotte a enrichi l'hydraulique d'une infinité de découvertes sur la dépense des eaux, suivant les différentes hauteurs des réservoirs. Il examina, ensuite, ce qui regarde la conduite des eaux, & la force que doivent avoir les tuyaux pour résister aux différentes charges.

Une grande partie de ces expériences furent faites à Chantilly & à l'Observatoire, devant de bons juges.

Parmi les découvertes dont il a enrichi les sciences, il en est une qui l'a immortalisé ; c'est la loi qu'éprouvent les volumes de l'air, renfermé dans des vases, comparée aux poids qui compriment cet air. Cette loi simple est que : *les volumes de l'air sont en raison inverse des poids comprimans*. On lui a donné le nom de *loi de Mariotte*, & l'expérience, à l'aide de laquelle on la prouve, se nomme *expérience de Mariotte*. Cette loi remarquable, employée avec succès dans un grand nombre de circonstances, a été découverte à la suite des expériences sur la pesanteur de l'air, que *Mariotte* avoit entreprises, pour vérifier celles de Pascal.

A l'aide de cette loi, il a prouvé que l'air, pris dans les couches inférieures de l'atmosphère, peut se dilater au point d'occuper un espace quatre mille fois plus grand ; enfin, il a déduit de cette loi, une manière de déterminer la hauteur de l'atmosphère.

Nous devons à ce laborieux savant, une machine pour rendre sensible la loi de la communication du mouvement, dont on fait encore usage dans les expériences des cours de physique. *Voyez* MACHINE DE MARIOTTE.

En tombant dans l'air, les corps ont des vitesses différentes ; cette différence de vitesse paroissoit contraire à la loi générale de la gravitation. *Mariotte* a prouvé, par des expériences, que cette différence, qui anime les corps, en tombant sur la surface de la terre, étoit produite par la résistance de l'air.

Ses ouvrages sont plus connus que l'histoire de sa vie. Celle d'un savant, réduit à son cabinet, à ses livres & à ses machines, ne fournit pas des évènemens fort variés.

On a de *Mariotte* : 1°. *Traité du choc des corps* ; 2°. *Essais de physique* ; 3°. *Traité du mouvement des eaux* ; 4°. *Nouvelle découverte touchant la vue* ; 5°. *Traité du nivellement* ; 6°. *Traité du mouvement des pendules* ; 7°. *Expériences sur les couleurs*.

MARIOTTE (Machine de). Machine, imaginée par *Mariotte*, pour apprécier les effets du choc des corps. *Voyez* MACHINE DE MARIOTTE.

MARIOTTE (Tube de). Tube de verre recourbé, employé par *Mariotte*, pour comparer les volumes de l'air aux pressions qu'il éprouve. *Voyez* TUBE DE MARIOTTE, COMPRESSION.

MARIVETZ (E. C. baron de), physicien, né en 1721, & mort à Paris, en 1794.

Isolé en quelque sorte, ayant peu de communication avec les savans qui ont tant contribué au progrès des sciences, ne consultant que ses livres & quelques amis, qui formoient une sorte de comité d'opposition, aux découvertes que l'on publioit ; enfin, n'ayant pour guide principal qu'une imagination ardente, *Marivetz* a dû adopter bien des erreurs & propager celles des Anciens.

Tout fait croire, que si ce savant estimable avoit eu des liaisons intimes, avec des hommes propres à rectifier son jugement, à guider son imagination, qu'il auroit pu devenir très-utile à la physique, & qu'il auroit contribué à ses progrès : hélas ! à quoi tient souvent le succès des plus grands-hommes !.....

Entièrement livré à l'étude des sciences, il fut étranger aux passions qui troublèrent la France. Cependant, il n'en fut pas moins une des victimes de la révolution.

Nous avons de cet auteur, autant estimé par ses talens que par ses vertus : 1°. en commun avec Gouffier, *Prospectus d'un traité de géographie physique de la France*, in-4°., Paris, 1779 ; 2°. en commun avec Gouffier, *Physique du monde*, in-4°., 1780 à 1787 ; 3°. *Lettres à Bailly*, in-8°., 1782 ; 4°. *Lettres à Lacépède, sur l'élasticité*, in-4°., Paris, 1782 ; 5°. *Réponse à l'examen de la physique du monde*, in-4°., Paris, 1784 ; 6°. *Observations sur quelques objets d'utilité publique*, in-8°., Paris, 1786 ; 7°. *Système général, physique & économique des navigations naturelles & artificielles de l'intérieur de la France*, in-8°., Paris, 1788.

MARMITE, de *marmor*, *marbre* ; cacabus ; *fleischtopf* ; s. f. Pot de fer, ou d'autres matières, dans lequel on fait bouillir les viandes, dont on fait des potages.

Ce nom est dérivé de *marmor*, parce qu'il avoit d'abord été donné à un pot de marbre, de la forme d'un mortier.

MARMITE AMÉRICAINE. Appareil qui consiste en un vase de faïence, percé de trous, & porté sur des pieds de plusieurs pouces de hauteur, qu'on place dans une chaudière, contenant de l'eau en ébullition.

En plaçant cette *marmite* dans la chaudière, il faut avoir soin que son fond, percé de trous, soit toujours au-deſſus de l'eau. Alors, les objets placés ſur ce fond, ne ſont ſoumis qu'à la ſeule vapeur de l'eau; c'eſt une manière d'expoſer & de cuire toutes les ſubſtances à la vapeur de l'eau: les légumes & autres comeſtibles, que l'on cuit ordinairement dans l'eau, ſortent de la cuiſſon avec une ſaveur plus grande qu'elles n'auroient eue en les cuiſant dans ce liquide.

MARMITE A VAPEUR. *Marmite* dans laquelle on peut cuire, à la vapeur ſeule de l'eau, toutes les ſubſtances que l'on cuit ordinairement dans l'eau.

MARMITE DE PAPIN; *digeſtor Papini*; *Papiniſche maſchine*; ſ f. Vaſe de métal, très-épais & très-fort, & exactement fermé par un couvercle de métal, retenu par une forte vis.

Cet inſtrument eſt compoſé d'un vaſe cylindrique A, *fig.* 726. Ce cylindre creux de cuivre, a de 5 à 6 lignes d'épaiſſeur. Il porte à ſa partie ſupérieure un rebord. *Voy.* DIGESTEUR DE PAPIN.

Veut-on ſe ſervir de cette machine, pour ſoumettre l'eau à un haut degré de chaleur, on la remplit de ce liquide; on place enſuite une rondelle de carton, entre le couvercle & le bord ſupérieur de la *marmite*, afin de multiplier le plus poſſible les points de contact; on comprime fortement le couvercle B, au moyen de la vis D, & l'ouverture G avec le levier FF, que l'on place, comme on le voit *fig.* 726.

La *marmite* étant ainſi diſpoſée, on la met dans un fourneau où l'on fait du feu. L'eau s'échauffe peu à peu, & reſte liquide juſqu'à ce que ſa force expanſive ſoit aſſez conſidérable pour ſoulever le levier FF'; en ſorte que, plus le poids, ſitué à l'extrémité de ce levier, ſera fort, & plus l'eau pourra s'échauffer ſans ſe vaporiſer; ſi, lorſqu'elle eſt parvenue à 3 ou 400 degrés, on retire le levier, l'eau s'échappe avec impétuoſité, en produiſant un grand ſifflement, & forme, en s'élançant dans l'air, un cône renverſé de vapeur.

Quand on retire la *marmite* du fourneau, il faut attendre qu'elle ait perdu la plus grande partie de ſa chaleur, ou la lui faire perdre, en la plongeant dans l'eau froide, avant de deſſerrer la vis; ſans cette précaution, la vapeur dilatée dans le vaſe, ne manqueroit pas de faire ſauter le couvercle avec violence, au grand danger des ſpectateurs.

Si, dans cette *marmite*, on veut faire amollir des os, des bois durs, de l'ivoire, &c. il faut, après les y avoir placés, remplir la *marmite* aux trois quarts d'eau. Lorſqu'on l'aura échauffée au point qu'une goutte d'eau, qu'on jettera deſſus, ſera évaporée en quelques ſecondes, l'opération ſera faite.

Pour faire du bouillon avec ces os, il ne faudroit pas la chauffer ſi fort, ſans quoi le bouillon prendroit un goût d'empyreume inſupportable.

Cette *marmite* a été inventée par *Papin*, phyſicien français, qui a long-temps travaillé en Angleterre, conjointement avec Boyle, & qui avoit été, auparavant, à Paris, diſciple de Huyghens.

En faiſant connoître cette *marmite*, ſon deſſein étoit d'introduire un moyen facile & peu coûteux, d'extraire les ſucs des matières animales & végétales, & de cuire les alimens ſans évaporation: ce ſont, en effet, les réſultats de ſes expériences.

Papin a publié, en 1658, un ouvrage ſur *la manière d'amollir les os*; on y trouve la deſcription de ſa *marmite*, à laquelle il donne le nom de *digeſteur*, & un grand nombre d'expériences fort curieuſes, d'où il réſulte, qu'en peu de temps, & avec peu de charbon, on peut faire de fort bon bouillon avec des os de bœuf & autres, dont on ne faiſoit point uſage alors pour les alimens; qu'on peut cuire les fruits & les viandes dans leur jus, extraire les teintures de différentes matières, amollir les bois durs, l'ivoire, &c.

On peut conſidérer cette *marmite*, comme la principale découverte d'après laquelle on eſt parti, pour chauffer & cuire diverſes ſubſtances, à la vapeur de l'eau, ſoit à ſa température naturelle, ſoit à une haute température.

MARNE, de *marna*, *corruption* de margar, *marne*; *marga*; *marges*; ſ. f. Subſtance terreuſe dure, compoſée d'argile & de chaux.

La *marne* eſt ordinairement employée comme engrais, à cauſe de la propriété qu'elle a de ſe déliter à l'air, de diviſer les terres trop argileuſes, & de donner de la conſiſtance aux terres ſableuſes.

On confond quelquefois, avec la *marne*, une terre blanche & graſſe, avec laquelle on fait de la faïence à pâte blanche, des pipes, &c. Cette dernière eſt une argile; il lui manque la ſubſtance eſſentielle, qui caractériſe les *marnes*, la chaux.

MARRON, ſ. m. Ce mot a pluſieurs ſignifications: c'eſt le fruit du marronier, le nom d'un amas de poudre, enfin, celui que l'on donne aux Nègres qui fuyent leur habitation, & à des animaux civiliſés, devenus ſauvages.

Il exiſte deux ſortes de fruits connus ſous le nom de *marron*, celui que l'on mange communément, & celui que l'on nomme *marron d'Inde*, quoique cet arbre ne nous vienne point de l'Inde, mais bien de Conſtantinople, en 1615.

Un grand nombre de tentatives ont été faites pour utiliſer le fruit de ce bel arbre, qui en produit en ſi grande abondance. Zannichelli, apothicaire de Veniſe, a publié, en 1750, que ſon écorce étoit un excellent fébrifuge: des expériences, faites avec un grand ſoin, dans les hôpitaux de Paris, ont prouvé que cette écorce & celle du marronier ne jouiſſoient pas de qualités ſupérieures à celles de la plûpart de nos amers indigènes.

Parmentier eſt parvenu à faire du pain avec ſa fécule, en la préparant convenablement, pour en retirer la partie fibreuſe, extrêmement amère.

Mêlée au ſuif, la fécule du *marron d'Inde* le rend plus ſolide; mais cette préparation éclaire mal, elle eſt peu économique; elle n'a eu qu'une vogue paſſagère.

Quelques animaux, les cerfs, les chevreuils mangent des *marrons d'Inde*, mais en petite quantité: on aſſure qu'ils empêchent de pondre les poules & autres gallinacées qui s'en nourriſſent.

On retire de la cendre du *marron d'Inde*, de la potaſſe en aſſez grande abondance.

MARS, de l'oſque Mamers, *dieu de la guerre*; Mars; *Mars*; ſ. m. C'eſt, en *mythologie*, le dieu de la guerre; en *aſtronomie*, une planète; en *chronologie*, un mois de l'année; en *agriculture*, les grains qu'on ſème en *mars*; en *chimie*, un métal; le fer.

MARS (Planète de). C'eſt l'une des ſept planètes principales qui tournent autour du ſoleil.

Mars eſt la première des quatre planètes que l'on nomme *planètes ſupérieures*. Elle eſt placée entre l'orbe de la terre & celui de Jupiter; elle eſt plus éloignée du ſoleil que la terre; mais plus proche du ſoleil que Jupiter, Saturne & Uranus.

Etant plus éloigné du ſoleil que ne l'eſt la terre, *Mars* embraſſe cette dernière dans ſa révolution autour du ſoleil; c'eſt pourquoi nous le voyons tantôt du côté du ſoleil, tantôt du côté oppoſé: au lieu que nous voyons toujours Mercure & Vénus du côté du ſoleil, & jamais du côté oppoſé.

Son mouvement propre ſe fait d'occident en orient, ſur une ellipſe, à l'un des foyers de laquelle ſe trouve le ſoleil: cette ellipſe, que l'on appelle ſon *orbite*, étoit inclinée à l'écliptique, au commencement de 1800, de 2° 05665 centéſimales.

La diſtance moyenne de *Mars* au ſoleil eſt de 1,5236935 fois la diſtance de la terre au ſoleil, & l'excentricité de ſon orbite, c'eſt-à-dire, la moitié de la différence de la plus grande diſtance à ſa plus petite, étant de 0,14170 de ces parties, lorſque *Mars* eſt dans ſon aphélie, il eſt éloigné du ſoleil de 1,6539 de ces parties, & lorſqu'il eſt dans ſon périhélie, il n'en eſt éloigné que de 1,38199 de ces mêmes parties; de ſorte que, ſa plus grande diſtance eſt à ſa plus petite, à peu près comme 11 eſt à 9: ce qui fait voir que ſon orbite eſt aſſez ſenſiblement elliptique. Au commencement de 1801, le rapport de l'excentricité au demi grand axe étoit de 0,09313400.

Des diſtances moyennes de la terre & de *Mars* au ſoleil, comparées entr'elles, il s'enſuit que,

le grand axe de l'orbe de *Mars*, eſt au grand axe de l'orbe de la terre, à peu près comme 152 eſt à 100, ou plus exactement, comme 1,5236935 eſt à 1,0000000.

Mars fait ſa révolution moyenne autour du ſoleil en 686 jours 0,9797186, ou ſi l'on veut, en une année moyenne & 321,7432351 jours.

Son moyen mouvement annuel eſt de 6 ſignes 11° 17' 9" 30"', & ſon moyen mouvement journalier eſt de 31' 26" 38"'; de ſorte que, vu l'étendue de ſa révolution, ſa viteſſe moyenne eſt d'environ 5 ½ lieues par ſeconde.

Outre ſa révolution autour du ſoleil, que l'on appelle *révolution périodique*, *Mars* tourne encore ſur ſon axe, d'occident en orient, la durée de ſa révolution eſt de 1,02733 jours, & ſur un axe incliné de 66° 33 décimales, à l'écliptique.

En 1750, le vrai lieu de l'aphélie de *Mars* étoit, ſuivant Caſſini, à 5 ſignes 1° 36' 9"; c'eſt-à-dire, à 1° 36' 9" de la Vierge; & le moyen mouvement annuel de ſon aphélie eſt de 1' 11" 47"' 20"', ſuivant le même auteur. D'après M. de Laplace, la longitude moyenne du périhélie de *Mars* étoit, le 31 décembre 1800, de 369 degrés 3047 décimales, & ſon mouvement ſidéral & ſéculaire de 4884",04 centéſimales.

Suivant Caſſini, le lieu de ſon nœud aſcendant étoit, en l'année 1750, à 1 ſigne 17° 45' 45", c'eſt-à-dire, à 17° 45' 45" du Taureau, & le moyen mouvement annuel de ſon nœud de 34' 32"'. D'après M. de Laplace, la longitude du nœud aſcendant de *Mars* étoit, au commencement de 1801, de 53°,3605 centéſimales, & le mouvement ſidéral ſéculaire de ce nœud, ſur l'écliptique vraie, étoit, à cette même époque, de 7186",65 centéſimales.

Les variations de ſon diamètre apparent ſont fort grandes; il eſt de 30" centéſimales, environ, dans ſon état moyen, & il augmente à meſure que la planète approche de ſon oppoſition, où il s'élève à 90"; alors, la parallaxe de *Mars* devient ſenſible, & à peu près double de celle du ſoleil. La même loi qui exiſte entre la parallaxe du ſoleil & de Vénus, a également lieu entre les parallaxes du ſoleil & de *Mars*; & l'obſervation de cette dernière parallaxe avoit déjà fait connoître, d'une manière approchée, la parallaxe ſolaire, avant les derniers paſſages de Vénus.

On voit le diſque de *Mars* changer de forme, & devenir ſenſiblement ovale, ſuivant ſa poſition par rapport au ſoleil: ces phaſes prouvent qu'il en reçoit ſa lumière. Des taches que l'on obſerve à ſa ſurface ont fait connoître qu'il ſe meut lui-même d'occident en orient, dans une période de 1,02733 jours, & ſur un axe incliné de 66° 33' à l'écliptique.

Son diamètre, comparé à celui de la terre, eſt à peu près comme 52 eſt à 100; ainſi, il eſt plus que la moitié de celui de la terre; ſon volume eſt environ 1406, lorſque celui de la terre eſt 10000;

il forme donc un peu plus que le septième du volume de la terre.

M. de Laplace a déterminé la masse de *Mars*, par les changemens séculaires que l'action des corps produit sur le système solaire. La masse du soleil étant représentée par 1, celle de *Mars* est $\frac{1}{2546320}$, celle de la terre, $\frac{1}{337086}$.

Quant à sa densité, on sait qu'elle est proportionnelle aux masses divisées par leur volume, & que pour des corps à peu près sphériques, comme ceux qui composent le système planétaire, les volumes sont comme les cubes de leur rayon.

Mars est le troisième mois de l'année ancienne, en commençant l'année par le solstice d'hiver.

C'est dans ce mois que l'hiver finit, le soleil entrant dans le signe du bélier, le 20 ou le 21. Le moment où cette entrée arrive est appelé l'*équinoxe du printemps*.

Le nom de *mars* a été donné à ce mois, parce qu'il fut consacré au dieu *Mars* par Romulus. C'étoit, en effet, dans ce mois, que l'on entroit en campagne & que les guerres commençoient.

A Rome, l'année commençoit en *mars*, c'est-à-dire, au printemps, lorsque toute la nature se renouvel'e; ainsi, le mois de *mars* étoit le premier de l'année.

Mars, en chimie, signifie *fer*. Ce nom lui a été donné par les alchimistes, à cause de l'opinion qu'ils avoient, qu'il partageoit les influences de la planète de *Mars*.

Par suite de cette opinion, les différentes préparations de fer prennent également le nom de *mars* : ainsi, l'on nommoit l'oxide de fer, *safran de Mars*; le sulfate de fer, *sel de Mars*, &c.

MARTEAU, de *martellus*; *marteau*; *malleus*; *hammer*; s. m. Instrument de fer ou de bois qui sert à battre.

En anatomie, c'est l'un des quatre osselets qui se trouvent dans la caisse du tambour de l'oreille.

Ce *marteau* est représenté en A, *fig*. 442, & en A & B, *fig*. 444. On lui a donné ce nom, parce qu'il est gros par l'une de ses extrémités, que l'on nomme la *tête* A & B, *fig*. 444; il est plus menu par l'autre extrémité *g, m*, on appelle *manche*.

La partie latérale, & un peu postérieure de cette tête, a deux éminences & une cavité, pour s'articuler avec un osselet B, *fig*. 442, qu'on nomme l'*enclume*. Le manche se grossit par deux apophyses en *m*, dont la plus grosse, en dehors, est collée à la peau du tambour; l'autre, qui est à côté, & regarde l'aqueduc, est plus grêle & plus déliée. Elle est couchée dans la rainure de l'orbiculaire, où elle est embrassée par le tendon du muscle externe du *marteau*; souvent elle le cache, ce qui fait qu'on ne l'aperçoit pas toujours dans la dissection : elle reçoit le tendon des muscles. Ce manche s'applique & est collé un peu de biais sur la peau du tambour, & en s'aplatissant à son extré-

mité, il s'attache en cet endroit. Cet osselet a, pour l'ordinaire, près de quatre lignes de long, & le diamètre de sa tête est le tiers de sa longueur.

Ainsi que nous l'avons dit, le manche du *marteau* étant collé vers le centre de la membrane du tambour, l'action de ses muscles tend à la tenir plus ou moins tendue; c'est par ce moyen qu'elle s'accommode à la foiblesse ou à la violence des sons. *Voyez* OREILLE, TAMBOUR, CAISSE DU TAMBOUR, MEMBRANE DU TAMBOUR, MUSCLES DE L'OREILLE, ENCLUME.

MARTEAU D'EAU; aqua pulsans in tubo ab aere vacuo; *wasserhammer*; s. m. Tube de verre contenant de l'eau, dans lequel on a fait sortir l'air, & que l'on ferme ensuite hermétiquement.

Si l'on secoue un peu l'eau contenue dans ce tube, elle produit, en tombant, un coup sec, semblable à un coup de *marteau*. Il faut secouer le tube avec précaution, car si on le secouoit trop fort, l'eau, en tombant, le briseroit.

En soufflant deux petites boules aux deux extrémités, tenant le *marteau* légèrement incliné, la chaleur de la main suffit pour faire entrer l'eau en ébullition.

Ce choc que l'eau produit, lorsqu'on secoue légèrement le tube, est occasionné par la masse d'eau qui s'élève entière & sans division. Dans l'air, l'eau en mouvement est divisée par ce fluide qui s'insinue entre ses parties, & l'eau retombant, après s'être divisée, ne produit pas de choc assez fort pour se faire entendre. Mais l'eau étant mue dans le vide, comme dans le *marteau d'eau*, sa masse s'élève & se meut sans division; elle produit, en tombant, un effet semblable à celui que produiroit la même masse d'eau.

Dans les cabinets de physique, ces *marteaux d'eau* ont pour but, de faire apprécier l'effet que produit l'air sur l'eau tombante; de faire voir que cet air divise l'eau, & empêche que, dans sa chute, elle ne produise des accidens graves, & que, si le milieu dans lequel l'eau tombe, n'étoit pas rempli d'air, ou d'une substance qui produit un effet semblable, l'eau tomberoit en masse & occasionneroit de grands malheurs.

Ainsi, lorsqu'un volume d'eau considérable tombe de très haut, comme dans les cascades, les chutes d'eau qui ont lieu dans les hautes montagnes (*voyez* CASCADES), l'eau est tellement divisée & disséminée en arrivant, qu'elle parvient souvent à terre sous forme de pluie, & même de brouillard, de manière que l'on peut, sans danger, se placer sous sa chute.

Quant à l'ébullition que l'on obtient par la simple chaleur de la main, ce phénomène dépend des différences de température de l'ébullition des liquides, relativement à la pression qu'ils éprouvent. *Voyez* EBULLITION.

MARTEAU DE BILLARD. Petit *marteau* *e*, *f*, *fig*. 22, destiné à frapper les billes dans les expériences du choc des corps. *Voyez* BILLARD, CHOC DES CORPS.

MARTIALE, *de mars, mars;* martialis; *martial;* adj. Ce qui eſt fait avec du *mars,* ce qui tient ou participe du *mars.*

En chimie, l'épithète *martial* étoit donnée, par les alchimiſtes, à toutes les combinaiſons dans leſquelles il entroit du fer, ou qui étoient compoſées de fer.

MASCARET. Reflux violent de la mer dans la rivière de la Dordogne, où elle remonte avec beaucoup de rapidité.

Ce flux violent n'arrive que les étés ſecs, & lorſque les eaux de la Dordogne ſont très-baſſes. Si l'été n'eſt pas ſec, & que les eaux ne baiſſent pas juſqu'à un certain point, le *maſcaret* ne paroît pas. Il eſt rare de le voir l'hiver; on l'aperçoit cependant dans les fortes gelées, lorſque le froid a diminué les eaux par les glaces qui ſe ſont formées. Les marins des environs de Bordeaux jugent, à la hauteur des eaux, s'il y aura *maſcaret;* alors ils prennent des meſures pour n'en pas être victimes.

Voici la deſcription que M. de Lagrave-Sorbie donne du *maſcaret* (1) : « L'été, ou, pour mieux dire, lorſque les eaux ſont baſſes, il paroît à peu de diſtance de l'embouchure de la Dordogne avec la Garonne, c'eſt-à-dire, à Bec d'Ambès, un promontoire d'eau; ſur la côte, gros dans les plus baſſes eaux, & au gros de la marée, comme une tonne, & quelquefois comme une petite maiſon; il eſt alongé d'avant en arrière, roule ſur la côte avec une rapidité inconcevable, rapidité telle, qu'un cheval, quelque viteſſe qu'il eût, ne ſeroit en état de le ſuivre.

Ce promontoire ſuit la côte; il fait un bruit & un fracas qui eſt épouvantable. J'ai vu des chevaux & des bœufs, qui paiſſoient dans les prairies voiſines de la rivière, s'éloigner avec la viteſſe la plus rapide, démontrant une frayeur extraordinaire; elle étoit telle, qu'ils reſtoient long-temps tremblans, & qu'on ne pouvoit les ramener qu'avec beaucoup de peine. J'ai vu auſſi les oies & les canards ſe précipiter, à ſon approche, dans les roſeaux, avec la viteſſe & le trouble de la plus grande frayeur, & y reſter tapis, ſans pouvoir en ſortir.

Les corps durs qui ſe trouvent devant le *maſcaret,* ſont frappés avec une telle force, que des murs de maçonnerie en ſont renverſés, & quelques-unes des pierres qui les compoſent, quoique très-groſſes, ſont lancées à plus de cinquante pas; les arbres les plus forts ſont déracinés; les barques qu'il rencontre, ſont, non-ſeulement enfoncées, mais elles ſont briſées, ſurtout ſi elles ſont ſur la

rive, & qu'il ſe trouve quelque corps dur deſſous.

A un endroit qu'on appelle Saint-André, le *maſcaret* ſe forme en lames, qui tiennent la rivière dans la moitié de ſa largeur juſqu'à Caverne. Là, il ſe perd un inſtant, pour aller reparoître en Arque & Lile, en forme de promontoire, puis il redevient en lames juſqu'à Terſac; à Terſac, il reprend ſa première forme & ne la quitte qu'à Darveire; à Darveire, il longe la côte juſqu'à Fronſac; de Fronſac, il s'étend ſur toute la rivière, paſſe avec un bruit épouvantable devant la ville de Libourne, met le trouble & le déſordre dans la rade de cette ville, & ne reparoît, qu'avec peu de force, à Geniſſac-les-Réaux & Pierrefite. Le tout ſe paſſe dans l'eſpace de ſept à huit lieues.

D'après tout ce que je viens de dire, ajoute M. de Lagrave-Sorbie, je crois que le *maſcaret* de la Dordogne eſt produit par le flux de la Gironde, qui vient, en droite ligne, porter ſes eaux dans l'embouchure de la Dordogne; le bras de mer étant au moins ſix fois plus large & plus profond que la Dordogne; il lui doit porter, au flux, une abondance d'eau telle, qu'elle ne peut entrer inſtatanément dans ſon lit, ſans former un tel promontoire. La cauſe phyſique en eſt donc la maſſe conſidérable, qui arrive de la Gironde, dans l'embouchure de la Dordogne; le peu de fond qu'a cette rivière; puiſqu'il eſt de fait que, dans le temps des pluies, & pour peu que la rivière ſoit groſſe, on ne le voit pas. »

Peu de rivières ont, comme la Dordogne, un mouvement d'eau aſcendant, terrible dans ſes effets, & produit par la marée montante. La Condamine rapporte, cependant, un mouvement ſemblable, qui a lieu à l'embouchure de la rivière des Amazones, & que l'on nomme *pororoca.* On dit qu'il arrive quelque choſe d'aſſez analogue aux îles Orcades, au nord de l'Ecoſſe.

MASQUE, *du latin barbare* maſca, *faux viſage;* perſona; *maske;* ſ. m. Morceau de carton, ou de toute autre matière, qui reſſemble à un viſage, avec lequel on ſe couvre la figure pour ne pas être reconnu.

MASQUE DE FANTÔME. *Maſque* fait en toile imbibée de cire, & rendu tranſparent & ſolide par cette ſubſtance.

On ſe ſert des *maſques de fantôme* dans la fantaſmagorie; on les fixe ſur un mannequin léger & opaque; on place dans l'intérieur du *maſqué,* une lanterne ſourde : en découvrant la lanterne, la lumière qui paſſe à travers, rend viſible la figure du *maſqué,* qui diſparoît à la vue, dans l'obſcurité, lorſque l'on recouvre la lanterne.

MASSE, *de* μαζα, *maſſe;* maſſa; *maſſe;* ſ. f. Quantité de matière que contient un corps.

Dès que l'on a reconnu que la peſanteur appartenoit également à toutes les parties de la matière,

---

(1) *Journal de Phyſique,* année 1805, tome II, p. 286.

Il a été facile de connoître la *masse* d'un corps par son poids, & de comparer, par ce moyen, les *masses* de plusieurs corps. Si un corps a un poids double ou triple de celui d'un autre, il a aussi une *masse* double ou triple.

C'est donc par le poids des corps que l'on doit juger de leur *masse*. Newton a trouvé, par des expériences fort exactes, que le poids des corps étoit proportionnel à la quantité de matière qu'ils contiennent.

Ayant suspendu à des fils ou verges, d'égales longueurs, des poids égaux de différentes matières, comme d'or, de plomb, renfermées dans des boîtes égales & de même matière, Newton a trouvé que tous ces poids faisoient leur oscillation dans le même temps. Or, la résistance étoit égale pour tous, puisque cette résistance n'agissoit que sur des boîtes égales qui les renfermoient.

Donc, la cause motrice de ces poids y produisoit la même vitesse; donc, cette cause étoit proportionnelle à la *masse* de chaque poids; donc, sa pesanteur, qui étoit la cause motrice, étoit, dans chaque poids oscillant, proportionnelle à la *masse*.

De ces expériences il résulte, que les *masses* de deux corps également pesans, sont égales. Il n'en est pas de même de la densité, qu'il ne faut pas confondre avec la *masse*; car, un corps a d'autant moins de densité, qu'il a moins de *masse* sous un même volume; en sorte que, si deux corps sont également pesans, leur densité est en raison réciproque de leur volume, c'est-à-dire, que, si l'un a deux fois plus de volume, il est deux fois moins dense. *Voyez* DENSITÉ.

Il s'en faut de beaucoup que la *masse*, ou la quantité de matière des corps, occupe tout le volume de ces mêmes corps. L'or, par exemple, qui est un des plus pesans de tous les corps, étant réduit en feuilles minces, donne passage à la lumière & à différens fluides, ce qui prouve qu'il y a beaucoup de pores & d'interstices entre ses parties: or, l'eau, est dix neuf moins pesante que l'or; ainsi, en supposant même, qu'un pied cube d'or n'eût point du tout de pores, il faudroit convenir qu'un pied cube d'eau contient au moins dix-huit fois plus de pores & de vide que de matière propre.

Muschenbroeck établit qu'il existe plusieurs sortes de *masses*. Concevons, dit ce savant, § 98 (1), que trois ou quatre, ou même un plus grand nombre de particules indivisibles, se réunissent ensemble & ne forment qu'une *masse* d'une certaine figure, que j'appellerai *masse* du premier ordre. Supposons ensuite que quelques-unes de ces *masses* se réunissent & en forment une autre, je nommerai cette seconde, *masse* du second ordre. Supposons encore, que quelques unes de ces dernières, en se joignant les unes aux autres, composent une troisième

masse; je nommerai celle-ci, *masse* du troisième ordre, & ainsi de suite.

On conçoit, §. 102, que les petites *masses* du premier ordre peuvent différer beaucoup entre elles, en grandeur, en figure, en porosité, en pesanteur, en adhérence, &c., suivant la différence qu'il y aura entre les parties indivisibles qui les composeront, soit à l'égard du nombre, de l'arrangement, de la figure ou de la grandeur de ces parties. Les petites *masses* du second ordre peuvent aussi différer entr'elles en une infinité de manières. Il en est aussi de même, à l'égard des petites *masses* de tout autre ordre quelconque. On peut donc concevoir aisément, comment de pareilles petites *masses* peuvent former les grands corps, qui diffèrent les uns des autres, en une infinité de manières, tant en figure qu'en grandeur, en pesanteur, en épaisseur, en solidité, &c.

Tout ce que nous avons dit, jusqu'ici, sur la *masse* des corps, est fondé sur le système des atomes pesans & insécables; alors plus un corps contient de ces atomes, plus il est pesant, & plus il a de *masse*.

MASSICOT, d'origine française; *massicot*; f. m. Préparation de couleur jaune que l'on retire du plomb.

C'est un deutoxide de plomb, que l'on peut obtenir de plusieurs manières, dont la plus simple consiste à fondre du plomb dans un fourneau, avec le contact de l'air. L'oxigène se combine au plomb & forme d'abord un oxide blanc; continuant à chauffer, de nouvel oxigène se combine au plomb, jusqu'à ce que celui-ci devienne jaune. Si l'on continuoit à chauffer, à une température moyenne, l'oxide de plomb passeroit d'abord à l'orange, puis au rouge; mais, si l'on donne alors un grand coup de feu, si l'on élève l'oxide à une haute température, de l'oxigène se dégage, & le plomb devient oxide jaune ou *massicot*. Sa teinte peut varier en raison de la durée de son exposition à l'air, & de la température qu'il a éprouvée.

On fait un grand usage du *massicot* dans les arts, & principalement dans la peinture.

MASTIC, de μαστίχη, *mastic*; *mastiche*; *mastix*; f. m. Espèce de gomme que l'on retire du lentisque.

On donne également le nom de *mastic* au ciment que l'on fait avec de la résine & de la brique pulvérisée. Ce *mastic* nous vient de l'île de Chio; il est beaucoup plus gras & plus balsamique que celui du Levant, qui nous vient par la voie de Marseille.

Les Orientaux attribuent au *mastic* une très-grande vertu contre les maux de dents. Les femmes en mâchent fréquemment.

MASTIC DE DIHL. Espèce de ciment composé de fragments de poterie pulvérisés & tamisés, auxquels on ajoute ─ d'oxide de plomb, & que l'on délaie avec de l'huile de lin.

Ce *mastic* est employé, avec beaucoup de succès,

---

(1) *Cours de Physique expérimentale & mathématique de Pierre Van-Muschenbroeck.*

pour boucher les joints des pierres qui forment les terrasses.

Mastic des chaudronniers. C'est une espèce de ciment composé de chaux vive & de sang de bœuf, qu'ils emploient pour couvrir les rivets & les jointures des feuilles de cuivre, dans la construction des grandes chaudières, pour les empêcher de fuir.

Il faut employer ce *mastic* aussitôt qu'il est préparé, parce qu'il durcit promptement.

Mastic des joailliers. C'est, tout simplement, de la gomme *mastic*, qu'ils placent entre les fragmens de pierres précieuses qu'ils ont brisées; on chauffe ensuite au point de fondre la gomme, & en serrant les morceaux ensemble, on se débarrasse du superflu.

Mastic des Turcs. *Mastic* employé par les joailliers, en Turquie, pour coller les pierres précieuses; de l'acier poli sur des plaques d'or, d'argent ou de tous autres métaux.

Voici la manière de le préparer :

On fait dissoudre cinq à six gros de *mastic* réduit à la grosseur d'un pois, dans autant d'alcool qu'il en faut pour le rendre liquide; on dissout, dans un vase séparé, autant de colle de poisson qu'il en faut pour produire deux onces par mesure, d'une colle très-forte à l'eau-de-vie. Il faut, auparavant, laisser tremper la colle de poisson, jusqu'à ce qu'elle soit gonflée & devenue molle; on ajoute encore deux gros de gomme ammoniaque; & quand le tout est dissous, on réunit les deux mélanges en les chauffant ensemble. On conserve cette colle ou *mastic*, dans une fiole bien fermée, & on la plonge dans l'eau chaude lorsque l'on veut s'en servir.

Mastic pour les bouteilles. *Mastic* employé pour fermer hermétiquement des bouteilles qui contiennent des liquides susceptibles de se vaporiser.

Pressez deux parties de cire jaune,
Quatre parties de colophane,
Quatre parties de poix-résine;
Faite fondre la cire, ajoutez y les résines, & quand le tout est bien liquide, plongez-y les goulots des bouteilles, en les tournant sur elles-mêmes horizontalement, afin que la couche de *mastic* s'étende également.

Mastic pour les marbres. Espèce de ciment avec lequel on réunit des morceaux de marbre ou de la poterie.

On prend du fromage mou dont on ôte la peau, on le coupe par tranches; on le fait bouillir dans de l'eau, en le remuant de temps en temps, jusqu'à ce qu'il soit réduit à l'état de colle, sans être incorporé avec l'eau; on rejette l'eau chaude & l'on en verse de la froide sur cette substance visqueuse, ensuite on la pétrit dans l'eau chaude, en répétant cette manipulation à plusieurs reprises; enfin, on met cette colle sur une pierre, on la pétrit avec la chaux vive à une température convenable. Il faut le faire chauffer lorsqu'on veut s'en servir; il est indissoluble dans l'eau, lorsqu'il est sec, ce qui a lieu au bout de vingt-quatre heures.

Mastic pour les verres et porcelaines. C'est un mélange de blanc de plomb broyé avec de l'huile de lin, jusqu'à ce que la masse soit visqueuse.

Pour s'en servir, il faut presser les morceaux ensemble, pour y laisser couler la couche de *mastic* la plus mince possible. Les objets raccommodés de cette façon, doivent rester au moins deux ou trois mois sans être dérangés; on enlève ensuite, avec un couteau, la bavure qui reste en dehors de la jointure.

MASTICATION, de μαστιχάω, je mâche; masticatio; *kauen*; s. f. Action de mâcher, de diviser, de déchirer, de comminuer les alimens solides avec les dents ou les mâchoires, pour qu'ils soient plus facilement imprégnés de salive, avalée & digérée.

Cette opération préliminaire est nécessaire à la digestion de l'estomac. (*Voyez* Digestion.) Les accidens qui arrivent à ceux qui négligent de mâcher leurs alimens, & les bonnes digestions qu'on se prépare toujours en les mâchant long-temps, prouvent la nécessité de la *mastication*.

La *mastication*, cependant, n'a pas lieu chez tous les animaux. On l'a remarqué sans exception dans ceux qui sont vertébrés; quant aux animaux sans vertèbres, il en existe beaucoup sans mâchoires, & qui ne peuvent exécuter la *mastication*; mais les substances dont ces animaux se nourrissent, sont, les sucs des fleurs, des matières diffluentes, tout-à-fait liquides, ou des alimens tellement divisés, qu'il n'est pas besoin de les diviser de nouveau pour les mettre en parcelles très-petites.

MATELAS, de matta, *natte*; culcita; *matratze*; s. m. Sac ou coussin rempli d'une substance flexible, élastique, propre à reposer le corps de l'homme pendant son sommeil.

Quoique l'on puisse employer une foule de substances flexibles & élastiques, pour remplir l'enveloppe des *matelas*, c'est cependant la laine dont on fait le plus habituellement usage, & c'est, en effet, une des substances les plus mollement flexibles, & qui conserve le mieux sa flexibilité. *Voyez* Laine.

On donne le nom de *paillasse* aux coussins remplis de paille, de *sommier* à ceux que l'on remplit de crin, de *lit de plumes* à ceux que l'on remplit de ce duvet, &c.

Toutes ces enveloppes, remplies d'une substance flexible, sont incommodes à transporter dans les voyages, à caufe de leur volume. Un *matelas*, facilement trafportable, c'eſt une enveloppe de peau, que l'ont peut emplir d'air à l'aide d'un foufflet. Dès qu'on ceſſe d'en faire uſage, on donne iſſue à l'air par une ouverture, & lorſqu'on veut s'en fervir, on fait entrer, par le moyen d'un foufflet, de l'air dans l'enveloppe. On ferme l'ouverture par laquelle l'air a été introduit, & l'on a un *matelas* extrêmement flexible & parfaitement élaſtique.

MATÉRIALISME, *de* materia. *matière* ; materialiſmus ; *materialiſmus* ; f. m. Opinion de ceux qui n'admettent que la matière pour cauſe & pour effet de tout ce qui exiſte.

MATÉRIEL, materialis ; *materiel* ; adj. Qui eſt formé de *matière* ; qui appartient, qui a rapport à la *matière*. Voyez MATIÈRE.

MATERNUS, DE CILANO (Georges-Chrétien), médecin & phyſicien, né à Presbourg & mort à Altona, dans la Baſſe-Saxe, le 9 juillet 1773.

Ce ſavant s'occupa de bonne heure, & avec ſuccès, de la médecine, de la phyſique, de l'antiquité & des belles lettres. Il enſeigna ces ſciences à Altona, où il a joui d'une réputation bien méritée.

Maternus nous a laiſſé, comme un monument de ſon favoir : 1°. *De terra concuſſionibus* ; 2°. *De cauſis lucis borealis* ; 3°. *De motu humorum progreſſio veteribus non ignoto*, in-4°. 1754 ; 4°. *De faturnalium origine & celebrandi ritu apud Romanos*, in-4°. 1759 ; 5°. *Protuſio de modo furtum quærendi apud Athenienſes & Romanos*, in-4°. 1769 ; 6°. une *Deſcription de l'Etat ſacré, civil & militaire de la république romaine*, en allemand, in-8°. ; 7°. Pluſieurs diſſertations inſérées dans les journaux des *Curieux de la nature*.

MATHÉMATIQUES, de μάθημα, *ſcience* ; mathematica ; *mathematik* ; f. f. Sciences qui ont pour objet les rapports des grandeurs, en tant qu'elles ſont calculables ou meſurables, & enfin, de tout ce qui eſt ſuſceptible d'augmentation & de diminution.

On diviſe les *mathématiques* en deux grandes claſſes : *mathématique pure* & *mathématique mixte*. La première conſidère les propriétés de la quantité d'une matière tout-à-fait abſtraite, & uniquement en tant, qu'elle eſt ſuſceptible d'augmentation & de diminution. Elle ſe diviſe également en deux branches ; l'une eſt appliquée aux nombres, l'arithmétique & l'algèbre ; l'autre à l'étendue, la géométrie.

Quant aux *mathématiques mixtes*, ou mieux *phyſico-mathématiques*, c'eſt l'application des *mathématiques pures* à des réſultats d'obſervation ou d'expériences, afin d'en déduire des conſéquences inaperçues : telle eſt l'application des *mathé-*

matiques à l'aſtronomie, à la muſique, à la lumière, à la mécanique, à la géographie, à la navigation, à la gnomonique, à la chronologie, à la pneumatique, à toutes les branches de la phyſique & de la chimie, à l'art de conjecturer, &c. ; &c. il n'exiſte aucune branche de connoiſſances réelles, exactes, auxquelles on ne puiſſe appliquer les *mathématiques* : s'il en exiſtoit auxquelles les *mathématiques* ne puſſent pas être appliquées, cela prouveroit leur inexactitude, & nous dirions preſque leur inconſéquence & leur fauſſeté.

On croit que les connoiſſances *mathématiques* prirent naiſſance chez les Phéniciens & les Egyptiens. Les premiers étoient navigateurs & commerçans ; on leur attribue l'invention de l'arithmétique : les ſeconds ; ayant leur territoire couvert d'eau chaque année, par les débordemens du Nil, on leur attribue l'invention de la géométrie, connoiſſance néceſſaire à la meſure des propriétés territoriales. Mais, il eſt extrêmement difficile de remonter à l'origine des connoiſſances *mathématiques*, qui doivent avoir pris naiſſance, du moment où les hommes ont eu beſoin de compter & de meſurer des étendues.

Ces connoiſſances ſe ſont perfectionnées en Grèce, principalement les *mathématiques pures*, & elles ſe ſont propagées chez les Arabes. Les Romains ont, en quelque ſorte, abandonné l'étude des *mathématiques*, lorſque le luxe eut pénétré chez eux ; puis elles ont été en Europe, depuis pluſieurs ſiècles, le but des études de tous les hommes qui ſe ſont occupés des progrès des ſciences. Nous devons à Deſcartes l'application de l'algèbre à la géométrie, & à Newton & Leibnitz l'invention du calcul des infiniment petits.

Aujourd'hui, l'enſeignement des *mathématiques*, élevé à un très-haut degré, fait partie de l'éducation générale & particulière. On pouſſe cette étude, dans beaucoup de circonſtances, à un degré tel, qu'il eſt difficile que l'on puiſſe faire uſage, dans ſes travaux & dans ſes relations, des *mathématiques* que l'on étudie ſi laborieuſement. L'inapplication des *mathématiques* que l'on a étudiées, fait même mettre en queſtion s'il eſt utile, dans l'inſtruction, de pouſſer cette étude à un ſi haut degré.

Bien certainement, ſi l'on ne conſidère l'étude des *mathématiques* que comme un moyen de faire uſage des calculs élevés, & des formules que l'on apprend à trouver, il ne ſeroit néceſſaire, pour le beſoin de la vie, il ſuffiroit ſeulement d'apprendre les ſimples élémens des *mathématiques*, c'eſt-à-dire, de l'arithmétique & de la géométrie. Mais l'étude des *mathématiques* doit être conſidérée, ſous un point de vue beaucoup plus étendu & beaucoup plus élevé. Les *mathématiques* ne ſont pas ſeulement l'art de combiner des x & des y, de différencier des quantités & de ſommer des différentielles, c'eſt une manière de perfectionner le raifonnement & de mefurer les limites de chaque intelligence.

Nous avons dit les limites de l'intelligence. En effet, lorfqu'on fuit la marche & le développement des connoiffances, des nombreux élèves qui commencent & qui fuivent un cours complet de mathématiques, on voit que, quelques élèves fe trouvent arrêtés à l'origine, qu'il leur eft impoffible d'entendre & de fuivre ; d'autres arrivent jufqu'aux proportions, aux racines carrées ou cubiques ; un grand nombre fe trouvent arrêtés aux équations du fecond degré, qu'ils ne peuvent franchir ; d'autres vont un peu plus loin ; enfin, un très-petit nombre parvient jufqu'aux limites des connoiffances actuelles & y reftent ; un très-petit nombre de ces derniers franchiffent ces limites pour les dépaffer, & s'élever au-deffus de leurs condifciples.

Suivez enfuite, dans la fociété, cette foule de jeunes gens dont vous avez apprécié les progrès, & déterminé les limites de leur intelligence mathématique, vous les voyez, en fuivant des routes & parcourant des carrières différentes, arriver, d'une manière plus ou moins rapide, avec des formes plus ou moins brillantes, au but où ils afpirent ; mais comparez encore, lorfqu'ils font arrivés à l'âge de l'homme fait, la marche qu'ils ont fuivie & leur manière de raifonner, vous apercevrez que ceux qui ont été obligés d'abandonner, de bonne heure, l'étude des mathématiques, parce que leur intelligence ne leur avoit pas permis d'aller plus loin ; vous remarquerez, qu'ils ne font parvenus à leur but que par des routes obliques, des circonftances imprévues & des raifonnemens fouvent très inexacts ; tandis que ceux qui fe font élevés aux plus hautes fpéculations mathématiques, font parvenus par des routes droites, & que leur manière de raifonner eft toujours directe & conféquente.

Quelle que foit la jufteffe du raifonnement dont les mathématiciens ont contracté l'habitude, tous n'ont pas des opinions exactes & pofitives des chofes. Plufieurs mathématiciens anciens croyoient à l'aftrologie ; il en eft, de nos jours, qui croient au magnétifme, d'autres à la phyfiognomonie. (Voyez ASTROLOGIE, MAGNÉTISME ANIMAL, PHYSIOGNOMONIE.) Il eft peu d'hommes, hélas ! qui n'aient un ou plufieurs préjugés ; chacun doit payer à la nature fon tribut à l'erreur, & quelque célèbre mathématicien qu'on foit, on n'en eft pas pour cela exempt de ce tribut, que doit payer tout ce qui appartient à l'efpèce humaine.

MATIÈRE, de mater, mère ; materia ; materie ; f. f. Subftance impénétrable, divifible, étendue en longueur, largeur & profondeur.

Confidérée en elle-même, la matière eft toujours telle, dans quelqu'état qu'elle fe trouve ; elle eft fufceptible de toute efpèce de forme, de toutes fortes de figures ; elle eft indifférente au repos, au mouvement ; elle peut fe mouvoir dans toutes fortes de directions, & felon tous les degrés de viteffe qu'on peut lui communiquer. Sa quantité fe mefure par fa denfité & fon volume : de forte qu'une maffe, qui auroit une denfité triple, & un volume double de ceux d'une autre maffe, à laquelle on les compare, contiendroit fix fois autant de matière que cette dernière. Mais le moyen le plus fimple de connoître cette quantité de matière, c'eft le poids ; car cette quantité eft toujours proportionnelle au poids. Voyez MASSE.

Nous connoiffons quelques propriétés de la matière, telles que fa divifibilité, fa folidité, fon impénétrabilité, fa mobilité, &c. Mais quelle eft l'effence, ou quel eft le fujet où les propriétés réfident ? C'eft ce qui refte à découvrir.

Tous les philofophes anciens & modernes fe font occupés de déterminer la compofition de la matière, & la nature de fes élémens ; les uns faifoient l'eau, l'élément primitif de tout corps ; les autres l'air, d'autres le feu. Ariftote réuniffoit tous ces fentimens, & admettoit quatre élémens des chofes, l'eau, l'air, la terre & le feu ; mais ces élémens eux mêmes étoient de la matière.

Plufieurs philofophes anciens compofoient le monde matériel d'exfluences, & de forces vivantes & intellectuelles ; Leucippe & Démocrite, au contraire, regardoient le monde matériel comme compofé d'atomes, qu'ils fuppofoient doués de la propriété d'être extenfibles, impénétrables & pefans. Depuis, on a diftingué fa fpiritualité de la matière.

Defcartes a fubftitué, aux élémens d'Ariftote, trois fortes de corps de différentes groffeurs, & différemment figurés : ces petits corps ou élémens réfultant, felon lui, des divifions primitives de la matière, formoient, par leurs combinaifons, l'eau, l'air, la terre, le feu, enfin tous les corps de la nature.

Les cartéfiens prennent l'étendue pour l'effence de la matière ; ils foutiennent que, puifque les propriétés dont nous venons de faire mention, font les feules qui font effentielles à la matière ; il faut que quelques-unes d'elles conftituent fon effence ; & comme l'étendue eft conçue avant toutes les autres, & qu'elle eft celle fans laquelle on ne pourroit en concevoir aucune autre, ils en concluent que l'étendue conftitue l'effence de la matière ; mais c'eft une conclufion peu exacte ; car, felon ce principe, l'exiftence de la matière ; comme l'a remarqué le docteur Clarke, auroit plus de droit que tout le refte à en conftituer l'effence, l'exiftence étant conçue avant toutes les propriétés, & même avant l'étendue.

Ainfi, puifque ce mot étendue paroît faire naître une idée plus générale que celle de la matière, il croit que l'on peut, avec plus de raifon, appeler effence de la matière, cette folidité impénétrable qui eft effentielle à toute matière, & de laquelle toutes les propriétés de la *matière* découlent évidemment. *Voyez* ÉTENDUE, ESPACE.

De plus, ajoute-t-il, si l'étendue étoit l'essence de la *matière*, & que, par conséquent, la *matière* & l'espace ne fussent qu'une seule & même chose, il s'ensuivroit de-là, que la *matière* est infinie. & éternelle, que c'est un être nécessaire, qui ne peut être ni créé, ni anéanti, ce qui est absurde; d'ailleurs, il paroît, soit par la nature de la gravité, soit par les mouvemens des comètes, soit par les vibrations des pendules, &c., que l'espace vide & non résistant, est distingué de la *matière*, & que, par conséquent, la *matière* n'est pas une simple étendue, mais une étendue solide, impénétrable & douée du pouvoir de résister. *Voyez* VIDE, ÉTENDUE.

Cette opinion est à peu près celle d'Epicure sur les atomes, que Gassendi a renouvelée de nos jours; car ces parties solides & insécables de la *matière*, qui ne sont distinguées les unes des autres que par leur figure & leur grandeur, ne diffèrent des atomes d'Epicure que par le nom.

Leibnitz, qui ne perdoit jamais de vue le principe de la raison suffisante, trouva que ces atomes ne lui donnoient point la raison de l'étendue de la *matière*; & cherchant à découvrir cette raison, il crut voir qu'elle ne pouvoit être que dans des parties non étendues, auxquelles il donna le nom de *monades*. *Voyez* ATOMES, MONADES.

Aux propriétés de la *matière* qui avoient été connues jusqu'ici, Newton en ajoute une nouvelle, savoir : celle d'attraction, qui consiste en ce que, chaque partie de la *matière* est douée d'une force attractive, ou d'une tendance vers toute autre partie; force qui est plus grande dans le point de contact que partout ailleurs, & qui décroît ensuite si promptement, qu'elle n'est plus sensible à une très-petite distance. C'est de ce principe qu'il déduit l'explication de la cohésion des particules des corps. *Voyez* COHÉSION, ATTRACTION.

Il observe que tous les corps, & même la lumière, & toutes les parties les plus volatiles des fluides, semblent composées de parties dures; de sorte que, la dureté peut être regardée comme une propriété de toutes *matières*, & qu'au moins, la dureté de la *matière* lui est aussi essentielle que son impénétrabilité; car tous les corps dont nous avons connoissance, sont tous ou bien durs par eux-mêmes, ou capables d'être durcis; or, si les corps composés sont aussi durs que nous les voyons quelquefois, & que cependant ils soient très-poreux, & composés de parties placées seulement les unes auprès des autres, les parties simples qui sont destituées de pores, & qui n'ont jamais été divisées, seront encore bien plus dures; de plus, de telles parties dures, ramassées en un monceau, pourront à peine se toucher l'une à l'autre, si ce n'est en un petit nombre de points; & ainsi il faudra bien moins de force pour les sé-

parer, qu'il n'en faudroit pour rompre un corpuscule solide, dont les particules se toucheroient partout, sans qu'on imagine de pores ni d'interstices qui puissent en affoiblir la cohésion. Mais ces parties si dures, étant placées simplement les unes auprès des autres, & ne se touchant qu'en peu de points, comme le pense le célèbre physicien anglais, seroient elles si fortement adhérentes les unes aux autres, sans le secours de quelque cause, par laquelle elles fussent attirées ou pressées les unes vers les autres ?

Newton fait remarquer que les plus petites parties peuvent être liées, les unes aux autres, par l'altération la plus forte, & composées de parties plus grossières & d'une moindre vertu, & que plusieurs de celles-ci peuvent, par leur cohésion, en composer encore de plus grosses, dont la vertu aille toujours en s'affoiblissant, & ainsi successivement, jusqu'à ce que la progression finisse aux particules les plus grosses, desquelles dépendent les opérations de chimie & les couleurs des corps naturels, &, qui, par leur cohésion, composent les corps de grandeur sensible. Si le corps est compacte, & qu'il plie ou qu'il revienne ensuite à la première figure, il est alors élastique (*voyez* ÉLASTIQUE); si les parties peuvent être déplacées, mais ne se rétablissent pas, le corps est alors malléable ou mou; que si elles se meuvent aisément entr'elles, qu'elles soient d'un volume propre à être agité par la chaleur, & que la chaleur soit assez forte pour les tenir en agitation, le corps sera fluide; & s'il a de plus l'aptitude de s'attacher aux autres corps, il sera humide.

Suivant Newton, les gouttes de tout fluide affectent une forme ronde, par l'attraction mutuelle de leurs parties, de même qu'il arrive au globe de la terre, & à la mer qui l'environne (*voy.* COHÉSION); les particules de fluide, qui ne sont point attachées trop fortement les unes aux autres, & qui sont assez petites pour être susceptibles de ces agitations, qui tiennent les liquides dans l'état de fluidité, sont les plus faciles à séparer & à raréfier en vapeur, c'est-à-dire, selon le langage des chimistes, qu'elles sont volatiles, qu'il ne faut qu'une légère chaleur pour les raréfier, & qu'un peu de froid pour les condenser; mais les particules les plus grosses, qui sont, par conséquent, moins susceptibles d'agitation, & qui tiennent les unes aux autres par une attraction plus forte, ne peuvent, non plus, être séparées les unes des autres que par une plus forte chaleur, ou peut-être ne le peuvent-elles point du tout, sans le secours de la fermentation : ce sont ces deux dernières espèces que les chimistes appellent *fixes*.

Tout considéré, observe encore l'illustre auteur de l'attraction, il est probable que Dieu, dans le moment de la création, a formé la *matière* en particules solides, massives, dures, impénétrables, mobiles; de volume, de figure, de proportions convenables; en un mot, avec les propriétés les plus propres à la fin pour laquelle il les formoit; que ces particules primitives, étant solides, sont incomparablement plus dures, qu'aucuns corps poreux qui en sont composés; qu'elles le sont même à tel point, qu'elles ne peuvent ni s'user, ni se rompre, n'y ayant point de force ordinaire qui soit capable de diviser, ce que Dieu a fait indivis, dans le moment de la création. Tant que les particules continuent à être entières, elles peuvent composer des corps d'une même texture. Mais si elles pouvoient venir à s'user ou à se rompre, la nature des corps qu'elles composent changeroit nécessairement. Une eau & une terre, composées de particules usées par le temps, & des fragmens de ces particules, ne seroient plus de la même nature que l'eau & la terre, composées de particules entières, telles qu'elles l'étoient au moment de la création; & par conséquent, pour que l'Univers puisse subsister tel qu'il est, il faut que les changemens de choses corporelles ne dépendent que des différentes séparations, des nouvelles associations, & des divers mouvemens des particules permanentes; & si les corps composés peuvent se rompre, ce ne sauroit être dans le milieu d'une particule solide, mais dans les endroits où les particules solides se joignent ou se touchent par un petit nombre de points.

Le philosophe anglais croit encore, que ces particules ont, non-seulement, la force d'inertie, & sont sujettes aux lois passives du mouvement qui en résulte naturellement, mais encore, qu'elles sont mues par de certains principes actifs, tels que celui de la gravité, ou celui qui cause la fermentation ou la cohésion des corps; & il ne faut point envisager ces principes comme des qualités occultes, qu'on suppose résulter des formes spécifiques des corps, mais comme des lois générales de la nature, par lesquelles ces choses, elles-mêmes, ont été formées.

En réunissant ces diverses opinions, & beaucoup d'autres que nous avons cru ne pas rapporter ici, on peut conclure que les métaphysiciens anciens & modernes, & même nos contemporains, ont donné des définitions très-diverses de la matière; quelques-uns même n'ont douté que nous puissions avoir la certitude morale de son existence. Les physiciens doivent donc abandonner ces discussions, & s'appuyer uniquement sur l'expérience.

Ainsi, on doit appeler *corps matériel*, tout ce qui produit, sur nos organes, un certain nombre de sensations, constitue autant de propriétés, par lesquelles le physicien reconnoît la présence des corps. Parmi ces propriétés, deux sont essentiellement générales, *l'étendue* & *l'impénétrabilité*, dont la vue & le toucher sont les deux premiers juges. (*Voy.* ETENDUE, IMPÉNÉTRABILITÉ) Quant à la *mobilité* & à l'*inertie*, ce ne sont pas réellement des propriétés de la *matière*; mais ce sont les expressions de son indifférence, au mouvement ou au repos. *Voyez* MOBILITÉ, INERTIE.

MATIÈRE AFFLUENTE. Portion de la *matière* électrique, qui se porte vers un corps actuellement électrisé, & qui lui vient de tous les corps qui l'avoisinent, & même de l'air qui l'environne.

Nous devons la dénomination de cette *matière* à l'abbé Nollet. Ce savant supposoit que, lorsqu'un corps est actuellement électrisé, soit par frottement, soit par communication, il sort des différens points de sa surface un fluide subtil, qui prend, en sortant, là forme de bouquets épanouis, ou d'aigrettes composées de rayons divergens, & qu'en même temps ce fluide est remplacé par un autre tout-à-fait semblable, qui vient au corps électrisé, de tous les corps qui l'avoisinent, & même de l'air qui l'environne. C'est cette seconde portion du fluide qu'il a appelée *matière effluente*; tandis qu'il a donné, à la première portion, le nom de *matière effluente*. *Voyez* AFFLUENTE, MATIÈRE EFFLUENTE.

MATIÈRE ANIMALE; materia animalis; *thierische materie*; s. f. Substances qui entrent dans la composition des animaux.

Parmi ces substances, on distingue: le carbone, l'hydrogène, l'oxigène, l'azote, l'urée, quelques terres, le fer, la manganèse, &c. Rarement ces substances sont simples & isolées; elles sont toujours dans un état de combinaison, deux à deux, trois à trois, &c. La différence dans la nature des substances combinées, ainsi que dans leur préparation, donne naissance à toutes les substances composées, que l'on trouve dans les animaux, vivans & morts, & qui sont si variées.

MATIÈRE CASEUSE OU CASÉEUSE. Substance qui se dégage du lait, lorsqu'il se caille, & que l'on emploie pour obtenir du fromage.

MATIÈRE COLORANTE; materia colorifica; *farbenaisch materie*; s. f. Parties composantes des animaux, des végétaux & des minéraux, qui ont la propriété de teindre les substances qui les contiennent, ou les substances avec lesquelles on les met en contact. *Voyez* PRINCIPES COLORANS.

MATIÈRE DE LA CHALEUR; materia caloris; *warmische materie*; s. f. Substance à laquelle on attribue la production de la chaleur. *Voyez* CALORIQUE.

Deux opinions ont été émises sur la formation de la chaleur. Les uns supposent qu'elle est formée par l'intromission d'une substance qui a une grande affinité pour tous les corps; ils ont donné, à cette substance, le nom de *calorique*. D'autres prétendent que la chaleur provient des molécules des corps; dans cette seconde hypothèse, il n'y auroit point de *matière* de la chaleur. Quelques physiciens regardent la chaleur & la lumière, comme étant produites par une même cause, différemment modifiée; dans cette opinion, la *matière de la chaleur*, & celle de la lumière, seroient une seule & même matière.

MATIÈRE DE LA LUMIÈRE; materia luminis; *licht-fisch materie*; f. f. Substance à laquelle on attribue la formation de la LUMIÈRE. *Voyez* ce mot.

C'est une question qui divise aujourd'hui les physiciens, de savoir si la lumière est produite par l'action d'une substance émise des corps lumineux, & réfléchis des autres corps que l'on aperçoit, ou si la lumière ne provient que d'un mouvement de vibration, produit dans les corps lumineux, & transmis par une substance extrêmement rare, qui remplit l'espace; dans cette seconde hypothèse, il n'existeroit pas de *matière de la lumière*. *Voyez* LUMIÈRE.

MATIÈRE DES CORPS; materia corporum; *kœr-perlicher-stof*; f. f Substance qui entre dans la composition des corps, ou, si l'on veut, qui forme & qui constitue les corps. *Voyez* MATIÈRE.

MATIÈRE DU FEU; materia ignis; *feueris stof; f. f.* Substance à laquelle on attribue la production du feu. *Voyez* FEU, CALORIQUE, MATIÈRE DE LA CHALEUR.

MATIÈRE EFFLUENTE. Portion de la *lumière électrique*, que l'on suppose sortir d'un corps actuellement électrisé, en forme de bouquets ou d'aigrettes, composés de rayons divergens.

C'est à l'abbé Nollet que nous devons la dénomination de cette substance hypothétique. Il suppose que, lorsqu'un corps est actuellement électrisé, il lance de toutes parts une *matière* très-subtile, qui se porte progressivement aux environs, jusqu'à une certaine distance, & qui prend, en sortant, la forme de bouquets épanouis, ou d'aigrettes composées de rayons divergens. C'est à ce fluide subtil, qu'il a donné le nom de *matière*; mais il suppose, en même temps, que ce fluide est continuellement remplacé par un autre tout-à-fait pareil, qui vient au corps électrisé, de tous les corps qui l'avoisinent, & même de l'air qui l'environne; il a nommé ce second, *matière affluente*. *Voyez* EFFLUENTE, MATIÈRE AFFLUENTE.

Nollet attribue à la *matière effluente*, les répulsions électriques, les émanations sensibles au tact, qui font, sur la peau, une impression analogue à celle d'une toile d'araignée. Ce souffle que l'on ressent, à douze ou quinze pouces de distance d'une barre de fer, qu'on électrise fortement, qui produit ces belles aigrettes lumineuses, qu'on aperçoit aux angles & aux points des corps électrisés; enfin, qui, conjointement avec la *matière affluente*, & par leur collision mutuelle, fait naître ces étincelles brillantes, que l'on voit éclater entre un corps fortement électrisé, & tout autre corps que l'on approche, & qui communique au réservoir commun.

A l'époque où l'abbé Nollet imagina ces deux *matières affluente & effluente*, pour expliquer les phénomènes électriques connus, ces phénomènes étoient en petit nombre, & cette hypothèse, assez simple, les expliquoit assez bien; mais depuis, de nouveaux phénomènes ont été découverts, & en particulier, celui de la bouteille de Leyde, puis les influences électriques; alors les deux *matières affluente & effluente* n'ont plus été suffisantes, on a été obligé de former de nouvelles hypothèses. *Voyez* ELECTRICITÉ.

MATIÈRE ÉLECTRIQUE; materia electrica; *electrische materie*; f. f. Substance à laquelle on attribue les phénomènes électriques.

A l'origine des expériences électriques, lorsque les phénomènes connus étoient en petit nombre, il étoit facile de les expliquer. Pline attribuoit l'attraction & la répulsion, à l'impulsion d'un fluide invisible; Epicure, à l'accrochement des atomes; d'autres philosophes, à une substance onctueuse sortant des corps frottés; Newton, à une cause analogue à celle de la gravitation.

De nouveaux faits ont exigé de nouvelles explications. Dufay a supposé l'existence de deux *matières*; l'une vitrée, l'autre résineuse, & c'est à ces deux *matières électriques*, qu'il attribuoit la production des phénomènes; Hauksbée, Jalabert, à un fluide particulier, une espèce d'éther; d'autres, au feu élémentaire; d'autres, à la lumière.

Nollet expliquoit les phénomènes électriques, par l'*affluence* & l'*effluence* simultanée d'un substance particulière, qu'il nommoit *matière électrique* (*voyez* MATIÈRE AFFLUENTE, MATIÈRE EFFLUENTE); Francklin, à l'action d'une *matière* particulière qu'il nommoit *matière électrique*. La propriété de cette *matière* étoit: 1°. d'être impondérable; 2°. d'avoir de l'affinité pour les molécules de tous les corps; 3°. d'être composée de molécules qui se repoussoient mutuellement. Symmer supposoit deux sortes de *matières électriques*; ces matières jouissoient de ces propriétés: 1°. les molécules de chacune d'elles avoient beaucoup d'affinité pour les molécules des corps; 2°. les molécules de la *matière* A repoussoient les molécules de la *matière* A, & les molécules de la *matière* B repoussoient celles de la *matière* B; 3°. les molécules de la *matière* A attiroient celles de la *matière* B, & réciproquement.

Mais, de quelle nature étoient ces *matières*? Symmer, & tous ceux qui ont adopté son hypothèse, considèrent la *matière électrique* comme une *matière* particulière, qui n'est connue que par les phénomènes électriques qu'elle produit Kratzenstein présume que l'une est le phlogistique, & l'autre un acide. Grautzenstein compose les deux *matières électriques*, d'air pur, de feu élémentaire, de phlogistique & d'un acide. Forster forme, l'un des fluides du feu, & le second, du principe inflammable. Lampadius compose la *matière électrique*, de feu, de phlogistique, de lumière, & d'une *matière* inconnue.

Il n'y a de positif, dans l'électricité, que les phénomènes. Quant aux causes, nous n'avons eu, jusqu'à présent, que des hypothèses, & ces hypothèses, quelqu'ingénieuses qu'elles soient, mettent encore en question, s'il existe une *matière électrique* : & quelle est cette *matière électrique* ? *Voyez* ÉLECTRICITÉ.

MATIÈRE EXTRACTIVE ; materia extractiva ; f. f. Substance que l'eau dissout au moyen de la macération, de l'infusion & de la décoction des corps végétaux & animaux.

On donne encore ce nom, à l'un des principes qu'on extrait des végétaux, que l'on a cru, pendant long-temps, être une substance simple, & que l'on regarde, aujourd'hui, comme une substance composée. *Voyez* EXTRACTIF.

MATIÈRE FRIGORIFIQUE ; materia frigorifica ; *kuhlend materie* ; f. f. Substance hypothétique, à laquelle Gassendi, Rumford & quelques autres, attribuent la production du froid. *Voyez* FROID, FRIGORIFIQUE.

MATIÈRE GALVANIQUE ; materia galvanica ; *galvanische materie* ; f. f. Substance hypothétique, à laquelle plusieurs physiciens attribuoient la production du galvanisme, qu'ils considéroient comme un phénomène distinct de l'électricité. *Voyez* GALVANISME.

MATIÈRE IGNÉE ; materia ignea ; *feurig materie* ; f. f. *Matière* très-subtile, à laquelle on attribue la chaleur & même l'embrasement. *Voyez* CALORIQUE, FLUIDE IGNÉ.

MATIÈRE INFLAMMABLE ; materia inflammabilis ; *brennbar materie* ; f. f. *Matière* qui a la propriété de s'enflammer.

Plusieurs substances, parmi les combustibles, jouissent de cette propriété. Elles l'acquièrent, lorsqu'étant réduites à l'état de vapeur, elles sont élevées à une température assez grande, pour se combiner avec l'oxigène ; alors, il se produit, dans cette combinaison, une lumière, une flamme plus ou moins vives.

C'est ainsi que le phosphore, le soufre, le charbon, sont des substances, des *matières inflammables*.

Mais, parmi toutes les substances inflammables, il en est une à laquelle on a principalement donné ce nom ; c'est la base du gaz hydrogène. On ne connoît cette substance pure, qu'à l'état de gaz, & dans cet état, la plus légère étincelle l'enflamme, lorsqu'elle est en contact avec le gaz oxigène. C'est le plus léger de tous les gaz connus. *Voyez* AIR INFLAMMABLE, GAZ HYDROGÈNE, HYDROGÈNE.

MATIÈRE MAGNÉTIQUE ; materia magnetica ; *magnetische materie* ; f. f. Fluide subtil, invisible, impondérable, auquel on attribue la production des phénomènes magnétiques.

Tous les physiciens conviennent de l'existence de ce fluide, mais ils se contredisent sur la manière dont il exerce son action. Les uns pensent qu'i circule autour des corps magnétisés ; les autres, qu'il est fixe dans l'intérieur de ces corps ; & que l'action qu'il exerce, dépend de la manière dont il est distribué.

Si l'on doutoit de l'existence de ce fluide, disent les partisans de sa circulation, il suffiroit, pour s'en convaincre, de faire attention à ce qui se passe autour d'un aimant, soit naturel, soit artificiel, placé sur un carton lisse, ou sur une glace de miroir, & que l'on saupoudre de limaille de fer. On voit aussi-tôt la limaille prendre un arrangement tel, qu'en se réunissant, elle forme des lignes perpendiculaires sur les endroits de l'aimant où se trouvent les pôles ; & partout ailleurs, des lignes courbes, qui sont comme autant de circonférences qui s'enveloppent les unes les autres, & dont les plus grandes vont, en se courbant davantage, aboutir aux deux pôles, comme on peut le voir, *fig.* 335. Cet arrangement sera constamment le même, quoiqu'on recommence plusieurs fois l'expérience. Il faut donc qu'il y ait là, nécessairement, un fluide qui, en circulant, fasse prendre à la limaille un pareil arrangement, car elle ne peut pas le prendre d'elle même, & sans une cause qui l'y détermine. Or, c'est ce fluide que l'on nomme *matière magnétique*, & qui, sans doute, est la cause prochaine des phénomènes de l'aimant. Descartes, & après lui tous ceux qui se sont occupés du magnétisme, ont pensé que le globe terrestre est un grand aimant ; que d'un pôle de la terre à l'autre, il se fait une circulation continuelle de la *matière magnétique*, & comme cette *matière*, ne trouvant nulle part un accès aussi libre que vers les pôles, après être sortie par l'un, elle va rentrer par l'autre.

Par ce mouvement de la *matière magnétique*, on prétend expliquer la direction de l'aimant & du fer aimanté ; & cela, dit-on, parce que ces deux corps sont apparemment les seuls, disposés à recevoir intérieurement cette *matière*, &, qu'en conséquence, elle les dirige selon son courant, partout où elle les rencontre.

On prétend encore expliquer l'attraction, par ce même mouvement de la *matière magnétique*. On dit que cette *matière*, se présentant pour passer dans les pôles d'un aimant, pousse, contre lui, le fer qui se trouve plongé dans son tourbillon, & s'y attache ; & que, par-là, le fer paroît en être attiré. Mais, on dit en même temps, que la *matière magnétique* entre par le pôle nord & sort par le pôle sud : Si cela étoit, l'aimant ne devroit paroître attirer le fer que par son pôle sud, & il devroit, au contraire, le repousser par son pôle nord, ce qui n'arrive pas.

L'arrangement que prend la limaille de fer autour

tour d'un aimant, prouve que la *matière magné-tique* se porte sur chaque pôle de l'aimant, dans une assez grande étendue de sa surface; car la di-rection des lignes que forme cette limaille, est toujours inclinée à la surface de l'aimant, excepté aux environs de son équateur. S'il en est de même à l'égard de la *matière*, qu'on prétend qui circule autour du globe terrestre, considéré comme un grand aimant, il est aisé d'expliquer, par-là, d'une manière très-plausible, l'inclinaison de l'aiguille aimantée. *Voyez* INCLINAISON DE L'AIGUILLE AI-MANTÉE.

Un grand nombre d'objections ont été faites à cette circulation de la *matière magnétique*. On dis-tingue, parmi les objections, celle-ci : comment se fait-il que cette *matière* traverse tous les corps, & fasse disposer la limaille de fer seule, autour d'un aimant, lorsqu'un autre corps, bois, verre, métal, carton, &c., est interposé entre l'aiguille & la limaille, & lorsque l'on place un corps opaque dans le chemin que l'on suppose que suit le courant ? Pourquoi est-ce toujours, d'un ou de plusieurs points particuliers de l'aimant, que sort & entre le courant *magnétique*, & point des extrémités ? & comment se fait-il, que l'on peut changer la posi-tion de ces points, les augmenter & les diminuer, en aimantant un barreau ? Pourquoi ce courant ne dispose-t-il, dans les courbes que l'on suppose décrites par la *matière magnétique*, que le fer & l'acier qu'elle rencontre ? Pourquoi le fer, magné-tisé par influence, dans lequel, en conséquence, la *matière magnétique* s'est mise en mouvement, ce mouvement cesse-t-il dès que le corps influen-çant n'exerce plus son action ? Comment, en ai-mantant une aiguille, à laquelle on ne donne que deux pôles semblables, le courant peut-il se for-mer, de quel côté sort-il, de quel point entre-t-il ? &c., &c.

Ne pouvant répondre aux objections faites au courant extérieur, & voulant expliquer les résultats des nouvelles expériences, sur l'in-fluence magnétique & sur la loi d'action du ma-gnétisme, on a été obligé de supposer que la *ma-tière magnétique*, qui n'a été remarquée exister, jusqu'à présent, que dans le fer, le nickel & le co-balt, y est entièrement fixée; qu'elle ne peut en sortir; que chaque particule de ces métaux est combinée avec des particules de *matière magné-tique*; que les particules de cette *matière* exer-cent, l'une sur l'autre, une action répulsive, tan-dis qu'elles exercent une action attractive sur les molécules de fer, de nickel & de cobalt; que, par l'action d'un corps magnétisé sur l'un de ces trois métaux, la *matière* se déplace, & que de ce déplacement résulte l'action *magnétique*, en raison inverse du carré des distances.

On prouve la fixité de la *matière magnétique*, en brisant un barreau magnétisé ou un aimant natu-rel, & en faisant remarquer que, chaque parti-cule du barreau, ou de l'aimant, a retenu toute

sa *matière magnétique* : on fait voir que le fer pur ne peut être magnétisé que par influence ; qu'il ne conserve son action magnétique, qu'autant que chaque particule de fer est combinée avec une substance, qui empêche la *matière magnétique* de passer d'une molécule à une autre. Ces substances sont : l'oxigène, le carbone, le soufre, &c. Tous les aimans naturels sont des oxidules de fer ; l'a-cier, qui est une combinaison de fer & de car-bone, est le seul état de fer affiné qui conserve son action magnétique. Il existe une combinaison natu-relle de fer & de soufre, un minerai, auquel on a donné le nom de *pyrite magnétique*, parce qu'elle jouit de l'action magnétique.

Pour expliquer la magnétisation, on suppose que, dans chaque particule de fer, la *matière magnétique*, qui étoit d'abord distribuée uniformé-ment, se déplace; qu'un côté est magnétisé boréalement, & l'autre australement; que, dans toutes, le point boréal de l'une des molécules fixe le point austral de celle qui l'avoisine, & cela continuellement; que les actions boréales & australes de chaque particule s'exercent les unes sur les autres; d'où résulte : 1°. des centres d'ac-tion nommés *pôles*; 2°. une distribution particu-lière de l'action magnétique sur toute la surface des aimans & des barreaux. Dans des barreaux longs & minces, il se forme plusieurs centres d'ac-tion ou pôles. *Voyez* DISTRIBUTION DU MAGNÉ-TISME.

Quelques physiciens ne reconnoissent & n'ad-mettent qu'une seule *matière magnétique*, com-binée avec chaque particule de fer : ils supposent que les molécules de cette *matière* se repoussent mutuellement, qu'elles sont attirées fortement les molécules de fer; qu'en magnéti-sant un barreau d'acier, tout le fluide répandu sur chaque particule se porte vers un bout, & abandonne l'autre; que, dans ce bout, elle y est retenue par l'attraction de la particule de fer la plus prochaine, & repoussée par la *matière* accumulée sur la particule opposée; que cette *matière* ne peut passer d'une particule à l'autre, à cause de l'oxi-gène, du carbone ou du soufre qui sépare chaque particule, & que, dans le fer, l'action magné-tique ne s'y maintient pas, à cause de la facilité avec laquelle la *matière magnétique* peut passer d'une particule à l'autre.

D'autres prétendent qu'il existe deux *matières magnétiques*, l'une, qu'ils nomment *boréale*, & l'autre *australe*; que les molécules de chaque *ma-tière* se repoussent mutuellement; que les molé-cules de chacune des *matières* attirent celles de l'autre, & qu'elles l'une & l'autre fortement attirées par les molécules de fer, de nickel & de cobalt; que, dans l'état naturel, ces deux *matières* sont uniformément répandues sur chaque parti-cule, & qu'en les magnétisant, on détermine l'une des *matières* à se porter vers une extrémité, & l'autre *matière* vers l'autre; que toutes les maſières ſemblables ſe portent du même côté, de manière que, les côtés en préſence de chaque particule, contiennent des *matières* différentes, qui ſe retiennent par leur attraction réciproque, en même temps que les *matières magnétiques*, placées aux autres extrémités de chaque particule, les repouſſent, & contribuent à le maintenir dans leur poſition. Dans le fer pur, il n'y a pas de magnétiſation, parce que la *matière magnétique* peut paſſer d'une particule ſur une autre.

Mais quelle eſt cette *matière magnétique*, à laquelle on attribue tous les phénomènes magnétiques? C'eſt une *matière* hypothétique, que les phyſiciens ont ſuppoſée exiſter: pour pouvoir expliquer les faits qu'ils obſervent, ils ont attribué des propriétés à cette *matière imaginaire*. Les géomètres les ont ſoumis au calcul, & en ont conclu d'autres faits connus; quelques-uns même qui ne le ſont pas, & voilà une brillante théorie, fondée ſur une baſe que l'on ne connoît pas, que l'on n'a jamais iſolée, & qui eſt toute entière dans l'imagination de ceux qui l'ont conçue & qui l'ont adoptée. Ne pourroit-on pas expliquer les phénomènes magnétiques ſans *matière magnétique*?

MATIÈRE SUBTILE; materia ſubtilis; *materie ſubtil*; ſ. f. Fluide extrêmement délié, prodigieuſement élaſtique & très-actif, qui eſt répandu partout, & dont l'action influe conſidérablement ſur le mécaniſme de l'Univers.

Tous les philoſophes ont avoué l'exiſtence de ce fluide; Deſcartes l'a admis ſous le nom de *premier élément*; mais il ne lui a pas accordé d'élaſticité, puiſqu'il a ſuppoſé, à ſes molécules, une dureté parfaite. Newton, ce grand philoſophe, qui avoit le plus beſoin du vide, l'a cependant admis, & tous les phyſiciens ſont portés à l'admettre. Autant cette hypothèſe qu'une autre! Le géomètre anglais lui a donné le nom d'*éther*; il l'a ſuppoſée 700,000 fois plus rare, & en même temps 700,000 fois plus élaſtique que l'air que nous reſpirons. (*Traité d'optique*, queſt. 21.) C'eſt à l'aide de ce fluide, que l'on cherche à rendre raiſon d'un grand nombre de phénomènes, qu'il nous ſeroit difficile d'expliquer, parce que nous ne pouvons encore remonter aux cauſes. *Voyez* ETHER.

MATIÈRE VERTE; materia viridis; *gruniſch materie*; ſ. f. Filamens verdâtres qui prennent naiſſance dans l'eau ſtagnante.

Cette *matière*, qui a beaucoup de rapports avec la *conferva rivularis*, & qui pourroit bien être auſſi cette même plante, jouit d'une propriété qui peut être employée utilement par les phyſiciens; c'eſt de donner abondamment du gaz oxigène, lorſqu'elle eſt expoſée à l'action du ſoleil.

Ingenhouſz (1), l'abbé Collomb (2), Sene-

---

(1) *Nouvelles expériences d'Ingenhouſz*, tome II, in-8°. Paris, 1789.
(2) *Journal de Phyſique*, 1791, tome II, page 169.

bier (1), ont obſervé cette ſubſtance avec beaucoup de ſoin, & en ont obtenu des quantités conſidérables de gaz oxigène. *Voyez* OXIGÈNE, TREMELLA.

MATIÈRE VOLCANIQUE; materia vulcanica; *vulkaniſche materie*; ſ. f. Subſtances que les volcans répandent & jettent par leurs cratères, pendant leur éruption.

Ces ſubſtances ſont pulvérulentes ou liquides; les ſubſtances pulvérulentes ſont entraînées par l'air, ſous forme de nuages; elles ſont, parfois, tranſportées à de grandes diſtances. Souvent les nuages de pouſſière volcanique ſont formés de *matière ſolide*, d'autres fois ils ſont mêlés avec des molécules d'eau. Dans le premier cas, ils tombent en poudre & prennent le nom de *cendre volcanique*. Des étendues conſidérables de terrain ſont couvertes de cendres dans leur chute. Lorſque le nuage de pouſſière contient de l'eau, la cendre tombe avec l'eau, & forme une pluie boueuſe qui s'écoule, s'arrête dans des eſpaces creux, & les remplit par dépôt. On croit que la ville d'Herculanum a été enſevelie ſous ces deux ſortes de produits des volcans, ou mieux, de *matière volcanique*.

Quant aux produits liquides, on les voit ſortir des bords du cratère, s'écouler ſur les flancs des volcans, & s'étendre partout où ils trouvent aſſez de pente. Tout ce qui ſe trouve ſur leur paſſage eſt détruit, par ces *matières* brûlantes & liquides. Lorſque des obſtacles les arrêtent, ils s'y accumulent juſqu'à ce qu'elles s'élèvent au deſſus de leur bord, ou détruiſent & renverſent l'obſtacle qui s'oppoſe à leur mouvement. Tout l'eſpace ſur lequel cette *matière* a coulé, en eſt revêtue d'une épaiſſeur plus ou moins grande, qui conſerve ſa chaleur pendant fort long-temps.

Souvent les éruptions ſe font dans la mer; on voit des maſſes entières, formant des îles, s'élever du ſein des eaux; quelquefois ces maſſes ſont peu conſidérables & s'agrandiſſent enſuite, ſoit par la continuation de l'éruption, ſoit par des éruptions nouvelles.

Toutes ces *matières* ſe préſentent, après le refroidiſſement, ſous des formes particulières; qui leur ont fait donner des noms différens. Tels ſont le *baſalte* qui produit des colonnes gigantesques, les uns articulés, les autres ſans articulations; la *lave*, ſubſtance quelquefois ſpongieuſe, & que beaucoup de minéralogiſtes placent parmi les baſaltes; la *pierre ponce*, lave vitreuſe, extrêmement légère, remplie d'une immenſité de pores viſibles à la vue; la *pouzzolane*, maſſe ſolide, facile à pulvériſer, que Dolomieu croit n'avoir pas éprouvé une vitrification complète, & que l'on emploie, dans la fabrication des cimens deſtinés à la conſtruction dans l'eau; le *traſs*, tuf volcanique,

---

(1) *Journal de Phyſique*, année 1799, tomes I & II.

que les Hollandais font entrer dans leur ciment pour les conftructions hydrauliques.

MATIN, *de manus, clair; mane; morgen;* f. m. Commencement du jour, ou le temps du lever du foleil.

On comprend aufli, fous ce nom, tout l'efpace compris de minuit à midi.

MATIN (Etoile du). Planète de Venus, quand elle eft occidentale par rapport au foleil, c'eft-à-dire, lorfqu'elle fe lève un peu avant lui.

Dans cette fituation, les Grecs donnoient à Vénus le nom de *Phofphore;* les Latins, *Lucifer.* *Voyez* VÉNUS, PHOSPHORE, LUCIFER.

MATRAS, *de mâtrefcere, reffembler à une mère, avoir le ventre gros;* f. m. Efpèce de vaiffeau de verre, fphérique, ayant un col cylindrique, long & étroit, dont on fe fert comme de récipient, dans les diftillations & autres opérations de chimie & de phyfique.

MATRAS DE BOULOGNE; *phiola bononienfis; Bolognefe flafcher;* f. m. Petite bouteille en forme de poire, creufe, dont le fond eft fort épais, & que l'on caffe, en plufieurs pièces, en y laiffant tomber un petit gravier anguleux, ou un fragment de pierre à fufil.

Ce qu'il y a de remarquable, c'eft qu'une balle de plomb, quoique beaucoup plus pefante, ne le caffe pas, & qu'il eft extrêmement difficile de le caffer en le frappant contre un plan, avec de grands efforts.

Pour que ce *matras* caffe, il faut que le corps que l'on jette dedans, produife une légere félure; alors, cette félure fe continue rapidement dans tous les fens, & le *matras* eft brifé. C'eft pourquoi, le plus petit choc d'un corps anguleux, produit plus d'effet que des chocs confiderables.

Il exifte une grande analogie entre les *matras de Boulogne* & les larmes bataviques; comme elles, la plus petite félure fuffit pour les rompre entièrement. *Voyez* LARME BATAVIQUE.

On obtient les *matras de Boulogne* en fouflant une ampoule de verre, la détachant de la canne & la laiffant refroidir rapidement; c'eft à ce prompt refroidiffement, que l'on doit attribuer la propriété qu'il a, de fe brifer complétement à la plus légère félure. Souvent même, il fe brife feul, fans choc. La preuve que cette faculté de fe brifer, par le léger choc, d'un corps dur & aigu, dépend de fon refroidiffement, c'eft que les matras fouflés avec les mêmes verres, & auxquels on a donné les mêmes formes & les mêmes dimenfions, ne fe brifent pas de la même manière, lorfqu'après avoir été foufflés, on les place dans le four à recuire, pour les refroidir lentement. Enfin, le *matras*, qui fe feroit caffé après avoir été refroidi promptement, ceffe d'être brifable, lorf-

qu'on le préfente à l'ouvreau pour le chauffer, le rougir, & qu'on le fait enfuite refroidir lentement.

Ayant donné l'explication de ce brifement en parlant des larmes bataviques, nous renvoyons à ce mot, afin de ne pas nous répéter. *Voyez* LARMES BATAVIQUES.

MATRAS DE NOLLET. C'eft un *matras* M, *fig.* 1015, contenant de l'eau en E, que l'on fixe dans un récipient R, placé fur le plateau PP d'une machine pneumatique.

Ce *matras* eft maftiqué au col du récipient en C, afin que l'air ne puiffe pénétrer dans fon intérieur, par le goulot du *matras;* on plonge dans l'eau une tige métallique, terminée par une boule B.

Faifant le vide dans le récipient, & faifant enfuite communiquer la boule du conducteur B avec un appareil électrique, on électrife l'eau du *matras*, & l'on voit, dans l'intérieur du ballon, une vive lumière qui s'échappe des parois extérieures du *matras*, correfpondant à toute la partie de la furface intérieure contenant de l'eau.

Nollet a imaginé cet appareil, pour expliquer les phénomènes de la bouteille de Leyde.

Dès que l'eau eft fuffifamment chargée d'électricité, fi, à l'aide d'un excitateur, on établit une communication entre le plateau de la machine pneumatique & la boule B du conducteur, qui plonge dans l'eau, auffitôt toute l'électricité paffe, avec explofion, de l'eau fur le plateau, & l'on voit une vive lumière fe porter dans l'intérieur du récipient du plateau de la machine, à la furface extérieure du *matras.*

On voit qu'en électrifant l'eau, la furface extérieure s'électrife d'une électricité contraire, en chaffant l'électricité femblable fur le plateau, où elle arrive facilement, parce que l'air ne s'oppofe pas à fon paffage. En déchargeant l'eau de la bouteille, un effet inverfe a lieu; l'électricité qui fe porte de l'eau au plateau, s'élance à travers le vide fur la furface extérieure du *matras*, pour remplacer l'électricité qui en eft fortie. Le vide, dans cette circonftance, fait appercevoir le mouvement du fluide fous forme lumineufe.

MATRAS LUMINEUX. *Matras* électrique qui fait appercevoir de la lumière, foit intérieurement, foit extérieurement, foit à la furface.

D'après cette définition, le *matras* de Nollet, que nous avons décrit, eft un véritable *matras lumineux. Voyez* MATRAS DE NOLLET.

Quant aux deux autres *matras lumineux*, on obtient le premier, en faifant le vide dans un *matras* M, *fig.* 1015 (a), & plaçant dans le *matras*, vide d'air, un conducteur pointu B C, terminé à l'extérieur par une boule. Le *matras* étant fermé hermétiquement, fi l'on expofe la boule B à l'action d'une machine électrique, on voit l'électricité fortir de la pointe & fe répandre dans le ballon fous forme lumineufe.

Pour le fecond, on colle fur la furface d'un matras M, *fig.* 1015 (*b*), des lofanges de feuille d'étain, de manière à ce qu'il exifte une foible folution de continuité, entre les pointes de chaque lofange. Ces lofanges font diftribuées de manière à former un hélice, commençant du fond F, & fe terminant au col C. Au fond eft un crochet pour attacher une chaîne, qui établiffe une communication avec le réfervoir commun; au col eft une tige métallique, que l'on fait communiquer à une machine électrique. L'électricité, parvenant de la machine électrique au réfervoir commun, par l'hélice, laiffe apparoître des étincelles lumineufes, dans chaque folution de continuité, & produit l'effet d'un *matras lumineux.*

MATRICE; matrix; *mutter*; f. f. Partie dans laquelle fe forment, fe produifent les objets.

Matrice a plufieurs acceptions : en phyfiologie, c'eft la partie de la femme où fe fait la conception; en minéralogie, c'eft le lieu où les minéraux & les criftaux fe forment; en métrologie, c'eft l'original ou l'étalon des poids & mefures; dans le monnoyage, c'eft le carré des médailles ou des monnoies, gravé avec le poinçon; dans la fonte en caractères, c'eft le morceau de cuivre qui a reçu, en creux, l'empreinte de la lettre; en teinture, ce font les couleurs qui fervent à en compofer d'autres, &c.

MATTAMORES, compofé de deux racines orientales, fignifie *cachette, magafin fouterrain.*

C'eft le nom que les Arabes donnent aux foffes dans lefquelles ils gardent leur blé.

MAUPERTUIS (Pierre-Louis Moreau.) (*Voy.* page 1 du tome IV.)

MAX. Monnoie d'or de Bavière.

Le *max* = 7 florins = 8 kreutzer = 16,132 liv. = 16,1184 fr.

MAXIME, *de* maxima fententia, *le grand fentiment* ; præceptum ; *maxime;* f. f. Propofition générale qui fert de principe, de fondement, de règle en quelques arts ou fciences.

C'eft, en mufique, une note faite en carré-long, horizontale, avec une queue au côté droit, laquelle vaut huit mefures à deux temps, c'eft-à-dire, deux longues & quelquefois trois, felon le mode. Cette forte de note n'eft plus d'ufage, depuis qu'on fépare les mefures par des barres, & qu'on marque, avec des liaifons, les tenues ou continuités de fons.

MAXIME (Comma). Quantité dont différent entr'eux, les deux termes les plus voifins, d'une progreffion par octave. On le nomme encore *comma de Pythagore.* Voyez COMMA.

MAXIME (Dièfe). Différence d'un ton mineur au femi-ton *maxime.* Voyez DIÈSE.

MAXIME (Intervalle). Intervalle plus grand que le moyen, de la même efpèce, & qui ne peut fe noter. *Voyez* INTERVALLE.

MAXIME (Semi-ton). Différence du femi-ton moyen. *Voyez* SEMI TON.

MAXIMUM, mot emprunté du latin, *très-grand;* maximum ; *maximum;* f. m. L'état le plus grand, où une quantité variable peut parvenir, eu égard aux lois qui en déterminent la variation.

C'eft principalement dans l'analyfe géométrique, que l'on fait ufage du *maximum* ou du minimum, & en particulier dans le calcul des fonctions, où l'on doit déterminer le *maximum* ou le minimum abfolu des quantités.

F I N du tome troifième.

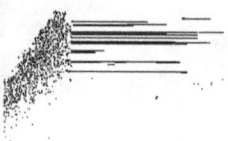

www.ingramcontent.com/pod-product-compliance
Lightning Source LLC
Chambersburg PA
CBHW060442240326
41598CB00087B/2155